Die physikalischen Grundlagen der elektrischen Festigkeitslehre

Von

N. Semenoff und **Alexander Walther**

Assistent-Direktor Ingenieur
des Physikalisch-Technischen Laboratoriums
in Leningrad

Mit 116 Textabbildungen

Berlin
Verlag von Julius Springer
1928

ISBN-13:978-3-642-89478-7 e-ISBN-13:978-3-642-81334-1
DOI: 10.1007/978-3-642-81334-1

Softcover reprint of the hardcover 1st edition 1928

Vorwort.

Den glänzenden Aufschwung, den die Elektrotechnik in den letzten Jahrzehnten genommen hat, verdanken wir hauptsächlich dem engen Zusammenarbeiten von Technikern und Physikern auf diesem Gebiete. Welche Bedeutung man auf beiden Seiten diesem Zusammenarbeiten beimißt, sieht man u. a. schon daran, daß es Zeitschriften, wie z. B. das „Archiv für Elektrotechnik“ gibt, die sich die Aufgabe gestellt haben, ein Sammelpunkt für Arbeiten zu sein, die vorwiegend auf einem Gebiete liegen, in dem technische und physikalische Fragen ineinander übergehen. Auch wird mit jedem Jahr die Zahl der Arbeiten größer, in denen versucht wird, verschiedene für die Technik wichtige Probleme vom rein physikalischen Standpunkt zu lösen.

Eins der wichtigsten Probleme ist das der dielektrischen Festigkeit der für Isolatoren verwandten Stoffe bei Hochspannung. Da wir es bei dem Durchschlag der Isolatoren mit einem rein physikalischen Prozeß zu tun haben, so liegt es eigentlich nahe, die Lösung der damit verbundenen Probleme den Physikern anzuvertrauen. Und diese Tendenz kann man auch in allen Industriestaaten beobachten: sowohl an den Fabriken wie hauptsächlich an den Hochschulen sind besondere Laboratorien geschaffen worden, die sich mit der Untersuchung der Hochspannungserscheinungen beschäftigen.

Ein besonders großes Verdienst gebührt in dieser Hinsicht Deutschland. Hier sind von einer Reihe von Gelehrten, wie Wagner, Günther-Schulze, Rogowski, Schumann, die wichtigsten Probleme der elektrischen Festigkeitslehre aufgestellt, zum Teil auch theoretisch und experimentell gelöst worden. Während aber in Deutschland und in Amerika die Initiative hauptsächlich von den Elektrotechnikern ausging, sind in der U. d. S. S. R. diese Forschungen von einer Anzahl von Physikern unternommen worden, und zwar unter der Leitung von Prof. Joffé, der sich schon seit mehr als 20 Jahren mit dem eingehenden Studium der mechanischen und elektrischen Eigenschaften der Dielektrika beschäftigt hat.

Im Jahre 1918 ist von der Regierung, nach dem Vorschlage von Prof. Joffé das Physikalisch-Technische Röntgeninstitut, im Jahre

1924 das Physikalisch-Technische Laboratorium des Oberen Volkswirtschaftsrats gegründet worden. Eine der Hauptaufgaben dieser Forschungsinstitute bestand gerade in dem Studium der elektrischen Eigenschaften der Dielektrika. Diese Untersuchungen werden teilweise persönlich von Prof. Joffé und seinen Mitarbeitern ausgeführt; einige spezielle Fragen sind jedoch der Elektrischen Abteilung des Physikalisch-Technischen Laboratoriums übertragen worden.

Das vorliegende Buch beabsichtigt keineswegs alle Probleme der elektrischen Festigkeitslehre zu behandeln; es besitzt vielmehr eher den Charakter einer Monographie. Ausführlich werden nur die Fragen besprochen, die in der Elektrischen Abteilung behandelt wurden. Die Arbeiten von Prof. Joffé selbst sind nur soweit angeführt, als sie für die Deutung der in dem Buch besprochenen Probleme von Wichtigkeit sind, und zwar deshalb, weil, wie wir hoffen, Prof. Joffé selbst in naher Zukunft einen ausführlichen Bericht über alle von ihm vollendeten Arbeiten veröffentlichen wird.

Das vorliegende Buch zerfällt in drei Teile:

1. Die experimentellen Methoden der Erforschung von elektrischen Feldern.
2. Das Vakuum als Isolator.
3. Der Durchschlag von festen Isolatoren.

Diese drei Teile entsprechen den Richtungen, in denen sich die Arbeit der Elektrischen Abteilung bewegte. Außerdem sind gerade diese Fragen in den deutschen Büchern, die uns bekannt waren (die Bücher von Günther-Schulze, Schwaiger, Schumann, Bültemann), verhältnismäßig wenig behandelt worden.

Der erste Teil enthält eine ausführliche Beschreibung der experimentellen Methoden, die erlauben, die elektrischen Felder genau auszumessen. Diese Methoden, die im Physikalisch-Technischen Laboratorium ausgearbeitet wurden, sind offenbar wenig bekannt, können aber unserer Ansicht nach dem Elektrotechniker bei der Berechnung von schwierigen elektrostatischen Problemen eine bedeutende Hilfe leisten.

Der zweite Teil, in dem die isolierende Fähigkeit des Vakuums besprochen wird, enthält nur wenige Originalarbeiten und hat eher den Charakter eines Referates. Doch kann nach unserer Meinung dies Gebiet von so großer Bedeutung für die zukünftige Entwicklung der Elektrotechnik werden, daß es nicht ohne Interesse sein dürfte, diese Erscheinungen eingehender zu besprechen, besonders da ein systematischer Überblick über diese Fragen, soweit uns bekannt ist, nicht existiert. Unsere eigenen Untersuchungen, bei denen wir das Hochvakuum als technisches Isoliermittel zu verwenden suchten, führten uns außerdem auf eine Reihe von Möglichkeiten, die von praktischer Bedeutung werden könnten. Um auch dem in der Physik wenig bewanderten Leser die Möglichkeit zu geben, sich über die Erscheinungen der Entladung im Hochvakuum zu orientieren, haben wir diesem Teil des Buches einige Abschnitte vorausgeschickt, in denen die der Gasentladung zugrunde liegenden physikalischen Prozesse kurz besprochen werden.

Der dritte Teil des Buches ist dem Durchschlage von festen Isolatoren gewidmet. In dem ersten Kapitel werden die allgemeinen elektrischen Eigenschaften der Dielektrika (die „dielektrischen Anomalien") besprochen, wie sie von Prof. Joffé und seinen Mitarbeitern vom physikalischen Standpunkt gedeutet werden. Im zweiten Kapitel wird die Wärmetheorie des Durchschlages behandelt und experimentell begründet, dabei wird gezeigt, daß sie dem Durchschlage von Isolatoren bei Zimmertemperaturen kaum zugrunde liegen kann. Darauf werden die „elektrischen" Theorien besprochen, die die Gesetzmäßigkeiten, die der Durchschlag bei den niedrigen Temperaturen aufweist, einigermaßen zu deuten erlauben. Eine volle Klarheit in allen Fragen herrscht hier freilich noch nicht.

Ein bedeutender Teil der Untersuchung über die Methoden der Erforschung von elektrischen Feldern, sowie alle Messungen der Durchschlagsspannungen von festen Isolatoren, sind von den Autoren dieses Buches gemeinschaftlich mit Frl. Lydia Inge ausgeführt worden.

Außerdem müssen noch folgende Mitglieder des Physikalisch-Technischen Laboratoriums und Instituts erwähnt werden, deren Arbeiten in diesem Buch angeführt sind: Herr K. Sinjelnikow (Stromdurchgang durch feste Isolatoren, dielektrische Verluste, Ionisationstheorie des Durchschlages), Herr Kurtschatow (Ionisationstheorie des Durchschlages), Herr V. Fock (Wärmetheorie des Durchschlages), Herr Anton Walther (Messungen von elektrischen Feldern, dielektrische Verluste), Herr Horowitz (Spaltentheorie des Durchschlages), Herr Tomaschewski (Durchschlag des Vakuums), Herr Malyschew (elektrische Felder von Hochspannungskabeln).

Der Verlagsbuchhandlung Julius Springer, Berlin sind wir für freundliches Entgegenkommen bei der Drucklegung des Buches sehr dankbar.

Leningrad, Anfang 1928.

Die Verfasser.

Inhaltsverzeichnis.

I. Die experimentellen Methoden zur Erforschung von elektrischen Feldern.

II. Das Vakuum als Isolator.

III. Der Durchschlag von festen Isolatoren.

I. Die experimentellen Methoden zur Erforschung von elektrischen Feldern.

1. Die elektrischen Felder und ihre Bestimmung.

Eine der Hauptaufgaben der Hochspannungstechnik besteht darin, eine hinreichende Isolation von verschiedenen unter Spannung stehenden Teilen zu erreichen. Alle hier zur Verfügung stehenden Isolationsmaterialien halten, bei gegebener Schichtdicke, nur eine bestimmte maximale Spannung aus. Wird die Spannung noch weiter gesteigert, so zeigt sich der Isolator gestört. Diese Spannung, bei der das Medium seine isolierende Fähigkeit einbüßt, wollen wir die Durchschlagspannung E_m nennen. Die Durchschlagspannung ist keine Materialkonstante. Sie wird in weitem Maße durch die Art der angelegten Spannung (Gleichspannung, Wechselspannung, Stoßspannung), sowie durch die Form des elektrischen Feldes beeinflußt. Im homogenen elektrischen Felde ist sie in den meisten Fällen am größten. Wir können hier von einer bestimmten Durchbruchfeldstärke $X_m = \frac{E_m}{d}$ für eine gegebene Schichtdicke d sprechen.

In nicht homogenen Feldern sind diejenigen Teile der Isolation besonders gefährdet, in denen die Feldstärke große Werte erreicht. So kann z. B. bei kantigen Elektroden, an deren Rändern Stellen von bedeutend erhöhter Feldstärke vorhanden sein können, der Durchschlag bei derselben Schichtdicke sehr viel früher eintreten als im homogenen elektrischen Felde. Für eine einigermaßen zuverlässige Berechnung der Isolation ist folglich eine genaue Kenntnis des elektrischen Feldes der entsprechenden Anordnung unbedingt nötig.

Das elektrische Feld irgendeiner Anordnung kann auf dreierlei Art bestimmt werden:

1. analytisch,
2. graphisch,
3. experimentell.

Besitzt das elektrische Feld keine Raumladungen, so führt die analytische Methode der Bestimmung des Feldes auf eine Lösung der Laplaceschen Gleichung

$$\Delta V = 0, \tag{1}$$

wobei diese Lösung so gewählt werden muß, daß sie den durch die Elektrodenanordnung bestimmten Grenzbedingungen genügt.

Eine solche Lösung läßt sich aber nur in wenigen einfachen Fällen verhältnismäßig leicht finden. Schon bei einigermaßen komplizierten Feldern müssen wir zu Kunstgriffen Zuflucht nehmen. Als sehr erfolgreich hat sich hier die Methode der konformen Abbildung erwiesen, die es ermöglicht, verwickelte Felder auf einfachere, schon bekannte, zurückzuführen. Die Methode erfordert aber meistens sehr umständliche, langwierige Berechnungen, wodurch ihre praktische Anwendbarkeit bedeutend herabgesetzt wird.

Noch schlimmer steht es, wenn im Felde Raumladungen vorhanden sind. Die Aufgabe besteht dann in der Lösung der Poissonschen Gleichung

$$\Delta V = -4\pi\varrho. \tag{2}$$

Selbst in den einfachsten Fällen sind hier die Berechnungen sehr schwierig, um so mehr als unter der Einwirkung des Feldes die Raumladungen sich zu bewegen beginnen. Die Raumladungsdichte kann folglich nicht nur eine Funktion der Koordinaten, sondern auch der Zeit t sein (z. B. bei Wechselspannung), was die Lösung der Aufgabe bedeutend erschwert.

Wegen der Schwierigkeiten, auf die die analytische Berechnung der elektrischen Felder stößt, haben die graphischen Methoden eine große Verbreitung gefunden. Sie gründen sich auf gewisse (graphische) Beziehungen zwischen der Länge und der Richtung der Niveaulinien und der elektrischen Kraftlinien, denen das elektrostatische Feld genügen muß. Diese Methode läßt sich auf die Lösung der meisten elektrostatischen Probleme anwenden. Ihr Nachteil besteht darin, daß sie eigentlich nur die Richtigkeit des graphischen Aufbaus des Feldes zu prüfen erlaubt; die Kraft- und Niveaulinien müssen vorher meistens rein intuitiv aufgetragen werden. Außerdem erfordert die Berechnung von einigermaßen komplizierten Feldern auch hier eine lange, mühsame Arbeit.

Die beiden theoretischen Methoden, die analytische und die graphische, erlauben demnach, das elektrostatische Feld in den meisten für die Praxis wichtigen Fällen zu ermitteln. Gewöhnlich aber fällt diese Berechnung mathematisch ziemlich umständlich aus. Die Lösung der Poissonschen Gleichung stößt meistens auf unüberwindliche Schwierigkeiten. Gerade aber das durch Raumladungen verzehrte Feld ist für die Praxis oft von großem Interesse. In dieser Hinsicht erweisen sich die theoretischen Methoden als ungenügend.

Schon seit langem suchte man sich bei solchen schwierigen Problemen dadurch zu helfen, daß man zu den experimentellen Methoden griff. Zuerst verfolgten diese Methoden nur das Ziel, das Feld qualitativ zu beurteilen. Es zeigte sich aber bald, daß sie auch eine ziemlich genaue quantitative Bestimmung der Felder ermöglichen. Mit gutem Erfolge wurden z. B. die experimentellen Methoden bei Messungen der Spannungsverteilung an Isolatorketten, Stützisolatoren und Durchführungen angewandt.

Es erhob sich weiter die Frage, ob nicht die experimentellen Methoden auch bei theoretisch berechenbaren Feldern Anwendung finden könnten. Der Übergang zu den experimentellen Methoden kann nämlich in vielen Fällen eine große Zeitersparnis ermöglichen, da sich ein einigermaßen kompliziertes Feld schneller ausmessen als berechnen läßt. Zwar haben die experimentellen Methoden den Nachteil, daß sie uns nur erlauben, die Felder von fertigen Objekten zu messen; das Feld kann nicht vorausbestimmt werden. Oft kann man sich dadurch helfen, daß man aus den schon gemessenen Feldern gewisse empirische Gesetzmäßigkeiten entnimmt, die es erlauben, weitere ähnliche Felder verhältnismäßig einfach zu berechnen.

Von den experimentellen Methoden kommen folgende in Betracht:

1. die gewöhnliche Sondenmethode;
2. die elektrolytische Methode;
3. die Methode der Glühsonde;
4. die Methode der Kapazitätssonde.

Im Folgenden wird gezeigt werden, daß sich mit Hilfe dieser Methoden in manchen Fällen das elektrische Feld bedeutend schneller und bequemer bestimmen läßt, als auf analytischem oder graphischem Wege.

Die experimentellen Methoden besitzen ferner den Vorteil, daß sie erlauben, das Feld bei der gegebenen Versuchsanordnung selbst zu messen, während bei der theoretischen Behandlung der Frage die Anordnung gewissermaßen idealisiert wird. Eine solche Idealisierung kann aber in manchen Fällen zu falschen Resultaten führen, besonders da, wo es sich um ein Feld in einem nicht homogenen dielektrischen Medium handelt. Solche nicht homogenen Medien sind aber die meisten synthetischen Isolatoren, die in der Hochspannungstechnik eine weite Verbreitung gefunden haben.

2. Überblick über die experimentellen Methoden.

Eine vollkommene experimentelle Methode muß folgenden Forderungen genügen:

1. Sie muß gestatten, das ganze elektrische Feld, sowohl zwischen den Elektroden als auch in der Umgebung der Elektroden, zu bestimmen.

2. Die Messungen müssen unmittelbar an der zu untersuchenden Anordnung möglich sein und zwar unter normalen Betriebsbedingungen dieser Anordnung.

3. Bei den Messungen muß der Raum zwischen den Elektroden mit denselben Isolierstoffen ausgefüllt werden können, die dort bei normalen Betriebsbedingungen vorhanden sind.

Eine solche Methode, die erlaubt, das ganze Feld auf einmal zu bestimmen, besitzen wir bis jetzt noch nicht. Wir sind gezwungen, bei jeder Messung das Potential nur in einem Punkte des Feldes zu bestimmen. Auf Grund einer mehr oder minder großen Anzahl solcher Einzelbeobachtungen wird dann das ganze Feld berechnet. Zur Bestimmung des Potentials wird in das Feld ein Leiter eingeführt, der unter geeigneten Bedingungen das Potential des ihn umgebenden Teiles des Feldes annimmt. Einen solchen Leiter werden wir im Folgenden die Sonde nennen. Die Sonde wird weiter mit einer Anordnung verbunden, die gestattet, das von der Sonde angenommene Potential zu bestimmen. In einigen Fällen ist es vorteilhafter, in das Feld statt einer Sonde zwei nahe beieinander gelegene Sonden einzuführen. Wird die Potentialdifferenz zwischen den beiden Sonden durch ihren Abstand dividiert, so ergibt sich unmittelbar die dem entsprechenden Teile des Feldes zukommende elektrische Feldstärke.

Die Sonde selbst muß so gestaltet werden, daß sie das elektrische Feld, in welches sie eingeführt wird, möglichst wenig deformiert. Dieser Forderung wird genügt, wenn man ihr die Form der zu messenden Niveaufläche gibt. So kann z. B. im homogenen elektrischen Felde als Sonde eine den Elektroden parallele dünne Platte genommen werden. Bei Axialsymmetrie genügt dieser Forderung ein zu der Symmetrieachse konzentrischer Drahtring. Im allgemeinsten Fall, wo sich über das Aussehen des Feldes nichts voraussagen läßt, muß die Sonde so geformt werden, daß sie als punktförmig gelten kann.

Unter welchen Bedingungen wird nun die Sonde das Potential des Feldes annehmen? Am einfachsten steht es damit bei den stromdurchflossenen Feldern. Bei nicht zu kleinen Stromdichten und nicht allzu hohen Frequenzen nimmt ein in das Feld eingeführter isolierter Leiter selbständig das Potential des umgebenden Teiles des Feldes an. Auf dieser Eigenschaft beruht die Methode der gewöhnlichen Sonde, die mit Erfolg bei dem Studium von Gasentladungen bei niedrigen Drucken angewandt wurde.

Ist das Medium zwischen den Elektroden an sich nicht leitend (z. B. Luft bei geringen Feldstärken), so kann es künstlich leitend gemacht werden, indem man die Elektroden in ein halbleitendes Medium bringt. Die Feldverteilung wird dadurch nicht gestört, da die Stromlinien, von elektrolytischen Polarisationserscheinungen abgesehen, genau ebenso verlaufen wie die elektrischen Kraftlinien des entsprechenden elektrostatischen Feldes. Das in dem Halbleiter vorhandene Feld kann aber, wie oben, mit Hilfe gewöhnlicher Sonden ermittelt werden. Die eben beschriebene Methode, die die Bestimmung der Feldverteilung auf eine Ausmessung der Stromverteilung zurückführt, wollen wir die *elektrolytische Methode* nennen.

Aber auch im stromlosen Felde ist es möglich, die Sonde zu zwingen, das Potential des umgebenden Teiles des Feldes anzunehmen. Ein glühender Körper besitzt, wie bekannt, die Eigenschaft, positive und negative Ladungen spontan zu emittieren. Wird ein solcher Körper in ein konstantes elektrisches Feld gebracht, so werden die Ladungen des einen Zeichens beschleunigt, des entgegengesetzten Zeichens verzögert werden. Wir betrachten den Fall, in dem das Potential des Körpers dasjenige des umgebenden Raumes übertrifft. Dann wird die elektrische Kraft an der Oberfläche des Körpers so gerichtet sein, daß sie die positiven Ladungen herausreißt, die negativen dagegen zurückhält. Das Potential des Körpers wird sich verringern. Diese Entladung des Körpers wird so lange dauern, bis die Potentialdifferenz zwischen dem Körper und dem umgebenden Raum Null wird. Eine weitere Verringerung des Potentials des Körpers ist nicht mehr möglich, da sonst die emittierten positiven Ladungen ein Gegenfeld überwinden müßten, was wegen der geringen Geschwindigkeit der Thermoionen kaum möglich ist. Der Körper bleibt folglich bis zu einem Potential aufgeladen, das demjenigen des umgebenden Raumes gleich ist. War das Potential des Körpers ursprünglich kleiner als dasjenige des Feldes, so wiederholt sich genau derselbe Vorgang, nur daß sich jetzt der Körper auflädt. Ein solcher glühender Körper kann folglich als Sonde dienen. Wir werden ihn im folgenden als *Glühsonde* bezeichnen.

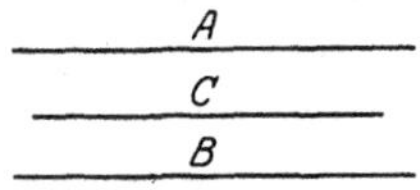

Abb. 1.

Statt einer Glühsonde kann auch ein Körper verwandt werden, der mit einer radioaktiven Substanz bedeckt ist. Die von diesem Stoff ausgesandten schnellen α- und β-Teilchen ionisieren nämlich die Luft in der Umgebung, so daß sich positive und negative Ionen ausbilden. Der weitere Prozeß spielt sich genau wie bei der Glühsonde ab, nur mit dem Unterschied, daß die Aufladung oder Entladung der Sonde nicht durch die Emission, sondern durch ein Niederschlagen von Ionen bedingt wird.

Wird zwischen die Platten eines ebenen Kondensators A—B (Abb. 1) eine dritte ihnen parallele Platte C gebracht, alle drei Platten zuerst geerdet und dann an die äußeren eine Potentialdifferenz angelegt, die mittlere Platte dagegen isoliert, so nimmt diese letztere ein Potential an, das demjenigen gleich ist, welches die mit C zusammenfallende Niveaufläche bei Fehlen der Platte C besaß. Diese Gesetzmäßigkeit läßt sich auch für elektrische Felder von beliebiger Form verallgemeinern, nur muß die mittlere Elektrode C in einer Niveaufläche liegen. Auch bei Wechselspannung erweist sich diese Regel als richtig. In letzterem Falle müssen selbstverständlich die Augenblickswerte der Potentiale der Niveaufläche und des Leiters C identifiziert werden. Ein solcher Leiter kann folglich als Sonde dienen. Diese elektrostatische Erscheinung liegt der Methode der Kapazitätssonde zugrunde.

Nach diesem kurzen Überblick über die experimentellen Möglichkeiten werden wir in den folgenden Paragraphen jede der angeführten experimentellen Methoden ausführlich besprechen.

3. Die gewöhnliche Sondenmethode und ihre Abänderungen.

Die Sondenmethode wurde schon seit langem für Messungen der Potentialverteilung bei Entladungen in verdünnten Gasen angewandt. Als Sonde wurde ein dünnes Drähtchen in das Prüfgefäß eingeführt. Dieses Drähtchen war mit einem Spannungsmesser von geringer Kapazität, etwa einem Goldblattelektroskop oder Saitenelektrometer verbunden. Das Gleichgewichtspotential, bis zu dem sich das Elektroskop auflud, setzte man dem Potential desjenigen Teiles des Feldes gleich, in dem die Sonde lag. Bei vielen Versuchen führte diese Methode zu befriedigenden Resultaten. Auch unterliegt ihre Anwendbarkeit in dem Fall, wo im Felde Raumladungen beider Zeichen in ungefähr gleicher Anzahl vorhanden sind, keinem Zweifel. Schlimmer steht es, wenn die Raumladungen eines Zeichens überwiegen. Die Frage der Anwendbarkeit der gewöhnlichen Sondenmethode bei der Ausmessung derartiger Felder ist ausführlich von Langmuir behandelt worden. Er kommt zu dem Schluß, daß man dabei in manchen Fällen zu entschieden falschen Resultaten gelangen kann. So kann z. B. nach seinen Berechnungen im Quecksilberlichtbogen, in dem der Strom hauptsächlich von Elektronen gebildet wird, ein isolierter Körper sich bis zu einem Potential aufladen, das um etwa 15 V niedriger als dasjenige des umgebenden Raumes ist. Langmuir [5][1] schlägt daher vor, die Methode etwas abzuändern, nämlich nicht das unmittelbare Potential der Sonde, sondern den der Sonde zufließenden Strom zu messen.

Wird eine solche Sonde, z. B. eine Metallplatte von nicht zu kleiner Seitenfläche, in einen verdünnten Gasraum eingeführt, in dem eine elektrische Entladung stattfindet, so werden sich auf dieser Platte aus dem umgebenden Felde Ladungen niederschlagen. Die Anzahl dieser Ladungen, oder, was dasselbe ist, der der Sonde zufließende Strom, hängt von dem Potential der Sonde und demjenigen des umgebenden Raumes ab.

Die Sonde sei zuerst gegenüber den umgebenden Teilen des Feldes

[1] Die eingeklammerten Zahlen hinter dem Namen entsprechen den Nummern, unter denen die diesbezüglichen Arbeiten in dem Literaturverzeichnis angeführt sind.

negativ geladen. Dann werden die positiven Ladungen beschleunigt, die negativen aber zurückgehalten werden. Die von der Sonde angezogenen Ladungen werden um sie eine positive Raumladung bilden, die die Sonde so abschirmt, daß das elektrische Feld im ganzen durch die Einführung der Sonde ungeändert bleibt. Vergrößert man nun das Potential der Sonde, so bleibt der der Sonde zufließende positive Strom zuerst unverändert, denn er wird nur durch die Zahl der hinzukommenden positiven Ladungen bestimmt, die bei konstanter Stromdichte im Entladungsgefäß auch selbst konstant sein muß. Bei weiterer Vergrößerung des Potentials wird ein Wert erreicht, bei dem schon die schnellsten Elektronen die Sonde erreichen können. Von hier an beginnt eine Änderung des Stromes. Der Strom wird am stärksten, wenn die Potentiale der Sonde und des umgebenden Raumes einander gleich werden und folglich alle Elektronen (die reflektierten ausgenommen) die Sonde erreichen können. Eine weitere Vergrößerung des Potentials bringt keine Änderung des Stromes mit sich, da die Anzahl der auftreffenden Elektronen ungeändert bleibt.

Wird nun die Stromspannungscharakteristik der Sonde graphisch dargestellt, so erhält man eine Kurve mit einem Knick. Der Knick tritt an der Stelle ein, wo die Potentiale der Sonde und des umgebenden Teiles des Feldes gleich sind.

Ist die Sonde nicht plattenförmig, sondern anders, etwa kugelförmig oder zylindrisch geformt, so ergeben sich ähnliche Gesetzmäßigkeiten. Die Stromspannungscharakteristik zeigt auch hier an der Stelle einen Knick, wo das Potential der Sonde und dasjenige des umgebenden Raumes übereinstimmen.

Diese Methode kann auch in dem Fall angewandt werden, wo im Felde die positiven Ladungen vorherrschen. Doch muß dann das Anfangspotential der Sonde größer als dasjenige des umgebenden Feldes genommen und allmählich vermindert werden.

Die Methode der Stromspannungscharakteristik ist von Compton, Turner und McCurdy [*6*] bei dem Studium der Vorgänge im Quecksilberlichtbogen angewandt worden. Als Sonde diente ihnen ein 0,1 mm dickes Wolframdrähtchen, das in einem dünnen Glasröhrchen so angebracht war, daß nur ein etwa 3 mm langes Stück des Drähtchens herausragte. Alle übrigen Teile wurden durch das Röhrchen geschützt. Die Sonde war mit dem Schieber eines parallel zu der Spannungsquelle geschalteten Widerstandes verbunden, so daß ihre Spannung stetig verändert werden konnte. Der Strom wurde durch ein Millivoltmeter gemessen.

Um die Empfindlichkeit der Methode zu zeigen, bringen wir zwei von den erwähnten Autoren gemessene Kurven (Abb. 2). Die Stellen, an denen die Kurven den Knick erleiden, sind durch Pfeile gekennzeichnet. Der Stelle des Feldes, an der die Sonde im ersten Fall liegt, müssen wir folglich ein Potential von 54,2 V, im zweiten ein solches von 56,4 V zuschreiben.

Die Methode der gewöhnlichen Sonde in ihrer ursprünglichen oder in der von Langmuir abgeänderten Form läßt sich also mit Erfolg beim Studium der elektrischen Vorgänge in verdünnten Gasen bei konstanten elektrischen Feldern anwenden. Sind Raumladungen beider Zeichen in ungefähr gleicher Anzahl vorhanden, so können unmittelbare Potentialmessungen ausgeführt werden; herrschen Raumladungen eines Zeichens vor, so ist es ratsamer, die Potentiale aus den Stromspannungskurven nach Langmuir zu ermitteln.

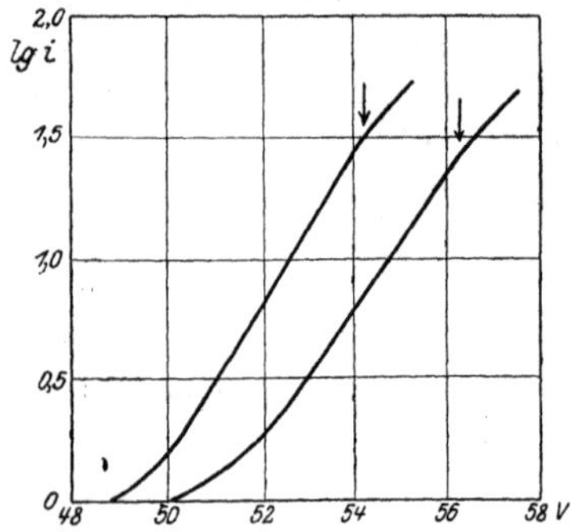

Abb. 2. Stromspannungskurven bei Sondenmessungen im Quecksilberdampflichtbogen nach Compton, Turner und Mc Curdy.

Ob die Anwendung der gewöhnlichen Sondenmethode sich auch bei Messungen in Gasentladungen unter Atmosphärendruck, z. B. bei Koronamessungen, als bequem erweist, ist fraglich, um so mehr, als es hier hauptsächlich auf Wechselfelder ankommt, bei denen die Methode vollkommen versagt.

Der Anwendungsbereich der Methode der gewöhnlichen Sonde ist selbstverständlich nicht nur auf Messungen im gasförmigen Medium beschränkt. Ebenso gut lassen sich auch Messungen in flüssigen oder festen Leitern und Halbleitern ausführen. Auch hat diese Methode, wie wir später sehen werden, bei der Lösung der Probleme, auf die uns die Elektrizitätsleitung in den festen Elektrolyten, den Kristallen, führt, vorzügliche Dienste geleistet.

4. Die elektrolytische Methode.

Wie schon erwähnt wurde, besteht das Wesen der elektrolytischen Methode darin, das elektrostatische Feld durch ein Stromfeld zu ersetzen.

Es sei eine bestimmte Elektrodenanordnung gegeben, deren Feld bestimmt werden muß. Der Raum zwischen den Elektroden sei von einem homogenen oder nichthomogenen Dielektrikum mit einer oder mehreren verschiedenen Dielektrizitätskonstanten ε_1, ε_2 usw. ausgefüllt. Wird nun der Raum zwischen den Elektroden statt durch das Dielektrikum mit einem leitenden Medium ausgefüllt, dessen Leitfähigkeiten so gewählt werden, daß in allen Teilen des Feldes die Verhältnisse der Leitfähigkeiten und der Dielektrizitätskonstanten des elektrostatischen Feldes einander gleich sind, so verlaufen die Stromlinien genau ebenso wie die Kraftlinien des entsprechenden elektrostatischen Feldes. Die Potentialverteilung in beiden Fällen ist folglich die gleiche. Um das elektrostatische Feld bei beliebiger Elektrodenanordnung zu bestimmen, genügt es daher, das entsprechende Stromfeld auszumessen, was mit Hilfe einer gewöhnlichen Sonde geschehen kann.

Streng genommen sind die beiden Felder nur bei Gleichspannung vollkommen identisch. Bei Gleichspannung aber lassen sich die Versuche gerade nicht ausführen, da dann die elektrolytischen Polarisationserscheinungen an den Elektroden das Feld bedeutend entstellen können. Man ist deshalb gezwungen, bei den Messungen Wechselspannung anzuwenden. Am besten wird Wechselspannung von den üblichen niedrigen Frequenzen genommen, da bei hohen Frequenzen schädliche Kapazitätswirkungen hinzukommen, die die Resultate entstellen können.

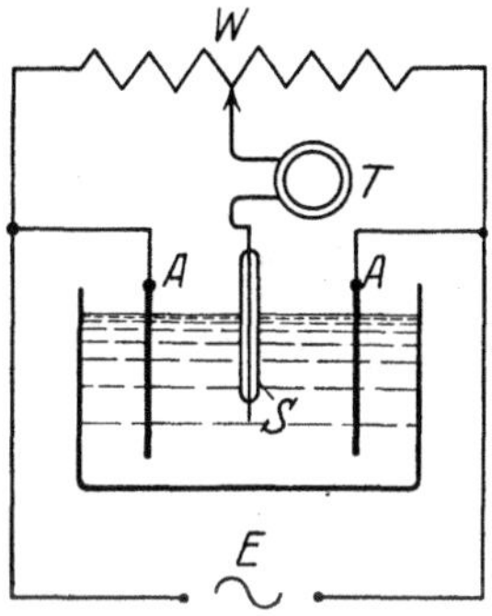

Abb. 3. Elektrolytische Methode. Einfache Brückenschaltung.

Als Medium muß man einen Stoff von nicht zu großer Leitfähigkeit wählen, da sonst die Ströme so groß werden, daß eine starke Erwärmung des Mediums möglich wird was die Feldverteilung bedeutend verändern kann. Außerdem ist es bei einem gut leitenden Medium am schwierigsten, den Einfluß der Übergangswiderstände an den Elektroden und an der Sonde auszuschalten[1]. Andererseits soll die Leitfähigkeit des Mediums auch nicht zu klein sein, da sonst die ganze Methode wenig empfindlich wird.

Die Dimensionen des Gefäßes, in dem die Messungen erfolgen, müssen so groß wie möglich gewählt werden, um den störenden Einfluß der Wände zu eliminieren. Sind die Wände leitend, so werden die Stromlinien zu ihnen herangezogen, sind sie nicht leitend, so werden umgekehrt die Stromlinien in der Mitte des Gefäßes zusammengedrängt. In beiden Fällen ist eine bedeutende Deformation des Feldes zu befürchten.

Für die Bestimmung des Potentials der Sonde kann in den meisten Fällen mit Erfolg die Brückenschaltung angewandt werden. Die Sonde S (Abb. 3) wird mit dem Schieber eines parallel zu den Elektroden A—A geschalteten Widerstandes W verbunden. Der Schieber wird so eingestellt, daß in dem Verbindungsdraht kein Strom fließt. Dann sind die Potentiale des Schiebers und der Sonde einander gleich. Das

[1] Die Übergangswiderstände hängen in weitem Maße von der Reinheit der Elektroden ab. Um diese Widerstände herabzusetzen, empfiehlt es sich, die Elektroden vor jedem neuen Versuch von neuem zu polieren.

entsprechende Potential des Schiebers kann entweder unmittelbar gemessen oder aus seiner Lage zu dem Widerstand W berechnet werden.

Abb. 4 zeigt das Schaltbild der Anordnung, die im Physikalisch-Technischen Laboratorium zu Leningrad für ähnliche Versuche gebraucht wurde. A—A sind die Elektroden, W der Widerstand, C der Schieber. Die Sonde S, ein kurzes Stück dünnen Nickel- oder Platindrahts, ist mit dem Schieber durch den Leiter L verbunden. Sie ist an dem einen Ende einer Pantographanordnung so befestigt, daß einer bestimmten Verschiebung der Sonde eine genau ebensolche Verschiebung des Stiftes B auf der Zeichnung D entspricht. Oft sind die in dem Leiter L fließenden Ströme so klein, daß sich ein Telephon T als Nullprüfer nicht unmittelbar anwenden läßt. Dann müssen die Ströme zuerst durch eine oder mehrere Glühkathodenröhren verstärkt werden.

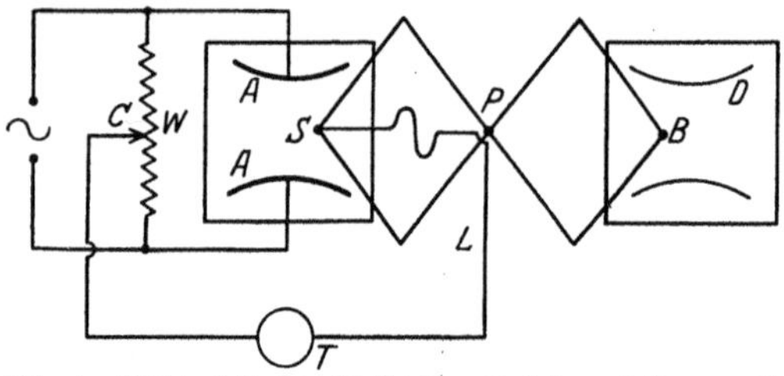

Abb. 4. Elektrolytische Methode. Brückenschaltung mit Pantographanordnung.

Die Messungen werden folgendermaßen ausgeführt: der Schieber C wird auf einen bestimmten Potentialwert eingestellt und darauf die Sonde S so verschoben, daß die Stromstärke im Verbindungsleiter die ganze Zeit gleich Null bleibt. Die von dem Stift B aufgezeichnete Kurve wird dann die Niveaulinie darstellen, die dem durch die Stellung des Schiebers bestimmten Potential entspricht. Ist eine Niveaulinie aufgezeichnet, so wird der Schieber in eine neue Lage gebracht, die einem anderen Potentialwert entspricht, die neue Niveaufläche wird, wie früher, aufgetragen usw., bis das ganze Feld ausgemessen ist.

Die elektrolytische Methode wurde im Physikalisch-Technischen Laboratorium angewandt, um einige für die praktische Geologie wichtige Fragen zu lösen, nämlich um zu untersuchen, in welchem Maße verschiedene in ein schlecht leitendes Medium eingebettete, an sich gut leitende Einlagerungen ein gegebenes Feld entstellen. Die eben beschriebene Anordnung läßt sich aber auch für die Ausmessung von beliebigen andern Strombildern verwenden.

Eine ähnliche Schaltung wurde von Estorff [7] bei der Bestimmung des elektrischen Feldes zwischen zwei Kugeln verwandt. Der Widerstand W war bei ihm nur durch zwei Kurbelrheostaten ersetzt. Außerdem waren in seiner Anordnung die Ströme so stark, daß als Nullprüfer unmittelbar ein Telephon eingeschaltet werden konnte.

Von großem Interesse sind die Versuche von Atkinson [8], der mit Hilfe der elektrolytischen Methode die Felder von Hochspannungskabeln systematisch untersuchte. Bei seinen Messungen handelte es sich hauptsächlich um die Felder von Drehstromkabeln, die der theoretischen Berechnung besondere Schwierigkeiten bieten.

Die Messungen wurden an Modellen ausgeführt, deren Querschnitt demjenigen des Kabels, doch in bedeutend vergrößertem Maßstab nachgebildet war. Das zylindrische Gefäß, in das der Elektrolyt eingegossen wurde, stellte den Mantel des Kabels dar. Die Elektroden wurden innerhalb dieses Gefäßes isoliert befestigt. Als Elektrolyt wurde de-

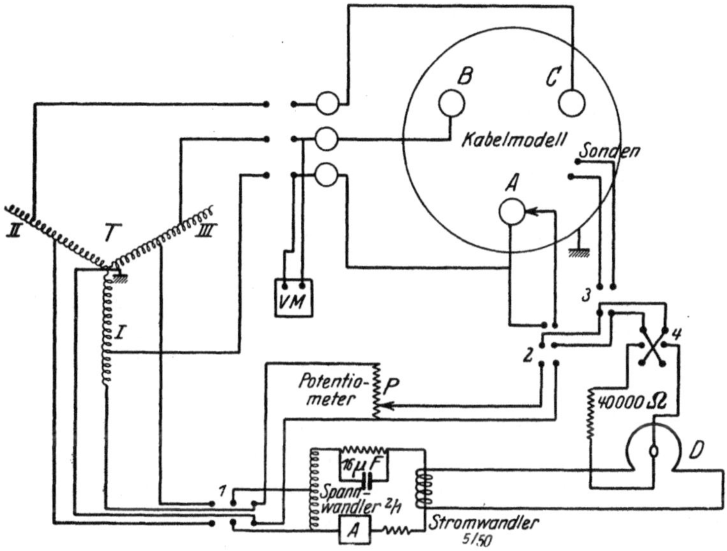

Abb. 5. Elektrolytische Methode. Ausmessung von Drehstromfeldern nach Atkinson.

stilliertes Wasser verwandt, dem ein geringer Prozentsatz von Leitungswasser zugesetzt war.

Im Gegensatz zu den oben beschriebenen Methoden wurde von Atkinson nicht der Wert des Potentials selbst, sondern die Potentialdifferenz zwischen zwei nahe beieinander gelegenen Sonden ermittelt. Diese Potentialdifferenz durch den konstanten Abstand zwischen den Sonden dividiert, ergab die Feldstärke in Richtung der Ebene, in der die Sonden lagen. Da diese Feldstärken in den verschiedenen Teilen des Feldes nicht nur ihrer Größe, sondern auch ihrer Phase nach verschieden waren, wurde von Atkinson eine besondere Methode ausgearbeitet, die erlaubte, die beiden Größen einzeln zu bestimmen.

Die Sonden, zwei parallele Drähte, waren in einem Rahmen in einem Abstand von 6 mm voneinander angebracht. Der Rahmen war an dem einen Ende einer Pantographanordnung befestigt, deren anderes Ende einen Stift trug, der auf einer Zeichnung des Kabelquerschnittes die Lage des Zentrums des Rahmens angab. An die drei Elektroden A, B und C (Abb. 5) wurde eine Dreiphasenspannung von etwa 50 V, 60 per/sek. angelegt, die dem Transformator T entnommen wurde. Die Potentialdifferenz zwischen den Sonden wurde durch das Dynamometer D gemessen, dem ein großer Widerstand (40000 Ω) vorgeschaltet war. Die feste Spule des Dynamometers wurde entweder von dem Strom des Transformatorschenkels I gespeist oder von einem in der Phase von ihm um 90° verschiedenen Strom, der zwei Anzapfungen der Schenkel II und III entnommen wurde. Im ersten Falle wurde die Komponente der Feldstärke bestimmt, die der Phase nach mit der Schenkelspannung I übereinstimmte, im zweiten Fall die zu ihr senkrechte Komponente. Aus diesen beiden Komponenten konnte sowohl die Größe als auch die Phase der Feldstärke in der Richtung der Rahmenebene bestimmt werden. Das Potentiometer P diente zum nachgraduieren des Dynamometers.

Die elektrolytische Methode erlaubt es, das elektrostatische Feld bei beinahe beliebiger Elektrodenanordnung zu ermitteln. Sie besitzt aber auch eine Reihe von Nachteilen: erstens können Messungen, die eine große Genauigkeit erfordern, nur an Modellen von sehr großen Dimensionen ausgeführt werden und zweitens ist der Anwendungsbereich der Methode hauptsächlich auf Felder in homogenen Medien beschränkt. In nicht homogenen Feldern müssen nämlich, wie schon erwähnt wurde, im Modell die verschiedenen Arten der Isolatoren durch Elektrolyte ersetzt werden, deren Leitfähigkeiten in demselben Verhältnis stehen, wie die Dielektrizitätskonstanten der Isolatoren. In der Praxis stößt man aber bei einem solchen Ersatz auf bedeutende Schwierigkeiten. Sind die Elektrolyte flüssig, so vermischen sie sich miteinander. Sind sie fest, so ist die Einführung und die richtige Einstellung der Sonde ziemlich schwierig. Ob deshalb solche Messungen praktische Anwendung finden können, ist fraglich.

5. Die Methode der Glühsonde.

Die Methode beruht, wie schon erwähnt wurde, auf der Tatsache, daß ein glühender Körper, der in ein elektrisches Feld gebracht wird, bestrebt ist, das Potential des umgebenden Raumes anzunehmen. Ein solcher glühender Körper sendet positive und negative Ladungen aus. Ist das Potential des Körpers, der Sonde, ursprünglich kleiner als dasjenige des umgebenden Raumes, so werden die positiven Ladungen zurückgehalten, die negativen dagegen herausgerissen werden. Das Potential der Sonde wächst an, bis es dasjenige des umgebenden Raumes erreicht. Als derartige Sonde kann außerdem auch ein radioaktiver Körper dienen.

Die theoretische Forderung wird aber praktisch nicht immer genau erfüllt. Werden nämlich hauptsächlich Ionen eines Zeichens ausgesandt, so verliert die Sonde im gewissen Maße die Eigenschaft, sich selbst zu kontrollieren. Es sei z. B. nur eine positive Emission vorhanden. Wird nun aus irgendwelchen Gründen (schlechte Isolation) das Potential der Sonde niedriger als dasjenige des umgebenden Feldes, so kann es nicht mehr bis zu dem richtigen Wert erhöht werden, da dann negative Ionen ausgesandt werden müßten, was nicht möglich ist. Am günstigsten sind deshalb die Bedingungen, wenn die Emission von Ionen beider Zeichen annähernd gleichgroß ist.

Solch günstige Bedingungen können künstlich durch eine entsprechende Wahl der Temperatur der Sonde geschaffen werden. Bei niedrigen Temperaturen (Rot- bis Gelbglut) werden nämlich von glühenden Körpern hauptsächlich positive Ionen, bei höheren (Gelb- bis Weißglut) vorwiegend negative Ionen (Elektronen) ausgesandt. Es muß folglich eine Temperatur existieren, bei der die beiden Emissionen einander gleich sind. Diese günstigste Temperatur kann folgendermaßen experimentell ermittelt werden: Die Sonde wird in ein homogenes elektrisches Feld gebracht und ihre Temperatur solange verändert, bis die Aufladungsgeschwindigkeiten der Sonde von unten (von einem Potential an, das niedriger als das Raumpotential ist) und von oben einander gleich werden. Dann müssen auch die Emissionen ungefähr einander gleich sein.

Als weitere Fehlerquelle ist der Einfluß der Raumladungen zu beachten, die durch die von der Sonde ausgesandten Ionen gebildet werden können. Besonders schädlich können diese Raumladungen bei Feldern mit geringen Feldstärken wirken. Die Messungen müssen deshalb bei nicht zu kleinen Spannungen ausgeführt werden. Spezielle Versuche zeigten, daß bei den von uns gebrauchten Sonden meistens schon eine Feldstärke von 10—20 V/cm genügte, um den Einfluß der Raumladungen aufzuheben.

Die Methode der Glühsonde wurde ungefähr gleichzeitig von einem von uns [*9*] in Rußland und Langmuir in Amerika zuerst angewandt. Während sich aber Langmuir auf Messungen bei Entladungen in verdünnten Gasen beschränkte, wurde diese Methode im Physikalisch-Technischen Institut von den Autoren [*10*] dieses Buches so weit entwickelt, daß sie jetzt als ein technisch bequemes Mittel für die Bestimmung von rein elektrostatischen Feldern gelten kann.

Als am besten geeignet erwies sich folgende Anordnung (Abb. 6). Die Sonde *S* — ein Platindrähtchen von 5—10 mm Länge und 0,1—0,3 mm Dicke — wurde durch den Transformator *T* elektrisch geheizt. Die Spannung wurde vom Transformator der Sonde durch die beiden Zuleitungsdrähte *b*—*b* zugeführt. Die Sonde und die Leiter *b*—*b* wurden auf einem Träger angebracht, der erlaubte, der Sonde eine beliebige Lage im Felde zwischen den Elektroden *A*—*A* zu geben. Das ganze Sondensystem wurde auf Bernstein oder Paraffin als Isolatoren befestigt und mit dem Blättchen eines Wilson-Elektroskops *E* verbunden.

Wurde die Sonde durch die Einschaltung des Stromes zum Glühen gebracht, so konnte man an dem Elektroskop verfolgen, wie sie sich auflud. Die Aufladungsgeschwindigkeit hing in hohem Maße von der Stärke des Feldes ab. In einigen Fällen dauerte es bis zu 10 Minuten, bis sich die Sonde aufgeladen hatte.

Um den Ausschlag des Blättchens des Elektroskops in Spannung auszuwerten, verfuhren wir folgendermaßen. Das Blättchen wurde mit dem Schieber *D* eines parallel den Elektroden geschalteten Widerstandes *W* verbunden. Der Schieber wurde darauf so lange verschoben, bis sich das Blättchen genau so einstellte, wie wenn es mit der aufgeladenen Sonde verbunden war. Der entsprechende Spannungswert in Volt lies sich dann unmittelbar am Voltmeter *V* ablesen.

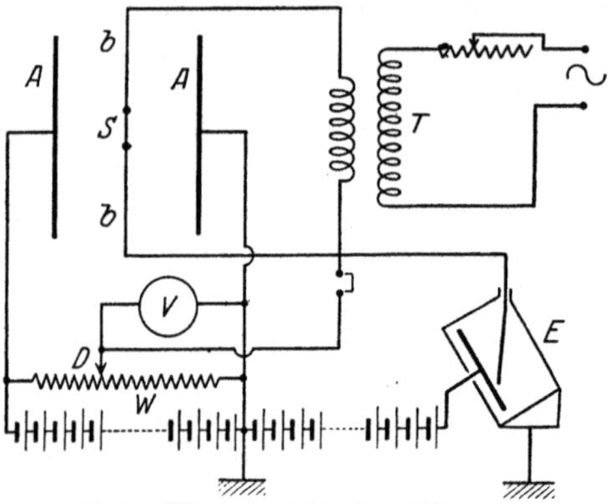

Abb. 6. Glühsonden-Methode. Meßanordnung.

Bedeutende Schwierigkeiten bereitete in einigen Fällen die richtige Einstellung der Sonde im Felde. Die Sonde mußte nämlich so eingestellt werden, daß sowohl sie selbst als auch besonders die Zuleitungsdrähte das Feld so wenig wie möglich veränderten. Damit dies erreicht wurde, mußten die Sonde und die Zuleitungsdrähte in einer Niveaufläche liegen. Am einfachsten konnte diese Forderung in eindimensionalen und zweidimensionalen, flächensymmetrischen Feldern erfüllt werden. Dabei genügte es, die Sonde und die Zuleitungsdrähte senkrecht zu der Symmetrieebene einzustellen. Im allgemeineren Fall, besonders bei den praktisch sehr wichtigen axialsymmetrischen Feldern, ließ sich die Forderung nicht mehr erfüllen. Es zeigte sich aber, daß man auch hier zu genauen Resultaten kommen konnte, wenn man die Sonde tangential zu den kreisförmigen Niveaulinien einstellte.

Die Methode der glühenden Sonde läßt sich mit gutem Erfolg nur bei konstanten elektrischen Feldern anwenden. Die Messungen können nur in einem gasförmigen Medium oder im Vakuum ausgeführt werden. Dabei ist für große Sauberkeit der Elektroden zu sorgen. Ist nämlich eine von den Elektroden, wenn auch nur teilweise mit einer nichtleitenden Schicht überzogen, so können sich auf dieser Schicht die von der Sonde ausgesandten Ladungen niederschlagen und das Feld vollkommen entstellen. Aus demselben Grund ist es auch unmöglich, Messungen in der Nähe von nichtleitenden Körpern auszuführen. Dieser letzte Umstand verringert bedeutend den Anwendungsbereich der Methode.

Die Anwesenheit von Raumladungen bildet dagegen in manchen Fällen kein Hindernis. So ist es z. B. einem von den Autoren [9] gelungen, die theoretischen Schlüsse über die Spannungsverteilung in einigen mit Raumladungen erfüllten elektrischen Feldern experimentell zu bestätigen. Nur wenn die Dichte der Raumladungen so groß ist, daß sich auf die Sonde aus dem umgebenden Felde mehr Ladungen niederschlagen, als sie selbst auszusenden vermag, versagt die Methode. In diesem Fall verliert die Sonde die Möglichkeit, sich selbst zu regulieren und arbeitet als gewöhnliche, nicht glühende Sonde mit allen Nachteilen der Letzteren.

6. Die elektrischen Felder der Netze und Diaphragmen[1].

Wir wollen nun einige Felder anführen, die nach der Methode der Glühsonde gemessen worden sind.

Zuerst soll gezeigt werden, daß die Methode der Glühsonde bei bekannten elektrischen Feldern tatsächlich zu richtigen Werten führt. Die

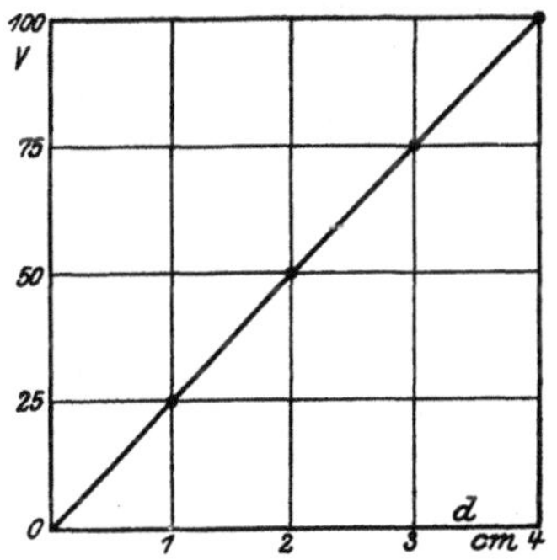

Abb. 7. Glühsonden-Methode. Das Feld eines ebenen Kondensators.

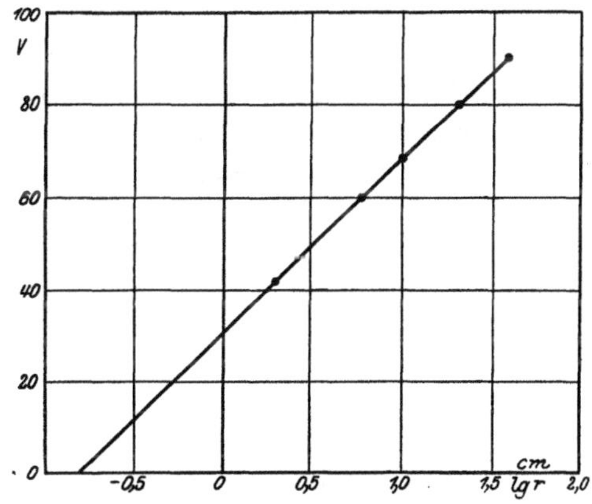

Abb. 8. Glühsonden-Methode. Das Feld eines zylindrischen Kondensators.

Resultate dieser Messungen sind in den Abb. 7 und 8 aufgezeichnet. Die Abb. 7 entspricht dem Felde eines ebenen Kondensators. Die beobachteten Werte liegen auf einer Geraden, deren Neigung mit der theoretisch aus der Spannung und dem Plattenabstand berechneten zusammenfällt. In Abb. 8 ist die Spannungsverteilung in einem zylin-

[1] Die diese Untersuchung betreffenden experimentellen Messungen sind von Frl. Inge angeführt worden.

drischen Kondensator aufgezeichnet. In diesem Fall muß das Potential eine lineare Funktion des Logarithmus des Abstandes vom Zentrum r sein. Die eingezeichnete Gerade entspricht der theoretischen Abhängigkeit, die Kreise — den gemessenenWerten. Die Übereinstimmung ist befriedrigend.

Die Methode der Glühsonde wurde von den Autoren dieses Buches und deren Mitarbeitern hauptsächlich angewandt, um die sowohl für die Physik als auch für die Technik wichtigen elektrischen Felder von Drahtgittern, Drahtnetzen und Diaphragmen zu untersuchen [*11*]. Diese Felder sind in zweierlei Hinsicht von Interesse: Drahtgitter und Drahtnetze werden oft dazu verwandt, um Apparate oder Versuchsanordnungen vor der Einwirkung von fremden Feldern zu schützen. Nun ist aber tatsächlich diese Schirmwirkung nicht vollkommen, ein Teil der elektrischen Kraftlinien dringt immer durch die Maschen des Netzes hindurch. Es ist von Interesse, den Zusammenhang zwischen dem Prozentsatz der hindurchgedrungenen Kraftlinien und den geometrischen Dimensionen des Netzes oder Gitters zu finden.

Noch wichtiger ist folgende Aufgabe: bei vielen Vakuumapparaten werden Drahtnetze oder Diaphragmen dazu verwandt, um Ionen zu beschleunigen oder zu verzögern. Dabei wird gewöhnlich stillschweigend angenommen, daß ein Ion oder Elektron, das zwischen zwei Netzen hindurchgeflogen ist, eine Energieänderung erleidet, die der zwischen diesen Netzen angelegten Potentialdifferenz gleich ist. Dies trifft aber nur in den wenigsten Fällen zu. Tatsächlich ist das Potential des Feldes in den Maschen des Netzes, durch die die Ionen hindurchfliegen, keineswegs dem Potential des Netzes gleich. Da, wo es auf eine genaue Kenntnis der Energie der Ionen bzw. Elektronen ankommt, muß diese Abweichung beachtet werden.

Um diese Frage zu beantworten, wurde von uns eine Reihe von Messungen ausgeführt. Das zu untersuchende Objekt, Netz oder Diaphragma, wurde der größeren Bestimmtheit halber zwischen den Platten eines ebenen Kondensators so eingestellt, daß es parallel zu den Platten lag. Die Dimensionen wurden so groß gewählt, daß man das ganze Feld in allen seinen Einzelheiten ausmessen konnte.

Wir wollen zuerst die Untersuchung von Drahtnetzen und Gittern besprechen. Das hauptsächliche Interesse bieten die Felder, bei denen zwischen der einen Platte und dem Netz eine bestimmte Spannung, zwischen der anderen Platte und dem Netz aber keine oder eine entgegengesetzt gerichtete Spannung angelegt ist. Im ersten Fall wirkt das Netz als elektrostatischer Schutz. Im zweiten — läßt sich der größte Unterschied zwischen der Energieänderung des Ions und der angelegten Potentialdifferenz erwarten.

Zwei dieser an Drahtgittern gemessenen Felder zeigen Abb. 9 und 10[1]. Die Abb. 9 entspricht dem Fall, wo zwischen der oberen Platte und dem Gitter eine Spannung von 190 V, zwischen dem Gitter und der unteren Platte keine Spannung angelegt war. Trotzdem ist in dem unteren Kondensator ein elektrisches Feld vorhanden, dessen Intensität ungefähr 15% des oben angelegten beträgt. Die Abb. 10 entspricht dem Fall, wo die Spannungen am oberen und unteren Kondensator einander gleich aber entgegengesetzt gerichtet sind. Trotzdem eine Spannung von 190 V angelegt ist, beträgt der Maximalwert

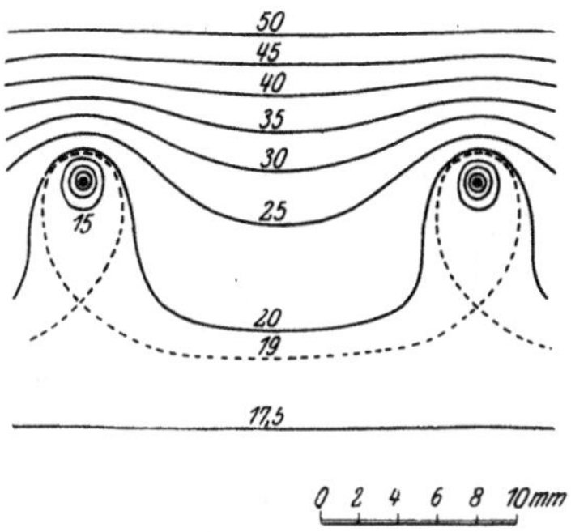

Abb. 9. Elektrostatisches Feld eines Drahtgitters. Schirmwirkung. Abstand zwischen Gitter u. Platten je 10 cm. Abstand zwischen den Drähten 2 cm. Drahtdurchmesser 0,4 mm.

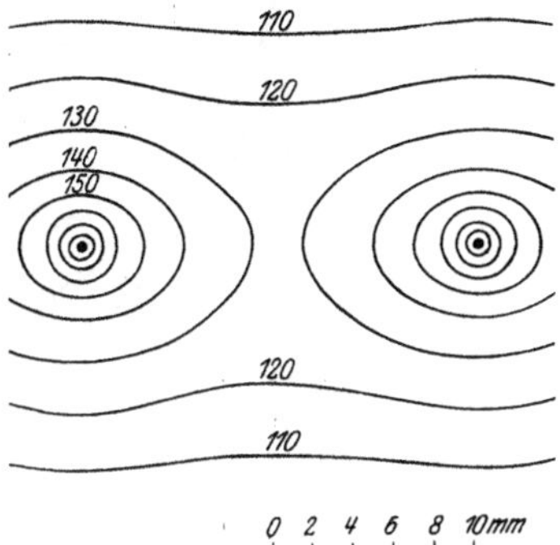

Abb. 10. Elektrostatisches Feld eines Drahtgitters. Gegenfelder. Abmessungen wie Abb. 9.

der Energie eines in der Mitte zwischen den Drähten hindurchgeflogenen Ions bloß 125 V.

Aus dem Aussehen dieser Felder lassen sich folgende wichtige Schlüsse ziehen.

1. In einer Entfernung vom Gitter, die ungefähr dem Abstand zwischen den einzelnen Gitterdrähten gleichkommt, kann das Feld schon als homogen betrachtet werden. Da dieser Abstand im Vergleich zum Plattenabstand gewöhnlich sehr klein ist, so ist die Gesamtwirkung des Netzes der einer Platte ähnlich, deren Potential aber mit dem des Netzes keineswegs zusammenfällt.

2. Die Niveaulinien unmittelbar in der Nähe der Drähte sind konzentrische Kreislinien. Die Feldverteilung ist hier der in einem zylindrischen Kondensator ähnlich.

Die Felder der Drahtnetze ähneln in ihrem äußeren Aussehen sehr denjenigen der Drahtgitter. Die beiden oben erwähnten Eigenschaften

[1] Die Felder von Drahtgittern lassen sich auch theoretisch nach einer von Maxwell gegebenen Formel berechnen. Die gemessenen Werte können folglich theoretisch geprüft werden. Ein solcher Vergleich wurde von uns ausgeführt. Die Übereinstimmung erwies sich als befriedigend.

der Felder der Drahtgitter werden auch bei ihnen beobachtet. Da es in der Praxis hauptsächlich auf die Gesamtwirkung der Netze ankommt, kann man davon absehen, das ganze Feld in allen Einzelheiten auszumessen und sich damit begnügen, die Spannungsverteilung längs einigen charakteristischen Schnittlinien des Feldes zu bestimmen. Wir wählten zwei senkrecht zum Netz gerichtete Schnittlinien, von denen eine durch

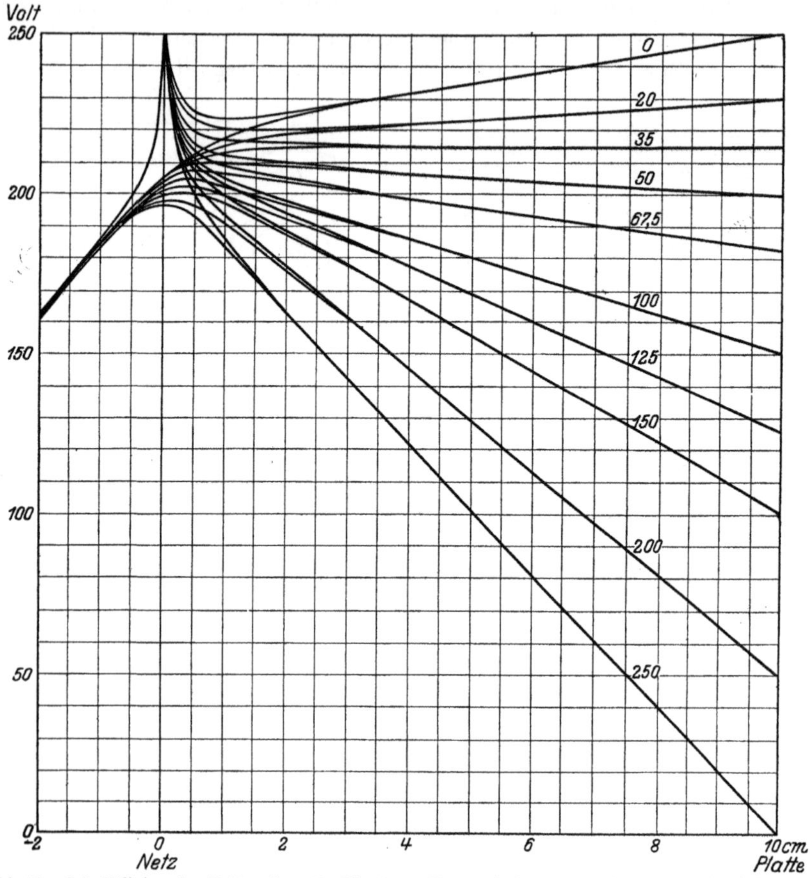

Abb. 11. Schnittlinien des Feldes eines Drahtnetzes. Netz zwischen zwei Platten. Abstand der Platten vom Netz je 10 cm, Maschenweite 5 cm, Drahtdurchmesser 0.3 mm. Spannungsdifferenz links 250 V, rechts Gegenfeld von dem über die Kurven geschriebenen Betrage.

den Mittelpunkt der Maschen ging, die andere einen der das Netz bildenden Drähte kreuzte.

Die Resultate einer Reihe solcher Messungen sind in Abb. 11 zusammengestellt. Zwischen der linken, hier nicht sichtbaren Platte und dem Netz ist eine Spannung von 250 V angelegt. Rechts hatte die Spannung entgegengesetzte Richtung und wurde stufenweise von

0 bis 250 V verändert. Die Werte dieser Gegenspannungen sind über die Kurven geschrieben. Die geometrischen Dimensionen des Netzes sind auf der Tafel angeführt. Jedem einzelnen Fall entsprechen, wie gesagt, zwei Kurven; die obere entspricht der durch den Draht, die untere der durch den Mittelpunkt der Maschen gehenden Schnittlinie. Schon in einer geringen Entfernung vom Netz fallen diese beiden Kurven zusammen; d. h. daß das Feld kann von hier an als homogen betrachtet werden.

Selbst in den Fällen, wo rechts keine Spannung angelegt ist, ist hier doch ein Feld vorhanden, das dem links gelegenen gleichgerichtet ist, so daß die durch das Netz hindurchgegangenen Ionen auch weiter beschleunigt werden und die ihnen vorgeschriebenen 250 V bloß an der rechten Platte bekommen (das unmittelbar an den Drähten gelegene Feld schließen wir aus, da es einen nur unbedeutenden Teil des gesamten Feldes ausmacht). Wir finden tatsächlich ein Fehlen des Feldes rechts erst bei 35 V Gegenspannung. Ist die Gegenspannung kleiner, so wird die Maximalenergie der Elektronen durch die rechte Platte (nicht aber das Netz) bestimmt. Wenn der Wert der Gegenspannung nahe bei 35 V liegt, so bekommen die meisten der Elektronen überhaupt nicht mehr als 215 V. Steigert man die Gegenspannung, so wird auch der Unterschied zwischen der erwarteten und der tatsächlichen Energieänderung größer, bis er bei 250 V Gegenspannung 53 V erreicht.

Es erhebt sich die Frage, ob man nicht die bei einem Netz gewonnenen Resultate auf beliebige andere umrechnen kann. Man könnte sich dann die Mühe ersparen, bei jedem Netz die Messungen von neuem auszuführen. Eine solche Umrechnung ist möglich. Da eine derartige Verallgemeinerung nicht nur bei Netzen, sondern auch in anderen Fällen möglich und folglich von allgemeinem Interesse ist, wollen wir diese Aufgabe ausführlicher besprechen.

Die Umrechnung gründet sich auf folgende Tatsachen:

1. In Abb. 11 läßt sich der Maßstab längs der Ordinatenachse beliebig verändern, ohne daß die Kurven ihre Richtigkeit einbüßen oder, mit anderen Worten, alle angelegten Spannungsdifferenzen können in einem beliebigen aber gleichem Maße verändert werden.

2. Der Maßstab längs der Abszissenachse kann auch beliebig vergrößert oder verkleinert werden, die Dimensionen des Netzes und die Abstände der Platten können folglich in gleichem Maße verändert werden, ohne daß die Spannungsverteilung aufhört richtig zu sein.

3. Da die Niveauflächen schon nahe am Netz zu Ebenen werden, so kann jede von ihnen durch eine Metallplatte ersetzt werden, die das Potential der entsprechenden Niveaufläche erhält, ohne daß das Feld verändert wird. Wir können also die beiden Platten beliebig nähern

oder entfernen, wobei wir nur ihre Potentiale entsprechend verändern müssen.

4. Da das Feld an den Drähten logarithmisch abfällt und die Niveauflächen folglich koaxiale Zylinderflächen sind, so kann man einen dünnen Draht durch einen dicken ersetzen, wenn man dem letzteren das Potential der Niveaufläche zuschreibt, mit der seine Oberfläche zusammenfällt. Dies gibt uns die Möglichkeit, auch das Verhältnis des Durchmessers der Drähte zur Weite der Maschen beliebig zu variieren.

Die ersten drei Punkte bedürfen kaum einer Begründung, sie gehen aus den allgemeinen Eigenschaften der elektrostatischen Felder hervor. Anders steht es mit dem vierten Punkt; hier muß gezeigt werden, daß das Feld wirklich logarithmisch abfällt. Unmittelbare Messungen waren dazu zu ungenau. Der Beweis wurde deshalb folgendermaßen erbracht: es wurden zuerst mehrere Kurven, die verschiedenen Gegenspannungen entsprechen, für ein Netz ausgemessen, bei dem das Verhältnis des Durchmessers der Drähte d zur Weite der Maschen a 1:11 war. Die linke Platte war geerdet, an dem Netz war eine Spannung von 250 V, an der rechten Platte der Reihe nach eine von 250 V. und 235 V angelegt. Darauf wurden, bei derselben Maschenweite, die dicken Drähte durch dünnere ersetzt, so daß das Verhältnis $\frac{d}{a}$ 1:150 betrug. Nun wurde untersucht, ob sich nicht bei diesem Netze ein Potential finden ließe, bei dem sich dieselben Kurven ergäben wie bei dem dicken Netz. Es zeigte sich, daß die Kurven übereinstimmten, wenn man das Potential des dünnen Netzes bis 269 V steigerte, die übrigen Potentiale aber und die Entfernungen der Elektroden unverändert ließ. Man hatte dann zwei Punkte $\left(\frac{d}{2} = 0{,}15 \text{ mm} — 269 \text{ Volt}, \frac{d}{2} = 2{,}25 \text{ mm} — 250 \text{ V}\right)$, zwischen denen eine logarithmische Kurve aufgetragen werden konnte. Die Resultate wurden an einem dritten Netz geprüft, dessen Drähte 1,9 mm dick waren. Aus der logarithmischen Kurve konnte man berechnen, daß man dem Netz ein Potential von 256 V geben mußte, damit die diesem Netz entsprechenden Kurven mit den beiden früheren (dünnes und dickes Netz) übereinstimmten. Das traf auch tatsächlich zu, wie man aus Abb. 12 ersehen kann, in der die Kurven für die 0,3 mm (Kreise) und 1,9 mm (Kreuze) dicken Drähte gegeben sind.

Das Netz, das zur Berechnung aller übrigen dienen kann und das wir weiterhin Grundnetz nennen werden, muß man so wählen, daß das Verhältnis des Durchmessers der Drähte zur Weite der Maschen klein ist, denn es ist bequemer, von einem dünneren Netz zu einem dickeren überzugehen, als umgekehrt. Man kann gut das der Abb. 11 entsprechende Netz gebrauchen. Der am Draht liegende logarithmische

Teil der Kurve, der gerade den Übergang zu dickeren Netzen ermöglicht, ist für sich noch einmal in Abb. 13 wiedergegeben[1].

Aus dem Gesagten ergibt sich für die Umrechnung auf ein beliebiges gegebenes Netz folgendes Schema: Zuerst muß man beim Grundnetz das Verhältnis des Durchmessers der Drähte zur Weite der Maschen so verändern, daß es dem des gegebenen Netzes gleich wird. Das kann mit Hilfe der in der Abb. 13 gegebenen logarithmischen Kurve geschehen. Dies wird die am Grundnetz angelegte Spannung verändern. Dann müssen die beiden Platten beim Grundnetz so verschoben werden, daß hier das Verhältnis der Abstände der Platten zu den Dimensionen des Netzes dasselbe wird wie bei dem uns gegebenen Netz. Nach diesen

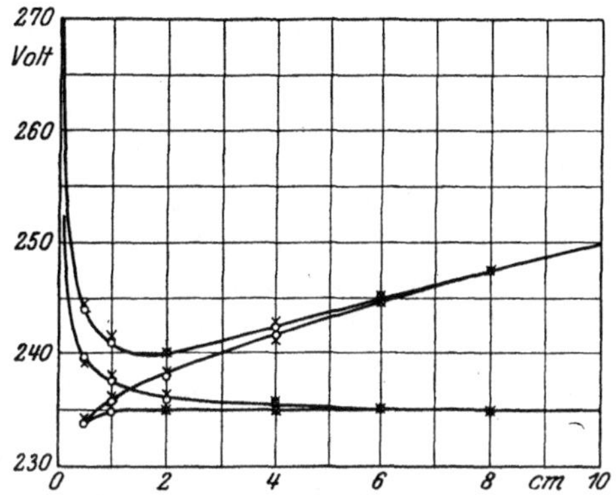

Abb. 12. Schnittlinien des elektrostatischen Feldes eines Drahtnetzes.

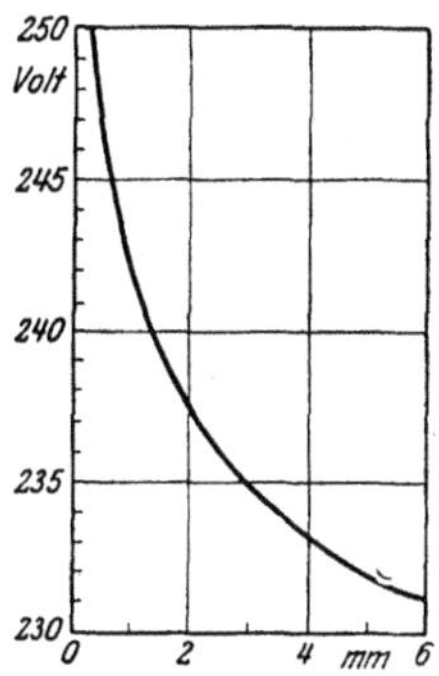

Abb. 13. Das elektrostatische Feld eines Drahtnetzes. Spannungsabfall an den Drähten.

Rechnungen bekommen wir beim Grundnetz eine bestimmte Spannung zwischen dem Netz und der linken Platte. Die Gegenspannung muß nun so gewählt werden, daß das Verhältnis dieser beiden Spannungen beim Grundnetz dasselbe ist wie bei dem uns gegebenen Netz. Darauf suchen wir eine Kurve, die dieser Gegenspannung bei dem schon gefundenen Abstand der rechten Platte entspricht. Diese Kurve wird den Schnitt des gesuchten Feldes darstellen. Um auch die absoluten Werte der Spannungen richtig zu bestimmen, müssen wir noch alle Spannungswerte in dem Verhältnis ändern, in dem die gegebenen Spannungen zu denen am Grundnetz nach allen Rechnungen stehen.

Wir wollen nun die ganze Rechnungsweise an einem Beispiel erklären. Wir wählen eine Anordnung, wie sie bei Vakuumapparaten häufig vorkommt. Es sei ein dünnes Molybdännetz gegeben (Weite der

[1] Als Abszissen sind auf dieser Abbildung die Durchmesser der Drähte aufgetragen.

Maschen 0,5 mm, Durchmesser der Drähte 0,02 mm). Der Abstand der linken Elektrode vom Netz sei 10 mm, der der rechten 20 mm. Die entsprechenden Spannungsdifferenzen seien 12 Volt und 20 Volt. Nach dem oben gegebenen Schema müssen wir das Verhältnis des Durchmessers der Drähte zur Weite der Maschen beim Grundnetz derart verändern, daß es demjenigen des uns gegebenen Netzes gleich wird. Bei dem zu untersuchenden Netz beträgt dieses Verhältnis 1 : 25. Man muß also den Durchmesser der Drähte beim Grundnetz auf 2 mm vergrößern, sein Potential folglich auf 237,5 verringern (vgl. Abb. 13).

Dann müssen wir im Grundnetz die Platten so verschieben, daß sie ähnlich wie im gegebenen Fall liegen. Da die Dimensionen des gegebenen Netzes ein Hundertstel der des Grundnetzes betragen, muß man bei letzterem, um eine ähnliche Lage der Elektroden zu erzielen, die linke Platte auf 100 cm, die rechte auf 200 cm entfernen. Aus der Neigung der Geraden im linken Kondensator (20 V/cm) läßt sich leicht berechnen, daß man, um das Feld unverändert zu lassen, der linken Platte ein Potential von —1800 Volt geben muß. Die totale Spannungsdifferenz zwischen der linken Platte und dem Netz wird dann 2037,5 V sein, diejenige zwischen dem Netz und der rechten Platte, aus dem Verhältnis der gegebenen Felder (12 V und 20 V) berechnet, $\frac{2037{,}5 \cdot 20}{12} = 3395$ V betragen müssen. Es läßt sich leicht zeigen, daß bei dieser Spannungsdifferenz und bei einer Entfernung vom Netz von 200 cm, die rechte Platte von einer Kurve getroffen wird, die zwischen den durch —200 V und —250 V in der Abb. 11 bezeichneten liegt und zwar näher zur ersteren. Das Potential im Mittelpunkt der Maschen wird folglich vom Potential der Drähte um 237,5 — 198,5 = 39 V abweichen. Wenn wir nun zu den gegebenen Spannungsdifferenzen übergehen, so wird diese Abweichung $\frac{39 \cdot 12}{2037{,}5} = 0{,}23$ V betragen. Zu bemerken ist, daß sich diese Abweichung ändert, wenn bei konstanter zweiter Spannungsdifferenz die erste Spannungsdifferenz vergrößert oder verkleinert wird. So beträgt sie, wenn man zwischen der linken Platte und dem Netz 15 V statt 12 V nimmt, schon 0,28 V.

Ähnlich gestaltet sich die Rechnung, wenn wir zwei Netze zwischen den Platten des Kondensators haben und das Feld zwischen den Netzen schwach ist. Dann kann jedes Netz mit der an ihm liegenden Platte einzeln, wie oben, berechnet werden. Als spezieller Fall ergibt sich auch die Bestimmung der Schirmwirkung von Netzen. Für die Berechnung genügt es anzunehmen, daß das Netz und die rechte Platte ein und dasselbe Potential besitzen.

Es muß noch erwähnt werden, daß in dem oben behandelten Fall von Netzen zwischen ebenen Elektroden, die durch die Maschenstruktur des Netzes verursachte Deformation des Feldes am größten ist. Sind die Elektroden anders geformt, insbesondere scharfkantig, so dringt bei demselben Elektrodenabstand eine kleinere Anzahl der elektrischen Kraftlinien durch das Netz hindurch. Die Differenz zwischen der Wirkung eines Netzes und einer ebenen Platte wird kleiner.

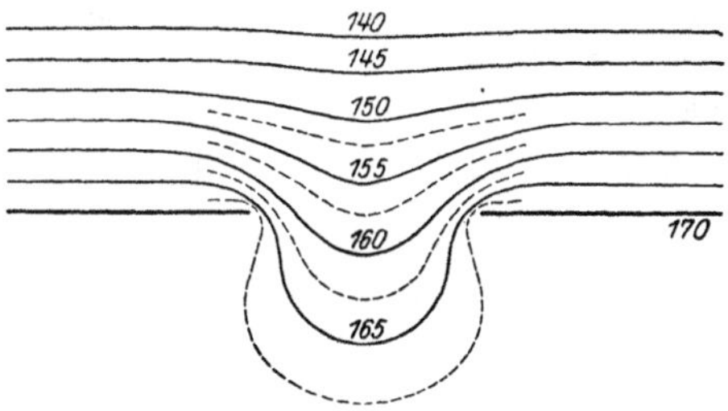

Abb. 14. Elektrostatisches Feld eines Diaphragmas. Schirmwirkung. Abstand der Platten 52,5 mm. Breite des Diaphragmas 12 mm.

Alle schädlichen Eigenschaften der Drahtnetze besitzen auch die Diaphragmen, wenn auch in bedeutend geschwächter Form. Abb. 14 und 15 zeigt zwei derartige von uns gemessene Feldbilder. Die Abb. 14 entspricht dem Fall, wo zwischen der oberen Platte und dem Diaphragma eine Spannung von 170 V, zwischen dem Diaphragma und der unteren Platte keine Spannung angelegt ist. Das Feld dringt auch hier aus dem oberen Kondensator in den unteren ein. In einer Entfernung vom Diaphragma, die dessen Breite gleichkommt, ist es aber beinahe verschwunden.

In dem Fall, wo im unteren Kondensator eine Gegenspannung angelegt ist (Abb. 15), kann auch hier das Potential in der Mitte des Diaphragmas V_d von demjenigen des Diaphragmas selbst V_0 bedeutend abweichen. So erhält man in dem der Abb. 15 entsprechenden Fall statt 170 V bloß 155 V. Diese Abweichung $V_0 - V_d$ kann als Funktion des Verhältnisses $\frac{a}{b}$ dargestellt

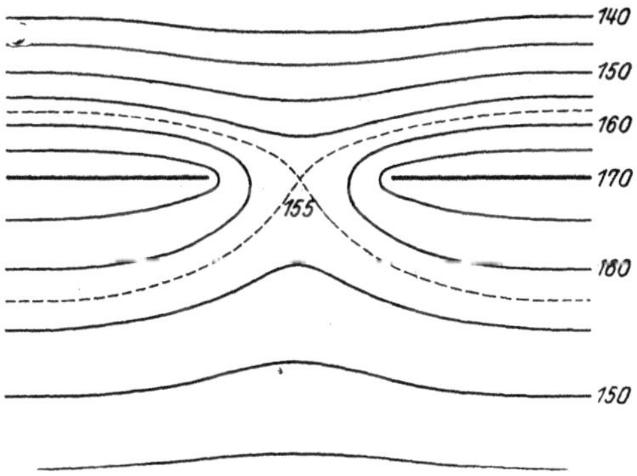

Abb. 15. Elektrostatisches Feld eines Diaphragmas. Gegenfelder. Dimensionen wie in der Abb. 14.

werden, wo b die Breite des Diaphragmas und a der Abstand der Platten vom Diaphragma ist. Zwei von diesen experimentell ermittelten Kurven sind in Abb. 16 aufgezeichnet. Als Abszissen sind hier die Verhältnisse $\frac{b}{a}$, als Ordinaten die relativen Abweichungen $\frac{V_0 - V_d}{V_0}$ aufgetragen. Die untere Kurve entspricht dem Fall, wo am unteren Kondensator keine Spannung angelegt ist, die obere dem Fall, wo die Spannung am unteren Kondensator gleich der am oberen angelegten, aber entgegengesetzt gerichtet ist. In der Praxis haben wir es gewöhnlich mit dazwischenliegenden Fällen zu tun.

Bei den von uns untersuchten ebenen Elektroden sind, ebenso wie bei den Drahtnetzen, die Abweichungen am größten. Wird z. B. eine von den Elektroden durch ein parallel zu dem Diaphragma eingestelltes Drahtstück ersetzt, so verkleinern sich die Abweichungen um etwa 60%.

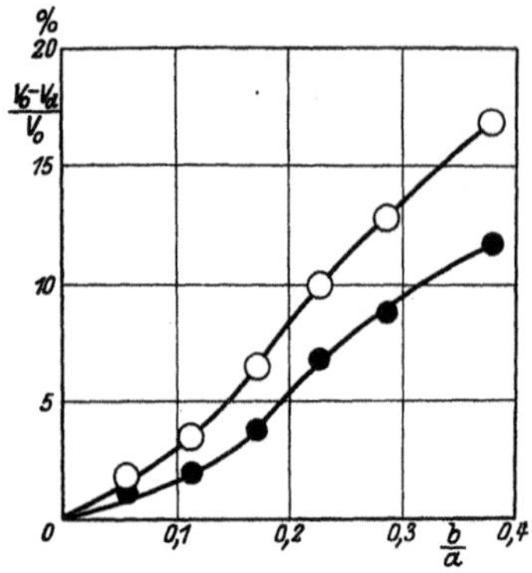

Abb. 16. Relative Spannungserniedrigung im Mittelpunkt des Diaphragmas in Abhängigkeit von der Breite des Diaphragmas.

Die oben behandelten Probleme sind die einfachsten. Die in der Praxis vorkommenden Anordnungen sind gewöhnlich komplizierter. Näherungsweise lassen sich aber dennoch die Felder solcher Anordnungen nach dem oben angeführten Verfahren abschätzen. Für viele Probleme, bei denen es sich um die Berechnung von Vakuumapparaten handelt, wie z. B. bei der Konstruktion von Glühkathodenröhren, Röntgenröhren und Kathodenoszillographen, ist eine Kenntnis des elektrischen Feldes erwünscht. Die Elektrodenanordnung ist meistens so kompliziert, daß sich das Feld kaum theoretisch berechnen läßt. Die Sondenmethoden könnten hier gute Dienste leisten. Wir bekommen dabei zwar das elektrostatische Feld, das von dem Feld, das den Betriebsbedingungen der Anordnung entspricht, bedeutend abweichen kann. Aber das ist auch schon etwas.

7. Die Methode der Kapazitätssonde.

In einer gewöhnlichen, mit Wechselspannung gespeisten Kapazitätsbrücke (Abb. 17), wird in der Diagonale d der Strom dann ausbleiben, wenn sich die Kapazitäten C_1 und C_2 umgekehrt wie die Widerstände r_1 und r_2 und die entsprechenden Potentialdifferenzen V_1 und V_2 verhalten, d. h. wenn gilt:

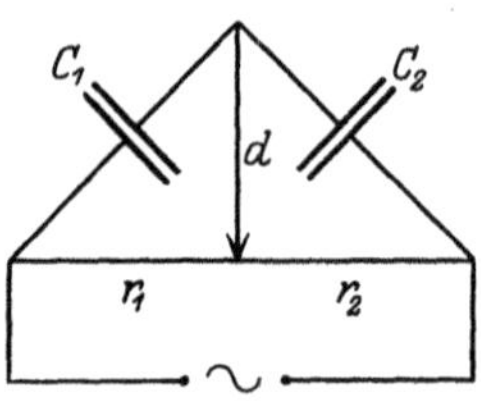

Abb. 17. Gewöhnliche Kapazitätsbrücke.

$$\frac{C_1}{C_2} = \frac{r_2}{r_1} = \frac{V_2}{V_1}, \tag{3}$$

oder

$$C_1 V_1 = C_2 V_2. \tag{4}$$

Dasselbe System von zwei Kondensatoren kann man sich durch drei Platten gebildet denken, wie sie in Abb. 18 abgebildet sind. Die erste Kapazität C_1 wird durch die untere Elektrode A_1 und die Platte a, die zweite C_2 durch die Platte a und die obere Elektrode A_2 gebildet. Fließt in der Diagonale d kein Strom, so müssen hier ebenfalls die Gleichungen (3) und (4) erfüllt werden.

Entfernen wir die Platte a, so bekommen wir zwischen den Elektroden A_1 und A_2 ein homogenes elektrisches Feld. Vor Einführung der Platte besaß die Niveaufläche dieses homogenen Feldes, in der nachher die Platte a liegen wird, ein bestimmtes Potential V_x. Die Potentialdifferenz zwischen dieser Niveaufläche und den Platten sei V_1' und V_2'. Stimmt nun das Potential der Platte mit demjenigen der Niveaufläche V_x überein, so muß die Beziehung

$$C_1 V_1' = C_2 V_2' \tag{5}$$

erfüllt werden, da die beiderseits induzierten Ladungen ihrer Größe nach einander gleich sein müssen. Vergleichen wir (5) und (4), so sehen wir, daß das Verhältnis der Spannungsdifferenzen in beiden Fällen dasselbe ist. Das Potential der Platte bei stromloser Diagonale muß folglich mit demjenigen übereinstimmen, das die Niveaufläche besaß, in die die Platte eingestellt wird. Das Feld bleibt durch die Einführung der Platte vollkommen ungeändert.

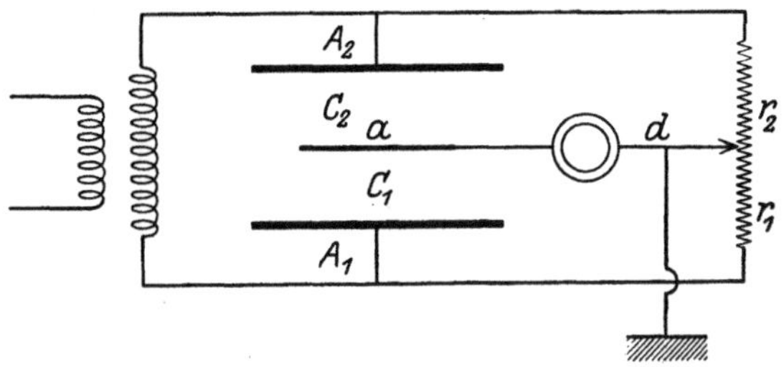

Abb. 18. Kapazitätssonde. Schematische Anordnung.

In der oben angeführten Berechnung wurde nur der Übersichtlichkeit wegen das Feld eines ebenen Kondensators genommen. Genau derselbe Beweis läßt sich auch im allgemeinsten Fall für beliebige elektrostatische Felder führen. Die einzige Bedingung ist, daß der mittlere, sonst beliebig geformte Leiter, in einer Niveaufläche liegen muß.

Eine Anordnung, wie sie Abb. 18 zeigt, läßt sich folglich für Sondenmessungen verwenden; der Leiter a kann als Sonde dienen. Um das Feld auszumessen, genügt es, in das Feld eine geeignet geformte Sonde einzuführen und darauf die Sonde oder den Schieber so lange zu verschieben, bis in der Diagonale kein Strom mehr fließt. Das Potential der Niveaufläche, in der die Sonde liegt, wird dann mit dem des Schiebers identisch sein. Selbstverständlich lassen sich statt der Ohmschen Widerstände r_1 und r_2 auch Kapazitätswiderstände verwenden.

Wegen der Kleinheit der Kapazitäten C_1 und C_2 sind auch die in der Diagonale fließenden Wechselströme schwach. Mit gewöhnlichen Meßapparaten können sie nicht festgestellt werden. Eine Glühkathodenröhre genügt aber schon meistens, um den Strom so weit zu verstärken, daß er in einem Telephon hörbar wird. Um den Strom zu vergrößern, empfiehlt es sich, auch die Frequenz der Wechselspannung nicht zu klein zu wählen. Die besten Resultate bekommt man bei Frequenzen von 500—1000 per/sek.

Große Sorgfalt erfordert der elektrostatische Schutz der Diagonale. Der Wirkung von elektrischen Feldern kann nämlich nur die Sonde ausgesetzt werden. Alle übrigen von der Sonde zum Schieber führenden Leiter müssen dagegen äußerst sorgfältig vor der Einwirkung von äußeren Feldern geschützt werden. Es ist am besten, die Diagonale in eine metallische Hülle, die mit dem Schieber vereinigt wird, einzuschließen und den Schieber selbst zu erden.

Die Genauigkeit der Methode läßt sich sehr weit steigern. Am meisten wird sie durch Fehler in der Bestimmung der geometrischen Lage der Sonden beeinflußt. Es empfiehlt sich deshalb, die geometrischen Dimensionen des Feldes so groß wie möglich zu wählen. Bei gewöhnlichen, nicht sehr genauen Messungen, beträgt die Genauigkeit der Messungen einige Prozente, was für die Praxis vollkommen ausreicht.

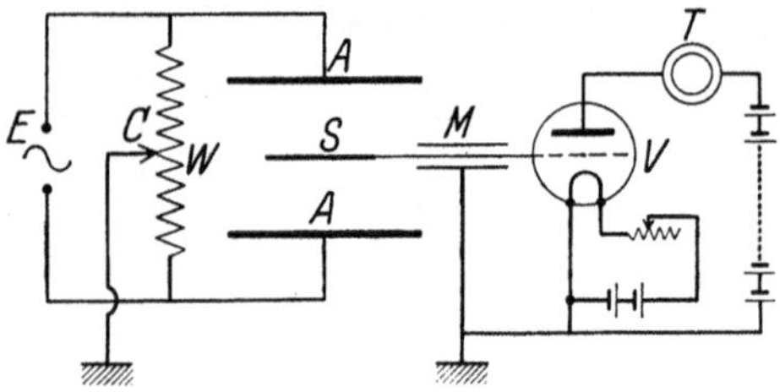

Abb. 19. Kapazitätssonde; Meßanordnung.

Das im Physikalisch-Technischen Laboratorium für Sondenmessungen ausgearbeitete praktische Schema ist in Abb. 19 gegeben.

Als Spannungsquelle *E* diente ein Röhrengenerator, dessen Frequenz zwischen 500 per/sek und 1000 per/sek variiert werden konnte. Die Spannung wurde vom Generator den Elektroden *A*—*A* zugeführt. Parallel zu den Elektroden war der Widerstand *W* geschaltet, dessen Schieber *C* geerdet wurde. Die Sonde *S* wurde mit dem Gitter des Verstärkers *V* verbunden. Der Zuleitungsdraht war der ganzen Länge nach durch das geerdete Metallrohr *M* elektrostatisch geschützt. In den Anodenkreis des Verstärkers wurde ein Telephon eingeschaltet. Die Kathode des Verstärkers war geerdet.

Die Kapazität der Sonde muß so groß wie möglich gewählt werden. Dadurch werden die in der Diagonale fließenden Ströme verstärkt, alle schädlichen Einwirkungen dagegen abgeschwächt. Zu beachten ist nur, daß die Sonde stets so genau wie möglich in einer Niveaufläche liegt.

Die Messungen selbst können auf zweierlei Art ausgeführt werden:

1. In das Feld wird eine Anzahl von unbeweglichen Sonden eingeführt. Die Sonden werden der Reihe nach mit dem Gitter des Verstärkers verbunden und der Schieber so lange verschoben, bis kein Strom mehr fließt.

2. In das Feld wird eine bewegliche Sonde eingeführt. Der Schieber wird der Reihe nach auf bestimmte Spannungswerte eingestellt und die Sonde so lange verschoben, bis kein Strom mehr fließt.

Welche der beiden Methoden bequemer ist, hängt von der Art des Feldes ab. Wendet man unbewegliche Sonden an, so muß beachtet werden, daß die Sonden nicht allzunah aneinander liegen. Sonst können die Resultate der Messungen bedeutend gefälscht werden.

Nach der Methode der Kapazitätssonde wurde im Physikalisch-Technischen Laboratorium eine Reihe von praktisch wichtigen Feldern ausgemessen. Die Resultate, zu denen diese Messungen führten, werden wir im folgenden ausführlicher besprechen. In einigen Fällen wurden die entsprechenden Felder auch theoretisch berechnet. Die Übereinstimmung war in allen Fällen sehr gut. Während aber die theoretische oder graphische Berechnung meistens mehrere Wochen erforderte, konnte dasselbe Feld mit Hilfe der experimentellen Methode in wenigen Tagen ausgemessen werden. Die experimentelle Methode hat also bei einigermaßen komplizierten Feldern auch noch den Vorteil, daß sie schneller zum Ziele führt.

Die Messungen wurden bisher hauptsächlich in Luft ausgeführt. Zweifellos läßt sich aber die Methode der Kapazitätssonde auch bei beliebigen anderen festen oder flüssigen Isolierstoffen anwenden. Auch bei einem homogen leitenden Medium lassen sich günstige Resultate erwarten.

Ist die Leitfähigkeit des Mediums nicht homogen, wie z. B. bei Gasentladungen unter Atmosphärendruck, so werden die Verhältnisse komplizierter. Aber auch hier können scheinbar günstige Resultate erzielt werden, wie vorläufige Messungen der Potentialverteilung in der Korona gezeigt haben.

8. Beispiele aus der Praxis.

Die einfachsten Felder. — Um die Genauigkeit der Methode zu zeigen, sind in Abb. 20 und 21 die Resultate der Messungen in einigen

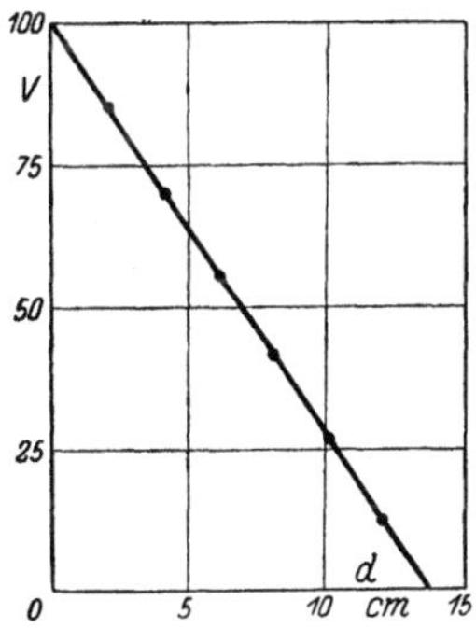

Abb. 20. Potentialverteilung im ebenen Kondensator.

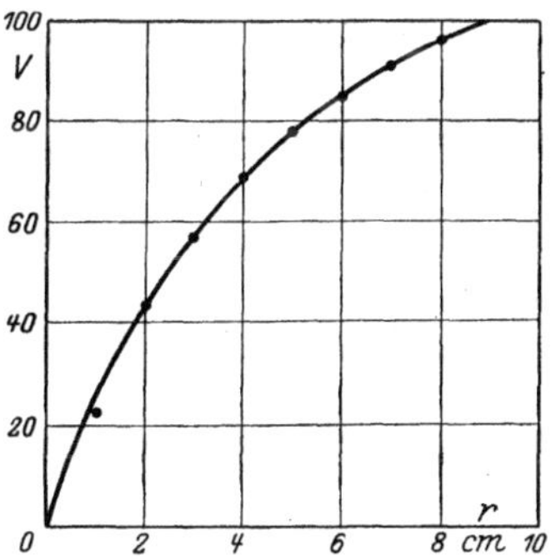

Abb. 21. Potentialverteilung im zylindrischen Kondensator.

eindimensionalen Feldern wiedergegeben. Abb. 20 gibt die Spannungsverteilung in einem ebenen Kondensator. Die theoretische Spannungsverteilung ist durch die Gerade wiedergegeben, die gemessenen Werte sind durch Kreise bezeichnet. Als Sonde diente ein Drahtring, der parallel zu den Platten des Kondensators eingestellt war.

Abb. 21 zeigt die Spannungsverteilung in einem zylindrischen Kondensator. Die Kurve entspricht der theoretischen Potentialverteilung, die Kreise den gemessenen Werten. In diesem Fall wurden als Sonden auch Kreisringe verwandt, die konzentrisch zur Achse des Kondensators eingestellt waren. Der Unterschied zwischen den theoretischen und den gemessenen Werten beträgt, sowohl im ebenen als auch in dem zylindrischen Kondensator durchschnittlich nicht mehr als 1%.

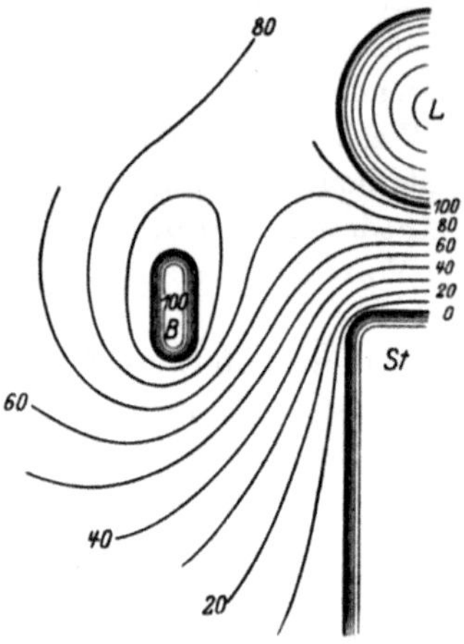

Abb. 22. Das elektrische Feld der Metallteile eines Stützenisolators.

Die elektrischen Felder von Stützenisolatoren[1]. Die Aufgabe bestand darin, das elektrische Feld eines Porzellanisolators sowohl innerhalb des Isolators als auch in seiner Umgebung möglichst genau zu bestimmen. Bedeutende Schwierigkeiten bereitete der Umstand, daß keine Sonden in das Innere des Isolators eingeführt werden konnten. Es wurde deshalb folgendermaßen verfahren:

Zuerst wurde nach der Sondenmethode das elektrische Feld der Metallteile allein in Luft gemessen. Diese Metallteile bestehen aus der Stütze *St* (Abb. 22), dem Bund *B* und dem durch eine Kugel ersetzten Leiter *L*. Als Sonden wurden kreisförmige Drahtringe von verschiedenem Durchmesser verwandt, die koaxial zu der Symmetrieachse des Feldes eingestellt waren und durch eine Mikrometerschraube in einer zur Symmetrieachse parallelen Richtung verschoben werden konnten. Das entsprechende Feld zeigt Abb. 22. Darauf wurde der Porzellanisolator zwischen die Metallteile gestellt und das Feld um den Isolator herum so genau wie möglich ausgemessen. Innerhalb des Isolators, weit von dessen Oberfläche, mußte das Feld für Porzellan und Luft dasselbe sein. Es konnten folglich für die Bestimmung des Feldes in diesen Teilen des Isolators die aus den vorigen, in Luft ausgeführten Messungen, gewonnenen Resultate verwandt werden. In der Nähe der Oberfläche des Isolators war das Feld gegenüber dem in Luft gemessenen sicher bedeutend entstellt. Durch die zweite Serie der Messungen war jedoch

[1] Diese Felder sind nach der Sondenmethode im hiesigen Laboratorium von Anton Walther [*12*] untersucht worden.

das unmittelbar an der Oberfläche des Isolators in der Luft vorhandene Feld bekannt. Die aus dem Inneren des Isolators kommenden Niveauflächen mußten in der Nähe der Oberfläche so verschoben werden, daß sie die in Luft bei Anwesenheit des Isolators gemessenen richtig trafen und daß das Gesetz der Brechung der Niveaulinien an der Oberfläche erfüllt wurde. Das nach einem solchen Verfahren bestimmte elektrostatische Feld eines Isolators zeigt Abb. 23.

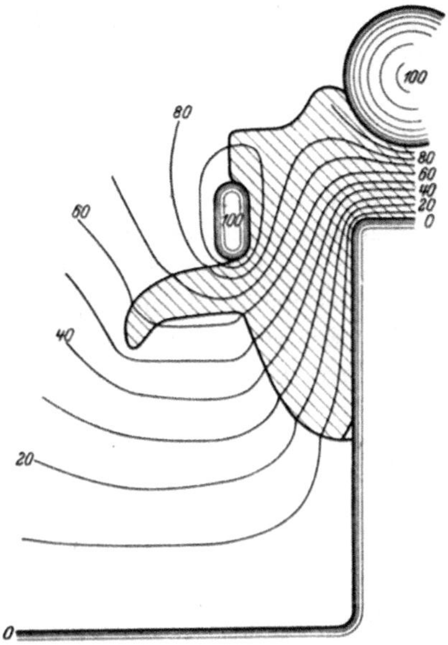

Abb. 23. Das elektrische Feld eines Stützenisolators (gemessen).

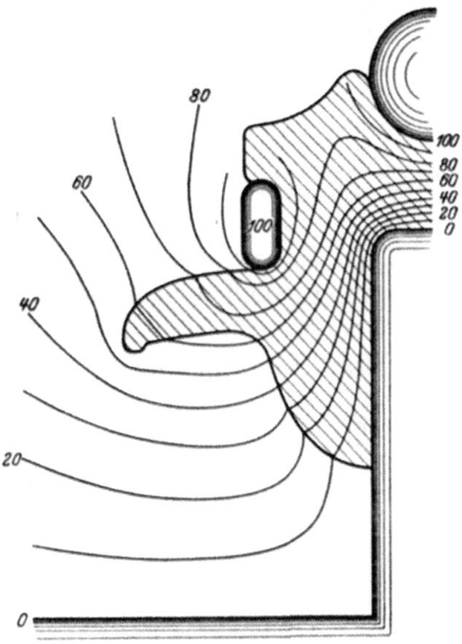

Abb. 24. Das elektrische Feld eines Stützenisolators (berechnet).

In Abb. 24 ist das Feld eines ähnlichen Isolators abgebildet, das nach einem graphischen Verfahren von A. M. Salessky berechnet worden ist. Ein genauer Vergleich läßt sich leider nicht ausführen, da die beiden Isolatoren der Form nach etwas verschieden sind. Qualitativ ist die Übereinstimmung jedenfalls befriedigend. Die experimentelle Methode hat aber wieder den Vorteil, daß sie ungefähr zehnmal schneller zum Ziele führt als die graphische.

Die elektrischen Felder von Hochspannungskabeln[1]. Da die Einbettung von Sonden in natürliche Kabel auf bedeutende Schwierigkeiten stieß, begnügte man sich damit, die Spannungsverteilung an treu nachgebildeten Luftmodellen zu messen. Um die Messungen aus-

[1] Die entsprechenden Messungen sind von W. Malyschew [13] ausgeführt worden.

zuführen, wurde in dem Modell eine Anzahl von geradlinigen, unbeweglichen Sonden angebracht, die parallel zu der Symmetrieachse des Feldes eingestellt waren und im Felde so verteilt wurden, daß sie möglichst weit voneinander lagen. Das Schema der Anordnung stimmt mit dem in Abb. 19 überein.

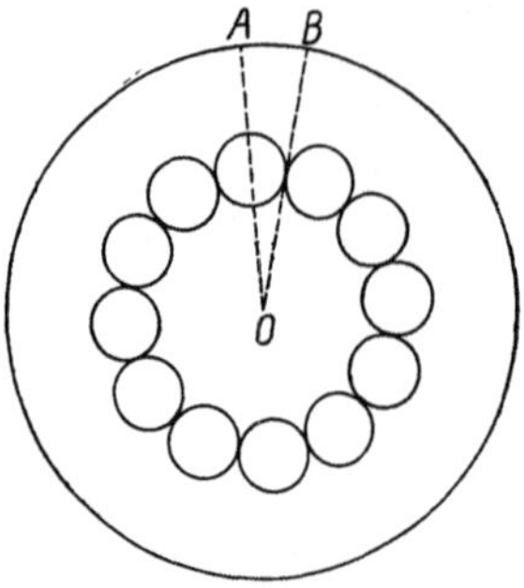

Abb. 25. Radialer Schnitt durch ein verseiltes Einleiterkabel.

Von den vielen untersuchten Feldern dürften folgende von größtem Interesse sein:

a) Das elektrische Feld eines verseilten Einleiterkabels. Die Aufgabe bestand darin, zu bestimmen, in welchem Maße die Feldstärke an der Oberfläche eines verseilten Leiters sich von derjenigen eines glatten Leiters bei denselben Dimensionen des Kabels unterscheiden kann. Da das gesamte Feld des Kabels nur von geringem Interesse war, wurde die Potentialverteilung lediglich längs zweier Schnitte des Feldes bestimmt. Einer von diesen Schnitten führte durch das Zentrum des Kabels und den Drahtmittelpunkt (OA Abb. 25); hier konnte man an der

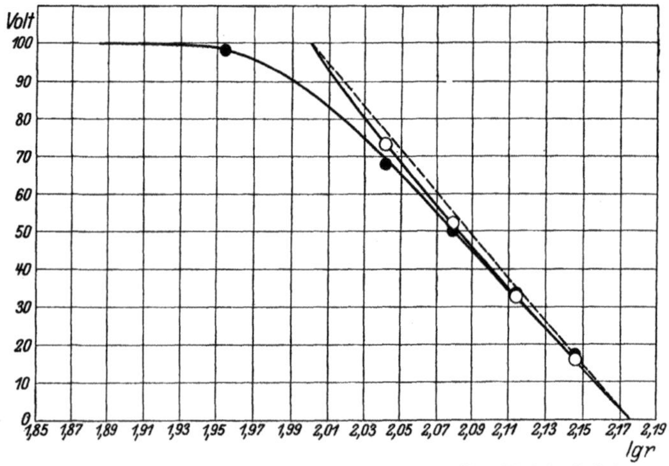

Abb. 26. Radialer Schnitt des Feldes eines verseilten Einleiterkabels.

Leiteroberfläche die maximale Feldstärke erwarten. Der zweite ging durch das Zentrum O und den Berührungspunkt zwischen zwei benachbarten Drähten; längs dieses Schnittes mußte die Feldstärke in der Nähe der Leiteroberfläche am kleinsten sein.

Diese Potenialverteilung zeigt für ein 19-drahtiges Seil Abb. 26. Die weißen Kreise entsprechen dem Schnitt OA, die schwarzen dem Schnitt OB. Das Verhältnis der Dicke der Isolierschicht zum Leiterradius betrug 0,5.

In derselben Abbildung sind zum Vergleich auch die theoretischen Spannungsverteilungen (Kurven 1 und 2) aufgetragen, die nach den von V. Fock (*13*) gegebenen genauen Formeln berechnet wurden. Die Übereinstimmung ist sehr befriedigend. Es zeigt sich, daß die maximale Feldstärke um etwa 20% größer ist als die, die einem glatten Leiter entspricht. Dieses Resultat steht mit den Messungen von Atkinson (vgl. S. 11) in gutem Einklang, der in einem ähnlichen Fall eine Erhöhung von 20 bis 22% beobachtete.

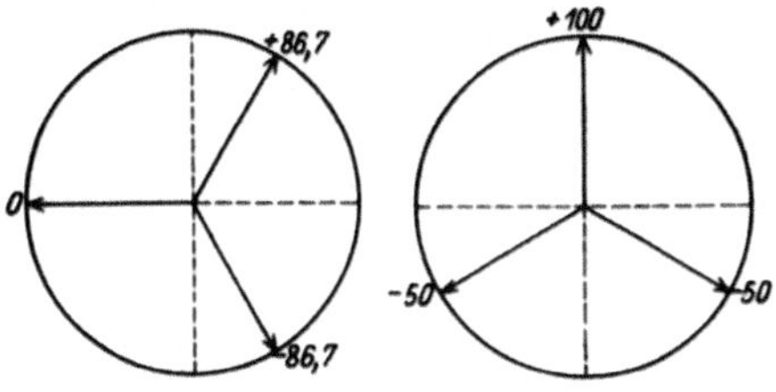

Abb. 27. Spannungsdiagramme des Drehfeldes.

b) Die elektrischen Felder von Drehstromkabeln mit Sektorleitern. Da die Messung der einem Drehfeld zukommenden Mittelwerte mit Hilfe der Kapazitätssonde auf bedeutende Schwierigkeiten stieß, wurden zwei Augenblickswerte des Feldes bestimmt. Es wurden folgende Augenblicke gewählt:

1. Ein Leiter hat die Spannung Null, die beiden anderen + 86,7% und — 86,7% der maximalen Spannung (Abb. 27 links).

2. An einem der Leiter ist die maximale Spannung, an beiden anderen — 50% der maximalen angelegt (Abb. 27 rechts). Der Mantel

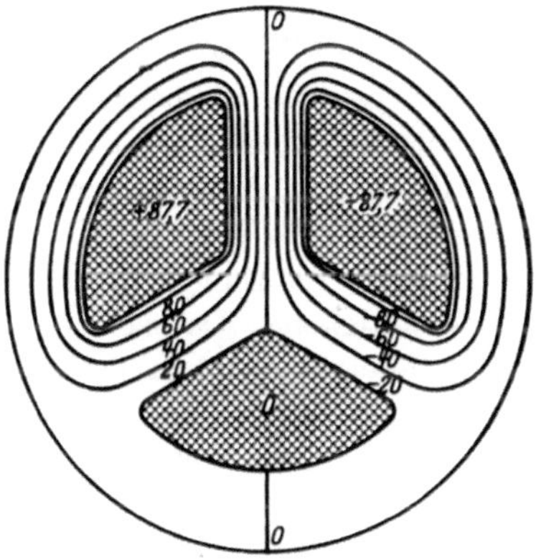

Abb. 28. Elektrisches Feld des Drehstromkabels. Augenblickswert I.

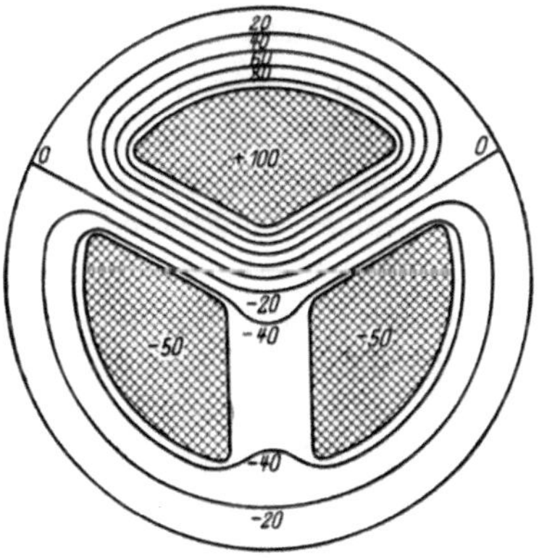

Abb. 29. Elektrisches Feld des Drehstromkabels. Augenblickswert II.

ist in beiden Fällen geerdet. Jede dieser Spannungsverteilungen wiederholt sich sechsmal während einer Periode.

Die entsprechenden Felder zeigen die Abb. 28 und 29, wobei der erste Fall dem Augenblick *I*, der zweite dem Augenblick *II* entspricht[1].

[1] Wegen der Schwierigkeiten, die die genaue graphische Einzeichnung der Niveaulinien bereitet, können die Abb. 28 und 29 nur für eine qualitative, nicht aber für eine genaue quantitative Beurteilung der Felder dienen.

Zwischen zwei benachbarten Leitern ist das Feld so gut wie homogen; zwischen dem Leiter und dem Mantel fällt es mit dem eines zylindrischen Kondensators zusammen. An den abgerundeten Kanten ist die Feldstärke etwas vergrößert.

c) Das Feld eines Hochspannungs-Kabelmuffes. Das Feld wurde an einem natürlichen Kabelmuff gemessen, aus dem die ganze Isolation

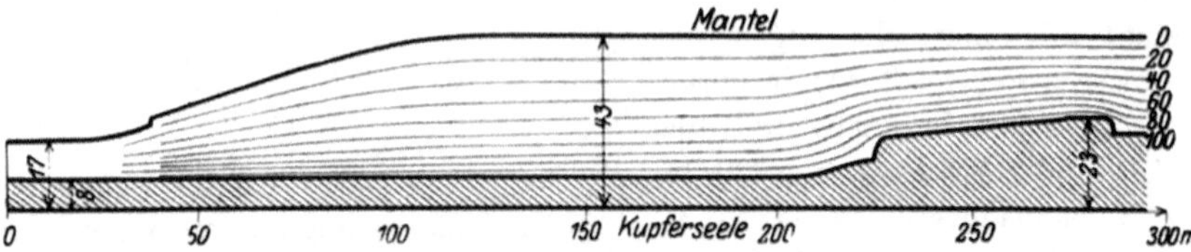

Abb. 30. Das elektrische Feld eines Kabelmuffes.

entfernt war. Als Sonden wurden Drahtringe verwandt, die koaxial zu der Achse des Muffes eingestellt waren und durch eine Mikrometerschraube längs der Achse verschoben werden konnten. Das gemessene Feld gibt Abb. 30 wieder. Es ist deutlich zu sehen, wo die für die Kabelisolation besonders gefährlichen tangentialen Komponenten der Feldstärke auftreten können.

9. Über einige spezielle Methoden zur Ermittlung der Spannungsverteilung bei Hochspannung[1].

Die schon besprochenen Methoden geben uns die Möglichkeit, die räumliche Verteilung des Potentials zu ermitteln. In einer großen Anzahl von Fällen kommt es aber nur darauf an, die Potentialwerte in einigen wenigen Punkten des Feldes zu kennen. So ist z. B. bei Ketten von Isolatoren eine genaue Kenntnis der jedem einzelnen Glied zukommenden Teilspannung von großer Wichtigkeit. Da sich diese Spannungsverteilung theoretisch nur angenähert berechnen läßt, ist man bei diesen Fragen hauptsächlich auf die experimentellen Methoden angewiesen. Ebenso wichtig ist auch die Bestimmung der Verteilung des Potentials an der Oberfläche von Stützenisolatoren und Durchführungen, die sich gleichfalls theoretisch kaum ausführen läßt.

Natürlich lassen sich diese Aufgaben mit Hilfe einer der besprochenen Methoden lösen, z. B. der Methode der Kapazitätssonde. Da es sich aber bei diesen Feldern gewöhnlich um Hochspannung handelt, lassen sich auch eine Reihe von bedeutend einfacheren Methoden anwenden.

Wie früher, wird bei den Messungen eine Sonde in das Feld eingeführt. Bei Isolatorketten kann als Sonde der Verbindungsbolzen

---

[1] Die Beschreibung dieser Methoden ist dem Buch von Schwaiger [2] entnommen.

selbst dienen. Bei der Bestimmung der Oberflächenverteilung des Potentials befestigt man an der Oberfläche des Isolators eine Drahtschlinge so, daß sie in einer Niveaufläche liegt. Bei Wechselspannung, die bei diesen Aufgaben fast ausschließlich in Frage kommt, wird dieser Meßdraht, ähnlich wie die Sonde bei der Kapazitätsmethode, bestrebt sein, das Potential desjenigen Teiles der Oberfläche anzunehmen, in dem er befestigt ist. Außerdem ist bei den hohen Spannungen, bei denen die Messungen gewöhnlich stattfinden, die Luft schon teilweise ionisiert und wirkt als Halbleiter. In einem solchen Medium kann aber wiederum keine große Potentialdifferenz zwischen einem Leiter und den umgebenden Teilen des Feldes existieren.

Die Bestimmung des Potentials, das die Sonde angenommen hat, gestaltet sich wegen der hohen Spannungen sehr einfach. Am häufigsten wird dabei eine Prüffunkenstrecke verwandt. Man kann hier auf zweierlei Art verfahren:

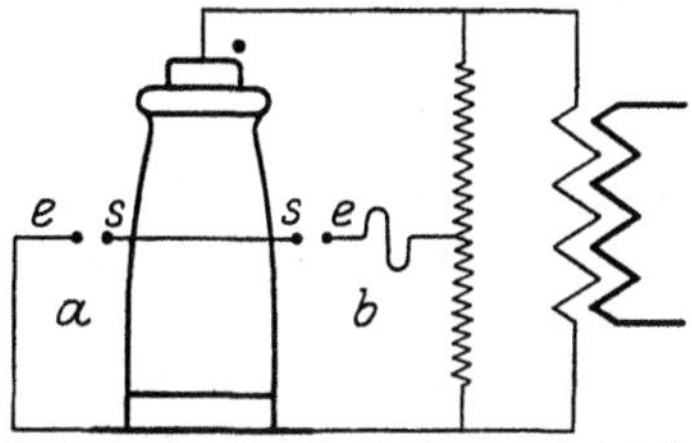

Abb. 31. Anordnung für die experimentelle Bestimmung der Potentialverteilung an Isolatoren nach Schwaiger.

a) Dem Meßdraht S wird eine Prüfelektrode e genähert, die mit einer der Elektroden verbunden ist (Abb. 31). Die Entfernung, bei der der Funke zwischen dem Meßdraht und der Elektrode übergeht, kann als Maß der zwischen ihnen vorhandenen Potentialdifferenz dienen. Statt eine veränderliche Prüffunkenstrecke zu benutzen, kann man auch eine konstante verwenden. In diesem Fall wird die Spannung an den Elektroden allmählich so weit vergrößert, bis die Funkenstrecke durchschlagen wird.

b) Die Prüfelektrode e kann mit dem beweglichen Kontakt eines Widerstandes verbunden werden, der parallel zu den Elektroden geschaltet ist (Abb. 31). Dieser Kontakt wird so eingestellt, daß bei Annäherung der Prüfelektrode an den Meßdraht kein Funken überspringt. Dann können die Potentiale des Meßdrahtes und der Prüfelektrode als gleich gelten. Das Potential der Prüfelektrode kann weiterhin aus dem Wert der angelegten Spannung und dem Verhältnis der Widerstandszweige leicht berechnet werden.

Durch eine Reihe solcher Versuche kann auch die ganze in Frage kommende Potentialverteilung bestimmt werden. Zu beachten ist nur, daß bei dem unter a) angeführten Verfahren, bei dem eine konstante Prüffunkenstrecke verwandt wird, den verschiedenen Lagen der Sonden gleiche Spannungsdifferenzen zwischen Sonde und Elektrode (dieselbe Funkenstrecke), aber verschiedenen Spannungen an den Elektroden entsprechen. Um die Potentialverteilung zu bestimmen, muß man diese Spannungsdifferenzen auf eine und dieselbe angelegte Spannung beziehen.

Bedeutend genauer als mit Hilfe einer Prüffunkenstrecke läßt sich das Potential des Prüfdrahtes nach einem von Schwaiger vorgeschlagenen Verfahren bestimmen. An dem Prüfdraht wird ein kleines Fähnchen, am besten ein Glas-, Baumwoll- oder Seidenfaden, befestigt. Bei Aufladung der Sonde wird das Fähnchen aus seiner normalen Lage abgelenkt. Der Ausschlag kann als Maß des von dem Prüfdraht angenommenen Potentials dienen. Das Fähnchen wird aus einiger Entfernung durch ein Fernrohr beobachtet. Um den Ausschlag des Fähnchens in Spannung auszuwerten, kann man den Meßdraht mit dem beweglichen Kontakt eines parallel zu den Elektroden geschalteten Potentiometers verbinden. Der bewegliche Kontakt wird so lange verschoben, bis das Fähnchen denselben Ausschlag zeigt, wie bei der Messung des Feldes. Als ein solcher Potentiometer kann auch die Hochspannungswickelung des Transformators selbst dienen, falls wir es mit einem Lufttransformator zu tun haben.

Diese Methode, die Elektroskopmethode, wurde von Schwaiger mit gutem Erfolg beim Studium der Oberflächen-Feldverteilung bei Durchführungen und Trägern angewandt. Ein ausführlicherer Bericht über die nach dieser Methode ausgeführten Messungen ist in dem Lehrbuch von Schwaiger (*2*) enthalten.

II. Das Vakuum als Isolator.

1. Über den Zusammenstoß von Elektronen und Ionen mit Molekülen.

Der Mechanismus des Durchschlags gasförmiger Körper ist mit der Erscheinung der Stoßionisation von Molekülen und Atomen durch hinreichend schnelle Ionen oder Elektronen eng verbunden. Die Frage des Zusammenstoßes von verschieden schnellen Elektronen mit Atomen und Molekülen behandelt eine so große Anzahl experimenteller und theoretischer Arbeiten, daß man dieses Gebiet mit Recht eins der schönsten und am besten erforschten der modernen Physik nennen kann. Rein schematisch können diese Erscheinungen folgendermaßen beschrieben werden[1]: Kommt dem Elektron eine Energie zu, die kleiner als W_1 ist, so stößt es mit dem Molekül elastisch (ohne Energieverlust) zusammen. Ist die Energie des Elektrons größer als W_1, so wird eine Energieabgabe möglich, die aber nur in ganz bestimmten Quantitäten W_1, W_2, W_3 ... W_J erfolgt, die für das Molekül charakteristisch sind. Übertrifft die Energie des Elektrons W_J, so kann bei dem Zusammenstoß schon ein beliebiger Teil der Energie abgegeben werden, doch muß er größer als W_J sein. Das Molekül, das eins von diesen Energiequanten aufgenommen hat, strahlt es weiterhin aus, und zwar besteht diese Strahlung aus Linien, die für den gegebenen Stoff charakteristisch sind. Wird dem Molekül die Energie W_J zugeteilt, so wird es ionisiert, d. h. in ein Elektron und ein positiv geladenes Ion zerlegt; letzteres sendet bei der Wiedervereinigung das ganze Spektrum des entsprechenden Stoffes aus. Erhält das Molekül bei dem Zusammenstoß eine Energie die größer als W_J ist, so wird ein Teil der Energie, der gleich W_J ist, auf die Ionisation verwandt, der Rest geht in die kinetische Energie des bei der Ionisation entstandenen Elektrons über.

Die positiven Ionen können die Moleküle ebenfalls durch Stoß ionisieren, jedoch müssen sie dann eine bedeutend größere Energie besitzen; außerdem ist bei ihnen die Wahrscheinlichkeit, daß es bei dem Zusammenstoß zu einer Ionisation kommt, bedeutend kleiner. Die positiven Ionen besitzen somit eine bei weitem geringere ionisierende

[1] Ausführlich werden diese Fragen in folgenden Büchern behandelt: 1. J. Frank: Anregung von Quantensprüngen. 2. Foot and Mohler: The origin of Spektra.

Fähigkeit als die Elektronen. Obgleich ein bedeutend kleineres experimentelles und theoretisches Material vorliegt, das diese Fragen behandelt, können dennoch auch hier alle Gesetzmäßigkeiten als prinzipiell gedeutet gelten.

Bedeutend komplizierter werden alle Erscheinungen, wenn wir von diesen elementaren Erscheinungen zu denen übergehen, die sich in Gasen von großer Dichte bei intensiven elektrischen Feldern abspielen. Wir begegnen hier einer ganzen Reihe von neuen Erscheinungen, die sich auf die Tatsache gründen, daß bei großen Gasdichten ein Elektron auf ein schon angeregtes Ion stoßen kann, das nicht Zeit hatte, die ihm bei dem vorhergehenden Stoß mitgeteilte Energie als Strahlung auszusenden und das deshalb leichter zu ionisieren ist. Es zeigt sich weiterhin, daß selbst in den Fällen, wo den Elektronen eine Energie zukommt, die kleiner als W_1 ist, diese Elektronen dennoch bei den Zusammenstößen einen geringen Bruchteil der Energie abzugeben vermögen; und dieser Umstand kann bei der großen Anzahl der Zusammenstöße bedeutende Energieverluste verursachen. Außerdem wird hier die noch sehr wenig geklärte Frage von großer Wichtigkeit, wie wahrscheinlich es ist, daß ein mit einer ausreichenden Energie behaftetes Elektron bei dem Zusammenstoße ionisiert. Bei der theoretischen Behandlung dieser Fragen stoßen wir endlich noch auf eine Reihe von Schwierigkeiten, die mit der durch die Raumladungen verursachten Änderung des elektrischen Feldes, sowie mit der Möglichkeit der Wiedervereinigung der Ionen zusammenhängen. Das ganze Problem erscheint so verwickelt, daß wir bis jetzt noch keine strenge Theorie des Durchschlages von Gasen besitzen, obgleich uns alle Einzelheiten dieses Vorgangs genau bekannt sind. Wir müssen uns mit der noch von Townsend (*15*) aufgestellten Theorie begnügen, die, wenn sie auch vom Standpunkt der modernen Physik aus betrachtet bedeutend veraltet ist, die ganze Erscheinung im allgemeinen richtig beschreibt.

2. Die Theorie von Townsend.

Es sei ein ebener Kondensator in einem gasförmigen Medium gegeben, an den eine hohe Spannung angelegt ist. Wir wollen annehmen, daß die negative Platte aus irgendeinem Grunde, z. B. unter der Einwirkung des Lichtes, Elektronen aussendet. Diese Elektronen bewegen sich durch das Feld hindurch zu der Anode hin und erhalten dabei, falls die Feldstärke groß genug ist, eine solche Energie, daß sie die Moleküle des Gases ionisieren und folglich neue Elektronen bilden. Diese neuen Elektronen zusammen mit den ursprünglichen, bewegen sich nun weiter zu der Anode und bilden auf diesem Wege immer weitere Elektronengruppen. Von der Ionisation durch positive Ionen wollen wir einstweilen absehen.

Um die Stärke des Stromes zu berechnen, der sich bei diesem Prozeß ergibt, wollen wir von der Annahme ausgehen, daß die Zahl der neuen Elektronen dn, die sich in der Zeiteinheit in der Schicht dx bilden (Abb. 32), proportional der Anzahl der primären und sekundären Elektronen ist, die in der Zeiteinheit durch die Ebene $x = \text{const}$ hindurchwandern. Man kann folglich

$$dn = \alpha n \, dx \tag{6}$$

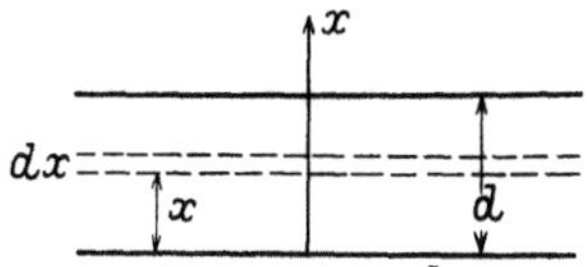

Abb. 32.

setzen. Der Koeffizient α bedeutet hier die Anzahl der Ionisationen, die ein Ion auf einer Wegelänge von 1 cm ausführt. Aus der Formel (6) läßt sich für n der Ausdruck

$$n = n_0 e^{\alpha x} \tag{7}$$

berechnen, wo n_0 der Anzahl der zu Beginn des Versuches von der Kathode ausgesandten Elektronen entspricht. Die Stärke des durch den Kondensator fließenden Stromes wird man aus dieser Formel erhalten, indem man sie mit der Ladung des Elektrons ε multipliziert und $x = d$ (d Abstand zwischen den Platten des Kondensators) setzt.

$$i = n_0 \varepsilon e^{\alpha d} = i_0 e^{\alpha d} \tag{8}$$

Die Größe α ist eine Funktion der Feldstärke und des Gasdruckes. Aus Formel (8) läßt sich folgern, daß bei konstanter Feldstärke und konstantem Gasdruck der Strom mit dem Plattenabstand sehr schnell anwächst. Um nun die Abhängigkeit zwischen dem Strom und der Spannung E oder der Feldstärke X festzustellen, muß man den Zusammenhang zwischen α und X bestimmen. Durch Strommessungen konnte α experimentell für verschiedene p und X ermittelt werden. Es zeigte sich, daß α sich als eine Funktion der Art

$$\alpha = p f(X/p) \tag{9}$$

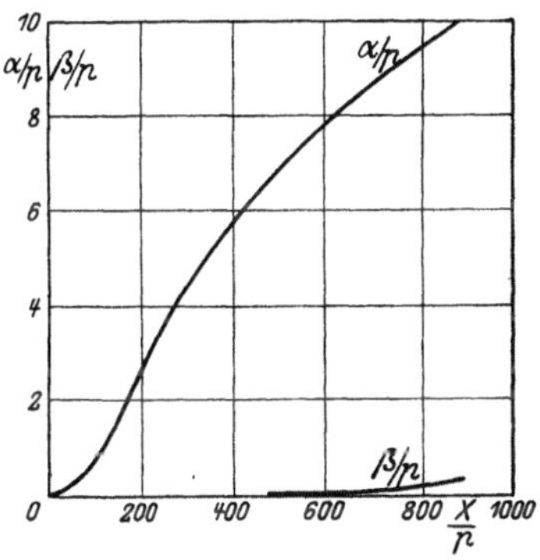

Abb. 33. $\frac{\alpha}{p}$ und $\frac{\beta}{p}$ als Funktionen des Verhältnisses $\frac{X}{p}$, X in V/cm, p in mm Hg.

darstellen läßt. Eine der für Luft gemessenen Kurven zeigt Abb. 33.

Bei der theoretischen Behandlung dieser Frage macht Townsend der Einfachheit halber die Annahme, daß das Elektron bei jedem Zusammenstoß seine ganze Energie einbüßt. Wenn dies zutrifft, so muß sich das Elektron streng in der Richtung der Kraftlinien verschieben. Längs jeder freien Weglänge wird es die Energie $\varepsilon X \lambda$ anhäufen. Ist diese Energie kleiner als W_J, so verliert sie das Elektron ohne weitere Folgen; ist sie dagegen größer als W_J, so kommt es zu einer Ionisation des Moleküls bei jedem Stoß. Die Bedingungen für die Ionisation sind folglich:

$$\varepsilon X \lambda \geqslant W_J \text{ oder } \lambda \geqslant \frac{W_J}{\varepsilon X} \tag{10}$$

Die freien Weglängen sind aber nicht alle einander gleich. Ist die mittlere Wegelänge λ_m, so kann die Wahrscheinlichkeit, daß die freie Weglänge größer als ein bestimmtes λ ist, durch die Funktion $e^{-\frac{\lambda}{\lambda_m}}$ ausgedrückt werden. Es läßt sich also behaupten, daß von den n-Zusammenstößen, die die Elektronen auf einer einheitlichen Wegelänge erleiden, nur

$$\alpha = n e^{-\frac{W_J}{\varepsilon X \lambda_m}} \tag{11}$$

eine Ionisation zur Folge haben werden. Die Zahl n kann gleich $\frac{1}{\lambda_m}$ gesetzt werden, da wir ja der ganzen Berechnung die Annahme zugrunde gelegt haben, daß sich das Elektron genau in der Richtung der Kraftlinien bewegt. Ersetzen wir in dem Ausdruck (11) n durch $\frac{1}{\lambda_m}$, so bekommen wir für die Anzahl der ionisierenden Stöße auf einer einheitlichen Weglänge den Ausdruck

$$\alpha = \frac{1}{\lambda_m} e^{-\frac{W_J}{\varepsilon X \lambda_m}} \tag{12}$$

oder, da λ_m dem Gasdruck p umgekehrt proportional ist,

$$\alpha = A p e^{-\frac{B p}{X}} \tag{13}$$

Die experimentell ermittelten Gesetzmäßigkeiten werden durch die Formel (13) bei entsprechender Wahl der Koeffizienten A und B gut wiedergegeben. Die Werte der Größen λ_m und W_J jedoch, die aus den Konstanten A und B berechnet werden können, sind nur der Größenordnung nach richtig. Vergleicht man die ihnen zukommenden Zahlenwerte mit denjenigen, die sich unmittelbar aus Messungen ergeben, so läßt sich eine bedeutende Abweichung feststellen. Dies ist auch nicht zu verwundern, da die Annahmen von Townsend über den Mechanismus der Ionisation nur sehr angenähert den Gesetzmäßigkeiten entsprechen, die uns aus genaueren Versuchen über die Zusammenstöße von Molekülen und Elektronen bekannt sind. Die Formel (8) ist aber auf weit allgemeinere Annahmen gegründet und wird auch durch das Experiment vollkommen bestätigt.

Bei sehr hohen Feldstärken genügt aber auch die Formel (8) dem Experiment nicht mehr, da eine Ionisation durch positive Ionen möglich wird. Townsend berücksichtigt auch diese Möglichkeit und kommt dann zu der Formel

$$i = \frac{(\alpha - \beta)\, e^{(\alpha-\beta)d}}{\alpha - \beta\, e^{(\alpha-\beta)d}} \tag{14}$$

wobei

$$\left.\begin{aligned} \alpha &= p f_1\left(\frac{X}{p}\right) \\ \beta &= p f_2\left(\frac{X}{p}\right) \end{aligned}\right\} \tag{15}$$

zu setzen sind.

Die Formel (8) ergibt $i = \infty$ nur für $\alpha = \infty$, was einer unendlich großen Feldstärke entspricht. Im Ausdruck (14) dagegen wird i schon bei einem endlichen Wert von α und folglich auch von X unendlich groß. Dies geschieht, wenn der Nenner des Bruches in (14) Null wird:

$$\alpha - \beta\, e^{(\alpha-\beta)d} = 0, \tag{16}$$

oder

$$\begin{aligned} d &= \frac{\lg\alpha - \lg\beta}{\alpha - \beta}, \\ pd &= \frac{\lg f_1\left(\frac{X_0}{p}\right) - \lg f_2\left(\frac{X_0}{p}\right)}{f_1\left(\frac{X_0}{p}\right) - f_2\left(\frac{X_0}{p}\right)}, \end{aligned} \tag{17}$$

wo durch X_0 der Wert der Feldstärke bezeichnet ist, bei dem i unendlich groß wird. Da bei unbegrenztem Anwachsen des Stromes das Gas als durchschlagen gelten kann, ist X_0 nichts anderes als die Durchbruchfeldstärke des Gases. Setzen wir $X_0 = \frac{E_0}{d}$, wo E_0 die diesem X_0 entsprechende Durchschlagspannung bedeutet und setzen diesen Wert in (17) ein, so bekommen wir

$$pd = \frac{\lg f_1\left(\frac{E_0}{pd}\right) - \lg f_2\left(\frac{E_0}{pd}\right)}{f_1\left(\frac{E_0}{pd}\right) - f_2\left(\frac{E_0}{pd}\right)}. \tag{18}$$

Aus dieser Formel läßt sich folgern, daß bei konstantem Produkt pd auch die Durchschlagspannung E_0 konstant bleibt, eine Tatsache, die durch das Experiment bestätigt wird. Aber noch mehr: führen wir in die Formel (17) die den verschiedenen Gasen entsprechenden Zahlenwerte der Funktion f_1 und f_2 ein, so lassen sich, wie Townsend gezeigt hat (wenigstens bei Gasdrucken die von der Größenordnung von $^1/_{10}$ Atmosphäre und kleiner sind), für die Durchschlagspannungen Werte berechnen, die mit den unmittelbar gemessenen sehr gut übereinstimmen.

Die Durchschlagsbedingung (16) kann folgendermaßen umgeformt werden:

$$\alpha e^{-\alpha d} = \beta e^{-\beta d}. \tag{19}$$

Diese Gleichung zeigt, daß zwischen den ionisierenden Fähigkeiten der positiven und negativen Ionen ein bestimmter Zusammenhang vorhanden sein muß: wird α gegeben, so kann der Durchschlag nur bei einem ganz bestimmten minimalen β stattfinden. Die mathematische Deutung dieses Zusammenhanges ist folgende: α und β sind zwei reelle positive Wurzeln der Gleichung $xe^{-xd} = A$. Um sie zu finden, tragen wir die Funktion xe^{-xd} für verschiedene Werte des Parameters d graphisch auf (vgl. Abb. 34; den verschiedenen d entspricht ein verschiedener Maßstab der Ordinatenachse). Wählen wir nun $d = 1$ und $\alpha = 2{,}7$, so muß, damit der Durchschlag stattfindet, $\beta = 0{,}2$ gesetzt

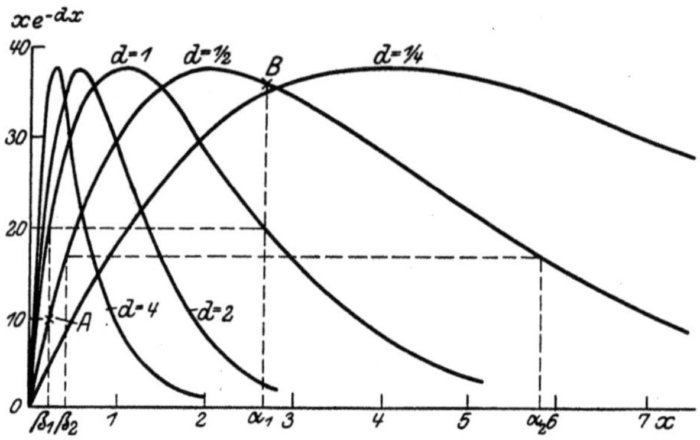

Abb. 34. Die Funktion xe^{-dx} bei verschiedenen d.

werden. Man kann sich leicht überzeugen, daß dann der Forderung

$$\alpha_1 e^{-\alpha_1 d} = \beta_1 e^{-\beta_1 d} \tag{20}$$

genügt wird. Vermindern wir nun d auf die Hälfte, lassen aber α und β unverändert, so wird die Bedingung (19) nicht mehr erfüllt, da bei den Abszissen α_1 und β_1 die entsprechenden Ordinaten der Kurve $d = \frac{1}{2}$ ($\beta_1 A$ und $\alpha_1 B$) nicht mehr einander gleich sein werden. Vergrößern wir nun die Feldstärke X, so wachsen sowohl α als auch β, und die Differenz zwischen den entsprechenden Ordinaten wird kleiner. Bei einem bestimmten $X = X_2$ kommen wir zu zwei Werten α_2 und β_2, bei welchen die Ordinaten einander gleich werden. Dieser Wert der Feldstärke X_2 wird die Durchbruchfeldstärke bei der Schichtdicke $d = \frac{1}{2}$ sein. Bei Verkleinerung des Abstandes der Elektroden vergrößert sich folglich nach Townsend die Durchbruchfeldstärke; bei geringen Entfernungen kann sie sehr große Werte erreichen, was auch tatsächlich durch eine große Anzahl von Versuchen von verschiedenen Forschern bestätigt worden ist.

Um die Abhängigkeit der Durchbruchfeldstärke von dem Gasdruck zu bestimmen, müssen wir vor allem feststellen, wie sich die Größen α

und β mit dem Drucke ändern. Abb. 35 zeigt die experimentell ermittelte Abhängigkeit zwischen α, β und p. Bei Vergrößerung des Druckes wächst α zuerst, erreicht bei $p = p_m$ seinen Maximalwert und nimmt dann wieder ab. Wir nehmen nun an, daß der Gasdruck größer als p_m ist und daß bei diesem Druck die Durchschlagsbedingungen erfüllt werden. Bei Anwachsen des Druckes verkleinern sich sowohl α als auch β, β aber bedeutend langsamer. Der Ausdruck $\alpha\, e^{-\alpha d}$ wird größer als $\beta\, e^{-\beta d}$ (vgl. Abb. 34), während die Bedingung für den Durchschlag Gleichheit der beiden Ausdrücke ist. Um sie einander gleich zu machen, müssen wir α und β vergrößern, was durch Vergrößerung der Feldstärke geschehen kann. Für $p > p_m$ hat also ein Anwachsen des Druckes eine Erhöhung der Durchbruchfeldstärke zur Folge.

Ist $p < p_m$, so verkleinert sich α bei Abnahme des Druckes, β wächst dagegen in dem Druckintervall, das der Abb. 35 entspricht. Die Ordinaten $\alpha e^{-\alpha d}$ und $\beta e^{-\beta d}$ wachsen beide. Je nachdem, ob sich $\beta\, e^{-\beta d}$ schneller oder langsamer vergrößert als $\alpha\, e^{-\alpha d}$, müssen, um die Gleichgewichtsbedingung $\alpha e^{-\alpha d} = \beta\, e^{-\beta d}$ zu erfüllen, die Größen α und β selbst und folglich auch die Durchbruchfeldstärken verkleinert oder erhöht werden. Es läßt sich aber ganz bestimmt behaupten, daß die Größe β bei geringeren Gasdrucken, als sie auf der Abb. 35 aufgetragen sind, mit dem Gasdruck abnimmt, ähnlich wie α. In diesem Fall werden sich bei abnehmendem Gasdruck die Ordinaten $\beta\, e^{-\beta d}$ verkleinern, die Ordinaten $\alpha\, e^{-\alpha d}$ dagegen anwachsen, so daß eine Vergrößerung von α und β und folglich auch der Durchbruchfeldstärke nötig sein wird, um den Durchschlag herbeizuführen.

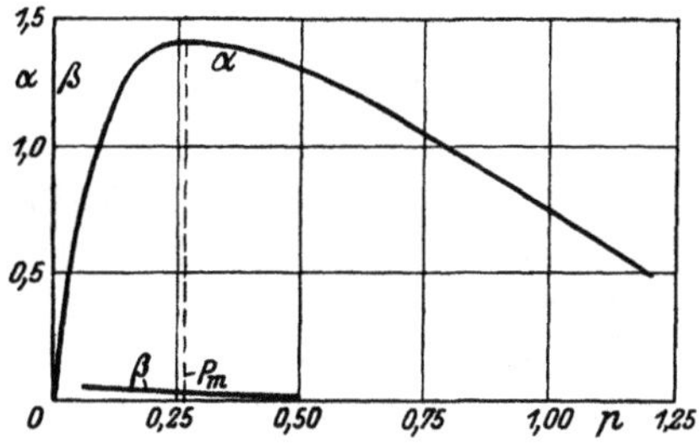

Abb. 35. Abhängigkeit zwischen den Größen α und β und dem Gasdruck p.

Auf Grund unserer Überlegungen kommen wir zu dem Schluß, daß bei einem bestimmten Druck ein Minimum der Durchbruchfeldstärke existieren muß. Diese Folgerung wird durch das Experiment im vollen Maße bestätigt[1].

3. Die Gasentladung bei niedrigen Drucken.

Wie wir bewiesen haben, wächst bei kleinen pd, d. h. kleinen Abständen oder niedrigen Drucken die Durchbruchfeldstärke. Diese Erscheinung kann dadurch erklärt werden, daß das lawinenartige An-

[1] Genaueres über diese Theorien siehe Townsend: Electricity in Gases; Schumann: „Elektrische Durchbruchfeldstärke in Gasen“.

schwellen des Stromes bei kleinen pd durch die geringe Anzahl der vorhandenen Moleküle erschwert wird. Obgleich die Ionen eine Energie besitzen, die für die Ionisation ausreicht, stehen ihnen dazu zu wenig Moleküle zur Verfügung. Außerdem ist bei kleinen pd bei dem Durchschlage selbst der Strom bedeutend kleiner, wir bekommen hier nicht mehr einen Funken, sondern ein stationäres Leuchten, wie es z. B. in Geislerröhren auftritt. Wird der Druck noch weiter verkleinert, so wird die Anzahl der Moleküle so gering, daß eine elektrische Entladung von der oben besprochenen Art eigentlich gänzlich ausbleiben müßte. Jedoch kommt hier eine neue Erscheinung hinzu, nämlich die Ionisation der Oberfläche der Kathode durch positive Ionen, die eine Elektronenemission zur Folge hat.

Jedes positive Ion reißt bei dem Auftreffen auf die Kathode n Elektronen heraus; es genügt nun, daß eines von diesen n-Elektronen auf seinem Wege zu der Anode auf ein Molekül trifft und es ionisiert, um den ganzen Entladungsprozeß aufrecht zu erhalten. Gerade bei solchen Drucken treten die Kathoden- und die Röntgenstrahlen auf. Wird der Restdruck noch weiter verringert, so wächst die Durchschlagspannung wieder an, da eine immer kleinere Anzahl der herausgerissenen Elektronen auf Moleküle trifft und die erforderlichen positiven Ionen bildet. Um die Entladung aufrechtzuerhalten, muß daher jedes auf die Kathode auftreffende Ion mehr Elektronen bilden als vorher; dies kann aber nur durch eine Vergrößerung der Schnelligkeit des Ions und folglich eine Erhöhung der Spannung erzielt werden. Sehr weit können wir aber dabei nicht gehen. Selbst die schnellsten Ionen — die α-Partikeln des Radiums, vermögen nicht mehr als 20 Elektronen bei dem Aufprall auf eine Metalloberfläche herauszureißen, so daß bei sehr geringen Drucken selbst eine bedeutende Erhöhung der angelegten Spannung die stationäre Entladung nicht mehr aufrechterhalten kann. Es wird auch tatsächlich beobachtet, daß bei einem sehr guten Vakuum die Röntgenröhren zu arbeiten aufhören. Falls ihre Elektroden gut entgast sind, lassen sich Spannungen von über 100 KV anlegen, ohne daß eine Entladung zu merken ist. Das Vakuum ist folglich ein sehr guter Isolator. Die nicht mehr stationären Entladungen, die in einem solchen Hochvakuum möglich sind, wollen wir im Folgenden besprechen.

4. Die Emission von Elektronen durch glühende Körper[1].

Die isolierende Fähigkeit des vollkommenen Vakuums kann selbstverständlich nicht auf irgendwelche Eigenschaften des Vakuums selbst

[1] Vgl. Richardson: The emission of electricity from hot bodies, 1916; Bloch: Les phénomènes thermioniques. Paris 1923.

zurückgeführt werden, da der Durchschlag an das Vorhandensein von Materie gebunden ist, das Vakuum aber eben das Fehlen jeglicher Materie voraussetzt. Sie wird ausschließlich durch die Eigenschaften der Elektroden bestimmt. Wird an die Elektroden eine Spannung angelegt, so bildet sich an ihrer Oberfläche eine senkrecht zu ihnen gerichtete elektrische Kraft aus, die bestrebt sein wird, die Elektronen aus der Oberfläche herauszureißen und folglich eine Entladung einzuleiten. Die erste Frage, die sich hier bietet, ist folgende:

Wir wissen, daß im Innern des Metalls die Elektronen sich frei bewegen; was hindert sie nun, schon bei geringen Feldstärken die Oberfläche des Metalls zu verlassen und im Vakuum zwischen den Elektroden einen beliebig großen elektrischen Strom zu bilden? Da sich solche Ströme nicht beobachten lassen, müssen wir annehmen, daß auf die Elektronen in den an der Oberfläche liegenden Schichten des Metalls irgendwelche Kräfte wirken, die sie zurückhalten. Eine ähnliche Erscheinung kann auch bei den Flüssigkeiten beobachtet werden; deren Moleküle sich im Inneren beliebig bewegen, in den Oberflächenschichten dagegen einer Kraft unterworfen sind, die sie zurückhält. Bei den flüssigen Körpern wird diese Erscheinung durch die intermolekularen Anziehungskräfte erklärt. Diese Kräfte heben sich im Innern auf, bilden jedoch an der Oberfläche eine sehr bedeutende resultierende Kraft, die nach dem Inneren der Flüssigkeit gerichtet ist. Eine ähnliche Erscheinung läßt sich auch bei den Elektronen erwarten: die Anziehungskräfte zwischen dem Elektron und dem von ihm polarisierten Molekül ergeben an der Oberfläche eine resultierende Kraft, die die Elektronen zurückhält.

Aber ebenso wie einzelne Moleküle der Flüssigkeit, die eine genügende Energie besitzen, die zurückhaltenden Kräfte überwinden und die Oberfläche verlassen können (das Verdampfen der Flüssigkeit), verhalten sich auch die Elektronen. Die Energie, die sie im Inneren des Metalls besitzen, ist derjenigen der Moleküle gleich und folgt dem Maxwellschen Verteilungsgesetz. Die schnellsten Elektronen reißen sich aus dem Metall heraus und bilden einen Strom, der von der Kathode zu der Anode fließt. Ein solcher Strom muß, streng genommen, bei jeder beliebigen Temperatur existieren, praktisch ist er aber bei Zimmertemperatur wegen der kleinen Zahl der genügend schnellen Elektronen so gering, daß er vernachlässigt werden kann. Bei Temperaturerhöhung wird die Zahl der verdampfenden Elektronen immer größer und größer, was auch ein entsprechendes Anwachsen des Stromes zwischen den Elektroden im Vakuum zur Folge hat. Für verschiedene Stoffe beginnen diese schon meßbaren Ströme bei Temperaturen, die zwischen 300^0 C und 1000^0 C liegen. Die Abhängigkeit zwischen dem Strome und der Temperatur wird, wie sowohl experimentell als auch theoretisch gezeigt werden kann, durch die Formel von Richardson

$$i = a\sqrt{T}e^{-\frac{W}{kT}} \tag{21}$$

wiedergegeben; hier bedeutet a ein Koeffizient, der von der in der Volumeinheit enthaltenen Anzahl der Elektronen abhängt, k eine Konstante, der der Zahlenwert $1{,}35 \times 10^{-16}$ zukommt, T die absolute Temperatur und W die Arbeit, die das Elektron leisten muß, um durch die Oberfläche hindurchzufliegen (Austrittsarbeit). W kann experimentell aus der Formel (21) bestimmt werden, wenn man bei derselben Anordnung die Ströme i für verschiedene Temperaturen T mißt.

Ein anderer Weg, auf dem W ermittelt werden kann, ist folgender: Es ist bekannt, daß sich die Flüssigkeit beim Verdampfen abkühlt. Eine ähnliche Erscheinung läßt sich auch bei dem Verdampfen der Elektronen beobachten: auch hier kühlt sich das Metall ab. Aus dieser Temperaturerniedrigung läßt sich die Größe W ebenfalls mit guter Genauigkeit berechnen. Die beiden Methoden zur Bestimmung von W führen zu gut übereinstimmenden Resultaten. Drücken wir diese Arbeit W in Volt aus ($W_{erg} = \frac{W_{Volt} \times \varepsilon}{300}$; ε Ladung des Elektrons), so ergeben sich folgende Zahlen:

Tabelle 1.

Metall	Austritts-arbeit W_{Volt}	Metall	Austritts-arbeit W_{Volt}
Wolfram	4,5	Titan	2,4
Tantal	4,3	Eisen	3,2
Molybden	4,3	Nickel	2,9
Platin	6,9—4,4	Kalzium	3,2
Kohlenstoff	4,2	Natrium	2,7
Thorium	3,4		

Sowohl die Metalle, die fast immer Beimengungen von K, Na und verschiedenen Gasen enthalten, als auch insbesondere die Salze senden bei Erhitzung positive Ionen aus. Diese Emission beginnt bei tieferen Temperaturen als die der Elektronen, erreicht aber niemals eine solche Intensität wie letztere. Die Abhängigkeit von der Temperatur ist bei dieser positiven Emission ungefähr dieselbe wie bei der negativen, nur ist die Arbeit W kleiner.

5. Die Theorie des Vakuumdurchschlages.

Die Energie, die ein Elektron besitzen muß, um sich von der Oberfläche des Metalls loszulösen, kann, wie wir soeben gesehen haben, als genau bekannt gelten. Die thermische Emission der Elektronen wird bei konstanter Temperatur in erster Linie durch diesen Energiewert bestimmt. Nun wollen wir uns die Frage stellen, wie groß die Feldstärke an der Oberfläche des Metalls sein muß, damit ein Elektron imstande ist, nur unter der Einwirkung der elektrischen Kraft, bei beliebig niedriger Temperatur, das Metall zu verlassen. Dies wird ja gerade die Bedingung dafür sein, daß zwischen zwei im Vakuum angeordneten Elektroden eine Entladung stattfindet. Es müssen die äußere elektrische Kraft und die nach innen gerichtete, die Elektronen zurückhaltende Kraft, einander gleich werden.

Um die Erscheinung des Herausreißens der Elektronen durch elektrische Felder theoretisch zu charakterisieren, reicht die Kenntnis der integralen Größe der Austrittsarbeit des Elektrons nicht aus, man muß vielmehr wissen, wie die elektrischen Kräfte an der Oberfläche selbst und dicht in der Nähe von ihr beschaffen sind. Diese Oberflächenkräfte werden durch die elektrischen Wechselwirkungen zwischen den in der Oberflächenschicht gelegenen Elektronen und den übrigen Atomen, Ionen und Elektronen bestimmt. Bei dem gegenwärtigen Stand der Physik lassen sich diese Kräfte noch nicht einigermaßen genau berechnen. Aber auch eine angenäherte Lösung der Aufgabe ist von bedeutendem Interesse.

Diese Frage ist eingehend von Schottky [*18*] behandelt worden (vgl. seine letzte Arbeit Z. f. Phys. 14, 63, 1923; Literaturangabe ebenda). Die Theorie von Schottky kann, wie uns scheint, folgendermaßen zusammengefaßt werden. Ist das Elektron von der Oberfläche so weit entfernt, daß der Abstand die Atomdimensionen weit übertrifft (etwa 5×10^{-7} cm — 10^{-4} cm), so können die Anziehungskräfte zwischen ihm und der Elektrode nach den üblichen Formeln der Elektrostatik berechnet werden. Ist die Ladung des Elektrons gleich ε und der Abstand gleich x, so kann diese Kraft gleich

$$K = \frac{\varepsilon^2}{4x^2} \tag{22}$$

gesetzt werden. Befindet sich das Elektron dagegen so nahe an der Oberfläche, daß x mit den intermolekularen Abständen vergleichbar wird, so hängt die Kraft K überhaupt nicht mehr von x ab. Diese Behauptung kann vielleicht durch die Tatsache erklärt werden, daß selbst bei den am besten polierten Oberflächen Vorsprünge und Vertiefungen vorhanden sind, die die Atomdimensionen übertreffen, so daß die Kraft in der Oberflächenschicht schon wenig von der Lage des Elektrons abhängt. Wie dem auch sei, es liegt die Annahme der Konstanz der Kraft der Theorie von Schottky zugrunde. Zwischen diesen zwei Gebieten der großen und kleinen x ist natürlich auch ein Übergangsgebiet vorhanden; Schottky nimmt jedoch an, daß kein großer Fehler begangen wird, wenn man dieses Übergangsgebiet gänzlich außer acht läßt und sich mit folgenden Annahmen begnügt:

$$\left.\begin{aligned} x < x_0 \quad & K = K_0 \\ x > x_0 \quad & K = \frac{\varepsilon^2}{4x^2} \\ & K_0 = \frac{\varepsilon^2}{4x_0^2} \end{aligned}\right\} \tag{23}$$

Die Abhängigkeit der Kraft von dem Abstand ist graphisch in Abb. 36 wiedergegeben. Kann nun die Kraft durch die Formeln (23) als bestimmt gelten, so fällt es nicht schwer, auch die Arbeit zu berechnen, die erforderlich ist, um das Elektron aus dem Inneren des Metalls ins Unendliche zu bringen. Diese Arbeit wird dem Inhalt der schraffierten Fläche OK_0abc gleich sein, d. h.

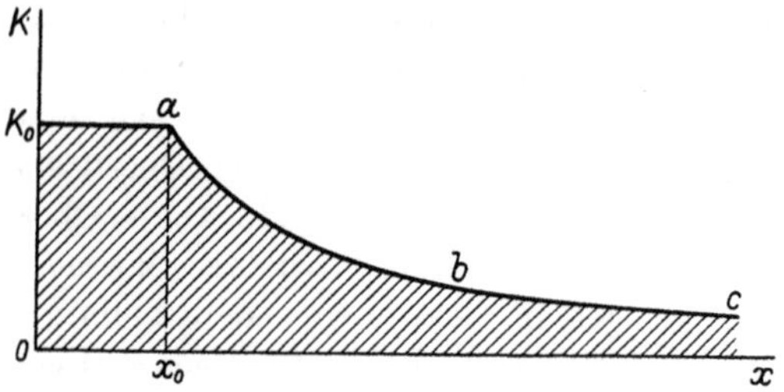

Abb. 36. Anziehungskraft zwischen Elektron und Elektrode als Funktion des Abstandes x nach Schottky.

$$W = x_0 K_0 + \int_{x_0}^{\infty} K\,dx = x_0 \frac{\varepsilon^2}{4x_0^2} + \int_{x_0}^{\infty} \frac{\varepsilon^2}{4x_0^2}\,dx = \frac{\varepsilon^2}{2x_0} \tag{24}$$

Die Größen x_0 und K_0 lassen sich durch W folgendermaßen ausdrücken

$$x_0 = \frac{\varepsilon^2}{2W}; \quad K_0 = \frac{\varepsilon^2}{4x_0^2} = \frac{\varepsilon^2}{4\,\frac{\varepsilon^4}{4W^2}} = \frac{W^2}{\varepsilon^2}, \tag{25}$$

oder, wenn man zu den praktischen Einheiten übergeht und W in V die Kraft K_0 in V/cm ausdrückt (die entsprechenden Werte wollen wir durch V_i und X_0 bezeichnen)

$$\left.\begin{aligned} x_0 &= \frac{300\varepsilon^2}{2\varepsilon V_i} = \frac{7{,}16 \times 10^{-8}}{V_i}\ \text{cm} \\ X_0 &= \frac{V_i^2}{300\varepsilon} = 6{,}97 \times 10^6\, V_i^2\ \text{V/cm} \end{aligned}\right\} \tag{26}$$

Die Arbeit V_i ist uns aus dem Thermioneneffekt bekannt (vgl. vorigen Paragraph). Bei Wolfram, bei dem $V_i = 4{,}5$ V ist, ergibt sich

$$x_0 = 1{,}6 \times 10^{-8}\ \text{cm}; \quad X_0 = 1{,}4 \times 10^8\ \text{V/cm},$$

bei Natrium ($V_i = 2$ V)

$$x_0 = 3{,}6 \times 10^{-8}\ \text{cm}; \quad X_0 = 2{,}8 \times 10^7\ \text{V/cm}.$$

Das äußere elektrische Feld wird dann imstande sein, Elektronen aus dem Metall herauszureißen, wenn seine Feldstärke X der Kraft X_0 gleich und entgegengesetzt gerichtet ist. Für den Durchschlag des

Vakuums ist folglich die Feldstärke $X = 6{,}97 \times 10^6 V_i^2$ oder ungefähr 10^8 V/cm erforderlich. Beachten wir aber, daß die Oberfläche des Metalls, streng genommen, immer rauh ist, wobei diese Unebenheiten bei den am besten polierten Elektroden 10^{-6} mm erreichen können, so läßt sich erwarten, daß die Feldstärke dicht an der Elektrode diejenige merklich übertrifft, die in der Annahme einer vollkommen ebenen Oberfläche berechnet wurde. Hat die Unebenheit die Form eines Halbzylinders vom Radius ϱ_0, so bekommt das Feld das in Abb. 37 gezeichnete Aussehen. Aus dem Verlauf der Niveauflächen läßt sich folgern, daß die Feldstärke am äußersten Punkt der Zylinderfläche A, diejenige an den ebenen Teilen der Platten (z. B. Punkt B) ungefähr um das Doppelte übertreffen wird. Liegt auf dieser Zylinderfläche eine zweite vom Radius $\frac{\varrho_0}{2}$, auf dieser zweiten eine dritte mit dem Radius $\frac{\varrho_0}{4}$ usw., und hat die letzte Zylinderfläche einen Radius $\frac{\varrho_0}{k}$, der den Atomdimensionen gleichkommt, so hat, wie Schottky gezeigt hat, der Gipfel dieser Unebenheit eine Feldstärke, die diejenige der ebenen Oberfläche bei $\varrho_0 \sim 10^{-5} - 10^{-6}$ cm etwa um das Zehnfache übertrifft. Falls an den Elektroden solche Vorsprünge tatsächlich vorhanden sind, so wird schon eine kleinere makroskopische Feldstärke X genügen, um an den Spitzen die für das Herausreißen der Elektronen notwendige Kraft X_0 zu erzeugen. Das Vakuum kann dann schon bei einer Feldstärke von 10^7 V/cm durchschlagen werden. Bei ebenen Elektroden und 1 mm Abstand dürfte für den Durchschlag eine Spannung von 10^6 V statt 10^7 V genügen.

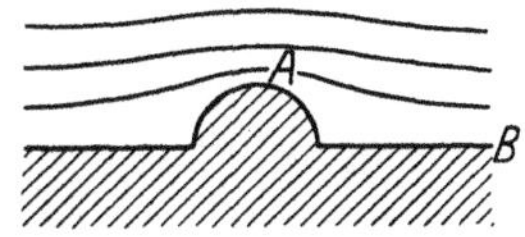

Abb. 37. Elektrostatisches Feld einer Ebene mit einem halbzylinderförmigen Vorsprung nach Schottky.

Es muß aber erwähnt werden, daß, noch bevor die Feldstärke den Wert X_0 erreicht, schon eine durch das elektrische Feld bedingte Elektronenemission eintreten wird. Die thermische Emission der Elektronen genügt, wie gezeigt wurde, dem Gesetz (21)

$$i = i_0 e^{-\frac{W}{KT}} \text{[1]} \tag{21a}$$

wo W die Austrittsarbeit ist. Sie war gleich (vgl. 24)

$$W = X_0 \varepsilon x_0 + \frac{\varepsilon^2}{4 x_0}. \tag{24a}$$

Durch das Vorhandensein eines elektrischen Feldes wird die thermische Emission erleichtert. Ist nämlich ein äußeres Feld von der Feldstärke X_1 vorhanden, so braucht ein Elektron, um sich aus dem Metall

[1] Da sich in (21) $\sqrt{T}$ im Verhältnis zu $e^{-\frac{W}{KT}}$ sehr langsam ändert, nehmen wir die Wurzel als konstant an und führen sie in den Koeffizienten i_0 ein.

herauszureißen, nicht mehr die Energie W, sondern eine kleinere W_1 zu besitzen. Diese Energie wird durch den Inhalt der schraffierten Fläche in Abb. 38 gegeben, die von den Ordinaten $K = K_0 = \varepsilon X_0$ und $K = K_1 = \varepsilon X_1$ begrenzt wird. Das entsprechende X_1 kann aus der Formel

$$K_1 = \frac{\varepsilon^2}{4x_1^2} \tag{27}$$

bestimmt werden. Für x_1 ergibt sich der Wert $x_1 = \frac{\varepsilon}{\sqrt{4K_1}}$.

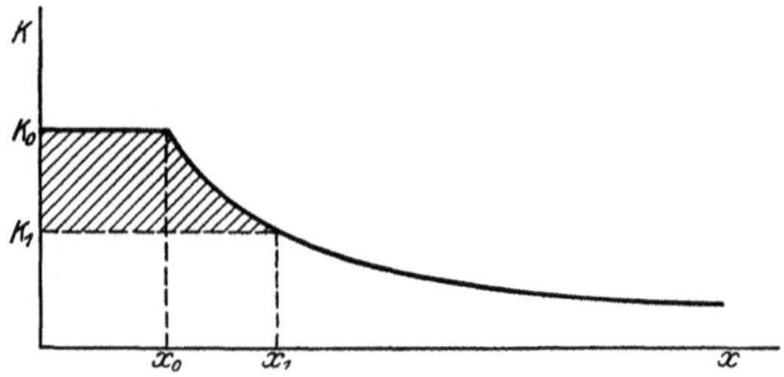

Abb. 38. Austrittsarbeit des Elektrons bei großen Feldstärken nach Schottky.

Für die Austrittsarbeit W_1 bekommen wir den Ausdruck

$$\begin{aligned} W_1 &= (K_0 - K_1)x_0 + \int_{x_0}^{\sqrt{\frac{\varepsilon^2}{4K_1}}} \left(\frac{\varepsilon^2}{4x^2} - K_1\right) dx = \\ &= K_0 x_0 - K_1 x_0 + \frac{\varepsilon^2}{4x_0} - \frac{\sqrt{\varepsilon^2 K_1}}{2} - \frac{\sqrt{\varepsilon^2 K_1}}{2} + K_1 x_0 = \\ &= K_0 x_0 + \frac{\varepsilon^2}{4x_0} - \sqrt{\varepsilon^2 K_1} = W - \sqrt{\varepsilon^3 X_1}\,. \end{aligned} \tag{28}$$

Die Richardsonsche Formel (21a) geht in

$$i = i_0 e^{-\frac{W - \sqrt{\varepsilon^3 X}}{KT}} \tag{29}$$

über. Zwischen i und X besteht also folgender Zusammenhang:

$$\lg n \frac{i}{i_0} = -\frac{W}{KT} + \frac{\sqrt{\varepsilon^3 X}}{KT}\,. \tag{30}$$

6. Experimentelle Untersuchungen der elektrischen Entladung im Hochvakuum.

Eine einwandfreie Ermittlung der Stromspannungskurven im Hochvakuum wird außerordentlich dadurch erschwert, daß an den Elektroden und den Wänden des Gefäßes verschiedene Nebenerscheinungen auftreten, die den ganzen Vorgang entstellen. Nur bei völliger Entgasung der Elektroden sowie bei aufs sorgfältigste polierten Oberflächen lassen sich darstellbare Werte erzielen. Da alle diese Nebeneffekte bei Hochspannung bedeutend an Intensität zunehmen und außerdem die Einführung der Hochspannung selbst in das Prüfgefäß bedeutende Schwierigkeiten bereitet, suchten die meisten Forscher hohe Feldstärken dadurch zu erzielen, daß sie Elektrodenanordnungen wählten, die bei verhältnismäßig geringen Spannungen intensive Felder liefern. So nimmt z. B. Lilienfeld [*19*], der zuerst das Vorhandensein einer kalten Elektronenemission bei hohen Feldstärken feststellte, als Elektroden eine feine Spitze und eine Platte; Millican [*20*] und Rosario [*21*] wählten bei ihren Versuchen ein dünnes Drähtchen als eine Elektrode und einen konzentrischen Zylinder von 1—2 cm Durchmesser als andere Elektrode; Rother nimmt schwach gekrümmte sehr nahe beieinander gelegene Elektroden. Die von Rother [*22*] und Millican erzielten Resultate werden im folgenden ausführlich besprochen werden.

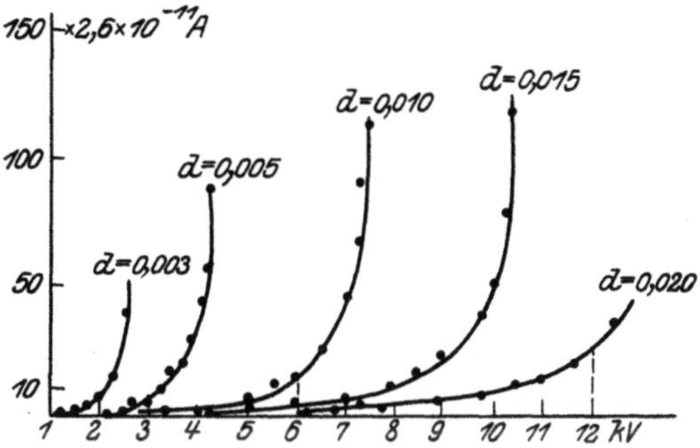

Abb. 39. Stromspannungskurve im Vakuum. Tantalspitze gegen schwach gekrümmte Tantalelektrode nach Rother.

Zuerst wollen wir auf die Resultate hinweisen, die von den erwähnten Autoren unter den günstigsten Bedingungen, die sie erreichen konnten, erhalten wurden. Abb. 39 zeigt die Stromspannungskurven, die von Rother gemessen worden sind. Die eine Elektrode war eine Tantalspitze, die so abpoliert war, daß ihr Krümmungsradius am Ende 0,08 mm betrug; die andere eine gekrümmte Tantalfläche. Diese Elektroden wurden vor den Versuchen sorgfältig poliert und im Prüfgefäß selbst in sehr hohem Vakuum durchgeglüht. Die Temperatur, bei der die Entgasung stattfand, war so hoch, daß die Oberfläche der Elektroden zu schmelzen begann.

Die Kurven in Abb. 39 entsprechen Elektrodenabständen von 0,003, 0,005, 0,01, 0,015 und 0,02 mm. Werden die Ströme als Funktionen der Feldstärken $X = \frac{E}{d}$ aufgetragen, so erhält man das Bild der Abb. 40. Aus dem Verlauf der Kurven läßt sich folgendes schließen:

1. Ein bedeutendes Anwachsen des Stromes wird bei Feldstärken von etwa 5×10^6—10^7 V beobachtet, was mit der von Schottky gegebenen Theorie in gutem Einklang steht.

2. Bei verschiedenen Abständen zwischen den Elektroden liegen die Punkte nicht auf einer Geraden, was scheinbar darauf hinweist, daß

die der ganzen Theorie zugrunde gelegte Idee, daß die Emission allein eine Funktion der Feldstärke ist, nicht richtig ist.

Hier müssen wir aber bemerken, daß der Ausdruck $\frac{V}{d}$ eigentlich die mittlere Feldstärke darstellt, nicht die Feldstärke an der Spitze, die wir durch X_m bezeichnen wollen, und die gerade für die Elektronenemission maßgebend ist. Wenn wir auch bei $d = 0{,}005$ mm und $r \gg d$ das Feld als gleichmäßig betrachten können und berechtigt sind $X_m = \frac{V}{d}$ zu setzen, so wird dies bei Abständen d von 0,015 und 0,02 mm nicht mehr möglich. Doch vermag dieser Unterschied zwischen der mittleren und der maximalen Feldstärke, die den größeren Distanzen entsprechenden Punkte maximal um 0,1 bis 0,2 Skalenteile nach rechts zu verschieben, so daß dieser Umstand allein nicht dazu ausreicht, um den verschiedenen Verlauf der Kurven zu erklären. Aber die Schwierigkeiten, mit denen die Messung der Stromspannungskurven verbunden ist, sind so groß, daß man unsere Grundannahme, daß der Strom eine Funktion der Feldstärke allein ist, keineswegs für widerlegt halten kann. Als bewiesen kann sie aber auch nicht gelten, da bei verschiedenen Elektrodenabständen bei derselben Feldstärke die Ströme sich um mehr als 50% unterscheiden können.

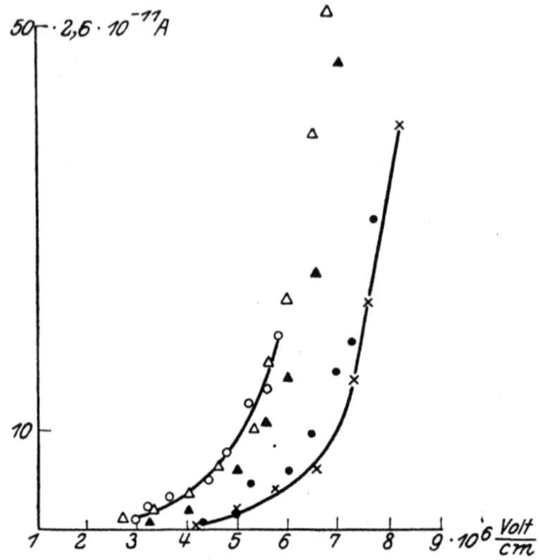

Abb. 40. Zusammenhang zwischen Strom und Feldstärke im Vakuum. Bedingungen wie Abb. 39 nach Rother.
× = Abstand zwischen den Elektroden 0,003 mm
● = „ 0,005 mm
▲ = „ 0,010 „
△ = „ 0,015 „
○ = „ 0,020 „

Bei den Versuchen von Millican und Eyring [*20*] fällt es gleich auf, daß hier Ströme von der Größenordnung von 10^{-4} A schon bei einer maximalen Feldstärke von 10^6V/cm gemessen wurden, während bei Rother bei Feldstärken von 8×10^6V/cm sich bloß Ströme von etwa 10^{-10} A ergaben. Dieser Umstand läßt vermuten, daß Millican bei seinen Versuchen nicht das durch das Feld bedingte Herausreißen der Elektronen beobachtete, sondern eine Nebenerscheinung von derselben Art, wie sie Lilienfeld an feinen Spitzen entdeckte — den sogenannten Äonaeffekt, den wir weiter unten besprechen werden.

Ob die Stärke des Stromes durch die Feldstärke oder die angelegte Spannung bedingt wird, darüber läßt sich aus den Versuchen von Millican nichts schließen, da er alle Messungen mit gleichen Elektroden ausführte. Es wird jedoch in der Arbeit von Millican ein Umstand erwähnt, der von bedeutendem Interesse sein dürfte: Wird nämlich bei konstanter Feldstärke die Temperatur von 300° Abs. auf 1100° Abs. erhöht, so wächst der Strom stark an. Ist kein Feld vorhanden, so ändert sich in demselben Temperaturbereiche die Emission so gut wie gar nicht (bei einer Temperatur von 800° C ist sie bei Wolfram noch sehr klein). Bei intensiven Feldern kann dagegen die Änderung des Stromes 10^{-5} A betragen, wie aus der Tabelle 2 zu ersehen ist.

Tabelle 2.

Feldstärke V/cm	Strom in A	
	300° Abs.	1100° Abs.
$0{,}59 \cdot 10^6$	$1{,}2 \cdot 10^{-8}$	$1{,}5 \cdot 10^{-8}$
0,70	$1{,}2 \cdot 10^{-7}$	$1{,}4 \cdot 10^{-7}$
0,80	$6{,}0 \cdot 10^{-7}$	$7{,}5 \cdot 10^{-7}$
0,91	$4{,}5 \cdot 10^{-6}$	$5{,}4 \cdot 10^{-6}$
1,00	$2{,}1 \cdot 10^{-5}$	$2{,}4 \cdot 10^{-5}$
1,08	$5{,}4 \cdot 10^{-5}$	$5{,}9 \cdot 10^{-5}$
1,14	$1{,}0 \cdot 10^{-4}$	$1{,}1 \cdot 10^{-4}$

Diese Erscheinung läßt sich leicht erklären, wenn wir die Formel von Schottky

$$i = i_0 e^{-\frac{W - c\sqrt{X}}{kT}} \tag{29a}$$

heranziehen. Bei gegebenem X wächst der Strom bei Temperaturerhöhung an, und zwar erfolgt dies Anwachsen um so schneller, je größer X ist, in guter qualitativer Übereinstimmung mit den experimentellen Daten.

Gegen diese Deutung spricht nur der Umstand, daß Millican im Temperaturbereich von 300° Abs. bis 900° Abs. keine Stromänderung feststellen konnte, obgleich der Formel (29a) gemäß eine Änderung unbedingt vorhanden sein müßte. Wie uns scheint, kann diese Diskrepanz auf den Umstand zurückgeführt werden, daß die von Millican beobachteten Ströme aus zwei Strömen bestehen, nämlich einem Strom i, der durch die herausgerissenen Elektronen nach Schottky gebildet wird, und einem zweiten i_1, der durch Nebenerscheinungen (Äonaeffekt) hervorgerufen ist. Dieser letzte Strom i_1 ist temperaturunabhängig. Vergrößern wir nun die Feldstärke, so wachsen beide Ströme an. Bei den niedrigen Temperaturen bis 900° Abs. ist i im Vergleich zu i_1 verschwindend klein, weshalb auch keine Temperaturabhängigkeit des Stromes festgestellt werden kann. Bei höheren Temperaturen, etwa bei 1100° Abs., wächst der Strom i soweit an, daß er ungefähr 5% des Stromes i_1 ausmacht. Von diesen Temperaturen an kann auch eine Änderung des totalen Stromes $i + i_1$ beobachtet werden.

Die Vermutungen, die wir über die Arbeit von Millican und Eyring aussprachen, werden durch die Versuche von Del Rosario [*21*] in vollem Maße bekräftigt. Del Rosario verwandte bei seinen Messungen eine Elektrodenanordnung, die derjenigen von Millican sehr ähnlich war, nur wurden die Elektroden besser entgast. Ebenso wie bei Millican diente ihm als eine Elektrode ein dünnes Platindrähtchen von 5×10^{-4} cm Durchmesser. Die andere Elektrode wurde durch einen zu dem Drähtchen konzentrischen Zylinder von 1 bis 1,5 cm Durchmesser gebildet. Der mit einem Ionisationsmanometer gemessene Restdruck im Gefäß war von der Größenordnung 10^{-8} mm Hg. Unter diesen Bedingungen ließen sich bis zu Spannungen von 4000 V keine Ströme feststellen. Da die Empfindlichkeit des Strommessers 2×10^{-10} A pro Skalenteil betrug, war folglich der Strom nicht größer als 10^{-10} A. Die Feldstärke an der Oberfläche des Drähtchens ließ sich zu 2×10^{6} V/cm berechnen. Diese Resultate stimmen mit den von Rother sehr gut überein, widersprechen aber entschieden den Messungen von Millican.

Es ist außerdem von Del Rosario gezeigt worden, daß in dem Fall, wo man das Vakuum im Prüfgefäß stark verschlechterte (von 10^{-8} mm Hg bis zu etwa 10^{-4} mm Hg), sich Ströme beobachten ließen, die einen stationären Charakter besaßen und sich bei Spannungserhöhung schnell vergrößerten. Del Rosario weist darauf hin, daß diese Ströme sowohl in ihrem Charakter als auch ihrer Größe nach denjenigen sehr ähnlich sind, die von Millican beobachtet wurden. So ergaben sich Ströme von 10^{-9} A. bei einer Feldstärke am Draht von $0{,}5 \times 10^{6}$ V/cm solche von 10^{-4} A. — bei 4×10^{6} V/cm, genau wie bei Millican.

Diese Ströme werden, wie Del Rosario gezeigt hat, nicht mehr durch die Feldstärke, sondern durch die angelegte Spannung bestimmt. Wird nämlich das innere Drähtchen durch ein anderes halb so dünnes ersetzt, so ergeben sich zwar bei derselben Spannung, nicht aber bei derselben Feldstärke, dieselben Stromwerte wie früher.

Der Äonaeffekt, den wir schon mehrmals erwähnten, — die Spitzenentladung im Vakuum bleibt, wie Cunradi [*23*] gezeigt hat, in einigen Fällen gänzlich aus. Rother hat nachgewiesen, daß dies dann geschieht, wenn die Spitzen gut entgast sind. Wahrscheinlich kann man bei ungenügend entgasten Elektroden überhaupt kein gutes Vakuum zwischen den Elektroden erreichen, so daß der Äonaeffekt auf dieselben Erscheinungen zurückgeführt werden muß, wie sie von Del Rosario im schlechten Vakuum beobachtet wurden.

Es lassen sich folglich schwache Ströme bei großen Feldstärken nur dann erzielen, wenn für eine gute Entgasung der Elektroden gesorgt ist. Am besten ist dies aus der von Rother gegebenen Kurvenschar zu ersehen, die in Abb. 41 abgebildet ist. Wir sehen, daß in den den Kurven 4 und 6 entsprechenden Fällen, die sich nur durch eine verschieden starke Entgasung der Elektroden unterscheiden und bei demselben Vakuum aufgenommen sind, im ersten Falle (Kurve **4**; gute Entgasung) ein Strom von 5×10^{-10} A bei einer Spannung von etwa 1,7 kV beobachtet werden kann, im zweiten Falle (Kurve **6**; beste Entgasung, die überhaupt erzielt werden konnte) derselbe Strom sich bei etwa 7 kV ergibt. Bei schlecht entgasten Elektroden verkleinert sich diese Spannung bis zu 0,2 kV.

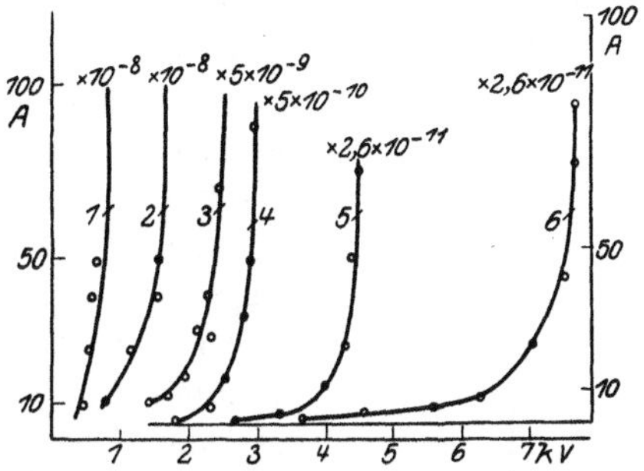

Abb. 41. Stromspannungskurven im Vakuum nach Rother. Kurven 1—3 Elektroden nicht entgast, steigende Pumpdauer. Kurve 4—5 höchstes Außenvakuum, steigende Entgasungsdauer. Kurve 6 höchstes Vakuum, höchste Entgasung.

Sowohl diese Kurven als auch die von uns schon früher besprochenen Erscheinungen (z. B. der Äonaeffekt) zeigen deutlich, daß außer dem unmittelbaren Herausreißen der Elektronen durch elektrische Kräfte es noch einen anderen Entladungsmechanismus geben muß, der mit dem Vorhandensein von Gasen in den Elektroden verknüpft ist. Nur die große Sauberkeit, mit der die Versuche von Rother ausgeführt sind, die Übereinstimmung seiner Resultate untereinander sowie mit den theoretischen Berechnungen von Schottky, lassen uns annehmen, daß die von Rother beobachteten Erscheinungen wirklich einem Herausreißen von Elektronen durch elektrostatische Kräfte zuzuschreiben sind. Leider erlauben aber selbst die Versuchsergebnisse von Rother nicht, die Theorie von Schottky eingehender zu prüfen.

Was geschieht bei gut entgasten Elektroden, wenn man die Spannung noch weiter vergrößert? Darüber gibt uns ebenfalls Rother Auskunft. In Abb. 42 ist die von ihm gemessene Abhängigkeit zwischen i und E im logarithmischen Maßstab aufgetragen. Die Kurve zerfällt deutlich in zwei Teile ABC und CD. Der Teil ABC entspricht wahrscheinlich dem oben beschriebenen Mechanismus des Herausreißens der Elektronen. Von C an beginnt der Strom bedeutend schneller zu wachsen, was auf das Eintreten einer neuen Erscheinung hinweist. Gleichzeitig damit verändert sich auch das äußere Aussehen der Entladung. Bei Spannungen, die kleiner als 2 kV sind und geringen Strömen bleibt das Prüfgefäß dunkel. Bei 2 bis 3 kV und Strömen von 10^{-5} bis 10^{-6} A wird ein schwaches Röntgenleuchten bemerkbar; oberhalb 5 kV läßt sich an der Anode ein blaugraues Leuchten beobachten — der Äonaeffekt. Noch weiter erscheinen Szintillationen — kleine helle Sterne, die einige Zeit ruhig an der Anode verbleiben. Jede solche Szintillation ist mit einer Vergrößerung des Stromes und einem Abfall der Spannung verbunden. Das Spektrum dieser Szintillationen, sowie dasjenige des blaugrauen Lichtes, ist wahrscheinlich kontinuierlich und nimmt in Richtung der kurzen Wellenlängen an Intensität zu.

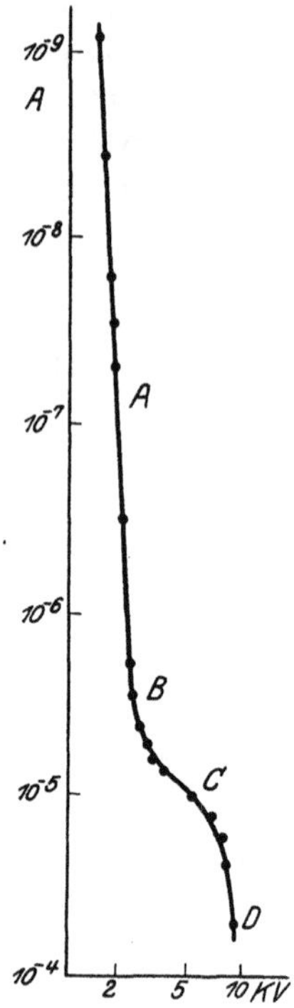

Abb. 42. Stromspannungskurve im Vakuum. Tantalspitze gegen sphärische Tantalelektrode. Abstand 0,05 mm. Entgasungsdauer ¼ Stunde. Nach Rother.

Im ganzen Gebiet *CD* sind außerdem noch glimmlichtartige Funken zu beobachten. Rother weist darauf hin, daß bei sehr gut entgasten Elektroden das Auftreten der Szintillationen mit der Zerstäubung des Metalls der Elektroden verbunden ist. Außerdem erscheint dabei im ersten Augenblick ein Linienspektrum, das das kontinuierliche überlagert. Die Szintillationen haben die Tendenz, in einen elektrischen Bogen überzugehen und die Elektroden kurzzuschließen.

Falls die Elektroden ungenügend entgast sind, treten dieselben Erscheinungen (Äonaeffekt, Szintillationen) bei viel geringeren Feldstärken ein, bei denen von einem Herausreißen des Elektrons noch keine Rede sein kann. Dies waren gerade die Bedingungen, unter denen Lilienfeld und wahrscheinlich auch Millican experimentierten. In der Praxis haben wir es meistens gerade mit dem Kurventeil *CD* zu tun, der aber wegen der ungenügenden Entgasung sehr weit in das Gebiet der niedrigeren Feldstärken verschoben ist.

Über die Natur dieser Erscheinungen läßt sich nichts Gewisses sagen. Es kann aber kaum ein Zweifel darüber bestehen, daß die Entgasung des Metalls und die Güte des Vakuums die ausschlaggebende Rolle spielen [1]. Vielleicht ist folgen-

[1] Es ist eine ganze Reihe von Arbeiten über das sogenannte Pseudovakuum vorhanden. Von einem Pseudovakuum spricht man, wenn bei einem hohen Gasdruck, der eigentlich für das Eintreten einer leuchtenden Entladung genügen müßte, tatsächlich die Entladung vollkommen ausbleibt. Diese Erscheinung wurde von Janitzky eingehend studiert, der sie auf die Entgasung der Elektroden zurückzuführen suchte und zu dem paradoxen Schlusse kam, daß ein vollkommen entgastes Metall überhaupt keine metallische Leitfähigkeit besitzt. Günther-Schulze hat jedoch gezeigt, daß man gar nicht zu solch unwahrscheinlichen Annahmen zu greifen braucht. Die Erscheinung läßt sich jedenfalls teilweise dadurch

der Mechanismus möglich: Selbst bei nicht sehr großen Feldstärken wird eine geringe Anzahl von Elektronen aus der Kathode gerissen. Diese Elektronen stoßen mit Wucht auf die Anode und bewirken, daß ein Teil des in ihr enthaltenen Gases verdampft. Die anfängliche Dichte dieses Gaswölkchens kann so groß sein, daß sich eine gewisse Anzahl von positiven Ionen auszubilden vermag. Diese positiven Ionen treffen nun auf die Kathode und rufen eine schon bedeutende Elektronenemission hervor, die das Gas zum Leuchten bringt. Der Funken verschwindet sehr bald, da sich die Stelle, an der die Entladung begonnen hatte, schnell entgast und es einige Zeit erfordert, bis das neue Gas an diese Stelle aus dem Inneren hinzuströmt. Ist aber die sekundäre Elektronenemission so groß, daß die Anode an einer Stelle wenigstens zum Glühen gebracht wird, und enthält außerdem die Anode an dieser Stelle irgendwelche Verunreinigungen, so kommt es zu einer Emission von positiven Ionen und die Entladung kann einigermaßen stabil werden. Dies kann vielleicht die Erklärung für die Szintillationen sein. Falls die Oberfläche sehr gut entgast ist, so können sich nur dann Szintillationen ausbilden, wenn die positiven Ionen durch Stoß das Metall der Elektroden zum Verdampfen bringen. Eine solche Szintillation muß leicht in eine Bogenentladung übergehen können, was auch tatsächlich beobachtet wird.

Wir beabsichtigen hier keineswegs eine vollständige Erklärung der ganzen Erscheinung zu geben. Auch widerspricht der von uns vorgeschlagene Mechanismus einigen experimentell festgestellten Tatsachen, z. B. dem Umstand, daß bei dem Äonaeffekt die Elektroden nur schwach erwärmt werden. Es scheint uns aber, daß der diesen Erscheinungen zugrunde liegende Mechanismus eine große Ähnlichkeit mit dem Mechanismus der Ausbildung von Kathodenstrahlen besitzen muß, wie wir es auch in der oben besprochenen Theorie annahmen [1]. Die erste Folgerung, die wir aus unserer Theorie ziehen können, ist die, daß die Intensität der Entladung hauptsächlich durch die Spannung, nicht aber die Feldstärke bestimmt wird. Eine gewisse Abhängigkeit von dem Abstand der Elektroden kann dadurch bedingt werden, daß das durch die Ionenstöße gebildete Gaswölkchen um so länger zwischen den Elektroden verbleiben wird, je näher die Elektroden aneinander liegen. Leider sind uns keine Arbeiten bekannt, in denen die Abhängig-

erklären, daß die sich auf der inneren Oberfläche des Prüfgefäßes niederschlagenden Ladungen das Feld so weit verzehren, daß die Entladung unmöglich wird. Werden Maßnahmen getroffen, um die Bildung der Oberflächenladungen zu verhüten, so kann in der Mehrzahl der Fälle das Auftreten des Pseudovakuums verhindert werden.

[1] Eine andere, ebenfalls auf die Wirkung der positiven Ionen gegründete Erklärung ist von Schottky (Zeitschr. f. Phys. 14, 80—82, 1920) vorgeschlagen worden.

keit dieser Art von Entladungen von dem Elektrodenabstand untersucht wird. Die Messungen von Del Rosario bestätigen jedoch scheinbar unsere Theorie.

7. Die praktischen Anwendungen der isolierenden Fähigkeiten des Vakuums.

Wie gezeigt wurde, können im Hochvakuum bei sorgfältig entgasten Elektroden Feldstärken bis zu 10^7 V/cm erzielt werden. In dieser Hinsicht übertrifft folglich das Vakuum alle bisher bekannten festen oder flüssigen Isolatoren[1]. Ganz natürlich drängt sich der Gedanke auf, die isolierende Fähigkeit des Vakuums in der Praxis zu verwenden[2]. So wäre z. B. eine solche Isolation sehr gut bei der Konstruktion von elektrostatischen Hochspannungsgeneratoren zu gebrauchen. Diese Generatoren bestehen aus einer Reihe von beweglichen und unbeweglichen Platten, die voneinander durch ein Vakuum getrennt sind[3]. Die Verwendung des Vakuums als Isolator erlaubt nämlich, sehr hohe Spannungen zu benutzen; daher läßt sich auch ein elektrostatischer Generator in bedeutend kleineren Ausmaßen konstruieren als ein gewöhnlicher Generator von derselben Leistungsfähigkeit.

Eine gänzliche Entgasung der Elektroden, besonders bei Vorhandensein großer Metallmassen, stellt sich jedoch als so schwierig heraus, da man für die Praxis die Durchbruchfeldstärke des Vakuums nicht gleich 10^7 V/cm, sondern bedeutend kleiner setzen muß. Praktisch wird man es immer mit dem Teil CD der Stromspannungskurve (Abb. 42), nicht aber mit dem Teil ABC zu tun haben.

Besonders ungünstig wirkt der Umstand, daß bei ungenügend entgasten Elektroden der Anfang der Entladung nicht durch die Feldstärke, sondern durch die Spannung bestimmt wird, so daß sich hohe Spannungen zwischen den Elektroden schwer erhalten lassen. Alle von uns im vorigen Paragraphen besprochenen Arbeiten sind bei kleinen Spannungen (nicht über 10 kV) ausgeführt worden.

Für die Praxis sind aber gerade die hohen Spannungen von Interesse. Scheinbar ist nur eine Arbeit von Hayden vorhanden, in der einigermaßen hohe Spannungen verwendet wurden. So fand Hayden, daß zwischen zwei Wolframelektroden bei 1 mm Abstand der erste Funken bei einer Feldstärke von 400 kV/cm überging. Durch eine sehr sorgfältige Entgasung der Elektroden konnte diese Feldstärke bis zu 1200 kV/cm gesteigert werden.

[1] Der einzige Isolator, der ihm an Wirkung gleichkommt, ist vielleicht der von Prof. Joffé vorgeschlagene geschichtete Hochspannungsisolator.

[2] Auch ist das Vakuum als Isolator mit Erfolg bei der Konstruktion von Trennschaltern in Amerika angewandt worden.

[3] Vgl. z. B. die Patentanmeldung von N. Semenoff und Bogoslowsky, April 1927.

Da diese Angaben ziemlich unbestimmt waren, wurde von uns im Physikalisch-Technischen Laboratorium zu Leningrad eine Reihe von Versuchen ausgeführt, die das Ziel hatten, festzustellen, bei welchem minimalen Abstand die Entladungsströme zwischen den Elektroden bei einer Spannung von 100 bis 120 kV 5×10^{-8} A. per cm^2 nicht übertreffen. Außerdem stellten wir die Bedingung, daß die Entgasung der Elektroden im Prüfgefäß selbst durch bloße Einwirkung von Hochspannung ausgeführt würde[1].

Als Elektroden wurden kreisförmige abgerundete Platten von 3 mm Dicke und 5 cm Durchmesser verwandt. Es zeigte sich, daß die aufgestellte Forderung bei Eisen-, Nickel- und einigen Sorten von Stahlelektroden bei einem Abstand von 3 bis 3,5 mm erfüllt wurde. Bis zu Spannungen von 100 bis 120 kV blieb das Gefäß dunkel. Wurde die Spannung weiter gesteigert, so erschien zuerst an den Glaswänden ein Fluoreszenzleuchten; bei noch höheren Spannungen waren Fünkchen und Szintillationen zu beobachten. Daß die letztgenannten Erscheinungen mit dem Herausreißen von Elektronen durch elektrostatische Kräfte nichts zu tun hatten folgte daraus, daß, als wir eine von den Elektroden durch eine halbkreisförmige scharfkantige Platte ersetzten, alle Erscheinungen dieselben wie früher blieben. Die starke Vergrößerung der Feldstärke an den Rändern der Platte hatte auf die Entladungserscheinungen keinen Einfluß.

Hätte man die Entgasung der Elektroden mit Spannungen von mehreren Hunderten kV ausgeführt, die uns leider nicht zur Verfügung standen, so ließe sich wahrscheinlich dieser kritische Abstand zwischen den Elektroden bis auf 1 mm verkleinern. Dies ergibt aber schon eine Feldstärke von 10^6 V/cm, die für die praktischen Anwendungen vollkommen ausreichen dürfte.

---

[1] Die entsprechenden Versuche sind von Tomaschewsky im Physikalisch-Technischen Laboratorium zu Leningrad ausgeführt worden.

III. Der Durchschlag von festen Isolatoren.

A. Der Elektrizitätsdurchgang durch feste Isolatoren und die dielektrischen Verluste.

1. Der Durchgang des elektrischen Stromes durch feste Stoffe.

Wie bekannt, sind alle Stoffe aus elektrisch geladenen Teilchen — positiven und negativen Ionen und Elektronen aufgebaut. Bei der einen Gruppe der festen Stoffe, wie z. B. bei den meisten Kristallen, sind die Ionen unmittelbar in einem räumlichen Gitter angeordnet, bei den anderen zuerst in geringer Anzahl zu neutralen Komplexen, den Atomen und Molekülen verbunden, aus denen weiter der ganze Stoff aufgebaut ist. Jedes Ion oder Molekül, aus denen der Stoff besteht, ist durch wechselseitige elektrische Kräfte an bestimmte Stellen gebunden, die es im allgemeinen ohne äußere Einwirkung nicht verlassen kann.

Kommt nun im Inneren des Isolators ein elektrisches Feld zur Ausbildung, so werden alle Ladungen einer elektrischen Kraft unterliegen, die bestrebt sein wird, diese Ladungen entweder in der Richtung des Feldes oder in der entgegengesetzten Richtung, je nach ihrem Zeichen zu verschieben. Wir haben hier zwei Grenzfälle zu unterscheiden:

1. Einige von den Elektronen (diejenigen die sich in den äußersten Bahnen bewegen) sind an die Atome oder Ionen so schwach gebunden, daß sie ohne Energieaufwand von dem einen Atom zu dem andern wandern können. Unter der Einwirkung des Feldes wird dieser Elektronenstrom, der vorher ungeordnet war, eine Bewegungskomponente in der dem Feld entgegengesetzten Richtung erhalten. Diese geordnete Bewegung der Elektronen werden wir als einen elektrischen Strom wahrnehmen. Solche Stoffe, bei denen ein Teil der Elektronen sich frei zu bewegen vermag, sind die Metalle, sowie einige andere Elemente und Verbindungen, kurzhin die Stoffe, die wir gewöhnlich „Leiter" nennen. Bei diesen Stoffen werden wir von einer metallischen Leitfähigkeit sprechen.

2. Die Elektronen sind fest gebunden. Der Stoff ist dann an sich meistens ein schlechter Leiter. Er besitzt aber dennoch eine, wenn auch geringe Leitfähigkeit. In jedem Stoff ist nämlich eine gewisse Anzahl

von dissoziierten Ionen vorhanden, die sich verhältnismäßig leicht bewegen. Es können sowohl Ionen des Stoffes selbst sein, die sich von ihren Plätzen losgelöst haben, als auch, hauptsächlich, Ionen von Beimengungen, die in jedem, selbst einem auf das sorgfältigste gereinigten Stoff unvermeidlich vorhanden sind. Diese dissoziierten Ionen werden nun unter Einwirkung des Feldes in der Richtung des Feldes wandern und einen, wenn auch geringen elektrischen Strom verursachen. Als typisches Beispiel dieser Stoffe können die meisten Kristalle, wie z. B. Quarz, Glimmer und Steinsalz, dienen. Zu dieser Gruppe der Leiter gehören alle diejenigen Stoffe, die wir als „Isolatoren" bezeichnen. Da bei diesen Stoffen der Leitfähigkeit derselbe Mechanismus zugrunde liegt wie bei den flüssigen Elektrolyten, werden wir hier von einer elektrolytischen Leitfähigkeit sprechen.

Außer diesen Grenzfällen von Leitern und Isolatoren gibt es noch eine Reihe von Stoffen, die sowohl eine metallische, als auch eine elektrolytische Leitfähigkeit aufweisen. Da aber diese Stoffe von geringerer praktischer Bedeutung sind, werden wir auf sie nicht näher eingehen.

Wir wollen nun die Gesetzmäßigkeiten besprechen, die wir bei den beiden Arten der Leitfähigkeit zu erwarten haben.

Der wichtigste Unterschied liegt in der Temperaturabhängigkeit der beiden Leitfähigkeiten. Bei den Metallen kann die Anzahl der den Strom bildenden Elektronen als von der Temperatur unabhängig betrachtet werden. Dagegen treffen die Elektronen bei ihrer Bewegung bei den höheren Temperaturen auf einen größeren Widerstand, da sich hier die Atome heftiger bewegen, so daß es ihnen schwerer fällt, von dem einen Atom zu dem anderen überzugehen. Die Leitfähigkeit der Metalle wird sich deshalb bei Temperaturerhöhung vermindern.

Bei den elektrolytisch leitenden Körpern sind dagegen die Bedingungen für die Ausbildung von neuen dissoziierten Ionen um so günstiger, je höher die Temperatur ist. Bei hohen Temperaturen kann es eher vorkommen, daß ein gebundenes Ion so viel Bewegungsenergie hat, daß es sich aus dem Gitter losreißen kann. Wir können diese Erscheinung als eine Dissoziation des Kristallgitters ansprechen und behaupten, daß die Dissoziation mit der Temperatur anwächst.

Bei Temperaturzunahme wird das Kristallgitter des Isolators immer mehr und mehr gelockert. Den freien Ionen wird es deshalb bei den hohen Temperaturen leichter fallen, sich zwischen den noch gebundenen Ionen hindurchzuzwängen. Sie können sich dabei bei denselben Feldstärken in der Richtung des Feldes schneller bewegen als bei den niedrigen Temperaturen. Die Temperaturerhöhung hat also auch eine Vergrößerung der Beweglichkeit der freien Ionen zur Folge. Beide Ursachen — das Anwachsen der Dissoziation und die Vergrößerung der

Beweglichkeit werden eine Erhöhung der Leitfähigkeit bei Temperaturzunahme bedingen.

Bei den elektrolytisch leitenden Körpern muß folglich, im Gegensatz zu den metallisch leitenden, die Leitfähigkeit gleichzeitig mit der Temperatur zunehmen. Dies ist das erste Merkmal, das zu beurteilen erlaubt, welche Art von Leitfähigkeit ein Stoff besitzt.

Ein weiterer wichtiger Unterschied zwischen den beiden Arten von Leitfähigkeiten ist folgender: Bei der metallischen Leitfähigkeit wird jedes von dem Feld weggeführte Elektron durch ein hinzukommendes neues ersetzt, so daß der Stoff als Ganzes durch den Stromdurchgang nicht verändert wird. Bei der elektrolytischen Leitfähigkeit dagegen hat der Stromdurchgang eine Zersetzung des Stoffes zur Folge. Die zerlegte Stoffmenge ist mit der Quantität der durchflossenen Elektrizität genau ebenso, wie bei den flüssigen Elektrolyten, durch die Gesetze von Faraday verbunden. Daß diese Gesetzmäßigkeiten von Kristallen bei hohen Temperaturen erfüllt werden, ist von Tubandt [*24*], Lukirski [*25*] und anderen Autoren durch unmittelbare Messungen gezeigt worden. Nach neuen Veröffentlichungen von Schiller [*26*] werden die Gesetze von Faraday bei Glas selbst bei den Zimmertemperaturen erfüllt. Als zweites sicheres Merkmal der elektrolytischen Leitfähigkeit kann folglich das Vorhandensein einer chemischen Zersetzung dienen.

Die Leitfähigkeit der elektrolytisch leitenden Stoffe ist gewöhnlich bedeutend kleiner als diejenige der metallisch leitenden. Als Isolatoren kommen deshalb nur Stoffe mit elektrolytischer Leitfähigkeit in Betracht. Auf die elektrischen Eigenschaften derartiger Stoffe wollen wir im folgenden ausführlich eingehen.

2. Der Stromdurchgang durch feste Isolatoren bei hohen Temperaturen[1].

Je höher die Temperatur ist, um so größer ist die Leitfähigkeit der elektrolytisch leitenden Stoffe. Wir können deshalb erwarten, daß alle Gesetzmäßigkeiten, die sich auf die elektrolytische Leitfähigkeit beziehen, bei den hohen Temperaturen am besten ausgeprägt sein werden. Diese Gesetzmäßigkeiten wurden von Curie und weiter von A. Joffé [*27*] teilweise zusammen mit Röntgen an erwärmten Kristallen eingehend studiert. Es ergaben sich folgende Resultate:

Wurde an dem zu untersuchenden Stoff — wir nennen ihn im folgenden kurz „Prüfling" — eine konstante Spannung angelegt, so konnte ein Strom beobachtet werden, der sich zuerst schnell, dann immer langsamer verkleinerte. Ließ man die Spannung längere Zeit (mehrere Stunden) konstant, so näherte sich der Strom einem bestimmten Grenz-

[1] Das in diesem Paragraphen enthaltene experimentelle und theoretische Material ist hauptsächlich den Arbeiten von Joffé entnommen.

wert, der mehrmals kleiner sein konnte als der Anfangswert des Stromes. Wurde der Prüfling nun kurz geschlossen, so floß in dem Verbindungsdraht ein Entladungsstrom, der dem ursprünglichen entgegengerichtet war und allmählich bis zu Null abfiel.

Eine Reihe solcher an einer Quarzplatte gemessenen Kurven zeigt Abb. 43. Die oberen Teile der Kurven entsprechen dem zeitlichen Verlauf des Stromes, wenn an die Platte eine Spannung von 100 V angelegt war, die unteren Teile dem Entladungsstrom der kurzgeschlossenen Platte.

Diese Erscheinungen können durch die Annahme erklärt werden, daß sich in dem Prüfling eine elektrische Gegenspannung auszubilden

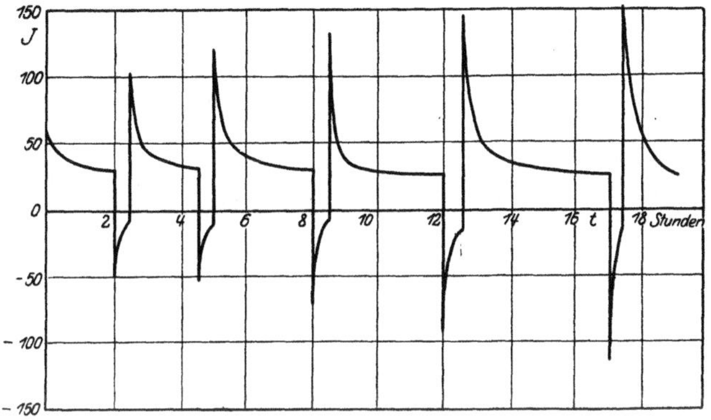

Abb. 43. Zeitkurven des Stroms durch eine erwärmte Quarzplatte nach Joffé.

vermag, ähnlich wie bei den flüssigen Elektrolyten. Während aber bei den flüssigen Elektrolyten die Gegenspannung höchstens einige Volt erreicht, können sich bei den festen Elektrolyten, den Kristallen, Gegenspannungen von mehreren hunderten und selbst tausenden Volt ausbilden.

Das Vorhandensein einer Gegenspannung konnte durch Ausmessung der Spannungsverteilung an dem Prüfling unmittelbar nachgewiesen werden. Die Messungen zeigten, daß sich bei dem Durchgang des Stromes in der Nähe der Elektroden die Feldstärke tatsächlich bedeutend vergrößert, in den inneren Teilen des Prüflings dagegen verkleinert. Wir haben dabei zwei Fälle zu unterscheiden:

1. Beinahe der ganze Spannungsabfall erfolgt in der unmittelbaren Nähe der Elektroden. In allen übrigen Teilen des Dielektrikums ist das Feld bedeutend geschwächt. Ein solches Dielektrikum ist z. B. der Kalkspatkristall $CaCO_3$. Abb. 44 zeigt die zeitliche Änderung der Spannungsverteilung in einem solchen Kristall. Die Spannungsverteilung wurde durch Sonden 15 Sek., 5, 10, 20 und 30 Minuten nach Einschaltung der Spannung gemessen. Die ermittelten Werte sind durch Kreise

gekennzeichnet. Die seit der Einschaltung der Spannung verflossene Zeit ist über jede Kurve geschrieben. Nach 30 Minuten ist die Gegenspannung so weit angewachsen, daß die Feldstärke im Innern des Kristalls bloß ein Drittel des ursprünglichen Wertes beträgt. In dem der Abb. 44 entsprechenden Fall bildet sich die Gegenspannung nur an einer Elektrode, nämlich an der Kathode aus. Dies zeigt, daß der Strom fast ausschließlich von den positiven Ionen, den Metallionen gebildet wird, die sich an der Kathode als positive Raumladungen anhäufen. In anderen Fällen können auch beide Ionen an der Leitung teilnehmen. Die Dicke der Schicht, in der die die Gegenspannung verursachenden Raumladungen sitzen, der „Polarisationsschicht", läßt sich bei Kalkspat auf etwa 0,001 mm schätzen.

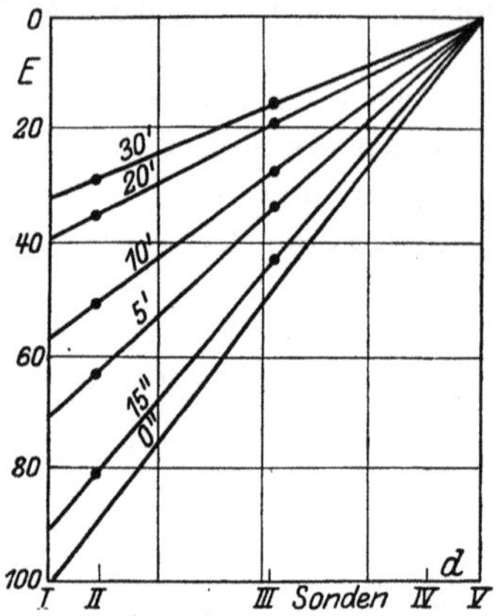

Abb. 44. Zeitliche Änderung der Spannungsverteilung in einem Kalkspatkristall beim Durchgang des Stromes nach Joffé.

2. Die Feldstärke ist ebenfalls in der Nähe der Elektroden am größten. Bei Entfernung von den Elektroden verkleinert sie sich allmählich und erreicht ihren kleinsten Wert in den mittleren Teilen des Kristalls. Die Raumladung ist nicht mehr, wie im ersten Fall, auf dünne, dicht an den Elektroden liegende Schichten beschränkt, sondern räumlich verteilt. Ein solcher Kristall ist der Quarz. Die an ihm gemessene Spannungsverteilung ist in Abb. 45 wiedergegeben. Die Gerade entspricht der Spannungsverteilung gleich nach Einschaltung der Spannung, die Kurve dagegen derjenigen, die 10 Minuten später beobachtet werden konnte.

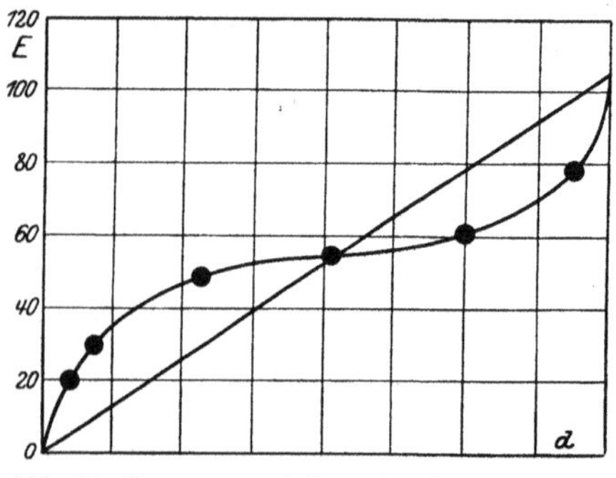

Abb. 45. Spannungsverteilung in einer erwärmten Quarzplatte beim Durchgang des Stromes nach Joffé.

Im ersten Fall, wo die Raumladung auf eine dünne Schicht beschränkt ist, muß eine große Elektrizitätsmenge in dem Kristall aufgespeichert werden, um die Gegenspannung auszubilden. Dividiert man diese Elektrizitätsmenge durch den Wert der Gegenspannung, so ergibt sich eine fiktive Kapazität $\overline{C}$, die freilich von der Temperatur und von der Spannung selbst abhängen kann. Wir wollen sie als Polarisationskapazität bezeichnen. Sie kann diejenige Elektrizitätsmenge, die nötig ist, um die geometrische Kapazität des Prüflings[1] aufzuladen, mehrere hundertmal übertreffen. Im zweiten Fall ist die in der Raumladung enthaltene Elektrizitätsmenge bedeutend kleiner und die Polarisationskapazität von derselben Größenordnung wie die geometrische.

Die elektrolytischen Polarisationserscheinungen sind bei verschiedenen Isolatoren verschieden scharf ausgeprägt. Bei einem und demselben Isolator sind sie um so bedeutender, je niedriger die Temperatur des Isolators ist. Bei hohen Temperaturen, die der Schmelz- oder Zersetzungstemperatur des Isolators naheliegen (bei Glas wahrscheinlich von 250° an und höher), verschwinden die Polarisationserscheinungen vollkommen.

Bei den gewöhnlichen Leitern wird der Widerstand R als der Quotient der angelegten Spannung E und des Stromes i definiert:

$$R = \frac{E}{i} \tag{31}$$

Bei dem Isolator führt diese Definition zu keinen bestimmten Werten, da sich der Strom bei konstanter Spannung zeitlich vermindert und folglich der nach Formel (31) bestimmte Widerstand stetig anwächst. Wenn man nun annimmt, daß die Verkleinerung des Stromes durch die Entstehung einer Gegenspannung P bedingt wird, so muß das Ohmsche Gesetz (31) folgendermaßen umgeformt werden:

$$R_0 = \frac{E - P}{i} \tag{32}$$

wo R_0 ein für den gegebenen Isolator konstanter Widerstand ist. Diese Annahme wurde von A. Joffé experimentell bewiesen. In der Tabelle 3 sind die Resultate der an einem Kalkspat-Kristall ausgeführten Messungen angeführt.

Tabelle 3.

$E - P$	i	$\frac{i}{E - P}$
99,0	53,8	0,543
89,8	48,5	0,542
75,2	40,4	0,540
66,0	35,6	0,541
55,5	30,1	0,542
49,0	26,3	0,538
42,7	23,2	0,541
25,0	13,4	0,538

Trotzdem sich sowohl die Differenz $E - P$ als auch der Strom i zeitlich verändern, bleibt der Quotient $\frac{i}{E - P}$ und demnach auch der

[1] Als geometrische Kapazität werden wir diejenige bezeichnen, die sich nach den üblichen Formeln aus den Abmessungen der Elektroden und der Dielektrizitätskonstante des Mediums berechnen läßt.

Widerstand R_0 konstant. Das Ohmsche Gesetz wird folglich auch bei den festen Isolatoren erfüllt, wenn man nur die Ausbildung der Gegenspannung berücksichtigt. Den Widerstand R_0 wollen wir im folgenden den wahren Widerstand des Isolators nennen.

Wie schon erwähnt wurde, strebt der durch den Kristall fließende Strom bei dauernd eingeschalteter Spannung einem bestimmten Grenzwert i_∞ zu. Diesen Strom werden wir den Reststrom nennen. Wird nun die angelegte Spannung durch den Reststrom dividiert, so ergibt sich auch ein mehr oder minder konstanter Wert des Widerstandes, der aber bedeutend größer als der wahre Widerstand ist. Die in den verschiedenen Tabellen angeführten Werte der Widerstände entsprechen gewöhnlich gerade diesen, unter Berücksichtigung des Reststroms gemessenen Widerständen, nicht aber den wahren.

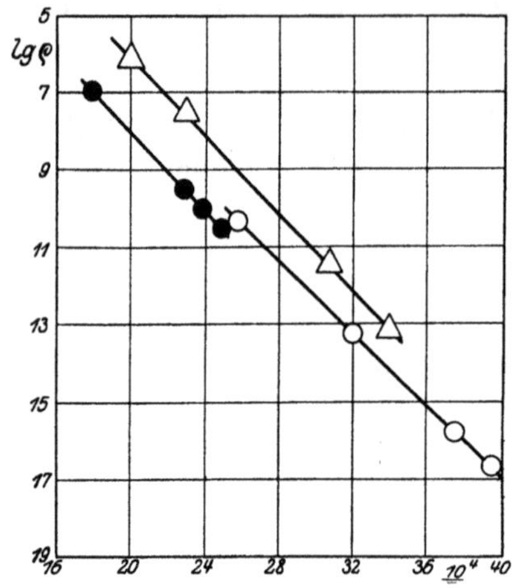

Abb. 46. Temperaturabhängigkeit des spezifischen Widerstandes nach Joffé. ● △ Quarzkristall, ○ Kalkspatkristall.

Werden die Widerstände statt mit Gleichspannung mit Wechselspannung gemessen, so können sich auch je nach der Frequenz der Wechselspannung verschiedene Werte ergeben. Ist die Frequenz niedrig, so hat nämlich die Gegenspannung Zeit, sich wenigstens teilweise auszubilden. Bei höheren Frequenzen kommt sie gar nicht dazu. Bei hohen Frequenzen müßten sich daher durchweg kleinere Werte der Widerstände ergeben als bei niedrigen.

Was die Temperaturabhängigkeit des spezifischen Widerstandes ϱ betrifft, so wird sie bei den meisten Isolatoren am genauesten durch das Gesetz

$$\varrho = \varrho_0 e^{\frac{b}{T}} \tag{33}$$

oder

$$\lg n \varrho = \frac{b}{T} + B \tag{34}$$

wiedergegeben. B und b sind hier Konstanten, T — die absolute Temperatur[1]. Werden die Logarithmen der Widerstände als Funktionen der reziproken Werte der absoluten Temperaturen graphisch aufgetragen, so muß sich, der Formel (34) gemäß, eine Gerade ergeben. Aus Abb. 46 ist zu ersehen, daß diese Forderung bei solchen Kristallen wie Quarz und Kalkspat in bedeutenden Temperaturintervallen erfüllt wird.

[1] Merkwürdig ist, daß dem Koeffizienten b bei allen untersuchten Stoffen ungefähr dieselben Werte zukommen ($0{,}8 \cdot 10^4 - 1{,}1 \cdot 10^4$).

Auch bei den meisten anderen festen Isolatoren, wie z. B. bei Glas [28] (Abb. 47) und Porzellan, wird die Temperaturabhängigkeit der Leitfähigkeit durch dieselbe Formel (34) ausgedrückt.

Handelt es sich um kleine Temperaturintervalle, so kann die genaue Formel (31) durch die angenäherte, aber rechnerisch bequemere

$$\varrho = \varrho_0 e^{-at} \tag{35}$$

oder

$$\lg n \varrho = -at + A \tag{36}$$

ersetzt werden. t ist hier die gewöhnliche in Celsiusgraden ausgedrückte Temperatur, a, ϱ_0 und A sind Konstante. Bei einigen Kristallen, wie z. B. bei Steinsalz, wird diese Beziehung auch in größeren Temperaturintervallen gut erfüllt.

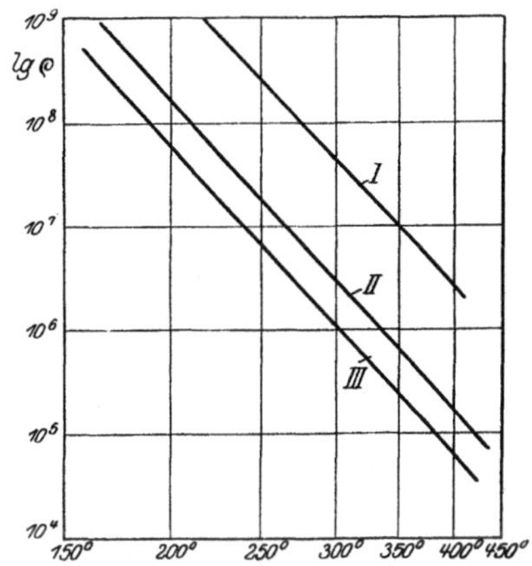

Abb. 47. Temperaturabhängigkeit des spezifischen Widerstandes von Glas nach Gehlhoff und Thomas.
I Resistentes Apparatglas,
II Thüringer Geräteglas,
III Mittelhartes Kalk-Magnesialglas.

Streng genommen wird durch die Formeln (33) und (35) nur die Temperaturabhängigkeit des wahren Widerstandes ausgedrückt. Es zeigt sich jedoch, daß auch der bei dem Reststrom gemessene Widerstand R eine ähnliche Temperaturabhängigkeit aufweist. Da sich aber bei Temperaturerhöhung die Polarisationserscheinungen verkleinern und sich folglich der bei dem Reststrom gemessene Widerstand R dem wahren R_0 nähert, so muß der erste von diesen Widerständen etwas steiler abfallen als der zweite. Die Konstante b in den Gleichungen (33) und (34) ist deshalb bei dem wahren Widerstand kleiner als bei dem bei dem Reststrom gemessenen.

Bei der Besprechung der elektrischen Eigenschaften der Isolatoren haben wir bisher von der elektrolytischen Zersetzung abgesehen. Bei nicht allzu hohen Temperaturen und kurzer Beanspruchung kommen auch diese Erscheinungen wegen der Kleinheit der durchgeflossenen Elektrizitätsmengen kaum in Betracht. Wird aber ein erwärmter Isolator einer Spannung dauernd ausgesetzt, so können auch diese elektrolytischen Erscheinungen von großer Wichtigkeit werden.

In allen Isolatoren, selbst in den aufs sorgfältigste gereinigten Kristallen, ist ein gewisser Prozentsatz von Beimengungen vorhanden. Diese Beimengungen sind gewöhnlich stärker dissoziiert als der Stoff selbst und üben deshalb auf die Leitfähigkeit des Isolators einen bedeutenden Einfluß aus. Wird nun an den Isolator eine Spannung angelegt, so sind es gerade die Ionen der Beimengungen, die hauptsächlich zu wandern beginnen. An der Elektrode angelangt, scheiden sie sich aus. Dadurch wird die Quantität der Beimengungen verringert. Ein dauernder Stromdurchgang wird also eine Reinigung des Kristalls und gleichzeitig eine Vergrößerung seines Widerstandes zur Folge haben.

Steigert man die Temperatur des Isolators so weit, daß man sich seiner Schmelztemperatur nähert, so wird die Dissoziation des Stoffes selbst so groß, daß die Beimengungen auf seine Leitfähigkeit keinen Einfluß mehr haben. Dagegen beginnt eine intensive Zersetzung des Stoffes. Die sich an den Elektroden ausscheidenden Zersetzungsprodukte können sowohl die Elektroden als auch die Oberfläche des Isolators an-

Abb. 48. Mikrophotographie eines Steinsalzkristalls nach heftiger Elektrolyse nach Lukirski.

Abb. 49. Mikrophotographie eines Steinsalzkristalls nach Elektrolyse. Natriumdendrite an der Kathode nach Lukirski.

greifen, wodurch ein Teil des Isolators zerstört und seine isolierende Fähigkeit verschlechtert wird.

Diese Erscheinungen sind ausführlich von Lukirsky und Sčukareff [25] an Steinsalzkristallen untersucht worden. Bei der Elektrolyse des Steinsalzkristalls NaCl scheidet sich an der Kathode Natrium, an der Anode Chlor aus. Das ausgeschiedene Natrium bildet Dendrite, die von der Oberfläche des Kristalls nach dessen Innerem zu allmählich wachsen. Gleichzeitig mit dem Wachsen der Dendrite vergrößert sich auch der durch den Isolator fließende Strom. Dieser Prozeß dauert so lange, bis die Dendrite die Anode erreichen. Dann wächst sprungweise der Strom bis zu einem hohen Wert, der der metallischen Leitfähigkeit des Natriumdendrits entspricht. Der Isolator ist zerstört — durchschlagen. Das an der Anode ausgeschiedene Chlor verbindet sich mit dem Metall, aus dem die Elektrode besteht, und bildet das entsprechende Chlorid.

Abb. 48 zeigt die Mikrophotographie eines Steinsalzkristalls, der längere Zeit von Strom durchflossen wurde. Oben an der Kathode sind die Natriumdendrite zu sehen. Ein Teil von diesen Dendriten ist vergrößert in Abb. 49 abgebildet, um ihre Struktur deutlicher zu zeigen.

3. Der Durchgang des Stromes durch feste Isolatoren bei niedrigen Temperaturen.

Geht man von den hohen Temperaturen zu den niedrigen über, so werden die Erscheinungen, die den Elektrizitätsdurchgang durch Isolatoren begleiten, noch komplizierter. Besonders verwickelt sind die Verhältnisse bei den nichthomogenen Isolatoren. Von besonderem Interesse sind dabei zwei Fragen, nämlich: die nach der zeitlichen Änderung des Stromes und der Abhängigkeit des Stromes von der angelegten Spannung.

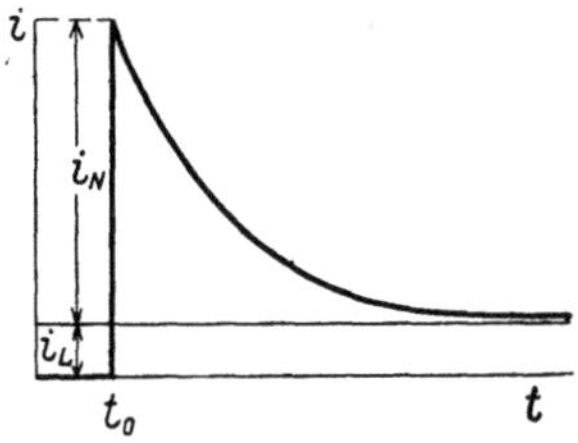

Abb. 50. Zeitlicher Verlauf des Aufladestromes nach Wagner.

a) Die zeitliche Änderung des Stromes. Wird ein plattenförmiger Isolator zwischen zwei Elektroden eingeklemmt und an diese Elektroden eine konstante Spannung angelegt, so ergibt sich folgende zeitliche Änderung des Stromes. Im Augenblick des Anlegens (Abb. 50) der Spannung fließt ein großer Strom, der der Aufladung der geometrischen Kapazität c_0 des von dem Isolator und den Elektroden gebildeten Kondensators entspricht. Statt aber dann fast augenblicklich bis zu Null abzufallen, wie es z. B. bei einem Luftkondensator der Fall ist, vermindert sich der Strom nur allmählich. Bei dauernder Spannung strebt der Strom einem konstanten Wert i_L zu. Dieser Reststrom i_L wird gewöhnlich als Leitungsstrom, der abfallende Strom als Nachladungsstrom bezeichnet[1]. Werden nun, nachdem sich der Kondensator aufgeladen hat, die Elektroden kurzgeschlossen (Abb. 51), so ist ein Entladungsstrom zu beobachten, der dem Ladestrom entgegengerichtet ist. Dieser Strom ist am Anfang am größten und entspricht der Entladung der geometrischen Kapazität des Kondensators. Darauf wird er allmählich Null. Diese zeitlich verlaufenden Erscheinungen werden unter dem Namen der „dielektrischen Nachwirkung“ zusammengefaßt.

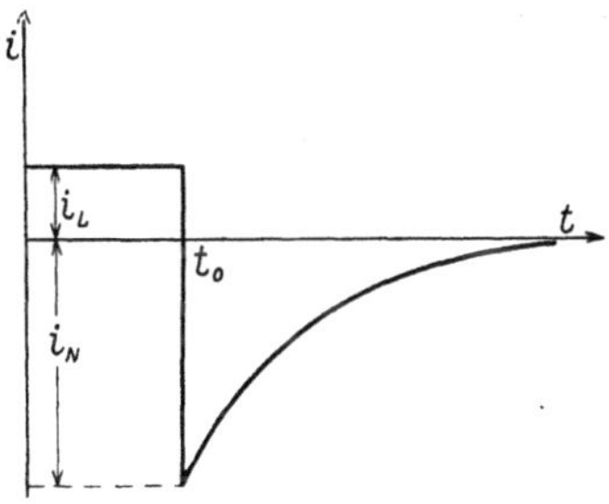

Abb. 51. Zeitlicher Verlauf des Entladungsstromes nach Wagner.

Eine Serie von experimentell ermittelten Ladungskurven ist in Abb. 52 aufgezeichnet. Sie sind von Wagner [29] an Guttapercha gemessen worden. Aus dem Verlauf der Kurven ist zu ersehen, daß der Nachladungsstrom bei solchen nicht homogenen Isolatoren mehrere und selbst viele Minuten dauern kann. Die größte

[1] Die hier angewandten Bezeichnungen sowie die Abb. 50 und 51 sind dem Aufsatz von Wagner (Arch. f. Elektr. 3, S. 68, 1914) entnommen.

Änderung des Stromes erfolgt meistens in den ersten Sekunden nach Einschaltung der Spannung. Ähnliche Kurven erhält man auch bei den homogenen Isolatoren, doch klingt bei ihnen im allgemeinen der Nachladungsstrom schneller ab. Eine solche Kurve zeigt Abb. 53. Sie ist an einer 0,3 mm dicken Glasplatte von Sinjelnikoff und Anton Walther [*30*] ermittelt worden. Im Gegensatz zu den Kurven von Wagner, wurde hier der während der ersten Sekunden fließende Strom gemessen. Durch eine besondere Vorrichtung wurde dabei der Ladungsstrom der geometrischen Kapazität des Kondensators eliminiert, so daß wir es hier nur mit der zeitlichen Änderung des Nachladungsstromes zu tun haben. Schon 0,1 Sekunde nach Einschaltung der Spannung ist der Strom bis auf $^1/_{15}$ seines Anfangswertes gesunken. Nach einer Minute wurden in ähnlichen Fällen Ströme beobachtet, die bloß 0,05% des Anfangswertes betrugen.

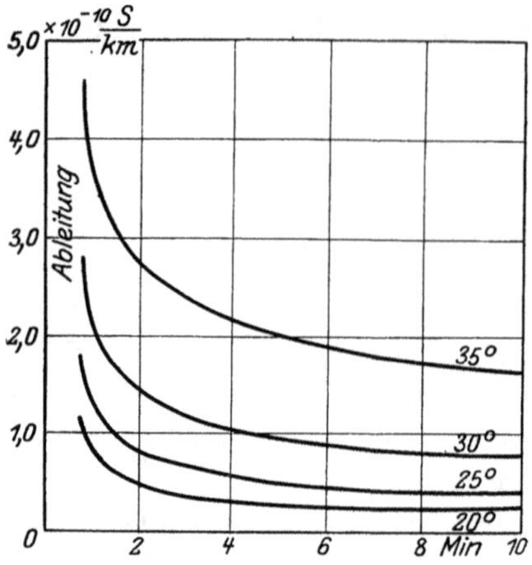

Abb. 52. Zeitlicher Verlauf des Ladestromes bei Guttapercha nach Wagner.

Um den zeitlichen Abfall des Stromes darzustellen, sind eine ganze Reihe von Formeln vorgeschlagen worden. Am häufigsten wird der Ausdruck

$$i(t) = i_0 \cdot \varphi(t) = i_0 t^{-m} \tag{37}$$

angewandt. In den ersten Teilen der Zeitkurve wird aber auch die einfachere und rechnerisch bequemere Formel

$$\varphi(t) = e^{-\alpha t} \tag{38}$$

mit befriedigender Genauigkeit erfüllt.

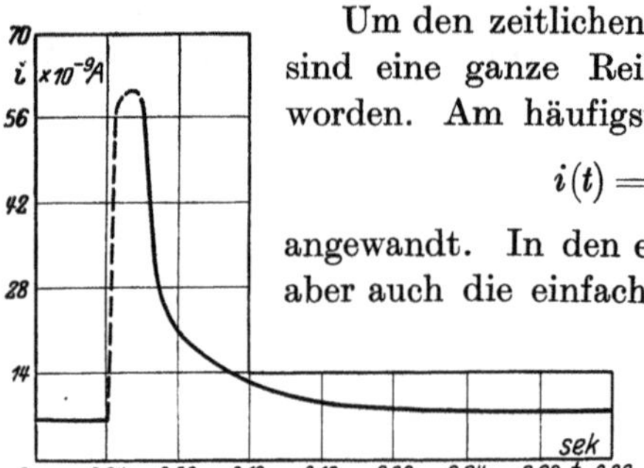

Abb. 53. Nachladungsstrom bei Glas nach Sinjelnikoff und Anton Walther.

Bei nichthomogenen Isolatoren lassen sich diese Erscheinungen rein formell auf Grund der Maxwellschen Vorstellungen deuten. So wurde von Maxwell ausgesprochen und von Wagner [*31*] theoretisch bewiesen, daß ein nichthomogener Isolator, dessen einzelne Bestandteile verschiedene Dielektrizitätskonstanten ε und Leitfähigkeiten σ besitzen, dann, wenn das Verhältnis $\frac{\varepsilon}{\sigma}$ nicht für alle Bestandteile ein und dasselbe ist, typische Nachwirkungserscheinungen aufweist. Im ersten

Augenblicke nach dem Anlegen der Spannung wird nämlich im Inneren des Isolators die Feldverteilung nur durch die Dielektrizitätskonstanten ε der verschiedenen Teile des Isolators bestimmt. Die Feldstärke ist im allgemeinen dort am größten, wo die Dielektrizitätskonstante am kleinsten ist. Wäre nun das Verhältnis $\frac{\varepsilon}{\sigma}$ überall ein und dasselbe, so bliebe diese Feldverteilung bestehen. Schwankt dieses Verhältnis von Ort zu Ort, so muß sich die Feldverteilung verändern, da sie bei dauernd angelegter Spannung durch die Leitfähigkeiten der einzelnen Bestandteile bedingt wird. Diese innere Umladung wird von uns als ein Nachladungsstrom wahrgenommen. So hat z. B. Wagner gezeigt, daß ein an sich homogenes und nichtleitendes Medium, in dem einzelne schlechtleitende Kügelchen regellos verstreut liegen, eine dielektrische Nachwirkung zeigt. Außerdem können bei nichthomogenen Isolatoren, besonders bei solchen, die flüssige Bestandteile enthalten (öldurchtränkte Papierisolation), langsame zeitliche Änderungen des Stromes durch Strukturänderungen des Stoffes hervorgerufen werden.

Es ist sehr leicht möglich, daß die Nachwirkungserscheinungen tatsächlich in einer Anzahl von Fällen durch die Inhomogenitäten des Mediums bedingt werden. Eine dem Wagnerschen Schema ähnliche Struktur besitzen ja viele technische Isolierstoffe. Bei den homogenen Isolatoren stößt jedoch diese Deutung auf große Schwierigkeiten. Hier müssen andere Erklärungen herangezogen werden [1].

Vergleicht man die in Abb. 50 und 51 wiedergegebenen Kurven mit der in Abb. 42 abgebildeten, die den Aufladungs- und Entladungsprozeß an einer erwärmten Quarzplatte darstellt, so sieht man, daß man es in beiden Fällen mit ähnlichen Vorgängen zu tun hat. Die Nachwirkungserscheinungen können also, jedenfalls teilweise, auf elektrolytische Polarisationserscheinungen zurückgeführt werden [2]. Der Anfangswert des Stromes bestimmt dabei den wahren Widerstand des Isolators, der Leitungsstrom i_L muß mit dem Reststrom identifiziert werden. Der Nachladungsstrom ist ein eigenartiger Leitungsstrom, der die Polarisationskapazität des Isolators auflädt. Die Maxwellsche Theorie bleibt, streng genommen, auch hier bestehen. Nur schreiben wir die Umladungsprozesse im Medium nicht mehr dem Einfluß der Inhomogenitäten, sondern den Besonderheiten der elektrolytischen Leit-

[1] Von Wagner [31] ist ebenfalls bewiesen worden, daß bei schlecht anliegenden Elektroden, bei denen zwischen den Elektroden und dem Prüfling dünne, halbleitende Schichten vorhanden sein können (ionisierte Luft), der Isolator typische Nachwirkungserscheinungen aufweist. Jedoch kann diese Erklärung nur in wenigen Fällen herangezogen werden.

[2] Dieser Gedanke ist schon vor mehr als einem Jahrzehnt von Prof. Joffé in seiner Dissertation ausgesprochen worden. In neuester Zeit wurde diese Ansicht von Sinjelnikoff und Anton Walther [30], sowie von Schiller [32] vertreten.

fähigkeit zu. Die formelle Theorie von Maxwell kann also bei Berücksichtigung der elektrolytischen Polarisationserscheinungen auch auf die homogenen Isolatoren angewandt werden. Selbstverständlich können auch bei den nichthomogenen Stoffen die elektrolytischen Polarisationserscheinungen nebst anderen Erscheinungen, die wir oben besprochen haben, den zeitlichen Abfall des Stromes verursachen.

Unter der Annahme, daß der Abfall des Stromes durch elektrolytische Polarisationserscheinungen bedingt wird, bekommt auch die Formel (38) einen physikalischen Sinn — sie stellt den Aufladungsstrom der Polarisationskapazität dar. Der Koeffizient α muß dann gleich $\frac{\sigma}{\overline{C}}$ gesetzt werden, wo σ die (wahre) elektrische Leitfähigkeit und $\overline{C}$ die Polarisationskapazität des Isolators bedeuten.

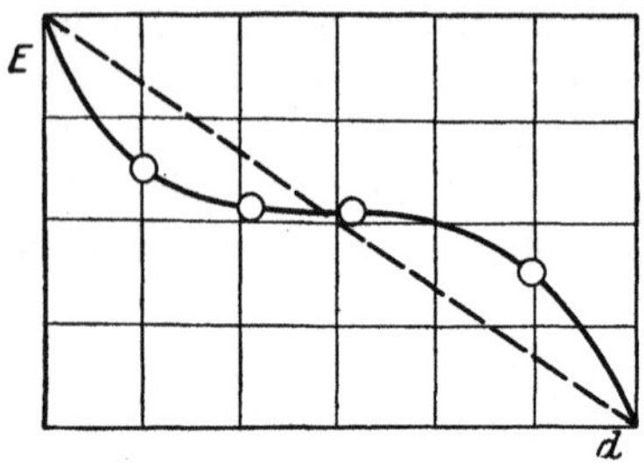

Abb. 54. Spannungsverteilung in einem Glaszylinder beim Durchgang des Stromes nach Sinjelnikoff und Anton Walther.

Daß in den Isolatoren bei niedrigen Temperaturen bedeutende Polarisationserscheinungen auftreten können, wird durch folgende Tatsachen bekräftigt:

1. Schiller [*32*] legte an ein 0,2 mm dickes Deckglas eine Spannung von 10000 V an und verringerte nach einiger Zeit diese Spannung bis auf 2000 V. Es zeigte sich dabei, daß selbst 30 Sekunden nach der Änderung der Spannung der Strom noch gegen die Spannung floß. Dieser Versuch läßt sich am einfachsten damit erklären, daß sich im Deckglas vor der Änderung der Spannung eine Gegenspannung ausgebildet hatte, die 2000 V übertraf.

2. Unmittelbar an Glas ausgeführte Sondenmessungen von Sinjelnikoff und Anton Walther zeigten, daß der Spannungsabfall an den Elektroden tatsächlich bedeutend vergrößert ist. Die an einem kurzen Glaszylinder gemessene Spannungsverteilung zeigt Abb. 54. Sie hat ein ähnliches Aussehen, wie die bei Quarz bei hohen Temperaturen (Abb. 44). Ebenso wie dort, muß folglich bei Glas schon eine geringe Elektrizitätsmenge genügen, um den Prüfling zu polarisieren. Die Polarisationskapazität $\overline{C}$ wird deshalb klein sein, der Koeffizient $\alpha = \frac{\sigma}{\overline{C}}$ in der Formel (37) dagegen groß. Der Aufladungsstrom muß deshalb steil abfallen, wie es auch tatsächlich beobachtet wird (vgl. die Kurven in den Abb. 52 und 53).

b) Die Abhängigkeit des Stromes von der angelegten Spannung. Für den Rest- oder Leitungsstrom wird das Ohmsche Gesetz bei den festen Isolatoren im allgemeinen nicht erfüllt. Bei einigermaßen hohen Spannungen wächst der Strom nicht mehr der Spannung proportional, sondern bedeutend schneller. Bei Vergrößerung der Spannung verkleinert sich folglich der Widerstand. Von einer ganzen Reihe von Forschern (Pool [*33*], Schiller [*32*]) ist festgestellt worden, daß dabei folgende Beziehung zwischen dem Widerstand des Isolators und der Feldstärke ziemlich genau erfüllt wird:

$$\lg n\, R = D - CX \tag{39}$$

wo X die Feldstärke, C und D Konstanten bedeuten. In den Abb. 55 und 56 sind zwei von Schiller an Glas und Glimmer gemessene Kurven abgebildet. Als Abszissen sind hier die Feldstärken, als Ordinaten die Logarithmen der Widerstände abgetragen. Bei Glas (Abb. 55) wird die Beziehung (39) genau erfüllt. Bei Glimmer (Abb. 56) lassen sich einige nicht sehr bedeutende Abweichungen von der Beziehung (39) feststellen. Die Konstante C ist bei allen untersuchten Gläsern und bei Glimmer ungefähr dieselbe.

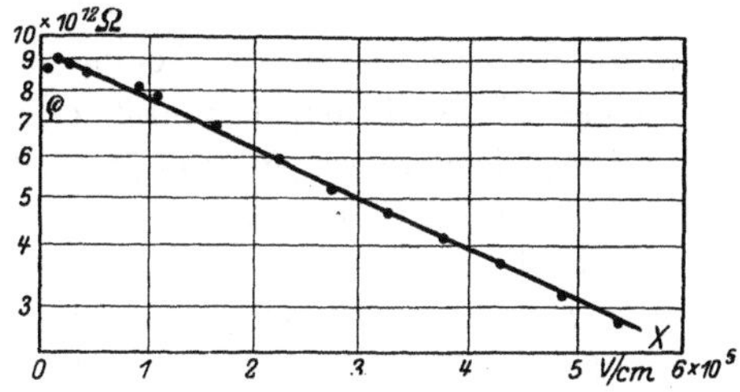

Abb. 55. Abhängigkeit des spezifischen Widerstandes von der Feldstärke bei Glas nach Schiller.

Diese Abhängigkeit des Widerstandes von der Feldstärke suchte Günther-Schulze (*1*) durch eine im Inneren des Isolators auftretende Stoßionisation zu erklären. Auf Grund der Annahme, daß die im Isolator enthaltenen freien Elektronen durch Stoß neue Elektronen abzuspalten vermögen, kommt Günther-Schulze zu folgenden Formeln, die die Abhängigkeit des Leitungsstromes von der Feldstärke wiedergeben:

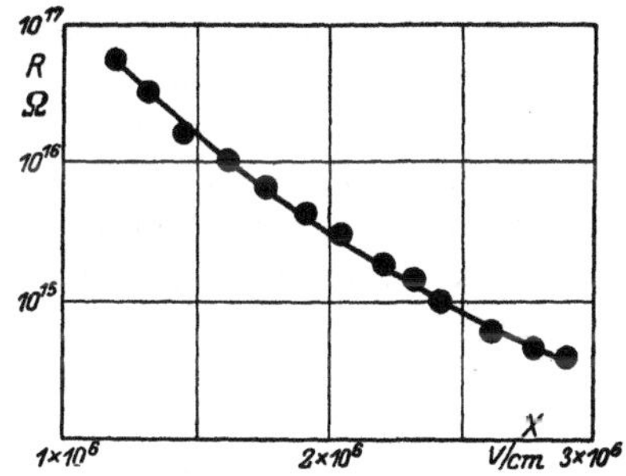

Abb. 56. Abhängigkeit des spezifischen Widerstandes von der Feldstärke bei Glimmer nach Schiller.

$$1.\quad i = i_0 e^{cXd} \tag{40}$$

$$2.\quad i = i_0 \frac{e^{cXd} - 1}{cXd} \tag{41}$$

X ist hier die Feldstärke, d die Dicke des Isolators, i_0 und c sind Konstanten. Die erste Formel entspricht dem Fall, daß die primären Elektronen nur an der Kathode entstehen, die zweite gilt dann, wenn die primären Elektronen im ganzen Volumen des Isolators verteilt sind. Für die Abhängigkeit des Widerstandes von der Feldstärke erhält man nach einigen Umformungen die Ausdrücke

$$1.\ \lg n R = D - CX + \lg n X, \tag{42}$$

$$2.\ \lg n \frac{R}{1 + \frac{i_0 R}{CX^2}} = DCX + 2 \lg n X, \tag{43}$$

wobei $C = cd$ gesetzt ist. Beide Beziehungen gehen bei großen Feldstärken X in die experimentell ermittelte Formel (39) über.

Den Gleichungen (40) und (41) entsprechend, muß bei Stoßionisation der Strom bei konstanter Feldstärke X eine Exponentialfunktion der Schichtdicke d sein. Schiller hat aber experimentell bewiesen, daß diese Forderung, bei Glas und Glimmer wenigstens, nicht erfüllt wird. Die Konstanten C in Formel (42) oder (43), die den Schichtdicken proportional sein müßten, sind tatsächlich bei dickeren Platten etwas kleiner als bei den dünnen. Durch eine Stoßionisation kann folglich die Abhängigkeit zwischen R und X nicht erklärt werden. Außerdem ist das Vorhandensein von freien Elektronen in festen Isolatoren selbst bei hohen Feldstärken wenig wahrscheinlich[1].

Von mehreren Autoren (Schiller, Sinjelnikoff u. a.) ist der Gedanke ausgesprochen worden, daß diese Abhängigkeit durch die elektrolytischen Polarisationserscheinungen erklärt werden könnte.

Bei den Experimenten, die zu der Aufstellung der Formel (39) führten, wurde nämlich meistens der Strom nicht gleich nach Einschaltung der Spannung, sondern nach Verlauf einer gewissen Zeit gemessen. Der Widerstand R fällt folglich mit dem von uns früher definierten „Widerstand aus dem Reststrom" zusammen. Letzterer wird aber, wie wir gesehen haben, durch die Polarisationserscheinungen sehr stark beeinflußt. Um einige Klarheit in dieser Frage zu schaffen, mußte untersucht werden, welche Gesetzmäßigkeiten der wahre Widerstand aufweist.

Eine derartige Untersuchung ist von K. Sinjelnikoff und Anton Walther ausgeführt worden. Der wahre Widerstand kann auf zweierlei Weise bestimmt werden: entweder ermittelt man den Augenblickswert des Stromes so bald wie möglich nach Einschaltung der Spannung, bevor sich die Gegenspannung noch ausgebildet hat, und dividiert die Spannung durch diesen Stromwert i_0

$$R_0 = \frac{E}{i_0}. \tag{31}$$

Oder man bestimmt der Formel (32) entsprechend

$$R_0 = \frac{E - P}{i} \tag{32}$$

[1] Nur in sehr dünnen Schichten (d etwa 10^{-4} mm) können bei hohen Feldstärken Erscheinungen auftreten, die wahrscheinlich auf das Eintreten einer Stoßinoisation durch Ionen zurückzuführen sind. Auf diese Erscheinungen kommen wir noch bei der Besprechung der Durchschlagsprobleme zurück (vgl. S. 148).

auf irgendeine Weise den Wert der Gegenspannung, wenn sie sich schon eingestellt hat, subtrahiert sie von dem Spannungswert E und dividiert durch den Wert des Reststromes. Von Sinjelnikoff und Walther wurden beide Wege eingeschlagen und führten zu gut übereinstimmenden Resultaten.

Da bei dem ersten Verfahren der Wert des Stromes im Augenblick des Einschaltens der Spannung nicht unmittelbar bestimmt werden konnte, wurde der Stromverlauf während der ersten Sekunden nach der Einschaltung photographisch registriert. Als Strommesser diente ein Fadenelektrometer. Eine der aufgenommenen Kurven ist in Abb. 53 abgebildet. Um den Anfangswert des Stromes zu bestimmen, wurde die Kurve bis zu $t = t_0$ nach dem Exponentialgesetz

$$i = i_0 e^{-\alpha(t - t_0)} \qquad (44)$$

extrapoliert.

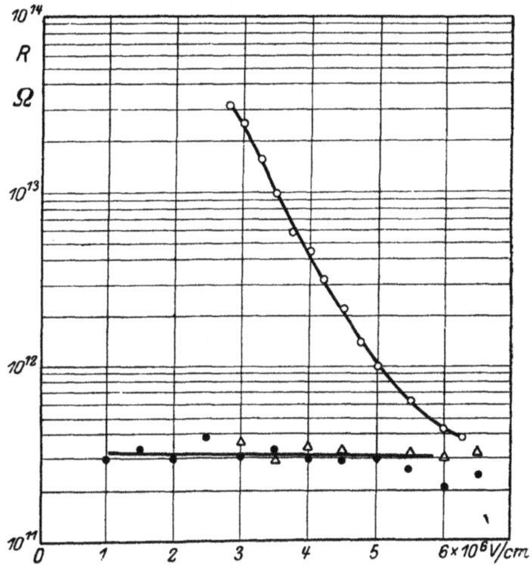

Abb. 57. Abhängigkeit des Widerstandes von der Feldstärke bei Glimmer nach Sinjelnikoff und Anton Walther.
○ Widerstand nach dem Reststrom,
△ ● wahrer Widerstand.

Bei dem zweiten Verfahren wurde der Strom auf übliche Weise mittels eines Galvanometers gemessen, die Gegenspannung P nach einem besonderen Verfahren aus der in den Polarisationsschichten aufgehäuften Elektrizitätsmenge Q bestimmt.

Die Resultate der am Glimmer ausgeführten Messungen zeigt Abb. 57. Längs der Abszissenachse sind die Feldstärken, längs der Ordinatenachse die Logarithmen der Widerstände abgetragen. Die untere wagerechte Gerade entspricht den wahren Widerständen, die obere geneigte denen nach üblicher Weise aus dem Reststrom ermittelten. Die verschiedenen Arten von Bezeichnungen auf der wagerechten Geraden entsprechen den zwei verschiedenen Verfahren, nach denen der wahre Widerstand bestimmt werden konnte (vgl. die Formel (31) und (32)). Während der aus dem Reststrom ermittelte Widerstand sich bei Anwachsen der Feldstärke bedeutend verkleinert und dem Gesetz von Pool

$$\lg R = D - CX$$

annähernd genügt, bleibt der wahre Widerstand bis zu hohen Feldstärken konstant.

Die Resultate ähnlicher an Glas ausgeführten Messungen sind in Abb. 58 wiedergegeben. Durch weiße Kreise sind hier die aus dem

Reststrom ermittelten Widerstände, durch schwarze Kreise die wahren Widerstände bezeichnet. Das Ohmsche Gesetz wird folglich von den Isolatoren auch bei den Zimmertemperaturen erfüllt. Nur bei sehr hohen Feldstärken, bei denen schon eine Stoßionisation eintreten kann (vgl. S. 148), können sich bedeutende Abweichungen ergeben.

Die eben besprochenen Versuche zeigen deutlich, daß bei solchen Isolatoren, wie Glas und Glimmer, der wahre Widerstand bis zu sehr hohen Feldstärken von letzterer so gut wie gar nicht abhängt. Wahrscheinlich kann diese Regel allgemein auch auf die Mehrzahl der anderen festen, mehr oder minder homogenen Isolatoren angewandt werden. Nur bei Isolatoren von scharf ausgeprägter nichthomogener Struktur läßt sich eine tatsächliche Abhängigkeit des wahren Widerstandes von der Feldstärke erwarten.

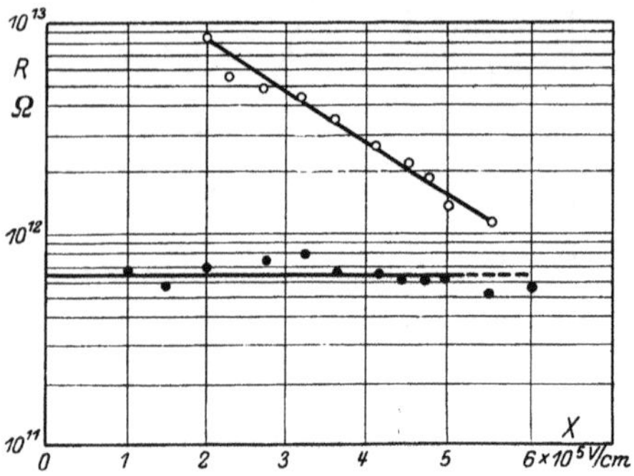

Abb. 58. Abhängigkeit des Widerstandes von der Feldstärke bei Glimmer nach Sinjelnikoff und Anton Walther.
○ Widerstand nach dem Reststrom,
● wahrer Widerstand.

Der Einfluß, den die Gegenspannung ausübt, ist folgendermaßen zu deuten: Bei kleinen Feldstärken wird bei den Isolatoren auch von dem Reststrom das Ohmsche Gesetz erfüllt. Dies bedeutet, daß hier die Gegenspannung P proportional der angelegten Spannung E wächst. Diese Proportionalität zeigt sich aber nur bis zu einer bestimmten Feldstärke. Weiter wächst die Gegenspannung weniger schnell als die angelegte Spannung, wodurch eine Verminderung des Widerstandes vorgetäuscht wird.

Die Annahme, daß die Abhängigkeit zwischen R und X dem Einfluß der Gegenspannung zuzuschreiben ist, wird noch durch folgende Tatsachen bekräftigt. Wie bekannt, sind bei hohen Temperaturen alle Polarisationserscheinungen minder scharf ausgeprägt, als bei niedrigen. Dies folgt schon daraus, daß die Gegenspannung bei sehr hohen Temperaturen gänzlich verschwindet. Es müßte dann, wenn unsere Annahme richtig ist, der aus dem Reststrom ermittelte Widerstand sich bei Temperaturerhöhung schneller verkleinern als der wahre Widerstand. Dies trifft auch tatsächlich zu, wie Sinjelnikoff und Anton Walther gezeigt haben. Eine ähnliche Erscheinung wurde auch von Schiller beobachtet. Nach seinen Messungen nimmt nämlich bei hohen Feldstärken der Widerstand bei Temperaturerhöhung weniger schnell ab als bei niedrigen Feldstärken.

Die Annahme, daß bei hohen Spannungen die Polarisationserscheinungen relativ schwach ausgeprägt sind, wird endlich noch dadurch gestützt, daß bei dem Durchschlage, bei dem wir gerade die höchsten Spannungen haben, die Polarisationserscheinungen wahrscheinlich eine nur unbedeutende Rolle spielen (vgl. S. 159).

Schiller sucht die Verkleinerung des Widerstandes bei zunehmender Feldstärke ebenfalls durch den Einfluß der Polarisationserscheinungen, aber auf eine abweichende Art zu erklären. Nach seiner Ansicht könnte das Anwachsen des Stromes dadurch erklärt werden, daß sich in den an den Elektroden liegenden Polarisationsschichten wegen der großen Feldstärken, die dort herrschen, eine Stoßionisation auszubilden vermag. Wenig begreiflich wird aber bei dieser Annahme, warum eben in den Fällen, wo die Polarisationserscheinungen am schwächsten ausgeprägt sind, die größten Ströme beobachtet werden.

4. Die dielektrischen Verluste[1].

Wird an zwei in Luft befindlichen Elektroden eine Wechselspannung

$$e = E \sin \omega t \tag{44a}$$

angelegt, so fließt durch den von ihnen gebildeten Kondensator ein reiner Entladungsstrom, dessen Augenblickswert durch den Ausdruck

$$i_0 = I_0 \cos \omega t = \omega C_0 E \sin(\omega t + 90^0) \tag{44b}$$

gegeben wird. Mit C_0 ist hier die geometrische (aus den geometrischen Dimensionen des Kondensators berechnete) Kapazität bezeichnet, die in diesem Fall mit der wahren Kapazität des Kondensators identisch sein wird.

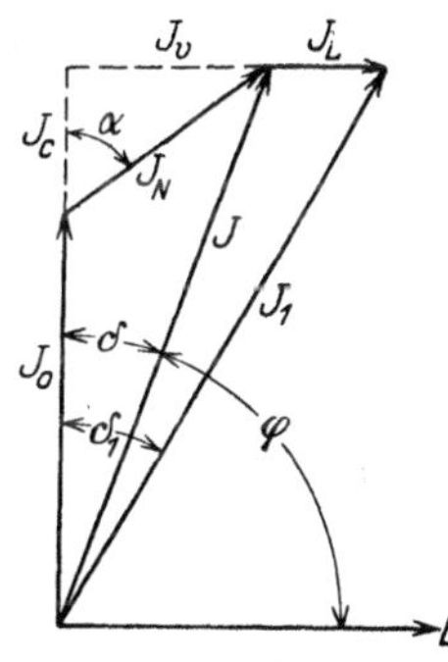

Abb. 59. Vektordiagramm für Strom und Spannung in festen Isolatoren nach Wagner.

Bedeutend anders gestalten sich die Verhältnisse, wenn wir den Raum zwischen den Elektroden mit einem festen Isolierstoff ausfüllen. Bei einem solchen Kondensator erfolgt die Ladung nicht augenblicklich, sondern es fließt, nachdem sich die geometrische Kapazität aufgeladen hat, noch ein allmählich abfallender Nachladungsstrom (vgl. S. 67). Dieser Nachladungsstrom i_0 (Abb. 59) wird gegenüber dem Kapazitätsstrom i_0 etwas verspätet sein und folglich mit der Spannung nicht mehr einen Winkel von 90^0, sondern einen von $90^0 - \alpha$ bilden. Wir können also schreiben:

$$i_N = J_N \sin(\omega t + 90^0 - \alpha) = k E \sin(\omega t + 90^0 - \alpha), \tag{45}$$

[1] Das in diesen Paragraphen enthaltene theoretische und experimentelle Material ist hauptsächlich den Arbeiten von Wagner [*29, 31*], Sinjelnikoff und Anton Walther [*30*] entnommen.

wo k eine Konstante ist, die wir später definieren werden. Außerdem wird in dem Kondensator noch ein konstanter Leitungsstrom i_L fließen, der der Richtung nach mit der Spannung E übereinstimmt. Der gesamte Strom i_1, der durch den Kondensator fließt, ist die geometrische Summe dieser Teilströme. Aus der Abb. 59 ist zu ersehen, daß er mit dem reinen Kapazitätsstrom den Winkel δ_1, mit der Spannung folglich den Winkel $90^0 - \delta_1$ bildet.

$$i_1 = J_1 \sin(\omega t + 90^0 - \delta_1) \tag{46}$$

Bei den meisten Isolatoren ist der Leitungsstrom i_L so klein, daß er vernachlässigt werden kann. Dann wird der resultierende Strom i nur durch die Komponenten i_0 und i_N gebildet. Den Winkel zwischen i und i_0 wollen wir mit δ bezeichnen.

Der Nachladungsstrom i_N kann in zwei Komponenten zerlegt werden, deren eine i_c parallel zu dem Kapazitätsstrom i_0, die andere i_v parallel zu dem Leitungsstrom gerichtet ist. Die erste Komponente können wir gleich

$$i_c = \omega C_1 E \sin(\omega t + 90^0) \tag{47}$$

setzen, wo C_1 eine neue Konstante ist, die von der Frequenz abhängt. Für den gesamten Ladungsstrom ergibt sich dann der Wert:

$$i_0 + i_c = \omega(C_0 + C_1) E \sin(\omega t + 90^0). \tag{48}$$

Die Kapazität des Kondensators ist folglich durch den Einfluß des Nachladungsstromes auf den Wert $C = C_0 + C_1$ angewachsen.

Da der Strom i und die Spannung E jetzt keinen Winkel von 90^0 bilden, so wird der Durchgang des Stromes durch den Isolator mit einem bestimmten Energieverlust

$$W = J_{\text{eff}} E_{\text{eff}} \cos\varphi \tag{49}$$

verbunden sein. Aus Abb. 58 ist zu ersehen, daß $J_{\text{eff}} \cos\varphi$ gleich $(J_0 + J_c)_{\text{eff}} \operatorname{tg}\delta$ oder $\omega C E_{\text{eff}} \operatorname{tg}\delta$ gesetzt werden kann. Wird der letzte Ausdruck in die Formel (49) eingesetzt, so ergibt sich

$$W = \omega C E_{\text{eff}}^2 \operatorname{tg}\delta.$$

Bei kleinen δ, wo $\operatorname{tg}\delta = \sin\delta = \delta$ gesetzt werden kann, ist $\operatorname{tg}\delta$ nichts anderes als der Leitungsfaktor $\cos\varphi$ des Kondensators. Da der Winkel δ die dielektrischen Verluste W bestimmt, wird er als dielektrischer Verlustwinkel bezeichnet.

Um den Verlustwinkel theoretisch zu berechnen, muß zuerst der Ausdruck für den Nachladungsstrom bei Wechselspannung abgeleitet werden. Dabei kann man von den Gesetzmäßigkeiten ausgehen, die für den Nachladungsstrom bei konstanter angelegter Spannung gefunden worden sind.

Wird die an dem Isolator liegende Spannung im Zeitpunkt τ um ΔV verändert, so hat dies eine Änderung des Stromes zur Folge, die im ersten Augenblicke proportional ΔV gesetzt werden kann.

$$(\Delta i)_\tau = k \Delta V. \tag{50}$$

Dieser Strom wird nach der Spannungsänderung nach einem bestimmten Gesetz $\varphi(t)$ abfallen. Für jeden späteren Augenblick t wird sein Wert

$$\Delta i = k \Delta V \varphi(t-\tau) \tag{51}$$

betragen.

Nun besagt aber das Superpositionsprinzip, daß jede derartige, einem bestimmten ΔV entsprechende Stromänderung unabhängig davon verläuft, ob der Isolator gleichzeitig oder später anderen Spannungsänderungen unterworfen war. Wir bekommen folglich den Gesamtwert des Stromes für einen bestimmten Augenblick t, wenn wir alle den einzelnen ΔV entsprechende Stromänderungen addieren

$$i = \Sigma k \Delta V_i \varphi(t-\tau_i). \tag{52}$$

Haben wir es mit einer stetigen Änderung der Spannung zu tun $V = V(t)$, so geht der Ausdruck (52) in das Integral

$$i = \int_{-\infty}^{t} k \frac{dV}{d\tau} \varphi(t-\tau) d\tau \tag{53}$$

über. Die Formel (53) enthält eigentlich schon die Lösung der Aufgabe in ihrer allgemeinsten Form. Wir wollen aber die Berechnungen für den Fall noch weiter durchführen, wo an den Kondensator eine einfache Wechselspannung

$$e = E \sin \omega \tau$$

angelegt ist.

Statt $\frac{dV}{d\tau}$ muß dann in der Formel (53) $\omega E \cos \omega \tau$ eingesetzt werden. Für den Nachladungsstrom i bekommt man dann den Ausdruck

$$i = \int_{-\infty}^{t} k \omega E \cos \omega \tau \varphi(t-\tau) d\tau. \tag{54}$$

Um dies Integral zu berechnen, wollen wir eine neue Veränderliche u einführen, die mit τ durch die Gleichung $u = t - \tau$ verbunden ist. Der Ausdruck (54) geht dann über in:

$$i = \int_0^{\infty} k \omega E \cos \omega (t-u) \varphi(u) du. \tag{55}$$

Zerlegt man den Kosinus der Differenz nach der bekannten Formel, so ergibt sich

$$\left.\begin{aligned} i &= k\omega E \int_0^{\infty} \cos \omega t \cos \omega u \varphi(u) du + k\omega E \int_0^{\infty} \sin \omega t \sin \omega u \varphi(u) du \\ &= A \cos \omega t + B \sin \omega t \end{aligned}\right\} \tag{56}$$

wo durch A und B folgende Ausdrücke ersetzt sind:

$$\left.\begin{aligned} A &= k \omega E \int_0^{\infty} \cos \omega u \varphi(u) du \\ B &= k \omega E \int_0^{\infty} \sin \omega u \varphi(u) du \end{aligned}\right\} \tag{57}$$

Die Koeffizienten A und B sind nichts anderes als die Amplituden der beiden Komponenten J_c und J_v des Nachladungsstromes. Für den ganzen Nachladungsstrom bekommt man den Ausdruck

$$i_N = J_N \sin(\omega t + \gamma),$$

wobei

$$J_N = \sqrt{A^2 + B^2} \tag{58}$$

und

$$\operatorname{tg} \gamma = \frac{A}{B}$$

sind. Der Winkel γ ist mit dem Winkel α (Abb. 58) durch die Beziehung $\gamma = 90^0 - \alpha$ verknüpft.

Ist der Leitungsstrom J_L gegenüber der J_v -Komponente des Nachladungsstromes gering, so ergibt sich für den Energieverlust im Isolator der Ausdruck

$$W = \frac{E \cdot J_v}{2} = \frac{E \cdot B}{2}. \tag{59}$$

Um den dielektrischen Verlustwinkel δ zu berechnen, muß man die Komponente J_v des Nachladungsstromes durch den totalen Kapazitätsstrom $J_0 + J_c$ dividieren.

$$\operatorname{tg} \delta \sim \delta = \frac{J_v}{J_0 + J_c} = \frac{B}{\omega C E + A}. \tag{60}$$

Für die endgültige Lösung der Aufgabe muß man noch die beiden Koeffizienten A und B berechnen. Zu diesem Zwecke muß die Funktion $\varphi(u)$, die den Abfall des Nachladungsstromes bestimmt, analytisch ausgedrückt und in die entsprechenden Formeln (57) eingesetzt werden. Da es uns hier hauptsächlich auf eine qualitative Beurteilung der Erscheinung ankommt, wollen wir der Funktion $\varphi(u)$ den für die weiteren Berechnungen bequemsten Ausdruck geben, nämlich

$$\varphi(u) = e^{-\alpha u} \tag{61}$$

setzen. Für die Koeffizienten A und B bekommt man dabei (vgl. (57))

$$\left.\begin{aligned} A &= \frac{\omega k E \alpha}{\omega^2 + \alpha^2} \\ B &= \frac{\omega^2 k E}{\omega^2 + \alpha^2} \end{aligned}\right\} \tag{62}$$

Der Energieverlust (vgl. (59)) ergibt sich zu

$$W = \frac{k \omega^2}{\omega^2 + \alpha^2} E^2_{\text{eff}}. \tag{63}$$

Ebenso wie die Jouleschen Verluste sind die dielektrischen Verluste also dem Quadrat der Spannung proportional.

Für den Verlustwinkel läßt sich ebenso der Wert

$$\delta \sim \operatorname{tg} \delta = \frac{\omega k}{(\omega^2 + \alpha^2) C + k \alpha} \tag{64}$$

berechnen.

Wie aus dem in der Abb. 58 angeführten Stromdiagramm zu ersehen ist, werden die dielektrischen Verluste fast ausschließlich durch das Vorhandensein eines Nachladungsstromes bedingt. Es werden folglich alle die Stoffe solche Verluste aufweisen, die eine dielektrische Nachwirkung zeigen. Diese kann aber, wie wir gesehen haben, in der Mehrzahl der Fälle auf elektrolytische Polarisationserscheinungen zurückgeführt werden. Die dielektrischen Verluste müssen dann durch die eigenartigen Leitungsströme bedingt werden, die die Polarisationskapazität des Isolators aufladen. Diese Ansicht ist von Sinjelnikoff und Anton Walther in ihrer Arbeit über die dielektrischen Verluste (30) ausgesprochen und experimentell bestätigt worden.

Die theoretischen Formeln lassen in diesem Fall eine besonders einfache physikalische Deutung zu. In den Ausdrücken (50) und (51) die von uns der Berechnung des Nachladungsstromes zugrunde gelegt waren, muß dann der Koeffizient k mit der wahren Leitfähigkeit des Isolators σ, dem reziproken Wert des wahren Widerstandes R_0 identifiziert werden. Der Koeffizient α (vgl. S. 70, sowie die Formeln 38 und 61 kann durch $\frac{\sigma}{\bar{C}}$ ersetzt werden, wo $\bar{C}$ die Polarisationskapazität bedeutet. Für den Energieverlust ergibt sich dann der Ausdruck

$$W = \frac{\sigma\,\omega^2\,\bar{C}^2}{\bar{C}^2\,\omega^2 + \sigma^2}\,E^2_{\text{eff}}, \tag{65}$$

für den Verlustwinkel:

$$\delta \sim \operatorname{tg}\delta = \frac{\sigma\,\omega\,\bar{C}^2}{\omega^2\bar{C}^2 C + \sigma^2(C+\bar{C})} \tag{66}$$

Der Faktor von E^2_{eff} in der Formel (65) bedeutet nichts anderes als die Leitfähigkeit des Stoffes bei der Frequenz ω.

Die Formel (65) erlaubt es, den dielektrischen Verlustwinkel zahlenmäßig zu berechnen, falls die Werte von σ, $\bar{C}$ und C bekannt sind. Eine solche Prüfung wurde von Sinjelnikoff und Anton Walther an dem Schottschen Glase 015 ausgeführt. Die Übereinstimmung erwies sich als befriedigend.

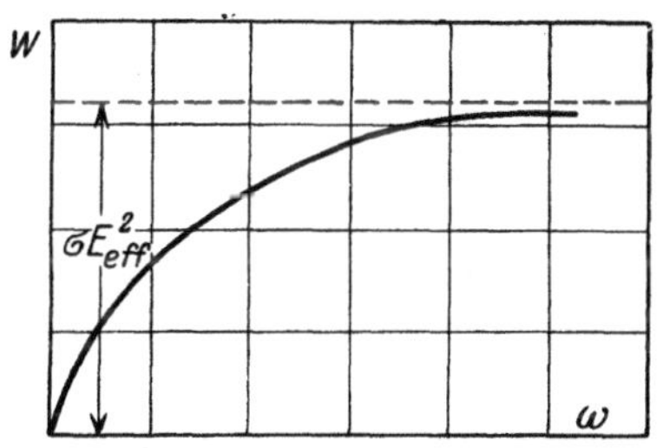

Abb. 60. Abhängigkeit der dielektrischen Verluste von der Frequenz nach Sinjelnikoff und Anton Walther.

Wir wollen nun versuchen, auf Grund der Formeln (63) und (65), die Abhängigkeit der Verluste von der Frequenz, der Temperatur und der Spannung zu bestimmen. Gleichzeitig soll geprüft werden, inwiefern das Experiment diese theoretischen Schlüsse bestätigt.

a) Die Abhängigkeit der Verluste von der Frequenz. Der Koeffizient α (Formel (63)), sowie die Größen $\bar{C}$ und σ können in erster Annäherung als von der Frequenz unabhängig betrachtet werden. Die unter dieser Annahme aus Formel (63) berechnete Abhängigkeit des Energieverlustes von der Frequenz ist graphisch in Abb. 60 dargestellt. Bei wachsender Frequenz ändern sich zuerst die Verluste ziemlich schnell, dann immer langsamer und streben bei großen Frequenzen einem konstanten Wert zu. Aus Formel (63) ist zu ersehen, daß dieser konstante Wert gleich kE_{eff}^2 ist. Bei den homogenen Isolatoren (Formel (65)), bei denen $k=\sigma$ gesetzt werden kann, streben die Verluste dem Wert $\sigma E_{\mathrm{eff}}^2$ zu. Dieser Ausdruck ist aber mit dem Leitungsverlust in dem nicht polarisierten Isolator identisch. Dieses Resultat war auch von vornherein zu erwarten, da bei der großen Frequenz die Gegenspannung sich nicht auszubilden vermag, so daß die entsprechende Leitfähigkeit des Isolators gleich dessen wahrer Leitfähigkeit ist.

Die theoretische Abhängigkeit (Abb. 60) wird von einer Reihe von Stoffen, bei nicht sehr hohen Frequenzen ungefähr erfüllt. Solche Stoffe sind z. B. Paraffin, Glas, bei denen sich die empirische Formel von Granier [*34*]

$$W = M\omega^n \left(\frac{1}{2} < n < 1\right) \tag{67}$$

bewährt hat; diese besitzt für n nahe bei 0,5 und kleinem ω einen ähnlichen Verlauf wie die theoretische Kurve. Es ist jedoch eine Reihe von Stoffen (Glimmer, Ebonit) vorhanden, bei denen sich die Verluste bei hohen Frequenzen proportional zu ω verändern und folglich unbegrenzt anwachsen. Durch die theoretische Formel kann ein solcher Verlauf nicht erklärt werden, oder man müßte annehmen, daß sich die Größe $\overline{C}$ selbst mit der Frequenz verändern kann, was freilich nicht ausgeschlossen ist.

b) Die Abhängigkeit der Verluste von der Temperatur. In den theoretischen Formeln (63) und (65) hängt sowohl die Größe k bzw. σ als auch α bzw. $\frac{\sigma}{\overline{C}}$ von der Temperatur ab. Beide Größen wachsen bei Temperaturerhöhung. Außerdem kommen noch die durch den Leitungsstrom i_L bedingten Leitungsverluste $\frac{J_L E}{2}$ hinzu, die wir bisher vernachlässigt haben. Dieses letzte Glied bewirkt, daß sich im allgemeinen bei Temperaturerhöhung die Verluste vergrößern. Bei niedrigen Temperaturen jedoch, bei denen der Leitungsstrom i_L gering ist, können, falls der Nenner schneller mit der Temperatur anwächst als der Zähler, die Verluste bei Temperaturerhöhung sich auch verkleinern. Bei einer bestimmten Temperatur erreichen sie dann ein Minimum, worauf sie wieder anzusteigen beginnen. Solche Kurven mit einem Minimum sind von Wagner [*29*] an Guttapercha und von Frigon [*35*] an Kabelisolation ermittelt worden. Bei anderen Stoffen jedoch, wie bei Glas und Glimmer, wachsen die Verluste stetig bei steigender Temperatur.

c) Die Abhängigkeit der Verluste von der Spannung. Wie erwähnt, nimmt bei großen Feldstärken der aus dem Leitungstrom bestimmte Widerstand des Isolators stark ab. Die reinen Leitungsverluste können daher bei hohen Spannungen so groß werden, daß sie bei der Berechnung des Gesamtwertes der Verluste nicht mehr vernachlässigt werden können. Der Formel (63) gemäß wachsen die Verluste proportional dem Quadrat der Spannung. Die Leitungsverluste $\frac{J_L E}{2}$ müssen schneller als proportional zu E^2 anwachsen, da das Ohmsche Gesetz für J_L nicht erfüllt wird und er sich schneller vergrößert als die angelegte Spannung Wir können deshalb erwarten, daß bei Spannungserhöhung auch der Gesamtwert der Verluste, die Leitungsverluste mit inbegriffen, schneller anwachsen wird als proportional zu E^2. Dies ist auch tatsächlich von Frigon [*35*] beobachtet worden, der für die Abhängigkeit der Verluste von der Spannung die empirische Formel

$$W = E^n \, (n \sim 2{,}5) \tag{68}$$

vorschlug.

Fassen wir nun die Ergebnisse zusammen, zu denen wir bei der Besprechung der drei obengenannten Abhängigkeiten gelangten, so können wir folgendes behaupten: Bei der Erhöhung der Frequenz, der Temperatur und der Feldstärke wachsen im allgemeinen die Verluste. Bei niedrigen Temperaturen jedoch können in einigen Fällen, insbesondere bei den nichthomogenen Isolatoren, sich bei Temperaturerhöhung die Verluste auch verringern.

B. Über die Vorgänge, die dem Durchschlag von festen Isolatoren zugrunde liegen können.

1. Die allgemeinen Gesetzmäßigkeiten des elektrischen Durchschlages.

Wird an einen Isolator eine Spannung angelegt, so fließt durch diesen Isolator ein Strom, der bei kleinen Feldstärken proportional der angelegten Spannung wächst. Die Stromspannungskurve ist eine Gerade (Abb. 61, *OT*); ihre Neigung $\frac{dE}{di}$ konstant und dem Widerstande des Isolators gleich. Bei höheren Feldstärken beginnt der Widerstand sich zu verkleinern, so daß der Strom jetzt schneller als die angelegte Spannung anwächst; $\frac{dE}{di}$ wird kleiner. Steigert man die Spannung weiter, so vermindert sich der Widerstand immer mehr und mehr. Die Schnellig-

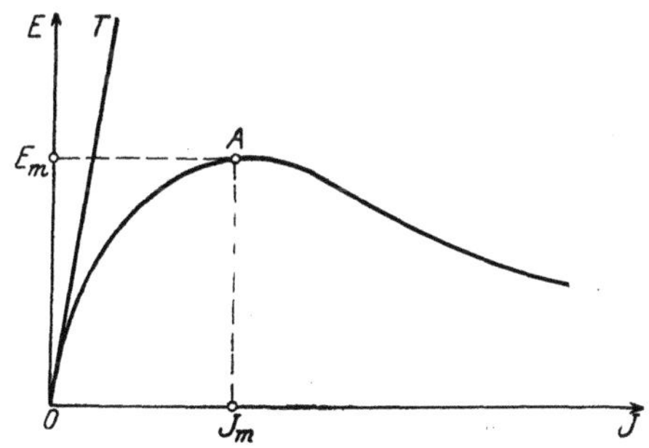

Abb. 61. Stromspannungskurve nach Wagner.

keit, mit der er sich bei Anwachsen des Stromes verkleinert, kann so groß werden, daß, trotzdem sich der Strom vergrößert, die Spannung konstant bleibt oder sogar abnimmt. Die Kurve wendet sich (von dem Punkt A nach rechts), $\frac{dE}{di}$ wird gleich Null oder negativ. Dieser Zustand, der durch einen negativen Widerstand charakterisiert wird, ist entschieden labil. Wird vom Punkt A an die Spannung konstant gehalten, so wächst der Strom ins Unbegrenzte und der Isolator wird durchschlagen. Eigentlich kann er schon im Punkt A, wo $\frac{dE}{di}$ gleich Null wird, als durchschlagen gelten. Die entsprechende Spannung E_m wollen wir als Durchschlagspannung bezeichnen.

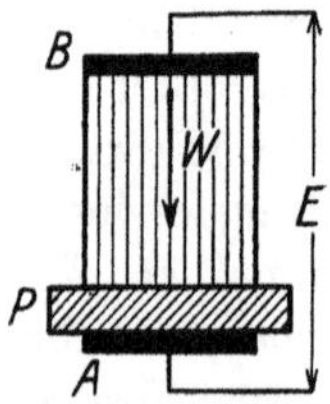

Abb. 62. Anordnung für die Messung der Stromspannungskurven nach Wagner.

Die ganze Stromspannungskurve, besonders ihr labiler Teil, wird bei dem Durchschlag meistens äußerst schnell durchlaufen; gewöhnlich kann sie deshalb nicht experimentell ermittelt werden. Wagner [*36*] hat aber gezeigt, daß bei geeigneten Vorsichtsmaßregeln dies dennoch gelingen kann. Die Schnelligkeit des Prozesses wird nämlich hauptsächlich dadurch bedingt, daß der labile Zustand nicht gleichzeitig im ganzen Isolator erreicht wird, sondern an einigen wenigen schwachen Stellen. Auf diese schwachen Stellen konzentriert sich der ganze Strom und zerstört sie. Durch Einschaltung eines großen Widerstands in Reihe mit dem Prüfling kann diesem Umstand auch nicht abgeholfen werden, da die an den Elektroden aufgespeicherte Elektrizitätsmenge dazu genügt, um die schwachen Stellen zu durchschlagen. Wagner schlug deshalb vor, solche Widerstände zu nehmen, die in der Richtung senkrecht zu der Oberfläche des Prüflings den Strom gut leiten, tangential zu der Oberfläche dagegen möglichst schlecht. Wird ein solcher Leiter W (Abb. 62) zwischen dem Prüfling und der oberen Elektrode eingeführt, so muß die Stromverteilung, die an der oberen Elektrode gleichmäßig ist, auch im Prüfling bis zu dem Durchschlag gleichmäßig bleiben. Als Widerstand läßt sich mit Erfolg Holz verwenden, das in der Richtung der Fasern um ein Vielfaches besser leitet als quer zu den Fasern.

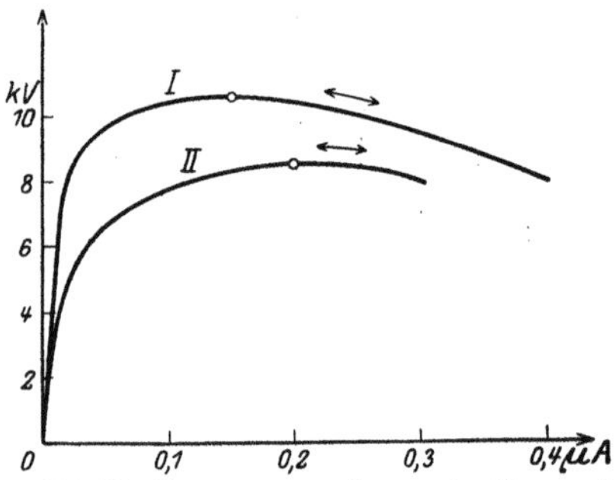

Abb. 63. Stromspannungskurven im Glas nach Wagner.
I Schwerschmelzbares Glas, II Bleiglas.

Mit dieser Anordnung ist es auch tatsächlich Wagner gelungen, eine große Anzahl von Stromspannungskurven in verschiedenen Isolierstoffen zu messen. Eine so an Glas ermittelte Kurve zeigt Abb. 63. Es muß darauf hingewiesen werden, daß bei Glas, selbst im labilen Gebiet, sich bei wiederholten Messungen dieselben Stromwerte ergaben, so daß wir auch im labilen Gebiet dem Isolator einen bestimmten Widerstand zuschreiben können, der hier freilich nicht konstant, sondern eine Funktion von i und E ist.

Aus den Versuchen von Wagner läßt sich folgern, daß der Durchschlag durch ein Labilwerden des elektrischen Gleichgewichts im Inneren des Isolators bedingt wird. Daß dabei meistens auch der Stoff zerstört wird, ist eigentlich Nebensache und nicht unbedingt nötig. So kann z. B. im labilen Gebiet der Prüfling als durchschlagen gelten, er ist aber keines-

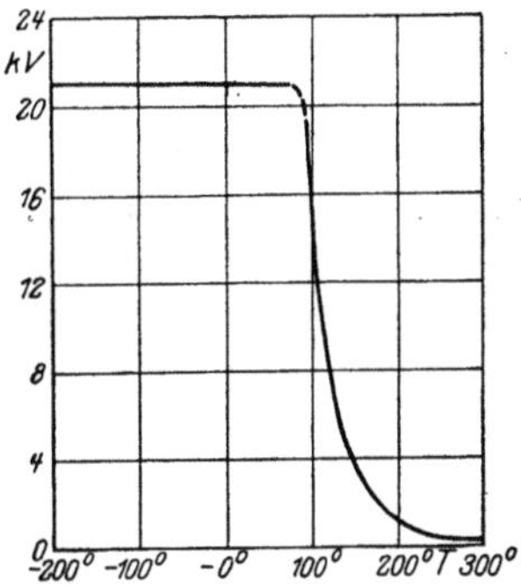

Abb. 64. Abhängigkeit der Durchschlagspannung (kVeff) von der Temperatur nach Inge und Walther [37]. Glas. Dicke 1 mm, Wechselsp. 50 per/sek.

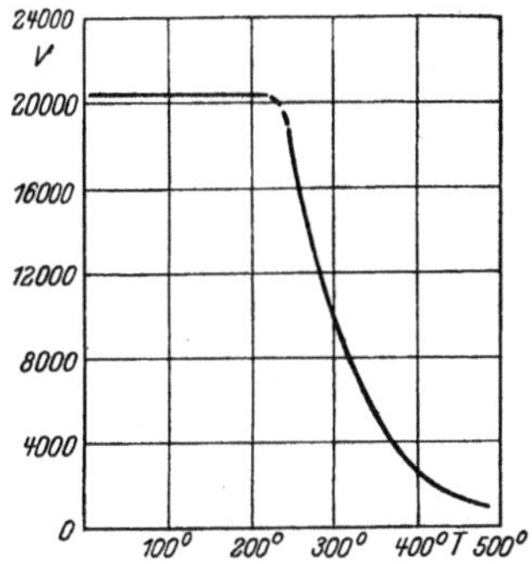

Abb. 65. Abhängigkeit der Durchschlagspannung (Veff) von der Temperatur nach Inge und Walther [37]. Steinsalz. Dicke 1 mm, Wechselsp. 50 per/sek.

wegs zerstört. Die Zerstörung muß in der Mehrzahl der Fälle als eine Folge des Durchschlages betrachtet werden, nicht aber als dessen Ursache.

Es muß von vornherein betont werden, daß die Durchbruchfeldstärke (die auf eine Schichtdicke von 1 cm bezogene Durchschlagspannung) keineswegs eine Materialkonstante ist. Sie hängt nicht nur von der Schichtdicke, dem Aussehen des Feldes, der Art der Spannung (Gleich- oder Wechselspannung, Stoßspannungen), endlich von der Temperatur in weitem Maße ab, sie wird auch durch andere Umstände, wie die Dauer der Beanspruchung, die Beschaffenheit der Oberfläche des Prüflings, die Dimensionen und das Material der Elektroden stark beeinflußt. Trotz der enormen Anzahl der ausgeführten Experimente ist es daher ziemlich schwierig, irgendwelche allgemeine Gesetzmäßigkeiten festzustellen.

Am besten ist es, bei der Besprechung dieser Gesetzmäßigkeiten von der Temperaturabhängigkeit der Durchschlagspannung auszugehen, da gerade bei der Behandlung dieser Frage die meisten Versuche zu eindeutigen Resultaten führten. In den Abb. 64 bis 66 sind die

Abhängigkeiten zwischen der Temperatur und der Durchschlagspannung für drei verschiedene Isolatoren, nämlich Glas (Abb. 64), Steinsalz (Abb. 65) und Porzellan (Abb. 66) aufgezeichnet. Trotz der Verschiedenheit der Stoffe sind die Kurven einander durchaus ähnlich. Bei niedrigen Temperaturen ist gar keine oder eine nur geringe Temperaturabhängigkeit der Durchschlagspannung vorhanden. Geht man aber zu höheren Temperaturen über, so beginnt, von einer bestimmten Temperatur an, ein steiler Abfall der Kurve. Wie groß hier die Abhängigkeit der Durchschlagspannung von der Temperatur werden kann, ist aus der Tabelle 4 zu ersehen, auf der die an einer 1 mm dicken Glasplatte gemessenen Werte der Durchschlagspannungen angeführt sind.

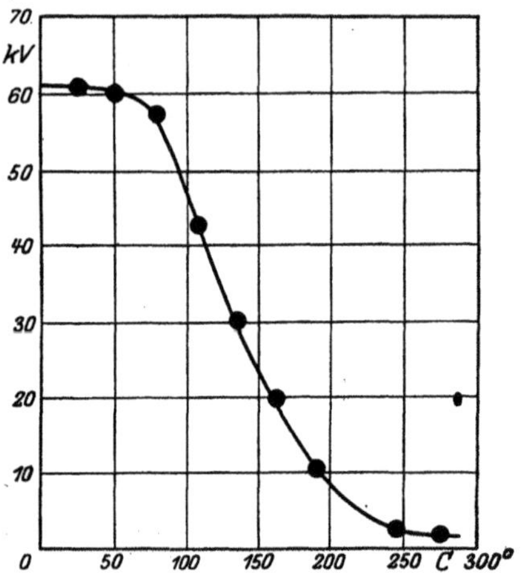

Abb. 66. Abhängigkeit der Durchschlagspannung von der Temperatur nach Weimer [38]. Porzellan. Wechselspannung 50 per/sek.

Bei einer Temperaturerhöhung von 100° kann sich die Durchschlagspannung mehr als bis zum 10. Teil verringern. Bei hohen Temperaturen genügt schon eine Spannung von einigen Hundert Volt, um denselben Prüfling zu durchschlagen, der bei Zimmertemperaturen Spannungen von über 20 kV aushält, ohne beschädigt zu werden.

Der Abfall der Kurve beginnt im allgemeinen um so später, je größer der spezifische Widerstand des Isolators ist. Dies läßt sich leicht durch den Vergleich der in Abb. 64 und 65 gezeichneten Kurven erkennen. Bei Glas, dem bei 300° C ein spezifischer Widerstand von $1{,}6 \cdot 10^6\ \Omega$ zukommt, liegt die Übergangstemperatur bei etwa 80°, bei Steinsalz dagegen, das bei derselben Temperatur von 300° einen spezifischen

Tabelle 4.
Glasplatte Dicke 1 mm. — Wechselspannung von 50 per/sec.

Temperatur	Durchschlagspannung V_{eff}
25°	20500
50°	21000
70°	21000
100°	14500
130°	6200
157°	2700
200°	1100
290°	400

Widerstand von 1,7 · 10^9 Ω besitzt, erstreckt sich der wagerechte Teil der Kurve bis zu etwa 225°. Im Gebiet der niedrigen Temperaturen, da, wo die Kurven noch wagerecht sind, ist der Unterschied zwischen den Durchschlagspannungen von Glas und Steinsalz (beide Kurven beziehen sich auf dieselbe Schichtdicke) nur gering. Bei hohen Temperaturen jedoch, da wo die Kurven schon abfallen, kann der Unterschied sehr groß werden. Hier kann auch unmittelbar gezeigt werden, daß die Durchschlagspannung von dem spezifischen Widerstande sehr abhängt. Wird z. B. eine Glasplatte durch eine andere genau ebenso geformte ersetzt, die aber einen viermal größeren spezifischen Widerstand besitzt, so ist die Durchschlagspannung bei derselben Temperatur ungefähr doppelt so groß.

Auch seinem Charakter nach ist der Durchschlag bei den hohen und bei den niedrigen Temperaturen gänzlich verschieden. Bei den hohen Temperaturen tragen nach dem Durchschlag die Prüflinge Spuren einer hohen thermischen Beanspruchung. Meistens können an ihnen Stellen von bedeutender Ausdehnung entdeckt werden, die geschmolzen waren und dann wieder erstarrt sind. Der Ort des Durchschlages liegt immer dort, wo sich die maximale Erwärmung des Prüflings erwarten ließ, nämlich in der Mitte der Elektroden, nicht aber am Rande. Geringe Inhomogenitäten des elektrischen Feldes sind von keiner Wichtigkeit. Der Durchschlag selbst erfolgt nie augenblicklich. Es ist immer eine vorläufige Einwirkung der Spannung nötig, deren Dauer sich bis zu mehreren Minuten erstrecken kann. Wird die Dauer der Beanspruchung verringert, so kommt man zu Werten, die viel höher liegen.

Bei einer großen Schichtdicke des Isolators läßt sich der Verlauf des Durchschlages mit dem Auge bequem verfolgen. Besonders günstig sind die Bedingungen dann, wenn man die Temperatur so wählt, daß der Isolator selbst noch dunkel ist, eine geringe Erwärmung aber schon genügt, um ihn in Rotglut zu versetzen. Eine derartige Beobachtung ist von den Verfassern [37] an einer 10 mm dicken Steinsalzplatte bei 500° C ausgeführt worden. Die Durchschlagspannung betrug dabei ungefähr 1000 V. Bei Steigerung der angelegten Spannung leuchtet der Isolator zuerst violett auf. Dieser violette Schimmer wird immer intensiver, bis sich ein Teil des Kristalls rot zu färben beginnt. Nun nimmt die rote Färbung an Stärke zu, während der violette Schimmer allmählich verschwindet. Dann findet plötzlich ein blitzartiges Aufleuchten statt — der Durchschlag. Nach ihm bleibt ein Kanal bestehen, der bis zur Gelbglut erhitzt ist; die übrigen Teile des Kristalls sind dunkel.

Wird nun die Spannung ausgeschaltet und der Kristall abgekühlt, so ist an der durchschlagenen Stelle ein trichterförmiger Kanal zu erkennen. Das Salz, das ihn vor dem Durchschlag ausfüllte, ist nicht nur geschmolzen, sondern teilweise auch verdampft. Eine Photographie eines so durchschlagenen Salzblocks ist in Abb. 67 in natürlicher Größe gegeben. Der Kristall wurde zweimal der Reihe nach durchschlagen (bei so hohen Temperaturen isoliert Luft besser als Steinsalz!). Der linke Kanal hat die oben beschriebene Trichterform, während der rechte zu einem mächtigen Loch entartet ist.

Der letzte Versuch zeigt ganz deutlich, daß der vorläufige Prozeß eine Erwärmung ist, der Durchschlag selbst als ein Schmelzen des Isolators gedeutet werden muß. Diese Behauptung wird auch durch die übrigen von uns hier angeführten Tatsachen bekräftigt. Einen solchen Durchschlag wollen wir einen Wärmedurchschlag nennen, den Temperaturbereich, in dem er stattfindet, als das Wärmegebiet bezeichnen.

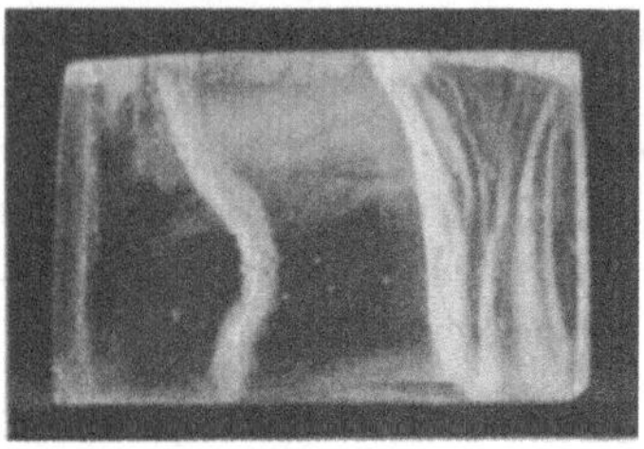

Abb. 67. Durchgeschlagener Steinsalzkristall. Natürliche Größe nach Inge und Walther.

Bei niedrigen Temperaturen ergeben sich andere Gesetzmäßigkeiten. Die Temperaturabhängigkeit der Durchschlagspannung verschwindet fast vollkommen. Der Widerstand des Isolators wird, wie erwähnt, ebenfalls von nur geringem Einfluß sein (vgl. die Kurven auf den Abb. 64 und 65). Der Unterschied zwischen den Durchschlagspannungen bei dauernder und kurzer Beanspruchung ist bedeutend kleiner. So beträgt z. B. dieser Unterschied bei Stoßspannung (Zeitdauer 10^{-5} bis 10^{-6} Sek.) und gewöhnlicher, dauernd angelegter Wechselspannung im allgemeinen nicht mehr als 100%, meistens sogar weniger, während bei den hohen Temperaturen im ersten Fall die Durchschlagspannungen mehrere zehnmal höher liegen können als im zweiten. Die Werte der Durchschlagspannungen werden bei niedrigen Temperaturen durch die Inhomogenitäten des elektrischen Feldes äußerst stark beeinflußt. Der Durchschlag selbst erfolgt immer dort, wo die Feldstärke am größten ist. Wird der als Platte geformte Prüfling zwischen ebenen Elektroden eingeklemmt, so liegt die durchschlagene Stelle immer am Rande der Elektroden. Verhindert man nun die Inhomogenitäten des elektrischen Feldes an den Rändern der Elektroden, den Randeffekt, so ergeben sich für die Durchschlagspannungen Werte, die oft vier- bis fünfmal so hoch liegen. Dem Aussehen nach ist die durchschlagene Stelle bei den niedrigen Temperaturen von derjenigen, die sich bei den hohen Temperaturen beobachten läßt, gänzlich verschieden. Von einer thermischen Beanspruchung ist nichts zu bemerken. An der Stelle des Durchschlages ist nur ein kleiner Fleck zu sehen, von dem sich meistens strahlenartig feine Risse ausbreiten. Alle äußeren Merkmale weisen darauf hin, daß hier der Durchschlag nicht mehr auf ein einfaches

Schmelzen zurückgeführt werden kann. Er wird nicht mehr durch die thermischen Bedingungen, sondern hauptsächlich durch die Konfiguration des elektrischen Feldes beeinflußt. Einen solchen Durchschlag wollen wir einen elektrischen nennen.

Abb. 68 zeigt die Photographien von sechs durchschlagenen Gläsern. Die Kreisflächen entsprechen den versilberten Teilen der Platten, die als Elektroden dienten. Die drei oberen Platten sind bei Temperaturen von 100 bis 120° C, die unteren bei Temperaturen von 50° bis 85° C durchschlagen worden. Die Stellen, an denen der Durchschlag stattfand, sind durch Pfeile gekennzeichnet. In den ersten drei Fällen ist man entschieden im Wärmegebiet, in den drei letzten dagegen schon im elektrischen.

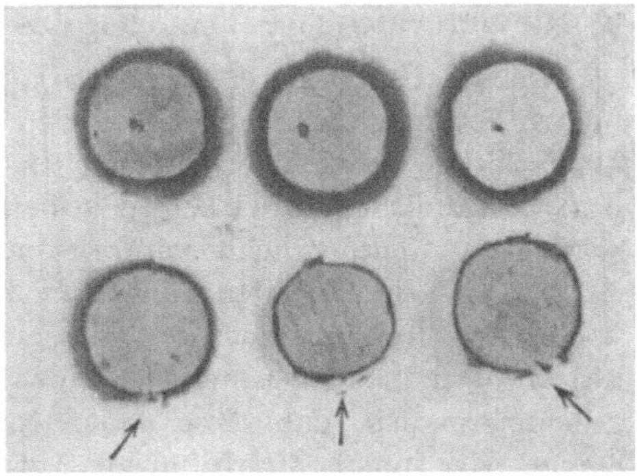

Abb. 68. Durchgeschlagene Glasplatten. Oben — Wärmegebiet. Unten — elektrisches Gebiet nach Inge und Walther.

Betrachtet man die in Abb. 64 aufgezeichnete Temperaturabhängigkeit der Durchschlagspannung, die gerade diesen Gläsern entspricht, so sieht man, daß die ersten drei Durchschläge auf dem abfallenden Teil der Kurve, die letzten drei auf ihrem wagerechten Teil liegen. Diese Tatsache bestätigt unsere Folgerung, daß der steile Abfall der Durchschlagspannung für das Wärmegebiet, die Unabhängigkeit von der Temperatur dagegen für das elektrische Gebiet charakteristisch ist.

Der Unterschied zwischen den beiden Arten von Durchschlägen ist so groß, daß die Vermutung ausgesprochen werden kann, daß wir es hier mit zwei verschiedenen Erscheinungen zu tun haben. Im folgenden soll gezeigt werden, welcher Art die Mechanismen dieser Erscheinungen sein können.

Zum Schluß wollen wir die charakteristischen Merkmale der beiden Gebiete noch einmal zusammenfassen.

Elektrisches Gebiet.

1. Starke Beeinflussung der Durchschlagspannungen durch die Inhomogenitäten des elektrischen Feldes.
2. Geringe Abhängigkeit von der Temperatur.
3. Geringe Abhängigkeit von dem Widerstande des Isolators.
4. Verhältnismäßig geringe Beeinflussung durch die Dauer der Beanspruchung.

Wärmegebiet.

1. Starke Beeinflussung der Durchschlagspannungen durch die Inhomogenitäten des thermischen Feldes.
2. Sehr große Abhängigkeit von der Temperatur.
3. Große Abhängigkeit von dem Widerstande des Isolators.
4. Sehr große Beeinflussung durch die Dauer der Beanspruchung.

2. Die verschiedenen Theorien des elektrischen Durchschlags.

Wie sich im vorigen Paragraphen aus den Versuchen von Wagner folgern ließ, muß der Durchschlag als ein Labilwerden des im Inneren des Isolators herrschenden elektrischen Gleichgewichts betrachtet werden. Wir wollen nun die Prozesse besprechen, die ein solches Labilwerden des Gleichgewichts verursachen können.

Der Einfachheit halber wählen wir für unsere Betrachtungen einen homogenen Isolator, den wir aus einzelnen in einem Raumgitter angeordneten Ladungen aufgebaut denken. Der Durchschlag muß so gedeutet werden, daß diese gebundenen Ionen durch irgendwelche äußere oder innere Einwirkungen gezwungen sind, die ihnen zukommenden Plätze zu verlassen, wodurch die Anzahl der dissoziierten, den Strom bildenden Ionen so weit gesteigert wird, daß der Stoff seine isolierende Fähigkeit einbüßt. Wodurch kann nun eine solche Dissoziation des Kristallgitters verursacht werden? Es sind drei Theorien aufgestellt worden[1].

1. Die mechanische Theorie. — Bei Anlegung der Spannung werden die das Kristallgitter des Stoffes bildenden Ionen einer elektrischen Kraft unterworfen. Diese Kraft kann so groß werden, daß sie die elektrischen Kohäsionskräfte zwischen den Elementen des Gitters übersteigt. Die gebundenen Ionen werden dann aus ihren Plätzen herausgerissen und das Gitter dissoziiert, was den Durchschlag herbeiführt[2].

2. Die Ionisationstheorie. — Die in Isolatoren vorhandenen dissoziierten Ionen stoßen, durch das elektrische Feld getrieben, mit den gebundenen Ionen so heftig zusammen, daß letztere aus ihren Plätzen herausgerissen werden. Diese herausgerissenen Ionen ionisieren

[1] Diese Theorien sind einzeln schon seit langem bekannt. Ein zusammenhängender Überblick ist, soweit uns bekannt ist, zuerst von Günther-Schulze [1] gegeben worden.

[2] Bei Günther-Schulze heißt es:

„Die elektrische Festigkeit eines Dielektrikums ist dasjenige Mindestpotentialgefälle, durch das die Bindung zwischen den Ladungen eines Dielektrikums zerrissen wird, so daß eine Entladung, ein Funke, durch das Dielektrikum geht.“

bei den Zusammenstößen noch weitere usw., bis der Strom unbegrenzt angewachsen und der Isolator durchschlagen ist[1].

3. Die Wärmetheorie. — Der nach Anlegung der Spannung durch den Isolator fließende Strom ruft in ihm eine kleine Temperaturerhöhung hervor. Dabei werden die Bewegungen der Ionen etwas heftiger, und es kann leichter geschehen, daß ein gebundenes Ion frei wird. Die Anzahl der dissoziierten Ionen vergrößert sich ein wenig; dementsprechend vermindert sich der Widerstand des Isolators[2]. Der durch den Isolator fließende Strom wächst folglich an. Dies hat eine weitere Erwärmung und Vermehrung der Anzahl der dissoziierten Ionen zur Folge.

Gleichzeitig mit der Erwärmung des Isolators beginnt aber auch eine Wärmeabgabe. Bei nicht sehr hohen Spannungen wird dabei bald ein stationärer Zustand erreicht, bei dem ebensoviel Wärme abgeleitet als aufgenommen wird. Der Isolator bleibt bis zu einer bestimmten Temperatur erwärmt. Ist aber die Spannung groß genug, so ist die aufgenommene Wärmemenge immer größer als die abgegebene, Temperatur und Strom wachsen unbegrenzt an und der Isolator wird durchschlagen. Auf diese Erscheinung ist die sogenannte Wärmetheorie des Durchschlages gegründet[3]. Sie betrachtet den Durchschlag eigentlich auch als ein Labilwerden des elektrischen Gleichgewichts im Inneren des Isolators, das aber nicht mehr durch die unmittelbare Einwirkung des elektrischen Feldes, sondern durch die hohe Temperatur bedingt wird, die sich in dem Isolator bei dem Durchgang des Stromes ausbilden kann.

Alle drei Erscheinungen sind möglich und nicht nur bei Kristallen, die wir hier bloß der Übersichtlichkeit halber herangezogen haben, sondern auch bei allen anderen Isolatoren von beliebiger Struktur. Die

---

[1] Günther-Schulze schreibt darüber:
„Sobald das Spannungsgefälle im Dielektrikum so groß geworden ist, daß die vorhandenen Ionen durch Auftreffen auf Moleküle des Dielektrikums diese in Ionen zu zerlegen vermögen, beginnt der Strom sehr schnell zu steigen und überschreitet bald jedes Maß. Es erfolgt ein Durchschlag, ein Funke.“

[2] Rein formell spricht man dabei von einem negativen Temperaturkoeffizienten des Widerstandes. Es muß bemerkt werden, daß das Vorhandensein eines negativen Temperaturkoeffizienten für den Wärmedurchschlag unbedingt nötig ist. Sonst kann sich bei konstanter Spannung kein Anwachsen des Stromes ergeben, wie es die Wärmetheorie fordert.

[3] Bei Günther-Schulze l. c. heißt es:
„Bringt man einen derartigen als vollkommen homogen vorausgesetzten Körper in ein homogenes, steigendes Feld, so ist eine homogene mit der Feldstärke zunehmende Leitung durch den Körper zu erwarten. Diese erwärmt ihn gleichmäßig, vergrößert damit die Leitfähigkeit, den Strom, die Erwärmung, und so steigert sich der Prozeß, bis der Körper sich in einen vorzüglichen Leiter verwandelt hat.“

Frage ist nur, welche von diesen Erscheinungen bei gegebenen Bedingungen bei der niedrigsten Spannung eintreten kann. Sie wird gerade dem Durchschlag zugrunde liegen. Außerdem ist es gar nicht nötig, daß in allen Fällen sich nur eine Theorie als richtig erweist. Verschiedenen äußeren Bedingungen (Temperatur, Frequenz) können auch verschiedene Mechanismen entsprechen.

Die Anwendbarkeit der mechanischen Theorie kann dem ersten Anschein nach einen Zweifel erregen. Rogowski [*39*] hat nämlich berechnet, daß um ein Kristallgitter zu zerreißen, Feldstärken von der Größenordnung von 10^8 bis $2 \cdot 10^8$ V/cm erforderlich sind. Nun werden aber tatsächlich bei den festen Isolatoren im günstigsten Fall Durchbruchfeldstärken von $3 \cdot 10^6$ V/cm beobachtet, die also ungefähr hundertmal kleiner als die theoretisch berechneten sind. Beachtet man aber, daß selbst die vollkommen homogenen Stoffe keineswegs ein ideales, gleichmäßiges Kristallgitter besitzen, sondern immer kleine Risse und Spalten aufweisen, so kommt man bei der theoretischen Berechnung zu Werten, die von der Größenordnung von 10^6 V/cm sein können und folglich mit dem Experiment in keinem Widerspruch mehr stehen.

Auch die Ionisationstheorie stößt anfänglich auf einige Schwierigkeiten. Die Energie, die erforderlich ist, um ein Ion aus dem Gitter herausreißenzu, die „Ionisationsspannung" des Kristallgitters, läßt sich auf einige oder zehn Volt schätzen. Den Weg, den das Ion zwischen zwei Zusammenstößen durchläuft — die „freie Weglänge" im Kristall konnte man ebenso groß annehmen, wie den Abstand zwischen den Molekülen, ihn also maximal gleich 10^{-7} cm setzen. Bei einer solchen Weglänge kommt aber den Ionen bei den üblichen Durchbruchfeldstärken bloß eine Energie von einigen Zehntel Volt zu, d. h. etwa zehn- bis hundertmal zu wenig. Die Möglichkeit einer Stoßionisation soll aber wegen dieser Diskrepanz keineswegs verworfen werden. Es können hier vielleicht die aus den Erscheinungen der Gasentladungen bekannten Größen, wie freie Weglänge, Ionisationsspannung usw. nicht einfach übernommen werden. Die beiden Größen Ionisationsspannung und freie Weglänge reichen ja selbst dazu nicht aus, um die Entladungsvorgänge in Gasen bei Atmosphärendruck vollkommen zu beschreiben (vgl. S. 36). Um wieviel komplizierter müssen die Ionisationserscheinungen in festen Stoffen sein, die ja eine etwa 1000-fach größere Dichte besitzen als die Gase. Wie wir später zeigen werden, liegt auch tatsächlich dem Durchschlag bei Isolatoren von sehr geringer Schichtdicke ein Ionisationsprozeß zugrunde.

Welche charakteristische Merkmale werden nun die beiden besprochenen Mechanismen aufweisen? In beiden Fällen wird im allgemeinen der Durchschlag dort beginnen, wo die Feldstärke am größten ist. Es muß deshalb in nichthomogenen elektrischen Feldern, in denen gerade Stellen von erhöhter Feldstärke vorhanden sind, der Durchschlag früher stattfinden als im homogenen Felde. Besonders trifft dies für Felder von flachen, schlecht abgerundeten Elektroden zu, bei denen die Feldstärke an den Rändern diejenige in der Mitte zwischen den Elektroden um ein Vielfaches übertreffen kann. Der Durchschlag muß hier durchweg an den Rändern der Elektroden stattfinden.

Die Durchschlagspannung wird von der Anzahl der vorhandenen freien Ionen und folglich auch von dem Widerstand des Stoffes nur wenig abhängen. Besitzen nämlich die, wenn auch wenig zahlreichen, freien Ionen eine Energie, die für die Ionisation genügt, so hat sich sehr bald durch wiederholte Ionisation eine so große Menge von neuen freien Ionen gebildet, daß ihr gegenüber die Anzahl der primären Ionen verschwindend klein ist. Ob es anfänglich etwas mehr oder etwas weniger Ionen gab, ist von keiner Bedeutung. Die mechanische Festigkeit des Gitters wird ebenfalls von der Anzahl der freien Ionen nur wenig abhängen.

Aus denselben Gründen wird auch die Temperatur auf die Größe der Durchschlagspannungen keinen bedeutenden Einfluß ausüben. Die Wirkung der Temperatur besteht ja hauptsächlich darin, daß neue freie Ionen gebildet werden. Zwar kommt bei den höheren Temperaturen den gebundenen Ionen eine größere eigene Schwingungsenergie zu. Es müßte deshalb der Kristall bei höheren Temperaturen sowohl etwas leichter ionisiert als auch zerrissen werden. Die dadurch bedingte Verminderung der Durchschlagspannung ist aber nur gering.

Auch die Dauer der Beanspruchung muß, von sekundären Erscheinungen abgesehen, die Größe der Durchschlagspannung nur wenig beeinträchtigen. Bei der Zerreißung des Gitters geht nämlich der ganze Prozeß fast augenblicklich vor sich. Die Zeit, die für die Ausbildung des Ionisationsstromes nötig ist, muß auch einen Bruchteil von einer Sekunde ausmachen. Nur bei sehr kurzen Beanspruchungen (von etwa 10^{-5} Sek. an) könnte sich bei dem Ionisationsmechanismus eine Erhöhung der Durchschlagspannungen ergeben.

Es zeigt sich, daß die Merkmale der beiden ersten Theorien, der mechanischen und der Ionisationstheorie, in mancher Hinsicht identisch sind. Wir werden deshalb im folgenden sie unter dem Namen der rein elektrischen Theorie zusammenfassen und den entsprechenden Durchschlag einen rein elektrischen Durchschlag nennen.

Vergleichen wir die Merkmale dieser elektrischen Theorie mit den im vorigen Paragraphen auf Seite 87 angeführten, empirischen Gesetzmäßigkeiten, so sehen wir, daß bei den niedrigen Temperaturen zwischen den beiden vollständige Übereinstimmung besteht. Der Durchschlag muß folglich im Gebiet der niedrigen Temperaturen wahrscheinlich als rein elektrischer Vorgang gedeutet werden[1].

Die Wärmetheorie sieht, wie erwähnt, in dem Durchschlag ein Schmelzen des Isolators, das durch die Stromwärme $Q = 0{,}24\,\frac{E^2}{R}$ bedingt wird. Nehmen wir nun an, daß bei ein und demselben Stoff, bei Temperaturen, die von dessen Schmelztemperatur genügend weit entfernt sind, ungefähr eine und dieselbe Wärmenmenge Q genügt, um den Durchschlag herbeizuführen, so sehen wir, daß sich das Quadrat der Durchschlagspannung E_m^2 proportional dem Widerstande R verändern muß. Da nun aber der Widerstand des Isolators von der Temperatur stark abhängt, so muß auch die Durchschlagspannung eine bedeutende Temperaturabhängigkeit aufweisen. Bei Glas z. B., bei dem der Widerstand pro 100° auf $\frac{1}{150}$ heruntergehen kann, müßte die Durchschlagspannung in demselben Temperaturintervall etwa zwölfmal so klein werden. Diese bedeutende Temperaturabhängigkeit der Durchschlagspannung ist das wichtigste Merkmal des Wärmedurchschlages. Ist keine Temperaturabhängigkeit vorhanden, so können wir entschieden behaupten, daß der Durchschlag kein reiner Wärmeprozeß ist, wie ihn die Theorie fordert.

Vergleichen wir diese Folgerung mit den auf Seite 88 angeführten experimentellen Gesetzmäßigkeiten, so kommen wir zu dem Schluß, daß die Erscheinung des Durchschlages bei den Zimmertemperaturen durch die reine Wärmetheorie nicht erklärt werden kann. Bei hohen Temperaturen dagegen werden die Forderungen der Wärmetheorie gut erfüllt. Wir haben schon früher die Vermutung ausgesprochen, daß hier der Durchschlag als ein Schmelzen des Isolators angesehen werden muß. Die Wärmetheorie zeigt nun, wie dies Schmelzen zu erklären ist.

Die Wärmetheorie kann noch weiter verallgemeinert werden. Für das Eintreten des Wärmedurchschlages ist es nur nötig, daß sich im Isolator eine Wärmemenge ausscheidet, die genügt, um ihn etwas zu erwärmen. Bisher haben wir angenommen, daß diese Wärmemenge durch die Leitungsverluste $\frac{E^2}{R}$ bestimmt wird, wo E die angelegte Spannung und R der Widerstand des Isolators ist. Nun wird aber die Erwärmung des Isolators keineswegs durch diese Verluste allein bedingt, im allgemeinen kommen noch die dielektrischen Verluste hinzu. Strenggenommen müßten bei der Wärmeauffassung bei der Berechnung der Erwärmung alle Verluste mit berechnet werden. Außerdem ist im allgemeinen der Widerstand des Isolators R keineswegs eine Konstante,

[1] In einigen Fällen kann dies auch ein wärmeelektrischer Vorgang sein, von dem wir später sprechen werden, und der dieselben Merkmale besitzen kann wie der rein elektrische Durchschlag.

sondern kann, sowohl von der Spannung E selbst, als auch von der Frequenz abhängen.

So kommen wir zu einer neuen, zuerst von Rogowski vertretenen, wärmeelektrischen Auffassung des Durchschlages. Sie besagt, daß der Prozeß anfangs ein rein elektrischer sein kann, was an sich aber nicht genügt, um den Durchschlag herbeizuführen. Dennoch können bei diesem Prozeß die Verluste so weit anwachsen, daß die durch sie bedingte Erwärmung ausreicht, um den Wärmeprozeß einzuleiten. Der wärmeelektrische Durchschlag kann sowohl die Merkmale eines elektrischen Durchschlages (starke Beeinflussung durch die Inhomogenitäten des elektrischen Feldes, keine Temperaturabhängigkeit), als diejenigen eines Wärmedurchschlages aufweisen (großer Einfluß der Dauer der Beanspruchung, bedeutende Abhängigkeit von der Kühlung des Isolators und der Elektroden).

Diese Theorie gibt uns darüber Aufschluß, wie sich der Übergang von dem reinen Wärmedurchschlag zum rein elektrischen Durchschlage vollzieht. Aber auch bei Zimmertemperaturen im elektrischen Gebiete dürfte dieser kombinierte Mechanismus in manchen Fällen dem Durchschlag zugrunde liegen, besonders da, wo es sich um eine dauernde Beanspruchung handelt.

Die Ergebnisse unserer Betrachtungen lassen sich folgendermaßen zusammenfassen:

1. Bei hohen Temperaturen muß für die Erklärung der Durchschlagserscheinungen sicher die reine Wärmetheorie herangezogen werden

2. Bei Zimmertemperaturen können die Gesetzmäßigkeiten, die der Durchschlag aufweist, nur durch die elektrische oder wärmeelektrische Auffassung erklärt werden.

3. Bei sehr kurz dauernden Beanspruchungen (Stoßspannungen) müssen dem Durchschlage rein elektrische Prozesse zugrunde liegen.

Die letzte Behauptung folgt daraus, daß bei den Stoßspannungen von kurzer Dauer die im Isolator ausgeschiedene Wärmemenge zu klein ist, um ihn merklich zu erwärmen. Es können endlich noch die chemischen Prozesse (Oxydation), sowie die kataphoretischen von einiger Bedeutung werden, besonders bei nichthomogenen Isolatoren.

C. Die Wärmetheorie des Durchschlags.

1. Die elementare Theorie von Wagner.

Wir wollen zuerst die Wärmetheorie in der elementaren Form bringen, in der sie Wagner [*36*] gegeben hat. Wagner geht von der Annahme aus, daß in den an sich schlecht leitenden Isolatoren immer einzelne besser leitende Inhomogenitäten verstreut liegen. Der elektrische Strom wird deshalb den Isolator nicht gleichmäßig durchfließen, sondern sich auf einzelne Fäden oder Kanäle konzentrieren, in die diese besser leitenden Stellen eingeschlossen sind. Der Durchschlag besteht in dem Schmelzen oder Durchbrennen eines solchen Kanals.

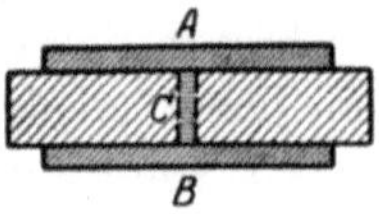

Abb. 69.

Ein plattenförmiger Isolator (Abb. 69) sei zwischen zwei Elektroden A—B eingeklemmt. C sei einer von den Kanälen, der eine solche Inhomogenität enthält. Wir wollen die folgenden Bezeichnungen einführen:

E = die angelegte Spannung in V_{eff},
E_m = die Durchschlagspannung in V_{eff},
σ = die Leitfähigkeit des Isolators in Ω^{-1},
ϱ = der spezifische Widerstand des Isolators in Ω,
k = die Wärmeleitfähigkeit des Isolators in $\frac{\text{cal}}{\text{grad. sek. cm.}}$
T_0, t_0 = die Temperatur der Elektroden (T_0 = absolute, t_0 = Temperatur °C),
d = die Schichtdicke in cm,
s = die Schnittfläche des Kanals.

Im Kanal wird in der Sekunde die Wärmemenge

$$Q_1 = \frac{0{,}24\, E^2 \sigma(T)\, s}{d} \quad (69)$$[1]

aufgenommen. Während desselben Zeitraumes wird die Wärmemenge

$$Q_2 = \beta\,(T - T_0)\, d \quad (70)$$

abgegeben. T ist hier die mittlere Temperatur des Kanals, β eine Konstante, die von den Dimensionen des Kanals und der Wärmeleitfähigkeit des Mediums abhängt. Der Durchschlag ist nur dann möglich, wenn $Q_1 \geqq Q_2$ ist.

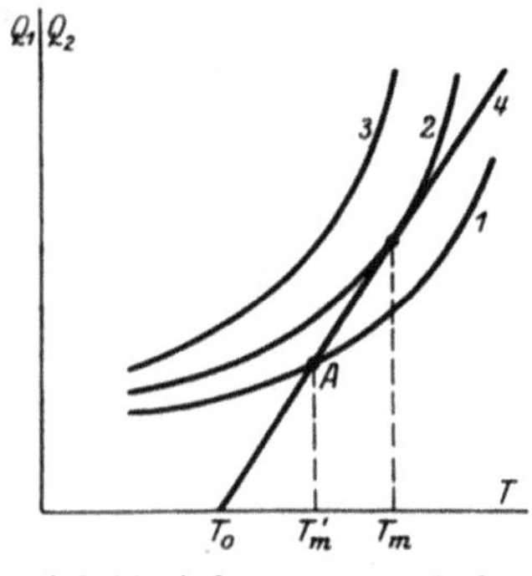

Abb. 70. Aufgenommene und abgeführte Wärmemenge im Isolator.

Am einfachsten kann diese Frage graphisch erläutert werden. Die Kurven (1), (2) und (3) Abb. 70 mögen die Abhängigkeit zwischen der Stromwärme (Formel (69)) und der Temperatur T des Kanals bei drei verschiedenen Werten der Spannung E wiedergeben. Der Zusammenhang zwischen der abgegebenen Wärmemenge Q_2 (Formel (70)) und der Temperatur wird

[1] Es müßten eigentlich bei der Berechnung der Wärmemenge noch die dielektrischen Verluste berücksichtigt werden. Es kann aber auch die Formel (69) beibehalten werden, wenn man nur σ dem Wert zuschreibt, der dem effektiven Widerstand des Isolators bei der gegebenen Frequenz der Wechselspannung entspricht.

durch die Gerade (4) gegeben. Bei niedrigen Spannungen (Kurve 1) wird die Kurve von der Geraden schon bei kleinem $T = T_1$ geschnitten. Der Schnittpunkt entspricht dem stationären Zustand $Q_1 = Q_2$. Weiter kann sich der Isolator nicht erwärmen, da sonst die abgegebene Wärmemenge die ausgeschiedene übertreffen müßte, was offenbar widersinnig ist; der Isolator bleibt folglich bis zu der Temperatur T_1 erwärmt.

Steigern wir nun die Spannung bis zu dem der Kurve (3) entsprechenden Werte, so bleibt bei allen T $Q_1 > Q_2$, der stationäre Zustand kann sich nicht ausbilden und der Isolator wird durchschlagen. Der Durchschlag wird bei der der Kurve (2) entsprechenden Spannung gerade möglich, die die Gerade (4) in einem Punkte berührt. Diese Spannung werden wir als die Durchschlagspannung E_m des anfänglich bis zu der Temperatur T_0 erwärmten Isolators bezeichnen.

Um den Wert von E_m zu berechnen, wollen wir folgende Forderungen aufstellen: Erstens müssen im Berührungspunkt die Wärmemengen Q_1 und Q_2 einander gleich sein:

$$\frac{0{,}24\, E_m^2\, \sigma(T_m) s}{d} = \beta (T_m - T_0)\, d, \tag{71}$$

wo T_m die Temperatur ist, die dem Isolator im Berührungspunkt entspricht. Weiterhin müssen in diesem Punkte die Winkelkoeffizienten der Geraden (4) und der Kurve (2) zusammenfallen.

$$\frac{0{,}24\, E_m^2\, s}{d} \left(\frac{d\sigma(T)}{dT}\right)_m = \beta\, d \tag{72}$$

Wenn wir nun T_m aus den Formeln (71) und (72) eliminieren, so bekommen wir den uns interessierenden Zusammenhang zwischen E_m, T und d.

Um die Berechnungen weiter fortzusetzen, müssen wir die Funktion $\sigma(T)$ analytisch ausdrücken. Dazu stehen uns die beiden Formeln (vgl. S. 64 und 65)

$$\sigma = \sigma_0\, e^{-\frac{b}{T}} \tag{73}$$

und

$$\sigma = \sigma_0\, e^{a t} \tag{74}$$

zur Verfügung. Der Einfachheit halber wollen wir den zweiten Ausdruck anwenden. Setzt man ihn in die Formeln (71) und (72) ein und eliminiert T_m, so ergibt sich

$$E_m = \sqrt{\frac{\beta}{0{,}24\, s\, a\, e}}\, d\, e^{-\frac{a}{2} t_0} \tag{75}$$

Die Durchschlagspannung ist also der Schichtdicke proportional. Ihre Temperaturabhängigkeit ist derjenigen des Widerstandes des entsprechenden Isolators ähnlich, nur ist der Exponent halb so groß wie dort.

Selbst bei dieser elementaren Behandlung gibt die Wärmetheorie schon die Möglichkeit, die Temperaturabhängigkeit der Durchschlagspannung richtig zu beurteilen. Die Abhängigkeit der Durchschlagspannung von der Schichtdicke dagegen kann kaum als genau bestimmt gelten. Nur in den Fällen, wo der Durchmesser des Kanals gegenüber seiner Länge und folglich auch der Schichtdicke des Isolators sehr klein ist, dürfte sich tatsächlich eine Proportionalität zwischen E_m und d ergeben. In den übrigen Fällen müßte auch der axiale, senkrecht zu den Elektroden gerichtete Wärmeabfluß berücksichtigt werden. Dieser Wärmeabfluß wird um so kleiner sein, je größer die Dicke des Isolators ist. Bei größeren Schichtdicken muß daher der Isolator relativ mehr erwärmt und daher früher durchschlagen werden, als es die von Wagner gegebene Formel fordert.

Außerdem ist es ganz unbestimmt, eine wie große Inhomogenität man den schwachen Stellen zuschreiben muß. Weicht ihre Leitfähigkeit von denjenigen des übrigen Stoffes nur wenig ab, so erwärmen sich nicht nur diese Stellen, sondern auch das übrige Medium, so daß die oben angeführte Berechnung nicht mehr richtig ist. In dem Fall, wo der Unterschied zwischen den Leitfähigkeiten groß ist, hört die Durchschlagspannung überhaupt auf, eine für den gegebenen Stoff charakteristische Größe zu sein, da sie nur durch zufällige Inhomogenitäten des Stoffes bedingt wird. Wenn letztere Folgerung für einige nichthomogene Stoffe auch richtig sein dürfte, so ist eine solche Möglichkeit bei den homogenen Isolatoren, wie z. B. bei Glas, mehr als fraglich.

Für die Berechnung der absoluten Werte der Durchschlagspannungen ist die Formel von Wagner völlig unbrauchbar, da in ihr eine Reihe von unbestimmten Konstanten, wie β und s, enthalten ist.

2. Die genaue Behandlung des eindimensionalen Problems.

Die Nachteile, die die Wärmetheorie in der von Wagner gegebenen Fassung aufwies, veranlaßte eine Reihe von Forschern, zu untersuchen, ob sich nicht ähnliche Formeln für homogene, gleichmäßig vom Strom durchflossene Isolatoren herleiten ließen. Die erste Behandlung dieses Problems stammt von Rogowski [*40*] und Karman [*41*]. Unabhängig und ungefähr gleichzeitig ist aber dieselbe Aufgabe auch von V. Fock [*42*] und Dreyfus [*43*] gelöst worden. Wir werden dieses Problem in der Fassung bringen, die ihm V. Fock gegeben hat, und die vom mathemathischen Standpunkt aus wohl die strengste sein dürfte.

Der Isolator sei wieder plattenförmig und von so großer Seitenfläche, daß man den Fall als eindimensional betrachten kann (Abb. 71). Er sei von zwei Elektroden von der Dicke δ und der Wärmeleitfähigkeit k_1 begrenzt. Die elektrische Leitfähigkeit der Elektroden wollen wir unendlich groß im Verhältnis zu derjenigen des Isolators voraussetzen.

Die Koordinatenachsen wollen wir so richten, daß die x-Achse in die Mittelebene des Isolators, die z-Achse senkrecht zu der Oberfläche zu liegen kommt. Der Oberfläche des Isolators werden dann die Koordinaten $+\frac{d}{2}$ und $-\frac{d}{2}$ entsprechen. Der Kürze halber setzen wir $\frac{d}{2} = h$. Der oberen Elektrode schreiben wir das Potential $+\varphi$ zu, so daß die angelegte Spannung $E = 2\varphi$ ist und dem Mittelschnitt des Isolators ($z = 0$) das Potential 0 zukommt.

Die Grundgleichungen des thermischen Gleichgewichts im Isolator für den allgemeinsten Fall sind folgende:

$$\operatorname{div}(k \operatorname{grad} T) + \sigma (\operatorname{grad} \varphi)^2 = 0 \tag{76}$$

$$\operatorname{div}(\sigma \operatorname{grad} \varphi) = 0. \tag{77}$$

Die erste Gleichung besagt, daß im Isolator die von der Volumeneinheit in der Zeiteinheit abgegebene Wärmemenge (erstes Glied) gleich derjenigen ist, die in demselben Volumen in derselben Zeit bei dem Durchgang des Stromes ausgeschieden wird. In der zweiten Gleichung stellt $\sigma \operatorname{grad} \varphi$ die Stromdichte j dar. Die Gleichung bringt die Tatsache zum Ausdruck, daß in dem Medium keine Stromquellen enthalten sind.

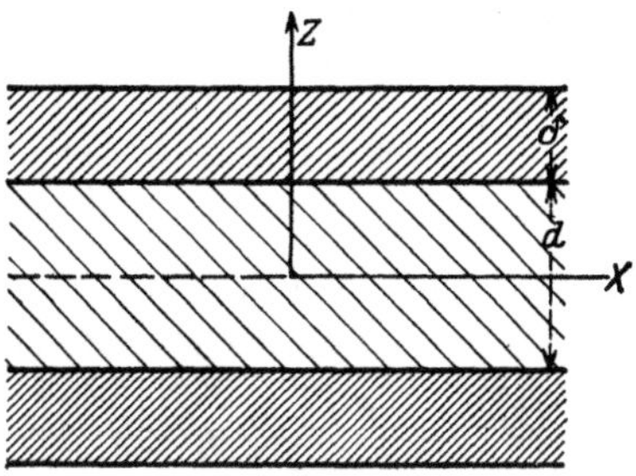

Abb. 71.

Multiplizieren wir die zweite Gleichung (77) mit $\varphi - \varphi_0$, wo φ_0 eine willkürliche Konstante ist[1], und addieren sie zu der ersten Gleichung, so bekommen wir

$$\left.\begin{aligned} \operatorname{div}(k \operatorname{grad} T + \sigma(\varphi - \varphi_0) \operatorname{grad} \varphi) &= 0 \quad \text{(a)} \\ \operatorname{div}(\sigma \operatorname{grad} \varphi) &= 0 \quad \text{(b)} \end{aligned}\right\}, \tag{78}$$

Das Gleichungssystem (78) ist dem ursprünglichen gleichbedeutend.

Falls das Gleichungssystem (78) bei gegebenen Grenzbedingungen eine Lösung zuläßt, so ist ein stationärer thermischer Zustand möglich. Verändern wir aber die Grenzbedingungen etwa dadurch, daß wir das Potential erhöhen, so wird von einem bestimmten Wert des Potentials an die Lösung unmöglich. Dieser kritische Wert des Potentials bestimmt die Durchschlagspannung des Isolators.

In dem uns interessierenden eindimensionalen Fall hängen alle Größen nur von der Koordinate z ab. Das Gleichungssystem (78) geht

[1] φ_0 entspricht dem Wert des Potentials an der Stelle im Inneren des Isolators, wo die Temperatur ihren maximalen Wert T_m erreicht.

daher in folgendes über (φ_0 müssen wir aus Symmetriegründen, vgl. Anm. S. 97, gleich 0 setzen):

$$\left.\begin{aligned} \frac{d}{dz}\left(k\frac{dT}{dz}+\sigma\varphi\frac{d\varphi}{dz}\right)&=0 \qquad \text{(a)}\\ \frac{d}{dz}\left(\sigma\frac{d\varphi}{dz}\right)&=0 \qquad \text{(b)}\end{aligned}\right\}. \tag{79}$$

Wie gesagt gelten diese Gleichungen in dem Fall eines stationären thermischen Zustandes im Inneren des Isolators. Bei den Elektroden ist das Potential konstant und die Temperatur eine lineare Funktion von z.

Der Grenzfläche Isolator-Elektrode schreiben wir das Potential φ_1 zu; es ist also:

$$\left.\begin{aligned} z&=h \qquad \varphi=\varphi_1\\ z&=-h \qquad \varphi=-\varphi_1\end{aligned}\right\}. \tag{80}$$

Für die Temperatur werden die Stetigkeitsbedingungen dort folgendermaßen lauten:

$$\left.\begin{aligned} z=h;\quad (T)_{h-0}&=(T)_{h+0}=T_1\\ k\left(\frac{dT}{dz}\right)_{h-0}&=k_1\left(\frac{dT}{dz}\right)_{h+0}\end{aligned}\right\} \tag{81}$$

(k = Wärmeleitfähigkeit des Isolators, k_1 = diejenige der Elektrode).

Für die äußere Grenzfläche der Elektrode lauten die Grenzbedingungen:

$$z=h+\delta;\qquad k_1\frac{dT}{dz}+\lambda(T-T_0)=0 \tag{82}$$

In diesen Formeln bedeutet λ die äußere Wärmeleitfähigkeit des umgebenden Mediums, T_0 = die konstante Temperatur dieses Mediums. Die Gleichungen (81) und (82) besagen, daß der Wärmefluß sowohl an den inneren als auch an der äußeren Grenzfläche der Elektroden stetig bleibt. Wenn an den äußeren Grenzflächen der Elektroden die Temperatur konstant gleich T_0 gehalten wird, muß man in der Gleichung (82) $\lambda=\infty$ setzen.

Wir haben hier nur die Grenzbedingungen für die obere Elektrode niedergeschrieben. Die für die untere Elektrode gültigen werden aus Symmetriegründen genau ebenso lauten. In der Mittelfläche ($z=0$) erreicht die Temperatur ihr Maximum T_m; das Potential ist hier, wie erwähnt, gleich Null.

Beachtet man, daß auf Grund der Gleichung (79) (b)

$$\sigma\frac{d\varphi}{dz}=j \tag{83}$$

konstant ist, so bekommt man durch Integrieren der ersten Formel des Gleichungssystems (79)

$$k\frac{dT}{dz}+j\varphi=0. \tag{84}$$

Die Integrationskonstante ist gleich Null, da bei $z = 0$, $\varphi = 0$ und $\frac{dT}{dz}$ auch Null ist (die Temperatur erreicht hier ihr Maximum).

Aus der Gleichung (79) (a) läßt sich weiter für das Potential folgender Ausdruck berechnen:

$$\varphi^2 = \int_T^{T_m} 2\,\varrho(T)\,k(T)\,dT = u(T) - u(T_m), \tag{85}$$

wo mit $u(T)$ das unbestimmte Integral

$$u(T) = -\int^T 2\,\varrho(T)\,k(T)\,dT \tag{86}$$

bezeichnet ist.

Führen wir den Ausdruck (85) in (84) ein, so ergibt sich

$$k\frac{dT}{dz} + j\sqrt{u(T) - u(T_m)} = 0 \tag{87}$$

aus dem man durch Integrieren erhält:

$$jz = \int_T^{T_m} \frac{k(T)\,dT}{\sqrt{u(T) - u(T_m)}}. \tag{88}$$

Im zweiten Medium ergibt sich auf Grund der Grenzbedingungen (81) und (82) für die Temperaturverteilung folgender Ausdruck:

$$T = T_1 - g\frac{z-h}{h}(T_1 - T_0), \tag{89}$$

wo

$$g = \frac{\lambda h}{k_1 + \lambda\delta} \tag{90}$$

gesetzt ist.

Um der Bedingung zu genügen, daß an der Grenzfläche Isolator — Elektrode sowohl der Wärmefluß als auch die Temperatur stetig bleiben, müssen folgende Gleichungen erfüllt werden:

$$\left.\begin{aligned} jh &= \int_{T_1}^{T_m} \frac{k(T)\,dT}{\sqrt{u(T) - u(T_m)}} \\ j\varphi_1 &= -k_1\left(\frac{dT}{dz}\right)_h = \frac{k_1 g}{h}(T_1 - T_0) \\ \varphi_1^2 &= u(T_1) - u(T_m) \end{aligned}\right\}. \tag{91}$$

Eliminieren wir aus diesem Gleichungssystem die unbekannte Stromdichte j, so kommen wir zu folgenden Ausdrücken:

$$\left.\begin{aligned} F_1(T_1, T_m) &\equiv \int_{T_1}^{T_m} \frac{k(T)\,dT}{\sqrt{u(T) - u(T_m)}} - g\frac{k_1}{\varphi_1}(T_1 - T_0) = 0 \\ F_2(T_1, T_m) &\equiv u(T_1) - u(T_m) - \varphi_1^2 = 0 \end{aligned}\right\}. \tag{92}$$

Aus diesen beiden Gleichungen müssen die unbekannten Temperaturen T_1 und T_m berechnet werden. Falls diese Gleichungen nach T_1 und T_m nicht aufgelöst werden können, ist kein stationärer, thermischer Zustand möglich und der Isolator wird durchschlagen.

Die Auflösung wird dann unmöglich, wenn die Jakobische Funktion der linken Seiten der Gleichungen (92) Null wird.

$$\frac{\partial F_1}{\partial T_1} \cdot \frac{\partial F_2}{\partial T_m} - \frac{\partial F_1}{\partial T_m} \cdot \frac{\partial F_2}{\partial T_1} = 0 . \tag{93}$$

Differenzieren wir, so ergibt sich der Ausdruck:

$$\frac{g k_1}{\varphi_1} - \varrho(T_1) k(T_1) \int\limits_{T_1}^{T_m} \frac{\sigma'(T)\, d T}{\sqrt{u(T) - u(T_m)}} = 0 . \tag{94}$$

Durch die drei Gleichungen (92) und (94) wird der Zusammenhang zwischen der Durchschlagspannung (φ_1), der Temperatur (T_0) und der Dicke des Isolators (Parameter g) mit Hilfe der beiden Hilfsgrößen T_1 und T_m gegeben.

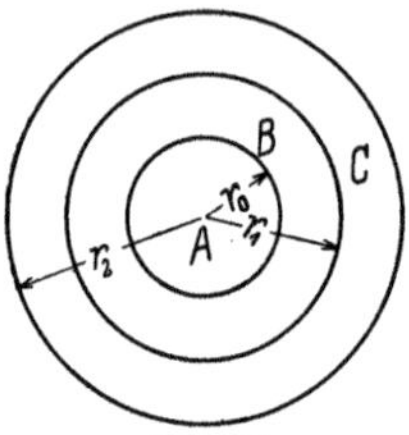

Abb. 72.

Die Rechnung gestaltet sich genau wie oben in dem Fall, wo alle Grenzflächen Kreiszylinder sind. Der Radius der inneren Elektrode (*A* Abb. 72) sei r_0, der innere Radius der äußeren Elektrode (*C*) r_1, der äußere r_2. Weiterhin sei φ_1 das Potential der äußeren Elektrode, dasjenige der inneren Elektrode sei Null. Dann behalten alle oben berechneten Formeln ihre Gültigkeit, nur ist überall der Parameter g durch

$$\frac{\lambda r_0 (\lg n\, r_1 - \lg n\, r_2)}{k_1 + \lambda r_0 (\lg n\, r_0 - \lg n\, r_1)} \tag{95}$$

zu ersetzen.

Um die Berechnungen fortzusetzen, muß man den Funktionen $\varrho\,(T)$ und $k\,(T)$ eine besondere Form geben. Die Wärmeleitfähigkeit k hängt von der Temperatur nur wenig ab. Wir wollen sie deshalb in unseren Berechnungen als konstant annehmen. Für die Temperaturabhängigkeit des Widerstandes wollen wir die beiden Gesetze (73) und (74) wählen und jeden von diesen Fällen einzeln besprechen.

1. Die Temperaturabhängigkeit des Widerstandes sei durch den Ausdruck

$$\varrho = \varrho_0 \, e^{-a t} \tag{35}$$

gegeben. In diesem Falle lassen sich alle Integrale in endlicher Form berechnen. Die Funktion u (Formel (86)) ergibt sich zu

$$u = \frac{2 k \varrho_0}{a} e^{-a t} \tag{96}$$

Wir wollen folgende Bezeichnungen einführen:

$$\left.\begin{aligned} a t &= x \\ \sqrt{\frac{a}{2\varrho_0 k}}\,\varphi_1 &= v \\ g\,\frac{k_1}{k} &= c \end{aligned}\right\} \tag{97}$$

Das Gleichungssystem (92) und (94) kann dann folgendermaßen umgeschrieben werden:

$$\left.\begin{aligned} & e^{\frac{1}{2}x_m}\int\limits_{x_1}^{x_m}\frac{dx}{\sqrt{e^{x_m - x} - 1}} - \frac{c}{v}(x_1 - x_0) = 0, \\ & e^{-x_1} - e^{-x_m} - v^2 = 0, \\ & \frac{c}{v} - e^{-x_1}\int\limits_{x_1}^{x_m}\frac{e^x\,dx}{\sqrt{e^{-x} - e^{-x_m}}} = 0. \end{aligned}\right\} \tag{98}$$

Führt man weiter durch die Gleichung

$$\left.\begin{aligned} & \cos\alpha = e^{\frac{1}{2}(x_1 - x_m)} \\ & 0 < \alpha < \frac{\pi}{2} \end{aligned}\right\} \tag{99}$$

den Hilfsparameter α ein, und drückt x_m durch x_1 und α aus, so bekommt man:

$$\left.\begin{aligned} & 2\,\alpha\sec\alpha\, e^{\frac{1}{2}x_1} - \frac{c}{v}(x_1 - x_0) = 0, \\ & e^{-x_1}\sin^2\alpha - v^2 = 0, \\ & \frac{c}{v} - e^{\frac{1}{2}x_1}\sec^3\alpha\,(\alpha + \sin\alpha\cos\alpha) = 0. \end{aligned}\right\} \tag{100}$$

Wird nun aus diesen Gleichungen x_1 eliminiert, so ergibt sich als endgültiges Gleichungssystem

$$\left.\begin{aligned} c &= \sin\alpha\sec^3\alpha\,(\alpha + \sin\alpha\cos\alpha) \qquad &\text{(a)} \\ v &= e^{-\frac{1}{2}x_0}\,\psi(\alpha) \qquad &\text{(b)} \end{aligned}\right\} \tag{101}$$

wobei

$$\psi(\alpha) = \sin\alpha\, e^{-\frac{\alpha\cos^2\alpha}{\alpha + \sin\alpha\cos\alpha}}$$

gesetzt ist. Die mit der Schichtdicke und der Durchschlagspannung verbundenen Größen c und v erscheinen hier als Funktionen von $x_0 = a t_0$ und des Parameters α. Aus der ersten der Gleichungen (101) kann das α berechnet werden, das dem gegebenen c (Schichtdicke) entspricht. Wird dieses α in die zweite Gleichung eingesetzt, so läßt sich das dieser Schichtdicke und der gegebenen Temperatur (x_0) entsprechende v und folglich auch die Durchschlagspannung berechnen.

Die zweite der Gleichungen wollen wir unter Benutzung der in (97) eingeführten Bezeichnungen umformen und nach φ_1 lösen:

$$\varphi_1 = \sqrt{\frac{2\varrho_0 k}{a}}\, e^{-\frac{a}{2}t_0}\,\chi(c). \tag{102}$$

Geht man zu der Durchschlagspannung E_m und den praktischen Einheiten über, so ergibt sich folgender Ausdruck:

$$E_m = \sqrt{\frac{33{,}6\,\varrho_0\,k}{a}}\,e^{-\frac{a}{2}t_0}\,\chi(c).^1 \tag{103}$$

Durch χ (c) ist hier die Funktion bezeichnet, die man bekommt, wenn man die Gleichung (101)(a) nach α löst und in ψ (α) einsetzt.

Die rechte Seite der Formel (103) ist das Produkt von zwei Faktoren, von denen der eine, $e^{-\frac{a}{2}t_0}$, nur von der Temperatur, der andere χ (c) dagegen, nur von c, d. h. von den geometrischen Dimensionen des Prüflings und der Elektroden abhängt. Wir können deshalb die beiden Funktionen einzeln untersuchen.

Vergleichen wir den Ausdruck (103) mit der von Wagner abgeleiteten Formel (75), so sehen wir, daß die Temperaturabhängigkeit der Durchschlagspannung in beiden Fällen genau dieselbe ist. Logarithmiert man den Ausdruck (103), so bekommt man

$$\operatorname{lgn} E_m = -\frac{a}{2}t_0 + C, \tag{104}$$

wo in dem Summanden C die Logarithmen aller derjenigen Faktoren zusammengefaßt sind, die von der Temperatur nicht abhängen. Der Logarithmus der Durchschlagspannung muß folglich proportional der Temperatur abnehmen. Logarithmiert man weiter das Widerstandsgesetz (33), so ergibt sich

$$\operatorname{lgn} \varrho = -a t + C_1. \tag{105}$$

Die Abhängigkeit zwischen $\operatorname{lgn}\varrho$ und t wird ebenfalls durch eine Gerade gegeben, deren Neigung aber das Doppelte derjenigen der Geraden (104) beträgt. Diese Gesetzmäßigkeit gibt uns ein bequemes Mittel, die Theorie experimentell zu prüfen.

Die Formeln (75) und (103) bestätigen die von uns schon früher ausgesprochene Behauptung, daß für den Wärmedurchschlag ein Abnehmen des Widerstandes bei Temperaturerhöhung unbedingt nötig ist. Hängt nämlich der Widerstand von der Temperatur nicht ab, so muß der Koeffizient a gleich Null gesetzt werden, und die nach den Formeln der Wärmetheorie berechnete Durchschlagspannung wird für beliebige Temperaturen unendlich groß[2].

---

[1] In den vorhergehenden Berechnungen wurde angenommen, daß alle Größen, sowohl die elektrischen als auch die thermischen in denselben Einheiten ausgedrückt sind. Geht man aber zu den praktischen Einheiten über, Volt, Ohm und Kalorie, so muß ein entsprechender Übergangskoeffizient eingeführt werden. Deshalb erscheint hier unter der Wurzel die Zahl 33,6.

[2] Es kann auch schon aus den Grundformeln (78) gefolgert werden, daß in dem Fall, wo der Widerstand von der Temperatur nicht abhängt, das thermische Gleichgewicht bei beliebigem φ möglich wird, so daß kein Wärmedurchschlag stattfinden kann.

Was die Abhängigkeit von der Dicke des Isolators betrifft, so ist hier die Durchschlagspannung nicht mehr der Schichtdicke proportional, wie in der von Wagner hergeleiteten Formel. Die der Funktion $\psi(\alpha)$ bei verschiedenen α und folglich auch c zukommenden Werte sind in der Tabelle I im Anhang gegeben. Aus dieser Tabelle ist zu ersehen, daß bei großen c die Funktion $\psi(\alpha)$ keineswegs unbegrenzt anwächst, sondern sich asymptotisch der Einheit nähert. Die Durchschlagspannung muß folglich dem Grenzwert

$$\boldsymbol{E}_m = \sqrt{\frac{33{,}6\,\varrho_0\,k}{a}}\,e^{-\frac{a}{2}t_0} \tag{106}$$

zustreben, der nur von den Materialkonstanten ϱ, k, a und der Temperatur t_0 abhängt.

Betrachtet man den Zusammenhang zwischen c und der Schichtdicke d

$$c = \frac{\lambda\,d}{2(k_1+\lambda\,\delta)}\cdot\frac{k_1}{k} = p\,d \tag{107}$$

(vgl. die Beziehungen (90) und (97)), so sieht man, daß dieser Grenzwert in zwei Fällen erreicht wird — nämlich bei sehr großen Schichtdicken ($d = \infty$) oder sehr intensiver Kühlung der Elektroden (k_1 und λ, folglich auch p sehr groß). Der Koeffizient p ist also ein Maß für die Intensität der Kühlung. Ist die Temperatur der Oberfläche des Isolators konstant gleich t_0, so muß man $p = \infty$ setzen. In diesem Fall wird c bei beliebigen d unendlich. Die Durchschlagspannung hängt überhaupt nicht mehr von der Schichtdicke ab und ist ihrem Grenzwert $\boldsymbol{E}_m$ gleich.

Bei Einführung des Grenzwertes läßt sich die Durchschlagspannung folgendermaßen umschreiben:

$$E_m = \boldsymbol{E}_m\,\psi(\alpha) = \boldsymbol{E}_m\,\chi(c), \tag{108}$$

oder

$$\frac{E_m}{\boldsymbol{E}_m} = \chi(c) = \chi(p\,d). \tag{108a}$$

Die Funktion $\chi(c)$ kann folglich als das Verhältnis der Durchschlagspannung bei gegebener Schichtdicke zu ihrem Grenzwert definiert werden. Die nach Formel (108a) berechnete Abhängigkeit der relativen Durchschlagspannung $\frac{E_m}{\boldsymbol{E}_m}$ von der Schichtdicke d ist in der Abb. 73 aufgezeichnet. Die drei Kurven entsprechen drei verschiedenen Werten des Koeffizienten p. Je intensiver die Kühlung ist (großes p), um so höher liegt die Kurve.

Bei kleinen c ($c < 1$) und folglich geringen Schichtdicken wird der Zusammenhang zwischen E_m und d ziemlich genau durch die Parabel

$$E_m = \boldsymbol{E}_m\sqrt{\frac{c}{2\,e}} = C\,\sqrt{d} \tag{109}$$

gegeben.

Die Formel (103) erlaubt auch, die absoluten Werte der Durchschlagspannungen zu bestimmen. Dies kann etwa auf folgende Weise geschehen: Zuerst wird nach Formel (106) aus den gegebenen Stoffkonstanten und der gegebenen äußeren Temperatur der Grenzwert $\boldsymbol{E}_m$ der Durchschlagspannung bestimmt. Alsdann wird aus den geometrischen Dimensionen des Isolators und der Elektroden (d, δ), sowie aus ihren thermischen Konstanten (k, k_1, λ) die Größe c berechnet. Um den Wert der Durchschlagspannung zu ermitteln, genügt es dann, den diesem c entsprechenden Wert von $\psi(\alpha)$ aus der Tabelle I zu

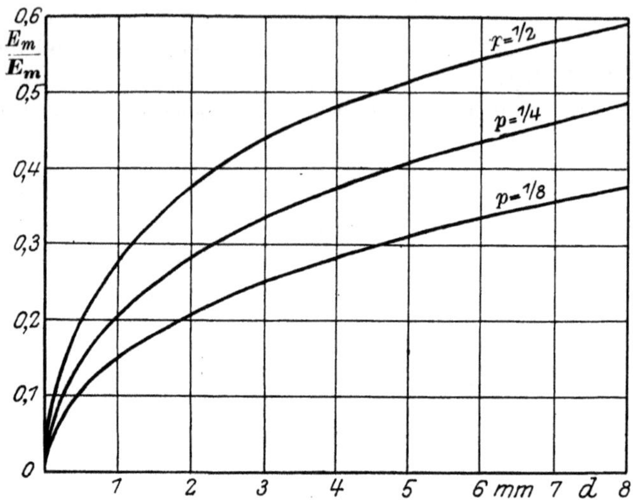

Abb. 73. Zusammenhang zwischen relativer Durchschlagspannung und Schichtdicke bei verschieden starker Kühlung der Elektroden (Parameter p) nach der Wärmetheorie.

entnehmen und mit ihm der Formel (108) gemäß den Grenzwert der Durchschlagspannung zu multiplizieren.

2. Die Temperaturabhängigkeit der Durchschlagspannung sei durch die Formel

$$\varrho = \varrho_0 \, e^{\frac{b}{T}} \tag{33}$$

gegeben. In diesem Fall lassen sich die Integrale (86), (92) und (94) nicht mehr in endlicher Form berechnen, so daß man gezwungen ist, zu mechanischen Quadraturen Zuflucht zu nehmen. Ähnlich wie in dem vorigen Fall wollen wir die Bezeichnungen

$$\left.\begin{aligned} \frac{b}{T} &= x \\ \frac{\varphi_1}{\sqrt{2\,\varrho_0\,k\,b}} &= v \\ g\,\frac{k_1}{k} &= c \end{aligned}\right\} \tag{110}$$

einführen. Für die Funktion u ergibt sich der Wert

$$u = 2\,k\,\varrho_0\,b\,f(x), \tag{111}$$

wo

$$f(x) = \int \frac{e^x}{x^2}\,d\,x = Ei\,(x) - \frac{e^x}{x} \tag{112}$$

gesetzt ist. $Ei\,(x)$ ist hier das sogenannte Exponentialintegral.

Bei Einführung dieser Bezeichnungen können die Grundformeln (92) und (94) folgendermaßen umgeschrieben werden:

$$\left.\begin{aligned}
\frac{c}{v}\left(\frac{1}{x_1} - \frac{1}{x_0}\right) &= \int\limits_{x_m}^{x_1} \frac{d\,x}{x^2 \sqrt{f\,(x) - f\,(x_m)}} \\
v^2 &= f\,(x_1) - f\,(x_m) \\
\frac{c}{v} &= e^{x_1} \int\limits_{x_m}^{x_1} \frac{e^{-x}\,d\,x}{\sqrt{f\,(x) - f\,(x_m)}} \\
x_1 = \frac{b}{T_1} \qquad x_0 &= \frac{b}{T_0} \qquad x_m = \frac{b}{T_m}
\end{aligned}\right\} \tag{113}$$

Der Bequemlichkeit halber wollen wir mit Hilfe der Beziehung

$$e^{\frac{1}{2}(x_1 - x_m)} = \sec\alpha \tag{114}$$

die Hilfsgröße α, sowie die Funktionen

$$H\,(a, x) = \frac{e^{\frac{x}{2}}\,\mathrm{tg}\,\alpha}{x\sqrt{f\,(x + 2\,\mathrm{lgn}\,\sec\alpha) - f\,(x)}} \tag{115}$$

$$\Phi\,(\alpha, x) = 2\int\limits_0^\alpha \cos^2\alpha\, H\,(\alpha\,, x)\,d\,\alpha \tag{116}$$

$$\Psi\,(\alpha, x) = 2\int\limits_0^\alpha \left(\frac{x}{x + 2\,\mathrm{lgn}\,\sec\alpha}\right)^2 H\,(\alpha, x)\,d\,\alpha \tag{117}$$

einführen. Die Funktion $H\,(\alpha,\,x)$ genügt der Ungleichung

$$1 < H\,(\alpha\,, x) < 1 + \frac{2}{x}\,\mathrm{lgn}\,\sec\alpha\,. \tag{118}$$

Mit Hilfe dieser Funktionen können die drei Größen $\frac{1}{x_0}$, c und v in Parameterdarstellung durch α und x_m gegeben werden

$$\left.\begin{aligned}
\frac{1}{x_0} &= \frac{1}{x_m + 2\,\mathrm{lgn}\,\sec\alpha} - \frac{1}{x_m^2}\cos^2\alpha\,\frac{\psi\,(\alpha, x_m)}{\Phi\,(\alpha,\,x_m)} \\
c &= \sin\alpha\,\sec^3\alpha\,\frac{\Phi\,(\alpha\,, x_m)}{H\,(\alpha\,, x_m)} \\
v &= \frac{1}{x_m}\,e^{\frac{x_m}{2}}\,\frac{\mathrm{tg}\,\alpha}{H\,(\alpha,\,x_m)}
\end{aligned}\right\} \tag{119}$$

Die den Größen $c, \frac{1}{x_0}$ und $\lg v$ bei verschiedenen α und x_m zukommenden Werte sind in den Tabellen II, III und IV im Anhang angeführt. Der Änderung von x_m (12 bis 22) entspricht eine Temperaturänderung von etwa 150° C bis 500° C, was für die Praxis vollkommen ausreichen dürfte. Das Intervall der Winkel α (0° bis 60°) genügt ebenfalls für die Praxis vollkommen.

Die Berechnung der Durchschlagspannungen kann auf folgende Weise geschehen: Zuerst muß man die den gegebenen x_0 und c entsprechenden x_m und α auffinden. Dazu setzt man in erster Annäherung

$$\frac{1}{x_m} = \frac{1}{x_0} + \frac{1}{x_0^2}, \tag{120}$$

berechnet aus dieser Gleichung den Wert von x_m und sucht in der Tabelle II (Anhang) den Wert von α, der diesem x_m und dem gegebenen c entspricht. Der genauere Wert von x_m kann aus der Tabelle III mit Benutzung des nun bekannten α und des gegebenen x_0 durch Interpolation entnommen werden. Ist eine noch größere Genauigkeit erwünscht, so wiederholt man die ganze Berechnung noch einmal, indem man von den durch die vorige Annäherung gefundenen Werten von α und x_m ausgeht. Sind nun die Größen α und x_m bekannt, so läßt sich der entsprechende Wert von v aus der Tabelle IV entnehmen. Die Durchschlagspannung kann dann aus der Beziehung $v = \frac{E_m}{\sqrt{33{,}6\,\varrho_0\,k\,b}}$ unschwer berechnet werden.

In den Fällen, wo es sich um eine nicht sehr große Genauigkeit handelt (1 bis 2%), lassen sich die Berechnungen noch weiter vereinfachen. Aus der Tabelle II ist zu ersehen, daß c von x_m beinahe nicht abhängt und fast ausschließlich durch α bestimmt wird. Bei den meisten praktischen Berechnungen können wir von der Abhängigkeit zwischen c und x_m überhaupt absehen und den entsprechenden Wert von α mittels Interpolation aus einer beliebigen Spalte der Tabelle II gewinnen.

Die in den Tabellen III und IV enthaltenen Abhängigkeiten sind in Abb. 74 graphisch abgebildet. Als Abszissen sind hier die Werte von x_m, als Ordinaten diejenigen von $\frac{1}{x_0} = \frac{T_0}{b}$ (links) und $\lg v$ (rechts) abgetragen. Die Kurvenschar I stellt die Abhängigkeit zwischen $\frac{1}{x_0}$ und x_m, die durch II bezeichnete diejenige zwischen x_m und $\lg v$ dar. Den verschiedenen Kurven einer Schar entsprechen verschiedene α, deren Werte über die Kurven geschrieben sind.

Die Berechnung selbst wird folgendermaßen ausgeführt. Aus der Kurvenschar I wird die Kurve ausgewählt, deren Parameter α dem

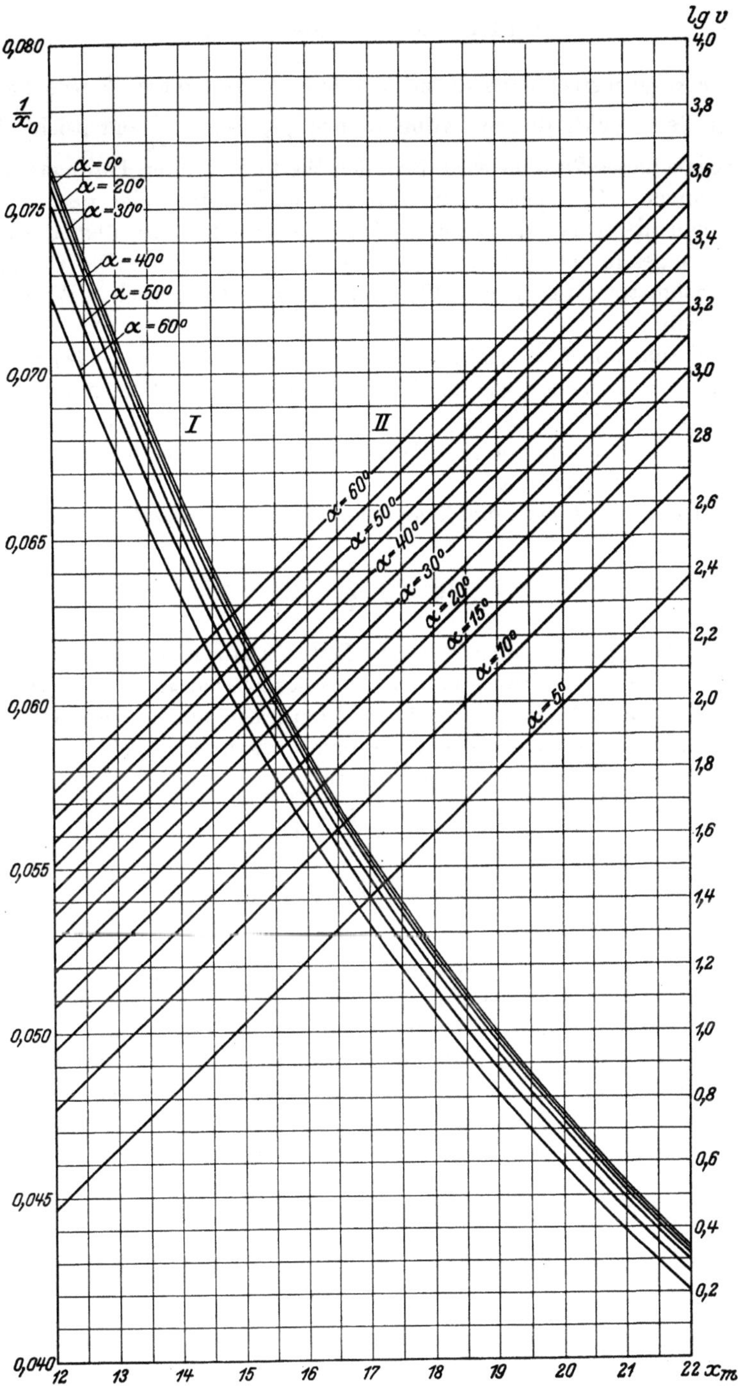

Abb. 74. Zusammenhang zwischen den Größen

$$\frac{1}{x_0} = \frac{T_0}{b}, \quad \lg v \quad \left(v = \frac{E_m}{\sqrt{33{,}6\, k\, \varrho_0\, b}}\right) \quad \text{und} \quad x_m = \frac{b}{T_m}.$$

aus c vorausberechneten α am nächsten ist. Auf dieser Kurve findet man den Punkt, dessen Ordinate dem gegebenen $\frac{1}{x_0}$ entspricht. Die Abszisse dieses Punktes wird dann den Wert des zweiten Parameters x_m bestimmen. Nun geht man senkrecht nach unten oder nach oben, bis man die Kurve der zweiten Kurvenschar schneidet, über die dasselbe α geschrieben ist, wie über die Ausgangskurve. Die Ordinate des Schnittpunktes (rechte Skala) wird dann der gesuchte Wert von $\lg v$ sein.

Bei sehr hohen x_m endlich, bei denen, der Ungleichung (118) gemäß, $H(\alpha, x) \sim 1$ gesetzt werden kann, ist eine genaue Berechnung aller Integrale möglich. Es ergeben sich dabei Ausdrücke, die sich nur wenig von den im vorigen Falle (Widerstandsgesetz $\varrho = \varrho_0 e^{-at}$) gewonnenen unterscheiden.

Logarithmiert man das hier angewandte Widerstandsgesetz, so bekommt man

$$\lg n\, \varrho = \frac{b}{T} + C_2. \tag{34}$$

In Analogie zu dem vorigen Fall könnte man erwarten, daß auch hier der Logarithmus der Durchschlagsspannung proportional dem reziproken Wert der absoluten Temperatur abnehmen wird. Die Resultate der zahlenmäßigen Berechnung lassen sich auch tatsächlich mit guter Annäherung durch die Formel

$$\lg n\, E_m = \frac{b_1}{T} + C_3 \tag{121}$$

wiedergeben. Der Koeffizient b_1 ist jedoch nicht gleich $\frac{b}{2}$, wie dort, sondern etwas kleiner.

Bisher haben wir angenommen, daß der Durchschlag nur dann eintritt, wenn der thermische Zustand labil wird. Es kann aber prinzipiell auch vorkommen, daß noch im stabilen Zustand die maximale Temperatur im Inneren des Isolators T_m so hoch wird, daß der Isolator schmilzt. Dann muß als Durchschlagspannung die Spannung bezeichnet werden, bei der diese kritische Temperatur T_k erreicht wird. In der Praxis haben wir aber kaum mit einem solchen Durchschlag zu rechnen. Aus Tafel III läßt sich berechnen, daß im ungünstigsten Falle (sehr hohe Temperaturen, sehr große Schichtdicken) bei $x_0 = 13{,}5$ sich x_m zu etwa 11,5 ergibt. Der Koeffizient b $\left(x = \frac{b}{T}\right)$ kann rund gleich $9 \cdot 10^3$ gesetzt werden. Der Unterschied zwischen der äußeren Temperatur T_0 und der maximalen inneren T_m beträgt dann etwa 120^0. Bei niedrigeren Temperaturen jedoch und kleineren Schichtdicken kann er um ein Vielfaches kleiner sein. Nähern wir uns also der Schmelztemperatur des Isolators nicht mehr als bis auf etwa 150°, so kann diese zweite Art des Wärmedurchschlages gänzlich außer acht gelassen werden.

Die Problemstellungen von Rogowski und Wagner entsprechen zwei extremen Fällen. In der eben behandelten Theorie von Rogowski wird der Isolator als vollkommen homogen vorausgesetzt und nur der axiale, senkrecht zu den Elektroden gerichtete Wärmeabfluß beachtet; Wagner schreibt dagegen dem Isolator die Eigenschaften eines sozusagen vollkommen nichthomogenen Mediums zu, in dem der Strom nur durch einzelne fadenförmige Kanäle fließt, so daß nur der radiale, parallel zu den Elektroden gerichtete Wärmefluß beachtet zu werden braucht. Bei hohen Temperaturen sind wir sicher der Problemstellung von Rogowski näher, bei nicht sehr starken Erwärmungen dagegen haben wir es meistens mit dazwischenliegenden Fällen zu tun. Das Problem wird hier eigentlich zweidimensional, da sowohl der axiale, als auch der radiale Wärmeabfluß in Rechnung gesetzt werden muß. Die genaue Lösung der zweidimensionalen Aufgabe stößt auf außerordentliche mathematische Schwierigkeiten. Es ist deshalb von verschiedenen Autoren (Rogowski [*40*], Dreyfus [*43*]) versucht worden, dies Problem näherungsweise zu lösen, aber genauer als es Wagner getan hat.

Für den Fall eines fadenförmigen, zylindrischen Kanals vom Durchmesser $2r_0$ ist von Rogowski folgende Formel abgeleitet worden:

$$E_m = \frac{d}{r_0}\sqrt{\frac{k\varrho}{2\,a\lg n\left(\frac{2}{1{,}781\,r_0}\sqrt{\frac{k\,d}{2\,\beta}}\right)}}. \tag{122}$$

Die Bezeichnungen sind hier dieselben, die in der Theorie von Wagner angewandt wurden. Die Temperaturabhängigkeit des Widerstandes ist durch das Gesetz $\varrho = \varrho_0 e^{-at}$ gegeben. Der axiale Wärmefluß ist vernachlässigt worden. Wie auch zu erwarten war, ist die Durchschlagspannung von den Dimensionen der Inhomogenität abhängig. Sie wächst der Schichtdicke ungefähr proportional.

Wird der Kanal breiter, so kann der axiale Wärmefluß nicht mehr vernachlässigt werden. So hat z. B. Dreyfus gezeigt, daß in dem Fall, wo das Verhältnis des Durchmessers des Kanals $2\,r_0$ zur Schichtdicke d $\frac{2r_0}{d} \leqslant \frac{1}{5}$ ist, etwa 8% der ganzen Wärmemenge axial abfließen; bei $\frac{2r_0}{d} \sim 1$ sind dies schon 50%, bei $\frac{2r_0}{d} \geqslant 3$ über 80%. In den letzten Fällen kommt man schon zu ähnlichen Formeln wie bei dem homogenen Medium.

Je nach den Dimensionen der Inhomogenitäten können wir folglich verschiedene Formen für die Abhängigkeit der Durchschlagspannung von der Schichtdicke bekommen, die zwischen der reinen Proportionalität (fadenförmige Inhomogenität) und der nahezu parabolischen (homogener Isolator) liegen. In dem Fall endlich, wo die Leitfähigkeiten der Inhomogenität und des Mediums von einander nur wenig verschieden sind, bekommt man genau dieselben Gesetzmäßigkeiten wie bei den homogenen Isolatoren.

Die oben angeführten Theorien sind strenggenommen nur bei Gleichspannung gültig. Erstens setzen sie voraus, daß die Spannungsverteilung im Inneren des Isolators allein durch die Verteilung der Leitfähigkeiten σ bedingt wird. Haben wir es mit Wechselspannung zu tun, so trifft diese Behauptung nicht mehr das Richtige, da die Spannungsverteilung dann auch von der Dielektrizitätskonstanten ε des Stoffes abhängt, und zwar um so mehr, je höher die Frequenz ist. Die Spannungsverteilung würde nur dann dieselbe bleiben, wenn das Verhältnis $\frac{\sigma}{\varepsilon}$ in allen Teilen des Isolators dasselbe wäre. Nun ist dies aber tatsächlich nicht der Fall. Die inneren Teile des Isolators erwärmen sich bei dem Stromdurchgang mehr als diejenigen, die näher an den Elektroden liegen. Die Leitfähigkeit in den mittleren Teilen kann deshalb bedeutend größer sein als an den Rändern. Die Dielektrizitätskonstante dagegen, die von der Temperatur nur wenig abhängt, bleibt bei der Erwärmung so gut wie ungeändert. Wenn auch vor dem Anlegen der Spannung das Verhältnis $\frac{\sigma}{\varepsilon}$ in allen Teilen des Isolators dasselbe war (wie es z. B. bei einem homogenen Stoff der Fall sein wird), so wird dies Verhältnis beim Erwärmen des Isolators unbedingt gestört werden.

Zweitens setzen diese Theorien voraus, daß sämtliche Verluste, die im Isolator auftreten, auf Leitungsverluste zurückgeführt werden können. Strenggenommen müßten in alle Formeln der Wärmetheorie bei Wechselspannung statt der Leitungsverluste die dielektrischen Verluste eingeführt werden, wie es auch Wagner und Dreyfus getan haben. Noch einfacher wäre es, vielleicht überall statt σ die der gegebenen Frequenz entsprechende effektive Leitfähigkeit des Isolators (dielektrische Verluste durch das Quadrat der Spannung dividiert) mit der ihr entsprechenden Temperaturabhängigkeit einzuführen.

Bei niedrigen Temperaturen, besonders bei Hochfrequenz, vermögen deshalb die von uns hergeleiteten Formeln die tatsächlichen Verhältnisse nur annähernd wiederzugeben. Bei hohen Temperaturen jedoch, wo die Leitfähigkeit der Isolatoren groß ist, können die Formeln als hinreichend genau gelten. Eine Prüfung der Wärmetheorie muß somit unbedingt im Bereich der hohen Temperaturen ausgeführt werden.

3. Experimentelle Untersuchungen im Wärmegebiet.

Von vornherein ist es klar, daß man eine Übereinstimmung zwischen der Wärmetheorie und dem Experiment bei den hohen Temperaturen im Wärmegebiet zu suchen hat. Die Isolatoren, die bei solchen Versuchen verwandt werden können, müssen folgenden Forderungen genügen: Sie müssen

1. temperaturbeständig sein,
2. bis zu den hohen Temperaturen homogen bleiben.

Die letzte Forderung folgt daraus, daß sich die Prüfung am bequemsten an homogenen Isolatoren ausführen läßt, für die gerade eine genaue Theorie existiert. Diesen Forderungen genügen viele natürliche Kristalle, wie Steinsalz, Quarz, Glimmer, sowie einige künstliche schwerschmelzbare Isolatoren, z. B. die Gläser und die Porzellane.

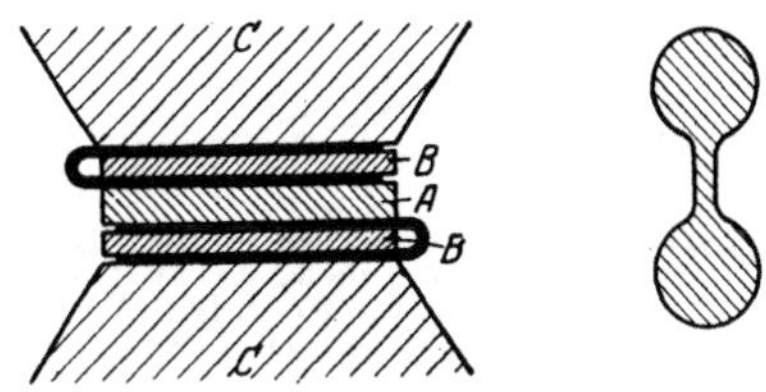

Abb. 75. Elektrodenanordnung für Messungen der Durchschlagspannungen im Wärmegebiet.

Daß die Durchschlagspannung bei hohen Temperaturen eine starke Temperaturabhängigkeit aufweist, war schon seit langem bekannt (vgl. die im vorigen Kapitel S. 84 erwähnten Versuche von Weimer [*38*]). Weiterhin ist von Pirani und Schönborn [*44*] gezeigt worden, daß zwischen der Leitfähigkeit der Gläser und der keramischen Stoffe und den ihnen zukommenden Werten der Durchschlagspannungen ein eindeutiger Zusammenhang besteht. Eine genaue Prüfung der Wärmetheorie haben aber anscheinend als erste die Autoren dieses Buches gemeinschaftlich mit Frl. Lydia Inge [*37*, *45*] ausgeführt. Als Isolatoren wurden dabei Steinsalz, Glas und Porzellan verwandt.

Bei dieser Prüfung war es von Wichtigkeit, die theoretischen Bedingungen so genau wie möglich experimentell nachzubilden. Am schwierigsten war es, die thermischen Kontaktwiderstände an der Grenzfläche Isolator—Elektrode zu vermeiden. Ihr schädlicher Einfluß konnte teilweise dadurch beseitigt werden, daß man für die Elektroden ein Material wählte, das ein schlechter Wärmeleiter war. Am bequemsten gestaltete sich folgende Anordnung: Der plattenförmige Prüfling A (Abb. 75) wurde von zwei Platten B—B begrenzt, die aus demselben Stoff bestanden (die Isolatoren sind fast immer schlechte Wärmeleiter) und als Elektroden dienten. Um die Entstehung von Stromverlusten in den Elektroden selbst zu verhüten, wurden sie durch einen Belag von dünner Aluminium- oder Nickelfolie gut leitend gemacht. Der Belag aus Folie hatte die in Abb. 75 rechts abgebildete Form von zwei Kreisflächen, die durch einen Streifen verbunden waren. Die Breite des Streifens konnte leicht so bemessen werden, daß er den ganzen

Strom zuführte, während etwa 99% der Wärmeabgabe durch die Platte B stattfand. Die abgegebene Wärmemenge wurde folglich ausschließlich durch die geometrischen Dimensionen der Elektroden bestimmt, so daß die theoretischen Forderungen erfüllt waren. Der Isolator mit den Elektroden wurde weiter zwischen zwei massive Kupferblöcke C—C eingeklemmt, die den Zweck hatten, dank ihrer großen Wärmeleitfähigkeit und Wärmekapazität die Temperatur an den äußeren Grenzflächen der Elektroden während des Durchschlages konstant zu halten.

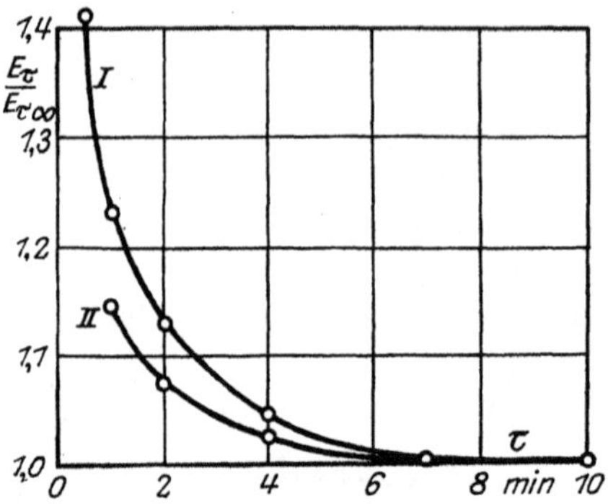

Abb. 76. Abhängigkeit der relativen Durchschlagspannung von der Dauer der Beanspruchung. Steinsalz 500° C. Wechselsp. 50 per/Sek. I. Dicke 3,35 mm. II. Dicke 9,3 mm.

Die Mehrzahl der Versuche wurde mit Wechselspannung von 50 per/sek ausgeführt. Wo es sich um eine andere Frequenz handelt, soll dies besonders erwähnt werden. Große Vorsicht erforderte die richtige Wahl der Dauer der Beanspruchung τ. Sie mußte so bemessen werden, daß der ganze Prozeß der Vorerwärmung und des Durchschlages selbst Zeit hatte, sich zu vollziehen. Es wurde deshalb durch vorläufige Versuche die Abhängigkeit der Durchschlagspannung von der Dauer der Beanspruchung in einer Reihe von Fällen festgestellt, und bei den endgültigen Messungen solche „Expositionen" τ_∞ gemacht, bei denen die Durchschlagspannungen nicht mehr von τ abhingen. Eine Reihe derartiger an Steinsalz und Porzellan gemessenen Zeitkurven zeigen die Abb. 76 und 77.

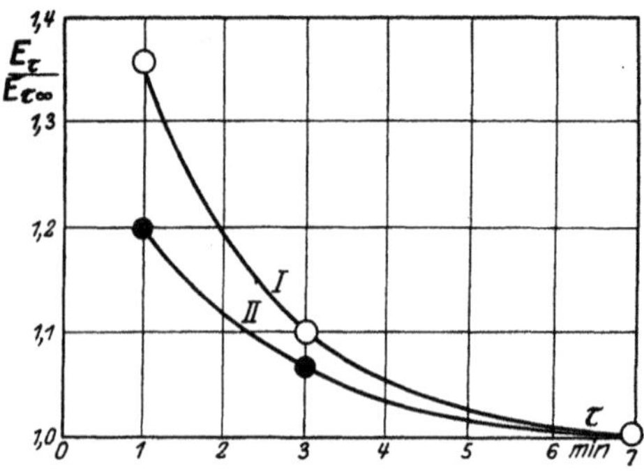

Abb. 77. Abhängigkeit der Durchschlagspannung von der Dauer der Beanspruchung bei Porzellan. 313° C. Wechselsp. 50 per/sek.
I. $d = 8{,}9$ mm, $\delta = 3{,}1$ mm.
II. $d = 1{,}85$ mm, $\delta = 3{,}1$ mm.

a) Die Temperaturabhängigkeit der Durchschlagspannung.

Steinsalz. (Natürlicher Steinsalzkristall von Bachmut.) Die einer Schichtdicke von 5 mm entsprechende Temperaturabhängigkeit der Durchschlagspannung ist in Abb. 78 gegeben (Kurve I). Längs der Abszissenachse sind die Temperaturen C, längs der Ordinatenachse (links) die (gewöhnlichen) Logarithmen der Durchschlagspannungen[1] abgetragen. Zum Vergleich ist auf derselben Abbildung auch die Temperaturabhängigkeit des spezifischen Widerstandes eingezeichnet, die bei derselben Frequenz 50 per/sec gemessen wurde (Kurve II). Die Widerstände sind ebenfalls in ihren logarithmischen Werten angeführt, wobei der ihnen entsprechende Maßstab (rechts) halb so groß genommen ist, wie derjenige der Durchschlagspannungen. Die beiden Kurven sind Gerade; und ihr analytischer Ausdruck ist

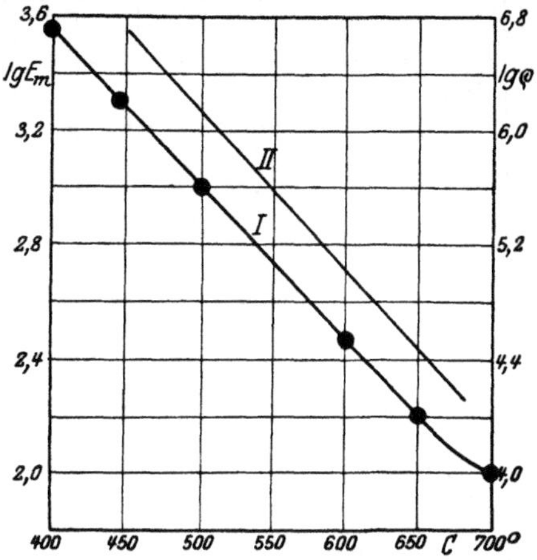

Abb. 78. Temperaturabhängigkeit der Durchschlagspannung (I) und des spezifischen Widerstandes (II) bei Steinsalz. Plattendicke 5 mm. Wechselspannung 50 per/sek.

$$\lg \varrho = -\ 0{,}0109\,t + 11{,}64 \quad (123)$$

$$\lg E_m = -\,0{,}00530\,t + 5{,}64. \quad (124)$$

Die erste der Formeln zeigt, daß die Temperaturabhängigkeit des Widerstandes bei Steinsalz dem Gesetze $\varrho = \varrho_0 e^{-at}$ genügt. Den theoretischen Berechnungen zufolge (vgl. S. 102) ließe sich erwarten, daß auch die Abhängigkeit zwischen lg E_m und t durch eine Gerade gegeben würde, deren Neigung halb so groß wie die der Geraden lg ϱ, t ist. Wie aus der zweiten Formel (124) zu ersehen ist, wird diese Forderung auch tatsächlich erfüllt. Die Proportionalität zwischen lg E_m und t erstreckt sich auch weiter hinab in das Gebiet der niedrigen Temperaturen, dicht bis zu dem Übergang zu dem elektrischen Durchschlag, wie die Kurve in Abb. 79 zeigt. Diese letzten Versuche konnten wegen der hohen Spannungen nicht mehr mit Steinsalzplatten ausgeführt werden, da die Platten überschlagen wurden. Um den Überschlag zu vermeiden, wurden die Prüflinge als Doppelbecher geformt. Da die Wärmebedingungen bei solchen Prüflingen weniger bestimmt als bei Platten waren, sind die letzten Messungen etwas weniger genau als die vorigen.

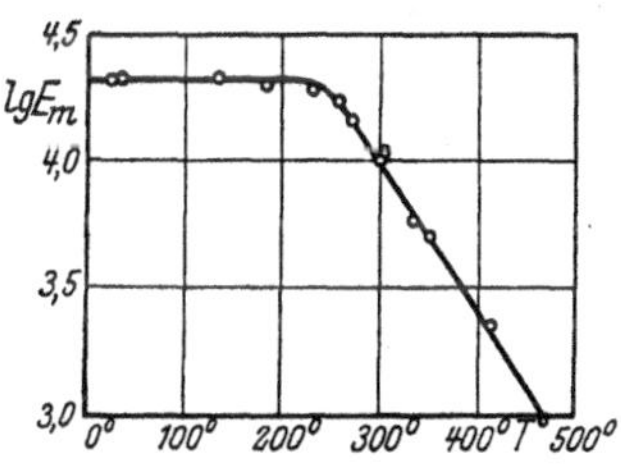

Abb. 79. Temperaturabhängigkeit der Durchschlagspannung. Steinsalz. Doppelbecher. Schichtdicke 1 mm. Wechselspannung 50 per/sek.

Glas. (Deckplatten und Objektträger der Firma Zeiß.) Die an zwei verschiedenen Arten von Objektträgern von 1 mm Dicke gewonne-

[1] Es sind überall die effektiven Werte der Durchschlagspannungen angeführt.

nen Resultate zeigt Abb. 80. Als Abszissen sind hier die reziproken Werte der absoluten Temperaturen, als Ordinaten die Logarithmen der Durchschlagspannungen (links) und der spezifischen Widerstände (rechts) abgetragen. Die den Widerständen entsprechenden Werte sind durch Dreiecke, die den Durchschlagspannungen entsprechenden durch Kreise bezeichnet. Die ersten sind wiederum in einem halb so großen Maßstab wie die zweiten eingezeichnet worden.

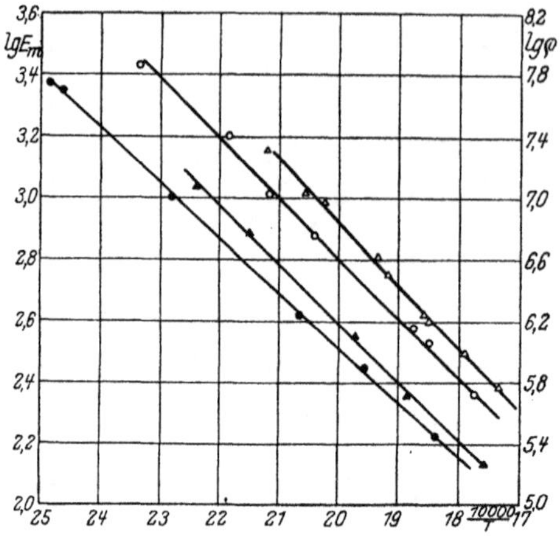

Abb. 80. Temperaturabhängigkeit der Durchschlagspannung und des spezifschen Widerstandes. Glas. Wechselspannung 50 per/sek.
△ Widerstand } Glas I,
○ Durchschlagspannung
▲ Widerstand } Glas II.
● Durchschlagspannung

In allen Fällen werden die Abhängigkeiten durch Geraden wiedergegeben. Aus der Proportionalität zwischen lg ϱ und $\frac{1}{T}$ läßt sich folgern, daß bei den theoretischen Berechnungen das Gesetz $\varrho = \varrho_0 e^{\frac{b}{T}}$ angewandt werden muß. Analytisch werden die Abhängigkeiten durch folgende Formeln ausgedrückt.

Glasart I:

$$\lg \varrho = \frac{4140}{T} - 1{,}44, \qquad (125)$$

$$\lg E_m = \frac{1950}{T} - 1{,}10. \qquad (126)$$

Glasart II:

$$\lg \varrho = \frac{3825}{T} - 1{,}45, \qquad (127)$$

$$\lg E_m = \frac{1770}{T} - 1{,}02. \qquad (128)$$

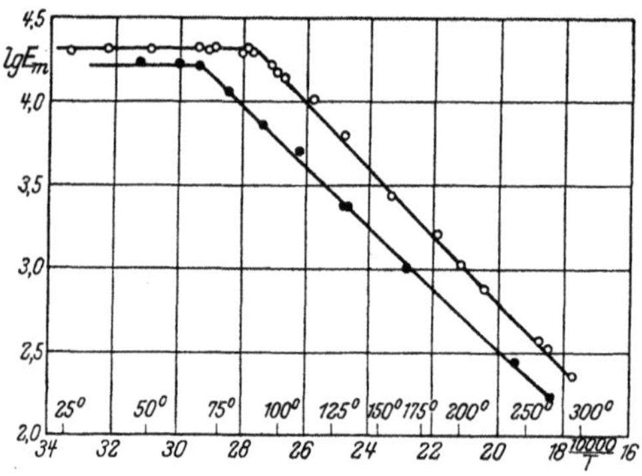

Abb. 81. Temperaturabhängigkeit der Durchschlagspannung. Glas. Wechselsp. 50 per/sek.
○ Glas I ● Glas II.

Die Abhängigkeit zwischen E_m und $\frac{1}{T}$ wird durch eine Gerade gegeben, deren Neigung etwas weniger als die Hälfte derjenigen der Geraden $\lg \varrho = f\left(\frac{1}{T}\right)$ beträgt. Die Forderungen der Theorie (vgl. S. 108) werden folglich auch hier erfüllt. Der weitere Verlauf der den Durchschlagspannungen entsprechenden Kurven ist in Abb. 81 aufgezeichnet. Bis zu dem Übergang zu dem elektrischen Durchschlage erweist sich die reine Wärmetheorie als richtig.

Porzellan. Ebenso wie bei Glas erwies es sich bei Porzellan als notwendig, das Widerstandsgesetz $\varrho = \varrho_0 e^{\frac{b}{T}}$ anzuwenden. Dies ist aus der Abb. 82 ersichtlich, in der die Abhängigkeit zwischen $\lg \varrho$ (rechte Skala, Kreuze) und $\frac{1}{T}$ eingezeichnet ist. Dieselbe Abbildung zeigt auch den experimentell ermittelten Zusammenhang zwischen dem Logarithmus der Durchschlagspannung (linke Skala) und dem reziproken Wert der absoluten Temperatur. Die obere Gerade (Kreise) entspricht 4,7 mm dicken Porzellanplatten bei 3,1 mm Elektrodendicke, die untere (schwarze Kreise) solchen von 1,85 mm Dicke, bei $\delta = 9{,}1$ mm. Die analytischen Ausdrücke, die diesen drei Geraden entsprechen, sind folgende:

$$\text{Widerstand } \lg \varrho = \frac{3800}{T} - 0{,}25; \tag{129}$$

$$\text{4,7 mm dicke Platte, } \lg E_m = \frac{1650}{T} + 0{,}19, \tag{130}$$

$$\text{1,85 mm dicke Platte, } \lg E_m = \frac{1670}{T} - 0{,}10. \tag{131}$$

Die Temperaturabhängigkeit der Durchschlagspannung ist auch genau nach den im vorigen Paragraphen hergeleiteten Formeln berechnet worden und zwar für den Fall $d = 1{,}71$ mm, $\delta = 3{,}1$ mm. Er ist gestrichelt in Abb. 82 eingezeichnet. Der entsprechende analytische Ausdruck lautet:

$$\lg E_m = \frac{1680}{T} - 0{,}05. \tag{132}$$

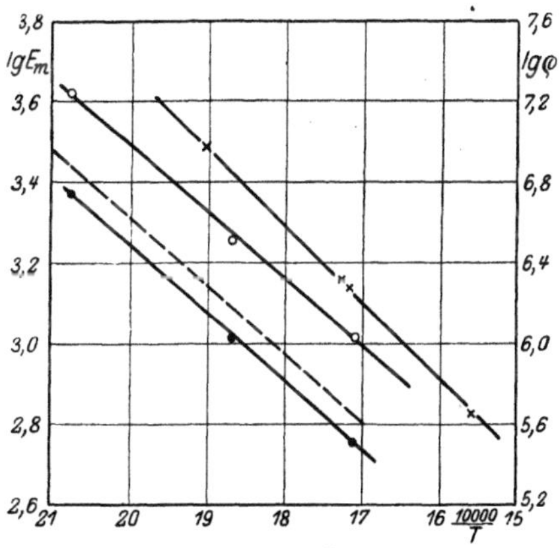

Abb. 82. Temperaturabhängigkeit der Durchschlagspannung und des spezifischen Widerstandes bei Porzellan. Wechselsp. 50 per/sek.
× spezif. Widerstand,
○ Durchschlagsp. $d = 4{,}7$ mm, $\delta = 3{,}1$ mm.
● Durchschlagsp. $d = 1{,}85$ mm, $\delta = 9{,}1$ mm.

Vergleicht man diese Formel mit den experimentell gefundenen (130) und (131), so sieht man, daß in bezug auf die Neigung der Geraden die Übereinstimmung qualitativ sehr befriedigend ist. Die Proportionalität zwischen $\lg E_m$ und $\frac{1}{T}$ läßt sich bis zu Temperaturen von etwa 120° und bis Spannungen von 30 kV_{eff} verfolgen (vgl. Abb. 83).

b) Die Abhängigkeit der Durchschlagspannung von dem Widerstand des Isolators und der Frequenz.

Nach der Wärmetheorie muß sich die Durchschlagspannung proportional der Quadratwurzel aus dem Widerstande des Isolators verändern. Daß diese Forderung erfüllt wird, folgt eigentlich schon aus dem Umstand, daß die theoretische Temperaturabhängigkeit der Durchschlagspannung sich als richtig erweist. Die Proportionalität zwischen E_m^2 und ϱ kann aber auch direkt bewiesen werden. Die in der Abb. 80 gegebenen Kurven zeigen, wie schon erwähnt wurde, die Temperaturabhängigkeit der Durchschlagspannungen und der spezifischen Widerstände von zwei verschiedenen Gläsern bei einer und derselben Schichtdicke von 1 mm. Da hier sowohl E_m als auch ϱ im logarithmischen Maßstab abgetragen sind, und den Widerständen außerdem ein halb so großer Maßstab entspricht, so müßte, falls die theoretische Forderung erfüllt wäre, die Differenz zwischen zwei einer und derselben Abszisse (Temperatur) entsprechenden Logarithmen der Durchschlagspannungen gleich sein der Differenz zwischen den derselben Abszisse entsprechenden Logarithmen der Widerstände. Aus Abb. 80 läßt sich ersehen, daß diese Forderung ziemlich genau erfüllt wird.

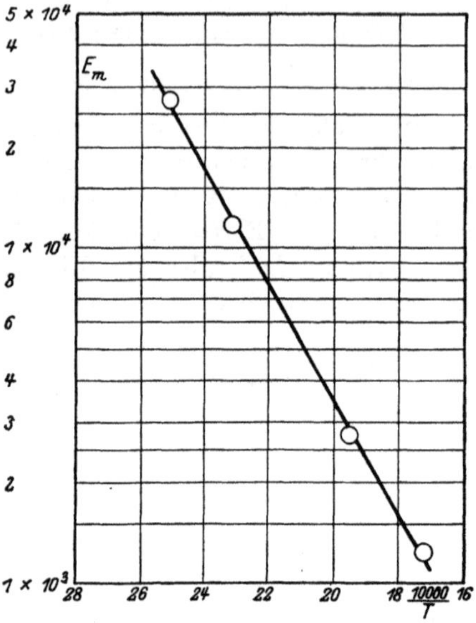

Abb. 83. Temperaturabhängigkeit der Durchschlagspannung bei Porzellan. Doppelbecher. Schichtdicke 2 mm. Wechelsp. 50 per/sek.

Die Abhängigkeit von der Frequenz kann nur darauf beruhen, daß für verschiedene Frequenzen die Widerstände der Isolatoren verschieden sind. Von einer solchen Abhängigkeit ist aber bei niedrigen Frequenzen nichts zu merken. In Abb. 84 sind die Resultate von Messungen eingetragen, die an Objektträgern von 1,2 mm Dicke mit Wechselspannung von der Frequenz 50 (weiße Kreise) und der Frequenz 1000 (schwarze Kreise) ausgeführt wurden. Alle Werte liegen auf einer und derselben Geraden. Aus diesen Ver-

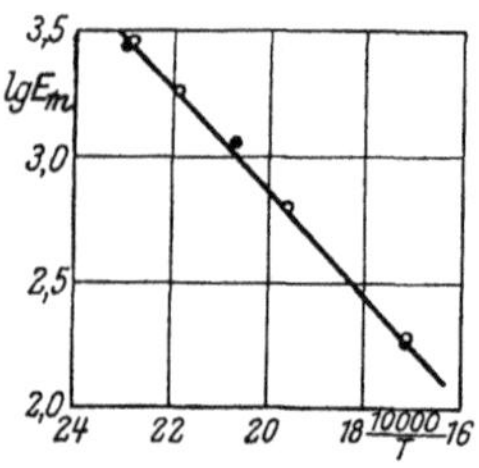

Abb. 84. Temperaturabhängigkeit der Durchschlagspannung bei verschiedenen Frequenzen. Glas. Schichtdicke 1,2 mm.
○ Frequenz 50.
● Frequenz 1000.

suchen läßt sich indirekt schließen, daß die elektrolytischen Polarisationserscheinungen, die bei den niedrigen Temperaturen und Spannungen so große Bedeutung haben, hier nur schwach ausgeprägt sind.

Werden dagegen die Versuche mit Gleichspannung ausgeführt, so ergeben sich in der Mehrzahl der Fälle für die Durchschlagspannungen Werte, die um 20 bis 50% höher liegen, als die mit Wechselspannung ermittelten. Eine genaue Untersuchung zeigt, daß dieser Umstand durch eine elektrolytische Zersetzung im Isolator verursacht wird. Durch das Auftreten einer Gegenspannung kann diese Erhöhung des Widerstandes nicht erklärt werden, da sie nach dem Ausschalten der Spannung dauernd bestehen bleibt. Es bleibt nur übrig, die Ursache dieser Erscheinung in einer Änderung der Struktur des Isolators zu suchen, um so mehr, als die bei den in Frage kommenden hohen Spannungen hindurchgeflossenen Elektrizitätsmengen ziemlich groß werden können.

Nähert man sich dem Schmelzpunkt des Isolators, so kann die Elektrolyse so heftig werden, daß der Isolator von den Zersetzungsprodukten, von denen einige gut leitend sein können, durchfressen wird. So können z. B. bei dem NaCl, die durch das ausgeschiedene Natrium gebildeten Dendrite, von der Kathode aus in das Innere des Kristalls so weit anwachsen, daß sie die Anode erreichen und den ganzen Isolator metallisch leitend machen (vgl. S. 66).

Bei niedrigen Temperaturen freilich, bei denen die hindurchgeflossenen Elektrizitätsmengen geringer sind, verschwindet der Unterschied zwischen Gleichspannung und Wechselspannung beinahe vollkommen. Dieser Umstand erlaubt es, die von dem theoretischen Standpunkt selbständig sich ergebende, jetzt aber auch experimentell begründete Behauptung auszusprechen, daß im Wärmegebiet die Durchschlagspannung, von Sekundäreffekten abgesehen, nicht durch die maximalen, sondern die effektiven Werte der Spannungen bestimmt wird.

c) Abhängigkeit der Durchschlagspannung von der Schichtdicke.

Die Abhängigkeit von der Schichtdicke ist systematisch bei Porzellan untersucht worden. Vom theoretischen Standpunkt aus wird, wie wir gesehen haben, die Abhängigkeit der Durchschlagspannung von der Schichtdicke durch die Hilfsgröße

$$c = \frac{k_1 \lambda d}{2 k (k_1 + \lambda \delta)} \tag{107}$$

gegeben. Bei unserer experimentellen Anordnung kann $\lambda = \infty$ gesetzt werden, da die äußeren Grenzflächen der Elektroden eine konstante Temperatur haben. Außerdem hebt sich k gegen k_1, da die Elektroden und der Prüfling aus demselben Stoff bestehen. Für c ergibt sich dann der Ausdruck:

$$c = \frac{d}{2\,\delta}.$$

Die Durchschlagspannung hängt sowohl von der Dicke des Isolators d, als auch von derjenigen der Elektrode δ ab.

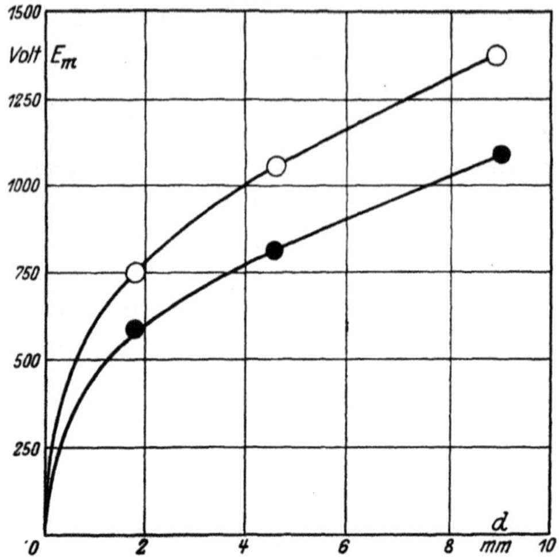

Abb. 85. Abhängigkeit der Durchschlagspannung von der Schichtdicke. Porzellan. Temperatur 313° C. Wechselsp. 50 per/sek. ○ $\delta = 3{,}1$ mm, ● $\delta = 9{,}1$ mm.

In Abb. 85 sind zwei Kurven wiedergegeben, die bei einer Temperatur von 313° C gemessen worden sind. Die obere Kurve entspricht einer Elektrodendicke δ von 3,1 mm, die untere einer von 9,1 mm. Um den Vergleich mit der Theorie durchzuführen, wurde der Verlauf der Abhängigkeit von der Schichtdicke bei konstantem δ nach den im vorigen Paragraphen angeführten Tabellen für dieselbe Temperatur berechnet. Setzt man die einer Schichtdicke von 9 mm entsprechende Durchschlagspannung gleich 1, so ergeben sich für andere Schichtdicken folgende Werte:

Tabelle 5.

d mm	E_m beobachtet	E_m berechnet
1,85	0,547	0,525
4,60	0,748	0,750
9,00	1,00	1,00

Die theoretische und die experimentell ermittelte Abhängigkeit stimmt ihrem Verlauf nach gut überein. Ähnliche Resultate ergeben sich auch für Steinsalz bei Schichtdecken von 0,5 bis 4 bis 5 mm.

d) Vergleich der absoluten Werte der berechneten und beobachteten Durchschlagspannungen.

Die genaue Theorie des Wärmedurchschlages ermöglicht es auch, die absoluten Werte der Durchschlagspannungen zu berechnen. Sie bringt die beiden Größen

$$x_0 = \frac{b}{T_0},$$

$$v = \frac{E_m}{\sqrt{33{,}6\, k\, \varrho_0\, b}}$$

und den Parameter c in Zusammenhang; letzterer kann in unserem Fall gleich $\frac{d}{2\delta}$ gesetzt werden. Die Größen c und x_0 lassen sich unschwer aus den geometrischen Dimensionen der Anordnung, der Anfangstemperatur T_0 und den experimentell bestimmten Exponentialkoeffizienten b berechnen. Der entsprechende Wert von v kann dann aus den Tabellen entnommen werden. Um nun die Durchschlagspannung zu bestimmen, genügt es, die ebenfalls experimentell ermittelten Größen k und ϱ_0 in die zweite Formel einzusetzen. Bei dem in diesen Versuchen verwandten Porzellan kommen diesen Größen folgende Zahlenwerte zu:

$$k = 0{,}0023\ \frac{\text{cal}}{\text{grad cm sek}}$$

$$\varrho_0 = 0{,}560$$

$$b = 8750\,*$$

Eine derartige Berechnung ist von uns für eine Temperatur von 313° ausgeführt worden, bei der gerade die Abhängigkeit der Durchschlagspannung von d und δ experimentell ermittelt worden war. Es ergaben sich folgende Resultate:

Tabelle 6.

Dicke d mm	Durchschlagspannungen E_m V_{eff}			
	$\delta = 3{,}1$ mm		$\delta = 9{,}1$ mm	
	beobachtet	berechnet	beobachtet	berechnet
1,85	750	550	590	335
4,60	1050	810	810	520
9,00	1370	1050	1090	690

Zum Vergleich sind in den Spalten 2 und 4 auch die beobachteten Werte angeführt. Die theoretischen Werte sind etwa 30 bis 40% niedriger als die beobachteten. Dieser Unterschied läßt sich leicht durch einige Fehler in der Versuchsanordnung erklären, die auf die Temperatur-

* Die Größe b ist hier von dem in der Formel (129) angeführten Koeffizienten von $\frac{1}{T}$ verschieden, da es sich dort um gewöhnliche Briggsche Logarithmen handelt. Den hier angeführten Wert bekommt man aus dem obengenannten, indem man ihn mit $\frac{1}{\lg e} = 2{,}303$ multipliziert.

abhängigkeit der Durchschlagspannung und die Abhängigkeit von der Schichtdicke einen nur sehr geringen Einfluß hatten, die absoluten Werte der Durchschlagspannungen aber stark entstellen konnten.

Durch die oben angeführten Versuche kann die Anwendbarkeit der Wärmetheorie im Gebiet der hohen Temperaturen als bewiesen gelten. Die Theorie reicht vollkommen dazu aus, alle experimentell ermittelten Gesetzmäßigkeiten zu erklären. Es ist hier also unnötig, für die Erklärung der Durchschlagerscheinungen noch irgendwelche rein elektrische Prozesse, wie Ionisation oder Zerreißung des Kristallgitters, heranzuziehen. Wir sehen, daß sich in einigen Fällen der Wärmedurchschlag selbst bis zu Zimmertemperaturen und sehr hohen Spannungen ($3 \cdot 10^5$ V/cm) in fast reiner Form verfolgen läßt.

In den letzten Jahren ist von mehreren Forschern versucht worden, die reine Wärmetheorie zur Erklärung des Durchschlages von Isolierstoffen bei Zimmertemperaturen heranzuziehen. Am häufigsten handelte es sich dabei um öldurchtränkte Papierisolation, die bei der Fabrikation von Hochspannungskabeln Verwendung findet. Die Ansicht, daß wir es hier mit einem reinen Wärmevorgang zu tun haben, ist darauf gegründet, daß, erstens der Durchschlag an den Stellen stattfindet, die noch vor dem Durchschlag, unter Spannung am meisten erwärmt waren, zweitens, daß sich bei geeigneten Bedingungen an den Kabeln ähnliche Strom-Spannungskurven messen ließen, wie sie von Wagner an Glas (Abb. 63) und an anderen festen Isolierstoffen beobachtet wurden. Diese beiden Tatsachen reichen aber nicht dazu aus, um das Vorhandensein eines reinen Wäremdurchschlages zu beweisen. Die thermischen Erscheinungen brauchen keineswegs selbständig den Durchschlag herbeizuführen. Ebenso gut können sie einfach Prozesse begleiten, die im Inneren des Isolators stattfinden (z. B. Ionisationsprozesse) und den Durchschlag tatsächlich verursachen. Es muß ebenfalls ausdrücklich betont werden, daß das Vorhandensein einer Strom-Spannungskurve, die teilweise unstabil ist, noch nicht das Vorhandensein eines Wärmeprozesses beweist. Unter gewissen Annahmen ließen sich auch bei einem Ionisationsprozeß ähnliche Kurven erwarten. Das wichtigste Merkmal des Wärmedurchschlages ist eine Abhängigkeit der Durchschlagspannung von der Temperatur. Diese scheint aber gerade bei der Kabelisolation nicht vorhanden zu sein, wie es unter anderen auch die im Physikalisch-Technischen Laboratorium zu Leningrad von Herrn Dmitriew ausgeführten Versuche gezeigt haben. Es kann daher behauptet werden, daß der Durchschlag in Kabeln kein reiner Wärmeprozeß ist. Ganz bestimmt haben bei dem Durchschlag auch die thermischen Erscheinungen eine gewisse Bedeutung. Sie müssen aber eher als Sekundärerscheinungen betrachtet werden, die den Durchschlag in seinem ganzen Verlaufe begleiten.

D. Die Ergebnisse der experimentellen Untersuchungen im elektrischen Gebiete.

1. Der elektrische Durchschlag im homogenen und nichthomogenen elektrischen Felde.

Dem elektrischen Gebiete schrieben wir folgende experimentell ermittelten Merkmale zu (vgl. S. 87):

1. Starke Beeinflussung der Durchschlagspannungen durch die Inhomogenitäten des elektrischen Feldes.
2. Geringe Abhängigkeit von der Temperatur.
3. Geringe Abhängigkeit von dem Widerstand des Isolators.
4. Verhältnismäßig geringe Beeinflussung durch die Dauer der Beanspruchung.

Eine der wichtigsten Abhängigkeiten ist die erste. Wir haben schon darauf hingewiesen, daß im nichthomogenen elektrischen Felde die Durchschlagspannungen um ein Vielfaches niedriger liegen können als in dem homogenen. Besonders trifft dies in dem Fall zu, wo bei dem Durchschlag ebene Elektroden verwandt werden. An den Rändern dieser Elektroden ergeben sich in der Regel Gebiete mit bedeutend erhöhten Feldstärken, so daß das Feld keineswegs als homogen gelten kann. Der Einfluß dieses „Randeffektes“ kann so groß werden, daß er die wahren Gesetzmäßigkeiten gänzlich entstellt. Als einwandfrei kann man deshalb nur die Messungen betrachten, die in homogenen elektrischen Feldern ausgeführt worden sind.

In der Praxis ist man fast immer auf flache oder schwach gekrümmte Elektroden angewiesen. Um den schädlichen Einfluß der Ränder zu beseitigen, können folgende Mittel angewandt werden:

1. Der Prüfling wird so gestaltet, daß die Ränder der Elektroden auf die dicksten Teile des Prüflings zu liegen kommen. Die Schichtdicke des Prüflings an den Rändern der Elektroden wird so bemessen, daß der Durchschlag hier nicht stattfinden kann. Der Prüfling muß an einer von den dünneren Stellen durchschlagen werden, die von den Rändern soweit entfernt ist, daß hier das Feld schon als genügend homogen gelten kann. So verfuhr z. B. Moscicki [*46*], der seinen Prüflingen die Form von Röhren gab, die an einer Stelle dünn ausgezogen oder aufgeblasen waren (Abb. 86*a*), und Rochov [*47*], der bei seinen Durchschlagsversuchen den Prüflingen die Form bikonkaver Linsen gab (Abb. 86*b*). Auch die Verfasser [*49*] griffen in einigen Fällen zu diesem Mittel, indem sie bei den Versuchen Glasröhren verwandten, die an einem Ende kugelförmig aufgeblasen waren (Abb. 86*c*). Sorgt man außerdem für ein gutes Anliegen der Elektroden (am besten werden sie auf chemischem Wege durch Versilberung hergestellt), so

werden jedenfalls alle groben Inhomogenitäten des elektrischen Feldes vermieden. Nachteilig für diese Methode ist dagegen, daß sie oft eine mühsame vorbereitende Bearbeitung des Prüflings erfordert.

2. Der Prüfling und die Elektroden werden in ein Medium eingebettet, das dieselbe Dielektrizitätskonstante besitzt wie der Prüfling. Die Elektroden müssen dabei so geformt werden, daß sie an sich ein möglichst homogenes Feld ergeben. Es sind uns keine Versuche bekannt, in denen die Frage der Anwendbarkeit einer solchen Methode systematisch untersucht wäre. Man stößt dabei auf bedeutende Schwierigkeiten. Das erforderliche Medium muß nämlich nicht nur dieselbe Dielektrizitätskonstante wie der Prüfling, sondern auch eine geringe Leitfähigkeit und eine große elektrische Festigkeit besitzen. Einen solchen Stoff zu finden ist nicht leicht.

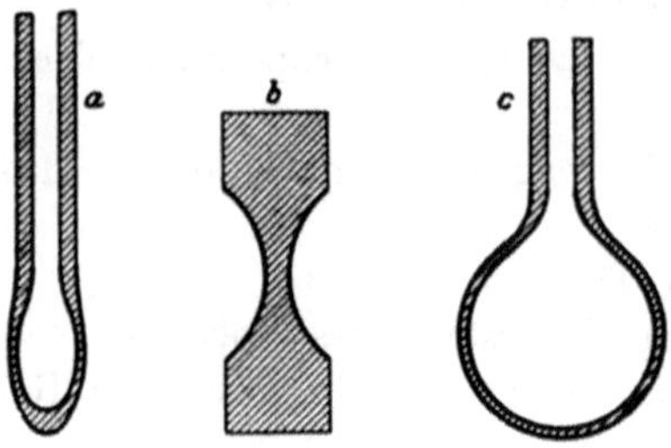

Abb. 86. Prüflinge mit richtiger Randausbildung für Durchschlagsversuche.

3. Es werden Schutzelektroden benutzt, durch die der Spannungsabfall an den Rändern der Elektroden künstlich verringert wird. Eine solche Vorrichtung wurde z. B. von Sonnenschein [*48*] benutzt, der außer der zentralen Elektrode A (Abb. 87) noch eine Reihe von Hilfselektroden A_1, A_2 usw. verwandte, die die Form von Kreiszylindern hatten. An diese Elektroden wurden mittels der Kondensatorreihe C Spannungen angelegt, die sich von innen nach außen verkleinerten, so daß der äußere Ring beinahe bei dem Potential der unteren Elektrode lag. Zwischen zwei benachbarten Elektroden war dann die Spannung so gering, daß sich kaum hohe lokale Feldstärken ausbilden konnten. Für systematische Durchschlagsversuche wurde diese Anordnung von Sonnenschein scheinbar nicht verwandt. Jedenfalls kann sie als eine mögliche, wenn auch ziemlich komplizierte Lösung der Aufgabe angesehen werden.

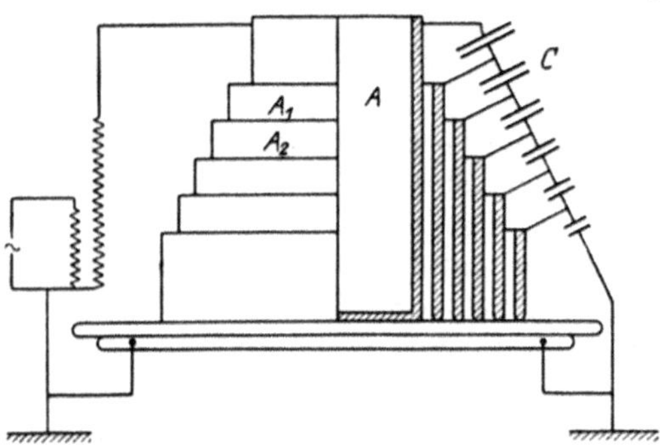

Abb. 87. Schutzringelektrode für Durchschlagsversuche nach Sonnenschein.

4. Der Prüfling und die Elektroden werden in ein halbleitendes Medium eingebettet, in dem wegen seiner Leitfähigkeit keine bedeutenden Inhomogenitäten des elektrischen Feldes vorhanden sein können.

Dieses letzte Mittel wurde von den Verfassern dieses Buches [*49*] bei einer großen Anzahl von Versuchen angewandt und führte zu befriedigenden Resultaten.

Diese letzte Methode kann von großem praktischen Interesse werden, da sie die Notwendigkeit einer vorbereitenden Bearbeitung der Prüflinge und der Elektroden erspart. Um sie genauer zu begründen, wollen wir den Einfluß untersuchen, den das Medium, in dem der Prüfling eingebettet ist, auf die Werte der Durchschlagspannungen ausübt.

Um diesen Einfluß zu bestimmen, ist von den Autoren dieses Buches eine Reihe von speziellen Versuchen unternommen worden. Sie wurden an Deckgläsern von 0,075 mm Dicke, zwischen ebenen, an den Rändern schwach abgerundeten Elektroden bei verschiedenen Spannungsarten ausgeführt.

Die Resultate dieser Messungen sind in der Tabelle **7** niedergeschrieben.

Tabelle 7.

Deckgläser von 0,075 mm Dicke. Temperatur 20° C.

Medium	ε	ϱ	Durchschlagspannung kV_{max}		
			Gleich-spannung	Wechselsp. 50 per/sek	Stoß-spannung
Pentan	1,8	$7{,}5 \cdot 10^{13}$	12,8	6,65	7,7
Benzin	1,9	$5{,}0 \cdot 10^{12}$	17,4	7,4	7,7
Transformatoröl	2,2	$2{,}4 \cdot 10^{12}$	16,9	7,4	7,9
Rizinusöl	4,4	$2{,}3 \cdot 10^{11}$	18,4	7,4	7,4
Xylol	2,35	$9{,}1 \cdot 10^{10}$	18,7	12,8	7,9
Xylol + 12% Azeton	3,1	$0{,}9 \cdot 10^{8}$	21,3	20,7	9,0

In der ersten Spalte ist das Medium angeführt, in dem der Prüfling durchschlagen wurde; in der zweiten die Dielektrizitätskonstante des Mediums, in der dritten der spezifische Widerstand des Mediums, der mittels Gleichspannung bei einer Feldstärke von etwa 30 kV/cm gemessen wurde. Die folgenden Spalten enthalten die Werte der Durchschlagspannungen, die den verschiedenen Spannungsarten (Gleichspannung, Wechselspannung von 50 per/sek, Stoßspannungen) entsprechen. Im letzten Falle wurden Spannungsstöße von langer Dauer (etwa 1 Sekunde), aber sehr steilem Anstieg ($\sim 10^{-6}$ sek) verwandt. Jede Zahl ist ein Mittelwert von mehreren Beobachtungen.

Bei allen drei Spannungsarten wachsen die Werte der Durchschlagspannungen vom Pentan bis zu dem Xylol systematisch an. Die der Gleichspannung entsprechenden Werte sind am größten, die bei Stoßspannungen gemessenen am niedrigsten. Bei Wechselspannung ergeben sich in den ersten vier Flüssigkeiten sehr niedrige Werte, die den bei Stoßspannung ermittelten ungefähr gleich sind. In der Lösung von Xylol und Azeton dagegen steigen sie so weit an, daß sie sich den bei

Gleichspannung gemessenen nähern. Es muß außerdem bemerkt werden, daß bei den Stoßspannungen der Durchschlag immer am Rande der Elektroden stattfindet, bei Wechselspannung in der Lösung von Xylol und Azeton immer in der Mitte zwischen den Elektroden, in den übrigen Flüssigkeiten immer am Rande; bei Gleichspannung ergeben sich ungefähr dieselben Gesetzmäßigkeiten wie bei Wechselspannung, nur daß hier auch in den Ölen und dem reinen Xylol der Durchschlag manchmal in der Mitte erfolgt. Die zuletzt genannten Gesetzmäßigkeiten zeigen ganz deutlich, daß die Erhöhung der Durchschlagspannungen im Xylol der Beseitigung der Inhomogenitäten des elektrischen Feldes an den Rändern der Elektroden zugeschrieben werden muß. Wodurch kann nun diese Erscheinung erklärt werden?

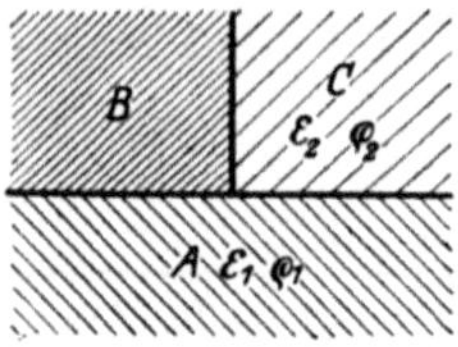

Abb. 88.

Aus der zweiten Spalte der Tabelle 7 ist zu ersehen, daß wir sie kaum einer Änderung der Dielektrizitätskonstante des Mediums zuschreiben können. Die dritte Spalte zeigt dagegen, daß sich der spezifische Widerstand des Mediums stetig vom Pentan an bis zum Xylol verringert. Die Beseitigung des Randeffektes haben wir folglich mit der Verkleinerung des Widerstandes des Mediums in Zusammenhang zu bringen. Die ganze Erscheinung kann vom theoretischen Standpunkt aus etwa folgendermaßen gedeutet werden:

Es sei A (Abb. 88) der Prüfling, B die Elektrode, C das Medium. Die Dielektrizitätskonstante des Prüflings sei ε_1, diejenige des Mediums ε_2. Die entsprechenden spezifischen Widerstände ϱ_1 und ϱ_2. Den Widerstand des Prüflings ϱ_1 wollen wir bedeutend größer als denjenigen des Mediums ϱ_2 voraussetzen, wie es auch in der Praxis meistens der Fall ist. Im ersten Augenblick nach der Einschaltung der Spannung wird die Feldverteilung nur durch die Dielektrizitätskonstanten ε_1 und ε_2 bestimmt werden, und der Randeffekt an den Elektroden scharf ausgeprägt sein. Gleich darauf ändert sich aber die Feldverteilung, wodurch die Feldstärke an den Rändern verkleinert wird. Nach einem genügend großen Zeitraum kann das Feld im Prüfling als ungefähr homogen gelten.

In erster Annäherung kann diese Änderung der Feldverteilung als ein Aufladen der Oberfläche des Isolators angesehen werden, die sich nach der bekannten Formel

$$E = E_0 \left(1 - e^{-\frac{t}{Cr}}\right) \tag{133}$$

vollzieht. Die Größe C muß hier als die Kapazität der sich aufladenden Schicht des Isolators betrachtet werden, r ist eine dem Widerstande des Mediums ϱ_2 proportionale Größe. Die Aufladung der Oberfläche und folglich auch die Beseitigung des Randeffektes wird sich um so langsamer vollziehen, je größer der Widerstand des Mediums ist. Bei sehr großen ϱ_2 oder sehr schnellen Spannungssteigerungen (Stoßspannungen) kommt es überhaupt zu keiner Schwächung des Randeffektes. Bei Wechselspannung wird bei schlecht leitenden Flüssigkeiten der Randeffekt gar nicht geschwächt, bei gut leitenden dagegen völlig aufgehoben. Die hohen Werte der Durchschlagspannungen, die man bei Gleichspannung erhält, zeigen endlich, daß hier schon im schlecht leitenden Medium das Feld ziemlich homogen ist.

Es kann auch unmittelbar gezeigt werden, daß wir es bei diesen Versuchen tatsächlich mit einer zeitlichen Schwächung des Randeffektes zu tun haben. Werden nämlich die Versuche mit Stoßspannungen von verschieden schneller Spannungssteigerung τ ausgeführt, so ergeben sich bei größeren τ (langsamer Anstieg) höhere Durchschlagspannungen als bei den kleineren τ (steiler Anstieg der Spannung). Die Resultate einer Reihe derartiger Messungen sind in Abb. 89 gegeben. Auf der Ordinatenachse sind hier die Durchschlagspannungen in kV, auf der Abszissenachse die die Schnelligkeit der Spannungssteigerung charakterisierenden Zeiten τ im logarithmischen Maßstab aufgetragen. Die obere Kurve entspricht den in der Lösung von Xylol und Azeton ermittelten Werten, die untere den in Transformatoröl gemessenen. Bei kleinen τ hängt die Durchschlagspannung von τ beinahe gar nicht ab. Verringert man die Schnelligkeit der Spannungssteigerung, so beginnt der Anstieg der Kurve bei $\tau \sim 10^{-6}$ sek zuerst im Xylol. Bei $\tau \sim 10^{-4}$ sek ist im Xylol schon der hohe konstante Wert der Durchschlagspannung erreicht, der dem homogenen Felde entspricht. Gleichzeitig damit erfolgt auch der Durchschlag, der bei kleineren τ immer am Rande der Elektroden stattfand, in der Mitte zwischen den Elektroden (die beiden oberen Kreise). Im Öl dagegen beginnen die Durchschlagspannungen sich erst bei $\tau \sim 10^{-4}$ ein wenig zu erhöhen.

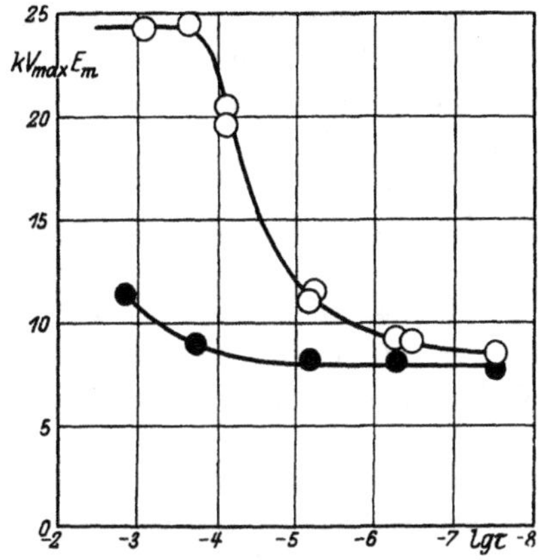

Abb. 89. Abhängigkeit der Durchschlagspannung von der Steilheit des Anstiegs der Spannung in verschiedenen Medien. Glas. Schichtdicke 0,075 mm. 20° C. ○ Medium Xylol + 12% Azeton. ● Medium Transformatoröl nach Inge und Walther.

Beachtet man nun, daß der Wechselspannung von 50 per/sek eine Schnelligkeit der Spannungssteigerung τ von etwa $3 \cdot 10^{-3}$ entspricht, so daß lg τ gleich — 2,5 gesetzt werden kann, so läßt sich aus dem Verlauf der Kurven unmittelbar folgern, daß im Xylol bei gewöhnlicher Wechselspannung der Durchschlagspannung schon ein hoher konstanter Wert zukommen muß, während im Öl der Randeffekt noch scharf ausgeprägt ist und die Werte der Durchschlagspannungen sehr niedrig liegen, wie es tatsächlich auch beobachtet wird.

In dem Fall endlich, wo der Randeffekt durch eine entsprechende Gestaltung der Prüflinge auch bei den Stoßspannungen von sehr schnellem Anstieg aufgehoben wird, ergeben sich für beliebige τ ungefähr dieselben Werte.

Durch einen derartigen Einfluß des Mediums lassen sich viele der früher beobachteten Erscheinungen ungezwungen erklären. So war es schon seit langem bekannt, daß einige Isolatoren (wie z. B. Glas, Porzellan, Glimmer) in Luft später durchschlagen werden als in Öl. Mit vollem Recht schrieb man diese Erscheinung dem Umstand zu, daß die Luft an den Rändern der Elektroden durch die hohe Feldstärke ionisiert wurde, so daß sich eine leitende Schicht ergab, die die Inhomogenität des Feldes verringerte. In Öl dagegen blieb der Randeffekt bestehen. Es wurde deshalb geraten, die Versuche in Öl auszuführen. Während aber die im Öl ermittelten Werte für die Praxis tatsächlich von größerem Interesse sind, da sie die Minimalwerte der dielektrischen Festigkeit des Materials bestimmen, können diese Werte für theoretische Betrachtungen wegen ihrer Unbestimmtheit keineswegs herangezogen werden. Die in Luft ermittelten Werte können schon eher als Materialkonstanten gelten.

2. Die Abhängigkeit der Durchschlagspannung von der Schichtdicke.

Das experimentelle Material, das für das Studium der Abhängigkeit der Durchschlagspannung von der Schichtdicke vorliegt, ist sehr ergiebig. Auch sind die empirischen Formeln, durch die diese Abhängigkeiten ausgedrückt werden, bei verschiedenen Forschern durchaus verschieden. Sie lassen sich jedoch in zwei Gruppen einteilen:

1. Die Durchschlagspannung wächst proportional der Schichtdicke. Die Durchbruchfeldstärke ist von der Schichtdicke unabhängig.

2. Die Durchschlagspannung wächst weniger schnell als die Schichtdicke. Die Durchbruchfeldstärke verringert sich bei steigender Schichtdicke.

Im ersten Fall werden wir von einem Proportionalitätsgesetz sprechen, im zweiten von einem Potenzgesetz, da sich dabei die Durchschlagspannung proportional einer gewissen n-ten Potenz ($n < 1$) der Schichtdicke verändert. Die beiden Benennungen entnehmen wir der Arbeit von Schwaiger.

Wie als erster Moscicki [46] gezeigt hat, widersprechen diese beiden Gesetze einander keineswegs. In dem Fall, wo das Feld homogen ist, bekommt man das Proportionalitätsgesetz. Werden dagegen keine Vorrichtungen getroffen, um den Randeffekt zu beseitigen, so ergibt sich für dasselbe Material das Potenzgesetz. Diese Behauptung ist von Moscicki durch folgende Versuche bestätigt worden: Bei zylindrischen Glasröhren wird der Zusammenhang zwischen der Durchschlagspannung und der Schichtdicke ziemlich genau durch die Parabel

$$E_m^2 = a\,d \qquad (134)$$

(d Schichtdicke) wiedergegeben (Abb. 90, Kurve 3). Der Durchschlag erfolgt immer an den Rändern der Elektroden. Werden aber nun die Glasröhren dünner aufgeblasen und die Elektroden so angebracht, daß die dünnsten Teile der Röhre zwischen den Elektroden liegen, an den Rändern der Elektroden dagegen die Schichtdicke bedeutend erhöht ist (Abb. 86 *a*), so daß der Durchschlag im homogenen Felde zwischen den Elektroden stattfinden muß, so wachsen die Durchschlagspannungen bedeutend an und sind jetzt der Schichtdicke proportional (Abb. 90, Kurve 1). Ähnliche Resultate ergeben sich auch bei Ebonit (Kurven 2 und 4). Dem Glase entspricht eine konstante Durchbruchfeldstärke von 1,35 · 10⁶ V/cm.

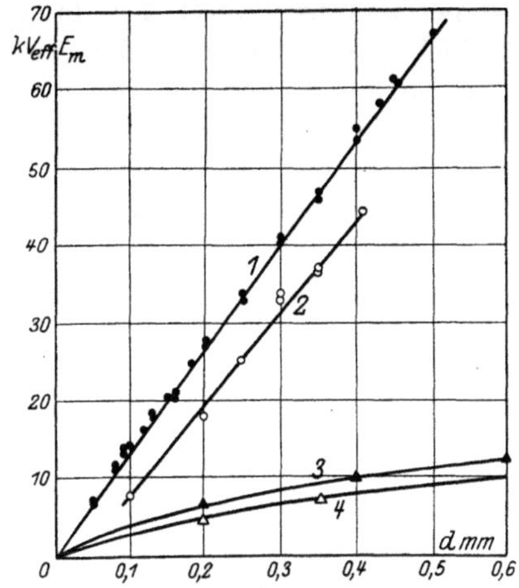

Abb. 90. Abhängigkeit der Durchschlagspannung von der Schichtdicke nach Moscicki. Wechselsp. 50 per/sek.
Kurve 1 Alkaliglas } beseitigter Randeffekt,
Kurve 2 Ebonit }
Kurve 3 Alkaliglas } scharf ausgeprägter
Kurve 4 Ebonit } Randeffekt.

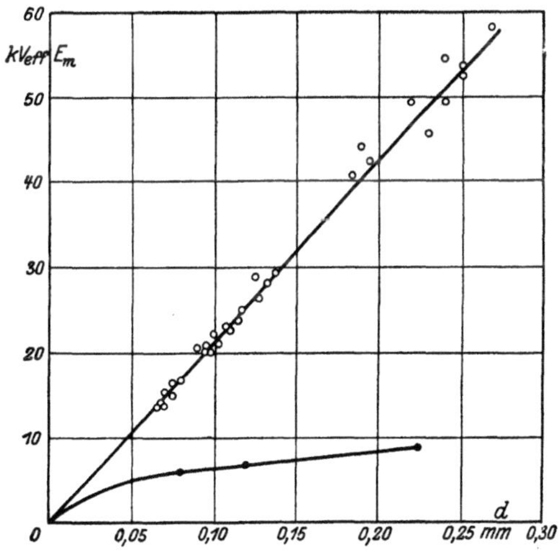

Abb. 91. Abhängigkeit der Durchschlagspannung von der Schichtdicke nach Inge und Walther. Glasplatten. Wechselsp. 50 per/sek. Temperatur 20° C.
○ beseitigter Randeffekt,
● scharf ausgeprägter Randeffekt.

Diese Resultate wurden durch die von den Verfassern dieses

Buches [*49*] ausgeführten Versuche vollkommen bestätigt. Die Messungen wurden an Glas- und Glimmerplatten mit Wechselspannung von 50 per/sek ausgeführt; der Randeffekt war durch Einbettung in ein halbleitendes Medium (Lösung von Xylol und Azeton) beseitigt. Bei Glas im Xylol (Abb. 91, obere Kurve) wurde bis zu einer Schichtdicke von 0,25 mm das Proportionalitätsgesetz genau erfüllt, während in Öl (untere Kurve) die Durchschlagspannungen bei Vergrößerung der Schichtdicke selbst langsamer, als nach dem Parabelgesetz (**134**) zu erwarten wäre, anwuchsen. Ähnliche Gesetzmäßigkeiten ergaben sich auch bei Glimmer (Abb. 92), nur sind hier die Differenzen zwischen den

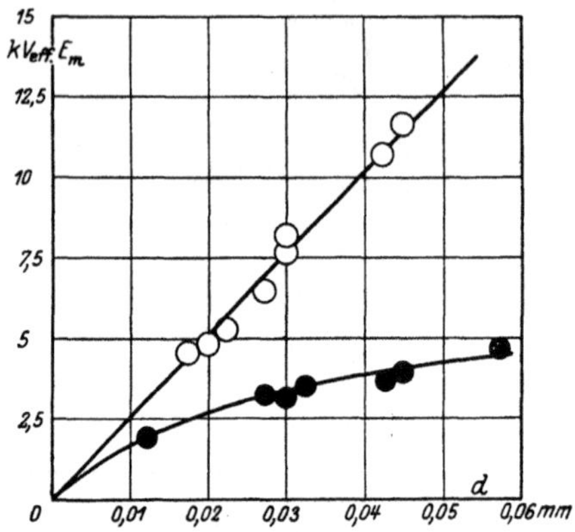

Abb. 92. Abhängigkeit der Durchschlagspannung von der Schichtdicke. Glimmer. Wechselsp. 50 per/sek. Temperatur 20° C. Nach Inge und Walther.
○ beseitigter Randeffekt,
● scharf ausgeprägter Randeffekt.

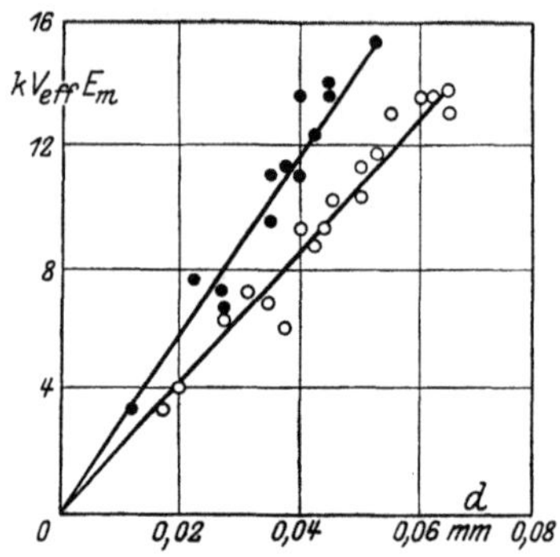

Abb. 93. Abhängigkeit der Durchschlagspannung von der Schichtdicke. Glaskugeln. Beseitigter Randeffekt. Temperatur 20° C.
● Gleichspannung.
○ Wechselspannung 50 per/sek (effektive Werte) nach Inge und Walther.

Durchschlagspannungen, die dem Proportionalitätsgesetze und denen, die dem Potenzgesetze entsprechen, kleiner, was wahrscheinlich durch die geringe Dicke der in Betracht kommenden Schichten bedingt wird. Dem Glas kommt eine Durchbruchfeldstärke von $2,1 \cdot 10^6$ V_{eff}/cm, dem Glimmer eine von $2,4 \cdot 10^6$ V_{eff}/cm zu.

Außerdem wurde von den Verfassern noch eine Reihe von Versuchen mit Prüflingen ausgeführt, bei denen der Randeffekt durch die Form der Prüflinge selbst unschädlich gemacht wurde. Es wurden kugelförmig aufgeblasene Glasröhren (Abb. 86*c*) verwandt, die denjenigen von Moscicki (Abb. 86*a*) ähnlich waren. Es ergab sich wieder das Proportionalitätsgesetz sowohl bei Gleich- als auch bei Wechselspannung (Abb. 93). Die entsprechenden Durchbruchfeldstärken sind: bei Gleichspannung $2,94 \cdot 10^6$ V/cm, bei Wechselspannung $2,14 \cdot 10^6$ V_{eff}/cm. In ihren Maximalwerten sind die beiden Durchbruchfeldstärken einander gleich. Auch bei den Stoßspannungen (Abb. 94) zeigte sich das Proportionalitätsgesetz erfüllt.

Die bisher besprochenen Messungen entsprechen kleinen Schicht-

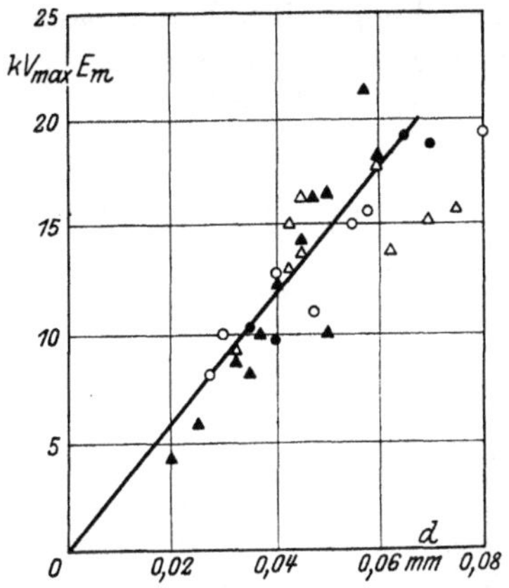

Abb. 94. Abhängigkeit der Durchschlagspannung von der Schichtdicke. Glaskugeln. Beseitigter Randeffekt. Stoßspannungen. Nach Inge und Walther. Schnelligkeit des Anstiegs der Spannung.
○ $5 \cdot 10^{-3}$ sek ● $2{,}5 \cdot 10^{-4}$ sek
△ $1{,}5 \cdot 10^{-5}$ sek ▲ $1{,}0 \cdot 10^{-6}$ sek
Gerade — Wechselsp. 50 per/sek.

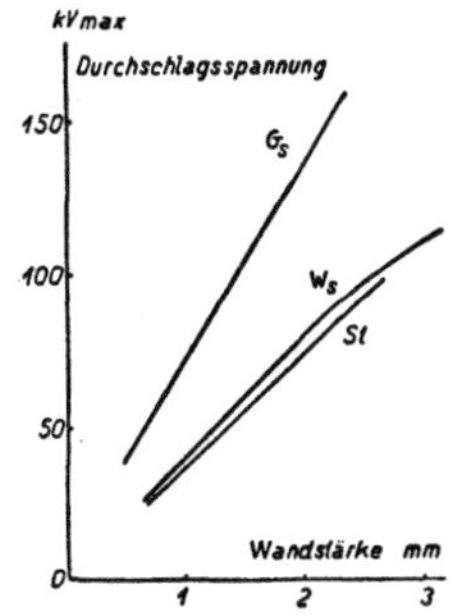

Abb. 95. Abhängigkeit der Durchschlagspannung von der Schichtdicke bei Pertinax-Rohren. Nach Grünewald.

dicken (bis 0,4 mm). Im Porzellan kann jedoch das Proportionalitätsgesetz nach Schwaiger [2] bis zu Schichtdicken von 9 mm verfolgt werden.

Auch bei den nichthomogenen Isolatoren ergeben sich ähnliche Gesetzmäßigkeiten. Es sind z. B. in Abb. 95 und 96 die Abhängigkeiten der Durchschlagspannung von der Schichtdicke gegeben, die von Grünewald [*50*] bei Gleichspannung (G_s), Wechselspannung von 50 per/sek (W_s) und Stoßspannungen (*St*) an Pertinax-Rohren und Platten gemessen wurden. In allen Fällen wird bis zu Schichtdicken von 2 mm das Proportionalitätsgesetz erfüllt. Bei größeren Schichtdicken freilich geht es in ein Potenzgesetz über.

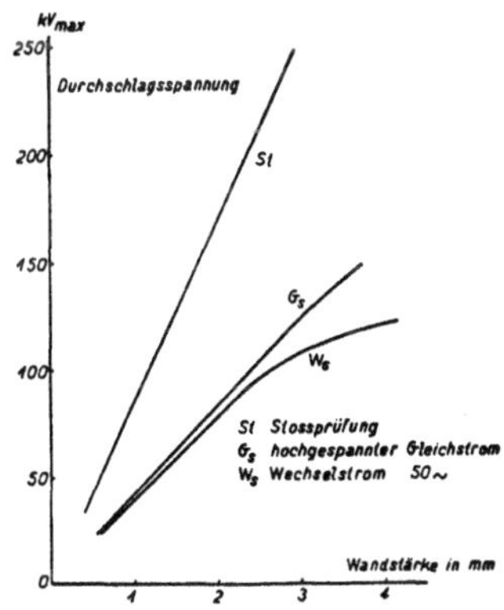

Abb. 96. Abhängigkeit der Durchschlagspannung von der Schichtdicke bei Pertinax-Platten nach Grünewald.

Nur eine Arbeit steht mit diesen Resultaten in entschiedenem Widerspruch, nämlich die von Rochow [*47*]. Bei den Versuchen von Rochow hatten die Prüflinge die Form von Bikonkavlinsen (Abb. 86*b*). Die Krümmungsradien der Anschliffe wurden so groß gewählt, daß das Feld in dem dünnsten Teil des Prüflings als homogen gelten konnte. Als Elektroden diente Quecksilber, welches, um Luftblasen zu vermeiden, im Vakuum eingegossen war. Es gelangten von den homogenen Isolatoren Glas und kristallinischer Quarz, von den nichthomogenen Porzellan, Hartgummi, Gerätequarz und einige weitere künstliche Isolierstoffe zur Untersuchung. Bei den meisten Stoffen wurde ein Abnehmen der Durchbruchfeldstärke bei wachsender Schichtdicke beobachtet, so z. B. bei Glas (vgl. Tabelle 8):

Tabelle 8.
Jenaer Flintglas (Schott u. Gen. 0118) Zimmertemperatur.

d mm	X_m kV$_{max}$/cm	E_m kV$_{max}$
0,032	4290	13,7
0,049	3860	18,9
0,076	3640	27,6
0,102	3380	34,5
0,131	3030	39,7
0,158	3050	48,2
0,184	2990	55,0
0,207	2640	54,6
0,228	2560	58,4
0,262	2490	65,2

In der letzten Spalte ist die beobachtete Abhängigkeit der Durchschlagspannung von der Durchbruchfeldstärke und der Schichtdicke gegeben. Graphisch ist sie in Abb. 97 abgebildet. Bei Anwachsen der Schichtdicke von 0,05 bis 0,25 mm verkleinert sich X_m um etwa 35%. Ähnliche Gesetzmäßigkeiten ergaben sich auch bei Porzellan und Hartgummi. Nur bei dem kristallinischen und dem Gerätequarz erhielt man eine konstante Durchbruchfeldstärke. Bei nichthomogenen Stoffen wurde bei hohen Spannungen außer dem Durchschlag noch eine allmähliche Zerstörung des Materials beobachtet.

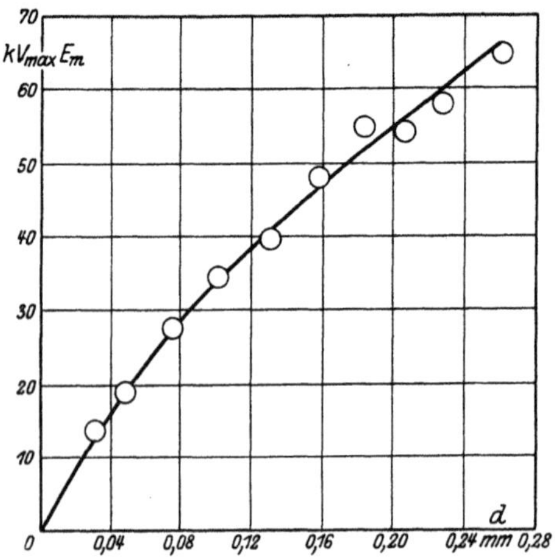

Abb. 97. Abhängigkeit der Durchschlagspannung von der Schichtdicke nach Rochow. Glas. Wechselsp. von 50 per/sek.

Die Abweichung von dem Proportionalitätsgesetz ist bei Rochow so bedeutend, daß sie durch eine zufällige Streuung der gemessenen Werte nicht erklärt werden kann. Außerdem sind gerade bei diesen Messungen alle möglichen Fehlerquellen aufs peinlichste beseitigt worden, so daß diese Resultate als einwandfrei gelten können.

Es müssen endlich noch die Versuche von Mündel [51] erwähnt werden, in denen die dielektrischen Eigenschaften des Glases bei Gleichspannung eingehend studiert wurden. Es läßt sich leider nicht angeben, in welchem Maße bei diesen Versuchen der Randeffekt beseitigt war, da die Prüflinge (Glasplatten) zwischen ebenen Elektroden im Vakuum durchschlagen wurden. So weist Mündel selbst darauf hin, daß eine Anzahl von Prüflingen an den Rändern der Elektroden durchschlagen wurde. Bei diesen Versuchen zeigte sich das Potenzgesetz bestätigt. Die beobachteten Werte der Durchschlagspannungen liegen bedeutend niedriger als die oben angeführten (vgl. Abb. 102 und 103). Dieser Widerspruch kann dadurch erklärt werden, daß Mündel, wie wir später sehen werden, bei seinen Messungen wahrscheinlich schon mitten im Wärmegebiet war, in dem ja gerade das Potenzgesetz erfüllt wird.

Die Frage, welches von den beiden Gesetzen, das Proportionalitätsgesetz oder das Potenzgesetz, bei Beseitigung aller Nebenerscheinungen bei Isolatoren tatsächlich gültig ist, bleibt somit offen. Der einzige Schluß, den wir aus dem experimentellen Material ziehen können, ist, daß die Beseitigung des Randeffektes eine Annäherung an das Proportionalitätsgesetz zur Folge hat.

Vergleichen wir die absoluten Werte der Durchbruchfeldstärken, die für dieselben Stoffe von verschiedenen Forschern gefunden worden sind, so ergibt sich eine befriedigende Übereinstimmung. Dieser Vergleich ist in der Tabelle 9 ausgeführt.

Tabelle 9.

Beobachter	Durchbruchfeldstärke X_m V_{eff}/cm Wechselspannung von 50 per/sek		
	Glas	Porzellan	Steinsalz
Moscicki	$1{,}36 \cdot 10^6$	—	—
Inge und Walther	$2{,}15 \cdot 10^6$	$2{,}0 \cdot 10^5$	bis zu $5 \cdot 10^5$
Rochow	$2{,}4 \cdot 10^6$	$2{,}7 \cdot 10^5$	—
Weicker	—	$2{,}7 \cdot 10^5$	—

Die Zahlen von Rochow entsprechen einer Schichtdicke von 0,1 mm. In der letzten Spalte sind zum Vergleich auch die an Steinsalzkristallen gewonnenen Werte angeführt, die wir im folgenden brauchen werden.

3. Die Abhängigkeit der Durchschlagspannung von der Frequenz und der Temperatur.

Was die Abhängigkeit der Durchschlagspannung von der Frequenz betrifft, so ist uns keine einzige Arbeit bekannt, in der diese Frage systematisch untersucht wäre. Es liegen nur einzelne Messungen vor, die bei Gleichspannung, Wechselspannung von niedriger Frequenz und bei Hochfrequenz ausgeführt wurden.

Im vorigen Paragraphen haben wir schon darauf hingewiesen, daß eine Abhängigkeit von der Frequenz durch den Einfluß des Mediums, in das der Prüfling eingebettet ist, vorgetäuscht werden kann. Es ist deshalb große Vorsicht nötig, um aus den zahlreichen Versuchen die auszuwählen, die in dieser Hinsicht einwandfrei ausgeführt worden sind.

Gleich- und Wechselspannung. Je niedriger die Frequenz ist, um so höhere Werte ergeben sich im allgemeinen für die Durchschlagspannungen. So liegen nach Rochow bei Glas bei Gleichspannung die Durchschlagspannungen (ihre Maximalwerte) um 20% höher als bei Wechselspannung von 50 per/sek. Nach Mündel beträgt diese Differenz bei sorgfältig bearbeiteten Gläsern etwa 5%. Nach den Versuchen der Verfasser kann diese Differenz, je nach der Temperatur, sehr verschieden sein. Bei Zimmertemperaturen, um die es sich in den vorigen Messungen handelte, waren bei Glaskugeln die Maximalwerte der Durchschlagspannungen bei Gleich- und Wechselspannung einander gleich (vgl. Abb. 93). Bei nichthomogenen, besonders bei geschichteten Isolatoren, können die Differenzen auch bedeutend größer werden. So beträgt z. B. bei den Pertinaxrohren, bei denen gerade die Schichtung scharf ausgeprägt ist, dieser Unterschied nach Grünewald etwa 100% (vgl. Abb. 96). Bei geschichteter Papierisolation, wie sie bei den Hochspannungskabeln verwandt wird, kann selbst eine Differenz von 150% beobachtet werden[1]. Bei Glimmer endlich, der eine ausgesprochen geschichtete Struktur aufweist, kann der Unterschied bis auf 400% anwachsen.

Geht man von niedrigen Frequenzen zu Hochfrequenz über, so werden die Durchschlagspannungen bedeutend erniedrigt. Die ausführlichste Untersuchung auf diesem Gebiet stammt von Goebeler [*52*]. Seine Messungen haben noch den wichtigen Vorteil, daß sie mit denselben Materialien und derselben Versuchsanordnung ausgeführt wurden, wie die von Rochow im Gebiet der niedrigen Frequenzen. Es ist deshalb ein unmittelbarer Vergleich der Resultate der beiden Untersuchungen möglich. Sie sind in der Tabelle 10 angeführt.

Tabelle 10.

Stoff	Dicke mm	Durchbruchfeldstärke KV_{max}/cm	
		Frequenz 50	Frequenz $1{,}2 \cdot 10^5$
Glas	0,1	3400	1115
Hartgummi	0,2	1100	537
Porzellan.	0,2	480	337

[1] Die entsprechenden Messungen sind im hiesigen Laboratorium von Herrn Dmitrijev ausgeführt worden.

Am größten ist der Unterschied bei dem homogenen Isolator, dem Glase, am kleinsten bei dem wenig homogenen Porzellan, dem auch die niedrigsten absoluten Werte der Durchbruchfeldstärken zukommen.

Eine eingehende Untersuchung des Durchschlags von festen Isolatoren bei Hochfrequenz ist von dem einen der Verfasser gemeinschaftlich mit Frl. Inge ausgeführt worden. Die vorläufigen Resultate zeigen, daß wir es hier bei einer Reihe von Stoffen mit einem reinen Wärmedurchschlage zu tun haben. Die Erwärmung des Stoffes wird durch die hohen dielektrischen Verluste bedingt, die der Hochfrequenz entsprechen. Die meisten Versuche wurden an Glas ausgeführt, wobei auf eine sorgfältige Vernichtung des Randeffektes besonders geachtet wurde. Die wichtigsten Merkmale des Wärmedurchschlages, die wir früher besprachen, waren vorhanden. Außerdem konnte gezeigt werden, daß der Durchschlag nicht durch den maximalen, sondern den effektiven Wert der Spannung bestimmt wird. Die Erniedrigung der Durchschlagspannung in den niedrigen Frequenzen war sehr groß. So entspricht im Fall von Glas bei der Frequenz $4{,}1 \times 10^5$ einer Schichtdicke von 0,1 mm eine Durchbruchfeldstärke von $2{,}5 \times 10^5$ V_{eff}/cm, während bei der Frequenz 50 demselben Glase eine von $2{,}15 \times 10^6$ zukommt. Die Differenz ist bedeutend größer, als die von Goebeler beobachtete. Es darf aber nicht vergessen werden, daß bei einem Wärmedurchschlage der Wert der Durchschlagspannung durch den Widerstand des Stoffes bzw. die dielektrischen Verluste stark beeinflußt wird, während bei den niedrigen Frequenzen, bei denen wir dem elektrischen Durchschlage nahe sind, der Widerstand des Stoffes von untergeordneter Bedeutung ist. Der Unterschied zwischen den Resultaten von Goebeler und den unsrigen kann leicht dadurch erklärt werden, daß die Gläser bei Hochfrequenz verschiedene dielektrische Verluste besaßen.

Stoßspannungen. — Das entsprechende experimentelle Material ist sehr unbestimmt. Auch läßt sich in der Mehrzahl der Fälle nur schwer beurteilen, inwiefern das elektrische Feld homogen war. Gerade aber bei diesen Messungen, bei denen die Spannungssteigerung sehr groß ist, können die Inhomogenitäten des Feldes von sehr großem Einfluß werden. Einige Schlüsse lassen sich dennoch ziehen. So kann aus den von Grünewald ausgeführten Versuchen gefolgert werden, daß bei nichthomogenen Isolatoren, wie Glimmer, Mikanit, Porzellan, geschichtetem Pertinaxrohrmaterial (vgl. Abb. 95) der Durchschlag bei Stoßspannung ungefähr ebenso hoch oder etwas niedriger liegt als bei gewöhnlicher Wechselspannung. Bei anderen ebenfalls nichthomogenen Isolatoren jedoch, wie z. B. bei Pertinaxplattenmaterial, sowie bei einigen von Peck untersuchten künstlichen Isolierstoffen, entsprechen den Stoßspannungen um etwa 100 bis 120% höhere Werte als der Wechselspannung von niedriger Frequenz. Im allgemeinen ist diese Differenz bei den Stoffen kleiner, die einen geschichteten Aufbau besitzen. Bei homogenen Isolatoren, wie z. B. bei Glas, liegen bei Stoßbeanspruchung die Durchschlagspannungen ungefähr ebenso hoch, wie bei dauernder Beanspruchung (vgl. Abb. 94), vorausgesetzt, daß die Messungen nicht im Wärmegebiet ausgeführt werden.

Werden die Stöße mehrmals der Reihe nach wiederholt, so nehmen die Durchschlagspannungen ab. Bei sehr hohen Frequenzen, die in einer Reihe von schnell aufeinanderfolgenden Stößen bestehen, betragen sie, wie wir gesehen haben, bloß einen Bruchteil der Spannungen, die man bei gewöhnlicher Wechselspannung erhält.

Es muß endlich noch darauf hingewiesen werden, daß auch bei den niedrigen Temperaturen eine merkliche Abhängigkeit der Durchschlagspannungen von der Dauer der Beanspruchung vorhanden ist. Da hier die Versuche meistens bei ununterbrochener Spannungssteigerung ausgeführt werden, so äußert sich diese Abhängigkeit darin, daß bei einer schnelleren Spannungssteigerung die Durchschlagspannungen höher liegen als bei langsameren. Wie groß diese Abhängigkeit werden kann, ist aus Abb. 98 zu ersehen, die der Arbeit von Rochow entnommen ist. Das Bestehen einer solchen Abhängigkeit weist darauf hin, daß in den Isolatoren außer den raschen, rein elektrischen Prozessen (Stoßspannungen), auch langsamere vor sich gehen können.

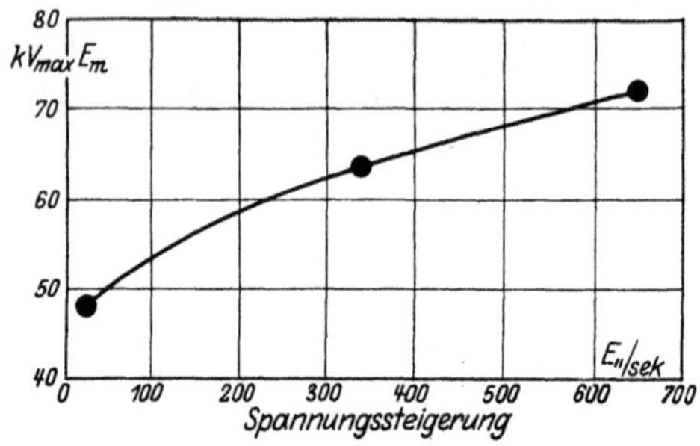

Abb. 98. Abhängigkeit der Durchschlagspannung von der Schnelligkeit der Spannungssteigerung. Glas. Wechselsp. 50 per/sek. nach Rochow.

Die Temperaturabhängigkeit. — Bei der Untersuchung der Temperaturabhängigkeit der Durchschlagspannung haben wir wieder die Fälle von homogenen und nichthomogenen elektrischen Feldern zu unterscheiden. Die Unabhängigkeit der Durchschlagspannung von der Temperatur, die wir früher den niedrigen Temperaturen zuschrieben, gilt, streng genommen, nur für die nichthomogenen elektrischen Felder, hauptsächlich für solche, in denen der Randeffekt nicht beseitigt ist. So ändert sich z. B. bei Glas bei gut ausgeprägtem Randeffekt die Durchschlagspannung im Temperaturgebiet von — 160° C (Temperatur der flüssigen Luft) bis zu 70 bis 80° C nur unbedeutend. Bei Steinsalz kann eine solche Unabhängigkeit im Temperaturintervall von 0 bis 200° C beobachtet werden, bei Glimmer selbst bis etwa 350°. Jedoch ist auch hier der Einfluß des Mediums streng zu beachten, da man sonst zu falschen Schlüssen gelangen kann.

In Abb. 99 sind einige von den Resultaten wiedergegeben, zu denen die Autoren bei Messungen an Glasplatten gelangten. Die Versuche wurden mit Deckplatten zwischen ebenen Elektroden in Öl bei verschiedenen Spannungsarten ausgeführt. Bei Stoßspannungen (Kurve 1) ist beinahe gar keine Temperaturabhängigkeit zu merken. Bei Wechselspannung von 50 per/sek (Kurve 2) wächst zuerst die Durchschlagspannung etwas an, um später von 110⁰ an steil abzufallen. Bei Gleichspannung (Kurve 3) erstreckt sich die Temperaturabhängigkeit bis zu den Zimmertemperaturen (in der Abb. 99 ist nur ein Teil der Kurve eingezeichnet). Der steile Abfall der Kurven rechts entspricht dem Übergang zu dem reinen Wärmedurchschlag. Merkwürdig ist, daß die bei Stoßspannungen erhaltene Gerade selbst in dem Wärmegebiet verfolgt werden kann. Die Dauer des Stoßes ist nämlich für ein Schmelzen zu kurz, so daß der Prüfling nach demselben Mechanismus durchschlagen wird, wie bei den niedrigen Temperaturen. Bei Gleichspannung dagegen, bei der das elektrische Feld am homogensten ist, kann der Wärmedurchschlag noch weit in das „elektrische“ Gebiet hinein verfolgt werden. Bei Wechselspannung wird das Anwachsen der Durchschlagspannung im Anfang wahrscheinlich durch den Einfluß des Mediums hervorgerufen. Bei Erhöhung der Temperatur verkleinert sich nämlich der Widerstand des Öles, der Randeffekt wird folglich besser beseitigt und die Durchschlagspannungen wachsen an. Ein Vergleich der Kurven (1) und (3) zeigt deutlich, daß wir eigentlich kein Recht haben, von einem elektrischen und einem Wärmegebiet zu sprechen. Der Mechanismus des Durchschlages bei einem gegebenen Stoff wird keineswegs durch die Temperatur eindeutig bestimmt, sondern kann je nach der Art der Spannung verschieden ausfallen.

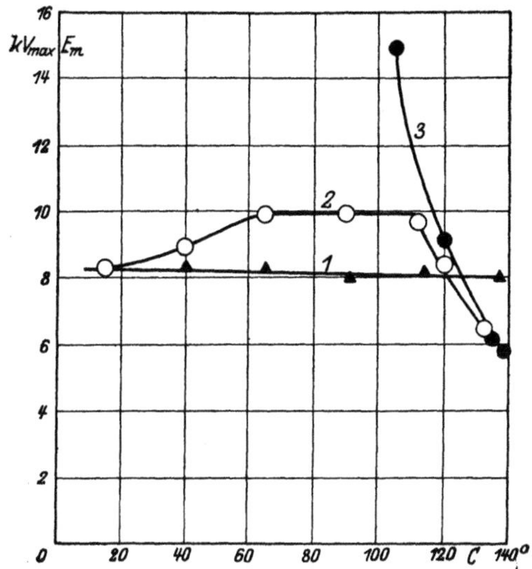

Abb. 99. Abhängigkeit der Durchschlagspannung von der Temperatur bei nichtbeseitigtem Randeffekt. Glas. Schichtdicke 0,10 mm nach Inge und Walther. ▲ Stoßspannungen. ○ Wechselsp. 50 per/sek. ● Gleichspannung.

Wird für genügende Homogenität des elektrischen Feldes gesorgt, so können sich die Gesetzmäßigkeiten bedeutend ändern. Zwar wird in einigen Fällen auch hier eine vollständige Temperaturunabhängigeit beobachtet. So fand z. B. Rochow für das Jenaer Flintglas bei einer Schichtdicke von 0,175 mm und Wechselspannung von 50 per/sek:

Temperatur C	E_m kV$_{max}$
— 18	65,6
+ 20	67,4
+ 90	67,7

Innerhalb eines Temperaturbereiches von 108° ist überhaupt keine Änderung der Durchschlagspannung vorhanden. Zu ähnlichen Resultaten kam auch Grünewald, der bei Pertinaxplatten bei Stoßspannungen in einem Temperaturintervall von 10° bis 115° C keine Änderung der Durchschlagspannung feststellen konnte.

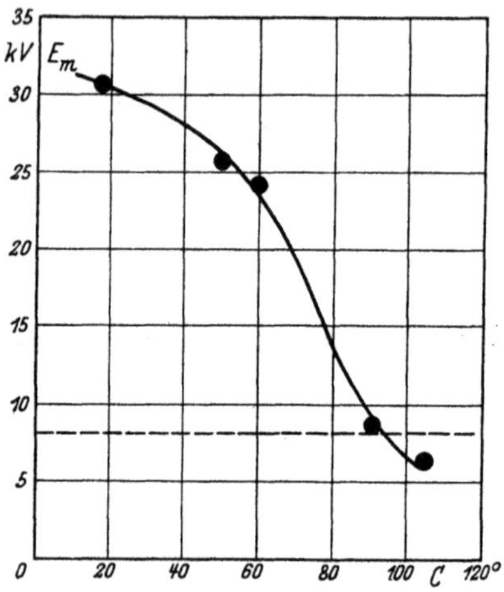

Abb. 100. Temperaturabhängigkeit der Durchschlagspannung. Deckgläser. Schichtdicke 0,10 mm. Gleichspannung. Nach Inge und Walther.

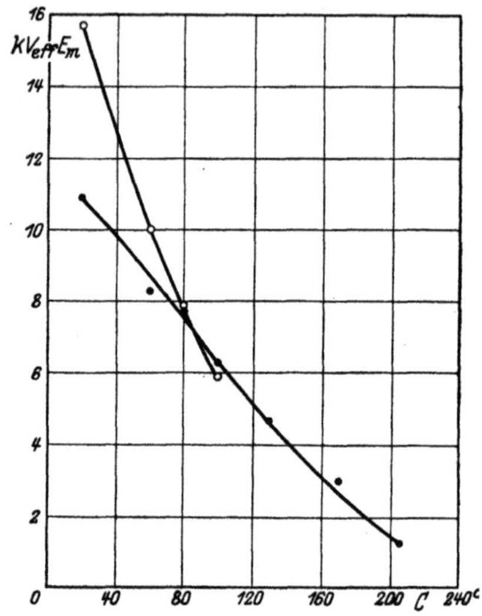

Abb. 101. Temperaturabhängigkeit der Durchschlagspannung. Glaskugeln. Schichtdicke 0,05 mm. Nach Inge und Walther.
○ Gleichspannung,
● Wechselspannung von 50 per/sek.

In anderen Fällen jedoch ist schon bei den niedrigen Temperaturen im homogenen Felde eine bedeutende Abhängigkeit der Durchschlagspannung von der Temperatur vorhanden. So sind z. B. in Abb. 100 die Resultate wiedergegeben, die von den Autoren an Zeißschen Deckgläsern bei Gleichspannung gewonnen wurden. Eine Temperaturabhängigkeit ist schon bei Zimmertemperaturen zu merken. Von 50° bis 60° an läßt sich der steile Abfall beobachten, der für den reinen Wärmedurchschlag charakteristisch ist. Die gestrichelte Gerade entspricht den Werten, bei denen die Platten bei Spannungsstößen und nicht beseitigtem Randeffekt durchschlagen werden. Die an Glaskugeln gemessenen Kurven sind in Abb. 101 abgebildet, wobei den

Kreisen die bei Gleichspannung, den Punkten die bei Wechselspannung ermittelten Werte entsprechen.

Ähnliche Kurven sind auch von Mündel veröffentlicht worden (vgl. Abb. 102 und 103). Merkwürdig ist nur, daß die von ihm beobachteten absoluten Werte der Durchschlagspannungen so niedrig liegen; sie sind etwa drei- bis fünfmal kleiner als die von den Autoren dieses Buches an ähnlichen Gläsern gemessenen. Sicher besteht hier ein Zusammenhang mit der Tatsache, daß sich bei den Untersuchungen der Abhängigkeit der Durchschlagspannung von der Schichtdicke bei Mündel das Potenzgesetz als gültig erwies. Für kleinere Schichtdicken, wie sie z. B.

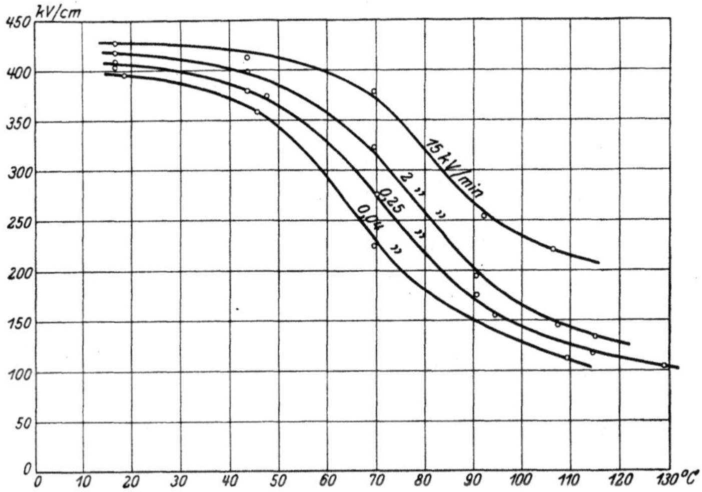

Abb. 102. Temperaturabhängigkeit der Durchbruchfeldstärke von Glas bei verschieden schneller Spannungssteigerung. Schichtdicke 0,4 mm. Gleichspannung. Nach Mündel.

in unseren Messungen verwandt wurden (0,05—0,1 mm), folgen auch aus den Versuchen von Mündel bedeutend größere Durchbruchfeldstärken, die sich denen von Moscicki und anderen Forschern gemessenen nähern. Der starke Abfall der Kurven in den Abb. 102 und 103 stützt unsere Annahme, daß Mündel bei seinen Messungen größtenteils schon mitten im Wärmegebiet war. Dann wird es auch verständlich, warum sich für den Zusammenhang zwischen E_m und d das Potenzgesetz ergab. Da er seine Messungen im Vakuum ausführt, wo die Wärmeabfuhr sehr klein war, mußten nämlich alle Eigenschaften des Wärmedurchschlages scharf zur Ausprägung kommen, so auch die Abhängigkeit von der Schichtdicke, der das Potenzgesetz genügt (vgl. S. 103).

Über die Temperaturabhängigkeit der Durchschlagspannung bei Hochfrequenz sind wenig Angaben vorhanden. Die von den Verfassern dieses Buches ausgeführten Messungen zeigen, daß in einigen Fällen eine bedeutende Abhängigkeit von der Temperatur vorliegen kann. So sind die an Glas gewonnenen Resultate in folgender Tabelle angeführt.

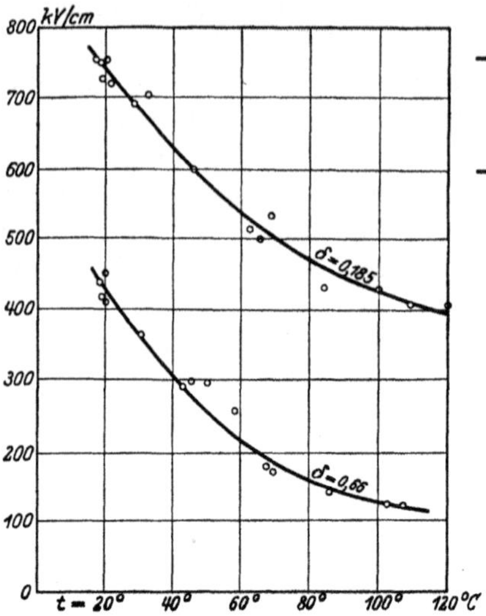

Abb. 103. Temperaturabhängigkeit der Durchbruchfeldstärke bei verschiedenen Schichtdicken. Gleichspannung. Nach Mündel.

Tabelle 11.

Glaskugeln	Schichtdicke 0,1 mm
Frequenz 4,1 × 10^5	
t	X_m V_{eff}/cm
30°	$2{,}3 \cdot 10^5$
75°	$1{,}6 \cdot 10^5$
120°	$1{,}2 \cdot 10^5$
180°	$8{,}5 \cdot 10^4$
245°	$6{,}5 \cdot 10^4$

Die Werte der Durchbruchfeldstärken sind so gering und die Temperaturabhängigkeit der Durchschlagspannung so scharf ausgeprägt, wie dies nur bei einem reinen Wärmedurchschlage möglich ist.

Sowohl die Kurven von Mündel, als auch die unsrigen zeigen deutlich, daß wir selbst bei Zimmertemperaturen in einigen Fällen dem Wärmegebiet sehr nahe sein können, und zwar bei denjenigen Isolatoren, die einen verhältnismäßig geringen spezifischen Widerstand besitzen. Dann wird es auch begreiflich, warum Rochow, der seine Messungen an einem schlecht leitenden Glase ausführte, keine Temperaturabhängigkeit feststellen konnte. Der für das Wärmegebiet charakteristische steile Abfall der Durchschlagspannungen begann bei seinem Glase bei Temperaturen, die 100° überstiegen.

E. Die Theorien des elektrischen Durchschlags.

1. Die Zerreißfestigkeit des idealen Kristallgitters.

Von den rein elektrischen Theorien wollen wir zuerst diejenige betrachten, die den Durchschlag auf ein Zerreißen des Kristallgitters durch elektrische Kräfte zurückführt. Das Kristallgitter denken wir uns als vollkommen homogen und aus einzelnen positiven (z. B. Natrium-) und negativen (Chlor-)Ionen aufgebaut (vgl. Abb. 104)[1]. Die Ionen werden durch die von den übrigen Ionen ausgeübten Anziehungs- und

[1] Die Abb. 104 bis 108 sind der Arbeit von Rogowski: „Molekulare und technische Durchschlagsfeldstärke fester elektrischer Isolatoren" (Arch. Elektrot. Bd. 18, S. 123. 1927) entnommen.

Abstoßungskräfte an bestimmten Stellen festgehalten. Unter Einwirkung von äußeren Kräften werden sie gezwungen, diese Gleichgewichtslagen zu verlassen. Ist die äußere Kraft nicht allzugroß, so kehren die Ionen nach Entfernung der äußeren Kraft in ihre frühere Gleichgewichts-

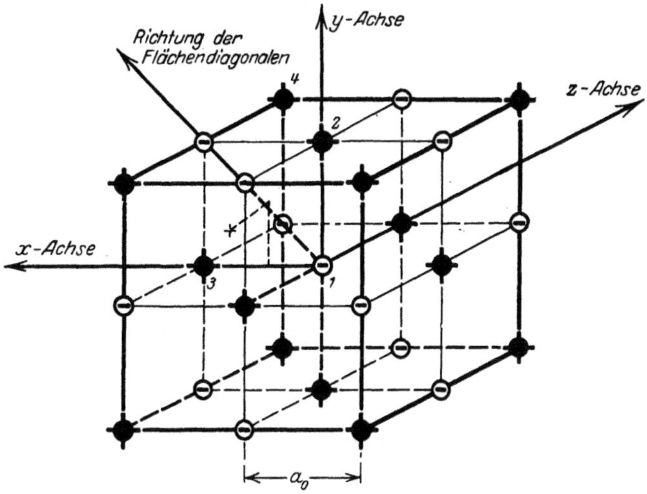

Abb. 104. Das räumliche Gitter des Steinsalzkristalls nach Rogowski.

lage zurück. Die Deformation kann in diesem Fall als elastisch bezeichnet werden. Sind aber die äußeren Kräfte sehr bedeutend, so werden die ursprünglichen Bedingungen nicht wiederhergestellt. Das Gleichgewicht des Kristallgitters ist gestört. Ist die äußere Kraft eine mechanische, so kann dabei der Kristall als zerrissen, bei einem äußeren elektrischen Feld — als durchschlagen gelten. Die Frage eines solchen Zerreißens des Kristallgitters durch elektrische Kräfte ist ausführlich von Rogowski (39) behandelt worden. Im folgenden werden wir die Ergebnisse seiner theoretischen Untersuchung besprechen.

a) Zerreißfestigkeit eines einzelnen isolierten Moleküls. — Ein Molekül, z. B. dasjenige des Salzes NaCl, denken wir uns aus zwei Ionen verschiedenen Zeichens dem positiven Natrium-Ion und dem negativen Chlor-Ion aufgebaut. Der Abstand zwischen den Zentren der Ionen sei r. Die Ionen werden sich mit der Coulombschen Kraft

$$k_1 = \frac{\varepsilon^2}{r^2} \tag{135}$$

(ε — elektrisches Elementarquantum — $4{,}77 \cdot 10^{-10}$ elektrost. Einheiten) anziehen. Wäre nur diese Anziehungskraft vorhanden, so müßte das Molekül zusammenfallen. Da aber dies tatsächlich nicht geschieht, so müssen noch Abstoßungskräfte vorhanden sein, die, wie Born gezeigt hat, hauptsächlich durch die Wechselwirkungen der Elektronenschalen der Ionen bedingt werden. Diese abstoßende Kraft wurde von Born zu

$$K_2 = \beta \frac{\varepsilon^2 a_0^8}{r^{10}} \tag{136}$$

berechnet, wo β ein Zahlenfaktor (für Steinsalz ist $\beta = 0,29$) und a_0 die Gitterkonstante — der kleinste Abstand zwischen zwei benachbarten Ionen in dem von ihnen gebildeten Kristallgitter ist (für Steinsalz ist $a_0 = 2,8 \cdot 10^{-8}$ cm). Diese abstoßende Kraft verkleinert sich sehr schnell bei einem Anwachsen der Entfernung zwischen den Ionen. Bei größeren Abständen kann sie vollkommen vernachlässigt werden. Bei kleinen r dagegen wächst sie bis zu sehr hohen Werten an. Im Gleichgewichtszustand müssen beide Kräfte — die anziehende und die abstoßende einander gleich sein, d. h.

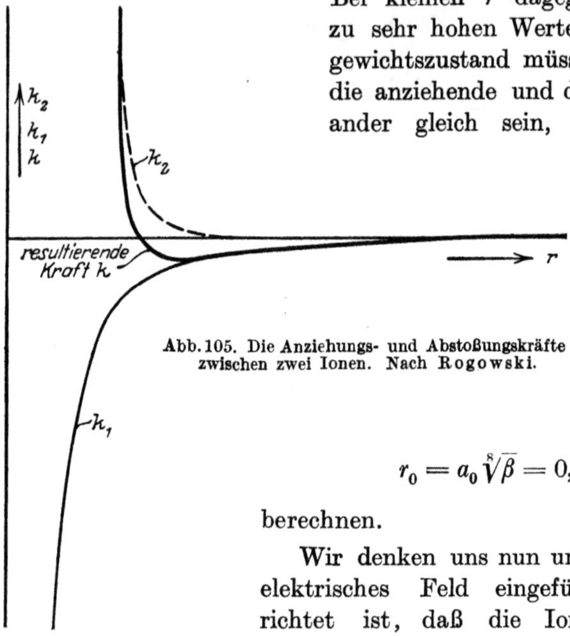

Abb. 105. Die Anziehungs- und Abstoßungskräfte zwischen zwei Ionen. Nach Rogowski.

$$\frac{\varepsilon^2}{r^2} = \beta \cdot \frac{\varepsilon^2 a^8}{r^{10}} \cdot \tag{137}$$

Daraus läßt sich die Entfernung der Ionen in normaler Lage zu

$$r_0 = a_0 \sqrt[8]{\beta} = 0,857\, a_0 \tag{138}$$

berechnen.

Wir denken uns nun unser Molekül in ein elektrisches Feld eingeführt, das so gerichtet ist, daß die Ionen auseinandergezogen werden. Die beiden Kräfte k_1 und k_2 wollen wir graphisch darstellen (Abb. 105). In normaler Lage ist die resultierende Kraft $k = k_2 - k_1$ (stark ausgezogene Kurve) gleich Null. Das dieser Lage entsprechende r wird durch die Abszisse des Schnittpunktes der Kurve k und der Abszissenachse gegeben. Wird nun die Entfernung der Ionen r durch die Einwirkung des äußeren Feldes vergrößert, so wächst der absolute Betrag von k. Das negative Vorzeichen der Kraft zeigt, daß wir dabei eine Anziehung bekommen. Die neue Gleichgewichtslage wird dann erreicht, wenn diese mit r anwachsende Anziehungskraft der äußeren gleich wird. Wie aber aus Abb. 105 zu ersehen ist, wächst k bei der Vergrößerung des Abstandes nicht unbegrenzt, sondern erreicht bei einem bestimmten

r_k dem absoluten Betrage nach ein Maximum; bei noch größeren Entfernungen nimmt k wieder ab. Übertrifft die von außen angelegte Kraft diesen Maximalwert von k, so ist überhaupt kein Gleichgewicht mehr möglich und das Molekül wird zerrissen.

Der Maximalwert von k läßt sich folgendermaßen berechnen.

Die resultierende Kraft k ist gleich

$$k = \beta \frac{\varepsilon^2 a_0^8}{r^{10}} - \frac{\varepsilon^2}{r^2}. \tag{139}$$

Um ihr Maximum zu finden, differenzieren wir den Ausdruck (139) nach r und setzen ihn gleich Null.

$$\frac{dk}{dr} = -\frac{10\,\beta\,\varepsilon^2 a_0^8}{r^{11}} + \frac{2\,\varepsilon^2}{r^3} = 0. \tag{140}$$

Der „kritische“ Abstand r_k, der größte, bei dem noch eine Gleichgewichtslage möglich ist, ergibt sich zu

$$r_k = \sqrt[8]{5\,\beta}\, a_0. \tag{141}$$

Der maximalen Kraft k_m entspricht dann der Ausdruck

$$k_m = \frac{\varepsilon^2}{\sqrt[4]{5\,\beta} a_0^2}\, 0{,}8 = \frac{\varepsilon^2}{a_0^2}\, 0{,}728. \tag{142}$$

Ist die äußere Kraft $k > k_m$, so wird das Molekül zerrissen.

Haben wir es mit einem elektrischen Felde zu tun, so muß

$$k = \varepsilon X \tag{143}$$

gesetzt werden. Für die Durchbruchfeldstärke X_m ergibt sich dann der Ausdruck:

$$X_m = \frac{\varepsilon}{a_0^2}\; 0{,}728 \text{ elektrost. Einheiten} \tag{144}$$

oder für das NaCl-Molekül

$$X_m = 4{,}3 \cdot 10^5 \text{ elektr. Einh. } \sim 130 \cdot 10^6 \text{ V/cm}. \tag{145}$$

Wir haben bisher die das Molekül bildenden Ionen als unbeweglich angesehen. Dies trifft eigentlich nur bei dem absoluten Nullpunkt der Temperatur zu. Tatsächlich schwingen sie immer um ihre Gleichgewichtslage, wobei die Schwingungsenergie proportional der absoluten Temperatur wächst. Um das Molekül zu zerreißen, muß eine bestimmte Arbeit geleistet werden, die durch den Flächeninhalt der von der Achse und der k-Kurve begrenzten Figur bestimmt wird. Der Betrag dieser Arbeit sei W_0. Besitzen nun die Ionen an sich die Schwingungsenergie W_1, so muß bei dem Zerreißen des Moleküls nicht mehr die Arbeit W_0, sondern $W_0 - W_1$ geleistet werden. Dementsprechend verkleinert sich auch die Kraft k_m und die Durchbruchsfeldstärke X_m. Die Berechnungen von Rogowski zeigen aber, daß dieser Einfluß der Temperatur nicht sehr groß ist So verringert sich die Zerreißfestigkeit des NaCl Moleküls im Temperaturintervall von 0° Abs. bis 1100° Abs. bloß etwa auf die Hälfte.

b) Die Zerreißfestigkeit des Ionengitters. Wie ändern sich nun die Verhältnisse, wenn wir von einem isolierten Molekül zu dem Ionengitter übergehen? Ebenso wie bei dem Molekül wird hier die gegenseitige Lage der Ionen durch elektrische Anziehungs- und Abstoßungskräfte bestimmt, doch müssen wir hier bei der Berechnung der Gleichgewichtslage nicht nur zwei benachbarte Ionen, sondern alle umgebenden Ionen ins Auge fassen. Der Gleichgewichtsabstand zwischen zwei be-

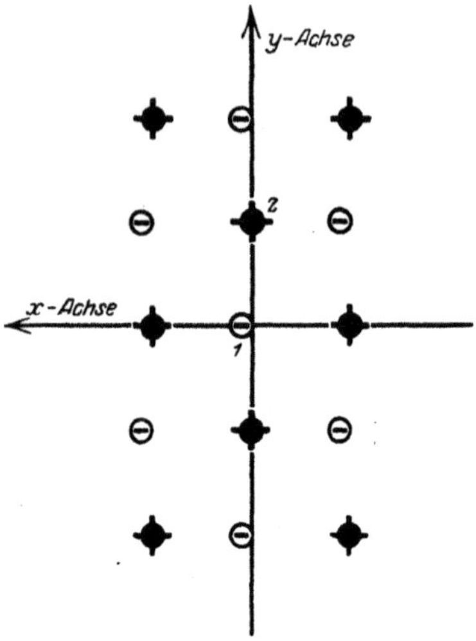

Abb. 106. Geringe Verschiebung der beiden Teilgitter des Steinsalzkristalls nach Rogowski.

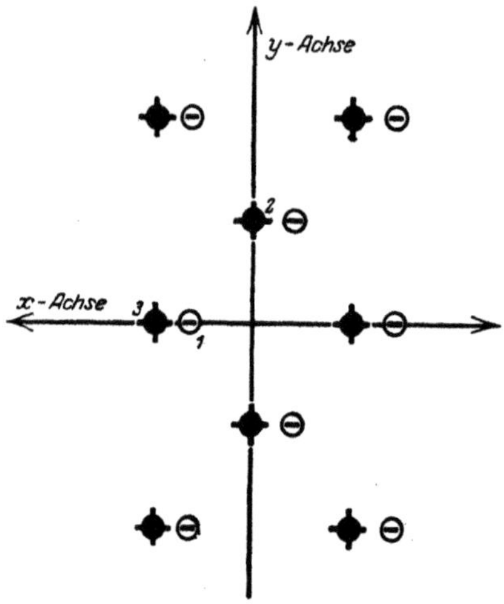

Abb. 107. Große Verschiebung der beiden Teilgitter des Steinsalzkristalls nach Rogowski.

nachbarten Ionen ist deshalb in Kristall etwas größer als bei dem Molekül, nämlich gleich a_0.

Es sei nun an den Kristall ein äußeres elektrisches Feld in der x-Richtung (vgl. Abb. 104) angelegt. Das positive (Natrium-) und das negative (Chlor-)Gitter werden dann bestrebt sein, sich gegeneinander zu bewegen. Der Einfachheit halber nehmen wir an, daß nur das eine, z. B. das negative Gitter, verschoben wird. Das positive denken wir uns festgehalten. Ist das äußere Feld nicht sehr groß und die Verschiebung des negativen Gitters unbedeutend (Abb 106), so kehrt das Gitter nach Aufhören der äußeren Kraft in seine normale Lage zurück, die Deformation ist folglich elastisch. Der Kristall bleibt unversehrt.

Daß dies aber bei bedeutenden Deformationen auch nicht mehr zutreffen kann, zeigt folgende Überlegung. Das negative Gitter denken wir uns stark in der x-Richtung verschoben (Abb. 107). In der x-Richtung bleibt freilich das Gitter stabil, da die abstoßenden Kräfte um so mehr anwachsen, je mehr sich das Ion 1 dem Ion 3 nähert. Gegenüber einer Verschiebung in der y-Richtung verhält sich das Gitter aber jetzt labil. Verschieben wir nämlich das negative Gitter aus der in Abb. 107 gezeichneten Lage etwas nach oben, so werden die inneren Kräfte bestrebt sein, diese Verschiebung zu vergrößern (das Ion 1 wird von dem Ion 3 bedeutend stärker als von dem Ion 2 abgestoßen). Das Gitter strebt folglich einer neuen Gleichgewichtslage zu, nicht aber in die frühere zurück.

Die äußere Kraft, der der Kristall unterworfen sein muß, damit sein Gitter in den labilen Zustand übergeführt wird, kann folgendermaßen berechnet werden: Die in Abb. 104 gegebene Lage des Kristallgitters ist nicht die einzige stabile. Verschieben wir die negativen Ionen in allen Koordinatenrichtungen um $\frac{a_0}{2}$, so daß sie die Zentren der vormaligen Würfel einnehmen, so bekommen wir wieder einen stabilen Zustand, bei dem die an jedes Ion angelegte resultierende innere Kraft Null wird. Zwischen diesen beiden Lagen ist aber die innere Kraft keineswegs gleich Null. Die x-Komponente dieser Kraft ändert sich bei der Verschiebung des Ions nach dem in Abb. 109 gegebenen Gesetz (ξ ist hier eine dem x proportionale Größe, $\lambda = \frac{k_x\, a_0^2}{\varepsilon^2}$). Die Kraft hat ein Maximum. Ist nun die durch Einwirkung des äußeren elektrischen Feldes verursachte Kraft K so groß, daß sie den Maximalwert der inneren Kraft übertrifft, so ist kein Gleichgewicht mehr möglich, die beiden Gitter fahren ungehindert durcheinander — der Kristall wird durchschlagen.

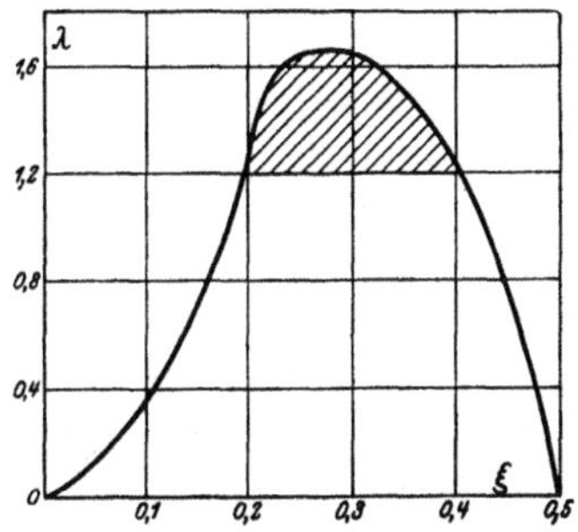

Abb. 108. Elektrische Kräfte bei der Verschiebung beider Teilgitter gegeneinander $\lambda = \frac{k_x a_0^2}{\varepsilon^2}$ $\xi = \frac{x}{a_0}$. Nach Rogowski.

Auf Grund dieser Vorstellung über den Durchschlagmechanismus sind von Rogowski für den Steinsalzkristall folgende Werte berechnet worden:

1. Durchbruchfeldstärke in der Kantenrichtung (x, y oder z) X_1 rund $290 \cdot 10^6$ V/cm.

2. Durchbruchfeldstärke in Richtung der Flächendiagonale des Würfels X_2 — rund $190 \cdot 10^6$ V/cm.

3. Durchbruchfeldstärke in Richtung der Körperdiagonale X_3 — rund $150 \cdot 10^6$ V/cm.

Die Durchschlagspannung ist offenbar der Schichtdicke proportional.

Außer den Durchbruchfeldstärken wollen wir auch die Arbeit berechnen, die nötig ist, um das negative Gitter aus seiner normalen Lage in das Zentrum des Würfels überzuführen. Das Feld verlaufe wiederum in Richtung der x Achse. Die Verschiebungen längs der y- und z-Richtung sind für uns von keinem Interesse, da ihnen keine Arbeit entspricht (Kraft senkrecht zum Wege). Die Gesamtarbeit wird dann gleich dem Inhalt der von der λ-Kurve (Abb. 108) und der ξ-Achse begrenzten Figur sein. Auf ein Ion bezogen, ergibt sie sich zu $32 \cdot 10^{-13}$ erg. Wir wollen annehmen, daß ungefähr dieselbe Arbeit geleistet werden muß, wenn nicht das ganze Gitter, sondern nur ein Ion aus seiner Gleichgewichtslage herausgerissen wird, und werden diese Arbeit als Platzwechselenergie W_0 bezeichnen.

Die oben angeführten Werte der Durchschlagspannungen sind aber sicher zu hoch gegriffen, und zwar aus folgenden Gründen:

1. Die Gitterkonstante des Kristalls a_0 wurde von uns als konstant angenommen. Tatsächlich ändert sie sich bei der Verschiebung der beiden Teilgitter gegeneinander in der Weise, daß die Durchschlagspannungen verkleinert werden. Diese Erniedrigung läßt sich auf etwa 20% schätzen.

2. Wir haben unsere Berechnungen unter der Annahme ausgeführt, daß die Ladungen in den Ionen so fest gebunden sind, daß die Ionen durch äußere Einwirkungen nicht polarisiert werden. Tatsächlich verschieben sich aber immer in elektrischen Feldern die Ladungen des Ions so, daß die Gravitationszentren der positiven und negativen Ladungen nicht mehr zusammenfallen. Das Ion kann jetzt in elektrischer Hinsicht nicht mehr durch eine einzige Ladung charakterisiert werden, sondern durch ein Ion + Dipol[1]. Zu den Coulombschen Kräften kommen daher noch andere Anziehungskräfte hinzu, die aber nicht umgekehrt proportional der zweiten Potenz der Entfernung, wie bei einer Einzelladung, sondern umgekehrt proportional der dritten Potenz abnehmen. Eine mathematische Behandlung dieser Frage zeigt, daß die Durchbruchfeldstärken dabei um etwa ein Drittel verkleinert werden.

Unter Berücksichtigung der beiden Korrektionen 1 und 2 gelangen wir zu folgenden Werten:

$$\left.\begin{aligned} X_1 &= 190 \cdot 10^6 \text{ V/cm} \\ X_2 &= 125 \cdot 10^6 \text{ V/cm} \\ X_3 &= 100 \cdot 10^6 \text{ V/cm} \\ W_0 &= 2{,}13 \cdot 10^{-12} \text{ Erg.}, \end{aligned}\right\} \qquad (146)$$

oder, wenn wir den letzten Wert in Volt ausdrücken,

$$W_{\text{Volt}} = \frac{W_{\text{erg}}}{\varepsilon} \cdot 300 = 1{,}2 \text{ V}.$$

[1] Als Dipol bezeichnen wir ein elektrisches System, bei dem die Ladungen verschiedenen Zeichens unsymmetrisch verteilt sind. Als einfaches Beispiel eines magnetischen Dipols kann jeder statische Magnet dienen.

Bisher sahen wir von der Eigenbewegung der Ionen vollständig ab. Unsere Berechnungen sind daher, streng genommen, nur für den absoluten Nullpunkt gültig. Es ist leicht einzusehen, daß diese Eigenbewegung der Ionen im Kristallgitter, die sich auf eine Schwingung um die Gleichgewichtslage als Zentrum zurückführen läßt, ebenso wie bei dem Molekül die Durchbruchfeldstärken verkleinern wird. Durch die äußeren Kräfte muß nicht mehr die Arbeit W_0 geleistet werden, sondern eine kleinere, die etwa der schraffierten Fläche in der Abb. 108 gleich ist.

Bei Temperaturerhöhung muß folglich die Durchschlagspannung abnehmen. Diese Erniedrigung ist aber nicht sehr groß. Selbst bei der Schmelztemperatur des Steinsalzes beträgt die Durchbruchfeldstärke X_1 noch etwa $100 \cdot 10^6$ V/cm.

Vergleicht man die theoretisch berechneten Werte der Durchbruchfeldstärken mit den an Steinsalz beobachteten ($0{,}7 \cdot 10^6$ V/cm, vgl. Tabelle 9, S. 131), so sieht man, daß sie die reellen Durchbruchfeldstärken etwa hundertmal übertreffen, so daß die oben angeführte Theorie des Zusammenbruches des Kristallgitters kaum den natürlichen Bedingungen entsprechen kann[1].

2. Die elektrische Zerreißfestigkeit der Realkristalle.

Der große Unterschied zwischen den theoretisch berechneten und den beobachteten Durchbruchfeldstärken dürfte darauf zurückgeführt werden können, daß wir die Struktur des Kristalls allzusehr idealisierten. Wir nahmen an, daß das Kristallgitter in allen seinen Teilen vollkommen homogen ist. Dies ist aber tatsächlich keineswegs der Fall: Jeder reale Kristall weist eine Reihe von „schwachen" Stellen auf, an denen das Gitter deformiert und die Ionen schwächer gebunden sind als in den übrigen Teilen. Außerdem sind einige Kristalle von einem ultramikroskopischen Spaltengefüge durchzogen. Bei Steinsalz ist das Vorhandensein solcher Spalten von Siedentopf (*53*) festgestellt worden. Ihre Länge soll etwa $4 \cdot 10^{-5}$ bis 10^{-6} cm, ihre Breite 10^{-7} cm betragen. Sehr wahrscheinlich ist es, daß nicht nur Steinsalz, sondern auch die meisten übrigen festen kristallinischen Isolatoren, insbesondere die nichthomogenen (Porzellan) ein solches Spaltengefüge besitzen.

Welch eine Wirkung können nun diese Spalten auf die Durchbruchfestigkeit der Isolatoren ausüben? Man könnte erwarten, daß ihr Vorhandensein die Durchschlagspannungen sehr verringern muß, da das Gitter jetzt weniger widerstandsfähig erscheint, als wir es bisher vorausgesetzt haben.

---

[1] Bei sehr kleinen Schichtdicken ($\sim 10^{-5}$ cm) wird nach Joffé freilich auch dieser Mechanismus möglich (vgl. S. 149).

1. Am einfachsten beantwortet diese Frage Rogowski. Er nimmt nämlich an, daß der Durchschlag dann erfolgt, wenn ein Ion, das längs eines Risses hindurchgeflogen ist, genügend Energie aufspeichert, um weitere Ionen aus dem Gitter herauszureißen. Diese Ionisationsarbeit setzt er der Platzwechselenergie W_0 gleich. Ist λ die Länge der Spalte, so ergibt sich für den Durchschlag die Bedingung

$$\varepsilon X_m \lambda \geqq W_0 . \tag{147}$$

Setzen wir $\lambda = 10^{-5}$ cm, $W_0 = 2{,}13 \cdot 10^{-12}$ Erg., so berechnet sich für die Durchbruchfeldstärke der Wert

$$X_m = 134 \times 10^3 \text{ V/cm},$$

der schon von der richtigen Größenordnung ist. Diese Berechnung von Rogowski ist selbstverständlich nur eine grobe Annäherung. Wir wissen ja nichts darüber, wie diese Spalten eigentlich aussehen und womit sie ausgefüllt sind, so daß die Annahme, daß ein Ion sie der ganzen Länge nach zu durchfliegen vermag, ohne zusammenzustoßen, ziemlich willkürlich erscheint. Außerdem könnte vielleicht die Energie, die ein freies Ion besitzen muß, um durch Stoß ein anderes herauszureißen, die Platzwechselenergien bedeutend übertreffen. Dennoch ist aber die Berechnung von Rogowski von einigem Interesse, da sie uns zeigt, daß wir unter gewissen Annahmen zu richtigen Werten für die Durchbruchfeldstärke kommen können.

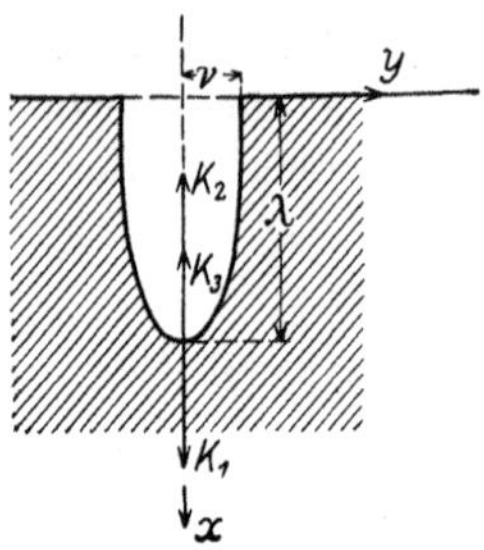

Abb. 109.

2. Bedeutend genauer, wenn auch viel schematischer, ist diese Aufgabe von Horowitz [54] gelöst worden. In Abb. 109 ist eine Spalte abgebildet, die wir als vollkommen leitenden elliptischen Halbzylinder mit den Halbachsen λ (Länge der Spalte) und ν (Breite der Spalte) annehmen werden. Sie sei senkrecht zu der Oberfläche des Kristalls gerichtet.

Ist nun in der x-Richtung ein elektrisches Feld angelegt, so kommt der Spalte die elektrostatische Energie

$$W = -\frac{1}{16} \lambda (\lambda + \nu) \varepsilon X^2 \tag{148}$$

(ε — Dielektrizitätskonstante, X — Feldstärke) zu. Diese Energie ist um so kleiner, je länger die Spalte ist. Unter der Einwirkung des Feldes wird die Spalte folglich bestrebt sein, sich zu verlängern. Die entsprechende in der x-Richtung nach unten wirkende Kraft K_1 können wir gleich

$$K_1 = -\frac{dW}{d\lambda} = \frac{1}{16} \varepsilon X^2 (2\lambda + \nu) \tag{149}$$

setzen.

Der Kraft K_1 werden die folgenden Kräfte entgegenwirken: erstens die durch die Oberflächenspannung verursachte Kraft K_2, die längs der X-Achse nach oben gerichtet sein wird und bei sehr dünnen Spalten $\nu \ll \lambda$ gleich

$$K_2 = 2\,\sigma \tag{150}$$

gesetzt werden kann; zweitens, die elastische Kraft, die ebenfalls der Verlängerung der Spalte entgegenwirken wird. Diese Kraft berechnet sich zu

$$K_3 = K_k \frac{\nu^2}{\lambda}, \tag{151}$$

wo K_k die Zerreißfestigkeit des idealen Kristallgitters (vgl. Paragraph 1) bedeutet. Die Spalte verlängert sich nur in dem Fall, wo die resultierende Kraft $K_1 - K_2 - K_3$ ins Innere des Kristalls gerichtet ist, d. h.

$$\frac{1}{16}\,\varepsilon X^2 (2\,\lambda + \nu) \geqslant 2\,\sigma + K_k \frac{\nu^2}{\lambda}. \tag{152}$$

Nehmen wir nun an, daß die Spalte sehr eng ist, und strebt ν zu Null, so geht (152) über in

$$\frac{1}{8}\,\varepsilon X^2 \lambda \geqslant 2\,\sigma. \tag{153}$$

Beginnt nun die Spalte zu wachsen, so wird die elektrische Kraft immer größer. Es kann sich kein Gleichgewichtszustand mehr ausbilden — die Spalte verlängert sich unbegrenzt — der Kristall wird durchschlagen. Der Durchschlag wird dann möglich, wenn die beiden Kräfte (153) einander gleich sind. Aus der Formel (153) ergibt sich dann für die Durchbruchfeldstärke X_m folgender Wert

$$X_m = \sqrt{\frac{16\,\sigma}{\varepsilon\,\lambda}}. \tag{154}$$

Die auf Grund dieser Formel berechneten Werte der Durchbruchfeldstärken für Glas und Steinsalz sind in der Tabelle 12 angeführt.

Tabelle 12.

	ε	σ	λ cm	X_m Volt cm
Glas	7	500	10^{-4}	$1{,}02 \cdot 10^6$
Steinsalz	5	150	10^{-4}	$6{,}6 \cdot 10^5$

Die berechneten Werte sind von der richtigen Größenordnung, besonders bei Steinsalz, bei dem ja gerade das Vorhandensein der Spalten als bewiesen gelten kann.

Bisher haben wir den Kristall als unendlich dick angenommen. Führt man seine Dicke d ein, so ergibt sich für die elektrische Energie ein Korrektionsglied, das aber im Fall wo

$$\frac{\lambda^2}{d^2} \ll 1 \tag{155}$$

ist (praktisch bei $d \ll 1$ mm), vernachlässigt werden kann. Bei sehr kleinen Dicken d wird die Durchbruchfeldstärke durch das Vorhandensein dieses Gliedes verkleinert.

In dem Fall, wo eine ganze Reihe von nahe beieinander liegenden Spalten vorhanden ist, wird die Durchbruchfeldstärke dagegen größer. Die entsprechende Korrektion kann aber wieder vernachlässigt werden, falls $\frac{\lambda^2}{a^3} \ll 1$ ist (a — Abstand zwischen den Spalten).

Wenn auch diese Theorie in mancher Hinsicht allzu schematisch erscheint (so setzt sie z. B. voraus, daß die Spalte ein vollkommener Leiter ist, gerade das Gegenteil von dem, was die Theorie von Rogowski fordert, nach der die Spalte ein Nichtleiter sein muß, da in ihr ein bedeutendes Potentialgefälle vorhanden ist), so ist es doch sehr merkwürdig, daß man auf Grund solcher makroskopischen Vorstellungen, wie Dielektrizitätskonstante und Oberflächenspannung, zu richtigen Werten der Durchbruchfeldstärken gelangen kann. Trotzdem die ganze Theorie nur als eine gewisse Annäherung betrachtet werden kann, so zeigt sie jedenfalls, wie wir uns die Wirkung der Spalten zu denken haben. Eine weitere Theorie, die die niedrigen Werte der „technischen" Durchbruchfeldstärken durch das Vorhandensein von Inhomogenitäten „Lockerstellen" zu erklären sucht, ist von Smekal [*59*] vorgeschlagen worden.

Die elektrischen Theorien, die wir eben besprochen haben und die die Erniedrigung der Durchschlagspannungen in den realen Isolatoren auf Inhomogenitäten ihrer Struktur zurückführen, erlauben aber keineswegs, alle Erscheinungen zu deuten, die den Durchschlag bei niedrigen Temperaturen begleiten. Außerdem kann ja das Vorhandensein von Inhomogenitäten in solchen homogenen Stoffen wie Glas und Quarz durchaus nicht als bewiesen gelten. Diese homogenen Isolatoren müßten dann aber bei Feldstärken durchgeschlagen werden, die den theoretisch berechneten (10^8 V/cm) nahe kommen. Nun werden aber solche Durchbruchfeldstärken selbst bei den homogensten Stoffen niemals beobachtet. Dieser Umstand veranlaßt uns, noch andere Theorien heranzuziehen, die auch bei den homogenen Isolatoren Durchbruchfeldstärken von etwa 10^6 V/cm ergeben könnten. Ein solcher Mechanismus ist der von Joffé und seinen Mitarbeitern entwickelte Ionisationsmechanismus des Durchschlages.

3. Die Ionisationstheorie[1].

Bei der experimentellen Erforschung der Polarisationserscheinungen hat Prof. Joffé schon vor längerer Zeit gefunden, daß in sehr dünnen

[1] Das in diesem Paragraphen enthaltene experimentelle und theoretische Material ist den Aufsätzen von Joffé [*55*] entnommen

Polarisationsschichten der Kristalle außerordentlich hohe Feldstärken auftreten können, ohne daß die Schicht durchschlagen wird. Es lag die Vermutung nahe, daß dünne Schichten von festen Isolatoren, ebenso wie dünne Schichten von Gasen (vgl. S. 40) bedeutend höhere Durchbruchfeldstärken aufweisen als die dickeren. Vielleicht können sie bei solchen dünnen Schichten so weit gesteigert werden, daß man schon der molekularen Zerreißfestigkeit ($\sim 200 \cdot 10^6$ V/cm) nahe kommt.

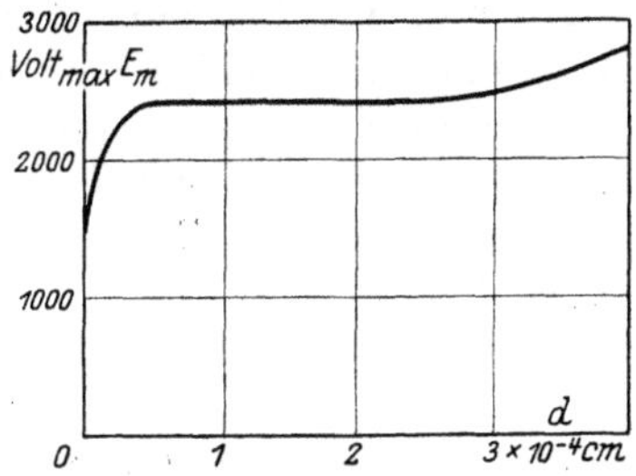

Abb. 110. Abhängigkeit der Durchschlagspannung von der Schichtdicke bei kleinen Dicken. Glas. Gleichspannung. Nach Joffé.

Die von Prof. Joffé zusammen mit Kurtschatow und Sinjelnikow ausgeführten Versuche führten zu folgenden Resultaten. Wird die Schichtdicke von Glas von 10^{-2} bis 10^{-3} cm an verkleinert, so wird zuerst das Proportionalitätsgesetz erfüllt; die Durchschlagspannung E_m nimmt mit dem Abstand linear ab, die Durchbruchfeldstärke X_m ist konstant. Gehen wir aber zu Dicken von $1 \cdot 10^{-4}$ bis $4 \cdot 10^{-4}$ cm über, so beginnt die Durchschlagspannung langsamer abzunehmen und strebt einem konstanten Wert zu (Abb. 110 mittlerer Teil der Kurve); X_m wächst dementstrechend ungefähr hyperbolisch ($Xd = \text{const}$) (Abb. 111 Mittelteil der Kurve). Diese Konstanz von E_m läßt sich bis zu einer Schichtdicke von ungefähr 2 bis $3 \cdot 10^{-5}$ cm verfolgen. Weiter beginnt wieder ein steiler Abfall der Durchschlagspannung. Die Durchbruchfeldstärke bleibt dabei konstant und beträgt ungefähr $130 \cdot 10^6$ V/cm.

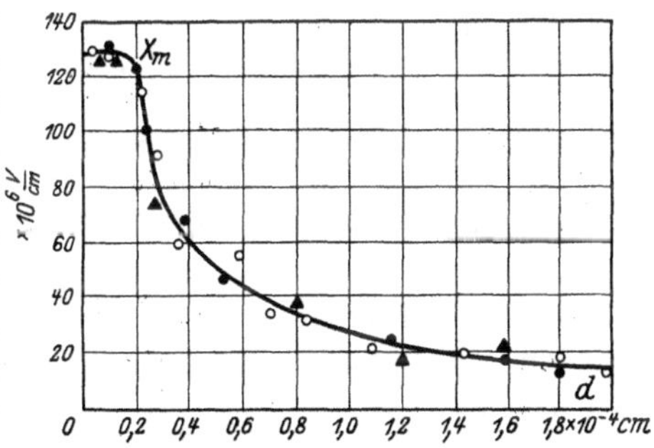

Abb. 111. Abhängigkeit der Durchbruchfeldstärke von der Schichtdicke bei kleinen Dicken. Glas. Gleichspannung. Nach Joffé.

In dem letzten Teile der Kurve kommen wir schon in das Gebiet der Feldstärken, die nach Rogowski für das Zerreißen des Kristallgitters des Isolators genügen (vgl. S. 144). Ein solcher Mechanismus ist um so wahrscheinlicher, als durch spezielle Versuche gezeigt wurde, daß hier weder eine mechanische Zertrümmerung (die mechanischen Drucke erreichen hier den ungeheuren Wert von $6 \cdot 10^4$ kg/cm²) noch ein Herausreißen der Elektronen aus den Elektroden vorliegen kann.

Zur Deutung der anderen Teile der Kurven zieht Joffé die Ionisationstheorie heran. Obgleich diese Theorie von uns bei der Behandlung des Problems des Vakuumdurchschlages schon besprochen wurde, wollen wir sie hier kurz noch einmal anführen, um so mehr, als dies uns die Möglichkeit geben wird, alle für die Deutung der Kurven notwendigen Gesetze unmittelbar herzuleiten.

Wir betrachten ein Ion, das, durch das elektrische Feld getrieben, von der einen Elektrode zu der anderen wandert. Zuerst wird seine Bewegung beschleunigt sein, aber schon bald erreicht die durch Zusammenstöße mit den anderen Molekülen bedingte verzögernde Reibung einen solchen Wert, daß sie die elektrische Kraft εX (ε-Ladung des Ions) kompensiert. Dann wandert das Ion mit einer konstanten Geschwindigkeit

$$v = u X \tag{156}$$

weiter, die wir der Feldstärke proportional setzen können. Der durch diese wandernden Ionen bedingte Strom wird durch den Ausdruck

$$i = n \varepsilon u X \tag{157}$$

gegeben, wo n die Anzahl der Ionen in der Volumeinheit, ε die Ladung des Ions und u seine Beweglichkeit ist. Der Weg, den das Ion durchwandern muß, um die konstante Geschwindigkeit v_0 zu erreichen, wollen wir die Anlaufweglänge nennen. Erlangt nun nach dem Anlauf das Ion eine so große Energie $\frac{1}{2} m v_0^2$, daß es bei dem nächsten Stoß ein gebundenes Ion herausreißen kann, so kommt es zur Ausbildung von neuen dissoziierten Ionen.

Damit es zu einer Ionisation kommt, muß die Energie des Ions der Bedingung

$$\frac{1}{2} m v_0^2 = \varepsilon V_k \tag{158}$$

genügen, wo V_k als Ionisationsspannung der gebundenen Ionen definiert werden kann. Diese Ionisationsspannung ist eine der von Rogowski berechneten Platzwechselenergie W_0 nahe verwandte Größe.

Bei jedem Stoß des energiereichen Ions wird ein neues Ion herausgerissen. Nach dem ersten Stoß sind also im ganzen zwei Ionen vorhanden, nach dem zweiten — vier usw., nach z-Stößen ist die Anzahl der neuen Ionen gleich 2^z. Ist d die Dicke des Isolators, λ_0 die Anlaufweglänge, so beträgt die Anzahl der Stöße, die ein Ion auf dem Wege von der einen Elektrode zu der andern erleiden kann, $z = d/\lambda_0$; die Anzahl der neu entstandenen Ionen folglich $2^{d/\lambda_0}$. Waren zuerst in der Volumeneinheit n_0-Ionen enthalten, so ist die Gesamtzahl der Ionen, die sich im Innern des Isolators bilden, gleich

$$N_0 = n_0 \int_0^d 2^{x/\lambda_0} \, dx = \frac{n_0 \lambda_0}{\lg n 2} (2^{d/\lambda_0} - 1). \tag{159}$$

Die mittlere Dichte dieser Ionen beträgt

$$n = \frac{N_0}{d} = \frac{n_0}{\lg n 2} \frac{\lambda_0}{d} (2^{d/\lambda_0} - 1). \tag{160}$$

Weiterhin müssen wir zwei Fälle unterscheiden:

1. $\lambda \ll d$ (praktisch $d > 10^{-3}$ cm). Der in der Klammer stehende Wert ist sehr groß, n ebenfalls, der Widerstand des Isolators ist verschwindend klein. Der Isolator kann gleich nach dem Eintreten der Ionisation als durchschlagen gelten. Nach den beiden Gleichungen (156) und (158) berechnet sich dann seine Durchbruchfeldstärke zu

$$X_m = \frac{v_0}{u} = \frac{1}{u}\sqrt{\frac{2\,\varepsilon\,V_k}{m}} \tag{161}$$

Da rechts nur Werte stehen, die von X nicht abhängen, ist auch X_m selbst konstant. Die Durchschlagspannung wächst der Schichtdicke proportional.

2. Dünne Schichten. — d übertrifft λ_0 nicht sehr stark (etwa mehrere zehnmal). Dann ruft die Ionisation eine Vergrößerung des Stromes hervor, die aber keineswegs sehr bedeutend ist. Trotzdem die Ionisation schon begonnen hat, ist der Isolator noch nicht durchschlagen. Wir wollen annehmen, daß sich in diesem Falle der Durchschlag dann vollzieht, wenn der Strom, und folglich auch die Anzahl der Ionen, einen bestimmten kritischen Wert erreicht. Für den Durchschlag ergibt sich dann die Bedingung (vgl. (159))

$$n_0\,\lambda\,2^{d/\lambda} = \text{const}, \tag{162}$$

oder annähernd

$$\frac{\lg n\; n_0}{\lg n\; 2} + \frac{d}{\lambda} = \text{const} \tag{163}$$

λ ist hier nicht mehr dem vorigen λ_0 gleich, sondern kann auch kleiner sein.

Es ist nämlich möglich, daß, wenn die Anzahl der Stöße, die ein Ion vollführt, bloß d/λ_0 ist, die für den Durchschlag notwendige Anzahl der Ionen n_k überhaupt nicht erreicht werden kann. Wird nun die Feldstärke gesteigert, so kann das Ion die erforderliche Energie auf einer Weglänge $\lambda < \lambda_0$ ansammeln, wodurch die Anzahl der Stöße d/λ und folglich auch die Zahl der neugebildeten Ionen vergrößert wird. In Formel (162) stellt λ eben die Weglänge dar, die erforderlich ist, damit eine genügende Anzahl von Ionen n_k gebildet wird.

Auf einem Weg von der Länge λ muß das Ion, wie gesagt, die Energie V_k ansammeln. Es muß folglich die Beziehung

$$X_m\,\lambda = V_k \tag{164}$$

oder

$$\lambda = \frac{V_k}{X_m} = \frac{V_k d}{E_m} \tag{165}$$

(E_m — angelegte Spannung) erfüllt werden. Setzen wir diese Beziehung in (163) ein, so bekommen wir

$$\frac{\lg n\; n_0}{\lg n\; 2} + \frac{d}{\lambda} = \frac{\lg n\; n_0}{\lg n\; 2} + \frac{E_m}{V_k} = \text{const.} \tag{166}$$

Da n_0 und V_k konstant sind (konstante Temperatur), ist auch die Durchschlagspannung E_m von der Schichtdicke d unabhängig.

Die Ionisationstheorie vermag folglich beide beobachteten Abhängigkeiten zwischen E_m und d, sowohl bei größeren ($X_m = \text{const}$) als auch bei kleinen Schichtdicken ($E_m = \text{const}$) theoretisch zu klären.

Daß wir es hier tatsächlich mit einer Ionisation zu tun haben, wird noch durch folgende Experimente bestätigt. Wie wir im ersten Kapitel erwähnt haben, fordert die von Günther-Schulze entwickelte Ionisationstheorie der festen Isolatoren, die in ihren Hauptzügen mit der hier angeführten übereinstimmt, daß der durch den Isolator fließende Strom bei konstanter Feldstärke und Temperatur eine Exponentialfunktion der Schichtdicke ist (vgl. die Formel (40), sowie die in diesem Paragraphen angeführte Formel (160). Bei Schichtdicken von 0,1 bis 1 mm war diese Forderung nicht erfüllt; daher wurde auch die Ionisationstheorie verworfen. Bei dünnen Schichten ist dagegen die Abhängigkeit zwischen i und d sehr bedeutend. Eine Reihe derartiger Kurven, die verschiedenen d entsprechen, zeigt Abb. 112. Je dicker die Glasplatte ist, um so steiler steigt der Strom an. Es wird auch leicht begreiflich, warum es nicht gelungen ist, diese Abhängigkeit bei dicken Platten zu beobachten. Der Strom vergrößert sich in ihnen bei Spannungserhöhung so ungemein schnell, daß der Prüfling gleich nach Beginn der Ionisation schon durchschlagen ist, noch bevor irgendeine Strommessung ausgeführt werden kann.

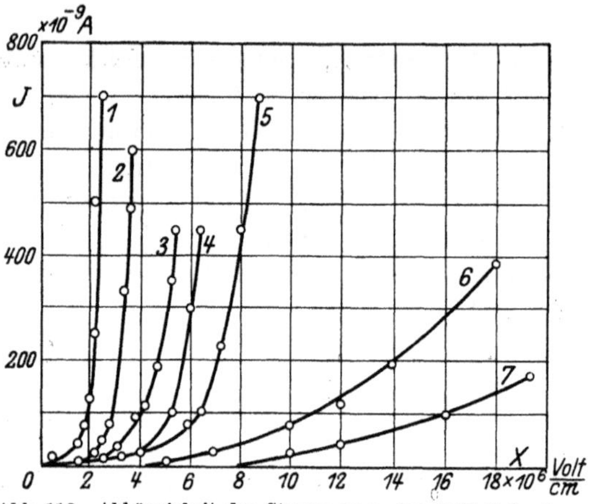

Abb. 112. Abhängigkeit des Stroms von der Feldstärke in Glas bei kleinen Schichtdicken nach Joffé.

Schichtdicken:

Kurve 1	10^{-3} cm	Kurve 5	$0{,}9 \cdot 10^{-4}$ cm
„ 2	$5 \cdot 10^{-4}$ „	„ 6	$3{,}5 \cdot 10^{-5}$ „
„ 3	$2 \cdot 10^{-4}$ „	„ 7	$1{,}4 \cdot 10^{-5}$ „
„ 4	$1{,}5 \cdot 10^{-4}$ „		

Aus den Kurven konnten auch die Zahlenwerte von λ_0 und V_k bestimmt werden. Es ergaben sich die Werte

$$\lambda_0 \sim 10^{-5}\,\text{cm}$$

$$V_k \sim 10\,\text{V}.$$

Bei sehr kleinen Schichtdicken verringerte sich λ bis auf etwa 10^{-7} cm. Wenn auch der große Wert der Ionisationsspannung V_k beim Vergleich mit der von Rogowski berechneten Platzwechselenergie (1,2 V) einiges Bedenken erregt, und außerdem die große Länge des Anlaufs λ_0 nicht sehr begreiflich ist, so kann dennoch durch diese Versuche das Vorhandensein einer eigenartigen Stoßionisation in festen Isolatoren als bewiesen gelten. Eine weitere sehr merkwürdige Tatsache, die sich aus den Versuchen von Joffé und seiner Mitarbeiter folgern läßt, ist die, daß die hohen theoretischen Werte, die dem Zerreißen des idealen Kristallgitters entsprechen, unter gewissen Bedingungen auch tatsächlich erreicht werden können.

4. Die theoretische Deutung der experimentellen Gesetzmäßigkeiten im elektrischen Gebiet.

Gehen wir von den dünnen von Joffé untersuchten Schichten zu dickeren über, denen gerade das im vorigen Kapitel angeführte experimentelle Material entspricht, so werden die Verhältnisse sehr verwickelt. Die in den vorigen Paragraphen besprochenen elektrischen Theorien reichen in der Form, wie sie dort aufgestellt wurden, bei weitem nicht dazu aus, die experimentell aufgefundenen Gesetzmäßigkeiten zu deuten.

Sowohl nach der Ionisationstheorie als auch nach der Spaltentheorie verläuft der Durchschlag sehr schnell. Schon ein geringer Bruchteil von einer Sekunde muß genügen, um den Durchschlag zu vollenden. Daher vermögen die beiden elektrischen Theorien in ihrer reinen Form die Abhängigkeit der Durchschlagspannung vor der Beanspruchungsdauer, die sich auf mehrere Sekunden und selbst Minuten erstrecken kann, nicht zu erklären. Es können deshalb, streng genommen, die Werte der Durchschlagspannungen, die bei dauernder elektrischer Beanspruchung gemessen wurden, zur Prüfung der Theorien nicht herangezogen werden. Am ehesten könnten dazu die bei Stoßspannung gewonnenen Resultate verwandt werden. In den Fällen freilich, in denen die Durchschlagspannung von der Dauer der Beanspruchung nur wenig abhängt, können auch die bei gewöhnlicher Gleich- oder Wechselspannung ermittelten Resultate zur Prüfung dienen.

Die erste Frage, die sich bietet, ist die, ob die Durchschlagspannung bei gegebener Temperatur im homogenen elektrischen Felde als eine Materialkonstante gelten kann, wie es z. B. die Durchschlagspannung von Gasen ist. Die zweite Frage wäre, ob sich, von dieser Materialkonstante ausgehend, die Durchschlagspannungen für beliebige andere Bedingungen ermitteln ließen, wie es ebenfalls bei Gasen möglich ist.

Wie uns scheint, kann die erste Frage entschieden bejaht werden. Aus der Tabelle 9, S. 131 ist zu ersehen, daß bei Stoffen, wie Glas und Porzellan, von verschiedenen Forschern bei verschiedenen Versuchsanordnungen für jeden von diesen Isolatoren ungefähr gleiche Durchbruchfeldstärken gemessen worden sind. Da die Abhängigkeit der

Durchschlagspannung von der Dauer der Beanspruchung bei Glas nicht sehr groß ist (es wurden von uns bei Wechsel- und Stoßspannungen ungefähr dieselben Werte ermittelt), so kann für diesen Isolator ein Vergleich zwischen den gemessenen und den theoretisch berechneten Werten durchgeführt werden. Die Übereinstimmung ist befriedigend.

Die Versuche zeigen, daß die kristallinischen Isolatoren in bezug auf ihre dielektrische Festigkeit ziemlich deutlich in zwei Gruppen eingeteilt werden können. Zu der ersten Gruppe (vgl. Tabelle 13) gehören

Tabelle 13[1].

Gruppe	Stoff	Durchbruchfeldstärke
I	Glas	$2{,}4 \cdot 10^6$
	Quarz	$1{,}8 \cdot 10^6$
II	Gerätequarz . . .	$4{,}5 \cdot 10^5$
	Porzellan	$2{,}7 \cdot 10^5$
	Steinsalz	$5 \cdot 10^5$

die homogenen Stoffe, wie Glas und Quarz, zu der zweiten die nichthomogenen, wie Gerätequarz und Porzellan, sowie diejenigen, die ein gut ausgeprägtes Spaltengefüge besitzen, wie Steinsalz. Während die ersten dieser Isolatoren Durchbruchfeldstärken von etwa $2 \cdot 10^6$ V/cm aufweisen, kommt den zweiten eine von $2 \cdot 10^5$ bis $5 \cdot 10^5$ V/cm zu. Bei Glas in dünnen Schichten lag dem Durchschlag der Ionisationsmechanismus zugrunde. Sehr wenig wahrscheinlich ist es, daß bei größeren Schichtdicken der Mechanismus sich ändert, um so mehr, als von $d = 10^{-3}$ cm an, wo das Vorhandensein der Ionisation noch als bewiesen gelten kann, bis zu $d = 0{,}1$ cm die Durchbruchfeldstärke genau dieselbe bleibt. Ähnliches haben wir auch bei Quarz zu erwarten.

Bei den nichthomogenen Isolatorem dagegen, bei denen ultramikroskopische und selbst mikroskopische Spalten unvermeidlich sind, kann auch der elektrostatische Spaltenmechanismus von Bedeutung werden. Diese Vermutung wird noch dadurch bestätigt, daß gerade diese letzte Gruppe der Isolatoren bei Stoßspannungen, bei denen der Einfluß der Spalten besonders scharf ausgeprägt sein muß, sehr kleine Durchschlagspannungen aufweist.

Für die Abhängigkeit der Durchschlagspannung von der Schichtdicke ergeben die meisten Versuche das Proportionalitätsgesetz. Die Durchbruchfeldstärke bleibt somit konstant, in voller Übereinstimmung mit den Forderungen der elektrischen Theorien.

Wenn wir uns der zweiten Frage zuwenden, so müssen wir leider feststellen, daß wir nicht imstande sind, den Mechanismus aller der-

[1] Die meisten Werte der Durchbruchfeldstärken sind dem Aufsatz von Rochow [47] entnommen.

jenigen Erscheinungen anzugeben, die die elektrische Festigkeit der Isolierstoffe herabsetzen. In einigen Fällen jedoch ist es möglich, diese Erscheinungen sowohl qualitativ als auch quantitativ zu beurteilen. Wir wollen im folgenden drei Fragen ausführlicher besprechen, nämlich den Einfluß der Inhomogenitäten des elektrischen Feldes, den Einfluß der Frequenz und den der Temperatur

1. Wir haben bisher das angelegte elektrische Feld als homogen aufgefaßt. Es ist von Interesse, zu untersuchen, welche theoretischen Gesetzmäßigkeiten sich für das Verhalten der Isolatoren im nichthomogenen elektrischen Felde ergeben. Wir wollen hier nur eine Frage behandeln, nämlich die Abhängigkeit der Durchschlagspannung von der Schichtdicke bei scharf ausgeprägtem Randeffekt.[1]

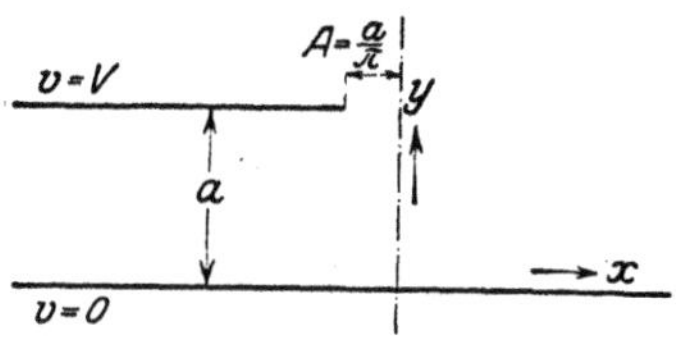

Abb. 113.

Zwei ebene scharfkantige Elektroden seien in ein homogenes, dielektrisches Medium eingebettet. Der Abstand zwischen den Platten sei $d = 2\,a$, die angelegte Potentialdifferenz 2 V. Man kann sich damit begnügen, das Feld zwischen der einen Elektrode und der Mittelebene des Kondensators zu berechnen, da die ganze Feldverteilung zu der Mittelfläche symmetrisch sein muß. Die x-Achse möge in der Mittelebene (Abb. 113)[2] verlaufen, die y-Achse senkrecht zu ihr, so daß ihr kleinster Abstand vom Rande der Elektrode $\frac{a}{\pi}$ beträgt. Der Mittelebene schreiben wir das Potential $v = 0$, der oberen Platte $v = V$ zu. Das entsprechende Feld ist von Maxwell berechnet worden[3]. Bei der mathematischen Behandlung des Problems war es bequemer, nicht die Niveauflächen und Kraftlinien als Funktionen der Koordinaten x und y zu bestimmen, sondern umgekehrt, die Koordinaten als Funktionen zweier Parameter φ und ψ, wobei $\varphi = \text{const}$ eine Kraftlinie und $\psi = \text{const}$ eine Niveaufläche bedeutet.

Die entsprechenden Gleichungen lauten:

$$\begin{aligned} x &= A(\varphi + e^{\varphi}\cos\psi) \\ y &= A(\psi + e^{\varphi}\sin\psi), \end{aligned} \tag{167}$$

[1]) In einer allgemeineren, wenn auch weniger genauen Form ist dies Problem von Schwaiger gelöst worden.

[2] Die Abb. 113 und 114 sind dem Buch von Schwaiger: „Elektrische Festigkeitslehre" entnommen.

[3] Streng genommen entspricht das von Maxwell berechnete Feld zwei unbegrenzten Halbebenen. Die durch die Endlichkeit der Flächen hervorgerufene Korrektion ist aber nicht groß.

wobei der Kürze halber

$$\psi = \frac{v}{V}\pi \qquad A = \frac{a}{\pi} \tag{168}$$

gesetzt sind. Das nach dieser Formel berechnete Kraftlinienbild ist in Abb. 114 aufgezeichnet.

Wir müssen nun das Feld in der Nähe der Kanten berechnen. Dies kann nach dem von Rogowski [57] angegebenen Verfahren geschehen Bewegen wir uns längs einer Kraftlinie $\varphi = \text{const}$, so läßt sich die elementare Weglänge ds aus den obigen Formeln unschwer zu

$$ds = A\sqrt{1 + e^{2\varphi} + 2e^{\varphi}\cos\psi}\, d\psi \tag{169}$$

oder

$$ds = a\sqrt{1 + e^{2\varphi} + 2e^{\varphi}\cos\psi}\, \frac{dv}{V} \tag{170}$$

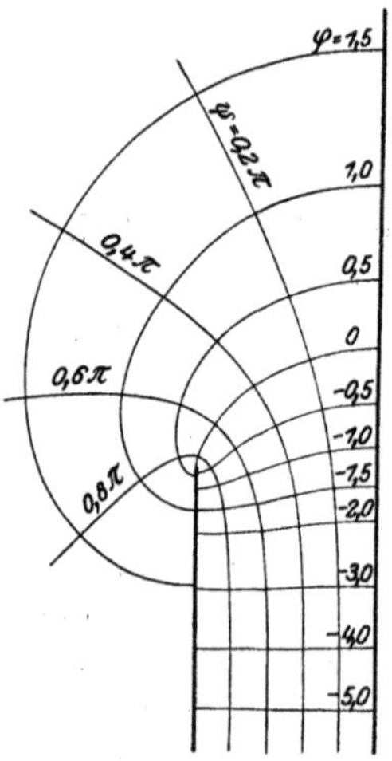

Abb. 114. Das elektrische Feld eines ebenen Kondensators nach Maxwell.

berechnen. $\frac{dv}{ds}$ bedeutet die Feldstärke X am entsprechenden Punkt des Feldes; $\frac{V}{a}$ die konstante Feldstärke in den weit von den Rändern der Elektroden entfernten homogenen Teilen des Feldes, die wir durch X_0 bezeichnen werden. Die Gleichung (170) läßt sich dann folgendermaßen umschreiben:

$$\frac{X}{X_0} = \frac{1}{\sqrt{1 + e^{2\varphi} + 2e^{\varphi}\cos\psi}}. \tag{171}$$

Wir wollen nun weiter untersuchen, in welchem Punkt einer gegebenen Niveaufläche ($\psi = \text{const}$) die Feldstärke ihr Maximum besitzt. Die im Nenner stehende Wurzel muß an dieser Stelle ein Minimum aufweisen. Eine Berechnung zeigt, daß dieser Minimalwert $\sin^2\psi$ beträgt. Für den Maximalwert der Feldstärke bekommt man dann

$$\left(\frac{X}{X_0}\right)_m = \frac{1}{\sin\psi}. \tag{172}$$

Die entsprechende Weglänge ds_m ergibt sich zu

$$ds_m = \frac{a}{\pi}\sin\psi\, d\psi. \tag{173}$$

Unsere schematischen Rechnungen sind somit beendet Um sie weiter zu führen, müssen wir einen bestimmten Durchschlagmechanismus wählen. Wir wollen annehmen, daß der Durchschlag dann stattfindet, wenn an irgendeiner Stelle im Innern des Isolators die Feldstärke den kritischen Wert X_m übertrifft. Wie man sich leicht überzeugen kann, kommt dem Rand selbst ($\psi = \pi$) eine unendlich große Feldstärke zu. Das bedeutet aber keineswegs, daß der Durchschlag bei unendlich kleinen Spannungen stattfinden muß. Die Feldstärke besitzt diesen äußerst hohen Wert nur längs einer unendlich kleinen Weglänge $d\,s$. Für den Durchschlag sind aber irgendwelche endliche Bedingungen nötig. Je nachdem, ob wir es mit dem Spaltenmechanismus oder dem Ionisationsmechanismus zu tun haben, werden wir verschiedene Bedingungen aufstellen:

1. Spaltenmechanismus. Durchschlagsbedingung: In einer Entfernung von dem Rand der Elektroden, die der Länge der Spalte δ gleichkommt, muß die Feldstärke den nach der Spaltentheorie erforderlichen Wert X_m erreichen.

Der Gleichung (172) zufolge können wir diese Bedingung folgendermaßen umschreiben:

$$X_m = \frac{X_0}{\sin\psi_1}. \tag{174}$$

wobei ψ_1 der Wert zugeschrieben werden muß, bei dem die Weglänge $\varDelta s$ am Rande der Elektrode den richtigen Wert λ besitzt. Dies ψ läßt sich aus der Bedingung

$$\int\limits_{\psi=\psi_1}^{\psi=\pi} d\,s(\psi) = \lambda, \tag{175}$$

oder

$$\frac{a}{\pi}\int\limits_{\psi=\psi_1}^{\psi=\pi} \sin\psi\, d\,\psi = \frac{a}{\pi}(\cos\psi_1 + 1) = \lambda \tag{176}$$

ermitteln. Sin ψ_1 berechnet sich aus diesem Ausdruck zu

$$\sin\psi_1 = \sqrt{2\,\frac{\pi}{a}\,\lambda - \frac{\pi^2}{a^2}\,\lambda^2}\,. \tag{177}$$

Für X_m ergibt sich dann der Ausdruck:

$$X_m = \frac{a\,X_0}{\sqrt{2\,\pi\,a\lambda - \pi^2\lambda^2}}. \tag{178}$$

Da gewöhnlich $\lambda \ll a$ ist, so kann das zweite Glied unter der Wurzel vernachlässigt werden. Beachten wir nun weiter, daß $2\,a$ der Schichtdicke d gleich ist, $a\,X_0$ der Hälfte der an dem Kondensator von außen angelegten Spannung E gleichkommt, so ergibt sich für den Zusammenhang zwischen der Durchschlagspannung und der Schichtdicke folgende Formel:

$$E_m = 2\,X_m\sqrt{\pi\,d\,\lambda}. \tag{179}$$

Führen wir noch statt X_m den aus der Spaltentheorie bekannten Ausdruck (154) ein, so lautet die Gleichung

$$E_m = 8\sqrt{\frac{\sigma\,\pi\,d}{\varepsilon}}. \tag{180}$$

2. Ionisationsmechanismus. Durchschlagsbedingung: Am Rande der Elektroden muß auf einer bestimmten Weglänge λ_0 (Anlaufweglänge) ein bestimmtes Potentialgefälle V_k (Ionisationsspannung) vorhanden sein.

Diese Bedingungen werden mathematisch folgendermaßen ausgedrückt:

$$\int\limits_{\psi=\psi_1}^{\psi=\pi} X_m\, d s = V_k \qquad \int\limits_{\psi=\psi_1}^{\psi=\pi} d s(\psi) = \lambda_0. \tag{181}$$

Setzen wir in diese Gleichung die Ausdrücke (172) und (173) ein und integrieren, so bekommen wir

$$\left.\begin{aligned} \frac{a X_0}{\pi}(\pi - \psi_1) &= V_k \\ \cos\psi_1 &= \frac{\pi\lambda_0}{a} - 1 \end{aligned}\right\}. \tag{182}$$

Lösen wir die obere der beiden Gleichungen nach ψ_1 auf und setzen den erhaltenen Wert in die untere ein, so ergibt sich

$$\cos\frac{\pi V_k}{a X_0} = 1 - \frac{\pi\lambda_0}{a}$$

oder

$$a X_0 = \frac{\pi V_k}{\arccos\left(1 - \frac{\pi\lambda_0}{a}\right)}. \tag{183}$$

Ersetzen wir $a X_0$ durch $\frac{E_m}{2}$, den arc cos durch den angenäherten Ausdruck

$$\sqrt{\frac{2\pi\lambda_0}{a}} = 2\sqrt{\frac{\pi\lambda_0}{d}},$$

so kommen wir zu der Gleichung

$$E_m = V_k\sqrt{\frac{\pi d}{\lambda_0}}, \tag{184}$$

oder wenn man $V_k = X_m\lambda_0$ gleichsetzt, wo X_m die Durchbruchfeldstärke im homogenen elektrischen Felde ist,

$$E_m = X_m\sqrt{\pi\lambda_0 d}. \tag{185}$$

Beide Annahmen über den Mechanismus des Durchschlages führen uns zu Beziehungen zwischen E_m und d, die in erster Annäherung durch die Parabel $E_m = C\sqrt{d}$ wiedergeben werden. Dieselbe Abhängigkeit ist schon längst rein empirisch von den Forschern, die Durchschlagsversuche bei nicht beseitigtem Randeffekt ausführten, festgestellt worden.

Die eben hergeleiteten Formeln lassen auch eine theoretische Berechnung der absoluten Werte der Durchschlagspannungen zu. Diese

Werte sind drei- bis fünfmal kleiner als die beobachteten. Dies ist auch nicht zu verwundern, da der Randeffekt tatsächlich kaum so scharf ausgeprägt sein kann, wie wir es in unseren theoretischen Überlegungen annehmen. Die Ränder sind immer etwas abgerundet, wobei der Krümmungsradius gegenüber λ_0 oder δ als groß betrachtet werden kann; auch kann die Verschiedenheit der Dielektrizitätskonstanten des Prüflings und des umgebenden Mediums das Feld stark entstellen. Wir können deshalb auch nicht mehr als eine Übereinstimmung der Größenordnung nach erwarten. Die Abhängigkeit der Durchschlagspannung von der Schichtdicke aber kann, wenn auch nicht streng quantitativ, so doch jedenfalls qualitativ als richtig bestimmt gelten.

2. Die Abhängigkeit der Durchschlagspannung von der Frequenz kann weder durch den Ionisations-, noch den Spaltenmechanismus erklärt werden, und muß daher auf sekundäre Erscheinungen zurückgeführt werden. Nur die Vergrößerungen der Durchschlagspannungen, die sich bei äußerst kurzen Beanspruchungen (etwa 10^{-7} sek) ergeben, wie sie z. B. von Mayr [*60*] beobachtet wurden, lassen sich dadurch erklären, daß der Prozeß des Durchschlages nicht Zeit hatte, sich auszubilden. Außer diesen extremen Fällen wird die Abhängigkeit der Durchschlagspannung von der Frequenz durch dieselben Erscheinungen hervorgerufen, die eine Abhängigkeit von der Beanspruchungsdauer verursachen.

Wie wir gesehen haben, gehen in den festen Isolatoren nach dem Einschalten der Spannung mehr oder minder schnelle Umladungen vor sich, die wir als Nachladungserscheinungen bezeichneten. Sie werden hauptsächlich durch das Auftreten von elektrolytischen Polarisationsspannungen bedingt. Es kann nicht als ausgeschlossen gelten, daß dieselben Erscheinungen auch für den Durchschlag von Bedeutung werden. Falls diese Umladungen die Spannungsverteilung im Isolator derart verändern, daß für den Durchschlag eine größere äußere Spannung nötig wird, so können bei Gleichspannung, bei der diese Umladungsprozesse Zeit haben sich auszubilden, die Durchschlagspannungen sehr viel höher liegen als bei Wechselspannung, besonders in den Fällen, wo wir es mit bedeutenden Frequenzen zu tun haben. Besonders scharf sind die Umladungsprozesse bei den Isolatoren ausgeprägt, die einen geschichteten Aufbau besitzen. Bei solchen Stoffen (z. B. Glimmer) liegen die Durchschlagspannungen bei Gleichspannung auch tatsächlich bedeutend höher als bei Wechselspannung.

Gehen wir zu Hochfrequenz über, so können die hohen dielektrischen Verluste, die diesen Frequenzen entsprechen, von großer Bedeutung werden. In einigen Fällen sind sie so groß, das wir, wie erwähnt, selbst bei Zimmertemperaturen einen charakteristischen Wärmedurchschlag bekommen. In diesem Fall lassen sich die Durchschlagspannungen nach den Formeln der Wärmetheorie berechnen, in die statt der gewöhnlichen Leitfähigkeit die der Hochfrequenz entsprechende effektive Leitfähigkeit eingeführt werden muß.

3. Beide elektrischen Theorien lassen eine bestimmte Temperaturabhängigkeit der Durchschlagspannung erwarten; sie ist aber nur unbedeutend. Haben wir es tatsächlich mit einer gut ausgeprägten Abhängigkeit der Durchschlagspannung von der Temperatur zu tun, so bedeutet dies meistens, daß wir bei unseren Versuchen dem Wärmegebiet nahe sind. Auch erfolgt ja gerade bei Zimmertemperaturen bei einer Reihe von festen Isolatoren, wie z. B. bei Glas, der Übergang von dem Wärmemechanismus zu dem Ionisationsmechanismus. Dies Übergangsgebiet wird deshalb von großem praktischen Interesse. Das Problem des Durchschlages in diesem Gebiet, des „wärmeelektrischen" Durchschlages, ist von Rogowski behandelt worden. Die Theorie dieses Durchschlages wollen wir im nächsten Paragraphen besprechen.

5. Der wärmeelektrische Durchschlag.

Der Gedankengang von Rogowski ist folgender. Die sich im Isolator ausscheidende Wärmemenge $0{,}24\,\sigma\,V^2$, wo σ die bei kleinen Feldstärken gemessene Leitfähigkeit des Stoffes ist, möge nicht dazu ausreichen, um den labilen thermischen Zustand hervorzubringen. Nun kann aber bei hohen Feldstärken das σ bedeutend größer sein als bei den niedrigen, erstens deshalb, weil sich hier der Einfluß der Gegenspannung stark verringert, zweitens, da hier schon elektrische Prozesse, wie z. B. eine Stoßionisation, eintreten können. Durch diese Prozesse kann die Leitfähigkeit so weit gesteigert werden, daß weiterhin ein reiner Wärmedurchschlag möglich wird.

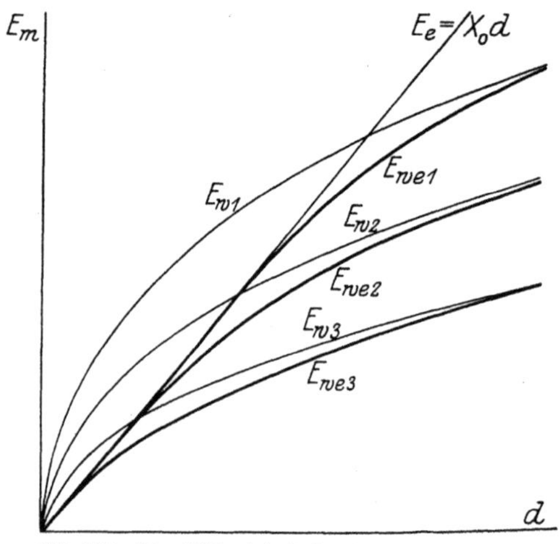

Abb. 115. Die Abhängigkeit der Durchschlagspannung von der Schichtdicke nach der wärmeelektrischen Auffassung.

Wir wollen annehmen, daß bei dem rein elektrischen Durchschlag die Durchschlagspannung der Schichtdicke proportional wächst

$$E_e = X_0\, d \tag{186}$$

und von der Temperatur nicht abhängt. Graphisch kann sie durch die Gerade E_e (Abb. 115) dargestellt werden. In derselben Abbildung sind drei Kurven eingezeichnet, die die Abhängigkeit der Durchschlagspannung von der Schichtdicke bei der reinen Wärmeauffassung für drei verschiedene Temperaturen wiedergeben (E_w). Bei kleinen Schichtdicken entspricht der rein elektrischen Auffassung eine bedeutend kleinere Durchschlagspannung als der thermischen. Die Durchschlagspannung wird daher proportional der Schichtdicke anwachsen und von der Temperatur unabhängig sein. Gehen wir zu großen Schichtdicken über, so wird hier im Gegenteil der Durchschlag durch den Wärmemechanismus bestimmt werden. Die Durchbruchfeldstärke ist nicht mehr konstant und hängt von der Temperatur ab. Der wahre Verlauf der Abhängigkeit zwischen E_m und d wird durch die stark ausgezogenen Kurven E_{we} wiedergegeben werden. Bei geringen Schichtdicken haben wir folglich einen rein elektrischen Durchschlag, bei großen einen rein thermischen, bei den mittleren den eigentlichen wärmeelektrischen Durchschlag zu erwarten. Ob die Schichtdicke als dünn oder dick bezeichnet werden soll, hängt von der Temperatur ab. Ist sie hoch, so verschwindet das Gebiet des elektrischen Durchschlages fast vollkommen, bei niedrigen Temperaturen dagegen breitet es sich bedeutend aus.

Bei der mathematischen Behandlung des Problems setzt Rogowski den Widerstand des Isolators gleich

$$R = R_0\left(1 - \frac{X}{X_0}\right) e^{-at}. \tag{187}$$

Bei der Feldstärke X_0 verschwindet der Widerstand vollkommen — es tritt der rein elektrische Durchschlag ein. Für die wärmeelektrische Durchschlagspannung läßt sich dann der folgende angenäherte Ausdruck berechnen.

$$E_{we} = E_w \sqrt{1 - \frac{X}{X_0}}. \tag{188}$$

Mit E_w ist hier der Grenzwert der thermischen Durchschlagspannung ($d \to \infty$) bezeichnet, X entspricht der Feldstärke, bei der der Durchschlag tatsächlich stattfindet. Die weitere Berechnung gestaltet sich verschieden, je nachdem wir es mit dünnen oder dicken Platten zu tun haben.

1. Dünne Platten. — In diesem Fall können wir

$$E_{we} = X d \tag{189}$$

setzen. Die wärmeelektrische Durchschlagspannung berechnet sich dann zu

$$E_{we} = X_0\, d\left(1 - \frac{X_0^2\, d^2}{E_w^2}\right). \tag{190}$$

2. Dicke Platten. — Hier müssen wir in die Formel (188) die Beziehung

$$E_w = X d \tag{191}$$

einsetzen. Wir bekommen dann näherungsweise

$$E_{we} = E_w \left(1 - \frac{E_w}{2 X_0 d}\right). \tag{192}$$

Inwiefern werden nun die eben hergeleiteten Gesetzmäßigkeiten des wärmeelektrischen Durchschlages durch das Experiment bestätigt? In Abb. 116 sind vier der von den Autoren dieses Buches an Glas gemessenen Kurven eingezeichnet, die die Abhängigkeit zwischen E_m und d für verschiedene Temperaturen wiedergeben. Die Messungen sind an denselben Glaskugeln ausgeführt worden, für die die Temperaturabhängigkeit der Durchschlagspannung in Abb. 101 gegeben ist.

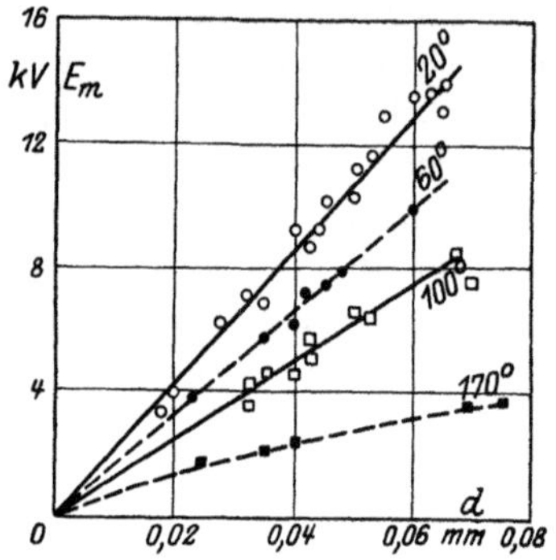

Abb. 116. Abhängigkeit der Durchschlagspannung von der Schichtdicke bei verschiedenen Temperaturen. Glaskugeln. Wechselsp. 50 per/sek nach Inge und Walther.

Wegen dieser Temperaturabhängigkeit könnte man erwarten, daß sich bei diesem Isolator am ehesten der wärmeelektrische Durchschlag als gerechtfertigt erweisen würde. Vergleichen wir jedoch die experimentell ermittelten Kurven mit den theoretischen (Abb. 115), so sehen wir, daß die Forderungen der Theorie hier keineswegs erfüllt werden. Nach der Theorie müßten alle Kurven in ihrem geradlinigen Teil zusammenfallen, in ihren gekrümmten Teilen dagegen um so höher liegen, je niedriger die Temperatur ist. Tatsächlich sind alle Kurven bei allen Temperaturen außer der höchsten Geraden, deren Neigung bei Temperaturerhöhung stetig abnimmt. Es müßte also entweder die oben angeführte wärmeelektrische Theorie in irgendeiner Beziehung nicht zutreffen, oder müßte sich in den untersuchten Gläsern der reine Wärmedurchschlag bis zu Zimmertemperaturen erstrecken. Gegen die letzte Deutung spricht der Umstand, daß sich für die Abhängigkeit der Durchschlagspannung von der Schichtdicke das Proportionalitätsgesetz ergibt, das für den Wärmedurchschlag von homogenen Isolatoren keineswegs charakteristisch ist.

Trotz dieses Mißerfolges braucht aber die wärmeelektrische Auffassung nicht verworfen zu werden. So gut wie dem Durchschlag von Isolatoren bei sehr geringen Schichtdicken ein rein elektrischer Mechanismus, bei sehr großen dagegen ein Wärmemechanismus zugrunde liegen muß, ist unvermeidlich auch ein Übergangsgebiet — das wärmeelektrische Gebiet vorhanden. Die Frage ist nur, bei welchen Dicken wir bei gegebener Temperatur in dies Gebiet hineinkommen.

Die wärmeelektrische Auffassung dürfte sich bei dem Studium der Durchschlagsprobleme in künstlichen Isolatoren, wie öldurchtränkten Kabelpapieren und Hartpapieren gut bewähren. Solche Isolierstoffe enthalten meistens Komponenten, die elektrisch wenig widerstandsfähig sind (z. B. Luftblasen). Da die Zerstörung dieser Komponenten eine große Erhöhung der Leitfähigkeit und der Verluste mit sich bringt, sind hier gerade die Bedingungen für die Ausbildung eines wärmeelektrischen Durchschlages sehr günstig. Außerdem werden solche Isolatoren meistens in Schichten von großer Dicke verwandt, was wiederum das Auftreten eines Wärmedurchschlages befördert. Es ist auch tatsächlich beobachtet worden, daß, während in geringen Schichten das öldurchtränkte Kabelpapier entschieden rein elektrisch durchschlagen wird, sich bei großen Dicken, an den Kabeln selbst, charakteristische Merkmale des thermischen Durchschlages beobachten lassen.

Schlußwort.

Die Ergebnisse, zu denen wir bei dem Studium der Durchschlagserscheinungen gelangten, lassen sich folgendermaßen zusammenfassen:

1. Bei hohen Temperaturen liegt dem Durchschlag der festen Isolatoren zweifellos ein Wärmeprozeß zugrunde. Die Wärmetheorie reicht vollkommen dazu aus, sowohl alle experimentell gefundenen Gesetzmäßigkeiten zu erklären, als auch die absoluten Werte der Durchschlagspannungen zu berechnen.

2. Bei niedrigen Temperaturen kann die Erscheinung des Durchschlages in seinen Grundzügen auch als geklärt gelten. Bei den homogenen Isolatoren ist sie wahrscheinlich ein Ionisationsprozeß, bei den nichthomogenen, besonders bei solchen, die ein Spaltengefüge besitzen, ist noch die Möglichkeit eines Zerreißens durch elektrostatische Kräfte vorhanden. Die beiden letzten Theorien erlauben sowohl die absoluten Werte der Durchschlagspannungen der Größenordnung nach richtig zu berechnen, als auch einige Abhängigkeiten (von der Schichtdicke z. B.) vorauszubestimmen. Andere Abhängigkeiten dagegen, wie diejenigen von der Frequenz, können diese Theorien jedoch nicht erklären. Sie werden durch Nebenerscheinungen bedingt. Eine der wichtigsten zukünftigen Aufgaben wird es sein, volle Klarheit in den Mechanismus dieser Nebenerscheinungen zu bringen.

Die von uns besprochenen Theorien sind, streng genommen, nur für Stoffe von kristallinischer Struktur gültig. In ihren Hauptzügen können sie aber auch auf beliebige andere feste Isolatoren verallgemeinert werden. Es kommen nur bei den letzteren eine große Anzahl von Nebenerscheinungen hinzu, wie z. B. eine chemische oder thermische Zersetzung, Zerstörung der minder widerstandsfähigen Bestandteile usw. Von diesen Nebenerscheinungen sahen wir in diesem Buche absichtlich ab. Sie sind so zahlreich und so kompliziert, daß sie das Thema einer selbständigen Untersuchung bilden können.

Literaturverzeichnis.

Im folgenden werden nur die meistens neuen Arbeiten erwähnt, die wir bei dem Niederschreiben des Buches benutzten. Ausführliche Literaturangaben, die auch ältere Arbeiten enthalten, sind in den Büchern (1—4) angeführt.

1. Günther-Schulze: Über die dielektrische Festigkeit. München 1924.
2. Schwaiger: Elektrische Festigkeitslehre. Zweite Auflage. Berlin: Julius Springer 1925.
3. Schumann: Elektrische Durchbruchfeldstärke von Gasen. Berlin: Julius Springer 1923.
4. Bültemann: Dielektrisches Material. Berlin: Julius Springer 1926.
5. Langmuir: The pressure effect and other Phenomena in gaseous discharges. J. Frankl. Inst. Bd. 196, S. 751. 1923.
6. Compton, Turner and McCurdy: Theorie and Experiments relating to the striated glow discharge in mercury vapour. Phys. Rev. Bd. 24, S. 597. 1924.
7. Estorff: Beiträge zur Kenntnis der Kugelfunkenstrecke. Berlin 1917.
8. Atkinson: Die Feldverteilung in elektrischen Hochspannungskabeln. Ref. ETZ 1922, S. 205.
9. Semenoff, N. u. W. Kudrjawzewa: Über einige Fälle der räumlichen Potentialverteilung beim Stromdurchgang durch Gase. Verh. des Röntg. und Radiol. Inst. in Petrograd. Berlin 1922.
10. Semenoff, N. u. A. Walther: Über eine experimentelle Methode der Erforschung von elektrischen Feldern. Z. Physik, Bd. 17, S. 67. 1923.
11. Inge, Lydia u. A. Walther: Elektrostatische Felder von Drahtnetzen und Diaphragmen. Z. Physik, Bd. 19, S. 192. 1923.
12. Semenoff, N. u. Anton Walther: Über einige experimentelle Methode der Erforschung von elektrischen Wechselfeldern. Z. Physik, Bd. 19, S. 136. 1923.
13. Fock, V., W. Malyschew u. Alexander Walther: Die elektrischen Felder von einigen Hochspannungskabeln. Arch. Elektrot. 1928.
14. Außerdem ist ein kurzer Bericht über die Arbeiten (9—12) in den Reports of the Phys.-Techn. Roentgen Institute and the Leningrad Phys.-Techn. Laboratory 1918—1926, Leningrad 1926 (englisch), enthalten.
15. Townsend: Electricity in gases.
16. Richardson: The emission of electricity from hot bodies, 1916.
17. Bloch: Les phénomènes thermioniques. Paris 1920.
18. Schottky, W.: Über kalte und warme Elektronenentladung. Z. Physik, Bd. 14, S. 63. 1923.
19. Lilienfeld: Die Röntgenstrahlung der Kathode bei der autoelektrischen Entladung Phys. Z. Bd. 23, S. 506. 1922.
    — Einiges experimentelle zur autoelektronischen Entladung. Z. Physik, Bd. 15, S. 46. 1923.
20. Millikan u. Shackelford: On the possibility of pulling elektrons from metals by powerful electric fields. Phys. Rev. Bd. 15, S. 230. 1920.
    Millikan and C. Eyring: Laws governing the pulling of elektrons out of metals by intense electrical fields. Phys. Rev. Bd. 27, S. 51. 1926.
21. Del Rosario: Low Pressure electric Discharge in intense Electric Fields. J. Frankl. Inst. Bd. 203, S. 243. 1927.

22. Rother: Über den Austritt von Elektronen aus kalten Metallen. Ann. Phys. Bd. 81, S. 317. 1926.
— Die Elektronenentladung bei kleinen Elektrodenabständen. Phys. Z. Bd. 23, S. 423. 1922.
23. Conradi: Beiträge zur autoelektrischen Entladung. Leipziger Dissert. 1925.
24. Tubandt: Zeitschr. f. anorg. Chem. Bd. 110, S. 196; Bd. 115, S. 105; Bd. 117, S. 1 u. 48. 1920—1921.
25. Lukirski, S. Sčucareff u. Frl. O. Trapesnikoff: Z. Physik, Bd. 31, S. 525. 1925.
26. Schiller: Elektrolytische Leitung bei hohen Feldstärken. Ann. Physik, Bd. 83, S. 137. 1927.
27. Joffé: Elektrizitätsdurchgang durch Kristalle. Ann. Physik, Bd. 72, S. 461. 1923. Literaturangabe ebenda.
— Electrical Conductivity of dielectrical Crystals. Reports of the Phys.-Techn. Roentgen Inst. and the Leningr. Phys.-Techn. Lab. 1918—1926, S. 185.
28. Gehlkoff u. Thomas: Die physikalischen Eigenschaften der Gläser in Abhängigkeit von der Zusammensetzung. Z. techn. Phys. Jg. 1925, Nr. 10, S. 544.
29. Wagner, K.: Dielektrische Eigenschaften von verschiedenen Isolierstoffen. Arch. Elektrot. Bd. 3, S. 67. 1914.
30. Sinjelnikoff u. Anton Walther: Über die Natur der dielektrischen Verluste. Z. Physik, Bd. 40, S. 786. 1927.
31. Wagner, K.: Erklärung der dielektrischen Nachwirkungsvorgänge auf Grund Maxwellschen Vorstellungen. Arch. Elektrot. Bd. 2, S. 371. 1914.
32. Schiller, H.: Über das Verhalten von Dielektrika bei hohen Feldstärken. Z. techn. Phys. Jg. 1925, Nr. 11, S. 589. Elektrizitätsleitung in festen Dielektriken bei hohen Feldstärken. Arch. Elektrot. Bd. 17, S. 600. 1927.
33. Pool, H. H.: On the electrical Conductivity of some dielektrics. Phil. Mag. Bd. 42, S. 488. 1921.
34. Granier, M.: Bull. Soc. Franz. Electr. Bd. 28, S. 333. 1923.
35. Frigon, M.: Rev. gen. electr. Bd. 11, S. 197. 1922.
36. Wagner, K.: The physical nature of the electrical Breakdown of solid dielectrics. J. Am. Electr. Engs Bd. 41, S. 1034. Dezember 1922.
37. Inge, Lydia N. Semenoff u. Alexander Walther: Über den Durchschlag fester Isolatoren. Arch. Elektrot. Bd. 17, S. 433. 1926.
38. Weimer: Der Einfluß der Temperaturen auf die dielektrische Festigkeit von Porzellanisolatoren. El. u. Maschinenbau, Bd. 29, S. 58. 1911.
39. Rogowski, W.: Molekulare und technische Durchschlagfeldstärke fester elektrischer Isolatoren. Arch. Elektrot. Bd. 18, S. 123. 1927.
40. — Der Durchschlag fester Isolatoren. Arch. Elektrot. Bd. 13, S. 153. 1924.
41. Kármán: Das thermisch-elektrische Gleichgewicht fester Isolatoren. Arch. Elektrot. Bd. 13, S. 174. 1924.
42. Fock, V.: Die Wärmetheorie des Durchschlages. Arch. Elektrot. Bd. 19, S. 71. 1927.
43. Dreyfus: Mathematische Theorien für den Durchschlag fester Isoliermaterialien. Bull. Schweiz El. Ver. 1924, Heft 7 und 12; El. u. Maschinenb. 1926, S. 133.
44. Pirani u. Schönborn: Die Bestimmung der elektrischen Durchschlagfestigkeit von Gläsern und keramischen Stoffen. Z. techn. Phys. 1925, S. 351.
45. Inge, L., N. Semenoff u. A. Walther: Über den Durchschlag fester Isolatoren. Z. Physik, Bd. 32, S. 273. 1925.
Inge, L. u. A. Walther: Durchschlag von Isolatoren bei hohen Temperaturen. Z. Physik. Bd. 34, S. 15. 1925;
— Durchschlag von Glas. Z. Physik, Bd. 37, S. 292. 1926;

Inge, L. u. A. Walther: Durchschlag von Porzellan bei hohen Temperaturen. Arch. Elektrot. Bd. 18, S. 542. 1927.

46. Moscicki, J.: Über Hochspannungskondensatoren. ETZ Bd. 25, S. 527. 1904.
47. Rochow, H.: Über einige Fragen der elektrischen Festigkeitslehre. Arch. Elektrot. Bd. 14, S. 361. 1925.
48. Sonnenschein: Elektrische Eigenschaften von Kunstharzen und Hartpapieren in der Erwärmung. Arch. Elektrot. Bd. 17, S. 481. 1926.
49. Inge, Lydia u. Alexander Walther: Durchschlag von festen Isolatoren in homogenen und nichthomogenen elektrischen Feldern. Arch. Elektrot. Bd. 19, S. 257. 1928.
50. Grünewald: Durchschlag von Hartpapierisolation bei elektrischem Stoß im Vergleich zu anderen elektrischen Beanspruchungen. ETZ 1927, H. 4.
51. Mündel: Zum Durchschlag fester Isolatoren. Arch. Elektrot. Bd. 15, S. 320. 1925.
52. Goebeler: Über die dielektrischen Eigenschaften von Luft und einiger fester Isoliermaterialien bei hochgespannter Hochfrequenz. Arch. Elektrot. Bd. 14, S. 491. 1925.
53. Siedentopf: Phys. Z. Bd. 6, S. 885. 1905.
54. Horowitz: Das Griffithsche Prinzip und die dielektrische Durchschlagfestigkeit. Arch. Elektrot. Bd. 18, S. 535, 1927.
55. Joffé, A., J. Kurchatoff and K. Sinelnikoff: The mechanism of breakdown of dielectrics. Publications from the Massachusets Inst. of Techn. Vol. 62 Nr. 117. 1927. Siehe ebenfalls Comptes Rendus de l'Union R. S. S. 1927 und Phys. Z. Heft 24. 1927.
56. Weickert: Mitteilungen der Hennsdorf-Schomburg-Isolatoren-G. m. b. H. 1926, S. 707; ETZ 1926, S. 177.
57. Rogowski: Die elektrische Festigkeit am Rande des Plattenkondensators. Arch. Elektrot. Bd. 12, Heft 1. 1923.
58. Rogowski, Flegler, Tamm: Über Wanderwelle und Durchschlag. Neue Aufnahmen mit dem Kathodenoszillographen. Arch. Elektrot. Bd. 18, S. 1179. 1927.
59. Smekal: Molekulare und technische Durchschlagfeldstärke fester elektrischer Isolatoren. Arch. Elektrot. Bd. 18, S. 525. 1927.
60. Mayr: Eine neue Schaltung zur Messung der Durchschlagsverzögerung fester Isolatoren. Arch. Elektrot. Bd. 19, S. 108. 1927.

Anhang.

Tabelle I.

α^0	C	$\psi(\alpha)$	α^0	C	$\psi(\alpha)$
0	0,0000	0,0000	45,0	2,571	0,5210
2,5	0,0038	0,0265	47,5	3,173	0,5544
5,0	0,0154	0,0530	50,0	3,937	0,5882
7,5	0,0349	0,0796	52,5	4,921	0,6224
10,0	0,0628	0,1064	55,0	6,207	0,6568
12,5	0,0999	0,1334	57,5	7,920	0,6913
15,0	0,1470	0,1606	60,0	10,28	0,7256
17,5	0,2053	0,1881	62,5	13,52	0,7597
20,0	0,2764	0,2160	65,0	18,22	0,7930
22,5	0,3621	0,2442	67,5	25,25	0,8255
25,0	0,4654	0,2730	70,0	36,27	0,8566
27,5	0,5886	0,3020	72,5	54,44	0,8860
30,0	0,7364	0,3317	75,0	86,86	0,9131
32,5	0,9139	0,3618	77,5	150,6	0,9375
35,0	1,128	0,3925	80,0	294,8	0,9587
37,5	1,387	0,4238	82,5	699,7	0,9761
40,0	1,702	0,4557	85,0	2363	0,9891
42,5	2,090	0,4880	87,5	18909	0,9972
45,0	2,571	0,5210	90,0	∞	1,0000

Tabelle II. Die Funktion C.

α/x_m	12	14	16	18	20	22
0	0,0000	0,0000	0,0000	0,0000	0,0000	0,0000
2,5	0,0038	0,0038	0,0038	0,0038	0,0038	0,0038
5,0	0,0153	0,0153	0,0153	0,0153	0,0153	0,0153
7,5	0,0349	0,0349	0,0349	0,0349	0,0349	0,0349
10,0	0,0628	0,0628	0,0628	0,0628	0,0628	0,0628
12,5	0,0998	0,0998	0,0998	0,0998	0,0998	0,0998
15,0	0,1467	0,1467	0,1467	0,1468	0,1468	0,1468
17,5	0,2048	0,2048	0,2048	0,2049	0,2049	0,2050
20,0	0,2755	0,2755	0,2756	0,2757	0,2758	0,2758
22,5	0,3606	0,3607	0,3608	0,3610	0,3611	0,3612
25,0	0,4626	0,4629	0,4631	0,4634	0,4636	0,4637
27,5	0,5844	0,5850	0,5854	0,5857	0,5860	0,5863
30,0	0,7300	0,7310	0,7315	0,7321	0,7324	0,7329
32,5	0,9048	0,9058	0,9065	0,9074	0,9082	0,9086
35,0	1,114	1,116	1,117	1,118	1,119	1,120
37,5	1,367	1,369	1,371	1,373	1,375	1,375
40,0	1,674	1,677	1,680	1,683	1,685	1,686
42,5	2,049	2,054	2,058	2,063	2,065	2,067
45,0	2,512	2,519	2,526	2,531	2,535	2,538
47,5	3,090	3,101	3,109	3,116	3,123	3,126
50,0	3,818	3,833	3,845	3,856	3,864	3,870
52,5	4,750	4,771	4,789	4,804	4,816	4,824
55,0	5,960	5,990	6,015	6,037	6,054	6,066
57,5	7,558	7,604	7,641	7,671	7,696	7,715
60,0	9,717	9,787	9,841	9,886	9,923	9,950

Tabelle III. Die Funktion $\frac{1}{x_0}$

α/x_m	12	14	16	18	20	22
0	0,07639	0,06633	0,05859	0,05247	0,04750	0,04339
2,5	0,07639	0,06632	0,05859	0,05247	0,04750	0,04339
5,0	0,07638	0,06631	0,05858	0,05246	0,04750	0,04339
7,5	0,07635	0,06630	0,05857	0,05245	0,04749	0,04337
10,0	0,07633	0,06628	0,05855	0,05243	0,04748	0,04337
12,5	0,07629	0,06625	0,05854	0,05242	0,04746	0,04336
15,0	0,07625	0,06623	0,05851	0,05240	0,04745	0,04334
17,5	0,07620	0,06619	0,05848	0,05238	0,04742	0,04333
20,0	0,07614	0,06614	0,05843	0,05235	0,04740	0,04331
22,5	0,07607	0,06608	0,05840	0,05231	0,04738	0,04328
25,0	0,07598	0,06602	0,05835	0,05227	0,04734	0,04325
27,5	0,07588	0,06595	0,05829	0,05222	0,04730	0,04323
30,0	0,07577	0,06586	0,05822	0,05217	0,04726	0,04319
32,5	0,07564	0,06576	0,05815	0,05211	0,04720	0,04314
35,0	0,07549	0,06565	0,05806	0,05204	0,04715	0,04310
37,5	0,07533	0,06552	0,05797	0,05196	0,04709	0,04304
40,0	0,07514	0,06538	0,05785	0,05188	0,04701	0,04298
42,5	0,07492	0,06522	0,05772	0,05177	0,04692	0,04291
45,0	0,07468	0,06504	0,05758	0,05165	0,04682	0,04283
47,5	0,07441	0,06484	0,05742	0,05152	0,04671	0,04274
50,0	0,07410	0,06459	0,05723	0,05137	0,04659	0,04263
52,5	0,07375	0,06432	0,05702	0,05120	0,04645	0,04250
55,0	0,07335	0,06401	0,05678	0,05101	0,04630	0,04238
57,5	0,07290	0,06368	0,05651	0,05079	0,04612	0,04223
60,0	0,07239	0,06330	0,05620	0,05053	0,04590	0,04205

Tabelle IV. Die Funktion lg v.

α/X_m	12	14	16	18	20	22
0	$-\infty$	$-\infty$	$-\infty$	$-\infty$	$-\infty$	$-\infty$
2,5	0,1666	0,5340	0,9103	1,2934	1,6820	2,0749
5,0	0,4684	0,8358	1,2122	1,5952	1,9838	2,3767
7,5	0,6457	1,0131	1,3894	1,7726	2,1611	2,5540
10,0	0,7723	1,1397	1,5160	1,8993	2,2879	2,6808
12,5	0,8715	1,2390	1,6153	1,9986	2,3871	2,7801
15,0	0,9534	1,3209	1,6973	2,0806	2,4692	2,8622
17,5	1,0236	1,3912	1,7676	2,1510	2,5396	2,9326
20,0	1,0854	1,4530	1,8296	2,2129	2,6016	2,9946
22,5	1,1409	1,5086	1,8852	2,2687	2,6573	3,0504
25,0	1,1916	1,5595	1,9362	2,3196	2,7084	3,1015
27,5	1,2386	1,6066	1,9834	2,3668	2,7556	3,1489
30,0	1,2826	1,6509	2,0276	2,4112	2,8000	3,1933
32,5	1,3244	1,6927	2,0695	2,4532	2,8422	3,2354
35,0	1,3644	1,7326	2,1098	2,4935	2,8825	3,2759
37,5	1,4028	1,7713	2,1486	2,5324	2,9215	3,3149
40,0	1,4402	1,8089	2,1862	2,5702	2,9595	3,3529
42,5	1,4770	1,8458	2,2232	2,6074	2,9968	3,3903
45,0	1,5131	1,8822	2,2599	2,6442	3,0337	3,4273
47,5	1,5491	1,9185	2,2964	2,6809	3,0705	3,4642
50,0	1,5852	1,9549	2,3330	2,7176	3,1074	3,5012
52,5	1,6217	1,9917	2,3700	2,7549	3,1448	3,5387
55,0	1,6588	2,0291	2,4077	2,7928	3,1828	3,5769
57,5	1,6968	2,0675	2,4465	2,8318	3,2220	3,6163
60,0	1,7362	2,1073	2,4866	2,8722	3,2627	3,6571

Druck von Oscar Brandstetter in Leipzig.

GPSR Compliance

The European Union's (EU) General Product Safety Regulation (GPSR) is a set of rules that requires consumer products to be safe and our obligations to ensure this.

If you have any concerns about our products, you can contact us on ProductSafety@springernature.com

In case Publisher is established outside the EU, the EU authorized representative is:

Springer Nature Customer Service Center GmbH
Europaplatz 3
69115 Heidelberg, Germany

Batch number: 10682411

Printed by Printforce, the Netherlands

Analyse der Metalle

Herausgegeben vom

Chemikerausschuß
der Gesellschaft Deutscher Metallhütten- und Bergleute e.V.

Zweiter Band

Betriebsanalysen

Zweite neubearbeitete Auflage

Mit 227 Abbildungen

Erster Teil

Springer-Verlag Berlin Heidelberg GmbH
1961

ISBN 978-3-642-85580-1 ISBN 978-3-642-85579-5 (eBook)
DOI 10.1007/978-3-642-85579-5

Ursprünglich erschienen bei Springer-Verlag OHG., Berlin / Göttingen / Heidelberg 1961
Softcover reprint of the hardcover 2nd edition 1961

Inhaltsverzeichnis

Zweiter Teil

Erster Teil

Kapitel 31

Selen*

Inhalt

---

*	1. Auflage	2. Auflage
Bearbeiter:	**Ensslin, Wagenmann †**	**Ahrens, Lohmann**
Mitarbeiter:	**Boy**	**Borkenstein, Hesse, Müller**

A. Vorkommen

Das Selen gehört zu den chalkophilen Elementen. Es ersetzt in den Mineralien, entsprechend seiner Stellung im periodischen System, den Schwefel ganz oder teilweise. Die wenigen bekannten, reinen Selenmineralien, wie *Zorgit, Lerbachit, Klockmannit, Berzelianit, Omangit, Thiemannit, Eukairit, Naumannit,* spielen als solche technisch keine Rolle.

Wichtig ist das Vorkommen des Selens im Pyrit, Kupferkies und in anderen sulfidischen bzw. Sulfosalz führenden Erzen, in denen ein Teil des Schwefels durch Selen ersetzt ist. Häufig tritt Selen auch eng mit Tellurmineralien verbunden auf.

B. Qualitativer Nachweis

Hierfür eignet sich besonders die Prüfung im Probierröhrchen. Man erhitzt die Erzprobe, bis sich an den Wandungen des Röhrchens ein Beschlag absetzt. Bei Anwesenheit von Selen besteht er aus einem weißen, unter dem Mikroskop feinkörnigen Sublimat aus seleniger Säure und aus braunschwarzen, an den Rändern rot durchscheinenden Ansätzen von metallischem Selen; letzteres wird durch Schwefelkohlenstoff teilweise gelöst. Beim Verdunsten des Lösungsmittels verbleibt auf dem Objektträger ein roter Rückstand von elementarem Selen.

In Lösungen wird Selen leicht durch Reduktionsmittel, wie Eisen(II)-sulfat, Zinn(II)-chlorid, Natriumhyposulfit usw., elementar als meist roter Niederschlag abgeschieden, der bei längerem Kochen schwarzgrau wird. Die Lösung darf keine oxydierenden Stoffe, wie z. B. Salpetersäure, enthalten.

Einen sehr empfindlichen Nachweis von Seleniten erzielt man mit Pyrrol, das eine blaue Farbreaktion ergibt. Die Empfindlichkeit der Reaktion läßt sich durch Zusatz geringer Mengen von Eisen(III)-salzen wesentlich steigern. Man versetzt 1 bis 2 ml der zu untersuchenden Lösung mit 1 ml einer Eisen(III)-chloridlösung (3 g/100 ml) und 8 ml Phosphorsäure (1,85) und mischt gut durch. Zu der so vorbereiteten Lösung fügt man 0,5 bis 1 ml einer Lösung von Pyrrol (1 g/100 ml Äthanol) hinzu und erhält bei Gegenwart von seleniger Säure eine blaue Färbung.

C. Analysenverfahren bei der Gewinnung von Selen

Da das Selen, wie bereits erwähnt, nur in sehr geringen Mengen als Begleiter sulfidischer Erze auftritt, muß man bei seiner technischen Gewinnung von Anreicherungsprodukten ausgehen, wie Anodenschlamm, Bleischlamm oder Flugstaub. Je nachdem das Selen in diesen Produkten in elementarer Form, als Selenid oder in Form von seleniger Säure bzw. Seleniten vorliegt, werden verschiedene Aufschlußmethoden angewandt, die sämtlich darauf hinauslaufen, das Selen als SeO_2 in wäßrige Lösung zu überführen, aus der es, nach Zusatz von Salzsäure, vermittelst SO_2-Gas, Alkalisulfit, Eisen(II)-sulfat, Hydrazinsulfat oder -chlorid und anderer Reduktionsmittel als elementares Selen in möglichst reiner Form abgeschieden wird.

I. Die Untersuchung sulfidischer Erze auf Selen

1. Kupfer-, Blei- und Zinkerze

Zum Aufschluß dieser Erze kann man sich zweier Verfahren bedienen, deren jeweilige Anwendung durch die Zusammensetzung der Erze bedingt ist.

a) Der Aufschluß mit Säuren

Grundlage. Das Erz wird mit Schwefel- und Salpetersäure aufgeschlossen. Den Schwefelsäurezusatz bemißt man so gering wie möglich und dampft auf dem Wasserbade ein, bis die Salpetersäure praktisch abgedampft ist. Nach dem Aufnehmen mit Salzsäure fällt man das Selen aus stark salzsaurer Lösung mit Hydrazinhydrochlorid oder Natriumhyposulfit oder schwefliger Säure aus. Das verunreinigte Rohselen wird in Kaliumbromat gelöst; aus dieser Lösung wird nach dem Vertreiben des Broms durch Salzsäure das reine Selen mittels Eisen(II)-sulfat ausgefällt.

Anwendungsbereich und Bedeutung. Das Verfahren ist für Erze geeignet, die durch Salpetersäure zersetzt werden können. Man hat darauf zu achten, daß die zur Auswaage gelangende Selenmenge mindestens 5 bis 10 mg beträgt.

Genauigkeit. 2.

Dauer. 16 Std.

Ausführung. 50 g feinstgepulvertes Erz werden mit 250 ml Salpetersäure (1 + 1) und 10 ml Schwefelsäure (1,84) versetzt. Sodann wird die Probe bis zum vollständigen Zersetzen des Erzes erhitzt. Man dampft die Lösung auf dem Wasserbad zur Trockne ein, nimmt den Rückstand mit 200 ml Salzsäure (1 + 1) auf und filtriert vom Ungelösten ab. Nach dem Auswaschen mit heißem, salzsaurem Wasser gibt man zu der Lösung 100 ml Salzsäure (1,19) und 50 ml einer gesättigten Lösung von schwefliger Säure oder 50 ml einer 10proz. Lösung von Natriumhyposulfit ($Na_2S_2O_4 \cdot 2H_2O$) oder 50 ml einer 5proz. Hydrazinhydrochloridlösung und erwärmt auf dem Wasserbad. Das Selen fällt zunächst als roter Niederschlag aus, welcher nach und nach in die metallische, graue Form übergeht. Bei der Reduktion mit schwefliger Säure muß man nach einiger Zeit nochmals 100 ml schweflige Säure oder aber noch etwas Natriumhyposulfit oder Hydrazinhydrochlorid zusetzen. Das Selen wird dann auf einen Porzellan- oder Glasfiltertiegel abfiltriert und getrocknet.

Nur selten ist das gefällte Selen rein; meist enthält es den größten Teil des vorhandenen Tellurs sowie beachtliche Mengen von anderen Metallen, besonders von Arsen und Kupfer. Man bringt es deshalb durch Zugeben von 3 g Kaliumbromat und Wasser in Lösung, setzt 25 ml Salzsäure (1,19) hinzu, verdünnt auf 75 ml und verjagt das frei gewordene Brom durch Einleiten von gefilterter Luft. Darauf fällt man das Selen durch Zusatz von 15 g Eisen(II)-sulfat aus (Wasserbad!). Man erreicht so auch eine Trennung des Selens vom Tellur. Nach der Filtration und dem Waschen mit Wasser und Äthanol trocknet man es 1 Std. bei 105°.

Fehlerquellen. Um das ausgewogene Selen auf Reinheit zu prüfen, empfiehlt es sich, es zu verglühen. Einen geringfügigen Rückstand setzt man gegebenenfalls von der Auswaage ab.

Literatur. Die in Bd. I, Schiedsverfahren, 2. Auflage 1949, S. 283 angegebenen Vorschriften sind besonders zu beachten, da sie auf den in verschiedenen Betriebslaboratorien gemachten Beobachtungen beruhen. Siehe auch K. WAGENMANN u. H. GILL: Metall u. Erz Bd. 37 (1940) S. 59.

b) Der Schmelzaufschluß[1]

Grundlage. Das Erz wird mit Natriumperoxyd geschmolzen, die Schmelze in Wasser gelöst, das Filtrat mit Salzsäure angesäuert und die salzsaure Lösung zur Reduktion des beim Schmelzen entstandenen Selenats zu Selenit am Rückflußkühler gekocht. Aus der Lösung fällt man dann, zweckmäßig auch am Rückflußkühler, das Selen durch Zugeben von Hydrazinhydrochlorid als Reduktions-

---

[1] Enthält das Erz neben Selen auch Tellur, so geht das entstehende *Natrium*tellurat nur in sehr geringer Menge in den wäßrigen Auszug der Schmelze über, da dieses Salz — im Gegensatz zu *Kalium*tellurat — sehr schwer löslich ist.

mittel aus. Das Rohselen wird in Salpetersäure gelöst und bei Abwesenheit von Tellur mit Hydrazinsulfat wieder gefällt.

Anwendungsbereich und Bedeutung. Die Methode dient in der Hauptsache zur Selenbestimmung in Erzen oder anderen Materialien, die sich nicht vollständig durch Säuren aufschließen lassen. Sie erfaßt das Selen in allen Gehalten.

Genauigkeit. 1.

Dauer. 12 Std.

Ausführung. Man mischt in einem geräumigen Tiegel aus Flußeisenblech 100 g Einwaage mit 150 g Natriumperoxyd und 50 g wasserfreiem Natriumcarbonat. Durch die Beigabe von Soda wird erreicht, daß die Reaktion, welche bei sulfidreichen Erzen sehr stürmisch vor sich geht, etwas gemäßigt wird. Bei schwefelarmen Erzen, die nur langsam reagieren, gibt man an Stelle der 50 g Natriumcarbonat weitere 50 g Natriumperoxyd zu. Um zu vermeiden, daß beim Erhitzen des ganzen Tiegels die Reaktion zu stürmisch einsetzt, versuche man stets zuerst mit Hilfe eines in die obere Schicht des Schmelzgemisches eingesteckten Streichholzes ein Zünden von der Oberfläche aus herbeizuführen. Dann heizt man vorsichtig bis zur dunklen Rotglut nach (Bunsenbrenner). Sobald die Schmelze dünnflüssig ist, läßt man sie erkalten und behandelt sie dann mit kaltem Wasser (etwa 2 l). Der Niederschlag wird mittels einer Nutsche abgesaugt. Das Filtrat säuert man mit Salzsäure an; dabei ist ein Erwärmen der Lösung durch Kühlen zu verhindern. Für je 1 l Fällungsvolumen setzt man nun 500 ml Salzsäure (1,19) hinzu und kocht 3 Std. am Rückflußkühler, um das Selenat zu Selenit zu reduzieren. Danach gibt man 5 g Hydrazinhydrochlorid hinzu und erhitzt so lange am Rückflußkühler weiter, bis sich das ausgefallene Rohselen zusammengeballt hat. Es wird nach dem Erkalten der Lösung auf eine kleine Nutsche abfiltriert und mit Wasser ausgewaschen. Sodann löst man es in 5 ml Salpetersäure (1,4) und dampft die Lösung auf dem Wasserbad zur Trockne. Das Eindampfen darf nicht auf dem Sandbad geschehen, da bei zu hoher Temperatur ein Teil des Selens verflüchtigt wird. Den Trockenrückstand nimmt man mit 25 ml Salzsäure (1 + 1) auf und fällt das Selen durch Zugeben von 10 ml einer Hydrazinsulfatlösung (5 g/100 ml) aus. Man kann auch das gefällte unreine Selen mit Kaliumcyanidlösung (200 g/l) digerieren, wobei sich das Selen löst, sodann filtrieren und aus dem mit der gleichen Menge Salzsäure (1,19) versetzten Filtrat (Abzug!) das Selen mit Eisen(II)-sulfat fällen. Man filtriert das Selen auf einen Filtertiegel ab und wäscht es zuerst mit Wasser und anschließend mit Alkohol aus. Der Filtertiegel wird 1 Std. bei 105° getrocknet.

Fehlerquellen. Säuert man die Schmelze mit Schwefelsäure statt mit Salzsäure an, so verhindern die entstehenden großen Mengen an Natriumsulfat die quantitative Fällung des Selens.

Eine Trennung des Selens vom Tellur erfolgt mit Hydrazinsulfat nicht; sie müßte gegebenenfalls mit Eisen(II)-sulfat vorgenommen werden.

Literatur. WAGENMANN, K., u. H. TRIEBEL: Metall u. Erz Bd. 27 (1930) S. 231. — WAGENMANN, K.: Metall u. Erz Bd. 38 (1941) S. 283.

2. Schwefelkies

Da Schwefelkies meist reicher an Selen ist als Kupfererze und andere, verwendet man zum Aufschluß, welcher als Schmelzaufschluß durchgeführt werden kann, nur 10 bis 20 g Einwaage. Das Selen wird im übrigen, wie im vorhergehenden Abschnitt [b) der Schmelzaufschluß] ausgeführt, bestimmt. Einen nassen Aufschluß beschreibt K. BRÜCKNER. 20 g des zerkleinerten Kieses werden in einem hohen Becherglas mit 125 ml Salpetersäure (1,40) — unter portionsweiser Zugabe — während etwa 10 min kalt gelöst. Die Lösung wird aufgekocht, die Flamme entfernt: In die siedend heiße Lösung werden 60 ml Schwefelsäure (1,84) gegeben, wobei die Flüssigkeit unter Abscheidung von Salzen erstarrt. Das Becherglas wird auf das heiße Sandbad gebracht und der Inhalt bis zum deutlichen Auftreten von SO_3-Dämpfen abgeraucht. Nach dem Abkühlen verdünnt man auf ein Volumen von 300 ml, gibt in die heiße Lösung 20 ml Salzsäure (1,19) und kocht auf, wobei die Salze in Lösung gehen. Nach weiterem Verdünnen mit heißem Wasser auf 400 ml filtriert man die Gangart ab. In das auf 60° erwärmte Filtrat leitet man 10 min lang SO_2 ein, setzt noch 3 ml einer Lösung von Hydrazinhydrat (10 g/100 ml) zu und läßt bis zum Erkalten der Lösung stehen. Dann filtriert man das noch unreine Selen durch ein Blaubandfilter ab, bringt Filter + Selen in einen kleinen ERLENMEYER-Kolben und löst das letztere mit 10 ml Salzsäure und 5 Tropfen Salpetersäure (1,40) unter Schütteln bis zur Zerfaserung des Filters bei Wasserbadtemperatur auf. Gegebenenfalls kann auch in Kaliumbromat gelöst werden. Dann verdünnt man mit Wasser, filtriert durch ein qualitatives Filter und fällt im Filtrat das Selen mit 2 ml Hydrazinhydratlösung (10 g/100 ml). Nach dem Abkühlen auf Zimmertemperatur filtriert man das so gereinigte Selen auf einen gewogenen Porzellanfiltertiegel A 2 ab, wäscht zuerst mit Wasser und anschließend mit Äthanol aus, trocknet bei 105° während 1 Std. und wägt nach dem Erkalten.

Literatur. BRÜCKNER, K.: Z. analyt. Chem. Bd. 94 (1933) S. 305.

II. Die Untersuchung von Anreicherungsprodukten

Im Laufe der hüttenmännischen Produktionsgänge reichern sich verschiedene Zwischenerzeugnisse mit Selen an. In der Hauptsache sind solche Anreicherungsprodukte: Anodenschlamm, Bleischlamm und Flugstaub.

1. Anodenschlamm

Grundlage. Der Anodenschlamm wird mit Natriumperoxyd aufgeschlossen. Aus der salzsauren Lösung des Schmelzaufschlusses werden Selen und Tellur gemeinsam ausgefällt und nach dem Wiederauflösen mit Kaliumbromat mit Eisen(II)-sulfat getrennt.

Genauigkeit. 1.

Dauer. 8 Std.

Ausführung. 1,5 g Probematerial werden im Eisentiegel mit etwa der 6fachen Menge Natriumperoxyd vorsichtig bis zum ruhigen Fluß (dunkle Rotglut) geschmolzen. Nach dem Erkalten wird die Schmelze in 100 ml kaltem Wasser gelöst und mit Salzsäure angesäuert. Das ausfallende Silberchlorid wird abfiltriert; im Filtrat werden Selen und Tellur mit Hydrazinsalzen oder Natriumhypophosphit direkt gefällt. Die Rohfällung wird in Kaliumbromat gelöst, Brom vorsichtig verjagt (wenig Salzsäure!) und mit Eisen(II)-sulfat getrennt: Niederschlag Selen und Gold, Lösung Tellur.

Selen und Gold werden in Kaliumbromat wieder gelöst (Gold bleibt teilweise ungelöst und wird abfiltriert).

Aus dieser Lösung wird das Selen mit beliebigem Reduktionsmittel gefällt, abfiltriert und im Filtertiegel gewogen. Dann wird verglüht und etwa wägbare Rückstände (Gold!) werden zurückgewogen und abgezogen (s. S. 730).

2. Bleischlamm

Die Bestimmung ist die gleiche wie im Anodenschlamm.

3. Flugstaub

Die Bestimmung ist die gleiche wie im Anodenschlamm.

III. Die Untersuchung der Endlauge

Da die Gewinnung des reinen Selens ein naßmetallurgischer Prozeß ist, entstehen Endlaugen, die auf ihren Selengehalt geprüft werden müssen. Man untersucht sie meist *qualitativ* und führt nur zeitweise zur Kontrolle eine *quantitative* Selenbestimmung durch.

Qualitativ (durch Schätzen). Da der Selengehalt (mit 0,2 bis 0,3 g/l), technisch gesehen, nur sehr klein und damit der Abgang im Betrieb nur gering ist, kann man sich normalerweise mit einer halbquantitativen Prüfung der Endlauge begnügen.

Etwa 100 ml Endlauge erhitzt man einige min zum Sieden unter Zugeben von einigen Körnchen Hydrazinsulfat. An der schwachen Rötung der Lösung läßt sich bei einiger Übung abschätzen, ob der verlangte Endgehalt der Lauge erreicht ist.

Quantitativ. Zu 500 ml Endlauge setzt man etwa 5 g reines Eisen(II)-sulfat hinzu und erhitzt die Lösung 15 min zu gelindem Sieden. Die vollständige Fällung des Selens bewirkt man dann durch Zugeben von insgesamt 5 g reinen Hydrazinsulfats in Anteilen während etwa einstündigem, schwachem Sieden. Der weitere Verlauf der Bestimmung erfolgt, wie auf S. 730 beschrieben.

IV. Die Trennung des Selens vom Tellur

Wie bereits erwähnt, kommen Selen und Tellur meist miteinander vor, werden durch gewisse Reduktionsmittel gemeinsam gefällt und gelangen entweder in verschiedenen Mischungsverhältnissen zur Auswaage oder werden durch eine spezifische Fällung des Selens voneinander getrennt.

Die Trennung mit Eisen(II)-sulfat

Grundlage. Die Selen und Tellur enthaltende Lösung wird durch Zugeben von Salzsäure (1,19) auf einen Gehalt von höchstens 15 Gew.-% freier Säure gebracht [1 Vol. Salzsäure (1,19) + 2 Vol. Flüssigkeit ergeben etwa 14% HCl] und das Selen mittels der 50fachen Menge Eisen(II)-sulfat (auf das Selengewicht bezogen) in der Wärme ausgefällt. Das Tellur wird hierbei nicht reduziert. Die große Menge des Eisen(II)-salzes ist erforderlich, weil das im Verlauf der Reaktion gebildete Eisen(III)-salz sonst leicht einen Teil des gefällten Selens wieder zu seleniger Säure oxydieren könnte.

Anwendungsbereich und Bedeutung. Die Methode ist sowohl für die Fällung des Selens als auch zu seiner Trennung von Tellur geeignet.

Genauigkeit. 1.

Dauer. 3 Std.

Ausführung. Man macht die Lösung so sauer, daß sie 15 Gew.-% freie Salzsäure enthält (s. oben), und versetzt sie mit der 50fachen Menge des zu fällenden Selens an reinem Eisen(II)-sulfat. Dann wird sie 1 Std. auf dem Wasserbad bis nahe zum Sieden erwärmt, wobei sich das Selen in elementarer, schwarzer Modifikation ausscheidet, während das Tellur in Lösung bleibt. Darauf filtriert man den Niederschlag auf einen Filtertiegel ab, wäscht ihn erst mit 1proz. salzsaurem Wasser, anschließend mit heißem Wasser und Äthanol aus und trocknet ihn 1 Std. bei 105°.

Fehlerquellen. In Gegenwart großer Mengen von Selen und kleiner Mengen von Tellur wird ein Teil des Tellurs mit dem Selen niedergerissen. Die Fällung ist dann zu wiederholen.

Sind Eisen(III)-salze vor der Fällung zugegen, so sind sie mit einer eben ausreichenden Menge an schwefliger Säure oder anderen Reduktionsmitteln zu reduzieren.

Ist das Selen als Selensäure vorhanden, so ist es zweckmäßig, den Zusatz an Eisen(II)-sulfat auf das 70fache des vorhandenen Selens zu erhöhen.

Literatur. Wagenmann, K., u. H. Gill: Metall u. Erz Bd. 37 (1940) S. 59.

V. Die Untersuchung des technisch reinen Selens

Der Reinheitsgehalt des technischen Selens beträgt etwa 99,5%, kann aber bis 99,9% steigen. Verunreinigungen sind Siliciumdioxyd, Alkalisulfate und -chloride, in Spuren Eisen, Kupfer, Silber, Blei, Arsen, Schwefel und gelegentlich auch Tellur.

1. Die Bestimmung des Selens

a) Durch Lösen mit Kaliumbromat

1 g feinstgepulvertes Material wird in einem 400 ml-Becherglas mit einigen Tropfen Äthanol benetzt und mit 25 ml Wasser aufgeschlämmt. Durch anteilweisen Zusatz von insgesamt 3 g Kaliumbromat bringt man das Selenpulver, ohne zu erwärmen, unter zeitweiligem Umschwenken des mit einem Uhrglas bedeckten Gefäßes in Lösung. Man richtet es so ein, daß beim Zusetzen des gepulverten Bromats dieses auf noch ungelöstes Selen fällt.

Nach beendetem Lösen läßt man die Lösung auf einer mäßig warmen Stelle des Wasserbades (70°) bis auf 20 ml eindampfen, filtriert durch ein kleines Filter mittlerer Dichte in ein 1 l-Becherglas, wäscht mit heißem Wasser aus, bis das Filtrat 100 ml beträgt, fügt 125 ml Salzsäure (1,19) hinzu und leitet zum Vertreiben des Broms gefilterte Luft durch die Lösung, die auf einem erwärmten Platz zu halten ist. Nach etwa 1 Std. gibt man in die farblos gewordene Lösung unter Rühren 50 ml einer gesättigten Schwefligsäurelösung, wonach sie einige Zeit auf dem Wasserbad stehenbleibt. Dann verdoppelt man den Zusatz an Schwefligsäurelösung, fügt noch etwas Hydrazinsulfat hinzu und läßt den Niederschlag einige Std. oder über Nacht absitzen. Das gefällte Selen wird weiterbehandelt, wie im vorhergehenden Abschnitt angegeben.

Fehlerquellen. Bei Anwesenheit von Tellur wird dieses quantitativ mitbestimmt. Solange freies Brom vorhanden ist, muß jegliche Überhitzung vermieden werden, andernfalls treten Selenverluste auf.

Literatur. Wagenmann, K.: Metall u. Erz Bd. 38 (1941) S. 281.

b) Durch Verflüchtigen beim Glühen

Grundlage. Da das technisch reine Selen außer Tellur für gewöhnlich nur Verunreinigungen enthält, die nicht flüchtig sind, kann man durch Glühen bei etwa 800° das Selen restlos verjagen und den Selengehalt durch Wägen des Glührückstandes mit meist genügender Genauigkeit feststellen.

Anwendungsbereich und Bedeutung. Das Verfahren dient zur technischen Reinheitsprüfung.

Genauigkeit. 3.

Dauer. 45 min bis 1 Std.

Ausführung. Man wägt 2 g des Probematerials in einen Porzellantiegel und erhitzt zunächst auf einer Heizplatte, bis die Hauptmenge des Selens verflüchtigt ist. Der Rest des Selens wird durch Erhöhen der Temperatur bis zur dunklen Rotglut über einer Gasflamme oder im elektrisch beheizten Ofen verjagt. Der Rückstand wird nach dem Erkalten gewogen.

Fehlerquellen. Mit dem Selen werden verflüchtigt: Arsen, Schwefel und Tellur; Arsen und Schwefel sind meist aber nur in Spuren vorhanden.

Zu beachten ist, daß das Verflüchtigen langsam und bei niedriger Temperatur zu erfolgen hat, weil sonst mechanische Verluste eintreten können.

Literatur. Wie bei a).

2. Die Bestimmung des Silbers

In einem Ansiedescherben erhitzt man 10 bis 15 g des Probematerials bei langsam ansteigender Temperatur bis zur Rotglut. Ist das Selen verflüchtigt, so setzt man zum Rückstand 20 g Kornblei und eine Messerspitze Borax hinzu und verschlackt, bis sich die Bleioxyddecke geschlossen hat. Der erhaltene Bleikönig wird auf eine Kapelle gebracht und, wie im Kapitel Silber, S. 744, beschrieben, abgetrieben.

3. Die Bestimmung des Kupfers

Aus einer Einwaage von 10 bis 20 g verflüchtigt man das Selen durch Rösten, wie vorstehend beschrieben. Der Rückstand im Tiegel wird nach dem Erkalten mit 10 ml Salpetersäure (1 + 1) versetzt und erwärmt, bis er in Lösung gegangen und nur allenfalls ein wenig Siliciumdioxyd als Bodenkörper verblieben ist. Man spült die Lösung in ein Becherglas über, verdünnt sie auf 50 ml, setzt ein Körnchen Natriumbromid zur Ausfällung des Silbers hinzu und filtriert. Im Filtrat wird das Kupfer photometrisch bestimmt (s. Kapitel Kupfer, S. I/383/84).

4. Die Bestimmung des Eisens

Die Kupferlösung wird mit einem kleinen Überschuß an Ammoniak versetzt. Den abfiltrierten und ausgewaschenen Eisenniederschlag löst man in warmer Salzsäure, versetzt die Lösung mit 5 ml Kaliumthiocyanatlösung (500 g/l), füllt sie auf 50 oder 100 ml auf und photometriert das Eisen (s. Kapitel Mangan, S. 496).

Soll das Eisen unmittelbar aus dem Glührückstand bestimmt werden, so wird dieser in 10 ml Salzsäure (1 + 1) gelöst, die Lösung mit 2 ml 3proz. Wasserstoffperoxydlösung versetzt und aufgekocht. Nach dem Verdünnen auf 50 ml wird vom Ungelösten abfiltriert. Im Filtrat fällt man das Eisen mit Ammoniak und verfährt weiter, wie oben angegeben.

5. Die Bestimmung des Arsens und Antimons

5 bis 10 g des pulverisierten Probematerials bringt man in ein hohes 400 ml-Becherglas und löst durch allmählichen Zusatz von 20 bis 30 ml Salpetersäure (1,40) unter häufigem Schwenken. Nach Beendigung der Reaktion wird aufgekocht und die Lösung in eine flache Porzellanschale übergeführt. Nach Zusatz von 40 ml Schwefelsäure (1 + 1) wird auf dem Sandbad bis fast zur Trockne abgeraucht. Das Abrauchen wiederholt man nach Aufnehmen mit Wasser und weiterer Zugabe von 10 bis 20 ml Schwefelsäure (1,84). Der nunmehr nur noch wenig Selen enthaltende Rückstand wird mit 30 ml heißer Salzsäure (1 + 2) aufgenommen und die Lösung in einen 250 ml-Arsendestillierkolben unter Verwendung obiger Salzsäure zum Nachspülen übergeführt. In der im Kolben befindlichen Lösung, deren Volumen etwa 60 ml betragen soll, fällt man nach Zugabe von 5 g Hydrazinsulfat und Aufsetzen eines reichlich langen Rückflußkühlers unter schwachem Sieden die letzten Selenmengen aus. (Dauer etwa 30 bis 45 min.) Ist die Lösung im Kolben erkaltet, so werden 1 bis 2 g Kaliumbromid und 100 ml Salzsäure (1,19) zugesetzt und das Arsen in bekannter Weise überdestilliert (s. Kapitel Arsen, S. I/122).

Die im Destillationskolben verbliebene Lösung wird aus dem Kolben herausgespült und filtriert. In die schwach saure Lösung leitet man Schwefelwasserstoff ein. Aus den gefällten und abfiltrierten Sulfiden wird das Antimon mit einer 5proz.

Natriumsulfidlösung herausgelöst. Es wird filtriert und wie üblich ausgewaschen. Die Sulfosalzlösung wird verdünnt und mit Schwefelsäure zersetzt. Nun erwärmt man, bis sich der Niederschlag gut geballt hat, und leitet anschließend noch Schwefelwasserstoff ein. Man verfährt dann weiter, wie unter der maßanalytischen Bestimmung des Antimons (s. Kapitel Antimon, S. 108) angegeben.

6. Die Bestimmung des Tellurs

Man löst das Selen und raucht die Lösung ab, wie bei der Arsenbestimmung angegeben wurde. Nach dem Erkalten des in der Porzellanschale verbliebenen Rückstandes, der neben den Resten des Selens das gesamte Tellur enthält, nimmt man den Rückstand mit 20 ml heißer Salzsäure (1 + 1) auf, spült alles in ein Becherglas über, verdünnt mit warmem Wasser auf 300 ml und leitet Schwefelwasserstoff ein. Der Sulfidniederschlag wird abfiltriert, in Salpetersäure gelöst und die Lösung nach Zusatz von Schwefelsäure auf dem Sandbad nochmals zur Trockne abgeraucht. Dann nimmt man mit 20 ml Salzsäure (etwa 20% HCl) auf und fällt in diesem kleinen Volumen durch Zusatz von 2mal je 0,25 g Eisen(II)-sulfat bei Wasserbadtemperatur die letzten Selenreste aus. Diese filtriert man auf einen kleinen Filtertiegel ab und wäscht sie mit Salzsäure (1 + 1) aus. Im etwa 100 ml betragenden Filtrat fällt man das Tellur mit Natriumhypophosphit (s. Kapitel Tellur, S. 784).

D. Die Bestimmung des Selens in Metallen

Bei der Verhüttung sulfidischer Erze mit geringem Selengehalt gelangt das Selen in das Metall, in dem es sich mitunter schädlich auswirkt. So findet man es vor allem im Kupfer, Silber und Blei. Allerdings sind die Gehalte im allgemeinen sehr niedrig; sie betragen im Höchstfall einige hundertstel Prozent.

I. Selengehalt von Silber

50 bis 100 g Silber werden in Salpetersäure (2 + 1) in geringem Überschuß unter Erwärmen gelöst. Die Lösung verdünnt man auf 500 bis 600 ml und fällt das Silber durch Zugeben eines möglichst geringen Überschusses einer Natriumchloridlösung (100 g/l) unter dauerndem Rühren aus. Der Niederschlag wird abgenutscht und ausgewaschen.

Das Filtrat dampft man auf dem Wasserbad bis auf 100 ml ein, neutralisiert die Salpetersäure mit Ammoniak, macht dann schwach salzsauer und fällt das Selen mit Hydrazinsulfat. Nach etwa halbstündigem schwachem Sieden läßt man die Fällung einige Std. auf dem Wasserbad stehen; darauf wird das Selen abfiltriert, ausgewaschen und getrocknet.

II. Selengehalt von Kupfer

1. Methode. Bestimmung des Selens nach gemeinsamer Fällung mit Tellur

20 g Probematerial werden in einem hohen 800 ml-Becherglas nach Zugabe von wenig Wasser mit 80 ml Salpetersäure (1,4) gelöst und die Hauptmenge der Stickoxyde durch kurzes Kochen ausgetrieben. Nach Verdünnen der Lösung auf etwa 400 ml fügt man 5 ml einer 3proz. Eisen(III)-nitratlösung zu. Durch Zusatz starker Sodalösung wird der größte Teil der vorhandenen freien Salpetersäure abgestumpft. Anschließend ruft man mit verdünnter Sodalösung eine bleibende, nicht zu reichliche Eisenfällung hervor, kocht ungefähr 10 min, läßt den Nieder-

schlag kurze Zeit absitzen, filtriert die noch heiße Lösung und wäscht den Niederschlag mit heißem Wasser nach. Mit dem Filtrat nimmt man nach Zusatz von weiteren 5 ml 3proz. Eisen(III)-nitratlösung die Eisenfällung nochmals vor. Beide Niederschläge enthalten alles Selen und Tellur.

Bei Kupfersorten, die beim Auflösen in Salpetersäure einen unlöslichen Rückstand (Kupferglimmer) geben, wird derselbe mit dem Eisenniederschlag abfiltriert. In solchem Falle muß natürlich die Auflösung des Eisenniederschlages vor der Selen- und Tellurfällung filtriert werden. Enthält das Probematerial reichlich Silber, so wird dasselbe zweckmäßig vor der Eisenfällung aus der Kupferlösung mit Salzsäure gefällt und abfiltriert.

Man löst die Niederschläge mit warmer verdünnter Salzsäure. In einem Flüssigkeitsvolumen von 200 ml, welches 6 bis 7% Salzsäure enthalten soll, fällt man beide Elemente mit Hydrazinsulfat. Bei Abwesenheit von Tellur wird das Selen wie üblich über Porzellanfiltertiegel (A 2) filtriert, mit Wasser ausgewaschen, anschließend mit Alkohol nachgewaschen und 1 Std. bei 105° getrocknet. Nach dem Trocknen wird das ausgewogene Selen verglüht und ein vielleicht vorhandener Rückstand von der Auswaage abgezogen.

Ist Tellur anwesend, so erfolgt die Bestimmung des Selens im gewogenen Selen-Tellur-Gemisch nach der Eisen(II)-sulfat-Methode (s. S. 732).

2. Methode.
Bestimmung des Selens nach gleichzeitiger Abtrennung von Tellur und Kupfer

In einem geräumigen Rundkolben zersetzt man 50 g Kupferspäne mit einer Lösung, die 250 g Eisen(III)-chlorid ($FeCl_3 \cdot 6H_2O$) in 275 ml Wasser und 125 ml Salzsäure (1,19) enthält, durch 3 bis 4 Std. währendes Sieden unter dem Rückflußkühler. Durch das entstehende Eisen(II)-chlorid wird das Selen quantitativ gefällt, während Tellur in Lösung bleibt. Das noch unreine Selen wird auf einen Filtertiegel abfiltriert und durch Erwärmen mit starker, reiner Kaliumcyanidlösung (einige g in 10 ml Wasser) wieder in Lösung gebracht. Man filtriert vom Ungelösten durch denselben Filtertiegel ab. Aus dem Filtrat — etwa 100 ml —, welches das Selen als Kaliumselencyanid enthält, fällt man es mit Salzsäure und Hydrazinsulfat (Abzug!), wie auf S. 730 beschrieben, oder man löst das Rohselen in Salpetersäure (1,40), filtriert und fällt im Filtrat das Selen nach Neutralisation mit Ammoniak aus schwach salzsaurer Lösung mit Hydrazinsulfat gemäß der Vorschrift auf S. 730.

Im Filtrat vom Rohselen wird das Tellur mit Natriumhypophosphit neben etwas Kupfer zur Fällung gebracht; man löst es mit Kaliumbromat (s. S. 733) wieder auf und fällt es mit Hydrazinsulfat aus salzsaurer Lösung in nunmehr reiner Form nach S. 784.

III. Selengehalt von Blei

Als Verunreinigungen können im Weichblei oder Hartblei Mengen bis 0,01% Selen auftreten. Selenhaltige Bleilegierungen mit Selengehalten von 0,01 bis 0,1% sollen besonders widerstandsfähig gegenüber chemischen Einflüssen sein.

Zur Bestimmung des Selens zersetzt man bei Gehalten von einigen hundertstel Prozenten Selen 12,5 g zerkleinerte Bleispäne im 500 ml-Meßkolben mit 30 ml Salpetersäure (1 + 1) — zuletzt unter gelindem Erwärmen — und bringt das Bleinitrat durch Zusatz von 250 ml Wasser in Lösung. In dieser Lösung wird das Silber mit einigen Tropfen Salzsäure als Chlorid, das Blei mit 30 ml Schwefelsäure (1 + 2) als Sulfat gefällt. Alsdann kühlt man die Lösung ab, fügt 125 ml Äthanol hinzu, füllt den Kolben mit Wasser zur Marke auf, schüttelt gründlich durch und läßt das Bleisulfat einige Std. absitzen. Darauf entnimmt man dem Kolben genau 400 ml (= 10 g Einwaage), filtriert die Abmessung durch ein dichtes Filter in ein 600 ml-Becherglas und wäscht das Filter mit verdünntem Äthanol aus. Dieses Filtrat wird nach Zusatz einiger Tropfen Methylorangelösung schwach ammoniakalisch gemacht, auf dem Wasserbad bis auf etwa 50 ml eingedampft und dann mit Salzsäure angesäuert, so daß etwa 5 ml Salzsäure (1 + 1) im Überschuß vorhanden sind. Einen etwa auftretenden Niederschlag (meist AgCl) filtriert man auf ein kleines, dichtes Filter ab und fällt im Filtrat das Selen durch Zusatz einiger g Hydrazinsulfat. Man erhitzt 15 min zum gelinden Sieden, läßt den Niederschlag auf dem Wasserbad einige Std. absitzen, filtriert ihn auf einen tarierten Porzellanfiltertiegel (A 2) ab und wäscht mit salzsäurehaltigem Wasser, zuletzt mit Alkohol aus. Nach einstündigem Trocknen bei 105° wird ausgewogen. Man prüft das Selen durch Verglühen auf Reinheit und bringt einen etwa verbleibenden Rückstand (hauptsächlich AgCl) von der Auswaage in Abzug.

Enthält das Blei auch Tellur, so wird ein größerer Teil desselben mit dem Selen ausgewogen; ein Rest ist in der nitrathaltigen Lösung nicht ausgefallen und befindet sich noch im Filtrat von der Selenfällung. Die Bestimmung des Selens im gewogenen Selen-Tellur-Gemisch erfolgt dann nach der Eisen(II)-sulfat-Methode (s. S. 732).

Soll das restliche Tellur ebenfalls bestimmt werden, so dampft man das Filtrat vom Selen (+ Tellur) auf dem Wasserbad mit Salzsäure mehrfach zur Trockne, um die Salpetersäure zu entfernen, und fällt die geringen Mengen Tellur mit Natriumhypophosphit.

Bei höheren oder niedrigeren Selengehalten werden kleinere bzw. größere Einwaagen gewählt und auch die Säuremengen entsprechend geändert.

E. Die Bestimmung des Selens in anderen Stoffen

I. Selengehalt von Seleniten

1. Gewichtsanalytisch

0,5 bis 1 g Salz löst man mit 50 ml Wasser, säuert die Lösung mit 5 ml Salzsäure (1 + 1) an und filtriert von einem etwa verbliebenen Rückstand ab. Das Filtrat wird auf etwa 100 ml verdünnt. Dann fällt man das Selen in dieser Lösung nach einer der im Abschnitt C angegebenen Methoden.

2. Maßanalytisch

Zu der Lösung des Selenits, welche nicht mehr als 0,2 g SeO_2 enthalten soll, gibt man so viel Schwefelsäure, daß 1 bis 2% freie Säure enthalten sind; dann wird n/10-Kaliumpermanganatlösung hinzugesetzt, bis die Flüssigkeit über dem sich ausscheidenden braunen Niederschlag von Mangandioxyd deutlich violett gefärbt bleibt. Darauf wird n/10-Oxalsäure bis zum Auflösen des Niederschlages und Farbloswerden der Lösung hinzugefügt. Den Überschuß an Oxalsäure titriert man nach Zugeben von weiteren 10 ml Schwefelsäure (1 + 1) und Erwärmen der Lösung auf 50 bis 60° mit n/10-Kaliumpermanganatlösung zurück.

1 ml n/10-Kaliumpermanganatlösung = 3,95 mg Se.

3. Durch elektrometrische Titration

Die Lösung des Selenits wird mit 10 ml Salzsäure (1,19) je 100 ml Volumen versetzt und mit n/10-Kaliumjodidlösung elektrometrisch titriert. Man verwendet zur Titration als Elektrode einen Platindraht und eine Normalkalomelelektrode.

Bei diesem Verfahren werden Tellur, Kupfer und Eisen nicht mittitriert.

1 ml n/10-Kaliumjodidlösung = 1,974 mg Se.

II. Selengehalt von Selenaten

Die Lösung des Selenats versetzt man mit 5 ml konz. Essigsäure je 100 ml Flüssigkeit und fällt die Selensäure bei 50 bis 60° mit einer konz. Lösung von Bleiacetat. Nach der Fällung setzt man der Lösung so viel Äthanol hinzu, daß sie etwa 5 bis 10 Vol.-% Äthanol enthält, läßt sie erkalten und filtriert den Niederschlag auf einen Filtertiegel ab. Das Bleiselenat wird erst mit kaltem Wasser, anschließend mit 96proz. Äthanol und zuletzt mit Äther ausgewaschen und im Vakuumexsiccator $^1/_2$ Std. getrocknet.

Umrechnungsfaktor auf Se = 0,2255.

III. Selengehalt von Schwefelsäure

Je nach den zu erwartenden Selengehalten werden 50 bis 500 g Schwefelsäure mit der 10fachen Menge Wasser verdünnt und durch Zusatz von Salzsäure (1,19) auf einen Gehalt von 5 Vol.-% freier HCl gebracht. Die so vorbereitete Lösung wird nach vorheriger Filtration mit schwefliger Säure behandelt und auf dem Wasserbad erwärmt, bis sich das Selen zusammengeballt hat. An Stelle der schwefligen Säure verwendet man besser 1 bis 2 g Hydrazinsulfat oder Eisen(II)-sulfat, welche nach und nach zugegeben werden.

IV. Selengehalt von Schwefel

1. Alkalischer Aufschluß

5 bis 20 g feingepulverter Schwefel werden durch Zugeben von möglichst wenig Kalilauge (300 g/l) vollständig in Lösung gebracht. Die anschließend mit Wasser verdünnte Lösung oxydiert man mit Brom und säuert sie mit Salzsäure (1 + 1) an, bis sie etwa 3 Vol.-% freie Säure enthält. Sollte die Lösung hierbei nicht vollständig klar sein, so wird der Rückstand abfiltriert. Das überschüssige Brom reduziert man durch Zugeben von Natriumhyposulfit oder einer Hydrazinsulfatlösung (200 g/l). Beim anschließenden Erwärmen der Lösung auf dem Wasserbad fällt das Selen in elementarer Form aus. Es wird abfiltriert, ausgewaschen und getrocknet.

2. Saurer Aufschluß

5 bis 20 g Schwefel werden langsam in rauchende Salpetersäure eingetragen. Dann dampft man die Lösung bis eben zum Auftreten von Schwefelsäuredämpfen ein, wobei zu beachten ist, daß sich bei zu lang dauerndem Rauchen Selen verflüchtigen kann. Die salpetersäurefreie Lösung wird mit kaltem Wasser verdünnt und mit 10 bis 25 mg Codeinphosphat versetzt, wobei entweder sofort oder nach Verlauf 1 min eine Grünfärbung entsteht, die langsam in Blaugrün übergeht. Diese Färbung kann bei kleinen Mengen zur *photometrischen* Bestimmung des Selens verwendet werden. Sie wird aber durch die Gegenwart von Eisen gestört, während Tellur in kleinen Mengen unschädlich ist. W. C. Hughes und H. N. Wilson benutzen die rötliche Färbung, die entsteht, wenn das Selen in salpetersäurefreier schwefelsaurer Lösung in Gegenwart von Gummiarabicum durch Kaliumjodid kolloidal abgeschieden wird, zur photometrischen Bestimmung des Selens im Vergleich zu gleichzeitig angesetzten Farbstufen mit bekannten Selengehalten.

Literatur. Z. analyt. Chem. Bd. 115 (1938/39) S. 45.

Die Selenbestimmung kann aber auch nach einer der angegebenen, gewichtsanalytischen Methoden durchgeführt werden.

3. Aufschluß mit Natriumsulfit

10 bis 20 g Schwefel werden mit einer wäßrigen Lösung von Natriumsulfit (100 g/l) am Rückflußkühler gekocht. Der Schwefel geht als Natriumthiosulfat und das Selen als Natriumselenosulfat ($NaSeSO_3$) in Lösung. Nach dem Abkühlen wird vom Rückstand abfiltriert. Das Filtrat versetzt man mit 50 ml Formaldehyd und erhitzt auf dem Wasserbad, bis sich das gesamte Selen ausgeschieden hat. Man filtriert es auf einen Filtertiegel ab, wäscht es zum Entfernen etwa ausgeschiedenen Eisenhydroxyds erst mit verdünnter Salzsäure (1 + 1), dann mit heißem Wasser, zuletzt mit Äthanol und Äther aus und trocknet es 1 Std bei 105°.

V. Selen in Selenrot

Näheres s. im Kapitel Cadmium, S. I/260.

Kapitel 32

Silber und Gold*

Inhalt

---

*	1. Auflage	2. Auflage
Bearbeiter:	**Rolf, Ensslin**	**Grube, Rolf**
Mitarbeiter:	**Ahrens, Borkenstein, Fischer Kerl, Proske, Raub**	**Ahrens, Borkenstein**

A. Vorkommen

Silber: Man unterscheidet *silberhaltige Erze* und eigentliche *Silbererze.* Ausgangsstoffe für die technische Gewinnung des Silbers sind in der Hauptsache nur die silberhaltigen Erze, in erster Linie der Bleiglanz mit 0,001% bis über 1% Silber, in welchem das Silber als Ag_2S in fester Lösung vorhanden ist (Vorkommen im Harz, Marl-Hüls, Holzappel, Oberschlesien usw.), in zweiter Linie silberführende Kupfererze mit 0,005% bis 0,2% Silber (Mansfeld). Eigentliche Silbererze, die technisch jedoch wenig Bedeutung haben, sind *Silberglanz* (Argentit, Ag_2S) im Erzgebirge, Bolivien (Huanchaca), Peru, Chile und namentlich Mexiko (Zacatecas), *Fahlerze* (Tetraedrit) in Deutschland, Frankreich, Ungarn, Colorado, *Rotgültigerz* (Pyrargyrit, $3Ag_2S \cdot Sb_2S_3$, Proustit, $3Ag_2S \cdot As_2S_3$) und *Chlorsilber* (Silberchlorid, AgCl). Das Silber kommt außerdem auch *gediegen* in der Natur vor.

Gold: Das Gold findet sich in der Natur vorwiegend in *gediegenem* Zustand, und zwar als *Seifengold* (besonders in Nordamerika, Australien, Rußland, auch in den Sanden deutscher Flüsse) und als *Berggold* (in Gängen und Flözen vieler Gebirge und Erzlagerstätten in allen Erdteilen). Demgegenüber sind die Vorkommen von eigentlichen Goldmineralien, wie etwa *Nagyagit, Sylvanit* und *Calaverit* mengenmäßig unbedeutend. Ein großer Teil des gewonnenen Goldes stammt heute aus der Verhüttung anderer Erze, wie z. B. goldführender Pyrite, Kupferkiese (Rammelsberg) und Arsenkiese.

B. Qualitativer Nachweis

Silber: Chlorionen fällen aus neutralen oder sauren Silberlösungen weißes Silberchlorid aus, unlöslich in Salpetersäure, aber leicht löslich in Ammoniak unter Bildung von Diamminsilberchlorid $[Ag(NH_3)_2Cl]$. Auf Zusatz von Salpetersäure wird dieses Komplexsalz wieder zerlegt unter Abscheidung von Silberchlorid.

In den eigentlichen Silbererzen läßt sich das Silber auf trockenem Wege dadurch nachweisen, daß man die mit Soda gemischte Erzprobe auf der Kohle vor dem Lötrohr oder am Kohlensodastäbchen glüht. Man erhält dabei das Silber als weißes, duktiles Metallkorn, das sich leicht in Salpetersäure löst. Die salpetersaure Lösung reagiert mit Salzsäure unter Bildung des charakteristischen Silberchloridniederschlages.

Zum Nachweis des Silbers in silberhaltigen Erzen benutzt man zweckmäßig die dokimastische Probe, wie sie im folgenden für die quantitativen Silberbestimmungen in Erzen beschrieben ist.

Gold: Zum Nachweis des Goldes in den Goldmineralien kann man wie beim Silber die Lötrohrprobe oder die Probe am Kohlensodastäbchen durchführen. Für goldhaltige Erze muß man jedoch wegen des geringen Goldgehaltes meist die dokimastische Probe anwenden, auf die schon beim Silber hingewiesen wurde. Das bei dieser Feuerprobe gewonnene Edelmetallkorn enthält das Gold, und dieses bleibt nach dem Herauslösen des Silbers mit Salpetersäure ungelöst zurück. Eine weitere Identifizierung kann nach dem Lösen des Metalls in Königswasser auf nassem Wege erfolgen.

Reduktionsmittel, wie z. B. Eisen(II)-salze, Zinn(II)-salze, Schwefeldioxyd oder unedlere Metalle, wie Eisen, Zink, Aluminium, Magnesium, fällen aus schwach salz- oder schwefelsauren Lösungen das Gold in kolloidaler Form als feines braunes Pulver oder als zusammenhängenden braunen Metallschwamm aus. Zinn(II)-chlorid z. B. erzeugt den bekannten CASSIUSschen Goldpurpur. Diese Reaktion ist äußerst empfindlich und eignet sich deshalb auch zum Nachweis des Goldes in sehr verdünnten Lösungen, wie z. B. in Ablaugen, Abwässern u. dgl.

C. Die Betriebsverfahren zur Ermittlung der Edelmetallgehalte

I. Erze

Silber und Gold reichern sich bei der Verhüttung edelmetallführender Erze in Rohmetallen oder Zwischenprodukten, wie Steinen, Speisen an. Die Zwischenprodukte gehen meist wieder in den Verhüttungsprozeß zurück, während den Rohmetallen durch trockene (Zinkentsilberung beim Werkblei) oder nasse Verfahren (Elektrolyse) die Edelmetalle entzogen und dann in geeigneten Arbeitsgängen zu Feinsilber, Feingold (Feinplatin) gereinigt werden.

1. Bleierze

Grundlage. Die Edelmetalle werden auf dokimastischem Wege bestimmt. Dafür kann man 2 Verfahren anwenden. Das eine wird als *Tiegelprobe* bezeichnet, weil die zu untersuchende Substanz im Tiegel mit einem reduzierenden Flußmittel niedergeschmolzen wird, wobei die Edelmetalle von dem entstehenden Bleiregulus aufgenommen werden. Liegt der Bleigehalt des Erzes unter 50%, so ist ein Zusatz von silberfreier Bleiglätte erforderlich (gelber Fluß). Das andere Verfahren bezeichnet man als *Ansiedeprobe*, weil das Probematerial mit Kornblei und Borax in einem Tonscherben gleichsam „gesotten“ werden muß, bis die Verunreinigungen verschlackt und die Edelmetalle in den Bleiregulus übergeführt sind.

Die bei der Tiegel- und Ansiedeprobe anfallenden Bleireguli werden — gegebenenfalls nach Einschaltung von Zwischenverschlackungen — abgetrieben. Die erhaltenen Edelmetallkörner werden dann mit Salpeter- oder Schwefelsäure weiterbehandelt.

Anwendungsbereich und Bedeutung. Die angegebenen Methoden dienen zur Bestimmung des Edelmetallgehaltes von Bleierzen und -konzentraten.

Genauigkeit. 1.

Dauer. Für das Niederschmelzen des Erzes nach der Tiegelprobe $1^1/_2$ bis 2 Std., für die Ansiedeprobe sowie für eine Zwischenverschlackung $^3/_4$ bis $1^1/_2$ Std., für die Scheidung des Edelmetallkorns $^1/_2$ bis $^3/_4$ Std.

Ausführung.

a) Tiegelprobe

25 bis 50 g Erz werden in einem Eisen-, Schamotte-, Ton- oder Graphittiegel mit einem der nachstehend aufgeführten, reduzierenden Flußmittel niedergeschmolzen:

1. 70 Teile Soda, 10 Teile Weinstein, 40 Teile Borax oder
2. 35 Teile Soda, 35 Teile Pottasche, 30 Teile Borax, 10 Teile Mehl oder
3. 100 Teile Bleiglätte, 10 Teile Pottasche, 44 Teile Mehl oder
4. 84 Teile Bleiglätte, 44 Teile Pottasche, 44 Teile Soda, 28 Teile Kochsalz und 15 Teile Mehl.

Die Einwaage wird mit etwa 50 g Flußmittel gut gemischt und die Mischung mit einem kleinen Löffel voll Flußmittel abgedeckt. Man schmilzt in einem gas- oder koksbeheizten Tiegelofen oder in einem gas- oder kohlenbeheizten Muffelofen ein. Da die Mischung beim Einschmelzen infolge der Reaktion der Carbonate mit der Gangart schäumt, muß das Einschmelzen sehr vorsichtig und bei möglichst niedriger Temperatur (Rotglut) erfolgen. Wenn nach 20 bis 30 min Beruhigung des Schmelzflusses eingetreten ist, steigert man die Temperatur und erhitzt noch 30 min auf 1000 bis 1200° weiter. Nach vollkommener Beruhigung der Schmelze wird der Tiegel aus dem Ofen genommen.

Hat man im schmiedeeisernen Tiegel geschmolzen, so wird dieser sofort nach dem Herausnehmen auf einer eisernen Platte mehrmals leicht aufgestoßen, damit sich etwa in der Schmelze verteilte Metallperlen am Boden des Tiegels mit dem Regulus vereinigen. Dann kippt man ihn langsam über einen vorgewärmten Einguß und läßt die flüssige Schlacke vorsichtig in diesen einlaufen, wobei darauf zu achten ist, daß kein Metall mit herausfließt. Nach dem Abgießen der Schlacke stürzt man das flüssige Metall in die Vertiefung eines Buckelbleches. Den Tiegel selbst stößt man mit der Öffnung nach unten mehrmals auf die Eisenplatte und beobachtet, ob sich unter den herausfallenden Schlackenteilchen noch Metallperlen befinden, welche an den Innenwänden des Tiegels gehaftet haben. Sie werden mit der Pinzette aufgesammelt und mit dem Bleikönig vereinigt; das gleiche geschieht mit den möglicherweise in der Spitze des Schlackeneingusses sich vorfindenden Bleiresten. Besser ist es, da das ,,Aufsammeln" der Körner schwer quantitativ durchzuführen ist, die abgezogene Schlacke im gleichen Tiegel nochmals nachzuschmelzen.

Der Bleikönig kann zur Bestimmung des Bleigehaltes gewogen werden, wenn die beiden unter 1. und 2. oben angegebenen Flußmittel verwendet wurden. Es ist dabei jedoch zu berücksichtigen, daß die so gefundenen Bleigehalte durchschnittlich um 1 bis 2% niedriger liegen als die bei der maßanalytischen Bleibestimmung gefundenen Werte.

Bei Verwendung von Schamottetiegeln muß man zur Bindung des Sulfidschwefels und zur Verhinderung von Steinbildung etwas metallisches Eisen in Form von Draht oder Nägeln zusetzen. Nach Beendigung des Schmelzens wird der Tiegel aus dem Ofen genommen und nach vollständigem Erkalten zerschlagen. Bei reinen Bleierzen trennt sich der Metallkönig gut von der Schlacke.

b) Ansiedeprobe

Je nach der Höhe des Silbergehaltes wägt man 2- bis 5mal je 5 g Erz auf Ansiedescherben ein, auf die man vorher etwa 10 g edelmetallfreies Kornblei gebracht hat. Man mischt mit einem Spatel sorgfältig durch und deckt mit weiteren 10 g Kornblei ab. In jeden Ansiedescherben gibt man dann noch etwa 2 g Borax. Danach setzt man die Scherben in die hellrot glühende Muffel ein und bringt die Probe zum Schmelzen. Am Rand des Scherbens bildet sich ein dunkler, nicht dampfender Schlackenring, welcher aus der durch Borax und Glätte verschlackten Gangart besteht. Das Edelmetall geht bei diesem Arbeitsgang des heißen Einschmelzens in den Bleiregulus über. Sind Zinn und Antimon im Erz vorhanden, so wendet man die doppelte Menge Kornblei an.

Die Temperatur des Ofens wird nun auf etwa 750 bis 800° gesenkt, indem man das Muffeltor öffnet, so daß Luft zur Oxydation des Bleies sowie des aus dem Erz stammenden Arsens, Antimons und Kupfers hinzutreten kann. Der Ofen muß bei diesem Vorgang aber immer so heiß sein, daß die Proben flüssig bleiben. Gegebenenfalls legt man zur Vorwärmung der zutretenden Oxydationsluft ein größeres Stück Holzkohle in die Muffelöffnung. Durch die Oxydation des Bleies bildet sich Bleioxyd, das die Oxyde der anderen Metalle, die noch in der Probe vorhanden sind, zu lösen vermag. Hat sich der Schlackenring geschlossen, so ist der Oxydationsprozeß beendet, da nun der Sauerstoff nicht mehr zur metallischen Oberfläche gelangen kann. Die Schlacke soll dünnflüssig sein und eine glatte Oberfläche haben, was bei Bleierzen meist der Fall ist, bei kupfer- und zinkhaltigen Erzen jedoch mitunter nicht erreicht wird. In solchen Fällen ist es nötig, nochmals 1 bis 2 g Borax zuzusetzen oder aber, falls auch damit die Oberfläche nicht glatt wird, die gesamte Bestimmung mit einer kleineren Einwaage zu wiederholen.

Gegen Ende des Ansiedens erhitzt man die Proben bei geschlossener Muffel nochmals kräftig (auf etwa 1000°), damit sich das Metall gut von der Schlacke trennt. Dann nimmt man die Scherben aus der Muffel, läßt sie abkühlen und gewinnt den Metallkönig durch Zerschlagen der Scherben. Man kann den Arbeitsgang dadurch abkürzen, daß man den Inhalt der Scherben nach dem Herausnehmen aus dem Ofen sofort in ein Buckelblech ausgießt, welches vorher mit Kreide bestrichen wurde. Die Schlacke springt entweder schon beim Erkalten ab oder kann vom Bleikönig durch leichtes Klopfen mit dem Hammer entfernt werden.

Die Bleikönige eignen sich zum Abtreiben, wenn sie beim Hämmern vollkommen weich erscheinen und nicht über 20 g schwer sind, anderenfalls werden sie noch einmal in einem neuen Ansiedescherben verschlackt. Bei harten Bleikönigen ist es notwendig, bei der nochmaligen Verschlackung etwas Borax und gegebenenfalls auch Kornblei hinzuzugeben. Manchmal ist es auch zweckmäßig, zwei der großen Könige zusammen in einen Ansiedescherben zu bringen und sie ohne Kornblei, aber unter Zusatz von Borax zu verschlacken.

c) Abtreiben des Bleikönigs

Das Abtreiben erfolgt auf Kapellen, die früher aus Knochenasche, heute aber vorwiegend aus Magnesit hergestellt werden. Die Kapellen werden im Muffelofen ausgeglüht. Dann legt man die edelmetallhaltigen Bleireguli mit einer Zange auf die glühenden Kapellen. Es ist darauf zu achten, daß das Gewicht des Bleikönigs um 2 bis 5 g geringer ist als das der zur Verwendung kommenden Kapelle. Nach dem Einsetzen der Bleikönige erhitzt man die Muffel kräftig bei geschlossener Tür, damit die Könige rasch einschmelzen und zu oxydieren beginnen, erkennbar an dem von der Metalloberfläche aufsteigenden Rauch. Nun läßt man durch Öffnen der Muffeltür Luft hinzutreten, wobei das Blei zu Bleioxyd oxydiert und in geringen Mengen verdampft, größtenteils aber mit dem Rest der unedlen Metalle von der Kapellenmasse aufgesaugt wird. Bei diesem Oxydationsprozeß ist die Temperatur so niedrig zu halten, daß kein Verdampfungsverlust an Edelmetall eintreten kann (etwa 800°). Andererseits dürfen aber die Proben auf den Kapellen nicht erstarren („einfrieren"). Die richtige Temperatur erkennt man daran, daß die Muffel dunkelrot glüht und am Auftreten von „Federglätte", d. h. von kristallisiertem Bleioxyd an dem inneren Rand der dem Tor zugewandten Kapellenseite. Gegen Ende des Treibprozesses muß die Temperatur wieder gesteigert werden, da sonst das Edelmetallkorn „einfriert". Gegen Ende des Treibens bildet sich über dem Edelmetallkorn eine feine, dünne Haut, welche in den Regenbogenfarben schillert. Nun werden die Kapellen in den mittleren Teil der Muffel geschoben und dort belassen, bis das Silberkorn fertig „geblickt" hat. Die Probe soll heiß blicken und ist einwandfrei, wenn die erhaltenen Körner silberweiß und rund sind und keine sichtbaren Spratzerscheinungen aufweisen, welche durch Entweichen von gelöstem Sauerstoff aus dem Silberkorn entstehen.

Die Kapellen werden sodann aus der Muffel herausgenommen und die Körner nach dem Erkalten mit einer Kornzange aus der Kapelle entfernt. Man reinigt sie mit einer Kornbürste von etwa anhaftenden Kapellenteilchen und wägt sie auf einer Probierwaage aus. Sie können aus reinem Silber, aber auch aus Legierungen von Silber, Gold und Platinmetallen bestehen.

d) Scheiden des Edelmetallkornes

Soll in den Erzen nicht nur die Summe der Edelmetalle, sondern auch Silber, Gold und Platin einzeln bestimmt werden, so muß man die nach dem Abtreiben erhaltenen und gewogenen Edelmetallkörper in Salpetersäure oder Schwefelsäure lösen. Das Korn wird hierzu in ein Goldkochkölbchen gebracht, welches einen birnenförmigen Glaskörper von etwa 100 ml Inhalt mit einem etwa 17 cm langen Hals darstellt, und in diesem mit 15 ml halogenfreier Salpetersäure (1,2) 10 min gekocht. Hierbei löst sich das Silber auf, und das Gold bleibt in Form von braunen Flittern zurück. Nach Beendigung des Lösens und Verschwinden der braunen Dämpfe gießt man die über dem Gold stehende Säure vorsichtig ab, gibt 15 ml halogenfreie Salpetersäure (1,3) hinzu und kocht wieder. Die Säure wird nach 10 min wiederum abgegossen. Das Gold wird sodann durch mehrmalige Zugabe von je 50 ml reinstem, destilliertem Wasser und nachfolgendem Dekantieren von den Resten des Silbernitrats befreit. Zum Schluß füllt man das Goldkölbchen bis an den Rand mit destilliertem Wasser, stülpt einen kleinen Porzellantiegel über die Öffnung, der passend zum Goldkölbchen gearbeitet ist, und dreht dieses um, so daß das Gold nach unten in den Porzellantiegel sinkt. Das umgedrehte Goldkochkölbchen bleibt im Porzellantiegel einige min stehen, bis sich auch die feinsten Goldflitterchen quantitativ am Boden des Tiegel gesammelt haben. Ist dieses geschehen, so zieht man das Kölbchen rasch weg und gießt das im Tiegel befindliche Wasser vorsichtig ab. Man trocknet und glüht das Gold bei 700 bis 800° und wägt es. Bei der genauen Befolgung der obigen Arbeitsweise ist man sicher, daß das Gold stets in Form von Flitterchen und nicht als Staubgold anfällt.

Der Goldgehalt wird durch direkte Auswaage ermittelt. Den Silbergehalt errechnet man aus dem Gewicht des Edelmetallkornes abzüglich der Goldauswaage. Die Bestimmung etwa vorhandener Platinmetalle s. unter Speisen, S. 752.

Fehlerquellen. Bei der Bestimmung des Edelmetallgehaltes auf trockenem Wege ist mit folgenden Fehlerquellen zu rechnen: Ganz allgemein treten hierbei kleine Edelmetallverluste auf, die auf das Verfahren selbst zurückzuführen sind. Vor allem muß mit dem sog. Kapellenzug gerechnet werden, der darauf beruht, daß beim Treiben geringe Edelmetallmengen in die Kapelle einsickern. Die Größe dieses Verlustes ist abhängig von dem Kapellenmaterial, aber auch von den Versuchsbedingungen, vor allem von der Temperatur, bei welcher getrieben wird. Andererseits werden, wenn das Edelmetallkorn nicht heiß genug geblickt hat, zu hohe Befunde zu erwarten sein. Den Treibverlust ermittelt man dadurch, daß man zugleich mit der Probe und unter den gleichen Arbeitsbedingungen eine synthetische Probe, die der zu untersuchenden etwa gleicht, ansiedet und den Bleiregulus abtreibt. Der auf diesem Wege ermittelte Edelmetallverlust wird sodann bei der Berechnung des Edelmetallgehaltes der untersuchten Probe berücksichtigt.

Um Goldverluste zu vermeiden, müssen die Arbeitsbedingungen für die Scheidung vom Silber genau eingehalten werden, damit nicht dadurch, daß das Gold sich etwa staubfein abscheidet, mechanische Verluste eintreten. — Die verwendete Salpetersäure muß frei von Salzsäure, Schwefelsäure und salpetriger Säure sein (s. Bd. I, Schiedsverfahren, 2. Aufl., S. 166).

2. Kupfererze

Grundlage. Bei Kupfererzen kann man sich für die Edelmetallbestimmung ebenfalls der Tiegel- und Ansiedeprobe bedienen. Bei ersterer müssen die Erze vor dem Niederschmelzen mit gelbem Fluß durch Rösten möglichst vollkommen vom Schwefel befreit werden. Dann wird der edelmetallhaltige Regulus mit Borax und Kornblei angesotten und abgetrieben. Hinsichtlich der Ansiedeprobe verfährt man wie bei den Bleierzen, nur nimmt man kleinere Einwaagen.

Anwendungsbereich und Bedeutung. Die beiden Verfahren dienen zur Silber- und Goldbestimmung in Kupfererzen.

Genauigkeit. Die trockenen Verfahren liefern, von Probierern ausgeführt, gute Resultate; rasch und sicher führt auch die kombinierte (naß-trockene) Methode zum Ziel (s. S. 746).

Dauer. Für die Tiegelprobe benötigt man bis zum Gewinnen der Edelmetallkörner 5 bis 6 Std., für die Ansiedeprobe, je nach der Höhe des Kupfergehaltes 4 bis 6 Std.

Ausführung.

a) Tiegelprobe

Für die Durchführung der Tiegelprobe bei Kupfererzen ist zu beachten, daß das zur Untersuchung kommende Erz vor dem Einschmelzen durch Rösten möglichst vollkommen vom Schwefel befreit sein muß.

Je nach dem Edelmetallgehalt werden 25 bis 50 g Erz eingewogen und in einem Röstscherben aus Schamotte abgeröstet. Das Abrösten erfolgt im Muffelofen bei geöffnetem Tor. Die Muffel soll zu Beginn des Röstens schwach rotglühend sein; dann wird die Temperatur nach und nach auf 600 bis 800° gesteigert, wobei das Röstgut des öfteren durchgerührt werden muß. Es ist darauf zu achten, daß das Erz nicht sintert oder gar zusammenschmilzt, da sonst Verluste durch Anbacken an die Schamottewandung entstehen können und die Abröstung infolge Einschlusses sulfidischer Bestandteile unvollkommen ist.

Man kann statt des Röstens auch so vorgehen, daß man den Schwefel durch Schmelzen im Eisentiegel oder beim Schmelzen im Tontiegel durch Hineinbringen eines Stückes Weicheisen bindet (s. S. 743).

Das abgeröstete Erz wird mit der 3fachen Menge des sog. „gelben Flusses", bestehend aus etwa 40 Teilen Bleiglätte, 20 Teilen Pottasche, 20 Teilen calcinierter Soda, 10 Teilen Mehl und 10 Teilen Kochsalz, gemischt und in einen Schamottetiegel gebracht. Dann wird die Mischung mit dem Flußmittel abgedeckt und im Tiegelofen bei möglichst niedriger Temperatur eingeschmolzen. Nach Beruhigung der Schmelze, d. h. nachdem das Kohlendioxyd entwichen ist, wird die Temperatur gesteigert, so daß ein glatter Fluß entsteht. Nach 20 min des Heißgehens bis 1200° nimmt man den Tiegel heraus und läßt ihn erkalten. Man zerschlägt ihn und befreit den Bleikupferkönig von der Schlacke, teilt ihn in 4 Teile und unterzieht diese nach Zugeben von Kornblei und Borax der Ansiedeprobe, bis weiche, hämmerbare Bleikönige entstanden sind, die, nach dem letzten Verschlacken wieder zusammen auf *einer* Kapelle abgetrieben werden können.

b) Ansiedeprobe

Die Ansiedeprobe wird, wie unter „Bleierz" angegeben, ausgeführt, jedoch beträgt die Einwaage je Ansiedescherben nicht 5 g, sondern je nach dem Kupfergehalt 1,25 bis 2,5 g Erz. Das Ansieden muß bei Kupfererzen so oft unter Zusatz von Borax und Kornblei wiederholt werden, bis ein weicher Bleikönig entstanden und die Schlacke nicht mehr grün gefärbt ist. Im allgemeinen genügt hierzu ein 3maliges Ansieden des Erzes. Theoretisch müßte zuerst das ganze Blei verschlackt werden, ehe sich das Kupfer oxydiert. Das Bleioxyd wirkt jedoch als Sauerstoffüberträger auf das Kupfer. Das gebildete Kupferoxyd löst sich dann im Bleioxyd auf und bildet eine kupferhaltige Glätte. Der entstandene Bleikönig, der die gesamten Edelmetalle aus der Einwaage enthält, wird auf einer Kapelle abgetrieben, das gewonnene Edelmetallkorn wird gewogen und gegebenenfalls der Scheidung mit Salpeter- oder Schwefelsäure unterworfen.

Fehlerquellen. Falls das Erz ungenügend abgeröstet ist, kann sich beim Schmelzen im Tiegel edelmetallhaltiger Kupferstein bilden. Klopft man diesen dann zusammen mit der Schlacke ab, so geht ein Teil des Edelmetalls verloren.

c) Die kombinierte (naß-trockene) Methode

Grundlage. Das Erz schließt man zunächst durch Kochen mit Schwefelsäure (1,84) auf, um die Hauptmenge der Metalle, besonders des Kupfers, in Lösung zu bringen. Das Gold und die Platinmetalle bleiben hierbei ungelöst zurück. Das Silber wird in der mit Wasser verdünnten Lösung durch Zugeben von Natriumbromid als Silberbromid ausgefällt. Der abfiltrierte Rückstand und Niederschlag werden sodann mit Hilfe der Tiegel- oder Ansiedeprobe weiterverarbeitet.

Anwendungsbereich und Bedeutung. Die Methode dient zur Edelmetallbestimmung in Kupfererzen. Wie bei diesen kann sie auch bei anderen Erzen und Materialien angewandt werden, deren Hauptanteil an unedlen Metallen sich durch Aufschluß mit Schwefelsäure vor der Durchführung der eigentlichen Feuerprobe entfernen läßt.

Genauigkeit. 1.

Dauer. Etwa 12 bis 14 Std.

Ausführung. 25 bis 50 g Erz werden in einem 2- oder 3 l-Becherglas mit möglichst wenig Wasser angeteigt und mit 75 bis 150 ml Schwefelsäure (1,84) versetzt. Man erwärmt erst vorsichtig und kocht zum Schluß 30 min, um die Probe möglichst weitgehend zu zersetzen. Die Schwefelsäure muß so lange zum Rauchen erhitzt werden, bis die gesamten organischen Bestandteile, welche die Schwefelsäure zunächst schwarzbraun färben, zerstört sind und die Säure hell geworden ist. Nach dem Erkalten nimmt man mit 150 ml Wasser auf und gibt, um Antimon und Zinn möglichst weitgehend in Lösung zu halten, 30 bis 50 g Weinsäure hinzu. Dann verdünnt man durch Zugeben von Wasser auf 1 l, kocht die Lösung kurze Zeit auf und setzt zur Fällung des als Silbersulfat in Lösung gegangenen Silbers 10 bis 20 ml Natriumbromidlösung (10 g/l) unter Umrühren hinzu, wobei das Silber als Silberbromid ausgefällt wird. Um dieses in gut filtrierbarer Form vollständig niederzuschlagen, versetzt man die Lösung mit 20 ml Bleiacetatlösung (100 g/l), so daß sich ein kräftiger Niederschlag von Bleisulfat bildet, der etwa kolloidales Silberbromid niederreißt. Nach dem Durchrühren der Lösung und weiterem Verdünnen läßt man in der Wärme absitzen und filtriert dann vom Niederschlag durch ein dichtes Doppelfilter ab. Der Niederschlag wird mehrmals mit kaltem Wasser ausgewaschen, getrocknet und darauf samt dem Filter in einen Schamottetiegel gegeben, auf dessen Boden sich 20 g eines Flußmittels befinden, bestehend aus 35 Teilen Soda, 35 Teilen Pottasche, 30 Teilen Borax, 10 Teilen Mehl und 40 Teilen edelmetallfreier Probierglätte. Man deckt den Tiegelinhalt mit weiteren 80 g dieser Mischung ab und schmilzt ihn im Tiegel- oder Muffelofen langsam nieder, bis die Schmelze ruhig fließt. Danach läßt man den Ofen 30 min möglichst heiß gehen und nimmt dann den Tiegel zum Erkalten heraus. Der erhaltene Bleiregulus wird auf einem Ansiedescherben verschlackt. Nach einmaligem Verschlacken ist er meistens so rein, daß er unmittelbar auf der Kapelle abgetrieben werden kann. Sollte das nicht der Fall sein, muß das Ansieden und Verschlacken wiederholt werden.

Fehlerquellen. Bei ungenügendem Verdünnen der Lösung scheiden sich mitunter Kupfersulfatkristalle aus. Sie sind durch sorgfältiges Auswaschen des Niederschlages unbedingt in Lösung zu bringen, da sie beim Schmelzen und Verschlacken stören würden. Im übrigen s. S. 745.

3. Zink-, Wismut- und Zinnerze

Die Erze werden zunächst abgeröstet, da sie im allgemeinen sehr hohe Schwefelgehalte aufweisen, die einerseits bei der Ansiedeprobe Verluste durch örtliche Überhitzungen während der Oxydation des Schwefels und andererseits bei der Tiegelprobe Steinbildung verursachen können.

25 bis 50 g Probegut werden im Muffelofen vorsichtig abgeröstet. Man beginnt die Abröstung bei etwa 300° und steigert die Temperatur bis zu 800°, wobei die Probe öfter durchgerührt werden muß. Die Weiterverarbeitung des abgerösteten Erzes erfolgt nach der Tiegel- oder Ansiedeprobe.

a) Tiegelprobe

Das abgeröstete Erz wird mit der 3fachen Menge gelbem Fluß (s. S. 746) im Tiegel gemischt und nochmals mit derselben Menge überschichtet. Bei Zinnerzen empfiehlt es sich, 5 bis 10 g Flußspatpulver zuzusetzen. Beim Niederschmelzen der Mischung geht das gesamte Edelmetall in den durch die Reduktion entstehenden Bleiregulus über. Nach dem Erkalten zerschlägt man den Tiegel und befreit den Bleikönig von der Schlacke. Er wird in 4 Teile geteilt. Da obige Erze im allgemeinen kupferarm sind, genügt ein Verschlacken durch einmaliges Ansieden der Stücke. Die erhaltenen Reguli werden zusammen auf einer entsprechend großen Kapelle abgetrieben.

b) Ansiedeprobe

10mal je 2,5 g oder bei reichen Zinnerzen 20mal je 1,25 g des abgerösteten Probegutes gibt man auf Ansiedescherben, die jeweils 10 bis 15 g edelmetallfreies Kornblei enthalten, und mischt gut durch. Dann überschichtet man mit weiteren 10 bis 15 g Kornblei und gibt etwa 5 g Borax hinzu. Das Einschmelzen erfolgt, wie bereits bei den Bleierzen, S. 743, angegeben. Es ist hier wichtig, reichlich Borax und Blei hinzuzugeben, da Zinn- und Zinkoxyde in Bleiglätte schlecht löslich sind, so daß die Schlacke nicht dünnflüssig wird, sondern zäh und mitunter nur halbgeschmolzen anfällt. Dadurch können Verluste an Edelmetall eintreten. Beim zweiten Ansieden vereinigt man zwei oder mehrere Bleikönige miteinander. Die zuletzt erhaltenen reinen Könige treibt man auf einer Kapelle gemeinsam ab.

Genauigkeit. 1.

Dauer. 4 bis 8 Std., je nach der Anzahl der Zwischenverschlackungen.

Bemerkung. Die Edelmetallbestimmung in *Wismut-* und *Zinkerzen* wird mit Vorteil nach der bei der Untersuchung von Kupfererzen beschriebenen kombinierten (naß-trockenen) Methode (s. C. I. 2c) durchgeführt, wobei bei den Wismuterzen darauf zu achten ist, daß die Lösung stets so sauer gehalten wird, daß kein basisches Wismutsulfat ausfällt.

4. Nickel-, Kobalt- und Antimonerze

Diese Erze werden, soweit sie sich in Schwefelsäure lösen, zweckmäßig nach der kombinierten (naß-trockenen) Methode (s. Kupfererze, S. 746) auf Edelmetalle untersucht. Falls sich die Erze in Schwefelsäure nicht lösen, müssen sie gegebenenfalls vorher abgeröstet werden. Will man letzteres vermeiden, so kann man auch zum Lösen ein Gemisch von Salpetersäure und Schwefelsäure verwenden und anschließend die Salpetersäure durch Abrauchen mit Schwefelsäure verjagen. Die verdünnte Lösung der Sulfate kocht man dann unter Zusatz von 0,5 g Natriumsulfit kurz auf.

5. Schwefelkies und Schwefelkiesabbrände

Zur Bestimmung des Silbers im Schwefelkies werden etwa 150 g abgeröstet, wobei zunächst die Temperatur $^1/_2$ Std. auf 300° gehalten wird, um den sublimierbaren Schwefel zu entfernen. Anschließend steigert man die Temperatur auf 700 bis 800° und röstet etwa 1 Std. unter Umrühren mit einem Eisendraht. Es kann auch, wie S. 746 angegeben, verfahren werden.

4mal je 25 g der Probe werden mit je 50 g silberfreier Bleiglätte gemischt und in einem hessischen Tiegel mit einer ausreichenden Menge von Flußmittel, bestehend aus einem Gemisch von 1400 g Soda, 800 g Borax, 200 g Kaliumtartrat und 100 g Pottasche, erst bei niedriger, dann bei höherer Temperatur (bis zu 1200°) 4 bis 5 Std. geschmolzen. Nach dem Erkalten werden die Tontiegel zerschlagen, die Bleikönige sauber gehämmert und mehrmals auf Ansiedescherben mit Borax verschlackt, bis keine Verunreinigungen in der Schlacke mehr zu erkennen sind. Darauf vereinigt man die 4 Bleikönige zu einem und treibt ihn, der nun das gesamte Edelmetall von 100 g Einwaage enthält, in bekannter Weise ab. Das Edelmetallkorn wird gewogen und in einem Goldkochkölbchen mit Schwefelsäure (1,84) so lange gekocht, bis alles Silber gelöst und der Geruch nach schwefliger Säure verschwunden ist. Dann gießt man die Säure vorsichtig ab, wäscht mehrmals mit heißem Wasser nach und füllt den Kolben zum Schluß mit kaltem Wasser. Man zieht das Goldflitterchen in einem Goldglühtiegel ab, trocknet es und bringt es auf ein kleines Uhrglas.

Nach Bull. Soc. Chim. Bd. 3 (1902) (27) S. 790 und Zbl. Chem. (1902 I) S. 715, wird nun das Goldflitterchen mit einer an einem Quarzstäbchen erzeugten Boraxperle aufgenommen und in der Gebläseflamme zu einer Kugel geschmolzen. Aus der Boraxperle löst man im Scheidekolben das Kügelchen durch Kochen mit Salpetersäure heraus, bringt es in einen Tiegel, trocknet es und mißt seinen Durchmesser unter dem Mikroskop mit einem Okularmikrometer aus. d^3 mal 10,123 = mg Au.

Der Silbergehalt ergibt sich aus der Gesamtedelmetallauswaage, vermindert um den gefundenen Goldgehalt.

6. Arsenerze

Arsenreiche Materialien neigen dazu, beim Schmelzen im Tontiegel Speisen zu bilden, die Edelmetalle zurückhalten und dadurch dem Bleikönig einen nicht unbeträchtlichen Teil von diesen entziehen. Auch das Verschlacken auf dem Ansiedescherben bereitet Schwierigkeiten, da auch hier die Neigung zur Speisenbildung vorhanden ist. Das Abrösten der Erze kann aber zu Edelmetallverlusten führen, da mit der Verflüchtigung der arsenigen Säure auch ein Teil der Edelmetalle verflüchtigt werden kann. Da die meisten Arsenerze in Schwefelsäure unlöslich sind, ist es nötig, einen anderen Weg einzuschlagen.

Handelt es sich nur um die Bestimmung des Silbers, so zersetzt man je nach dem Silbergehalt Einwaagen von 5 bis 25 g unter Erwärmen mit 80 bis 150 ml Salpetersäure (1,3), entfernt die Stickoxyde durch Einblasen von Luft und verdünnt die Lösung mit Wasser auf etwa 1 l. Das Silber fällt man mit 10 bis 25 ml einer Natriumbromidlösung (10 g/l) je nach dem zu erwartenden Silbergehalt aus. Dann gibt man noch 5 ml Schwefelsäure (1,84) und 10 ml Bleiacetatlösung (100 g/l) hinzu, läßt den Niederschlag absitzen und filtriert ihn auf ein doppeltes Filter ab. Man wäscht sorgfältig aus, trocknet das Filter, legt es auf einen mit Probierblei beschickten Ansiedescherben und verascht es bei niedriger Temperatur. Man beschickt den Scherben dann noch mit weiterem Probierblei und setzt ihn zum Verschlacken in die Muffel.

Ist die Menge des ungelösten Rückstandes nach dem Behandeln mit Salpetersäure sehr groß, so muß man ihn im Tontiegel mit Bleioxyd und Flußmittel niederschmelzen, den Bleikönig nochmals auf einem Ansiedescherben verschlacken und dann abtreiben.

Genauigkeit. 1.

Dauer. 8 bis 10 Std.

7. Golderze

Die Golderze enthalten das Gold meist elementar neben quarzitischer Gangart; doch kann es auch in sulfidischer Bindung zusammen mit Selen und Tellur vorliegen.

Meist werden 5 Einwaagen zu je 25 g mit je 100 g Fluß (Zusammensetzung s. unter Kombinierte Methode, S. 747) und 0,1 bis 0,2 g goldfreiem Silber (genaue Wägung!) im Tontiegel geschmolzen. Da sich beim Einschmelzen durch die

Reaktion des Siliciumdioxyds mit den Carbonaten des Flußmittels eine erhebliche Menge Kohlendioxyd entwickelt, muß man erst bei niedriger Temperatur schmelzen, um ein Überschäumen zu vermeiden. Wenn die Schmelze zum ruhigen Fluß gekommen ist, wird sie 30 min auf 900 bis 1200° gehalten. Nach dem Erkalten und Zerschlagen des Tiegels werden die Bleikönige — jeder für sich — in Ansiedescherben mit 10 g Probierblei niedergeschmolzen, verschlackt und einzeln auf Kapellen abgetrieben. Man bestimmt den Gesamtedelmetallgehalt der Probe durch Auswägen der Körner nach Abzug der zugewogenen Silbermengen. Die Körner werden dann vereinigt und in einem Goldkochkölbchen nach dem bei Bleierzen angegebenen Verfahren weiterbehandelt. Unter Umständen muß man für die Silberbestimmung Einwaagen ohne Feinsilberzusatz verarbeiten.

Genauigkeit. 1.

Dauer. 6 Std.

Bemerkung. Da die Verteilung des Goldes besonders in den quarzitischen Golderzen sehr ungleich ist und das Feingold sich bei der Zerkleinerung der Probe ausplattet, kann sich das Probegut leicht entmischen. Vor der Einwaage ist daher das gesamte Probegut auszuschütten und nochmals sorgfältig zu mischen. Zur Kontrolle, ob das Probegut einheitlich war, können die 5 gewonnenen Edelmetallkörner getrennt geschieden und ausgewogen werden.

8. Geröstete Erze

Rösterze werden grundsätzlich nach den gleichen Verfahren wie die Roherze untersucht.

II. Zwischenprodukte der Metallhütten

1. Anodenschlamm

Bei den Raffinierprozessen der Metalle auf elektrolytischem Wege geht ein Teil der unedlen Begleitmetalle im Elektrolyten in Lösung, während ein anderer Teil zusammen mit den Edelmetallen auf den Boden der Bäder sinkt und dort den sog. Anodenschlamm bildet. Der Anodenschlamm ist meist reich an Silber und Gold und kann auch Platinmetalle enthalten.

Grundlage. Die den Schmelzprozeß störenden unedlen Metalle (Zinn, Antimon, Kupfer, Nickel usw.) werden vor der Edelmetallbestimmung durch eine Behandlung der Probe mit Säuren abgetrennt.

Anwendungsbereich und Bedeutung. Das Verfahren ist für die Untersuchung aller Arten von edelmetallhaltigem Anodenschlamm, der Zinn, Antimon, Kupfer, Nickel usw. aufweist, anwendbar.

Genauigkeit. 1, sofern zur Ermittlung des Silberverlustes beim Treiben synthetische Vergleichsproben unter den gleichen Bedingungen durchgeführt werden und der ermittelte Silberverlust bei der Errechnung des Silbergehaltes berücksichtigt wird.

Dauer. 2 Tage für 2 Einzelbestimmungen.

Ausführung.

Arbeitsweise a)

Die Höhe der Einwaage richtet sich nach dem jeweiligen Edelmetallgehalt und nach dem der störenden, unedlen Begleitmetalle. Man wägt in der Regel 5, 10 oder 12,5 g des bei 105° getrockneten und staubfein geriebenen Probematerials ein (Siebfeinheit mindestens DIN 0,25). Die Probe wird im Erlenmeyer-Kolben mit etwa 200 ml Schwefelsäure (1,84) bis zur völligen Zersetzung (Weißfärbung des Rückstandes) abgeraucht. Nach dem Erkalten verdünnt man auf etwa 500 ml und fällt das Silber als Bromid oder Chlorid aus. Man läßt den Niederschlag (I) absitzen, filtriert ihn ab und trocknet ihn. Dann schmilzt man ihn im Gekrätzprobentiegel unter Verwendung von gelbem Fluß (s. S. 746) nieder. Wenn keine Platinmetalle vorhanden sind, bestimmt man Silber und Gold dokimastisch in bekannter Weise.

Enthält der Anodenschlamm jedoch Platin und Palladium, so stellt man das Filter mit dem Niederschlag (I) zunächst beiseite und zementiert im Filtrat den möglicherweise in Lösung gegangenen Anteil der Platinmetalle mit Zink aus, wobei sich auch die vorhandenen, unedlen Metalle (außer Nickel) abscheiden. Man wäscht die Fällung (Platinmetalle und vorwiegend Kupfer) durch mehrmaliges Dekantieren auf einem Filter aus und kocht sie so lange mit Salzsäure (1,19), bis nur noch eine geringe Menge von Kupfer erkennbar ist. Diese Kupfermenge dient als Schutz und bewahrt die reduzierten Platinmetalle vor dem Auflösen in Salzsäure. Nach dem Verdünnen der Lösung wird der Rückstand abfiltriert, ausgewaschen, das Filter verascht und sein Inhalt mit dem beiseite gestellten Niederschlag (I) vereinigt. Man schmilzt nun alles im Tontiegel unter Verwendung von gelbem Fluß und bestimmt Silber, Gold, Platin und Palladium dokimastisch nach der Vorschrift auf S. 753.

Arbeitsweise b)

8mal 12,5 g der Probe werden in je einem 800 ml fassenden Becherglas mit wenig Wasser aufgeschlämmt. Dann gibt man 60 ml Schwefelsäure (1,84) hinzu, erhitzt zunächst vorsichtig und kocht danach 20 min. Nach dem Erkalten nimmt man mit wenig Wasser auf, gibt 30 g Weinsäure hinzu, verdünnt mit Wasser auf etwa 350 ml, kocht einige min und fällt das Silber mit Natriumchloridlösung (6 g NaCl in 1 l Wasser; davon fällen 10 ml etwa 0,1 g Ag). Sodann setzt man 10 ml Bleiacetatlösung (100 g/l) und 25 ml wäßrige Schwefligsäure hinzu, rührt kräftig um und läßt den Niederschlag über Nacht absitzen. Vor dem Filtrieren durch ein dichtes Doppelfilter erhitzt man die Lösung nochmals bis zum Kochen. Der mehrmals mit heißem Wasser ausgewaschene Niederschlag wird etwas vorgetrocknet, danach samt dem Filter in einen Gekrätzprobentiegel gebracht, völlig getrocknet, mit einigen g Eisenpulver versetzt und mit 100 g reduzierendem Fluß, dem 50 g Glätte beigemengt sind, bedeckt. Man schmilzt zunächst vorsichtig bis zum ruhigen Fließen, dann 30 min bei starker Hitze, wobei zum Schluß nochmals etwas Glätte enthaltender Fluß nachgesetzt wird.

Die erhaltenen Reguli werden 2mal verschlackt und anschließend unter Kontrolle mit Vergleichsproben abgetrieben. Die aus je 50 g Einwaage stammenden Körner behandelt man mit Salpetersäure (1,1) und quartiert[1] das Gold so oft mit Silber, bis es nach dem Scheiden gewichtskonstant ist. Die vereinigten salpetersauren Lösungen und das erste Waschwasser, die alles Silber, Platin und Palladium enthalten, erhitzt man bis fast zum Sieden, fällt das Silber mit Salzsäure (1 + 4) und läßt den Niederschlag unter öfterem Umrühren mehrere Std. absitzen. Nach dem Abfiltrieren des Silberchlorids dampft man das Filtrat — zum Schluß auf dem Wasserbad — zur Trockne und trennt das Palladium vom Platin wie folgt: Man nimmt den Eindampfrückstand mit 2 ml Königswasser auf, erwärmt ihn bis zum klaren Lösen, kühlt ab, gibt 90 ml Wasser und 10 ml Diacetyldioximlösung (1 g in 100 ml Äthanol) hinzu und läßt den gelben Niederschlag 1 Std. unter öfterem Umrühren in der Kälte absitzen. Nach dem Abfiltrieren und Auswaschen versetzt man das Filtrat mit einigen ml Salzsäure und dampft es bis auf wenige Tropfen ein. Diese werden mit heißem Wasser in kleine Bleischälchen gespült und wieder zur Trockne gedampft. Die Bleischalen faltet man zusammen, verschlackt sie auf Scherben, treibt die erhaltenen Könige mit der 10fachen Menge

[1] Das heißt, legiert mit der mindestens $2^1/_2$fachen Silbermenge.

Quartiersilber sehr heiß ab und behandelt das Platin-Silber-Korn 2 mal mit Schwefelsäure (1,84), die im Liter 12 g Arsen(III)-oxyd enthält. Das zurückbleibende Platin wird nach sorgfältigem Auswaschen mit heißem Wasser geglüht. (Weitere Methoden zur Edelmetallbestimmung im Anodenschlamm s. Bd. I, Schiedsverfahren, 2. Aufl., S. 172—176.)

Fehlerquellen. Man erhält einen zu niedrigen Silbergehalt, wenn der Treibverlust nicht durch synthetische Vergleichsproben ermittelt und in Anrechnung gebracht wird (s. S. 745).

Literatur. BERL-LUNGE: Chemisch-technische Untersuchungsmethoden, 8. Aufl. Bd. II, 1932, S. 1544.

2. Speisen

Die Nickel-, Kobalt- und Kupferspeisen bestehen in der Hauptsache aus Arseniden und Antimoniden des Nickels, Kobalts, Kupfers und Eisens. Da sich die Edelmetalle in ihnen anreichern, enthalten sie neben Silber und Gold fast regelmäßig auch Platinmetalle. Die Speisen sind sehr zähe und lassen sich nur schwer zerkleinern, so daß die Probenahme erhebliche Schwierigkeiten bereiten kann.

Grundlage. Die Speisen werden nach der kombinierten (naß-trockenen) Methode untersucht, also zunächst durch Säuren zersetzt. Der verbleibende Rückstand wird unter Zusatz von Bleiglätte niedergeschmolzen, der Regulus verschlackt und abgetrieben. Das Edelmetallkorn wird sodann zur Bestimmung von Silber, Gold und Platin in hier näher ausgeführter Art geschieden.

Anwendungsbereich und Bedeutung. Das Verfahren dient zur Edelmetallbestimmung in Speisen und ähnlich zusammengesetzten Erzeugnissen.

Genauigkeit. 1.

Dauer. 6 bis 8 Std. bis zur Gewinnung der Edelmetallkörner, 10 bis 20 Std. für die Platin-Palladium-Bestimmung, je nach dem vorliegenden Edelmetallverhältnis und der für die Scheidung notwendigen Arbeitsmethode.

Ausführung. 2 mal je 50 g der feingeriebenen Probe werden in je einem 1 l-Becherglas mit 50 ml Wasser angerührt und mit 200 ml Schwefelsäure (1,84) versetzt. Dann wird der Inhalt des Becherglases zum Kochen erhitzt. Man raucht so lange mit Schwefelsäure ab, bis sich die Probe vollkommen zersetzt hat. Nach dem Abkühlen nimmt man mit 300 ml Wasser auf, kocht die Lösung einige min und gibt 30 g Weinsäure und weitere 300 ml Wasser hinzu. Die noch warme Lösung versetzt man je nach dem zu erwartenden Silbergehalt mit 20 bis 100 ml Natriumbromidlösung (20 g/l) und 2 g in Wasser gelöstem Bleiacetat. Nach kräftigem Rühren läßt man die Lösung erkalten und filtriert durch ein doppeltes, dichtes Filter ab. Das Filtrat ist, wie beim Anodenschlamm, S. 751, auf Platinmetalle zu prüfen. Man trocknet Filter samt Niederschlag und bringt es danach in einen Schamottetiegel, der mit 20 g eines bleiglättehaltigen Flusses beschickt ist. Das Filter wird mit weiteren 80 g des Flußmittels überdeckt und das Ganze vorsichtig bis zur Beruhigung der Schmelze niedergeschmolzen. Alsdann erhitzt man noch einige Zeit kräftig weiter. Nach dem Herausnehmen des Tiegels aus dem Ofen läßt man erkalten. Die beiden erhaltenen Bleikönige werden, da sie meist noch mehr oder weniger durch Nickel, Kobalt oder Kupfer verunreinigt sind, mit je 10 g Probierblei auf Ansiedescherben verschlackt. Gegebenenfalls ist dieses Verschlakken unter Zugeben von weiterem Probierblei zu wiederholen. Zum Schluß werden beide Könige getrennt auf je einer Kapelle abgetrieben und die Edelmetallkörner gewogen. Sie ergeben das Gesamtgewicht von Silber, Gold und Platinmetallen.

Manche Speisen, insbesondere Nickel- und Kobaltspeisen, lösen sich in Schwefelsäure (1,84) nur unvollkommen. Es ist dann zweckmäßig, die Speise vor dem Abrauchen mit Schwefelsäure mit 100 ml Salpetersäure (1,40) zu erhitzen und sodann die Salpetersäure durch Abrauchen möglichst weitgehend zu entfernen. Die

Fällung des Silbers erfolgt dann nicht durch Natriumbromidlösung, sondern durch Hinzufügen von etwa 20 ml Natriumchloridlösung (20 g/l), da etwa noch vorhandene Spuren von Salpetersäure die Bromwasserstoffsäure leicht unter Bildung von Brom oxydieren. Das freie Brom könnte dann Gold lösen, das somit im Gange der Analyse nicht mehr erfaßt werden würde. Auch deshalb ist die Prüfung des Filtrats auf gelöstes Edelmetall, auf die oben hingewiesen wurde, erforderlich.

Es folgt nun die *Scheidung* des Edelmetallkornes und die Bestimmung des Goldes, Palladiums und Platins. Für das anzuwendende Verfahren ist zu beachten:

a) Der Goldgehalt überwiegt den Gehalt an Platin und Palladium

Gold. Da die Speisen meist einen erheblich höheren Gehalt an Silber (bis zu mehreren Prozenten) als an Gold, Platin und Palladium aufweisen, ist gegebenenfalls ein Quartieren der beiden Körner nicht nötig. Diese werden mit halogenfreier Salpetersäure (1,1), wie auf S. 764 beschrieben, zersetzt, wobei das Silber als Silbernitrat, zusammen mit dem größten Teil der Platinmetalle, in Lösung geht. Die Silbernitratlösung samt Waschwasser wird zunächst beiseite gestellt. Man quartiert das Gold mit der $2^1/_2$fachen Menge Silber, löst das Gold-Silber-Korn in Salpetersäure (1,2) und kocht anschließend mit Salpetersäure (1,30), wobei praktisch die gesamten Platinmetalle in Lösung gehen. Das Gold selbst wird nun in einen Porzellantiegel gebracht, getrocknet, geglüht und gewogen.

Palladium: Alle salpetersauren Lösungen sowie die Waschwässer werden vereinigt. Sie enthalten neben Silber das gesamte Platin und Palladium. Man erhitzt die Lösung und fällt das Silber in der Wärme durch Zugeben von 5 bis 10 ml Salzsäure (1 + 1) unter dauerndem Rühren aus. Die Lösung soll mehrere Std. bis zum vollständigen Erkalten stehenbleiben. Nachdem man vom Silberchlorid abfiltriert hat, wird das Filtrat auf dem Wasserbad bis fast zur Trockne eingedampft. Nun nimmt man die Lösung mit 2 ml Königswasser auf, gibt 90 ml Wasser hinzu und fällt das Palladium durch Zugeben von 10 ml Diacetyldioximlösung (10 g/l Äthanol) aus. Nach 2stündigem Stehen bei möglichst niedriger Temperatur (keinesfalls höher als 15°) filtriert man das Palladiumdiacetyldioxim, welches reingelb aussehen muß, auf einen Filtertiegel ab, wäscht es erst mit kaltem, anschließend mit heißem Wasser aus und trocknet es 1 Std. bei 120°. (Umrechnungsfaktor auf Palladium: 0,3164.)

Durch Aufnehmen des eingedampften Filtrats der Silberfällung mit Königswasser wird verhindert, daß Platin infolge Reduktion durch die alkoholische Diacetyldioximlösung mit ausfällt.

Platin: Das Filtrat von der Palladiumfällung dampft man 2mal nach Zugeben von 5 ml Salzsäure (1 + 1) so weit ein, daß die ausgeschiedenen Kristalle eben noch feucht sind. Dann nimmt man mit 100 ml Wasser und 10 ml Salzsäure (1 + 1) auf, gibt 2 g Zink- oder Magnesiumspäne hinzu und erwärmt. Hierdurch wird das Platin in Form eines schwarzen Pulvers auszementiert. Die Lösung soll eben noch sauer sein, wenn das gesamte Zink sich schließlich gelöst hat. Das auszementierte Platin wird auf ein kleines Filter abfiltriert und mit Wasser ausgewaschen. Es kann nun nach 2 Methoden bestimmt werden:

a_1) Das noch feuchte Filter verascht man vorsichtig auf einer Kapelle, welche mit einer Schicht Probierblei bedeckt ist. Nach dem Veraschen wird etwa die 10-fache Menge des zu erwartenden Platins an Silber, in eine Bleifolie eingewickelt, hinzugegeben und bis zum Blicken recht heiß abgetrieben. Dann kocht man das Korn in einem Goldkochkölbchen 2mal mit Schwefelsäure (1,84) aus, worauf das Platin ungelöst zurückbleibt. Nach dem Trocknen und Glühen wird es gewogen.

a_2) Das Filter mit dem ausgefällten Platin wird in einem kleinen Porzellantiegel vorsichtig verascht, der Rückstand in einem kleinen Becherglas mit 5 ml

Königswasser gelöst und die Lösung zum Entfernen der Salpetersäure mehrmals auf dem Wasserbad unter Zugeben von wenig Salzsäure (1,19) eingedampft. Die Salze nimmt man mit möglichst wenig Wasser auf — die Lösung muß vollkommen klar sein —, gibt 10 ml einer gesättigten Ammoniumchloridlösung hinzu, so daß das Platin als Ammoniumhexachloroplatinat ausfällt, und läßt die Fällung über Nacht stehen. Dann filtriert man den Niederschlag auf ein kleines Filter ab und glüht. Der entstandene Platinschwamm wird gewogen.

b) Der Gehalt an Platin und Palladium überwiegt den Goldgehalt

Die Silber, Gold und Platinmetalle enthaltenden Edelmetallkörner werden in einem Goldkochkölbchen mit 20 ml Schwefelsäure (1,84) 30 min kräftig gekocht. Nach dem Verdünnen der abgekühlten Lösung mit Wasser gießt man die Silbersulfatlösung vorsichtig von den Metallflitterchen ab und wäscht diese so oft mit Wasser aus, bis sie vollständig frei von Silbersulfat sind. Diese Schwefelsäure und das Waschwasser müssen zur Platin- und Palladiumbestimmung mit verarbeitet werden, da etwas Platin und viel Palladium in Lösung gehen, häufig daran erkennbar, daß die Schwefelsäure davon gefärbt ist. Schwefelsäure und Waschwasser sind also zu vereinigen und gegebenenfalls noch zu verdünnen. Aus dieser Lösung ist das Silber durch Salzsäure zu fällen und abzufiltrieren. Aus dem Filtrat werden Platin und Palladium durch Zementieren mit Zink gefällt, abfiltriert und dem Gold zur weiteren Scheidung zugefügt. Die Metallflitter, die das Gold und die Platinmetalle enthalten, werden in 5 ml Königswasser gelöst. Die Lösung dampft man 2mal mit je 3 ml Salzsäure (1,19) ein, wobei die ausgeschiedenen Salze jedoch nicht trocken werden dürfen, nimmt mit 2 ml Salzsäure (1,19) und 50 ml Wasser auf und fällt das *Gold* aus dieser Lösung durch Zugeben von 10 ml 5proz. Eisen(II)-chloridlösung bei 80° aus. Nach mehrstündigem Absitzen wird der Niederschlag abfiltriert, das Filter vorsichtig auf einer Kapelle verascht und der Rückstand mit der $2^1/_2$fachen Menge Silber quartiert. Nach dem Abtreiben scheidet man das Silber-Gold-Korn mit Salpetersäure und wägt das Gold aus.

Im Filtrat von der Goldfällung werden Platin und Palladium durch Zugeben von 2 g Zinkspänen als Metall ausgefällt. Man filtriert den Metallschwamm ab, löst ihn in 3 ml Königswasser und fällt nun das *Palladium*, wie oben angegeben, mit Diacetyldioxim. Aus dem Filtrat von der Palladiumfällung kann das *Platin* mit Zink gefällt und durch Quartieren und Lösen des Silber-Platin-Korns in Schwefelsäure bestimmt werden.

3. Muffelrückstände

Die bei der trockenen Zinkgewinnung in den Muffeln verbleibenden, mehr oder weniger stark bleihaltigen Rückstände enthalten den größten Teil des in den Zinkkonzentraten bzw. ihren Röstprodukten enthaltenen Edelmetalls. Meist ist Silber vorherrschend, vereinzelt ist auch Gold vorhanden.

4mal je 25 g Probegut werden mit je 30 g Glätte unter Zusatz von je 100 g Fluß, bestehend aus 6 Teilen Soda, 4 Teilen Borax, 1,5 Teilen Pottasche und 1 Teil Weinstein, im Tontiegel niedergeschmolzen. Man verfährt dabei wie folgt: In jeden Tiegel bringt man zuerst etwa 25 g Fluß und 30 g Glätte, mischt beides durch, gibt dann 25 g Probegut und einen Löffel Fluß hinzu, mischt wieder und deckt das Gemisch mit der Restmenge des Flusses und einer Kochsalzdecke ab. Die Proben werden im Gas- oder Koksofen geschmolzen. Nach Eintreten eines ruhigen Schmelzflusses, der mitunter erst nach 1 Std. erreicht wird, setzt man nochmals 1 bis 2 Löffel Fluß hinzu. Dann werden die Tiegel nach einer Schmelzdauer von etwa 2 Std. aus dem Ofen genommen und nach dem Erkalten zerschlagen. Die erhaltenen Reguli werden in üblicher Weise verschlackt und getrieben. Die Edelmetallkörner scheidet man, wie bei Bleierzen, S. 744, angegeben.

Genauigkeit. 1.

Dauer. Etwa 5 Std.

4. Kupferroh- und Konzentrationsstein

Kupfer- und Bleistein werden nach der kombinierten (naß-trockenen) Methode durch Lösen mit konz. Schwefelsäure untersucht (s. S. 746).

5. Blister- und Anodenkupfer

Das im Konverter erschmolzene Rohkupfer sowie das vorgereinigte Anodenkupfer sind Träger des in den Kupfererzen oder anderen kupferhaltigen Verhüttungsmaterialien enthalten gewesenen Edelmetalls. Man bestimmt es nach der kombinierten (naß-trockenen) Methode (s. C. I. 2c).

4mal je 25 g des meist als Späne vorliegenden Probematerials werden in 2 l-Bechergläsern mit 75 ml Wasser und 150 ml Schwefelsäure (1,84) unter starkem Erhitzen gelöst. Nach dem Erkalten verrührt man den Kristallbrei erst mit kaltem Wasser und verdünnt dann die Lösung mit heißem Wasser auf etwa 1 l. Sollte sich dabei noch ungelöstes Kupfer am Boden zeigen, so ist die überstehende Lösung zu dekantieren und das Lösen mit 50 ml frischer Säure zu wiederholen. Die vereinigten Lösungen werden zum Fällen des Silbers mit der nötigen Menge Natriumbromidlösung und 10 ml Bleiacetatlösung (100 g/l) versetzt und kräftig durchgerührt. Nach dem Absitzen über Nacht wird der Niederschlag auf das Filter gebracht und kupferfrei ausgewaschen. Die Filter werden im Eisentiegel mit 20 g Glätte auf 100 g Fluß geschmolzen, die anfallende Schlacke nochmals mit 10 g Glätte und Fluß nachgeschmolzen, beide Reguli vereinigt und kupelliert. Nach der Auswaage behandelt man die Edelmetallkörner mit Schwefelsäure (1,84) in der Hitze, um das Silber herauszulösen. Das ungelöst gebliebene Gold und die Platinmetalle werden gewogen, mit der 3fachen Menge Feinsilber in wenig Bleifolie gewickelt und sehr heiß getrieben. Das Korn wird ausgeplattet, geglüht und in Schwefelsäure (1,84) gelöst. Das ungelöste Gold und Platin kocht man 15 bis 20 min mit Schwefelsäure nach, wäscht dann aus und glüht. Das ausgewogene Edelmetall wird mit der $2^1/_2$fachen Menge Feinsilber quartiert, das Korn in Salpetersäure (1,2) gelöst, mit Salpetersäure (1,3) 2mal je 10 min gekocht und das nun verbliebene *Gold* ausgewaschen, geglüht und gewogen.

Sind nennenswerte Mengen an Platin oder Platinmetallen vorhanden, was man schon an der grauen Färbung des beim ersten Scheiden mit Schwefelsäure erhaltenen Goldes erkennen kann, so muß man die Gold-, Platin- und Palladiumbestimmung nach den bei Speisen, S. 752ff., angeführten Vorschriften ausführen.

Genauigkeit. 1.

Dauer. 24 Std.

6. Schlacken

In den Schlacken der metallurgischen Prozesse wird meistens nur der Silbergehalt bestimmt, und zwar geschieht die Feststellung am einfachsten nach der Ansiedemethode. Hierzu werden 10mal 5 g mit je 10 g Kornblei gemischt und auf einem Ansiedescherben mit weiteren 10 g Kornblei und 2 g Borax abgedeckt. Das Einschmelzen und die weitere Behandlung geschieht wie bei Bleierz angegeben (vgl. S. 743).

III. Edelmetallhaltige Abfallstoffe

Diese Stoffe fallen bei der Ver- und Bearbeitung von Edelmetallen, ihren Legierungen und Salzen an und werden, je nach den Verunreinigungen, entweder gesondert zu Feinmetall verarbeitet oder in hüttenmännischen Prozessen angereichert.

1. Edelmetall-Gekrätze, -Schliffe, -Aschen und -Schlacken

Grundlage. Das Probegut wird im Tiegel mit gelbem Fluß (s. unten) niedergeschmolzen bzw. mit Blei und Borax auf einem Scherben angesotten, wobei die Edelmetalle vom entstehenden Bleiregulus aufgenommen werden. Dieser wird abgetrieben und das Edelmetallkorn mit Salpetersäure geschieden.

Anwendungsbereich und Bedeutung. Das Verfahren dient zur Bestimmung von Silber und Gold in Edelmetallrückständen aller Art.

Genauigkeit. 1.

Dauer. 8 Std. für eine Einzelbestimmung, einschließlich der Feuchtigkeitsbestimmung und der Zubereitung.

Ausführung. Zur *Feuchtigkeitsbestimmung* werden 500 bis 1000 g des Probegutes im Trockenschrank bei 105° bis zur Gewichtskonstanz getrocknet.

Die getrocknete Probe treibt man sodann durch ein Sieb von DIN 0,25 und behandelt den verbleibenden Rückstand in einer Porzellanreibschale oder einer Mörsermühle weiter. Der zum Schluß der Präparation auf dem Sieb verbleibende metallische Rückstand wird gewogen und bei der Edelmetallbestimmung gesondert vom Gekrätz als sog. Gröbe behandelt. Der Edelmetallinhalt dieses Gröbeanteils wird bei der Gehaltsermittlung des feinen Gekrätzanteils mit verrechnet. Die Höhe der Einwaage des feinen Materials richtet sich nach dem Edelmetallgehalt und dem Gewicht des zu untersuchenden Produktes. Sie kann bei Ansiedeproben 1,0, 2,5 oder 5,0 g und bei Tiegelschmelzen 2,5, 5,0, 10,0 12,5 oder 25,0 g betragen. Die bei Ansiedeproben hinzuzusetzende Kornbleimenge kann bis zum 30fachen Gewicht der Einwaage betragen. Zwei Drittel dienen als Unterlage im Scherben vor der Aufnahme des Probegutes, während das letzte Drittel samt 2 g Borax zum Abdecken verwandt wird. Eine einwandfreie Ansiedeprobe, bei der das Probematerial gut aufgeschlossen wurde, ergibt eine klare, dunkelglänzende Schlacke von glasiger Beschaffenheit.

Die Tiegelschmelze wird in einem Schamottetiegel durchgeführt, den man in einen koks- oder gasbeheizten Ofen einsetzt. Zur Beschickung des Tiegels nimmt man etwa 100 g gelben Fluß, einen kleinen Löffel Sand und etwas Holzkohlenpulver und mengt diese Zusätze innig mit der Einwaage. Unter langsamem Erwärmen des Tiegels beginnt schließlich unter Schäumen das Schmelzen des Einsatzes. Nach 20 bis 30 min hat sich die Schmelze beruhigt. Nun gibt man noch etwa 50 g weißen Fluß (s. unten) und vor Abschluß der $1^1/_2$ Std. währenden Schmelzperiode einen kleinen Löffel Holzkohlenpulver hinzu. Eine gut dünnflüssige Schlacke zeigt den normalen Verlauf des Schmelzvorganges an.

Gelber Fluß:	84 Gewichtsteile Bleiglätte,
	44 Gewichtsteile Kaliumcarbonat,
	44 Gewichtsteile Natriumcarbonat (calc.),
	28 Gewichtsteile Natriumchlorid.
Weißer Fluß:	76 Gewichtsteile Kaliumcarbonat,
	76 Gewichtsteile Natriumcarbonat (calc.),
	48 Gewichtsteile Natriumchlorid.

Sind die Bleikönige beim Hämmern hart und spröde, so müssen sie auf einem Scherben unter Zusatz von etwas Borax mit Kornblei so oft verschlackt werden, bis ein weicher, gut hämmerbarer und von Schlackenteilchen leicht zu befreiender Regulus erhalten wird.

Das Treiben erfolgt unter Einhaltung der Richtlinien, wie sie ausführlich auf S. 744 angegeben wurden. Die Kapellengröße hängt vom Gewicht des Bleikönigs ab. Das gut abgeblickte Edelmetallkorn wird gewogen und je nach dem zu erwartenden Goldgehalt als Plättchen oder Röllchen in Salpetersäure gelöst. Dann wird das zurückbleibende Gold getrocknet, geglüht und gewogen. Aus der Differenz der beiden Wägungen ergibt sich der Silbergehalt. Goldreiche Körner, welche nicht die $2^1/_2$fache Menge Silber enthalten, werden nach der Feststellung des Bruttogewichtes mit der erforderlichen Gewichtsmenge Silber quartiert.

Fehlerquellen. Siehe S. 745.

2. Abfälle von photographischem Papier und von Filmen

Die Abfälle von photographischem Papier und von Filmen werden verbrannt. Dies geschieht meist in größeren Flammöfen. Die Asche, welche das Silber enthält, wird gemahlen und gesiebt. Dann erst entnimmt man das Probematerial für die Silberbestimmung.

Je nach dem Silbergehalt, über den eine Vorprobe Aufschluß gibt, werden 2,5 bis 25 g im Gekrätzprobentiegel unter Zusatz der üblichen Flußmittel geschmolzen, gegebenenfalls auch in Scherben angesotten. Nach dem Entschlacken der Bleireguli werden diese wie üblich abgetrieben und die Silberkörner zur Auswaage gebracht.

Da die Asche sehr leicht ist, können beim Einschmelzen durch Verstauben Verluste entstehen.

Genauigkeit. 1.

Dauer. 8 Std.

Silberbestimmung in gebrauchten Fixierbädern

Grundlage. Das Silber wird als Silbersulfid gefällt, das Silbersulfid in Salpetersäure gelöst und das Silber dann nach Volhard titriert.

Genauigkeit. 2.

Dauer. 1 Std.

Ausführung. 25 oder 50 ml Fixierbad werden in einem Erlenmeyer-Kolben mit Natriumsulfidlösung (1 + 4) in der Hitze gefällt. Es wird gekocht, bis sich die Fällung zusammenballt. Nach dem Filtrieren und Auswaschen wird sie mit dem Filter in den Erlenmeyer-Kolben zurückgebracht und in 20 bis 30 ml Salpetersäure (1 + 1) in der Siedehitze gelöst. Nach dem Erkalten der Lösung wird in üblicherWeise mit n/10-Ammoniumthiocyanatlösung unter Zusatz von Eisen(III)-ammoniumsulfat als Indicator titriert (s. S. 759).

IV. Edelmetallbestimmung in Unedelmetallen

1. Silberbestimmung im Blei

Grundlage. Beim Schütteln einer schwach sauren Silberlösung mit der grünen Dithizonlösung wird durch Bildung von Silberdithizonat, das mit Kohlenstofftetrachlorid ausgeschüttelt wird, ein Farbumschlag nach Gelb hervorgerufen.

Anwendungsbereich und Bedeutung. Das Verfahren dient zur schnellen Bestimmung von Silber in Blei sowie in anderen Metallen. Mit dieser Methode gelingt es, bis zu 10^{-5}% Silber zu bestimmen.

Genauigkeit. 1.

Dauer. Nach dem Lösen 15 min.

Ausführung. 5 g Blei werden in 20 ml Salpetersäure (1,2), bei Anwesenheit von Zinn und Antimon unter Zusatz von 5 bis 10 ml Weinsäurelösung (1 + 1) gelöst. Nach dem Verdampfen der Hauptmenge der Säure verdünnt man mit heißem Wasser, kocht unter Zusatz von etwa 0,5 g festem Harnstoff (zur Zerstörung etwa noch vorhandener Reste von salpetriger Säure) und füllt nach dem Abkühlen im 100 ml-Meßkolben auf. 5 bis 10 ml, je nach dem zu erwartenden Silbergehalt, werden in einen Scheidetrichter von 100 ml mit kurzem Ablaufrohr pipettiert. Man neutralisiert die freie Säure mit Ammoniak und fügt 1 n-Salpetersäure hinzu. Bei einer Bleimenge von etwa 200 mg setzt man auf 10 ml 2 ml, bei 500 bis 1000 mg Blei 3 ml und bei 2 g Blei 5 ml Säure hinzu. Große Bleimengen reagieren auch in saurer Lösung, doch beginnt die Bleireaktion erst dann, wenn alles Silber zu Dithizonat umgesetzt ist. Man läßt aus einer Bürette etwa 5 ml Dithizonlösung in den Scheidetrichter fließen und schüttelt so lange, bis die grüne Reagenzlösung sich vollkommen mit dem Silber umgesetzt hat. Die Lösung von Silberdithizonat in Kohlenstofftetrachlorid hat eine goldgelbe Färbung. Der Kohlenstofftetrachloridauszug wird danach abgetrennt. Man wiederholt die Titration mit etwa 1 bis 2 ml Reagenzlösung. Solange beim Schütteln die goldgelbe Färbung ziemlich schnell auftritt, ist noch ein etwas größerer Überschuß von Silber vorhanden, erfolgt die Umsetzung langsamer, dann titriert man mit etwa 0,2 bis 0,5 ml Reagenzlösung. Gegen Ende der Titration schüttelt man nur mit 0,1 ml Dithizonlösung aus, und zwar etwa 1 min lang, bis der Kohlenstofftetrachloridauszug nicht mehr gelb, sondern rötlich (Cu) erscheint.

Erforderliche Lösungen. Silbertestlösung. Diese enthält in 10 ml etwa 60 bis 70 μg Silber und wird vor Gebrauch durch Verdünnen einer stärkeren Silbernitratlösung hergestellt. — 1 n-Salpetersäure. — Dithizonlösung: etwa 3 bis 4 mg Dithizon werden in 100 ml Kohlenstofftetrachlorid gelöst.

Titerstellung der Dithizonlösung gegen Silber. Man pipettiert in einen Scheidetrichter mit kurzem Ablaufrohr 10 ml der Silbertestlösung von bekanntem Gehalt, gibt etwa 25 bis 30 ml Wasser hinzu und etwa 5 ml 1 n-Salpetersäure. Der weitere Arbeitsgang, Extraktion, Titration usw. wird, wie oben beschrieben, durchgeführt.

Fehlerquellen. 1. Sämtliche verwendeten Reagenzien und das destillierte Wasser müssen frei von Chlorionen sein.

2. Bei größeren Cu-Gehalten (> 5 mg Cu) entstehen Mischfarben zwischen Gelb und Violett, welche den Nachweis von Silber unsicher machen.

Literatur. Fischer, H., G. Leopoldi u. H. v. Uslar: Z. analyt Chem. Bd. 101 (1935) S. 1—23.

2. Probierblei

4 Serien zu je 10 Einwaagen von je 25 g werden auf Ansiedescherben ohne Boraxzusatz verschlackt. Man entfernt die Schlacke, vereinigt jeweils 5 Bleikönige und konzentriert weiter, bis für jede Serie *ein* Regulus anfällt, den man auf einer Kapelle üblicher Größe abtreiben kann. Man läßt gut blicken und wägt das Edelmetallkorn, das dann zur Prüfung auf Gold in Salpetersäure gelöst wird.

Dauer. 7 bis 9 Std.

3. Probierglätte

Die Edelmetallbestimmung wird in 2 Serien mit je 4 Einwaagen zu je 50 g ausgeführt, die nacheinander in einem ungebrauchten Eisentiegel mit weißem Fluß (s. S. 756) niedergeschmolzen werden. Man vereinigt nach dem ersten Verschlacken auf dem Ansiedescherben die 4 Bleikönige jeder Serie auf einem Scherben und siedet sie ohne Borax an, um einen möglichst kleinen Regulus zu bekommen, der sich auf einer Kapelle abtreiben läßt. Nach dem Blicken wägt man das Edelmetallkorn, das dann zur Prüfung auf Gold in Salpetersäure gelöst wird.

Dauer. Etwa 8 Std. für eine Serie.

Bemerkung. Mit wesentlich geringeren Einwaagen, schneller und ebenso sicher läßt sich die Bestimmung des Silbergehaltes in den bleihaltigen Probiermaterialien nach der auf S. 757/58 beschriebenen Dithizonmethode durchführen.

V. Edelmetallbestimmungen in Edelmetallegierungen

1. Verfahren zur Bestimmung des Silbers in handelsüblichen Silberlegierungen und im Hütten- und Feinsilber

Da das reine Silber sehr weich ist, wird es zur Härtung mit verschiedenen Metallen, vor allem mit Kupfer, legiert. Diese Legierungen werden in der Schmuckwarenindustrie, zur Herstellung von Gebrauchsgegenständen und Münzen in ausgedehntem Maße benutzt. Große Mengen von Feinsilber werden zu Silbernitrat verarbeitet, das zur Herstellung von photographischem Papier und Filmen, von Spiegeln und zu pharmazeutischen Zwecken Verwendung findet.

a) Das maßanalytische Verfahren nach Gay-Lussac

Grundlage. Das Silber wird in salpetersaurer Lösung mit Natriumchloridlösung titriert.

Anwendungsbereich und Bedeutung. Die Gay-Lussac-Probe wird zur Analyse von handelsüblichen Silberlegierungen mit 500 bis 1000 Tausendteilen Silber, von Münzsilber, Hütten- und Feinsilber und Silbernitrat verwendet.

Genauigkeit. 1.

Dauer. 4 Std. für 10 bis 12 Bestimmungen.

Ausführung. Die Fällung des Silbers wird durch eine Natriumchloridlösung bewirkt, die durch Auflösen von 5,4190 g chemisch reinem Natriumchlorid in Wasser und Auffüllen der Lösung zu 1 l hergestellt wird. 100 ml dieser Lösung fällen 1000 mg Silber. Die Einwaage der Probe wird, nachdem der annähernde Silbergehalt durch eine trockene Vorprobe ermittelt wurde, so bemessen, daß etwa 1005 mg Silber zu titrieren sind. Bei Legierungen unter 980 Tausendteilen wägt man eine entsprechende Menge Feinsilber hinzu. Die Fällung der über 1 g hinausgehenden Silbermenge wird mit einer Natriumchloridlösung vorgenommen, die durch Verdünnen von 100 ml obiger Lösung auf 1 l herzustellen ist. Der Endpunkt der Titration ist bei einiger Übung an der Beschaffenheit des Niederschlages (Stärke der Trübung) zu erkennen.

Näheres ist aus Bd. I, Schiedsverfahren, 2. Aufl., S. 177, zu ersehen.

Fehlerquellen. Zinn wirkt bereits in Mengen von 0,5% an störend, da die ausfallende Metazinnsäure die Lösung trübt und das scharfe Erkennen des Endpunktes verhindert. Man kann durch Zusatz von Weinsäure die Fällung von Zinnsäure vermeiden.

Literatur. Schiffner, C.: Einführung in die Probierkunde, 1925. — Treadwell, P.: Lehrbuch der analytischen Chemie, Bd. II (1946) S. 609. — Berl-Lunge: 8. Aufl. Bd. II (1932) S. 991—995.

b) Das maßanalytische Verfahren nach Volhard

Grundlage. Aus der salpetersauren Lösung der Probe wird das Silber in Gegenwart von Eisen(III)-ammoniumsulfat als Indicator mit Kaliumthiocyanatlösung (oder Ammoniumthiocyanat) als weißes Silberthiocyanat ausgefällt. Der Endpunkt der Reaktion wird durch die rote Färbung des durch einen Überschuß des Fällungsmittels entstehenden Eisen(III)-thiocyanats angezeigt.

Anwendungsbereich und Bedeutung. Das Verfahren dient zur Feingehaltsermittlung von Silberlegierungen und zur schnellen Untersuchung von Bädern für die Silberelektrolyse.

Genauigkeit. 2; die Genauigkeit der Gay-Lussac-Probe wird nicht erreicht.

Dauer. 2 bis 5 Std. für 10 Bestimmungen.

Ausführung.

α) *Legierungen*

Man löst 0,5 g mit 5 ml chlorfreier Salpetersäure (1,2), erwärmt die Lösung bis zum Austreiben der Stickoxyde, läßt sie dann abkühlen und verdünnt nach Zusatz von 1 bis 2 ml 5proz. Eisen(III)-ammoniumsulfatlösung (Herstellung s. Kapitel Lösungen) mit 100 bis 200 ml Wasser. Aus einer Bürette läßt man dann unter Umschwenken die eingestellte n/10-Kalium- bzw. Ammoniumthiocyanatlösung zufließen. Man titriert bis zur bleibenden Rotfärbung, die auch bei kräftigem Umschwenken oder Rühren nicht mehr verschwinden darf.

1 ml n/10-Kaliumthiocyanatlösung entspricht 10,788 mg Silber.

β) *Elektrolyt der Silberelektrolyse*

1 bis 5 ml des zu untersuchenden Elektrolyts werden mit etwa 100 ml Wasser verdünnt, nach dem Ansäuern mit einigen ml Salpetersäure mit 2 bis 3 ml Eisen(III)-ammoniumsulfatlösung als Indicator versetzt und, wie oben angegeben, mit Thiocyanatlösung titriert.

Fehlerquellen. Der Verbrauch an Kaliumthiocyanat ist meist etwas zu hoch. Nach P. Treadwell scheinen die Versuche von C. Hoitsema zu zeigen, daß frisch gefälltes Silberthiocyanat die Eigenschaft besitzt, Kaliumthiocyanat zu absorbieren. Bei hohem Kupfergehalt der Legierung (über 60%) wird der Farbumschlag durch die blaue Kupferfärbung verdeckt, ebenso können Kobalt und Nickel das Erkennen des Umschlages stören. Dagegen sind Arsen, Antimon, Zinn, Zink, Cadmium, Blei und Wismut ohne schädlichen Einfluß.

Literatur. Treadwell, P.: Lehrbuch der analytischen Chemie, Bd. II (1946) S. 614. — Hoitsema, C.: Z. angew. Chem. Bd. 17 (1904) S. 674.

c) Das maßanalytische Verfahren mit Kaliumjodid

Grundlage. Das Silber wird in Gegenwart eines Oxydationsmittels, wie z. B. Kaliumpermanganat, mit Kaliumjodidlösung und Stärke als Indicator maßanalytisch bestimmt.

Anwendungsbereich und Bedeutung. Unter den angegebenen Bedingungen kann die Methode an Stelle der Gay-Lussac-Methode zur Bestimmung des Silbergehaltes von Anodensilber, Elektrolytsilber und Silbernitrat verwendet werden.

Genauigkeit. 1. (Die Genauigkeit der Gay-Lussac-Methode wird erreicht.)

Dauer. 2 Std.

Ausführung. 1 g Probematerial wird in einem mit einem Uhrglas bedeckten 600 ml-Becherglas mit 30 ml reinster, chlorfreier Salpetersäure (1,2) unter vorsichtigem Erwärmen gelöst. Man engt die Lösung ungefähr auf die Hälfte des Volumens ein, verdünnt sie mit 100 ml chlorfreiem Wasser und kocht sie auf. Nach dem Erkalten wird sie unter Rühren mit einem Glasrührer nacheinander mit genau 25 ml Stärkelösung, 100 ml (geeichte Pipette!) einer etwa n/10-Kaliumjodidlösung und 0,5 ml n/10-Kaliumpermanganatlösung versetzt. Danach wird unter Verwendung einer Mikrobürette mit der ungefähr n/10-Kaliumjodidlösung bis zum Farbumschlag nach Blaugrün titriert. Der Endpunkt ist an der Blaufärbung der überstehenden, klaren Lösung sowie an der Verfärbung des Silberjodidniederschlages zu erkennen. Der schwach gelbe Silberjodidniederschlag wird kurz vor dem Umschlag intensiv gelb und beim ersten überschüssigen Tropfen der Kaliumjodidlösung deutlich blaugrün. Der annähernde Silbergehalt der Probe wird durch eine Vorprobe ermittelt. Für jede Probe muß zur Wertbestimmung der Kaliumjodidlösung eine Vergleichsprobe aus reinstem Elektrolytsilber, deren Silbergehalt dem der Probe gleichkommt, mit durchgeführt werden. Der Verbrauch an Kaliumjodidlösung soll zwischen 102 und 103 ml liegen. Dies kann entweder durch Änderung der Einwaage oder durch Verstärken der Kaliumjodidlösung erreicht werden.

Für die Wertbestimmung des *Silbernitrats* werden 1,699 g eingewogen und in 100 ml kaltem Wasser unter Zusatz von 10 ml Salpetersäure (1 + 1) gelöst. Für die Vergleichslösung werden 1,0788 g Elektrolytsilber eingewogen. Die Weiterbehandlung erfolgt, wie vorstehend angegeben.

Lösungen. 14,75 g Kaliumjodid werden in Wasser gelöst, die Lösung wird auf 1 l aufgefüllt. 1 g lösliche Stärke wird mit 20 ml kaltem Wasser angerührt und dieser Ansatz in 180 ml kochendes Wasser eingetragen.

Fehlerquellen. Wismut, Kupfer, Blei, Nickel und Zink stören in den vorkommenden Größenordnungen nicht; ebenso haben Zinngehalte bis etwa 5% keinen störenden Einfluß gezeigt. Quecksilber oder Palladium dagegen dürfen nicht zugegen sein.

Literatur. Qinn, J. H., u. W. M. Mc. Nabb: J. Franklin Inst. Bd. 240, Nr. 1 (1945) S. 47—51.

d) Das potentiometrische Verfahren

Grundlage. Bei der Titration des Silbers mit einer Alkalihalogenidlösung bekannten Gehaltes kann die Änderung der Silberionenkonzentration mit elektrischer Indication genau verfolgt werden. Die sich aus dem Massenwirkungsgesetz ergebende Änderung der Silberionenkonzentration ergibt beim Äquivalenzpunkt einen charakteristischen Potentialsprung. Die Ermittlung des Äquivalenzpunktes ist so mit großer Genauigkeit möglich.

Anwendungsbereich und Bedeutung. Da Fremdmetalle (außer Palladium und Quecksilber), Trübungen (durch Zinnoxyd usw.) oder Färbungen (Kupfer u. a.) die Anwendbarkeit der Methode nicht beeinträchtigen, kann sie als „Universalmethode" bezeichnet werden.

Genauigkeit. 1. Die Genauigkeit der potentiometrischen Silberbestimmung ist nicht durch irgendwelche Schwierigkeiten bei dem Erkennen bzw. der Ermittlung des Äquivalenzpunktes begrenzt, sondern im wesentlichen durch die Genauigkeit der Volumenmessung und der Einwaage und ferner durch die geringen Fehler, die in der Zusammensetzung der Halogensilberniederschläge auftreten können.

Durch Arbeiten mit Wägebüretten — die keine Temperaturkonstanz oder -korrektur erfordern — oder durch Ausfällen der Hauptsilbermenge unter Verwendung einer Stasschen Pipette und Fertigtitrieren mit 10mal verdünnter Alkalihalogenidlösung, entsprechend der Arbeitsweise von Gay-Lussac, wird die Genauigkeit dieses Schiedsverfahrens leichter, schneller und sicherer erreicht als bei der nach dieser vorgeschriebenen Titration auf beginnende Trübung. Ebenso ist die potentiometrische Silbertitration auch für die Bestimmung kleiner und kleinster Silbergehalte sehr gut geeignet. Aus fünf mit den erforderlichen Vorsichtsmaßregeln ausgeführten Titrationen einer Feinsilberprobe wurde ein mittlerer Fehler von $\pm 0{,}15^0/_{00}$ errechnet.

Dauer. 5 bis 25 min, je nach den Genauigkeitsansprüchen.

Ausrüstung. Für die Ausführung der potentiometrischen Silbertitration sind erforderlich: eine Apparatur zur Messung der Silberionenkonzentration, eine Titrationsapparatur und eine Titrierlösung.

Die *Apparatur zur Messung der Silberionenkonzentration* besteht aus 2 Elektroden und einem geeigneten Spannungsmesser.

Erforderlich sind eine Indicatorelektrode und eine Vergleichselektrode, auch Normalelektrode genannt. Die Indicatorelektrode besteht aus einem Stück Feinsilberdraht (etwa 1 mm Durchmesser, 100 mm lang). Bei Silberbestimmungen bedient man sich als Vergleichselektrode einer Quecksilber(I)-sulfatelektrode, weil aus ihr, wie etwa bei der Kalomelelektrode, keine störenden Chlorionen in die Analysenlösung diffundieren können. Die Quecksilber(I)-sulfatelektrode ist in einer gebräuchlichen Ausführungsform in der Abb. 66 wiedergegeben. Das kurze Glasgefäß ist mit etwas metallischem Quecksilber gefüllt, das von einer Schicht Quecksilber(I)-sulfat überdeckt ist. Die Stromableitung erfolgt mit einem in das Glas eingeschmolzenen Platindraht. Über dem Quecksilber(I)-sulfat befindet sich eine gesättigte Kaliumnitratlösung, die über einen elektrolytischen Heber oder Schlüssel — ein kapillares Glasrohr, am weiten Ende durch einen Filtrierpapierpfropfen verschlossen — die leitende Verbindung zur Analysenlösung herstellt. Ein an den Heber angebrachter Tropftrichter, der ebenfalls mit gesättigter Kaliumnitratlösung gefüllt ist, gestattet, eine langsame Flüssigkeitsströmung einzustellen, die ein Eindiffundieren von Silber in den Heber, in dem es sich der Bestimmung entziehen würde, verhindert.

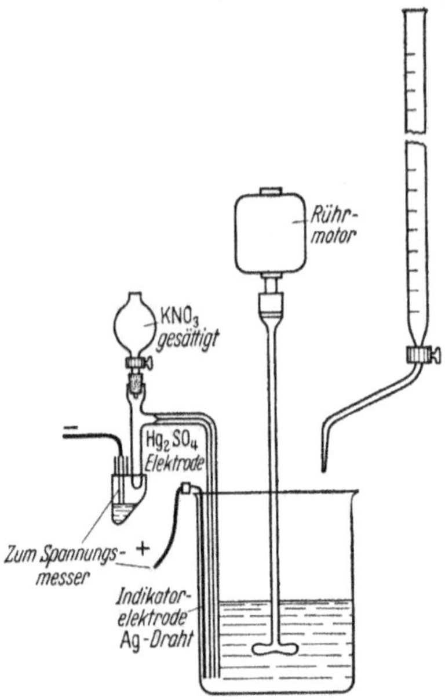

Abb. 66. Apparat zur potentiometrischen Silberbestimmung

Zur Messung der Spannung zwischen den beiden Elektroden bedient man sich eines hochohmigen Instrumentes mit einem inneren Widerstand von etwa 10^9 Ohm. Viele gebräuchlichen Geräte zur Spannungsmessung bei potentiometrischen Titrationen arbeiten nach der sog. Kompensationsmethode. Bequemer und schneller als die Kompensationsgeräte messen die sog. Röhrenvoltmeter, die stromlos arbeiten und wie ein gewöhnliches Voltmeter ohne jede zusätzliche Manipulation an einem Zeigerinstrument die Elektrodenspannung unmittelbar in mV anzeigen.

Das verschiedenartige Arbeitsprinzip der Instrumente, die Art der Spannungsmessung usw. ist im Kapitel Potentiometrie beschrieben.

Die *Titrationsapparatur* besteht aus einer zuverlässig geteilten Bürette, zweckmäßig mit geradem Hahn und 2mal rechtwinklig gebogenem Ablaufrohr, einer Rührvorrichtung mit Propeller- oder Blattrührer sowie einer Haltevorrichtung für die Elektroden. Besondere Titrationsbirnen mit Einfülltrichter und Ablaufhahn sind im Handel erhältlich; für Reihenbestimmungen haben sich jedoch gewöhnliche Bechergläser besser bewährt.

Als *Titrierlösung* kommen im wesentlichen Alkalichlorid-, -bromid- und -thiocyanatlösungen in Frage (n/10-, n/100-, auch n/1000-Lösungen oder solche, entsprechend 10 mg bzw. 1 mg Silber/ml).

Bei geringen Genauigkeitsansprüchen sind Chloridlösungen ausreichend. Die Größe der Spannungsänderung im Äquivalenzpunkt hängt jedoch von der Löslichkeit des ausfallenden Silberhalogenids ab und ist um so größer, je geringer diese ist. Bei der Titration mit Bromid oder Thiocyanatlösung — ein wesentlicher Unterschied zwischen diesen beiden besteht nicht — werden deshalb die Potentialsprünge unter sonst gleichen Verhältnissen größer und damit leichter oder genauer auswertbar als bei Verwendung von Chloridlösungen als Titrierflüssigkeit.

Beim Titrieren mit n/10-Bromidlösung und Volumschritten von 1 Tropfen beträgt der Potentialsprung im Äquivalenzpunkt etwa 180 mV. Die Verwendung von Jodidlösungen, die einen noch steileren Potentialverlauf ergeben, ist wegen der schlechten Potentialeinstellung infolge einer merklichen Adsorption von Silbernitrat durch das ausfallende Silberjodid nicht zu empfehlen.

Die *Titration* mit elektrischer Indication wird praktisch in der gleichen Weise durchgeführt wie die mit Farbindicatoren. Die zu titrierenden Silberlösungen sollen schwach salpetersauer sein, um die Ausflockung des Silberhalogenids und die Potentialeinstellung der Silberelektrode zu beschleunigen. Stark saure Lösungen zeigen einen flacheren Potentialverlauf und führen durch einen Angriff der Silberelektrode zu falschen Ergebnissen.

Die Potentialänderung zeigt bei der Titration einen, auch rechnerisch zu ermittelnden, bilogarithmischen Verlauf mit einem, wie bereits erwähnt, starken Potentialsprung im Äquivalenzpunkt. Der Spannungswert läßt jederzeit unmittelbar erkennen, wie weit die Lösung noch vom Äquivalenzpunkt entfernt ist. Dieser liegt bei der Verwendung einer Quecksilber(I)-sulfatvergleichselektrode, die negativ ist, gegenüber der Indicatorelektrode bei ungefähr 70 mV. Die Potentialeinstellung selbst erfolgt anfangs sehr schnell und erfordert in der unmittelbaren Nähe des Äquivalenzpunktes etwa 45 sek Zeit nach jedem Reagenzzusatz bis zum Erreichen eines konstanten Wertes.

Es empfiehlt sich, zunächst mit größeren Reagenzzusätzen bis in die Nähe des Umschlagpunktes zu titrieren, dann mit kleinen, jedoch stets gleichen Zusätzen (Volumschritten) weiter zu titrieren. Eine Dosierung nach Tropfen (jeweils 1, 2 oder 4 Tropfen) ist äußerst genau, weil das Tropfenvolumen sehr konstant ist, und zudem bequem, weil das jedesmalige Ablesen des Bürettenstandes erspart wird. Eine Ablesung am Anfang und nach Beendigung des Potentialsprunges ist, wenn einmal das genaue Tropfenvolumen bestimmt ist, völlig ausreichend. Beim Arbeiten mit konzentrierteren Lösungen (n/10 u. ä.) genügt die einfache Beobachtung des Voltmeterzeigers, der erst in der Höhe des Äquivalenzpunktes eine langsame Bewegung macht, im Äquivalenzpunkt selbst aber eine größere Spannungsänderung anzeigt und danach wieder praktisch zur Ruhe kommt.

Bei der Titration mit verdünnten Lösungen ist der Spannungssprung nicht mehr so steil, und deshalb kann man den Spannungsverlauf aufnehmen. Ein Zeichnen der Titrationskurve ist zwar sehr instruktiv, aber selbst für eine exakte Auswertung unnötig. Man notiert nur nach dem jeweiligen Volumschritt (Zusatz der Titrierlösung) die sich einstellende konstante Spannung, errechnet den Spannungsschritt, d. h. die Spannungsänderung, die der Volumschritt verursacht hat, und schreibt diesen Wert daneben. Bei gleichen Volumschritten werden die Spannungsschritte erst größer, danach wieder kleiner. Tritt der größte Spannungsschritt 2mal hintereinander auf, so gibt das zwischen beiden liegende Titrationsvolumen das Äquivalenzvolumen. Im anderen Teile entspricht diesem die Hälfte des Volumschrittes, der den größten Spannungsschritt verursacht hat.

Ausführung. Man löst 0,5000 g Legierung mit 5 ml Salpetersäure (1 + 2) in einem mit einem Trichterchen bedeckten 100 ml-ERLENMEYER-Kolben unter Erwärmen. Nach vollkommenem Lösen verjagt man (der Trichter ist zu entfernen und abzuspülen) die Stickoxyde, spült die Lösung in ein 400 ml-Becherglas über und titriert nach dem Erkalten mit einer Kaliumbromidlösung unter elektrischer Indication. Verbrauch bis zum Potentialsprung a ml.

$$a \text{ ml} \cdot \text{Faktor der Bromidlösung} \cdot 2 = \% \text{ Silber}$$

Zur Herstellung der *Kaliumbromidlösung* werden 11,032 g des Salzes zu 1 l gelöst, entsprechend 10 mg Silber/ml. Die Titerstellung erfolgt mit 0,5000 g Feinsilber. Man behandelt das Feinsilber, wie vorstehend angegeben, und titriert. Es sei der Verbrauch b ml bis zum Potentialsprung. Dann ist unter Berücksichtigung einer Einwaage von 0,5 g der Faktor der Kaliumbromidlösung $= \frac{50}{b \text{ ml Bromidlsg.}}$.

e) Das gewichtsanalytische Verfahren als Silberchlorid

Das Verfahren ist dem Bd. I, Schiedsverfahren, 2. Aufl., S. 176/77, zu entnehmen.

2. Die Silber-, Gold-, Platin- und Palladium-Bestimmung im Scheidegut (Salpetersäuremethode)

Grundlage. Die unedlen Legierungsbestandteile des Probegutes werden durch die beim Treiben mit Blei sich bildende Glätte oxydiert und zusammen mit dieser von der Kapellenmasse aufgesaugt. Zurück bleibt das Edelmetallkorn, das zur Trennung des Silbers vom Gold mit Salpetersäure behandelt wird. Läßt die Beschaffenheit des Probegutes ein einwandfreies, unmittelbares Treiben nicht zu, so muß dem Treibprozeß ein Ansieden mit Blei und Borax vorausgehen.

Genauigkeit. 1.

Ausführung. Von metallischem Probegut werden zwei Einwaagen kupelliert. Die erste beträgt für die Bestimmung des Bruttogehaltes an Silber, Gold, Platin und Palladium 0,250 g, die zweite 0,500 g; letztere wird mit Silber und gegebenenfalls auch mit Feingold quartiert. Dabei muß die Menge des Silbers etwa das $2^1/_2$fache des Gold- + Platin- + Palladium-Inhaltes betragen, während an Gold mindestens das $2^1/_2$fache des Platin- + Palladium-Inhaltes vorhanden sein soll. Je nach dem Platin-Palladium-Gehalt erfolgt das Treiben bei Temperaturen von 950 bis 1100°. Das aus der Einwaage von 0,500 g erhaltene Korn wird platt geschlagen, gewalzt und zu einem Röllchen geformt oder bei einem Gewicht von weniger als 0,100 g als Plättchen belassen. Das Röllchen bzw. das Plättchen wird in Salpetersäure (1 + 1) gelöst, danach mit Salpetersäure (1,3) gekocht und der Rückstand ausgewaschen, getrocknet und gewogen. Zur vollständigen Trennung des im Rückstand noch vorhandenen Platins vom Gold quartiert man nochmals die Edelmetalle mit der 3fachen Gewichtsmenge Feinsilber, behandelt das Korn nach dem Umformen zu einem Röllchen oder Plättchen mit Salpetersäure (1,2) und kocht anschließend 2mal 10 min mit Salpetersäure (1,3) aus. Das zurückbleibende Gold wird ausgewaschen, getrocknet und nach dem Glühen gewogen. Die Goldauswaage, abzüglich der gegebenenfalls zugeführten Menge Feingold, ergibt den Gehalt des Scheidegutes an Gold.

Die salpetersauren Lösungen und die beim Auskochen verwendeten Säuremengen, die neben Silber das gesamte Platin und Palladium enthalten, werden in einem 500 ml-Erlenmeyer-Kolben vereinigt. Aus dieser Lösung fällt man das Silber mit Salzsäure als Silberchlorid in der Wärme aus, läßt einige Std. in der Kälte absitzen und filtriert es ab. Das Filtrat wird in einer Porzellanschale eingedampft und der Trockenrückstand 2mal mit 2 bis 3 ml Salzsäure abgedampft. Nach dem Aufnehmen des Schaleninhaltes mit Wasser, dem einige Tropfen Salzsäure hinzugefügt sind, filtriert man nach frühestens 5 Std. etwa noch ausgeschiedenes Silberchlorid ab. Das Filtrat dampft man auf dem Wasserbad auf ein kleines Volumen ein, setzt 5 ml gesättigte Ammoniumchloridlösung hinzu und engt die Lösung bis zur Kristallausscheidung ein. Dann fügt man so viel Wasser hinzu, bis sich die ausgeschiedenen Kristalle von Ammoniumchlorid gerade wieder gelöst haben, und läßt das Ganze über Nacht stehen. Das Ammoniumhexachloroplatinat wird dann auf ein gehärtetes Filter abfiltriert, mit Ammoniumchloridlösung ausgewaschen, getrocknet und geglüht, worauf man nach dem Reduzieren im Wasserstoffstrom den Platinschwamm zur Auswaage bringt.

In dem schwach sauren Filtrat der Platinfällung wird das Palladium mit einer alkoholischen Diacetyldioximlösung in der Kälte gefällt und nach kräftigem Umrühren und nachfolgendem Absitzenlassen abfiltriert. Der Niederschlag wird im Filtertiegel getrocknet und gewogen.

Zu der Endlösung gibt man Zink- und Magnesiumspäne, um etwa noch in Lösung befindliche geringe Platinmengen auszuzementieren. Diese werden abfiltriert, verascht und danach mit 0,100 g Feinsilber quartiert. Das Silber-Platin-Korn wird zu einem Plättchen geformt und mit Schwefelsäure (9 + 1) behandelt, wobei sich das Silber löst, während das Platin zurückbleibt; es ist nach dem Abfiltrieren zu glühen, zu wägen und sein Gewicht der Hauptmenge des Platins zuzurechnen.

Der Silbergehalt ergibt sich aus der Differenz vom Bruttokorngewicht (Silber, Gold, Platin und Palladium) und der Summe der ermittelten Mengen an Gold, Platin und Palladium.

VI. Die Silber- und Goldbestimmung in Edelmetallsalzen

Die gebräuchlichsten Salze des Silbers und Goldes sind Silbernitrat, Kaliumsilbercyanid, Goldchlorid und Kaliumgoldcyanid. Die Cyanverbindungen werden hauptsächlich in der galvanischen, die übrigen in der photographischen Industrie verwendet.

Grundlage. In cyanfreien Salzen wird das Silber nach den bekannten nassen Methoden und das Gold nach der Reduktion mit schwefliger Säure, Eisen(II)-chlorid usw. dokimastisch bestimmt. Bei cyanhaltigen Salzen muß der Bestimmung des Silbers und Goldes die Zerstörung des Cyankomplexes vorausgehen.

Anwendungsbereich und Bedeutung. Die zur Anwendung kommenden Verfahren zur Silber- und Goldbestimmung dienen vorwiegend zur laufenden Kontrolle des vorgeschriebenen bzw. garantierten Edelmetallgehaltes.

Genauigkeit. 1; der Silbergehalt wird mit einer Genauigkeit von 0,05% und der Goldgehalt mit einer solchen von 0,01% ermittelt.

Dauer. Die Silberbestimmung kann in cyanfreien Silbersalzen je nach der Methode in 2 bis 3 Std., die Goldbestimmung in etwa 6 bis 8 Std. durchgeführt werden. In cyanhaltigen Salzen benötigen die gleichen Bestimmungen 4 bis 6 Std. mehr.

Ausführung. Im *Silbernitrat* wird die Silberbestimmung bei 1 g Einwaage z. B. nach der GAY-LUSSAC-Methode (s. S. 759) ausgeführt.

Von *cyanhaltigen Silbersalzen* löst man 0,5 bis 1 g in Wasser, raucht die Lösung mit Schwefelsäure ab (Abzug!) und fällt nach dem Aufnehmen mit Wasser und etwas Salpetersäure das Silber als Chlorid. Man läßt klar absitzen, filtriert, löst den Niederschlag in Ammoniak, reduziert das Silber mit Hydrazinhydrat unter Kochen bis zur Klärung der Flüssigkeit und filtriert. Nun verascht man das Filter und kupelliert die Asche nach dem Einwickeln in Bleifolie. Zur Feststellung des Treibverlustes treibt man neben der Probe eine der Probe annähernd gleiche Gewichtsmenge an Feinsilber und Probierblei mit ab.

Bei *Goldchlorid* löst man 0,5 g in Wasser, fällt das Gold in der Wärme mit Eisen(II)-chlorid oder Schwefeldioxyd aus, läßt absitzen, filtriert und verascht das Filter. Der Goldrückstand wird mit der $2^1/_2$fachen Gewichtsmenge Silber in Bleifolie kupelliert, das Silber-Gold-Korn, wie bekannt, als Röllchen in Salpetersäure gelöst und das zurückbleibende Gold nach dem Glühen zur Auswaage gebracht.

Von *cyanhaltigen Goldsalzen* werden 0,5 g in Wasser gelöst. Man raucht die Lösung mit Schwefelsäure (Abzug!) ab, verdünnt, filtriert, verascht, quartiert den Rückstand mit der $2^1/_2$fachen Silbermenge, behandelt das Röllchen mit Salpetersäure und wägt das Gold.

Fehlerquellen. Siehe unter Bleierzen, S. 745.

Literatur. BERL-LUNGE: 8. Aufl., Bd. II (1932) S. 1005, 1094.

Kapitel 33

Silicium*

Inhalt

---

*	1. Auflage	2. Auflage
Bearbeiter:	**Ploum** (VDEh)	**Lechner, Wirtz**
Mitarbeiter:	**Koch** (VDEh), **Sieger†, Wirtz**	**Koch** (VdEh), **Ploum** (VdEh)

A. Vorkommen

Das Silicium ist eines der verbreitetsten Elemente, und zwar besteht der uns zugängliche Teil der Erdrinde zu einem Viertel aus Siliciumverbindungen. Es kommt entweder als *Siliciumdioxyd* (SiO_2) in verschiedensten Arten, wie als Quarz, Sand, Bergkristall, oder in Form von *Silicaten* vor, welche Verbindungen des Siliciumdioxyds mit Oxyden der Alkali-, Erdalkali- und verschiedener anderer Metalle darstellen. Das Siliciumdioxyd ist ein mehr oder weniger großer Gemengebestandteil fast sämtlicher Erze.

Das *elementare Silicium* ist häufig — meist in geringen Mengen — in technischen Metallen und deren Legierungen als Verunreinigung, zum Teil aber auch als Legierungsbestandteil enthalten.

B. Qualitativer Nachweis

Für den Nachweis ist es entscheidend, ob Verbindungen des Siliciums vorliegen, die in Säuren (Salz-, Salpeter- oder Schwefelsäure) löslich sind, oder solche, die durch Säuren nicht zersetzt werden. Viele Gesteine enthalten Gemenge beider Arten.

Zur Prüfung behandelt man eine kleine Menge des feingepulverten Probegutes mit Salzsäure bei einer dem Siedepunkt nahen Temperatur. Erfolgt hierduch keine Zersetzung, so versucht man in einer neuen Probe, gleichfalls unter Erhitzen, eine Behandlung mit Schwefelsäure (3 + 1). Hat in dem einen oder anderen Fall eine Zerlegung stattgefunden, so tritt an die Stelle des ursprünglich schweren, beim Umrühren mit einem Glasstab meist knirschenden Pulvers eine gallertartige, flockige und feinpulverige Ausscheidung von z. T. hydratischem Siliciumdioxyd.

Liegt ein durch obige Behandlungsweise nicht zersetzliches Probegut vor, so führt man einen Aufschluß durch Schmelzen mit Natriumkaliumcarbonat durch, filtriert nach dem Auslaugen der Schmelze mit Wasser und säuert das Filtrat mit Salzsäure an. Bei Gegenwart großer Mengen von Siliciumdioxyd fällt dann ein Teil flockig aus. Ist das nicht der Fall, so dampft man das angesäuerte Filtrat zur Trockne und nimmt den erhaltenen Rückstand mit wenig verdünnter Salzsäure auf. Das Vorhandensein gallertartiger Klümpchen deutet auf die Anwesenheit von Siliciumdioxyd. Dabei ist zu beachten, daß Thorium, Zirkonium und bei Anwesenheit von viel Phosphorsäure auch Titan, ferner Niob, Tantal und Wolfram unter den gleichen Bedingungen wie das Siliciumdioxyd ausfallen und so dessen Anwesenheit verdecken können.

Typisch für das Siliciumdioxyd ist seine Flüchtigkeit bei der Behandlung mit Flußsäure unter Zusatz von etwas Schwefelsäure in der Wärme. Das hierbei flüchtige Siliciumtetrafluorid zersetzt sich beim Einleiten in Wasser unter Bildung von amorphem Kieselsäurehydrat $SiO_2 + H_2O$.

Erwähnt sei auch, daß Siliciumdioxyd in schwach alkalischer oder neutraler Lösung mit Ammoniummolybdat als Ammoniumsilicomolybdat gefällt werden kann (gelber Niederschlag bzw. bei geringen Mengen Gelbfärbung der Lösung).

C. Betriebsanalytische Untersuchungsverfahren

Die in der Natur vorkommenden reinen Quarzsorten, wie Stückenquarz, Quarzsand und Feuerstein, werden in großem Maße in der Glas- und der keramischen Industrie als Beimengungen verwandt, können aber auch durch geeignete Verfahren zur Herstellung von Quarzgeräten aller Art dienen. In der metallurgischen Industrie wird bei den Ofenprozessen mehr oder weniger reiner Quarz als Schlackenbildner zugesetzt; er findet aber auch zur Gewinnung von Reinsilicium und Ferrosilicium ausgedehnte Verwendung.

In den Hüttenlaboratorien ist bei der Untersuchung der Erze fast immer auch die Bestimmung des Siliciumdioxydgehaltes erforderlich, um hiernach die Menge der bei der Verhüttung erforderlichen Zuschläge bemessen zu können. Es soll daher im folgenden

I. Die Bestimmung des Siliciumdioxyds

behandelt werden. Dabei ist es wesentlich, ob die zu untersuchenden Stoffe Fluorverbindungen enthalten oder ob sie frei davon sind. Hiernach richtet sich der Weg für den Aufschluß der Erze und die Abscheidung des Siliciumdioxyds.

1. Fluorfreie Stoffe

a) Abscheiden des Siliciumdioxyds durch Eindampfen

Grundlage. Man zersetzt die Probe durch Säure, dampft die Lösung zur Trockne und filtriert den Rückstand ab. Er wird mit Natriumkaliumcarbonat geschmolzen, die Schmelze in Salzsäure gelöst und die Lösung zur Trockne gedampft. Nach längerem Erhitzen des Rückstandes bei 135° nimmt man ihn mit Salzsäure auf und filtriert das Siliciumdioxyd ab. Die vereinigten Filtrate werden zur Gewinnung des in Lösung verbliebenen Siliciumdioxydrestes wieder zur Trockne eingedampft. Auch von diesem wird abfiltriert. Das geglühte und gewogene Siliciumdioxyd wird durch Abrauchen mit Flußsäure und Schwefelsäure auf Reinheit geprüft.

Anwendungsbereich und Bedeutung. Das Verfahren dient zur Bestimmung des Siliciumdioxyds in fluorfreien Stoffen.

Genauigkeit. 1.

Dauer. 2 Tage.

Ausführung. Je nach der Höhe des Siliciumdioxydgehaltes digeriert man in der Wärme 0,5 bis 3 g der feingeriebenen Substanz in einer Porzellanschale oder in einem 400 ml-Becherglas aus widerstandsfähigem Glase mit 10 bzw. 20 ml Salzsäure (1,19), setzt zum Oxydieren 3 bis 5 ml Salpetersäure (1,40) hinzu und dampft die Lösung auf dem Wasserbad zur Trockne. Nach dem Erkalten nimmt man den Rückstand mit 5 bis 10 ml Salzsäure (1,19) auf, verdünnt die Lösung mit etwa 20 ml heißem Wasser und filtriert das Ungelöste auf ein mittelhartes 11 cm-Filter ab. Es wird mit Salzsäure (1 + 10) ausgewaschen. Das Filtrat mit den Waschwässern wird zur Abscheidung noch gelöst gebliebenes Siliciumdioxyd zum Eindampfen aufgestellt und sodann mit dem später beim Aufschluß anfallenden Filtrat und Waschwasser vereinigt. Das den Rückstand enthaltende Filter wird in einem Platintiegel anfänglich mit kleiner Flamme und bei aufgelegtem Deckel, später im offenen, schräg gestellten Tiegel über voller Flamme verascht.

Dann mischt man den Tiegelinhalt innig mit 8 g Natriumkaliumcarbonat (1 + 1), dessen Siliciumdioxydgehalt vorher festzustellen und gegebenenfalls abzusetzen ist, und bedeckt das Gemisch mit weiteren 2 g des Aufschlußmittels. Nun legt man den Deckel auf und schmelzt anfangs vorsichtig, später bei heller Rotglut, bis die Schmelze ruhig fließt. Nach Beendigung des Aufschlusses wird der heiße Tiegel bis zur Höhe des Schmelzflusses in kaltes Wasser eingetaucht, worauf sich der Schmelzkuchen meist ablöst und dann durch gelindes Drücken des Tiegels fast vollständig entfernen läßt. Sollte dies nicht gelingen, so erhitzt man den Tiegel nochmals bis zum beginnenden Schmelzen des Kuchenrandes und kühlt ihn in gleicher Weise ab. Darauf gibt man den Schmelzkuchen und den Tiegel mit den anhaftenden Schmelzresten in ein Becherglas, laugt die Schmelze mit heißem Wasser aus und setzt bei aufgelegtem Uhrglas Salzsäure (1 + 1) im Überschuß hinzu. Nach dem Abspülen und Entfernen des Tiegels wird die salzsaure Lösung zur Trockne gedampft und der Rückstand 1 Std. im Trockenschrank bei 135° getrocknet. Das nunmehr größtenteils in unlöslicher Form vorliegende Siliciumdioxyd wird, wie oben beschrieben, nach dem Aufnehmen der Salze mit heißer Salzsäure und Wasser abfiltriert und sodann ausgewaschen. Filtrat und Waschwasser werden zusammen mit dem zurückgestellten, bereits weitgehend eingedampften obigen Hauptfiltrat zur Abscheidung noch gelöst gebliebenes Siliciumdioxyd zur Trockne gedampft. Man röstet sodann die Salze bei 135°, nimmt den Rückstand mit etwas Salzsäure und heißem Wasser auf und filtriert den Siliciumdioxydrest auf ein kleines Filter ab. Man verascht die vereinigten Filter im Platintiegel und glüht das Siliciumdioxyd bei 1150 bis 1200° bis zur Gewichtskonstanz.

Der wahre Siliciumdioxydgehalt wird durch Abrauchen mit 5 ml Flußsäure und 0,5 ml Schwefelsäure (1 + 4) ermittelt. Erfahrungsgemäß genügt ein einmaliges

Abrauchen nicht; man muß es nach Zusatz von 5 ml Flußsäure und 0,5 ml Schwefelsäure wiederholen.

Eine vorherige Prüfung der Flußsäure auf ihren Glührückstand ist erforderlich und dieser gegebenenfalls in Rechnung zu setzen, d. h. dem Siliciumdioxydgewicht hinzuzuzählen.

Fehlerquellen. Das Veraschen des abgeschiedenen Siliciumdioxyds muß vorsichtig geschehen, damit keine Verluste durch den entweichenden Wasserdampf entstehen.

Literatur. Handbuch für das Eisenhüttenlaboratorium, Bd. I, S. 15/16. Düsseldorf: Verlag Stahleisen 1939.

b) Abscheiden des Siliciumdioxyds durch Gelatinezusatz

Grundlage. In einer heißen, stark sauren Lösung der Probe oder ihres Schmelzaufschlusses wird das Siliciumdioxyd durch Zusatz einer frisch bereiteten Gelatinelösung (1,5 g/100 ml) niedergeschlagen. Es ist gut filtrierbar und kann wie oben nach dem Glühen und Abrauchen mit Fluß- und Schwefelsäure bestimmt werden.

Anwendungsbereich und Bedeutung. Da das langwierige Eindampfen der Lösungen fortfällt, ist die Methode zur raschen Bestimmung des Siliciumdioxydgehaltes geeignet. Sie liefert genügend zuverlässige Werte bei kleinerem Siliciumdioxydgehalt, nicht aber bei der Analyse von Ferrosilicium.

Genauigkeit. 1.

Dauer. 3 bis 5 Std.

Ausführung. Die 20 Gew.-% oder mehr Salzsäure enthaltende Lösung der Probe oder ihres Schmelzaufschlusses wird 10 min im Kochen gehalten, dann auf 60° abgekühlt und nun mit einer Gelatinelösung tropfenweise versetzt, wobei 1 bis 2 min gründlich gerührt werden muß. Man benutzt eine Lösung von 1,5 g Gelatine in 100 ml 90° heißem Wasser; man bereitet sie jedesmal frisch. Zum Niederschlagen von je 1 g Siliciumdioxyd beträgt die erforderliche Gelatinemenge höchstens 0,1 g = etwa 6 bis 7 ml einer heißen 1,5proz. Lösung.

Man erkennt die beendete Fällung an einer klaren Oberschicht (Spiegel), welche sich nach etwa 20 sek zeigt. Tritt dieser Spiegel nicht auf, so muß noch etwas Gelatine nachgegeben werden. Neben dem Siliciumdioxyd sich abscheidende Salze, wie Natrium-, Kalium- oder Eisen(II)-chlorid usw., sind ohne Nachteil, da sie sich beim Auswaschen wieder lösen, wenn sie nicht schon vorher bei dem nun folgenden Verdünnen der Flüssigkeit auf das doppelte Volumen, welches nach etwa 5 min vorgenommen wird, in Lösung gegangen sind.

Das mit dem Gelatinezusatz ausgeschiedene Siliciumdioxyd läßt sich schnell auf ein Weißbandfilter abfiltrieren. Es wird mit heißer Salzsäure ausgewaschen. Der Niederschlag wird nach dem Veraschen des Filters wie oben bei etwa 1200° geglüht.

Falls in der siliciumdioxydhaltigen Lösung erhebliche Mengen an Chloriden des Eisens, Aluminiums und der Erdalkalimetalle vorhanden sind, genügen entsprechend geringere Mengen an Chlorwasserstoff, etwa bis zu 5% herab. Doch ist zu beachten, daß, je mehr Salzsäure oder Salze vorliegen, um so sicherer die Fällung des Siliciumdioxyds quantitativ erfolgt.

Auch aus der salpetersauren oder schwefelsauren Lösungen kann das Siliciumdioxyd mit Gelatine abgeschieden werden; dabei sollen jene wenigstens 45 Gew.-% Salpetersäure bzw. 35 Gew.-% Schwefelsäure enthalten.

An Stelle von Gelatine sind auch Hautleim oder Hausenblase verwendbar.

Fehlerquellen. Da durch den Gelatinezusatz auch Zirkoniumphosphat, Titansäure, Titanphosphat, Niob- und Tantalsäure abgeschieden werden könnten, ist eine Reinheitsprüfung des Siliciumdioxyds durch Abrauchen mit Fluß- und Schwefelsäure unerläßlich. Bei Anwesenheit von Titan, Niob oder Tantal muß ein größerer

Überschuß von Schwefelsäure verwendet werden, um zu verhindern, daß die Elemente als Fluoride verflüchtigt werden und daher der Siliciumdioxydgehalt zu hoch gefunden wird.

Literatur. WEISS, L., u. H. SIEGER: Z. analyt. Chem. Bd. 119 (1940) S. 245—280.

2. Fluorhaltige Stoffe

Grundlage. Die zu untersuchende Substanz wird mit einer Mischung von Borax und Kaliumhydrogensulfat aufgeschlossen, wobei das Fluor als Borverbindung verflüchtigt wird. Nach dem Lösen der Schmelze in verdünnter Salzsäure wird das Siliciumdioxyd in der unter C. I. 1. beschriebenen Weise durch Eindampfen oder Gelatinezusatz abgeschieden.

Anwendungsbereich und Bedeutung. Das Verfahren ist zur Bestimmung des Siliciumdioxyds in fluorhaltigen Erzen und Gesteinen (Kryolith) geeignet.

Genauigkeit. 1.

Dauer. 2 bis 3 Tage.

Ausführung. Man mischt 1 g der Probe mit 6 g wasserhaltigem Borax, setzt noch 14 g gepulvertes Kaliumhydrogensulfat hinzu und rührt das Ganze gut durch. Dann erhitzt man den bedeckten Tiegel vorsichtig zunächst mit seitlicher Flamme so lange, bis die Reaktion in der Hauptsache abgelaufen ist und die Schmelze ruhig fließt, und führt dann den Aufschluß durch stärkeres Erhitzen zu Ende. Gesamtzeit: Etwa 30 min. Nach dem Erkalten wird die Schmelze in einer Schale mit schwarzer Innenglasur mit 100 ml heißem Wasser ausgelaugt und die Lösung mit 3 ml Salzsäure (1,19) versetzt. Man spült den Tiegel ab, entfernt ihn und engt die Lösung auf dem Wasserbad unter wiederholtem Rühren mit einem Glasstampfer bis zur Sirupdicke ein. Darauf läßt man den Schaleninhalt erkalten, knetet ihn mit dem Stampfer durch, trocknet ihn bei 110° und zerkleinert die erkaltete Masse mit dem Stampfer, bis sie pulvrig geworden ist. Darauf wird das Trocknen so lange wiederholt, bis Salzsäuredämpfe durch den Geruch nicht mehr wahrzunehmen sind. Nun läßt man die Salze abkühlen, durchfeuchtet sie eben mit Salzsäure (1,19) und löst sie nach 3 min mit 200 ml heißem Wasser unter gelindem Erwärmen. Das Siliciumdioxyd wird auf ein 11 cm-Weißbandfilter abfiltriert und mit warmer Salzsäure (1 + 50) ausgewaschen. Man verascht das Filter im Platintiegel, glüht den Tiegelinhalt, läßt ihn im Exsiccator erkalten und wägt ihn. Den wahren Gehalt an Siliciumdioxyd erhält man in bekannter Weise durch Abrauchen mit Fluß- und Schwefelsäure. Bei siliciumdioxydreichem Probegut ist das Filtrat nochmals einzudampfen und daraus das Siliciumdioxyd in gleicher Weise abzuscheiden. In diesem Falle verascht man die beiden Filter gemeinsam.

Fehlerquellen. Zur Vermeidung von Fehlern ist ein Leerversuch mit den bei obigem Arbeitsgang verbrauchten Reagenzienmengen durchzuführen und das Resultat bei der Berechnung des Siliciumdioxydgehaltes der Probe zu berücksichtigen.

Literatur. SPIELHACZEK, H.: Z. analyt. Chem. Bd. 119 (1940) S. 13/14.

3. Die photometrische Siliciumdioxydbestimmung

Lösliches Siliciumdioxyd bildet mit Ammoniummolybdat gelb gefärbte Silicomolybdänsäure. Diese Methode ist bei Siliciumgehalten unter 0,1% anwendbar und ergibt gute Resultate. Näheres s. Kapitel Aluminium, S. I/86.

II. Die Untersuchung des Ferrosiliciums und des Reinsiliciums

Die Gewinnung des Ferrosiliciums und des Reinsiliciums erfolgt in der Hauptsache auf elektrothermischem Wege; nur Ferrosilicium mit weniger als 15% Silicium kann noch im Hochofen erschmolzen werden. Man stellt verschiedene Sorten von Ferrosilicium, überwiegend aber solche mit etwa 25%, 45%, 75% und 90% Silicium her. Alle Sorten dienen als Desoxydationsmittel in der Metallindustrie und die hochsiliciumhaltigen zur Herstellung siliciumhaltiger Legierungen, soweit dafür nicht Reinsilicium (mit einem Reingehalt von etwa 98% Silicium) erforderlich ist. In letzter Zeit verwendet man 15proz. Ferrosilicium auch zur Herstellung von Schwerflüssigkeit im Aufbereitungsprozeß nach dem Schwimm- und Sinkverfahren.

Ferrosilicium mit weniger als 15% Silicium ist in Bromsalzsäure löslich. Die höherprozentigen Sorten müssen für die Siliciumbestimmung durch alkalischen Aufschluß zersetzt werden. In einem Gemisch von Salpetersäure und Flußsäure lösen sich alle Sorten.

Die einzelnen Sorten werden in erster Linie nach ihrem Siliciumgehalt bewertet; dazu kommt bei hoch siliciumhaltigen Produkten noch die Bestimmung des Eisengehaltes. Die Bestimmung der übrigen Begleitelemente, z. B. des Mangans, Aluminiums, Titans, Calciums, Magnesiums, Kohlenstoffs, Phosphors, Schwefels und Stickstoffs, kann bisweilen ebenfalls erforderlich sein.

1. Die Bestimmung des Siliciums

a) In säurelöslichem Ferrosilicium

Grundlage. Das Silicium wird durch Lösen der Probe in Bromsalzsäure in Siliciumdioxyd übergeführt. Durch Eindampfen der Lösung und Erhitzen des Eindampfrückstandes auf 135° wird auch das in kolloider Form vorhandene Siliciumdioxyd zur Abscheidung gebracht. Das abfiltrierte Siliciumdioxyd wird geglüht, gewogen und durch Verflüchtigung mit Flußsäure und Schwefelsäure auf Reinheit geprüft.

Anwendungsbereich und Bedeutung. Das Verfahren dient zur Siliciumbestimmung in Hochofenferrosilicium (bis zu 15% Si).

Genauigkeit. 1.

Dauer. 2 Tage.

Ausführung. Man übergießt 1 g der zerkleinerten Probe in einem 600 ml-Becherglas mit 25 ml Bromsalzsäure [500 ml Salzsäure (1,19) + 500 ml Wasser + 100 ml Brom], erwärmt, bis Lösung eingetreten ist, und dampft zur Trockne. Der Rückstand wird 1 Std. bei 135° erhitzt, nach dem Erkalten mit 10 bis 15 ml Salzsäure (1,19) durchfeuchtet, erwärmt und mit 30 ml Wasser versetzt. Sobald die Salze gelöst sind, filtriert man das ausgeschiedene Siliciumdioxyd ab und wäscht sie wiederholt mit heißer Salzsäure (1 + 10) aus. Darauf wird das Filter verascht, das Siliciumdioxyd geglüht und gewogen. Nach dem Durchfeuchten des Tiegelinhaltes mit etwa 5 ml Schwefelsäure (1 + 5) verflüchtigt man das Siliciumdioxyd mit der hinreichenden Menge Flußsäure in bekannter Weise, glüht und wägt den verbliebenen Rückstand. Aus dem Gewichtsunterschied ergibt sich das reine Siliciumdioxyd (Umrechnungsfaktor auf Si: 0,4672).

Wenn auch die im Filtrat und Waschwasser noch vorhandenen Siliciumdioxydmengen sehr gering sind, so müssen sie für genaue Bestimmungen durch nochmaliges Eindampfen erfaßt und wie vorher bestimmt werden.

Fehlerquellen. Beim Lösen der Probe ist ein Zusatz von Brom oder Salpetersäure (1,40) erforderlich, weil bei Verwendung von Salzsäure allein ein Teil des Siliciums in *Siloxan* (Silicoameisensäureanhydrid — $H_2Si_2O_3$, ein weißer, auf der Lösung schwimmender Stoff) übergeht, dessen Menge mit der Konzentration der Säure steigt; das Siloxan bildet beim Auswaschen mit heißem Wasser Kieselsäuresol und verursacht somit Verluste.

Literatur. Handbuch für das Eisenhüttenlaboratorium, Bd. II (1941) S. 205.

b) In säureunlöslichem Ferrosilicium und Reinsilicium

In einem Nickeltiegel werden 6 g Natriumhydroxyd zum Schmelzen gebracht. Kurz vor dem Erstarren wird durch Schwenken des Tiegels die Tiegelwand mit einer dünnen Schicht von Natriumhydroxyd überzogen. Auf den erkalteten Schmelzkuchen gibt man 0,5 g der feingepulverten Probe, feuchtet sie mit 3 Tropfen Natronlauge (400 g/l) an, bedeckt den Tiegel mit einem Nickeldeckel und fügt nach 1 min 4 g Natriumkaliumcarbonat hinzu. Der Aufschluß wird mit kleiner Flamme eingeleitet, dann die Hitze langsam gesteigert, bis die Schmelze ruhig fließt. Nach etwa 10 min läßt man etwas abkühlen, fügt 2 g Natriumperoxyd hinzu und glüht nochmals kräftig. Nach dem Erkalten des Aufschlusses wird der Tiegel samt Deckel in einen Porzellankochbecher gebracht, der mit 100 ml Salzsäure (2 + 2,5) und 100 ml kochendem Wasser beschickt ist. Zur Vermeidung von Verlusten bedeckt man den Becher sofort mit einem Uhrglas. Hierbei löst sich die Schmelze ohne weiteres Erwärmen leicht aus dem Tiegel. Dieser wird dann unter Zuhilfenahme eines Gummiwischers mit heißem Wasser ausgespült und der Deckel ebenso gereinigt. Nun dampft man den Becherinhalt auf einer Heizplatte, die eine Temperatur von etwa 150° besitzt, bis zur Trockne ein und röstet den Rückstand noch etwa 2 Std. auf dieser Platte. Es empfiehlt sich, kurz vor dem Eintrocknen ein Drahtnetz unter den Porzellanbecher zu legen, um Spritzen zu vermeiden. Nach dem Abkühlen wird der geröstete Rückstand mit 20 ml Salzsäure (1,19) befeuchtet und nach 10 min mit 100 ml heißem Wasser versetzt. Man kocht dann kurz auf und filtriert das Siliciumdioxyd auf ein 11 cm-Weißbandfilter ab. Danach wird mit möglichst wenig heißem, salzsäurehaltigem Wasser [30 ml Salzsäure (1,19) auf 1 l Wasser] bis zum Verschwinden der Eisenreaktion ausgewaschen. Das Filtrat wird nochmals bis zur Trockne eingedampft und der Rückstand in gleicher Weise wie bei der ersten Siliciumdioxydabscheidung behandelt. Die beiden Filter werden feucht im Platintiegel verascht und dieser dann bei 1150 bis 1200° geglüht. Das Glühen hat bei aufgelegtem Platindeckel zu erfolgen, da sonst leicht Verluste durch Verstäuben auftreten. Nach dem Wägen raucht man das nicht ganz reine Siliciumdioxyd mit rückstandfreier Flußsäure unter Zusatz einiger Tropfen verdünnter Schwefelsäure ab, glüht den Rückstand bis zur Gewichtskonstanz und bestimmt so aus der Gewichtsdifferenz den Gehalt an Siliciumdioxyd, das 46,72% Si enthält.

Genauigkeit. 1.

Dauer. 2 Tage.

c) Nach Schnellverfahren

Für die Schnellbestimmung des Siliciums in hochprozentigem Ferrosilicium und im Reinsilicium sind in den Betrieben verschiedene Verfahren in Gebrauch. Im folgenden seien 3 Schnellmethoden wiedergegeben.

α) *Durch unmittelbares Lösen in Salpeter- und Flußsäure*

Grundlage. Die Probe wird in einer gewogenen Platinschale mit Salpetersäure und Flußsäure unter Zusatz einiger ml Schwefelsäure gelöst; die Lösung wird zur Trockne gedampft, wobei das Silicium als Siliciumtetrafluorid entweicht. Der Rückstand wird geglüht und gewogen. Die Gewichtszunahme der Schale wird mit dem Faktor 0,7 multipliziert und die erhaltene Zahl vom Gewicht der Einwaage abgesetzt. Die Differenz betrachtet man als den Siliciumgehalt der Probe.

Anwendungsbereich und Bedeutung. Das Schnellverfahren findet Anwendung bei Ferrosilicium mit Siliciumgehalten von 45%, 75% und 90% sowie bei Reinsilicium.

Genauigkeit. 2 bis 3.

Dauer. 1 bis 2 Std.

Ausführung. Die Einwaagen betragen: bei 45proz. Ferrosilicium 0,3 g, bei 75proz. 0,5 g und bei Reinsilicium 1 g.

Man versetzt die Einwaage in einer gewogenen Platinschale zunächst mit 6 bis 12 Tropfen Schwefelsäure (1 + 1) und etwa 10 ml Salpetersäure (1,40), gibt dann aus einer Tropfflasche vorsichtig (stürmische Reaktion!) so lange rückstandsfreie Flußsäure hinzu, bis restlose Lösung der Probe eingetreten ist, und fügt darauf noch weitere 2 ml Flußsäure hinzu. In der Flüssigkeit können etwa vorhandene geringe Mengen von Siliciumcarbid ungelöst zurückbleiben. Nun dampft man die Lösung zur Trockne und glüht den Rückstand bei langsam ansteigender Temperatur bis zur Rotglut (ungefähr 5 min). Bei Gegenwart von Eisen färbt sich der Rückstand beim Glühen braunrot. Die Schale wird nach dem Erkalten gewogen und auf Gewichtskonstanz geprüft. Ihre Gewichtszunahme multipliziert man mit dem Faktor 0,7 und setzt die erhaltene Zahl vom Gewicht der Probe ab. Der Gewichtsunterschied zur Einwaage wird als Silicium in Rechnung gesetzt.

Fehlerquellen. Der Faktor 0,7 trifft nur für die Umrechnung von verbliebenem Eisenoxyd auf Eisen zu. Daher nimmt die Genauigkeit der Bestimmung mit steigender Menge anderer Begleitelemente ab. Besonders beim Reinsilicium könnte sich dies auswirken und eine Abänderung des Faktors nach empirischen Gesichtspunkten notwendig machen.

β) *Durch Bestimmung der Dichte*

Grundlage. Der Siliciumgehalt des Ferrosiliciums wird durch Feststellung seiner Dichte ermittelt. Man benutzt dazu zweckmäßig eine Analysendämpfungswaage. Aus der Dichte kann man mit Hilfe einer Tabelle den Gehalt an Silicium ablesen.

Anwendungsbereich und Bedeutung. Diese Betriebsmethode ist anwendbar für Reihenuntersuchungen von Ferrosiliciumsorten mit 40 bis 80% Silicium und normaler Zusammensetzung hinsichtlich der Begleitelemente.

Genauigkeit. 2 bis 3; bei 10- bis 30proz. sowie bei 90proz. Ferrosiliciumsorten ist die Methode zu ungenau.

Dauer. 5 min.

Ausführung. Für die Feststellung der Dichte benutzt man die in Abb. 67 wiedergegebene Apparatur. Sie besteht aus:

1. einer Analysendämpfungswaage,
2. einem Wägeschiffchen zur Aufnahme der Ferrosiliciumstückchen für die Gewichtsfeststellung der Einwaage,
3. einem runden, siebartigen Kupferschälchen, aufgehängt an einem haardünnen Kupferdraht, für die Wägung unter Wasser,
4. einem Gegengewicht für das Wägeschiffchen im Wasser und für das eingetauchte Kupferschälchen mit Draht zur Einstellung der Waage auf den Nullpunkt,
5. einem dreifüßigen Tischchen aus Blech, auf dem
6. ein 250 ml-Becherglas breiter Form mit ausgekochtem Wasser steht.

Abb. 67. Waage zur Bestimmung des spez. Gewichtes von Ferrosilicium

Für die Feststellung der Dichte benutzt man abgeschlagene, bis zu 1 g schwere Ferrosiliciumstückchen. Von einer Probepartie entnimmt man so viel Stückchen, wie sie voraussichtlich zum Erfassen eines Durchschnitts notwendig sind. Die

Stückchen müssen kompakt sein, da poröse falsche Ergebnisse liefern; auch dürfen sie im Wasser nicht gasen und sollen keine Schlackeneinschlüsse aufweisen. Die Einwaage bemißt man auf etwa 5 bis 7 g, also auf 5 bis 7 Stückchen. Hat man z. B. bei einem Los 20 Stückchen abgeschlagen, so bedingt das 3 bis 4 Dichtefeststellungen.

Zuerst ermittelt man bei eingestellter Waage und unter Eintauchen des Kupferschälchens das Gewicht der Einwaage, bringt sodann die Probenstückchen auf das Kupferschälchen und wägt sie unter Wasser, ohne das Wägeschiffchen zu entfernen. Die Anordnung auf der Waage bleibt also bei beiden Wägungen unverändert. Aus den erhaltenen Gewichten errechnet man die Dichte und entnimmt dann aus den Tabellen (s. unten) den entsprechenden Siliciumgehalt.

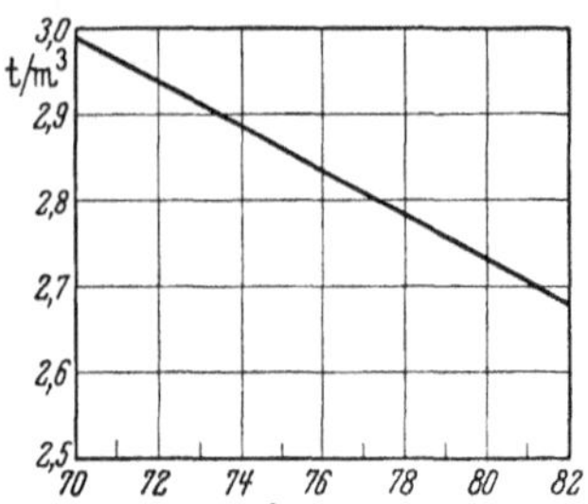

Abb. 68
Dichte von 70- bis 80proz. Ferrosilicium

Tabelle 1 *für Ferrosilicium mit 40 bis 54% Si*

Dichte	Si %
5,38	40
5,29	41
5,20	42
5,11	43
5,02	44
4,93	45
4,84	46
4,75	47
4,66	48
4,57	49
4,48	50

Tabelle 2 *für Ferrosilicium mit 70 bis 82% Si*

Dichte	Si %
2,99	70
2,96	71
2,93	72
2,91	73
2,88	74
2,85	75
2,83	76
2,80	77
2,78	78
2,75	79
2,73	80
2,70	81
2,68	82

Graphisch dargestellt s. Abb. 68.

Zur Aufstellung dieser Tabelle bereitet man Ferrosiliciumstückchen verschiedener Si-Gehalte vor. Von jedem Stückchen stellt man erst die Dichte und darauf analytisch den Siliciumgehalt fest. Die gefundenen Werte werden in Tabellen zusammengestellt (s. oben!):

Fehlerquellen. Das ausgekochte Wasser muß eine gleichmäßige Temperatur, zweckmäßig von 20°, aufweisen. Die Waage soll beim Wägen stets nach derselben Seite hin ausschlagen, damit der dünne Kupferdraht des Kupferschälchens nicht bis zu verschiedenen Höhen in das Wasser eintaucht.

Literatur (für α und β). Mitteilung eines Ferrolegierungswerkes. — Handbuch für das Eisenhüttenlaboratorium, Bd. II, S. 206. Düsseldorf: Verlag Stahleisen 1941. — Döring, Th.: Z. analyt. Chem. Bd. 125 (1943) S. 168—179. — Heinrich, Fr., u. F. Petzold: Chemiker-Ztg. Bd. 60 (1936) S. 145—147; Bd. 61 (1937) S. 568/69.

γ) *Durch Titration mit n/5-Natronlauge*

Grundlage. Silicium wird in Gegenwart von Salpetersäure, Flußsäure und Kaliumfluorid als Kaliumsiliciumfluorid ausgefällt. Man zersetzt diesen Komplex mit Natronlauge, entsprechend der Reaktionsgleichung:

$$K_2SiF_6 + 4\,NaOH = H_4SiO_4 + 2\,KF + 4\,NaF$$

Die Zersetzung ist beendet, sobald ein Tropfen überschüssiger n/5-Natronlauge (Phenolphthalein) die Lösung rosa färbt. Hierbei entspricht

1 ml n/5-NaOH—0,0014 g Si

Anwendungsbereich und Bedeutung. Das Verfahren dient zur Bestimmung des Siliciums in allen handelsüblichen Sorten von Ferrosilicium.

Genauigkeit. 2.

Dauer. 20 bis 30 min.

Ausführung. Man wägt 0,1 g der feingeriebenen Probe in einer bedeckten Platinschale ein und versetzt sie zur Vermeidung einer stürmischen Reaktion vorsichtig tropfenweise mit 10 ml des Säuregemisches, bestehend aus 10 Teilen Salpetersäure (1,40), 8 Teilen Flußsäure (40%) und 2 Teilen Kaliumfluorid. Sobald die Reaktion beendet ist, erhitzt man auf einer Heizplatte, bis vollständiger Aufschluß erreicht ist. Anschließend kühlt man auf 15° ab, läßt den Niederschlag absitzen und filtriert auf ein 11 cm-Schwarzbandfilter, dem etwas Filterbrei zugesetzt ist, ab. Das Filter, das in einen Platin- oder Kunststofftrichter eingelegt ist, mitsamt dem Platintiegel und -deckel werden 3mal mit einer Kaliumnitratlösung (200 g/l) von 15° und dann noch mit einer Kaliumfluoridlösung (100 g/l) gleicher Temperatur bis zur neutralen Reaktion (Methylorange) des Durchlaufenden gewaschen. Filter und Rückstand werden in einen 300 ml-ERLENMEYER-Kolben, der 100 ml heißes, kohlendioxydfreies Wasser enthält, gegeben und nach kurzem kräftigem Umschwenken mit n/5-Natronlauge unter Zugabe von Phenolphthalein als Indicator titriert. Die Titration ist beendet, sobald die Lösung unter dauerndem Umschütteln und nach kurzem Aufkochen eine bleibende Rosafärbung aufweist. Zur Titration verwendet man besser eine amtlich geeichte 100 ml-Bürette. Der Siliciumgehalt ergibt sich zu:

$$\frac{\text{verbr. ml n/5-NaOH} \cdot 0{,}14}{\text{Einwaage}} = \%\ \text{Si}$$

Fehlerquellen. Die Verwendung verdünnter Säuren bewirkt Minderbefunde an Silicium, weil einmal die Probe unvollständig aufgeschlossen und zudem ein Teil des Kaliumsiliciumfluorids gelöst wird. Die Löslichkeit ist temperaturabhängig, so daß Aufschlußlösung und Waschflüssigkeit auf 15° abzukühlen sind. In der Probe vorhandenes Siliciumcarbid wird von dem Säuregemisch nicht aufgeschlossen.

Literatur. KORDON, F.: Arch. Eisenhüttenwes. Bd. 18 (1945) S. 139. — IMAI, TAKUYA: Ferroalloy Bd. 5 (1954) S. 56.

2. Die Bestimmung des Eisens

Sie ist nur bei Ferrosiliciumsorten mit Gehalten von über 90% Silicium und bei Reinsilicium von Bedeutung.

a) Maßanalytisch

Je nach dem Eisengehalt werden 0,5 bis 2 g der feinstgepulverten Probe in einem Nickeltiegel mit etwa 15 g Natriumperoxyd gemischt. Den mit einem Deckel verschlossenen Tiegel erwärmt man zunächst vorsichtig, erhitzt dann allmählich stärker und hält schließlich die Schmelze 5 bis 10 min in Fluß. Nach dem Erkalten wird der Schmelzkuchen in einer Porzellanschale mit Wasser ausgelaugt, die Lösung aufgekocht und filtriert. Der Niederschlag wird mit heißem Wasser ausgewaschen und mit 20 ml Salzsäure vom Filter gelöst. Dann fällt man in der Lösung das Eisen mit Ammoniak im Überschuß und filtriert das Hydroxyd ab. Es wird in Salzsäure (1 + 1) gelöst; in der Lösung titriert man das Eisen nach ZIMMERMANN-REINHARDT (s. Kapitel Aluminium, S. 13).

Statt des alkalischen Aufschlusses kann auch mit Säure gelöst werden. Je nach dem Eisengehalt werden 0,5 bis 2 g mit bis zu 30 ml Salpetersäure in einer Platinschale versetzt und dann die Einwaage durch tropfenweisen Zusatz von Flußsäure in Lösung gebracht. Alsdann werden bis zu 30 ml Schwefelsäure (1 + 1) zugegeben und die Salpetersäure durch Abrauchen verdampft. Die Eisenbestimmung kann jetzt wie oben angegeben ausgeführt werden.

Genauigkeit. 1.

Dauer. 2 Std.

b) Photometrisch im Reinsilicium

0,1 g der feinstgepulverten Probe wird in einem 250 ml-Meßkolben mit 5 ml eisenfreier Natronlauge (550 g/l) und 1 ml 30proz. Perhydrol versetzt und erwärmt, bis jede Gasentwicklung aufgehört hat. Dann verdünnt man die Lösung mit 10 ml Wasser und kocht sie 2 min, versetzt sie anschließend mit 20 ml Salpetersäure (1 + 3) und kocht sie nochmals, bis die Stickoxyde entwichen sind. Nach dem Verdünnen auf 200 ml läßt man den Kolbeninhalt abkühlen, versetzt ihn mit 10 ml Kaliumthiocyanatlösung (100 g/l) und füllt das Ganze zur Marke auf. Dann wird photometriert. Ist die Lösung trüb, so werden vorher 100 ml durch ein trockenes Weißbandfilter in die bereitgestellte Küvette abfiltriert. Man mißt die Extinktion der Lösung und liest den Prozentgehalt an Eisen aus der Eichkurve ab. Die Eichkurve stellt man unter Verwendung von Eisennitratlösungen verschiedener Konzentrationen mit genau bekannten Gehalten auf (s. Kapitel Mangan, S. 496).

Genauigkeit. 1.

Dauer. Etwa 30 min.

3. Die Bestimmung der übrigen Begleitelemente

Die eingangs des Abschnittes C. II. genannten Begleitelemente bestimmt man nach den Vorschriften, wie sie im 1. Band, Schiedsverfahren, 2. Aufl., S. 312 bis 317, angegeben sind, oder nach den im Handbuch für das Eisenhüttenlaboratorium, Bd. II, S. 208—214, beschriebenen Verfahren.

III. Silicomangan

Das Silicomangan wird auf elektrothermischem Wege hergestellt; es findet hauptsächlich in der Stahlindustrie Verwendung. Man unterscheidet säurelösliche und säureunlösliche Sorten. Der Mangangehalt beträgt bei den gebräuchlichen Legierungen 58 bis 75%; sie enthalten außerdem 16 bis 35% Silicium und 0,05 bis 2% Kohlenstoff.

1. Die Bestimmung des Siliciums

Sie erfolgt wie bei der Siliciumbestimmung bei Ferrosilicium, S. 771, mit Einwaagen von 1 g oder durch Schmelzen mit Natriumperoxyd nach dem Vorschmelzen mit Natriumkaliumcarbonat.

2. Die Bestimmung des Mangans

1 g Silicomangan wird in einer Platinschale mit 30 ml Salpetersäure (1,40) versetzt und durch allmählichen Zusatz von etwa 10 ml Flußsäure unter Erwärmen in Lösung gebracht. Diese Lösung dampft man auf dem Wasserbad zur Trockne, fügt 10 ml Salpetersäure hinzu und wiederholt das Eindampfen. Dann wird schwach geglüht und der Rückstand in Salzsäure (1,19) gelöst. Nach dem Verdünnen der Lösung filtriert man das Ungelöste ab, glüht schwach und schließt mit Kaliumpyrosulfat auf. Die Schmelze wird in Wasser und etwas Salzsäure gelöst, die Lösung mit etwas Salpetersäure oxydiert und dem ersten Filtrat hinzugefügt. Die vereinigten Filtrate oxydiert man nach dem Verdünnen auf 200 ml vollständig mit Kaliumchlorat, verkocht das Chlor, setzt aufgeschlämmtes Zinkoxyd hinzu, bis das gesamte Eisen ausgefallen ist und ein geringer Überschuß von Zinkoxyd verbleibt, und spült das Ganze in einen 1 l-Meßkolben über. Nach dem Erkalten und Auffüllen zur Marke wird durch ein Faltenfilter filtriert (die zuerst durchgelaufenen etwa 5 ml werden weggeschüttet). Darauf entnimmt man dem Filtrat 200 ml (= 0,2 g Einwaage), bringt die Abmessung in einen 1 l-Erlenmeyer-Kolben, verdünnt sie mit heißem Wasser auf etwa 400 ml, setzt etwas

Zinkoxyd hinzu, kocht auf und titriert die kochendheiße Lösung mit eingestellter Permanganatlösung (s. Kapitel Mangan, S. I/486).

Genauigkeit. 1.

Dauer. 6 Std.

Bemerkung. Die Bestimmung des Mangans läßt sich auch nach Aufschluß der Probe mit Natriumperoxyd und etwas Natriumkaliumcarbonat in einem dickwandigen Porzellantiegel ausführen.

IV. Weitere Siliciumlegierungen

Es handelt sich dabei um die Legierungen *Calciumsilicium* (mit etwa 30% Calcium, 60% Silicium, 1 bis 3% Aluminium), *Silical* (mit 80 bis 85% Silicium, 8 bis 10% Aluminium) und *Alsical* (mit 15% Aluminium, 25% Calcium, 53% Silicium oder 20% Aluminium, 23% Calcium, 50% Silicium). Diese Legierungen werden ebenfalls elektrothermisch erschmolzen und in der Stahlindustrie zur Desoxydation verwendet; sie zeichnen sich durch große Reaktionsfähigkeit aus.

Ihr *Siliciumgehalt* wird wie beim Ferrosilicium (s. S. 771) ermittelt. Die weiteren Hauptkomponenten bestimmt man, wie nachstehend ausgeführt.

1. Calciumsilicium

Die Bestimmung des Calciums

0,5 g Probegut werden in einer Platinschale, die 20 ml Salpetersäure (1,40) enthält, durch allmählichen Zusatz von 10 ml Flußsäure in Lösung gebracht. Nach dem Eindampfen der Lösung auf dem Wasserbad gibt man zum Rückstand 4 ml Schwefelsäure (1,84), raucht vorsichtig ab und glüht zunächst leicht, später stark, bis die Fluoride zerstört sind. Nun fügt man 10 g Kaliumpyrosulfat hinzu und schließt den Rückstand bei aufgelegtem Platindeckel vorsichtig auf. Nach dem Aufschluß wird die Schmelze mit Wasser und 10 ml Salzsäure in Lösung gebracht und so lange gekocht, bis die Flüssigkeit vollkommen klar ist; das Volumen soll etwa 500 ml betragen. Sollte ein Rückstand bleiben, so wird er abfiltriert und nach dem Glühen mit Natriumkaliumcarbonat aufgeschlossen. Die vereinigten Lösungen werden mit Salpetersäure oxydiert, nach Zusatz mit Ammoniumchlorid zum Sieden erhitzt und mit Ammoniak und Bromwasser in geringem Überschuß versetzt, um Eisen, Aluminium und Mangan zu fällen. Nach dem Absitzen werden die Hydroxyde abfiltriert, mit heißem Wasser ausgewaschen, in Salzsäure gelöst und nochmals mit Ammoniak und Brom gefällt. Sie können für die Bestimmung des *Eisens*, *Aluminiums* und *Mangans* verwendet werden.

Die vereinigten Filtrate engt man etwas ein, säuert sie dann mit Salzsäure an, versetzt sie mit 30 ml kalt gesättigter Ammoniumchlorid- und 40 ml gesättigter Ammoniumoxalatlösung, kocht auf und fällt das Calcium mit Ammoniak in geringem Überschuß als Calciumoxalat. Nach 4stündigem Stehen wird der Niederschlag abfiltriert, mit heißem oxalathaltigem Wasser ausgewaschen, im Platintiegel bei etwa 1000° geglüht und gewogen; Calciumoxyd enthält 71,47% Calcium.

Die Bestimmung des Calciums kann aber auch maßanalytisch mit eingestellter Kaliumpermanganatlösung ausgeführt werden.

Genauigkeit. 1.

Dauer. 8 Std.

2. Silical

Die Bestimmung des Aluminiums

Man verfährt mit 0,5 g der Probe wie vorstehend beim Calciumsilicium bis nach dem Schmelzen eines ungelösten Rückstandes mit Natriumkaliumcarbonat. In den vereinigten Lösungen fällt man die Hydroxyde nach Zugeben von 20 ml kalt gesättigter Ammoniumchloridlösung und nach der Oxydation mit Salpetersäure mittels Ammoniaks in geringem Überschuß, kocht auf und filtriert die Hydroxyde ab. Nachdem man sie mit heißem Wasser sorgfältig ausgewaschen hat, werden sie mit Salzsäure vom Filter gelöst. Die Lösung neutralisiert man mit Natronlauge, säuert sie wieder mit Salzsäure schwach an, bringt die heiße Lösung in einen Tropftrichter und läßt sie daraus langsam in siedende Natronlauge (110 g/l) fließen, die sich in einer Reinnickelschale von etwa 850 ml Inhalt befindet. Dann hält man die Natronlauge unter ständigem Rühren mit einem Nickeldraht 5 min nahe am Kochen, spült nach dem Abkühlen den Schaleninhalt in einen 500 ml-Meßkolben, füllt ihn zur Marke auf und filtriert durch ein trockenes Faltenfilter. 250 ml des Filtrats werden mit Salzsäure angesäuert, zum Kochen erhitzt und zur Fällung des Aluminiums mit einem geringen Überschuß an Ammoniak versetzt. Nach kurzem Aufkochen und einstündigem Stehen wird der Niederschlag abfiltriert, mit heißem Wasser ausgewaschen, in Salzsäure gelöst und die Lösung nochmals mit Ammoniak in geringem Überschuß versetzt. Man filtriert das ausgefallene Aluminiumhydroxyd ab, wäscht mit heißem Wasser aus und glüht bei 1100° bis zur Gewichtskonstanz. Das Aluminiumoxyd enthält 52,93% Aluminium.

Genauigkeit. 1.

Dauer. 8 Std.

Bemerkung. Man kann das Aluminium auch als *Phosphat* bestimmen und braucht es dann vorher nicht vom Eisen abzutrennen (s. Kapitel Aluminium, S. I/7).

3. Alsical

Die Bestimmung des Aluminiums und Calciums

Das *Aluminium* kann in der gleichen Weise, wie vorstehend beim Silical beschrieben, bestimmt werden.

In den vereinigten Filtraten von der doppelten Hydroxydfällung wird das *Calcium* nach den Angaben bei Calciumsilicium als Oxalat gefällt und nach dem Glühen des Niederschlages als Oxyd bestimmt.

V. Siliciumcarbid (Carborundum)

Carborundum wird hauptsächlich als Schleifmittel, daneben aber auch zur Herstellung hochfeuerfester Stampfmassen und Steine verwendet. Man unterscheidet im Handel 2 Sorten: Sorte I soll einen Siliciumgehalt von 68 bis 69% (theoretisch 70%) aufweisen, Sorte II etwa 65% Silicium haben (93% SiC).

Für die Bewertung des Schleifmittels ist die chemische Vollanalyse weniger maßgebend, vielmehr sind es die auf der Oberfläche der Körner sitzenden Verunreinigungen und Staubbestandteile, welche die Güte der hergestellten Schleifscheiben nachteilig beeinflussen. Diese Verunreinigungen bestehen hauptsächlich aus Siliciumhäutchen, Kalk, Eisen, gelegentlich auch Kriställchen von Ferrosilicium und anderen Metallsiliciden.

Man gewinnt daher bei Schleifcarborundum schon durch die sog. „Oberflächenanalyse" ein Bild über die Güte der Ware. Die Analyse erstreckt sich auf die Bestimmung *des freien Siliciums*, *des freien Siliciumdioxyds*, *des Eisen- und Aluminiumoxyds*, *des Calcium-*, *Magnesiumoxyds* und *des freien Kohlenstoffs*. Vorschriften für die Ausführung der Oberflächenanalyse sind Bd. I, Schiedsverfahren, 2. Aufl., S. 308—310, zu entnehmen.

Die weiteren Bestimmungen s. im Kapitel Feuerfeste Baustoffe, unter C. II. 4. a).

Kapitel 34

Strontium*

Inhalt

A. Vorkommen

Die einzigen Strontiummineralien von praktischer Bedeutung sind der *Strontianit* ($SrCO_3$) und der *Cölestin* ($SrSO_4$). Sie treten in Gängen auf und finden sich in Deutschland hauptsächlich im Rheinischen Schiefergebirge und im Münsterland. In England liegt ein abbauwürdiges Cölestinvorkommen bei Bristol.

B. Qualitativer Nachweis

Bei Abwesenheit von Lithium ist die hellrote Flammenfärbung für Strontium spezifisch. Zum raschen Erkennen des Strontiums neben Barium dient die rote Färbung bzw. Fällung, unter welcher das Natriumsalz der Rhodizonsäure[1] mit neutralen Salzlösungen reagiert. Für die Durchführung des Nachweises bringt man einen Tropfen der neutralen Probenlösung auf einen Streifen Filtrierpapier und im Abstand von wenigen mm einen zweiten des Reagenzes. Im Berührungspunkt der diffundierenden Lösungen zeigt eine rote Färbung die Anwesenheit eines oder der beiden Metalle Barium und Strontium an. Nach Zugeben von 2 Tropfen n/2-Salzsäure verschwindet die Färbung des Strontiums langsam. Völlige Entfärbung zeigt somit Strontium allein an, anderenfalls sind Barium allein oder beide gleichzeitig vorhanden. Alsdann fügt man in einem neuen Versuch zu einem Tropfen der Probenlösung 1 Tropfen einer Kaliumchromatlösung (10 g/100 ml), wartet 1 min und gibt 1 Tropfen der Reagenzlösung hinzu. Bei Gegenwart von Strontium tritt eine Rotfärbung auf. (Charlot, G., D. Bezier u. R. Gauguin: Analyse qualitative rapide des cations. Paris: Dunod 1950. — Charlot, G.: Théorie et méthode nouvelle d'analyse qualitative. Paris: Masson & Cie. 1949.)

C. Betriebsanalysen

Ausgangsstoff für die Gewinnung des metallischen Strontiums ist Strontiumoxyd, das entweder durch Glühen des Strontianits oder des künstlichen Strontiumcarbonats erhalten wird. Das Strontiumoxyd reduziert man im Vakuum und bei hoher Temperatur mit reinem Aluminium und destilliert das dabei frei werdende Strontiummetall über.

---

*	1. Auflage	2. Auflage
Bearbeiter:	**Schleicher, Allendörfer**	**Allendörfer**

[1] Natriumrhodizonat:
```
CO—CO—CONa
|        ||
CO—CO—CONa
```

I. Die Untersuchung des Strontiumoxyds

Störend wirken bei der Metallgewinnung Kohlendioxyd, Wasser und Chlor. Man bestimmt diese Verunreinigungen, wie beim Kapitel Barium, S. I/142, angegeben. Außerdem kann die Bestimmung des Gesamtstrontiums und des Calciums nach der im weiteren bei der Untersuchung des Strontiummetalls gegebenen Vorschrift ausgeführt werden.

II. Die Untersuchung des Strontiummetalls

Im allgemeinen ist die Verwendung des Strontiummetalls eine beschränkte. Man gebraucht es als härtenden Zusatz zu manchen Blei-, Zinn- und Cadmiumlegierungen, auch zum Entfernen von Schwefel und Phosphor aus Spezialstählen und mitunter als „Gettermetall" für Elektronenröhren sowie in Form von Salzen in der Pyrotechnik.

Die Bestimmung des Siliciums, des Eisens, des Aluminiums, des Gesamtstrontiums, des Calciums und des Stickstoffs

Grundlage. Die Probe wird in Wasser eingetragen und durch Zugeben von Salpetersäure gelöst. Durch Eindampfen der Lösung mit Salzsäure und darauffolgendes Erhitzen der Salze wird das Silicium als Siliciumdioxyd zur Abscheidung gebracht. Im Filtrat davon bestimmt man die übrigen Bestandteile, während für die Stickstoffbestimmung eine gesonderte Einwaage erforderlich ist.

Anwendungsbereich und Bedeutung. Der Analysengang ist ähnlich dem des Bariums und im wesentlichen auch dem des Calciummetalls.

Genauigkeit. 1.

Dauer. 24 Std.

Ausführung. Man wägt etwa 5 g Metall in einem verschließbaren Wägegläschen ab, trägt es in 200 ml Wasser ein und versetzt nach Beendigung der Reaktion mit 100 ml Salpetersäure (1 + 1). Die Lösung wird in einer Porzellanschale unter Zusatz von Salzsäure zur Trockne gedampft, das Salzgemisch längere Zeit bei 135° erhitzt und dann mit Salzsäure und Wasser wieder aufgenommen. Man filtriert das *Siliciumdioxyd* ab und bestimmt sie in bekannter Weise.

Zum salzsauren Filtrat von der Kieselsäure gibt man 10 g Ammoniumchlorid und fällt in der Wärme *Eisen* und *Aluminium* mit kohlensäurefreiem Ammoniak. In den abfiltrierten Hydroxyden bestimmt man die beiden Metalle nach der im Kapitel Calcium, S. I/271, angegebenen Methode.

Die Bestimmung des *Gesamtstrontiums* und des *Calciums* erfolgt in 50 ml (= 0,25 g Einwaage) des zu 1 l aufgefüllten Filtrats von der Hydroxydfällung. Diese werden mit Salzsäure angesäuert, mit 30 ml kalt gesättigter Ammoniumchlorid- sowie mit 30 ml gesättigter Ammoniumoxalatlösung versetzt, aufgekocht und schwach ammoniakalisch gemacht. Dabei fällt das Calcium- und Strontiumoxalat aus, das dann 4 Std. in der Wärme stehenbleibt, nachher abfiltriert und mit heißem, ammoniumoxalathaltigem Wasser ausgewaschen wird. Man glüht im Platintiegel und wägt die Oxyde CaO + SrO.

Die gewogenen Oxyde werden darauf in eine Porzellanschale gebracht und in Salpetersäure gelöst. Die Lösung dampft man zur Trockne, spült die Nitrate mit möglichst wenig Wasser in ein 20 ml-Erlenmeyer-Kölbchen, läßt dieses in einem Trockenschrank bei 100° so lange stehen, bis alles Wasser verdampft ist (etwa 2 Std.), und steigert dann die Temperatur langsam bis auf 160°. Nach dem Abkühlen werden die Nitrate mit einem Gemisch von gleichen Teilen absolutem Äthanol und Äther versetzt, das gerade ausreicht, um das vorhandene Calciumnitrat zu lösen (höchstens 2 ml). Einstündiges Schütteln des sorgfältig verschlossenen Kölbchens in einer Schüttelmaschine ist nötig. Dann läßt man es noch weitere 2 Std. stehen, bringt darauf die ungelösten Salze auf ein möglichst kleines Filter und wäscht sie sorgfältig, um alles Calciumnitrat zu entfernen, mit Äthanol-Äthergemisch aus. Nach dem Trocknen wird das Salz vom Filter mit wenig heißem Wasser in ein kleines Becherglas gelöst und die Lösung mit einigen Tropfen Schwefelsäure (1 + 1) sowie mit einer ihrem Volumen gleichen Menge Äthanol versetzt. Das Strontium fällt dann als Sulfat aus, das nach 8stündigem Stehen abfiltriert werden kann. Man bringt es samt dem nassen Filter in einen Platintiegel, trocknet und verascht das Filter und glüht den Niederschlag kurze Zeit über einem mittleren Teklubrenner. Die Auswaage ist $SrSO_4$; subtrahiert man die entsprechende Menge von SrO von dem Gewicht der Gesamtoxyde, so erhält man als Differenz die Menge des Calciumoxyds.

$$SrO \cdot 0{,}8456 = Sr; \quad SrSO_4 \cdot 0{,}5641 = SrO; \quad CaO \cdot 0{,}7147 = Ca$$

Die Bestimmung des Stickstoffs erfolgt in einer Einwaage von 10 g Metall nach der im Kapitel Calcium, S. I/273, mitgeteilten Vorschrift.

Kapitel 35

Tellur*

Inhalt

A. Vorkommen

Das Tellur gehört zu den Elementen, welche selten und nur in geringen Mengen in der Natur vorkommen. Es bildet Telluride, und zwar vorzugsweise mit den Metallen Gold, Silber, Quecksilber, Kupfer, Nickel, Blei und Wismut. Von den eigentlichen Tellurmineralien sind zu nennen: *Tetradymit* (Bi_2Te_3S), *Calaverit* ($AuTe_2$), *Sylvanit* ($AgAuTe_4$), *Nagyagit* [$(PbAu)(SeTe)_2$], *Petzit* [$(AgAu)_2Te_2$], *Hessit* (Ag_2Te), *Altait* (PbTe) und *Coloradoit* (HgTe). Tellur findet man auch in Gold- und Silberlagerstätten, in Kupfererzen, Schwefelkiesen und bisweilen auch in Bleizinkerzlagerstätten. In den meisten Fällen tritt es zusammen mit vorhandenem Selen auf.

*	1. Auflage	2. Auflage
Bearbeiter:	**Ensslin, Wagenmann †**	**Ahrens**
Mitarbeiter:	**Borkenstein**	**Borkenstein, Müller**

B. Qualitativer Nachweis

Beim Erhitzen einer Erzprobe im Glühröhrchen zeigt die Gegenwart von Tellur das Auftreten eines eigenartigen unangenehmen Geruchs an; er ist von dem des Selens verschieden, wird aber von ihm überdeckt. Gleichzeitig erhält man ein Sublimat, das unter dem Mikroskop teils schwarz opak, herrührend vom Tellur, teils farblos als tellurige Säure erscheint.

Versetzt man eine geringe Menge der zu prüfenden Substanz auf einer Glasplatte mit 2 Tropfen einer Lösung von 1 Vol. Brom und 4 Vol. Chloroform, so verbleibt nach dem Verdampfen der Flüssigkeit bei Gegenwart von Tellur ein zitronengelber Rückstand von Tellurtetrabromid. Dieses besitzt einen starken Zwiebelgeruch. Man kann es aus einem Tropfen eines Gemisches von 2 Vol. Chloroform und 1 Vol. absolutem Äthanol umkristallisieren und erhält so hexaedrische, gelbe Kristalle.

Tellursäure gibt mit Quecksilber(I)-nitrat in salpetersaurer Lösung gelbe, trikline Blättchen von Quecksilber(I)-tellurat, welche sich von den hellen Nadeln oder Spießen des Quecksilber(I)-selenats deutlich unterscheiden.

Tellur kann (nach Feigl und Uzel) neben der 300fachen Menge Selen nachgewiesen werden durch Versetzen einer alkalischen Telluritlösung mit 1 Tropfen einer sehr verdünnten Kupfersulfatlösung (1:50000), 1 Tropfen einer 2 n-Natriumhydroxydlösung und einem Körnchen Natriumperoxydisulfat. Ist Selen vorhanden, so muß es in der zu untersuchenden Lösung vorher mit Brom zu Selensäure oxydiert werden. Nach dem Aufkochen der Lösung zeigt eine Gelbfärbung Tellursäure an. Die Erfassungsgrenze ist 0,5 μg.

C. Analytische Untersuchungen bei der Gewinnung von Tellur

Da das Tellur meist mit Selen vergesellschaftet vorkommt, ist seine Gewinnung mit der des Selens verbunden. Man erhält es aus den Lösungen, die bei der Abtrennung des Selens verbleiben. Aus diesen kann es durch Reduktionsmittel unter bestimmten Bedingungen elementar niedergeschlagen werden und ist dann nur durch Lösen und Umfällen zu reinigen.

Als Ausgangsstoffe für die Gewinnung des Tellurs dienen die gleichen sulfidischen Erze bzw. Anreicherungsprodukte, wie Anoden- und Bleischlamm sowie Flugstaub, die im Kapitel Selen angegeben sind.

I. Die Untersuchung sulfidischer Erze auf Tellur

1. Kupfer- und Zinkerze

Der Tellurgehalt der Erze schwankt zwischen 0,001 und 0,05%. Tellurerze (z. B. Golderze aus Siebenbürgen) können bis zu 0,5% Tellur enthalten.

Wie bei der Untersuchung auf Selen sind auch hier für den Aufschluß der Erze, je nach ihrer Zusammensetzung, zwei Möglichkeiten gegeben.

a) Der Aufschluß mit Säuren

Grundlage. Das Erz wird mit Salpeter- und reichlich Schwefelsäure zersetzt und die Schwefelsäure fast abgeraucht, wobei die Hauptmenge des Selens verflüchtigt wird. Nach dem Filtrieren fällt man das Tellur zusammen mit dem Rest des Selens mittels Natriumhypophosphit aus. Das unreine Tellur wird in Kaliumbromat gelöst und das Tellur mit Hydrazinsalz wieder ausgefällt.

Anwendungsbereich und Bedeutung. Das Verfahren ist für Erze geeignet, die durch Salpetersäure zersetzt werden können.

Genauigkeit. 1.

Dauer. 6 Std.

Ausführung. Bis zu 50 g des zu untersuchenden Erzes werden mit 150 ml Salpetersäure (1 + 1) gelöst; die Lösung wird mit 100 ml Schwefelsäure (1 + 1) bis zum Rauchen der Schwefelsäure eingedampft; der Rückstand muß noch flüssig bleiben, da sonst Verluste an Tellur eintreten können. Nach dem Abkühlen setzt man 20 bis 25 ml Wasser hinzu und dampft, da die Salpetersäure vollständig entfernt sein muß, nochmals bis zum Rauchen, aber wiederum nicht bis zur Trockne, ab. Hierbei verflüchtigt sich der größte Teil des Selens. Nach dem Aufnehmen mit 100 ml Salzsäure (1 + 4) muß der Rückstand reinweiß sein. Man filtriert vom Ungelösten ab und wäscht mit 1proz. Salzsäure aus. Das Filtrat wird durch Zusatz von Salzsäure (1,19) auf einen Gehalt von mindestens 7,5, höchstens 15 Gew.-% HCl [1 Vol. Salzsäure (1,19) + 2 Vol. Flüssigkeit ergeben etwa 14% HCl] gebracht und in der Kälte mit 50 ml 10proz. Natriumhypophosphitlösung versetzt. Man erhitzt langsam, am besten im Wasserbad, leitet gefilterte Luft hindurch, bis die Lösung völlig klar erscheint, läßt sie dann mehrere Std. in der Wärme stehen, filtriert und wäscht zuerst mit schwach salzsaurem, dann mit reinem Wasser aus.

Das noch unreine Tellur löst man mit 2 bis 3 g Kaliumbromat (s. Kapitel Selen, S. 733) wieder auf, trennt den Selenrest durch Fällen mit Eisen(II)-sulfat ab und fällt das Tellur im maximal 15% Salzsäure enthaltenden Filtrat mit Hydrazinsulfat, -hydrochlorid oder Natriumhypophosphit unter Kochen aus. Nach dem Absitzen wird der Niederschlag auf einen Filtertiegel abfiltriert, erst mit 1proz. salzsaurem Wasser, anschließend mit reinem Wasser, zuletzt mit Äthanol und Äther ausgewaschen und höchstens 1 Std. bei 105° getrocknet.

Fehlerquellen. Das Fällen mit Hydrazinsalzen darf nicht in zu stark salzsaurer Lösung geschehen (max. 15% HCl); auch für das Auswaschen nach der Filtration muß schwach salzsaures Wasser verwendet werden, da Tellur gegen starke Salzsäure empfindlicher ist als Selen. Im Vergleich zu Selen ist gefälltes feuchtes Tellur leichter oxydierbar, deshalb soll das Trocknen nicht länger als 1 Std. dauern oder im Vakuumexsiccator vorgenommen werden.

Das Abrauchen mit Schwefelsäure darf nicht bis zur Trockne erfolgen, damit die tellurige Säure löslich bleibt.

Es ist nicht zweckmäßig, das ausgewogene Tellur durch Verglühen auf Reinheit zu prüfen, da es viel schwerer flüchtig ist als Selen. Gegebenenfalls löst man es in heißer Schwefelsäure (1,84), verdünnt die Lösung, filtriert vom Ungelösten ab und prüft das Filtrat.

Literatur. CLAUDER, O. E.: Z. analyt. Chem. Bd. 89 (1932) S. 270.

b) Der Schmelzaufschluß

Grundlage. Der Schmelzaufschluß mit Natriumperoxyd wird in Salzsäure gelöst und die Lösung zur Trockne gedampft. Nach dem Abfiltrieren des Siliciumdioxyds scheidet man im Filtrat das Tellur mit Natriumhypophosphitlösung ab. Das Rohtellur wird in Kaliumbromat gelöst und die Lösung nach Zugabe von Salzsäure zur Trockne gedampft. Nach dem Aufnehmen des Rückstandes mit schwacher Salzsäure wird das Tellur mit Hydrazinsulfat wieder ausgefällt.

Anwendungsbereich und Bedeutung. Das Verfahren dient für Erze, die sich durch Salpetersäure nicht vollständig zersetzen lassen.

Genauigkeit. 1.

Dauer. 12 Std.

Ausführung. Man schmilzt 10 g Erz im Eisentiegel mit 40 g Natriumperoxyd, löst die erkaltete Schmelze in etwa 150 ml Wasser, säuert die Lösung mit 100 ml Salzsäure (1,19) an und scheidet das Siliciumdioxyd in der üblichen Weise durch Abdampfen auf dem Wasserbad zur Trockne ab. Dann nimmt man den Rückstand mit 20 ml Salzsäure (1 + 1) und 100 ml heißem Wasser auf, filtriert das Ungelöste ab und wäscht mit 1proz. Salzsäure aus. Im Filtrat wird das Tellur mit Natriumhypophosphit wie oben gefällt. Das noch unreine Tellur löst man mit 2 bis 3 g Kaliumbromat wieder auf und nimmt das Abtrennen des Selens und die Bestimmung des Tellurs wie unter a) beschrieben vor.

Literatur. Siehe oben unter a).

2. Bleierze und -konzentrate

Grundlage. Das Bleierz wird in Salzsäure unter Zusatz von Brom gelöst. Nach dem Verdünnen mit Wasser wird das Bleichlorid abgesaugt und das Tellur im Filtrat mit Natriumhypophosphit gefällt. Das Rohtellur löst man mit Kaliumbromat wieder auf und fällt das Tellur mit Hydrazinsulfat.

Anwendungsbereich und Bedeutung. Das Verfahren ist für alle Bleierze geeignet, die sich mit Salzsäure aufschließen lassen.

Genauigkeit. 2.

Dauer. 8 Std.

Ausführung. 10 bis 20 g Bleierz löst man in der Wärme mit 30 ml Salzsäure (1,19). Dabei entweicht der größte Teil des sulfidisch gebundenen Schwefels als Schwefelwasserstoff. Nach dem Erkalten gibt man zu der Lösung nach und nach 20 ml Salzsäure (1,19) und so viel Brom, bis ein reinweißer Rückstand verbleibt. Dann wird der Bromüberschuß verkocht und die Lösung mit 150 bis 200 ml Wasser verdünnt. Man läßt erkalten, filtriert das Bleichlorid nebst anderem Unlöslichen ab und wäscht es 2mal mit Salzsäure (1 + 5) aus. Zu dem etwa 300 ml betragenden kalten Filtrat fügt man 70 ml Salzsäure (1,19) sowie 50 ml 10proz. Natriumhypophosphitlösung, erwärmt langsam und leitet durch die Lösung gefilterte Luft, bis der Niederschlag von unreinem Tellur sich klar absetzt. Er wird abfiltriert und mit schwach salzsaurem Wasser ausgewaschen. Man löst das unreine Tellur in Kaliumbromat wieder auf und nimmt das Abtrennen des Selens und die Bestimmung des Tellurs, wie unter 1. a) beschrieben, vor.

Literatur. Clauder, O. E.: Z. analyt. Chem. Bd. 89 (1932) S. 278.

3. Schwefelkies

Der Aufschluß des Schwefelkieses erfolgt, wie im Kapitel Selen, S. 730, beschrieben. Man schmilzt 10 bis 20 g mit Natriumperoxyd im Eisentiegel, löst die Schmelze in Salzsäure und dampft die Lösung auf dem Wasserbad zur Trockne. Der Rückstand wird mit Salzsäure und heißem Wasser aufgenommen und das ausgeschiedene Siliciumdioxyd abfiltriert. Im Filtrat, dessen Säuregehalt man auf etwa 15 Gew.-% freier HCl bringt, fällt man das Rohtellur mit Natriumhypophosphit, wobei der Verbrauch des Reduktionsmittels höher zu bemessen ist, weil man den gesamten, mit Salzsäure gelösten Schmelzaufschluß eingedampft und so große Mengen an Eisen(III)-chlorid mit zu reduzieren hat. Die Reinigung des Rohtellurs erfolgt, wie in den vorhergehenden Abschnitten angegeben wurde.

Bemerkung. Da Natriumtellurat schwer löslich ist, würde ein wäßriger Auszug der Schmelze nur einen Teil des Tellurs erfassen.

II. Die Untersuchung von Anreicherungsprodukten

Wie bereits eingangs des Hauptabschnittes C., S. 783, erwähnt, kommen für die Gewinnung des Tellurs dieselben Anreicherungsprodukte in Frage wie für die des Selens.

1. Anodenschlamm

Man verfährt, wie im Kapitel Selen, S. 731, angegeben ist, bestimmt das Selen durch Fällen mit Eisen(II)-sulfat und im Filtrat vom Rohselen das Tellur nach der Reduktion mittels Natriumhypophosphit.

2. Bleischlamm

Die Bestimmung wird wie im Anodenschlamm durchgeführt.

3. Flugstaub

Der Flugstaub wird wie der Anodenschlamm mit Natriumperoxyd aufgeschlossen. Man löst die Schmelze in verdünnter Salzsäure, scheidet das Siliciumdioxyd vollständig durch Abdampfen (wie unter I. 3. beschrieben) ab und verfährt mit dem Filtrat weiter wie bei Selen, II. 1.

III. Die Untersuchung des technisch reinen Tellurs

Das Reintellur hat gewöhnlich einen Tellurgehalt von über 99%.

Die hauptsächlichste Beimengung beim technisch reinen Tellur ist das Selen. Im übrigen treten dieselben Verunreinigungen auf wie beim Reinselen.

Die Bestimmung des Tellurgehaltes

1 g der gepulverten Probe wird mit Kaliumbromat in Lösung gebracht, wie im Kapitel Selen, S. 733, beschrieben. Man filtriert, wenn erforderlich, verdünnt auf etwa 200 ml, setzt Salzsäure hinzu, maximal 15%, fällt Selen und Tellur gemeinsam mit Hydrazinsulfat, -hydrochlorid oder Natriumhypophosphit aus und bringt sie in bekannter Weise zur Wägung. Die Auswaage wird wieder mit Kaliumbromat in Lösung gebracht und das Selen mit Eisen(II)-sulfat gefällt und bestimmt. Der Tellurgehalt ergibt sich aus der Differenz oder wird im Selenfiltrat gewichtsanalytisch ermittelt.

Fehlerquellen. Falls das Tellur in Salpetersäure gelöst wird, muß darauf geachtet werden, daß beim Abrauchen mit Schwefelsäure die Salpetersäure restlos verjagt wird, da sonst keine Gewähr für ein restloses Ausfallen des Tellurs besteht.

D. Die Bestimmung des Tellurs in Metallen

Da das Tellur im Laufe der Verhüttung der Erze, meist mit Selen zusammen, in die Metalle gelangt, kann nach Auflösen der letzteren entweder eine gemeinsame Fällung der beiden Elemente mit anschließender Trennung vorgenommen werden, oder man fällt in der Metallösung zunächst das Selen mit Eisen(II)-sulfat aus und bestimmt dann das Tellur im Filtrat vom Selen durch Reduktion mit Natriumhypophosphit oder mit Hydrazinsulfat. Zur Reinigung der Niederschläge ist Wiederauflösen und erneutes Fällen stets ratsam.

I. Tellur im Silber

Man löst 50 bis 100 g Silber in Salpetersäure (2 + 1) unter Erwärmen. Die Lösung verdünnt man auf 500 bis 600 ml und fällt das Silber durch Zugeben eines möglichst geringen Überschusses einer Natriumchloridlösung (100 g/l) unter dauerndem Rühren aus. Der Niederschlag wird abgenutscht und ausgewaschen. Das Filtrat dampft man auf dem Wasserbad bis auf 100 ml ein, fügt 5 ml einer Eisen(III)-nitratlösung (3 g/100 ml) hinzu und stumpft den größten Teil der vorhandenen freien Salpetersäure durch Zugabe einer starken Sodalösung ab. Anschließend ruft man mit verdünnter Sodalösung eine bleibende, nicht zu reichliche Eisenfällung hervor, kocht ungefähr 10 min, läßt den Niederschlag absitzen, filtriert die noch heiße Lösung und wäscht den Niederschlag mit heißem Wasser nitratfrei aus.

Mit dem Filtrat nimmt man nach Zusatz von 5 ml Eisennitratlösung die Eisenfällung nochmals vor. Die beiden Niederschläge, die das gesamte Selen und Tellur enthalten, werden in warmer verdünnter Salzsäure gelöst.

Die weitere Trennung und Bestimmung des Tellurs erfolgt in gleicher Weise, wie unter C. I. 1. a) beschrieben.

II. Tellur im Kupfer

Man löst eine dem Gehalt an Tellur entsprechende Menge Probematerial in Salpetersäure, verkocht die Stickoxyde, verdünnt mit Wasser auf 400 ml und fällt nach Zugabe von 5 ml einer Eisen(III)-nitratlösung (3 g/100 ml) Selen und Tellur gemeinsam durch Zugabe von Soda (s. Kapitel Selen, S. 735). Der Niederschlag wird filtriert, kupferfrei ausgewaschen und in verdünnter Salzsäure gelöst. Die weitere Trennung und Bestimmung des Tellurs erfolgt in gleicher Weise, wie unter C. I. 1. a) beschrieben.

III. Tellur im Blei

Das Tellur kommt im Blei als Verunreinigung in der Größenordnung von 10 bis 500 g/t vor. Tellurhaltige Bleilegierungen haben Tellurgehalte bis zu 0,1%.

Für die Bestimmung des Tellurs löst man 12,5 g Blei oder mehr im 500 ml-Meßkolben in 30 ml Salpetersäure (1 + 1), zuletzt unter Erwärmen, bringt durch Zusatz von 250 ml heißem Wasser das Bleinitrat in Lösung und fällt das Blei mit 30 ml Schwefelsäure (1 + 2), das Silber mit einigen Tropfen Salzsäure aus. Dann wird abgekühlt, der Kolben zur Marke aufgefüllt und gründlich durchgeschüttelt. Nach dem Absitzen des Niederschlages filtriert man durch ein trockenes Faltenfilter, entnimmt 400 ml des Filtrats und verfährt nach Zugabe von 5 ml einer Eisen(III)-nitratlösung (3 g/100 ml) weiter, wie bei der Bestimmung des Tellurs im Silber bzw. im Kupfer.

E. Die Bestimmung des Tellurs in anderen Stoffen

I. Tellur in Telluriten

1. Gewichtsanalytisch

0,5 bis 1 g des Tellurits wird mit 15 ml Salzsäure (1,19) versetzt und durch Erwärmen in Lösung gebracht. Nun verdünnt man die Lösung mit 30 ml Wasser und filtriert von einem etwa vorhandenen Rückstand ab. Das Filtrat versetzt man mit weiteren 15 ml Salzsäure (1,19) und fällt das Tellur durch Zugeben von 100 ml 10proz. Natriumhypophosphitlösung, filtriert es auf einen Filtertiegel ab und bringt es nach dem Auswaschen mit salzsäurehaltigem Wasser, reinem Wasser, Äthanol und Äther sowie nach dem Trocknen im Vakuumexsiccator zur Auswaage.

2. Potentiometrisch

0,2 bis 0,5 g des Tellurits werden mit 20 ml Wasser und 20 ml Schwefelsäure (1 + 1) in der Hitze gelöst. Zu dieser Lösung gibt man 5 ml einer Chrom(III)-sulfatlösung (1 g/100 ml) als Katalysator, dann in der Hitze einen Überschuß einer eingestellten n/10-Cer(IV)-sulfatlösung. Der Überschuß wird mit elektrometrischer Endpunktanzeige durch Zugeben einer n/10-Eisen(II)-sulfatlösung zurücktitriert.

1 ml n/10-Cer(IV)-sulfatlösung = 6,3805 mg Te.

Die Einstellung der Cer(IV)-sulfatlösung erfolgt potentiometrisch in schwefelsaurer Lösung mit Natriumoxalat.

Selen und Kupfer stören die Titration nicht.

II. Tellur in Telluraten

Die gewichtsanalytische Bestimmung des Tellurs in Telluraten erfolgt durch Fällen des Tellurs in der siedenden Lösung mit Natriumhypophosphit (s. Tellurite). Dabei ist zu beachten, daß eine entsprechend größere Menge Natriumhypophosphit zur vollständigen Reduktion des Tellurats zugegeben werden muß.

III. Tellur in Schwefelsäure

Soll Tellur allein bestimmt werden, so raucht man 50 bis 100 ml der zu untersuchenden Schwefelsäure bis auf 5 ml ab, gibt nach dem Erkalten 10 ml Wasser und 2 ml Salzsäure (1,19) hinzu und dampft nochmals bis zum Auftreten von Schwefelsäurenebeln ein. Auf diese Weise werden das gesamte Selen und das Arsen entfernt. Nun nimmt man die Lösung mit Wasser auf, neutralisiert mit Ammoniak, setzt die erforderliche Menge von Salzsäure hinzu und fällt das Tellur mit Hydrazinsulfat oder Natriumhypophosphit.

Kapitel 36

Thallium*

Inhalt

---

*	1. Auflage	2. Auflage
Bearbeiter:	**Ensslin**	**Dreyer**
Mitarbeiter:	**Ahrens, Kilian, Milde**	**Ahrens, Kilian**

A. Vorkommen

Das Thallium gehört zur Gruppe der chalkophilen Elemente und bildet nur wenig selbständige Mineralien, die praktisch ohne jegliche Bedeutung sind. Meist tritt es als Begleiter anderer Mineralien, z. B. der einfachen und komplexen Sulfide der Schwermetalle, auf. Es findet sich deshalb häufig in Schwefel- und Kupferkiesen. Da die einwertige Form des Thalliums sehr stabil ist, ist das Element in der Lage, einwertige Metalle, insbesondere Alkalimetalle, wie Kalium, Rubidium und Caesium, zu vertreten, zeigt also auch gewisse siderophile Eigenschaften.

B. Qualitativer Nachweis

Bringt man eine thalliumhaltige Probe am Magnesiastäbchen, das mit Salzsäure (1,19) angefeuchtet wurde, in die Flamme eines Bunsenbrenners, so leuchtet diese grasgrün auf.

Zur Prüfung auf geringe Mengen Thallium löst man die Probe in Königswasser und raucht die Lösung mit Schwefelsäure ab. Nach dem Erkalten verdünnt man sie mit Wasser und filtriert den ungelösten Rückstand ab. Dann versetzt man das Filtrat mit etwas Natriumbisulfit ($Na_2S_2O_5$), um Eisen und andere oxydierende Stoffe zu reduzieren, neutralisiert mit Ammoniak, säuert mit Essigsäure schwach an und gibt 1 g Kaliumjodid hinzu. Hierbei fallen Kupfer, Silber und Thallium als Jodide aus. Nach einstündigem Stehen in der Kälte wird der Niederschlag abfiltriert und durch Abrauchen mit Schwefelsäure zersetzt. In der etwas verdünnten Lösung fällt man Kupfer und Silber durch Erwärmen mit Natronlauge aus und prüft das Filtrat durch die Flammenfärbung auf das Vorhandensein von Thallium.

Das einfachste und auch genaueste Verfahren, um geringe Thalliummengen nachzuweisen, ist das spektroskopische. Zu seiner Ausführung bringt man die mit konz. Salzsäure angefeuchtete Probe auf eine ausgehöhlte Spektrographenkohle und regt mit dem Bogen und möglichst hoher Stromstärke an. Sehr geeignet ist der mit dem Pfeilsticker-Gerät erzeugte Lichtbogen bei einer Kapazität von 3500 cm und einer Induktion von 0,8 mH. Als Zwischenabbildung nimmt man 3600 Å an, öffnet die Zwischenblende ganz und verkleinert die Spaltbreite bei linienreichen Spektren auf unter 0,03 mm; Spaltbreiten unter 0,005 mm drücken die Nachweisempfindlichkeit. Die zur Auswertung günstigsten Linien liegen bei 3775,7 und 3519,2 Å.

C. Untersuchungen bei der Gewinnung des Thalliums

Bei der Röstung sulfidischer Erze, als deren Begleiter das Thallium hauptsächlich vorkommt, reichert es sich im Flugstaub an. Auch im Schachtofenflugstaub tritt es auf und bisweilen in dem bei der Schwefelsäuregewinnung anfallenden Bleischlamm, Man stellt daraus durch chemische Verfahren Thalliumchlorid her, das, mit Soda und Reduktionsmitteln geschmolzen, Thalliummetall ergibt. Auch durch Zementation von Thalliumlösungen mit Zink und anschließendem Umschmelzen des Rohthalliums sowie durch Elektrolyse läßt sich reines Thallium gewinnen. Das gebräuchlichste Handelsprodukt ist das Thallium(I)-sulfat.

I. Die Bestimmung des Thalliums in sulfidischen Erzen

1. Gewichtsanalytisch als Thallium(I)-jodid

Grundlage. Das Thallium gehört zu den Elementen, die bei der Blumenthalschen Permanganatfällung quantitativ mit niedergeschlagen werden. Der Niederschlag wird in Bromwasserstoffsäure unter Zusatz von Brom gelöst, das Antimon und Zinn durch Einrauchen bis zur Trockne verflüchtigt und in der Lösung des Rückstandes das Wismut durch Schwefelwasserstoff abgetrennt. Das Thallium wird im Filtrat als Jodid bestimmt.

Anwendungsbereich und Bedeutung. Durch das Verfahren können auch kleinste Thalliummengen erfaßt und zur Wägung gebracht werden.

Genauigkeit. 2.

Dauer. 12 Std.

Ausführung. 20 g des zu untersuchenden Erzes werden mit 80 ml Königswasser gelöst. Die Lösung wird sodann nach Zugeben von 30 ml Schwefelsäure (1,84) bis zum starken Rauchen der Schwefelsäure eingedampft. Ein Abrauchen bis zur Trockne ist zu vermeiden, da sonst das Thallium(I)-sulfat sowie die Sulfate des Eisens nur schwer wieder in Lösung zu bringen sind. Nach dem Erkalten nimmt man mit 150 ml Wasser auf und filtriert den Rückstand sowie etwa ausgeschiedenes Blei- und Bariumsulfat ab. Das Filtrat versetzt man so lange mit Natriumcarbonatlösung, bis eben ein Niederschlag bestehenbleibt, den man durch tropfenweise Zugabe von Salpetersäure (1 + 1) eben wieder in Lösung bringt. Die Lösung wird darauf mit 10 ml Mangan(II)-nitratlösung (8 g/100 ml) und 15 ml gesättigter Kaliumpermanganatlösung versetzt und aufgekocht. Beim Kochen entfärbt sich die Lösung und es fällt ein dunkelbrauner Niederschlag von Mangan(IV)-oxydhydrat aus. Der gut zusammengeballte Niederschlag wird heiß abfiltriert und mit heißem Wasser ausgewaschen. Er enthält das gesamte Wismut, Antimon, Zinn, Indium und Thallium. Der Niederschlag wird in Bromwasserstoffsäure unter Zusatz von Brom gelöst und bis zur Trockne eingedampft. Nach dem Erkalten löst man den Rückstand in 10 ml verdünnter Schwefelsäure (1 + 1) und erhitzt bis zum deutlichen Rauchen der Schwefelsäure. Nach dem Abkühlen setzt man 100 ml Wasser zu und fällt das Wismut durch Einleiten von Schwefelwasserstoff bei 60 bis 70° aus, filtriert die Sulfide ab und verkocht im Filtrat den Schwefelwasserstoff. Das Volumen des Filtrats soll nicht mehr als 100 bis 150 ml betragen; anderenfalls muß die Lösung durch Eindampfen konzentriert werden. Darauf neutralisiert man mit Ammoniak und versetzt mit 1 g Kaliumjodid für je 100 ml Flüssigkeitsvolumen, wobei das Thallium als Thallium(I)-jodid ausfällt. Die Fällung bleibt über Nacht stehen. Dann filtriert man den Niederschlag auf einen Glas- oder Porzellanfiltertiegel ab, wäscht ihn mit Kaliumjodidlösung (5 g/l) aus und anschließend mit Äthanol und trocknet bei 105°. Die Auswaage ist TlJ, der Umrechnungsfaktor auf Tl 0,6169.

Fehlerquellen. Bei dieser Methode darf die salpetersaure Lösung nur ganz schwach sauer sein, damit die zu fällenden Elemente quantitativ gewonnen werden.

Literatur. Blumenthal, H.: Z. analyt. Chem. Bd. 74 (1928) S. 33—39.

Bemerkung. Man kann das Thallium(I)-jodid auch unmittelbar in der Lösung des Erzes ausfällen. Dazu reduziert man die abfiltrierte, schwefelsaure Lösung durch Kochen mit 5 g Natriumsulfit, gibt dann Kaliumjodid hinzu und läßt den Niederschlag über Nacht absitzen. Dieser enthält neben dem Thallium(I)-jodid auch das Jodid des einwertigen Kupfers und Silbers. Die Trennung dieser Jodide ist später bei Flugstaub, S. 793, beschrieben.

2. Gewichtsanalytisch als Thallium(I)-chromat

Da diese Methode sich besser für die Bestimmung des Thalliums in Produkten mit angereichertem Thalliumgehalt eignet, wird sie bei Flugstaub, S. 794, beschrieben.

3. Maßanalytisch

Grundlage. Das Erz wird in Bromwasserstoffsäure unter Zusatz von Brom gelöst und die Lösung mit Schwefelsäure abgeraucht. Aus der schwefelsauren Lösung wird das Kupfer durch Fällung mit Schwefelwasserstoff und das Eisen aus dem Filtrat durch doppelte Fällung mit Ammoniak entfernt. Im salzsauren Filtrat von der Eisenfällung oxydiert man das Thallium mit Bromwasser, macht das Übermaß an Brom durch Phenol unschädlich und reduziert das Thallium (III) durch Kaliumjodid. Die dabei frei werdende äquivalente Menge Jod wird mit Thiosulfat titriert.

Anwendungsbereich und Bedeutung. Die Methode dient zur raschen Bestimmung kleiner Mengen Thallium, nicht unter 0,02%, in Erzen und Zwischenprodukten.

Genauigkeit. 2.

Dauer. 6 Std.

Ausführung. Man löst 2 bis 5 g der Probe mit 20 ml Bromwasserstoffsäure (1,488) unter Zusatz von Brom und dampft bis zur Trockne ein. Der Trockenrückstand wird in 15 ml verdünnter Schwefelsäure (1 + 1) gelöst und bis zum deutlichen Rauchen derselben erhitzt. Nach dem Erkalten nimmt man mit 100 ml Wasser auf und fällt das Kupfer im Filtrat durch Einleiten von Schwefelwasserstoff in 7 vol.-proz. schwefelsaurer Lösung aus. Der Niederschlag wird abfiltriert und mit heißem Wasser ausgewaschen. Das Filtrat kocht man, bis der Geruch nach Schwefelwasserstoff verschwunden ist, oxydiert das Eisen, falls mehr als 100 mg davon vorhanden sind, mit einigen ml 3 proz. Wasserstoffperoxydlösung, verkocht das überschüssige Oxydationsmittel und setzt 2 g Ammoniumsulfat hinzu. Nun werden die Hydroxyde in der Hitze mit einem Überschuß an Ammoniak gefällt und abfiltriert. Man löst den Niederschlag in Salzsäure und wiederholt die Fällung. Die vereinigten Filtrate engt man auf 250 ml ein, wobei gleichzeitig der Überschuß an Ammoniak entfernt wird. Nach dem Neutralisieren mit Salzsäure gibt man 15 ml Salzsäure (1,19) hinzu und oxydiert mit einem kleinen Überschuß von gesättigtem Bromwasser, bis die Lösung eben bräunlich gefärbt ist. Den Überschuß an Brom beseitigt man durch Zusatz einer 2 proz. Phenollösung, von der man einen Überschuß von 3 bis 5 ml hinzufügt. Nun setzt man 10 ml Kaliumjodidlösung (1 g/100 ml) nebst einigen Tropfen Stärkelösung hinzu und titriert das ausgeschiedene Jod mit n/100-Natriumthiosulfatlösung.

Sind in der Lösung weniger als 100 mg Eisen vorhanden, so kann man die Fällung mit Ammoniak sparen. Man versetzt dann das vom Schwefelwasserstoff durch Kochen befreite Filtrat der Kupferfällung mit 50 ml Natriumfluoridlösung (4 g/100 ml), oxydiert das Thallium zusammen mit dem Eisen durch Bromwasser und arbeitet, wie oben angegeben, weiter.

1 ml n/100-Thiosulfatlösung entspricht 1,022 mg Thallium.

Fehlerquellen. Außer Eisen, welches, wie oben gesagt, beseitigt oder unschädlich gemacht wird, wirken störend: Kobalt, Nickel, Kupfer, Blei, Arsen und Zinn in Gegenwart von mehr als 10 mg, Mangan in Gegenwart von mehr als 200 mg und Wismut von mehr als 5 mg.

Literatur. Kilian, W.: Z. Erzmetall Bd. 3 (1950) S. 281—316.

4. Polarographisch

Das bei der Trennung der Jodide (s. unter C. II. 1., S. 793) erhaltene und vom Schwefelwasserstoff befreite Filtrat engt man so weit ein, daß es in einen 100 ml-Meßkolben gebracht werden kann. Man entnimmt 5 ml, versetzt die Abmessung mit 5 ml einer Grundlösung, bestehend aus 1800 ml Ammoniak (0,91) und 200 ml 2 proz. Tyloselösung, welche mit Natriumsulfit gesättigt ist, und polarographiert das Thallium von 0 bis 0,5 V.

Genauigkeit. 2, bei Gehalten unter 5% : 1.

Dauer. 8 Std. einschließlich Vorbereitung.

5. Polarographisch als Thallium(III)-bromid

Grundlage. Thallium(III)-bromid wird mit Äther extrahiert und das Thallium polarographisch bestimmt. Durch das Arbeiten mit einer 1 n-Bromwasserstoffsäurelösung ist die Abtrennung fast selektiv.

Ausführung. 4 g Probematerial werden in einem Becherglas mit 20 ml Salpetersäure (1,4) aufgeschlossen und anschließend wird die Lösung zur Trockne eingedampft. Der Trockenrückstand wird mit 20 ml Bromwasserstoffsäure (1,488) und etwa 2 ml Brom aufgenommen und erneut zur Trockne eingedampft (beim Vorhandensein größerer Mengen an Germanium, Arsen, Antimon und Selen wird das Eindampfen mit Bromwasserstoffsäure und Brom wiederholt). Der Trockenrückstand wird jetzt in etwa 50 ml einer 1 n-Bromwasserstoffsäure gelöst, mit derselben Säure auf ein Volumen von 100 ml gebracht und die Lösung gut gemischt. Man filtriert 50 ml (= 2 g Einwaage) durch ein Faltenfilter, überführt sie in einen Scheidetrichter und extrahiert jetzt das Thallium 2mal mit je 30 ml und einmal mit 20 ml Äther, der vorher mit Bromwasserstoff gleicher Konzentration durchgeschüttelt wurde. Die von der wäßrigen Phase getrennten Ätherauszüge werden vereinigt und 2mal mit 10 ml 1 n-Bromwasserstoffsäure geschüttelt (durch dieses Schütteln werden Indium, Tellur, Eisen, Zink, Quecksilber, Silber und Molybdän, die in geringen Mengen mit extrahiert wurden, aus dem Äther herausgewaschen). Die Ätherlösung wird anschließend auf dem Wasserbad zur Trockne eingedampft (der Rückstand soll frei von organischen Substanzen sein). Dieser Rückstand wird mit 1 ml verdünnter Schwefelsäure (1 + 1) in der Wärme gelöst und auf ein Volumen von 10 ml gebracht. Hiervon werden 5 ml mit 5 ml Grundlösung R nach Hohn (900 ml Ammoniak (0,91) + 100 ml 2proz. Tyloselösung gesättigt an Na_2SO_3) gemischt und nach dem Entlüften mit Wasserstoff oder nach Zusatz einiger Körnchen Hydroxylaminhydrochlorid bei 20° polarographiert. Abscheidung erfolgt von 0,0 bis 0,4 V. Vor der Extraktion muß das Thallium als Tl(III) vorliegen. Man benutzt daher eine 1 n-Bromwasserstoffsäure, die je Liter 100 ml gesättigtes Bromwasser enthalten muß.

Literatur. Handbuch der analytischen Chemie Teil III, Bd. IIaβ/IIIb, 2. Aufl. (1956) S. 127/28.

II. Die Bestimmung des Thalliums im Flugstaub

1. Gewichtsanalytisch als Thallium(I)-jodid

Grundlage. Im Flugstaub wird das Thallium von den Begleitmetallen getrennt, und zwar vom Blei durch Abscheidung des letzteren als Sulfat und vom Cadmium, Zink, Eisen usw. durch Fällung als Thallium(I)-jodid, wobei auch das Kupfer ausfällt. Kupfer und Thallium trennt man in schwefelsaurer Lösung durch Schwefelwasserstoff und bestimmt dann das Thallium als Jodid.

Anwendungsbereich und Bedeutung. Das Verfahren wird bei Materialien mit angereichertem Thalliumgehalt angewandt.

Genauigkeit. 1.

Dauer. 24 Std.

Ausführung. Je nach dem zu erwartenden Thalliumgehalt löst man 1 bis 10 g Probegut in 20 bis 50 ml Salpetersäure (1 + 1) und raucht die Lösung mit 40 bis 60 ml Schwefelsäure (1 + 1) weitgehend, doch nicht bis zur Trockne ab, da sonst das Thalliumsalz wieder schwer in Lösung geht. Nach dem Erkalten verdünnt man mit Wasser, kocht auf und filtriert nach dem Abkühlen das Bleisulfat ab. Nun kann man das Filtrat entweder in einem Meßkolben auffüllen und einen Anteil zur weiteren Behandlung entnehmen oder das Ganze weiterverarbeiten. Man stumpft mit Ammoniak (0,91) so weit ab, daß die Lösung noch schwach sauer bleibt und keinerlei Niederschlag ausfällt, und setzt zur Reduktion etwa vorhandenen 3wertigen Thalliums etwas Natriumpyrosulfit ($Na_2S_2O_5$) oder einige ml gesättigter Schwefligsäurelösung hinzu. Dann wird so lange gekocht, bis nur noch ein schwacher Geruch nach schwefliger Säure wahrnehmbar ist. Nach dem Abkühlen auf 60° gibt man zu je 100 ml Flüssigkeitsvolumen 1 g Kaliumjodid und 0,5 g Ammoniumacetat hinzu, läßt die Fällung über Nacht absitzen, filtriert sie auf ein dichtes Filter ab und wäscht mit Kaliumjodidlösung (0,5 g/100 ml) aus. Danach bringt man Niederschlag samt Filter in das Fällungsbecherglas zurück, gibt 30 ml Salpetersäure (1 + 1) und 12 ml Schwefelsäure (1 + 1) hinzu und dampft bis zum Rauchen der Schwefelsäure ein. Zur vollständigen Zerstörung des Filters wird tropfenweise ein Gemisch von Salpetersäure (1,40) und Schwefelsäure (1,84), im Verhältnis 1 : 1, hinzugefügt, bis die Flüssigkeit wasserhell geworden ist.

Nach dem Erkalten nimmt man mit etwa 100 ml Wasser auf und leitet in die heiße, 7 vol.-proz. Schwefelsäure enthaltende Lösung Schwefelwasserstoff ein. Eine etwa entstandene Fällung wird abfiltriert und mit schwefelwasserstoffhaltigem, schwefelsaurem (4 vol.-proz.) Wasser ausgewaschen. — Meist besteht der Niederschlag aus etwas Kupfer- bzw. Silbersulfid. — Nach dem Verkochen des Schwefelwasserstoffs und Abfiltrieren etwa ausgeschiedenen Schwefels engt man das Filtrat auf 100 ml ein und verfährt mit dem Zusatz von Ammoniak, schwefliger Säure, Ammoniumacetat und Kaliumjodid, wie vorher angegeben. Den Niederschlag läßt man über Nacht absitzen. [Die Ausfällung des Thallium(I)-jodids bei Mengen über 100 mg ist schon nach 3 Std. vollständig; bei geringeren Mengen jedoch dauert dies länger, so daß es ratsam ist, die Fällung über Nacht stehenzulassen.] Man filtriert dann durch einen gewogenen Porzellanfiltertiegel (A 1 oder A 2) und wäscht den Niederschlag mit Kaliumjodidlösung (5 g/l) und anschließend mit Äthanol aus. Nach dem Trocknen bei 105° bis zur Gewichtskonstanz wägt man das Thallium(I)-jodid (TlJ) aus.

$$\text{Auswaage} \cdot 0{,}6169 = \text{Tl}$$

Literatur. Abgeänderte Methode nach E. Mach u. W. Lepper: Z. analyt Chem. Bd. 68 (1926) S. 40. — Lepper, W.: Z. analyt. Chem. Bd. 79 (1930) S. 323.

2. Gewichtsanalytisch als Thallium(I)-chromat

Grundlage. Die vom Rückstand und Bleisulfat befreite, schwefelsaure Lösung wird nach Zusatz von Sulfosalicylsäure in der Hitze mit Kaliumchromatlösung versetzt, wobei Thallium(I)-chromat ausfällt. Es wird durch Umfällen gereinigt, dann abfiltriert und getrocknet.

Anwendungsbereich und Bedeutung. Man benutzt das Verfahren bei Materialien mit angereicherten Thalliumgehalten.

Genauigkeit. 1.

Dauer. 36 Std.

Ausführung. 10 g (mit etwa 0,1 bis 1,0% Tl) löst man in 10 ml Salpetersäure (1 + 1) und 50 ml Schwefelsäure (1 + 1) und dampft die Lösung ein, bis Schwefelsäuredämpfe entweichen. Nach dem Erkalten nimmt man die breiige Masse mit etwa 170 ml Wasser auf, gibt einige Tropfen 3proz. Wasserstoffperoxydlösung zur Reduktion etwa gebildeten 3wertigen Thalliums hinzu und erwärmt, bis alles Eisen(III)-sulfat in Lösung gegangen ist und nur weißes Bleisulfat zurückbleibt. Man läßt erkalten, filtriert letzteres ab und wäscht es mit kalter, ungefähr 2proz. Schwefelsäure aus. Das Filtrat, dessen Volumen möglichst nicht mehr als 200 bis 300 ml betragen soll, wird mit Sulfosalicylsäure (je g Eisen 7 g Sulfosalicylsäure) und, sobald diese in Lösung gegangen ist, mit so viel Ammoniak versetzt, daß die Färbung in helles Orangerot umschlägt. Dann erhitzt man zum Sieden und fällt mit 30 ml heißer Kaliumchromatlösung (100 g/l). Cadmium, Zink, Aluminium und Arsen stören nicht; bei Anwesenheit von Kupfer fügt man vor der Chromatfällung für je 0,1 g Kupfer 5 ml Kaliumcyanidlösung (100 g/l) hinzu. Man läßt über Nacht absitzen, filtriert kalt durch ein dichtes Weißbandfilter und wäscht den Niederschlag mit Kaliumchromatlösung (10 g/l) mehrmals aus. Hierauf löst man ihn durch Aufgießen von möglichst wenig heißer Schwefelsäure

(1 + 3) in das Fällungsgefäß zurück und wäscht das Filter mit heißem Wasser nach. Die erhaltene, falls erforderlich, filtrierte Lösung wird gekühlt, mit 0,5 g Sulfosalicylsäure und so viel Ammoniak versetzt, daß das Thallium(I)-chromat wieder ausfällt, und zum Sieden erhitzt. Man gibt noch heiße, Kaliumchromatlösung (100 g/l) hinzu, bis die Flüssigkeit etwa 1% Kaliumchromat enthält. Nach abermaligem, mindestens 12stündigem Absitzenlassen filtriert man durch einen Porzellanfiltertiegel, wäscht den Niederschlag mit Kaliumchromatlösung (10 g/l) und zuletzt mit einigen ml 50proz. Äthanol aus, trocknet bei 100 bis 120° und wägt.

$$\text{Auswaage} \cdot 0{,}7784 = \text{Tl}$$

Literatur. CERNOTZKY, A.: Z. analyt. Chem. Bd. 93 (1933) S. 351/52. — MOSER, L., u. A. BRUCKL, Mh. Bd. 47 (1926) S. 709—711.

3. Gewichtsanalytisch nach der kombinierten Jodid-Chromat-Methode

Das Verfahren dient zur Thalliumbestimmung in armem Material mit Gehalten unter 0,15% Thallium. Man löst den nach der Jodidmethode erhaltenen Niederschlag mit heißer Salpetersäure (1 + 1) vom Filter und verjagt das ausgeschiedene Jod durch Kochen. Dann raucht man die Lösung mit 20 bis 30 ml Schwefelsäure (1 + 1) ab, verdünnt nach dem Erkalten mit Wasser auf etwa 100 ml und filtriert, falls erforderlich. Die klare Lösung wird mit 1 bis 2 g Sulfosalicylsäure versetzt und mit Ammoniak alkalisch gemacht. Tritt hierbei eine Blaufärbung ein, die durch einen Kupfergehalt verursacht ist, so gibt man so viel Kaliumcyanidlösung hinzu, bis sich die Lösung entfärbt hat. Darauf erhitzt man zum Sieden und fällt das Thallium mit 10 bis 15 ml heißer Kaliumchromatlösung (100 g/l). Nach 12stündigem Absitzen wird das Thallium(I)-chromat, wie oben, abfiltriert, ausgewaschen und getrocknet.

Genauigkeit. 2.

Dauer. 36 Std.

4. Maßanalytisch nach W. Kilian

Es sollen nicht mehr als 50 mg Thallium zur Titration gelangen; bei höheren Thalliumgehalten ist die Einwaage entsprechend niedriger zu wählen.

Man löst 1 g Flugstaub in 10 ml Salpetersäure (1,40) und raucht die Lösung mit 10 ml Schwefelsäure (1 + 1) ab. Dann nimmt man mit 100 ml Wasser auf und filtriert das Bleisulfat ab. Das Filtrat wird mit Natronlauge (110 g/l) neutralisiert und mit 15 ml Salzsäure (1,19) angesäuert. Nach Zugeben von 25 ml Natriumfluoridlösung (4 g in 100 ml) oxydiert man das einwertige Thallium durch Bromwasser in geringem Überschuß und verfährt weiter, wie bei C. I. 3., S. 792, angegeben.

III. Die Untersuchung des Thalliummetalls

Das metallische Thallium hat gewöhnlich einen Gehalt von 99,8 bis 99,9% Tl und findet als Legierungsbestandteil Verwendung. Seine hauptsächlichsten Verunreinigungen sind Blei, Kupfer, Wismut, Arsen, Cadmium, Eisen und Zink.

1. Die Bestimmung des Bleies

20 g Thalliummetall werden in 50 ml Salpetersäure (1 + 1) gelöst. Dann gibt man 20 ml Schwefelsäure (1,84) hinzu und dampft die Lösung bis zum starken Auftreten von Schwefelsäuredämpfen ein. Die Lösung darf nicht zur Trockne abgeraucht werden, da sonst ein Teil des Thalliumsulfats beim Bleisulfat verbleibt. Nach dem Erkalten nimmt man mit 500 ml Wasser auf und kocht kurze

Zeit. Dann läßt man die Lösung erkalten und filtriert sie durch einen Porzellanfiltertiegel. Das im Tiegel gesammelte Bleisulfat wird mit schwach schwefelsäurehaltigem Wasser ausgewaschen und nach dem Trocknen bei etwa 500° geglüht.

Bei geringen Bleigehalten verfährt man besser so, daß man die salpetersaure Lösung nach Zugeben von etwas Eisennitrat zunächst ammoniakalisch macht, wobei das Blei mitgefällt wird. Nach dem Lösen des Niederschlages in Salpetersäure scheidet man das Blei mit Schwefelsäure als Sulfat ab und bestimmt es nach dem Lösen mit Ammoniumacetat als Chromat.

2. Die Bestimmung des Arsens

Das Filtrat vom Bleisulfat wird auf 60° erwärmt und mit 12 g Kaliumbromid versetzt. Das Thallium fällt hierduch als Thallium(I)-bromid aus. Man läßt die Fällung bis zum Erkalten stehen und filtriert dann das Thalliumsalz auf eine kleine Nutsche ab. Es wird mit einer Kaliumbromidlösung (5 g/l) ausgewaschen. Das nun ungefähr 100 bis 150 ml betragende Filtrat erwärmt man wieder auf 60 bis 70° und sättigt es mit Schwefelwasserstoff, wobei Kupfer, Cadmium, Wismut und Arsen ausfallen. Nach dem Abfiltrieren und Auswaschen spritzt man die Sulfide vom Filter in ein kleines Becherglas, gibt 20 ml Natriumsulfidlösung (50 g/l) hinzu und erwärmt. Dabei geht das Arsen in Lösung. Nach dem Verdünnen filtriert man durch dasselbe Filter und wäscht die ungelöst gebliebenen Sulfide kurz aus.

Im Filtrat befindet sich das Arsen als Sulfosalz gelöst. Man oxydiert die Lösung mit Wasserstoffperoxyd unter Erwärmen und kann darauf das Arsen als Magnesiumammoniumarsenat oder nach der Destillationsmethode bestimmen (s. Kapitel Arsen, S. I/122/23).

Mit größerer Genauigkeit kann man das Arsen aus einer Sondereinwaage bestimmen. Man löst dann 5 oder 10 g des Metalls in Salpetersäure und raucht die Lösung mit Schwefelsäure ab. Die Salze nimmt man mit Salzsäure auf, spült das Ganze in einen Destillationskolben über und destilliert unter Zusatz von Salzsäure und Reduktionslösung in bekannter Weise.

3. Die Bestimmung des Wismuts

Die vom Arsen befreiten Sulfide (s. oben) werden in heißer Salpetersäure (1 + 2) gelöst. Den ausgeschiedenen Schwefel filtriert man ab, neutralisiert das Filtrat mit Ammoniak und fällt das Wismut durch Zugeben von 10 ml Ammoniumcarbonatlösung (10 g/100 ml) unter Kochen als basisches Wismutcarbonat aus. Den abfiltrierten Niederschlag wäscht man mit 1proz. Ammoniak aus, löst ihn in warmer Schwefelsäure (1 + 4) und bestimmt das Wismut photometrisch mit Kaliumjodid oder Thioharnstoff, wie im Kapitel Wismut, S. 866/67, angegeben.

Unmittelbar aus einer gesonderten Einwaage kann man das Wismut auch folgendermaßen erfassen: Man löst 20 g Thallium in 30 ml Salpetersäure (1 + 1), verdünnt die Lösung auf 400 ml, gibt Ammoniak in geringem Überschuß hinzu, danach 10 ml Ammoniumcarbonatlösung (50 g/l) und kocht 5 min. Der Niederschlag, der neben Blei und Eisen das gesamte Wismut enthält, wird abfiltriert und mit warmer, 0,5proz. Ammoniaklösung so lange ausgewaschen, bis das Filtrat, mit einem Tropfen Kaliumjodidlösung versetzt, keinen Niederschlag mehr ergibt. Dann löst man den Niederschlag mit warmer Schwefelsäure (1 + 4) vom Filter, kocht die Lösung auf und filtriert nach dem Erkalten das etwa ausgeschiedene Bleisulfat ab. Das Filtrat wird zur photometrischen Wismutbestimmung benutzt, nur muß man vorher das 3wertige Eisen durch Zusatz einiger Körnchen Natriumsulfit reduzieren (s. Kapitel Wismut, S. 867).

4. Die Bestimmung des Kupfers und Cadmiums

Nach der Ausfällung des Wismuts können in der ammoniakalischen Lösung noch Kupfer und Cadmium bestimmt werden. Man engt diese Lösung auf etwa 80 ml ein, füllt sie dann in einem 100 ml-Meßkolben zur Marke auf und entnimmt 5 ml. Die Abmessung wird mit 5 ml einer Grundlösung versetzt, die aus 900 ml konz. Ammoniak und 100 ml 2proz. Tyloselösung besteht. Darauf erfolgt die polarographische Bestimmung der beiden Metalle in *einer* Aufnahme. Zuerst wird der Kupfersprung und dann der Cadmiumsprung aufgenommen. Die Auswertung erfolgt durch Eichkurven.

Nach F. ENSSLIN: Metall u. Erz Bd. 38 (1941) S. 78, kann die *Kupferbestimmung* im Thallium *photometrisch* mit Natriumdiäthyldithiocarbaminat in 1 Std. erfolgen. Allerdings können nur Kupfergehalte über 0,0001 % bestimmt werden, da die Gegenwart von mehr als 1 g Thallium störend wirkt, man also größere Einwaagen als 1 g Metall nicht wählen kann. Man löst 1 g Thallium in 10 ml Schwefelsäure (1 + 1) unter Zusatz von Wasserstoffperoxyd und verdünnt die Lösung auf 50 ml. Dann setzt man 10 ml 20proz. Zitronensäurelösung und Ammoniak (0,91) hinzu, bis ein p_H-Wert von mindestens 9 erreicht ist, und mischt die so vorbereitete Lösung mit 5 ml einer Lösung von Natriumdiäthyldithiocarbaminat (0,1 g/100 ml), wobei in Gegenwart von Kupfer eine Gelbfärbung eintritt. Man extrahiert in einem Scheidetrichter nacheinander erst mit 2,5, dann mindestens 3mal mit je 1,5 ml Kohlenstofftetrachlorid und fährt mit dem Extrahieren so lange fort, bis das Lösungsmittel praktisch farblos ist. Die Kohlenstofftetrachloridauszüge werden hierauf vereinigt, von anhängenden Wassertröpfchen durch Filtrieren über ein trockenes Filter befreit und nach dem Auffüllen mit dem gleichen Lösungsmittel auf 10 oder 20 ml photometriert (s. Kapitel Kupfer, S. I/383).

Das *Cadmium* läßt sich in einer Sondereinwaage nach F. ENSSLIN, H. DREYER und K. ABRAHAM: Metall u. Erz Bd. 39 (1942) S. 184—187, auch folgendermaßen bestimmen: 10 g Thallium werden in 10 ml Schwefelsäure (1 + 1) unter Zusatz von Wasserstoffperoxyd gelöst. Zu der auf 200 ml verdünnten, heißen Lösung gibt man 8 g Kaliumbromid, in 20 ml Wasser gelöst, kocht auf und kühlt die Fällung stark ab. Nach dem Abfiltrieren und Auswaschen des Niederschlages mit kaltem Wasser dampft man das Filtrat auf 100 ml ein und filtriert den Rest des Thallium(I)-bromids ab. Das Filtrat raucht man mit 10 ml Schwefelsäure ab, verdünnt dann mit Wasser und füllt die Lösung im Meßkolben zu 100 ml auf. 5 ml werden abgemessen und mit 5 ml einer Grundlösung aus 900 ml Ammoniak (0,91) und 100 ml 2proz. Tyloselösung, welche mit Natriumsulfit gesättigt ist, versetzt. Man polarographiert, nachdem man durch die Lösung vorher 5 min Wasserstoff hindurchgeleitet hat.

5. Die Bestimmung des Eisens

Das Filtrat der Schwefelwasserstoffällung (s. bei III. 2., S. 796) wird zum Entfernen des Schwefelwasserstoffs gekocht. Dann oxydiert man das Eisen durch Zugeben von 5 ml 3proz. Wasserstoffperoxydlösung. Hierbei findet eine auf das überschüssige Kaliumbromid zurückzuführende Bromentwicklung statt, die aber für den weiteren Gang der Analyse ohne Bedeutung ist. Nun fällt man das Eisen mit Ammoniak im Überschuß, kocht, filtriert es ab und bestimmt es schließlich photometrisch mit Kaliumthiocyanat (s. Kapitel Mangan, I/S. 496).

6. Die Bestimmung des Zinks

Man erhitzt das ammoniakalische Filtrat der Eisenfällung zum Sieden, bis es nur noch schwach ammoniakalisch ist, versetzt es mit 10 ml einer Diammoniumhydrogenphosphatlösung (5 g/100 ml) und kocht es 15 min. Danach filtriert man das kristallisiert ausgeschiedene Zinkammoniumphosphat auf einen Porzellanfiltertiegel ab, wäscht es erst mit heißer, 1proz. Lösung des Fällungsmittels, dann mehrmals mit kaltem Wasser aus und wandelt es durch Glühen bei 900 bis 1000° in Zinkpyrophosphat ($Zn_2P_2O_7$) um. (Umrechnungsfaktor auf Zn ist 0,4291.)

Das Zink als Sulfid zu fällen und als Oxyd zur Auswaage zu bringen ist nicht tunlich, da Reste von gelöstem Thallium stören.

Man kann das Zink aber in derselben Lösung, in der das Cadmium bestimmt wird (s. letzten Absatz bei III. 4.), polarographisch bestimmen. Der Zinksprung tritt nach dem Cadmiumsprung auf.

Das Zink kann auch nach der bekannten Dithizonmethode im Filtrat der Schwefelwasserstoffällung (ohne Eisenfällung) photometrisch bestimmt werden (s. Kapitel Blei, S. 185).

D. Die Salze des Thalliums

Das hauptsächlichste Handelsprodukt der Thalliumverbindungen ist das Thalliumsulfat (Tl_2SO_4). Daneben hat noch das Thallium(I)-bromid einige technische Bedeutung.

I. Das Thallium(I)-sulfat

Das Thalliumsulfat enthält im allgemeinen die gleichen *metallischen* Verunreinigungen wie das Thalliummetall. Sie werden nach den dort angegebenen Verfahren bestimmt.

1. Die Bestimmung des Thalliums

10 g des Salzes werden in 200 ml Wasser gelöst, gegebenenfalls von einem Löserückstand in einen 500 ml-Meßkolben filtriert, auf 20° temperiert, die Lösung im Kolben mit Wasser bis zur Marke aufgefüllt und gut durchgeschüttelt. Von dieser Lösung werden 25 ml (= 0,5 g Einwaage) abgenommen, mit 10 ml verdünnter Schwefelsäure (1 + 1) und 65 ml Wasser versetzt und in diese Lösung Schwefelwasserstoff eingeleitet. Von einer etwaigen Schwefelwasserstoffällung wird durch ein geeignetes Filter abfiltriert und das Fällungsgefäß sowie Filter je 3mal mit schwefelsäurehaltigem Schwefelwasserstoffwasser (5 vol.-proz. schwefelsauer) gewaschen. Im Filtrat wird der Schwefelwasserstoff verkocht, die Lösung mit Ammoniak neutralisiert — Indicator Methylorange — und durch tropfenweise Zugabe von verdünnter Schwefelsäure (1 + 1) soeben wieder angesäuert. Nach weiterem Zusatz von 1 bis 2 Tropfen verdünnter Schwefelsäure (1 + 1) wird das Thallium mit 10 ml einer Kaliumjodidlösung (100 g/l) als Thallium(I)-jodid in der Wärme ausgefällt. Sollte sich hierbei Jod ausscheiden, muß dieses durch Zugabe von Natriumsulfit entfernt werden. Die Fällung bleibt 3 bis 4 Std. — besser über Nacht — stehen; dann filtriert man den Niederschlag über einen bei 105° getrockneten und gewogenen Porzellanfiltertiegel A 1 ab, bringt ihn mit möglichst wenig Kaliumjodidlösung (5 g/l) quantitativ auf den Tiegel und wäscht anschließend 2mal mit 50proz. Äthanol aus. Danach werden Tiegel und Inhalt bei 105° bis zur Gewichtskonstanz getrocknet und nach dem Erkalten im Exsiccator gewogen.

Umrechnungsfaktor von Tl = 0,6169.

Genauigkeit. 1.

Dauer. 6 Std.

2. Die Bestimmung des Sulfats

25 ml der oben angegebenen Lösung verdünnt man mit 100 ml Wasser und säuert mit 10 ml Salpetersäure (1 + 1) an. Dann wird die Lösung zum Kochen erhitzt und das Sulfat mit 20 ml kochendheißer, Bariumnitratlösung (50 g/l) gefällt. Nach dem Abfiltrieren wäscht man den Niederschlag mit warmer Salpetersäure (1 + 1), anschließend mit heißem Wasser aus und glüht.

3. Die Bestimmung der freien Säure

Man entnimmt 200 ml der unter 1. genannten Lösung, entsprechend 4 g Einwaage, versetzt sie mit einigen Tropfen Methylorange als Indicator und titriert die freie Säure mit n/10-Natronlauge (Umschlag nach Gelb).

4. Die Bestimmung des Chloridgehaltes

5 g Sulfat werden in 100 ml Wasser gelöst. Die Lösung versetzt man mit 5 ml Salpetersäure (1 + 1) und fällt das Chlor in der Siedehitze mit 10 ml Silbernitratlösung (50 g/l). Will man es unmittelbar wägen, so filtriert man nach dem Erkalten das Silberchlorid auf einem Filtertiegel ab und trocknet es bei 350°. (Umrechnungsfaktor auf Cl = 0,2474.)

II. Das Thallium(I)-bromid

1. Die Bestimmung des Thalliums

Man versetzt 0,5 g der Probe mit 20 ml Schwefelsäure (1 + 1) und erhitzt bis zum Rauchen der Schwefelsäure und Klarwerden der Lösung. In der sodann auf 200 ml verdünnten, klaren Thallium(I)-sulfatlösung, die man durch Zugabe von Ammoniak (1 + 1) fast vollkommen neutralisiert hat, bestimmt man das Thallium, wie beim Thalliumsulfat angegeben.

2. Die Bestimmung des Bromids

Thalliumbromid ist in Wasser sehr schwer löslich. Man versetzt 0,5 g mit 100 ml Wasser, erhitzt zum Kochen, wobei der größte Teil der Probe in Lösung geht, und fällt mit 20 ml Silbernitratlösung (50 g/l). Sodann gibt man 2 ml Salpetersäure (1 + 1) hinzu und kocht weiter. Dabei setzt sich das gesamte Thallium(I)-bromid mit dem Silbernitrat zu Thallium(I)-nitrat und Silberbromid um; dieses fällt aus. Nach dem Kochen verdünnt man die Lösung mit weiteren 50 ml Wasser und läßt abkühlen. Das abgeschiedene Silberbromid wird auf einen Porzellanfiltertiegel abfiltriert, mit Wasser ausgewaschen und bei 350° getrocknet. (Umrechnungsfaktor auf Br = 0,4255.)

Die Bestimmung erreicht die Genauigkeit 2 und dauert $1^1/_2$ Std.

Kapitel 37

Thorium*

Inhalt

A. Vorkommen

Der wichtigste Thoriumrohstoff ist der Monazit (Brasilien, Indien), ein Gemisch von Phosphaten der seltenen Erdmetalle und des Thoriums. Dieses ist im aufbereiteten technischen Monazitsand mindestens zu 5% enthalten. Thoriummineralien sind der Thorit oder Orangit (Norwegen), ein verwittertes Thoriumsilicat mit 50 bis 60% ThO_2, und der Thorianit (Ceylon) mit 70 bis 75% ThO_2 und etwa 11 bis 12% U_3O_8.

---

*	1. Auflage	2. Auflage
Bearbeiter:	**Achenbach, Hoffmann**	**Hackstein**
Mitarbeiter:	**Ihwe, Sieger †**	**Fischer**

B. Qualitativer Nachweis

Mit den Seltenen Erden hat das Thorium die Fällbarkeit als Oxalat gemeinsam. Es läßt sich aber von diesen trennen auf Grund der Löslichkeit seines Hydroxyds in Alkalicarbonat- oder Ammoniumcarbonatlösungen oder auch durch die Fällung als Peroxydhydrat. Selbst geringe Mengen des Thoriums lassen sich neben den Seltenen Erden noch durch die Fällung als Jodat aus stark salpetersaurer Lösung nachweisen.

Zur Abtrennung des Thoriums von den Seltenen Erden kann man von der Extrahierbarkeit des Thoriumnitrats mit organischen Lösungsmitteln (Äther, Methylisobutylketon, Mesityloxyd u. a.) bei Gegenwart von Aussalzmitteln wie konz. Aluminiumnitrat-, Calciumnitratlösungen Gebrauch machen. Das Thorium wird bei mehrmaliger Extraktion vollständig extrahiert, während die Seltenen Erden in der wäßrigen Phase zurückbleiben. Nur das 4wertige Cer begleitet das Thorium.

Das Thorium ähnelt dem Zirkonium in seinen analytischen Reaktionen weitgehend, so z. B. in der Fällbarkeit durch Ammoniumsulfid oder Alkali- bzw. Ammoniumhydroxyd als weißes Oxydhydrat. Dagegen unterscheidet es sich vom Zirkonium durch die Unlöslichkeit des Oxalates in überschüssiger Oxalsäure und verdünnten Mineralsäuren. Ferner ist Thorium im Gegensatz zu Zirkonium auch aus verdünnten Lösungen durch Flußsäure fällbar.

Ein sehr empfindlicher Nachweis beruht auf der Fällung des Thoriums mit Natriumhypophosphat ($Na_2H_2P_2O_6 \cdot 6H_2O$) aus stark salzsaurer Lösung. Der Nachweis gelingt noch bei einem Gehalt von weniger als 0,01 mg in 1 ml Lösung. Nach Aufkochen und Stehenlassen scheidet sich ein weißer Niederschlag von Thoriumhypophosphat ab. Sind Titan und Zirkonium zugegen, so hält man durch Zusatz von Wasserstoffperoxyd das Titan als Pertitansäure in Lösung. Ein bei Zusatz von Oxalsäure zu der so vorbereiteten Lösung entstehender Niederschlag ist dann als Thoriumoxalat anzusehen, da unter diesen Bedingungen das Zirkoniumoxalat in Lösung bleibt. Diese frische Thoriumoxalatfällung wird durch Schwefelsäure in Lösung gebracht, die Lösung mit Wasserstoffperoxyd und konz. Salzsäure versetzt und daraus mit Natriumhypophosphat in der Hitze das reine Thoriumsalz ausgefällt.

C. Analytische Untersuchungen bei der Gewinnung des Thoriummetalls

Das Thorium und seine Salze haben in der Technik eine ausgedehnte Verwendung gefunden, z. B. für die Herstellung von Glühstrümpfen für das Auer-Glühlicht, von Nernst-Lampen, als Zusatz für Stähle und Heizleiterlegierungen und für Getterzwecke. Neuerdings wird das Thoriummetall auch zur Gewinnung von Atomenergie verwendet.

Für die Gewinnung reiner Thoriumsalze gibt es verschiedene Wege. So kann z. B. durch Behandlung von Monazitsand, der als hauptsächlichster Rohstoff dient, mit konz. Schwefelsäure und durch die anschließend erfolgende Abtrennung der Phosphorsäure ein Rohsulfat erhalten werden, das anschließend gereinigt wird. Durch Fällen mit Ammoniak, Lösen des Hydroxyds in Salpetersäure und Eindampfen gewinnt man das hauptsächlich in der Glühstrumpfindustrie verwendete Thoriumnitrat. Zur Darstellung von reinem Thorium wird das nach Aufschluß des Monazitsandes gewonnene Thoriumnitrat zunächst durch flüssig-flüssig-Extraktion mit organischen Lösungsmitteln (z. B. Tri-n-Butylphosphat) gereinigt und dann zu ThO_2 verarbeitet. Aus diesem gewinnt man durch Reduktion mit Calcium das Thorium in Pulverform, das anschließend durch Schmelzen zu kompaktem Metall verarbeitet wird. Mehr oder weniger reines Thoriummetall kann man auch durch Reduktion des Tetrachlorids bzw. des Doppelchlorids oder des Doppelfluorids mit metallischem Kalium oder Natrium gewinnen.

I. Die Untersuchung des Monazits

50 g der Probe werden in einer Porzellan- oder Platinschale, in der sich 100 ml heiße Schwefelsäure (1,84) befinden, eingetragen. Die Lösung wird unter Umrühren auf dem Sandbad bis zum kräftigen Rauchen der Schwefelsäure eingedampft. Nach 2 Std. ist der Inhalt breiig und von grauer Farbe. Man erhitzt weiter 1 bis

2 Std., läßt die Masse erkalten und trägt sie in einen 1 l-Kolben, der drei Viertel seines Volumens eisgekühltes Wasser enthält, ein. Die Sulfate lösen sich langsam, meist bleibt eine geringe Trübung bzw. ein geringer Bodensatz (Siliciumdioxyd) zurück.

Die Bestimmung des Thoriums

Diese kann entweder nach der Jodatmethode von R. J. Meyer und M. Speter [Z. analyt. Chem. Bd. 50 (1911) S. 118] oder nach der Thiosulfatmethode nach O. Hauser und F. Wirth [Z. analyt. Chem. Bd. 49 (1910) S. 50] durchgeführt werden. (Siehe hierzu auch Handbuch der analytischen Chemie, 3. Teil, Bd. IVb, 1950. — Jüstel, B., u. H. Bode: Thorium, S. 375, Jodatmethode; S. 373, Thiosulfatmethode; S. 386, Hypophosphatmethode.)

Eine weitere Möglichkeit zur Abtrennung des Thoriums bietet die Fällung mit Wasserstoffperoxyd aus verdünnt salpetersauren oder schwefelsauren Lösungen.

1. Die Bestimmung des Thoriums nach der Jodatmethode

Man stellt zunächst 2 Jodatlösungen her. Lösung I enthält 15 g Kaliumjodat, 50 ml Salpetersäure (1,4) und 100 ml Wasser; Lösung II enthält 4 g Kaliumjodat, 100 ml Salpetersäure (1,2) und 400 ml Wasser.

Dann werden 50 ml der schwefelsauren Aufschlußlösung von 50 g des Monazitkonzentrates, entsprechend etwa 0,2 bis 0,3 g Thoriumdioxyd, in einem 400 ml-Becherglas mit 50 ml Wasser und 50 ml Salpetersäure (1,4) versetzt und durch Eis gekühlt. In diese Lösung gießt man die gleichfalls gekühlte Jodatlösung I und läßt die Fällung unter öfterem Umrühren $^1/_2$ Std. stehen. Darauf wird der Niederschlag auf ein 15 cm-Weißbandfilter abfiltriert, mit der in einer Spritzflasche befindlichen Jodatlösung II vom Filter in das Fällungsgefäß zurückgespritzt und mit 100 ml der gleichen Jodatlösung versetzt. Nun filtriert man den Niederschlag wieder durch das gleiche Filter ab und spült ihn, wenn alle Flüssigkeit abgelaufen ist, mit heißem Wasser in das Becherglas zurück. Der Inhalt des Becherglases wird sodann nahe zum Sieden erhitzt und unter Rühren tropfenweise mit 30 ml Salpetersäure (1,4) versetzt, wodurch das Thoriumjodat in Lösung geht. Aus dieser Lösung fällt man es mit einer Lösung von 4 g Kaliumjodat in wenig heißem Wasser und Salpetersäure (1,2) wieder aus, kühlt die Fällung in kaltem Wasser, filtriert durch das vorher benutzte Filter, spritzt den Niederschlag wiederum mit der Kaliumjodatlösung II in das Fällungsglas zurück, wäscht ihn dort wie vorhin mit 100 ml der gleichen Lösung aus und bringt ihn abermals auf das Filter. Der Niederschlag samt dem Filter wird in das Becherglas zurückgegeben, das Thoriumjodat unter Kochen mit Salzsäure (1,19) und wäßriger, schwefliger Säure gelöst, reduziert und die Lösung nach dem Verdünnen mit Wasser filtriert. Im Filtrat fällt man das Thoriumhydroxyd in der Siedehitze mit Ammoniak aus, filtriert es ab und wäscht es mit kochendem Wasser jodidfrei aus. Es wird mit heißer Salzsäure (1 + 1) vom Filter gelöst, worauf man dieses sorgfältig nachwäscht. Lösung und Waschwasser werden in einem 1 l-Becherglas aufgefangen. Dort versetzt man sie mit etwa 20 g fester Oxalsäure, verdünnt auf etwa 900 ml mit kochendem Wasser und läßt die Fällung über Nacht stehen. Dann wird der Niederschlag über ein doppeltes Blaubandfilter abgenutscht, mit Oxalsäurelösung (20 g/l) ausgewaschen, nach dem vorsichtigen Veraschen des Filters etwa $^1/_2$ Std. bei 1000° geglüht und als ThO_2 gewogen. Umrechnungsfaktor auf Th = 0,8788.

2. Die Bestimmung des Thoriums nach der Thiosulfatmethode

Auch hier geht man von 50 ml der Aufschlußlösung aus, versetzt sie mit 15 g fester Oxalsäure, verdünnt mit kochendem Wasser auf etwa 900 ml und stellt die Fällung nach öfterem Rühren über Nacht beiseite. Dann nutscht man den

Niederschlag über ein doppeltes Blaubandfilter ab, wäscht ihn mit Oxalsäurelösung (20g/l) aus und gibt ihn samt dem Filter in das Fällungsgefäß zurück. Hier wird er mit etwa 150 ml Wasser übergossen, nach Zugeben von 30 g festem Ätznatron (in Plätzchen) 20 min lebhaft gekocht und dann alles mit heißem Wasser auf etwa 1 l verdünnt. Nachdem sich der Niederschlag einigermaßen abgesetzt hat, filtriert man die darüberstehende Lösung durch 2 Blaubandfilter auf einen BÜCHNER-Trichter, rührt den im Becherglas verbleibenden Satz mit heißem Wasser durch und wiederholt das Dekantieren noch 3mal. Dann wird der gesamte Inhalt des Becherglases abgesaugt und auf der Nutsche so lange mit heißem Wasser ausgewaschen, bis das ablaufende Filtrat rotes Lackmuspapier nicht mehr bläut. Die Oxydhydrate werden in einem 400 ml-Becherglas durch Kochen mit etwa 100 ml Salzsäure (1 + 3) in Lösung gebracht. Man nutscht vom Filterbrei ab und wäscht sorgfältig mit Salzsäure (1 + 3) und schließlich mit heißem Wasser nach. Das salzsaure Filtrat wird in einem 600 ml-Becherglas mit Ammoniak gegen Kongorot neutralisiert, auf 400 ml verdünnt, zum Sieden erhitzt und nach Zugeben von 20 g Natriumthiosulfat 20 min bei aufgelegtem Uhrglas gekocht. Der Niederschlag wird abfiltriert und mit heißem Wasser gewaschen, bis das ablaufende Filtrat auf Zusatz von Ammoniak und Wasserstoffperoxyd keine gelblichbraune Färbung mehr zeigt. Die Thiosulfatfällung muß wiederholt werden. Dazu wird der Niederschlag samt dem Filter in einem 400 ml-Becherglas mit Salzsäure (1 + 3) gekocht, die Lösung vom Filterbrei unter Nachwaschen abgenutscht, mit Ammoniak neutralisiert und das Thorium wie vorher gefällt. Dann löst man diesen zweiten Niederschlag in 20 ml Salzsäure (1,19) unter Kochen, versetzt die Lösung mit 20 g fester Oxalsäure und verdünnt sie mit kochendem Wasser auf 900 ml. Nachdem sich der Niederschlag über Nacht abgesetzt hat, nutscht man ihn ab, wäscht ihn mit Oxalsäurelösung (20 g/l) aus, verascht, glüht und wägt als ThO_2.

3. Die Bestimmung des Thoriums nach der Peroxydmethode

25 ml der Aufschlußlösung versetzt man mit 8 g fester Oxalsäure und verdünnt mit kochendem Wasser auf etwa 400 ml. Man läßt den Niederschlag über Nacht stehen, filtriert ihn dann ab und wäscht mit Oxalsäurelösung (20 g/l) nach. Der Niederschlag wird in einer Platinschale verascht, der Rückstand wird mit 30 ml Salpetersäure-Flußsäure-Gemisch [zu 1 l Salpetersäure (1,40) gibt man 1 ml konz. Flußsäure] gelöst und die Lösung bis zur Kristallisation des Thoriumnitrats eingedampft. Man nimmt den Rückstand mit 150 ml n/5-Salpetersäure auf, erwärmt die Lösung bis nahe zum Sieden und fällt das Thorium anschließend mit 150 ml 30proz. Wasserstoffperoxyd. Man läßt 1 Std. absitzen, filtriert den Niederschlag ab und wäscht das Becherglas mit verdünnter Wasserstoffperoxydlösung (1 Teil 30proz. Wasserstoffperoxyd, 5 Teile Wasser) aus. Der Niederschlag wird erneut verascht, wie oben beschrieben in Salpetersäure-Flußsäure-Mischung gelöst und das Thorium zur Entfernung von etwa noch vorhandenen Seltenen Erden erneut wie beschrieben aus n/5-salpetersaurer Lösung gefällt. Nach Filtration und Auswaschen des Niederschlages mit 1 : 5 verdünnter Wasserstoffperoxydlösung wird der Niederschlag bei 1000° verascht.

Auswaage: ThO_2

Anmerkung. Bei Gegenwart von viel Cer enthält der Niederschlag noch geringe Mengen dieses Elementes. Eine Trennung von Zirkon und Titan ist nach diesem Verfahren nicht möglich.

Literatur. RODDEN, C. J., u. C. G. GOLDBECK: Report A-2936, Oktober 1946.

II. Die Untersuchung einiger Thoriumsalze

1. Thoriumnitrat

Die Untersuchung des Thoriumnitrats wird zweckmäßig nach den Prüfungsbestimmungen der ehemaligen Thoriumkonvention ausgeführt, wie sie ausführlich in Bd. I, Schiedsverfahren, S. 145/46, beschrieben sind.

2. Thoriumtetrachlorid

Wasserfreies Thoriumtetrachlorid ($ThCl_4$) kann hergestellt werden durch Glühen des Oxyds in einem mit Dischwefeldichlorid gesättigten Chlorstrom. Die Umsetzung verläuft wie folgt:

$$2\,ThO_2 + S_2Cl_2 + 3\,Cl_2 = 2\,ThCl_4 + 2\,SO_2$$

Oder man leitet ein Gemenge von Chlor und Kohlenoxyd oder von Kohlenstofftetrachlorid über das auf Rotglut erhitzte Thoriumoxyd: $ThO_2 + 2\,CO + 2\,Cl_2 = ThCl_4 + 2\,CO_2$. Thoriumtetrachlorid löst sich in Wasser unter starker Erwärmung, erleidet aber dabei eine weitgehende hydrolytische Spaltung. Das auch in Alkohol leicht lösliche Chlorid besitzt einen Schmelzpunkt von 820° und ist schwer flüchtig.

a) Die Bestimmung des Thoriumgehaltes

Man wägt 0,3 g Thoriumtetrachlorid unter Ausschluß von Feuchtigkeit ab, löst die Probe unter Zusatz von 5 bis 6 ml 6 n-Salzsäure und 70 ml Wasser, fällt das Thorium in der Siedehitze mit 45 ml Oxalsäurelösung (100 g/l) und läßt den Niederschlag $^1/_2$ Std. auf dem Wasserbad stehen. Dann läßt man noch 2 Std. bei Zimmertemperatur stehen, filtriert den Niederschlag ab, wäscht ihn gründlich mit Waschlösung [10 ml Oxalsäurelösung (100 g/l) werden mit 90 ml n/20-Salzsäure gemischt] aus, verascht das Filter zunächst über der Flamme eines Bunsenbrenners und glüht den Rückstand anschließend $1^1/_2$ Std. im elektrischen Ofen bei 1000°.

Auswaage: ThO_2

Anmerkung. Thoriumtetrachlorid ist — gemäß seiner Darstellungsweise — nicht nennenswert verunreinigt. Die Bestimmung des Thoriums durch Fällung mit Oxalsäure ist daher ausreichend genau.

b) Die Bestimmung des Chloridgehaltes

Man löst 0,25 g Thoriumtetrachlorid in 50 ml Salpetersäure (1 + 9) und titriert das Chlorid mit Silbernitratlösung nach bekannten Methoden, beispielsweise nach Volhard.

3. Thoriumtetrafluorid

a) Die Bestimmung des Thoriums

0,2 g Thoriumtetrafluorid werden in einem Platintiegel mit 3 g Kaliumhydrogensulfat geschmolzen. Die Schmelze wird in einem Becherglas in 50 ml Schwefelsäure (1 + 30) abgeschreckt und darin gelöst. Aus dieser Lösung fällt man das Thorium zunächst mit Ammoniak, filtriert den Niederschlag ab, löst ihn mit 6 n-Salzsäure vom Filter, wäscht das Filter mit Wasser nach und dampft die Lösung ungefähr bis zur Trockne. Anschließend fügt man 5 bis 10 ml 6 n-Salzsäure und 60 ml Wasser hinzu, erhitzt zum Sieden und fällt das Thorium, wie in Abschnitt 2a beschrieben, mit Oxalsäure.

b) Die Bestimmung des Fluorids

α) **Durch Pyrohydrolyse.** Thoriumtetrafluorid wird bei höherer Temperatur mit Wasserdampf nach:

$$ThF_4 + 2H_2O \rightarrow ThO_2 + 4HF$$

zersetzt. Die entstehende Fluorwasserstoffsäure wird anschließend maßanalytisch bestimmt.

Ausführung. Siehe Abschnitt Uran, Untersuchung des Urantetrafluorids. 0,3 bis 0,4 g Thoriumtetrafluorid werden zur Bestimmung verwendet.

β) **Durch Titration mit Thoriumnitratlösung.** 0,25 bis 0,30 g Thoriumtetrafluorid werden in einem Platintiegel mit 2 g Soda 30 min lang im Tiegelofen bei 1000° geschmolzen. Die Schmelze wird mit 50 ml Wasser ausgelaugt, der Niederschlag abfiltriert und mit 20 bis 30 ml Wasser ausgewaschen. Filtrat und Waschwasser werden auf etwa 50 ml eingeengt. Die Lösung wird anschließend mit Salzsäure (1,19) tropfenweise, dann mit Salzsäure (1 + 9) schwach angesäuert (p_H 1), kurz aufgekocht und danach mit n/5-Natronlauge neutralisiert. Nun fügt man 4 ml Pufferlösung (9,45 g Monochloressigsäure werden in 100 ml n/2-Natronlauge gelöst), 6 ml wäßrige Natriumalizarinsulfonatlösung (0,1 g/100 ml) hinzu, versetzt die Lösung mit einem gleichen Volumen Äthanol und titriert mit n/10-Thoriumnitratlösung bis zum Auftreten eines rötlichen Farbtones.

Anmerkung. Es ist notwendig, stets die gleiche Menge Indicator zuzusetzen und bis zum gleichen Farbton zu titrieren. Die Thoriumnitratlösung wird gegen Natriumfluorid unter gleichen Bedingungen eingestellt.

III. Die Untersuchung des Thoriummetalls

Reines Thoriummetall kann sowohl durch Zersetzen des Jodids an Glühdrähten (Verfahren von VAN ARKEL und DE BOER) sowie durch Reduktion von ThO_2 mit Calcium, als auch durch Reduktion des Fluorids mit Calcium oder Alkalimetallen hergestellt werden. Technisches Thoriummetallpulver enthält 97 bis 99,7% Thorium; der Rest besteht aus Thoriumoxyd, Eisen und aus Spuren Silicium und gegebenenfalls Wasserstoff. Die in Bd. I, Schiedsverfahren, mitgeteilte Methode zur Untersuchung des Thoriummetalls erstreckt sich nur auf die Bestimmung des Gesamtthoriumgehalts. Sind mehrere andere Komponenten in dem zu untersuchenden Thoriummetall zu bestimmen, so wird empfohlen, das ausgiebige Literaturmaterial, zusammengestellt in der Broschüre Thoriummetall 1940/41 der Auergesellschaft A.G., Berlin, dazu heranzuziehen.

Wegen des hohen Atomgewichts von 232,1 können selbst bei größeren Thoriumhydrid(ThH_2)- bzw. Thoriumoxyd(ThO_2)-Verunreinigungen hohe Gesamtthoriumgehalte gefunden werden, ohne daß eine Gewähr für einen entsprechend hohen Metallgehalt besteht. Der Gehalt an metallischem Thorium ist nur durch eine gasvolumetrische Untersuchung zu ermitteln.

1. Die gasvolumetrische Bestimmung des Thoriums

Thoriummetall wird mit Salzsäure nach der Gleichung:

$$Th + 4HCl = ThCl_4 + 2H_2$$

zersetzt. Der entwickelte Wasserstoff wird gemessen, wozu sich neben den üblichen Zersetzungsapparaturen besonders die Apparatur nach R. THILENIUS eignet.

Ausführung. Die Einwaage hat sich nach der zur Verfügung stehenden Apparatur zu richten. Da 5,17 mg Thorium bei der Zersetzung 1 ml Wasserstoff liefern, ist z. B. beim Auffanggefäß von 200 ml Fassung eine Einwaage von 0,5 g Thorium anzuwenden. Die Einwaage wird zweckmäßig in einem Glaskörbchen vorgenommen, das man an einem am Gasaustrittsrohr angeschmolzenen Häkchen aufhängt. Der Lösekolben (100 bis 150 ml) wird mit der berechneten Menge Salzsäure (1 + 3) gefüllt und nach dem Einhängen des Körbchens gasdicht mit der Meßbürette verbunden. Zum Temperaturausgleich läßt man die Apparatur einige Zeit im Arbeitsraum stehen, stellt dann mittels des Druckablaßhahnes das Niveau auf die Nullmarke ein und bringt die Einwaage durch Schütteln mit der Salzsäure zusammen. Sollte die Reaktion zu heftig einsetzen, kühlt man den Lösekolben durch Eintauchen in ein Becherglas mit kaltem Wasser. Gegen Ende der Reaktion wird das Reaktionsgefäß mit kleiner Flamme erwärmt, jedoch nicht so stark, daß Wasserdämpfe in das Meßgefäß übertreten. Nach Beendigung der Reaktion läßt man die Apparatur auf Raumtemperatur abkühlen. Das abgelesene Volumen wird unter Berücksichtigung des Barometerstandes, der Temperatur und der Wasserdampftension auf Normalbedingungen umgerechnet, falls man nicht mit der Apparatur von THILENIUS gearbeitet hat. 1 ml Wasserstoff (N. B.) entspricht 5,174 mg Thorium.

$$\frac{\text{Abgelesene ml} \cdot 0{,}5174}{\text{g Einwaage}} = \%\ \text{Thorium}$$

Anmerkung. Die Methode dient zur Kontrolle des Metallgehaltes. Falls im Thorium noch andere metallische Verunreinigungen enthalten sind, die mit Salzsäure Wasserstoff entwickeln, z. B. Eisen, sind diese getrennt zu bestimmen und dafür entsprechende Wasserstoffmengen in Abzug zu bringen.

Genauigkeit. 1.

Dauer. $1^1/_2$ Std.

Literatur. THILENIUS, R.: Z. analyt. Chem. Bd. 122 (1941) S. 385.

2. Die Bestimmung des Gesamtthoriumgehaltes

0,25 g Thoriummetall werden mit 10 ml Salpetersäure-Flußsäure-Mischung [1 l Salpetersäure (1,40) + 0,5 ml konz. Flußsäure] gelöst. Die Lösung wird zur Trockne eingedampft, mit 5 ml Salzsäure (1,19) versetzt und erneut ungefähr zur Trockne eingedampft. Anschließend fügt man 5 ml 6 n-Salzsäure und 30 ml Wasser hinzu, kocht die Lösung gut auf und filtriert zwecks Abscheidung des Siliciumdioxyds durch ein dichtes Filter. Man wäscht das Filter mit 40 bis 50 ml n/2-Salzsäure aus und fällt das Thorium, wie in Abschnitt 2a beschrieben, mit Oxalsäure.

Literatur. Verfahren eines Betriebes.

3. Die Bestimmung des Eisens

Enthält das Metall Eisen, so bestimmt man dieses zweckmäßig in einer besonderen Einwaage von 1 bis 2 g nach ZIMMERMANN-REINHARDT (s. Kapitel Cerium, S. I/288).

Die Bestimmung kleiner Mengen Eisen

Grundlage. Das Eisen wird in Salzsäurelösung nach Reduktion zu Fe(II) mit o-Phenanthrolin photometrisch bestimmt.

Genauigkeit. 2.

Dauer. 1,5 Std.

Ausführung. 1 g Thoriummetall wird in 10 ml Salpetersäure-Flußsäure-Gemisch [1 l Salpetersäure (1,40) + 1 ml Flußsäure] gelöst. Die Lösung wird bis nahe zur Trockne eingedampft und dann 2mal mit je 5 ml Salzsäure (1,19) abgeraucht. Der Rückstand wird mit 20 bis 30 ml Wasser aufgenommen, die Lösung in einen 50 ml-Meßkolben übergeführt und zur Marke aufgefüllt. 10 ml dieser Lösung werden mit 0,5 ml Hydroxylaminhydrochloridlösung (35 g/100 ml Wasser), anschließend mit 1,5 ml Weinsäurelösung (25 g/100 ml Wasser) und danach mit 5 ml Natriumacetatlösung (50 g/100 ml Wasser) versetzt. Dann überführt man die Lösung in ein 25 ml-Meßkölbchen, gibt 4 ml wäßrige o-Phenanthrolinhydrochloridlösung (0,1 g/100 ml) hinzu und füllt zur Marke auf. Nach 40 min wird die Extinktion bei 530 mμ gemessen.

Die Eichkurve wird unter Verwendung von reinem Thoriummetall bzw. Thoriumdioxyd unter gleichen Bedingungen aufgestellt.

Literatur. Verfahren eines Betriebes.

4. Die Bestimmung des Chroms

Grundlage. Thoriummetall wird in einem Salpetersäure-Flußsäure-Gemisch gelöst und das Chrom mit Diphenylcarbacid photometrisch bestimmt.

Genauigkeit. 2.

Dauer. 1 Std.

Ausführung. 1 g Thoriummetall wird mit 10 ml Salpetersäure-Flußsäure-Gemisch [zu 1 l Salpetersäure (1,40) gibt man 1 ml konz. Flußsäure] gelöst. Die Lösung wird zur Trockne eingedampft, mit Wasser aufgenommen, in einen 50 ml-Meßkolben übergeführt und aufgefüllt. Von dieser Lösung nimmt man 10 ml ab, setzt 4 ml Perchlorsäure (1,67) hinzu und dampft bis zum Rauchen der Perchlorsäure ein. Anschließend gibt man 25 ml Wasser und 2 bis 3 Tropfen 0,1 m-Kaliumpermanganatlösung dazu und kocht die Lösung 5 min lang. Anschließend entfernt man den Überschuß an Permanganat durch Zugabe von festem Natriumazid und kocht die Lösung noch 3 min. Danach kühlt man ab, überführt die Lösung in einen 100 ml-Meßkolben, gibt 2 ml Diphenylcarbazidlösung (0,5 g Diphenylcarbazid in 50 ml Aceton) hinzu, füllt zur Marke auf und mißt bei 530 mμ. Die Eichkurve wird unter gleichen Bedingungen mit reinem Thoriummetall bzw. Thoriumdioxyd aufgestellt (s. Bemerkung, S. 841).

Literatur. Verfahren eines Betriebes.

5. Die Bestimmung des Nickels und Kupfers

Grundlage. Nickel wird als Nickeldiacetyldioxim durch Extraktion mit Chloroform vom Thorium abgetrennt und anschließend photometrisch bestimmt. In der gleichen Probe wird Kupfer nach Zusatz von Natriumdiäthyldithiocarbaminat und Extraktion mit Kohlenstofftetrachlorid photometrisch bestimmt.

Genauigkeit. 2.

Dauer. 2,5 Std.

Ausführung. 1 g Thorium wird mit 10 ml Salpetersäure-Flußsäure-Gemisch gelöst (vgl. Bestimmung von Chrom) und die Lösung zur Trockne eingedampft. Der Rückstand wird mit 1 ml Salpetersäure und 15 ml Wasser aufgenommen, die Lösung mit 2 g Ammoniumcitrat versetzt und mit Ammoniak (0,91) auf p_H 8 gebracht. Anschließend überführt man die Lösung in einen Scheidetrichter, gibt 5 ml Diacetyldioximlösung (1 g in 100 ml Äthanol) hinzu und extrahiert die Lösung 3mal mit je 10 bis 15 ml Chloroform. Die Chloroformanteile werden vereinigt und 2mal mit je 10 ml n/2-Ammoniaklösung geschüttelt. Die n/2-Ammoniaklösung wird zur wäßrigen, thoriumhaltigen Lösung hinzugefügt und die Lösung zur Kupferbestimmung beiseite gestellt.

Die Chloroformphase wird vorsichtig zur Trockne eingedampft, der Rückstand mit wenigen Tropfen Salzsäure und Salpetersäure versetzt und erneut zur Trockne eingedampft. Anschließend nimmt man mit 10 ml n/5-Salzsäure auf, fügt 10 Tropfen gesättigtes Bromwasser hinzu, entfärbt das Brom durch tropfenweise Zugabe von Ammoniak (0,91), gibt 1 ml Ammoniak im Überschuß hinzu und fügt 1 ml Diacetyldioximlösung (1 g in 100 ml Äthanol) hinzu. Den Gehalt an Nickel entnimmt man einer Eichkurve, die unter gleichen Bedingungen bei einer Wellenlänge von 460 mμ aufgestellt wurde.

Literatur. Verfahren eines Betriebes.

Die Bestimmung des Kupfers

Die ammoniakalische, thoriumhaltige Lösung wird mit 2 ml Natriumdiäthyldithiocarbaminatlösung (0,1 g/100 ml) versetzt und mit je 5 ml Kohlenstofftetrachlorid so lange extrahiert, bis der letzte Extrakt farblos ist.

Die Kohlenstofftetrachloridanteile werden vereinigt und mit Kohlenstofftetrachlorid auf 25 ml aufgefüllt. Man mißt die Extinktion bei 380 mμ und entnimmt den Kupfergehalt einer Eichkurve, die unter gleichen Bedingungen aufgestellt wurde.

Fehlerquellen. Enthält die Probe Wismut, so treten Überwerte auf.

6. Die Bestimmung des Mangans

Grundlage. Mangan wird in salpetersaurer Lösung mit Natriumwismutat zu Kaliumpermanganat oxydiert und photometrisch bestimmt.

Genauigkeit. 2.

Dauer. 1 Std.

Ausführung. 1 g Thoriummetall wird mit 10 ml Salpetersäure-Flußsäure-Gemisch gelöst und die Lösung bis zur Sirupkonsistenz eingedampft. Der Rückstand wird mit 20 ml 3 n-Salpetersäure aufgenommen, die Lösung mit etwas Silbernitrat und 0,5 g festem Natriumwismutat versetzt. Man erhitzt, bis sich alles gelöst hat (Kochen der Lösung ist zu vermeiden!), kühlt die Lösung schnell ab, überführt sie in ein 25 ml-Meßkölbchen, füllt zur Marke auf und mißt die Extinktion bei 495 mμ.

Die Eichkurve wird unter gleichen Bedingungen aufgestellt.

7. Die Bestimmung des Bors

2 g Thoriummetall werden in einem Quarzdestillationskolben mit 15 ml Phosphorsäure (1,7) zersetzt. Nun erwärmt man mit kleiner Flamme, bis die Lösereaktion eintritt und leitet den austretenden Wasserstoff durch eine Vorlage von 3 g Natriumhydroxyd, gelöst in 10 ml Methanol. Man erwärmt so lange, bis sich alles Thoriummetall gelöst hat. Man kühlt den Destillationskolben ab, gibt zur Lösung 10 ml Methanol und den Inhalt der Vorlage hinzu, schließt den Destillationskolben an einen Methanoldampferzeuger an und destilliert so lange, bis etwa 90 ml Methanol übergegangen sind, wobei das Destillat in einer mit 150 mg Calciumoxyd und 20 ml Wasser beschickten Quarzvorlage aufgefangen und anschließend bei 70 bis 80° zur Trockne eingedampft wird. Der Trockenrückstand wird geglüht, dann mit 10 ml Schwefelsäure(1,84) in der Hitze gelöst, die Lösung mit 10 ml Carminlösung [90 mg Carmin/l Schwefelsäure (1,84)] und mit Schwefelsäure auf 25 ml aufgefüllt. (Alles in Quarzgefäßen!) Die Extinktion der Lösung wird bei 585 mμ gegen eine Vergleichslösung, die wie folgt hergestellt wird, gemessen:

150 mg Calciumoxyd werden mit 10 ml Schwefelsäure (1,84) in der Hitze gelöst. Nach dem Abkühlen gibt man 10 ml Carminlösung hinzu und füllt mit Schwefelsäure (1,84) bis zur Marke auf. Der Gehalt an Bor wird einer Eichkurve entnommen, die zuvor mit reinen Substanzen unter gleichen Bedingungen aufgestellt wurde.

Es empfiehlt sich, in jedem Falle den Blindwert der Reagenzien zu ermitteln.

Fehlerquellen. Die Abtrennung des Bors bleibt dann unvollständig, wenn die Destillationszeit nicht ausreichend lang genug gewählt wurde.

Literatur. Verfahren eines Betriebes.

8. Die Bestimmung des Cadmiums

Grundlage. Das Cadmium wird aus ammoniakalischer Lösung mit Dithizon vom Thorium abgetrennt und anschließend als Cadmiumdithizonat photometrisch bestimmt.

Genauigkeit. 2.

Dauer. $1^1/_2$ Std.

Ausführung. 1 g Thoriummetall wird mit 10 ml Salpetersäure-Flußsäure-Gemisch gelöst und die Lösung zur Trockne eingedampft. Der Rückstand wird mit 10 ml Wasser aufgenommen, die Lösung mit 2 g Weinsäure versetzt und mit Ammoniak auf p_H 9 gebracht. Nach Zugabe von 2 ml Ammoniaküberschuß extrahiert man die Lösung mit je 5 ml Dithizonlösung (20 mg Dithizon/l Kohlenstofftetrachlorid) bis der letzte Extrakt grün gefärbt bleibt. Die organische Phase wird mit 20 ml Wasser gewaschen, dann mit 10 ml n/50-Salzsäure geschüttelt. (Das Cadmium wandert in die wäßrige Phase zurück.) Die wäßrige Lösung wird mit 10 ml Natriumhydroxyd (200 g/l) versetzt und mit je 5 ml Dithizonlösung so oft extrahiert, bis der letzte Extrakt farblos ist. Die Dithizonanteile werden vereinigt, durch ein trockenes Filter filtriert und mit Kohlenstofftetrachlorid auf 25 ml aufgefüllt. Man mißt die Extinktion bei 520 mμ und entnimmt den Cadmiumgehalt einer Eichkurve, die unter gleichen Bedingungen mit reinen Substanzen aufgestellt wurde. Es empfiehlt sich, in jedem Falle einen Blindwert der Reagenzien zu ermitteln.

Fehlerquellen. Bei Anwesenheit größerer Mengen Zink ($>$ 100 ppm) treten Überwerte auf. In diesem Falle muß man in stärker natronalkalischer Lösung arbeiten.

IV. Die Untersuchung zunderfester Legierungen auf Thorium

Zunderfeste Legierungen enthalten als Hauptbestandteil Eisen und etwa 0,1 bis 0,5% Thorium. Die Abtrennung dieser Menge geschieht mit Hilfe einer Elektrolysenapparatur, welche als Kathode Quecksilber und als Anode ein Platinblech oder eine rotierende Platinanode besitzt. Das Verfahren nebst Literaturangaben ist in Bd. I, Schiedsverfahren, S. 137—139, näher beschrieben.

Danach löst man 1 bis 6 g Späne mit Königswasser und dampft die Lösung nach Zusatz von 15 bis 50 ml Schwefelsäure (1 + 1) auf dem Sandbad bis zum Auftreten starker Schwefelsäuredämpfe ein. Darauf wird die mit Wasser verdünnte Lösung der Sulfate filtriert. Das auf dem Filter verbleibende Siliciumdioxyd wird geglüht und mit Flußsäure verjagt; der verbliebene Rückstand wird mit Natriumhydrogensulfat aufgeschlossen und die Lösung der Schmelze zum Hauptfiltrat gegeben. In diesem stumpft man die Säure in der Kälte mit Natronlauge so weit ab, bis die Lösung sich durch basisches Eisensalz braun zu färben beginnt, setzt ihr dann noch 2 ml Schwefelsäure (1 + 1) zu und verdünnt sie auf 400 ml. Dann erfolgt die elektrolytische Trennung, wobei man für 1 g Einwaage etwa 50 ml Quecksilber bei einer Kathodenoberfläche von 40 cm² rechnet. Die Stromstärke beträgt bei einer Quecksilberoberfläche von 40 cm² 4 A, die dazu notwendige Spannung etwa 13 V, abhängig vom Badwiderstand. Bei größeren Einwaagen empfiehlt es sich, die Abscheidung des Eisens an der Quecksilberkathode mit Anteilen der zu elektrolysierenden Lösung nacheinander vorzunehmen.

Nachdem das Eisen abgeschieden und der Elektrolyt farblos geworden ist, was nach 3 bis 10 Std. eintritt, hebert man ihn ab, versetzt ihn mit etwas Wasserstoffperoxyd und Ammoniak bis zur schwach alkalischen Reaktion und läßt die Fällung einige Std. stehen. Dann werden die Hydroxyde abfiltriert und in verdünnter Salzsäure gelöst. Falls die Lösung mehr als einige Zehntelgramm Aluminium enthält, läßt man sie in kochende Kalilauge (100 g/l) fließen, filtriert den Niederschlag ab und löst ihn in Salzsäure (1 + 1). Ist wenig Aluminium vorhanden, so unterbleibt die Trennung mit Kalilauge. Darauf stumpft man die Lösung mit Ammoniak ab, fügt 50 ml 50proz. Essigsäure und 5 ml gesättigte Ammoniumacetatlösung hinzu und fällt mit 1 g Phenylarsinsäure in der Siedehitze das Thorium. Hat die Fällung 30 min über kleiner Flamme gestanden, so läßt man sie erkalten, filtriert den Niederschlag ab, wäscht ihn mit warmem Wasser aus und löst ihn mit wenig warmer Salzsäure (1 + 1). Die Lösung wird auf dem Wasserbad zur Trockne gedampft, das Salz mit Wasser aufgenommen, die Lösung auf 100 ml verdünnt, zum Sieden erhitzt und mit 2 g fester Oxalsäure versetzt. Nach Zusatz von 200 ml Wasser läßt man die Fällung einige Std. oder über Nacht stehen, filtriert den Niederschlag ab, wäscht ihn mit Oxalsäurelösung (2 g/100 ml) aus, glüht und wägt das Thoriumdioxyd.

Kapitel 38

Titan*

Inhalt

---

*	1. Auflage	2. Auflage
Bearbeiter:	**Ploum** (VdEh)	**Johannsen**
Mitarbeiter:	**Johannsen, Koch** (VdEh), **Rodewald, Tillmann, Wirtz**	**Wirtz**

A. Vorkommen

Das Titan ist als Oxyd in der Natur weit verbreitet. Sehr viele oxydische Eisenerze enthalten, wenn auch nur geringe Mengen, Titan, desgleichen sind eisenhaltiger Schwemmsand, Ton, Bauxit, Niobat und Urgestein zumeist titanhaltig. Als Titanerze sind zu nennen: der *Rutil* (TiO_2, mit einem Gehalt an Titanoxyd von 90%), der *Ilmenit* ($FeO \cdot TiO_2$), der bis zu 60% Titanoxyd enthält, und der *Titanit* ($CaO \cdot TiO_2 \cdot SiO_2$) mit 34 bis 45% Titanoxyd.

Die wichtigsten Fundstätten liegen in Schweden, Norwegen, Frankreich, Nordafrika, Rußland und Nordamerika.

B. Qualitativer Nachweis

Eisenerze prüft man auf Titangehalt wie folgt: Eine Probe des Erzes wird mit der 10fachen Menge Natriumhydrogensulfat aufgeschlossen, die Schmelze mit 2 bis 3 ml Salzsäure (1 + 1) ausgelaugt, das Eisen durch einige Körnchen metallisches Zink reduziert und die Lösung mit Natronlauge abgestumpft. Nach dem Abkühlen gibt man 10 Tropfen einer *Chromotropsäurelösung* (5 g/100 ml) hinzu, schüttelt die Lösung gut durch und überschichtet sie tropfenweise mit Natriumacetatlösung (15 g/100 ml). Bei Gegenwart von Titan bildet sich an der Grenzschicht ein rötlicher Ring. Die Reaktion ist sehr empfindlich und für Titan charakteristisch. Zur Herstellung des Reagenzes kocht man 5 g Chromotropsäure[1] mit 50 ml Wasser eben auf und filtriert die Lösung über Tierkohle. Das grünlich oder bräunlich gefärbte Filtrat wird mit salzsaurer Zinn(II)-chloridlösung bis nahe zur Entfärbung versetzt, dann auf 100 ml verdünnt und in einer braunen Tropfflasche aufbewahrt.

Man kann auch, so z. B. bei der Untersuchung von Gesteinen, eine Probe im Porzellan- oder Alsinttiegel mit Natriumcarbonat unter Zusatz von etwas Natriumperoxyd aufschließen und die Schmelze in Wasser lösen. Nach dem Filtrieren und Auswaschen, wobei Chrom, Molybdän und Vanadium sich im Filtrat befinden, löst man den Rückstand in verdünnter Schwefelsäure, versetzt die Lösung mit Phosphorsäure und gibt nun 3proz. *Wasserstoffperoxydlösung* hinzu. Beim Vorhandensein von Titan färbt sich die Lösung, bei größeren Titanmengen unter Bildung von Peroxydisulfatotitansäure orangerot, bei kleineren mehr oder minder tiefgelb.

C. Analytische Untersuchungen für den Betrieb

Während die Verwendung von Titanmetall, das nicht wie die hochprozentigen Ferrotitansorten aluminothermisch hergestellt werden kann, erst neuderdings von der Technik aufgenommen worden ist, werden die Ferrotitansorten sowie das elektrothermisch gewonnene Ferrotitansilicium und Ferrocarbontitan in der Stahlindustrie schon längere Zeit in größerem Maße verarbeitet, denn Titan fördert die Korrosionsbeständigkeit der Stähle und bewirkt durch die Bildung von Titancarbid eine Verbesserung gewisser Eigenschaften. Große Mengen von Titanerzen werden auch zur Herstellung von Titanweiß, einem wichtigen Farbkörper, gebraucht.

I. Verfahren zur Bestimmung des Titans

Das Titan kann entweder gewichtsanalytisch als Titandioxyd über die Fällung mit Kupferron oder als Phosphat, maßanalytisch durch Oxydation des 3wertigen Titans zu 4wertigem oder schließlich durch Messen der Farbintensität der mit Wasserstoffperoxyd gebildeten Pertitansäure bzw. durch die Chromotropsäurereaktion bestimmt werden. Die Ausführung dieser Bestimmungsmethoden hat meist die Entfernung von störenden Begleitelementen vorherzugehen. Dies geschieht entweder durch die Wahl geeigneter Aufschlußmittel (Natriumcarbonat + Natriumperoxyd zum Entfernen von Siliciumdioxyd, Aluminium, Chrom, Vanadin, Molybdän, welche in die wäßrige Lösung der Schmelze gehen), Entfernen des Eisens durch Ausäthern oder auf elektrolytischem Wege oder durch seine Fällung in alkalischer Tartrat-

[1] Chromotropsäure = 1,8 Dioxy-naphthalin-disulfonsäure (3,6).

lösung mit Schwefelwasserstoff. Mit dem bekannten Acetatverfahren lassen sich Eisen, Aluminium und Titan von den 2wertigen Metallen der Ammoniumsulfidgruppe sowie von den alkalischen Erden (einschließlich Magnesium) trennen.

1. Aufschluß und Trennung

Titanerze lassen sich am leichtesten durch Schmelzen mit Natriumperoxyd im Alsinttiegel oder mit Kaliumpyrosulfat im Quarz- bzw. Platintiegel oder mit einem Gemisch von Natriumcarbonat und Borax ($Na_2B_4O_7 \cdot 10H_2O$)[1] im Platintiegel aufschließen. Da das Schmelzgemisch den Platintiegel etwas angreift, muß das Platin später durch Schwefelwasserstoffällung entfernt werden.

Titanhaltige Eisenerze löst man in Salzsäure (1,19) und raucht die Lösung mit Schwefelsäure ab. Nach dem Aufnehmen mit Wasser und etwas Schwefelsäure unter Erwärmen filtriert man den Rückstand ab. Enthalten die Erze Barium oder Strontium, so befinden sich diese beiden Elemente als Sulfate im Rückstand und können nach der Verflüchtigung des Siliciumdioxyds bestimmt werden.

Metallisches Titan löst sich in Salzsäure; manche Sorten von Ferrotitan gehen ebenfalls mit Salzsäure oder aber in Salpetersäure + Flußsäure in Lösung, während Ferrotitansilicium und Ferrocarbontitan sich nur mit diesem Gemisch in Lösung bringen lassen.

Die *Abtrennung des Eisens* kann durch Behandeln einer konz. salzsauren Lösung mit Äthersalzsäure nach ROTHE geschehen. Man wird dieses Verfahren hauptsächlich dann ausführen, wenn große Mengen Eisen von kleineren Mengen von Titan (und Aluminium) abgetrennt werden sollen. Zu diesem Zweck fällt man zunächst die Summe der Hydroxyde des Eisens, Aluminiums und Titans zusammen mit Ammoniak aus, wäscht den Niederschlag sorgfältig aus und löst ihn mit Salzsäure. Die salzsaure Lösung wird zur Sirupdicke eingedampft und in die untere Kugel eines Schüttelapparates nach ROTHE bzw. in einen einfachen Scheidetrichter von 250 ml Inhalt gebracht; das Eindampfgefäß wird mit insgesamt 10 bis 12 ml Salzsäure (1 + 1) ausgespült. Nach Vermischen der Lösungen wird unter fließendem Wasser auf etwa 15° abgekühlt. Darauf setzt man 15 ml Äthersalzsäure (1,19) hinzu, schüttelt durch, füllt mit Äther bis zu drei Vierteln des Kugelinhaltes auf und schüttelt die Mischung nochmals kräftig durch. Sollte sich die Lösung hierbei erwärmen, so wird sie wieder unter fließendem Wasser gekühlt. Nach kurzer Zeit trennen sich die beiden Schichten; das Eisen ist zum größten Teil in die Ätherschicht gegangen. Die saure Lösung wird nach der Klärung in ein Becherglas abgelassen, der Scheidetrichter 3- bis 4mal mit Äthersalzsäure (1 + 1) nachgespült und die wäßrige Schicht nach jeweiligem kräftigem Durchschütteln mit der ersten Lösung vereinigt. Man dampft den Äther in den vereinigten Lösungen vorsichtig ab und engt die letzteren auf etwa 15 ml ein. Darauf kann die Bestimmung des Titans nach einer der später angegebenen Methoden erfolgen.

Die *Äthersalzsäurelösung* (1,19) erhält man durch Sättigen von Salzsäure (1,19) mit Äther (etwa 150 ml Äther für 100 ml Säure), die *Äthersalzsäure* (1 + 1) durch Sättigen von Salzsäure (1 + 1) mit Äther, wobei sich etwa 30 ml Äther in 100 ml dieser Säure lösen.

Ein weniger umständliches Verfahren für die Abtrennung des Eisens stellt seine elektrolytische Abscheidung an einer Quecksilberkathode dar. An dieser werden zugleich Chrom, Nickel und gegebenenfalls auch Mangan abgeschieden. Das Verfahren ist von A. T. ETHERIDGE beschrieben worden [Analyst Bd. 54 (1929) S. 141—144]. Näheres über das Verfahren s. Handbuch für das Eisenhüttenlaboratorium, Bd. II (1941) S. 508. Düsseldorf: Verlag Stahleisen 1941. Siehe auch Kapitel Kobalt, S. I/366.

---

[1] Natriumcarbonat: 292 g, Borax: 231 g.

Hat man Eisen, Aluminium und Titan von den 2wertigen Metallen der Ammoniumsulfidgruppe zu trennen, so bedient man sich dafür des *Acetatverfahrens.* Siliciumdioxyd sowie die Elemente der Schwefelwasserstoffgruppe müssen entfernt, der Schwefelwasserstoff verjagt und das Eisen oxydiert sein. Die Lösung darf nicht mehr als 0,5 g der zu fällenden Menge an Titan, Eisen und Aluminium in einem Volumen von 100 ml enthalten. Die Abwesenheit von Salpetersäure ist Bedingung, gegebenenfalls ist die Lösung zur Trockne einzudampfen und der Rückstand wenigstens durch 2maliges Eindampfen der Lösung mit Salzsäure zu behandeln. Das Neutralisieren der salzsauren Lösung muß in der Kälte und wie folgt vorgenommen werden: Man stumpft die Säure zunächst mit konz. Sodalösung ab, die man in kleinen Mengen zusetzt, wobei die Lösung noch klar bleiben muß; schließlich läßt man eine Natriumcarbonatlösung (100 g/l) unter Rühren aus einer Tropfflasche hinzutropfen, bis eben ein geringer Niederschlag als feiner Schleier bestehenbleibt. Zur Fällung benutzt man eine Natriumacetatlösung (100 g/l). Von dieser setzt man in der Kälte 20 ml hinzu und erhitzt zum starken Sieden, das höchstens 3 min anhalten soll. Sodann läßt man das Fällungsgefäß in der Wärme stehen, bis der Niederschlag sich abgesetzt hat und die darüberstehende Flüssigkeit klar und farblos wird, und dekantiert 2- bis 3mal mit kochendem Wasser. Dann wird der Niederschlag, der nicht kalt werden darf, auf ein Filter gebracht und mit heißem Wasser ausgewaschen. Er wird in einem Platintiegel getrocknet, geglüht, mit reinem calciniertem Natriumcarbonat (*ohne* Zusatz von Kaliumcarbonat) verrieben und geschmolzen. Nach dem Auslaugen der Schmelze mit Wasser filtriert man den Rückstand ab, wäscht ihn mit natriumcarbonathaltigem Wasser aus, glüht ihn und wiederholt das Schmelzen mit Natriumcarbonat. Der beim Auslaugen verbleibende Rückstand enthält das Titan, Eisen und gegebenenfalls Zirkon, während sich Aluminium und die Phosphorsäure im Filtrat befinden.

2. Das Phosphatverfahren

Grundlage. Nach dem Entfernen des Siliciumdioxyds und der Elemente der Schwefelwasserstoffgruppe wird die salzsaure Lösung mit Essigsäure und zur Reduktion des Eisens mit Ammoniumthiosulfatlösung versetzt und zum Sieden erhitzt. Dann fällt man durch Zugeben von Diammoniumhydrogenphosphatlösung Aluminium und Titan als Phosphate, filtriert diese ab und glüht sie bei 1200°. Die gewogenen Phosphate werden mit Natriumcarbonat geschmolzen. Die Schmelze wird mit Wasser unter Kochen ausgelaugt; dabei gehen das Aluminium und die Phosphorsäure in Lösung, während das Titan als Natriumtitanat zurückbleibt. Es wird abfiltriert, in heißer Salzsäure gelöst und mit Ammoniak als Titanoxydhydrat gefällt. Dieses wird nach dem Abfiltrieren zu TiO_2 geglüht.

Anwendungsbereich und Bedeutung. Das Verfahren dient zur Bestimmung von wenig Titan neben viel Eisen und Aluminium.

Genauigkeit. 1.

Dauer. Etwa 8 Std.

Ausführung. Nachdem man 1 g des titanhaltigen Materials in Säuren gelöst oder durch eine Schmelze aufgeschlossen und das Siliciumdioxyd abfiltriert hat, schmilzt man den nach der Verflüchtigung des Siliciumdioxyds verbliebenen Rückstand mit Natriumcarbonat, laugt die Schmelze mit Wasser aus, filtriert das Natriumtitanat ab, löst es mit Salzsäure und vereinigt die Lösung mit dem Hauptfiltrat. Die vereinigten Lösungen sättigt man mit Schwefelwasserstoff, engt sie nach dem Abfiltrieren der Sulfide zum Verjagen des Schwefelwasserstoffs auf etwa 300 ml ein, oxydiert und neutralisiert sie genau (Methylorange). Nun fügt man 3 ml Salzsäure (1,19) hinzu, wartet bis zur vollständigen Klärung der Lösung, versetzt sie bei Zimmertemperatur mit 15 ml 80proz. Essigsäure und zur Reduktion des

Eisens mit 50 ml Ammoniumthiosulfatlösung (300 g/l), erhitzt zum Sieden und fällt nach erfolgter Reduktion des Eisens Titan und Aluminium durch Zugeben von 20 ml Diammoniumhydrogenphosphatlösung (100 g/l) aus. Nach 20 min Sieden (Siedestab) wird der Niederschlag auf ein dichtes Filter abfiltriert und 3mal mit kochendem Wasser ausgewaschen. Die Fällung wird wiederholt. Dazu löst man den in das Fällungsgefäß zurückgespritzten Niederschlag mit heißer Salzsäure (1 + 3), wäscht das Filter mit der gleichen Säure nach und kocht die durch Schwefel getrübte Flüssigkeit, bis die Phosphate gelöst sind und der Schwefel sich zusammengeballt hat. Dieser wird abfiltriert — eine Trübung des Filtrats ist ohne Bedeutung — und die Fällung wie vorhin wiederholt. Diesmal aber setzt man die Thiosulfat- (20 ml) und Phosphatlösung (20 ml) nacheinander in der Kälte hinzu, kocht dann wieder 15 min, filtriert und wäscht den Niederschlag mit heißem Wasser chlorfrei. Er wird nach dem restlosen Verbrennen des Filters erst bei 1100°, dann im elektrisch beheizten Muffelofen bei 1200° bis zur Gewichtskonstanz geglüht.

Darauf verreibt man die gewogenen Phosphate mit der 10fachen Menge calciniertem Natriumcarbonat oder einem Gemisch von Natriumcarbonat und Borax und schmilzt sie im Platintiegel. Ein Gemisch von Soda-Pottasche darf nicht verwandt werden. Beim Auslaugen der Schmelze mit Wasser unter Kochen gehen Aluminium und die Phosphorsäure in Lösung. Das unlösliche Natriumtitanat wird abfiltriert und mit verdünntem, natriumcarbonathaltigem, heißem Wasser ausgewaschen. Aus dem Filtrat kann durch schwaches Ansäuern mit Essigsäure das Aluminiumphosphat wieder gefällt und bestimmt werden. Das Natriumtitanat löst man mit heißer Salzsäure (1 + 3) und fällt aus dieser Lösung das Titanoxydhydrat durch Zugeben von Ammoniak bis eben zur alkalischen Reaktion unter Kochen, filtriert es ab, wäscht es sorgfältig aus und glüht es bei 1200° zu Titandioxyd.

TiO_2 mal 1,888 = $Ti_2P_2O_9$; dieser Wert, von dem Gewicht der Summe der Gesamtphosphate abgesetzt, ergibt die Menge von $AlPO_4$; $AlPO_4$ mal 0,4180 = Al_2O_3.

Fehlerquellen. Chrom(III) und Vanadin(IV) fallen bei der Phosphatfällung teilweise mit aus. Sind sie vorhanden, so ist der möglichst schwach geglühte Niederschlag mit der 10fachen Menge Natriumcarbonat unter Zusatz von $^1/_{10}$ der Sodamenge Salpeter zu schmelzen. Dann laugt man das Chromat und Vanadat mit Wasser aus, schließt den ausgewaschenen Rückstand durch Schmelzen mit Kaliumhydrogensulfat auf, löst die Schmelze in kalter Schwefelsäure (1 + 10), filtriert von etwa vorhandenem Bariumsulfat ab und verwendet das Filtrat zur Bestimmung des Titans, die z. B. auch auf photometrischem Wege geschehen kann (s. S. 817).

Literatur. Neben Bd. I, Schiedsverfahren 2. Aufl. 1949, S. 351, s. auch Handbuch für das Eisenhüttenlaboratorium 1960, Bd. I, S. 41—46.

3. Das Kupferronverfahren

Eisen(III)-salze, Kupfer, Wolfram, Molybdän, Silicium und Niob-Tantal müssen vor der Titanfällung abgetrennt werden; bei der Analyse von Ferrolegierungen oder von Stahl wird die Abtrennung des Eisens zweckmäßig durch Ausäthern (s. S. 813), durch Elektrolyse (s. ebenda) oder durch eine Fällung in alkalischer Tartratlösung durchgeführt. Aluminium, Chrom und Phosphorsäure fallen mit Kupferron bei einem genügend hohen Säuregehalt der Lösung nicht aus, wohl aber Zirkonium und Vanadin, die dann mit Hilfe einer Natriumcarbonatschmelze und entsprechender Weiterbehandlung abgetrennt werden können.

Grundlage. Als Beispiel diene die Titanbestimmung in Ferrotitan: Nach dem Entfernen des Siliciumdioxyds wird das Eisen durch Fällen mit Schwefelwasserstoff in alkalischer, tartrathaltiger Lösung abgetrennt, das Filtrat wird mit Schwefelsäure stark angesäuert und dann abgekühlt. Man fällt das Titan mit Kupferronlösung, filtriert den Niederschlag ab, glüht ihn in einem Platintiegel und prüft ihn auf Reinheit.

Anwendungsbereich und Bedeutung. Das Verfahren dient zur Bestimmung des Titans im Ferrotitan mit Gehalten von 20 bis 40% Ti.

Genauigkeit. 1.

Dauer. Etwa 8 Std.

Ausführung. 0,3 g Ferrotitan werden in einem Becherglas mit 40 ml Salzsäure (1 + 1) und 5 ml Salpetersäure (1 + 1) unter Erwärmen gelöst; die Lösung wird nach Zusatz von 30 ml Schwefelsäure (1 + 1) bis zum Rauchen der letzteren eingedampft. Dann nimmt man die Sulfate mit Wasser auf, gibt 20 ml Salzsäure (1 + 1) hinzu und kocht, bis sich möglichst alles gelöst hat. Der Rückstand, der im wesentlichen aus Siliciumdioxyd besteht, wird abfiltriert, mit heißer Salzsäure (1 + 9) ausgewaschen, in einem Platintiegel geglüht und mit Flußsäure unter Zugeben von Schwefelsäure verflüchtigt. Den im Tiegel verbliebenen Rückstand schließt man mit wenig Kaliumpyrosulfat auf, löst die Schmelze in heißem Wasser und etwas Schwefelsäure (1 + 1) und vereinigt die Lösung mit dem ersten Filtrat. Nachdem man die vereinigten Lösungen auf etwa 100 ml eingeengt hat, setzt man 5 bis 6 g Weinsäure hinzu und neutralisiert mit Ammoniak. Nach dem Ansäuern mit 2 ml Schwefelsäure (1+ 1) leitet man in die Lösung Schwefelwasserstoff ein, bis das Eisen reduziert ist, macht sie dann deutlich ammoniakalisch und setzt das Einleiten von Schwefelwasserstoff bis zur vollständigen Ausfällung des Eisens fort. Die Lösung muß zum Schluß noch alkalisch reagieren. Die Sulfide werden nun abfiltriert und mit frisch bereiteter, sehr verdünnter Ammoniumsulfidlösung ausgewaschen. — Den Niederschlag kann man zur Bestimmung des Eisens verwenden. — Das Filtrat wird mit Schwefelsäure angesäuert, mit weiteren 40 ml Schwefelsäure (1,84) versetzt und zur Beseitigung des Schwefelwasserstoffs gekocht. Sollte dabei noch eine Fällung auftreten, die aus Kupfersulfid bestehen kann, so wird sie abfiltriert und ausgewaschen. Das Filtrat wird auf 400 ml verdünnt und stark abgekühlt. Dann fällt man das Titan durch Zugeben von 40 bis 50 ml einer frisch bereiteten wäßrigen Kupferronlösung (6 g/100 ml)[1] in *einem* Gusse, rührt kräftig um, bis sich der Niederschlag zusammengeballt hat und die Lösung klar geworden ist, und prüft nach kurzem Absitzenlassen mit wenigen Tropfen Kupferronlösung auf Vollständigkeit der Fällung. Eine leichte, milchige Trübung an der Eintropfstelle zeigt einen Überschuß an. Ist die Trübung dagegen gelblich, so ist noch unausgefälltes Titan vorhanden; es muß dann noch mehr Kupferron hinzugegeben werden. Schließlich wird der Niederschlag abfiltriert und mit kalter Salzsäure (1 + 9) ausgewaschen. Das Filtrat wird durch Zugeben von etwas Kupferronlösung nochmals auf Titan geprüft. Darauf trocknet man das Filter mit dem Niederschlag in einem gewogenen Porzellantiegel, verascht das Filter mit kleiner Flamme, wobei der Tiegel mit einem Deckel fast ganz bedeckt zu halten ist, und glüht den Niederschlag auf dem Gebläse bis zur Gewichtskonstanz. Die Auswaage besteht aus Titandioxyd (TiO_2).

Fehlerquellen. Sind im Probegut merkliche Mengen von Vanadin enthalten, so befindet sich dieses teilweise in der Auswaage. In diesem Falle schließt man mit Kaliumpyrosulfat auf, löst die Schmelze in heißem Wasser und 5 ml Schwefelsäure (1 + 1) und gießt die Lösung in so viel heiße Natronlauge, daß sie zur Fällung ausreicht. Nach kurzem Aufkochen läßt man unter gelegentlichem Umschütteln einige Zeit stehen, filtriert den Niederschlag auf ein doppeltes Filter ab und wäscht ihn gründlich mit heißem Wasser aus. Er wird sodann mit Wasser in ein Becherglas gespritzt, der am Filter haftende Rest mit heißer Salzsäure (1 + 1) gelöst und hinzugefügt. Das Filter wird im Platintiegel verascht,

[1] Kupferron = Ammoniumsalz des Nitrosophenylhydrazins.

der Veraschungsrückstand mit etwas Kaliumpyrosulfat geschmolzen und die in Wasser gelöste Schmelze zur salzsauren Lösung gegeben. Die vereinigten Lösungen erwärmt man, bis sie klar geworden sind, macht sie dann ammoniakalisch, filtriert den Niederschlag ab, wäscht ihn sorgfältig aus, glüht ihn und wägt das nunmehr vanadinfreie Titandioxyd aus.

Bisweilen muß auch mit *Zirkonium* gerechnet werden, das ebenfalls von Kupferron gefällt wird. Man schmilzt dann das ausgewogene Titandioxyd mit Kaliumpyrosulfat, löst die Schmelze in Schwefelsäure (1 + 15) und so viel Wasserstoffperoxyd, daß das Titan in Lösung gehalten wird, und fällt in der Lösung das Zirkonium mit Ammoniumphosphat aus. Nach einstündigem Absitzen bei 70 bis 80° wird abfiltriert, mit 2proz., etwas reines Wasserstoffperoxyd enthaltender Schwefelsäure ausgewaschen und geglüht. Sein auf Zirkoniumdioxyd umgerechnetes Gewicht (ZrP_2O_7 mal 0,4645 = ZrO_2) wird vom Gewicht der Gesamtauswaage abgesetzt.

Literatur. Handbuch für das Eisenhüttenlaboratorium 1941, Bd. II, S. 153 u. 296.

4. Photometrische Verfahren

a) Mit Wasserstoffperoxyd

Grundlage. Fügt man zu schwefelsauren Titanlösungen, die frei von färbenden Sulfaten anderer Metalle, wie Chrom, Vanadin, Nickel, Kobalt, Kupfer, viel Eisen und Mangan sein müssen, reines Wasserstoffperoxyd, so kann die sich hierbei bildende, gelborange gefärbte Peroxydisulfatotitansäure photometrisch bestimmt werden.

Anwendungsbereich und Bedeutung. Das Verfahren eignet sich besonders zur raschen Bestimmung kleiner Titanmengen.

Genauigkeit. 1.

Dauer. Etwa 6 Std.

Ausführung. Man entfernt zunächst aus der von dem Siliciumdioxyd befreiten Lösung eines titanhaltigen Materials die Metalle der Schwefelwasserstoffgruppe und trennt dann das Titan von größeren Mengen Eisen entweder nach dem Phosphatverfahren (s. S. 814) oder durch Ausäthern oder elektrolytisch (s. S. 813). Hat man bei dem Phosphatverfahren die Summe von Titan- und Aluminiumphosphat festgestellt, so schmelzt man die Phosphate mit Natriumcarbonat, laugt die Schmelze mit Wasser aus und gewinnt auf diesem Wege das Titan als unlösliches Natriumtitanat. Es kann in heißer Schwefelsäure (1 + 2) gelöst werden, wird aber besser mit der 10fachen Menge Kaliumhydrogensulfat aufgeschlossen. Darauf löst man die Schmelze in verdünnter Schwefelsäure (1 + 5), spült die Lösung in einen Meßkolben über, versetzt sie je nach der Menge Titan mit 2 bis 5 ml 3proz. reiner Wasserstoffperoxydlösung sowie 10 bis 20 ml Natriumphosphatlösung (100 g/l), füllt zur Marke auf und photometriert.

Hat man die Hauptmenge des Eisens durch Ausäthern entfernt, so läßt man aus dem wäßrigen Anteil zunächst den Äther auf dem Wasserbad abdunsten, versetzt dann die Lösung mit 20 ml Schwefelsäure (1 + 1) und erhitzt sie bis zum Rauchen der Schwefelsäure. Die Sulfate werden darauf mit kaltem Wasser aufgenommen. Zu der kalten Lösung, die man in einen Meßkolben übergespült hat, gibt man tropfenweise Natriumphosphatlösung, bis sie farblos geworden ist, und eine der Menge des vorhandenen Titans entsprechende Menge von Wasserstoffperoxyd.

Die Lösungen müssen mindestens 5% freie Schwefelsäure enthalten. Es ist wesentlich, daß die Analysenlösung frei von Salzsäure ist. Das Siliciumdioxyd braucht nur so weit entfernt zu sein, daß die Lösung nicht trübe ist; desgleichen stören Tonerde und geringe Eisenmengen nicht. Man photometriert im Spektralbereich von 410 mμ gegen eine wäßrige Lösung, die in 100 ml 5 ml Schwefelsäure (1,84) und 1 ml Wasserstoffperoxyd enthält und wertet mit Hilfe einer Eichkurve aus.

Zur Herstellung der *Eichlösungen* kocht man 1,668 g reinste Titansäure (TiO_2) in einem kleinen KJELDAHL-Kolben mit etwa 20 ml Schwefelsäure (1,84), bis Lösung eingetreten ist, läßt dann abkühlen, gießt die Lösung in 200 ml Schwefelsäure (1 + 1) und füllt auf 1 l auf. Diese Lösung kann durch eine Fällung mit Kupferron auf ihren Titangehalt geprüft werden.

Da Phosphorsäure die Pertitansäurereaktion beeinflußt, muß die Eichlösung die gleiche Menge an Phosphorsäure wie die zu prüfende Lösung enthalten.

Fehlerquellen. Fluorwasserstoff stört die Reaktion; daher darf nur reinstes Wasserstoffperoxyd verwendet werden.

Literatur. WELLER, A.: Ber. dtsch. chem. Ges. Bd. 15 (1882) S. 25 u. 92.

b) Mit Chromotropsäure

Grundlage. Nachdem das Eisen durch Elektrolyse mit der Quecksilberkathode abgetrennt worden ist, wird das Titan unter Zusatz von Chromotropsäure in essigsaurer Lösung photometriert.

Anwendung, Genauigkeit. Wie vorher.

Dauer. 4 Std.

Ausführung. 100 mg der zu untersuchenden Legierung werden in Königswasser gelöst [etwa 4 ml Salzsäure (1 + 1) und etwa 1 bis 2 ml Salpetersäure (1 + 4)]. Darauf wird die Salpetersäure durch wiederholtes Eindampfen mit Salzsäure entfernt, der Rückstand im Meßkolben auf 100 ml mit Wasser aufgefüllt, davon 10 ml auf 50 ml mit Wasser verdünnt und diese Lösung der Elektrolyse mit Hg-Kathode und Pt-Anode unter gutem Rühren bei 0,5 bis 1,0 A unterworfen (s. Kapitel Kobalt, S. I/366). Man elektrolysiert in einem doppelwandigen, kühlbaren Gefäß so lange, bis mit Kaliumthiocyanat nur noch Spuren von Eisen nachzuweisen sind. Dann nimmt man je nach der zu erwartenden Titanmenge 1 bis 10 ml ab und verdünnt diese nach kurzem Aufkochen mit Wasser auf 20 ml. Dazu fügt man je 1 ml einer Lösung von

1. Chromotropsäure[1] (1 g in 100 ml 1proz. Essigsäure),
2. Natriumacetatlösung (200 g/l),
3. Essigsäure (30proz.).

Als Vergleichslösung zur Messung im Photometer verwendet man 20 ml Wasser mit denselben Zusätzen und mißt die oben erhaltene Lösung dagegen im Spektralbereich von 530 mμ, entsprechend Filter S 53, bei einer Schichtlänge von 10 oder 50 mm z. B. (PULFRICH-Photometer). Aus der abgelesenen Extinktion E_{10} oder E_{50} errechnet sich der Ti-Gehalt zu:

$$\text{mg Ti} = E_{10} \cdot 0{,}135,$$

$$\text{mg Ti} = E_{50} \cdot 0{,}027,$$

$\%\ \text{Ti} = E_{10} \cdot 0{,}135 \cdot 50 \cdot 10$ (bei 1 ml Abnahme aus dem Elektrolysat),
$\%\ \text{Ti} = E_{50} \cdot 0{,}027 \cdot 50 \cdot 10$ (bei 1 ml Abnahme aus dem Elektrolysat),
$\%\ \text{Ti} = E_{50} \cdot 0{,}027 \cdot 5 \cdot 10$ (bei 10 ml Abnahme aus dem Elektrolysat).

5. Maßanalytische Verfahren

Diese Verfahren beruhen auf der Reduzierbarkeit des farblosen 4wertigen Titanions zu blauviolett gefärbtem 3wertigem mittels nascierenden Wasserstoffs, der durch zugesetztes Zink oder Zinkamalgam erzeugt wird. Die Oxydation zu

[1] Natriumsalz der 1,8-Dioxy-naphthalin-disulfonsäure (3,6); das Reagenz ist in Lösung nur etwa 2 Tage haltbar. Bei Gebrauch eines neuen Präparates ist jeweils eine neue Eichkurve festzulegen, da Alter und Herkunft des Reagenses von Einfluß sind.

4wertigem Titan kann sodann ohne weiteres durch Titration mit eingestellter Eisen(III)-chlorid- oder Eisen(III)-sulfatlösung unter Luftabschluß vorgenommen werden.

a) Titanbestimmung in Ferrotitan durch Titrieren mit Eisen(III)-chloridlösung

Grundlage. Die stark salzsaure Lösung des Ferrotitans wird durch Wasserstoff, der mittels eingebrachtem Zink erzeugt wird, reduziert. Man titriert mit einer eingestellten Eisen(III)-chloridlösung unter Verwendung von Ammoniumthiocyanat als Indicator. Reduktion und Titration erfolgen unter Luftabschluß.

Anwendungsbereich und Bedeutung. Das Verfahren dient zur Titanbestimmung in Ferrotitan und anderen Materialien mit höherem Titangehalt.

Genauigkeit. 1.

Dauer. Etwa 4 Std.

Ausführung. 0,5 g Ferrotitan werden mit etwa 6 g Eschka-Mischung (1 Gewichtsteil Natriumcarbonat und 2 Gewichtsteile Magnesiumoxyd) innig gemischt. Vorher hat man den Boden eines Platintiegels mit einer Schicht der Eschka-Mischung belegt und diese eingefrittet. Dann gibt man die Analysenmischung darauf und erhitzt bei bedecktem Tiegel 30 min über einem kräftigen Brenner und zum Schluß weitere 30 min über der Gebläseflamme oder in einem Muffelofen. Der zusammengesinterte Tiegelinhalt wird nach dem Erkalten in einerAchatschale mit kaltem Wasser angefeuchtet und zu einem feinen Brei verrieben. Dieser Brei wird mit möglichst wenig Wasser in ein Becherglas gespült, mit etwa der 6fachen Menge der vorhandenen Flüssigkeit an Salzsäure (1,19) übergossen und bei aufgelegtem Uhrglas unter Erwärmen und zeitweisem Umrühren gelöst. Bei genauem Einhalten dieser Bedingungen erhält man in kurzer Zeit eine völlig klare Lösung des Aufschlusses.

Die Lösung wird auf etwa 30 ml eingeengt, in einen 200 ml-Erlenmeyer-Kolben gespült und mit 40 ml Salzsäure (1,19) versetzt. Dann gibt man etwa 3 g Zinkgranalien in den Kolben und verschließt ihn mit einem einfach durchbohrten Gummistopfen, dessen Bohrung einen Natriumhydrogencarbonat enthaltenden Ventilaufsatz nach Contat-Göckel besitzt. Man läßt die Reduktion zunächst in der Kälte vor sich gehen. Ist nach einiger Zeit die Lösung violett geworden und das Zink ganz oder bis auf einen geringen Rest verbraucht, so gibt man weitere 2 g geraspeltes Zink hinzu und setzt die Reduktion bei wieder verschlossenem Kolben und unter Erwärmen auf dem Wasserbad bis zum vollständigen Auflösen des Metalls fort. Darauf wird die abgekühlte Lösung mit 1 bis 2 g Ammoniumthiocyanat versetzt und das Titan mit der Eisen(III)-chloridlösung unter Umschütteln bis zum Eintreten einer bleibenden Rotfärbung titriert.

Die *Eisen(III)-chloridlösung* stellt man durch Auflösen von 27 g des reinen Salzes ($FeCl_3 \cdot 6H_2O$) in Wasser unter Zugeben von 30 ml Salzsäure (1,19) her; die Lösung wird zu 1 l aufgefüllt. Die Titerstellung erfolgt mit einer Ferrotitanprobe von genau bekanntem Titangehalt unter Anwendung des gleichen Verfahrens wie bei der Untersuchungsprobe.

Fehlerquellen. Wolfram, Vanadin und Molybdän stören. Gegebenenfalls muß deshalb das Titan durch Fällen mit Natronlauge abgetrennt werden.

Literatur. Handbuch für das Eisenhüttenlaboratorium 1941, Bd. II, S. 298/99.

Bemerkung. Sofern das Material sich in Salzsäure löst, kann von dem trokkenen Aufschluß abgesehen werden. Eine Einwaage von 0,5 g der feingepulverten Probe kann dann sogleich in einem mit Contat-Göckel versehenen Erlenmeyer-Kolben von 500 ml Inhalt durch Kochen mit 200 ml Salzsäure (1+1) gelöst werden. Nach dem Verdünnen auf etwa 250 ml wird, wie oben beschrieben, mit Zink reduziert und weiter verfahren.

b) Titanbestimmung mit Eisen(III)-chlorid nach Reduktion mit Zinkamalgam

Grundlage. Die Titan(IV)-salzlösung, die etwa 3 n an HCl und 1 n an $(NH_4)_2SO_4$ sein soll, wird im Reduktorkolben mit Zinkamalgam reduziert. Die Titration erfolgt mit einer Eisen(III)-chlorid-Maßlösung gegen Ammoniumthiocyanat als Indicator.

Anwendungsbereich und Bedeutung. Das Verfahren dient zur schnellen Bestimmung des Titangehaltes in Titanerzen, Ferrotitan, Titanschlacken, Titanweiß und anderen Titanpräparaten. Als Beispiel sei hier die Titanbestimmung in Ferrotitan angegeben.

Genauigkeit. 1.

Dauer. Etwa 1 Std.

Beschreibung der Apparatur. Der Reduktorkolben (R-Kolben) besteht aus einem 500 ml-ERLENMEYER-Kolben, Normalschliff 29, mit einem Aufsatz zur Abtrennung des Amalgams. Der Aufsatz ist ein Gefäß von 30 ml Inhalt, welches oben und unten durch zwei Hähne verschlossen werden kann (s. Abb. 69).

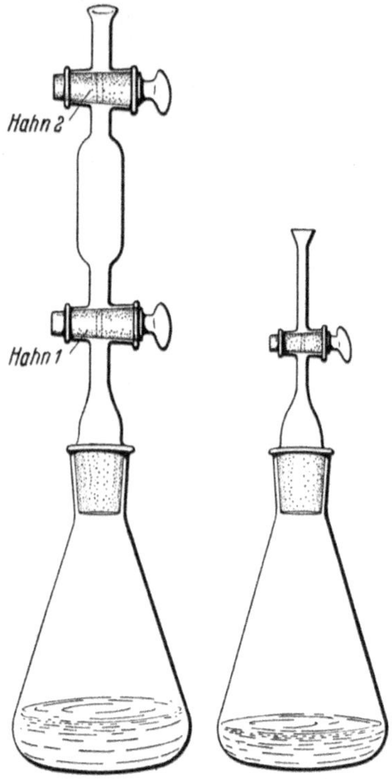

Abb. 69. Reduktorkolben zur Titanbestimmung
Rechts: mit Aufsatz a)
Links: mit Aufsatz b)

Lösungen und Reagenzien

Zinkamalgan. 200 g Quecksilber werden in einer Porzellanschale mit 3 bis 4 g granuliertem Zink versetzt und nach Zugeben von einigen ml stark verdünnter Schwefelsäure auf dem Wasserbad erwärmt. Ist das Zink gelöst, so wird die kleine Menge festen Amalgams, die sich oft bildet, durch einen GOOCH-Tiegel mit größeren Löchern abgetrennt. Dieses feste Amalgam wird aufbewahrt und dem flüssigen nach und nach zugesetzt, wenn dieses ärmer an Zink geworden ist.

Eisen(III)-chlorid-Maßlösung. 50 g Eisen(III)-chlorid p. a. ($FeCl_3 + 6 H_2O$) werden in Wasser, dem man 50 ml HCl (1,19) hinzufügt, gelöst. Man filtriert die Lösung durch ein Weißbandfilter und füllt das Filtrat zu 1 l auf.

Ausführung. 1 g des durch Siebgewebe DIN 0,20 gegebenen Probegutes werden in einem 400 ml-Becherglas in 50 ml HCl (1 + 1) unter Erwärmen gelöst. Nach beeendeter Reaktion läßt man noch etwa 20 min bei kleiner Flamme kochen, verdünnt mit heißem Wasser auf etwa 100 ml und filtriert über ein Weißbandfilter in den Reduktorkolben (R-Kolben). Der Rückstand wird 3 mal mit HCl-haltigem Wasser (1 + 10) ausgewaschen und in einem Platintiegel bei 1000° verascht. Nach dem Veraschen fügt man 2 ml Flußsäure (40 proz. p. a.) und 4 Tropfen Schwefelsäure (1 + 3) hinzu und verraucht das Siliciumdioxyd .Nach kurzem Glühen des Tiegels wird ein etwa verbleibender Rückstand mit 5 g Kaliumpyrosulfat aufgeschlossen. Die erkaltete Schmelze laugt man unter Erwärmen mit 50 ml HCl-haltigem Wasser (1 + 10) aus und vereinigt diese Lösung mit dem Filtrat im R-Kolben. Das Volumen der Lösung beträgt jetzt etwa 250 ml. Dann gibt man 12 g $(NH_4)_2SO_4$ zu. Die Lösung, in der Titan teilweise als Titan(IV)-salz vorliegt, wird auf Zimmertemperatur abgekühlt. Zur Reduktion werden nun etwa 200 g (etwa 15 ml) Zinkamalgam in den R-Kolben gegeben. Danach fügt man zur Verdrängung des Luftsauerstoffs 2 mal je 3 g

Natriumhydrogencarbonat hinzu und verschließt den Kolben mit dem Aufsatz. Nach dem Schließen der Hähne wird die Lösung mit dem Zinkamalgam 5 min lang geschüttelt. Etwa vorhandenen CO_2-Überdruck durch kurzes Lüften der Hähne ablassen! Nach der Reduktion läßt man durch den Aufsatz 2 ml Kohlenstofftetrachlorid (p. a.) in den R-Kolben fließen und füllt das zwischen den Hähnen *1* und *2* befindliche Aufsatzgefäß mit HCl-haltigem Wasser (1 + 10).

Die Durchbohrung des Hahnkückens *2* ist so groß, daß neben der eingeführten fein ausgezogenen Spritzflaschendüse noch Luft entweichen kann. Nach Drehen der Apparatur um 180° wird durch Öffnen des Hahnes *1* das Amalgam in den Aufsatz abgelassen. Dabei wird dies von der verdrängten Säure gewaschen. In Gegenwart von Kohlenstofftetrachlorid ist die Abtrennung besonders einfach und sicher, da hierdurch verhindert wird, daß die Titan(III)-salzlösung den Hahn *1* erreicht. Nach Abnehmen des Aufsatzes und dem Abspülen des Schliffes mit Wasser fügt man 4 bis 5 g Ammoniumthiocyanat hinzu und titriert sofort mit der eingestellten Eisen(III)-chloridlösung bis zum Farbwechsel nach Rot. Der Endpunkt ist erreicht, wenn die Rotfärbung 1 min bestehenbleibt.

$$\frac{\text{Verbrauchte ml } FeCl_3 \cdot T \cdot 100}{E\,(1\text{ g})} = \%\ \text{Ti}$$

T = Titantiter der $FeCl_3$-Lösung,
E = Einwaage.

Die Titerstellung der $FeCl_3$-Maßlösung erfolgt in analoger Weise gegen eine Ferrotitan-Standardprobe mit bekanntem Titangehalt. Steht eine solche nicht zur Verfügung, so erfolgt die Einstellung gegen Kaliumhexafluorotitanat(IV) (K_2TiF_6) p. a. — 1,000 g des bei 105° 2 Std. im Trockenschrank getrockneten K_2TiF_6 wird in einer Platinschale eingewogen und in 5 ml Schwefelsäure (1,84) unter gelindem Erwärmen vorsichtig gelöst. Bei schwacher Flamme läßt man die Probe rauchen und glüht schließlich den erhaltenen Rückstand bei 1000°. Nach dem Glühen schließt man ihn in 10 g Kaliumpyrosulfat auf und laugt die Schmelze in 250 ml HCl (1 + 3) aus. Nach Zugabe von 12 g Ammoniumsulfat erfolgt die Reduktion und Titration im Reduktionskolben wie angegeben.

Der Titer der $FeCl_3$-Lösung errechnet sich wie folgt:

$$T_{\text{Ti}} = \frac{0{,}1995 \cdot E}{V}$$

E = Einwaage K_2TiF_6 (1 g),
V = verbrauchte ml $FeCl_3$-Lösung.

Fehlerquellen. Vanadin, Molybdän und Wolfram stören. Gegebenenfalls muß deshalb das Titan vor der Reduktion abgetrennt werden.

Literatur. Wehber, P., W. Johannsen u. M. Heydecke: Metall Bd. 10 (1956) S. 636 u. 828.

c) Titanbestimmung im Titanweiß nach der Reduktion im Reduktor nach T. Nakazono

Grundlage. Das im Reduktor zur 3wertigen Stufe reduzierte Titan läßt man auf eine Eisen(III)-ammoniumsulfatlösung einwirken und bestimmt dann die entstandene, dem 3wertigen Titan äquivalente Menge Eisen(II)-salz durch Titration mit n/10-Kaliumpermanganatlösung.

Anwendungsbereich und Bedeutung. Diese Methode der Titangesellschaft m. b. H., Leverkusen, dient zur Bestimmung des Titans im Titanweiß.

Genauigkeit. 2.

Dauer. Etwa 3 Std.

Ausführung. 0,5 g Trockenfarbe werden in einem Jenaer Becherglas von 250 ml Inhalt mit 20 ml Schwefelsäure (1,84) und 8 g Ammoniumsulfat versetzt und gut durchgemischt. Die Mischung wird erwärmt, bis Schwefelsäuredämpfe entweichen und völlige Umsetzung eingetreten ist. Nach dem Verdünnen mit 100 ml Wasser wird die Lösung in einen NAKAZONO-Reduktor (s. Kapitel Molybdän, S. I/507) gegeben. Man verbindet die untere Flasche *g* mittels Gummischlauch *f* mit dem unteren Hahn *e* und gibt durch den Trichter *a* so viel Schwefelsäure (1 + 85) hinzu, daß die Flasche *g* gefüllt ist und die Flüssigkeit eben über dem Hahn *e* steht. Dieser wird jetzt geschlossen. Dann werden durch den Trichter *a* 10 bis 15 ml Zinkamalgam (s. ebendort) sowie die auf 50° erwärmte Titanlösung eingefüllt, wobei man mit etwas Wasser nachspült. Dann leitet man Kohlendioxyd durch den Hahn *c* in den Reduktor und schließt nach vollständiger Verdrängung der Luft beide Hähne. Der Apparat wird nun 3 min lang kräftig geschüttelt. Nach dieser Zeit liegt alles Titan in der violetten, 3wertigen Form vor. Darauf wird der Hahn *e* vorsichtig geöffnet, wodurch das Amalgam in die Flasche *g* herunterläuft und gleichzeitig von der hinaufströmenden Flüssigkeit gewaschen wird. Der Hahn *e* ist dann zu schließen und die Flasche *g* zu entfernen.

Nach dem Schütteln herrscht im Reduktor durch Absorption von Kohlendioxyd Unterdruck. In den Trichter *a* gibt man jetzt 20 ml 5proz. Eisen(III)-ammoniumsulfatlösung, öffnet den Hahn *b* und läßt die Lösung in *d* eintreten. Nach dem Umschütteln werden die Hähne *b* und *c* geöffnet; man läßt die Lösung durch den Hahn *e* in einen ERLENMEYER-Kolben ab und spült den Reduktor nach. In der Lösung befindet sich nun eine dem 3wertigen Titan äquivalente Menge Eisen(II)-salz; dieses wird mit n/10-Kaliumpermanganatlösung bis zur Rotfärbung titriert.

1 ml n/10-Kaliumpermanganatlösung entspricht 1,6% TiO_2 (8 mg TiO_2 bei 0,5 g Einwaage).

Fehlerquellen. Bei der angeführten Methode wird etwa vorhandenes Eisen mitreduziert und zusammen mit dem Titan titriert.

Literatur. Methode nach RAL Nr. 8444, Ausgabe März 1931.

d) Titanbestimmung, potentiometrisch nach Reduktion mit Chrom(II)-chlorid

Die Bestimmung beruht darauf, daß die Oxydation des 3wertigen Titans zu 4wertigem nach vorher erfolgter Reduktion mit Chrom(II)-chlorid in salzsaurer Lösung ausführbar ist; Beginn und Endpunkt der Oxydation sind durch 2 scharf ausgeprägte Sprünge im Potentialverlauf gekennzeichnet. Die Oxydation erfolgt durch Kaliumchromat. Dieses oxydiert zunächst das überschüssige Chrom(II)-salz zu Chrom(III)-salz, wobei das Ende dieser Oxydation durch den ersten Potentialsprung kenntlich gemacht wird; darüber hinaus zugeführtes Chromat bewirkt die Oxydation des 3wertigen Titans zu 4wertigem, deren Ende an dem 2. Potentialsprung erkennbar ist. Die für diese Oxydation benötigte Chromatmenge entspricht dem gesuchten Titangehalt.

1 Mol. K_2CrO_4 entspricht 2 Atomen Ti.

Für die Ausführung der Titration ist eine Apparatur erforderlich, wie sie im Handbuch für das Eisenhüttenlaboratorium 1939, Bd. I, S. 74 und 102, ebenso 1941, Bd. II, S. 299, beschrieben ist.

Das Verfahren eignet sich besonders für Titanstahl und Ferrotitan.

II. Die Bestimmung der hauptsächlichsten Begleitelemente

1. In Titanerzen

Die Titanerze enthalten neben Titan in der Hauptsache Siliciumdioxyd, Eisen, Aluminium, Calcium und Magnesium; auch Zirkonium und Phosphorsäure treten mitunter auf.

a) Die Bestimmung des Siliciumdioxyds

1 g Erz wird durch eine Alkalicarbonat-Borax-Schmelze aufgeschlossen (s. S. 813), die Schmelze mit 50 ml Schwefelsäure (1 + 3) gelöst und die Lösung bis zum Entweichen von Schwefelsäuredämpfen erhitzt. Nach dem Erkalten nimmt man die Sulfate mit 100 ml Wasser auf, erwärmt die Lösung und filtriert den Rückstand ab. Er wird mit schwach schwefelsäurehaltigem Wasser ausgewaschen, dann in einem Platintiegel geglüht und gewogen. Nach dem Verjagen des Siliciumdioxyds durch Eindampfen mit Fluß- und Schwefelsäure wägt man den geglühten Rückstand und berechnet aus der Differenz der beiden Wägungen den Gehalt des Erzes an Siliciumdioxyd.

Der verbliebene Rückstand wird mit Kaliumhydrogensulfat aufgeschlossen, die Schmelze in Schwefelsäure (1 + 4) gelöst und die Lösung zum ersten Filtrat hinzugefügt.

b) Die Bestimmung des Eisens

Die vereinigten Lösungen neutralisiert man mit Ammoniak, gibt genügend Weinsäure und 2 ml Schwefelsäure (1 + 1) hinzu und reduziert das Eisen durch Einleiten von Schwefelwasserstoff. Sobald dies erreicht ist, macht man die Lösung ammoniakalisch und setzt das Einleiten von Schwefelwasserstoff fort, bis sämtliches Eisen ausgefallen ist. Das Eisen(II)-sulfid wird abfiltriert und mit frischer, sehr verdünnter Ammoniumsulfidlösung ausgewaschen. Dann löst man den Niederschlag in Salzsäure, verkocht den Schwefelwasserstoff, filtriert den ausgeschiedenen Schwefel ab, oxydiert das Filtrat mit Wasserstoffperoxyd und bestimmt das Eisen maßanalytisch nach ZIMMERMANN-REINHARDT (s. Kapitel Aluminium, S. I/13).

c) Die Bestimmung des Aluminiums

2 g der Probe schließt man in einem Nickeltiegel mit einem Gemisch von gleichen Teilen Natriumcarbonat und Natriumperoxyd auf, löst die Schmelze in Wasser, kocht auf und spült nach Entfernung des Tiegels die zersetzte Schmelze in einen Meßkolben. Nach dem Erkalten wird der Inhalt des Kolbens zur Marke aufgefüllt. Dann filtriert man durch ein trockenes Faltenfilter in ein trockenes Gefäß, entnimmt dem Filtrat eine Menge, die 1 g Einwaage entspricht, säuert die Abmessung mit Salzsäure an und dampft die Lösung zur Trockne. Nach dem Erhitzen auf 135° wird der Rückstand mit Salzsäure unter Erwärmen aufgenommen und das Siliciumdioxyd abfiltriert. Der nach dem Abrauchen mit Schwefelsäure und Flußsäure verbliebene Rückstand wird mit Soda aufgeschlossen und angesäuert; die Lösung wird zu dem Siliciumdioxydfiltrat gegeben. In dieses leitet man Schwefelwasserstoff ein, filtriert und fällt im Filtrat nach dem Verjagen des Schwefelwasserstoffs das Aluminium als Phosphat (s. Kapitel Aluminium, S. I/7).

d) Die Bestimmung des Calciums und Magnesiums

Man schließt 2 g Erz im Alsinttiegel auf (s. S. 813), nimmt die Schmelze mit Salzsäure auf, dampft die Lösung zur Trockne, erhitzt die Salze auf 135° und nimmt sie wieder mit Salzsäure und Wasser auf. Das Siliciumdioxyd wird abfiltriert und das Filtrat mit Schwefelwasserstoff gesättigt. Nach dem Abfiltrieren und Auswaschen der Sulfide bringt man das Filtrat in einen 500 ml-Meßkolben, versetzt es mit 2 g Ammoniumchlorid und gibt Ammoniak bis zum beginnenden Ausfallen eines Niederschlages zu. Darauf wird Ammoniumsulfid im Überschuß hinzugefügt und kräftig geschüttelt, bis sich der Niederschlag klar absetzt. Nach dem Auffüllen des Kolbeninhaltes zur Marke filtriert man ihn durch ein trockenes Faltenfilter, entnimmt dem Filtrat, dessen erste Anteile man verwirft, 250 ml und säuert die Abmessung mit Salzsäure (1 + 1) schwach an. Nun wird zum Zersetzen des Ammoniumsulfids gekocht und der ausgeschiedene Schwefel abfiltriert. Das Filtrat macht man ammoniakalisch, erhitzt zum Sieden, versetzt mit 10 ml Ammoniumoxalatlösung (100 g/l) und läßt das Calciumoxalat absitzen. Man filtriert es ab und bestimmt das *Calcium* in bekannter Weise als Oxyd oder maßanalytisch mit n/10-Kaliumpermanganatlösung.

Im Filtrat der Calciumfällung wird das *Magnesium* als Magnesiumammoniumphosphat gefällt und nach dem Abfiltrieren zu Magnesiumpyrophosphat geglüht.

2. Ferrotitan

Da das Ferrotitan 10 bis 80% Titan enthalten kann, muß für die Bestimmung der neben Titan vorkommenden Begleitelemente eine entsprechend größere oder kleinere Einwaage gewählt werden. Dies gilt besonders für die Aluminiumbestimmung, da aluminothermisch hergestelltes Ferrotitan einen Gehalt bis zu 8% Aluminium aufweisen kann. Zu bestimmen sind neben Titan (s. S. 815 und 819) meist Eisen, Aluminium, Silicium, Mangan, Vanadin, Zirkonium, Kupfer, Nickel, Kobalt, Phosphor, Schwefel und Kohlenstoff. Die Bestimmungsverfahren für diese Elemente sind für genauere Analysen aus Bd. I, Schiedsverfahren, 2. Aufl., S. 361 bis 367, oder aus dem Handbuch für das Eisenhüttenlaboratorium, Bd. II, S. 301ff., zu ersehen. Hier sollen nur die für den Betrieb wichtigsten Verfahren angegeben werden.

a) Die Bestimmung des Titans (schnelle Betriebsmethode)

Grundlage. Ferrotitan in der üblichen Zusammensetzung ist in verdünnter Schwefelsäure löslich. Unter Luftabschluß löst sich das Titan zu der violetten, 3wertigen Verbindung auf. Durch Eisen(III)-chlorid wird es zur 4wertigen Stufe oxydiert. Als Indicator dient Methylenblau, welches durch 3wertiges Titan entfärbt und nach der vollendeten Oxydation wieder blau wird. Im Endpunkt der Titration ist die Lösung grün-blau.

Anwendungsbereich und Bedeutung. Die Methode stellt ein empirisches Verfahren dar, ist anwendbar für Ferrotitan mit 20 bis 40% Ti und empfiehlt sich für betriebsmäßige Serienanalysen von Ferrotitan, in dessen Zusammensetzung nur geringe Schwankungen auftreten.

Genauigkeit. 2 bis 3. Bei genauer Einhaltung der angegebenen Bedingungen.

Dauer. Bei gut löslichem Ferrotitan 15 min, bei schlechter löslichem eine entsprechend längere Zeit.

Ausführung des Verfahrens. 0,5 g Ferrotitan werden mit 100 ml Schwefelsäure (1 + 1) in einem 500 ml-Erlenmeyer-Kolben unter Luftabschluß (Göckel-Aufsatz) gelöst. Zu der Einwaage im Kolben fügt man, ehe man Schwefelsäure zugibt, 10 ml einer gesättigten Natriumhydrogencarbonatlösung und 50 ml Wasser. Nun gibt man 50 ml Schwefelsäure (1,84) hinzu, verschließt den Kolben sofort mit dem Göckel-Aufsatz und erwärmt mäßig auf dem Sandbad. Die Probe löst sich meistens sehr stürmisch auf. Hat sich alles gelöst, so entfernt man den Göckel-Aufsatz und titriert schnell die noch heiße Lösung mit Eisen(III)-chloridlösung unter Zusatz von 0,5 ml Methylenblaulösung als Indicator. Die Titanlösung besitzt nach dem Auflösen eine schmutzigviolette Färbung, die sich während der Titration aufhellt und kurz vor Beendigung derselben fast farblos wird. Der Titrationspunkt steht dann kurz bevor. Nun setzt man noch so viel Eisen(III)-chloridlösung zu, bis der Farbton grünlich ist. Bei einiger Übung ist der Endpunkt gut zu erkennen.

Eisen(III)-chloridlösung. 27 g Eisen(III)-chlorid p. a. und 50 ml Salzsäure (1,19) werden auf 1 l Wasser aufgefüllt.

Methylenblaulösung. 0,5 g Methylenblau werden in 100 ml Wasser gelöst.

Der Wirkungswert der Eisen(III)-chloridlösung wird durch eine Ferrotitan-Kontrollprobe ermittelt. Diese muß ungefähr dieselbe Zusammensetzung haben

(Ti, Al, Si, Fe, C, Cu und oxydische Bestandteile) wie die zu untersuchende Probe. Wechselt die Zusammensetzung des Ferrotitans, so muß auch eine entsprechende Kontrollprobe verwendet werden. Man ermittelt den Titangehalt dieser Kontrollprobe am sichersten durch die gewichtsanalytische Bestimmung des Titans mit Kupferron.

b) Die Bestimmung des Siliciums und Aluminiums

In einem 400 ml-Becherglas löst man 2 g der Probe in 100 ml Schwefelsäure (1 + 1) und dampft die Lösung bis zum Rauchen der Säure ein. Nach dem Abkühlen wird sie vorsichtig mit Wasser auf 250 ml verdünnt, mit 30 ml Salpetersäure (1,40) versetzt und einige min bis zum Klarwerden gekocht. Dann filtriert man den Rückstand auf ein Weißbandfilter ab, wäscht ihn mit heißem, salzsäurehaltigem Wasser aus und bringt das Filtrat in einen 500 ml-Meßkolben. Das Filter wird im gewogenen Platintiegel verascht, der Rückstand nach dem Glühen gewogen. Darauf verflüchtigt man das Siliciumdioxyd durch Abrauchen mit Fluß- und Schwefelsäure, glüht den verbliebenen Rückstand und wägt ihn. Die Differenz der beiden Wägungen ergibt das Gewicht des Siliciumdioxyds (SiO_2 mal 0,4672 = Si).

Das im Meßkolben befindliche Filtrat wird zur Marke aufgefüllt. Nach kräftigem Durchschütteln entnimmt man davon 200 ml (= 0,8 g Einwaage), versetzt sie in einem 600 ml-Becherglas mit festem Natriumhydroxyd im Überschuß, kocht auf, hält etwa 3 min im Sieden und spült das Ganze in einen 500 ml-Meßkolben über. Nach dem Auffüllen zur Marke wird der Kolbeninhalt durch ein Faltenfilter filtriert, eine Abmessung des Filtrats von 250 ml (= 0,4 g Einwaage) in ein Becherglas gebracht und mit Schwefelsäure (1 + 1) angesäuert. Darauf erhitzt man die Lösung zum Sieden, färbt sie mit wenigen Tropfen Methylrotlösung an und gibt tropfenweise Ammoniak (1 + 4) bis zum Umschlag nach Gelb zu. Dabei fällt alles Aluminium als Hydroxyd aus. Nach kurzem Aufkochen läßt man den Niederschlag absitzen, filtriert ihn auf ein Weißbandfilter ab und wäscht mit heißem Wasser sorgfältig aus. Er wird in einem Platintiegel geglüht, dann zum Entfernen kleiner Mengen Siliciumdioxyd mit einigen Tropfen Fluß- und Schwefelsäure erhitzt, schließlich bei 1100° geglüht und gewogen. Die Auswaage ist Aluminiumoxyd (Umrechnungsfaktor auf Aluminium 0,5293).

c) Aluminium

Grundlage. Nach Abtrennung von Titan und Eisen wird das Aluminium mit 8-Oxychinolin ausgefällt und bromometrisch bestimmt.

Genauigkeit. 1 bis 2.

Dauer. 2 Std.

Lösungen. Weinsäurelösung (100 g/l).

Oxinlösung: 25 g Oxin werden in 500 ml Methanol gelöst.

n/10-Kaliumbromat-Bromid-Lösung.

n/10-Natriumthiosulfatlösung.

Kaliumjodid (100 g/l).

Stärkelösung.

Ausführung. 0,5 g der nach DIN 0,20 zerkleinerten Probe werden in einem 400 ml-Becherglas in 50 ml Salzsäure (1 + 1) unter Erwärmen gelöst. Nach Beendigung der Reaktion fügt man etwa 5 ml Salpetersäure (1,40) hinzu und läßt noch 10 min kochen. Die Lösung wird nun auf 200 ml verdünnt und zum Sieden erhitzt. Man filtriert über ein Weißbandfilter, wäscht den Niederschlag mit heißem Wasser aus und verascht ihn in einem Platintiegel bei 1000°. Nach dem Veraschen verraucht man das Siliciumdioxyd mit 2 ml Flußsäure (40proz. p. a.) und 4 Tropfen Schwefelsäure (1 + 3). Der verbleibende Glührückstand wird mit 3 g Kaliumpyrosulfat aufgeschlossen. Die erkaltete Schmelze laugt man unter Erwärmen in 50 ml

53*

HCl-haltigem Wasser aus und vereinigt diese Lösung mit dem Filtrat. Die vereinigten Lösungen werden nun mit festem Natriumhydroxyd im starken Überschuß versetzt und zum Sieden erhitzt. Man läßt 5 min kochen, spült die Lösung samt Niederschlag in einen 500 ml-Meßkolben über und läßt erkalten. Nach dem Auffüllen bis zur Marke wird durch ein Weißbandfilter filtriert. 100 ml = 0,1 g werden in ein 400 ml-Becherglas abpipettiert und mit verdünnter HCl angesäuert. Die so vorbereitete Lösung wird nun der Reihe nach mit 5 ml Weinsäure, einigen Tropfen Methylrotlösung und 5 ml Oxinlösung versetzt. Man erhitzt zum Sieden und macht die heiße Lösung ammoniakalisch. Nach dem Aufkochen wird der ausgefallene Niederschlag sofort auf ein Schwarzbandfilter abfiltriert, mit heißem Wasser ausgewaschen und in 50 ml HCl (1 + 1) vom Filter gelöst. Man läßt abkühlen und titriert mit n/10-Kaliumbromat-Bromid-Lösung, bis ein deutlicher Bromgeruch auftritt. Alsdann fügt man 10 ml Kaliumjodidlösung und einige ml Stärkelösung hinzu und titriert das ausgeschiedene Jod mit n/10-Natriumthiosulfatlösung zurück.

Berechnung.

$$\frac{(a - b) \cdot F \cdot 100}{E} = \% \text{ Al}$$

a = ml n/10-Kaliumbromat-Bromid-Lösung,
b = ml n/10-Natriumthiosulfatlösung,
F = Umrechnungsfaktor = 0,000239 (1 ml n/10-Kaliumbromat-Bromid-Lösung entspricht 0,239 mg Al) (empirisch),
E = Einwaage.

d) Die Bestimmung des Kupfers

5 g Ferrotitan werden in einem 400 ml-Becherglas in Schwefelsäure (1 + 2) unter Erwärmen gelöst; die Lösung wird mit Salpetersäure (1,40) versetzt und bis zum Klarwerden gekocht. Dann gibt man Ammoniak im Überschuß hinzu, spült das Ganze in einen 500 ml-Meßkolben über und läßt es erkalten. Nach dem Auffüllen zur Marke filtriert man den Kolbeninhalt durch ein großes Faltenfilter, entnimmt dem Filtrat 300 ml (= 3 g), säuert diese Abmessung mit Schwefelsäure an, versetzt sie mit Salpetersäure und erwärmt sie. Darauf scheidet man das Kupfer unter Rühren elektrolytisch auf einer Platinkathode bei 2 A ab. Sehr geringe Kupfermengen werden aus der angesäuerten Abmessung mit Schwefelwasserstoff ausgefällt und dann photometrisch bestimmt.

e) Spektrochemische Bestimmung des Aluminiums, Kupfers und Mangans

Aus Gründen der Zeitersparnis wurde die folgende, nur $1^1/_2$ Std. dauernde Methode zur Bestimmung des Aluminiums und gleichzeitig auch des Kupfers und Mangans entwickelt. Da das aluminothermisch hergestellte Ferrotitan nicht homogen ist, werden die Aufnahmen als Lösungsanalyse auf spektralreiner Kohle ausgeführt. Man vergleicht die Schwärzung bestimmter Analysenlinien von Aluminium, Kupfer und Mangan mit der von Titan im leitprobenfreien Verfahren. Die Ergebnisse, die bei Ferrotitanproben mit Gehalten von 38 bis 44% Ti, 2 bis 8% Al, 0,1 bis 1% Cu, 0,3 bis 1,5% Mn und 1 bis 4% Si erhalten wurden, genügten den betrieblichen Genauigkeitsanforderungen.

2 g feingepulvertes Material werden in 50 ml Schwefelsäure (1 + 1) gelöst; die Lösung wird mit 10 ml Salpetersäure (1,40) versetzt, bis zum Klarwerden gekocht und nach dem Erkalten im Meßkolben zu 100 ml aufgefüllt. Vor dem Abfunken wird sie durch Filtrieren vom ausgefallenen Siliciumdioxyd befreit.

Man bringt nun von dieser Lösung mit einer Platinöse je 3 Tropfen auf die vorher 1 min lang vorgefunkten Spektralkohlen und läßt die Aufnahme mit 1 min Belichtungszeit unter Verwendung des Feussner-Funkerzeugers folgen. Die Anregungsbedingungen sind: Trafostufe 4, 6500 pF, 0,8 mH. Die Elektroden sind plangedreht mit 5 mm Durchmesser, 3 mm Abstand; Zwischenblende 0, Zwischenabbildung für 2950 Å, Spaltbreite 0,025 mm. Man verwendet das Dreistufenfilter und ein Platinfilter von 30% Durchlässigkeit. Die Platte wird im Schnellentwickler 1 min bei gleichmäßiger Schaukelbewegung entwickelt. Zur Photometrierung werden folgende Linien benutzt:

Al 3092,8/$_0$ gegen Ti 3097,2/$_0$

Cu 3273,9/$_0$ gegen Ti 3097,2/$_0$

Mn 2949,2/$_0$ gegen Ti 3097,2/$_0$

Am Schluß wird eine Umrechnung des durch Schwärzungsvergleich ermittelten Wertes unter Beziehung auf den chemisch ermittelten Titangehalt der Probe vorgenommen.

Die Herstellung der Testlösungen erfolgt mit Ferrotitanproben genau bekannten Gehaltes unter den oben erwähnten Bedingungen. Der Titangehalt der Testproben muß dabei annähernd gleich sein.

f) Die Bestimmung des Eisens

Nach W. M. Thornton [Amer. J. Sci. Bd. 34 (1912) S. 214] löst man 0,5 g Ferrotitan mit 50 ml Schwefelsäure (1 + 4), gibt nach einiger Zeit 15 ml Salzsäure (10 + 7) und 10 ml Salpetersäure (1,40) hinzu und dampft in einer Porzellanschale die Salz- und Salpetersäure völlig ab, während die Schwefelsäure nur bis zum starken Rauchen erhitzt wird. Darauf verdünnt man die Lösung mit Wasser, filtriert das Ungelöste ab, wäscht mit schwefelsäurehaltigem Wasser aus und glüht es. Nach dem Verflüchtigen des Siliciumdioxyds mit Fluß- und Schwefelsäure wird der verbliebene Rückstand mit Kaliumhydrogensulfat aufgeschlossen, die Schmelze in schwefelsäurehaltigem Wasser gelöst und die Lösung mit dem ersten Filtrat vereinigt. Die vereinigten Lösungen werden auf 150 bis 200 ml eingedampft, mit 5 g Weinsäure versetzt, mit Ammoniak neutralisiert und nach Zusatz von 10 ml Schwefelsäure (1 + 10) mit Schwefelwasserstoff gesättigt; den ausgefallenen Niederschlag filtriert man ab, macht das Filtrat ammoniakalisch und leitet wieder Schwefelwasserstoff ein, bis die Sulfide von Eisen, Mangan, Nickel und Kobalt ausgefallen sind; die Lösung muß am Ende der Fällung noch alkalisch sein. Der Niederschlag wird abfiltriert, mit ammoniumsulfidhaltigem Wasser sorgfältig ausgewaschen und in Salzsäure gelöst. Hat man den Schwefelwasserstoff durch Kochen verjagt, so wird mit Wasserstoffperoxyd oxydiert und das Eisen nach Zimmermann-Reinhardt bestimmt.

3. Im Ferrotitansilicium und Ferrocarbontitan

Diese Legierungen lassen sich in einem Gemisch von Salpetersäure und Flußsäure oder mit einem alkalischen Schmelzaufschluß in Lösung bringen. Die einzelnen Elemente können, wie beim Ferrotitan beschrieben, bestimmt werden. Da sich das Siliciumdioxyd beim Lösen mit Fluß- und Salpetersäure und nachfolgendem Abrauchen der Lösung mit Schwefelsäure verflüchtigt, kann sie nur durch alkalischen Aufschluß bestimmt werden.

a) Die Bestimmung des Schwefels

Man schmilzt in einem Nickeltiegel 5 g reinstes Natriumcarbonat, läßt die Schmelze etwas abkühlen, gibt 2 g der Probe und sodann ein Gemisch von 5 g Natriumcarbonat und 5 g Natriumperoxyd darüber und erhitzt den vor dem Eindringen von Flammengasen geschützten Tiegel zunächst vorsichtig bis zur Beendigung des Aufglühens, dann etwa 30 min mit voller Flamme. Nach dem

Abkühlen wird die Schmelze bis zum völligen Zerfall mit Wasser gekocht, die Lösung samt dem Niederschlag in einen 500 ml-Meßkolben gespült, der Kolbeninhalt nach dem Abkühlen zur Marke aufgefüllt und durch ein trockenes Faltenfilter in einen trockenen 250 ml-Meßkolben filtriert. Diese Menge des Filtrats (= 1 g Einwaage) dampft man zur Abscheidung des Siliciumdioxyds nach dem Ansäuern mit Salzsäure zur Trockne, nimmt die Salze mit verdünnter Salzsäure auf, filtriert das Siliciumdioxyd ab und fällt das Sulfation im Filtrat in bekannter Weise als Bariumsulfat. Die Siliciumabscheidung kann man aber auch fortfallen lassen, muß dann aber das ausgewogene Bariumsulfat noch mit Fluß- und Schwefelsäure abrauchen.

Da es sich meist um geringe Mengen von Schwefel handelt, kann man zweckmäßig zu seiner Bestimmung auch das *Verbrennungsverfahren* anwenden, wie es im Kapitel Chrom, S. I/303, beschrieben ist.

b) Die Bestimmung des Kohlenstoffs

Man erhitzt 0,5 g Ferrotitansilicium oder 0,2 g Ferrocarbontitan mit 3 g Zuschlag (dafür wird besonders ein Gemisch von 2 Gewichtsteilen PbO_2 und 1 Gewichtsteil Co_2O_3 empfohlen, s. „Die chemische Analyse" Bd. 31, S. 161. Stuttgart: F. Enke (1939) bei 950 bis 1250° im Verbrennungsofen und ermittelt das entstandene Kohlendioxyd maßanalytisch (s. Kapitel Chrom, S. I/300).

4. Im Titanweiß

Die Titanweißfarbkörper haben Gehalte an Titandioxyd von 18 bis 100%. Sie sind meist mit Bariumsulfat oder Zinkoxyd vermischt.

a) Die Bestimmung des Zinkoxyds

0,5 g Titanweiß werden in einem 500 ml-Becherglas mit 30 ml Salzsäure (1 + 2) etwa 3 min gekocht. Dann verdünnt man die Lösung mit 200 ml Wasser, versetzt sie mit 20proz. Ammoniak bis zur alkalischen Reaktion und wieder mit Salzsäure, bis sie eben sauer ist. Nach Zusatz von weiteren 10 ml Salzsäure (1 + 2) wird die Lösung schwach erwärmt und mit einer Kaliumhexacyanoferrat(II)-lösung (22 g/l) titriert, bis 1 Tropfen aus dem Becherglas, zu 1 Tropfen schwach essigsaurer Uranylacetatlösung (5 g/100 ml) auf die Tüpfelplatte gegeben, eine braune Färbung erzeugt (s. Kapitel Zink, S. 909 ff.).

Die Einstellung der Kaliumhexacyanoferrat(II)-lösung erfolgt mit 0,2 g Zinkoxyd (frisch geglüht), wobei die gleichen Säuremengen, die gleiche Temperatur und das gleiche Flüssigkeitsvolumen, wie vorstehend angegeben, einzuhalten sind.

b) Die Bestimmung des Bariums

Man zersetzt 0,5 g Trockenfarbe im Jenaer Becherglas mit 20 ml Schwefelsäure (1,84) und 8 g Ammoniumsulfat unter allmählichem Erhitzen bis zum Auflösen der Probe, wobei schließlich Schwefelsäuredämpfe auftreten, läßt die Lösung abkühlen und verdünnt sie mit 100 ml Wasser. Der Rückstand wird abfiltriert, das Filtrat zur Titanbestimmung benutzt (s. S. 814ff.). Nach dem Glühen und Wägen des Rückstandes wird er mit Soda geschmolzen, die Schmelze in Wasser gelöst, das Unlösliche abfiltriert, mit heißem Wasser ausgewaschen und in verdünnter Salzsäure gelöst. Aus der siedendheißen Lösung fällt man das Barium mit Schwefelsäure als Sulfat, glüht und wägt es. Sein Gewicht wird von dem des Gesamtrückstandes abgesetzt, die Differenz als Siliciumdioxyd betrachtet.

Kapitel 39

Uran*

Inhalt

---

*	1. Auflage	2. Auflage
Bearbeiter:	**Sieger †**	**Hackstein**
Mitarbeiter:	**Völkel**	**Fischer**

A. Vorkommen

Uran tritt vorherrschend in granitischen Gesteinen in der Form der Uranite (Cleveit, Niveit, Bröggerit u. a.) und in der Form der Pechblende bzw. ihren Oxydationsprodukten, seltener in Uran-Vanadat, Uran-Phosphat, Uran-Arseniat und pegmatitischen Niob-, Tantal- und Titanmineralien auf. Die Uranite entsprechen der Formel UO_2; sie sind stets durch andere Metalloxyde verunreinigt (z. B. Thorianit oder Cleveit). Fundstätten dieser Art liegen z. B. in Colorado (USA), in Canada und Madagaskar.

Die Pechblende wird in hydrothermalen Lagerstätten gefunden und entspricht annähernd der Formel U_3O_8; sie ist mit den verschiedensten Metalloxyden verunreinigt, enthält jedoch kein Thorium und nur geringe Mengen an Seltenen Erden. Die Hauptfundstätten liegen am Großen Bärensee (Canada) und im Kongo. Ferner finden sich Vorkommen im Sächsischen Erzgebirge (Aue, Joachimstal) und untergeordnet im übrigen europäischen Raum. Im südwestlichen Colorado findet sich der Carnotit ($K_2O \cdot 2UO_3 \cdot V_2O_5 \cdot 3H_2O$). Die Verbundenheit des Urans mit dem Vanadin macht sich ferner in den uranhaltigen Kolm-Vorkommen (eine Art Ölschiefer) Schwedens (1 bis 3% U_3O_8 in den Aschen, 0,4% in frischem Gestein), in den Autunitlagerstätten Madagaskars (etwa 0,5% Uran) und in gewissen Höhlenfüllungen Turkistans bemerkbar.

Uranerze wurden früher hauptsächlich wegen ihres Radiumgehaltes verarbeitet; dabei fiel Uran als Nebenprodukt an. Heute steht das Uran in Verbindung mit den modernen physikalisch-technischen Problemen (Energieerzeugung) im Blickpunkt des Interesses.

B. Qualitativer Nachweis

Das Uran begleitet im üblichen systematischen Trennungsgang der Kationen das Eisen. Es wird wie dieses durch Ammoniumsulfid als in Säure lösliches UO_2S gefällt. Versetzt man eine Uranylsalzlösung mit Alkalihydroxyd oder mit Ammoniak, so fällt das Uran als gelber Niederschlag von Alkali- bzw. Ammoniumdiuranat [$K_2U_2O_7$ bzw. $(NH_4)_2U_2O_7$] aus, das sich auf Grund seiner Löslichkeit in Ammoniumcarbonat von den durch die gleichen Reagenzien gefällten Oxydhydraten anderer Metalle trennen läßt.

Ein vorzügliches Mittel zur Abtrennung des Urans von fast allen anderen Elementen liegt in der Extrahierbarkeit des Uranylnitrats aus salpetersaurer Lösung mit organischen Lösungsmitteln wie Äther, Äthylacetat, Ketonen und Tributylphosphat. Nach Extraktion kann das Uran durch Schütteln der organischen Lösung mit Ammoniumcarbonat sehr bequem wieder in eine wäßrige Lösung übergeführt und auf die eine oder andere Art nachgewiesen werden.

Mit Kaliumhexacyanoferrat(II) gibt Uranylsalz in schwach saurer Lösung einen braunen Niederschlag von Uranylcyanoferrat(II), der durch Kalilauge gelb gefärbt wird, da sich Kaliumdiuranat bildet (Unterschied von Kupfer und Molybdän). Diese Reaktion ist sehr empfindlich. Dabei stören Eisen(III)- und Kupfer(II)-salze; sie können aber vorher durch Kaliumjodidzusatz unschädlich gemacht werden.

Ein empfindlicher Nachweis des Urans beruht auf der Bildung eines intensiv gelb gefärbten Uranperoxyds in ammoniakalischer und natronalkalischer Lösung bei Gegenwart von Wasserstoffperoxyd.

C. Analytische Untersuchungen bei der Gewinnung des Uranmetalls

Die technische Gewinnung des Urans kann durch Reduktion des UCl_4 oder UCl_3 mit metallischem Natrium bei höherer Temperatur erfolgen. Großtechnisch wird Uran in sehr reiner Form und im geschmolzenen Zustand vorzugsweise durch Reduktion von Urantetrafluorid mit reinem Magnesium oder Calciummetall hergestellt.

Die als Ausgangsmaterial dienenden Uranverbindungen werden auf chemischem Wege aus den Uranerzen gewonnen, wobei man zur Feinreinigung der Produkte von der Extrahierbarkeit des Uranylnitrats aus wäßriger, salpetersaurer Lösung mit Diäthyläther, Tributylphosphat oder anderen organischen Lösungsmitteln Gebrauch macht.

I. Die Untersuchung der Uranerze

1. Photometrische Bestimmung des Urans mit Oxychinolin

Grundlage. Das Uran wird aus salpetersaurer Lösung mit einem Gemisch von Tributylphosphat-Methylisobutylketon (1 + 1) extrahiert. Nach dem Waschen der organischen Phase mit Salpetersäure wird das Uran mit Ammoniumacetat-Ammoniumfluorid-Lösung wieder in die wäßrige Phase gebracht. Daraus wird es mit Oxin-Chloroform bei p_H 7,60 extrahiert und als gelber Uran-Oxinkomplex bei 470 mμ direkt photometriert.

Anwendungsbereich und Bedeutung. Das Verfahren gestattet die Bestimmung von kleinen Urangehalten (0,005 — 1% U_3O_8) in beliebigen Produkten. Es ist gegen Störungen durch Partner weitgehend unempfindlich.

Genauigkeit. ± 5%.

Dauer. Einzelbestimmung: 4 Stunden
Eine Serie von 6 Bestimmungen: 8 Stunden

Sonderlösungen. 1. Aluminiumnitratlösung: 250 g Aluminiumnitrat werden in 250 ml Salpetersäure (2 + 3) gelöst und mit der gleichen Säure auf 500 ml gebracht. Vor Gebrauch wird diese Lösung einmal mit 200 ml Tributylphosphat-Methylisobutylketon (1 + 1) extrahiert.

2. Ammoniumacetat-Ammoniumfluorid-Lösung: 125 g Ammoniumacetat und 1 g Ammoniumfluorid in 500 ml H_2O lösen. Der p_H-Wert der Lösung wird mit Ammoniak auf p_H 7,60 (Glaselektrode) eingestellt. Diese Lösung wird mit 100 ml Oxin-Chloroform extrahiert. Nach dem Abtrennen der organischen Phase wird die wäßrige Lösung noch einmal mit 100 ml Chloroform nachgewaschen.

Ausführungen. Die Einwaage, die 0,2 — 2 mg U_3O_8 enthalten soll, versetzt man in einem hohen 250 ml-Becherglas mit 25 ml Salpetersäure (2 + 3), bedeckt das Becherglas mit einem Uhrglas und erhitzt 30 Minuten auf dem Wasserbad.

Die Lösung wird durch ein Filter mittlerer Dichte in einen 100 ml-Meßkolben filtriert, der Rückstand mit 25 ml warmer Salpetersäure (2 + 3) gewaschen.

Zu dem Filtrat + Waschwasser werden 10 ml Aluminiumnitratlösung (1) zugegeben.

Das Filter mit dem Rückstand wird in einer Platinschale verascht. Nach dem Abkühlen wird unter Zusatz von 4 Tropfen Schwefelsäure (1 + 1) und 20 ml Flußsäure die Probe zur Trockne abgeraucht. Der Abrauchrückstand wird mit 1 — 2 g Kaliumpersulfat aufgeschlossen und in 25 ml Salpetersäure (3 + 7) unter Erwärmen gelöst. Die Lösung wird zu dem ersten Filtrat in den oben genannten 100 ml-Meßkolben gegeben. Nach dem Erkalten des Kolbeninhaltes wird mit Salpetersäure (3 + 7) zur Marke aufgefüllt.

25 ml dieser Lösung werden in einen 50 ml Schütteltrichter pipettiert und mit 15 ml Tributylphosphat-Methylisobutylketon (1 + 1) versetzt. Der Trichter wird verschlossen und 2 min geschüttelt. Nach dem Absitzen wird die wäßrige Phase in einen zweiten Schütteltrichter abgelassen und darin nochmals mit 15 ml Tributylphosphat-Methylisobutylketon (1 + 1) geschüttelt. Danach wird sie verworfen. Die beiden organischen Auszüge werden in dem ersten Schütteltrichter vereinigt und mit 20 ml Salpetersäure (3 + 7) gewaschen (1 min schütteln). Die Waschsäure wird abgelassen und verworfen. Dieses Waschen mit Salpetersäure wird noch viermal wiederholt.

Der gereinigten Tributylphosphat-Phase werden 20 ml Ammoniumacetat-Ammoniumfluorid-Lösung (2) zugesetzt. Nach einminütigem Schütteln und Absitzenlassen wird die wäßrige Phase in ein 250 ml breites Becherglas abgelassen. Die organische Phase wird noch zweimal mit je 10 ml Ammoniumacetat-Ammoniumfluorid extrahiert. Die vereinigten wäßrigen Auszüge werden mit Ammoniak auf p_H 7,60 $\pm$ 0,05 eingestellt (Glaselektrode) und danach in einen 150 ml Schütteltrichter überführt. Das Gesamtvolumen soll jetzt nicht mehr als 80 ml betragen.

Zur Extraktion des Urans mit Oxin werden 25,0 ml Oxin-Chloroform (1 g in 100 ml) zugesetzt und 1 min geschüttelt. Nach dem Absitzen wird die Chloroform-Phase durch ein trocknes Faltenfilter, 11 cm Durchmesser, in ein trocknes Becherglas filtriert. Die gelbe Lösung wird sofort photometriert (5,0 cm Küvette, 470 mμ). Als Vergleichslösung dient Oxin-Chloroform. Die Auswertung erfolgt mit Hilfe einer Eichkurve.

Für die Aufstellung der Eichkurve werden wäßrige Lösungen mit steigenden Mengen Uran 0,2 – 2,0 mg (hergestellt aus U_3O_8) genau nach obiger Vorschrift behandelt und photometriert.

Bemerkungen. 1. Die Methode ist unempfindlich gegen Gehalte des Probematerials an Phosphorsäure, Vanadin, Molybdän, Titan und Zirkon.

2. Der p_H-Wert der Ammoniumacetat-Ammoniumfluorid-Lösung muß sehr sorgfältig eingestellt werden; Abweichungen von 0,1 p_H verschlechtern bereits die Extrahierbarkeit des Urans beträchtlich.

Literatur. Manual of Analytical Methods for the Determination of Uranium and Thorium in Their Ores, US Atomic Energy Commission, Washington Method Nr. 5.

2. Fluorimetrische Bestimmung des Urans

Grundlage. Nach Aufschluß des Erzes mit Fluß-, Salpeter- und Schwefelsäure und Extrahieren mit Essigsäureäthylester wird das Uran fluorimetrisch bestimmt.

Anwendungsbereich und Bedeutung. Das Verfahren ermöglicht eine sehr schnelle Bestimmung kleiner und kleinster Urangehalte (0,001 – 0,4% U_3O_8) in beliebigen Produkten. Es ist gegen Störungen durch Partner weitgehend unempfindlich.

Genauigkeit. $\pm$ 5%.

Dauer: 8 Bestimmungen können in 90 min ausgeführt werden, wenn das Uran in löslicher Form vorliegt. Ein gegebenenfalls notwendiger Aufschluß benötigt je nach der erforderlichen Einwaage 1 bis 2 Std. zusätzlich.

Sonder-Reagenzien. 1. Aluminiumnitratlösung 910 g $Al(NO_3)_3 \cdot 9\,H_2O$ + 460 ml H_2O. Lösen durch Erwärmen beschleunigen; falls trüb, filtrieren.

2. Natriumfluoridtabletten mit 2% Lithiumfluorid
Lieferant: Jarrell-Ash Comp., USA
Für die Selbstherstellung der Tabletten werden 98% NaF p. a. mit 2% Lithiumfluorid, optisch rein, sorgfältig gemischt (8 Std. in sonst leerer Kugelmühle laufen lassen). Mit einer einfachen Tablettenpresse werden Tabletten von 10 mm Durchmesser und ungefähr 0,4 g Gewicht gepreßt.

3. Uran-Standard-Lösung, 10 mg/U_3O_8/l
Zum Lösen verwende man 200 ml Salpetersäure (1 + 1) für 10 mg U_3O_8.

Sonder-Geräte. 1. Präparategläser 40 ml Inhalt, 110 mm lang, 24 mm Durchmesser, mit Bakelit-Verschraubung und Weich-PVC-Dichtung (weiß, 2 mm dick). Die Gläser dienen als Schüttelzylinder.

2. Platinschälchen mit schräger Wand, oberer Durchmesser 17 mm, unterer Durchmesser 10 mm, Höhe 4 mm, Platin chem. rein, 0,35 mm stark.

3. Modifizierter Fletcher-Brenner.

4. Fluorimeter (z. B. Galvanik-Morrison Fluorometer der Jarrell-Ash Comp., USA).

Ausführung. In eine Platinschale werden bei einem Gehalt von

$$0{,}001 - 0{,}025\,\%\ U_3O_8 = 4{,}00\ g$$
$$0{,}026 - 0{,}050\,\%\ U_3O_8 = 2{,}00\ g$$
$$0{,}051 - 0{,}20\ \%\ U_3O_8 = 1{,}00\ g$$
$$0{,}21 - 0{,}40\ \%\ U_3O_8 = 0{,}50\ g$$

der Analysenprobe eingewogen, mit 5 ml Salpetersäure (1,4) und 30 ml Flußsäure versetzt und auf dem Sandbad zur Trockne eingedampft. Nach dem Abkühlen wird die Schalenwandung mit 2 ml Schwefelsäure (1,84) abgespült und nochmals bis zur Trockne abgeraucht.

Den Abrauchrückstand nimmt man mit 20 ml Salpetersäure (1 + 1) auf und löst ihn durch Erwärmen auf etwa 80 °C.

Die Lösung wird in einen 100 ml-Meßkolben überführt und nach dem Erkalten des Kolbeninhalts mit Wasser zur Marke aufgefüllt.

Für die Extraktion füllt man in ein Präparateglas mit Hilfe einer Kipp-Pipette 15 ml Aluminiumnitratlösung (1) und pipettiert dazu aus dem 100 ml-Meßkolben:

bei 2 — 4 g Einwaage 2,00 ml
bei 0,5 — 1 g Einwaage 1,00 ml der Untersuchungslösung

In ein weiteres Präparateglas, in das ebenfalls 15 ml Aluminiumnitratlösung gegeben werden, pipettiert man 1,00 ml Uran-Standard-Lösung (3) (1 ml = 10 μg U_3O_8), sorgt für eine gute Vermischung der beiden Lösungen und gibt in jedes der beiden Gläser 10,0 ml Essigsäureäthylester. Diese werden, nachdem man die Deckel fest aufgeschraubt hat, 2 min geschüttelt (Schüttelmaschine).

Von der organischen Phase jedes Präparategläschens pipettiert man mit einer graduierten 0,2 ml-Pipette zweimal 0,1 ml auf je 1 Tablette im Platinschälchen. 4 Schälchen sind für Standard-Proben vorzusehen, wobei ebenfalls auf jede Tablette 0,1 ml der organischen Phase pipettiert wird.

Nach dem Trocknen der Tabletten unter einem Oberflächenerhitzer werden die Schälchen dicht nebeneinander auf das Drahtnetz eines Fletcher-Brenners gestellt und zum Schmelzen erhitzt. Hierfür verfährt man folgendermaßen: Man öffnet das Gasventil und zündet sofort das Gas an; darauf öffnet man langsam den Hahn der Preßluftleitung bis zur Bildung kleiner blauer Flämmchen auf der Brenneroberfläche. Mit dem Gasventil reguliert man dann die Temperatur auf 1000°. Nach 2 min Erhitzungsdauer, in der die Tabletten eine klare Schmelze ergeben, vermindert man die Temperatur auf 950°, was man durch ein geringes weiteres Öffnen des Gashahnes erreicht.

Für die Temperaturkontrolle benutzt man ein PtRh-Pt-Thermoelement, dessen nackte Lötstelle in einem in der Mitte aufgestellten leeren Platinschälchen ruht.

Wenn die Fluoridschmelzen erstarrt sind, nimmt man das Drahtnetz mit den Platinschälchen vom Brenner und läßt sie in der Nähe des Meßinstrumentes erkalten. Nach 15 min wird die Fluoreszenz der „Schmelzknöpfe" gemessen.

Der Reagenzien-Blindwert wird täglich in 2 Parallelbestimmungen kontrolliert. Der Fluoreszenzwert aller Chemikalien darf nicht größer als 0,04 sein; Parallelbestimmungen sollen auf 0,01 übereinstimmen.

Auswertung. Die Berechnung des U_3O_8-Gehaltes geschieht aus den gemessenen Fluoreszenzwerten (Flw) von Probe (Flw_P) und Blindansatz (Flw_B) nach den folgenden Gleichungen:

$$\mu g\, U_3O_8 = (Flw_P - Flw_B) \cdot F\,1$$

Der Eichfaktor $F\,1$, der die wechselnde Empfindlichkeit des Verfahrens berücksichtigt, ist bei jeder Schmelzserie neu zu bestimmen. Es laufen dafür jeweils 4 Standardproben mit, deren Fluoreszenzwerte gemittelt und als Flw_S in folgende Gleichung eingesetzt werden:

$$F\,1 = \frac{10}{Flw_S - Flw_B}$$

Bei der Berechnung des Prozentgehaltes ist noch den unterschiedlichen Einwaagen und Verdünnungsverhältnissen Rechnung zu tragen, was durch den Faktor $F\,2$ geschieht, dessen Werte der folgenden Tabelle zu entnehmen sind:

$$\%\ \text{Gehalt}\ U_3O_8 = \mu g\, U_3O_8 \cdot F\,2$$

Tabelle für Faktor F 2

Einwaage	Von 100 ml wäßriger Lösung extrahiert:	Faktor $F\,2$
4,00 g	2,0 ml	0,00125
2,00 g	2,0 ml	0,0025
1,00 g	1,0 ml	0,010
0,50 g	1,0 ml	0,010

Bemerkungen. 1. Durch die Extraktion verbleiben alle Partner, die selbst fluoreszieren oder die Fluoreszenz beeinflussen, in der wäßrigen Phase.

2. Die gewählten Bedingungen bewirken, daß die Extraktion bereits beim ersten Ausschütteln praktisch quantitativ verläuft. Die Mengen Uran, die dabei noch in der wäßrigen Phase verbleiben, können vernachlässigt werden.

3. Neue Platinschälchen müssen vor dem ersten Gebrauch mit einer Mischung von gleichen Teilen Salpetersäure (1,40) und Schwefelsäure (1,84) ausgekocht und gut mit Wasser gespült werden.

4. Natriumfluorid, Lithiumfluorid, Essigsäureäthylester und Aluminiumnitrat haben nicht immer die hier erforderliche Reinheit. Der in einem vollen Analysengang festzustellende Fluoreszenzblindwert liegt normalerweise zwischen 0,02 und 0,03.

5. Die außerordentliche Empfindlichkeit der Fluoreszenz macht es notwendig, auch dann mit sehr kleinen Einwaagen zu arbeiten, wenn größere Uranmengen zur Verfügung stehen. Dies zwingt aber zu äußerster Sauberkeit, d. h. nicht nur gründliche Reinigung der Gefäße und Geräte, sondern auch Vermeiden jeder Verunreinigung von Analysensubstanz und Reagenzien.

Literatur. CENTANNI, F. A., A. M. ROSS, M. A. DESESA: Analytic. Chem. Bd. 28 (1956) S. 1651 bis 1657.

Allgemeine Literatur. Methoden zur Bestimmung des Urans können in Bd. I Schiedsverfahren nachgesehen werden.

II. Die Untersuchung einiger Uranverbindungen

1. Das U(VI)-oxyd (UO_3)

Dieses Oxyd, das ein orangegelbes oder ziegelrotes Pulver darstellt, wird durch vorsichtiges Erhitzen von Uranylnitrat, Ammoniumuranylcarbonat oder Ammoniumdiuranat erhalten.

a) Schnellbestimmung des Urangehaltes

Grundlage. Der Urangehalt kann aus dem Sauerstoffverlust beim Glühen des U(VI)-oxyds zu U_3O_8 berechnet werden.

Anwendungsbereich und Bedeutung. Das Verfahren dient zur Betriebsprüfung auf Reinheit oder Zusammensetzung des UO_3.

Genauigkeit. 3.

Dauer. 1 Std.

Ausführung. 0,5 g UO_3 werden in einem Porzellantiegel bis zur Gewichtskonstanz geglüht. Anschließend wird das U_3O_8 gewogen.

Der Gewichtsverlust tritt nach der Umsetzung ein:

$$6\,UO_3 = 2\,U_3O_8 + O_2; \quad \text{Gewichtsverlust} \cdot 44{,}64 = U$$

Fehlerquellen. Befunde über 100% lassen darauf schließen, daß der Glühverlust nicht nur auf Sauerstoff zurückzuführen ist, sondern daß auch Feuchtigkeit, chemisch gebundenes Wasser, Stickoxyde, herrührend von Nitraten, sowie gegebenenfalls Reste von Ammoniak sich verflüchtigt haben. Weitere Fehlerquellen sind metallische Verunreinigungen, die beim Glühen in Oxyde anderer Zusammensetzung übergehen.

Literatur. Verfahren eines Betriebes.

b) Exakte Bestimmung des Urangehaltes

Grundlage. Nach Abtrennung störender Verunreinigungen (z. B. Eisen) durch Extraktion mit Kupferron wird das Uran nach Reduktion zu Uran(IV) maßanalytisch mit $K_2Cr_2O_7$-Lösung bestimmt.

Die Bestimmung verläuft im wesentlichen nach den folgenden Gleichungen:

1. U(VI) + Cu(II) + Ti(III) = U(IV) + Cu + Ti(IV)
2. Cu + 2 Hg(II) = Cu(II) + 2 Hg(I)
3. U(IV) + 2 Fe(III) = U(VI) + 2 Fe(II)
4. 3 Fe(II) + Cr(VI) = 3 Fe(III) + Cr(III)

Anwendungsbereich und Bedeutung. Das Verfahren eignet sich zur exakten Uranbestimmung in allen Uranoxyden, Urancarbiden, Alkaliuranaten u. a. Uransalzen.

Genauigkeit. 1.

Dauer. 6 Std.

Ausführung. Etwa 2,5 g UO_3 werden in 40 ml Salpetersäure (1 + 1) gelöst. Die Lösung wird 5 min lang gekocht, dann abgekühlt und mit 50 ml Schwefelsäure (1 + 1) versetzt. Anschließend dampft man bis zum Rauchen der Schwefelsäure ein. Nach dem Abkühlen fügt man vorsichtig 100 ml Wasser hinzu, erwärmt die Lösung, bis sich das Uranylsulfat gelöst hat, überführt die Lösung unter Filtration in einen 250 ml-Meßkolben und füllt bis zur Marke auf. Von dieser Lösung werden 25 ml in einen 1 l fassenden Scheidetrichter abpipettiert, mit 18 ml Schwefelsäure (1 + 1) und anschließend mit 50 ml Wasser versetzt. Nach dem Abkühlen auf Zimmertemperatur setzt man 50 ml Chloroform und 30 ml kalte Kupferronlösung (8 g/100 ml) hinzu und schüttelt 3 min gut durch. Nach Trennung der Phasen wird die Chloroformschicht sorgfältig abgelassen und die wäßrige Lösung erneut mit 50 ml Chloroform und 30 ml Kupferronlösung (8 g/100 ml) versetzt und geschüttelt. Ist die Chloroformphase jetzt noch gefärbt, so wiederholt man die Extraktion noch ein drittes Mal. Die wäßrige Lösung wird in einen 500 ml-Erlenmeyer-Kolben übergeführt und auf ein Volumen von etwa 35 ml eingedampft. Anschließend fügt man 35 ml Salpetersäure hinzu, dampft die Lösung zur Zerstörung des Kupferrons bis zum Rauchen der Schwefelsäure ein, kühlt ab, setzt zur Oxydation von etwa vorhandenem Uran(IV) 15 Tropfen gesättigte Kaliumpermanganatlösung hinzu und dampft die Lösung erneut bis zur kräftigen Schwefeltrioxydentwicklung ein. Nach dem Abkühlen gibt man 30 ml Wasser und zur Zerstörung des Permanganats noch 1 bis 2 Tropfen 30proz. Wasserstoffperoxyd hinzu und kocht 15 min lang. Nach erneutem Abkühlen gibt man zur Lösung 2 ml Kupfersulfatlösung (50 g/l) hinzu und fügt zur Reduktion des 6wertigen Urans aus einer Pipette so viel etwa frisch bereitete Titan(III)-sulfatlösung (hergestellt durch Auflösung von 5 g reinstem Titanhydrid in 200 ml Schwefelsäure (1 + 9) hinzu, bis eine deutliche Dunkelfärbung der Lösung (Ausscheidung von feinverteiltem Kupfer) eintritt. Man gibt noch 10% der verbrauchten Menge Titanlösung als Überschuß hinzu und versetzt die Lösung ohne Verzögerung nacheinander mit 10 ml Quecksilber(II)-perchloratlösung (8 g/100 ml), 15 ml Eisen(III)-sulfatlösung (200 g/l), 15 ml Phosphorsäure-Schwefelsäure-Mischung (74 ml 85proz. Orthophosphorsäure und 26 ml Schwefelsäure, 1,84) und 3 ml Na-Diphenylaminsulfat-Indicatorlösung (0,12 g/100 ml). Anschließend titriert man mit einer n/5 schwefelsauren n/40-Kaliumchromatlösung bis zum Umschlag von Graugrün nach Blau.

1 ml n/40-Kaliumchromatlösung entsprechen 2,961 mg Uran.

Fehlerquellen. Enthält die Probe viel Wolfram oder Molybdän, so können Überwerte auftreten.

Literatur. Abgeändertes Verfahren von J. S. Wahlberg, D. L. Skinner u. L. F. Rader: Pittsburgh Conference on Analytical Chemistry and Applied Spektroscopy, Februar 1956. — Guest, R. J., u. C. R. Lalonde: Radioactivity Division, Topical Report Nr. TR-135/56, Oktober 1956.

c) Die Bestimmung des Wassers

Man wägt 1 g in ein Porzellanschälchen ein, bringt dieses in das Rohr eines Röhrenofens, erhitzt bis zur dunklen Rotglut und fängt das entweichende Wasser in einem mit Phosphorpentoxyd beschickten, gewogenen U-Rohr auf. Gewichtszunahme = Wassergehalt.

d) Die Bestimmung des Ammoniaks

Die Bestimmung wird in bekannter Weise nach Kjeldahl vorgenommen, nachdem man 1 bis 5 g Oxyd in Säure gelöst und mit Natronlauge bzw. einer anderen starken Base erhitzt hat. Die Bestimmung des Ammoniaks kann anschließend maßanalytisch oder photometrisch nach bekannten Methoden erfolgen.

2. Die Untersuchung des U_3O_8

a) Exakte Bestimmung des Urangehaltes

Siehe Abschnitt II, 1b.

b) Die Bestimmung des Wassers

Siehe Abschnitt II, 1c.

c) Die Bestimmung des Ammoniaks

Siehe Abschnitt II, 1d.

3. Die Untersuchung des UO_2

a) Schnellbestimmung des Urangehaltes

Grundlage. Der Urangehalt kann aus der Sauerstoffzunahme beim Glühen des Urandioxyds zu U_3O_8 berechnet werden.

Anwendungsbereich und Bedeutung. Das Verfahren dient zur Betriebsprüfung auf Zusammensetzung des UO_2.

Genauigkeit. 3.

Dauer. 1 Std.

Ausführung. 0,5 g UO_2 werden in einem gewogenen Porzellantiegel im Tiegelofen bis zur Gewichtskonstanz geglüht. Die Gewichtszunahme tritt nach der Umsetzung ein:

$$3\,UO_2 + O_2 = U_3O_8$$

$$\frac{\text{Auswaage} \cdot 0{,}8480 \cdot 100}{\text{Einwaage}} = \%\ \text{Uran}$$

Fehlerquellen. Siehe Abschnitt II, 1a.

b) Exakte Bestimmung des Urangehaltes

Siehe Abschnitt II, 1b.

4. Die Untersuchung von Uranchloriden

Uran(IV)-chlorid wird durch Glühen von U_3O_8 mit Kohle im Chlorstrom oder in einem mit Dischwefeldichlorid gesättigten Chlorstrom hergestellt. Das Salz besteht aus grünen Oktaedern und sublimiert als roter Dampf. Es ist stark hygroskopisch. Uran(III)-chlorid wird hergestellt durch Reduktion von Uran(IV)-chlorid mit reinem Wasserstoff. Es bildet dunkelrote, sehr hygroskopische Nadeln, deren Lösung in Wasser sich bald unter Wasserstoffentwicklung und Bildung von Uran(IV) grün färbt.

a) Schnellbestimmung des Urangehaltes

Grundlage. Das Uran(IV)-chlorid wird mit Wasser gelöst und nach Oxydation mit Ammoniak als Ammoniumdiuranat gefällt und als U_3O_8 bestimmt.

Anwendungsbereich und Bedeutung. Das Verfahren kommt zur Anwendung bei der Untersuchung von Uran(III)-, Uran(IV)- und Uran(V)-chlorid.

Genauigkeit. 2.

Dauer. $2^1/_2$ Std.

Ausführung. Man wägt 0,3 g des Chlorids rasch in ein Wägeglas ab, löst die Einwaage in 50 ml Wasser, erhitzt die Lösung nach Zugabe von 5 ml Salpetersäure (1,40) zum Sieden und fällt das Uran bald danach mit Ammoniak. Der Niederschlag wird abfiltriert, mit Ammoniumnitratlösung (10 g/l) ausgewaschen und anschließend zu U_3O_8 verglüht.

Literatur. Verfahren eines Betriebes.

b) Gesamtanalyse des Uranchlorids

Grundlage. Das Uran wird nach Oxydation und Abtrennung störender Verunreinigungen und anschließender Reduktion maßanalytisch mit Kaliumchromatlösung bestimmt.

Die Chloridbestimmung wird in einer zweiten Einwaage entweder nach Fällung des Urans im Filtrat oder aber bei Gegenwart des Urans nach Oxydation desselben mit Wasserstoffperoxyd ausgeführt.

Genauigkeit. 1.

Dauer. 6 Std.

Ausführung. 0,3 bis 0,4 g des Chlorids werden in einem 200 ml-Becherglas in 50 ml Wasser gelöst. Die Lösung wird mit 25 ml Schwefelsäure (1 + 1) versetzt und anschließend bis zum Rauchen der Schwefelsäure eingedampft. Nach dem

Abkühlen auf Zimmertemperatur setzt man 50 ml Wasser hinzu, kühlt wieder ab, gibt 50 ml Chloroform, anschließend 30 ml kalte Kupferronlösung (8 g/100 ml) hinzu und schüttelt 3 min von Hand gut durch. Nach Trennung der Phasen wird die Chloroformschicht abgelassen und die wäßrige Lösung erneut mit 50 ml Chloroform, dann mit 30 ml Kupferronlösung versetzt und geschüttelt. Weiterbehandlung, wie unter Abschnitt II, 1b, beschrieben.

Die Bestimmung des Chlorids

0,1 bis 0,2 g des Uranchlorids werden mit 70 bis 100 ml Wasser unter Zusatz von 3 ml Salpetersäure (1,40) gelöst. Danach gibt man so viel 3proz. Wasserstoffperoxyd hinzu, bis die grüne Farbe verschwindet. Das Chlorid kann anschließend nach VOLHARD-WOLF oder direkt unter Verwendung eines geeigneten Elektrodenpaares potentiometrisch mit Silbernitratlösung bestimmt werden.

5. Die Untersuchung von Urantetrafluorid

Urantetrafluorid wird durch Umsatz von UO_2 mit wasserfreier Flußsäure nach der Gleichung:

$$UO_2 + 4HF = UF_4 + 2H_2O$$

bei erhöhter Temperatur hergestellt. Es kann ebenfalls aus 4wertigen Uranlösungen mit wäßriger Flußsäure als feines Pulver gewonnen werden.

Gesamtanalyse des Urantetrafluorids

Grundlage. Zur Charakterisierung des UF_4 ist neben der Bestimmung des Gesamturan- und Fluoridgehaltes auch der Gehalt an UO_2 bzw. UO_2F_2 wichtig. Die Bestimmung des Urans und des Fluors wird in einem Arbeitsgang durch Pyrohydrolyse nach der Gleichung:

$$3UF_4 + 8H_2O = U_3O_8 + 12HF + 2H_2$$

durchgeführt, wobei die Säure maßanalytisch und das Uran im Rückstand in Form von U_3O_8 gewichtsanalytisch bestimmt wird. Der UO_2-Gehalt wird nach Auflösen des UF_4 in Aluminiumsulfatlösung, wobei das UO_2 ungelöst bleibt, bestimmt. UO_2F_2 wird durch Extraktion mit absolutem Methanol vom UF_4 abgetrennt und anschließend bestimmt.

Genauigkeit. 2.

Dauer. 10 Std.

a) Die Bestimmung des Uran- und Fluoridgehaltes

Ausführung. 0,3 bis 0,4 g UF_4 werden in einem gewogenen Platinschiffchen in einem Röhrenofen in einem Platinrohr, dessen Ende mit einem Messingkühler versehen ist und in eine mit 50 ml Wasser beschickte Silber- oder Platinvorlage eintaucht, 15 min in einem Strom von überhitztem Wasserdampf bei 1000° erhitzt. Nach 15 min wechselt man die Vorlage und erhitzt noch weitere 5 min. Beide Vorlagen werden mit n/10-Natronlauge (Indicator Phenolphthalein) titriert.

$$\frac{\text{Verbrauchte ml} \cdot 0{,}0019 \cdot 100}{\text{g Einwaage}} = \%\ \text{Fluor}$$

Fehlerquellen. Da das UF_4 in sehr reiner Form erhalten wird, sind Fehler in der Uran- und Fluoridbestimmung durch Fremdverunreinigungen im allgemeinen nicht zu befürchten. Bei der Bestimmung des Fluors treten dann Fehler auf, wenn die Hydrolyse nicht lange genug oder bei nicht ausreichender Temperatur durchgeführt wurde. Gleichzeitig treten in diesem Falle bei der Bestimmung des Urans Überwerte auf.

Zur Bestimmung des Urans kühlt man das Platinschiffchen im Exsiccator ab und wägt.

$$\frac{\text{Auswaage} \cdot 0{,}8480 \cdot 100}{\text{g Einwaage}} = \% \text{ Uran}$$

Literatur. Rodden, C. J.: Anal. Chem. of the Manhattan Project; National Nuclear Energy Series, Division 8, Vol. 1. New York: McGraw-Hill Book Comp. Inc. 1950.

b) Die Bestimmung des UO_2-Gehaltes

Ausführung. 1 g UF_4 wird mit 60 ml kalt gesättigter Aluminiumsulfatlösung etwa 1 Std. lang am Rückflußkühler unter häufigem Umschütteln erwärmt. Hierbei geht alles UF_4 in Lösung, während UO_2 zurückbleibt. Der Rückstand wird abfiltriert und mit warmem Wasser gut ausgewaschen (SO_4-frei) und in einem gewogenen Platintiegel zu U_3O_8 verglüht.

$$\frac{\text{Auswaage} \cdot 0{,}962 \cdot 100}{\text{g Einwaage}} = \% \ UO_2$$

Literatur. Methode eines Betriebes.

c) Die Bestimmung des Oxyfluoridgehaltes

Ausführung. 5 g gepulvertes UF_4 werden in einem Rundkolben mit 20 ml absolutem Methanol versetzt und am Rückflußkühler bei 55° (Wasserbad) 1 Std. lang unter häufigem Umschütteln erhitzt. Die Lösung wird abgekühlt und dann zentrifugiert. Die Extinktion der Lösung wird bei 420 mμ gemessen.

Vergleichsküvette: Methanol.

Die Eichkurve wird mit reinem UF_4, das mit wechselnden Mengen festem Oxyfluorid versetzt wird, in der beschriebenen Weise aufgestellt.

Fehlerquellen. Bei Verwendung von wasserhaltigem Methanol werden Überwerte erhalten, da etwas UF_4 in Lösung geht.

Literatur. Eberle, A. R., u. C. J. Rodden: Report A. 1018, Sec., 20. November 1943. — Rodden, C. J.: Anal. Chem. of the Manhattan Project; National Nuclear Energy Series, Division 8, Vol. 1. New York: McGraw-Hill Book Comp. Inc. 1950.

III. Die Untersuchung des Uranmetalls

1. Die gasvolumetrische Bestimmung des Urans

Grundlage. Das Metall wird in Salzsäure gelöst und das Volumen des entwickelten Wasserstoffs in einer Gasbürette gemessen. Enthält das Uranmetall Eisen, so muß dessen Menge in einer besonderen Bestimmung ermittelt und eine dem Eisen entsprechende Wasserstoffmenge in Abzug gebracht werden.

Anwendungsbereich und Bedeutung. Diese gasvolumetrische Bestimmung gibt unmittelbar den Metallgehalt an, sofern sich die Metalle unter Wasserstoffentwicklung lösen lassen. Gegebenenfalls müssen Fehlerkorrekturen vorgenommen werden.

Genauigkeit. 1.

Dauer. Etwa 3 Std. (ohne Fehlerkorrektur).

Ausführung. 4 g Metallpulver oder -späne werden in einem Entwicklungskolben mit 90 ml Salzsäure (1 + 1) gelöst.

Einzelheiten s. bei der Untersuchung des Thoriummetalls.

$$\text{gef. ml Gas (Normalbedingung)} \cdot 5{,}31 = \text{mg Uranmetall}$$

Fehlerquellen. Das Uranmetall stellt ein Isotopengemisch aus drei gleich geladenen, aber verschieden schweren Atomen bzw. Atomkernen mit den Masseneinheiten 238, 235 und 234 dar. Das Mischungsverhältnis beträgt in dieser Reihenfolge $1 : \frac{1}{139} : \frac{1}{17000}$.

Der Gehalt an dem Isotop 234 ist zu vernachlässigen. Der Gehalt an dem Isotop 235 könnte sich jedoch bei der gasvolumetrischen Bestimmung schon bemerkbar machen. Nach der Formel: gefundene ml Gas (Normalbedingungen) mal 5,31 werden z. B. theoretisch bei

90% Metall um 0,008%, bei
80% Metall um 0,007% und bei
70% Metall um 0,006% zu hohe Werte erhalten.

Ist Hydrid vorhanden, so ergibt sich gleichfalls ein zu hoher Befund. Deshalb muß das Volumen des Hydridwasserstoffs in einer besonderen Probe durch Verbrennen im Sauerstoffstrom festgestellt und in Abzug gebracht werden. Auf die Korrektur infolge Eisengehaltes wurde bereits verwiesen. Weitere Fehlermöglichkeiten: Anwesenheit metallischer Verunreinigungen, die in Salzsäure löslich sind.

Literatur. THILENIUS, R.: Z. analyt. Chem. Bd. 122 (1941) S. 385.

2. Die Bestimmung des Gesamturangehaltes

Grundlage. Nach Auflösen des Metalls in Salpetersäure und Abtrennung der Verunreinigungen wird das Uran mit Titan(III)-lösung zu Uran(IV) reduziert und mit Kaliumchromat volumetrisch bestimmt.

Ausführung. 1 g Uranmetall wird mit 10 ml Salpetersäure (1,2) gelöst. Von dieser Lösung werden nach dem Auffüllen auf 100 ml 25 ml abgenommen, mit 25 ml Schwefelsäure (1 + 1) versetzt und bis zum Rauchen der Schwefelsäure eingedampft. Nach dem Abkühlen auf Zimmertemperatur setzt man 50 ml Wasser hinzu, kühlt wieder ab, gibt 50 ml Chloroform, anschließend 30 ml kalte Kupferronlösung (8 g/100 ml) hinzu und schüttelt 3 min gut durch. Nach Trennung der Phasen wird die Chloroformschicht abgelassen und die wäßrige Lösung erneut mit 50 ml Chloroform, dann mit 30 ml Kupferronlösung versetzt und geschüttelt. Weiterbehandlung wie unter Abschnitt II, 1b, beschrieben.

3. Die Bestimmung des Eisens (für größere Mengen Fe)

Man löst 2 g Uranmetall in einem ERLENMEYER-Kolben mit 50 ml Salzsäure (1 + 1) und 5 ml Salpetersäure (1,40) und filtriert die Lösung. Das Filtrat wird mit Ammoniak neutralisiert und nach Zugeben von 2 g Ammoniumcarbonat tropfenweise mit Ammoniumsulfidlösung versetzt. Das ausgeschiedene Eisensulfid filtriert man ab, wäscht es mit ammoniumsulfidhaltiger Ammoniumcarbonatlösung (1 + 1) aus, löst es mit Salpetersäure und fällt aus der Lösung das Eisen als Hydroxyd. Man glüht und wägt es als Fe_2O_3 aus.

4. Die Bestimmung kleiner Mengen Eisen

Grundlage. Das Eisen wird nach Auflösen des Uranmetalls bei Gegenwart von Ammoniumacetat nach Reduktion mit o-Phenanthrolin photometrisch bestimmt.

Genauigkeit. 2.

Dauer. $1^1/_2$ Std.

Ausführung. 1 g Uranmetall wird mit 10 ml Salpetersäure (1,2) gelöst. Die Lösung wird bis zur Kristallisation des Uranylnitrats eingedampft, der Rückstand mit 10 ml Wasser aufgenommen und die Lösung mit 3 ml Ammoniak (0,91) versetzt. Anschließend löst man den Niederschlag durch Zugabe von konz. Essigsäure eben wieder auf und gibt 2 ml Essigsäure (1 + 9) im Überschuß hinzu. Der p_H-Wert soll danach etwa 4,5 betragen. Die Lösung wird anschließend mit 0,5 ml Hydroxylaminhydrochloridlösung (350 g/l) und 2 ml o-Phenanthrolinlösung (0,1 g/100 ml) versetzt. Die Lösung wird in ein 25 ml-Meßkölbchen übergeführt, mit Wasser zur Marke aufgefüllt und die Extinktion nach 40 min bei 530 mμ gemessen. Die Eichkurve wird unter Verwendung von reinem Uranmetall bzw. U_3O_8 unter gleichen Bedingungen aufgestellt.

Literatur. Verfahren eines Betriebes.

5. Die Bestimmung kleiner Mengen Chrom

Grundlage. Das Chrom wird nach Auflösen des Uranmetalls und Oxydation zu Cr(VI) mit Diphenylcarbacid photometrisch bestimmt.

Genauigkeit. 2.

Dauer. 2 Std.

Ausführung. 2 g Uranmetall werden mit 15 ml Salpetersäure (1,2) gelöst. Die Lösung wird mit 1,5 ml Schwefelsäure (1,84) versetzt und bis zum Rauchen der Schwefelsäure eingedampft. Der Rückstand wird mit 10 ml Wasser aufgenommen, in ein 25 ml-Meßkölbchen übergeführt und zur Marke aufgefüllt. Von dieser Lösung nimmt man je 10 ml ab. (Lösung A und Lösung B.) Lösung A wird mit wenigen Tropfen 0,1 molare Kaliumpermanganatlösung versetzt und 5 min gekocht. Anschließend entfärbt man die Lösung durch vorsichtige Zugabe von Natriumazid, kocht danach noch 2 min, kühlt ab, setzt dann 1 ml Diphenylcarbacidlösung hinzu (0,5 g Diphenylcarbacid in 50 ml Aceton), überführt in einen 25 ml-Meßkolben und füllt zur Marke auf.

Lösung B wird mit 1 ml Diphenylcarbacidlösung versetzt und ebenfalls auf 25 ml aufgefüllt. Man mißt die Lösung A gegen die Lösung B bei 530 mμ. Die Eichkurve wird unter gleichen Bedingungen mit reinem Uranmetall bzw. U_3O_8 und bekannten Mengen Cr(III) unter gleichen Bedingungen aufgestellt.

Bemerkung. Bei sehr geringen Chromgehalten ist es zweckmäßig, die Oxydation des Chrom(III) zum Chrom(VI) mit Ce(VI) vorzunehmen, da dessen Überschuß bei Zimmertemperatur mit Natriumacid reduziert werden kann. Ein thermischer Chromatabbau und damit ein Minderbefund, der beim Verkochen des überschüssigen Permanganats mit Natriumacid in geringem Umfang eintreten kann, wird hierbei vermieden.

Literatur. Verfahren eines Betriebes.

6. Die Bestimmung kleiner Mengen Nickel

Grundlage. Nickel wird als Ni-Diacetyldioxim mit Chloroform vom Uran durch Extraktion abgetrennt und anschließend photometrisch bestimmt. In der gleichen Probe wird Kupfer nach Zusatz von Natriumdiäthyldithiocarbaminat und Extraktion mit Kohlenstofftetrachlorid photometrisch bestimmt.

Ausführung. 1 g Uranmetall wird mit 10 ml Salpetersäure (1,2) gelöst. Die Lösung wird zur Trockne eingedampft, mit 10 ml Wasser aufgenommen, mit 1 g Weinsäure versetzt und mit Ammoniak auf p_H 8 gebracht. Anschließend überführt man die Lösung in einen Scheidetrichter, gibt 5 ml Diacetyldioximlösung (1 g/100 ml Äthanol) hinzu und extrahiert 3mal mit je 10 bis 15 ml Chloroform. Die Chloroformanteile werden vereinigt und 2mal mit je 10 ml n/2-Ammoniaklösung geschüttelt. Die n/2-Ammoniaklösung wird zur wäßrigen, uranhaltigen Lösung hinzugefügt und die Lösung zur Kupferbestimmung beiseite gestellt. Die Chloroformphase wird vorsichtig zur Trockne eingedampft, der Rückstand mit wenigen Tropfen Salzsäure und Salpetersäure versetzt und erneut zur Trockne eingedampft. Anschließend nimmt man mit 10 ml n/5-Salzsäure auf, fügt 10 Tropfen gesättigtes Bromwasser hinzu, entfärbt das Brom durch tropfenweise Zugabe von Ammoniak (0,91), gibt 1 ml Ammoniak im Überschuß hinzu und fügt 1 ml Diacetyldioximlösung (1 g/100 ml Äthanol) hinzu. Nach dem Auffüllen auf 25 ml mißt man die Extinktion bei 420 mμ. Den Gehalt an Nickel entnimmt man einer Eichkurve, die unter gleichen Bedingungen aufgestellt wurde.

Literatur. Verfahren eines Betriebes.

7. Die Bestimmung des Kupfers

Die ammoniakalische, uranhaltige Lösung wird mit 2 ml Natriumdiäthyldithiocarbaminatlösung (0,1 g/100 ml) versetzt und mit je 5 ml Kohlenstofftetrachlorid so lange extrahiert, bis der letzte Extrakt farblos ist. Die Kohlenstofftetrachloridanteile werden vereinigt und mit Kohlenstofftetrachlorid auf 25 ml aufgefüllt. Man mißt die Extinktion bei 380 mμ und entnimmt den Kupfergehalt einer Eichkurve, die unter gleichen Bedingungen aufgestellt wurde.

Fehlerquellen. Enthält die Probe Wismut, so treten Überwerte auf.

8. Die Bestimmung kleiner Mengen Mangan

Grundlage. Das Mangan wird in salpetersaurer Lösung mit Kaliumperjodat zu Kaliumpermanganat oxydiert und als solches photometrisch bestimmt.

Genauigkeit. 2.

Dauer. 45 min.

Ausführung. 1 g Uranmetall wird mit 10 ml Salpetersäure (1 + 1) gelöst und die Lösung zur Trockne eingedampft. Der Rückstand wird mit 10 ml 3 n-Salpetersäure aufgenommen, die Lösung mit 0,25 g Kaliumperjodat versetzt und bis zum Auftreten der Permanganatfarbe gekocht. Anschließend erhitzt man noch 5 min nahe Siedetemperatur, kühlt dann rasch ab und füllt mit Wasser auf 25 ml auf. Die Extinktion wird bei 530 mμ gemessen und der Gehalt an Mangan einer Eichkurve entnommen, die unter gleichen Bedingungen hergestellt wurde.

Literatur. Verfahren eines Betriebes.

9. Die Bestimmung des Cadmiums

Grundlage. Das Cadmium wird aus ammoniakalischer Lösung mit Dithizon vom Uran abgetrennt und anschließend als Cadmiumdithizonat photometrisch bestimmt.

Genauigkeit. 2.

Dauer. $1^1/_2$ Std.

Ausführung. 1 g Uranmetall wird mit 10 ml Salpetersäure (1 + 1) gelöst und die Lösung zur Trockne eingedampft. Der Rückstand wird mit 10 ml Wasser aufgenommen, die Lösung mit 1 g Weinsäure versetzt und mit Ammoniak auf p_H 9 gebracht. Nach Zugabe von 2 ml Ammoniak im Überschuß extrahiert man die Lösung mit je 5 ml Dithizonlösung (20 mg Dithizon/l Kohlenstofftetrachlorid), bis der letzte Extrakt grün gefärbt bleibt. Die organische Phase wird mit 20 ml Wasser gewaschen, dann mit 10 ml n/50-Salzsäure geschüttelt. (Das Cadmium wandert in die wäßrige Phase zurück.) Die wäßrige Lösung wird mit 10 ml Natronlauge (200 g/l) versetzt und mit Dithizonlösung so lange extrahiert, bis der letzte Extrakt farblos ist. Die Dithizonanteile werden vereinigt, durch ein trockenes Filter filtriert und mit Kohlenstofftetrachlorid auf 25 ml aufgefüllt. Man mißt die Extinktion bei 520 mμ und entnimmt den Cadmiumgehalt einer Eichkurve, die unter gleichen Bedingungen mit reinen Substanzen aufgestellt wurde. Es empfiehlt sich in jedem Falle, einen Blindwert der Reagenzien zu ermitteln.

Fehlerquellen. Bei Anwesenheit größerer Mengen Zink ($>$ 100 ppm) treten Überwerte auf. In diesem Falle muß man in stärker natronalkalischer Lösung arbeiten. Störungen durch andere mit Dithizon reagierende Elemente (bei Gehalten bis zu 500 ppm) treten unter der gegebenen Arbeitsbedingung nicht auf.

Bemerkung. Die Herstellung und Reinigung der Dithizonlösung ist im Kapitel Blei C. V. 2f) beschrieben.

Literatur. Verfahren eines Betriebes.

10. Die Bestimmung des Bors

a) Photometrische Bestimmung mit Carminsäure

Grundlage. Das Bor wird aus Schwefelsäure/Phosphorsäure durch Destillation als Borsäuremethylester vom Uran abgetrennt und anschließend photometrisch bestimmt.

Ausführung. 4 g Uranmetall werden in einem Quarztiegel zu U_3O_8 verglüht. Das Oxyd wird in einem Quarzdestillationskolben mit 7,5 ml Phosphorsäure (1,7) und 2,5 ml Schwefelsäure (1,84) gelöst. Anschließend gibt man 20 ml Methanol hinzu, schließt den Destillationskolben an einen Methanoldampferzeuger an und destilliert so lange, bis etwa 90 ml Methanol übergegangen sind. Das Destillat wird in einer mit 150 mg Calciumoxyd und 20 ml Wasser beschickten Quarzvorlage aufgefangen, anschließend vorsichtig zur Trockne eingedampft und der Calciumoxydrückstand geglüht. Der Rückstand wird in 10 ml Schwefelsäure (1,84) in der Hitze gelöst, die Lösung mit 10 ml Carminlösung (90 mg Carmin/l Schwefelsäure, 1,84) und mit Schwefelsäure auf 25 ml aufgefüllt. (Alles in Quarzgefäßen!) Die Extinktion der Lösung wird bei 585 mμ gegen eine Vergleichslösung, die wie folgt hergestellt wird, gemessen:

150 mg Calciumoxyd werden mit 10 ml Schwefelsäure (1,84) in der Hitze gelöst. Nach dem Abkühlen gibt man 10 ml Carminlösung hinzu und füllt mit Schwefelsäure (1,84) zur Marke auf. Der Gehalt an Bor wird einer Eichkurve entnommen, die zuvor mit reinen Substanzen unter gleichen Bedingungen aufgestellt wurde. Es empfiehlt sich in jedem Falle, den Blindwert der Reagenzien zu ermitteln.

Fehler. Die Abtrennung des Bors bleibt dann unvollständig, wenn die Destillationszeit nicht ausreichend lang genug gewählt wird.

Literatur. Verfahren eines Betriebes.

b) Photometrische Bestimmung mit Curcumin

Grundlage. Das Bor wird aus phosphorsaurer Lösung als Borsäuremethylester abdestilliert und als Curcumin-Farbkomplex photometrisch bestimmt.

Anwendungsbereich und Bedeutung. Das Verfahren ermöglicht die genaue Bestimmung der *B*-Spuren in *U*-Konzentraten und im U-Metall.

Genauigkeit. $\pm 10\%$ für 1 μg B.

Dauer. Eine Einzelbestimmung ist in etwa einem Arbeitstag ausführbar. In 2 Tagen können bis zu 5 Proben analysiert werden.

Reagenzien und Hilfsmittel. Curcuminreagenz: 20 g Oxalsäure und 100 mg Curcumin in 100 ml Äthylalkohol lösen, 15 min bedeckt auf dem Wasserbad stehenlassen, kühlen, filtrieren und in einer Polyäthylenflasche gut verschlossen aufbewahren.

Destillationsapparatur aus Quarz (Abb. 70).

Ausführung. 1,00 g Uranoxyd wird in einem 100 ml-Quarzbecherglas mit 10 ml H_3PO_4 gelöst, danach die Lösung eingeengt, bis keine Wassertropfen mehr an der Glaswandung zu erkennen sind. Nach Abkühlen auf Zimmertemperatur wird die Probe mit 25 ml Methanol in die trockene Destillationsapparatur gespült. Der sich bildende Borsäuremethylester wird auf einem siedenden Wasserbad unter Durchleiten von Luft abdestilliert (Dauer etwa 45 min).

Das Destillat (Ester und Methanol) wird in einem Quarzbecherglas, das 5 ml n/10 NaOH und 20 ml Wasser (bidest.) enthält, aufgefangen. Die Destillation wird mit 25 ml frischem Methanol unter Verwendung einer neuen Vorlage noch einmal wiederholt.

Beide Destillate werden getrennt auf einem Wasserbad (Siedetemperatur) weitgehend eingeengt, mit 10 ml Methanol/bidest. Wasser (1 + 1), in Quarzschälchen übergespült und darin wiederum auf einem Wasserbad zur Trockne gebracht. (Die getrennte Aufarbeitung der beiden Destillate ermöglicht die Kontrolle der Vollständigkeit der Abtrennung des Bors.) Der trockene, auf Zimmertemperatur abgekühlte Schaleninhalt wird mit 1 ml Salzsäure und 1 ml Curcuminreagenz aufgenommen und bei 56° (± 0,5°) in einem Thermostaten erneut zur Trockne eingedampft. Dabei tauchen die Schälchen so tief wie möglich in das temperierte Wasser ein, um die Farbentwicklung bei möglichst konstanter Temperatur zu erreichen. Nach dem vollständigen Eintrocknen des Schaleninhalts — Dauer etwa 50 min — verbleiben die Proben zur Intensitätssteigerung des gebildeten roten *B*-Curcumins noch weitere 90 min auf der gleichen Temperatur.

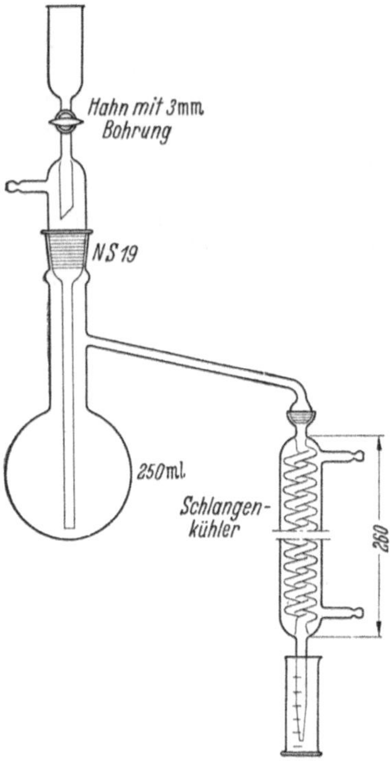

Abb. 70. Destillationsapparatur aus Quarz zur Borbestimmung mit Curcumin

Nach dem Abkühlen auf Zimmertemperatur wird der Schaleninhalt mit Äthanol aufgenommen und damit in einem trockenen 25 ml-Meßkolben zur Marke aufgefüllt. Die zur Messung benötigte Menge wird über ein Faltenfilter in eine trockene 2 cm-Küvette filtriert und sofort gegen Äthanol als Vergleichslösung bei 546 mμ photometriert.

Bemerkungen. 1. Um eine Verunreinigung der Analysenlösung durch Borspuren aus den Geräten zu verhindern, ist es unerläßlich, ausschließlich Quarzglas zu verwenden. Lediglich der Bor-Curcuminkomplex kann in Glasgeräten photometriert werden.

2. Die käuflichen Curcuminpräparate zeigen sehr starke Qualitätsunterschiede, die sich in der Farbtiefe des Borkomplexes bemerkbar machen. Es ist deshalb erforderlich, für jedes neue Präparat eine neue Eichkurve aufzustellen.

3. Für die Destillation kann mit Vorteil auch ein Methanoldampfentwickler herangezogen werden. Es ist dabei so zu verfahren, daß zwei nacheinanderfolgende Destillate von je etwa 25 ml getrennt aufgefangen werden.

4. Die Farbtiefe des roten Bor-Curcuminkomplexes ist sehr stark von der Entwicklungstemperatur abhängig. Es hat sich gezeigt, daß größte Farbintensität erreicht wird, wenn der Komplex bei 56° (±0,5°) gebildet und insgesamt etwa $2^1/_2$ Std. auf dieser Temperatur gehalten wird. Sowohl Temperatur als auch Zeit müssen peinlich genau eingehalten werden. Weiterhin ist es zweckmäßig, zur Kontrolle der Farbentwicklung Proben mit bekannten Borgehalten mitlaufen zu lassen.

5. Die Destillation des Bor-Methylesters liefert einen systematischen Unterwert, der 5 bis max. 10% beträgt. Er wird am zweckmäßigsten dadurch ausgeschaltet, daß die Eichkurve mit Bormengen aufgestellt wird, die vor der Photometrie als Methylester destilliert worden sind.

Literatur. Spicer, G. S., u. J. D. H. Strickland: Analyt. Chim. Acta Bd. 18 (1958) S. 213 und Bd. 18 (1958) S. 523. — Muraki, J., u. K. Hiiro: J. Chem. Soc. Jopem, pure chem. Sect. Bd. 78 (1957) S. 845.

11. Die Bestimmung des Stickstoffs

Der Stickstoffgehalt wird in bekannter Weise nach KJELDAHL bestimmt, und zwar bei einer Einwaage von 1 bis 4 g Uran, das man zuvor mit 5 bis 20 ml konz. Phosphorsäure gelöst hat. Das Uranmetall geht dabei vollständig in Lösung.

12. Die Bestimmung des Wasserstoffs

Eine Probe von 1 bis 4 g Uran wird in einem Röhrenofen im Sauerstoffstrom verbrannt. Das entstehende Wasser wird in einem mit Phosphorpentoxyd beschickten und gewogenen U-Rohr aufgefangen. Aus der gefundenen Wassermenge läßt sich der Gehalt an Uranhydrid berechnen.

13. Die Bestimmung des Kohlenstoffs

Kohlenstoff wird durch Verbrennen der Probe im elektrisch beheizten Röhrenofen bei etwa 1000° im Sauerstoffstrom bestimmt. Das entstandene Kohlendioxyd wird entweder gewichtsanalytisch, volumetrisch oder coulometrisch bestimmt. Als Verbrennungszuschlag kann Bleidioxyd oder Mennige hinzugefügt werden; der Zuschlag ist jedoch nicht unbedingt erforderlich.

IV. Die Bestimmung des Urans im Ferro-Uran

Das Ferro-Uran wird meist im Lichtbogenofen erschmolzen. Der Urangehalt der im Stahlwerk gebräuchlichen Sorten schwankt in weiten Grenzen von etwa 30 bis 90%. Der Kohlenstoffgehalt kann ebenso wie der Vanadingehalt mehrere Prozente betragen.

Die Bestimmung des Urans

2 g Ferro-Uran werden mit 20 bis 30 ml Salpetersäure (1 + 1) gelöst. Die Lösung wird mit Wasser auf 250 ml aufgefüllt. Von dieser Lösung werden je nach Urangehalt 25 bis 50 ml abgenommen, mit 25 ml Schwefelsäure (1 + 1) versetzt und bis zum Rauchen der Schwefelsäure eingedampft. Nach dem Abkühlen auf Zimmertemperatur setzt man 50 ml Wasser hinzu, kühlt wieder ab, gibt 50 ml Chloroform, anschließend 30 ml kalte Kupferronlösung (8 g/100 ml) hinzu und schüttelt 3 min gut durch. Nach Trennung der Phasen wird die Chloroformschicht abgelassen und die wäßrige Lösung erneut mit 50 ml Chloroform, dann mit 30 ml Kupferronlösung versetzt und wieder geschüttelt. Weiterbehandlung wie unter Abschnitt II, 1b, beschrieben.

V. Weitere Verfahren zur Uranbestimmung

1. Photometrische Bestimmung

a) Thiocyanat reagiert in schwach saurer Lösung mit Uranylionen unter Gelbfärbung, deren Absorptionsmaximum bei 365 mμ liegt. Die Farbtiefe ist von der Konzentration an Uran und von der Konzentration des Thiocyanats abhängig. Eisen(III)- und Molybdänionen stören die Reaktion. Eisen(III) muß deshalb vor dem Zusatz von Thiocyanat mit Zinn(II)-chloridlösung reduziert werden. Tritt dann noch eine orangerote Färbung auf, so ist Molybdän vorhanden. Man muß sodann vorher das Uran durch eine Ammoniakfällung vom Molybdän abtrennen. Handelt es sich um sehr geringe Mengen Uran, so setzt man zweckmäßigerweise vor der Fällung mit Ammoniaklösung etwas Aluminium als Fällungspartner hinzu. Kupfermengen bis zu 10 mg Kupfer stören nicht ernstlich, größere Mengen verursachen eine Trübung bzw. eine Fällung von Cu(I)-Thiocyanat. Der p_H-Wert der Lösung soll vor der Zugabe von Zinn(II)-chlorid [10 g $SnCl_2 \cdot 2H_2O$, gelöst in 10 ml HCl (1,19) + + 100 ml H_2O] und Thiocyanat auf etwa 1 eingestellt werden.

Literatur. CURRAH, J. E., u. F. E. BEARMICH: Analytic. Chem. Bd. 19 (1947) S. 609—612 — Chem. Zbl. 1948 II, S. 205.

b) Mit Wasserstoffperoxyd tritt in sodaalkalischer oder ammoniumcarbonathaltiger Lösung eine Gelbfärbung der Uranlösung auf. Diese Reaktion kann ebenfalls zur photometrischen Uranbestimmung verwendet werden, wobei zu beachten ist, daß Eisen(III)-, Molybdän- und Vanadylionen stören.

Bei Gegenwart der genannten Elemente muß das Uran zunächst durch Extraktion aus etwa 1 n salpetersaurer, aluminiumnitrathaltiger Lösung mit Äthylacetat oder Äther abgetrennt werden. Die organische Phase wird 2mal mit einem gleichen Volumen schwach salpetersaurer, gesättigter Aluminiumnitratlösung geschüttelt. Die organische Phase wird eingedampft und der Rückstand nach Zerstörung von etwa noch vorhandener organischer Substanz zur Uranbestimmung verwendet, wobei man zweckmäßigerweise wegen noch vorhandenen Aluminiums in sodaalkalischer Lösung arbeitet.

2. Maßanalytische Bestimmung

Uran(VI) läßt sich mit granuliertem Blei oder Cadmiumamalgam u. a. im Reduktor quantitativ zu Uran(IV) reduzieren, wenn man von einer etwa 3 n schwefelsauren Lösung mit 40 bis 200 mg Uran(VI) ausgeht. Man fängt die reduzierte Lösung in n/10-Eisen(III)-sulfatlösung auf und titriert nach dem Auswaschen des Reduktors und nach Zusatz von Phosphorsäure das entstandene Eisen(II) mit n/10-Kaliumdichromatlösung unter Verwendung von Diphenylamin als Indicator. Da eine ganze Reihe von Elementen stören, ist die Bestimmung nur bei reinen Uransalzen bzw. Uranmetall anwendbar.

Literatur. COOKE, W. D., F. HAZEL u. W. H. NABB: Analytic. Chem. Bd. 22 (1950) S. 654 — Chem. Zbl. 1951 I, S. 1200.

3. Abtrennung des Urans durch Extraktion mit organischen Lösungsmitteln

Uranylnitrat geht beim Ausschütteln seiner wäßrigen, salpetersauren Lösung mit Äther, Ester und Ketonen fast vollständig in diese über, sofern das Ausschütteln mehrmals wiederholt wird und der Lösung z. B. Kaliumnitrat, Lithiumnitrat, Magnesiumnitrat und Aluminiumnitrat in hoher Konzentration zur Förderung des Aussalzens hinzugefügt werden. Die Lösung soll etwa 1 bis 3 n salpetersauer sein. Der Vorgang ist nicht spezifisch, da auch Cerium, Thorium, Vanadin, Molybdän u. a. sich aus ihren wäßrigen, salpetersauren Lösungen mit Äther extrahieren lassen. Es gelingt jedoch, beispielsweise Molybdän und Vanadin fast vollständig vom Uran abzutrennen, indem man das zunächst extrahierte, in der organischen Phase befindliche Uranylnitrat mehrmals mit einer schwach salpetersauren, konz. Aluminiumnitratlösung wäscht.

Literatur. SCOTT, T. R.: Analyst Bd. 74 (1949) S. 486—491. — BOCK, R., u. E. BOCK: Z. allg. anorg. Chem. Bd. 263, 4 (1950) S. 151.

Kapitel 40

Vanadin*

Inhalt

A. Vorkommen

Zur Gewinnung von Vanadinsäure und Ferrovanadin kommen in Deutschland als Erze der *Vanadinit*, ein chlorhaltiges Vanadinbleierz von der Zusammensetzung $Pb_5(VO_4)_3Cl$ und der *Mottramit* (Kupferbleivanadat) in Betracht; beide werden in Mexiko und Kali-

---

*	1. Auflage	2. Auflage
Bearbeiter:	**Wirtz, Wagenmann †**	**Rothmann**
Mitarbeiter:	**Koch** (VDEh), **Ploum** (VDEh), **Roesner, Winterstein**	**Ploum** (VdEh), **Wirtz**

fornien gefördert und enthalten geringe Verunreinigungen von Arsen und Phosphor. Weiterhin verarbeitet man *Descloizit* und *Cuprodescloizit*, Vanadate von Blei, Kupfer und Zink, die aus Südafrika stammen.

Als Nebenbestandteil tritt Vanadin in manchen Eisenerzen, z. B. in der Minette sowie in den Doggererzen, auf. Die beim Verblasen des aus diesen Erzen hergestellten Roheisens anfallende Konverterschlacke enthält 5 bis 15% Vanadin. Weiter zu nennen wären die vanadinhaltigen Rückstände, die beim BAYER-Prozeß in der Aluminiumindustrie anfallen.

Auch der Mansfelder Kupferschiefer führt etwas Vanadin, wovon ein Teil sich in den Schlacken vom Umschmelzen des Kupferrohsteins im Kupolofen anreichert und aus diesen gewonnen wird. Auch gewisse Kohlenaschen enthalten nennenswerte Vanadingehalte.

B. Qualitativer Nachweis

Schweflige Säure reduziert die gelbe, schwefelsaure Vanadin(V)-salzlösung zu blau gefärbter Vanadin(IV)-salzlösung. Nascierender Wasserstoff wirkt auf eine saure Vanadin(V)-salzlösung ebenfalls reduzierend, wobei sich diese erst blau, dann grün und schließlich violett färbt. Es entstehen nacheinander Vanadin(IV)-, Vanadin(III)- und Vanadin(II)-verbindungen.

Wasserstoffperoxyd erzeugt in einer mit Schwefelsäure schwach angesäuerten Vanadinlösung je nach dem Vanadingehalt eine orange bis rotbraune Färbung von Pervanadinsäure. Die Verbindung geht, wenn ihre Lösung mit Äther ausgeschüttelt wird, nicht in diesen über. Hat man ein Erz oder eine Schlacke auf Vanadin zu prüfen, so schließt man eine Einwaage mit 2 g Natriumperoxyd auf, löst die Schmelze in Wasser, setzt zur Lösung etwas Äthanol, kocht auf und filtriert. Einen Teil des Filtrats säuert man mit Schwefelsäure *schwach* an, läßt erkalten und prüft die Lösung durch Zusatz von einigen Tropfen 3proz. Wasserstoffperoxydlösung auf Vanadin.

C. Analytische Untersuchungen bei der Gewinnung der Vanadinsäure

Die Vanadinsäure wird aus Erzen oder Konverterschlacken durch sauren oder alkalischen Aufschluß gewonnen. Die Schlacken werden gemahlen, mit Zuschlägen gemischt und geröstet. Den Sinter laugt man nach dem Zerkleinern mit Wasser bzw. schwacher Säure aus und fällt die Vanadinsäure durch Ansäuern der Laugen. Eine Reinigung kann über das Ammoniummetavanadat erfolgen, das durch Glühen in Vanadin(V)-oxyd (Vanadinsäure) übergeführt wird. Die Säure muß vorher von Phosphor, Arsen usw. durch Ausfällen befreit werden.

Aus der Vanadinsäure stellt man Ferrovanadin und metallisches Vanadin her; außerdem dient sie zur Herstellung von Kontaktmassen, insbesondere für die Schwefelsäuregewinnung.

I. Die Vanadinerze

Fast alle Vanadinerze sind in Säuren löslich. Sie werden auf ihren Vanadingehalt und im wesentlichen auf den Gehalt an Blei, Kupfer, Phosphor, Arsen, Zink, Siliciumdioxyd und Eisen untersucht:

Man löst die Erzprobe mit Salpetersäure (1 + 1) unter Zusatz von wenigen Tropfen Salzsäure (1,19). Ist ein unlöslicher Rückstand vorhanden, so wird er, nachdem man die Lösung mit Wasser verdünnt hat, abfiltriert. Das Filter wird im Platintiegel verascht und mit geringen Mengen Natriumkaliumcarbonat aufgeschlossen. Die Schmelze wird in verdünnter Salzsäure gelöst und mit dem Hauptfiltrat vereinigt. Zur Abscheidung des Siliciumdioxyds versetzt man die Lösung mit Schwefelsäure (1 + 1) und dampft ein bis zum Auftreten starker Schwefelsäuredämpfe. Nach dem Aufnehmen mit Wasser werden Bleisulfat und Siliciumdioxyd abfiltriert. Dieser Rückstand dient zur Bestimmung des *Bleies* und des *Siliciumdioxyds*. Das Filtrat sättigt man mit

Schwefelwasserstoff, filtriert den Niederschlag, der auch die gesamte Arsenmenge enthält, ab und bestimmt darin das *Kupfer*. Das von Schwefelwasserstoff befreite und mit Wasserstoffperoxyd oxydierte Filtrat wird in einen 500 ml-Meßkolben (bei 5 g Erzeinwaage) gebracht und bis zur Marke aufgefüllt. Für die Bestimmung des *Phosphors* werden 100 ml (= 1 g Einwaage) entnommen, mit 50 ml schwefliger Säure reduziert und nach der im Kapitel Vanadin (Bd. I, Schiedsverfahren, 2. Aufl., S. 385) für die Untersuchung von Ferrovanadin beschriebenen Methode weiterbehandelt. Für die Bestimmung des *Zinks* werden ebenfalls 100 ml (= 1 g Einwaage) entnommen. Die Ausfällung erfolgt als Zinksulfid nach der in Bd. I, Schiedsverfahren, 2. Aufl., S. 418 II, angegebenen Vorschrift. Weitere 100 ml dienen zur maßanalytischen Bestimmung des Vanadins nach bekannten Methoden (potentiometrische Methode nach BLUMENTHAL oder nach LANG-KURTZ; bei Gehalten über 25% V kann auch die Methode nach EDER-KRIESEL verwendet werden). 100 ml (= 1 g Einwaage) werden mit Natriumperoxyd versetzt, aufgekocht und über Nacht stehengelassen. Der Niederschlag enthält das *Eisen*, *Mangan* (Calcium + Magnesium). Die Trennung und Bestimmung dieser Elemente erfolgt nach den üblichen Methoden. Im Filtrat der Eisen- usw. Fällung kann das Aluminium bestimmt werden, nachdem das Zink durch Schwefelwasserstoff entfernt wurde.

Die Bestimmung des Arsens wird nach dem Lösen des Erzes in Salpetersäure und Abrauchen der Lösung mit Schwefelsäure nach der Destillationsmethode (s. Kapitel Arsen, S. I/122) ausgeführt.

II. Die vanadinhaltigen Schlacken

Wie bereits erwähnt, gewinnt man die Vanadinsäure in ausgedehntem Maße aus Konverterschlacken der Eisenhütten sowie aus ähnlichen Kupolofenschlacken des Mansfelder Kupferhüttenprozesses.

1. Die Bestimmung des Vanadins

Die in Bd. I, Schiedsverfahren, aufgeführten Methoden zur Vanadinbestimmung (potentiometrische Methode nach H. BLUMENTHAL, S. 384, nach R. LANG und F. KURTZ, S. 388) sind auch als Betriebsverfahren verwendbar, da sie in kürzester Zeit ausgeführt werden können. Es werden hier unter c) und weiter bei Ferrovanadin noch weitere ausgesprochene Betriebsmethoden beschrieben.

Als Betriebsmethode ist die Arbeitsweise nach LANG und KURTZ bis zu Vanadingehalten von 25% genau und schnell, dagegen ist für Gehalte über 25% Vanadin den Methoden EDER-KRIESEL und BLUMENTHAL der Vorzug zu geben.

a) In Schlacken der Kupferhütten

Grundlage. Nach dem Aufschluß der Probe mit Säure oder Alkali, nach vollständiger Oxydation des Vanadins mit Kaliumpermanganat und Reduktion des Überschusses mit Natriumnitrit wird das Vanadin mit Eisen(II)-sulfatlösung unter Benutzung von Ferroinlösung als Indicator titriert.

Anwendungsbereich und Bedeutung. Das Verfahren ist sowohl für arme Schlacken (ab 0,1%) wie auch für reiche Schlacken (etwa 20%) geeignet.

Genauigkeit. 1.

Dauer. $1^1/_2$ bis 2 Std.

Ausführung. 5 g feingepulverte Schlacke werden in einer Porzellanschale mit Wasser befeuchtet, unter Umrühren mit einem Glasstab mit 50 ml Salzsäure (10 + 7) und 15 ml Salpetersäure (1 + 1) versetzt und erwärmt. Sobald die Zersetzung beendet ist, dampft man die Lösung auf dem Wasserbad zur Trockne, gibt zum vollständigen Entfernen der Salpetersäure noch 3 mal je 25 ml Salzsäure (10 + 7) hinzu und wiederholt nach jeder Zugabe das Eindampfen. Schließlich nimmt man die Salze mit 10 ml Salzsäure (1,19) auf, läßt diese ungefähr 5 min einwirken, verdünnt dann die Lösung mit 100 ml Wasser und kocht kurz auf. Darauf wird sie in einen 250 ml-Meßkolben übergespült, nach dem Erkalten zur Marke aufgefüllt und durch ein trockenes Faltenfilter in ein trockenes Gefäß filtriert. Dem Filtrat entnimmt man 100 ml (= 2 g Einwaage), gibt die Abmessung in einen ERLENMEYER-Kolben (Weithals), versetzt sie mit 10 ml Schwefelsäure (10 molar), gibt zur Reduktion etwa vorhandenen Chromats etwa 10 ml Eisen(II)-sulfatlösung (Lösung s. S. 855) hinzu und oxydiert kalt so lange mit Kaliumpermanganatlösung (50 g/l), bis eine rotbraune Färbung bestehenbleibt. Den Überschuß an Kaliumpermanganat beseitigt man durch tropfenweisen Zusatz von Natriumnitritlösung (5 g/l), setzt dann sofort 5 g Harnstoff, 90 ml Schwefelsäure (10 molar) und 10 ml Phosphorsäure (1,7) hinzu und läßt die Lösung abkühlen. Darauf wird das Vanadin mit eingestellter n/10-Eisen(II)-sulfatlösung (s. S. 855) unter Zusatz von 2 Tropfen Ferroinlösung[1] (E. Merck) titriert.

Säureunlösliche Schlacken werden mit Natriumperoxyd und Natriumkaliumcarbonat im Eisentiegel aufgeschlossen. Nach dem Aufschluß von 1 bis 5 g mit Natriumperoxyd und Natriumkaliumcarbonat (1 + 1) wird die Schmelze in Wasser herausgelöst, mit Schwefelsäure (1 + 1) angesäuert, bis sich alles klar gelöst hat, und mit Eisen(II)-sulfatlösung (s. S. 855) im Überschuß reduziert. Dann füllt man in einem Meßkolben von 250 ml Inhalt auf und nimmt eine der Einwaage und dem Vanadingehalt der zu untersuchenden Probe entsprechende Menge ab. Man oxydiert die kalte Lösung mit Kaliumpermanganat und fährt, wie oben beschrieben, fort.

Die Titerstellung der n/10-Eisen(II)-sulfatlösung erfolgt mit n/10-Kaliumbichromatlösung. [Als Indicator können auch 3 Tropfen einer Diphenylaminlösung — 1 proz., gelöst in Phosphorsäure (1,7) — verwendet werden.]

Fehlerquellen. Es darf nicht mehr Salzsäure als angegeben und möglichst nicht mehr Natriumnitritlösung als erforderlich verwendet werden. Der Überschuß an Natriumnitrit muß *sofort* mit Harnstoff zerstört werden. Man kann die Salpetersäure auch durch Abrauchen mit Schwefelsäure entfernen.

Literatur. LANG, R., u. F. KURTZ: Z. analyt. Chem. Bd. 86 (1931) S. 288. — MERCK, E.: Der Tri-o-Phenanthrolin-Ferrokomplex als Redoxindikator (Selbstverlag).

b) In den Endrückständen der Kupferschlacken nach der Laugung

Grundlage, Dauer, Fehlerquellen und Literatur. Wie bei a) angegeben.

Anwendungsbereich und Bedeutung. Die genaue Bestimmung des Vanadingehaltes (etwa 0,1 bis 0,2%) der gelaugten Schlacke ist erforderlich, da hier die Hauptverlustquelle im Betriebe liegt.

Genauigkeit. 1.

Ausführung. Man verwendet 25 g Einwaage und arbeitet sonst genau, wie bei a) ausgeführt wurde.

c) In vanadinarmen Schlacken der Eisenhütten

Grundlage. Durch Lösen in Phosphorsäure und Salpetersäure wird das Vanadin in die 5wertige Form übergeführt; entstandene Übermangansäure zerstört man durch Oxalsäure. Nach dem Zusatz von Kaliumjodid zur schwefelsauren Vanadin(V)-lösung wird eine dem Gehalt von Vanadin(V) entsprechende Menge Jod in Freiheit gesetzt, die man mit Natriumthiosulfatlösung titriert.

---

[1] 1/40-molare Lösung von o-Phenanthrolinhydrochlorid = 1,624 g werden in 25 ml säurefreier n/10-Eisen(II)-sulfatlösung = ~0,7 g $FeSO_4 \cdot 7\,H_2O$ in 25 ml aufgelöst, die Lösung wird mit Wasser auf 100 ml verdünnt.

Die Methode von W. WERZ (s. Literatur) ist hier dahin abgeändert, daß man die Oxydation durch 2malige Behandlung mit Salpetersäure vornimmt, während nach der Originalarbeit die Restoxydation mit Ammoniumperoxydisulfat erfolgt.

Anwendungsbereich und Bedeutung. Das Verfahren wird bei der Analyse von armen Schlacken bis zu 0,2% V bevorzugt angewendet.

Genauigkeit. 2.

Dauer. 1 bis 2 Std. (je nach der Löslichkeit der Schlacke).

Ausführung. 1 bis 2 g der Probe werden im 500 ml-ERLENMEYER-Kolben mit 50 ml Phosphorsäure (1,7) durch Erhitzen über der Flamme in Lösung gebracht. Die Lösung läßt man vollständig erkalten, versetzt sie dann mit 5 ml Salpetersäure (1 + 1) sowie 5 ml Schwefelsäure (1 + 4) und schüttelt sie zwecks inniger Mischung der Säuren kräftig durch. Auftretende nitrose Dämpfe werden durch Kochen verjagt. Nach dem Erkalten wiederholt man die Oxydation des Vanadins durch abermalige Zugabe von 5 ml Salpetersäure (1 + 1) und erhitzt nun den Kolbeninhalt bis zum ganz schwachen Rauchen der Schwefelsäure. Darauf wird die Lösung mit 100 ml Wasser verdünnt, auf etwa 70° erwärmt und unter kräftigem Umschütteln so lange tropfenweise mit Oxalsäurelösung (20 g/l) versetzt, bis die durch die oxydierende Wirkung der Salpetersäure gebildete Übermangansäure gerade zerstört ist. Zeigte die Lösung keine Färbung von Übermangansäure, so besteht die Gefahr, daß nicht alles Vanadin oxydiert ist. In diesem Falle gibt man vor dem Oxalsäurezusatz vorsichtig etwas Kaliumpermanganatlösung hinzu. Nun läßt man die Lösung abkühlen und nach Hinzufügen von 50 ml Wasser und 7 ml Kaliumjodidlösung (60 g/l) 5 min im Dunkeln stehen. Sie wird dann nach Stärkezusatz mit einer n/20- oder n/50-Natriumthiosulfatlösung titriert. 1 ml n/20-Thiosulfatlösung entspricht bei 1 g Einwaage 0,25% Vanadin.

Die Konzentration der Thiosulfatlösung, deren Einstellung z. B. mit einer Normalprobe erfolgt, richtet sich nach dem Vanadingehalt der Schlacke.

Fehlerquellen. Setzt man Kaliumjodidlösung in zu großem Überschuß hinzu, so erhält man zu hohe Werte. Kupfermengen bis etwa 1,5% sowie die Anwesenheit von Wolfram, Chrom und Kobalt stören nicht.

Literatur. WERZ, W.: Z. analyt. Chem. Bd. 81 (1930) S. 448; Bd. 83 (1931) S. 161.

d) Die Bestimmung des zu wasserlöslichem Natriumvanadat umwandelbaren Vanadingehaltes

Grundlage. In Vanadinschlacken und -laugereirückständen ist ein Teil des Vanadins in einer Form gebunden, die bei dem den praktischen Betriebsverhältnissen angepaßten Aufschluß nicht in lösliches Salz übergeführt werden kann, während der übrige Teil hierbei nach der Gleichung $V_2O_3 + 2NaCl + 3O = 2NaVO_3 + Cl_2$ in Natriumvanadat umgewandelt und somit löslich gemacht wird. Wenn man nun in einem derartigen Material das Gesamtvanadin in üblicher Weise bestimmt hat und den Gehalt an löslichen Vanadinverbindungen nach der folgenden Methode ermittelt, erhält man als Differenz der Gehalte die Menge an unlöslichen Vanadinverbindungen.

Anwendungsbereich und Bedeutung. In der Praxis wird das Verfahren bei vanadinarmen Schlacken und Laugereirückständen sowie bei Thermitschlacken von der Ferrovanadinschmelze verwendet. Es dient zur Bewertung der angeführten Materialien.

Genauigkeit. 3.

Dauer. 4 Std. für 4 Bestimmungen.

Ausführung. 5 g des Probegutes werden mit 0,6 g Natriumchlorid innig gemischt. Die Korngröße beider Stoffe soll die gleiche sein wie bei der großtechnischen Durchführung im Betrieb (etwa Feinheit von Thomasmehl). Man glüht die Mischung im Porzellanschälchen in einem elektrisch beheizten Muffelofen 2 Std. bei 800°, wobei sie jeweils nach Ablauf von 15 min mit einem Stäbchen gut durchgerührt wird. Dann nimmt man das Schälchen aus dem Ofen und läßt es erkalten. Darauf wird der Inhalt des Schälchens mit 100 bis 200 ml heißem Wasser 1 Std. ausgelaugt und die Lösung filtriert. Im Filtrat bestimmt man das Vanadin maßanalytisch.

Fehlerquellen. Die genaue Einhaltung von Glühdauer und -temperatur ist unbedingt notwendig, um übereinstimmende Werte zu erhalten. Insbesondere kann das Überschreiten der Glühtemperatur nach oben (über 820°) zu wesentlich niedrigeren Werten führen.

Literatur. Vorschrift eines Betriebes.

2. Die Bestimmung des Phosphors

1 g Schlacke wird mit einem Gemisch von Natriumperoxyd und Soda im phosphorfreien Eisen- oder besser im phosphorfreien Nickeltiegel aufgeschlossen, die Schmelze ausgelaugt und mit Salzsäure angesäuert. Nach kurzem Aufkochen füllt man die Lösung im Meßkolben auf 500 ml auf und pipettiert 50 ml (0,1 g Einwaage) in einen 300 ml-Erlenmeyer-Kolben ab. Nach Zugeben von 50 bis 100 ml schwefliger Säure engt man die Lösung auf etwa 50 bis 100 ml ein. Die Weiterverarbeitung erfolgt, wie in Bd. I, 2. Aufl., S. 385, für Ferrovanadin beschrieben. Für genaue Bestimmungen ist das Siliciumdioxyd vorher in bekannter Weise zu entfernen.

Für weitere Untersuchungen auf Siliciumdioxyd, Kalk, Tonerde usw. wird auf die Veröffentlichung von E. Piper: Untersuchung vanadinhaltiger Schlacken, Stahl u. Eisen Bd. 59 (1939) S. 862, verwiesen.

III. Untersuchungen im Laugereiprozeß

1. Die Bestimmung des Vanadins im Röstgut

a) Gesamt- (säurelösliches) Vanadin

25 g Röstgut werden mit etwa 200 ml Wasser und 20 ml Schwefelsäure (1,84) im 500 ml-Meßkolben bei ungefähr 40° unter mehrfachem Schütteln $^1/_2$ Std. gelaugt. Nach dem Abkühlen und Auffüllen zur Marke filtriert man den Inhalt des Kolbens und entnimmt dem Filtrat 50 ml, die zur Vanadinbestimmung nach C. II. 1 a), S. 849, benutzt werden.

b) Wasserlösliche Vanadinverbindungen

Der Anteil an wasserlöslichen Vanadinverbindungen des Gesamtgehaltes an Vanadin ist für den Betrieb der wichtigste Maßstab für eine richtig geführte Röstung.

Man laugt 25 g Röstgut in einem 500 ml-Meßkolben mit etwa 200 ml heißem Wasser $^1/_2$ Std. unter häufigem Schütteln, kühlt dann den Kolbeninhalt ab und füllt ihn mit Wasser zur Marke auf. Nach dem Filtrieren werden 50 ml des Filtrats zur maßanalytischen Bestimmung des Vanadins verwendet.

2. Die Bestimmung des Vanadins im Röstofenflugstaub

Sie erfolgt, wie bei C. II. 1 a), S. 849, beschrieben. Man verwendet eine Einwaage von 5 g.

3. Die Bestimmung des Vanadingehaltes in den Laugen

a) In „fällreifer" Lauge (gewonnen bei der Laugung mit Wasser)

Grundlage. Das Vanadin wird durch Titration mit Eisen(II)-sulfatlösung bestimmt.

Anwendungsbereich und Bedeutung. Bestimmbar ist jeder Gehalt.

Genauigkeit. 1.

Dauer. 20 min.

Ausführung. Man verdünnt 50 ml Lauge im 500 ml-Meßkolben bis zur Marke und entnimmt dem Kolben 50 ml. Man säuert mit Schwefelsäure (1 + 1) an und reduziert mit Eisen(II)-sulfatlösung (s. S. 855) Cr(VI) zu Cr(III) und V(V) zu V(IV). Nach dem Erkalten oxydiert man mit Kaliumpermanganat V(IV) zu V(V) und titriert das Vanadin, wie unter C. II. 1a), S. 849, beschrieben.

Fehlerquellen und Literatur. Siehe ebenda.

b) In der sauren Lauge

Die Bestimmung erfolgt wie oben bei 3a).

c) In der Ablauge aus der Vanadinsäurefällung

50 ml der Ablauge versetzt man mit 50 ml Wasser und 100 ml Schwefelsäure (10fach molar), kühlt ab und titriert das Vanadin mit Eisen(II)-sulfatlösung, wie bei C. II. 1a), S. 849, beschrieben.

Bemerkung. Die *Acidität* der Ablauge (man bestimmt sie durch Titrieren von 25 ml Ablauge mit n/10-Kalilauge unter Verwendung von Methylorange als Indicator) darf eine bestimmte, im Betrieb festgelegte Grenze nicht überschreiten, sonst ist die Fällung unvollständig. Bei zu geringer Acidität fällt das Vanadin(V)-oxyd in schleimiger, sehr schwer filtrierbarer Form.

d) In der Mutterlauge von der Ammoniummetavanadat-Fällung

50 ml Lauge verdünnt man mit 50 ml Wasser und versetzt die Lösung mit 100 ml Schwefelsäure (10fach molar). Nach dem Abkühlen titriert man das Vanadin mit Eisen(II)-sulfatlösung.

4. Die Bestimmung des Phosphors in Laugen

Je nach Art der Laugen werden für die Bestimmung des Phosphors folgende Mengen genommen:

0,5 bis 1 ml von stark phosphorhaltigen Laugen (V-haltiges Salz der Aluminiumindustrie),

2 bis 5 ml, von V-Laugen herrührend, aus der Schlackenverarbeitung,

25 bis 50 ml von Laugen, aus denen durch eine vorhergegangene Behandlung der Phosphor größtenteils ausgefällt wurde.

Ausführung. Man verdünnt die in einen 300 ml-Erlenmeyer-Kolben gebrachte Lauge auf etwa 75 bis 100 ml, fügt 1 g Eisen(II)-chlorid hinzu, säuert mit Schwefelsäure (1 + 1) an und reduziert das 5wertige Vanadin mit etwa 50 ml schwefliger Säure. Nach Einengen der Lösung auf etwa 50 bis 100 ml wird nach der in „Analyse der Metalle, Bd. I, 2. Aufl. (1942) S. 385", mitgeteilten Vorschrift weitergearbeitet.

5. Die Bestimmung des Arsengehaltes der Lauge

Ausführung. 25 bis 50 ml Vanadinlauge werden mit Salzsäure angesäuert und nach Zugeben von 5 g Eisen(II)-sulfat oder Eisen(II)-chlorid und 1 g Hydrazinsulfat unter den üblichen Bedingungen (s. Kapitel Arsen) destilliert. Nachfolgend wird mit n/10-Kaliumbromat titriert.

6. Die Bestimmung des Vanadins im technischen Vanadinpentoxyd (Vanadinsäure)

Im technischen Vanadinpentoxyd, dessen Reinheitsgrad von den verwendeten Rohmaterialien und dem Gewinnungsprozeß abhängt, bestimmt man den Vanadingehalt nach der Arbeitsweise EDER-KRIESEL oder potentiometrisch nach den nachstehend für Ferrovanadin angegebenen Methoden.

D. Das Ferrovanadin

Die Legierung hat einen Vanadingehalt von etwa 50 bis 80% und dient in der Hauptsache zur Herstellung von Vanadinstählen.

Das Ferrovanadin ist im allgemeinen in Salpetersäure unter Zusatz von Schwefel- oder Salzsäure löslich; nur sehr unreine Sorten erfordern einen Aufschluß durch Schmelzen mit Natriumperoxyd.

I. Die Bestimmung des Vanadins

1. Das potentiometrische Verfahren

Grundlage. Das Vanadin(V) wird mit Eisen(II)-sulfatlösung in schwefel- und phosphorsaurer Lösung zu Vanadin(IV) reduziert. Der Endpunkt der Reduktion zeigt sich durch einen Potentialsprung an. Die Anwesenheit von Chrom stört nicht. Die nachfolgend beschriebene Methode stellt eine Kombination der Verfahren von R. LANG, F. KURTZ und DICKENS-THANHEISER (Titration mit Umschlagelektrode s. Abschnitt Chrombestimmung im Kapitel Chrom) dar.

Anwendungsbereich und Bedeutung. Die Methode ist für Ferrovanadin, für hoch vanadinhaltige Schlacken und sonstige vanadinreiche Materialien anwendbar.

Genauigkeit. 2.

Dauer. 2 Bestimmungen in 2 bis 3 Std.

Ausführung. 0,25 g feinstgepulvertes Ferrovanadin werden mit 30 ml Säuregemisch vorsichtig unter geringer Erwärmung aufgelöst. Sodann wird erhitzt, bis starke Schwefelsäurenebel entweichen. Sollte beim Lösen ein Rückstand verblieben sein, so setzt man einige Tropfen Flußsäure hinzu. Nach dem Erkalten der Lösung versetzt man sie mit 40 ml Schwefelsäure (1 + 1) und erwärmt bis zum klaren Lösen der ausgeschiedenen Salze. Hierauf wird mit 200 ml Wasser verdünnt, die Lösung aufgekocht und Kaliumpermanganatlösung bis zur starken bleibenden Rotfärbung hinzugefügt.

Die warme Lösung läßt man nunmehr 5 min stehen und gibt dann so viel Eisen(II)-sulfatlösung hinzu, bis sämtliche Vanadinsäure und auch gegebenenfalls anwesende Chromsäure reduziert sind. Die klare Lösung nimmt hierbei eine blaugrüne Färbung an. Nach dem Erkalten setzt man unter Rühren so lange Kaliumpermanganatlösung hinzu, bis die Rotfärbung bestehenbleibt, und wartet bis zur vollständigen Oxydation 1 bis 2 min ab. Der Überschuß an Kaliumpermanganatlösung wird dann durch Zugeben von Kaliumnitritlösung zerstört, wobei die Rotfärbung verschwindet. Nun werden sofort 10 g Harnstoff und 10 ml Phosphorsäure (1,7) hinzugefügt. Es wird sodann mit Eisen(II)-sulfatlösung im Potentiometer bis zum Potentialsprung titriert.

Die Titration kann in der austitrierten Lösung wiederholt werden. Man versetzt sie wieder mit Kaliumpermanganat, Kaliumnitrit, Harnstoff und Phosphorsäure wie oben und titriert erneut mit Eisen(II)-sulfatlösung. Die Einstellung der Eisen(II)-sulfatlösung erfolgt potentiometrisch entweder durch eine Ferrovanadinkontrollprobe des Materialprüfungsamtes Berlin-Dahlem oder mit reinstem Kaliumbichromat.

Lösungen.

Eisen(II)-sulfatlösung für die Titration: 27 g $FeSO_4 \cdot 7H_2O$ werden in Wasser gelöst, die Lösung wird mit 50 ml Schwefelsäure (1,84) versetzt und auf 1 l aufgefüllt.

Säuregemisch: 600 ml Salpetersäure (1 + 1) und 300 ml Schwefelsäure (1,84) werden gemischt und 30 ml Salzsäure (1 + 1) hinzugefügt.

Kaliumpermanganatlösung: 25 g Kaliumpermanganat werden in 1 l Wasser gelöst.

Eisen(II)-sulfatlösung für die Reduktion: 50 g Eisen(II)-sulfat werden in 800 ml Wasser gelöst und 200 ml Schwefelsäure (1,84) hinzugegeben.

Kaliumnitritlösung: 12,5 g Kaliumnitrit werden in 1 l Wasser gelöst.

Bemerkung. Von nicht löslichen Schlacken usw. schließt man 0,5 g mit Natriumperoxyd und etwas Natriumkaliumcarbonat im Alsinttiegel oder Reinnickeltiegel auf. Die in Wasser gelöste Schmelze wird mit verdünnter Schwefelsäure angesäuert, dann werden 40 ml Schwefelsäure (1 + 1) im Überschuß hinzugegeben und durchgekocht. Die Analyse wird, wie oben beschrieben, weitergeführt.

Verwiesen sei noch auf die in Bd. I, Schiedsanalysen, 2. Aufl., S. 384, aufgeführte potentiometrische Bestimmungsmethode des Vanadins nach BLUMENTHAL. Die Methode ist auch für Betriebszwecke sehr geeignet.

Als Potentiometer kann auch die von DICKENS-THANHEISER für die Chrombestimmung im Ferrochrom angegebenene Apparatur verwendet werden.

Literatur. LANG, R., u. F. KURTZ: Z. analyt. Chem. Bd. 86 (1931) S. 288. — DICKENS, P., u. G. THANHEISER: Arch. Eisenhüttenwes. Bd. 6 (1932/33) H. 9, S. 379—388.

2. Das Verfahren nach E. Campagne

Grundlage. Das Vanadin wird durch mehrmaliges Eindampfen der schwefelsauren Lösung mit Salzsäure reduziert und anschließend mit Kaliumpermanganat nach Zusatz von Phosphorsäure titriert.

$$V_2O_5 + 2HCl = V_2O_4 + H_2O + Cl_2$$

$$5V_2O_4 + 2KMnO_4 + 3H_2SO_4 = 5V_2O_5 + 3H_2O + 2MnSO_4 + K_2SO_4$$

Anwendungsbereich und Bedeutung. In der Praxis wird dieses Verfahren nur noch wenig angewendet, da es nicht immer zuverlässige Werte ergibt.

Genauigkeit. 3.

Dauer. 4 bis 5 Std.

Ausführung. 0,3 g Ferrovanadin werden in einem 1 l-ERLENMEYER-Kolben mit 30 ml Schwefelsäure (1 + 2) versetzt. Dann gibt man anteilweise 15 ml Salpetersäure (1 + 1) hinzu und läßt langsam in der Wärme lösen. Sobald die Lösung vollständig ist, setzt man noch etwa 10 Tropfen Salzsäure (1 + 1) hinzu und dampft bis zum Auftreten von Schwefelsäuredämpfen ein. Die erkaltete Lösung wird darauf mit 50 ml Salzsäure (1 + 1) versetzt und wie vorher eingedampft. Dies wird noch 2 mal wiederholt. Schließlich bringt man, um die Salzsäure restlos zu entfernen, die Schwefelsäure für kurze Zeit zu stärkerem Rauchen, deckt den Kolben mit einem Uhrglas ab, verdünnt die erkaltete Lösung mit Wasser auf 300 ml, erwärmt sie und gibt 5 ml Phosphorsäure (1,7) hinzu. Nun titriert man bei 70° mit etwa n/10-Kaliumpermanganatlösung, bis die Farbe der Lösung von Blau über Grün nach Gelb und endlich nach Braun umschlägt.

Die Titerstellung ist mit einer Analysenkontrollprobe etwa gleicher Zusammensetzung wie das zu untersuchende Material nach demselben Arbeitsgang durchzuführen.

Fehlerquellen. Beim Zugeben der Salzsäure zur eingedampften schwefelsauren Lösung darf keine starke Erhitzung auftreten, da sich sonst etwas Vanadin als $VOCl_3$ verflüchtigen kann; es ist daher bis zum Abkühlen zu warten. Mehr als 3mal mit Salzsäure abzudampfen ist nicht angebracht, da dann die Reduktion über die 4wertige Stufe hinausgehen könnte und somit zuviel Permanganat verbraucht werden würde. Eine genaue Einhaltung der Analysenvorschrift ist deshalb geboten.

Literatur. CAMPAGNE, E.: Ber. dtsch. chem. Ges. Bd. 36 (1903) S. 3164. — LANG, R., u. F. KURTZ: Z. analyt. Chem. Bd. 86 (1931) S. 288—303.

3. Das photometrische Verfahren nach Pinsl

Grundlage. Wasserstoffperoxyd färbt eine salpetersaure Vanadinlösung rotgelb durch Bildung von $(VO_2)(NO_3)_2$. Die Tiefe der Färbung entspricht dem Vanadingehalt der Lösung.

Anwendungsbereich und Bedeutung. Das Verfahren ist für die Vanadinbestimmung in Schlacken und Rückständen anwendbar, kann aber auch zur Betriebsanalyse von Ferrovanadin und Vanadinsäure dienen.

Genauigkeit. 2 bis 3 (je nach dem Vanadingehalt).

Dauer. 20 bis 30 min.

Ausführung a. *Sofern ein Aufschluß mit Natriumperoxyd nötig ist*, betragen die Einwaagen: von Ferrovanadin oder Vanadinsäure 0,3 g; von Vanadinschlacke 0,5 g; von Schlackenrückständen 1,0 g.

Die Einwaage wird im Eisen- oder Nickeltiegel (etwa 4,5 cm Höhe und 4 bis 4,5 cm obere lichte Weite) mit 10 g Natriumperoxyd innig vermischt. Die Mischung wird erst über kleiner Flamme langsam vorgewärmt und dann bei der vollen Flamme eines guten Bunsen- oder Teclubrenners bis zur klaren Schmelze erhitzt, d. h. bis alle dunklen Klumpen aufgelöst sind. Dazu genügt mittlere Rotglut und eine Zeit von etwa 5 min. Danach kühlt man den Tiegel durch Eintauchen in kaltes Wasser ab, bringt ihn in ein 400 ml-Becherglas und übergießt ihn mit etwa 100 ml Wasser. Falls nötig, erwärmt man, bis vollständige Zersetzung eingetreten ist, nimmt sodann den Tiegel aus der Lösung und spült ihn außen und innen gründlich ab. Der schwarze Belag auf der Innenseite des Nickeltiegels braucht nicht entfernt zu werden. Bei aufgelegtem Uhrglas wird die Aufschlußlösung nun vorsichtig mit 30 ml Salpetersäure (1,40) und darauf mit 15proz. Wasserstoffperoxydlösung versetzt, bis sich der Niederschlag (MnO_2) eben auflöst. Man kocht einige min, bis eine klare gelbe oder grüne Lösung entstanden ist, spült diese in einen 500 ml-Meßkolben über und füllt nach dem Abkühlen zur Marke auf. Die klare Stammlösung vom Aufschluß im Nickeltiegel kann sofort verwendet werden, während die Lösung vom Aufschluß im Eisentiegel partiell filtriert werden muß. Bei Ferrovanadin und Vanadinsäure mißt man 25 ml (= 0,015 g Einwaage) ab; bei Vanadinschlacken und -rückständen werden jeder Probe 2 Abmessungen von je 100 ml (= 0,1 bzw. 0,2 g Einwaage) entnommen, die man jede für sich in zwei 250 ml-Meßkolben aus Jenaer Glas mit Schliffstopfen bringt. Sodann gibt man zu der einen Abmessung 1 bis 2 Tropfen Kaliumpermanganatlösung (10 g/l), bis eine schwache Rotfärbung bestehenbleibt. Darauf werden in beide Kolben hintereinander je 50 ml Salpetersäure-Phosphorsäure-Mischung [220 ml Salpetersäure (1,40) und 220 ml Phosphorsäure (1,7) werden mit Wasser zu 1 l aufgefüllt] und 40 ml Natriumfluoridlösung (25 g/l, vom Unlöslichen abfiltriert) zugesetzt. Verschwindet dabei in dem einen Kolben die Permanganatfärbung, so ruft man sie durch Zugeben weiterer Tropfen Permanganatlösung wieder hervor, bis die schwache Rotfärbung mindestens 1 min bestehenbleibt. In den gleichen Kolben werden dann 4 ml 1proz. Wasserstoffperoxydlösung gebracht. Nun füllt man beide

Kolben zur Marke auf und schüttelt sie mit aufgesetztem Schliffstopfen kräftig. Beide Lösungen werden sodann im Photometer in 50 mm-Küvetten im Spektralbereich von 450 mμ gegeneinander photometriert, nachdem man vorher den „Küvettenwert" Wasser gegen Wasser festgestellt hat, der dann bei der gemessenen Extinktion berücksichtigt werden muß. Man entnimmt die Gehalte aus festgelegten Eichkurven.

Fehlerquellen. Bei hohem Vanadingehalt ist die Genauigkeit der Messung von größter Bedeutung. Bei der Analyse von Ferrovanadin und Vanadinsäure z. B. wirken sich schon kleine Extinktionsschwankungen sehr auf das Ergebnis aus. Die Zwischenschaltung eines Spannungsreglers ist deshalb bei manchen Geräten notwendig. Jede Verschmutzung der Küvetten beim Füllen oder Entleeren muß peinlichst vermieden werden. Die Reinigung der Küvetten erfolgt außen zweckmäßig mit Filtrierpapier. Für den Anfang empfiehlt es sich, jede Versuchsreihe mit einer Standardstammlösung zu vergleichen, um etwaige Änderungen des Eichfaktors, bedingt durch den Apparatezustand, die Temperatur usw., berücksichtigen zu können.

Bei der angegebenen Arbeitsweise stören Titan und Chrom nicht. Molybdän erst bei Gehalten über 5%; höhere Wolframgehalte dürfen nicht vorhanden sein.

Die Temperatur der Untersuchungslösungen soll möglichst nahe bei 20° gehalten werden. Die Lösungen müssen ganz klar sein. Bei Verwendung von gewöhnlichem Geräteglas können Trübungen auftreten (das Natriumfluorid greift gewöhnliches Glas an), was bei Jenaer Glas nicht der Fall ist. Es sind nur geeichte Meßgefäße zu verwenden.

Die Wasserstoffperoxydlösung, die nicht zu alt sein darf, bereitet man am besten frisch aus 29 Teilen Wasser und 1 Teil Perhydrol.

Ausführung b. *Sofern die Probe in Salpetersäure löslich ist,* werden z. B. 0,3 g Ferrovanadin in einem 500 ml-Meßkolben in 20 ml Salpetersäure (1 + 1) unter Erwärmen gelöst und die nitrosen Dämpfe unter Ersatz des verdampfenden Wassers durch Kochen verjagt. Nach dem Abkühlen füllt man die Lösung mit Wasser bis zur Marke auf und schüttelt sie kräftig durch. Sollte sie von ausgeschiedenem Siliciumdioxyd getrübt sein, so muß sie durch ein dichtes Faltenfilter filtriert werden. Aus dem klaren Filtrat oder der klaren Stammlösung entnimmt man 2mal 25 ml und behandelt diese Abmessungen genau wie bei a) weiter. Im übrigen ist die vollständige Auflösung des Vanadins in Salpetersäure Voraussetzung. Es darf kein grauschwarzer Rückstand verbleiben. Werden auch die unter a) geschilderten Fehlerquellen berücksichtigt, so läßt sich das photometrische Verfahren auch für die Analyse von Ferrovanadin im Betriebslaboratorium verwenden.

Literatur. Vorstehendes photometrisches Verfahren wurde von Pinsl, Amberg, zur Veröffentlichung zur Verfügung gestellt. Siehe auch Pinsl: Z. angew. Chem. Bd. 50 (1937) S. 115 bis 120 — Arch. Eisenhüttenwes. Bd. 11 (1937/38) S. 293—296 — Die Gießerei Bd. 27 (1940) S. 441—446.

II. Die Bestimmung des Kupfers

Grundlage. Das Kupfer wird durch Fällen mit Schwefelwasserstoff vom Vanadin getrennt, als Kupferoxyd gewogen oder elektrolytisch bestimmt.

Anwendungsbereich und Bedeutung. Das Verfahren dient zur Abtrennung des Kupfers von Vanadin und Eisen.

Genauigkeit. 1.

Dauer. 6 Std. für 2 Bestimmungen.

Ausführung. Da der Kupfergehalt des Ferrovanadins schwanken kann, verwendet man je nach seiner Höhe 1 bis 3 g Einwaage. Man löst die Probe mit Salpetersäure (1 + 1) unter Zusatz weniger Tropfen Salzsäure (1,19) und raucht die Lösung nach Zugeben von 20 ml Schwefelsäure (1 + 1) ab. Dann nimmt man die Sulfate mit Wasser auf, kocht und filtriert etwa ausgeschiedenes Siliciumdioxyd ab. Das Filtrat wird mit Schwefelwasserstoff gesättigt — bei einer Anfangstemperatur von etwa 70° — und der Sulfidniederschlag abfiltriert. Nach dem Auswaschen mit schwefelwasserstoffhaltigem Wasser verglüht man ihn im Porzellantiegel zu Kupferoxyd und wägt. Da das Oxyd selten ganz rein ist, löst man es in Salpetersäure (1 + 1), spült die Lösung in ein Becherglas über, macht sie nach dem Verjagen der Stickoxyde deutlich ammoniakalisch und säuert sie dann wieder mit Salpetersäure an. Nach Zusatz von 5 ml Salpetersäure (1,40) und 5 ml Schwefelsäure (1 + 2) und nach dem Verdünnen auf 150 ml wird das Kupfer elektrolytisch abgeschieden.

Fehlerquellen und ***Literatur.*** Siehe Kapitel Kupfer, S. I/376.

Kapitel 41

Wismut*

Inhalt

*	1. Auflage	2. Auflage
Bearbeiter:	**Ensslin**	**Dreyer**
Mitarbeiter:	**Blumenthal, Boy, Leutwein**	**Borkenstein**

A. Vorkommen

Das Wismut kommt in Form von Wismutmineralien vor, aus denen das Metall technisch gewonnen wird. Ein großer Teil des Wismuts wird als Nebenprodukt bei der Gewinnung anderer Metalle erzeugt.

Die wichtigsten Wismutmineralien sind neben gediegenem Wismut der *Wismutocker* (Bi_2O_3) und der *Wismutglanz* (Bi_2S_3). Ferner tritt es als Nebenbestandteil einer größeren Anzahl von Fahlerzen und Kiesen in Form von Doppelsulfiden auf, z. B. als *Bleiwismutglanz* und *Kupferwismutglanz.* Auch *basisches Wismutcarbonat,* ein wechselndes Gemenge verschiedener carbonatischer und oxydischer Wismutverbindungen, ist zu erwähnen. Daneben ist noch eine Gruppe von *Wismutsilicaten* verschiedener Zusammensetzung bekannt.

B. Qualitativer Nachweis

Zum Nachweis *auf trockenem Wege* bringt man die zu untersuchende Probe, gemischt mit Soda und Schwefel, in die Vertiefung einer Buchenholzkohle und erhitzt das Gemisch durch seitliches Aufblasen mit dem Lötrohr so, daß die sich entwickelnden Dämpfe auf der Kohle entlang streifen. Ist Wismut vorhanden, so bildet sich auf der Kohle ein an den Rändern blauweiß gefärbter, tief orangeroter Beschlag, welcher für Wismut charakteristisch ist. Beim Betupfen desselben mit Kaliumjodidlösung und Anblasen mit dem Lötrohr tritt eine ziegelrote Färbung auf.

Bei der Prüfung *auf nassem Wege* löst man die Probe in Salpetersäure (1 + 1) und raucht die Lösung mit Schwefelsäure ab. Nach dem Erkalten nimmt man den Rückstand mit 5 ml Wasser und 20 ml Salzsäure (1 + 2) auf und filtriert vom Ungelösten ab. In das Filtrat wird Schwefelwasserstoff eingeleitet. Man filtriert die abgeschiedenen Sulfide ab, extrahiert sie auf dem Filter mit warmer, 5proz., gelber Ammoniumsulfidlösung und wäscht anschließend mit Wasser nach. Die zurückgebliebenen Sulfide löst man in Salpetersäure und filtriert vom ausgeschiedenen Schwefel ab. Das Filtrat wird mit Ammoniak neutralisiert und das Wismut durch Zugeben von einigen Körnchen Ammoniumcarbonat und Kochen als basisches Wismutcarbonat ausgefällt. Nach dem Filtrieren und Auswaschen wird dieser Niederschlag in Salzsäure gelöst und die Lösung mit Kaliumjodid versetzt. Eine Gelbfärbung zeigt Wismut an.

C. Untersuchungen bei der Gewinnung des Wismutmetalls

Ein Teil des Wismuts wird heute im Anschluß an das elektrolytische Raffinationsverfahren des Bleies gewonnen, bei dem es sich im Anodenschlamm ansammelt. Aus diesem Schlamm stellt man durch chemische Verfahren reines Wismutoxychlorid her, das dann einem reduzierenden Schmelzprozeß unterworfen wird. Ein weiterer Teil des Wismuts fällt bei der Behandlung des Bleies mit einer Calcium-Magnesium-Legierung als bleihaltige Wismut-Calcium-Magnesium-Legierung an, aus der das Wismut durch Chlorieren der übrigen mitvorkommenden Metalle und durch eine gegebenenfalls dazwischengeschaltete Elektrolyse gewonnen wird.

I. Wismutbestimmungen in wismutreichen Erzen

1. Der Aufschluß der Erze

Ist die zu untersuchende Probe in Säuren löslich, so versetzt man 0,5 bis 1 g des Erzes mit 10 ml Königswasser und dampft nach eingetretener Zersetzung die Lösung mit Salzsäure auf dem *Wasserbad* 2mal zur Trockne, so daß das Siliciumdioxyd unlöslich und die Salpetersäure entfernt wird. Nun wird der Rückstand mit 20 ml Salzsäure (1 + 2) aufgenommen, die Lösung mit Wasser auf 50 ml verdünnt und das Unlösliche abfiltriert. Hierbei ist darauf zu achten, daß genügend Salzsäure vorhanden ist, um die Bildung basischen Wismutchlorids zu verhindern, das sonst bei dem Siliciumdioxyd verbliebe. Der Rückstand wird mehrmals mit Salzsäure (1 + 3) und zuletzt mit Wasser ausgewaschen. In das Filtrat (etwa 150 ml) leitet man bei ungefähr 70° Schwefelwasserstoff bis zum Erkalten ein, filtriert die Sulfide ab und behandelt sie mit 20 ml Natriumpolysulfidlösung (100 g $Na_2S \cdot 9H_2O$ + 0,5 g elementarer Schwefel/l), um Arsen, Antimon und Zinn als Sulfosalze in Lösung zu bringen. Man filtriert nach dem Verdünnen auf 100 ml und wäscht die ungelösten Sulfide mit etwas natriumpolysulfidhaltigem Wasser aus. Sie werden nun mit Salpetersäure gelöst. Die Lösung versetzt man mit 10 ml Schwefelsäure (1 + 1) und dampft sie, um das Blei abzuscheiden, bis zum Auftreten starker Schwefelsäuredämpfe ein. Dann wird mit 50 ml Wasser, das 5 proz. Schwefelsäure enthält, verdünnt, aufgekocht und wieder abgekühlt. Darauf filtriert man das Bleisulfat ab und wäscht es erst mit Schwefelsäure (1 + 5), anschließend noch mit Schwefelsäure (1 + 9) wismutfrei aus. Völlig wismutfrei wird das Bleisulfat nur durch Wiederauflösen in Salpetersäure und erneutes Abrauchen mit Schwefelsäure. Das Bleisulfat kann zur Bestimmung des Bleies verwendet werden. Das Filtrat wird mit so viel Ammoniak (1 + 1) versetzt, bis eben eine bleibende Trübung entsteht, und die Wismutfällung durch Zugeben von 10 ml Ammoniumcarbonatlösung (100 g/l) zu basischem Carbonat vervollständigt. Man kocht, bis die Lösung nur noch schwach nach Ammoniak riecht, filtriert und wäscht den Niederschlag mit 1% Ammoniumcarbonat enthaltendem Wasser aus.

Bei *bleifreien* Erzen kann man nach dem Lösen des Erzes in Königswasser die Lösung unmittelbar mit Schwefelsäure bis zum Auftreten von Schwefelsäuredämpfen erhitzen, mit 100 ml Wasser unter Zusatz von 10 ml Schwefelsäure (1 + 1) verdünnen und den Rückstand abfiltrieren. Das Filtrat wird wie oben weiterbehandelt, wobei sich selbstverständlich ein Abrauchen der salpetersauren Lösung der Sulfide mit Schwefelsäure zur Abscheidung des Bleies als Sulfat erübrigt. Man fällt das Wismut unmittelbar in der salpetersauren Lösung als basisches Carbonat aus.

Enthalten die Erze *größere Mengen Verunreinigungen*, wie z. B. bei wismutreichen Zinn- und Wolframerzen, so läßt sich das Wismut in dem feingeriebenen Material im allgemeinen auch mit Königswasser herauslösen. Doch besteht dabei die Gefahr eines Wismutverlustes dadurch, daß der Rückstand Wismut zurückhält. Deshalb ist es zweckmäßig, solche Erze durch Schmelzen aufzuschließen. Man schmilzt 1,25 g im eisernen Tiegel mit der 10- bis 20fachen Menge Natriumperoxyd, laugt die Schmelze mit Wasser aus und entfernt den Tiegel. Die Lösung wird durch vorsichtiges Zugeben von Salzsäure (1,19) angesäuert und zum Kochen erhitzt, bis das Chlor vertrieben ist. Man filtriert nach entsprechender Verdünnung und leitet in das erwärmte Filtrat Schwefelwasserstoff bis zum Erkalten ein. Die abgeschiedenen Sulfide behandelt man darauf, wie oben angegeben.

Als *Arbeitszeit* vom Aufschluß mit Säuren bis zur Fällung des basischen Wismutcarbonats rechnet man 6 bis 8 Std., bei Schmelzaufschluß 5 Std.

Genauigkeit. 2.

2. Die Bestimmung als Wismutoxyd

Grundlage. Das bei den Aufschlüssen erhaltene basische Wismutcarbonat wird mit Salpetersäure gelöst, nochmals mit Ammoniumcarbonat ausgefällt, im Porzellanfiltertiegel gesammelt und durch Glühen in Wismutoxyd umgewandelt. Man kann das ungefällte basische Carbonat auch in Salpetersäure lösen, die Lösung in einem Porzellantiegel zur Trockne dampfen und das Wismutnitrat zu Oxyd glühen.

Anwendungsbereich und Bedeutung. Diese bei größeren Wismutmengen zumeist angewandte Bestimmungsmethode setzt eine große Reinheit des ausgefällten basischen Carbonats voraus.

Genauigkeit. 1.

Dauer. 3 bis 4 Std.

Ausführung. Das nach den verschiedenen Aufschlußmethoden erhaltene basische Wismutcarbonat, welches noch geringe Mengen basischen Sulfats enthalten kann, wird mit warmer Salpetersäure (1 + 2) vom Filter gelöst. Die Lösung neutralisiert man mit Ammoniak bis zur Bildung einer Trübung und versetzt sie dann mit 10 ml Ammoniumcarbonatlösung (100 g/l). Nach dem Kochen (die Lösung darf nur noch wenig nach Ammoniak riechen!) wird der Niederschlag unter Dekantieren mit Ammoniumcarbonatlösung (10 g/l) auf einen Porzellantiegel abfiltriert und mit der angegebenen Waschlösung ausgewaschen. Das umgefällte Wismutcarbonat wird entweder direkt zu Oxyd verglüht oder in Salpetersäure gelöst und die Lösung im gewogenen Porzellantiegel zunächst auf dem Wasserbad und anschließend auf einer Heizplatte zur Trockne gedampft. Beim Glühen bei 800° geht das Wismutnitrat in Wismutoxyd über. (Umrechnungsfaktor auf Bi = 0,8970.)

Fehlerquellen. Das gewogene Oxyd muß sich klar in Salpetersäure lösen, sonst können Siliciumdioxyd oder Zinnoxyd vorhanden sein. Kocht man die Lösung mit Ammoniumcarbonat, so zeigt ein bläulich gefärbtes Filtrat Vorhandensein von Kupfer an. Die salpetersaure Lösung des Oxyds darf mit Silbernitrat keine Chlorreaktion und mit Bariumnitrat keine Sulfatreaktion ergeben. — Veraschen und Glühen des auf ein Papierfilter abfiltrierten Niederschlages ist nicht zu empfehlen, da hierbei zu niedrige Werte gefunden werden.

Literatur. ROSE, H.: Handbuch der analytischen Chemie, 2. Bd. (1851) S. 177.

3. Die Bestimmung als Wismutphosphat

Grundlage. Das nach dem Aufschluß erhaltene Wismutcarbonat wird in einem kleinen Überschuß von Salpetersäure gelöst und mit Diammoniumhydrogenphosphat als Wismut(III)-phosphat — $BiPO_4$ — gefällt, geglüht und gewogen.

Genauigkeit. 1.

Dauer. 4 Std.

Ausführung. Man löst das erhaltene basische Wismutcarbonat in Salpetersäure (1 + 1), versetzt die weniger als 100 ml betragende Lösung vorsichtig mit Ammoniak (0,91), bis ein schwacher Niederschlag entsteht, und löst diesen wieder durch Zugeben von 10 ml Salpetersäure (1 + 1). Dann erhitzt man die klare Flüssigkeit zum Kochen und fällt während des Siedens mit einer Diammoniumhydrogenphosphatlösung (100 g/l), die man anfangs tropfenweise unter Rühren zufließen läßt, um einen grobkristallinischen Niederschlag zu erhalten. Es ist ein erheblicher Überschuß des Fällungsmittels nötig; bei 0,05 g Wismut nimmt man 20 ml, bei 0,4 bis 0,5 g 60 ml der Phosphatlösung. Nach dem Fällen läßt man absitzen, gießt die klare Flüssigkeit ab, dekantiert den Niederschlag 2mal mit heißem Wasser, sammelt ihn auf einem Porzellanfiltertiegel, wäscht ihn völlig aus, trocknet und glüht ihn bei 400 bis 500°. (Umrechnungsfaktor von $BiPO_4$ auf Bi = 0,6876.)

Fehlerquellen. Eine quantitative Trennung des Wismuts vom Blei ist durch die Phosphatfällung nicht zu erzielen. Die Fällung ist im übrigen nur in Abwesenheit von Chlor- und Sulfationen vollständig.

Literatur. MOSER, L.: Z. analyt. Chem. Bd. 45 (1906) S. 21. — LUFF, G.: Chemiker-Ztg. Bd. 47 (1923) S. 133.

4. Die Bestimmung als Wismutoxychlorid

Grundlage. Beim starken Verdünnen einer salzsauren Wismutlösung fällt das Wismut als Wismutoxychlorid (BiOCl) aus, das leicht filtrierbar ist und nach dem Trocknen bei 105° genau der chemischen Formel entspricht.

Anwendungsbereich und Bedeutung. Während die beiden vorhergehenden Abscheidungen des Wismuts aus salpetersauren Lösungen vorgenommen werden müssen, ist die Abscheidung als Wismutoxychlorid in salzsaurer Lösung auszuführen.

Genauigkeit. 1.

Dauer. 4 Std.

Ausführung. Für die Durchführung dieser Methode können die unter C. I. 1., S. 860ff., beschriebenen Verfahren angewendet werden. Die durch Lösen der Sulfide in Salpetersäure erhaltene Lösung wird so weit eingeengt, daß der Schwefel reingelb ist. Nach dem Filtrieren verdünnt man sie mit Wasser auf etwa 100 ml und stumpft mit Ammoniak bis zur ganz schwach sauren Reaktion ab. Bei Gegenwart von viel Wismut tritt hierbei bereits eine leichte Fällung ein, die jedoch nicht stört. Darauf fügt man 2 bis 5 ml Salzsäure (1 + 1) hinzu, verdünnt mit heißem Wasser auf etwa 500 ml und läßt den Niederschlag auf dem Wasserbad absitzen, bis die überstehende Flüssigkeit klar ist. Man filtriert heiß auf ein dichtes Filter und wäscht den Niederschlag mit heißem Wasser aus. Er wird sodann mit warmer Salzsäure (1 + 1) durch das Filter in das Fällungsgefäß zurückgelöst. Das Filter wäscht man mit schwacher Salzsäure und heißem Wasser aus, dampft die Lösung auf dem Wasserbad auf 2 ml ein und verdünnt sie anschließend mit heißem Wasser auf 500 ml. Dabei fällt das Wismut als reines Wismutoxychlorid aus. Man läßt es wie oben absitzen, sammelt es in einem Filtertiegel, wäscht mit heißem Wasser aus und trocknet es 2 Std. bei 105°. Faktor des BiOCl auf Bi = 0,8024.

Fehlerquellen. Silber muß vorher abgetrennt werden, da es sonst als Chlorid in den Niederschlag geht.

Literatur. ROSE, H.: Poggend. Ann. Bd. 110 (1860) S. 425. — JELLINEK u. KÜHN: Z. physik. Chem. Bd. 105 (1923) S. 338.

5. Die elektrolytische Bestimmung als Metall

Grundlage. Die elektrolytische Bestimmung des Wismuts stößt insofern auf gewisse Schwierigkeiten, als das Normalpotential des Wismuts sehr nahe bei dem des Wasserstoffs liegt. Das Metall neigt infolge gleichzeitiger Wasserstoffabscheidung dazu, sich schwammig abzuscheiden. Man vermeidet dies dadurch, daß man entweder mit begrenzter Abscheidungsspannung oder Depolarisation der Wasserstoffentwicklung oder aber mit komplexbildenden Zusätzen arbeitet.

Genauigkeit. 2.

Dauer. 1 Std.

Ausführung. Man löst das basische Wismutcarbonat in 10 ml Salpetersäure (1 + 2) und versetzt die Lösung mit 10 g Kaliumoxalat und 5 g Kaliumnatriumtartrat. Aus dieser Lösung läßt sich das Wismut bei 75° schnellelektrolytisch unter Rühren (Tourenzahl 1200 U/min) mit einer Stromstärke von 0,7 bis 0,8 A in etwa 15 min abscheiden. Nach entsprechender Elektrolyse wäscht man die Elektrode mit Äthanol und anschließend mit Äther und trocknet sie mit dem Fön. Das Elektrolysat prüft man durch Zugeben von Ammoniak und Ammoniumsulfid auf Vollständigkeit der Fällung.

Literatur. SCHLEICHER, A.: Elektroanalytische Schnellmethoden, S. 87—89. Verlag Enke 1947.

6. Die potentiometrische Bestimmung mit Titan(III)-chlorid

Grundlage. Titan(III)-chlorid reduziert in saurer Lösung das Wismut(III) zu Metall, entsprechend der Umsetzung:

$$\mathrm{Bi(III)} + 3\,\mathrm{Ti(III)} \rightarrow \mathrm{Bi} + 3\,\mathrm{Ti(IV)}$$

Anwendungsbereich und Bedeutung. Die Methode eignet sich zur raschen Bestimmung des Wismuts in reinen Lösungen.

Genauigkeit. 1.

Dauer. 30 min.

Ausführung. Das im Laufe des Analysenganges erhaltene basische Wismutcarbonat wird in möglichst wenig Salz- oder Schwefelsäure gelöst. Die Lösung wird mit 2 bis 5 ml Eisessig, 4 g Weinsäure und 8 bis 15 g Ammoniumacetat versetzt und auf 200 bis 400 ml verdünnt. Dann erhitzt man sie auf 80° und titriert das Wismut in einer Kohlendioxydatmosphäre mit einer eingestellten Lösung von Titan(III)-chlorid bis zum Potentialsprung.

Über die Herstellung und Aufbewahrung der Titan(III)-chloridlösung s. Kapitel Lösungen.

Der Potentialsprung ist sehr genau schon mit einem Tropfen der Titrationsflüssigkeit zu erreichen und beträgt in essigsaurer Lösung 200 mV. Als Elektrode verwendet man einen Platindraht, der über dem Rührflügel angeordnet ist und auf diesem schleifen muß, da er sich sonst mit metallischem Wismut überziehen und ein falsches Potential anzeigen würde. Der Platindraht muß nach jeder Titration mit heißer konz. Chromschwefelsäure gereinigt und dann ausgeglüht werden. Als Vergleichselektrode verwendet man eine Kalomelzelle mit gesättigter Kaliumchloridlösung.

Wismut läßt sich auch in Gegenwart von Blei nach dieser Methode bestimmen, nur muß genügend Natriumacetat vorhanden sein, um das Blei in Lösung zu halten.

Fehlerquellen. Silber und Kupfer dürfen nicht vorhanden sein.

Literatur. ZINTL, E., u. A. RAUCH: Z. anorg. allg. Chem. Bd. 139 (1924) S. 397. — KOLTHOFF, J.: Riv. Trav. chim. Bd. 43 (1924) S. 768.

II. Wismutbestimmungen in wismutarmen Erzen (Bis zu einem Wismutgehalt von etwa 0,5%)

1. Anreicherungsverfahren

Zur Bestimmung des Wismuts in wismutarmen Erzen und Aufbereitungsprodukten ist man gezwungen, mit großen Einwaagen zu arbeiten. Es empfiehlt sich dann, ein Anreicherungsverfahren vorangehen zu lassen. Diese Anreicherungsverfahren können darin bestehen, daß man entweder einen Teil der Begleitelemente durch geeignete Maßnahmen verflüchtigt und das so angereicherte Wismut leichter abtrennen kann, oder daß man durch geeignete Fällungsmethoden das Wismut in kleinen Niederschlägen sammelt und diese durch Abfiltrieren von großen Mengen der Begleitmetalle trennt.

a) Das Verfahren mit Brom-Bromwasserstoffsäure

Das Verfahren ist nur dann zu empfehlen, wenn größere Mengen von *säurelöslichen* Zinn-, Antimon- und Arsenverbindungen vorliegen, die von kleineren Mengen Wismut zu trennen sind. Ist viel Zinn als säureunlöslicher Zinnstein vorhanden, so wird man zweckmäßig das Verfahren b) anwenden.

5 g des zu untersuchenden Erzes werden mit 20 ml Bromwasserstoffsäure (1,488) und 3 g Brom versetzt und erwärmt. Man benutzt dafür eine Porzellanschale, in der die Lösung dann zur Trockne gedampft wird. Den Rückstand behandelt man nochmals mit 10 ml Bromwasserstoffsäure und 1 g Brom und erhitzt schließlich den beim Eindampfen verbliebenen Rückstand 30 min im Trockenschrank auf 130°. Der letzte Rest der Sulfosalzbildner wird hierbei verflüchtigt. Dann übergießt man den erkalteten Rückstand mit 5 ml Salpetersäure (1,40), dampft die Lösung zur Trockne, nimmt anschließend mit Salzsäure (1 + 2) auf und

filtriert vom Ungelösten ab. Das Filtrat wird mit Harnstoff versetzt und in der Kälte mit Schwefelwasserstoff gesättigt, wobei neben Wismut das Blei und Kupfer ausfallen. Die Sulfide werden abfiltriert und in Salpetersäure gelöst; die Lösung wird mit Schwefelsäure abgeraucht. Nach dem Aufnehmen mit Wasser filtriert man das Bleisulfat ab, wäscht es erst mit wenig Schwefelsäure (1 + 5), anschließend mit Schwefelsäure (1 + 9) aus und fällt im Filtrat, welches mit Ammoniak bis zur beginnenden Trübung neutralisiert wurde, das Wismut als basisches Carbonat aus.

Dauer. 6 Std.

Bemerkung. Die Genauigkeit dieses Verfahrens leidet darunter, daß beim Erhitzen der Bromide auf 130° u. U. ein geringer Verlust von flüchtigem Wismutbromid zu befürchten ist.

b) Das Auszementieren des Wismuts

Liegt wismutarmes Erz, Flugstaub oder ein Rückstand vor, der in Säuren nur z. T. löslich ist, so schmilzt man 2 bis 3 g des Materials mit der 6- bis 10fachen Menge Natriumperoxyd und löst die Schmelze in Wasser. Nach dem Ansäuern der Lösung mit 50 ml Salzsäure (1,19) gibt man einige g Ferrum reductum hinzu. Dadurch werden Wismut, Kupfer, Arsen und Antimon ausgefällt, während das Blei und Zinn in Lösung bleiben. Nach dem Filtrieren wird das Filter mit dem Niederschlag in das Fällungsgefäß zurückgebracht und mit 25 ml einer Mischung aus gleichen Teilen Schwefelsäure (1,84) und Salpetersäure (1,40) bis zum Klarwerden der Lösung erhitzt. Nach dem Erkalten verdünnt man mit 100 ml Wasser und leitet in die schwefelsaure Lösung bei 60 bis 80° Schwefelwasserstoff bis zur Sättigung ein. Die abfiltrierten Sulfide werden mit Schwefelwasserstoffwasser ausgewaschen. Gegebenenfalls muß das Antimon- und Arsensulfid nun mit Natriumpolysulfidlösung abgetrennt werden. Die Trennung des Wismuts vom Kupfer erfolgt durch Fällung mit Ammoniak und Ammoniumcarbonat; bei größeren Kupfermengen fällt man besser um. Das Wismut bestimmt man photometrisch (s. unten).

Genauigkeit. 2.

Dauer. 5 Std.

c) Die Abtrennung des Wismuts mit Quecksilberoxyd

Grundlage. Das Verfahren beruht darauf, daß beim Neutralisieren mit Quecksilber(II)-oxyd die 3- und 5wertigen Metalle aus salpetersaurer Lösung als basische Salze ausfallen, während die 1- und 2wertigen Metalle in Lösung bleiben.

Anwendungsbereich und Bedeutung. Das Verfahren dient zur Abtrennung kleiner Mengen Wismut von großen Mengen anderer Metalle, vor allem von Blei, Kupfer und Zink.

Genauigkeit. 1.

Dauer. 3 Std.

Ausführung. Das Probegut wird mit Salpetersäure gelöst und ein verbliebener Rückstand abfiltriert. Man versetzt die heiße Lösung so lange mit Natriumcarbonatlösung, bis sie nach dem Verkochen des Kohlendioxyds gegen Methylorange noch eben deutlich sauer reagiert. Ihr Volumen soll schließlich etwa 100 ml betragen. Sodann fügt man zu der heißen Flüssigkeit, die gegebenenfalls von bereits gefälltem, basischem Wismutnitrat getrübt ist, so viel aufgeschlämmtes Quecksilberoxyd hinzu, daß nach dem Aufkochen ein geringer Überschuß zu erkennen ist.

Das Neutralisationsmittel wird auf nassem Wege durch Fällen von Quecksilber(II)-chloridlösung mit reinem Natriumhydroxyd und häufiges Dekantieren des Niederschlages mit Wasser bis zur neutralen Reaktion der Waschflüssigkeit hergestellt. Das Quecksilber(II)-oxyd wird, mit Wasser aufgeschlämmt, in die Vorratsflasche gebracht.

Die Analysenlösung wird nun auf etwa 250 ml verdünnt und gekühlt. Der Niederschlag wird, nachdem er sich abgesetzt hat, auf ein Weißbandfilter abfiltriert und mit kaltem, eine geringe Menge von Kaliumnitrat enthaltendem Wasser so lange gewaschen, bis das Filtrat keine Verfärbung mit Schwefelwasserstoff mehr zeigt. Er ist nun frei von Blei, Kupfer, Zink und Silber (bei Silber ist Voraussetzung, daß chloridfreie Reagenzien verwendet werden), und wird in das Fällungsgefäß zurückgespritzt, in dem man ihn durch Kochen mit Salpetersäure in Lösung bringt. In der salpetersauren Lösung kann jetzt das Wismut entweder als Phosphat gefällt oder bei geringerer Menge nach Abrauchen der Flüssigkeit mit 5 ml Schwefelsäure (1,84) photometrisch bestimmt werden. In beiden Fällen stört die Anwesenheit von Quecksilbersalzen nicht.

Fehlerquellen. Antimon und Zinn stören die Bestimmung und müssen entfernt werden.

Literatur. BLUMENTHAL, H.: Z. analyt. Chem. Bd. 78 (1929) S. 206ff.

d) Die Abtrennung des Wismuts durch die Blumenthalsche Permanganatmethode

Diese Methode dient zur Abscheidung kleiner und bei entsprechend großen Einwaagen auch kleinster Mengen von Wismut, Zinn, Antimon und einiger seltener Metalle von großen Mengen anderer Metalle durch die Bildung eines Niederschlages von Manganoxydhydrat in salpetersaurer Lösung. Dieser Niederschlag, der in ganz schwach salpetersaurer Lösung durch Reaktion von Mangannitrat mit Permanganat erzeugt wird, adsorbiert bei ein- bzw. mehrmaliger Ausführung selbst kleinste Mengen obiger Metallverbindungen.

Der Niederschlag wird nach dem Auswaschen mit heißem Wasser in verdünnter Salzsäure unter Zusatz von etwas Wasserstoffperoxydlösung gelöst. Zur Lösung setzt man etwas Bromsalzsäure hinzu, verkocht das Brom und dampft unter Zugeben von 2 g Natriumsulfit auf etwa 20 ml ein. Dann verdünnt man die Lösung auf 150 ml und sättigt sie bei ungefähr 70° mit Schwefelwasserstoff. Der Niederschlag wird abfiltriert, mit Natriumpolysulfidlösung ausgezogen und in Salpetersäure gelöst. Falls noch Spuren von Blei vorhanden sind, trennt man es als Bleisulfat ab. Die Trennung des Wismuts vom Kupfer erfolgt mit Ammoniak und Ammoniumcarbonat. Das reine basische Wismutcarbonat dient dann zur photometrischen oder gewichtsanalytischen Bestimmung des Wismuts.

Die Ausführung der BLUMENTHALschen Fällungsmethode ist aus dem Kapitel Kupfer, S. I/388, oder Kapitel Cadmium, S. I/251, zu ersehen.

Genauigkeit. 1.

Dauer. 10 Std.

2. Photometrische Bestimmung kleiner Wismutmengen

a) Mit Kaliumjodid

Als Beispiel soll *die Wismutbestimmung in Bleierzen* dienen.

Grundlage. Beim Schmelzen der Erze mit reduzierenden Flußmitteln wird das Wismut zusammen mit dem Blei zu Metall reduziert. Verschlackt man den Bleiregulus im Ansiedescherben, so wird, da die Affinität des Wismuts gegenüber dem Sauerstoff geringer ist als die des Bleies, wohl ein Teil des Bleies oxydiert, aber kein Wismut. In der salpetersauren Lösung des Regulus wird das Wismut nach dem Ausfällen des Bleies als Sulfat als basisches Wismutcarbonat gefällt. In dem Carbonat, das in Schwefelsäure gelöst wird, bestimmt man das Wismut photometrisch mit Kaliumjodid.

Anwendungsbereich und Bedeutung. Die Methode dient zur raschen Bestimmung des Wismutgehaltes der Bleierze.

Genauigkeit. 2.

Dauer. 4 Std.

Ausführung. 25 bis 50 g Bleierz werden im Eisen- oder Schamottetiegel mit einem reduzierenden Flußmittel (s. Kapitel Silber und Gold, S. I/742) niedergeschmolzen. Den erhaltenen Regulus verschlackt man auf dem Ansiedescherben, wobei nur Arsen, Antimon, Zinn, Kupfer und Blei oxydiert werden. Der nunmehr auf die Hälfte bis ein Drittel seines ursprünglichen Gewichtes reduzierte Bleikönig wird in einem 250 ml-Meßkolben mit 50 ml Salpetersäure (1 + 1) gelöst, die Lösung mit 100 ml Wasser verdünnt und das Blei durch Zugeben von 15 ml Schwefelsäure (1 + 1) als Sulfat ausgefällt. Nach dem Erkalten füllt man den Kolbeninhalt zur Marke auf, schüttelt ihn gut durch und filtriert 200 ml der Lösung durch ein trockenes Faltenfilter ab. In dieser Abmessung fällt man das Wismut durch Zugeben eines geringen Überschusses von Ammoniak und 10 ml Ammoniumcarbonatlösung (10 g/l) als basisches Wismutcarbonat aus. Nach dem Aufkochen wird der Niederschlag abfiltriert und erst mit heißem, dann mit kaltem Wasser ausgewaschen. Man löst ihn sodann mit warmer Schwefelsäure oder Salzsäure (1 + 3) vom Filter und versetzt die Lösung mit 2 g Kaliumjodid und einigen Tropfen wäßriger schwefliger Säure. Hierbei entsteht eine Gelbfärbung durch Bildung von Kaliumtetrajodobismutat(III); die Farbtiefe der Lösung ist von der Menge des vorhandenen Wismuts abhängig und folgt dem BEERschen Gesetz. Man photometriert im Spektralbereich von 460 mμ und entnimmt den Wismutgehalt einer Eichkurve.

Die Bestimmung läßt sich auch ziemlich genau durch Vergleich mit Lösungen bekannten Wismutgehaltes durchführen, die nach derselben Methode und möglichst unter den gleichen Zusätzen von Kaliumjodid hergestellt worden sind. Nach dieser Methode lassen sich noch 0,1 mg Wismut in 100 ml Lösung bestimmen.

Fehlerquellen. Das Bleisulfat hält stets etwas Wismut zurück, und zwar etwa 10% des Wismutgehaltes. Da die Bleimenge bereits durch das Ansieden auf die Hälfte bis ein Drittel reduziert worden ist und die Wismutgehalte in den Bleierzen im allgemeinen niedrig liegen, kann der maximale Fehler etwa 5% des Wismutgehaltes betragen. Soll dieser Fehler verringert werden, so reduziert man das gefällte Bleisulfat nochmals durch Niederschmelzen in einem Eisentiegel und scheidet das Wismut im Regulus in gleicher Weise wie oben ab. Will man ihn völlig ausschalten, so kann das Wismut vom Blei auch nach dem Quecksilberoxydverfahren [s. C. II. 1c), S. 865] abgetrennt und dann wie angegeben photometrisch bestimmt werden.

b) Mit Thioharnstoff

Grundlage. Wismut gibt mit Thioharnstoff in salpetersaurer Lösung eine Gelbfärbung, die sich photometrisch auswerten läßt.

Anwendungsbereich und Bedeutung. Das Verfahren ist für Bleierze und metallisches Blei mit Wismutgehalten bis zu 0,5% geeignet.

Genauigkeit. 2.

Dauer. 4 Std.

Ausführung. Je nach der Höhe des Wismutgehaltes löst man 1 bis 5 g Bleierz mit 15 bis 25 ml Salpetersäure (1 + 1) unter Erwärmen und verdünnt mit etwa 100 ml heißem Wasser. Man filtriert dann den ungelösten Rückstand ab, verdünnt das Filtrat mit Wasser auf 300 ml, versetzt es zur Beseitigung der Stickoxyde mit 1 g Harnstoff und leitet in der Kälte Schwefelwasserstoff bis zur Sättigung ein. Nach dem Abfiltrieren der Sulfide werden diese in Salpetersäure gelöst. Man filtriert vom ausgeschiedenen Schwefel ab und fängt das Filtrat in einem 50 ml-Meßkolben auf. Es wird mit 10 ml einer frisch hergestellten, wäßrigen Thioharnstofflösung (5 g/100 ml) versetzt und zur Marke aufgefüllt.

Die *Vergleichs- bzw. Eichlösung* stellt man durch Lösen von 1 g Wismut in 15 ml Salpetersäure (1 + 7) und Auffüllen der Lösung zu 1 l her. Diese Lösung, welche 1 mg Wismut in 1 ml enthält, wird beim Photometrieren mit einer annähernd dem Bleigehalt der Analysenprobe entsprechenden Menge wismutfreien Bleinitrats versetzt — 1 g Blei entspricht 1,6 g Bleinitrat — und genau wie die Probe in einem 50 ml-Meßkolben mit der gleichen Menge Thioharnstoff versehen, aufgefüllt und verglichen. Die Messung kann genauer mit Hilfe eines Photometers erfolgen; man photometriert zweckmäßig in einer 30 mm-Küvette mit einem Filter mit dem Schwerpunkt bei 420 mμ.

Fehlerquellen. Sind erhebliche Mengen Antimon vorhanden, so muß eine vorherige Abtrennung dieses Metalls aus dem Sulfidniederschlag mittels Natriumsulfid erfolgen. Kleinere Mengen können durch Zugabe von Natriumfluorid vor dem Anfärben mit Thioharnstoff unschädlich gemacht werden. Störend wirken Kobalt und Nickel durch ihre Färbung und Kupfer über 50 mg.

Literatur. MAHR, C.: Z. analyt. Chem. Bd. 94 (1933) S. 161/62; Bd. 97 (1934) S. 96—99. — GROSHEIM-KRYSKO: Z. analyt. Chem. Bd. 121 (1941) S. 399—402. — LEUTWEIN, F.: Beiheft Nr. 48 zur Z. Ver. dtsch. Chem. (1943) S. 110—112.

Bemerkung. Man kann auch 5 bis 10 g Bleierz in einer Porzellanschale, wie bei II. 1a), S. 864, beschrieben, mit Brom-Bromwasserstoffsäure behandeln. Den bei 130° getrockneten Eindampfrückstand nimmt man dann mit 20 ml Salzsäure (1,19) und 30 ml Wasser auf und filtriert die kochendheiße Lösung in einen 250 ml-Meßkolben. Das Filter wird abwechselnd mit heißer Salzsäure (1 + 1) und kochendheißem Wasser ausgewaschen, bis das gesamte Blei in Lösung gegangen ist. Den Kolbeninhalt füllt man nach dem Erkalten zur Marke auf, filtriert durch ein trockenes Faltenfilter und entnimmt 200 ml des Filtrats. Die Abmessung wird mit Ammoniak bis zum Auftreten einer Trübung neutralisiert, mit 10 ml Salzsäure (1 + 1) versetzt, auf etwa 400 ml verdünnt und nun mit Schwefelwasserstoff gesättigt. Die abfiltrierten Sulfide des Bleies, Wismuts und Kupfers werden mit Schwefelwasserstoffwasser ausgewaschen und danach mit 10 ml heißer Salpetersäure (1 + 1) gelöst. Ist eine nennenswerte Kupferfärbung zu beobachten, so muß das Wismut zusammen mit dem restlichen Blei als basisches Carbonat ausgeschieden werden. Dieses löst man in Salpetersäure (1 + 1) und bestimmt das Wismut photometrisch wie oben mit Thioharnstoff. Ist Kupfer nur in Spuren vorhanden, so kann man von einer Zwischenfällung mit Ammoniak und Ammoniumcarbonat absehen.

3. Die polarographische Bestimmung des Wismuts

Grundlage. Wismut läßt sich in salpetersaurer Lösung nach Zugabe von Tylose polarographisch bestimmen.

Anwendungsbereich und Bedeutung. Das Verfahren eignet sich zur Wismutbestimmung in Metallen und Legierungen. Man verwendet die Methode zur Bestimmung bei Wismutgehalten von 0,1 bis 20% Bi und bei Abwesenheit von Kupfer und Eisen.

Genauigkeit. 2.

Dauer. 30 min ohne Aufschluß und Nebenarbeiten.

Ausführung. 5 bis 25 g Material, je nach dem Wismutgehalt, werden in 50 ml Salpetersäure (1,40) und 200 ml Wasser unter Erwärmen gelöst. Nach dem Verkochen der Stickoxyde überführt man die Lösung samt dem Rückstand in einen 500 ml-Meßkolben und füllt nach dem Abkühlen bis zur Marke auf. Von dieser Lösung werden 10 ml mit 1 ml einer 5proz. Tyloselösung gemischt. Nach dem Durchleiten von Wasserstoff oder Stickstoff wird von 0 bis 0,6 V polarographiert.

Sind größere Mengen Kupfer vorhanden, so müssen diese vorher möglichst weitgehend entfernt werden. Zu diesem Zweck fällt man die Lösung mit einem Überschuß von Ammoniak unter Zusatz von Ammoniumcarbonat und kocht einige min, damit das Wismuthydroxyd sich zusammenballt. Dieses wird abfiltriert, mit Ammoniaklösung (1 + 20) ausgewaschen und wieder in Salpetersäure gelöst. Die salpetersaure Lösung wird wie oben weiterbehandelt.

Geringe Mengen Kupfer stören nicht.

III. Die Bestimmung des Wismuts in Zwischenprodukten und Rückständen

Sie erfolgt nach denselben Methoden wie bei den Erzen, und zwar bei hohen Wismutgehalten gewichtsanalytisch, bei geringen Gehalten photometrisch. In Säuren nicht oder nur schwer lösliche, wismutarme Proben schmilzt man, wie bei II. 1b), S. 865, angegeben, mit Natriumperoxyd und zementiert in der salzsauren Lösung der Schmelze das Wismut mit Eisenpulver aus.

IV. Die Untersuchung des Wismutmetalls

Das technische Wismutmetall hat im allgemeinen einen Wismutgehalt von 99,95 bis 99,99%. Zur genauen Feststellung des Reinheitsgrades ist daher die Bestimmung der Nebenbestandteile erforderlich. Da das Wismutmetall meist zur Herstellung von medizinischen Präparaten verwendet wird, legt man seiner Analyse häufig die Vorschriften des Deutschen Arzneibuches zugrunde (s. auch unter Wismutsalzen).

Das Metall muß in sauberen, geruchlosen und silberglänzenden Blöcken geliefert werden. Als Verunreinigungen werden in folgenden Höchstgrenzen zugelassen: Arsen 0,0002%, Kupfer 0,002%, Eisen 0,006%, Silber 0,003%; es muß bleifrei sein. Ferner sollen sich 25 g des Metalls klar und vollständig in 150 ml Salpetersäure (1 + 2) auflösen. Die Lösung darf keinerlei Trübung (Zinn) und unlösliche Rückstände aufweisen.

1. Die Bestimmung des Bleies

Grundlage. Das Wismut wird in einem Chlor-Chlorwasserstoffstrom bei 300° vom Blei abgetrennt und das Blei im Rückstand polarographisch bestimmt.

Ausführung. 1 g des Metalls wird in einem glasierten Porzellanschiffchen in ein Destillierrohr aus Supremax-Glas eingeschoben und in einem Röhrenofen auf 300° erhitzt. Hierbei wird etwa 10 min lang Chlorgas eingeleitet, wobei der Gasstrom so zu regeln ist, daß das Wismutchlorid nach vorn in die mit Waschwasser beschickten Waschflaschen getrieben wird und sich nicht im hinteren Teil des Rohres absetzt. Darauf wird zusätzlich noch Chlorwasserstoff eingeleitet. Nach etwa 50 min überzeugt man sich durch Erhitzen des vorderen Teiles des Rohres, ob alles Wismutchlorid vertrieben ist und bricht dann die Destillation ab. Der Rückstand im Schiffchen wird mit heißer Salzsäure (1,19) in ein Becherglas gespült, die Lösung zur Trockne eingedampft und in dem Trockenrückstand das Blei polarographisch bestimmt (s. Kapitel Blei, S. 167).

Fehlerquellen. Es sind unbedingt glasierte Schiffchen erforderlich; auf keinen Fall dürfen unglasierte benutzt werden.

Eine Blindprobe ist zu berücksichtigen.

2. Die Bestimmung des Kupfers

Grundlage. Wismut wird durch Fällung als Phosphat und anschließende Filtration vom Kupfer getrennt. Das quantitativ im Filtrat verbleibende Kupfer wird dann photometrisch nach der bekannten Natriumdiäthyldithiocarbaminatmethode bestimmt.

Ausführung. 2 g Wismut werden in einem 200 ml-Meßkolben mit 10 ml Salpetersäure (1,4) gelöst. Die Lösung wird mit Wasser auf etwa 100 ml verdünnt und zur Vertreibung der Stickoxyde kurz gekocht. Das Wismut wird jetzt durch Zugabe von 40 ml Diammoniumhydrogenphosphatlösung (100 g/l) ausgefällt. Nach dem Erkalten wird der Kolben bis zur Marke mit Wasser aufgefüllt, durchgeschüttelt, und es werden 100 ml (= 1 g Einwaage) durch ein Faltenfilter abfiltriert. Man überspült in einem 250 ml-Scheidetrichter, versetzt mit 20 ml Zitronensäure (200 g/l), macht ammoniakalisch, setzt 20 ml Natriumdiäthyldithiocarbaminatlösung (1g /l) hinzu und extrahiert mit 2,5 ml Kohlenstofftetrachlorid, dann 3mal mit je 1,5 ml Kohlenstofftetrachlorid (letzter Extrakt muß farblos bleiben). Die Extrakte werden vereinigt, mit Kohlenstofftetrachlorid auf 10 ml aufgefüllt, gemischt, durch ein trockenes Filter filtriert und anschließend photometriert (z. B. Eppendorf-Photometer und Filter Hg 546 mμ). Wichtig ist die parallele Ausführung einer Blindprobe von den verwendeten Reagenzien und Säuren. Durch Erhöhung der Einwaage kann man ohne weiteres auch Gehalte $<0{,}0001\%$ Cu bestimmen (obige Einwaage gestattet die Bestimmung von 0,0001 bis 0,0100% Cu)

Literatur. Callan, Th., u. J. A. R. Henderson: Analyst Bd. 54 (1929) S. 650 — Chem. Zbl. (1930 II) S. 2923. — Ensslin, F.: Metall u. Erz. Bd. 38 (1941) S. 77—79. — Moser, L.: Z. analyt. Chem. Bd. 45 (1906) S. 21. — Luff, G.: Chemiker-Ztg. Bd. 47 (1923) S. 133.

3. Die Bestimmung des Nickels und Kobalts

Nachdem die Schwermetalle durch Schwefelwasserstoff abgetrennt worden sind, verkocht man aus dem Filtrat den Schwefelwasserstoff. Etwa abgeschiedener Schwefel wird abfiltriert und das Filtrat mit etwas Wasserstoffperoxyd oxydiert. Man zerstört dessen Überschuß durch Kochen und fällt das Eisen mit Ammoniak. Hat man es abfiltriert, so wird im Filtrat das Nickel mit Diacetyldioxim und das Kobalt mit α-Nitroso-β-Naphthol ausgefällt (s. die Kapitel Nickel und Kobalt, S. I/542 und I/356).

4. Die Bestimmung des Eisens

Da die photometrische Bestimmung des Eisens mit Kaliumthiocyanat unmittelbar in der salpetersauren Lösung des Wismuts keine zuverlässigen Werte ergibt (Wismut reagiert mit Kaliumthiocyanat unter Gelbfärbung), so verfährt man wie folgt:

Grundlage. Nach dem Lösen des Wismuts in Salpetersäure werden die Metalle der Schwefelwasserstoffgruppe mit Schwefelwasserstoff ausgefällt. Im Filtrat wird das Eisen nach erfolgter Oxydation mit Ammoniak als Hydroxyd niedergeschlagen, abfiltriert, in Schwefelsäure gelöst und mit Kaliumthiocyanat photometrisch bestimmt.

Anwendungsbereich und Bedeutung. Das Verfahren dient zur Bestimmung des Eisens im Wismutmetall.

Genauigkeit. 1.

Dauer. 5 Std.

Ausführung. 5 g feingepulvertes Wismut werden in 15 ml Salpetersäure (1,40) gelöst. Nach dem Verkochen der nitrosen Gase verdünnt man die Lösung mit 100 ml Wasser, spült sie in einen 500 ml-Meßkolben über, bringt sie auf ein Volumen von etwa 400 ml und sättigt sie mit Schwefelwasserstoff. Darauf wird der Inhalt des Kolbens mit Schwefelwasserstoffwasser zur Marke aufgefüllt. Man filtriert durch ein Faltenfilter, entnimmt dem Filtrat 400 ml (= 4 g Einwaage), verkocht den Schwefelwasserstoff, oxydiert mit Wasserstoffperoxyd und fällt das Eisen mit Ammoniak in geringem Überschuß als Hydroxyd aus. Man läßt die Fällung stehen, bis sich der Niederschlag abgesetzt hat, filtriert ihn ab und löst ihn mit heißer Schwefelsäure (1 + 4) vom Filter. Die Lösung wird mit 5 ml

Kaliumthiocyanatlösung (500 g/l) versetzt und in einen 50- oder 100 ml-Meßkolben gebracht. Man photometriert in geeigneter Schichtdicke im Spektralbereich von 485 mμ. Der Reagenzienblindwert ist zu bestimmen und in Rechnung zu setzen. Der Eisengehalt wird einer Eichkurve entnommen. Man kann auch das Filtrat von der Schwefelwasserstoffällung eindampfen und darin direkt nach der vorstehenden Beschreibung das Eisen photometrisch bestimmen.

5. Die Bestimmung des Arsens

2 g Wismutmetall werden in einem Porzellantiegel mit 2 g reinstem, arsenfreiem Zink durch Erhitzen legiert. Darauf wird die Probe zu einem gleichmäßigen Pulver verrührt. Dieses Metallpulver bringt man in einen Arsenwasserstoffentwicklungsapparat und behandelt es mit verdünnter Schwefelsäure. Den Arsenwasserstoff läßt man auf ein Quecksilber(II)-bromidpapier einwirken, wobei sich eine zitronengelbe bis gelbbraune Färbung von Quecksilberarsenid (Hg_3As_2) bildet. Die Ausführung der Bestimmung ist im Kapitel Arsen, S. I/125, beschrieben.

Genauigkeit. 2.

Dauer. 4 Std.

Bemerkung. Für die Beurteilung der Qualität eines Wismutmetalls genügt häufig die qualitative Prüfung auf Arsen, bei der gleichzeitig auch Selen und Tellur angezeigt werden. Nach dem Deutschen Arzneibuch, 6. Aufl. (1947) S. 102, verfährt man dabei folgendermaßen: Man löst 1 g Metall in einer Schale auf dem Sandbad in möglichst wenig Salpetersäure (1,40) und dampft die Lösung mit 10 ml Salzsäure (1,19) zur Trockne. Dann nimmt man den Eindampfrückstand mit 5 ml Salzsäure auf und dampft zur vollständigen Zerstörung etwa noch vorhandener Nitrate auf dem Wasserbad nochmals zur Trockne. Nach dem Aufnehmen des Rückstandes mit 5 ml Salzsäure (1 + 1) spült man die Lösung in ein reinweißes Glühschälchen über, setzt 5 ml Natriumhypophosphitlösung (4 g/100 ml) hinzu, bedeckt das Schälchen mit einem Uhrglas und läßt es 15 min auf dem Wasserbad stehen. Die Farbe der Lösung darf sich dabei nicht verändern. In Gegenwart von Arsen, Tellur oder Selen tritt eine Dunkelfärbung der Lösung ein.

Dauer. 4 Std.

6. Die Bestimmung des Tellurs

20 g Wismut löst man mit 100 ml Königswasser und dampft die Lösung unter Zugeben von 5 g Natriumchlorid und etwas Salzsäure auf dem Wasserbad ein. Das Wismutoxychlorid nimmt man dann mit 50 ml Salzsäure (10 + 7) wieder auf und leitet in die Lösung unter gelindem Erwärmen längere Zeit Schwefeldioxyd ein, wodurch das Tellur zusammen mit etwa vorhandenen Spuren Gold und Silber ausgefällt wird. Selen, das ebenfalls ausfallen würde, kommt im Handelswismut selten vor; gegebenenfalls müßte es dann vom Tellur nach den Vorschriften im Kapitel Selen, S. 732, abgetrennt werden.

Man läßt nun den Niederschlag in der Wärme absitzen, filtriert ihn ab, wäscht ihn mit salzsäure- und schwefligsäurehaltigem Wasser aus und löst ihn mit Salpetersäure. Nachdem man etwa vorhandenes Gold abfiltriert hat, dampft man die Lösung unter Zugeben von Salzsäure zur Trockne und nimmt den Rückstand mit schwacher Salzsäure auf. Das ausgeschiedene Silberchlorid wird abfiltriert. In das erwärmte Filtrat leitet man wiederum längere Zeit Schwefeldioxyd ein, filtriert das ausgefallene Tellur nach dem Absitzen auf einen Filtertiegel, wäscht es erst wie oben, dann mit Wasser und zuletzt mit Äthanol aus und trocknet es bei 105° (aber nicht länger als 1 Std.).

Genauigkeit. 1.

Dauer. 6 Std.

7. Die Bestimmung des Silbers und des Goldes

50 g des Metalls werden in einer Kapelle direkt abgetrieben. Hierbei wird die Einwaage von 50 g in eine Bleifolie eingewickelt und in die heiße Kapelle eingesetzt.

Bei unreinem Metall muß eine Verschlackung vorauf gehen.

In dem Edelmetallkorn werden Silber und Gold, wie in Kapitel Gold und Silber beschrieben, bestimmt.

8. Die Bestimmung des Silbers

a) Nephelometrisch als Silberchlorid

Man löst 5 g Wismut unter schwachem Erwärmen mit 15 ml Salpetersäure (1,40) und verdünnt die Lösung mit Wasser auf 150 ml. Zur Beseitigung der letzten Reste der nitrosen Gase gibt man einige Körnchen Harnstoff hinzu und fällt das Wismut mit Ammoniak in geringem Überschuß in der Wärme aus. Nach dem Aufkochen wird der Niederschlag abfiltriert und mit 0,5proz. Ammoniak ausgewaschen. Das Filtrat säuert man durch tropfenweises Zugeben von verdünnter Salpetersäure so weit an, daß Lackmuspapier eben rot gefärbt wird, und gibt die Lösung in ein viereckiges Colorimeterglas. Gleichzeitig bereitet man einige weitere Gläser vor, indem man sie mit dem gleichen Volumen Wasser, das mit einem Tropfen Salpetersäure angesäuert wurde, füllt. In diese Vergleichsgläser werden nun wechselnde Mengen einer n/100-Silbernitratlösung (0,25, 0,50, 0,75, 1 ml) aus einer Mikrobürette zugegeben. Sämtliche Gläser, einschließlich der zu untersuchenden Probe, stellt man gegen einen schwarzen Hintergrund, gibt zu jedem einige Tropfen Natriumchloridlösung hinzu und schüttelt um. Es entsteht in allen Gläsern eine Trübung. Man vergleicht die Trübung der zu prüfenden Lösung mit der der Vergleichslösungen. Der Zusatz von Natriumchlorid muß bei allen Gläsern gleichzeitig erfolgen, da die Trübung von Silberchlorid nach kurzem Stehen der Lösungen sich zu einem Niederschlag zusammenballt, so daß die nepheleometrische Bestimmung unmöglich wird.

Genauigkeit. 1.

Dauer. 2 bis 3 Std.

b) Maßanalytisch mit Dithizon

Grundlage. Das Silber wird aus der salpetersauren Lösung mit Dithizon und Kohlenstofftetrachlorid vom Wismut getrennt, der Extrakt gereinigt und anschließend mit Dithizon titriert.

Anwendungsbereich und Bedeutung. Das Verfahren dient zur schnellen Bestimmung von Silber in Wismut. Mit dieser Methode gelingt es, bis zu 10^{-5} % Silber mit Sicherheit zu bestimmen.

Ausführung. 5 g Wismut werden mit 20 ml verdünnter Salpetersäure (1 + 1) — bei Anwesenheit von Zinn und Antimon unter Zusatz von 5 bis 10 ml Weinsäure (100 g/l) — gelöst. Anschließend wird die Hauptmenge der Säure verdampft und der Rest mit heißem Wasser verdünnt. Nach Zusatz von 0,5 g Harnstoff wird die Lösung einige min aufgekocht, in einen 100 ml-Meßkolben übergeführt und nach dem Abkühlen auf 20° mit Wasser bis zur Marke aufgefüllt und gut durchgeschüttelt. Von dieser Lösung werden je nach dem zu erwartenden Silbergehalt 5 bis 10 ml in einen Scheidetrichter pipettiert, mit Wasser auf etwa 50 ml verdünnt, die freie Säure mit Ammoniak annähernd neutralisiert, mit Salpetersäure (1 + 4,5) angesäuert und 10 ml im Überschuß zugesetzt. Das in der Lösung befindliche Silber reagiert mit Dithizon vor dem Wismut. Man läßt aus einer Bürette etwa 5 ml der Dithizonlösung zu der Lösung im Scheidetrichter fließen und schüttelt so lange, bis die grüne Reagenzlösung sich vollkommen mit dem Silber umgesetzt hat. Die Lösung vom Silberdithizonat in Kohlenstofftetrachlorid hat eine goldgelbe Farbe und wird abgetrennt. Man wiederholt das Schütteln durch Zugabe von je 1 bis 2 ml Reagenzlösung (solange beim Schütteln die goldgelbe Farbe schnell auftritt, sind noch größere Mengen Silber in der Lösung vorhanden); dann extrahiert man so lange, bis das letzte ml Dithizon einwandfrei violett oder rot erscheint. Die einzelnen Extrakte werden in einem Scheidetrichter gesammelt und hier mit 5 ml 1proz. Schwefelsäure gewaschen. Die Kohlenstofftetrachloridschicht wird abermals in einen anderen Scheidetrichter abgelassen und diese 3mal mit je 1 ml 1proz. Schwefelsäure + 5 ml Kaliumthiocyanatlösung (20 g/l) etwa 30 sek geschüttelt. Das Silber geht in die wäßrige Phase, während Quecksilber und Kupfer in der Kohlenstofftetrachloridschicht verbleiben. Die drei wäßrigen Anteile werden in einem 400 ml-Becherglas vereinigt und mit 2 ml Schwefelsäure (1,84) annähernd zur Trockne geraucht. Der Trockenrückstand wird mit 4 ml Salpetersäure (1 + 4,5) durch kurzes Erwärmen gelöst und mit Wasser auf 20 ml verdünnt. In dieser Lösung wird das Silber unter Zugabe von 5 Tropfen Hydrazinsulfatlösung (5 g/100 ml) mit der eingestellten Dithizonlösung unter anteilweiser Zugabe titriert, d. h. geschüttelt und der Extrakt jeweils abgelassen. Wenn die letzten 0,1 bis 0,2 ml Dithizonlösung grün erscheinen, ist der Endpunkt erreicht.

Bei Anwendung vorstehender Einwaage und Abmessung erfaßt man Silbergehalte von 0,001 bis 0,1% Silber. Durch Erhöhung der Einwaage gelingt es ohne Schwierigkeiten, auch noch Gehalte $<$ 0,001% Silber mit großer Genauigkeit zu bestimmen.

Titerstellung der Dithizonlösung gegen Silber

Man pipettiert in einen Scheidetrichter x ml der Silbertestlösung — Silbermenge bei der Titerstellung der in der zur Bestimmung gekommenen Probemenge angleichen —, gibt 10 ml Wasser und 4 ml Salpetersäure (1 + 4,5) sowie 5 Tropfen Hydrazinsulfatlösung (5 g/100 ml) hinzu und titriert mit Dithizon, wie vorher, nach der Reinigung.

Erforderliche Lösungen:

1. Silbertestlösung, die in 10 ml 60 µg Silber enthält, hergestellt durch Verdünnen einer stärkeren Silbernitratlösung (Cl′-ionenfrei).
2. Dithizonlösung (15 mg in 500 ml CCl_4).

Fehlerquellen. Sämtliche verwendeten Reagenzien und das destillierte Wasser sowie das zu untersuchende Material selbst müssen Cl′-frei sein.

Literatur. Fischer, H., G. Leopoldi u. H. v. Uslar: Z. analyt. Chem. Bd. 101 (1935) S. 1—23.

9. Die Bestimmung des Quecksilbers

Grundlage. Das Quecksilber wird aus der salpetersauren Lösung mit Dithizon und Kohlenstofftetrachlorid vom Wismut getrennt, der Extrakt gereinigt und anschließend mit Dithizon titriert.

Anwendungsbereich und Bedeutung. Die Methode eignet sich bei der Einwaage von 20 g für Hg-Gehalte von 0,00005 bis 0,001%; bei höheren Gehalten muß die Einwaage verringert werden.

Ausführung. 20 g Wismut werden in Salpetersäure (2 + 3) in Lösung gebracht, die Lösung mit Wasser auf etwa 150 ml verdünnt, mit etwa 3 g Harnstoff versetzt und aufgekocht. Nach dem Abkühlen wird die Lösung in einen Scheidetrichter übergespült und jetzt so lange in kleinen Anteilen mit Dithizonlösung versetzt und geschüttelt, bis das letzte ml Dithizon violett oder rot erscheint. Quecksilber reagiert mit Dithizon mit orangegelber Farbe zuerst, dann folgen Silber und Kupfer. Während größere Mengen Quecksilber gleich einen orangegelben Extrakt geben, geben kleinere Quecksilbermengen eine Mischfarbe. Die einzelnen Extrakte werden in einem anderen Scheidetrichter gesammelt, mit 20 ml n/2-Salzsäure etwa 30 sek geschüttelt. Hierbei geht das Silber in die Säureschicht, während Quecksilber und andere Metalldithizonate in der Kohlenstofftetrachloridschicht verbleiben. Die Kohlenstofftetrachloridschicht wird in einem anderen Scheidetrichter mit etwa 20 ml Wasser gewaschen, danach mit 20 ml 1 n-Schwefelsäure und 5 ml n/10-Kaliumpermanganatlösung versetzt und anschließend etwa 2 min geschüttelt. Die Kohlenstofftetrachloridschicht wird dabei entfärbt. Das Quecksilber geht in die Kaliumpermanganatlösung über. Man setzt nun einige Tropfen einer Hydroxylaminhydrochloridlösung (200 g/l) hinzu, bis alles Permanganat reduziert ist. Die Kohlenstofftetrachloridschicht wird abgetrennt und noch einmal mit 20 ml 1 n-Schwefelsäure und 2 ml n/10-Kaliumpermanganatlösung behandelt, die anschließend mit Hydroxylaminhydrochloridlösung reduzierte wäßrige Lösung wird zu der anderen Lösung im Scheidetrichter gebracht und mit Wasser nachgespült.

Nun extrahiert man wieder mit Dithizonlösung, bis die letzten 0,2 ml grün erscheinen. Hiermit ist das vorhandene Quecksilber erfaßt.

Titerstellung der Dithizonlösung

100 μg Quecksilber werden in einen 250 ml-Scheidetrichter gegeben und mit 30 ml 1 n-Schwefelsäure versetzt. Dann gibt man gleich etwa 7 ml Dithizonlösung hinzu und schüttelt ungefähr 2 min. Den Extrakt läßt man ab und gibt dann anteilweise so lange Dithizonlösung hinzu, bis nach dem jeweiligen Ablassen der Kohlenstofftetrachloridschicht die nächsten 0,2 ml Dithizonlösung grün bleiben.

Erforderliche Lösungen:

1. Dithizonlösung (20 mg in 500 ml CCl_4).
2. Quecksilberchloridlösung (1,354 g $HgCl_2$ werden in 1 l Wasser gelöst und entsprechend verdünnt).

Literatur. Metall u. Erz Jg. 38, H. 7 (1941) S. 154—156. — Z. Erzbergbau Metallhüttenwes. Bd. VIII, H. 5 (1955) S. 236—239. — Z. analyt. Chem. Bd. 137 (1952/53) S. 223; Bd. 149 (1956) S. 25—29.

D. Die Untersuchung der Wismutlegierungen

Die wichtigsten Wismutlegierungen enthalten als Hauptbestandteile neben Wismut Blei, Zinn, Antimon und Cadmium. Sie zeichnen sich durch niedrigen Schmelzpunkt und niedriges Erstarrungsintervall aus. Zu ihnen gehören das *Woodsche* und das *Rosesche Metall* sowie die *Lipowitz-Legierung*. Eine ganze Reihe von Wismutlegierungen gehört zu den „nichtschrumpfenden" Legierungen. Infolge dieser Eigenschaften verwendet man die Legierungen als Lagermetalle, im Flugzeugbau, als thermische Sicherungen, in Druckereien und für Dentalzwecke.

I. Vollanalyse

1 g der zerkleinerten Legierung wird mit 5 g Weinsäure und 10 ml Wasser versetzt. Dann fügt man 10 ml Salpetersäure (1 + 1) hinzu und löst das Metall unter Erwärmen. Die Lösung muß vollkommen klar sein, anderenfalls ist die Einwaage zu verwerfen und etwas mehr Weinsäure anzuwenden. Hat man eine klare Lösung erhalten, so verdünnt man sie mit Wasser auf 500 ml, versetzt sie zur Beseitigung etwa vorhandener Stickoxyde mit 2 g Harnstoff und fällt die Metalle der Schwefelwasserstoffgruppe mit Schwefelwasserstoff in der Kälte aus. Die abfiltrierten Sulfide werden mit 15 ml Natriumsulfidlösung (50 g/l), die in je 100 ml 2 g Schwefel gelöst enthält, in der Wärme behandelt, wobei Arsen, Antimon und Zinn in Lösung gehen. Nach dem Verdünnen mit 100 ml Wasser filtriert man den Rückstand ab, wäscht ihn mit warmem Wasser aus und löst die Sulfide des Bleies, Wismuts, Cadmiums und Kupfers in Salpetersäure (1 + 1). Diese Lösung dampft

man mit 10 ml Schwefelsäure (1 + 1) bis zum Rauchen der Schwefelsäure ein und verdünnt sie nach dem Erkalten mit 50 ml Wasser, das 5proz. Schwefelsäure enthält. Das abgeschiedene *Bleisulfat* (vgl. auch S. 861, C. I. 1.) wird auf einen Porzellanfiltertiegel abfiltriert, mit Schwefelsäure (1 + 9), dann mit 1 proz. Schwefelsäure, anschließend mit Äthanol ausgewaschen und bei 450 bis 500° geglüht. Das Filtrat neutralisiert man mit Ammoniak, bis eben ein Niederschlag erscheint, gibt 10 ml Ammoniumcarbonatlösung (100 g/l) hinzu und kocht auf. Hierbei fällt das Wismut als basisches Carbonat aus; es wird abfiltriert und mit einer 1 proz. Lösung von Ammoniumcarbonat ausgewaschen. Die Bestimmung des *Wismuts* kann dann nach einer der unter C. I. beschriebenen Methoden erfolgen. Im Filtrat bestimmt man das *Kupfer* und das *Cadmium* nach den in den entsprechenden Kapiteln zu ersehenden Vorschriften.

Die obige Lösung der Sulfosalze säuert man mit verdünnter Schwefelsäure schwach an, filtriert die Sulfide ab und erhitzt sie dann mit Schwefelsäure (1,84) bis zum Klarwerden der Lösung. Diese versetzt man nach dem Erkalten mit 50 ml Wasser und 20 ml Salzsäure (1 + 1) und titriert das *Antimon* mit Kaliumbromat unter Zugeben von Methylorange als Indicator. Die titrierte Lösung wird in einem Kolben mit Göckelaufsatz mit 50 ml Salzsäure (1 + 1) und 3 g Eisenpulver versehen und erwärmt. Dabei fällt das Antimon als Metallschwamm aus, während das *Zinn* zur 2wertigen Stufe reduziert wird. Man titriert es mit n/10-Jodlösung, wie im Kapitel Zinn, S. 979, angegeben.

Genauigkeit. 2.

Dauer. 2 Tage.

Bemerkung. Etwa vorhandenes Arsen ist noch vor der Antimontitration abzutrennen.

II. Die Einzelbestimmung des Wismuts

Handelt es sich nur um die Wismutbestimmung, so löst man 1 g der Legierung in 10 ml Salpetersäure (1 + 1) und dampft die Lösung auf dem Wasserbad zur Trockne. Den Trockenrückstand versetzt man mit 10 ml Salpetersäure (1 + 1) und 50 ml Wasser und filtriert die Metazinnsäure und die Antimonsäure ab. Im Filtrat fällt man das Wismut nach dem Abstumpfen der Säure mit Sodalösung bis zur schwach sauren Reaktion mittels Quecksilberoxyd als basisches Nitrat und bestimmt es als Phosphat.

Das Verfahren schließt Fehlermöglichkeiten dadurch ein, daß das Antimon nicht quantitativ mit Salpetersäure abgeschieden wird und seine Reste sodann zusammen mit dem Wismut ausfallen; andererseits schließen Zinn- und Antimonsäure geringe Mengen von Wismut ein, so daß eine gewisse Fehlerkompensation stattfindet.

Genauigkeit. 2.

Dauer. 6 Std.

E. Die Untersuchung der Wismutsalze

Ein erheblicher Teil der Wismutproduktion wird zu Wismutsalzen verarbeitet, welche in der Heilkunde verwendet werden. Die wichtigsten davon sind: das neutrale und das basische Wismutnitrat, das basische Wismutcarbonat, -gallat und -chlorid. Für die Untersuchung dieser Salze gibt das Deutsche Arzneibuch, 6. Ausgabe, besondere Vorschriften zur Reinheitsprüfung an, welche mehr oder weniger auf qualitativen Reaktionen beruhen. Vgl. auch „Prüfung der chemischen Reagenzien auf Reinheit" (E. Merck, Darmstadt).

Die *Bestimmung des Wismuts* im basischen Wismutcarbonat, -gallat und im neutralen und basischen Wismutnitrat erfolgt durch Glühen im Porzellantiegel, wobei Mindestgehalte an Wismutoxyd bzw. Wismut erreicht werden müssen. Die Gehaltsbestimmung im basischen Wismutchlorid erfolgt durch Fällen des in Säure gelösten Salzes mit Ammoniumcarbonat, wobei ein Niederschlag von basischem Wismutcarbonat entsteht. Dieser wird in Salpetersäure gelöst, die Lösung in einem gewogenen Porzellantiegel zur Trockne gedampft und der Trockenrückstand geglüht. Das Wismut wird dann als Bi_2O_3 ausgewogen. Die nach dem obigen Verfahren durchgeführten Bestimmungen müssen folgende Ergebnisse ausweisen:

Basisches Wismutnitrat	70,9 bis 73,6%	Wismut,
basisches Wismutcarbonat	80,7 bis 82,5%	Wismut,
basisches Wismutchlorid	79 %	Wismut,
basisches Wismutgallat	46,6%	Wismut,
neutrales Wismutnitrat	42,1%	Wismut.

Zur Reinheitsprüfung sind im DAB 6 (1947) folgende Reaktionen mit den dort angegebenen Reagenzien vorgeschrieben:

I. Wismutnitrat, $Bi(NO_3)_3 \cdot 5H_2O$

Reaktion 1 zur Prüfung auf Barium- und Bleisalze:

0,2 g Wismutnitrat müssen sich bei Zimmertemperatur in 10 ml verdünnter Schwefelsäure klar lösen.

Reaktion 2 zur Prüfung auf den Kupfergehalt:

Die Lösung von Reaktion 1 muß nach Zusatz von überschüssigem Ammoniak ein farbloses Filtrat ergeben.

Reaktion 3 zur Prüfung auf Chlorionen:

0,5 g Wismutnitrat müssen sich in 5 ml Salpetersäure klar lösen; die Hälfte der Lösung darf durch 0,5 ml Silbernitratlösung höchstens opalisierend getrübt werden.

Reaktion 4 zur Prüfung auf Sulfat:

Die andere Hälfte der Lösung, mit der gleichen Menge Wasser verdünnt und mit 0,5 ml Bariumnitratlösung versetzt, darf innerhalb 3 min keinen Niederschlag geben.

Reaktion 5 zur Prüfung auf Calciumsalze:

0,4 g Wismutnitrat werden in 4 ml Salpetersäure gelöst und die Lösung mit 35 ml Wasser verdünnt. Wird in 10 ml dieser Lösung das Wismut durch 2 ml Natriumsulfidlösung ausgefällt, so darf die nach kräftigem Umschütteln vom Niederschlag abfiltrierte Flüssigkeit nach dem Übersättigen mit 2 ml Ammoniak durch Ammoniumoxalatlösung höchstens schwach getrübt werden.

Reaktion 6 zur Prüfung auf Magnesium- und Alkalisalze:

10 ml der Lösung des Wismutnitrats in Salpetersäure (s. Reaktion 5) werden mit einer Lösung von 1 g Ammoniumcarbonat in 10 ml Wasser versetzt. Das Gemisch wird kurze Zeit gekocht und der Niederschlag von basischem Wismutcarbonat heiß abfiltriert. Der nach dem Verdampfen des Filtrats hinterbleibende Rückstand darf nach dem Durchfeuchten mit 1 Tropfen Schwefelsäure und nachfolgendem Glühen höchstens 0,002 g betragen.

Reaktion 7 zur Prüfung auf Ammoniumsalze:

Erhitzt man 1 g Wismutnitrat mit 1 ml Wasser und 3 ml Natronlauge, so darf sich kein Ammoniak entwickeln.

Reaktion 8 zur Prüfung auf Arsen:

Der Glührückstand von 1 g Material wird in 5 ml Salzsäure unter Erwärmen gelöst und die Lösung mit 5 ml Natriumhypophosphitlösung in dem mit einem Uhrglas bedeckten Tiegel 1 Std. lang auf dem Wasserbad erwärmt. Die Mischung darf keine dunklere Färbung annehmen.

II. Basisches Wismutnitrat

Bei der Prüfung dieses Salzes verfährt man unter Anwendung der gleichen Reaktionen 1 bis 8 wie oben.

III. Basisches Wismutcarbonat

Zur *Prüfung auf Blei* werden 5 g des Salzes unter Erwärmen mit 30 ml Salpetersäure gelöst. 6 ml dieser Lösung werden mit 6 ml *Natronlauge* versetzt und nach dem Umschütteln filtriert, mit Essigsäure angesäuert und mit Kaliumchromatlösung versetzt, wobei kein Niederschlag ausfallen darf.

Die *Reaktion 2* wird mit weiteren 6 ml der Lösung durchgeführt.

Zur *Prüfung auf Salpetersäure* werden 0,2 g Carbonat mit 10 ml verdünnter Schwefelsäure zum Sieden erhitzt und nach dem Erkalten mit einer Lösung von Diphenylamin in Schwefelsäure (1,84) unterschichtet. Es darf an der Berührungsfläche der beiden Flüssigkeiten keine blaue Zone auftreten.

IV. Basisches Wismutgallat

2 g des Salzes werden im Porzellantiegel verascht, der Rückstand wird mit 50 ml Salpetersäure versetzt und die Lösung mit 25 ml Wasser verdünnt. In dieser Lösung werden die *Reaktionen 1 bis 6 und 8* durchgeführt. Die *Reaktion 7* wird mit 1 g Originalsubstanz durchgeführt.

Zur *Prüfung auf freie Gallussäure* wird 1 g der Probe mit 10 ml Weingeist geschüttelt. Die abfiltrierte Flüssigkeit darf beim Eindampfen höchstens 0,001 g Rückstand hinterlassen.

Prüfung auf Salpetersäure. Die Lösung von der Prüfung nach Reaktion 7, mit 0,5 g Zinkspänen oder Eisenpulver versetzt, darf beim Erwärmen ein darüber gehaltenes, feuchtes Lackmuspapier höchstens sehr schwach bläuen.

V. Wismutoxychlorid

Zur Prüfung werden die Reaktionen 1, 2 und 8 durchgeführt. Um auf *lösliche Salze* zu prüfen, schüttelt man 1 g der Probe mit 30 ml Wasser und filtriert. Das Filtrat darf nach dem Abdampfen keinen wägbaren Rückstand hinterlassen.

Kapitel 42

Wolfram*

Inhalt

---

*	1. Auflage	2. Auflage
Bearbeiter:	**Müller, Wirtz**	**Müller**
Mitarbeiter:	**Koch** (VdEh), **Ploum** (VdEh), **Winterstein**	**Koch** (VdEh), **Ploum** (VdEh), **Ruf, Wirtz**

A. Vorkommen

Die wichtigsten Wolframerze sind der (dunkelbraune) *Wolframit* und der (gelblichweiße) *Scheelit*. Im ersteren ist das Wolfram teils an Eisen, teils an Mangan gebunden [$(FeMn)WO_4$]. Reines Eisenwolframat (*Ferberit*) und Manganwolframat (*Hübnerit*) sind dagegen seltener. Im Scheelit ($CaWO_4$) ist die Wolframsäure an Kalk gebunden. Bleiwolframat (*Stolzit*) und Kupferwolframat (*Cuproscheelit*) spielen wirtschaftlich keine Rolle. Die hauptsächlichsten Fundorte liegen in Burma, China, Japan, Südamerika, Spanien und Portugal. In Deutschland kommt Wolfram in den Zinnerzgängen des Erzgebirges vor, so bei Pechtelsgrün mit starken Beimengungen von Apatit.

B. Qualitativer Nachweis

Mineralsäuren scheiden aus alkalischen Wolframlösungen weiße, wasserhaltige Wolframsäure ab, die beim Kochen gelb wird. Die Anwesenheit von größeren Mengen Arsensäure oder Phosphorsäure verhindert die Ausfällung infolge Bildung löslicher Komplexsalze der verschiedensten Zusammensetzung. Mit Cinchonin kann die Wolframsäure aus diesen Komplexverbindungen ausgefällt werden; doch fällt hierbei ebenfalls Molybdänsäure mit. Bei starkem Glühen der Cinchoninfällung verflüchtigt sich die Molybdänsäure zum größten Teil, und reines, gelbes Wolframtrioxyd bleibt zurück. Bei der Reduktion mit Zink und Salzsäure erhält man bei Anwesenheit von Wolfram anfangs eine Blaufärbung, die aber allmählich in Braunfärbung übergeht. Molybdän stört hierbei.

C. Analysengänge bei der Gewinnung des Wolframmetalls

Aus den Wolframerzen wird zunächst durch chemische Prozesse reine Wolframsäure gewonnen. Diese wird dann durch Wasserstoff zu pulverförmigem Wolframmetall reduziert. Da der Schmelzpunkt dieses Pulvers über 3300° liegt und da sich das Metall in der Hitze wieder zu Wolframsäure oxydiert, kann es durch einen Walzprozeß nicht geformt werden; daher verdichtet man es durch Pressen und Hämmern. Aus den auf diesem Wege gewonnenen Werkstücken lassen sich dann durch spezielle Verfahren Drähte ziehen oder andere Fabrikate herstellen.

I. Wolframerze

Die häufigsten Begleitelemente der Wolframerze sind neben Eisen, Mangan und Calcium, Silicium, Zinn, Arsen, Molybdän und Phosphor. Mitunter kommen auch Erze vor mit einem Gehalt an Niob, Tantal, Seltenen Erden, Blei, Wismut, Kupfer und Antimon.

1. Die Bestimmung des Wolframs

a) Durch Fällung mit Quecksilber(I)-nitrat- oder Quecksilber(II)-nitratlösung

Grundlage. Die Fällung des Wolframs erfolgt aus neutraler Lösung mit Quecksilber(I)-nitrat als Quecksilber(I)-wolframat.

Anwendungsbereich und Bedeutung. Diese klassische Bestimmungsmethode findet für phosphor- und arsenarme Erze auch als rasche Betriebsmethode häufig Anwendung.

Genauigkeit. 2.

Dauer. 4 Std.

Ausführung. 2 g des feingepulverten Erzes werden im Nickeltiegel mit etwa 20 g Natriumkaliumcarbonat geschmolzen. Die Schmelze laugt man mit Wasser unter Erwärmen aus. Bei *Scheeliten* geht das Auslaugen langsamer vonstatten; es empfiehlt sich daher, derartige flüssige Schmelzen erst auf einen Tiegeldeckel auszugießen. Eine Wiederholung des Schmelzaufschlusses ist bei Betriebsuntersuchungen nicht notwendig.

Die Schmelzlösung spült man dann in einen 500 ml-Meßkolben, filtriert nach dem Abkühlen und Auffüllen zur Marke durch ein Faltenfilter und entnimmt dem Filtrat 250 ml (= 1 g Einwaage). Diese Abmessung wird in einem 800 ml-Becherglas mit verdünnter Salpetersäure schwach angesäuert und das Kohlendioxyd durch Kochen entfernt. Zu der siedenden Lösung setzt man darauf möglichst neutrale Quecksilber(I)-nitratlösung (s. unten) hinzu, stumpft die Lösung durch tropfenweisen Zusatz von Ammoniak (1 + 1) oder Sodalösung (200 g/l) unter Verwendung von Methylorange als Indicator bis zur ganz schwach sauren Reaktion ab und läßt den Niederschlag absitzen. Nachdem man die Lösung durch Zugeben einiger Tropfen des Reagenz auf Vollständigkeit der Fällung geprüft hat, gießt man die über dem Niederschlag stehende Flüssigkeit durch ein schnellaufendes, quantitatives Filter ab und wäscht den Niederschlag durch etwa 4maliges Dekantieren mit heißem, einige Tropfen Quecksilber(I)-nitratlösung enthaltendem Wasser aus. Dann erst wird er auf das Filter gebracht und alkalifrei ausgewaschen. Darauf trocknet man das Filter mit dem Niederschlag in einem gewogenen Platintiegel, verascht es vorsichtig unter dem Abzug und glüht den Niederschlag bei einer Temperatur, die 800° nicht übersteigen darf, bis zur Gewichtskonstanz. Zum Entfernen des Siliciumdioxyds wird das erhaltene Wolfram(VI)-oxyd mit einigen Tropfen Flußsäure unter Zugeben von 1 bis 2 Tropfen Schwefelsäure abgedampft. Der Tiegel wird nach dem Glühen gewogen. Zur weiteren Reinigung schmilzt man die Wolframsäure mit Natriumkaliumcarbonat, laugt die Schmelze mit Wasser aus, setzt Ammoniumnitrat zur Lösung zu und kocht. Die ausgeflockten Verunreinigungen werden abfiltriert, mit ammoniumnitrathaltigem Wasser ausgewaschen und in demselben Platintiegel geglüht. Das erhaltene Gewicht wird von der Gesamtauswaage in Abzug gebracht. Der Umrechnungsfaktor von WO_3 auf W ist 0,7930. Siehe auch Bd. I, 2. Aufl., S. 399—403, 406/07.

Fehlerquellen. Bei Anwesenheit von Arsen ist das Erz vor dem Schmelzaufschluß abzurösten. Der Wolframniederschlag enthält gegebenenfalls vorhandenes Chrom, Vanadin und Molybdän (siehe b!) als Oxyde, die darin bestimmt und sodann abgesetzt werden müssen.

Die *Quecksilber(I)-nitratlösung* wird hergestellt durch Lösen von 100 g des Salzes in etwa 200 bis 300 ml Wasser unter allmählichem Erwärmen der Lösung bis zum Sieden. Da meist ein Rückstand bleibt, ist er während des Erwärmens durch tropfenweises Hinzufügen von verdünnter Salpetersäure in der eben ausreichenden Menge in Lösung zu bringen. Darauf füllt man die erkaltete Lösung zu 1 l auf.

Bemerkung. Die Fällung des Wolframs kann auch mit *Quecksilber(II)-nitratlösung* ausgeführt werden.

Bei der Fällung mit Quecksilber(I)-nitrat erfordert die Neutralisation der Flüssigkeit nach dem Fällen einige Übung; der Niederschlag ist dadurch, daß er basisches Nitrat aufweist, mitunter voluminös und deshalb schlecht filtrier- und auswaschbar. Man vermeidet diese Schwierigkeiten, wenn man die Fällung mit Quecksilber(II)-nitrat ausführt und nach der in Bd. I, 2. Aufl., S. 399, beschriebenen Anweisung zu Werke geht. Ammoniumsalze dürfen nicht zugegen sein.

Literatur. BLUMENTHAL, H.: Metall u. Erz Bd. 39 (1942) S. 253/54.

b) Durch Fällung mit salzsaurer Cinchoninlösung

Grundlage. Nach dem Zersetzen des Erzes mit Säure werden die in Lösung gegangenen Mengen an Wolfram mit Chinchoninlösung gefällt. Den abfiltrierten Niederschlag behandelt man mit Ammoniak, filtriert vom Ungelösten ab und fällt im salzsauer gemachten Filtrat erneut mit Cinchonin.

Anwendungsbereich und Bedeutung. Das Verfahren ist besonders für wolframarme Erze geeignet, die Zinn, Arsen und Phosphor enthalten.

Genauigkeit. 1.

Dauer. 7 Std.

Ausführung. 1 g feinstgeriebenes Erz wird im 400 ml-Becherglas mit 100 ml Salzsäure (1,19) längere Zeit bei 50° behandelt, bis sich Wolframsäure auszuscheiden beginnt. Etwa auftretende Krusten werden durch öfteres Umrühren mit einem Glasstab zerstört. Nachdem die Zersetzung stattgefunden hat, gibt man 20 ml Salpetersäure (1,40) hinzu und dampft die Lösung bis auf etwa 10 ml ein. Dann setzt man 200 ml Wasser und etwas Filterschleim hinzu, kocht auf und fällt das Wolfram in der siedend heißen Lösung durch tropfenweises Zugeben von insgesamt 5 ml Cinchoninlösung [125 g Cinchonin werden in 500 ml Salzsäure (1,19) und 500 ml Wasser gelöst]. Sobald sich der Niederschlag abgesetzt hat, wird er auf ein kleines Filter abfiltriert und mit cinchoninhaltigem Wasser (20 ml obiger Cinchoninlösung zu 1 l verdünnt) ausgewaschen. Am Becherglas haftende Reste von Wolframsäure bleiben vorerst unberücksichtigt. Zuletzt wäscht man Becherglas und Filter mit verdünnter Salzsäure aus, um überschüssiges Cinchonin zu entfernen.

Dann wird der Niederschlag in das Becherglas zurückgespritzt und die Wolframsäure in wenig Ammoniak (0,91) in Lösung gebracht. Nachdem man das Gemisch etwa 30 min in der Kälte stehengelassen und darauf kurze Zeit aufgekocht hat, wird der aus Zinnstein, Siliciumdioxyd usw. bestehende Rückstand durch das vorher benutzte Filter abfiltriert und mit heißem, Ammoniak enthaltendem Wasser ausgewaschen. Nun verkocht man das Ammoniak, engt die Lösung auf 20 bis 30 ml ein, macht sie durch Hinzufügen von 1 ml Ammoniak (0,91) wieder klar und versetzt sie sodann mit 20 ml Salzsäure (1,19). Man engt sie zur besseren Abscheidung des Wolframs etwas ein, verdünnt sie auf ungefähr 100 ml, gibt etwas Filterschleim hinzu und fällt nun das Wolfram in der Siedehitze mit 5 ml Cinchoninlösung wie vorher. Nach einigen min schwachen Siedens läßt man den Niederschlag absitzen und filtriert ihn auf ein mit ein wenig Filterschleim versehenes Filter ab. An der Wandung des Becherglases haftende Reste des Niederschlages werden mit Filtrierpapier gesammelt, das mit einem Tropfen Ammoniak angefeuchtet wurde.

Das vorher benutzte Filter mit dem in Ammoniak unlöslichen Rückstand wird im Platintiegel verbrannt, der geglühte Tiegelinhalt mit möglichst wenig Natriumkaliumcarbonat gemischt und die Mischung geschmolzen. Man löst die Schmelze in wenig Wasser, filtriert vom Ungelösten ab, säuert das Filtrat mit Salzsäure (1 + 1) an und fällt nach Zugeben von weiteren 10 ml der Säure die Reste des Wolframs, wie oben angegeben, mit Cinchoninlösung. Darauf werden die beiden Filter mit den Cinchoninfällungen verascht, ihr Inhalt wird geglüht und die Wolframsäure gewogen. Die Glühtemperatur darf 800° nicht überschreiten.

Zur Prüfung auf etwa vorhandene Verunreinigungen der Wolframsäure verfährt man wie bei a).

Fehlerquellen. Bei Verwendung von größeren Mengen an Natriumkaliumcarbonat beim Schmelzen können zu geringe Werte gefunden werden, da größere Alkalimengen eine quantitative Fällung des Wolframs mit Cinchonin verhindern. Hat die Wolframsäure eine blaugrüne Färbung, so deutet dies auf geringe Mengen Phosphorsäure hin; gegebenenfalls ist eine Umfällung notwendig. *Molybdän* wird ebenfalls durch Cinchonin gefällt und muß in der ausgewogenen Wolframsäure bestimmt und dann in Abzug gebracht werden. Zu diesem Zweck schmilzt man die Wolframsäure im Platintiegel mit Natriumkaliumcarbonat, löst die Schmelze in Wasser und filtriert die Lösung. Das Filtrat wird mit genügend Weinsäure versetzt, mit Salzsäure neutralisiert und das Kohlendioxyd durch Kochen verjagt. Darauf macht man es ammoniakalisch und sättigt es mit Schwefelwasserstoff. Durch Ansäuern der Lösung mit Schwefelsäure (1 + 3) fällt das vorhandene Molybdän als braunes Sulfid aus. Eine Umfällung ist erforderlich. Es wird auf einen Porzellanfiltertiegel abfiltriert, sorgfältig mit schwefelwasserstoffhaltigem, schwach mit Salzsäure angesäuertem Wasser ausgewaschen und nach dem Trocknen zu Molybdäntrioxyd bei etwa 450° geglüht.

Literatur. Johnson, C. M.: Rapid Methods for the Chem. Analysis of Spez. Steels, Steelmaking, Alloys, Their Ores, Graphites and Bearing Metals. — Cramer, F.: Engng. Mining J. Bd. 59 (1895) S. 345/46. — Moore, R. B.: Die chemische Analyse seltener technischer Metalle, S. 140. Leipzig: Akad. Verlagsges. 1927. — Simpron, St. G., W. C. Schumb u. M. A. Sicminski: Ind. Eng. Chem. Anal. Edit. Bd. 10 (1938) S. 243—245.

c) Durch kombinierte Fällung mit Cinchonin- und Quecksilber(I)-nitratlösung

Grundlage. Nach dem Säureaufschluß wird die Wolframsäure durch Eindampfen mit Salzsäure abgeschieden. Die durch die anwesende Phosphorsäure in Lösung gebliebenen Wolframmengen werden mit Cinchonin gefällt. Die beiden Wolframniederschläge werden vereinigt. Nach dem Schmelzen mit Natriumkaliumcarbonat erfolgt die Bestimmung des Wolframs durch Fällung mit Quecksilber(I)-nitratlösung.

Anwendungsbereich und Bedeutung. Das Verfahren eignet sich besonders für wolframarme, stark arsen- und phosphorhaltige Erze.

Genauigkeit. 2.

Dauer. 5 Std. (reine Arbeitszeit).

Ausführung. 2,5 g des feinstgepulverten Erzes zersetzt man in einer Porzellanschale mit 30 ml Königswasser und dampft die Lösung zur Trockne. Nach dem Aufnehmen mit 20 ml Salzsäure (1,19) wird der Schaleninhalt mit heißem Wasser auf 100 ml verdünnt, der Rückstand abfiltriert und sorgfältig ausgewaschen. Im Filtrat, das etwa 200 ml betragen soll, wird die durch Komplexbildung in Lösung gegangene Wolframsäure mit Cinchonin gefällt. Man erhitzt zu diesem Zweck die Lösung zum Kochen und fällt das Wolfram durch tropfenweisen Zusatz von Cinchoninlösung (S. 881) aus. Dabei setzt man etwas Filterschleim hinzu, kocht einige min und läßt die Fällung über Nacht stehen. Nach dem Abfiltrieren und Auswaschen wird der Niederschlag zusammen mit dem Rückstand vom Säureaufschluß samt den Filtern in einem dünnwandigen Eisen- oder Nickeltiegel erhitzt, bis die Filter verbrannt sind, und dann geglüht. Darauf schmilzt man den Tiegelinhalt mit Natriumkaliumcarbonat, löst die Schmelze in Wasser, spült die Lösung in einen 250 ml-Meßkolben über, füllt sie zur Marke auf und filtriert durch ein Faltenfilter. Man entnimmt dem Filtrat 200 ml (= 2 g Einwaage) und bestimmt in dieser Abmessung das Wolfram durch Fällung mit Quecksilber(I)-nitratlösung, wie bei a) angegeben.

Fehlerquellen und ***Literatur.*** Siehe unter a) und b).

2. Die Bestimmung des Zinns

a) In zinnarmen Wolframerzen (unter 1% Sn)

Grundlage. Das Zinn wird durch Fällung mit Schwefelwasserstoff aus weinsäurehaltiger Lösung vom Wolfram getrennt und als SnO_2 bestimmt.

Anwendungsbereich und Bedeutung. Das Verfahren eignet sich nur für zinnarme Wolframerze.

Genauigkeit. 2.

Dauer. 5 Std.

Ausführung. 2,5 g der feingepulverten Probe werden im Eisentiegel mit Natriumperoxyd aufgeschlossen. Die Schmelze wird mit Wasser zersetzt, die Lösung salzsauer gemacht und in einen 500 ml-Kolben übergespült. Nach dem Behandeln mit Eisenpulver in der Wärme, wobei das 4wertige Zinn zu 2wertigem reduziert wird und zugleich Kupfer, Antimon und Wismut abgeschieden werden, füllt man zur Marke auf und filtriert durch ein Faltenfilter. Je nach dem Zinngehalt werden dem Filtrat 200 oder 400 ml entnommen, nach dem Abstumpfen der freien Säure mit Weinsäure versetzt und mit Schwefelwasserstoff gesättigt. Nachdem man das ausgefallene Zinnsulfid abfiltriert und ausgewaschen hat, wird es in Bromsalzsäure gelöst, der Bromüberschuß verkocht und die Fällung mit Schwefelwasserstoff wiederholt. Nach dem Abfiltrieren bringt man den Niederschlag samt dem Filter in einen gewogenen Porzellantiegel, zersetzt das Sulfid mit einigen Tropfen Salpetersäure (1,40), dampft die Säure ab, verascht das Filter vorsichtig und glüht die entstandene Zinnsäure kräftig.

Fehlerquellen. Das Zinndioxyd ist meist noch nicht ganz rein; deshalb muß es mit Fluß-, Salz- und Salpetersäure, gegebenenfalls nach einem alkalischen Aufschluß, auf Verunreinigungen geprüft werden.

b) In zinnreichen Wolframerzen (über 1% Sn)

Grundlage. Nach dem Aufschluß mit Natriumperoxyd und Lösen der Schmelze in Salzsäure wird der Rest der in der salzsauren Lösung nicht ausgefallenen Wolframsäure mit Cinchoninlösung abgeschieden. In einem abgemessenen Anteil der Lösung erfolgt sodann die Zinnbestimmung nach der Reduktion mit Eisenpulver jodometrisch.

Anwendungsbereich und Bedeutung. Das Verfahren eignet sich vor allem für zinnreiche Wolframerze.

Genauigkeit. 1.

Dauer. 2 Std.

Ausführung. 3,125 g des feinstgepulverten Erzes werden im Eisentiegel zur Entfernung des Arsens abgeröstet und anschließend mit Natriumperoxyd aufgeschlossen. Man laugt die Schmelze mit Wasser aus, säuert sie mit Salzsäure (1,19) an und bringt die Lösung nach Zugeben weiterer 20 ml Salzsäure (1,19) in einen 500 ml-Meßkolben. Hier erhitzt man sie auf etwa 80° und fällt die noch in Lösung befindliche Wolframsäure durch tropfenweises Zugeben von Cinchoninlösung (s. S. 881) aus. Etwa 20 Tropfen dürften im allgemeinen genügen. Nach dem Umschütteln prüft man durch Zugeben eines weiteren Tropfen des Reagenz auf Vollständigkeit der Ausfällung. Nach dem Abkühlen wird der Kolbeninhalt zur Marke aufgefüllt, durchgeschüttelt und durch ein dichtes Faltenfilter filtriert. Dem Filtrat entnimmt man 200 ml (= 1,25 g Einwaage), gibt die Abmessung in einen 250 ml-Meßkolben und reduziert mit Eisenpulver. Man füllt auf, filtriert und bestimmt in 100 ml (= 0,5 g Einwaage) sodann das Zinn jodometrisch nach der Vorschrift im Kapitel Zinn, S. 979.

Literatur. Das Verfahren nach MÜLLER hat sich in der Praxis bewährt, ist aber bisher nur in der 1. Auflage veröffentlicht worden.

3. Die Bestimmung des Molybdäns

Grundlage. Das Erz wird mit Ätznatronlösung (1 + 3) behandelt. In der mit Weinsäure versetzten, mit Salzsäure angesäuerten Lösung wird das Molybdän durch Fällen mit Schwefelwasserstoff von der Wolframsäure getrennt. Das Molybdänsulfid glüht man zu Molybdäntrioxyd und wägt es als solches.

Anwendungsbereich und Bedeutung. Das Verfahren ist für alle Wolframerze geeignet.

Genauigkeit. 2.

Dauer. 8 Std.

Ausführung. 20 g feinstgeriebenes Erz werden in einer Porzellanschale bei einer Erhitzungstemperatur von höchstens 450° abgeröstet. Dann setzt man 20 g Ätznatron und 60 ml Wasser hinzu und dampft die Flüssigkeit bis fast zur Trockne ab. Nach Zugeben von 100 ml Wasser wiederholt man das Abdampfen, aber diesmal nur bis zur Hälfte des Volumens, verdünnt die Lösung mit 200 ml Wasser, filtriert und wäscht den Rückstand mit heißem Wasser sorfältig aus. Das Filtrat wird mit 40 g Weinsäure (etwa die 3fache Menge der vorhandenen Wolframsäure) versetzt, mit Salzsäure (1,19) schwach angesäuert und in eine Druckflasche gebracht. Darauf leitet man in die kalte Lösung Schwefelwasserstoff ein und erhitzt anschließend die verschlossene Flasche 1 Std. im Wasserbad. Nach dem Erkalten spült man die Lösung in ein Becherglas über, filtriert den Sulfidniederschlag ab und wäscht ihn mit schwach salzsaurem Schwefelwasserstoffwasser gut aus. Er wird dann mit Bromwasser in das Fällungsglas zurückgelöst und die Lösung mit Aluminiumgrieß versetzt. Den ausgefallenen Metallschwamm, der Kupfer, Antimon usw. enthält, filtriert man ab und wäscht ihn gut mit Wasser aus. Hierauf oxydiert man die Lösung mit Bromwasser, verkocht den Überschuß, setzt dem Filtrat 3 g Weinsäure hinzu und wiederholt die Fällung in der Druckflasche mit Schwefelwasserstoff. Das nun erhaltene Molybdänsulfid wird in einem gewogenen Porzellantiegel bei 450° geglüht. Man löst sodann das ausgewogene Molybdäntrioxyd nach dem Digerieren mit Salzsäure (1 + 1) in Natronlauge, filtriert einen etwa verbliebenen Rückstand ab, wäscht ihn mit heißem Wasser aus, glüht und wägt ihn und bringt sein Gewicht von dem ersten Gewicht in Abzug. Das Molybdäntrioxyd kann auch photometrisch ermittelt werden.

Fehlerquellen. Die Glühtemperatur von 450° darf nicht überschritten werden, da sonst Molybdänsäure verflüchtigt wird.

4. Die Bestimmung des Arsens

Je nach dem Arsengehalt erwärmt man 2 bis 5 g des feingepulverten Materials mit 20 ml Salpetersäure (1,40), setzt dann 20 ml Schwefelsäure (1 + 1) hinzu und erhitzt die Mischung bis zum starken Auftreten von Schwefelsäuredämpfen. Nach Zusatz von etwas Wasser wiederholt man das Abrauchen bis fast zur Trockne, um die letzten Reste der Salpetersäure zu entfernen. Darauf wird die eingedampfte Masse in den Kolben eines Arsendestillierapparates übergespült, mit 100 ml Salzsäure (1,19) und 20 ml Reduktionslösung (s. Kapitel Arsen, S. I/122) versetzt und destilliert. Der weitere Verlauf der Bestimmung ist aus dem Kapitel Arsen zu ersehen.

Der Säureaufschluß kann auch durch einen Alkaliaufschluß ersetzt werden, da man hiermit schneller zum Ziel kommt. Zu diesem Zweck schließt man die Einwaage mit genügend Natriumperoxyd und etwas Natriumkaliumcarbonat im arsenfreien Nickeltiegel auf, löst die Schmelze mit Wasser und säuert mit Phosphorsäure an. Die Manganate werden mit Wasserstoffperoxyd zerstört; alsdann wird die Lösung kurze Zeit gekocht. Nun destilliert man wie üblich.

5. Die Bestimmung des Phosphors

Grundlage. Nach dem Aufschluß mit Natriumperoxyd wird die Fällung des Phosphors und Arsens mit Magnesiamixtur durchgeführt. Aus dem Niederschlag wird das Arsen (gegebenenfalls auch das Zinn) mit Schwefelwasserstoff abgeschieden. Anschließend wird der Phosphor als Phosphorammoniummolybdat bestimmt.

Anwendungsbereich und Bedeutung. Das Verfahren hat für alle Wolframerze Gültigkeit.

Genauigkeit. 2.

Dauer. 10 Std.

Ausführung. 1,25 bis 2,5 g feinstgepulvertes Erz werden in einem phosphorfreien Reinnickeltiegel durch Schmelzen mit Natriumperoxyd aufgeschlossen. Die Schmelze laugt man mit Wasser aus, spült die Lösung in einen 500 ml-Meßkolben über, füllt sie zur Marke auf und filtriert. 400 ml des Filtrats bringt man in ein Becherglas, säuert die Abmessung mit Salzsäure (1,19) an und verkocht Kohlendioxyd. Dann macht man die Lösung stark ammoniakalisch und fällt Phosphor und Arsen mit Magnesiamixtur (s. Kapitel Lösungen) unter Rühren aus. Auch etwa vorhandenes Zinn fällt unter diesen Bedingungen als Zinnhydroxyd aus. Nachdem sich der Niederschlag abgesetzt hat, wird er abfiltriert, mit 3proz. Ammoniak ausgewaschen und mit heißer Salzsäure (1 + 1) in ein Becherglas gelöst. Aus dieser Lösung entfernt man darauf das Arsen und Zinn durch Einleiten von Schwefelwasserstoff und Abfiltrieren der Sulfide. Das Filtrat wird eingedampft, der Rückstand mit verdünnter Salpetersäure aufgenommen und der Phosphor in der Lösung mit Ammoniummolybdatlösung gefällt (s. Kapitel Mangan, S. I/490).

Fehlerquellen. Mitunter scheidet sich beim Aufnehmen mit Salpetersäure noch etwas Wolframsäure aus, die dann sehr geringe Mengen an Phosphor enthalten kann. Bei Betriebsanalysen kann man diese Mengen unberücksichtigt lassen. Man filtriert vor der Phosphorfällung die Wolframsäure ab.

II. Wolfram und Siliciumcarbid enthaltender Schleifstaub

Die Bestimmung des Wolframs

Grundlage. Nach dem Abrösten des Wolframcarbids zu Wolfram(VI)-oxyd und anschließendem Aufschluß mit Kaliumnatriumcarbonat wird das Wolfram mit Quecksilber(I)- oder (II)-nitrat gefällt.

Anwendungsbereich und Bedeutung. Das Verfahren dient zur schnellen Bestimmung des Wolframs.

Genauigkeit. 1.

Dauer. 5 Std.

Ausführung. 1,25 g des feingepulverten Materials werden zur Oxydation des Wolframs in einer Platinschale bei einer Temperatur von 700 bis 800° 1/2 Std. geglüht. Nach dem Erkalten feuchtet man mit Wasser an, setzt 5 ml Flußsäure hinzu und verdampft etwa vorhandenes Siliciumdioxyd. Der Trockenrückstand wird mit etwa 20 g Kaliumnatriumcarbonat geschmolzen und die Schmelze mit Wasser ausgelaugt. Das Siliciumcarbid wird bei diesem Aufschluß kaum angegriffen, wogegen die Wolframsäure restlos in lösliches Wolframat übergeführt wird. Die kalte Schmelzlösung füllt man in einen 250 ml-Meßkolben auf, filtriert durch ein trockenes Filter in ein trockenes Gefäß und fällt das Wolfram in 200 ml des Filtrats (= 1 g Einwaage) mit Quecksilber(I)- oder (II)-nitrat. Die Fällung wird bei einer Temperatur von höchstens 800° zu Wolfram(VI)-oxyd geglüht und als WO_3 gewogen. Die gewogene Wolframsäure ist gegebenenfalls auf Reinheit zu prüfen (s. S. 880).

Fehlerquellen. Ein Abrösten über 800° ist wegen der Flüchtigkeit der Wolframsäure zu vermeiden.

Literatur. Betriebsmethode eines Werkes.

III. Wolframhammerschlag

Die Bestimmung des Wolframs

Grundlage. Nach dem Auflösen der Probe in Salzsäure wird das Wolfram(VI)-oxyd unter Einwirkung von Perchlorsäure abgeschieden.

Genauigkeit. 1.

Dauer. 7 Std.

Ausführung. 1 g des auf DIN 0,075 gepulverten Materials bringt man in ein 600 ml-Becherglas und behandelt es unter Erwärmen mit 50 bis 70 ml Salzsäure (1,19). Löst es sich hierbei nicht restlos, so setzt man noch wenig Salpetersäure und Flußsäure hinzu. Man versetzt nun mit 30 ml Perchlorsäure (1,67) und dampft 5 min über das beginnende Rauchen hinaus ein. (Vorsicht wegen Explosionsgefahr bei Anwesenheit von Staub sowie bei hölzernen Abzügen!) Nachdem die Lösung erkaltet ist, wird sie mit 100 ml Wasser verdünnt und nach Zusatz von 20 ml Salzsäure (1,19) einige min gekocht. Man verdünnt dann mit heißem Wasser auf 500 ml, kocht auf und filtriert die Wolframsäure, nachdem sie sich abgesetzt hat, durch ein doppeltes, mit Filterschleim gedichtetes Weißbandfilter ab. Sie wird mit heißer Salzsäure (1 + 3), zum Schluß 2mal mit heißem Wasser ausgewaschen. Der Wolframsäureniederschlag wird mit warmem Ammoniak in das Fällungsgefäß zurückgelöst, das Ammoniak verkocht und die Wolframsäure mit 25 ml Perchlorsäure erneut und, wenn nötig, ein drittes Mal zur Abscheidung gebracht. Hierbei wird wie vorhergehend verfahren. Der Niederschlag, der nun frei von Kobalt, Molybdän und Vanadin ist, wird in einem Platintiegel verascht und als WO_3 zur Auswaage gebracht. Die Glühtemperatur darf 800° nicht überschreiten. Umrechnungsfaktor auf W = 0,7930.

Etwa noch vorhandenes Siliciumdioxyd wird durch Abdampfen mit wenig Flußsäure entfernt.

Literatur. Bd. I, Schiedsverfahren, 2. Aufl., S. 413.

IV. Tantal, Niob oder Titan enthaltende Hartmetallabfälle

Die Bestimmung des Wolframs

Grundlage. Das Hartmetall wird in einer Platinschale mit Salpeter-Flußsäure gelöst und der durch Eindampfen der Lösung zur Trockne abgeschiedene Rückstand mit Kaliumnatriumcarbonat aufgeschlossen. Im wäßrigen Auszug der

Schmelze wird die in Lösung übergeführte Wolframsäure mit Quecksilber(I)- oder (II)-nitrat zur Fällung gebracht.

Genauigkeit. 1.

Dauer. 6 Std.

Ausführung. 1,25 g des in einem Diamantmörser zerkleinerten Probegutes werden in einer Platinschale vorsichtig mit etwa 25 ml Salpetersäure und 10 ml Flußsäure unter schwachem Erwärmen gelöst. Es empfiehlt sich bei dieser Operation, die Schale mit einem Platindeckel zu versehen, damit Sprühverluste vermieden werden. Nach Beendigung der heftigen Reaktion gibt man nochmals 3 ml Flußsäure hinzu und dampft auf dem Wasserbade zur Trockne. Sodann wird der Trockenrückstand in der Schale mit etwa 15 g Kaliumnatriumcarbonat geschmolzen und die Schmelze nach dem Erkalten mit 200 ml heißem Wasser ausgelaugt. Man füllt die kalte Schmelzlösung in einem 250 ml-Meßkolben auf, filtriert und entnimmt dem Filtrat 200 ml (= 1 g Einwaage). Diese Abmessung wird in einen 500 ml-Meßkolben übergeführt, vorsichtig mit Salpetersäure angesäuert und nach dem Verkochen des Kohlendioxyds mit einem kleinen Überschuß von Ammoniak versetzt, um das in Lösung gegangene Tantal (Niob) auszufällen. Nach kurzem Aufkochen wird abgekühlt, aufgefüllt, filtriert und die Wolframsäure in einem aliquoten Teil des Filtrats von 400 ml (= 0,8 g Einwaage) nach einer der beiden Quecksilbernitratmethoden zur Ausfällung gebracht. Das geglühte Wolfram(VI)-oxyd wird nach der auf S. 880 beschriebenen Methode auf Verunreinigungen geprüft.

Fehlerquellen. Ein Ausglühen des Trockenrückstandes ist zu vermeiden.

Literatur. Werksanalyse.

V. Wolfram(VI)-oxyd (Wolframsäureanhydrid)

1. Die Bestimmung des Wolframs

1 g Wolfram(VI)-oxyd wird in 10 ml Natronlauge (400 g/l) gelöst. Bei unreiner technischer Wolframsäure ist ein Schmelzaufschluß mit Kaliumnatriumcarbonat notwendig. Anschließend bestimmt man das Wolfram nach dem Fällungsverfahren mit Quecksilber(I)-nitratlösung (s. S. 880).

2. Die Bestimmung des in Ammoniak Unlöslichen

5 bis 10 g Wolfram(VI)-oxyd werden mit 50 bis 60 ml 6proz. Ammoniak auf 70° erwärmt. Man filtriert den Rückstand auf ein quantitatives Filter ab und wäscht ihn mit warmem, ammoniakhaltigem Wasser sorgfältig aus. Das Filter wird in einem gewogenen Porzellantiegel verascht und das Unlösliche nach dem Glühen zur Auswaage gebracht.

3. Die Bestimmung des Glühverlustes

1 g Wolfram(VI)-oxyd wird bei 700° bis zur Gewichtskonstanz geglüht.

4. Die Bestimmung des Schwefels

5 g Wolfram(VI)-oxyd werden in einem 250 ml-Meßkolben mit 100 ml Wasser und 10 ml Salzsäure (1,19) 15 min gekocht. Nach dem Abkühlen und Auffüllen zur Marke wird die Lösung filtriert. Man entnimmt dem Filtrat 200 ml (entsprechend 4 g Einwaage) und fällt in dieser Abmessung das Sulfat mit Bariumchloridlösung (100 g/l). Siehe auch Bd. I, 2. Aufl., S. 406.

5. Die Bestimmung des Eisens, Calciums und Magnesiums

Je nach der Reinheit des Wolfram(VI)-oxyds werden bis zu 100 g in einer mit einem Uhrglas bedeckten Porzellanschale mit Wasser angeteigt. Dann setzt man bis zu 40 g Ätzkali hinzu und erwärmt den Schaleninhalt, bis das Wolfram(VI)-oxyd vollständig in Lösung gegangen ist. Nach dem Erkalten oxydiert man die Lösung mit Bromwasser, gibt einige g Natriumkaliumcarbonat hinzu und kocht. Man läßt die Fällung nach dem Verdünnen mit Wasser über Nacht stehen, filtriert dann den Niederschlag auf ein hartes, mit etwas Filterschleim versehenes Filter ab und wäscht ihn einige Male durch Aufgießen von Wasser aus. Nachdem man das Filter samt dem Inhalt in die Schale zurückgegeben hat, fügt man 50 ml Salzsäure (1 + 1) sowie 25 ml Salpetersäure (1,40) hinzu und erhitzt die Mischung zum schwachen Sieden. Nach dem Verdünnen mit etwas Wasser wird der Schaleninhalt durch ein schnellaufendes Filter filtriert und das Filter mit salzsäurehaltigem Wasser gut ausgewaschen. Im Filtrat fällt man das Eisen und Mangan mit Ammoniak und Brom als Hydroxyd, filtriert ab und bestimmt das Eisen photometrisch oder maßanalytisch. Das ammoniakalische Filtrat von der Eisenfällung dient dann zur Kalk- und Magnesiumbestimmung, die in bekannter Weise vorgenommen werden.

6. Die Bestimmung des Chlorierungsrückstandes

Die Ausführung der Bestimmung ist bei Wolframmetall, S. 890, beschrieben.

7. Die Bestimmung des Molybdäns

a) Nach Abscheidung als Sulfid

Grundlage. Nach Abtrennung des Molybdäns vom Wolfram mittels Schwefelwasserstoff erfolgt die Bestimmung gewichtsanalytisch oder photometrisch.

Genauigkeit. 1.

Dauer. Gewichtsanalytisch 5 Std., photometrisch 2 bis 3 Std.

Ausführung. Je nach dem Gehalt an Molybdän werden bis zu 25 g in einem 250 ml-Becherglas mit 10 g Natriumhydroxyd und 100 ml Wasser in Lösung gebracht. Hydratwolframsäure löst sich leicht, hingegen erfordert Wolframsäureanhydrid ein etwa 20 min dauerndes Kochen, wobei das verdampfende Wasser ersetzt wird. Dann werden 20 ml Weinsäurelösung (1 + 1) zugesetzt und die Lösung mit Schwefelsäure (1 + 1) schwach angesäuert. Man leitet nun 10 min lang Schwefelwasserstoff ein und führt sodann die Lösung in eine 500 ml fassende Druckflasche über. Dieselbe wird zur Sicherheit mit einem Tuch umwickelt und $^1/_2$ Std. in das kochende Wasserbad gestellt. Der zusammengeballte Molybdänsulfidniederschlag wird abfiltriert und nach dem Auswaschen in Brom-Salzsäure gelöst. Dann macht man eben ammoniakalisch, kocht zur Entfernung des Broms, setzt 4 g Weinsäure zu und wiederholt diese Fällung in schwach schwefelsaurer Lösung mit Schwefelwasserstoff wie vorher. Das abfiltrierte und ausgewaschene Molybdänsulfid wird aldann im gewogenen Porzellantiegel bei 450° verascht, gewogen und auf Reinheit geprüft.

Die photometrische Bestimmung wird im Anschluß an die 1. Schwefelwasserstoffällung durchgeführt. Nach dem Verjagen des Broms in ammoniakalischer Lösung säuert man mit Schwefelsäure an und versetzt sie mit 10 ml Schwefelsäure (1 + 1) im Überschuß. Nach dem Abkühlen wird die Lösung in eine Meßküvette übergeführt und mit 5 ml Kaliumthiocyanatlösung (250 g KCNS auf 1 l H_2O) sowie 5 ml Zinn(II)-chloridlösung [100 g $SnCl_2$ + 100 ml HCl (1,19) zu 1 l verdünnt] versehen. Nach 5 min Wartezeit kann die rote Farbe photometriert werden.

b) Nach Extraktion mit Isoamylacetat (photometrisch)

Ausführung. 1 g WO_3 wird mit 6 g Kaliumnatriumcarbonat in einem Platintiegel aufgeschlossen und anschließend mit etwa 150 ml Wasser ausgelaugt. [Die Probe kann auch, wie unter a) aufgeführt, aufgelöst werden.] Nach dem Erkalten wird die Lösung mit Schwefelsäure (1 + 4) auf p_H 7,5 eingestellt und dann auf 250 ml aufgefüllt. Bei Gehalten von 0,01 bis 0,10% werden 25 ml entnommen und in einen 250 ml-Schütteltrichter gebracht. (Liegt der Molybdängehalt unter 0,1%, geht man von entsprechend höheren, bei Gehalten über 0,1% von niedrigeren Einwaagen aus.) Nunmehr werden 5 ml Zitronensäurelösung und 5 ml Ammoniumthiocyanatlösung in den Schütteltrichter gegeben und anschließend mit Wasser auf 38 ml verdünnt. Sodann werden 25 ml Isoamylacetat und anschließend 12,5 ml Zinn(II)-chloridlösung hinzugefügt und durchgeschüttelt. Nach Trennung der beiden Phasen wird die wäßrige Schicht in einen zweiten 250 ml-Schütteltrichter abgelassen und nochmals mit 25 ml Isoamylacetat extrahiert. Nach Trennung der beiden Phasen wird die wäßrige Schicht verworfen, die organischen Schichten werden vereinigt und mit 30 ml Wasser umgeschwenkt. Nach Trennung der beiden Schichten wird die wäßrige Phase verworfen. Die organische Phase wird in einen 100 ml-Meßkolben abgelassen und mit Äthanol, das mit Methanol vergällt ist, zur Eichmarke aufgefüllt. Nach Umschütteln wird die Extinktion der Lösung in einer 1 cm-Küvette bei 470 mμ gegen einen entsprechend durchgeführten Blindwert ermittelt. An Hand einer Eichkurve bzw. mittels eines Eichfaktors erhält man dann den Gehalt der Probe an Molybdän.

Lösungen.

Zitronensäurelösung: 400 g Zitronensäure/l.

Ammoniumthiocyanatlösung: 100 g Ammoniumthiocyanat/l.

Zinn(II)-chloridlösung: 160 g $SnCl_2 \cdot 2H_2O$ werden mit 100 ml Schwefelsäure (1,84) durch Erwärmen in Lösung gebracht. Sodann wird mit Wasser auf etwa 500 ml verdünnt, 160 g Zitronensäure hinzugefügt und nach vollständiger Lösung mit Wasser auf 1 l aufgefüllt.

VI. Wolframmetall

Es wird hauptsächlich in der Glühlampenindustrie, in der Radiotechnik und zur Herstellung von Hartschneidmetallen verwendet.

1. Die Bestimmung des Wolframgehaltes

Bei unreinem Metall verfährt man, wie später bei Ferrowolfram, S. 893, angegeben. Sehr reines Wolframmetall (über 99,6% W) erfordert indirektes Bestimmen des Gehaltes. Da die Hauptverunreinigung in der Regel Sauerstoff ist, erhält man durch seine Bestimmung und unter Berücksichtigung des Chlorierungsrückstandes schon brauchbare Werte für die Beurteilung der Reinheit des Metalls.

2. Die Bestimmung des Sauerstoffs

Grundlage. Vorhandenes Oxyd wird durch Erhitzen des Wolframmetalls im Wasserstoffstrom reduziert.

Anwendungsbereich und Bedeutung. Das Verfahren eignet sich für alle Qualitäten des Metalls.

Genauigkeit. 2.

Dauer. 1 Std.

Ausführung. 5 g Metall werden in einem unglasierten, gewogenen ROSE-Tiegel bei 900° (Gebläseflamme) im Wasserstoffstrom bis zur Gewichtskonstanz geglüht.

Für Betriebsuntersuchungen genügt die Feststellung des bei der Reduktion eingetretenen Gewichtsverlustes.

Fehlerquellen. Bei hohem Kohlenstoffgehalt wird das Verfahren fehlerhaft. Es wird dann Auffangen und Wägen des entstandenen Wassers notwendig. Die Bestimmung führt man zu diesem Zweck in einem Quarzglasrohr mit Porzellanschiffchen aus und fängt das entweichende Wasser in gewogenen, mit Calciumchlorid gefüllten U-Röhrchen auf (s. Bd. I, 2. Aufl., S. 412/13).

3. Die Bestimmung des Chlorierungsrückstandes

Grundlage. Wolframmetall wird durch Glühen an der Luft zu Wolframtrioxyd oxydiert. Dieses läßt sich im Chloroform-Luftstrom bei 800° oder im Chlor-Dischwefeldichloridstrom bei 430° verflüchtigen.

Anwendungsbereich und Bedeutung. Der Chlorierungsrückstand wird häufig zur handelsüblichen Beurteilung des Wolframmetalls herangezogen. In der Regel verlangt man seine Feststellung nach dem Chlor-Dischwefeldichlorid-Verfahren.

Genauigkeit. 2.

Dauer. 7 Std. für die Chloroform-Methode, 4 Std. für die Dischwefeldichlorid-Methode.

Ausführung.

a) Die Chloroform-Methode

5 g Wolframmetall werden durch Glühen an der Luft zu Wolframtrioxyd oxydiert. Dieses setzt man bei 800° einem chloroformhaltigen Luftstrom aus, bis der Rückstand ein gleichbleibendes Gewicht besitzt. Er besteht hauptsächlich aus Siliciumdioxyd, Tonerde und den Seltenen Erden; Calcium, Magnesium und die Alkalien werden fast restlos mit dem Wolfram verflüchtigt.

b) Die Dischwefeldichlorid-Methode

Nach dem Verglühen von 5 g Metall zu Wolframtrioxyd wird dieses unter dauerndem Überleiten eines Gemisches von Chlor und Dischwefeldichlorid auf 430° erhitzt. Die Chlorierung erfolgt so lange, bis ebenfalls Gewichtskonstanz des Rückstandes erreicht ist.

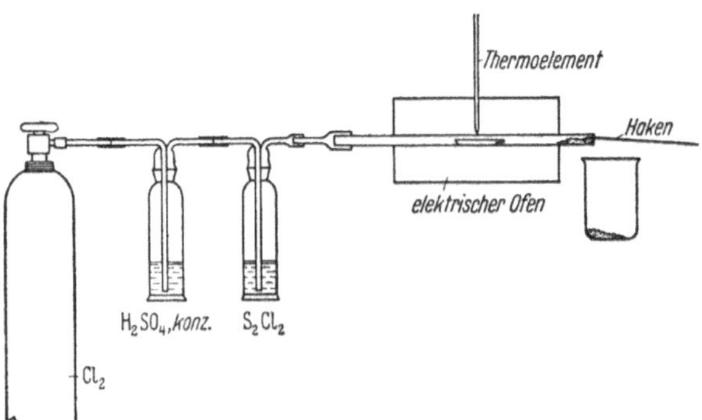

Abb. 71. Apparat zur Chlorierung von Wolfram

Das Chlor wird zweckmäßig einer Stahlflasche entnommen, geht zunächst durch eine Waschflasche mit konz. Schwefelsäure und dann durch eine zweite mit Dischwefeldichlorid. Die Chlorierung des in einem Quarzschiffchen befindlichen Wolframtrioxyds erfolgt bei beiden Verfahren in einem Quarzrohr (s. Abb. 71). Anschließend an die Waschflasche mit Dischwefeldichlorid müssen sämtliche Verbindungen aus Schliffen bestehen; die sich am Ausgang des Quarzrohres ansammelnde Wolframsäure wird mittels eines Häkchens entfernt.

Bei der Chlorierung im Dischwefeldichlorid-Chlorstrom bleiben Siliciumdioxyd, Calcium, Magnesium sowie die Alkalien zurück, dagegen werden die Seltenen Erden teilweise verflüchtigt. Da das Calcium und die Alkalien wesentliche Verunreinigungen des Wolframmetalls sind, erhält man nach der Dischwefeldichlorid-Methode in der Regel einen größeren Chlorierungsrückstand.

Die Chlorierungsrückstände können anschließend zur Bestimmung des Siliciumdioxyds, des Calciums und Magnesiums und der Alkalimetalle verwendet werden.

Literatur. AGTE, K., H. BECKER-ROSE u. G. HEYNE: Z. angew. Chem. (Bd. 38) S. 1121.

4. Die Bestimmung des Siliciums

1 g Metall wird in einem Platintiegel durch Glühen vollständig oxydiert. Dann setzt man 5 Tropfen Schwefelsäure (1,84) und einige Tropfen Salpetersäure (1,40) hinzu, verdampft die Säure vorsichtig und glüht den Tiegel mit Inhalt bis zur Gewichtskonstanz. Zur Vorsicht wiederholt man das Eindampfen mit Säure und das Glühen. Der Tiegelinhalt wird darauf mit 1 ml Flußsäure und 5 Tropfen Schwefelsäure befeuchtet. Man raucht die Säuren ab und glüht die Wolframsäure wiederum bei höchstens 800° bis zum gleichbleibenden Gewicht.

Aus der Gewichtsdifferenz ergibt sich die Menge des verflüchtigten Siliciumdioxyds, die nun auf Silicium umgerechnet wird.

5. Die Bestimmung des Phosphors

Grundlage. Nach der Oxydation des Phosphors mit Kaliumpermanganat wird die Phosphorsäure zunächst mit Magnesiamixtur gefällt. In der Lösung des Niederschlages schlägt man dann den Phosphor als Phosphorammoniummolybdat nieder.

Anwendungsbereich und Bedeutung. Das Verfahren dient zur Bestimmung des Phosphors in allen Qualitäten des metallischen Wolframs.

Genauigkeit. 1.

Dauer. 20 Std.

Ausführung. 1 g Metall wird in einer mit einem Deckel versehenen Platinschale mit 13 ml Salpetersäure (1,40) und 3 ml Flußsäure vorsichtig unter schwachem Erwärmen gelöst. Wenn die heftige Reaktion nachgelassen hat, gibt man nochmals 3 ml Flußsäure hinzu, engt die Lösung auf 10 ml durch nicht zu starkes Erhitzen ein, fügt etwa 3 Tropfen einer konz. Kaliumpermanganatlösung zu und setzt das Eindampfen bis zur beginnenden Krustenbildung von Wolframsäure fort. Nach Zusatz von 5 ml Schwefelsäure (1,84) wird der Schaleninhalt zur Entfernung der Salpeter- und Flußsäure bis zum Auftreten von Schwefelsäuredämpfen erhitzt, etwas abgekühlt, mit 25 ml Wasser verdünnt und unter Umrühren vorsichtig gekocht. Nun fügt man zur Zerstörung des überschüssigen Kaliumpermanganats einige Tropfen einer gesättigten Schwefligsäurelösung hinzu, setzt das Kochen etwa 2 min fort, kühlt die Lösung nach Zugeben von 2 g Weinsäure auf 50° ab, versetzt sie anschließend mit 50 ml Ammoniak (0,91) und verdünnt sie mit 50 ml Wasser. Die Wolframsäure muß nun vollständig gelöst sein. Diese Lösung wird darauf zur Ausfällung der Phosphorsäure mit 10 ml Magnesiamixtur (s. Kapitel Lösungen) versetzt, in eine mit eingeschliffenem Stopfen versehene Glasflasche übergespült, in Eiswasser gekühlt und nach Zugeben einiger Glasperlen 10 min geschüttelt. Dann versetzt man sie mit 15 ml Ammoniak (0,91) und läßt sie über Nacht im Eiswasser stehen.

Das ausgefällte Magnesiumammoniumphosphat wird auf ein kleines, mit Filterschleim gedichtetes Filter abfiltriert und mit ammoniakhaltigem Wasser ausgewaschen. Da der Niederschlag noch mit Arsen verunreinigt sein kann, wird er mit heißer Salzsäure (1 + 1) gelöst. Die Lösung dampft man auf etwa 7 ml ein, versetzt sie mit 10 ml Salzsäure (1,19) und 0,5 g Kaliumbromid und bringt sie zur Trockne. Der Rückstand wird mit 60 ml Salpetersäure (1,135) aufgenommen, das Ungelöste abfiltriert, das Filtrat mit 40 ml Ammoniak (0,91) versetzt, wobei die Lösung aber sauer bleiben muß, und etwas abgekühlt. Sodann erfolgt die Fällung der Phosphorsäure mit Ammoniummolybdatlösung (s. S. I/490) in bekannter Weise.

6. Die Bestimmung des Eisens, Mangans, Calciums und Magnesiums

Zur Bestimmung des *Eisens* löst man 2 g Metall, wie vorher bei der Phosphorbestimmung angegeben, in einer Platinschale in Salpetersäure und Flußsäure, dampft die Lösung nach Zusatz von 10 ml Schwefelsäure (1 + 1) bis zum Auftreten von Schwefelsäuredämpfen ein, verdünnt sie nach dem Abkühlen mit Wasser und gießt das Ganze in Ammoniak (0,91) ein. In diese Lösung wird nun Schwefelwasserstoff eingeleitet; dabei fällt das Eisen als Sulfid aus. Man filtriert nach einiger Zeit den Niederschlag ab, glüht ihn in einem Porzellantiegel und löst das entstandene Oxyd in Salzsäure. Das Eisen kann dann photometrisch oder maßanalytisch bestimmt werden.

Um *obige 4 Elemente* zu bestimmen, röstet man 10 g Metall in einer Platinschale, schmilzt das gebildete Wolfram(VI)-oxyd mit wenig Ätznatron unter Zusatz von wenig Soda und laugt die Schmelze mit Wasser aus. Nach Zusatz von etwas 3proz. Wasserstoffperoxydlösung werden die als Hydroxyde ausgefallenen obigen Elemente abfiltriert und so von dem in Lösung befindlichen Wolfram getrennt. Man bestimmt sie nun nach bekannten Verfahren.

Literatur. AGTE, K., H. BECKER-ROSE u. HEYNE: Z. angew. Chem. Bd. 38 (1925) S. 1121.

7. Die Bestimmung des Kohlenstoffs und Schwefels

Die Verfahren sind die gleichen, wie sie für Ferrowolfram, S. 895, angegeben sind.

8. Die Bestimmung des Rüttel- oder Klopfvolumens

Eine 10 ml-Mensur wird mit dem Metallpulver gefüllt. Dann stößt man sie auf eine Holzunterlage auf und füllt so lange von dem Pulver nach, bis beim Aufklopfen keine Verringerung des Volumens mehr stattfindet. Nach Feststellung des Nettogewichtes wird das Volumen von 100 g Metall berechnet und als Kennwert für das Rüttelvolumen (ml/100 g) eingesetzt.

VII. Wolframcarbid

Wolframcarbid ist der wesentliche Ausgangsstoff zur Herstellung der Hartmetalle.

Die Bestimmung des Wolframs, des Chlorierungsrückstandes, des Siliciums, des Phosphors, des Molybdäns, des Eisens sowie des Schwefels erfolgt nach den in den vorhergehenden Kapiteln angegebenen Verfahren. Es soll hier nur die Bestimmung des Kohlenstoffs aufgeführt werden.

1. Die Bestimmung des Gesamtkohlenstoffs

Grundlage. Das Wolframcarbid wird bei einer Temperatur von etwa 1100° ohne Zuschlag im Sauerstoffstrom verbrannt und das gebildete Kohlendioxyd entweder gasvolumetrisch oder gewichtsanalytisch bestimmt. Für die betriebsmäßige Untersuchung wird man seiner Schnelligkeit wegen dem volumetrischen Verfahren den Vorzug geben.

Ausführung. 0,5 g der Probe werden im Porzellanschiffchen im elektrisch beheizten Röhrenofen bei etwa 1100° im Sauerstoffstrom verbrannt und das gebildete Kohlendioxyd in der üblichen gasvolumetrischen Apparatur (s. Kapitel Chrom, S. I/300) aufgefangen. Die Auffangbürette hat bei 1 g Einwaage einen Meßbereich von 0 bis 4,5% C.

Eine vom Chemiker-Fachausschuß der Gesellschaft Deutscher Metallhütten- und Bergleute durchgeführte Reihenuntersuchung hat ergeben, daß die gasvolumetrisch ermittelten Werte etwa um 0,05% niedriger liegen als die gewichtsanalytisch gefundenen.

Bei der gewichtsanalytischen Bestimmung werden ebenfalls 0,5 g ohne Zuschlag im Sauerstoffstrom verbrannt und das Kohlendioxyd nach dem Trocknen über Phosphorpentoxyd in mit Natronkalk oder Natronasbest gefüllten U-Rohren aufgefangen.

Literatur. Hingewiesen sei noch auf das halbmikrochemische Verfahren von P. Klinger, W. Koch und G. Blaschczyk: Handbuch für das Eisenhüttenlaboratorium, Bd. 2 (1941) S. 483—485.

2. Die Bestimmung des freien Kohlenstoffs

Ausführung. 1 g der Probe wird in einer Platinschale mit 20 ml Salpetersäure (1,4) unter tropfenweisem Zusatz von 10 ml Flußsäure gelöst. Nach Beendigung der Hauptreaktion erhitzt man die Lösung 10 min auf dem kochenden Wasserbad. Man verdünnt dann mit 20 ml Wasser und filtriert den ungelöst zurückgebliebenen freien Kohlenstoff über ausgeglühtem Asbest ab, der zuerst mit heißer Salzsäure (1 + 3) und anschließend mit heißem Wasser ausgewaschen wird. Die den Kohlenstoff enthaltende Asbestfaser wird in ein Verbrennungsschiffchen gebracht, getrocknet und der Kohlenstoff durch Verbrennen bei 1000° gewichtsanalytisch oder gasvolumetrisch bestimmt.

D. Die Untersuchung des Ferrowolframs

Ferrowolfram wird auf elektrothermischem Wege erschmolzen und dient hauptsächlich als Legierungszusatz für Stahl. Sein Wolframgehalt beträgt etwa 80 bis 85%.

I. Die Bestimmung des Wolframs

Die Wolframbestimmung kann nach dem Aufschluß des Ferrowolframs durch Schmelzen mit Natriumperoxyd und Natriumkaliumcarbonat in der Lösung der Schmelze nach dem Fällungsverfahren mit Quecksilber(I)-nitratlösung erfolgen (s. C. I. 1., S. 880). Siehe auch Bd. I, 2. Aufl., S. 407.

Zu diesem Zweck schmelzt man 0,9914 g des feinstgepulverten Materials in einem Eisentiegel mit 20 g Natriumperoxyd und 10 g Natriumkaliumcarbonat unter öfterem Umschwenken über der Gebläseflamme. Die erkaltete Schmelze wird mit Wasser ausgelaugt, die Lösung zur Zerstörung etwa vorhandener Manganate mit etwas Natriumperoxyd gekocht und das Ganze in einen 500 ml-Meßkolben übergespült. Nach dem Erkalten füllt man den Inhalt des Kolbens zur Marke auf, filtriert und entnimmt dem Filtrat 400 ml (= 0,7931 g Einwaage). In dieser Abmessung erfolgt die Bestimmung des Wolframs, wie oben angegeben.

Die Auswaage mal 100 ergibt % Wolfram.

Zur schnelleren Orientierung über den Wolframgehalt kann auch folgendes Verfahren angewandt werden:

Grundlage. Nach dem Lösen der Probe mit Salpetersäure und Flußsäure wird der größte Teil des Wolframs durch Eindampfen mit Schwefelsäure als Wolfram(VI)-oxyd abgeschieden. Die restliche Wolframmenge fällt man im Filtrat mit Cinchonin.

Anwendungsbereich und Bedeutung. Das Verfahren dient zur raschen Unterrichtung über den Wolframgehalt.

Genauigkeit. 3.

Dauer. 3 Std.

Ausführung. 0,5 g feinstgepulvertes Ferrowolfram behandelt man in einer Platinschale mit 20 bis 30 ml Salpetersäure (1,40) unter tropfenweisem Zusatz von Flußsäure, bis nach schwachem Erwärmen vollständige Lösung erreicht ist. Dann gibt man 20 ml Schwefelsäure (1 + 1) hinzu und erhitzt die Lösung vorsichtig bis zum Auftreten starker Schwefelsäuredämpfe. Darauf verdünnt man sie mit salzsäurehaltigem Wasser [100 ml Wasser + 20 ml Salzsäure (1,19)] und kocht auf. Die abgeschiedene Wolframsäure wird auf ein kleines, mit Filterschleim versehenes Filter abfiltriert und mehrmals mit salzsäurehaltigem Wasser ausgewaschen. Im Filtrat fällt man die restlichen Wolframmengen mit Cinchonin (s. S. 881). Die beiden Niederschläge werden geglüht und als Wolfram(VI)-oxyd gewogen.

II. Die Bestimmung des Zinns

Grundlage. Das Ferrowolfram wird im Eisentiegel geröstet und sodann mit Natriumperoxyd geschmolzen. Die salzsauer gemachte Lösung der Schmelze reduziert man im Meßkolben mit Eisenpulver, filtriert und fällt in einem Anteil des Filtrats das Zinn unter Zusatz von Weinsäure als Sulfid. Dieses wird zu Zinndioxyd geglüht und als SnO_2 zur Auswaage gebracht.

Anwendungsbereich und Bedeutung. Das Verfahren ist für jede Ferrowolframsorte geeignet.

Genauigkeit. 2.

Dauer. 6 Std.

Ausführung. 5 g der feinstgepulverten Probe werden in einem Eisentiegel geröstet und sodann mit Natriumperoxyd geschmolzen. Man laugt die Schmelze mit Wasser aus, säuert mit Salzsäure (1,19) an und bringt das Ganze in einen 500 ml-Meßkolben. Alsdann reduziert man die Lösung unter Erwärmen mit Eisenpulver, bis sie eine tiefblaue Färbung angenommen hat, füllt sie nach dem Abkühlen zur Marke auf und filtriert. Dem Filtrat entnimmt man 400 ml, stumpft in der Abmessung die freie Salzsäure etwas ab, gibt 25 ml Weinsäurelösung (250 g/l) hinzu und fällt das Zinn durch Einleiten von Schwefelwasserstoff als Sulfid aus. Es wird abfiltriert, mit schwach angesäuertem, schwefelwasserstoffhaltigem Wasser ausgewaschen und in das Fällungsgefäß zurückgespült. Hier löst man es mit Bromsalzsäure, verdünnt die Lösung, verkocht das Brom und filtriert von etwa ausgeschiedenem Schwefel oder Wolfram(VI)-oxyd ab. Im schwach salzsauren, mit etwas Weinsäure versetzten Filtrat wird das Zinn erneut mit Schwefelwasserstoff gefällt. Das nun erhaltene Zinnsulfid bringt man samt dem Filter in einen gewogenen Porzellantiegel, beträufelt es mit etwas Salpetersäure (1,40), verdampft diese auf dem Sandbad, verascht das Filter vorsichtig und glüht den Tiegelinhalt über kräftiger Flamme. Man erhält so SnO_2, welches gegebenenfalls destilliert werden muß (vgl. Bd. I, 2. Aufl., S. 409 u. 403). Dann erzielt man die Genauigkeit 1.

Fehlerquellen und ***Literatur.*** Siehe bei C. I. 2a), S. 883.

III. Die Bestimmung des Arsens

3 bis 5 g des feinstgepulverten Materials werden im Reinnickeltiegel mit Natriumperoxyd aufgeschlossen. Man laugt die Schmelze mit Wasser aus, säuert die Lösung mit Phosphorsäure (1 + 1) an, gibt 20 ml 3proz. Wasserstoffperoxyd

hinzu, kocht und bringt sie in den Kolben eines Arsendestillierapparates. Nach Zusatz von 100 ml Salzsäure (1,19) sowie Reduktionslösung wird das Arsen abdestilliert. Man wiederholt die Destillation nach erneutem Zusatz von Salzsäure und Reduktionsmittel und bestimmt dann im Destillat das Arsen nach den Angaben im Kapitel Arsen, S. I/122.

IV. Die Bestimmung des Kohlenstoffs und Schwefels

Die *Kohlenstoffbestimmung* erfolgt durch Verbrennen im elektrischen Röhrenofen unter Zusatz von etwas Blei(IV)-oxyd.

Bei der Bestimmung des *Schwefels* durch Verbrennen ist ein Zuschlag nicht notwendig.

Siehe auch den Abschnitt Ferrochrom im Kapitel Chrom, S. I/296ff.

V. Die Bestimmung des Phosphors

Hierbei kann der gleiche Weg beschritten werden, wie er bei Wolframmetall, S. 891, angegeben wurde. Entsprechend dem niedrigeren Gehalt wählt man eine größere Einwaage (etwa 3 g).

VI. Die Bestimmung des Siliciums

Grundlage. Die durch Glühen im Platintiegel oxydierte Probe wird mit Natriumkaliumcarbonat geschmolzen, die Schmelze in Wasser gelöst und die Lösung salzsauer gemacht. Durch Eindampfen der Lösung und Erhitzen des Rückstandes auf 135° bringt man das Siliciumdioxyd und die Wolframsäure zur Abscheidung. Sie werden nach dem Schmelzen mit Kaliumhydrogensulfat und Lösen der Schmelze in Ammoniumcarbonatlösung voneinander getrennt.

Anwendungsbereich und Bedeutung. Das Verfahren eignet sich für alle Qualitäten von Ferrowolfram.

Genauigkeit. 2.

Dauer. 5 Std.

Ausführung. 2 g der feinstgepulverten Probe werden in einem Platintiegel durch Glühen oxydiert und die Oxyde mit Natriumkaliumcarbonat geschmolzen. Man löst die Schmelze in einer Porzellanschale mit Wasser und säuert die Lösung sofort mit Salzsäure (1 + 1) im Überschuß an. Darauf wird sie eingedampft und das Salzgemisch auf 135° erhitzt. Nach dem Erkalten nimmt man es mit Salzsäure (1,19) auf, verdünnt die Lösung mit heißem Wasser, kocht und filtriert den aus Wolframsäure und Siliciumdioxyd bestehenden Rückstand auf ein schnellaufendes, mit Filterschleim gedichtetes Filter ab. Er wird mit heißem, salzsäurehaltigem Wasser alkalifrei ausgewaschen. Dann glüht man ihn im Platintiegel über einem Bunsenbrenner, schmilzt ihn mit Kaliumhydrogensulfat und laugt die Schmelze mit ammoniumcarbonathaltigem Wasser aus. Nach dem Aufkochen der Lösung filtriert man den das gesamte Siliciumdioxyd enthaltenden Niederschlag ab, wäscht ihn sorgfältig mit ammoniumcarbonathaltigem Wasser aus, glüht ihn im Platintiegel und wägt. Nach dem Abrauchen mit Fluß- und Schwefelsäure wiederholt man das Glühen und Wägen.

Bemerkung. Zur Bestimmung des Siliciums kann man auch die im Platintiegel geglühte Wolframsäure und Siliciumdioxyd ohne aufzuschließen mit Flußsäure und Schwefelsäure, wie auf S. 891 unter 4. angegeben, abrauchen.

Fehlerquellen. Zeigt sich beim Lösen der Aufschlußschmelze nicht zersetztes Ferrowolfram, so muß dieses abfiltriert und erneut aufgeschlossen werden. Das salzsaure Filtrat der Siliciumdioxyd- und Wolframsäureabscheidung ist zur Erzielung größerer Genauigkeit nochmals einzudampfen.

Literatur. Siehe auch Siliciumdioxydabscheidung durch Gelatinezusatz nach L. WEISS u. H. SIEGER: Z. analyt. Chem. Bd. 119 (1940) S. 245—280.

VII. Die Bestimmung des Eisens

Sie läßt sich nach den Angaben bei C. VI. 6., S. 892, ausführen.

Kapitel 43

Zink*

Inhalt

---

*	1. Auflage	2. Auflage
Bearbeiter:	**Janssen †**	**Darius**
Mitarbeiter:	**Ahrens, Arnold †, Baronowski, Boy, Darius, Eberius, Ensslin, Fischer, Jaeckel †, Kilian, Meyer, Rodewald, Urbasch, Wagenmann †**	**Ahrens, Dreyer, Eberius, Michaelis, Urbasch**

A. Vorkommen

Die technisch wichtigsten Zinkerze sind die Zinkblende und der Galmei. Die *Zinkblende* (ZnS) findet sich in der Natur selten in reinem Zustand (Honigblende), meist dagegen in isomorpher Mischung mit FeS und CdS, wobei der Eisengehalt bis zu 12% und darüber steigen kann. Vergesellschaftet mit Bleiglanz bildet sie häufig große Lagerstätten. Man findet sie auch auf Kontaktlagerstätten, in Fahlbändern, Lagern und Linsen im Gneis, fast stets von Bleiglanz und Kiesen begleitet, sowie in Tonschiefern. Bisweilen tritt an Stelle der regulären Blende auch das hexagonale Zinksulfid, der *Wurtzit*, auf. Der *Galmei* oder *Zinkspat* ($ZnCO_3$) kommt in Gesellschaft geringer Mengen *Kieselzinkerz* ($H_2Zn_2SiO_5$) sowie neben Bleiglanz, Blende usw. auf metasomatischen Lagerstätten im Kalkstein oder Dolomit vor. Er ist oft von *Zinkblüte* [$ZnCO_3 \cdot 2Zn(OH)_2$] begleitet. Geringere Bedeutung besitzen: *Zinkit* (ZnO), der *Franklinit* [$(ZnMn)O \cdot Fe_2O_3$], der *Willemit* (Zn_2SiO_4) und der *Troostit*, ein Willemit, in dem ein Teil des Zinks durch Mangan ersetzt ist.

Lagerstätten von Zinkerzen findet man in allen Teilen der Welt. In der Regel werden die Zinkerze durch Aufbereitungsprozesse von den Begleitmineralien getrennt. Man kann auf diesem Wege Blenden bis auf einen Zinkgehalt von etwa 60% anreichern.

B. Qualitativer Nachweis

Charakteristisch für Zink ist der weiße Niederschlag von Zinksulfid, der in alkalischer oder schwach saurer (p_H 3,1 bis 3,3 — p_H-Papier) Lösung durch Schwefelwasserstoff entsteht. Dabei müssen vorher die aus stark mineralsaurer Lösung fällbaren Metalle der Schwefelwasserstoffgruppe entfernt sein. Wird in alkalischer Lösung geprüft, so sind vorher auch Eisen, Aluminium, Indium, Mangan, Nickel und Kobalt abzutrennen. Germanium und Gallium bilden in saurer Lösung ebenfalls weiße Sulfide. Im Gegensatz zum Zinksulfid ist das Germaniumsulfid in Ammoniumsulfid löslich, während das Galliumsulfid in alkalischer Lösung bei Gegenwart von Weinsäure nicht gefällt wird.

Über den spektrochemischen Nachweis des Zinks s. Kapitel Spektrochemische Analyse.

C. Analytische Untersuchungen bei der Zinkgewinnung

Allgemeines

Rohstoffe für die Zinkgewinnung sind in erster Linie die sulfidischen Zinkerze. Nachdem die Lagerstätten reiner Zinkerze erschöpft waren, mußte auf die großen Vorkommen gemischter Erze — Zinkblende und Bleiglanz — zurückgegriffen werden, um den großen Weltbedarf an Zink zu decken. Man trennt diese Mischerze mit Hilfe von Aufbereitungsverfahren (Flotation) von der Gangart und zerlegt sie zugleich — meist durch selektive Flotation — in ihre Komponenten, wie Blenden, Glanze und Kiese. Die so erhaltene Zinkblende ist ein Feinerz mit anhaftenden Resten organischer Schwimmittel. Sie wird durch Abröstungsverfahren möglichst weitgehend vom Schwefel befreit. Aus dem dabei entstehenden Schwefeldioxyd gewinnt man Schwefelsäure. Das verbleibende Röstprodukt, die Röstblende, ist ein mehr oder weniger reines Zinkoxyd, das entweder unmittelbar verhüttet wird, oder aus welchem durch Behandeln mit Schwefelsäure Zinksulfatlaugen gewonnen werden, die nach ihrer Reinigung entweder als solche oder zur elektrolytischen Zinkgewinnung dienen.

Carbonatische Erze werden calciniert, wodurch das Kohlendioxyd und das gebundene Wasser entfernt werden.

Weitere Rohstoffe der Zinkhütten sind mehr oder weniger reine Zinkoxyde, wie sie bei Verblase- und Fällungsprozessen anfallen, Zinkaschen aus Verarbeitungsprozessen des Zinks und sog. Salmiakschlacken aus den Verzinkereien.

Das Zink wird entweder durch Reduktion mit Kohlenstoff aus liegenden oder stehenden Muffeln oder elektrolytisch aus schwefelsauren Zinklaugen gewonnen. Bei letzterem Verfahren wird nach peinlichster Reinigung der Laugen von schädlichen Bestandteilen hochwertiges Elektrolytzink gewonnen. Das bei den trockenen Prozessen zunächst erhaltene Rohzink kann durch fraktionierte Destillation nach dem Verfahren der New-Jersey Zinc Co. raffiniert werden.

Alle auf dem geschilderten Wege erhaltenen Ausgangs- und Endprodukte müssen in den Betrieben auf Zinkgehalt und Verunreinigungen untersucht werden.

I. Die Verfahren zur Bestimmung des Zinks

Größere Mengen Zink werden maßanalytisch bestimmt. Dabei kann der Endpunkt entweder durch Tüpfeln, Farbumschlag in der Lösung oder durch eine elektrische Messung festgestellt werden. Bei Zinkgehalten unter 5% bedient man sich häufig der polarographischen Methode. Kleinere Zinkmengen lassen sich auch gewichtsanalytisch als Zinkoxyd erfassen. Bei sehr geringen Gehalten kann man die photometrische Methode mit Dithizon anwenden.

1. Die maßanalytischen Bestimmungen des Zinks

a) Mit Kaliumhexacyanoferrat(II)-Lösung

Grundlage. Die Probe wird mit Salzsäure (1,19) bis zum Verschwinden des Geruches von Schwefelwasserstoff gekocht und nach Zusatz von Salpetersäure (1,40) gelöst. Die Lösung raucht man mit Schwefelsäure zur Trockne, nimmt die Salze mit verdünnter Salzsäure auf, setzt gesättigtes Schwefelwasserstoffwasser hinzu und filtriert die Lösung in einen Meßkolben. Nach dem Oxydieren mit Wasserstoffperoxyd oder Bromwasser übersättigt man die Lösung mit Ammoniak und füllt nach dem Erkalten bis zur Marke auf. In einem abgemessenen Anteil der abfiltrierten Lösung wird sodann die Titration mit Kaliumhexacyanoferrat(II)-Lösung vorgenommen.

Anwendungsbereich und Bedeutung. Das Verfahren dient zur Zinkbestimmung in Roherzen, Konzentraten, Röstblenden, Oxyden, Zinkaschen, Hüttenprodukten, Rückständen, Räumaschen usw.

Genauigkeit. 1.

Dauer. 6 bis 8 Std. (reine Arbeitszeit).

Ausführung. 1,25 g des feingepulverten und bei 105° bis zur Gewichtskonstanz getrockneten Erzes werden mit wenig Wasser angeschlämmt, um ein Festbacken am Boden des Gefäßes zu verhindern, dann mit 20 bis 30 ml Salzsäure (1,19) erhitzt, bis kein Schwefelwasserstoff bzw. kein Kohlendioxyd mehr entwickelt wird, und schließlich nach Zugabe von 5 bis 10 ml Salpetersäure (1,40) gelöst. Man dampft fast bis zur Trockne und nimmt den Rückstand mit 20 ml Salzsäure (1 + 1) auf. Man gibt darauf 20 ml Schwefelsäure (1 + 1) hinzu und raucht bis zur Trockne ab. Sollten hierbei organische Substanzen (Flotationsblende) die Flüssigkeit schwärzen, so wird aus einem Tropffläschchen Mischsäure, bestehend aus 2 Teilen Salpetersäure (1,40) und 1 Teil Schwefelsäure (1,84), so lange tropfenweise zugesetzt, bis die organische Substanz zerstört ist. Die trockenen Sulfate nimmt man mit 5 ml Salzsäure (1,19) und 30 ml Wasser unter Erwärmen auf und versetzt die Lösung mit 75 ml gesättigtem Schwefelwasserstoffwasser. Nach dem Absetzen des Niederschlages prüft man mit einigen Tropfen Schwefelwasserstoffwasser auf vollständige Ausfällung. Nach kurzem Absitzenlassen in der Wärme wird der Niederschlag abfiltriert und mit 30 bis 40° warmem Wasser, das auf 100 ml 5 ml Salzsäure (1,19) und etwas Schwefelwasserstoff enthält, ausgewaschen. 100 bis 150 ml Waschwasser genügen zumeist. Filtrat und Waschwasser sammelt man in einem 500 ml-Meßkolben, verjagt den Schwefelwasserstoff durch Kochen (Siedesteinchen!), oxydiert das Eisen je nach dem Eisengehalt mit 2 bis 10 ml 3proz. Wasserstoffperoxyd oder Bromwasser. Nach dem Erkalten wird die Lösung unter Umschwenken nach und nach mit 60 ml Ammoniak (0,91) versetzt. Ist Mangan vorhanden, so fällt man dieses mit 3proz. Wasserstoffperoxydlösung oder Bromwasser in der Hitze aus. Wenn sich der Niederschlag nach dem Erkalten der Fällung klar abgesetzt hat, wird der Kolbeninhalt zur Marke aufgefüllt, durchgeschüttelt und durch ein trockenes Faltenfilter in einen trockenen Kolben filtriert. Dem Filtrat entnimmt man 200 ml (= 0,5 g Einwaage), gibt sie in einen Erlenmeyer-Kolben neutralisiert mit Salzsäure, säuert nach den Angaben unter α) bis γ) an und titriert.

Die Titration wird mit einer Maßflüssigkeit vorgenommen, die 21,6 g kristallisiertes Kaliumhexacyanoferrat(II) (p. a.) in 1 l enthält. Bei einem Gehalt von mehr als 50% Zink nimmt man eine Lösung von 43 g/l. Über die Titerstellung s. weiter unten.

Die Erkennung des Endpunktes der Titration erfolgt:

α) *Durch Tüpfeln*

1. In saurer Lösung nach Galetti

Zu der von überschüssigem Ammoniak befreiten Probenlösung gibt man genau 10 ml Salzsäure (1,19), verdünnt die Lösung auf 400 ml, erhitzt sie auf 80°, läßt sofort die auf Grund eines Vorversuches benötigte Menge an Maßflüssigkeit bis auf einen Rest von etwa 0,5 ml zulaufen, schüttelt kräftig um und setzt dann tropfenweise weitere Mengen zu, bis 3 Tropfen der Probenlösung mit 3 Tropfen Indicatorlösung (1proz. Ammoniummolybdat- oder Uranylacetatlösung) in der Vertiefung einer Tüpfelplatte eine schwache, aber leicht erkennbare Braunfärbung ergeben.

2. In ammoniakalischer Lösung

Man kann die Titration des Zinks auch in Gegenwart des Eisens in tartrathaltiger, ammoniakalischer Lösung vornehmen. Dazu versetzt man die Lösung nach der Schwefelwasserstoffällung und dem Verjagen des Schwefelwasserstoffs mit 5 ml Salpetersäure (1,40), kocht auf, bringt sie auf ein Volumen von etwa 300 ml, gibt je nach Einwaage und Eisenmenge 20 bis 50 ml Weinsäurelösung (300 g/l) hinzu und macht schwach ammoniakalisch. Dann erwärmt man auf etwa 50° und titriert. Der Endpunkt wird durch Tüpfeln in 40proz. Essigsäure festgestellt, wobei Blaufärbung auftritt.

Die Maßlösung wird mit einer Eisen(III)-chlorid enthaltenden Zinklösung, deren Eisen- und Zinkgehalte ungefähr denen der Probe entsprechen müssen, unter den gleichen Bedingungen wie bei der Probe eingesteilt.

Beim Titrieren in ammoniakalischer Lösung darf der Ammoniaküberschuß nur gering sein, da sonst am Schluß des Tüpfelns statt der Blaufärbung eine Grünfärbung auftritt. Kobalt und Nickel dürfen nur in Spuren, Mangan nur in geringen Mengen anwesend sein.

β) *Durch Farbumschlag in der Lösung*

1. Nach St. Urbasch

Nach dem Verkochen des überschüssigen Ammoniaks versetzt man die Lösung mit Methylorangelösung, neutralisiert sie genau mit Salzsäure und gibt ungefähr 1 ml Salzsäure (1 + 3) hinzu. Bei der Titration kleiner Zinkmengen darf die Lösung nur so viel Methylorange enthalten, daß sie ganz schwach rosa erscheint. Organische Substanzen stören, da sie reduzierend oder oxydierend wirken.

Als Indicator werden genau 0,3 mg Eisen in Form von Eisen(III)-salz zugefügt. Man bereitet ihn wie folgt: 2,590 g kristallisiertes Ammonium-Eisen(III)-sulfat werden mit Wasser und zur Vermeidung von Hydrolyse mit etwas Salzsäure gelöst und auf 1 l aufgefüllt. 1 ml dieser Lösung entspricht 0,3 mg Eisen. Bei der Titration setzt man stets 1 ml (abgemessen aus einer kleinen Bürette oder Meßpipette) der Titrationsflüssigkeit hinzu.

Dann erhitzt man die auf nicht mehr als 250 ml verdünnte Lösung fast bis zum Sieden und läßt unter stetem Umschwenken die Maßflüssigkeit zufließen. Dabei wird die Probenlösung zunächst schwach, dann immer stärker bläulich gefärbt, bis die Färbung kurz vor dem Umschlag ihren Höhepunkt erreicht. Nun schwenkt man sie mehrere Male um und titriert vorsichtig, schließlich tropfenweise weiter, bis ein Umschlag von Schwachblau nach Schwachgelblich eintritt. Der geübte Analytiker kann diesen Endpunkt scharf erkennen. Andernfalls kann man einen geringen Überschuß an Kaliumhexacyanoferrat(II)-Lösung zusetzen und diesen mit einer neutralen Zinklösung zurücktitrieren. Der eintretende Umschlag nach Schwachbläulich ist scharf zu erkennen. Man vermeide ein Übertitrieren um mehrere ml, da, wie eingehende Versuche gezeigt haben, in diesem Falle etwas mehr Kaliumhexacyanoferrat(II)-Lösung verbraucht wird. Beträgt der Überschuß nicht mehr als 0,3 ml, erhält man stets genaue Ergebnisse. Die Zinklösung wird hergestellt, indem man 5 g reinstes Zink in 20 ml Salzsäure (1,19) unter Zugabe von etwas Wasser löst. Man neutralisiert die mit etwas Methylorange (s. oben) versetzte Lösung genau mit Ammoniak, setzt einige Tropfen Salzsäure hinzu, bis sich das etwa ausgefallene Zinkhydroxyd wieder gelöst hat, und verdünnt das Ganze auf 1 l. Bei einer Abmessung von 0,5 g der Einwaage entspricht also 0,1 ml der Zinklösung mit 0,5 mg Zink = 0,1% Zink.

Bei Proben mit einem Zinkgehalt unter 5% verwendet man entweder eine größere Einwaage und titriert in einem kleineren Volumen, oder man gibt vor der Titration eine genau abgemessene Menge von einigen ml der Zinklösung hinzu und titriert. Bei der Berechnung des Zinkgehaltes ist die zugesetzte Zinkmenge zu berücksichtigen.

2. Mit Diphenylaminlösung als Indicator

J. M. Kolthoff verwendet Diphenylamin als Redoxindicator, das mit Kaliumhexacyanoferrat(III) gefärbt, durch einen Überschuß von Cyanoferrat(II) entfärbt wird. Die Kaliumhexacyanoferrat(II)-Lösung muß bei diesem Verfahren 0,3 g Kaliumhexacyanoferrat(III) in 1 l enthalten.

Der Indicator besteht aus einer Lösung von 1 g Diphenylamin in 100 ml Schwefelsäure (1,84).

Nach dem Verkochen des Ammoniaks wird die Probenlösung ganz schwach mit Salzsäure angesäuert (Prüfung mit Lackmuspapier) und zum Sieden erhitzt. Dann setzt man 2 Tropfen der schwefelsauren Diphenylaminlösung als Indicator hinzu und titriert die heiße Lösung bis zum Umschlagpunkt. Darauf wird mit einer Zinkchloridlösung (5 g in 1 l) bis zum Umschlag nach Blau zurücktitriert. Die beim Zurücktitrieren verbrauchte Menge Zink ist von der durch die Titration ermittelten abzuziehen.

Man kann auch als Indicator 10 Tropfen einer Diphenylaminlösung (5 g in 100 ml Äthanol) verwenden.

γ) Durch elektrische Indication

1. Potentiometrisch

1 l der Kaliumhexacyanoferrat(II)-Lösung (mit 43,6 g/l) wird bei der potentiometrischen Bestimmung 1 g Kaliumhexacyanoferrat(III) zugesetzt, damit ein deutlicher Potentialsprung zu beobachten ist. Die Lösung wird so eingestellt, daß 1 ml annähernd 0,01 g Zink entspricht, mithin bei 1 g Einwaage ungefähr 1% Zink.

Nach dem Verkochen des Ammoniaks wird die in einem Gefäß von 1 l Inhalt befindliche Probenlösung mit 5 ml Salzsäure (1,19) angesäuert, auf 500 bis 600 ml verdünnt und auf 80° erhitzt. Man titriert unter Benutzung eines Röhrenvoltmeters, einer Platinindicatorelektrode und einer Kalomelelektrode als Bezugselektrode in der Weise, daß man zunächst 90 bis 95% der erforderlichen Maßflüssigkeit hinzulaufen läßt. Dann stellt man das Instrument ein und gibt jeweils 3 Tropfen der Lösung (0,15 bis 0,20 ml) bis zum größten Zeigerausschlag hinzu. Nach jedem Zugeben wartet man, bis sich ein konstantes Potential eingestellt hat. Der unverkennbar größte Ausschlag des Galvanometers zeigt den Endpunkt der Titration an. Zweckmäßig wird während der Titration mit Hilfe eines Magnetrührers gerührt.

2. Nach der „Dead-Stop"-Methode (Abb. 72)

Die ammoniakalische Zinklösung wird in einem niedrigen, 600 ml fassenden Becherglas mit 1 bis 2 Tropfen Methylorange versetzt und mit Schwefelsäure (1 + 3) neutralisiert. Nach Zugabe eines Überschusses von 3 ml Schwefelsäure (1 + 3) verdünnt man auf etwa 300 ml, erhitzt fast bis zum Sieden und titriert sofort unter kräftigem Rühren (Magnetrührer) bei eingetauchter Indicatorelektrode (Platindoppelelektrode mit 1 cm^2 Oberfläche) mit der Maßflüssigkeit. Der Endpunkt zeigt sich durch einen bleibenden Ausschlag des Anzeigeinstrumentes an. Bei Übertitration kann mit einer eingestellten Zinklösung zurücktitriert werden.

Die zu titrierenden Lösungen müssen frei von Oxydations- und Reduktionsmitteln sein. Im übrigen unterliegt die Titration den gleichen Einschränkungen wie bei den anderen Methoden (s. Fehlerquellen).

Den für die Zinktitration passenden Widerstands- bzw. Spannungswert legt man ein für allemal mittels einer nicht titrierten und einer austitrierten Lösung so fest, daß man zwischen beiden Lösungen einen möglichst großen Unterschied im Ausschlag des Strommeßgerätes erhält.

Es ist darauf zu achten, daß die Elektroden vor jeder Titration gut gesäubert werden. Im allgemeinen genügt Abwischen mit Filtrierpapier. In einzelnen Fällen ist Ablösen der Niederschläge durch Anwendung von Natronlauge erforderlich.

Die *Titerstellung* der Kaliumhexacyanoferrat(II)-Lösung wird bei allen vorstehend beschriebenen Arbeitsweisen unter Einhaltung der ungefähr gleichen Bedingungen, auch hinsichtlich der Menge an Zink [man geht von Zink (99,995) aus] und der Säuren und Salze durchgeführt. Der Titer der Kaliumhexacyanoferrat(II)-Lösung ist, wenn sie unter einem indifferenten Gas aufbewahrt wird, sehr beständig. Für Betriebsanalysen genügt es, ihn von Zeit zu Zeit nachzuprüfen.

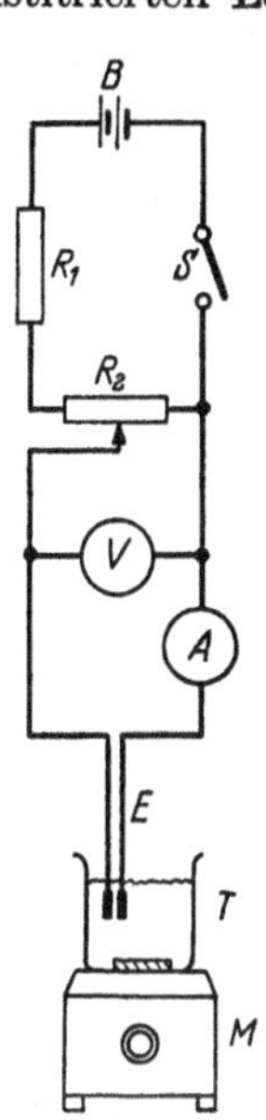

Abb. 72. Anzeigegerät für die „Dead-Stop-Endpoint"-Titration

Einzelteile:

- *B* Taschenlampenbatterie 4,5 V
- *S* Schalter
- R_1 Vorwiderstand 1 kΩ
- R_2 Potentiometer 700 Ω
- *V* Voltmeter 0 bis 1 V
- *A* Anzeigeinstrument Vollausschlag 10 μA
- *E* Doppel-Platinelektrode
- *T* Titrationsgefäß (600 ml)
- *M* Magnetrührer

Bemerkungen. An Stelle der Fällung mit Schwefelwasserstoff kann bei Erzen, die frei oder arm an Cadmium sind, das Kupfer unter den gleichen Bedingungen wie oben auch in der Hitze mit Probierblei auszementiert werden, bevor die Titration vorgenommen wird. Das Lösen der Erzprobe kann, insbesondere bei Sintergut, auch mit Salzsäure und Kaliumchlorat erfolgen. Da bei der oben beschriebenen Trennung des Zinks vom Eisen, Aluminium und Mangan durch einmaliges Fällen mit Ammoniak die gefällten Hydroxyde stets etwas Zink zurückhalten, muß dieser Fehler, falls er nicht vertragsmäßig zugelassen ist, bei der Titerstellung dadurch kompensiert werden, daß man der Lösung des Titerzinks eine der Summe des in der Probe enthaltenen Eisens, Aluminiums und Mangans etwa entsprechende Menge an Eisen in Form von Eisen(III)-chlorid oder -sulfat zusetzt. Beträgt die Summe obiger Metalle weniger als 5%, so kann man, vor allem bei Betriebsanalysen, den Ausgleich unterlassen.

Fehlerquellen. Bei der Titration mit Kaliumhexacyanoferrat(II) dürfen oxydierende Substanzen, wie Salpetersäure, salpetrige Säure und ihre Salze, Wasserstoffperoxyd, Brom usw., nicht vorhanden sein. Nach Urbasch kann man den störenden Einfluß von Salpetersäure und salpetriger Säure durch einen Zusatz von Harnstoff unschädlich machen, jedoch darf die Lösung dann nur bis 70° erhitzt werden. — Nickel und Kobalt in sehr geringen Mengen stören nur wenig. Bei der Arbeitsweise nach Urbasch beobachtet man in Gegenwart von 0,1 bis 0,2% Nickel keine bläuliche, sondern eine grünliche Färbung, kann aber den Farbumschlag noch deutlich erkennen. — Sind größere Mengen an Nickel vorhanden, so muß man das Zink durch Fällen mit Schwefelwasserstoff in schwach saurer Lösung (s. S. 909) von Nickel und Kobalt trennen. Man kann auch das Nickel in der ammoniakalischen Lösung mit Diacetyldioxim ausfällen, abfiltrieren und im Filtrat vor dem Titrieren den

Überschuß des Fällungsmittels durch Kochen mit Brom zerstören. — Bei Materialien, die neben kleinen Mengen Eisen viel Aluminium enthalten, z. B. bei Zinkaschen und manchen Zinklegierungen, wird das Aluminium wegen der starken Ammoniakkonzentration nicht vollständig ausgefällt, und man erhält zu hohe Zinkwerte. Man kann durch eine Schwefelwasserstoffällung in schwach saurer Lösung (s. S. 909) das Zink vom Aluminium trennen. — Der Fehler, der durch unvollständige Trennung des Zinks bei einmaliger Ammoniakfällung entstehen kann, läßt sich durch doppelte Ammoniakfällung ausschalten. — Liegt ein beträchtlicher Cadmiumgehalt im Erz vor, so empfiehlt es sich, die Schwefelwasserstoffällung in rein schwefelsaurer (5vol.-proz.) Lösung vorzunehmen und diese noch einmal zu wiederholen.

Literatur. Galetti, M.: Bull. Soc. chim. Bd. 2 (1864) S. 83. — Urbasch, St.: Chemiker-Ztg. Bd. 46 (1922) S. 54 u. 94. — International Standards Association (ISA) S. 35. — Müller, F.: Z. anorg. allg. Chem. Bd. 128 (1922) S. 125. — Müller, E.: Z. angew. Chem. Bd. 32 (1919) S. 351. — Brennecke, E.: Z. analyt. Chem. Bd. 86 (1931) S. 175. — ASTM: Methods for Chemical Analysis of Metals (1950) S. 41/42. — Mayer, A., G. Bradshaw u. J. Deutschmann: Analyst Bd. 78 (1953) S. 367—373.

b) Mit Natriumsulfidlösung nach Schaffner

Grundlage. Die Titration nach der Abmessung des ammoniakalischen Filtrats wird mit Natriumsulfidlösung bei Zimmertemperatur (möglichst unter 20°) ausgeführt. Der Endpunkt der Titration wird durch Betüpfeln von Bleiacetat-Glanzpapier erkannt.

Anwendungsbereich und Bedeutung. Diese klassische Schaffnersche Methode ist noch in vielen Zinkbetrieben, besonders in Belgien, zur Bestimmung des Zinkgehaltes in Erzen und Hüttenprodukten in Gebrauch.

Genauigkeit. 1.

Dauer. 6 bis 8 Std. (reine Arbeitszeit).

Ausführung. Beim Lösen des Erzes sowie zum Entfernen der Metalle der Schwefelwasserstoffgruppe verfährt man wie bei a). Zum Oxydieren des Eisens benutzt man 5 ml Salpetersäure (1,4) oder 5 bis 10 ml 3proz. Wasserstoffperoxyd. Nitrate stören beim Titrieren mit Natriumsulfidlösung nicht. Dann versetzt man die in einem 500 ml-Meßkolben befindliche oxydierte Lösung, falls Mangan vorhanden, mit einer 3proz. Wasserstoffperoxydlösung und unter Umschwenken mit 60 ml Ammoniak (0,91). Nach dem Erkalten füllt man zur Marke auf. Darauf wird durch ein trockenes Faltenfilter abfiltriert. 200 ml des Filtrats bringt man in ein starkwandiges Titriergefäß, läßt zur Verdunstung des Ammoniaks am besten über Nacht stehen und gibt, um einen Überschuß des zur Fällung des Mangans zugesetzten Oxydationsmittels unschädlich zu machen, etwas Natriumsulfitlösung hinzu — meist genügen 5 ml einer Lösung, die 100 g kristallisiertes Natriumsulfit in 1 l enthält. Dann verdünnt man auf 300 ml und läßt unter starkem Rühren mit einem starken Glasstab die Maßlösung zufließen. Man beobachtet die dabei eintretende Ausscheidung von weißem Zinksulfid, rührt, sobald die Reaktion schwächer wird, kräftig um und bringt aus dem Titriergefäß einen Tropfen auf einen Streifen glänzenden Bleipapiers. Sofern nach dem Ablassen des Tropfens nach 5 sek keine von Bleisulfid herrührende Schwärzung des Papiers eingetreten ist, wird vorsichtig weitertitriert. Sobald sich auf dem Papier ein bräunlicher Flecken zeigt, der nach gutem Durchrühren der Lösung bei nochmaligem Auftüpfeln auf eine frische Stelle des Papiers wieder erscheint, ist die Titration beendet.

Da der Titer der Natriumsulfidlösung sich rasch ändert, ist es bei genauen Analysen erforderlich, neben der Probenlösung zu gleicher Zeit aus einer zweiten Bürette mit der gleichen Natriumsulfidlösung auch die Titerzinklösung zu titrieren. Man setzt dann die beiden oder eine doppelte Anzahl der Tropfen nebeneinander auf das Bleipapier und vergleicht die entstandenen Färbungen. Sind sie gleich, so ist die Titration beendet. Bei einer Reihe rasch aufeinanderfolgender Betriebsanalysen kann man mit *einem* Titer auskommen. Zum Tüpfeln sollen gleich dicke Glasstäbe (5 mm Durchmesser) benutzt werden.

Die aus Zink (99,995) hergestellte Titerlösung muß im Zinkgehalt, der Menge und Art der Salze und der Menge des freien Ammoniaks möglichst mit der Probenlösung übereinstimmen.

Die Natriumsulfidlösung enthält in 1 l 23 g kristallisiertes Natriumsulfid (p. a.). Für Proben über 50% Zink empfiehlt sich die Benutzung einer Lösung doppelter Konzentration.

Liegen cadmiumfreie Zinkproben vor, so kann man das Kupfer mit Kaliumcyanid binden.

Fehlerquellen. Bei größerem Cadmiumgehalt des Erzes muß das Cadmium gegebenenfalls durch wiederholte Schwefelwasserstoffällung in schwefelsaurer Lösung (5 Vol.-% freie Schwefelsäure) abgetrennt werden. — Falls Nickel oder Kobalt vorhanden sind, ist das Zink durch Fällen in schwach saurer Lösung mit Schwefelwasserstoff (s. unter 2a) abzutrennen.

Literatur. SCHAFFNER, M.: Berg- u. hüttenmänn. Z. Bd. 15 (1856) S. 203 u. 306; Bd. 16 (1857) S. 40 — Analyse der Metalle, Bd. 1, 2. Aufl., S. 415 u. 420.

2. Die gewichtsanalytische Bestimmung als Zinkoxyd

Grundlage. In der von dem Siliciumdioxyd befreiten Lösung werden zunächst die Elemente der Schwefelwasserstoffgruppe abgetrennt. Nach dem Verkochen des Schwefelwasserstoffs fällt man das Zink aus schwachsaurer Lösung mit Schwefelwasserstoff als Zinksulfid. Dieses wird abfiltriert, getrocknet und geglüht.

Umrechnungsfaktor auf Zink = 0,8034.

Anwendungsbereich und Bedeutung. Das Verfahren wird heute nur noch zur Bestimmung kleiner Mengen Zink angewandt. Ist man zur Fällung größerer Mengen Zink mit Schwefelwasserstoff gezwungen, z. B. zur Trennung des Zinks von Nickel oder Kobalt, so löst man das abfiltrierte Zinksulfid in Säure wieder auf und bestimmt es in der Lösung maßanalytisch nach 1.

Genauigkeit. 1.

Dauer. Etwa 8 Std. (reine Arbeitszeit).

Ausführung. Fällung des Zinksulfids.

a) Aus schwefelsaurer Lösung

Nachdem man die Probe, wie vorher beschrieben, gelöst und die Lösung mit Schwefelsäure bis zum Rauchen erhitzt hat, nimmt man mit Wasser auf, kocht durch, filtriert das Siliciumdioxyd ab, wäscht sie aus und leitet in das auf etwa 200 ml verdünnte 5vol.-proz. freie Schwefelsäure enthaltende und auf 70° erhitzte Filtrat bis zum Erkalten Schwefelwasserstoff ein. Der Niederschlag wird abfiltriert und mit warmer 5 Vol.-% Schwefelsäure, die etwas Schwefelwasserstoff enthält, ausgewaschen. Hierauf wiederholt man gegebenenfalls die Fällung, indem man den Niederschlag in warmer Salpetersäure (1 + 1) auflöst, die Lösung mit Schwefelsäure abraucht und die Schwefelwasserstoffällung, wie oben angegeben, wiederholt. Die vereinigten Filtrate werden nach dem Verkochen des Schwefelwasserstoffs und nach dem Erkalten unter Benutzung von Methylorange oder Kongorot als Indicator genau neutralisiert und nach Zugabe von 20 g Ammoniumsulfat mit 25 ml n/10-Schwefelsäure angesäuert. Darauf verdünnt man auf 400 ml und leitet, je nach dem Zinkgehalt, 1 bis 2 Std. Schwefelwasserstoff ein. Bei geringen Mengen Zink empfiehlt es sich, etwas Quecksilber(II)-chloridlösung hinzuzusetzen. Das ausfallende Quecksilbersulfid wirkt als Sammler für den Zinksulfidniederschlag, so daß er sich besser abfiltrieren läßt. Beim Glühen (unter dem Abzug) verflüchtigt sich das Quecksilber. Sobald der Niederschlag sich abgesetzt hat, wird er durch ein dichtes, aschearmes Filter abfiltriert und mit schwefelwasserstoffhaltigem Wasser, welches etwa 2% Ammoniumsulfat enthält, ausgewaschen. Bei eisen-, nickel- und kobalthaltigem Material ist es zweckmäßig, das Zinksulfid umzufällen.

Man trocknet den Niederschlag samt Filter, verascht vorsichtig und glüht bei mindestens 950° bis zur Gewichtskonstanz des sich dabei bildenden Zinkoxyds. Um die letzten Anteile an Schwefelverbindungen zu entfernen, ist es angezeigt, dem abgekühlten Tiegelinhalt vorsichtig etwas Ammoniumcarbonat zuzusetzen und nochmals zu glühen.

Literatur. SCHNEIDER, L.: Berg- u. hüttenmänn. Z. Bd. 29 (1881) S. 523 — Z. analyt. Chem. Bd. 22 (1885) S. 562.

b) Aus ameisen- oder essigsaurer Lösung

Man versetzt die Lösung nach dem Abscheiden von Kupfer, Cadmium und Blei mit Schwefelwasserstoff (s. 1.) und nach dem Verkochen und Neutralisieren mit so viel Natriumformiat, daß dessen Menge etwa der Hälfte des vorhandenen Zinksulfats entspricht, und ferner mit 1 bis 5 ml Ameisensäure (1,2). In die auf 60° erhitzte Flüssigkeit wird Schwefelwasserstoff eingeleitet. Nach dem Absitzen wird das Zinksulfid abfiltriert, mit schwach ameisensaurem (1 Vol.-%) Schwefelwasserstoffwasser ausgewaschen, verascht und geglüht. Nach URBASCH wird nach dem Neutralisieren mit 10 ml Ameisensäure (1,2) angesäuert, heiß Schwefelwasserstoff eingeleitet, nach dem Erkalten 0,5 g Natriumformiat zugesetzt und erneut $^1/_2$ Std. lang Schwefelwasserstoff durchgeleitet. Dann verfährt man weiter wie oben.

An Stelle von Ameisensäure kann man auch Essigsäure anwenden. Hierzu säuert man die neutrale Lösung mit 10 ml konz. Essigsäure an und gibt 2 bis 3 g Ammoniumacetat hinzu. Nickel und Kobalt dürfen nicht anwesend sein.

Fehlerquellen. Gefärbte Auswaagen müssen auf einen möglichen Gehalt an Eisen, Mangan, Nickel oder Kobalt geprüft werden. Die gefundenen Verunreinigungen, auf Oxyde umgerechnet, sind von der Gesamtauswaage abzusetzen. Ebenso ist mit einem bei Lösen des Zinkoxyds in Salzsäure verbleibenden Rückstand, der aus Siliciumdioxyd oder Aluminiumoxyd bestehen kann, zu verfahren. — Beim Glühen über 1000° können sich kleine Mengen von Zinkoxyd verflüchtigen.

Literatur. BERG, P. V.: Z. analyt. Chem. Bd. 25 (1886) S. 512.

3. Die polarographische Bestimmung des Zinks

Anwendungsbereich. Das Verfahren ist nur für Proben mit einem Zinkgehalt unter 20% anwendbar.

Genauigkeit. 1 bis 2, je nach der vorhandenen Zinkmenge.

Dauer. Je nach der Art der Vorbereitungen bis zu 1 Std.

Ausführung. Die schwachsaure Zinklösung, deren Zinkgehalt zwischen 0,01 und 10 mg betragen darf, gibt man in einen 50- oder 100 ml-Meßkolben, bringt das Volumen auf 25 bzw. 50 ml, setzt 5 ml Salzsäure (1,19) zu und kocht auf. Nach dem Abkühlen versetzt man die Lösung mit 20 bzw. 40 ml einer Grundlösung, die aus 1 l Ammoniak (0,91), 50 ml 0,5proz. Gelatinelösung zusammengesetzt und mit Natriumsulfit (Bodenkörper) gesättigt ist. Danach läßt man auf Raumtemperatur abkühlen, füllt mit ausgekochtem Wasser auf und polarographiert einen klaren (ggf. filtrierten) Anteil der Lösung von —1,0 bis —1,5 V. Den Zinkgehalt ermittelt man aus Eichkurven bzw. durch Vergleich mit Polarogrammen von Lösungen bekannter Zinkkonzentration.

Fehlerquellen. Die Kupfer- und Cadmiumstufe liegt vor der Zinkstufe. Größere Gehalte an diesen Metallen können deshalb die Auswertung der Zinkstufe erschweren, andererseits können geringe Mengen dieser Elemente gleichzeitig mitbestimmt werden.

Literatur. Siehe Kapitel Polarographie, S. 1304.

4. Die photometrische Zinkbestimmung mit Dithizon

Das photometrische Dithizonverfahren ist eine der empfindlichsten Bestimmungsmethoden der analytischen Chemie. In 5 g Einwaage kann z. B. mit hinreichender Genauigkeit noch ein Zinkgehalt von 0,0002% bestimmt werden. Das Verfahren erfordert besondere Erfahrung.

Voraussetzung für das Gelingen der Bestimmung ist die Zinkfreiheit aller zum Lösen, Auffüllen und Ausschütteln verwendeten Reagenzien. Näheres s. Kapitel Blei, S. 185. Dort sind die Beschreibung der Durchführung der Bestimmung und die Literatur zu finden.

5. Die spektrochemische Bestimmung des Zinks

Siehe das Kapitel Spektrochemische Analyse, S. 1418.

II. Die Bestimmung der Nebenbestandteile von Zinkerzen

Außer nach den nachstehend aufgeführten Methoden können die Nebenbestandteile auch nach den unter III. angegebenen Schnellverfahren bestimmt werden.

1. Unlöslicher Rückstand und das Siliciumdioxyd

Grundlage. Nach dem Lösen des Erzes mit Salz- und Salpetersäure wird die Lösung 2mal mit Salzsäure zur Trockne gedampft, das Salzgemisch mit Salzsäure aufgenommen und der Rückstand bleifrei ausgewaschen. Er wird geglüht und gewogen. Das Siliciumdioxyd bestimmt man darin wie üblich durch Verflüchtigen mit Fluß- und Schwefelsäure.

Anwendungsbereich und Bedeutung. Das Verfahren ist für alle Zinkerze anwendbar. Die Kenntnis des Siliciumdioxydgehaltes ist für die nach dem Muffelverfahren arbeitenden Betriebe wichtig, da sich beim Rösten der Zinkblenden Zinksilicate bilden, die schwerer reduzierbar sind als Zinkoxyd. Auch beim Laugen mit Säure sind sie entweder nicht oder nur bei hoher Säurekonzentration zersetzbar.

Genauigkeit. 2.

Dauer. 2 bis 3 Std.

Ausführung. Je nach dem Siliciumdioxydgehalt der Erze erwärmt man 2 bis 5 g Probematerial mit Salzsäure (1,19), gibt nach dem Aufhören der Schwefelwasserstoffentwicklung 3 ml Salpetersäure (1,40) hinzu und dampft die Lösung 2mal mit Salzsäure zur Trockne. Um das Siliciumdioxyd unlöslich zu machen, erhitzt man den Trockenrückstand etwa $^1/_2$ Std. lang auf 135°.

Dann nimmt man das Salzgemisch mit 5 bis 10 ml Salzsäure (1,19) und 20 bis 30 ml Wasser auf, erhitzt die Lösung, verdünnt sie mit 100 bis 150 ml kochendem Wasser, filtriert und wäscht den Rückstand zunächst mit heißem, salzsäurehaltigem, dann mit reinem Wasser aus, bis er bleifrei ist. Er wird darauf in einem Platintiegel bei 1000° geglüht. Die Auswaage ergibt den „unlöslichen Rückstand".

Zur Bestimmung des Siliciumdioxyds raucht man diesen mit 2 ml Schwefelsäure (1 + 1) und 5 ml Flußsäure ab. Erforderlichenfalls wird das Abrauchen wiederholt. Sodann glüht man wieder bei 800° und wägt aus. Die Differenz der beiden Wägungen ergibt den Gehalt an Siliciumdioxyd. Für genaue Bestimmungen, besonders bei Gegenwart von Tonerde, empfiehlt es sich, den geglühten Tiegelinhalt zunächst mit einigen Tropfen Schwefelsäure abzurauchen, nach dem Glühen zu wägen und dann erst mit Flußsäure zu behandeln. Der im Tiegel verbleibende Rückstand dient zur Bestimmung des Bariumsulfats.

2. Bariumsulfat

Der nach dem Verflüchtigen des Siliciumdioxyds (s. oben) im Tiegel verbliebene und geglühte Rückstand wird mit Kaliumpyrosulfat geschmolzen, die Schmelze in schwach schwefelsaurem Wasser gelöst und das Bariumsulfat abfiltriert. Nach dem Veraschen des Filters wird das Bariumsulfat geglüht und gewogen.

Genauigkeit. 2.

Dauer. 3 bis 4 Std.

3. Blei, Kalk und Magnesia

Die Bestimmung der Gehalte an Bariumsulfat, Blei, Calcium- und Magnesiumoxyd ist bei Zinkblenden erforderlich, um daraus die Menge des verwertbaren Schwefels berechnen zu können. Man macht folgende Abzüge vom Gesamtschwefel:

für 1% Pb	0,155%	S,
für 1% CaO	0,572%	S,
für 1% MgO	0,795%	S,
für 1% $BaSO_4$	0,137%	S.

In das heiße, klare Filtrat der Siliciumdioxydbestimmung leitet man nach dem Abstumpfen der freien Säure mit Ammoniak bis zum Erkalten Schwefelwasserstoff ein, verdünnt dann mit 50 ml gesättigtem Schwefelwasserstoffwasser, läßt die Sulfide absitzen und filtriert sie ab. Nach dem Auswaschen mit schwefelwasserstoffhaltigem Wasser wird der Niederschlag mit Natriumsulfidlösung behandelt, darauf in Salpetersäure gelöst und die Lösung nach Zugeben von Schwefelsäure bis zum Rauchen erhitzt. Nach dem Aufnehmen mit Wasser kann das Bleisulfat zur gewichts- oder maßanalytischen Bleibestimmung verwendet werden (s. Kapitel Blei, S. **164** ff.). Das Filtrat der Schwefelwasserstoffällung wird durch Einengen vom Schwefelwasserstoff befreit, mit Salpetersäure oxydiert und ammoniakalisch gemacht. Ist Mangan vorhanden, so setzt man etwas 3proz. Wasserstoffperoxydlösung oder Bromwasser hinzu. Der Niederschlag wird abfiltriert und gegebenenfalls umgefällt. Im Filtrat fällt man das Calcium doppelt mit Ammoniumoxalat aus und bestimmt es in bekannter Weise durch Glühen zu Oxyd oder maßanalytisch mit Kaliumpermanganat. Das Magnesium wird im Filtrat der Calciumfällung als Magnesiumammoniumphosphat niedergeschlagen, nach dem Ausrühren abfiltriert, geglüht und als Magnesiumpyrophosphat gewogen (s. Kapitel Calcium bzw. Magnesium, Bd. II/1, S. **267** u. **451** ff.).

4. Gesamtschwefel

Die Verfahren für die Bestimmung des Schwefelgehaltes von Zinkerz und Röstblende sind im Kapitel Schwefel, S. 637, beschrieben.

5. Blei, Kupfer, Cadmium und Eisen

5 g Zinkerz löst man in Königswasser und erhitzt die Lösung mit 25 ml Schwefelsäure (1 + 1) bis zum Rauchen. Nach dem Aufnehmen mit Wasser und Abfiltrieren des Ungelösten wird das Filtrat auf 200 ml verdünnt, auf 70° erwärmt und bis zum Erkalten mit Schwefelwasserstoff gesättigt. Der Niederschlag wird abfiltriert, mit Wasser, das 5 Vol.-% Schwefelsäure und etwas Schwefelwasserstoff enthält, ausgewaschen und anschließend mit Natriumpolysulfidlösung behandelt. Dann löst man die so von den Elementen Arsen, Antimon und Zinn getrennten Sulfide in Salpetersäure, raucht die Lösung mit 10 ml Schwefelsäure (1 + 1) ab, nimmt den Rückstand mit Wasser auf, setzt 7 ml Salpetersäure (1 + 1) hinzu und schlägt das Kupfer elektrolytisch nieder. Zur Kontrolle kann es von der Kathode abgelöst und photometrisch bestimmt werden (s. Kapitel Kupfer,

S. 383/84). Das Elektrolysat wird bis zum Rauchen der Schwefelsäure eingedampft, und die Sulfate werden in Lösung gebracht. Die Lösung verdünnt man so weit, daß sie 5 Vol.-% freie Schwefelsäure enthält, und fällt das Cadmium mit Schwefelwasserstoff als Sulfid. Es wird abfiltriert, in Salpetersäure gelöst, die Lösung mit Schwefelsäure abgeraucht und das Cadmium nach den Angaben im Kapitel Cadmium, S. 233 ff., elektrolytisch bestimmt oder als Sulfat ausgewogen.

Aus dem Filtrat der ersten Schwefelwasserstoffällung verkocht man den Schwefelwasserstoff, fällt die Hydroxyde nach dem Oxydieren des Eisens mit Salpetersäure mittels Ammoniak, löst den Niederschlag in Salzsäure und titriert das Eisen nach ZIMMERMANN-REINHARDT.

Das Filter mit dem Ungelösten wird in einem 300 ml-ERLENMEYER-Kolben mit 30 ml Ammoniumacetatlösung (1 + 1) und 50 ml Wasser gekocht, bis alles Bleisulfat gelöst ist. Dann titriert man nach dem Verdünnen der Lösung mit 100 ml heißem Wasser das Blei mit Ammoniummolybdatlösung oder bestimmt es als Chromat (s. Kapitel Blei, S. 166 u. 165).

Genauigkeit. 2.

Dauer. 8 Std.

Genau und schnell lassen sich Kupfer, Cadmium und Blei auch polarographisch bestimmen. Die Vorschriften hierzu s. unter C. III. 3. und 4.

6. Eisen, Mangan und Aluminium

Grundlage. Nach dem Abtrennen des Siliciumdioxyds und der Metalle der Schwefelwasserstoffgruppe fällt man die Hydroxyde des Eisens, Aluminiums und Mangans mit Ammoniak unter Zusatz von Ammoniumperoxydisulfat und bestimmt Eisen und Mangan maßanalytisch, die Tonerde aus der Differenz.

Anwendungsbereich und Bedeutung. Das Verfahren ist für alle Zinkerze anwendbar. Es dient als Grundlage zur Berechnung der als Ausgleich zur Titerzinklösung hinzuzusetzenden Menge an Eisen, ferner zur Beurteilung einer beim Muffelprozeß möglichen Bildung von Zinkferriten, welche die Zinkverluste erhöhen.

Genauigkeit. 2.

Dauer. 4 Std.

Ausführung. In das vom Schwefelwasserstoff befreite und oxydierte Filtrat der Schwefelwasserstoffällung gibt man eine für die Manganabscheidung genügende Menge von Ammoniumperoxydisulfatlösung und so viel Ammoniak, bis das zuerst ausfallende Zinkhydroxyd eben in Lösung gegangen ist, kocht auf und filtriert. Der Niederschlag wird in verdünnter Salzsäure unter Zusatz von etwas Wasserstoffperoxydlösung gelöst, dieses verkocht und die Fällung mit Ammoniak und Ammoniumperoxydisulfat wiederholt. Die abfiltrierten Hydroxyde löst man wieder in Salzsäure unter Zusatz von etwas Wasserstoffperoxyd, bringt die Lösung in einen Meßkolben und füllt zur Marke auf. In einem Anteil davon fällt man die gesamten Oxydhydrate wie vorher aus, glüht sie nach dem Abfiltrieren zur Gewichtskonstanz und wägt die Summe an $Fe_2O_3 + Al_2O_3 + Mn_3O_4$ [auf Grund dieser Auswaage kann man den Zusatz an Eisen(III)-chloridlösung zum Zinktiter berechnen]. Dann schließt man die Oxyde durch Schmelzen mit Kaliumpyrosulfat im Platintiegel auf, entfernt aus der Lösung der Schmelze Spuren gelösten Platins mit Schwefelwasserstoff und bestimmt in den erneut gefällten und abfiltrierten Hydroxyden das Eisen maßanalytisch nach ZIMMERMANN-REINHARDT.

In einer zweiten Abmessung wird das Mangan maßanalytisch nach VOLHARD bestimmt (s. Kapitel Mangan, S. 486).

Der Aluminiumgehalt wird nach Abzug der Oxyde des Eisens und Mangans von der Auswaage der Gesamtoxyde aus der Differenz errechnet.

Fehlerquellen. Wegen des zur Abtrennung des Zinks erforderlichen Ammoniaküberschusses kann die Fällung der Tonerde unvollständig sein. Dieser geringe Fehler ist bei Betriebsanalysen unerheblich.

7. Zinn, Antimon und Wismut

Man löst eine der Menge dieser Metalle entsprechende Einwaage in Salpetersäure (1 + 1) und kocht längere Zeit unter Ergänzung des verdampfenden Wassers. Hierauf stumpft man die Lösung mit Ammoniak so weit ab, daß sie eben noch sauer ist. Sodann wird mit Mangannitrat und Kaliumpermanganat nach H. BLUMENTHAL gefällt (s. Kapitel Kupfer, S. 388). Die weitere Trennung und Bestimmung dieser Metalle s. bei den entsprechenden Kapiteln.

Siliciumdioxyd, das sich beim Lösen gallertartig abscheidet, erschwert die Ausführung des Verfahrens. Doch kann man diese Abscheidung durch Zusatz von etwas Flußsäure zur Salpetersäure in Lösung bringen. Bei größeren Mengen Zinn verfährt man nach VII. 1c), S. 924.

Genauigkeit. 1.

Dauer. 12 Std.

Literatur. BLUMENTHAL, H.: Z. analyt. Chem. Bd. 74 (1928) S. 33—39.

8. Nickel und Kobalt

Falls in den Zinkerzen mehr als Spuren dieser Metalle vorhanden sind, stören sie bei der Titration des Zinks. Außerdem verursachen sie beim Reinigen der Zinklaugen einen erhöhten Aufwand an Zeit und Material.

a) Nickel

Nach dem Abtrennen des Siliciumdioxyds und der Elemente der Schwefelwasserstoffgruppe wird die oxydierte Lösung mit Weinsäure versetzt und ammoniakalisch gemacht. Darauf fällt man das Nickel mit Diacetyldioximlösung (1 g/100 ml Äthanol), läßt den Niederschlag bei gelinder Wärme absitzen, filtriert ihn ab, löst ihn in warmer verdünnter Salzsäure und wiederholt die Fällung. Man kann dann entweder das in einem Filtertiegel gesammelte Nickeldiacetyldioxim auswägen oder das Nickel photometrisch bestimmen (s. Kapitel Nickel, S. 542 u. 544).

Genauigkeit. 2.

Dauer. 4 bis 5 Std.

b) Kobalt

Nach dem Entfernen der Kieselsäure und der Metalle der Schwefelwasserstoffgruppe trennt man nach dem Verkochen des Schwefelwasserstoffs in dem oxydierten Filtrat das Eisen, Aluminium und Mangan durch Fällen mit Ammoniak unter Zusatz von Wasserstoffperoxyd ab, löst den Niederschlag, wiederholt die Fällung, engt die vereinigten Filtrate zur Beseitigung des Überschusses an Ammoniak und Peroxyd ein und säuert sie mit Salzsäure schwach an. Darauf wird das Kobalt mit α-Nitroso-β-Naphthollösung (2 g in 100 ml Äthanol) gefällt, der Niederschlag nach 2 Std. abfiltriert, unter Zusatz von Oxalsäure im Porzellantiegel geglüht und bei geringen Mengen als Co_3O_4 gewogen. Größere Mengen löst man in Salzsäure, raucht die Lösung mit Schwefelsäure ab und bestimmt das Kobalt elektrolytisch (s. Kapitel Kobalt, S. 353).

Genauigkeit. 2.

Dauer. 4 bis 5 Std.

9. Indium, Thallium, Germanium, Selen und Tellur, Silber und Gold

Vgl. die Vorschriften in den betreffenden Kapiteln.

10. Kohlendioxyd

Die Bestimmung wird meist unter Benutzung des hier abgebildeten Kohlendioxydbestimmungsapparates (Abb. 73) ausgeführt. Man gibt mittels eines Fülltrichters in das Entwicklungsgefäß 1 g des feingepulverten Zinkerzes, bei sulfidischen Proben noch etwa 1 g Quecksilber(II)-chlorid hinzu, feuchtet mit Wasser an, füllt den Tropftrichter mit Schwefelsäure (1 + 1), das Waschgefäß mit Schwefelsäure (1,84) oder mit Blaugel, setzt den Apparat zusammen und wägt ihn auf einer genauen Waage. Dann öffnet man den Hahn des Tropftrichters und läßt die Säure langsam in das Entwicklungsgefäß eintropfen. Nach dem Schließen des Hahnes wird der Apparat vorsichtig geschüttelt und erwärmt, bis die Kohlendioxydentwicklung beendet ist. Darauf leitet man einen langsamen Luftstrom hindurch. Nachdem sich das Gerät auf Zimmertemperatur abgekühlt hat, wird es gewogen. Die Gewichtsdifferenz zwischen den beiden Wägungen entspricht dem Gehalt an Kohlendioxyd.

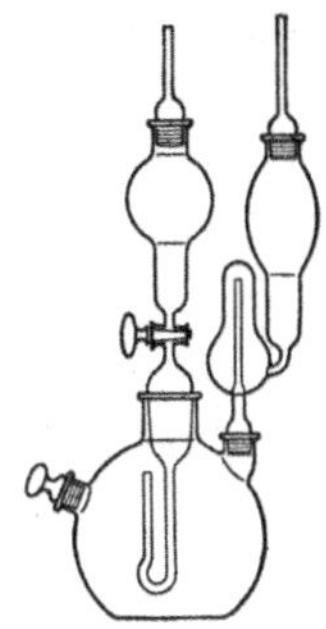

Abb. 73. Kohlendioxydbestimmungsapparat nach FRÜHLING und SCHULZ

Genauigkeit. 2.

Dauer. Etwa 2 Std.

Für die Untersuchung, vor allem von sulfidischen Proben, ist auch das im Kapitel Feste Brennstoffe, S. 1156, beschriebene Verfahren für die CO_2-Bestimmung geeignet.

Genauigkeit. 1.

Dauer. Etwa 2 Std.

11. Quecksilber

a) Nach Eschka

Mitunter enthalten Zinkblenden geringe Mengen Quecksilber. Dieses wird in den Betrieben nach der ESCHKA-Methode bestimmt (s. Kapitel Quecksilber, S. 597). Man würde bei diesem Verfahren aber bei nur *einer* Einwaage keine reproduzierbaren Werte erhalten. Man erhält ein zuverlässiges Ergebnis, wenn man nacheinander mit dem gleichen Golddeckel mehrere Bestimmungen ausführt, so daß sich auf ihm ein größerer Quecksilberbelag ansammelt.

b) Maßanalytisch mit Dithizon

Grundlage. Das Quecksilber wird aus salzsaurer Lösung abdestilliert und im Destillat mit Dithizon titriert.

Anwendungsbereich. Erprobter Bereich: 0,005 bis 50 mg Hg/Einwaage. Zur Titration sollen 0,005 bis 5 mg gelangen.

Bei Mengen von 0,005 bis 0,5 mg Hg wird eine Dithizonlösung von 40 mg Dithizon/l angewandt, während bei größeren Mengen eine solche von 400 mg Dithizon/l verwendet wird.

Ausführung. Sie ist beschrieben im Kapitel Quecksilber, S. 594.

12. Arsen

Das übliche Verfahren besteht nach der Vorschrift im Kapitel Arsen, S. 122, in dem Lösen des Zinkerzes in Salpetersäure, Abrauchen der Lösung mit Schwefelsäure, Aufnehmen der Sulfate mit Salzsäure und Destillieren nach Zusatz von Reduktionslösung. Im Destillat kann dann die Bestimmung des Arsens gewichts- oder maßanalytisch erfolgen. Meist geht man dabei von 5 g Einwaage aus.

Genauigkeit. 1.

Dauer. Etwa 5 Std.

Aus einer kleineren Einwaage kann man nach E. EBERIUS, der das Verfahren von E. B. SANDELL und C. C. CASSIL und H. J. WICHMANN auf einen größeren Erfassungsbereich abgeändert hat, rasch zu brauchbaren Werten kommen, wenn man nach der im Kapitel Arsen, S. 126, angegebenen Methode arbeitet. Diese ermöglicht die Bestimmung von Arsenmengen von 5 bis 100 μg auf photometrischem Wege.

Auch im Kapitel Blei, S. 181, ist ein brauchbares Verfahren für die photometrische Arsenbestimmung mitgeteilt.

13. Chlor

5 g der Probe werden mit einer Natriumcarbonatlösung (100 g im Liter) gekocht, sodann abfiltriert und ausgewaschen. Zum Filtrat gibt man so lange Natriumperoxyd hinzu, bis die gelbe Lösung entfärbt ist, säuert mit Salpetersäure an, filtriert gegebenenfalls die saure Lösung. Im Filtrat wird das Chlor nach VOLHARD titriert.

Genauigkeit. 1.

Dauer. 3 bis 4 Std.

14. Fluor

Fluorverbindungen sind im Einsatzmaterial für die Rösthütten unerwünscht. Um nicht jede Blende quantitativ auf Fluor untersuchen zu müssen, macht man einen qualitativen Versuch, von dessen Ergebnis die quantitative Bestimmung abhängt.

a) Qualitative Prüfungsverfahren auf Fluor

1. Ätzprobe

Nach E. OLIVIER: Z. analyt. Chem. Bd. 62 (1923) S. 299, mischt man in einem Porzellantiegel 1 g feingeriebene, getrocknete Blende mit 0,5 g geglühtem Quarz, gibt 3 ml vorher bis zum starken Rauchen erhitzte Schwefelsäure hinzu, setzt eine entfettete Glasplatte, an der ein Wassertropfen hängt, auf den Tiegel, läßt diesen zunächst eine Zeitlang über der Sparflamme stehen und erwärmt ihn dann bis auf 130 bis 140° auf dem Sandbad. Scheidet sich dabei durch Zersetzung gebildeten Siliciumtetrafluorids im Wassertropfen Siliciumdioxyd aus, oder hinterläßt der Wassertropfen nach der Verdunstung einen weißen Ring, so enthält die Blende Fluor. Man kann diese Methode an Hand von Vergleichsringen zur halbquantitativen Bestimmung von Fluor bis zu einer Menge von 0,5% benutzen.

2. Molybdänblauprobe

Nach E. EBERIUS werden 2 g der zu prüfenden Substanz zunächst im Schiffchen oder Tiegel unter CaO-Zusatz bei etwa 900° vollkommen abgeröstet, damit später durch Anwesenheit von Thiosulfat, Sulfit oder Sulfid keine Täuschungen möglich sind. Dann mischt man 0,5 g der geglühten Probe in einem Platin- oder glasierten Porzellantiegel (Höhe 30 bis 40 mm, oberer Durchmesser 20 mm) mit 1,5 g Glaspulver (fluorfrei, Körnung unter 0,1 mm) und rührt die Mischung mit konz. Schwefelsäure zu einem steifen Brei. Nun wird als Verschluß ein abgesprengtes Bodenstück eines Reagenzglases von etwa 30 mm Höhe und 30 mm Durchmesser mit einem daranhängenden Wassertropfen aufgesetzt und zur Kühlung mit kaltem Wasser gefüllt. Man erhitzt 2 min lang vorsichtig mit einer Sparflamme, läßt anschließend das Ganze etwa 5 min auf einem Sandbad bei 120 bis 150° stehen, spült sodann den Wassertropfen in einen kleinen Porzellantiegel von ungefähr 5 ml Inhalt, gibt 1 bis 2 Tropfen Molybdatlösung hinzu [15 g Ammoniummolybdat in 300 ml Wasser gelöst, die Lösung in 100 ml Salpetersäure (1,2) gegossen] und erwärmt das Reaktionsgemisch auf dem Sandbad bis zum beginnenden Sieden. Nach dem Abkühlen werden 1 Tropfen Benzidinlösung (1 g Benzidin in 100 ml 10proz. Essigsäure gelöst) und einige Tropfen einer gesättigten Natriumacetatlösung zugesetzt. Eine Blaufärbung zeigt Siliciumdioxyd und damit auch Fluor an.

Dauer. 30 min.

Fehlerquellen. Das Benzidin darf erst nach völligem Abkühlen des Tiegels zugesetzt werden, um Verfärbungen, die sonst auch ohne Reaktion mit Fluor eintreten, auszuschließen.

Literatur. Feigl, F., u. P. Krumholz: Quant. Analysen mit Hilfe von Flügelreaktionen. Leipzig 1938, S. 296. — Eberius, E., u. W. Kowalski.: Erzmetall (1952) S. 131—136.

b) Quantitative Fluorbestimmungen

Grundlage. Nach dem Aufschluß der Probe mit Natriumperoxyd und dem Lösen der Schmelze in Wasser wird ein gemessener Anteil der alkalischen Lösung mit Schwefelsäure neutralisiert, in einen Destillierapparat übergeführt und das Fluor nach Zusatz von Perchlorsäure abdestilliert. Im Destillat wird die Ausbleichung des roten Aluminium-Aurintricarbonsäure-Komplexes durch die vorhandene Fluormenge photometrisch ermittelt und auf diese Weise das Fluor bestimmt.

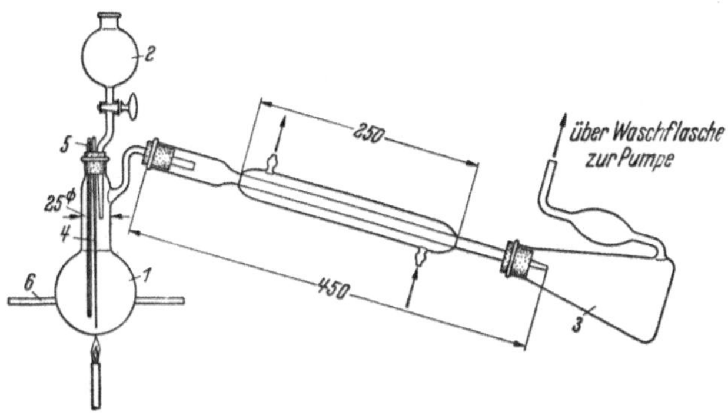

Abb. 74. Destillierapparatur für die Fluorbestimmung nach Eberius und Kowalski

Anwendungsbereich. Es sollen 0,05 bis 0,8 mg F zur photometrischen Auswertung gelangen. Für die Destillation liegt der erprobte Bereich zwischen 0,02 bis 100 mg F.

Der günstigste Bereich der photometrischen Auswertung liegt zwischen 0,05 und 0,6 mg Fluor. Er kann, bei geringeren Genauigkeitsansprüchen, auf 0 bis 0,8 mg Fluor erweitert werden.

% F	Einwaage	Volumen	Abnahme = g Einwaage	mg F
0,002—0,03	10 g	250 ml	50 ml = 2,0 g	0,04—0,6
0,01 —0,12	2,5 g	250 ml	50 ml = 0,5 g	0,05—0,6
0,1 —0,2	1 g	500 ml	25 ml = 0,05 g	0,05—0,1
0,25 —3,0	1 g	500 ml	10 ml = 0,02 g	0,05—0,6

Ausführung. Die Einwaage wird entsprechend ihrer Menge mit 20 bis 30 g Natriumperoxyd im Eisentiegel aufgeschlossen und etwa 10 min in gleichmäßigem Fluß gehalten. Man schreckt die Schmelze ab und löst sie dann in 150 bis 200 ml Wasser. Die Lösung wird in einen Meßkolben gegeben, nach dem Abkühlen zur Marke aufgefüllt und gut durchgeschüttelt. Nach dem Absetzen des Niederschlages werden von der überstehenden klaren Lösung je nach dem zu erwartenden Fluorgehalt 10 bis 50 ml (s. oben) mit Hilfe einer Pipette abgenommen und in einem 250 ml-Becherglas mit Schwefelsäure (1 + 3) auf einen p_H-Wert von 7 ± 0,5 gebracht (Indicatorpapier). Die Lösung gibt man in den Destillierkolben, fügt 2 bis 3 Glasperlen oder einige Quarzkörner zu und destilliert unter leichtem Durchsaugen der Luft auf 20 bis 25 ml ab. Das Destillat wird verworfen. Dauer dieser Vordestillation etwa 30 min. Es werden nun 0,5 g Quarz- oder fluorfreies Glasmehl und 10 bis 20 ml Perchlorsäure (1,67) zugegeben. Unter leichtem Durchsaugen von Luft wird erneut destilliert. Erreicht die Lösung im Destillierkolben 140°, so läßt man aus dem Tropftrichter tropfenweise Wasser zulaufen, wobei der Zulauf so geregelt werden muß, daß die Temperatur bei 140 bis 145° bleibt. Nachdem etwa 60 bis 70 ml Destillat übergegangen sind, senkt man die Temperatur durch erhöhte Zugabe von Wasser auf etwa 105 bis 110° und destilliert weitere 10 bis 15 ml über. Dauer dieser Hauptdestillation etwa 45 min.

Das Destillat wird in einen 500 ml-Meßkolben gegeben, zunächst mit *genau* 20,0 ml Aluminiumpufferlösung und dann mit *genau* 5,0 ml Aurintricarbonsäure-(Aluminon)lösung (0,2 g Aluminon in 100 ml) versetzt. Nach dem Umschütteln füllt man mit Wasser zur Marke auf, *wartet 30 min* und kann dann bei 525 mμ photometrieren.

Die Aluminiumpufferlösung enthält 25 g Natriumacetat-trihydrat, 50 ml Essigsäure (96proz.) und 0,44 g Kaliumaluminiumsulfat-dodekahydrat in 1 l Lösung. 10 ml dieser Lösung entsprechen etwa 0,25 mg Aluminium. Die Lösung soll in einer Polyäthylenflasche aufbewahrt werden.

Sollen mehrere Destillate gleichzeitig photometriert werden, so verwahrt man diese in Polyäthylengefäßen (nicht Glas!), bis das letzte Destillat vorliegt.

Aufstellung der Eichkurve. Für jede Probeserie ist eine neue Eichkurve aufzunehmen bzw. bei konstanter Eichkurve diese durch Eichlösungen zu kontrollieren.

0,1106 g Natriumfluorid (p. a.) werden unter Zugabe von 2 bis 3 Plätzchen Natriumhydroxyd in Wasser gelöst und auf 100 ml aufgefüllt. 20 ml dieser Lösung werden auf 500 ml verdünnt. 1 ml Lösung entspricht 0,02 mg Fluor.

Zur Aufstellung der Eichkurve werden 0, 5, 10, 20, 40 ml der Fluorlösung jeweils in einen 500 ml-Meßkolben gegeben, auf etwa 300 ml verdünnt und wie die Proben zur Photometrierung weiterbehandelt. Proben und Eichlösungen sollen möglichst gleichzeitig vorbereitet und hintereinander photometriert werden. Von der Extinktion der fluorfreien Eichlösung wird die Extinktion der fluorhaltigen Lösungen subtrahiert. Die Differenzen werden in Abhängigkeit von der Fluormenge aufgetragen. Die Eichkurve ist gekrümmt.

Bei der Berechnung wird die Extinktion der fluorfreien Lösung minus Extinktion der Probenlösung in die Eichkurve eingesetzt, wodurch man die Menge Fluor in mg erhält. Diese gefundenen mg werden entsprechend der Abnahme und der Einwaage in % Fluor umgerechnet.

Fehlerquellen. Die Chemikalien sind stets auf Fluor zu untersuchen, wobei alle Manipulationen der Probe durchzuführen sind. — Die Lösung der Aufschlußschmelze kann u. U. grünviolett gefärbt sein. Man gibt dann etwas Hydrazinsulfat hinzu, wodurch die Färbung verschwindet. — Bei der Hauptdestillation darf keine Flüssigkeit aus dem Destillierkolben in das Destillat gelangen. — Das Fluor-Ausbringen wird durch Anwesenheit von viel Aluminium stark herabgesetzt. Proben mit mehr als 10% Al_2O_3 können deshalb nach dieser Methode nicht untersucht werden. — Die Kapillare zum Durchsaugen der Luft muß eine ausreichende Weite haben, um eine Vakuumdestillation zu vermeiden.

Literatur. Eberius, E., u. W. Kowalski: Erzmetall Bd. V (1952) S. 131—136. — Pietka, G. u. P. Ehrlich: Z. angew. Chem. Bd. 65 (1953) S. 131—135. — Groot, C., u. a.: Analytical Chemistry, Vol. 28 (1956) S. 1571—1576.

III. Einige Schnellverfahren für die Untersuchung von Produkten der Erzaufbereitung

Zur Steuerung des Arbeitsganges in Aufbereitungsbetrieben müssen die Analysen der Roherze und Produkte schnell durchgeführt werden, wobei man sich unter Umständen mit einer geringeren Genauigkeit begnügt.

1. Zink

1 g Probegut wird mit Wasser angeschlämmt, mit 20 ml Salzsäure (1 + 1) und 10 ml Salpetersäure (1 + 1) gelöst und die Lösung mit 5 ml Schwefelsäure zur Trockne geraucht. Den Trockenrückstand nimmt man mit 20 ml Salzsäure (1 + 1) und 150 ml Wasser auf, erwärmt und spült das Ganze in einen 500 ml-Meßkolben über. Dann fällt man Eisen und Aluminium mit Ammoniak aus und fügt, sofern Mangan vorhanden ist, etwas Wasserstoffperoxyd hinzu. Der Kolbeninhalt wird zur Marke aufgefüllt und durch ein Faltenfilter filtriert. In 250 ml des Filtrats wird der Überschuß des Ammoniaks und Wasserstoffperoxyds verkocht und die Lösung mit Salzsäure angesäuert. Darauf zementiert man das Kupfer durch Kochen mit Kornblei aus, filtriert ab und titriert das Zink im Filtrat mit Kaliumhexacyanoferrat(II)-Lösung (s. S. 904).

In Lösung gegangenes Blei stört nicht.

Genauigkeit. 2.

Dauer. 4 Std.

2. Blei und Kupfer (elektrolytisch)

1 g Erz wird mit 40 ml Salpetersäure (1 + 1) gelöst und die Lösung auf etwa 20 ml eingedampft. Man verdünnt sie mit 150 ml heißem Wasser, filtriert, wäscht aus und elektrolysiert das Filtrat mit gewogenen Elektroden bei etwa 2,5 V Abscheidungsspannung. Das Kupfer wird als Metall, das Blei als Blei(IV)-oxyd ausgewogen (s. Kapitel Blei, S. 166, und Kapitel Kupfer, S. 394).

Genauigkeit. 2.

Dauer. 2 Std.

3. Kupfer, Cadmium und Zink im Roherz und in Bergen (polarographisch)

2 g Probe werden in einem 100 ml-Meßkolben mit 20 ml Salzsäure (1 + 1) gekocht und mit 5 ml Salpetersäure (1,40) oxydiert. Sind alle löslichen Bestandteile gelöst, so setzt man 10 bis 20 ml Wasser hinzu, kocht noch einmal auf, kühlt ab und fügt 40 ml Grundlösung [1 l Ammoniak (0,91), 50 ml 0,5proz. Gelatinelösung, gesättigt mit Natriumsulfit] hinzu. Nach dem Abkühlen auf Raumtemperatur wird mit ausgekochtem Wasser aufgefüllt und eine klare Abnahme der Lösung von 0 bis —1,5 V polarographiert.

Fehlerquellen. Da die Stufen von Kupfer und Cadmium vor der Zinkstufe liegen, dürfen die Gehalte an diesen Metallen nicht wesentlich über dem Zinkgehalt liegen.

Genauigkeit. 1.

Dauer. 2 Std.

4. Blei im Roherz und in Bergen (polarographisch)

2 g Einwaage werden mit Salzsäure (1 + 1) gelöst. Nachdem die Sulfide zerstört sind, wird mit Kaliumchlorat oxydiert und die Lösung mit dem Ungelösten in einen 100 ml-Meßkolben übergespült. Nach dem Erkalten wird mit Salzsäure (1 + 1) aufgefüllt, gemischt, 10 ml = 0,2 g abgenommen und in einem 50 ml-Meßkolben bis zur Sirupdicke eingedampft. Man gibt 0,5 ml Salzsäure (1 + 2), etwa 15 ml Wasser und 5 ml Hydroxylaminhydrochloridlösung (5 g in 100 ml) hinzu, reduziert das Eisen in

der Hitze, kühlt ab, gibt 25 ml einer Grundlösung, die in 2 l 400 ml Wasser, 250 ml Eisessig, 320 ml Ammoniak (0,91), 0,2 g Gelatine und 1 l Ammoniumchloridlösung (200 g im Liter) enthält, hinzu. Man füllt auf und polarographiert nach Entlüften mit Kohlendioxyd von —0,3 bis —0,7 V.

Genauigkeit. 1.

Dauer. 2 Std.

5. Glühverlust im Galmei

Der Glühverlust ist nur ein ungefähres Maß für das im Erz vorhandene Kohlendioxyd, da auch Hydratwasser und organische Substanz mitbestimmt werden. Vermindert wird er durch die Aufnahme von Sauerstoff bei der Oxydation von Eisen(II) zu Eisen(III).

Man glüht 1 bis 2 g feingepulverten Galmei im gewogenen Porzellantiegel bei 600° im Muffelofen bis zur Gewichtskonstanz.

Genauigkeit. 3.

Dauer. 2 bis 3 Std.

IV. Die Untersuchung der Röstblende und des calcinierten Galmeis

1. Bestimmung des Schwefels

Beim Rösten der Zinkerze bleibt stets ein mehr oder weniger großer Anteil des Schwefels, teils als Sulfid, teils als Sulfat, zurück. Zur Bestimmung dieser Bindungen des Schwefels wird auf das Kapitel Schwefel, S. 653, verwiesen. Im allgemeinen wird der Gesamtschwefel nach einem Schmelzaufschluß mit Natriumperoxyd bei einer Einwaage von 2 g Probematerial durch Wägen als Bariumsulfat bestimmt. Der Sulfidschwefel läßt sich durch Salzsäure als Schwefelwasserstoff austreiben. Dieser wird an Cadmium oder Zink gebunden und kann dann gewichtsanalytisch oder maßanalytisch bestimmt werden (s. S. 651). Der Gehalt an Sulfatschwefel wird aus der Differenz von Gesamt- und Sulfidschwefel errechnet. Bei Abwesenheit von Bariumsulfat kann man den Sulfatschwefel auch nach dem Auskochen des Röstgutes mit Sodalösung und nach dem Ansäuern des Filtrats mit Salzsäure gewichtsanalytisch durch Fällen mit Bariumchlorid ermitteln.

2. Bindungsformen des Zinks in der Röstblende

Nach dem Rösten der Blende kann das Zink im Röstgut zum Teil auch als Zinkferrit ($ZnO \cdot Fe_2O_3$) und als Zinksilicat vorliegen. Da diese Verbindungen die Arbeit in den Muffelöfen und beim Laugen erschweren, ist die Kenntnis der Bindungsform des Zinks im Röstgut bisweilen notwendig.

Grundlage. Zunächst wird der Gesamtgehalt an Zink und an Schwefel nach dem Schmelzen mit Peroxyd ermittelt. Dann bringt man nacheinander die verschiedenen Verbindungen des Zinks in Lösung und bestimmt deren Zusammensetzung und Menge.

Genauigkeit. 3.

Dauer. 3 Tage.

Ausführung.

a) Wasserlösliches Zink (Zinksulfat)

2 g der feinstgepulverten Probe werden mit 500 ml Wasser unter Rühren je 1 Std. zunächst bei Zimmertemperatur, dann in der Siedehitze gelaugt. Nach dem Filtrieren und Auswaschen des Rückstandes bestimmt man im wäßrigen Auszug Zink und Schwefel.

b) Zinkoxyd und metallisches Zink

Der Rückstand von a) wird mit 400 ml MUSPRATTscher Lösung [320 g Ammoniumchlorid, 640 ml Ammoniak (0,91), 1040 ml Wasser] verrührt und 8 Std. kalt stehengelassen. Man filtriert, wäscht den Rückstand mit verdünnter MUSPRATTscher Lösung (1 + 9) aus, rührt ihn mit 300 ml heißer MUSPRATTscher Lösung 2 Std. und wiederholt das Abfiltrieren und Auswaschen. In den vereinigten ammoniakalischen Filtraten bestimmt man das Zink, gegebenenfalls nach der Trennung von in Lösung gegangenem Kupfer, maßanalytisch.

c) Zinksilicat

Der Rückstand von b) wird mit 500 ml 6proz. Essigsäure 1 Std. lang unter Rühren in der Siedehitze gelaugt. Nach dem Filtrieren wird das Ungelöste sorgfältig ausgewaschen, das essigsaure Filtrat im Meßkolben bis zur Marke aufgefüllt und ein abgemessener Anteil zwecks Beseitigung der Essigsäure zur Trockne gedampft. Dann nimmt man die Salze mit Salzsäure auf, filtriert den Rückstand ab, bestimmt in ihm das Siliciumdioxyd und stellt im Filtrat nach Abscheiden des oxydierten Eisens den Zinkgehalt fest.

d) Zinkferrit

Der bei der Behandlung mit Essigsäure verbliebene, ungelöste Rückstand von c) wird nach dem Trocknen sorgfältig vom Filter entfernt, dieses bei möglichst niedriger Temperatur verascht und die Asche mit dem Hauptteil des Rückstandes vereinigt. Das Ganze bringt man in einen Nickeltiegel, auf dessen Boden sich 4 g carbonatfreies Natriumhydroxyd befinden, deckt es mit der gleichen Menge Natriumhydroxyd in Plätzchenform ab, gießt 10 ml 96proz. Äthanol darüber und verschließt den Tiegel mit einem passenden Deckel. Darauf wird auf einem Asbestteller zunächst mit kleiner Flamme, dann im Laufe von 60 bis 90 min stärker erwärmt und schließlich nach dem Entfernen des Asbesttellers in einem Porzellandreieck die Temperatur auf etwa 300° gebracht. Spritzen oder Überfließen des Tiegelinhaltes muß peinlichst vermieden und die Luft durch die Äthanolatmosphäre und den dichten Deckelabschluß ferngehalten werden. Nach 10 min läßt man die Schmelze auf etwa 30° abkühlen, löst sie vorsichtig mit 400 ml heißem Wasser aus dem Tiegel heraus, spült diesen und den Deckel sorgfältig ab, filtriert die noch heiße Trübe und wäscht den Rückstand aus. Im Filtrat wird das Zink, gegebenenfalls nach Abscheiden des Kupfers, bestimmt.

e) Zinksulfid

Der bei d) abfiltrierte Rückstand wird in Salzsäure gelöst und die Lösung zur Trockne gedampft. Nach dem Aufnehmen mit Salzsäure entfernt man aus der Lösung die störenden Elemente und bestimmt das Zink nach einer der unter C. I. angegebenen Methoden.

Fehlerquellen. Falls die angeführten Vorschriften nicht genau beachtet werden, sind brauchbare Ergebnisse nicht zu erwarten.

Literatur. TAFEL, V., u. G. SILLE: Z. angew. Chem. Bd. 43 (1930) S. 948; Bd. 44 (1931) S. 792. — SIMON, A.: Z. Elektrochem. Bd. 46 (1940) S. 458. — FRENAY, E., R. COLLÉE u. H. GRODENT: Anal. chim. Acta Bd. 6 (1952) S. 31—41.

V. Die Untersuchung der Röstgase

Vgl. die Kapitel Schwefel, S. 666, und Industrielle Gase, S. 1216.

VI. Die Untersuchung des Flugstaubes

Beim Rösten der Blenden entsteht Flugstaub, der im Gasstrom mitgeführt und in Reinigungsanlagen niedergeschlagen wird. Er enthält neben wechselnden Mengen an Blei, Zink und Cadmium eine Reihe leicht flüchtiger Elemente, wie Arsen, Quecksilber, Chlor, bisweilen Thallium und Indium u. a.; Schwefel ist immer in verschiedenen Bindungsformen vorhanden.

1. Die Bestimmung des Zinks

Die Ausführung ist auf S. 904ff. beschrieben. Die Einwaage beträgt 2,5 g.

2. Die Bestimmung des Bleies, Kupfers, Cadmiums und Eisens

Die Ausführung der Analyse ist unter II. 5., S. 912, beschrieben. Die Einwaage beträgt 2,5 g.

Bemerkung. Ist viel Blei zugegen, so wägt man 1 g gesondert ein, löst in 20 ml Salpetersäure (1 + 1) und raucht mit Schwefelsäure ab. Das abgeschiedene Bleisulfat wird, wie unter II. 5. beschrieben, weiterbehandelt. Ist der Flugstaub sehr antimonhaltig, so ist es angezeigt, ihn mit Natriumperoxyd aufzuschließen und die Bleibestimmung durch Fällen der schwach salzsauren Aufschlußlösung mit Schwefelwasserstoff und nach dem Behandeln der gewonnenen Sulfide mit Natriumsulfid durchzuführen.

3. Die Bestimmung des Arsens

Man löst 2 g Flugstaub in Salpetersäure, raucht mit Schwefelsäure bis fast zur Trockne, nimmt mit Salzsäure auf und destilliert das Arsen im Salzsäurestrom nach den Angaben im Kapitel Arsen, S. 122, und bestimmt es im Destillat entweder gewichtsanalytisch oder maßanalytisch.

4. Die Bestimmung des Indiums

a) Gewichtsanalytisch

Eine dem zu erwartenden Indiumgehalt entsprechende Einwaage des Flugstaubes löst man unter Erwärmen in Königswasser, erhitzt die Lösung mit Schwefelsäure bis zum Rauchen, verdünnt sie dann mit so viel Wasser, daß mindestens 10 Vol.-% Schwefelsäure in der Lösung vorhanden sind. Darauf wird vom Ungelösten abfiltriert, im Filtrat das Indium durch 2malige Ammoniakfällung als Hydroxyd abgeschieden und dadurch von Kupfer, Cadmium und Zink getrennt. Bei der Fällung mit Ammoniak muß jedes Mal längere Zeit gekocht werden, da das Indium sich erst dann quantitativ in gut filtrierbarer Form abscheidet. Nach dem Lösen der letzten Fällung in Salzsäure wird die Lösung mit 5 g Sulfosalicylsäure versetzt und ammoniakalisch gemacht. Darauf gibt man so viel Ameisensäure hinzu, daß 5 ml freie Ameisensäure vorhanden sind, und fällt das Indium mit Schwefelwasserstoff als Sulfid. Dieses wird nach dem Abfiltrieren in Salpetersäure gelöst und nach Zusatz von Schwefelsäure abgeraucht. Falls Arsen, Antimon oder Zinn vorhanden sind, müssen diese nach dem Abrauchen der Schwefelsäure durch Zugabe von Bromwasserstoffsäure und Brom verflüchtigt werden. Nach dem Aufnehmen mit Wasser filtriert man den ausgeschiedenen Schwefel ab und fällt im Filtrat das Indium unter längerem Kochen mit Ammoniak als Hydroxyd aus. Nach dem Abfiltrieren und Auswaschen glüht man es bei 850° zu Indiumoxyd (In_2O_3).

Umrechnungsfaktor auf In = 0,8270

Genauigkeit. 2.
Dauer. 5 Std.

b) Polarographisch

Man geht von 5 g Einwaage aus, die man wie oben bis zur Fällung des Indiums mit Schwefelwasserstoff aus ameisensaurer Lösung weiterbehandelt. Man löst den Sulfidniederschlag in Salpetersäure, raucht mit Schwefelsäure ab und filtriert die Lösung nach dem Aufnehmen mit Wasser in einen 50 ml-Meßkolben. 5 ml (= 0,5 g Einwaage) versetzt man mit 5 ml Grundlösung, die entweder aus 660 ml Salzsäure (1,19), 20 ml 2proz. Gelatinelösung und 1400 ml Wasser oder aus 600 ml Salzsäure (2 + 3), 50 g Traubenzucker und 340 ml Wasser besteht, und polarographiert bei einer Abscheidungsspannung von —0,4 bis —0,6 V bei entsprechender Empfindlichkeit.

Dauer. 3 Std.

Literatur. Ensslin, F.: Metall u. Erz Bd. 37 (1940) S. 118; Bd. 38 (1941) S. 306.

5. Die Bestimmung des Quecksilbers und Thalliums

Das Quecksilber wird nach den Angaben im Kapitel Quecksilber, S. 594, das Thallium nach den Vorschriften im Kapitel Thallium, S. 790, bestimmt.

6. Die Bestimmung des Schwefels

Der Flugstaub kann den Schwefel als Sulfat, Sulfit und Sulfid gebunden enthalten. Man bestimmt ihn nach den Ausführungen im Kapitel Schwefel, S. 653.

7. Die Bestimmung des Chlors

Die Analyse wird nach den auf S. 916 geschilderten Vorschriften ausgeführt.

8. Die Bestimmung der Edelmetalle

Man wendet hierfür in der Regel das kombinierte (naß-trockene) Verfahren an (s. Kapitel Silber und Gold, S. 746).

VII. Die Untersuchung des Hüttenoxyds sowie anderer Ausgangsprodukte für die Zinkgewinnung

Neben Röstblende und calciniertem Galmei werden auch hoch zinkhaltige Oxyde und Aschen zur Zinkgewinnung verwendet. Zinkaschen fallen in Verzinkereien und beim Verschmelzen metallischen Zinks und seiner Legierungen an. Zinkoxyde werden durch Verblasen zinkhaltigen Materials oder durch Fällen aus Zinklaugen gewonnen. Beim Verblasen zinkhaltiger Kupferlegierungen entsteht ebenfalls Zinkoxyd.

1. Hüttenoxyd

Die Untersuchung der Hüttenoxyde erstreckt sich in der Regel auf die Gehalte an Zink, Blei, Kupfer, Cadmium, Zinn, Eisen, Schwefel und Chlor. Bei dem aus Laugereien erhaltenen Rohoxyd müssen noch die Gehalte an Mangan, Kobalt und Nickel berücksichtigt werden. Genauere Bestimmungen sind nach den bei Zinkerzen angegebenen Vorschriften auszuführen. Einige raschere, nicht so genaue Verfahren folgen nachstehend. Weitere Verfahren sind unter Zinkweiß, S. 964ff., und Farboxyd, S. 970ff., angegeben.

a) Die Bestimmung des Zinks

Von bleiarmem Zinkoxyd löst man in einem 500 ml-Erlenmeyer-Kolben 5 g mit 50 ml Salzsäure (1,19) unter Zusatz von etwas Kaliumchlorat. Nach dem Verkochen des Chlors spült man die Lösung in einen 500 ml-Meßkolben über, fügt einen Überschuß an Ammoniak (0,91) hinzu, läßt erkalten und füllt zur Marke auf. Vom Filtrat entnimmt man bei Oxyden unter 50% Zink 100 ml (= 1 g Einwaage), bei solchen über 50% Zink 50 ml (= 0,5 g Einwaage), säuert dann die Lösung auf 5 Vol.-% freie Salzsäure an und leitet Schwefelwasserstoff ein. Der ausgefallene Niederschlag wird abfiltriert und ausgewaschen. Im Filtrat wird der Schwefelwasserstoff verkocht und das Zink maßanalytisch bestimmt.

Bei bleireichem und zinnhaltigem Hüttenoxyd löst man die gleiche Einwaage wie oben, füllt aber die Lösung mit Salzsäure (1 + 1) in einem 250 ml-Meßkolben zur Marke auf. Da die Löslichkeit des Bleichlorids in 20vol.-proz. Salzsäure am geringsten ist (s. P. WOLKOW: Chem. Zbl. 1927 II, S. 2702), scheidet es sich zum größten Teil aus, so daß man später nur einen verhältnismäßig geringen Ammoniak- und Schwefelwasserstoffniederschlag erhält. Man entnimmt Abmessungen, entsprechend 1 oder 0,5 g Einwaage, und behandelt sie weiter, wie oben angegeben.

Genauigkeit. 2.

Dauer. 2 Std.

b) Die Bestimmung des Bleies, Cadmiums und Chlors

1,25 oder 2,5 g der gepulverten Probe behandelt man in der Wärme mit Salzsäure (1,19) und Salpetersäure (1,4) und raucht mit Schwefelsäure (1 + 2) bis zum Auftreten von Schwefelsäuredämpfen ein. Dann nimmt man mit Wasser auf und filtriert das Bleisulfat ab, das man mit Ammoniumacetat in Lösung bringt und entweder maßanalytisch oder gewichtsanalytisch bestimmt. Im Filtrat der Bleisulfatfällung wird das Cadmium polarographisch bestimmt (s. Kapitel Cadmium, S. 237). Zur Chlorbestimmung verfährt man, wie bei Zinkaschen unter VII. 2f), S. 927, angegeben.

c) Die Bestimmung des Zinns

5 g Hüttenoxyd werden in einem 600 ml-Becherglas mit wenig Wasser angeschlämmt und mit 25 ml Salpetersäure (1,40) gekocht. Dann setzt man etwas Eisen(III)-sulfatlösung hinzu, verdünnt die Lösung mit 100 ml Wasser, macht sie ammoniakalisch, kocht auf und filtriert. Der Niederschlag wird samt dem Filter in einem Eisentiegel getrocknet und nach vorsichtigem Veraschen des Filters mit Natriumperoxyd geschmolzen. Darauf löst man die Schmelze in Salzsäure, verkocht das Chlor, bringt die Lösung in einen 600 ml-ERLENMEYER-Kolben, setzt Salzsäure (1,19) und Eisenpulver hinzu, reduziert das Zinn in dem mit einem GÖCKEL-Aufsatz verschlossenen Kolben, kühlt den Kolbeninhalt unter fließendem Wasser rasch ab und titriert das Zinn, falls der verbliebene Metallschwamm nur gering ist, sofort mit Jodlösung. Hat sich ein größerer Metallschwamm abgeschieden, so muß die Lösung rasch durch Watte in einen zweiten, mit einigen Marmorstücken versehenen ERLENMEYER-Kolben filtriert werden. Man spült den Trichter mit Salzsäure (1,19) nach, reduziert noch einmal, kühlt den bedeckten Kolben ab und titriert (s. Kapitel Zinn, S. 978ff.).

Genauigkeit. 2.

Dauer. 2 bis 3 Std.

d) Die Bestimmung des Nickels und Kobalts

Die Bestimmungen werden in einer Einwaage von 5 g, wie unter II. 8., S. 914, beschrieben, durchgeführt.

2. Zinkaschen

Die Zinkaschenproben setzen sich meist aus Anteilen von Grob, Mittel und Fein zusammen. Da die Gröbe erfahrungsgemäß inhomogen ist, wägt man zweckmäßig ein Vielfaches der angegebenen Verhältnismenge gesondert ein, löst diese

Einwaage für sich in Säure, füllt die Lösung in einem Meßkolben auf und entnimmt ihr eine Abmessung, die zur Vervollständigung der Gesamteinwaage erforderlich ist, und gibt sie zur Lösung der Anteile von Mittel und Fein.

Zinkaschen, außer Salmiakschlacken, sind vor der Einwaage bei 105° zu trocknen.

a) Die Bestimmung des Zinks

Falls nur das salpetersäurelösliche Zink bestimmt werden soll, löst man 10 g mit Salpetersäure (1 + 1), verkocht die Stickoxyde und füllt im Meßkolben zu 1 l auf. Man nimmt 100 ml ab und bestimmt den Zinkgehalt maßanalytisch [s. I. 1b), S. 908].

Zur Bestimmung des Gesamtzinks nimmt man im allgemeinen eine größere Einwaage (20 oder 25 g), wägt die entsprechenden Anteile vom Feinen und Mittleren in einen 500 ml-ERLENMEYER-Kolben ein, löst mit mindestens 150 ml Salpetersäure (1 + 1), kocht auf, bis keine Gasentwicklung mehr stattfindet, filtriert in einen 1 l-Meßkolben ab, wäscht kurz aus und raucht das Filter mit dem Rückstand im Lösungskolben mit 30 ml Salpetersäure (1,4) und 10 ml Schwefelsäure (1,84) ab (s. Bemerkung). Nach dem Aufnehmen der Sulfate mit Wasser spült man diese Lösung in den 1 l-Meßkolben über. Vom Groben wägt man die 5- bis 10fache Menge des der Haupteinwaage entsprechenden Anteiles in einen ERLENMEYER-Kolben ein, kocht sie mit ausreichender Salpetersäure (1 + 1), bis alles Metall gelöst ist, spült in einen 500 ml-Meßkolben über, füllt nach dem Abkühlen zur Marke auf, schüttelt gut durch, gibt 100 bzw. 50 ml dieser Lösung in den Meßkolben des Feinen und Mittleren und hat somit die gesamte Einwaage vereinigt. Man füllt nun zur Marke auf, schüttelt durch und entnimmt 50 ml (= 1,0 bzw. 1,25 g) zur Analyse, gibt 10 ml Schwefelsäure (1 + 1) hinzu, raucht zur Trockne, wobei etwa vorhandene organische Substanzen mit Salpeterschwefelsäure zerstört werden müssen. Die Zinkbestimmung erfolgt, wie bei Zinkerzen unter I. 1. beschrieben, auf maßanalytischem Wege.

Bemerkung. Da manche Zinkaschen größere Mengen Aluminium enthalten, würde das Zink bei Behandlung mit Salpetersäure allein nicht in Lösung gehen. Daher ist das Einrauchen des Rückstandes mit Schwefelsäure zur Erfassung des gesamten Zinkinhaltes nicht zu umgehen.

b) Die Bestimmung des Bleies

Man löst einen 5 g der Probe entsprechenden Anteil des Feinen und Mittleren in Salpetersäure (1 + 1), gibt nach Beendigung der Lösung den entsprechenden Anteil aus dem die salpetersaure Lösung der Gröbe enthaltenden Meßkolben hinzu und raucht nach Zusatz von 20 ml Schwefelsäure (1 + 1) bis zum Auftreten starker Schwefelsäuredämpfe ab. Die Weiterbehandlung erfolgt nach einer der vorher beschriebenen Methoden.

Das Blei kann auch elektrolytisch bestimmt werden, vorausgesetzt, daß die Zinkasche kein Chlor enthält. Hierzu löst man 5 g der Asche in 30 ml Salpetersäure (1 + 1), filtriert und gibt zu dem Filtrat 0,1 g Kupfersulfat. Aus der so vorbereiteten Lösung wird, wie im Kapitel Blei, S. 166, angegeben, das Blei elektrolytisch als Dioxyd abgeschieden.

Bei zinnhaltigen Aschen bestimmt man das Blei in einer größeren Einwaage von Mittel und Fein zusammen und von der Gröbe für sich, und zwar, da der Rückstand beim Lösen in Salpetersäure bleihaltig sein kann, nach folgendem Verfahren: Die Einwaagen werden zunächst mit Salzsäure (1 + 1) unter Zusatz von etwas Kaliumchlorat versetzt. Nach dem Verkochen des Chlors filtriert man vom Ungelösten ab, wäscht mit heißem Wasser aus, trocknet in Nickeltiegeln, verascht die Filter mit kleiner Flamme und schmilzt den Tiegelinhalt mit Natriumperoxyd. Die Schmelzen werden in Salzsäure gelöst und die Lösungen mit den dazu gehörenden Filtraten vereinigt. Nach dem Einleiten von Schwefelwasserstoff in die mit Ammoniak abgestumpften und auf 70° erwärmten Lösungen (bis zum Erkalten) filtriert man die Sulfide ab, behandelt sie zum Entfernen der Sulfosalze bildenden Elemente mit Natriumsulfidlösung, löst die verbleibenden Niederschläge in Salpetersäure und raucht diese Lösungen nach Zusatz von Schwefelsäure ab. Dann verfährt man weiter, wie vorher angegeben. Aus den Ergebnissen der beiden Bleibestimmungen wird der Gesamtgehalt der Probe an Blei errechnet.

c) Die Bestimmung des Zinns und Antimons

Zinn ist in Zinkaschen, die zur Zinkgewinnung verwendet werden sollen, unerwünscht, da das Zinn z. T. in das metallische Zink übergeht und es für Walzzwecke untauglich macht.

Kleinere Mengen von Zinn und Antimon können aus größeren Einwaagen nach dem BLUMENTHALschen Verfahren (s. S. 944) abgetrennt und bestimmt werden. Mittlere und größere Zinnmengen lassen sich in den Auszügen der Sulfidniederschläge mit Natriumpolysulfidlösung (s. vorhergehenden Abschnitt) bestimmen, indem man durch Ansäuern der Sulfosalzlösung mit Schwefelsäure die Sulfide von Antimon und Zinn abscheidet, sodann abfiltriert und durch Erhitzen mit Schwefelsäure (1,84) löst. In dieser Lösung kann man nach dem Zugeben von Salzsäure sowohl das Antimon als auch das Zinn maßanalytisch bestimmen (s. Kapitel Antimon, S. 107, und Kapitel Zinn, S. 978).

Auch die bei Hüttenoxyd, S. 924, angeführte Methode läßt sich für die Bestimmung des Zinns in Zinkaschen anwenden.

Ein Verfahren zur raschen Orientierung über den Zinngehalt in Zinkaschen ist folgendes:

In einem 500 ml-ERLENMEYER-Kolben übergießt man die anteilmäßig erfolgte Einwaage von 2,5 g Zinkasche mit 12 ml Schwefelsäure (1,84), erhitzt bis zur vollständigen Zersetzung der Asche, beseitigt eine etwa durch organische Substanzen eingetretene Schwärzung mittels einiger Tropfen Salpetersäure und verjagt die Salpetersäure durch weiteres Erhitzen. Nach dem Verdünnen mit 150 ml Wasser und Zugeben von 15 ml Salzsäure (1,19) und 5 g Ferrum reductum wird die Lösung bei aufgesetztem GÖCKEL-Aufsatz reduziert, darauf abgekühlt und das Zinn mit Jodlösung titriert (s. Kapitel Zinn, S. 979).

Genauigkeit. 1 bis 3, je nach der angewandten Methode.

Dauer. 2 Std.

d) Die Bestimmung des Calciums

Chloridhaltige Zinkaschen werden vor der Verarbeitung meistens mit Kalk versetzt.

Bei der Kalkbestimmung braucht der metallische, grobe Anteil der Probe nicht mit eingewogen zu werden, bei der Berechnung des Ergebnisses ist er aber zu berücksichtigen. Die Probe wird durch Erwärmen mit Salzsäure unter Zusatz von etwas Kaliumchlorat gelöst. Die Lösung wird mit Wasser verdünnt, in einen Meßkolben übergespült, ammoniakalisch gemacht und mit Schwefelwasserstoff gesättigt. In einem aliquoten Teil des Filtrats wird das Calcium, wie bekannt, mit Ammoniumoxalat gefällt und entweder gewichtsanalytisch oder maßanalytisch bestimmt.

Genauigkeit. 2.

Dauer. Etwa 8 Std.

e) Die Bestimmung des Kohlenstoffs

Je nach ihrer Herkunft enthalten die Zinkaschen bisweilen Kohle oder andere kohlenstoffhaltige Substanzen.

Falls die Gröbe aus reinem Metall besteht, kommen für die Bestimmung des Kohlenstoffs nur die feineren Anteile der Probe in Frage. Bei der Berechnung muß aber die Gesamtzusammensetzung der Probe berücksichtigt werden.

α) Betriebsverfahren

Die 2 g Zinkasche entsprechenden feineren Bestandteile der Probe werden mit 60 ml verdünnter Salzsäure (1 + 2) gekocht. Darauf verdünnt man die Lösung auf 100 ml, läßt sie 1 Std. stehen und filtriert sie durch einen gewogenen Porzellanfiltertiegel. Nach sorgfältigem Auswaschen mit warmem Wasser wird das Ungelöste bei etwa 200° getrocknet und gewogen. Dann glüht man den Filtertiegel bis zur Gewichtskonstanz, stellt das Gewicht des verbliebenen Rückstandes fest, zieht es vom obigen Gesamtgewicht ab und betrachtet die Differenz als das Gewicht des vorhandenen Kohlenstoffs.

Der Glühverlust kann dadurch etwas zu hoch werden, daß außer Kohlenstoff auch andere Stoffe, z. B. Hydratwasser, flüchtig werden. Dennoch genügt diese Methode in den meisten Fällen für Betriebszwecke.

Genauigkeit. 2 bis 3.

Dauer. 4 Std.

β) Genaues Verfahren

Die Behandlung der Einwaage mit verdünnter Salzsäure erfolgt wie oben bei α). Dann wird die auf 100 ml verdünnte Flüssigkeit durch einen gewogenen GOOCH-Tiegel filtriert, der ein Polster aus vorher geglühtem Asbest enthält. Der gut ausgewaschene Rückstand wird bei etwa 200° getrocknet. Man bringt ihn zusammen mit dem Asbest in ein Verbrennungsrohr und führt eine Verbrennung im kohlendioxydfreien Luftstrom durch. Das gebildete Kohlendioxyd wird z. B. in einer mit Kalilauge (560 g/l) beschickten, gewogenen Vorlage absorbiert und gewichtsanalytisch oder in anderer Weise bestimmt.

Genauigkeit. 1.

Dauer. 5 bis 6 Std.

f) Die Bestimmung des Chlors und des Sulfatschwefels

Die feineren und mittleren Anteile einer Zinkaschenprobe, entsprechend 10 g ihrer Zusammensetzung, werden in einem 500 ml-ERLENMEYER-Kolben mit 100 ml Natriumcarbonatlösung (100 g im Liter) 30 min gekocht. Nach dem Abkühlen wird in einen 500 ml-Meßkolben übergespült, mit Wasser aufgefüllt und durch ein trockenes Filter abfiltriert. Dem Filtrat werden 2mal je 100 ml entnommen. Die eine Abmessung wird mit Salpetersäure vorsichtig angesäuert und das Kohlendioxyd durch Kochen verjagt. Darauf titriert man in der erkalteten Lösung das Chlor nach VOLHARDT (s. S. 759).

Bei Betriebsanalysen kann die Einwaage auch unmittelbar mit Salpetersäure (1 + 3) vorsichtig gelöst und in einem aliquoten Anteil der Lösung die Titration vorgenommen werden.

1 ml n/10-Silbernitratlösung = 0,003 55 g Chlor

Zu der anderen Abmessung des Carbonataufschlusses setzt man etwas Wasserstoffperoxyd, erwärmt, neutralisiert die Lösung durch vorsichtigen Zusatz von Salzsäure, macht sie durch Zugabe von 5 ml Salzsäure schwach sauer, verkocht das Kohlendioxyd und fällt das Sulfation mit Bariumchloridlösung (100 g $BaCl_2 \cdot 2aq$ im Liter) als Bariumsulfat. Hat sich der Niederschlag abgesetzt, so wird er auf ein dichtes, aschearmes Filter abfiltriert, mit heißem Wasser ausgewaschen und im gewogenen Porzellantiegel bis zur Gewichtskonstanz geglüht.

Umrechnungsfaktor auf S = 0,1373.

Genauigkeit. 2.

Dauer. 3 Std. für beide Bestimmungen.

3. Salmiakschlacken

Salmiakschlacken enthalten im allgemeinen 40 bis 60% Zink, teils als Metall, teils als Oxyd, zum großen Teil aber als Chlorid. Sie kommen von den Feuerverzinkereien als Platten, Krusten oder Klumpen in den Handel, enthalten infolge ihres hohen Gehaltes an dem stark hygroskopischen Zinkchlorid viel Feuchtigkeit und können deshalb nur grob zerkleinert, aber nicht gepulvert werden. Die Analysenproben von Salmiakschlacken, die nicht getrocknet werden, müssen in dicht verschlossenen Flaschen verpackt werden und stellen ein Gemenge von erbsen- bis haselnußgroßen Stückchen dar. Dieses darf für die Analyse nicht weiter zerkleinert werden, da es schnell Wasser aufnimmt. Um einen Durchschnitt zu erzielen, muß man direkt aus den Flaschen möglichst schnell mehrere Einwaagen von mindestens je 100 g entnehmen. Aus der Summe der dennoch streuenden Ergebnisse wird der Mittelwert errechnet.

a) Die Bestimmung des Zinks

Mehrere Einwaagen von je 100 g werden mit Salpetersäure (1 + 2) erwärmt, bis sich keine Reaktion mehr zeigt. Der Rückstand wird abfiltriert, ausgewaschen, vom Filter in das Zersetzungsgefäß zurückgespritzt und mit 50 ml Schwefelsäure (1 + 1) bis zum Auftreten starker Schwefelsäuredämpfe abgeraucht. Nach dem Aufnehmen mit 200 ml Wasser wird die Lösung aufgekocht und dem Hauptfiltrat zugefügt. Dann bringt man das Ganze in einen 2 l-Meßkolben, füllt nach dem Erkalten bis zur Marke auf, filtriert durch ein trockenes Faltenfilter und entnimmt dem Filtrat 25 ml (= 1,25 g Einwaage).

Soll nur das salpetersäurelösliche Zink bestimmt werden, so unterbleibt das Abrauchen mit Schwefelsäure. Die salpetersaure Lösung wird dann unmittelbar im Meßkolben aufgefüllt.

Die entnommene Abmessung raucht man nach Zugabe von 5 ml Schwefelsäure (1 + 1) ab und verfährt, wie bei der Zinkbestimmung in Zinkerzen, S. 904ff., beschrieben.

Wegen der Ungleichmäßigkeit des Materials können trotz der großen Einwaagen noch erhebliche Streuungen auftreten, so daß man auf den Mittelwert der Ergebnisse angewiesen ist.

Genauigkeit. 2.

Dauer. 3 bis 6 Std.

b) Die Bestimmung des Chlors, Schwefels und anderer Verunreinigungen

Man verfährt, wie bei Zinkaschen, S. 925ff., beschrieben.

4. Zinkhaltige Kiesabbrände

a) Die Bestimmung des Zinks

Das Zink wird nach Abtrennung der Metalle der Schwefelwasserstoffgruppe in ammoniakalischer, tartrathaltiger Lösung mit Kaliumhexacyanoferrat(II)-Lösung titriert. Einwaage 1 bis 2 g (s. S. 905).

Bei Zinkgehalten unter 1% setzt man 10 ml einer Zinklösung bekannten Gehaltes (man löst 5 g Reinstzink in 50 ml Salzsäure und füllt die Lösung auf 1 l auf) zu der Probelösung, titriert und errechnet den Zinkgehalt unter Berücksichtigung der zugesetzten Zinklösung.

Die an anderen Stellen beschriebenen gewichtsanalytischen oder polarographischen Zinkbestimmungen können ebenfalls angewendet werden.

b) Die Bestimmung des Kupfers

5 g der Probe werden in einem 750 ml-ERLENMEYER-Kolben mit 50 ml Salzsäure (1,19) unter Zusatz von einigen Tropfen Flußsäure und 20 ml Natriumhypophosphitlösung (200 g $NaH_2PO_2 \cdot 1 aq$ in 1 l) in Lösung gebracht. — Bei Kupfergehalten unter 0,20%, z. B. bei Meggener Abbrand, Purpurerz (purple ore) usw., löst man 10 g Probegut in 75 ml Salzsäure, etwas Flußsäure und 40 ml Natriumhypophosphitlösung. — Dann engt man die Lösung auf 25 ml ein, verdünnt auf 200 ml, erwärmt und sättigt bis zum Erkalten mit Schwefelwasserstoff. Nach dem Abfiltrieren und Auswaschen mit schwach salzsaurem Schwefelwasserstoffwasser werden Niederschlag und Filter in den Fällungskolben zurückgegeben und mit 20 ml Salpetersäure (1,4) und 10 ml Schwefelsäure (1,84) erhitzt, bis nach öfterer Erneuerung des Salpetersäurezusatzes das Filter zerstört ist. Darauf verdünnt man die schwefelsaure Lösung mit 150 ml Wasser, kocht auf, läßt erkalten und filtriert sie in einen Elektrolysenbecher. In dem klaren Filtrat wird nach Zugeben von 15 ml Salpetersäure (1 + 1) das Kupfer bei bewegtem Elektrolyten (s. Kapitel Kupfer, S. 376) abgeschieden, ausgewogen oder — bei kleinen Gehalten — nach dem Ablösen mit Salpetersäure photometrisch bestimmt.

Genauigkeit. 1.

Dauer. 4 Std.

c) Die polarographische Bestimmung des Kupfers und Zinks

Kupfergehalte von Abbränden bis zu 3%, Zinkgehalte bis zu 10% können polarographisch aus einer Einwaage bestimmt werden. Man löst 1 g der Probe in einem 200 ml-ERLENMEYER-Kolben in 25 ml Salzsäure (1,19) unter Zusatz einiger Tropfen Flußsäure, engt die Lösung auf 20 ml ein, oxydiert mit 10 ml Salpetersäure (1,40) und dampft vorsichtig zur Trockne. Nach dem Aufnehmen der Salze mit 5 ml Salzsäure (1,19) und wenig heißem Wasser wird die Lösung in einen 100 ml-Meßkolben übergespült, wobei das Flüssigkeitsvolumen 30 ml nicht überschreiten darf. Man läßt abkühlen, versetzt die Lösung unter kräftigem Schütteln mit 50 ml einer Grundlösung [100 g Ammoniumchlorid, 1 l Ammoniak (0,91), 2 g Leim bzw. Gelatine] und füllt nach erneutem Abkühlenlassen zur Marke auf. Darauf filtriert man 50 ml in einen Meßkolben, gibt 2 ml Hydrazinhydrochloridlösung (500 g in 1 l) hinzu, schüttelt kräftig durch und polarographiert einen Teil der Lösung bei einer dem Gehalt entsprechenden Empfindlichkeit im Spannungsbereich von 0 bis —0,6 V für Kupfer und von —1 bis —1,5 V für Zink.

Genauigkeit. 1.

Dauer. 2 Std.

d) Die Bestimmung des Bleies

Die Ausführung ist unter II. 5., S. 912, beschrieben.

e) Die Bestimmung des Mangans

Nach PROCTER SMITH löst man 2 g der Probe in 30 ml Salzsäure (1,19) unter Zusatz einiger Tropfen Flußsäure, oxydiert die Lösung mit 5 ml Salpetersäure (1,4) und erhitzt sie nach Zugabe von 10 ml Schwefelsäure (1,84) bis zum starken Rauchen. Dann nimmt man die Sulfate mit 50 ml Salpetersäure (1 + 2) auf, filtriert den Rückstand ab, versetzt das Filtrat mit 25 ml Silbernitratlösung (3,4 g/l) sowie 2 ml Ammoniumperoxydisulfatlösung (500 g in 1 l), erhitzt auf dem Wasserbad allmählich bis auf etwa 70° und verfährt weiter nach Kapitel Mangan, S. 487, maßanalytisch oder photometrisch.

1 ml n/50-Arsentrioxydlösung = 0,15 mg Mangan

Genauigkeit. 1.

Dauer. 1 Std.

f) Die Bestimmung des Nickels

Nickel wird in einer Einwaage von 1 g Abbrand photometrisch nach Kapitel Nickel, S. 544, bestimmt.

g) Die Bestimmung des Kobalts

Grundlage. Das Kobalt wird durch Fällung mit Kaliumxanthogenat von Eisen und Mangan getrennt. Die schwefelsaure Lösung des Niederschlages wird ammoniakalisch gemacht und potentiometrisch mit Kaliumhexacyanoferrat(III)-Lösung titriert.

Anwendungsbereich. Das Verfahren ist zur Bestimmung von Kobaltgehalten zwischen 0,005 und 5% geeignet.

Ausführung. Sie ist im Kapitel Kobalt, S. 358, beschrieben.

h) Die Bestimmung des Schwefels

α) *Gesamtschwefel*

1 g Probematerial wird in einem bedeckten Becherglas mit 2 g Kaliumchlorat und 50 ml einer Säuremischung, bestehend aus 3 Teilen Salpetersäure (1,4) und 1 Teil Salzsäure (1,19), versetzt, unter Erwärmen gelöst und die Lösung zur Trockne gedampft. Das Eindampfen wird 2mal nach jeweiligem Zusatz von 20 ml Salzsäure wiederholt. Schließlich nimmt man die Salze mit 20 ml Salzsäure und 100 ml heißem Wasser auf, erwärmt, bis Lösung eingetreten ist, filtriert und wäscht den Rückstand zunächst mit heißer, schwacher Salzsäure, dann mit heißem Wasser aus. Das klare Filtrat (etwa 300 ml) wird zum Sieden erhitzt, mit heißer Bariumchloridlösung (100 g $BaCl_2 \cdot 2\,aq$ in 1 l) versetzt und etwa 10 min schwach gekocht. Nachdem sich das Bariumsulfat abgesetzt hat, wird es auf ein dichtes, aschearmes Filter abfiltriert, chlorfrei ausgewaschen, geglüht und gewogen.

Umrechnungsfaktor auf S = 0,1373

Der Schwefel des in der Probe etwa enthaltenen Bariumsulfats wird bei diesem Verfahren nicht erfaßt.

Genauigkeit. 2.

Dauer. 4 Std.

β) *Sulfatschwefel*

5 g Abbrand werden in einem 250 ml-Meßkolben mit 10 g Natriumcarbonat gemischt und mit 100 ml Wasser übergossen. Dann hält man das Ganze 10 min am Sieden, läßt erkalten und füllt bis zur Marke auf. Nach dem Filtrieren durch ein trockenes Faltenfilter entnimmt man dem Filtrat 200 ml, neutralisiert die Abmessung mit Salzsäure, säuert mit 5 ml Salzsäure an, verkocht das Kohlendioxyd und fällt dann das Sulfation mit Bariumchloridlösung, wie unter α) angegeben.

Fehlerquellen. Durch Kochen mit Natriumcarbonat wird nicht das ganze Bariumsulfat erfaßt.

Genauigkeit. 2.

Dauer. 2 Std.

γ) *Sulfidschwefel*

Dieser wird direkt bestimmt (s. S. 651 ff. im Kapitel Schwefel).

i) Die Bestimmung weiterer Nebenbestandteile

Die Bestimmungen von *Siliciumdioxyd*, *Bariumsulfat*, *Kalk*, *Magnesia* werden nach den unter II. 1., 2., 3., S. 911 ff., mitgeteilten Vorschriften ausgeführt. *Tonerde* wird nach Kapitel Aluminium, S. 7, als Phosphat abgeschieden und gewogen. Der *Phosphat*gehalt wird in Einwaagen von 0,5 bis 5 g, je nach Menge, ermittelt (s. Handbuch für das Eisenhüttenlaboratorium 1939, Bd. I, S. 31). Die Verfahren für die Bestimmung der Gehalte an *Zinn, Antimon, Arsen, Cadmium* entsprechen den für Zinkerze, S. 912ff., angegebenen.

5. Zinkhaltige Laugen von Kiesabbränden

Nach dem chlorierenden Rösten mit Kochsalz werden die Kiesabbrände gelaugt. Die Lauge enthält Zink, Kupfer, Blei, Nickel, Kobalt und andere in den Abbränden enthaltene Elemente, während ein für die Eisengewinnung wertvolles Eisenoxyd („Purple ore") zurückbleibt. Aus den Laugen werden durch geeignete Fällungsverfahren die Metalle gewonnen.

a) Die Bestimmung des Zinks

25 ml Lauge bringt man mit einer Pipette in einen 250 ml-Meßkolben, säuert die Abmessung mit Salzsäure an, zementiert das Kupfer durch Zugabe von etwas Eisenpulver aus und füllt zur Marke auf. Nach dem Filtrieren entnimmt man dem Filtrat 100 ml (= 10 ml Originallauge), oxydiert die Lösung mit 5 ml Salpetersäure (1,40), verdünnt auf 400 bis 500 ml, versetzt mit 25 ml einer Lösung von 160 g Eisen(III)-chlorid und 100 g Weinsäure im Liter, dann mit 25 ml Ammoniak (0,91), erwärmt auf etwa 50° und titriert das Zink mit Kaliumhexacyanoferrat(II)-Lösung, deren Titer gegen eine Eisen(III)-chloridlösung mit bekanntem Zinkgehalt eingestellt ist. Der Endpunkt der Titration wird durch Tüpfeln in 30proz. Essigsäure festgestellt.

b) Die Bestimmung des Kupfers

α) *Gesamtkupfer*

10 bis 50 ml Lauge werden mit 10 bis 50 ml Salzsäure (1,19) versetzt und mit Zinn(II)-chloridlösung bis zur Entfärbung reduziert. Dann entfernt man bei Zimmertemperatur, gegebenenfalls nach dem Verdünnen der Lösung mit 20 bis 40 ml Wasser, den geringen Überschuß an Zinn(II)-chlorid durch Zugeben von 10 ml Quecksilber(II)-chloridlösung (5 g in 100 ml), setzt nach 1 min 25 ml Eisen(III)-chloridlösung, die etwa 30 g Eisen im Liter enthält, hinzu und spült das Ganze in eine Porzellanschale über. Nach Zusatz von 25 ml Mangansulfat-Phosphorsäure-Lösung titriert man mit n/10-Kaliumpermanganatlösung bis zur schwachen Rotfärbung. In einer Sonderprobe bestimmt man den Eisengehalt der Lauge, wie unter c) beschrieben, setzt den erhaltenen Wert von dem vorher erhaltenen Ergebnis ab und erhält den Gehalt an Gesamtkupfer.

β) *Kupfer I*

10 bis 50 ml Lauge werden in ein Becherglas pipettiert, in welchem sich 10 bis 20 ml Eisen(III)-chloridlösung [100 g $FeCl_3$ + 100 ml Salzsäure (1 + 1) gelöst in 1 l Wasser] und 5 ml Salzsäure (1,19) befinden. Nach gutem Umschütteln verdünnt man auf 500 ml, fügt 25 ml Mangansulfat-Phosphorsäure-Lösung hinzu und titriert mit n/10-Kaliumpermanganatlösung.

Da bei Anwesenheit von einwertigem Kupfer in einer sauren Lösung das gesamte Eisen in 2wertiger Form vorliegt und mittitriert wird, bestimmt man den Eisengehalt der Lauge, wie unter c) beschrieben, und setzt ihn von dem erhaltenen Ergebnis ab.

c) Die Bestimmung des Eisens

Man bringt 25 ml Lauge in einen 250 ml-Meßkolben, säuert sie mit Salzsäure an, fällt durch Zusatz von etwas Zinkstaub das Kupfer aus und reduziert zugleich das Eisen, füllt den Kolbeninhalt bis zur Marke auf und filtriert ihn durch ein trockenes Faltenfilter. Dann wird in einem Anteil des klaren Filtrats nach Zugabe von Mangansulfat-Phosphorsäure das Eisen sofort mit Kaliumpermangantlösung titriert.

d) Die Bestimmung des Kobalts

Man pipettiert je 20 bis 50 ml Lauge in zwei 250 ml-Meßkolben, gibt tropfenweise Ammoniak (0,91) hinzu, bis sich ein geringer Niederschlag bildet, und dann Eisessig bis zur klaren Lösung. Anschließend reduziert man das Eisen durch Zugabe von Ascorbinsäure und maskiert das Kupfer mit gesättigter Thioharnstofflösung. Die Lösung muß klar und farblos werden. Nun fügt man 50 ml Ammoniumthiocyanatlösung (500 g in 1 l) hinzu und versetzt eins der beiden Kölbchen unter Umschütteln mit 100 ml Aceton. Danach werden beide Kölbchen mit Wasser bis zur Marke aufgefüllt. Man photometriert die acetonhaltige Lösung bei 625 mμ gegen die wäßrige Lösung in einer dem Kobaltgehalt entsprechenden Küvette.

Die Eichkurve erstellt man mit Hilfe einer synthetischen Lauge von ungefähr gleicher Zusammensetzung an Fremdsalzen und bekanntem Gehalt an Kobalt.

e) Die Bestimmung des Goldes

100 ml Lauge mit einem Goldgehalt von z. B. etwa 1 bis 2 mg je Liter werden zur Beseitigung von Chlor und unterchloriger Säure mit 2 bis 3 ml Perhydrol versetzt. Dann gibt man 50 oder, bei hohem Eisen- und Kupfergehalt, 100 ml Ammoniumcitratlösung [210 g Zitronensäure + 150 ml Ammoniak (0,91) im Liter] hinzu und stumpft zu saure Lösungen durch vorsichtigen Zusatz von 1 n-Natronlauge auf den zur Fällung nötigen p_H-Bereich ab [Bromphenolgrün als Indicator beim Tüpfeln oder, falls der Gehalt an freier Säure durch Titrieren mit Kieferscher Lösung (s. bei f) bereits bekannt, Zugeben einer entsprechenden Menge an 1 n-Natronlauge]. Eine allzu genaue Dosierung an Natronlauge ist nicht nötig, da die Ammoniumcitratlösung im richtigen p_H-Bereich genügend puffert. Darauf fällt man das Gold mit 10 ml Feiglschem Reagenz (300 ml Dimethylamidobenzylidenrhodanin in 1 l Aceton) und filtriert es nach 10 min ab. Das Filter samt Niederschlag wird nach dem Trocknen auf einem Uhrglas mit gesättigter Boraxlösung befeuchtet, wieder getrocknet und in einem Porzellantiegelchen vorsichtig verascht. Die Asche nimmt man mit einer an einem Quarzstäbchen erzeugten Boraxkugel auf, erhitzt sie in der Gebläseflamme, schmilzt das Gold nach Zusatz von einigen Körnchen Salpeter zu einem kleinen Kügelchen und löst dieses durch Auskochen der Boraxperle mit Salpetersäure im Goldscheidekolben heraus. Nach dem Glühen im Goldtiegel wird das Kügelchen unter dem Mikroskop mit dem Okularmikrometer ausgemessen.

$$d^3 \text{ mm} \cdot 10{,}1 = \text{mg Gold}$$

f) Die Bestimmung der freien Säure

10 ml Lauge werden mit 1 n-Kieferscher Lösung bis zur bleibenden Trübung titriert.

Zur Herstellung der Maßflüssigkeit löst man 65 g Kupferammoniumsulfat in Wasser, setzt 15 ml Ammoniak (0,91) hinzu und füllt die Lösung auf 1 l auf. Sie wird gegen 1 n-Schwefelsäure oder 1 n-Salzsäure eingestellt.

g) Die Bestimmung des Schwefels

2 ml Lauge werden mit kaltem Wasser auf etwa 100 ml verdünnt und tropfenweise mit 30 ml Benzidinlösung versetzt. Der Niederschlag wird abfiltriert, mit kaltem Wasser ausgewaschen und in das Becherglas zurückgespritzt. Dann kocht man auf und titriert die heiße Lösung mit n/10-Natronlauge unter Verwendung von Phenolphthalein als Indicator.

Zur Herstellung der Reagenzlösung teigt man 40 g Benzidin in wenig Wasser an, fügt 50 ml Salzsäure (1,19) hinzu und läßt die Mischung etwa 30 min lang stehen. Dann verdünnt man sie mit Wasser auf 1 l und filtriert das Ungelöste ab.

VIII. Untersuchungen bei den Muffelprozessen

1. Ton und Muffelmasse

Die Untersuchung der für die Herstellung der Muffelmasse geeigneten Tone sowie der Muffelmasse ist im Kapitel Feuerfeste Baustoffe beschrieben (S. 1127).

2. Reduktionskohle für die Beschickung

Die für die Mischung mit dem gemöllerten zinkhaltigen Material verwendete Kohle muß gasarm sein und wenig Asche und Schwefel enthalten.

Die Untersuchung der Kohle (Gas, Asche, Schwefel, Heizwert) s. im Kapitel Feste Brennstoffe, S. 1159, 1176, 1165 u. 1148.

3. Die Beschickung

Die Beschickung für die Muffeln wird meistens nur auf Zink, selten auf Kohlenstoff untersucht.

a) Die Bestimmung des Zinks

Für liegende Muffeln bestimmte Beschickungen untersucht man auf Zink nach den unter Röstblenden, Zinkoxyden oder Zinkaschen, S. 923 u. 925, angegebenen Verfahren. Wegen des Kohlenstoffgehaltes ist beim Abrauchen der Lösung mit Schwefelsäure so lange aus einer Tropfflasche Säuremischung [2 Teile Salpetersäure (1,4), 1 Teil Schwefelsäure (1,84)] zuzusetzen, bis die Lösung nicht mehr gefärbt ist.

Die Beschickung für stehende Muffeln, die unter Zugabe von Bindemitteln brikettiert und dann verkokt worden ist, kann man auch nach einem verkürzten Verfahren auf Zink untersuchen.

Man löst 1 g der Probe in einem 500 ml-Meßkolben mit 50 ml Salzsäure (1 + 1) unter Beigeben von 1 g Kaliumchlorat, verkocht das Chlor, verdünnt die Lösung mit Wasser auf etwa 300 ml, fällt das Eisen mit 50 ml Ammoniak (0,91) (bei Gegenwart von Mangan ist etwas Wasserstoffperoxyd zuzusetzen), füllt den abgekühlten Kolbeninhalt zur Marke auf, filtriert und entnimmt dem Filtrat 250 ml (= 0,5 g Einwaage). Die Abmessung wird salzsauer gemacht und das Zink mit Kaliumhexacyanoferrat(II)-Lösung titriert. Auf kleine Kupfermengen wird keine Rücksicht genommen, Cadmium wird mittitriert.

Sind nicht zu vernachlässigende Kupfermengen vorhanden, so müssen sie vor der Titration durch Kochen der salzsauren Lösung mit Kornblei auszementiert werden.

Genauigkeit. 2.

Dauer. 1 Std.

b) Die Bestimmung des Kohlenstoffs

Zu Orientierungszwecken wird 1 g Probematerial bei etwa 800° (nicht höher!) bis zur Gewichtskonstanz geglüht. Die Gewichtsdifferenz wird als Kohlenstoff in Rechnung gesetzt.

Für genauere Bestimmungen verfährt man, wie bei Zinkaschen, S. 927, angegeben.

4. Räumaschen und Muffelscherben

a) Die Bestimmung des Zinks

Sind metallische Anteile vorhanden, so richtet man sich nach der bei den Zinkaschen angegebenen Arbeitsweise. Jedenfalls muß beachtet werden, daß die vorhandenen Koksteilchen die Lösung beim Abrauchen mit Schwefelsäure schwärzen. Diese Schwärzung muß durch öfteres Erhitzen mit Salpetersäure oder Säuremischung beseitigt werden.

Meist geht man von 2,5 g Einwaage aus, gegebenenfalls unter Berücksichtigung eines groben Anteiles. Sofern aber dieser nur aus Eisen oder Eisen mit geringem Zinkgehalt besteht, kann er vernachlässigt werden. Man löst die Räumaschen in Säuren und titriert das Zink entweder mit Kaliumhexacyanoferrat(II)- oder Natriumsulfidlösung. Dabei kann man diese Verfahren, entsprechend den Anforderungen an Schnelligkeit und Genauigkeit, abwandeln, z. B. auf die Schwefelwasserstofffällung verzichten oder das Kupfer in der salzsauren Lösung mit Kornblei ausfällen, sodann das Zink mit Kaliumhexacyanoferrat(II)-Lösung titrieren, oder das Kupfer in der zur Titration mit Natriumsulfid bestimmten, ammoniakalischen Zinklösung durch Zusatz von Natriumcyanid komplex binden, oder auch das Kupfer ungetarnt in der ammoniakalischen Lösung belassen, es mit Natriumsulfidlösung mittitrieren und das Ergebnis nach einer raschen photometrischen Kupferbestimmung entsprechend korrigieren (s. S. 383).

Auch auf polarographischem Wege läßt sich das Zink in Räumaschen und Muffelrückständen mit geringem Kupfergehalt bestimmen. Auf Nickel- und Kobaltgehalte über 3% muß Rücksicht genommen werden (s. S. 909). Dafür wägt man 1 g Probematerial in einen 500 ml-Meßkolben ein, setzt 150 ml Wasser und 20 ml Salpetersäure (1,40) hinzu, erwärmt, kühlt die Lösung nach beendeter Reaktion wieder, füllt sie zur Marke auf und entnimmt ihr nach kräftigem Durchschütteln 5 ml. Diese Abmessung wird mit 5 ml Grundlösung (s. S. 910) gemischt und bei einer Abscheidungsspannung von —1 bis —1,5 V bei entsprechender Empfindlichkeit polarographiert.

Genauigkeit. 2.

Dauer. 1 Std.

b) Die Bestimmung von Siliciumdioxyd, Bariumsulfat, Eisen und Bariumoxyd

Man löst 1 g Probematerial in 20 ml Salzsäure (1,19) und dampft die Lösung zur Trockne. Nach dem Aufnehmen der Salze mit 20 ml Salzsäure (1 + 1) und 100 ml Wasser unter Kochen wird die Lösung filtriert, das Ungelöste im gewogenen Platintiegel geglüht und gewogen. Das Siliciumdioxyd wird durch Verflüchtigen mit Fluß- und etwas Schwefelsäure bestimmt. Der im Tiegel verbleibende Rückstand wird als Bariumsulfat betrachtet. Sofern er verunreinigt ist, muß er mit Natriumpyrosulfat aufgeschlossen werden. Danach wird mit Wasser und Schwefelsäure aufgenommen, das nunmehr reine Bariumsulfat abfiltriert und nach dem Glühen gewogen. In den vereinigten Filtraten wird das Eisen oxydiert und mit Ammoniak gefällt. Man kocht die Lösung auf, filtriert, löst den Niederschlag in Salzsäure und bestimmt das Eisen maßanalytisch mit Kaliumpermanganat. Das ammoniakalische Filtrat säuert man mit Schwefelsäure (1 + 1) eben an, kocht, setzt noch etwas Schwefelsäure zu und läßt den Niederschlag von Bariumsulfat in der Wärme absitzen. Dann wird abfiltriert, sorgfältig ausgewaschen, geglüht und gewogen. Umrechnungsfaktor auf Bariumoxyd = 0,6570.

Genauigkeit. 2.

Dauer. 6 Std.

c) Die Bestimmung des Kupfers, Bleies und Calciums

Man löst 2,5 g Probematerial mit Salzsäure unter Zusatz von etwas Kaliumchlorat, dampft die Lösung zur Trockne, nimmt die Salze mit Salzsäure und Wasser auf, kocht und filtriert den Rückstand sofort ab. Danach wird mit heißem, schwach salzsaurem Wasser ausgewaschen, bis das Filter bleifrei ist. In das Filtrat leitet man Schwefelwasserstoff ein, filtriert die Sulfide ab und bestimmt in der Lösung des Niederschlages Blei und Kupfer in bekannter Weise. Das Filtrat vom Schwefelwasserstoffniederschlag wird nach dem Verkochen des Schwefelwasserstoffs und Oxydieren des Eisens in einen 500 ml-Meßkolben übergeführt, mit kohlendioxydfreiem Ammoniak im Überschuß sowie einigen ml 3proz. Wasserstoffperoxydlösung versetzt, nach dem Abkühlen zur Marke aufgefüllt und durch ein trockenes Faltenfilter filtriert. Man entnimmt dem Filtrat 100 oder 200 ml, fällt in der Abmessung den Kalk mit Ammoniumoxalatlösung (100 g in 1 l) ab, filtriert das Calciumoxalat ab und bestimmt es durch Titrieren mit n/10-Kaliumpermanganatlösung.

Genauigkeit. 2.

Dauer. 6 Std.

d) Die Bestimmung des Kohlenstoffs

Sie erfolgt in der gleichen Weise, wie bei Zinkaschen, S. 926, beschrieben.

e) Die Bestimmung der Edelmetalle

Die entsprechene Vorschrift ist im Kapitel Silber und Gold, S. 754, zu ersehen.

f) Die Bestimmung der übrigen Bestandteile

Die Gehalte an Zinn, Kobalt, Nickel, Schwefel werden nach den unter Zinkerzen oder Zinkoxyden gebrachten Vorschriften bestimmt. Das Wismut wird durch Schmelzen der Räumasche mit wismutfreier Bleiglätte und reduzierendem Fluß im Ton- oder Eisentiegel in einem Bleiregulus angereichert. Dieser wird dann zur Wismutbestimmung nach den Angaben im Kapitel Blei, S. 182ff., weiterbehandelt.

IX. Untersuchungen bei der elektrolytischen Zinkgewinnung

Für die elektrolytische Zinkgewinnung muß die schwefelsaure Zinklösung von allen schädlichen Verunreinigungen frei sein. Dabei sind die 3- und mehrwertigen Elemente durch Neutralisieren zu fällen. Nach dem Abfiltrieren der Niederschläge werden die edleren Metalle mittels Zinkstaub entfernt. Schließlich wird die Reinlauge auf einen bestimmten Zink- und Säuregehalt eingestellt.

1. Zinkhaltige Rohstoffe

Die Untersuchung der beim Rösten bzw. Calcinieren anfallenden oxydischen Produkte, weiterhin der Flugstäube, Zinkoxyde usw. ist bereits in den vorhergehenden Abschnitten beschrieben. Nachzutragen wäre:

a) Die Bestimmung des „Sauerstoffbedarfes" im Röstgut

100 g Röstgut (in der betriebsmäßig anfallenden Korngröße) werden mit 800 ml verdünnter Schwefelsäure (120 g H_2SO_4/l) in einem 3 l-Becherglas 1 Std. lang bei 70° unter Rühren gelaugt. Dann spült man das Ganze in einen 1 l-Meßkolben über, kühlt ab und füllt zur Marke auf. Nach dem Filtrieren durch ein trockenes Faltenfilter entnimmt man dem Filtrat 2mal je 50 ml (= 5 g Einwaage), gibt die Abmessungen in je einen 500 ml-Weithalskolben, erwärmt nach Zusatz von 20 ml Schwefelsäure (1 + 1) und titriert bei ungefähr 70° mit n/10-Kaliumpermanganatlösung bis zur schwachen Rosafärbung.

1 ml n/10-Kaliumpermanganatlösung = 0,8 mg Sauerstoff

Zur Bestimmung des Oxydationsbedarfes der Betriebslaugen des Röstgutaufschlusses werden 50 ml der filtrierten Lauge genau so titriert wie die obige Lauge aus dem Laboratoriumsversuch.

b) Die Bestimmung des wasserlöslichen und des in Schwefelsäure löslichen Zinks

Der wasser- oder säurelösliche Anteil des Hüttenproduktes ist keine festliegende Größe. Faktoren wie Mengenverhältnis, Einwirkungszeit, Temperatur der Laugung, Beschaffenheit des Materials (Korngröße u. a.), Berührungs-

bzw. Bewegungsintensität zwischen Feststoff und Lösung sowie zeit- bzw. temperaturbedingte Nachreaktionen sind beim Löseprozeß von Einfluß und spielen für betriebliche Belange eine ausschlaggebende Rolle. Bei der Analyse ist daher die Löse- oder Auslaugemethode meist von Fall zu Fall den betrieblichen Erfordernissen anzupassen.

Die Bestimmung des wasserlöslichen Zinks ist auf S. 920 beschrieben.

Zur Bestimmung des säurelöslichen Zinks kann z. B. wie folgt verfahren werden: 100 bis 200 ml Schwefelsäure (150 g/l) versetzt man in der Hitze so lange mit vom wasserlöslichen Zink befreiten Röstgut, bis der Säuregehalt auf 50 g/l abgesunken ist. Sodann wird 1 Std. lang bei 80 bis 90° gerührt, wobei die Säurekonzentration auf 20 bis 30 g/l zurückgeht. Der Rückstand wird auf eine Nutsche abfiltriert, gründlich mit kochendem Wasser ausgewaschen, getrocknet und gewogen. Filtrat und Waschwasser werden auf 2 l aufgefüllt und in einem aliquoten Anteil auf Zink untersucht. Aus dem Zinkgehalt der Einwaage, des Rückstandes nach der Laugung und der Lauge kann unter Berücksichtigung der angewandten Röstgutmenge und des Gewichts des Rückstandes eine Zinkbilanz aufgestellt werden, die etwa dem Ausbringen bei der Laugung für die Zinkelektrolyse entspricht.

c) Die Bestimmung des Schwefels

Die Kenntnis des Abröstungsgrades sulfidischen Ausgangsmaterials ist für den Laugereibetrieb von besonderer Wichtigkeit. Man muß daher die Bindungsform des im Röstgut verbliebenen Schwefels genau bestimmen. Vorschriften dafür sind im Kapitel Schwefel, s. S. 653, gegeben. Die Bestimmung des Sulfatschwefels durch Auskochen der Probe mit Natriumcarbonatlösung ist nur für schwerspatfreie Röstblenden brauchbar, da das an Barium und zum Teil auch an Calcium gebundene Sulfat sich mit der Natriumcarbonatlösung nicht quantitativ umsetzt. Man muß dann zunächst den Gesamtschwefel nach dem Schmelzen der Probe mit Natriumperoxyd bestimmen, darauf den Gehalt an Sulfidschwefel ermitteln und schließlich den als Sulfat gebundenen Schwefel aus der Differenz zwischen Gesamt- und Sulfidschwefel errechnen.

2. Rohlaugen

a) Die Bestimmung der freien Säure

Die filtrierte Lauge wird mit Natronlauge, deren Stärke auf die angewandte Menge und den Säuregehalt der zu untersuchenden Rohlauge abgestimmt ist, unter Verwendung von Methylorange als Indicator titriert [s. auch VII. 5f)].

b) Die Bestimmung des Oxydationsbedarfes

Vgl. vorstehend: Die Bestimmung des Sauerstoffbedarfes im Röstgut.

c) Prüfung der neutralen Rohlauge auf Eisen

Von der klar filtrierten Lauge werden einige Tropfen in die Vertiefung einer Tüpfelplatte gebracht und mit 1 Tropfen Salpetersäure (1,2) sowie 1 Tropfen Ammoniumthiocyanatlösung (200 g/l) versetzt. Eisen wird durch Rosa- bis Rotbraunfärbung angezeigt. Die Prüfung muß negativ ausfallen.

3. Fällungsrückstände nach der Behandlung mit Zinkstaub

Die beim Reinigen der Rohlaugen durch Behandlung mit Zinkstaub entstandenen Niederschläge werden abfiltriert und gegebenenfalls zur Gewinnung der in ihnen enthaltenen Metalle weiterverarbeitet.

a) Die Bestimmung des Bleies, Kupfers, Cadmiums und Zinks

Diese Elemente werden aus 1 g Einwaage der getrockneten Probe nach den in den vorhergehenden Abschnitten beschriebenen Methoden bestimmt.

b) Die Bestimmung des Bleies und des Thalliums

10 g der getrockneten Probe löst man mit Königswasser, versetzt die Lösung mit Schwefelsäure und raucht sie weitgehend, jedoch nicht bis zur Trockne ab. Die erkalteten Sulfate nimmt man mit Wasser auf, verkocht die vorhandenen Stickoxyde, läßt sie, nachdem man noch Schwefelsäure bis zu einer Säurekonzentration von 3 bis 4 Vol.-% hinzugegeben hat, völlig erkalten und filtriert dann das Bleisulfat ab. Nach dem Auswaschen wird es in Ammoniumacetatlösung (250 g in 1 l) gelöst, die Lösung filtriert, im Filtrat das Blei als Chromat gefällt und bestimmt. In das Filtrat vom Bleisulfat, welches mindestens 2 n-schwefelsauer sein muß, um die Mitfällung von Thallium zu verhindern, leitet man in der Wärme Schwefelwasserstoff ein, filtriert die ausgefallenen Sulfide ab und wiederholt die Fällung mit Schwefelwasserstoff. Dann verkocht man in den vereinigten Filtraten den Schwefelwasserstoff und fällt das Thallium nach den Angaben im Kapitel Thallium, S. 793, als Thallium(I)-jodid, wägt es aus oder bestimmt es maßanalytisch nach dem jodometrischen Verfahren.

Genauigkeit. 1.

Dauer. 8 Std.

c) Die Bestimmung des Arsens

Die Fällungsrückstände können noch Spuren von Arsen enthalten, die nach der Gutzeitschen Methode bestimmt werden können. Größere Arsenmengen werden nach der Destillationsmethode aus einer größeren Einwaage (s. Kapitel Arsen, S. 122) bestimmt.

d) Die Bestimmung des Eisens, Nickels und Kobalts

Man behandelt 10 g Einwaage wie oben unter b) beschrieben. Im Filtrat der Sulfidfällung verkocht man den Schwefelwasserstoff, oxydiert das Eisen mit Wasserstoffperoxyd und scheidet es nach sorgfältigem Neutralisieren der Lösung als basisches Acetat ab. Nach dem Lösen des Niederschlages in Salzsäure und Verjagen der Essigsäure durch Eindampfen der Lösung wird das Eisen mit Ammoniak als Hydroxyd gefällt, abfiltriert, in Salzsäure gelöst und nach Zimmermann-Reinhardt titriert. Im Filtrat von der Acetatfällung scheidet man das Nickel als Nickeldiacetyldioxym ab und wägt es nach dem Umfällen. Das Filtrat versetzt man nach dem Neutralisieren mit 10 ml Salzsäure (1,19), zerstört den Überschuß an Oxin durch Kochen mit Brom, dessen Überschuß ebenfalls beseitigt wird, kocht auf und fällt das Kobalt mit essigsaurer α-Nitroso-β-Naphthollösung [2 g in 100 ml Essigsäure (1 + 1)] im Überschuß. Die Weiterbehandlung des Niederschlages s. im Kapitel Kobalt, S. 356.

Genauigkeit. 2.

Dauer. 12 Std.

4. Laugereirückstände

In den von der Rohlauge befreiten Rückständen sind die im Röstgut vorhanden gewesenen Elemente teils nur noch in geringen Prozentsätzen oder Spuren, teils angereichert vorhanden. Man kann sie nach den in den vorhergehenden Abschnitten beschriebenen Verfahren bestimmen. Dabei dürften die polarographischen und photometrischen Methoden zu bevorzugen sein, sofern es sich nicht um die Bestimmung von Gangart, unlöslichen Eisenverbindungen u. a. m. handelt.

5. Reinlaugen

Die elektrolytische Gewinnung des Zinks stellt erhebliche Anforderungen an die Reinheit des Elektrolyten, da schon geringe Mengen gewisser Verunreinigungen die Zinkabscheidung ungünstig beeinflussen. So sind z. B. Nickel, Arsen, Antimon und Germanium schon in Spuren schädlich.

a) Die Bestimmung des Zinks

Man geht von einer etwa 0,5 g Zink enthaltenden Menge der Reinlauge aus. Zu ihr fügt man 5 ml Salzsäure (1,19), verdünnt die Lösung auf etwa 400 ml, erhitzt sie zum Sieden und titriert mit Kaliumhexacyanoferrat(II)-Lösung.

Genauigkeit. 1.

Dauer. 30 min.

b) Die Bestimmung des Eisens

Man pipettiert 10 ml des Elektrolyten in ein NESSLER-Rohr ab, setzt zur Oxydation des Eisens 5 ml Salpetersäure (1 + 1) hinzu, verdünnt die Lösung mit Wasser, füllt nach Zusatz von 10 ml Ammoniumthiocyanatlösung (100 g/l) bis zur Marke auf, schüttelt kräftig durch und photometriert sie.

Genauigkeit. 2.

Dauer. 10 min.

c) Die Bestimmung des Mangans

In der Regel wird dem Elektrolyten zur Bildung einer Schutzschicht von Mangandioxyd auf der Anode etwas Mangansulfat zugesetzt. Man pipettiert 1 ml des Originalelektrolyten in einen 400 ml-Becher ab, versetzt die Abmessung mit 10 ml Salpetersäure (1,2) sowie 10 ml Silbernitratlösung (8 g in 1 l) und erhitzt sie zum Sieden. Etwa ausgeschiedenes Silberchlorid wird abfiltriert. Dann gibt man nach dem Erkalten 1 bis 2 g Ammoniumperoxydisulfat zu, löst es durch Umschwenken auf, erwärmt auf etwa 70° und wartet zur Vervollständigung der Oxydation ungefähr 5 min ab. Nach dem Abkühlen und Verdünnen kann die Farbtiefe photometrisch gemessen und der Mangangehalt an Hand einer Eichkurve ermittelt oder das Mangan nach PR. SMITH mit Arsentrioxydlösung titriert werden (s. Kapitel Mangan, S. 487, oder das Kapitel Aluminium, S. 79).

Genauigkeit. 1.

Dauer. 15 min.

d) Die Bestimmung des Arsens

Man verwendet 20 ml Reinlauge, fügt arsenfreie Zinkgranalien und Schwefelsäure hinzu und läßt das entstehende Gas auf Quecksilber(II)-bromidpapier einwirken (s. Kapitel Arsen, S. 125).

Genauigkeit. 2.

Dauer. 1 Std.

e) Die Bestimmung des Cadmiums

Eine genaue Bestimmung läßt sich zweckmäßig auf polarographischem Wege durchführen (s. Kapitel Cadmium, S. 237).

Halbquantitativ kann das Cadmium in etwa 10 min nach R. BERG und O. WURM: Ber. dtsch. chem. Ges. Bd. 60 (1927) S. 1664—1671, wie folgt bestimmt werden.

Man fügt genau in der vorgeschriebenen Reihenfolge zu 30 ml der klar filtrierten Lauge in einen 300 ml-ERLENMEYER-Kolben 2 ml gesättigter Schwefligsäurelösung sowie 20 ml einer Lösung von Kaliumnatriumtartrat [100 g ($KNaC_4H_4O_6$) · 4 aq in 1 l] und versetzt dann das Gemisch mit 5 ml Naphthochinolinlösung (10 g Naphthochinolin werden unter Erwärmen in 600 ml 2 n-Schwefelsäure gelöst, die Lösung wird mit Wasser auf 1 l verdünnt und durch ein Faltenfilter filtriert).

Schließlich gibt man 10 ml Kaliumjodidlösung (100 g/l) langsam und unter Umschwenken hinzu und beobachtet die hierbei entstehende Trübung, deren Maximum in etwa 3 min erreicht ist. Sie läßt sich wie folgt schätzen:

Es entspricht
eine undurchsichtige weiße Trübung 0,010 g Cadmium im Liter und mehr,
eine schwach durchsichtige weiße Trübung 0,005 g Cadmium im Liter,
eine deutlich durchsichtige weiße Trübung 0,002 bis 0,003 g Cadmium im Liter,
eine kaum sichtbare Trübung 0,001 g Cadmium im Liter und weniger.

Ist die Probe kaum sichtbar getrübt, so ist eine weitere Reinigung der Lauge nicht mehr erforderlich.

f) Die Bestimmung des Kupfers

Die Vorschrift für die Bestimmung des meist nur in Spuren vorhandenen Kupfers auf photometrischem Wege s. unter XI. 4., S. 952.

Gewichtsanalytisch können größere Kupfermengen rasch folgendermaßen bestimmt werden: Man verdünnt in einem Becherglas 200 ml der filtrierten Lauge auf 600 bis 800 ml und kocht die Probe nach Zugeben von 25 ml Natriumthiosulfatlösung (100 g/l) so lange, bis sich das ausgefallene Kupfersulfid zusammengeballt hat. Es wird dann sofort abfiltriert, mit schwach schwefelsaurem, heißem Wasser zinkfrei ausgewaschen und im Porzellantiegel zu CuO geglüht.

Genauigkeit. 2.

Dauer. 3 Std.

Bemerkung. Das Kupfer kann in der Lauge ebenfalls polarographisch bestimmt werden.

g) Die Bestimmung des Nickels und Kobalts

Die Verfahren zur Bestimmung kleiner Mengen dieser Metalle sind in den betreffenden Kapiteln sowie auf S. 947 beschrieben.

h) Die Bestimmung des Antimons

Aus einer entsprechend großen Abmessung der Lauge wird das Antimon nach dem Verfahren von H. Blumenthal (s. Kapitel Kupfer, S. 388) abgeschieden und maßanalytisch bestimmt.

i) Die Bestimmung des Germaniums

Siehe Kapitel Germanium, S. 315.

6. Zusammensetzung des Elektrolysenbades

Die chemische Kontrolle des Badinhaltes beschränkt sich bei normalem Betriebsgang auf eine Prüfung des Säure- und Zinkgehaltes.

a) Die Bestimmung der freien Schwefelsäure

5 ml Zellenlauge werden auf 150 ml verdünnt und nach dem Entfärben mit wenigen Tropfen Wasserstoffperoxydlösung mit 1 n-Natronlauge unter Verwendung von Methylorange als Indicator titriert.

1 ml 1 n-Natronlauge = 0,04904 g Schwefelsäure

b) Die Bestimmung des Zinks

50 ml Zellenlauge werden mit einigen Tropfen Salzsäure versetzt und im Meßkolben auf 1 l verdünnt. Dann entnimmt man dem Meßkolben 50 ml (= 2,5 ml Originallösung), verdünnt die Abmessung in einem 1 l-Erlenmeyer-Kolben

mit 400 ml Wasser, gibt 30 ml Salzsäure (1,19) hinzu, neutralisiert die Lösung mit Ammoniak, säuert sie darauf mit Salzsäure schwach an, fügt 10 ml Salzsäure im Überschuß hinzu, erhitzt auf 80° und titriert das Zink mit Kaliumhexacyanoferrat(II)-Lösung nach GALETTI.

Genauigkeit. 2.

Dauer. 30 min.

X. Die Untersuchung der bei den Muffelprozessen sowie bei der Durchführung der Raffinierverfahren anfallenden unreinen metallischen Erzeugnisse

1. Der Zinkstaub

Der Zinkstaub muß, bevor er in den Handel kommt, durch ein 10000-Maschensieb (DIN 0,06) gesiebt werden. Er stellt dann ein Pulver mit einem Feinheitsgrad von unter 0,06 mm dar mit einem Gehalt an metallischem Zink zwischen 88 bis 93%. Der Rest besteht aus Zinkoxyd, Zinkchlorid, Cadmium, Blei, Zinn und Eisen. Je nach der Herkunft ist sein Volumen verschieden, daher wird auch des öfteren sein Schütt- bzw. Rüttelgewicht bestimmt. Er wird, da er hauptsächlich als Reduktionsmittel, insbesondere zum Auszementieren von anderen Metallen dient, nach seinem Gehalt an metallischem Zink bewertet. Man benutzt ihn auch als Farbpigment (Zinkgrau).

Proben von Zinkstaub sind in völlig trockenen Flaschen mit gut schließendem Glasstopfen aufzubewahren. Die Flaschen müssen vollständig gefüllt sein. Beim Lagern tritt durch Oxydation eine Wertminderung des Staubes ein.

a) Wertbestimmung

α) *Maßanalytisch nach Wahl*

Das Verfahren ist nur für feinen Zinkstaub geeignet.

0,3 bis 0,5 g Zinkstaub werden in einen trockenen 300- oder 500 ml-ERLENMEYER-Kolben eingewogen, mit wenig Wasser benetzt, zur Vermeidung von Knötchen gut geschwenkt, mit 50 oder 70 ml Eisen(III)-sulfatlösung, die gegen Kaliumpermanganat indifferent ist, übergossen und sofort anhaltend geschüttelt, bis vollkommene Lösung eingetreten ist. Ein geringer erdiger Rückstand bleibt unberücksichtigt. Die Dauer des Lösungsvorganges beträgt ungefähr 5 min. Dann setzt man 100 ml Schwefelsäure (1 + 9) hinzu und titriert das reduzierte Eisen mit einer Kaliumpermanganatlösung, die 10 g Kaliumpermanganat in 1 l enthält und auf Natriumoxalat eingestellt ist.

1 g Natriumoxalat = 0,48791 g Zinkmetall

Eine während des Lösens auftretende geringe Gasentwicklung ist für das Ergebnis ohne Einfluß.

Die Eisen(III)-sulfatlösung wird hergestellt durch Lösen von 320 g wasserfreiem, reinstem, säurefreiem Eisen(III)-sulfat oder 730 g Eisen(III)-ammoniumsulfat in Wasser und Auffüllen auf 1 l. Eine etwaige geringe Trübung nach dem Erkalten wird abfiltriert. Größte Reinheit des Salzes ist unerläßlich, da z. B. schon ein ganz geringer Kupfergehalt das Resultat sehr erheblich herabmindert (0,01 g Kupfer beinahe um $^1/_2$% Zink bei obigen Versuchsbedingungen).

Die im Zinkstaub vorhandenen Anteile an metallischem Eisen, Cadmium u. a. werden mittitriert. Da sie im Gebrauch jedoch ebenfalls reduzierende Wirkung haben, ist das praktisch ohne Belang.

Genauigkeit. 2.

Dauer. 20 min.

β) *Gasvolumetrisch*

Grundlage. Der beim Lösen in Schwefelsäure entwickelte Wasserstoff wird in einem geeigneten Apparat gemessen.

Anwendungsbereich. Das Verfahren ist auch für die Wertbestimmung gröberer Sorten Zinkstaub geeignet.

Genauigkeit. 1.

Dauer. 2 bis 8 Std., je nach der Reaktionsfähigkeit des Zinkstaubes.

Ausführung. Die Abb. 75 zeigt den Apparat, der im Betriebslaboratorium zur gasvolumetrischen Wertbestimmung des Zinkstaubes verwendet wird. Man arbeitet damit wie folgt:

In das äußere Gefäß des vorher mit etwas Wasser beschickten LUNGEschen Anhängefläschchens wird 1 g Zinkstaub gegeben. Sodann bringt man mittels einer Pipette 8 ml verdünnte Schwefelsäure (1 + 3) in das innere Gefäß. Jetzt stellt man durch Aufsetzen des Kautschukstopfens die Verbindung mit der mit einem luftleeren Mantel versehenen Meßröhre her, beseitigt durch Lüften des Hahnschlüssels den im Inneren des Anhängefläschchens durch das Verschließen erzeugten Überdruck, bringt das Sperrwasserniveau auf den Nullpunkt, schließt den Hahn, neigt das Anhängefläschchen, bis die Säure zum Zinkstaub gelangt, und leitet so die Gasentwicklung ein. Hat diese aufgehört, ist die Temperatur ausgeglichen und das Niveau der Meßröhre konstant, so liest man Gasvolumen, Temperatur und Barometerstand ab.

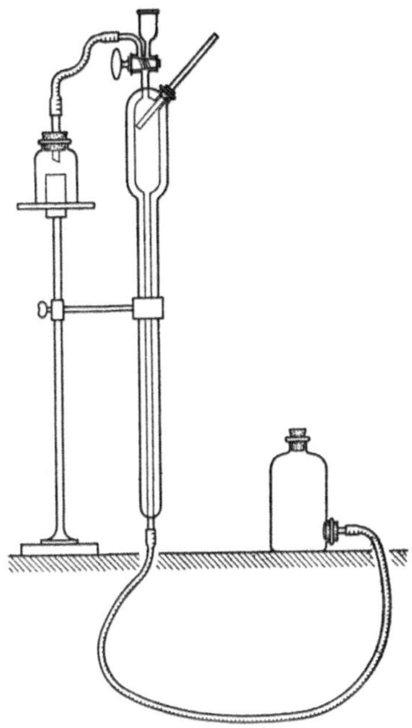

Abb. 75. Apparat zur gasvolumetrischen Wertbestimmung von Zinkstaub

1 ml Wasserstoff entspricht zwar bei 0° und 760 mm Druck 2,9150 mg Zink. Da aber die Berechnung nach der Stickstofftabelle erfolgt, wird hier der Umrechnungsfaktor 2,3308 eingesetzt (vgl. die im KÜSTER-THIEL unter Erläuterungen zu Tafel 10 aufgeführten Tabellen).

Fehlerquellen. Das Sperrwasser muß vorher mit Wasserstoff gesättigt werden. Auf die Abwesenheit von Nitraten ist zu achten. — Metallische Fremdstoffe, wie Eisen, Cadmium u. a., reagieren ebenfalls unter Wasserstoffentwicklung (s. maßanalytisches Verfahren). — Ist im Zinkstaub Carbonat vorhanden, so zersetzt sich dieses unter Bildung von Kohlendioxyd, welches durch Absorption mit Kalilauge entfernt werden muß.

Literatur. KÜSTER u. THIEL: Logarithmische Rechentafeln, 56. bis 60. Aufl. (1947) S. 251.

b) Die Bestimmung des Schütt- und Rüttelgewichtes

In einem gewogenen 100 ml-Meßzylinder wird Zinkstaub schnell bis zur 100 ml-Marke hineingeschüttet. Dann wägt man wieder. Das 10fache Gewicht des Zinkstaubes stellt das „Schüttgewicht" je Liter dar.

Zur Ermittlung des „Rüttelgewichtes" schüttet man den Zinkstaub langsam in kleinen Anteilen in den Meßzylinder ein und stößt diesen nach jedem Anteil so lange auf eine hölzerne Unterlage auf, bis das Volumen konstant bleibt. Ist die 100 ml-Marke erreicht, so wägt man aus. Das Gewicht wird als „Rüttelgewicht" des Zinkstaubes bezeichnet.

Ausführungsart und Form des Meßzylinders beeinflussen das Ergebnis.

c) Die Bestimmung des Zinks

Man verwendet 1,25 g (oder einen dieser Menge entsprechenden Anteil der Lösung einer größeren Einwaage), löst den Zinkstaub in Salzsäure (1 + 1) und Salpetersäure (1,4), dampft die Lösung zur Trockne, nimmt die Salze mit 10 ml Salzsäure auf und verfährt weiter, wie bei den Verfahren zur Zinkbestimmung, S. 904ff., beschrieben.

d) Die Bestimmung des Chlors

Man kann hierbei, wie im Abschnitt Zinkaschen, S. 927, beschrieben, verfahren, kann aber auch je nach dem vermuteten Gehalt 1 bis 5 g Zinkstaub mit 100 ml Wasser versetzen und ihn dann mit 10 bis 50 ml Salpetersäure (1 + 2) so vorsichtig in Lösung bringen, daß nur eine geringe Erwärmung eintritt. Nach 2 Std. gibt man eingestellte n/10-Silbernitratlösung im Überschuß hinzu und titriert den Überschuß mit Ammoniumthiocyanatlösung zurück.

e) Die Bestimmung der übrigen Verunreinigungen

Man arbeitet dabei, wie weiter unten bei der Untersuchung des Rohzinks, S. 943ff., beschrieben. Beim Auflösen muß vorsichtig verfahren werden.

2. Zinkstaubsiebrückstände, Traß und Walzwerksasche

Die beim Absieben verbleibenden gröberen Teile des Zinkstaubes werden teils im eigenen Betrieb verwendet, teils kommen sie in den Handel. Traß entsteht im Hüttenprozeß, z. B. beim Gießen, beim Um- oder Einschmelzen des Zinks usw. Alle diese Produkte stellen Zinkabfälle in mehr oder weniger feiner Körnung dar.

Sie werden nach den bei den „Zinkaschen“ angegebenen Vorschriften oder auch nach den unter „Rohzink“ zu findenden Vorschriften untersucht. Das metallische Zink wird gasvolumetrisch bestimmt. Nur bei feinster Körnung kann das maßanalytische Verfahren angewendet werden.

Walzwerksasche (mit 80 bis 85% Zink) wird nach den für Zinkasche beschriebenen Verfahren untersucht.

3. Hüttenroh- und Walzzink, Umschmelzzink

Diese nicht gereinigten Zinksorten sind Handelsware und als solche genormt (DIN 1706, s. Kapitel Genormte Metalle und Legierungen). Die Zinkgehalte von Umschmelzzink, das durch Umschmelzen von Altzink gewonnen wird, sollen zwischen 96 und 98,5%, von Hüttenroh- und Walzzink zwischen 97,5 und 99,5% liegen. Der hauptsächlichste Nebenbestandteil dieser Zinksorten ist Blei. Daneben treten noch Cadmium, Eisen, Zinn und eine Reihe anderer Elemente auf.

a) Die Bestimmung des Zinks

Der Zinkgehalt wird nur in Alt- und Umschmelzzink ermittelt.

Zur Orientierungsanalyse verwendet man, je nach der Beschaffenheit der Probe, eine Einwaage von 12,5 bis 50 g, übergießt sie in einem Becherglas mit etwas Wasser, löst das Zink durch Zugabe kleiner Anteile Salzsäure (2 + 1). Dann wird in einen Meßkolben dekantiert, der Rückstand mit Salzsäure ausgekocht und die Lösung zu der im Meßkolben befindlichen gegeben. Nach dem Auffüllen zur Marke entnimmt man dem Kolbeninhalt eine Abmessung, die 1,25 g Einwaage entspricht, führt sie in einen 500 ml-Meßkolben über, oxydiert das Eisen mit einigen Tropfen Wasserstoffperoxydlösung, fügt 60 ml Ammoniak (0,91) hinzu, füllt die Lösung bis zur Marke auf, filtriert und entnimmt dem Filtrat 200 ml (= 0,5 g Einwaage). Nach dem

Verkochen des Überschusses an Wasserstoffperoxyd wird das Zink maßanalytisch mit Kaliumhexacyanoferrat(II)-Lösung bestimmt. Das Cadmium wird mittitriert. Sollte Kupfer vorhanden sein, so muß es vor der Titration durch Kochen mit Kornblei in salzsaurer Lösung ausgefällt werden.

Genauigkeit. 3.

Dauer. $1^1/_2$ Std.

Wird eine genaue Analyse verlangt, so muß der beim Lösen der Einwaage in Salzsäure verbliebene Rückstand unter Zusatz von etwas Kaliumchlorat in Lösung gebracht und die 1,25 g Einwaage entsprechende Abmessung nach dem genauen Analysengang für die Zinkbestimmung (s. S. 904ff.) untersucht werden.

b) Die Bestimmung des Zinns, Bleies, Cadmiums, Kupfers, Wismuts, Eisens, Aluminiums und Nickels

Je nach der Art des Materials wählt man eine Einwaage von 25 bis 100 g, löst diese durch Zugabe von Salpetersäure (2 + 1) in kleinen Anteilen, kocht einige Zeit, verdünnt mit Wasser, kocht noch etwa 30 min und läßt in der Wärme absitzen, bis sich das Zinndioxyd abgesetzt hat. Dieses wird abfiltriert und sorgfältig ausgewaschen. Der Filterrückstand wird im Nickeltiegel verascht und unter Zusatz von Natriumcarbonat mit Natriumhydroxyd und Natriumperoxyd aufgeschlossen. Aus der Schmelze ermittelt man das Zinn (s. Kapitel Zinn, S. 982). Die hierbei gewonnenen Verunreinigungen des Zinndioxyds an Kupfer, Blei und Eisen kann man nach dem Lösen in Salpetersäure dem ersten Filtrat zugeben. Man kann diese kleinen Verunreinigungen der Zinnsäure bei Betriebsanalysen aber auch vernachlässigen. Die salpetersaure Lösung wird so lange mit Ammoniak (0,91) versetzt, bis das zunächst ausfallende Zinkhydroxyd in Lösung gegangen ist. Dann wird, ohne den Eisenniederschlag abzufiltrieren, die Lösung so lange mit Natriumsulfidlösung (5 g in 100 ml) versetzt und gut durchgeschüttelt, bis reinweißes Zinksulfid auszufallen beginnt. Man verdünnt auf etwa 500 ml, läßt den Niederschlag längere Zeit in der Wärme absitzen und filtriert ihn ab. Im Filtrat wird die Anfällung wiederholt, um die letzten Anteile von Cadmium zu erfassen. Die vereinigten Niederschläge werden in Salpetersäure gelöst und mit Schwefelsäure abgeraucht. Nach dem Aufnehmen mit Wasser wird das ausgeschiedene Bleisulfat abfiltriert und das Blei nach einer der vorher beschriebenen Methoden bestimmt. Das Filtrat wird auf 5 Vol.-% Schwefelsäure gebracht, und in der auf 70° erwärmten Lösung werden das Kupfer, Cadmium, Wismut mit Schwefelwasserstoff gefällt. Nach dem Abfiltrieren und Auswaschen wird das Filter mit dem Niederschlag mit Salpeterschwefelsäure eingeraucht. Man nimmt mit 5 Vol.-% Schwefelsäure auf und scheidet das Wismut als Hydroxyd ab, indem man die Lösung mit Natronlauge annähernd neutralisiert, mit Natriumcarbonat schwach alkalisch macht und dann so lange mit Kaliumcyanid versetzt, bis Kupfer und Cadmium komplex gebunden sind (Entfärbung). Der Niederschlag wird abfiltriert, mit warmem Wasser ausgewaschen, dann geglüht und als Wismutoxyd gewogen oder photometrisch bestimmt (s. Kapitel Wismut, S. 861 u. 866). Im Filtrat trennt man das Cadmium vom Kupfer nach Hinzufügen von noch etwas Kaliumcyanid mit Natriumsulfidlösung als Sulfid und bestimmt es, wie im Kapitel Cadmium, S. 233ff., angegeben. Im Filtrat scheidet man das Kupfer nach dem Ansäuern mit Salzsäure (Abzug!) als Sulfid ab und bestimmt es entweder elektrolytisch oder photometrisch.

Im Filtrat der Schwefelwasserstoffällung verkocht man den Schwefelwasserstoff, oxydiert das Eisen mit Wasserstoffperoxydlösung und fällt Eisen und Aluminium mit Ammoniak als Hydroxyde aus. Um das gesamte Aluminium zu erhalten, muß diese Fällung mit einem geringen Ammoniaküberschuß ausgeführt werden. Der Hydroxydniederschlag muß noch 2 mal umgefällt werden, um alles Zink zu entfernen. Man verascht das Filter, wägt die Summe der Oxyde aus, bestimmt in ihr das Eisen durch Titration oder photometrisch und erhält aus der Differenz den Aluminiumgehalt. Die ammoniakalischen Filtrate der Eisenfällung, welche die Hauptmenge des Nickels enthalten, werden mit den Filtraten der Natriumsulfidanfällungen, welche den Nickelrest enthalten, vereinigt, eingeengt und das Nickel in bekannter Weise mit Diacetyldioxim gefällt und bestimmt.

Bemerkungen. Der Aluminiumgehalt läßt sich zuverlässiger aus einer Sondereinwaage durch Photometrieren ermitteln. Das Verfahren ist unter Feinzink, S. 953, beschrieben. — Kleine Mengen von Kupfer können vom Cadmium auch durch Herauslösen des Cadmiums aus dem gemeinsamen Sulfidniederschlag mit heißer Salzsäure (1 + 3) auf dem Filter abgetrennt werden. Die Trennung muß aber nach erneutem Ausfällen des Cadmiums mit Schwefelwasserstoff wiederholt werden. Die vereinigten Kupferniederschläge werden verascht. Das Kupfer wird photometrisch und das Cadmium, wie oben angegeben, bestimmt. — Über die Trennung von Kupfer und Cadmium mit Chinaldinsäure s. Kapitel Cadmium, S. **236**.

c) Die polarographische Bestimmung des Bleies und Cadmiums

Diese Bleibestimmung ist nur bei nahezu zinnfreien Zinksorten anwendbar. Der Bleigehalt kann bis zu 5%, der Cadmiumgehalt bis 1% betragen.

Eine nach der Zusammensetzung des Materials zu bemessende Einwaage von 20 bis 100 g wird in Salpetersäure (1,2), die man anteilweise zusetzt, gelöst. Dabei ist ein größerer Überschuß an Säure zu vermeiden. Nach dem Verkochen der Stickoxyde wird die abgekühlte Lösung in einem Meßkolben, der so groß zu wählen ist, daß 5 ml seines Inhaltes einer Einwaage von 1 g entsprechen, bis zur Marke aufgefüllt.

Für die Bestimmung des Bleies entnimmt man 5 ml der gut durchgeschüttelten Lösung, mischt die Abmessung mit 5 ml Grundlösung (1800 ml gesättigte Ammoniumchloridlösung und 200 ml 2proz. Tyloselösung) und polarographiert bei einer Abscheidungsspannung von —0,3 bis —0,7 V und einer der Bleimenge angepaßten Empfindlichkeit.

Zur Cadmiumbestimmung wird eine Abmessung, die 0,1 bis 20 mg Cd enthält, in einen 100 ml-Meßkolben gegeben, mit 10 bis 20 ml Salzsäure (1,19) und etwa 0,1 g Eisen als Eisen(III)-chloridlösung versetzt. Man kocht auf etwa 30 bis 40 ml ein, kühlt unter Wasser ab und fügt 40 ml Grundlösung (1 l konz. Ammoniak, 50 ml 0,5proz. Gelatinelösung, gesättigt an Natriumsulfit) hinzu. Ein klarer Anteil wird bei einer Spannung von —0,5 bis —1,0 V polarographiert.

Genauigkeit. 2.

Dauer. 1 bis 2 Std.

Bemerkung. Bei der polarographischen Bleibestimmung stört die Anwesenheit von Zinn und Thallium. — Neben Cadmium kann auch das Kupfer bestimmt werden. Größere Gehalte an Kupfer stören, können aber durch Zugabe von Kaliumcyanid bis zur Entfärbung der Kupferfarbe unschädlich gemacht werden.

d) Die Bestimmung des Zinns, Antimons, Wismuts (Indiums und Thalliums)

Man bedient sich dabei des Verfahrens von H. BLUMENTHAL (s. Kapitel Kupfer, S. 388), nach dem die obigen Metalle durch eine Fällung von Mangandioxydhydrat aus beliebig hohen Einwaagen (50 bis 250 g) angereichert werden. Die salpetersauren Lösungen dürfen nur eben sauer reagieren. Um eine vollständige Abscheidung zu erzielen (auch Indium und Thallium lassen sich mit dem Verfahren abscheiden), wird die Fällung nach Zugabe von Mangansulfat und Kaliumpermanganat noch einmal wiederholt. Die Niederschläge werden vereinigt, indem man sie in das Fällungsgefäß zurückspritzt und sie sowie die am Filter und an den Glaswandungen haftenden Reste von Mangandioxydhydrat mit Salzsäure und etwas Wasserstoffperoxyd in Lösung bringt. Von einem verbleibenden Rückstand wird abfiltriert, man wäscht mit heißem salzsäurehaltigem, dann mit reinem Wasser aus und schmilzt ihn nach vorsichtigem Veraschen des Filters in einem Nickeltiegel mit wenig Natriumperoxyd. Die Schmelze wird mit Wasser zersetzt, in Salzsäure gelöst und die Lösung mit dem ersten Filtrat vereinigt. Um etwa vorhandenes Arsen zu entfernen, dampft man die Lösung ein, aber nicht unter 50 ml, setzt etwas Kaliumbromid, 25 ml Salzsäure (1,19) sowie 2 g Natriumsulfit hinzu und kocht, bis das Volumen von 50 ml wieder erreicht ist. Darauf fällt man aus der verdünnten und mit Ammoniak abgestumpften Lösung die Sulfide mit Schwefelwasserstoff aus, behandelt sie nach dem Abfiltrieren mit Natriumsulfidlösung, bestimmt in den ungelöst gebliebenen Sulfiden das Wismut (s. Kapitel Wismut, S. 867) und in der Sulfosalzlösung Zinn und Antimon in bekannter Weise.

Genauigkeit. 1.

Dauer. 6 bis 8 Std.

Die Bestimmung des Indiums und des Thalliums s. unter e) und f), τ), S. 948.

e) Die Bestimmung des Bleies, Kupfers, Mangans, Eisens und Indiums

Grundlage. Die mit Ammoniak übersättigte salpetersaure Lösung einer größeren Einwaage wird mit Thioharnstoff versetzt und erhitzt. Blei, Kupfer, Mangan, Eisen und Indium werden ausgefällt, abfiltriert und nach entsprechenden Verfahren bestimmt.

Anwendungsbereich. Das Verfahren kann bei allen Zinksorten und Zinklegierungen, die Zinn in Spuren enthalten, angewandt werden.

Genauigkeit. 2.

Dauer. 6 bis 8 Std.

Ausführung. 250 g Probematerial werden vorsichtig mit Salpetersäure (1,2) gelöst. Nach dem Verkochen der Stickoxyde versetzt man die Lösung bis zum Auflösen des zunächst ausfallenden Zinkhydroxyds mit Ammoniak, gibt noch weitere 100 bis 150 ml im Überschuß sowie 2 bis 5 g Thioharnstoff hinzu und hält das Ganze 5 bis 15 min im schwachen Sieden. Man prüft, ob auf Zusatz von weiterem Thioharnstoff eine dunkle Nachfällung entsteht. Ist das nicht der Fall, so filtriert man den Niederschlag ab, wäscht mit ammoniakhaltigem Wasser aus, löst in Salpetersäure und erhitzt mit 40 ml Schwefelsäure (1 + 1) bis zum starken Rauchen. Es müssen schließlich mindestens 10 ml freie Schwefelsäure übrigbleiben, da sonst beim Hinzufügen von Wasser eine Ausscheidung von basischem Indiumsulfat zu befürchten ist. Nach dem Verdünnen mit 100 ml Wasser kocht man die Lösung auf, läßt sie erkalten und filtriert das Bleisulfat ab. Dieses löst man in Ammoniumacetat und bestimmt das Blei entweder maßanalytisch mit Ammoniummolybdatlösung oder gewichtsanalytisch als Chromat oder Sulfat.

Im schwefelsauren Filtrat wird das Kupfer als Sulfid gefällt, abfiltriert, in Salpetersäure gelöst und in salpetersaurer Lösung durch Elektrolysieren oder photometrisch bestimmt.

Das Filtrat der Schwefelwasserstoffällung dampft man nach Zusatz von 3proz. Wasserstoffperoxydlösung bis auf ein Volumen von 200 ml ein, bringt es in einen 250 ml-Meßkolben und füllt bis zur Marke auf. Dann entnimmt man zwei Abmessungen von je 100 ml. Die eine dampft man bis auf 30 ml ein und bestimmt das Mangan photometrisch nach S. 938.

Die zweite Abmessung macht man ammoniakalisch und kocht sie längere Zeit, um das Indium vollständig niederzuschlagen. Die Hydroxyde des Eisens und

Indiums werden abfiltriert, ausgewaschen und in Schwefelsäure gelöst. Nach dem Einengen bis zum Rauchen der Schwefelsäure wird die Lösung verdünnt, in einen 100 ml-Meßkolben übergespült und bis zur Marke aufgefüllt. Man entnimmt 5 ml und polarographiert das Indium, wie auf S. 923 angegeben.

Das Indium kann in der zweiten Abmessung auch gewichtsanalytisch bestimmt werden, vgl. bei Flugstäuben, S. 922.

Will man auch das Eisen bestimmen, so entnimmt man der Lösung im 250 ml-Meßkolben 25 ml (= 25 g Einwaage), fällt die Hydroxyde mit Ammoniak, reinigt sie durch Umfällen, löst sie schließlich in Salzsäure und bestimmt das Eisen maßanalytisch oder photometrisch.

Fehlerquellen. Silber und Wismut werden gegebenenfalls elektrolytisch zusammen mit dem Kupfer niedergeschlagen. Sie sind vom Gesamtgewicht des Kupfers abzuziehen, wenn die Genauigkeit es erfordert.

f) Einzelbestimmungen

α) *Aluminium*

Bei Aluminiumgehalten von über 0,1% ist die unter Zinklegierungen, S. 955, angeführte Oxychinolatmethode anzuwenden. Bei geringeren Gehalten bedient man sich des photometrischen Verfahrens, s. S. 953.

β) *Antimon*

Vgl. oben unter VII. 2c), S. 926.

γ) *Arsen*

Man kann die im Kapitel Arsen, S. 126, beschriebene photometrische Bestimmung anwenden oder auch folgendermaßen verfahren:

Man löst 100 bis 200 g Material vorsichtig mit Salpetersäure (1,2), verjagt die Stickoxyde durch Kochen, oxydiert die Lösung mit Wasserstoffperoxyd, um das gesamte Arsen in die 5wertige Form überzuführen, versetzt sie mit etwas Eisen(III)-chloridlösung (etwa die 5fache Eisenmenge im Verhältnis zu Arsen) und fällt mit Ammoniak. Der Eisenniederschlag, der das gesamte Arsen enthält, wird, um alle Nitrate zu entfernen, mit Schwefelsäure abgeraucht und schließlich mit Salzsäure (1 + 2) in Lösung gebracht. Aus dieser Lösung destilliert man nach den Angaben im Kapitel Arsen, S. 122, das Arsen ab und bestimmt es im Destillat.

δ) *Blei*

Das Blei läßt sich aus salpetersaurer Lösung elektrolytisch bestimmen oder aus der ammoniakalisch gemachten Zinklösung mit Natriumsulfid anfällen. Die salpetersaure Lösung der Sulfide wird mit Schwefelsäure abgeraucht und das Blei als Sulfat abgeschieden und bestimmt.

ε) *Cadmium*

Das Cadmium gelangt zusammen mit Blei und Kupfer durch Anfällen der ammoniakalisch gemachten Lösung der Probe mit Natriumsulfidlösung in den Sulfidniederschlag. Die Trennung und Bestimmung des Cadmiums ist in den vorhergehenden Abschnitten beschrieben.

ζ) *Eisen*

Soll eine maßanalytische Eisenbestimmung ausgeführt werden, so entnimmt man einer größeren mit Salzsäure und Wasserstoffperoxyd gelösten Einwaage einen mindestens 5 g entsprechenden Anteil und fällt zunächst die störenden Metalle mit Schwefelwasserstoff. Nach der Oxydation des Filtrats bestimmt man das Eisen nach vorheriger Ammoniakfällung und Wiederlösen in Salzsäure zweckmäßig nach ZIMMERMANN-REINHARDT.

Eine photometrische Schnellbestimmung des Eisens nach der Sulfosalicylsäuremethode ist unter Feinzink auf S. 951 beschrieben.

η) Gallium

Vgl. Kapitel Gallium, S. 309.

ϑ) Germanium

Vgl. Kapitel Germanium, S. 315.

ι) Indium

Über die polarographische Indiumbestimmung und die gewichtsanalytische Bestimmung s. Flugstäube, S. 922.

ϰ) Kobalt

Es sei auf die Vorschrift unter Hüttenoxyd, S. 924, verwiesen.

Man kann auch 200 g Zink mit Salzsäure lösen und in der Lösung das Kobalt mit α-Nitroso-β-Naphthol ausfällen (s. Kapitel Kobalt, S. 353). Nach einstündigem Absitzenlassen in der Wärme wird der Niederschlag abfiltriert, im Porzellantiegel geglüht und mit Kaliumhydrogensulfat geschmolzen. Die Schmelze löst man in schwefelsaurem Wasser, fällt aus der Lösung das Eisen mit Ammoniak, wiederholt die Fällung und bestimmt in den vereinigten Filtraten das Kobalt gewichtsanalytisch oder photometrisch.

λ) Kupfer

Aus der ammoniakalisch gemachten Lösung einer größeren Einwaage fällt man das Kupfer mit Natriumsulfid an oder mit Thioharnstoff aus, löst den abfiltrierten Niederschlag in Salpetersäure, raucht die Lösung mit Schwefelsäure ab und nimmt die Sulfate mit Wasser auf. Das Bleisulfat wird abfiltriert, das Filtrat mit Schwefelwasserstoff gesättigt. Die abfiltrierten Sulfide behandelt man mit Natriumsulfidlösung, löst den von Arsen, Antimon und Zinn befreiten Niederschlag in Salpetersäure und bestimmt das Kupfer elektrolytisch oder photometrisch.

Bei Zinksorten, die viel Zinn enthalten, löst man eine größere Einwaage in Salzsäure unter Zusatz von Wasserstoffperoxyd, füllt die Lösung in einem Meßkolben bis zur Marke auf und fällt in einem Anteil, der sich nach der Höhe des Kupfergehaltes richtet, das Kupfer durch Kochen mit Natriumthiosulfat aus. Der Niederschlag wird mit Natriumsulfidlösung behandelt und kann zur Bestimmung des Kupfers dienen.

Das Kupfer läßt sich im Hüttenrohzink auch unmittelbar mit Natriümdiäthyldithiocarbaminat sowie polarographisch bestimmen (s. S. 383/84).

μ) Magnesium

Angaben darüber sind unter Zinklegierungen, S. 956, zu finden.

ν) Mangan

Vgl. die Angaben unter f), S. 938. Man kann entweder direkt photometrieren, muß aber bei zinnhaltigem Material die beim Lösen in Salpetersäure entstandene Zinnsäure vorher abfiltrieren.

ξ) Nickel

Das Nickel wird aus der nach Weinsäurezusatz ammoniakalisch gemachten Probenlösung mit Diacetyldioxim ausgefällt. Die salzsaure Lösung der Probe ist gegebenenfalls vorher mit Schwefelwasserstoff zu behandeln.

Die photometrische Bestimmung s. S. 953.

o) Quecksilber

Vgl. oben II. 11., S. 915.

π) *Schwefel*

Man löst 100 bis 200 g Probematerial in reiner, schwefelsäurefreier Salzsäure (1 + 1), wobei man einen Überschuß von mindestens 10% anwendet, leitet das sich entwickelnde Gasgemisch in Cadmiumacetatlösung, leitet nach beendeter Lösung eine Zeitlang reines Kohlendioxyd oder Stickstoff durch die Apparatur und bestimmt in der Vorlage den Schwefel nach den Angaben im Kapitel Schwefel, S. 651.

ϱ) *Silber*

100 oder mehr g der Probe werden in Schwefelsäure (1 + 4) gelöst. Um das Lösen zu beschleunigen, gibt man etwas Kupfersulfat hinzu. Die Lösung wird dann mit 5 ml n-Natriumbromidlösung versetzt, gut durchgerührt und nach dem Zugeben von Bleiacetatlösung [100 g $Pb(C_2H_3O_2)_2 \cdot 3aq$ in 1 l] auf das Doppelte ihres Volumens mit Wasser verdünnt. Hat sich der Niederschlag klar abgesetzt, so wird er abfiltriert, gut gewaschen und getrocknet. Dann bestimmt man das Silber dokimastisch nach den Vorschriften im Kapitel Silber und Gold, S. 747.

Maßanalytisch läßt sich das Silber mit Dithizon bestimmen. Siehe hierüber S. 757.

σ) *Silicium*

Man löst eine genügend große Menge des Probematerials vorsichtig in dem Säuregemisch nach Otis Handy, erhitzt die Lösung bis zum Auftreten starker Schwefelsäuredämpfe, löst die Sulfate mit heißem Wasser, läßt erkalten und filtriert. Der Rückstand wird vom Filter gespritzt, mit Salzsäure (1,19) versetzt, zur Trockne gedampft und dieses Eindampfen mit Salzsäure wiederholt. Dann nimmt man mit Salzsäure und Wasser auf, erwärmt, bis alles Bleichlorid in Lösung gegangen ist, und filtriert den Rückstand ab. Er wird chlorfrei ausgewaschen, das Filter im Porzellantiegel verascht und der Rückstand mit einigen Tropfen Schwefelsäure abgeraucht und geglüht. Der gewogene Rückstand wird in einen Platintiegel übergeführt, das Siliciumdioxyd mit Fluß- und Schwefelsäure verflüchtigt und ein etwa verbliebener Rückstand gewogen. Die Differenz der beiden Wägungen ergibt das Gewicht des Siliciumdioxyds, aus dem der Siliciumgehalt errechnet wird.

Umrechnungsfaktor auf Si = 0,4672.

τ) *Thallium*

Man löst 50 bis 100 g der Probe in einem 750 ml-Weithals-Erlenmeyer-Kolben mit der eben ausreichenden Menge Salpetersäure. Nach dem Vertreiben der Stickoxyde setzt man etwa 1 g Kaliumchlorat hinzu und dampft die Lösung bis zur Sirupdicke ein, verdünnt dann mit etwa 500 ml heißem Wasser, neutralisiert mit Natriumhydroxyd und gibt nach H. Blumenthal 5 ml Mangannitratlösung [5 g $Mn(NO_3)_2 \cdot 6aq$ in 100 ml] sowie 3 ml einer gesättigten Kaliumpermanganatlösung hinzu. Man kocht 10 min lang, fügt nunmehr nochmals 2 ml Mangannitratlösung und 3 ml Kaliumpermanganatlösung hinzu und wiederholt das Kochen. Nach dem Absetzen des Niederschlages wird dieser abfiltriert und mit heißem Wasser gut ausgewaschen. Den Niederschlag löst man in Salzsäure (1 + 1) und Wasserstoffperoxyd, setzt 20 ml Schwefelsäure (1 + 1) hinzu und erhitzt die Lösung zum Rauchen. Nach dem Aufnehmen der erkalteten Flüssigkeit mit 100 ml Wasser werden Zinn, Antimon, Wismut u. a. durch Schwefelwasserstoff gefällt und abfiltriert. Diese Fällung wird wiederholt und in den vereinigten Filtraten der Schwefelwasserstoff verkocht. Das Thallium wird nunmehr nach dem Abstumpfen der Säure mit Ammoniak und Hinzufügen von Natriumsulfitlösung bei 60° mit Kaliumjodid gefällt und bestimmt (s. Kapitel Thallium, S. 790).

Genauigkeit. 2 bis 3.

Dauer. 8 bis 10 Std.

Eine maßanalytische Bestimmung ist im Kapitel Thallium beschrieben (s. S. 791).

v) Wismut

Das Wismut kann aus beliebig großen, in Salpetersäure gelösten Zinkmengen durch die Mangandioxydhydratfällung nach H. BLUMENTHAL angereichert und nach der Trennung von den mitgefällten Begleitelementen photometrisch bestimmt werden (s. Kapitel Wismut, S. 866).

φ) Zinn

Bei Zinksorten mit einem Zinngehalt über 0,05% verfährt man nach b), S. 943. Ein nephelometrisches Verfahren zur raschen Bestimmung kleiner Zinnmengen im Zink ist unter Feinzink auf S. 952 beschrieben.

4. Cadmium-Zinkstaub

Er wird nach der im Kapitel Cadmium beschriebenen Methode untersucht.

5. Waschzink

Waschzink entsteht als Rückstand bei der fraktionierten Destillation von Rohzink, Umschmelzzink u. a. Es enthält größere Mengen Blei, Kupfer, Zinn, Aluminium neben geringeren Mengen anderer Metalle, darunter auch gelegentlich Gallium und Indium.

Die Bestimmung des Zinks, Bleies, Kupfers, Aluminiums und Zinns

2,5 g feine Späne werden in einem 500 ml-Meßkolben in 50 ml Salzsäure (2 + 1) in der Wärme gelöst. Der dabei entstehende Metallschwamm wird durch einige Tropfen 30proz. Wasserstoffperoxyd in Lösung gebracht. Man kocht einige Zeit, füllt den Kolben annähernd mit gesättigtem Schwefelwasserstoffwasser und leitet noch 10 min Schwefelwasserstoff ein. Nach dem Abkühlen und Auffüllen bis zur Marke wird der Kolbeninhalt durch ein trockenes, schnellaufendes Filter ohne Auswaschen in ein trockenes Gefäß filtriert. Der Sulfidniederschlag wird beiseite gestellt. Dem Filtrat entnimmt man 250 ml, bringt die Abmessung in einen anderen 500 ml-Meßkolben, prüft durch Zusatz von Schwefelwasserstoffwasser die Vollständigkeit der Fällung und verkocht den Schwefelwasserstoff. Darauf wird die kochende Lösung mit Bromwasser oxydiert und der Überschuß durch Kochen ausgetrieben. Sobald der Kolbeninhalt sich etwas abgekühlt hat, versetzt man mit 70 ml Ammoniak (0,91) und füllt nach dem Erkalten bis zur Marke auf. Man filtriert, entnimmt dem Filtrat 2mal je 200 ml (= 0,5 g Einwaage) und titriert das Zink mit Kaliumhexacyanoferrat(II)-Lösung, wie auf S. 904 angegeben.

Bei geringem Zinkgehalt neben einem überwiegenden Gehalt an Aluminium werden die erst entnommenen 250 ml des schwefelwasserstoffhaltigen Filtrats in einen 500 ml-ERLENMEYER-Kolben gebracht und weiterbehandelt, wie unter „Zinkhaltiges Blei", S. 950, angegeben wird.

Zur Bestimmung des Aluminiums fällt man die in einem 500 ml-Meßkolben wie oben gelöste Zinkeinwaage in schwach schwefelsaurer Lösung (etwa 1 ml 1 n-Schwefelsäure im Überschuß) mit Schwefelwasserstoff, füllt den Kolbeninhalt bis zur Marke auf, filtriert und entnimmt dem Filtrat eine beliebige Abmessung. In dieser kann nach Verkochen des Schwefelwasserstoffs nach den Angaben im Kapitel Aluminium, S. 7/8, das Aluminium als Phosphat oder Oxychinolat gefällt und bestimmt werden.

Der beiseite gestellte Sulfidniederschlag wird, nachdem die Reste aus dem Meßkolben dazugespült worden sind, ausgewaschen, vom Filter in einen 250 ml-Kochbecher gespritzt und mit 20 ml Natriumsulfidlösung (100 g $Na_2S \cdot 9H_2O$ in 1 l) kurz aufgekocht, die Lösung auf 100 ml verdünnt und durch das vorher benutzte Filter filtriert. Man wäscht die ungelöst gebliebenen Sulfide mit heißer Natriumsulfidlösung (20 g $Na_2S \cdot 9H_2O$ in 1 l) aus, löst sie dann in Salpetersäure (1 + 1), versetzt die Lösung mit 20 ml Schwefelsäure (1 + 1) und erhitzt bis zum starken Rauchen. Nach dem Aufnehmen der Sulfate mit Wasser wird das Bleisulfat abfiltriert und maßanalytisch, gewichtsanalytisch oder polarographisch bestimmt. Das Filtrat vom Bleisulfat dient zur elektrolytischen oder photometrischen Bestimmung des Kupfers.

Die Bestimmung des Zinns wird zweckmäßig in einer besonderen Einwaage nach den unter Rohzink, S. 943, beschriebenen Verfahren ausgeführt. Je nach dem Zinngehalt geht man von 2,5 g oder von größeren Einwaagen aus.

6. Zinkhaltiges Blei

Zinkhaltiges Blei (Zinkblei) bleibt bei der Destillation von Rohzinksorten zurück. Es kann neben einigen Prozenten Zink noch gewisse Mengen an Zinn, Kupfer und anderen Metallen enthalten.

Die Bestimmung des Zinks

2,5 g Feilspäne löst man mit 20 ml Salpetersäure (2 + 3). Besteht die Probe aus Bohrspänen oder Granalien, so wägt man entsprechend mehr ein und entnimmt der Lösung einen 2,5 g enthaltenden Anteil. Nun gibt man 10 ml Schwefelsäure (1 + 1) hinzu und raucht zur Trockne. Den Rückstand kocht man mit 100 ml Schwefelsäure (1 + 19) auf, leitet in die warme Lösung Schwefelwasserstoff ein, filtriert den Sulfidniederschlag ab und wäscht mit 5 Vol.-% schwefelsaurem, schwefelwasserstoffhaltigem Wasser aus. Im Filtrat verkocht man den Schwefelwasserstoff, oxydiert, macht ammoniakalisch und filtriert einen etwaigen Niederschlag ab. Im Filtrat wird das Zink maßanalytisch mit Kaliumhexacyanoferrat(II)-Lösung bestimmt.

Genauigkeit. 1.

Dauer. Etwa 5 Std.

Die Bestimmung des Gehalts an Zinn, Indium und Thallium findet man unter Rohzink. Die Bestimmung des Bleies und des Kupfers ist im Kapitel Blei, S. 176, und die des Germaniums und Galliums in den entsprechenden Kapiteln beschrieben.

7. Hartzink (Bodenzink)

Bei der Untersuchung von Hartzink, die sich meist nur auf Zink, Blei, Aluminium und Eisen erstreckt, richtet man sich nach den für Rohzink, S. 942ff., geltenden Vorschriften, wobei wegen der Inhomogenität des Materials mindestens 100 g eingewogen werden müssen.

XI. Die Untersuchung der Fein- und Feinstzinksorten

Nach dem Normblatt DIN 1706 werden unter Feinzink Zinksorten mit einem Reingehalt von 99,9 bis 99,995% verstanden. Dazu gehören z. B. New-Jersey-Zink und Elektrolytzink. Als Feinstzink bezeichnet man Sorten mit über 99,995% Zink.

Die Untersuchung des Feinzinks wird oft auf spektrochemischem Wege durchgeführt (s. Kapitel Spektrochemische Analyse, S. 1418). Als Verunreinigungen kommen Blei, Cadmium, Kupfer, Zinn und Eisen in Betracht.

Auf nassem Wege werden Blei, Kupfer und Cadmium polarographisch, Kupfer, Eisen, Aluminium, Nickel, Kobalt, Zinn u. a. photometrisch bestimmt.

Die nachstehend nicht aufgeführten Bestimmungen sind unter Rohzink zu finden.

1. Die Bestimmung des Bleies und Cadmiums

Die polarographische Bestimmung in salpetersaurer Lösung wird nach der Vorschrift X. 3c), S. 944, unter Rohzink ausgeführt. Bei Bleigehalten unter 0,003% muß mit einer Fehlergrenze von 10% des Bleiwertes gerechnet werden.

Auch in salzsaurer Lösung lassen sich die beiden Elemente polarographisch bestimmen. Man löst eine größere Einwaage mit Salzsäure (1,19) unter Zusatz von etwas Wasserstoffperoxyd in einem Meßkolben auf, entnimmt 2,5 g, dampft die Abmessung zur Trockne ein. Der Rückstand wird mit 5 Tropfen Salzsäure (1 + 3) und etwas Wasser aufgenommen, die Lösung in einen 25 ml-Meßkolben gespült, 10 Tropfen einer Hydroxylaminhydrochloridlösung (200 g in 1 l) hinzugegeben, auf etwa 80° erwärmt, abgekühlt, mit 2 ml einer 1 proz. Gummi arabicum-Lösung versetzt, bis zur Marke aufgefüllt und durchgemischt. Von dieser Lösung werden zweimal 10 ml (= je 1 g) entnommen. Zu der einen Lösung gibt man 2 ml einer neutralen Testlösung, die Blei- und Cadmiumchlorid in entsprechender Menge enthält, zu der anderen gibt man 2 ml Wasser, leitet Wasserstoff oder Stickstoff hindurch und bestimmt Blei und Cadmium polarographisch.

Genauigkeit. 1.

Dauer. 3 Std.

2. Die Bestimmung des Eisens (photometrisch)

1. Methode. Je nach dem Eisengehalt werden 2 bis 10 g des Probematerials mit 20 bis 100 ml Salzsäure (10 + 7) unter tropfenweiser Zugabe von 5 bis 20 Tropfen Wasserstoffperoxyd gelöst, auf das doppelte Volumen mit Wasser verdünnt, das freie Chlor verkocht und nach dem Abkühlen in entsprechenden Meßkolben (100 bis 250 ml) aufgefüllt. Eine Abnahme mit maximal 350 μg Eisen und 200 μg Kupfer (s. Bemerkungen) wird in einen 100 ml-Meßkolben pipettiert. Dann werden 5 ml Sulfosalicylsäurelösung (400 g in 1 l) und 2 ml Hydroxylaminhydrochloridlösung (200 g in 1 l) zugesetzt, mit Ammoniak (1 + 1) gegen Methylorange neutralisiert und darauf ein Überschuß an Ammoniak zugegeben, bis der p_H-Wert bei 10 liegt. Daneben durchläuft ein Chemikalienblindansatz den Arbeitsgang, und gegen diesen wird die gelb gefärbte Meßlösung gemessen. Das Absorptionsmaximum liegt bei 429 mμ. Den Eisengehalt entnimmt man einer Eichkurve, die man in folgender Weise erhält. Von einer Eisentestlösung, die 50 mg Eisen in 500 ml enthält, werden mit einer Mikrobürette Anteile, die 50, 100, 150 ,200, 250, 300 μg entsprechen, entnommen, in 100 ml-Meßkolben gegeben und dann, wie oben beschrieben, weiterbehandelt. Aus den Meßpunkten wird die Eichkurve gezeichnet.

Bemerkungen. Bei Eisengehalten unter 0,001% werden 10 g Einwaage, wie vorher beschrieben, gelöst. Zur Sammlung des Eisens werden, falls es sich nicht um aluminiumhaltige Legierungen handelt, 5 ml einer Kalium-Aluminiumsulfatlösung (9 g in 100 ml) zugegeben, mit Ammoniak gefällt, abfiltriert und ausgewaschen. Der Niederschlag wird vom Filter gespritzt, die anhaftenden Reste werden mit wenig heißer, verdünnter Salzsäure durch das Filter gelöst, und, wie oben beschrieben, weiterbehandelt. Bei diesem Arbeitsgang wird etwa vorhandenes und störendes Kupfer entfernt. Bei Spritzgußlegierungen mit etwa 1% Kupfer kann man dieses auch wie folgt abtrennen: Zur salzsauren Probelösung werden 0,5 g Cadmiumspäne (Eisen unter 0,001%) gegeben und schwach erwärmt. Nach 2 bis 3 min ist das Kupfer quantitativ auszementiert. Man dekantiert durch ein kleines Filter, wäscht kurz aus und arbeitet, wie oben beschrieben, weiter. Bei höheren Bleigehalten wird das Blei bei der Ammoniakzugabe gefällt. Man filtriert dann nach dem Auffüllen einen Teil ab und verwendet das klare Filtrat zur Messung.

2. Methode. 10 g Probematerial werden in 60 ml Salpetersäure (2 + 1) gelöst und, nachdem die Stickoxyde verkocht sind, auf 100 ml aufgefüllt. 10 ml dieser Lösung werden in ein trockenes 50 ml-Meßkölbchen pipettiert, mit 2 ml Sulfosalicylsäurelösung (200 g in 1 l), 1 ml Ammoniumperoxydisulfatlösung (100 g in 1 l) und 8 ml Ammoniak (1 + 3), das 5 g Kaliumcyanid in 100 ml enthält, versetzt und gut durchgeschüttelt. Bei Anwesenheit von Blei wird das ausgeschiedene Hydroxyd durch ein dichtes Filter filtriert und die klare Lösung anschließend photometriert. Bei diesem Arbeitsgang braucht auf einen etwaigen Kupfergehalt keine Rücksicht genommen zu werden.

Genauigkeit. Bei Eisengehalten von 0,001 bis 0,01% ±5%,
0,01 bis 0,3 % ±2%.

Dauer. 1 bis 2 Std.

Literatur. EBERIUS, E.: Angew. Chem. Bd 26 (1951) S. 512.

3. Die Bestimmung des Zinns

Grundlage. Zinn(IV) gibt in schwefelsaurer Lösung mit Nitrophenolarsonsäure eine beständige Trübung, die dem Zinngehalt proportional ist.

Anwendungsbereich. Zinngehalte von 0,0002 bis 0,1%.

Genauigkeit. 2.

Dauer. 4 bis 5 Std.

Ausführung. 1 g Probematerial wird in einem 250 ml-Becherglas mit 10 ml Salzsäure (10 + 7) und einigen Tropfen Perhydrol (30%) gelöst, vorsichtig mit 3 ml Schwefelsäure (1,84) versetzt und bis zum Rauchen erhitzt. Nach dem Abkühlen nimmt man mit 20 ml bidestilliertem Wasser auf und bringt die abgeschiedenen Salze durch Erwärmen in Lösung. Sollte die Lösung durch Bleisulfat getrübt sein, so wird durch ein gehärtetes Filter in einen 50 ml-Meßkolben filtriert, im anderen Falle direkt in den Kolben übergespült. Man gibt bei Raumtemperatur mittels Vollpipette 10,0 ml frisch angesetzter Reagenzlösung (1 g Nitrophenolsäure in 15 ml Methanol lösen, mit bidestilliertem Wasser auf 50 ml auffüllen und filtrieren) zu, füllt mit bidestilliertem Wasser bis zur Marke auf, schüttelt gut um und läßt 2 Std. bei Raumtemperatur stehen. Danach erfolgt die Messung gegen bidestilliertes Wasser bei 436 mμ in 40 mm Schichtdicke. Ein Chemikalienblindansatz durchläuft den gleichen Arbeitsgang, wird gegen bidestilliertes Wasser gemessen und jeweils vom Meßwert der Probe abgezogen. Den Zinngehalt entnimmt man einer Eichkurve.

Für die Eichkurve löst man 5mal 1 g reinstes Zink (Zinn unter 0,0003%) wie die Probe und gibt aus einer Mikrobürette steigende Mengen (0 bis 50 μg Zinn) einer Zinntestlösung, die 5 μg Zinn im ml enthält, hinzu. Diese stellt man her, indem man 0,500 g reinstes Zinn (99,99%) mit 10 ml Salzsäure (10 + 7) löst, 50 ml Salzsäure (1,19) hinzugibt und in einem 1 l-Meßkolben zur Marke auffüllt. Von dieser Stammlösung werden 5,0 ml mit 30 ml Salzsäure (1,19) versetzt und in einem 500 ml-Meßkolben zur Marke aufgefüllt. Dann enthält 1 ml dieser Lösung 5 μg Zinn. Die 5 Zinklösungen mit den Zinnzusätzen werden genau nach der oben angegebenen Methode behandelt und gemessen. Aus den Mittelwerten von 3 Meßreihen wird die Eichkurve gezeichnet.

Literatur. GILL, H.: Privatmitteilung. — POHL, H.: Metall Bd 12 (1958) S. 103—105.

4. Die Bestimmung des Kupfers

Man löst 10 bis 20 g Feinzink in Salpetersäure oder entnimmt der Lösung einer größeren Einwaage den entsprechenden Anteil. Die Lösung wird zur Sirupdicke eingedampft. Die im Feinzink enthaltenen, geringen Mengen an Blei stören nicht. Sind jedoch größere Mengen vorhanden, so müssen diese durch Abrauchen der Lösung mit Schwefelsäure und Filtrieren entfernt werden. Nach dem Auffüllen im 100 ml-Meßkolben entnimmt man der Lösung 50 ml und bestimmt das Kupfer mit Natriumdiäthyldithiocarbaminat (s. S. 383).

5. Die Bestimmung des Nickels

Man löst je nach dem Nickelgehalt 1 bis 10 g Metall in 20 bis 50 ml Salzsäure (1 + 1) unter gelindem Erwärmen, oxydiert mit einigen Tropfen Perhydrol und engt bis zur Sirupdicke ein. Nach dem Verdünnen mit etwa 30 ml Wasser spült man die Lösung in eine Extraktionsapparatur (s. Kapitel Nickel, S. 544) und setzt nacheinander unter kräftigem Schütteln

25 ml Ammoniumchloridlösung (250 g in 1 l),
10 ml Natriumzitratlösung (100 g $Na_3C_4H_5O_7 \cdot 5^1/_2 H_2O$ in 1 l),
5 ml Hydroxylaminhydrochloridlösung (50 g in 1 l),
5 ml Diacetyldioximlösung (in Methanol) (1 g in 100 ml Methanol),
3 Tropfen Phenolphthalein

und tropfenweise Ammoniak bis zum Farbumschlag und 3 bis 5 Tropfen im Überschuß hinzu.

Durch 2maliges Ausschütteln mit zunächst 20 ml, dann mit 10 ml Chloroform überführt man den Nickelkomplex in die Chloroformphase und verfährt weiter, wie im Kapitel Nickel, S. 544, beschrieben.

6. Die Bestimmung des Quecksilbers

Falls diese in Spezialfällen notwendig sein sollte, ist sie nach der Dithizonmethode, s. Kapitel Quecksilber, S. 595, auszuführen.

7. Die Bestimmung des Aluminiums

Grundlage. Die Bestimmung wird photometrisch nach dem Lösen der Probe in Säure, Puffern und Farbgebung mit Eriochromcyanin-R durchgeführt. Störungen durch Kupfer werden mit Natriumthiosulfat beseitigt.

Anwendungsbereich. Das Verfahren ist anwendbar für Feinzink und Legierungen auf Feinzinkbasis bei Aluminiumgehalten von 0,001 bis 1%, auch bei Gegenwart von Kupfer.

Genauigkeit. 1.

Dauer. 2 Std.

Ausführung.

α) *Aluminiumgehalt unter 0,01%*

10 g Probematerial werden in einem 500 ml-Meßkolben mit 35 ml Salzsäure (1,19) bis auf den verbleibenden Metallschwamm gelöst. Nach dem Erkalten wird der Meßkolben aufgefüllt und durchgeschüttelt. Sobald der Metallschwamm sich abgesetzt hat, werden bei Gehalten bis 0,0025% Aluminium 20 ml (= 0,4 g), bei Gehalten bis 0,01% Aluminium 5 ml (= 0,1 g) in einen 100 ml-Meßkolben pipettiert. Im letzteren Falle muß man zu den 5 ml Probelösung noch 15 ml einer Zinktestlösung zugeben, die 0,02 g Zink im ml enthält. [10 g Zink (99,995) mit 30 ml Salzsäure (1,19) im 500 ml-Meßkolben unter Zugabe von Wasserstoffperoxyd lösen und auffüllen.]

Zu diesen 20 ml fügt man 0,5 ml einer Thioglykolsäurelösung (4 + 96) und neutralisiert mit n/2-Natronlauge bis zur ersten bleibenden schwachen Trübung. Dann gibt man nacheinander 1 ml n/5-Salzsäure, 2 ml Natriumnitratlösung (400 g in 1 l) und 5 ml einer frisch angesetzten wäßrigen Eriochromcyanin-R-Lösung (0,5 g in 100 ml) hinzu. Man wartet 20 min und setzt 25 ml einer Acetatpufferlösung, die 46 g Ammoniumacetat und 18 g Natriumacetat im Liter enthält ($p_H = 6{,}0$), sowie 0,5 ml einer Natriumthiosulfatlösung (5 g $Na_2S_2O_3 \cdot 5H_2O$ in 100 ml) zu. Dann füllt man mit Wasser zur Marke auf, schüttelt gut durch und kann sofort photometrieren (546 mμ bei Quecksilberlampe oder 530 mμ bei gewöhnlicher Glühlampe). Die rotviolette Aluminiumfarbe ist etwa 2 Std. konstant.

Als Vergleichslösung dient ein Reagenzienblindansatz mit 20 ml der Zinktestlösung (= 0,4 g), der genau wie die Analysenlösung behandelt wurde.

β) Aluminiumgehalt von 0,01 bis 1,0%

5 g Probematerial werden in einem 1 l-Meßkolben mit 20 ml Salzsäure (1,19) gelöst, nach dem Erkalten zur Marke aufgefüllt und durchgeschüttelt. Von dieser Lösung werden 10 ml (= 0,05 g) in einem Meßkolben auf 500 ml verdünnt. Aus diesem Meßkolben werden 20 ml (= 0,002 g) zusammen mit 20 ml der Zinktestlösung in einen 100 ml-Meßkolben gegeben und, wie unter α) beschrieben, weiterbehandelt.

Für die Eichkurve gibt man 5mal je 20 ml der Zinktestlösung in fünf 100 ml-Meßkolben und versetzt sie unter Verwendung einer Mikrobürette mit 0, 1, 2, 3 und 4 ml einer frisch bereiteten Aluminiumtiterlösung, die 2,5 μg Aluminium im ml enthält [0,5 g Aluminium im 1 l-Meßkolben mit Salzsäure (1,19) lösen und zur Marke auffüllen. Von dieser Lösung, die 0,0005 g Aluminium im ml enthält, werden 5 ml wieder in einem anderen Meßkolben auf 1 l verdünnt. Diese Lösung enthält dann 2,5 μg Aluminium im ml]. Die Weiterbehandlung der Lösungen in den 5 Meßkolben ist die gleiche wie bei der Probelösung. An den Meßpunkten der Titerlösungen ergibt sich die Eichkurve.

Der Aluminiumgehalt der Probe wird unter Berücksichtigung der Einwaage und der Abnahme berechnet.

Fehlerquellen. Durch einen Blindversuch ist die verwendete Natronlauge auf einen Aluminiumgehalt zu prüfen. Es besteht die Gefahr, daß diese, vor allem in der Wärme, aus den Glasgefäßen Aluminium aufnimmt.

Literatur. Eegrive, E.: Z. analyt. Chem. Bd. 79 (1929) S. 438; Bd. 108 (1937) S. 268. — Millner, Th., u. F. Kunos: Z. analyt. Chem. Bd. 113 (1938) S. 112. — Werner, O., u. W. Corleis: Metall Bd. 3 (1949) S. 146. — Pohl, H.: Z. analyt. Chem. Bd. 133 (1951) S. 322.

8. Die Bestimmung der übrigen Verunreinigungen

Man kann dabei nach den unter Rohzink, S. 946ff., angegebenen Methoden verfahren, muß nur bisweilen von größeren Einwaagen ausgehen oder beim polarographischen Arbeiten eine größere Meßempfindlichkeit anwenden.

D. Die Untersuchung zinkhaltiger Legierungen

I. Zinklegierungen

1. Die Bestimmung des Zinks

Man wägt je nach der Beschaffenheit des Materials 12,5 g, 25 g oder 50 g ein, löst die Probe mit Salzsäure unter Zusatz von Kaliumchlorat oder auch in Salpetersäure und arbeitet im übrigen nach den Vorschriften, wie sie im Abschnitt Zinkaschen, S. 925, oder Umschmelzzink, S. 942, angegeben sind.

Es empfiehlt sich, das Zink vom Aluminium zu trennen, und zwar durch Fällung mit Schwefelwasserstoff in schwach schwefelsaurer oder ameisensaurer Lösung. Zu diesem Zweck vertreibt man nach der Fällung mit Schwefelwasserstoff in mineralsaurer Lösung diesen durch Verkochen und fällt das Zink, wie auf S. 909ff. angegeben. Das ausgefällte Zinksulfid wird abfiltriert, ausgewaschen, aufgelöst und titriert.

2. Die Bestimmung des Aluminiums

a) Als Phosphat

Die Lösung einer größeren Durchschnittsprobe in Salzsäure (10 + 7) unter Zusatz von etwas Kaliumchlorat wird nach dem Verkochen des Chlors im Meßkolben bis zur Marke aufgefüllt. Man entnimmt ihr eine Abmessung, die etwa 0,05 bis höchstens 0,1 g Aluminium enthält, bringt sie in einen 500 ml-Meßkolben, neutralisiert mit Ammoniak, bis sich Aluminiumhydroxyd gerade auszuscheiden beginnt, versetzt mit etwas Methylorange und in der Kälte tropfenweise mit Schwefelsäure (1 + 3) bis eben zur sauren Reaktion und verdünnt auf 400 ml. Dann wird Schwefelwasserstoff eingeleitet und nach dem Ausfällen des Zinks und Kupfers der Kolbeninhalt bis zur Marke aufgefüllt. Nach dem Abfiltrieren durch ein dichtes Faltenfilter in ein trockenes Gefäß entnimmt man dem Filtrat 250 ml, verkocht den Schwefelwasserstoff, kühlt ab und setzt so viel Ammoniak hinzu, bis eben ein Niederschlag von Aluminiumhydroxyd entsteht. Dieser wird mit Salzsäure gerade wieder in Lösung gebracht. Zur Lösung gibt man 25 ml einer gesättigten Schwefligsäurelösung, 20 ml Diammoniumhydrogenphosphatlösung (100 g in 1 l) und 15 ml Essigsäure (1 + 3), verdünnt auf 400 ml und kocht 20 min. Der dichte Niederschlag wird abfiltriert, mit heißem Wasser chloridfrei ausgewaschen, in einem Porzellantiegel getrocknet und dann das Filter über der Bunsenflamme verascht. Man glüht das Aluminiumphosphat bei etwa 1200° bis zur Gewichtskonstanz. Es empfiehlt sich, nebenher mit einer bekannten Aluminiummenge unter den gleichen Fällungsbedingungen den Aluminiumgehalt des Phosphats empirisch zu ermitteln und damit zu rechnen, da die Glühtemperatur kritisch ist.

Genauigkeit. 2.

Dauer. 8 Std.

Literatur. BLUMENTHAL, H.: Metall u. Erz Bd. 37 (1940) S. 315.

Bei Gehalten von 0,05 bis 0,5% Aluminium und bei Anwesenheit größerer Mengen von Eisen, Mangan und Magnesium kann die Phosphatfällung wie folgt vorgenommen werden:

Man löst 10 g Probematerial mit 80 ml Salpetersäure (1 + 1), verdünnt die Lösung nach dem Verkochen der Stickoxyde auf ungefähr 250 ml, übersättigt sie schwach mit Ammoniak, verkocht den Überschuß und läßt die Fällung längere Zeit (am besten über Nacht) stehen. Dann werden die Hydroxyde abfiltriert und unter Erwärmen in verdünnter Salzsäure gelöst. Die Lösung wird in einen 500 ml-Meßkolben übergeführt, mit Ammoniak neutralisiert und in der Kälte mit Salzsäure eben angesäuert. Darauf leitet man zum Fällen des Zinkrestes 1 Std. lang Schwefelwasserstoff ein, füllt die Lösung bis zur Marke auf, filtriert durch ein Faltenfilter und entnimmt dem Filtrat 250 ml (= 5 g Einwaage). Nach dem Verkochen des Schwefelwasserstoffs wird die Abmessung auf 500 ml verdünnt — sie darf nur schwach sauer reagieren — und der Reihe nach mit 5 ml Salzsäure (2 + 5), 10 ml 80proz. Essigsäure und 20 ml Ammoniumthiosulfatlösung (300 g $Na_2S_2O_3 \cdot 5H_2O$ in 1 l) versetzt. Man kocht auf, setzt 25 ml Diammoniumhydrogenphosphatlösung (100 g in 1 l) hinzu und kocht weiter, bis der Niederschlag sich zusammengeballt hat. Das Kochen soll etwa 20 min dauern. Er wird sofort abfiltriert, 6- bis 7mal mit heißem Wasser ausgewaschen, im Porzellantiegel getrocknet und nach dem Veraschen des Filters wie oben geglüht.

Genauigkeit. 2.

Dauer. 8 bis 10 Std.

b) Als Oxychinolat

Eine etwa 0,02 g Aluminium entsprechende Menge Legierungsspäne werden in Salzsäure (1,19) unter Zusatz von Perhydrol gelöst, die Lösung wird auf 300 ml verdünnt und heiß mit Schwefelwasserstoff behandelt. Der Sulfidniederschlag wird abfiltriert und mit kalter, 5vol.-proz. Salzsäure, die Schwefelwasserstoff enthält, gut ausgewaschen. Das Filtrat wird durch Kochen vom Schwefelwasserstoff befreit und mit Bromwasser oxydiert. Der Bromüberschuß wird durch weiteres Sieden ausgetrieben und die Lösung dann so weit eingeengt, bis das Volumen etwa 200 ml beträgt. Man neutralisiert nach Zusatz von etwa 15 g Ammoniumchlorid mit Ammoniak bis zum Auftreten von Aluminiumhydroxyd und löst dieses wieder durch vorsichtigen, tropfenweisen Zusatz von verdünnter Salzsäure. Nunmehr wird in der Siedehitze mit 20 ml Hexamethylentetraminlösung (300 g in 1 l) gefällt, nochmals kurz aufgekocht, sofort filtriert und mit heißem, ammoniumchloridhaltigem Wasser (50 g/l) nachgewaschen. Der Niederschlag mit dem Filter wird in das Fällungsgefäß zurückgegeben und mit 20 ml Salzsäure (1,19) erhitzt. Man spült den Brei in einen 500 ml-Meßkolben, setzt 50 ml Weinsäurelösung (100 g in 1l) hinzu, macht ammoniakalisch und fällt mit 20 ml frisch bereiteter Ammoniumsulfidlösung. Nach etwa 15 min langem Stehen wird abgekühlt, bis zur Marke aufgefüllt und geschüttelt. 100 ml (bei Aluminiumgehalten unter 0,5% : 200 ml) der Lösung werden nach dem Filtrieren durch Kochen von der Hauptmenge Ammoniumsulfid befreit und mit Salzsäure angesäuert (Methylorange). Der restliche Schwefelwasserstoff und der ausgeschiedene Schwefel sind durch Bromwasser zu oxydieren, dessen Überschuß durch Kochen zu verjagen ist. Die so vorbereitete Lösung wird ammoniakalisch gemacht (Methylorange), mit 5 ml Ammoniak (0,91) im Überschuß versetzt und bei einem Gesamtvolumen von 150 bis 200 ml bei 70° langsam mit 10 ml 8-Oxychinolinlösung gefällt. (3 g 8-Oxychinolin p. a. werden mit 3 ml Eisessig übergossen, mit 100 ml Wasser aufgenommen, zum Sieden erhitzt, abgekühlt und vom Ungelösten abfiltriert.) Man läßt die Fällung etwa $^1/_4$ Std. auf dem Sandbad stehen, filtriert durch einen Glasfiltertiegel 1 G 4, wäscht zunächst mit kaltem, ammoniakalischem Wasser (20 ml/l) und dann 3 mal mit heißem Wasser nach, trocknet den Niederschlag bei 105° bis zur Gewichtskonstanz und wägt ihn aus. Umrechnungsfaktor auf Aluminium = 0,0587.

Fehlerquellen. Große Fällvolumina und zu starkes Auswaschen der Niederschläge bedingen Verluste.

Genauigkeit. 2.

Dauer. 5 bis 6 Std.

Literatur. Kilian, W.: Metall u. Erz Bd. 37 (1940) S. 264.

3. Die Bestimmung des Kupfers

In kupferhaltigen Legierungen kann das Kupfer unmittelbar aus der salpetersauren Lösung der Probe elektrolytisch niedergeschlagen und bestimmt werden. Enthält die Legierung Antimon, so muß das Kupfer zur Reinigung von der Kathode abgelöst und aus der filtrierten Lösung nochmals elektrolytisch abgschiedenen werden. Sind mehr als Spuren von Wismut vorhanden, so ist dieses Metall vor der Wiederholung der Elektrolyse durch Fällung mit Ammoniak und Ammoniumcarbonat abzuscheiden.

Zugleich mit der kathodischen Abscheidung des Kupfers kann auch das Blei anodisch als Bleiperoxyd niedergeschlagen werden. Voraussetzung dafür ist jedoch ein Bleigehalt der Probe von mehr als 0,1% und eine Einwaage von mindestens 20 g sowie das Fehlen von Arsen, Antimon, Mangan und größerer Mengen Zinn.

Bei Legierungen mit einem Kupfergehalt bis zu 10% läßt sich das Kupfer auf polarographischem Wege wie folgt bestimmen: Man löst in einem 250 ml-Meßkolben 5 g Probematerial mit 50 ml Salpetersäure (1 + 1), verkocht die Stickoxyde und füllt die erkaltete Lösung zur Marke auf. Nach dem Durchschütteln entnimmt man 5 ml, versetzt die Abmessung mit 5 ml Grundlösung [1800 ml Ammoniak (0,91), 200 ml 2proz. Tyloselösung, gesättigt mit Natriumsulfit] und polarographiert von 0 bis –0,4 V.

Genauigkeit. 2.

Dauer. 2 Std.

4. Die Bestimmung des Magnesiums

Von Legierungen mit nur geringem Magnesiumgehalt löst man 10 g in 50 ml Salpetersäure (2 + 1), verkocht die Stickoxyde, gibt zu der Lösung 80 ml Wasser sowie 20 ml Weinsäurelösung (500 g in 1 l) und so lange Ammoniak (0,91), bis der zunächst ausfallende Niederschlag sich wieder gelöst hat, und erhöht dann die Ammoniakmenge um weitere 50 ml. Nach dem Erwärmen auf etwa 60° wird die Lösung unter kräftigem Rühren mit 50 ml Diammoniumhydrogenphosphatlösung (200 g in 1 l) versetzt und die Fällung mehrere Std., am besten über Nacht, beiseite gestellt. Darauf wird der Niederschlag auf ein dichtes Filter abfiltriert, mit 2,5proz. Ammoniak ausgewaschen, samt dem Filter in ein Becherglas gebracht und mit Salpeter- und Schwefelsäure bis zur Zerstörung des Filters erhitzt. Nach dem Aufnehmen der Sulfate mit 50 ml Wasser filtriert man gegebenenfalls das Siliciumdioxyd und das Bleisulfat ab, gibt zu dem ungefähr 100 ml betragenden Filtrat 5 ml Weinsäurelösung (500 g in 1 l) sowie einen Überschuß von 50 ml Ammoniak (0,91), erwärmt auf 60° und wiederholt die Fällung mit 15 ml Diammoniumhydrogenphosphatlösung (200 g in 1 l). Der Niederschlag wird nach dem Absitzenlassen auf einen Porzellanfiltertiegel abfiltriert und nach dem Auswaschen zu Pyrophosphat geglüht.

Durch einen nebenher ausgeführten Leerversuch überzeugt man sich, ob die verwendeten Reagenzien sowie das Wasser magnesiumfrei sind. — Bei manganhaltigen Legierungen wird ein Teil des Mangans ausgefällt und als Pyrophosphat zusammen mit dem Magnesiumpyrophosphat ausgewogen. Es muß deshalb bestimmt und von der Auswaage abgesetzt werden. Die Auswaage wird zu diesem Zweck in Salpetersäure gelöst, das Mangan zu Übermangansäure oxydiert und als solche titriert oder photometriert (s. Kapitel Mangan, S. 487 u. 497). Umrechnungsfaktor auf $Mn_2P_2O_7 = 2{,}584$.

Enthalten die Legierungen Calcium, so ist dieses vor der zweiten Phosphatfällung in essigsaurer Lösung als Oxalat abzutrennen.

Genauigkeit. 1.

Dauer. 1 Tag.

Literatur. BLUMENTHAL, H.: Metall u. Erz Bd. 37 (1940) S. 23.

Enthält die Legierung mehr als Spuren von Mangan, so kann man wie folgt verfahren.

Nach dem Lösen der Probe in Salzsäure unter Zusatz von etwas Wasserstoffperoxyd kocht man die Lösung zum Zersetzen des Oxydationsmittels, verdünnt sie auf 500 ml und sättigt sie bei ungefähr 70° mit Schwefelwasserstoff. Der abfiltrierte Sulfidniederschlag wird mit salzsäurehaltigem Wasser [5 ml Salzsäure (1,19) + 95 ml Wasser] ausgewaschen. Nach dem Verkochen des Schwefelwasserstoffs oxydiert man das Filtrat mit Bromwasser, engt es auf etwa 100 ml ein und gießt es in dünnem Strahl unter Rühren in 250 bis 300 ml Natriumhydroxydlösung (300 g in 1 l) ein, wobei Zink und Aluminium in Lösung gehen müssen, widrigenfalls noch Natronlauge nachzufügen ist. Dann gibt man noch 1 g Natriumcarbonat hinzu und läßt das Ganze abgedeckt über Nacht in der Wärme stehen. Unter Dekantieren wird der Niederschlag in einen Glasfiltertiegel 1 G 4 gebracht, mit heißem, etwas Natriumhydroxyd enthaltendem Wasser ausgewaschen und mit verdünnter Salzsäure durch den Tiegel gelöst. In der Lösung fällt man Eisen und Mangan mit Ammoniak und Bromwasser, wiederholt die Fällung und bestimmt in den vereinigten Filtraten das Magnesium als Magnesiumpyrophosphat.

Genauigkeit. 2.

Dauer. 1 bis $1^1/_2$ Tage.

5. Die Bestimmung des Bleies, Cadmiums und Wismuts

Auf die Möglichkeit der elektrolytischen Bleibestimmung ist bereits unter 3. hingewiesen worden.

Polarographisch läßt sich das Blei zusammen mit dem Cadmium nach der Vorschrift beim Rohzink c), S. 944, bestimmen. Für die polarographische Bestimmung von Blei und Wismut fügt man der salpetersauren Lösung einer größeren Einwaage, der 5 g entnommen wurden, 5 g Weinsäure hinzu, neutralisiert mit Ammoniak (0,91), bis kein Zink mehr ausfällt, und versetzt mit 20 g Natriumcyanid (techn.). Es ist nunmehr so lange Natriumsulfidlösung hinzuzugeben, bis Zinksulfid auszufallen beginnt. Man kocht kurz auf und filtriert. Bei Legierungen mit hohem Kupfergehalt löst man den Niederschlag in Salpetersäure wieder auf und wiederholt die Fällung. Die Lösung des Niederschlages in Salpetersäure (1,2) wird eingedampft, der Rückstand mit einigen Tropfen Salzsäure (1 + 1) aufgenommen und die Lösung mit Salzsäure (1 + 3) in einen 50 ml-Meßkolben übergespült, der bereits 5 ml Tyloselösung (bereitet durch Lösen von 25 g einer 10proz. Paste im Liter) enthält. Man füllt nach dem Erkalten auf, entnimmt der Lösung 10 ml und polarographiert mit entsprechender Meßempfindlichkeit Wismut und Blei von 0 bis −0,5 V Abscheidespannung. Man verwendet 2 Abnahmen, fügt der einen eine Testlösung hinzu, zu der anderen ebensoviel ml Wasser.

Genauigkeit. 2.

Dauer. 4 Std.

Literatur. Krossin, E.: Metall u. Erz Bd. 38 (1941) S. 11.

6. Die Bestimmung des Mangans

In Zinklegierungen wird Mangan nach Volhard-Wolff bestimmt. Man setzt zu der salzsauren Lösung der Probe etwas Eisen(III)-chloridlösung, neutralisiert durch Zugeben von Zinkoxyd in geringem Überschuß und titriert das Mangan in der Siedehitze mit Kaliumpermanganatlösung. Mangan wird als Verunreinigung nach dem Verfahren von Pr. Smith (s. Kapitel Mangan, S. 487) photometrisch bestimmt.

7. Die Bestimmung weiterer Elemente

Weitere Legierungszusätze bzw. Verunreinigungen werden sinngemäß nach den Vorschriften bei Roh- und Feinzink bestimmt.

8. Die Bestimmung der Feuchtigkeit, des Öles und Sandes in Legierungsabfällen

Zur Bestimmung der Feuchtigkeit werden 100 g Späne bei 100° getrocknet. Der dabei eintretende Gewichtsverlust wird als Wassergehalt berechnet. Dann extrahiert man aus den getrockneten Spänen das Öl und Fett durch Waschen mit Äther oder Waschbenzin und gießt durch ein gewogenes Filter ab. Die gereinigten und wieder getrockneten Späne werden zurückgewogen. Die Gewichtsdifferenz gibt den Gehalt an Öl und Fett an. Beim Waschen der Späne wird der Sand gegebenenfalls aus den Spänen herausgespült und bleibt beim Filtrieren der Waschflüssigkeit auf dem Filter. Er wird ebenfalls gewogen, nachdem vorher jedoch mitübergegangene feine Metallteilchen mit einer Pinzette so gut wie möglich entfernt worden sind.

Da alle diese Verunreinigungen eine Wertminderung bedingen, ist ihre Bestimmung notwendig.

II. Messing und Bronze (Rotguß)

Die Untersuchung dieser Legierungen ist im Kapitel Kupfer, S. 417ff., beschrieben.

E. Die Untersuchung der Zinksalze

I. Zinksulfat

Das Zinksulfat, auch Zinkvitriol genannt ($ZnSO_4 \cdot 7H_2O$), enthält 56,14% $ZnSO_4$ = 22,73% Zn, 33,41% SO_4 und 43,86% Wasser. Das Zinkvitriol wird in verschiedenen Reinheitsgraden hergestellt. Technisch reine Ware soll einen Gehalt von mindestens 99,5% haben. Die Reinheitsanforderungen richten sich nach dem Zweck, für den das Salz verwendet wird, und sind daher nicht einheitlich. Außer dem Heptahydrat ist auch ein sog. Monohydrat $ZnSO_4 \cdot 1$ bis $1{,}5H_2O$ im Handel.

1. Zusätzliche Verfahren für die Untersuchung der erforderlichen Rohstoffe

a) Die Bestimmung des „Sauerstoffbedarfes"

Rohstoffe, die metallische und organische Bestandteile enthalten, reduzieren beim Lösen in Schwefelsäure das vorhandene 3wertige Eisen zu 2wertigem. Dieses muß vor der Eisenfällung aus den Zinklaugen wieder oxydiert werden, wodurch Oxydationsmittel verbraucht werden.

20 ml Schwefelsäure (1,84) werden mit 300 bis 400 ml Wasser verdünnt. In diese Säure wird von dem zu untersuchenden Rohstoff so viel eingetragen, bis ein p_H-Wert von 5 erreicht ist. Dann hebert man die trübe Lösung ab und titriert sie heiß bis zur bleibenden Rosafärbung mit einer Kaliumpermanganatlösung, die 10 g in 1 l enthält.

Die Anzahl der ml, die hierbei verbraucht werden, durch 10 dividiert, ergeben die Menge Permanganat in kg, die zur Oxydation bei der Gewinnung von 1000 kg Zinkvitriol benötigt wird.

Dauer. 30 bis 60 min.

b) Die Prüfung der Schwefelsäure

Die zur Zinkvitriolherstellung bestimmte Schwefelsäure wird nach den im Kapitel Schwefel, S. 691, angeführten Methoden untersucht. Besonders wichtig ist die Arsenbestimmung, weil beim Lösen von metallischen Rohstoffen in arsenhaltiger Schwefelsäure Arsenwasserstoff entsteht, welcher bei ungenügenden Vorsichtsmaßnahmen die Gesundheit der im Betrieb Arbeitenden gefährdet.

2. Die Untersuchung des Zinkvitriols

a) Die Bestimmung des Zinks

Proben von reinen Sorten können unmittelbar ohne vorherige Trennungen titriert werden, bei solchen von unreinen Sorten muß dagegen der übliche Trennungsvorgang vorausgehen.

Man löst 10 bis 20 g reines Zinkvitriol in Wasser unter Zugeben von einigen Tropfen Schwefelsäure, bringt die Lösung in einen 500 ml-Meßkolben, füllt sie bis zur Marke auf und entnimmt ihr einen Anteil, der 1 g Einwaage entspricht. Dann titriert man das Zink z. B nach Urbasch mit Kaliumhexacyanoferrat(II)-Lösung. Handelt es sich um unreines Zinksulfat, so versetzt man in einem 500 ml-Meßkolben die Lösung des Salzes mit 100 ml salzsaurem Schwefelwasserstoffwasser [100 ml der Mischung enthalten 5 ml Salzsäure (1,19)] unter schwachem Erwärmen, läßt den Kolbeninhalt abkühlen und füllt ihn bis zur Marke auf. Nach dem Filtrieren entnimmt man dem Filtrat eine 2 g Einwaage entsprechende Abmessung, verkocht den Schwefelwasserstoff, oxydiert, bringt die Lösung in einen 500 ml-Meßkolben, setzt 60 ml Ammoniak (0,91) hinzu, schüttelt den Kolbeninhalt kräftig durch, füllt ihn auf und filtriert. Darauf werden 250 ml = 1 g Salz abgemessen und zur Zinktitration benutzt.

Ist eine sehr genaue Untersuchung erforderlich, so löst man 12,5 g Vitriol in Salzsäure und filtriert den Rückstand ab. Dieser wird mit Schwefelsäure (1 + 1) abgeraucht und nach dem Aufnehmen mit Wasser mit dem Filtrat vereinigt. Ein Zehntel der auf 1 l aufgefüllten Lösung (= 1,25 g) wird dann schließlich titriert.

b) Die Bestimmung des Sulfations

10 bis 20 g Einwaage löst man in heißem Wasser unter Zugeben von etwas Salzsäure und filtriert falls notwendig in einen Meßkolben. Nach dem Auffüllen wird ein Anteil, entsprechend 0,5 g Einwaage, entnommen und das Sulfation in der Siedehitze mit Bariumchlorid gefällt.

Genauigkeit. 1.

Dauer. 3 bis 4 Std.

c) Die Bestimmung des Wassers

2 bis 3 g Zinksulfat werden in einem Wägegläschen vorsichtig bei 100° getrocknet. Dabei zerfließt das Salz zunächst und verliert seinen Wassergehalt bis auf 1 oder 1,5 Mol. Der Rest entweicht erst bei 220°, so daß bei dieser Temperatur schließlich bis zur Gewichtskonstanz zu trocknen ist.

Genauigkeit. 1.

Dauer. 5 bis 6 Std.

d) Die Bestimmung der freien Schwefelsäure

10 g Zinkvitriol werden längere Zeit mit 96proz. Äthanol digeriert. Dann wird filtriert und im Filtrat die freie Säure unter Verwendung von Methylrot als Indicator mit n/10-Natronlauge titriert.

Genauigkeit. 1.

Dauer. 2 Std.

e) Die Bestimmung des Eisens

Da das Eisen im Zinksulfat häufig nestartig angereichert ist, werden, um einen brauchbaren Durchschnitt zu erlangen, mehrere Proben zu je 1 kg entnommen, gemischt und durch Vierteln auf etwa 100 g gebracht. Diese 100 g werden in einem 250 ml-Meßkolben gelöst. Nach dem Auffüllen der Lösung zur Marke entnimmt man dem Kolbeninhalt 25 ml (= 10 g Einwaage). Sieht die Lösung trübe oder bräunlich gefärbt aus, so gibt man die Abmessung in einen Langhalsrundkolben und kocht sie nach Zugeben von 10 ml Schwefelsäure (1,84) und tropfenweisem Zusatz von Wasserstoffperoxyd bis zur Entfärbung. Nach dem Abkühlen wird die Schwefelsäure mit Ammoniak abgestumpft und die abgekühlte Lösung in einen 100 ml-Meßkolben übergespült. Man gibt 0,25 g Hydroxylaminhydrochlorid hinzu, um Störungen durch etwa vorhandenes Mangan vorzubeugen, versetzt die Lösung mit 5 ml Sulfosalicylsäurelösung (400 g in 1 l), macht sie bis eben zum Lösen des Zinkhydroxydniederschlages ammoniakalisch und fügt dann noch weitere 10 ml Ammoniak hinzu. Nach dem Abkühlen auf Zimmertemperatur wird aufgefüllt und photometriert (s. Eisenbestimmung im Feinzink, S. 951).

Genauigkeit. 1.

f) Die Bestimmung des Mangans

Man löst 2 g Zinkvitriol in 50 bis 100 ml Wasser unter Zusatz von 3 ml Salpetersäure (1,40). Dann gibt man 10 ml Silbernitratlösung (0,2 g in 100 ml) hinzu, versetzt das Filtrat mit 2 g Ammoniumperoxydisulfat und kocht es bis zum Zerstören des Oxydationsmittels. Dann wird das etwa ausgefallene Silberchlorid in einen 250 ml-Meßkolben abfiltriert, die Lösung nach dem Erkalten zur Marke aufgefüllt und photometriert (s. Kapitel Mangan, S. 497).

Genauigkeit. 2.

Dauer. 30 min.

g) Die Bestimmung des Aluminiums

Geringe Mengen von Aluminium können wie bei Feinzink, S. 953, photometrisch bestimmt werden, größere Mengen gewichtsanalytisch, wie unter Zinklegierungen, S. 954, beschrieben ist.

Eine direkte quantitative Fällung des Aluminiums aus der Zinksalzlösung mit Ammoniak als Hydroxyd ist besonders bei kleinen Mengen schwer zu erzielen.

Sind größere Mengen von Eisen und Mangan anwesend, so kann die Bestimmung des Aluminiums aus dem Filtrat der Schwefelwasserstoffällung auch nach den unter Zinkerze, S. 913, beschriebenen Verfahren erfolgen.

h) Die Bestimmung des Bleies

α) *Gewichtsanalytisch*

200 g Zinkvitriol werden mit 600 ml Schwefelsäure (1 + 19) gelöst. Nach längerem Abwarten wird das Bleisulfat abfiltriert, gut ausgewaschen und in Ammoniumacetat gelöst. Je nach seiner Menge wird das Blei entweder titriert (mit Ammoniummolybdat) oder als Sulfat bzw. als Chromat gewogen. Man kann es auch aus der Ammoniumacetatlösung durch Schwefelwasserstoff als Sulfid abscheiden, abfiltrieren und polarographisch bestimmen (s. unter β).

Da das Bleisulfat in konz. Zinksulfatlösung merklich löslich ist, bestimmt man das Blei genauer, indem man die Auflösung des Salzes ammoniakalisch macht und das Blei durch Anfällen mit Natriumsulfid abscheidet. Der Niederschlag wird in Salpetersäure gelöst und, wie vorstehend angegeben, weiterverarbeitet.

Genauigkeit. 2.

Dauer. 2 bis 3 Std.

β) *Polarographisch*

200 g Zinksulfat werden mit 600 ml Wasser unter Erwärmen gelöst. Dann gibt man etwa 30 mg Eisen in Form von Fe(III)-salz hinzu, oxydiert mit Wasserstoffperoxyd, übersättigt mit Ammoniak (0,91), bis alles Zinkhydroxyd gelöst ist, und kocht auf. Nach $^1/_2$ Std. filtriert man den Niederschlag, der alles Blei enthält, ab und wäscht mit heißem, schwach ammoniakalischem Wasser aus. Das Filter wird in den Fällungskolben zurückgegeben und mit Mischsäure verbrannt. Nach dem Trockenrauchen nimmt man mit 1 ml HCl (1 + 2) und etwa 30 ml Wasser auf, setzt 5 ml Hydroxylaminhydrochloridlösung (50 g in 1 l) zu und kocht kurz auf. Die Probe wird nach dem Abkühlen mit 20 ml Grundlösung versetzt, zur Lösung des Bleisulfates gut geschüttelt, in einen 100 ml-Meßkolben gespült und nach Auffüllen und Entlüften mit Kohlendioxyd polarographiert.

Die Grundlösung enthält in 1 l: 135 ml Ammoniak (0,91), 210 ml Essigsäure, 55 g Natriumacetat, 40 g Natriumnitrat, 0,6 g Gelatine, 15 ml Methylorange (0,05 g/100 ml).

Genauigkeit. 1.

Dauer. 1 Std.

i) Die Bestimmung des Cadmiums

Man kann Cadmium bei Gehalten oberhalb 0,005% unmittelbar polarographisch wie folgt bestimmen: 10 g der Probe werden mit 25 ml Salzsäure (1 + 9) gelöst. Die Lösung wird in einem 50 ml-Meßkölbchen mit der Grundlösung [1800 ml Ammoniak (0,91), 200 ml 2proz. Tyloselösung, mit Natriumsulfit gesättigt] bis zur Marke aufgefüllt und geschüttelt. Man entnimmt dem Kolbeninhalt 10 ml (= 2 g Einwaage), versetzt die Abmessung mit 0,2 ml Wasser und polarographiert bei einer Abscheidungsspannung von — 0,4 bis — 0,8 V und einer entsprechenden Empfindlichkeit. Zur Vergleichslösung werden anstatt des Wassers 0,2 ml Eichlösung, die 0,2 mg Cadmium enthalten, hinzugegeben.

Auch folgendes Verfahren ist zu empfehlen: 20 g Zinkvitriol werden in einem 100 ml-Meßkolben mit Wasser unter Zusatz von einigen Tropfen Schwefelsäure gelöst und der zur Marke aufgefüllten Lösung 5 ml (= 1 g Einwaage) entnommen. Diese Abmessung wird mit 5 ml obiger Grundlösung versetzt und polarographiert.

Genauigkeit. 1.

Dauer. 1 Std.

Eine weitere polarographische Cadmiumbestimmung s. unter Zinkchlorid, S. 964.

k) Die Bestimmung des Kupfers

Das Kupfer kann in einer Lösung von 100 bis 200 g Zinkvitriol, die mit Ammoniak im Überschuß versetzt wurde, durch Anfällen mit Natriumsulfid abgeschieden (s. unter Rohzink, S. 947) oder photometrisch mit Natriumdiäthyldithiocarbaminat (s. Kapitel Kupfer, S. 383) bestimmt werden.

Bestimmung größerer Kupfergehalte: Man löst 10 g Zinkvitriol in 100 ml Wasser, versetzt die Lösung mit 25 ml Salpetersäure (1,2) und schlägt das Kupfer elektrolytisch auf einer Platinkathode nieder. Dann löst man es mit Salpetersäure von der Elektrode ab, übersättigt die Lösung mit Ammoniak und photometriert (s. Kapitel Kupfer, S. 384).

Genauigkeit. 2.

Dauer. 30 min.

Eine Kupferbestimmung auf polarographischem Weg s. unter Zinkchlorid, S. 964.

l) Die Bestimmung des Chlors

5 g oder mehr Zinkvitriol löst man in Wasser, versetzt die Lösung mit einigen ml Salpetersäure (1 + 1) sowie mit einer gemessenen Menge n/10-Silbernitratlösung und titriert den Überschuß nach Zugabe von einigen Tropfen Eisen(III)-ammoniumsulfatlösung als Indicator mit n/10-Ammoniumthiocyanatlösung zurück. Man kann das Silberchlorid auch abfiltrieren und seinen Silbergehalt dokimastisch bestimmen (s. Kapitel Silber und Gold). Aus dem Silbergehalt wird der Chlorgehalt dann errechnet.

m) Die Bestimmung des Calciums und Magnesiums

Eine dem voraussichtlichen Gehalt der zu bestimmenden Elemente angemessene Einwaage wird in Wasser unter Zugabe von Salz- oder Salpetersäure gelöst und die Lösung durch doppelte Fällung mit Ammoniak und etwas Wasserstoffperoxyd von Eisen, Aluminium und Mangan befreit. In den vereinigten Filtraten bestimmt man das Calcium durch doppelte Fällung mit Ammoniumoxalat (s. Kapitel Calcium). Die Filtrate vom Calciumoxalat dienen zur Bestimmung des Magnesiums, das als Magnesiumammoniumphosphat gefällt wird. Es ist umzufällen, um es vom mitgefallenen Zink zu befreien (s. Abschnitt Zinklegierungen, S. 956).

n) Die Bestimmung des Thalliums

Das Thallium kann aus einer großen Einwaage nach dem Anreichern mit Kaliumjodid gefällt und nach der Methode von W. KILIAN (s. Kapitel Thallium, S. 791) maßanalytisch bestimmt werden. Soll das Thallium(I)-jodid ausgewogen werden, so muß man vorher den Niederschlag durch Umfällen reinigen.

o) Die Bestimmung des Nickels

Die photometrische Nickelbestimmung wird nach der unter Feinzink, S. 953, gegebenen Vorschrift ausgeführt.

Gewichtsanalytisch wird das Nickel wie folgt bestimmt: Man löst 200 g Zinkvitriol in 500 bis 600 ml Wasser und versetzt die Lösung mit 1 bis 2 g Ammoniumacetat. Sollte die Probe beachtliche Mengen von freier Schwefelsäure enthalten, so muß die Lösung vorher mit Natronlauge annähernd neutralisiert werden. Die schwach essigsaure Lösung wird auf ungefähr 70° erwärmt, mit Diacetyldioximlösung (1 g in 100 ml Äthanol) versetzt und 3 bis 4 Std. in der Wärme stehengelassen. Dann filtriert man den Niederschlag ab, löst ihn in Salzsäure und fällt ihn aus ammoniakalischer Lösung um. Nach dem Abfiltrieren in einen Filtertiegel wird das Nickeldiacetyldioxim bei 120° getrocknet.

Genauigkeit. 1.

Dauer. 5 Std.

p) Die Bestimmung des Kobalts

200 g Zinkvitriol löst man in 800 ml Wasser, filtriert und fällt in der mit Salzsäure versetzten Lösung das Kobalt mit α-Nitroso-β-Naphthol. Nach einstündigem Absitzenlassen filtriert man den Niederschlag ab, trocknet ihn im Porzellantiegel und glüht. Das unreine Oxyd wird dann mit etwas Kaliumhydrogensulfat im Platintiegel geschmolzen, die Schmelze in schwefelsaurem Wasser gelöst und in der Lösung das Eisen mit pyridinfreiem Ammoniak ausgefällt. Man wiederholt die Fällung und bestimmt in den vereinigten Filtraten das Kobalt nach den Angaben im Kapitel Kobalt, S. 356 u. 359, entweder gewichtsanalytisch oder photometrisch.

q) Die Bestimmung der Alkalimetalle

10 g Zinkvitriol werden in 300 ml Wasser gelöst. Die Lösung versetzt man unter kräftigem Rühren mit 12 g festem Bariumhydroxyd [$Ba(OH)_2 \cdot 8H_2O$], bis sie stark alkalisch reagiert, sättigt sie darauf zur Ausfällung des überschüssigen Bariumhydroxyds mit Kohlendioxyd, verkocht dieses, filtriert den Niederschlag auf einer Nutsche ab und wäscht ihn mit heißem Wasser aus. Das Filtrat wird mit einigen Tropfen Schwefelsäure versetzt und zur Trockne eingedampft. Sollte beim Zusatz von Schwefelsäure ein Niederschlag von Bariumsulfat entstehen, so enthält das Salz Chloride. Dieses Bariumsulfat ist dann abzufiltrieren und das Filtrat zur Trockne einzudampfen. Der verbliebene Rückstand wird nach dem Glühen gewogen, die Auswaage ist Kalium- + Natriumsulfat. Die verwendeten Reagenzien sind durch einen Blindversuch auf einen etwaigen Gehalt an Alkalimetallen zu prüfen.

Genauigkeit. 1.

Dauer. 1 Tag.

r) Die Bestimmung der Fremdstoffe (Verfälschungsmittel)

Zinkvitriol wird mitunter durch Bariumsalze ($BaSO_4$, BaO) beschwert und verfälscht und kann auch noch andere Verunreinigungen, Silicate usw. enthalten. Zu ihrer Bestimmung wird eine größere Einwaage unter Zusatz von etwas Schwefelsäure in Wasser gelöst. Der Rückstand wird abfiltriert, ausgewaschen und mit heißer Ammoniumacetatlösung extrahiert. Man befreit ihn dadurch von Bleisulfat und erhält dann nach dem Veraschen des Filters die Menge der Fremdstoffe. Die Auswaage kann im einzelnen auf den Gehalt an Siliciumdioxyd (durch Abrauchen mit Fluß- und Schwefelsäure) durch Aufschluß auf Bariumsulfat usw. untersucht werden.

II. Zinkchlorid

Das Zinkchlorid ($ZnCl_2$ = 47,97% Zink und 52,03% Chlor) ist stark hygroskopisch und verliert das Wasser auch beim Erhitzen nicht völlig. Selbst beim Umschmelzen bleiben Reste davon zurück. Zinkchloridproben müssen in Flaschen mit dicht schließenden Glasstopfen aufbewahrt werden. Analysenproben sind möglichst schnell in Wägegläschen mit Glasstopfen einzuwägen.

1. Die Bestimmung des Chlors

Man entnimmt der im 1 l-Meßkolben aufgefüllten Lösung von 10 g Einwaage des Salzes 50 ml, versetzt sie mit etwas Salpetersäure sowie einer zur Ausfällung des Chlorions etwas mehr als hinreichenden Menge n/10-Silbernitratlösung und titriert den Überschuß an Maßlösung mit n/10-Ammoniumthiocyanatlösung zurück. Als Indicator wird etwas Eisen(III)-ammoniumsulfatlösung zugesetzt.

2. Die polarographische Bestimmung des Bleies, Kupfers und Cadmiums

10 g Zitronensäure werden in einem 50 ml-Meßkolben in 20 ml Wasser gelöst. In diese Lösung bringt man 25 g Zinkchlorid und löst sie unter kräftigem Schütteln auf. Nach Zusatz von 5 ml 1proz. Gelatinelösung wird der Kolbeninhalt bis zur Marke aufgefüllt.

Einige ml der aufgefüllten Lösung werden in das Elektrolysengefäß abgemessen und durch 5 min währendes Durchleiten von Wasserstoff vom gelösten Luftsauerstoff befreit. Dann wird bei einem Abscheidungspotential von 0 bis —0,8 V polarographiert und die erhaltene Aufnahme mittels Eichkurven oder Testzusätzen ausgewertet. Da die Lösung sehr konzentriert ist, die Löslichkeit des Sauerstoffs darin also sehr gering ist, kann bei eiligen Analysen das Durchleiten von Wasserstoff unterlassen werden, ohne daß die Genauigkeit wesentlich beeinträchtigt wird.

Genauigkeit. 2.

Dauer. 1 Std.

Fehlerquellen. Die Zitronensäure (auch Ware p. a.) ist mitunter blei- und kupferhaltig — in der Gelatine kann man gelegentlich Zink nachweisen.

3. Die Bestimmung weiterer Elemente

Sie werden analog den unter Zinksulfat oder unter Feinzink mitgeteilten Vorschriften ausgeführt.

F. Die Untersuchung zinkhaltiger Farbpigmente

I. Zinkweiß

Nach den „Lieferbedingungen und Prüfverfahren für Zinkweiß und Zinkoxyd" des früheren Reichsausschusses für Lieferbedingungen, RAL Nr. 844 C 2, wird unter Zinkweiß ein aus metallischem Zink hergestelltes, reinweißes oder ganz schwach gelb- oder blaustichiges, technisch reines Zinkoxyd verstanden, dessen Gehalt an ZnO mindestens 99% betragen soll. Die Beistoffe (Feuchtigkeit und Bleiverbindungen) sollen zusammen nicht mehr als 1% ausmachen, wobei der Gehalt an Bleiverbindungen nicht mehr als 0,4%, errechnet auf PbO, sein darf.

In Zweifelsfällen sind die Analysenmethoden der Zinkweiß-Forschungsgesellschaft GmbH anzuwenden. Diese Methoden sind seinerzeit vom Chemikerausschuß der GdMB e. V. nachgeprüft und in den Bd. I (Schiedsverfahren) übernommen worden.

Die Untersuchung der Rohstoffe für die Zinkweißfabrikation (Zinkmetallsorten), der Zwischenprodukte und Rückstände erfolgt nach den Verfahren in den betreffenden Abschnitten.

1. Die Bestimmung des Gehaltes an Zinkoxyd

a) Maßanalytisch

1,25 g Zinkweiß werden mit 5 ml verdünnter Salzsäure und 30 ml Wasser erwärmt, bis alles Zinkoxyd in Lösung gegangen ist. Dann gibt man 75 ml gesättigtes Schwefelwasserstoffwasser hinzu, erwärmt die Lösung auf 40° und läßt sie bei dieser Temperatur 1 Std. stehen. Danach filtriert man vom Niederschlag in einen 500 ml-Meßkolben ab, wäscht mit einem Gemisch von 25 ml Schwefelwasserstoffwasser, 5 ml Salzsäure (1,19) und 75 ml Wasser aus und verkocht im Filtrat den Schwefelwasserstoff. Nach dem Erkalten wird die Lösung mit etwas Wasserstoffperoxyd und 60 ml Ammoniak (0,91) versetzt, zur Marke aufgefüllt und durchgeschüttelt. Nach 2 Std. filtriert man durch ein trockenes Faltenfilter, entnimmt dem Filtrat 100 ml, verkocht das Ammoniak und titriert nach Urbasch, s. S. 905.

Genauigkeit. 2.

Dauer. 5 Std.

b) Gewichtsanalytisch

Das Lösen der Einwaage von 1,25 g Zinkweiß und die Weiterbehandlung der erhaltenen Lösung bis zum schwachen Ansäuern der entnommenen 100 ml erfolgen, wie bei der maßanalytisch Bestimmung angegeben. Zu der warmen Lösung setzt man dann das 10fache des zu bestimmenden Zinks an gelöstem Diammoniumhydrogenphosphat zu und erwärmt, bis der zunächst amorphe Niederschlag kristallinisch geworden ist. Diese Umwandlung findet um so schneller statt, je mehr Ammoniumsalze in der Lösung vorhanden sind. Man erhitzt noch 15 min weiter und filtriert darauf das Zinkammoniumphosphat ab. Es wird nach dem Trocknen langsam im elektrisch beheizten Ofen auf 900 bis 1000° erhitzt, zu Zinkpyrophosphat verglüht und als solches gewogen.

Genauigkeit. 1.

Dauer. 6 Std.

Bemerkung. Die unmittelbare Bestimmung des Zinkoxydgehaltes ist nicht sehr zuverlässig. Da nach RAL 844 C 2 ein Mindestgehalt von 99% garantiert werden muß, können kleine Bestimmungsfehler bereits zu Reklamationen Veranlassung geben. Deshalb ist die mittelbare Gehaltsbestimmung durch Feststellen der Verunreinigungen und Errechnen des Zinkoxydgehaltes aus der Differenz zu 100% vorzuziehen.

2. Die Bestimmung der Feuchtigkeit

2 bis 5 g Zinkweiß werden in einem Wägegläschen bei 105° bis zur Gewichtskonstanz getrocknet. Während des Trocknens dürfen keine feuchten Substanzen in den Trockenschrank gebracht werden, da das Zinkweiß mit deren Feuchtigkeit unter Hydratbildung reagieren könnte und dieses Hydratwasser bei 105° nicht abgegeben wird (s. Bd. I, Schiedsverfahren, 2. Aufl., S. 464).

3. Die Bestimmung des Glühverlustes

Das getrocknete Material wird im elektrisch beheizten Ofen unter allmählicher Steigerung der Temperatur auf 600° bis zum gleichbleibenden Gewicht geglüht.

4. Die Bestimmung des Bleies, Kupfers, Cadmiums und Eisens

a) Qualitative Prüfungen

α) Auf Blei

Man löst 0,5 bis 1 g Zinkweiß in 3 bis 5 ml Salzsäure (1 + 1) und versetzt die Lösung mit 30 bis 50 ml gesättigtem Schwefelwasserstoffwasser. Durch Vergleich mit einer Bleilösung bekannten Gehaltes kann man den Bleigehalt des Zinkweißes abschätzen.

β) Auf Eisen

Die Lösung von 0,5 bis 1 g Zinkweiß in 5 ml Salzsäure (1 + 1) versetzt man im Reagenzglas mit 8 ml Ammoniak (0,91) und filtriert den Niederschlag ab. Er wird in Salzsäure gelöst. Zur Lösung gibt man etwas Kaliumhexacyanoferrat(II)-Lösung und vergleicht die entstandene Berliner-Blau-Färbung mit der auf gleiche Weise aus einer Eisenlösung mit bekanntem Gehalt erhaltenen.

b) Quantitative Bestimmungen

α) Blei durch Elektrolyse

Will man nur Blei bestimmen, so löst man je nach dem zu erwartenden Bleigehalt 5 bis 20 g der Probe in Salpetersäure, so daß die Lösung auf 150 ml Volumen 25 ml Säure enthält, und elektrolysiert, wie im Kapitel Blei, S. **166**, beschrieben.

β) Blei, Kupfer, Cadmium und Eisen durch Anfällen mit Natriumsulfid

50 bis 100 g Zinkweiß schlämmt man in einem Erlenmeyer-Kolben mit 200 bis 300 ml Wasser auf und bringt sie durch allmählichen Zusatz von 150 bis 250 ml konz. Salpetersäure in Lösung. Sollte die Lösung nur eine geringe Trübung von Zinndioxyd aufweisen, so bleibt diese unbeachtet. Man übersättigt mit Ammoniak und fällt in der unter Hüttenrohzink, S. **943**, angegebenen Weise die Sulfide des Kupfers, Bleies, Cadmiums und Eisens mit Natriumsulfidlösung aus. Nach dem Abfiltrieren wird der Niederschlag in Salpetersäure gelöst und die Lösung mit Schwefelsäure abgeraucht. In dem ausgeschiedenen Bleisulfat bestimmt man das Blei als Bleichromat, fällt im Filtrat unter Einhaltung der erforderlichen Säurekonzentration Kupfer und Cadmium mit Schwefelwasserstoff und bestimmt sie nach der Vorschrift auf S. **943**. Das vom Schwefelwasserstoff befreite und oxydierte Filtrat dient zur maßanalytischen oder photometrischen Bestimmung des Eisens.

Genauigkeit. 2.

Dauer. 8 bis 10 Std.

γ) Kupfer und Cadmium polarographisch

5 g Zinkweiß werden in einem 50 ml-Meßkölbchen in 20 ml Salzsäure (1 + 1) gelöst. Die Lösung wird unter kräftigem Schütteln mit Ammoniak (0,91) bis zur Marke aufgefüllt. 5 ml davon bringt man in ein Elektrolysengefäß, versetzt die Abmessung mit 5 ml Grundlösung [1800 ml Ammoniak (0,91), 200 ml 2proz. Tyloselösung, gesättigt mit Natriumsulfit], leitet Wasserstoff hindurch und polarographiert von 0 bis –0,8 V und einer dem Gehalt entsprechenden Meßempfindlichkeit nacheinander Kupfer und Cadmium.

Genauigkeit. 2.

Dauer. 1 Std.

δ) Blei polarographisch

Man schlämmt 100 g Zinkweiß im 1 l-Erlenmeyer-Kolben mit 200 ml Ammoniumacetatlösung (200 g in 1 l) auf, erhitzt die Mischung kurz zum Sieden und hält sie während 10 min auf einer Temperatur von 90 bis 95°. Nach dem Überspülen in einen 500 ml-Meßkolben, Abkühlen und Auffüllen zur Marke werden der durch Absitzen der festen Bestandteile geklärten Lösung 25 ml entnommen. Man füllt die Abmessung im 50 ml-Meßkolben mit Weinsäurelösung (100 g/l) bis zur Marke auf und polarographiert, wie unter Zinksulfat angegeben.

Genauigkeit. 2.

Dauer. 30 min.

5. Die Bestimmung des Mangans

10 g Zinkweiß werden mit 25 ml Wasser angerührt und durch Zusetzen von 20 ml Salpetersäure (1,4) in Lösung gebracht. Die zum Sieden erhitzte Lösung versetzt man mit einer Messerspitze Bleidioxyd, kocht sie 2 min, verdünnt sie dann mit 50 ml Wasser und läßt das Ungelöste absitzen. Die Tiefe der Färbung durch entstandene Übermangansäure ist ein Maß für den Mangangehalt. Die Vergleichslösungen werden mit 10 g manganfreiem Zinkoxyd angesetzt, die man nach Zugeben von verschiedenen Mengen einer Mangansulfatlösung bekannten Gehaltes in der gleichen Weise wie die Probe behandelt.

Bei einem Gehalt von 0,001% Mangan erhält man gerade noch eine Rosafärbung,
bei einem Gehalt von 0,002% Mangan erhält man eine deutliche Violettfärbung,
bei einem Gehalt von 0,003% Mangan erhält man eine starke Violettfärbung.

Gehalte über 0,003% werden mit „über 3 Milliprozent" bezeichnet.

Genauigkeit. 2.

Dauer. 30 min.

6. Die Bestimmung des Schwefels

Es wird nur der Gesamtschwefel bestimmt. 10 bis 20 g Zinkweiß werden in Salzsäure (1 + 1) unter Zusatz von Bromwasser gelöst. Man verkocht aus der Lösung das überschüssige Brom und filtriert das Ungelöste ab. Das Filtrat wird mit Ammoniak neutralisiert, dann mit Salzsäure schwach angesäuert und das Sulfation mit Bariumchloridlösung gefällt, das Bariumsulfat abfiltriert und nach dem Glühen gewogen. (Blindversuch anstellen!)

Genauigkeit. 1.

Dauer. 4 Std.

7. Die Bestimmung des Zinns

Zinn ist im normalen pyrogenen Zinkweiß praktisch nicht vorhanden. Wenn eine Zinnbestimmung erforderlich ist, dann erfolgt diese nach dem Verfahren von Blumenthal (s. S. 944). Eine weniger genaue Bestimmung kann in dem beim Lösen in Salpetersäure als Rückstand verbleibenden rohen Zinndioxyd durchgeführt werden. Siehe unter VII. 1c), S. 924.

8. Die Bestimmung des Siliciumdioxyds und der Tonerde

Diese beiden Verunreinigungen werden nicht besonders bestimmt, sondern gelten bei der Auswaage des in Salzsäure unlöslichen Rückstandes als „miterfaßt".

9. Die Bestimmung des in Salzsäure unlöslichen Rückstandes

10 bis 20 g Zinkweiß löst man in Salzsäure (1 + 1) unter Erwärmen. Der Rückstand wird abfiltriert, sorgfältig ausgewaschen, geglüht und gewogen.

10. Die Bestimmung des in Wasser löslichen Anteiles

10 bis 20 g Zinkweiß werden mit der 10fachen Menge Wasser unter Umrühren in einem Becherglas kalt aufgeschlämmt. Nach mehrmaligem Umrühren wird die Aufschlämmung nach 1 Std. in einen Meßkolben übergespült, zur Marke

aufgefüllt, durch ein trockenes Filter in ein trockenes Gefäß abfiltriert, ein aliquoter Teil des klaren Filtrats abgenommen und in einem gewogenen Gläschen vorsichtig zur Trockne eingedampft. Der letzte Rest der Flüssigkeit wird im Trockenschrank bei 100° bis zur Gewichtskonstanz entfernt.

11. Die Bestimmung des Chlors

50 ml des klaren Filtrats der Wasserlöslichkeitsbestimmung werden zur Chlorbestimmung verwendet. Unter Verwendung von Kaliumchromat als Indicator wird mit Silbernitrat titriert.

12. Die Bestimmung des Kohlendioxyds

2 bis 5 g Zinkweiß werden in einem Kohlendioxyd-Bestimmungsapparat (s. S. 915) mit verdünnter Schwefelsäure zersetzt. Durch Wägen des gefüllten Apparates vor und nach der Zersetzung wird der Gehalt an Kohlendioxyd aus der Gewichtsdifferenz errechnet.

Ist Sulfit vorhanden, so entweicht auch Schwefeldioxyd. Die Kohlendioxydwerte fallen dann zu hoch aus. Die Kohlendioxydbestimmung führt man daher besser mit dem im Kapitel Feste Brennstoffe beschriebenen Apparat aus (S. 1154ff.).

Genauigkeit. 2.

Dauer. 1 Std.

13. Sonderbestimmungen

Von Zinkweiß, das zur Herstellung von Anstrichmitteln, Gummiwaren, Feinchemikalien usw. dient, verlangt die Industrie besondere Eigenschaften. Für ihre Feststellung gelten nachstehende Prüfvorschriften:

a) Die Feststellung des in Essigsäure unlöslichen Rückstandes

20 bis 50 g Zinkweiß werden mit etwas Wasser aufgeschlämmt und unter Zugabe von Essigsäure (1,05) in der Kälte gelöst (evtl. leicht erwärmen, aber nicht kochen). Die Lösung wird mit Wasser so lange verdünnt, bis die Säurekonzentration etwa 20% beträgt. Der unlösliche Rückstand wird durch einen gewogenen Glasfiltertiegel abgesaugt, im Trockenschrank bei 105° bis zur Gewichtskonstanz getrocknet und dann ausgewogen.

b) Prüfung auf Vorhandensein reduzierender Substanzen

In einem Schütteltrichter überschichtet man 10 g Zinkweiß mit heißem Wasser bis zur 100 ml-Marke, setzt einen Tropfen n/10-Kaliumpermanganatlösung hinzu und schüttelt kräftig durch. Bleibt die Rosafärbung des überstehenden Wassers 3 bis 5 min lang bestehen, so ist das Zinkweiß als indifferent gegen Kaliumpermanganat zu bezeichnen. Verschwindet aber die Färbung während dieser Zeit, so ist erneut 1 Tropfen Kaliumpermanganatlösung hinzuzusetzen und gegebenenfalls damit fortzufahren, bis die Färbung beständig bleibt. Man gibt den „Indifferenzwert" in Tropfen Permanganatlösung an, nachdem man einen Blindversuch mit dem zur Verwendung kommenden Wasser ausgeführt und das Ergebnis entsprechend berichtigt hat.

c) Prüfung auf Säuregehalt

5 g der Probe werden mit 100 ml Wasser und 3 Tropfen Phenolphthaleinlösung durchgeschüttelt. Dann titriert man die Flüssigkeit mit n/10-Kaliumhydroxyd bis zur Rosafärbung. Nebenher führt man einen Blindversuch mit Wasser ohne Zinkweiß aus und zieht gegebenenfalls den Verbrauch vom obigen Befund ab. Das Ergebnis wird in Prozenten an Kaliumhydroxyd ausgedrückt.

d) Schütt- und Stampfvolumen, Siebrückstand

25 g Zinkweiß gibt man in den Meßzylinder des Stampfvolumeters nach Becker-Rosenmüller (s. Abb. 76), liest das Volumen ab und läßt nun den Apparat mit 250 Umdrehungen/min 10 min lang laufen. Dann wird das Volumen wieder abgelesen. Die Anzahl der zuerst abgelesenen ml, mit 4 multipliziert, gibt das Schüttvolumen von 100 g Zinkweiß an, während das zuletzt abgelesene und mit 4 multiplizierte Volumen das Stampfvolumen darstellt. Bevor das Zinkweiß in den Meßzylinder gegeben wird, ist es zweckmäßig, es durch ein grobes Sieb aufzulockern.

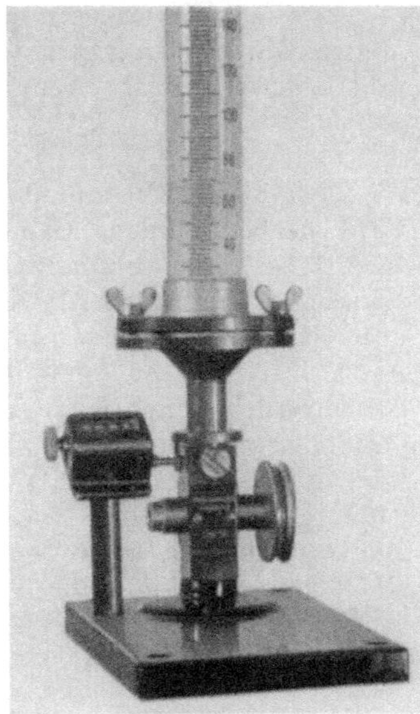

Abb. 76. Stampfvolumeter nach Becker-Rosenmüller

Darauf bürstet man das Zinkweiß durch ein Maschen-Sieb (0,06 DIN 1171), wägt den Rückstand und gibt sein Gewicht in Prozenten an.

e) „Netzzahl"-Bestimmung

Von dem zu untersuchenden Zinkweiß werden 6 bis 8 Proben zu je 1 g abgewogen. Eine dieser Proben gibt man in eine innen mattierte Reibschale von etwa 8 cm Durchmesser, läßt aus einer Mikrobürette 1 ml 3proz. Hostaponlösung (Hostapon T, die Lösung muß mindestens 24 Std., darf aber höchstens 14 Tage alt sein) zulaufen und rührt mit einem umgekehrten Reagenzglas, ohne Druck anzuwenden, 1 min lang. Dann spült man den Inhalt der Reibschale in eine Sedimentationsröhre und füllt diese mit Wasser zur 100 ml-Marke auf. Nach 10 min liest man die abgesetzte Zinkweißmenge ab. Mit den anderen Proben wird in gleicher Weise verfahren, nur werden diese mit 1,10, 1,20, 1,30 usw. ml Netzlösung angerieben. Darauf trägt man die erhaltenen Werte in ein Koordinatensystem ein, und zwar auf der Abszisse die Anzahl der angewandten ml an Netzlösung, auf der Ordinate das abgesetzte Volumen. Verbindet man die so erhaltenen Punkte und zieht von dem entstandenen Knickpunkt eine Senkrechte zur Abszisse, so erhält man den absoluten Netzmittelbedarf, der, mit 3 multipliziert (3proz. Netzlösung auf 1proz. berechnet), die „Netzzahl" ergibt.

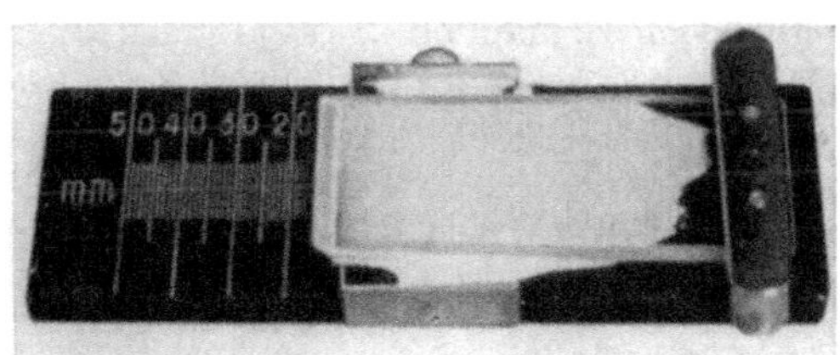

Abb. 77. Kryptometer nach Pfund-Arnold

f) Ölbedarf und Deckkraftmessung

In eine Abdampfschale von etwa 10 cm Durchmesser bringt man 10 g Leinölfirnis, trägt langsam 30 g Zinkweiß ein und rührt die Mischung mit dem Pistill zu einer 25proz. Paste an. Diese wird allmählich mit weiterem Leinölfirnis versetzt, bis sie im Fließzahlröhrchen (Zähigkeitsmesser) innerhalb 2 sek ausfließen kann.

Von der bei der Bestimmung des Ölbedarfes erhaltenen 25proz. Paste wird eine entsprechende Menge in den Schlitz des Deckkraftmessers (Kryptometer nach Pfund, s. Abb. 77) gegeben und der Keil (0,01) so lange verschoben, bis die linke Kante des Farbschlitzes verschwindet. Dann liest man an der schrägen Unterseite des Keiles die Millimeterzahl ab und schiebt den Keil wieder so weit zurück, daß die Kante des Farbschlitzes gerade wieder sichtbar wird. Nach erneuter Ablesung der Millimeterzahl nimmt man von den beiden erhaltenen Werten den Durchschnitt und gibt diesen als „Kryptometerwert" an.

g) Die Bestimmung der Ölzahl

1 g Zinkweiß wird auf einer Glasplatte vorsichtig mit möglichst wenig Leinöl angerieben, bis sich gerade eine Paste bildet. Den verbrauchten Ölgehalt in Prozent gibt man als „Ölzahl" an.

II. Farboxyd

Nach den Lieferbedingungen und Prüfverfahren des früheren Reichsausschusses für Lieferbedingungen (RAL), 844 C 2, versteht man unter Farboxyd ein unverschnittenes, Bleiverbindungen und andere Beistoffe enthaltendes Zinkoxyd von schwacher oder stärkerer Gelb- oder Graustichigkeit. Nach dem Bleigehalt wird unterschieden zwischen „Zinkoxyd, bleiarm" und „Zinkoxyd, bleireich". „Zinkoxyd, bleiarm" muß mindestens 90% ZnO und darf höchstens 10% Beistoffe einschließlich Feuchtigkeit und Bleiverbindungen enthalten. Der Gehalt an Bleiverbindungen als Pb gerechnet, darf 5% nicht überschreiten. „Zinkoxyd, bleireich" muß mindestens 75% ZnO, mindestens 89% Zinkoxyd + Bleioxyd, berechnet als ZnO + PbO, und darf höchstens 25% Beistoffe einschließlich Feuchtigkeit und Bleiverbindungen aufweisen. Die Bleiverbindungen (wirkliches oder errechnetes PbO) müssen mindestens 5,5%, dürfen aber höchstens 16,5% betragen.

Für die Bestimmung des Zinks, Bleies und der Feuchtigkeit sind Verfahren vorgeschrieben, die nachstehend aufgeführt werden.

a) Die Bestimmung des Zinks

2,5 g Farboxyd sind in möglichst wenig Salzsäure zu lösen. Die Lösung wird vorsichtig fast bis zur Trockne eingedampft, ohne Rücksicht auf etwa vorhandene unlösliche Stoffe mit 5 ml Schwefelsäure (1 + 1) versetzt und bis zum Auftreten von Schwefelsäuredämpfen erhitzt. Nach dem Abkühlen gibt man 100 ml Wasser hinzu und leitet in die nicht filtrierte Lösung etwa 15 min lang Schwefelwasserstoff ein. Nun wird filtriert, der Rückstand mit etwas Schwefelwasserstoff enthaltendem, kaltem Wasser ausgewaschen und das Filtrat zum Sieden erhitzt. Nach Zusatz von einigen ml Wasserstoffperoxydlösung gibt man Ammoniak bis zur alkalischen Reaktion zu und kocht mindestens eine Viertelstunde. Darauf bringt man etwa abgeschiedenes Zinkoxyd durch Zugeben von Ammoniak wieder in Lösung, füllt die Lösung in einem 250 ml-Meßkolben bis zur Marke auf, filtriert durch ein trockenes Filter und entnimmt dem Filtrat mittels einer Pipette 50 ml (= 0,5 g). Diese Abmessung ist durch tropfenweisen Zusatz von Salzsäure zunächst zu neutralisieren. Dann setzt man 15 ml Salzsäure (2 + 1) hinzu, bringt das Volumen auf 200 ml und titriert die 80° heiße Lösung mit Kaliumhexacyanoferrat(II)-Lösung nach GALETTI (s. S. 905).

Zur Herstellung der Maßflüssigkeit löst man 45 g reines Kaliumhexacyanoferrat(II) in Wasser und füllt die Lösung auf 1 l auf. Zur Titerstellung werden 3 g reinstes Zink in Salzsäure gelöst und in einem 500 ml-Meßkolben zur Marke aufgefüllt. Man pipettiert 50 ml davon ab, versetzt die Abmessung so lange mit verdünntem Ammoniak, bis sich die entstandene Fällung von Zinkhydroxyd wieder gelöst hat, säuert mit Salzsäure an und verdünnt auf 200 ml. Nach dem Erhitzen auf 80° wird das Zink in der Lösung wie oben maßanalytisch bestimmt.

1 ml Kaliumhexacyanoferrat(II)-Lösung entspricht etwa 0,01 g Zink.

Genauigkeit. 1.

Dauer. 4 bis 5 Std.

b) Die Bestimmung des Bleies

2 g Farboxyd (bei bleireichen Sorten 1 oder 0,5 g) werden in einer gerade ausreichenden Menge Salzsäure gelöst. Die Lösung wird mit Ammoniak versetzt, bis sich der entstandene Niederschlag von Zinkhydroxyd wieder aufgelöst hat, dann mit 10proz. Essigsäure angesäuert und auf etwa 100 ml verdünnt. Durch Zugeben von Kaliumbichromatlösung und Erwärmen, bis der Niederschlag sich abgesetzt hat und die überstehende Lösung deutlich gelb gefärbt ist, wird das Blei als Chromat gefällt. Man kühlt nun die Fällung auf Zimmertemperatur ab, filtriert den Niederschlag auf einen bis zur Gewichtskonstanz vorgetrockneten Filtertiegel ab, wäscht ihn mit 1proz. Essigsäure aus und trocknet das Bleichromat bei 200° bis zum gleichbleibenden Gewicht.
Umrechnungsfaktor auf Blei = 0,6401.

Genauigkeit. 2.

Dauer. 3 bis 4 Std.

Bemerkungen. Das Blei kann auch polarographisch bestimmt werden. Hierzu wird das Farboxyd in Salzsäure gelöst und nach Zusatz von etwas Weinsäure polarographiert (s. Kapitel Blei, S. 167).

c) Die Bestimmung der Feuchtigkeit

Man trocknet 10 g Farboxyd bei 105° bis zur Gewichtskonstanz. Die Gewichtsabnahme, in Prozent umgerechnet, ergibt den Feuchtigkeitsgehalt.

d) Die Untersuchung von Ölpaste

Siehe RAL 844 C 2, S. 8.

e) Die Bestimmung anderer Beistoffe

Die Bestimmung anderer Beistoffe kann nach den unter Hüttenoxyd, S. 924, oder unter Zinkweiß, S. 966ff., mitgeteilten Vorschriften ausgeführt werden.

III. Lithopone

Nach den Lieferbedingungen und Prüfverfahren RAL 844 J 2 ist unter Lithopone ein weißer, im wesentlichen aus Zinksulfid und Bariumsulfat bestehender Farbkörper zu verstehen. Charakteristisch für Lithopone ist der Gehalt an Zinksulfid.

Der Gehalt an Zinksulfid und Zinkoxyd muß folgenden Bedingungen entsprechen:

Marke Gelbsiegel	mindestens 14% ZnS,	höchstens 0,5% ZnO,
Marke Rotsiegel	mindestens 29% ZnS,	höchstens 1,0% ZnO,
Marke Grünsiegel	mindestens 39% ZnS,	höchstens 1,3% ZnO,
Marke Bronzesiegel	mindestens 49% ZnS,	höchstens 1,7% ZnO,
Marke Silbersiegel	mindestens 59% ZnS,	höchstens 2,0% ZnO.

Der angegebene Zinksulfidgehalt schließt auch das Zinkoxyd ein. Letzteres wird dazu in Zinksulfid umgerechnet.

Als Ausgangsprodukte für die Herstellung der Lithopone dienen Zinksulfat- bzw. Zinkchloridlaugen und eine Lösung von Bariumsulfid. Die Untersuchung der Zinksalzlösungen erfolgt nach den unter Reinlaugen, S. 938ff., beschriebenen Verfahren.

1. Die Bestimmung des Zinkgehaltes

Das Gesamtzink wird als Zinksulfid berechnet. Die Ausführung der Bestimmung erfolgt nach den RAL-Vorschriften.

Die Einwaagen betragen bei Marke „Rotsiegel“ 0,6 g, bei „Grünsiegel“ 0,5 g, bei „Bronzesiegel“ 0,4 g und bei „Silbersiegel“ 0,3 g. Die eingewogene Lithopone wird in einem bedeckten Becherglas mit 25 ml 4 n-Salzsäure gekocht, bis kein Schwefelwasserstoff mehr entweicht (Prüfung mit Bleiacetatpapier) und alles Zink gelöst ist. Zum Schluß gibt man einige Tropfen Salpetersäure (1,40) hinzu und kocht kurze Zeit weiter. Dann wird die Lösung abgekühlt, mit 100 ml Wasser verdünnt und mit 5 ml Schwefelsäure (1 + 9) versetzt. Man läßt den Niederschlag absitzen, filtriert ihn auf ein dichtes Filter ab und wäscht ihn mit heißem Wasser, das etwas Schwefelsäure enthält, zinkfrei aus. Er wird gegebenenfalls für eine Bariumbestimmung beiseite gestellt. Zum Filtrat gibt man Ammoniak (0,91) in geringem Überschuß hinzu (Lackmuspapier) und säuert es dann mit verdünnter Salzsäure schwach an (Kongopapier muß sich eben reinblau färben). Darauf wird die Lösung zum Sieden erhitzt und nach Zugabe von 10 Tropfen Diphenylaminlösung (5 g in 100 ml Äthanol) mit einer eingestellten Kaliumhexacyanoferrat(II)-Lösung nach den Angaben auf S. 906 titriert. Die Titration kann auch nach den anderen auf S. 904ff. angegebenen Verfahren ausgeführt werden.

Genauigkeit. 2.

Dauer. 3 bis 4 Std.

2. Die Bestimmung des Zinkoxydgehaltes

25 ml der zur Titerherstellung der Kaliumhexacyanoferrat(II)-Lösung benutzten Zinkchloridlösung (s. unter „Farboxyd“, S. 970) bringt man in einen 500 ml-Meßkolben und macht die Abmessung mit 4 n-Ammoniak schwach ammoniakalisch (Prüfung mit Lackmuspapier). Reste, die an der Kolbenwandung haften, erfaßt man durch Schwenken des Kolbeninhaltes. Dann werden 10 g Lithopone und 100 ml 3proz. Essigsäure in den Kolben gebracht. Man schüttelt gründlich, erwärmt die Mischung 1 Std. lang auf dem Wasserbad, läßt sie auf Zimmertemperatur abkühlen und füllt sie zur Marke auf. Schaumbildung beseitigt man kurz vor dem Erreichen der Marke mit einigen Tropfen Äthanol. Sobald die Lithopone sich abgesetzt hat, wird die überstehende Flüssigkeit durch ein dichtes, trockenes Filter abgegossen. Dem Filtrat entnimmt man 250 ml, macht die Abmessung mit Salzsäure bis eben zur Bläuung von Kongopapier sauer, erhitzt sie zum Sieden und titriert das Zink, z. B. nach Zusatz von Diphenylaminlösung mit Kaliumhexacyanoferrat(II)-Lösung, wie oben angegeben. Von der insgesamt verbrauchten Menge an Maßlösung wird die für die eingebrachten 12,5 ml Zinklösung berechnete Anzahl von ml in Abzug gebracht. Aus der Differenz berechnet man das in der Lithopone enthaltene Zinkoxyd.

Genauigkeit. 2.

Dauer. 3 bis 4 Std.

3. Die Bestimmung des Bariumsulfats

Der bei der Bestimmung des Zinkgehaltes ausgewaschene und beiseite gestellte Niederschlag (s. oben unter 1.) wird mit dem Filter in einem gewogenen Porzellantiegel getrocknet, verascht und schwach geglüht. Dabei ist der Tiegel während der letzten 10 min schräg zu stellen, damit etwa gebildetes Bariumsulfid wieder zu Sulfat oxydiert werden kann. Beim Beträufeln des gewogenen Tiegelinhaltes mit einigen Tropfen verdünnter Schwefelsäure (1 + 1) darf keine Spur von Schwefelwasserstoff bemerkbar sein, anderenfalls ist die Schwefelsäure zu verdampfen, das Sulfat nochmals zu glühen und zu wägen. Man betrachtet den Tiegelinhalt als Bariumsulfat und stellt ihn als solches in Rechnung.

Genauigkeit. 2.

Dauer. 3 Std.

4. Die Bestimmung des Siebrückstandes auf dem Prüfsiebgewebe 0,060 DIN 1171 (nach RAL)

50 g Lithopone, auf 0,1 g genau eingewogen, werden in Wasser aufgeschlämmt und unter ständigem Überbrausen mittels eines an die Wasserleitung angeschlossenen, mit Brause versehenen Schlauches auf das vorher angefeuchtete Prüfsiebgewebe 0,060 DIN 1171 gespült. Die zweckdienlichste Siebform ist der Normalsiebring, 200 mm Durchmesser. Das Brausen wird unter kreisendem Bewegen der Brause so lange fortgesetzt, bis das Wasser klar durch das Sieb läuft. Der verbliebene Rückstand wird quantitativ in einen vorher gewogenen Glasfiltertiegel gespült und bei 100° bis zur Gewichtskonstanz getrocknet. Der Siebrückstand wird in Prozent der angewandten Substanz angegeben.

5. Die Prüfung auf Lichtechtheit

Näheres s. RAL 844 J 2, S. 10.

IV. Zinkgelb

Die Bestimmung des Chroms und des Zinks

Die Bestimmung kann nach den Verfahren von J. H. van der Meulen: Chem. Weekbl. Bd. 37 (1940) S. 438, wie folgt durchgeführt werden. In einem 500 ml-Meßkolben löst man 2 g Zinkgelb in 50 ml 1 n-Salzsäure und füllt die Lösung bis zur Marke auf.

50 ml davon werden für die Bestimmung des Chroms mit 10 ml 1 n-Kaliumjodidlösung und 10 ml 5 n-Salzsäure versetzt. Dann titriert man das ausgeschiedene Jod unter Zugabe von Stärkelösung mit n/10-Natriumthiosulfatlösung.

$$1 \text{ ml n/10-Thiosulfatlösung} = 3{,}333 \text{ mg } CrO_3$$

Zur Bestimmung des Zinks gibt man zu 50 ml obiger Lösung, entsprechend 0,2 g Einwaage, nacheinander 2 g Kaliumchlorid, 100 ml Wasser, 5 ml 1 n-Essigsäure, 10 ml Kaliumcyanoferrat(III)-Lösung (0,1 mol/1 l) und 10 ml 0,5 molare Bariumacetatlösung unter Umschwenken hinzu. Um in der Kaliumcyanoferrat(III)-Lösung etwa vorhandenes Kaliumcyanoferrat(II) zu oxydieren — es würde sonst Zink gefällt werden, und man würde zu wenig Zinkoxyd finden —, setzt man zu der sauren Zinkchromatlösung zuerst die Kaliumcyanoferrat(III)-Lösung und dann die Bariumacetatlösung hinzu. Die vorhandene Chromsäure wird, zu Chromat gebunden, abgeschieden und stört deshalb nicht. Nach etwa 3 min werden weitere 10 ml Kaliumcyanoferrat(III)-Lösung sowie 3 bis 5 ml 1 n-Kaliumjodidlösung zugegeben. Dann wartet man einige min und titriert die orange gefärbte Suspension mit n/20-Natriumthiosulfatlösung zunächst bis auf Hellgelb, dann nach Zusatz von Stärkelösung über Grün bis auf Zitronengelb.

$$1 \text{ ml n/20-Thiosulfatlösung} = 6{,}103 \text{ mg ZnO} = 4{,}903 \text{ mg Zn}$$

Nach R. Lang: Z. analyt. Chem. Bd. 79 (1929) S. 169, entspricht 1 ml n/10-Thiosulfatlösung nicht 9,805 mg Zink (theoretisch), sondern 9,965 mg Zink (empirisch).

V. Zinkgrün

Zinkgrün ist ein Gemenge von Zinkgelb, Berliner Blau und wechselnden Mengen von Schwerspat.

Eine Analyse des Zinkgrüns wird selten ausgeführt, da die Bewertung fast durchweg nach den Methoden des Farbvergleiches erfolgt (Prüfung des Farbtones und der Ausgiebigkeit). Soll aber eine Untersuchung auf analytischem Weg vorgenommen werden, so kann man, ebenso wie vorstehend beim Zinkgelb, nach der Methode von J. H. VAN DER MEULEN folgendermaßen verfahren:

Zunächst werden 5 g Zinkgrün in einer Reibschale mit 15 g Natriumcarbonat innig verrieben. Anteile dieser Mischung lassen sich nach 2 Verfahren für die Untersuchung verwenden.

1. Verfahren. In einem 300 ml-Becherglas werden 4 g obigen Gemisches (= 1 g Zinkgrün) mit Hilfe eines Glasstabes in 50 ml Wasser gleichmäßig verteilt. Dann kocht man 5 min, setzt weitere 50 ml Wasser sowie 10 ml 1 n-Wasserstoffperoxydlösung zu und läßt die Mischung weitere 5 min sieden. Nach dem Abkühlen auf etwa 40° wird durch ein gehärtetes Filter filtriert und der Rückstand mit heißem Wasser sorgfältig ausgewaschen. Das Filtrat füllt man in einem Meßkolben zu 250 ml auf.

2. Verfahren. In einem 300 ml-Becherglas versetzt man 4 g obiger Mischung (= 1 g Zinkgrün) mit 25 ml 5 n-Kali- oder Natronlauge, verteilt die Mischung durch kräftiges Rühren mit einem Glasstab und erwärmt sie schwach. Dabei wird das nicht komplex gebundene Eisen als Eisen(III)-hydroxyd abgeschieden. Dann gibt man 75 ml Wasser sowie 10 ml Wasserstoffperoxydlösung (3 %) hinzu, kocht auf und neutralisiert die Lösung in der Siedehitze durch Zugeben von 15 ml 5 n-Salzsäure. Hierbei entsteht eine starke Trübung durch Abscheidung von basischem Zinkcarbonat. Dieses wandelt man durch Zugeben von 5 g Kaliumhydrogencarbonat und weiteres Kochen in normales Carbonat um, filtriert dann ab und wäscht mit heißem Wasser aus.

In einem aliquoten Teil der nach Verfahren 1 oder 2 erhaltenen Lösungen bestimmt man den Chromatgehalt zusammen mit dem nun als Cyanoferrat(III) vorliegenden Anteil an Berliner Blau, in einem zweiten Teil das Eisencyanid nach Reduktion des Chromats allein jodometrisch und errechnet die Anteile an Chromat und Berliner Blau aus den verbrauchten ml Thiosulfat.

50 ml der obigen Lösung nach 1 oder 2, entsprechend 0,2 g Zinkgrün, werden nacheinander mit 5 ml 1 n-Kaliumjodidlösung, 10 ml 5 n-Salzsäure und 5 ml einer 0,5 molaren Zinksulfatlösung versetzt. Nach 5 min wird das ausgeschiedene Jod mit n/10-Thiosulfatlösung titriert.

Verbrauchte ml n/10-Thiosulfatlösung = a.

Eine zweite Abmessung von 50 ml der obigen Lösung säuert man mit 10 ml 8 n-Schwefelsäure an und gibt zur Reduktion des Chromats eine Lösung von Natriumhydrogensulfit (etwa n/10) in geringem Überschuß hinzu. Das überschüssige Schwefeldioxyd entfernt man mit Kaliumpermanganat unter Zusatz einiger Tropfen Erioglaucinlösung als Indicator. Anschließend gibt man 5 ml 0,5 molare Zinksulfatlösung und 5 ml 1 n-Kaliumjodidlösung zu und titriert das ausgeschiedene Jod mit n/10-Thiosulfatlösung.

Verbrauchte ml n/10-Thiosulfatlösung = b.

$$\text{mg } CrO_3 = (a - b) \cdot 3{,}333$$
$$\text{mg } [Fe_4\, Fe(CN)_6]_3 = b \cdot 28{,}635$$

Im abfiltrierten Niederschlag (s. oben) bestimmt man das Eisen und das Zink. Der Niederschlag wird in ein Becherglas gespritzt, der Rest davon mit 25 ml heißer 1 n-Schwefelsäure abgespült und alles in der Säure gelöst. Dann neutralisiert man die Lösung mit der gleichen Menge 1 n-Kalilauge, wie 1 n-Schwefelsäure zum Lösen verbraucht worden ist, setzt 20 ml 2 n-Ammoniumacetatlösung hinzu und kocht unter Rühren einige min, bis sich das Eisen abgeschieden hat. Nachdem man den Eisenniederschlag abfiltriert und sorgfältig ausgewaschen hat, löst man ihn mit 50 ml heißer, verdünnter Salzsäure, die man in Anteilen von je 5 ml aufgibt. Den Kolben mit der Lösung füllt man mit Kohlendioxyd, reduziert das Eisen mit 10 ml 1 n-Kaliumjodidlösung und titriert das ausgeschiedene Jod nach 20 min mit n/10-Natriumthiosulfatlösung.

1 ml n/10-Thiosulfatlösung = 5,585 mg Fe

Der Zinkgehalt kann entweder durch Titration mit Kaliumhexacyanoferrat(II)-Lösung (s. unter Zinkweiß, S. 965) oder wie bei Zinkgelb, S. 973, jodometrisch bestimmt werden.

VI. Zinkgrau

Zinkgrau ist ein oxydhaltiger Zinkstaub und wird als Rostschutzpigment benutzt. Die Untersuchung erfolgt, wie unter Zinkstaub, S. 940ff., angegeben.

G. Metallische Zinküberzüge (Verzinken)

Die Verfahren für das Aufbringen von Zinküberzügen, die Prüfung dieser Überzüge auf Zusammensetzung, Menge und Dichtigkeit sind ausführlich im Kapitel „Metallische und nichtmetallische Überzüge“ geschildert (S. 1017ff.).

Kapitel 44

Zinn*

Inhalt

---

*	1. Auflage	2. Auflage
Bearbeiter:	**Rodewald**	**Ruf**
Mitarbeiter:	**Mertens, Savelsberg**	**Zinninformationsstelle**

A. Vorkommen

Technische Bedeutung hat vor allem der *Zinnstein* oder *Kasserit* (SnO_2). Er findet sich auf primären Lagerstätten, in andere Gesteine (Granit) eingesprengt als *Bergzinn* und auf sekundären Lagerstätten als *Seifenzinn*; dieses ist meist stark mit Ton oder Sand vermengt. Der Zinngehalt solcher Lagerstätten beträgt oft nur wenige Prozent. Die größten Zinnvorkommen befinden sich auf der malayischen Halbinsel (Malakka, Kuatan), in Indonesien (Banka, Billiton) und auf dem Hochplateau von Bolivien; auch die Lagerstätten in Australien (Neusüdwales, Tasmanien), in Mexiko, Siam, China und im Kongo sind z. T. recht bedeutend. In Deutschland tritt das Zinn in verhältnismäßig geringen Mengen im Erzgebirge auf.

Als seltener vorkommendes Zinnerz ist der *Zinnkies* oder *Stannit* ($Cu_2S \cdot FeS \cdot SnS_2$) zu nennen.

B. Qualitativer Nachweis

Das Zinn, ein Element der Schwefelwasserstoffgruppe, kann aus nicht zu stark salzsaurer Lösung mit Schwefelwasserstoff gefällt werden. Da es in 4wertiger Form zu den Sulfosalzbildnern gehört, läßt es sich, ebenso wie Arsen- und Antimonsulfid, aus den gefällten Sulfiden mit polysulfidhaltigem Natrium- oder Ammoniumsulfid ausziehen. Beim Ansäuern dieser Lösung fallen die Sulfide von Zinn, Antimon und Arsen wieder aus. Mit konz. Salzsäure lassen sich aus diesem Niederschlag die Sulfide des Zinns und Antimons herauslösen, während das Arsensulfid ungelöst bleibt. Aus der salzsauren Lösung kann das Antimon mit Eisenpulver auszementiert werden; im Filtrat davon wird der Nachweis des Zinns z. B. durch Zugeben von Quecksilber(II)-chloridlösung erbracht. Infolge Reduktion durch 2wertiges Zinn bildet sich dann unlösliches Quecksilber(I)-chlorid, das sich in Form eines weißen Niederschlages abscheidet. Bei höheren Zinngehalten kann, besonders in der Wärme, die Reduktion des Quecksilbersalzes bis zu metallischem Quecksilber gehen, das als schwärzlicher Niederschlag ausfällt.

Ein weiterer Nachweis von Zinn(II)-salz, vor allem geringer Mengen, gelingt mit Kakothelin, das durch Lösen von Brucin in Salpetersäure entsteht und mit dem eine rote Färbung bzw. Fällung auftritt; auch das Dithiol $[CH_3 \cdot C_6H_3(SH)_2(1 \cdot 3 \cdot 4)]$ ist ein empfindliches Reagenz. Für den Nachweis von Zinn unter dem Mikroskop sind die Kristalle des Rubidiumzinnchlorids (Rb_2SnCl_6) sehr charakteristisch.

Vor dem Lötrohr auf Buchenholzkohle erhitzt, lassen sich Zinnverbindungen in der reduzierenden Flamme leicht zum Metall reduzieren; mit einem Metallkörnchen kann man dann eine der eben erwähnten Nachweisreaktionen durchführen. Beim Erhitzen des Metalls in der oxydierenden Flamme verbrennt es zu Zinndioxyd.

Über den *spektrographischen* Nachweis des Zinns s. das Kapitel Spektrochemische Analyse, S. 1382.

C. Untersuchungen bei der Gewinnung des metallischen Zinns

Das Zinn des Handels wird entweder durch hüttenmännische Schmelzprozesse oder auf elektrolytischem Wege gewonnen. Als Ausgangsmaterialien dienen vor allem Zinnerzkonzentrate, ferner zinnhaltige Aschen, Schlacken, Krätzen usw. und alkalische oder saure Zinnsalzlösungen. Je nach den Verunreinigungen der Rohstoffe gewinnt man zunächst ein Rohzinn mit einem Zinngehalt von 97 bis 99%, das in trockenen bzw. elektrolytischen Prozessen raffiniert wird.

I. Verfahren zur Bestimmung des Zinns

Größere Mengen Zinn bestimmt man nach Abscheidung der Verunreinigungen maßanalytisch mit Jod- bzw. Jodatlösung oder mit Eisen(III)-chloridlösung. Aus reinen Lösungen kann Zinn auch elektrolytisch niedergeschlagen werden. Zinn kann ferner gewichtsanalytisch durch Auswaage als Zinn(IV)-oxyd (SnO_2) bestimmt werden. Liegt Zinn in sehr geringen Gehalten als Verunreinigung in anderen Metallen und Legierungen vor, so wird es zweckmäßigerweise nach dem Verfahren von Blumenthal durch Fällung mit Mangandioxyd ebenso wie Antimon und Wismut angereichert. Nach Abscheidung der Verunreinigungen versetzt man die mit Eisenpulver reduzierte und filtrierte Lösung mit Aluminiumgrieß, löst den abgeschiedenen Zinnschwamm unter Durchleiten von Kohlendioxyd mit Salzsäure wieder auf und bestimmt dann das Zinn(II) maßanalytisch. Zweckmäßig ist es jedoch, kleinere Mengen Zinn photometrisch zu bestimmen.

1. Durch Titration

Grundlage. Die Probe wird mit Salzsäure gegebenenfalls unter Zugabe einiger Tropfen Wasserstoffsuperoxyd in Lösung gebracht. Die salzsaure Lösung behandelt man in der Wärme mit Ferrum reductum. Die mit Eisenpulver reduzierte und filtrierte Lösung versetzt man dann mit Aluminiumgrieß, löst den abgeschiedenen Zinnschwamm unter Durchleiten von Kohlendioxyd mit Salzsäure wieder auf und bestimmt dann das Zinn(II) maßanalytisch.

Anwendungsbereich und Bedeutung. Die zur Titration gelangenden Zinnmengen sollen 1 g nicht übersteigen.

Genauigkeit. 2.

Dauer. Etwa 3 Std.

Ausführung. 1 g der Probe wird mit etwa 150 ml Salzsäure (1,19) in einem 800 ml-Becherglas durch Erwärmen in Lösung gebracht. Ein vielleicht verbleibender Rückstand wird durch Zugabe einiger Tropfen Wasserstoffperoxyd in Lösung gebracht und überschüssiges Wasserstoffperoxyd durch Erwärmen der Lösung beseitigt. Die Lösung wird dann, je nach dem Reinheitsgrad der Probe, mit 10 bis 20 g Ferrum reductum anteilweise versetzt. Hierauf wird etwa 5 min erwärmt. Nach dem Abkühlen wird die Lösung in einen Meßkolben übergespült und auf 500 ml aufgefüllt. 100 ml dieser Auffüllung werden durch Doppelt-Schwarzbandfilter in einen 500 ml-Standrundkolben abfiltriert. Die abfiltrierte Lösung wird dann mit etwa 5 g Aluminiumgrieß und anschließend mit etwa 50 bis 100 ml Salzsäure (1,19) anteilweise versetzt. Sodann wird Kohlendioxyd durch den Kolben geleitet. Der ausgeschiedene Zinnschwamm wird durch leichtes Erwärmen wieder in Lösung gebracht. Die klare Lösung wird nach dem Abkühlen unter ständigem Einleiten von Kohlendioxyd titriert.

a) Mit Jodlösung

Die Titration wird entweder mit einer *n/10-Jodlösung* oder mit einer Jodlösung ausgeführt, die so eingestellt ist, daß 1 ml davon 0,01 g Zinn entspricht.

b) Mit Jodatlösung

Für die Titration mit *Kaliumjodatlösung* löst man 21 g Jod, 8 g Kaliumhydroxyd und 30 g Kaliumjodid in 140 ml Wasser, entfärbt die Lösung gegebenenfalls mit verdünnter Kalilauge und füllt sie auf 1 l auf.

c) Mit Eisen(III)-chloridlösung

Man versetzt die zu titrierende Lösung mit etwas Stärke- und 15 Tropfen Indicatorlösung und läßt die Eisen(III)-chloridlösung hinzufließen, bis die auftretende Blaufärbung beim Schütteln nicht mehr verschwindet.

Eisen(III)-chloridlösung. 86 g wasserfreies Eisen(III)-chlorid bzw. 144 g kristallisiertes Eisen(III)-chlorid ($FeCl_3 \cdot 6\,H_2O$) werden unter Hinzufügen von 300 ml Salzsäure (1,19) in Wasser gelöst. Die Lösung wird auf 3 l aufgefüllt und möglichst so eingestellt, daß 1 ml genau 0,0100 g Zinn entspricht. Das kristallisierte Eisen(III)-chlorid ist vorzuziehen, da es beständiger ist als das wasserfreie.

Indicatorlösung. 100 g Kaliumjodid und etwa 25 g Kupfer(I)-jodid werden mit 50 g Jodwasserstoffsäure (1,50) gemischt. Nach Zusatz von 50 ml warmen Wassers wird mit einem Glasstab gerührt, bis das Kupfer(I)-jodid gelöst ist; die überstehende Flüssigkeit wird in die Vorratsflasche gegeben. Den Rest des Kaliumjodids löst man durch Zusatz von weiteren 50 g Jodwasserstoffsäure und 50 ml Wasser und gibt diese Lösung gleichfalls in die Vorratsflasche, worauf einige Stücke Kupferdraht (etwa 2 mm stark) beigefügt werden. Darauf leitet man Kohlendioxyd durch die Lösung, bis sie farblos ist. Die Vorratsflasche wird am besten unter Kohlendioxyd und vor direktem Tageslicht geschützt aufbewahrt. Zum Gebrauch füllt man einen Teil der Lösung in ein Tropffläschchen.

Die *Titerstellung* der Lösungen erfolgt empirisch mit Reinzinn, dessen Zinngehalt durch Differenzanalyse festgestellt wurde. Man löst davon eine dem Zinngehalt der zu untersuchenden Probe etwa entsprechende Menge in starker Salzsäure unter Antimonzusatz und verfährt mit der Lösung, wie bei der Probe angegeben.

Fehlerquellen. Das Zinn(IV)-chlorid ist beim Erhitzen stark salzsaurer Lösungen merklich flüchtig. Man vermeide daher möglichst jegliches Kochen, vor allem konzentrierterer Zinnchloridlösungen, auf jeden Fall aber das Eindampfen der Probelösung.

Vor dem Titrieren kleinerer Zinnmengen mit Jodatlösung ist der Probenlösung etwas Kaliumjodid zuzusetzen, bei größeren Zinnmengen ist der Zusatz von Kaliumjodid unnötig, da sich beim Titrieren genügend Jod bildet.

Die vorstehenden Arbeitsmethoden können leicht etwas zu niedrige Werte ergeben, da einerseits durch das Ferrum reductum keine vollständige Reduktion erzielt wird und andererseits bei nicht schneller Filtration der reduzierten Zinnlösung eine teilweise Oxydation durch den Luftsauerstoff zu befürchten ist. Man versetzt darum zweckmäßig die mit Eisenpulver reduzierte und filtrierte Lösung mit Aluminiumgrieß, löst den abgeschiedenen Zinnschwamm unter Durchleiten von Kohlendioxyd mit Salzsäure wieder auf und titriert dann das Zinn(II) nach dem Abkühlen der Lösung.

Literatur. Betriebsverfahren der Zinnwerke Wilhelmsburg und der Th. Goldschmidt A. G.

Bemerkung. Falls eine Reihe von Zinnbestimmungen nebeneinander durchzuführen ist, leitet man zum Fernhalten der Luft zweckmäßig Kohlendioxyd hindurch, das man einer Verteilerleitung entnimmt. Der Luftsauerstoff muß sorgfältig ferngehalten werden, weil sich Zinn(II)-chloridlösungen sehr leicht oxydieren.

2. Durch Elektrolyse

Aus einem Elektrolyten, der frei von Verunreinigungen durch Schwermetalle ist, kann das Zinn aus saurer oder aus alkalisulfidhaltiger Lösung elektrolytisch niedergeschlagen werden.

a) Aus salzsaurer Lösung

Grundlage. Die salzsaure Zinnlösung wird nach Zusatz von Hydrazinsulfat auf 30 bis 40° erwärmt und unter Rühren elektrolysiert.

Anwendungsbereich und Bedeutung. Das Verfahren ist geeignet für die Abscheidung des Zinns aus reinen, salzsauren Zinnlösungen, die etwa 100 bis 200 mg Zinn enthalten.

Genauigkeit. 2.

Dauer. Etwa $^3/_4$ Std., ohne Berücksichtigung der Dauer der Vorbereitung der Lösung.

Ausführung. Der gereinigte, salzsaure Elektrolyt soll in einem Volumen von etwa 250 bis 280 ml 100 bis 200 mg Zinn und 10 ml Salzsäure (1,19) enthalten; ein stärkerer Säuregehalt ist gegebenenfalls mit Ammoniak bis zu dem angegebenen Gehalt an freier Säure abzustumpfen. Man erwärmt die Lösung auf 30 bis 40°, versetzt sie mit 4 bis 5 g Hydrazinsulfat sowie 5 ml einer gesättigten Ammoniumchloridlösung und elektrolysiert unter Rühren mit einem Gitterrührer (600 bis 800 U/min) bei einer Stromstärke von 1,5 bis 2 A; als Elektroden benutzt man Platindoppelnetze. Nach 30 bis 35 min ist die Elektrolyse beendet. Das Becherglas mit dem Elektrolysat wird ohne Stromunterbrechung entfernt und das Elektrodenpaar mit Wasser abgespült. Anschließend taucht man die Kathode zunächst in Wasser, dann in Aceton, trocknet sie einige min bei 105° und wägt sie nach dem Erkalten. Bei Einhaltung dieser Vorschrift erhält man einen an der Kathode festhaftenden Zinniederschlag von heller Färbung.

Fehlerquellen. Das Spülen der Elektroden muß schnell und ohne Stromunterbrechung vorgenommen werden, damit nicht Anteile des abgeschiedenen Zinns wieder in Lösung gehen können.

Literatur. ENGELENBURG, A. J.: Z. analyt. Chem. Bd. 62 (1923) S. 257.

b) Aus Sulfosalzlösung

Grundlage. Eine saure Lösung des 4wertigen Zinns wird mit Natronlauge eben alkalisch gemacht und mit Schwefelwasserstoff gesättigt. Nach Zugeben von Natriumsulfitlösung elektrolysiert man die auf 60 bis 70° erwärmte Sulfosalzlösung.

Anwendungsbereich und Bedeutung. Das Verfahren dient zur Zinnbestimmung in reinen Lösungen, die Zinnmengen zwischen 100 und 200 mg enthalten; es findet besonders bei alkalischen Zinnlaugen Anwendung.

Genauigkeit. 2.

Dauer. $^3/_4$ Std., ohne Berücksichtigung der Vorbereitung der Lösung.

Ausführung. Von einer sauren, reinen Zinnlösung entnimmt man eine Abmessung, die etwa 100 bis 200 mg Zinn enthält, und versetzt sie mit Natronlauge, bis der zunächst ausfallende Niederschlag sich eben aufgelöst hat. Liegt das Zinn in 2wertiger Form vor, so wird es vorher mit etwas Wasserstoffperoxyd oxydiert. Dann leitet man in die alkalische Lösung Schwefelwasserstoff bis zur Sättigung ein; es soll danach keine oder nur sehr wenig freie Natronlauge mehr vorhanden sein. Natronalkalische Zinnlösungen können unmittelbar mit Schwefelwasserstoff gesättigt werden. Die Sulfosalzlösung wird nun mit 30 ml gesättigter Natriumsulfitlösung sowie 5 g festem Ammoniumsulfat versetzt, auf 150 bis 200 ml verdünnt, auf 60 bis 70° erwärmt und unter Rühren mit einem Gitterrührer (etwa 500 U/min) bei einer Stromstärke von 1 bis 3 A und einer Klemmenspannung von 2 V elektrolysiert. Als Elektroden benutzt man Platindoppelnetze. Nach 30 min ist das Zinn festhaftend und in heller Färbung abgeschieden. Das Auswaschen und Trocknen erfolgt, wie unter a) angegeben.

Fehlerquellen. Siehe unter a).

Literatur. TREADWELL, F. P.: Elektrolytische Methoden. Berlin 1915.

3. Durch Auswägen als Zinn(IV)-oxyd

Da das beim Lösen zinnhaltiger Legierungen in Salpetersäure ausgefallene Zinn(IV)-oxyd niemals ganz frei von Verunreinigungen, besonders von Kupfer, Blei, Antimon, Arsen, Eisen und Siliciumdioxyd ist, so wendet man das Verfahren der Zinnbestimmung durch Auswägen als Zinn(IV)-oxyd meist nur für rasche Orientierungsanalysen an. Liegen jedoch kleinere Zinnmengen in Form von reinem Zinnsulfid vor, so lassen sich diese am besten durch Überführen in Zinn(IV)-oxyd bestimmen. Wie bereits eingangs des Abschnitts I erwähnt, wird dies zweckmäßig bei der Bestimmung der Anreicherungsprodukte aus großen Einwaagen nach dem Verfahren von H. BLUMENTHAL der Fall sein können, wenn man nach der Abtrennung aller Begleitmetalle schließlich die kleinen Zinnmengen als Sulfid gefällt hat. Man filtriert dies ab, bringt es samt Filter in einen gewogenen Porzellantiegel, beträufelt den Tiegelinhalt mit Salpetersäure, dampft diese vorsichtig ab, verascht das Filter mit möglichst kleiner Flamme und glüht das Zinn(IV)-oxyd schwach. Nach dem Auswägen prüft man es durch Behandeln mit Fluß- und Salpetersäure im Platintiegel auf Siliciumdioxyd und nach dem Schmelzen mit Kaliumhydrogensulfat auf Eisen und korrigiert die Auswaage entsprechend. Umrechnungsfaktor auf Sn = 0,7877.

4. Die Bestimmung des Zinns auf photometrischem Wege

Die nach dem Anreicherungsverfahren von H. BLUMENTHAL gewonnene kleine Zinnmenge kann zweckmäßig auch photometrisch ermittelt werden.

Ein geeignetes Verfahren dafür ist im Kapitel Zink unter Feinzink, S. 952, beschrieben.

II. Die Untersuchung der Zinnerze

1. Die Bestimmung des Zinns

Da die Zinnkonzentrate mitunter wolframhaltig sind und Wolfram bei der Zinnbestimmung stört, muß bei der Untersuchung zwischen wolframfreiem und wolframhaltigem Material unterschieden werden.

a) Wolframfreies Erz

Grundlage. Die Probe wird im Eisentiegel mit Natriumperoxyd und etwas Natriumhydroxyd geschmolzen, die mit Wasser zersetzte Schmelze mit Salzsäure (1,19) angesäuert und die Lösung im Meßkolben zur Marke aufgefüllt. In einer Abmessung davon zementiert man das Antimon, Arsen, Wismut und Kupfer mit Ferrum reductum aus und verfährt weiter, wie unter I. 1. beschrieben.

Anwendungsbereich und Bedeutung. Das Verfahren ist zur Zinnbestimmung im wolframfreien, nicht zu stark siliciumdioxydhaltigen Zinnerz sowie in Zinnschlacken und -aschen ohne metallische Beimengungen geeignet.

Genauigkeit. 2.

Dauer. 4 Std.

Ausführung. 2 g der feinstgepulverten Probe werden im Eisen- oder Nickeltiegel mit etwa 15 g Natriumperoxyd unter Zugeben eines Stückchens Ätznatron bei Rotglut geschmolzen. Nach dem Erkalten wird die Schmelze mit Wasser zersetzt und mit Salzsäure (1,19) stark angesäuert. Dann füllt man die Lösung im Meßkolben bis zur Marke auf, entnimmt ihr eine dem Zinngehalt angemessene Menge, reduziert sie unter Erwärmen mit Eisenpulver und verfährt nach den Angaben unter C. I. 1. auf S. 978ff. weiter.

Fehlerquellen. Beim Lösen der Schmelze darf kein unaufgeschlossener Rückstand verbleiben, gegebenenfalls muß er abfiltriert und erneut geschmolzen werden. Vgl. auch die Fehlerquellen bei I. 1., S. 980, und ebendort auch die *Literaturangabe.*

b) Wolframhaltiges Erz

Über die Bestimmung des Zinns in wolframhaltigen Erzen s. die Vorschriften im Kapitel Wolfram, S. 883.

c) Siliciumdioxydreiches Erz

Man digeriert eine größere Einwaage (etwa 5 g) in der Platinschale auf dem Wasserbad mehrmals mit Fluß- und Schwefelsäure, entfernt schließlich die Säure durch Abrauchen und nimmt den Schaleninhalt mit verdünnter Salzsäure auf. Der Rückstand wird abfiltriert, sorgfältig mit Wasser ausgewaschen, nach dem Veraschen des Filters im Eisentiegel geglüht und mit Natriumperoxyd aufgeschlossen. Die Schmelze zersetzt man mit Wasser, säuert mit Salzsäure an, gibt die Lösung zu obigem salzsaurem Filtrat, stumpft das Ganze mit Ammoniak ab und sättigt es mit Schwefelwasserstoff. Sollte Wolfram zugegen sein, so fügt man vor dem Ansäuern Weinsäure hinzu. Die abfiltrierten Sulfide werden vom Filter mit Bromsalzsäure in einem 125 ml-Meßkolben gelöst; die Lösung wird nach dem Abdunstenlassen des überschüssigen Broms bei mäßiger Wärme mit Eisenpulver versetzt, abgekühlt, zur Marke aufgefüllt und filtriert. Einen abgemessenen Anteil des Filtrats behandelt man unter Erwärmen mit Aluminiumgrieß, bringt durch Salzsäurezugabe den ausgeschiedenen Zinnschwamm wieder in Lösung und titriert dann mit n/10- oder n/100-Jodlösung.

Der Titer dieser Lösungen ist empirisch unter den gleichen Bedingungen und mit der gleichen Menge von Zinn einzustellen, wie sie bei der Probenlösung vorhanden sind.

2. Die Bestimmung des Wolframs

Sie kann entweder nach der Behandlung des feinstgepulverten Erzes mit Salzsäure (1,19) in der Wärme durch Fällen mit Cinchoninlösung (s. Kapitel Wolfram, S. 881) oder nach der Vorschrift in Bd. I, Schiedsverfahren, 2. Aufl., S. 475, erfolgen.

3. Die Bestimmung des Arsens

Man erwärmt je nach dem Arsengehalt 2 oder 5 g des feingepulverten Erzes mit Salpetersäure (1 + 1), gibt 20 ml Schwefelsäure (1 + 1) hinzu und erhitzt die Lösung bis zum Auftreten starker Schwefelsäuredämpfe; nach Hinzufügen von Wasser und etwas Eisen(II)-sulfatlösung zum Zersetzen der Nitratreste wird das Abrauchen wiederholt. Dann spült man das Ganze in den Kolben eines Arsendestillierapparates über, versetzt es mit Salzsäure (1,19) und Reduktionslösung, destilliert das Arsen ab und bestimmt es im Destillat nach den im Kapitel Arsen, S. I/123, angegebenen Vorschriften.

Man kann das Erz auch mit Natriumperoxyd schmelzen, die in Salzsäure gelöste Schmelze nach dem Verjagen des Chlors in einen Arsendestillierapparat überführen und dann das Arsen abdestillieren.

Bei der Bestimmung sehr geringer Arsenmengen muß nebenher durch einen Blindversuch der etwa vorhandene Arsengehalt der verwendeten Reagenzien ermittelt werden.

4. Die Bestimmung des Antimons

Je nach dem Antimongehalt werden 2,5 bis 5 g der Probe, wie bei der Zinnbestimmung, S. 982, angegeben, im Eisentiegel aufgeschlossen. Die Schmelze nimmt man mit Wasser auf, säuert mit Salzsäure an, bringt die Lösung in einen Erlenmeyer-Kolben, versetzt sie mit Eisenpulver, schließt die Kolbenöffnung mit einem Tropfenfänger und reduziert nun etwa 20 min lang unter Erwärmen auf etwa 70°. Dann wird der gebildete Metallschwamm auf ein schnell laufendes Filter oder auf Zellstoffwatte abfiltriert, sorgfältig mit verdünnter, heißer Salzsäure ausgewaschen, samt dem Filter in einen Erlenmeyer-Kolben zurückgegeben und mit Bromsalzsäure in Lösung gebracht. Aus der auf mindestens 100 ml verdünnten Lösung filtriert man die Filterstückchen ab, engt das Filtrat zur Beseitigung des freien Broms auf 50 ml (nicht darunter!) ein, setzt 2 g Natriumsulfit und 75 ml Salzsäure (1,19) hinzu und wiederholt das Eindampfen auf 50 ml. Auf diesem Wege entfernt man das Arsen als Arsen(III)-chlorid. Nun wird die Lösung verdünnt und mit Schwefelwasserstoff gesättigt. In den abfiltrierten Sulfiden bestimmt man das Antimon nach den Angaben im Kapitel Antimon, S. I/107. Sollten nennenswerte Mengen von Kupfer vorhanden sein, so müssen sie durch Behandeln der Sulfide mit Natriumsulfidlösung abgetrennt werden.

5. Die Bestimmung von Blei, Wismut, Kupfer, Cadmium, Eisen, Nickel und Zink

In einem Tiegel aus Sintertonerde (Alsint) werden 5 g der Probe mit 20 g Natriumperoxyd geschmolzen. Man löst die Schmelze in Salzsäure, stumpft die Lösung mit Ammoniak oder Natriumcarbonat weitgehend ab und sättigt sie mit Schwefelwasserstoff. Dann wird sie mit Natronlauge alkalisch gemacht; dabei ist ein zu großer Überschuß an Natronlauge zu vermeiden, weil sonst die Fällung des Nickels nicht vollständig ist. Man leitet darauf nochmals Schwefelwasserstoff in die heiße Lösung ein und läßt die Sulfide absitzen. Nach dem Abfiltrieren und Auswaschen des Niederschlages verfährt man mit ihm gemäß den Vorschriften bei der Untersuchung des Handelszinns, S. 985.

6. Die Bestimmung des Schwefels

Man schmilzt 3 bis 5 g Probematerial mit Natriumperoxyd, laugt die Schmelze mit Wasser aus und fügt 10 g Ammoniumchlorid hinzu. Die Flüssigkeit wird in einem 500 ml-Meßkolben aufgefüllt, filtriert und dem Filtrat eine Menge von 100 bis 200 ml entnommen. Diese Abnahme säuert man mit Salzsäure an und fällt das Sulfation in der Siedehitze mit 50 ml Bariumchloridlösung (100 g $BaCl_2 \cdot 2\,H_2O$ in 1 l). Das abfiltrierte Bariumsulfat wird geglüht und zur Auswaage gebracht.

Genauigkeit. 2.

Dauer. 4 Std.

III. Die Untersuchung von Zwischenprodukten

Zinnhaltige Zwischenprodukte können entfallen bei der technischen Gewinnung und der Verarbeitung des Zinns (Schlacken, Krätzen, Aschen usw.), bei der Gewinnung bzw. Reinigung anderer zinnhaltiger Metalle (Natriumstannat, Zinnschlämme) und bei der Entzinnung von Weißblech durch saure oder alkalische Verfahren.

Häufig enthalten manche dieser Produkte einen metallischen Anteil. Dieser wird bei der Probenahme durch Siebe abgesondert und sein Mengenverhältnis zur Gesamtprobe ermittelt. Eine der Gesamtprobe entsprechende Menge dieses Anteiles oder ein Mehrfaches löst man für sich in Salzsäure unter Zusatz eines Oxydationsmittels, wie Kaliumchlorat, Wasserstoffperoxyd oder Brom, und untersucht diese Lösung entweder gesondert oder setzt sie bzw. einen aliquoten Teil zu der salzsauren Lösung des feinen Anteiles hinzu, die man aus einer Schmelze mit Natriumperoxyd (s. S. 982) gewonnen hat. Ist der feine Anteil sehr siliciumdioxydhaltig, so behandelt man ihn vorher mit Flußsäure und schmilzt dann den siliciumdioxydfreien Rest. Die Zinnverbindungen in den Zwischenprodukten können bisweilen auch durch längeres Erhitzen mit Schwefelsäure (1,84) in Lösung gebracht werden. Falls man dabei, um organische Substanzen zu zerstören, mit Salpetersäure arbeiten muß, darf man diese stets erst nach der Schwefelsäure zusetzen, da sich anderenfalls Zinnsäure bilden könnte, die sich beim Erhitzen mit Schwefelsäure später schwer löst.

1. Feste Stoffe

a) Die Bestimmung des Zinns

Für die Bestimmung des Zinngehaltes der salzsauren Aufschlußlösung wendet man die Titrationsmethode an. Enthält die Probe einen größeren metallischen Anteil, der ungleichartig zusammengesetzt ist, so muß man zur Erzielung eines Durchschnittes ein Mehrfaches seiner prozentualen Menge einwägen und die Einwaage für sich lösen. Die Lösung wird im Meßkolben aufgefüllt und eine der Einwaage des nichtmetallischen Anteiles entsprechende Abmessung davon der salzsauren Lösung dieses „Feinen“ zugesetzt.

b) Die Bestimmung des Bleies in Zinnschlämmen

5 g des getrockneten Schlammes schmilzt man mit der 5fachen Menge eines Soda-Schwefel-Gemisches im Porzellantiegel, gießt die Schmelze auf eine eingefettete Eisenplatte aus, behandelt sie nach dem Erstarren mit warmem Wasser, filtriert vom Ungelösten ab und wäscht sorgfältig mit natriumsulfidhaltigem

Wasser aus. Der Niederschlag wird dann in Salpetersäure gelöst und die Lösung mit Schwefelsäure abgeraucht. Nach dem Abkühlen nimmt man die Sulfate mit Wasser auf, kocht, läßt das unreine Bleisulfat längere Zeit in der Kälte absitzen, filtriert es ab und löst es in konz. Ammoniumacetatlösung. Die Lösung wird filtriert, das Filtrat mit 10 ml Essigsäure und Kaliumchromatlösung im Überschuß versetzt, kurze Zeit gekocht, der Niederschlag von Bleichromat nach dem Abkühlen der Fällung auf einen Porzellanfiltertiegel abgesaugt und bei 200° bis zur Gewichtskonstanz getrocknet [Bleichromat mal 0,6401 (emp.) = Blei].

Man kann das Blei auch auf nassem Wege unter Umgehen des Schmelzaufschlusses bestimmen: Man erwärmt 2,5 g des getrockneten Schlammes mit 50 ml Salpetersäure (1 + 1) etwa 30 min lang, filtriert ab, wäscht kurz aus (Filtrat I) und kocht den Rückstand samt dem Filter mit 50 ml Salzsäure (1,19) und etwas Kaliumchlorat, bis er gelblich erscheint. Das Filtrat hiervon wird mit Natronlauge neutralisiert und so lange mit Natriumsulfidlösung (100 g $Na_2S \cdot 9\,H_2O$ in 1 l) versetzt, bis sich das ausgefallene Zinnsulfid gelöst hat. Darauf filtriert man von den ungelösten Sulfiden ab, wäscht sie mit natriumsulfidhaltigem Wasser aus, spritzt sie in das Fällungsgefäß zurück und löst sie in Salpetersäure (1,40). Die Lösung wird mit dem Filtrat I vereinigt und mit Schwefelsäure abgeraucht. Sodann verfährt man weiter, wie oben angegeben.

Genauigkeit. 2.

Dauer. 24 Std.

2. Zinnhaltige Laugen

Die Bestimmung des Zinns

Die als Zwischenprodukte anfallenden Laugen; Salzlösungen usw. werden, falls sie nicht schon salzsauer sind, mit Salzsäure angesäuert. Nach der Reduktion mit Eisenpulver und anschließendem Behandeln mit Aluminiumgrieß bestimmt man das Zinn maßanalytisch (s. unter I. 1., S. 978ff.).

Enthalten die Laugen keine anderen Schwermetalle, so kann die Zinnbestimmung auch elektrolytisch in salzsaurer oder sulfoalkalischer Lösung erfolgen (s. unter I. 2., S. 980).

Für die *Bestimmung der Verunreinigungen* bedient man sich der Verfahren, wie sie bei der Untersuchung der Erze angegeben sind (s. S. 983ff.).

IV. Die Untersuchung der Hilfsstoffe

Als Hilfsstoffe kommen bei der Zinngewinnung neben Kohle und Kalk hauptsächlich Chlor, Salzsäure, Natronlauge und Soda in Frage. Die Untersuchungsvorschriften für diese Stoffe sind den Kapiteln Brennstoffe, Calcium, Natrium bzw. Aluminium zu entnehmen.

V. Die Untersuchung des Rein- und Handelszinns

Das genormte Handelszinn (DIN 1728) hat einen Zinngehalt von mindestens 98% und das Reinzinn einen solchen von mindestens 99,75% Zinn. Der Zinngehalt dieser Zinnsorten wird nur zu einer raschen Orientierung unmittelbar bestimmt, der genaue Zinngehalt ergibt sich aus der Differenz der Summe der zu bestimmenden Verunreinigungen zu Hundert. Als Verunreinigungen kommen in Frage: Arsen, Antimon, Blei, Wismut, Kupfer, Cadmium, Nickel, Zink und Eisen.

Vollanalyse

Grundlage. Das Arsen bestimmt man in bekannter Weise durch Destillation und Titration mit Kaliumbromat, das Antimon nach dem Lösen des Zinns in Schwefelsäure (1,84) ebenfalls durch Titrieren mit Kaliumbromat, Kupfer, Blei,

Wismut, Cadmium, Nickel und Zink entweder nach dem Fällen mit Natriumsulfidlösung oder nach dem Verflüchtigen der Sulfosalzbildner mittels Brom-Bromwasserstoffsäure im Rückstand und schließlich das Eisen photometrisch oder durch Titration.

Anwendungsbereich und Bedeutung. Die nachstehenden Verfahren sind für die Untersuchung von Rein- und Handelszinn geeignet; doch lassen sie sich auch für die Analyse von Rohzinn verwenden, wobei man gegebenenfalls die Einwaagen entsprechend vermindert.

Genauigkeit. 2.

Dauer. 1 Tag, falls keine polarographischen Verfahren zur Anwendung kommen, sonst nur etwa 5 bis 6 Std.

Ausführung.

Zinn. Wie schon erwähnt, nimmt man eine unmittelbare Zinnbestimmung nur zur schnellen Orientierung vor. Es werden dazu 5 g der fein geraspelten oder geschnitzelten Probe in Salzsäure unter Antimonzusatz gelöst. Den zurückbleibenden Metallschwamm bringt man durch Zugeben von etwas Kaliumchlorat in Lösung, dampft sodann das freie Chlor vorsichtig ab, füllt die klare Lösung auf 1 l mit Salzsäure (1 + 1) auf und entnimmt eine Abmessung von 50 ml (= 0,25 g Einwaage), in der man nun das Zinn maßanalytisch bestimmt.

Antimon. *Ausführungsart a:* In einem 250 ml-Meßkolben werden je nach dem Reinheitsgrad 5 bis 20 g der Probe mit Schwefelsäure (1,84) (für je 5 g 15 ml) so lange erhitzt, bis der Rückstand fast reinweiß erscheint. Man läßt die Lösung erkalten, verdünnt sie mit 50 ml Wasser, versetzt sie mit 30 ml Salzsäure (1,19) und füllt sie mit Wasser bis zur Marke auf. Nach dem Absitzenlassen oder Abfiltrieren des Niederschlages entnimmt man der Lösung bzw. dem Filtrat 100 ml, versetzt die Abmessung in einem 500 ml-ERLENMEYER-Kolben mit 30 ml Salzsäure (1,19), verdünnt sie auf 300 ml und titriert sie nach dem Erwärmen auf 60 bis 70° und nach Zugeben von 2 Tropfen Methylorangelösung mit n/20-Kaliumbromatlösung bis zur Entfärbung des Indicators. Ist ein sehr geringer Antimongehalt zu erwarten, so wird mit n/100-Bromatlösung titriert; es muß dann aber vor dem Titrieren etwas Kaliumbromid hinzugegeben werden, sofern man nicht eine Bromid-Bromat-Lösung verwendet; der Verbrauch der zugesetzten Indicatormenge an Bromatlösung ist zu berücksichtigen (Blindversuch).

Von den verbrauchten ml Kaliumbromatlösung hat man die bei der Arsenbestimmung (s. weiter unten) verbrauchten, auf die äquivalente Menge von Antimon berechneten ml Kaliumbromatlösung abzusetzen, da das Arsen mittitriert wird.

Ausführungsart b (Methode der Berzelius-Metallhütten GmbH): 5 g Feilspäne werden in 130 ml Salzsäure (1,19) gelöst, wobei man am Schluß etwas Kaliumchlorat hinzusetzt. Dann zementiert man das Antimon durch Zugeben von Eisenpulver aus, filtriert den Metallschwamm ab und wäscht ihn mit salzsäurehaltigem Wasser aus. Er wird in das benutzte Gefäß zurückgespült und in Salzsäure unter Hinzufügen von etwas Kaliumchlorat gelöst. Nach dem Verdünnen der Lösung fällt man mit Schwefelwasserstoff, filtriert die Sulfide ab, wäscht aus, löst das Antimonsulfid mit Natriumsulfidlösung aus dem Niederschlag heraus, filtriert das Ungelöste ab und wäscht aus. Das Filtrat wird mit Schwefelsäure (1 + 4) angesäuert und der ausgefallene Niederschlag abfiltriert. Man spritzt ihn in das Fällungsgefäß zurück; Reste auf dem Filter gibt man nach dem Lösen mit verdünnter Natriumsulfidlösung hinzu, löst in Salzsäure (1,19), versetzt die Lösung mit etwas Weinsäure und neutralisiert sie vorsichtig mit Ammoniak. Darauf wird sie mit Salzsäure schwach angesäuert, auf Zimmertemperatur abgekühlt, mit einem Überschuß an Natriumhydrogencarbonat versetzt und mit einer Jod-

Kaliumjodid-Lösung titriert, die zweckmäßig mit reinem Antimon eingestellt wird, so daß 1 ml etwa 10 mg Antimon entspricht.

Ausführungsart c (Methode der Zinnwerke Wilhelmsburg): In einem 300 ml-ERLENMEYER-Kolben löst man 10 g Metallschnitzel in 100 ml Salzsäure (1,19) unter gelindem Erwärmen und verdünnt die Lösung nach Beendigung der Wasserstoffentwicklung mit 150 ml Wasser. Der Metallschwamm wird abfiltriert und mit heißem Wasser ausgewaschen. Dann spritzt man ihn in den Kolben zurück und löst ihn in 20 ml Schwefelsäure (1,84) unter starkem Kochen. Die Lösung wird nach dem Erkalten mit 200 ml Wasser verdünnt, mit 30 ml Salzsäure (1,19) versetzt, aufgekocht und das Antimon nach Zusatz von 2 Tropfen Methylorangelösung mit Kaliumbromatlösung titriert.

Eisen. Im Filtrat vom Antimonschwamm (s. vorstehende Ausführungsart c) kann das Eisen bestimmt werden. Die Lösung wird mit Kaliumchlorat oxydiert und das überschüssige Chlor verkocht. Bei einiger Übung kann man aus der entstandenen Gelbfärbung der Lösung die Menge an Eisen abschätzen. Genauer läßt sich die Eisenmenge photometrisch bestimmen.

Arsen. Je nach dem Reinheitsgrad des Zinns werden 5 bis 20 g der Probe in den Kolben des Arsenbestimmungsapparates gebracht und mit 50 bis 150 ml gesättigter Eisen(III)-chloridlösung sowie mit Salzsäure (1,19) versetzt. Dann wird destilliert. Zum Destillat werden etwa 30 ml Salzsäure gegeben, sodann wird auf 50° erwärmt und unter Zusatz von Methylorange als Indicator mit n/20- bzw. n/100-Kaliumbromatlösung titriert. Bei Anwendung der n/100-Maßlösung ist das oben bei der Antimonbestimmung unter Ausführungsart a Gesagte zu beachten.

Man kann auch das Destillat mit Schwefelwasserstoff sättigen und geringe Mengen von ausgefallenem Arsensulfid an Vergleichsniederschlägen abschätzen. Größere Mengen filtriert man auf einen Porzellanfiltertiegel ab und wägt sie nach der im Kapitel Arsen, S. I/123, angegebenen Behandlung aus.

Blei, Wismut, Kupfer, Cadmium, Eisen, Nickel und Zink. *Ausführungsart a* (Verfahren der Zinnwerke Wilhelmsburg): Je nach der Reinheit des Zinns werden 2- bis 4mal je 10 g der auf einem polierten Amboß ausgeplatteten und dann fein geschnittenen Probe in 500 ml-ERLENMEYER-Kolben mit je 120 ml Königswasser [1 Teil Salpetersäure (1,40) + 5 Teile Salzsäure (2 + 1)] unter Erwärmen gelöst. Zur abgekühlten Lösung gibt man 120 ml ammoniakhaltige Weinsäurelösung (200 g Weinsäure, 400 ml Wasser, 330 ml Ammoniak (0,91); die Lösung wird auf 1 l aufgefüllt) sowie 50 ml Ammoniak (0,91), kühlt das Ganze wieder ab und macht es dann eben ammoniakalisch. Die ammoniakalische Lösung wird unter ständigem Rühren mit Natriumsulfidlösung (20 g $Na_2S \cdot 9\,H_2O$ in 1 l) versetzt und die Fällung auf 70 bis 80° erwärmt. Nachdem sich der Niederschlag zusammengeballt hat, filtriert man ihn ab und wäscht ihn mit heißem Wasser aus. Um ihn von mitgefälltem Zinnsulfid zu befreien, wird er mit heißer Natriumsulfidlösung ausgezogen, der man einige Kristalle Natriumsulfit hinzugesetzt hat (25 ml gesättigte Natriumsulfidlösung, 75 ml Wasser und etwas Natriumsulfit). Darauf spritzt man die ungelöst gebliebenen Sulfide von dem ausgebreiteten Filter in einen 300 ml-ERLENMEYER-Kolben, löst sie in heißer Salpetersäure (1,20), versetzt die Lösung mit 15 ml Schwefelsäure (1,84) und erhitzt sie bis zum Auftreten dichter Schwefelsäuredämpfe. — Ist die Zinnsorte sehr rein, so vereinigt man die Sulfidniederschläge von 20 bis 40 g Einwaage. — Nach dem Erkalten wird die schwefelsaure Lösung auf etwa 150 ml verdünnt und nach einiger Zeit das ausgefallene Bleisulfat abfiltriert. Das Filtrat macht man ammoniakalisch, fügt ein haselnußgroßes Stück festes Ammoniumcarbonat hinzu und kocht bis zur vollständigen Zersetzung des Carbonats. Der Niederschlag, der das gesamte Wismut als Hydroxyd enthält, wird abfiltriert, mit heißem Wasser ausgewaschen, in 10 ml Schwefelsäure

(2 + 5) gelöst und in der Lösung das *Wismut* photometrisch bestimmt (s. Kapitel Wismut, S. 866). Im Filtrat von der Wismutfällung kann man das *Kupfer* durch Titrieren mit Kaliumcyanidlösung oder photometrisch (s. Kapitel Kupfer, S. I/381 u. I/383) bestimmen. Die Bestimmung des *Nickels* läßt sich im Filtrat der mit Natriumsulfidlösung bewirkten Fällung (s. eingangs) der Sulfide durchführen, indem man die kalte Lösung mit Diacetyldioximlösung (1 g in 100 ml) versetzt, sie dann erwärmt, den Nickelniederschlag abfiltriert und wägt.

Ausführungsart b: 5 bis 30 g der fein geraspelten Probe werden in einer geräumigen Porzellanschale mit Brom-Bromwasserstoffsäure [100 ml Brom + 120 ml Bromwasserstoffsäure (1,49)] behandelt, und zwar für je 10 g Einwaage mit 20 bis 25 ml des Gemisches. Man bedeckt die Schale mit einem Uhrglas und gibt die Säure in kleinen Anteilen hinzu, bis die Hauptreaktion beendet ist. Dann nimmt man das Uhrglas ab, spült es von anhaftenden Spritzern mit einer kleinen Menge des Reagenzgemisches ab und dampft den Schaleninhalt zur Trockne. Nach kurzem Rösten wird er erneut der gleichen Behandlung mit weiteren 20 bis 25 ml des Gemisches unterzogen. Den in der Schale verbliebenen Rückstand erwärmt man schließlich 30 min lang im Trockenschrank bei 130°, löst ihn nach dem Erkalten vorsichtig in etwas Salpetersäure (1 + 3) und führt die Lösung in ein kleines Becherglas über. In dieser Lösung können nun die Verunreinigungen des Zinns (außer Antimon, Arsen und Wismut; letzteres wird hierbei zum Teil als Wismuttribromid verflüchtigt) nach bekannten Verfahren voneinander getrennt und bestimmt werden.

Ausführungsart c (polarographische Bestimmungen): Je nach dem Reinheitsgrad werden 5 bis 20 g der Probe mit Brom-Bromwasserstoffsäure abgeraucht. Der Rückstand wird mit Wasser aufgenommen und mit Salpetersäure versetzt. Sodann wird Blei durch Abrauchen mit Schwefelsäure als Sulfat abgeschieden. Das Filtrat wird in einem 200 ml-Meßkolben mit Ammoniak (0,91) neutralisiert; anschließend fügt man noch etwa 15 ml Ammoniak (0,91) im Überschuß zu. Zu dieser Lösung werden 15 ml gesättigte Natriumsulfitlösung, 7 ml 0,5proz. Gummiarabikum- und 3 ml 0,5proz. Gelatinelösung gegeben und auf 200 ml aufgefüllt. 50 ml dieser Auffüllung werden nach Filtration durch Doppelt-Schwarzbandfilter mit 5 ml Wasser versetzt und polarographiert. Dann werden nochmals 50 ml der Auffüllung abfiltriert und mit 5 ml Zusatzlösung versetzt und ebenfalls polarographiert. Die Zusatzlösung enthält in 5 ml je 1 mg Kupfer, 1 mg Cadmium, 1 mg Nickel und 1 mg Zink. Bedeutet a die Stufenhöhe mit Zusatzlösung und b die ohne Zusatzlösung, so ergibt sich der Prozentgehalt Metall nach dieser Arbeitsweise für 5 g Einwaage nach der Beziehung:

$$\text{\%-Gehalt Metall} = \frac{b \cdot 4 \cdot 100 \cdot 0{,}001}{(a - b) \cdot 5} = \frac{b \cdot 0{,}4}{(a - b)\, 5}$$

und für 20 g Einwaage nach der Beziehung:

$$\text{\%-Gehalt Metall} = \frac{b \cdot 4 \cdot 100 \cdot 0{,}001}{(a - b) \cdot 20} = \frac{b \cdot 0{,}1}{(a - b)\, 5}$$

Das *Eisen* ist als Niederschlag in der ammoniakalischen Lösung für die Kupfer-, Cadmium-, Nickel- und Zinkbestimmung enthalten. Soll es bestimmt werden, so wird die im Meßkolben aufgefüllte Lösung durch ein trockenes Filter filtriert, das Filtrat für die polarographische Bestimmung benutzt und der das Eisen enthaltende Niederschlag in Salzsäure gelöst. Die Lösung versetzt man mit Kaliumthiocyanatlösung und bestimmt das Eisen photometrisch. Sind größere Eisengehalte vorhanden, so kann man die Bestimmung auch maßanalytisch nach ZIMMERMANN-REINHARDT vornehmen.

Bei größeren Bleigehalten wird die Bestimmung des *Bleies* gewichtsanalytisch als Sulfat ausgeführt; bei kleineren Gehalten kann sie aus einer besonderen Einwaage *polarographisch* erfolgen. Je nach Reinheitsgrad der Probe werden 1 bis 5 g der Probe sorgfältig mit Brom-Bromwasserstoffsäure abgeraucht und geröstet. Der Rückstand wird noch 2mal mit Brom-Bromwasserstoffsäure abgeraucht. Der so erhaltene Rückstand wird mit 6 ml Salpetersäure (1,4) versetzt, mit Wasser in einen 100 ml-Meßkolben übergespült, anschließend mit 2 ml 0,5proz. Gelatinelösung versetzt und dann auf 100 ml aufgefüllt. Von der über ein Doppel-Schwarzbandfilter abfiltrierten Lösung werden 20 ml abgenommen und mit 1 ml Wasser versetzt. Diese Lösung wird durch etwa 5 bis 10 min langes Durchleiten von Stickstoff entlüftet und dann polarograhierpt. Darauf werden weitere 20 ml der abfiltrierten Lösung mit 1 ml Bleizusatzlösung versetzt (1 ml Bleizusatzlösung enthält 1 mg Blei) und wiederum polarographiert. Der Prozentgehalt ergibt sich, wenn a die Stufenhöhe mit Zusatzlösung und b die Stufenhöhe ohne Zusatzlösung bedeutet, für 1 g Einwaage nach folgender Beziehung:

$$\%\text{-Gehalt Pb} = \frac{b \cdot 5 \cdot 100 \cdot 0{,}001}{a - b} = \frac{b \cdot 0{,}5}{a - b}$$

Für 5 g Einwaage nach der Beziehung:

$$\%\text{-Gehalt Pb} = \frac{b \cdot 100 \cdot 0{,}001}{a - b} = \frac{b \cdot 0{,}1}{a - b}$$

Zu beachten ist dabei folgendes: Da mit der Bleistufe die eine Zinnstufe zusammenfällt, ist bei der polarographischen Bestimmung des Bleies für die restlose Verflüchtigung des Zinns Sorge zu tragen. — Sehr zweckmäßig ist das Ansetzen von 2 Parallelproben, zumal die Mehrarbeit nur gering ist.

Für die *polarographische Wismutbestimmung* löst man 5 oder 20 g Probematerial in Salzsäure (1,19), setzt gegen Ende des Lösens etwas Kaliumchlorat hinzu und verkocht dann das Chlor. Die Lösung wird mit Natronlauge alkalisch gemacht und darauf mit 30 bis 50 ml Natriumsulfidlösung (20 g $Na_2S \cdot 9\,H_2O$ in 1 l) versetzt. Nach kurzem Aufkochen wird filtriert, der Niederschlag mit schwach natriumsulfidhaltigem Wasser ausgewaschen und in Bromsalzsäure gelöst. Man dampft die Lösung bis auf wenige ml ein, gibt 2 g Natriumtartrat sowie 1 g Natriumhydrogentartrat hinzu, neutralisiert mit Natronlauge (p_H 4,4) und füllt nach Zusatz von 1 ml 0,2proz. Gelatinelösung das Ganze auf 50 ml auf. Davon werden 2mal je 20 ml in zwei trockne Bechergläschen pipettiert, zu der einen Abmessung 2 ml Wasser, zu der anderen 2 ml einer Wismutstandardlösung mit 0,2 mg Wismut im ml gegeben und die beiden Lösungen schließlich polarographiert. Vor der Wismutstufe liegt eine Eisen(III)- und eine Kupferstufe. Die Gelatinekonzentration darf 0,005% nicht übersteigen, da sonst die Wismutstufe unterdrückt wird.

Die Berechnung erfolgt sinngemäß, wie oben beim Blei angegeben.

Da beim Reinzinn die Fällung der geringen Mengen an Kupfer, Blei, Wismut usw. in *stark natronalkalischer* Lösung mit Natriumsulfid erst nach längerer Zeit vollständig ist, verfährt man besser wie folgt: Man löst 20 g Reinzinn in 200 ml Königswasser, wie bei der Ausführungsart a, S. 987, beschrieben, versetzt die Lösung mit 200 ml ammoniakhaltiger Weinsäurelösung [200 g Weinsäure + 400 ml Wasser + 330 ml Ammoniak (0,91) auf 1 l] und 100 ml Ammoniak (0,91), kühlt sie ab und macht sie eben ammoniakalisch. Dann wird unter Umschütteln die Fällung der Sulfide mit Natriumsulfidlösung vorgenommen, der Niederschlag von mitgefälltem Zinnsulfid (wie eben beschrieben) befreit, in Bromsalzsäure gelöst und die Lösung nach dem Verjagen des Broms mit Salpetersäure bis auf ein kleines Volumen eingedampft. Darauf bereitet man sie zum Polarographieren wie oben vor.

Photometrische Bestimmung von *Eisen.* Etwa 0,2 g der Probe (die Höhe der Einwaage richtet sich nach dem Reinheitsgrad der Probe) werden mit 10 ml Brom-

Bromwasserstoffsäure abgeraucht. Der Rückstand wird mit 2 ml Schwefelsäure (1,84) versetzt und eingeraucht. Die verbleibende Schwefelsäuremenge soll etwa 1 ml Schwefelsäure betragen. Die schwefelsaure Lösung wird mit wenig Wasser und 25 ml Pufferlösung (5 m an Essigsäure und 4 m an Ammonacetat) versetzt. Zu dieser Lösung werden 5 ml Hydroxylaminhydrochloridlösung (50 g/l) gegeben. Nach Auffüllung auf 50 ml wird die Lösung durch ein Cellafilter in ein trockenes Becherglas abfiltriert und mit 1 ml einer 1 m alkoholischen Lösung von 1,10-Phenanthrolin angefärbt. Die Extinktion der Lösung wird bei 510 mμ gegen eine entsprechend angesetzte Blindlösung gemessen. Den Gehalt der Probe an Eisen entnimmt man einer zuvor aufgestellten Eichkurve.

Fehlerquellen. Beim Lösen des Zinns durch Erhitzen mit konz. Schwefelsäure darf die Salzsäure nur nach dem völligen Erkalten der Sulfate zugesetzt werden, damit Arsen nicht flüchtig wird. Die Summe von Antimon und Arsen würde sonst beim Titrieren mit Kaliumbromat zu niedrig ausfallen.

Wenn man das Eisen im Rückstand nach der Behandlung mit Brom-Bromwasserstoffsäure bestimmt, so ist darauf zu achten, daß Brom und Bromwasserstoffsäure häufig eisenhaltig sind; daher muß durch einen Versuch der Eisengehalt der gleichen Menge Brom-Bromwasserstoffsäure, wie sie für den Versuch verwendet wurde, gegebenenfalls festgestellt und in Abzug gebracht werden.

Literatur. Verfahren der *Zinnwerke Wilhelmsburg*, der *Berzelius-Metallhütten GmbH* und der *Th. Goldschmidt AG, Essen*; Brom-Bromwasserstoffsäure-Methode: SCHÜRMANN, E.: Mitteilungen Kgl. Materialprüfungsamt Gr. Lichterfelde-West Bd. 42 (1924) S. 13 — BLUMENTHAL, H.: Metall u. Erz Bd. 37 (1940) S. 253. — Polarographische Bestimmungsverfahren: RODEWALD, B.: Z. analyt. Chem. Bd. 131 (1950) S. 81. — LINGANE, J. J.: Ind. Engng. Chem. analyt. Edit. 16 (1944) S. 147.

D. Die Untersuchung von Zinnlegierungen

Es sind dies in der Hauptsache die Lagermetalle auf Zinn- und Bleibasis und die Zinnlote. Zinnhaltig sind ferner die Letternmetalle und viele Kupferlegierungen.

I. Lagermetalle auf Zinn- und Bleibasis

1. Weißmetalle

Sie enthalten neben 40 bis 80% Zinn etwa 10 bis 20% Antimon, 5% Kupfer und gegebenenfalls geringe Mengen von anderen Zusatzmetallen (bis zu je 1%); der Rest besteht aus Blei (s. auch Kapitel Genormte Metalle und Legierungen).

Ihre Untersuchung kann entweder mit Hilfe chemischer Verfahren oder zum Teil auch auf polarographischem Wege durchgeführt werden.

a) Chemische Bestimmungsverfahren (nach Zinnwerke Wilhelmsburg)

Zinn. Bei einem Zinngehalt bis zu 40% werden 1 g, über 40% 0,5 g Feilspäne im 300 ml-ERLENMEYER-Kolben in 50 ml Salzsäure (2 + 1) und 5 ml konz. Eisen(III)-chloridlösung [1000 g kristallisiertes Eisen(III)-chlorid in 500 ml Salzsäure (2 + 1)] unter schwachem Kochen gelöst; der Kolben ist dabei mit einem Tropfenfänger zu versehen. Zur Lösung fügt man nach dem Verdünnen mit der gleichen Menge Wasser Eisenpulver (Ferrum reductum) hinzu und läßt es 20 bis 30 min bei einer Temperatur von 60 bis 70° einwirken. Nach der Reduktion wird die auf etwa 30° abgekühlte Lösung durch Zellstoffwatte filtriert und der Metallschwamm mit salzsäurehaltigem Wasser ausgewaschen. Im Filtrat erfolgt die Bestimmung des Zinns nach der Vorschrift unter C. I. 1., S. 978.

Antimon. Der nach der Reduktion mit Eisenpulver abfiltrierte Metallschwamm wird samt dem Filter in den Fällungskolben zurückgegeben und in Bromsalzsäure gelöst. Über den weiteren Verlauf der Bestimmung s. die Angaben unter C. II. 4., S. 983.

Arsen. Die Bestimmung wird ausgeführt, wie unter Rein- und Handelszinn, S. 987, angegeben.

Blei, Wismut, Kupfer, Cadmium, Eisen, Nickel und Zink. 1 g Feilspäne wird in einem 300 ml-ERLENMEYER-Kolben mit 20 ml Salpetersäure (1,2) zersetzt und hierauf durch Zugeben von 10 ml Salzsäure (1,19) in Lösung gebracht. Die Lösung versetzt man mit 25 ml Schwefelsäure, erhitzt bis zum Auftreten dichter Schwefelsäuredämpfe, läßt erkalten, spült mit 20 ml Wasser in eine Porzellanschale, fügt je nach dem Zinngehalt 10 bis 20 ml Bromwasserstoffsäure (1,49) hinzu und erhitzt erneut bis zum starken Rauchen der Schwefelsäure. Hierbei werden Zinn, Antimon und Arsen vollkommen verflüchtigt. Nach dem Erkalten verdünnt man den Kolbeninhalt mit 100 ml Wasser, filtriert das *Bleisulfat* ab, löst es in Ammoniumacetatlösung (200 g/l), fällt es als Bleichromat und bringt es in bekannter Weise zur Auswaage. Das Filtrat vom Bleisulfat wird nach Zusatz von 15 ml Salpetersäure (1,2) elektrolysiert und das *Kupfer* ausgewogen. Man löst es ab und prüft die Lösung auf *Wismut*, welches gegebenenfalls photometrisch bestimmt werden kann. Das Elektrolysat wird ammoniakalisch gemacht und das *Eisen*, falls vorhanden, abfiltriert und bestimmt. Das Filtrat kann zur Bestimmung von *Cadmium*, *Nickel* und *Zink* verwandt werden.

Genauigkeit. 2.

Dauer der Vollanalyse 6 bis 8 Std.

Bleigehalte über 5% können für sich allein rasch nach folgendem Betriebsverfahren bestimmt werden: Je nach dem Bleigehalt zersetzt man 0,5 bis 2 g der Legierung in Salpetersäure (1,40) (10 ml je g Einwaage), spült das Ganze in einen 100 ml-Meßkolben über und füllt nach dem Erkalten mit Wasser zur Marke auf. Sobald sich die Zinnsäure abgesetzt hat, wird durch ein trockenes Filter filtriert, wobei die ersten durchgelaufenen Mengen verworfen werden. Dann entnimmt man dem Filtrat 25 ml, versetzt die Abmessung mit etwa 5 g Ammoniumacetat und 10 ml Kaliumchromatlösung (100 g/l), kocht auf, filtriert den Bleichromatniederschlag ab und wäscht mit warmem Wasser aus, bis das ablaufende Waschwasser farblos ist. Darauf wird er in ein kleines Becherglas gespritzt und das Bleichromat durch Erwärmen mit 5 ml Schwefelsäure (1 + 1) in Bleisulfat übergeführt. Dieses filtriert man ab, wäscht sorgfältig aus und verdünnt das in einem ERLENMEYER-Kolben aufgefangene Filtrat auf etwa 200 ml. Nach Zusatz von 1 g Kaliumjodid und etwas Stärkelösung titriert man mit n/10-Natriumthiosulfatlösung bis zum bleibenden Umschlag der zunächst braunen, dann blauen Färbung in Hellgrün.

1 ml n/10-Natriumthiosulfatlösung = 6,9 mg Blei

Genauigkeit. 2.

Dauer. 2 Std.

Literatur. SAVELSBERG, W.: Erzmetall Bd. 3 (1950) S. 47.

b) Polarographische Bestimmungsverfahren

Blei. Bei Gehalten unter 5% Blei wird die Bleibestimmung polarographisch durchgeführt, wie beim Reinzinn, S. 989, angegeben. Die Einwaage richtet sich nach dem Bleigehalt; die Berechnung erfolgt dann entsprechend der geänderten Einwaage.

Kupfer, Cadmium, Nickel, Zink und Eisen. Die Einwaage beträgt im allgemeinen 1 g; die Vorbereitung für die Bestimmungen geschieht, wie beim

Feinzinn, Ausführungsarten b und c, S. 988, angegeben. Nach dem Abfiltrieren des Bleisulfats wird das Filtrat bei Gehalten über 3% Kupfer der Elektrolyse unterzogen (Spannung 2 V, Doppelnetzelektroden, Temperatur 60 bis 70°). Das Elektrolysat und das Waschwasser füllt man im 200 ml-Meßkolben mit Ammoniak (0,91) zur Marke auf. Die Lösung wird zur Bestimmung etwaiger Kupferreste sowie von Cadmium, Nickel und Zink benutzt. Sollte noch etwas Kupfer ermittelt werden, so ist der polarographisch erhaltene Wert zu dem durch Elektrolyse gefundenen zu addieren.

Berechnungsbeispiele. Bedeuten *a* die Stufenhöhen der Aufnahmen *mit*, *b* die der Aufnahmen *ohne* Eichzusätze, so ist bei 1 g Einwaage und Eichzusätzen von 0,4 mg Metall (2 ml mit je 0,2 mg):

$$\frac{b \cdot 0{,}04}{a - b} = \%\ \text{Metall}$$

bei 1 g Einwaage und Eichzusätzen von 4 mg Metall (bei höheren Gehalten):

$$\frac{b \cdot 0{,}4}{a - b} = \%\ \text{Metall}$$

Das *Eisen* kann, wie unter Feinzinn, S. 987, angeführt, nach dem Filtrieren des Meßkolbeninhaltes bestimmt werden.

Wismut. Bei geringen Bleigehalten — bis etwa zu 5% — kann die Bestimmung nach der Vorschrift für Feinzinn, S. 987, durchgeführt werden. Bei höheren Bleigehalten muß man die Hauptmenge des Bleies vorher abtrennen, da sonst die Wismutstufe bei der polarographischen Aufnahme schlecht zu messen ist. Man bedient sich dabei des Wismutanreicherungsverfahrens durch Bildung eines Mangandioxydhydratniederschlages nach H. Blumenthal, wie es im Kapitel Kupfer, S. I/388, und anderen Kapiteln beschrieben ist.

Je nach dem zu erwartenden Wismutgehalt löst man 1 bis 5 g der Legierung in Salzsäure unter späterem Zusatz von etwas Kaliumchlorat, verkocht das Chlor, macht die Lösung mit Natronlauge alkalisch und versetzt sie unter Erwärmen mit Natriumsulfidlösung. Der abfiltrierte Niederschlag wird mit Bromsalzsäure gelöst und die Lösung nach dem Verjagen des Broms mit Salpetersäure auf etwa 50 ml abgedampft. Man verdünnt sie sodann auf 200 ml, versetzt sie mit verdünntem Ammoniak bis zur beginnenden Trübung, löst diese durch vorsichtiges Zutropfenlassen von Salpetersäure (1 + 5) eben auf, gibt 10 ml Mangan(II)-nitrat- [80 g $Mn(NO_3)_2 \cdot 6\,H_2O$ in 1 l] und 3 ml einer 1 n-Kaliumpermanganatlösung hinzu und kocht, bis eine Fällung von Mangandioxydhydrat eingetreten und die überstehende Flüssigkeit klar geworden ist. Dann werden der Zusatz von 3 ml Kaliumpermanganatlösung und das Kochen wiederholt. Man filtriert, wäscht den Niederschlag mit heißem Wasser aus, spritzt ihn in das Fällungsgefäß zurück, löst die am Filter verbliebenen Reste mit wenig Salpetersäure (1 + 3) unter Zusatz von etwas Wasserstoffperoxyd in das Gefäß mit dem Niederschlag hinein, bringt diesen durch Erwärmen in Lösung und verkocht den Überschuß an Wasserstoffperoxyd. Hierauf verfährt man weiter, wie bei der polarographischen Wismutbestimmung im Feinzinn, S. 989, beschrieben.

2. Zinnhaltige Bleilagermetalle

Neben 70 bis 80% Blei enthalten diese Legierungen 5 bis 15% Zinn, etwa 10 bis 15% Antimon und ferner Arsen, Kupfer und gegebenenfalls weitere Zusatzmetalle.

Sie können nach den vorstehend unter Weißmetalle beschriebenen Verfahren untersucht werden (vgl. auch den Abschnitt Bleilegierungen im Kapitel Blei, S. I/190).

II. Lötzinn

Die verschiedenen Sorten von Lötzinn enthalten 20 bis 70% Zinn, etwa 1 bis 2% Antimon, geringe Mengen von Kupfer und als Rest Blei. Vgl. auch das Kapitel Genormte Metalle und Legierungen, S. 1500.

Für die Durchführung einer Gesamtanalyse gilt folgendes:

Zinn. Man bestimmt es, wie beim Weißmetall, S. 990, beschrieben.

Antimon. 1 g Feilspäne wird in einem 300 ml-Erlenmeyer-Kolben durch Erhitzen mit 20 ml Schwefelsäure (1,84) auf freier Flamme unter öfterem Schütteln zersetzt. Nach dem Abkühlen gibt man 150 ml Wasser sowie 30 ml Salzsäure (1,19) hinzu, kocht auf und titriert das Antimon mit Kaliumbromatlösung unter Anwendung von Methylorange als Indicator. Da hierbei das vorhandene Arsen mittitriert wird, muß es nach seiner Bestimmung in gesonderter Einwaage in entsprechender Menge vom Ergebnis der Antimonbestimmung abgesetzt werden.

Da das Antimon nur in geringen Mengen vorhanden ist, titriert man es zweckmäßig mit einer verdünnten Bromatlösung, die 1,143 g Kaliumbromat in 1 l enthält; 1 ml entspricht 0,0025 g Antimon.

Arsen. Man führt die Bestimmung aus, wie beim Reinzinn, S. 987, beschrieben.

Blei. Seine Bestimmung ist der bei Weißmetall, S. 991, angegebenen Vorschrift zu entnehmen.

Kupfer. Es ist im Lötzinn meist nur in sehr geringen Mengen vorhanden und kann nach folgendem Verfahren bestimmt werden:

Man löst in einem 300 ml-Erlenmeyer-Kolben 5 g Feilspäne in 120 ml Salzsäure (1,19) in der Siedehitze; der Löseprozeß kann bei antimonarmem Material durch Zusatz von etwas Antimonlösung beschleunigt werden. Nach Beendigung der Wasserstoffentwicklung bringt man den Metallschwamm durch tropfenweises Zugeben von Salpetersäure (1,40) in Lösung, dampft die Lösung bis zur Ausscheidung von Bleichlorid ein, filtriert dieses auf Zellstoffwatte ab und wäscht es mit kaltem Wasser aus. Das Filtrat wird mit 25 ml ammoniakhaltiger Weinsäurelösung (s. unter Reinzinn, S. 987) versetzt und sodann ammoniakalisch gemacht. Dann füllt man die Lösung in einem 250 ml-Meßkolben zur Marke auf, entnimmt ihr eine Abmessung von 100 ml (= 2 g Einwaage) und bestimmt darin das Kupfer photometrisch. Die Vergleichslösung ist unter Verwendung der gleichen Reagenzienmengen wie bei der Probenlösung herzustellen. Man kann nach dem Verfahren noch Kupfergehalte bis zu 0,01% herab bestimmen.

Verunreinigungen an Kupfer sowie auch an *Cadmium* und *Zink* usw. lassen sich auch auf polarographischem Wege wie beim Weißmetall bestimmen (S. 991).

III. Letternmetalle

Sie enthalten neben Blei als Hauptbestandteil bis zu 28% Antimon und 3 bis 5% Zinn. Unter Berücksichtigung des hohen Antimongehaltes kann im übrigen ihre Untersuchung wie die des Lötzinns durchgeführt werden. Da sie sehr zum Seigern neigen, geht man dabei zweckmäßig von einer größeren Einwaage (10 g und mehr aus), von der man für die Analyse einen entsprechenden Anteil der Lösung verwendet.

IV. Zinnhaltige Kupferlegierungen

Die Untersuchung dieser Legierungen ist aus den im Kapitel Kupfer, S. I/426, gegebenen Vorschriften zu ersehen.

V. Zinn-Cadmium-Spritzmetallegierungen

Diese Legierungen enthalten etwa 60 bis 80% Zinn und 20 bis 40% Cadmium.

Ausführung. 50 g der Legierung werden in einem 1 l-Becherglas mit 150 ml Wasser versetzt und anteilweise mit 300 ml Salzsäure (1,19) unter mehrfachem Zusatz von Kaliumchlorat gelöst. Das Chlor muß durch Erhitzen restlos entfernt werden, anschließend wird die Lösung in einen 1 l-Meßkolben übergespült, abgekühlt und zur Marke aufgefüllt. 100 ml dieser Lösung (= 5 g) werden in einen 500 ml-Meßkolben pipettiert und aufgefüllt.

Zinn-Bestimmung. Von dieser Lösung werden wieder 100 ml (= 1 g) in einen 500 ml-Meßkolben pipettiert, mit 150 ml Wasser und 100 ml Salzsäure (1 + 1) verdünnt und die Lösung in der Wärme mit Eisenpulver reduziert. Nach beendeter Reduktion kühlt man ab und füllt mit Wasser zur Marke auf. Von der über ein Faltenfilter abfiltrierten Lösung werden 2mal 200 ml entnommen und in je einen 750 ml-Erlenmeyer-Kolben übergeführt. Die Bestimmung des Zinns wird nach der unter C. I. 1a), S. 979, aufgeführten Vorschrift ausgeführt.

Cadmium-Bestimmung. Von der verdünnten Lösung (5 g/500 ml) werden 100 ml (= 1 g) in ein 600 ml-Becherglas übergeführt, mit 200 ml Wasser verdünnt und in der Siedehitze mit 60 ml Natriumsulfidlösung (200 g $Na_2S \cdot 9\,H_2O$ in 1 l) versetzt. Nach dem Absitzen wird über ein Rotbandfilter mit Filterschleim abfiltriert und mit wenig natriumsulfidhaltigem Wasser ausgewaschen. Das Filter mit Niederschlag wird in das Becherglas zurückgegeben, in etwa 25 ml Salpetersäure (1,4) gelöst und mit 20 ml Schwefelsäure (1,84) zum Rauchen erhizt. Etwaige organische Rückstände werden mit einigen Tropfen Nitriersäure oxydiert. Die abgekühlte Lösung wird mit Wasser so weit verdünnt, daß eine Konzentration von 5 bis 6 Volumenprozenten an Schwefelsäure erreicht wird. In die 60 bis 80° wärme Lösung wird bis zum Erkalten Schwefelwasserstoff eingeleitet. Der Sulfidniederschlag wird über Rotbandfilter abfiltriert und mit 5 vol.-proz. schwefelwasserstoffhaltiger Schwefelsäure ausgewaschen. Danach wird der Niederschlag mit warmer Natriumsulfidlösung (20 g $Na_2S \cdot 9\,H_2O$ in 1 l) behandelt, um die Sulfosalzbildner zu entfernen. Das Cadmiumsulfid wird mit Salzsäure (1 + 1) gelöst und mit 30 ml Schwefelsäure (1 + 1) zur Trockne geraucht. Die weitere Bestimmung wird nach Kapitel Cadmium, C. I. 1b) ausgeführt.

E. Die Untersuchung der Zinnsalze

Folgende handelsübliche Zinnsalze sind zu nennen: Das reine Zinn(IV)-chlorid (Handelsbezeichnung: *Chlorzinn*), eine wäßrige, 20- bis 30proz. Lösung von Zinntetrachlorid (Handelsbezeichnung: *Schwerbeize*), kristallisiertes Zinn(II)-chlorid (Handelsbezeichnung: *Zinnsalz*), Natriumstannat (Na_2SnO_3), Zinn(II)-sulfat ($SnSO_4$) und schließlich *Zinn(IV)-oxyd* (SnO_2).

I. Zinn(IV)-chlorid

Die Untersuchung hat sich auf die Gehalte an Zinn und freiem Chlor zu erstrecken.

Zinn. Das „Chlorzinn" wird in eine kleine, gewogene Glasampulle eingesaugt; dann wird diese abgeschmolzen. Man wägt nun die gefüllte Ampulle sowie das abgeschmolzene Stück Glas erneut und erhält aus der Differenz der beiden Wägungen das Gewicht der eingesaugten Chlorzinnmenge. Die Ampulle bringt man in einen starkwandigen 100 ml-Erlenmeyer-Kolben, der mit 30 ml Wasser beschickt ist und nun mit einem Gummistopfen dicht verschlossen wird. Durch die Bohrung des Stopfens führt ein Glasstab bis fast auf den Boden des Kolbens; hiermit zerdrückt man den Ampullenkörper. Darauf läßt man das Ganze unter öfterem Schütteln stehen, bis die entstandenen Nebel völlig absorbiert sind, filtriert die Lösung schnell von den Glassplittern durch eine grobe Glasfritte und wäscht mit kaltem, salzsäurehaltigem Wasser nach. Filtrat und Waschwasser werden in einem 1 l-Becherglas mit 700 ml siedendem Wasser verdünnt und 10 min gekocht. Man filtriert sodann das ausgefallene Zinnsäurehydrat ab, wäscht es mit heißem Wasser aus, verascht das Filter und glüht seinen Inhalt. Das Veraschen muß, um eine Reduktion der Zinnsäure zu vermeiden, mit Vorsicht geschehen; gegebenenfalls setzt man einige Tropfen Salpetersäure hinzu, dampft sie ab und glüht erneut. Die Auswaage ist Zinn(IV)-oxyd. Umrechnungsfaktor auf Sn = 0,7877.

Bei eiligen Betriebsanalysen kann man die Ampullensplitter mit in der Fällung belassen und ihr Gewicht von der Auswaage absetzen.

Freies Chlor. Die Einwaage erfolgt, wie oben bei der Zinnbestimmung angegeben. Nach dem Zerdrücken der Ampulle und der Absorption der Säurenebel gibt man in das Kölbchen 20 ml Salzsäure (1,19) und 10 ml Kaliumjodidlösung (10 g in 100 ml) sowie etwas Stärkelösung und titriert das ausgeschiedene Jod mit n/10-Natriumthiosulfatlösung.

1 ml n/10-Natriumthiosulfatlösung entspricht 3,55 mg freiem Chlor.

Genauigkeit der beiden Bestimmungen. 2.

Dauer. $1^1/_2$ Std.

II. Schwerbeize

Wie bereits erwähnt, handelt es sich hierbei um eine 20- bis 30proz. Lösung von Zinn(IV)-chlorid in Wasser; sie findet in der Textilindustrie Verwendung. Die frische Beize wird auf *Zinn* und *Chlor* untersucht, wie vorher bei E. I. beschrieben. Dabei erfolgt die Einwaage ohne Ampulle, weil keine Dämpfe entweichen.

Gebrauchte Beizen untersucht man auf *freie Salzsäure, Zinn, Eisen, Aluminium, Natrium* und *Phosphat.*

Freie Salzsäure. Ein 400 ml-Becherglas (hohe Form) wird bei 250 ml Volumen mit einem Strich versehen. In dieses Becherglas bringt man 25 g der Schwerbeize und versetzt sie mit einer Lösung von 20 g Kaliumcyanoferrat(II) in 100 ml Wasser. Nach dem Zerdrücken der ausgefallenen Klumpen füllt man das Glas bis zur 250 ml-Marke mit Ammoniumnitratlösung (40 g/l), rührt kräftig um und stellt mit einem abgeplatteten Glasstab eine gleichmäßige Aufschlämmung her. Dann wird durch ein großes Faltenfilter filtriert. Man entnimmt dem Filtrat 100 ml und titriert die freie Säure mit n/10- oder n/20-Natronlauge unter Zusatz von Methylorange als Indicator.

Aus den verbrauchten ml Lauge ergibt sich der Gehalt an freier Salzsäure.

Zinn. Die Bestimmung kann in der mit Salzsäure angesäuerten Lösung maßanalytisch oder elektrolytisch erfolgen (s. unter C. I. 1. oder 2., S. 978—980).

Eisen, Aluminium und Natrium. Je nach der Reinheit der Schwerbeize werden 1 bis 5 g nach dem Ansäuern mit etwas Salzsäure mit Schwefelwasserstoff gesättigt. Man filtriert das Zinnsulfid ab, verkocht im Filtrat den Schwefelwasserstoff, oxydiert und fällt Eisen und Aluminium mit Ammoniak. Nach dem Abfiltrieren wird der Niederschlag geglüht und gewogen, der Tiegelinhalt mit 100 ml Salzsäure (1 + 2) behandelt, gegebenenfalls mit Kaliumhydrogensulfat aufgeschlossen und in der Lösung das *Eisen* nach ZIMMERMANN-REINHARDT titriert. Nach Abzug des auf Oxyd umgerechneten Eisens von der Summe der Oxyde bleibt das *Aluminiumoxyd* als Differenz. Nun dampft man das Filtrat der Hydroxydfällung zur Trockne, entfernt die Ammoniumsalze durch Glühen, löst den Rückstand in Wasser, filtriert die Lösung, dampft das Filtrat nach Zugeben von etwas Schwefelsäure zur Trockne, erhitzt mit etwas Ammoniumcarbonat und wägt nach schwachem Glühen das *Natriumsulfat.* Dann ist noch auf einen Gehalt an Calcium und Magnesium zu prüfen, denn oft finden sich größere Mengen davon in der gebrauchten Beize, wenn beim Gebrauch hartes Wasser benutzt worden ist.

Phosphorsäure. Nach dem Entfernen des Zinns durch Einleiten von Schwefelwasserstoff in die mit Salzsäure und Wasser verdünnte Lösung von 5 oder 10 g der Beize und nachfolgendem Abfiltrieren des Niederschlages verkocht man im Filtrat den Schwefelwasserstoff, oxydiert und bestimmt die Phosphorsäure in bekannter Weise durch Fällen mit Ammoniummolybdat.

Genauigkeit. 2.

Dauer für alle Bestimmungen. 6 Std.

III. Zinnsalz

Das Zinnsalz des Handels soll reines Zinn(II)-chlorid sein. Man untersucht es auf seinen Gehalt an Gesamtzinn und an 2wertigem Zinn; aus der Differenz ergibt sich der Gehalt an 4wertigem Zinn. Etwa vorhandene Verunreinigungen durch andere Metalle können, wie beim Reinzinn angegeben, bestimmt werden.

Gesamtzinn. 2 g des Salzes werden in 100 ml Salzsäure (1 + 1) gelöst; die Lösung wird im 500 ml-Meßkolben nach Zugeben von 50 ml Salzsäure (1,19) zur Marke aufgefüllt. Dann nimmt man davon 50 ml ab und bestimmt in der Abmessung das Zinn entweder maßanalytisch oder durch Elektrolyse.

Zinn(II). 0,2 g des Salzes werden in einem kleinen Stehkolben unter Durchleiten von Kohlendioxyd in 100 ml Salzsäure (1 + 1) gelöst; in der Lösung wird das 2wertige Zinn unmittelbar mit Jod-, Kaliumjodat- oder Eisen(III)-chloridlösung titriert (s. S. 979 ff.).

Gesamtzinn abzüglich 2wertigem Zinn = 4wertiges Zinn.

Genauigkeit. 2.

Dauer. 1 Std. für die beiden Bestimmungen.

IV. Zinn(II)-sulfat

Die Handelsware soll der Formel $SnSO_4$ entsprechen. Zinnsulfat wird auf unlösliche Rückstände, Zinn, Gesamtchlorid, Antimon, Arsen und freie Schwefelsäure untersucht.

Unlösliche Rückstände: 10 g Probe werden in 200 ml einer 2proz. Schwefelsäure gelöst, mit Filterschleim im Filter filtriert, der Rückstand zunächst mit 100 ml einer 2proz. Schwefelsäure und dann säurefrei ausgewaschen. Der Rückstand wird geglüht und ausgewogen. Filtrat und Waschwasser werden auf 500 ml aufgefüllt und als Lösung A für einen Teil der folgenden Bestimmungen verwendet.

Zinn. Zu 20 ml von Lösung A werden 5 ml Salzsäure (1,19) und 25 ml Wasser gegeben. Dann wird mit n/10-Jodlösung und Stärkelösung als Indicator titriert.

Gesamtchlorid. Zu 100 ml Lösung A werden 10 ml einer n/10-Silbernitratlösung und 10 ml Salpetersäure (1,40) gegeben, zum Oxydieren des Zinns erhitzt, gekocht und der Überschuß des Silbernitrats mit n/10-Ammoniumthiocyanatlösung und Eisen(III)-ammoniumsulfatlösung als Indicator zurücktitriert.

Antimon. Man löst 5 g Probe in 100 ml Wasser und 40 ml Salzsäure (1,19), gibt 1,5 g Natriumchlorat hinzu und kocht 15 min zur Vertreibung der letzten Chlorspuren. Nach Abkühlen wird auf 200 ml verdünnt, 1 g Jodkalium zugegeben und das frei werdende Jod mit n/100-Natriumthiosulfatlösung und Stärkelösung als Indicator titriert.

Arsen. Zu 5 ml der Lösung A gibt man 20 ml Salzsäure (1 + 1) und destilliert 15 ml ab. Das Destillat wird mit 45 ml Wasser verdünnt und das Arsen unter Zugabe von 10 g arsenfreien Zinkgranalien in dem Standardapparat von GUTZEIT bestimmt.

Freie Schwefelsäure. 2 g Probe werden 2 min mit 100 ml Alkohol, der vorher durch vorsichtige Zugabe von n/10-Natriumhydroxydlösung gegenüber Phenolphthalein gerade alkalisch gemacht wurde, geschüttelt. Nach dem Absetzen werden 50 ml durch ein trockenes Papierfilter dekantiert und mit n/10-Natriumhydroxydlösung gegen Phenolphthalein als Indicator titriert.

V. Natriumstannat

Die Handelsware soll der Formel $Na_2SnO_3 + 3\,H_2O$ entsprechen. Sie wird auf Zinn, freie Natronlauge und Carbonatgehalt untersucht.

Zinn. 20 bis 50 g Probegut werden in 100 ml Natronlauge (150 g NaOH in 1 l) gelöst. Man füllt die Lösung im 500 ml-Meßkolben bis zur Marke auf, entnimmt ihr 20 bis 50 ml und bestimmt das Zinn nach dem Ansäuern mit Salzsäure maßanalytisch. Die Zinnbestimmung kann auch elektrolytisch durchgeführt werden.

Freie Lauge. Je nach dem vermuteten Gehalt löst man 5 oder 10 g des Salzes in Wasser, erwärmt die Lösung auf 50° und versetzt sie mit siedender Bariumchloridlösung (100 g $BaCl_2 \cdot 2\,H_2O$ in 1 l) im Überschuß. Nachdem man sich durch weiteres Zugeben einer kleinen Menge des Fällungsmittels von der Vollständigkeit der Fällung überzeugt hat, wird aufgekocht, das Ganze nach dem Erkalten im 200 ml-Meßkolben bis zur Marke aufgefüllt und filtriert. Man verwirft die zuerst durchgelaufenen, meist etwas getrübten Anteile, entnimmt dann 100 ml des klaren Filtrats und titriert die Abmessung mit n/10-Schwefelsäure unter Verwendung von Phenolphthalein als Indicator.

Carbonat. In der im Kapitel Magnesium, S. I/458, angegebenen Apparatur zersetzt man je nach dem vermuteten Carbonatgehalt 5 bis 30 g des Salzes durch Erwärmen mit Salzsäure (1,19), bindet das entwickelte Kohlendioxyd in gewogenen, mit Natronasbest oder Natronkalk beschickten Vorlagen und wägt wieder. Die Gewichtszunahme der Vorlage gibt die Menge des entwickelten Kohlendioxyds an (s. auch Kapitel Blei, S. I/206).

Man kann das Kohlendioxyd auch in eine Vorlage leiten, in der sich eine abgemessene Menge eingestellter Barytlauge befindet, und dann den Überschuß an freier Lauge zurücktitrieren. Ferner ist die gasvolumetrische Bestimmung des entstandenen Kohlendioxyds möglich.

Enthält das Salz Nitrate oder Nitrite, so kann man es nicht ohne weiteres mit Salzsäure zersetzen, da die frei werdenden nitrosen Gase das Ergebnis fälschen würden. Man muß dann zunächst wie oben bei der Bestimmung der freien Lauge das Stannat zusammen mit dem Carbonat mit heißer, gesättigter Bariumchloridlösung fällen, den Niederschlag abfiltrieren, ihn mit dem Filter in den Zersetzungskolben bringen und anschließend die konz. Salzsäure zusetzen.

Für die gesamten Bestimmungen:

Genauigkeit. 2.

Dauer. Etwa 2 Std.

VI. Zinn(IV)-oxyd

Die Handelsware soll reines Zinn(IV)-oxyd sein. Man untersucht es auf den Zinngehalt und gegebenenfalls auf Verunreinigungen. Die dafür zur Anwendung kommenden Verfahren entsprechen denen bei der Untersuchung der Zinnerze.

Kapitel 45

Zirkonium*

Inhalt

A. Vorkommen

Das wichtigste Zirkoniummineral ist der *Zirkon* ($ZrSiO_4$); er kommt an sich zwar weit verbreitet, aber stets nur in ganz untergeordneten Mengen in Eruptivgesteinen, z. B. im Granit, vor. Eine bedeutende Anreicherung von Zirkon stellen die Seifenlagerstätten dar, so z. B. die Vorkommen von „Zirkonsand" in Indien (Travankore), Ceylon, Australien und Brasilien.

---

*	1. Auflage	2. Auflage
Bearbeiter:	**Völkel**	**Ruf**
Mitarbeiter:	**Bender, Winterstein, Wirtz**	**Fischer, Johannsen, Völkel**

Die europäischen Fundstellen sind diesen gegenüber bisher bedeutungslos geblieben. Durch Magnetscheidung und Schlämmaufbereitung werden die Begleitmineralien (Monazit, Rutil, Ilmenit, Quarz, Eisenoxyd usw.) abgetrennt, wobei Zirkonsand sehr hoher Reinheit erhalten wird.

Gut ausgebildete, größere Zirkonkristalle dienen geschliffen als Edelsteine (z. B. der gelbrote Hyazinth).

Ein weiteres, technisch wichtiges Ausgangsmaterial ist der *Baddeleyit* (ZrO_2), oft auch als „Zirkonerde" bzw. „Favas" bezeichnet. Er findet sich hauptsächlich in Brasilien. Da er meist durch größere Mengen von Zirkoniumsilicat verunreinigt ist, beträgt sein Gehalt an ZrO_2 durchschnittlich nur 75 bis 90%.

B. Qualitativer Nachweis

Die meisten Zirkoniumerze sind in Säuren praktisch unlöslich. Sie müssen deswegen durch einen Schmelzaufschluß in Lösung gebracht werden. Am besten eignet sich dafür ein Aufschluß mit Soda-Pottasche und Borax oder mit Natriumperoxyd und Natriumhydroxyd. Das hierbei entstehende Alkalizirkonat ist in konz. Ätzkalilaugen etwas löslich; durch Kochen der verdünnten Lösung bildet sich jedoch unlösliches Zirkoniumhydroxyd, das sich aber in Säuren leicht löst. Metallisches Zirkonium löst sich leicht in Flußsäure, während es gegen andere Säuren sehr beständig ist. Zirkoniumlegierungen lassen sich meist mit konz. Salzsäure, besonders nach Zusatz von Salpeter- oder Flußsäure, in Lösung bringen.

Aus einer 10- bis 20proz. schwefelsauren Zirkoniumsalzlösung, der man noch einige ml 3proz. Wasserstoffperoxydlösung zugesetzt hat, fällt nach Zugeben eines großen Überschusses von Ammoniumphosphat weißes, flockiges Zirkoniumphosphat aus. Diese Reaktion ist sehr charakteristisch für Zirkonium. Nach O. Hackl [Z. analyt. Chem. Bd. 122 (1941) S. 1—3] lassen sich dadurch nach 3tägigem Stehenlassen und öfterem Erwärmen der Fällung bei 50° noch 0,1 mg ZrO_2 in 50 ml nachweisen. Gleichzeitig anwesendes Titan wird durch den Zusatz von Wasserstoffperoxyd in Lösung gehalten (Gelbfärbung!). β-Nitroso-α-Naphthol in alkoholischer Lösung erzeugt in salzsauren Zirkoniumlösungen eine intensive Rotfärbung. Mit Alizarinsulfosäure entsteht in saurer Lösung bei Anwesenheit von Zirkonium ein rotvioletter Farblack, der sich auch zur colorimetrischen Bestimmung des Zirkoniums verwenden läßt. Über den Nachweis von Zirkonium mit p-Dimethylaminoazo-Phenylarsinsäure s. Feigl, F., P. Krumholz u. E. Rajmann: Mikrochemie Bd. 9 (1931) S. 395, und die Angaben in Bd. I, Schiedsverfahren, 2. Aufl., S. 485.

C. Untersuchungen für den Betrieb

Während die kostspieligen Gewinnungsverfahren des metallischen Zirkoniums von Zirkoniumkaliumfluorid, Zirkoniumchlorid, Zirkoniumjodid oder reinem Zirkoniumoxyd ausgehen, werden die Zwischenlegierungen Ferrozirkon, Zirkonsilicium, Zirkonsiliciumaluminium auf elektrothermischem oder aluminothermischem Wege unmittelbar aus den Erzen gewonnen.

I. Die Untersuchung der Zirkoniumerze

Die *Zirkonsande* enthalten häufig infolge ungenügender Aufbereitung noch Monazitsand, der durch Kochen mit Schwefelsäure (1,84) herausgelöst wird. Der ungelöst gebliebene Zirkonsand wird sodann nach den weiter unten beschriebenen Verfahren untersucht.

Zur Abtrennung des Monazits wird 1 g Zirkonsand in 10 ml heiße Schwefelsäure (1,84) eingetragen. Man erhitzt unter öfterem Umrühren mehrere Std. auf dem Sandbad weiter, so daß die Schwefelsäure kräftig raucht. Man darf jedoch nicht bis zur Trockne abrauchen und muß u. U. etwas Schwefelsäure nachgeben. Nach dem Erkalten trägt man die breiige Masse in kaltes Wasser ein und läßt die Mischung einige Zeit unter öfterem Durchrühren stehen; darauf filtriert man den ungelöst gebliebenen Zirkonsand ab. Im Filtrat befinden sich neben der Phosphorsäure die Seltenen Erden, die aus der sauren Lösung mit Oxalsäure gefällt werden können. Durch die gleiche Methode kann man im Baddeleyit das unlösliche Zirkoniumsilicat von dem löslichen Zirkoniumoxyd trennen.

1. Aufschluß der Erze und Bestimmung des Siliciumdioxyds

Wenn im Erz Siliciumdioxyd nicht bestimmt zu werden braucht, kann man durch Schmelzen mit Kaliumhydrogenfluorid aufschließen; man spart dann die bei den anderen Aufschlüssen notwendige Abscheidung des Siliciumdioxyds. Man soll bei möglichst tiefer Temperatur schmelzen, um Verflüchtigen von Zirkonfluorid zu vermeiden. Anschließend wird dann mit Schwefelsäure bis zur vollständigen Verflüchtigung der Flußsäure abgeraucht. — Soll das Siliciumdioxyd bestimmt werden, so muß man alkalisch aufschließen, entweder mit Soda, Pottasche und Borax oder mit Natriumperoxyd. Man schmilzt in einem Platintiegel 20 g eines Gemisches aus 336 g Soda-Pottasche und 231 g Borax bei anfangs seitlich gestelltem Brenner bis zum klaren Fluß und bringt auf die erstarrte Schmelze 1 bis 2 g des gepulverten Erzes; darauf wird der Tiegelinhalt bei wiederum seitlich gestelltem Brenner langsam und vorsichtig zum Schmelzen gebracht und erst zum Schluß mit voller Flamme erhitzt, bis der Aufschluß vollendet ist (mindestens 10 min). Um später das Lösen zu erleichtern, empfiehlt es sich, die noch flüssige Schmelze in eine trockene Platinschale zu gießen und den nun flachen Schmelzkuchen und den geringen, im Tiegel verbliebenen Rest mit 100 ml Wasser unter vorsichtigem Zusatz von 100 ml Salzsäure (1,19) zu lösen. Darauf wird gekocht und das Siliciumdioxyd entweder durch Ausfällen mit Gelatine (s. Kapitel Silicium, S. 769) oder durch Eindampfen auf dem Wasserbad und Nachtrocknen im Trockenschrank bei 110 bis 120° zur Abscheidung gebracht. Um ein Wiederauflösen des Siliciumdioxyds zu vermeiden, durchtränkt man mit einigen Tropfen Salzsäure (1,19) und digeriert bei 60° etwa 30 min mit Salzsäure (1 + 3), der man etwas Gelatine zugesetzt hat. Der Niederschlag wird sodann auf ein Weißbandfilter abfiltriert und mit heißem Wasser ausgewaschen. Ist Titan in größerer Menge vorhanden, so trübt sich hierbei das Filtrat. Um dies zu verhindern, wäscht man erst mit Salzsäure (1 + 9), dann mit reinem Wasser aus. Für eine sehr genaue Siliciumdioxydbestimmung ist es erforderlich, Filtrat und Waschwasser nochmals einzudampfen und die darin etwa noch enthaltenen Reste — wie oben beschrieben — abzuscheiden. Das abfiltrierte Siliciumdioxyd wird im Platintiegel geglüht und gewogen. Zur Prüfung auf Reinheit raucht man sie erst mit ganz wenig Schwefelsäure allein ab, wägt und raucht dann wie üblich mit Fluß- und Schwefelsäure ab. Aus der Gewichtsdifferenz der beiden letzten Wägungen ergibt sich der Siliciumdioxydgehalt. Es verbleibt meist ein kleiner Rückstand, der mitgerissenes Zirkoniumoxyd (bei Anwesenheit von P, W, Ta usw., s. S. 1007) enthält. Er wird durch Schmelzen mit Kaliumpyrosulfat aufgeschlossen, in Salzsäure gelöst und die gegebenenfalls filtrierte Lösung zum Siliciumdioxydfiltrat gegeben, das im Meßkolben auf 500 ml aufgefüllt wird. Es ist vom Aufschluß her mit Alkalisalzen, Borsäure und etwas gelöstem Platin verunreinigt, die bei den nachfolgenden Bestimmungen unter Umständen Fehler verursachen können und entfernt werden müssen.

Die Alkalisalze werden bei einer Zirkoniumfällung mehr oder weniger mitgerissen; löst man den Niederschlag wieder auf und wiederholt die Fällung, so ist der Niederschlag praktisch alkalifrei. Wo bei den unten beschriebenen Fällungsreaktionen nur *eine* Fällung vorgesehen ist, schaltet man deshalb zweckmäßig eine Ammoniakfällung vor.

Borsäure entfernt man durch wiederholtes Eindampfen mit Methanol und Salzsäure, Platin durch Einleiten von Schwefelwasserstoff in die siedende, salzsaure Lösung bis zum Erkalten. Wenn außer dem Zirkon noch andere Bestandteile bestimmt werden sollen, empfiehlt es sich, auf alle Fälle die Borsäure zu entfernen.

Der Aufschluß mit Natriumperoxyd oder einem Gemisch von Natriumhydroxyd und Peroxyd wird im Nickeltiegel vorgenommen; man nimmt dazu das 8- bis 10fache des eingewogenen Erzes.

Die Abtrennung des Siliciumdioxyds erfolgt wie beim Soda-Borax-Aufschluß. Das dabei aufgenommene Nickel muß durch Umfällen mit Ammoniak oder als Sulfid aus tartrathaltiger Lösung abgetrennt werden.

2. Verfahren zur Bestimmung des Zirkoniums

Das Zirkonium kann gewichtsanalytisch als ZrO_2, ZrP_2O_7, $Zr(SeO_3)_2$, maßanalytisch durch Titration der Selenitfällung mit Thiosulfat oder photometrisch in der Färbung mit Alizarinrot-S oder Alizarin bestimmt werden. Die durch Fällen mit Ammoniak, Kupferron, Phenylarsinsäure, Tannin, Hexamethylentetramin, Pyridin, Ammoniumnitrit, Arsensäure, p-Oxyphenylarsinsäure, m-Propylarsinsäure und Mandelsäure teils aus mineralsaurer, teils aus essigsaurer Lösung erhaltenen Niederschläge werden durch Glühen in Zirkoniumdioxyd übergeführt. Zirkoniumphosphat ist in starken Säuren schwer, in 10proz. Schwefelsäure gar nicht löslich. Zirkoniumselenit wird mit seleniger Säure aus schwach salz- oder salpetersauren Lösungen niedergeschlagen.

Für die Bestimmung des Zirkoniums in hochhaltigen Zirkoniumerzen kommen meist gewichtsanalytische Verfahren mit Endauswaagen als ZrO_2 in Frage, kleinere Mengen Zirkonium werden als Phosphat bestimmt.

a) Die Fällung mit Ammoniak

Grundlage. Durch doppelte Fällung mit Ammoniak werden Zirkonium, Titan, Eisen und Aluminium von den Erdalkalien und Alkalien getrennt. In dem geglühten Niederschlag bestimmt man das Aluminium nach der Trennung mit Natronlauge gewichtsanalytisch und das Eisen und Titan photometrisch. Der Zirkoniumgehalt wird aus der Differenz errechnet.

Anwendungsbereich und Bedeutung. Das Verfahren ist anwendbar, wenn nicht allzuviel Verunreinigungen vorliegen.

Genauigkeit. 2.

Dauer. 5 Std.; einschließlich Aufschluß und Siliciumdioxydausfällung 11 Std.

Ausführung. Man entnimmt den auf 500 ml aufgefüllten Siliciumdioxydfiltraten so viel, als einer Einwaage von 0,2 g entspricht, kocht mit etwas Salpetersäure, um das Eisen zu oxydieren, und gibt nach dem Abkühlen auf 50 bis 60° einen ganz geringen Überschuß Ammoniak hinzu (Methylrot als Indicator). Der abfiltrierte Niederschlag wird in Salzsäure (1 + 3) gelöst — stärkere Säure greift in Gegenwart von $ZrOCl_2$ das Filter an, schwächere hält das Titan nicht in Lösung — und wiederholt die Ammoniakfällung. Man läßt nun den Niederschlag absitzen, dekantiert 2mal mit heißem, schwach ammoniakhaltigem Wasser, das etwa 10 g Ammoniumnitrat in 1 l enthält, filtriert ab und wäscht chlorfrei aus. Er wird darauf bei 1050 bis 1100° in der Muffel geglüht (Summe der Oxyde). Glüht man nur etwa $^1/_2$ Std. über dem Brenner, so findet man um etwa 0,3% zu hohe Werte. Wenn die Borsäure nicht entfernt worden ist, raucht man die Auswaage mit Fluß- und Schwefelsäure ab, glüht und wiederholt die Wägung.

Zur Bestimmung des *Aluminiums* werden aus dem 500 ml-Meßkolben ebensoviel ml entnommen wie bei der vorstehenden Fällung. Diese Abmessung trägt man langsam und unter gutem Durchrühren in eine kalte Lösung von etwa 10 g Natriumhydroxyd ein, filtriert die alkalische Lösung und wäscht den Rückstand mit verdünnter Natronlauge aus. Zweckmäßig wiederholt man die Natronlaugefällung. Die vereinigten Filtrate werden mit Salzsäure (1,19) angesäuert. Danach fällt man das Aluminium mit Ammoniak in geringem Überschuß. Nach nochmaliger Umfällung mit Ammoniak wird der Niederschlag bei 1100° geglüht. Wegen gegebenenfalls mitgerissener Borsäure raucht man, wie oben ausgeführt, mit Fluß- und Schwefelsäure ab.

Das *Titan* wird in einer seinem Gehalt entsprechend großen Abmessung der Hauptlösung bestimmt. Man versetzt die Lösung mit Wasserstoffperoxyd und vergleicht die entstandene Färbung mit der von Lösungen bekannten Titangehaltes, die hinsichtlich des Gehaltes an Salzen und Salzsäure ähnlich zusammengesetzt sind wie die zu untersuchende Lösung (s. Kapitel Titan, S. 817).

Geringe Gehalte an *Eisen* bestimmt man photometrisch mit Kaliumthiocyanat, größere werden maßanalytisch ermittelt (s. Kapitel Aluminium, S. I/64ff.).

Der *Zirkongehalt* ergibt sich aus der Summe der Oxyde nach Abzug des Aluminium-, Titan- und Eisengehaltes. Faktor zur Berechnung auf Zirkonium = 0,7403.

Fehlerquellen. Die Zirkoniumbestimmung wird um so ungenauer, je höher die Gehalte an Aluminium, Eisen und Titan sind. Die Fällung wird verhindert durch Oxalsäure, organische Oxysäuren, Glycerin, Zucker, Sulfosäuren und Flußsäure.

Literatur. Lundell, G. E. F., u. H. B. Knowles: J. Amer. chem. Soc. Bd. 45 (1923) S. 676.

b) Die Fällung mit Kupferron

Grundlage. Nach Abtrennen des Eisens mit Ammoniumsulfid aus tartrathaltiger Lösung wird das Zirkonium zusammen mit Titan aus schwefelsaurer Lösung mit Kupferron niedergeschlagen und als ZrO_2 bestimmt. Das Titan wird darin photometrisch bestimmt.

Anwendungsbereich und Bedeutung. Das Kupferronverfahren eignet sich für alle Zirkonerze.

Genauigkeit. 1.

Dauer. 4 bis 5 Std., mit Aufschluß und Siliciumdioxydaustreibung 11 Std.

Ausführung. 0,625 g des bei 100° getrockneten und feinstgepulverten Erzes werden im Nickeltiegel mit Natriumperoxyd geschmolzen. Man löst die Schmelze in Wasser und säuert mit Salzsäure an, bis eine klare Lösung entsteht. Nun entfernt man das Nickel durch wiederholte Fällung mit Ammoniak, spült dann den Niederschlag in eine Platinschale, löst die letzten Reste mit Schwefelsäure (1 + 2) und Wasserstoffperoxyd vom Filter, gibt Flußsäure hinzu und bringt den Schaleninhalt zum Verflüchtigen des Siliciumdioxyds zum Rauchen. Nachdem man mit Wasser aufgenommen hat, versetzt man die Lösung mit Weinsäure (etwa 10 bis 12 g), macht sie ammoniakalisch, wobei kein Niederschlag entstehen darf, und spült sie in einen 500 ml-Meßkolben über. Nach Zugeben von Ammoniumsulfid zur Ausfällung von Eisen und Mangan füllt man zur Marke auf und filtriert 400 ml (= 0,5 g Einwaage) ab. Die Abmessung säuert man mit Schwefelsäure an, kocht sie zur Vertreibung des Schwefelwasserstoffs einige Zeit, filtriert vom Schwefel ab, versetzt das Filtrat mit so viel Schwefelsäure, daß 10% freie Säure vorhanden sind, und kühlt es auf etwa 10° ab. Nun läßt man unter ständigem Rühren eine frisch bereitete wäßrige Kupferronlösung (6 g in 100 ml) allmählich zufließen, bis die Fällung mit dem Auftreten einer weißen Abscheidung, die sich beim Umrühren wieder löst, beendet ist. Nach 1stündiger Wartezeit wird der Niederschlag abfiltriert, mit kalter Salzsäure (1 + 3) gründlich ausgewaschen, im gewogenen Platintiegel bei 100° (nicht höher) getrocknet, vorsichtig erhitzt, schließlich stark geglüht und gewogen. Man erhält so $ZrO_2 + TiO_2$. Nun schmilzt man die geglühten Oxyde mit Kaliumhydrogensulfat, löst die Schmelze in verdünnter Salzsäure, bestimmt das Titan photometrisch und bringt es in Abzug.

Das Filtrat von der Kupferronfällung kann zur Bestimmung des *Aluminiums* verwandt werden. Dazu dampft man es nach Hinzufügen von Schwefel- und Salpetersäure ein, um das Kupferron und die Weinsäure zu zerstören, wobei öfters Salpetersäure nachgegeben werden muß, bis die Flüssigkeit farblos wird. Das Aluminium wird dann wie üblich durch doppelte Ammoniakfällung abgeschieden.

Fehlerquellen. Phosphorsäure und Siliciumdioxyd stören; Eisen und Kupfer werden mit ausgefällt. — Sollte die Fällung trotz Überschuß von Kupferron sich nicht klar abfiltrieren lassen, so ist dies ein Zeichen dafür, daß sie möglicherweise unvollständig ist. Sicherheitshalber dampft man Filtrat und Waschwasser ein, zerstört das Kupferron durch Abrauchen mit Salpeter- und Schwefelsäure und führt in der Lösung eine erneute Kupferronfällung durch.

Literatur. SCHROEDER, K.: Z. anorg. allg. Chem. Bd. 72 (1911) S. 89. — LUNDELL, G. E. F., u. H. B. KNOWLES: Ind. Engng. Chem. Bd. 12 (1920) S. 344 u. 562 — J. Amer. chem. Soc. Bd. 42 (1920) S. 1439.

c) Die Fällung mit Phenylarsinsäure

Grundlage. Phenylarsinsäure [$C_6H_5AsO(OH)_2$] ist ein spezifisches Fällungsmittel für Zirkonium aus stark sauren Lösungen; es wird damit eine Trennung von Wolfram, Molybdän, Vanadin, Chrom, Nickel, Kobalt, Titan und Aluminium erreicht. Zinn, Thorium und Hafnium fallen mit dem Zirkonium. Die Fällung wird aus 10proz. salzsaurer Lösung des Zirkoniums vorgenommen. Der Niederschlag wird zu ZrO_2 verglüht.

Anwendungsbereich und Bedeutung. Das Verfahren eignet sich für hochhaltige Zirkonerze mit geringen Eisenmengen.

Genauigkeit. 1.

Dauer. 5 Std., mit Aufschluß und Siliciumdioxydausfällung 11 Std.

Ausführung. Der Aufschluß des Erzes, das Verjagen des Siliciumdioxyds und die Vereinigung der Lösung des aufgeschlossenen Rückstandes der Siliciumdioxydbestimmung erfolgen, wie S. 1000 beschrieben. Die vereinigten salzsauren Lösungen, aus denen die bei hochwertigen Erzen nur geringen Mengen an Eisen nicht entfernt zu werden brauchen, neutralisiert man mit Ammoniak, versetzt mit 50 ml Salzsäure (1,19) — bei Gegenwart von Titan noch mit 50 ml 3proz. Wasserstoffperoxydlösung — und verdünnt auf 500 ml. Dann gibt man Phenylarsinsäurelösung (2,5 g in 100 ml), von der 10 ml für 50 mg Zirkon ausreichen, hinzu, kocht 1 min, prüft durch weiteren Reagenzzusatz auf Vollständigkeit der Fällung, setzt das Sieden 10 min fort und läßt den Niederschlag etwa 30 min in der Wärme absitzen. Er wird dann nach nochmaligem Aufkochen auf ein mittelhartes Filter abfiltriert, mit 1proz. Salzsäure ausgewaschen, getrocknet, das Filter unter dem Abzug verascht und sein Inhalt zunächst 2 Std. an der Luft, dann 1 Std. im Wasserstoffstrom geglüht, um die letzten Reste Arsen zu entfernen. Es empfiehlt sich zum Schluß ein kurzes Nachglühen an der Luft.

Fehlerquellen. Unterläßt man das Glühen im Wasserstoffstrom, so enthält das Zirkondioxyd bestimmt noch Reste von Arsen, selbst wenn eine Glühtemperatur von 1100° mehrere Std. hindurch eingehalten wird.

Literatur. RICE, A. C., H. C. FOGG u. C. JAMES: J. Amer. chem. Soc. Bd. 48 (1926) S. 895. — KLINGER, P., u. O. SCHLIESSMANN: Arch. Eisenhüttenwes. Bd. 7 (1933/34) S. 113 bis 115.

d) Die Fällung als Phosphat

Grundlage. Von allen Phosphaten ist das Zirkoniumphosphat das in starken Säuren am schwersten lösliche und deshalb von vielen Metallen leicht trennbar. Man fällt das Zirkoniumphosphat mit Diammoniumhydrogenphosphat in 10proz. schwefelsaurer Lösung, glüht den Niederschlag und wägt das entstandene ZrP_2O_7.

Anwendungsbereich und Bedeutung. Das Verfahren eignet sich besonders für kleine Mengen und Spuren von Zirkonium.

Genauigkeit. 2.

Dauer. 6 Std., mit Aufschluß und Siliciumdioxydausfällung 12 Std.

Ausführung. Aufschluß, Entfernen des Siliciumdioxyds und Aufschluß des Siliciumdioxydrückstandes werden, wie S. 1000 beschrieben, ausgeführt. In die siedenden Filtrate leitet man Schwefelwasserstoff bis zum Erkalten, filtriert vom ausgefallenen Platinsulfid ab, wäscht mit schwefelwasserstoffhaltigem Wasser aus, das im Liter 10 ml Salzsäure (1,19) enthält, verkocht im Filtrat den Schwefelwasserstoff, gibt die Lösung in einen Meßkolben und füllt bis zur Marke auf. Ein aliquoter Teil, der etwa 0,1 g ZrO_2 entspricht, wird auf etwa 300 ml verdünnt, in der Kälte mit Ammoniak neutralisiert, bis eine gerade noch verschwindende Trübung entsteht, und mit 35 ml Schwefelsäure (1,84) und 50 ml Diammoniumhydrogenphosphatlösung (100 g/l) versetzt; bei Gegenwart von Titan fügt man zuvor 10 ml 3proz. Wasserstoffperoxyd hinzu. Man kocht 15 min und läßt in der Wärme absitzen — bei sehr kleinen Mengen über Nacht auf der Heizplatte. Nach 2maligem Dekantieren wird der Niederschlag auf ein dichtes Filter gebracht und 3- bis 4mal mit 2proz. Schwefelsäure, die im Liter 0,1 g Diammoniumhydrogenphosphat enthält, ausgewaschen. Darauf spritzt man ihn mit heißer 2proz. Schwefelsäure in das Fällungsgefäß zurück, setzt 300 ml dieser Säure sowie 5 ml Diammoniumhydrogenphosphatlösung (10 g in 100 ml) hinzu, erhitzt 3 min zum Sieden und filtriert durch das schon benutzte Filter. Nach dem Auswaschen, erst mit schwach schwefelsaurem, 0,1 g Diammoniumhydrogenphosphat im Liter enthaltendem Wasser (bei Gegenwart von Titan ist Wasserstoffperoxyd zuzufügen), schließlich mit Ammoniumnitratlösung, wird das Zirkoniumphosphat getrocknet, in der Muffel bei 1000 bis 1050° geglüht und als ZrP_2O_7 gewogen. Umrechnungsfaktor auf $ZrO_2 = 0{,}4645$.

Fehlerquellen. In Gegenwart von Fluß- oder Oxalsäure ist die Fällung unvollständig. Die Phosphatfällung, die für die Abtrennung sehr geeignet ist, gibt nicht immer genau formelgerechtes ZrP_2O_7. Um die Phosphatfällung in Zirkonoxyd überzuführen, spült man diese in das Fällungsgefäß zurück und gibt so viel Oxalsäure hinzu, bis sich die Fällung gelöst hat. Danach fällt man mit Kupferron, wobei die kleine Menge Phosphorsäure und die Oxalsäure nicht stören, und verfährt weiter, wie unter b) angegeben.

Literatur. van Royen, H. J., u. H. Grewe: Arch. Eisenhüttenwes. Bd. 7 (1933/34) S. 505. — Claassen, A., u. J. Visser: Rec. Trav. chim. Pays-Bas Bd. 61 (1942) S. 103.

e) Die Fällung mit Mandelsäure

Grundlage. Mandelsäure wie ihre p-Halogenderivate fällen noch aus stark salz- oder schwefelsaurer Lösung das Zirkonium aus. Nach dem Glühen bei 1000° wird das entstandene ZrO_2 gewogen.

Anwendungsbereich und Bedeutung. Da die Anwesenheit der meisten Metalle auch von Titan im nicht zu großen Überschuß nicht stört, eignet sich das Verfahren zur raschen Bestimmung des Zirkoniums.

Genauigkeit. 2.

Dauer. 4 Std., mit Aufschluß und Siliciumdioxydausfällung 10 Std.

Ausführung. Nach dem Verflüchtigen des Siliciumdioxyds und dem Aufschluß des dabei verbliebenen Rückstandes (s. S. 1000) werden die vereinigten Lösungen verdünnt und gekocht. Sollten sich dabei leicht hydrolysierbare Elemente, wie Thorium, Antimon, Zinn oder Wismut, abscheiden, so werden sie abfiltriert. Das Filtrat, das zwischen 50 und 300 mg Zirkonium enthalten kann, engt man auf etwa 300 ml ein, stumpft es mit Natronlauge bis zur eben noch verschwindenden

Fällung ab, versetzt es mit 20 ml Salzsäure (1,19) und 50 ml 10proz. Mandelsäure, bringt es langsam auf 85° und hält es bei dieser Temperatur etwa 20 min. Dann wird der Niederschlag abfiltriert (Filter oder Porzellanfiltertiegel), mit einer heißen Lösung, die 5% Mandelsäure und 2% Salzsäure enthält, ausgewaschen, getrocknet und bei 1000° bis zur Gewichtskonstanz geglüht. Die Auswaage ist ZrO_2.

Geringe Mengen an Sulfaten stören nicht. Eisen und Aluminium können gegebenenfalls mitgerissen werden. Wird dies befürchtet, so löst man den Niederschlag in einer gerade ausreichenden Menge verdünntem Ammoniak, bringt die Lösung auf obige Säurekonzentration, gibt nochmals Mandelsäure hinzu und behandelt die Fällung wie oben.

Fehlerquellen. Ammoniumsalze in großem Überschuß können Einwirkung auf die Vollständigkeit der Fällung haben. Wenn man nicht 2mal fällen will, empfiehlt es sich, die Alkalisalze vor der Mandelsäurefällung durch eine Ammoniakfällung zu entfernen.

Literatur. Kumins, C. A.: Analytic. Chem. Bd. 19 (1947) S. 376. — Oesper, R. E., u. J. E. Klingenberg: Analytic. Chem. Bd. 21 (1949) S. 1509. — Hahn, R. B.: Analytic. Chem. Bd. 21 (1949) S. 1579.

f) Die Fällung mit seleniger Säure

α) *Gewichtsanalytische Bestimmung*

Grundlage. Selenige Säure fällt aus schwach sauren Zirkoniumsalzlösungen basisches Zirkoniumselenit. Läßt man die Fällung 6 bis 20 Std. auf dem Wasserbad in der Wärme stehen, so entsteht kristallines, formelgerechtes $Zr(SeO_3)_2$, das nach dem Trocknen als solches ausgewogen werden kann.

Anwendungsbereich und Bedeutung. Das Verfahren dient zur Bestimmung kleinster und größerer Mengen von Zirkonium in Lösungen, die frei von Flußsäure und organischen Säuren sind.

Genauigkeit. 2.

Dauer. Bis zu 24 Std. bei größeren Mengen.

Ausführung. Das Volumen der Lösung kann je nach dem Zirkoniumgehalt 100 bis 400 ml betragen. Angenommen, man hat mit etwa 0,12 g ZrO_2 zu rechnen, so versetzt man die auf ungefähr 400 ml verdünnte Lösung, deren Säuregehalt nicht höher sein darf als 0,6 n an Salz- oder Schwefelsäure oder 0,4 n an Salpetersäure, mit 20 ml Selenigsäurelösung (100 g/l) in der Kälte, erhitzt und hält sie einige min im Sieden. Dann läßt man kurze Zeit absitzen, filtriert noch heiß durch ein dichtes Filter und wäscht den Niederschlag mit heißer, 2vol.-proz. Salzsäure, die etwas selenige Säure enthält, aus. Um gegebenenfalls mitgerissene Fremdstoffe zu entfernen, löst man den noch flockigen Niederschlag (er darf nicht älter als 2 Std. sein) in 6 n-Salzsäure, verdünnt die Lösung auf das Zehnfache und wiederholt die Fällung. Das Ausfallen von Titan kann durch Zugeben von einigen ml 3proz. Wasserstoffperoxydlösung verhindert werden. Darauf bleibt die Fällung 5 bis 20 Std. (je nach der Menge des Niederschlages) auf dem warmen Wasserbad stehen, bis die flockige Form in die kristalline übergegangen ist. Nach dem Abfiltrieren auf einen Glasfiltertiegel (G 4) wird der Niederschlag zunächst wie vorhin, dann 8mal mit heißem und schließlich mit kaltem Wasser ausgewaschen, bis das ablaufende Filtrat mit Kaliumjodid, Schwefelsäure und Stärkelösung innerhalb 1 min keine Blaufärbung mehr zeigt. Nun trocknet man ihn bei 120 bis 200° bis zur Gewichtskonstanz, wobei man sorgfältig Staub fernhalten muß, da sonst eine Reduktion zu rotem Selen eintritt. Umrechnungsfaktor auf Zr = 0,2672.

Fehlerquellen. Falls man zur Vermeidung der langen Wartezeit die flockige Fällung des basischen Selenits unmittelbar glüht, kann das entstandene Zirkoniumdioxyd stets noch etwas Selen enthalten. Dieses läßt sich erst durch längeres Glühen bei 1100° entfernen.

Literatur. Smith, M. M., u. C. James: J. Amer. chem. Soc. Bd. 42 (1920) S. 1764. — Simpson, S. G., u. W. C. Schumb: J. Amer. chem. Soc. Bd. 53 (1931) S. 921 — Ind. Engng. Chem. analyt. Edit. Bd. 5 (1933) S. 40 u. 211; Bd. 7 (1935) S. 36.

β) Maßanalytische Bestimmung

Anstatt das kristallin erhaltene Zirkoniumselenit zu trocknen, kann man es auch zur maßanalytischen Bestimmung verwenden. Man spritzt es dann mit wenig Wasser in das Fällungsgefäß zurück, gibt 6 ml Schwefelsäure (1 + 1) sowie 5 bis 10 ml Natriumfluoridlösung (30 g/l) hinzu, erwärmt das Ganze bis zum völligen Lösen, filtriert die Lösung in einen 750 ml-Erlenmeyer-Kolben und wäscht Gefäß und Filter mit warmer, verdünnter Schwefelsäure unter Zusatz von einigen Tropfen Natriumfluoridlösung aus. Das kalte Filtrat wird auf 200 bis 300 ml verdünnt, mit 10 bis 15 ml Stärkelösung (2 g in 100 ml) und zur Verdrängung des Luftsauerstoffs aus Lösung und Kolben mit etwas Natriumhydrogencarbonat sowie schließlich unter Umschwenken mit 2 bis 4 g in Wasser gelöstem, jodatfreiem Kaliumjodid versetzt und nach 2 min mit n/20- bzw. n/10-Natriumthiosulfatlösung titriert. Dabei hellt sich die erst dunkelblaue Flüssigkeit gegen den Endpunkt der Titration etwas auf, wird dann schmutzigbraun und geht zum Schluß scharf in Hellrot (Se) über. Bei größeren Zirkoniummengen (> 40 mg) ist der Endpunkt etwas schwieriger zu erkennen; doch gelingt es leicht und auf den Tropfen genau, wenn man den Kolben über eine von unten stark beleuchtete Milchglasscheibe stellt und beobachtet, ob rings um den einfallenden Tropfen eine Aufhellung eintritt.

1 ml n/10-Natriumthiosulfatlösung entspricht 1,140 mg Zr oder 1,540 mg ZrO_2.

g) Photometrische Bestimmungen

Von den photometrischen Bestimmungsverfahren für Zirkonium sind zu nennen:

Das Verfahren mit *Alizarinrot S* (alizarinsulfosaurem Natrium). Nach diesem können noch 0,25 mg ZrO_2/100 ml bestimmt werden. Das Reagenz besteht aus einer Lösung von 0,125 g Alizarinrot in 100 ml 95proz. Äthanol. Zum Vergleich benutzt man eine Lösung von 0,1 g Zirkonoxychlorid ($ZrOCl_2 \cdot 8aq.$) in 100 ml 2 n-Salzsäure. Eisen(III)-salze müssen vorher zur 2wertigen Form reduziert werden. Der rotviolette Farblack des Zirkoniums ist im Gegensatz zu dem anderer Metalle auch in 0,1 bis 4 n-saurer Lösung beständig.

Literatur. De Boer, J. H.: Chem. Weekbl. Bd. 21 (1924) S. 404. — Green, D. E.: Ind. Engng. Chem. analyt. Edit. Bd. 20 (1948) S. 370.

Das Verfahren mit *p-Dimethylaminoazo-Phenylarsinsäure.* Das Reagenz [0,25 g Farbstoff, 10 ml Salzsäure (1,19), 250 ml Äthanol] gibt mit einer Zirkoniumlösung eine Fällung, die nach dem Abfiltrieren und Auswaschen mit 1 proz. Salzsäure mittels Ammoniak zersetzt wird. Die gelbe Färbung des an das Zirkonium gebunden gewesenen Farbkörpers wird photometrisch bestimmt.

Die photometrischen Verfahren werden hauptsächlich bei der Eisen- und Stahlanalyse angewendet.

Literatur. Hayes, G. W., u. W. Jones: Ind. Engng. Chem. analyt. Edit. Bd. 13 (1941) S. 603.

h) Der Einfluß des Hafniums auf die Zirkoniumbestimmungen

Da das Hafnium (Atomgewicht 178,6) in seinem chemischen Verhalten dem Zirkonium (Atomgewicht 91,22) fast völlig gleicht, wird bei den üblichen Analysenverfahren ein gegebenenfalls vorhandener Hafniumgehalt mitgefällt und als Zirkonium berechnet. Der Hafniumgehalt der Zirkoniumerze schwankt zwischen 1 und 4% ; bei der Verarbeitung zu Zirkoniumerzeugnissen kann eine Verschiebung des Verhältnisses Zirkonium zu Hafnium eintreten.

Legt man bei der Analysenberechnung das richtige Atomgewicht des Zirkoniums zugrunde, so findet man z. B. beim Auswägen als ZrO_2 je Prozent Hafnium 0,13% Zirkonium zu wenig. Will man diesen Fehler ausgleichen, so rechnet man, in der Annahme, daß das Material 3% Hafnium enthält, bei der Auswaage als Oxyd statt mit dem theoretischen Faktor 0,7403 mit dem Faktor 0,743. Bei der Auswaage ZrP_2O_7 wird unter der gleichen Voraussetzung anstatt mit 0,3440 mit dem Faktor 0,347 gerechnet.

Eine Trennung von Hafnium und Zirkonium ist nur durch fraktionierte Kristallisation, aber nicht durch analytische Verfahren möglich (J. Amer. chem. Soc. 1949, S. 4150). Mittelbar läßt sich der Hafniumgehalt im Zirkon errechnen, indem man zweckmäßig die Summe der beiden Oxyde bestimmt, einen Anteil der Auswaage in Lösung bringt und nach dem Ausfällen als Selenit dieses titriert [s. unter f), β), S. 1006].

100 mg ZrO_2 entsprechen einem Verbrauch von 64,92 ml n/10-Natriumthiosulfat,
100 mg HfO_2 entsprechen einem Verbrauch von 37,99 ml n/10-Natriumthiosulfat.

Da bei der Titration von Hafnium mit n/10-Natriumthiosulfatlösung etwas zu niedrige Werte gefunden werden, rechnet man mit dem empirischen Wert von 38,4 ml n/10-Natriumthiosulfatlösung je 100 mg HfO_2. Setzt man den Verbrauch an Natriumthiosulfatlösung für je 100 mg des Oxydgemisches gleich c, so ist der prozentuale Hafniumgehalt $= \frac{64,92 - c}{0,265}$.

3. Die Bestimmung der hauptsächlichsten Begleitelemente

Bei der Analyse der Zirkoniumerze sind in der Regel noch Siliciumdioxyd, Phosphorsäure, Titan, Eisen, Aluminium und Seltene Erden zu berücksichtigen.

Die Bestimmung des *Siliciumdioxyds* wurde bereits bei C. I. 1., S. 1000, die des *Aluminiums, Eisens* und *Titans* bei C. I. 2. a), S. 1001, beschrieben.

Soll das Eisen titriert werden, so fällt man mit Ammoniak, löst in Salzsäure und verfährt nach ZIMMERMANN-REINHARDT, aber nur unter Zusatz von Mangansulfatlösung (also ohne Phosphorsäure). Falls man dabei Schwierigkeit im Erkennen des Umschlages hat, trennt man das Eisen vom Zirkonium durch Behandeln der tartrathaltigen Lösung mit Ammoniumsulfid (s. S. 1002).

Falls das Erz *Phosphorsäure* enthält, bleibt diese als Zirkoniumphosphat bei dem Rohsiliciumdioxyd und nach dem Verflüchtigen des Siliciumdioxyds im Rückstand. Man schließt diesen mit Soda auf, löst die Schmelze in heißem Wasser, filtriert und bestimmt im Filtrat die Phosphorsäure in bekannter Weise. Den Filterrückstand löst man in Salzsäure und gibt ihn zum Siliciumdioxydfiltrat.

Ähnlich kann man durch alkalischen Aufschluß die folgenden Elemente vom Zirkonium mehr oder weniger gut trennen: Al, Cr, U, V, W, Mo, Nb, Ta, As, Sb, Sn.

Zur Bestimmung des *Thoriums und der Seltenen Erden* wird die erste Ammoniakfällung nach S. 1001 in 100 ml Salzsäure (1 + 2) gelöst, die Lösung mit Ammoniak fast neutralisiert, zum Kochen erhitzt und mit 20 ml Ammoniumoxalatlösung (50 g/l) versetzt. Man hält die Lösung etwa 10 min im Sieden, läßt den Niederschlag einige Std. absitzen, filtriert auf ein dichtes Filter ab, wäscht mit Oxalsäurelösung (20 g/l) aus und glüht bis zum gleichbleibenden Gewicht (Oxyde der Seltenen Erden und des Thoriums).

II. Die Untersuchung des Zirkoniummetalls

Das metallische Zirkonium wird in Form eines grauen bis schwarzen Pulvers zur Herstellung von lagerbeständigem Blitzlicht und als Gettermaterial in Radioröhren benutzt. Die Handelssorten enthalten bis zu 90% Zirkonium als Metall; der Rest ist Zirkoniumoxyd, Eisenoxyd, Magnesium- und Calciumoxyd sowie Aluminiumoxyd. Zirkoniumpulver ist sehr leicht brennbar und entzündbar. Eine Entzündung kann eintreten durch Erwärmung auf 150 bis 300°, durch Reibung, Schlag, Fall und durch kleine Funken, wie sie durch elektrische Aufladung erzeugt werden. Beim Hantieren damit ist deshalb große Vorsicht geboten. Im Arbeitsraum dürfen keine Flammen brennen und darf nicht geraucht werden. *Duktiles* Zirkonium in Form von Stäben, Drähten oder Blechen ist reinstes Metall mit mindestens 99,9% Zr und wird in der drahtlosen Telephonie verwendet. Als Reaktormaterial hat das Zirkonium in besonderer Reinheit neuerdings zunehmende Bedeutung erlangt.

Ein Gehalt an Zirkoniumwasserstoff (ZrH_2) wird zum Metallgehalt hinzugerechnet.

1. Die Bestimmung des Gesamtzirkoniumgehaltes in unreineren Handelssorten

Grundlage. Das Metall wird in Schwefel- und Flußsäure gelöst und letztere durch Abrauchen entfernt. Aus tartrathaltiger, ammoniakalischer Lösung werden die Metalle der Schwefelwasserstoffgruppe sowie Eisen und Mangan durch Schwefelwasserstoffällung abgetrennt. Im mit Schwefelsäure angesäuerten Filtrat fällt man sodann Zirkonium und Titan mit Kupferron. Das Titan wird photometrisch oder maßanalytisch bestimmt und in Abzug gebracht.

Anwendungsbereich und Bedeutung. Das Verfahren dient zur Zirkoniumbestimmung in unreineren Handelssorten und ermöglicht eine rasche und leichte Trennung von Aluminium.

Genauigkeit. 1.

Dauer. 5 Std.

Ausführung. 2 g Zirkoniummetall werden in einer Platinschale mit 20 ml Schwefelsäure (1 + 1) übergossen. Dann gibt man tropfenweise Flußsäure hinzu, bis sich alles Metall gelöst hat. Nach erfolgtem Lösen dampft man auf dem Sandbad oder im Luftbad ein, bis die Schwefelsäure kräftig raucht, nimmt die Salze nach dem Erkalten mit Wasser auf und füllt die Lösung im Meßkolben zu 500 ml auf. Zirkoniumpulver ist meist auch ohne Zusatz von Flußsäure löslich. Man gibt 1 g des Pulvers in einen 750 ml-Erlenmeyer, mischt mit 15 ml Schwefelsäure (1,84) und bedeckt mit einem Uhrgläschen. Beim Erhitzen setzt eine plötzliche heftige Reaktion ein. Durch Umschwenken und mit etwas frischer Schwefelsäure spült man im Glase verspritztes Zirkonium zur Flüssigkeit zurück und kocht, bis alles gelöst ist.

Soll bei dem nur in Flußsäure löslichen Metall gleichzeitig auch das *Silicium* bestimmt werden, so muß das Zirkoniummetall verbrannt werden (s. S. 1010). Das so erhaltene Zirkoniumoxyd schließt man mit Kaliumpyrosulfat auf, löst die Schmelze in Wasser und Schwefelsäure und filtriert das Siliciumdioxyd ab. Das Filtrat wird zu 500 ml aufgefüllt. Man mißt 100 ml (= 0,4 g Einwaage) ab, versetzt die Abmessung mit Ammoniak in geringem Überschuß und kocht auf. Nach dem Absitzen filtriert man den Niederschlag ab, wäscht ihn mit etwas Ammoniak enthaltendem Wasser aus und löst ihn wieder in wenig Schwefelsäure.

Zur Lösung (bzw. zur Abmessung von 100 ml, wenn die Probe in Schwefel- und Flußsäure gelöst wurde) gibt man nun 5 bis 8 g Weinsäure hinzu und sättigt sie kalt mit Schwefelwasserstoff. Darauf macht man sie schwach ammoniakalisch und leitet noch kurze Zeit Schwefelwasserstoff ein. Der Niederschlag wird abfiltriert und vorsichtig mit verdünnter tartrathaltiger Ammoniumsulfidlösung ausgewaschen. Er enthält Eisen, Mangan und etwa vorhandene Schwermetalle, deren Bestimmung auf dem üblichen Wege erfolgt. Soll nur Zirkonium bestimmt werden, so nimmt man besser eine größere Abmessung, fällt das Eisen usw. im 1 l-Meßkolben, füllt zur Marke auf und arbeitet mit einem gemessenen Anteil des Filtrats weiter. Dadurch kann man das Auswaschen des Eisensulfidniederschlages umgehen.

Das Filtrat (bzw. ein aliquoter Teil aus dem Meßkolben) wird mit Schwefelsäure (1 + 3) angesäuert, der Schwefelwasserstoff verkocht und der zusammengeballte Schwefel abfiltriert. Dann setzt man dem Filtrat noch so viel Schwefelsäure hinzu, daß die Gesamtlösung 10% freie Säure enthält, und läßt nach dem Abkühlen auf 8 bis 10° eine frisch bereitete wäßrige Lösung von Kupferron (6 g in 100 ml) unter ständigem Rühren zutropfen. Der weitere Verlauf der Bestimmung entspricht den Angaben bei C. I. 2. b), S. 1002. Daselbst ist auch auf die *Aluminiumbestimmung* im Filtrat der Kupferronfällung hingewiesen.

Das Verfahren kann, besonders bei kleinen Eisengehalten, dadurch abgekürzt werden, daß man in einem gemessenen Anteil der Aufschlußlösung Zirkonium, Titan und Eisen mit Kupferron ausfällt und die Summe ihrer Oxyde bestimmt, in weiteren Abmessungen Titan und Eisen photometrisch ermittelt und die Gehalte von der Summe in Abzug bringt.

Fehlerquellen. Erfolgt die Kupferronfällung bei höherer Temperatur als 13°, so verharzt der Niederschlag rasch und läßt sich dann nicht mehr gründlich auswaschen. — Das Trocknen und Glühen muß sehr langsam und vorsichtig geschehen, da sich sonst mit rußender, langer Flamme verbrennende Zersetzungsprodukte bilden, die zu mechanischen Verlusten Anlaß geben können.

Literatur. Siehe S. 1003 unter C. I. 2. b).

2. Die Bestimmung des Metallgehaltes von reinem Zirkoniummetall

Grundlage. Der beim Lösen des Metalls in Flußsäure entwickelte Wasserstoff wird gemessen. Aus dem Volumen errechnet sich unter Berücksichtigung gewisser Korrekturen der Gehalt an metallischem Zirkonium.

Anwendungsbereich und Bedeutung. Das Verfahren eignet sich nur für Zirkoniumsorten, die keine wesentlichen Mengen anderer Metalle enthalten.

Genauigkeit. 3.

Dauer. 1 Std.

Ausführung. Man verwendet ein Reaktionsgefäß, das zwei getrennte Kammern enthält, z. B. eine Pulverflasche mit einem auf dem Boden aufgekitteten Wägegläschen, einen Rundkolben, der im rotglühenden Zustande stark eingedrückt wurde, oder ein Zweikugelrohr. In die eine Kammer gibt man 0,2 g Zirkonium und etwa 10 ml Wasser, in die andere 15 ml gesättigte Kaliumfluoridlösung und 20 ml Schwefelsäure (1 + 4). Man verschließt das Gefäß mit einem durchbohrten Gummistopfen mit Glasrohr und verbindet dieses durch einen Gummischlauch mit dem Dreiwegehahn einer Gasbürette, die ihrerseits unten durch einen Gummischlauch mit einem Niveaugefäß in Verbindung steht und mit Wasser gefüllt ist. Nun wartet man etwa 1 Std. ab, bis der Kolbeninhalt Raumtemperatur angenommen hat; diese wird an einem zweckmäßig im Kolben befindlichen Thermometer abgelesen. Dann läßt man durch Neigen des Kolbens seinen bisher getrennt gehaltenen Inhalt zusammenfließen. Es tritt sofort eine stürmische Gasentwicklung ein. Mit dem Niveaugefäß folgt man dieser, so daß kein nennenswerter Über- oder Unterdruck entsteht. Sobald sie nachläßt, schüttelt man den Kolbeninhalt und erwärmt ihn, falls ein nennenswerter, ungelöster Rückstand bleibt. Hat sich das Metall gelöst und die Gasentwicklung aufgehört, so wartet man den Temperaturausgleich ab — die Raumtemperatur darf sich nicht nennenswert gegenüber der früheren Ablesung ändern —, notiert das Volumen des entwickelten Wasserstoffs, liest gleichzeitig Temperatur und Barometerstand ab und reduziert rechnerisch oder an Hand von Gastabellen auf 0° und 760 mm.

91,22 mg Zirkonium entwickeln theoretisch $2\,H_2 = 44{,}8$ ml Wasserstoff.

Fehlerquellen. Die in Metallform vorliegenden Verunreinigungen verursachen einen zu hohen Befund an Zirkoniummetall. Außerdem wird bei dieser Methode auch der als Zirkoniumhydrid vorliegende Wasserstoff frei und mitgemessen. Dieser Fehler kann weitgehend dadurch ausgeschaltet werden, daß man die Probe vorher im Vakuum bei hoher Temperatur glüht und den Wasserstoff abpumpt.

Literatur. THILENIUS, R.: Verwendung einer Gasbürette mit automatischer Korrektur. Z. analyt. Chem. Bd. 122 (1941) S. 385.

3. Die Bestimmung des Metallgehaltes aus dem Oxydationswert

Grundlage. Die beim Verbrennen des Metalls eintretende Sauerstoffaufnahme wird durch Wägen ermittelt. Aus der Gewichtszunahme errechnet sich der Metallgehalt.

Anwendungsbereich und Bedeutung. Das Verfahren gibt nur bei reinem Zirkoniummetall einigermaßen richtige Werte.

Genauigkeit. 3.

Dauer. 1 Std.

Ausführung. 0,2 g Zirkoniummetall werden in einem bedeckten Quarztiegel vorsichtig und langsam mit ganz kleiner Flamme erhitzt, bis plötzliches Aufglühen erfolgt. Danach glüht man den Tiegelinhalt noch einige Zeit stark in unbedecktem Tiegel und wägt nach dem Erkalten. Das Glühen wird bis zur Gewichtskonstanz wiederholt. Die gesinterte Masse muß des öfterem mit einem Spatel umgerührt und vorsichtig zerdrückt werden. Aus der Gewichtszunahme ergibt sich der Gehalt an metallischem Zirkonium.

Fehlerquellen. Die in metallischer Form vorliegenden Verunreinigungen verursachen zu hohe Zirkoniumbefunde.

III. Die Untersuchung des Ferrozirkons und des Ferrozirkonsiliciums

Diese beiden Zirkoniumlegierungen werden hauptsächlich in der Stahlindustrie verwendet und dienen dazu, Sauerstoff, Stickstoff, Kohlenstoff und Schwefel zu binden und unschädlich zu machen. Dabei geht auch eine kleine Menge Zirkoniummetall in den Stahl hinein.

1. Die Bestimmung des Zirkoniums

Grundlage. Die Probe wird durch Abrauchen mit Fluß- und Schwefelsäure in Lösung gebracht und das Eisen durch Ausäthern entfernt. Dann wird das Zirkonium aus der salzsauren Lösung mit Phenylarsinsäure ausgefällt und durch starkes Glühen in ZrO_2 übergeführt.

Anwendungsbereich und Bedeutung. Das Verfahren dient zur Bestimmung des Zirkoniums in Ferrozirkon bzw. in Ferrozirkonsilicium und in Stahllegierungen.

Trennung von Erdalkalien, Seltenen Erden [Ce(III)], Cr, V, Mo, Al, Mn, Ni, Co, Zn, Bi, Cu, kleinen Mengen W und Fe(III) ist möglich; Ti und Nb können in Gegenwart von Wasserstoffperoxyd abgetrennt werden.

Genauigkeit. 1.

Dauer. 5 bis 6 Std.

Ausführung. 1 g des feingepulverten Probegutes wird in der Platinschale mit 15 ml Flußsäure und 5 ml Schwefelsäure (1,84) gelöst und die Lösung abgeraucht. Dann nimmt man die Salze mit Salzsäure (1,19) auf. Etwa vorhandenes, ungelöstes Material muß gegebenenfalls nach dem Veraschen mit Kaliumpyrosulfat aufgeschlossen, die Schmelze in Lösung gebracht und schwach ammoniakalisch gemacht werden. Nach dem Lösen des abfiltrierten Niederschlages in Salzsäure (1 + 3) fügt man die Lösung zu dem Hauptfiltrat hinzu.

Ist Phosphat vorhanden, so entsteht ein Rückstand von unlöslichem Zirkoniumphosphat. Diesen filtriert man ab, glüht und schließt ihn mit Soda auf. Nach dem Aufnehmen der Schmelze mit Wasser geht die Phosphorsäure in die Lösung, der ungelöste Rückstand wird nach dem Abfiltrieren und nach dem Glühen mit Kaliumpyrosulfat geschmolzen, die Schmelze in Wasser gelöst und das Zirkoniumhydroxyd mit Ammoniak ausgefällt. Nach dem Wiederauflösen in Salzsäure (1 + 3) vereinigt man die Lösung mit dem Hauptfiltrat. Die vereinigten Lösungen werden im 200 ml-Meßkolben zur Marke aufgefüllt.

Darauf entnimmt man dem Meßkolben 50 ml, engt die Abmessung auf etwa 10 ml ein, oxydiert mit einigen Tropfen Salpetersäure, spült die Lösung mit Salzsäure (1 + 1) in einen Scheidetrichter über und schüttelt sie mit alkoholfreiem Äther aus. Die von der Hauptmenge des Eisens befreite Lösung wird nach dem Verjagen des Äthers auf 500 ml verdünnt und mit 50 ml Salzsäure (1,19) und 50 ml 3proz. Wasserstoffperoxydlösung versetzt. Nun gibt man 50 ml Phenylarsinsäurelösung (2,5 g in 100 ml) hinzu, erhitzt zum Sieden und kocht die Fällung 1 min. Für 50 mg Zirkonium braucht man etwa 10 ml des Fällungsmittels. Nach dem Absitzenlassen wird zur Prüfung auf vollständige Fällung eine weitere Menge Phenylarsinsäure hinzugegeben und erneut gekocht. Schließlich filtriert man den Niederschlag ab und wäscht ihn mit 1proz. Salzsäure aus. Er wird im Porzellantiegel getrocknet, dann über einem Teclubrenner geglüht und anschließend 1 Std. im Wasserstoffstrom bei 1000° erhitzt.

Das Entfernen des Arsens und zugleich der gegebenenfalls vorhandenen, geringen Mengen von Siliciumdioxyd kann auch durch Abrauchen des geglühten Oxyds mit Fluß- und Schwefelsäure geschehen.

Fehlerquellen. Bei Anwesenheit von Thorium, Uran und größeren Mengen von Eisen und Titan muß die Fällung mit Phenylarsinsäure wiederholt werden. Zu diesem Zweck versetzt man den Niederschlag mit 15 ml Schwefelsäure (1 + 1), erwärmt, bis alles in Lösung gegangen ist, gibt 50 ml Salzsäure (1 + 1) hinzu, verdünnt die Lösung auf 500 ml und fällt mit 30 ml Phenylarsinsäurelösung. Zinn und Tantal können auf diese Weise nicht abgetrennt werden.

Literatur. KLINGER, P., u. O. SCHLIESSMANN: Arch. Eisenhüttenwes. Bd. 7 (1933/34) S. 113—115; sowie die auf S. 1005 angeführten Stellen.

2. Die Bestimmung des Titans und Aluminiums

Man versetzt das Filtrat der Phenylarsinsäurefällung mit 30 ml Schwefelsäure (1,84) und dampft ein, bis die Salzsäure verjagt ist. Dann fällt man das Titan aus 10proz. schwefelsaurer Lösung mit Kupferron. Das durch Glühen des Kupferronniederschlages erhaltene Titandioxyd schließt man mit Pyrosulfat auf, löst die Schmelze in Wasser und Schwefelsäure und entfernt kleine Mengen Vanadin durch Fällen mit Natriumhydroxyd. Das *Titan* wird darauf photometrisch bestimmt.

Das *Aluminium* befindet sich im Filtrat der Kupferronfällung und kann daraus nach der Zerstörung des überschüssigen Kupferrons durch Oxychinolin gefällt werden (s. Kapitel Aluminium, S. I/8).

IV. Die Untersuchung feuerfester, zirkonhaltiger Massen

Zirkonhaltige Massen und Steine dienen zur Auskleidung von Hochtemperaturöfen, besonders für Metallschmelzen.

Grundlage. Die Probe wird mit Borax aufgeschlossen. Nach dem Abscheiden des Siliciumdioxyds wird das Zirkonium aus schwefelsaurer Lösung als Phosphat gefällt. Im Filtrat können Aluminium und Titan bestimmt werden.

Anwendungsbereich und Bedeutung. Der Untersuchungsgang eignet sich für feuerfeste Massen (Silicate), Zirkoniumerze und Zirkoniumoxyde.

Genauigkeit. 1.

Dauer. 10 bis 12 Std.

Ausführung. 1 g der bei 110° getrockneten, feingepulverten Probe gibt man auf die in einem Platintiegel erstarrte Schmelze von 10 g Borax (fusum). Man erhitzt den Tiegelinhalt erst vorsichtig bei kleiner, dann etwa 30 min bei voller Flamme, zuletzt, wenn die Schmelze klar geworden ist, noch etwa 15 min vor dem Gebläse. Nach dem Abschrecken des Tiegels durch Eintauchen in kaltes Wasser löst man die Schmelze in 300 ml Salzsäure (1 + 10) und dampft die Lösung zur Abscheidung des Siliciumdioxyds in einer Porzellanschale zur Trockne. Nachdem man die Salze 1 Std. bei 130° erhitzt hat, nimmt man sie mit 20 ml Salzsäure (1,12) auf, gibt nach einiger Zeit etwa 150 ml Wasser hinzu und erhitzt den Schaleninhalt bis fast zum Sieden. Das Siliciumdioxyd wird abfiltriert, 3 mal mit heißer Salzsäure (1 + 3) und 3 mal mit heißem Wasser ausgewaschen. Zum restlosen Abscheiden des Siliciumdioxyds wird das Filtrat nochmals in gleicher Weise zur Trockne gedampft, das Siliciumdioxyd jedoch auf ein zweites Filter abfiltriert und ausgewaschen. Die beiden Filter werden sodann zusammen verascht; ihr Inhalt wird geglüht und gewogen. Man bestimmt das *Siliciumdioxyd* in üblicher Weise durch Verflüchtigen mit Fluß- und Schwefelsäure, schließt den verbliebenen Rückstand mit wenig Soda-Pottasche auf und gibt die salzsaure Lösung der Schmelze zur Hauptlösung. Diese wird nun zum Sieden erhitzt, wobei sie ganz klar bleiben muß — anderenfalls setzt man noch 20 ml Salzsäure (3 + 2) hinzu —, und zur Ausfällung des Platins mit Schwefelwasserstoff gesättigt. Nachdem man das Platinsulfid abfiltriert und mit salzsaurem Schwefelwasserstoffwasser ausgewaschen hat, verkocht man im Filtrat den Schwefelwasserstoff und füllt es zu 1 l auf.

Einen gemessenen Anteil, der etwa 0,1 g ZrO_2 enthält, bringt man auf ein Volumen von 300 ml und versetzt ihn so lange mit Ammoniak, bis der an der Einfallstelle entstandene Niederschlag eben noch verschwindet. Sodann gibt man 35 ml Schwefelsäure (1,84) hinzu, bei Anwesenheit von Titan noch 10 ml 3proz. Wasserstoffperoxydlösung, und fällt das Zirkonium durch Hinzufügen von 50 m Diammoniumhydrogenphosphatlösung (100 g/l) aus. Nach einer Kochdauer von 15 min und Absitzenlassen des Niederschlages wird dieser 2 mal dekantiert und mit einer schwefelsauren Diammoniumhydrogenphosphatlösung [0,1 g Diammoniumhydrogenphosphat und 20 ml Schwefelsäure (1,84) im Liter] ausgewaschen. Darauf spritzt man ihn mit heißer 2proz. Schwefelsäure in das eben benutzte Becherglas zurück und fügt noch etwa 300 ml dieser Schwefelsäure und 5 ml Diammoniumhydrogenphosphatlösung hinzu. Nun kocht man 3 min und sammelt den Niederschlag auf dem vorher benutzten Filter. Er wird wie vorhin ausgewaschen — zum Schluß mit heißer Ammoniumnitratlösung (50 g/l) — und bei 1000 bis 1050° geglüht (ZrP_2O_7).

Das Filtrat von der ersten Zirkoniumfällung wird mit 5 ml Salpetersäure (1 + 1) oxydiert und auf etwa 300 ml eingeengt. Nach Zusatz von Ammoniak im Überschuß kocht man kurze Zeit auf, filtriert den Niederschlag ab und wäscht ihn mit heißem, etwas Ammoniak und Ammoniumchlorid enthaltendem Wasser aus. Dann wird er vom Filter gespritzt und in heißer Salzsäure (1 + 3) gelöst. Die Lösung wird auf 400 ml verdünnt, mit Ammoniak neutralisiert (Methylorange) und mit

4 ml Salzsäure (3 + 2) versetzt. Ist sie klar geworden, so gibt man bei Zimmertemperatur 15 ml 80proz. Essigsäure und zur Reduktion des Eisens 20 ml Ammoniumthiosulfatlösung (300 g/l) hinzu und erhitzt zum Sieden. Nach erfolgter Reduktion setzt man 20 ml Diammoniumhydrogenphosphatlösung (100 g/l) hinzu und kocht 15 min. Dann wird der Niederschlag abfiltriert, 3 mal mit kochendem Wasser ausgewaschen und in das Fällungsgefäß zurückgespritzt. Das Filter wäscht man mit heißer Salzsäure (1 + 2) aus, kocht den Niederschlag mit 20 ml Salzsäure (1,19), bis er, abgesehen von dem zusammengeballten Schwefel, klar in Lösung gegangen ist, und wiederholt nach dem Abkühlen die Fällung, wie beschrieben; nur setzt man jetzt das Diammoniumhydrogenphosphat unmittelbar nach dem Thiosulfatzusatz zu. Der Niederschlag wird mit heißem Wasser dekantiert, abfiltriert, 6 mal mit kochendem Wasser gewaschen, getrocknet und nach dem langsamen Veraschen des Filters etwa 2 Std. bei 1200° geglüht. Die Auswaage ist $AlPO_4 + TiP_2O_7$. Das *Titan* wird dann photometrisch bestimmt.

Zur Bestimmung des *Calciums* und *Magnesiums* oxydiert man eine entsprechend große Abmessung des Hauptfiltrats mit 5 ml Salpetersäure (1 + 1), dampft sie auf 300 ml ein, setzt 10 g Ammoniumchlorid hinzu und macht schwach ammoniakalisch. Nach Zugeben von 15 ml 3proz. Wasserstoffperoxydlösung wird das freie Ammoniak verkocht. Dann läßt man den Niederschlag absitzen, dekantiert ihn 2 mal mit Ammoniumnitratlösung (2 g/l), filtriert ab und wäscht ihn mit dieser Lösung 3 mal aus. Darauf wird er in Salpetersäure gelöst und die Fällung wiederholt. Die vereinigten Filtrate beider Fällungen werden auf etwa 300 ml eingeengt und mit einer kochendheißen Ammoniumoxalatlösung (100 g/l) versetzt. Den Niederschlag läßt man 4 Std. absitzen, filtriert dann ab und wäscht erst mit ammoniumoxalathaltigem, darauf mit warmem Wasser aus. Das Calcium kann nun entweder gewichtsanalytisch als Oxyd oder maßanalytisch durch Titrieren mit Kaliumpermanganatlösung bestimmt werden. Im Filtrat der Ammoniumoxalatfällung bestimmt man das Magnesium in bekannter Weise als Magnesiumpyrophosphat.

Der bei der Abtrennung des Kalkes und der Magnesia erhaltene Hydroxydniederschlag kann zur maßanalytischen Bestimmung des *Eisens* verwendet werden.

Literatur. Treadwell, F. P.: Lehrbuch der analytischen Chemie Bd. II (1949) S. 433. — van Royen, H. J., u. H. Greve: Arch. Eisenhüttenwes. Bd. 7 (1933/34) S. 505. — Lundell, G. E. F., u. H. B. Knowles: J. Amer. chem. Soc. Bd. 51 (1919) S. 1801. — Cunningham, Th. R., u. R. J. Price: Ind. Engng. Chem. analyt. Edit. Bd. 3 (1931) S. 105.

V. Zirkoniumoxyd und Zirkoniumsalze

Das Zirkoniumoxyd dient wegen seines hohen Schmelzpunktes und seiner Widerstandsfähigkeit gegen chemische und physikalische Angriffe als Material für Tiegel, die bei Temperaturen bis zu 2400° verwendet werden können. Die Bestimmung des Reingehaltes und der Verunreinigungen kann nach den unter Zirkonerze, S. 999ff., aufgeführten Methoden erfolgen.

Zirkoniumsalze, besonders Zirkoniumoxychlorid, verwendet man zur Herstellung wasserdichter Textilien und als Beizmittel in der Färberei. Technisch wichtig ist das

Kaliumzirkoniumfluorid

Für seine Untersuchung stellt man eine Lösung her, indem man 2 g Einwaage in einer Platinschale mit wenig Wasser anrührt, 15 ml Schwefelsäure (1,84) hinzusetzt und die Mischung auf einer Asbestplatte erhitzt, bis eine klare Lösung eingetreten ist; dabei ist mit einem Platindraht öfters umzurühren. Um das Fluor zu verflüchtigen, erhitzt man die Lösung bis zum starken Entweichen von Schwefelsäuredämpfen, läßt sie erkalten und versetzt sie vorsichtig mit 200 ml Wasser. Die nach kurzem Erwärmen klare Lösung kann man in Anteilen zur Bestimmung des Zirkoniumgehaltes und der Begleitelemente verwenden.

Kapitel 46

Metallische und nichtmetallische Überzüge*

Inhalt

---

*	1. Auflage	2. Auflage
Bearbeiter:	**Wiederholt**	**Wiederholt**
Mitarbeiter:	**Haarmann, v. Kalkreuth, Keil, Raub, Schaarwächter, v. Vogel**	**v. Vogel**

A. Einführung

Durch metallische oder nichtmetallische anorganische Überzüge können die Oberflächeneigenschaften metallischer Werkstoffe vielfach den jeweiligen Gebrauchsbedingungen besser angepaßt werden, als dies bei unbehandelten Teilen der Fall ist. Auf diese Weise erhalten sie z. B. ein ansprechendes Aussehen oder ihre Korrosionsbeständigkeit bzw./und ihre Verschleißfestigkeit werden erhöht. In der Schmuckwarenindustrie kann man außerdem z. B. durch Edelmetallüberzüge eine zusätzliche Wertsteigerung erzielen. Besonders wirtschaftlich ist es, wenn durch eine Behandlung gleich mehrere der genannten Aufgaben erfüllt werden können.

Die Art der Überzüge und die Aufbringungsverfahren hängen im wesentlichen vom Grundmetall, von den Anforderungen beim Gebrauch und von wirtschaftlichen Erwägungen ab. Man unterscheidet 3 Arten von Überzügen: metallische, nichtmetallische anorganische und organische Überzüge. Letztere werden hier nicht behandelt. Hinsichtlich des Zweckes der Überzüge steht der Schutz des Grundmetalls vor *korrodierenden* Einflüssen im Vordergrund. Dabei müssen folgende Forderungen erfüllt werden:

1. der Überzugswerkstoff bzw. seine natürliche Schutzschicht muß eine genügende Beständigkeit gegen chemische Beanspruchung aufweisen;
2. die Dicke des Überzuges muß an allen Stellen genügend groß sein;
3. die Schicht muß möglichst gleichmäßig sein;
4. der Überzug muß möglichst porenfrei (dicht) sein;
5. der Überzug muß auf dem Grundmetall fest haften;
6. der Überzug muß eine genügende Härte und Verschleißfestigkeit sowie
7. eine einwandfreie Oberflächenbeschaffenheit aufweisen.

Erst bei der Gesamtbeachtung vorstehender Forderungen kann ein Urteil über die Güte eines Überzuges abgegeben werden.

Seine Güte ist auch abhängig von dem Grundmetall und von dessen Vorbehandlung. Doch soll auf die hierfür maßgebenden Faktoren nur so weit eingegangen werden, als sie die chemischen bzw. elektrochemischen Untersuchungsverfahren beeinflussen.

Für die schnelle und sichere Beurteilung der oben angeführten Eigenschaften der Überzüge sind besondere Untersuchungsverfahren entwickelt worden, die insbesondere der Güteüberwachung, dem Fortschritt in der Oberflächenbehandlung und der Erforschung neuer Schutzverfahren dienen. Die Tatsache, daß unter ihnen die chemischen Verfahren von besonderer Bedeutung sind, berechtigt dazu, sie eingehend in geschlossener Form zu behandeln. Dies soll in nachstehenden Ausführungen geschehen.

Tabelle 1. *Überzugsmetalle für Stahl und übliche*

Herstellungsverfahren des Überzuges	Ni	Zn	Cd	Sonderstähle
Schmelztauchverfahren . .	—	14—100 μ** 100—750 g/m²	—	—
Stromlose Verfahren . . .	—	—	—	—
Galvanische Verfahren . .	3—48 μ n. DIN 50963	3—48 μ n. DIN 50961	3—24 μ n. DIN 50962	—
Spritzverfahren	—	> 60 μ = ~400 g/m²	—	> 100 μ = ~800 g/m²
Plattierverfahren.	Dicke der Plattierschicht 10% der des Verbundkörpers	—	—	Dicke der Plattierschicht ~10% der des Verbundkörpers
Diffusionsverfahren . . .	—	~60 μ	—	—

* Bezogen auf die einseitige Oberfläche.

B. Metallische Überzüge

Metallische Überzüge haben die Vorteile, daß sie gegen das Grundmetall nicht stofffremd sind, daß das metallische Aussehen metallischer Werkstoffe erhalten bleibt, daß sie elektrisch leitend sind und daß gegebenenfalls ihre Wiedergewinnung möglich ist. Zu ihrer Herstellung stehen neben den verschiedenen Metallen auch verschiedenartige Aufbringungsverfahren zur Verfügung, so daß hierdurch eine weitgehende Anpassung an den jeweiligen Verwendungszweck erreichbar ist. Die Vielseitigkeit in der Auswahl der Überzugsmetalle und der Aufbringungsmöglichkeiten oder der Herstellungsverfahren der Schichten kommt in Tabelle 1 zum Ausdruck; sie bezieht sich auf *Eisen* als Grundmetall. Von den hier aufgeführten Überzugsmetallen dienen Aluminium, Zink und Cadmium im wesentlichen als Schutz gegen atmosphärische Einwirkungen; außerdem wird dem Grundmetall durch Aluminiumüberzüge eine besondere Zunderbeständigkeit verliehen. Verzinkungen werden in großem Umfang für Wasserleitungen benutzt. Überzüge von Nickel und Chrom kommen in Betracht, wenn auf das Aussehen bei atmosphärischer Einwirkung besonderer Wert gelegt wird; dazu gestatten sie noch stärkere Beanspruchungen mechanischer Art. Stromlos aufgebrachte Nickelüberzüge dienen als Untergrund für Emailleüberzüge und für Massenartikel zum Korrosionsschutz. Als Schutz gegen schwefeldioxydhaltige Gase dient vor allem das Blei; es wird auch in der chemischen Industrie als Überzug für Geräte und Apparaturen weitgehend angewandt. Verzinnte Behälter benützt hauptsächlich die Lebensmittelindustrie, während Edelmetallüberzüge in der chemischen und Schmuckwarenindustrie vielfache Verwendung finden.

I. Aufbringungsverfahren

Für die Herstellung metallischer Überzüge kommt eine Reihe von Verfahren zur Anwendung. Aus ihr wählt man je nach dem Grundmetall, dem Überzugsmetall und dem zu erreichenden Zweck das geeignetste Verfahren aus.

1. Die Schmelztauchverfahren

Dieses wird am häufigsten für die Herstellung von Überzügen aus Zink und Zinn angewandt. Man taucht das durch Entfetten, Beizen und mit Flußmitteln behandelte Grundmetall in das flüssige Überzugsmetall ein. Das Verfahren ist

Mindestschichtdicken nach ihrem Herstellungsverfahren*

Cr	Al	Pb	Sn	Cu	Ag
—	$>40\ \mu$ $= \sim 100$ g/m²	$>35\ \mu$ $= \sim 400$ g/m²	$>3\ \mu$ $= \sim 20$ g/m²	—	—
—	Überzüge von etwa 1 μ Dicke und weniger				
0,3 μ auf 3—48 μ Ni n. DIN 50963	—	$>25\ \mu$ $= \sim 300$ g/m²	$>2\ \mu$ $= \sim 15$ g/m²	$>3\ \mu$ $= \sim 30$ g/m²	$>2\ \mu$ $= \sim 20$ g/m²
—	$>80\ \mu$ $= \sim 200$ g/m²	$>150\ \mu$ $= \sim 1800$ g/m²	$>50\ \mu$ $= \sim 300$ g/m²	$>50\ \mu$ $= \sim 400$ g/m²	—
—	Zwischen 3 und 10% der Gesamtblechdicke	—	—	Dicke der Plattierschicht 10% der des Verbundkörpers	
$\sim 100\ \mu$	~ 1 mm	—	—	—	—

** Je nach Art der Gegenstände.

besonders für Überzugsmetalle mit niedrigen Schmelzpunkten geeignet; doch lassen sich damit auch Überzüge von Aluminium aufbringen. Während bei Aluminium, Zink und Zinn unter den in Frage kommenden Temperaturen eine oberflächliche Legierungsbildung mit dem Grundmetall erfolgt, findet diese bei Blei nicht statt. Um trotzdem bei der Verbleiung eine gute Haftfestigkeit des Überzuges auf dem Grundmetall zu erreichen, setzt man dem Blei geringen Mengen an Antimon oder Zinn oder an beiden Metallen zu.

Auf dem Gebiete des Schmelztauchverzinkens steigt die Bedeutung des SENDZIMIR-Verfahrens. Dieses wird fast ausschließlich zum Verzinken von kaltgewalztem Breitband angewendet. Hierbei fallen Beizen und Flußmittelanwendung fort. Das Breitband wird zunächst in einem Ofen mit oxydierender Atmosphäre von Öl und Fett unter Bildung einer leichten Oxydschicht befreit. Anschließend wird in einem weiteren Ofen mit reduzierender Atmosphäre (gekracktes Ammoniak) das Eisenoxyd reduziert und so eine metallisch blanke Oberfläche erzeugt. Nach Durchlauf einer Kühlzone mit neutraler Atmosphäre tritt das Breitband, ohne mit der Luft in Berührung gekommen zu sein, in das Zinkbad ein, wo die Herstellung des Überzuges in der üblichen Weise erfolgt.

Wird beim Verzinken der Schmelze eine geringe Menge von Aluminium ($>$ 0,05% bis etwa 2%) zugesetzt — zur Verhinderung des Eisenangriffs durch die Schmelze —, so können die sonst üblichen Flußmittel zur Badabdeckung und Vorbehandlung der zu verzinkenden Gegenstände (Naßverzinkung) nicht benutzt werden. Die Badoberfläche bleibt vielmehr frei, und die zu verzinkenden Gegenstände werden mit dem aufgetrockneten Flußmittel in die Schmelze eingebracht (Trockenverzinkung).

2. Stromlose Verfahren

Bei dem stromlosen Verfahren werden die zu behandelnden metallischen Werkstoffe nach sorgfältiger Reinigung in wäßrige Lösungen oder Salzschmelzen eingetaucht, die das Überzugsmetall in Form von Ionen enthalten. Die Bildung des Überzuges kann grundsätzlich nach zwei verschiedenen Mechanismen erfolgen, und zwar:

a) Verfahren durch Metallverdrängung (Ionenaustauschverfahren),
b) Reduktionsverfahren.

Beim Verfahren a) muß das Metall, das den Überzug erhalten soll, deutlich unedler sein als das durch Metallverdrängung abzuscheidende Metall. Durch das Inlösunggehen der unedleren Ionen des Grundmetalls werden edlere Ionen aus der Lösung verdrängt, und hierdurch scheidet sich das Metall auf dem Grundmetall ab.

Bei dem Reduktionsverfahren scheidet sich das Metall aus der Lösung auf der Oberfläche des zu überziehenden Metalls, die katalytisch aktiv sein muß, durch Reduktion ab. Die Aktivität der Metalle ist verschieden. Aktiv sind z. B. Stahl, Nickel, Kobalt und Palladium. Bei einigen Metallen, wie z. B. Kupfer, Messing und Silber, muß die Reaktion durch einen Initialvorgang ausgelöst werden. Bei anderen Metallen läßt sich eine Abscheidung überhaupt nicht erreichen. Reduktionsverfahren kommen in der Hauptsache für die Abscheidung von Nickel und Silber zur Anwendung.

Demnach sind diese Verfahren nur anwendbar, wenn das Überzugsmetall edler als das Grundmetall ist. Auch können, entsprechend dem Reaktionsablauf, nur verhältnismäßig dünne Überzüge hergestellt werden, da der Ionenaustausch nach erfolgtem Überziehen des Grundmetalls mit edlerem Metall von selbst zum Stillstand kommt. Zur Beschleunigung der Reaktion kann die Lösung erwärmt (Sudverfahren) oder in die Lösung ein Anteil von unedleren Metallen, vor allem von Zink und Aluminium, mit eingetaucht werden, der dann in Kontakt mit dem zu überziehenden Gegenstand die Abscheidung der edleren Ionen ermöglicht (Kontaktverfahren). Auf diese Weise aufgebrachte Überzüge dienen im allgemeinen nur zum Färben oder Verschönern des Grundmetalls; sie sind mechanischen und stärkeren chemischen Beanspruchungen nicht besser gewachsen als galvanische Überzüge.

3. Galvanische Verfahren

Auf galvanischem Wege ist es möglich, auch unedle Metalle auf edleren oder Nichtmetallen in beliebiger Schichtdicke abzuscheiden; dabei kann die Dicke aus der kathodischen Stromdichte und Stromausbeute berechnet werden. Man scheidet bei diesem Verfahren das Überzugsmetall aus einer Metallsalzlösung oder -schmelze durch den elektrischen Strom auf das als Kathode geschaltete Grundmetall ab. Die Anode, die zur Stromzuführung dient, ist entweder löslich und ergänzt den Metallgehalt des Elektrolyten oder man verwendet für bestimmte Bäder unlösliche Anoden, z. B. aus Blei oder Graphit. Bei Verwendung von unlöslichen Anoden muß das kathodisch abgeschiedene Metall durch Zugabe von entsprechenden Metallverbindungen zur Badlösung ergänzt werden. Durch Anpassen von Anoden- und Kathodenform lassen sich ziemlich gleichmäßig dicke Überzüge erzielen. Außerdem können je nach Art des Elektrolyten und der Abscheidungsbedingungen hochglänzende Überzüge erhalten werden, die ein Nachbearbeiten ersparen und so Metallverluste, die beim Kratzen oder Polieren unvermeidlich sind, verhindern.

Besonders wirtschaftlich ist das *galvanische* Verfahren beim Aufbringen harter, spröder oder hochschmelzender Metalle.

4. Die Spritzverfahren

Beim Spritzverfahren wird das Überzugsmetall in Draht-, Band- oder Pulverform in einer Spritzpistole durch Erhitzen in einem Gemisch von Acetylen, Propan od. dgl. mit Sauerstoff oder durch elektrischen Strom geschmolzen, mit gespannten Gasen zerstäubt und auf das aufgerauhte Grundmetall geschleudert.

Auf diese Weise lassen sich auch Überzüge von hochschmelzenden Metallen, wie z. B. von Nickel oder Chrom-Nickel-Stählen, erzeugen.

Die aufgespritzten Metallüberzüge sind verhältnismäßig porös. Durch mechanische (Nachwalzen, Bürsten, Polieren) oder thermische Nachbehandlung können sie dichter gemacht werden. Bei Zinn- und Zinküberzügen wird durch das Erwärmen gleichzeitig auch die Haftfestigkeit auf dem Grundmetalle durch Diffusion verbessert. Das Spritzverfahren ist an keinen festen Stand gebunden, so daß auch fertige Eisenkonstruktionen od. dgl. behandelt werden können.

5. Die Plattierverfahren

Durch dieses Verfahren werden verhältnismäßig dicke und dichte Überzüge erhalten. Man umgibt zunächst das Grundmetall mit dem Überzugsmetall und verbindet dann die beiden durch starkes Verformen wie Walzen oder Pressen, gegebenenfalls bei höheren Temperaturen, innig miteinander. Die Schichtdicke ist abhängig vom Dickenverhältnis des Grundmetalls zum Überzugsmetall im Ausgangszustand. Wird kalt verformt, so liegt das Überzugsmetall ohne besondere Zwischenschicht auf dem Grundmetall, während bei der Warmverformung durch Diffusion des Grundmetalls in das Überzugsmetall und umgekehrt eine besonders gute Haftfestigkeit der Plattierschicht erreicht werden kann. Auf diese Weise wird jedoch die chemische bzw. metallographische Bestimmung der Plattierschichtdicke erschwert oder unmöglich gemacht.

Für die weniger korrosionsbeständigen, kupferhaltigen Aluminiumlegierungen der Gattung AlCuMg hat das Plattieren mit Reinaluminium oder kupferfreien Aluminiumlegierungen eine besondere Bedeutung erlangt, da auf diese Weise ein wirksamer Korrosionsschutz erreicht werden kann.

6. Die Diffusionsverfahren

Sie beruhen darauf, daß das Übergangsmetall primär auf das Grundmetall abgeschieden wird und dann bei höherer Temperatur sekundär in das Grundmetall hineindiffundiert. Bei der Durchführung werden die zu überziehenden Gegenstände mit dem gepulverten Überzugsmetall oder dessen Verbindungen (Gase oder Salze) erhitzt. Man erhält dabei Diffusionsschichten, welche die genaue Dickenbestimmung schwierig machen.

7. Weitere Verfahren

Unter den weiteren Verfahren zur Herstellung metallischer Überzüge, die jedoch nur in geringerem Umfang Anwendung finden, sind besonders das *Aufdampf-* und das *Schweiß-* bzw. *Lötverfahren* zu nennen.

Bei ersteren werden die Überzugsmetalle im Hochvakuum aufgedampft, wobei kaum Diffusionsschichten entstehen, während sie bei den letzteren in Form von Drähten od. dgl. in dicker Schicht und örtlich begrenzt auf das Grundmetall unter wechselnd starker Diffusionsschichtbildung aufgeschweißt oder aufgelötet werden.

Zum Plattieren von Massenteilen wird neuerdings das MITRAL-Verfahren eingesetzt, das ohne Anwendung von Wärme oder Strom arbeitet. Die Arbeitstechnik entspricht weitgehend den bekannten Trommelschleif- und -polierverfahren. Das Aufbringen des Metallüberzuges erfolgt in wäßrigen Medien, wobei das Metall in Pulverform eingebracht wird. In dem wäßrigen Medium befindet sich ferner ein Zuschlagstoff, durch den die Verdichtung des Metallpulvers auf den Werkstoffoberflächen zu einer massiven, festhaftenden Metallschicht bewirkt wird. Das Verfahren wird vorerst für die Herstellung von Zinküberzügen angewandt, da Zink für diese Zwecke sowohl mengenmäßig als auch hinsichtlich seines Schutzwertes eine besondere Stellung einnimmt. Nach dem Verfahren können alle Werkstücke behandelt werden, die sich nach Form und Größe für eine Trommelbehandlung eignen. Vor dem Aufbringen des Zinküberzuges muß die Werkstoffoberfläche gereinigt werden, und durch eine kurze Tauchverkupferung erfolgt eine besondere Konditionierung der Werkstückoberfläche. Die dabei entstehende Kupferschicht (unter 1 μ) erleichtert die Abscheidung des Zinks wesentlich. Als Prallkörper wird ein körniges bis kugeliges Material verwendet, das selbst kein Zink annimmt und das im Kreislauf immer wieder benutzt wird. Es läßt sich auf einfache Weise nach dem Verzinken von den Werkstücken trennen. Ein meßbarer Verlust durch Abrieb tritt an diesen Prallkörpern nicht auf. Die Dicken des Zinküberzuges lassen sich von 10 bis 80 μ variieren. Die besondere Gleichmäßigkeit der Schichtdicke ist hervorzuheben. Die Überzüge lassen sich nach den üblichen Verfahren chromatieren und phosphatieren.

II. Grundmetalle

Außer Stahl und Eisen kommen an Grundmetallen noch Aluminium, Zink, Kupfer und ihre Legierungen in größerem Umfang zur Anwendung. Überzüge auf diese Metalle werden in der Hauptsache nach zweckmäßiger Vorbehandlung durch galvanische, Aufdampf- oder durch Spritzverfahren aufgebracht. Bei korrosionsempfindlichen Aluminiumlegierungen wendet man in großem Umfang Plattierungsverfahren, gegebenenfalls auch Mehrschichtplattierungen als Schutzmittel an. Ein mit Kupfer plattiertes Aluminium ist unter der Bezeichnung „Cupal“ im Handel.

III. Chemische Erkennungsverfahren der Überzugsmetalle

Die Art des Überzugsmetalls ist nicht immer allein durch den Augenschein bestimmbar. Daher benutzt man zu ihrer raschen Erkennung zweckmäßig Tüpfelreaktionen mit organischen Verbindungen, die bestimmte Färbungen ergeben (s. F. Feigl: Qualitative Analyse mit Hilfe von Tüpfelreaktionen).

Zur Identifizierung von Metallen können auch Papiere in angefeuchtetem Zustand benutzt werden, die mit bestimmten Reagenzien getränkt sind. Die Metalloberflächen werden hierbei nicht sichtbar angegriffen. Nach leichtem Abreiben ist die geprüfte Oberfläche wieder vollkommen sauber. Jedes Papier spricht nur auf ein bestimmtes Metall an. Einzelne Metalle werden auch nachgewiesen, wenn sie als Legierungsbestandteile vorhanden sind. Als Reagenzien dienen zum Nachweis:

für Nickel	Diacetyldioxim, Papier mit Wasser befeuchtet	Farbänderung von Weiß nach Rot
für Zinn	Methylenblaupapier, mit verdünnter Salzsäure befeuchtet	Farbstoff wird entfärbt
für Zink	Dithizon, Papier mit organischem Lösungsmittel befeuchtet	Farbänderung von Hellbraun nach Rot
für Cadmium	Dithizonpapier mit organischem Lösungsmittel befeuchtet	Farbänderung von Hellbraun nach Orange
für Aluminium	Eriochromcyaninpapier	Farbänderung von Orange nach Hellrotviolett
für Magnesium	Neutralrotpapier mit Wasser befeuchtet	Farbänderung von Hellrot nach Gelb

Die Bestimmung kann auch in der Weise durchgeführt werden, daß auf die zu untersuchende Probe getränktes Papier aufgedrückt wird, wobei Aluminium als Unterlage dient. Wird an das zu untersuchende Metall und das Aluminium ein Gleichstrom angelegt (Anode = zu untersuchendes Metall), so geht das Metall in Lösung und verfärbt das Papier. Für verschieden legierte Stählo und Nichteisenmetalle sind bestimmte Tränklösungen und Befeuchtungslösungen für das Papier entwickelt worden, so daß spez. Farbumschläge erhalten werden.

Nachweispapiere für Metalle sind im Handel zu beziehen.

Doch auch Säuren oder Laugen können dem gleichen Zweck dienen. Man beobachte dabei folgendes:

Aluminium ist löslich in Natronlauge, wenig angreifbar von Salpetersäure;

Zink löst sich in verdünnter Schwefelsäure und in Natronlauge;

Cadmium wird durch Salzsäure gelöst. Diese Lösung reagiert mit Natriumsulfidlösung unter Bildung eines gelben Niederschlages von Cadmiumsulfid;

Chrom ist löslich in Salzsäure, während es von Salpetersäure nicht angegriffen wird;

Nickel wird von Salpetersäure gelöst, schwerer dagegen von Salzsäure;

Zinn ist in verdünnter Schwefelsäure nicht löslich. Ein Tropfen von Salpetersäure erzeugt einen weißen Fleck von Metazinnsäure.

Literatur. Kutzelnigg, A.: Metalloberfläche Bd. 3 (1951) S. 113. — Ungenannt: Elektrographische Prüfung. Steel Bd. 126 (1950) S. 50—60. — Blasberg, Fr.: Spezialfabrik für Galvanotechnik, Solingen-Merscheid. — Werner, O.: Die Tüpfelanalyse, Jb. der Galvanotechnik. Berlin-Grunewald: Metall-Verlag 1953. — Goldberg, C.: Chem. Analyst Bd. 42 (1953) S. 35. — Malissa, H.: Arch. Eisenhüttenwes. (1956) H. 3, S. 177/78. — Golubzowa, R. B.: J. analyt. Chem. Bd. 12 (1957) S. 420. Ref.: Chem. Zbl. (1958) S. 4581.

IV. Prüfung auf Korrosionsbeständigkeit

Die Korrosionsprüfung von Werkstoffen mit metallischen Überzügen erfolgt im allgemeinen nach den gleichen Verfahren, die auch zur Feststellung und Beurteilung der allgemeinen Korrosionsbeständigkeit der Werkstoffe dienen. Die Durchführung derartiger Prüfungen geschieht am zweckmäßigsten nach DIN 50905 „Prüfung metallischer Werkstoffe, Korrosionsversuche, Richtlinien für die Durchführung und Auswertung". In diesen Richtlinien sind die wichtigsten Angaben für die Durchführung derartiger Untersuchungen so gekennzeichnet, daß sie weitgehend berücksichtigt werden können und zu reproduzierbaren Werten führen.

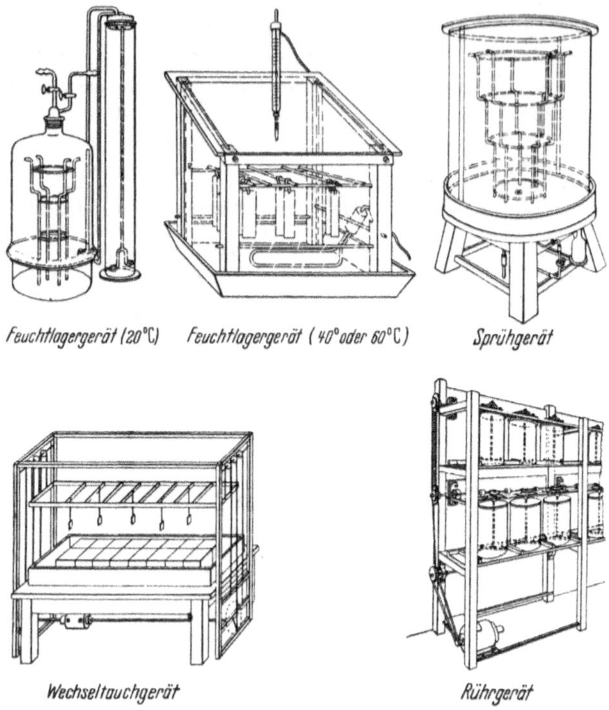

Abb. 78. Prüfgeräte

Da nur in den seltensten Fällen die praktische Bewährung, die für die Beurteilung ausschlaggebend ist, abgewartet werden kann, sind besondere Prüfungsmethoden entwickelt worden, die bei abgekürzter Prüfdauer unter Einbeziehung von Vergleichswerkstoffen Werte ergeben, welche Rückschlüsse auf die praktische Bewährung zulassen. Derartige Laboratoriumsversuche haben gegenüber den Naturversuchen den Vorteil, daß die chemischen Beanspruchungen unter genau definierten Bedingungen in bestimmten Zeitabständen ausgeführt werden und daß die in der Praxis sich überlagernden Korrosionseinflüsse zerlegt werden können. Im wesentlichen benutzt man die nachfolgend beschriebenen Prüfungsarten und die in Abb. 78 gezeigten Prüfgeräte.

Als Schnell-Korrosionsprüfung wird neuerdings der „Corrodkote-Test" benutzt, der Ergebnisse innerhalb von 20 Std. liefert. Auf die Prüffläche wird eine feuchte Paste, etwa 50 μ dick, aufgetragen, die neben Kaolin in der Hauptsache Ammonium-, Eisen- und Kupferchlorid enthält. Die mit dem Überzug versehene Probe wird dann bei 37° und 99 bis 100% relativer Luftfeuchtigkeit gelagert. Nach Beendigung der Feuchtlagerung wird die Schicht unter fließendem Wasser abgewaschen.

1. Feuchtlagerversuch

Eine Beschleunigung des Korrosionsvorganges ist vielfach durch einen erhöhten Feuchtigkeitsgehalt der Luft bedingt. Diese Erkenntnis liegt dem Feuchtlagerversuch zugrunde. Die Proben befinden sich hierbei in einem geschlossenen Gefäß, in das mit Feuchtigkeit gesättigte Luft eingeleitet wird. Um den gewünschten Feuchtigkeitsgrad zu erhalten, führt man den Luftstrom in feiner Verteilung durch eine Wassersäule von wenigstens 1 m Höhe. Ist er so mit 100% relativer

Feuchtigkeit beladen, so leitet man ihn in einen Glasbehälter, in dem die Proben lagern. Das Gefäß ist mit einer Abzugsöffnung für die verbrauchte Luft versehen. Durch die Luftbewegung sollen die früher beobachteten, unterschiedlichen Feuchtigkeitsgehalte im Versuchsgerät mit ruhender Luft vermieden werden.

Die mengenmäßig größte chemische Beanspruchung metallischer Werkstoffe erfolgt an der Atmosphäre. Bei der Beurteilung seines Verhaltens gegen eine mit Feuchtigkeit gesättigte Luft wird aber nur ein Faktor berücksichtigt. Es ist aber nicht möglich, alle zeitlichen Schwankungen und die mannigfaltigsten Variationen der Atmosphäre zu erfassen. Um die Korrosionsprüfung im Laboratorium nicht zu umfangreich zu gestalten, sind deshalb besonders charakteristische und am häufigsten vorkommende Klimate in DIN-Entwürfen festgelegt. So sind in DIN 50010 (Ausgabe August 1957) im allgemeinen Richtlinien für die Prüfung der Klimabeständigkeit aufgezeichnet. Außerdem enthält dieses Normblatt die mit der Klimaprüfung zusammenhängenden Begriffe und ihre Definition. Im Zusammenhang mit der Begriffsbestimmung über das Klima werden auch die zu seiner Kennzeichnung notwendigen Angaben über die Wirksamkeit der entsprechenden Klimaelemente aufgeführt. Besondere Klimate sind dann in weiteren Normblättern beschrieben, wie z. B.:

DIN 50013	Temperaturstufen für Kälte- und Wärmebeanspruchungen,
DIN 50014	Normklima,
DIN 50015	Klimastufen für konstante Klimabeanspruchungen,
DIN 50016	Wechselklimate mit feuchter Wärme (Feucht-Wechsel-Klimate),
DIN 50017	Wechselklimate mit Schwitzwasser und Temperaturwechsel,
DIN 50018	Wechselklimate mit feuchter Wärme und Schwitzwasser in Industrieluft (Industrieluft-Wechselklimate).

In DIN 50017 und DIN 50018 erfolgt die chemische Beanspruchung 8 Std. lang bei einer Atmosphäre mit 100% relativer Luftfeuchtigkeit bei 40°, und 16 Std. lang werden die Proben in normaler Atmosphäre bei Raumtemperatur gelassen. Die hierfür erforderlichen Apparaturen werden kurz beschrieben. Dabei befinden sich die Proben über Wasser in einem allseitig geschlossenen Glasgefäß. Soll die Temperatur im Probenraum 40° betragen, so wird das am Boden des Gefäßes befindliche Wasser elektrisch beheizt und die Heizung durch ein Kontaktthermometer über ein Relais gesteuert. Bei der Beanspruchung nach DIN 50017 soll das Anheizen des Wassers so schnell erfolgen, daß die warme mit Feuchtigkeit gesättigte Luft an den noch kalten Proben vorbeistreicht, so daß sich auf ihnen wenigstens einmal täglich Schwitzwasser niederschlägt.

Eine andere Möglichkeit, Schwitzwasser zu bilden, beruht darauf, daß in geschlossene Gefäße, in denen sich die Proben bei Zimmertemperatur befinden, in bestimmten Zeitabständen Wasserdampf eingeblasen wird, bis sich auf den Proben Wassertropfen gebildet haben.

Nach DIN 50018 wird in den Probenraum noch SO_2 und CO_2 in bestimmter Menge täglich einmal eingeleitet. Hierdurch wird die Beanspruchung verstärkt. Dieser Angriff ist wesentlich von dem Verhältnis von SO_2 zu CO_2 abhängig, so daß die im Normblatt angegebenen Konzentrationen unbedingt eingehalten werden müssen. Der Probenraum muß bei diesem Gerät auch luftdicht abgeschlossen sein, so daß kein SO_2 und CO_2 nach dem Einleiten entweichen kann. Eine Temperatur von 60° in den Feuchtlagergeräten wird heute nur in Ausnahmefällen angewandt.

2. Wasser- und Salzwassersprühversuch

In Sprühgeräten werden Proben Bedingungen unterworfen, wie sie in feuchter Atmosphäre bei Nebel vorliegen. Die angreifende Lösung wird mittels Druckluft durch eine Düse fein versprüht und wirkt dann auf die in einem geschlossenen

Behälter befindlichen Proben ein. Zur Nachahmung gewöhnlicher atmosphärischer Beanspruchungen dient versprühtes, destilliertes Wasser (Wassersprühversuch), während zur Nachahmung des Seeklimas Natriumchloridlösung (30 g/l) (Salzwassersprühversuch) benutzt wird. Das Versprühen erfolgt stündlich einmal 5 min lang; dabei soll die Zerstäubung so fein sein, daß sich der erzeugte Nebel bis zur nächsten Versprühung hält. Die Menge der versprühten Lösung soll 30 ml/Std. je m^3 Kammerinhalt betragen; sie darf nur einmal versprüht werden (s. DIN 50907).

Als „CASS-Test" wird ein Sprühversuch bezeichnet, bei dem zur Beschleunigung des Angriffs der Lösung geringe Mengen Kupferchlorid zugesetzt werden. Diese Variation des Sprühversuches wird vor allem in den USA propagiert.

Das Versprühen erfolgt im allgemeinen mittels Düsen und Druckluft. Hiermit wird ein Nebel erzeugt, der bei verhältnismäßig hohem Luftverbrauch ein Teilchenspektrum von 10 bis 1000 μ aufweist. Um einen gleichmäßigeren, feinen Nebel zu erhalten, wird das Mittel in den „Aerosol"-Sprühkammern nach dem Schleuderprinzip zerstäubt. Hierbei sollen etwa 80 % der Tropfen 2 bis 4 μ groß sein. Da hierdurch die chemischen Beanspruchungen gleichmäßiger sind, wird auch mit besser vergleichbaren, reproduzierbaren Ergebnissen gerechnet.

3. Wechseltauchversuch

Zur Nachahmung der chemischen Beanspruchungen, denen ein Werkstück an der Atmosphäre durch Naß- und Trockenwerden ausgesetzt ist, bedient man sich im Laboratorium des Wechseltauchversuches. Dabei werden die in einem Holzrahmen befestigten Proben in bestimmten Zeitabständen in eine Lösung getaucht und wieder herausgenommen. Dies geschieht in einem stündlichen Zyklus mit Tauchzeiten von 20 min und Trockenzeiten von 40 min; er wird zweckmäßig mit einer elektrischen Schaltuhr geregelt. Bei Herausnehmen der Proben ist auf ein gleichmäßiges und vollständiges Ablaufen der Lösung zu achten. Um einheitliche Trockenbedingungen zu schaffen, muß die Klimatisierung des Prüfraumes auf eine Temperatur von 20° und eine relative Luftfeuchtigkeit von 70% eingestellt werden. Der Raum, in dem die Proben trocknen, ist vor ungleichmäßiger Luftbewegung zu schützen.

4. Rührversuch

Durch Bewegen des angreifenden Mittels wird im allgemeinen die Korrosion beschleunigt. Aus dieser Erwägung heraus wendet man an Stelle des Standversuches häufig den Rührversuch an. Dabei befinden sich die Proben in einem Glasbehälter, der etwa 10 l Lösung enthält. Ein Rührer läuft über den Boden des Gefäßes mit 120 bis 140 Umdrehungen je min. Die Proben sind so angeordnet, daß sie tangential zur Strömungsrichtung und parallel zur Achse des Rührers stehen. Sie sollen mindestens 10 mm vom Flüssigkeitsspiegel und 10 mm von der Gefäßwandung entfernt sein (vgl. DIN 50907).

Literatur. Hess, W.: Korrosionsprüfung mit Hilfe von Aerosolen. Jb. der Oberflächentechnik Bd. 12 (1956) S. 415—420 — Werkstoffe u. Korrosion Bd. 6 (1955) S. 325—328 — Metalloberfläche Bd. 11 (1957) S. 104. — Kerth, W.: Kurzprüfverfahren zum Bestimmen der Korrosionsbeständigkeit von Oberflächen. Elektrotechn. Z. Ausgabe A, Bd. 77 (1956) S. 137/38. — Kutzelnigg, A.: Übersicht über Verfahren und Vorschriften zur Kurzbeanspruchung im Rahmen der Klimaprüfung. Werkstoffe u. Korrosion Bd. 7 (1956) S. 65—82. — McMaster: Der 5proz. Salzwassersprühversuch und seine Modifikation mit Essigsäure. Plating (USA) Bd. 42 (1955) S. 904—906. — Ladeburg, H.: Methoden zur Prüfung des Korrosionsschutzes. Blech (1958) S. 101—106. — Mendizza, A.: Über den Wert des Salzsprühversuches. Plating Bd. 44 (1957) S. 166—175. — Tödt, F.: Metallkorrosion, 2. Aufl. von „Messung und Verhütung der Metallkorrosion". Berlin: de Gruyter 1958. — Uebel, F.: Die Klimabeständigkeit und ihre Prüfung bei korrosionsgeschützten Teilen. Jb. der Oberflächentechnik Bd. 12 (1956) S. 395—414. — Wiederholt, W.: Korrosionsprüfverfahren. Werkstoffe u. Korrosion Bd. 9 (1958) S. 133—146.

V. Die Bestimmung der Schichtdicke

Für die Güte metallischer Überzüge ist besonders die Schichtdicke maßgebend. Vielfach gehen Dicke und Dichte des Überzuges parallel, so daß erst von einer bestimmten Dicke ab die Schichten porenfrei sind. Andererseits kann die Schichtdicke nicht beliebig erhöht werden, da dann die Herstellung zu unwirtschaftlich wird und dicke Überzüge auch vielfach zum Abplatzen neigen. Für die Bestimmung der somit sehr bedeutsamen Schichtdicke sind eine Anzahl von Verfahren entwickelt worden, die im nachstehenden beschrieben werden.

Literatur. OELSNER, G.: Verfahren zur Bestimmung der Dicke von Überzügen. Metallwaren-Ind. Galvano-Techn. Bd. 48 (1957) S. 417—430. — HORSTMANN, D.: Schichtdickenmessung elektrolytisch aufgebrachter Schutzüberzüge. Stahl u. Eisen Bd. 78 (1958) S. 680—682. — BARGHORN, H.: Metalloberfläche Bd. 7 (1955) S. 8—11; S. B 20 bis 25; S. 36—38. — HOARE, W. E.: Stahl u. Eisen Bd. 76 (1956) S. 273—277. — HODGES, E. A.: Metal Finishing Guidebook (1956) S. 488—495. — HORSTMANN, D.: Stahl u. Eisen Bd. 78 (1958) S. 680—682.

1. Durch chemisches Ablösen des Überzuges und Bestimmung des Gewichtsverlustes

a) Eisen als Grundmetall

Grundlage. Diese Gruppe der chemischen Verfahren beruht auf dem möglichst schnellen und vollständigen Ablösen des Überzuges, ohne daß das Grundmetall angegriffen wird; aus dem hierdurch bedingten Gewichtsverlust ergibt sich das Gewicht des Überzuges. Nur in den seltenen Fällen, in denen das Überzugsmetall schwer- und das Grundmetall leichtlöslich ist, löst man das Grundmetall auf, ohne daß dabei der Überzug angegriffen wird.

Anwendungsbereich und Bedeutung. Das Verfahren ergibt sichere und reproduzierbare Werte, wenn die Schicht gleichmäßig und wenn die Oberfläche des zu untersuchenden Gegenstandes genau bestimmbar ist, d. h. die Abmessungen der Probekörper genau festgestellt werden können. Aus diesem Grunde wird das Verfahren in der Hauptsache bei Blechen, Rohren und Drähten angewandt. Die Abmessungen der zu prüfenden Stücke sollen nicht zu klein sein, um gegebenenfalls Ungleichmäßigkeiten in der Auflage ausgleichen zu können. Zweckmäßig werden Bleche mit einer Oberfläche von 100 mm mal 50 mm verwendet.

Ein weiterer wichtiger Faktor für den Anwendungsbereich und die Genauigkeit dieses Verfahrens ist, daß das Grundmetall möglichst nicht angegriffen wird. Die zum Ablösen des Überzuges zur Verwendung kommenden Säuren greifen Eisen an. Zur Verhütung des Angriffs müssen die Säuren Hemmstoffe (Inhibitoren) enthalten. Für diese Zwecke haben sich vielfach die im Handel befindlichen Sparbeizzusätze bewährt, deren Schutzwert nach DIN-Entwurf 50940 wenigstens 90% betragen soll und deren Wirkung von Wasserstoff im statu nascendi nicht vermindert wird.

Werden zum Ablösen des Überzuges alkalische Lösungen benutzt, so haben diese den Vorteil, daß von ihnen Eisen nicht angegriffen wird. Auf dieser Basis sind die Metall-Lösungsmittel nach A. VOLLMER, bezeichnet mit I, II und III, entwickelt, die Kaliumhydroxyd, Natriumsulfit, Kaliumcyanid und Nitrobenzoesäure in bestimmtem Mischungsverhältnis je nach dem abzulösenden Metall enthalten. Zur Beschleunigung des Auflösungsvorganges werden diese Lösungen bei höheren Temperaturen angewandt. Über die für die einzelnen Metalle anzuwendenden Lösungsmittel, die gelöste Metallmenge in 500 ml frischem Lösungsmittel nach 5 min und über die Sättigungskonzentration in g Metall je Liter Lösungsmittel gibt die nachfolgende Zahlentafel Auskunft.

Überzugsmetall	Lösungsmittel	Gelöste Metallmenge in 500 ml nach 5 min in g/m²	Sättigungskonzentration in g Metall je 1 l Lösungsmittel
Zn	III	45	35
Cd	III	100	45
Ni	III	10	—
Pb	II	150	55
Sn	I	100	35
Cu	III	100	35
Messing	III	70	35

Die Lösungsmittel können wiederholt verwendet werden, bis die in der Zahlentafel angegebene Sättigungskonzentration erreicht ist. Da die Lösungen auf die verschiedenen Metalle unterschiedlich ansprechen, ist es möglich, bei Überzügen aus mehreren verschiedenen Metallschichten die Dicke der Einzelschichten getrennt zu bestimmen.

Nachdem die genauen Abmessungen der Proben bestimmt worden sind, können die Proben zur Beschleunigung des Ablösungsvorganges auch zerspant werden. Hiervon wird gelegentlich Gebrauch gemacht, wenn dickere Überzugsschichten — z. B. bei plattierten Werkstoffen — vorhanden sind.

Ferner hat man bei diesem Verfahren die Möglichkeit, durch chemische Analyse der beim Ablösen erhaltenen Lösung die Bestandteile der Schicht und ihren Reinheitsgrad genau zu bestimmen. Hieraus ergeben sich wichtige Anhaltspunkte für die Verfahren, nach denen die metallischen Überzüge aufgebracht wurden (s. S. 1057).

Genauigkeit. 2.

Dauer. Je nach dem Überzugsmetall und der Schichtdicke ein Zeitraum von 10 min bis zu 5 Std.

Ausführung. Die zu untersuchenden Stücke werden (wie bei allen chemischen Behandlungen) zunächst sorgfältig entfettet, getrocknet, gewogen und dann mit der geeigneten Lösung behandelt. Darauf spült man sie sorgfältig ab, trocknet und wägt sie wiederum. Die Gewichtsdifferenz ergibt das Gewicht des Überzuges. Hieraus läßt sich die Überzugsdicke in Mü $= \frac{\text{g Auflage je cm}^2}{\text{Dichte}}$ mal 10000 berechnen. Je nach der Art des Überzugsmetalls sind in Anpassung an das Grundmetall bestimmte Lösungen entwickelt, die nachfolgend behandelt werden.

Literatur. Machu, W.: Metallüberzüge. Leipzig: Akadem. Verlagsges. 1941. — Bilfinger, R., u. a.: Galvanotechnik. Leipzig: Akadem. Verlagsges. Geest und Portig 1949.

α) *Für Aluminiumüberzüge*

Natronlauge löst in der Siedehitze Aluminium unter Bildung von Natriumaluminat ab; dabei wird Eisen nicht angegriffen. Man kann auf diese Weise alle Aluminiumüberzüge in Lösung bringen, die nach dem Schmelztauch- oder nach dem Spritzverfahren hergestellt worden sind.

10 g der entfetteten Probe mit sauberen Rändern werden in 200 ml Natronlauge (100 g/l) eingetragen. Dann kocht man, bis die Wasserstoffentwicklung beendet und das Aluminium abgelöst ist, nimmt die Probe aus der Lösung heraus und behandelt sie nach den obigen Angaben weiter. Der festgestellte Gewichtsverlust entspricht dem Gewicht der Aluminiumauflage.

Bei Reihenanalysen wird die mit Aluminium überzogene Stahlprobe im Gewicht von etwa 10 g mit einer genau abgemessenen Menge 1 n-Natronlauge gekocht. Darauf setzt man eine abgemessene Menge 1 n-Salzsäure im Überschuß zu und titriert mit 1 n-Natronlauge unter Zusatz von Thymolblaulösung als Indicator (0,2 g Thymolblau + 100 ml Äthanol) bis zum Farbumschlag nach Gelb zurück.

1 ml 1 n-Natronlauge entspricht 0,00889 g Aluminium.

Fehlerquellen. Geringe Mengen des in das Eisen diffundierten Aluminiums werden nach dieser Methode nicht erfaßt.

Literatur. PETZOLD, F.: Mitt. d. Versuchsanstalt d. Hoesch-AG. (nur in der 1. Aufl. veröffentlicht).

β) *Für Zinküberzüge*

Zink ist in Schwefelsäure sowie in Salzsäure leicht löslich. Es können somit Zinküberzüge leicht entfernt werden. Zur Verhinderung des Eisenangriffs kommt bei Schwefelsäure ein Zusatz von arseniger Säure und für Salzsäure ein Zusatz von Antimon(III)-oxyd oder für beide Säuren Zusätze von handelsüblichen Sparbeizen (s. S. 1025) zur Anwendung.

Mit Säuren lassen sich Zinküberzüge jeder Aufbringungsart ablösen. Nur ist zu beachten, daß die beim Schmelztauchverfahren und beim Diffusionsverfahren gebildeten Eisenzinklegierungen ebenfalls in Lösung gehen. Durch Analysieren der Lösung kann die Zinkmenge jedoch genau bestimmt werden.

Die verzinkten Proben von genau bekannter Oberfläche werden entfettet, gewogen und in die verdünnte Säure eingebracht, deren Menge so zu bemessen ist, daß auf den cm^2 Oberfläche mindestens 10 ml Lösungsmittel entfallen. Bei Verwendung von Schwefelsäure soll die Lösung je Liter 20 bis 100 g Säure und 2 bis 5 g Arsen(III)-oxyd enthalten. Wird Salzsäure benutzt, so gibt man in die Lösung auf 100 ml Salzsäure 1 g Antimon(III)-oxyd. Nach der Entzinkung spült man die Proben unter fließendem Leitungswasser ab, entfernt etwaige Beläge durch Reiben mit einem Wattebausch, wäscht mit vergälltem Äthanol nach, trocknet in warmer Luft, läßt im Exsiccator erkalten und wägt.

Zum Ablösen von Zink können auch alkalische Lösungen nach A. VOLLMER benutzt werden. Die Vor- und Nachbehandlungen der Proben erfolgen wie bei der Behandlung in Säuren (s. S. 1025).

Fehlerquellen. Die Werte für die Zinkauflage können zu hoch ausfallen, falls beim Lösen Eisen aus dem Grundmetall mit in Lösung gegangen ist, oder das flüssige Zinkbad bei Überzügen, die nach dem Schmelztauchverfahren aufgebracht wurden, sich mit Verunreinigungen angereichert hatte.

Literatur. BABLIK, H.: Das Feuerverzinken. Wien: Springer 1941. — MACHU, W.: Metallische Überzüge. Leipzig: Akadem. Verlagsges. 1941. — VOLLMER, A.: Arch. Metallkunde Bd. 3 (1949) S. 146. — SCHIKORR, G.: Metall Bd. 7 (1953) S. 337—349. — SCHIKORR, G.: Draht Bd. 5 (1954) S. 217—219. — DIN 50954 Entwurf.

γ) *Für Cadmiumüberzüge*

Wie das Zink ist auch das Cadmium in Schwefelsäure und Salzsäure leicht löslich. Daher kann man zum Ablösen des Cadmiums die gleichen Lösungen benutzen, wie sie zum Entfernen der Zinküberzüge angewandt werden. Auch die Zusatzmittel sind die gleichen.

Für die praktische Durchführung des Verfahrens haben sich Schwefelsäure (1 + 80) mit 2 g Arsen(III)-oxyd im Liter oder Salzsäure (1,19) mit 5% Antimon(III)-chlorid bewährt.

Auch von A. VOLLMER ist eine Lösung zum Entfernen von Cadmiumüberzügen auf Stahl entwickelt worden (s. S. 1025).

An Stelle der stark sauren Lösungen kann auch eine wäßrige Lösung von 120 g Ammoniumnitrat/l oder von 50 g Ammoniumperoxydisulfat/l und 100 ml Ammoniak (0,91)/l verwendet werden. Da die Herstellung der Cadmiumüberzüge praktisch nur auf galvanischem Wege erfolgt, sind die Überzugsschichten verhältnismäßig rein, gleichmäßig und dünn; daher ist auch die Dickenbestimmung mit großer Genauigkeit auszuführen.

δ) *Für Chromüberzüge*

Da das Chrom von Salzsäure unter Bildung von Chrom(III)-chlorid angegriffen wird, kann man zwar Chromschichten vom Eisen mit Hilfe von Salzsäure ablösen, hat aber mit gewissen Schwierigkeiten beim Erkennen des Endpunktes dieses Ablösungsvorganges zu rechnen. Im übrigen erfolgt das Ablösen binnen weniger min. Zur Vermeidung des Eisenangriffs können der Säure Sparbeizen zugefügt werden.

Man behandelt die entfetteten und gewogenen Probestücke nach genauer Oberflächenberechnung in einer Porzellanschale mit verdünnter Salzsäure (1 + 8) bei Zimmertemperatur. Eine Beschleunigung des Ablösevorganges erreicht man durch Verwendung einer Salzsäure (1 + 3) bei 50°. Dann werden die Proben aus der Lösung genommen, sorgfältig abgespült, getrocknet und gewogen. In der Lösung bestimmt man Chrom und Eisen nach bekannten Verfahren.

ε) *Für Nickelüberzüge*

Diese Überzüge, die nach dem galvanischen oder nach dem Plattierungsverfahren aufgebracht sein können, werden nach der üblichen Vorbereitung der Probestücke mit Salpetersäure (2 + 3) abgelöst; gegebenenfalls kann man die Proben auch zerspanen. Sollte der Nickelüberzug noch verchromt worden sein, so muß man zuerst das Chrom durch Behandlung mit Salzsäure (s. oben) entfernen. Zwischenschichten aus Kupfer oder anderen Metallen werden durch die Salpetersäure ebenfalls gelöst; auch etwas Eisen wird stets in Lösung gehen.

Nachdem das Ablösen beendet ist, setzt man zur Lösung verdünnte Schwefelsäure zu und erhitzt das Ganze bis zum Auftreten von Schwefelsäuredämpfen. Dann werden die Sulfate mit verdünnter Schwefelsäure aufgenommen und durch Erwärmen vollständig in Lösung gebracht. Man füllt die Lösung im 250 ml-Meßkolben bis zur Marke auf, entnimmt davon einen gemessenen Anteil, scheidet das Eisen, das durch Zusatz von Wasserstoffperoxyd in die 3wertige Form übergeführt wurde, durch wiederholtes Fällen mit Ammoniak ab und bestimmt es nach bekannten Verfahren. Im Filtrat wird das Nickel auf einer Platinkathode schnellelektrolytisch niedergeschlagen (s. Kapitel Nickel, S. I/545). Sollte auch Kupfer vorhanden sein, so geht es gleichfalls in den kathodischen Niederschlag. Man muß diesen dann in einer Mischung von 30 bis 40 ml Salpetersäure (2 + 3), 10 ml Schwefelsäure (1 + 1) und 300 ml Wasser ablösen, die gebildeten Stickoxyde durch Kochen verjagen und in der Lösung das Kupfer durch Schnellelektrolyse bestimmen; es wird von der Gesamtauswaage Nickel + Kupfer in Abzug gebracht.

Bei Abwesenheit von Kupfer kann das Nickel ohne Abtrennen des Eisens nach Zugabe von Weinsäure durch Fällen mit Diacetyldioxim bestimmt werden (vgl. Kapitel Nickel, S. I/543).

Das Ablösen von dünnen Nickelschichten auf Stahl kann auch in rauchender Salpetersäure oder in einer Lösung von 100 g NaCN + 20 g Ammoniumperoxydisulfat in 880 g Wasser erfolgen.

Literatur. Deiss-Blumenthal: Mitt. dtsch. Mat.-Prüf.-Anst. 1934, H. 17. — Schaarwächter, C.: Z. Metallkunde Bd. 29 (1937) S. 273. — Schikorr, G.: Metalloberfläche Bd. B 6 (1954) S. 49—51.

ζ) *Für Bleiüberzüge*

Diese lassen sich mit heißer Natronlauge unter Zusatz von Natriumperoxyd als Natriumplumbat ablösen, ohne daß das Eisen angegriffen wird.

Das Verfahren ist unabhängig von der Herstellungsart der Überzüge. Sollte die Verbleiung z. B. nach dem Schmelztauch- oder dem Spritzverfahren verhältnismäßig dick sein, so kann man die Probe zunächst über den Schmelzpunkt des Bleies hinaus erhitzen, damit die Hauptmenge des Bleies abschmilzt; der Rest wird dann auf chemischem Wege abgelöst. Beim Schmelztauchverfahren werden vielfach die Überzüge auf Zwischenschichten von Zinn, Antimon od. dgl. aufgebracht, falls nicht Bleilegierungen angewendet werden. Beim Ablösen auf chemischem Wege können hierdurch Schwierigkeiten auftreten (s. S. 1027).

In einer Porzellanschale übergießt man die in üblicher Weise vorbehandelten Proben vollständig mit Natronlauge (50 g/l) und fügt zu etwa 200 ml der Lauge 0,5 g Natriumperoxyd hinzu. Darauf wird die Lösung bis zum Sieden erhitzt und der Lösevorgang so lange fortgesetzt, bis das Eisen vollständig blank erscheint. Sollten sich noch schwarze Flecke zeigen, so bestreut man diese mit etwas Natriumperoxyd und erwärmt weiter, bis sie verschwunden sind. Nach dem Abspülen des Grundmetalls mit Wasser und Eintauchen in Alkohol erfolgt das Trocknen im Exsiccator, das Erkaltenlassen und das Wägen.

Falls die Beimengungen des Bleies bestimmt werden sollen, säuert man die alkalische Lösung mit Salzsäure an und führt dann die erforderlichen Bestimmungen durch.

η) *Für Zinnüberzüge*

Die Bestimmung des auf Eisen aufgebrachten Zinns kann entweder durch vollständiges Lösen der Probe oder nach dem Ablösen des Zinnüberzuges mit Salzsäure bzw. mit VOLLMERschem Lösungsmittel (s. S. 1025) vorgenommen werden.

Das vollständige Auflösen der Probe, die gegebenenfalls zerspant sein kann, erfolgt am schnellsten und sichersten in verdünnter, siedender, vorher aufgekochter und damit luftfreier Salzsäure. Man bestimmt dann das Zinn jodometrisch (s. Kapitel Zinn, S. 979) und kann zur Kontrolle auch noch eine Eisenbestimmung durchführen.

Soll nur der Überzug abgelöst werden, so läßt sich dafür Salzsäure (3 + 1) anwenden, der man zur Verhinderung des Angriffs auf das Grundmetall 20 g Antimon(III)-chlorid für 1 l zugesetzt hat. Die Durchführung der Behandlung geschieht in der bereits auf S. 1027 beschriebenen Weise. Nachdem die dabei auftretende Gasentwicklung nachgelassen hat, wird die Probe sorgfältig abgespült, mit einem Tuch abgewischt, rasch getrocknet und gewogen.

Nach DIN 51213 wird zum Ablösen des Zinns von Stahldraht eine Lösung benutzt, die in folgender Weise hergestellt wird:

20 g Antimon(III)-oxyd (Sb_2O_3) werden in 1 l Salzsäure (1,19) gelöst und 3 bis 5 ml dieser Lösung zu 100 ml Salzsäure (1,19) hinzugegeben.

Das Ablösen kann auch mit einer wäßrigen Lösung von Natriumperoxyd erfolgen; es bildet sich dabei Natriumstannat, während das Eisen nicht angegriffen wird. Dagegen geht etwa vorhandenes Blei mit in Lösung und kann dann nach der Trennung vom Zinn für sich bestimmt werden. Wird nach dem Ablösen des Zinns eine Marmorierung der Grundmetalloberfläche sichtbar, so ist dies ein Zeichen dafür, daß noch eine sehr geringe Zinnmenge ungelöst verblieben ist. Dies tritt hauptsächlich bei Gegenständen mit Feuerverzinnung auf und rührt von einer gebildeten Zinneisenlegierung her. Diese muß man mit Salzsäure abbeizen und darauf das Zinn in dieser Lösung gesondert bestimmen. Im allgemeinen verfährt man beim alkalischen Ablösen des Zinnüberzuges so, daß man die Probe mit siedendem Wasser übergießt, etwa 3 g Natriumperoxyd in kleinen Anteilen zusetzt und das Ganze in schwachem Sieden hält, bis die zunächst einsetzende Gasentwicklung beendet ist. Darauf wird nochmals Natriumperoxyd (etwa 1 g) zugegeben, kurz aufgekocht und nun die entzinnte Probe aus der Lösung entfernt. Es folgt darauf das übliche Abspülen, Trocknen und Wägen.

ϑ) *Für Kupferüberzüge*

Zum Ablösen des Kupfers verwendet man eine ammoniakalische Lösung von Ammoniumperoxydisulfat, die einerseits sowohl galvanisch aufgebrachte als auch dickere Plattierungsschichten löst, andererseits das Grundmetall unberührt läßt. Allerdings muß bei diesem Verfahren kräftig gerührt werden, da sonst durch örtliche Ammoniakverarmung und dadurch bedingte Bildung freier Schwefelsäure das Eisen angegriffen werden könnte. Bei plattierten Werkstoffen dauert das Ablösen des Kupfers bisweilen bis zu 5 Std.

Man behandelt die in üblicher Weise vorbereitete Probe bei Zimmertemperatur mit einer Ammoniumperoxydisulfatlösung (50 g in 1 l), der 15 ml Ammoniak (0,91) zugesetzt worden sind, unter dauerndem, kräftigem Rühren. Ist die Kupferschicht entfernt, so nimmt man das Grundmetall aus der Lösung, spült es ab, beseitigt das etwa am Eisen sitzende Manganoxydhydrat mit dem Gummiwischer, trocknet und wägt.

Bei einer gegebenenfalls erforderlichen Kupferbestimmung ist auch auf Anwesenheit von Eisen, Nickel und Mangan zu achten.

Bemerkung. Zum Ablösen der Kupferschicht ist auch eine Lösung nach A. Vollmer geeignet (s. S. 1027). Siehe auch C. Schaarwächter: Z. Metallkunde Bd. 29 (1937) S. 273.

$\varkappa$) *Für Messingüberzüge*

Man kann diese Überzüge mit Ammoniumperoxydisulfatlösung und Ammoniak oder nach A. Vollmer in gleicher Weise wie die Kupferüberzüge ablösen. Sind sie durch Plattieren in der Wärme hergestellt, so ist stets Eisen in die Messingauflage eindiffundiert. Man muß daher nach Beendigung des Ablösens das an der Probe anhaftende Eisenhydroxyd mit einem Gummiwischer abwischen und es mit der Lösung des Messings vereinigen, damit es bei einer etwa notwendigen Bestimmung des Eisens mit erfaßt wird (s. auch S. 1055).

λ) *Kupfer-Nickel-Überzüge*

Da diese Schichten in der Regel durch Plattieren aufgebracht werden, ist es nicht zu vermeiden, daß durch Diffusion Nickel in das Grundmetall und Eisen in die Plattierschicht wandert. Daher muß nach dem Ablösen der Kupfer-Nickel-Schicht mit Salpetersäure eine Nachbehandlung der Probe mit Bromsalzsäure erfolgen, um auch das ins Eisen diffundierte Nickel zu erfassen (vgl. S. 1055).

Die abgemessene, entfettete und gewogene Probe wird bei Zimmertemperatur mit rauchender Salpetersäure behandelt (kühlen), dann die Säure abgegossen, die Probe mit Spiritus abgespritzt und abgespült (die Probe bleibt hierdurch blank); der Spiritus wird verdampft und die Lösung mit Wasser aufgenommen. Die rauchende Salpetersäure wird durch Eingießen von Wasser verdünnt, mit den spiritushaltigen Lösungen vereinigt und in der Lösung Kupfer, Nickel und Eisen nach den üblichen Verfahren bestimmt. Nach Beendigung des Ablösens der Kupfer-Nickel-Schicht und dem Spülen wird die Probe nach den üblichen Trocknungsmaßnahmen wieder zur Wägung gebracht. In der Lösung bestimmt man Kupfer, Nickel und Eisen.

Das Ablösen der *Kupfer-Nickel-Schicht* läßt sich auch durch Behandeln mit einer Kaliumnitritlösung (200 g/l), die 20 ml Eisessig enthält, unter Erwärmen auf 30 bis 40° durchführen. Die aus Kupfer, Nickel und Eisen bestehende *Diffusionsschicht* muß dann durch 2maliges Einwirkenlassen von kalter Bromsalzsäure [je Liter Salzsäure (3 + 2) 13 ml Brom] in Lösung gebracht werden. In dieser Lösung bestimmt man dann das Kupfer auf elektroanalytischem Wege und das Nickel durch Fällen mit Diacetyldioximlösung. Siehe auch C. Schaarwächter: Z. Metallkunde Bd. 29 (1937) S. 273.

μ) *Für Silberüberzüge*

Diese Überzüge, die nach dem Tauch-, galvanischen oder Plattierverfahren hergestellt worden sind, müssen von der Eisengrundlage vollständig abgelöst werden, ohne daß hierbei Eisen mit in Lösung geht, da dieses als unedleres Metall beim Inlösunggehen die edleren Silberionen verdrängen würde, so daß ein neuer Silberbelag entstehen könnte. Man behandelt also die in üblicher Weise vorgerichtete Probe zum Passivieren der Eisenoberfläche und zum Ablösen des Silbers bei Zimmertemperatur mit starker Salpetersäure (wenigstens 1,42), nötigenfalls unter Kühlung bei zu lebhafter Reaktion, und wäscht, trocknet und wägt dann das entsilberte Eisen. Damit die zurückbleibenden Stahlproben blank bleiben, kann die gleiche Behandlung wie bei Kupfer-Nickel-Überzügen angewandt werden.

ν) Für Goldüberzüge

Dünne Goldschicht enlassen sich mit Kaliumcyanidlösung (60 bis 100 g/l) unter Zusatz von Oxydationsmitteln wie Wasserstoffperoxyd, Natriumperoxyd od. dgl. und unter Erwärmen auf 80 bis 100° ablösen. Bei dickeren Überzügen ist die elektrolytische Entgoldung (s. S. 1035) vorzuziehen.

Man behandelt die ausgemessene, entfettete und gewogene Probe mit Kaliumcyanidlösung, die vorher auf 80 bis 100° erwärmt worden ist, und setzt zur Beschleunigung des Ablösens vorsichtig (sonst starkes Aufschäumen) 1% Natriumperoxyd zu. Ist die Goldschicht entfernt, so wird das Grundmetall nach dem üblichen Reinigen und Trocknen zur Wägung gebracht.

b) Aluminium als Grundmetall

Auf Aluminium und seine Legierungen als Grundmetall werden metallische Überzüge im wesentlichen nach galvanischen oder Spritz- und Plattierverfahren aufgebracht. Plattierverfahren wendet man vor allem dann an, wenn korrosionsempfindliche Aluminiumlegierungen mit Reinaluminium oder mit mehreren Schichten aus korrosionsbeständigeren Aluminiumlegierungen überzogen werden sollen. Da bei derartigen Werkstoffen sowohl die Plattierschichten als auch das Grundmetall gegenüber Säuren wie Laugen etwa das gleiche Verhalten aufweisen, sind die chemischen Ablösungsmethoden nur mit großer Vorsicht anzuwenden. Bei ihnen liegt die Fehlergrenze verhältnismäßig hoch, weil der Zeitpunkt, an dem das Überzugsmetall abgelöst und das Grundmetall noch nicht angegriffen ist, nicht genau beobachtet werden kann. Man wird deshalb hier dem metallographischen Verfahren zur Schichtdickenbestimmung den Vorzug geben (s. S. 1046).

α) Für Chromüberzüge

Rauchende Salpetersäure greift Aluminium und seine Legierungen nur sehr wenig an; auch Chrom verhält sich ihr gegenüber passiv. Fügt man aber noch Chlorsäure zu, so findet eine Absprengung und Auflösung der Chromschicht statt. Man wendet dieses Verfahren meist für das Ablösen einer galvanischen Verchromung sowie von Chromschichten auf vernickeltem Aluminium bzw. seinen Legierungen an. Bei Chromschichten normaler Dicke beträgt die Ablösungsdauer etwa 1 Std.

Die in üblicher Weise vorbereitete Probe wird mit rauchender Salpetersäure (1,48) behandelt, die 10% 20proz. Chlorsäure enthält; dabei kann man die Temperatur zur Beschleunigung der Reaktion bis auf 50° erhöhen. Nach dem Ablösen der Chromschicht erfolgt das Reinigen, Trocknen und Wägen des Grundmetalls in bekannter Weise.

β) Für Nickelüberzüge

Zu ihrer Ablösung kann rauchende Salpetersäure (s. bei α) benutzt werden. Doch kann man die Schichtdicke auch dadurch bestimmen, daß man das Grundmetall in Natronlauge (100 bis 200 g/l) löst, während das Nickel dabei nicht angegriffen wird.

Die vorbereitete Probe wird in Natronlauge eingetaucht. Da sofort eine sehr lebhafte Wasserstoffentwicklung sowie eine Erwärmung der Lösung beginnt, muß dem bei der Wahl der Gefäße Rechnung getragen werden. Hat die Gasentwicklung aufgehört, so nimmt man die zurückgebliebene Nickelschicht aus der Lösung, spült sie ab, trocknet und wägt sie. Aus ihrem Gewicht und der ursprünglichen Oberfläche der Probe ist die Dicke der Nickelauflage zu errechnen. Ist die Nickelschicht nicht mehr in zusammenhängender Form vorhanden, so muß man die Lösung filtrieren, den Rückstand auswaschen, trocknen und wägen.

Literatur. WIEDERHOLT, W., u. B. KASPRAS: Metall Bd. 6 (1952) H. 17/18, S. 509—511.

γ) *Für Kupferüberzüge*

Zur Entfernung derartiger Überzüge, die durch galvanische oder Spritz- bzw. Plattierverfahren aufgebracht worden sind, benutzt man Salpetersäure (1,48), da sich in ihr Kupfer leicht löst, während das Aluminium durch Bildung einer Oxydschicht weitgehend vor dem Angriff geschützt wird. Das Ablösen erfolgt bei Zimmertemperatur, und das verbliebene Grundmetall wird in bekannter Weise weiterbehandelt.

δ) *Für Silberüberzüge*

Das Ablösen dieser Überzüge erfolgt analog der Behandlung der Proben beim Entfernen der Kupferschichten (s. oben). Starke Schwefelsäure greift Silber sehr gut an, während Aluminium kaum angegriffen wird, so daß auch auf diese Weise die Schichtdickenbestimmung von Silberüberzügen erfolgen kann.

c) Zink als Grundmetall

Da das Zink sowohl in Säuren als auch in Laugen leicht löslich ist, kann ein Ablösen der Überzugsschichten auf diesem Metall mit Hilfe obiger Reagenzien nicht in Frage kommen. Man kann aber zur Bestimmung der Schichtdicke die gesamte Probe auflösen und in der Lösung die Menge des Überzugsmetalls analytisch bestimmen.

Überzüge aus Kupfer, Bronze und ähnlichen Kupferlegierungen lassen sich von Zinkgußstückchen chemisch in einer heißen Lösung entfernen, die Alkalicyanide und Alkalisulfide in einer Menge von 1% bis zur Sättigung enthält. Das Mischungsverhältnis ist so zu wählen, daß 5mal soviel Cyanide wie Sulfide benutzt werden.

Weitere Bestimmungsverfahren der Schichtdicke von Überzügen auf Zink s. S. 1036.

Literatur. Westinghouse Electric Corp. Amer. Patent 2408220.

d) Kupfer und Kupferlegierungen als Grundmetall

α) *Für Chromüberzüge*

Das Chrom wird durch verdünnte Salzsäure unter Bildung von Chrom(II)-chlorid gelöst, während das Kupfer von Salzsäure nicht so schnell angegriffen wird. Bei genaueren Bestimmungen muß man die meist mit in Lösung gegangenen Mengen an Kupfer analytisch feststellen und sie bei der Berechnung der Schichtdicke berücksichtigen.

Man behandelt die vorbereitete Probe mit Salzsäure (1 + 1) bei Zimmertemperatur, nimmt sie nach dem Aufhören der Wasserstoffentwicklung aus der Säure, spült sie ab, trocknet und wägt sie zurück.

β) *Für Nickelüberzüge*

Man kann das meist auf galvanischem Wege aufgebrachte Nickel von Kupfer und Kupferlegierungen (Neusilber) durch Behandeln mit einer Mischung von 1 Teil Schwefelsäure (1,84) und 1 Teil Salpetersäure (1,40) unter Erwärmen auf

90° ablösen. Das Grundmetall wird dann nach dem Reinigen und Trocknen gewogen.

γ) Für Bleiüberzüge

Von A. VOLLMER sind eine Reihe von Lösungsmitteln für Metallüberzüge entwickelt worden, von denen das unter der Nr. II angegebene in kurzer Zeit das Blei ablöst, während das Kupfer nicht angegriffen wird. Man kann das Verfahren auch anwenden, um die Dicke von Bleiüberzügen auf unterkupferter Schicht festzustellen. Weitere Einzelheiten s. S. 1025.

δ) Für Zinnüberzüge

Das Zinn wird von einer Lösung, die im Liter 100 g Eisen(III)-ammoniumsulfat, 50 ml Schwefelsäure (1,84) und 25 ml Phosphorsäure enthält, verhältnismäßig rasch (etwa 1 Std.) abgelöst. Da die Mischung aber auch Kupfer angreift, muß die Probe nach Beendigung des Ablösens möglichst schnell aus der Lösung entfernt werden. Das Lösen erfolgt bei Zimmertemperatur.

Nach DIN 51213 wird der Zinnüberzug von Kupferdrähten durch Natriumperoxydlösung abgelöst. Eine Drahtwendel von etwa 25 cm^2 Oberfläche wird nach Reinigung in Äther oder Äthanol in wenig Wasser von 80 bis 100° unter Zugabe von etwa 1 g Natriumperoxyd erwärmt, wobei das Bad schwach bewegt wird. Hat das Aufbrausen nachgelassen, so wird wieder 1 g Natriumperoxyd zugegeben und so fort, bis der Überzug völlig abgelöst ist. Etwa in Lösung gegangene geringe Mengen Kupfer werden nach Ansäuern der Lösung mit Salzsäure durch Übersättigen mit Ammoniak colorimetrisch bestimmt und von dem Gewichtsverlust abgezogen.

Sind die Zinnüberzüge *auf Messing* aufgebracht, so kann man das Zinn durch Salzsäure (1,19) ablösen, die im Liter 1 g Antimon(III)-oxyd enthält. Da hierbei ein Angriff auf das Grundmetall nicht vollständig vermieden werden kann, ist bei genaueren Bestimmungen der Kupfergehalt in der Lösung festzustellen und bei der Schichtdickenberechnung zu berücksichtigen. Das Probenstück muß nach beendeter Entzinnung sofort aus der Lösung entfernt werden.

Zinn läßt sich von Kupfer und Messing auch durch heiße Salzsäure unter Luftabschluß lösen, da Kupfer und Kupferlegierungen merklich nur bei Gegenwart von Sauerstoff von Salzsäure gelöst werden.

ε) Für Silberüberzüge

Das Silber geht in einem Gemisch von Schwefelsäure und Salpetersäure rasch in Lösung; dabei ist der Angriff auf das Grundmetall sehr gering. Da ein solcher durch die Gegenwart von Wasser verstärkt wird, muß man auf Wasserfreiheit der Säure besonders achten. An Stelle von Salpetersäure kann man auch Natriumnitrat verwenden; man erzielt dadurch zwar eine Verlangsamung des Löseprozesses, verringert aber den Angriff auf das Grundmetall.

Die Probe wird in mindestens 60° heiße Schwefelsäure (1,84) eingebracht, die einen Zusatz von 2 bis 5% Salpetersäure (1,40) oder von 2 bis 5% Natriumnitrat enthält. Auch hier hat das Herausnehmen des Gegenstandes aus der Lösung sofort nach dem Ablösen zu erfolgen.

ϑ) Für Goldüberzüge

Das Ablösen der Überzüge erfolgt am sichersten durch Elektrolyse (s. S. 1034/35).

e) Nickel als Grundmetall

Chromüberzüge. Chromüberzüge werden vielfach auf Nickelgrundlage und meist nur in dünner Schicht aufgebracht. Man kann sie bei Zimmertemperatur mit Salzsäure (1 + 1) in kurzer Zeit ablösen, ohne daß dabei das Nickel stärker angegriffen wird.

Für genauere Bestimmungen empfiehlt es sich, die gesamte Probe aufzulösen und in der Lösung den Gehalt an Chrom und Nickel festzustellen.

f) Blei als Grundmetall

Zinnüberzüge. Die Dicke des Zinnüberzuges zu messen, ist durch Auflösen in Natriumpolysulfid möglich.

Literatur. Schikorr, G., u. K. G. Bergner: Über die Prüfung und die Korrosion von Weinflaschenkapseln aus dünnverzinntem Blei. Werkstoffe u. Korrosion Bd. 8 (1957) S. 6.

2. Schichtdickenbestimmung durch elektrolytisches Ablösen der Überzüge

Grundlage. Es ist möglich, das Überzugsmetall auch auf elektrolytischem Wege schnell und vollständig abzulösen, ohne daß das Grundmetall merklich angegriffen wird. Die Bestimmung der Schichtdicke erfolgt dann durch Berechnung aus dem Gewicht der Auflage und dem Ausmaß der Oberfläche der Originalprobe. Gegenüber den rein chemischen Verfahren haben die elektrochemischen den Vorzug, daß, insbesondere bei elektrochemisch edleren Metallen, der Ablösungsvorgang beschleunigt und die Oberfläche des Grundmetalls durch die anodische Behandlung passiviert wird. Die Ablösung selbst kann durch die anodische Stromdichte reguliert werden. Besteht das Grundmetall aus Eisen oder Nickel, so wendet man als Elektrolyt Alkalien oder Alkalicyanid an, während bei Aluminium, Zink oder Kupfer als Grundmetalle Säuren benutzt werden. Falls ein Angriff auf das Grundmetall nicht ganz zu vermeiden ist, kann die gelöste Menge später analytisch bestimmt und in Rechnung gesetzt werden.

Anwendungsbereich und Bedeutung. Elektrochemische Verfahren sind in der gleichen Weise wie die rein chemischen anwendbar, und zwar für alle Proben, deren Oberflächen genau ausgemessen werden können und deren Schichtdicke verhältnismäßig gleichmäßig ist. Vielfach liegt die Möglichkeit vor, das Überzugsmetall nach seiner anodischen Ablösung auf Netzkathoden wieder abzuscheiden. Dies ist besonders für Edelmetalle erwünscht. Je nach Art des Grundmetalls und des Überzugsmetalls ist beim Ablösen die Auswahl geeigneter Elektrolyte und Strombedingungen vorzunehmen. Angaben darüber kann man in der Tabelle 2 finden.

Genauigkeit. 1.

Dauer. Sie ist abhängig von der Schichtdicke. Das Ablösen galvanischer Überzüge dauert etwa genauso lange wie ihre Herstellung.

Ausführung. Die Oberfläche der Probe wird zunächst genau ausgemessen und berechnet. Dann folgt das Entfetten, Spülen, Trocknen und Wägen. Nun bringt man die Probe in den Elektrolyten ein; man achtet darauf, daß der Stromanschluß ohne größeren, elektrischen Widerstand erfolgt. Im Elektrolyten muß außerdem eine Kathode vorhanden sein, deren Zusammensetzung abhängig ist von der Art des Elektrolyten sowie des abzulösenden Metalls und deren Form derjenigen der Anode angepaßt sein muß, um eine möglichst gleichmäßige Verteilung der anodischen Stromdichte zu erzielen. Der Auflösungsvorgang ist mit Hilfe elektrischer Meßgeräte leicht zu kontrollieren. Bei wiederholter Benutzung des Elektrolyten ist seine Zusammensetzung jeweils zu prüfen; dafür genügt meist die Feststellung des p_H-Wertes. Als Gefäßmaterial wird zweckmäßig Glas verwendet. Zur Beschleunigung des anodischen Lösevorganges wird der Elektrolyt häufig mit einer Rührvorrichtung bewegt.

Während des Löseprozesses prüft man den Fortschritt des Ablösens durch gelegentliches Herausheben der Probe aus dem Elektrolyten unter Stromdurchgang. Ist die Schicht abgelöst, so nimmt man die Probe heraus, schaltet dabei den Strom jedoch nicht ab, da sonst eine Abscheidung edlerer Metalle aus dem Elektrolyten auf der unedleren Probe stattfinden könnte, spült, trocknet und wägt sie zurück.

Bei der *Entchromung* mit Natronlauge wird Natriumchromat gebildet und somit eine entsprechende Menge Ätznatron aus dem Elektrolyten verbraucht. Daher muß man zur Aufrechterhaltung eines gleichmäßigen Lösungsprozesses und zur Verhinderung eines Angriffs auf das Grundmetall für einen ständigen Überschuß an freiem Alkali im Bade sorgen. Bei einer zu starken Belastung ist das Bad zu kühlen, damit die Badtemperatur nicht über 30° ansteigt und dadurch das Grundmetall angegriffen wird. Stahl, Gußeisen, Kupfer und Kupferlegierungen werden bei sachgemäßer Durchführung der Entchromung nicht angegriffen; muß die Chromschicht von vorher vernickelten Teilen entfernt werden, so wird mit einer verdünnteren Lauge (4 bis 5 g Natriumhydroxyd im Liter) und einer geringeren Spannung (2 bis 5 V) gearbeitet. Dadurch läßt sich ein Angriff auf den Nickelüberzug vermeiden. Verchromte Proben mit Nickelzwischenschicht, von denen sowohl das Chrom als auch das Nickel abzulösen ist, und Proben, deren Grundmetall von Alkalien angegriffen wird (Aluminium, Zink), behandelt man zweckmäßigerweise in schwefelsauren Bädern.

Da durch den bei elektrolytischen Ablösungsprozessen entstehenden Wasserstoff feine Chromatnebel auftreten, welche zu gesundheitlichen Schädigungen führen können, ist für das Absaugen solcher Sprühnebel aus der Raumluft zu sorgen.

Das elektrolytische Entfernen von *Nickelüberzügen* kann sowohl bei Eisen als auch bei Kupfer, Aluminium, Zink und deren Legierungen als Grundmetall im schwefelsauren Bad erfolgen. Bei Verwendung von konzentrierterer Schwefel-

Tabelle 2. *Zusammensetzung der Elektrolyte in Abhängigkeit vom Grund- und Überzugsmetall sowie die Ablösungsbedingungen*

Probe	Elektrolyt	Temperatur °C	Stromdichte A/dm²	Spannung V	Kathoden-material
Zink auf Eisen	10proz. Kaliumcyanidlsg.	20	0,5 bis 1		Eisen
Cadmium auf Eisen	10proz. Kaliumcyanidlsg.	20	0,5 bis 1		Eisen
Chrom auf Eisen	10proz. Natronlauge	30	4 bis 8	4 bis 6	Eisen
Nickel auf Eisen	10proz. Schwefelsäure		5 bis 10	6 bis 12	Blei
Blei auf Eisen	78proz. Natronlauge	70 bis 90	1 bis 2		Kupfer
Zinn auf Eisen	20proz. Natronlauge	70 bis 90	1 bis 2	3 bis 4	Kupfer
Kupfer auf Eisen	10proz. Kaliumcyanidlsg.	20	0,5 bis 1		Eisen
Silber auf Eisen	3- bis 5proz. Natriumcyanidlösung	20	0,5 bis 1,5		Eisen
Silber auf Eisen	konz. Schwefelsäure + 3proz. Salpetersäure	warm		2 bis 3	Blei
Gold auf Eisen	5- bis 10proz. Kaliumcyanidlösung	20	0,5 bis 1	2 bis 3	Eisen
Nickel auf Aluminium	wie bei Nickel auf Eisen				
Kupfer auf Aluminium	5proz. Salpetersäure			6	Aluminium
Silber auf Kupfer	konz. Schwefelsäure + 2 bis 3% Salpetersäure			2 bis 3	Blei
Gold auf Kupfer	80% Schwefelsäure	40		6 bis 8	Blei
Chrom auf Nickel	4- bis 5proz. Natronlauge	20	0,5 bis 1	2 bis 3	Eisen
Gold auf Nickel	5- bis 10proz. Kaliumcyanidlösung	20	2 bis 3		Eisen
Gold auf Silber	konz. Salzsäure + Glycerin	20		6	Silber bzw. Kohle
Chrom auf Zink	Natriumcarbonatlösung				Eisen
Kupfer auf Zink	12proz. Natriumsulfidlösung mit Kaliumcyanid			2	Eisen

säure geht das Entnickeln verhältnismäßig langsam vor sich; außerdem besteht die Gefahr, daß sich wasserfreies Nickelsulfat bildet und das Lösen verzögert wird. Verdünnt man die Schwefelsäure wiederum zu stark, so kann mit einem Angriff auf das Grundmetall gerechnet werden. Aus diesen Erwägungen heraus verwendet man zum Entnickeln zweckmäßig Schwefelsäurekonzentrationen zwischen 60 und 78% und kontrolliert deren Stärke ständig, um das Grundmetall vor einem Angriff zu bewahren. Letzteres Ziel kann auch durch Zusätze von Leitsalzen (Weinstein, Kupfersulfat) und Hemmstoffen (Glycerin) erreicht werden; außerdem wirken diese Stoffe beschleunigend auf das Ablösen. Eine Erwärmung der Bäder im Betrieb ist durch entsprechende Kühleinrichtungen zu verhindern; Säurenebel müssen abgesaugt werden.

Bei der Entnickelung von Messing kann man Salzsäure (1 + 8) und eine Spannung von 6 V anwenden. Das nach der Entfernung des Nickels sich auf dem Messing bildende Kupfer(I)-chlorid, das in verdünnter Salzsäure nur wenig löslich ist, schützt vor einem Angriff.

Beim Ablösen von *Kupferschichten* ist zu beachten, daß sich die Kupferoberfläche in cyanidhaltigen Lösungen bei höheren Stromdichten leicht polarisiert. Zur Vermeidung dieser Erscheinung soll die anodische Stromdichte nicht über 1 A/dm^2 betragen. Um das Lösen von Eisen zu verhindern, setzt man dem Bad zweckmäßig Ätznatron zu, bis ein p_H-Wert von 13,5 erreicht ist. Soll Kupfer von Zink abgelöst werden, so kann man Natriumsulfidlösung (120 g $Na_2S \cdot 9H_2O$/l) bei Gegenwart von Kaliumcyanid bei einer Spannung von 2 V anwenden.

Beim *Entsilbern* werden Zwischenschichten aus Kupfer oder Nickel gegebenenfalls mit angegriffen oder aufgelöst. Daher muß das Silber im Elektrolyt in solchen Fällen analytisch ermittelt werden. In der Hauptsache kommt zum Entsilbern von Kupfer und seinen Legierungen nur Schwefelsäure (1,84) mit einem Zusatz von Salpetersäure (1,40) bzw. von 2 bis 5% Natriumnitrat in Frage. Dabei ist der Endpunkt der Silberschichtablösung an einem Steilabfall der Stromstärke infolge Passivierung des Grundmetalls zu erkennen. Gegenwart von Wasser unterbindet diese Passivierung.

Ist eine *Goldschicht* auf elektrolytischem Wege abzulösen, so läßt sich die Dicke der Auflage nur dann genau bestimmen, wenn das Gold nicht durch nachträgliche Wärmebehandlung in das Grundmetall diffundiert ist. Befindet sich eine derartige Diffusionsschicht zwischen Goldauflage und Grundmetall, wie z. B. beim Doublé, so ist die Auflösung der Auflage ohne gleichzeitigen, stärkeren Angriff auf das Grundmetall nicht möglich. Bei Kupfer oder seinen Legierungen als Grundmetall erfolgt die anodische Behandlung am zweckmäßigsten in Schwefelsäure und bei 6 bis 8 V. Die Schwefelsäure darf höchstens 20 Vol.-% Wasser enthalten; beim Ansteigen der Temperatur des Elektrolyten über 40° hinaus ist mit einem stärkeren Angriff auf das Grundmetall zu rechnen. Besteht das Grundmetall aus Eisen oder Stahl, aus Nickel oder rostbeständigem Stahl, so benutzt man als Elektrolyten Kaliumcyanidlösung (50 bis 100 g/l) bei Raumtemperatur und einer Badspannung von 2 bis 3 V. Natriumcyanid an Stelle von Kaliumcyanid zu verwenden, ist nicht zweckmäßig, da bei tieferer Temperatur das Natriumgoldcyanid schwer löslich ist und Gold leicht passiviert werden könnte. Tritt einmal der Fall ein, daß trotzdem mit Natriumcyanid gearbeitet werden muß, so erhöht man die Badtemperatur auf 80 bis 90° und unterbindet dadurch eine Passivierung des Goldes. Beim Ablösen des Goldes von Nickelüberzügen mit Hilfe cyanidhaltiger Elektrolyte wird das Nickel stets mit angegriffen; durch diesen Umstand leidet die Genauigkeit der Bestimmung. Überzüge von Gold auf Silber werden anodisch mit Salzsäure (1,19) unter Glycerinzusatz abgelöst. Dabei bildet sich, falls die Badtemperatur unter 70° gehalten wird, eine Schutzschicht von Silberchlorid, die einen weiteren Angriff auf das Silber verhindert.

Ein Bewegen des Bades soll möglichst unterbleiben; man arbeitet mit einer Spannung von etwa 6 V.

Die Bestimmung der Dicke von Überzügen aus *Metallen der Platingruppe* ist auf elektrolytischem Wege kaum möglich.

Fehlerquellen. Sie sind jeweils bei den vorstehenden Methoden angegeben.

Literatur. MACHU, W.: Metallüberzüge. Leipzig: Akadem. Verlagsges. 1941. — BILFINGER, R. u. a.: Galvanotechnik. Leipzig: Akadem. Verlagsges. Geest und Portig 1949. — POLLACK, A.: Metalloberfläche Bd. 3 (1951) S. 8/9. — SCHIKORR, G.: Metalloberfläche Bd. B 6 (1954) S. 49—51.

3. Schichtdickenbestimmung durch die Bestimmung der entwickelten Wasserstoffmenge

Grundlage. Das Auflösen der Metalle in nicht oxydierenden Säuren ist mit einer Wasserstoffentwicklung verbunden. Enthält die Säure einen Hemmstoff, der einerseits das Ablösen des Überzugsmetalls nicht hindert, andererseits einen Angriff auf das Grundmetall unterbindet, so kommt die Wasserstoffentwicklung zugleich mit der beendeten Ablösung zum Stillstand, ein Aufhören der Wasserstoffentwicklung zeigt also den Endpunkt des Ablösens der Auflageschicht an. Für die Durchführung des Verfahrens braucht man keine empfindliche Waage, sondern nur eine gasdichte Apparatur und *ein Auffanggefäß mit Maßeinteilung* zum Ablesen der entwickelten Wasserstoffmenge.

Da die Geschwindigkeit des Löseprozesses abhängig ist von der Reinheit des Metalls, besteht die Möglichkeit, aus dem zeitlichen Verlauf Anhaltspunkte über die Reinheit einer Überzugsschicht und damit auch meist über das Aufbringungsverfahren zu erhalten. Die Beurteilung der Reinheit eines Überzugsmetalls erfolgt nach diesem Verfahren zweckmäßig an Hand von Eichkurven, die man mit Überzügen bestimmter Zusammensetzung und Aufbringungsart aufgestellt hat.

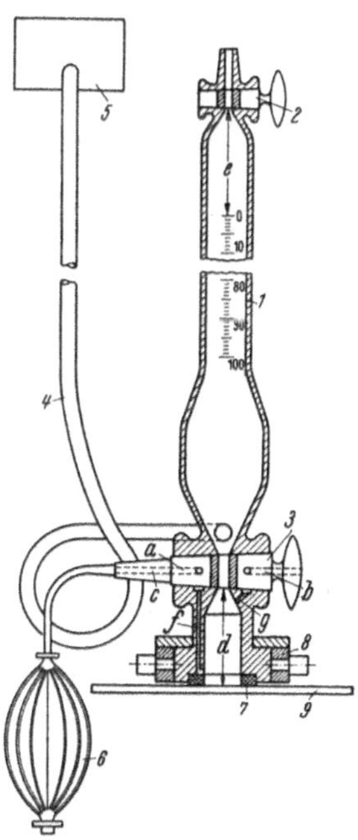

Abb. 79. Apparatur für gasvolumetrische Schichtdickenbestimmung von Überzügen

Anwendungsbereich und Bedeutung. Das Verfahren wird in der Hauptsache bei der Prüfung von Zinküberzügen angewandt, die entweder nach dem Schmelztauch- oder nach dem galvanischen Verfahren hergestellt worden sind. Zur Dickenbestimmung der Auflage bei verzinkten Drähten ist von der Firma Dr. Keller & Bohacek, Düsseldorf, eine einfache Apparatur entwickelt worden. Werden stets Drähte gleicher Länge mit gemessenem Durchmesser benutzt, so kann man aus Angaben in einer beigefügten Tabelle die Menge des als Auflage vorhandenen Zinks nach dem abgelesenen Gasvolumen (reduziert auf Atmosphärendruck und 20°) feststellen. Eine Apparatur für gasvolumetrische Schichtdickenbestimmung von Überzügen ist von den Vereinigten Stahlwerken, Düsseldorf, entwickelt worden (vgl. Abb. 79).

Die Meßbürette *1* ist über einen Schlauch *4* mit dem Füllgefäß *5* verbunden. Die Hähne *2* und *3* schließen die Bürette oben und unten luftdicht ab. Der untere Hahn *3* hat außer einer Durchgangsöffnung noch zwei winklig verlaufende Kanäle *a* und *b*, von denen der Kanal *a* über eine Tülle *c* mit dem Saugball *6* verbunden ist. Der untere Teil der Bürette ist als Reaktionsraum ausgebildet und nimmt den Gummiring *7* auf, der sich mit dem zu prüfenden Werkstück *9* dicht anpasse kann. Der lose aufgeschraubte Ring *8* wird von einer nicht gezeichneten Klemme auf das Werkstück gespannt, so daß die Meßvorrichtung luftdicht mit dem Werkstück verbunden ist.

Die Meßbürette ist so konstruiert, daß der Rauminhalt bis zur Nullmarke (*e*) gleich ist dem Rauminhalt des unterhalb des Absperrhahns befindlichen Reaktionsraumes (*d*), mit dem die Meßbürette zu einem Gefäß vereinigt ist. Die Teilung der Meßbürette ergibt die Auflagendicke des Zinks in mm oder in g/m² bezogen auf eine bestimmte Raumtemperatur und einen bestimmten Luftdruck an. Der Reaktionsraum ist entleerbar entweder über einen Kanal des Absperrhahns mittels eines Saugballs oder durch einen Heber.

Genauigkeit. 2.

Dauer. Etwa 1 Std.

Ausführung. Proben mit genau ausgemessener Oberfläche werden in entfettetem Zustand in Salzsäure (1,19), die je Liter 1 g Antimon(III)-oxyd enthält, unter Luftabschluß eingebracht. Man fängt den sich bildenden Wasserstoff in einem graduierten Rohransatz auf und liest dann sein Volumen ab.

65,38 g Zink entwickeln mit Salzsäure 2 g Wasserstoff, eine Gewichtsmenge, die bei 760 mm-Hg-Säule und 0° ein Volumen von 22,424 l einnimmt. Es entspricht also 1 ml Wasserstoff bei 20° 2,915 mg Zink. Aus der errechneten Zinkmenge ergibt sich unter Berücksichtigung der Probenoberfläche die Menge an Zink in g/m².

Fehlerquellen. Die Apparatur muß gasdicht sein. Bei der Berechnung des in Lösung gegangenen Materials aus dem Gasvolumen sind Temperatur und Druck zu berücksichtigen. Die entwickelte Gasmenge hängt von den Verunreinigungen im Metall ab.

Literatur. Pack, A.: Metallwaren-Ind. Galvano-Techn. Bd. 38 (1940) S. 415—418. Ferner DRP. 610765, Meßbürette zur Bestimmung der Zinkauflage von verzinktem Gut.

4. Schichtdickenbestimmung durch chemisches Ablösen des Überzuges an einem begrenzten Teil der Oberfläche

Da es nicht immer möglich ist, zur Bestimmung der Schichtdicke von Überzügen Proben zu verwenden, die in Laboratoriumsgefäßen behandelt werden können, sind besondere Apparaturen entwickelt worden, mit Hilfe derer man auf größeren Gegenständen kleinere Flächenteile von bestimmbarem Ausmaß abgrenzen und sie der Einwirkung des Ablösungsmittels aussetzen kann. Ein Abgrenzen bestimmter Oberflächenbereiche ist dadurch möglich, daß man ein Glasgefäß unter Verwendung einer Zwischenschicht aus Gummi auf der Oberfläche größerer Probenstücke befestigt. Dann füllt man in das Gefäß eine Säure oder Lauge bzw. Lösungen, deren Zusammensetzung und Konzentration sich nach Art und Stärke des Metallüberzuges richten. Nach Beendigung des Lösungsvorganges wird die Lösung aus dem Glasgefäß gespült und zur Bestimmung der gelösten Metallmenge bzw. der Legierungsbestandteile benutzt. In manchen Fällen genügt es, die Umgrenzung der abzulösenden Oberfläche mit einem Kitt vorzunehmen. Aus der analytisch bestimmten Metallmenge wird dann die Auflage unter Berücksichtigung der Oberflächengröße in g/m² berechnet.

Um die abzugrenzende Fläche genau zu begrenzen, wird eine entsprechende Fläche aus Millimeterpapier geschnitten, auf die abzulösende Fläche gelegt und dieses mit dem benachbarten Bereich mit Asphaltlack dick bestrichen. Nach leichtem Antrocknen des Lackes wird das Millimeterpapier abgehoben. Auf diese scharfe Umgrenzung kann nun zusätzlich ein säurefester Kitt aufgebracht werden. In den hierdurch entstandenen Wall wird dann die Lösung, die zum Ablösen der Überzugsschicht dient, eingebracht und nach dem Auflösevorgang mittels Pipette entfernt.

Zur örtlichen Prüfung der Schichtdicke von dünnen Chromüberzügen bis zu 1,2 μ Dicke ist der Tüpfelversuch anwendbar, bei dem eine oder mehrere interessierende Stellen der Probenoberfläche mit analysenreiner Salzsäure (1,18) betüpfelt werden. An jeder Prüfstelle wird eine Fläche von etwa 6 mm Durchmesser mit einem kleinen Ring aus Paraffin oder Wachs erzeugt. Beobachtet wird die Zeit in Abständen von 0,5 sek vom Beginn der Gasentwicklung bis zum Erscheinen des Nickels. Da die Reaktion stark temperaturabhängig ist, ist bei der Berechnung der Schichtdicke der Temperaturfaktor zu berücksichtigen.

Literatur. DIN 50953.

Zur Schnellbestimmung der Dicke eines Nickelüberzuges auf einer eng abgegrenzten Fläche wird diese mit einigen Tropfen Salpetersäure (1 + 1) abgelöst und die Lösung sowie das Waschwasser, das verdünnte Salzsäure enthält, in einen Erlenmeyer-Kolben übergeführt. In der Lösung wird nach Zusatz von 30 ml Ammoniak (0,91), 10 ml Ammoniumperoxydisulfatlösung (200 g/l) und 5 ml einer Lösung von Diacetyldioxim (1 g in 100 ml Äthanol) das Nickel bestimmt. Nach Abfiltrieren des Eisenhydroxyds wird die der Nickelmenge proportionale Intensität der Rotfärbung photometrisch gemessen. Die Bestimmung erfordert weniger als 5 min Dauer; Kupfer und Kobalt wirken nicht störend.

Um Überzüge von Teilen der Oberfläche abzulösen, kann man ferner das Ablösungsmittel in Tropfen- oder Strahlenform einwirken lassen.

5. Schichtdickenbestimmung durch Tropf- oder Strahlverfahren

Grundlage. Bei diesem Verfahren läßt man das Lösungsmittel so lange unter genau festgelegten Bestimmungen auf eine kleine, örtlich begrenzte Stelle der Oberfläche fließen oder tropfen, bis das Grundmetall freigelegt ist. Für derartige Bestimmungen kommen nur Lösungen in Frage, welche das Überzugsmetall schnell aufzulösen vermögen und bei denen die Reaktionsbedingungen nicht zu stark von der Temperatur und der Konzentration abhängig sind. Ferner muß sich die Färbung des Grundmetalls von der des Überzugsmetalls unterscheiden, damit der Endpunkt der Reaktion genau erkannt werden kann.

Anwendungsbereich und Bedeutung. Das Verfahren ist besonders für Reihenuntersuchungen an Überzügen annähernd bekannter Dicke geeignet und wird vor allem dann angewandt, wenn es sich um profilierte Oberflächen handelt oder wenn die Überzugsdicke stark schwankt. Für Chromüberzüge ist das Strahlverfahren nicht anwendbar, so daß z. B. Chromschichten auf Kupfer, Nickel u. dgl. vorher durch Salzsäure (1,16), die 2% Antimon(III)·oxyd enthält, entfernt werden müssen. Ist die Oberfläche bei Nickelüberzügen passiv, so wird die Probe einige sek in eine Lösung von gleichen Teilen Salzsäure (1,16) und Wasser getaucht, dann gespült und mit einem sauberen Lappen oder mit Filterpapier abgetrocknet.

Genauigkeit. 2.

Dauer. 1 bis 2 min.

Ausführung. Für die Verfahren werden besondere Apparaturen benötigt (s. Abb. 80), die es ermöglichen, daß das Lösungsmittel unter konstanten Bedingungen auf die Oberfläche der Probe trifft. Es befindet sich in einem größeren Scheidetrichter und kann aus diesem durch eine Glaskapillare genau definierter Abmessung abtropfen bzw. abfließen. In bestimmtem Abstand von der Austrittsstelle des Lösungsmittels wird die Probe in einem Winkel von 45° zur Richtung des Strahles angeordnet. Zur Apparatur gehören ein Stativ, dessen Fuß mit Niveauschrauben versehen ist, und Klammern zum Halten des Scheidetrichters und der Probe. Unterhalb der Probe wird die Lösung in einer Schale aufgefangen; das Lösungsmittel darf nur einmal benutzt werden. Klammern und Stativ müssen recht massiv sein, damit während der Bestimmung jede Eigenbewegung zwischen

Strahl und Probe ausgeschaltet bleibt. Vor Beginn des Verfahrens soll das Lösungsmittel bereits längere Zeit im Prüfraum gestanden haben; dann ist seine Temperatur genau zu messen.

Die Berechnung der Schichtdicke erfolgt entweder aus der Menge der verbrauchten Lösung oder bei gleichmäßigem Tropfen oder Strahlen aus der Zeit, die zum Ablösen des Überzuges erforderlich war. Da die Prüflösung gleichmäßig über die Probe fließen muß, soll die Bestimmung nicht in unmittelbarer Nähe von Kanten ausgeführt werden.

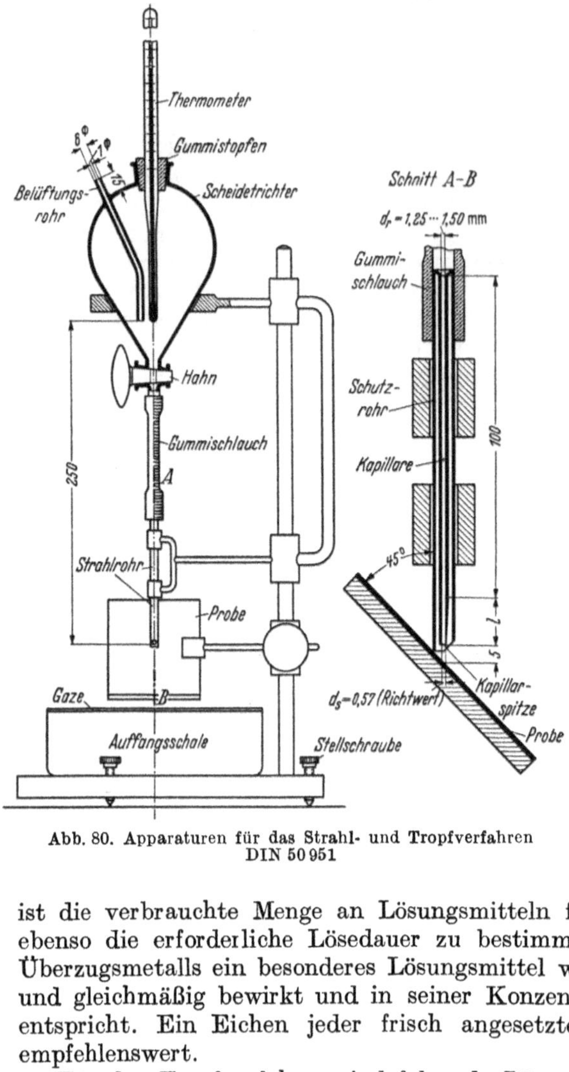

Abb. 80. Apparaturen für das Strahl- und Tropfverfahren DIN 50951

Firmen der galvanischen Industrie liefern fertige Prüfeinrichtungen sowie Lösungen zum Entfernen der Überzüge. Die Lösungen sind so eingestellt, daß bei einer Tropfgeschwindigkeit von 60 Tropfen je min je 20 Tropfen einer Schichtdicke von 1 μ entsprechen. An Stelle der Tropfenzahl kann aber auch die Zeit ermittelt werden, die zum Freilegen des Grundmetalls erforderlich war. Man wird für jedes Lösungsmittel zweckmäßig eine Eichkurve aufstellen, welche die Beziehung zwischen Temperatur und Schichtdicke, die in 1 sek durch das Lösungsmittel abgelöst wird, wiedergibt.

Will man das Verfahren für Überzüge anwenden, die aus mehreren Schichten verschiedenartiger Metalle bestehen, so ist die verbrauchte Menge an Lösungsmitteln für jede Schicht gesondert und ebenso die erforderliche Lösedauer zu bestimmen. Man muß für jede Art des Überzugsmetalls ein besonderes Lösungsmittel wählen, welches das Lösen rasch und gleichmäßig bewirkt und in seiner Konzentration genau den Vorschriften entspricht. Ein Eichen jeder frisch angesetzten Menge an Lösungsmitteln ist empfehlenswert.

Für das Tropfverfahren sind folgende Lösungen anwendbar:

Für Zink und Cadmium auf Stahl	200 g Chromsäure (CrO_3)/l, 50 g Schwefelsäure (1,84)/l.
Für Blei auf Stahl	3,5 vol.-proz. Eisessig (90,5%), 3,5 vol.-proz. Wasserstoffperoxyd (30 Gew.-%).

Für jede Lösung sind Kurven aufgestellt, aus denen die Abhängigkeit der Schichtdicke von der Temperatur der Lösung angegeben ist.

Literatur. DIN 50951 vom 5. 57. — SPRINGER, R: Metalloberfläche Bd. 3 (1949) S. 53. — UNTERBECK, K.: Metallwaren-Ind. Galvano-Techn. Bd. 46 (1955) S. 498—503. — MOLDAWER, T. J., u. A. B. BARANOWA: Betriebs-Lab. Bd. 22 (1956) S. 613; Ref.: Chem. Zbl. Bd. 128 (1957) Nr. 29, S. 8016.

Für das Strahlverfahren kommen in Abhängigkeit vom Überzugsmetall folgende Lösungen zur Anwendung, deren Eichkurven in den nachstehenden Abbildungen wiedergegeben sind.

a) Lösungen für Zinküberzüge

70 g Ammoniumnitrat, 70 ml 1 n-Salzsäure und 1 l Wasser (Prüflösung 2); oder 100 g Ammoniumnitrat und 55 ml Salpetersäure (1,40) im Liter; oder 50 g Schwefelsäure und 60 g Chromsäure im Liter.

Da bei Stahl als Grundmetall der Endpunkt zuweilen schwer erkennbar ist, überzeugt man sich durch Auftragen eines Tropfens Ammoniummolybdatlösung

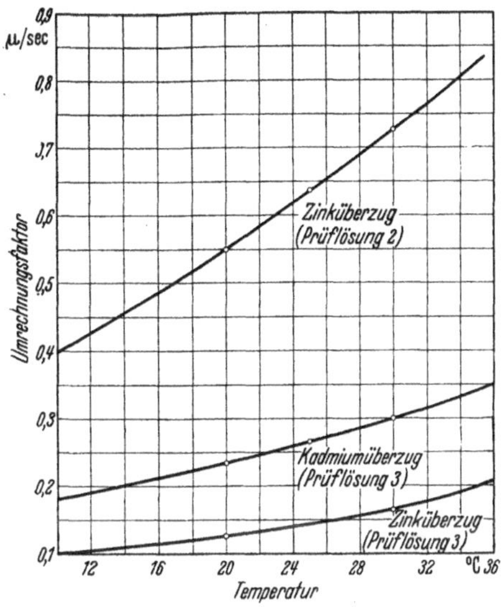

Abb. 81. Umrechnungsfaktor in Abhängigkeit von der Temperatur für Cadmium- und Zinküberzüge

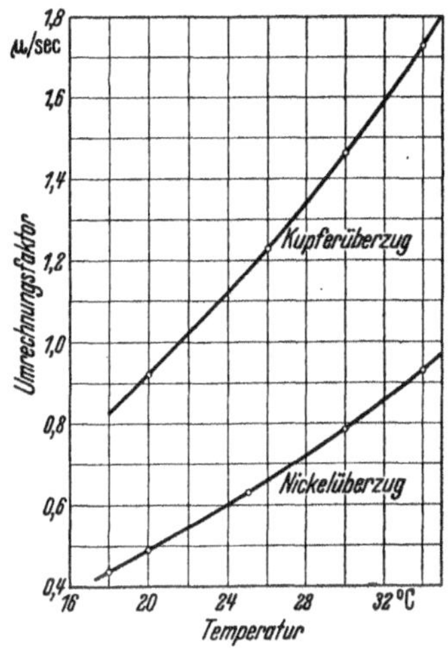

Abb. 82. Umrechnungsfaktor in Abhängigkeit von der Temperatur für Kupfer- und Nickelüberzüge (Prüflösung I)

(5 g/100 ml) auf die freigelegte Stelle, ob der Stahl eine bläuliche Färbung annimmt, also bereits von der Zinkschicht befreit ist. Im Falle eines negativen Befundes darf aber auf der gleichen Stelle nicht weiter geprüft werden, da das Zink durch die Molybdatlösung schwerer angreifbar geworden ist. Tritt bereits innerhalb der Zinkschicht eine Schwärzung auf, so muß man den schwarzen Belag laufend mit Filtrierpapier abwischen; anderenfalls könnte der Endpunkt nicht deutlich zu erkennen sein.

b) Lösungen für Cadmiumüberzüge

17,5 g Ammoniumnitrat, 17,5 ml 1 n-Salzsäure und 1 l Wasser (Prüflösung 3); oder 100 g Jod und 200 g Kaliumjodid im Liter.

Für die Erkennung des Endpunktes dient das bereits bei a) Gesagte.

c) Lösungen für Nickelüberzüge

300 g Eisen(III)-chlorid (mit 6 H_2O), 100 g Kupfersulfat (mit 5 H_2O) und 1 l Wasser (Prüflösung 1).

Auf Stahl als Grundlösung zeigt sich am Endpunkt ein Fleck von ausgeschiedenem Kupfer; er bildet sich erst dann, wenn der Strahl für einige sek unterbrochen wird. Vor dem Erreichen des Endpunktes kann auf dem Eisen ein kupferfarbener Hauch auftreten, der durch Kapillarwirkung an den Poren der Nickelschicht zustande kommt.

Bei Kupfer als Grundmetall bildet sich am Ende ein kupferfarbener Fleck, bei Messing ein solcher von braungelber Färbung. Wird die Vernickelung von Aluminium oder Zink abgelöst, so zeigt sich ein schwarzer Fleck, der meist von einem kupferfarbenen Ring umgeben ist.

Mit der oben angegebenen Lösung können auch Nickel-Kupfer-Überzüge auf Stahl abgelöst werden. Ist die Nickelschicht entfernt, so zeigt sich der Kupferfleck. Die Beseitigung des Kupferüberzuges wird durch Betupfen der Stelle mit 2 Tropfen einer verdünnten Salzsäure [gleiche Teile Salzsäure (1,16) und Wasser] unter Zusatz von 1% Antimon(III)-oxyd sichtbar gemacht; es zeigt sich beim Erreichen des Grundmetalls ein schwarzer Fleck.

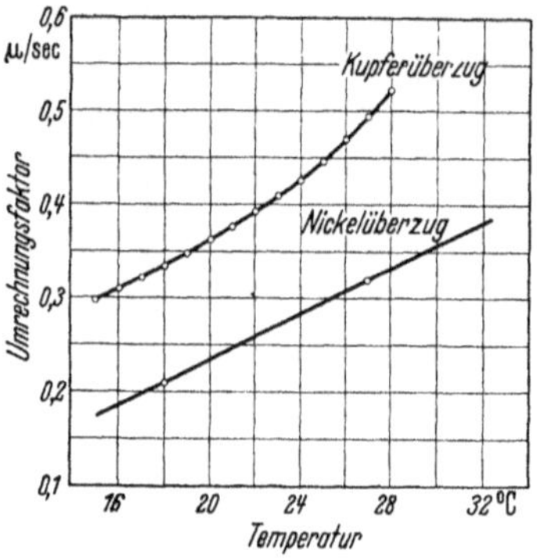

Abb. 83. Umrechnungsfaktor in Abhängigkeit von der Temperatur für dünne (3 bis 5 μ Dicke) Kupfer- und Nickelüberzüge (Ersatzprüflösung)

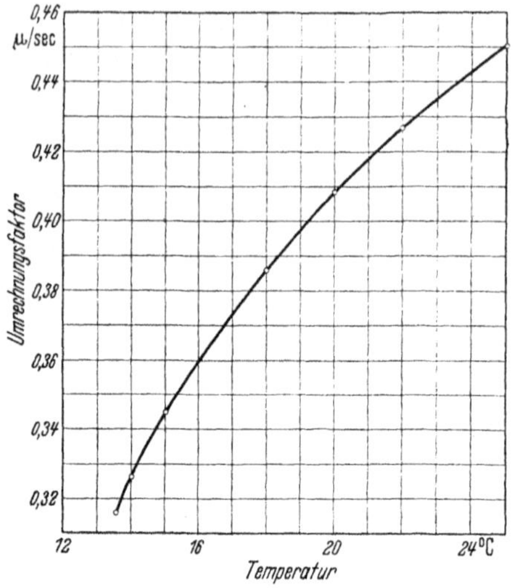

Abb. 84. Umrechnungsfaktor in Abhängigkeit von der Temperatur für Silberüberzüge (Prüflösung 5)

Glanznickelüberzüge werden in der gleichen Weise geprüft. Tritt dabei eine Schwärzung der Nickelschicht ein, so muß die betreffende Stelle mit einem Stück Filtrierpapier gesäubert werden. Derartige Überzüge, die aus Bädern auf organischer Basis herrühren, unterliegen einem stärkeren Angriff seitens der eingangs angegebenen Lösung.

Die Aufstellung besonderer Eichkurven erleichtert die genaue Bestimmung der Schichtdicke. Siehe Abb. 81 bis 84.

d) Lösungen für Zinnüberzüge

100 g Trichloressigsäure, gelöst in 1 l Wasser (Prüflösung 4).

Der Endpunkt ist durch das Erscheinen der charakteristischen Färbung des Grundmetalls erkennbar.

e) Lösungen für Kupferüberzüge

600 g Eisen(III)-chlorid (mit 6 H_2O), 100 g Kupfersulfat (mit 5 H_2O) u n 1 l Wasser (Prüflösung 1).

Für Kupfer- und Nickelüberzüge von weniger als etwa 3 bzw. 5 μ Dicke, die von der Prüflösung Nr. 1 zu rasch durchdrungen werden, wird folgende Lösung empfohlen: 150 g Eisen(III)-chlorid, 100 g Kupfersulfat, 250 ml Eisessig, 1 l Wasser (Ersatzprüflösung, Abb. 83).

Besteht das Grundmetall aus Stahl, so zeigt sich auf ihm nach der Beseitigung des Überzuges ein kupferfarbener Fleck. Da dieser jedoch wegen der gleichen Färbung des ihn umgebenden Überzuges nur schwer erkannt werden kann, betupft man die Stelle mit einer Lösung, bestehend aus gleichen Volumteilen Salzsäure (1,16) und Wasser unter Zusatz von 1% Antimon(III)-oxyd. Dadurch färbt sich der frisch entstandene Kupferfleck intensiver rot und hebt sich somit besser von seiner Umgebung ab. Man muß diese zusätzliche Prüfung laufend durchführen, um den Endpunkt genau feststellen zu können.

Besteht der Untergrund aus Nickel, so bildet sich ein weißer Fleck, während bei Aluminium oder Zink als Grundmetall ein schwarzer Fleck sichtbar wird.

f) Lösungen für Silberüberzüge

250 g Kaliumjodid, 7,5 g sublimiertes Jod und 1 l Wasser; die Lösung wird durch Titrieren mit n/10-Natriumthiosulfatlösung auf genau 7,44 g Jod je Liter eingestellt (Prüflösung 5).

Auf Stahl, Nickel, Alpaka usw. als Grundmetall entsteht bei Beseitigung des Silberüberzuges ein halbmondförmiger, glänzender Fleck; somit ist der Endpunkt scharf ausgeprägt.

Fehlerquellen. Die Genauigkeit der Messung hängt ab von der Temperatur der Probe und der Lösung, von der Genauigkeit, mit der die Kapillare gefertigt ist, und von der genauen Zusammensetzung der Lösung. Vgl. die Eichkurve in Abb. 84.

Literatur. Siehe DIN 50951 vom 5. 57. — Bilfinger, R. u. a.: Galvanotechnik, 9. Aufl. Leipzig: Akadem. Verlagsges. 1949/50.

6. Schichtdickenbestimmung durch Potentialbeobachtung bei der elektrolytischen Ablösung

Grundlage. Im allgemeinen ist das Potential des Grundmetalls verschieden von dem des Überzugsmetalls. Je größer diese Differenz ist, um so leichter kann das Freiliegen des Grundmetalls und damit die Beseitigung des Überzugmetalls durch das Auftreten von Potentialsprüngen angezeigt werden. Aus diesem Grund eignet sich das Verfahren hauptsächlich für solche Metallkombinationen, bei denen die Potentialdifferenz möglichst hoch ist. Man nimmt bei dem Verfahren das Ablösen des Überzuges zweckmäßig auf elektrolytischem Wege mit den auf S. 1035 angegebenen Lösungen unter möglichst konstanten, reproduzierbaren Stromdichten (anodischen) und bei gleichbleibender Badtemperatur vor. Auf diese Weise kann auch aus der aufgewandten anodischen Stromdichte sowie der Ablösedauer die Dicke des Überzuges berechnet werden (vgl. Abb. 85).

Anwendungsbereich und Bedeutung. Das Verfahren kann besonders beim Ablösen galvanisch aufgebrachter Überzüge Verwendung finden; es muß nur die anodische Stromdichte an allen Teilen der Oberfläche gleich groß sein. Daher sind hauptsächlich kleinere Flächen für dieses Verfahren geeignet. Aus dem Verlauf des Potentials mit der Zeit werden Angaben über die Struktur des Überzuges erhalten, so daß auf diese Weise festgestellt werden kann, ob z. B. ein Zinküberzug nach dem Schmelztauchverfahren oder nach dem galvanischen Verfahren hergestellt worden ist. Außerdem kann die Schichtdicke der einzelnen Phasen so bestimmt werden.

Genauigkeit. 2.

Dauer. Sie richtet sich nach der Dicke der Überzüge und entspricht etwa der gleichen Zeit, die für das Aufbringen benötigt wurde.

Ausführung. Gereinigte Proben von möglichst gleicher Oberflächenbeschaffenheit werden anodisch in einem Elektrolyten von bereits früher (s. S. 1027) angegebener Zusammensetzung behandelt. Beim Lösungsvorgang des Überzuges ist die anodische Stromdichte möglichst konstant zu halten und genau zu bestimmen. Auch die übrigen Versuchsbedingungen, wie z. B. die Zusammensetzung des Elektrolyten, seine Temperatur und die Bewegung sollen nach Möglichkeit gleichbleibend sein. Die Schichtdicke wird aus der aufzuwendenden anodischen Stromdichte und der Zeit berechnet. Als Endpunkt der Ablösung gilt das plötzliche Ansteigen bzw. Absinken der Spannung. Beim Ablösen eines *Zinküberzuges* auf Stahl bleibt die Badspannung so lange konstant, als noch Zink auf der Stahloberfläche vorhanden ist. Sobald der Zinküberzug beseitigt ist, steigt die Spannung plötzlich an, und die Stromstärke sinkt gleichzeitig ab.

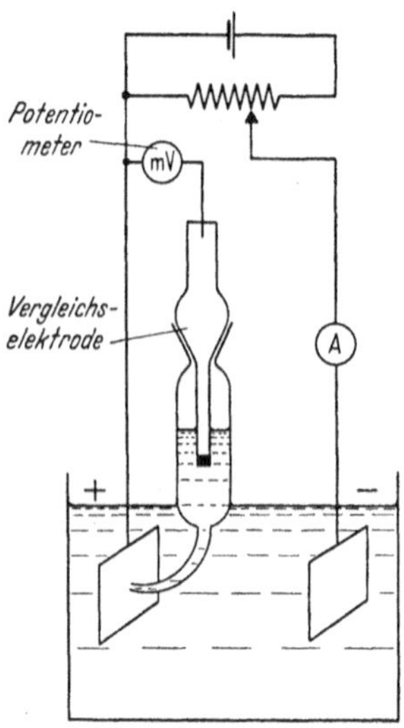

Abb. 85. Schematische Darstellung der Anordnung zur Messung von Schichtdicken durch Potentialbeobachtung bei der elektrolytischen Ablösung

Bei einem anderen Verfahren wird die Badspannung konstant gehalten und aus der Veränderung der Stromstärke die Beendigung der Auflösung des Überzuges erkannt. Bei *Chromüberzügen* werden die Proben in einem Gemisch aus gleichen Volumteilen 1 n-Trinatriumphosphat- und 1 n-Natriumsulfatlösung bei 6 V Badspannung behandelt. Die verchromte Probe ist als Anode unter Zwischenschaltung eines Amperemeters und eines Gleitdrahtwiderstandes zu schalten, während als Gegenelektrode Messing benutzt wird. Hält man die Spannung konstant, so zeigt eine Veränderung der Stromstärke die Beendigung der Auflösung des Chroms an. Aus der ermittelten Zeit in sek ist die Schichtdicke der Chromauflage zu errechnen.

Von Aluminium können Chromschichten anodisch in Schwefelsäure (1 + 2) bei einer Stromdichte von 2 A/dm² abgelöst werden. Als Kathode dient Aluminium. Nach Beendigung der Chromablösung geht der Strom auf 0 zurück.

Fehlerquellen. Die elektrochemischen Vorgänge können durch Polarisationserscheinungen beeinflußt werden.

Literatur. Bilfinger, R.: S. 1243/44, s. S. 1043. — Katz, W.: Stahl u. Eisen Bd. 75 (1955) S. 1101—1106 — Jb. der Oberflächentechnik Bd. 10 (1954) S. 313—327 — Stahl u. Eisen Bd. 76 (1956) S. 1672—1678 — Jb. der Oberflächentechnik Bd. 12 (1956) S. 261—276. — Pierce, W. J., u. W. L. Pinner: Plating Bd. 41 (1954) S. 1034—1042. — Monvoisin, J., u. M. Le Blanc: Tin and its Uses (1955) Nr. 33, S. 3—5. — Thwaites, C. J., u. W. E. Hoare: J. appl. Chem. Bd. 4 (1954) S. 236—244.

7. Schichtdickenbestimmung durch spektralanalytische Verfahren

Die Erkenntnisse, die auf dem Gebiet der Spektralanalyse (s. Kapitel Spektrochemische Analyse) der Metalle gewonnen worden sind, können auch für die Bestimmung der Schichtdicke metallischer Überzüge nutzbar gemacht werden.

Grundlage. Die Intensität der Spektrallinien hängt jeweils von der Menge des verdampfenden Stoffes ab. Beim Abfunken einer mit einem Metallüberzug versehenen Probe werden bei dünnen Schichten bereits Linien des Grundmetalls im Spektrum auftreten, und zwar um so stärker, je dünner die Schicht ist. Man kann somit die Schichtdicke eines metallischen Überzuges aus dem Intensitätsvergleich bestimmter Linien des Grundmetalls im Probematerial und in Vergleichsproben bestimmen, falls beide unter gleichen Bedingungen abgefunkt werden (Vergleichsverfahren).

Ferner kann die Dicke der Überzugsschicht durch Abfunken vermindert und hierbei ein Zeitpunkt erreicht werden, an dem ausgewählte Linien im Spektrum des

Grundmetalls in vorher festgelegter Intensität auftreten. Dann ist die Zeit des Abfunkens bis zu diesem Punkt ein Maßstab für die Schichtdicke (Abfunkverfahren).

Anwendungsbereich und Bedeutung. Die Anwendbarkeit der beiden genannten Verfahren ist abhängig von der Beschaffenheit der Schicht und des Grundmetalls. Man wird auch jeweilig bei der Wahl eines der Verfahren auf das Auftreten der zur Messung verwendbaren Linien des Grundmetalls zu achten haben. Im allgemeinen werden spektralanalytische Verfahren hauptsächlich bei der Dickenbestimmung galvanisch aufgebrachter Überzüge angewandt. Bei Metallen mit niedrigem Schmelzpunkt, z. B. bei Zinn, benutzt man sie nicht, da die Linien des Grundmetalls, unabhängig von seiner Art, sofort mit denen des Überzugsmetalls in gleicher Intensität auftreten, ohne sich nach der Dicke der Schicht zu richten.

Genauigkeit. 2.

Dauer. Sie entspricht der für das Abfunken von Metallen bzw. Metallegierungen erforderlichen Zeit.

Ausführung. Für die Bestimmung der Schichtdicke von *Kupferüberzügen auf Messing* sind folgende Arbeitsbedingungen zu nennen:

Elektrodenform: Blech waagerecht gegen Kohlenelektrode mit Krümmung 0,5 mm.
Elektrodenabstand: 2 mm.
Zwischenabbildung: 3000 AE.
Zwischenblende: Offen.
Spaltbreite: 0,01 mm.
Anregung: FF 4, $^1/_{10}$, $^1/_{10}$ l.
Linien: Zn 3303 und 3345 Å.
Vorfunken: Keines.
Verfahren: Abfunkverfahren, Zeitintervalle 1 min, Stufenblende am Spalt.
Erprobter Bereich: 3 bis 20 μ.

Bei der Durchführung des Verfahrens können Schwierigkeiten durch die Einstellung stabiler Verhältnisse auf der Versuchselektrode und in der Dampfphase eintreten. Außerdem muß die Oberfläche der Elektrode homogen und schlackenfrei sein. Zur Beseitigung dieser Schwierigkeiten sind die elektrischen Anregungsbedingungen gegebenenfalls zu ändern. Durch die Anwendung von Vorfunken (z. B. bei der Durchführung des Vergleichsverfahrens) lassen sich die Intensitäten der ausgewählten Linien abstumpfen und so weit verfeinern, daß Unterschiede in der Schichtdicke erfaßbar werden, die normalerweise nicht zu beobachten sind.

Bei *Chromüberzügen auf Eisen* benutzt man zweckmäßig die Eisenlinien 2598/9 und 2631. Die Intensitätsabstufungen der beobachteten Linien bei Stahl sind beim Vergleichsverfahren die gleichen wie bei reinem Eisen, so daß für diese Grundmetalle dieselben Standardlinien benutzt werden können. Man kann beim Abfunkverfahren Schichten bis annähernd 40 μ Dicke messen, falls die Abfunkzeiten bis zu 30 min betragen.

Beim Messen von *Chromüberzügen auf Messing* wählt man zum Nachweis des Grundmetalls zweckmäßig die Kupferlinien 3274 und 3247 oder die Zinklinien 3303 und 3345. Das Vergleichsverfahren ist dabei bis zu einer Schichtdicke von 10 μ anwendbar, während man bei dickeren Schichten zweckmäßig das Abfunkverfahren anwendet.

Liegen *Kupferüberzüge auf Messing* vor, so eignen sich zum Nachweis die Linien des Zinks 3303 und 3345. Man erhält an Schichten von 10, 15 und 20 μ Dicke Abfunkzeiten, die zwischen 3 und 14 min liegen, kann also das Auftreten der Zinklinie recht gut messen.

Fehlerquellen. Beim Abfunken müssen stabile Verhältnisse herrschen, die Gegenelektroden müssen homogen und schlackenfrei sein.

Literatur. PASSER, M., u. A. LAUENSTEIN: Metallwirtschaft Bd. 19 (1940) S. 267—272 — Korrosion u. Metallschutz Bd. 17 (1941) S. 380—383. — LAUENSTEIN, A., u. M. PASSER: Metallwirtschaft Bd. 20 (1941) S. 200—215 u. 990—994. — WERNER, O.: Jb. der Oberflächentechnik Bd. 10 (1954) S. 404—414. Berlin: Metall-Verlag GmbH.

8. Schichtdickenbestimmung durch metallographische Verfahren

Auf metallographischem Wege ist eine genaue Bestimmung der Schichtdicke metallischer Überzüge durch die mikroskopische Untersuchung von Querschliffen möglich. Die Untersuchungsergebnisse nach diesem Verfahren werden in Zweifelsfällen als entscheidend angesehen. Man kann die Schichtdicke bei beiderseitig mit Überzügen versehenen Gegenständen auf jeder Seite getrennt und recht genau bestimmen, muß sich aber damit abfinden, daß die Schichtdicke nur an den Schliffflächen festzustellen ist und das untersuchte Teilstück durch die Probenentnahme meistens unbrauchbar wird.

Grundlage. Aus dem zu untersuchenden Gegenstand werden senkrecht zur Oberfläche Proben entnommen, deren Schnittflächen wie bei sonstigen metallographischen Untersuchungen geschliffen und poliert werden. Die senkrechte Stellung der Schnittfläche zur Oberfläche ist Grundbedingung für eine genaue normale Messung; anderenfalls würde der Überzug zu dick ermittelt. Nur bei den Flachschliffverfahren liegt die Schnittebene in einem stumpfen Winkel zur Oberfläche, wodurch sich ein Vielfaches der wirklichen Schichtdicke ergibt. Man muß dann den Winkel, unter dem der Schliff erfolgt, genau feststellen und ihn bei der Berechnung der Schichtdicke berücksichtigen. Zur Sicherung der an der Probenoberfläche liegenden Schnittkanten wird die Probe zweckmäßig auf galvanischem Wege mit einem dicken Metallüberzug versehen oder in eine harte, leicht schmelzbare Legierung eingebettet, bevor der Schliff zur Ausführung kommt. Man kann zum Einbetten auch Kunststoffe u. dgl. verwenden. Proben mit ebener Fläche lassen sich auch zwischen weichen Blechen (aus Messing, Kupfer oder Aluminium) in einen Schliffhalter einspannen.

Die so vorbereiteten Proben werden in ungeätztem oder geätztem Zustand unter dem Metallmikroskop untersucht; die Schichtdicke des Überzuges wird dabei unter Verwendung eines Okularmikrometers ausgemessen. Man erhält so die Schichtdicke unmittelbar in mm oder μ.

Anwendungsbereich und Bedeutung. Das mikroskopische Ausmessen ist für alle Überzüge anwendbar, soweit sich Schliffe aus den zu untersuchenden Gegenständen herstellen lassen. Es eignet sich besonders für Überzüge, deren Schichtdicke mehr als 2 μ beträgt, während bei geringeren Dicken entweder eine stärkere Vergrößerung oder das Flachschliffverfahren anzuwenden ist. Man kann die Genauigkeit des Verfahrens noch erhöhen, wenn man auf dem Überzug noch eine Schutzschicht aus einem anders gefärbten Metall aufbringt, so daß dadurch die Abgrenzung des Überzuges besser sichtbar wird. So wendet man bei Überzügen aus Silber, Nickel, Zink, Zinn und Blei mit Vorteil eine cyanidische Verkupferung und bei Kupfer eine Vernickelung an. Derartige Schichten sollen wenigstens 5 μ, besser aber bis zu 1 mm dick sein.

Genauigkeit. 1.

Dauer. Sie ist abhängig von der vorbereitenden Arbeit der Schliffherstellung und beträgt etwa die gleiche Zeit, wie sie für metallographische Gefügeuntersuchungen gebraucht wird.

Ausführung. Die Schnitte für die Messung der Schichtdicke sind durch solche Stellen der Gegenstände zu legen, an denen Mindestdicken der Überzüge zu erwarten sind. Man muß also eine um so größere Anzahl von Schnittflächen untersuchen, je unregelmäßiger die Gegenstände sind. Zur Vermeidung einer Gratbildung und zur Sicherung der Kanten beim Schleifen und Polieren, mitunter auch zur besseren

Erkennbarkeit der zu messenden Schicht wird die Probe zunächst mit einem Schutzüberzug auf galvanischem Wege versehen. Proben mit ebenen Flächen werden, gegebenenfalls unter Zwischenschaltung von Blechen oder Streifen aus weichen Metallen, in Schliffhaltern eingespannt. Gekrümmte Stücke bettet man zweckmäßig in leicht schmelzende Legierungen (WOODsches Metall) oder in Kunstharz ein. Gestattet die Art der Proben eine höhere Erhitzung, so empfiehlt es sich, das Einbetten in höher schmelzende, harte Legierungen vorzunehmen, da diese beim Polieren nicht so leicht schmieren. Falls Probe und Einbettungsmaterial nicht fest zusammenhaften, kerbt man die Probe an mehreren Stellen ein, damit sie in der Einbettungsmasse festliegt. Darauf folgen das Schleifen und Polieren. Bei jedem Wechsel des Schleifpapiers zur feineren Korngröße wird die Schleifrichtung um 90° geändert, anhaftender Schleifstaub ist zu beseitigen. Beim nun folgenden Vorpolieren auf feinem Schmirgelpapier und dem anschließenden Polieren auf Hochglanz muß auf gutes Poliermaterial geachtet werden. Zum Hochglanzpolieren benutzt man meistens mit Wasser benetzte Filz- oder Tuchscheiben und ein Poliermittel. Bei Bleiüberzügen soll die Polierscheibe eine Geschwindigkeit von 250 Umdrehungen je min nicht überschreiten.

Vor der Betrachtung unter dem Mikroskop ätzt man den Schliff noch vorsichtig an, um eine einwandfreie Oberfläche zu erhalten und Grenzlinien sowie verschiedene Metallschichten besser erkennen zu können. Als Ätzmittel dienen:

Für *Zink- und Cadmiumüberzüge auf Stahl:* 200 g Chromsäure und 15 g Natriumsulfat im Liter; dadurch wird der Überzug angeätzt.

Für *Nickel- und Chromüberzüge auf Stahl:* 5 Volumteile Salpetersäure (1,40) und 95 Volumteile 95proz. Äthanol; dadurch wird nur das Eisen angeätzt, während Nickel und Chrom unangegriffen bleiben.

Für *Nickelüberzüge auf Kupfer- und Kupferlegierungen:* Eine Mischung gleicher Volumteile Ammoniak (0,91) und 3proz. Wasserstoffperoxyd; dadurch wird Kupfer angeätzt.

Für *Bleiüberzüge auf Stahl:* 10 g Eisen(III)-chlorid, 2 ml Salzsäure (1,19), 95 ml Wasser; dadurch wird Stahl angeätzt.

Für *Reinaluminiumplattierungen* auf kupferfreien Legierungen: 0,5 g Natriumfluorid werden in 2 ml Salzsäure (1,19), 1 ml Salpetersäure (1,4) und 97 ml Wasser gelöst. Ätzdauer etwa 3 min (KELLER-Lösung).

Auf dem geätzten Schliff wird die Dicke der Überzüge unmittelbar mikroskopisch mit einem Okularmikrometer ausgemessen; letzteres muß mit einem Objektmikrometer geeicht werden. Bei geringen Schichtdicken empfiehlt es sich, das Schliffbild auf eine Mattscheibe zu projizieren und die Messung dort unter Berücksichtigung der Vergrößerung vorzunehmen.

Die Schichtdicke wird in mm oder μ angegeben.

Fehlerquellen. Der Anschliff der Proben muß genau senkrecht zur Probenoberfläche erfolgen bzw. bei Schrägschliffen in einem genau bestimmbaren Winkel zur Oberfläche. Eine Abweichung um 10° von der senkrechten Linie bewirkt einen Fehler von 2%. Die Schliffkanten dürfen durch das Schleifen und Polieren nicht abgerundet werden.

Literatur. DIN 50950. — KLEMM, H.: Arch. Metallkunde Bd. 2 (1948) S. 12—15 — Metall 1947, S. 79—83. — HEIN, G., u. L. KOCH: Jb. der Oberflächentechnik Bd. 14 (1958) S. 328/29.

9. Schichtdickenbestimmung durch mechanische Verfahren

Die Dickenbestimmung kann auch ohne Zerstörung des Grundmetalls durch Abschleifen des Überzuges an planen Flächen mit Hilfe einer Schleifscheibe von bekanntem Durchmesser oder, bei gebogenen Flächen, mit einer Schlichtfeile bzw. einer planen Schmirgelscheibe feiner Körnung erfolgen. Sobald das Grundmetall zum Vorschein kommt, ist die Behandlung zu beenden.

Man bearbeitet bei ebenen Körpern die betreffende Fläche mit einer Schleifscheibe von etwa 150 bis 200 mm Durchmesser und 4 bis 12 mm Breite mit einer Umdrehungsgeschwindigkeit von 300 U/min, bis das Grundmetall sichtbar wird, und mißt dann an der Schliffstelle die Länge des Einschnitts. Aus der auf diese Weise erhaltenen Sehnenlänge l läßt sich bei bekanntem Radius der Schleifscheibe r die Schichtdicke d des Überzuges berechnen: $d = \frac{l}{8r}$.

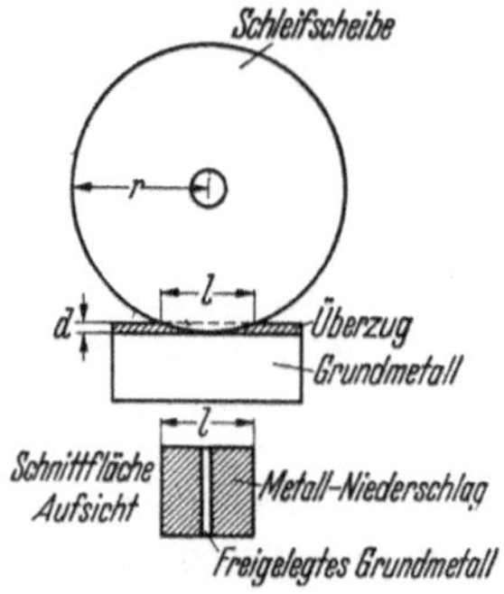

Abb. 86. Schematische Darstellung des Schleifverfahrens zur Schichtdickenbestimmung

In Abb. 86 ist das Schleifverfahren zur Schichtdickenbestimmung schematisch dargestellt. Es bedeuten r = Radius der Schleifschicht, d = Schichtdicke des Überzuges, e = freigelegtes Grundmetall.

Literatur. Bilfinger, R.: S. 1236/37, s. S. 1043.

10. Schichtdickenbestimmung mit Feinmeßgeräten

Bei einfach geformten Proben, deren Dicke mit Feinmeßgeräten bestimmt werden kann, läßt sich die Schichtdicke der Überzüge dadurch feststellen, daß man entweder die Probe vor und nach dem Aufbringen des Überzuges mißt oder die Dicke der Probe samt dem Überzug ermittelt, diesen dann durch geeignete Lösungsverfahren ablöst und nun durch abermaliges Messen die Dickenabnahme bestimmt.

Bei Proben, die beiderseitig mit einem Überzug versehen sind, ist allerdings nur die Summe der Überzugsdicken auf der Vorder- und Rückseite bestimmbar, ohne daß etwa vorhandene Unterschiede zwischen den beiden Überzugsdicken ermittelt werden können. Um Streuungen in den Meßergebnissen auszugleichen, sind Messungen an mehreren Punkten auszuführen.

Eine besondere Vorbehandlung der Proben ist vor den Messungen nicht erforderlich. Für dicke Überzüge kann zum Messen eine Präzisions-Mikrometerschraube benutzt werden. Ferner sind für sehr genaue Messungen Instrumente mit hoher Empfindlichkeit entwickelt worden, wie z. B. das Optimeter von Zeiss oder ein elektrisch anzeigendes Gerät, die Eltas-Lehre der Prüf-Union GmbH, Berlin, das besonders für Serienmessungen geeignet ist, oder auch die AEG-Schichtlehre.

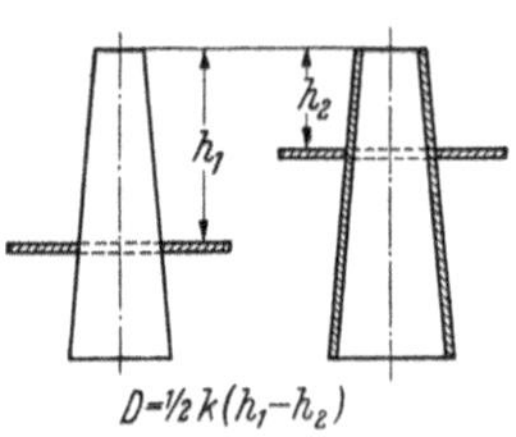

Abb. 87. Meßprinzip bei Schichtdickenmessungen von Überzügen auf konischen Probekörpern

Literatur. Mönch, G. C.: Optik Bd. 8 (1951) S. 550—560. — Ickert, J.: Z. VDI Bd. 92 (1950) S. 520. — Heussler, A.: Werkstattstechn. u. Maschinenbau Bd. 11/12 (1949) S. 47 bis 352.

Bestimmungen der Schichtdicke sind mit großer Genauigkeit auch an *konischen* Probekörpern durchzuführen, wenn der Überzug auf der Mantelfläche gleichmäßig angebracht werden kann. Diese konischen Körper werden mit und ohne Überzug gemessen. Man schiebt über das Probestück einen Ring, dessen Durchmesser zwischen den Durchmessern der beiden Kegelenden liegt, und stellt die sich ergebende Meßzahl fest. Nach dem Aufbringen des Überzuges wird der Durchmesser der Probekörper größer; infolgedessen läßt sich letzterer weniger weit in den Ring einschieben, ein Umstand, durch den ein unmittelbares Maß für die Dicke der aufgetragenen Schicht gegeben ist. Bezeichnen D die Dicke des Überzuges, k die Neigung des Probekörpers, h_1 und h_2 die Meßzahlen mit und ohne Überzug, so ist $D = \frac{1}{2}\, k$ mal $(h_1 - h_2)$. (Vgl. Abb. 87.)

Literatur. Wiederholt, W.: Korrosionsprüfverfahren, S. 112. Verlag Chemie 1945.

11. Schichtdickenbestimmung mit Röntgen- und β-Strahlen

Treffen Röntgenstrahlen auf einen mit einem Überzug versehenen Werkstoff auf, so wird ein Teil der Strahlen an der Oberfläche des Überzuges reflektiert, während ein anderer durch den Überzug dringt und erst am Grundmetall reflektiert wird. Da diese reflektierten Strahlen je nach ihrer Intensität auf einer photographischen Platte mehr oder minder starke Schwärzungen hervorrufen, kann man die Auswertung der Schwärzung mit Hilfe eines Registrierphotometers vornehmen. Die Ausschläge stehen im umgekehrten Verhältnis zur Schwärzung und daher im direkten Verhältnis zur Schichtdicke. Bei Anwendung eines Zählrohres an Stelle des Films läßt sich der Ausschlag in wenigen sek ablesen; er entspricht der Rückstrahlung und damit der Schichtdicke.

Das Verfahren ist als zerstörungsfreie Schichtdickenmessung anwendbar, und zwar für solche Metalle und Schichtdicken, bei denen der Schwärzungsunterschied zwischen reflektierter Strahlung am Überzugsmetall und am Grundmetall genügend groß ist. Auf Stahl können Zink- und Kupferüberzüge bis zu einer Schichtdicke von 30 μ, Aluminiumüberzüge bis zur Dicke von 100 μ gemessen werden. Beim Vergleich mit Normproben ist die Durchführung der Messung besonders einfach.

Eine besondere Vorbehandlung der zu untersuchenden Proben ist nicht erforderlich. Man leitet die Röntgenstrahlen durch eine Blende so auf die Probe, daß sie von dieser reflektiert werden und auf einen Film bzw. auf ein Zählrohr auftreffen. Zweckmäßig wird auf der anderen Seite der Röntgenröhre die gleiche Anordnung angebracht, damit eine Probe ohne Überzug mituntersucht werden kann. Diese belichtet man parallel, so daß damit die Arbeitskonstanz der Röhre kontrolliert wird.

Wird eine Metalloberfläche einem β-Strahler ausgesetzt (z. B. Thallium 204 oder Strontium 90), so wird ein Teil der Strahlen reflektiert. Ein anderer Teil macht sich in Art von Röntgenstrahlen bemerkbar. Der Rest der Strahlung, die den Körper durchdringt, kann unberücksichtigt bleiben. Diese Tatsache kann man auf die Schichtdickenbestimmung anwenden, wenn sich Grundmetall und Überzug gegenüber β-Strahlen verschieden verhalten, d. h. wenn sie sich in den Ordnungszahlen und damit im Atomgewicht merklich unterscheiden. Zur Messung wird die Oberfläche mit β-Strahlen bestrahlt. Mit Hilfe eines Zählrohres wird dann die Rückstrahlintensität gemessen. Betrachtet man die Rückstrahlintensität des Metalls *1* auf Metall *3*, so findet man, daß sie zwischen den Werten des reinen Metalls *1* und des reinen Metalls *3* liegt, wenn die Schichtdicke von *1* kleiner, die von *3* größer als die halbe Eindringtiefe der β-Strahlen ist. Bei einer Änderung von *1* erhält man also eine äquivalente Änderung innerhalb eines gewissen Bereiches der Rückstrahlintensität. Die Rückstrahlintensität kann mittels photographischer Platten, Zählrohr oder einem Registrierphotometer bestimmt werden. Bei vergleichenden Messungen mit Proben bekannter Schichtdicke werden die Bestimmungen besonders einfach.

Literatur. Wiederholt, W.: Korrosionsprüfverfahren, S. 109. Verlag Chemie 1945. — Regler, F.: Metallwirtschaft Bd. 23 (1944) S. 384—386. — Legrand, Ch.: Rev. Metall Bd. 46 (1949) S. 147—150. — Zemany, P. D., u. H. A. Liebhafsky: J. electrochem. Soc. Bd. 103 (1956) S. 156—159 — Analytic Chem. Bd. 28 (1956) S. 455—459. — Legrand, C. J.: J. Chim. physique Physico-Chim. biol. Bd. 53 (1956) S. 587—592. — Sellers, W. W., u. K. G. Caroll: 43. Ann. Tech. Proc., Amer. Electroplaters Soc. (1956) S. 97—100. — Berthold, R.: Z. VDI Bd. 95 (1953) S. 207—210. — Hess, B.: J. angew. Phys. Bd. 1 (1954) S. 6—19.

12. Schichtdickenbestimmung mit Hilfe magnetischer Messungen

Die Schichtdicke nichtferromagnetischer Schichten auf ferromagnetischer Unterlage ergibt sich aus der Haftkraft eines kugelförmig abgerundeten, permanenten Stahlmagneten. Zur Durchführung derartiger Messungen sind handliche

Geräte entwickelt worden; bei ihnen ist die Nichtlinearität der Beziehungen zwischen Schichtdicke und Haftkraft durch entsprechende Rastereinstellung berücksichtigt. Die erreichbare Genauigkeit beim Messen von Schichtdicken zwischen 0 bis 1 mm beträgt $\pm 10\%$.

Das Gerät enthält einen starken Dauermagneten mit Weichstahlpolschuhen, die auf die Oberfläche der Probe aufgesetzt werden. Die magnetische Tragkraft eines derartigen Magneten ist von dem magnetischen Fluß und dem Polquerschnitt abhängig. Es ergibt sich somit mit zunehmender Schichtdicke eine abnehmende Tragkraft, die durch die Auslenkung einer beim Abreißen der Probe gespannten Feder gemessen und durch einen Schleppzeiger ablesbar gemacht wird.

Zur Schichtdickenmessung kann man auch auf den zu prüfenden Körper einen Meßkopf aufsetzen, der aus einer Spule mit Eisenkern und Joch besteht (vgl. Abb. 88). Der magnetische Kreis dieser Spule wird über das Grundmetall und das Joch geschlossen; dabei bestimmt z. B. eine Kupferschicht den Widerstand dieses magnetischen Kreises. Verändert sich die Schichtdicke des Kupferüberzuges, so ändert sich auch der magnetische Widerstand und demzufolge die Induktivität der Spule. Man kann diese mit einer normalen Meßbrücke messen; die Ausschläge des Brückeninstrumentes können in Dickenmaß geeicht sein. Der Bereich der Anwendbarkeit dieses Verfahrens liegt bei Dicken über 20 μ, da bei geringeren Dicken die Messungen durch magnetische Inhomogenitäten des Grundwerkstoffes beeinflußt werden. Arbeitet man mit höheren Frequenzen als bei 50 Perioden Wechselstrom, so dringen die Kraftlinien nicht so tief in das Grundmetall ein, und die Beeinflussung durch Inhomogenitäten ist demgemäß geringer. Im Handel sind eine Anzahl gebrauchsfertiger Geräte zur Durchführung derartiger magnetischer Messungen zu erhalten, so z. B. der magnetische Schichtdickenmesser der AEG, Berlin, das Leptoskop von K. Deutsch, Wuppertal-Elberfeld, das Kawimeter von Mader, Ehingen/Achalm, der Schichtdickenmesser Mikrotest von Elektrophysik H. Nix & Dr.-Ing. Steingrœver, Köln-Nippes, ferner Geräte von R. Berthold und Förster.

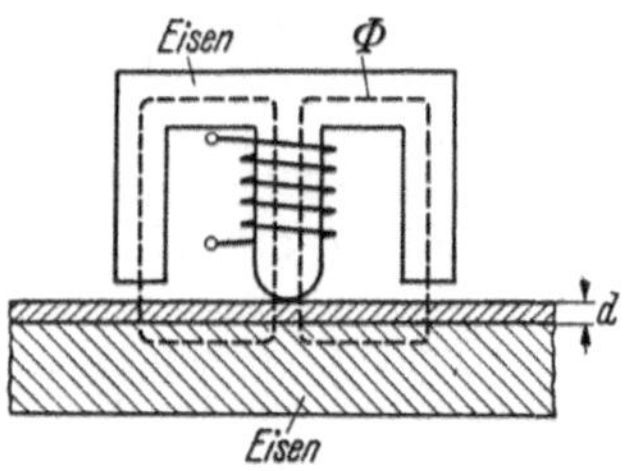

Abb. 88. Verlauf der magnetischen Kraftlinien bei Schichtdickenmessungen von Überzügen

Voraussetzung für die Anwendung der magnetischen bzw. elektromagnetischen Verfahren ist das unterschiedliche magnetische Verhalten der aufgebrachten Schutzschicht einerseits und des Grundmetalls andererseits. Besonders dann ist das Verfahren am Platze, wenn die Überzüge nicht magnetisch sind, wenn sich z. B. Zink oder Cadmium auf magnetischem Grundmetall, wie etwa Eisen, befinden oder wenn magnetische Schichten, z. B. aus Nickel, auf nichtmagnetischer Unterlage (Messing) geprüft werden sollen.

Außerdem besteht die Möglichkeit, die Dicke von Nichteisenmetallüberzügen auf Nichteisenmetallen mit Hilfe von Wirbelstromverfahren zu bestimmen.

Literatur. Berthold, R.: Z. VDI Bd. 91 (1949) S. 476—478. — Escher, K.: Mitt. Forschg.-Ges. Blechverarb. 1949, S. 1/2. — Becker: Werkstattechn. u. Maschinenbau Bd. 39 (1949) S. 359/60. — Berthold, R.: Chem.-Ing.-Techn. Bd. 23 (1951) S. 33/8 Nr. 3, S. 68/8 — Mitt. Forschg.-Ges. Blechverarb. 1951, S. 283—287 — Z. VDI Bd. 93 (1951) S. 403—405. — Förster, W.: Werkstoffe u. Korrosion Bd. 2 (1951) S. 341 — Metall Bd. 5 (1951) S. 20/21. — Jellinghaus, W.: Stahl u. Eisen Bd. 70 (1950) S. 552—556; Bd. 71 (1951) S. 995—1002. — Zaat, J. H.: Metalloberfläche Bd. A 5 (1951) S. 185—191. — Berthold, R.: Metalloberfläche Bd. A 8 (1954) S. 117—119. — Förster, F.: Jb. der Oberflächentechnik Bd. 10 (1954) S. 328 bis 350. — Oelsner, G.: Metallwaren-Ind. Galvano-Techn. Bd. 48 (1957) S. 417—430. — Quarendon, R.: Products Finishing Bd. 10 (1957) S. 65—73. — Brodell, F. P., u. A. Brenner: Plating Bd. 44 (1957) S. 591—601. — Jennings, A. P. H.: J. Iron Steel Inst. Bd. 138 (1956) S. 415/421. — Peppler: Vortrag auf der internationalen Tagung für Feuerverzinkung 1958.

Neuerdings werden auch Ultraschallgeräte zur Dickenmessung von Überzügen (auch auf Bindefehler) angewandt.

Literatur. BERGMANN, L.: Z. VDI Bd. 92 (1950) S. 711—718. — MÜLLER, E. A. W.: Werkstatt u. Betrieb Bd. 84 (1951) S. 533—535. — LUTSCH, A.: Arch. Eisenhüttenwes. Bd. 23 (1952) S. 57—65. — SEEMANN, H. J., u. W. BENTZ: Metall Bd. 8 (1954) S. 1—11. — KRAUTKRÄMER, J.: Werkstoffe u. Korrosion Bd. 3 (1952) S. 125—128. — TROMMLER, H.: Arch. Eisenhüttenwes. Bd. 27 (1956) S. 135—142.

13. Schichtdickenbestimmung durch Berechnung aus der Behandlungsdauer bei galvanischen Überzügen

Werden metallische Überzüge auf galvanischem Weg hergestellt, so kann ihre Dicke bereits aus der angewandten Stromdichte, der Zeit und der Stromausbeute des Elektrolyten nach folgender Gleichung berechnet werden:

$$D = \frac{E \cdot i \cdot t \cdot a}{d \cdot O \cdot 1000} \text{ mm}$$

dabei bedeuten D = Dicke der Schicht des niedergeschlagenen Metalls, E = elektrochemisches Äquivalent, i = angewandte Stromstärke in A, t = Zeitdauer der Elektrolyse in Std., d = Dichte des niedergeschlagenen Metalls, O = Oberfläche in dm², a = Stromausbeute in %.

Für die wichtigsten Metalle sind die für die Berechnung in Frage kommenden Zahlenwerte sowie die Zeiten zur Herstellung eines Überzuges von 10 μ Dicke in Abhängigkeit von der Stromdichte in der nachstehenden Tabelle 3 zusammengestellt.

Tabelle 3

	Dichte	Wertigkeit	Elektrochemisches Äquivalent in g je A-Std. theoretisch	praktisch	Stromausbeute in %
Blei	11,34	2	3,87	3,87	100
Cadmium	8,64	2	2,10	2,00	95
Chrom	6,9	6	0,32	0,03	10
Gold	19,3	1	7,34	4,75	65
Kupfer	8,93	2 (sauer)	1,19	1,19	100
		1 (alk.)	2,37	1,78	75
Nickel	8,35	2	1,10	1,04	95
Silber	10,5	1	4,03	3,99	99
Zink	7,14	2 (sauer)	1,22	1,22	100
		2 (alk.)	1,22	1,16	95
Zinn	7,28	4	1,11	0,95	85
		2	2,21	2,00	90

Da in einigen Fällen die Stromausbeute und demnach die erforderlichen Behandlungszeiten — insbesondere der Art des verwendeten Bades entsprechend — unterschiedlich sind, werden hierbei in der Übersichtstabelle größere Zeitintervalle angegeben.

Bei allen übrigen Aufbringungsverfahren für metallische Überzüge ist aus den Herstellungsbedingungen nicht ohne weiteres auf die Schichtdicke zu schließen.

Literatur. Ungenannt: Metalloberfläche Bd. 1 (1949) S. 89/90. — ENGELLÄNDER, K.: Metallwaren-Ind. Galvano-Techn. Bd. 45 (1954) S. 324—328.

VI. Die Bestimmung der Gleichmäßigkeit der Dicke des Überzuges

Für die korrosionsschützende Wirkung ist die Gleichmäßigkeit der Schichtdicke auf der Oberfläche eines Werkstückes von besonderer Bedeutung. Besonders wichtig ist die Forderung, daß bei chemischen Beanspruchungen ein Mindestmaß der Schichtdicke nicht unterschritten wird. Daher sind für die Bestimmung der Gleichmäßigkeit der Überzugsdicke besondere Verfahren entwickelt worden. Zwar könnte man Tropf- und Strahlverfahren anwenden, die auf örtlich begrenzte Stellen der Oberfläche wirken (s. S. 1039), oder die bereits beschriebenen spektralanalytischen, metallographischen, mechanischen und physikalischen Verfahren, doch müßte man dabei den Nachteil mit in Kauf nehmen, daß zur genauen Erfassung der Gleichmäßigkeit eine große Anzahl von Einzeluntersuchungen erforderlich ist. Dagegen wird bei den hier zweckdienlichen Verfahren ein gleichmäßiges Ablösen des Überzuges erzielt, im Verlauf dessen sich geringere Schichtdicken des Überzuges dadurch bemerkbar machen, daß hier das Grundmetall zuerst freigelegt wird. Man benutzt solche Verfahren hauptsächlich für die Prüfung von Zinküberzügen auf Stahl.

Es kommt dabei eine Lösung (in Anlehnung an die Lösungsmittel von VOLLMER) zur Anwendung, in der sich verzinkte Teile nach ihrem Eintauchen unmittelbar auf ihrer gesamten Oberfläche tiefschwarz färben. Diese Schwärzung bleibt bis zur vollständigen Ablösung des Zinks bestehen und verschwindet erst einige sek danach; der Auflösungsvorgang verläuft fast ohne Gasentwicklung. Die Zusammensetzung der Lösung ist so gehalten, daß Schichtdicken von etwa 30 μ in 15 min abgelöst werden. Dünnere Stellen im Überzug machen sich dadurch bemerkbar, daß hier die Schwärzung örtlich begrenzt verschwindet und das blanke Eisen sichtbar wird.

Dem gleichen Zweck dient auch die Kupfersulfat-Tauchprobe (PREECE-Probe). Man geht dabei von der Erkenntnis aus, daß beim Ablösen einer gleichmäßig dicken Zinkschicht unter konstanten Bedingungen auch gleiche Zeiten erforderlich sind, und daß umgekehrt aus der für das Auflösen benötigten Zeit auf die Dicke des Überzuges geschlossen werden kann.

Grundlage. Die verzinkte Probe wird nach dem Entfetten der Einwirkung von neutraler Kupfersulfatlösung (1 Gewichtsteil $CuSO_4 \cdot 5H_2O$ p. a., gelöst in 5 Gewichtsteilen Wasser) ausgesetzt. Um eine einwandfreie Lösung zu erzielen, wird sie vor der Benutzung mit Kupferoxyd p. a. neutralisiert und filtriert. Bei der Benutzung geht Zink in Lösung, und Kupfer scheidet sich als schwammiger, dunkler Niederschlag so lange ab, als noch Zink vorhanden ist. Ist das Zink an einer oder mehreren Stellen restlos in Lösung gegangen, so wird das Kupfer auf dem freigelegten Eisenuntergrund in roter, festhaftender Form niedergeschlagen. Die Prüfbedingungen müssen bei diesem Vorgang möglichst konstant gehalten werden, um vergleichbare Ergebnisse zu erzielen. Es ist insbesondere darauf zu achten, daß die Temperatur der Lösung 20° beträgt und die Probe nicht bewegt wird. Die Eintauchzeit beträgt je 1 min. Dann wird die Probe herausgenommen, in fließendem Wasser gespült und mit Watte oder einem weichen Lappen abgerieben. Das Tauchen mit anschließendem Spülen und Abreiben wird bis zum Erscheinen eines festhaftenden, zusammenhängenden, roten Kupferniederschlages (bei Draht in einer Mindestlänge von 20 mm) wiederholt. Die Zahl der Tauchungen von jeweils 1 min dient als Anhaltspunkt für die Dicke des Überzuges und die Bildung des festhaftenden Kupferniederschlages als Maß für die Gleichmäßigkeit des Zinküberzuges. Bei Angabe der erreichten Tauchzahl wird die letzte Tauchung, bei der der festhaftende Belag in der angegebenen Ausdehnung entstanden ist, nicht mitgezählt. Liegt das Grundmetall irgendwo frei, z. B. an den Schnittflächen der Probe, so muß es dort mit Paraffin abgedeckt werden, da der Ablauf der Reaktion sonst durch Elementbildung gestört werden könnte. Treten in einer Entfernung von derartigen Stellen bis zu etwa 30 mm Unregelmäßigkeiten beim Lösen auf, so braucht man sie nicht zu berücksichtigen. 1 l der Lösung soll für nicht mehr als für 500 cm^2 Oberfläche zur Verwendung kommen.

Anwendungsbereich und Bedeutung. Das Verfahren dient in der Hauptsache zur Prüfung der Zinkschicht auf feuerverzinkten Gegenständen, vor allem von Stahldrähten.

Genauigkeit 2.

Dauer Etwa 10 min.

Ausführung. Die Probe wird zunächst mit organischen Lösungsmitteln entfettet und an den Stellen, an denen das Grundmetall zum Vorschein kommt, mit Paraffin abgedeckt. Dann taucht man sie in die Lösung, welche eine Temperatur von 20° besitzen soll, ein; auch die Probe soll diese Temperatur haben. Die Lösung soll beim Einbringen der Probe möglichst wenig bewegt werden. Nach 1 min nimmt man die Probe aus der Lösung und behandelt sie in der bereits oben beschriebenen Weise. Über die Fortsetzung des Tauchens ist alles Weitere ebenfalls erwähnt worden. Es können verschiedene Konzentrationen der Kupfersulfatlösung zur Verwendung kommen, so z. B.:

nach der Vorschrift der deutschen Post: 1 Teil Kupfersulfat auf 5 Teile Wasser (1,125 bei 18°),

nach britischer Norm: 1 Teil Kupfersulfat auf etwa 4 Teile Wasser (1,170 bis 1,175 bei 18°),

nach amerikanischer Norm: 1 Teil Kupfersulfat auf 2,5 Teile Wasser (1,186 bei 18°).

Um einen einwandfreien Mittelwert zu erhalten, soll die Prüfung mindestens an 3 Proben der gleichen Lieferung durchgeführt werden.

Fehlerquellen. Verzinkte Proben, die an der Atmosphäre bereits oberflächlich oxydiert sind, ergeben eine höhere Anzahl von Tauchungen, weil das Oxyd zunächst abgelöst werden muß, bevor das Kupfer ausfallen kann. Die Vorschriften über Konzentration und Temperatur der Lösung müssen, um vergleichbare Werte zu erhalten, genau eingehalten werden. Ein Bewegen der Lösung beschleunigt das Auflösen der Zinkschicht. Aus diesen Erwägungen heraus wird die Kupfersulfatprobe zwar aus Fachkreisen vielfach abgelehnt, sie muß aber hier Erwähnung finden, da sie im In- und Ausland noch als Abnahmeprobe häufig vorgeschrieben ist.

Literatur. VOLLMER, A.: Arch. Metallkunde Bd. 3 (1949) S. 145—147. — HOFF, H., u. G. v. D. DUNK: Arch. Eisenhüttenwes. Bd. 20 (1949) S. 135—138. — BABLIK, W.: Das Feuerverzinken. Wien: Springer 1941. — MACHU, W.: Metallische Überzüge. Leipzig: Akadem. Verlagsges. 1949. — SCHIKORR, G.: Draht Bd. 5 (1954) S. 217—219. — WITTROCK, H. J.: Iron Age Bd. 177 (1956) S. 102/03.

Bemerkung. Zur Prüfung dünner Chromschichten auf Nickelüberzügen kann eine mit Indigo versetzte Salzsäure benutzt werden. Dabei wird der Farbstoff so lange entfärbt, als die Säure nicht ausreicht, um alles Chrommetall aufzulösen. Die Einstellung des Lösungsmittels erfolgt an Hand von Auflagen bekannter Dicke.

VII. Die Bestimmung der chemischen Zusammensetzung des Überzuges

Zur Beurteilung der chemischen und mechanischen Eigenschaften der Überzüge ist die Kenntnis ihrer chemischen Zusammensetzung häufig erforderlich. Auch lassen sich aus ihr gewisse Schlüsse auf das Herstellungsverfahren ziehen. Die Bestimmung der Zusammensetzung erfolgt nach dem quantitativen Auflösen der Überzüge, für welche die Verfahren benutzt werden, die zur chemischen oder elektrochemischen Bestimmung der Schichtendicke dienen. Daher ist es zweckmäßig, die beiden Bestimmungsarten miteinander zu verbinden. Meist sind die Beimengungen bzw. Verunreinigungen des Überzuges so gering, daß zu ihrer genauen Erfassung — besonders bei dünnen Auflagen — die Metallschicht von größeren Oberflächenteilen abgelöst werden muß.

Im weiteren können Anhaltspunkte über die chemische Zusammensetzung sowie den Aufbau der Überzüge auch durch spektralanalytische bzw. metallographische Untersuchungen erhalten werden.

In *Abhängigkeit vom Herstellungsverfahren* der Überzüge ist hinsichtlich ihrer chemischen Zusammensetzung folgendes zu beachten:

Beim Aufbringen von *Aluminium-, Zink- oder Zinnüberzügen* nach dem *Schmelztauchverfahren* findet, falls Eisen als Grundmetall benutzt wird, unmittelbar auf der Eisenoberfläche eine Legierungsbildung statt; daher enthält der Überzug, je nach der Dicke der Schicht, mehr oder weniger Eisen. Bei *Bleiüberzügen*, die nach dem genannten Verfahren aufgebracht worden sind, legiert sich das Blei zwar nicht mit dem Eisen, kann aber häufig andere Metalle wie Zinn oder Antimon enthalten, die man ihm zwecks Erhöhung der Haftfestigkeit zugesetzt hatte. Im allgemeinen wird die Zusammensetzung der Überzüge derjenigen der benutzten Schmelzbäder entsprechen, so daß man schon durch Analysierung der letzteren auf die Gehalte in der Auflage schließen kann.

Je nach Art der Überzüge ist auf folgende Elemente zu achten:

bei Aluminiumüberzügen auf:	Silicium, Eisen, Mangan, Magnesium, Kupfer;
bei Zinküberzügen auf:	Aluminium, Zinn, Antimon, Cadmium, Blei, Eisen;
bei Bleiüberzügen auf:	Zinn, Antimon, Eisen, Cadmium;
bei Zinnüberzügen:	Blei, Zink, Kupfer, Cadmium, Silber und Eisen.

Die Bestimmung dieser Elemente ist nach den Vorschriften in den betreffenden Kapiteln durchzuführen (vgl. auch die Angaben S. 1028ff.). Soll die Untersuchung der schmelzflüssigen Metallbäder vorgenommen werden, so muß man beachten, daß keine größeren Beimengungen an Schlacke, Asche oder Krätze darin enthalten sein dürfen.

Überzüge, die nach dem *Tauchverfahren* hergestellt werden, zeichnen sich auf Grund der Aufbringungsbedingungen durch besondere Reinheit und geringe Schichtdicke aus, enthalten also keine Verunreinigungen in größeren Mengen. Auch die auf *galvanischem Weg* erzeugten Überzüge sind meist rein; es können ihnen aber noch geringe Reste anhaften, die aus den Bädern oder aus Zusätzen zur Erzeugung von Glanzbildung herrühren. Die Untersuchung wird sich daher sowohl auf die entsprechenden Kationen als auch auf gewisse Anionen zu erstrecken haben; bisweilen dürften auch die aus dem Wannenmaterial herrührenden Verunreinigungen zu berücksichtigen sein. Falls Schichten aus mehreren Metallüberzügen vorliegen, muß diesem Umstand bei der Analyse Rechnung getragen werden. Diffusionsschichten zwischen Grundmetall und Überzug sind im allgemeinen nur zu erwarten, wenn eine nachträgliche Wärmebehandlung der Fertigteile stattgefunden hat. Dies gilt auch für Überzüge, die nach dem *Spritzverfahren* aufgebracht wurden. Hierbei wird in der Regel die Zusammensetzung der Auflage derjenigen des Spritzmetalls entsprechen, abgesehen von einem höheren Oxydgehalt. Bei Überzügen, die nach dem *Plattierverfahren* hergestellt wurden, muß man unterscheiden, ob das Plattieren in der Kälte oder bei höheren Temperaturen erfolgte. Im ersteren Falle liegt der Überzug nur fest auf dem Grundmetall auf, kann also leicht von diesem getrennt werden, während in letzterem Falle mit einem Auftreten von Diffusionsschichten zu rechnen ist; dies kann gegebenenfalls das Auflösen der gesamten Probe und die Bestimmung sämtlicher in der Lösung enthaltenen Metalle bedingen.

Nachstehend folgen 2 Beispiele für die *Untersuchung von Plattierschichten auf Stahl:*

1. Messing auf Stahl

Grundlage. Die gewogene Probe wird durch Behandeln mit einer Lösung von Ammoniumperoxydisulfat und Ammoniak vom Überzug befreit und das Grundmetall nach dem Säubern von anhaftendem Eisenhydroxyd zurückgewogen. Dann filtriert man den Eisenniederschlag ab, bestimmt in ihm den Eisengehalt und schlägt in dem mit Salpetersäure angesäuerten Filtrat das Kupfer elektrolytisch nieder. Im Elektrolysat wird das Zink als Sulfid gefällt; man bringt es als Oxyd zur Auswaage.

Anwendungsbereich und Bedeutung. Das Verfahren dient zur Untersuchung einer Plattierschicht von Messing auf Eisen; das in die Schicht eindiffundierte Eisen wird dabei berücksichtigt.

Genauigkeit. 2.

Dauer. 7 Std.

Ausführung. Etwa 10 g des plattierten Werkstoffes, dessen Ränder glatt und ohne Grat gefeilt sind, werden genau eingewogen und dann in einer Lösung behandelt, die durch Lösen von 7,5 g Ammoniumperoxydisulfat in 215 ml Wasser und Zugeben von 40 ml Ammoniak (0,91) erhalten wurde. Nach einstündigem Rühren ist die Auflage abgelöst. Darauf wird die Lösung dekantiert und das Eisenstück mit einem Gummiwischer von dem anhaftenden Eisenhydroxyd befreit. Nach dem Abspülen mit Wasser und anschließend mit Äthanol trocknet man das Grundmetall und wägt es zurück. Die Differenz zum Ausgangsgewicht ergibt das Gewicht der Plattierschicht + eindiffundiertem Eisen. Die Lösung wird nach dem Aufkochen filtriert, der Niederschlag sorgfältig ausgewaschen (ammoniakhaltiges Wasser), mit Salzsäure vom Filter gelöst und aus dieser Lösung mit Ammoniak gefällt. Darauf glüht man das Hydroxyd und wägt das entstandene Fe_2O_3.

Die kupferhaltige Lösung wird mit Salzsäure (1,19) eben neutralisiert und mit 20 ml Salpetersäure (1 + 1) versetzt. Dann scheidet man das Kupfer elektrolytisch bei 3 A und 2,5 V ab.

Zur Bestimmung des Zinks vereinigt man das Elektrolysat mit der Spülflüssigkeit der Elektroden, macht das Ganze ammoniakalisch und versetzt es mit 15 ml Ammoniumsulfidlösung. Das ausgefallene Zinksulfid wird nach kurzem Aufkochen und etwa einstündigem Absitzenlassen unter Zusatz von etwas Filterbrei abfiltriert und erst mit ammoniumsulfidhaltigem, dann mit kaltem Wasser ausgewaschen. Man trocknet es samt dem Filter, verascht letzteres vorsichtig, glüht seinen Inhalt bei 900° bis zur Gewichtskonstanz und wägt das Zinkoxyd.

Bei der Berechnung der Gehalte ist die Menge des eindiffundierten Eisens von der Roheinwaage abzusetzen; man erhält dann die in Rechnung zu setzende Einwaage.

Fehlerquellen. Wird das Gewicht des in das Überzugsmetall eindiffundierten Eisens nicht festgestellt und nicht abgesetzt, so ergeben sich bei der Berechnung der Ergebnisse ungenaue Werte.

Literatur. Siehe am Schluß des Hauptabschnitts VII.

2. Kupfer-Nickel auf Stahl

Bei Stahl, der mit Kupfer-Nickel plattiert ist, treten verschiedene Diffusionsschichten auf, so daß bei der analytischen Untersuchung der Plattierschicht sowohl auf eine Abwanderung von Nickel in den Eisenkern als auch auf ein Eindringen von Eisen in die Kupfer-Nickel-Schicht Rücksicht zu nehmen ist. Das Ablösen der Schicht erfolgt deshalb stufenweise durch Behandeln der Probe mit Salpetersäure bestimmter Konzentration, wobei die Kupfer-Nickel-Schicht in Lösung geht. Dann wird das in das Kernmaterial hineindiffundierte Nickel mit Bromsalzsäure herausgelöst. In den Lösungen bestimmt man das Kupfer elektrolytisch und das Nickel maßanalytisch bzw. gewichtsanalytisch.

Anwendungsbereich und Bedeutung. Das Verfahren wird zur Bestimmung der Gehalte einer Kupfer-Nickel-Plattierschicht auf Stahl unter Berücksichtigung der Diffusionsschichten angewandt.

Genauigkeit. 2.

Dauer. 5 Std.

Ausführung. Etwa 10 g des Probestücks mit glatten und gratfreien Kanten werden in einem 250 ml-Becherglas bei Zimmertemperatur mit 45 ml Salpetersäure (1,42), die durch Mischen von 600 ml Salpetersäure (1,4) mit 240 ml Salpetersäure (1,5) hergestellt wurde, behandelt. Dabei geht die Plattierschicht in etwa 10 min in Lösung. Diese wird nun abgegossen und das verbleibende Kernmaterial 3mal rasch mit viel kaltem Wasser abgespült. Zur Kupferbestimmung neutralisiert man die Lösung mit Ammoniak, versetzt sie dann mit etwa 20 ml Schwefelsäure (1 + 10) und unterwirft sie bei 4 A und 3 V der Schnellelektrolyse. Die Nickelbestimmung erfolgt anschließend im Elektrolysat, das mit dem Spülwasser der Elektroden vereinigt wurde, durch Titrieren mit Kaliumcyanidlösung. Dafür gibt man zu der Lösung 5 ml Eisen(III)-chloridlösung [25 g Eisen(III)-chlorid werden in 250 ml Salzsäure (1,19) gelöst; die Lösung oxydiert man mit Salpetersäure und füllt sie mit Wasser zu 250 ml auf], 15 ml Ammoniumtartratlösung [168 g Weinsäure, gelöst in 835 ml Wasser und mit 170 ml Ammoniak (0,91) versetzt] und 5 ml Silbernitratlösung (2 g/100 ml). Den sich ausscheidenden Niederschlag von Silberchlorid bringt man durch vorsichtigen Zusatz von Ammoniak (meist genügen 15 ml) in Lösung. Nun fügt man zu der klaren, grünen Lösung 5 ml Kaliumjodidlösung (6 g/100 ml) und erzeugt dadurch eine gelblichweiße Trübung von Silberjodid. Darauf wird mit Kaliumcyanidlösung (15,78 g Kaliumcyanid + 5 g Natriumhydroxyd + 1 l Wasser) bis zum restlosen Verschwinden der Silberjodidtrübung titriert.

1 ml der Kaliumcyanidlösung entspricht 0,0035 g Nickel. Die Kaliumcyanidlösung ist mit einer Nickellösung bekannten Gehaltes einzustellen. Durch den Zusatz des Silberjodidindicators ist ein Mehrverbrauch an Kaliumcyanidlösung bedingt; man stellt diesen folgendermaßen fest: Zu 50 ml Wasser gibt man einige Tropfen Salzsäure und dazu 5 ml obiger Silbernitratlösung, bringt den entstandenen Silberchloridniederschlag durch Zugeben von Ammoniak wieder in Lösung und fällt das Silber mit 5 ml Kaliumjodidlösung (6 g/100 ml) wieder aus. Durch Zurücktitrieren der Kaliumcyanidlösung stellt man den Mehrverbrauch fest und setzt ihn bei der Nickeltitration jeweilig ab.

Zur Erfassung der in das Eisen *diffundierten Nickelmenge* werden die zurückgewogenen Kernstücke (10 min) bei Zimmertemperatur mit Bromsalzsäure [1 l Salzsäure (1,12) + 13 ml Brom] behandelt. Um die letzten Reste an Nickel zu gewinnen, wiederholt man die Behandlung noch 10 min mit etwa 35 ml Bromsalzsäure, vereinigt dann die beiden Lösungen mit dem Spülwasser der Kernstücke, so daß man schließlich ein Gesamtvolumen an Flüssigkeit von ungefähr 250 ml erhält, oxydiert das Ganze durch Hinzufügen von 5 ml Salpetersäure (1,40) und kocht es etwa $^1/_2$ Std., um das Brom zu verjagen. Da außer Nickel auch Kupfer diffundiert sein könnte, leitet man in die Lösung Schwefelwasserstoff ein, filtriert das ausgeschiedene Kupfersulfid ab, löst es in Salpetersäure (1,2) und elektrolysiert die Lösung. Im Filtrat von der Sulfidfällung verkocht man den Schwefelwasserstoff, gibt 2 bis 3 ml Salpetersäure sowie Weinsäure zu, macht ammoniakalisch und fällt das Nickel durch Zugabe von 20 ml Diacetyldioximlösung (1 g/100 ml Äthanol). Nach einer einstündigen Wartezeit wird der Niederschlag abfiltriert, gegebenenfalls umgefällt, zur Auswaage gebracht oder vorsichtig verascht; im letzteren Falle erhält man Nickeloxyd mit 75,58% Nickel.

Das Ablösen der Kupfer-Nickel-Plattierschicht kann auch mittels einer Nitritlösung erfolgen. Man gibt dann die Probe im Gewicht von etwa 10 g in 75 ml

Kaliumnitritlösung (200 g/l) unter Zusatz von 15 ml Eisesssig, läßt diese Mischung etwa 1 Std. bei 30 bis 40° einwirken und gießt darauf die Lösung in ein 400 ml-Becherglas ab. Das Grundmetall wird mit Wasser abgespült, getrocknet und gewogen. Stickoxyde in Lösung und Spülwasser werden durch Zusatz geringer Mengen Chlorat zerstört; dann bestimmt man das Kupfer auf elektrolytischem Wege und das Nickel durch Titrieren mit Kaliumcyanidlösung, wie vorstehend ausgeführt wurde.

Fehlerquellen. Bei Überzügen, die nach dem *Diffusionsverfahren* hergestellt worden sind, treten immer Diffusionszonen auf; es können dann bei Eisen als Grundmetall recht erhebliche Mengen dieses Elementes im Überzug auftreten.

Literatur. Siehe am Schluß des Abschnitts VII.

3. Chemische Zusammensetzung und Herstellungsverfahren

Aus der chemischen Zusammensetzung der Metallüberzüge lassen sich meist Schlüsse auf die Art ihrer Herstellung ziehen. So sind *Aluminiumüberzüge* mit einem höheren Eisengehalt in der Regel nach dem Schmelztauchverfahren hergestellt. Ist beim Spritzverfahren 99,5proz. Aluminium verwandt worden, so werden auch im Überzug etwa 0,2% Silicium und 0,25% Eisen nachzuweisen sein. Auch beim Kaltplattieren mit Reinaluminium oder mit Aluminiumlegierungen werden die Überzüge in ihrer Zusammensetzung kaum von der zur Verwendung gekommenen Metallsorte abweichen. Dagegen wird bei Überzügen, die nach dem Diffusionsverfahren auf Stahl aufgebracht wurden, der Eisengehalt stets verhältnismäßig hoch sein.

Liegen *Zinküberzüge* von hoher Reinheit vor, so handelt es sich bei ihnen meist um eine galvanische Erzeugung. Eisengehalte der Zinkschicht von 2 bis 3% neben geringen Mengen an Blei und gegebenenfalls Aluminium lassen auf Feuerverzinken schließen. Hat bei derartigen Überzügen noch eine Wärmebehandlung stattgefunden (Galvanealing-Verfahren), so liegt der Eisengehalt oft zwischen 7 und 8%. Beim Sherardisieren wird ein Überzug mit wenigstens 6% Eisen erhalten. Bei Spritzverzinkungen entspricht die chemische Zusammensetzung der Überzüge derjenigen der Spritzdrähte.

Galvanische *Bleiüberzüge* zeichnen sich durch hohe Reinheit aus. Auflagen, die nach dem Spritzverfahren hergestellt sind, enthalten die handelsüblichen Verunreinigungen des Bleies. Bei Überzügen nach dem Schmelztauchverfahren sind gegebenenfalls Zusätze, wie Zinn und Antimon, vorhanden.

Bei *Zinnüberzügen* gibt der Eisengehalt einen Anhaltspunkt für das Aufbringungsverfahren. So sind galvanische Zinnüberzüge eisenfrei, während die nach dem Schmelztauchverfahren hergestellten stets Eisen enthalten.

Das Herstellungsverfahren eines Überzuges kann auch durch elektrochemische Messungen — s. Abschnitt B. V. 6. — festgestellt werden.

Literatur. Machu, W.: Metallische Überzüge. Leipzig: Akadem. Verlagsges. 1941. — Deiss, E., u. H. Blumenthal: Mitt. dtsch. Mat.-Prüf-Anst. Bd. 22 (1933) Sonderheft, S. 32 bis 37. — VDEh: Handbuch für das Eisenhüttenlaboratorium Bd. II (1941).

VIII. Die Bestimmung der Undichtigkeiten (Poren) der Überzüge

Sollen metallische Überzüge als Korrosionsschutz dienen, so müssen sie, wie bereits gesagt, das Grundmetall dicht abdecken; denn Poren oder sonstige Undichtigkeiten sind die Ursache für die Bildung von Lokalelementen. Ist z. B. das Überzugsmetall elektrochemisch edler als das Grundmetall, so wird letzteres als Anode in verstärktem Maße örtlich angegriffen, ein Vorgang, der in verhältnismäßig kurzer Zeit zum völligen Unbrauchbarwerden der betreffenden Gegenstände führen kann. Sollte das Überzugsmetall unedler als das Grundmetall sein, so wird der Überzug infolge der Elementbildung durch chemische Einflüsse beschleunigt aufgelöst; seine Schutzwirkung kommt also zum Stillstand, sobald das Grundmetall teilweise freigelegt ist und auch ein Fernschutz sich nicht mehr auswirken kann.

Um die Überzüge porenfrei zu machen, müssen sie feinkristallin sein und dürfen eine Mindestdicke nicht unterschreiten. Es wäre vorteilhaft, mehrere Überzüge nacheinander aufzubringen, doch zwingen meist wirtschaftliche Erwägungen dazu, die Schichtdicke zu beschränken.

Die Prüfung der Dichte von Überzügen ist aus diesen Gesichtspunkten heraus von besonderer Bedeutung. Die dafür benutzten Verfahren beruhen grundsätzlich darauf, in den Porenkanälen unter Mitwirkung des Grundmetalls farbige Reaktionsprodukte zu erzeugen, die sich von der Färbung des Überzuges deutlich abheben. Bei der Bedeutung des Grundmetalls für die Porenprüfung sollen die in Frage kommenden Verfahren in Abhängigkeit von ihm nachstehend behandelt werden.

1. Porenprüfung bei Überzügen auf Eisen

a) Prüfung nach dem Kupfersulfatverfahren

Zum Nachweis von Undichtigkeiten in Überzügen auf Eisen, die aus edleren Metallen als Eisen bestehen, z. B. aus Kupfer, Messing, Nickel, Zinn, Blei oder Chrom, benutzt man die Eigenschaft des Eisens, aus einer Kupfersulfatlösung metallisches Kupfer auszufällen. Die Abscheidung des roten Metalls macht sich bei den Stellen, auch Poren bemerkbar, an denen das Eisen freiliegt. Die Probe wird noch empfindlicher, wenn man der Lösung je Liter 20 bis 30 g Schwefelsäure zusetzt, weil dadurch der Angriff auf das Eisen begünstigt wird. Die Kupfersulfatprobe, die eine Dauer von etwa 1 Std. beansprucht, ist nicht anwendbar für Überzüge aus Metallen, wie Zink oder Cadmium, die das Kupfer selbst zur Ausscheidung bringen können.

Man taucht sorgfältig entfettete Proben (zweckmäßig elektrolytisch entfettete) in eine Lösung, die im Liter 200 g Kupfersulfat ($CuSO_4 \cdot 5H_2O$) und 30 g Schwefelsäure (1,84) enthält, nimmt sie nach 10 sek heraus, spült sie ab und stellt fest, ob rote Kupferabscheidungen vorhanden sind. Diese Prüfung wird anschließend noch 3mal wiederholt. Zeigt sich nach Beendigung der Untersuchung keinerlei Kupferniederschlag auf der Oberfläche, so ist der Überzug als dicht anzusehen. Bei Überzügen von 10 μ Dicke und mehr kann man die Lösung 1 Std. auf die Probe einwirken lassen. Aus der Größe der Kupferabscheidung läßt sich gleichzeitig auf die Größe der Poren schließen.

b) Prüfung mit dem „Ferroxylindicator"

Eisen(II)-salze geben mit Kaliumhexacyanoferrat(III)-Lösung einen Niederschlag von Turnbullsblau. Geht also das Eisen als Grundmetall an undichten Stellen metallischer Überzüge in 2wertiger Form in Lösung, so bildet sich hier in Gegenwart von Kaliumhexacyanoferrat(III) Turnbullsblau und kennzeichnet somit die Mängel des Überzuges. Um den Niederschlag zu fixieren und ein Abfließen zu verhindern, setzt man der Lösung Agar-Agar oder Gelatine zu. Andere Zusätze, wie Natriumchlorid, Essig- oder Salzsäure, dienen zur Beschleunigung der Reaktion, doch muß damit vorsichtig verfahren werden, da durch die angreifende Wirkung dieser Stoffe leicht neue Poren hervorgerufen werden. Bei längerer Einwirkungsdauer der Ferroxyllösung ist gleichfalls Porenbildung möglich, da Nickel von dem Cyansalz etwas angegriffen wird. Im übrigen ist das Verfahren bei allen Überzügen anzuwenden, die elektrochemisch edler als Eisen sind.

Man bringt die sorgfältig entfettete Probe in eine Lösung, die 1% Kaliumhexacyanoferrat(III) und 4% Gelatine enthält. Dabei ist eine Gelatine zu verwenden, deren wäßrige Lösung einen p_H-Wert von 6 bis 6,5 hat, so daß damit auch ein gleichbleibender p_H-Wert des Indicators erreicht wird. An Stelle von Gelatine kann man auch 10% Agar-Agar zusetzen. Die Probe bleibt 1 Std. in der Lösung, wird dann vorsichtig herausgenommen, so daß der Niederschlag an den Stellen haftenbleibt, an denen er entstanden ist, und geprüft. Die Beurteilung erfolgt durch Auszählen der gefärbten Poren und Angeben ihrer Größe und Verteilung. Um auch feine Poren erkennen zu können, empfiehlt sich die Benutzung einer Lupe mit 6facher Vergrößerung.

Bei der Prüfung von Drähten verwendet man zweckmäßig ein Glasrohr von 1,20 m Länge und einem Durchmesser von 20 mm, in dem der Draht zentrisch eingespannt wird. Auf der Rohrwandung sind Markierungen angebracht, die gestatten, 1 m Draht genau abzumessen. Bei *verzinnten* Drähten wird die Bewertung nach spätestens 8 Std. Einwirkungsdauer vorgenommen.

Bei Proben mit nicht mehr als 12 Poren je dm^2 wird der Überzug als genügend dicht bewertet, falls der Porendurchmesser 1 mm nicht überschreitet. Proben mit über 12 Poren je dm^2 gelten als undicht.

Für die Normung der Porenprüfung von Nickelüberzügen sind 2 Indicatoren vorgesehen, von denen der eine den Nickelüberzug praktisch nicht angreift, und ein zweiter, der verdeckte Poren in dem Nickelüberzug freilegt. Für den ersten Fall ist eine Lösung vorgeschlagen, die je Liter 1 g Natriumchlorid, 1 g Kaliumhexacyanoferrat(II) und 1 g Nekal bei einem p_H-Wert von 4,4 enthält. Für den anderen Fall scheint ein Indicator mit 30 g Natriumchlorid und 10 g Kaliumhexacyanoferrat(III) je Liter geeignet. Die Einwirkungszeit soll 10 min betragen.

c) Prüfung nach dem Garre-Verfahren

Bei Überzügen aus unedleren Metallen als Eisen, wie z. B. aus Zink oder Cadmium, werden durch geeignete Reagenzien nur die Überzugsmetalle angegriffen, während das Eisen ungelöst bleibt. Um auch dieses zur Reaktion zu bringen, muß der Probenkörper in einer Lösung, die Kaliumhexacyanoferrat(II) enthält, als Anode behandelt werden.

Die sorgfältig entfettete Probe wird in einem Elektrolyten, der im Liter 40 g Kaliumhexacyanoferrat(II) und 2 g Magnesiumsulfat enthält, als Anode geschaltet. Sie bleibt 3 min in der Lösung. Innerhalb dieser Zeit zeichnen sich Undichtigkeiten durch Berliner-Blau-Bildung ab; sie können dann durch ihre Zahl, Größe und Verteilung ausgewertet werden.

Bei der Prüfung von *galvanisch verzinkten Stahldrähten* von 1 m Länge hat sich folgende Punktbewertung eingebürgert:

Grad der Undichtigkeit	Bewertung in Punkten
Poren nur bei 6facher Vergrößerung sichtbar	1 Punkt
Poren mit bloßen Augen sichtbar	2 Punkte
Poren über 1 mm Durchmesser	5 Punkte
Zusammenballung von feinen Poren in Rißform od. dgl., je cm Länge	5 Punkte

Bei 0 bis 4 Punkten wird die Verzinkung als gut, bei 5 bis 20 Punkten als genügend dicht und bei mehr als 20 Punkten als undicht bezeichnet.

Literatur. Garre, G.: Arch. Eisenhüttenwes. Bd. 9 (1935/36) S. 91. — Wiederholt, W.: Korrosionsprüfverfahren, S. 90—92. Verlag Chemie 1945.

d) Prüfung mit getränktem Filtrierpapier

Anstatt die Proben in Lösungen einzubringen, kann man die Dichte ihrer Auflage auch in der Weise prüfen, daß man mit Reagenzlösungen getränktes Filtrierpapier in feuchtem Zustande auf den entfetteten Gegenstand fest aufdrückt. Hat man eine Kaliumhexacyanoferrat(III)-Lösung (1 g/100 ml) zum Tränken benutzt, so werden sich dann nach kurzer Zeit die undichten Stellen in Form von blauen Punkten auf dem Papier abzeichnen. Man kann das Verfahren bei allen Proben anwenden, auf deren Oberfläche sich das feuchte Filtrierpapier fest und gleichmäßig aufdrücken läßt. Undichtigkeiten in der Auflage zeichnen sich bereits nach wenigen Minuten ab. Als Tränkungspapier hat sich das übliche Filtrierpapier, z.B. Schleicher & Schüll, Nr. 595, bewährt.

Literatur. KRAUSE, H.: Metalloberfläche Bd. 2 (1948) S. 17. — KUTZELNIGG, A.: Chemiker-Ztg. Bd. 74 (1950) S. 733 — Metalloberfläche Bd. 3 (1951) S. 113—115.

2. Porenprüfung bei Überzügen auf Kupfer

a) Prüfung in ammoniakalischer Ammoniumperoxydisulfatlösung

An den Poren der Überzüge auf Kupfer löst sich das Grundmetall in ammoniakalischer Ammoniumperoxydisulfatlösung. Aus der innerhalb eines bestimmten Zeitraumes gelösten Menge Kupfer kann man auf den Grad der Porosität des Überzuges schließen. Das Verfahren ist anwendbar für Überzüge, die von der ammoniakalischen Lösung nicht angegriffen werden. Die Probe wird der Einwirkung einer ammoniakalischen Ammoniumperoxydisulfatlösung (2% Ammoniak, 1% Ammoniumperoxydisulfat) 10 min lang ausgesetzt. Dann bestimmt man in der Lösung die vorhandene Menge Kupfer, und zwar zweckmäßig auf colorimetrischem Wege. Falls unter diesen Versuchsbedingungen von der Oberfläche von 100 cm^2 nur 0,5 mg Kupfer in Lösung gegangen sind, kann der Überzug als genügend dicht bewertet werden.

Literatur. SCHÜRMANN-BLUMENTHAL: Elektrotechn. Z. Bd. 48 (1927) S. 1295. Für verzinnte Drähte DIN 51213. — ZÜRCHER, M.: Ref.: Metalloberfläche Bd. 3 (1951) S. 188 — Bull. schweiz. elektrotechn. Ver. Bd. 42 (1951) S. 271.

b) Prüfung mit dem „Ferroxylindicator"

Diese Prüfung kann mit der gleichen Lösung, wie sie S. 1058 angegeben wurde, ausgeführt werden; nur ist noch ein Zusatz von 3% handelsüblichem Ammoniak (0,91) erforderlich. Beim Vorhandensein von Poren geht dann Kupfer in Lösung und wird durch Reaktion mit dem Kaliumhexacyanoferrat(III) als Braunfärbung sichtbar.

c) Prüfung mit getränktem Filtrierpapier

Zur Prüfung von metallischen Überzügen auf Kupfer und seinen Legierungen eignet sich Filtrierpapier, das mit 3proz. wäßriger Ammoniaklösung getränkt ist. Es tritt dann an undichten Stellen Blaufärbung auf durch Bildung von Cupritetramminhydroxyd.

Von der Firma F. Blasberg sind Prüfpapiere unter der Bezeichnung „Porotest II" herausgebracht worden, die insbesondere zum Nachweis von Poren in Silberüberzügen auf Messing, Neusilber u. dgl. dienen. Stellen, an denen das Grundmetall freiliegt, geben sich durch blaue Flecken zu erkennen.

d) Prüfung mit Ammoniakdämpfen

Zum Nachweis von Poren in Überzügen auf Kupfer und seinen Legierungen genügt es in vielen Fällen, die Probe unter einer Glasglocke der Einwirkung von Ammoniakdämpfen auszusetzen. Dabei wird binnen kurzer Zeit die Oberfläche an allen porösen Stellen tiefblau gefärbt.

3. Porenprüfung bei Überzügen auf verschiedenen Metallen

a) Prüfung mit Reagenzpapieren

Zur Prüfung von Kupfer-, Messing- oder Nickelüberzügen auf Aluminium ist „Porotest II" (s. S. 1060) geeignet. An den Poren entstehen dabei blauviolette Flecke.

Für die Prüfung von Silberüberzügen auf Nickel kann Diacetyldioximpapier benutzt werden.

b) Prüfung mit Dämpfen und Nebeln

Der Nachweis von Poren in Überzügen auf den verschiedensten Grundmetallen läßt sich auch in der Weise führen, daß die sorgfältig entfetteten Proben den normalen chemischen Beanspruchungen im Feuchtlagergerät, im Sprühgerät und unter ähnlichen Bedingungen ausgesetzt werden. Diese Prüfverfahren kommen den praktischen Beanspruchungen am nächsten, wie sie z. B. in der Atmosphäre vorliegen. Die Ergebnisse werden verhältnismäßig rasch erhalten, wenn die Proben im Dampfraum über kochendem Wasser mehrere Std. behandelt werden. Man wendet dieses Verfahren besonders bei Überzügen aus edlen Metallen auf Aluminium, Zink usw. an, da hier die Korrosion des Grundmetalls infolge örtlicher Elementbildung an den Poren schnell einsetzt.

c) Prüfung durch elektrochemische Verfahren

Vgl. das GARRE-Verfahren, S. 1059.

d) Prüfung durch elektrographische Verfahren

Das Verfahren beruht auf dem beschleunigten Eintritt des Lösevorganges beim Grundmetall durch anodisches Schalten der Probe in einem Elektrolyten, in dem als Kathode ein Metallblech benutzt wird, das durch die Lösung nicht angegriffen werden kann. Zweckmäßig tränkt man mit dem Elektrolyten eine Lage Filtrierpapier und ordnet sie zwischen der Anode und Kathode an. Dann werden die Elektroden unter leichtem Druck derart aufeinandergepreßt, daß eine gleichmäßige Berührung zwischen dem Filtrierpapier und der Probe zustande kommt. Ein Zusatz von Natriumsulfat zum Elektrolyten erhöht die Leitfähigkeit. Die anzuwendende Spannung beträgt nur wenige Volt, so daß als Stromquelle eine Taschenlampenbatterie verwendet werden kann. Nur wenn die Schutzschicht verletzt ist, rufen die Ionen des Grundmetalls an den verletzten Stellen binnen weniger sek spezifische Farbflecke auf dem getränkten Papier hervor, während bei einem nichtporösen Metallüberzug das anodische Lösen zunächst ohne Farbreaktion verläuft. Man kann gewisse Fehler dieses Verfahrens durch die Verwendung von Cellophanfolie an Stelle des Filtrierpapiers ausschalten. Im übrigen bietet die Methode den Vorteil, daß sie ohne großen Zeitverlust den wahren Grad an Porosität des Überzuges zu bestimmen gestattet.

Literatur. GLAZUNOW, A., u. L. JENICEK: Korrosion u. Metallschutz Bd. 16 (1940) S. 341; Bd. 17 (1941) S. 384—387; Bd. 21 (1945) S. 11—14 — Metallwarenind. Bd. 39 (1941) S. 349.

e) Prüfung durch das Duffek-Verfahren

Durch anodische Schaltung der Probe in wäßrigen Farbstofflösungen wird bei 20 bis 110 V der Farbstoff an den Poren des Überzuges elektrophoretisch abgeschieden. Als Gegenelektrode dient ein Metall, wie z. B. Aluminium oder Chromnickelstahl, das vom Elektrolyten nicht angegriffen wird. Je nach Auswahl der Farblösung können rotbraune, blaue oder orangefarbene Verbindungen abgeschieden werden. Nach diesem Verfahren ist u. a. der Nachweis von Poren in Überzügen von Chrom auf Aluminium oder von Zinn auf Kupfer möglich. Zur Durchführung ist ein besonderes Gerät entwickelt worden, das aus einem umschaltbaren Ampèremeter und einem Gleichrichteraggregat von 8 bis 12 V Prüfspannung besteht. Die Poren im Überzug werden bereits nach wenigen min kenntlich.

Man bringt die sorgfältig entfetteten Proben in den entsprechenden Elektrolyten ein. Die Form von Anode und Kathode kann, um eine möglichst gleichmäßige Verteilung der Stromdichte auf der Anode zu erhalten, weitgehend aufeinander abgestimmt werden. Sobald der Strom kurze Zeit eingeschaltet ist, markieren sich schon die Poren durch intensive Farbstoffabscheidung an diesen Stellen. Da die Farbverbindungen fest auf der Oberfläche haften, kann die Probe nach dem Herausheben unter fließendem Wasser gespült und einer Prüfung auf Größe und Verteilung der Poren unterzogen werden.

Folgende Indicatoren stehen zur Verfügung:

Poren-indicator Nr.	Besondere Eignung für die Porenprüfung von	Farbe und Abscheidung der Farbkörper	Prüfspannung am Gerät einzustellen	Zeit der Abscheidung in Sekunden
1.	metallischen Überzügen auf Al und Al-Legierungen und glatten Eloxalflächen mit verschiedenen Nachbehandlungen	rot amorph feinkörnig	24 V	10—15
2.	Eloxal mit verschiedenen Nachbehandlungen, besonders Prüfkörpern mit Gewinden, scharfen Kanten, Riffelungen u. ä.	gelb voluminös	24 V	10—15
3.	sämtlichen oxydischen oder organischen Überzügen auf Al [besonders Sprüngen im Überzug (Haarrisse)], Lackfarben auf Al und Al-Legierungen	braun amorph dicht	24 V	5—10
4.	nachbehandelten Eloxalüberzügen, insbesondere allen Schutzüberzügen auf Mg-Legierungen	blau kristallin schuppenförmig	24 V	10—20
5.	sämtlichen nichtleitenden Schutzüberzügen (insbesondere Einbrennlakken) auf Eisen und Zink	weiß voluminös	8 V	2—4

Literatur. Duffek, V.: Z. Metallkunde Bd. 30 (1938) S. 265 — Phywe-Nachrichten, D (1949) S. 152.

f) Porenprüfung mit speziellen Lösungen

Zum Nachweis von Poren in Zinnüberzügen auf Blei dient eine Lösung, die im Liter Wasser 25 g CrO_3, 12,5 g $NaClO_3$ und 15 g $Na_3PO_4 \cdot 12H_2O$ enthält.

Literatur. Schikorr, G., u. K. G. Bergner: Werkstoffe u. Korrosion Bd. 8 (1957) S. 1—9. — Wolff, R. H., M. A. Henderson u. S. L. Eisler: Plating Bd. 42 (1955) S. 537—544. — Farrer, T. W.: Chem. and Ind. (1954) S. 77/78 nach Chem. Abstracts Bd. 49 (1955) Sp. 13864. — Anders, H.: Beiztechnik Bd. 5 (1956) S. 1—3. — Ogburn, F., u. M. Hilkert: 43. Ann. Tech. Proc. Amer. Electroplaters' Soc. (1956) S. 256—259. — Bonnemay, M.: J. Chim. physique Bd. 53 (1956) S. 688—690. — Benninghoff, H.: Metallwaren-Ind. Galvano-Techn. Bd. 47 (1956) S. 305—307. — Ogburn, F., u. M. Hilkert: Iron Age Bd. 179 (1957) S. 123—126.

IX. Die Bestimmung der mechanischen Eigenschaften der Überzüge

1. Die Haftfestigkeit

Die Prüfung der Haftfestigkeit metallischer Überzüge auf dem Grundmetall erfolgt durch die Biegeprobe, die Erichsen-Tiefziehprobe, die Schlagprobe und bei Drähten durch die Wickelprobe. Hierfür werden die Apparate benutzt, wie sie allgemein zur Prüfung mechanischer Eigenschaften von Werkstoffen üblich sind. Die Ausführung dieser Prüfungen ist durch die Richtlinien über Materialprüfung festgelegt.

Am einfachsten und schnellsten ist die *Biegeprobe* durchzuführen. Es sind hierzu Dorne verschiedenen Durchmessers erforderlich, um welche die Probenstücke gebogen werden. Der Durchmesser des Dornes muß in bestimmter Beziehung zur Dicke des Probenstückes stehen. Man biegt letzteres in einer besonderen Vorrichtung hin und her, bis ein Aufreißen oder Abblättern des Überzuges an der Biegestelle erfolgt. Um Vergleichswerte zu erhalten, müssen die Proben gleiche Dicke und gleiche Härte besitzen; auch müssen die Biegegeschwindigkeit und die Temperatur stets die gleichen sein. Als Maß für die Haftfestigkeit gilt die Zahl der Biegebewegungen bis zum ersten Aufreißen bzw. Abblättern des Überzuges. Eine noch stärkere Beanspruchung der Auflage erfolgt beim Kaltbiegen, bei dem die Probe in Blechform um 180° scharf umgebogen und dann auseinandergefaltet wird. Hierbei darf sich der Überzug im günstigsten Falle nicht vom Grundmetall ablösen, auch darf er an der Biegestelle keine Risse aufweisen.

Drähte werden zur Prüfung der Haftfestigkeit des Überzuges um einen anderen Draht gleichen Durchmessers in eng aneinanderliegende Windungen *gewickelt*. Auch bei dieser Prüfungsart darf sich die Auflage weder ablösen, noch darf sie rissig werden.

Zur Durchführung der ERICHSEN-*Prüfung* dient ein besonderes Gerät, bei dem ein abgerundeter Stempel auf die festgeklemmte Probe gedrückt wird. Das Durchdrücken, bei dem sich auf der Probe eine Kappe bildet, erfolgt so lange, bis ein Einreißen beim Überzug oder beim Grundmetall zu beobachten ist. Bei guter Haftfestigkeit soll der Überzug nicht vor dem Grundmetall aufreißen. Als Maß für die Haftfestigkeit dient die Tiefe der eingedrückten Kappe bis zum Auftreten der ersten feinen Risse oder des Abblättern des Überzuges.

Die Haftfestigkeit ist auch unmittelbar durch *Abreißversuche* festzustellen. Man bringt dafür — zweckmäßig auf galvanischem Wege — einen weiteren Überzug auf und lötet auf diesen einen Metallzylinder auf. Durch Zugbeanspruchung wird nun versucht, den Überzug vom Grundmetall abzureißen. Die dafür erforderliche Kraft je Oberflächeneinheit gilt als Maß für die Haftfestigkeit.

Erwähnt sei auch noch eine andere Form der Haftfestigkeitsprüfung, die darauf beruht, daß genau in eine Matrize passende Rundstäbe mit dem Überzug versehen werden, und nun versucht wird, durch Druck diesen Überzug beim Einpressen in die Matrize abzuscheren. Die hierfür erforderlichen Kräfte dienen als Maß für die Haftfestigkeit.

Literatur. SAUTTER, F.: Metalloberfläche Bd. B 6 (1954) S. 55—57. — STRIKKELING, TH.: Metallwaren-Ind. Galvano-Techn. Bd. 46 (1955) S. 70/71. — CHESSIN, H., u. J. G. POOR: Plating Bd. 43 (1956) S. 913—915. — UNTERWEISER, P. M.: Iron Age Bd. 178 (1956) S. 123—125. — FRANKE, A.: Metalloberfläche Bd. 11 (1957) S. 53—59. — ROBERTS, G., u. R. S. TIZER: ASTM Bull. (1957) Nr. 221, S. 53—58.

2. Die Härte

Härteprüfungen an Überzügen werden nur statisch bei ruhender Belastung, nicht dynamisch durchgeführt. Ein bekanntes Verfahren ist die *Ritzhärteprüfung*: Ein Diamant bestimmter Abmessung liegt unter bestimmtem Druck auf der Probe auf; diese wird dann bei gleichbleibender Belastung unter der Diamantspitze durchgezogen. Aus der Ritzbreite kann auf die Härte geschlossen werden.

Die Belastungsvorrichtung des Ritzhärteprüfers nach MARTENS wurde für die Untersuchung galvanischer Überzüge von 1,5 μ Dicke an aufwärts in eine in Schneiden aufgehängten Waagschale mit $^1/_4$ der Entfernung des Stützpunktes des Balkens vom Diamanten abgeändert. Als Ritzhärte wurde eine Belastung in Grammgewicht eines Diamantkegels von 120° spitzem Winkel festgelegt, die eine Strichbreite von 3 μ ergibt. Die Belastung für die Strichbreite wird hierbei durch graphische Interpolation zwischen mehreren Messungen mit wechselnder Belastung und zugehöriger Ritzbreite bestimmt. Die Ausmessung erfolgt unter dem Mikroskop. Für ein einwandfreies Ablesen ist eine möglichst glatte oder polierte Oberfläche der Probe erforderlich.

Bei der Härteprüfung mit ruhender Belastung werden kugel-, kegel- oder pyramidenförmige Körper von hoher Härte (anstatt Diamanten) in die Oberfläche der Probe mit einer bestimmten Kraft eingepreßt und die entstandenen Eindrücke gemessen. Als Härtemaß dienen entweder der als Quotient aus Kraft und Eindruckfläche bestimmte Eindringstand (Brinellhärte) oder unmittelbar die Eindringtiefe (ROCKWELL-Härte). Die hierbei für kompakte Werkstoffe benutzten Kräfte sind im allgemeinen zu groß, da dünne Überzüge durchgedrückt und die Eigenschaft des Grundmetalls miterfaßt werden. Aus diesem Grunde soll die Prüflast unter 1 kg liegen. Da die Eindrücke dementsprechend äußerst klein ausfallen, sind zum Ausmessen hochwertige, optische Geräte mit starken Vergrößerungen erforderlich. Derartige Geräte, unter der Bezeichnung Diritest oder Durimet, hat beispielsweise die Firma Zeiss entwickelt.

Durch die Vereinigung von Mikroskopobjektiv und Diamantpyramide in *einem* Gerät wird die bisher größte Empfindlichkeit der Härtebestimmung erreicht, so daß bei geringer Belastung Messungen mit hoher Genauigkeit ausgeführt werden können (Mikrohärteprüfer nach HANEMANN von C. Zeiss). Die Belastung bei diesem Gerät kann zwischen 0,2 g und 100 g liegen, der Eindruck wird durch eine Bewegung der zu untersuchenden Probe gegen das Objektiv, welches mit der Pyramide kombiniert ist, herbeigeführt.

Literatur. OETTEL, W.: Feingerätetechnik Bd. 3 (1954) S. 7—11. — KEIL, H., u. MERKLE: Metalloberfläche Bd. A 8 (1954) S. 129—131. — MOTT, B. W., u. S. D. FORD: Metal Treatment Bd. 22 (1955) S. 9—12. — WEINER, R., u. G. KLEIN: Metalloberfläche Bd. B 9 (1955) S. 1—7.

3. Die Verschleißfestigkeit

Der Grad des Verschleißens beim Prüfen hängt weitgehend von den Versuchsbedingungen ab; das Verschleißen beruht dabei auf der Wechselwirkung zwischen Probe, Gegenstück und dem zwischen beiden befindlichen Verschleiß- bzw. Schmiermittel. Bei metallischen Überzügen bedient man sich im wesentlichen der Verschleißprüfung *bei gleitender Reibung*. Als Maß des Verschleißens wird der nach einer bestimmten Zeit oder nach Zurücklegung eines bestimmten Weges auftretende Raum- oder Gewichtsverlust benutzt. Auch die Zeit, die zum Freilegen des Grundmetalls beim Schleifvorgang benötigt wird, kann als Maßstab der Verschleißfestigkeit dienen. Bei der Durchführung dieser Versuche sind Gegenwerkstoff, Anpreßdruck, Gleitgeschwindigkeit, Verschleißmittel, Atmosphäre und Temperatur zu beachten.

Ein weiteres Verfahren beruht darauf, daß feinkörniger Sand von gleichmäßiger Beschaffenheit in bestimmter Menge aus einer bestimmten Höhe unter einem Winkel von 45° auf den zu prüfenden Gegenstand auftrifft. Man setzt die Prüfung so lange fort, bis das Grundmetall durch die Scheuerwirkung des Sandes sichtbar wird. Die Verschleißfestigkeit wird durch das Gewicht der verbrauchten Sandmenge bestimmt.

Literatur. BILFINGER, R., u. a.: Galvanotechnik, S. 1261—1276. Leipzig: Akadem. Verlagsges. 1949/50. — FRANK, K.: Z. VDI Bd. 93 (1951) S. 475. — MCCARRTH, J., u. J. MORGIA: Plating Bd. 43 (1956) S. 1248—1250. — WAHL, H., u. K. GEBAUER: Metalloberfläche Bd. 2 (1948) S. 25—37.

X. Die Bestimmung der Oberflächenbeschaffenheit

Die korrosionsschützende Wirkung der Überzüge ist auch von der Beschaffenheit der Oberfläche abhängig; je rauher nämlich eine Fläche ist, je größer ist ihre Ausdehnung und damit die Anzahl der Stellen, an denen das Metall mit dem angreifenden Medium reagieren kann. Man ist deshalb bemüht, bei den Überzügen möglichst glatte und glänzende Oberflächen zu schaffen. Zur Beurteilung der Oberflächenbeschaffenheit kann einmal die *Glanzmessung* dienen. Sie beruht auf der Messung des reflektierten Lichtes unter einem bestimmten Winkel. Da diesem Licht auch ein Teil der von der Fläche diffus zerstreuten Lichtstrahlen beigemischt ist, gehört zu einer genauen Glanzmessung neben der Messung im Reflexionswinkel noch eine zweite, die bei gleicher Beleuchtungsanordnung in einem anderen Winkel ausgeführt wird, um dadurch das zerstreute Licht allein messen zu können. Man erhält so ein absolutes Maß für den Glanz, nämlich das Verhältnis des von der Fläche reflektierten Lichtes zum ausfallenden Licht. Eine verhältnismäßig einfache Glanzmessung läßt sich dadurch ausführen, daß man das Bild eines Gitters sich auf der zu prüfenden Oberfläche spiegeln läßt und dann dieses Spiegelbild mit Vergleichsproben in Beziehung setzt.

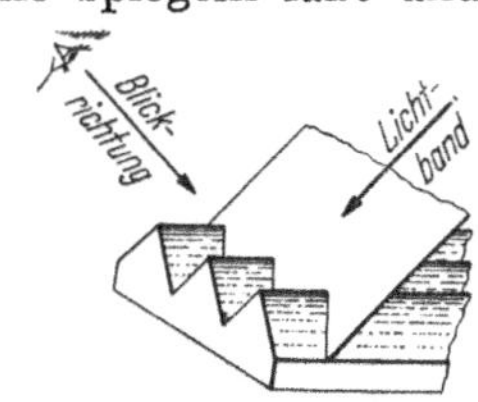

Abb. 89. Schematische Darstellung des Lichtschnittverfahrens

Jedoch wichtiger als die Glanzmessung ist die *Bestimmung der Rauhigkeit* der Oberfläche. Dafür sind bestimmte optische Verfahren und Geräte entwickelt worden, von denen das Lichtschnitt-, das Lichtinterferenz- und das Profiltastverfahren eine besondere Bedeutung erlangt haben. Beim *Lichtschnittverfahren* nach SCHMALTZ schneidet ein Lichtband die Oberfläche so an, daß die Profilkurve sichtbar wird. Die dafür konstruierte Apparatur gestattet, ein ebenes, dünnes Lichtbündel schräg auf die zu prüfende Fläche aufzuwerfen und die Profillinie unter einem bestimmten Winkel zu beobachten. Bei Verwendung besonderer Objektive ist es möglich, Rauhigkeiten von 2 μ bis zu 0,5 μ herab einwandfrei meßtechnisch zu erfassen (vgl. Abb. 89).

Eine erhebliche Verfeinerung der Meßmöglichkeiten ist durch die Ausnutzung der Lichtinterferenz gegeben. Nach diesem *Interferenzverfahren* wird die Oberfläche in sog. Schichtlinien dargestellt, d. h. sie erscheint ähnlich einer Landkarte mit Höhenlinien. Der Vorgang ist folgender: Teilstrahlen, die auf die Oberfläche des Werkstoffes auftreffen und von dort reflektiert werden, haben je nach dem Rauhigkeitsgrad der Oberfläche unterschiedliche Weglängen zu durchlaufen. Treffen diese Strahlen nun mit Teilstrahlen zusammen, die an einem Spiegel reflektiert werden, so treten Phasenverschiebungen auf, denen zufolge sich die Lichtstrahlen an bestimmten Stellen auslöschen. Bei der Beobachtung in besonders hierfür gebauten Mikroskopen erscheinen dann die Oberflächenunterschiede als dunkle Interferenzlinien. Die Stellen, die zu einer einzigen dunklen Interferenzlinie gehören, sind gleich hoch und haben einen Abstand von einer halben Lichtwellenlänge von der nächsten Linie. Auf diese Weise sind Messungen feinster Rauhigkeiten noch zwischen 1 und 0,06 μ möglich.

Eine weitere Möglichkeit der Messung von Oberflächenrauhigkeiten ist nach dem *Tastverfahren* gegeben. Nach diesem wird eine feine Nadel mit einem Spitzenradius von etwa 2 bis 10 μ unter geringem Tastdruck über die zu messende Oberfläche geführt. Hierbei wird die Nadel je nach der Rauhigkeit der Oberfläche in mehr oder weniger starke Schwingungen versetzt, die sich in elektrische Spannungsschwankungen umsetzen lassen. Durch Übertragung der letzteren auf ein Anzeigegerät können die Oberflächenrauhigkeiten leicht gemessen und aufgezeichnet werden (vgl. Abb. 90). A. FORSTER hat ein optisches Tastgerät konstruiert, bei dem die Oberflächendifferenzen durch entsprechende Lichtstrahlenablenkung angezeigt und aufgezeichnet werden; dabei ist neuartig, daß der Taststift durch einen Impulsgeber in Schwingungen versetzt wird, die ihn in schneller Folge von Meßpunkt zu Meßpunkt springen lassen. Da die Sprunghöhe nur 0,2 bis 0,5 μ beträgt, bleibt die Auftreffwucht gering, so daß der Halbmesser der Tastspitze klein gehalten werden kann. Durch Verwendung eines elektrischen Impulsgebers läßt sich die Anzahl der Tastungen bis zu 6000/min steigern. Der Taster selbst ist als Anker eines Magnetsystems ausgebildet, und zwar derart, daß eine gleichbleibende Sprunghöhe in jeder Höhenlage innerhalb des Meßbereiches bei gleichbleibender Impulsstärke erreicht wird.

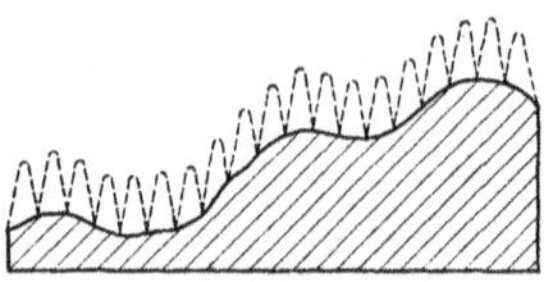

Abb. 90
Tastvorgang beim Oberflächenmeßgerät nach FORSTER

Literatur. RÄNTSCH, K.: Zeiss-Nachr. 5. Folge (1945) H. 6, S. 189—228. — FORSTER, A.: Werkstattstechn. u. Maschinenbau 1949, S. 161—166. — METZ, A.: Z. VDI Bd. 92 (1950) S. 323—331. — THON, N., L. YANG u. S. YANG: Plating Bd. 40 (1953) S. 1135—1137. — ZEHENDER, E.: Metalloberfläche Bd. 8 (1954) S. 49—52. — SEEWOTH, F.: Z. VDI Bd. 98 (1956), S. 869—874. — SCHIEFERSTEIN: Metalloberfläche Bd. 11 (1957) S. 241—245. — LEYENSETTER, W.: Werkstatt u. Betrieb Bd. 89 (1956) S. 221—232. — GABLER, F.: Maschinenbau u. Wärmewirtsch. Bd. 11 (1956) S. 65—73. — BÜHLER, H., u. W. SCHREIBER: Draht Bd. 7 (1956) S. 85—87. — KOHAUT, A.: Industrie-Anz. (1956) H. 92, S. 15—19.

C. Nichtmetallische, anorganische Überzüge

Bei diesen Überzügen unterscheidet man 2 Gruppen. Die erste umfaßt alle Überzüge, die, ähnlich den metallischen und organischen, unmittelbar auf das Grundmetall aufgebracht werden; es sind dies in der Hauptsache die Emailleüberzüge. Zur zweiten Gruppe gehören diejenigen Überzüge, die unter Mitwirkung des Grundmetalls auf diesem als korrosionsbeständige, festhaftende, dichte Schicht erzeugt werden, und zwar mittels Verfahren, die auf Grund der korrosionsschützenden Wirkung normal gebildeter Oxydschichten — besonders von unedlen Metallen — entwickelt wurden; vielfach wird durch diese Verfahren die natürliche Schutzschicht nur verstärkt oder umgebildet. Man rechnet zu dieser Gruppe im wesentlichen die Überzüge, welche

auf *Aluminium und seinen Legierungen* durch sog. MBV- und EW-Verfahren, durch Alodine- und Eloxalverfahren,

auf *Stahl* durch Phosphatverfahren, wie Atrament-, Bonder-, Granodine-Parker-, Phosphatolverfahren und elektrolytische Phosphatverfahren,

auf *Zink* durch Phosphat- und Chromatverfahren,

auf *Magnesiumlegierungen* durch Elomag-, Flussal-, Seomag- oder Beizverfahren erzeugt werden.

I. Emailleüberzüge

Erstarrte Silicatschmelzen sind gegen chemische Beanspruchungen ziemlich beständig; sie dienen daher in Form von Emailleüberzügen, besonders auf Stahl und Grauguß, als wirksamer Korrosionsschutz, falls sie völlig porenfrei aufgebracht worden sind. Die Emailleauflage baut sich, hauptsächlich um einen dichten, haftfesten Überzug zu gewährleisten, aus einer Grund- und einer Deckschicht auf. Eine Grundschicht für Stahlbleche entsteht durch Aufschmelzen eines Gemisches aus Feldspat und Quarzmehl (als siliciumdioxydhaltige Stoffe), calcinierter Soda, Borax, Flußspat (als Schmelzmittel), Salpeter (als Entfettungsmittel) und geringen

Mengen eines Haftoxyds. Gußeisen wird dagegen wegen seines verhältnismäßig hohen Gehaltes an Begleitelementen mit einem Frittegrund überzogen, und zwar nur unter Sintern. Auf die Grundemailleschicht wird dann mindestens *eine* haftoxydfreie Deckschicht in gleicher Weise aufgebracht. Das Grundmetall muß vorher sorgfältig gereinigt und leicht aufgerauht werden. Sodann bringt man das Email entweder als wäßrige Aufschlämmung auf, die anschließend getrocknet und gebrannt wird, oder streut die Mischung als trockenes Pulver auf den heißen Werkstoff. Es gibt zwischen den beiden Aufbringungsarten noch verschiedene Übergänge. Das Einbrennen der Schicht erfolgt bei Grundemail bei etwa 880°, bei Deckemail etwa 50° niedriger. Man erhält somit verhältnismäßig dicke Schichten von etwa 1 mm Dicke, welche bei sachgemäßer Ausführung einen ausreichenden Korrosionsschutz bieten.

Die Zusammensetzung der Rohstoffe und das Mischungsverhältnis schwanken meist stark. Man kann die Säurebeständigkeit der Emailleüberzüge durch Zusätze, wie z. B. Titanoxyd, erhöhen; Anteile an Alkalien und Fluoriden setzen sie dagegen herab. Schlüsse aus der chemischen Zusammensetzung von Emailleschichten auf ihre Eigenschaften zu ziehen, ist jedoch schwierig, so daß eine chemische Untersuchung im allgemeinen nicht gefordert wird. Daher richten sich Prüfung und Beurteilung von Emailleüberzügen hauptsächlich auf die Bestimmung von Schichtdicke, Porenfreiheit und mechanische Eigenschaften, wie Haftfestigkeit, Schlagfestigkeit, Härte und Temperaturwechselbeständigkeit; von besonderer Bedeutung ist ferner die Säurebeständigkeit.

1. Die Prüfung auf Säurebeständigkeit

Je nach dem Anwendungsgebiet werden 3 Größen von Säurefestigkeit unterschieden, und zwar:

1. beständig gegen Säuren, die im Haushalt gebraucht werden;
2. beständig gegen bestimmte Beanspruchungen, z. B. Badewannen, Gefäße für medizinische Zwecke und sonstige Spezialgefäße;
3. beständig gegen Beanspruchungen in der chemischen Industrie, insbesondere gegen Säuren.

Emaillierte Gefäße, die im Haushalt gebraucht werden sollen, werden mit 10proz. Essigsäure geprüft. Dabei wirkt eine bestimmte Menge Säure auf einen genau abgemessenen Teil der Oberfläche (Verhältnis von Essigsäure in ml zu der zu prüfenden Oberfläche = 1 : 1) bei Siedetemperatur ein. Dann nimmt man das Probenstück aus der Säure, spritzt es mit destilliertem Wasser ab und dampft die vereinigten Flüssigkeiten in einem Platin- oder Quarzgefäß zur Trockne. Der Rückstand wird nach Zusatz von Salzsäure nochmals zur Trockne gebracht, dann geglüht und gewogen. Das Maß der Beständigkeit wird ausgedrückt durch das Gewicht der ausgelaugten Bestandteile in mg/cm^2.

Bei der Prüfung der Säurefestigkeit von *medizinischen Geräten* u. dgl. erfolgt die Durchführung in der gleichen Weise, nur verwendet man jetzt anstatt Essigsäure eine Salzsäure (1 + 3).

Bei der Prüfung von *hochsäurefesten* Emailleschichten richtet sich das dafür zu benutzende Reagenz nach den beim Gebrauch zu erwartenden Beanspruchungen.

Man kann die Prüfung auf Säurefestigkeit auch an Schalen von 100 mm lichter Weite und 10 mm Wandstärke vornehmen, die unter den gleichen Bedingungen emailliert worden sind wie die zu prüfenden Gegenstände. Nachdem man die Schalen mit Salzsäure gefüllt hat, läßt man sie bei einer konstant gehaltenen Temperatur von 90° während 1, 3 oder 12 Std. stehen, ermittelt dann in der Lösung den Gehalt an Salzsäure und Eisen und kann nun dementsprechend die Korrosionsbeständigkeit des Überzuges beurteilen (Vorschrift nach DIN 4870).

Im *Eisen- und Emaillierwerk Thale* führt man die Prüfung auf Säurebeständigkeit folgendermaßen aus: Man emailliert Röhrchen aus Stahlblech oder Gußeisen von 180 mm Länge, 20 mm Durchmesser und einer Wanddicke von 0,3 bis 0,5 mm bei Stahl und 2 mm beim Gußeisen, wägt sie und hängt sie in einer Prüfapparatur derart ein, daß sie 130 mm tief in 10proz., auf 75° erwärmte Salzsäure eintauchen und somit gerade 1 dm^2 Angriffsfläche bieten. Die Reaktionsdauer beträgt $2^1/_2$ Std. Nach Ablauf dieser Zeit folgen Abspülen mit destilliertem Wasser, Abreiben mit einem Gummiwischer, Trocknen bei 105° und Wägen. Daran schließt sich eine 1stündige Behandlung der gewogenen Röhrchen in destilliertem, auf 75° erwärmtem Wasser an. Man stellt dann erneut den Gewichtsverlust fest; er wird in g/m^2 angegeben. An Stelle von Salzsäure kann je nach den Anforderungen der Praxis beim Prüfen auch eine andere Säure gewählt werden.

Die Bestimmung der Beständigkeit von Emailüberzügen gegen kalte Zitronensäure und gegen kochende Zitronensäure kann nach DIN 51150 und DIN 51151 erfolgen. In diesen Normblättern sind Zweck und Anwendungsbereich, Prüfgeräte, Prüflösung sowie Durchführung und Auswertung der Versuche beschrieben. In einem besonderen Prüfgerät wird die Probenoberfläche entweder der Einwirkung einer etwa 9proz. Zitronensäurelösung 15 min lang ausgesetzt oder in einer 6proz. kochenden Zitronensäurelösung $2^1/_2$ Std. lang.

2. Die Prüfung der Schichtdicke

Sie erfolgt am zweckmäßigsten durch Ausmessen zunächst der Dicke des Gegenstandes vor und dann nach dem Emaillieren, hierfür stehen Feinmeßgeräte zur Verfügung (s. S. 1048).

In den seltensten Fällen wird die Bestimmung der Dicke des emaillierten Gegenstandes und der Dickenabnahme nach dem Entfernen der Emailleschicht angewandt, da das Ablösen der Schicht auf chemischem Wege verhältnismäßig lange Zeit erfordert. Zum Ablösen eignen sich Ätzkali in schmelzflüssigem Zustande, hochkonzentrierte, erhitzte, wäßrige Ätznatronlösung oder Flußsäure; bei Verwendung der letzteren ist aber mit einem Angriff auf das Eisen zu rechnen; er müßte dann bei dem Ergebnis in Rechnung gesetzt werden. Weiterhin kann die Schichtdicke auch mit Hilfe der in Abschnitt B. V. 10 angegebenen Verfahren bestimmt werden.

3. Die Prüfung auf Poren- und Rißfreiheit

Da der gewünschte Korrosionsschutz erst dann gewährleistet ist, wenn die Emaille frei von Poren und Rissen ist, wird die Prüfung auf diesen Zustand besonders häufig angewandt. Dafür benutzt man zweckmäßig den sog. Ferroxylindicator (s. S. 1060), der sich bei Metallüberzügen auf Eisen als Grundmetall bewährt hat. Bei der Beobachtung der mit Turnbullsblau gefärbten fehlerhaften Stellen leistet eine Lupe mit 6- bis 10facher Vergrößerung gute Dienste.

Da Emailleüberzüge den elektrischen Strom nicht leiten, kann zum groben Nachweis von Poren auch das sog. *Knackgerät* benutzt werden. Es wird hierbei der eine Pol des galvanischen Elementes mit dem Grundmetall, der andere mit einer Bürste aus feinen Kupferdrähten verbunden. Diese Bürste führt man unter geringem Druck über die Probe. Sind Poren vorhanden, so fließt dort ein Strom, der durch ein Ampèremeter oder durch ein Telefon (Knackgeräusch) nachgewiesen werden kann.

4. Die Prüfung auf Temperaturwechselbeständigkeit

Bei den unterschiedlichen Ausdehnungskoeffizienten bei Stahl bzw. Gußeisen einerseits und der Emailleschicht andererseits besteht die Möglichkeit, daß bei raschen und starken Temperaturschwankungen eine Beschädigung des Überzuges eintritt. Zur Feststellung, inwieweit emaillierte Gegenstände derartigen Beanspruchungen gewachsen sind, werden Probeplatten aus Stahl oder Gußeisen mit dem zu prüfenden Emailleüberzug versehen und in einer besonderen Apparatur bis zu 300° erhitzt. Die Temperaturmessung erfolgt dabei mit Hilfe eines Thermoelementes oder eines geeichten Thermometers, das in die in der Platte befindliche Bohrung eingeführt wird. Während der Aufheizdauer, etwa 45 min, läßt man nach Erreichen einer Temperatur von 180° aus einer Bürette alle 10 sek einen Wassertropfen auf die Mitte der Platte fallen. Es gilt dann der zu prüfende Überzug bis zu derjenigen Temperatur temperaturwechselbeständig, bei der sich nach dem Auftreffen des Wassertropfens die ersten Oberflächenrisse zeigen. Ein Netzwerk von Oberflächenrissen, welches im Augenblick des Auftropfens zwar sichtbar wird, aber sich sofort wieder schließt, deutet auf gute Temperaturwechselbeständigkeit. Nach dem Erreichen der Temperatur von 300° wird die Platte mit Eiswasser abgeschreckt; dabei sollen Abschiefern und Risse nicht wahrnehmbar sein. Treten Oberflächenrisse im Bereich von 200 bis 300° auf, so gilt der Überzug noch als temperaturwechselbeständig.

Man kann mit dieser Prüfung auch eine solche auf *Säurewiderstandsfestigkeit* verbinden, und zwar in der Weise, daß man in einer auf der Probe angebrachten Vertiefung 3 ml 10proz. Oxalsäurelösung während der Aufheizdauer eindampft und schließlich das Reagenz verflüchtigt. Bei hochsäurebeständigen Überzügen darf dabei kein Mattwerden der Oberfläche eintreten. Nichtsäurebeständige Emailleüberzüge dagegen erleiden bei dieser Prüfung einen starken Angriff; die Oberfläche in der benetzten Zone wird völlig matt.

5. Die Prüfung auf mechanische Eigenschaften

Dafür können die auf S. 1062—1064 angegebenen Verfahren herangezogen werden. Außerdem ist hier das *Kugelfallverfahren* von großer Wichtigkeit. Bei diesem fällt eine Stahlkugel von bestimmtem Gewicht und bestimmter Form aus einer festgelegten Höhe auf die emaillierte Probe. Die Stahlkugel hat als Führung ein Messingrohr, das zur Wahl verschiedener Fallhöhen Querbohrungen aufweist. Als Maß für eine einwandfreie Emaillierung gelten zehn hintereinander ausgeführte Fallversuche auf eine Fläche von 1 cm², ohne Splittererscheinungen auf der Emailleschicht hervorzurufen. Es sind die in untenstehender Tabelle folgenden Versuchsbedingungen vorgesehen:

Art der Proben	Gewicht der Stahlkugel g	Durchmesser mm	Auffallkraft m/kg
Für über 3 mm dicke *Gußteile*:			
mit glatten und konkaven Flächen	200	35	1,962
mit konvexen Flächen	100	29	0,981
Für unter 3 mm dicke *Gußteile*:			
mit glatten und konkaven Flächen	100	29	0,981
mit konvexen Flächen	50	23	0,491
Für über 1,5 mm dicke *Bleche*:			
mit glatten und konkaven Flächen	50	23	0,491
mit konvexen Flächen	25	18	0,245
Für *Bleche* zwischen 1,5 und 1 mm Dicke:			
mit glatten und konkaven Flächen	25	18	0,245
mit konvexen Flächen	10	13,5	0,196
Für unter 1 mm dicke *Bleche*:			
für alle Flächen	10	13,5	0,196

Literatur. Dietzel, A.: Sprechsaal Keram., Glas, Email Bd. 82 (1949) S. 8 10 u. 28/20. — Ungenannt: Phys. Nachr. Bd. 14 (1951) S. 24. — Meyer, F. R.: Ber. dtsch. keram. Ges. Bd. 28 (1951) S. 205—215. — Dietzel, A., u. W. Stegmeier: ebenda Bd. 29 (1952) S. 56—58.

u. 88—92 ff. — MÄRKER, R.: Fertigungstechnik Bd. 5 (1955) S. 469—472 — Glas-, Email-, Keramotechn. Bd. 6 (1955) S. 78—81. — SCHARBACH, H.: Werkstoffe u. Korrosion Bd. 7 (1956) S. 62—64. — FRANKE, E. A.: Sprechsaal Keram., Glas, Email Bd. 89 (1956) S. 495—499. — TYVAERT, P.: Fonderie (1956) Nr. 124, S. 185—197. — FRANKE, E. A.: Sprechsaal Keram., Glas, Email Bd. 90 (1957) S. 321—323. — PETZOLD, A.: Glas-, Email-, Keramotechn. Bd. 8 (1957) S. 109—111. — WARREN, G., u. J. H. GILLES: Metal Finishing Bd. 54 (1956) S. 60 u. 62.

II. Durch chemische bzw. elektrochemische Behandlung erzeugte anorganische Schutzschichten

Schutzschichten aus Oxyden oder anderen anorganischen Verbindungen werden in wäßrigen Lösungen durch chemische oder elektrochemische Methoden erzeugt. Die Tauchverfahren haben den Vorzug der einfachen Handhabung bei geringeren Investitionskosten, aber den Nachteil, daß die Lösungen schneller erschöpft sind und trotz Regenerationsmöglichkeit schließlich verworfen werden müssen. Immerhin sind die Vorteile der Tauchverfahren so erheblich, daß sie für zahlreiche Metalle besondere Bedeutung erlangt haben. Die im Tauchverfahren erzeugbaren Schichten sind maximal nur wenige μ dick. Sie entstehen durch Reaktion der betreffenden Lösung mit dem Grundmetall, das während der Behandlung eine geringe Abtragung erfährt. Insbesondere bei Aluminium und dessen Legierungen benutzt man neben dem Tauchverfahren für zahlreiche Zwecke auch elektrochemische Verfahren (vgl. Abschnitt II. 3). Sie liefern dicke Oxydschichten, die abriebfest sind und bei geeigneter Nachbehandlung einen wirksamen Korrosionsschutz vermitteln.

Außer den Chromatierungs- und Phosphatierungsverfahren kennt man noch eine Reihe anderer Schutzschichten bildender Verfahren (z. B. Oxalieren von legiertem Stahl), die z. Z. aber noch nicht im großen Umfang Anwendung finden.

1. Chromatierung

Sieht man von dem Phosphatierungsverfahren (vgl. Abschnitt II. 2) ab, so werden anorganische Schutzschichten überwiegend durch sog. Chromatierungsverfahren erzeugt. Man taucht hierbei das betreffende Werkstück in wäßrige Lösungen, die als wesentlichen Bestandteil Chromtrioxyd, ein Chromat oder Dichromat enthalten. Dabei entstehen transparente, farbig irisierende, gelbe, grüne oder braune Schichten, die eine erhebliche Steigerung der Korrosionsbeständigkeit bewirken. Man unterscheidet saure und alkalische Chromatierungsbäder. Den sauren gibt man heute im allgemeinen den Vorzug. Chromatiert werden: Zink, Cadmium, Aluminium, Magnesiumlegierungen und Zinn, wobei Zink, Cadmium und Zinn überwiegend als Überzüge vorliegen. In vielen Fällen besitzen die Überzüge kein gleichmäßiges Aussehen, sondern schillern, je nach Lichteinfall, blau, rot, gelb, was ihnen zuweilen ein fleckiges Aussehen verleiht, das oft nicht als störend empfunden wird.

Prüfungen. Die Überwachung der Chromatierungslösungen muß an Hand der Vorschriften der Lieferfirmen vorgenommen werden. Ist die Behandlung richtig durchgeführt worden, so erscheint die Oberfläche glatt und blank. Zu lange Behandlungszeiten und zu hohe Badtemperaturen äußern sich durch rauhes, pulveriges Aussehen und Abwischbarkeit der Schichten. Die *Dickebestimmung* läßt sich bei dickeren Schichten, je nach Grundmetall, zum Teil mit den verschiedenen handelsüblichen Geräten zur zerstörungsfreien Prüfung durchführen. Für die dünneren Schichten kommt lediglich das Ablöseverfahren in Betracht, wobei die Schwierigkeit besteht, daß die Zusammensetzung der Schichten und ihre Struktur (Porigkeit) nicht bekannt sind, so daß man bei der Ausrechnung keine definierte Dichte einsetzen kann. Es lassen sich lediglich ungefähre Vergleichszahlen (Auflage in g/m²) erhalten. Das zum Ablösen angewandte Verfahren hängt von der Art des Metalls ab. Für Aluminium benutzt man Lösungen, die Chromtrioxyd und Phosphorsäure enthalten (vgl. Abschnitt II. 3). Bei der geringen Dicke der Schichten ist die Bestimmung ihrer *chemischen Zusammensetzung* nur möglich, wenn man Schichten von größeren Oberflächen entfernt hat. Die *mechanischen Eigenschaften* der Schichten werden nach Verfahren bestimmt, wie sie weiter unten bei den anodisch erzeugten Oxydschichten angegeben sind.

Zum Nachweis von Chromat-, Phosphat- u. dgl. Deckschichten auf Aluminium und Aluminiumlegierungen kann eine wäßrige 2 n-Zinn(IV)-chloridlösung auf die gereinigte Oberfläche aufgebracht werden. Ist die Oberfläche unbehandelt, so tritt innerhalb von 7 sek eine heftige Reaktion ein, in deren Verlauf das Zinn(IV)-chlorid zu metallischem Zinn reduziert wird. Bei erfolgter Oberflächenbehandlung erfolgt diese Reaktion frühestens nach 20 sek.

Literatur. BENARD, J., u. J. F. LAURENT: J. Chim. physique Physico-Chim. biol. Bd. 53 (1956) S. 593—596. — SALT, F. W., u. J. G. N. THOMAS: Nature [London] Bd. 178 (1956) S. 434/35. — DOSS, J.: Metal Finishing Bd. 53 (1955) S. 48—60. — EISLER, S. L.: Plating (USA) Bd. 41 (1954) S. 147—154. — KATZ, W.: Stahl u. Eisen Bd. 76 (1956) S. 1672—1678. — RAFFALOVICH, A. J., u. S. FIRESTONE: Metal Finishing Bd. 55 (1957) S. 65—67.

2. Phosphatierung

Auf chemischem Wege werden Schutzschichten auf Eisen, Zink, Aluminium durch einfaches Tauchen der entfetteten und gebeizten Gegenstände in phosphathaltige Bäder erhalten. Bei den zuerst angewandten Bädern für Eisen, die im wesentlichen Manganphosphat enthielten, benötigte man zur Bildung des Überzuges eine Zeitdauer von 45 min und mehr. Später ging man zum Gebrauch von zinkphosphathaltigen Lösungen über, setzte Beschleunigungsmittel, wie Chlorate und Nitrate, zu und konnte so die Behandlungszeit auf 8 min und weniger abkürzen. Während bei diesen Lösungen eine Badtemperatur von 90° und mehr erforderlich war, wurden mit der Zeit Lösungen entwickelt, in denen bei Zimmertemperatur gearbeitet werden kann, also ein Kaltphosphatieren möglich ist.

Man prüft die phosphatierten Gegenstände wie folgt:

Zunächst dürfen die phosphatierten, gespülten und getrockneten Körper nach dem Erkalten keine bräunliche Verfärbung (Flugrost) zeigen. Die Phosphatschicht soll von gleichmäßigem, mausgrauem oder dunkelgrauem Aussehen sein. Zur Beurteilung der korrosionsschützenden Wirkung der Phosphatschicht werden Gegenstände, die mit einem dickeren Phosphatüberzug (etwa 3 μ und mehr) versehen wurden, nach dem Phosphatieren 15 min lang in Kochsalzlösung (10 g/l) getaucht, dann in klarem Leitungswasser abgespült und in säurefreier, ruhiger Luft bei etwa 18 bis 20° getrocknet. Betrachtet man sie nach einer Trockenzeit von 30 min mit einer Lupe (6fache Vergrößerung), so sollen sie keine rotbraune Verfärbung (Flugrost) und keine punktförmige Rostbildung aufweisen, ein Zeichen, daß die rostschützende Wirkung vollkommen ist. Bei Gegenständen, die nur eine dünne Phosphatschicht tragen und später einen Anstrich erhalten sollen, wird der Korrosionsschutz als genügend angesehen, wenn sie nach nur 5 min währender Tauchzeit in Kochsalzlösung (10 g/l) obigen Prüfbedingungen entsprechen.

Hinsichtlich der *Dickenbestimmung* der Phosphatschicht wird gefordert, daß diese durch Messen mit Feinmeßgeräten an wenigstens 5 Stellen vorgenommen werden muß; das Messen hat vor und nach dem Ablösen der Schicht zu erfolgen. Zum Ablösen wird Natronlauge oder Säure unter Zusatz eines Inhibitors benutzt. Soll die Dicke von Überzügen miteinander verglichen werden, die nach dem gleichen Verfahren und unter den gleichen Bedingungen aufgebracht wurden, so kann nach dem Ablösen der Gewichtsverlust, ausgedrückt in g/m^2, als Anhaltspunkt dafür dienen.

Undichtigkeiten können augenblicklich durch festhaftende, blau gefärbte Quellprodukte nachgewiesen werden, wenn man die phosphatierten Gegenstände 30 sek bis zu 1 min in eine Lösung eintaucht, die in 100 ml 1 g Kaliumhexacyanoferrat(III), 3 g Natriumchlorid und 2 ml 3proz. Wasserstoffperoxyd enthält; das Wasserstoffperoxyd muß kurz vor dem Gebrauch zugegeben werden.

Bei kräftigem Bestreichen der Phosphatschicht mit dem Daumennagel soll ein weißlicher Strich zu sehen sein, ohne daß eine Beschädigung der Schicht mit bloßem Auge zu erkennen ist.

Literatur. Machu, W.: Die Phosphatierung. Verlag Chemie 1950 — DIN 50942. — Bush, E. H.: Analyst Bd. 80 (1955) S. 885—896. — Bourbon, R., u. J. J. Meynes de Paulin: Metal Ind. Bd. 87 (1955) S. 424—427. — Eisler, St. L., J. Doss u. W. D. McHenry: Org. Finishing Bd. 17 (1956) S. 5—9. — McGarvey, J. W., u. P. G. Chamberlain: U. S. Departments of Commerce Office of Tech. Services Washington. Report 54—1633.

3. Anodisch erzeugte Oxydschichten

Durch chemische Behandlungen (Tauchverfahren) lassen sich Aluminium und seine Legierungen mit einer Oxydschicht versehen, deren Dicke etwa das 10fache der natürlichen Oxydschicht beträgt. Benutzt man zur Oxydation jedoch Gleichstrom oder/und Wechselstrom, wobei das zu oxydierende Metall als Anode im Elektrolyten, wie Schwefelsäure, Oxalsäure oder Chromsäure, ausgesetzt wird, so entstehen wesentlich dickere Oxydschichten. Je nach Verwendungszweck oxydiert man bis zu Dicken von etwa 40 μ. Für dekorative Teile, die der Atmosphäre ausgesetzt sind, genügen zumeist 15 μ. Unter besonderen Bedingungen (Elektrolyttemperatur 0 bis 5°) lassen sich auch noch dickere Schichten (100 bis 200 μ) erzeugen. Die Wachstumsgeschwindigkeit der Schicht beträgt bei dem am häufigsten benutzten Verfahren (Gleichstrom-Schwefelsäure-Verfahren, 20°, anodische Stromdichte 1,6 bis 2 A/dm^2) etwa 0,5 μ/min. Nach sorgfältigem Spülen der oxydierten Teile werden die Schichten mittels verschiedener Verfahren nachverdichtet. Durch diese Oxydationsverfahren erhält das Aluminium für viele Verwendungszwecke wertvolle Oberflächeneigenschaften, so daß die Anwendungsmöglichkeiten der Aluminiumwerkstoffe eine wertvolle Erweiterung erfahren.

Die *Dicke* der Oxydschicht läßt sich mit Hilfe verschiedener Verfahren zerstörungsfrei und unter Zerstörung von Schicht bzw. Werkstück messen. Die zerstörungsfreie Messung geschieht unter Ausnutzung des Wirbelstromeffektes durch Aufsetzen eines Tasters. Sie liefert schnell einwandfreie Ergebnisse. Die praktisch ebenfalls zerstörungsfreie Messung der Durchschlagspannung, aus deren Betrag auf die Dicke geschlossen wird, hat eine sehr genaue Einhaltung der Arbeits- und Meßbedingungen zur Voraussetzung. Die mit weniger Aufwand verbundenen Ablöseverfahren beruhen auf der Wägung vor und nach dem Entfernen der Schicht. Aus der so bestimmbaren Auflage (g/m^2) läßt sich gemäß

$$\text{Schichtdicke in } \mu = \frac{\text{Auflage in g/m}^2}{\text{scheinbare Dichte}}$$

die Dicke errechnen. Die „scheinbare“ Dichte ist eine Funktion der Herstellungsbedingungen und insbesondere auch der Dicke selbst. Diese letzte Abhängigkeit ist hinreichend genau bekannt, so daß die Ablösemethode mit für die Praxis hinreichender Genauigkeit durchführbar ist. Zum Ablösen benutzt man eine o-Phosphorsäure-Chromtrioxyd-Lösung (vgl. DIN-Entwurf 50944).

Zum Nachweis von *Fehlern* (Durchbrüchen) in der Oxydschicht sind das Duffek-Verfahren und einige neuere Abwandlungen dieses Verfahrens anwendbar: An den nicht mit Oxyd bedeckten, verletzten Stellen scheiden sich Farbstoffe ab. Die herstellungsbedingten winzigen Poren in den Oxydschichten lassen sich auf diese Art allerdings nicht nachweisen. Sie geben sich als Anfärbungen der gesamten Oberfläche zu erkennen, wenn man in geeigneten Farbstofflösungen einen sog. Anfärbeversuch macht. Er dient vor allem zur Prüfung der Qualität der Nachverdichtungen.

Der Bestimmung der Verschleißfestigkeit dient eine Methode, nach welcher ein Hartmetallstift unter bestimmtem Druck (300 g) auf der Oberfläche der Probe so lange hin und her reibt, bis das Grundmetall freigelegt ist. Man spannt dazu die Probe in einen horizontal gleitenden, durch einen Motor in oszillierende Bewegung gesetzten Schlitten und führt sie in raschem Tempo unter dem Hartmetallstift, der an einem Hebelarm frei schwingend auf ihr lastet, hin und her. Der Hartmetallstift ist mit dem einen Pol einer Stromquelle, die Probe selbst mit dem anderen unter Zwischenschaltung eines Relais verbunden. Im Augenblick der Freilegung des Grundmetalls findet Stromdurchgang statt, durch den der Antrieb für die Apparatur ausgeschaltet wird. Aus den bis zu diesem Zeitpunkt erfolgten Hin- und Herbewegungen wird eine zahlenmäßige Angabe über die Verschleißfestigkeit der Schicht erhalten. Das Verfahren ist auch für andere, nicht elektrisch leitende Überzüge anwendbar.

Literatur. DAHL, O.: Z. Metallkunde Bd. 31 (1939) S. 145. — WIEDERHOLT, W., u. A. VOLLMER: Korrosion u. Metallschutz Bd. 18 (1942) S. 37. — RUFF, R., u. G. MISSIER: Alluminio Bd. 6 (1950) S. 516—522. — Ungenannt: Metal Ind. Bd. 77 (1950) S. 166. — Ungenannt: Aluminium Bd. 26 (1952) S. 80. — MAUKSCH u. BUDILOFF: Aluminium Bd. 19 (1937) S. 298 bis 302. — BAUMANN, F., u. R. LATTEY: Aluminium Bd. 31 (1955) S. 199—204. — ELZE, J.: Metall Bd. 9 (1955) S. 458—465. — WIEDERHOLT, W.: Aluminium Bd. 34 (1958) S. 21—29.

Kapitel 47

Der Sauerstoffgehalt von Metallen*

Inhalt

A. Einleitung

Unsere Kenntnisse von dem Sauerstoffgehalt und von dem Einfluß des Sauerstoffgehaltes auf die Eigenschaften eines Metalls sind noch recht unvollkommen. Nur in wenigen Fällen haben wir ein abschließendes Urteil über diese beiden Fragen. Ein wesentlicher Grund für diese Unklarheit liegt in der Schwierigkeit einwandfreier Sauerstoffbestimmungen. Die Gehalte an Sauerstoff, die hier in Betracht gezogen werden müssen, liegen sicherlich unterhalb der zehntel Prozente und machen möglicherweise nur $^1/_{1000}$ oder $^1/_{10\,000}$% aus. Zu den aus der geringen Größe der zu bestimmenden Mengen allgemein sich ergebenden Schwierigkeiten treten bei verschiedenen Metallen weitere, die von der chemischen Natur des betreffenden Metalls oder seines Oxyds herrühren.

Unter diesen Umständen besteht die Gefahr, daß alle Störungen und Mängel, die bei der Verarbeitung oder der Verwendung eines Metalls oder einer Legierung auftreten und für die eine Ursache nicht gefunden wird, einem möglichen oder

*	1. Auflage	2. Auflage
Bearbeiter:	**Fischer, Bechtel**	**Fischer**
Mitarbeiter:	**Bednara, Eberius, Eisen, Hofmann, Steuer, Koch VDEh, E. Leicht, Ploum VDEh**	**Eberius, Eisen**

vermuteten Sauerstoffgehalt zur Last gelegt werden. Der Einfluß geringster Verunreinigungen kann — wie bekannt — sehr groß sein; die Möglichkeit des Vorhandenseins unbekannter Störsubstanzen ist deshalb nur in seltenen Fällen mit Sicherheit auszuschließen. Eine zuverlässige Aussage über einen Sauerstoffeinfluß kann aber nur dann gemacht werden, wenn es gelingt, den Sauerstoffgehalt wirklich einwandfrei zu bestimmen. Die hier an sich schon schwierige Aufgabe der Entwicklung von Analysenmethoden wird durch das Fehlen von Proben bekannten Sauerstoffgehaltes und der praktischen Unmöglichkeit der synthetischen Herstellung solcher Proben — sofern es sich um normale, d. h. sehr kleine Gehalte handelt — noch weiter erschwert. Wenn trotzdem im folgenden einige Zahlen für „normale" Gehalte der gebräuchlichsten Nichteisenmetalle genannt werden, so geschieht dies mit allen Vorbehalten — eine Ausnahme macht nur das Blei, dessen Sauerstoffgehalt einwandfrei feststellbar ist — und lediglich, um nach dem Stand unseres Wissens eine Vorstellung von der Größenordnung zu geben. Dem von verschiedener Seite geäußerten Wunsch nach Angaben über den Sauerstoffgehalt technischer Legierungen kann aber z. Z. noch nicht entsprochen werden, lediglich für Ti- und Zr-Legierungen kann ein Gehalt zwischen 0,05 und 0,15% O_2 genannt werden.

Tabelle 1. *Größenordnung normaler Sauerstoffgehalte reiner Hüttenmetalle*

Al	Cu	Pb	Sn	Zn
0,001	0,01 bis 0,04 nach Wunsch herstellbar	0,0005	0,005	0,0005 bis 0,005

Für die Art der Verteilung des Sauerstoffs im Metall bestehen zwei Möglichkeiten als Grenzfälle, wenn wir zunächst der Einfachheit halber die Verhältnisse im geschmolzenen Metall betrachten. Entweder der Sauerstoff ist homogen verteilt — wobei es unter dem analytischen Aspekt fürs erste keine entscheidende Rolle spielt, ob er mehr oder weniger frei in echter Lösung oder als Oxyd, d. h. in dauernd fester Bindung an bestimmte Metallatome vorhanden ist —, oder er ist als festes Oxyd heterogen in der Schmelze enthalten. Die Teilchengröße des im Metall dispergierten Oxyds kann dabei natürlich in weitesten Grenzen schwanken, so daß von der groben Verteilung — kompakt oder als Nester, Fladen, Häute usw. — über hochdisperse und kolloide Teilchen bis zum molekulardispersen Oxyd — d. h. homogene Verteilung — kontinuierliche Übergänge möglich sind. Auch für den festen Zustand interessiert vom analytischen Standpunkt als erste Stufe unserer Erkenntnis zunächst die Frage einer homogenen oder heterogenen Verteilung.

Die tatsächlich u. U. zu beobachtende grobdisperse Verteilung des Oxyds in Nestern und Häuten bedeutet eine weitere, noch nicht genannte Schwierigkeit bzw. eine erweiterte Fragestellung bei der Analyse. Sie stellt besondere Anforderungen an die Probenahme und erschwert das Erreichen reproduzierbarer und vergleichbarer Ergebnisse noch mehr.

Schließlich ist noch darauf hinzuweisen, daß über die Zuordnung des Sauerstoffs zu den einzelnen Komponenten bei sauerstoffhaltigen Legierungen nicht allzuviel bekannt ist, ein Umstand, der ebenfalls eine Erweiterung der Fragestellung erforderlich macht.

Wegen der Unsicherheit, mit der die zur Zeit geübten Verfahren der Sauerstoffbestimmung in Metallen behaftet sind, und zumal die meisten der für diese Analysen benötigten Apparaturen relativ kompliziert sind, ist es verfrüht, bereits zwischen Schiedsmethoden und Betriebsverfahren zu unterscheiden. Es soll vielmehr im folgenden ein Überblick über die für die Sauerstoffbestimmung in Metallen geeignet oder ausbaufähig erscheinenden Verfahren gegeben werden, der naturgemäß nur eine Auswahl berücksichtigen kann. Es ist hierbei zur Vermeidung von Wiederholungen zweckmäßig, eine Gliederung nach den verschiedenen Möglichkeiten zur Bestimmung des Sauerstoffs oder der Oxyde, d. h. nach den Methoden vorzunehmen, die sich in 3 Gruppen einteilen lassen:

Die Sauerstoffbestimmung kann entweder durch Umsetzung mit einem Reagenz unter Bildung eines flüchtigen Oxyds (Teil I, Reaktionsverfahren) oder durch Trennung des Oxyds von dem Metall durch Verflüchtigen oder Lösen des letzteren (Teil II, Isolationsverfahren) oder schließlich durch Vermessen des im Schliffbild sichtbaren oder sichtbar gemachten Oxyds (Teil III, Metallographische Verfahren) erfolgen. Universell anwendbar ist keine der drei Methoden, doch sind für einige Metalle mehrere Verfahren brauchbar.

Literatur. Werner, M., in: Bauer, O., O. Kröhnke u. G. Masing: Die Korrosion metallischer Werkstoffe Bd. 2, S. 567. — Nitsche, E., u. F. Waibel: Wiss. Veröff. Siemens-Werk Bd. 15 (1936) S. 87—91. — Grosheim-Krisko, K. W., W. Hofmann u. H. Hanemann: Z. Metallkunde Bd. 36 (1944) S. 91—93. — Barteld, K., u. W. Hofmann: Erzmetall Bd. 5 (1952) S. 102—105. — Baker, W. A.: J. Inst. Metals Bd. 65 (1939) S. 345—353 — Metallurgia [Manchester] Bd. 40 (1949) S. 188/89. — Fischer, J., u. H. Bechtel: Erzmetall Bd. 5 (1952) S. 14—19. — Diplomarbeit H. Bechtel: Johann-Wolfgang-Goethe-Universität, Frankfurt a. M. 1951. — Worner, H. W.: J. Inst. Metals Bd. 66 (1940) S. 131—139. — Hartmann, H., W. Hofmann u. K. H. Schulte-Schrepping: Z. Metallkunde Bd. 49 (1952) S. 350 bis 353.

B. Untersuchungsverfahren

I. Reaktionsverfahren

Für die Bestimmung des Sauerstoffs in Metallen nach dem Reaktionsverfahren sind bisher die Umsetzungen mit Wasserstoff, mit Kohlenstoff und mit Schwefel verwendet worden.

1. Reduktion mit Wasserstoff

Diese Methode ist geeignet für die Untersuchung derjenigen Metalle, deren Oxyde sich mit Wasserstoff in einem Temperaturbereich reduzieren lassen, in

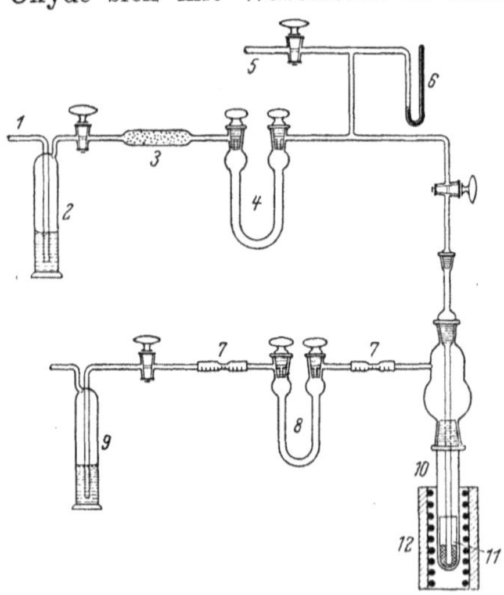

Abb. 91. Apparatur zur Bestimmung des Sauerstoffs durch Reduktion mit Wasserstoff. Nach M. Werner, Leverkusen

1 *Wasserstoffzuleitung*
2 *Waschflasche mit* H_2SO_4;
3 *Pt-Kontakt;*
4 *Trockenrohr mit* P_2O_5;
5 *Anschluß zur Ölpumpe;*
6 *Hg-Manometer;*
7 *Anschluß für Wägeröhrchen;*
8 *Wägeröhrchen mit* P_2O_5;
9 *Waschflasche mit* H_2SO_4;
10 *Quarzrohr;*
11 *Glastiegel zur Aufnahme der Pb-Einwaage;*
12 *Elektrischer Heizofen.*

dem sie selbst noch keinen zu hohen Dampfdruck besitzen. Es sind dies — soweit sie hier von Interesse sind — die Metalle Blei, Eisen, Nickel, Kobalt, Hartmetalle und Legierungen, Kupfer, Molybdän, Wismut, Wolfram und Zinn.

Für die Ausführung der Bestimmung sind verschiedene Verfahren beschrieben worden, die sich im wesentlichen nur durch die Art der Messung des aus dem Sauerstoff des Oxyds gebildeten Wassers unterscheiden. Den apparativ einfachsten Weg stellt die Absorption des Wassers im Phosphorpentoxydröhrchen mit anschließender Wägung dar. Von den verschiedenen Ausführungsformen ist in Abb. 91 die von WERNER gewählte wiedergegeben. Die Zeichnung enthält einige Erklärungen; weitere Angaben über Größe der Einwaage, Reduktionsdauer, Temperatur und Erfassungsgrenze finden sich in Tabelle 2.

Die Ausführung einer *Sauerstoffbestimmung in Blei* wird im folgenden näher beschrieben.

Literatur. WERNER, M., in: BAUER, O., O. KRÖHNKE u. G. MASING: Die Korrosion metallischer Werkstoffe Bd. 2, S. 567.

Ausführung der Bestimmung. Das zu analysierende Metall (200 g) wird zunächst sorgfältig von seiner oberflächlichen Oxydhaut befreit. Dies geschieht zweckmäßig mit Hilfe eines Messers oder besser eines Dreikantschabers. (Abbürsten mit einer Drahtbürste hat sich bei Blei als unbrauchbar erwiesen.) Das blanke Metall wird auf 1 g genau gewogen und danach schnell in einen trockenen Supremaxtiegel *11* gebracht und dieser in das Quarzrohr *10* eingeführt, das mit seinem Schliff an die Apparatur angeschlossen wird.

Zunächst ist in der Apparatur an Stelle des Wägeröhrchens *8* ein einfaches

Tabelle 2

	OBERHOFFER 1918	WERNER 1935	NITSCHE u. WAIBEL 1936	JANDER u. KRIEGER 1937	Inst. of Met. BAKER 1939	WORNER 1940	Analyse d. Metalle Bd. I 1942	HOFMANN 1943	FISCHER u. BECHTEL 1950	BARTELD u. HOFMANN 1952
Bestimmung von O_2 in . . .	Cu	Pb	Cu	Fe u. Leg.	Pb Cu (Sn)	Pb	Pb Cu W	Pb	Pb Cu (Sn)	Pb
Methode	strömender H_2	strömender H_2	ruhender H_2	strömender H_2	ruhender H_2	strömender H_2	strömender H_2	strömender H_2	ruhender H_2	strömender H_2
Einwaage	5 g	200 g	1 bis 5 g	0,5 bis 1,0 g	20 bis 50 g 1 bis 5 g	1 bis 1,5 kg	50 bis 100 g 20 bis 25 g 5 bis 10 g	30 bis 50 g	15 bis 20 g 0,5 bis 5 g	100 bis 150 g
Temperatur	800°	400°	900°	1200°	900°	600°	700° 800° 1100°	700 bis 800°	600° 900°	700 bis 800°
Messung des gebildeten H_2O	gravim.	gravim.	manom.	manom.	manom.	gravim.	gravim.	manom.	manom.	manom.
Kleinste bestimmbare Menge O_2	0,1 mg	etwa 0,1 mg	0,0003 mg	0,005 mg	0,004 mg	etwa 0,1 mg	etwa 0,1 mg	0,1 mg	0,003 mg	0,01 mg
in %	etwa 0,002%	etwa 10^{-4}%	etwa 10^{-5}%	$5 \cdot 10^{-4}$%	etwa 10^{-5}%	$3 \cdot 10^{-6}$	etwa 10^{-4}%	etwa 10^{-4}%	etwa 10^{-5}%	etwa 10^{-5}%
Reduktionsdauer	5 min	4 Std.	5 min	30 min	1 Std.	6 Std.	$1^1/_2$ Std.	1 Std.	12 Std. 6 Std.	1 Std.

Glasrohr eingesetzt. Vor der Füllung mit Wasserstoff wird die Apparatur mit einer rotierenden Ölpumpe über den Hahn *5* auf etwa 1 Torr ausgepumpt, womit gleichzeitig eine Prüfung auf Dichtigkeit verbunden wird. Danach wird langsam Wasserstoff (Bombenwasserstoff) eingeleitet, bis der Druck wieder auf 1 at gestiegen ist. Mit Beginn des H_2-Einleitens wird die (elektrische) Heizung des Platinkontaktes — der die Aufgabe hat, die Reduktion der im H_2 vorhandenen O_2-Reste zu Wasser zu beschleunigen — eingeschaltet (Arbeitstemperatur 400°). Zur Entfernung von Fremdgasresten wird der Wasserstoff ebenfalls bis auf 1 Torr abgepumpt und Einlassen, Auspumpen und erneutes Einlassen von H_2 noch einmal wiederholt. Danach wird der Heizofen *12* eingeschaltet und dadurch die Temperatur im Quarzrohr langsam (innerhalb von 2 Std.) bis nahe an den Schmelzpunkt des Bleies gesteigert. Während dieser ganzen „Ausheizperiode" streicht ein schwacher Wasserstoffstrom durch die Apparatur und verläßt sie durch die Waschflasche *9*, die mit H_2SO_4 (1,84) gefüllt ist. Zweck dieses Ausheizens ist die Entfernung aller oberflächlich festgehaltenen Feuchtigkeit.

Zur Reduktion des Bleioxyds wird die Temperatur im Heizofen auf 400° gesteigert, nachdem zuvor an die Stelle des einfachen Glasröhrchens das mit den erforderlichen Vorsichtsmaßregeln gewogene U-Röhrchen gesetzt worden ist. Zu den Vorsichtsmaßregeln gehören Füllung mit Wasserstoff, sorgfältiges Abreiben und Einstellen von Temperatur- und Feuchtigkeitskonstanz im Waagekasten. Die Füllung mit Wasserstoff ist erforderlich, weil bei der zweiten Wägung das Absorptionsrohr zwangsläufig mit H_2 gefüllt ist.

Unter Durchperlen eines stetigen, gut rührenden Wasserstoffstromes durch die Schmelze ist die Reduktion nach 4 Std. beendet. Das Absorptionsröhrchen wird danach wieder ausgetauscht und nach Klimaausgleich zurückgewogen. Um zu verhindern, daß das Quarzeinleitungsröhrchen für den Wasserstoff durch das erstarrende Blei zerstört wird, wird es vorher herausgezogen.

Für die *Bestimmung des Sauerstoffgehaltes von Kupfer*, bei der höhere Temperaturen erforderlich sind, ist die von K. WAGENMANN angegebene Ausführungsform die geeignetere. Sie ist in Bd. I, 2. Aufl., S. 223—225, beschrieben. Dort finden sich auch neben einer Abbildung der Apparatur eine nähere Anweisung für die Durchführung der Messung sowie Angaben über den Zusammenhang zwischen Versuchstemperatur, Reduktionsdauer und Dimensionen des Analysengutes, auf die hier nur verwiesen sei. Ergänzend ist zu bemerken, daß nach diesem Verfahren nicht der Gesamtsauerstoffgehalt des Kupfers, sondern nur der als Kupferoxydul vorhandene bestimmt wird, der u. U. nur einen Bruchteil der Gesamtmenge ausmacht.

Das 2malige Auswägen der Phosphorpentoxydrohre ist zeitraubend und bei kleinen Wassermengen wenig genau. NITSCHE und WAIBEL (Cu) und HOFMANN (Pb) fangen deshalb das Wasser in einer mit flüssiger Luft gefüllten Ausfriertasche auf. Nach Beendigung der Reduktion wird der Wasserstoff vollkommen abgepumpt und das Ausfriergefäß von der übrigen Apparatur durch Schließen eines Hahnes abgetrennt. Der aus dem Ausfriergefäß und einem Quecksilbermanometer gebildete Meßraum wird danach auf konstante Temperatur (Zimmertemperatur oder auch 60 bis 70°) gebracht. Hierbei wird unter den gewählten Versuchsbedingungen das gesamte Wasser gasförmig. Aus dem am Hg-Manometer abzulesenden Druck, der Temperatur und dem (bekannten) Volumen des Meßraumes kann das gebildete Wasser und damit die Sauerstoffmenge leicht errechnet werden.

Den verhältnismäßig großen Bedarf an sehr reinem Wasserstoff und die dabei bestehende Gefahr des Einschleppens von Sauerstoff oder Wasser vermeidet eine von BAKER im Institute of Metals, London, verwendete Apparatur. In ihr wird die Reduktion mit ruhendem Wasserstoff und etwa 50 mm Hg Druck ausgeführt.

Die Messung des dabei ausgefrorenen Wassers geschieht ebenfalls aus Druck, Temperatur und Volumen.

Eine Ausführungsform, wie sie FISCHER und BECHTEL bei ihren Untersuchungen verwendet haben, ist in Abb. 92 wiedergegeben; einige weitere Angaben enthält die Tab. 2. Die Durchführung einer Bestimmung wird im folgenden ausführlich beschrieben.

Ausführung der Bestimmung. Das durch Beschaben (Messer, Dreikantschaber) sorgfältig von der oberflächlichen Oxydhaut befreite Metall (Einwaage je nach dem Sauerstoffgehalt 0,5 bis 20 g) wird, ohne es mit den Fingern zu berühren, auf 1% genau gewogen, in einen vorbereiteten (s. unten) Sintertonerdetiegel ge-

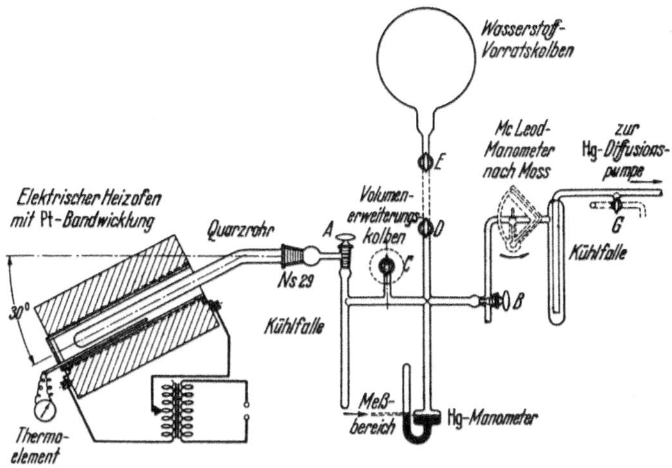

Abb. 92. Apparatur zur Sauerstoffbestimmung in Metallen durch Reduktion in ruhendem Wasserstoff nach FISCHER und BECHTEL

bracht und dieser in den oberen, horizontalen Teil des Quarzrohres gelegt. Das Quarzrohr kann bis zu 3 Tiegeln gleichzeitig aufnehmen, so daß 3 Proben ohne zwischenzeitliches Öffnen der Apparatur untersucht werden können. Das Einstoßen der Tiegel in den heizbaren Teil des Quarzrohres geschieht von außen mit Hilfe eines Magneten und eines Eisenklötzchens hinter dem letzten Tiegel in der Apparatur.

Die leeren Sintertonerdetiegel müssen zunächst zur Entfernung des adsorbierten Wassers in der Apparatur im Hochvakuum auf die spätere Versuchstemperatur erhitzt werden, bis sie kein Wasser mehr abgeben, was durch Messung kontrolliert wird und $^1/_2$ bis 1 Std. in Anspruch nimmt. Die so vorbereiteten Tiegel nehmen in der kurzen Zeit der Beschickung nur minimale Wassermengen (etwa 10 μg) aus der Atmosphäre auf.

Nach Beschickung der Apparatur wird diese auf mindestens 10^{-3} Torr ausgepumpt, wobei zunächst die rechte Kühlfalle mit Kohlendioxyd-Methanol gekühlt wird. Nach dem Schließen des Hahnes *B* und Kühlen der linken Falle wird durch Erhitzen bis zur späteren Reduktionstemperatur (Pb und Sn 600°, Cu 800 bis 900°) alles Wasser an und in dem Metall — das zu Überwerten bei der Oxydbestimmung führen würde — ausgetrieben und in der Kühlfalle ausgefroren. Auch hierbei wird (in gleich zu beschreibender Weise) gemessen, wann kein Wasser mehr abgegeben wird. Nach Beendigung des Ausheizens wird die ganze Apparatur einschließlich des heißen Quarzrohres aus dem Wasserstoffvorratskolben über die Gasschleuse mit den Hähnen *E* und *D* mit 5 bis 20 Torr reinen Wasserstoffs gefüllt.

Zum Füllen des Wasserstoffvorratsgefäßes, dessen Inhalt für etwa 300 Sauerstoffbestimmungen ausreichend ist, läßt man Wasserstoff aus einer Bombe über

Palladiumasbest von 400° strömen, wo die in ihm enthaltenen Sauerstoffreste als Wasser gebunden werden. Der Gasstrom tritt dann bei Hahn *G* (s. Abb. 92) in die eigentliche Apparatur ein. In der sich auf seinem weiteren Weg zum Vorratskolben anschließenden Kühlfalle wird das gebildete Wasser ausgefroren. Das so gereinigte Gas enthält keine mit der Apparatur meßbaren Mengen O_2 und H_2O mehr.

Nach der Wasserstoffüllung von 5 bis 20 Torr beginnt die Reduktion, die bis zu ihrer völligen Beendigung etwa 12 Std. (bei Cu 6 Std.) erfordert. Nach 4 bis 6 Std. sind jedoch 80 bis 90% des Bleioxyds reduziert, so daß nach dieser Zeit die nächste Probe in den Ofen gestoßen werden kann, wobei die fehlende Sauerstoffmenge durch eine Korrektur berücksichtigt wird.

Der Sauerstoffgehalt des Metalls fällt bei dieser Methode als Wasser an, das in der linken Kühlfalle eingefroren ist. Zu seiner Messung wird über Hahn *B* der gesamte überschüssige Wasserstoff aus der Apparatur herausgepumpt, danach werden Hahn *B* und *A* geschlossen und die Kühlung von der linken Kühlfalle entfernt. Das Wasser verdampft in den durch die Hähne *A*, *B*, *C*, *D* abgeschlossenen Meßraum. Nachdem Temperaturgleichheit eingetreten ist, wird der Druck im Meßraum am Hg-Manometer mit Hilfe eines Meßmikroskops (25fach) mit Okularmikrometer auf $\pm 0{,}02$ Torr genau abgelesen. Aus diesem Druck und dem bekannten beim Bau der Apparatur durch Auswägen mit Wasser bestimmten Volumen des Meßraumes ist auf Grund des Gasgesetzes die Gewichtsmenge Sauerstoff leicht zu berechnen.

Eine nähere Beschreibung der Arbeitsweise beim Wasserstoffreduktionsverfahren mit manometrischer Messung geben auch BARTELD und HOFMANN, die aber in strömendem Wasserstoff arbeiten.

Fehlerquellen. 1. Ein vollkommener Ausschluß von Feuchtigkeit und Sauerstoff, die zu Überwerten führen, ist bei der H_2-Reduktion in strömendem Gas noch schwerer zu erreichen als in ruhendem. Es erscheint dabei fraglich, ob Blindwertbestimmungen die hierdurch bedingten Fehler zu eliminieren vermögen. 2. Metallbeschläge, die sich außerhalb der heißen Zone absetzen, können Wasser festhalten („gettern") und so zu beträchtlichen Unterwerten führen.

Literatur. NITSCHE, E., u. F. WAIBEL: Wiss. Veröff. Siemens-Werk Bd. 15 (1936) S. 87—91. — GROSHEIM-KRISKO, K. W., W. HOFMANN u. H. HANEMANN: Z. Metallkunde Bd. 36 (1944) S. 91—93. — FUNSTON, E. S., u. S. A. REED: Analytic. Chem. Bd. 23 (1951) S. 190/91. — BARTELD, K., u. W. HOFMANN: Erzmetall Bd. 5 (1952) S. 102—105. — BAKER, W. A.: J. Inst. Metals Bd. 63 (1939) S. 345—353 — Metallurgia [Manchester] Bd. 40 (1949) S. 188/89. — FISCHER, J., u. H. BECHTEL: Erzmetall Bd. 5 (1952) S. 14—19 — Diplomarbeit H. BECHTEL, Johann-Wolfgang-Goethe-Universität, Frankfurt a. M. 1951. — WORNER, H. W.: J. Inst. Metals Bd. 66 (1940) S. 131—139.

2. Reduktion mit Kohlenstoff

Die zur Bestimmung des Gasgehaltes von Metallen entwickelten *Vakuumschmelzverfahren* — auch als Heißextraktion bezeichnet — sind auf Metalle beschränkt, die beim Schmelzen — gegebenenfalls nach Zugeben eines geeigneten Zusatzes — noch keinen merklichen Dampfdruck besitzen. Sie liefern den Wasserstoff- und Stickstoffgehalt eines Metalls meist unmittelbar, den Sauerstoffgehalt dagegen als Kohlenoxyd als Folge der Reaktion der Oxyde mit dem Tiegelmaterial Graphit.

Die Ausführung der Sauerstoffbestimmung besteht danach in einem Erhitzen des Probematerials im Hochvakuum auf genügend hohe Temperatur zur Reduktion aller Oxyde durch den Graphittiegel und anschließend in einer Bestimmung des CO-Gehaltes des entstandenen Gasgemisches. Diese wird nach den üblichen oder speziellen gasanalytischen Methoden ausgeführt. Durch Überleiten über erhitztes CuO kann das CO auch zu CO_2 oxydiert und dieses — ähnlich wie S. 1078 für H_2O beschrieben — mit flüssiger Luft ausgefroren werden. Nach dem Abpumpen eines gegebenenfalls verbliebenen Restgases (N_2) und dem Auftauen wird dann seine Menge (aus Druck und Volumen) gemessen und auf Sauerstoff umgerechnet.

Das ursprünglich für die Untersuchung von *Eisen* entwickelte Verfahren ist auch für die Bestimmung von Sauerstoff (und anderen Gasen) in Eisenlegierungen und Hartmetallen sowie in Beryllium, Nickel, Kobalt, Wolfram, Molybdän, Tantal, Titan, Zirkonium, Niob, Uran, Thorium, Vanadium, Silicium, Chrom, Mangan, Kupfer, Aluminium und ihren Legierungen geeignet. Die von G. THANHEISER und Mitarbeitern unter Berücksichtigung der Erfahrungen zahlreicher Vorgänger entwickelte Ausführungsform und Arbeitsweise ist von K. STEINHÄUSER für die Untersuchung von *Aluminium* übernommen worden und hat sich bei der Untersuchung von Nichteisenmetallen inzwischen allgemein eingeführt.

Eine durch geringe Blindwerte und eine relativ einfache Bedienungsweise ausgezeichnete Apparatur ist heute betriebsfertig zu kaufen. Die Erhitzung des Probematerials auf 1800° geschieht im allgemeinen wie bei THANHEISER durch einen Graphitrohrwiderstandsofen. Die moderne, aber aufwendigere Hochfrequenzheizung vermeidet alle Schwierigkeiten, die sich bei den Stromdurchführungen (600 A) in ein Hochvakuum ergeben, verdoppelt aber etwa den Preis der Einrichtung, die mit Quarz- und Glasapparatur einschließlich Hochvakuumpumpen und Vakuummeter, aber ohne Mikrogasanalysator und ohne das Hochfrequenzaggregat geliefert wird.[1] Die genannten Anschaffungskosten überschreiten die normalerweise für analytische Arbeiten aufgewendeten beträchtlich.

Erwähnt werden muß hier auch die von SLOMAN in den National Technical Laboratories entwickelte Apparatur, mit der der Gasgehalt einer Reihe von Nichteisen- und Eisenmetallen untersucht wurde.

Durch geschickte Ausnutzung der Fortschritte der Vakuumtechnik und Anbringung weiterer Verbesserungen ist es MCGEARY, STANLEY und YENSEN gelungen, die Vakuumschmelzmethode so weit zu vervollkommnen, daß es möglich ist, eine Sauerstoffbestimmung mit einer Einwaage von 0,1 bis 2 g in 15 bis 20 min und nach Angaben der Autoren mit einer Genauigkeit von $\pm 0{,}001\%$ durchzuführen. 25 Proben können in einem 8stündigen Arbeitstag analysiert werden, so daß hier ein betriebsmäßig einsetzbares Verfahren vorliegt. Diese Arbeitsgeschwindigkeit ist aber nicht generell zu erreichen. Sie wird wesentlich durch die Geschwindigkeit der Reaktion des Sauerstoffs mit dem Kohlenstoff bestimmt. Bei Titan erfordert die vollständige Umsetzung einer 0,2 g-Probe etwa eine halbe, u. U. eine ganze Std. Den Aufbau der Apparatur, die im Hochvakuumteil ausschließlich Quecksilberverschlüsse verwendet, zeigt in einem vereinfachten Schema die Abb. 93. Bezüglich der Einzelheiten muß aber auf die Originalveröffentlichung verwiesen werden.

Eine weitere amerikanische Apparatur, die bei Einwaagen von 2,5 bis 9 g die Analyse von 10 Proben nicht nur auf Sauerstoff, sondern gleichzeitig auch auf Wasserstoff und Stickstoff in einem 8stündigen Arbeitstag ermöglicht, beschreiben TORRISI und KERNAHAN. Durch Verwendung zweier Gasanalysenapparaturen für ein hochfrequenzgeheiztes Ofensystem wird ohne eine prinzipielle Verbesserung älterer Ausführungen eine Leistungsverdopplung erreicht.

Eine im Prinzip gleiche Anordnung bringt die nach den Vorschlägen von D. J. WALTER bei der National Research Corporation, Cambridge, Massachusetts, gebaute, jetzt bei der Fa. E. Leybold's Nachfolger, Köln-Bayental erhältliche Apparatur. Ein Schema ihres Aufbaus ist in Abb. 94 gegeben. Nach unseren eigenen Erfahrungen lassen sich mit dieser Apparatur einwandfreie Ergebnisse für die Gasgehalte (Sauerstoff und Wasserstoff) in Metallen erzielen.

---

[1] Dieses kostet 1960 etwa DM 7000.

Außer der Gasanalyse des bei der Heißextraktion erhaltenen Gemisches im Hochvakuum wird die nach einer Mikro-ORSAT-Methode (FEICHTINGER) eine spektralanalytische (FASSEL) und eine gaschromatische (SCHUHKNECHT, TYOU) beschrieben.

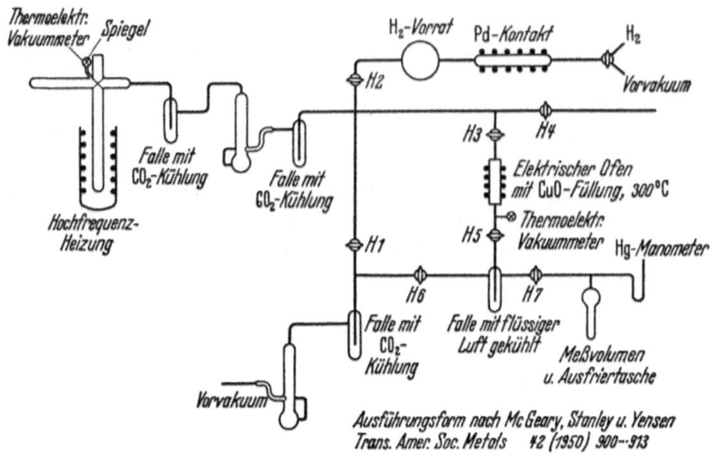

Abb. 93. Schematische Darstellung der Sauerstoffbestimmung in Metallen durch Reduktion mit Kohlenstoff

Mit der Reduktion durch Kohlenstoff führen W. F. HARRIS und W. M. HICKAM in einer sehr einfachen Apparatur die Sauerstoffbestimmung in Kupfer aus. Sie

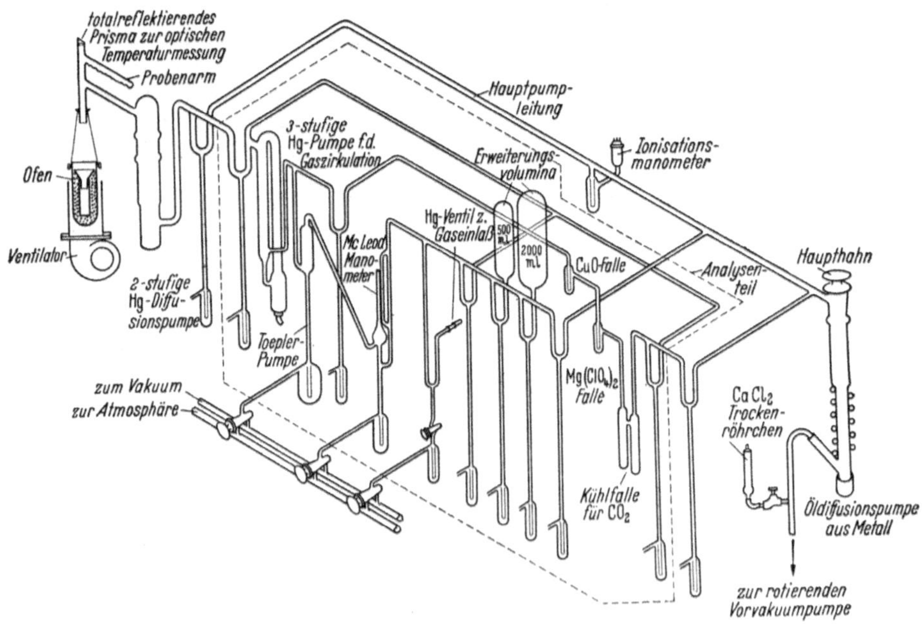

Abb. 94. Apparatur zur Bestimmung des Sauerstoffs in Metallen durch Reduktion mit Kohlenstoff nach D. J. Walter (NRC-Apparatur). Entnommen aus: T. D. McKinley: Trans. met. Soc. AIME 212 (1958) S. 555

bestimmen Gehalte zwischen 0,01 und 0,5% mit guter Genauigkeit. Durch eine Verfeinerung der Methode läßt sich ihr Anwendungsbereich sicher auf geringere O-Gehalte ausdehnen.

Die Reduktion mit Kohlenstoff im Stickstoffstrom ohne Anwendung eines Vakuums ist von SCHÜTZE verwendet worden, um im Zinkoxyd und Zinkstaub den Sauerstoffgehalt zu bestimmen. Während das Überleiten von Wasserstoff zu keinem Erfolg führte, gelang es, mit Äthylenruß bei 1000° metallisches Zink und Kohlenoxyd zu erhalten. Durch Jodpentoxyd wurde das gebildete CO oxydiert und das dabei frei werdende Jod mit Thiosulfat oder das gebildete CO_2 mit Lauge titriert, oder aber beide Bestimmungen wurden gleichzeitig ausgeführt. In Zinkoxyd (Merck) wurden Sauerstoffgehalte von 19,51 bis 19,75% O festgestellt (theoretischer Wert 19,66%). Für die Untersuchung von metallischem Zink dürfte das Verfahren wegen der geringen Größe der zu bestimmenden Gehalte nicht ohne weiteres anwendbar sein.

Neuerdings hat das SCHÜTZEsche Verfahren auch für die Untersuchung hochschmelzender Metalle erfolgreiche Anwendung gefunden (SMILEY, ABRESCH), wobei Argon als Schutz- und Trägergas bevorzugt wird, doch finden auch Argon-Brom- und Argon-Chlor-Gemische (CODELL, ELWELL) Verwendung, die das Erhitzen des Analysengutes auf hohe Temperatur — zur Umsetzung mit dem Kohlenstoff — unnötig machen. Der unbestreitbare Vorteil des Arbeitens bei Normaldruck liegt in dem Vermeiden eines Verdampfens leichtflüchtiger Legierungsbestandteile und Verunreinigungen im Analysengut, die durch ihre Getterwirkung leicht zu Fehlmessungen führen.

Das bei allen diesen Verfahren primär entstehende CO wird zu CO_2 oxydiert und dann manometrisch, coulometrisch, gewichtsanalytisch oder konduktometrisch bestimmt.

Literatur. THANHEISER, G., u. E. BRAUNS: Arch. Eisenhüttenwes. Bd. 9 (1936) S. 435 bis 439. — THANHEISER, G., u. H. PLOUM: Mitt. Kaiser-Wilhelm-Inst. Eisenforsch. Bd. 19 (1937) S. 105—112. — STEINHÄUSER, K.: Z. Metallkunde Bd. 26 (1934) S. 136—139. — SLOMAN, H. A.: J. Inst. Metals Bd. 71 (1945) S. 391—414. — MCGEARY, R. K., J. K. STANLEY u. T. D. YENSEN: Trans. Amer. Soc. Metals Bd. 42 (1950) S. 900—913. — TORRISI, A. F., u. J. L. KERNAHAN: Analytic. Chem. Bd. 23 (1951) S. 928/29. — ALEXANDER, L., W. M. MURRAY u. S. E. Q. ASHLEY: Analytic. Chem. Bd. 19 (1947) S. 417—422. — GULDNER, W. G., u. A. L. BEACH: Analytic. Chem. Bd. 22 (1950) S. 366/67. — WALTER, D. J.: Analytic. Chem. Bd. 22 (1950) S. 297. — BOOK, E., F. J. BRYANT u. A. PARKER: Analyst Bd. 82 (1957) S. 50—61. — HAUSEN, W. R., u. M. W. MALLETS: Analytic. Chem. Bd. 29 (1957) S. 1868/69. — FEICHTINGER, H.: Arch. Eisenhüttenwes. Bd. 26 (1955) S. 127. — LANGE-STOCMEIER, H. G.: Arch. Eisenhüttenwes. Bd. 29 (1958) S. 95—100. — FASSEL, V. A., W. A. GORDON u. R. W. TABELNIG: Amer. Soc. Testing Mater., Spec. Techn. Publ. Nr. 222 (1957) S. 41—59. — FASSEL, V. A., u. W. A. GORDON: Analytic. Chem. Bd. 30 (1958) S. 179. — KOCH, W., S. ECKHARDT u. F. STRICKER: Forschungsber. Wirtschafts- u. Verkehrsministeriums Nordrhein-Westf. Nr. 600, 1958. — HEFFELPRIGER, W. R.: TML Report Nr. 98, PB 121641, Battelle Memorial Institute Columbia I, Ohio. — HARRIS, W. F., u. W. M. HICKAM: Analytic. Chem. Bd. 31 (1959) S. 281—283. — SCHÜTZE (im Manuskript). — SMILEY, W. G.: Analytic. Chem. Bd. 27 (1955) S. 1098. — ABRESCH, K., u. H. LEMM: Arch. Eisenhüttenwes. Bd. 30 (1959) S. 1—6. — CODELL, M., u. G. NORWITZ: Analytic. Chem. Bd. 27 (1955) S. 1083—1090; Bd. 28 (1956) S. 2006; Bd. 30 (1958) S. 524—526. — CODELL, M., G. NORWITZ u. S. KALLMANN: Amer. Soc. Testing Mater., Spec. Techn. Publ. Nr. 222 (1957) S. 33—39. — TAKAHASHI, MITSUNAO, MAKOTO KAWANE u. TATSHO MITSUI: Mikrochim. Acta Bd. 5 (1957) S. 647—657. — ELWELL, W. T., u. D. M. PEAKE: Analyst Bd. 82 (1957) S. 734—742. — SCHÜTZE, M.: Z. analyt. Chem. Bd. 118 (1939) S. 241 bis 245. — SCHUHKNECHT, W: Arch. Eisenhüttenwes. Bd. 29 (1958) S. 101—106. — FEICHTINGER, H., H. BÄCHTOLD u. W. SCHUHKNECHT.: Schweizer Archiv Bd. 25 (1959) S. 426—439. — TYOU, P.: Vortrag Journées d'Automne Oktober 1959.

3. Reaktion mit Schwefel und Schwefelwasserstoff

Für die Bestimmung des Sauerstoffgehaltes im Zinkoxyd ist von v. WARTENBERG die Umsetzung mit Schwefeldampf vorgeschlagen worden. Leitet man Schwefeldampf (5 mm Hg Partialdruck) mit Hilfe eines indifferenten Gasstromes (N_2) über auf 900° erhitztes Zinkoxyd, so wird dieses in Sulfid übergeführt. Bei der Reaktion entsteht gleichzeitig SO_2. Dieses kann auch bei sehr kleinen Gehalten mit einer Jodlösung aus größeren Mengen Trägergas absorbiert werden. Das nichtverbrauchte Jod wird dann schließlich mit Thiosulfat zurücktitriert. Von Wartenberg gibt für eine Einwaage von 120 mg Zinkoxyd eine Genauigkeit von 0,7% an.

Die Methode ist inzwischen auf ihre Eignung für die Untersuchung von Oxyden und Oxyd-Sulfid-Gemischen der Metalle Molybdän, Wolfram und Nickel nachgeprüft und für Sauerstoffgehalte bis herab zu 0,1% als brauchbar befunden worden. Für die Analyse von metallischem Zink und seinen Legierungen dagegen ist die v. Wartenbergsche Methode bisher nicht verwendet worden, obgleich ein großes Interesse an einwandfreien Verfahren zur Oxydbestimmung besteht und ein praktisch brauchbares, allgemein anwendbares bisher nicht bekannt geworden ist.

Weiterhin wurde von Hartmann und Hofmann die Reaktion $H_2S + ZnO = H_2O + ZnS$ zur Ermittlung des Sauerstoffs in Zinkoxyd und in metallischem Zink herangezogen. Als Trägergas diente Wasserstoff. Die Sauerstoffbestimmung an verschiedenen Hüttenzinksorten ergaben Werte der Größenordnung von 0,0005%.

Neuerdings konnten dieselben Autoren die Empfindlichkeit ihrer Methode noch steigern. Sie verwenden jetzt Stickstoff als Trägergas und bestimmen durch Umsetzung mit Schwefelwasserstoff auch den Sauerstoffgehalt von Lithium, Natrium und Magnesium.

Literatur. v. Wartenberg, H.: Z. anorg. allg. Chem. Bd. 251 (1943) S. 161—165. — Eggertsen, E. T., u. R. M. Roberts: Analytic. Chem. Bd. 22 (1950) S. 924—926. — Hartmann, H., W. Hofmann u. K. H. Schulte-Schrepping: Z. Metallkunde Bd. 43 (1952) S. 350 bis 353. — Hartmann, H., W. Hofmann u. G. Ströhl: Z. Metallkunde Bd. 49 (1958) S. 461 bis 463.

II. Isolationsverfahren

1. Physikalische Abtrennung durch Verdampfen des Metalls

Besitzt das Metall einen hohen Dampfdruck im Vergleich zu dem seines Oxyds und dieses eine genügende Beständigkeit, so kann das Oxyd durch Erhitzen im Hochvakuum isoliert werden. Diese Verhältnisse sind im Falle des Zinks gegeben. Wie Untersuchungen von Fischer und Bechtel ergeben haben, verflüchtigt sich Zinkoxyd auch in Gegenwart von metallischem Zink nicht (kein flüchtiges Suboxyd), so daß es möglich ist, Sauerstoffgehalte von einigen tausendstel Prozenten im Feinzink noch einwandfrei zu bestimmen. Wesentlich schwieriger ist die Sauerstoffbestimmung im Hüttenzink und in Zinklegierungen, weil dabei der Zinkoxydrückstand im Verhältnis beträchtliche Mengen schwerflüchtiger Metalle und Oxyde enthalten kann.

Die Schwierigkeiten, die sich aus der Gefahr des Mitreißens von Zinkoxyd bei dem Verdampfen des Zinks ergeben, können dadurch verringert werden, daß man die Analysenprobe nach dem Vorgang von Balis, Bronk und Liebshafsky in einem Kupferschiffchen unterbringt und dieses gut in eine weichgeglühte Kupferfolie einpackt. Die beim Erhitzen eintretende Messingbildung beschleunigt dann die Trennung des Zinks von dem nichtflüchtigen Oxyd, so daß die Bestimmung bereits unterhalb des Schmelzpunktes des Zinks durchgeführt werden kann. Das nach der Zinkverdampfung zurückbleibende Zinkoxyd läßt sich zur Wägung mit der Mikrowaage gut aus dem Schiffchen herauspinseln.

Die Abschirmung des Analysengutes durch das Kupfer erlaubt es, geringere Anforderungen an das Vakuum der Apparatur zu stellen. Durch Erhitzen im Wasserstoffstrom ist aber alles Kupfer zunächst völlig sauerstofffrei zu machen. Jeder Wasserstoffgehalt des Kupfers oder der Apparatur führt andererseits jedoch — was von Balis und Mitarbeitern nicht diskutiert wird — zu Unterwerten, weil unter den hier vorliegenden Verhältnissen das Zinkoxyd durch Wasserstoff reduziert wird.

Ähnliche Verhältnisse wie beim Zink dürften auch beim Magnesium vorliegen, so daß dieses in der gleichen Weise analysiert werden kann; doch sind entsprechende Untersuchungen bisher nicht ausgeführt worden.

Aluminium kann dagegen von seinem Oxyd durch Destillation nicht getrennt werden. Die aus dem geringen Dampfdruck des metallischen Aluminiums sich ergebenden Schwierigkeiten wären nicht unüberwindlich, jedoch bildet sich aus Metall und Oxyd bei höherer Temperatur ein flüchtiges Aluminiumsuboxyd.

Literatur. Balis, E. W., L. B. Bronk u. H. A. Liebshafsky: Analytic. Chem. Bd. 21 (1949) S. 1373/74.

2. Chemische Abtrennung durch Verflüchtigung des Metalls

a) Verflüchtigung des Aluminiums durch Chlorwasserstoffsäure

Die Verfahren zur Oxydbestimmung im Aluminium sind sehr eingehend untersucht worden — eine kritische Zusammenstellung der Arbeiten bis 1950 findet sich bei O. Werner —, doch haben erst die Untersuchungen der letzten Jahre einige Klarheit über die Gründe für die z. T. sehr stark unterschiedlichen Werte, die die verschiedenen Methoden liefern, gebracht. Bei den einzelnen Verfahren wird kurz etwas darüber gesagt werden.

Für die betriebsmäßige Sauerstoffbestimmung in Aluminium sind 4 Methoden im Gebrauch, auf die im folgenden (s. auch Abschnitt 3) näher eingegangen sei.

Die niedrigsten Sauerstoffgehalte liefert die Verflüchtigung des metallischen Aluminiums mit Salzsäure. Dieses Verfahren erfaßt nur das als kristallisiertes Al_2O_3 vorhandene Oxyd; Hydroxyd wird nicht mitbestimmt, so daß es bei höher sauerstoffhaltigem Material — etwa SAP — zu niedrige Sauerstoffwerte ergibt. Eine moderne Apparatur — die 6 Proben auf einmal zu untersuchen gestattet — ist in Abb. 95 wiedergegeben. Ein befriedigender Ausschluß von Luftfeuchtigkeit,

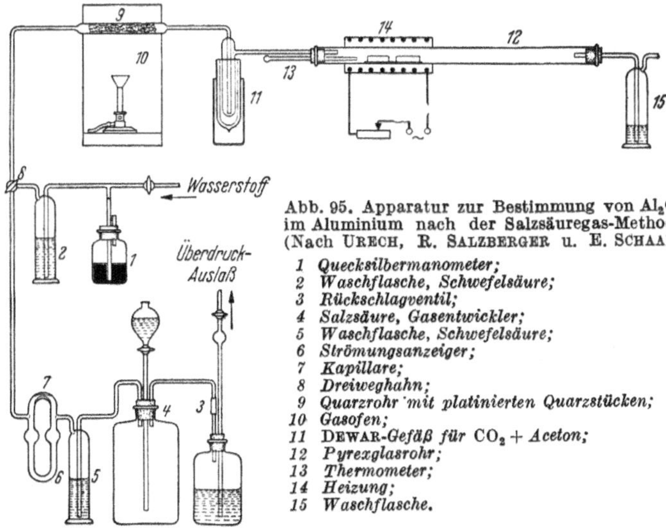

Abb. 95. Apparatur zur Bestimmung von Al_2O_3 im Aluminium nach der Salzsäuregas-Methode (Nach Urech, R. Salzberger u. E. Schaad)
1 *Quecksilbermanometer;*
2 *Waschflasche, Schwefelsäure;*
3 *Rückschlagventil;*
4 *Salzsäure, Gasentwickler;*
5 *Waschflasche, Schwefelsäure;*
6 *Strömungsanzeiger;*
7 *Kapillare;*
8 *Dreiweghahn;*
9 *Quarzrohr mit platinierten Quarzstücken;*
10 *Gasofen;*
11 Dewar-*Gefäß für* CO_2 + *Aceton;*
12 *Pyrexglasrohr;*
13 *Thermometer;*
14 *Heizung;*
15 *Waschflasche.*

die übrigens zu höheren Werten führen würde, ist gewährleistet. Störungen könnten durch Kohlenstoff verursacht werden. Kohlenstoff vermag unter den Versuchsbedingungen die Bildung von Aluminiumchlorid aus Oxyd zu erleichtern, doch enthält Hüttenaluminium — wenn überhaupt — nur minimale Mengen (~1 ppm) Kohlenstoff.

Ausführung der Bestimmung. Zur Analyse werden am besten Spektralstäbchen (zylindrische Stäbchen von 4 bis 6 mm Durchmesser) verwendet. Es werden jeweils etwa 2 g in einem Porzellanschiffchen eingewogen. 3mal 2 Schiffchen haben in dem Pyrexrohr (Durchmesser 40 mm, Länge 750 mm) Platz, das mit einer elektrischen Heizwicklung versehen ist (Heizleistung 300 W auf eine Länge von 215 mm, Maximaltemperatur 300°).

Zunächst wird Wasserstoff durch die Apparatur geleitet. Dieser — und später das Salzsäuregas — wird durch Überleiten über platinierten Quarz (400°) und Kühlen mit Kohlendioxyd-Methanol von Sauerstoffresten befreit. Nach 20 min wird der H_2-Strom auf 3 Blasen/sek reduziert und die Heizung des Pyrexrohres eingeschaltet. 10 min nachdem die Temperatur auf 270° gestiegen ist, wird durch Drehen von Hahn *8* dem Wasserstoff Salzsäuregas zugemischt (H_2:HCl = 1:10). Die Gasgeschwindigkeit darf nicht so weit ansteigen, daß der der Probe zugekehrte Teil der Kühlfalle im DEWAR-Gefäß *11* einen Beschlag von ausgefrorenem Wasser zeigt.

Bei der Reaktion des Aluminiums mit dem Chlorwasserstoffgas werden die Proben schwarz. Etwa vorhandene Oxydnester bleiben weiß und sind dadurch gut zu beobachten. Nach Beendigung der Reaktion, die am Aussehen des Rückstandes leicht zu erkennen ist, wird der HCl-Strom abgestellt, zur Spülung der H_2-Strom wieder verstärkt (30 min) und im H_2-Strom erkalten gelassen.

Photometrische Bestimmung des Aluminiums[1] im Rückstand.

Reagenzien:

1. *Aufschlußlösung:* Soda-Borax-Lösung (3 + 1), 10proz.: 15 g Soda + 5 g Borax werden in etwa 150 ml H_2O gelöst, über Nacht stehengelassen, dann die Lösung filtriert (Blauband) und auf 200 ml aufgefüllt. Eine so hergestellte Lösung hat einen konstanten Blindwert.
2. *Indicator* für p_H 2: Tropäolin 00 und Bromthymolblau (1 + 1) in 0,01proz. wäßriger Lösung.
3. *Eriochromcyanin* (0,1proz.): 2 g Eriochromcyanin + 2 ml Eisessig werden mit Wasser auf 2 l verdünnt.
4. *Acetatpuffer:* 80 g Natriumacetat + 2 ml Eisessig werden mit Wasser auf 200 ml verdünnt.

Der direkten photometrischen Bestimmung des Aluminiums selbst im Rückstand ist vor der einfachen Wägung des Gesamtrückstandes der Vorzug zu geben. Hierzu wird der Rückstand in dem Porzellanschiffchen auf ein dichtes Filterchen (Blauband) gespült und ausgewaschen. Nach dem Veraschen von Filter und Rückstand im Platintiegel werden 2 ml Soda-Borax-Lösung zugefügt, auf dem Wasserbad zur Trockne gebracht, die Salze dann vorsichtig mit dem Brenner und schließlich vor dem Gebläse erhitzt, bis die Schmelze klar ist.

Zum Lösen des Aluminates wird der Tiegel mit Wasser halb gefüllt und 1 Std. bei 70° stehengelassen. Das Eisen scheidet sich dabei aus, wird auf ein kleines mittelhartes Filter (Weißband) abfiltriert und mit heißem Wasser ausgewaschen. Zum Filtrat und Waschwasser in einem 100 ml-Meßkölbchen tropft man Salzsäure, 5proz., bis zum p_H-Wert = 2. Danach werden 8 ml 5proz. Salzsäure im Überschuß zugesetzt, kurze Zeit erhitzt, auf Zimmertemperatur abgekühlt und zur Marke aufgefüllt. 25 ml dieser Lösung gibt man in einen 100 ml-Meßkolben, versetzt mit 5 ml Natriumacetat-Essigsäure-Puffer, verdünnt auf etwa 80 ml, gibt 10 ml 0,1proz. Eriochromcyaninlösung hinzu, füllt zur Marke auf und photo-

[1] Die photometrische Al-Bestimmung mit Eriochromcyanin kann auf verschiedene Weise durchgeführt werden (s. a. S. 1088). Die von URECH u. Mitarbeitern beschriebene ist hier wiedergegeben. Sie ist zwar relativ unempfindlich, hat sich jedoch im Laboratorium der AIAG Neuhausen/Schweiz gut bewährt.

metriert nach 5 min Wartezeit bei 600 mμ. (Filter: Lumetron 610 oder Interferenzfilter oder RG 2.)

Literatur. WERNER, O.: Z. analyt. Chem. Bd. 121 (1941) S. 386—398 — Metall Bd. 4 (1950) S. 9—12. — URECH, P., R. SALZBERGER u. E. SCHAAD: Chimia Bd. 4 (1950) S. 233 bis 235.

b) Verflüchtigung von Aluminium durch Chlor oder Brom

Verwendet man zur Verflüchtigung des Aluminiums an Stelle von Chlorwasserstoff elementares Chlor oder Brom, so bleiben erheblich größere Mengen nicht flüchtiger, aluminiumhaltiger Rückstände im Schiffchen zurück. Mit Chlor erhält man vielfach Oxydgehalte, die mehr als 5mal größer sind als die Werte mit HCl-Gas.[1] Noch wesentlich höhere Oxydgehalte liefert die Verflüchtigung des metallischen Aluminiums als Bromid. Sehr sorgfältige Untersuchungen von THILENIUS sind im Rahmen einer Gemeinschaftsarbeit des Chemikerfachausschusses der GDMB nachgeprüft worden, ohne daß Fehlerquellen bei der Bromidverflüchtigung festgestellt werden konnten. Lediglich bezüglich der Sauerstofffreiheit des wiederholt im Vakuum destillierten und über P_2O_5 getrockneten Broms wurden gewisse Bedenken geäußert. Leider ist die Apparatur im zweiten Weltkrieg den Bomben zum Opfer gefallen, und THILENIUS weilt nicht mehr unter den Lebenden, so daß abschließende Befunde nicht vorliegen.

Die Bearbeiter nehmen an, daß die gegenüber der HCl-Methode erhöhte Arbeitstemperatur der Grund dafür ist, daß die im Metall vorhandenen — und darin beständigen — Hydroxyde des Aluminiums nicht oder nur zu einem Teil verflüchtigt und damit höhere Werte erhalten werden. Etwa im Aluminium vorhandene Silicide werden von Chlor ebenfalls angegriffen und verflüchtigt — nur SiO_2 bleibt im Schiffchen zurück —, so daß eine Bestimmung des Aluminiums im Rückstand recht zuverlässige Werte für den Sauerstoffgehalt von Aluminiummetall liefert.

Es ist noch darauf hinzuweisen, daß die dünne Oxydhaut, die sich stets an der Oberfläche von Aluminium bildet, mit erfaßt wird, so daß zweckmäßigerweise kompakte und blank gebeizte Stücke zur Untersuchung verwendet werden. Gespantes Material zu analysieren, ist sinnlos, weil die Oxydschicht auf dem Metall je nach der Entwicklung und Vorgeschichte der Oberfläche ein Vielfaches des Oxyds im Metall ausmachen kann (FISCHER und BECHTEL).

Literatur. LÖWENSTEIN, H.: Z. anorg. allg. Chem. Bd. 199 (1931) S. 48—56. — HAHN, F. L.: Z. analyt. Chem. Bd. 80 (1930) S. 192—200. — THILENIUS, R.: Unveröffentlichte Versuche, s. Metall u. Erz Bd. 39 (1942) S. 214/15; Bd. 40 (1943) S. 58. — FISCHER, J., u. H. BECHTEL: Z. Metallkunde Bd. 45 (1954) S. 612—616.

3. Lösen des Metalls

a) Lösen des Aluminiums durch Brom und Methanol

Die Methode ist betriebsmäßig leicht durchführbar. Sie bedient sich der in der klassischen analytischen Chemie üblichen Arbeitsweise und Geräte. Sie erfaßt, ebenso wie die vorstehende, die Oberflächenoxydhaut mit. Es ist deshalb auch hier nur sinnvoll, kompaktes und auf der Oberfläche oxydfrei gemachtes Metall zu untersuchen (s. oben).

Die von O. WERNER angegebene und früher viel in der Aluminiumindustrie angewendete Ausführungsform der Methode liefert bei weitem zu hohe Werte. Dies ist — wie FISCHER und BECHTEL gezeigt haben — darauf zurückzuführen, daß das zum Abfiltrieren des Oxydrückstandes verwendete Filtrierpapier wesentliche Mengen Aluminium aus der Lösung aufnimmt und festhält, die nach der Veraschung mitbestimmt werden und den Oxydwert u. U. bis zu dem Faktor 10 zu hoch werden lassen. Durch Waschen des Filters mit n/10-HCl kann der Fehler vermieden werden.

---

[1] Nach unveröffentlichten Versuchen der Bearbeiter.

Die Bestimmung von Al_2O_3 in Aluminium nach der Brom-Methanol-Methode

Grundlage. Brom löst in alkoholischer Lösung metallisches Aluminium, während Aluminiumoxyd nicht angegriffen wird. Der unlösliche Rückstand wird nach dem Abfiltrieren und Reinigen entweder direkt gewogen oder sein Aluminiumgehalt photometrisch bestimmt.

Anwendungsbereich und Bedeutung. 0,001% bis 10% Al_2O_3 und mehr. Von den üblichen Legierungspartnern und Verunreinigungen des Aluminiums stören Eisen, Silicium, Mangan, Titan, Zink und Kupfer — die letzten beiden auch in großer Menge — die Bestimmung des Oxydgehaltes nicht. Dagegen treten bei höher siliciumhaltigen Legierungen (6% und mehr, vor allem bei gleichzeitiger Gegenwart von Magnesium) in steigendem Maße Schwierigkeiten (Überwerte) auf. Nur solange das gesamte nach dem Brom-Methanol-Aufschluß im Rückstand verbleibende Silicium als Oxyd oder Oxydhydrat vorliegt, ist die Methode anwendbar. Sie ist dann aber in gleicher Weise für wissenschaftliche Analysen wie für die betriebsmäßige Untersuchung von Aluminium und vielen seiner technischen Legierungen geeignet.

Reproduzierbarkeit. Bei kleinen Gehalten $\pm 0{,}001\%$ Al_2O_3 im Resultat, bei höheren Gehalten $\pm 4\%$ von der gefundenen Menge.

Dauer. Einzelbestimmung 3 Std., Lösedauer je nach Oberflächenentwicklung und -zustand 30 min bis zu mehreren Std., Arbeitszeit (ohne Lösedauer) für eine Einzelbestimmung $2^1/_2$ Std. Eine Serie von 6 Bestimmungen ist meist in einem Arbeitstag durchführbar. Kann auf die Photometrierung verzichtet werden (bei direkter Auswägung höherer Gehalte), so sind die Arbeitszeiten merklich kürzer.

Reagenzien. Methanol (wasserfrei), $d^{20^0/4^0} = 0{,}789$ bis 0,792.

Bromflußsäure, p. a.

Eriochromcyanin (0,1 g in 100 ml Wasser).

Acetatpuffer p_H 5,8 bis 6,0, hergestellt aus: 275 g Ammoniumacetat, 110 g Natriumacetat und 6 ml Eisessig, auf 1 l mit Wasser auffüllen.

(Diese Stammlösung wird zum Gebrauch 1 + 5 verdünnt.)

Thioglykolsäure

Phenolphthalein (0,1 g in 100 ml 60proz. Äthanol).

Ausführung des Verfahrens. 1 g des in geeigneter Weise von der oberflächlichen Oxydhaut befreiten, kompakten Probematerials [Näheres darüber s. 2b), S. 1087] wird in einem bedeckten ERLENMEYER-Kolben (500 ml) oder einem Becherglas mit 60 ml Methanol anteilweise mit 6 ml Brom (anfangs unter Kühlen, später unter Erwärmen) übergossen, wobei sich das Aluminium unter Gasentwicklung löst. Nach beendeter Umsetzung, die etwa $^1/_2$ bis mehrere Std. in Anspruch nimmt, wird die Lösung durch ein mit Methanol eingesetztes Filter (9 cm Durchmesser) mittlerer Dichte filtriert und dieses bis zu seiner Farblosigkeit mit Methanol ausgewaschen. Durch anschließendes 5maliges Füllen des Filters mit kalter n/10-Salzsäure (Spritzflasche) wird das aus der Brom-Methanol-Lösung herausadsorbierte Aluminium vollständig ausgewaschen. Das mit Wasser nachgespülte Filter wird nun im Platintiegel verascht und der Rückstand mit Salpeter-, Schwefel- und Flußsäure (4 Tropfen + 4 Tropfen + 4 ml) abgeraucht und erneut kurz geglüht.

Die Bestimmung des Aluminiumoxyds geschieht zweckmäßigerweise photometrisch. Größere Mengen Al_2O_3 (über 0,2%) können, wenn der durch das stets vorhandene Eisenoxyd verursachte Fehler vernachlässigt werden kann, nach starkem Glühen (15 min 1000°) auch direkt ausgewogen werden.

Für die photometrische Bestimmung schließt man den nach dem Abrauchen verbliebenen Rückstand im Platintiegel mit Kaliumpyrosulfat (0,5 g) auf, löst die Schmelze in Wasser und spült in einen 100 ml-Meßkolben über. (Bei Gehalten über 0,03% Al_2O_3 hier aliquotieren.) Nach Zugabe von einem Tropfen Thioglykolsäure zum Unschädlichmachen des etwa vorhandenen Eisens neutralisiert man mit 1n/1-Natronlauge, Indicator Phenolphthalein (2 Tropfen). Darauf wird mit 0,2 ml 1n/1-Schwefelsäure angesäuert und 15 ml Eriochromcyaninlösung zugesetzt. Nach einer Wartezeit von 20 min werden 20 ml Pufferlösung zugegeben, dann wird zur Marke mit Wasser aufgefüllt, wonach sofort photometriert werden kann. Filter 610, notfalls Rotglas RG 2.

Die Lösungen für die Aufstellung der Eichkurve erhalten die gleichen Zusätze wie die Analysenlösung. Auch die Blindlösung, gegen die gemessen wird, enthält einen Zusatz von Kaliumpyrosulfat, Thioglykolsäure usw.

Bemerkungen. Die Anwesenheit von größeren Mengen Magnesium (s. oben) führt zu Überwerten, einmal weil Mg_2Si in Brom-Methanol unlöslich ist, so daß der Magnesiumgehalt dieser Verbindung bei einer einfachen Rückstandwägung mitbestimmt wird. Zum zweiten enthält der siliciumhaltige Rückstand u. U. gebundenes oder okkludiertes Aluminium, so daß auch aus einer Bestimmung des Aluminiums im unlöslichen Rückstand nicht der richtige Oxydwert ermittelt werden kann.

Literatur. WERNER, O.: Z. analyt. Chem. Bd. 121 (1941) S. 385—398 — Metall Bd. 4 (1950) S. 9—12. — FISCHER, I., u. H. BECHTEL: Z. Metallkunde Bd. 45 (1954) S. 612—616.

b) Lösen des Aluminiums in Kupfer(II)-chlorid (W. Ehrenberg)

Auch dieses Verfahren bedient sich der klassischen analytischen Methodik und findet (beispielsweise in Umschmelzwerken) betriebsmäßige Anwendung. Es erfaßt nur gröbere Aluminiumoxydteilchen. Ganz grobe und sehr feine Späne (kompakte Stücke können nicht untersucht werden) liefern die gleichen Werte, die aber merklich höher liegen als die nach der Brom-Methanol-Methode erhaltenen.

Grundlage. Das metallische Aluminium wird von dem im Überschuß vorhandenen $CuCl_2$ nach der Gleichung $3 CuCl_2 + Al = AlCl_3 + 3 CuCl$ gelöst. Das vorhandene Al_2O_3 bleibt dabei unverändert.

Anwendungsbereich und Bedeutung. Das Verfahren eignet sich für Gehalte von 0,05 bis 10% Al_2O_3 und mehr und ist eine einfache Betriebsmethode für die Untersuchung von Aluminium und seinen technischen Legierungen.

Genauigkeit. 2.

Dauer. Einzelbestimmung 3 Std.

Ausführung. 1 g Späne wird in einem 400 ml-Becherglas mit 80 g Kupfer(II)-chlorid gemischt, mit 75 ml H_2O übergossen und umgeschüttelt. Nach Beendigung des ersten Aufschäumens kocht man die schwarzbraune Lösung, bis das auf dem Boden des Glases sichtbare Kupfer wieder restlos gelöst ist. Die noch siedendheiße Lösung wird durch ein mit Filterschleim gedichtetes Weißbandfilter filtriert und dieses mehrmals mit heißem Wasser ausgewaschen. Ist die Hauptmenge der Salze entfernt, so wird so lange mit heißer Salpetersäure (1 + 5) nachgewaschen, bis im Waschwasser mit Ammoniak kein Kupfer mehr nachzuweisen ist. Zum Schluß wird nochmals mit heißem Wasser ausgewaschen. Das Filter wird im Platintiegel verascht, der Rückstand mit Fluß-, Schwefel- und Salpetersäure abgeraucht und weiterbehandelt, wie in der Brom-Methanol-Vorschrift angegeben.

Literatur. EHRENBERG, W.: Z. analyt. Chem. Bd. 91 (1933) S. 1—5.

c) Lösen des Zinks

Versuche (FISCHER und BECHTEL), den Sauerstoffgehalt des Zinks durch partielle Lösung entweder des Metalls oder des Oxyds zu bestimmen, haben zu keinem Erfolg geführt. Beim Arbeiten in wäßriger oder organischer Phase geht — ebenso wie in Salzschmelzen — stets mit dem Metall ein Teil des Oxyds (oder umgekehrt) in Lösung, oder aber es findet überhaupt keine oder nur eine für beide Komponenten unvollständige Reaktion statt.

Nach Angaben von FRENAY, COLLÉC und GRODENT löst eine Mischung von Rizinolsäure mit wenig Methylalkohol beim Kochen unter Rückfluß Zinkoxyd, während metallisches Zink ungelöst bleibt. Untersucht werden Zinkerze, die nur geringe Mengen metallischen Zinks enthielten. Für die Untersuchung von Zinkmetall mit geringen Sauerstoffgehalten dürfte das Verfahren nicht geeignet sein, weil für seine Anwendung die Untersuchungssubstanz offensichtlich in sehr feiner Verteilung vorliegen muß, die kaum ohne zusätzliche Oxydbildung zu erreichen ist.

Hinsichtlich der Ermittlung des Sauerstoffgehaltes von Zinkstaub und aufgespritzten Zinkschichten sei auf das Verfahren von EBERIUS und KOWALSKI hingewiesen.

Literatur. FRENAY, E., R. COLLEC u. H. GRODENT: Analytica chim. Acta Bd. 6 (1952) S. 31—41. — EBERIUS, E., u. W. KOWALSKI: Erzmetall Bd. VII (1954) S. 329 u. 339.

III. Metallographische Verfahren

In allen Fällen, in denen das Metalloxyd im festen Metall in einer eigenen Phase vorliegt, ist eine Sauerstoffbestimmung auf metallographischem Wege grundsätzlich möglich. Für die hier zu behandelnden Metalle hat das metallographische Verfahren nur beim Kupfer praktische Bedeutung erlangt und ist bei diesem heute als Betriebsschnellmethode unentbehrlich.

Der Sauerstoff liegt im festen Kupfer praktisch restlos in gebundener Form, und zwar — bei Abwesenheit anderer Elemente, die ebenfalls Oxyde bilden — in Form von Cu_2O vor. Sauerstoff ist im Kupfer nur im flüssigen Zustand in größerer Menge löslich. Im festen Zustand ist seine Löslichkeit in Kupfer umstritten und nach neuesten Literaturangaben nur sehr gering (etwa 0,007% Sauerstoff). — Cu_2O bildet mit Kupfer ein Eutektikum, das etwa 3,45% Cu_2O enthält. Die mikroskopische Bestimmung des Sauerstoffgehaltes von Kupfer beruht auf der Bestimmung der anteiligen Menge von Cu_2O in Kupfer. Um den Sauerstoffgehalt aus dem Cu_2O-Anteil berechnen zu können, ist durch 9 zu dividieren (Beispiel: 0,36% Cu_2O entsprechen 0,04% Sauerstoff).

Ausführung des Verfahrens.

Schliffherstellung. Der Kupferschliff wird für die Sauerstoffbestimmung in der üblichen Art und Weise hergestellt und poliert (nicht geätzt). Das Polieren hat mit besonderer Sorgfalt zu geschehen.

Schliffbeobachtung. Zweckmäßigerweise ist eine etwa 100fache Vergrößerung anzuwenden. Im Hellfeld erscheint Cu_2O als blaugrauer Bestandteil, der im Dunkelfeld bzw. im polarisierten Licht im allgemeinen rubinrot aufleuchtet.

Die Sauerstoffgehalte werden am schnellsten dadurch bestimmt, daß man an Hand von Vergleichsbildern zunächst den Cu_2O-Anteil feststellt. Höhere Gehalte können auch durch Planimetrierung ermittelt werden, doch ist bei geübten Beobachtern die Schätzungsgenauigkeit erstaunlich groß. Bei der Bestimmung ist jeweils zu berücksichtigen, ob es sich um verformtes (z. B. gewalztes) oder im Gußzustand vorliegendes Material handelt. Bei serienmäßiger Ausführung dieser betrieblichen Sauerstoffbestimmung kann mit einer Genauigkeit von $\pm$ 0,01% Sauerstoff gerechnet werden.

Die Schliffgröße beträgt normalerweise 1 cm², in seltenen Fällen bei sehr unregelmäßiger Verteilung des Kupferoxyduls bis zu 4 cm². Bei einer serienmäßigen Sauerstoffbestimmung im Kupfer mit handelsüblichem Sauerstoffgehalt (0,01 bis 0,04%) kann man, wenn die Probe bereits abgehobelt und grob geglättet ist, mit einer Dauer von 15 bis 20 min für das Polieren und die Auswertung des Schliffes rechnen.

Fehlerquellen. Sowohl bei Betrachtung in polarisiertem Licht als auch bei Dunkelfeldbeleuchtung können sich Schwierigkeiten bei der Sauerstoffbestimmung ergeben, wenn es sich um poröses Material handelt. Die Ränder der Poren und Mikrolunker erscheinen gelegentlich in einer Farbe, die der des

Kupferoxyduls vergleichbar ist. Eine Kontrolle ist im Hellfeld schnell durchzuführen. Andererseits treten Einschlüsse (meist oxydischen Charakters) auf, die bei Hellfeldbeleuchtung die Kupferoxydulfarbe zeigen und bei Dunkelfeldbeleuchtung oder im polarisierten Licht keinen Farbumschlag zustande kommen lassen. Das Cu/Cu_2O-Eutektikum kann ferner so fein ausgebildet sein, daß die ihm eigentümliche Farbe weder in polarisiertem Licht noch bei Dunkelfeldbeleuchtung eindeutig auftritt. Die Sauerstoffbestimmung muß sorgfältig auf der ganzen Schliffoberfläche vorgenommen werden, weil das Kupferoxydul meist nicht gleichmäßig verteilt ist.

Literatur. Metals Handbook (1948). New York. — SCHRADER, A.: Ätzheft. Berlin: Verlag Borntraeger. — SCHIMMEL: Metallographie der technischen Kupferlegierungen. Berlin: Springer 1930.

Kapitel 48

Feuerfeste Baustoffe*

Inhalt

---

*	1. Auflage	2. Auflage
Bearbeiter:	**Ensslin**	**Dickens** (VDEh).
Mitarbeiter:	**Dickens** (VDEh).	

Feuerfeste Baustoffe

Unter feuerfesten Baustoffen werden hier diejenigen Materialien verstanden, die zum Ausmauern und Auskleiden metallurgischer Öfen sowie zur Herstellung von Muffeln und Tiegeln dienen.

A. Einteilung

Nach dem deutschen Normenblatt DIN 1061 werden die feuerfesten Baustoffe in künstliche und natürliche eingeteilt. Die künstlichen wiederum, deren endgültiger Zustand durch Formen und anschließendes Brennen zustande kommt, sind nach ihrer chemischen Zusammensetzung in verschiedene Gruppen unterteilt, und zwar in

1. *Silicaerzeugnisse*, welche vorwiegend aus freiem Siliciumdioxyd und einem Bindemittel, z. B. Kalk, bestehen;

2. *tonerdehaltige Erzeugnisse* mit der weiteren Unterteilung in

a) *Tonsteine*, hergestellt aus nicht vorgebranntem Ton allein,

b) *Schamotteerzeugnisse*, hergestellt aus vorgebranntem, feuerfestem Ton oder Kaolin,

c) *Quarz-Schamottesteine*, welche wie a und b, jedoch unter Zusatz von freiem mineralischem Siliciumdioxyd gefertigt sind,

d) *hochtonerdehaltige Erzeugnisse* mit 50% Al_2O_3 und mehr, die unter Benutzung freier Tonerde oder hochtonerdehaltiger Rohstoffe gefertigt sind;

3. *Feuerleichtsteine*, am gebräuchlichsten sind Schamottesteine mit 15 bis 45% Al_2O_3, die vor dem Pressen mit sog. Ausbrennstoffen versehen werden, welche man durch Brennen vollständig entfernt, so daß ein hochporiges Gebilde entsteht. Ihr Raumgewicht beträgt etwa 1; die Feuerfestigkeit ist ungefähr dieselbe wie die von Schamottesteinen gleichen Tonerdegehaltes; die Druckfeuerbeständigkeit (s. S. 1097) ist wesentlich geringer als bei den Schamottesteinen gleicher chemischer Zusammensetzung.

4. *Magnesiterzeugnisse*, die vorwiegend aus magnesiumoxydhaltigen Ausgangsstoffen, wie Magnesit, hergestellt werden.

5. *Sonstige feuerfeste Erzeugnisse*, hergestellt aus anderen, bisher nicht angeführten Ausgangsstoffen, wie Dolomit, Siliciumcarbid, Chromeisenstein, Zirkon usw.

6. *Mörtel, Anstrich- und Stampfmassen*, bestehend aus ungeformten Gemischen körniger oder pulveriger feuerfester Stoffe, die auch als Ganzes feuerfest sind und Bindevermögen aufweisen.

Alle diese feuerfesten Baustoffe müssen einer Reihe von Prüfungsvorschriften genügen, die vom *Deutschen Normenausschuß* festgelegt sind. Man unterscheidet dabei physikalische und technologische Prüfverfahren und Untersuchungen chemisch-analytischer Art.

B. Physikalische und technologische Prüfverfahren

Diese erstrecken sich auf die Bestimmung der Feuerfestigkeit (DIN 51063), des Erweichens bei hohen Temperaturen unter Belastung (DIN 1064, Neufassung 51064 in Bearbeitung), der Dichte, des Raumgewichtes, des Wasseraufnahmevermögens und der Porosität (DIN 1065, Neufassung DIN 51056, 51057 und 51065 in Bearbeitung), des Nachschwindens und Nachwachsens (DIN 1066), der Druckfestigkeit bei normaler Temperatur (DIN 51067), der Temperaturwechselbeständigkeit DIN 1068) und der Verschlackungsbeständigkeit (DIN 1069).

I. Die Bestimmung der Feuerfestigkeit nach dem Segerkegelverfahren

Bei dieser Bestimmung ist zu unterscheiden, ob gebrannte Steine, Rohstoffe oder keramische Massen vorliegen. Bei erstgenannten sind die Probekörper unmittelbar aus dem Stein zu schneiden und formgerecht zu schleifen; ist dies wegen ihrer grobkörnigen oder porösen Textur nicht möglich, so wird der Stein mit Kolophonium oder Kunstharz getränkt, und die Kegel werden im Naßschliff herausgearbeitet; eine Zerkleinerung des Materials und nachträgliches Verformen ist nicht gestattet. Gebrannte und ungebrannte Rohstoffe werden auf eine Korngröße $< 0{,}2$ mm gebracht und zu Probekörpern geformt, die den kleinen Segerkegeln in Gestalt und Größe entsprechen sollen, wobei der Zusatz eines verbrennbaren Klebemittels zulässig ist. Ungeformte, fein- und grobkörnige Massen aller Art (z. B. Stampfmassen und Mörtel) werden erst zu zylindrischen Körpern bestimmter Größe geformt und gebrannt, aus denen dann, wie bei den fertigen Steinen, die verlangten Kegel herzustellen sind.

Man stellt die Segerkegel und die Prüfkörper auf eine hochfeuerfeste Unterlagsplatte, deren Form und Größe vorgeschrieben ist, und befestigt sie mit einem geeigneten hochfeuerfesten Mörtel derart, daß die kürzeste Kante mit der Unterlage einen Winkel von 80 bis 85° bildet. Für die höheren Temperaturen eignen sich besonders Unterlagen aus Korund und Zirkondioxyd, da deren Schmelzpunkte sehr hoch liegen. Das Zirkondioxydmehl rührt man mit einem Bindemittel wie Zucker- oder Stärkelösung an, formt und brennt die getrockneten Platten.

Für den Versuch wird ein elektrisch beheizter Ofen, z. B. ein Kohlegrießwiderstandsofen mit senkrechter Achse verwendet. Die getrocknete und vorgewärmte Unterlagsplatte mit den Prüfkörpern und Segerkegeln wird in den vorgeheizten Ofen langsam eingefahren und allmählich auf die Ofentemperatur gebracht; die Temperatursteigerung soll von Segerkegel- zu Segerkegelfallpunkt mindestens 5 und höchstens 10 min betragen. Der Versuch gilt als beendet, sobald die Spitze des Prüfkegels, sich über die kurze Kante neigend, die Unterlage gerade berührt.

In nachfolgender Tabelle sind die mittleren Fallpunkte der Segerkegel angegeben. Neben den Normalkegeln sind auch die Fallpunktstemperaturen für die Laborkegel, die oft auch in kleineren Industrieöfen eingesetzt werden, aufgenommen. Da sich herausgestellt hat, daß die Erhitzungsgeschwindigkeit einen beträchtlichen Einfluß auf das Ergebnis hat, sind auch die bei neueren Versuchen ermittelten Fallpunkte der Segerkegel bei einer Erhitzungsgeschwindigkeit von 150°/h und 20°/h angegeben.

Bei der Beurteilung entspricht die Feuerfestigkeit des zu prüfenden Stoffes dem Segerkegel, dessen Zustand dem des Prüfkörpers gleicht, oder sie steht zwischen zwei aufeinanderfolgenden Segerkegeln. Sie wird daher entweder durch die Nummer des betreffenden Segerkegels (z. B. SK 33, entsprechend einem Kegelfallpunkt von 1730°) oder mit einer Doppelnummer (z. B. SK 33/34) angegeben, wenn der Fallpunkt zwischen 1730° und 1755° liegt. Man kann mit den Segerkegeln die Feuerfestigkeit bis zu 2000° prüfen. Sollten Stoffe vorliegen, die in der Hitze durch Kohlenoxyd reduziert werden, z. B. Magnesit, Chrommagnesit

Neue Segerkegeltabelle (Abgerundete Mittelwerte)

SK Nr.	Mittelwert nach bisheriger Tabelle	Fallpunkte der Segerkegel bei einer Erhitzungsgeschwindigkeit von 150°/h		20°/h	
		Normalkegel	Laborkegel	Normalkegel	Laborkegel
022	600	595	605	580	585
021	650	640	650	620	625
020	670	660	675	635	640
019	690	685	695	655	665
018	710	705	715	675	680
017	730	730	735	695	695
016	750	755	760	720	720
015a	790	780	785	740	750
014a	815	805	815	780	790
013a	835	835	845	840	860
012a	855	860	890	860	880
011a	880	900	900	880	890
010a	900	920	925	900	910
09a	920	935	940	920	930
08a	940	955	965	930	940
07a	960	970	975	950	955
06a	980	990	995	970	980
05a	1000	1000	1010	990	1010
04a	1020	1025	1055	1015	1035
03a	1040	1055	1070	1040	1055
02a	1060	1085	1100	1070	1090
01a	1080	1105	1125	1090	1105
1a	1100	1125	1145	1105	1120
2a	1120	1150	1165	1125	1135
3a	1140	1170	1185	1140	1150
4a	1160	1195	1220	1160	1170
5a	1180	1215	1230	1175	1185
6a	1200	1240	1260	1195	1210
7	1230	1260	1270	1215	1230
8	1250	1280	1295	1240	1255
9	1280	1300	1315	1255	1270
10	1300	1320	1330	1280	1290
11	1320	1340	1350	1300	1315
12	1350	1360	1375	1330	1340
13	1380	1380	1395	1360	1375
14	1410	1400	1410	1380	1395
15	1435	1425	1440	1400	1420
16	1460	1445	1470	1425	1445
17	1480	1480	1490	1445	1465
18	1500	1500	1520	1470	1480
19	1520	1515	1530	1495	1505
20	1530	1530	1540	1515	1530

oder Chromiterzeugnisse, so muß die Ofenatmosphäre neutral gehalten werden. Selbstverständlich ist auch die Prüfung von Stoffen, die oxydiert werden können, in neutraler Atmosphäre möglichst unter Verwendung von Schutzgas vorzunehmen (s. Normblatt DIN 51063).

Keramische Rohstoffe, Massen und Werkstoffe gelten als feuerfest, wenn ihr Segerkegelfallpunkt mindestens dem des kleinen Segerkegels 18/150°/Std. entspricht, und als hochfeuerfest, wenn ihr Fallpunkt mindestens dem des Segerkegels 37/150°/Std. entspricht.

Literatur. BUNZEL, E.-G.: Tonind.-Ztg. Bd. 77 (1953) H. 21/22, S. 353.

Neue Segerkegeltabelle (Fortsetzung von S. 1096)

SK Nr.	Mittelwert nach bisheriger Tabelle	Fallpunkte der Laborkegel in °C bei einer Erhitzungsgeschwindigkeit von 150°/h
23	—	1560
26	1580	1585
27	1610	1605
28	1630	1635
29	1650	1655
30	1670	1680
31	1690	1695
32	1710	1710
33	1730	1730
34	1750	1755
35	1770	1780
36	1790	1805
37	1825	1830
38	1850	1855
39	1880	1875
40	1920	1900
41	1960	1940
42	2000	1980

II. Die Bestimmung des Erweichens bei hohen Temperaturen unter Belastung

Das Erweichen der feuerfesten Baustoffe unter Belastung, auch *Druckfeuerbeständigkeit* genannt, wird unter einer gleichbleibenden Belastung von 2 kg/cm² und gleichmäßig steigender Temperatur durchgeführt; dabei ist die Belastung von 2 kg/cm² auf den Ausgangsquerschnitt des Prüfkörpers zu beziehen. Bei der Prüfung von Feuerleichtsteinen mit einer größeren Gesamtporosität als 50 % weicht man insofern von dieser Vorschrift ab, als solche mit einer Belastung von nur 0,5 kg/cm² untersucht werden (s. DIN 51064, Entwurf Sept. 1960).

Als Prüfkörper entnimmt man Zylinder durch Ausbohren aus dem mittleren Teile des Steines; Durchmesser und Höhe sollen je 50 mm betragen. Die beiden Druckflächen der Prüfzylinder sind planparallel und senkrecht zur Achse des Körpers zu schleifen. Dann bringt man die Zylinder in einen Kohlegrießwiderstandsofen, dessen Heizrohr 10 bis 12 cm lichten Durchmesser und 50 cm Gesamtlänge bei 25 bis 30 cm Länge des verengerten Kohlegrießraumes haben soll. Die Dicke des Heizrohres und des äußeren Begrenzungsrohres, falls dies rohrartig ausgebildet ist, soll eine Stärke von 10 bis 15 mm aufweisen. Als Heizrohre werden Korundrohre verwendet.

Die Belastung des Prüfzylinders erfolgt genau senkrecht zur Achse. Die Aufzeichnung der Höhenänderung in Abhängigkeit von der Temperatur wird in 10facher Vergrößerung in einem rechtwinkligen Koordinatensystem vorgenommen. Die Körper sollen sich beim Versuch um mindestens 20 mm zusammendrücken lassen. Die Übertragung des Belastungsdruckes von 2 kg/cm² geschieht durch Kohlestempel. Zwischen diese und den Prüfkörper legt man Kohleplättchen von 5 mm Dicke. Die Temperaturmessung erfolgt mittels eines optischen Pyrometers. Die Erhitzungsgeschwindigkeit steigert man bis 1000° um 15°/min, über 1000° um 8°/min. (DIN 51064, Entwurf Sept. 1960, 4°/min.) Im Protokoll sind außer der aufgezeichneten Kurve die Temperatur t_a, der Punkt der Kurve, an dem diese um 3 mm gegenüber ihrem höchsten Punkt gesunken ist, und die Temperatur t_e, bei der die Höhe des Körpers um 20 mm gegenüber der Ausgangshöhe abgesunken ist, anzugeben. Bricht der Prüfkörper vor dem Erreichen der eigentlichen Erweichungstemperatur zusammen, so tritt an Stelle der Temperatur t_e die Temperatur t_b für den Zusammenbruch. Selbstverständlich dürfen Prüfkörper, welche bei der Herstellung schon Lunker und Risse aufweisen, nicht verwendet werden (s. Normblatt DIN 1064).

III. Die Bestimmung der Dichte, des Raumgewichtes, des Wasseraufnahmevermögens und der Porosität

1. Dichte

Seine Bestimmung erfolgt durch Messung der feingepulverten Steinprobe im Pyknometer bei 20°.

Man wägt in ein 20 bis 30 ml fassendes Pyknometer so viel des feingepulverten Materials ein, daß das Gefäß zu etwa $^1/_4$ seines Inhaltes gefüllt ist, gibt bis zur Hälfte dest. Wasser zu und kocht luftfrei. Dann läßt man abkühlen, füllt mit ausgekochtem, dest. Wasser von Zimmertemperatur auf und stellt den Flüssigkeitsspiegel bei 20° auf die Marke ein.

Ist d die Dichte, G das Trockengewicht des Prüfstoffes in g, P_1 das Gewicht des Pyknometers mit Stoff und Wasser in g, P_2 das Gewicht des mit Wasser gefüllten Pyknometers in g, so errechnet sich

$$d = \frac{G}{(P_2 + G) - P_1}$$

Die Feststellung des Gewichtes P_2 muß vor jeder neuen Bestimmung vorgenommen werden.

Handelt es sich um hydratisierbare Stoffe, von denen anzunehmen ist, daß sie beim Kochen mit Wasser reagieren, so verwendet man bei der Bestimmung an Stelle von Wasser Petroleum, Xylol oder Toluol. Die Dichte errechnet sich dann nach der obigen Formel, wenn d_1 die mit Petroleum gefundene, scheinbare Dichte ist, aus der Gleichung

$$d = d_1 \text{ mal } d_F$$

Hierin bedeutet d_F die Dichte der für die Bestimmung verwendeten wasserfreien Flüssigkeit.

2. Raumgewicht

Das Raumgewicht des zu untersuchenden Steines ist der Quotient aus seinem Gewicht und seinem Rauminhalt einschließlich des Porenraumes. Bezeichnet man das Gewicht mit G und den Rauminhalt mit V eines bei 105 bis 110° bis zur Gewichtskonstanz getrockneten Steines, so ist das Raumgewicht $r = \frac{G}{V}$.

Der Rauminhalt kann entweder nach dem Quecksilber- oder dem Wasserverdrängungsverfahren bestimmt werden. Das letztere ist das gebräuchlichere. Man benutzt es für Prüfkörper von mindestens 250 ml Rauminhalt, die möglichst glatte Begrenzungsflächen haben sollen. Zunächst werden die Körper bis mindestens $^1/_4$ ihrer Höhe in dest. luftfrei gekochtem Wasser bei Zimmertemperatur gelagert; dann füllt man in Abständen von ungefähr $^1/_2$ Std. das Wasser allmählich nach, so daß die Körper innerhalb von 2 Std. vollständig damit bedeckt sind. Anschließend wird unter dauerndem Ersatz des verdampften Wassers 2 Std. lang gekocht, wobei die Probe durch Unterlegen von Glasstäbchen nicht mit dem überhitzten Boden des Gefäßes in Berührung kommen soll. Nach dem Kochen läßt man den Prüfkörper unter Wasser auf Zimmertemperatur abkühlen, tupft ihn nach dem Herausnehmen mit einem feuchten Schwamm so ab, daß keine Wassertropfen mehr an seiner Oberfläche zu erkennen sind, und wägt. Man erhält so das Gewicht des wassersatten Körpers (G_w). Diesen wassergesättigten Körper bringt man nun in ein Gefäß mit dest. Wasser und bestimmt die Wasserverdrängung an einer Skala, welche eine Ablesung mit einer Genauigkeit von $\pm$ 0,25 ml gestattet.

Die Wasserverdrängung kann auch mit Hilfe der hydrostatischen Waage ermittelt werden. Die Größe V ist dann genau gleich dem Volumen des verdrängten Wassers.

3. Wasseraufnahmevermögen

Dieses (W) ergibt sich aus dem Gewicht (G) des bei 105° getrockneten Steines und dem Gewicht (G_w) des wassersatten Steines (s. unter 2.) $W = \frac{G_w - G}{G}$ mal 100%.

4. Porosität

Die *wahre* Porosität ist das Verhältnis des Gesamtporenraumes eines Körpers zu dessen Rauminhalt in % ausgedrückt. Sie errechnet sich aus der Dichte (d) und dem Raumgewicht (r) nach der Gleichung $P = \frac{d - r}{d}$ mal 100%. Die *scheinbare* Porosität (P_s) ist das Verhältnis des offenen Porenraumes zu dem Rauminhalt des betreffenden Körpers. Sie errechnet sich aus dem Wasseraufnahmevermögen (W) und dem Raumgewicht (r) nach der Gleichung $P_s = r$ mal W (s. Normblatt DIN 1065).

IV. Prüfverfahren für das Nachschwinden (*NS*) und Nachwachsen (*NW*)

Unter Nachschwinden und Nachwachsen versteht man diejenigen Rauminhalts- bzw. Längenänderungen, welche nach dem Erhitzen auf hohe Temperaturen und dem Abkühlen als bleibende Verformung auftreten. Diese Werte werden als Mittel aus 2 Bestimmungen von Rauminhalt oder Länge ermittelt. Die Längenänderung stellt man durch Messen mit der Schieblehre fest, die Rauminhaltsänderung nach dem Quecksilber- oder Wasserverdrängungsverfahren.

1. Längenmessung

Dafür werden Prüfkörper mit zwei planparallelen Flächen von mindestens 10 bis 11 cm² und etwa 10 cm Länge durch Herausbohren oder Schneiden aus den Steinen angefertigt, wobei die planparallelen Flächen durch Schleifen zu glätten sind. Vor und nach dem Erhitzen mißt man mit der Schieblehre an drei verschiedenen Stellen der planparallelen Flächen die Länge. Die Angabe des Nachschwindens oder Nachwachsens wird als prozentuale Ab- oder Zunahme, bezogen auf die ursprüngliche Länge, verzeichnet.

2. Rauminhaltsmessung

Diese Messung wird nach DIN 1065 an Prüfkörpern beliebiger Gestalt mit einem Rauminhalt von mindestens 100 ml nach dem Quecksilberverfahren oder mit einem solchen von mindestens 250 ml nach dem Wasserverdrängungsverfahren vor und nach dem Erhitzen vorgenommen. Aus den Rauminhaltsänderungen errechnet sich die bleibende Längenänderung in % nach den Gleichungen:

$$NS = 100 \cdot \left(1 - \sqrt[3]{\frac{V_1}{V_0}}\right)\% \quad \text{und} \quad NW = 100 \cdot \left(\sqrt[3]{\frac{V_1}{V_0}} - 1\right)\%$$

Dabei bedeuten V_1 den Rauminhalt des Körpers nach dem Erhitzen und V_0 denselben vor dem Erhitzen, beides ausgedrückt in ml. Das Erhitzen erfolgt in neutraler oder oxydierender Atmosphäre in Brennkapseln, wobei stabförmige Prüfkörper senkrecht eingebaut werden. Die Temperatursteigerung soll von 600° an 10°/min betragen (Normblatt DIN 1066).

V. Die Bestimmung der Druckfestigkeit bei Zimmertemperatur

Die Druckfestigkeit σ_{dB} ist der Quotient aus Höchstkraft P_{max} bei Druckbeanspruchung und Anfangsquerschnitt F_0

$$\sigma_{dB} = \frac{P_{max}}{F_0}$$

Zu ihrer Bestimmung stellt man zylindrische Probekörper von 50 mm Durchmesser und 50 mm Höhe durch Ausbohren aus den zu untersuchenden Steinen her. Die Druckflächen sind senkrecht zur Achse planparallel zu schleifen und die Körper vor der Prüfung bei 110° bis zur Gewichtskonstanz zu trocknen. Dann werden sie in einer normalen Druckprüfmaschine bei Zimmertemperatur unter stetig steigender Belastung gedrückt. Die Drucksteigerung soll im Mittel 10 kg auf den Quadratzentimeter in der Sekunde betragen; der Druck selbst ist senkrecht zur Druckfläche zu führen. Um Fehlergebnisse durch Prüfkörper zu vermeiden, die innerlich Lunker oder Risse enthalten, wird das Mittel der Ergebnisse bei 10 Steinen verwendet; offensichtlich fehlerhafte Werte werden dabei ausgeschieden (Normblatt DIN 51067).

VI. Die Bestimmung der Temperaturwechselbeständigkeit

Man unterscheidet dabei das Normalstein- und das Zylinderverfahren.

1. Normalsteinverfahren

Normalsteine vom Format 250 × 125 × 65 mm oder aus Steinen herausgeschnittene Körper gleicher Größe, deren Stirnflächen und, wenn möglich, auch deren Längs- und Breitseiten Begrenzungsflächen des Formsteines entstammen, werden nach dem Trocknen bei 105 bis 110° in einem mittelbar beheizten Ofenraum so eingesetzt, daß das Kopfende zu $^1/_3$ des Steines in den Ofen hineinragt, das mittlere Drittel in dem Rahmen des Ofens gleichsam als Türverschluß steckt und das herausragende Drittel des Steines der kühleren Außenluft ausgesetzt bleibt. Die Temperatur, gemessen an der Stirnseite des im Ofen eingesetzten Steines, soll gleichmäßig 950° betragen. Nach 50 min währendem Erhitzen im Prüfofen wird der Stein herausgenommen und mit rotglühendem Kopfende 3 min lang 5 cm tief in fließendes Wasser von 10 bis 20° getaucht. Man läßt ihn dann in der Luft 5 min abdampfen, gibt ihn genau wie vorher wieder 50 min in den Ofen, erhitzt ihn und schreckt ihn von neuem ab. Dies wird so lange wiederholt, bis mindestens 50% der dauernd erhitzten und abgeschreckten Kopffläche des Prüfkörpers abgeplatzt sind. Die Zahl der ausgehaltenen Abschreckungen bezeichnet man als *Abschreckzahl*; dabei wird die Abschreckung, die zur Beendigung der Prüfung führt, mitgezählt, wenn tatsächlich die Prüfung mit dem Abschrecken beendet wurde. Die Zerstörungserscheinungen, der Beginn, die Art und Größe sowie der Verlauf, die Rißbildung und Absplitterung werden im Protokoll vermerkt, ebenso die Zahl der Abschreckungen, bei denen 25% der Kopffläche zerstört sind. Falls der Stein durch Querrisse bricht, ist dies besonders zu vermerken.

2. Zylinderverfahren

Als Prüfkörper verwendet man Zylinder von 36 mm Durchmesser und etwa 60 mm Höhe, welche aus den Steinen herausgebohrt werden. Die Grundflächen der Zylinder werden glatt geschliffen, eine von beiden soll aus der Brennhaut des Steines gebildet sein. Die Prüfkörper sind vor Beginn der Untersuchung bei 105 bis 110° bis zur Gewichtskonstanz zu trocknen. Nun erhitzt man die Zylinder 15 min in einem konstant auf 950° gehaltenen Ofen und taucht sie anschließend

3 min unter fließendes Wasser von 10 bis 20°. Nach dem Abschrecken wird das anhaftende Wasser durch Erwärmen verdampft und der Vorgang wiederholt, bis der Prüfkörper zerspringt.

Die Zahl der Abschreckungen gilt als Maßstab für die Temperaturwechselbeständigkeit; sie ist aus dem Mittel von 6 Einzelversuchen zu berechnen. Nach Beendigung der Prüfung ist über den Zustand des Steines im Protokoll zu berichten (Normblatt DIN 1068). Bei hydratisierbaren keramischen Erzeugnissen, z. B. aus Dolomit, benutzt man zur Abschreckung statt Wasser Preßluft mit 1 atü.

VII. Die Bestimmung der Verschlackungsbeständigkeit

Die Beständigkeit gegen den Angriff fester und flüssiger Stoffe bei hoher Temperatur kann nach 2 Verfahren, nämlich dem Tiegel- und dem Aufstreuverfahren, durchgeführt werden.

1. Tiegelverfahren

In dem zu untersuchenden Steinstück von etwa 80 × 80 × 65 mm wird mit einem Diamantfräßer von 42 mm Außendurchmesser eine Bohrung von 44 mm lichter Weite und 35 mm Tiefe eingebracht; dabei müssen Bodenfläche und Wandung glatt sein und gegebenenfalls einer Nachbearbeitung durch Schleifen unterzogen werden. Mindestens zwei Hohlkörper füllt man zur Prüfung der Verschlackung mit 50 g feingepulvertem Angriffsstoff. Die Tiegel werden nun in einen Ofen gebracht, der eine mittelbare Heizung aufweist und sich so regulieren läßt, daß die Temperatur nicht mehr als $\pm 20°$ von der vorgeschriebenen Versuchstemperatur abweicht. Diese selbst wird je nach dem zu untersuchenden Angriffsmaterial und Grundstoff festgelegt und 2 Std. eingehalten. Nach Beendigung des Versuches wird der gehöhlte Stein diagonal so durchgesägt, daß die Achse der Ausbohrung in der Schnittebene liegt. Die von dem Angriffsstoff gelösten Anteile und von ihm durchsetzten Steinflächen werden dann planimetrisch ermittelt; aus den Flächen errechnet man den Rauminhalt der zugehörigen Rotationskörper (s. Abb. 3 aus DIN 1069).

Die *Löslichkeit* (L_v) errechnet sich aus dem Rauminhalt des Rotationskörpers der mittleren gelösten Fläche $= V_1$, abzüglich des Rauminhaltes des Bohrloches $= J_1$, gemessen bis zur Höhe der Auflösungsfläche. Es ist daher $L_v = V_1 - J_1$ in ml. Die *Löslichkeitszahl* (L) für einen Normalstein von 2000 ml Rauminhalt errechnet man nach der Gleichung: $L = \frac{(V_1 - J_1) \text{ mal } 100}{2000} = \frac{V_1 - J_1}{20}$ in Vol.-%.

Die Tränkungszahl (T) wird aus der gesamten Angriffsfläche in ml berechnet. Von dem Inhalt des sich aus der Angriffsfläche ergebenden Rotationskörpers werden der Tiegelraum (J_2) sowie die Löslichkeit abgezogen. Die *Tränkung* (T_v) ergibt sich dann zu $T_v = V_2 - (L_v + J_2)$ in ml und die *Tränkungszahl* (T), bezogen auf einen Normalstein in Vol.-%, zu $T = \frac{V_2 - (L_v + J_2)}{20}$ Vol.-%.

2. Aufstreuverfahren

Zur Durchführung des Aufstreuverfahrens schneidet man mit einem Diamanthohlbohrer aus dem Stein Zylinder von 36 mm Durchmesser und 36 mm Höhe heraus und schleift die Flächen glatt. Diese Probenkörper werden in einen elektrisch beheizten Widerstandsofen mit einem Einsatzrohr von 60 mm innerem Durchmesser, welcher eine Zone gleichmäßiger Temperatur von mindestens 80 mm Höhe besitzen muß, eingeführt. Die gewünschte Verschlackungstemperatur muß auf $\pm 15°$ regulierbar sein. Den Prüfkörper setzt man auf einen in der Mitte des Ofens stehenden Kohlestempel von 25 mm Durchmesser zentrisch auf und bestreut ihn durch ein feuerfestes Rohr mit einer abgewogenen Menge des fein gemahlenen Angriffsstoffes gleichmäßig in kleinen Anteilen im Laufe einer Viertelstunde. Sobald der erste Anteil geschmolzen ist, wird ein weiterer aufgestreut. Nach Aufgabe der gesamten Menge hält man die Temperatur noch 15 min auf der verlangten Höhe, um der Schlacke Gelegenheit zum Abfließen zu geben. Dann ermittelt man durch Wägen und Bestimmen des Rauminhaltes die Änderung an Gewicht und Rauminhalt. Schließlich wird der erkaltete Prüfkörper so durchgesägt, daß die Mittelachse in der Schnittfläche liegt; durch Planimetrieren der Querschnittfläche errechnet man endlich die Löslichkeit und Tränkung, wie beim Tiegelverfahren angegeben (Normblatt DIN 1069).

VIII. Untersuchung von Dolomit und Teerdolomitmischungen

1. Bestimmung der Dichte von Dolomit mit dem Volumenmesser nach J. Baron

Begriffsbestimmung. Die Dichte (d) eines Stoffes ist der Quotient aus seinem Gewicht und seinem Rauminhalt, bezogen auf den porenfreien Stoff.

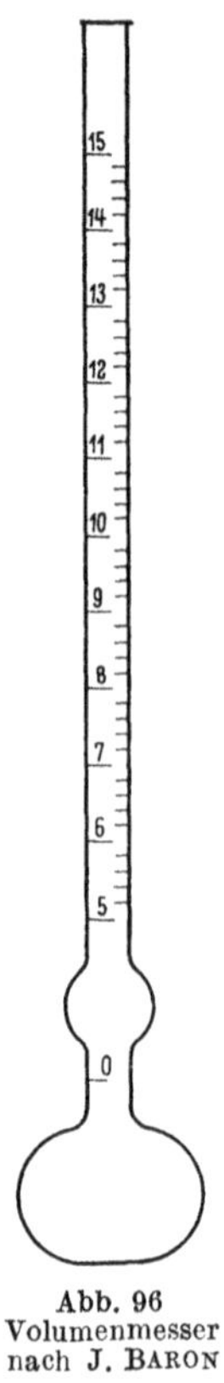

Abb. 96 Volumenmesser nach J. Baron

Die Bestimmung wird mit dem Volumenmesser nach J. Baron unter Verwendung von Kohlenstofftetrachlorid bei Raumtemperatur durchgeführt.

Beschreibung des Gerätes. Der Volumenmesser (Abb. 96) besteht aus einer am Boden abgeflachten Kugel von etwa 100 ml Inhalt. Daran schließt sich eine Glasröhre an, deren unteres Ende eine Ausbuchtung von 5 ml Inhalt besitzt, während der obere Teil auf einer Länge von 200 mm eine Graduierung von 5 bis 15 ml (d. i. 20 mm/ml) hat.

Ausführung des Verfahrens. 20 g Probegut mit einer Korngröße von 0,15 bis 0,16 mm werden im Trockenschrank bei 105 bis 110° bis zum gleichbleibenden Gewicht getrocknet und nach dem Abkühlen im Exsiccator gewogen (M_0).

Der Volumenmesser wird bis zur Nullmarke mit Kohlenstofftetrachlorid gefüllt, wozu ein Langstieltrichter benutzt wird, um ein Befeuchten der Wände der graduierten Glasröhre zu vermeiden. Dann wird mit Hilfe eines langstieligen Kupfertrichters vorsichtig das Probegut eingefüllt und mit leichten wiederholten Schlägen auf den Rundkolben die an den Pulverteilchen haftenden Luftbläschen ausgetrieben. Das absolute Volumen V_0 des eingesetzten Materials wird unmittelbar an der Teilung abgelesen. Die Dichte wird durch das Verhältnis ausgedrückt:

$$d = \frac{M_0}{V_0}$$

Bemerkung. Die Ergebnisse von zwei Parallelbestimmungen dürfen untereinander um nicht mehr als 0,02 g/cm³ voneinander abweichen.

2. Bestimmung des Raumgewichtes von Dolomit nach Goguel

Begriffsbestimmung. Das Raumgewicht (r) eines Stoffes ist der Quotient aus seinem Gewicht und seinem Rauminhalt einschließlich Porenraum.

Beschreibung des Densimeters nach Goguel. Das Gerät (Abb. 97) besteht aus einem Kreissegment, das an einem Ende durch eine Verlängerung zum

Mittelpunkt des Kreisbogens ausläuft. Das Kreissegment ist mit einer Gradeinteilung, die Dichtewerte von 1 bis 20 angibt, und mit einer mit ∞ bezeichneten Markierung versehen. Das Gerät wird an einem Ring frei aufgehangen und mit der Hand gehalten oder an einem Stativ befestigt.

Um den Mittelpunkt des Kreisbogens dreht sich ein Waagebalken. An dem einen Ende befindet sich ein feststehendes und ein mit einer Spannschraube befestigtes verschiebbares Gegengewicht. Der andere Teil läuft in einem doppelten Hebelarm aus, der an einem Ende eine Zeigernadel für die Ablesung der Gradeinteilung auf dem Kreissegment trägt und an dessen anderem Ende die zu untersuchende Probe mittels eines dünnen Metallfadens aufgehängt wird.

Der Apparat ist für Wasser als Eintauchflüssigkeit entwickelt und geeicht. Da Dolomit von Wasser angegriffen wird, muß als Eintauchflüssigkeit Glyzerin verwendet werden, welches infolge seiner hohen Zähigkeit den Vorteil bietet, nicht in die an der Oberfläche befindlichen Poren der Stücke einzudringen.

Da die Dichte des Glyzerins bei der Umrechnung des abgelesenen Skalenwertes berücksichtigt werden muß, ist dieselbe jedesmal vor seinem Gebrauch genau zu bestimmen.

Die Überprüfung der Arbeitsweise des Densimeters nach GOGUEL und die Bestimmung der Dichte eines neuen oder in Gebrauch befindlichen Glyzerins erfolgt mit einem Aluminiumzylinder mit einer Länge von 79,6 mm und einem Durchmesser von 40 mm. Der Rauminhalt dieses Zylinders beträgt 100 ml und sein Gewicht 267 g.

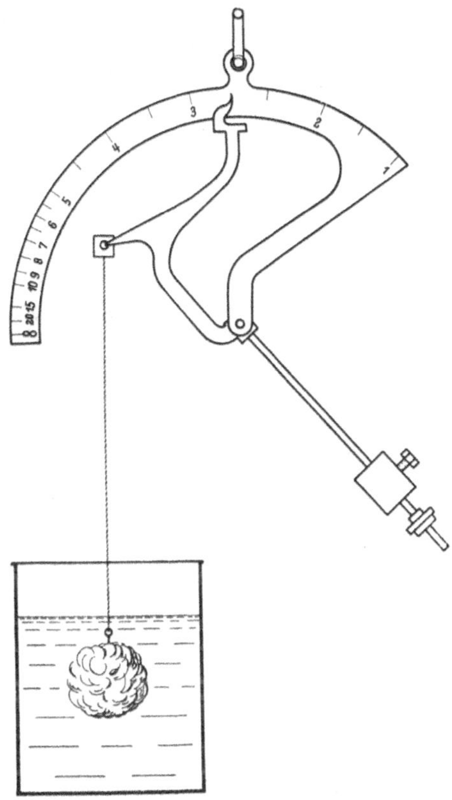

Abb. 97
Densimeter nach GOGUEL (Schematische Darstellung)

Eichung des Densimeters. Der Aluminiumzylinder wird mittels einer dünnen Metallfadenschleife an dem Waagebalken befestigt. Das verschiebbare Gegengewicht wird so verstellt, daß der Zeiger in der Gleichgewichtsstellung auf dem Strich ∞ steht. Dann wird der aufgehängte Zylinder in Wasser getaucht, wobei sich der Zeiger von dem Gleichgewichtspunkt fortbewegt und auf 2,67 einstellen muß. Weicht der Zeiger hiervon ab, dann ist er durch Zurechtbiegen auf 2,67 einzustellen.

Bestimmung der Dichte von Glyzerin. Der abgetrocknete Zylinder wird in Glyzerin eingetaucht und nach Ruhestellung des Zeigers die Dichte (d) abgelesen. Aus der Formel $\frac{2,67}{d}$ errechnet sich die Dichte des Glyzerins.

Ausführung des Verfahrens. Für die Durchführung des Verfahrens werden Dolomitstücke im Gewicht von 140 bis 150 g verwendet, die zuvor bei 105° im Trockenschrank getrocknet und im Exsiccator auf Raumtemperatur abgekühlt wurden. Die Probestücke werden in der gleichen Weise wie der Aluminiumzylinder an einem dünnen Metallfaden aufgehangen und in Glyzerin getaucht. Der auf dem

Kreissegment abgelesene Wert wird mit der ermittelten Dichte des Glyzerins multipliziert, wodurch sich das Raumgewicht für den untersuchten Dolomit ergibt.

Nach den Messungen ist der Apparat erneut durch Eintauchen des Aluminiumzylinders in Glyzerin nachzuprüfen.

Bemerkungen. Wird die vorstehende Arbeitsvorschrift genau eingehalten und die Dichte des Glyzerins vor seinem jedesmaligen Gebrauch ermittelt, dann darf dieses von der normalen Dichte von 1,25 abweichen, ohne daß dies eine Beeinflussung oder einen Nachteil für die Messung bedeuten würde. Trotzdem empfiehlt es sich, da Glyzerin Luftfeuchtigkeit aufnimmt, dieses in einer dicht verschlossenen Flasche aufzubewahren und es zu erneuern, wenn durch eine entsprechende Wasseraufnahme eine merkliche Abnahme der Dichte stattgefunden hat.

Es können bis zu 30 Einzelbestimmungen in einer Stunde ausgeführt werden.

3. Bestimmung der Kornfestigkeit von Dolomit durch Ermittlung des Zertrümmerungsgrades

Grundlage des Verfahrens. Dolomit einer bestimmten Kornklassifikation wird in einem Stahlzylinder einer bestimmten Druckbeanspruchung unterworfen. Die hierbei eintretende Zertrümmerung wird durch eine Absiebung gewichtsmäßig ermittelt und hieraus der Zertrümmerungsgrad als Maß für die Kornfestigkeit errechnet.

Ausführung des Verfahrens. Die Untersuchung erfolgt mit einer Körnung von 10 bis 12 mm. Diese wird auf folgende Weise vom angelieferten Dolomit entnommen. Zuerst werden mittels eines 12 mm-Maschensiebes die Kornanteile über 12 mm abgetrennt. Dann werden von dem durch das 12 mm-Maschensieb gegangenen Anteil mittels eines 10 mm-Maschensiebes die kleineren Kornfraktionen abgesiebt. Mit der hierbei auf dem 10 mm-Maschensieb verbleibenden Körnung wird ein Meßzylinder von 1 l Inhalt ohne Einrütteln gefüllt und das Litergewicht durch Auswiegen ermittelt. Von diesem Litergewicht ausgehend, wird das Gewicht von 80 ml Dolomit errechnet und die entsprechende Menge für die Bestimmung eingewogen. Diese Menge wird in einen Stahlzylinder mit einer lichten Weite von 50 mm Durchmesser = 20 cm² Fläche und einer Wandstärke von 20 bis 30 mm gefüllt und in einer Prüfpresse 1 min lang mit einem Druck von 150 kg/cm² belastet. Hiernach wird das gesamte Probegut durch ein 10 mm- und anschließend durch ein 5 mm-Maschensieb gesiebt. Der Durchgang durch die einzelnen Siebe wird gewichtsmäßig ermittelt und in Gewichtsprozent umgerechnet. Hieraus ergeben sich 2 Kenndaten, einmal der Durchgang durch das 10 mm-Maschensieb, der als Zertrümmerungsgrad I, und der Durchgang durch das 5 mm-Maschensieb, der als Zertrümmerungsgrad II bezeichnet wird.

Beispiel. 80 ml der Körnung 10 bis 12 mm wiegen 130 g. Nach der Zertrümmerung wurden folgende Daten ermittelt:

über	10 mm	= 40 g	= 30,7 %
über	5 mm	= 30 g	= 23,1 %
unter	5 mm	= 60 g	= 46,2 %
			100 %

Demnach beträgt der Zertrümmerungsgrad I . . . 69,3 %
Zertrümmerungsgrad II . . . 46,2 %

4. Bestimmung der Kornfraktionen des Dolomits vor und nach dem Kollern

a) Probenahme des ungeteerten Dolomits

Während des Einlaufens des Dolomits in den Kollergang werden in gleichen Abständen 3 Proben genommen, indem eine saubere Schaufel unter die Auslaufrutsche des Dolomitbunkers gehalten wird. Die einzelnen Proben werden in einem verschließbaren Behälter aufbewahrt. Sämtliche für die Herstellung eines Bodens erforderlichen Kollergangfüllungen sind in der gleichen Weise zu proben. Alle Einzelproben werden vereinigt, gut gemischt, geviertelt und auf etwa 10 kg verjüngt. Mit dieser Menge wird die Siebanalyse durchgeführt.

b) Probenahme der Teerdolomitmischung

Die Probenahme erfolgt in der auf S. 1104 beschriebenen Weise während der Bodenherstellung. Die Gesamtprobe wird auf etwa 5 kg verjüngt, die für die Bestimmung des Teergehaltes dient.

Ausführung der Siebanalyse. Die Siebanalyse des ungeteerten und entteerten Dolomits erfolgt durch Handsiebung mit Maschensieben. Dabei werden die Anteile folgender Kornklassen gewichtsmäßig ermittelt:

0 bis 0,04 mm
0,04 bis 0,08 mm
0,08 bis 0,16 mm
0,16 bis 0,35 mm
0,35 bis 0,63 mm
0,63 bis 1,25 mm
1,25 bis 2,50 mm
2,50 bis 5,00 mm
5,00 bis 10,00 mm
$>$10 mm

Bemerkungen. Die Siebanalyse des ungeteerten Dolomits ist sofort nach der Probenahme vorzunehmen, um Fehler, die durch eine Hydratisierung des Dolomits auftreten können, zu vermeiden.

Auch die Bestimmung des Teergehaltes durch Extraktion ist sofort nach der Probenahme durchzuführen, um ein Verdunsten leichtflüchtiger Öle auszuschalten.

Die Siebanalyse des entteerten Dolomits muß aus dem gleichen Grunde wie beim ungeteerten Dolomit sofort durchgeführt werden.

Bei der Siebanalyse des entteerten Dolomits müssen Zusammenballungen der Feinanteile durch leichten Fingerdruck wieder zerrieben werden.

5. Bestimmung der Zugfestigkeit ungebrannter Teerdolomitmischungen

Grundlage. Ein Dolomit-Körnungsgemisch bestimmter Siebfraktionen wird mit einer bestimmten Menge Teer gemischt. Aus dieser Mischung werden Prüfkörper einer gegebenen Form mit genau festgelegten Maßen hergestellt und diese der Zerreißprüfung mit einem Zugfestigkeitsprüfer unterzogen. Die hierzu aufzuwendende Kraft ist das Maß für die Zugfestigkeit.

Ausführung des Verfahrens. Der Dolomit wird in einem Brecher und anschließend in einer Mühle zerkleinert und hiernach mit Maschensieben die Körnungen

0 bis 0,2 mm
0,2 bis 0,5 mm
0,5 bis 1,0 mm
1,0 bis 2,0 mm

ausgesiebt. Je 400 g dieser 4 Kornfraktionen werden gut untereinander gemischt, auf 70° erwärmt und mit 140 g (entsprechend rd. 8% Teer in der fertigen Teerdolomitmischung) eines 70° heißen Teeres unter Umrühren versetzt. Dolomit und Teer werden bei 70° so lange innig gemischt, bis keine Teerklumpen mehr vorliegen. Zum Einhalten der Temperatur während des Rührens wird die Schale mit dem Teerdolomitgemisch immer wieder in einem Trockenschrank bei 70° eingesetzt.

Nach dem Abkühlen auf 25° werden etwa 150 g der Teerdolomitmischung in die Zugfestigkeitsform (Achterform) des Hammergerätes nach Böhme (frühere DIN 1164) eingefüllt, in das Hammergerät eingespannt und mit 150 Schlägen des 2000 g schweren Hammers verdichtet. Hiernach werden die Prüfkörper entformt und 4 bis 6 Std. bei einer Raumtemperatur von 20 bis 25° auf einer glatten Unterlage gelagert. Dann wird die Zugfestigkeit mit dem Zugfestigkeitsprüfer DIN 1164 nach Frühling-Michaelis bestimmt. Die Kraft, welche erforderlich ist, um die Prüfkörper auseinanderzureißen, wird gewichtsmäßig ermittelt.

Die Zugfestigkeit wird in kg/cm², im Mittel aus 6 Prüfkörpern, angegeben.

6. Bestimmung der Kaltdruckfestigkeit verkokter Teerdolomitmischungen

Grundlage. Aus der Teerdolomitmischung werden Prüfkörper bestimmter Abmessung hergestellt, in reduzierender Atmosphäre verkokt und in einer Prüfpresse der Druckprüfung unterzogen.

Ausführung. Für die Bestimmung der Kaltdruckfestigkeit werden Prüfkörper von 100 mm Durchmesser und 100 mm Höhe aus der bei der Bodenherstellung genommenen Probe (S. 1105) hergestellt. Zunächst wird die Teerdolomitmischung in einem Wärmeschrank auf 70 ° erhitzt und nochmals gut gemischt. Etwa 2,3 kg der warmen Teerdolomitmischung werden in einen Stahlzylinder mit einer lichten Weite von 100 mm und 140 mm Höhe gegeben, mit einem genau passenden Druckstempel abgedeckt und mit einem Druck von 300 kg/cm² gepreßt. Die so hergestellten Prüfkörper werden in einem Blechkasten mit Koksgrus umhüllt und mit einer 5 bis 6 cm starken Schicht Koksgrus überschichtet. Der Kasten wird mit einem übergreifenden Deckel verschlossen und zur Verkokung in einen mit Gas beheizbaren Ofen eingesetzt. Die Verkokung erfolgt in reduzierender Atmosphäre so, daß die Ofentemperatur in den ersten 2 Std. auf maximal 200°, in der 3. Std. auf maximal 300° und in weiteren 3 Std., also insgesamt 6stündiger Anheizzeit, auf die Brenntemperatur von 750° gebracht wird. Bei dieser Temperatur wird der Prüfkörper noch 4 Std. lang gebrannt. Hiernach wird der Ofen abgestellt und der Prüfkörper im Ofen erkalten gelassen.

Für eine einwandfreie Durchführung der Druckprüfung müssen die beiden Druckflächen des Prüfkörpers planparallel senkrecht zur Achse des Körpers sein. Deshalb sind erforderlichenfalls die Druckflächen zu schleifen und zu glätten. Reißen durch das Schleifen Körner aus, dann werden die hierdurch entstandenen Poren durch trockenen Feinsand ausgefüllt und die beiden Druckflächen mit 2 mm starker Pappe belegt. Der Prüfkörper wird nun in die Druckpresse eingesetzt und gedrückt. Die Kaltdruckfestigkeit wird in kg/cm² der gedrückten Fläche angegeben.

Bemerkung. Die zum Drücken der Prüfkörper verwendete Presse muß ein stetiges Steigern der Belastung zulassen, so daß Stöße vermieden werden.

Die Drucksteigerung soll im Mittel je sek etwa 20 kg/cm² der gedrückten Fläche betragen.

Der Druck muß genau senkrecht zur Druckfläche des Prüfkörpers erfolgen, weshalb die obere Druckplatte in einem Kugellager gehalten sein soll.

Die Anzeige muß im Bereich der Bruchbelastung eine Genauigkeit von $\pm 1\%$ besitzen.

7. Bestimmung der Porosität gebrannter Teerdolomitmischungen nach Goguel

Zur Ermittlung der Porosität gebrannter Teerdolomitmischungen werden die Dichte und das Raumgewicht bestimmt.

Die Porosität errechnet sich nach der Formel:

$$\frac{d - r}{d} \text{ mal } 100 = \% \text{ Porosität}$$

Hierin bedeuten:

d = Dichte,
r = Raumgewicht.

Literatur. Dickens, P., u. P. König: Vorschriften für die Probenahme, analytische Untersuchung und physikalisch-technologische Prüfung von Dolomit, Teer und Teerdolomitmischungen, S. 65. Duisburg-Huckingen 1958.

C. Chemische Analyse

Für die Untersuchung der feuerfesten Steine und ihrer Grundstoffe auf analytischem Wege teilt man die Materialien in verschiedene Klassen ein, für die jeweils dieselben Untersuchungsmethoden anwendbar sind.

Klasse 1 enthält die sauren und hochsiliciumdioxydhaltigen Rohstoffe und Steine, wie Quarzite, Quarzsande, Quarzschiefer, Silicasteine und Silicamörtel.

Klasse 2 umfaßt halbsaure und basische, tonerdehaltige Rohstoffe und Erzeugnisse, wie Ton, Schieferton, Schamotte, Quarzschamotte, Muffeltone, Schamottesteine, Schamottemörtel, Quarzschamottesteine, Silicamörtel mit Bindetonzusatz sowie die den obengenannten Steinen zugehörigen Mörtel- und Flickmassen.

Zu *Klasse 3* gehören die dolomit- und magnesiumhaltigen Rohstoffe und Erzeugnisse, wie Rohdolomit, entsprechende Mörtel- und Flickmassen und außerdem die teergebundenen Dolomitsteine und Massen.

Klasse 4 umfaßt die feuerfesten Sondererzeugnisse und ihre Rohstoffe. Hierzu gehören die hochtonerdehaltigen Werkstoffe auf Korund-, Bauxit- und Sillimanitbasis, die chromhaltigen Erzeugnisse, wie Chromitsteine und Chrommagnesitsteine, samt ihren Rohprodukten, zirkonhaltige Werk- und Rohstoffe und schließlich alle kohlenstoffhaltigen Produkte, wie Kohlenstoffsteine, Siliciumcarbidsteine, ihre Rohstoffe und Anstrichmassen.

Zur *Klasse 5* gehören Kalkstein und Ätzkalk.

I. Untersuchung von Materialien der Klasse 1

Da diese Materialien überwiegend aus Siliciumdioxyd bestehen, erstreckt sich ihre Untersuchung in erster Linie auf die Bestimmung dieses Bestandteils, dessen Menge von dem Vorhandensein von Calcium, Magnesium oder Alkalien abhängt. Außerdem können noch Eisen, Tonerde und Titan bestimmt werden müssen.

1. Die Bestimmung von Feuchtigkeit und Glühverlust

Das feingepulverte, mit dem Magneten von Eisenteilchen befreite Material wird im Trockenschrank bei 105 bis 110° bis zur Gewichtskonstanz, mindestens aber 2 Std., getrocknet (Feuchtigkeit).

1 g der getrockneten Probe erhitzt man im Platintiegel zunächst bei 200 bis 300° und glüht dann bei langsam bis zu 1000° ansteigender Temperatur. Die Gewichtsabnahme ergibt den Glühverlust.

2. Die Bestimmung des Siliciumdioxyds

Sie erfolgt zunächst durch unmittelbares Abrauchen mit Fluß- und Schwefelsäure und anschließendes Glühen des Rückstandes. Enthält dieser außer Eisenoxyd und Tonerde keine oder nicht nennenswerte Mengen von Calcium, Magnesium oder Alkalien, so ist das erhaltene Ergebnis einwandfrei. Sind diese Elemente jedoch vorhanden, so gehen sie beim Abrauchen mit Schwefelsäure in Sulfate über und erfordern eine Bestimmung der aufgenommenen SO_3-Menge.

a) Ohne Berücksichtigung des gebildeten Sulfats

1 g der getrockneten Probe wird in gewogenem Platintiegel mit 3 ml Schwefelsäure (1 + 4) und 10 ml Fluorwasserstoffsäure (1,14) versetzt und auf dem Wasserbad langsam eingedampft. Ist die Flußsäure verflüchtigt, so gibt man nochmals

5 ml hinzu und wiederholt das Abdampfen. Dann wird die Schwefelsäure auf dem Sandbad abgeraucht und der Tiegel mit dem Rückstand bei 800 bis 1000° geglüht. Die Differenz zwischen Ein- und Auswaage entspricht dem Siliciumdioxydgehalt der geglühten Probe, nachdem der Glühverlust von der Einwaage in Abzug gebracht worden ist.

Es ist darauf zu achten, daß beim Abdampfen stets genügend Schwefelsäure vorhanden ist, da sich sonst Eisen, Aluminium und Titan teilweise verflüchtigen können.

Genauigkeit. 2.

Dauer. 3 Std.

b) Unter Berücksichtigung des Schwefel(VI)-oxydgehaltes im geglühten Rückstand

Man verfährt zunächst, wie unter a) angegeben, bis zur Auswaage des Rückstandes. Diesen schließt man durch Schmelzen mit 2 bis 5 g eines Gemisches gleicher Teile Natrium- und Kaliumcarbonat auf und löst die abgekühlte Schmelze mit verdünnter Salzsäure. Nach Zugabe von 3 bis 5 g Ammoniumchlorid und 2 ml 3proz. Wasserstoffperoxydlösung werden Eisen und Tonerde mit Ammoniak in der Siedehitze ausgefällt und die Hydroxyde sodann abfiltriert. Das Filtrat versetzt man mit Salzsäure in geringem Überschuß, erhitzt die Lösung zum Sieden und fällt das Sulfation mit 5 ml einer heißen, gesättigten Bariumchloridlösung. Man läßt darauf den Niederschlag absitzen, filtriert ihn heiß ab, wäscht ihn mit heißem Wasser chloridfrei aus und glüht ihn. Faktor von $BaSO_4$ auf $SO_3 = 0{,}343$.

Die daraus errechnete Menge von Schwefeltrioxyd wird der gefundenen Siliciumdioxydmenge hinzugerechnet.

Genauigkeit. 2.

Dauer. 6 Std.

3. Die Bestimmung von Eisen(III)-oxyd, Tonerde und Titan(IV)-oxyd

Von der getrockneten Probe werden mindestens 2mal je 2,5 g in einer Platinschale mit kaltem Wasser angefeuchtet und aus einer Tropfflasche vorsichtig mit 3 ml Schwefelsäure (1,84) (etwa 90 Tropfen) sowie mit 30 bis 40 ml Flußsäure versetzt. Dann erhitzt man das Ganze auf einer Heizplatte, die man zur Vermeidung des Spritzens mit Asbestpappe belegt, bis zum beginnenden Rauchen der Schwefelsäure, gibt 10 ml Flußsäure hinzu, raucht die Lösung zur Trockne und treibt den Rest der Schwefelsäure durch Erhitzen über einem Bunsenbrenner aus. Der verbleibende Rückstand wird mit 10 g einer Mischung aus 1 Teil gebranntem, pulverisiertem Borax ($Na_2B_2O_7$) und 7 Teilen Natriumcarbonat oder aus 1 Teil kristallisiertem, pulverisiertem Borax ($Na_2B_2O_7 \cdot 10\,H_2O$) und 5 Teilen Natriumcarbonat geschmolzen und die Schmelze 5 min im Fluß gehalten. Nach dem Erkalten bringt man die Schale mit der Schmelze in ein 800 ml-Becherglas, fügt zunächst 200 ml heißes Wasser, sodann 30 ml Salzsäure (1,19) hinzu, nimmt die Schale, sobald Lösung eingetreten ist, heraus, spült sie sorgfältig ab, gibt zur Lösung 10 ml 3proz. Wasserstoffperoxydlösung und kocht 15 min. Sobald sich die Flüssigkeit etwas abgekühlt hat, neutralisiert man sie mit Ammoniak (0,91), setzt 10 bis 15 Tropfen davon im Überschuß hinzu und kocht die Fällung der Hydroxyde von Eisen, Aluminium und Titan einige min. Der Niederschlag wird dann auf ein weiches, quantitatives 11 cm-Filter abfiltriert, 4- bis 5mal mit heißem Wasser ausgewaschen und in das Fällungsglas zurückgespritzt, in dem man ihn mit 10 ml Salzsäure (1,19) unter Erwärmen löst. Man verdünnt darauf die Lösung mit 100 ml kaltem Wasser und wiederholt die Fällung mit Ammoniak. Den Niederschlag bringt man nach kurzem Kochen auf das bereits benutzte Filter, wäscht Glas und Filter

7- bis 8mal mit heißem Wasser aus und spritzt die Oxydhydrate wieder in das Glas zurück, in dem man sie durch Zusatz von 30 ml Salzsäure (1,19) löst. Anhaftende Reste sind vom Filter mit heißer verdünnter Salzsäure (1 + 1) abzulösen. Nun wird die Lösung aufgekocht, in einen 250 ml-Meßkolben übergeführt und nach dem Erkalten mit Wasser zur Marke aufgefüllt.

Eine Abmessung von 100 ml versetzt man mit 10 ml Ammoniumthiocyanatlösung (100 g/l) und titriert das Eisen unter Luftabschluß in einer Kohlendioxydatmosphäre mit n/10-Titan(III)-chloridlösung bis zum Verschwinden der Rotfärbung.

Eine weitere Abmessung von 100 ml wird in ein 600 ml-Becherglas gebracht und in ihr eine nochmalige Ausfällung der Hydroxyde des Eisens, Aluminiums und Titans in der gleichen Weise, wie oben beschrieben, vorgenommen. Der abfiltrierte Niederschlag wird nach dem Veraschen des Filters in einem Porzellantiegel bei 900 bis 1000° bis zur Gewichtskonstanz geglüht. Die Auswaage · 100 gibt den Gehalt an $Fe_2O_3 + Al_2O_3 + TiO_2$ in Prozent an.

Die geglühten und gewogenen Oxyde werden nun im Platintiegel mit der 10fachen Menge Kaliumpyrosulfat aufgeschlossen. Man löst die Schmelze in einem 600 ml-Becherglas in 50 ml Schwefelsäure (1 + 4) und spült die Lösung in einen 250 ml-Meßkolben über. Nach Zusatz von 20 ml Phosphorsäure (1,70) sowie 20 ml 3proz. Wasserstoffperoxydlösung füllt man das Kölbchen zur Marke auf und bestimmt den Titangehalt colorimetrisch gegen eine Vergleichslösung oder besser photometrisch (s. Kapitel Titan).

Die gefundenen Werte für Eisen- und Titanoxyd setzt man von obiger Summe der Oxyde ab und erhält so als Rest den Gehalt an Tonerde.

Genauigkeit. 2.

Dauer. 6 Std.

II. Untersuchung von Materialien der Klasse 2

1. Die Bestimmung des Siliciumdioxyds

a) Durch Schmelzaufschluß mit Natriumcarbonat-Borax

1 g der getrockneten Probe wird im Platintiegel mit 15 g der bereits S. 1108 erwähnten Soda-Borax-Mischungen geschmolzen. Man bringt dafür zunächst die Mischung bei aufgelegtem Platindeckel vorsichtig zum Schmelzen und hält die Masse bei heller Rotglut 10 bis 15 min in ruhigem Fluß. Darauf stellt man den Tiegel im Tondreieck schief, so daß die Schmelze einseitig verteilt ist, läßt sie erkalten und bringt sie mit dem Tiegel in eine halbkugelförmige 1 l-Porzellanschale. Nach Zugabe von so viel Wasser, daß der Tiegel völlig bedeckt ist, werden 50 ml Salzsäure (1,19) vorsichtig zugesetzt. Sobald die Schmelze zersetzt ist, wird der Tiegel entfernt und durch Putzen mit einem Gummiwischer und Spülen von anhaftendem Siliciumdioxyd befreit. Dann wird die Lösung auf einer mit Asbestunterlage versehenen Heizplatte eingedampft. Man übergießt die noch warmen Salze mit 200 bis 300 ml heißem Wasser, gibt 50 ml Salzsäure (1,19) hinzu, läßt die Lösung noch 15 min auf der Heizplatte stehen und filtriert sie dann durch ein doppeltes Filter von 12,5 cm Durchmesser, in das man etwas Filterbrei gegeben hat. Das Filtrat und das Waschwasser gibt man in die Porzellanschale zurück, dampft wieder zur Trockne, übergießt die Salze mit 200 bis 300 ml heißem Wasser, fügt 50 ml Salzsäure (1,19) hinzu und filtriert nach 15 min Erwärmen auf der Heizplatte. Die Filter werden nun vereinigt, in einem Platintiegel getrocknet und verascht; der Rückstand wird 1 bis $1^1/_2$ Std. in der Muffel bei 900 bis 1000° geglüht. Nach dem Erkalten und Wägen wird das Siliciumdioxyd durch Abrauchen mit Fluß-

und Schwefelsäure verflüchtigt. Das Filtrat sowie der Rückstand vom Abrauchen dienen zur Bestimmung der übrigen Bestandteile der Probe.

Genauigkeit. 1.

Dauer. 6 Std.

b) Nach dem Schmelzverfahren durch Aufschließen mit Kaliumpyrosulfat

0,5 bis 1 g der getrockneten Probe überdeckt man im Platintiegel mit 8 bis 10 g wasserfreiem Kaliumpyrosulfat und bringt das Aufschlußmittel bei bedecktem Tiegel zunächst mit kleiner Flamme vorsichtig zum Schmelzen. Die Temperatur wird allmählich erhöht, so daß der Aufschluß nach etwa 2 Std. beendet ist; dabei ist darauf zu achten, daß durch entsprechende Temperaturregelung und durch Bedeckthalten des Tiegels möglichst wenig SO_3 verflüchtigt wird. Nach Beendigung des Aufschlusses schreckt man den Tiegel in Wasser ab und löst die Schmelze in etwa 150 ml heißem Wasser, dem man 5 ml Schwefelsäure (1 + 1) zugesetzt hat. Ist die Schmelze gelöst und der Tiegel entfernt, so filtriert man durch ein Filter und wäscht den Rückstand mit schwefelsäurehaltigem Wasser (1 + 500) mehrmals aus. Veraschen des Filters, Glühen, Wägen und Verflüchtigen des Siliciumdioxyds erfolgen, wie bereits mehrfach angegeben.

Genauigkeit. 2.

Dauer. 4 Std.

c) Nach dem Schnellverfahren durch direktes Abrauchen

Kalkfreie Tone sowie kalkfreie Schamottesteine lassen sich durch unmittelbares Abrauchen mit Flußsäure in Gegenwart von Schwefelsäure auf Siliciumdioxyd untersuchen (s. S. 1107).

d) Allgemeine Bemerkungen zur Kieselsäurebestimmung

Die Schwierigkeiten bei der Siliciumdioxydbestimmung beim Aufschluß mit Soda-Pottasche liegen in der Tatsache, daß beim Eindampfen der mit Salzsäure zersetzten Schmelze und auch beim Erhitzen auf 130° das Siliciumdioxyd nicht quantitativ abgeschieden wird. Man muß dann das Filtrat von dem Siliciumdioxyd nochmals mit Salzsäure zur Trockne verdampfen und den trocknen Rückstand wiederum auf 130° erhitzen. Der hierbei anfallende Rest an Siliciumdioxyd wird durch ein zweites Filter abfiltriert und nach dem Auswaschen mit dem ersten Filter vereinigt.

Bei dem Aufschluß mit Soda-Borax umgeht man diese Schwierigkeiten, wenn man die mit Salzsäure zersetzte Schmelze zur Trockne eindampft und 2 bis 3 Std. auf 140 bis 150° erhitzt. Hierbei wird das Siliciumdioxyd völlig unlöslich, und das zweite Eindampfen entfällt.

Ist man nicht sicher, ob das Siliciumdioxyd vollkommen abgeschieden ist, so muß bei der folgenden Aluminium- und Eisenbestimmung der Glührückstand der Oxyde nochmals mit Flußsäure und reichlich Schwefelsäure abgeraucht werden, um die letzten Reste des Siliciumdioxyds zu verflüchtigen.

2. Die Bestimmung von Eisen(III)-oxyd, Tonerde, Titan(IV)-oxyd, Manganoxyd, Kalk, Magnesia und Alkalien

a) Die Summe der Oxyde von Eisen, Aluminium, Titan und Mangan

Zu ihrer Bestimmung benutzt man das Filtrat von dem durch Eindampfen abgeschiedenen Siliciumdioxyd (s. S. 1109) sowie den Rückstand vom Abrauchen des Siliciumdioxyds.

Nach der Verflüchtigung der Kieselsäure wird der im Platintiegel verbliebene, geglühte Rückstand mit 2 bis 3 g Kaliumpyrosulfat überschichtet, welches langsam zum Schmelzen gebracht wird. Dann erhöht man die Temperatur bis zur schwachen Rotglut, bis man eine klare Schmelze erzielt hat. Diese löst man nach dem Abschrecken des Tiegels in 50 ml Wasser, dem man 5 ml Schwefelsäure zugesetzt hat, entfernt den Tiegel und fällt in der Lösung mit Ammoniak in geringem Überschuß unter Zusatz einiger Tropfen Wasserstoffperoxyd die Oxydhydrate des Eisens, Aluminiums sowie etwa vorhandenen Titans und Mangans. Nach dem Abfiltrieren wird der Niederschlag in Salzsäure gelöst und die Lösung mit dem Filtrat von dem durch Eindampfen abgeschiedenen Siliciumdioxyd vereinigt. Man gibt nun 20 ml Salzsäure (1,19) hinzu und bringt die Flüssigkeit zum Sieden. Sollte sich dabei eine Trübung zeigen (Titan), so erhöht man den Salzsäurezusatz, bis vollständige Klärung eingetreten ist. In die siedende Lösung wird $^1/_2$ Std. Schwefelwasserstoff eingeleitet, um das beim Aufschluß gelöste Platin als Sulfid abzuscheiden.[1] Es wird nach dem Absitzenlassen abfiltriert und mit schwefelwasserstoffhaltigem, mit 1 vol.-proz. Salzsäure versetztem Wasser ausgewaschen. Dann verjagt man im Filtrat den Schwefelwasserstoff durch Kochen, gibt 2 g Ammoniumchlorid sowie 5 ml 3proz. Wasserstoffperoxydlösung hinzu und fällt mit Ammoniak in geringem Überschuß in der Hitze Eisen, Aluminium, Titan und Mangan aus. Der abfiltrierte Niederschlag wird in warmer Salzsäure (1 + 2) gelöst, die Lösung mit 50 ml Wasser verdünnt und die Fällung der Hydroxyde mit Ammoniak und Wasserstoffperoxyd wiederholt. Man glüht den abfiltrierten und mit heißem Wasser ausgewaschenen Niederschlag bei etwa 1000 bis 1200° und erhält so die Summe der Oxyde Fe_2O_3, Al_2O_3, TiO_2, Mn_3O_4.

Die vereinigten Filtrate dienen zur Bestimmung des Kalkes und der Magnesia.

b) Die Trennung der Oxyde

Nach dem Wägen werden die Oxyde durch Schmelzen mit Kaliumpyrosulfat wieder aufgeschlossen und die Schmelze in Lösung gebracht, wie oben angegeben. Die Lösung neutralisiert man mit Natriumhydroxyd so weit, daß eben ein Niederschlag entsteht, beseitigt diesen durch Zugabe von 1 bis 2 Tropfen Salzsäure (1 + 2) und setzt 5 g neutrales Natriumacetat zu. Beim nachfolgenden Kochen fallen nun die basischen Acetate des Aluminiums, Eisens und Titans aus, während sich das Mangan in Lösung befindet. Man filtriert den noch heißen Niederschlag ab und wäscht ihn mit kochend heißem Wasser aus. Dann bringt man ihn mit Salzsäure (1 + 1) in Lösung, neutralisiert diese unter Verwendung von Methylorange, verdünnt sie auf 300 ml, setzt 4 ml Salzsäure (1 + 1) zu und fällt Aluminium und Titan nach der Vorschrift in Kapitel Aluminium, S. 7, als Phosphate aus. Der Niederschlag wird nach dem Glühen bei 1200 bis 1300° mit Natriumcarbonat oder Soda-Borax geschmolzen, die Schmelze mit kochendem Wasser gelaugt, wobei das Aluminium und die Phosphorsäure in Lösung gehen, während Titan als Natriumtitanat zurückbleibt, und die Lösung filtriert. Das *Titan* bestimmt man im Ungelösten photometrisch (s. Kapitel Titan, S. 817), rechnet es auf das Phosphat $Ti_2P_2O_9$ um (Faktor: 3,15) und setzt es als solches von der Gesamtphosphat-Auswaage ab, um den Aluminiumphosphat-Wert zu erhalten. $AlPO_4$ mal 0,4180 = Al_2O_3. Im Filtrat kann man durch schwaches Ansäuern mit 50proz. Essigsäure das *Aluminium* wieder als Phosphat ausfällen, es nach dem Glühen wägen und somit den erst errechneten Phosphatwert kontrollieren.

c) Eisen

Da seine Bestimmung aus dem Filtrat von der Phosphatfällung unzweckmäßig ist, wägt man im Platintiegel 1 g der Probe ein, verflüchtigt das Siliciumdioxyd durch Abdampfen mit 10 ml Fluß- und 5 ml Schwefelsäure (1 + 2) und Erhitzen bis zum Auftreten von Schwefelsäuredämpfen, nimmt die Sulfate mit Salzsäure

---

[1] Die Ausfällung des Platins kann an Stelle von Schwefelwasserstoff auch mit einer wäßrigen Thioacetamidlösung (2 g in 100 ml) vorgenommen werden.

und 50 ml Wasser auf, gibt 3 ml 3proz. Wasserstoffperoxydlösung hinzu und verkocht den Überschuß des Oxydationsmittels. Die klare Lösung bringt man dann in einen 100 ml-Meßkolben, füllt sie zur Marke auf und entnimmt davon 50 ml. In dieser Abmessung wird das Eisen nach ZIMMERMANN-REINHARDT oder nach der Titantrichloridmethode bestimmt; diese Bestimmung kann auch potentiometrisch durchgeführt werden, wobei der Einfluß des Luftsauerstoffes auszuschalten ist.

d) Mangan

Dieses Element kann im Filtrat von der Acetatfällung (s. unter b) oder in der schwefelsauren Aufschlußlösung für die Eisenbestimmung nach P. SMITH maßanalytisch bzw. photometrisch bestimmt werden (s. Kapitel Mangan, S. 487).

e) Kalk und Magnesia

Die Filtrate von der Abscheidung der Oxyde (s. unter a) werden auf 300 bis 400 ml eingedampft. Die siedende Lösung versetzt man mit 10 ml Ammoniak (1 + 1) und fällt das Calcium durch Zugabe von 20 ml gesättigter Ammoniumoxalatlösung. Den Niederschlag filtriert man nach dem Absitzen ab, wäscht ihn mit 0,5proz. Ammoniak aus, löst ihn in verdünnter Salzsäure und wiederholt die Fällung mit Ammoniumoxalat. Nach dem Abfiltrieren und Auswaschen wird die Menge des *Calciums* maßanalytisch mit Kaliumpermanganat ermittelt (s. Kapitel Calcium, S. 267).

In den vereinigten Filtraten von der Calciumfällung fällt man nach dem Eindampfen auf 200 ml das *Magnesium* durch Zusatz von 20 ml Diammoniumhydrogenphosphatlösung (100 g/l) in die siedende Lösung und $^1/_7$ des Flüssigkeitsvolumens an Ammoniak (0,91) aus, läßt die Fällung einige Std. stehen, filtriert den Niederschlag in einen Porzellanfiltertiegel ab, wäscht mit 1proz. Ammoniak aus und glüht bei 800 bis 1000° zu Magnesiumpyrophosphat (s. Kap. Magnesium, S. I/451).

f) Alkalien

Zweckmäßig benutzt man zur Alkalienbestimmung das flammenspektrometrische Verfahren (s. Kapitel Spektrochemische Analyse). Ist eine Einrichtung dazu nicht vorhanden, so muß das für die Analyse von Steinen oder Ton bestimmte gewichtsanalytische Verfahren nach L. SMITH angewandt werden:

Man mischt 1 g der gepulverten Substanz mit 1 g feingepulvertem Ammoniumchlorid und verreibt das Gemisch in einer Achatschale innig mit 6 g Calciumcarbonat. Das Ganze bringt man in einen Finger-Platintiegel, reibt die Achatschale mit 2 g Calciumcarbonat sauber und überschichtet mit diesem Pulver die Beschickung des Tiegels. Dieser wird bedeckt so in eine Asbestplatte eingesetzt, daß sein Oberteil nicht von der Brennerflamme berührt werden kann und daher nicht zu heiß wird. Der aus der Asbestplatte nach unten ragende Teil des Tiegels wird mit der Flamme langsam von oben nach unten erhitzt, bis der größte Teil des Ammoniumsalzes verflüchtigt ist. Sodann steigert man während 1 Std. die Temperatur auf helle Rotglut; dabei sintert die Masse stark zusammen. Darauf wird der Tiegelinhalt in ein Becherglas gebracht, der Tiegel samt Deckel mit heißem Wasser abgespült und die Wassermenge auf etwa 30 ml erhöht. Man zerdrückt die gesinterte Masse mit einem Glasstab, bis sie ein feines Pulver darstellt, dekantiert mit heißem Wasser mehrfach durch ein Filter und wäscht den Rückstand so lange mit Wasser aus, bis die ablaufende Flüssigkeit chloridfrei ist. Das Filtrat wird mit 5 ml Ammoniumcarbonatlösung (100 g/l) unter Zugabe von einigen Tropfen Ammoniak versetzt und erhitzt, wobei das Calcium als Carbonat ausfällt. Man filtriert es ab, läßt das Filtrat in eine Platinschale laufen, gibt 1 ml Schwefelsäure (1 + 1) hinzu und verdampft die Flüssigkeit zur Trockne. Darauf werden die Ammoniumsalze verglüht und die Alkalisulfate gewogen. Eine Trennung in die einzelnen Elemente ist selten erforderlich. Auf vorhandenes Magnesium prüft man mit Diammoniumhydrogenphosphat in ammoniakalischer Lösung.

Fehlerquellen. Durch einen Gehalt der angewandten Reagenzien an Alkalien sowie durch unvollkommenen Aufschluß können Fehler unterlaufen. Es empfiehlt sich daher, sich durch Lösen des beim Auslangen des Aufschluß erhaltenen Rückstandes in Salzsäure davon zu überzeugen, daß er restlos aufgeschlossen ist.

Literatur. TREADWELL, F. P.: Kurzes Lehrbuch der analytischen Chemie, 11. Ausgabe 1946. — FRANZ DEUTICKE: Bd. 2, S. 423—425. — DITTLER, E.: Gesteinsanalytisches Praktikum 1933, S. 35.

3. Rationelle Analyse der feuerfesten Tone

Eine rationelle Analyse der feuerfesten Tone bildet die Grundlage zu einer annähernd quantitativen Feststellung der mineralischen Zusammensetzung der Tone nach chemischen Verfahren. Im allgemeinen setzen sich Tone aus Kaolin, Feldspat, Glimmer und Quarz zusammen. Die Untersuchung kann nach 2 Methoden vorgenommen werden, nämlich nach dem Schwefelsäureverfahren (Arbeitsweise des Chemikerausschusses des VDEh) oder nach dem Salzsäureverfahren (nach G. KEPPELER).

a) Schwefelsäureaufschlußverfahren

Bei dem Aufschluß mit Schwefelsäure in der Hitze wird die Tonsubstanz zersetzt, während Feldspat und Quarz nur wenig angegriffen werden. Das Siliciumdioxyd, das sich beim Zersetzen der Tonsubstanz bildet, löst man mit Kalilauge und Sodalösung; im Quarz-Feldspatrückstand wird der Tonerdegehalt bestimmt und daraus der Feldspat- und Quarzgehalt errechnet. Der Glimmergehalt bleibt unberücksichtigt.

Zur Durchführung wird 1 g der bei 105° getrockneten Probe in einer 1 l-Porzellanschale mit 100 ml Wasser und 5 ml Kalilauge (440 g/l) 3 min verrührt. Dann hält man die Aufschlämmung, mit einem Uhrglas 15 min zugedeckt, im Sieden, setzt nach dem Kochen noch 100 ml Wasser hinzu und läßt das Ganze abkühlen. Ohne das Uhrglas abzunehmen, werden dann durch den Ausguß der Schale vorsichtig 100 ml Schwefelsäure (1,84) und 10 ml Salpetersäure (1,40) zugegeben und umgeruhrt, worauf man die Schale auf einem Luftbad erwärmt.

Dieses besteht aus einem Blechring von 22 cm Durchmesser und 7 cm Höhe, der auf einer Heizplatte aufliegt und mit einer Asbestplatte bedeckt ist. Letztere hat eine kreisförmige Öffnung, in welche die beschickte Porzellanschale so tief eingesetzt werden kann, daß die Flüssigkeitsoberfläche mit der Asbestplatte in einer Ebene liegt. Etwa 5 cm vom Rande der Öffnung entfernt befindet sich eine enge Durchbohrung in der Platte, durch die ein Thermometer schrägliegend so eingeführt wird, daß die Quecksilberkugel fest am Außenboden der Schale anliegt. Ein zweites Thermometer wird in den Schaleninhalt eingeführt. Da abrauchende Schwefelsäure einen merklichen Einfluß auf gewöhnliches Glas auszuüben vermag, muß dieses zweite Thermometer zweckmäßig aus chemisch-widerstandsfähigem Glas (Jenaer Thermometerglas) hergestellt sein.

Das Erhitzen auf dem Luftbad wird so geregelt, daß die Temperatur der Flüssigkeit nach 75 min 140° beträgt; auf dieser Höhe hält man sie $1^3/_4$ Std. lang. Um das zu erreichen, ist ein bestimmtes Temperaturgefälle zwischen dem beheizten Boden der Schale und dem Schaleninhalt erforderlich. Es muß das Bodenthermometer während der ersten Zeit des Erhitzens langsam auf 190 bis 200° ansteigen und während der folgenden Dauer 190 bis 210° anzeigen. Nach Verlauf dieser Zeit steigert man die Temperatur allmählich so weit, daß das Thermometer auf 300 bis 310° steigt. Die Erhitzungsdauer auf dem Luftbad beträgt insgesamt 4 Std.

Nach dem Erkalten versetzt man den Schaleninhalt vorsichtig mit 600 ml Wasser, läßt das Ungelöste 2 Std. absitzen und gießt dann das Klare ab. Der Rückstand wird nun mit 10 ml Salzsäure (1,19) und 50 ml Wasser 15 min auf dem Wasserbad erwärmt, darauf auf ein dichtes, mittelhartes 11 cm-Filter abfiltriert, 3mal mit Wasser ausgewaschen und in die Schale zurückgespritzt. Die Behandlung mit Salzsäure wird sodann noch 2mal und, sollte beim letztenmal noch eine schwach grünliche Färbung der Säure auftreten, noch ein weiteres Mal wiederholt.

Nach dem letzten Auswaschen wird der Rückstand in die Schale zurückgebracht und mit insgesamt 250 ml Wasser bedeckt. Zu dieser Menge gibt man 25 g kristallisiertes oder 8 g wasserfreies Natriumcarbonat hinzu, erwärmt 2 min auf dem Wasserbad, fügt 5 ml Kalilauge (1 + 2) hinzu und erwärmt wieder 2 min. Darauf wird die Lösung samt dem Rückstand durch das bereits benutzte Filter filtriert. Bei vielen Proben fließen die ersten Anteile trüb hindurch. In diesem Falle wechselt man, sobald die Lösung klar zu fließen beginnt, das Becherglas mit dem ersten Filtrat, filtriert den restlichen Inhalt der Schale vollständig ab und gibt erst dann die trüben Anteile auf das Filter. Der Inhalt des Filters wird, ohne ihn auszuwaschen, in die Schale zurückgespült und noch 3mal in der gleichen Weise mit Soda und Lauge behandelt. Der schließlich auf dem Filter gesammelte Rückstand wird mit äthanolhaltigem Wasser (50 ml Äthanol/l) ausgewaschen, mit dem Filter in einen Platintiegel gebracht und nach dem Veraschen des Filters geglüht und gewogen. Der Gewichtsunterschied zwischen Einwaage und Rückstand wird als *Tonsubstanz* angesehen.

Aus dem Rückstand wird durch Abrauchen mit Fluß- und Schwefelsäure die Kieselsäure entfernt. Darauf schließt man den geglühten Rückstand mit Natriumkaliumcarbonat auf, löst die Schmelze in verdünnter Salzsäure und versetzt die Lösung mit Ammoniak in geringem Überschuß. Der Niederschlag wird nach dem Abfiltrieren in Salzsäure gelöst und das Aluminium in der Lösung als Aluminiumphosphat gefällt und bestimmt. Aus dem Gewicht des Aluminiumphosphats berechnet man den *Feldspat*: $AlPO_4$ mal 2,28 = Kalifeldspat (Al_2O_3 mal 5,46 = Kalifeldspat). Der Gewichtsunterschied zwischen Rückstand und Feldspat ergibt den *Quarzgehalt*.

Literatur. Handbuch des Eisenhüttenlaboratoriums, Bd. I (1939) S. 203—205. — Grewe, H.: Arch. Eisenhüttenwes. Bd. 3 (1929/30) S. 43—48.

b) Salzsäureverfahren

Eine Probe von etwa 0,5 g wird in einem kleinen Porzellantiegel nach 2stündigem Trocknen bei 120° genau gewogen und in einem Muffelofen (elektrisch beheizt) auf 700 bis 750° erhitzt. Hierbei zerfällt die Tonsubstanz ($Al_2O_3 \cdot 2\,SiO_2 \cdot 2\,H_2O$) in freie Tonerde und Siliciumdioxyd unter Entweichen von Wasser. Die gesamte frei gewordene Tonerde wird nun durch etwa 2stündiges Erhitzen mit 100 ml Salzsäure (1 + 3) auf dem Wasserbad in Lösung gebracht, die heiße Lösung durch ein gehärtetes Filter filtriert und der Rückstand mit heißem Wasser salzsäurefrei ausgewaschen. Im Filtrat fällt man dann das Aluminium als Hydroxyd. Der scharf geglühte Niederschlag wird gewogen; sein Gewicht, mit 2,53 multipliziert, ergibt den Gehalt an *Tonsubstanz*. Das darin vorhandene Eisenoxyd wird als Tonerde angesprochen.

Den in Salzsäure unlöslichen Rückstand spült man nach Durchstoßen des Filters mit Wasser sorgfältig in eine Porzellanschale und dampft ihren Inhalt bis auf ein geringes Volumen ab. Darauf fügt man 10 ml Schwefelsäure (1,84) hinzu und bedeckt die Schale mit einem Uhrglas. Das Gemisch wird nun auf einer Asbestplatte mehrere Std. stark erhitzt und die Schwefelsäure schließlich völlig abgeraucht. Behandelt man dann die Salze mit Salzsäure (1,19) auf dem Wasserbad, so gehen die Basen in Lösung, während das gesamte *Siliciumdioxyd* sowie der *Feldspat* ungelöst bleiben. Dieser Rückstand wird nach dem Abfiltrieren auf ein Doppelfilter sorgfältig mit Salzsäure (1 + 6), nachfolgend mit warmem Wasser ausgewaschen und samt dem Filter noch feucht in eine Hartgummikasserolle gebracht und mit 200 ml kochendem Wasser versetzt. Nun gibt man 2,5 ml Flußsäure (1,14) hinzu. Das amorphe Siliciumdioxyd löst sich nun, und nach 2 min währendem Rühren wird die überschüssige Flußsäure durch tropfenweisen Zusatz von Natronlauge unter Verwendung von Phenophthalein als Indicator neutralisiert. Der Quarz und Feldspat nebst den Filterresten werden durch ein Doppelfilter abfiltriert, zunächst mit Wasser, dann mit verdünnter Salzsäure, und schließlich wieder mit Wasser gründlich ausgewaschen, verascht und geglüht. Diese Auswaage sowie die der Tonsubstanz werden von der angewandten Probenmenge abgesetzt, und man erhält so das Gewicht des *Glimmers* und anderer akzessorischen Bestandteile des Tones. Das zuletzt erhaltene Gemisch von Quarz und Feldspat raucht man mit Flußsäure ab, nimmt den Rückstand mit Salzsäure auf, fällt in der Lösung die Tonerde und berechnet aus ihrem Gewicht den Gehalt an Feldspat. Al_2O_3 mal 5,46 = Kalifeldspat.

Literatur. KEPPELER, G.: Ber. dtsch. keram. Ges. Bd. 10 (1929) S. 501/02. — Handbuch für das Eisenhüttenlaboratorium, Bd. I (1939) S. 205/06.

III. Untersuchung von Materialien der Klasse 3

Man unterscheidet in dieser Klasse teerfreie Steine bzw. Stampfmassen und teerhaltige Werkstoffe mit einem Teergehalt von 10 bis 15%.

1. Teerfreies Material

a) Glühverlust

Vorbemerkung. Gebrannte Dolomite können beim Erhitzen auf 105° Kohlendioxyd aus der Luft aufnehmen. Deshalb ist die Bestimmung des Glühverlustes im Anlieferungszustand, also ohne vorherige Trocknung vorzunehmen.

Ausführung. Zur Bestimmung des Glühverlustes werden 3 bis 5 g (a) des feingepulverten und durch ein Prüfsieb 0,20 DIN 1171 getriebenen Probegutes, ohne zu trocknen, in einem vorgeglühten und gewogenen Platintiegel (b) eingewogen. Die Probe wird sofort in eine heiße Muffel, die eine Temperatur von 1000° hat, eingesetzt und 2 Std. geglüht. Nach dieser Zeit wird der Tiegel zur Abkühlung in einen Exsiccator, der in seinem unteren Teil mit Phosphorpentoxyd gefüllt ist, gesetzt und anschließend gewogen (c). Die Differenz ergibt den Glühverlust (d).

$$\text{Glühverlust } d = a + b - c$$
$$\%\ \text{Glühverlust} = \frac{d \cdot 100}{a}$$

b) Kohlendioxyd

Grundlage. Die im Dolomit enthaltenen Carbonate werden durch Mineralsäuren zersetzt. Das hierbei frei werdende Kohlendioxyd wird dann durch Absorption mit Natronasbest ermittelt.

Sonderlösungen Schwefelsäure (1 + 1).

Kohlendioxydfreies Wasser, das auf folgende Weise hergestellt wird.

Destilliertes Wasser kocht man unter Durchleiten von Stickstoff, der eine Waschflasche mit Kaliumhydroxydlösung (560 g/l) und darauf einen Turm mit Natronasbest durchlaufen hat, 30 min lang in einem Stehkolben und läßt es unter weiterem Durchperlen des Gases auf 50° bis 45° abkühlen. Dann gießt man das Wasser schnell in die dafür vorgesehene Vorratsflasche und leitet wieder Stickstoff hindurch, bis es Zimmertemperatur angenommen hat. Unmittelbar nach dem Entfernen des Gaseinleitungsrohres ist das Vorratsgefäß mit einem Natronasbest enthaltenden Rohr zu verschließen.

Die Apparatur (Abb. 98) setzt sich im wesentlichen zusammen aus den Gaswascheinrichtungen, dem Entwicklungskolben und den Absorptionsgefäßen. Dem Entwicklungskolben *4* von 250 ml Inhalt, dessen Aufsatz mit einem Trichter *7*, mit Hahn *6* und einem Kugelkühler *5* versehen ist, sind auf der Seite des Gaseintrittes eine Waschflasche *1* mit Schwefelsäure (1,84), ein Turm *2* mit Natronasbest

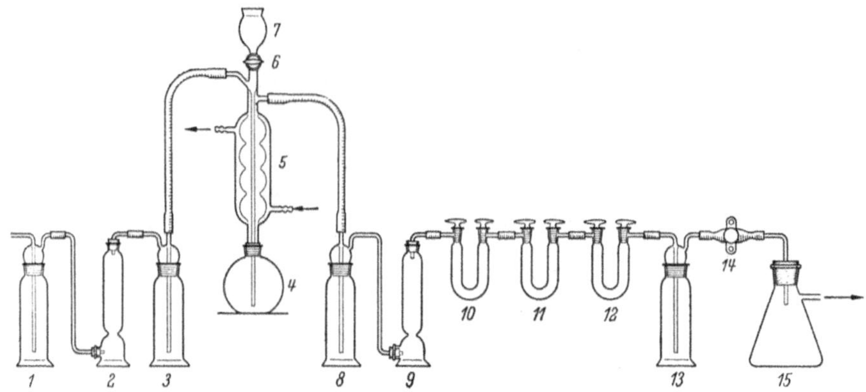

Abb. 98. Apparatur zur Bestimmung des Kohlendioxyds im Dolomit
1 Waschflasche mit H_2SO_4 (1,84); *2* Turm mit Natronasbest; *3* Waschflasche, leer; *4* Entwicklungskolben; *5* Kühler; *6* Hahn; *7* Trichter; *8* Waschflasche mit H_2SO_4 (1,84); *9* Turm mit Mg $(ClO_4)_2$; *10—12* U-Röhrchen; *13* Waschflasche mit H_2SO_4 (1,84); *14* Schraubenquetschhahn; *15* Saugflasche

und eine leere Waschflasche *3* in umgekehrter Strömungsrichtung vorgeschaltet. Auf der Seite des Gasaustrittes schließen sich eine Schwefelsäure (1,84) enthaltende Waschflasche *8* mit möglichst kleinem totem Raum und ein Turm *9* mit Magnesiumperchlorat (Trocknungsmittel) an. Darauf folgen drei gleiche, mit Schliffstopfen versehene und gekennzeichnete U-Röhrchen *10*, *11*, *12* für die Aufnahme des Kohlendioxyds. Ihre Füllung besteht aus Natronasbest und, durch Glaswatte davon getrennt (an der Seite des Gasaustrittes), einer 1 cm langen Schicht Magnesiumperchlorat zur Aufnahme des bei der Absorption frei werdenden Wassers. Von dem letzten U-Röhrchen führt die Leitung über eine Schwefelsäure (1,84) enthaltende Waschflasche *13* zu einer Saugflasche *15* von wenigstens 1 l Inhalt. Die beiden Flaschen sind mit einem Stück Vakuumschlauch verbunden, über den ein Schraubenquetschhahn *14* geschoben ist; der durch den Hahn zusammendrückbare Schlauchteil soll möglichst kurz sein.

Für sämtliche Gummischlauchverbindungen darf nur nicht mit Glycerin behandelter Vakuumschlauch verwendet werden. Die Gasaustrittsrohre der Waschflaschen *1* und *8* sind an ihrem Ende mit einem als Filter wirkenden Pfropfen aus Glaswatte zu versehen, um die von den aufsteigenden Gasblasen mit gerissenen feinen Nebeltröpfchen festzuhalten.

Ausführung. Von der vorschriftsmäßig aufbereiteten und aufbewahrten Dolomitprobe werden 5 g in ein trockenes verschließbares Wägegläschen eingefüllt und dieses mit geöffnetem Deckel zum Trocknen in einen Vakuumexsiccator mit Schwefelsäure (1,84) gestellt. Nach dem Trocknen wird das Wägegläschen mit der Probe gewogen. Hiernach schüttet man das Probegut in den trockenen Entwicklungskolben und wägt das Gläschen mit dem Deckel zurück. Der Gewichtsunterschied entspricht der eingewogenen Menge. Dann durchfeuchtet man die Probe mit 30 ml kohlendioxydfreiem Wasser, um später beim Zugeben der Säure durch das sogleich entbundene Kohlendioxyd ein Zerstäuben zu vermeiden. Man setzt nun den Aufsatz, dessen Hahn geschlossen ist, auf den Kolben und stellt nach beiden Seiten die Verbindungen her. Um in der Apparatur vorhandenes Kohlendioxyd zu entfernen, saugt man durch Öffnen des Quetschhahnes *14* einen schwachen Luftstrom (zwei bis drei Blasen je sek in der Waschflasche *13* perlend) 30 min lang hindurch, nachdem man die U-Röhrchen *10* bis *12* abgenommen und mit einem Schlauch die unmittelbare Verbindung zwischen dem Turm *9* und der Waschflasche *13* hergestellt hat. Der erforderliche Unterdruck wird durch eine Wasserstrahlpumpe erzeugt, indem man die Saugflasche *15* während der Dauer der Bestimmung evakuiert und die Geschwindigkeit des Luftstromes mit dem Schraubenquetschhahn *14* regelt.

Darauf unterbricht man den Luftstrom, fügt die drei U-Röhrchen *10* bis *12* ein, öffnet sie und wiederholt das Durchsaugen von Luft in der gleichen Weise, jedoch 5 min lang. Nun werden die Absorptionsröhrchen *10* und *11*, nachdem man die Hähne aller Röhrchen, beginnend bei dem der Waschflasche *13* am nächsten liegenden, und ferner den Quetschhahn *14* geschlossen hat, abgenommen und in einem Exsiccator 15 min lang neben der Waage stehengelassen. Unmittelbar vor dem Wägen wird jedes Röhrchen mit einem Wildleder abgerieben, kurz geöffnet und wieder geschlossen, um den Druckausgleich mit der Außenluft herbeizuführen; dann wird es gewogen.

Das Durchsaugen von Luft ist nach längerem Ruhen der Apparatur und selbstverständlich nach frischem Füllen der Röhrchen zu wiederholen, bis zwei aufeinanderfolgende Wägungen gleiches Gewicht zeigen. (Das dritte Röhrchen dient als Ersatz und wird infolge des häufigen Durchsaugens von Luft für den späteren Gebrauch vorbereitet. Ist das erste Röhrchen erschöpft, so wird es durch das zweite ersetzt, an dessen Stelle dann das dritte tritt, und für dieses wird ein frisch gefülltes angehängt.)

Nun stellt man den Kühlwasserstrom an, gibt 50 ml Schwefelsäure (1 + 1) in den Trichter des Entwicklungskolbens und läßt sie vorsichtig zu der Probe tropfen, worauf die Gasentwicklung sofort beginnt. Das Zufließen der Säure und die Geschwindigkeit des Luftstromes werden so geregelt (Hahn *6* bzw. Quetschhahn *14*), daß zwei bis drei Blasen die Waschflasche *13* in der sek durchperlen.

Sobald alle Säure in den Kolben getropft ist, wird der Hahn *6* geschlossen. Nachdem die Kohlendioxydentwicklung aufgehört hat, erhitzt man den Inhalt des Kolbens vorsichtig zum Sieden, damit der Druck nicht zu schnell steigt und ein Ausgleichen mit dem Quetschhahn *14* so erfolgen kann, daß bei der anfangs höheren Geschwindigkeit des Luftstromes die Absorption des Kohlendioxyds noch gewährleistet wird. Es ist zweckmäßig, den Brenner ziemlich nahe unter den Kolben zu stellen und ihn mit kleiner Flamme, die das Asbestdrahtnetz berührt, zu erhitzen, so daß hierbei vermieden wird, den Kolben oberhalb des Flüssigkeitsspiegels einer unnötig hohen Temperatur auszusetzen. Man hält seinen Inhalt 15 min lang im Sieden und läßt anschließend den Luftstrom noch 20 min lang ein wenig stärker durch die Apparatur gehen. Dann stellt man ihn ab, schließt die Hähne der Absorptionsröhrchen, beginnend bei dem der Waschflasche *13* am nächsten liegenden Hahn, öffnet unmittelbar anschließend den Hahn *6* des Entwicklungskolbens und nimmt sogleich darauf die U-Röhrchen ab. Ihre weitere Behandlung vor dem Wägen erfolgt, wie es für die Vorbereitung der Röhrchen beschrieben worden ist. Die Gewichtszunahme entspricht dem Kohlendioxydgehalt der Probe; er ergibt sich zu:

$$\% \; CO_2 = \frac{p \cdot 100}{E}$$

Hierin bedeuten:

p = Gewicht des absorbierten Kohlendioxyds in Gramm,
E = Einwaage in Gramm.

Bemerkung. Liegt der Kohlendioxydgehalt über 10%, so ist die Einwaage auf 2 bzw. 1 g zu erniedrigen.

Der Verwendung von Schwefelsäure ist diejenige von Perchlorsäure vorzuziehen, weil die sich bildenden Perchlorate gelöst bleiben, während mit Schwefelsäure Sulfate entstehen, die sich zusammenballen und das vollständige Austreiben des Kohlendioxyds erschweren. Die kohlendioxydfreie Perchlorsäure wird auf folgende Weise hergestellt:

1 l Perchlorsäure (1,54) z. A. wird in einem mit einer Marke versehenen ERLENMEYER-Kolben mit etwa 100 ml Wasser versetzt. Die hinzugefügte Wassermenge wird unter Durchleiten von Stickstoff, der eine Waschflasche mit Kaliumhydroxydlösung (560 g/l) und darauf einen Turm mit Natronasbest durchlaufen hat, durch Kochen wieder entfernt. Anschließend läßt man die Perchlorsäure unter weiterem Durchperlen des Gases auf 50 bis 45° abkühlen, gießt sie dann schnell in die dafür vorgesehene Flasche und leitet wieder Stickstoff hindurch, bis die Säure Zimmertemperatur angenommen hat. Die Flasche wird mit einem Glasstopfen verschlossen.

Bei Anwesenheit von Fluoriden bindet man das Fluor durch Zirkoniumoxydhydrat zu einem säurebeständigen Komplexsalz. Hierfür gibt man 5 g Zirkoniumoxydhydrat mit der Probe in den Entwicklungskolben.

Enthält das Probegut säurelösliche Sulfide, so setzt man vor dem Austreiben des Kohlendioxyds 5 ml Quecksilber(II)-chloridlösung zu, um den Sulfidschwefel zurückzuhalten.

Im übrigen wird nach dem vorstehend beschriebenen Verfahren gearbeitet.

Die Quecksilber(II)-chloridlösung wird hergestellt, indem 100 ml kohlendioxydfreies Wasser mit Quecksilber(II)-chlorid zur Analyse, $HgCl_2$, bei Zimmertemperatur gesättigt werden. Es sind etwa 7 g erforderlich.

c) Siliciumdioxyd

Grundlage. Beim Auflösen des Dolomits in Salzsäure wird das Siliciumdioxyd abgeschieden und nach Zugabe von Perchlorsäure durch Eindampfen der Lösung in die unlösliche Form übergeführt, abfiltriert, geglüht und gewogen (Perchlorsäureverfahren).

Ausführung. 2,5 g des feingepulverten, bei 105° getrockneten Probegutes werden in einem 600 ml-Becherglas (hohe Form) mit 20 ml Wasser und dann mit 20 ml Salzsäure (1,19) versetzt. Das Becherglas wird mit einem Uhrglas abgedeckt und die Lösung auf einer Heizplatte so erhitzt, daß innerhalb 30 min die Lösung siedet. Hiernach hebt man das Uhrglas ab, spritzt es mit heißem Wasser ab und dampft die Lösung bis auf 10 ml ein. Nach dem Erkalten werden 40 ml Perchlorsäure (1,61) zugesetzt. Bei mäßiger Erhitzung wird die restliche Salzsäure verdampft; dann wird stärker erhitzt, bis weiße Perchlorsäuredämpfe entweichen, und die Lösung noch 20 min im leichten Sieden gehalten. Nach dem Erkalten gibt man 10 ml Salzsäure (1,19) hinzu, läßt die Säure 2 min in der Kälte einwirken, erhitzt anschließend zum Sieden und verdünnt nach 2 min mit 300 ml heißem Wasser. Nach halbstündigem Absitzen des Siliciumdioxyds wird dieses unter Benutzung eines aschefreien, mittelharten Filters von 11 cm Durchmesser, in das man ein wenig Filterbrei gegeben hat, abfiltriert. Der Rückstand auf dem Filter wird 3 mal mit heißer Salzsäure (1 + 10) und 10 mal mit heißem Wasser ausgewaschen. Filter und Rückstand werden im Platintiegel zuerst vorsichtig bei niedriger Temperatur verascht und anschließend bei 1100° bis zum gleichbleibenden Gewicht geglüht und nach dem Erkalten im Exsiccator gewogen. Der Glührückstand in dem Platintiegel wird mit 1 ml Wasser angefeuchtet und mit 0,5 ml Schwefelsäure (1 + 4) und 10 ml Flußsäure (1,14) versetzt. Dann wird langsam bis zum Auftreten weißer Nebel eingedampft. Hierauf glüht man den Tiegel bis zum gleichbleibenden Gewicht bei 1000 bis 1100°. Der Gewichtsunterschied *a* vor und nach dem Abrauchen entspricht der Menge an reinem Siliciumdioxyd.

$$\frac{a \cdot 100}{E} = \%\ SiO_2$$

d) Eisenoxyd

Grundlage. Das Verfahren beruht auf der Reduktion von Eisen(III)-chlorid zu Eisen(II)-chlorid mittels Titan(III)-chlorid. Das Ende der Reaktion wird durch Ammoniumthiocyanat angezeigt, das mit dreiwertigem Eisen eine blutrote Färbung von Eisenthiocyanat gibt, die verschwindet, wenn sämtliches dreiwertiges Eisen reduziert ist. Die Titration erfolgt nach dem Abscheiden des Siliciumdioxyds in einem Teil des hierbei anfallenden Filtrates.

Erforderliche Sonderlösungen. Titan(III)-chloridlösung: 400 ml einer handelsüblichen 15proz. Titan(III)-chloridlösung werden nach dem Zusetzen des gleichen Volumens Salzsäure (1,19) mit Wasser auf 4 l verdünnt. 1 ml der Lösung entspricht etwa 0,005 g Eisen.

Zum Schutz vor Oxydation wird die Lösung in einer Flasche mit angeschlossener Bürette aufbewahrt und beide werden mit einem Wasserstoff- oder Kohlendioxydentwickler verbunden, so daß beim Entleeren der Bürette indifferentes Gas nachströmt und beim Füllen der Bürette das nachgeströmte Gas in den Gasraum der Vorratsflasche zurückgedrängt wird. Der Entwickler arbeitet nur und liefert das Schutzgas in dem Maße nach, in dem die Lösung der Flasche oder der Bürette entnommen wird. Diese Anordnung ist in Abb. 99 dargestellt und die Arbeitsweise ist folgende:

Der im Kippschen Gasentwickler entwickelte Kohlendioxydstrom wird durch die Waschflasche (*1*) mit Wasser, die Waschflasche (*2*) mit Kupfersulfatlösung

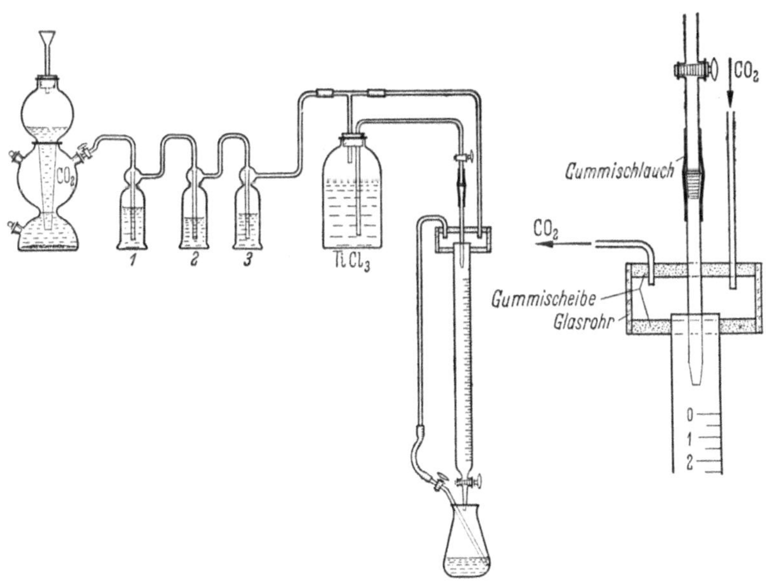

Abb. 99. Gerät für die Bestimmung von Eisen(III)-oxyd nach dem Titan(III)-chlorid-Verfahren

und die Waschflasche (*3*) mit Schwefelsäure (1 + 4) geleitet. Der so gereinigte und getrocknete Kohlendioxydstrom wird anschließend durch ein Glasrohr in die aus braunem Glas bestehende und Titantrichloridlösung enthaltende

Flasche geleitet. Von dort aus wird er in die Bürette oder in den erweiterten Bürettenkopf, der aus einem kurzen Glasrohrstutzen und 2 Gummischeiben mit entsprechenden Bohrungen besteht, eingeführt. Von dem Bürettenkopf gelangt der Kohlendioxydstrom durch ein Glasrohr zum Titriergefäß (ERLENMEYER-Kolben).

Das mit einem Glashahn versehene und durch eine Gummischlauchverbindung beweglich gehaltene Endstück des Glasrohres wird in die zu titrierende Flüssigkeit eingelegt. Durch Öffnen des Hahnes wird zur Verdrängung der Luft Kohlendioxyd in die zu titrierende Flüssigkeit eingeleitet. Damit der dünne Strahl bzw. die Tropfen der Titanchloridlösung nur mit Kohlendioxyd in Berührung kommen, wird im Kohlendioxydstrom titriert.

Die Bürette wird durch ein Heberrohr aus Glas gefüllt. Das zweiteilige mit einer Gummischlauchverbindung gehaltene Heberrohr hat einen Hahn. Bei dieser Verbindung ist besonders darauf zu achten, daß — wie aus dem Bild zu ersehen ist — das untere Glasrohr weiter als das obere ist. Dadurch wird verhindert, daß die Titanchloridlösung mit dem Gummi in Berührung kommt.

Ammoniumthiocyanatlösung: 100 g Ammoniumthiocyanat werden in Wasser gelöst, die Lösung wird auf 1 l verdünnt.

Titerstellung der Titan(III)-chloridlösung. Die Titerstellung erfolgt mit Eisen(III)-oxyd nach BRANDT. Man löst 1,0 g des bei 105° bis zum gleichbleibenden Gewicht getrockneten Eisen(III)-oxyds in 50 ml Salzsäure (1,19) in mäßiger Wärme und kocht anschließend einige min. Die Lösung wird in einen Meßkolben von 500 ml Inhalt gespült, mit 25 ml Salzsäure (1,19) versetzt und nach dem Auffüllen des Kolbens mit Wasser gemischt. 100 ml der Lösung werden mit 5 ml Ammoniumthiocyanatlösung versetzt und mit Titan(III)-chloridlösung bis zum Verschwinden der Farbe des Eisen(III)thiocyanats titriert.

Ist der wahre Eisen(III)-oxydgehalt des eingewogenen Eisen(III)-oxyds nach BRANDT a Prozent, und werden m Milliliter Titan(III)-chloridlösung verbraucht, so ergibt sich ihr Titer zu

$$f = \frac{a}{m} \quad \text{(Gramm Eisen(III)-oxyd)}$$

Ausführung. In 5,0 g der Probe wird das Siliciumdioxyd in der beschriebenen Weise abgeschieden. Das Filtrat der Siliciumdioxydabscheidung wird in einen 500 ml-Meßkolben gefüllt, der Kolben wird bis zur Marke mit Wasser aufgefüllt und gut durchgeschüttelt. 50 ml des Filtrats werden in einem 400 ml-Becherglas mit 100 ml Wasser verdünnt und mit Ammoniak (1 + 1) schwach alkalisch gemacht, kurz aufgekocht und dann unter Verwendung eines Weißbandfilters, in das ein wenig Filterbrei gegeben wird, filtriert. Nach dreimaligem Auswaschen mit heißem Wasser wird der Filterrückstand mit heißer Salzsäure (1 + 5) vom Filter gelöst und die Lösung in einem 300 ml-ERLENMEYER-Kolben aufgefangen. Nach Abkühlung der Lösung erfolgt die Bestimmung des Eisen(III)-oxyds in der gleichen Weise wie bei der Titerstellung mit Titan(III)-chloridlösung.

e) Aluminiumoxyd und Titandioxyd

Grundlage. Nach dem Abscheiden des Siliciumdioxyds werden in einem Teil des hierbei anfallenden Filtrats die Metallhydroxyde mit Ammoniak gefällt, abfiltriert, durch Glühen in Oxyde übergeführt und diese gewogen. Aus der Summe der Oxyde ergibt sich nach Abzug des mit Titan(III)-chlorid ermittelten Gehaltes an Eisenoxyd der Gehalt an Aluminiumoxyd und Titandioxyd.

Ausführung. In 5,0 g der Probe wird das Siliciumdioxyd in der dort beschriebenen Weise abgeschieden. Das Filtrat der Siliciumdioxydabscheidung wird in einen 500 ml-Meßkolben gefüllt, der Kolben bis zur Marke mit Wasser aufgefüllt und gut durchgeschüttelt, 50 ml des Filtrats werden in einem 400 ml-Becherglas mit 100 ml Wasser verdünnt und zur Ausfällung der Hydroxyde mit Ammoniak

(1 + 1) bis zur schwach alkalischen Reaktion versetzt. Dann wird zum Sieden erhitzt und so lange gekocht, bis sich der Niederschlag zusammenballt. Nach dem Absetzen des Niederschlages wird unter Verwendung eines aschefreien, mittelharten Filters, in das ein wenig Filterbrei gegeben wird, filtriert und der Niederschlag 5mal mit heißem Wasser ausgewaschen. Der Niederschlag wird mit heißer Salzsäure (1 + 5) vom Filter in das Fällungsglas zurückgelöst. Die Fällung mit Ammoniak (1 + 1) wird darauf noch 2mal wiederholt. Das Auswaschen der Hydroxyde der letzten Fällung wird 5mal mit heißem Wasser und anschließend 3mal mit 2proz. ammoniumnitrathaltigem Wasser durchgeführt. Filter und Rückstand werden im vorgewogenen Tiegel verascht und bis zum gleichbleibenden Gewicht geglüht.

Das Gewicht des Glührückstandes, mit 200 multipliziert, ergibt den Prozentgehalt der Sesquioxyde.

Die Summe der Sesquioxyde minus $Fe_2O_3 = TiO_2 + Al_2O_3$.

f) Calciumoxyd

α) nach dem Oxalatverfahren

Grundlage. Der Kalk wird nach Abscheidung des Siliciumdioxyds und der Metalle aus der neben Kalk und Magnesia nur noch die Alkalien enthaltenden Lösung als Calciumoxalat gefällt. Das Calciumoxalat wird in verdünnter Schwefelsäure gelöst und die dabei entstehende äquivalente Menge Oxalsäure mit Kaliumpermanganat titriert.

Sonderlösungen. n/20-Kaliumpermanganatlösung: 1,6 g $KMnO_4$ werden in Wasser gelöst; die Lösung wird auf 1 l verdünnt. n/2-Kaliumpermanganatlösung: 16 g $KMnO_4$ werden in Wasser gelöst; die Lösung wird auf 1 l verdünnt. Ammoniumoxalatlösung: 60 g Ammoniumoxalat, $(NH_4)_2C_2O_4 \cdot H_2O$, werden in Wasser gelöst; die Lösung wird auf 1 l verdünnt.

Titerstellung der n/2-Kaliumpermanganatlösung. Das Einstellen erfolgt mit Natriumoxalat nach S. P. L. Sörensen zur Analyse, $Na_2C_2O_4$. Eine genaue gewogene Menge von etwa 0,5 g des in einem Wägegläschen mit schief aufgelegtem Deckel 2 Std. lang im Trockenschrank auf 105° erhitzten und anschließend im Exsiccator erkalteten Salzes wird in einem 400 ml-Becherglas mit 50 ml Schwefelsäure (1 + 4) gelöst. Die Lösung wird auf 70° erhitzt und bei dieser Temperatur titriert, bis sie eben schwach violett ist.

Der Titer der Lösung ist:

$$f = \frac{a \cdot 0{,}4184}{m} \text{ (Gramm Calciumoxyd)}$$

Hierin bedeuten:

a = eingewogene Menge Natriumoxalat in Gramm,
m = verbrauchte Kaliumpermanganatlösung in ml.

Ausführung. In 5,0 g der Probe wird das Siliciumdioxyd in der vorher beschriebenen Weise abgeschieden. Das Filtrat der Siliciumdioxydabscheidung wird in einen 500 ml-Meßkolben gefüllt, der Kolben bis zur Marke mit Wasser aufgefüllt und gut durchgeschüttelt. 50 ml werden in einem 400 ml-Becherglas mit 100 ml Wasser verdünnt und zur Abscheidung der Hydroxyde und des Mangans bis zur schwach sauren Reaktion mit Ammoniak (1 + 1), sodann mit Bromwasser bis zur stark braunen Färbung und nochmals mit Ammoniak (1 + 1) bis zur schwach alkalischen Reaktion versetzt. Die Lösung wird zum Sieden erhitzt und so lange gekocht, bis sich der Niederschlag grobflockig zusammenballt. Nach dem Absitzen des Niederschlages wird unter Verwendung eines Weißbandfilters, in das etwas Filterbrei gegeben wird, filtriert und 2mal mit heißem ammoniumchloridhaltigem Wasser (20 g/l) ausgewaschen und nach Auswechselung des Auffanggefäßes der Niederschlag mit heißer Salzsäure (1 + 5) vom Filter gelöst. Die

Fällung mit Bromwasser und Ammoniak wird darauf noch 2 mal wiederholt. Die drei Filtrate werden in einem 800 ml-Becherglas vereinigt und nach dem Einengen auf 400 bis 500 ml schwach mit Essigsäure (1,075) angesäuert. Die Lösung wird auf 80° erhitzt und mit 100 ml der ebenfalls 80° heißen Ammoniumoxalatlösung versetzt. Nach 6 stündigem Stehen in der Wärme bei 50° wird abgekühlt, das Calciumoxalat kalt abfiltriert, 6 mal mit kaltem ammoniumoxalathaltigem Wasser (20 g/l) ausgewaschen, der Niederschlag in das Becherglas, in dem die Fällung vorgenommen wurde, gespritzt und mit heißer Salzsäure (1 + 5) gelöst. Die Lösung wird ammoniakalisch, dann essigsauer gemacht und die Fällung in gleicher Weise wiederholt.[1]

Der Niederschlag wird auf dem Filter erst 3 mal mit Ammoniumoxalatlösung (20 g/l) und dann so lange mit heißem Wasser ausgewaschen, bis etwa 25 ml des Waschwassers nach Zusatz von 5 Tropfen Schwefelsäure (1 + 4) 3 Tropfen einer n/20-Permanganatlösung nicht mehr entfärben.

Das Calciumoxalat wird mit heißem Wasser vom Filter in ein 800 ml Becherglas gespritzt und das Filter nach gründlichem Auswaschen mit heißem Wasser und heißer Schwefelsäure (1 + 4) so lange nachgewaschen, bis der Niederschlag im Becherglas durch die durch das Filter laufende Säure gelöst ist, worauf die letzten Spuren des Oxalats mit etwa 100 ml kochendem Wasser aus dem Filter herausgewaschen werden. Die auf etwa 60° erwärmte Lösung wird dann mit n/2-Kaliumpermanganatlösung titriert.

$$\%\ \mathrm{CaO} = \frac{a \cdot f \cdot 100}{E}$$

Hierin bedeuten:

a = verbrauchte Kaliumpermanganatlösung in ml,
f = Titer der Kaliumpermanganatlösung,
E = Einwaage in Gramm.

β) mittels Komplexon

Grundlage. Nach dem Abscheiden des Siliciumdioxyds und der Metalle wird in einem Teil des hierbei anfallenden Filtrats zunächst das Calcium unter Verwendung eines Indicatorgemisches aus Murexid und Methylenblau und dann nach Zusatz einer Indicatorlösung von Eriochromschwarz-T das Magnesium mittels einer Lösung von Komplexon III (Dinatriumsalz der Äthylendiamintetraessigsäure, $C_2H_4N_2(CH_2 \cdot CO_2Na)_4$) titriert.

Sonderlösungen.

1. Methylorangelösung: 0,1 g Methylorange werden in 100 ml Wasser gelöst.
2. Etwa 1,5 n-Natronlauge: 65 g NaOH, chemisch rein, werden in Wasser gelöst und die Lösung auf 1 l verdünnt.
3. Natriumcyanidlösung: 10 g Natriumcyanid werden in Wasser gelöst und die Lösung auf 100 ml verdünnt.
4. Komplexon-Titrierlösung: 13,5 g Komplexon III und 3 g NaOH p. a. werden in Wasser gelöst und die Lösung auf 1 l verdünnt.
5. Indicatorgemisch für CaO: 0,15 g Murexid, 0,045 g Methylenblau, 1,5 g Kaliumchromat p. a. und 100 g Kaliumsulfat p. a. werden im Mörser innigst verrieben und vermengt.
6. Indicatorlösung für MgO: 0,5 g Eriochromschwarz-T und 4,5 g Hydroxylaminchlorhydrat werden in 100 ml Methanol gelöst.

---

[1] Die doppelte Fällung des CaO mit Ammoniumoxalat ist nur bei Schiedsanalysen durchzuführen.

Titerstellung der Komplexonlösung. 3,5696 g des bei 105° bis zur Gewichtskonstanz getrockneten Calciumcarbonates p. a. (entsprechend 2,00 g CaO) werden in einem 400 ml-Becherglas mit etwas Wasser aufgeschlemmt und vorsichtig mit 12 ml Salzsäure (1 + 1) gelöst und mit 60 ml der gleichen Salzsäure im Überschuß versetzt. Das Kohlendioxyd wird durch Kochen ausgetrieben und die Lösung nach dem Abkühlen in einen 1 l-Meßkolben übergespült. Nach Zusatz von 5 Tropfen Methylorange (1) wird bei 20° mit Wasser aufgefüllt und gut gemischt.

Von dieser Lösung werden 50 ml = 100 mg CaO in einen ERLENMEYER-Kolben von 750 ml Inhalt pipettiert, mit Ammoniak (0,91) bis zum Methylorangeumschlag versetzt und mit Wasser auf 300 ml verdünnt. Nach Zusatz von 20 ml NaOH (2) und 0,4 bis 0,5 g Indicatorgemisch (5) wird mit Komplexonlösung (4) titriert. Der Umschlag erfolgt von rötlich auf hellblau.

$$\text{CaO-Titer} = \frac{100 \text{ mg CaO}}{\text{verbrauchte Komplexonlösung in ml}}$$

Der MgO-Titer errechnet sich nach

$$\text{CaO-Titer} \cdot \frac{40{,}32}{56{,}08} = \text{CaO-Titer} \cdot 0{,}7190$$

Ausführung. 1,0 g Probegut werden in 25 ml Salzsäure (1 + 1) gelöst und die Lösung zur Trockne eingedampft. Der Eindampfrückstand wird mit 25 ml Salzsäure (1 + 1) aufgenommen und die Lösung unter Verwendung eines Weißbandfilters in einen 500 ml-Meßkolben filtriert. Der Rückstand wird 3mal mit Salzsäure (1 + 5) und 4mal mit heißem Wasser ausgewaschen. Das Filtrat wird auf 150 ml verdünnt und mit etwas Filterschleim sowie 2 Tropfen Methylorange (1) versetzt. Dann wird die Lösung genau bis zum Farbumschlag mit Ammoniak (0,91) und darüber hinaus mit 2 bis 3 Tropfen im Überschuß versetzt. Um auch das bei der Titration mit Komplexonlösung störende Mangan zu entfernen, wird die Lösung erhitzt und in der Siedehitze das Mangan mit 0,5 g Ammoniumperoxydisulfat ausgefällt. Die Lösung wird noch 1 min lang gekocht. Nach dem Abkühlen wird bis zur Marke mit Wasser aufgefüllt, gut geschüttelt und unter Verwendung eines doppelten Faltenfilters filtriert. Die ersten Anteile des Filtrats werden verworfen. Dann werden 50 ml des Filtrats (= 0,1 g Probegut) in einen 750 ml-ERLENMEYER-Kolben pipettiert und die Lösung wie bei der Titerstellung mit $CaCO_3$ weiterbehandelt und das CaO bestimmt.

Zu der austitrierten Lösung werden 10 ml Salzsäure (1 + 1) zugegeben, die Lösung auf 60° erwärmt, mit 20 ml Ammoniak (0,91), einigen Tropfen Natriumcyanidlösung (3) und nach 5 min Stehen mit 6 bis 8 Tropfen der Indicatorlösung (6) versetzt und anschließend bis zum Farbumschlag von Rot über Violett auf Blaugrün titriert.

Bemerkungen. 1. Die für das Indicatorgemisch angegebene Zusammensetzung ist nicht unbedingt verbindlich; sie hängt von Herkunft und Reinheit des zur Verfügung stehenden Murexids ab und muß mindestens für jede neue Murexidpackung neu bestimmt werden.

Die Bestimmung der 0,15 g Murexid entsprechenden Methylenblau- und Kaliumchromatmengen geschieht in Anlehnung an die von H. MESTAYER, L'EAU, 1950, S. 86, angegebene Vorschrift folgendermaßen:

a) Man verreibt 0,015 g Murexid innigst mit 10 g Kaliumsulfat.

b) In einen ERLENMEYER-Kolben gibt man 50 ml der zur Titerstellung benutzten Calciumlösung, 250 ml Wasser, 20 ml Natriumhydroxyd (2), die Menge an Titrierlösung (4), die man zum Austitrieren der Calciumlösung in Gegenwart der Indicatorlösung für MgO (6) benötigt, und schließlich 0,40 g Murexidgemisch (a).

c) Nun läßt man mittels einer Bürette soviel einer Farbstofflösung von 0,045 mg Methylenblau und 1,5 mg Kaliumchromat je ml zufließen, bis die Rosafärbung vollständig verschwindet.

Beträgt die zugeflossene Menge an Farbstofflösung n ml, so errechnen sich die zu 100,15 = rd. 100 g Murexidgemisch zuzumischenden weiteren Reagenzienmengen wie folgt:

$$\text{Methylenblau:}\ \frac{0,045}{1000} \cdot n \cdot \frac{100}{0,40} = 0,0113 \cdot n\ \text{g}$$

$$\text{Kaliumchromat:}\ \frac{1,5}{1000} \cdot n \cdot \frac{0,40}{100}\ 0,375\ \text{x}\ n\ \text{g}$$

2. Die angegebenen HCl-Mengen dürfen nicht überschritten werden, da bei der Titration in Gegenwart von Murexid als Indicator die Cl'-Konzentration der zu titrierenden Lösung 0,250 g je Liter nicht übersteigen soll.

3. Die Zusatzmenge an Indicatorgemisch für CaO muß nicht unbedingt in der angegebenen Größe eingehalten werden. Sie kann zur besseren Erkennung des Farbumschlages durch den jeweiligen Analytiker verändert und entsprechend festgelegt werden.

Literatur. Dickens, P., u. P. König: Vorschriften für die Probenahme, analytische Untersuchung und physikalisch-technologische Prüfung von Dolomit, Teer und Teerdolomitmischungen, S. 4. Duisburg-Huckingen 1958.

2. Untersuchung von Teerdolomitmischungen

a) Bestimmung des Teergehaltes durch Extraktion

Grundlage. Der Teer der Teerdolomitmischung wird in einer besonderen Apparatur mit einem Lösungsmittel extrahiert und der zurückgebliebene Dolomit nach dem Trocknen gewogen.

Beschreibung der Apparatur. Zur Bestimmung des Teergehaltes wird eine etwas abgeänderte Extraktionsapparatur nach Oberbach (Abb. 100) benutzt.

Die Apparatur besteht aus einem zylinderartigen Siedegefäß aus Kupfer, in dem ein Drahtkörbchen in einem gewissen Abstand vom Boden und von der Seite auf Auflagen frei hängt, so daß es leicht herausgenommen werden kann. In das Körbchen wird eine Extraktionshülse eingesetzt. Das Siedegefäß ist oben plan abgeschliffen und wird durch einen ebenfalls plangeschliffenen Metallkühler durch einfaches Auflegen verschlossen. Der Kühler weist im Querschnitt eine dreieckige Form auf. Seine Spitze zeigt in die Mitte der Extraktionshülse. Etwas über der Spitze befindet sich ein eingekerbter Verteilungsring, wodurch das sich kondensierende Lösungsmittel gleichmäßig über dem Querschnitt der Hülse abtropft. Der Kühler hat in der Mitte eine durch einen Korken zu verschließende Öffnung, durch die notfalls Extraktionslösung nachgefüllt werden kann. Das Siedegefäß hat unmittelbar an seinem zum völligen Entleeren etwas geneigten Boden einen Auslauf mit Hahn. Das Siedegefäß ist von einem isolierten Luftmantel umgeben, in dessen unterem Teil sich ein Ringbrenner befindet. In der Höhe des Ringbrenners ist der Luftmantel mit mehreren Öffnungen versehen.

Ausführung. Zunächst wird auf den Boden einer Extraktionshülse von 75×160 mm und einer Wandstärke von 0,75 bis 1,00 mm ein kleiner Kegel aus einem siebartig durchlöcherten Messingblech gesetzt, um ein besseres Durchlaufen des Lösungsmittels und ein Festbacken der Dolomitmasse zu vermeiden. Dann werden 300 bis 500 g der Teerdolomitmischung in die vorher getrocknete und gewogene Extraktionshülse eingewogen und in das Drahtkörbchen eingesetzt. Anschließend wird mit 400 bis 500 ml Chloroform in der Apparatur nach Oberbach so lange extrahiert, bis das Chloroform klar abfließt, wozu etwa 7 Std. erforderlich sind. Während der ersten 2 Std. ist mit kleiner Flamme vorsichtig zu extrahieren, um ein Überlaufen des Lösungsmittels und dadurch ein Mitreißen von Dolomitstaub zu vermeiden. Nach Beendigung der Extraktion läßt man zunächst das noch in der Extraktionshülse befindliche Lösungsmittel ablaufen. Dann wird die Probe sofort in einen Vakuumtrockenschrank mit einer Temperatur von 70 bis 80° eingesetzt, um das restliche Lösungsmittel zu verdampfen. Nach dem Verdampfen des Lösungsmittels wird die Probe im Exsiccator abgekühlt und hiernach gewogen.

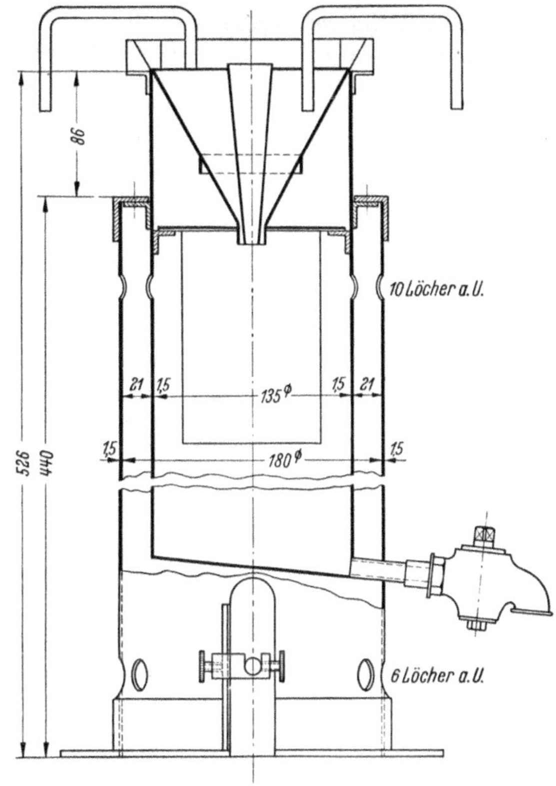

Abb. 100. Extraktionsapparat nach OBERBACH

In dem extrahierten Dolomit ist aber noch ein Teil des im Teer vorhandenen Kohlenstoffs enthalten. Dieser wird auf folgende Weise ermittelt.

Der extrahierte Dolomit wird analysenfein aufbereitet. 0,5 g der aufbereiteten Probe werden in 100 ml einer Salzsäure (15 + 22) in der Wärme bei 60 bis 70° gelöst. Der hierbei ungelöst bleibende Kohlenstoff wird unter Verwendung eines geglühten und gewogenen NEUBAUER-Platinfilter-Tiegels unter Zusatz von 3 bis 5 ml Flußsäure zum Lösen etwa ausgeschiedenem Siliciumdioxyd abfiltriert und mit heißem Wasser säurefrei gewaschen. Hiernach wird der Tiegel bei 105° bis zur Gewichtskonstanz getrocknet und nach dem Abkühlen im Exsiccator gewogen. Anschließend wird der Tiegel bei 850° geglüht, wieder im Exsiccator abgekühlt und gewogen. Der beim Glühen aufgetretene Gewichtsverlust entspricht dem nach der Extraktion im Dolomit noch vorhandenen Kohlenstoff. Diese Menge ist dem durch die Extraktion ermittelten Teergehalt zuzuzählen.

Berechnungsbeispiel

Eingewogene Teerdolomitmenge	400 g	
Nach der Extraktion zurückgewogen	375 g	
Teergehalt	25 g	= 6,25%
Gewichtsdifferenz zwischen Trocknen und Glühen	0,0060 g	
In 0,5 g Dolomit sind	0,0060 g C	
In 100 g Dolomit sind	$\frac{0,0060 \cdot 100}{0,5}$	= 1,20%
Gesamtteergehalt:	7,45%	

Bemerkung. Die Bestimmung ist sofort nach der Probenahme durchzuführen, um ein Verdunsten leichtflüchtiger Öle zu vermeiden.

b) Bestimmung des in Dolomit eingedrungenen Teeres

Grundlage. Die gekollerte Teerdolomitmischung wird durch Zentrifugieren vom anhaftenden Teer befreit und im abgeschleuderten Dolomit der eingedrungene Teer durch Extraktion bestimmt.

Beschreibung der Apparatur. Verwendet wird eine Flaschenzentrifuge, auf deren Kesselboden eine Heizspirale angebracht ist, durch die der Innenraum der Zentrifuge erwärmt wird. Die Temperatur wird mittels eines Kontaktthermometers auf der vorgeschriebenen Höhe von 80° gehalten. An Stelle der Zentrifugengläser werden Metallhülsen (Abb. 101) benutzt, deren Boden siebartig, und zwar je cm^2 mit 8 Bohrungen von 0,5 mm Durchmesser durchbohrt ist. Über den Siebboden wird ein Tiegel aus hitzebeständigem V 2 A-Stahl (25/20) geschoben, in dem der abgeschleuderte Teer aufgefangen wird. Siebhülse und Tiegel werden in ein Haltegefäß eingesetzt. Die genauen Abmessungen sind in Abb. 102 angegeben.

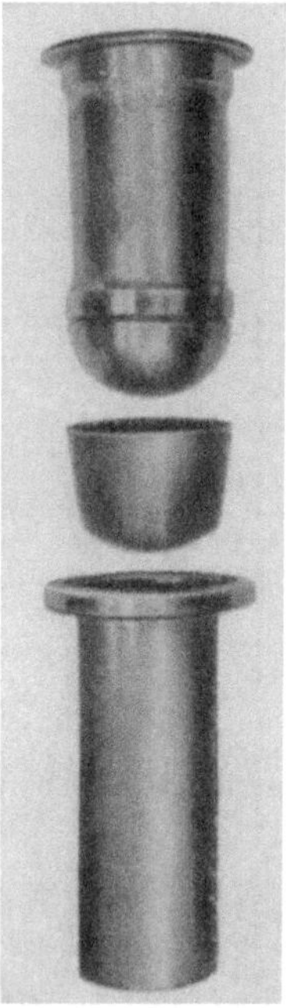

Abb. 101. Siebhülse, Tiegel und Haltegefäß zur Bestimmung des in Dolomit eingedrungenen Teeres

Ausführung. Von der Teerdolomitmischung werden genau 200 g (E) in die Siebhülse eingewogen, der V 2 A-Tiegel auf den Siebboden geschoben und beide in das Haltegefäß eingesetzt. Bei einer Temperatur von 80° wird eine Std. lang mit 3000 Umdrehungen/min zentrifugiert, wobei sich der abgeschleuderte Teer im V 2 A-Tiegel ansammelt.

Nach dem Zentrifugieren wird die gesamte ausgeschleuderte Dolomitmenge in eine vorher getrocknete und gewogene Extraktionshülse von 53 mm Durchmesser und 120 mm Länge gefüllt und wieder gewogen (W_1), wodurch das Gewicht des ausgeschleuderten Dolomits ermittelt wird. Dann wird im Soxhlet-Apparat mit Chloroform extrahiert. Die Extraktion ist beendet, sobald das Lösungsmittel im Heberrohr nicht mehr gefärbt ist. Die Hülse mit dem extrahierten Probegut wird zum Verdampfen des restlichen Lösungsmittels bei 70 bis 80° in einem Vakuumtrockenschrank bis zur Gewichtskonstanz getrocknet, im Exsiccator abgekühlt und gewogen (W_2). Die Gewichtsdifferenz W_1 bis W_2 entspricht dem in den Dolomit eingedrungenen und durch Chloroform extrahierten Teer. In dem extrahierten Dolomit ist aber noch ein Teil des im Teer vorhandenen Kohlenstoffes enthalten. Dieser wird in der auf Seite 1125 beschriebenen Weise ermittelt und dem durch die Extraktion gefundenen Teergehalt zugezählt.

Bemerkung. Diese Arbeitsweise, bei der man durch die Gewichtsdifferenz E bis W annähernd den durch das Zentrifugieren abgeschleuderten Teer errechnen kann, gibt für eine vergleichende Beurteilung und für den in den Dolomit eingedrungenen Teer ausreichend genaue Werte; sie läßt jedoch unberücksichtigt, daß beim Zentrifugieren durch den Siebboden feinster Dolomitstaub mit abgeschleudert wird, und daß beim Extrahieren Dolomitteilchen in die Extraktionslösung gelangen. Will man diese Anteile auch erfassen, dann wird in folgender Weise verfahren.

Der V 2 A-Tiegel wird zunächst vor seinem Einsatz und später mit dem abgeschleuderten Teer gewogen. Der Tiegelinhalt wird bei 850° verascht und nach dem Abkühlen im Exsiccator der Tiegel erneut gewogen. Hieraus ergibt sich nach Berücksichtigung des Aschegehaltes des Teeres die mit abgeschleuderte Dolomitstaubmenge.

Die Extraktionslösung wird unter Verwendung eines Weißbandfilters filtriert, das Filter in einem Porzellantiegel verascht und der Tiegel nach dem Abkühlen im Exsiccator gewogen. Hierdurch werden die beim Extrahieren mitgerissenen Dolomitteilchen erfaßt.

Literatur. Dickens, P., u. P. König: Vorschriften für die Probenahme, analytische Untersuchung und physikalisch-technologische Prüfung von Dolomit, Teer und Teerdolomitmischungen, S. 59. Duisburg-Huckingen 1958.

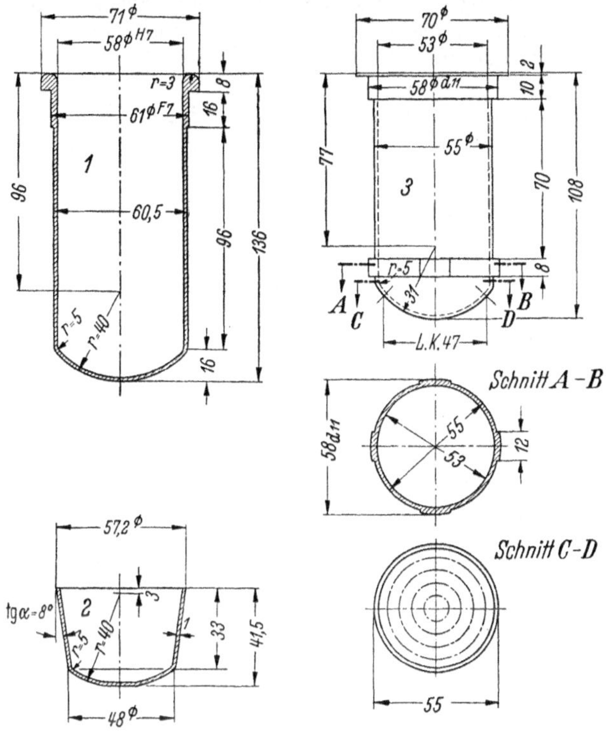

Abb. 102. Dimensionierung von *1* Haltegefäß; *2* Tiegel; *3* Siebhülse

Mitte:	1 Loch 0,5⌀	Lochkreis: 29⌀,	24 Löcher 0,5⌀
Lochkreis: 9⌀,	8 Löcher 0,5⌀	Lochkreis: 35⌀,	27 Löcher 0,5⌀
Lochkreis: 15⌀,	12 Löcher 0,5⌀	Lochkreis: 42⌀,	33 Löcher 0,5⌀
Lochkreis: 21⌀,	18 Löcher 0,5⌀	Lochkreis: 47⌀,	45 Löcher 0,5⌀

IV. Untersuchung von Materialien der Klasse 4

1. Hochtonerdehaltige Erzeugnisse und Baustoffe

Unter den Begriff „hochtonerdehaltig" fallen hier alle Baustoffe mit mehr als 50% Al_2O_3, die entweder aus Schamotte mit Zusätzen von Bauxit, Korund oder Sillimanit hergestellt worden sind, oder nur aus diesem Material mit gewissen Bindemitteln als Zusatz bestehen. Anstrichmassen dieser Gattung können zusätzlich noch mehrere Prozent Bariumoxyd enthalten.

a) Aufschluß

Man kann diese Stoffe entweder durch Schmelzen mit Borax oder mit Kaliumpyrosulfat aufschließen. Die mit dem Aufschlußmittel eingebrachte Borsäure, welche bei den weiteren Untersuchungen störend wirkt, verflüchtigt man nach dem Eindampfen der zersetzten Schmelze als Borsäuremethylester.

Wendet man Kaliumpyrosulfat als Aufschlußmittel an, so bleibt etwa vorhandenes Barium als Sulfat bei dem Siliciumdioxyd und muß von diesem abgetrennt werden.

b) Siliciumdioxyd

1 g der Probe wird mit etwa der 10fachen Menge entwässertem Borax innig gemischt und die Mischung in einem Platintiegel zunächst mit kleiner, zum Schluß mit voller Flamme erhitzt, bis die Schmelze klar und durchsichtig geworden ist. Man löst sie nach dem Erkalten in 100 ml salzsäurehaltigem Wasser und dampft die Lösung in einer Porzellanschale zur Trockne. Um die sich dabei ausscheidende Borsäure zu entfernen, raucht man das Salzgemisch 2mal mit je 75 ml wasserfreier methylalkoholischer Salzsäure ab; dabei wird die Borsäure vollkommen als Methylester verflüchtigt. Die methylalkoholische Salzsäure wird hergestellt durch Sättigen von Methanol mit trockenem Salzsäuregas unter Eiskühlung. Nach der Beseitigung der Borsäure nimmt man den Rückstand mit 10 ml Salzsäure (1,19) und 30 ml Wasser auf und filtriert das Siliciumdioxyd ab. Es wird nach bekanntem Verfahren bestimmt.

Will man den Aufschluß mit Kaliumpyrosulfat vornehmen, so schmilzt man 1 g der Probe mit der 8- bis 10fachen Menge Kaliumpyrosulfat im Platintiegel bei allmählich ansteigender Temperatur, bis die Schmelze ruhig fließt. Das Schmelzen mit voller Flamme soll, um einen vollkommenen Aufschluß zu erreichen, 45 bis 60 min andauern. Dann löst man die Schmelze in einer Porzellanschale mit 100 ml Wasser und 10 ml Schwefelsäure (1 + 1) und filtriert den Rückstand, der aus Siliciumdioxyd und gegebenenfalls auch aus Bariumsulfat besteht, ab. Er wird mit schwefelsäurehaltigem Wasser, schließlich mit reinem Wasser ausgewaschen. Nach dem Veraschen des Filters wird sein Inhalt geglüht und gewogen. Nun verflüchtigt man das Siliciumdioxyd durch Abrauchen mit Fluß- und Schwefelsäure und wiederholt bei Anwesenheit von Barium das Abrauchen. Darauf wird der Rückstand geglüht und gewogen; die Differenz der beiden Wägungen ergibt den Siliciumdioxydgehalt.

c) Bariumoxyd

Der im Platintiegel verbliebene, gewogene Rückstand wird nochmals mit Kaliumpyrosulfat (2 bis 3 g) geschmolzen und die Schmelze wiederum in schwefelsäurehaltigem Wasser aufgelöst. Der im Wasser unlösliche Rückstand besteht aus reinem Bariumsulfat; er wird abfiltriert, geglüht und gewogen. Das Filtrat wird mit dem Hauptfiltrat vereinigt.

Hat man mit Borax aufgeschlossen, so erhitzt man das Filtrat des Siliciumdioxyd zum Sieden und fällt das Barium durch Zugabe von 5 ml Schwefelsäure (1 + 2) aus. Nach dem Absitzen wird das Bariumsulfat abfiltriert, geglüht und gewogen. Umrechnungsfaktor auf BaO = 0,6570.

d) Aluminium, Eisen, Titan (nach der Methode E. Schwarz v. Bergkampf)

Falls man den Aufschluß mit Borax durchgeführt hat, leitet man in das Filtrat von der Bariumbestimmung nach Zugabe von 10 ml Salzsäure (1,19) in der Siedehitze Schwefelwasserstoff ein, wobei gelöstes Platin als Sulfid ausfällt (s. Fußnote S. 1111). Man filtriert es ab, verkocht den Schwefelwasserstoff und füllt die Lösung im 500 ml-Meßkolben bis zur Marke auf. In eine Abmessung von 200 ml (= 0,4 g Einwaage) gibt man 2 bis 3 g Weinsäure und leitet abermals Schwefelwasserstoff bis zur Sättigung ein. Nach Zusatz von 30 ml Ammoniak wird das Einleiten von Schwefelwasserstoff fortgesetzt, bis der Niederschlag sich abgesetzt hat. Man filtriert das abgeschiedene Eisensulfid auf ein mittleres Filter ab und wäscht es mit 1proz. warmer Ammoniumsulfidlösung, welche 20 g/l Ammoniumchlorid enthält, aus. Man kann den Niederschlag unmittelbar zu Eisenoxyd verglühen.

Das Filtrat von der Eisenfällung wird unter 20° abgekühlt, mit Schwefelsäure (1 + 1) unter weiterer Kühlung so weit angesäuert, bis Lackmuspapier eben rot gefärbt wird, dann mit 30 ml Schwefelsäure (1 + 1) im Überschuß versetzt und das Titan mit 5 ml wäßriger Kupferronlösung (6 g/100 ml) unter tüchtigem Durchschütteln gefällt. Man filtriert den Niederschlag auf einen weitporigen Porzellanfiltertiegel ab und wäscht ihn mindestens 15 mal mit kaltem Wasser aus. Vorher hat man in die zu benutzende Saugflasche 10 g Natriumhydrogensulfid gegeben, um den Überschuß des Kupferrons zu zerstören. Darauf wird die Titan-Kupferronverbindung bei 1100° geglüht und das Titan(IV)-oxyd ausgewogen.

Das Filtrat von der Titanfällung, welches etwa 700 ml beträgt, neutralisiert man mit Ammoniak (0,91), gibt auf 1 l des Flüssigkeitsvolumens noch einen Überschuß von 8 ml Ammoniak hinzu und erhitzt es zum Sieden, wobei sich der noch vorhandene, fein verteilte Schwefel auflöst. Nach dem Abkühlen wird die Lösung in einem 1 l-Meßkolben bis zur Marke aufgefüllt. 250 ml davon (= 0,1 Einwaage) erhitzt man zum Sieden und fällt das Aluminium mit 15 ml Oxychinolinlösung (5 g in 100 ml Äthanol). Der Niederschlag wird auf einen gewogenen Porzellanfiltertiegel abfiltriert und mit heißem Wasser so lange ausgewaschen, bis das Filtrat farblos abläuft. Nach dem Trocknen bei 110° wird das Aluminiumoxychinolat ausgewogen — Faktor auf Al_2O_3 = 0,1109.

Literatur. SCHWARZ v. BERGKAMPF, E.: Z. analyt. Chem. Bd. 83 (1931) S. 347.

e) Calcium und Magnesium

Zur Bestimmung dieser Elemente entnimmt man dem Meßkolben, in welchem sich das Filtrat des Siliciumdioxyds befindet, eine Abmessung von 200 ml (= 0,4 g Einwaage), versetzt sie mit 5 g Ammoniumchlorid sowie 3 ml 3proz. Wasserstoffperoxydlösung, kocht zur Zerstörung des Oxydationsmittels und scheidet durch doppelte Fällung mit Ammoniak die Oxydhydrate von Eisen, Aluminium und Titan ab. In den vereinigten Filtraten werden Calcium und Magnesium nach bekannten Verfahren bestimmt.

2. Chromoxydhaltige Materialien

a) Siliciumdioxyd

1 g der Probe wird mit der 10fachen Menge Natriumcarbonat gemischt und in einem Platintiegel bis zur Beendigung des Aufschlusses (2 bis 3 Std.) vor dem Gebläse geschmolzen. Man löst dann die Schmelze in salzsäurehaltigem Wasser und dampft die Lösung mit einem Überschuß an Salzsäure zur Trockne. Nach dem Erhitzen des Salzgemisches im Trockenschrank bei 135° wird es mit 10 ml Salzsäure (1,19) und 50 ml Wasser aufgenommen, die Lösung filtriert und das Filtrat zur Erfassung der Reste von Siliciumdioxyd nochmals eingedampft und der Rückstand geröstet. Nachdem man Reste von Siliciumdioxyd auf ein zweites Filter gesammelt hat, vereinigt man die beiden Filter, verascht sie und bestimmt das Siliciumdioxyd in bekannter Weise.

Der nach der Verflüchtigung des Siliciumdioxyds verbliebene Rückstand wird mit Kaliumpyrosulfat aufgeschlossen. In der Lösung der Schmelze fällt man nach der Oxydation mit einigen Tropfen Wasserstoffperoxydlösung die Hydroxyde mit Ammoniak in der Hitze und löst sie nach dem Filtrieren und Auswaschen in Salzsäure. Diese Lösung setzt man dem Filtrat des Siliciumdioxyds hinzu.

b) Summe der Oxyde R_2O_3

Zu den vereinigten Lösungen gibt man 5 g Ammoniumchlorid und fällt die Hydroxyde mit kohlendioxydfreiem Ammoniak in geringem Überschuß aus, nachdem man das Eisen durch Zusatz von 5 Tropfen 3proz. Wasserstoffperoxydlösung oxydiert hat. Nun wird gekocht, bis der Überschuß an Ammoniak fast vollständig verschwunden ist, der Niederschlag abfiltriert und mit Ammoniumchloridlösung (5 g/l) ausgewaschen. Man löst ihn in verdünnter Salzsäure und wiederholt in der Lösung die Fällung. Der Niederschlag der zweiten Fällung wird in warmer Salzsäure (1 + 2) gelöst und die Lösung im 500 ml-Meßkolben bis zur Marke aufgefüllt. Davon entnimmt man 100 ml und fällt in dieser Abmessung nach Zugabe einiger Tropfen Wasserstoffperoxydlösung mit Ammoniak die Hydroxyde wieder aus. Sie werden abfiltriert, mit ammoniumnitrathaltigem Wasser ausgewaschen, bei 1200° geglüht und gewogen ($Fe_2O_3 + Al_2O_3 + Cr_2O_3 + Mn_3O_4$).

c) Chrom

Zur Bestimmung des Chroms entnimmt man dem Meßkolben weitere 100 ml, versetzt die Abmessung mit 10 ml Schwefelsäure (1,84) und dampft zum Entfernen der Salzsäure ein. Die erkalteten Sulfate nimmt man mit 50 ml Wasser auf, setzt zu der Lösung 6 bis 8 Tropfen n/10-Silbernitratlösung und 40 ml einer kalt gesättigten Lösung von Ammoniumperoxydisulfat, erwärmt langsam und kocht dann kurz auf. Nachdem man nun 20 ml Natriumchloridlösung (100 g/l) zugefügt und bis zum Verschwinden der Permangansäurefärbung und des Mangandioxyds gekocht hat, wird von dem gebildeten Silberchlorid abfiltriert. Zum Filtrat gibt man 100 ml einer Manganphosphorsäurelösung, verdünnt auf 1 l und reduziert die Chromsäure durch Hinzufügen eines Überschusses von n/10-Eisen(II)-sulfatlösung zu Chrom(III)-Salz. Der Überschuß an Eisen(II)-sulfat wird mit Kaliumpermanganatlösung zurücktitiert (s. Kapitel Chrom); s. auch Sonderbest. des Chroms, unter h).

d) Eisen

Man entnimmt dem Meßkolben weitere 100 ml, versetzt sie mit einigen Tropfen Kaliumrhodanidlösung (10 g/100 ml), verdünnt sie auf 500 ml und titriert das Eisen mit Titan(III)-chlorid, bis die Mischfarbe nach Grünlich umschlägt. Genauer läßt sich die Titration potentiometrisch durchführen.

e) Mangan

Seine Bestimmung wird in einer Abmessung von weiteren 100 ml nach Volhard-Wolff oder colorimetrisch bzw. photometrisch durchgeführt.

f) Tonerde

Den Gehalt an Tonerde errechnet man aus der Differenz der Summe der Oxyde, abzüglich der Summe von $Fe_2O_3 + Cr_2O_3 + Mn_3O_4$.

g) Kalk und Magnesia

Ihre Bestimmung wird in den vereinigten Filtraten von der Abscheidung der Hydroxyde (s. unter b) auf bekanntem Wege ausgeführt.

Literatur. Philips, M.: Stahl u. Eisen Bd. 27 (1907) S. 1164—1167. — Duparc, L., u. A. Leuba: Anal. Chim. analyt. Chim. appl. Bd. 9 (1904) S. 201—205. — Handbuch für das Eisenhüttenlaboratorium, Bd. I (1939) S. 210.

h) Sonderbestimmung des Chroms

Man schmilzt im Eisen- oder Porzellantiegel 1 g der Probe mit der 10fachen Menge Natriumperoxyd, löst die Schmelze in Wasser und bringt Lösung und Niederschlag in einen 250 ml-Meßkolben, den man dann bis zur Marke auffüllt. Nach dem Filtrieren durch ein trockenes Faltenfilter entnimmt man dem Filtrat 100 ml und dampft die Abmessung bis zum Beginn des Ausscheidens der Salze ein, um alles Peroxyd zu zerstören. Darauf wird auf 200 ml verdünnt, die Lösung mit Schwefelsäure vorsichtig angesäuert und mit eingestellter Eisen(II)-sulfatlösung potentiometrisch titriert.

1 ml n/10-Eisen(II)-sulfatlösung entspricht 1,734 mg Chrom.

Man kann auch das jodometrische Verfahren anwenden, die mit Schwefelsäure angesäuerte Lösung mit 2 g Kaliumjodid sowie 5 ml Chloroform versetzen und das ausgeschiedene Jod mit n/10-Natriumthiosulfatlösung bis zur Entfärbung des Chloroforms titrieren.

1 ml n/10-Natriumthiosulfatlösung entspricht 1,734 mg Chrom.

Literatur. DITTLER, E.: Z. angew. Chem. Bd. 41 (1928) S. 132/33.

3. Zirkonhaltige Erzeugnisse und ihre Rohstoffe

Das *Trocknen* der Proben sowie die *Bestimmung* des Glühverlustes bei 1100 bis 1150° werden in üblicher Weise vorgenommen.

a) Aufschluß und Siliciumdioxydbestimmung

In einem Platintiegel werden 10 g Borax eingeschmolzen; auf die erstarrte Schmelze wägt man 1 g der getrockneten, feinst geriebenen Probe ein und erhitzt den Tiegel über einem Bunsenbrenner, bis der Schmelzfluß klar geworden ist. Anschließend setzt man das Erhitzen noch 15 min über einem Gebläse fort. Sollte sich aber noch ein körniger oder schwammiger Rückstand zeigen, so muß auf dem Gebläse weitergeschmolzen werden, bis er verschwunden ist. Da der im Tiegel verbleibende Schmelzkuchen nur sehr langsam in Lösung zu bringen ist, wird in die Schmelze vorher ein Platindraht eingeführt, der Tiegel in kaltem Wasser abgeschreckt und die erkaltete Schmelze an dem Draht herausgezogen. Nach dem Lösen setzt man Salzsäure hinzu, dampft die Lösung ein und bestimmt das Siliciumdioxyd nach dem Verjagen der Borsäure, wie S. 1128 beschrieben. Ein beim Verflüchtigen des Siliciumdioxyds verbliebener Rückstand wird mit wenig Natriumkaliumcarbonat aufgeschlossen, die Schmelze in Salzsäure gelöst und die Lösung mit dem Hauptfiltrat vereinigt. Es muß dann noch das Platin aus stark salzsaurer Lösung mit Schwefelwasserstoff abgeschieden und abfiltriert, der Schwefelwasserstoff verkocht und die Lösung im Meßkolben zu 1 l aufgefüllt werden (s. Fußnote S. 1111).

b) Zirkonium

Will man nach dem *Phosphatverfahren* arbeiten, so entnimmt man dem Meßkolben 500 ml, dampft die Abmessung auf 300 ml ein, neutralisiert sie mit Ammoniak in der Kälte, bis der Niederschlag eben noch verschwindet, und gibt 35 ml Schwefelsäure (1,84) zu. Dann fällt man das Zirkonium mit 50 ml Diammoniumhydrogenphosphatlösung (100 g/l), hält die Fällung 15 min in schwachem Sieden, dekantiert den Niederschlag 2mal mit heißem Wasser, bringt ihn auf ein dichtes Filter und wäscht 3- bis 4mal mit 2proz. Schwefelsäure, welche je Liter 0,1 g Diammoniumhydrogenphosphat enthält, aus. Für sehr genaue Bestimmungen muß der Niederschlag mit heißer 2proz. Schwefelsäure in das Fällungsgefäß zurückgespült, nach Zusatz von 300 ml 2proz. Schwefelsäure, der 5 ml Diammoniumhydrogenphosphatlösung (100 g/l) zugesetzt wurde, gekocht und wieder durch dasselbe Filter abfiltriert werden. Das Auswaschen geschieht zunächst mit schwach schwefelsaurem, 0,1 g Diammonhydrogenphosphat im Liter enthaltendem Wasser und zum Schluß mit heißem Wasser. Nach dem Veraschen des Filters wird in der Muffel bei 1000 bis 1050° geglüht und das Zirkoniumpyrophosphat ausgewogen. Umrechnungsfaktor auf ZrO_2 = 0,4647.

Soll die Zirkonfällung mit *Phenylarsinsäure* vorgenommen werden, so neutralisiert man die dem Meßkolben entnommene Abmessung von 500 ml mit Ammoniakbis eben ein Niederschlag entsteht, und versetzt sie dann mit 60 ml Salzsäure (1,19) sowie in Gegenwart von Titan mit 50 ml 3proz. Wasserstoffperoxydlösung. Zu der nun 600 ml betragenden Lösung gibt man für je 50 mg Zirkonium 10 ml einer wäßrigen Lösung von Phenylarsinsäure (2,5 g/100 ml) hinzu, kocht 1 min und prüft auf Vollständigkeit der Fällung. Nach weiterem 10 min währendem Sieden läßt man den Niederschlag 30 min in der Wärme absitzen, kocht dann nochmals auf und filtriert ihn ab. Er wird mit 1proz. Salzsäure ausgewaschen, das Filter getrocknet und unter dem Abzug verascht. Dann glüht man 2 Std. an der Luft und noch anschließend 1 Std. im Wasserstoffstrom im Rosetiegel oder Quarzrohr, um die letzten Spuren von Arsen zu entfernen. Die Auswaage ist ZrO_2.

c) Tonerde und Titandioxyd

Das Filtrat der Zirkonfällung als Phosphat wird mit 5 ml Salpetersäure (1,40) oxydiert und auf 300 ml eingeengt. Nun macht man die Lösung ammoniakalisch, kocht kurz auf und filtriert den entstandenen Niederschlag, der aus den Phosphaten des Aluminiums und Titans besteht, auf ein hartes Filter ab. Er wird mit heißem Wasser, dem etwas Ammoniak und Ammoniumchlorid zugesetzt wurden, 3mal ausgewaschen und nach dem Durchstoßen des Filters mit heißer, verdünnter Salzsäure abgelöst. Man verdünnt die Lösung auf etwa 400 ml und verfährt bei der weiteren Bestimmung, wie S. 1111 beschrieben.

d) Kalk und Magnesia

In weiteren 400 ml des zu 1 l aufgefüllten Fitrats von der Siliciumdioxydbestimmung scheidet man durch doppelte Fällung mit Ammoniak Zirkon-, Aluminium- und Eisenhydroxyd ab. Im Filtrat davon kann man den Kalk und anschließend die Magnesia nach bekannten Verfahren bestimmen.

Bemerkung. Das Bureau of Standards, USA, hat für die Untersuchung von Ton und gebrannten feuerfesten Baustoffen eine Arbeitsvorschrift herausgegeben, in der bei der Zirkonbestimmung die Phosphorsäure, das Vanadium und das Chrom berücksichtigt werden. Das Verfahren für die Zirkonbestimmung, das vielfach in ähnlicher Form auch in Deutschland angewandt wird, hat gegenüber den hier behandelten Richtverfahren jedoch keinerlei Vorteile gezeigt.

Literatur. Handbuch für das Eisenhüttenlaboratorium, Bd. I (1939) S. 212/13. — VAN ROYEN, H. J., u. H. GREWE: Arch. Eisenhüttenwes. Bd. 7 (1933) S. 505—512. — RUFF, O., u. STEPHAN, E.: Z. anorg. allg. Chem. Bd. 185 (1930) S. 217—220. — HILLEBRAND, W. F.: s. TREADWELL: Lehrbuch der analytischen Chemie, Bd. II, S. 132. — Bureau of Standards: J. Amer. Ceram. Soc. Bd. 11 (1928) S. 351—355. — RICE, A. C., H. C. FOGG u. C. JAMES: Chem. Zbl. 1928 I, S. 3498. — KLINGER, P., u. O. SCHLIESSMANN: Arch. Eisenhüttenwes. Bd. 7 (1933/34) S. 113—115.

4. Kohlenstoffhaltige feuerfeste Materialien

Zu den kohlenstoffhaltigen feuerfesten Stoffen zählen die Kohlenstoffsteine, Siliciumcarbidsteine und die siliciumcarbidhaltigen Anstrichmassen. Von den Siliciumcarbidsteinen sind die *Carbofraxsteine* aus einem Gemisch von Siliciumcarbid und mehr oder weniger großen Mengen von Bindemitteln (feuerfestem Ton) durch Brennen hergestellt, während die *Refraxsteine* durch Sintern von Siliciumcarbid ohne Zusatz eines Bindemittels gewonnen werden.

Kohlenstoffsteine bestehen aus gemahlenem Koks mit Teer als Bindemittel und sind durch Verkoken der gepreßten Steine unter Luftabschluß hergestellt. *Graphit* wird unter Verwendung von Bindemitteln zu *Schmelztiegeln*, *Retorten* usw. verarbeitet.

a) Siliciumcarbid

Bei der Probenahme des Siliciumcarbids ist während der Zerkleinerung darauf zu achten, daß keine, nachträglich nicht erfaßbaren, aus dem Mörsermaterial stammenden Bestandteile in die Probe gelangen. Da Siliciumcarbid ungefähr die

Härte des Diamanten besitzt, wird beim Zerkleinern stets ein kleiner Anteil des Mörsers abgerieben, der die Probe verunreinigt. Um diese Verunreinigungen feststellen zu können, benutzt man zum Pulverisieren der Rohprobe einen Mörser aus Kupfer. Man treibt das zerkleinerte Gut durch ein Sieb DIN 0,100. Das aus dem Mörser abgeriebene Kupfer wird analytisch bestimmt und bei der Einwaage abgezogen. Es beträgt höchstens 1%.

α) Oberflächenanalyse

5 g der Probe werden in einer Platinschale mit 30 ml Fluorwasserstoffsäure (1,14), 10 ml Salpetersäure (1,40) sowie 10 bis 15 Tropfen Schwefelsäure (1,84) versetzt und bis zum Auftreten von Schwefelsäuredämpfen erhitzt. Nach 2maligem Wiederholen dieses Abdampfens versetzt man den Inhalt der Schale mit 15 ml Salzsäure (1,19), kocht ihn auf und läßt ihn dann etwa 1 Std. in der Wärme stehen. Dabei gehen *anhaftende* Verunreinigungen, wie Eisen, Aluminium, Calcium, Magnesium sowie das aus dem Mörser stammende Kupfer, in Lösung; das in der Probe vorhandene freie Siliciumdioxyd und das nicht an Kohlenstoff gebundene Silicium werden verflüchtigt. Darauf filtriert man das Ungelöste in einen Porzellanfiltertiegel ab, wäscht es mit schwach salzsaurem Wasser aus und trocknet es bei 110° bis zur Gewichtskonstanz.

Im Filtrat fällt man das Kupfer mit Schwefelwasserstoff als Sulfid, bestimmt es z. B. elektrolytisch und setzt sein Gewicht von der Einwaage der Probe ab. Die Differenz zwischen der kupferfreien Einwaage und der obigen Auswaage im Porzellanfiltertiegel ergibt den *Abrauchverlust.*

Nachdem man aus dem Filtrat von der Kupferfällung den Schwefelwasserstoff verkocht und sodann das Eisen mit einigen Tropfen Salpetersäure oxydiert hat, gibt man 5 g Ammoniumchlorid hinzu, scheidet die Hydroxyde von Eisen, Aluminium und Titan durch doppelte Fällung mit Ammoniak ab und bestimmt diese Elemente nach S. 1111. Kalk und Magnesia werden im Filtrat nach der auf S. 1112 mitgeteilten Vorschrift ermittelt. Die erhaltenen Werte ergeben die Menge der *anhaftenden* Verunreinigungen.

Zur Ermittlung des nicht an Silicium gebundenen *Kohlenstoffes* wird 1 g der Probe in einen Kohlenstoffbestimmungsapparat im Sauerstoffstrom 2 Std. bei 750° erhitzt. Hierbei verbrennt nur der graphitische Kohlenstoff. Das entstandene Kohlendioxyd wird in einer Absorptionsapparatur aufgefangen und gewogen.

Umrechnungsfaktor von Kohlendioxyd auf Kohlenstoff: 0,2729.

β) Gesamtanalyse

Von dem mit Flußsäure abgerauchten Material werden 0,5 bis 1 g in einem Platintiegel mit einer Mischung von 95% Natriumkaliumcarbonat und 5% Kaliumnitrat unter langsamer Steigerung der Temperatur auf 1000° aufgeschlossen. Die Steigerung der Temperatur ist so zu überwachen, daß die Schmelze nicht überschäumt. Nach dem Abschrecken wird sie in einer Porzellanschale in salzsäurehaltigem Wasser gelöst, wobei stets ein Überschuß an Salzsäure vorhanden sein muß. Darauf dampft man die Lösung zur Trockne, erhitzt das Salzgemisch im Trockenschrank auf 135°, nimmt es mit 10 ml Salzsäure (1,19) auf, verdünnt die Lösung mit 100 ml heißem Wasser, filtriert das Siliciumdioxyd ab und wäscht es mit salzsäurehaltigem Wasser aus. Das Filtrat wird nochmals zur Abscheidung des Restes an Siliciumdioxyd eingedampft usw. und Siliciumdioxyd auf ein neues Filter abfiltriert. Man verascht dann die beiden Filter in einem Platintiegel, glüht bei 800 bis 900° und wägt das Siliciumdioxyd. Durch Behandeln mit Fluß- und Schwefelsäure wird es darauf verflüchtigt, der verbliebene Rückstand zur Wägung gebracht und von dem Rohsiliciumdioxyd abgesetzt.

Nach dem Wägen schmilzt man den Tiegelinhalt mit Kaliumpyrosulfat, löst die Schmelze in schwefelsäurehaltigem Wasser, fällt in der Lösung mit Ammoniak die Hydroxyde von Eisen, Aluminium und Titan, filtriert sie ab, löst sie in Salzsäure und vereinigt die Lösung mit dem Filtrat des Rohsiliciumdioxyds. Die vereinigten Lösungen werden zur Bestimmung des Eisens, des Aluminiums, Titans sowie von Calcium und Magnesium benutzt; die Vorschriften dafür sind aus den vorhergehenden Abschnitten zu ersehen (vgl. auch Kapitel Silicium, Bd. I, 2. Aufl., S. 312—317).

Man kann die Siliciumbestimmung auch durch Aufschluß mit Natriumkaliumcarbonat und Borax ausführen; das Siliciumdioxyd wird dann aus stark saurer Lösung durch Zusatz von Gelatinelösung abgeschieden (s. Kapitel Silicium, S. 769).

Zur Bestimmung des *Gesamtkohlenstoffgehaltes* werden 0,5 g des ursprünglichen Probematerials in einem Porzellantiegel mit 3 g einer Mischung aus gleichen Teilen von Bleipulver und Bleioxyd gemengt, in ein unglasiertes Porzellanschiffchen überführt und in ein etwa 15 cm langes Porzellanschutzrohr eingeschoben. Das Schutzrohr hat den Zweck, beim Überschäumen der Reaktionsmischung das Verbrennungsrohr zu schützen. Das Schutzrohr wird in das Verbrennungsrohr eines mit Silitstäben auf 600° geheizten Marsofens eingeführt und dieser langsam auf eine Temperatur von 1100 bis 1200° erhitzt, wobei man während dieser Zeit kohlendioxydfreien Sauerstoff durch die Apparatur leitet. Das beim Verbrennen entstandene Kohlendioxyd wird in Absorptionsgefäßen aufgefangen und gewogen. Die Differenz zwischen dem Gehalt an Gesamtkohlenstoff und an dem wie vorher bestimmten, nichtgebundenen Kohlenstoff ergibt die Menge des an Silicium gebundenen Kohlenstoffes.

Bemerkung. Zur Bestimmung der mineralischen Bestandteile des Siliciumcarbids kann das Probematerial auch im Platintiegel unmittelbar mit Natriumkaliumcarbonat aufgeschlossen werden, indem man erst langsam einschmilzt und zum Schluß $^1/_2$ Std. über dem Gebläse erhitzt. In der zersetzten Schmelze scheidet man das Siliciumdioxyd ab und nimmt die weiteren Bestimmungen, wie bei den Tonen, S. 1128, angegeben, vor. Man kann den Gehalt an Siliciumcarbid einerseits aus der Menge des gefundenen Siliciums, andererseits aus der des Kohlenstoffes berechnen. Der Umrechnungsfaktor von Kohlenstoff auf Siliciumcarbid ist 3,338, von Silicium auf Siliciumcarbid ist 1,428. Der Eisengehalt wird sowohl als Fe wie als Fe_2O_3 angegeben, da das Eisen in beiden Formen vorliegen kann.

γ) *Laugekochverlust*

Seine Bestimmung stellt eine halbquantitative Prüfung auf den Reinheitsgrad des Siliciumcarbids dar. Man kocht 10 g Siliciumcarbid mit 100 ml Kaliumhydroxydlösung (270 g/l) während 8 Std., filtriert und wäscht das Ungelöste mit 5proz. Salzsäure aus. Dieses wird bei 100° getrocknet und gewogen. Den Gewichtsverlust bezeichnet man als Laugekochverlust.

b) Kohlenstoffsteine

Für ihre Bewertung ist es erforderlich, den Glühverlust, die Zusammensetzung des mineralischen Anteiles sowie in gewissen Fällen den Gehalt an Schwefel und Phosphor zu kennen.

α) *Glühverlust* (Aschegehalt)

Zu seiner Bestimmung erhitzt man in einem Porzellantiegel 1 g der getrockneten Probe unter Steigerung der Temperatur bis auf 1100° zur Gewichtskonstanz. Man benutzt dafür eine Muffel oder einen elektrisch beheizten Tiegelofen. Die Gewichtsdifferenz ergibt den Glühverlust, das Gewicht des Rückstandes den Aschegehalt der Probe.

β) *Mineralische Bestandteile*

Zu ihrer Bestimmung kann man entweder 1 g der getrockneten Probe durch Schmelzen mit Natriumkaliumcarbonat aufschließen oder, um den Platintiegel zu schonen, besser folgendermaßen verfahren: 1 g der getrockneten Probe wird in einem Becherglas mit 40 ml Königswasser erhitzt und die Lösung bis zum Verschwinden der nitrosen Dämpfe erst auf dem Wasserbad, dann auf dem Sandbad eingeengt. Man nimmt den Rückstand mit 10 ml Salzsäure (1,19) sowie 100 ml Wasser auf, filtriert und wäscht das Ungelöste mit heißem Wasser aus. Dieses wird nun in einem Platintiegel so lange geglüht, bis nur noch eine geringe Menge von Kohlenstoff erkennbar ist, und mit 5 g Natriumkaliumcarbonat aufgeschlossen. Man löst die Schmelze in salzsäurehaltigem Wasser auf und gibt die Lösung nach dem Filtrieren zu dem Königswasserauszug hinzu. Siliciumdioxyd, Aluminium, Eisen usw. werden, wie bei der Analyse der Tone und Schamotte angegeben, bestimmt.

γ) *Kohlenstoff*

Man bestimmt ihn wie beim Siliciumcarbid. Falls der Aschegehalt gleichzeitig bestimmt werden soll, dürfen Zusätze von Blei bzw. Bleioxyd nicht verwendet werden.

δ) *Schwefel*

Nach ESCHKA wird 1 g der Probe mit 1 g wasserfreier Soda und 2 g Magnesiumoxyd gemischt, in einem Platintiegel mit 1 g derselben Mischung überschichtet und der Tiegel in einem elektrisch beheizten Ofen bei 750 bis 800° geglüht. Zum Verbrennen des Kohlenstoffes von Kohlenstoffsteinen werden 3 bis 4 Std. benötigt. Nach dem Erkalten wird der Tiegelinhalt mit Wasser aufgenommen und in ein Becherglas gespült. Sodann werden noch 100 ml heißes Wasser hinzugefügt. Man zerdrückt etwa vorhandene gröbere Stückchen mit dem Glasstab und prüft, ob noch Kohlenstoffteilchen vorhanden sind, da dann der Aufschluß unbrauchbar ist. Nun setzt man 10 bis 15 ml gesättigtes Bromwasser hinzu und erhitzt die Lösung 20 min zum Sieden. Darauf wird filtriert und der Rückstand so lange mit heißem Wasser ausgewaschen, bis keine Salze mehr in Lösung gehen (Prüfung auf einem Platinblech!). Das Filtrat wird mit Salzsäure schwach angesäuert und das Brom durch Kochen verjagt. In der siedend heißen Lösung fällt man das Sulfation mit heißer Bariumchloridlösung (100 g $BaCl_2 \cdot 2\,H_2O$ im l), kocht auf und filtriert das Bariumsulfat nach dem Absitzenlassen ab. Es empfiehlt sich, mit den verwendeten Reagenzien eine Blindprobe vorzunehmen.

ε) *Phosphor*

1 g Probematerial wird mit 40 ml Königswasser bis zum Verschwinden der nitrosen Gase erhitzt. Man engt bis fast zur Trockne ein, nimmt mit 10 ml Salzsäure (1,19) auf, gibt 100 ml Wasser hinzu und filtriert den Rückstand ab. Nach dem Auswaschen mit heißem Wasser wird er im Platintiegel geglüht, bis der Kohlenstoff verbrannt ist. Dann schließt man mit Natriumkaliumcarbonat auf, löst die Schmelze in Salzsäure und vereinigt die Lösung mit dem ersten Filtrat. Die vereinigten Lösungen werden zur Trockne gedampft, die Salze im Trockenschrank auf 135° erhitzt und sodann mit 10 ml Salzsäure und 100 ml Wasser aufgenommen. Das Siliciumdioxyd wird abfiltriert. Das eingeengte Filtrat neutralisiert man mit Ammoniak, säuert es mit 5 ml Salpetersäure (1 + 1) an und fällt den Phosphor mit 20 ml Ammoniummolybdatlösung (s. Kap. Lösungen, S. 1446). Nach dem Absitzen wird der Niederschlag mit 50 ml Waschflüssigkeit dekantiert [50 g Ammoniumnitrat, 10 ml Salpetersäure (1,40) im Liter Wasser], darauf abfiltriert und so lange mit salpetersäurefreier Ammoniumnitratlösung (50 g/l) ausgewaschen, bis das Filtrat neutral gegen Lackmuspapier ist. Das Filter mit dem Niederschlag bringt man in einen ERLENMEYER-Kolben, zerrührt es unter Zugeben von 100 bis 200 ml kaltem, ausgekochtem

Wasser zu Brei, setzt einige Tropfen Phenolphthaleinlösung und n/10-Natriumhydroxydlösung in geringem Überschuß hinzu, schüttelt kräftig um, bis der Niederschlag gelöst ist, und titriert den Überschuß der n/10-Natronlauge mit n/10-Schwefelsäure oder Salpetersäure zurück. 1 ml n/10-NaOH entspricht 3,55 mg P_2O_5 oder 0,135 mg P.

c) Graphit

Der Graphit wird sowohl zu Stampfmassen als auch zu Tiegeln oder sonstigen Geräten verarbeitet. Er enthält meist einen erheblichen Prozentsatz an Füll- und Bindemitteln. Auch Graphitanstrichmassen finden Verwendung. Die Untersuchung des Graphits erstreckt sich im wesentlichen auf Wasser-, Asche- und Kohlenstoffgehalt. Ferner können noch Carbonate vorhanden sein.

α) *Wassergehalt*

Zu seiner Bestimmung trocknet man 4 bis 10 g der Probe in einem lose bedeckten Wägegläschen bei 110° im Trockenschrank. Da Graphit zum Dekrepitieren neigt, muß das Wägegläschen so weit geschlossen gehalten werden, daß die Nässe entweichen, jedoch Materialteilchen nicht herausgeschleudert werden können. Mitunter ist die getrocknete Probe hygroskopisch; daher muß sie für den weiteren Gebrauch im Exsiccator aufbewahrt werden.

β) *Aschegehalt*

Man wägt 1 g der getrockneten Probe in ein gewogenes Verbrennungsschiffchen ein und erhitzt dieses in einem Verbrennungsofen unter Durchleiten von Sauerstoff langsam auf 1100°, bis der gesamte Kohlenstoff verbrannt ist. Das Schiffchen mit Inhalt wird sodann wieder gewogen.

Die Aschebestimmung kann auch in Verbindung mit der Kohlenstoffbestimmung vorgenommen werden; doch muß dann ein Zusatz von Blei und Bleioxyd unterbleiben.

γ) *Kohlenstoff*

Seine Bestimmung erfolgt, wie beim Siliciumcarbid, S. 1134, angegeben.

σ) *Mineralische Bestandteile*

Zur ihrer Bestimmung behandelt man 1 g Einwaage in einem Becherglas mit 40 ml Königswasser in der Hitze, bis sämtliche Stickoxyde verjagt sind und die Lösung bis fast zur Trockne eingedampft ist; dann nimmt man die Salze mit 10 ml Salzsäure (1,19) und 50 ml Wasser auf und filtriert die Lösung durch ein aschefreies Filter. Nach dem Auswaschen mit heißem Wasser werden Filter und Rückstand in einem Platintiegel verascht. Man glüht den Tiegelinhalt, bis die Kohle verbrannt ist, und schmilzt ihn mit 5 g Natriumkaliumcarbonat; die Schmelze wird mit salzsäurehaltigem Wasser gelöst und die Lösung mit dem Filtrat von der Königswasserbehandlung vereinigt. Darauf dampft man das Ganze zur Trockne und bestimmt die mineralischen Bestandteile, wie bei Schamotte, S.1110, angegeben.

ε) *Kohlendioxyd in graphitischen Materialien*

Zur Bestimmung des Kohlendioxyds, welcher aus Carbonaten des Bindemittels stammt, bringt man 5 g der bei 110° getrockneten Probe in einen Rundkolben, schaltet hinter diesen zum Trocknen des Gasstromes 2 U-Röhrchen mit Calciumchlorid und zur Absorption des Kohlendioxyds 2 Natronkalkröhrchen, zersetzt die Probe mit 50 ml Schwefelsäure (1 + 3) und erwärmt auf 50 bis 60°. Durch das Gerät wird ein kohlendioxydfreier Luftstrom geleitet, um das entwickelte Kohlendioxyd in die Absorptionsgefäße zu überführen. Faktor zur Berechnung von CO_2 auf CO_3 = 1,3635 (s. auch S. 1115).

V. Untersuchung von Kalkstein und Ätzkalk

1. Feuchtigkeit

Die feingepulverte Kalksteinprobe wird in einem Wägegläschen 2 bis 3 Std. in einem Trockenschrank bei 110° getrocknet. Bei gebranntem Kalk, der hierbei Kohlendioxyd aus der Luft aufnehmen könnte, ist von einer Trocknung abzusehen.

2. Glühverlust

In einer Muffel wird 1 g der Probe langsam auf etwa 1000° erhitzt, bis Gewichtskonstanz erreicht ist. Zum Abkühlen bringt man die Probe in einen mit festem Natriumhydroxyd beschickten Exsiccator, um die Aufnahme von Kohlendioxyd zu verhindern.

3. Siliciumdioxyd

5 g Probematerial werden in einer Porzellanschale mit 10 ml Wasser durchfeuchtet und mit 20 ml Salzsäure (1,19) vorsichtig gelöst. Die Lösung wird zur Trockne eingedampft, das Siliciumdioxyd durch Erhitzen auf 135° unlöslich gemacht und das Salzgemisch mit Salzsäure und Wasser aufgenommen. Nach dem Abfiltrieren und Auswaschen des Siliciumdioxyds dampft man das Filtrat nochmals ein und wiederholt die Abscheidung des Restes an Siliciumdioxyd in der gleichen Weise. Nach dem Veraschen der beiden Filter in einem Platintiegel wird geglüht, gewogen und darauf Siliciumdioxyd in bekannter Weise verflüchtigt. Der Siliciumdioxydgehalt ergibt sich aus dem Gewichtsverlust des geglühten Rückstandes. Diesen versetzt man mit 2 ml Schwefelsäure (1 + 1) sowie etwas Flußsäure, erhitzt, bis die Schwefelsäure abgeraucht ist, gibt etwas Wasser und Salzsäure hinzu und erwärmt. Sobald die Lösung klar geworden ist, vereinigt man sie mit dem Filtrat der Siliciumdioxydabscheidung, spült das Ganze in einen 500 ml-Meßkolben und füllt zur Marke auf.

4. Eisen und Aluminium

Aus dem Meßkolben entnimmt man 100 ml, versetzt die Abmessung mit 10 ml Salzsäure (1 + 1), kocht auf und bestimmt das Eisen nach Zimmermann-Reinhardt. Das Eisen kann auch mit Thiocyanat photometrisch bestimmt werden.

In einer weiteren Abmessung von 100 ml fällt man Eisen und Aluminium mit Ammoniak, löst den Niederschlag in Salzsäure und verdünnt auf ungefähr 400 ml, gibt etwas Methylorange als Indicator hinzu, neutralisiert mit Ammoniak und bestimmt das Aluminium nach der Phosphatmethode (s. Kapitel Aluminium, S. 7).

5. Calcium und Magnesium

Man entnimmt dem Meßkolben 50 ml, bringt die Abmessung in ein 400 ml-Becherglas, versetzt sie bis zur starken Braunfärbung mit Bromwasser und dann bis zur schwachen alkalischen Reaktion mit Ammoniak. Es wird zum Sieden erhitzt und gekocht, bis sich der Niederschlag zusammengeballt hat. Man läßt ihn absitzen, filtriert ihn ab, wäscht ihn mit heißem, 2% Ammoniumchlorid enthaltendem Wasser 2mal aus, löst ihn mit heißer, verdünnter Salzsäure vom Filter und wiederholt die Fällung mit Bromwasser und Ammoniak sowie das Abfiltrieren und Auswaschen des Niederschlages. Die beiden Filtrate werden vereinigt und nach dem Einengen auf etwa 400 ml schwach mit Essigsäure angesäuert. Man erhitzt die Lösung auf 80°, versetzt sie mit 25 ml heißer, Ammoniumoxalatlösung (70 g/l), läßt die Fällung 6 Std. in der Wärme stehen, filtriert und wäscht das Calciumoxalat 6mal mit kaltem, 2% Ammoniumoxalat enthaltendem Wasser aus. Nachdem man den Niederschlag in das Fällungsgefäß zurückgespritzt hat, löst man ihn in heißer, verdünnter Salzsäure, macht die Lösung erst ammoniakalisch und wiederholt die Fällung mit Oxalat. Man wäscht den abfiltrierten Niederschlag erst 3mal mit Ammoniumoxalatlösung (20 g/l), dann so lange mit heißem Wasser aus, bis das Waschwasser auf Zusatz von Schwefelsäure und Permanganatlösung nicht mehr entfärbt wird. Darauf spritzt man das Calciumoxalat vom Filter in ein 600 ml-Becherglas, wäscht das Filter in das Glas mit heißer, verdünnter Schwefelsäure (1 + 4) aus, erwärmt die Lösung nach Zugeben von 10 ml Schwefelsäure (1 + 2) und titriert mit n/5-Kaliumpermanganatlösung. 1 ml der Kaliumpermanganatlösung entspricht 1,12% CaO.

Die von der Kalkfällung herrührenden Filtrate werden vereinigt, auf 400 ml eingedampft und nach dem Erkalten ammoniakalisch gemacht. Man versetzt die Lösung mit $^1/_7$ ihres Volumens an Ammoniak (0,91) und gibt bei Zimmertemperatur 10 ml Diammoniumhydrogenphosphatlösung (100 g/l) hinzu. Nach $^1/_2$stündigem Rühren, wobei man ein Berühren der Gefäßwandung vermeidet, wird der Niederschlag auf ein dichtes, hartes Filter gebracht (bei größeren Mengen besser auf einen Porzellanfiltertiegel), mit verdünntem Ammoniak ausgewaschen, getrocknet, verascht, bei 1000° geglüht und dann gewogen ($Mg_2P_2O_7$). Die Bestimmung von Calcium und Magnesium kann auch komplexometrisch in der auf S. 1122 beschriebenen Weise ausgeführt werden.

6. Mangan

Da Kalksteine im allgemeinen nur eine geringe Menge von Mangan enthalten, kommt seine Bestimmung nur selten in Frage. Soll sie ausgeführt werden, so löst man 2 g der Probe nach dem Aufschlämmen mit 10 ml Wasser in 20 ml Salzsäure (1 + 1) und gibt zur Oxydation etwas Salpetersäure hinzu. Man kann nun das Mangan nach Volhard titrieren.

Will man es photometrisch bestimmen, so löst man 2 g Probematerial in 20 ml Salpetersäure (1 + 1), oxydiert das Mangan nach Zugeben von Silbernitrat mit Ammoniumperoxydisulfat zu Permanganatsäure und photometriert diese (s. Kapitel Mangan, S. I/497).

7. Kohlendioxyd

Man benutzt zu ihrer Bestimmung die auf S. 206 abgebildete Apparatur und löst 1 bis 2 g der Probe in Schwefelsäure (1 + 4). Das entwickelte Kohlendioxyd wird zunächst durch ein mit Quarzstückchen beschicktes U-Rohr, zur Absorption des Wassers durch zwei mit trockenem Calciumchlorid gefüllte U-Röhrchen geleitet und dann in zwei gewogenen Natronkalk-U-Rohren absorbiert, deren Gewichtszunahme dann dem Kohlendioxydgehalt entspricht (s. auch S. 1115).

8. Calciumoxydgehalt von gebranntem Kalk

In ein verschließbares Wägegläschen wägt man 2 g der Probe ein und bringt die Einwaage in einen 500 ml-Meßkolben mit kohlendioxydfreiem Wasser in Lösung. Nach dem Auffüllen bis zur Marke entnimmt man der überstehenden klaren Lösung 50 ml, läßt die Abmessung aus der Pipette in kohlendioxydfreies, in einem Erlenmeyer-Kolben befindliches Wasser laufen (Pipettenspitze unter die Wasseroberfläche halten!), gibt 2 Tropfen Methylorangelösung hinzu und titriert mit n/5-Salzsäure bis zum Umschlag nach Rot.

Will man jede Einwirkung von Kohlendioxyd vermeiden, so empfiehlt es sich, die Abmessung unmittelbar in 50 ml n/5-Salzsäure fließen zu lassen und den Überschuß an Salzsäure unter Verwendung von Methylorange als Indicator mit n/5-Natronlauge zurückzutitrieren.

1 ml n/5-Salzsäure entspricht 5,608 mg CaO.

Kapitel 49

Feste Brennstoffe*

Inhalt

---

*	1. Auflage	2. Auflage
Bearbeiter:	**Radmacher** (Ruhrkohlen-Beratung G. m. b. H.)	**Radmacher** (Ruhrkohlen-Beratung G. m. b. H.)
Mitarbeiter:	**Lange** (Hamborner Bergbau A. G.)	**Lange** (Hamborner Bergbau A. G.)

A. Allgemeines

In den folgenden Abschnitten werden in erster Linie die Arbeitsvorschriften berücksichtigt, die in den bestehenden deutschen Normblättern (DIN)[1] und Normblattentwürfen sowie in den Laboratoriumsvorschriften (LV)[2] des Chemikerausschusses beim Steinkohlenbergbauverein festgelegt worden sind. Soweit keine genormten Bestimmungen vorliegen, werden diejenigen Verfahren beschrieben, die in der Praxis die größte Verbreitung gefunden haben.

Für die analytische Untersuchung von festen Brennstoffen gilt allgemein nach DIN 51700, daß jede Bestimmung mindestens 2mal ausgeführt werden muß. Falls die dabei erzielten Ergebnisse nicht innerhalb der festgelegten Streubereiche liegen, ist die Doppeluntersuchung zu wiederholen.

Für die Rundung der Analysenzahlen von festen Brennstoffen soll nach DIN 51700 die Rundungsregel nach DIN 1333 angewendet werden. Hiernach bleibt die letzte gewünschte Stelle unverändert, wenn die nachstehende Ziffer unter 5, sie wird erhöht, wenn die nachfolgende Ziffer über 5 liegt. Ist die auf die letzte gewünschte Stelle folgende Ziffer genau 5, also mit nachfolgenden Nullen,

[1] Zu beziehen beim Beuth-Vertrieb GmbH, Berlin W 15 und Köln.
[2] Zu beziehen beim Verlag Glückauf, Essen.

so bleibt die Ziffer der letzten gewünschten Stelle unverändert, wenn sie gerade ist; sie wird um 1 erhöht, wenn sie ungerade ist.

Beispiel: 4,7625 = 4,762
7,9375 = 7,938

Zu beachten ist ferner, daß bei allen Angaben von Analysenwerten stets der Bezugszustand der Brennstoffe anzugeben ist. Nach DIN 51700 gelten folgende Bezeichnungen:

Bezugszustand	Kurzbezeichnung	
	Brennstoff	Gehalt
Roh	(roh)	(i. roh)
Lufttrocken	(lftr)	(i. lftr)
Analysenfeucht	(an)	(i. an)
Wasserfrei	(wf)	(i. wf)
Wasser- und aschefrei	(waf)	(i. waf)
Wasser- und mineralstofffrei	(wmf)	(i. wmf)
Lufttrocken und aschefrei	(lftr af)	(i. lftr af)

Der Ausdruck „Reinkohle“ soll nur noch im aufbereitungstechnischen und nicht mehr im brennstoffchemischen Sinne verwendet werden. Er bezeichnet nach Vornorm DIN 23011 die reine gewaschene Kohle ohne Fehlaustrag (Fehlausträge sind z. B. Verwachsenes oder reine Berge in der gewaschenen Kohle bzw. reine Kohle oder Verwachsenes in den Waschbergen).

Um die Brennstoffe untersuchen zu können, muß eine Teilmenge genommen werden, die dann zur Analysenprobe vorbereitet wird. Bei der Probenahme werden dem bewegten oder ruhenden Brennstoff durch Auffangwagen, Absteckgeräte, Schlitzgefäße, Probestecher oder Schaufeln *Einzelproben* entnommen, die gesammelt und zu einer *Durchschnittsprobe* gemischt werden. Die Durchschnittsprobe wird nach Zerkleinern auf eine Korngröße von unter 10 mm zu einer *Laboratoriumsprobe* von 1 bis 2 kg reduziert. Diese Probe wird lufttrocken oder wasserfrei gemacht und dann auf eine Korngröße von unter 1 mm zerkleinert. Der zerkleinerten Laboratoriumsprobe wird eine *Teilprobe* entnommen, die auf Analysenfeinheit, im allgemeinen auf eine Korngröße von unter 0,2 mm, weiter zerkleinert wird. Man erhält so die *Analysenprobe.*

B. Die Bestimmung der Rohzusammensetzung der Brennstoffe

I. Wasser

Grundlage. Nach Art der Bindung wird beim Wassergehalt zwischen der *Groben Feuchtigkeit* oder dem Oberflächenwasser und der *Hygroskopischen Feuchtigkeit* unterschieden. *Analysenfeuchtigkeit* ist das unter bestimmten Bedingungen aus der Analysenprobe austreibbare Wasser.

Die Bestimmung des Wassergehaltes wird im allgemeinen in 2 Stufen durchgeführt.

Zunächst wird die Grobe Feuchtigkeit durch Trocknen der Brennstoffprobe an der Luft oder im Luftzug bei Raumtemperatur bis zur Gewichtskonstanz bestimmt, d. h. bis sich der Wassergehalt des Brennstoffes mit dem Feuchtigkeitsgehalt der Luft im Gleichgewicht befindet. Anschließend wird der restliche Wassergehalt der verbleibenden lufttrockenen Probe, die Hygroskopische euFchtigkeit, durch Trocknen im Trockenschrank (bei $106 \pm 2)^\circ$ oder durch Destillation mit Xylol ermittelt. Die Summe der Werte für Grobe und für Hygroskopische Feuchtigkeit (bezogen auf die Ausgangsmenge) ergibt den Gesamtwassergehalt des Brennstoffes. Die Analysenfeuchtigkeit wird durch Trocknen der Analysenprobe im belüfteten Trockenschrank oder im Stickstoffstrom bestimmt.

Anwendungsbereich. Das Trockenschrank-Verfahren kann bei Steinkohlenkoks sowie bei nicht wärme- und sauerstoffempfindlichen Steinkohlen angewendet werden. Das Destillations-Verfahren und die Trocknung im Stickstoffstrom sind vorwiegend für Proben mit höherem Feuchtigkeitsgehalt geeignet und müssen bei wärme- und sauerstoffempfindlichen Brennstoffen, z. B. bei Schwelkoks und jüngeren fossilen Brennstoffen, angewendet werden.

Bei nicht wärme- und sauerstoffempfindlichen Brennstoffen kann der Gesamtwassergehalt auch unmittelbar bestimmt werden.

Der Gehalt der Brennstoffe an Hygroskopischem Wasser ist eine relative Größe, die von der Korngröße, von der Temperatur und von dem Feuchtigkeitsgehalt der umgebenden Atmosphäre abhängt.

Bedeutung. Die Bestimmung des Wassergehaltes dient zur Ermittlung der Zusammensetzung der Rohsubstanz, die aus der Brennstoffsubstanz und den Ballaststoffen Wasser und Asche besteht.

Die Analysenfeuchtigkeit betrifft analysenfein vorbereitete Substanz; sie wird gleichzeitig mit den einzelnen analytischen Bestimmungen ermittelt, um Umrechnungen auf andere Bezugszustände zu ermöglichen.

Genauigkeit. Der Wassergehalt der festen Brennstoffe wird in Gewichtsprozent (g/100 g), auf 0,1% gerundet, angegeben.

Die zulässige absolute Abweichung der Einzelwerte vom Mittelwert beträgt bei Parallelbestimmungen:

Bei der Hygroskopischen Feuchtigkeit und bei der Analysenfeuchtigkeit	$\pm 0,1\%$
Bei der Groben Feuchtigkeit und dem Gesamtwassergehalt	
bei Brennstoffen mit 0 bis 10% Wasser	$\pm 0,2\%$
bei Brennstoffen mit 10 bis 20% Wasser	$\pm(0,05 + 0,015 \cdot \%\ H_2O)\%$
bei Brennstoffen mit 20 bis 60% Wasser	$\pm(0,25 + 0,005 \cdot \%\ H_2O)\%$

Dauer. Etwa 48 Std. für die Bestimmung der Groben Feuchtigkeit beim Lagern an der Luft und etwa 4 Std. beim Abdunsten in Zugluft; etwa 2 Std. für die Bestimmung der Hygroskopischen Feuchtigkeit nach dem Trockenschrank-Verfahren und etwa 30 min nach dem Destillations-Verfahren; etwa 90 min für die Bestimmung der Analysenfeuchtigkeit im Trockenschrank.

1. Grobe Feuchtigkeit

Von der Laboratoriumsprobe, deren Körnung dem Durchgang durch das Prüfsiebgewebe 10 DIN 4188 entspricht, werden etwa 500 bis 1000 g in eine Trockenschale aus nichtrostendem Material auf 0,1 g genau eingewogen. Man läßt die Probe entweder an der Luft bei etwa 20° und $(60 \pm 10)\%$ relativer Luftfeuchtigkeit, vor Staub und Luftzug geschützt, so lange stehen, bis die Grobe Feuchtigkeit verdunstet und Gewichtskonstanz eingetreten ist, oder man dunstet das Wasser in einem Zuglufttrockner ab. Die Probe wird auf 0,1 g genau gewogen.

Der Gehalt des wasserhaltigen Brennstoffes an Grober Feuchtigkeit in Gewichtsprozent ergibt sich nach der Gleichung:

$$\%\ \text{Grobe Feuchtigkeit} = \frac{(a - b) \cdot 100}{a}$$

Es bedeuten:

a = Einwaage an Brennstoff$_{(\text{roh})}$ in g, b = Auswaage an Brennstoff$_{(\text{lftr})}$ in g

Die erhaltene lufttrockene Probe wird auf eine Korngröße von unter 1 mm zerkleinert. Ein Teil wird zur Bestimmung der Hygroskopischen Feuchtigkeit verwendet und der Rest zur Analysenprobe weiterverarbeitet.

2. Hygroskopische Feuchtigkeit

a) Trockenschrank-Verfahren

Von der lufttrockenen Probe, die auf Durchgang durch das Prüfsiebgewebe 1 DIN 4188 zerkleinert wurde, werden 25 bis 50 g in ein flaches, mit eingeschliffenem Deckel versehenes Wägegläschen von 100 ml Inhalt auf 0,01 g genau eingewogen und mit schräg aufgesetztem Deckel im Trockenschrank mit automatischer Temperaturregelung und einstellbarer Belüftung des Nutzraumes bei $(106 \pm 2)°$ bis zur Gewichtskonstanz getrocknet. In der Regel genügt eine Trocknungszeit von 2 Std. Nach dem Trocknen läßt man die Probe im Exsiccator erkalten und wägt sie mit dichtschließend aufgesetztem Deckel auf 0,01 g genau.

Der Gehalt des lufttrockenen Brennstoffes an Hygroskopischer Feuchtigkeit in Gewichtsprozent ergibt sich nach der Gleichung:

$$\% \text{ Hygroskopische Feuchtigkeit} = \frac{(a - b) \cdot 100}{a}$$

Es bedeuten:

a = Einwaage an Brennstoff$_{(\text{lftr})}$ in g, b = Auswaage an Brennstoff$_{(\text{wf})}$ in g

b) Destillations-Verfahren

Von der lufttrockenen Probe, die auf Durchgang durch das Prüfsiebgewebe 1 DIN 4188 zerkleinert wurde, werden 25 bis 50 g in einen 500 ml-Kurzhalskolben auf 0,01 g genau eingewogen. Nach Zugabe von 200 ml Xylol wird gut durchgeschüttelt und ein absteigender Kühler aufgesetzt. Nach Abdichtung des Kolbens wird der Inhalt langsam bis zum Sieden erhitzt. Die entweichenden Dämpfe werden im Kühler verflüssigt und in einem Wassermeßgerät mit $^1/_{10}$ ml-Einteilung aufgefangen (s. Abb. 125 im Kapitel Untersuchungsverfahren für Heizöle, S. 1193).

Bei Verwendung von Geräten mit Rückflußkühlung nach Art einer Umlaufdestillation genügen 100 ml Xylol.

Klar abfließendes Xylol zeigt das Ende der Destillation an. Der Kühlwasserzulauf wird abgestellt und das im Kühler befindliche Wasser stufenweise abgelassen, so daß die heißen Xyloldämpfe die an den Wandungen des Kühlrohres haftenden Wassertropfen mitnehmen. Restliche Wassertropfen können durch schnelles Drehen des Meßgefäßes zum Absitzen gebracht werden. Das Wasservolumen im Meßgerät wird nach Annahme der Raumtemperatur abgelesen.

Der Gehalt des lufttrockenen Brennstoffes an Hygroskopischer Feuchtigkeit in Gewichtsprozent ergibt sich nach der Gleichung:

$$\% \text{ Hygroskopische Feuchtigkeit} = \frac{b \cdot 100}{a}$$

Es bedeuten:

a = Einwaage an Brennstoff$_{(\text{lftr})}$ in g, b = ermittelte Wassermenge in ml

3. Gesamtwasser

Der Gesamtwassergehalt des wasserhaltigen Brennstoffes in Gewichtsprozent ergibt sich aus den analytisch ermittelten Werten für Grobe und für Hygroskopische Feuchtigkeit nach der Gleichung:

$$\% \text{ Wasser} = a + \frac{b \cdot (100 - a)}{100}$$

Es bedeuten:

a = % Grobe Feuchtigkeit, b = % Hygroskopische Feuchtigkeit

Von nicht wärme- und sauerstoffempfindlichen Brennstoffen kann der Gesamtwassergehalt auch unmittelbar nach dem Trockenschrank-Verfahren bestimmt werden. Hierbei werden von der auf eine Korngröße von unter 10 mm vorbereiteten Laboratoriumsprobe 200 bis 500 g auf 0,1 g genau eingewogen und im Trockenschrank bei (106 ± 2)° bis zur Gewichtskonstanz getrocknet. Ist bei stückigen Brennstoffen die Kenntnis des ursprünglichen Gesamtwassergehaltes erwünscht und tritt bei der weiteren Zerkleinerung ein Wasserverlust ein, so ist die Probe höchstens auf eine Korngröße von unter 20 mm zu zerkleinern. Von diesem Probegut wird 1 kg abgezweigt und sinngemäß nach dem Trockenschrank-Verfahren behandelt.

4. Analysenfeuchtigkeit

a) Trockenschrank-Verfahren

Die Bestimmung wird mit einer Einwaage von 1 bis 5 g der Analysenprobe gemäß Abschnitt 2a durchgeführt.

b) Direktes Verfahren

Von der analysenfeuchten Analysenprobe, deren Körnung dem Durchgang durch das Prüfsiebgewebe 0,2 DIN 4188 entspricht, wird 1 g in ein Glasrohr mit einem Inhalt von etwa 50 ml auf 0,0001 g genau eingewogen und gleichmäßig verteilt. Das Rohr wird an ein Absorptionsgefäß, das Magnesiumperchlorat enthält, angeschlossen. Durch das Rohr wird ein Strom von getrocknetem Stickstoff so schnell hindurchgeleitet, daß die Stickstoffatmosphäre in jeder min 2 mal erneuert wird. Die Analysenprobe wird bei einer Temperatur von 105 bis 110° bis zur Gewichtskonstanz getrocknet. Im allgemeinen genügt eine Trocknungszeit von 1 Std. Das Absorptionsgefäß wird nach Schließen der Hähne und nach Temperaturausgleich auf 0,0001 g genau gewogen.

Der Gehalt des Brennstoffes an Analysenfeuchtigkeit in Gewichtsprozent ergibt sich nach der Gleichung:

$$\%\ \text{Analysenfeuchtigkeit} = \frac{b \cdot 100}{a}$$

Es bedeuten:

a = Einwaage an Brennstoff$_{(\text{an})}$ in g, b = Auswaage an Wasser in g

Ein unter gleichen Bedingungen ermittelter Blindwert wird abgezogen.

Fehlerquellen. Beim Destillationsverfahren sind die Geräte durch öfteres Ausspülen mit warmer Chromschwefelsäure, Auswaschen mit destilliertem Wasser und Austrocknen mit warmer Luft fettfrei zu halten.

Beim Trockenschrank-Verfahren ist darauf zu achten, daß vor allem feinkörnige Proben wegen der Oxydationsgefahr nicht zu lange im Trockenschrank verbleiben.

Trockenschränke, deren Bauart ein Entweichen der mit Wasser gesättigten Luft nicht gestattet, sind ungeeignet, da in ihnen die Brennstoffproben nicht vollständig getrocknet werden.

Literatur. Deutsches Normblatt DIN 51718. — Draft ISO Recommendation No. 211. — Holthaus, C.: Arch. Eisenhüttenwes. Bd. 5 (1931/32) S. 149; Bd. 6 (1932/33) S. 327. — Lange, W.: Glückauf Bd. 94 (1958) S. 1372/73.

II. Asche

Grundlage. Die Asche wird durch Verbrennen der Brennstoffprobe in elektrisch oder mit Gas beheizten Öfen bei einer Temperatur von (775 ± 25)° bestimmt.

Die Bestimmung des Aschegehaltes ist ein Konventionsverfahren, das relative Werte gibt, die in erster Linie von der Veraschungstemperatur abhängig sind.

Infolge der bei der Veraschung ablaufenden chemischen Umsetzungen ist die Asche mit den ursprünglich in der Kohle vorhandenen Mineralstoffen nicht identisch. Bei den Veraschungsreaktionen können Gewichtsverminderungen durch die Entbindung von Hydratwasser sowie durch die Zersetzung von Carbonaten und Sulfaten oder anderen Schwefelverbindungen eintreten, während die Oxydation von Sulfiden bzw. die Bildung von Sulfaten gewichtsvermehrend wirken kann.

Der durch chemische Umsetzungen von Mineralstoffen hervorgerufene Gewichtsunterschied zwischen Asche und Mineralstoff wird um so größer, je reicher der Brennstoff an diesen anorganischen Verbindungen ist. Bei Brennstoffen mit normalem Mineralstoffgehalt sind diese Unterschiede im allgemeinen bedeutungslos; liegt jedoch ein höherer Mineralstoffgehalt vor, so müssen zu seiner Bestimmung besondere Verfahren herangezogen werden (s. Literatur).

Anwendungsbereich. Das Verfahren ist auf alle festen Brennstoffe anwendbar. Im allgemeinen wird die Aschebestimmung mit analysenfeuchten Brennstoffproben durchgeführt; nicht wärme- und sauerstoffempfindliche Brennstoffe können auch in wasserfreiem Zustand untersucht werden.

Bedeutung. Die Bestimmung des sog. Aschegehaltes dient dazu, Anhaltspunkte über den Gehalt des Brennstoffes an anorganischen Bestandteilen zu gewinnen. Neben Wasser gehört Asche zu den Ballaststoffen des Brennstoffes. Wird von der Rohsubstanz des Brennstoffes der analytisch bestimmte Gehalt an Wasser und Asche abgezogen, so verbleibt die ,,wasser- und aschefreie Substanz".

Wird der Mineralstoffgehalt an Stelle des Aschegehaltes bestimmt und mit dem Wassergehalt von der Rohsubstanz abgezogen, so wird die verbleibende organische Brennstoffsubstanz als ,,wasser- und mineralstofffreie Substanz" bezeichnet.

Genauigkeit. Der Aschegehalt der festen Brennstoffe wird in Gewichtsprozent (g/100 g), auf 0,1%, bei aschearmen Sondererzeugnissen mit unter 2% Asche, auf 0,01 gerundet, angegeben.

Die absolute Abweichung der Einzelwerte vom Mittelwert soll bei Parallelbestimmungen nicht mehr als $\pm(0{,}01 + 0{,}015 \cdot \%\ \text{Asche})\%$ betragen.

Dauer. Etwa 2 bis 3 Std. für eine Bestimmung.

Ausführung. Von der analysenfeuchten oder wasserfreien Analysenprobe, deren Körnung dem Durchgang durch das Prüfsiebgewebe 0,2 DIN 4188 entspricht, wird etwa 1 g in ein ausgeglühtes Veraschungsschälchen auf 0,0001 g genau eingewogen und in einen kalten, elektrisch oder mit Gas zu beheizenden Muffelofen eingesetzt. Der Ofen wird zunächst zwecks vorsichtiger Entgasung der Brennstoffe langsam angeheizt und allmählich auf die Endtemperatur von $(775 \pm 25)^\circ$ gebracht. In der Muffel muß ständig ein Luftüberschuß vorhanden sein. Die Erhitzung wird bis zur vollständigen Verbrennung aller organischen Bestandteile fortgesetzt. Nach Abschalten der Beheizung wird die Probe im Ofen bei geöffneter Tür kurze Zeit abgekühlt und anschließend in einen Exsiccator gebracht. Nach dem Temperaturausgleich mit der Umgebung wird die Probe auf 0,0001 g genau gewogen.

Die Veraschung ist vollständig, wenn in dem Verbrennungsrückstand keine schwarzen Teilchen mehr wahrzunehmen sind, was durch Umrühren der Asche mit einem ausgeglühten Platindraht oder Spatel festgestellt werden kann.

Der Gehalt des eingesetzten Brennstoffes an Asche in Gewichtsprozent ergibt sich nach der Gleichung:

$$\%\ \text{Asche} = \frac{b \cdot 100}{a}$$

Es bedeuten:

a = Einwaage an Brennstoff in g, b = Auswaage an Asche in g

Wurde für die Bestimmung analysenfeuchte Brennstoffsubstanz eingewogen, so ist in einer zweiten Probe gleichzeitig die Analysenfeuchtigkeit zu ermitteln.

Der Aschegehalt der wasserfreien Substanz ergibt sich nach der Gleichung:

$$\%\ \text{Asche}_{(\text{i.wf})} = A \cdot \frac{100}{100 - F}$$

Für den Aschegehalt des wasserhaltigen Brennstoffes, der Rohsubstanz, gilt:

$$\%\ \text{Asche}_{(\text{i.roh})} = B \cdot \frac{100 - W}{100} \quad \text{oder}$$

$$\%\ \text{Asche}_{(\text{i.roh})} = A \cdot \frac{100 - W}{100 - F}$$

Es bedeuten:

$A = \%\ \text{Asche}_{(\text{i.an})}$, $B = \%\ \text{Asche}_{(\text{i.wf})}$, $F = \%$ Analysenfeuchtigkeit, $W = \%$ Wasser

Fehlerquellen. Bei der Veraschung vor allem gasreicher Kohlen darf nicht zu schnell angeheizt werden, da die Gefahr besteht, daß durch Spratzen beim Entweichen von flüchtigen Stoffen Probeteilchen mitgerissen werden. Das genaue Einhalten der festgelegten Veraschungstemperatur ist Voraussetzung zur Erzielung vergleichbarer Ergebnisse.

Die Veraschungsschälchen sollen möglichst flach sein, da bei zu hohem Rand die Probeteilchen am Boden wegen mangelnder Luftzufuhr unvollständig verbrennen können. Aus dem gleichen Grunde sind auch Veraschungen im Tiegel nicht zu empfehlen.

Bei mit Gas beheizten Muffelöfen ist darauf zu achten, daß schwefeloxydhaltige Abgase des Heizgases nicht in den Muffelraum eindringen, da die Möglichkeit besteht, daß Schwefeloxyde von der Asche aufgenommen und dadurch zu hohe Werte gefunden werden. Hygroskopische Brennstoffe werden nur in lufttrockenem Zustand oder in einem geschlossenen Gefäß gewogen.

Literatur. Deutsches Normblatt DIN 51719. — HOLTHAUS, C.: Arch. Eisenhüttenwes. Bd. 9 (1935/36) S. 369. — MAYER, K.: Brennstoff-Chem. Bd. 10 (1929) S. 381. — SCHUSTER, F.: Gas- u. Wasserfach Bd. 74 (1931) S. 629. — RADMACHER, W., u. P. MOHRHAUER: Brennstoff-Chem. Bd. 36 (1955) S. 236. — SCHUSTER F.: Untersuchungen fester, flüssiger und gasförmiger Brennstoffe und ihre Auswertung, Bd. 1. Halle (Saale) 1957.

III. Tiegelkoks und Flüchtige Bestandteile

Genauigkeit. Mit dem Ausdruck „Flüchtige Bestandteile" werden die bei der Erhitzung fester Brennstoffe auf eine bestimmte Temperatur unter Luftabschluß gas- und dampfförmig entweichenden Zersetzungsprodukte der organischen Brennstoffsubstanz bezeichnet. Sie werden durch Erhitzen einer analysenfeuchten Brennstoffprobe in einem Quarztiegel im elektrisch beheizten Ofen bei einer Verkokungstemperatur von $(875 \pm 10)^\circ$ bestimmt. Die gleichzeitig mit den FlüchtigenBestandteilen entweichende Analysenfeuchtigkeit muß in einer zweiten Probe ermittelt und von den insgesamt entweichenden flüchtigen Stoffen in Abzug gebracht werden. Der bei der Verkokung verbleibende Rückstand ergibt die Tiegelkoksausbeute.

Anwendungsbereich. Das Verfahren im Quarzglastiegel bei elektrischer Beheizung ist auf alle festen Brennstoffe anwendbar. Es liefert relative Werte, die von Erhitzungsgeschwindigkeit, Verkokungstemperatur und Verkokungsdauer abhängig sind. Die genaue Einhaltung der Versuchsbedingungen ist Voraussetzung zur Erzielung vergleichbarer Werte.

Bedeutung. Die „Flüchtigen Bestandteile" sind ein charakteristisches Unterscheidungsmerkmal der verschiedenen Kohle- und Koksarten. Aus der Beschaffenheit des Verkokungsrückstandes lassen sich Anhaltspunkte über das Kokungsvermögen der Kohlen gewinnen. Die Tiegelkoksausbeute gibt Aufschluß über das betriebliche Koksausbringen, wobei nach MANTEL folgende Beziehung besteht (neue Harpener Formel):

$$\text{Betriebsausbringen}_{(\text{i.wf})} = T + \frac{Z \cdot (100 - T)}{100}$$

Es bedeuten:

T = Tiegelkoksausbeute$_{(\text{i.wf})}$, Z = Zersetzungsgrad

Die neue Harpener Formel gilt für Kohlen mit einem Gehalt an Flüchtigen Bestandteilen von 14 bis 37%. Der Zersetzungsgrad ist eine Funktion der Flüchtigen Bestandteile; er steigt bei dem angegebenen Bereich von etwa 12 auf etwa 19% (s. Literatur).

Genauigkeit. Die Ausbeute der festen Brennstoffe an Flüchtigen Bestandteilen wird in Gewichtsprozent (g/100 g), auf 0,1% gerundet, angegeben.

Die absolute Abweichung der Einzelwerte vom Mittelwert soll bei Parallelbestimmungen nicht mehr als ±0,2% betragen.

Dauer. Etwa 40 min für eine Bestimmung, einschließlich der Abkühlungszeit für den Tiegel.

Ausführung. Von der analysenfeuchten Analysenprobe, deren Körnung dem Durchgang durch das Prüfsiebgewebe 0,2 DIN 4188 entspricht, wird 1 g in einen ausgeglühten und im Exsiccator abgekühlten Quarztiegel auf 0,0001 g genau eingewogen. Zum Einebnen der Brennstoffprobe wird der Tiegel einige Male auf eine harte Unterlage leicht aufgestoßen, dann mit dem Deckel verschlossen. Nicht backende, spratzende Brennstoffe, wie Torf, Braunkohle u. a., werden in Pastillenform eingewogen und verkokt.

Verwendet wird ein Quarzglastiegel[1] von 27 mm Außendurchmesser, 2 mm Wandstärke, 45 mm Höhe, mit flachem, 4 mm breitem, geschliffenem Auflagerand für einen dicht schließenden, eingelassenen Deckel mit *ebenfalls* geschliffener Randauflagefläche. An der Außenwand des Tiegels befinden sich, 15 mm vom oberen Rand entfernt und gleichmäßig verteilt, 3 Zapfen von je 5 mm Länge. Der Tiegel soll einschließlich Deckel 27 bis 29 g wiegen.

Zur Verkokung können alle elektrisch beheizten Öfen mit Abzugsrohr verwendet werden, die eine Temperaturkonstanz von (875 ± 10)° gewährleisten und die nach Einsetzen des Gestells mit den Quarztiegeln diese Temperatur innerhalb 3 bis 4 min wieder erreichen. Die Temperaturmessung erfolgt durch ein Platin-Platinrhodium-Thermoelement, das durch einen seitlich angebrachten Stutzen so tief eingeführt wird, daß sich die ungeschützte Lötstelle in der Mitte zwischen den Tiegeln befindet. Für die Aufnahme der Tiegel enthält der Ofen ein Einsatzgestell aus nicht zundernder Metallegierung von 40 mm Höhe und je nach Größe des Ofens mit 4 bis 8 runden Öffnungen von 30 mm Durchmesser.

Bei Verwendung eines Verkokungsofens[2] mit Klappdeckel, der 4 Tiegel aufnehmen soll, wird der Ofen mit dem leeren Gestell auf die Verkokungstemperatur von (875 ± 10)° aufgeheizt, aufgeklappt und möglichst schnell mit den Tiegeln besetzt. In frei bleibende Öffnungen werden leere Quarztiegel mit Deckel eingesetzt. Der Ofen wird wieder geschlossen und so beheizt, daß die Temperatur von (875 ± 10)° innerhalb 3 bis 4 min wieder erreicht wird. Von diesem Zeitpunkt ab wird bei der gleichen Temperatur noch genau 3 min erhitzt. Dann werden die Tiegel aus dem Ofen genommen, zur besseren Abkühlung auf eine kalte Eisenplatte gesetzt und nach dem vollständigen Abkühlen (im Exsiccator nach etwa 30 min) auf 0,0001 g genau gewogen.

Bei Verwendung eines Muffelofens[3], der 6 bis 8 Tiegel aufnehmen kann, wird ebenso verfahren. Die Tiegel werden jedoch außerhalb des auf (875 ± 10)° vorgeheizten Ofens in das Gestell eingesetzt.

---

[1] Hersteller ist z. B. die Fa. Heraeus-Quarzschmelze GmbH, Hanau.
[2] Hersteller ist z. B. die Fa. W. C. Heraeus GmbH, Platinschmelze, Hanau.
[3] Hersteller ist z. B. die Fa. Allino, Düsseldorf.

Das Gewicht des Tiegelinhalts ist die Tiegelkoksausbeute. Der Gehalt des analysenfeuchten Brennstoffes an Flüchtigen Bestandteilen in Gewichtsprozent ergibt sich nach der Gleichung:

$$\% \text{ Flüchtige Bestandteile}_{(\text{i.an})} = \frac{c \cdot 100}{a} - d$$

Es bedeuten:

a = Einwaage an Brennstoff$_{(\text{an})}$ in g, b = Auswaage an Tiegelkoks in g, $c = (a - b)$ = flüchtige Stoffe$_{(\text{i.an})}$ (Flüchtige Bestandteile + Analysenfeuchtigkeit; bei carbonathaltigen Brennstoffen: Flüchtige Bestandteile + Analysenfeuchtigkeit + Kohlendioxyd) in g, d = % Analysenfeuchtigkeit

Die Umrechnung auf die wasserfreie sowie auf die wasser- und aschefreie Substanz erfolgt nach den Gleichungen:

$$\% \text{ Flüchtige Bestandteile}_{(\text{i.wf})} = B \cdot \frac{100}{100 - F}$$

$$\% \text{ Flüchtige Bestandteile}_{(\text{i.waf})} = B \cdot \frac{100}{100 - (F + A)}$$

Es bedeuten:

A = % Asche$_{(\text{i.an})}$, B = % Flüchtige Bestandteile$_{(\text{i.an})}$, F = % Analysenfeuchtigkeit

Für die Ermittlung des sehr geringen Gehaltes an Flüchtigen Bestandteilen von Hochtemperaturkoks, Elektrodenkoks, Pechkoks u. a. empfiehlt sich zur Erzielung genauer Ergebnisse die Verwendung eines Quarzglastiegels[1] mit Gasein- und Gasableitungsrohr. In diesem Tiegel wird die Verkokung in einer sauerstoff- und kohlendioxydfreien Argonatmosphäre durchgeführt.

Fehlerquellen. Bei carbonathaltigen Brennstoffen wird durch die Abspaltung von Kohlendioxyd bei der Verkokung eine höhere Ausbeute an Flüchtigen Bestandteilen vorgetäuscht. Sind wesentliche Mengen Carbonat im Brennstoff enthalten, so wird das Carbonat-Kohlendioxyd gesondert bestimmt und von dem Gewicht der bei der Verkokung insgesamt entweichenden flüchtigen Stoffe abgezogen.

Bei aschereichen Brennstoffen kann das Ergebnis der Bestimmung durch Zersetzung von Mineralstoffen beeinflußt werden. In solchen Fällen empfiehlt es sich, die Mineralstoffe soweit wie möglich durch Aufbereiten abzutrennen oder durch verdünnte Säuren herauszulösen und den verbleibenden aschearmen Teil des Brennstoffes auf Flüchtige Bestandteile zu untersuchen.

Literatur. Deutsches Normblatt DIN 51720. — Radmacher, W.: Brennstoff-Chem. Bd. 19 (1938) S. 217—226 u. 237—245; Bd. 20 (1939) S. 121—123. — Mantel, W.: Brennstoff-Chem. Bd. 30 (1949) S. 385. — Radmacher, W., u. P. Mohrhauer: Brennstoff-Chem. Bd. 37 (1956) S. 353. — Mantel, W., u. H. Hansen: Brennstoff-Chem. Bd. 38 (1957) S. 73. — Lange, W.: Glückauf Bd. 94 (1958) S. 1372/73.

C. Die Bestimmung der Verbrennungswärme und des Heizwertes

Grundlage. Der analysenfeuchte Brennstoff wird in einer calorimetrischen Bombe unter bestimmten Bedingungen verbrannt und aus der Temperaturerhöhung des Calorimetersystems die Verbrennungswärme H_0 berechnet. Die Verbrennungswärme ist die Wärmemenge in kcal, die bei der Verbrennung von 1 kg Brennstoff entwickelt wird, wobei die Annahme gemacht wird, daß

die Temperatur der an der Reaktion beteiligten Stoffe vor und nach der Verbrennung 20° beträgt,

Kohlenstoff und Schwefel restlos in gasförmiges Kohlendioxyd bzw. Schwefeldioxyd übergeführt werden und

eine Oxydation des Stickstoffes nicht eintritt.

[1] Hersteller ist z. B. die Fa. Heraeus-Quarzschmelze GmbH, Hanau.

Der Heizwert H_u unterscheidet sich von der Verbrennungswärme lediglich durch die Annahme, daß sich das vor der Verbrennung im Brennstoff vorhandene und das bei der Verbrennung zusätzlich gebildete Wasser nach der Verbrennung in dampfförmigem Zustand bei 20° befinden, während bei der Verbrennungswärme das Wasser in flüssigem Zustand vorliegt.

Maßeinheit ist die Kilocalorie (kcal), die nach dem „Gesetz über die Temperaturskala und die Wärmeeinheit" diejenige Wärmemenge ist, durch welche 1 kg Wasser bei Atmosphärendruck von 14,5 auf 15,5° erwärmt wird.

Anwendungsbereich. Das Verfahren ist auf alle festen Brennstoffe anwendbar.

Bedeutung. Verbrennungswärme und Heizwert ermöglichen die Aufstellung von Wärmebilanzen. Bei hochbituminösen Steinkohlen dienen sie mit zur Kennzeichnung der Art.

Genauigkeit. Verbrennungswärme und Heizwert von Brennstoffen werden in Kilocalorien/Kilogramm (kcal/kg), auf 1 kcal/kg gerundet, angegeben.

Die absolute Abweichung der Einzelwerte vom Mittelwert soll bei Parallelbestimmungen nicht mehr als ± 20 kcal/kg betragen.

Dauer. Etwa 1 Std. für eine Bestimmung.

Ausführung. Für die Bestimmung wird eine calorimetrische Bombe nach Berthelot neuerer Bauart von 280 bis 320 ml Inhalt benutzt. Die Bombe befindet sich in einem Calorimetergefäß, das mit einer gleichbleibenden, auf 0,1 g genau gewogenen Wassermenge bis zu den Klemmen der Bombe gefüllt wird. Das Calorimetergefäß befindet sich in einem Wassermantel aus Kupfer. Der Temperaturausgleich im Wasser des Calorimeters wird durch eine mechanische Rührvorrichtung herbeigeführt. Mit Hilfe eines Beckmann-Thermometers wird die Temperatur auf 0,001° genau abgelesen. Die Temperatur des Wassers im Calorimeter soll bei Beginn des Versuches 1 bis 2° unter der Temperatur des Wassers des Außenmantels liegen, die um $\pm 1°$ von der Raumtemperatur abweichen darf. Auf diese Weise kommt im Vorversuch ein Temperaturanstieg und im Nachversuch ein Temperaturabfall zustande. Der Wasserwert des Wassermantels soll mindestens 5mal so groß sein wie der Wasserwert des eigentlichen Calorimetersystems.

Im allgemeinen werden die Brennstoffe, vor allem schwer verbrennliche, in Brikettform untersucht. Die Briketts werden mit einem gewogenen Baumwollfaden umwickelt, bis zur Gewichtskonstanz getrocknet und dann gewogen. Nicht brikettierbare Brennstoffe werden in eine die Verbrennung fördernde Umhüllung gebracht, deren Verbrennungswärme gesondert bestimmt wird. Die Probe kann auch in Pulverform verbrannt werden, und zwar in einem mit ausgeglühtem Asbestpapier ausgekleideten Schälchen, in das ein Zündfaden aus Baumwolle hineinragt. Bei unvollständig verbrennenden, aschereichen Proben empfiehlt sich die Zugabe entsprechender Mengen Eichsubstanz oder Paraffinöl für calorimetrische Zwecke.

Die zur Untersuchung notwendige Brennstoffmenge soll so bemessen werden, daß der Temperaturanstieg des Calorimeters bei der Verbrennung 2 bis 3° beträgt, ihr Volumen jedoch 2 ml nicht übersteigt. Bei den meisten Brennstoffen wird etwa 1 g der vorbereiteten, analysenfeuchten Analysenprobe in einen Verbrennungstiegel aus Platin von rund 20 mm Durchmesser und 20 mm Höhe, mit 2 mm breitem Rand, auf 0,0001 g genau eingewogen. Der Tiegel wird in die ringförmige Erweiterung des Zündpoles der Bombe eingehängt. Mit einem Zünddraht aus Platin oder Nickelin werden die Pole miteinander verbunden und mit einem gewogenen Baumwollfaden Zünddraht und Brennstoffprobe. Die Zündspannung soll höchstens 20 V betragen. Die dem System durch den Zündvorgang zugeführte elektrische Energie braucht im allgemeinen nicht berücksichtigt zu werden, da sie bei Eichung und Bestimmung ungefähr gleich ist.

Nach Einfüllen von 5 ml destilliertem Wasser in die Bombe wird diese geschlossen und mit wasserstofffreiem Sauerstoff bis zu einem Druck von 25 kp/cm² gefüllt. Bei schwer verbrennlichen oder bei aschereichen Brennstoffen ist ein Sauerstoffdruck von 30 bis 35 kp/cm^2 angebracht. Nach dem Einwägen des Calorimeterwassers wird die Bombe in den Metallbecher gestellt, die Zündleitungen werden angeschlossen, das Rührwerk wird eingeschaltet.

Der Versuch wird in drei Abschnitten durchgeführt:

Der *Vorversuch* beginnt, sobald der Temperaturanstieg je min annähernd gleichbleibt. Die Temperaturen werden etwa 6mal in Abständen von 60 zu 60 sek abgelesen.

Der *Hauptversuch* beginnt mit der letzten Ablesung des Vorversuches; nach dieser Ablesung wird der Zündstrom eingeschaltet, wobei die Kontrollampe nur einmal kurz aufleuchten soll. Die weiteren Ablesungen der Temperatur erfolgen in gleicher Weise in Abständen von 60 zu 60 sek, bis die Temperaturänderung nach dem maximalen Temperaturanstieg wieder gleichmäßig wird.

Es folgt der *Nachversuch*, dessen erste Ablesung zugleich als letzte Ablesung des Hauptversuches gilt. Beim Nachversuch werden die Temperaturen etwa 9mal in Abständen von 60 zu 60 sek gemessen.

Ob das Ende des Hauptversuches richtig gewählt ist, kann daran erkannt werden, daß der berichtigte Temperaturanstieg $t_m + c - t_0$ keine wesentliche Änderung mehr erfahren darf, wenn das Ende des Hauptversuches noch einige min später angenommen wird.

Die Anfangs- und Endtemperaturen des Hauptversuches werden vor der Auswertung nach den Angaben des Thermometer-Eichscheines korrigiert.

Die *Verbrennungswärme* (H_o) einer analysenfeuchten Probe ergibt sich nach der Gleichung:

$$H_{o(\mathrm{i.an})} = \frac{Ww\,(t_m + c - t_0) - \sum b}{G}$$

Es bedeuten:

t_0 = erste Temperatur des Hauptversuches, t_m = letzte Temperatur des Hauptversuches, t_h = mittlere Temperatur des Hauptversuches, G = Einwaage an $\mathrm{Brennstoff}_{(\mathrm{an})}$ in g (in Luft gewogen), c = Berichtigung für den Wärmeaustausch zwischen Calorimeter und Umgebung, $\sum b$ = Summe der Berichtigungen für beobachtete Wärmemengen, die der Begriffserklärung der Verbrennungswärme nicht entsprechen, Ww = Wasserwert des Calorimeters in cal/°

Der *Wasserwert Ww* ist gleich der Anzahl Calorien, durch die die Temperatur des Calorimetersystems um 1° erhöht wird. Er wird durch Verbrennen einer bekannten Menge trockener, reinster Benzoesäure oder Bernsteinsäure, deren Eignung für calorimetrische Zwecke geprüft ist (Eichschein), ermittelt, wobei die Versuchsbedingungen und die Berechnungsweise genau die gleichen sein sollen wie bei der Bestimmung der Verbrennungswärme.

Die *Berichtigung c* wird in einfacher Weise nach ROTH errechnet; zunächst werden die mittlere minütliche Temperaturänderung (Anstieg) beim Vorversuch Δ_v und die mittlere minütliche Temperaturänderung (Abfall) beim Nachversuch Δ_n bestimmt. Nun wird mit der Temperaturänderung je min, dem ansteigenden Gang des Vorversuches bis zu dem Zeitpunkt gerechnet, an dem die mittlere Temperatur des Hauptversuches t_h erreicht ist, von diesem Zeitpunkt ab mit dem abfallenden Gang des Nachversuches. Bei ansteigendem Gang wird diese Temperaturänderung der Temperaturdifferenz des Hauptversuches abgerechnet, bei abfallendem Gang zugerechnet.

Die *Berichtigung* $\sum b$ setzt sich aus folgenden Anteilen zusammen:

$$\sum b = b_N + b_S + b_Z$$

Es bedeuten:

b_N = Wärmemenge, die sich bei einer teilweisen Verbrennung des Stickstoffes zu Salpetersäure entwickelt (1,5 cal je ml n/10-Salpetersäure), b_S = Wärmemenge, die sich bei der Bildung von Schwefelsäure aus Schwefeldioxyd entwickelt (3,6 cal je ml n/10-Schwefelsäure), b_Z = Wärmemenge, die sich durch Verbrennen eines Hilfsstoffes (z. B. Baumwollfaden, Umhüllung des Brennstoffes) entwickelt (Verbrennungswärme des Baumwollfadens: 4000 cal/g, von Nickelindraht von 1,0 mm Durchmesser: 650 cal/g).

Zur Bestimmung der bei der Verbrennung entstandenen Schwefel- und Salpetersäure wird der Inhalt der Bombe quantitativ in ein Becherglas übergespült und durch Auskochen von Kohlendioxyd befreit; nach Zugabe von Phenolphthalein als Indicator wird die Gesamtsäure mit n/10-Bariumhydroxydlösung titriert. Man gibt 20 ml n/10-Natriumcarbonatlösung hinzu, läßt aufkochen, füllt die Lösung nach dem Abkühlen in einen Meßkolben auf 250 ml auf und filtriert sie durch ein trockenes Faltenfilter. In 200 ml des Filtrats wird die überschüssige Natriumcarbonatlösung nach Zusatz von Methylorange mit n/10-Salzsäure titriert. Die Anzahl ml n/10-Salpetersäure ergibt sich als Unterschied zwischen den vorgelegten 20 ml n/10-Natriumcarbonatlösung und dem mit 1,25 multiplizierten Verbrauch an n/10-Salzsäure. Die Anzahl ml n/10-Schwefelsäure erhält man durch Abzug der ml n/10-Salpetersäure von der mit n/10-Bariumhydroxydlösung ermittelten Gesamtsäure. Die auf 1 g Brennstoff bezogene Anzahl ml n/10-Schwefelsäure, mit 0,16 multipliziert, ergibt den Prozentgehalt des Brennstoffes an sog. „Bombenschwefel".

Der *Heizwert* H_u wird aus der Verbrennungswärme H_o nach folgender Gleichung berechnet:

$$H_{u(\mathrm{i.an})} = H_{o(\mathrm{i.an})} - 5{,}85\,W$$

Es bedeutet:

W = durch Elementaranalyse bestimmtes Wasser (Feuchtigkeit des analysenfeuchten Brennstoffes + dem aus dem Konstitutionswasserstoff entstandenen Wasser) der analysenfeuchten Probe in Gewichtsprozent.

Die Umrechnung der Verbrennungswärme und des Heizwertes der analysenfeuchten Substanz auf die wasserfreie Substanz erfolgt nach den Gleichungen:

$$H_{o(\mathrm{i.wf})} = H_{o(\mathrm{i.an})} \frac{100}{100 - F}$$

$$H_{u(\mathrm{i.wf})} = (H_{u(\mathrm{i.an})} + 5{,}85\,F) \frac{100}{100 - F}$$

Die Umrechnung auf die Rohsubstanz erfolgt nach den Gleichungen:

$$H_{o(\mathrm{i.roh})} = H_{o(\mathrm{i.wf})} \frac{100 - G}{100}$$

$$H_{u(\mathrm{i.roh})} = H_{u(\mathrm{i.wf})} \frac{100 - G}{100} - 5{,}85\,G$$

Die Umrechnung auf die wasser- und aschefreie Substanz erfolgt nach den Gleichungen:

$$H_{o(\mathrm{i,waf})} = H_{o(\mathrm{i.an})} \frac{100}{100 - (F + A)}$$

$$H_{u(\mathrm{i.waf})} = (H_{u(\mathrm{i.an})} + 5{,}85\,F) \frac{100}{100 - (F + A)}$$

Es bedeuten:

A = % $\mathrm{Asche}_{(\mathrm{i.an})}$, G = % Gesamtwasser, F = % Analysenfeuchtigkeit

Fehlerquellen. Bei leichtverbrennlichen Substanzen kann es vorkommen, daß während der Verbrennung unverbrannte Teilchen aus dem Tiegel herausgeschleudert werden und der Verbrennung entgehen. Auch bei schwerverbrennlichen Substanzen können unvollständige Verbrennungen vorkommen. Zeigen sich im Tiegel oder an den Wandungen der Bombe dunkle unverbrannte Teilchen, so ist die Bestimmung zu verwerfen und unter besonderer Beachtung der eingangs geschilderten Anwendung von Hilfsmitteln zu wiederholen.

Die auf die wasser- und aschefreie Substanz umgerechneten Heizwerte liegen bei der gleichen Kohlenart nur dann in der gleichen Größenordnung, wenn ein angenähert gleicher Aschegehalt vorliegt. Im allgemeinen werden die Heizwerte der wasser- und aschefreien Substanz bei den gleichen Kohlenarten mit steigendem Aschegehalt niedriger, da sich dann der Unterschied zwischen Asche und Mineralstoff immer stärker bemerkbar macht.

Berechnungsbeispiel

	Zeit min	Grad	Temperatur (BECKMANN-Thermometer)
Vorversuch	0	1,555	
	1	1,559	
	2	1,562	$\Delta_v = 0{,}0032$
	3	1,565	
	4	1,568	
Zündung	5	1,571	$= t_o =$ kor. 1,5720
Hauptversuch	6	2,400	
	7	3,615	
	8	3,806	
	9	4,005	
	10	4,042	$t_h = \frac{t_o + t_m}{2} = 2{,}8169$
	11	4,055	
	12	4,060	
	13	4,060	$= t_m =$ kor. 4,0618
Nachversuch	14	4,059	
	15	4,057	
	16	4,055	$\Delta_n = 0{,}0020$
	17	4,053	
	18	4,050	

Berechnung der Berichtigung c (nach der Berechnungsart ROTH): Die mittlere Temperatur des Hauptversuches t_h beträgt 2,8169 und liegt zwischen 2,4010 und 3,6166 (korrigiert). In diesem Bereich werden annahmemäßig

$$3{,}6166 - 2{,}4010 = 1{,}2156^\circ \text{ in 1 min und dementsprechend}$$
$$2{,}8169 - 2{,}4010 = 0{,}4159^\circ \text{ in } \frac{0{,}4159}{1{,}2156} = 0{,}342 \text{ min durchschritten.}$$

Vom Beginn des Hauptversuches bis zur Erreichung der mittleren Temperatur des Hauptversuches t_h vergehen demnach 1,342 min und von hier ab bis zum Ende des Hauptversuches 6,658 min, da der Hauptversuch insgesamt 8 min umfaßt.

Für die Berechnung der Berichtigung c wird daher der durch Wärmeeinstrahlung bedingte minütliche Temperaturanstieg des Vorversuches Δ_v 1,342 min und der durch Wärmeabstrahlung bedingte minütliche Temperaturabfall des Nachversuches Δ_n 6,658 min berücksichtigt. Es ergeben sich:

$$\begin{aligned} \text{Temperaturanstieg } & 1{,}342 \cdot 0{,}0032 = -0{,}0043^\circ \\ \text{Temperaturabfall } & 6{,}658 \cdot 0{,}0020 = +0{,}0133^\circ \\ & c = +0{,}0090^\circ \end{aligned}$$

Berechnung der Berichtigung $\sum b$: Durch Titration wurden im Verbrennungswasser gefunden:

4,7 ml n/10-Salpetersäure . . . . $b_N = 4{,}7 \cdot 1{,}5 = 7$ cal
10,0 ml n/10-Schwefelsäure . . . . $b_S = 10{,}0 \cdot 3{,}6 = 36$ cal
Gewicht des verbrannten Baumwollfadens
0,007 g . . . . $b_Z = 0{,}007 \cdot 4000 = 28$ cal
$\sum b = 71$ cal
Einwaage an Brennstoff$_{(an)}$ . . . . $G = 0{,}9986$ g
Wasserwert des Calorimeters . . . . $W_w = 3135$ cal/°

Korrigierte Temperaturerhöhung $t_m + c - t_0 = 4{,}0618 + 0{,}009 - 1{,}5720 = 2{,}4988 \cdot$ (Gradwert, gemäß Eichschein des Thermometers) $1{,}002 = 2{,}5038°$.

Verbrennungswärme des analysenfeuchten Brennstoffes:

$$H_{o(\mathrm{l.an})} = \frac{3135 \cdot 2{,}5038 - 71}{0{,}9986} = 7789\ \mathrm{kcal/kg}$$

Durch Elementaranalyse wurden gefunden: $W = 21{,}36\%$.

Heizwert des analysenfeuchten Brennstoffes:

$$H_{u(\mathrm{l.an})} = 7789 - 5{,}85 \cdot 21{,}36 = 7664\ \mathrm{kcal/kg}$$

Verbrennungswärme und Heizwert des wasserhaltigen Brennstoffes der Rohsubstanz:

Bei der Vortrocknung wurden 3,7% Grobe Feuchtigkeit gefunden:

$$H_{o(\mathrm{l.roh})} = 7789 \cdot 96{,}3/100 = 7501\ \mathrm{kcal/kg}$$
$$H_{u(\mathrm{l.roh})} = 7664 \cdot 96{,}3/100 - 5{,}85 \cdot 3{,}7 = 7358\ \mathrm{kcal/kg}$$

Literatur. Deutsches Normblatt DIN 51708. — ROTH, W. A.: Thermochemie, S. 22. Sammlung Göschen 1947. — PFAUNDLER: Poggendorfs Ann. Bd. 129 (1866) S. 102. — SCHULTES, W., u. R. NÜBEL: Wärme Bd. 58 (1935) S. 15 — Brennstoff-Chem. Bd. 15 (1934) S. 466, — MOSER, H.: Physik. Z. Bd. 37 (1936) S. 529. — HÜLSBRUCH, E., u. W. MANTEL: Glückauf Bd. 81—84 (1948) S. 56—58. — LANGE, W.: Brennstoff-Chem. Bd. 32 (1951) S. 262. — HISSINK, M., u. B. P. KNOL: Chem. Weekbl. Bd. 54 (1958) S. 313/14.

D. Die Bestimmung der chemischen Zusammensetzung der Brennstoffe

I. Kohlenstoff und Wasserstoff

Grundlage. Die analysenfeuchte Brennstoffprobe wird im Sauerstoffstrom verbrannt. Die Verbrennungsprodukte Wasser und Kohlendioxyd werden an Magnesiumperchlorat bzw. an Natronasbest gebunden und gewichtsmäßig bestimmt. Vor der Absorption werden störende Bestandteile aus dem Gasstrom entfernt. Störend wirken Schwefeloxyde und Chlor. Schwefeloxyde werden an Blei(IV)-oxyd oder an Bleichromat gebunden; Chlor wird durch Silberwolle entfernt. Zur Bestimmung dienen Halbmikro-Verfahren und Makro-Verfahren.

Zur Umrechnung auf organisch gebundenen Kohlenstoff und organisch gebundenen Wasserstoff sind Analysenfeuchtigkeit und Carbonat-Kohlendioxyd, die bei der Bestimmung miterfaßt werden, in einer zweiten Probe gleichzeitig zu ermitteln.

Anwendungsbereich. Die beiden Verfahren sind auf alle festen Brennstoffe anwendbar. Das Halbmikro-Verfahren wird wegen der schnellen und einfachen Ausführungsform bevorzugt.

Bedeutung. Die Bestimmung bezweckt die Ermittlung der elementaren Zusammensetzung der organischen Brennstoffsubstanz, die aus Kohlenstoff, Wasserstoff, Sauerstoff, Stickstoff und Schwefel besteht. Zu ihrer Ermittlung werden neben dem organisch gebundenen Kohlenstoff und organisch gebundenen Wasserstoff auch der organisch gebundene Sauerstoff, Stickstoff und der organisch gebundene Schwefel bestimmt.

Genauigkeit. Der Gehalt der Brennstoffe an Kohlenstoff wird, auf 0,1% und an Wasserstoff auf 0,01% gerundet, in Gewichtsprozent (g/100 g) angegeben.

Die absolute Abweichung der Einzelwerte vom Mittelwert soll bei Parallelbestimmungen beim Kohlenstoff nicht mehr als $\pm 0{,}3\%$ und beim Wasserstoff nicht mehr als $\pm 0{,}1\%$ betragen.

Dauer. Etwa 40 min für eine Bestimmung nach dem Halbmikro-Verfahren und etwa 90 min nach dem Makro-Verfahren.

1. Halbmikro-Verfahren

Das Verbrennungsrohr wird gemäß Abb. 103 gefüllt.

Die Oxydationszone mit dem Kupferoxyd als Sauerstoffüberträger wird durch einen Ofen von 190 mm Länge auf eine Temperatur von 700 bis 750° gebracht. Ein zweiter Ofen von 120 mm Länge hält die Absorptionsstoffe, Blei(IV)-oxyd

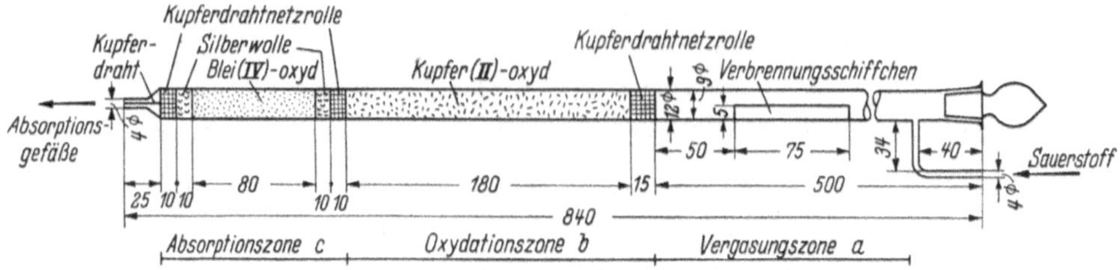

Abb. 103. Verbrennungsrohr für die C-Bestimmung nach PREGL

und Silberwolle, auf einer Temperatur von 180°. Ein dritter Ofen von 120 mm Länge, der in der Längsachse des Verbrennungsrohres verschiebbar ist, dient zur Beheizung der Vergasungszone.

Vor Ausführung einer Bestimmung muß das frisch gefüllte Verbrennungsrohr unter langsamem Durchleiten von Sauerstoff kurze Zeit auf die vorgeschriebenen Temperaturen aufgeheizt werden, um Rohr und Füllung zu trocknen und um die Luft zu verdrängen. Zur Kontrolle wird die Verbrennung einer Testsubstanz empfohlen.

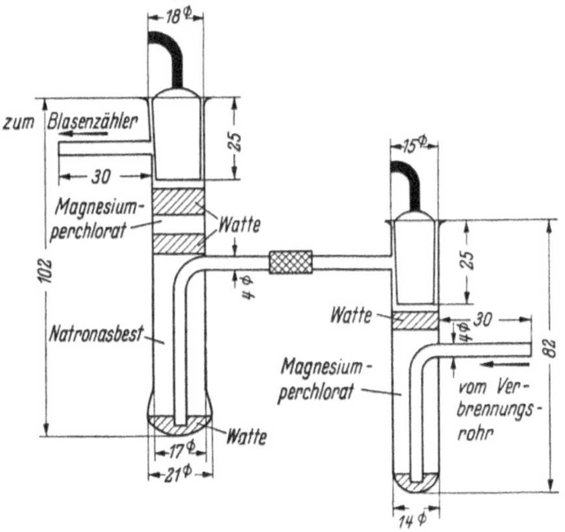

Abb. 104. Absorptionsgefäße

Zur Absorption der Verbrennungsprodukte haben sich die in Abb. 104 wiedergegebenen Gefäße bewährt. Das erste Gefäß hinter dem Verbrennungsrohr ist zur Absorption von Wasser mit Magnesiumperchlorat und das zweite Gefäß zur Absorption von Kohlendioxyd mit Natronasbest gefüllt. Der obere Teil des zweiten Absorptionsgefäßes enthält eine Schicht Magnesiumperchlorat. Zur Vermeidung von Wägefehlern durch unterschiedlichen Luftauftrieb dient ein zweites Paar Absorptionsgefäße, das während der Verbrennung ohne Anschluß unmittelbar neben die angeschlossenen Absorptionsgefäße gehängt wird.

Der zur Verbrennung verwendete Sauerstoff wird, bevor er in die Apparatur gelangt, bei 700 bis 750° über Kupferoxyd und anschließend durch Natronasbest und Magnesiumperchlorat geleitet. Vor dieser Reinigungsapparatur und im Anschluß an das letzte Absorptionsgefäß wird zur Kontrolle des Gasstromes je ein mit konzentrierter Schwefelsäure beschickter Blasenzähler angebracht.

Von der analysenfeuchten Analysenprobe, deren Körnung dem Durchgang durch das Prüfsiebgewebe 0,2 DIN 4188 entspricht, werden 30 bis 40 mg in ein ausgeglühtes Verbrennungsschiffchen auf 0,00005 g genau eingewogen. Nach dem Aufheizen der Oxydationszone auf 700 bis 750° und der Absorptionszone auf 180°

verbindet man die Absorptionsgefäße mit dem Verbrennungsrohr, prüft die gesamte Apparatur auf Dichtheit, führt das Schiffchen mit der Probe in die noch kalte Vergasungszone des Rohres ein und leitet den gereinigten Sauerstoff (10 ml/min) durch das Rohr. Der Vergasungsofen wird eingeschaltet und langsam, dem Fortschritt des Entgasens und Zündens des Brennstoffes entsprechend, zum Oxydationsofen hin über das Schiffchen geschoben, wobei die Vergasungstemperatur bei normalen Brennstoffen allmählich bis auf 900°, bei Brennstoffen mit höherem Gehalt an Alkalicarbonaten bis auf 1100°, gebracht wird. Nach beendeter Vergasung (bei normalen Brennstoffen nach rund 20 min, bei aschereichen nach rund 30 min) wird der Ofen zurückgezogen und das Verbrennungsschiffchen abermals rund 10 min durchgeglüht.

Die Absorptionsgefäße werden nach dem Schließen der Hähne abgenommen und auf 0,00005 g genau gewogen.

Der Gehalt des analysenfeuchten Brennstoffes an Kohlenstoff und Wasserstoff in Gewichtsprozent ergibt sich nach den Gleichungen:

$$\%\ \text{Kohlenstoff}_{(\text{i.an})} = \frac{b \cdot 0{,}2727 \cdot 100}{a}$$

$$\%\ \text{Wasserstoff}_{(\text{i.an})} = \frac{c \cdot 0{,}1119 \cdot 100}{a} - 0{,}1119 \cdot d$$

Es bedeuten:

a = Einwaage an Brennstoff$_{(\text{an})}$ in g, b = Auswaage an Kohlendioxyd in g, c = Auswaage an Wasser in g, d = % Analysenfeuchtigkeit der untersuchten Probe, 0,2727 = Umrechnungsfaktor $\frac{C}{CO_2}$, 0,1119 = Umrechnungfaktor $\frac{2H}{H_2O}$

Die Umrechnung auf die Rohsubstanz, auf die wasserfreie sowie auf die wasser- und aschefreie Substanz erfolgt nach den Gleichungen:

$$\%\ \text{Kohlenstoff}_{(\text{i.roh})} = C\,\frac{100 - G}{100 - F}$$

$$\%\ \text{Kohlenstoff}_{(\text{i.wf})} = C\,\frac{100}{100 - F}$$

$$\%\ \text{Kohlenstoff}_{(\text{i.waf})} = C\,\frac{100}{100 - (F + A)}$$

Es bedeuten:

A = % Asche$_{(\text{i.an})}$, C = % Kohlenstoff$_{(\text{i.an})}$, F = % Analysenfeuchtigkeit, G = % Gesamtwasser

Die Umrechnung des Wasserstoffgehaltes geschieht in gleicher Weise durch Einsetzen der Prozentzahlen des Wasserstoffes an Stelle der Kohlenstoffwerte.

2. Makro-Verfahren

Das Verbrennungsrohr wird gemäß Abb. 105 gefüllt.

Die Oxydationszone mit dem Kupferoxyd wird durch einen Ofen von etwa 400 mm Länge auf eine Temperatur von 700 bis 750° gebracht. Ein zweiter Ofen

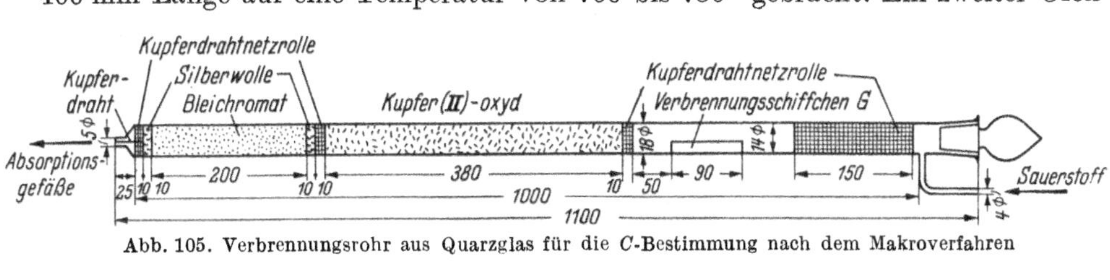

Abb. 105. Verbrennungsrohr aus Quarzglas für die C-Bestimmung nach dem Makroverfahren

von 220 bis 250 mm Länge hält die Absorptionszone mit dem Bleichromat und der Silberwolle auf einer Temperatur von 250 bis 300°. Die Vergasungszone wird durch einen in der Längsachse des Verbrennungsrohres verschiebbaren dritten Ofen von etwa 180 bis 200 mm Länge beheizt.

Vor Ausführung einer Bestimmung wird gemäß Abschnitt 1 verfahren.

Zur Absorption der Verbrennungsprodukte haben sich die in Abb. 106 wiedergegebenen Gefäße bewährt. Wägefehler durch unterschiedlichen Luftauftrieb werden gemäß Abschnitt 1 vermieden.

Der zur Verbrennung dienende Sauerstoff (25 ml/min) wird gemäß Abschnitt 1 gereinigt.

Von der analysenfeuchten Analysenprobe, deren Körnung dem Durchgang durch das Prüfsiebgewebe 0,2 DIN 4188 entspricht, wird etwa 0,3 g in ein Verbrennungsschiffchen von etwa 90 mm Länge, 7 mm Breite und 6 mm Höhe auf

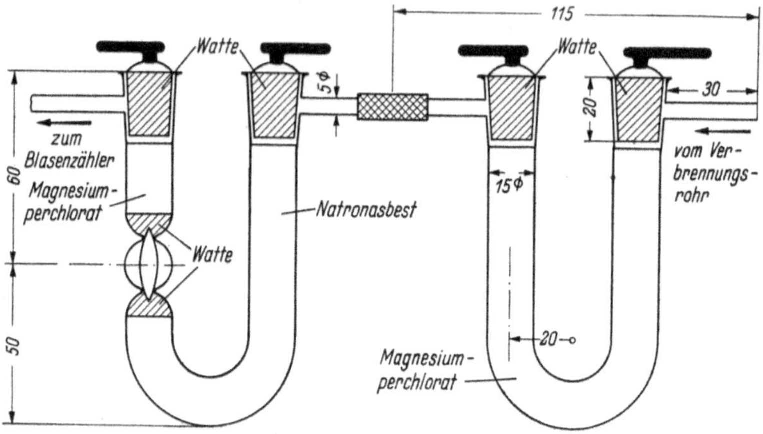

Abb. 106. Absorptionsgefäße

0,0001 g genau eingewogen. Das Schiffchen wird bis auf etwa 50 mm Abstand von der Rohrfüllung eingeführt. Nach Einschieben der Kupferdrahtnetzrolle wird der zunächst auf etwa 700 bis 750° aufgeheizte Vergasungsofen im Verlauf von etwa 40 min langsam zum Oxydationsofen hin über das Schiffchen geschoben. Der Ofen wird zurückgezogen und auf 950 bis 1000° aufgeheizt. Anschließend wird das Verbrennungsschiffchen abermals etwa 15 min durchgeglüht. Der Vergasungsofen wird ausgeschaltet und der Sauerstoffstrom noch 10 min durchgeleitet.

Die Absorptionsgefäße werden nach Schließen der Hähne abgenommen und auf 0,0001 g genau gewogen.

Die Auswertung erfolgt gemäß Abschnitt 1.

Fehlerquellen. Bei carbonathaltigen Brennstoffen wird der Carbonat-Kohlenstoff miterfaßt. In diesen Fällen ist eine gesonderte Carbonat-Kohlendioxydbestimmung erforderlich, deren Ergebnis bei der Kohlenstoffbestimmung verrechnet werden muß.

Literatur. Deutsches Normblatt DIN 51721. — Gattermann, L.: Die Praxis des organischen Chemikers, 13. Aufl. Berlin 1948. — Reihlen, H., u. E. Weinbrenner: Chem. Fabrik Bd. 7 (1934) S. 63—69. — Reihlen, H.: Mikrochemie Bd. 23 I (1938) S. 285—301. — Lange, W., u. W. Rentzel: Glückauf Bd. 77 (1941) S. 345—348.

II. Carbonat-Kohlendioxyd

Grundlage. Der Gehalt an Carbonat-Kohlendioxyd wird durch Zersetzen der Carbonate mit Salzsäure entweder maßanalytisch oder manometrisch bestimmt.

1. Bei dem *maßanalytischen Verfahren* wird das Kohlendioxyd in Bariumhydroxydlösung absorbiert und der Laugenverbrauch durch Titration mit Salzsäure bestimmt.

2. Bei dem *manometrischen Verfahren* wird die Kohle in geschlossenem Reaktionsraum mit Salzsäure behandelt und aus der Druckerhöhung die Menge des ermittelten Kohlendioxyds berechnet.

Anwendungsbereich. Die beiden Verfahren sind auf alle festen Brennstoffe anwendbar.

Bedeutung. Der Carbonat-Kohlenstoff erhöht bei der Elementaranalyse den Wert für den organisch gebundenen Kohlenstoff. Um den Kohlenstoffgehalt der organischen Brennstoffsubstanz bei carbonathaltigen Kohlen zu ermitteln, ist es daher notwendig, den Carbonat-Kohlenstoff gesondert zu bestimmen und diesen Gehalt vom Gesamtkohlenstoffwert abzuziehen.

Ferner wird bei der Bestimmung der Flüchtigen Bestandteile carbonathaltiger Brennstoffe durch thermische Zersetzung der Carbonate ein höherer Gehalt der organischen Brennstoffsubstanz an Flüchtigen Bestandteilen vorgetäuscht. Bei carbonathaltigen Brennstoffen ist daher der Carbonat-Kohlendioxyd-Gehalt gesondert zu bestimmen und von dem Ergebnis der Bestimmung der Flüchtigen Bestandteile abzuziehen.

Genauigkeit. Der Gehalt an Carbonat-Kohlendioxyd wird in Gewichtsprozent (g/100 g), auf 0,01% gerundet, angegeben.

Die absolute Abweichung der Einzelwerte vom Mittelwert soll bei Parallelbestimmungen beim maßanalytischen Verfahren nicht mehr als $\pm 0{,}02\%$ und beim manometrischen Verfahren nicht mehr als $\pm 0{,}03\%$ betragen.

Dauer. Etwa 60 min für eine Bestimmung nach dem maßanalytischen Verfahren und etwa 15 min nach dem manometrischen Verfahren.

1. Maßanalytisches Verfahren

Von der analysenfeuchten Analysenprobe, deren Körnung dem Durchgang durch das Prüfsiebgewebe 0,2 DIN 4188 entspricht, wird 1 g in den Zersetzungskolben auf 0,0001 g genau eingewogen. Der Kolben wird an die Apparatur (Abb. 107)

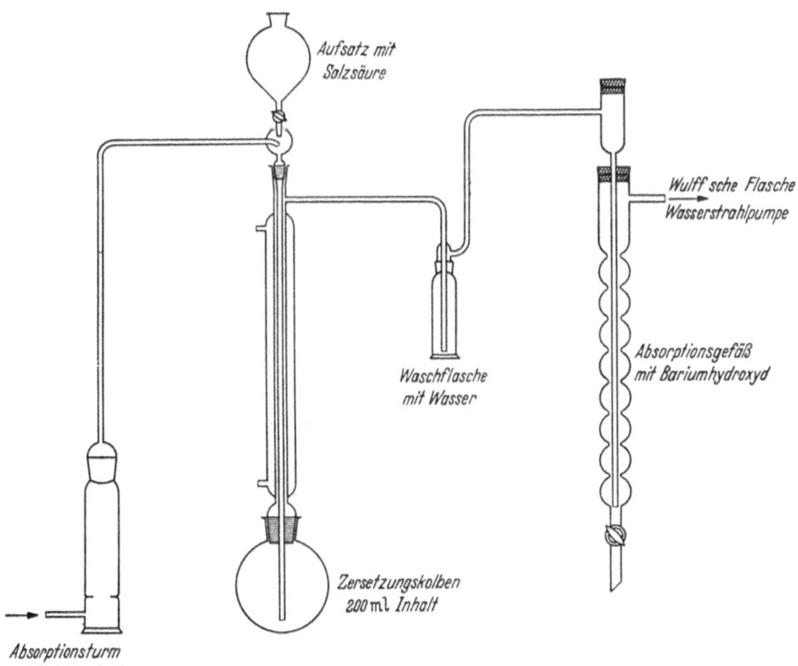

Abb. 107. Carbonat-Kohlendioxyd-Bestimmung nach dem maßanalytischen Verfahren

angeschlossen und ein gereinigter Luftstrom (150 ml/min), der durch ein mit Natronasbest beschickten Absorptionsturm geleitet wurde, mit einer Wasserstrahlpumpe durch die Apparatur gesaugt. Sobald die Apparatur von atmosphärischer Luft freigespült ist, werden 20 ml etwa n/10-Bariumhydroxydlösung, deren Normalitätsfaktor bekannt ist, in das Kugelrohr eingefüllt und der Saugstrom wieder angestellt. Aus dem Aufsatz werden etwa 50 ml Zersetzungssäure, die etwa 180 g HCl, 10 g Quecksilber(II)-chlorid (zur Bindung von H_2S) und etwa 2 g Netzmittel im Liter enthält, in den Zersetzungskolben gesaugt und der Kolbeninhalt zum Sieden erhitzt. Nach 10minütiger Siedezeit wird der gereinigte Luftstrom noch 10 bis 15 min durch die Apparatur geleitet, damit das entwickelte Kohlendioxyd vollständig in das Kugelrohr übergeführt wird. Der Inhalt des Kugelrohres wird nach Abstellen des Saugstromes in ein Becherglas abgelassen. Einleitungsrohr und Kugelrohr werden mit ausgekochtem destilliertem Wasser gespült, das Spülwasser wird mit der abgelassenen Vorlageflüssigkeit vereinigt. Nach Zugabe von einigen Tropfen Indicatorlösung (0,1 g Phenolphthalein in 100 ml 60vol.-proz. Äthanol gelöst) wird mit n/10-Salzsäure titriert.

Der Gehalt des Brennstoffes an Carbonat-Kohlendioxyd ergibt sich nach der Gleichung:

$$\% \text{ Carbonat-Kohlendioxyd}_{(i.an)} = \frac{(b - c) \cdot 0{,}0022 \cdot 100}{a}$$

Es bedeuten:

a = Einwaage an Brennstoff$_{(an)}$ in g, b = vorgelegte n/10-Bariumhydroxydlösung in ml, c = verbrauchte n/10-Salzsäure in ml, 0,0022 = Umrechnungsfaktor für ml n/10-Bariumhydroxydlösung in g Kohlendioxyd

2. Manometrisches Verfahren

Die Apparatur wird gemäß Abb. 108 zusammengestellt. Da die Apparatur vollkommen luftdicht sein muß, werden die Einzelteile durch Druckschlauch verbunden. Bei der Ermittlung der Apparatkonstante werden 0,1137 g Kaliumhydro-

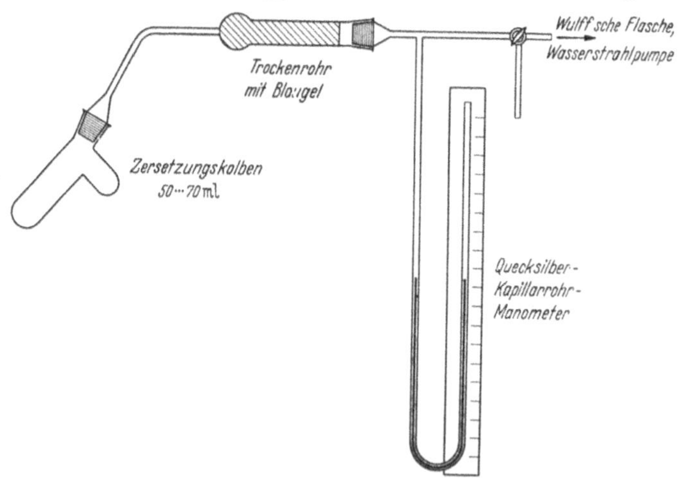

Abb. 108. Carbonat-Kohlendioxyd-Bestimmung nach dem manometrischen Verfahren

gencarbonat in den Zersetzungskolben eingewogen und 14 ml Zersetzungssäure [180 g HCl, 100 g Quecksilber(II)-chlorid und 5 g Netzmittel im Liter] in den Kolbeneinsatz eingefüllt. Der Überschuß von 4 ml dient zur Kompensation des von 5 g Kohle eingenommenen Volumens. Nachdem der Kolben auf 360 Torr evakuiert worden ist, wird durch eine Kolbendrehung die Säure auf das Kaliumhydrogencarbonat gespült, der Kolbeninhalt geschüttelt und kurze Zeit erhitzt. Anschließend wird der Kolben durch Eintauchen in Wasser auf die Anfangstemperatur abgekühlt und der Höhenunterschied der Quecksilberspiegel des Manometers abgelesen. Der Mittelwert von wenigstens 4 Bestimmungen gilt als Apparatkonstante. Sie soll von Zeit zu Zeit überprüft werden.

Von der analysenfeuchten Analysenprobe, deren Körnung dem Durchgang durch das Prüfsiebgewebe 0,2 DIN 4188 entspricht, werden etwa 5 g in den Zersetzungskolben auf 0,001 g genau eingewogen. Mit einer Pipette werden 10 ml Zersetzungssäure in den Kolbeneinsatz gefüllt; anschließend wird wie bei der Ermittlung der Apparatkonstante weiterverfahren.

Der Gehalt des Brennstoffes an Carbonat-Kohlendioxyd ergibt sich nach der Gleichung:

$$\% \text{ Carbonat-Kohlendioxyd}_{(\text{i.an})} = \frac{(P_0 - P_2) \cdot 5}{(P_0 - P_1) \cdot a}$$

Es bedeuten:

P_0 = Höhenunterschied der Quecksilberspiegel des Manometers nach der Evakuierung in mm, P_1 = Apparatkonstante in mm, P_2 = Höhenunterschied der Quecksilberspiegel des Manometers nach der Bestimmung in mm, a = Einwaage an Brennstoff$_{(\text{an})}$ in g

Das aus dem Kaliumhydrogencarbonat entwickelte Kohlendioxyd entspricht der Gasmenge, die beim Einsatz von 5 g Brennstoff mit einem Gehalt an Carbonat-Kohlendioxyd von 1% freigesetzt wird.

Literatur. Deutsches Normblatt DIN 51726. — Thomas, W. C., u. H. C. Wilkinson: J. Soc. chem. Ind. Bd. 69 (1950) S. 306—309. — Moulson, I., u. H. C. Wilkinson: Chem. and Ind. (1953) S. 7/8. — Lange, W., u. W. Winzen: Glückauf Bd. 90 (1954) S. 743/44.

III. Stickstoff

Grundlage. Der Gehalt an Stickstoff kann auf oxydativem oder reduktivem Wege oder durch Aufschluß bestimmt werden.

1. Bei dem *Oxydationsverfahren* wird der Brennstoff im Kohlendioxyd-Sauerstoff-Strom bei 950 bis 1000° verbrannt, der überschüssige Sauerstoff an Kupfer gebunden und der in die elementare Form übergeführte gasförmige Stickstoff im Azotometer über Kalilauge aufgefangen und volumetrisch bestimmt.

2. Bei dem *Reduktionsverfahren* wird der Brennstoff mit Wasserdampf vergast, der Stickstoff katalytisch in Ammoniak übergeführt und maßanalytisch bestimmt. Die Vergasungstemperatur beträgt bei Kohle 850° und bei Koks 950°.

3. Bei dem *Aufschlußverfahren* wird der Stickstoff nach dem Prinzip von Kjeldahl in Ammoniak übergeführt und maßanalytisch bestimmt.

Anwendungsbereich. Die drei Verfahren sind auf alle festen Brennstoffe anwendbar.

Bedeutung. Die Bestimmung des Gehaltes der festen Brennstoffe an Stickstoff, der in den Brennstoffen ausschließlich organisch gebunden vorkommt, dient zur Ermittlung der Elementarzusammensetzung der organischen Brennstoffsubstanz.

Genauigkeit. Der Gehalt der Brennstoffe an Stickstoff wird in Gewichtsprozent (g/100 g), auf 0,01% gerundet, angegeben.

Die absolute Abweichung der Einzelwerte vom Mittelwert soll bei Parallelbestimmungen nicht mehr als ±0,02% betragen.

Dauer. Etwa 100 min bei Kohle und etwa 120 min bei Koks für eine Bestimmung nach dem Oxydationsverfahren, etwa 100 min nach dem Reduktionsverfahren und etwa 50 min nach dem Aufschlußverfahren.

1. Oxydationsverfahren

Das Verbrennungsrohr aus Quarz von 760 mm Länge und 8 mm Innendurchmesser wird gemäß Abb. 109 gefüllt. Die Oxydationszone mit dem Kupferoxyd als Sauerstoffüberträger wird durch einen elektrisch beheizten Rohrofen von 170 mm Länge auf eine Temperatur von 700° gebracht. Anschließend folgt ein zweiter Ofen von 170 mm Länge, durch den das Kupfer der Sauerstoffabsorptionszone auf einer

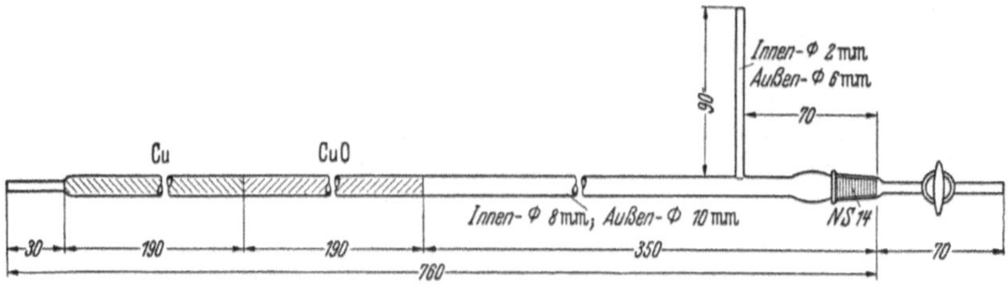

Abb. 109. Verbrennungsrohr für die Stickstoffbestimmung DIN 51722

Temperatur von 500° gehalten wird. Ein dritter Rohrofen von 120 mm Länge, der verschiebbar angeordnet und bis 1000° regulierbar ist, beheizt die Vergasungszone mit der angeschlossenen Platinkontaktzone.

Von der analysenfeuchten Analysenprobe, deren Körnung dem Durchgang durch das Prüfsiebgewebe 0,1 DIN 4188 entspricht, werden 25 bis 30 mg in ein ausgeglühtes Verbrennungsschiffchen auf 0,0001 g genau eingewogen und mit

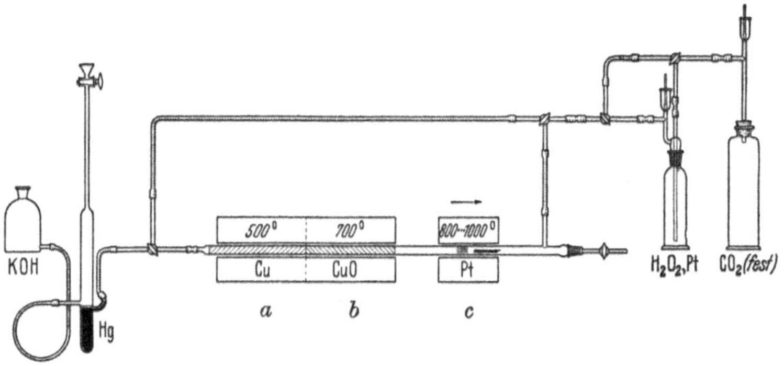

Abb. 110. Verbrennungsapparatur für die Stickstoffbestimmung nach dem Oxydationsverfahren DIN 51722
a Absorptionszone; *b* Oxydationszone; *c* Vergasungszone

grießförmigem Kupferoxyd sorgfältig gemischt. Das Verbrennungsrohr wird luftfrei gespült, indem reines Kohlendioxyd, das sich aus festem Kohlendioxyd (Trokkeneis) entwickelt, mit Hilfe der Umkehrspülvorrichtung (s. Abb. 110) durch das ausgezogene Rohrende eingeleitet und durch den Schliffhahn ausgeleitet wird. Unter weiterem Durchleiten von Kohlendioxyd wird das Verbrennungsschiffchen mit der eingewogenen Probe in das Verbrennungsrohr bis dicht an die Platindrahtnetzrolle eingeführt, das Rohr nach kurzer Zeit verschlossen und der Gasweg durch das Verbrennungsrohr zum mit Kalilauge gefüllten Azotometer hin geschaltet. Der Kohlendioxydstrom wird zur Sauerstoffaufnahme durch eine Waschflasche geleitet, die Perhydrol mit Platinstückchen enthält. Sobald in dem Azotometer nur Mikroblasen auftreten, wird es mit Kalilauge wieder aufgefüllt. Sodann schiebt man den auf 950 bis 1000° aufgeheizten Vergasungsofen innerhalb von 10 min von der Oxydationszone ab, entgegen der Richtung des Gasstromes, über Platinkontakt und das Verbrennungsschiffchen, wobei der Kohlendioxyd-Sauerstoffstrom (etwa 2,5 bis 3 ml/min) mit gleichbleibender Geschwindigkeit durchgeleitet wird. Die Erhöhung der Strömungsgeschwindigkeit und das Erscheinen von größeren Blasen im Azotometer zeigen den Beginn der Vergasung an. Sobald wieder nur Mikroblasen auftreten, ist die Verbrennung beendet. Das im Meßteil des Azotometers angesammelte Gas wird mittels der Niveauflasche auf den Außendruck eingestellt und das entsprechende Volumen abgelesen.

Der Gehalt des analysenfeuchten Brennstoffes an Stickstoff in Gewichtsprozent ergibt sich nach der Gleichung:

$$\% \text{ Stickstoff}_{(\text{i.an})} = \frac{V_1 \cdot P_1 \cdot 44{,}919}{T_1 \cdot E}$$

$$44{,}919 = \frac{T_0 \cdot \varrho_{N_2} \cdot 100}{P_0} = \frac{273 \cdot 1{,}2505 \cdot 100}{760}$$

Es bedeuten:

V_1 = abgelesenes Stickstoffvolumen in ml, P_0 = Normaldruck = 760 Torr, P_1 = Luftdruck in Torr, $T_0 = 273\ {}^0\text{K}$, T_1 = Raumtemperatur in ^{0}K = Raumtemperatur in ^{0}C + 273 ^{0}C, ϱ_{N_2} = Gewicht von 1 l Stickstoffgas = 1,2505 g, E = Einwaage an Brennstoff$_{(\text{an})}$ in mg

Ein unter gleichen Bedingungen ermittelter Blindwert wird abgezogen. Man bestimmt den Blindwert zweckmäßig über einen Zeitraum von 3 bis 4 Std. und rechnet das durch die Mikroblasen erzeugte Gasvolumen anteilmäßig auf die jeweilige Analysendauer um.

2. Reduktionsverfahren

Die Versuchseinrichtung ist in Abb. 111 wiedergegeben. Als Aufschlußmittel dient eine Mischung aus 2 Gewichtsteilen Eschka-Mischung (1 Teil wasserfreies Natriumcarbonat + 2 Teile Magnesiumoxyd) mit 6 Gewichtsteilen Natronkalk und 1 Gewichtsteil Molybdän(VI)-oxyd.

Der als Vorlage dienende Erlenmeyer-Kolben wird mit etwa 50 ml n/10-Schwefelsäure und etwa 25 ml destilliertem Wasser beschickt.

Von der analysenfeuchten Analysenprobe, deren Körnung dem Durchgang durch das Prüfsiebgewebe 0,1 DIN 4188 entspricht, wird 0,5 g in ein ausgeglühtes

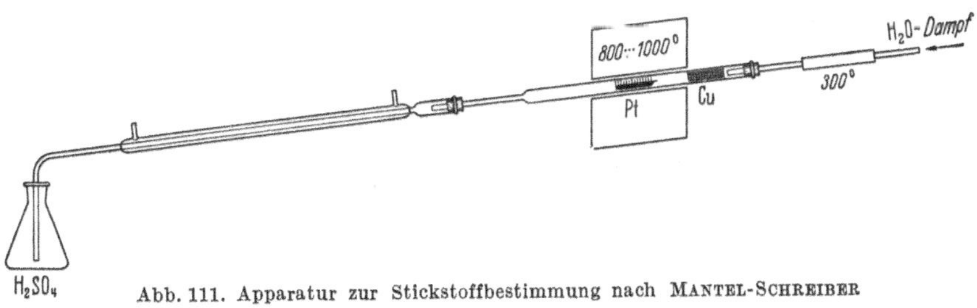

Abb. 111. Apparatur zur Stickstoffbestimmung nach Mantel-Schreiber

Platinschiffchen von 60 mm Länge, 6 mm Höhe und 10 mm Breite auf 0,0001 g genau eingewogen, mit etwa 0,8 g Aufschlußmischung sorgfältig gemengt und mit weiteren 0,1 g dieser Mischung überschichtet. Man deckt dann das Schiffchen mit einem Platindrahtnetz ab, führt es in das Quarzrohr ein, schiebt eine Kupferdrahtnetzrolle nach und verbindet das Rohr mit einem Dampferzeuger. Das Rohr wird durch einen elektrisch beheizten Ofen von etwa 220 mm Länge, der für Temperaturen bis 1000° regulierbar ist, zunächst auf etwa 250 bis 300° gebracht. Nun leitet man auf 300° überhitzten Wasserdampf (etwa 250 g/h) durch die Apparatur. Bei Kohlen wird bis zur vollständigen Entgasung langsam und dann schneller bis zu einer Endtemperatur von 850° aufgeheizt. Koks gestattet ein schnelleres Aufheizen; innerhalb von 5 bis 10 min soll eine Endtemperatur von etwa 950° erreicht sein.

Der Vergasungsaufschluß ist beendet, wenn aus der Vorlage keine Gasblasen mehr entweichen; das ist im allgemeinen nach etwa 80 min der Fall. Man spült darauf den Kühler mit Wasser aus und bringt den Inhalt der Vorlage mit dem Spülwasser in den Zersetzungskolben einer PARNAS- oder KJELDAHL-Apparatur. Das gebundene Ammoniak wird nach Zusatz von etwa 5 ml Natronlauge (400 g/l) abdestilliert und in 10 ml gesättigter Borsäurelösung, die mit einigen Tropfen Mischindicator (6 g Methylrot in 1 l Wasser und 1 g Methylenblau in 1 l Wasser lösen; beide Lösungen im Verhältnis 1 : 4 mischen) versetzt ist, aufgefangen. Die Lösung wird mit n/10-Schwefelsäure titriert.

Der Gehalt des analysenfeuchten Brennstoffes an Stickstoff in Gewichtsprozent ergibt sich nach der Gleichung:

$$\% \text{ Stickstoff}_{(\text{i.an})} = \frac{b \cdot 0{,}0014 \cdot 100}{a}$$

Es bedeuten:

a = Einwaage an Brennstoff$_{(\text{an})}$ in g, b = verbrauchte n/10-Schwefelsäure in ml, 0,0014 = Umrechnungsfaktor für ml n/10-Schwefelsäure in g Stickstoff

Ein unter gleichen Bedingungen ermittelter Blindwert wird abgezogen.

Fehlerquellen. Für den vollständigen Aufschluß der Brennstoffe ist es wichtig, daß die angegebenen Endtemperaturen erreicht werden. Eine Untersuchung des Verbrennungsrückstandes auf verbliebenen Stickstoff kann in der Weise erfolgen, daß er mit einem kleinen Stückchen metallischem Kalium im Glühröhrchen auf Rotglut erhitzt wird. Dann taucht man das heiße Glühröhrchen vorsichtig in Wasser, daß es zerspringt, kocht die Lösung kurz auf, filtriert, versetzt das Filtrat mit einigen Tropfen einer Eisen(II)-sulfatlösung (100 g/l), erhitzt es abermals zum Sieden und säuert es schwach an. Zeigt sich nach 12stündigem Stehen kein blauer Niederschlag, so ist der Verbrennungsrückstand frei von Stickstoff (Probe nach LASSAIGNE).

3. Aufschlußverfahren

Von der analysenfeuchten Analysenprobe, deren Körnung dem Durchgang durch das Prüfsiebgewebe 0,1 DIN 4188 entspricht, wird 0,1 g auf 0,0001 g genau eingewogen und in einem Aufschlußkolben von etwa 100 ml Inhalt mit 1,5 g einer aus 32 Gewichtsteilen Kaliumsulfat, 5 Gewichtsteilen Quecksilber(II)-sulfat und 1 Gewichtsteil Selen bestehenden Aufschlußmischung sowie 4 ml Schwefelsäure (1,84) gemischt. Nach Einhängen eines Kondensiereinsatzes wird der Kolbeninhalt erhitzt und in leichtem Sieden gehalten, bis die Lösung klar erscheint, und anschließend noch weitere 25 min gekocht. Der Kolbeninhalt wird nach dem Erkalten mit 40 ml Wasser versetzt und in den Destillationskolben einer Ammoniak-Bestimmungsapparatur (z. B. nach PARNAS oder nach KJELDAHL) übergeführt. Der Lösung werden 35 ml sulfidhaltige Natronlauge (9 Teile einer 40proz. Natronlauge und 1 Teil einer 15proz. Natriumsulfidlösung) zugefügt. Sodann wird zum Sieden erhitzt und das Ammoniakgas in eine Vorlage übergetrieben, die 10 ml gesättigte Borsäurelösung, 20 ml Wasser und einige Tropfen Mischindicator enthält. Die Lösung wird mit n/50-Schwefelsäure titriert.

Der Gehalt des analysenfeuchten Brennstoffes an Stickstoff in Gewichtsprozent ergibt sich nach der Gleichung:

$$\% \text{ Stickstoff}_{(\text{i.an})} = \frac{b \cdot 0{,}00028 \cdot 100}{a}$$

Es bedeuten:

a = Einwaage an Brennstoff$_{(\text{an})}$ in g, b = verbrauchte n/50-Schwefelsäure in ml, 0,00028 = Umrechnungsfaktor für ml n/50-Schwefelsäure in g Stickstoff

Ein unter gleichen Bedingungen mit einer stickstofffreien Substanz ermittelter Blindwert wird abgezogen.

Literatur. Deutsches Normblatt DIN 51722. — UNTERZAUCHER, J.: Chemie-Ing.-Techn. Bd. 22 (1950) S. 128. — GATTERMANN, L.: Praxis des organischen Chemikers, 33. Aufl., S. 45. Berlin und Leipzig 1948. — LANDOLT-BÖRNSTEIN: Physikalisch-Chemische Tabellen, 5. Aufl. Eg IIIc, S. 2524. — MANTEL, W., u. W. SCHREIBER: Glückauf Bd. 74 (1938) S. 939. — RADMACHER, W., u. W. LANGE: Glückauf Bd. 87 (1951) S. 739. — LANGE, W., u. W. WINZEN: Glückauf Bd. 89 (1953) S. 324.

IV. Sauerstoff

Grundlage. Die entmineralisierte Brennstoffprobe wird im Stickstoffstrom bei 1050° thermisch zersetzt. Der Sauerstoff wird mit erhitztem Gasruß in Kohlenmonoxyd übergeführt, das mit Anhydrojodsäure äquivalente Mengen an Kohlendioxyd und an Jod liefert. Kohlendioxyd wird gewichtsanalytisch, Jod maßanalytisch bestimmt.

Anwendungsbereich. Das Verfahren ist auf alle festen Brennstoffe anwendbar.

Bedeutung. Die Kenntnis des Gehaltes an organisch gebundenem Sauerstoff erlaubt Rückschlüsse auf die Alterung und das Kokungs- und Backvermögen der Brennstoffe.

Die Bestimmung des Gehaltes an Sauerstoff ermöglicht eine Kontrolle der Elementaranalyse.

Genauigkeit. Der Gehalt der festen Brennstoffe an Sauerstoff wird in Gewichtsprozent (g/100 g), auf 0,01% gerundet, angegeben.

Die absolute Abweichung der Einzelwerte vom Mittelwert soll bei Parallelbestimmungen nicht mehr als $\pm$0,15% betragen.

Dauer. Etwa 60 min für eine Bestimmung bei entmineralisiertem und getrocknetem Brennstoff.

Ausführung. Etwa 10 g der analysenfeuchten Analysenprobe, deren Körnung dem Durchgang durch das Prüfsiebgewebe 0,2 DIN 4188 entspricht, werden in einem säurebeständigen Kunststoffbecher etwa 1 Std. mit 50 ml Flußsäure (1,13) behandelt. Anschließend wird die Kohle abfiltriert und etwa 1 Std. mit 50 ml Salzsäure (1,05) behandelt. Die Kohle wird wieder abfiltriert, mit etwa 500 ml destilliertem Wasser von 80° ausgewaschen und an der Luft getrocknet. Von der so vorbereiteten Probe werden etwa 60 mg gemäß Abschnitt B I/4b in einem ausgeglühten Porzellanschiffchen von 70 mm Länge bei einer Temperatur von 125° getrocknet.

Als Reaktionsrohr (s. Abb. 112) dient ein Quarzrohr von 500 mm Länge und 8 mm Innendurchmesser, das durch einen feststehenden Kontaktofen von 200 mm Länge und einen beweglichen Zersetzungsofen von 150 mm Länge beheizt wird. Das Reaktionsrohr ist mit einem weiteren Quarzrohr von 60 mm Länge verbunden, das zur Zersetzung schwefelhaltiger Reaktionsprodukte mit Kupferdraht gefüllt ist und auf eine Temperatur von etwa 800° aufgeheizt wird. Dem Rohr ist ein Absorptionsrohr, das Natronasbest und Magnesiumperchlorat enthält, nachgeschaltet. Zur Oxydation des Kohlenoxyds dient Anhydrojodsäure, die sich in einem Glasrohr von 200 mm Länge und 10 mm Innendurchmesser befindet. Das Glasrohr ist am Gaseintritt zu einer 60 mm langen Kapillare ausgezogen. Glasrohr und Kapillare werden durch einen Eisessigmantel auf einer Temperatur von 118° gehalten. Zur Aufnahme des gebildeten Jods ist das Oxydationsrohr mit einem Glasrohr, das Kaliumjodidwatte enthält, verbunden. Das mit dem Jod gleichzeitig entstandene Kohlendioxyd wird in einem mit Natronasbest und Magnesiumperchlorat gefüllten Absorptionsrohr aufgenommen.

Nach Aufheizen des Kontaktofens auf 1125°, des mit Kupferdraht gefüllten Quarzrohres auf etwa 800° und des Oxydationsrohres auf 118° wird das Schiffchen mit der wasserfreien Brennstoffprobe in das Reaktionsrohr eingeführt und bis auf 40 mm an den Kontaktofen herangeschoben. Gleichzeitig wird mit Hilfe der

Umkehrspülvorrichtung ein Stickstoffstrom, der von Kohlendioxyd, Feuchtigkeit und Sauerstoff befreit worden ist, am ausgezogenen Ende des Reaktionsrohres eingeleitet und durch den Schliffhahn ausgeleitet. Die Reinigung geschieht durch Natronasbest, Magnesiumperchlorat und aktiviertes Kupfer, das sich in einer auf etwa 180° beheizten Säule von etwa 700 mm Länge befindet. Der Zersetzungsofen, der vom Kontaktofen zunächst einen Abstand von 150 mm hat, wird auf eine Temperatur von 1050° aufgeheizt. Nach Entfernen des eingedrungenen Sauerstoffes aus dem Reaktionsrohr wird der Stickstoffstrom in umgekehrter Richtung

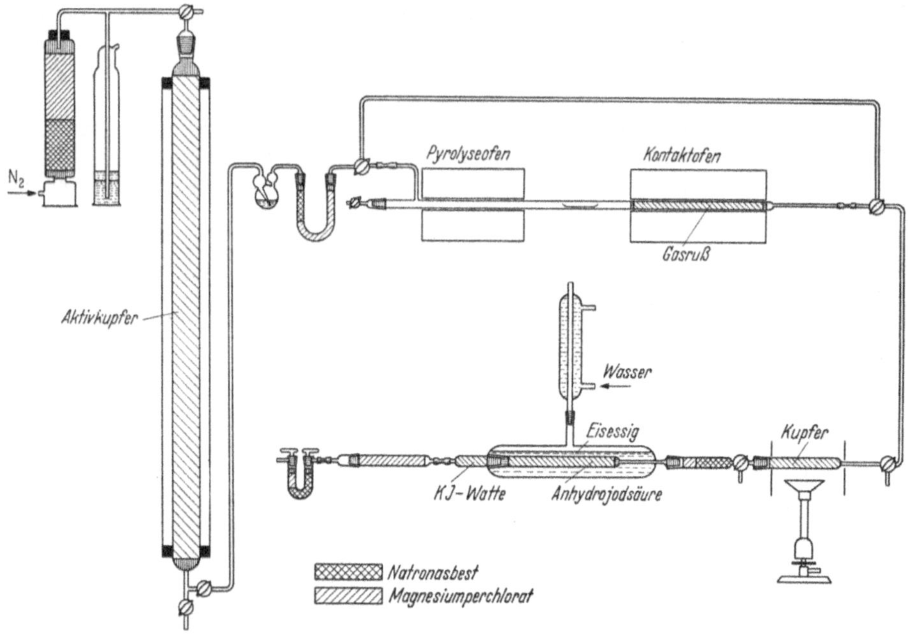

Abb. 112. Apparatur zur Bestimmung des Sauerstoffes

durch die Apparatur geleitet. Der Zersetzungsofen wird mit einer Geschwindigkeit von etwa 5 mm/min zum Kontaktofen hin über das Schiffchen bewegt und dort 20 min belassen. Die Beheizung wird ausgeschaltet und durch das Rohr noch 10 min ein schneller Stickstoffstrom geleitet.

Das Absorptionsgefäß für Kohlendioxyd wird verschlossen und auf 0,0001 g genau gewogen. Man gibt die Kaliumjodidwatte in ein Becherglas mit 25 ml Wasser, säuert die Lösung an und titriert nach Zugabe von 1 ml Stärkelösung (1 g/100 ml) mit n/50-Natriumthiosulfatlösung bis zum Verschwinden der Blaufärbung.

Der Gehalt des analysenfeuchten Brennstoffes an Sauerstoff in Gewichtsprozent ergibt sich bei der gewichtsanalytischen Auswertung nach der Gleichung:

$$\%\ \text{Sauerstoff}_{(\text{l.an})} = \frac{b \cdot 0{,}3636 \cdot 100}{a}$$

und bei der maßanalytischen Auswertung nach der Gleichung:

$$\%\ \text{Sauerstoff}_{(\text{l.an})} = \frac{c \cdot 0{,}0008 \cdot 100}{a}$$

Es bedeuten:

a = Einwaage an Brennstoff$_{(an)}$ in g, b = Auswaage an Kohlendioxyd in g, c = verbrauchte n/50-Natriumthiosulfatlösung in ml, 0,3636 = Umrechnungsfaktor $\frac{O}{CO_2}$, 0,0008 = Umrechnungsfaktor für ml n/50-Natriumthiosulfatlösung in g Sauerstoff

Ein unter gleichen Bedingungen ermittelter Blindwert wird abgezogen.

Fehlerquellen. Die Zersetzungstemperatur darf 1050° nicht überschreiten, da sonst (bei höherem Mineralstoffgehalt) störende Nebenreaktionen auftreten können.

Literatur. SCHÜTZE, M.: Z. analyt. Chem. Bd. 118 (1939) S. 245—258. — ZIMMERMANN, W.: Z. analyt. Chem. Bd. 118 (1939) S. 258—263. — UNTERZAUCHER, J.: Ber. dtsch. chem. Ges. Bd. 73 (1940) S. 391—404 — Mikrochim. Acta (1956) S. 822—835. — RADMACHER, W., u. A. HOVERATH: Z. analyt. Chem. Bd. 164 (1959) S. 336—342 — Brennstoff-Chem. Bd. 40 (1959) S. 97—104.

V. Schwefel

Grundlage. Der Schwefel kommt in festen Brennstoffen organisch und anorganisch gebunden vor. In anorganischer Bindungsform tritt er vorwiegend als *Disulfid* (*Pyrit*) und nur in geringen Mengen als *Sulfid* und *Sulfat* auf. Der *organische Schwefel* ergibt sich aus der Differenz zwischen dem *Gesamtschwefel* und der Summe von Sulfid-, Disulfid- und Sulfatschwefel.

Im allgemeinen wird nur der Gehalt an *Gesamtschwefel* bestimmt. Er kann nach zwei Verfahren bestimmt werden.

1. Bei dem *Verbrennungsverfahren* wird der Brennstoff im Sauerstoffstrom bei höherer Temperatur verbrannt, die entstandenen Schwefeloxyde werden in Wasserstoffperoxyd absorbiert, und die gebildete Schwefelsäure wird durch Titration mit Natronlauge bestimmt.

2. Bei dem *Aufschlußverfahren* wird der Brennstoff mit ESCHKA-Mischung aufgeschlossen und das Sulfat über Chromat durch Titration mit Eisen(II)-sulfatlösung bestimmt.

Nach den gleichen Verfahren kann auch der bei der Verbrennung der Brennstoffe in der Asche zurückbleibende Schwefel, der *Ascheschwefel*, bestimmt werden. Aus dem Unterschied zwischen Gesamtschwefel und Ascheschwefel ergibt sich der *Verbrennungsschwefel*, der auch experimentell durch Verbrennen des Brennstoffes im Sauerstoffstrom bei (775 ± 25)° bestimmt werden kann.

Der Gehalt an *Sulfatschwefel* wird durch Extraktion des Brennstoffes mit Salzsäure und anschließende indirekte Titration des Sulfats über Chromat mit Eisen(II)-sulfatlösung bestimmt.

Der Gehalt an *Disulfidschwefel* wird bestimmt durch reduzierende Behandlung des Brennstoffes mit Zink, Chrom und Salzsäure, Auffangen des entstehenden Schwefelwasserstoffes in Cadmiumacetatlösung und jodometrische Titration des Cadmiumsulfids. Bei diesem Reduktionsverfahren wird auch Monosulfidschwefel erfaßt, der im allgemeinen jedoch nur im Koks vorhanden ist.

Anwendungsbereich. Die einzelnen Verfahren sind auf alle festen Brennstoffe anwendbar.

Bedeutung. Die Kenntnis des Verhaltens des Schwefels ist bei der Beurteilung von Verbrennung, Entgasung und Vergasung der festen Brennstoffe von Bedeutung. Bei Koks erlaubt sie eine Bewertung für den metallurgischen Einsatz.

Genauigkeit. Der Gehalt der Brennstoffe an Schwefel wird in Gewichtsprozent (g/100 g), auf 0,01% gerundet, angegeben.

Die absolute Abweichung der Einzelwerte vom Mittelwert soll bei Parallelbestimmungen nicht mehr als ±0,02% betragen.

Dauer. Etwa 30 min für eine Bestimmung des Gehaltes an Gesamtschwefel nach dem Verbrennungsverfahren und etwa 8 Std. nach dem Aufschlußverfahren; etwa 2 Std. für eine Bestimmung des Gehaltes an Disulfidschwefel.

1. Gesamtschwefel

a) Verbrennungsverfahren

Als Verbrennungsrohr dient ein Porzellanrohr von 600 mm Länge und 18 mm Innendurchmesser, das an einem Ende etwas geneigt und am Knick mit einem kleinen, durch Gummistopfen verschließbaren Spülstutzen versehen ist (s. Abb. 113). Das Rohr wird von einem Rohrofen von etwa 300 mm Länge für Dauertemperaturen bis zu 1300° elektrisch beheizt.

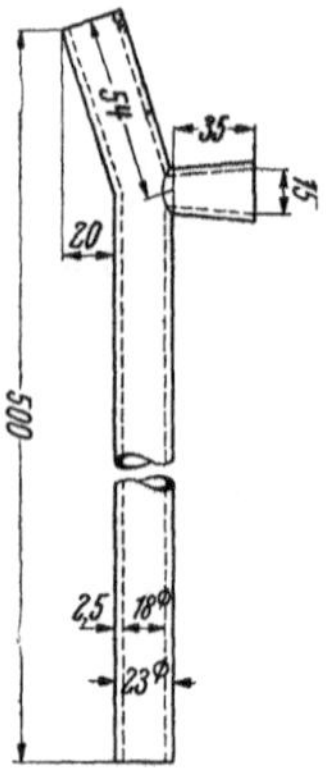

Abb. 113. Verbrennungsrohr

Zur Absorption der anfallenden Schwefeloxyde hat sich das in der Abb. 114 wiedergegebene Absorptionsgefäß bewährt.

Das Einleiten des Sauerstoffs in das Verbrennungsrohr geschieht durch den senkrechten Schenkel eines Gas-T-Rohres, durch dessen waagerechten Teil ein gegen das Glasrohr durch Gummischlauch abgedichteter, etwa 320 mm langer und etwa 5 mm starker Quarzstab zum Einschieben des Verbrennungsschiffchens geführt wird. Zum Messen der Geschwindigkeit des Sauerstoffstromes wird ein Strömungsmesser vorgeschaltet.

Rohr und Absorptionsgefäß werden durch ein Stück Gummischlauch verbunden, das über das Einleitungsrohr gezogen wird. Das Ende des Einleitungsrohres ist bis zum Innendurchmesser des Porzellanrohres erweitert. Der Spülstutzen wird mit einem Gummistopfen verschlossen und ebenso wie das geneigte Rohrende mit Asbestschnur umwickelt und durch Auftropfenlassen von Wasser gekühlt.

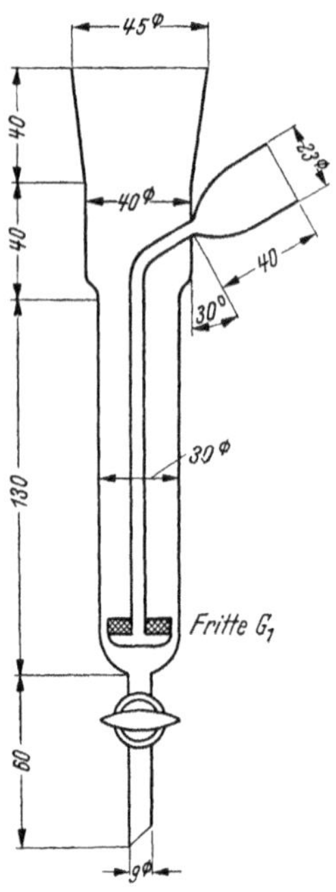

Abb. 114. Absorptionsgefäß

Von der analysenfeuchten Analysenprobe, deren Körnung dem Durchgang durch das Prüfsiebgewebe 0,2 DIN 4188 entspricht, wird 0,5 bis 1 g in ein ausgeglühtes Verbrennungsschiffchen von etwa 70 mm Länge auf 0,001 g genau eingewogen und mit Eisen(III)-phosphat überschichtet. Nach der Füllung des Absorptionsgefäßes mit 60 ml 1 proz. Wasserstoffperoxydlösung und nach dem Aufheizen des Verbrennungsrohres auf eine Temperatur von 1250° wird das Schiffchen mit der Probe etwa 50 bis 60 mm tief in das Rohr eingeführt, das Glas-T-Rohr mittels Gummistopfen angeschlossen und Sauerstoff (etwa 40 l/h) durchgeleitet.

Nach kurzer Zeit beginnt der Brennstoff zu entgasen. Mit fortschreitender Entgasung und Verbrennung wird das Schiffchen weiter bis zur Glühzone des Ofens geschoben; dies dauert bei Brennstoffen mit höherer Ausbeute an flüchtigen Bestandteilen etwa 10 min und bei Koks etwa 2 min. Nach Beendigung der Verbrennung, also nach etwa 10 bis 20 min, wird das Rohrende durch den Spülstutzen mit kohlendioxydfreiem destilliertem Wasser ausgespült. Man vereinigt den Inhalt des Absorptionsgefäßes und die Spülflüssigkeit und titriert nach Zugabe einiger Tropfen Mischindicator (s. Abschnitt D III/2) die gebildete freie Schwefelsäure mit n/20-Natronlauge bis zum Auftreten einer grünlichen Färbung, die dem klaren Farbumschlag des Indicators nach Grün voraufgeht.

Der Gehalt des analysenfeuchten Brennstoffes an Schwefel in Gewichtsprozent ergibt sich nach der Gleichung:

$$\%\ \text{Schwefel}_{(\text{l.an})} = \frac{b \cdot 0{,}0008 \cdot 100}{a}$$

Es bedeuten:

a = Einwaage an Brennstoff$_{(an)}$ in g, b = verbrauchte n/20-Natronlauge in ml, 0,0008 = Umrechnungsfaktor für ml n/20-Natronlauge in g Schwefel

Chloride und Sulfate der Alkalien und Erdalkalien im Mineralanteil der Brennstoffe benötigen zur Zersetzung einen Zuschlag von Eisen(III)-phosphat. Schwefeloxyde und Chlor gelangen quantitativ in die Vorlage und bilden dort Schwefelsäure und Salzsäure. Die Salzsäure wird nach VIEBÖCK oder potentiometrisch bestimmt und von der Gesamtsäure abgezogen, die danach das Maß für den Schwefelgehalt darstellt.

b) Aufschlußverfahren

Von der analysenfeuchten Analysenprobe, deren Körnung dem Durchgang durch das Prüfsiebgewebe 0,2 DIN 4188 entspricht, wird 1 g in einen ausgeglühten Tiegel aus Pythagorasmasse auf 0,001 g genau eingewogen und mit 3 g ESCHKA-Mischung sorgfältig gemischt. Nach Überdecken des Gemenges mit einer Schicht ESCHKA-Mischung von mindestens 10 mm Dicke wird der Tiegel in einen kalten Muffelofen eingesetzt, auf 750 bis 800° aufgeheizt und etwa 2 Std. bei dieser Temperatur belassen. Man spült dann den Tiegelinhalt mit Wasser quantitativ in ein Becherglas, zerdrückt die zusammengebackenen Teilchen vorsichtig mit einem Glasstab, fügt etwa 1 ml Wasserstoffperoxydlösung hinzu, läßt etwa 20 min kochen, filtriert den Rückstand ab und wäscht ihn mit heißem Wasser aus. Das Filtrat wird zum Sieden erhitzt, mit Salzsäure schwach angesäuert, mit Natronlauge neutralisiert und auf ein Volumen von etwa 100 ml eingedampft.

Die Lösung wird in der Siedehitze mit 10 ml Bariumchromatlösung [30 g Bariumchromat und 100 ml Überchlorsäure (1,54) im Liter] versetzt und 5 min gekocht. Nach Zusatz von 10 ml 15proz. Natriumacetatlösung wird kurz aufgekocht. Unter Umrühren wird Ammoniaklösung (0,95) bis zur deutlich alkalischen Reaktion zugefügt und nochmals 2 min gekocht. Der Niederschlag wird abfiltriert und 2mal mit 1proz. Natriumacetatlösung gewaschen.

Das Filtrat wird mit 30 ml Schwefelsäure-Phosphorsäure-Mischung [150 ml Schwefelsäure (1,84) und 150 ml Phosphorsäure (1,75) im Liter] angesäuert und nach Zusatz von Diphenylaminsulfonsäure als Indicator mit Eisen(II)-sulfatlösung titriert. Die Eisen(II)-sulfatlösung wird unter Kohlendioxyd aufbewahrt und so eingestellt, daß 1 ml Lösung 2 mg Schwefel anzeigt [52,127 g $FeSO_4 \cdot 7H_2O$ und 100 ml Schwefelsäure (1,84) im Liter].

Der Endpunkt der Titration kann auch potentiometrisch bestimmt werden. Hierbei fällt im Äquivalenzpunkt das Potential der Meßkette stark ab. Bei der potentiometrischen Endpunktbestimmung wird das Filtrat mit 30 ml Schwefelsäure (1 + 1) angesäuert.

Der Gehalt des analysenfeuchten Brennstoffes an Schwefel ergibt sich nach der Gleichung:

$$\%\ \text{Schwefel}_{(\text{l,an})} = \frac{b \cdot 0{,}002 \cdot 100}{a}$$

Es bedeuten:

a = Einwaage an Brennstoff$_{(an)}$ in g, b = verbrauchte Eisen (II)-sulfatlösung (Titer = 2 g S/l) in ml, 0,002 = Umrechnungsfaktor für ml Eisen(II)-sulfatlösung in g Schwefel

Fehlerquellen. Im Muffelofen dürfen gleichzeitig keine Substanzen erhitzt werden, bei denen schwefeloxydhaltige Gase entstehen, da Gefahr besteht, daß diese von der ESCHKA-Mischung aus der umgebenden Atmosphäre aufgenommen werden. Auch ist bei einem mit Gas beheizten Muffelofen darauf zu achten, daß die Verbrennungsprodukte des Heizgases nicht in die Muffel gelangen.

2. Disulfidschwefel

Die auf Durchgang durch das Prüfsiebgewebe 0,2 DIN 4188 vorbereitete analysenfeuchte Analysenprobe wird weiter zerkleinert. Zu diesem Zweck werden etwa 3 g Brennstoff mit 5 ml Äthanol versetzt und in einem Stahlzylinder von etwa 50 ml Inhalt mit Stahlkugeln $^1/_2$ Std. intensiv geschüttelt. Die Stahlkugeln weisen einen Durchmesser von rund 5 mm auf, sie füllen das Volumen des Gefäßes etwa zur Hälfte aus. Nach der Zerkleinerung wird die Substanz einschließlich der Stahlkugeln auf ein Uhrglas gebracht und unter vermindertem Druck (12 bis 20 Torr) bei 40 bis 50° getrocknet, durch Absieben von den Kugeln getrennt und kurze Zeit im Achatmörser gemörsert.

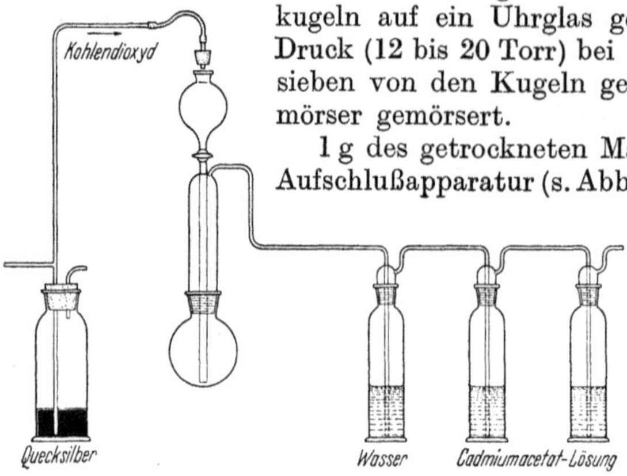

Abb. 115
Apparatur zur Bestimmung des Pyrit- und Sulfidschwefels

1 g des getrockneten Mahlgutes wird in den Kolben der Aufschlußapparatur (s. Abb. 115) auf 0,001 g genau eingewogen und mit etwa 2,5 ml verdünntem Äthanol (1 + 1) versetzt. Nach Zugabe von 15 g granuliertem Zink und 0,1 g Chrompulver oder 0,5 g Chrom(III)-chlorid wird der Kolbeninhalt zum Verpasten der Probe leicht umgeschüttelt. Nach dem Verschließen des Kolbens mit dem Schliffaufsatz werden 70 ml alkoholische Salzsäure [950 ml Salzsäure (1,19) mit 50 ml Äthanol gemischt] aus dem Tropftrichter im Verlaufe von 10 min anteilweise unter Kohlendioxyddruck eingebracht. Nach Abschluß der Wasserstoffentwicklung, die insgesamt etwa 20 min anhält, wird 5 min ein Kohlendioxydstrom (100 bis 150 ml/min) durch die Apparatur geleitet.

Dem Reaktionskolben sind eine Waschflasche mit Wasser und zwei Waschflaschen mit Cadmiumacetatlösung (50 g Cadmiumacetat und 10 ml Eisessig im Liter) nachgeschaltet. Das Wasser nimmt übergehenden Chlorwasserstoff auf, das Cadmiumacetat den gebildeten Schwefelwasserstoff. Die Absorption erfolgt in der zweiten Waschflasche, die dritte kontrolliert den quantitativen Abschluß.

Die Waschflasche mit dem Cadmiumsulfid wird nach Zusatz von 15 ml n/10-Jodlösung und 20 ml 15- bis 20proz. Salzsäure bis zur Lösung des Niederschlages geschüttelt, der Inhalt in ein Becherglas gespült und das unverbrauchte Jod unter Zusatz von Stärkelösung als Indicator mit n/10-Natriumthiosulfatlösung titriert. Sollte in der dritten Waschflasche eine Trübung oder ein Niederschlag auftreten, dann wird deren Inhalt mit dem der zweiten Waschflasche vereinigt.

Der Zusatz von 15 ml Jodlösung reicht aus für einen Disulfidschwefelgehalt bis zu 2% bei einer Einwaage von 1 g Brennstoff.

Der Gehalt des wasserfreien Brennstoffes an Disulfidschwefel ergibt sich nach der Gleichung:

$$\%\ \text{Disulfidschwefel}_{(\text{i.wf})} = \frac{b \cdot 0{,}0016 \cdot 100}{a}$$

Es bedeuten:

a = Einwaage an Brennstoff$_{(\text{wf})}$ in g, b = verbrauchte n/10-Jodlösung in ml, 0,0016 = Umrechnungsfaktor für ml n/10-Jodlösung in g Schwefel

Ein unter gleichen Bedingungen ermittelter Blindwert wird abgezogen.

Die Umrechnung des Gehaltes an Disulfidschwefel des wasserfreien Brennstoffes auf den analysenfeuchten Brennstoff erfolgt nach der Gleichung:

$$\%\ \text{Disulfidschwefel}_{(\text{i.an})} = D \cdot \frac{100 - F}{100}$$

Es bedeuten:

D = % Disulfidschwefel$_{(\mathrm{i.wf})}$, F = % Analysenfeuchtigkeit

Fehlerquellen. Durch das beschriebene Reduktionsverfahren wird neben dem Disulfidschwefel auch Monosulfidschwefel erfaßt. Letzterer tritt aber in Kohlen praktisch nicht auf. Es genügt daher im allgemeinen, die Bestimmung in einem Arbeitsgang durchzuführen. Wird in Sonderfällen eine Ermittlung des Monosulfidschwefels gewünscht, so kann man diesen nach dem gleichen Verfahren unter nicht reduzierenden Bedingungen bestimmen.

3. Sulfatschwefel

Von der analysenfeuchten Analysenprobe, deren Körnung dem Durchgang durch das Prüfsiebgewebe 0,2 DIN 4188 entspricht, werden 3 bis 5 g in ein Becherglas auf 0,001 g genau eingewogen und mit etwa 100 ml 10 proz. Salzsäure auf einem Wasserbad oder einer Heizplatte während etwa 1 Std. unter öfterem Umrühren auf 80° erwärmt. Der Rückstand wird abfiltriert und mit heißem Wasser ausgewaschen. Das Filtrat wird mit 1 ml Wasserstoffperoxydlösung versetzt, zur Trockne gedampft, mit Salzsäure angefeuchtet, mit 50 ml Wasser versetzt und aufgekocht. Zur Entfernung störender Kationen wird die Lösung durch ein Austauscherharz (z. B. „Lewatit 22") gegeben und mit etwa 100 ml Wasser nachgespült. Zur besseren Bestimmung der geringen Sulfatmengen werden 2 ml n/10-Schwefelsäure zugesetzt. Anschließend wird mit Natronlauge neutralisiert und zum Sieden erhitzt. Nach Zusatz von Bariumchromatlösung wird so verfahren, wie bei der Gesamtschwefelbestimmung nach dem Aufschlußverfahren beschrieben. Die der zugesetzten Menge Schwefelsäure äquivalente Menge Schwefel wird abgezogen.

Literatur. Deutsches Normblatt DIN 51724. — Eschka, A.: Österr. Z. Berg- u. Hüttenwes. Bd. 22 (1874) S. 111—113 — Dinglers polytechn. J. Bd. 212 (1874) S. 403/04. — Mantel, W., u. W. Radmacher: Glückauf Bd. 73 (1937) S. 989—993. — Seuthe, A.: Arch. Eisenhüttenwes. Bd. 11 (1937/38) S. 343/44 — Glückauf Bd. 75 (1939) S. 409—411 u. 909. — Mantel, W., u. W. Schreiber: Glückauf Bd. 78 (1942) S. 185—190 u. 220—223. — Lange, W.: Glückauf Bd. 78 (1942) S. 650—656. — Radmacher, W.: Brennstoff-Chem. Bd. 33 (1952) S. 129—135. — Radmacher, W., u. P. Mohrhauer: Brennstoff-Chem. Bd. 34 (1953) S. 33—37 — Glückauf Bd. 89 (1953) S. 503—511. — Vieböck, F.: Ber. dtsch. chem. Ges. Bd. 65 (1932) S. 496.

VI. Chlor

Grundlage. Chlor liegt meist an Alkali gebunden vor.

Der Gehalt an Chlor kann nach zwei Verfahren bestimmt werden.

1. Bei dem *Verbrennungsverfahren* wird der Brennstoff in Gegenwart von Eisen(III)-phosphat im Sauerstoffstrom bei höherer Temperatur verbrannt. Das Chlor wird in Wasserstoffperoxydlösung aufgefangen. Die entstandene Salzsäure wird zusammen mit der ebenfalls entstandenen Schwefelsäure neutralisiert. Nach Zugabe von Quecksilber(II)-oxycyanid wird die den Chloridionen äquivalente Menge Hydroxylionen maßanalytisch mit Schwefelsäure bestimmt.

2. Bei dem *Aufschlußverfahren* wird der Brennstoff in Gegenwart von Eschka-Mischung durch Verbrennen mit komprimiertem Sauerstoff in der Calorimeter-Bombe aufgeschlossen. Die Chloride werden in Lösung gebracht und maßanalytisch bestimmt.

Anwendungsbereich. Die beiden Verfahren sind auf alle festen Brennstoffe anwendbar.

Bedeutung. Die Kenntnis des Gehaltes an Chlor dient zur Beurteilung der Korrosionsmöglichkeiten in Feuerungs-, Vergasungs- und Entgasungsanlagen sowie von störenden Einflüssen bei der Gewinnung von Kohlenwertstoffen.

Genauigkeit. Der Gehalt der Brennstoffe an Chlor wird in Gewichtsprozent g/100 g), auf 0,01% gerundet, angegeben.

Die absolute Abweichung der Einzelwerte vom Mittelwert soll bei Parallelbestimmungen nicht mehr als $\pm 0{,}02\%$ betragen.

Dauer. Etwa 30 min für eine Bestimmung nach dem Verbrennungsverfahren und etwa 4 Std. nach dem Aufschlußverfahren.

1. Verbrennungsverfahren

Zur Verbrennung der Brennstoffprobe und zur Absorption des Chlors wird die gleiche Apparatur benutzt wie bei der Bestimmung des Gesamtschwefels nach dem Verbrennungsverfahren.

Von der analysenfeuchten Analysenprobe, deren Körnung dem Durchgang durch das Prüfsiebgewebe 0,2 DIN 4188 entspricht, wird 0,5 bis 1 g in ein ausgeglühtes Porzellanschiffchen von etwa 70 mm Länge auf 0,0001 g genau eingewogen und mit Eisen(III)-phosphat überschichtet. Nach Füllung des Absorptionsgefäßes mit 60 ml 1proz. Wasserstoffperoxydlösung und nach Aufheizen des Verbrennungsrohres auf 1250° wird das Schiffchen mit der Brennstoffprobe 50 bis 60 mm weit in das Rohr eingeführt. Das Glas-T-Stück wird mittels eines Gummistopfens angeschlossen. Durch das Verbrennungsrohr wird ein Sauerstoffstrom (etwa 20 l/h) geleitet. Nach kurzer Zeit beginnt der Brennstoff zu entgasen. Im Verlaufe von 2 bis 10 min wird das Schiffchen mit dem Quarzstab bis in die Mitte der Glühzone geschoben und dort etwa 10 min belassen. Nach Beendigung der Verbrennung wird der Inhalt des Absorptionsgefäßes in ein Becherglas abgelassen. Rohrende und Absorptionsgefäß werden mit Wasser ausgespült. Spül- und Absorptionsflüssigkeit werden vereinigt und nach Zugabe einiger Tropfen Mischindicator (s. Abschnitt D III/2) mit n/20-Natronlauge neutralisiert. Die Lösung wird mit 1 g Quecksilber(II)-oxycyanid versetzt. Die gebildete Natronlauge wird mit n/20-Schwefelsäure bis zum Farbumschlag nach Violett titriert.

Der Gehalt des analysenfeuchten Brennstoffes an Chlor in Gewichtsprozent ergibt sich nach der Gleichung:

$$\%\ \text{Chlor}_{(\text{i.an})} = \frac{b \cdot 0{,}00177 \cdot 100}{a}$$

Es bedeuten:

a = Einwaage an $\text{Brennstoff}_{(\text{an})}$ in g, b = verbrauchte n/20-Schwefelsäure in ml, 0,00177 = Umrechnungsfaktor für ml n/20-Schwefelsäure in g Chlor

2. Aufschlußverfahren

Von der analysenfeuchten Analysenprobe, deren Körnung dem Durchgang durch das Prüfsiebgewebe 0,2 DIN 4188 entspricht, wird 1 g in ein Wägegläschen auf 0,0001 g genau eingewogen und mit 0,8 g Eschka-Mischung und 0,1 g Benzoesäure gemischt. Die Mischung wird in einen Verbrennungstiegel aus Platin oder Quarzglas von etwa 20 mm Durchmesser und 20 mm Höhe und mit 2 mm breitem Rand gebracht. Der Tiegel wird einige Male auf eine Unterlage aufgestoßen und in die ringförmige Erweiterung des Zündpols einer Calorimeter-Bombe eingesetzt. Anschließend werden Zünddraht und Zündfaden angebracht und 10 ml Natriumcarbonatlösung (50 g/l) in die Bombe eingefüllt. Die Bombe wird geschlossen, mit Sauerstoff bis zu einem Druck von 30 kp/cm² gefüllt und in ein Gefäß mit Kühlwasser gestellt. Sodann wird gezündet. Man öffnet nach etwa 10 min langsam die Bombe, spült den Inhalt von Bombe und Tiegel mit heißem Wasser in ein Becherglas, zerdrückt die zusammengebackenen Teilchen mit einem Glasstab, erhitzt zum Sieden, filtriert den Rückstand ab und wäscht ihn auf dem Filter mit heißem Wasser aus. Das Filtrat wird auf etwa 50 ml eingedampft, mit Salpetersäure neutralisiert und nach Zugabe von 10 Tropfen Kaliumchromatlösung (10 g/100 ml) mit n/20-Silbernitratlösung bis zum Farbumschlag von Gelb nach Braunrot titriert.

Der Endpunkt der Titration kann auch potentiometrisch bestimmt werden. Das Filtrat wird in diesem Fall auf etwa 100 ml eingedampft und mit Salpetersäure schwach angesäuert.

Der Gehalt des analysenfeuchten Brennstoffes an Chlor ergibt sich nach der Gleichung:

$$\% \text{ Chlor}_{(\text{i.an})} = \frac{b \cdot 0{,}00177 \cdot 100}{a}$$

Es bedeuten:

a = Einwaage an Brennstoff$_{(\text{an})}$ in g, b = verbrauchte n/20-Silbernitratlösung in ml, 0,00177 = Umrechnungsfaktor für ml n/20 Silbernitratlösung in g Chlor

Ein unter gleichen Bedingungen ermittelter Blindwert wird abgezogen.

Literatur. Deutsches Normblatt 51727. — VIEBÖCK, F.: Ber. dtsch. chem. Ges. Bd. 65 (1932) S. 493 u. 586. — SEUTHE, A.: Arch. Eisenhüttenwes. Bd. 11 (1937/38) S. 343/44 — Glückauf Bd. 75 (1939) S. 409—411 u. 909 — Brennstoff-Chem. Bd. 34 (1953) S. 241/42. — LANGE, W.: Glückauf Bd. 78 (1942) S. 650—656. — STRAMBI, E.: Il Calore (1949).

VII. Phosphor

Grundlage. Der Brennstoff wird verascht. Nach der Verbrennung liegt der gesamte Phosphor der Brennstoffe quantitativ in der Asche vor. Die Phosphate der Brennstoffasche werden durch Abrauchen mit Flußsäure und Salpetersäure in Lösung gebracht und im Anschluß daran nach dem photometrischen oder dem maßanalytischen Verfahren bestimmt.

1. Bei dem *photometrischen Verfahren* wird die Phosphorsäure nach Umwandlung in Phosphormolybdänsäure zu Phosphormolybdänblau reduziert. Die Blaufärbung wird photometriert.

2. Bei dem *maßanalytischen Verfahren* wird die Phosphorsäure als Ammoniumphosphormolybdat gefällt, der Niederschlag in überschüssiger Natronlauge gelöst und der Überschuß mit Schwefelsäure titriert.

Das photometrische Verfahren wird dem maßanalytischen Verfahren wegen seiner schnelleren Durchführbarkeit vorgezogen.

Anwendungsbereich. Die beiden Verfahren sind auf alle festen Brennstoffe anwendbar.

Bedeutung. Die Kenntnis des Gehaltes der festen Brennstoffe an Phosphor erlaubt eine Bewertung für den metallurgischen Einsatz.

Genauigkeit. Der Gehalt der Brennstoffe an Phosphor wird in Gewichtsprozent (g/100 g), auf 0,0001% gerundet, angegeben.

Die absolute Abweichung der Einzelwerte vom Mittelwert soll bei Parallelbestimmungen nicht mehr als $\pm 0{,}005\%$ Phosphor, bezogen auf die Brennstoffasche, betragen.

Dauer. Etwa 12 Std. für eine Bestimmung nach dem photometrischen Verfahren und etwa 20 bis 24 Std. nach dem maßanalytischen Verfahren (einschließlich Veraschung und Vorbereitung der Asche).

1. Photometrisches Verfahren

Die bei $(775 \pm 25)°$ hergestellte Brennstoffasche wird auf Durchgang durch das Prüfsiebgewebe 0,063 DIN 4188 zerkleinert und nochmals 1 Std. bei $(775 \pm 25)°$ geglüht. Von der so vorbereiteten Asche wird 0,2 g in einen weiten Platintiegel von etwa 50 ml Inhalt auf 0,0001 g genau eingewogen und mit einigen Tropfen Wasser angefeuchtet. Hierauf wird 2mal mit je 5 ml Flußsäure (1,13) und 5 ml Salpetersäure (1,4) auf dem Sandbad abgeraucht. Der trockene Rückstand wird zur Vertreibung der Flußssäurereste nochmals mit einigen Tropfen Salpetersäure (1,4) abgedampft. Dann nimmt man den Tiegelinhalt mit 20 ml 2 n-Schwefelsäure und

20 ml Wasser auf, erwärmt die Lösung im Platintiegel bis zur Klärung und filtriert sie durch ein gehärtetes Filter in einen 100 ml-Meßkolben. Das Filter wird mit heißem Wasser gut ausgewaschen und das Filtrat nach dem Erkalten bis zur Marke verdünnt. 50 ml der Lösung werden in einem 100 ml-Meßkolben mit 5 ml Natriumpyrosulfitlösung (20 g/100 ml) versetzt, langsam zum Sieden erhitzt und etwa 5 min heiß stehengelassen. Darauf verkocht man das überschüssige Schwefeldioxyd mit kleiner Flamme und versetzt die Lösung nach dem Abkühlen auf 20° nacheinander unter gutem Durchmischen nach jedem Zusatz mit 1 ml der Sulfitlösung, 12 ml Ammoniummolybdatlösung (2,5 g Hexammoniumheptamolybdat-4-Hydrat in 500 ml n/10-Schwefelsäure von 20° gelöst) und 2 ml Reduktionslösung (0,2 g Monomethyl-p-aminophenolsulfat + 20 g Natriumpyrosulfit + 1 g Natriumsulfit mit Wasser von 20° zu 100 ml gelöst). Hierauf wird mit Wasser bis zur Marke verdünnt. Nach 3- bis 4stündigem Stehen bei 20° an einem dunklen Ort wird die Blaufärbung photometriert (Glühlampenlicht, Rotfilter, optischer Schwerpunkt 620 bis 720 mμ, Schichtlänge 2 bis 5 cm). Die den Farbintensitäten entsprechenden Phosphorwerte werden entweder einer Eichkurve entnommen, deren Punkte unter den gleichen Bedingungen mit Testlösungen (Kaliumdihydrogenphosphat) festgelegt wurden, oder mittels eines Analysenfaktors errechnet, da innerhalb der Grenzkonzentrationen von 0 bis 0,4 mg P/100 ml das LAMBERT-BEERsche Gesetz Gültigkeit besitzt.

Der Analysenfaktor

$$F = \frac{c}{m}; \quad c = \text{mg P/100 ml}; \quad m = \frac{\text{gemessene Extinktion}}{\text{Schichtdicke}}$$

wird aus mehreren Eichwerten ermittelt.

Ein unter gleichen Bedingungen ermittelter Blindwert wird abgezogen.

Bei Brennstoffen, die über 0,4% Phosphor in der Asche aufweisen, ist die Bestimmung — da der Molybdatzusatz unzureichend ist — mit einer entsprechend verringerten Einwaage bzw. einer geringeren Menge der aufgefüllten Aufschlußlösung durchzuführen. Werden weniger als 50 ml der Aufschlußlösung verwendet, so ist darauf zu achten, daß die Reaktionslösung vor der Sulfitzugabe (5 ml) eine freie Säuremenge von etwa 10 ml 2 n-Schwefelsäure enthält, wobei die zum Lösen des Rückstandes verwendeten 20 ml 2 n-Schwefelsäure als Berechnungsgrundlage dienen und die von den Begleitelementen abgebundene Säuremenge unberücksichtigt bleibt.

Liegt der Phosphorgehalt der Asche um 0,1%, so ist es, insbesondere bei größeren Genauigkeitsansprüchen, zweckmäßig, die Bestimmung mit einem verringerten Molybdatzusatz (für 0,1 mg Phosphor etwa 3 ml der Ammoniummolybdatlösung) zu wiederholen.

Fehlerquellen. Das Verfahren läßt sich auf alle Brennstoffe anwenden, deren Asche weniger als 70% Eisen(III)-oxyd, 5% Titan(IV)-oxyd und 4% Vanadin(V)-oxyd enthält.

2. Maßanalytisches Verfahren

Die bei (775 ± 25)° hergestellte Brennstoffasche wird auf Durchgang durch das Prüfsiebgewebe 0,063 DIN 4188 weiter zerkleinert und nochmals 1 Std. bei (775 ± 25)° geglüht. Von der so vorbereiteten Asche wird 1 g in einen weiten Platintiegel von etwa 50 ml Inhalt auf 0,0001 g genau eingewogen und 2mal mit je 5 ml Flußsäure (1,13) und 2mal mit je 5 ml Flußsäure und 10 ml Salpetersäure (1,4) zur Trockne gedampft. Den Rückstand nimmt man mit 20 ml Salpetersäure (1,2) auf, dampft die Lösung zur Hälfte ein, spült sie in ein Becherglas von 400 ml Inhalt und engt sie weiter auf etwa 40 ml ein. Nach Zugabe von 30 ml 34proz. Ammoniumnitratlösung und 2 ml Salpetersäure (1,4) wird die Lösung auf 75° erhitzt und unter kräftigem Umschütteln mit einer wäßrigen, frisch filtrierten, ebenfalls 75° heißen Ammoniummolybdatlösung (30 g/l) im Überschuß versetzt (im allgemeinen genügen 30 ml). Nach etwa 3stündigem Stehen wird der Niederschlag abfiltriert, kurz mit Kaliumnitratlösung (1 g/l) ausgewaschen und mit 10 ml Ammoniaklösung (0,91) vom Filter gelöst.

Das Filter wäscht man mit heißem Wasser, weiteren 10 ml Ammoniaklösung (0,91) und 20 ml Ammoniumnitratlösung quantitativ aus. Das Filtrat, das nicht mehr als 100 ml betragen soll, wird nach Zugabe von 1 ml der filtrierten Ammoniummolybdatlösung (30 g/l) auf 65° erwärmt und unter kräftigem Schütteln bis zur beginnenden Fällung tropfenweise mit etwa 50° warmer Salpetersäure (1,4) versetzt. Zur vollständigen Abscheidung werden noch 10 Tropfen Salpetersäure nachgegeben.

Man filtriert nach dem Erkalten, wäscht den Niederschlag mit Kaliumnitratlösung (1 g/l) säurefrei, bringt das Filter mit dem Niederschlag in ein Becherglas, fügt 20 ml Wasser hinzu, zerkleinert das Filter zu Brei und gibt n/10-Natronlauge bis zur klaren Lösung hinzu. Die freie Natronlauge titriert man mit n/10-Schwefelsäure nach Zusatz von Phenolphthalein.

Der Gehalt des Brennstoffes an Phosphor ergibt sich nach der Gleichung:

$$\%\ \text{Phosphor im Brennstoff} = \frac{P \cdot A}{100}$$

$$P = \frac{(b - c) \cdot 0{,}000134 \cdot 100}{a}$$

Es bedeuten:

a = Einwaage an Brennstoff in g, b = vorgelegte n/10-Natronlauge in ml, c = titrierte n/10-Schwefelsäure in ml, A = % Asche des Brennstoffes, P = % Phosphor in der Asche, 0,0001349 = Umrechnungsfaktor für ml n/10-Natronlauge in g Phosphor

Ein unter gleichen Bedingungen ermittelter Blindwert wird abgezogen.

Fehlerquellen. Zur Vermeidung von Oxydation sind die Ammoniumphosphormolybdat-Niederschläge stets feucht zu halten.

Literatur. Deutsches Normblatt DIN 51725. — Handbuch für das Eisenhüttenlaboratorium, Bd. I, S. 237. Düsseldorf 1955. — Radmacher, W., u. W. Schmitz: Brennstoff-Chem. Bd. 31 (1950) S. 233—240; Bd. 39 (1958) S. 274—279.

E. Technologische Untersuchungen

I. Kokungsgrad (Dilatometerverfahren)

Grundlage. Zur Bestimmung des Kokungsvermögens von Steinkohle nach dem Dilatometerverfahren wird ein Steinkohleprobekörper bestimmten Ausmaßes in ein Stahlrohr eingeführt, mit einem Stahlstempel belastet und progressiv erhitzt. Eine an den Stahlstempel angebrachte Schreibvorrichtung überträgt die Veränderung der Schichthöhe des Probekörpers während des Erhitzens auf eine Drehtrommel mit Registrierblatt. Dabei entsteht eine das Kokungsvermögen der Kohle kennzeichnende Kurve.

Steinkohlen verhalten sich beim Erhitzen unterschiedlich, solche mit Kokungsvermögen sintern, erweichen und werden mehr oder weniger plastisch. Der Probekörper sinkt zusammen und füllt den unteren Teil des Dilatometerrohres aus. Dieser Vorgang ist mit einem Absinken des Belastungsstempels verbunden (Kontraktion). Mit fortschreitender Temperatur nimmt das Volumen durch pyrolytisch abgespaltene Gase, die teilweise eingeschlossen bleiben, wieder zu, so daß die Kontraktion wieder ausgeglichen und das Einsatzvolumen überschritten werden kann (Dilatation). Der Vorgang der Volumenänderung wird durch die Verfestigung der plastischen Masse zu Halbkoks abgeschlossen.

Anwendungsbereich. Das Verfahren ist auf alle Steinkohlen anwendbar.

Bedeutung. Das Kokungsvermögen dient zur Einordnung von Steinkohlen in das Internationale Klassifikationssystem sowie zur Kontrolle ihrer Verkokbarkeit im Betrieb. Weiterhin geben Erweichungsbereich und Dilatation Auskunft über Art und Zusammensetzung von Mischungen.

Genauigkeit. Die Längenänderungen für Kontraktion und Dilatation werden der Dilatometerkurve entnommen und prozentual auf die Einsatzlänge des Probekörpers bezogen.

Die absolute Abweichung der Kontraktions- und der Dilatationswerte von ihrem Mittelwert soll bei Parallelbestimmungen nicht mehr als $\pm 3{,}5\%$ betragen.

Dauer. Etwa 90 min für eine Doppelbestimmung.

Ausführung. Von der analysenfeuchten Analysenprobe, deren Körnung dem Durchgang durch das Prüfsiebgewebe 0,2 DIN 4188 entspricht, werden etwa 10 g mit 1 ml Wasser verrührt. 2 bis 3 g der Mischung werden in Teilmengen in den Zylinder einer Preßform gefüllt. Nach jedem Einfüllen wird ein Druckstempel auf die Kohle gesetzt und die Kohle durch Aufschlagen mit einem Hammer verdichtet, bis das Aufschlagen metallisch klingt. Nach dem Einfüllen und Verdichten der letzten Teilmenge wird die Preßform auf die Grundplatte der Presse gestellt, der Ausstoßzapfen durch Drehen der Spindel in die Bohrung des Zylinders eingeführt und die Kohle nochmals gepreßt. Darauf werden Verschlußstück und Sockel der Preßform entfernt und der Probekörper nach dem Einschwenken des Bügels durch Drehen der Spindel aus der Preßform heraus-

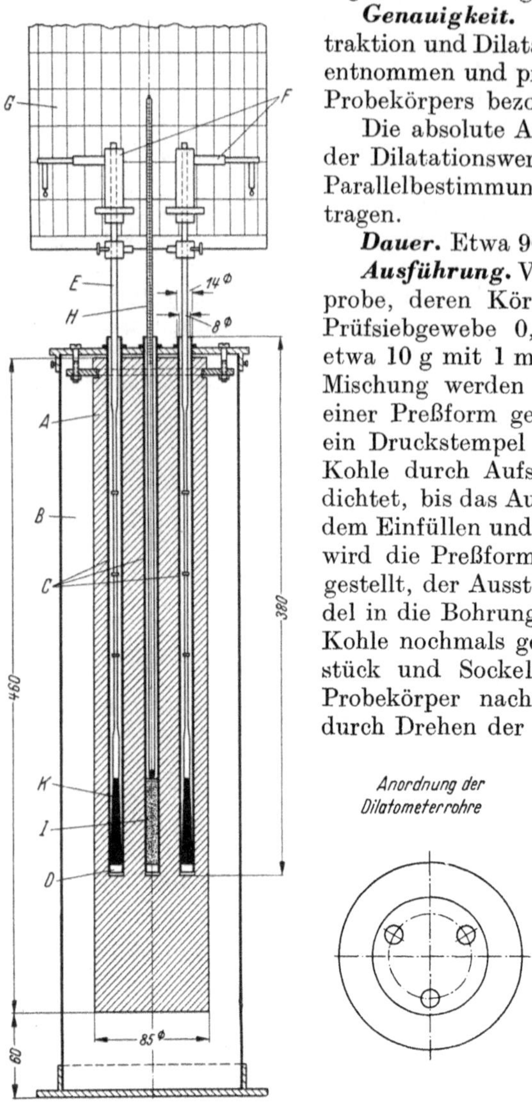

Abb. 116. Apparatur zur Bestimmung des Kokungsgrades nach dem Dilatometer-Verfahren

A Heizblock (Messing) elektrisch beheizt, mit 3 symmetrisch angeordneten Bohrungen; *B* Isoliermantel; *C* Dilatometerrohre aus Stahl; *D* Verschlußschraube des Dilatometerrohres; *E* Belastungsstempel aus Stahl; *F* Schreibvorrichtungen; *G* Registriertrommel mit Uhrwerk, Umlaufzeit $2^1/_2$ h; *H* Thermometer; *I* Sandschicht; *K* Kohlepreßling

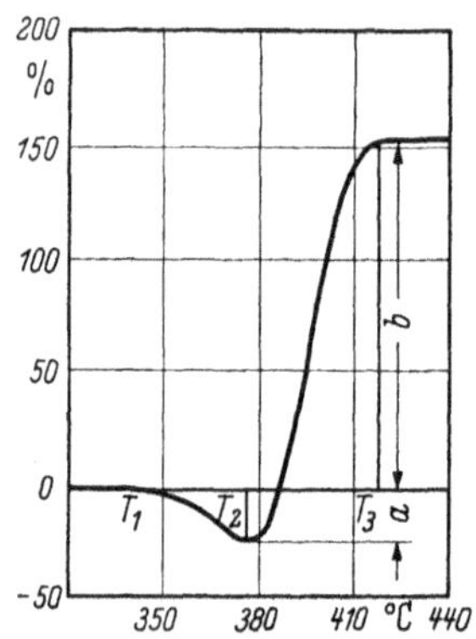

Abb. 117. Dilatometerkurve

T_1 Temperatur bei Erweichungsbeginn; T_2 Temperatur der höchsten Kontraktion; T_3 Temperatur bei Wiederverfestigung; *a* Kontraktion; *b* Dilatation

gestoßen. Durch Abschneiden eines Stückes vom breiteren Ende des Probekörpers wird dieser auf die Länge von 60 mm verkürzt.

In die beiden Dilatometerrohre wird je ein Probekörper mit dem breiteren Ende nach unten eingeführt. Die Belastungsstempel werden aufgesetzt und die Rohre in das vorgewärmte Dilatometer (s. Abb. 116) eingelassen. Die Vorwärmtemperatur soll etwa 20° unter dem Erweichungspunkt der zu untersuchenden Kohle liegen, damit die Dilatometerkurve zunächst waagerecht verläuft. Wenn die Vorwärmtemperatur wieder erreicht ist, werden die Federn der Schreibvorrichtungen an die Nullinie des Registrierblattes angesetzt. Danach wird mit einem Temperaturanstieg von 3 °/min erhitzt. Wenn die Höhenlage des Belastungsstempels 5 min unverändert bleibt, ist die Untersuchung beendet.

Die Dilatometerkurven werden nach Abb. 117 ausgewertet.

Dilatometerbefund	Kennzeichen des Kokungsvermögens
Kein Erweichen	Nicht kokend
Nur Kontraktion	Sehr schwach kokend
$\leqq 0$% Dilatation (negative Dilatation)	Schwach kokend
>0 bis 50% Dilatation	Mittelmäßig kokend
>50 bis 140% Dilatation	Gut kokend
>140% Dilatation	Überschüssiges Kokungsvermögen

Fehlerquellen. Das Kokungsvermögen von Steinkohlen kann durch die Einwirkung von Sauerstoff beeinflußt werden. Probevorbereitung und Bestimmung sollen deshalb unmittelbar der Probenahme folgen, andernfalls ist die Probe unter Sauerstoffausschluß aufzubewahren.

Literatur. Deutsches Normblatt DIN 51739. — MANTEL, W.: Brennstoff-Chem. Bd. 35 (1954) S. 136—143.

II. Blähgrad

Grundlage. Zur Bestimmung des Blähgrades von Steinkohle wird ein Teil der zu untersuchenden Kohleprobe unter festgelegten Bedingungen in einem Tiegel bestimmten Ausmaßes erhitzt. Das Profil des dabei erhaltenen Verkokungsrückstandes wird anhand einer Standardtypenskala mit den Standardtypen verglichen. Als Blähgrad gilt die Nummer des ähnlichsten Standardtypes. Maßgeblich für die Beurteilung ist der Böschungswinkel des geblähten Teiles des Verkokungsrückstandes.

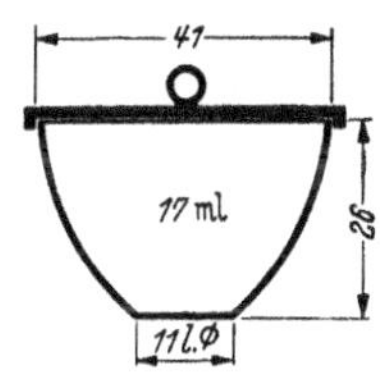

Abb. 118. Tiegel zur Bestimmung des Blähgrades

Steinkohlen verhalten sich beim Erhitzen unterschiedlich. Kohlen, die beim Erhitzen erweichen, werden durch pyrolytisch abgespaltene Gase aufgebläht. Im Verlauf der Entgasung verfestigt sich die plastisch gewordene Masse wieder. Nicht blähende Kohlen hinterlassen einen pulverigen Verkokungsrückstand.

Anwendungsbereich. Das Verfahren ist für alle Steinkohlen anwendbar.

Bedeutung. Der Blähgrad dient zur Beurteilung des Backvermögens von Steinkohlen und zur Einordnung von Steinkohlen in das Internationale Klassifikationssystem.

Genauigkeit. Die Abweichung der Einzelwerte vom Mittelwert soll bei Parallelbestimmungen höchstens eine halbe Einheit betragen.

Dauer. Etwa 5 min für eine Bestimmung.

Ausführung. Von der analysenfeuchten Analysenprobe, deren Körnung dem Durchgang durch das Prüfsiebgewebe 0,2 DIN 4188 entspricht, wird $(1 \pm 0{,}005)$ g in einen Quarztiegel (s. Abb. 118) von 17 ml Inhalt eingewogen. Die Kohle wird durch mehrmaliges Aufstoßen des Tiegels auf eine Unterlage eingeebnet. Nach dem Auflegen eines ungelochten Quarzdeckels wird der Tiegel senkrecht auf ein Quarz- oder Platindreieck gestellt. Das Dreieck mit dem Tiegel wird in die Schlitze eines als Zugluftschutz (s. Abb. 119) dienenden keramischen Rohres ein-

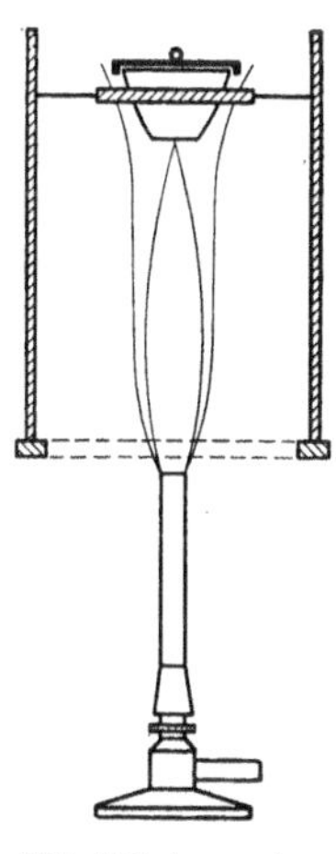
Abb. 119. Apparatur zur Bestimmung des Blähgrades

geführt und der Tiegel so beheizt, daß die Temperatur an der Mitte des Tiegelbodens

nach 90 sek (800 ± 10)° und
nach 150 sek (820 ± 5)°

beträgt.

Die Mindestdauer eines Versuches beträgt 150 sek Entweichen nach dieser Zeit noch brennende Gase aus dem Tiegel, so wird weiterbeheizt, bis die Flamme erlischt. Nach dem Erkalten wird der Verkokungsrückstand aus dem Tiegel genommen und in der angegebenen Weise mit den Standardtypen (s. Abb. 120) verglichen.

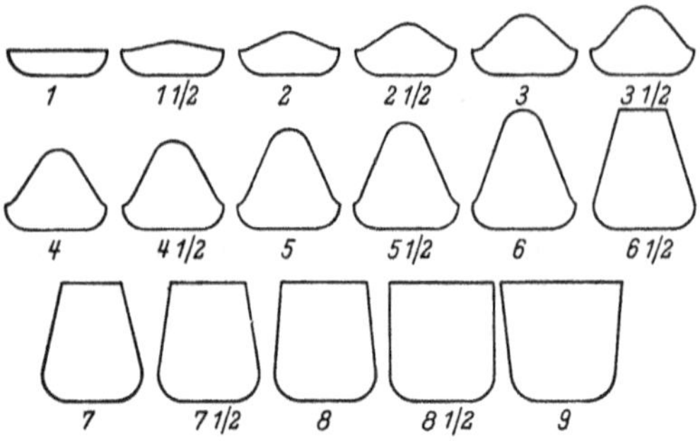

Abb. 120. Standardtypenskala

Blähgrad	Kennzeichnung des Backvermögens
0 bis $^1/_2$	Nicht backend
1 bis 2	Schwach backend
$2^1/_2$ bis 4	Mittelmäßig backend
$4^1/_2$ bis 9	Stark backend

Jede Bestimmung wird 4mal ausgeführt.

Fehlerquellen. Das Blähvermögen von Steinkohlen wird durch die Einwirkung von Sauerstoff beeinflußt. Probevorbereitung und Bestimmung sollen deshalb unmittelbar der Probenahme folgen, andernfalls ist die Kohle unter Sauerstoffausschluß aufzubewahren.

Literatur. Deutsches Normblatt DIN 51741. — Mantel, W.: Brennstoff-Chem. Bd. 35 (1954) S. 136—143.

F. Untersuchungsverfahren für Asche

I. Aschezusammensetzung

Grundlage. Bei der Bestimmung der Zusammensetzung der Brennstoffasche werden Silicium, Aluminium, Eisen, Calcium, Magnesium, Kalium, Natrium, Titan, Phosphor und Schwefel erfaßt, in Sonderfällen auch andere Elemente, wie Zink, Kobalt, Nickel, Vanadin, Kupfer, Mangan. Im Analysenergebnis werden die Elemente als Oxyde angegeben.

Die Brennstoffasche wird alkalisch aufgeschlossen. Aus der salzsauren Lösung der Schmelze wird *Silicium(IV)-oxyd* durch 2maliges Eindampfen abgeschieden und nach dem Abfiltrieren, Glühen und Abrauchen mit Fluß- und Schwefelsäure gewichtsanalytisch bestimmt. Das Filtrat der Abtrennung wird auf ein bestimmtes Volumen aufgefüllt (Hauptfiltrat).

Aluminium und Titan werden in einem Teil des Hauptfiltrates gemeinsam als Phosphat gefällt. Der Glührückstand wird mit Kaliumpyrosulfat aufgeschlossen und photometrisch auf *Titan(IV)-oxyd* untersucht. Die Differenz ergibt *Aluminiumoxyd.*

Eisen(III)-oxyd wird nach Fällen mit Ammoniak und nach Lösen des Niederschlages in Salzsäure maßanalytisch mit Titan(III)-chlorid bestimmt.

Im Filtrat des Eisenoxydhydratniederschlages werden *Calciumoxyd* und *Magnesiumoxyd* maßanalytisch mit Äthylendiamintetraessigsäure bestimmt.

Phosphor(V)-oxyd wird in einem Teil des Hauptfiltrates photometrisch als Phosphormolybdänblau bestimmt.

Zur Bestimmung von *Natriumoxyd* und *Kaliumoxyd* wird die Asche mit Fluß- und Schwefelsäure aufgeschlossen. Die Lösung des Rückstandes wird flammenspektrometrisch untersucht.

Schwefel(VI)-oxyd wird gemäß Abschnitt V/1a bestimmt.

Anwendungsbereich. Die einzelnen Verfahren sind auf alle Brennstoffaschen anwendbar. Sie lassen sich auch auf die Untersuchung von Brennstoffschlacke, -flugasche und -flugstaub anwenden.

Bedeutung. Die Kenntnis der Aschezusammensetzung erlaubt eine Bewertung für das Ascheschmelzverhalten, die Ansatzbildung und die Korrosionswirkung, bei Koksasche für den metallurgischen Einsatz.

Genauigkeit. Der Gehalt an Silicium(IV)-oxyd, an Aluminiumoxyd, an Titan(IV)-oxyd, an Eisen(III)-oxyd, an Calciumoxyd, an Magnesiumoxyd, an Phosphor(V)-oxyd, an Natriumoxyd, an Kaliumoxyd und an Schwefel(VI)-oxyd wird in Gewichtsprozent (g/100 g), auf 0,1% gerundet, angegeben.

Dauer. Etwa 32 Std. für eine Bestimmung.

1. Silicium(IV)-oxyd

Von der bei $(775 \pm 25)^\circ$ hergestellten Brennstoffasche, deren Körnung dem Durchgang durch das Prüfsiebgewebe 0,063 DIN 4188 entspricht, wird 1 g auf 0,0001 g genau in einen Platintiegel eingewogen und mit 10 g Kaliumnatriumcarbonat bei heller Rotglut geschmolzen. Nach dem Erkalten wird die Schmelze im Tiegel in einer Porzellankasserolle in 50 ml Salzsäure (1 + 1) gelöst. Der Tiegel wird nach dem Lösen der Schmelze aus der Lösung entfernt und mit einem Gummiwischer von anhaftendem Kieselsäuregel befreit. Der Inhalt der Porzellankasserolle wird zur Trockne gedampft und 2 Std. im Trockenschrank bei 135° belassen. Anschließend wird der Rückstand mit 50 ml Salzsäure (1,19) 10 min lang bei 50 bis 80° digeriert. Die Lösung wird mit heißem Wasser auf etwa 200 ml verdünnt, erwärmt und filtriert. Das Filter wird 3mal mit heißer Salzsäure (1 + 1) und dann mit heißem Wasser säurefrei gewaschen. Man dampft dann das Filtrat ein und behandelt den Rückstand wie vorher.

Die beiden Filter mit Silicium(IV)-oxyd werden in einem Platintiegel bei $(1100 \pm 50)^\circ$ bis zur Gewichtskonstanz geglüht. Man raucht den Glührückstand 2mal mit einigen Tropfen Schwefelsäure (1,84) und 5 bis 10 ml Flußsäure (1,13) ab und glüht den Tiegel erneut bei $(1100 \pm 50)^\circ$. Die Gewichtsdifferenz entspricht der Menge an Silicium(IV)-oxyd.

Der nach dem Abrauchen im Tiegel verbliebene Rückstand wird mit etwa 1 g Kaliumnatriumcarbonat aufgeschlossen. Man löst die Schmelze in Salzsäure (1 + 1), vereinigt die Lösung mit dem Filtrat der Silicium(IV)-oxyd-Abtrennung und verdünnt mit Wasser auf genau 500 ml (Hauptfiltrat).

Silicium(IV)-oxyd kann aus salzsaurer Lösung auch durch Gelatine abgeschieden werden. In diesem Fall wird die Asche mit einem Gemisch von Kaliumnatriumcarbonat und Natriumtetraborat aufgeschlossen.

Der Gehalt der Brennstoffasche an Silicium(IV)-oxyd ergibt sich nach der Gleichung:

$$\%\ SiO_2 = \frac{(b - c) \cdot 100}{a}$$

Es bedeuten:

a = Einwaage an Brennstoffasche in g, b = Gewicht des Platintiegels nach dem Glühen des Rückstandes in g, c = Gewicht des Platintiegels nach dem Abrauchen und Glühen des Rückstandes in g

Fehlerquellen. Enthält die Brennstoffasche viel Eisen und andere den Platintiegel angreifende Verbindungen, z. B. Metalle oder Sulfidschwefel, so muß sie vor dem Aufschluß mit Salzsäure extrahiert werden.

Im Filtrat der Silicium(IV)-oxyd-Abtrennung tritt manchmal eine Trübung durch ausfallendes Titan(IV)-oxydhydrat auf. Diese Trübung muß durch Zugabe von Salzsäure (1,19) und durch Erwärmen beseitigt werden.

2. Aluminiumoxyd

100 ml des nach Abschnitt 1 erhaltenen Hauptfiltrates werden in einem Becherglas mit Ammoniaklösung (0,91) bis zum Auftreten einer Abscheidung versetzt und dann mit 4 ml Salzsäure (1 + 1) angesäuert. Die vollständig klare Lösung wird mit 15 ml Eisessig und 20 ml etwa 25proz. Ammoniumthiosulfatlösung und nach kurzem Stehen mit 20 ml etwa 10proz. Diammoniumhydrogenphosphatlösung versetzt, unter Rühren zum Sieden erhitzt und 15 min gekocht. Man läßt den Niederschlag absitzen, filtriert, wäscht das Filter mit dem Niederschlag einige Male mit heißem Wasser aus, spritzt den Niederschlag in das verwendete Becherglas zurück und wäscht das Filter mit 60 ml heißer Salzsäure (1 + 1) gut aus. Die dabei erhaltene Lösung wird mit der im Becherglas vereinigt. Man dampft die nunmehr vorliegende Lösung auf etwa 200 ml ein, filtriert den elementaren Schwefel unter Wiederverwendung des benutzten Filters ab, wäscht das Filter mit heißem Wasser säurefrei und läßt die Lösung abkühlen. Die Lösung wird mit Ammoniaklösung (1 + 1) bis zum Auftreten einer Abscheidung versetzt. Anschließend wird die Fällung, wie vorher beschrieben, wiederholt. Man filtriert den Niederschlag ab, wäscht ihn etwa 10mal mit heißem Wasser aus, bringt das Filter mit dem Niederschlag in einen Platintiegel und glüht bei (1200 ± 50)° bis zur Gewichtskonstanz.

Der Gehalt der Brennstoffasche an Aluminiumoxyd ergibt sich nach der Gleichung:

$$\%\ Al_2O_3 = \frac{(b - c) \cdot 0{,}4180 \cdot d \cdot 100}{a \cdot e}$$

Es bedeuten:

a = Einwaage an Brennstoffasche in g, b = Auswaage an $AlPO_4 + Ti_2P_2O_9$ in g, c = Gehalt des geglühten Rückstandes an $Ti_2P_2O_9$ in g, d = Volumen des Hauptfiltrates in ml, e = vom Hauptfiltrat angewandtes Teilvolumen in ml, 0,4180 = Umrechnungsfaktor $\frac{Al_2O_3}{2\,AlPO_4}$

Fehlerquellen. Der geglühte Phosphatrückstand enthält neben $AlPO_4$ auch $Ti_2P_2O_9$. Für die Berechnung des Gehaltes an Aluminiumoxyd muß der Gehalt des Rückstandes an $Ti_2P_2O_9$ bestimmt werden.

3. Titan(IV)-oxyd

Das nach Abschnitt 2 erhaltene geglühte Gemisch von $AlPO_4$ und $Ti_2P_2O_9$ wird fein zerrieben und mit etwa 6 g Kaliumpyrosulfat gemischt. Das Gemisch wird in dem bereits benutzten Platintiegel bei niedriger Temperatur geschmolzen. Man löst die Schmelze in 30 ml 4 n-Schwefelsäure unter Erwärmen, spült die Lösung nach dem Abkühlen auf Raumtemperatur in einen Meßkolben von 100 ml Inhalt, setzt 5 ml Phosphorsäure (1,7) und 10 ml 3proz. Wasserstoffperoxydlösung zu und verdünnt mit Wasser auf 100 ml. Nach einer Standzeit von 30 min wird die Gelbfärbung photometriert (Quecksilberdampflampe, Filter „Hg 436“, Schichtlänge 1 bis 5 cm). Die den Farbintensitäten entsprechenden Titan(IV)-oxyd-Werte werden einer Eichkurve entnommen, deren Punkte unter den gleichen Bedingungen mit Testlösungen [Kaliumhexafluorotitanat(IV) wird mit Schwefelsäure (1,84) abgeraucht und dann in verdünnter Schwefelsäure gelöst] festgelegt wurden, oder mittels eines Analysenfaktors errechnet, da innerhalb der Grenzkonzentrationen 0 bis 10 mg TiO_2/100 ml das LAMBERT-BEERsche Gesetz Gültigkeit besitzt.

Der Gehalt der Brennstoffasche an Titan(IV)-oxyd ergibt sich nach der Gleichung:

$$\% \ TiO_2 = \frac{b \cdot c \cdot 100}{a \cdot d}$$

Es bedeuten:

a = Einwaage an Brennstoffasche in g, b = TiO_2 in der untersuchten Lösung in g, c = Volumen des Hauptfiltrates in ml, d = vom Hauptfiltrat angewandtes Teilvolumen in ml

Ein unter gleichen Bedingungen ermittelter Blindwert wird abgezogen.

Der Gehalt des geglühten Phosphatrückstandes an $Ti_2P_2O_9$ ergibt sich nach der Gleichung:

$$g \ Ti_2P_2O_9 = b \cdot 1{,}888$$

Es bedeutet:

$$1{,}888 = \text{Umrechnungsfaktor} \ \frac{Ti_2P_2O_9}{2 \ TiO_2}$$

4. Eisen(III)-oxyd

200 ml des nach Abschnitt 1 erhaltenen Hauptfiltrates werden in einem Becherglas mit einigen Tropfen 30proz. Wasserstoffperoxydlösung versetzt und bis zum Aufhören der Sauerstoffentwicklung gekocht. Die Lösung wird nach Zugabe von 5 ml gesättigtem Bromwasser mit carbonatfreier Ammoniaklösung (0,91) neutralisiert und mit 5 Tropfen der Ammoniaklösung im Überschuß versetzt. Man kocht kurz auf, filtriert den Niederschlag nach dem Absitzen ab und wäscht ihn 3 mal mit heißem Wasser. Der Niederschlag wird mit heißer Salzsäure (1 + 3) vom Filter gelöst. Man wiederholt die Fällung, filtriert den Niederschlag ab und wäscht ihn mit heißem Wasser aus. (Die beiden Filtrate werden vereinigt und für die Bestimmung von Calciumoxyd und von Magnesiumoxyd verwendet.)

Der Niederschlag wird mit etwa 60 ml heißer Salzsäure (1 + 3) vom Filter gelöst. Das Filter wird mit heißem Wasser säurefrei gewaschen. Man dampft die Lösung auf etwa 100 ml ein und titriert nach Abkühlen auf 60 bis 70° und nach Zugabe von etwa 0,2 g Natriumhydrogencarbonat mit Titan(III)-chloridlösung [50 ml 15proz. Titan(III)-chloridlösung und 25 ml Salzsäure (1,19) im Liter] bis zur schwachen Gelbfärbung und nach weiterer Zugabe von 0,2 g Natriumhydrogencarbonat sowie etwa 1 ml Kaliumthiocyanatlösung (10 g/100 ml) bis zum Verschwinden der Rotfärbung.

Der Endpunkt der Titration kann auch potentiometrisch bestimmt werden.

Der Gehalt der Brennstoffasche an Eisen(III)-oxyd ergibt sich nach der Gleichung:

$$\% \ Fe_2O_3 = \frac{b \cdot c \cdot T \cdot 100}{a \cdot d}$$

Es bedeuten:

a = Einwaage an Brennstoffasche in g, b = verbrauchte Titan(III)-chloridlösung in ml, c = Volumen des Hauptfiltrates in ml, d = vom Hauptfiltrat angewandtes Teilvolumen in ml, T = Titer der Titan(III)-chloridlösung in g Fe_2O_3/ml

5. Calciumoxyd

Das nach Abschnitt 4 erhaltene Filtrat wird mit 100 ml Salpetersäure (1,4) versetzt und in einem Erlenmeyer-Kolben zur Trockne gedampft. Man löst den Rückstand nach Durchfeuchten mit einigen Tropfen Salzsäure (1,19) in etwa 50 ml heißem Wasser, spült die Lösung in eine flache, innen glasierte Porzellanschale, stellt den p_H-Wert der Lösung durch Zugabe von Kalilauge auf 12 bis 13 ein, erwärmt auf 50° und titriert in Gegenwart von etwa 0,3 g Murexid-Indicator (eine sorgfältige Mischung von 1 Teil Murexid und 100 Teilen Kaliumsulfat) mit der 0,02 molaren Lösung des Dinatriumsalzes der Äthylendiamintetraessigsäure bis zum Farbumschlag nach Violettblau.

Der Gehalt der Brennstoffasche an Calciumoxyd ergibt sich nach der Gleichung:

$$\% \ CaO = \frac{b \cdot c \cdot 0{,}001122 \cdot 100}{a \cdot d}$$

Es bedeuten:

a = Einwaage an Brennstoffasche in g, b = verbrauchte 0,02 m-Äthylendiamintetraessigsäure in ml, c = Volumen des Hauptfiltrates in ml, d = vom Hauptfiltrat angewandtes Teilvolumen in ml, 0,001122 = Umrechnungsfaktor für ml 0,02 m-Äthylendiamintetraessigsäure in g Calciumoxyd

6. Magnesiumoxyd

Die nach Abschnitt 5 erhaltene titrierte Lösung wird mit Salzsäure (1,19) neutralisiert und mit einigen Tropfen Salzsäure im Überschuß versetzt. Man zerstört den Murexid-Indicator durch einige Tropfen gesättigtes Bromwasser, neutralisiert mit Ammoniaklösung (0,91), versetzt mit 10 ml Pufferlösung [54 g Ammoniumchlorid und 350 ml Ammoniaklösung (0,91) im Liter] sowie mit 0,5 g Kaliumcyanid und 10 bis 15 Tropfen Eriochromschwarz-Indicator (0,5 g Eriochromschwarz T und 5 g Hydroxylaminhydrochlorid werden in 100 ml Methanol gelöst) und titriert mit der 0,02 molaren Lösung des Dinatriumsalzes der Äthylendiamintetraessigsäure bis zum Farbumschlag nach Blau.

Der Gehalt der Brennstoffasche an Magnesiumoxyd ergibt sich nach der Gleichung:

$$\% \ MgO = \frac{b \cdot c \cdot 0{,}0008064 \cdot 100}{a \cdot d}$$

Es bedeuten:

a = Einwaage an Brennstoffasche in g, b = verbrauchte 0,02 m-Äthylendiamintetraessigsäure in ml, c = Volumen des Hauptfiltrates in ml, d = vom Hauptfiltrat angewandtes Teilvolumen in ml, 0,0008064 = Umrechnungsfaktor für ml 0,02 m-Äthylendiamintetraessigsäure in g Magnesiumoxyd

7. Phosphor(V)-oxyd

25 ml des nach Abschnitt 1 erhaltenen Hauptfiltrates werden mit 5 ml Salpetersäure (1,4) versetzt und zur Trockne gedampft. Der Rückstand wird in 10 ml 2 n-Salzsäure unter Erwärmen gelöst. Man versetzt die Lösung mit 35 ml Wasser und 5 ml 20proz. Natriumpyrosulfitlösung, erhitzt sie zum Sieden und verkocht das überschüssige Schwefeldioxyd. Nach dem Abkühlen auf Raumtemperatur wird die Lösung unter gutem Schütteln nach jedem Zusatz mit 1 ml 20proz. Natriumpyrosulfitlösung, 10 ml Ammoniummolybdatlösung (7 g Hexammoniumheptamolybdat-4-Hydrat werden in 1 l n/10-Schwefelsäure von 20° gelöst) und 2 ml Reduktionslösung (s. Abschnitt D. VII/1) versetzt, in einen 100 ml-Meßkolben gespült und mit Wasser bis zur Eichmarke verdünnt. Nach 3stündigem Stehen bei 20° an einem dunklen Ort wird die Blaufärbung photometriert (Glühlampenlicht, Rotfilter, optischer Schwerpunkt 720 mμ, Schichtlänge 2 cm). Die den Farbintensitäten entsprechenden Phosphorwerte werden einer Eichkurve entnommen, deren Punkte unter den gleichen Bedingungen mit Testlösungen (Kaliumdihydrogenphosphat) festgelegt wurden.

Enthält die Brennstoffasche mehr als 2% Phosphor(V)-oxyd, so müssen weniger als 25 ml vom Hauptfiltrat angewandt werden.

Der Gehalt der Brennstoffasche an Phosphor(V)-oxyd ergibt sich nach der Gleichung:

$$\% \ P_2O_5 = \frac{b \cdot c \cdot 100}{a \cdot d}$$

Es bedeuten:

a = Einwaage an Brennstoffasche in g, b = Gehalt der Lösung an Phosphor(V)-oxyd in g, c = Volumen des Hauptfiltrates in ml, d = vom Hauptfiltrat angewandtes Teilvolumen in ml

Ein unter gleichen Bedingungen ermittelter Blindwert wird abgezogen.

8. Natriumoxyd und Kaliumoxyd

Von der Brennstoffasche wird 0,1 g in einen Platintiegel auf 0,0001 g genau eingewogen und 2mal mit 10 Tropfen Schwefelsäure (1,84) und 5 bis 10 ml Flußsäure (1,13) abgeraucht. Der Rückstand wird unter Erwärmen in 10 ml 4 n-Salzsäure gelöst. Man filtriert die Lösung in einen Meßkolben von 100 ml Inhalt, wäscht das Filter mit heißem Wasser säurefrei, versetzt die Lösung nach dem Abkühlen auf 20° mit 5 ml 2proz. Phosphorsäure und verdünnt mit Wasser auf 100 ml. Die so vorbereitete Lösung wird zerstäubt in die Flammen des Brenners eines Flammenspektrometers gebracht. Die emittierte Strahlung (Natrium: 589 mμ, Kalium: 769 mμ) wird im Vergleich mit Lösungen bekannten Gehaltes galvanometrisch gemessen. Die den Galvanometerausschlägen entsprechenden Werte an Natriumoxyd bzw. Kaliumoxyd werden einer Eichkurve entnommen, deren Punkte unter gleichen Bedingungen mit Testlösungen (Natriumchlorid bzw. Kaliumchlorid) festgelegt wurden.

Enthält die untersuchte Brennstoffasche mehr als 2% Natriumoxyd bzw. 5% Kaliumoxyd, so muß die flammenspektrometrische Messung mit einem Teil der Lösung, der auf 100 ml verdünnt wird, durchgeführt werden.

Der Gehalt der Brennstoffasche an Natriumoxyd bzw. Kaliumoxyd ergibt sich nach der Gleichung:

$$\% \; Na_2O \text{ bzw. } \% \; K_2O = \frac{b \cdot 100}{a}$$

Es bedeuten:

a = Einwaage an Brennstoffasche in g, b = Gehalt der Lösung an Natriumoxyd bzw. Kaliumoxyd in g

Ein unter gleichen Bedingungen ermittelter Blindwert wird abgezogen.

9. Schwefel(VI)-oxyd

Die Bestimmung von Schwefel(VI)-oxyd wird gemäß Abschnitt D. V/1a durchgeführt.

Literatur. Deutsches Normblatt DIN 51729 E, Blatt 1 bis 9. — Handbuch für das Eisenhüttenlaboratorium, Bd. 1, S. 199—202. Düsseldorf 1955. — SCHWARZENBACH, G.: Die komplexometrische Titration. Stuttgart 1955. — RADMACHER, W., u. W. SCHMITZ: Brennstoff-Chem. Bd. 38 (1957) S. 270—274. — SCHMITZ, W.: Bergb. Rundsch. Bd. 7 (1955) S. 34—38 u. 378 bis 384; Bd. 10 (1958) S. 291—298. — GUMZ, W., H. KIRSCH u. M. T. MACKOWSKY: Schlackenkunde, S. 353—371. Berlin/Göttingen/Heidelberg: Springer 1958.

II. Asche-Schmelzverhalten

Grundlage. An Ascheprobekörpern bestimmter Abmessungen werden die beim Erhitzen durch das Erweichen der Aschebestandteile hervorgerufenen Zustandsänderungen beobachtet und bestimmte Temperaturen ermittelt, bei denen charakteristische Formänderungen auftreten. Zur Kennzeichnung des Asche-Schmelzverhaltens sind folgende Temperaturen festgelegt:

Die *Erweichungstemperatur* liegt bei der Temperatur, bei der das erste Anzeichen eines Erweichens der Asche eintritt; sie ist an einer Veränderung der Oberfläche, am Rundwerden der Kanten oder am Beginn des Blähens erkennbar.

Die *Halbkugeltemperatur* (Schmelzpunkt) liegt bei der Temperatur innerhalb des Schmelzintervalls, bei welcher der Ascheprobekörper halbkugelförmige Gestalt angenommen hat.

Die *Fließtemperatur* liegt bei der Temperatur, bei der die größte Höhe des Ascheprobekörpers ein Drittel der Ausgangshöhe beträgt.

Der Temperaturbereich zwischen der Erweichungstemperatur und der Halbkugeltemperatur wird als *Erweichungsbereich* und der zwischen der Halbkugeltemperatur und der Fließtemperatur als *Schmelzbereich* bezeichnet.

Unter *Sintern* der Asche wird der Zustand verstanden, bei dem die einzelnen Ascheteilchen infolge oberflächlichen Erweichens aneinanderhaften. Hierbei verringert der Probekörper seine ursprüngliche Form, ohne daß sich wie beim Erweichen die Konturen verändern.

Die Temperaturen werden entsprechend den veränderlichen Feuerungsverhältnissen in oxydierender, schwach reduzierender oder reduzierender Atmosphäre nach dem *unmittelbaren Beobachtungsverfahren* oder nach dem *photographischen Verfahren* bestimmt.

Anwendungsbereich. Die beiden Verfahren sind auf alle Brennstoffaschen anwendbar. Sie können auch auf andere anorganische Stoffe, wie Glas, Email, feuerfeste Mineralien usw., angewandt werden.

Bedeutung. Die ermittelten Werte dienen zur Beurteilung des Schmelzverhaltens der Brennstoffasche in der Feuerung. Die festgestellten Schmelztemperaturen entscheiden über die Eignung des Brennstoffes für den Einsatz in Schmelzkammern und Rostfeuerungen.

Genauigkeit. Die charakteristischen Temperaturen werden auf 5° gerundet angegeben.

Die absolute Abweichung der Einzelwerte vom Mittelwert soll bei Parallelbestimmungen bei der Halbkugeltemperatur nicht mehr als $\pm 10°$ betragen.

Dauer. Etwa 3 Std. für eine Bestimmung.

1. Unmittelbares Beobachtungsverfahren

Die bei $(775 \pm 25)°$ hergestellte Brennstoffasche wird auf Durchgang durch das Prüfsiebgewebe 0,063 DIN 4188 zerkleinert und nochmals 1 Std. bei $(775 \pm 25)°$ geglüht. Dann wird sie im Achatmörser gut zerrieben, mit Wasser zu einer steifen Paste verrührt und mit Hilfe einer Federdruck-Handpresse zu Zylindern von 7 mm Durchmesser und 7 mm Höhe geformt. Für die Herstellung eines Ascheprobekörpers werden etwa 0,3 g benötigt.

Ein oder mehrere Ascheprobekörper werden auf einem Plättchen aus feuerfestem Material in einen Heizofen gesetzt, der vorher schon auf eine Temperatur von etwa 800° aufgeheizt werden kann.

Der Ofen soll mit regelbarem Temperaturanstieg wenigstens auf eine Temperatur von 1400° gebracht werden können und vorn eine Beobachtungsöffnung besitzen, die mit einem Glimmerplättchen verschließbar ist. In *oxydierender* Atmosphäre wird die Bestimmung bei freiem Luftzutritt durchgeführt. *Schwach reduzierende* Atmosphäre wird durch Einlegen von Holzkohlen- oder Koksstückchen oder Einleiten eines Gasgemisches von oxydierenden und reduzierenden Gasen, z. B. 1 Teil Kohlendioxyd + 2 Teile Kohlenmonoxyd, hergestellt, wobei die Ofenöffnung mit einem Glimmerplättchen verschlossen wird. *Reduzierende* Atmosphäre erhält man durch Einlegen von Holzkohle- oder Koksstückchen oder durch Zufuhr von Kohlenmonoxyd. Die Temperaturen werden mit einem Platin-Platin/Rhodium-Thermoelement, dessen Lötstelle sich in der Nähe des Probekörpers befindet, oder mit einem optischen Pyrometer gemessen.

Von 800° an soll der Ofen mit einer Temperatursteigerung von 5°/min erhitzt werden. Beim Eintreten von Reaktionen, die am Aufblähen der Asche und an einer Gasabspaltung erkennbar sind, wird der Temperaturanstieg vorübergehend auf 2°/min vermindert, um den vollständigen Ablauf der Reaktionen zu gewährleisten.

Das Verhalten der Ascheprobekörper im Ofen wird beobachtet; die charakteristische Erweichungstemperatur, Halbkugeltemperatur und Fließtemperatur werden aufgezeichnet.

2. Photographisches Verfahren

Bei dem optischen Verfahren wird eine mittels Reiter auf einer optischen Bank aufgebaute Versuchseinrichtung[1] benutzt, die sich im wesentlichen aus einer Lichtquelle, einem Rohrofen mit Edelmetallwicklung und einem Beobachtungs- und Aufnahmegerät zusammensetzt.

Das Beobachtungs- und Aufnahmegerät besteht aus einem Mikroskoptubus mit Spezialobjektiv und fest eingebautem Okular mit Koordinaten-Strichplatte sowie aus einer seitlich angeordneten Beobachtungsmattscheibe und einem Anschlußstutzen mit einer Kamera. Für Untersuchungen im auffallenden Licht wird an Stelle des Objektivs ein Ultropak an den Mikroskoptubus angeschraubt. *Oxydierende* Atmosphäre im Ofen wird durch freien Lufteintritt erreicht. Bei der Untersuchung in *schwach reduzierender* Atmosphäre verschließt man die Rohrofenenden und leitet durch die Gaszu- und -ableitungsrohre ein Gasgemisch von oxydierenden und reduzierenden Gasen, zweckmäßig ein Kohlendioxyd-Kohlenmonoxyd-Gemisch im Verhältnis 1 : 2. Bei der Untersuchung in *reduzierender* Atmosphäre verfährt man entsprechend unter Anwendung von Kohlenmonoxyd.

Als Ascheprobekörper werden Zylinder von 3 mm Durchmesser und 3 mm Höhe oder Würfel von 3 mm Kantenlänge benutzt, zu deren Herstellung etwa 0,03 g benötigt werden. Die Würfelform ist bei Untersuchungen im auffallenden Licht vorzuziehen.

Der Ascheprobekörper wird auf ein Platinblech mit Steatit-Unterlage gestellt und mittels einer Haltevorrichtung in den Ofen geschoben, wobei darauf zu achten ist, daß die Lötstelle des Thermoelementes sich unmittelbar neben dem Ascheprobekörper befindet. Nach Einschalten der Beleuchtung wirft das Mikroskop ein Schattenbild des Ascheprobekörpers in etwa 5facher Vergrößerung auf die Beobachtungsscheibe oder auf den Film. Der Ofen wird derart aufgeheizt, daß innerhalb 1 Std. eine Temperatur von etwa 900 bis 1000° erreicht ist. Weiterhin wird mit einem Temperaturanstieg von 10°/min beheizt, der beim Eintreten von Reaktionen vorübergehend auf 2°/min vermindert werden soll.

Während der Bestimmung beobachtet man auf der Mattscheibe das Verhalten und den Zustand des Ascheprobekörpers. Jedes gewünschte Bild des Probekörpers kann nun als Einzelaufnahme vergroßert auf einen Kinonormalfilm im Ausschnitt 24 mal 36 mm gebracht werden, wobei jeweils die Temperatur vermerkt wird. Auf diese Weise gelingt es, einen Filmstreifen zu erhalten, der den gesamten Schmelzvorgang der Asche von der Erweichungstemperatur über die Halbkugeltemperatur bis zur Fließtemperatur bildmäßig wiedergibt. Da gleichzeitig auch die Netzeinteilung abgebildet wird, ist es möglich, die Höhenänderungen des Probekörpers zu messen und aus den Werten eine Schmelzkurve in Abhängigkeit von der Temperatur aufzuzeichnen.

Fehlerquellen. Die Asche darf keine brennbaren Bestandteile mehr enthalten und muß entsprechend der Arbeitsvorschrift gut zerkleinert und gemischt sein, um übereinstimmende Werte zu erzielen.

Die Stärke der Pressung bei der Herstellung der Probekörper beeinflußt das Ausmaß des Blähens. Der Gebrauch einer gefederten Handpresse, die nur einen bestimmten Höchstdruck zuläßt, gestattet, die Probekörper immer unter den gleichen Bedingungen herzustellen.

Ein zu großer Abstand der Thermoelementlötstelle vom Ascheprobekörper und zu schnelles Aufheizen können zu unrichtigen Ergebnissen führen.

Literatur. Deutsches Normblatt DIN 51730. — RADMACHER, W.: Brennstoff-Chem. Bd. 30 (1949) S. 377—384.

[1] Hersteller z. B. Optische Werke E. Leitz, Wetzlar.

Batch number: 10704763

Printed by Printforce, the Netherlands

Analyse der Metalle

Herausgegeben vom

Chemikerausschuß
der Gesellschaft Deutscher Metallhütten- und Bergleute e.V.

Zweiter Band

Betriebsanalysen

Zweite neubearbeitete Auflage

Mit 227 Abbildungen

Erster Teil

Springer-Verlag Berlin Heidelberg GmbH
1961

ISBN 978-3-642-85580-1 ISBN 978-3-642-85579-5 (eBook)
DOI 10.1007/978-3-642-85579-5

Ursprünglich erschienen bei Springer-Verlag OHG., Berlin / Göttingen / Heidelberg 1961
Softcover reprint of the hardcover 2nd edition 1961

Inhaltsverzeichnis

Zweiter Teil

Erster Teil

G. Untersuchungsverfahren für Koks

I. Trommelfestigkeit

Grundlage. Der Koks wird unter bestimmten Bedingungen in einer Drehtrommel mechanischen Einwirkungen ausgesetzt; die hierdurch hervorgerufene Kornzerkleinerung wird durch Sieben ermittelt. Der in Gewichtsprozent ausgedrückte Kornanteil, der als Rückstand auf einem bestimmten Bezugssieb verbleibt, wird mit Trommelfestigkeit bezeichnet. Der in Gewichtsprozent ausgedrückte Anteil unter 10 mm gilt als Trommelabriebwert.

Zur weiteren Kennzeichnung der Festigkeit des Kokses können die „Neue Ilseder Zahl“ und die „Neue GRAFsche Zahl“ herangezogen werden.

Bei den Festigkeitseigenschaften des Kokses lassen sich Stückfestigkeit und Abriebfestigkeit unterscheiden. Die Stückfestigkeit, die vorwiegend durch den Widerstand bestimmt wird, den die Koksstücke dem Zerfall durch Sturz entgegensetzen, ist in erster Linie abhängig von dem Grad der Rissigkeit und dem Ausmaß der inneren Spannungen in den einzelnen Koksstückchen. Die Abriebfestigkeit ist ein Maß für die Zerreiblichkeit und wird im wesentlichen von der Art der Feinstruktur bestimmt.

Anwendungsbereich. Das Verfahren ist auf Großkoks und Brechkokssorten anwendbar. Vergleichbare Ergebnisse werden nur bei Sorten gleicher Korngröße erhalten.

Bedeutung. Die Bestimmung bezweckt, Anhaltspunkte über die Festigkeitseigenschaften des Kokses zu erhalten, deren Kenntnis für die Beurteilung seines Verhaltens beim Transport und seiner Eignung für metallurgische Verwendungszwecke von Wichtigkeit ist.

Bei der Behandlung des Kokses in der Drehtrommel wird der Koks sowohl hinsichtlich der Stück- als auch der Abriebfestigkeit beansprucht, so daß im allgemeinen die Bestimmung der Trommelfestigkeit, die auch die weiteste Verbreitung in der Praxis gefunden hat, zur Beurteilung der Festigkeitseigenschaften genügt.

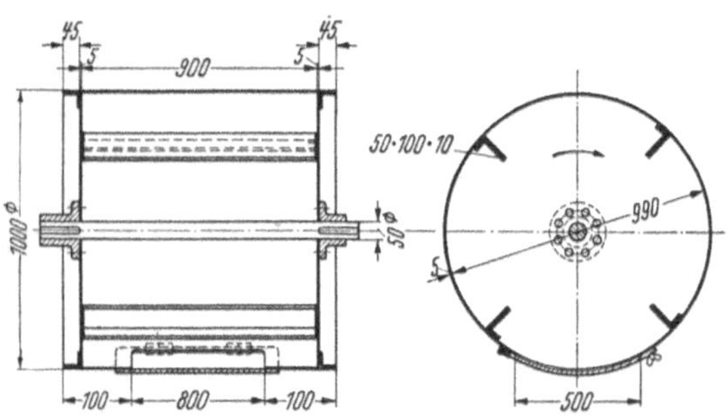

Abb. 121. Drehtrommel für die Bestimmung der Trommelfestigkeit (Im linken unteren Teil der Abbildung muß es 250—500—250 statt 100—800—100 heißen)

Genauigkeit. Die Trommelfestigkeit wird in Gewichtsprozent (g/100 g) des eingesetzten Kokses, auf 0,1% gerundet, angegeben.

Die absolute Abweichung der Einzelwerte vom Mittelwert soll bei Parallelbestimmungen nicht mehr als $\pm 0{,}75\%$ betragen.

Dauer. Etwa 30 min für eine Bestimmung.

Ausführung. Die aus Stahlblech hergestellte Drehtrommel (s. Abb. 121) von 990 mm Innenlänge und 5 mm Wanddicke besitzt an der Innenwandfläche vier unter 90° versetzte Winkelstähle (50 · 100 · 10, DIN 1029) und im Trommelmantel eine Öffnung von rund 500 · 500 mm, die sich mit einem gewölbten, übergreifenden Deckel verschließen läßt. Die Trommel, die auf einer durchgehenden Achse von 50 mm Durchmesser waagerecht gelagert ist, wird durch einen Elektromotor mit Schneckenradvorgelege derart angetrieben, daß die Trommel 25 U/min macht. Die Anbringung eines Drehzählers ist erforderlich.

Von dem lufttrockenen Koks, der mit einer Gabel von 50 mm Zinkenabstand genommen wird und der keine Anteile unter 40 mm enthalten soll, werden 50 kg in die Trommel auf 0,2 kg genau eingewogen. Die Eintragsöffnung wird geschlossen und die Trommel mit 25 U/min in Bewegung gesetzt. Nach 100 Umdrehungen wird der Motor abgestellt, der behandelte Koks auf ein waagerecht angeordnetes Rundlochsieb von 40 mm Lochdurchmesser und 0,6 bis 0,8 m^2 Siebfläche gegeben und abgesiebt. Der Siebrückstand wird auf 0,2 kg genau gewogen.

Das verdoppelte Gewicht des Siebrückstandes ergibt die Trommelfestigkeit in Gewichtsprozent. Bei Großkoks wird der Mittelwert von vier Bestimmungen angegeben.

Die Bestimmung der Trommelfestigkeit der Brechkokssorten wird in gleicher Weise wie beim Großkoks durchgeführt, nur ist die Probemenge der Kokssorten vor Ausführung der Bestimmung möglichst fehlkornfrei abzusieben. Das Absieben nach dem Trommeln erfolgt bei

Brechkoks 80/60 mm über 40 mm-Rundlochsieb,
Brechkoks 60/40 mm über 30 mm-Rundlochsieb,
Brechkoks 40/20 mm über 15 mm-Rundlochsieb.

Bei den Brechkokssorten wird der Mittelwert von zwei Bestimmungen angegeben.

Zur Bestimmung der „Neuen Ilseder Zahl“, die ein Maß für die Stückigkeit des getrommelten Kokses darstellt, wird die getrommelte Probe in folgende Kornklassen zerlegt und das Ergebnis in Prozent umgerechnet:

über 60 mm,	%,	A
40 bis 60 mm,	%,	B
unter 40 mm,	%,	C
20 bis 40 mm,	%,	S
unter 10 mm,	%,	L

Im ungetrommelten Koks ist noch der Kornanteil über 60 mm durch Absieben festzustellen. Beträgt der Kornanteil über 60 mm im ungetrommelten Koks D%, so ergibt sich

die „Neue Ilseder Zahl“ wie folgt:

$$\text{Zahl} = \frac{A \cdot 100}{D} - C$$

und die „Neue GRAFsche Zahl“, bei der die Trommelprüfung mit Koks über 60 mm durchzuführen ist, wie folgt:

$$\text{Zahl} = \frac{A \cdot D}{100 \cdot (L + 0{,}75\,S)}$$

Fehlerquellen. Zu hoher Wassergehalt der Kokssorten beeinflußt die Bestimmung. Die Prüfung soll daher mit lufttrockenem Koks durchgeführt werden.

Literatur. Deutsches Normblatt DIN 51712. — HOFFMANN, F. G.: Brennstoff-Chem. Bd. 12 (1931) S. 61. — SPECKHARDT, G.: Stahl u. Eisen Bd. 52 (1932) S. 1066. — THAU, A.: Öl u. Kohle Bd. 40 (1944) S. 55. — GÜHNE, J.: Öl u. Kohle Bd. 40 (1944) S. 445. — RADMACHER, W.: Öl u. Kohle in Gemeinschaft mit Brennstoff-Chem. Bd. 41 (1945) S. 25. — FRIEHMELT, E.: Brennstoff-Chem. Bd. 37 (1956) S. 292—301.

II. Sturzfestigkeit

Grundlage. Zur Ermittlung der Sturzfestigkeit von Steinkohlenkoks werden 25 kg aus einer Höhe von 1,85 m 4mal hintereinander gestürzt und anschließend abgesiebt. Der auf dem Sieb von 50 mm quadratischer Lochweite verbleibende Rückstand ergibt, in Gewichtsprozent ausgedrückt, die Sturzfestigkeit.

Die Sturzfestigkeit wird von dem Widerstand bestimmt, den die Koksstücke dem Zerfall beim Sturz entgegensetzen. Sie ist in erster Linie von dem Grad der

Rissigkeit und dem Ausmaß der inneren Spannungen in den einzelnen Koksstücken abhängig.

Anwendungsbereich. Das Verfahren ist auf Großkoks anwendbar.

Bedeutung. Die Bestimmung erfaßt nur einen Teil der Festigkeitseigenschaften und wird auch nur in Sonderfällen durchgeführt. Sie dient vornehmlich zur Beurteilung des Koksverhaltens bei der Umladung. Mit den Trommelfestigkeitswerten gehen die Sturzfestigkeitszahlen nicht immer parallel, da bei den beiden Verfahren der Koks mechanisch unterschiedlich beansprucht wird.

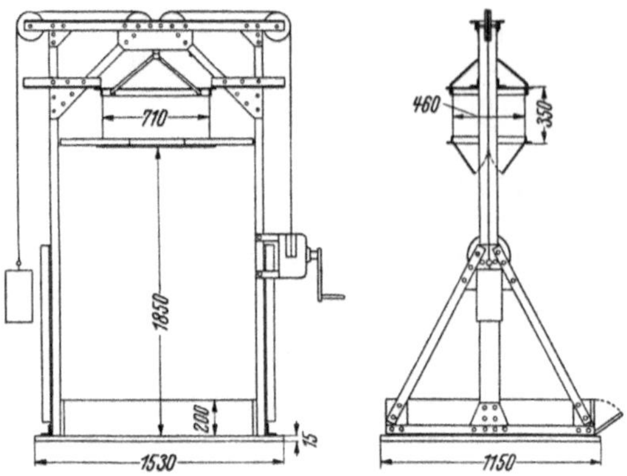

Abb. 122. Gerät für die Bestimmung der Sturzfähigkeit

Genauigkeit. Die Sturzfestigkeit wird in Gewichtsprozent des eingesetzten Kokses, auf 0,1% gerundet, angegeben.

Die absolute Abweichung der Einzelwerte vom Mittelwert soll bei Parallelbestimmungen nicht mehr als ±0,75% betragen.

Dauer. Etwa 30 min für eine Bestimmung.

Ausführung. Das Versuchsgerät (s. Abb. 122) besteht aus einem Behälter von 710 mm Länge, 460 mm Breite und 350 mm Höhe sowie aus einer eisernen Platte, die 1,85 m unterhalb des Behälterbodens angeordnet ist. Der Boden des Behälters besteht aus zwei Türen, die, längsseitig aufklappbar, mit Hilfe einer geeigneten Vorrichtung durch einen Schlag auf einen Hebel zu öffnen sind und in den Angeln schwingen können, so daß der Koks ungehindert auf die Eisenplatte fallen kann. Der Behälter kann mit Hilfe einer Handkurbel jeweils gesenkt und hochgezogen werden. Die gußeiserne Platte mit den Abmessungen 1530 × 1150 × 15mm ist mit 200 mm hohen Leisten umrandet.

Der zu untersuchende Koks ist vor Ausführung der Bestimmung möglichst frei von Kornanteilen unter 50 mm auszusieben. Von diesem Gut werden 25 kg in den Behälter auf 0,2 kg genau eingewogen. Man läßt die Probe 4mal hintereinander auf die gußeiserne Platte fallen, wobei jeweils die gesamte Koksmenge einschließlich Abrieb wieder in den Behälter zurückgeführt wird. Nach dem vierten Sturz wird das Probegut auf ein waagerecht angeordnetes Sieb von 50 mm quadratischer lichter Lochweite geschüttet und abgesiebt.

Der auf dem Sieb verbleibende Rückstand wird auf 0,2 kg genau gewogen. Das erhaltene Gewicht ergibt vervierfacht die Sturzfestigkeit in Gewichtsprozent.

Fehlerquellen. Zu hoher Wassergehalt des Kokses beeinflußt die Bestimmung. Die Prüfung soll daher möglichst mit lufttrockenem Koks durchgeführt werden.

Literatur. BRÜCKNER, H.: Untersuchungsverfahren für feste Brennstoffe. Oldenbourg 1951. — GROSSKINSKY, O.: Handbuch des Kokereiwesens, Bd. 1, S. 478. Düsseldorf 1955.

III. Druckabriebfestigkeit

Grundlage. Zur Ermittlung der Druckabriebfestigkeit von Steinkohlenkoks wird eine bestimmte Menge Koks mittels eines Druckstempels durch eine beweglich angeordnete Profilverengung hindurchgedrückt und anschließend abgesiebt. Als Abriebfestigkeit gilt der prozentuale Anteil des durchgedrückten Kokses, der durch ein Sieb von 30 mm Rundlochweite hindurchgeht.

Bei diesem Druckabriebverfahren wird die mechanische Beanspruchung nachgeahmt, welcher der Koks während des Niederganges im Hochofen oder im Kupolofen ausgesetzt ist.

Anwendungsbereich. Das Verfahren ist auf Großkoks anwendbar.

Bedeutung. Die Bestimmung dient zur Beurteilung der Eignung von Großkoks für metallurgische Verwendungszwecke. Mit den Trommelfestigkeitswerten gehen die Druckabriebfestigkeitszahlen nicht immer parallel, da bei beiden Verfahren der Koks mechanisch unterschiedlich beansprucht wird.

Genauigkeit. Die Abriebfestigkeit wird in Gewichtsprozent (g/100 g) des eingesetzten Kokses, auf 0,1% gerundet, angegeben. Die absolute Abweichung der Einzelwerte vom Mittelwert soll bei Parallelbestimmungen nicht mehr als ±0,5% betragen.

Dauer. Etwa 1 Std. für eine Bestimmung.

Ausführung. Die Versuchseinrichtung (siehe Abb. 123) besteht aus einem 0,3 m³ fassenden, quadratischen Behälter von 53 cm Kantenlänge und 120 cm Höhe, dessen Boden aus zwei querseitig drehbar angeordneten Klappen gebildet wird, die durch belastete Kniehebel gehalten werden und bei einem Druck von etwa 2 kp/cm² nachgeben und sich aufschieben. Zum Herunterdrücken des Kokses dient ein dem Behälterquerschnitt angepaßter Druckstempel, der durch elektrischen Antrieb an Gewindestangen in dem Behälter vertikal bewegbar ist.

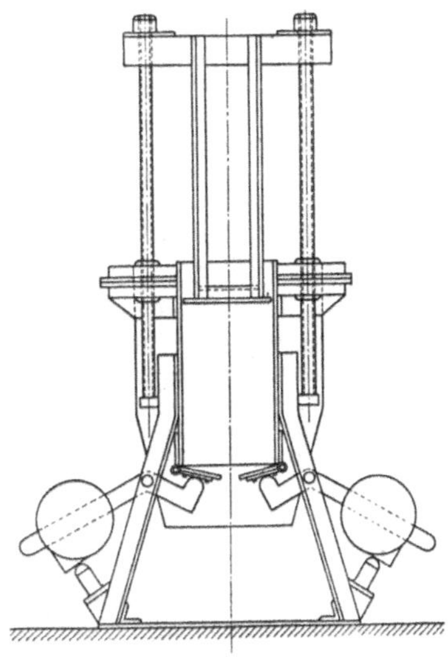

Abb. 123. Apparatur zur Bestimmung der Druckabriebfestigkeit

Für eine Bestimmung werden etwa 140 kg Koks benötigt. Der Behälter wird mit einer gewogenen Menge Koks, der frei von Koksanteilen unter 30 mm sein muß, bis zum Rand gefüllt. Nach Einschalten des Motors wird der Koks durch den Druckstempel heruntergedrückt. Durch den Druck werden die einzelnen Koksstücke so lange zusammengeschoben, bis der auf die beiden Klappen ausgeübte Druck der Hebelgewichte aufgehoben wird, wobei die Klappen sich aufschieben und der Koks hindurchrutscht. Der Versuch ist beendet, wenn die aufgegebene Koksmenge vollständig durchgedrückt ist.

Das durchgedrückte Probegut wird auf ein waagerecht angeordnetes Sieb von 30 mm Rundlochweite geschüttet und abgesiebt. Der Kornanteil unter 30 mm wird auf 0,2 kg genau gewogen und auf das Einsatzgewicht prozentual bezogen. Diese Prozentzahl ist der Abriebfestigkeitswert des Kokses.

Fehlerquellen. Zu hoher Wassergehalt beeinflußt die Bestimmung. Die Prüfung soll daher mit lufttrockenem Koks durchgeführt werden.

Literatur. WOLF, W.: Stahl u. Eisen Bd. 48 (1928) S. 33 — Brennstoff-Chem. Bd. 12 (1931) S. 159. — GROSSKINSKY, O.: Handbuch des Kokereiwesens, Bd. 1, S. 479. Düsseldorf 1955.

IV. Dichte und Porosität

Grundlage. Bei Angaben über Dichte von Koks ist zwischen *Feststoffdichte* („wirkliche spezifische Dichte"), *Korndichte* („scheinbare spezifische Dichte") und *Schüttdichte* zu unterscheiden. Unter Feststoffdichte versteht man die Masse einer Raumeinheit der poren- und blasenfreien Kokssubstanz, unter Korndichte die Masse einer Raumeinheit des Kokses einschließlich der Poren und Blasen und unter Schüttdichte die Masse einer Raumeinheit des stückigen Kokses in geschüttetem

Zustand. Unter *Porosität* versteht man den prozentualen Anteil des Poren- und Blasenvolumens am Kornvolumen.

Feststoff- und Korndichte werden nach dem Verdrängungsverfahren von THÖRNER bestimmt. Die Schüttdichte wird durch Auswägen eines bestimmten Koksvolumens ermittelt.

Bedeutung. Feststoff- und Korndichte ermöglichen Aussagen über die Koksstruktur. Die Kenntnis der Schüttdichte gestattet die Berechnung der Mengen eines Lagers oder Laderaumes sowie nach THIBAUT die Bewertung von Hochofenkoks.

Genauigkeit. Feststoff- und Korndichte werden in g/cm³, auf 0,01 Einheiten gerundet, angegeben. Die Schüttdichte wird in kg/m³ und die Porosität in Vol.-% angegeben.

Bei der Feststoff- und Korndichte soll bei Parallelbestimmungen die absolute Abweichung der Einzelwerte vom Mittelwert nicht mehr als $\pm 0{,}015$ g/cm³ betragen.

1. Feststoffdichte

Zur Bestimmung wird ein Volumenmesser benutzt, der aus einem Glasgefäß von 250 ml Inhalt mit einer aufgesetzten, 100 ml fassenden und in 0,2 ml kalibrierten Meßröhre besteht. Die Temperierung des Volumenmessers erfolgt durch einen mit Wasser gefüllten Glaszylinder.

Der Volumenmesser wird bis kurz über den Beginn der Meßeinteilung mit einer rasch netzenden Flüssigkeit (Äthanol, Benzol, Xylol oder Toluol) gefüllt, mit einem Korkenstopfen verschlossen, einige Male umgedreht, um das Innere der Meßröhre vollständig zu benetzen, und in einen mit Wasser von 20° gefüllten Glaszylinder gestellt. Nach dem Temperaturausgleich (etwa 5 min) wird der Stand der Flüssigkeit im Volumenmesser abgelesen. Von der bei 106° getrockneten Probe, deren Körnung dem Durchgang durch das Prüfsiebgewebe 0,063 DIN 4188 entspricht, werden 25 bis 50 g auf 0,01 g genau eingewogen und durch einen Trichter in den Volumenmesser geschüttet. Man befreit den Trichter durch schwaches Anklopfen von den hängengebliebenen Koksteilchen und schließt das Meßgerät mit dem Korkstopfen. Das Gefäß wird einige Male vorsichtig geschüttelt, wobei man die im oberen Teil des Glasrohres hängengebliebenen Teilchen durch langsames Neigen des Gerätes herabspült. Nach dem vollständigen Benetzen der Probe, die sich am Boden absetzt, wird das Gefäß in den Glaszylinder zurückgestellt und bei 20° noch etwa 5 min zum Temperaturausgleich belassen. Man liest an der Meßröhre den Stand der Flüssigkeit ab. Aus den beiden Ablesungen ergibt sich das Volumen, das die Kokssubstanz einnimmt.

Die Feststoffdichte ergibt sich nach der Gleichung:

$$\text{Feststoffdichte} = \frac{G}{V}$$

Es bedeuten:

G = Einwaage an Koks in g, V = Feststoffvolumen in cm³

2. Korndichte

Man wägt 25 bis 50 g Koksstückchen, deren Körnung dem Durchgang durch das Prüfsiebgewebe 10 DIN 4188 entspricht, in ein Becherglas auf 0,01 g genau ein und übergießt sie zum Ausfüllen der Poren mit einer gut netzenden Flüssigkeit (Alkohol, Benzol, Xylol oder Toluol), erhitzt die Flüssigkeit auf einem Wasserbad etwa 5 min und läßt das Becherglas auf 20° abkühlen. Anschließend schüttet man die Koksstückchen auf einen Trichter, läßt die überschüssige Flüssigkeit abtropfen und gibt die Koksstückchen in den mit der Versuchsflüssigkeit bis zu einem bestimmten Stand gefüllten Volumenmesser. Nach dem Temperaturausgleich wird der Stand der Flüssigkeit abgelesen. Die Volumendifferenz zwischen der Ablesung vor und nach der Kokseinfüllung stellt das Kornvolumen von Koks dar. Die Korndichte ergibt sich nach der Gleichung:

$$\text{Korndichte} = \frac{G}{V}$$

Es bedeuten:

G = Einwaage an Koks in g, V = Kornvolumen in cm^3

3. Schüttdichte

Koks mit einer Korngröße von unter 60 mm wird in einer Würfelkiste von etwa 0,5 m^3 Fassungsvermögen untersucht. Bei Koks mit einer Korngröße von über 60 mm wird zur Erhöhung der Genauigkeit ein größerer Versuchsbehälter gewählt. Der Behälter wird mit dem Koks gehäuft gefüllt, mit einer Holzleiste glatt abgestrichen und gewogen.

Statt eines solchen Behälters kann auch ein zum Koksversand dienender Eisenbahnwagen genommen werden.

Die Bestimmung der Schüttdichte kann auch in der im Abschnitt G/III beschriebenen Apparatur durchgeführt werden.

Die Schüttdichte des Kokses ergibt sich nach der Gleichung:

$$\text{Schüttdichte} = \frac{G}{V}$$

Es bedeuten:

G = Gewicht an Koks in kg, V = Schüttvolumen in m^3

4. Porosität

Aus der Feststoffdichte und der Korndichte ergibt sich die Porosität wie folgt:

$$\text{Porosität} = 100 \cdot \frac{F - K}{F}$$

Es bedeuten:

F = Feststoffdichte, K = Korndichte

Literatur. STRACHE, H., u. R. LANT: Kohlenchemie, S. 542—548. Leipzig 1924. — GROSSKINSKY, O.: Handbuch des Kokereiwesens, Bd. 1, S. 390—392, 463, 475 u. 482—487.

V. Reaktionsfähigkeit

Grundlage. Zur Bestimmung der Reaktionsfähigkeit nach KOPPERS wird ein Kohlendioxydstrom durch eine glühende Koksschicht geleitet. Aus der umgesetzten Menge an Kohlendioxyd zu Kohlenmonoxyd wird die Reaktionsfähigkeit berechnet.

Anwendungsbereich. Das Verfahren ist auf alle Kokssorten anwendbar.

Bedeutung. Die Reaktionsfähigkeit liefert Anhaltspunkte für den Einsatz des Kokses in Metallhütten, Feuerungs- und Gaserzeugungsanlagen.

Literatur. Koppers Mitt. (1923) S. 37. — KOPPERS, H., u. A. JENKNER: Arch. Eisenhüttenwes. Bd. 5 (1931/32) S. 543—547. — GROSSKINSKY, O.: Handbuch des Kokereiwesens, Bd. 1, S. 412—417, 425 u. 481. Düsseldorf 1955.

Kapitel 50

Untersuchungsverfahren für Heizöle*

Inhalt

A. Allgemeines

Heizöle dienen bei Ölfeuerungen zum Heizen, also zur unmittelbaren Erzeugung von Wärme. Im allgemeinen werden als Heizöle flüssige Destillationsrückstände von Erdölen oder auch die von etwa 200 bis 350° siedenden Fraktionen aus der Steinkohlen-, Braunkohlen- und Schieferteerdestillation benutzt.

Diese Fraktionen bestehen aus sehr vielen verschiedenartigen, zum Teil unbekannten chemischen Verbindungen von Kohlenstoff und Wasserstoff. Die handelsübliche Einteilung der Heizöle erfolgt daher nicht nach irgendwelchen chemischen oder physikalischen Eigenschaften, sondern mehr willkürlich nach den technischen Notwendigkeiten der Heizölbrenneranlagen. Auch in der Zusammensetzung sehr unterschiedliche Heizöle können für den gleichen Verwendungszweck eingesetzt werden. Im allgemeinen wird zwischen leichten Destillatheizölen und schweren Rückstandsheizölen unterschieden. In Deutschland werden nach DIN 51603 eingeteilt: Heizöl EL (extra leichtes Destillatheizöl für allgemeine Raumheizzwecke) in den Eigenschaften meist mit „Dieselkraftstoff" identisch. Heizöl L (leichtes Heizöl für Brenneranlagen ohne Vorwärmanlagen), Heizöl M (mittelschweres Heizöl, Rückstandsöl, Verwendung meist mit Vorwärmeinrichtung), Heizöl S und Heizöl ES (schweres und extra schweres Rückstandsheizöl für Brenneranlagen mit geeigneten Vorwärmeinrichtungen).

---

*	1. Auflage	2. Auflage
Bearbeiter:	**Schlosser, Kahno**	**Schlosser**

Die wichtigsten Forderungen, die an Heizöl zu stellen sind, sind folgende: Das Heizöl soll gut zünden, auch wenn der Ofen kalt ist. Der Flammpunkt darf deshalb nicht zu hoch liegen; aber wegen Feuersgefahr bestimmen sicherheitspolizeiliche Vorschriften, daß Heizöle keinen tieferen Flammpunkt (nach PENSKY-MARTENS) als 65° haben dürfen. Um keine Verstopfungen an Hähnen und Düsen auftreten zu lassen, darf das Heizöl keine größeren störenden Mengen an festen Verunreinigungen enthalten, auch dürfen sich in der Kälte keine festen Ausscheidungen bilden. Ein hoher Aschegehalt ist unerwünscht, da er zu Verkrustungen an den Heizflächen führen kann. Ein niedriger Schwefelgehalt ist anzustreben. Ein hoher Schwefelgehalt bringt dann keine Korrosionsgefahr, wenn die Abgase vor der Kondensation des Wasserdampfes den Schornstein verlassen. Können sich aber die bei der Verbrennung entstehenden Schwefeloxyde zusammen mit Wasserdampf an kühleren Stellen niederschlagen, dann kommt es sehr schnell zu Korrosionen unter Bildung von basischem Eisen(II)-sulfat. Wasser im Heizöl bewirkt durch seine Verdampfung eine Verringerung des Heizwertes; ein höherer Wassergehalt kann sogar zum Auslöschen der Flamme führen.

Literatur. ZERBE, CARL: Mineralöle und verwandte Produkte. Berlin/Göttingen/Heidelberg: Springer 1952 und 1959 — Mineralöl-Handbuch, S. 69—77. Hamburg: Verlag Christen & Co. 1952 — DIN-Blätter 51603, 57750, 51583, 51582, 51592 B, 51758, 51708, zu beziehen vom Beuth-Vertrieb G. m. b. H., Berlin W 15, Uhlandstraße 175. — HANSEN, WERNER: Heizöl-Handbuch für Industriefeuerungen. — LENZ, EWALD: Ölfeuerungen für Dampfkessel und Heizungsanlagen. Hamburg: Industrieverlag von Herrnhausen 1959.

B. Untersuchungsverfahren

Alle folgenden Prüfungen und Bestimmungen müssen an einwandfrei genommenen Durchschnittsproben erfolgen (s. Normblatt DIN 51750 vom 11. 52). Bei verunreinigten Heizölen zeigen sich beim Lagern häufig Schichtenbildungen, die bei einer ungenauen Probenahme zu falschen Analysenergebnissen führen müssen.

I. Prüfung auf feste Fremdstoffe (Sedimente)

10 g Heizöl werden mit der 10fachen Menge Benzol (80 bis 82° siedend) versetzt, durch Umrühren gelöst und durch einen gewogenen Jenaer Glasfiltertiegel (1 G 4) unter gelindem Absaugen filtriert. Der Filterrückstand wird mit siedendem Benzol so lange gewaschen, bis dieses farblos abläuft. Nach dem Trocknen des Tiegels bei 105° und Erkalten im Exsiccator wird gewogen. Die Gewichtsdifferenz, mit 10 multipliziert, ergibt den Gehalt an festen Fremdstoffen in Gewichtsprozenten. (Vgl. auch DIN 51789, Gehalt an Sedimenten im Heizöl.)

Bei diesem Verfahren werden die bei Zimmertemperatur ausgewaschenen festen Anteile, die in Benzol löslich sind (z. B. Naphthalin- und Anthrazenbestandteile in Steinkohlenteerölen oder Paraffinstoffe in Braunkohlenheizölen), nicht erfaßt. Um einen Anhalt für die möglichen Störungen in den Leitungen durch diese Stoffe zu gewinnen, muß der Stockpunkt des Heizöles bestimmt werden.

II. Prüfung auf Kälteverhalten (Stockpunkt)

Der Stockpunkt gibt einen Anhalt für das Verhalten des Heizöles beim Abkühlen auf tiefere Temperaturen, z. B. beim Lagern, Transport und im Betrieb bei niedrigen Temperaturen. Neuerdings wird in DIN 51583 zwischen zwei auf verschiedene Art ermittelten Stockpunkten (oberer und unterer) unterschieden. Die folgende einfache Methode ist bei Mineralschmierölen bewährt und entspricht dem oberen Stockpunkt bei Heizölen.

Begriff. Der Stockpunkt ist die Temperatur, bei der das Öl so steif wird, daß es unter Einwirkung der Schwerkraft nicht mehr fließt.

Maßeinheit ist °C.

Prüfverfahren. Zur Vorbereitung der Untersuchung ist das Öl mindestens 10 min lang bei 50° zu erwärmen und dann in ein Probeglas von 18 cm Länge und 4 cm lichter Weite $4\,^1/_2$ cm hoch so einzufüllen, daß kein Öl an der Innenwandung hinunterfließt. Das Probeglas ist in $4\,^1/_2$ cm Höhe über dem Boden mit einer Strichmarke zu versehen. Ein Stockpunktthermometer wird durch einen auf das Probeglas passenden eingekerbten Korken senkrecht so gehalten, daß sich das untere Ende des Thermometergefäßes etwa 1,7 cm über der Mitte des Bodens des Probeglases befindet. Da bei dieser Stellung seine Wandungen immer gleich weit von den Wandungen des Probeglases entfernt sind, wird ein gleichmäßiges Vordringen der Abkühlung zum Thermometergefäß erreicht. Das zur Messung benutzte Spezialthermometer soll die Aufschrift „zur Trübungs- und Stockpunktbestimmung nach DIN 51583" tragen. Der Teil des Glases mit dem Öl wird in einem Wasserbade von Zimmertemperatur abgekühlt (s. die Abb. 124). Sobald die Abkühlung des Öles bis +20° erreicht ist, muß mit einer weiteren Abkühlung begonnen werden, die gleichmäßig fortschreitend, am besten in einem mit Spiritus gefüllten Gefäß, in das festes Kohlendioxyd löffelweise hineingegeben wird, durchgeführt werden soll. An Stelle von Spiritus und festem Kohlendioxyd kann auch ein Eiskochsalzgemisch benutzt werden, wenn das Probierglas durch einen Luftmantel aus einem zweiten zylindrischen Gefäß gegen zu schnelle Abkühlung geschützt wird. Das Probierglas wird senkrecht 12 bis 13 cm tief in das Kühlgefäß gestellt.

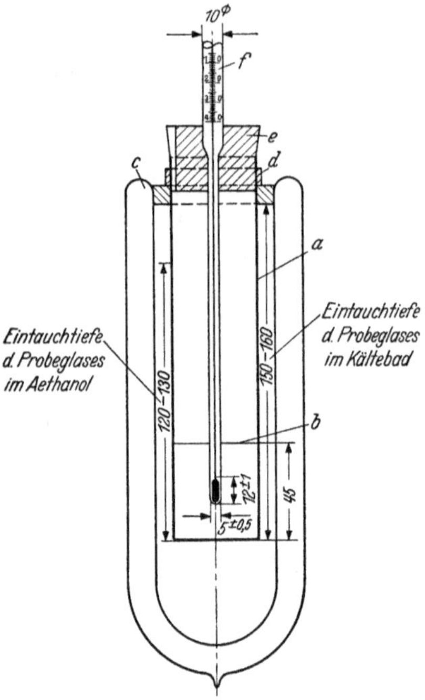

Abb. 124
Apparatur zur Messung des Stockpunktes

Die Abkühlungsgeschwindigkeit von etwa 1° soll in 3 bis 4 min erreicht werden. Nach je 2° Temperaturabnahme des Öles wird das Probeglas herausgenommen und waagerecht geneigt. Die Temperatur, bei der sich beim Neigen unmittelbar am Thermometer kein Wulst mehr bildet und auch anschließend bei waagerecht gehaltenem Probeglas während 10 sek keine Bewegung des Öles beobachtet wird, gilt als „Stockpunkt". Bewegungen des Thermometers und Erschütterungen sind unbedingt zu vermeiden.

Prüffehlergrenze. ±2°, bei dunklen Heizölen lassen sich keine Grenzwerte angeben.

III. Prüfung auf Wassergehalt

Grundlage. Die Bestimmung des Wassergehaltes erfolgt durch Destillation mit reinem Xylol an einer frisch durchgerührten Durchschnittsprobe (Xylolmethode).

Ausführung. 100 g Heizöl werden in einem 500 ml fassenden Rundkolben mit 100 bis 120 ml Xylol übergossen und im Öl- oder Sandbade langsam zum Sieden erhitzt. Der Kolben steht mit einem senkrecht angeordneten Wasserkühler mit Rücklauf (vgl. DIN 51582) oder einem schräg angeordneten Kühler in Verbindung.

Als Vorlage dient ein graduierter Meßzylinder (s. Abb. 125), in der die beim Sieden übergehenden kondensierten Xylol- und Wasserdämpfe aufgefangen werden. Frühestens nach 15 min wird die Destillation abgebrochen. Ablaufende Xyloltropfen müssen wasserklar (nicht trübe) sein. Nach längerem Stehen bilden sich im Destillat 2 Schichten. Das Volumen der Wasserschicht wird bei Zimmertemperatur abgelesen; es entspricht dem Prozentgehalt. Die Trennung von Xylol und Wasser wird beschleunigt, wenn man die Vorlage durch Einstellen in heißes Wasser etwas erwärmt. Es empfiehlt sich, die Apparatur durch wiederholte Destillation einer bekannten Wassermenge mit Xylol zu eichen und mit Chromschwefelsäure häufig zu reinigen.

Erwähnt sei noch die Prüfung auf Wassergehalt nach der ASTM-Methode 96—47 T (Wasser und mechanische Verunreinigungen [Zentrifugiermethode]), die der DIN 51 793 Wasser und Sedimente entspricht.

IV. Die Bestimmung des Aschegehaltes

In einen großen, gewogenen Porzellantiegel, der in einen runden Ausschnitt einer Asbestplatte eingesetzt ist, werden 50 g Heizöl gegeben und vorsichtig ohne Abbrennen der Dämpfe so lange unter dem Abzuge erhitzt, bis das Öl praktisch verdampft ist. Dann wird der Tiegel im Ofen bei etwa 800° geglüht und nach dem Abkühlen im Exsiccator zurückgewogen. Der Glührückstand, mit 2 multipliziert, ergibt den Aschegehalt in Gewichtsprozenten.

V. Die Bestimmung des Flammpunktes

Diese Bestimmung hat wegen möglicher Brandgefahr vor gelagertem Heizöl und zur Einstufung in die Gefahrenklasse nach der Polizeiverordnung über den Umgang mit brennbaren Flüssigkeiten Bedeutung. Die Bestimmung erfolgt in einem geschlossenen Tiegel im PENSKY-MARTENS-Gerät, das in dem Normblatt DIN 51758 näher angegeben ist (s. Abb. 126).

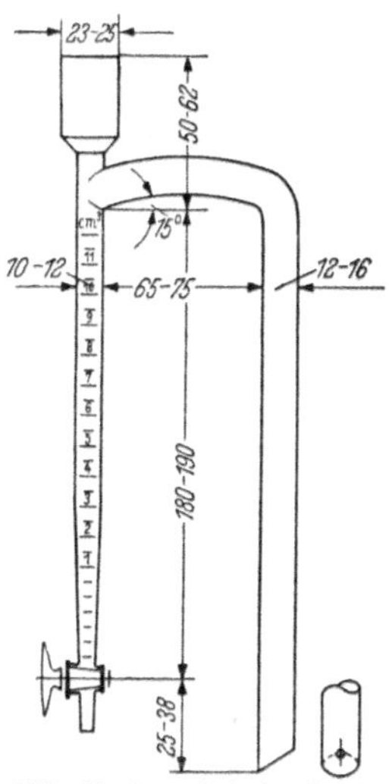

Abb. 125. Vorlage bei der Prüfung von Heizölen auf Wassergehalt nach der Xylolmethode

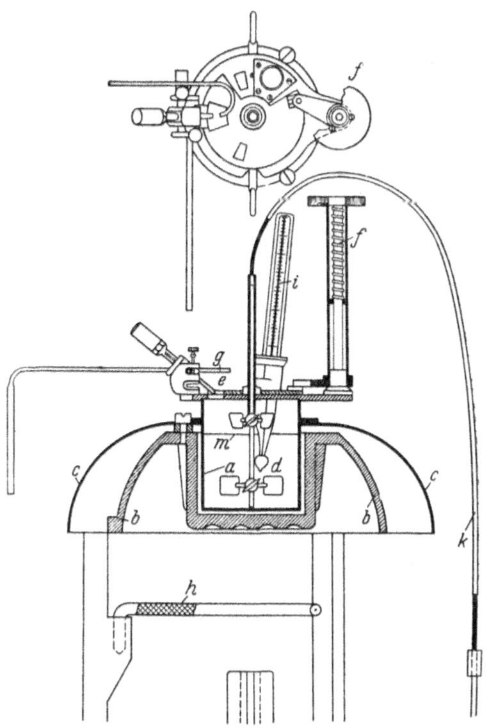

Abb. 126. Apparat zur Bestimmung des Flammpunktes nach PENSKY-MARTENS

Sofern dieser über 160° liegt, soll der Flammpunkt im offenen Tiegel (DIN 51584) bestimmt werden.

Literatur. Erdöl u. Kohle Bd. 3 (1950) S. 565.

VI. Die Bestimmung des Heizwertes

Der Heizwert der Heizöle, die frei von Fremdstoffen sind, liegt allgemein zwischen 9 bis 10000 kcal/kg, er ist abhängig von der elementaren chemischen Zusammensetzung.

Die Ermittlung des Heizwertes, wenn deren Feststellung von Bedeutung ist, findet durch Verbrennung einer bestimmten Menge Heizöl in einer verdichteten Sauerstoffatmosphäre in der BERTHELOTschen Bombe statt (s. Abb. 127 und 128). Zur

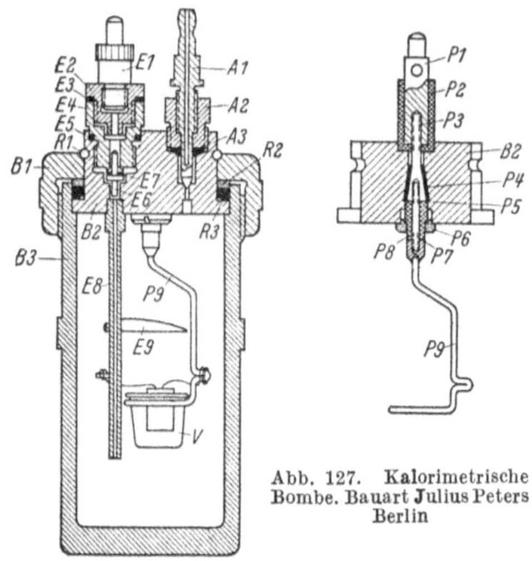

Abb. 127. Kalorimetrische Bombe. Bauart Julius Peters Berlin

E Teile des Einlaßventils

E 1 Verschlußschraube mit Kontakt; *E 2* Filtereinsatz; *E 3* Dichtungsring; *E 4* Ventilgehäuse; *E 5* Dichtungsring; *E 6* Ventilnippel; *E 7* Dichtungsscheibe; *E 8* Einlaßrohr; *E 9* Wärmeverteiler

A Teile des Auslaßventils

A 1 Ventilschraube; *A 2* Ventilmutter; *A 3* Dichtungsring

R Ringe

R 1 Spreizring; *R 2* Druckring; *R 3* Dichtungsring

P Teile des isolierten Pols

P 1 Polverschraubung; *P 2* Isoliermanschette; *P 3* Polkern mit Konus; *P 4* Isolierkonus; *P 5* Kleine Isolierscheibe; *P 6* Polfassung; *P 7* Gewindedübel; *P 8* Keramische Buchse; *P 9* Poldraht mit Schälchenhalter

B Teile der Bombe

B 1 Überwurfmutter; *B 2* Verschlußkopf; *B 3* Gefäß

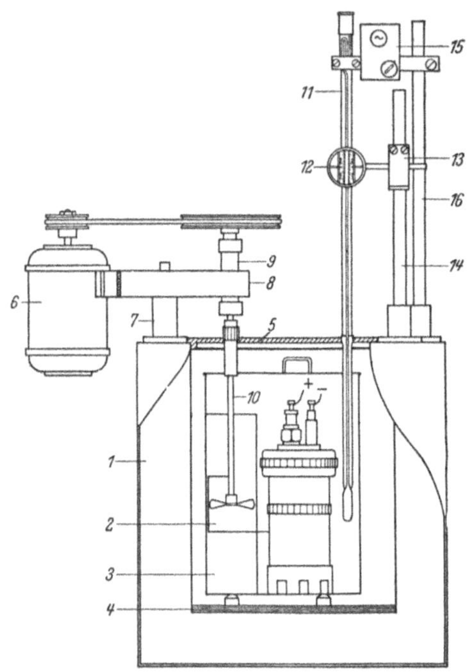

Abb. 128. Thermostat

1 Doppelwandiger Kessel; *2* Propellerkammer; *3* Wasserbehälter; *4* Isolieruntersatz; *5* Verschlußdeckel; *6* Motor; *7* Drehzapfen; *8* Motorhalter; *9* Kugellagergehäuse; *10* Propeller; *11* Thermometer; *12* Ableselupe; *13* Lupenhalter; *14* Gleitstab; *15* Vibrator; *16* Stab

Ausführung dieser schwierigen Bestimmung wird auf das Normblatt DIN 51785 (Juli 1959), Bestimmung der Verbrennungswärme und des Heizwertes für flüssige Brennstoffe, verwiesen. Siehe auch das Kapitel Feste Brennstoffe, S. 1148.

VII. Die Bestimmung des Schwefelgehaltes

Die Ermittlung des Gesamtschwefels erfolgt bei einem Gehalt von mehr als 1% am einfachsten durch Verbrennung des Heizöles in einer Sauerstoffatmosphäre in der BERTHELOTschen Bombe.

Ausführung. Etwa 0,8 g Heizöl werden genau auf 0,001 g abgewogen, mit dem Zündungsdraht versehen und in der Verbrennungsbombe verschlossen. Die Bombe, in die man vorher etwa 10 ml 1 n-Kalilauge zur Absorption der entstehenden Schwefel- und schwefligen Säure eingefüllt hat, wird bis zu einem Druck von 25 atü mit Sauerstoff gefüllt. Alsdann wird gezündet. Nach dem Abkühlen der Bombe leitet man die Verbrennungsgase zur Absorption langsam in 50 ml Sodalösung (10 g/l) ein, die mit 5 ml Ammoniak (0,91) und 1 ml 30proz. Wasserstoffperoxydlösung versetzt wurde. Darauf werden die Absorptionslösung und die Flüssigkeit aus der geöffneten und ausgespülten Bombe vereinigt. Nach dem Verkochen des Wasserstoffperoxyds wird von etwa vorhandenen mechanischen Verunreinigungen abfiltriert, das Filter mit Wasser nachgewaschen und das Filtrat mit Salzsäure (Indicator Methylorange) angesäuert. Die Lösung wird dann vorsichtig zum Sieden erhitzt und der ursprünglich vorhandene Schwefel mit etwa 15 ml siedend heißer Bariumchloridlösung (100 g/l) als Bariumsulfat ausgefällt. Nach mindestens 5stündigem Stehen wird der Niederschlag abfiltriert, mit heißem Wasser ausgewaschen, bis das Filtrat keine Chlorreaktion mit Silbernitrat mehr zeigt, im gewogenen Porzellan- oder Platintiegel verascht und nach dem Erkalten gewogen. Das Gewicht des Bariumsulfats, multipliziert mit 13,73, dividiert durch die Einwaage, ergibt den Schwefelgehalt in Prozent des Heizöles.

Bei geringem Schwefelgehalt (unter 1%) dagegen arbeitet man zweckmäßig mit der GROTE-KREKELER-Apparatur, die eine beliebig große Einwaagemenge gestattet. Einzelheiten sind aus der Prüfvorschrift DIN 51768 ersichtlich.

VIII. Die Bestimmung der Asphaltstoffe

Bei Heizölen aus Erdölkohlenwasserstoffen spielt auch der meist beachtliche Gehalt an den im Öl gelösten Hartasphaltstoffen eine Rolle. Als Hartasphalte werden solche Oxydations- und Polymerisationsprodukte von Erdölen bezeichnet, die beim Verdünnen der Öle mit der 40fachen Volumenmenge „FAM-Normalbenzin" (nach DIN 51635) bei Zimmertemperatur von 20° ausfallen und in Äthanol unlöslich sind.

Maßeinheit. g/100 g (%).

Erforderliches Prüfgerät. Extraktionsgerät nach Druckvorschrift Nr. 80 DVM (z. B. nach GRAEFE), Glasschale 60 DIN 12336, Reagenzglas 16 DIN 12395, Filtrierpapier (Weißband, mittelweich).

Reagenzien. FAM-Normalbenzin. Ein von der Bundesanstalt für Materialprüfung in Berlin-Dahlem überprüftes und in plombierten Behältern im Fachhandel käufliches Analysenbenzin mit Siedegrenzen von 65 bis 95° und einer Dichte (bei 15°) von 0,690 bis 0,705. Beim Schütteln gleicher Raumteile aus FAM-Normalbenzin und 100proz. (genau) Schwefelsäure dürfen höchstens 2 Vol.-% des ersteren in der Schwefelsäure in Lösung gehen.

Benzol, gereinigt, DIN 51633, Chloroform DAB VI oder Äthanol, absolut.

Ausführung der Prüfung. Etwa 5 g Öl (bei Ölen mit einem voraussichtlichen Hartasphaltgehalt unter 0,1% etwa 10 g), auf 0,01 g genau gewogen, werden in dem 40fachen Volumen FAM-Normalbenzin gelöst. Nachdem die Lösung unter Lichtabschluß mindestens 16 Std. bei Zimmertemperatur (20°) gestanden hat, wird ihre Hauptmenge durch zwei übereinandergelegte Filter gegossen. Man spült dann den vorhandenen Niederschlag auf die Filter und wäscht ihn mit FAM-Normalbenzin von 20° möglichst ölfrei aus. Die Filter mit dem Niederschlag werden zur Entfernung mitgefällten Paraffins oder Ceresins in einem Extraktionsgerät etwa 45 min mit FAM-Normalbenzin extrahiert. Während der Extraktion sollen die Filter ständig von Benzindämpfen umspült werden, um hochschmelzende

Ceresine, wie sie z. B. in Zylinder- und Heizölen vorkommen können, mit Sicherheit zu entfernen. Auf die Extraktion mit Normalbenzin folgt eine solche mit Benzol oder Chloroform in dem gleichen, vorher gut mit Normalbenzin gespülten Extraktionsgerät (Dauer ebenfalls etwa 45 min). Danach wird das Benzol bis auf einen kleinen Rest abdestilliert. Die verbleibende Restmenge führt man quantitativ in eine gewogene Glasschale über und dampft sie vollends ein. Der Rückstand, der in der Hauptsache als Hartasphalt anzusprechen ist, wird im Trockenschrank bei 105° bis zur Gewichtskonstanz getrocknet. Der so erhaltene Asphalt soll glänzend aussehen, schwarzbraun gefärbt und spröde sein; mattes, schmieriges Aussehen deutet auf noch vorhandene öl- oder paraffinartige Stoffe hin. Ihre Entfernung geschieht auf folgendem Wege. Der Hartasphalt wird je nach der vorhandenen Menge mit 15 bis 30 ml absolutem Äthanol in der Schale übergossen, mit einem Glasstab möglichst vollständig von der Wandung gelöst und auf dem Wasserbade gerade bis zum Sieden erhitzt. Den heißen Äthanol gießt man durch ein Filter ab. Dieses Verfahren ist so oft zu wiederholen (häufig 2- bis 3mal), bis der abfiltrierte Äthanol weder gefärbt noch nach dem Abkühlen getrübt ist. Das nach dieser Behandlung ermittelte Gewicht des Hartasphaltes wird der Berechnung des Ergebnisses zugrunde gelegt.

Die Angabe des Ergebnisses erfolgt in Gewichtsprozent.

IX. Bestimmung der Dichte (spezifisches Gewicht)

Die Bestimmung der Dichte dient in erster Linie zur Errechnung des Gewichtes eines bekannten Heizölvolumens oder zur Errechnung des Volumens aus dem Gewicht einer Heizölmenge (Liter in Kilogramm und umgekehrt); ferner kann die Dichte auch zur Kennzeichnung eines Heizöles herangezogen werden.

Am einfachsten wird die Dichte durch Eintauchen einer Spindel (Aräometer) in das Heizöl, das sich in einem Standzylinder befindet, bestimmt. Bei durchsichtigen Ölen wird in der Höhe des Flüssigkeitsspiegels, bei undurchsichtigen Heizölen am oberen Wulstrand der Flüssigkeit (gegebenenfalls unter Berücksichtigung der dabei notwendigen Korrektur) der Skalenwert abgelesen. Die Temperatur des Heizöles wird getrennt mit einem in ganze Grade eingeteilten Thermometer ermittelt. Die Dichte wird auf +15° bezogen, wobei bei höherer Meßtemperatur 0,0006 Skalenwerte je 1° hinzuzuzählen, bei niedrigerer Meßtemperatur 0,0006 Einheiten je 1° vom Spindelwert abzuziehen sind (vgl. DIN 51757-5).

X. Bestimmung der Zähflüssigkeit (Viskosität)

Die Viskosität ist ein Maß für die Zähigkeit des Heizöles und ist wichtig beim Verpumpen und Zuleiten an die Ölbrenner.

Am einfachsten wird sie im Englergerät (s. DIN 51560) durchgeführt. Der Englergrad gibt an, wievielmal langsamer das Heizöl aus einem genormten Gefäß ausläuft als Wasser von 20°, das den Englergrad 1 besitzt. Demnach bedeutet für ein mittelschweres Heizöl die Forderung „höchstens 10 E bei 50°" nichts anderes, als daß das Heizöl bei der Temperatur 50° 10mal langsamer als Wasser bei 20° fließt.

Zähigkeitsmessungen werden in der Technik häufig im Vogel-Ossag-Viskosimeter ausgeführt und in Centistokes (cSt) angegeben. Hierbei wird die Durchfließzeit einer kleinen (etwa 25 ml) Ölmenge durch ein geeichtes Kapillarröhrchen in sek gemessen. Durch einfaches Multiplizieren der Durchflußzeit mit der Kapillarkonstanten wird die kinematische Viskosität in Centistokes ermittelt, die nach Tabellen auf Englergrade bezogen werden kann.

Die Durchführung des Verfahrens ist in der DIN 51561 näher beschrieben.

XI. Bestimmung der Verkokungsneigung nach Conradson

Das Verfahren ermittelt die Wärmebeständigkeit von Heizölen, soweit diese zur Verkokung der Brennerdüsen neigen. Für die Ausführung ist DIN 51551 maßgebend. Für Schalenbrenner soll der Verkokungsrückstand von 10 g Öl nicht mehr als 0,5 Gew.-% betragen. Für moderne Düsenbrenner, die im Feuerraum eine vollkommene Verbrennung durch Versprühung gewährleisten, ist der Verkokungstest nicht mehr von Bedeutung.

Kapitel 51

Industrielle Gase und Erdgas*

Inhalt

---

*	1. Auflage	2. Auflage
Bearbeiter:	**Ensslin, Fink, Henjes**	**Henjes**
Mitarbeiter:	**Milde, Müller**	**Fink, Milde**

A. Industrielle Gase (Abgase)

Unter *industriellen Gasen* versteht man die Gase bzw. Gasgemische, die bei Verhüttungs- oder chemischen Prozessen anfallen; *das Erdgas* entströmt der Erdrinde, insbesondere nach der Durchführung von Bohrungen.

I. Theoretische Grundlagen bei der Ermittlung der Gasmenge

Strömt durch eine Rohrleitung oder einen Kanal vom Querschnitt F (m²) ein Medium mit der Wichte γ (kg/m³) und der mittleren Geschwindigkeit w (m/s), so ist die auf die Zeiteinheit bezogene Durchflußmenge in Volumen- oder Gewichtseinheiten

$$V = w\,F \tag{Gl. 1}$$

oder

$$G = w\,F\,\gamma \tag{Gl. 2}$$

Für zwei verschiedene Stellen der Leitung gilt die als Kontinuitätsgleichung bekannte Beziehung

$$w_1 F_1 \gamma_1 = w_2 F_2 \gamma_2 \tag{Gl. 3}$$

da das Gewicht an beiden Stellen stets gleich groß bleibt. Mit anderen Worten: Es verhalten sich die Geschwindigkeiten eines Mengenstromes umgekehrt wie die durchströmten Querschnittsflächen. Gelangt also das Medium in einen kleineren Querschnitt, so muß sich seine Geschwindigkeit erhöhen und umgekehrt. Dieser Vorgang ist nichts anderes als eine Energieumsetzung, auf die zum Verständnis einer richtigen Durchflußmengenmessung eingegangen werden muß.

Die Energieformen in einer Strömung sind in erster Linie Druck- und Geschwindigkeitsenergie, während Wärmeinhalt (innere Energie) und sonstige Energieänderungen durch verschiedene Höhenlagen der Leitung (potentielle Energie) bei Gasmessungen keine Bedeutung haben.

Die Druckenergie ist durch den absoluten Druck P (kg/m²) gegeben, und die Geschwindigkeitsenergie für die Masse M ist aus der Mechanik her als $\frac{1}{2} M w^2$ bekannt. Setzt man für die Masse der Volumeinheit γ/g, wobei g = Erdbeschleunigung = 9,81 m/s² ist, so kann man die Geschwindigkeitsenergie in der Form $w^2 \cdot \gamma/2g$ schreiben. Nach dem Satz von BERNOULLI ist die Summe aller Energien in reibungsfreien Strömungen konstant. Es folgt also:

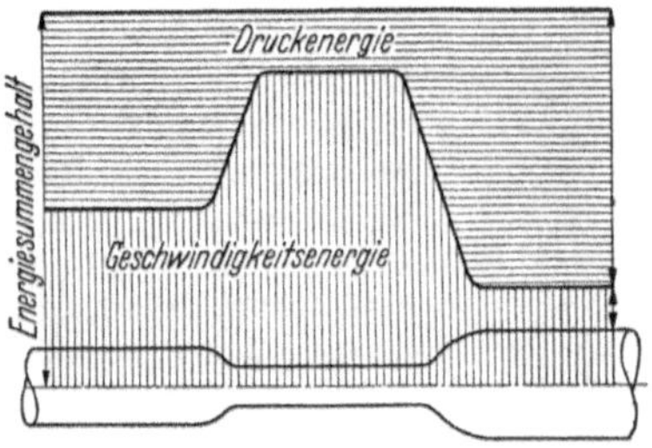

Abb. 129. Energieumwandlung in einer Strömung

$$E_P + E_W = \text{konst.}$$

oder

$$P + \frac{w^2 \gamma}{2g} = \text{konst.} \qquad \text{(Gl. 4)}$$

Die Geschwindigkeit kann sich also nur auf Kosten des statischen Druckes ändern. Dies veranschaulicht Abb. 129.

Die Messung eines Mengenstromes bekannter Wichte ist daher gleichbedeutend mit der Messung der mittleren Geschwindigkeit in diesem Querschnitt. Führt man nun die Strömung mit dem Druck P_1 aus einem Querschnitt F_1 in einen engeren Querschnitt F_2, so ergibt sich nach BERNOULLI und Gl. (4)

$$P_1 + \frac{w_1^2 \gamma}{2g} = P_2 + \frac{w_2^2 \gamma}{2g} \qquad \text{(Gl. 5)}$$

oder

$$P_1 - P_2 = \frac{w_2^2 \gamma}{2g} - \frac{w_1^2 \gamma}{2g} \qquad \text{(Gl. 6)}$$

und durch Einführung von w_1 aus Gl. (3) in Gl. (6) bei Auflösung nach w_2, nämlich der gesuchten mittleren Geschwindigkeit im Querschnitt F_2:

$$w_2 = \sqrt{\frac{2g(P_1 - P_2)}{\gamma}} \; \frac{1}{\sqrt{1 - \left(\frac{F_2}{F_1}\right)^2}} \quad \text{(m/s)} \qquad \text{(Gl. 7)}$$

Damit ist die Ermittlung der Durchflußmenge bei bekannten Querschnitten F_1 und F_2 *allein* durch die Messung der Druckabnahme zwischen F_1 und F_2 möglich.

1. Beim Einbau von Drosselstellen

Von vorstehender Messung der Druckabnahme wird beim Einbau von Drosselstellen (Blenden, Düsen, Venturirohren) Gebrauch gemacht. Multipliziert man nun die so gefundene Strömungsgeschwindigkeit mit dem Querschnitt F, in dem sie herrscht, so erhält man unter Fortlassen von Zwischenrechnungen für die Drosselstelle:

$$V = 0{,}01252 \cdot \alpha\, \varepsilon\, d^2 \sqrt{\frac{h}{\gamma_t}} \quad \text{(m}^3\text{/h)} \qquad \text{(Gl. 8)*}$$

* $0{,}01252 = \sqrt{2g}\,\frac{\pi}{4}\,\frac{3600}{10^6}$

Hierin bedeuten V das Volumen, α einen Faktor, der die Kontraktions- und Reibungskräfte berücksichtigt und Durchflußzahl genannt wird; sein Wert ist den hierfür vorhandenen Tabellen zu entnehmen. d ist der Durchmesser der Meßblende in mm, und für die Druckdifferenz $(P_1 - P_2)$ wird die am Manometer abgelesene Wirkdruckhöhe h in mm WS eingesetzt. ε ist die Expansionszahl, welche bei hohen Wirkdrucken die infolge des Druckabfalles in der Blende sich ändernde Wichte und damit die sich ergebende Menge entsprechend korrigiert. Diese Korrektur ist im allgemeinen nicht sehr erheblich und wird nur der Vollständigkeit halber erwähnt, γ_t ist die Wichte des Mediums im Betriebszustand und ergibt sich aus γ_0, der Wichte im Normalzustand (bei 0° und 760 mm Torr), durch die Gleichung:

$$\gamma_t = \gamma_0 \frac{273}{T} \frac{p_s + b}{760} \quad (\mathrm{kg/m^3}) \qquad \text{(Gl. 9)}$$

darin bedeuten T die absolute Temperatur, p_s den statischen Druck und b den Barometerstand in Torr.

Wichtig ist noch die Reduktion des im Betriebszustand gemessenen Volumens V auf den Normalzustand, da Vergleiche verschiedener Betriebszustände stets nur mit den auf den Normalzustand umgerechneten Volumina möglich sind. Die hierfür verwendete Korrektur nach den in der Zustandsgleichung für Gase enthaltenen Gesetzen führt schließlich zu folgenden endgültigen Formeln:

$$V_0 = 0{,}01252 \cdot \alpha\, \varepsilon\, d^2 \sqrt{\frac{h}{\gamma_t}} \frac{273}{T} \frac{p_s + b}{760} \quad (\mathrm{Nm^3/h}) \qquad \text{(Gl. 10)}$$

oder unter Verwendung von Gl. (9)

$$V_0 = 0{,}01252 \cdot \alpha\, \varepsilon\, d^2 \sqrt{\frac{h}{\gamma_0} \frac{273}{T} \frac{p_s + b}{760}} \quad (\mathrm{Nm^3/h}) \qquad \text{(Gl. 11)}$$

wobei p_s der statische Druck des Mediums und b der herrschende Barometerstand in Torr bedeuten. V_0 ergibt sich dann in $\mathrm{Nm^3/h}$ (Normalkubikmeter je Std.).

2. Beim Messen mit Staurohren

Eine zweite Möglichkeit zur Bestimmung der Strömungsgeschwindigkeit geht unmittelbar aus der Kenntnis der Energieumwandlungen hervor. Bezeichnet man die Energiesumme der Strömung und damit den sog. Gesamtdruck mit p_g, so ist nach Gl. (4)

$$p_g = p_s + \frac{w^2 \gamma}{2g} \qquad \text{(Gl. 12)}$$

wobei p_s den statischen Druck bedeutet. Der Summand $w^2 \gamma/2g$ hat die Dimension eines Druckes und wird auch als dynamischer Druck bezeichnet. Die Strömungsgeschwindigkeit ergibt sich dann als

$$w = \sqrt{\frac{2g\,(p_g - p_s)}{\gamma}} \qquad \text{(Gl. 13)}$$

Diese Beziehung in Gl. (13) liegt der Durchflußmessung mit sog. Staurohren (nach PRANDTL, *Pitotrohr*) zugrunde; es ist möglich, mit ihnen die Druckdifferenz $(p_g - p_s)$ oder den Wirkdruck h unmittelbar zu bestimmen (Abb. 130). Da sich der statische Druck im Gegensatz zum Gesamtdruck im allgemeinen nicht völlig einwandfrei wegen der durch die in die Strömung eingeführte Meßsonde hervorgerufenen Strömungsstörungen messen läßt, ist die Einführung eines empirischen

Beiwertes β erforderlich. Aus Gl. (13) wird dann

$$w = \sqrt{\frac{2gh}{\beta\gamma}} \quad \text{(m/s)} \qquad \text{(Gl. 14)}$$

Benutzt man das Staurohr nach PRANDTL, so ist eine besondere Eichung zur Bestimmung von β nicht erforderlich; denn bei einer Genauigkeit von 1% weist dieses Instrument einen Beiwert $\beta = 1$ auf. Werden andere Geräte verwendet, so ist gewöhnlich der von 1 abweichende Beiwert besonders verzeichnet. Im Gegensatz zur Durchflußmessung mit Drosselgeräten, bei denen die Wirkdruckmessung sogleich zur Ermittlung des Durchflusses führt, kann man mit dem Staurohr vorerst nur die Geschwindigkeit an der Stelle der Strömung bestimmen, an der sich das Rohr gerade befindet. Zur Ermittlung der mittleren Geschwindigkeit in der Leitung sind daher Messungen an mehreren Punkten des betreffenden Querschnittes erforderlich. Unter Berücksichtigung der zugehörigen gleichen Flächen ergibt sich dann erst durch arithmetische Mittelung die erforderliche mittlere Geschwindigkeit, die zur Volumberechnung verwendet werden kann.

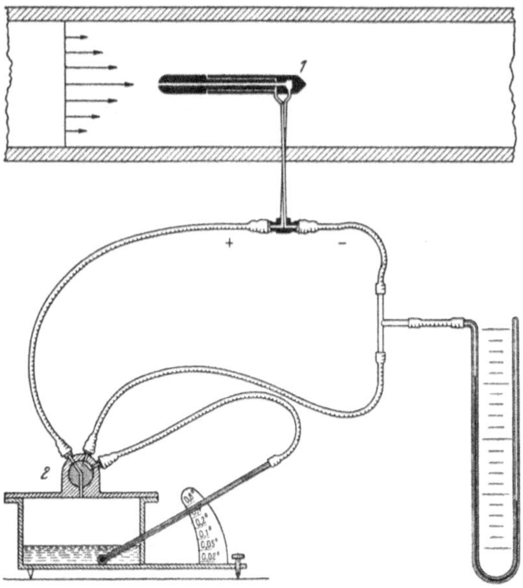

Abb. 130. Staurohr nach PRANDTL

Eine solche Vielzahl von Messungen ist stets dann erforderlich, wenn es sich um die Meßstellen handelt, die sich in der Nähe von Störstellen (Rohrkrümmern, Flanschen, Schiebern od. dgl.) befinden. Andererseits sind bei diesen längere Zeit beanspruchenden Messungen die notwendigen Voraussetzungen, wie stationäre Strömung und Unveränderlichkeit des Geschwindigkeitsprofils, nicht immer gegeben. Im Betrieb mißt man daher besser nur in der Rohrachse, wobei man zudem noch den größten Ausschlag erhält. Die mittlere Geschwindigkeit w bestimmt man dann unter der Annahme eines bestimmten Verhältnisses $w : w_{\text{max}}$, das sich zwar nach der Größe der REYNOLDSschen Zahl Re richtet, im allgemeinen aber mit 0,84 eingesetzt werden kann. Je störungsfreier und ausgeglichener die Strömung ist (z. B. in einem langen geraden Rohrstück), um so genauer und einfacher ist die Staudruckmessung durchzuführen. Es ergibt sich somit folgende Formel für die Durchflußmenge in Nm^3/h bei der Messung mit dem PRANDTLschen Staurohr in der *Rohrachse* ($\beta = 1$):

$$V_0 = 13384 \sqrt{\frac{h}{\gamma_t}}\; \frac{273}{T}\; \frac{p_s + b}{760}\; F \; (\text{Nm}^3/\text{h}) \qquad \text{(Gl. 15)}$$

oder unter Verwendung von Gl. (9) für γ_t:

$$V_0 = 13384\, F \sqrt{\frac{h}{\gamma_0}\; \frac{273}{T}\; \frac{p_s + b}{760}} \quad (\text{Nm}^3/\text{h}) \qquad \text{(Gl. 16)}$$

wenn h in mm WS, γ_0 in kg/m^3, F in m^2 und p_s und b in Torr gemessen werden können und T die absolute Temperatur an der Meßstelle bedeutet.

Die Bestimmung einer Durchflußmenge mit dem Staurohr wird jedoch niemals die Messung mit Drosselgeräten ersetzen können. Man wird sie daher nur dort anwenden, wo der Einbau einer Blende nicht möglich ist oder wenn es sich lediglich um Stichproben und qualitative Prüfungen der Strömung handelt. Der Hauptnachteil der Staurohrmessung ist der geringe Wirkdruck: Bei 10 m/s mittlerer Geschwindigkeit z. B. beträgt bei Kokereigas der Wirkdruck in der Rohrachse nur etwa 3 mm WS und bei Luft etwa 8 mm WS. Deshalb sind in Verbindung mit einem Staurohr nur empfindliche Feindruckmesser (Mikromanometer, Minimeter usw.) zu verwenden, wenn man es nicht vorzieht, an Stelle des Staurohres ein kleines Venturirohr einzuführen, durch das eine örtliche Geschwindigkeitserhöhung an dem Meßpunkt des Querschnittes erzielt wird. Dies empfiehlt sich besonders bei kleinen Geschwindigkeiten und ergibt einen höheren Wirkdruck, der besser abgelesen werden kann. Allerdings steigt bei diesen Multiplikatoren der Beiwert β bis zu 15 und mehr und zeigt eine starke Abhängigkeit von der Geschwindigkeit bzw. der REYNOLDSschen Zahl und von der Größe des Rohrdurchmessers. Man trifft sie daher im praktischen Betrieb nur selten an.

3. Bei Verwendung von Mengenzählern

Als dritte Gruppe der Durchflußmengenmesser seien noch die Mengenzähler erwähnt. Es sind dies alle Arten von Gasuhren, wie Trocken- und Naßgasmesser, Trommel- und Drehkolbengasmesser. Sie sind im Handel erhältlich und für kleinste bis zu den größten Mengen bei allen vorkommenden Drucken in entsprechender Größe verwendbar. Da es sich um Mengenzähler handelt, liefern sie das Ergebnis in m^3, das als Volumen V bei Betriebszustand im Messer noch durch die Zeit τ dividiert und in den Normalzustand umgerechnet werden muß. Dies geschieht nach folgender Formel:

$$V_0 = V \frac{1}{\tau} \frac{273}{T_M} \frac{p_M + b}{760} \quad (\mathrm{Nm^3/h}) \qquad \text{(Gl. 17)}$$

wobei τ die Zeit in Std., T_M die absolute Temperatur, p_M der Druck des Gases im Messer und b der Barometerstand, die beiden letzteren in Torr gemessen, bedeuten.

Eine besondere Berücksichtigung muß bei allen diesen Messungen noch die *Feuchtigkeit* des Mediums erfahren, da es sich im allgemeinen bei allen Betriebsmessungen nicht um trockene Gase handelt, sondern um ein Gemisch von Gas und Wasserdampf, wobei der Wasserdampf bei den praktisch in Frage kommenden Betriebstemperaturen als den Gasgesetzen folgend betrachtet werden kann. Zum allgemeinen Verständnis sei hier nur auf das Gesetz von DALTON verwiesen, nach dem sich das im Gasgemisch vorhandene Dampfvolumen zum Gesamtvolumen wie der Dampfteildruck (Werte in den Dampfdrucktabellen) zum Gesamtdruck verhält. Dieser setzt sich wiederum aus dem Teildruck des Wasserdampfes und aus dem Teildruck des Gases zusammen. Für eine eingehende Behandlung dieser Einflüsse wird auf die einschlägige Literatur, in Sonderheit auf die genormten (DIN 1952) VDI-Durchflußmeßregeln verwiesen, in denen die benötigten Formeln zu finden sind.

Eine weitere *wichtige Korrektur* ist für den Fall anzubringen, daß der Betriebszustand des Gases nicht mit dem Zustand übereinstimmt, für den der Messer geeicht ist. Diese Korrektur ist je nach der Art des verwendeten Messers verschieden.

Für einen Mengenzähler (z. B. eine Experimentiergasuhr) sind die Gasmengen in einfacher Weise nach der Zustandsgleichung der Gase im Verhältnis zu den absoluten Temperaturen und Drucken umzurechnen. Wird jedoch ein Differenzdruckmesser oder Rotamesser verwendet, so ist die Korrektur nach folgender Formel vorzunehmen:

$$V_W = V_M \sqrt{\frac{T_E}{T_M}} \sqrt{\frac{b_M + p_M}{b_E + p_E}} \quad (\mathrm{m^3/h}) \text{ bezogen auf Eichzustand} \quad \text{(Gl. 18)}$$

Hierin bedeuten:

V_W = das wirkliche Volumen, bezogen auf den Eichzustand,
V_M = das vom Messer angezeigte Volumen,
T_E = die Eichtemperatur des Messers (absolut),
T_M = die Meßtemperatur im Messer (absolut),
b_E = der Barometerstand, für den das Instrument geeicht ist, in Torr,
b_M = der Barometerstand während der Messung in Torr,
p_E = der Druck im Messer bei der Eichung in Torr,
p_M = der Druck im Messer bei der Messung in Torr.

II. Praktische Durchführung der Gasmengenmessung

1. Wahl der Meßstelle

Die Meßstelle soll sich möglichst in einem geraden Rohrstück befinden und von Störstellen (Krümmern, Flanschen, Schiebern, Drosselklappen usw.) so weit entfernt sein, daß, in Strömungsrichtung gesehen, vor der Meßstelle 7 bis 10 D (D = Durchmesser der Leitung) und hinter ihr 5 bis 7 D störungsfrei bleiben.

2. Wahl der Meßmethode

Handelt es sich um eine Dauermessung, so wählt man entweder ein Drosselgerät (Blende, Düse oder Venturirohr) mit einem Differenz- oder Wirkdruckschreiber (z. B. Ringwaage) oder einen geeigneten Gasmengenzähler, der in bestimmten Abständen abgelesen werden kann. Liegt eine einwandfreie Strömung in einer genügend geraden Leitung vor, so läßt sich, wie oben beschrieben, hier auch ein Staurohr als Dauermeßorgan verwenden, wenn in Verbindung mit diesem ein Wirkdruckmesser entsprechend hoher Empfindlichkeit (Mikromanometer) benutzt wird. Bei Stichproben oder in Fällen, in denen keine störungsfreie Meßstelle zur Verfügung steht oder der Einbau eines Drosselgerätes aus betrieblichen Gründen nicht möglich ist, muß die Messung mit einem Staurohr ausgeführt werden.

3. Messung mit Drosselgeräten

Bei der Verwendung von Drosselgeräten ist besonders darauf zu achten, daß bei Gasmengenmessungen die Wirkdruckleitungen zum Druckmeßgerät so geführt werden, daß sich keine Wassersäcke bilden können und daß die Leitungen unbedingt dicht sind. Vorteilhaft sind kurze Leitungen großen Querschnittes zwischen Drosselgerät und Wirkdruckmesser, welch letzterer bei Gasmessungen immer höher hängen sollte als das Drosselgerät selbst.

4. Messungen mit dem Staurohr

Bei der Bestimmung der mittleren Geschwindigkeit eines Gasstromes mit dem Staurohr kommt es vor allem darauf an, daß das Rohr mit seiner Öffnung immer genau gegen die Strömungsrichtung gehalten wird, da sich sonst durch Wirbelbildung Fehlmessungen ergeben. Zur Bestimmung eines Geschwindigkeitsprofils sind mehrere Messungen erforderlich. Der jeweilige Meßort wird so gewählt, daß man z. B. bei einer Rohrleitung stets in der Mitte einer Ringfläche des Meßquerschnittes mißt, die mit den benachbarten Ringflächen flächengleich ist. Man zeichne sich zu diesem Zweck die Leitung im Querschnitt auf Millimeterpapier maßstäblich auf und teile diese Fläche in konzentrische, flächengleiche Ringe ein. Um ein gutes Mittel zu erhalten, wähle man nicht zu wenig Ringe. Die Mitte eines jeden Kreisringes ist dann ein Meßort, und sein jeweiliger Abstand vom Umfang der Leitung kann leicht aus der maßgerechten Skizze abgelesen werden. Üblicherweise führt man die Messung auf je zwei senkrecht zueinander stehenden Durchmessern aus. Das arithmetische Mittel aus den so gefundenen Geschwindigkeiten ist die gesuchte mittlere Geschwindigkeit, die zur weiteren Berechnung verwendet wird. Bei rechteckigen oder quadratischen Kanälen verfahre man entsprechend und benutze nach Möglichkeit die Diagonalen der Querschnitte als Meßortlinien.

Literatur. Wärmetechn. Lehrblätter, Teil 5. Düsseldorf: Stahleisen 1960.

III. Die Bestimmung des Flugstaubgehaltes in Abgasen

Sie ist eine Aufgabe, die bei Außerachtlassung der hierbei unbedingt einzuhaltenden Arbeitsvorschriften sehr oft zu Fehlmessungen führt. Es ist daher zweckmäßig, an dieser Stelle auf die notwendigen Voraussetzungen für die Durchführung einer solchen Messung kurz einzugehen.

1. Notwendige Voraussetzungen

Eine Staubgehaltsbestimmung hat nur dann Aussicht auf Erfolg, wenn hierfür eine Meßstelle gefunden werden kann, die alle Voraussetzungen einer einwandfreien Bestimmung der Geschwindigkeitsverteilung der staubführenden Gasströmung erfüllt, wie sie bereits in den voraufgegangenen Abschnitten ausführlich besprochen worden sind.

Da zur Messung eine Staubsonde in die Strömung eingeführt werden muß, durch die ein Teil des staubführenden Gases in die Auffangvorrichtung abgesaugt wird, ergibt sich die Forderung, das Gas-Staub-Gemisch mit der gleichen Geschwindigkeit in den Absaugekopf der Sonde hineinzusaugen, mit der es am Meßort strömt.

Um einen guten Mittelwert des Staubgehaltes der Gasströmung zu erhalten, ist es daher notwendig, wie bei der Bestimmung der mittleren Geschwindigkeit mit dem Staurohr, mehrere Einzelmessungen (d. h. Absaugungen) an verschiedenen Stellen des Geschwindigkeitsprofils bei der dort herrschenden Geschwindigkeit durchzuführen und das hierbei angefallene Gesamtstaubgewicht durch die auf den Normalzustand reduzierte Summe der jeweils abgesaugten Gasvolumina zu dividieren. Das Ergebnis ist stets in g/Nm³ anzugeben, um Vergleiche zu ermöglichen. Es genügt also keineswegs, sich nur auf die Absaugung an der Stelle der mittleren Geschwindigkeit zu beschränken. Denn liegt sehr viel feiner Staub vor, so wird der größere Anteil nicht dort, sondern im Stromfaden mit höherer Geschwindigkeit als der mittleren ausgetragen, und das Ergebnis würde zu klein ausfallen. Oft ist es daher ratsam, sich durch eine Korngrößenbestimmung des Flugstaubes wichtige Hinweise für die Beurteilung dieser Verhältnisse zu verschaffen.

2. Die Beschreibung der Staubsonde und der Absaugeapparatur

Die in die Gas-Staub-Strömung einzuführende Sonde ist ähnlich gebaut wie ein Staurohr, nur mit dem Unterschied, daß sie in ihrer Mittelachse, die der Strömung entgegengerichtet ist, das Gas-Staub-Gemisch abzusaugen gestattet. Der hier sich ausbildende Differenzdruck wird mit dem gleichzeitig gemessenen Differenzdruck der Strömung verglichen, indem beide Plusleitungen und beide Minusleitungen zusammengeführt und mit einem Feindruckmesser verbunden werden. Der Feindruckmesser dient dann als Nullinstrument, d. h., zeigt er keinen Ausschlag, so stimmt die Absaugegeschwindigkeit mit der Strömungsgeschwindigkeit überein. Derartig gebaute Staubsonden nach Allner oder van Tongeren sind im Handel erhältlich und leicht zu handhaben. Für besondere Fälle gibt es Sonden, die beheizt werden, um störende Kondensation von Wasserdampf zu vermeiden, oder auch mit Wasser gekühlt werden können, um sehr hohe Gastemperaturen auf tragbare Werte herabzusetzen.

Unmittelbar hinter der Sonde befindet sich gewöhnlich das Staubfilter, das aus einer Extraktionshülse, einem großflächigen Staubmaskenfilter, einer Glasfritte oder auch aus einem mit Glaswolle dicht gepackten, kurzen Glasrohr bestehen kann. Enthält der Staub viel grobes Korn, so kann vorher noch ein Kleinzyklon zu dessen Abscheidung vorgeschaltet werden. Oft enthalten solche Kleinzyklone gleichzeitig die Feinfilter in Form von mehreren Filterpapierlagen, wie dies beim BEWAG-Gerät der Fall ist. Diese Zyklone sind ebenfalls mit elektrischer Heizung ausgestattet. Im Falle, daß das Staub-Gas-Gemisch Säuredämpfe enthält, werden sich Papierfilter oft nicht verwenden lassen, und man ist auf Glas- oder Keramikfilter angewiesen.

Dicht hinter dem Staubfilter befindet sich der Gasmengenmesser, ein Gasmengenzähler oder ein Rotamesser mit Temperatur- und Druckanzeige. Zum Schutz gegen Säuredämpfe oder Feuchtigkeit muß gegebenenfalls eine oder müssen mehrere Waschflaschen mit entsprechenden Absorptionsflüssigkeiten vorgeschaltet werden.

Als Absaugevorrichtung wird entweder eine Motorpumpe genügender Leistung oder eine mit Wasser oder Preßluft betriebene Strahlpumpe verwendet. Die Benutzung eines Aspirators kommt nur in den seltensten Fällen in Frage, weil dieses Gerät wohl zur Entnahme von Gasdurchschnittsproben über lange Zeiten (12 bis 24 Std.), weniger aber für Gasmengenmessungen bei Staubbestimmungen geeignet ist. Bei Ermangelung einer sog. Nullsonde zur Staubbestimmung kann auch ein einfaches hakenförmig gebogenes und an den Vorderkanten gut abgerundetes Glasrohr von etwa 10 mm Durchmesser als Absaugsonde benutzt werden. In diesem Falle ist die Geschwindigkeitsverteilung der Strömung mindestens vor und nach, bei längeren Absaugezeiten möglichst auch mehrere Male während des Absaugens zu bestimmen und zu kontrollieren.

3. Praktische Durchführung einer Staubbestimmung

a) Vorbereitung

Mehrere Staubfilter werden im Trockenschrank getrocknet und nach dem Abkühlen im Exsiccator auf der Analysenwaage genau gewogen. Die Geschwindigkeitsverteilung wird mit einem Staurohr und Feindruckmesser gemessen, Temperatur und Druck, Zusammensetzung und Feuchtigkeitsgehalt des Gas-Staub-Gemisches sowie der Barometerstand werden bestimmt. Aus diesen Daten ist das Durchflußvolumen berechenbar, das zur Angabe der Gesamtstaubaustragung benötigt wird. Nach Festlegung der einzelnen Meßorte auf dem Durchmesser der Leitung wird die hierfür jeweils in Frage kommende Absaugemenge gemäß dem Absaugequerschnitt der Staubsonde und den an den einzelnen Meßorten herrschenden Strömungsgeschwindigkeiten (Absaugegeschwindigkeiten) bestimmt unter Berücksichtigung der am Meßort festgestellten Gastemperatur und des Gasdruckes. Die so erhaltene Menge wird vorerst grob korrigiert, indem man sie auf die am Messer zu erwartende tiefere Gastemperatur und den sich dort einstellenden Druck umrechnet. Wird mit einer Nullsonde gearbeitet, so fällt diese Korrektur weg, da die richtige Absaugemenge durch die Nullanzeige des mit der Sonde verbundenen Feindruckmessers gewährleistet ist. Man braucht dann lediglich den Unterschied zwischen dem Eichzustand des Messers und dem Betriebszustand des Gases im Messer während der Messung als Korrektur der angezeigten Menge zu berücksichtigen (s. S. 1203). Nach dem Zusammenbau der Apparatur beginnt nun die eigentliche Messung. Die veranschlagte Absaugezeit verteilt man gleichmäßig auf alle festgelegten Meßorte, so daß je nach Staubgehalt etwa 1 bis 2 Std. Gesamtabsaugezeit und eine gut abwägbare Staubmenge (5 bis 10 g) erhalten werden. Soll eine Korngrößenbestimmung des abgesaugten Staubes ausgeführt werden, so empfiehlt es sich, bis zu etwa 20 g Staub abzusaugen. Nach etwa 15 min haben sich der endgültige Druck und die endgültige Temperatur am Messer eingestellt. Danach wird nun die Absaugemenge genau korrigiert, um die richtige Absaugegeschwindigkeit an der Sonde einzuhalten. Die Regulierung der Absaugemengen erfolgt mittels Schlauchklemmen.

Sind alle Meßorte über gleiche Zeiten abgesaugt, so ist das Filter wieder im Trockenschrank zu trocknen und nach Abkühlung im Exsiccator auf der Analysenwaage zurückzuwägen. Der im Absaugerohr vor dem Filter abgelagerte Staub ist ebenfalls hinzuzurechnen. Diese Gesamtstaubmenge ist noch durch die auf Normalzustand umgerechnete Summe der jeweils abgesaugten Gasvolumina zu dividieren. Das Ergebnis ist der Staubgehalt in g/Nm³. Für einen guten Mittelwert sind mehrere solcher Messungen erforderlich, mindestens jedoch zwei unter möglichst gleichen Bedingungen.

Beispiel: Der Durchmesser der Leitung ist in n Meßorte unterteilt worden:

Strömungsgeschwindigkeit am Meßort 4	$w_4 = 12$ m/s,
Temperatur des Staub-Gas-Gemisches	$T_B = 80°$,
Druck des Staub-Gas-Gemisches	$p_B = -200$ mm WS,
Barometerstand bei der Messung.	$b_M = 742$ Torr,
Absaugequerschnitt der Sonde	$F_s = 0{,}0000785$ m²,
Temperatur im Messer bei der Messung	$T_M = 40°$,
Druck im Messer bei der Messung	$p_M = -320$ mm WS,
Druck im Messer bei der Eichung	$p_E = 735{,}5$ Torr $= 1$ at,
Barometerstand bei der Eichung	$b_E = 760$ Torr,
Temperatur im Messer bei der Eichung	$T_E = 20°$,

Absaugemenge am Absaugekopf demnach:

$$V_4 = w_4 F_s 3600 = 3{,}393\ \text{m}^3/\text{h} \quad (\text{bei } 80°/727{,}3\ \text{Torr}).$$

Wirkliches Volumen V_{w_4} im Messer ist dann:

$$V_{w_4} = V_4 \frac{T_M}{T_B} \frac{b_M + p_B}{b_M + p_M} = 3{,}393 \frac{313 \cdot 727{,}3}{353 \cdot 718{,}4} = 3{,}045\ \text{m}^3/\text{h}$$

(bei 40°/718,4 Torr).

Wird als Messer eine *Experimentiergasuhr* verwendet, so muß das von dieser *angezeigte Volumen* dann betragen:

$$V_{M_4} = V_{w_4} \frac{T_M}{T_E} \frac{b_E + p_E}{b_M + p_M} = 3{,}045 \frac{313 \cdot 1495{,}5}{293 \cdot 718{,}4} = 6{,}773 \quad (\text{m}^3/\text{h})$$

Wird als Messer ein *Rotamesser* verwendet, so muß das von diesem *angezeigte Volumen* dann betragen:

$$V_{M_4} = V_{w_4} \sqrt{\frac{T_M}{T_E}} \sqrt{\frac{b_E + p_E}{b_M + p_M}} = 3{,}045 \sqrt{\frac{313 \cdot 1495{,}5}{293 \cdot 718{,}4}} = 4{,}541 \quad (\text{m}^3/\text{h})$$

Die anderen Meßorte sind ebenso zu behandeln und über dieselbe Zeit (etwa 15 min) mit *demselben* Filter abzusaugen. Die Summe aller so abgesaugten Volumina, entweder bezogen auf den Betriebszustand oder auf den wirklichen Zustand im Messer, wird nun auf den Normalzustand reduziert und möge 7,528 Nm³ betragen. Nach dem Trocknen und Rückwägen habe sich eine Gesamtstaubmenge, einschließlich des im Absaugerohr befindlichen Staubes, von 12,267 g ergeben. Der Staubgehalt des Gases beträgt dann:

$$\frac{12{,}267}{7{,}528} = 1{,}629\ \text{g/Nm}^3$$

b) Durchführung

In Abb. 131 ist ein Filterkopf zum Absaugen von Flugstaub nach dem System *Lurgi* angegeben. Das Oberteil (2) des Filterkopfes ist mit dem Unterteil (1) verschraubt. Ein Einsatzstück (3) kann über eine Filterhülse (4) gezogen werden. Diese wird für die Flugstaubmessung von säurefreien Gasen bis 100° verwendet. Sind die Gase heißer oder säurehaltig oder beides, so verwendet man einen mit Löchern versehenen Glaseinsatz (5), welcher mit Glaswolle zur Filtration des Flugstaubes beschickt ist. Der Filterkopf ist durch Asbestdichtungen (6) abgedichtet. In die schwach konische Öffnung des Filterkopfes werden zur Begrenzung der Gasgeschwindigkeit Einsatzdüsen (7) eingesetzt, welche mit verschiedenen Querschnitten erhältlich sind. Das Filtergläschen (5) wird bis 15 mm von der Oberfläche mit Glaswolle gefüllt und vor der Probenahme in einem Wägegläschen 1 Std. bei 120° getrocknet. Nach dem Erkalten im Exsiccator wird mit dem Wägegläschen genau ausgewogen. Nach der Probenahme bei SO_3-haltigen Gasen wird das Filtergläschen zur Austreibung der absorbierten Schwefelsäure 1 Std. bei 400° getrocknet und noch heiß in das Wägegläschen gebracht. Nach dem Erkalten im Exsiccator wägt man mit dem Wägegläschen zusammen aus. Zum Absaugen selbst kann mit Wasserstrahl-, Kreisel- oder Kolbenpumpen oder aber mit einem Saugheber (Aspirator) gearbeitet werden. Bei Verwendung von Pumpen wird eine Gasuhr vorgeschaltet, um die Gasmenge festzustellen. Bei säurehaltigen Gasen ist diese durch das Vorschalten von Waschflaschen zur Absorption der Säure vor Korrosion zu schützen. Vor Beginn des Absaugens muß das Absaugerohr mit dem eingesetzten Filter mit der Düsenöffnung 15 min in Richtung des Gasstromes eingebracht werden, damit es die in dem Gasstrom herrschende Temperatur annimmt. Hierbei wird der Absaugeschlauch abgequetscht. Mit Beginn des Saugens ist der Filterkopf so gegen den Gasstrom zu drehen, daß die Mittelachse der Düse genau parallel zum Gasstrom liegt.

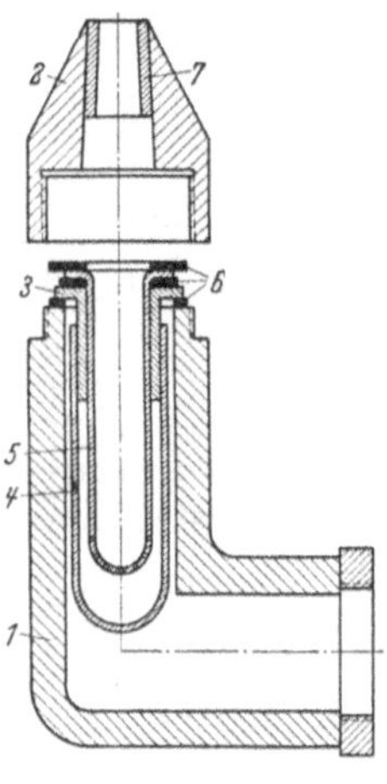

Abb. 131. Filterkopf

IV. Die Untersuchung der Gase auf ihre Zusammensetzung

Die quantitative Untersuchung der Gase auf ihre chemische Zusammensetzung wird in der Hauptsache nach Absorptionsmethoden und Verbrennungsmethoden mit anschließender Absorption ausgeführt. Auch photometrische und gaschromatographische Methoden werden angewendet.

Bei allen Gasanalysen ist besonderes Augenmerk darauf zu richten, daß die Volumina stets bei der gleichen Temperatur und unter dem gleichen Druck gemessen werden. Sollte dies nicht möglich sein, so ist eine rechnerische Korrektur erforderlich.

Zur Analyse der Gase sind Handapparate und automatische Apparate im Gebrauch. Letztere sind im allgemeinen stationär angebracht; sie werden von Zeit zu Zeit durch Handapparate kontrolliert.

1. Die Entnahme der Gasprobe

Die Entnahme der Gasprobe erfolgt aus den Rohrleitungen durch Gassammelröhren (s. Abb. 132). Die Gassammelröhre besteht aus einem Glasrohr, welches, an beiden Seiten verengt, durch je einen Hahn mit angeschmolzener Kapillare verschlossen ist. An das obere Ende der Gassammelröhre setzt man mit Hilfe eines Gummischlauches eine Metallsonde aus dünnem Stahlrohr so auf, daß das Metall am Glas liegt, nachdem man vorher die Sonde mit dem zu untersuchenden Gas gefüllt hat. Bei der Entnahme aus Gasleitungen durch Probenhähne ist die Sonde nicht nötig; das Gassammelrohr wird hierbei unmittelbar an den Entnahmehahn angeschlossen. Zur Entnahme sind Gassammelrohr und Kapillaren mit Wasser gefüllt. Man öffnet zuerst den der Entnahmestelle zunächst gelegenen Hahn und anschließend den tiefer gelegenen zweiten Hahn; hierbei läuft das Wasser aus der Gassammelröhre aus und saugt das zu prüfende Gas an. Man läßt das Wasser so weit ablaufen, bis im Sammelrohr nur noch einige ml verbleiben.

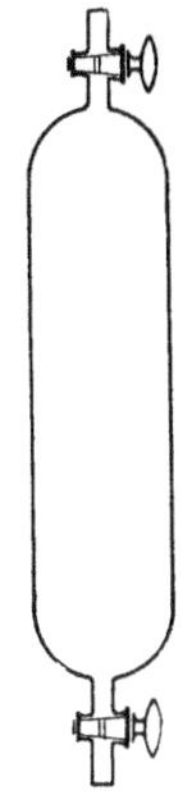

Abb. 132 Gassammelrohr

Die Gasprobe muß unmittelbar aus dem Gasstrom entnommen werden. Proben aus toten Ecken geben falsche Resultate. Bei stark staubhaltigen Gasen wird die Sonde vor Entnahme der Probe mit Glaswolle beschickt, um den Staub beim Ansaugen zurückzuhalten.

Schwierig ist die Probenahme von sehr heißen Gasen. Hierbei kann keine Metallsonde verwendet werden, da Umsetzungen zwischen Gas und Sondenmaterial stattfinden könnten. Man verwendet dann entweder ein wassergekühltes Entnahmerohr oder ein Schamotterohr. Bei ersterem müssen die Gase langsam angesaugt und langsam gekühlt werden.

Bei Rohrleitungen, in denen Unterdruck herrscht, kann es Schwierigkeiten bereiten, eine luftfreie Probe zu erhalten. Man verbindet in diesem Falle das Gassammelrohr durch die obere Kapillare mit einem T-Stück aus Kapillarrohr, dessen zweiter Schenkel mit der Gasleitung in Verbindung gebracht wird. An den dritten Schenkel schaltet man einen Aspirator und saugt nun mit dessen Hilfe die Rohrleitung luftfrei.

Literatur. Wärmetechn. Lehrblätter, Teil 1/2, Chem. Gasanalyse. Düsseldorf: Stahleisen 1960.

2. Handapparate für die Gasanalyse

a) Die Hempel-Bürette

Abb. 133 Gasbürette nach HEMPEL-WINKLER

Die HEMPELsche Gasbürette war der erste brauchbare Apparat zur Untersuchung von Gasen. Sie besteht aus einer graduierten Meßbürette (s. Abb. 133), welche am oberen Ende in eine Kapillare ausmündet. Diese ist durch Hähne verschlossen. Der Hahn am Fuß der Meßbürette ist durch einen Gummischlauch mit einem Niveaurohr verbunden. Zur Durchführung der Messung füllt man die Meßbürette durch Heben des Niveaurohres mit der Absperrflüssigkeit, bestehend aus einer 25proz. Kochsalzlösung, welche mit Schwefelsäure eben angesäuert ist. Die Gassammelröhre mit der Gasprobe wird durch einen vorher auf dem Gummischlauch aufgesetzten Bügel aus Kapillarglas, welcher mit Wasser gefüllt ist, durch ein Stückchen Gummischlauch (Glas an Glas) verbunden. Das untere Ende der Gassammelröhre taucht in ein Gefäß mit Absperrflüssigkeit. Man öffnet nun nacheinander die Hähne an der Meßbürette und am Gassammelrohr und füllt die Meßbürette durch Senken des Niveaurohres mit etwas über 100 ml des zu untersuchenden Gases. Dabei steigt im Gassammelrohr die Flüssigkeit, welche den Abschluß gegen die Außenluft bewirkt, hoch. Nach dem Überführen des Gases in die Meßbürette schließt man alle Hähne und entfernt den Bügel mit der Gassammelröhre. Mit Hilfe des Niveaugefäßes wird nun die Gasmenge auf den Nullpunkt eingestellt, der Hahn am Fuße der Meßbürette geschlossen, sobald der Meniskus der Absperrflüssigkeit auf der Nullmarke steht und der Überdruck in der Meßbürette durch kurzes Öffnen des oberen Hahnes ausgeglichen ist. Nunmehr verbindet man die Meßbürette durch einen Kapillarbügel mit der Absorptionspipette, wobei darauf zu achten ist, daß die Verbindungskapillaren und der Verbindungsschlauch vollständig mit Absperrflüssigkeit gefüllt sind, und drückt das Gas durch Heben des Niveaurohres in die Absorptionspipette (Abb. 134), nachdem vorher der Quetschhahn geöffnet worden ist. Durch Schütteln der Absorptionsflüssigkeit wird der zu bestimmende Stoff aus dem Gasgemenge entfernt. Den Gasrest führt man durch Senken des Niveaurohres wieder in die Meßbürette zurück, bringt die Absperrflüssigkeit in der Absorptionspipette und im Niveaurohr auf gleiche Höhe und mißt die Menge des absorbierten Gases.

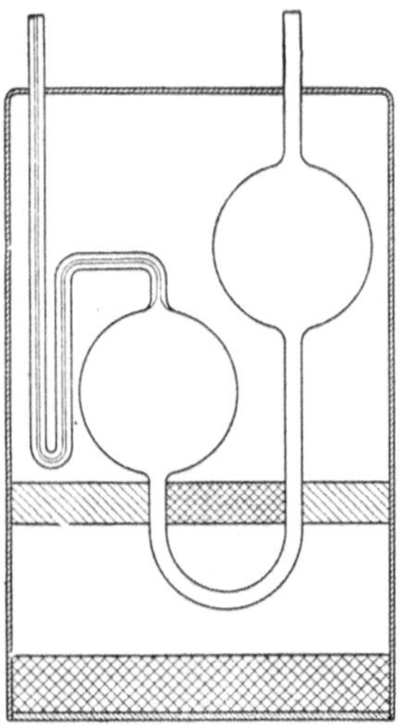

Abb. 134. Absorptionspipette

Durch geeignete Auswahl der Absorptionsmittel gelingt es, die verschiedenen Bestandteile der Gasgemische nacheinander zu absorbieren.

b) Die Bunte-Bürette

Die in Abb. 135 dargestellte Bunte-Bürette gleicht im Prinzip der Hempel-Bürette. Sie unterscheidet sich von dieser dadurch, daß die Absorption des festzustellenden Gasanteiles in der Meßbürette selbst vorgenommen werden kann. Sie eignet sich zur Feststellung der Zusammensetzung von Leuchtgas, Generatorgas, Feuerungsabgasen usw. Ihre Arbeitsweise ist folgende:

Zunächst werden die Bürette, beide Bohrungen des Hahnes *a* sowie die Ansaugkapillare des Hahnes durch Heben des Niveaugefäßes vollständig mit der Absperrflüssigkeit gefüllt. Als Absperrflüssigkeit dient die bereits erwähnte Kochsalzlösung oder eine 20proz. Natriumsulfatlösung. Bei sehr genauen Untersuchungen oder bei solchen, bei denen ein wäßriges Medium vermieden werden muß (Salzsäuregehalt, N_2O_3 usw.), verwendet man Quecksilber. Ein Glycerinwassergemisch (1 + 1) ist ebenfalls vorgeschlagen worden.

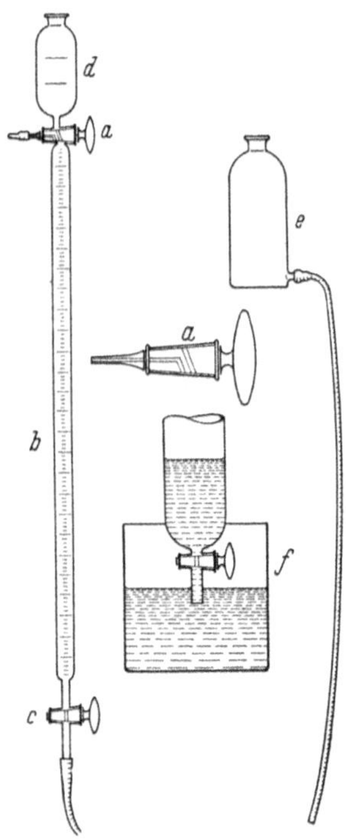

Abb. 135. Gasbürette nach Bunte

Das Gefäß mit dem entnommenen Gas wird an die Kapillare des Hahnes *a* angeschlossen und die Meßbürette *b* durch Senken des Niveaugefäßes *e* mit etwas über 100 ml des Gases gefüllt. Jetzt stellt man das Niveau durch Senken der Niveauflasche auf 100,2 ml ein, schließt den Hahn *c* und beseitigt den Überdruck des Gases durch Öffnen des Hahnes *a*. Nach der genauen Einstellung der Gasmenge auf 100 ml wird bei geschlossenem Hahn *a* durch Senken des Niveaugefäßes bei geöffnetem Hahn *c* die Absperrflüssigkeit aus der Meßbürette so weit entfernt, daß nur noch eine kleine Spur darin zurückbleibt, und der Hahn *c* wieder geschlossen. In einem Schälchen *f* hält man nun die vorbereitete Absorptionslösung unter die Kapillare des Hahnes *c*, öffnet diesen und läßt eine gewisse Menge des Absorptionsmittels einsaugen. Durch mehrmaliges Umschütteln wird die Absorptionslösung mit dem Gasgemisch in Berührung gebracht. Sodann bringt man durch den Hahn *c* weitere Absorptionsflüssigkeit aus dem Schälchen in die Bürette und schüttelt nochmals.

Inzwischen hat man das Aufsatzgefäß *d* mit Absperrflüssigkeit gefüllt; durch Stellung des Hahnes *a* läuft eine gewisse Menge der Flüssigkeit aus dem Aufsatzgefäß in die Bürette — entsprechend dem absorbierten Gasvolumen. Der Hahn *a* wird geschlossen und die Absorptionsflüssigkeit durch Senken eines zweiten angeschlossenen Niveaugefäßes und Öffnen des Hahnes *c* aus der Meßbürette entfernt. Der Hahn *c* wird geschlossen, und durch *d* wird weitere Absperrflüssigkeit in die Bürette gegeben. Dies wiederholt man so lange, bis die Absorptionsflüssigkeit restlos entfernt ist, schließt dann das ursprüngliche Niveaugefäß an die Bürette an, öffnet den Hahn *c* und läßt die Absperrflüssigkeit in die Bürette einfließen. Bei geöffnetem Hahn *c* wird nun das Niveau in der Meßbürette und im Niveaugefäß durch Heben oder Senken des letzteren gleichgestellt und die absorbierte Menge des Gases abgelesen.

Hiernach kann sich die Absorption mit einem weiteren Absorptionsmittel anschließen.

Literatur. J. Gasbeleuchtung Bd. 20 (1877) S. 447.

c) Der Orsat-Apparat

Die ORSAT-Apparate werden in verschiedenen Ausführungen hergestellt, ihr Arbeitsprinzip ist jedoch stets dasselbe. Abb. 136 stellt einen solchen modernen ORSAT-Apparat dar.

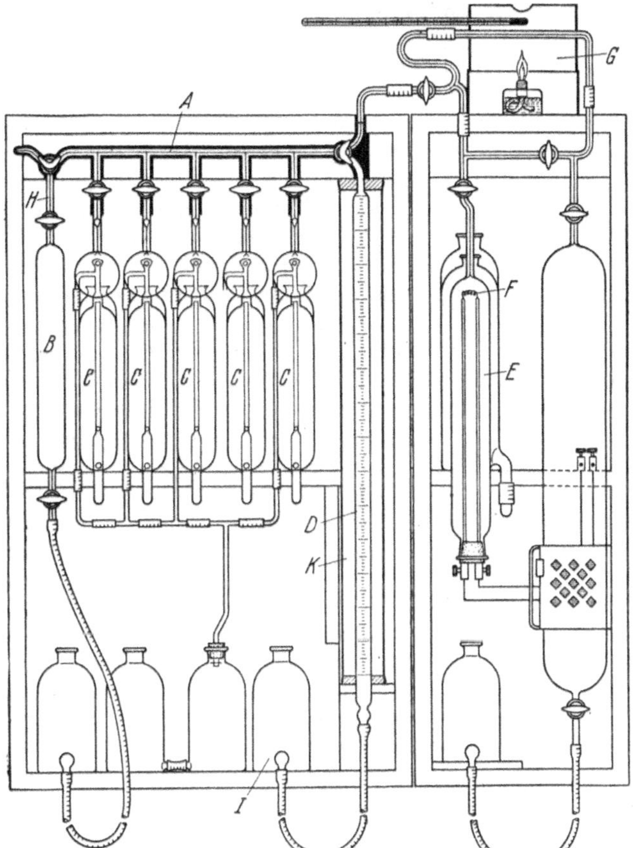

Abb. 136. ORSAT-Apparat nach FRIEDRICHS

A Hahnkapillare; *B* Gassammelrohr; *C* Absorptionsgefäße; *D* Meßbürette; *E* Verbrennungspipette; *F* Platinspirale; *G* Verbrennungsofen; *H* Gaszuleitung; *J* Ausgleichsflasche; *K* Wassermantel

Beim ORSAT-Apparat, dessen Aufbau sich an den der HEMPEL-Bürette anlehnt, sind sämtliche Teile auf einem Rahmen montiert. Die verschiedenen Absorptionspipetten sind durch Hähne und Kapillaren sowohl miteinander als auch mit der Meßbürette verbunden. Diese ist zur Einstellung einer gleichmäßigen Temperatur mit einem Wasserkühlmantel versehen. Das Gas wird, wie bei der HEMPEL-Bürette beschrieben, abgemessen und durch Öffnen der entsprechenden Hähne in die erste Absorptionspipette gebracht. Die innige Mischung des Gases mit der Absorptionsflüssigkeit wird durch Heben und Senken des Niveaugefäßes bewirkt. Dann wird das Gas in die Meßbürette zurückgeführt und die Volumenverminderung abgelesen. Anschließend erfolgt das gleiche in der zweiten Absorptionspipette und so fort in der dritten und vierten, je nachdem, wieviel Gasbestandteile bestimmt werden sollen. Bei den meisten ORSAT-Apparaten wird das Gas durch die Absorptionsflüssigkeit hindurchgedrückt und auf diese Weise intensiv ausgewaschen. Zur Verbesserung des Wascheffektes sind die Absorptionspipetten oft mit Glaskügelchen oder kleinen Glasringen gefüllt, durch deren Zwischenräume das Gas hindurchstreicht.

Der abgebildete ORSAT-Apparat enthält außerdem einen elektrisch beheizbaren Platindraht zur Verbrennung von Gasgemischen. — Die Teilung der Meßbüretten soll in $^1/_{10}$ ml durchgeführt sein.

3. Automatische Apparate für die Gasanalyse

Neben den Handapparaten sind von einer Reihe von Firmen automatische Apparate konstruiert und auf den Markt gebracht worden, deren genaue Beschreibung hier zu weit gehen würde. Im folgenden sind Beschreibungen einiger Apparate ohne Anspruch auf Vollständigkeit gegeben. Diese Apparate sind konstruiert worden einmal zur laufenden Untersuchung von Gasströmen und zum anderen zur Anzeige von explosiven oder gesundheitsgefährdenden Stoffen in der Luft. Im letzteren Falle können sie mit Signalanlagen gekoppelt sein.

Der *Mono-Rauchgasprüfer* der Firma Maihak, Hamburg, eignet sich zur Bestimmung von Kohlendioxyd und schwefliger Säure. Das Gas wird durch eine elektrische oder Wasserstrahlpumpe angesaugt und durch eine Absorptionslösung hindurchgedrückt, wobei die zu messenden Gase absorbiert werden. Nach der Absorption wird das noch vorhandene Gasvolumen gemessen und mit einem automatischen Schreiber aufgezeichnet. Zur Bestimmung des Sauerstoffes wird an Stelle der Absorptionsflasche eine Verbrennungsapparatur verwendet, welche ein Rohr mit Kupferspänen oder einer Kupferspirale enthält. Außerdem können mit diesem Apparat noch die Gehalte an Wasserstoff, Kohlenoxyd, Methan, Salzsäure, Chlor usw. bestimmt werden.

Einen ähnlichen Apparat zur Bestimmung kleiner Mengen von Kohlenoxyd und Kohlenwasserstoffen in der Luft hat die Firma Dräger, Lübeck, herausgebracht. Er beruht auf der Bestimmung der Wärmetönung bei der Oxydation des Kohlenoxyds über einem Katalysator. Die starke Temperaturerhöhung dieser Reaktion wird entweder an einem Thermometer unmittelbar abgelesen oder aber mit Hilfe eines Kontaktthermometers über eine Alarmanlage geführt. Die Apparatur gestattet die Bestimmung des Kohlenoxyds bis zu einem Gehalt von 0,002%.

Die Firma Hartmann u. Braun, Frankfurt a. M., hat einen Kohlenoxyd- und Wasserstoffmesser herausgegeben, welcher ebenfalls auf dem Prinzip der Bestimmung der Oxydationswärme beruht.

Zur Bestimmung des Kohlendioxydgehaltes hat die Firma Siemens u. Halske, Werner-Werk für Meßtechnik, Karlsruhe, einen elektrischen Gasprüfer herausgebracht, welcher auf der elektrischen Messung des Wärmeleitfähigkeitsunterschiedes des Kohlendioxyds gegen Luft beruht. Die Bestimmung von Kohlenoxyd und Wasserstoff erfolgt durch elektrische Messung der Verbrennungswärme.

Nach dem Prinzip der Änderung der Wärmeleitfähigkeit arbeiten auch die Apparate der Firma Hartmann u. Braun, Frankfurt a. M., zur Bestimmung von Kohlendioxyd.

Das Gerät der AEG, Frankfurt a. M., beruht auf einem ähnlichen Prinzip und ist mit einer Fallrohrpumpe ausgestattet.

Ein anderes Prinzip verfolgt der Gasanzeiger, System Severin, von der Firma Hermann Severin, Gütersloh, der für die Kontrolle der Dichtigkeit von Fern- und Stadtgasleitungen konstruiert wurde. Seine Arbeitsweise beruht darauf, daß eine Kontaktmasse beim Darüberstreichen eines Gemisches aus brennbarem Gas und atmosphärischer Luft das Gas katalytisch oxydiert. Die bei der Oxydation entwickelte Wärme wird gemessen.

Die gleiche Firma hat einen Gasanzeiger nach dem Diffusionsprinzip gebaut. Zwischen 2 Kammern, die durch eine poröse Scheidewand getrennt sind und von denen die eine mit Frischluft und die andere mit dem zu untersuchenden Gas gefüllt ist, besteht so lange ein Druckunterschied, bis sich in beiden Kammern das spezifisch schwerere mit dem leichteren Gase durch Diffusion ausgeglichen hat. Die Druckdifferenz zwischen den beiden Kammern wird gemessen.

Auch die Geräte der chromatographischen Gasanalyse (s. B II, 3d), S. 1229) müssen in diesem Zusammenhang erwähnt werden. S. DIETZE benutzt z. B. einen BECKMAN-Gaschromatographen zur routinemäßigen Stadtgasanalyse, der mit zwei parallelgeschalteten Trennrohren ausgerüstet ist. Das eine, eine LINDE-Molekularsieb-Kolonne, dient zur Trennung von Wasserstoff, Sauerstoff, Stickstoff, Methan und Kohlenmonoxyd, das andere, eine Silicagel-Kolonne, zur Trennung von Kohlendioxyd, Äthan, Äthylen, Propan und gegebenenfalls Propylen. Als Trägergas dient Helium. Die Auswertung der Chromatogramme erfolgt mit Eichproben (Beckman Report 1959, Heft 3, S. 3).

4. Die Bestimmung der Zusammensetzung von Feuerungs- und Generatorengasen

Die Wärmeausbeute bei der Verbrennung von festen, flüssigen und gasförmigen Brennstoffen ist dann am größten, wenn die Luftzufuhr so geregelt ist, daß ihr Sauerstoffgehalt gerade ausreicht, um sämtliche verbrennbaren Stoffe in Kohlendioxyd und Wasser zu verwandeln. Ist die zugeführte Luftmenge zu klein, so enthält das Abgas neben Kohlendioxyd noch Kohlenoxyd, dessen Verbrennungswärme verlorengeht; ist die Luftmenge zu groß, so ist die Verbrennung zwar vollkommen, aber die überschüssige Menge an Sauerstoff und Stickstoff muß ebenfalls auf die Gastemperatur erhitzt werden, wodurch eine gewisse Menge Energie verlorengeht. Die Kontrolle der Feuerungsgase spielt daher, insbesondere bei Kesselanlagen, eine bedeutende Rolle. Bei großen Anlagen erfolgt sie durch automatische Registrierapparate (s. S. 1212). Diese müssen aber stets durch Handmessungen mit dem ORSAT-Apparat auf die Genauigkeit ihres Arbeitens geprüft werden. Solche Kontrollen werden folgendermaßen durchgeführt:

a) Kohlendioxyd

Von dem zu untersuchenden Gas werden mit dem ORSAT-Apparat 100 ml abgesaugt, wobei als Sperrflüssigkeit zweckmäßig eine Lösung von Natriumchlorid (320 g/l) verwendet wird, weil in dieser Lösung Kohlendioxyd erheblich weniger löslich ist als in reinem Wasser. Das abgemessene Volumen wird durch eine Absorptionspipette, welche mit Kalilauge (300 g/l) gefüllt ist, mehrmals hindurchgedrückt, wobei das gesamte Kohlendioxyd absorbiert wird. Die absorbierte Menge a wird an der Meßbürette abgelesen.

Bei der Bestimmung des Kohlendioxydgehaltes in Rauchgasen werden nicht nur das Kohlendioxyd, sondern auch Schwefeldioxyd und Schwefelsäuredämpfe absorbiert und als Kohlendioxyd gemessen.

b) Schwere Kohlenwasserstoffe

Zu ihrer Absorption leitet man die nach der Absorption des Kohlendioxyds verbliebene Restgasmenge mehrmals durch eine Absorptionspipette, welche mit rauchender Schwefelsäure (20proz. Oleum) gefüllt ist. An Stelle des Oleums kann auch gesättigtes Bromwasser verwendet werden. Da sowohl dieses als auch das Oleum einen erheblichen Dampfdruck besitzen, müssen die in die Gasphase übergegangenen Schwefeltrioxyd- bzw. Bromdämpfe nach der Absorption der Kohlenwasserstoffe durch Waschen in der Kaliumhydroxydpipette wieder entfernt werden. Die nach der Absorption abgelesene Menge des absorbierten Gases sei *b*; dann ist *b* — *a* die Menge der vorhandenen schweren Kohlenwasserstoffe.

c) Sauerstoff

Hieran schließt sich die Bestimmung des Sauerstoffgehaltes. Zu diesem Zweck drückt man das noch vorhandene Gas in ein Absorptionsgefäß, das mit gelbem Phosphor beschickt ist. Der in dem Gasgemisch vorhandene Sauerstoff oxydiert den Phosphor zu Phosphorsäure und wird dadurch gebunden. Es ist darauf zu achten, daß das Gasgemisch bei dieser Reaktion eine Temperatur von mindestens 15 bis 20° hat, da sonst die Umsetzung zu lange dauert. Der Beginn der Oxydation ist daran zu erkennen, daß sich in dem Gefäß weiße Nebel bilden, die nach und nach von dem Wasser aufgenommen werden. Auch diese Umsetzung wird mehrmals durchgeführt, und zwar so lange, bis das Gasvolumen konstant bleibt. Die Menge des vorhandenen Sauerstoffes wird in der Meßbürette bestimmt. Die absorbierte Gasmenge ist nunmehr *c*. Der Sauerstoffgehalt errechnet sich aus *c* — *b*.

An Stelle des gelben Phosphors kann als Absorptionsmittel auch eine alkalische Pyrogallollösung verwendet werden. Diese wird hergestellt durch Mischen von einem Teil einer wäßrigen Pyrogallollösung (300 g/l) und 3 Teilen einer Kaliumhydroxydlösung (200 g/l).

Die Firma Union-Apparatebaugesellschaft, Karlsruhe/Baden, liefert eine Absorptionslösung „O_2-Multirapid", welche wesentlich reaktions- und aufnahmefähiger als Pyrogallol ist.

d) Kohlenoxyd

Für die Bestimmung des Kohlenoxydgehaltes in den Abgasen wird eine Absorptionspipette verwendet, die mit einer ammoniakalischen Kupfer(I)-chloridlösung gefüllt ist. Diese stellt man durch Lösen von 200 g Kupfer(I)-chlorid und 250 g Ammoniumchlorid in 750 ml Wasser her. 3 Teile dieser Lösung versetzt man mit einem Teil Ammoniak (0,91). Man schützt sie durch Einhängen einiger Kupferblechstreifen oder Kupferdrahtspiralen vor Oxydation durch den Luftsauerstoff. Die nach der Absorption des Sauerstoffes verbliebene Gasmenge wird so oft durch die ammoniakalische Kupfer(I)-chloridlösung gedrückt, bis das abgelesene Volumen in der Meßbürette konstant ist, wobei vor jeder Ablesung eine Wegnahme der Ammoniak- bzw. Chlorwasserstoffdämpfe stattfinden muß.

Verwendet man für die Absorption des Kohlenoxyds zunächst Absorptionspipetten, die mit bereits gebrauchter Kupfer(I)-chloridlösung beschickt sind, so müssen die letzten Absorptionen jedenfalls mit frisch hergestellter Absorptionslösung ausgeführt werden. Der Kohlenoxydgehalt ergibt sich dann aus der abgelesenen Gasmenge *d*, abzüglich der früher abgelesenen Menge *c*.

Die Absorption des Kohlenoxyds kann auch mit Hilfe von in Oleum suspendiertem Jodpentoxyd erfolgen (10 g Jodpentoxyd in 100 g 10proz. Oleum). Die Umsetzung erfolgt nach der Gleichung:

$$J_2O_5 + 5CO = 5CO_2 + J_2$$

Wie aus der Gleichung ersichtlich ist, entsteht bei dieser Reaktion eine äquivalente Menge Kohlendioxyd. Wird dieses nach der Oxydation mit Jodpentoxyd durch Waschen mit Kalilauge in der Absorptionspipette entfernt, so ergibt sich der Kohlenoxydgehalt dann aus der Kontraktion nach der Kohlendioxydabsorption.

e) Wasserstoff und Methan

Die Bestimmung dieser beiden Gase wird durch Verbrennen und anschließende Ermittlung der Kontraktion sowie der Absorption des gebildeten Kohlendioxyds ausgeführt. Die Verbrennung kann entweder durch fraktionierte Oxydation mit erhitztem Kupferoxyd oder durch gemeinsames Verbrennen mit Sauerstoff oder Luft an einer Platinspirale erfolgen.

Bei der fraktionierten Oxydation des Wasserstoffes wird das Verbrennungsröhrchen, welches Kupferoxyd enthält, auf 275 bis 290° erhitzt. Man leitet das Gas so lange durch das Röhrchen, bis keine Abnahme des Gasvolumens mehr erfolgt, und stellt nach der Abkühlung der Apparatur die Kontraktion fest. Da das bei der Verbrennung entstehende Wasser sich niederschlägt, entspricht der Gehalt an Wasserstoff dem Unterschied zwischen Anfangs- und Endvolumen.

Das Verbrennen des *Methans* erfolgt gleichfalls durch Überleiten über Kupferoxyd, und zwar bei heller Rotglut (etwa 900°). Nach beendeter Verbrennung wird das Gas bei schwacher Rotglut noch einige Male durch das Verbrennungsröhrchen geleitet und dann das gebildete Kohlendioxyd nach dem Abkühlen durch Kalilauge absorbiert. Da bei der Verbrennung aus 1 Vol. Methan 1 Vol. Kohlendioxyd entsteht, entspricht die Kontraktion nach der Absorption dem Methangehalt.

Wasserstoff und Methan lassen sich auch gemeinsam nach dem Zuführen von Sauerstoff oder Luft über einer kirschrot glühenden Platinspirale oder über Platinasbest verbrennen. Die Gleichungen

$$2\,H_2(2\,\text{Vol.}) + O_2(1\,\text{Vol.}) = 2\,H_2O\,(0\,\text{Vol.})$$
$$CH_4(1\,\text{Vol.}) + 2\,O_2(2\,\text{Vol.}) = 2H_2O\,(0\,\text{Vol.}) + CO_2(1\,\text{Vol.})$$

zeigen, daß bei dem Verbrennen von Wasserstoff 3 Volumina Gas 2 Volumina Wasser, das sich niederschlägt, ergeben. Der Wasserstoffgehalt ist demnach bei Abwesenheit von Methan gleich $^2/_3$ der eingetretenen Kontraktion. Bei dem Verbrennen des Methans entsteht aus 1 Vol. Methan 1 Vol. Kohlendioxyd, so daß der Methangehalt gleich dem Kohlendioxydvolumen ist. Bei gleichzeitiger Anwesenheit von Wasserstoff und Methan ist demnach die nach dem Verbrennen eingetretene Kontraktion sowie die Menge des gebildeten Kohlendioxyds durch Absorption zu bestimmen. Der Methangehalt entspricht dann der Menge des entstandenen Kohlendioxyds.

Die Wasserstoffkontraktion entspricht der Gesamtkontraktion minus 2 mal Kohlendioxydvolumen, da die zu subtrahierende Methankontraktion dem doppelten Kohlendioxydvolumen gleich ist. Der Wasserstoffgehalt beträgt $^2/_3$ dieses Wertes. Bei der Verbrennung ist darauf zu achten, daß Sauerstoff in ausreichendem Überschuß zugegen ist.

Literatur. Handbuch für das Eisenhüttenlaboratorium Bd. I (1939) S. 244/45.

5. Besondere Bestimmungen

a) Die Bestimmung des Wassergehaltes

α) In Gegenwart von reinem Wasserdampf

Um den Wassergehalt in Gasen und Abgasen zu bestimmen, leitet man das Gas zunächst durch ein Glaswollefilter, das mindestens die Temperatur des Gases besitzt, um eine Kondensation zu vermeiden. Ein Wattefilter ist für diesen Zweck wenig geeignet. Das vom Staub und gegebenenfalls Teer gereinigte Gas wird durch einen gewogenen Calciumchloridturm oder ein Calciumchloridrohr geführt. Dahinter schaltet man ein U-Rohr, das mit Phosphor(V)-oxyd gefüllt ist bzw. mit Phosphor(V)-oxyd, das durch Glaswolle aufgelockert ist, und anschließend daran eine mit Schwefelsäure (1,84) gefüllte Waschflasche. Diese dient dazu, das

Zurückdiffundieren von Wasserdampf aus der Gasuhr bzw. der Absaugevorrichtung zu verhindern, mit der die Gasmenge gemessen wird. Je nach dem Wassergehalt des Gases läßt man von diesem 5 bis 10 l durch die Apparatur hindurchstreichen und wägt dann das Calciumchloridrohr und das Phosphor(V)-oxyd-U-Rohr zurück. Man erhält so den Wassergehalt bei der Wassertemperatur im Gasmesser.

β) In Gegenwart von Wassernebeln

Enthält das Gas außer Wasserdampf auch noch Wassernebel, so ist die Entnahme der Probe mit einem dem Gasstrom entgegengerichteten Entnahmerohr mit derselben Geschwindigkeit, welche das Gas in der Rohrleitung besitzt, durchzuführen. Man führt das Gas zunächst durch einen mit Glaswolle gefüllten Turm und anschließend durch die bei α) angegebene Apparatur hindurch und wägt nach dem Absaugen der entsprechenden Gasmenge das Calciumchlorid- und das Phosphor(V)-oxydrohr, welche einen Teil des Wassers enthalten. Sodann bringt man die Glaswolle aus dem Trockenturm in eine Destillationsapparatur, spült Ansaugrohr und Turm mit Xylol aus und destilliert das Wasser aus der Glaswolle samt dem im Spülxylol enthaltenen Anteil mit Xylol ab; es wird durch Messen in einem graduierten Zylinder bestimmt. Man erhält so durch Addition der einzelnen Werte den Gesamtwassergehalt des Gases bei der Meßtemperatur. Das Xylol muß vorher mit Wasser gesättigt sein.

Beide Verfahren sind nur in Abwesenheit von SO_3- bzw. H_2SO_4-Nebeln anwendbar.

b) Die Bestimmung des Schwefeldioxyd- und -trioxydgehaltes

α) Der Gesamtgehalt

Der Gesamtgehalt an Schwefeldioxyd und Schwefeltrioxyd spielt sowohl bei Feuerungsgasen als auch bei den Abgasen der Schwefelsäurefabriken eine Rolle; er wird wie folgt bestimmt:

Man beschickt zwei hintereinandergeschaltete Waschflaschen mit je 25 ml n/10-Kali- oder Natronlauge, der man zur Oxydation des Schwefeldioxyds 10 ml 3proz. Wasserstoffperoxydlösung hinzugegeben hat. Durch diese, zweckmäßig mit einem SCHOTTschen Glasfrittefilter (Nr. 4) versehenen Waschflaschen saugt man nun in langsamem Strom, je nach der Menge des zu erwartenden Schwefeldi- und -trioxydgehaltes, eine abgemessene Menge des zu untersuchenden Gases. Die Gasmenge kann zwischen 5 bis 50 l schwanken. Nach Beendigung des Durchsaugens wird die eingestellte Lauge mit n/10-Salzsäure unter Verwendung von Methylorange oder Bromkresolgrün als Indicator zurücktitriert. Zur Kontrolle kann in der titrierten Lösung der Gesamtsulfatgehalt durch Fällen mit Bariumchloridlösung und Auswägen des Bariumsulfats bestimmt werden.

β) Der Gehalt an Schwefeldioxyd

Man ermittelt ihn meist wie folgt: Es werden eine Waschflasche mit 10 ml $^1/_{10}$-gasnormaler Jodlösung und 50 ml Wasser und eine nachgeschaltete zweite Waschflasche mit 5 ml $^1/_{10}$-gasnormaler Natriumthiosulfatlösung und 50 ml Wasser beschickt. Durch diese Lösungen saugt man ein bestimmtes Gasvolumen, das mit Hilfe des Aspirators oder einer Gasuhr gemessen wird, und gibt nach Beendigung des Durchsaugens weitere 5 ml $^1/_{10}$-gasnormale Jodlösung in die erste Waschflasche. Dann werden die Lösungen beider Waschflaschen vereinigt. Bei dieser Art der Durchführung der Untersuchung ist auf jeden Fall ein Überschuß an Jod vorhanden. Er wird nunmehr mit der eingestellten $^1/_{10}$-gasnormalen Natriumthiosulfatlösung unter Zugabe einiger Tropfen Stärkelösung zurücktitriert.

Die zweite Waschflasche mit Natriumthiosulfatlösung ist notwendig, da das Jod einen nicht unbeträchtlichen Dampfdruck besitzt, so daß beim Durchsaugen größerer Gasmengen Jodverluste eintreten.

Bemerkung. Bei Gasen mit höheren Schwefeldioxydgehalten (über 1%) benutzt man die Apparatur nach REICH (s. Abb. 137):

In eine Waschflasche gibt man 10 ml einer 1 n- bis $^1/_{10}$-gasnormalen Jodlösung (s. Kapitel Lösungen, S. 1439) mit 30 ml Wasser und saugt mit Hilfe eines Aspirators so lange das Gas durch die mit einigen Tropfen Stärkelösung angefärbte Jodlösung, bis eben Entfärbung eintritt. Die abgelaufene Wassermenge wird an der Meßbürette abgelesen.

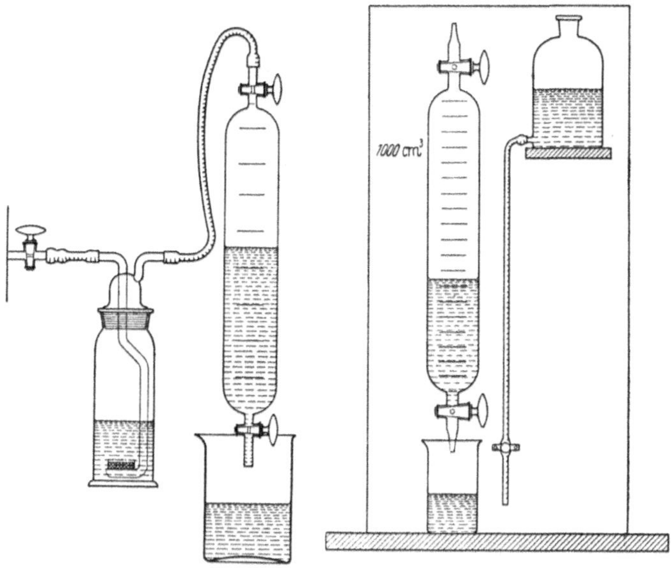

Abb. 137. Apparat zur SO_2-Bestimmung nach REICH

Der Schwefeldioxydgehalt berechnet sich bei Verwendung einer $^1/_1$-gasnormalen Jodlösung nach der Gleichung:

$$\frac{\text{Verbrauchte ml n-Jodlösung} \cdot 100}{\text{ml Wasser}} = \text{Vol.-\% } SO_2$$

Da nach der Gleichung: $SO_2 + J_2 + H_2O = H_2SO_4 + 2\,HJ$ für $^1/_2$ Mol SO_2 1 Mol Jod benötigt wird, braucht man zur Herstellung einer $^1/_1$-gasnormalen Jodlösung je Liter = 11,332 g Jod und entsprechend zur Herstellung einer $^1/_{10}$-gasnormalen Natriumthiosulfatlösung 22,16 g Natriumthiosulfat.

Bei ganz genauen Messungen mit dem REICHschen Apparat ist, wie vorhin ausgeführt, die Nachschaltung einer zweiten Waschflasche mit $^1/_1$-gasnormalen Natriumthiosulfatlösung und Rücktitration mit Jodlösung notwendig sowie die Umrechnung der abgesaugten Gasmenge auf Normalbedingungen unter Berücksichtigung des Volumens des absorbierten SO_2 (s. Kap. Schwefel, S. 668).

c) Die Bestimmung des Chlorwasserstoffgehaltes

Man saugt eine bestimmte Menge des Gases, entsprechend einer Chlorwasserstoffmenge von etwa 100 mg, durch eine Lösung von chloridfreiem Natriumhydroxyd (100 g/l), säuert die Lösung nach Beendigung des Durchsaugens mit verdünnter Salpetersäure an, kocht sie zur Oxydation etwa vorhandenen Schwefelwasserstoffes kurz auf und titriert das Chlorion nach VOLHARD oder MOHR mit Silbernitratlösung, von der 1 ml 3,647 mg Chlorwasserstoff entspricht.

d) Die Bestimmung des Fluorgehaltes

Sie ist von besonderer Wichtigkeit, da die Fluorwasserstoffsäure nicht nur die Apparaturen zur Weiterverarbeitung der Gase sehr stark angreift, sondern auch erhebliche Rauchschäden hervorruft.

α) *Bei Abwesenheit von schwefliger Säure und Schwefelsäure*

Zur Absorption der Fluorverbindungen werden 200 bis 300 ml Natronlauge (200 g/l) auf 2 Waschflaschen mit Glasfrittefilter (Nr. 4) verteilt; dann wird eine abgemessene Menge der Gase durchgesaugt, welche voraussichtlich einen Fluorgehalt zwischen 10 und 250 mg aufweist. Darauf neutralisiert man die das gesamte Fluor enthaltende Lösung mit Salpetersäure gegen Methylorange bis eben auf Rosa und fällt das Fluor mit 100 ml Bleichloronitratlösung (s. unten). Der Niederschlag wird nach dem Absitzen auf einen Glasfiltertiegel abfiltriert, mit möglichst wenig einer gesättigten Bleichlorofluoridlösung (s. unten) ausgewaschen, wieder in das Becherglas zurückgespritzt und in 50 ml heißer Salpetersäure (1 + 1) gelöst. In der mit Wasser verdünnten Lösung wird das Chlor mit n/10-Silbernitratlösung nach VOLHARD titriert.

1 ml n/10-Silbernitratlösung entspricht 1,9 mg Fluor.

Die *Bleichloronitratlösung* bereitet man durch Lösen von 20,5 g Bleinitrat und 3,3 g Ammoniumchlorid in 1 l Wasser.

Die *Bleichlorofluoridlösung* wird hergestellt durch Lösen von 4 g Natriumfluorid in 500 ml Wasser. Nach dem Ansäuern mit Salpetersäure gibt man diese Lösung zu 2 l der obigen Bleichloronitratlösung, filtriert das ausgefällte Bleichlorofluorid ab, wäscht es mit Wasser aus und schüttelt es in Wasser bis zur Sättigung. Diese gesättigte Lösung von Bleichlorofluorid dient als Waschwasser.

Genauigkeit. 2.

Dauer. 8 bis 10 Std.

β) *In Gegenwart von schwefliger Säure und Schwefelsäure*

Enthalten die Gase schweflige Säure und Schwefelsäure, z. B. bei dem Rösten von Zinkblende, so arbeitet man wie folgt:

In die Natriumhydroxydlösung, welche die in den Abgasen vorhandene Menge an Fluorwasserstoff, schwefliger Säure und Schwefelsäure enthält, gibt man zur Oxydation der schwefligen Säure eine entsprechende Menge Perhydrol und neutralisiert dann die alkalische Lösung unter guter Kühlung mit Schwefelsäure. Sie wird nun in eine Destillationsapparatur gebracht, mit 150 ml Schwefelsäure (1,84) und 10 g vorher mit Schwefelsäure (1,84) ausgekochtem und daher fluorfreiem, feingepulvertem Quarzsand versetzt, so daß sich der in der Lösung vorhandene Fluorwasserstoff mit der Kieselsäure zu Kieselfluorwasserstoffsäure umsetzen kann. Diese destilliert man durch Einleiten von überhitztem Wasserdampf in die Vorlage über, bis schließlich eine Temperatur von 150° erreicht ist. Die Menge des Destillates soll etwa 800 ml betragen. Nach dem Ausspülen des Kühlers neutralisiert man die Kieselfluorwasserstoffsäure im Destillat mit einigen Tropfen Natronlauge, bringt die Lösung nach dem Einengen auf etwa 50 ml in einen 500 ml-PHILIPPS-Becher und fällt das Fluor nach dem Neutralisieren mit Salpetersäure als Bleichlorofluorid, wie oben angegeben.

Genauigkeit. 2.

Dauer. 8 Std.

Literatur. WILLARD, H. H., u. WINTER: J. Ind. Engng. Chem. analyt Edit. 5. 7. 1933. — J. FISCHER u. H. PEISKER: Z. analyt. Chem. Bd. 95 (1933) S. 225—235.— Siehe auch Fluorbestimmung, Kapitel Kalium, S. I/ 342.

γ) Photometrisch

Man gibt in eine Waschflasche 25 ml 5proz. Natronlauge sowie 10 ml 3proz. Wasserstoffperoxydlösung und leitet eine abgemessene Menge Gas hindurch. Nach Beendigung der Gasentnahme verkocht man den Überschuß des Wasserstoffperoxyds und bestimmt das Fluor photometrisch mit Aluminium-Aurintricarbonsäure (s. Kapitel Zink, S. II/917).

V. Nachweis und Bestimmung schädlicher Gase in der Luft

Industrielle Abgase können Bestandteile enthalten, die sich schädigend auf den Organismus von Mensch, Tier und Pflanze auswirken. Deshalb ist für viele Hütten- und chemische Betriebe die Kontrolle der Luft auf schädliche Verunreinigungen notwendig.

1. Die Bestimmung der Schwefelverbindungen

Zur Bestimmung des relativen Gehaltes der Luft an Schwefelverbindungen und der Verteilung der schwefligen Abgase in der Atmosphäre hat W. Liesegang ein Verfahren angegeben, das insbesondere bei der Beurteilung von Rauchschäden gute Dienste leistet und als Bestimmungsverfahren bei vielen Werken laufend in Anwendung ist.

Das Verfahren besteht darin, daß in verschiedenen Entfernungen rund um den Betrieb Porzellanglocken auf 1 m hohe Stahlstöcke gesetzt werden; über die Glocken stülpt man Hülsen aus Filterpapier, die mit einer Lösung von 1 Teil Kaliumcarbonat in 1 Teil Wasser und 1 Teil Glycerin getränkt sind. Nach einer bestimmten Versuchszeit, die bis zu einem Monat ausgedehnt werden kann, meist aber auf nur 100 Std. abgestellt ist, werden die Papierhülsen abgenommen. Die an ihnen absorbierten Schwefelverbindungen werden mit Wasser herausgelöst; in der Lösung bestimmt man dann die Schwefelsäure durch Fällen mit Bariumchlorid als Bariumsulfat. Daneben werden durch Windmengenmesser Windrichtung und Windstärke festgelegt. Auf diese Weise erhält man ein gutes Bild über die Verteilung der Schwefelverbindungen in der Luft und kann außerdem bei Vorhandensein verschiedener gleichartiger Betriebe feststellen, welcher von ihnen die Schädigungen hervorgerufen hat bzw. welcher Verteilungsquotient für die Schäden zwischen den in Frage kommenden Betrieben vorliegt.

Literatur. Liesegang, W.: Gesundheits-Ing. Bd. 54 (1931) S. 705—709.

2. Die Bestimmung des Chlorwasserstoffgehaltes

Will man die relative Verteilung der Chlorwasserstoffsäure in der Atmosphäre ermitteln, so verfährt man auch nach dem Glockenverfahren von W. Liesegang (s. vorstehend) und bestimmt in dem wäßrigen Auszuge das Chlor-Ion als Silberchlorid nach dem Ansäuern mit Salpetersäure.

3. Die Bestimmung des Arsenwasserstoffgehaltes

a) Nachweis

Der Nachweis von Arsenwasserstoff in der Luft ist für alle diejenigen Betriebe von großer Wichtigkeit, welche Lauge- und Fällungsverfahren von arsenhaltigem Material durchführen, da der bekanntlich farb- und geruchlose Arsenwasserstoff eines der gefährlichsten und heimtückischsten Gifte darstellt. Eine *quantitative* Bestimmung des Arsenwasserstoffgehaltes der Luft kommt im allgemeinen nicht in Frage, da die tödliche Dosis bereits äußerst niedrig liegt (0,002 Vol.-% = 0,07 mg/l). Zum *qualitativen* Nachweis hängt man in den Gebäuden Streifen von Filterpapier auf, welche mit Quecksilber(II)-chloridlösung (besser noch Quecksilber(II)-bromid, da empfindlicher) getränkt sind. Diese Streifen färben sich bei den geringsten Anzeichen von Arsenwasserstoff hellgelb, bei größeren Mengen orangebraun und bei großen Mengen braun. Zeigen die Indicatorpapiere das Vorhandensein von Arsenwasserstoff an, so ist es ratsam, den Raum sofort zu räumen und gründlich zu durchlüften.

Störend auf diese Reaktion wirkt das Vorhandensein von Schwefelwasserstoff; dieser färbt die Indicatorpapiere ebenfalls. Die Färbungen lassen sich bei einiger Übung aber leicht unterscheiden, da die Färbung durch Schwefelwasserstoff mehr ins Braune geht. Außerdem kommen Arsenwasserstoff und Schwefelwasserstoff äußerst selten nebeneinander vor.

b) Quantitative Bestimmung

Man verfährt dazu in Anlehnung an die Methode von GUTZEIT wie folgt: Durch Tränken von Filterpapier mit einer Quecksilber(II)-bromidlösung (1 g/100 ml) wird ein Reagenzpapier hergestellt. Nach dem Trocknen, welches nicht unter Aufhängen erfolgen darf, da sonst infolge der Schwerkraftwirkung die Quecksilber(II)-bromidkonzentration im unteren Teil größer als im oberen wird, schneidet man das Papier in gleich große Streifen. Von diesen bringt man einen in ein trockenes Rohr und saugt eine gemessene Menge des zu untersuchenden Gases hindurch, wobei sich der Streifen, je nach dem Arsenwasserstoffgehalt, hellgelb-orange bis braun-orange färbt. Diese Färbung wird mit der von Vergleichsstreifen verglichen, die man folgendermaßen vorbereitet hat: Arsenigsäure-Lösungen mit bekanntem Arsengehalt werden mit arsenfreiem Zink und Schwefelsäure versetzt und erwärmt. Das dabei entstehende Gasgemisch von Wasserstoff und Arsenwasserstoff wird jeweils über einen Streifen des oben angegebenen Quecksilbersalzpapiers in einem Rohr gleichen Durchmessers mit der gleichen Geschwindigkeit wie das zu untersuchende Gas geleitet. Die Färbung dieser Streifen kann dann zur quantitativen Beurteilung des Arsenwasserstoffgehaltes dienen.

c) Prüfung von entarsenierten Gasen auf den Arsengehalt

Näheres s. Kapitel Schwefel, S. I/690.

4. Die Bestimmung des Schwefelwasserstoffgehaltes

Der *Nachweis* von Schwefelwasserstoff in der Luft ist im allgemeinen sehr einfach, da sich das Gas auch schon in sehr geringen Mengen durch seinen penetranten Geruch zu erkennen gibt. Die toxische Grenze liegt bei 0,01 Vol.-%. Man kann auch geringe Mengen Schwefelwasserstoff dadurch nachweisen, daß man mit Bleiacetat getränktes und dann getrocknetes Indicatorpapier aufhängt; dieses färbt sich schon durch Spuren Schwefelwasserstoff bräunlich bis schwarzbraun.

Halbquantitativ läßt sich der Schwefelwasserstoff durch das bekannte Gasspürgerät des Drägerwerkes, Lübeck, bestimmen, wenn man als Einsatz Bleiacetatpapier wählt und die Schwefelwasserstoffkonzentration durch Vergleichsproben ermittelt.

Zur *quantitativen* Bestimmung des Schwefelwasserstoffes saugt man eine mit der Gasuhr gemessene Luftmenge durch 25 ml schwach essigsaure Cadmiumacetatlösung (50 g/l). Nach Beendigung des Durchsaugens wird die gelbe Fällung des Cadmiumsulfids mit einer n/100-Jodlösung umgesetzt und das Ganze mit 20 ml Salzsäure (1 + 1) angesäuert. Der Jodüberschuß wird mit n/100-Natriumthiosulfatlösung zurücktitriert. Man kann auch das Cadmiumsulfid mit Kupfersulfatlösung (10 g/l) umsetzen, den dann entstandenen Kupfersulfidniederschlag abfiltrieren und nach dem Auswaschen mit Wasser zu Kupferoxyd glühen. Der Faktor für die Umrechnung von Kupferoxyd auf Schwefelwasserstoff ist 0,4283.

5. Die Bestimmung kleiner Mengen von Kohlenoxyd

Die Wichtigkeit dieser Bestimmung ergibt sich aus der Tatsache, daß Kohlenoxyd, ein farb- und geruchloses Gas, schon in geringen Konzentrationen erhebliche Vergiftungserscheinungen hervorruft, die oft tödlich verlaufen; die toxische Grenze liegt bei 0,01 bis 0,05 Vol.-%.

Die Firma Dräger hat ein Spürgerät für Kohlenoxyd herausgebracht, das nicht nur qualitativ den Kohlenoxydgehalt der Luft erkennen läßt, sondern auch eine halbquantitative Bestimmung dieses Gases ermöglicht. Das Gerät besteht aus einer kleinen Gasspürpumpe, wie sie im Luftschutz üblich ist. In sie wird eine Glasröhre eingesetzt, die mit einer mit Jodpentoxyd imprägnierten Masse beschickt ist. Die Röhre wird oben und unten zugeschmolzen geliefert und erst beim Einsetzen in die Pumpe geöffnet. Man saugt nun durch Betätigung der Pumpe durch die an sich farblose Masse eine bestimmte Luftmenge hindurch; bei Anwesenheit von Kohlenoxyd tritt Grünfärbung ein. Die Farbtiefe hängt von der Menge des vorhandenen Kohlenoxyds ab, so daß durch Vergleichen mit Röhrchen, die durch bekannte Kohlenoxydkonzentrationen gefärbt werden, eine ziemlich genaue Bestimmung des Kohlenoxydgehaltes der zu prüfenden Luft möglich ist. Andere Gase stören den Nachweis im allgemeinen nicht, da diese mit Jodpentoxyd anders gefärbte Verbindungen eingehen.

6. Die Bestimmung des Cyanwasserstoffes

Der Cyanwasserstoff ist eines der schwersten Atemgifte. Er entsteht beim Ansäuern cyanidhaltiger Lösungen. Die tödliche Dosis beträgt 0,1 bis 0,15 mg/l beim Einatmen während etwa 1 Std.

a) Halbquantitativ

Grundlage. Cyanwasserstoff bildet mit Benzidin-Kupferacetat eine blaue Verbindung, welche zum halbquantitativen Vergleich verwertet werden kann.

Anwendungsbereich und Bedeutung. Das Verfahren dient zur Kontrolle der Entgiftung von Räumen, die mit Blausäure begast worden sind, sowie zum Nachweis von Cyanwasserstoff in Gasen und in der Luft.

Genauigkeit. 3.

Dauer. 15 min.

Ausführung. Man tränkt Streifen von ungehärtetem Filtrierpapier — am geeignetsten ist z. B. die Sorte Nr. 597 von Schleicher & Schüll — mit der unten angegebenen Testlösung zur Hälfte, läßt die Flüssigkeit abtropfen und preßt die Streifen kurz zwischen Filtrierpapier. Ein so vorbereiteter Streifen wird noch feucht in den zu prüfenden Raum gebracht und nach 10 bis 15 sek mit einer Farbtafel verglichen. Eine schwache Reaktion, welche eben einen Stich ins Bläuliche zeigt, läßt erkennen, daß die Gefährlichkeitsgrenze noch nicht erreicht ist. Eine stärkere Reaktion, d. h. wenn die Benzidin-Kupferacetatschicht leicht hellblau gefärbt wird, zeigt an, daß deutliche Mengen von Blausäure vorhanden sind. Große Blausäuremengen geben sich durch Dunkelblaufärbung kund. Zum halbquantitativen Nachweis kann man mit bekannten Mengen Cyanwasserstoffsäure eine Farbskala anfertigen, die mit einem Farbstift dann auf reinweißes Papier übertragen wird.

Zur *Herstellung der Testlösung* mischt man gleiche Teile einer Lösung von 3 g Kupferacetat in 1 l Wasser mit einer Benzidinacetatlösung, welche 1 g des Salzes im Liter enthält. Diese Lösung ist im Dunkeln aufzubewahren. Da die Testlösung sich rasch zersetzt, wird die Mischung zweckmäßig vor dem Gebrauch frisch hergestellt.

Fehlerquellen. Verwendet man z. B. die Filtrierpapiersorte Nr. 589 von Schleicher & Schüll, so ist die Farbtönung grünblau, also nicht wie sonst graublau. — Falls die Reagenzpapierstreifen wärmer als die Luft in dem zu prüfenden Raum sind, wird die Probe unempfindlicher.

Literatur. PERTUSI, C., u. E. GASTALDI: Chemiker-Ztg. Bd. 37 (1913) S. 609. — A. SIEVERTS, u. A. HERMSDORF: Z. angew. Chem. 1921, S. 3; 1937, S. 88. — O. LENTZ u. L. GASSNER: Schädlingsbekämpfung mit hochgiftigen Stoffen, H. 1, Blausäure. Berlin 1934.

b) Quantitativ

Grundlage. Die Cyanwasserstoffsäure bildet mit Jod eine gegen Stärkelösung indifferente Verbindung von Jodcyanid nach der Gleichung: $HCN + J_2 = JCN + HJ$. Diese Umsetzung kann zur photometrischen Bestimmung der Blausäure verwendet werden.

Anwendungsbereich und Bedeutung. Das Verfahren dient zur Bestimmung kleiner Cyanwasserstoffgehalte der Luft.

Genauigkeit. 2.

Dauer. 1 Std.

Ausführung. Zur Herstellung der erforderlichen Jodlösung wägt man 5 g Kaliumjodid und 0,05 g Jod in einen 1 l-Meßkolben ein, löst mit Wasser und füllt die Lösung zur Marke auf. 10 ml dieser Lösung werden in eine Waschflasche mit Glasfrittefilter gebracht und auf 50 ml verdünnt. Dann gibt man 2 bis 3 Tropfen frisch bereiteter Stärkelösung hinzu und leitet 10 bis 20 l Luft in langsamem Strom durch die Lösung. Die verbleibende Blaufärbung wird photoelektrisch gemessen und der Gehalt an Cyanwasserstoff in der Luft aus Vergleichskurven mit unbehandelten Lösungen errechnet.

Fehlerquellen. Bei Gehalten von 5 μg Blausäure im Liter Luft tritt eine Anzeigeverzögerung von 4 bis 5 min auf, während bei einem Gehalt von 20 μg die Verzögerung auf 15 sek sinkt und bei noch höheren Gehalten praktisch nicht mehr zu beobachten ist. Es empfiehlt sich daher, bei sehr geringen Gehalten (unter 10 μg Blausäure im Liter Luft) 2 Waschflaschen hintereinanderzuschalten.

Literatur. WENDT, W. P.: J. chim. appl. (russ.) Bd. 13 (1940) S. 1535—1538; Ref. im Chem. Zbl. 1942 II, S. 1423.

7. Die Bestimmung des Schwefelkohlenstoffes

Der Schwefelkohlenstoff ist ein starkes Gift, dessen gefährliche Konzentration bei 10 bis 12 mg im Liter Luft = 0,035 Vol.-% liegt. Außerdem kann er die Ursache gefährlicher Explosionen sein. Er bildet mit Diäthylamin und Kupferacetat in organischen Lösungsmitteln eine goldgelbe Verbindung, welche sich zur colorimetrischen Bestimmung eignet. Man verfährt dabei wie folgt:

Eine mit Glasperlen oder einem Glasfrittefilter versehene Waschflasche wird mit 100 ml einer Lösung beschickt, die in 1 l 85 proz. Äthanol 1 ml Diäthylamin, 20 ml Triäthanolamin und 0,05 g Kupferacetat enthält. Durch diese Waschflasche leitet man in langsamem Strom 10 bis 20 l Luft. Hierbei entsteht je nach dem Schwefelkohlenstoffgehalt eine mehr oder minder intensive goldgelbe Färbung, die colorimetrisch ausgewertet wird. Der Farbvergleich erfolgt mit Standardlösungen, für die man zweckmäßig von einer bei 22° gesättigten wäßrigen Lösung von Schwefelkohlenstoff ausgeht, welche genau 0,2 g CS_2/100 ml enthält. Niedrigere Konzentrationen kann man dann durch Verdünnen erhalten.

Literatur. VILES, F. J.: J. ind. Hyg. Toxicol. Bd. 22 (1940) S. 188—196; Ref. im Chem. Zbl. 1941 II, S. 641.

Eine weitere in Kunststoffbetrieben gebräuchliche Methode zur Bestimmung des Schwefelkohlenstoffes in der Luft ist folgende:

Grundlage. Der Schwefelkohlenstoff wird nach Entfernung des Schwefelwasserstoffes und der schwefligen Säure aus der Luft durch Absorption in alkoholischer Kalilauge in Kaliumäthylxanthogenat verwandelt und diese Lösung in Gegenwart von essigsaurer Phosphatlösung mit Jod titriert:

$$2\,C_3H_5OS_2K + J_2 = C_6H_{10}O_2S_4 + 2\,KJ$$

Anwendungsbereich und Bedeutung. Das Verfahren gestattet die Bestimmung des Schwefelkohlenstoffes in der Größenordnung von 0,5 mg CS_2 in 1 l Luft und wird zur Kontrolle der Luft in den Schwefelkohlenstoff verarbeitenden Betrieben angewendet.

Ausführung. Mit Hilfe eines Aspirators wird eine gemessene Menge Luft durch 3 Gaswaschflaschen gesaugt, von denen die beiden ersten mit je 10 ml einer Cadmiumacetatlösung beschickt sind, die durch Auflösen von 2,5 g krist. Cadmiumacetat und 25 g krist. Natriumacetat in 100 ml Wasser hergestellt wurde. In der dritten Waschflasche befinden sich 10 ml einer 1 n-alkoholischen Kalilauge. Der Schwefelwasserstoff und die schweflige Säure werden von den beiden ersten Waschflaschen aufgenommen, während der Schwefelkohlenstoff sich mit der alkoholischen Kalilauge in Kaliumxanthogenat verwandelt. Nach Beendigung der Absorption versetzt man die alkoholische Kalilauge mit 10 ml einer essigsauren Phosphatlösung, die aus 70 ml einer 1 n-Essigsäure und 30 ml mol.-Dinatriumhydrogenphosphatlösung hergestellt wurde. Nach Zugabe von 1 ml Stärkelösung (1 g/100 ml) wird mit n/100-Jodlösung bis zur Blaufärbung titriert. Maßgebend ist der erste Farbumschlag. 1 ml n/100-Jodlösung = 0,6 mg CS_2.

Literatur. MUSPRATT: Technische Chemie, 1900, S. 1098.

B. Das Erdgas

I. Zusammensetzung

Das Erdgas besteht im wesentlichen aus gesättigten Kohlenwasserstoffen (C_nH_{2n+2}), von denen das Methan (Dichte 0,5545, bei Luft = 1,0000) die am stärksten vertretene Komponente ist. Stehen die Erdgase in Verbindung mit einer Öllagerstätte, so enthalten sie Homologe. Die Höhe der prozentualen Beimischung der Homologen ist abhängig von der Beschaffenheit des Erdöles. Spezifisch leichte Öle vermitteln dem Erdgas, welches unter dem Lagerstättendruck dem Öl zum Teil beigemischt ist, einen höheren Gehalt an Homologen als schwerere Öle. Im Durchschnitt weist das Erdgas höhere Homologe in folgenden Größenordnungen auf:

Äthan, C_2H_6,	Dichte 1,0488	bei Luft = 1,0000,	7 Vol.-%
Propan, C_3H_8,	Dichte 1,562	bei Luft = 1,0000,	6 Vol.-%
Butan, C_4H_{10},	Dichte 2,067	bei Luft = 1,0000,	5 Vol.-%
Leichtbenzin Pentan und höher			3 Vol.-%

An nicht „artverwandten“ Gasen sind in der Hauptsache noch im Erdgas vorhanden:

Kohlendioxyd, CO_2,	Dichte 1,5290	bei Luft = 1,0000
Stickstoff, N_2,	Dichte 0,9672	bei Luft = 1,0000
Helium, He,	Dichte 0,1381	bei Luft = 1,0000

Helium ist nur in sehr seltenen Fällen beigemischt. Während der Heliumgehalt vorkommendenfalls sehr klein ist (zumeist wesentlich unter 1%), kann der Stickstoffgehalt, wenn auch in selteneren Fällen, recht hoch sein. Normalerweise liegt er in der Größenordnung von 0,5 bis 1,0 Vol.-%. Kohlendioxyd hat einen Beimischungsgrad von 1 bis 2 Vol.-%. Luft enthält das Erdgas nicht. Findet man also Sauerstoff in einer Erdgasprobe, so liegt ein Fehler bei der Probenahme vor.

Es wird darauf hingewiesen, daß es sich bei allen erwähnten Komponenten um reale Gase handelt, die nicht der exakten Form der Gasgleichung folgen. Unter den genannten zeigt Methan bei Zimmertemperatur noch die geringsten Abweichungen vom idealen Verhalten.

II. Die Untersuchung der Erdgase

1. Die Bestimmung des Kohlendioxyds und des Sauerstoffes

Diese Bestimmungen sind leicht ausführbar, da es für beide Gase Absorptionsflüssigkeiten gibt. In den meisten Fällen benutzt man dazu den ORSAT-Apparat, der mit hinreichender Genauigkeit arbeitet. Seltener ist die BUNTE-Bürette in Gebrauch, bei der das Verfahren im Prinzip das gleiche ist.

Zur Absorption des Kohlendioxyds wird Kalilauge (1 + 2) verwendet. Man löst 330 g nicht mit Äthanol gereinigtes Ätzkali in 1 l Wasser auf. Die Bestimmung des Sauerstoffes — sie erscheint immer notwendig, um bei der Gesamtanalyse auf Luftfreiheit umrechnen zu können — geschieht mit alkalischer Pyrogallollösung. Hierzu werden 3 bis 4 Vol. Kalilauge (1 + 2) und 1 Vol. Pyrogallussäurelösung (1 + 4) miteinander vermischt. Es ist dabei zu beachten, daß die beiden getrennt aufzubewahrenden Lösungen erst beim Vermischen sauerstoffaktiv werden. Es ist vorteilhaft, sie unter Luftabschluß in das Absorptionsgefäß einzubringen, da die Mischung sonst schon während des Einfüllens durch begierige Aufnahme von Luftsauerstoff ihre Absorptionsfähigkeit zum Teil verliert. Am besten verfährt man so, daß man nach Feststellung des Inhaltes des Absorptionsgefäßes beide Lösungen nacheinander in der entsprechenden Menge einfüllt und das Absorptionsgefäß mit Hilfe der Gummiblase nach außen hin abschließt. Die Mischung erfolgt dann während der ersten Analyse.

Zur Analyse werden üblicherweise 100 ml der Gasprobe in der Bürette abgemessen und so oft durch die Kalilauge geschickt, bis keine Absorption mehr erfolgt. Die Volumverminderung ergibt den Kohlendioxydgehalt in Prozenten. Anschließend erfolgt die Absorption des Sauerstoffes auf dieselbe Weise mit der Pyrogallollösung, wobei die erneute Volumkontraktion den Prozentgehalt an Sauerstoff ergibt.

Zu beachten ist noch, daß die Bestimmung des Kohlendioxyds der des Sauerstoffes stets vorangehen muß, weil die alkalische Pyrogallollösung ebenfalls Kohlendioxyd absorbiert.

2. Die Bestimmung des Stickstoffes

Sie erfolgt nach der Bestimmung des Kohlendioxyd- und Sauerstoffgehaltes, und zwar durch Verbrennen der Kohlenwasserstoffgase über Kupferoxyd. Von den Verbrennungsprodukten wird das entstandene Kohlendioxyd durch Kalilauge absorbiert, während das entstandene Wasser vom Sperrwasser bzw. von der Kalilauge aufgenommen wird. Zur Ausführung dient die JÄGER-Bürette (s. Abb. 138), die in ihrem oberen Teil verengt ist, um auch kleinere Volumina genau ablesen zu können. Sie hat ebenfalls einen Inhalt von 100 ml und ist in Zehntelmilliliter geteilt. Ein unterer Anschlußhahn ist wie beim ORSAT-Apparat für den Schlauch der Niveauflasche vorgesehen. Oben hat die Bürette einen Trichteraufsatz und einen Spezialhahn, mit dem man die Verbindung Bürette—Verbrennungsrohr bzw. Bürette—Trichteraufsatz herstellen kann. Das am besten aus Quarz bestehende Röhrchen mit Kupferoxyd hat eine Länge von 20 cm und eine lichte Weite des Verbrennungsraumes von 8 mm. Zweckmäßig wird letzterer mit Kupferoxydstäbchen von etwa 1 mm Durchmesser und 5 mm Länge gefüllt. Zur Aufnahme des Verbrennungsgases (Kohlendioxyd) kann man entweder eine mit Kalilauge gefüllte HEMPEL-Pipette oder auch das gleiche Absorptionsgefäß verwenden, wie es im ORSAT-Apparat gebräuchlich ist. Um eine Korrektur für den im Kupferoxydröhrchen befindlichen Luftsauerstoff zu vermeiden, verdrängt man diesen vor Beginn der Analyse mit reinem Stickstoff. Diesen kann man in der Apparatur am besten selbst herstellen, indem man anstatt Kalilauge alkalische Pyrogallollösung verwendet und, ohne das Kupferoxydröhrchen aufzuheizen, die JÄGER-Bürette mit Luft füllt, den Sauerstoff absorbiert und den in der Bürette befindlichen Stickstoffüberschuß ins Freie läßt.

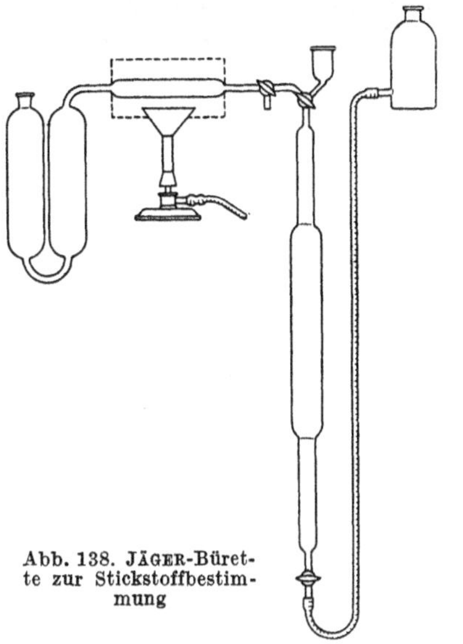

Abb. 138. JÄGER-Bürette zur Stickstoffbestimmung

Zur Bestimmung des Stickstoffes im Erdgas werden wie bei der im ORSAT-Apparat ausgeführten Analyse 100 ml Gas abgemessen, im Anschluß an die Kohlendioxyd- und Sauerstoffbestimmung durch langsames Überleiten über das mit der Gasflamme auf helle Rotglut gebrachte Kupferoxyd verbrannt und das entstehende Kohlendioxyd mit Hilfe von Kalilauge absorbiert. Das Überleiten muß so lange fortgesetzt werden, bis keine Volumverminderung mehr eintritt. Nach dem Erkalten des Kupferoxyds wird abgelesen. Der verbliebene Gasrest ist das gesuchte Stickstoffvolumen.

3. Die Bestimmung der gesättigten Kohlenwasserstoffe

Da infolge der Reaktionsträgheit der gesättigten Kohlenwasserstoffe chemische Trennungs- und Bestimmungsmethoden versagen, sind hierfür physikalische Geräte und Methoden entwickelt worden. Zur Trennung der einzelnen Komponenten hat man einmal in Anlehnung an die für den technischen Betrieb zur Herstellung reiner Gase entwickelten Apparaturen Laboratoriumskolonnen zur fraktionierten Destillation und Kondensation konstruiert und zum anderen Apparate, welche die Trennung durch eine fraktionierte Desorption ermöglichen. In den letzten Jahren hat daneben die sogenannte chromatographische Gasanalyse eine immer stärkere Bedeutung gewonnen, nachdem ihre praktischen Vorteile einmal erkannt und geeignete Geräte für die Betriebsanalyse erstellt worden sind. Auch die Massenspektrometrie muß hier erwähnt werden, da sie nach Entwicklung spezieller Apparaturen für gasanalytische Zwecke ebenfalls Eingang in das Betriebslaboratorium gefunden hat.

Literatur. BAYER, F., u. G. WAGNER: Gasanalyse. Stuttgart: Enke 1960. — R. KAISER: Gas-Chromatographie. Leipzig 1960.

a) Die Apparatur nach Podbielniak

In den USA hat sich besonders die von PODBIELNIAK entwickelte Destillationsapparatur eingeführt.

Im Prinzip wird das zu untersuchende Erdgasgemisch mit Hilfe von flüssigem Stickstoff kondensiert und in einen vorher gekühlten Rundkolben eingebracht, über dem die Destillierkolonne aufgebaut ist. Der Kolben befindet sich in einem Kältebad, dessen Temperatur regulierbar ist. Bei der sorgfältig durchzuführenden, sehr langsamen Destillation werden am Kopf der Kolonne die einzelnen Komponenten der Reihe nach abgezogen und zumeist zum Zwecke einer notwendigen Nachuntersuchung einzeln in besonderen Auffanggefäßen aufbewahrt. Das Volumen der einzelnen gewonnenen Komponenten ergibt unter Berücksichtigung des in die Apparatur eingebrachten Gesamtvolumens des Gemisches den prozentualen Gehalt an Bestandteilen (vgl. das Diagramm in Abb. 139). Auch in Deutschland sind Apparate nach dem Destillationsprinzip u. a. von KOCH und HILBERATH konstruiert worden.

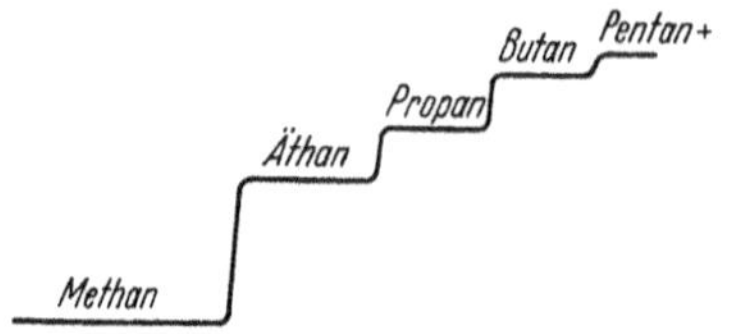

Abb. 139. Diagramm einer Analyse nach PODBIELNIAK

Literatur. PODBIELNIAK, W. J.: Ind. Engng. Chem., An. Ed. Bd. 5 (1933) S. 119; Bd. 13 (1941) S. 639. — H. KOCH u. F. HILBERATH: Brennst. Chem. Bd. 21 (1940) S. 197.

b) Die Apparatur nach van Dijck

Eine Methode, die sich auch in der deutschen Erdölindustrie eingeführt hat, ist die des Holländers VAN DIJCK. Sie hat ihre Grundlage in der unterschiedlichen Löslichkeit von Kohlenwasserstoffgasen in artverwandten Flüssigkeiten. Während man bei der Destillationsmethode mit sehr tiefen Temperaturen arbeiten muß, um genaue Ergebnisse zu erzielen, und sehr viel Zeit benötigt, fällt vor allem die erste Voraussetzung bei der VAN DIJCK-Analyse vollkommen fort; auch der Zeitaufwand ist im allgemeinen geringer. Dazu kommt noch, daß die Apparatur wesentlich einfacher und billiger in der Anschaffung ist.

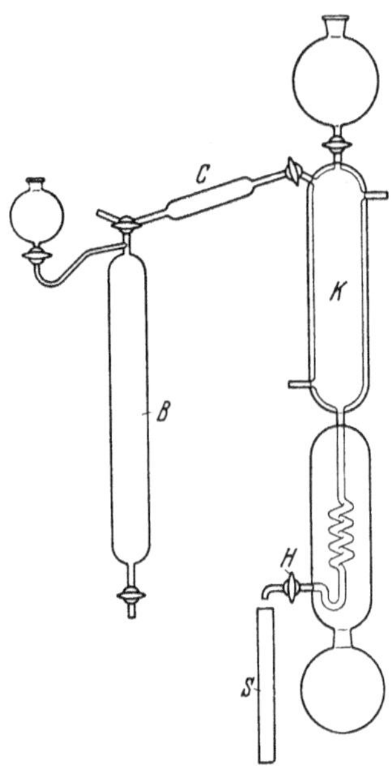

Abb. 140. Apparatur zur Bestimmung der gesättigten Kohlenwasserstoffe nach VAN DIJCK

Entsprechend der Abb. 140 hat der Apparat oben und unten je einen Kochkolben. In dem oberen Kolben befindet sich eine Flüssigkeit, in der gasförmige Kohlenwasserstoffe leicht löslich sind. Verwendet wird Benzin, Benzol bzw. Toluol. Der untere Kolben enthält ebenfalls eine stabile Flüssigkeit, deren Siedepunkt einige Celsiusgrade niedriger liegt als der des Lösungsmittels im oberen Gefäß. Beide Kolben sind mit einem Heizring versehen. Während der Analyse wird der Inhalt beider Kolben auf Siedetemperatur gehalten, um die im oberen Kolben befindliche Lösungsflüssigkeit luftfrei zu haben, während mit Hilfe der Temperatur des Dampfes im unteren Kolben das Austreiben des größten Teiles der gelösten Komponenten aus der Waschflüssigkeit wieder erfolgt.

Zur Analyse wird die Bürette *B* mit der Gasmischung gefüllt (etwa 250 ml) und der Kondensator *K* evakuiert. Dann wird die Gasmischung langsam über die Calciumchloridstrecke *C* in den Kondensator geleitet und über die Bürette Luft bis zum Druckausgleich nachgeführt. Die Bürette wird wieder mit Luft aufgefüllt und bleibt mit dem Kondensator verbunden. Nunmehr werden nacheinander der Verbindungshahn zwischen oberer Kochflasche und Kondensator und, nachdem der erste Tropfen das untere Auslaufrohr erreicht hat, der Auslaufhahn *H* geöffnet. Der obere Verbindungshahn wird so eingestellt, daß die Geschwindigkeit des heraustropfenden Lösungsmittels höchstens 1 Tropfen je sek beträgt.

Es werden nun gleichzeitig laufend das Niveau der Bürette *B* und die Menge der heraustropfenden Lösungsflüssigkeit, letztere im graduierten Standzylinder *S*, abgelesen und aufgezeichnet. Trägt man die Absorptionsmenge, ablesbar an der Bürette *B*, die während der Analyse die Aufgabe hat, das gelöste Gas im Kondensator durch Luft zu ersetzen, als Abszisse mit den gleichzeitig abgelesenen Mengenzahlen des Lösungsmittels, letztere als Ordinate, auf Millimeterpapier auf, so erhält man ein Diagramm nach Abb. 141.

Da die Lösungsfähigkeit des Lösemittels bei der gegebenen Temperatur für die höchste Komponente am größten ist und mit ihrer abnehmenden *C*-Zahl abnimmt, gehen die Komponenten mit der höchsten *C*-Zahl auch zuerst in Lösung. Die Lösefähigkeit des Lösungsmittels wird durch die im unteren Teil der Apparatur herrschende hohe Temperatur so weit herabgesetzt, daß nicht nur die zunächst niederen Komponenten, sondern auch stets ein Anteil der jeweils behandelten Komponente wieder ausgetrieben werden.

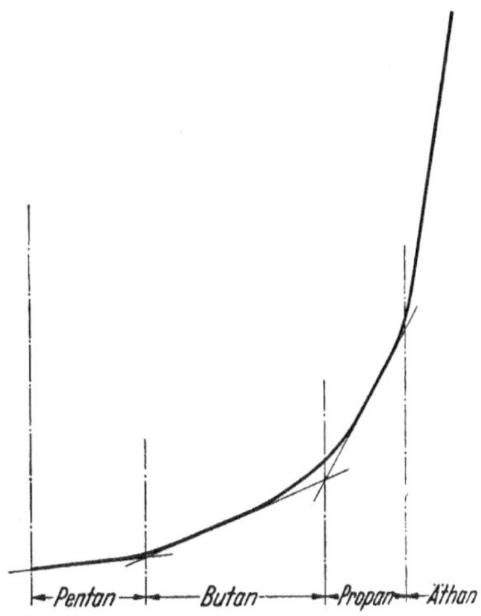

Abb. 141. Diagramm einer Analyse nach VAN DIJCK

Zur Auswertung der Analyse gibt VAN DIJCK für die einzelnen Komponenten festgelegte, bestimmte Steigungswinkel an, die als Tangenten aufzutragen sind. Die Schnittpunkte dieser Tangenten werden auf die Abszisse herabprojiziert, womit die Strecken zwischen den einzelnen Projektionspunkten unter Berücksichtigung der in die Apparatur eingeführten Gasgemischmenge den prozentualen Gehalt der einzelnen Komponenten ergeben. Da der Unterschied der Steigungswinkel der höheren Komponenten nicht sehr groß ist, erreicht die Meßgenauigkeit, vor allem bei Komponenten mit geringerer prozentualer Beimischung, nicht die Genauigkeit einer sorgfältig durchgeführten Analyse nach PODBIELNIAK, bei der überdies größere Gasquantitäten verwendet werden. Auf die genaue Ermittlung des Äthangehaltes wird wenig Wert gelegt, da der Steigungswinkel dieses Gases schon recht steil wird.

Da der Fehler mit der Abnahme der einzelnen Komponenten der Homologen in der Gasmischung erheblich zunimmt, verwendet VAN DIJCK in solchen Fällen ein *Anreicherungsrohr*. Dieses ist mit etwa 3 g Aktivkohle gefüllt und befindet sich in einem elektrisch beheizten Röhrenofen. Nach erfolgter Aufheizung und Abkühlung läßt man eine gemessene, größere Menge Gas durchströmen, wobei die höheren Komponenten von der Kohle adsorbiert werden. Darauf leitet man diese nach Einschaltung des Röhrenofens, entsprechend vorstehender Beschreibung, in den Apparat und analysiert sie. Das Resultat wird darauf unter Berücksichtigung des verwendeten Gesamtvolumens errechnet. Das wertvollste Produkt, das Propan, kann nach der Angabe von VAN DIJCK auf diese Art nicht genau bestimmt werden, da es zum Teil mit dem Äthan und Methan durch die Kohle „hindurchgeht". Diese Anreicherungsmethode eignet sich demzufolge nur für Butan und höhere Komponenten.

Literatur. VAN DIJCK, W. J. D.: J. Inst. Petrol. Technologists Bd. 18 (1932) S. 145.

c) Die Apparatur nach Henjes

In Deutschland wurde von R. HENJES eine Apparatur entwickelt, die sich auf Grund ihrer Einfachheit in den europäischen Erdöllaboratorien eingeführt hat. Die Methode arbeitet wie die beiden vorgenannten (nach PODBIELNIAK und nach VAN DIJCK) unter Atmosphärendruck. Die Trennung erfolgt mit Hilfe von Aktivkohle im Prinzip nach einem kombinierten System von Adsorption und Desorption. Bei der

Adsorption wird die Temperatur der Kohle so gehalten, daß die Homologen durch Kapillarkondensation darin haftenbleiben. Da bei einer vollständigen Gasanalyse die Bestimmung jeder einzelnen Komponente das Ziel ist — wenn auch in diesem Falle das Äthan ohne besondere praktische Bedeutung ist —, wird der Analytiker es ablehnen, etwa die Summe zweier Komponenten zu erhalten. Um nun zu erreichen, daß auch das Äthan mit seinem verhältnismäßig niedrigen kritischen Druck durch Kapillarkondensation an die Kohle gebunden wird, ist eine geringe Temperaturerniedrigung des Adsorbens erforderlich, die mit Hilfe der üblichen, im Laboratorium allgemein verwendeten Kältemittel erzielt werden kann. Jedoch wäre die Methode falsch angewendet, wenn man von der Voraussetzung ausginge, die Temperatur so weit zu erniedrigen, daß auch das Methan durch Kapillarkondensation an die Kohle gebunden wird. Wie aus den nachstehenden Ausführungen zu ersehen ist, bedeutet es einen wesentlichen Vorteil, wenn das Adsorbens nicht mit der Komponente belastet wird, die mengenmäßig den weitaus größten Volumanteil der Erdgasmischung stellt.

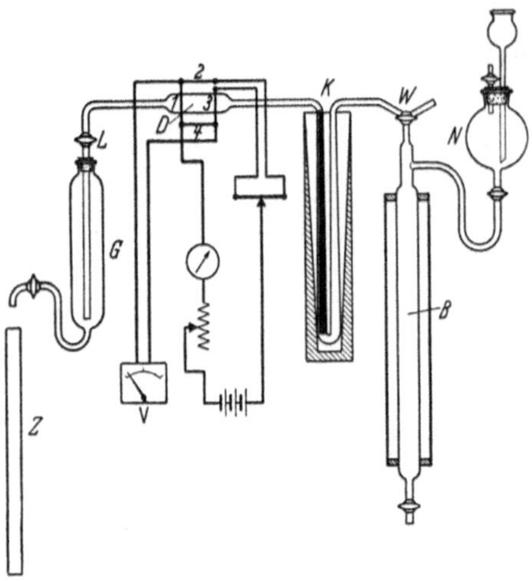

Abb. 142. Apparatur nach Henjes

Wird das Trennrohr *K* (vgl. Abb. 142) mit einer Gasmischung beladen, so erfolgt sofort eine selektive Schichtung der einzelnen Komponenten, genau wie in einem sehr hohen Destillationsturm; dabei nimmt die leichteste Komponente ihren Platz im oberen Teil ein, und die weiteren Komponenten stehen im Trennrohr in der Reihenfolge ihrer *C*-Zahlen. Es gelangen während des Beladungsvorganges immer die nächst leichteren Komponenten durch Sorptionsverdrängung mit Hilfe der nächst schwereren weiter nach oben. Während der Desorption, die in der gleichen Richtung erfolgen muß und durch die Erwärmung geschieht, verlassen die einzelnen Komponenten der Reihe nach, entsprechend ihren Siedepunkten, das Trenngefäß.

Als Reagenz benutzt Henjes die Wärmeleitfähigkeit der Gase. Da die Wärmeleitfähigkeit der einzelnen Gaskomponenten außerordentlich voneinander abweicht, hat man eine eindeutige Anzeige und Kontrolle für die Gasreinheit und den Trenneffekt der Kohle. Nach der Abbildung werden zur Wärmeleitfähigkeitsmessung vier sehr dünne Drähte benutzt; sie bestehen aus einem Material, dessen elektrischer Widerstand mit der Temperatur stark veränderlich ist. Werden nun die vom Strom durchflossenen und dadurch erwärmten, in der Wheatstoneschen Brückenanordnung geschalteten Drähte *1* und *3* von einem Gas umspült, so nehmen sie auf Grund der entsprechenden Wärmeleitfähigkeit dieses Gases eine andere Temperatur an als die beiden Drähte *2* und *4*, sofern diese mit einem anderen Gas (Luft) umgeben sind. Da sich mit der Temperatur auch der elektrische Widerstand der Drähte ändert, fließt durch den Galvanometerzweig ein entsprechender Querstrom.

Es liegt in der Natur dieses Analysenverfahrens, daß die Analysengeschwindigkeit nur in dem Reaktionsvermögen des Analytikers hinsichtlich der Ablesegeschwindigkeit der zu übertragenden Meßwerte ihre obere Grenze hat. Daraus ist zu erkennen, daß mit einer Geschwindigkeit gearbeitet werden kann, die weit über der der beiden vorher genannten Methoden liegt. Da es sich also im Prinzip nur um eine Aufladung und anschließend um eine Austreibung des Gases handelt, ist die Analyse in der Ausführung auch die einfachste der 3 Methoden.

Der *Analysengang* ist folgender: Die Gasmischung wird in der Bürette *B*, die ein Fassungsvermögen von 250 ml hat, aufgenommen und bei Atmosphärendruck gemessen. Das Trenngefäß *K* wird mit Hilfe eines elektrisch beheizten Röhrenofens etwa auf 280° aufgeheizt, anschließend auf die Bürette *B* geschaltet und auf —20° bis höchstens —40° gekühlt. Bei der nun folgenden Adsorption läuft aus dem Niveaugefäß *N* automatisch so viel Wasser in die Bürette *B* nach, als von dem Trenngefäß Gas aufgenommen wird. Nach der Adsorption der Gasmischung wird das Trennrohr *K* von der Bürette *B* durch den Hahn *W* getrennt und mittels des Röhrenofens wieder erwärmt. Gleichzeitig wird das Trenngefäß *K* mittels des Hahnes *L* über die Wärmeleitfähigkeitsmeßkammer *D* auf ein mit Sperrflüssigkeit gefülltes Gasaufnahmegefäß *G* geschaltet. Während nun der Ausschlag des Galvanometers *V* die einzelnen desorbierten Komponenten qualitativ erkennen läßt, wird die Gasmenge durch das in das graduierte Meßgefäß *Z* eintropfende Sperrwasser aus *G* laufend gemessen. Die Desorptionsgeschwindigkeit wird durch die Ofentemperatur reguliert. (Vgl. das Diagramm Abb. 143.)

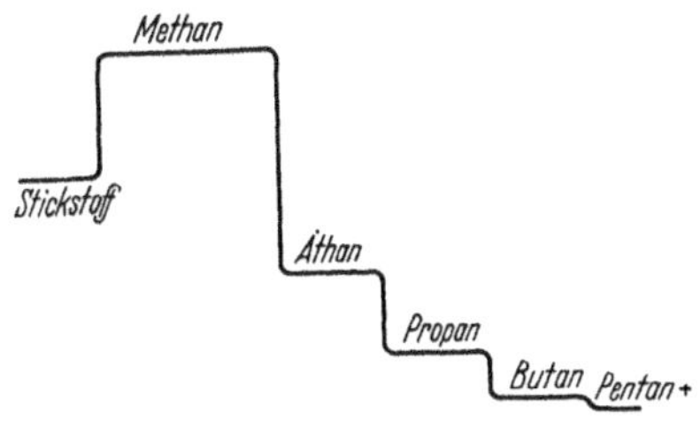

Abb. 143. Diagramm einer Analyse nach HENJES

Die abgelesenen Werte des Galvanometers und der Gasmenge trägt man während der Analyse auf Millimeterpapier auf; die Ordinate ist vorher in Skalenteilen und die Abszisse in ml eingeteilt worden. Die Eintragung der einzelnen Ablesepunkte braucht nur bei einem Komponentenwechsel vorgenommen zu werden, weil der Ausschlag des Millivoltmeters beim Durchgang jeder einzelnen Komponente konstant bleibt. Die Schnittlinien der einzelnen Komponenten werden zur Auswertung des Ergebnisses auf die Abszisse projiziert; der Prozentgehalt wird unter Berücksichtigung der eingeleiteten Gesamtgasmenge errechnet. Bemerkenswert für diese Methode ist, daß auch der Stickstoffgehalt und das Kohlendioxyd im Analysengang mitbestimmt werden. Dazu kommt noch ein weiterer Vorteil: Ist der Gehalt an Homologen sehr klein, so kann ohne jedes Zusatzgerät mit Anreicherung verfahren werden. Man arbeitet dann mit einer größeren Gasmenge und desorbiert während der Adsorption der Homologen bei der Temperatur von —20 bis —40° den Methangehalt unter Mengen- und Reinheitskontrolle (Wärmeleitfähigkeit). Nach dem Durchleiten von z. B. 1 l desorbiert man die Homologen wie vorstehend und wertet das Resultat unter Berücksichtigung der gesamten durchgeleiteten Gasmenge aus. Es gelingt dadurch auch, Homologe in der Größenordnung von unter 1 Vol.-% bis in die zweite Dezimale nach dem Komma nach folgender Überlegung genau zu bestimmen. Enthält z. B. eine Erdgasprobe von jeder dem Methan nächsthöheren Komponente etwa 1 Vol.-%, so desorbiert man nach der Anreicherung bei einem Durchsatz von 1 l Gas je Komponente eine Menge von 10 ml. Da die Aufnahmefähigkeit des Trenngefäßes jedoch damit nicht erschöpft ist — es können etwa 200 ml durch Kapillarkondensation aufgenommen werden —, kann man den Durchsatz mengenmäßig noch wesentlich steigern.

Literatur. HENJES, R.: Öl und Kohle, Erdöl, Teer Bd. 14 (1938) S. 1079. — BRATZLER: Öl und Kohle mit Brennst. Chem. Bd. 43/44 (1943) S. 957.

d) Verfahren der Gaschromatographie

Diese Methode wurde zuerst von A. T. JAMES und A. J. P. MARTIN im Jahre 1952 veröffentlicht. Sie beruht im Prinzip darauf, daß ein inertes Gas, das sog. Trägergas, wie Wasserstoff, Helium, Stickstoff oder Kohlendioxyd, in einem gleichmäßigen Strom durch eine geeignete chromatographische Säule, das sog. Trennrohr, hindurchgeleitet wird und das zu untersuchende Gas auf diesem Wege mitnimmt. Die einzelnen Komponenten des zu analysierenden Gases passieren das Trennrohr mit unterschiedlicher Geschwindigkeit und können am Ausgang des Rohres einzeln mit physikalischen Methoden nachgewiesen und bestimmt werden. Die Apparatur besteht im wesentlichen aus der Gasquelle für das Trägergas mit den dazu erforderlichen Reguliervorrichtungen, der chromatographischen Säule, die dem jeweiligen Zweck in bezug auf Zusammensetzung und Länge angepaßt sein muß, dem Anzeigegerät, bei der Mehrzahl der handelsüblichen Geräte eine Wärmeleitzelle und dem Schreiber, der die Ströme der WHEATSTONEschen Brücke aufzeichnet. Zur leichteren und schnelleren Auswertung ist meist noch ein Integrierzusatz nachgeschaltet, der direkt die einzelnen Komponenten in Prozenten oder ppm abzulesen gestattet.

Eine direkte Volumenmessung hat J. JANAK entwickelt, er verwendet Kohlendioxyd als Trägergas und leitet die einzelnen Fraktionen nach Absorption des Kohlendioxyds in graduierte Kapillarbüretten.

Als Adsorbermaterial für die Trennsäule sind bekannt geworden: Aktivkohle, Zeolithe, Aluminiumoxyd, Silicagel, Natrium-Aluminium-Silicat und Kieselgur. Dazu als Säulenflüssigkeiten: Dimethylsulfolane und Diäthylformamid. Es kommen noch andere Flüssigkeiten in Betracht, sie müssen aber bei der jeweiligen Arbeitstemperatur einen niedrigen Dampfdruck und ein mittleres Dipolmoment besitzen.

Die Anordnung z. B. der PERKIN-ELMER-Apparatur entspricht schematisch dem Gerät nach HENJES, jedoch mit dem Unterschied, daß während der Analyse ein gleichbleibender Strom von Helium durch die Trennsäule und durch die beiden Meßkammerhälften, also auch durch die Luftvergleichskammer strömt. In diesem Falle ist die WHEATSTONEsche Brücke im Gleichgewicht (Anzeige Null). Wird nun dem nur durch die eine Meßkammerhälfte strömenden Heliumgasstrom, und zwar vor der Trennsäule, eine geringe Menge der zu untersuchenden Gasmischung (etwa 0,2 bis 0,5 ml) zugegeben, so treten anschließend in der WHEATSTONEschen Brücke Gleichgewichtsänderungen auf, die mit Hilfe eines Registriergerätes in Abhängigkeit von der Zeit aufgezeichnet werden. Die so erhaltenen, in der Reihenfolge der Siedetemperaturen der einzelnen Komponenten auftretenden „peaks" der Fraktogramme müssen integriert und mit Hilfe von Eichproben ausgewertet werden, um die prozentuale Zusammensetzung der Mischung errechnen zu können. Da eine Charakteristik zur Unterscheidung der Komponenten durch die „peaks" nicht erkennbar ist, müssen Erfahrung und Kenntnis der qualitativen Struktur der Mischung ein Anhaltspunkt bei der Auswertung sein. Da diese Voraussetzungen wohl in den meisten Fällen gegeben sind, bedeutet diese Analysenmethode bei Reihenuntersuchungen in der chemischen Industrie einen wesentlichen Fortschritt, wenn man bedenkt, daß eine Analyse eine Zeit von etwa 5 min beansprucht, zu der allerdings noch die wesentlich länger dauernde Auswertung kommt, wenn kein Integrierzusatz benutzt wird.

Literatur. JAMES, A. T., u. A. J. P. MARTIN: Biochem. J. Bd. 50 (1952) S. 679. — J. JANAK: Mikrochim. Acta 1956, S. 1040. Zum Beispiel Gas-Chromatograph der Firma Perkin-Elmer A.G., Zürich. Ferner die oben angeführten Bücher von BAYER-WAGNER und KAISER u. D. H. DESTY: Gas-Chromatography 1958, London (Symposium).

e) Verfahren der Massenspektrometrie

In einem Massenspektrometer werden Gase, Dämpfe und verdampfbare Substanzen durch Beobachtung der durch einen Ionisierungsvorgang auftretenden Ionen untersucht. Ionen verschiedener Masse werden dabei getrennt zur Anzeige gebracht und ihre relative Häufigkeit gemessen. Der Aufbau eines technischen Massenspektrometers besteht im wesentlichen aus einer Ionenquelle, einer an eine Hochvakuumpumpe angeschlossenen Trennkammer, die im Feld eines Ablenkmagneten liegt, und einem Anzeigesystem für die Ionen.

Die besonderen Vorteile dieses Analysenapparates liegen darin, daß er wenig Probensubstanz benötigt, große Konzentrationsunterschiede erfaßt, verzögerungsfrei und kontinuierlich anzeigt und eine große Anzahl von Komponenten gleichzeitig ermittelt. Die Analysengenauigkeit dieser Geräte beträgt bei der quantitativen Untersuchung eines Kohlenwasserstoffgemisches etwa rel. 1%.

Literatur. Methoden der Organischen Chemie (Houben-Weyl), Physikalische Methoden Teil 1, S. 698ff. Stuttgart: G. Thieme 1955.

4. Bestimmung des Heliums

Die Bestimmung des Heliums im Erdgas ist mit dem Apparat von HENJES möglich. Helium macht sich, wenn vorhanden, schon bei einer normalen Erdgasanalyse bemerkbar. Bei Beginn der Desorption nämlich gelangt es auf Grund seiner hohen Diffusionsgeschwindigkeit in Bruchteilen einer sek vor dem Stickstoff in die elektrische Meßkammer und bewirkt infolge seines hohen Wärmeleitfähigkeitvermögens einen kurzzeitigen, hohen Ausschlag des Galvanometers.

Da der Gehalt an Helium im Erdgas in der Regel sehr gering ist, benutzt man zur genauen Bestimmung eine größere Gasmenge — bis zu 50 l. Man schaltet vor die Bürette *B* ein Gefäß mit Aktivkohle, das mit der Gasprobenkanne verbunden ist, und kühlt es nach vorheriger Aufheizung mit flüssiger Luft. Damit wird der beim Vorhandensein von Helium meist sehr hohe Stickstoffgehalt in Gemeinschaft mit den Kohlenwasserstoffgasen durch Kapillarkondensation aufgenommen. Nach dem Einleiten der vorgesehenen Menge wird die Adsorption beendet, das Kühlmittel entfernt und die Bürette *B* mit dem infolge der Erwärmung des Adsorbers austretenden Helium-Stickstoff-Gemisch gefüllt. Die weiterhin aus dem Adsorber desorbierende Gasmenge kann, da heliumfrei, abgeblasen werden. Die Analyse des Helium-Stickstoff-Gemisches erfolgt dann, wie unter 3c beschrieben, nur muß das Trenngefäß mit flüssiger Luft gekühlt werden. Bei der Auswertung legt man die Gesamtmenge des dem Adsorber zugeleiteten Gases zugrunde.

Kapitel 52

Wasseruntersuchungen im Kesselbetrieb*

Inhalt

---

*	1. Auflage	2. Auflage
Bearbeiter:	**Zimmermann**	**Zimmermann**
Mitarbeiter:	**Fresenius, W., List**	**Fresenius, W., Gubin**

Im nachstehenden wird eine kurze Übersicht über die Untersuchungsmethoden im Kesselbetrieb, insbesondere für Kesselspeisewasser, gegeben, soweit diese allgemeines Interesse haben. Für besondere Anforderungen, wie sie bei modernen Hochdruckanlagen gestellt werden, muß auf die ausführliche Behandlung dieses Themas in den „Richtlinien für die Aufbereitung von Kesselspeisewasser und Kühlwasser“, 5. Auflage (1958), herausgegeben von der Vereinigung der Großkesselbesitzer im Vulkan-Verlag, Essen, bzw. auf die „Deutschen Einheitsverfahren zur Wasser-, Abwasser- und Schlammuntersuchung“, Verlag Chemie GmbH, Weinheim/Bergstraße 1960, verwiesen werden.

A. Entnahme der Wasserproben

Von besonderer Wichtigkeit ist die Art und der Ort der Entnahme der Wasserproben. Da hiervon das Ergebnis der Untersuchung in starkem Maße beeinflußt werden kann, ist dabei besondere Vorsicht am Platze. Erfolgt die Probenahme aus Druckleitungen oder Druckgefäßen, so läßt man zunächst eine größere Menge Wasser abfließen, ehe die Probe selbst entnommen wird. Insbesondere achte man darauf, daß etwa abgelagerter Schlamm, wie z. B. aus Untertrommeln von Kesseln, vor der Probenahme entfernt wird. Derartige Entnahmestellen sind daher besonders gründlich auszublasen. Einwandfreier ist die Kesselwasserprobenahme mittels besonderer, meist am Wasserstandanzeiger angeschlossener Kühler. Ein solcher Kühler kann aus einigen Windungen dünnen Rohres (Manometerrohr) bestehen, die in einen wassergefüllten Eimer eingetaucht sind. Verdampfung des Kesselwassers findet hierbei nicht statt, die Zusammensetzung der Probe entspricht also der des Kesselinhaltes. Zu berücksichtigen ist ferner, daß die Salzkonzentrationen bei manchen Kesseln in den einzelnen Kesselteilen verschieden sind. In solchen Fällen pflegt man die Wasserproben aus der Trommel mit der größten Salzkonzentration zu entnehmen, nachdem man durch eingehende Untersuchungen die einzelnen Salzgehalte kennengelernt hat.

Die besonderen Vorsichtsmaßregeln, die bei der Probeentnahme für die Bestimmung des Sauerstoffgehaltes sowie des angreifenden Kohlendioxyds notwendig sind, werden bei den entsprechenden Untersuchungsverfahren näher beschrieben. Sollen Speisewasserproben mit einer Temperatur von über 100° zur Bestimmung des Sauerstoffgehaltes entnommen werden, so müssen dabei Kühler zur Verwendung kommen, da sonst durch die Verdampfung eine Entgasung eintreten würde. Beachtliche Fehler können auch bei der Verwendung ungeeigneter Glasgefäße entstehen. Am zweckmäßigsten sind Flaschen aus Jenaer Glas mit abgeschrägtem Glasstopfen oder Kunststoffflaschen. Bei alkalischem Wasser, insbesondere Kesselwasser, besteht bei nicht widerstandsfähigem Glase, vor allem bei neuem Glas, die Gefahr des Herauslösens von Siliciumdioxyd und Härtebildnern aus dem Glas der Flaschen, wenn das Wasser einige Zeit in diesen aufbewahrt wird (festgestellte Siliciumdioxydanreicherung z. B. in 10 Tagen 10 mg/l).

B. Untersuchungsverfahren

I. Allgemeines, Art der Untersuchung, Häufigkeit und Arbeitsgeräte

Um die Wasserreinigungs-, Enthärtungs- und Kesselanlagen eines Dampfkraftwerkes betriebsfähig und in gutem Zustand zu erhalten und laufend über die dort herrschenden Bedingungen und Vorgänge unterrichtet zu sein, bedarf es einer ständigen chemisch-analytischen Überwachung. Wegen der Verschiedenheit der

Betriebsverhältnisse können dazu jedoch keine allgemein verbindlichen Leitsätze und Hinweise aufgestellt werden. Es ist daher im folgenden eine Tabelle beigefügt, welche dem Betriebsmann die Entscheidung über die Zahl und die Art der notwendigen Analysen an den verschiedenen Stellen eines Kraftwerkes erleichtern soll. Welche Untersuchungen im einzelnen für notwendig erachtet werden, hängt ganz von der Größe und der Art des Betriebes ab, und ebenso die Häufigkeit, mit der die Analysen wiederholt werden. Bei letzterem soll der Grundsatz beachtet werden, daß die Messungen in einem solchen Abstand erfolgen müssen, daß Änderungen der Betriebszustände jederzeit erfaßt werden.

In der Tabelle bedeutet nun ein Sternchen in der entsprechenden Rubrik, daß die betreffende Messung für notwendig erachtet wird, und bei einer Einklammerung des Sternchens, daß die Messung zumindest erwünscht ist, wobei in Sonderfällen auch diese notwendig werden können. Bei den unterteilten Spalten bedeutet ein Sternchen auf der linken Seite, daß die Messung vor der betreffenden Stufe, ein Sternchen auf der rechten Seite hingegen, daß die Messung *hinter* dieser Stufe erfolgen muß.

Eine Vollanalyse für gutachtliche Zwecke, als Unterlage für die Bestellung einer Enthärtungsanlage u. ä. *muß* auf alle Fälle mindestens folgende Bestimmungen enthalten:

Herkunft des Rohwassers		Kaliumpermanganatzahl
Temperatur		SiO_2
Klarheit		Abdampfrückstand 180 °C
Farbe		Glührückstand 600 °C
Schwebstoffe		Sauerstoff
Sinkstoffe		freies CO_2
Dichte		Gesamt-CO_2
Leitfähigkeit	mit Angabe	aggressives CO_2
p_H-Wert	der Meßtempe-	Gesamthärte
p- und m-Wert	ratur	Mangan- und Eisengehalt

Ionenbilanz nach folgendem Schema

Kationen	mval/l	Anionen	mval/l
Ca	. . .	SO_4	. . .
Mg	. . .	Cl	. . .
Cu	. . .	PO_4	. . .
Mn	. . .	NO_3	. . .
Fe	. . .	NO_2	. . .
Na	. . .	SO_3	. . .
K	. . .	HCO_3	. . .
NH_4	. . .	CO_3	. . .
usw.	. . .	usw.	. . .
Summe	. . .	Summe	. . .

Es ist ferner sehr wichtig, neben den verbindlichen Analysen auch die möglichen Schwankungen in der Wasserzusammensetzung zu kennen.

Das Ergebnis der Wasseruntersuchungen wird in Wassertagebücher eingetragen und zur besseren Übersicht auch graphisch aufgezeichnet. Ein für Laboratoriumsuntersuchungen geeignetes Formblatt ist in nebenstehender Tabelle wiedergegeben.

Arbeitsgrundsätze: Bei jeder Wasseruntersuchung ist folgendes streng durchzuführen:

gründliches Ausspülen der Versuchsgefäße vor jeder Untersuchung mit dem zu untersuchenden Wasser;

gründliches Ausspülen der Versuchsgefäße nach jeder Untersuchung;

Meßgröße	Flockung		Schnell-entcarbonisierung		Fällungs-anlagen		Neutral-austausch		H-Austausch		Vac. Entg. Rieseler		Schwacher OH-Austauscher	Starker OH-Austauscher	Mischbett	Verdampfer Speisewasser	Verdampfer Lauge	Kondensierte Destillate	Speisewasser für Durchlaufkessel	Speisewasser für Trommelkessel	Kesselwasser	Kühlwasser-Durchlauf	Kühlwasser-Kühlturmbetrieb
Temperatur . . .	+		+		+	+	(+)		+		(+)	(+)	+		+			+				+	+
Trübung		+		+		+	+											+	+	+	+	+	+
Schwebstoffe . . .		+		+		+	+																
Dichte																					+		
Leitfähigkeit . . .		+							(+)	(+)			+	+	+			+	+	+			
pH-Wert														(+)	(+)			+	+	+		+	+
p- und m-Wert .	+	+	+	+	+	+	+	+	+	+			+	+				+	+	+	+	+	+
$KMnO_4$-Zahl . .	+	+	+	+	+	+			(+)	(+)			(+)	+	+								
SiO_2	(+)	(+)	(+)	(+)	+	+								+	+			+	+	+	+	(+)	(+)
O_2												(+)							+	+			
CO_2												+								+		(+)	(+)
SO_4																							+
Cl	(+)	(+)					(+)	(+)					(+)					(+)		(+)	(+)		+
PO_4						(+)														+	+	(+)	+
NO_3																							+
SO_2																		+					
GH			+	+	+	+	+	+										+	+	+		+	+
Ca			(+)																				
Mg			(+)																				
Cu																		+	+	(+)			
Fe		(+)				(+)	(+)	(+)	(+)	(+)			(+)	(+)	(+)			+	+	(+)			
		(Al)													(+)								
Na										(+)				(+)	(+)			(+)	(+)				(+)
NH_4																		+	+	+			
N_2H_4																(+)		+	+	+	+		
Öl																		+	+	(+)			

Entfernen der Chemikalien und Ausspülen der Büretten nach jeder Untersuchung;

Aufbewahren der Chemikalien in verschlossenen Flaschen.

Maßeinheiten: Maß für Härte ist der deutsche Grad mit der Bezeichnung ° dH oder einfach die Angabe in val/l.

1 ° dH entspricht einem Gehalt von 10 mg CaO im Liter Wasser oder der äquivalenten Menge von 7,14 mg MgO.

Die *Gesamthärte* (GH) setzt sich zusammen aus Kalkhärte (CaH) und Magnesiahärte (MgH).

Die *Carbonathärte* (CH) besteht aus den an Kohlendioxyd gebundenen Anteilen der CaH und MgH.

Die *Nichtcarbonathärte* (NCH) besteht aus den an anderen Säureresten gebundenen Anteilen der CaH und MgH.

Die *Methylorangealkalität* = *m-Wert* = Anzahl ml n/10-Säure für 100 ml Wasser, die Angabe erfolgt in mval/l.

Die *Phenolphthaleinalkalität* = *p-Wert* = Anzahl ml n/10-Säure für 100 ml Wasser unter Verwendung des Indicators Phenolphthalein; die Angabe erfolgt ebenfalls in mval/l.

Die übrigen Angaben erfolgen in mg/l gleichbedeutend mit den amerikanischen Angaben ppm (parts per million).

Arbeitsgeräte: Folgende Arbeitsgeräte werden für die einfachen Untersuchungsverfahren benötigt:

1. Probenahmegefäß von 500 ml Inhalt;
2. Meßzylinder für 100 ml;
3. Tropfflasche mit Aufschrift „P" (Phenolphthalein);
4. Tropfflasche mit Aufschrift „M" (Methylorange);
5. 2 Büretten mit ml-Teilung für n/10-Säure und n/10-Lauge;
6. einige Erlenmeyer-Kolben von 300 ml Inhalt;
7. Spindel für Dichte bis 1,02 g/cm³ mit Spindelzylinder;
8. Spindel für Dichte bis 1,26 g/cm³ mit Spindelzylinder;
9. Thermometer von 0 bis 100 °C;
10. Kühler zur Entnahme von Heißwasser-Kesselwasserproben.

Für die eingehendere Wasseruntersuchung und Betriebsüberwachung sind in den letzten Jahren auch weitgehend Spezialeinrichtungen und Untersuchungsschränke entwickelt worden, die gegebenenfalls auch mit Schreibvorrichtungen für eine laufende Überwachung versehen werden können (z. B. wird ein solcher Schrank von der Firma Gottfried Söhne, Aalen/Württ., geliefert). Es soll darauf aber erst näher bei den entsprechenden speziellen Untersuchungsmethoden eingegangen werden. Für die Durchführung von Wasseranalysen haben sich auch immer mehr photometrische Methoden durchgesetzt, die den Vorteil der raschen Durchführbarkeit ohne etwaige Einengung, also direkte Bestimmbarkeit in einer verhältnismäßig kleinen Probemenge, gestatten. Zu dieser Entwicklung haben weitgehend die heute zur Verfügung stehenden objektiven Meßinstrumente, die Photometer, beigetragen, und so blieb es nicht aus, daß gerade die Wasseranalyse, insbesondere bei der Ermittlung kleiner Gehalte, weitgehend von solchen Methoden Gebrauch macht.

Es sei in diesem Zusammenhang auf das Buch „Photometrische Metall- und Wasseranalysen mit Zeiss-S-Filtern und mit Spektralphotometern" der Wissenschaftlichen Verlagsgesellschaft mbH, Stuttgart, verwiesen, dem z. T. auch die nachstehend beschriebenen „photometrischen Methoden" entnommen sind. Im übrigen sei jedoch, wie bereits eingangs erwähnt, nochmals auf die „Richtlinien" der VGB verwiesen.

Nachstehend sollen die Methoden für die in der vorstehenden Tabelle angeführten Meßgrößen kurz aufgeführt werden. Es werden dabei überaltete Methoden, wie z. B. die Härtebestimmung mit Seifenlösung, bewußt weggelassen, da gerade diese heute viel einfacher und sicherer nach dem Komplexon- bzw. Titriplexverfahren oder auch photometrisch auszuführen ist. Die Beschreibungen erfolgen ebenfalls in der Reihenfolge der Tabelle.

II. Die Bestimmung der Temperatur

Hier genügt im allgemeinen die Anwendung eines Thermometers. Für eine laufende Überwachung, z. B. der Entgasertemperatur bzw. der Dampftemperatur, empfiehlt sich die Anwendung von Schreibgeräten, die den Temperaturgang laufend registrieren.

III. Die Bestimmung der Trübung

Für die Planung von Wasseraufbereitungsanlagen spielt der Gehalt an Trübungs- und Schwebestoffen in einem Rohwasser eine wichtige Rolle. Es sollen dabei aber auch die gegebenenfalls jahreszeitlich bedingten Schwankungen besondere Berücksichtigung finden.

a) Einheitsverfahren,
b) Messung mit Trübungsmesser.

Bei der Bestimmung mit dem Durchsichtigkeitszylinder wird die gut durchgemischte Probe in den mit cm-Einteilung und mit planparallelem Glasboden versehenen etwa 25 mm weiten Durchsichtigkeitszylinder so weit eingefüllt, bis eine in kurzem Abstand daruntergelegte, gut beleuchtete Schriftprobe gerade verschwindet. Durch mehrfache Wiederholungen wird die Schichthöhe, bei der die Schrift verschwindet, ermittelt, die den Grad der Trübung angibt. Die näheren Umstände der Untersuchung müssen im Untersuchungsbericht mitgeteilt werden.

Beispiel: „Trübung entsprechend 36 cm Sichttiefe bei künstlichem Licht unter Anwendung einer genormten Schriftprobe, mit 3,5 mm Schrifthöhe (DIN 3,5).

Bezüglich der Bestimmung mit Vergleichstrübungen muß wegen der Einzelheiten auf die „Einheitsverfahren" hingewiesen werden.

Für eine bessere und objektive Bestimmung kommen der Trübungsmesser zum Pulfrich-Photometer oder photoelektrische Geräte wie z. B. das Elko-Gerät oder das Spektralphotometer von Zeiss in Betracht, die mit entsprechenden Zusatzgeräten direkte Relativwerte oder auch Absolutwerte mittels geeichten Trübglaskörpern zu messen gestatten. Wegen der Durchführung dieser Messungen muß jedoch auf die entsprechenden Firmenschriften verwiesen werden.

IV. Die Bestimmung der Schwebestoffe

Diese werden im ursprünglich getrübten Wasser bestimmt. Bei einer nach längerem Stehenlassen der Probe auftretenden Trübung erfolgt keine gesonderte Bestimmung.

Man filtriert eine abgemessene Menge des Wassers durch einen zuvor im Trockenschrank bei 110° bis zur Gewichtskonstanz getrockneten Porzellanfiltertiegel. Soll auch der Glühverlust bestimmt werden, so muß der Tiegel zuvor ausgeglüht werden. Nach der Filtration trocknet man den Tiegel wieder bei 110°. Die Gewichtszunahme entspricht der Gesamtmenge der ungelösten Stoffe in der angewandten Wassermenge. Man gibt den Wert in mg/l Wasser an.

Das Filtrat kann unmittelbar für die Bestimmung des Abdampfrückstandes verwendet werden.

Zur Bestimmung des Glührückstandes wird der Tiegel mit dem Trockenrückstand vorsichtig über der Bunsenflamme oder besser im elektrisch beheizten Tiegelofen bei etwa 600° so lange geglüht, bis der Rückstand frei von Kohle ist. Die Differenz des Gewichtes des Tiegels mit Trockenrückstand und mit Glührückstand ergibt den Glühverlust (gebundenes Wasser und organische Substanz), der ebenfalls in mg/l Wasser umgerechnet wird.

V. Die Bestimmung der Dichte

Für die Reinheit eines Dampfes ist der Salzgehalt im Kesselwasser in erster Linie verantwortlich. Man wird daher dafür sorgen müssen, daß dieser Gehalt nicht über ein bestimmtes Maß ansteigt, was je nach Kesselart verschieden sein kann. Die einfachste Überwachung des Salzgehaltes eines Kesselwassers erfolgt nun durch Messung seiner Dichte, und man wird danach die „Absalzeinrichtung" eines Kessels einstellen.

Genaue Dichtebestimmungen werden mit Hilfe von Pyknometern unter Beachtung besonderer Vorsichtsmaßregeln durchgeführt. Für die technische Ermittlung der Dichte von Flüssigkeiten benutzt man im allgemeinen Senkwaagen, Aräometer oder Spindeln, die für verschiedene Empfindlichkeiten und Meßbereiche hergestellt werden. Das wichtigste ist die Eichung dieser Instrumente nach der Dichtezahl, da selbstverständlich jede Messung letzten Endes auf diese Bestimmung hinausläuft. Daneben hat sich jedoch, leider auch im Kesselbetrieb, die Eichung nach Grad Beaumé (°Bé) eingebürgert, obwohl niemand recht sagen kann, was die Beauméschen Grade bedeuten. Ursprünglich stellte man Spindeln her, bei denen man den Punkt, bis zu welchem sie in reinem Wasser einsinken, = 0° Bé und jenen, bis zu dem sie in Natriumchloridlösung (100 g/l) bei 17,5 °C einsinken, = 10 °Bé einsetzte. Der Zwischenraum wurde in zehn gleiche Teile geteilt; diese setzte man als „Grade" über den letzten Teilstrich hinaus fort. Im Laufe der Zeit hat sich die Praxis herausgebildet, den Punkt, bis zu welchem die Spindeln bei 14 °R in einer 93- bis 95proz. Schwefelsäure einsinken, mit 66° zu bezeichnen. Da die Schwefelsäure aber nie rein war, entstanden alle möglichen Beaumé-Spindeln. Dieser Unsicherheit will Kolb durch die Konstruktion eines „rationellen" Beaumé-Aräometers abhelfen. Sein Aräometer basiert jedoch auf einem ungenauen Volumgewicht für reine Schwefelsäure; trotzdem kommt es der Praxis näher als das auf der Natriumchloridlösung basierende. Der Zusammenhang zwischen °Bé (rationelle Skala) und Dichte ist:

$$d = \frac{144{,}3}{144{,}3 - {}^\circ\text{Bé}}$$

Erforderliche Geräte. Spindel bis Dichte 1,02 g/cm³ oder 3 °Bé (rationelle Skala), Spindel bis Dichte 1,26 g/cm³ oder 30 °Bé (rationelle Skala).

Zweckmäßig sind kontinuierliche Spindeln nach Neubauer, die eine laufende Kontrolle erlauben.

Spindelzylinder für vorstehende Spindeln.

Thermometer bis 100 °C.

Ausführung. Die Kesselwasserprobe wird in einem Standzylinder möglichst genau auf 20 °C abgekühlt und die Dichte durch Einhängen einer geeichten Spindel, die nach der Dichte oder nach Beaumé-Graden (rationelle Skala) eingeteilt ist, gemessen.

VI. Die Bestimmung der Leitfähigkeit

Durch Messung der Leitfähigkeit ist es möglich, Konzentrationsbestimmungen von Salzen in Wasser durchzuführen. Dies hat bei der Wasseruntersuchung im Kesselbetrieb für die Überwachung von Austauschfiltern, von vollentsalztem Wasser sowie von Kondensaten Bedeutung.

Die elektrolytische Leitfähigkeit einer Lösung ist abhängig von:

a) der Konzentration der Lösung (ausgedrückt in mg/l),
b) der Natur seiner Ionen,
c) der Dissoziation der Lösung.

Im Bereich starker Verdünnung ist die Leitfähigkeit der Konzentration praktisch proportional. Diese Gesetzmäßigkeit trifft für konzentriertere Lösungen und auch für viele andere Verbindungen, insbesondere für schwache Säuren und Basen, nicht zu. In solchen Fällen ist es also nicht ohne weiteres möglich, aus der Leitfähigkeit der Lösungen auf ihre Konzentration zu schließen.

Die Leitfähigkeit ist jedoch für die verschiedenen Salze verschieden, so daß nur auf die jeweilige Konzentration geschlossen werden kann, wenn bekannt ist, welche Verbindung vorhanden ist. Aus diesem Grunde pflegt man im Kesselbetrieb entweder nur die Leitfähigkeit des Wassers anzugeben, oder man bezieht die Leitfähigkeit für die Summe der Salze auf Natriumchlorid als Bezugsgröße.

Die Leitfähigkeit einer Lösung ist proportional der Oberfläche g der Elektroden (bzw. dem Querschnitt g des Leitfähigkeitsgefäßes) und umgekehrt proportional dem Elektrodenabstand e,

$$\lambda = K \frac{g}{e}$$

ist die spezifische Leitfähigkeit einer Lösung, die sich in einem würfelförmigen Gefäß befindet, deren zwei als Elektroden ausgebildete Wände eine Fläche von 1 cm^2 und einen Abstand von 1 cm besitzen. Ihre Dimension ist $Ohm^{-1} \cdot cm^{-1}$. Im Kesselbetrieb pflegt man die Leitfähigkeit in Mikrosiemens/cm anzugeben:

$$1\ \text{Mikrosiemens/cm}\ (1\ \mu S\ cm^{-1}) = 1 \cdot 10^{-6}\ Ohm^{-1}\ cm^{-1}$$

Vielfach ist es nützlich, zu beachten, daß die Leitfähigkeit der reziproke Wert des elektrischen Widerstandes eines cm^3-Würfels der Elektrolytlösung ist.

Es gilt also die Beziehung

$$\lambda = K \frac{g}{e} = \frac{1}{\overline{R}} = \frac{1}{\varrho} \frac{g}{e}$$

wenn mit R der gemessene Widerstand und mit ϱ der spezifische Widerstand eines Würfels von der Kantenlänge 1 cm bezeichnet ist.

Der elektrische Widerstand des Wassers wird allgemein mittels einer der üblichen Brückenschaltungen bestimmt. Bei den im Handel befindlichen Apparaten ist die Zelle meistens als Durchflußzelle ausgebildet. Das Nullinstrument der Brücke kann ohne Schwierigkeiten als Registrierinstrument ausgebildet werden. Die Skala kann sowohl in Mikrosiemens/cm als auch in mg/l Salz geeicht sein.

Über den Einfluß von Temperatur, Kohlendioxyd und gegebenenfalls Ammoniak muß auf die entsprechende Literatur verwiesen werden (Richtlinien).

VII. Die Bestimmung des p_H-Wertes

(Wasserstoffionenkonzentration)

Die Bestimmung des p_H-Wertes eines Wassers gibt Aufschluß über den Charakter eines Wassers, ob es sauer, neutral oder alkalisch reagiert. Danach richtet sich sehr häufig die Vorbehandlung eines Rohwassers für die weitere Aufbereitungsanlage. Insbesondere wird zur Charakterisierung von Speisewasser als auch von Kondensat der p_H-Wert herangezogen.

Alle wäßrigen Lösungen enthalten nach der Theorie der elektrolytischen Dissoziation freie H- und OH-Ionen. Als „sauer“ bezeichnet man eine Lösung, in der die Anzahl der H-Ionen überwiegen, und als „alkalisch“ eine Lösung, die mehr OH-Ionen als H-Ionen enthält.

In reinem Wasser sind bei 18° 10^{-7} mol Wasserstoffionen und 10^{-7} mol Hydroxylionen je Liter frei in Lösung. Das Produkt aus beiden ist konstant. Die Konzentration der H-Ionen mal der Konzentration der OH-Ionen ist gleich 10^{-14}. Ist aber z. B. die Wasserstoffionenkonzentration $(H^+) = 10^{-5}$ mol/l, so lautet die Bezeichnung $p_H = 5$. Lösungen, die sich um eine ganze Einheit unterscheiden, sind 10mal so sauer oder alkalisch.

$p_H = 7$:	neutrales Wasser
p_H = kleiner als 7:	saures Wasser
p_H = größer als 7:	alkalisches Wasser

Bei den meisten natürlichen Wässern ist der p_H-Wert von der Carbonathärte abhängig; er berechnet sich zu:

$$p_H = 6{,}37 + \log \frac{\text{Hydrogencarbonatkohlendioxyd}}{\text{freies Kohlendioxyd}} \text{ je in mg/l}$$

Im Kesselbetrieb genügt im allgemeinen die Überwachung mit Indicatoren, z. B. Universalindicator von MERCK oder Phenolphthalein, da man hier möglichst in einem p_H-Bereich von etwa 8 bis 10 bleiben wird, was durch eine schwache Rosafärbung durch Phenolphthalein angezeigt wird. Im übrigen soll aber auf das Problematische einer richtigen p_H-Messung, besonders in sehr reinen Wässern, hingewiesen werden. Siehe auch „Photometrische Metall- und Wasseranalysen" unter B-c 7. Laufende p_H-Messung z. B. hinter Austauschfiltern in Speisewasser und Kondensaten erfolgt registrierend nach elektrometrischen Verfahren (s. Richtlinien).

VIII. Die Bestimmung des p- und m-Wertes
(Alkalität)

Die Alkalität eines Wassers kann verursacht sein durch den Gehalt an Hydrogencarbonaten, Carbonaten und Hydroxyden (namentlich bei entsäuerten oder enthärteten Wässern) sowie an Silicaten, Phosphaten und freiem Ammoniak. Man unterscheidet die Phenolphthaleinalkalität in ml n/10-Salzsäure = p und die Methylorangealkalität in ml n/10-Salzsäure = m bei Anwendung von 100 ml Wasser. Daher sind diese Werte gleichzusetzen mval/l. Die Bezeichnung „Alkalität" ohne nähere Kennzeichnung bedeutet im allgemeinen für den Chemiker die Methylorangealkalität. Aus den p- und m-Werten kann man auf die weiter unten angegebene Weise auch den Gehalt des Wassers an Ätznatron, Soda, Ätzkalk, Natriumhydrogencarbonat usw. berechnen.

100 ml gereinigtes Speisewasser werden im ERLENMEYER-Kolben mit 1 Tropfen Phenolphthaleinlösung als Indicator versetzt. Dann läßt man aus einer Bürette unter Schütteln und Rühren des Wassers n/10-Salzsäure hinzutropfen, bis die vorher rote Färbung in Farblos umschlägt. Die verbrauchten ml n/10-Salzsäure werden an der Bürette abgelesen und als Phenolphthaleinwert p eingetragen. (Titration gegen Phenolphthalein.)

Nachdem derselben Wasserprobe 2 bis 3 Tropfen Methylorangelösung hinzugesetzt wurden (Färbung gelb), wird wieder tropfenweise mit n/10-Salzsäure weitertitriert, bis die gelbe Färbung nach Orange umschlägt. (Titration gegen Methylorange.)

Die jetzt verbrauchten ml Säure, vermehrt um die mit Phenolphthalein verbrauchten ml, also die insgesamt verbrauchten ml, sind der Methylorangewert m. Diese beiden Werte charakterisieren den Gehalt des Wassers an Alkali genügend. Multipliziert man die für m erhaltene Zahl mit 40, so erhält man die Gesamtalkalität des Wassers, ausgedrückt als mg NaOH/l.

Will man aus den Werten die im Wasser tatsächlich vorhandene Natronlauge und Soda errechnen, was mehr den praktischen Bedürfnissen entspricht, so verfährt man nach folgenden Gleichungen:

$$(2p - m) \cdot 40 = \text{mg NaOH/l} \quad \text{(Ätznatron)}$$
$$(m - p) \cdot 106 = \text{mg } Na_2CO_3\text{/l} \quad \text{(Soda)}$$

Sollte m größer sein als 2p, so bedeutet das, daß im Wasser kein Ätznatron vorhanden ist, sondern daß ein Teil oder die gesamte Soda durch freies Kohlendioxyd in Natriumhydrogencarbonat ($NaHCO_3$) verwandelt wurde. In diesem Fall kann neben dem Hydrogencarbonat nur noch Soda, jedoch kein Ätznatron vorhanden sein. Die Berechnung erfolgt dann nach den Gleichungen:

$$2p \cdot 53 = 106p = \text{mg } Na_2CO_3\text{/l} \quad \text{(Soda)}$$
$$(m - 2p) \cdot 84 = \text{mg } NaHCO_3\text{/l} \quad \text{(Natriumhydrogencarbonat)}$$

Sollte $p = 0$ sein, so gilt nur die letzte Gleichung zur Berechnung des Hydrogencarbonats.

Es sei besonders darauf hingewiesen, daß die oben angeführten Rechenverfahren überhaupt nur erlaubt sind, wenn *Starke Basen* vorliegen und als schwache Säure nur das Kohlendioxyd vorhanden ist. Außerdem ist dieses Rechenverfahren abzulehnen bei Gehalten unter 1 mval/l. Siehe hierzu „Richtlinien".

Zur Bestimmung der Alkalität des Kesselwassers verwendet man nur 10 ml Wasser und multipliziert die nach den obigen Gleichungen erhaltenen Zahlen sämtlich mit 10. Die erhaltenen Ergebnisse haben dann die Maßeinheit mval/l.

IX. Die Bestimmung des Gehaltes an organischer Substanz ($KMnO_4$-Zahl)

Die Bestimmung der organischen Substanz in einem Rohwasser gibt einen Anhaltspunkt über seine Verunreinigung und die gegebenenfalls nötige Vorreinigung bei der Aufarbeitung des Wassers als Trinkwasser und als Kesselspeisewasser. Besonders heute bei dem Einsatz von Ionenaustauschern bei Vollentsalzungsanlagen bedeutet der Gehalt an organischer Substanz eines Wassers die Entscheidung für die Planung der Anlage.

Man muß sich jedoch darüber klar sein, daß die Ermittlung der organischen Substanz über die Permanganatzahl keine Aussage über die absolute Höhe zuläßt, da bei den üblichen Verfahren die organischen Substanzen u. U. sehr unterschiedlich mit Permanganat reagieren und eine Umsetzung nur teilweise, in anderen Fällen überhaupt nicht erfolgt. Die Bestimmung kann zudem sowohl in saurer Lösung als auch im alkalischen Bereich erfolgen. Nach neueren Untersuchungen der VGB wird vorgeschlagen, die alkalische Methode anzuwenden[1]. Dabei wird folgendermaßen verfahren:

Benötigte Geräte. Pilzheizhauben für 750 ml-Rundkolben, maximale Leistung 200 Watt, Spannung 220 Volt, Außendurchmesser 16 cm, Innendurchmesser 10 cm, Höhe 9 cm (sie müssen den VDE-Sicherheitsvorschriften entsprechen).

500 ml Erlenmeyer-Kolben mit NS 29,

Kugelkühler mit NS 29, Länge etwa 25 cm,

Siedestäbe.

Die Erlenmeyer-Kolben und Siedestäbe sind vor Gebrauch $^1/_2$ Std. mit n/1000-Kaliumpermanganatlösung auszukochen. Sie dürfen nur für die $KMnO_4$-Zahl-Bestimmung verwendet werden.

[1] VGB-Mitteilungen, Heft 53, April 1958.

Benötigte Chemikalien.

n/100-$KMnO_4$-Lösung,
n/100-Oxalsäurelösung,
Natronlauge (330 g/l),
Schwefelsäure (1 + 3).

Man läßt unter Umrühren ein Volumenteil Schwefelsäure (1,84) in dünnem Strahl zu 3 Teilen destilliertem Wasser einfließen. Die verdünnte Schwefelsäure muß vor Gebrauch mit n/100-$KMnO_4$-Lösung versetzt und etwa 30 bis 40 min unter Rückflußkühlung gekocht werden. Der Kaliumpermanganatzusatz ist so zu bemessen, daß nach dem Erkalten der Säure eine gerade noch erkennbare Rosafärbung bestehenbleibt.

Durchführung der Bestimmung. 100 ml der von etwa vorhandenen Schwebstoffen abfiltrierten Untersuchungslösung werden mit 0,5 ml Natronlauge und 15 ml n/100-$KMnO_4$-Lösung in einem ERLENMEYER-Kolben mit Hilfe einer Pilzheizhaube bei Schalterstellung *3* zum Sieden erhitzt. Die Natronlauge und die Kaliumpermanganatlösung werden mit Hilfe von entsprechend geeichten Pipetten zugegeben. Vor Beginn des Anheizens wird ein Kugelkühler auf den ERLENMEYER-Kolben locker aufgesetzt. Die Schliffe dürfen nicht gefettet sein.

Als Mittel zur Verhütung des Siedeverzuges dient der Siedestab. Die Zeit bis zum beginnenden Sieden beträgt 6 bis 7 min. Dann läßt man die Proben 10 min lang kochen. In die siedende Lösung werden nach Abnahme des Rückflußkühlers 5 ml Schwefelsäure und danach 15 ml n/100-Oxalsäure mit Hilfe von Pipetten gegeben. Anschließend wird die farblos gewordene Flüssigkeit mit n/100-$KMnO_4$-Lösung bis zur bleibenden Rotfärbung (etwa 1 bis 2 min) titriert.

Zur Überprüfung des Faktors der verwendeten $KMnO_4$-Lösung werden in der gleichen Weise nochmals 15 ml n/100-Oxalsäure zugesetzt und diese mit n/100-Kaliumpermanganatlösung zurücktitriert.

Entfärbt sich die Probe bereits während des Kochens mit der $KMnO_4$-Lösung, so wird sie verworfen und die Bestimmung mit einer kleineren Wasserprobe wiederholt, wobei diese zuvor im ERLENMEYER-Kolben mit destilliertem Wasser auf ein Volumen von 100 ml gebracht werden muß. Das gleiche geschieht, wenn der $KMnO_4$-Verbrauch bei der Rücktitration mehr als 10 ml beträgt.

Der Kaliumpermanganatverbrauch des Verdünnungswassers wird gesondert bestimmt, indem mit 100 ml Verdünnungswasser in der oben beschriebenen Weise verfahren wird.

Berechnung und Auswertung. Bei unverdünnten Proben entspricht 1 ml n/100-$KMnO_4$-Lösung bei Anwendung von 100 ml Wasser nach Berücksichtigung des Faktors 3,16 mg $KMnO_4$/l. Bei verdünnten Wasserproben erfolgt die Auswertung in der Weise, daß unter Berücksichtigung des Faktors der Verbrauch an n/100-$KMnO_4$-Lösung sowohl für die Titration der verdünnten Untersuchungslösung (A) als auch für die des Verdünnungswassers (B) ermittelt wird.

Die Berechnung erfolgt nach der Formel:

$$\left(A - B\frac{a}{100}\right)\frac{1000\cdot 0{,}316}{b} = \text{mg KMnO}_4/\text{l}$$

In der Formel bedeuten:

A = $KMnO_4$-Verbrauch in ml für die verdünnte Untersuchungslösung.
B = $KMnO_4$-Verbrauch in ml für 100 ml Verdünnungswasser.
$B\,a/100$ = $KMnO_4$-Verbrauch in ml für die angewendete Menge Verdünnungswasser.
a = Volumen des zugesetzten Verdünnungswassers.
b = Volumen der angewendeten Ausgangslösung.
$0{,}316 \cdot 1000$ = Umrechnungsfaktor zur Berechnung des $KMnO_4$-Verbrauches in mg/l.

Angabe der Ergebnisse. Der $KMnO_4$-Verbrauch ist bis zu 10 mg $KMnO_4$/l mit einer Stelle hinter dem Komma, bei höheren Werten auf ganze Zahlen abgerundet, anzugeben. Der Vermerk „alkalisches Verfahren" ist hinzuzufügen.

Beispiel. $KMnO_4$-Zahl 7,5 mg $KMnO_4$/l (alkalisches Verfahren).

X. Die Bestimmung des Siliciumdioxyds

Das Siliciumdioxyd spielt im Dampfkesselbetrieb gegenüber den anderen Bestandteilen eines Wassers eine ganz besondere Rolle. Abgesehen davon, daß es zusammen mit den Härtebildnern mit Eisen- und Aluminiumoxyden immer einen sehr harten und widerstandsfähigen Stein bildet, ist es auch in niedermolekularer Form wasserdampfflüchtig und kann dadurch zur „Verkieselung" von Turbinen führen. Daher hat die Bestimmung des Siliciumdioxydgehaltes von Speisewasser, Kesselwasser und auch von Dampf gerade in Hochdruckkraftwerken besondere Bedeutung. Dies ist auch der Fall bei der Überwachung von Vollentsalzungsanlagen, da hier u. U. besondere Filter für die Entfernung des Siliciumdioxyds eingesetzt werden. Da es sich meistens um die Bestimmung relativ kleiner Gehalte handelt, ist besondere Sorgfalt bei der Probenahme zu beachten, die nur in Gefäßen aus Kunststoff erfolgen sollte. Die Proben selbst sollen möglichst umgehend untersucht werden, da sich sonst gegebenenfalls Siliciumdioxyd an der Wandoberfläche abscheiden kann. Man spricht dann von der Bildung von „kolloidalem Siliciumdioxyd", das man durch Kochen mit Hydrogencarbonat wieder in Lösung bringen muß. Es hat sich jedoch in letzter Zeit gezeigt, daß Ammoniak ein viel wirksameres Mittel ist, kleine Siliciumdioxydgehalte in Lösung zu halten bzw. etwa kolloidales Siliciumdioxyd wieder rasch in Lösung zu bringen, da sie nur in dieser Form photometrisch bestimmbar ist. Wegen der meist sehr geringen Gehalte kommen hier für die Analyse nur photometrische Verfahren in Frage, die alle auf der Bildung eines Komplexes mit Molybdat beruhen. Dieser Komplex ist gelb gefärbt und kann dadurch direkt bestimmt werden. Die Reaktion wird jedoch empfindlicher, wenn dieser Komplex mit einem Reduktionsmittel zu Molybdänblau reduziert wird. Phosphat bildet mit Molybdat einen ganz ähnlichen Komplex, der jedoch gegen Oxalsäure nicht beständig ist. Umgekehrt ist der Siliciumdioxydkomplex nicht gegen Hydrogensulfit beständig, so daß dadurch eine photometrische Bestimmung der beiden Verbindungen nebeneinander möglich ist.

Zu 20 ml des zu untersuchenden Wassers gibt man 1 ml Ammonmolybdatlösung [50 g Ammoniummolybdat und 50 ml Schwefelsäure (1,84) auf 1 l] und nach 10 min 0,5 ml Oxalsäurelösung (gesättigte Lösung etwa 10proz.). Je nach Menge des Siliciumdioxyds tritt eine mehr oder weniger starke Gelbfärbung auf.

Gleichzeitig werden zu 20 ml destilliertem siliciumdioxydfreiem Wasser die gleichen Zusätze gemacht. Sofort nach der Zugabe der Oxalsäure mißt man im Photometer in 5- oder 1 cm-Schicht im Spektralphotometer bei 390 mμ oder bei Verwendung eines Filterphotometers mit Quecksilberlampe und Filter Hg 405. Aus dem erhaltenen Extinktionswert ergibt sich der Gehalt an Siliciumdioxyd in 20 ml Wasser zu:

$$\text{mg } SiO_2 = E_1 \cdot 0{,}500 \quad \text{bzw.} \quad E_5 \cdot 0{,}100 \quad \text{für Spektralphotometer bei 390 m}\mu\text{ oder}$$

$$\text{mg } SiO_2 = E_1 \cdot 0{,}715 \quad \text{bzw.} \quad E_5 \cdot 0{,}143 \quad \text{für Filter Hg 405}$$

Kleinere Mengen an Siliciumdioxyd bestimmt man auf ähnliche Weise, indem man mittels eines Reduktionsmittels den oben genannten Silicomolybdänsäurekomplex zu Molybdänblau reduziert, wodurch die Messung noch empfindlicher wird. Wegen der Einzelheiten muß hier auf die Zusammenstellung „Photometrische Metall- und Wasseranalysen" verwiesen werden.

XI. Die Bestimmung des Sauerstoffes

An fast allen Korrosionserscheinungen, die im gesamten Wasserdampf- und Kondensationskreislauf auftreten, einerlei, ob es sich dabei um eine gleichmäßige Abtragung der Oberfläche oder um den bekannten Lochfraß handelt, ist in erster Linie Sauerstoff die Ursache. Dabei erhöhen Druck und Temperatur die Korrosionsgeschwindigkeit. Es ist deshalb oft nicht zu umgehen, daß eine Überprüfung des Sauerstoffgehaltes an den verschiedensten Stellen vorgenommen wird.

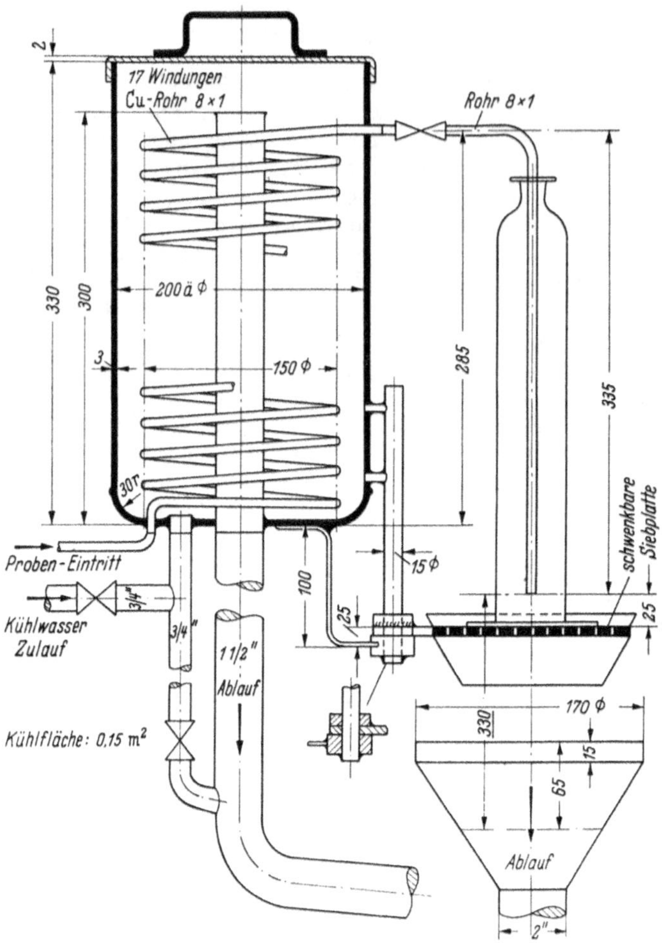

Abb. 144. Probeentnahmeeinrichtung für die Bestimmung von Sauerstoff im Speisewasser (mit Kühlvorrichtung)

Die Probeentnahme, soweit es sich um heißes Wasser handelt, erfolgt am besten mittels einer Kühlvorrichtung, gemäß nebenstehender Skizze (Abb. 144).

Beim Durchleiten des Wassers durch die Probeflasche mit genau bekanntem Inhalt von 100 bis 300 ml soll sich der Inhalt etwa 15mal erneuern. Dies gilt auch für andere Probeentnahmen, z. B. direkt aus einer Wasserleitung. Das Wasser sollte mindestens 10 min überlaufen, damit Luft mit Sicherheit aus der Probeflasche herausgespült wird. Beim Verschließen der Flasche ist sorgfältig darauf zu achten, daß mit dem Stopfen keine Luft eingebracht wird. Die benötigten Chemikalien werden mittels Mikrobürette bzw. Injektionsspritze in den Hals der Probeflasche unterhalb des Schliffes gegeben, was am besten gleich an Ort und Stelle geschieht. Es werden 1 ml Mangan(II)-chloridlösung (400 g $MnCl_2 \cdot 4H_2O$ in 1 l destilliertem Wasser) und darauf 1 ml Natronlauge (50 g Ätznatron + 20 g Kaliumjodid in 100 ml destilliertem Wasser) zugesetzt, mit dem Glasstopfen verschlossen und gut umgeschüttelt. Es entsteht je nach Menge des vorhandenen Sauerstoffes eine weiß bis braun gefärbte Ausfällung. Durch einen Vergleich des Farbgrades des Niederschlages mit einer im Handel erhältlichen Farbskala kann man oberflächlich schon den Gehalt des Wassers an Sauerstoff feststellen.

Nach erfolgtem Auflösen des Niederschlages mit 5 ml einpipettierter Salzsäure (1,19), nach Verschließen der Flasche und nach Abkühlen unter 20° bringt man den Inhalt des Gefäßes unter Nachspülen mit destilliertem Wasser ohne Verlust in einen 600 ml-ERLENMEYER-Kolben und titriert unter Zusatz von mindestens 5 ml Stärkelösung mit n/100-Natriumthiosulfatlösung (Nachbläuung ist ohne Bedeutung).

Die Temperatur des betreffenden Wassers ist stets zu messen, da mit steigender Temperatur die Lösungsfähigkeit der Gase im Wasser abnimmt. Bei der Berechnung der Analysenbefunde sind von dem Gesamtinhalt der Flasche stets die durch den Reagenzienzusatz verdrängten 6 (2mal 3) oder 2 (2mal 1) ml Wasser abzuziehen.

1 ml n/100-Natriumthiosulfatlösung = 0,08 mg oder 0,0559 ml Sauerstoff.

Um eine Übereinstimmung mit den amtlichen Untersuchungsstellen herbeizuführen, wird empfohlen, auf mg/l und nicht auf ml/l zu berechnen. Bezeichnet man die für die Titration verbrauchten ml n/100-Natriumthiosulfatlösung mit n, den Inhalt der Flasche nach Abzug der 6 oder 2 ml für die zugesetzten Reagenzien mit V, so ist der Sauerstoffgehalt, ausgedrückt als mg/l, gleich

$$\frac{n \cdot 0{,}08 \cdot 1000}{V} = \frac{80\,n}{V}$$

Photometrisches Verfahren nach M. Zimmermann. Das Verfahren fußt auf Vorarbeiten von CRUMB und KENNY, ersetzt das Jod durch o-Tolidin und mißt die entstandene Gelbfärbung in einem Photometer.

Erforderliche Reagenzien.

1. Mangan(II)-chloridlösung (400 g $MnCl_2 \cdot 4H_2O$ werden mit eisenfreiem destilliertem Wasser oder Kondensat zu 1 l gelöst).
2. Natronlauge, 250 g Ätznatron, in destilliertem Wasser gelöst und auf 1 l aufgefüllt.
3. Phosphorsäure, 60proz.
4. Tolidinlösung (2 g o-Tolidin werden in 20 ml 1 n-Salzsäure gelöst und die Lösung zu 100 ml aufgefüllt).

Zunächst wird in einem mit eingeschliffenem Glasstöpsel versehenen Meßzylinder mit 10 ml Teilung und etwa 150 ml Gesamtinhalt ein Gummischlauch bis zum Boden geführt. Dann läßt man das zu untersuchende Wasser etwa 5 min durchlaufen und zieht darauf den Schlauch langsam heraus. Aus einer Mikrobürette mit 1/100 Teilung (Spritze eintauchen lassen!) werden nun 0,2 ml Mangan(II)-chloridlösung und darauf 0,4 ml Natronlauge hinzugegeben. Der Meßzylinder wird nach dem Verschließen umgeschüttelt. Den Niederschlag läßt man am besten im Dunkeln vollkommen absitzen. Danach zieht man die klare, überstehende Flüssigkeit möglichst weitgehend ab, aber unter peinlichster Vermeidung jeden Aufrührens des Niederschlages. Sodann wird die Lösung mit 1 ml Phosphorsäure und 0,2 ml Tolidinlösung versetzt und mit Wasser, das über Kaliumpermanganat destilliert wurde, zu 50 ml verdünnt.

Die Vergleichslösung wird hergestellt aus 1 ml Phosphorsäure, 0,2 ml o-Tolidinreagenz und Auffüllen auf 50 ml.

Die Extinktionsmessung erfolgt je nach der Farbstärke in 0,1, 1,0 oder bei geringeren Gehalten in 5 cm-Schicht mit Quecksilberlampe und Filter Hg 436 oder im Spektralphotometer bei 435 mμ. Aus dem abgelesenen Extinktionsmodul m (Extinktion für 1 cm-Schicht) errechnet sich der Gehalt an O_2, wenn a ml Wasser angewandt und b ml Manganchlorid und Natronlauge zugesetzt werden, zu:

$$\text{mg } O_2/\text{l} = \frac{m \cdot 0{,}0132 \cdot 1000}{a - b} \qquad \text{Filter Hg 436 oder bei 435 m}\mu$$

Anmerkung:

Bei O_2-Gehalten über 1 mg/l werden 0,5 ml der Mangan(II)-chloridlösung und 1 ml Natronlauge angewandt.

Ferner wird die Menge an Phosphorsäure auf 5 ml und die von o-Tolidinreagenz auf 2 ml erhöht.

Unter Umständen muß die Lösung vor der Messung nochmals verdünnt werden, was dann bei der Berechnung zu berücksichtigen ist.

Handelt es sich um die Bestimmung sehr geringer Sauerstoffgehalte, so verfährt man nach Merkblatt Nr. 5 der VGB. Allgemein ist dabei zu sagen, daß die Ermittlung geringster Sauerstoffmengen sehr große Schwierigkeiten macht, und man ist auch übereingekommen, daß es sich dabei nicht um Absolutwerte, sondern nur noch um Vergleichswerte handeln kann.

XII. Die Bestimmung des freien Kohlendioxyds

Erforderliche Reagenzien.

1. Phenolphthaleinlösung } nach DIN 8106,
2. SEIGNETTE-Salzlösung } nach DIN 8106,
3. n/50-Natronlauge.

Erforderliche Geräte.

1. 1 Mischzylinder 100 E DIN 1265,
2. 1 Bürette 25 mit Hahn DIN 12700/01.

Die Bestimmung des freien Kohlendioxyds, die grundsätzlich nur am Ort der Entnahme durchgeführt werden soll, erfolgt wie nachstehend:

Mit einem bis auf den Boden der Flasche reichenden Gummischlauch füllt man einen Mischzylinder mit dem zu untersuchenden Wasser und läßt es etwa 10 min lang zwecks Verdrängen des anfangs mit der Luft in Berührung gewesenen Wassers überlaufen. Durch vorsichtiges Abgießen, gegebenenfalls Absaugen mit der Pipette, stellt man den Wasserstand auf die Marke 100 ein und träufelt nach Zugeben von 0,1 ml Phenolphthaleinlösung aus der Bürette einige Tropfen n/50-Natronlauge in den Zylinder, verschließt ihn mit dem Glasstopfen und kippt ihn unter Vermeidung des Schüttelns mehrmals langsam um. Das Zugeben von Natronlauge und das Umkippen wiederholt man so lange, bis die Flüssigkeit eine 5 min lange bestehenbleibende, schwache, aber noch deutlich sichtbare rosenrote Färbung angenommen hat. Eisenhaltiges oder an Carbonathärte sehr reiches Wasser wird vor der Ausführung der Bestimmung mit etwa 2 ml SEIGNETTE-Salzlösung versetzt.

Bei dieser ersten Untersuchung gehen etwa 5% des vorhandenen freien Kohlendioxyds verloren. Zur Erlangung ganz genauer Ergebnisse gibt man bei einer zweiten Bestimmung gleich beim Beginn des Titrierens fast die ganze Menge an n/50-Natronlauge, die beim ersten Versuch verbraucht wurde, auf einmal in die Wasserprobe hinein und beendet die Bestimmung durch Hinzuträufeln der noch nötigen wenigen Tropfen Natronlauge.

Jedes ml n/50-Natronlauge entspricht 0,88 mg Kohlendioxyd, bei Anwendung von 100 ml Wasser also 8,8 mg/l Kohlensäure.

Das geschilderte Verfahren kann angewandt werden für Mengen über 1 mg CO_2/l. Für kleine Gehalte sind Austreibungsverfahren anzuwenden (s. „Richtlinien“).

XIII. Die Bestimmung des Sulfats

Die Bestimmung von Sulfat wird in erster Linie durchgeführt, um den Salzgehalt eines Wassers zu ermitteln. Es wird darauf der Gehalt an Na_2SO_4 und an $CaSO_4$ errechnet.

Qualitativer Nachweis

Die Sulfationen werden mit Bariumchlorid in der mit verdünnter Salzsäure versetzten Probe als Bariumsulfat gefällt.

Quantitativer Nachweis

Bei der quantitativen Bestimmung wirken Eisensalze und größere Mengen organischer Stoffe störend. Das Eisen muß durch Ausfällen mit Ammoniak und Abfiltrieren des Niederschlages entfernt werden. Organische Stoffe (über 30 mg/l) beseitigt man durch Schütteln mit frisch gefälltem und sulfatfrei ausgewaschenem Aluminiumhydroxyd. Sollte diese Behandlung nicht ausreichen, so wird die Probe 10 min mit überschüssigem Kaliumpermanganat gekocht. Der Überschuß von diesem Reagenz wird mit Äthanol beseitigt; gegebenenfalls müssen ausgeschiedene Manganverbindungen abfiltriert werden.

200 bis 300 ml der so vorbereiteten Probe säuert man mit 1 ml Salzsäure (1 + 1) an und dampft sie auf etwa 100 ml ein. Zu der kochenden Lösung läßt man eine heiße Bariumchloridlösung (50 g/l) hinzutropfen, bis keine weitere Fällung mehr zu beobachten ist. Der Niederschlag bleibt 30 min in der Wärme stehen. Nachdem er sich abgesetzt hat, filtriert man ihn auf ein quantitatives Filter ab, wäscht mit heißem Wasser aus und bringt ihn nach dem Glühen zur Wägung.

Das Gewicht in mg · 0,4115 ergibt in der angewandten Probemenge die Menge SO_4 in mg, die noch in mg/l umgerechnet werden müssen.

Auf die maßanalytische (nach MUTSCHIN und POLLAK) sowie auf die photometrische Sulfatbestimmung nach M. ZIMMERMANN (s. Beizereiabwässer, S. 1269), die auch in den „Richtlinien“ ausführlich behandelt werden, sei hier hingewiesen.

XIV. Die Bestimmung des Chlorids

Der Gehalt an Chlorid in einem Rohwasser läßt die Berechnung des Gehaltes an NaCl, an $CaCl_2$ und $MgCl_2$ zu, wenn daneben noch die Gehalte an Sulfat, Nitrat und Kohlendioxyd berücksichtigt werden. Darüber hinaus dient die Ermittlung eines Chloridgehaltes sehr häufig zur Überwachung der Reinheit von Kondensaten, da der Nachweis sehr einfach durchzuführen ist. Dazu genügt im allgemeinen die qualitative Prüfung, wenn bei Zugabe einer Silbernitratlösung zur mit Salpetersäure schwach angesäuerten Wasserprobe eine Trübung durch Silberchlorid auftritt. Für die quantitative Bestimmung verfährt man folgendermaßen:

100 ml Rohwasser werden in einem Becherglas mit 1 ml Kaliumchromatlösung (100 g/l) (nicht weniger!) versetzt und unter dauerndem Rühren mit einem Glasstab durch tropfenweises Zusetzen von n/50-Silbernitratlösung bis zum bleibenden Farbumschlag ins Rötliche titriert. Es ist unbedingt erforderlich, auf die allererste, eben bemerkbare, dunklere Färbung zu titrieren, da sonst die Ergebnisse zu hoch ausfallen.

Um bei den niedrigen Chloridgehalten ganz sicher zu gehen, wiederholt man die Titration unter Benutzung einer Vergleichslösung.

Man setzt zu der ersten, fertig titrierten Lösung eine Spur festen Natriumchlorids, wodurch die Färbung wieder in Hellgelb umschlägt. Darauf werden nochmals 100 ml Wasser abgemessen und nur so weit titriert, bis die zweite Probe eine Spur dunkler geworden ist als die erste. Ohne Vergleichslösung läßt sich der Umschlag in solcher Schärfe nicht erkennen.

Bei Chloridgehalten unter 7 mg/l versagt auch dieses Verfahren. Man muß in solchen Fällen das Wasser durch Eindampfen konzentrieren, um eine chloridreichere Lösung für die Untersuchung zu haben.

Ohne Einfluß auf die Bestimmung ist die Anwesenheit von Hydrogencarbonaten, freiem Kohlendioxyd, Sulfaten, Phosphaten, Mangan und organischen Substanzen. Stark störend wirken dagegen Säuren, Alkalien und Eisensalze.

Die saure Reaktion kann man durch Neutralisation mit chloridfreiem Natriumhydrogencarbonat beseitigen; auch eine Titration des Wassers mit n/10-Natronlauge bei Gegenwart von Methylorange bis zum Umschlag nach Gelb ist brauchbar, da die gelbe Farbe von Methylorange bei der Titration mit Silbernitratlösung und Kaliumchromat nicht stört.

Alkalische Wässer, z. B. chemisch enthärtete und Kesselwässer, von denen man nur 10 ml anwendet, müssen vor der Titration neutralisiert werden, nicht etwa mit Salzsäure, sondern mit chloridfreier Schwefelsäure oder Salpetersäure. Diese Neutralisation muß bis zum Verschwinden der nach Phenolphthaleinzusatz eingetretenen Rotfärbung gehen.

Zum Entfernen des störenden Eisens gibt man zu einer größeren Wasserprobe (etwa 150 ml) entweder chloridfreies Zinkoxyd oder Natriumhydrogencarbonat, schüttelt um und gießt die Lösung durch ein Filter.

Bei gelblicher Farbe der Probe ist ein Entfärben durch Schütteln mit gewaschenem Aluminiumhydroxyd (3 g auf 500 ml Wasser) erforderlich. Die Probe bleibt bis zum Absitzen des Niederschlages stehen. Für die Bestimmung wird ein Teil der geklärten, erforderlichenfalls filtrierten Probe verwendet.

1 ml n/50-Silbernitratlösung = 0,709 mg Cl. Die Eintragung erfolgt als mg/l, so daß die gefundenen ml mit 10 (bei Roh- und Reinwasser) oder 100 (bei Kesselwasser) zu multiplizieren sind.

In letzter Zeit wurde auch eine photometrische Chloridbestimmung für sehr kleine Gehalte, wie sie in Destillaten und vollentsalztem Wasser vorkommen, von M. Zimmermann und Lange von Stocmeier entwickelt, die es gestattet, 0,05 bis 0,6 mg/l direkt zu erfassen. Wegen der Einzelheiten sei auf die Vorschriftensammlung „Photometrische Metall- und Wasseranalysen“ verwiesen.

XV. Die Bestimmung des Phosphats

Phosphate werden einem Kesselspeisewasser in Form von Orthophosphaten, Hexametaphosphaten und Polyphosphaten zugesetzt. Sie sollen die Bildung eines festen Steines an der Kesselwand durch gegebenenfalls auch nach einer Enthärtungsanlage noch eingeschleppte Härtebildner vermeiden. Der Zusatz stellt also eine Sicherheitsmaßnahme dar, wobei man u. U., soweit beispielsweise Trinatriumphosphat zur Anwendung kommt, gleich eine Alkalisierung des Speisewassers erreicht. In den Fällen, in welchen im Speisewasser eine gewisse Menge Hydrogencarbonate eingeschleppt werden, kann meistens auf eine zusätzliche Alkalisierung verzichtet werden. Man verwendet dann an Stelle von Trinatrium- Dinatrium- oder Diammoniumphosphat. In manchen Anlagen werden aber auch Hexameta- oder Polyphosphate gebraucht. Bei Anwendung dieser Produkte kann der Phosphatnachweis nicht direkt erfolgen. Man muß diese Art Phosphate durch längeres Kochen ($^1/_2$ Std.) in saurer Lösung zuerst in Orthophosphat überführen.

Nachweis

Phosphationen ergeben mit schwefelsaurer Molybdänsäurelösung und Zinnfolie in Gegenwart von Natriumchlorid eine Blaufärbung. Zum Nachweis der Phosphationen versetzt man die Wasserprobe, etwa 10 ml, mit einer Messerspitze Kochsalz und einigen Tropfen Molybdänschwefelsäure (1 Teil Schwefelsäure, D 1,84 und 1 Teil Ammoniummolybdatlösung, wäßrig 10%) sowie etwas Zinnfolie.

Für die quantitative Bestimmung verfährt man nach M. Zimmermann folgendermaßen:

Zu 20 ml der zu untersuchenden Wasserprobe gibt man 1 ml einer Zitronensäurelösung (2 g/100 ml) und dann 1 ml einer Metolsulfitlösung (2 g Metol, 10 g $Na_2S_2O_5$ in destilliertem Wasser gelöst und auf 100 ml aufgefüllt), 1 ml Ammoniummolybdatlösung [5 ml Schwefelsäure (1,84) werden in 90 ml destilliertem Wasser gegeben, darin 5 g

Ammoniummolybdat gelöst und auf 100 ml aufgefüllt]. Gleichzeitig wird mit 20 ml destilliertem Wasser und den gleichen Zusätzen eine Vergleichslösung zur photometrischen Messung hergestellt. Wenn kein Photometer zur Verfügung steht, so stellt man dafür aus einer Natriumammoniumphosphatlösung (14,72 g $NaNH_4HPO_4 \cdot 4\,H_2O$ in 1 l destilliertem Wasser), von welcher 1 ml 5 mg P_2O_5 enthält, und je 20 ml destilliertem Wasser Vergleichslösungen her. Von obiger Phosphatlösung fügt man hinzu: 0,1; 0,2; 0,4; 0,6; 0,8 und 1 ml mit einem entsprechenden Inhalt an P_2O_5 von 0,5; 1,0; 2,0; 3,0 und 5,0 mg. Durch unmittelbaren Vergleich der Probenlösung mit diesen Vergleichslösungen — er wird zweckmäßig in Reagenzgläsern von gleicher Weite vorgenommen — läßt sich der Gehalt an P_2O_5 ermitteln; die Zwischenwerte können geschätzt werden.

Für exaktere Messungen erfolgt diese in einem Photometer in 1- oder 5 cm-Schicht, z. B. im Spektralphotometer bei 720 mμ oder im Elko mit Filter S 72 E nach einer Stehzeit von 10 min. Aus dem erhaltenen Extinktionswert ergibt sich der Gehalt in der angewandten Probemenge zu:

$$\text{mg } P_2O_5 = E_1 \cdot 0{,}424 \quad \text{bzw.} \quad E_5 \cdot 0{,}0848$$

Über Einzelheiten muß auf „Photometrische Metall- und Wasseranalysen" verwiesen werden.

XVI. Die Bestimmung des Nitrats

Dieser Gehalt interessiert in diesem Zusammenhang im Rohwasser und damit auch in Kühlwässern, nachdem festgestellt wurde, daß dort durch etwa von außen aufgenommenes Ammoniak Nitrat gebildet wird.

Nachweis

Nitrationen geben mit Brucin-Schwefelsäure in der Kälte eine Rosarotfärbung, die mit der Zeit, besonders in der Wärme, in Gelb übergeht. Zum Nachweis der Nitrationen versetzt man im Reagenzglas eine Probe des zu untersuchenden Wassers, etwa 2 ml, mit 5 ml konz. Schwefelsäure, und zwar unter ständigem Kühlen und Umschütteln. Dann fügt man eine kleine Messerspitze voll Brucin unter Umschwenken hinzu; eine Rotfärbung zeigt die Gegenwart von Nitrat an.

Für die quantitative Bestimmung reduziert man nach M. ZIMMERMANN das Nitrat am besten zu Nitrit und bestimmt dieses colorimetrisch, wobei man folgendermaßen verfährt:

Zu 40 ml des zu prüfenden Wassers, das sich in einem Zentrifugenglas mit etwa 50 ml Inhalt befindet, gibt man 1 g Zinkstaub (96% Durchgang durch Maschensieb DIN 0,06) und 2 ml 5 n-Natronlauge und rührt 20 min mit einem Glasrührer. Der Zinkstaub muß dabei in Schwebe gehalten werden und darf sich nicht am Boden absetzen. Gleichzeitig setzt man mit 40 ml destilliertem Wasser eine Vergleichsprobe an, die genauso behandelt wird. Es wird dann in einer Zentrifuge abgeschleudert und von den klaren Lösungen je 21 ml entnommen und zugegeben: 1 ml Reagenzlösung (1 g p-Sulfanilsäure und 50 g Na-acetat, in 100 ml destilliertem Wasser gelöst, und dazu gibt man 0,1 g Naphthylamin, gelöst in 5 ml Eisessig und 95 ml destilliertes Wasser) und 5 ml 98proz. Essigsäure.

Nach einer Stehzeit von 15 min wird im Photometer die Extinktion gegen die Vergleichslösung in 1 cm-Schicht gemessen. Bei Anwendung des Elko mit Filter S 53 E ergibt sich ein Gehalt in der angewandten Probemenge zu:

$$\text{mg } N_2O_5 = E_1 \cdot 0{,}0488 \quad \text{bzw.} \quad \text{mg } NaNO_3 = E_1 \cdot 0{,}0768$$

Wegen der Bestimmung bei gleichzeitiger Anwesenheit von Nitrit muß wegen der Einzelheiten wieder auf die „Photometrischen Metall- und Wasseranalysen" verwiesen werden.

XVII. Die Bestimmung der schwefligen Säure

Schweflige Säure kommt im Wasser für den Kesselbetrieb nur vor, wenn zur Entfernung von Restsauerstoff nach einer physikalischen Entgasung noch chemisch mit Natriumsulfit „nachentgast" wird. Das Na_2SO_3 nimmt Sauerstoff unter Bildung von Na_2SO_4 auf. Heute ist diese Methode weitgehend durch die chemische Entgasung mit Hydrazin (N_2H_4) verdrängt, das neben weiteren Vorteilen vor allem keine zusätzlichen Salze ins Wasser bringt. Wegen Einzelheiten hierüber s. VGB-Mitteilungen Heft 2, S. 70 (1948).

Nachweis

Die Probe wird z. B. aus einer Speiseleitung genauso entnommen wie eine Sauerstoffprobe (s. d.). Je nach dem zu erwartenden Sulfitgehalt gibt man in den Flaschenhals mit Hilfe einer Bürette eine genau abgemessene Menge n/100-Jodlösung, etwa 10 bis 30 ml und 3 ml 20proz. Phosphorsäure Nach den Zusätzen wird die Flasche verschlossen umgeschüttelt und 10 min stehengelassen. Darauf wird nach Zusatz von Stärkelösung mit n/100-Thiosulfatlösung der verbliebene Jodüberschuß bestimmt. 1 ml n/100-Jodlösung entspricht 0,4 mg SO_3.

XVIII. Die Bestimmung der Gesamthärte, Calcium und Magnesium

Für den Betrieb einer Dampfkesselanlage ist es wichtig, daß durch das eingebrachte Wasser keine Ansätze (Kesselstein) an den Heizflächen gebildet werden. Bekanntlich neigen die in jedem Rohwasser vorkommenden Härtebildner, die Calcium- und Magnesiumverbindungen, vor allem in Form der Carbonate, beim Kochen des Wassers zur Bildung von Kesselstein. Es ist daher das Bestreben jeder Speisewasseraufbereitung, dies zu vermeiden.

Die Voraussetzung für die Überwachung einer solchen Anlage ist die Kenntnis der Gehalte an Härte im Rohwasser als auch im aufbereiteten Wasser. Es stehen dazu die verschiedensten Verfahren zur Verfügung. Die älteren Methoden mit verschiedenen Seifenlösungen wurden wegen ihrer Ungenauigkeit im folgenden nicht mehr berücksichtigt, da es heute möglich ist, mit geringerem Aufwand die Gehalte exakter zu bestimmen.

Folgende Methoden kommen in Frage:

a) Komplexometrische Bestimmung der Gesamthärte,
b) Komplexometrische Bestimmung des Calciums und Magnesiums,
c) Flammenspektrometrische Bestimmung des Calciums,
d) Photometrische Bestimmung des Calciums und Magnesiums (Hinweis).

Für die Bestimmung der Härte hat sich die Methode der Titration mit metallkomplexbildenden Substanzen, wie z. B. Äthylendiamintetraessigsäure (Komplexon ÄDTE), heute fast allgemein durchgesetzt. Es können damit sowohl die üblichen Härten als auch Resthärten in enthärteten Wässern sowie Calcium und Magnesium bestimmt werden. Es gibt verschiedene Ausführungsformen für diese Bestimmung, und es soll im nachstehenden der Einfachheit halber das sog. Titriplexverfahren von Merck angeführt werden. Dabei werden Calcium und Magnesium durch Titration mit dem Dinatriumsalz der Äthylendiamintetraessigsäure (Titriplex III) und Murexid bzw. Eriochromschwarz T als Indicator bestimmt. Da ein scharfer Farbumschlag ohne weiteres zu erreichen ist, ist diese Methode weit zuverlässiger, als man dies von den bisher üblichen Seifenmethoden gewohnt war.

Es kommen für diese Zwecke die Titriplexlösungen A und B in Frage, wobei von A 1 ml = 5,6 °dH und von B 1 ml = 1 °dH jeweils bei einer Anwendung von 100 ml Wasser entsprechen.

Titration mit Titriplexlösung A

(Rohwässer, mittelharte und harte Wässer)

In 100 ml des zu prüfenden Wassers wird 1 Indicator-Puffertablette Merck gelöst. Nach Zugabe von 1 ml Ammoniaklösung 0,910 = 24 Bé (etwa 25%) zur Analyse wird sogleich mit Titriplexlösung A titriert, bis die rote Farbe (über einen grauen Farbton) in ein reines Grün umschlägt.

Die verbrauchte Anzahl Milliliter Titriplexlösung A gibt, mit 5,6 multipliziert, die Anzahl deutsche Härtegrade (dH) an, wenn 100 ml Wasser titriert werden.

Titration mit Titriplexlösung B

(Weiche, vorenthärtete oder enthärtete Wässer)

In 100 ml des zu prüfenden Wassers wird 1 Indicator-Puffertablette Merck gelöst. Nach Zugabe von 1 ml Ammoniaklösung 0,910 = 24 Bé (etwa 25%) zur Analyse wird sogleich mit Titriplexlösung B bis zum Umschlag nach Grün titriert. Die verbrauchte Anzahl Milliliter Titriplexlösung B gibt direkt die Anzahl deutscher Härtegrade an, wenn die Bestimmung mit 100 ml Wasser ausgeführt wird.

Bei sehr weichen Wässern kann die Titriplexlösung B bei Bedarf unbedenklich weiter verdünnt werden, z. B. auf das 10- oder 20fache. Für diese Fälle werden 20 bzw. 10 ml Titriplexlösung B in einen 200 ml-Meßkolben pipettiert. Dann wird mit frisch destilliertem Wasser bis zur Marke aufgefüllt. Die verbrauchte Anzahl Milliliter der 10fach verdünnten Titriplexlösung B, dividiert durch 10, ergibt die Anzahl deutscher Härtegrade, wenn 100 ml Wasser titriert werden (1 ml = 0,1 °dH). Bei der 20fach verdünnten Titriplexlösung B ist durch 20 zu dividieren, um die Anzahl deutscher Härtegrade zu erhalten (1 ml = 0,05 °dH).

Bestimmung des Calciums

Am einfachsten erfolgt diese Bestimmung ebenfalls nach dem Komplexonverfahren (Titriplex III), wobei man folgendermaßen verfährt:

Man titriert zunächst die Alkalität des Wassers mit n/10-Salzsäure unter Verwendung des Mischindicators bis zum Farbumschlag von Grün nach Rot und verkocht nach Zusatz von weiteren 0,5 ml n/10-Salzsäure die CO_2. Die noch etwa 50° warme Probe bringt man mit 0,2 ml NaOH (40 g in 100 ml dest. Wasser) auf einen p_H-Wert von 12 bis 13, gibt 1 ml Murexidindicator (kalt gesättigte, frisch bereitete wäßrige Lösung) hinzu und titriert sofort mit einer Komplexon(III)-Lösung (Titriplex III) (6,65 g mit destilliertem Wasser zum Liter gelöst) bis zum Farbumschlag von Rot nach Blauviolett. 1 ml Komplexonlösung entspricht 1 mg CaO.

Eine photometrische Bestimmung von Calcium ist in „Photometrische Metall- und Wasseranalysen" beschrieben.

Die flammenspektrometrische Calciumbestimmung läßt sich sehr einfach und rasch durchführen. Damit lassen sich dann auch Enthärtungsfilter und Kondensate überwachen.

Es wird dabei folgendermaßen verfahren:

Der Brenner des Flammenspektrometers wird für die Ca-Bestimmung am besten, um den Flammenuntergrund möglichst auszuschalten, mit Wasserstoff–Sauerstoff betrieben und der Druck der Gase entsprechend der Vorschrift eingestellt. Man stellt sich nun Eichlösungen her, z. B. mit 10, 20, 30, 40 und 50 mg Ca/l, und stellt bei 628 mμ den Spalt des Monochromators so ein, daß mit 50 mg Ca/l der Ausschlag am Meßinstrument 100 ergibt. Das angewandte Verdünnungswasser wird als Null-Lösung gebraucht; dies, in der Flamme zerstäubt, muß den Ausschlag Null ergeben. Dann werden nacheinander die oben angeführten Eichlösungen durchgemessen und mit den erhaltenen Werten eine Eichkurve aufgestellt. Anschließend wird dann die zu untersuchende Probe zerstäubt und mit dem Wert aus der Eichkurve der Gehalt entnommen. Bei der Calciumbestimmung hat sich als vorteilhaft herausgestellt, einen Zusatz von 10% Äthanol zu machen, damit kann eine Störung durch Kalium und Natrium bis zur 10fachen Menge vom Calcium ausgeschaltet werden, was für die Wasseranalyse vollkommen ausreichend ist. Die Störung durch Phosphat läßt sich so allerdings nicht beheben. Man kann eine zuverlässige Bestimmung also nur in Abwesenheit von Phosphor ausführen. Wegen weiterer Einzelheiten muß auf die entsprechende Literatur verwiesen werden bzw. auf die Beschreibung des jeweils benutzten Gerätes.

Bestimmung des Magnesiums

Die obige, für die Calciumbestimmung mit Komplexon austitrierte Probe wird mit 0,5 ml Salzsäure (2 + 1) angesäuert und zur Zerstörung des Murexidindicators kurz aufgekocht. Sobald keine Mischfarbe, sondern nur noch die in saurer Lösung rote Färbung des Mischindicators vorhanden ist, versetzt man die noch warme Probe mit 5 ml Ammoniakpuffer [54 g NH_4Cl und 300 ml Ammoniak (0,91) mit destilliertem Wasser auf 1 l aufgefüllt] sowie 1 ml Ammoniak (0,91) und bringt sie so auf einen p_H-Wert von etwa 10. Dann fügt man 1 ml Eriochromschwarzlösung [0,2 g Eriochromschwarz T und 0,5 ml Ammoniak (0,91) mit destilliertem Wasser auf 100 ml aufgefüllt] zu und titriert bei 40 bis 50° mit Komplexon(III)-Lösung (Titriplex III) wie oben, bis die Farbe von Weinrot nach rein Blau umschlägt.

1 ml Komplexonlösung entspricht 0,719 mg MgO.

Auch für die Magnesiumbestimmung ist eine photometrische Methode in „Photometrische Metall- und Wasseranalysen" angegeben.

XIX. Die Bestimmung des Kupfers

Kupfer wird häufig durch sauerstoffhaltige Kondensate oder sonstige Weichwässer, wenn diese mit kupfernen Leitungen (Kondensatoren) in Berührung kommen, ins Speisewasser eingeschleppt. Dies führt dann im Kessel zur Abscheidung von metallischem Kupfer, was wiederum die Ursache für weitere Korrosionserscheinungen sein kann. Vor allem in einem Hochdruckkesselbetrieb wird man daher auch das Wasser bezüglich seines Kupfergehaltes überwachen, und da es sich meistens sowieso nur um Spuren in der Größenordnung von wenigen μg/l handelt, kommt für die Ermittlung nur eine colorimetrische bzw. photometrische Methode in Frage. Bewährt hat sich die Bestimmung mit Natriumdiäthyldithiocarbaminat als Reagenz, womit an und für sich eine ganze Reihe auch anderer Metalle reagieren, die aber normalerweise in einem natürlichen Wasser bzw. Kondensat nicht vorkommen, so daß der Nachweis hier ziemlich spezifisch ist. Eine noch mögliche Störung durch Eisen kann durch Zitronensäure bzw. Komplexon, Di-Na-Salz der Äthylendiamintetraessigsäure, aufgehoben werden.

Zu 100 ml Wasser, die in einen Tropftrichter gegeben werden, fügt man 2 ml Komplexonlösung (10proz.), 2 ml Ammoniak (10proz.) und 0,5 ml Ammoniumchlorid (200 g/l) zu und schüttelt die Lösung 5 min mit 10 ml Chloroform aus. Das Chloroform wird abgelassen und darauf 1 ml Natriumdiäthyldithiocarbaminat (1 g in 100 ml Wasser) und 25 ml Chloroform zugegeben und wieder 5 min ausgeschüttelt.

Das Chloroform wird dann über ein kleines trockenes Papierfilter filtriert und in ein verschließbares Gefäß gegeben.

Gleichzeitig wird auf die gleiche Art und Weise mit 100 ml 2fach destilliertem Wasser eine Vergleichslösung hergestellt. Gegen die dabei anfallende Chloroformlösung wird die obige Probe im Photometer mit Quecksilberlampe und Filter Hg 436 in 1- bzw. 5 cm-Schicht gemessen. Die Küvetten sind abzudecken! Der Kupfergehalt in der angewandten Menge Wasser ist:

$$\text{mg Cu} = E_1 \cdot 0{,}127 \quad \text{bzw.} \quad E_5 \cdot 0{,}0254$$

XX. Die Bestimmung des Eisens

Abgesehen von einer Eisenaufnahme des Wassers, die bei einer etwaigen Flockung des Rohwassers (Beseitigung von organischen Verunreinigungen) mit Eisen auftreten kann, kann es durch Chemikalien, z. B. bei Anionen- und Kationenaustauschern, eingeschleppt werden. Ferner kommt Eisen durch Korrosion von Leitungen in Kondensate und Speisewasser, und damit gibt ein etwa vorhander Eisengehalt auch Aufschluß über diese Verhältnisse. Dabei ist es meistens auch von Wichtigkeit, in welcher Oxydationsstufe das Eisen vorliegt. Aus diesem Grund werden die beiden nachstehenden Methoden angegeben, die diese Untersuchung zulassen.

Eisen(III)-Ionen geben in schwach salz- oder salpetersaurer Lösung mit Thiocyanat eine rot gefärbte Verbindung, die einen empfindlichen Nachweis gestattet. Meistens liegt im Wasser das Eisen in der Eisen(II)-Form vor. Es muß dann zum Nachweis bzw. zur Bestimmung zuvor aufoxydiert werden. Dazu genügt der übliche Zusatz von Salpetersäure nicht, man muß vielmehr die Probe sehr weitgehend mit Königswasser eindampfen, dann wieder auf Volumen bringen, um so das *Gesamt*eisen zu bestimmen. Wird diese Oxydation nicht durchgeführt, so erhält man nur das vorhandene Fe(III). Aus der Differenz Gesamteisen–Fe(III) erhält man dann Fe(II). [Man kann auch Fe(II) und Gesamteisen direkt bestimmen. Siehe „Photometrische Metall- und Wasseranalysen".]

Ausführung. Zu 20 ml Wasser gibt man 1 ml einer Kaliumthiocyanat-Ammonchloridlösung (20 g KSCN und 20 g NH_4Cl, in destilliertem Wasser gelöst und auf 100 ml aufgefüllt) und 1 ml Perchlorsäure und mißt sofort im Photometer gegen eine Vergleichslösung aus 20 ml destilliertem Wasser und den gleichen Zusätzen in 1- oder 5 cm-Schicht mit Filter S 50.

Man erhält so das vorhandene Fe(III) zu:

$$\text{mg Fe} = E_1 \cdot 0{,}179 \quad \text{bzw.} \quad E_5 \cdot 0{,}0358$$

Zur Bestimmung des *Gesamteisens* werden 20 ml Wasser mit etwas Salzsäure und Salpetersäure bis fast zur Trockne eingedampft. Die Salpetersäure muß restlos verdampft werden durch nochmaliges Abrauchen mit Salzsäure, dann wird aufgefüllt und die obige Reaktion ausgeführt.

XXI. Die Bestimmung des Natriums

Diese Ermittlung hat Bedeutung für die Überwachung von vollentsalztem Wasser, von Wasser hinter Kationenaustauschern sowie von Kondensaten. Da es sich meistens um verhältnismäßig kleine Mengen handelt, die zudem rasch ermittelt werden sollen, kommt nur die flammenspektrometrische Bestimmung in Betracht.

Hierfür ist am besten ein Spektralphotometer mit einem entsprechenden flammenspektrometrischen Zusatz geeignet. Auch hierbei wird der Brenner am besten mit Wasserstoff–Sauerstoff betrieben. Man geht ähnlich vor, wie bereits beim Calcium beschrieben, nur daß man sich in diesem Falle den Monochromator auf 592 mμ einstellt und dann eine Eichkurve mit 2, 4, 6, 8 und 10 mg Na/l aufnimmt, also daß der Vollanschlag 100, soweit ein Gerät nach der Ausschlagmethode benutzt wird, am Meßinstrument bereits mit 10 mg Na/l erreicht wird. Als Nullwert verwendet man ein vollentsalztes und darauf noch 2 mal destilliertes Wasser, das auch zum Ansetzen der Eichlösungen gebraucht wird. Wenn die Eichkurve vorliegt, lassen sich dann sehr rasch die Na-Bestimmungen durchführen. Es muß jedoch bei Reihenuntersuchungen zwischendurch immer die 100- und die Nulleinstellung kontrolliert und u. U. nachgestellt werden.

XXII. Die Bestimmung des Ammoniaks

Zur Alkalisierung des Speisewassers, also zur Abbindung kleiner Mengen Kohlendioxyd nach einer Entgasung, wird dem Speisewasser vorteilhaft eine kleine Menge Ammoniak oder besser Hydrazin zur gleichzeitigen Restsauerstoffbindung zugegeben, und zwar in einer Menge, daß der p_H-Wert über 8,5 liegt. Damit wird dann gleichzeitig auch eine Alkalisierung von Dampf und Kondensat erreicht und damit die Korrosionsgefahr durch Kohlendioxyd und Sauerstoff, sofern Hydrazin gebraucht wird, ausgeschaltet. Daraus ergibt sich schon die Tatsache, daß man hier bei der Bestimmung des Ammoniaks zwischen freiem und gebundenem Ammoniak bzw. Gesamtammoniak unterscheiden muß.

Freies Ammoniak bestimmt man, wenn sonst kein Alkali und Hydrazin vorhanden ist, durch Titration mit n/10-HCl unter Verwendung von Nitrophenol als Indicator. Für eine angenäherte Bestimmung genügt auch an Stelle von Nitrophenol Phenolphthalein.

Gesamtammoniak ermittelt man ebenfalls maßanalytisch nach vorangegangener Destillation oder direkt colorimetrisch bzw. photometrisch mit NESSLERs Reagenz.

Ausführung. Von 400 ml der Probe werden in einem 1 l fassenden Kolben, am besten mit angesetztem Glasschliff, unter Zugabe von etwa 5 g NaOH (in Plätzchenform) 200 ml abdestilliert und in 20 ml n/10-HCl aufgefangen. Als Indicator dient eine wäßrige Lösung von Kongorot (0,1 g in 100 ml). Die überflüssige Säure wird mit n/10-NaOH zurücktitriert. 1 ml der verbrauchten HCl entspricht 1,4 mg/l N oder 1,7 mg/l NH_3 bzw. 3,5 mg/l N_2 oder 4,25 mg/l NH_3 bei Anwendung von 400 ml Wasser für die Destillation.

Für die photometrische Bestimmung sind folgende Reagenzien nötig:

1. SEIGNETTE-Salzlösung (50 g in 100 ml destilliertem Wasser),

2. NESSLERs Reagenz (10 g HgJ_2, 5 g KJ, 20 g NaOH, 100 ml destilliertes Wasser, durch Glasfritte filtriert!).

3. Ammoniumchlorid als Vergleichslösung (wenn colorimetrisch und nicht photometrisch gearbeitet wird) 0,315 g NH_4Cl reinst in 1 l destilliertem Wasser. 1 ml = 0,1 mg NH_3.

Vor der Ausführung der Bestimmung ist darauf zu achten, daß keine Amine, Harnstoffderivate, Hydrazine oder Schwefelwasserstoff vorhanden sind.

Zur Ausführung werden 20 ml Wasser mit 1 ml SEIGNETTE-Salzlösung (*1*) und 0,5 ml NESSLERs Reagenz (*2*) versetzt. Bei Anwendung eines Photometers wird diese Lösung gegen reines Wasser als Vergleichslösung nach 1 min mit Quecksilberlampe und Filter Hg 405 bzw. im Spektralphotometer bei 395 mµ in 1- bis 5 cm-Schicht gemessen. Unter denselben Bedingungen wird der Extinktionswert des unverdünnten Reagenziengemisches festgestellt, wobei die Messung auch in der jeweils benutzten Schichtlänge erfolgen muß! Ist der erhaltene Wert E_x, so muß von dem bei der Probe gemessenen Wert der Quotient $E_x/14{,}33$ abgezogen werden. Damit ergibt sich der NH_3-Gehalt in der angewandten Menge Wasser zu:

$$\text{mg } NH_3 = (E_1 - E_{1x}/14{,}33) \cdot 0{,}0989 \qquad \text{Filter Hg 405}$$

$$\text{bzw. mg } NH_3 = (E_1 - E_{1x}/14.33) \cdot 0{,}0875 \qquad 395\ \text{m}\mu$$

Muß die zu messende Probe verdünnt werden, so muß der NH_3-Gehalt des Verdünnungswassers für sich getrennt bestimmt und bei der Berechnung in Abzug gebracht werden.

Wenn für die Messung kein Photometer zur Verfügung steht, dann stellt man sich aus der Lösung drei entsprechende Vergleichslösungen her, und zwar mit 0,2; 0,5; 1 und 2 ml auf 20 ml, entsprechend 0,025; 0,05; 0,1 und 0,2 mg NH_3 bzw. 1,25; 2,5; 5 und 10 mg NH_3/l. Diese Lösungen bringt man nach Zugabe der Reagenzien in Reagenzgläser und vergleicht die zu untersuchende Probe damit. Zwischenwerte lassen sich schätzen.

Ist das zu untersuchende Wasser trübe, so wird es durch einen kleinen Wattebausch geseiht, die ersten 100 bis 200 ml betragenden Anteile des filtriertenWassers, die von der Watte ammoniakhaltig sein könnten, werden verworfen.

Eisen in Mengen, wie es in natürlichen Wässern vorkommt, stört bei der Anwendung von SEIGNETTE-Salzlösungen nicht.

Durch Subtraktion des freien Ammoniaks vom Gesamtammoniak erhält man das gebundene Ammoniak.

Siehe auch „Photometrische Metall- und Wasseranalysen".

XXIII. Die Bestimmung des Hydrazins (N_2H_4)

Zur Alkalisierung, z. B. von vollentsalztem Wasser, und gleichzeitig zur Bindung von Sauerstoff hat sich in den letzten Jahren der Einsatz von Hydrazin zum Kesselspeisewasser ganz allgemein durchgesetzt. Da mit der Verwendung von Hydrazin sehr oft eine einfachere Betriebsüberwachung möglich ist, genügt die Kontrolle des Gehaltes an N_2H_4 im Speisewasser, Kesselwasser und Kondensat. Man verfährt dabei folgendermaßen:

5 ml der zu untersuchenden Wasserprobe werden mit 5 ml einer Lösung von p-Dimethylaminobenzaldehyd (2 g in 100 ml 1 n-Schwefelsäure) versetzt. Es tritt je nach Gehalt an N_2H_4 eine mehr oder weniger starke Gelbfärbung auf, die mit einer im Handel erhältlichen Farbvergleichsskala in der Abstufung 0,05; 0,1; 0,25; 0,5 und 1,0 mg N_2H_4/l verglichen werden kann.

Für die Messung im Photometer nimmt man 10 ml Wasser und gibt dazu 10 ml des obigen Reagenzes. Gleichzeitig stellt man eine Vergleichslösung her aus 10 ml destilliertem Wasser und Zugabe von 10 ml Reagenz. Man mißt im Photometer die Probe gegen die Vergleichslösung mit Filter S 45 E in 1 cm-Schicht. In der angewandten Menge Wasser sind dann enthalten:

$$E_1 \cdot 0{,}0124 = \text{mg } N_2H_4$$

Der Meßbereich liegt zwischen 0,01 bis 1,0 mg N_2H_4/l. Höhere Gehalte sind entsprechend zu verdünnen oder jodometrisch zu bestimmen:

Zu 100 ml Wasser gibt man etwa 2 g Natriumhydrogencarbonat und 1 g Jodkalium sowie 1 ml Stärkelösung und titriert mit n/100- bzw. n/10-Jodlösung bis zur bleibenden Blaufärbung:

$$1 \text{ ml n/100-Jod} = 0{,}08 \text{ mg } N_2H_4$$
$$1 \text{ ml n/10-Jod} = 0{,}8 \text{ mg } N_2H_4$$

XXIV. Die Bestimmung des Ölgehaltes (nach Richtlinien VGB)

Öl und andere organische Substanzen können im Kessel zu sehr unangenehmen Ansätzen an den Heizflächen und damit zu Überhitzungen der Baustoffe und u. U. zu deren Aufkohlung und damit zu Gefügeveränderungen führen. Man ist daher bestrebt, solche Stoffe möglichst nicht in einem Speisewasser zu haben.

Grobprüfung

Dem auf Öl zu untersuchenden Wasser wird die gleiche Menge gesättigtes Bromwasser zugesetzt. Tritt innerhalb 1 min Trübung des Wassers ein, so ist der Ölgehalt des Wassers so groß, daß dieses zur Kesselspeisung nicht mehr verwendet werden darf.

Feinprüfung (sog. Kampferprobe)

Kleinste Körnchen der Kristalle von Kampfer, Paraphenyldiamin zeigen, wenn sie auf ölfreies Wasser geworfen werden, eine lebhafte, kreisende Bewegung; sie liegen unbeweglich, sobald das Wasser auch nur Spuren emulgierbarer Öle, d. h. tierische, pflanzliche oder Teeröle, enthält. Bei Mineralölen versagt diese Prüfung.

Bestimmung sehr geringer Ölmengen unter etwa 2 bis 3 mg/l

(Fällungsverfahren)

Erforderliche Reagenzien.

1. Aluminiumsulfatlösung (2proz. Lösung in Kondensat),
2. Ammoniaklösung (10proz., Dichte 0,96),
3. Äther.

Erforderliche Geräte.

Glastrichter (etwa 100 mm Durchmesser),
Becherglas mit Ausguß (2 l Inhalt),
Soxhletapparat,
Glasstab mit Gummiwischer,
Filtrierpapier,
Glasschälchen oder Porzellanschälchen (10 bis 20 ml Inhalt).

Ausführung. 1 bis 2 l des zu untersuchenden Wassers füllt man in ein großes Becherglas, erhitzt bis nahe zum Sieden, setzt 1 ml Aluminiumlösung und so viel Ammoniak zu, daß Lackmuspapier gebläut wird, kocht einige min, filtriert den Niederschlag, der sämtliches Öl absorbiert enthält, noch in der Hitze nach kurzem Absitzenlassen durch ein mit Äther angefeuchtetes Filter ab, wäscht 3- bis 4mal mit heißem Wasser, trocknet das Filter mitsamt dem Niederschlag und entfettet es dann im Soxhletapparat in üblicher Weise mit Äther.

Bei der Feststellung des Ölgehaltes mit Hilfe des Fällungsverfahrens muß auf gutes Ausäthern des Filters vor der Filterung geachtet werden, da sonst durch das Herauslösen von Leim und dergleichen im Soxhletapparat ein zu hoher Ölgehalt vorgetäuscht werden kann.

C. Die Untersuchung von Zusätzen

I. Die Wertbestimmung von Ätzkalk und Soda

1. Die Bestimmung des Ätzkalkgehaltes im Kalkhydrat

1 g trockenes Kalkhydrat wird in 1 l ausgekochtem, kohlendioxydfreiem Kondensat gelöst. Nach etwa 5 min Einwirkungszeit werden 100 ml der Lösung entnommen und auf p- und m-Wert geprüft.

Die Berechnung der p- und m-Werte nach einer Kalkentcarbonisierung erfolgt folgendermaßen:

Bei der Titration des behandelten Wasser mit n/10-Salzsäure unter Verwendung von Phenolphthalein- und Methylorangelösung als Indicator stellt sich das Verhältnis $2p = m$ ein, das als günstigste Voraussetzung für niedrige Restcarbonathärte angestrebt wird. Bei $2p = m$ ist die Restcarbonathärte $= m \cdot 2{,}8$. Bei $p = 0$ sind nur Hydrogencarbonate vorhanden, die sich ergeben aus $m \cdot 2{,}8$.

Bei $2p > m$ ist Kalküberschuß vorhanden, der sich wie folgt errechnet: $[m - (m - p) \cdot 2] \cdot 2{,}8$ oder — was das gleiche ist — aus $(2p - m) \cdot 2{,}8$, während die aus Calciumcarbonat und Magnesiumcarbonat bestehende Restcarbonathärte sich aus $(m - p) \cdot 2 \cdot 2{,}8$ ergibt.

Ist $2p < m$, so sind eben Calcium- und Magnesiumhydrogencarbonate als Hydrogencarbonathärte enthalten. Hierbei ergibt $2p \cdot 2{,}8$ die Carbonathärte und $(m - 2p) \cdot 2{,}8$ die Resthydrogencarbonathärte.

Nach älteren Angaben wird die Restcarbonathärte häufig nach der Formel $(m - p) \cdot 2{,}8$ errechnet. Die hierbei gefundenen Werte entsprechen nur der Hälfte der als Calcium- und Magnesiumcarbonat vorliegenden Restcarbonathärte.

2. Die Bestimmung des Reingehaltes der Soda

Man löst 1 g Soda in 25 bis 50 ml Wasser und titriert mit 1 n-Salzsäure unter Verwendung von Methylorange als Indicator.

$$1 \text{ ml } 1 \text{ n-Salzsäure} = 0{,}053 \text{ g Soda } (Na_2CO_3)$$

II. Die Bestimmung des Reingehaltes der Natronlauge

Die handelsübliche Lauge enthält entweder 33, 50 oder 90% Ätznatron neben 1 bis 3% Soda.

Man füllt 10 g der Lauge mit Kondensat zu 1 l auf (gegebenenfalls zunächst 100 g Lauge auf 1 l) und titriert von dieser Lösung 100 ml mit 1 n-Salzsäure wie beschrieben. Aus den gefundenen Werten p und m ergibt sich dann

$$(2p - m) \cdot 4 = \% \text{ NaOH (Ätznatron)}$$

$$(m - p) \cdot 10{,}6 = \% \text{ } Na_2CO_3$$

Bei einer 50proz. Natronlauge wird man z. B. folgende Werte titrieren: $p = 13{,}0$ ml 1 n-Salzsäure; $m = 13{,}1$ ml 1 n-Salzsäure.

Dann wäre: $(2p - m) \cdot 4 = (26 - 13{,}1) \cdot 4 = 12{,}9 \cdot 4 = 51{,}6\%$ NaOH; $(m - p) \cdot 10{,}6 = (13{,}1 - 13{,}0) \cdot 10{,}6 = 0{,}1 \cdot 10{,}6 = 1\%$ Soda.

Soweit diese Natronlauge zur Regeneration von Anionenaustauschern gebraucht wird, interessieren auch die Gehalte an Eisen, Siliciumdioxyd und Aluminium.

Diese Bestimmungen können photometrisch durchgeführt werden. Siehe dazu „VGB Richtlinien" und „Photometrische Metall- und Wasser-Analysen", 2. Auflage.

a) Bestimmung des Reingehaltes von Natriumchlorid (Regenerationsmittel für Neutralaustauscher)

Siede- oder Stein- oder Gewerbesalz (NaCl) soll mindestens 98% reines Natriumchlorid (NaCl) enthalten. Im Handelssalz sind als fremde Bestandteile möglich: Feuchtigkeit, Magnesiumchlorid, Calciumchlorid, Kaliumchlorid, Calciumsulfat (Gips), Natriumsulfat (Glaubersalz), Magnesiumsulfat (Bittersalz), Kaliumsulfat, Ton und gasförmiger Kohlenwasserstoff (Knistersalz); mehr als 0,2% Magnesiumchlorid machen das Salz feuchtigkeitsanziehend (hygroskopisch). Das für die Wiederbelebung von Basenaustauschern abgabefrei verwendete Salz ist nach den behördlichen Vorschriften mit Kristallponceau 6 R (1,0 g auf 100 kg) vergällt.

Wird zur Wiederbelebung von Basenaustauschern natürliches Steinsalz mit mehr als 0,5% CaO oder 0,35% MgO verwendet, so wird die Wiederbelebungswirkung schon merklich verringert.

Schüttgewicht: 0,8 t je m^3.

Gehaltsprüfung. 10 g der feingepulverten Durchschnittsprobe werden in lauwarmem destilliertem Wasser (Kondensat) gelöst und in einem 500 ml-Meßkolben nach dem Abkühlen bis zur Marke verdünnt.

10 ml der Lösung = 0,2 g Salz werden nach Zusatz von etwa 100 ml Kondensat und mindestens 1 ml einer Kaliumchromatlösung (100 g/l) mit n/10-Silbernitratlösung titriert. Vom Ergebnis zieht man 0,2 ml n/10-Silberlösung ab.

1 ml n/10-Silberlösung zeigt 0,005846 g NaCl an.

Wenn man 5,846 g Salz auf 500 ml Kondensat löst und 25 ml dieser Lösung titriert, so zeigt die verdoppelte Anzahl der verbrauchten ml die Prozentgehalte NaCl an.

b) Gehaltsprüfungen der Säuren (Regenerationsmittel für H-Austauscher)

Salzsäure. 5 g Salzsäure werden mit 50 ml Wasser verdünnt und mit 1 n-Natronlauge und Methylorange titriert.

1 ml 1 n-Lauge = 0,03646 g HCl.

Schwefelsäure. 5 g Schwefelsäure werden mit Wasser auf 50 ml verdünnt und 10 ml dieser Flüssigkeit unter Anwendung von Methylorange mit 1 n-Natronlauge titriert.

1 ml 1 n-Natronlauge = 0,04904 g H_2SO_4.

Kapitel 53

Beizereiabwässer*

Inhalt

A. Allgemeines

Begriffsbestimmung — Schädigende Wirkung ungereinigter Abwässer auf die Lebewesen der Flüsse — Mittel zur Reinigung

In den metallverarbeitenden Industrien, wie z. B. in Drahtziehereien, Verzinkereien, Emaillefabriken, Messinggießereien, Kupferhütten, in den Beizereien

---

*	1. Auflage	2. Auflage
Bearbeiter:	**Zimmermann**	**Zimmermann**
Mitarbeiter:	**Fresenius, W., Sander**	**Fresenius, W.**

der galvanotechnischen Anstalten, der Autofabriken, der Werke für Armaturen usw. entstehen beim Beizprozeß mit Säuren, der zur Beseitigung oberflächlich anhaftender Oxydschichten vorgenommen wird, Beizlaugen, welche freie Mineralsäuren und Salze, besonders solche des Eisens, Kupfers und Zinks, enthalten. Ähnlich zusammengesetzt sind auch die Ablaugen von Halden der Kiesabbrände, die je nach dem Ausgangsmaterial die Sulfate von Eisen, Kupfer und Zink enthalten.

Alle diese Laugen dürfen unmittelbar weder in die Kanalisation noch in die Flußläufe gelassen werden; denn im Vorfluter können die freien Mineralsäuren sowie die Eisen-, Kupfer- und Zinksalze solcher Laugen auf die Fischzucht einen nachteiligen Einfluß ausüben. Auch geringere Konzentrationen, die für Fische nicht mehr schädlich sind, wirken oft auf die als Fischnahrung dienende Kleinflora und Kleinfauna des Wassers abtötend. Dadurch tritt eine Störung des biologischen Gleichgewichtes ein, die sich mehr oder weniger stark auswirken kann. Bei Ableitung in die Kanalisation ist durch die freien Mineralsäuren Korrosion der Leitungsrohre zu befürchten, besonders, wenn diese aus Beton bestehen. Da ferner die in biologischen Filtern der Kläranlagen wirksamen Kleinlebewesen durch die Metallsalze der Beizlaugen vernichtet werden können, muß man, wenn die städtischen Abwässer in solchen Filtern gereinigt werden, die Beseitigung dieser Salze vor dem Einleiten in die städtische Leitung unbedingt fordern.

Die Laugen werden daher in der Regel durch Behandlung mit Ätzkalklösung oder Kalkmilch unter Druckluftrührung od. dgl. neutralisiert. Nach dem Absetzenlassen der als Hydroxyde ausgefallenen Metalle wird dann die überstehende Flüssigkeit in den Vorfluter oder in die Kanalisation geleitet.

Im allgemeinen wird man danach trachten, die Metalle und gegebenenfalls auch die Säuren wiederzugewinnen. Bei Kupfer kann dies durch Zementieren, durch elektrolytische Verfahren oder durch Basenaustauscher geschehen, Eisen kann aus schwefelsauren Beizlösungen nach ihrer Konzentrierung als Eisen(II)-sulfat auskristallisiert oder aus salzsauren Lösungen nach Oxydation des Eisen(II)-chlorids mittels Chlor zu Eisen(III)-chlorid zu einem technisch verwertbaren Erzeugnis gebracht werden.

Neben den aus den neutralisierten und gereinigten Abfallbeizen kommenden Abwässern gelangen aber auch die Spülwässer vom Beizprozeß in die Abwässer. Da die Spülwässer laufend anfallen und neben freien Mineralsäuren noch Metalle, wie Eisen, Kupfer und Zink, enthalten, müssen sie ebenfalls einem Reinigungsverfahren unterworfen werden, bevor sie in die Kanalisation oder in den Vorfluter abgelassen werden können. Man befreit sie durch Neutralisation mit Kalkmilch von freien Säuren und Salzen obiger Metalle oder läßt sie je nach Erfordernis durch eine oder mehrere hintereinandergeschaltete, mit Kalkstein bzw. bei nicht zu hohem Schwefelsäuregehalt mit Roh- oder gebranntem Dolomit gefüllte Neutralisationskammern strömen, wobei sie je nach der Reaktionsdauer mehr oder weniger vollkommen neutralisiert und die schädlichen Metalle ausgefällt werden. Zur Gewinnung des wertvollen Kupfers läßt sich in ein solches Neutralisationssystem eine mit Eisenschrott gefüllte Zementationskammer an geeigneter Stelle einschalten.

In den Galvanisierungsanlagen fließen die beim Beizen anfallenden Spülwässer meistens außerhalb der Arbeitsräume mit den Spülwässern der Galvanisierungsanlage zusammen in die Neutralisationsanlagen. Die gesammelten Spülwässer sind sauer und enthalten neben den Mineralsäuren und Eisen, Kupfer und Zink außerdem noch Cyanide, Chromsäure, Nickel, Cadmium usw. Die schädlichen Bestandteile werden beseitigt, wenn die sauren Abwässer nach genügender Belüftung oder besser Chlorung zwecks Austreibens der giftigen Blausäure eine der erwähnten Neutralisationsanlagen passiert haben. Alte, verbrauchte Cyanidbäder müssen für sich durch geeignete Behandlung unschädlich gemacht werden; man darf sie keinesfalls unmittelbar der Abwasserleitung zuführen. Das Entgiften solcher cyanidhaltigen Lösungen kann z. B. erfolgen durch Bindung des Cyans als komplexes Salz [Kaliumhexacyanoferrat(II)] und durch Fällung als Berlinerblau (wenig empfehlenswert!), durch Austreiben der Blausäure aus der mineralsauren Lösung durch Belüftung (Rieselung über Kaskaden, Einleiten von Preßluft usw.) oder durch Überführen des giftigen Cyanids in das ungiftige Cyanat durch Oxydationsmittel, wie Wasserstoffperoxyd, Kaliumpermanganat, Chlorgas, Chlorkalk oder Natriumhypochlorit.

$$KCN + KOCl = KCNO + KCl; \quad KCNO + 2H_2O = KHCO_3 + NH_3$$

Das Kaliumcyanat zerfällt also in wäßriger Lösung in Kaliumhydrogencarbonat und Ammoniak. Von den Oxydationsmitteln kommen praktisch nur Chlor oder chlorhaltige Flüssigkeiten in Frage. Es ist bei dieser Behandlung eine Überchlorung sorfältigst zu vermeiden. Die Schädlichkeitsgrenze für Fische liegt bei freiem Chlor nämlich schon bei 0,12 mg/l. Außerdem ist dafür Sorge zu tragen, daß kein giftiges Chlorcyan entsteht, indem man die Abwässer alkalisch hält. (Verfahren der Degussa, Frankfurt/Main. DRP. 707850.)

Bei den schwach cyanhaltigen Spül- und Abspritzwässern der galvanischen Betriebe genügt die Überführung in die ungiftigen Komplexverbindungen [Kaliumcyanoferrat(II) und (III)]. Da diese Wässer fast stets mit den Spülwässern der Beizereien zusammentreten, wird ihnen mineralsaure Reaktion erteilt. Dadurch wird schon ein Teil des schädlichen Cyans ausgetrieben. Für die noch verbleibenden Reste ist in den Abwässern stets genügend Eisen von den Eisenbeizen als Eisen(II)- und Eisen(III)-salz vorhanden, so daß eine restlose Überführung der noch verbliebenen Cyanide in komplexe Eisensalze und Ausfällung als Berlinerblau anzunehmen ist. Außerdem werden die hinter der Neutralisationsanlage abfließenden Abwässer häufig noch durch Zusammentreten mit anderen Abwässern der Betriebe so stark verdünnt, daß eine Beanstandung der Abwässer nicht mehr zu erwarten ist.

Über die Giftigkeit der in den Abwässern vorkommenden, schädlichen Bestandteile liegen folgende Angaben vor:

Nach R. Czensny kann als unbedenkliche Grenze für Fische, abgesehen von Salmoniden, 1 mg/l Kupfersulfat = 0,25 mg/l Kupfer angenommen werden. Für empfindliche Fische, wie Lachse und Forellen, ist 0,1 mg/l Kupfer als obere Grenzzahl angegeben. Zur Algenbekämpfung in fischreichen Gewässern ist im allgemeinen eine Höchstmenge von 0,5 mg/l Kupfersulfat = 0,13 mg/l Kupfer anzuwenden. Nach Ebeling wirken noch 0,5 mg/l Kupfersulfat tödlich für Regenbogenforellen; erst bei einer Konzentration von 0,1 mg/l Kupfersulfat soll die Grenze der Unschädlichkeit erreicht sein.

Über die Schädlichkeit des Zinks im Abwasser ist nach Untersuchungen von Russ festgestellt, daß Fische bei 10 mg/l Zink im Wasser durch Schleimbildung und Hellfärbung erkranken. Bei 15 mg/l Zink gehen Plötzen nach 2 bis 3 Tagen ein, so daß 8 bis 10 mg/l Zink als Höchstgrenze an der Ableitungsstelle anzusehen sind. Nach S. Schmidt-Nielsen vertragen Plötzen auf die Dauer nicht mehr als 0,1 mg/l Kupfer und 0,1 mg/l Zink, Forellen und Lachse nicht wesentlich mehr. Schon 2 mg/l Eisen(III)-oxyd können, besonders im statu nascendi, durch Überlastung der Kiemen Erstickung herbeiführen. Über die Wirkung des Nickels gehen die Meinungen auseinander. Durch einen Gehalt an 0,3 mg/l Nickelnitrat sollen Fische geschädigt werden. Chrom zeigt eine gewisse Neigung, sich von selbst niederzuschlagen. Es wird in der Neutralisationsanlage als Chromoxydhydrat oder, da stets genügend Eisen im Abwasser vorhanden ist, als Eisenchromit ausgefällt. Chrom ist daher in den Abwässern hinter der Neutralisationsanlage selten nachweisbar. Sowohl alkalische als auch saure Chromatlösungen wirken auf den Organismus der Tiere und Pflanzen zerstörend. Deshalb ist es nötig, den Betrieb so einzurichten, daß chromhaltige Abwässer nicht in den Vorfluter gelangen.

Nach den Angaben von H. KLUTH soll fließendes Wasser, 50 m von der Einlaufstelle eines Abwassers, stehendes, 100 m von dieser entfernt, u. a. folgende Beschaffenheit aufweisen:

Der p_H-Wert soll weder nach der sauren noch nach der alkalischen Seite hin eine starke Verschiebung erleiden. In den Oberflächengewässern liegt der p_H-Wert in der Regel zwischen 6 bis 8. Von Bleiverbindungen sollen nicht über 0,3 mg/l Blei und von Kupferverbindungen unter 1 mg/l Kupfer vorhanden sein.

Als Schädlichkeitsgrenze für Kaliumcyanid im Fischwasser werden 2 mg/l angegeben. Nach J. HASENBÄUMER wirken schon 1,8 mg/l Kaliumcyanid nach kurzer Zeit tödlich für Fische, und nach R. E. RICKARD sollen 0,1 bis 0,2 mg/l Kaliumcyanid genügen, um Fische in weniger als 1 Std. zu töten. Bei Kaliumhexacyanoferrat(II) beginnt die schädliche Wirkung bei einem Gehalt von 1,7 bis 3,0 g/l, bei Kaliumhexacyanoferrat(III) bei einem Gehalt von etwa 1,7 g/l und bei Kaliumthiocyanat und Ammoniumthiocyanat bei einer Konzentration von etwa 1,6 g/l.

Für die Wirkung der Abwässer auf die Fischerei ist meist die Beschaffenheit der Vorfluter ausschlaggebend; Wasserführung und Strömungsgeschwindigkeit der Flußläufe, Größe und Tiefe der Seen beeinflussen die Art und den Grad der Verdünnung des Abwassers. Im Gegensatz zu organischen Verunreinigungen des Abwassers wirken anorganische Stoffe stets am stärksten dicht am Einfluß in den Vorfluter und verlieren ihre schädliche Wirkung mit der Entfernung und Verdünnung. Die Beurteilung der schädlichen Wirkung eines Abwassers auf den Vorfluter ist in jedem Falle weitgehend von den örtlichen Verhältnissen abhängig. Es ist auch zu beachten, daß im allgemeinen die Vorfluter für saure Abwässer, soweit sie metallfrei sind, ein erhebliches Pufferungsvermögen durch den Gehalt an Hydrogencarbonaten haben. In solchen Fällen würde man durch eine vorhergehende Neutralisation des Abwassers nur den Salzgehalt des Vorfluters unnötigerweise erhöhen. Besonders ist darauf zu achten, daß keine reduzierenden Stoffe, also Sauerstoffverbraucher, in den Vorfluter gelangen.

B. Die Probenahme der Abwässer

Eine der wichtigsten Voraussetzungen für die Abwasseruntersuchung ist die richtige Probenahme. Anleitungen dazu sind aus den Einheitsverfahren der Wasseruntersuchung zu entnehmen. Um festzustellen, ob der Vorfluter durch Einlauf des Abwassers schädliche Bestandteile aufgenommen hat, sind oberhalb und unterhalb der Einlaufstelle Proben zu entnehmen. Es ist dabei zu berücksichtigen, daß nicht bereits oberhalb der Einmündungsstelle andere Abwässer hinzugekommen sind. Die Probenahme unterhalb der Einmündung muß an einer Stelle erfolgen, an der bereits eine vollständige Vermischung des Abwassers mit dem Flußwasser eingetreten ist. Es ist vorteilhaft, an verschiedenen Stellen des Flußlaufes, an den Seiten, in der Mitte und in den Tiefenschichten, Proben zu nehmen und diese, zusammengemischt, als Durchschnittsprobe für die Analyse zu verwenden, soweit nicht die Einzeluntersuchung interessiert. Diese Maßnahme ist besonders bei stehenden Gewässern, wie z. B. bei Teichen und Seen, zu empfehlen. Auch die Untersuchung des Schlammes und der auf Steinen und Pflanzen haftenden Überzüge kann mitunter wichtige Hinweise auf schädigende Verunreinigungen geben, besonders bei stark eisenhaltigen Abwässern durch Ausscheidung und Ablagerung von schlammigen Eisenoxydhydratflocken.

Literatur. Vgl. BERL-LUNGE: Chem.-techn. Untersuchungsmethoden Bd. II (1932) S. 355/56. — FR. SIERP: Gewerbliche und Industrielle Abwässer. Springer 1959.

C. Die Bestimmungsverfahren

I. Allgemeine Bestimmungen

1. Die Bestimmung freier Mineralsäure

Der Beurteilung der äußeren Beschaffenheit folgt die Ermittlung der Reaktion eines Wassers. Ein Abwasser kann freie Säure oder freies Alkali enthalten und wird entsprechend saure oder alkalische Reaktion zeigen, deren Ermittlung gewöhnlich mit den bekannten Indicatoren Lackmus, Kongorot, Methylorange oder Phenolphthalein erfolgt. Da es sich bei Beizereiabwässern ausschließlich um saure Wässer handelt, interessiert in diesem Zusammenhang in erster Linie die Ermittlung der freien Säure, die in bekannter Weise durch Titration von 100 ml Wasser mit n/10-Natronlauge und Methylorange als Indicator bestimmt wird. Die so festgestellte Acidität wird in ml n/10-Natronlauge oder 1 n-Natronlauge je Liter oder auch als mg SO_3/l durch Multiplikation der Anzahl ml n/10-Natronlauge je 100 ml mit 40 ausgedrückt.

Zu beachten ist bei dieser Titration, daß das Zugeben der Lauge langsam und unter kräftigem Umschütteln erfolgen muß, wenn Metallsalze vorhanden sind. Dadurch wird vermieden, daß durch örtliche, höhere Konzentrationen Metallhydroxyde ausgefällt werden, die sich, wenn einmal gebildet, in der schwächer werdenden Säure kaum wieder auflösen. Aus diesem Grunde ist für solche Titrationen die Anwendung von Phenolphthalein als Indicator nicht gebräuchlich.

Um nun neben der so ermittelten Säuremenge auch ihre Stärke (Dissoziationsgrad) kennenzulernen, muß die Konzentration der Wasserstoffionen bestimmt werden = p_H-Wert.

2. Die Bestimmung des p_H-Wertes

Für diese Bestimmung genügt in den hier vorliegenden Fällen meist die Verwendung des MERCKschen Universalindicators auf Grund der beigefügten Farbskala oder die von Indicatorpapieren, die für die verschiedenen p_H-Bereiche im Handel sind. Für genauere Messungen kann man Colorimeter oder besser Photometer benutzen. Letztere haben noch den Vorteil, daß u. U. auch schwach gefärbte oder leicht getrübte Lösungen gemessen werden können, sofern man eine zusätzliche Vergleichsmessung gegen die zu messende Lösung durchführt. Erwähnt sei, daß bei allen diesen Bestimmungen keine zu hohen Anforderungen an die Genauigkeit gestellt werden dürfen, weil es sich bei Wasserproben im allgemeinen um schlecht gepufferte Lösungen handelt, die schon durch geringe äußere Einflüsse (Salze, Kohlendioxyd, Luft usw.) erheblich verändert werden können.

Man wird aus diesem Grunde für genauere Messungen die elektrometrischen Verfahren benutzen, die bei entsprechender Anordnung u. U. weniger Fehlermöglichkeiten einschließen. Die Messungen können praktisch nach verschiedenen Methoden ausgeführt werden. Am besten haben sich für den p_H-Bereich 1 bis 8 die Chinhydronelektrode und für das alkalische Gebiet die Antimonelektrode bewährt. Universal anwendbar ist die Glaselektrode, die aber einen größeren Aufwand für die gesamte Meßeinrichtung erfordert. Aber gerade bei Wasseruntersuchungen, bei denen es sich größtenteils um Lösungen mit geringer Pufferung handelt, dürften auch nur damit einigermaßen zuverlässige Werte erhalten werden. Für die praktische Auswertung der elektrometrischen Verfahren muß auf die entsprechende Fachliteratur (W. KORDATZKI: Taschenbuch der praktischen p_H-Messung) verwiesen werden. Spezialeinrichtungen sind im Handel erhältlich.

Mit Indicatoren läßt sich nach eigenen Erfahrungen eine Genauigkeit von etwa $p_H \pm 0,25$ erreichen. Wenn sich bei den photometrischen Messungen der Salzfehler ausschließen läßt, wird eine Genauigkeit von $\pm 0,1$ p_H erreicht, die auch durch die elektrischen Verfahren im allgemeinen nicht überboten werden dürfte und im übrigen für alle Zwecke voll ausreicht. Es muß in diesem Zusammenhang darauf hingewiesen werden, daß die oft übliche Angabe auf 2 Dezimalstellen eine nicht zutreffende Genauigkeit vortäuscht. Zweckmäßig ist es, mit der p_H-Zahl auch gleichzeitig die angewandte Methode anzugeben.

Nach zahlreichen und ausgedehnten Beobachtungen gedeihen Flußfische am besten, wenn das Flußwasser einen p_H-Wert von 6 bis 8 besitzt. Daher sollten alle Abwässer, bevor man sie in die Flüsse leitet und sofern das Pufferungsvermögen des Vorfluters nicht ausreicht, nach Möglichkeit auf diesen Wert gebracht werden, der als „praktisch neutral" zugelassen ist.

Handelt es sich um einen kontinuierlichen Anfall größerer Abwassermengen, so wird man diese zweckmäßig laufend durch ein p_H-Schreibgerät überwachen lassen, zumal dann, wenn das Abwasser durch entsprechende Zusätze auf einen ganz bestimmten p_H-Wert gebracht werden soll.

3. Die Bestimmung der ungelösten Stoffe

Man filtriert eine abgemessene Menge des Abwassers durch einen zuvor im Trockenschrank bei 110° bis zur Gewichtskonstanz getrockneten Porzellanfiltertiegel. Soll auch der Glühverlust bestimmt werden, so ist der Tiegel zuvor auszuglühen. Nach der Filtration wird der Tiegel wieder bei 110° getrocknet.

Die Gewichtszunahme entspricht der Gesamtmenge der ungelösten Stoffe in der angewandten Wassermenge. Man gibt den Wert in mg je Liter Wasser an.

4. Die Bestimmung des Glühverlustes

Der mit den ungelösten Stoffen getrocknete Tiegel wird vorsichtig über der Bunsenflamme oder besser im elektrisch beheizten Ofen bei 600° so lange geglüht, bis der Rückstand frei von Kohle ist. Die Gewichtsdifferenz, berechnet in mg/l, ergibt den Glühverlust.

5. Die Bestimmung des Abdampfrückstandes

Man dampft das bei 3. erhaltene Filtrat mit den Waschwässern in einer Platinschale auf dem Wasserbad zur Trockne und trocknet den Rückstand im Trockenschrank bei 110° bis zur Gewichtskonstanz. Die Gewichtszunahme der Schale in mg/l ergibt den Abdampfrückstand als Maß für die Gesamtmenge an gelösten Stoffen.

Zur Ermittlung der darin enthaltenen organischen Bestandteile wird die Platinschale schwach geglüht, bis der Rückstand frei von Kohleteilchen ist. Nach dem Erkalten wird er mit einigen Tropfen einer Ammoniumnitratlösung (200 g/l) befeuchtet und nochmals kurze Zeit geglüht. Der festgestellte Glühverlust wird ebenfalls auf mg/l Abwasser umgerechnet.

6. Die Bestimmung des Kaliumpermanganatverbrauches

Zur angenäherten Beurteilung der Menge der in einer Wasserprobe enthaltenen organischen Stoffe dient allgemein der sog. Kaliumpermanganatverbrauch. Er gibt zwar keinen Aufschluß über die Natur der organischen Stoffe, doch liefert er u. U. recht brauchbare Vergleichswerte, die, vorsichtig ausgewertet, von Bedeutung sein können. Für diese Bestimmung sind verschiedene Verfahren vorgeschlagen worden; am geeignetsten ist wohl das von KUBEL: Danach werden 100 ml Wasser — von stark verschmutzten Wässern und Abwässern entsprechend weniger, die dann mit Verdünnungswasser (s. unten) zu 100 ml aufzufüllen sind — in einem vorher mit Kaliumpermanganatlösung ausgekochten ERLENMEYER-Kolben mit 5 ml Schwefelsäure (1 + 3) und einer Messerspitze geglühten Bimssteinpulvers zum Sieden erhitzt. Bei beginnendem Sieden setzt man sofort 15 ml n/100-Kaliumpermanganatlösung hinzu und kocht, vom Wiederbeginn des Siedens an gerechnet, genau 10 min. Während dieser Zeit darf die Rotfärbung nicht verschwinden. Tritt Entfärbung ein, so muß die Bestimmung unter Verwendung einer kleineren Menge des zu untersuchenden Wassers wiederholt werden. Nun fügt man 15 ml n/100-Oxalsäurelösung hinzu, wodurch die rote Farbe verschwindet, und titriert die noch heiße Flüssigkeit mit n/100-Kaliumpermanganatlösung bis zur schwachen Rosafärbung. Aus der hierzu verbrauchten Anzahl ml Kaliumpermanganatlösung wird der Kaliumpermanganatverbrauch in der angewendeten Wassermenge errechnet und in mg/l $KMnO_4$ angegeben.

Verdünnungswasser: Je nach der erforderlichen Menge kocht man im Kochkolben destilliertes Wasser $^1/_2$ Std. unter tropfenweisem Hinzufügen von n/100-Kaliumpermanganatlösung bis zur bleibenden Rosafärbung der Lösung. Sie ist, im Kochkolben verschlossen aufbewahrt, einige Zeit haltbar.

Einstellen der Kaliumpermanganatlösung: Da sich die n/100-Kaliumpermanganatlösung leicht verändert, muß deren Titer des öfteren kontrolliert werden. Zu diesem Zweck fügt man zu der oben titrierten, heißen und schwach rosa gefärbten Flüssigkeit 15 ml n/100-Oxalsäurelösung und titriert mit der n/100-Permanganatlösung wieder bis zum Umschlag nach Rosa. Die jetzt verbrauchten ml Kaliumpermanganatlösung, durch 15 dividiert, bezeichnet man als Titer der Lösung.

Titertabelle

Titer der Kaliumpermanganatlösung, eingestellt gegen 15 ml n/100-Oxalsäure	1 ml Kaliumpermanganatlösung entspricht mg $KMnO_4$
14,0	0,3386
14,1	0,3362
14,2	0,3339
14,3	0,3315
14,4	0,3292
14,5	0,3270
14,6	0,3247
14,7	0,3225
14,8	0,3203
14,9	0,3182
15,0	0,3161
15,1	0,3140
15,2	0,3119
15,3	0,3100
15,4	0,3079
15,5	0,3059
15,6	0,3039
15,7	0,3020
15,8	0,3001
15,9	0,2982
16,0	0,2963

n/10-Oxalsäurelösung: 6,30 g reinste, kristallisierte Oxalsäure werden in einem 1 l-Meßkolben mit etwa 200 ml destillierten Wasser gelöst und mit 50 ml Schwefelsäure (1 + 3) versetzt. Dann füllt man die Lösung bis zur Marke auf. Die n/100-Oxalsäurelösung wird durch entsprechendes Verdünnen dieser n/10-Lösung hergestellt.

Berechnungsbeispiel: Angewendete Wassermenge 50 ml, Verbrauch an n/100-Kaliumpermanganat 9,7 ml; Titer der Lösung 15,3 ml. Einschließlich des Zusatzes von 15,0 ml Kaliumpermanganatlösung während des 10 min langen Kochens wurden bis zum Ende der Titration 15,0 + 9,7 = 24,7 ml n/100-Kaliumpermanganatlösung benötigt. Abzuziehen sind, dem Titer entsprechend, 15,3 ml Kaliumpermanganatlösung. Der tatsächliche Verbrauch beträgt daher 9,4 ml n/100-Kaliumpermanganatlösung. Der Faktor des Titers 15,3 ist nach der Tabelle = 0,3100. Mit 9,4 multipliziert, ergibt dies einen Kaliumpermanganatverbrauch von 2,914 mg für die angewendeten 50 ml Wasser. Auf 1 l berechnet (mal 20), ergeben sich 58,28 mg. Der abgerundete Wert von 58 mg/l ist der anzugebende Kaliumpermanganatverbrauch.

Der Kaliumpermanganatverbrauch für das Verdünnungswasser (50 ml) zum Auffüllen der angewandten 50 ml Wasser auf 100 ist im vorliegenden Berechnungsbeispiel nicht berücksichtigt. Er braucht nicht beachtet zu werden, wenn man das Wasser vorher nach der vorstehenden Vorschrift behandelt hat, es sei denn, daß man gezwungen ist, ein Verdünnungswasser mit einigem Kaliumpermanganatverbrauch zu verwenden, wie es bei Außenarbeiten gelegentlich vorkommt.

II. Die Bestimmung der Anionen

Als Anionen treten auf: Chlorid, Cyanid, Thiocyanat, Fluorid, Sulfat, Sulfid bzw. Schwefelwasserstoff.

1. Die Bestimmung des Chlorids

Diese Bestimmung gehört zu jeder Wasseruntersuchung und ist von besonderer Bedeutung, wenn als Beizsäure Salzsäure gebraucht wurde. Die Bestimmung des Chloridions erfolgt nach der Methode von MOHR mit Silbernitrat und Kaliumchromat als Indicator. Vor Ausführung der Titration muß das Wasser auf den Neutralpunkt eingestellt werden. Dies geschieht am einfachsten durch Zugeben von gefälltem, reinem Calciumcarbonat (zweckmäßig in der Wärme). Bei hohem Eisengehalt, insbesondere wenn das Eisen als Eisen(II)-salz vorliegt, muß das zu untersuchende Wasser mit Kaliumpermanganat in der Siedehitze oxydiert (Vorsicht! Oxydation des Cl) und der Überschuß davon sodann mit etwas Äthanol zerstört werden. Den gebildeten Aldehyd entfernt man durch schwaches Kochen bis zur Geruchlosigkeit. Ist das Wasser sauer, so muß es anschließend, wie oben angegeben, neutralisiert und dann filtriert werden. Nach dem Auswaschen des Niederschlages mit Wasser wird die Lösung auf ein bestimmtes Volumen gebracht und ein Teil derselben zur Titration verwendet.

Man versetzt 100 ml Wasser — es darf höchstens Zimmertemperatur haben (s. KOLTHOFF: Maßanalyse) — mit 1 ml einer neutralen Kaliumchromatlösung (100 g/l) und titriert mit n/10-Silbernitratlösung, bis in der gelb gefärbten Lösung eine braunrote Fällung auftritt. Die Anzahl der verbrauchten ml Silbernitratlösung, mit 35,5 multipliziert, ergibt den Chloridgehalt in mg/l.

2. Die Bestimmung der Cyanidionen und der komplexen Cyanide

Im Wasser kann das Cyanid in giftiger und ungiftiger Form vorhanden sein. Während man als giftiges Cyanid Blausäure und ihre Salze bezeichnet, versteht man unter ungiftigem die Cyankomplexsalze, wie Kaliumhexacyanoferrat(II) und (III). Die *Vorprüfung* auf das Vorhandensein von Cyanid geschieht durch die Berlinerblaureaktion, deren Empfindlichkeit allerdings nicht sehr groß ist. Um noch 4 bis 5 mg Kaliumcyanid/l nachweisen zu können, versetzt man nach RUBNER und v. BUCHKA 50 ml Abwasser mit 1 ml einer Eisen(II)-sulfatlösung (10 g $FeSO_4$ in 100 ml destilliertem Wasser) und 0,5 ml einer Natronlauge (100 g/l) und kocht eben auf; nach etwa 5 min wird die Lösung mit 5 bis 10 Tropfen Eisen(III)-chloridlösung versetzt und mit Schwefelsäure angesäuert. Bei Gegenwart von mindestens 5 mg/l Kaliumcyanid tritt allmählich eine Blaufärbung auf.

Zur *quantitativen* Ermittlung des Gehaltes an giftigem Cyanid werden nach RUBNER und v. BUCHKA 500 ml Abwasser unter Zusatz von 50 g Natriumhydrogencarbonat destilliert. Das Destillat (100 ml) wird in einer Vorlage mit 10 ml n/10-Silbernitratlösung und etwa 10 ml Salpetersäure (1 + 3) aufgefangen. Dann filtriert man den entstandenen Niederschlag von Silbercyanid ab, füllt das Filtrat in einem Meßkolben zur Marke auf und titriert in einem abgemessenen Anteil davon das nicht verbrauchte Silber mit n/10-Kaliumthiocyanatlösung unter Verwendung von Eisenalaun als Indicator zurück. Die Differenz gegenüber der Vorlage an Silber wird auf Cyanwasserstoffsäure oder Kaliumcyanid umgerechnet.

1 ml n/10-Silbernitratlösung entspricht 2,7 mg HCN oder 6,5 mg KCN (vgl. J. TILLMANS).

Zur Bestimmung des *Gesamtgehaltes an Cyanverbindungen* empfehlen RUBNER und v. BUCHKA das LIEBIGsche Verfahren der Titration mit Silbernitratlösung, das recht gute Werte liefert:

50 ml der Abwasserprobe werden nach Zusatz von 50 ml Schwefelsäure (1 + 1,5) aus einem Literkolben mit einfachem Aufsatz unter Vorlage von 10 ml destilliertem Wasser, die etwa 0,5 ml Natronlauge (100 g/l) enthalten, destilliert, bis das Destillat 100 ml beträgt. Das alkalisch reagierende Destillat wird mit n/10-Silbernitratlösung bis zum Auftreten einer leichten Trübung titriert. Nach der Gleichung: $2\,KCN + AgNO_3 = KAg(CN)_2 + KNO_3$ entspricht 1 ml der verbrauchten n/10-Silbernitratlösung 13,02 mg Kaliumcyanid oder 5,4 mg Cyanwasserstoff.

Die Differenz zwischen Gesamtcyanid und giftigem Cyanid ergibt den Gehalt an ungiftigem Cyanid.

Sehr empfindlich läßt sich Cyanid (Rhodan) photometrisch nach M. ZIMMERMANN bestimmen.

50 ml Wasser gibt man in einen Scheidetrichter und gibt dazu 2 ml 1 n-Phosphorsäure, 1 ml gesättigtes Bromwasser, 1 ml Arsenitlösung (2 g As_2O_3 werden in 100 ml 1 n-NaOH gelöst), 25 ml Amylalkohol und 2 ml Benzidin-Pyridin-Reagenz [25 ml Pyridin und 0,1 g Benzidin und 5 ml Salzsäure (1 + 1), aufgefüllt auf 100 ml]. Dann wird 5 min lang ausgeschüttelt und danach die alkoholische Phase abgetrennt und im Photometer mit Filter S 49 E oder Spektralphotometer bei 480 mμ gemessen. Der Gehalt in der angewandten Menge Wasser beträgt:

$$\text{mg CN} = E_1 \cdot 0{,}0145 \quad \text{bzw.} \quad E_5 \cdot 0{,}0029$$

$$\text{bzw.} \quad \text{mg CN} = E_1 \cdot 0{,}0122 \quad \text{bzw.} \quad E_5 \cdot 0{,}00244 \quad \text{bei } 480\ \text{m}\mu$$

Literatur. RUBNER u. v. BUCHKA: Arbeiten d. Kaiserl. Gesundheitsamtes Bd. 28 (1908) S. 338—357. — TILLMANS, J.: Die chemische Untersuchung von Wasser und Abwasser, S. 187. 1932. — ZIMMERMANN, M.: Photometrische Metall- und Wasseranalysen.

3. Die Bestimmung des Thiocyanats

Bei Gegenwart von Thiocyanatverbindungen tritt nach dem Ansäuern des Wassers mit Salzsäure und nach dem Zusatz einiger Tropfen Eisen(III)-chloridlösung (5 g/100 ml) eine mehr oder weniger starke Rotfärbung auf.

Zur quantitativen Bestimmung nach KORN versetzt man 200 ml des zu untersuchenden Wassers mit konz. Zinkchloridlösung (so wenig wie möglich, da durch einen Überschuß die Empfindlichkeit stark leidet) und filtriert den entstandenen Niederschlag ab. 100 ml des Filtrats werden mit 1 ml Salzsäure (2 + 1) und 1 ml Eisen(III)-chloridlösung (10 g/100 ml) versetzt. Gleichzeitig gibt man zu 100 ml destilliertem Wasser die gleichen Zusätze, einschließlich einer entsprechenden Menge Zinkchloridlösung, und läßt dann aus einer Mikrobürette so lange n/10- bzw. n/100-Ammoniumthiocyanatlösung hinzutropfen, bis beide Lösungen die gleiche Färbung zeigen.

1 ml n/10-Ammoniumthiocyanatlösung entspricht 5,82 mg CNS/l.

Literatur. KORN: Z. analyt. Chem. Bd. 45 (1906) S. 552.

4. Die Bestimmung des Fluorids

Bei der Bestimmung dieses Anions im Abwasser ist mit der Anwesenheit von organischen Stoffen sowie von Eisen, Aluminium und Nitrat zu rechnen, so daß der in letzter Zeit an manchen Stellen empfohlene Nachweis mit der Zirkonium-Alizarin-Methode gestört und deshalb nicht zu brauchen ist. Man wird daher das Fluor zweckmäßig durch Destillation als H_2SiF_6 abtrennen, indem man eine bestimmte Menge Wasser (200 ml oder mehr) nach Zugeben von etwas Alkali (Soda) auf ein Volumen von 30 ml eindampft. Nach dem Abkühlen werden 0,2 g reinstes Siliciumdioxyd und 50 ml Schwefelsäure (1,84) zugesetzt. Bei der darauffolgenden Destillation engt man zunächst so weit ein, bis die Temperatur auf 135° gestiegen ist. Darauf beginnt man Wasserdampf in solchem Maße durchzuleiten, daß die Temperatur von 135° erhalten bleibt. Die Destillation mit Wasserdampf ist so lange fortzusetzen, bis das Destillat 150 ml beträgt. Mit Anteilen dieses Destillates wird die nachfolgende Bestimmung ausgeführt:

Es sind dafür folgende *Lösungen* erforderlich:

a) eine saure Zirkoniumnitratlösung [50 ml 1 n-Schwefelsäure, 50 ml 1 n-Salzsäure und 1,5 ml Zirkoniumnitratlösung (1 g/100 ml) werden gemischt],

b) eine 0,033proz. wäßrige Lösung von alizarinsulfosaurem Natrium,

c) eine Fluoridvergleichslösung (1 ml = 0,10 mg Fluorid), hergestellt durch Auflösen von 0,221 g Natriumfluorid in 1 l destilliertem Wasser.

100 ml des Destillates werden unter Umschwenken mit 12 ml der sauren Zirkoniumnitratlösung und 0,1 ml Alizarinlösung versetzt. Nach 4 oder mehr Std. vergleicht man die entstandene Färbung mit den in gleicher Weise angesetzten Vergleichslösungen bekannten Gehaltes. Die Vergleichslösungen sind mehrere Tage haltbar.

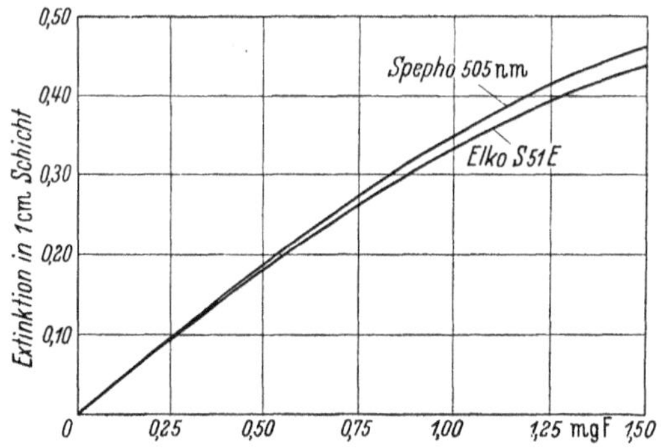

Abb. 145
Eichkurve zur Fluoridbestimmung in Wasser mit Destillation

Bei der Methode der Fluoridbestimmung nach M. Zimmermann verfährt man mit der Aufbereitung der Probe genauso wie oben und nimmt von der Auffüllung nach der Destillation 10 ml ab und gibt dazu 10 ml einer Eisenlösung (286 mg Fe_2O_3 p. a. Merck werden in etwa 80 ml destillierter Salzsäure gelöst und auf 1 l aufgefüllt. Die Säurekonzentration muß danach genau 0,5 n sein!) und 0,5 ml Sulfosalicylsäure (20 g/100 ml). Die so entstehende Färbung wird gegen eine Vergleichslösung aus 10 ml destilliertem Wasser und den gleichen Zusätzen im Photometer mit Filter S 51 E in 1 cm-Schicht gemessen und aus der nebenstehenden Eichkurve (Abb. 145) der Fluoridgehalt in 10 ml des Destillates entnommen.

Literatur. Gad, G., u. K. Naumann: Gas- u. Wasserfach Bd. 81 (1938) S. 183—185. — Zimmermann, M.: Photometrische Metall- und Wasseranalysen.

5. Die Bestimmung des Sulfats

Die Bestimmung von Sulfat erfolgt in der üblichen Weise durch Zusatz von Bariumchloridlösung zu dem mit Salzsäure angesäuerten Abwasser und Auswaage als Bariumsulfat. Hierbei ist jedoch darauf zu achten, daß das Eisen bei stark eisenhaltigen Abwässern vorher durch Ausfällen mit Ammoniak entfernt werden muß. Tillmans gibt folgende Vorschrift:

200 ml Wasser (bei niedrigen Sulfatgehalten bis zu 1 l) werden mit etwas Salzsäure angesäuert und zunächst durch Eindampfen auf dem Drahtnetz auf etwa 100 ml eingeengt. Man läßt dann langsam aus einer Pipette Bariumchloridlösung (100 g/l) hinzufließen, so daß die Flüssigkeit nicht aus dem Sieden kommt. Dann kocht man noch einige min und läßt den Niederschlag absitzen. Es wird auf

ein aschefreies Filter abfiltriert, mit kochendem Wasser ausgewaschen, bis das ablaufende Wasser höchstens noch eine Spur von Opaleszenz mit Silbernitrat aufweist, getrocknet, geglüht und gewogen.

1 mg Bariumsulfat entspricht 0,3430 mg SO_3 bzw. 0,4115 mg SO_4. Der gefundene Wert ist, falls nicht mit 1 l Abwasser gearbeitet wurde, entsprechend auf 1 l zu berechnen.

Als eine auch für sehr kleine Sulfatgehalte brauchbare Methode hat sich das Chromatverfahren erwiesen, bei dem das vorhandene Sulfat mit einer salzsauren Bariumchromatlösung umgesetzt wird. Es bildet sich dabei eine der ausgefällten Bariumsulfatmenge äquivalente Menge Chromsäure, die mit Ammoniak ein lösliches Chromat gibt, während das überschüssig zugesetzte Bariumchromat durch Ammoniak gefällt wird. Nach der Filtration kann das gelöste Chromat jodometrisch oder besser photometrisch (nach M. ZIMMERMANN) wie folgt bestimmt werden:

Für die Bestimmung sind erforderlich: a) eine Natriumchloridlösung (20 g NaCl und 5 ml 1 n-H_2SO_4 auf 100 ml aufgefüllt), b) eine Bariumchromatlösung (5 g Bariumchromat werden in 500 ml 1 n-Salzsäure gelöst), c) Ammoniak (2 + 3).

Zu 20 ml des zu untersuchenden Wassers gibt man 2 ml obiger Natriumchloridlösung und 3 ml der Bariumchromatlösung und kocht die Lösung so lange, bis das Bariumsulfat grobkörnig geworden ist. Dann kühlt man schnell ab, bringt die Lösung in einen Meßkolben von 25 ml, fügt 1 ml Ammoniak hinzu und füllt mit Wasser bis zur Marke auf. Der geklärten Lösung entnimmt man mit einer Pipette die zur Photometrierung benötigte Menge.

Gleichzeitig wird aus 20 ml destilliertem Wasser unter Zugeben der gleichen Reagenzien und bei gleicher Behandlung eine Vergleichslösung hergestellt, gegen welche im Photometer im Spektralbereich des Filters Hg 436 (Quecksilberlampe) in 5 cm Schichtlänge gemessen wird. Aus dem abgelesenen Extinktionswert E_5 errechnet sich der Gehalt an SO_3 in der angewandten Menge Wasser zu:

$$\text{mg } SO_3 = E_5 \cdot 1{,}29 \quad \text{bzw.} \quad \text{mg } SO_3/\text{l} = \frac{E_5 \cdot 1{,}29 \cdot 100}{20}$$

Fehlerquellen. Störungen sind von solchen Ionen zu erwarten, die schwerlösliche Bariumsalze oder Chromate ergeben, also Phosphat und Fluorid, Silber und Blei bzw. Reduktionsmittel, die vorher zu entfernen sind. Phosphate werden am einfachsten mit Magnesiamischung ausgefällt, wozu man folgendermaßen verfährt: zu 20 ml der zu untersuchenden Lösung gibt man 2 ml Magnesiamischung (s. Kapitel Lösungen) und bringt dann auf 25 ml. Der entstandene Niederschlag wird abgeschleudert bzw. abfiltriert; für die Sulfatbestimmung werden 20 ml abgenommen und wie oben weiterbehandelt. In diesem Falle ist der gefundene SO_3-Gehalt mit $^5/_4$ zu multiplizieren, um auf den Gehalt in der Ausgangsprobe zu kommen

Literatur. BLEYER, B., u. W. BRAUN: Z. analyt. Chem. Bd. 83 (1931) S. 253—261.

6. Die Bestimmung des Sulfids bzw. Schwefelwasserstoffes

Die qualitative Feststellung von Sulfiden bzw. Schwefelwasserstoff läßt sich in einem angesäuerten Abwasser leicht mit Bleiacetatpapier durchführen. Eine Braun- bzw. Schwarzfärbung des angefeuchteten Papiers zeigt die Anwesenheit von Schwefelwasserstoff oder Sulfidion an.

Für die quantitative Bestimmung wird die zu untersuchende Abwasserprobe bei der Entnahme mit Natronlauge alkalisch gemacht. Dadurch ist allerdings die Unterscheidung zwischen freiem und gebundenem Schwefelwasserstoff nicht mehr möglich; doch bleibt dies für die Praxis ohne Bedeutung. Aus der alkalisch gemachten Probe wird dann der gesamte Schwefelwasserstoff durch Ansäuern und Kochen in einer entsprechenden Destillationsapparatur ausgetrieben (zweckmäßig unter Durchleiten von Kohlendioxyd, Stickstoff oder Wasserstoff) und in einer Vorlage mit angesäuerter Cadmium- oder Bleiacetatlösung aufgefangen.

In dem Einheitsverfahren der physikalischen und chemischen Wasseruntersuchungen wird dafür folgende Arbeitsvorschrift angegeben:

(In Salzsäure unlösliche Stoffe dürfen nicht zugegen sein.)

100 ml oder mehr der ungefilterten Probe werden in einem Destillationskolben mit 50 ml Salzsäure (1 + 1) versetzt. Den in Freiheit gesetzten Schwefelwasserstoff fängt man in 20 bis 30 ml Cadmiumacetatlösung auf (5 g Cadmiumacetat werden mit 30 g Eisessig in 100 ml destilliertem Wasser gelöst). Nach beendeter Zersetzung wird der gesamte Schwefelwasserstoff durch Einleiten von Kohlendioxyd oder Stickstoff in die Vorlage übergeführt. Man filtriert dann das ausgeschiedene gelbe Cadmiumsulfid nach einer Wartezeit von mindestens 10 Std. über Asbest ab und wäscht es mit Wasser kurz aus. Es wird samt dem Asbest in 50 ml (oder mehr) n/100-Jodlösung eingetragen und die Lösung mit 20 ml 25proz. Phosphorsäurelösung angesäuert. Man wartet 20 min und titriert sodann den Jodüberschuß unter Zugeben von Stärkelösung als Indicator mit n/100-Natriumthiosulfatlösung zurück.

Bei Anwendung von 100 ml Wasser entspricht 1 ml verbrauchte n/100-Jodlösung 1,7 mg/l Schwefelwasserstoff bzw. 1,654 mg/l Hydrosulfidion. Die Auswertung der Cadmiumsulfidmenge kann auch nach anderen üblichen Verfahren, z. B. gewichtsanalytisch durch Umsetzung mit Kupfersulfat, erfolgen (s. Kapitel Schwefel, S. I/650).

Für eine *colorimetrische bzw. photometrische* Bestimmung empfiehlt M. ZIMMERMANN folgendermaßen zu verfahren.

Da es sich um eine ausgesprochene Mikromethode handelt, kann die Bestimmung bereits mit einigen ml Wasser durchgeführt werden. Die Probe wird in eine entsprechende Destillationsapparatur mit Rückflußkühler eingefüllt und die Luft durch sorgfältig gereinigten Wasserstoff oder durch Kohlendioxyd verdrängt. Dann säuert man die Probe durch einen eingesetzten Tropftrichter an und erhitzt sie langsam bis zur Siedetemperatur, während gleichzeitig ein ganz langsamer Gasstrom hindurchgeleitet wird. An den Rückflußkühler schließt sich eine Vorlage an, die mit 20 ml Flüssigkeit beschickt ist. Diese enthält 1 ml Bleiacetatlösung (im Liter sind 18,9 g Bleiacetat, 50 g Natriumacetat und 50 ml Eisessig vorhanden) und 1 ml Tyloselösung (0,1 g in 100 ml), Wasser als Rest. Bei Anwesenheit von Sulfiden bzw. freiem Schwefelwasserstoff bildet sich kolloidales Bleisulfid, das die Lösung braun färbt. Die Farbtiefe wird in einem Photometer im Spektralbereich des Filters S 38 gemessen. Als Vergleichslösung benutzt man einen zweiten Ansatz der vorgelegten Reagenzlösung. Die Messung selbst erfolgt in 1- oder 5 cm-Schicht. Aus der am Photometer abgelesenen Extinktionszahl E_1 oder E_5 ergibt sich der Gehalt an S in der angewandten Wassermenge zu:

$$\frac{E_1 \cdot 0{,}110 \cdot 1000}{\text{angewandte ml}} \quad \text{bzw.} \quad \frac{E_5 \cdot 0{,}0220 \cdot 1000}{\text{angewandte ml}} = \text{mg/l S}$$

III. Die Bestimmung der Kationen

Es kommen hauptsächlich in Betracht die Elemente Kupfer, Blei, Arsen, Eisen, Aluminium, Chrom, Zink und Mangan.

Unter Berücksichtigung der letzten Entwicklung werden im folgenden hierfür neue Methoden, vor allem die photometrischen, in den Vordergrund gestellt. Durch Anwendung von spezifischen Reaktionen ist es oft möglich, eine Reihe von Elementen nebeneinander zu bestimmen, ohne einen umständlichen Trennungsgang durchführen zu müssen. Dies ist natürlich für die Wasseranalyse von besonderem Vorteil, weil hier die Elemente oft in großer Verdünnung vorliegen. Daneben ergibt sich noch der weitere Vorteil, daß sich ein Einengen der Wasserproben für die Analyse meist erübrigt. Bei stärker verunreinigtem Abwasser ist sogar häufig ein Verdünnen der Probe zur photometrischen Bestimmung mancher Bestandteile notwendig.

Einige Elemente lassen sich auch polarographisch bestimmen.

1. Die Bestimmung des Kupfers

Die Eigenschaft des Kupferions, mit einem Überschuß von Ammoniak blau gefärbte Komplexsalze zu bilden, wird zur photometrischen Bestimmung des Kupfers herangezogen. Etwa vorhandene, störende organische Substanzen sind vorher durch Kochen der schwach angesäuerten Probe (25 ml) mit Bromwasser zu zerstören. Anschließend wird die Probe mit Ammoniak schwach alkalisch gemacht, wodurch gleichzeitig Eisen, Aluminium und Mangan ausgefällt werden. Dann füllt man die Lösung zu 50 ml auf, filtriert und mißt 20 ml des Filtrats für die colorimetrische Bestimmung ab. Diesen Anteil versetzt man mit 2 ml Ammoniumchloridlösung (100 g/l) und 10 ml Ammoniak (0,91) und vergleicht die Färbung mit der einer entsprechend behandelten Kupferlösung von bekanntem Gehalt. Besser ist die photometrische Bestimmung. Mit einem Spektralphotometer mißt man die Kupferfärbung im Bereich 630 mμ oder Filter I 62 in 0,1-, 1,0- oder 5 cm-Schicht. Aus dem Extinktionswert errechnet sich der Gehalt an Kupfer in 10 ml der Probe zu:

$$E_{0,1} \cdot 305 = \text{mg Cu}$$
$$E_1 \cdot 30{,}51 = \text{mg Cu}$$
$$E_5 \cdot 6{,}102 = \text{mg Cu}$$

Es lassen sich so 0,1 mg Kupfer in 10 ml Wasser, entsprechend 10 mg/l Kupfer, noch gut bestimmen.

Handelt es sich um noch geringere Mengen, so benutzt man die von M. ZIMMERMANN (VGB-Mitteilungen) für die photometrische Bestimmung abgeänderte Reaktion von SPACU, die auf der Bildung des in Chloroform mit grüner Farbe löslichen Kupfer-Pyridin-Thiocyanat-Komplexes beruht:

50 bis 100 ml = a ml der zu untersuchenden neutralen Wasserprobe werden mit 1 ml 1 n-Schwefelsäure versetzt und kurze Zeit gekocht. Ist die Lösung nach dem Abkühlen gefärbt, so wird sie mit kleinen Mengen Chloroform in einem kleinen Scheide- oder Tropftrichter so lange ausgeschüttelt, bis dieses farblos bleibt. Dann gibt man 5 ml Sulfosalicylsäurelösung (200 g/l) hinzu und schüttelt gut durch. Nach Zusatz von 5 ml reinem, 1 + 1 mit Wasser verdünntem Pyridin und 5 ml Ammoniumthiocyanatlösung (100 g/l) wird die Lösung mit 25 ml Chloroform 5 bis 10 min ausgeschüttelt und die trübe Chloroformlösung durch ein kleines, trockenes Papierfilter in ein dicht schließendes Gefäß filtriert. Gleichzeitig stellt man mit 50 ml destilliertem Wasser unter Zugeben der gleichen Reagenzien eine Vergleichslösung her, gegen welche die Probe dann mit einem Spektralphotometer gemessen wird. Soll die Bestimmung ohne ein solches ausgeführt werden, so kann man der Vergleichslösung bekannte Kupfermengen zusetzen. Bei Verwendung eines Photometers mißt man die Extinktion der Lösung gegen die Vergleichslösung im Spektralbereich des Hg-Filters 405 in 1- oder 5 cm-Schicht. Aus den erhaltenen Extinktionswerten E errechnet sich der Kupfergehalt in der angewandten Wassermenge a zu:

$$\left.\begin{array}{l}\text{mg Cu} = E_1 \cdot 0{,}815 \\ \text{mg Cu} = E_5 \cdot 0{,}163\end{array}\right\} \text{Filter Hg 405}$$

Die Gehalte an Kupfer im Liter Wasser werden bei Anwendung von a ml mit $\frac{1000}{a}$ multipliziert.

Es können so noch 0,005 mg Kupfer in 100 ml bzw. 0,05 mg/l Kupfer erfaßt werden.

Literatur. SPACU: Analyst Bd. 49 (1924) S. 275.

2. Die Bestimmung des Bleies

Blei ist in essigsaurer Lösung mit Schwefelwasserstoff an der Bildung einer braunen bis schwarzen Verfärbung bzw. Ausscheidung von schwer löslichem Bleisulfid zu erkennen. Stören können hierbei Kupfer und Quecksilber. Da letzteres in den hier vorliegenden Abwässern kaum zu erwarten ist, braucht nur auf die Anwesenheit von Kupfer geachtet zu werden. Man kann es durch Zusatz von einigen Tropfen Kaliumcyanidlösung (100 g/l) unwirksam machen.

Für die quantitative Bestimmung verfährt man nach dem „Einheitsverfahren“ folgendermaßen:

100 ml der Abwasserprobe werden mit 5 ml SEIGNETTE-Salzlösung (50 g/100 ml), 3 ml Natronlauge (450 g/l) und 0,1 ml Kaliumcyanidlösung (100 g/l) versetzt. Nach jedem Zusatz ist sorgfältig durchzumischen. Setzt man nun 0,1 ml Natriumsulfidlösung (10 g $Na_2S \cdot 9H_2O$ werden in 70 ml destilliertem Wasser und 30 ml reinem Glycerin gelöst) hinzu, so entsteht bei Anwesenheit von Blei eine Färbung, die mit der Farbe einer gleich behandelten Probe bekannten Bleigehaltes, hergestellt durch Verdünnung der Bleilösung mit destilliertem Wasser, verglichen wird.

Für genauere Bestimmungen bzw. für die Ermittlung kleinster Bleigehalte kann man (nach ZIMMERMANN) folgende photometrische Methode benutzen, die ebenfalls die vorher genannte colorimetrische Bestimmung zur Grundlage hat. Zur Stabilisierung des kolloidalen Bleisulfids wird in Gegenwart von Gummi arabicum-Lösung gearbeitet.

Zu 20 ml der neutralen Wasserprobe gibt man 1 ml 1 n-Essigsäure, die 5 µg Pb/ml enthält und 1 ml Tyloselösung (Tylose SL 100, Fa. Kalle, Biebrich) sowie 1 ml Schwefelnatriumlösung (n/100 + 100 g Na-acetat pro 1).

Als Vergleichslösung werden 20 ml destilliertes Wasser mit denselben Zusätzen versetzt. Dann wird im Photometer mit Glühlampe und Filter S 38 E oder im Spektralphotometer bei 380 mµ in einer 5 cm-Küvette gemessen. Aus dem abgelesenen Extinktionswert E_5 ergibt sich der Gehalt in der Probemenge zu:

$$\text{mg Pb} = E_5 \cdot 0{,}0934 \quad \text{Filter S 38 E oder 380 m}\mu$$

Nach der angegebenen Arbeitsweise sind 0,001 mg Blei in 20 ml eben noch erfaßbar. Dies entspricht einer Menge von 0,05 mg/l Pb. Die Methode setzt voraus, daß kein Kupfer vorhanden ist.

Unabhängig von einem Kupfergehalt ist die folgende Bestimmung mit Dithizon. 50 bis 250 ml des zu untersuchenden Wassers gibt man in einen Scheidetrichter und gibt dazu: 5 ml einer Lösung aus 20 g NaCl, 10 ml Hydrazinhydrat (240 g/l), 70 ml 1 n-HCl in Wasser gelöst und auf 100 ml aufgefüllt, ferner 5 ml einer Lösung aus 20 g Kaliumhydrogencarbonat, 5 g Kaliumcyanid, 5 g SEIGNETTE-Salz und 20 ml Ammoniak (0,91) in destilliertem Wasser gelöst und auf 100 ml aufgefüllt. Darauf wird die Lösung mit 25 ml Chloroform, das 1,5 mg Dithizon in 100 ml enthält, 5 min ausgeschüttelt. Die Vergleichslösung wird mit derselben Menge destilliertem Wasser der gleichen Reagenzienzugabe und Behandlung hergestellt und die anfallende Chloroformlösung benutzt. Man mißt dann im Photometer mit Filter S 51 E bzw. im Spektralphotometer bei 515 mµ in 1- oder 5 cm-Schicht und erhält in der angewandten Probemenge den Gehalt an Blei zu:

$$\text{mg Pb} = E_1 \cdot 0{,}0954 \quad \text{bzw.} \quad E_5 \cdot 0{,}0191 \ \text{(Filter S 51 E)}$$

oder

$$\text{mg Pb} = E_1 \cdot 0{,}0912 \quad \text{bzw.} \quad E_5 \cdot 0{,}0182 \ \text{(515 m}\mu)$$

Bis zu der 300fachen Menge des Bleies kann dabei Kupfer vorhanden sein.

3. Die Bestimmung des Arsens

Arsen findet sich im Abwasser mancher Gewerbebetriebe sowie in Hüttenbetrieben, welche Arsenerze verarbeiten. Auch durch Auslaugen arsenhaltiger Halden gelangt Arsen ins Abwasser.

Zur Prüfung auf Arsen wendet man die bekannte Probe von MARSH oder die von GUTZEIT an. Nach letzterer entsteht durch Einwirkung des aus dem Abwasser entwickelten Arsenwasserstoffes auf Silbernitrat eine zitronengelbe Doppelverbindung von Silberarsenid-Silbernitrat. Tritt nach 20 bis 30 min keine Reaktion ein, so enthält das Wasser keine oder praktisch belanglose Arsenmengen. Nach AUTENRIETH sind noch 0,01 mg Arsen in 100 ml nachweisbar, also im Liter 0,1 mg As. Da Silbernitrat sich am Tageslicht leicht schwärzt, ist diese Prüfung im Dunkeln auszuführen. Vorteilhaft verwendet man statt Silbernitrat Filterpapierstreifen, die mit einer wäßrigen Quecksilber(II)-chloridlösung (50 g/l) getränkt sind. Das Papier färbt sich bei Anwesenheit von Arsen gelb bis braun. BECK, MERRES und SMITH haben diese Quecksilber(II)-chloridlösung für die Arsenbestimmung im Wasser verwendet, weil sie gegenüber der Silber-Arsen-Verbindung beständiger ist. Man verfährt wie bei dem Verfahren von GUTZEIT, nur legt man über die Mündung des Kölbchens, in dem der Arsenwasserstoff entwickelt wird, statt eines Kristalls von Silbernitrat einen Streifen Filtrierpapier, der mit einigen Tropfen einer alkoholischen Quecksilber(II)-chloridlösung (50 g/l) getränkt ist. Tritt nach $^1/_2$ Std. keine Gelb- bis Braunfärbung ein, so sind in dem Wasser keine oder nur unwesentliche Mengen von Arsen enthalten. Die Empfindlichkeitsgrenze soll bei diesem Verfahren bei 0,002 mg der absoluten Arsenmenge liegen. (Siehe auch Kapitel Arsen, S. 125.)

Nach dem Vorschlag von SANDER können kleine Arsenmengen durch Fällung von Eisen(III)-hydroxyd in diesem Niederschlag angereichert und so von störenden größeren Mengen organischer Stoffe getrennt werden. Man verwendet in diesem Falle den abfiltrierten Eisenniederschlag zur Ausführung der Reaktion.

In letzter Zeit ist von M. ZIMMERMANN eine photometrische Methode ausgearbeitet worden, die auch für die As-Bestimmung in Abwasser brauchbar ist.

Die zu untersuchende Wasserprobe, 50 ml — oder eine schon eingeengte Wasserprobe —, gibt man in einen Destillationskolben mit Tropftrichter und dazu 0,5 g Kaliumbromid, 3 g Hydrazinsulfat und Salzsäure (1,19). Es wird zum Kochen erhitzt, worauf man 30 ml Salzsäure (1,19) aus dem Tropftrichter langsam zulaufen läßt und so 30 ml in eine Vorlage mit 10 ml Salpetersäure (1,40) destilliert. Der Inhalt der Vorlage wird vorsichtig zur Trockne verdampft und nach dem Lösen in 1 ml 1 n-HCl in etwa 10 ml Wasser aufgenommen. Die Säure wird mit 1 ml 1 n-NaOH neutralisiert und dann mit Wasser auf 20 ml aufgefüllt. Dazu gibt man 2,5 ml einer Lösung aus: [3 g Ammonmolybdat und 1 g Molybdänmetall und 100 ml Schwefelsäure (1 + 1) am Rückflußkühler 1 Std. gekocht; 100 ml der Lösung werden danach mit destilliertem Wasser auf 500 ml verdünnt] sowie 1 ml einer Lösung von: [5 g Ammonmolybdat und 5 ml Schwefelsäure (1,84) auf 1 l mit destilliertem Wasser aufgefüllt] und im kochenden Wasserbad 5 min erwärmt. Dann läßt man abkühlen und bringt die Lösung auf 25 ml. Es wird im Photometer gegen eine Vergleichslösung gemessen, die durch Destillation einer entsprechenden Menge reinen Wassers erhalten wird unter Zugabe der gleichen Reagenzien und bei gleicher Behandlung. Im Photometer wird mit Filter S 75 E oder im Spektralphotometer bei 850 mμ gemessen. In der angewandten Menge Wasser sind enthalten:

$$\text{mg As} = E_1 \cdot 0{,}151 \quad \text{bzw.} \quad E_5 \cdot 0{,}0302 \text{ (Filter S 75 E)}$$

oder

$$\text{mg As} = E_1 \cdot 0{,}0765 \quad \text{bzw.} \quad E_5 \cdot 0{,}0153 \text{ (850 m}\mu\text{)}$$

Literatur. KLUTH, H.: Kleine Mitt. Mitglieder Ver. Wasser-, Boden- u. Lufthyg. Bd. 3 (1927) S. 193.

4. Die Bestimmung des Eisens

Im Gegensatz zu den natürlichen Wässern, in denen das Eisen in 2wertiger Form gelöst enthalten ist, kann es in Abwässern sowohl als Eisen(II) als auch als Eisen(III) vorhanden sein. Meist tritt es hier als Hauptverunreinigung auf. In diesem Falle erfolgt die Bestimmung der Gesamtmenge des Eisens nach den üblichen analytischen Verfahren. So gibt man z. B. nach dem Ansäuern der Probe mit Salzsäure etwas Salpetersäure zur Oxydation des Eisen(II) hinzu, kocht auf, versetzt die Lösung mit Ammoniumchlorid und Ammoniak und setzt das Kochen fort, bis nur noch ein schwacher Geruch nach Ammoniak wahrnehmbar ist. Der Niederschlag von Eisen(III)-oxydhydrat wird darauf abfiltriert, mit heißem Wasser ausgewaschen, geglüht und als Fe_2O_3 gewogen. Etwa vorhandenes Aluminium fällt mit dem Eisen zusammen aus. In diesem Falle wird der gefällte Niederschlag nach dem Auswaschen in verdünnter Salzsäure gelöst und das Eisen nach erfolgter Reduktion mit n/10-Kaliumpermanganatlösung nach ZIMMERMANN-REINHARDT titriert. 1 ml n/10-Kaliumpermanganatlösung = 7,985 mg Fe_2O_3.

Soll auch das Aluminium bestimmt werden, so wird es in der einen Probe zusammen mit dem Eisen gefällt und die Summe der Oxyde festgestellt. In einer zweiten Probe wird der Hydroxydniederschlag, wie vorhin angegeben, gelöst und das Eisen mit Kaliumpermanganat titriert. Aus der Differenz der beiden Bestimmungen ergibt sich der Gehalt an Tonerde.

Zur Bestimmung von 2- und 3wertigem Eisen nebeneinander bedient man sich zweckmäßig des colorimetrischen bzw. photometrischen Verfahrens. Für letzteres genügen 20 ml Wasser. Man kann so Gehalte zwischen 0,01 bis 15 mg Eisen im Liter erfassen (nach Angaben von M. ZIMMERMANN). Bei höheren Eisengehalten müssen entsprechende Verdünnungen angewandt werden. Die Ermittlung des Eisen(III) erfolgt durch die Thiocyanreaktion ohne vorhergehende Oxydation und Ausmessung der Rotfärbung. Zur Bestimmung des Eisen(II) wird nach erfolgter Oxydation eine Gesamteisenbestimmung ausgeführt. Aus der Differenz beider Bestimmungen ergibt sich der Gehalt an 2wertigem Eisen.

Es muß in diesem Zusammenhang darauf hingewiesen werden, daß die hauptsächlichste Schwierigkeit dabei in der restlosen Oxydation des Eisen(II) zu Eisen(III) liegt, insbesondere bei geringer Konzentration. Deshalb hat es sich als zweckmäßig erwiesen, die angewendeten 20 ml Wasser nicht nur mit einigen Tropfen Salz- und Salpetersäure zu kochen, sondern die Lösung auf einige ml einzudampfen und dann wieder auf das ursprüngliche Volumen von 20 ml zu verdünnen. Diese Lösung wird für die photometrische Gesamteisenbestimmung benutzt, die man wie folgt ausführt:

Zu 20 ml Lösung gibt man nacheinander je 1 ml 20proz. Überchlorsäure (eisenfrei!) und einer Lösung, die in 100 ml 20 g Kaliumthiocyanat und 20 g Ammoniumchlorid enthält. Gleichzeitig setzt man bei Verwendung eines Photometers, z. B. Elko, eine Vergleichslösung an mit 20 ml destilliertem Wasser und den gleichen Zusätzen. Dann wird die Extinktion der ersten Lösung gegen die Vergleichslösung im Spektralbereich 475 mμ bzw. mit Filter S 47 E je nach der Intensität der Färbung in einer 1- oder 5 cm-Küvette gemessen. Der Gehalt an Eisen in der angewandten Wassermenge errechnet sich zu

$$\text{mg Fe} = E_1 \cdot 0{,}175 \quad \text{bzw.} \quad E_5 \cdot 0{,}035 \qquad \text{Filter S 47 E}$$

$$\text{mg Fe} = E_1 \cdot 0{,}168 \quad \text{bzw.} \quad E_5 \cdot 0{,}0336 \qquad 475\ \text{m}\mu$$

Die so erfaßbaren absoluten Mengen liegen zwischen 0,002 und 0,3 mg Fe. Sie sind für die übliche Angabe in mg/l mit 50 zu multiplizieren, sofern 20 ml Abwasser zur Anwendung kamen. Ist eine Verdünnung vorgenommen worden, so muß noch der Verdünnungfaktor berücksichtigt werden.

Selbstverständlich kann die Lösung für eine einfache colorimetrische Bestimmung auch mit Testlösungen von bekanntem Eisengehalt verglichen werden, oder man kann Farbkeile oder -scheiben zum Vergleich heranziehen, wie sie für einige einfache Colorimeter erhältlich sind.

5. Die Bestimmung des Aluminiums

Wie bereits im vorhergehenden Abschnitt erwähnt, kann der Gehalt an Aluminium durch Differenzbestimmung errechnet werden.

Einfacher jedoch dürfte die direkte Bestimmung nach einem colorimetrischen oder photometrischen Verfahren sein. In Anlehnung an eine Arbeit von G. Gad empfiehlt M. Zimmermann folgendes Verfahren:

Für die Bestimmung wird die Farblackbildung benutzt, die Aluminiumsalze mit Alizarin ergeben. Da diese Reaktion jedoch nicht spezifisch für Aluminium ist und durch eine Reihe anderer Metalle, vor allem Eisen, empfindlich gestört wird, ist eine saubere Abtrennung unbedingt erforderlich. Die in der oben zitierten Arbeit angegebene Trennung von Eisen mit Natriumthiosulfat reicht hierfür nicht aus. Dagegen lassen sich die bei der Reaktion störenden Metalle praktisch vollständig und rasch durch Elektrolyse mit einer Quecksilberkathode entfernen oder einfacher durch Ausziehen der „Kupferronkomplexe“ mit Chloroform.

Man verfährt dabei folgendermaßen:

Von dem zu untersuchenden Wasser (z. B. Beizereiabwasser) entnimmt man 50 ml, gibt diese in einen Scheidetrichter und dazu 2,5 ml Überchlorsäure (10 g einer 20proz. Säure auf 100 ml aufgefüllt). Anschließend wird mit 2 × 10 ml Chloroform, welches mit Kupferron gesättigt wurde, 1 bis 2 min ausgeschüttelt. Dieses muß nötigenfalls so lange wiederholt werden, bis die Lösung sich dabei nicht mehr verfärbt. Es werden so Eisen, Kupfer, Titan, Molybdän und Vanadin entfernt. In der wäßrigen Phase ist das Aluminium enthalten. Es wird zum Schluß nochmals mit 10 ml reinem Chloroform nachgeschüttelt. Dann werden von der wäßrigen Phase 21 ml abgenommen (21 ml, weil hier durch den Zusatz von Überchlorsäure eine Verdünnung von 20 auf 21 ml eingetreten ist) und 1 ml 1 n-Natronlauge sowie 2 ml (genau abmessen!) der Reagenzlösung (25 mg Alizarin-3-sulfosaures Na und 12 ml 1 n-Essigsäure mit destilliertem Wasser auf 100 ml aufgefüllt) nebst 3 ml Aceton und 1 ml 1 n-Essigsäure zugegeben. Gleichzeitig stellt man sich eine Vergleichslösung her, die mit 50 ml destilliertem Wasser und gleicher Behandlung wie die Probe selbst gewonnen wird. Nach der Zugabe der Essigsäure bleiben die Lösungen 10 min stehen und werden anschließend im Photometer in der 5 cm-Schicht gemessen im Spektralbereich von 495 mμ bzw. mit Filter S 49 E. Der Gehalt an Aluminium in der angewandten Probemenge wird der nebenstehenden Eichkurve (Abb. 146) entnommen.

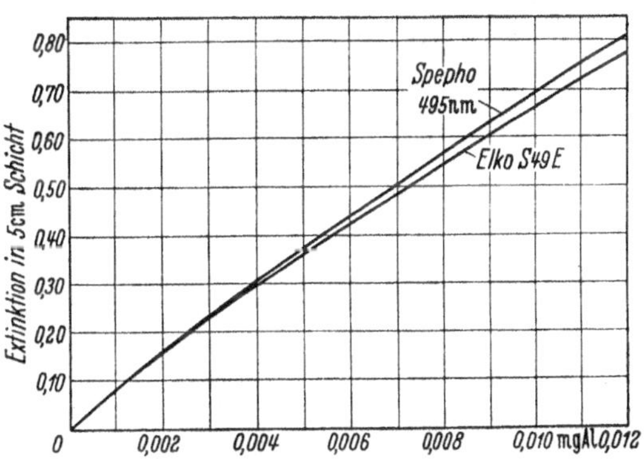

Abb. 146. Eichkurve zur Aluminiumbestimmung

Es können so 0,001 mg in 20 ml, d. h. 0,05 mg Al im Liter, noch erfaßt werden.

Literatur. Gad, G.: Kleine Mitt. Mitglieder Ver. Wasser-, Boden- u. Lufthyg. Bd. 15 (1939) S. 126/27.

Bemerkung: Als Farblackbilder kann auch Eriochromcyanin verwendet werden. Eine Arbeitsvorschrift ist hierfür z. B. im Kapitel Zink, S. 953, zu finden.

6. Die Bestimmung des Chroms

Chrom wird zweckmäßig durch ein violettrotes, lösliches Oxydationsprodukt mit Diphenylcarbazid in schwefelsaurer Lösung nachgewiesen. Diese Reaktion ist sehr empfindlich und, soweit es die Abwasseranalyse betrifft, weitgehend spezifisch. Die Reaktion kann auch zur quantitativen colorimetrischen oder photometrischen Bestimmung benutzt werden.

M. Zimmermann gibt dafür folgende Vorschrift:

Die Oxydation der im Abwasser gelösten Chromsalze erfolgt zweckmäßig durch Kochen von 10 bis 100 ml des neutralisierten Abwassers unter Zugabe von 1 ml reiner Natronlauge (240 g/l) und etwa 5 ml gesättigtem Bromwasser. Eisen und Mangan werden hierbei gefällt und das Chrom zu Chromat oxydiert. Man filtriert den Niederschlag ab und kocht das Filtrat nach dem Ansäuern mit 2 ml Schwefelsäure (1 + 7) so lange, bis das überschüssige Brom verjagt ist. Darauf bringt man die Lösung wieder auf das ursprüngliche Volumen (z. B. 100 ml) und gibt zu 20 ml 0,2 ml Schwefelsäure (1 + 7) und 0,4 ml Reagenzlösung (1 g Diphenylcarbazid in 100 ml reinstem Aceton) hinzu. Die dabei in Anwesenheit von Chrom entstehende Färbung kann colorimetrisch durch Farbvergleich mit Lösungen bekannten Chromgehaltes oder genauer durch eine photometrische Messung ermittelt werden. Für die photometrische Messung stellt man eine Vergleichslösung von 20 ml destilliertem Wasser mit den gleichen Zusätzen her und mißt die Extinktion der Farbe gegen die Vergleichslösung im Spektralbereich 545 mμ (Filter S 55 E oder Hg 546) unter Verwendung der Quecksilberlampe in 5-, 1- oder 0,1 cm-Küvetten.

Aus den erhaltenen Extinktionswerten E ergibt sich der Gehalt an Chrom zu

$$\text{mg Cr} = \left.\begin{aligned} &E_{0,1} \cdot 0{,}312 \\ &E_1 \cdot 0{,}0312 \\ &E_5 \cdot 0{,}0062 \end{aligned}\right\} \text{Filter S 55 E}$$

$$\text{mg Cr} = \left.\begin{aligned} &E_{0,1} \cdot 0{,}300 \\ &E_1 \cdot 0{,}0300 \\ &E_5 \cdot 0{,}006 \end{aligned}\right\} \text{Quecksilberlampe und Filter Hg 546}$$

$$\text{mg Cr} = \left.\begin{aligned} &E_{0,1} \cdot 0{,}294 \\ &E_1 \cdot 0{,}0294 \\ &E_5 \cdot 0{,}0059 \end{aligned}\right\} 545\ \text{m}\mu$$

Es werden so noch 0,0002 mg Cr in 20 ml Abwasser erfaßt, entsprechend 0,01 mg/l.

Sind höhere Chromgehalte, also über 1 mg/l Chrom, vorhanden, so muß entsprechend weniger Abwasser verwendet werden. In diesem Fall kann man das Chromat aber auch nach Zugeben von Kaliumjodid und Stärkelösung zu der angesäuerten Lösung mit n/10-Natriumthiosulfatlösung titrieren. Dann entspricht bei Anwendung von 100 ml Abwasser 1 ml verbrauchte n/10-Natriumthiosulfatlösung 17,3 mg/l Cr.

7. Die Bestimmung des Zinks

Qualitativ ist Zink an der Bildung von weißem Zinksulfid beim Einleiten von Schwefelwasserstoff in die essigsaure Lösung zu erkennen. Die Schwermetalle werden vorher durch Schwefelwasserstoff aus salzsaurer Lösung abgeschieden. Bei geringen Gehalten ist Einengen der Lösung erforderlich. Man dampft 200 ml der Probe mit 1 ml Salzsäure auf etwa 20 ml ein, sättigt das Konzentrat mit Schwefelwasserstoff und filtriert die ausgefallenen Schwermetallsulfide ab. Sodann leitet man in das Filtrat nach Zugeben von 5 ml Natriumacetatlösung (200 g/l) wiederum Schwefelwasserstoff ein, wobei sich bei Anwesenheit von Zink eine weißliche Trübung oder Fällung von Zinksulfid bildet.

Diese Reaktion wird auch für die quantitative Bestimmung des Zinks benutzt, doch scheut man im allgemeinen das Abfiltrieren von Zinksulfid. Man benutzt daher besser andere Bestimmungsmethoden, wie z. B. die Fällung als Phosphat. Allerdings läßt sich die Schwierigkeit beim Abfiltrieren des Zinksulfids beheben, wenn man vor der Fällung mit Schwefelwasserstoff etwas Quecksilber(II)-chloridlösung zusetzt. Beim nachfolgenden Glühen des Zinksulfids verflüchtigt sich das mitgefällte Quecksilbersulfid.

Einfacher als diese gewichtsanalytische Bestimmung dürfte eine maßanalytische sein, für welche die Probe ebenfalls, wie oben beschrieben, vorbereitet wird. Man engt 200 ml Abwasser nach Zusatz von 1 ml Salzsäure (1,19) auf 20 ml ein, fällt die Schwermetalle mit Schwefelwasserstoff aus und filtriert die Sulfide ab. Im Filtrat wird der Schwefelwasserstoff restlos verjagt. Dann versetzt man es mit einigen Tropfen Bromwasser und fällt in der Siedehitze Eisen, Mangan und Aluminium mit Ammoniak in geringem Überschuß. Nachdem man die Hydroxyde abfiltriert hat, neutralisiert man das Filtrat mit Essigsäure und setzt noch so viel Säure hinzu, daß die Lösung einen Essigsäuregehalt von 2 Vol-% aufweist. Dann wird sie auf 60° erwärmt und das Zink durch Zusatz von Oxinlösung (3 g Oxin werden in möglichst wenig Eisessig gelöst; die Lösung wird mit destilliertem Wasser zu 100 ml aufgefüllt) in geringem Überschuß gefällt. Nach kurzem Aufkochen läßt man den Niederschlag absitzen und filtriert ihn nach dem Erkalten ab. Er wird mit schwach essigsaurem und etwas Ammoniumacetat enthaltendem Wasser bis zur Farblosigkeit des Filtrats ausgewaschen und darauf in 60° warmer, verdünnter Salzsäure gelöst. Die Lösung versetzt man mit einem Tropfen Methylorange und titriert sie bis zur Entfärbung mit n/10-Kaliumbromat-Bromid-Lösung. Dann gibt man nochmals einen Tropfen Methylorangelösung hinzu und titriert wieder bis zur Entfärbung. Bei vorsichtiger Titration kann man den Endpunkt genau erfassen; er ist dann erreicht, wenn ein erneut zugesetzter Tropfen Methylorange ohne weitere Zugabe von Bromatlösung langsam von Rot nach Gelb umschlägt. Für den Ungeübten empfiehlt es sich, nach dem ersten Farbumschlag etwa 2 ml der Bromatlösung im Überschuß hinzulaufen zu lassen und etwas Kaliumjodid hinzuzusetzen. Es wird dann eine dem Überschuß entsprechende Menge Jod frei, die man mit n/10-Natriumthiosulfatlösung zurücktitriert. Die dabei verbrauchten ml sind vom Gesamtverbrauch an Bromatlösung abzusetzen.

1 ml n/10-Bromat-Bromid-Lösung entspricht 0,817 mg Zink.

Die hier beschriebenen Verfahren sind für Zinkgehalte über 1 mg im Liter anwendbar. Für kleinere Gehalte, die aber in Abwässern kaum von Bedeutung sind, kann die Bestimmung nach dem Dithizonverfahren nach H. Fischer erfolgen (s. Kapitel Blei, S. 185).

8. Die Bestimmung des Mangans

Mangansalze in sehr kleinen Mengen sind im gewöhnlichen Wasser ganz normal und harmlos. Bei Gehalten über 0,2 mg/l können sie jedoch die Veranlassung zum Wachstum der Manganalgen sein, die dann ihrerseits zu Störungen in den Wasserversorgungsanlagen führen. Im Abwasser dagegen tritt im allgemeinen ein solches Wachstum auch bei höheren Mangangehalten nicht auf, da hier die Lebensbedingungen für die Algen zu ungünstig sind. Wenn also hier der Gehalt an Mangan interessiert, so nur im Zusammenhang mit den übrigen Gehalten an Metallsalzen. — In Beizereiabwässern können neben Eisen auch größere Mengen von Mangan vorkommen.

Zum *Nachweis* von Mangan kocht man 50 ml Wasser 10 min mit 5 ml Salpetersäure (1 + 2). Dann gibt man zu der etwas abgekühlten Flüssigkeit eine geringe Menge Bleiperoxyd. Bei Anwesenheit von Mangan zeigt sich eine Violettfärbung, die nach 2 bis 5 min währendem Kochen und Absetzenlassen des Bleiperoxyds deutlich zu erkennen ist.

Für die *quantitative* Ermittlung des Mangangehaltes benutzt man zweckmäßig ebenfalls die Violettfärbung des 7wertigen Mangans zur colorimetrischen oder photometrischen Bestimmung. Da hierbei vor allem Chloride und organische Stoffe stören, müssen diese vorher entfernt werden. Dies kann durch Eindampfen von 10 bis 20 ml des zu untersuchenden Wassers mit 3 bis 5 Tropfen Schwefelsäure (1,84) und ebensoviel Salpetersäure (1,4) bis zum Auftreten von Schwefelsäuredämpfen geschehen. Dann wird die Lösung wieder auf 20 ml verdünnt und nach Zugeben von 2,0 ml Salpetersäure (1,4) und 0,5 ml n/10-Silbernitratlösung sowie 1 ml Ammoniumperoxydisulfat-Lösung (100 g/l) auf Kochtemperatur erwärmt. Für die photometrische Messung stellt man sich aus 20 ml destilliertem Wasser nach gleicher Vorbehandlung und mit den gleichen Zusätzen eine Vergleichslösung her. Nach dem Abkühlen der beiden Lösungen wird im Photometer im Spektralbereich 525 mμ bzw. mit Filter S 53 E oder mit Quecksilberlampe und Filter Hg 546 gemessen. Bei Verwendung einer 50 mm-Küvette errechnet sich der Mangangehalt aus der abgelesenen Extinktion:

$$\text{mg Mn} = E_5 \cdot 0{,}114 \quad 525\ \text{m}\mu$$
$$\text{mg Mn} = E_5 \cdot 0{,}125 \quad \text{Filter S 53 E}$$
$$\text{mg Mn} = E_5 \cdot 0{,}119 \quad \text{Filter Hg 546}$$

Es lassen sich so Mangangehalte zwischen 0,005 und 0,15 mg erfassen. Dies entspricht bei Anwendung von 20 ml Wasser 0,25 bis 7 mg/l Mangan. Für die Erfassung kleiner Gehalte kann in größerer Schicht gemessen werden, oder aber es müssen z. B. 100 ml Wasser eingedampft werden. Sind die Gehalte hoch, so wendet man entsprechend weniger Wasser an.

An Stelle der photometrischen Messung kann auch ein rein colorimetrischer Vergleich mit einer Kaliumpermanganatlösung von bekanntem Gehalt vorgenommen werden.

D. Literatur

Sierp, F.: Vom Wasser Bd. XIV (1939/40) S. 230—254 — Über die Aufarbeitung bzw. Aufbereitung solcher Beizlaugen vgl. Stahl u. Eisen Bd. 57 (1937) S. 757—764, 789—793, 813—817, 838—841; Bd. 58 (1938) S. 617—623 — Draht-Welt Bd. 33 (1940) S. 515/16, 529—533, 541—544, 556—559, 565—569 — Seifensieder-Ztg. Bd. 67 (1940) S. 541 — Vorschläge für Anlagen zur Reinigung solcher Abwässer bringen u. a. Heilmann: Gesundheits-Ing. Bd. 52 (1929) S. 786/87. — Stoof, H.: Gesundheits-Ing. Bd. 57 (1934) S. 698—702. — Rohde, H.: Gesundheits-Ing. Bd. 60 (1937) S. 278—281. — Schlechte, F. M.: Gesundheits-Ing. Bd. 60 (1937) S. 337—340. — Höll, K.: Gesundheits-Ing. Bd. 62 (1939) S. 199. — Keppner, H.: Gesundheits-Ing. Bd. 62 (1939) S. 706—708. — Strell, M.: Gesundheits-Ing. Bd. 62 (1939) S. 546—550; Bd. 63 (1940) S. 319/20. — Czensny, R.: Vom Wasser Bd. VIII (1934) S. 163 bis 168. — Helfer, H.: Kleine Mitt. Landesanstalt Wasser-, Boden- u. Lufthyg. Bd. 12 (1936) Nr. 1—4. — Ebeling: Z. Fischerei Bd. 26 (1928) S. 49—61. — Russ: Zellstoff u. Papier Bd. 20 (1940) S. 370/71 — Chem. Zbl. 1941 I, S. 2572. — Schmidt-Nielsen, S.: Kgl. norske Vidensk. Selsk., Forh. Bd. 11 (1939) S. 233—236 — Chem. Zbl. 1939 I, S. 4101. — Nicholas, J. Mi.: Sew. Purif. Bd. 1 (1939) H. 4, S. 171; H. 5, S. 210 — Gesundheits-Ing. Bd. 62 (1939) S. 708. — Kluth, H.: Untersuchung des Wassers an Ort und Stelle. 7. Aufl. 1938, S. 140. — Hasenbäumer, J.: Z. Nahrungs- u. Genußmittel Bd. 11 (1906) S. 97. — Rickard, R. E.: Mineralog. Mag. Bd. 59 (1938) S. 9—12 u. 93.

Kapitel 54

Photometrie*

Inhalt

---

*	1. Auflage	2. Auflage
Bearbeiter:	**Pohl, v. Vogel**	**Pohl, v. Vogel**
Mitarbeiter:	**Bednara, Blumenthal†, Eberius**	**Eberius**

A. Einleitung

Lösungen eines gefärbten Stoffes zeigen je nach ihrer Konzentration verschiedene Farbtiefen. Das durch sie hindurchtretende Licht wird von ihnen mehr oder weniger absorbiert. Die Absorption nimmt mit der Konzentration zu. Auf Grund dieser Tatsache bestimmte schon 1839 HEINE den Kupfergehalt von Schlakken und Abbränden durch Farbvergleich mit Lösungen bekannter Kupferkonzentration. Dazu verwendete er Lösungen in Reihen mit genau bekannten, abgestuften Kupfergehalten in gleichen Gefäßen (Reagenzgläser oder NESSLER-Gläser). Die unbekannte Probe wird in diese Reihe eingeordnet, so daß die Farbtiefe mit einer der Proben übereinstimmt oder interpoliert werden kann. Nach einer anderen Methode wird zur Vergleichslösung tropfenweise eine Testlösung des zu bestimmenden Stoffes hinzugefügt, bis Farbgleichheit erreicht ist. Nach Volumenangleichung kann aus der Menge der zugesetzten Testlösung der Gehalt des gesuchten Stoffes errechnet werden. Diese Verfahren zeigen nur bei geringen Konzentrationen hinreichende Genauigkeiten. Will man auch größere Konzentrationen einwandfrei messen und den auftretenden subjektiven Fehler beim Farbvergleich einschränken, muß man „Colorimeter“ verwenden oder die Lichtabsorptionsmessung mittels „Photometer“ durchführen. Die Konstruktionen dieser Geräte können recht unterschiedlich sein, sie arbeiten aber alle nach dem gleichen Gesetz der Lichtabsorption von LAMBERT und BEER. Dieses Gesetz besagt, daß bei Verwendung von monochromatischem Licht das Produkt aus Konzentration und Schichtdicke direkt proportional dem logarithmischen Verhältnis zwischen einfallender (I_0) und austretender (I) Lichtintensität ist.

$$\mathrm{lo}\,\frac{I_0}{I} = E = \varepsilon\, c\, s$$

E wird als Extinktion bezeichnet. ε ist nach BUNSEN der molare dekadische Extinktionskoeffizient und entspricht dem reziproken Wert derjenigen Schichtdicke s in cm, die eine 1 molare Lösung besitzen muß, um das durch sie hindurchtretende Licht auf $^1/_{10}$ seiner Eintrittsintensität (I_0) zu schwächen. Da Konzentration c und Schichtdicke s einander umgekehrt proportional sind, so wird bei vollkommener Lichtabsorption die Extinktions-Konzentrationskurve im rechtwinkligen Koordinatensystem eine Gerade darstellen. Da das LAMBERT-BEERsche Gesetz nur für verdünnte Lösungen und ideale Lösungsbedingungen gilt, werden häufig Abweichungen beobachtet. Es muß dann eine Eichkurve durch Ermitteln einer Reihe von Meßpunkten aufgestellt werden. Nähere Einzelheiten über die Ableitungen des LAMBERTschen und BEERschen Gesetzes und deren Vereinigung entnehme man der zitierten Literatur.

Schon seit längerer Zeit werden in der chemischen Analyse Colorimeter bzw. Photometer zur Bestimmung von Stoffen auf Grund der Farbtiefe ihrer Lösungen verwendet. Eine Anzahl dieser bewährten Geräte soll nachstehend beschrieben werden.

B. Geräte für Colorimetrie und Photometrie

I. Geräte mit subjektiver Messung durch das Auge

1. Durch Beobachtung der Farbgleichheit

Das Dubosq-Eintauchcolorimeter

Bei diesem Gerät (Abb. 147) tritt weißes Licht durch die Versuchs- und die Vergleichslösung. Durch die Veränderung der Schichtdicke auf der Seite der Vergleichslösung durch Hineintauchen des zylindrischen Tauchstabes, bis beide Hälften des Gesichtsfeldes gleiche Farbtiefe zeigen, kann die Konzentration ermittelt werden. Nach dem LAMBERT-BEERschen Gesetz ergibt sich, da E und ε für beide Seiten gleich sind, die Beziehung $s : s_1 = c_1 : c$. Wenn

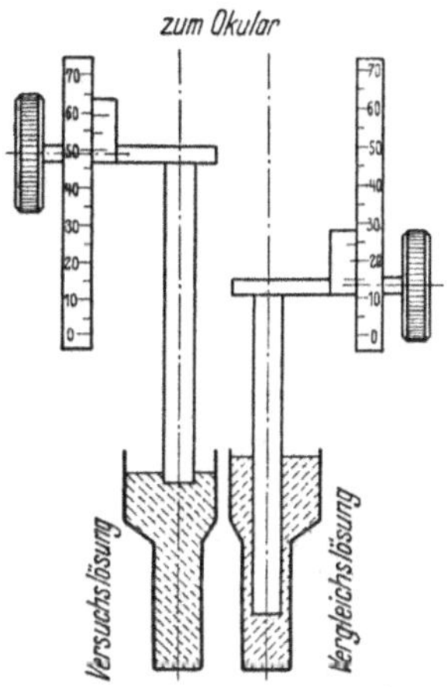

Abb. 147. Schema des DUBOSQ-Colorimeters

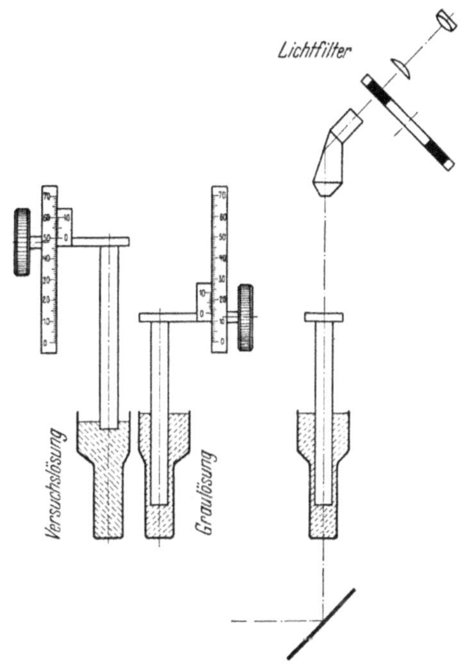

Abb. 148. Einstufiges Absolutcolorimeter nach THIEL

s, s_1 und c_1 bekannt sind, ist c zu errechnen. Die Schichthöhen können an Skalen mit Hilfe eines Nonius abgelesen werden. Es ist hier wichtig, daß Versuchs- und Vergleichslösung stets die gleiche Zusammensetzung haben, denn jede Nebenfärbung beeinträchtigt die Genauigkeit der Beobachtung.

Verwendet man monochromatisches Licht, das durch Spezialfilter oder Spektrallampen erzeugt wird, so wird dadurch bewirkt, daß die Farblösung nur die Helligkeit vermindert. Die Versuchsergebnisse werden dann genauer, weil das Auge wesentlich besser den Helligkeitsunterschied als den Farbunterschied beurteilen kann.

2. Durch Beobachtung der Helligkeitsgleichheit

a) Gegen Graulösung oder Graukeil

Eine Weiterentwicklung des DUBOSQ-Colorimeters stellt *das Colorimeter mit Graulösung* nach A. THIEL dar, das schematisch in Abb. 148 dargestellt ist. Das Instrument arbeitet mit monochromatischem Licht. Es werden mithin die Helligkeitsunterschiede zum Vergleich herangezogen, welche sich zwischen der Versuchslösung und der veränderlichen Schichtdicke einer Graulösung bzw. der Steigung eines Graukeiles ergeben. Bei der 2stufigen Ausführung (Abb. 149) können auch eigengefärbte oder getrübte Flüssigkeiten durch Kompensation gemessen werden.

b) Nach Blendeneinstellung

Das PULFRICH-*Photometer* der Firma Zeiss, dessen schematische Darstellung in Abb. 150 wiedergegeben ist, benötigt ebenfalls keine Vergleichslösung, was bei der Stahl- und Metallanalyse besonders wichtig ist, weil die gefärbten Bestandteile dieser Lösungen sehr verschieden und Vergleichslösungen nur umständlich herstellbar sind.

Als Lichtschwächungseinrichtung dienen hier 2 Präzisionsblenden. Von der Photometerlampe gehen 2 Lichtstrahlen gleicher Intensität durch je ein Glasgefäß mit parallelen Wänden (Küvetten). Von dort tritt jeder Strahl durch eine Präzisionsblende, deren Öffnung durch Drehen einer Meßtrommel verändert werden kann. Danach gelangen die Strahlen, über Prismen wieder vereint, durch Filter ins Okular. Der eine Strahl leuchtet die eine Hälfte, der zweite die andere Hälfte des runden Gesichtsfeldes aus. Durch Drehen der Meßtrommel können beide Gesichtshälften auf die gleiche Helligkeit gebracht werden. Die Meßtrommeln tragen 2 Skalen. Die schwarze Skala zeigt bei voller Öffnung 100% Lichtintensität und bei vollkommen geschlossener Blende 0%.

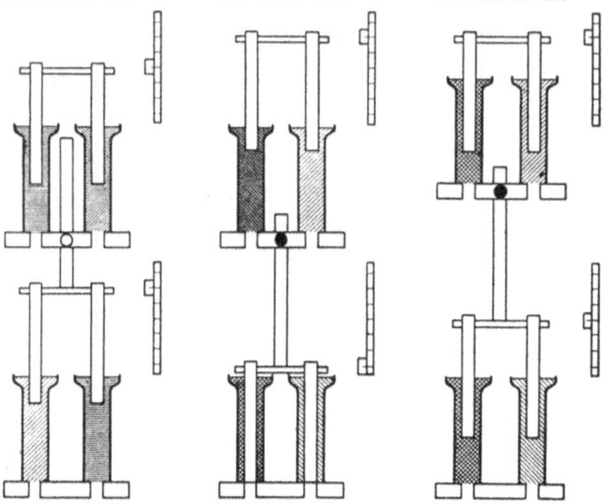

Abb. 149. Zweistufiges Universalcolorimeter nach THIEL, schematisch

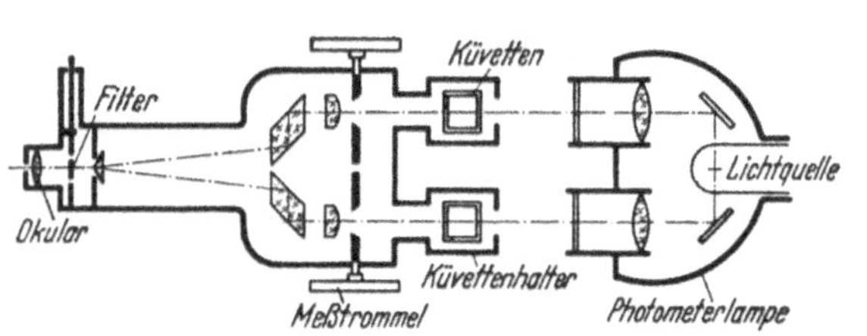

Abb. 150. Schematischer Schnitt durch das PULFRICH-Photometer

Die rote Skala zeigt die entsprechenden Extinktionen an. Der Meßvorgang sei kurz beschrieben:

In die eine Küvette gibt man die zu messende Lösung und in die andere destilliertes Wasser, einen nicht angefärbten Teil der Meßlösung oder eine Blindprobe zur Kompensation der vorhandenen Eigenfärbung. Im Okular erscheint jetzt die eine Gesichtshälfte dunkler als die andere, weil die Probelösung mehr Licht absorbiert. Man dreht die Meßtrommel auf der Kompensationsseite so lange, bis gleiche Helligkeit erreicht ist, und ermittelt aus dem arithmetischen Mittel von 3 bis 5 Ablesungen die entsprechende Extinktion. Gehorcht die Lösung dem LAMBERT-BEERschen Gesetz und haben Blind- und Probelösung die gleiche Schichtdicke, so gilt:

$$c = E \frac{c_1}{E_1} = E f$$

Der Eichfaktor f wird einmal mit einer Testlösung bekannten Gehaltes genau unter den gleichen Bedingungen ermittelt.

Es können hier Messungen mit Schichtdicken bis zu 250 mm (für sehr geringe Konzentrationen) ausgeführt werden. Außerdem gibt es Spezialküvetten mit einem Volumen von 1 bis 20 ml für die Mikroanalyse.

c) In polarisiertem Licht

α) *Das Polaphot der Firma Zeiss*

ist ein Polarisationsphotometer (Abb. 151). Die zu vergleichenden Lichtstrahlen passieren zunächst die Küvetten b_1 und b_2, treten dann durch die Öffnung c ein,

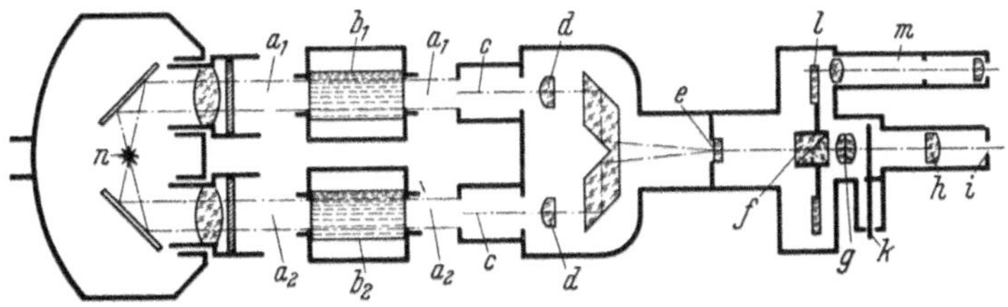

Abb. 151. Schematischer Aufbau des Polaphot der Fa. Zeiss

fallen auf die Fernrohrobjektive d und werden durch rhombische Prismen nach dem WOLLASTON-Prisma e abgelenkt. Sie durchsetzen dann das Analysatorprisma, die Sammellinse mit dem Bi-Prisma g, treten durch Filter in der Revolverscheibe K, schließlich durch das Okular h und die Austrittsblende i in das Auge des Beobachters. Dem in das Okular blickenden Beobachter erscheint jede der Dachflächen des Bi-Prismas, die in einem runden Gesichtsfeld liegen, nur von einer der beiden Eintrittsöffnungen beleuchtet. Die auf beide Halbfelder fallenden Lichtstrahlen sind in zueinander senkrechter Richtung polarisiert. Wenn also das Analysatorprisma so steht, daß es den einen Lichtstrahl völlig absorbiert, besteht für den anderen gerade das Maximum an Durchlässigkeit. Bei Drehung um 90° ist das Gegenteil der Fall. Je nach Stellung des Analysatorprismas f werden daher die Intensitäten beider Lichtstrahlen verschieden verändert und können somit auf gleiche Helligkeit gebracht werden. Das Analysatorprisma ist mit einem Teilkreis gekuppelt, dessen Skala im Mikroskop m abgelesen werden kann. Aus einer dem Gerät beigefügten Tabelle entnimmt man für den abgelesenen Winkel die dazugehörige Extinktion. Die Meßtechnik ist ähnlich der beim PULFRICH-Photometer. Näheres hierüber entnehme man der Gebrauchsanweisung von Zeiss, Mess 700.

β) *Das Leifo-k-Photometer der Firma Leitz*

(vgl. Abb. 152) ist wie das Polaphot ein Polarisationsphotometer. In einem lichtdichten Gehäuse c sind der Becher d für die Meßlösung mit dem Eintauchstab e zur Schichtdickenänderung und die Meßvorrichtung mit den beiden Polarisationsprismen f mit dem Vergleichssystem g untergebracht.

Die Beleuchtung erfolgt wahlweise durch Glühlampe oder Quecksilber-Spektrallampe und Einschaltung entsprechender Lichtfilter. Der Weg der einzelnen Lichtstrahlen ist aus der Abbildung ersichtlich. Die Schichtdicke der Meßlösung kann mit Hilfe eines Eintauchstabes verändert und mit einem Nonius auf 0,1 mm genau abgelesen werden. Der Becher ist auch gegen Küvetten mit konstanter Schichtdicke (10 bis 30 mm) austauschbar.

Die Helligkeitsgleichheit beider Gesichtsfelder wird auch hier durch Drehung des Analysatorprismas erreicht. Die Ablesung geschieht über Lupe und Nonius auf 0,1° genau.

Die Auswertung des Ergebnisses erfolgt wie beim Polaphot. Es muß bei diesem Gerät die Blindprobe und die eigentliche Meßlösung stets einzeln gemessen werden, dadurch wird für jede Messung etwas mehr Zeit benötigt.

γ) *Kompensationsphotometer Leitz*

Eine andere Konstruktion der Firma Leitz stellt das *Kompensationsphotometer* dar. In Abb. 153 ist der Strahlengang schematisch wiedergegeben. Das Licht der

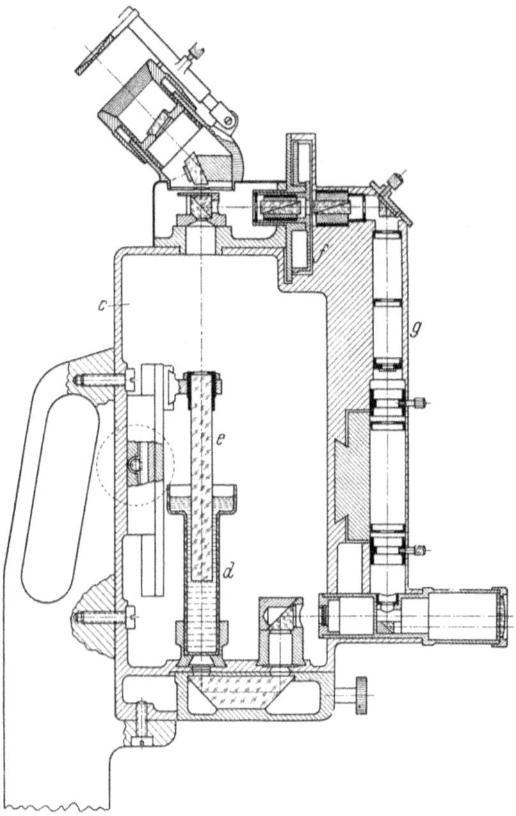

Abb. 152. Schnitt durch das Leifo-Photometer

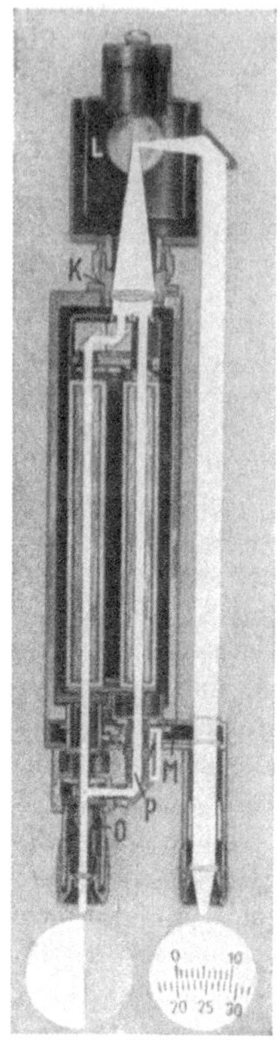

Abb. 153. Leitz-Kompensationsphotometer

Glüh- bzw. Quecksilberlampe wird durch die Kollimatorlinse K parallelgerichtet und dann in 2 Strahlenbündel aufgeteilt. Diese beiden Teillichtbündel durchsetzen nun die gleichartigen Küvetten KU und KL. KU ist mit der Meßlösung, KL mit der Blindansatzlösung gefüllt. Die Küvetten werden durch einen Anschlag stets in der gleichen Lage im Strahlengang gehalten. Nach meßbarer Schwächung des Vergleichslichtbündels im Polarisationsprismensystem P werden die beiden Strahlengänge wieder im Photometerokular O zusammengeführt und gelangen gemeinsam in das Auge des Beobachters. Von der Lichtquelle L wird gleichzeitig die Beleuchtung des Meßkreises M abgezweigt, der im rechten Einblick abgelesen wird. Mit diesem Gerät lassen sich auch nephelometrische Messungen durchführen. Es wird zu diesem Gerät auch ein Photozellenansatz mit Verstärker gebaut, so daß auch hier objektive Messungen möglich sind.

II. Geräte mit objektiver, elektrischer Messung

1. Mit *einem* Selen-Photoelement

a) Das Spektralphotometer nach Hirschmüller-Bechstein

von der Firma Schmidt und Haensch. Der Aufbau ist in Abb. 154 schematisch wiedergegeben. Das Licht der Quecksilberlampe *a* tritt durch den Kondensor *b*, die Blende *c* und ein in der Filterwechselscheibe *d* befindliches Farbfilter durch die

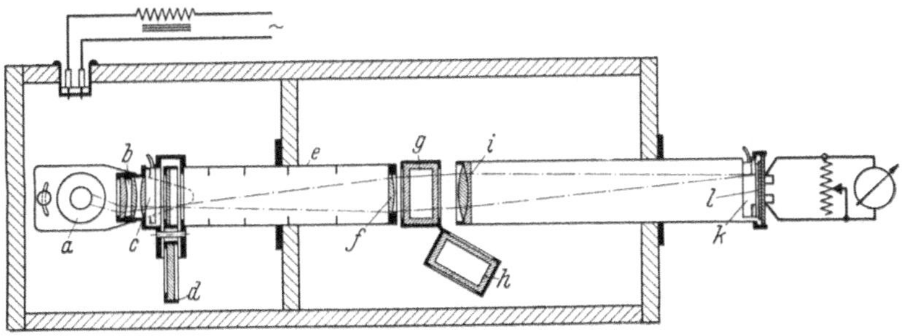

Abb. 154. Schematischer Aufbau des Spektralphotometers nach HIRSCHMÜLLER-BECHSTEIN

den Tubus *e* abschließende Linse *f*. Es trifft dann auf eine der beiden Küvetten *g*, *h* und gelangt schließlich durch den Achromaten *i* und die Austrittsblende *k* auf das Selen-Photoelement *l*, das mit einem Multiflex-Spiegelgalvanometer von LANGE verbunden ist. Die Skala des Instrumentes ist logarithmisch geteilt, es können also gleich Extinktionen abgelesen werden. Die Speisespannung der Quecksilberdampflampe muß sehr konstant gehalten werden, da sonst die Meßergebnisse schlecht reproduzierbar sind.

b) Das Unicam-Spektrophotometer

der Firma Unicam, Cambridge, ist ein Monozellen-Photometer. Eine mit stabilisierter Spannung betriebene 12 V-Lampe gibt über ein Beugungsgitter Lichtbänder von etwa 35 mμ Breite. Die Einstellung der Wellenlänge erfolgt auf einer Skala von 400 bis 700 mμ auf 1 mμ genau. Die Ablesung des Meßergebnisses geschieht auf einer Skala eines eingebauten Lichtmarkengalvanometers in Extinktionen. Es besteht die Möglichkeit, mit diesem Gerät Konzentrations- und Absorptionskurven aufzunehmen.

c) Das Engel-Colorimeter

der Firma Kipp und Zonen, Delft, ist wie die beiden bereits beschriebenen Geräte ein Monozellen-Colorimeter. Das Licht einer über einen Stabilisator gespeisten 4 Volt/3 Watt-Lampe wird durch zwölf in einer Drehscheibe eingebaute Spezialfilter für den sichtbaren Teil des Spektrums filtriert, durchsetzt wahlweise die von außen verschiebbare Vergleichs- bzw. Meßküvette und fällt auf das Selen-Photoelement. Die Anzeige erfolgt auf der Skala eines gesondert aufgestellten Spiegelgalvanometers in Extinktionen oder Prozent Durchlässigkeit.

2. Mit *zwei* Selen-Photoelementen

a) Universal-Colorimeter nach B. Lange

Eines der bekanntesten *lichtelektrischen Colorimeter* mit zwei Selen-Photoelementen ist das nach B. LANGE. Der schematische Aufbau wird in Abb. 155 wiedergegeben. Hierin ist *1* die Glühlampe (220 V oder Niedervolt, wahlweise auch Spektrallampen), *2* und *3* sind Linsen, welche die Strahlen der Lampe parallelrichten und auf die beiden Selen-Photoelemente *4* und *5* werfen. *6* und *7* sind die verstellbaren Irisblenden. Die linke Blende kann über einen Zahntrieb durch die Meßtrommel *8* bewegt werden. *9* und *10* sind zwei aufsteckbare Lichtschutzrohre, in die auch Lichtfilter eingesetzt werden können. *11* und *12* sind die Küvetten, *13*, *14* eine Klappe mit Betätigungsknopf zur Abdunkelung des rechten Photoelementes, *15* und *16* sind Drehwiderstände für die Einstellung der Empfindlichkeit des Meßinstrumentes *17*. Die beiden Photoelemente sind gegeneinander geschaltet, so daß bei gleicher Beleuchtungsstärke kein Strom durch das Meßinstrument fließt und der Nullpunkt somit fast unabhängig von der Helligkeit der Lampe und von Spannungsschwankungen ist. Um Absolutwerte der Lichtabsorption zu erhalten, verdunkelt man mit der Klappe das rechte Element und regelt durch Drehen der Widerstände den Zeigerausschlag auf 100. Dann entspricht dieser Ausschlag 100% Absorption. Durch diese Einstellung wird die Messung nicht nur von der Lampenhelligkeit, sondern auch von der Zellenempfindlichkeit unabhängig, so daß stets vergleichbare Absorptionswerte erzielt werden. Neben dieser 100teiligen Absorptionsskala besitzt das Instrument auch eine logarithmische Extinktionsskala, mit der bei monochromatischer Beleuchtung und Gültigkeit des LAMBERT-BEERschen Gesetzes die Konzentration ermittelt werden kann.

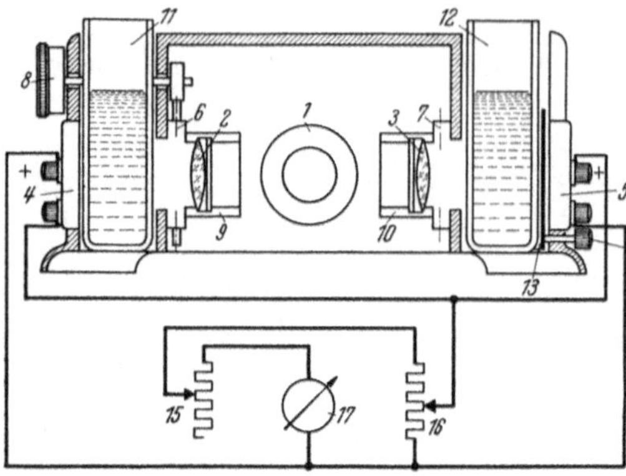

Abb 155. Schematischer Aufbau des Colorimeters nach LANGE

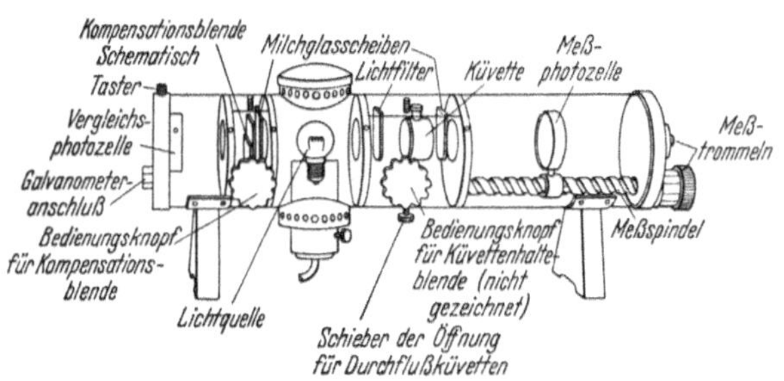

Abb. 156. Schema des Weka-Photozellencolorimeters nach HAVEMANN

b) Weka-Photozellencolorimeter nach Havemann

Nach einem ähnlichen Prinzip wie das eben beschriebene Gerät arbeitet das *Weka-Photozellencolorimeter nach* HAVEMANN. Den schematischen Aufbau zeigt Abb. 156. Das Gerät enthält zwei Selen-Photoelemente in Kompensationsschaltung. Die eine Zelle dient als sog. Vergleichszelle. Sie befindet sich im linken Teil des Instrumentes. Vor der Vergleichszelle sitzt eine durch Feintrieb verstellbare Regulierblende zur optischen Kompensation. Die eigentliche Meßzelle befindet sich im rechten Teil des Apparates, wo sie durch Drehung einer mit den Meßtrommeln verbundenen Spindel der Lichtquelle genähert oder von ihr entfernt werden kann. Hierdurch läßt sich die auf der Meßzelle einwirkende Lichtintensität in definierter Weise verändern.

Es stehen zur Messung 1000 Teilstriche (das entspricht einer Ableseskala von etwa 1 m Länge) zur Verfügung. Die Beleuchtung der Zellen geschieht diffus über zwei Opalglasscheiben durch eine 6 Volt/15 Watt-Lampe. Nach Einsetzen eines Kondensors können Interferenzfilter und somit monochromatisches Licht unterschiedlicher Wellenlänge zur Messung benutzt werden. Bei Verwendung der Quecksilber-Spektrallampe lassen sich auch Messungen im ultravioletten Licht durchführen.

Die beweglich federnde Blende im Küvettenhalter gewährleistet stets gleiche Stellung der verschiedenen Küvetten im Strahlengang (Makro und Mikro, von 1 bis 40 mm Schichtdicke). Das verwendete Nullinstrument mit einer Empfindlichkeit von $1 \cdot 10^{-9}$ bis 10^{-10} A/Skalenteil wird durch einen im Photometer eingebauten Taster eingeschaltet. Die abgelesenen Meßtrommelteilstriche können bei monochromatischer Beleuchtung der Zellen nach einer dem Gerät beigegebenen Tabelle in relative Extinktionen umgewertet werden. Es läßt sich dann die Konzentration der untersuchten Lösung nach den bekannten Beziehungen der Lichtabsorption berechnen. Durch Einstellung gegen Standardfilter werden die Eichkurven unabhängig vom Alter der Glühlampen und der Photozellen.

c) Spektralphotometer nach Kortüm

Einen weiteren Vertreter mit zwei Selen-Photoelementen stellt das *lichtelektrische Spektralphotometer nach* Kortüm dar. Ein schematischer Schnitt des Gerätes ist in Abb. 157 wiedergegeben. Die Strahlen der Lichtquelle werden durch den Kondensor parallelgerichtet. Sie treten durch auswechselbare Lichtfilter und treffen auf eine unter 45° zur optischen Achse geneigte Platte aus wärmeundurchlässigem Glas, so daß stets etwa 10% des Lichtes auf die Kompensationszelle fallen. Das Hauptlichtbündel durchsetzt den Thermostatenkasten mit den Küvetten für Lösung und Lösungsmittel, die mittels einer von außen zu bedienenden Schlittenverschiebung rasch gegeneinander auswechselbar sind. Der Thermostatenkasten kann mit einer Umlaufpumpe durchspült werden, so daß die Temperatur im Kasten auf $\pm 0{,}1°$ konstant gehalten werden kann. Hinter dem Thermostaten gelangt das Licht über den Graukeil zur Meßzelle. Der aus Grauglas bestehende Keil besitzt eine maximale Extinktion im sichtbaren Spektralgebiet. Er kann mittels einer Präzisionsspindel meßbar verschoben werden. Der gesamte, einer Extinktion von 1 entsprechende Meßbereich von 20 Umdrehungen der Spindel ist in 2000 Teile unterteilt, die durch Skala, Trommelteilung und Nonius auf 0,0001 Extinktion abgelesen werden können. Meß- und Kompensationszelle sind in Brückenschaltung so verbunden, daß das Multiflex-Galvanometer nach Lange Null anzeigt. Dies ist der Fall, wenn beide Zellen gleichen Strom liefern und die Intensität geschwächt ist, also wenn der dunkle Teil des Graukeiles sich im Lichtweg befindet. Die genaue Kompensation erfolgt über einen veränderlichen Widerstand in der Brückenschaltung. Die Meßtechnik ist die gleiche wie bei den bereits beschriebenen Geräten.

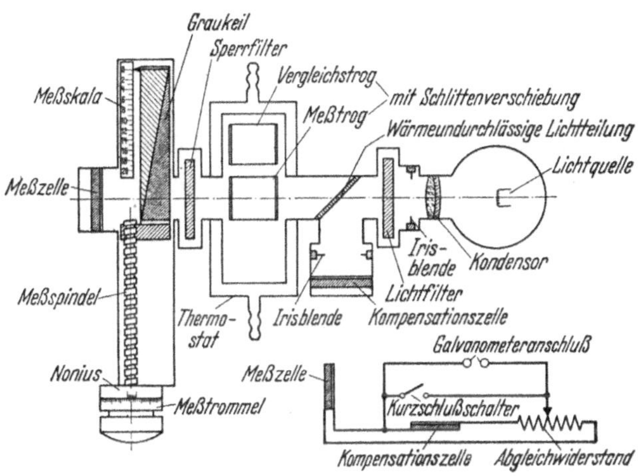

Abb. 157. Skizze des Spektralphotometers nach Kortüm

d) Das Lumetron-Colorimeter

der Firma Photovolt, New York. Es arbeitet mit zwei Selen-Photoelementen nach der Kompensationsmethode (Abb. 158). Das Licht der Lampe A wird durch die

Linse L parallelgerichtet, tritt durch das auswechselbare Filter J und wird in zwei Strahlenbündel geteilt. Der Meßstrahl fällt durch die Küvette C auf die Meßzelle. Der Vergleichsstrahl wird über einen Spiegel E auf die durch einen Feintrieb drehbare Vergleichszelle geworfen. Der Abgleich der beiden Strahlen

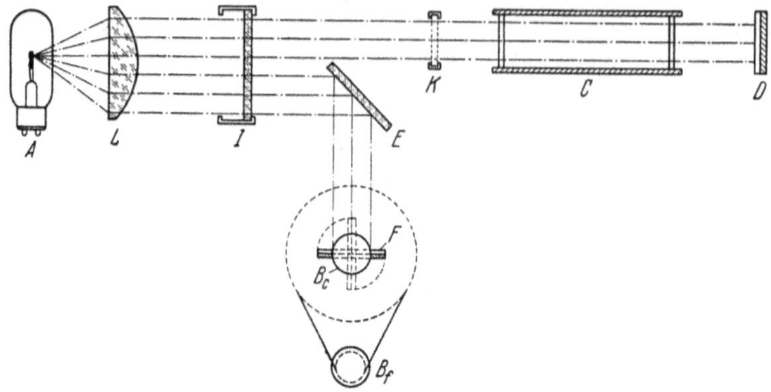

Abb. 158. Schema des Lumetron-Colorimeters

erfolgt durch Drehen der Vergleichszelle und eines Feinwiderstandes bis zur Kompensation, wobei das Lichtmarkengalvanometer auf Null zurückgeht. Die Skala des Widerstandes ist in Prozent Durchlässigkeit geeicht.

e) Das Spekker-Photo-Electric-Absorptiometer

der Firma Hilger, London. Es ist genau wie das beschriebene LANGE-Photometer aufgebaut. Es arbeitet allerdings nur nach der Kompensationsmethode. Die Ablesung des Meßwertes geschieht auf einer in Extinktion geteilten, großen Meßtrommel.

f) Das Elektrophotometer nach Meunier

der Firma Jobin und Yvon, Frankreich, arbeitet nach dem gleichen Prinzip wie das Gerät von KORTÜM. Der Strahlengang und der schematische Aufbau sind in Abb. 159 wiedergegeben.

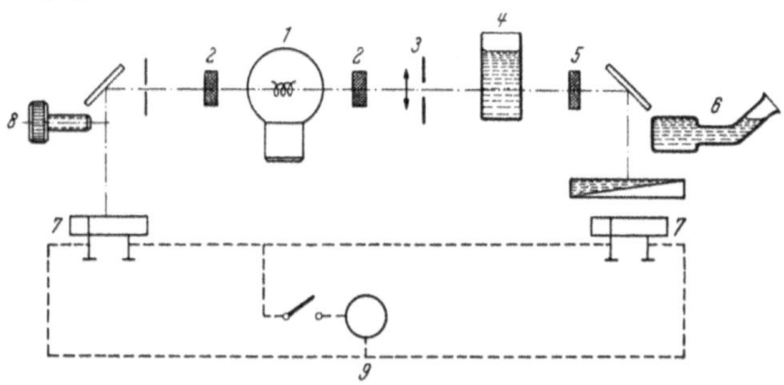

Abb. 159. Strahlengang im Elektrophotometer nach MEUNIER
1 Lichtquelle; 2 monochromat. Filter; 3 Linse; 4 Absorptionsküvette; 5 Hilfsfilter; 6 weitere Küvette; 7 Photozellen; 8 Mikrometerschraube; 9 Meßinstrument

3. Mit *einer* Alkalizelle

a) Das Wechsellicht-Photometer „Wepho“

Einen Übergang zum objektiven Colorimeter bzw. Photometer stellt das von der Firma Zeiss-Opton entwickelte *Wechsellicht-Photometer „WEPHO“* dar. Es wurde zum bewährten PULFRICH-Photometer eine Zusatzeinrichtung geschaffen, die das Auge am Photometer ersetzt. An Stelle der ermüdenden Beurteilung der Helligkeitsgleichheit der beiden Gesichtshälften tritt die Beobachtung eines Zeigers in der Skalenmitte eines Meßinstrumentes.

Die Einrichtung besteht aus dem Unterbrecher, der zwischen Lichtquelle und dem Photometer eingeschaltet wird, dem Empfänger, der mit einer Alkaliphotozelle ausgerüstet ist, unmittelbar hinter dem Okular des Photometers und dem Anzeigegerät. Die Apparatur ist an das Lichtnetz angeschlossen und ist gegen Spannungsschwankungen unempfindlich, weil beide Lichtstrahlen auf Differenz kompensiert sind. Für die eigentliche Messung gilt das bereits beim PULFRICH-Photometer Gesagte. Alle colorimetrischen Arbeitsvorschriften, die für jenes Gerät ausgearbeitet wurden, lassen sich unverändert für das neue Gerät verwenden.

b) Das Photometer Eppendorf der Firma Netheler und Hinz, Hamburg

Den schematischen Aufbau zeigt Abb. 160. Das Licht der Spektrallampe (Hg, Cd u. a.) *1* durchläuft die Blende *2*, die Quarzoptik *3*, die auswechselbaren Spektral-

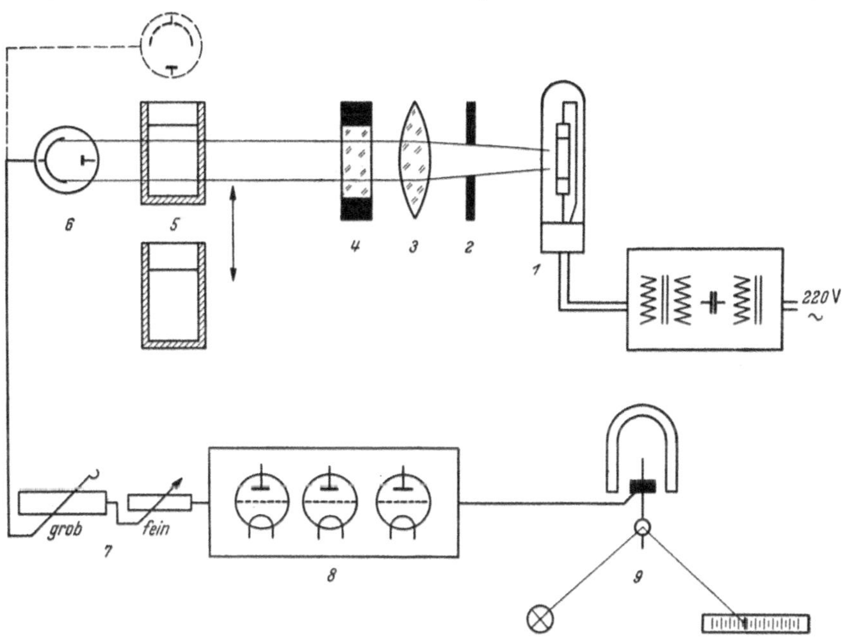

Abb. 160. Schema des EPPENDORF-Photometers

linienfilter *4*, die Küvette *5* und gelangt schließlich auf die Photozelle *6*. Der Photostrom wird über einen Spannungsteiler (grob und fein) *7* durch den Wechselstromverstärker *8* vollkommen linear und stabil verstärkt. Auf der Skala des eingebauten Lichtmarken-Spiegelgalvanometers *9* kann die Extinktion bzw. Durchlässigkeit der gemessenen Lösung direkt abgelesen werden. Durch Benutzung des Spannungsteilers kann stufenweise 0,250 Extinktion vorgelegt werden, so daß bei höherer Extinktion (über 1,0 bis 2,0) die Ablesung immer in dem vorderen und genauesten Teil der Skala vorgenommen werden kann. Die Meßtechnik ist die gleiche wie bei den bereits beschriebenen Geräten. Die Küvette mit dem Lösungsmittel ist durch eine Wechseleinrichtung leicht gegen die Küvette mit der Meßlösung auszutauschen. Mit diesem Gerät können auch Fluoreszenz- und Trübungsmessungen durchgeführt werden.

c) Das Kompensationsphotometer mit photoelektrischem Ansatz der Firma E. Leitz, Wetzlar

Die optische Einrichtung dieses Gerätes wurde bereits (S. 1284) beschrieben. An Stelle des Photometerkopfes für visuelle Photometrie wird ein Photometerkopf mit Sekundärelektronen-Vervielfacher angesetzt und dann die Messung objektiv und absolut vorgenommen. Die Stromversorgung für den Verstärker und die Photometerlampen erfolgt über ein Netzanschlußgerät, das Spannungsschwankungen gut stabilisiert. Der Meßbereich des Gerätes reicht mit 12 Monochromatfiltern (Halbwertsbreite: 20 bis 40 mμ) von 436 bis 620 mμ.

d) Das Universal-Absolutcolorimeter UAK 2 der Firma Riele, Berlin

Das Gerät (Abb. 161) arbeitet mit einer Vakuumphotozelle als Strahlungsempfänger nach der Ausschlagsmethode. Die Meßstrahlung der 6 Volt/6 Watt-

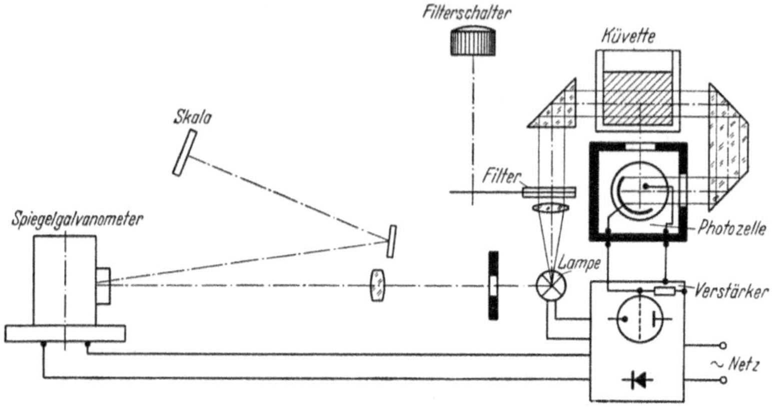

Abb. 161. Universal-Absolutcolorimeter UAK 2 (R. Riele, Berlin)

Lampe, die gleichzeitig die Marke des eingebauten Spiegelgalvanometers beleuchtet, kann wahlweise durch fünf verschiedene Glasfilterkombinationen (Halbwertsbreite: 30 bis 85 mμ), drehbar in einer Scheibe angeordnet, geschickt werden. Der Meßbereich liegt zwischen 420 bis 650 mμ. Die Meßtechnik ist die gleiche wie bei den bereits vorher beschriebenen „Einzellen"-Geräten.

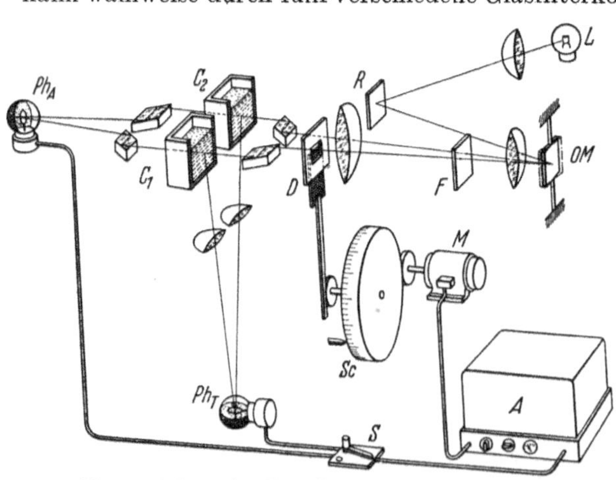

Abb. 162. Schema des Ultra-Photometers nach SIGRIST
L Glühlampe; R Reflektor; OM Oszillierender Spiegel; D Regulierblende; C_1 C_3 Glasküvetten; Ph_A, PH_T-Photozellen; S Schalter; A Verstärker; M Motorantrieb; Sc Meßtrommel

e) Das Ultra-Photometer nach Sigrist

von der Firma Polymetron, Zürich, ist ein Gerät, das mit einer Alkali-Photozelle für Absorptionsmessungen und einer zweiten für Trübungsmessungen arbeitet. Das Schema dafür zeigt Abb. 162. Das Licht der Lampe L wird über einen

Reflektor R auf den oszillierenden Spiegel OM geworfen, gelangt durch das auswechselbare Farbfilter und die automatisch gesteuerte Regulierblende D in die Küvetten C_1 und C_2 mit Meßlösung und Lösungsmittel zur Photozelle Ph_A. Bei Trübungsmessungen wird über einen Schalter S die Photozelle Ph_T eingeschaltet. Der Verstärker A steuert über einen Motor M die Meßtrommel S_c. Der Meßvorgang ist denkbar einfach. Nach Füllen der beiden Küvetten mit der Meß- und Kompensationslösung wird das Gerät eingeschaltet; alles Weitere geschieht völlig automatisch. Der Meßwert kann sofort auf der 300 mm langen Skala der Meßtrommel in Prozent Durchlässigkeit abgelesen werden.

f) Das Quarz-Spektralphotometer PMQ II von Carl Zeiss, Oberkochen

dient zur Messung der spektralen Transmission im Spektralbereich zwischen 210 mμ bis 1100 mμ je nach verwendeter Optik. Das Licht der Lichtquelle (Glühlampe oder Gasentladungslampe) wird durch einen Monochromator zerlegt. Es können Messungen mit einer Bandbreite von 1 mμ über den gesamten Spektralbereich durchgeführt werden.

Die Meßstrahlung wird durch einen Sekundärelektronen-Vervielfacher empfangen und verstärkt. Die Anzeige erfolgt auf einem Spezial-Lichtmarken-Galvanometer mit etwa 40 cm langer Skala. Es besteht auch die Möglichkeit der Teilkompensation der abgelesenen Extinktionswerte durch Vorlegen von 0,100 Extinktion in 10 Stufen zur Erhöhung der Ablesegenauigkeit.

Hierbei soll nicht unerwähnt bleiben, daß die Firma Carl Zeiss inzwischen auch ein „Registrierendes Spektralphotometer RPQ 20" entwickelt hat, das die automatische Aufzeichnung des Durchlaßgrades im Wellenlängenbereich von 200 bis 2500 mμ gestattet.

g) Das Quarz-Spektrophotometer nach Beckman und der Firma Unicam

arbeiten nach einem ähnlichen Prinzip. Hier wäre zu erwähnen, daß zwei Alkaliphotozellen wahlweise eingeschaltet werden können, wovon die eine für den ultravioletten bis blauen Spektralbereich und die andere für den roten bis ultraroten Bereich verwendet wird. Die Fa. Beckman hat ein Werk in München errichtet, wo im Lizenzbau ihre Geräte hergestellt werden. Auch die Firmen Beckman und Unicam haben selbstregistrierende Quarz-Spektrophotometer entwickelt, die nach ähnlichen Prinzipien wie das Spektralphotometer RPQ 20 von Zeiss arbeiten.

4. Mit *zwei* Alkali-Photozellen

a) Das Elektro-Photometer (Elko II) der Firma Carl Zeiss, Oberkochen

Dieses Gerät arbeitet nach einem Substitutionsverfahren. Die zu messende Lichtschwächung der Probe wird durch eine gleich große einer mechanischen Blende ersetzt. Die elektrische Einrichtung dient nur zur Anzeige, ihre Eigenschaften sind auf den Meßwert ohne Einfluß. Durch Verwendung von zwei elektrischen Strahlungsempfängern werden Schwankungen der Lichtintensität ausgeglichen. Die Bestimmung der Lichtabsorption soll über den ganzen Meßbereich auf 0,5% genau sein. Die Ablesung des Meßergebnisses geschieht auf einer Trommel, die die prozentuale Durchlässigkeit und die dazugehörige Extinktion angibt. Es lassen sich die gleichen Küvetten, Spektrallampen und Arbeitsvorschriften wie beim PULFRICH-Photometer verwenden.

In den neuesten Modellen des beschriebenen Gerätes sind im Lampengehäuse die Wolfram- und Quecksilberspektrallampe untergebracht, so daß Messungen ohne Unterbrechungen sofort nach Auswechseln der entsprechenden Filter und seitliches Verschieben des Lampenhalters vorgenommen werden können.

b) Das Visomat-Colorimeter KWT der Visomat-Geräte GmbH, Mainz,

ist ähnlich wie das LANGE-Colorimeter (S. 1286, Abb. 155) aufgebaut. An Stelle der dort verwendeten zwei Selen-Photoelemente werden hier zwei Alkali-Photozellen benutzt, die über einen einstufigen elektronischen Verstärker in Gegenschaltung nach der Kompensationsmethode arbeiten. Neuartig ist das Prinzip der Lichtführung. Die 6 Volt/25 Watt-Glühlampe ist auf einem kleinen Schlitten, der einen Zeiger trägt, durch Antrieb von außen beweglich angeordnet. Durch Bewegen der Lampe werden die Helligkeitsunterschiede auf beiden Zellen nach Null-Kompensation erzielt. Die Zeigerstellung gibt auf der gleichzeitig beleuchteten 25 cm-Skala die Durchlässigkeit bzw. Extinktion an.

5. Mit Thermosäulen

Das thermoelektrische Colorimeter nach MOLL der Firma Kipp und Zoonen, Holland, arbeitet nicht mit Photoelementen, sondern mit Thermosäulen. Das Schema des Aufbaus zeigt Abb. 163. Die Thermospannungen der beiden Säulen I und II werden über eine Brückenschaltung kompensiert. Dieses Gerät eignet sich besonders für Messungen im ultraroten Gebiet.

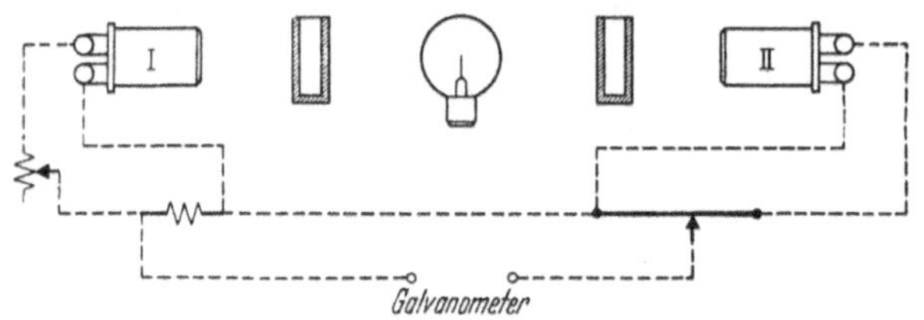

Abb. 163. Schema des thermoelektrischen Colorimeters nach MOLL

Die in diesem Kapitel gegebene Zusammenstellung von photometrischen Apparaten erhebt keinen Anspruch auf Vollständigkeit, da nur die zur Zeit bekanntesten und gebräuchlichsten Geräte aufgeführt wurden.

C. Allgemeine Hinweise zur Aufstellung einer Eichkurve bei photometrischen Arbeitsverfahren

Die Grundlösung, in der das zu bestimmende Element ermittelt werden soll, wird durch Auflösen einer größeren, genau gewogenen Menge des reinen Grundstoffes in der entsprechenden Menge des geeigneten Lösungsmittels und Auffüllen auf ein bestimmtes Volumen hergestellt. Der Gehalt des Grundstoffes und des Lösungsmittels muß möglichst der späteren Einwaage angepaßt sein.

Die Testlösung stellt man sich aus einer chemisch reinen, formelmäßig genau bekannten Verbindung des zu bestimmenden Elementes her. Sie muß im ml eine der Erfassungsgrenze angepaßte, bestimmte Menge des gesuchten Elementes enthalten.

Die *Aufstellung der Eichkurve* geschieht folgendermaßen: In eine Reihe von 100 ml-Meßkolben (es können, je nach Gehalt des zu bestimmenden Elementes, auch Meßkolben von 25 bis 250 ml Inhalt genommen werden) gibt man aus einer Bürette die errechneten ml Grundlösung und aus einer geeichten Bürette steigende Mengen Testlösung. Jetzt werden die Reagenzien hinzugefügt, die die Farbreaktion erzeugen. Nachdem die Kolben mit Wasser bis zur Marke aufgefüllt sind und der Inhalt gut durchgeschüttelt ist, stellt man die Lichtabsorption der entstandenen Färbung in Küvetten mit genügender Schichtdicke unter Verwendung des subtraktiv komplementär gefärbten Filters in einem Photometer oder Colorimeter gegen die Grundlösung oder den Chemikalienblindansatz fest. Es wird das Filter benutzt, das die größten Meßunterschiede zwischen den einzelnen Konzentrationen ergibt. Zum Beispiel für gelbe Lösungen Blaufilter und umgekehrt. Aus den erhaltenen Meßpunkten zeichnet man auf Millimeterpapier die Eichkurve, indem die Meßwerte gegen die Konzentration bzw. den Prozentgehalt aufgetragen werden.

Ferner kann man die Eichkurvenaufstellung auch mit Legierungen vornehmen, in denen das gesuchte Element nach anderen Verfahren genau bestimmt worden ist (z. B. Analysenkontrollproben).

Weitere Angaben entnehme man den photometrischen Arbeitsvorschriften in den einzelnen Kapiteln, z. B. Eisen im Aluminium S. 66, Wismut im Blei S. 182 und Zinn im Zink S. 952, und aus nachstehender Literatur.

D. Literatur

FREUND, H.: Farbreaktionen und ihre Verwendung in der quantitativen Analyse — Metall u. Erz Bd. 23 (1926) S. 444—446 — Stahl u. Eisen Bd. 47 (1927) S. 412. — THIEL, A.: Absolutcolorimetrie. Berlin: Walter de Gruyter u. Co. 1939 — Beih. Chem. vom Ver. dtsch. Chem., Nr. 48 — Grundlagen und neuere Anwendung der analytischen Colorimetrie und Photometrie. Berlin: Verlag Chemie 1944. — KORTÜM, B.: Colorimetrie und Spektralphotometrie. Berlin: Springer 1948 — Colorimetrie und Photometrie. Spektrochemie, 3. Aufl. Berlin: Springer 1955. — LANGE, B.: Colorimetrische Analyse, 5. Aufl. Berlin: Verlag Chemie 1956. — POHL, H.: Vergleichsmessungen mit verschiedenen Colorimetern und Photometern. Chemiker-Ztg. Bd. 79 (1955) S. 401, 471, 551, 629; Bd. 80 (1956) S. 819, 855; Bd. 81 (1957) S. 785; Bd. 83 (1959) S. 513. — ZIMMERMANN, M.: Photometrische Metall- und Wasseranalysen. Erweiterte Aufl. Stuttgart: Wissenschaftl. Verlagsges. 1957. — HAYWOOD, F., u. A. WOOD: Metallurgical Analysis, 2. Aufl. London: Hilger and Watts 1957. — SANDELL, E.: Colorimetric Determination of Traces of Metals, 3. Aufl. New York: Interscience Publishers 1959.

Kapitel 55

Polarographie*

Inhalt

A. Die elektrochemischen Grundlagen der polarographischen Analyse

Die polarographische Analysenmethode ist auf folgende drei Tatsachen begründet:

1. Viele chemische Substanzen lassen sich verschieden leicht reduzieren; Metallionen sind um so schwerer reduzierbar, je unedler das betreffende Metall ist.

2. Eine gegen einen Elektrolyten negativ geladene Elektrode, eine Kathode, wirkt reduzierend, und zwar um so stärker, je negativer ihr Potential gegenüber der sie umgebenden Lösung ist. Die einstellbare Spannung der Kathode stellt mithin eine willkürlich wählbare Reduktionskraft dar.

3. Befinden sich mehrere verschieden leicht reduzierbare Ionen in einer Lösung und gibt man einer darin befindlichen Elektrode ein allmählich immer negativeres Potential, so wird das am leichtesten reduzierbare Kation als erstes zur Reduktion kommen; bei höheren Spannungen werden in abgestufter Reihenfolge die anderen Kationen folgen.

Das Kathodenpotential, bei dem die Reaktion einsetzt, ist eine ganz bestimmte Konstante des reduzierbaren Stoffes und wird als „Reduktionspotential" bezeichnet. *Die qualitative polarographische Analyse* besteht im wesentlichen in der Bestimmung der Reduktionspotentiale der in der Lösung befindlichen reduzierbaren Bestandteile.

Jede elektrochemische Reaktion ist mit einem Ladungsübergang zwischen Elektrode und Elektrolyt verbunden. Also muß sich die erste Reduktion durch

---

*	1. Auflage	2. Auflage
Bearbeiter:	**Fink**	**Fink**
Mitarbeiter:	**Ahrens, Dreyer, Ensslin, Kilian**	**Ahrens, Cruse, Dreyer**

das Einsetzen eines Stromflusses und jede weitere Reduktion durch eine Vergrößerung der Stromstärke anzeigen.

Während der in metallischen Leitern fließende Strom nach dem Ohmschen Gesetz mit der Spannung linear und unbegrenzt ansteigt, wird der durch die Phasengrenze Elektrolyt–Elektrode hindurchgehende Elektrolysenstrom mit steigender Spannung allmählich spannungsunabhängig und konstant. Diese für die Polarographie so äußerst wichtige Erscheinung ist leicht verständlich, wenn man die Vorgänge an der Kathode näher betrachtet. Das Potential der Kathode möge einen Wert erreicht haben, bei dem ein Kation an der Kathodenoberfläche seine elektrische Ladung restlos abgibt, also reduziert wird. Dann muß die Konzentration in nächster Nähe der Kathodenoberfläche sehr viel kleiner sein als in der übrigen Lösung. Neue Kationen beginnen nun zu dem Reaktionsort zu strömen, um dieses Konzentrationsgefälle (an der Kathodenoberfläche ist die Konzentration praktisch sogar Null) auszugleichen. Der Antransport wird also durch Diffusion vermittelt, und der fließende elektrische Strom entspricht diesem Diffusionsstrom. Unter gleichen Bedingungen (Temperatur, innere Reibung der Lösung) ist diese Diffusion um so größer, je mehr Ionen vorhanden sind, d. h. je stärker ihre Konzentration ist. Der Diffusionsstrom ist daher der Konzentration proportional. Er wird durch eine Erhöhung des Kathodenpotentials *nicht* verändert. Seine Messung bedeutet somit eine *quantitative polarographische Analyse.*

Da sich die Reduktionsprodukte auf der Kathode während des Reduktionsvorganges ansammeln, ändern sie allmählich die ursprüngliche chemische Natur der Elektrode und verhindern das Zustandekommen reproduzierbarer Werte. Es muß also dafür gesorgt werden, daß sich die Kathodenoberfläche ständig erneuert und damit chemisch definiert bleibt.

Erst die im Jahre 1925 von HEYROVSKY entdeckte Verwendbarkeit der Quecksilbertropfelektrode, wie sie schon von KUČERA im Jahre 1903 für die Untersuchung von Elektrokapillarkurven benutzt wurde, ermöglichte die praktische Anwendung dieser Methode für die Analyse.

Neben der soeben besprochenen ständigen Erneuerung der Kathodenoberfläche ergeben sich zwangsläufig aus der Natur der elektrolytischen Reduktion noch zwei weitere Forderungen.

Außer der rein osmotischen Diffusion beeinflußt auch das elektrische Feld die Stromstärke, da die Ionen durch die entgegengesetzte Anziehung der Elektrode eine Überführung in der Diffusionsrichtung erfahren. Setzt man nun der Lösung einen großen Überschuß anderer Ionen zu, die bei der anliegenden Spannung nicht reduziert werden, so wird der auf die reduzierbaren Ionen wirkende Feldeinfluß so klein, daß er gegenüber dem Diffusionsstrom zu vernachlässigen ist. Man erhält mithin auch bei Ionenreduktionen konzentrationsproportionale und spannungsunabhängige Diffusionsströme, wenn man für einen Überschuß nicht reduzierbarer Fremdionen (Trägerelektrolyt oder Grundlösung) sorgt.

Eine weitere Forderung ergibt sich bei der Betrachtung der Verhältnisse an der Anode. Hier treten während der kathodischen Reduktion äquivalente Oxydationen auf. Es ist daher zu erwarten, daß sich beide Effekte im fließenden Strom überlagern und verwischen. Macht man jedoch die Kathodenoberfläche sehr klein gegenüber der Anodenoberfläche, so steuern ausschließlich die Vorgänge an der Kathode, ähnlich der Steuerwirkung des kleinsten Strömungsquerschnittes in der Hydrodynamik, den fließenden Strom. Der Anode stehen daher so viele Anionen zur Verfügung, daß hier eine Ionenverarmung und damit eine Strombegrenzung durch Diffusion nicht eintreten kann.

Die Beziehungen zwischen Diffusionsstrom, Konzentration, Quecksilbertropfmenge und Tropfzeit hat ILKOVIČ in folgender Gleichung gegeben:

$$i_D = 607\, n\, D^{1/2}\, c\, m^{2/3}\, t^{1/6}$$

Hierin bedeuten: i_D = der mittlere Diffusionsstrom in μA während der Lebenszeit des Tropfens, n = Anzahl der Elektronen, die bei der Reaktion eines Mols auf die Elektrode übergehen, D = der Diffusionskoeffizient der reduzierbaren oder oxydierbaren Substanzen in cm^2/s, c = Konzentration in mMol/l, m = die Quecksilberdurchflußmenge der Kapillare in mg/s, t = die Tropfzeit in sek.

Untersuchungen von v. STACKELBERG und HANS haben jedoch eine Korrektur der ILKOVIČ-Gleichung erforderlich gemacht, welche die Verhältnisse an der Tropfelektrode besser wiedergibt, als es die ursprüngliche obige Grundform der Gleichung tat. Nähere Einzelheiten sind dem Buche von M. v. STACKELBERG zu entnehmen (s. Literaturverzeichnis).

B. Die Grundlage der Methode und der Anwendungsbereich der polarographischen Analyse

I. Die Reduktions- (Oxydations-) Analyse

Die polarographische Analysenmethode stellt sich folgendermaßen dar: Die Analysenprobe, vermischt mit überschüssigem, schwer reduzierbarem Fremdsalz, bildet den Elektrolyten. Die Kathode besteht aus einer Quecksilbertropfelektrode (Kapillare) und die Anode aus einer am Boden des Elektrolysengefäßes ruhenden großen Quecksilbermenge. Legt man an dieses System eine Spannung, die sich von Null ab langsam erhöht, und mißt man den dabei fließenden Strom in seiner Abhängigkeit von der Spannung, so erhält man Stromspannungskurven, die als *Polarogramm*[1] bezeichnet werden.

Die Kurven werden im allgemeinen eine Treppengestalt haben (Abb. 164). Die einzelnen Reaktionen zeigen sich bei den entsprechenden Potentialen qualitativ als Stromanstieg an (qualitative Analyse), während die zur Spannungskoordi-

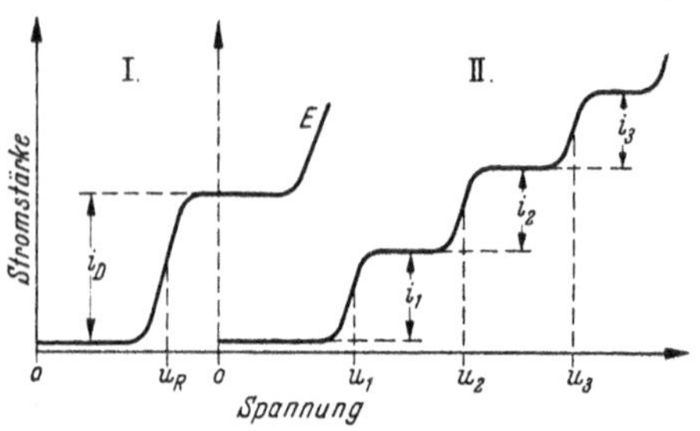

Abb. 164. Polarographische Stufen
I Ein Stoff in der Lösung; II Drei Stoffe in der Lösung; i_D i_1 i_2 i_3 Diffusionsströme; u_R u_1 u_2 u_3 Halbwellen- oder Reduktionspotential; E Endanstieg

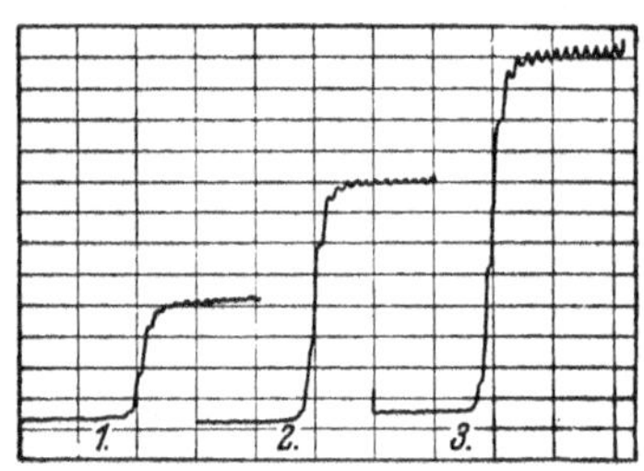

Abb. 165. Konzentrationsproportionalität
Gehalte: 1. 2 mg Pb/100 ml
2. 4 mg Pb/100 ml
3. 6 mg Pb/100 ml

nate parallelen und konstanten Diffusionsströme zur quantitativen Analyse ausgemessen werden können (Abb. 165, Konzentrationsproportionalität). Grundsätzlich müßten sich alle Substanzen für die polarographische Reduktionsanalyse eignen, die an Quecksilberelektroden und in wäßriger Lösung reduzierbar sind, somit alle Metallkationen, viele Anionen, organische Substanzen und Gasmoleküle. Praktisch sind hier jedoch gewisse Einschränkungen zu machen (s. unten).

Eine weitere Anwendung der Polarographie ergibt sich, wenn man die Tropfelektrode als Anode und das Bodenquecksilber als Kathode schaltet. Man erhält

[1] Elektroden mit künstlich aufgezwungener Spannung bezeichnet man als polarisiert. Diesem Begriff entlehnt die Methode ihren Namen.

dann die Stromstufen von Anionen, sofern diese mit Quecksilber unlösliche oder komplexe Salze liefern. Die Salz- oder Komplexbildung schafft sodann ähnliche Verhältnisse an der Tropfelektrode, d. h. eine strombegrenzende Diffusionsschicht und die Ausbildung einer Stufenkurve.

Dieses Gebiet scheint jedoch bisher verhältnismäßig vernachlässigt worden zu sein.

II. Die Adsorptionsanalyse

In zahlreichen Fällen, besonders in stark verdünnten Lösungen, erfolgen die Stromanstiege nicht mehr kontinuierlich bis zu den Diffusionsströmen, sondern durchlaufen ein Maximum, um sich dann erst auf den konstanten Endwert einzustellen.

Diese Maxima können ein Vielfaches der Stufenhöhe betragen und die Auswertbarkeit häufig in Frage stellen. Über die Entstehung und Deutung dieser Maxima bestehen zur Zeit zwei Theorien, die Elektroadsorptionstheorie von HEYROVSKY und ILKOVIČ und die Grenzflächenspannungstheorie von H. J. ANTWEILER und M. v. STACKELBERG. Ohne hier näher auf die Einzelheiten einzugehen, scheint es, als ob der letzteren wohl der Vorzug gegeben werden muß. Tatsache ist jedoch, daß diese Maxima von außerordentlich geringen Mengen grenzflächenaktiver Substanzen, wie Netzmittel, Seifen, Farbstoffe und anderen Kolloiden, beeinflußt und zum Verschwinden gebracht werden können (Abb. 166, Unterdrückung eines Maximums). Die Messung dieser Beeinflussung der Maxima ist der Gegenstand der sog. „Adsorptions“analyse, da die Maximaunterdrückung der „Adsorptionskraft“ des Fremdstoffes proportional und damit die Menge des wirksamen Fremdstoffes bestimmbar ist.

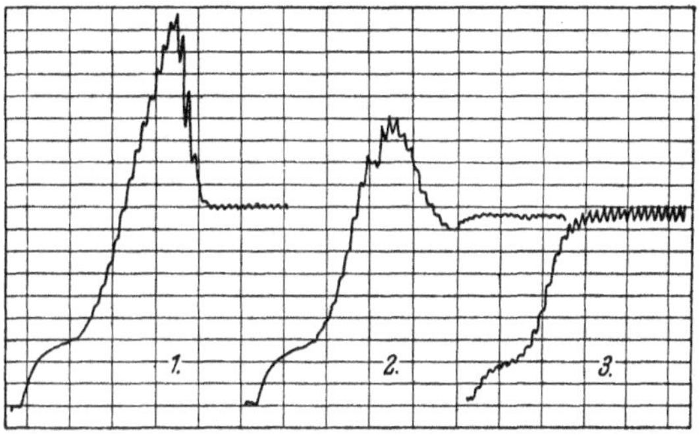

Abb. 166. Unterdrückung eines Maximums
1. Cu-Maximum in Ammoniak; 2. Nach Zusatz von Ammoniumchlorid; 3. Nach Zusatz von 1 Tropfen Tyloselösung

III. Die katalysierte Analyse

Manche Polarogramme weisen Stromstufen auf, die sich schon durch ihre übernormale Höhe von den gewöhnlichen Reduktionswellen und außerdem durch die Notwendigkeit des Vorhandenseins *zweier* Molekülarten unterscheiden, deren eine reduziert wird, während die andere durch ihre Anwesenheit die Reaktion *katalytisch* überhaupt erst möglich macht. Die Höhe derartiger katalysierter Wellen ist ebenso konzentrationsproportional wie die Wellenhöhe einfacher Reduktionen. Da sie jedoch von der Konzentration des reduzierten Stoffes und von der des Katalysators abhängt, muß für eine quantitative Bestimmung eine dieser Konzentrationen konstant gehalten werden.

Von grundlegender Bedeutung für den Mechanismus der Elektrodenkatalysen ist die Tatsache, daß der Wasserstoff an Quecksilber eine sehr hohe Überspannung besitzt und sein Reduktionspotential abhängig vom p_H-Wert der Lösung ist. Befinden sich Salze von Schwermetallen in saurer Lösung im Elektrolyten, so wird die Überspannung des Wasserstoffes stark herabgesetzt, und man erhält Wasserstoffstufen, die der Konzentration dieser als Katalysatoren wirkenden Metalle proportional sind. Ob die katalytischen Eiweißwellen ebenfalls durch Wasserstoff hervorgerufen sind, kann nicht mit Sicherheit gesagt werden. Besonders wichtig sind die katalytischen Anionenreduktionen, die durch die Anwesenheit mehrwertiger Kationen ermöglicht werden. Höherwertige Salze sind bekanntlich nie vollständig dissoziiert, so daß Anionen in der Probelösung vorhanden sind, die mit dem Kation zusammen als positiv geladenes Ion an die Kathode und somit zur Reaktion gelangen.

IV. Anwendungsgebiete

Folgende Elemente und Verbindungen sind bisher der polarographischen Analyse *nicht* zugänglich: Magnesium, Tantal, Zirkonium, Thorium, Seltene Erden, Kohlenstoff, Phosphor, Schwefel, Siliciumdioxyd, Alkohole, Fettsäuren, Kohlenwasserstoff.

Kalium und Natrium können zwar einzeln gut bestimmt werden, lassen sich jedoch wegen Zusammenfallens der Reduktionspotentiale und mangelnder Fähigkeit zur Komplexbildung nicht trennen.

Gut bestimmbar sind Lithium, Silber, Gold, Beryllium, Calcium, Kupfer, Strontium, Barium, Zink, Cadmium, Quecksilber, Aluminium, Indium, Thallium, Zinn, Blei, Arsen, Antimon, Wismut, Eisen, Nickel, Cobalt, Mangan, Chromat, Wolfram, Molybdän, Platinmetall, Sauerstoff, Sulfit, Sulfat, Jodat, Bromat, Nitrat, Nitrit usw.

Von organischen Verbindungen lassen sich alle reduzierbaren Stoffe meist gut polarographieren. Ihre Anzahl ist jedoch so groß, daß eine auch nur annähernde Aufzählung an dieser Stelle unmöglich ist. Erwähnt seien: Nitroverbindungen, Ketone, Ketosen, Amide, Ketonsäuren, ungesättigte Fettsäuren, Stoffe mit konjugierten Doppelbindungen, Vitamin C, Eiweiß u. a. m.

Am vorteilhaftesten wird die polarographische Methode dort angewendet, wo es sich um die serienmäßige Bestimmung zur Betriebskontrolle, zur Überprüfung der Rohmaterialien und der Fertigprodukte handelt. Der große Vorteil liegt in der beliebigen Wiederholung jeder Analyse, der Aufzeichnung des Analysenergebnisses als objektiver Beleg für spätere Kontrollen, kurze Analysendauer, gleichzeitig quantitative und qualitative Analyse und die große Empfindlichkeit (bei einem Bleigehalt von 1% in Messing läßt sich das Blei bei einer Einwaage von 0,5 g mit einer Genauigkeit von $\pm 0{,}00005$ g $= 1\%$ vom Bleiwert bestimmen).

Die Grenze der polarographischen Methode liegt bei etwa 10^{-4} bis 10^{-5} molaren Lösungen. Daraus ergibt sich die vorzugsweise Anwendung beim Spurennachweis und bei Reinheitsbestimmungen.

C. Die Beschreibung der Apparatur

In Abb. 167 ist das apparative Prinzip eines *Polarographen mit photographischer Registrierung* veranschaulicht. Ein motorangetriebenes Potentiometer, z. B. eine Kohlrausch-Walze, liegt an einer Batterie, deren Pluspol gleichzeitig an der Bodenelektrode (Anode) des Elektrolysegefäßes angeschlossen ist. Ein Schleifkontakt oder auch ein Kontakträdchen greift die Elektrolysespannung ab, die über abgestufte Vorwiderstände zur Tropfelektrode gelangt (Kathode). Die Vorwiderstände sind gleichzeitig Nebenwiderstände zu einem empfindlichen Galvanometer (Ayrton-Schaltung) und ermöglichen es unter Beibehaltung der erforderlichen elektrischen Verhältnisse im Galvanometerkreis, die Stromempfindlichkeit in weitem Bereich (von 1 : 1 bis 1 : 10000) zu verändern. Der vom Spiegel des Galvanometers reflektierte Lichtstrahl wird auf einer mit lichtempfindlichem Papier bespannten Trommel aufgezeichnet. Die Umdrehungsgeschwindigkeit dieser Trommel steht mit der des Potentiometers in einem bestimmten Verhältnis, so daß eine Trommelumdrehung der Änderung des Spannungsabgriffes von Null bis zur vollen Spannung entspricht. Erreicht wird dies durch den gemeinsamen Antrieb beider Teile (über Getriebeuntersetzung) durch den Antriebsmotor der Apparatur. Die Aufnahme eines Polarogramms kann bei halbverdunkeltem Raum vorgenommen werden, da die das lichtempfindliche Papier enthaltende Trommel lichtdicht gekapselt ist. Die einstellbare Elektrolysenspannung wird an einem Voltmeter abgelesen. Nach Ablauf einer Aufnahme schaltet sich der Polarograph automatisch aus. Nach dem Entwickeln, Fixieren, Wässern und Trocknen der Aufnahme kann diese ausgewertet werden.

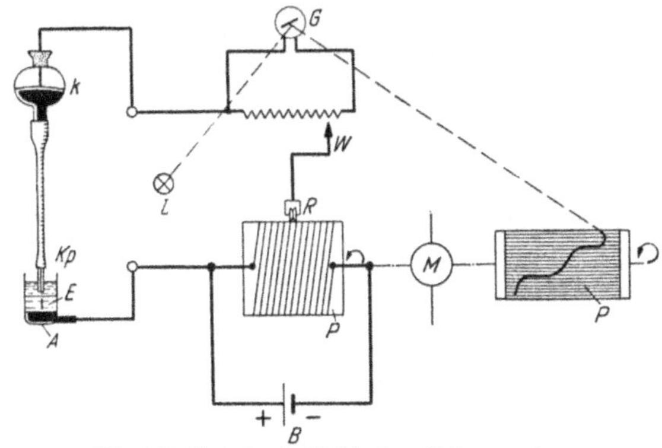

Abb. 167. Prinzipschaltbild eines Polarographen
K Kathode; Kp Kapillare; E Elektrolyt; A Anode; G Spiegelgalvanometer; L Beleuchtungslampe; W Empfindlichkeitsshunt; P Potentiometer; R Kontakträdchen; B Batterie; M Motor; P Polarogramm (lichtempfindliches Papier)

Erwähnung finden müssen noch *einige Zusatzgeräte*, deren Gebrauch für die Aufnahme von gut auswertbaren Polarogrammen von Wichtigkeit sind. Als erstes dieser Zusatzgeräte sei *der Kompensator* genannt. Er wird zusätzlich parallel zum Galvanometer angeschlossen und enthält eine Widerstandskombination, die von einer Batterie (Taschenlampenbatterie) gespeist wird. Mit diesem Gerät können kleine Ströme erzeugt und in entgegengesetzter Richtung durch das Galvanometer geschickt werden. Dadurch ist es möglich, den Diffusionsstrom einer vorangehenden Stufe wegzukompensieren, um für die folgende Welle genügend hohe Empfindlichkeit verwenden zu können. Als weiteres Zusatzgerät wird *der Polungswender* benutzt. Mitunter beginnt eine polarographische Stufe schon bei der Spannung Null oder auch sogar im anodischen Gebiet, besonders bei Verwendung einer Kalomelelektrode als Anode. Man erhält dann gut ausgebildete Stufen, wenn mittels des Polungswenders, der ebenfalls aus einer Widerstandsschaltung besteht, eine geringe anodische Vorspannung auf die Kathode gegeben werden kann. Schließlich sei noch das *Gegenstromgerät* erwähnt, eine umschaltbare Widerstandskombination, die es ermöglicht, gewisse Verzerrungen des Polarogramms zu verhindern. Beim Polarographieren mit höchsten Empfindlichkeiten, z. B. bei Spurenanalysen, wo also fast nur der reine Trägerelektrolyt vorliegt, bleibt wider Erwarten der Elektrolysenstrom nicht Null, sondern es fließt bei wachsender Spannung ein zu dieser proportionaler Strom. Man nennt ihn Kondensatorstrom, da er von der durch die Aufladung der Quecksilbertropfen überführten Elektrizitätsmenge abhängt. Bei der Analyse von Spuren erreicht er häufig dieselbe Größenordnung wie der Diffusionsstrom und verzerrt das Polarogramm. Das Gegenstromgerät erlaubt nun, diesen Strom durch empirische Wahl in Stufen so zu kompensieren, daß die Spurensuche um eine halbe bis eine Zehnerpotenz verbessert wird, indem ein dem Kondensatorstrom entgegengerichteter Strom erzeugt und durch das Galvanometer geschickt wird.

Abb. 168 zeigt das Schema eines *selbstschreibenden Polarographen.* Es sind dies Geräte, bei denen die bisher übliche Aufzeichnung der Stromspannungskurven auf photographisches Papier durch direktes Aufschreiben mit einem elektrischen Registrierinstrument (Tintenschreiber) ersetzt wird. Das Kennzeichnende an diesen Geräten ist ein Meßverstärker, der die für den Betrieb eines Tintenschreibers viel zu schwachen Elektrolysenströme verstärkt. Das Verstärkungsprinzip ist eine lichtelektrische Kompensationsschaltung, die mit dem Lichtzeiger des Galvanometers über eine Photoelementanordnung den Anodenstrom einer Verstärkerröhre steuert. Durch die Kompensationsschaltung wird die genaue Proportionalität zwischen Galvanometerstrom (Elektrolysenstrom) und Schreiberstrom gewährleistet. Auch hier ist ein Wahlschalter vorhanden, mit dem verschiedene Stromempfindlichkeiten von 0,2 bis 1000 μA eingestellt werden können.

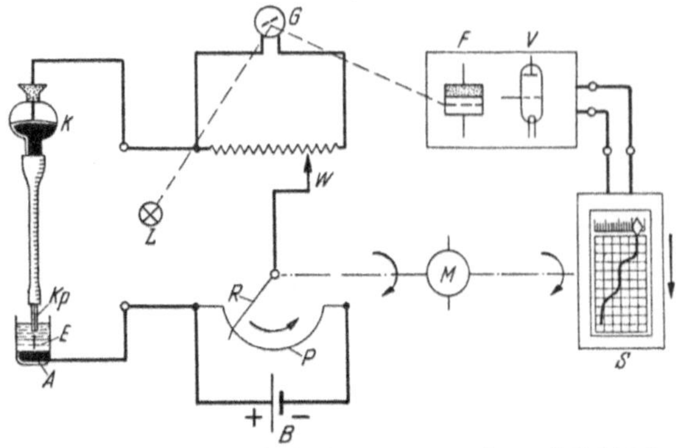

Abb. 168. Prinzipschaltbild eines Polarographen mit lichtelektrischer Verstärkung und Tintenschreiber

K Kathode; Kp Kapillare; E Elektrolyt; A Anode; G Spiegelgalvanometer; L Beleuchtungslampe; W Empfindlichkeitsshunt; P Potentiometer; R motorangetr. Spannungsabgriff; B Batterie; F Photoelementanordnung; V Gleichstromverstärker; M Motor; S Tintenschreiber

Die obenerwähnten Zusatzgeräte sind bereits fest eingebaut, so daß alle elektrischen Möglichkeiten zur Aufnahme einwandfreier Polarogramme gegeben sind. Hinzu kommt lediglich eine zusätzliche umschaltbare Dämpfung aus verschiedenen Kondensatoren parallel zum Schreiberinstrument, da dessen Einstellzeit und die des Verstärkers wesentlich kürzer ist als die des bei der photographischen Methode verwendeten Spiegelgalvanometers: Ohne die dämpfende Wirkung der Kondensatoren würden sich durch das stetige Abtropfen des Quecksilbers aus der Kapillare sehr starke Stromschwankungen und daher große Zacken auf dem Diagramm ergeben, wodurch die Auswertbarkeit stark beeinträchtigt würde. Der unbestreitbare Vorteil der selbstschreibenden Geräte ist der Wegfall der photographischen Arbeiten mit ihren oft nicht unbeträchtlichen Fehlerquellen (Schrumpfung des Papiers) und dem nicht gerade kleinen Zeitaufwand für diese Arbeiten. Man kann hier das Entstehen des Polarogramms unmittelbar verfolgen und eingreifen, sobald eine Unregelmäßigkeit auftritt. Die Auswertung erfolgt sofort nach der Aufnahme auf dem Registrierstreifen.

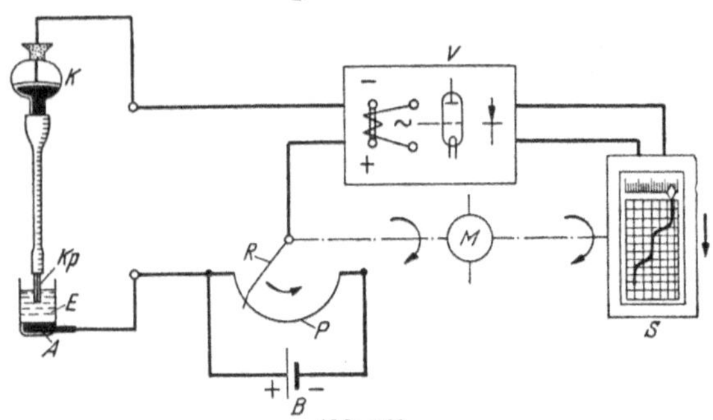

Abb. 169

Prinzipschaltbild eines vollelektronischen Polarographen

K Kathode; Kp Kapillare; E Elektrolyt; A Anode; P Potentiometer; R motorangetr. Spannungsabgriff; B Batterie; V Wechselstromverstärker; M Motor; S Tintenschreiber

Was schließlich die ausländischen Polarographen anbetrifft, so sind, ähnlich wie bei den p_H-Verstärkern, insbesondere Amerika und Dänemark nicht den Weg des Gleichstromverstärkers mit seinen begrenzten Möglichkeiten in bezug auf Verstärkungsfaktor, Eingangswiderstand und Stabilisierung gegangen, sondern haben ihre Geräte von vornherein auf die Wechselstromverstärkung eingestellt. Kennzeichnend ist somit an diesen Geräten das Fehlen des (Spiegel-) Galvanometers und der Vollnetzbetrieb. Nur der Elektrolysenstrom wird einer Batterie entnommen. Abb. 169 zeigt das Prinzipschaltbild eines solchen *ausländischen selbstschreibenden Polarographen*. Der Elektrolysenstrom wird nach der elektrischen Vorbereitung (Einstellung der Stromempfindlichkeit, Kompensation des Diffusions- und Kondensatorstromes, Dämpfung) einem Zerhacker zugeführt, der ihn in

Wechselstrom umformt. Nach mehrstufiger Verstärkung und anschließender Gleichrichtung wird er mit einem normalen Tintenschreiber aufgezeichnet. Die Geräte sind völlig erschütterungsunempfindlich und zeichnen sich durch eine bemerkenswerte Konstanz ihrer elektrischen Einrichtung aus. Die bisher in Deutschland mit diesen Geräten (Radiometer Kopenhagen) gesammelten Erfahrungen sind recht zufriedenstellend.

In zunehmendem Maße sind in letzter Zeit Polarographen anzutreffen, die sich die Fortschritte der elektrischen und elektronischen Meßtechnik zunutze machen. So werden die Geräte häufig mit Kompensationsschreibern von 250 mm Schreibbreite ausgerüstet, die bei leistungsloser Aufzeichnung noch den Vorteil der absoluten Erschütterungsunempfindlichkeit und der bequemeren Auswertbarkeit der Polarogramme bieten. Sogar der Elektrolysestrom wird dem Netz entnommen, so daß die oft zu Störungen Anlaß gebenden Batterien mit ihren Zuleitungen weggefallen sind. Daß auf dem apparativen Gebiet der Polarographie noch manches zu erwarten ist, beweisen einige interessante Neuentwicklungen.

1. Der „Tast-Polarograph“ (Atlas-Werke Bremen), bei dem durch Heraustasten des Diffusionsstromes während der letzten Sekunde vor dem Abfallen des Hg-Tropfens erreicht wird, daß die hohe Genauigkeit eines ungedämpften mit der guten Auswertbarkeit eines gedämpften Polarogramms verbunden wird.

2. Der Wechselstrompolarograph (nach Prof. Breyer, Sidney), wobei dem Elektrolysegleichstrom ein genau bemessener Wechselstrom überlagert wird, der, herausgesiebt und verstärkt, Spitzendiagramme (peaks) liefert, deren Spitzenhöhe und Lage der Konzentration und Halbwellenspannung entsprechen.

3. Der Kathodenstrahlpolarograph (Southern Instruments Computer Div., Camberley, Surrey), der in der letzten Sekunde der Lebzeit des Hg-Tropfens den gesamten einstellbaren Potentialbereich durchläuft und die konventionelle polarographische Kurve nachleuchtend und auswertbar auf den Schirm einer Kathodenstrahlröhre schreibt, d. h. alle 7 sek eine Vollanalyse liefert. Mit diesem Gerät können noch Konzentrationen bestimmt werden, die etwa 200mal niedriger liegen, als es bisher mit den üblichen Geräten erreichbar war.

4. Der „square-wave“-Polarograph (nach C. Barker und I. L. Jenkins), der zu den polarographischen Wechselspannungsmethoden zu rechnen ist, überlagert der gleichmäßig ansteigenden Gleichspannung eine Rechteck-Wechselspannung von etwa 200 Hz und einigen Millivolt. Die in das Gerät eingebaute Automatik sorgt dafür, daß nur gegen Ende jeder Halbperiode der Wechselspannung und, ähnlich wie bei dem Tastpolarograph, nur einige zehntel Sekunden gegen Ende der Lebenszeit eines jeden Tropfens registriert wird. Hierdurch wird der störende Einfluß des Kapazitätsstromes erheblich herabgesetzt, was einer Empfindlichkeits- und Genauigkeitssteigerung gleichkommt. Der Nachteil des Gerätes ist der große Aufwand an elektronischen Schaltmitteln (etwa 60 Röhren) und sein hoher Preis.

5. Der „pulse“-Polarograph (nach G. C. Barker und A. W. Gardner) ist wohl eine der neuesten Entwicklungen auf dem Gebiet der polarographischen Methodik. Er verwendet Gleichspannungsimpulse von etwa $^1/_{25}$ sek Dauer, die entweder der gleichmäßig ansteigenden Gleichspannung bei jedem Tropfen gegen Ende seiner Lebensdauer aufgeschaltet oder die bei konstant bleibender Gleichspannung von Tropfen zu Tropfen mit stetig wachsender Impulsspannung überlagert werden. Bei der ersten Schaltungsweise erhält man Stromstärkemaxima, die annähernd bei den Halbwellenpotentialen der Depolarisatoren liegen, da die bereits erreichten Grenzströme der vorauf depolarisierten Lösungsbestandteile automatisch kompensiert werden. Die zweite Schaltungsart ergibt Polarogramme von der Gestalt gewöhnlicher Gleichstrompolarogramme. Da es sich in beiden Fällen um Gleichstromimpulse handelt, ist die Reversibilität der Elektrodenprozesse von untergeordneter Bedeutung. Auch braucht die Leitsalzkonzentration nicht so hoch zu sein wie beim

„square-wave"-Polarographen. Die Nachweisempfindlichkeit liegt z. T., besonders für irreversible Depolarisatoren, noch über der des „square-wave"-Polarographen. Der elektronische Aufwand ist auch hierbei beträchtlich (etwa 60 Röhren).

6. Die „Rapid"-Polarographie ist eine kürzlich erst bekannt gewordene Methode, die es gestattet, mit einer geringfügig geänderten konventionellen Apparatur durch künstliche Auslösung des Tropfenfalles ein normales Gleichstrompolarogramm in knapp 1 min aufzunehmen. Das Wesentliche der Methode ist ein spezielles Tropfstativ, dessen langsam tropfende Kapillare mechanisch durch ein einstellbares Zeitrelais (Frequenz: 1 bis 6 sek^{-1}) Impulse erhält und genau definierte kleine Tröpfchen abklopft, lange bevor sie infolge Schwerkraft und Oberflächenspannung von selbst abfallen würden. Außer der Impulsfrequenz läßt sich auch die Schlagstärke verändern, deren richtige Einregulierung eine wesentliche Voraussetzung für die Aufnahme einer ungestörten Kurve darstellt. Dieses ist jedoch leicht zu erreichen. Die gegenüber der konventionellen Gleichstrompolarographie augenfälligen Vorteile sind: Die Schnelligkeit der Aufnahme; die gute Auswertbarkeit der Polarogramme, die wegen der schnellen Tröpfchenfolge ungedämpft aufgenommen werden können; die Unabhängigkeit der Tropfzeit vom angelegten Potential; gleichmäßigere und damit besser auswertbare Stufenformen bei dicht aufeinanderfolgenden Stufen und eine größere Unempfindlichkeit gegen Erschütterungen. Praktische Erfahrungen liegen noch nicht in einem Maße vor, daß schon ein abschließendes Urteil abgegeben werden kann. Sollte sich die Methode jedoch bewähren, so hat sie große Aussichten, als laufende Konzentrationsregistrierung in den Betrieb Eingang zu finden.

D. Die Quecksilbertropfelektrode und das Elektrolysengefäß

Die Elektroden bestehen beide aus Quecksilber. Die Verwendung fester Elektroden ist zwar oft versucht worden, aber die damit erzielten Erfolge waren nicht so befriedigend, daß ihre Anwendung Verbreitung erfahren hätte. Die in Abschnitt A geforderten Bedingungen, kleine Kathodenoberfläche im Gegensatz zu der der Anode und Abwesenheit von reduzierten Substanzen, werden von der bereits erwähnten Quecksilbertropfelektrode von Kučera erfüllt. Aus einer Glaskapillare von 0,03 bis 0,1 mm Durchmesser treten unter der Oberfläche der Lösung kleine Quecksilbertröpfchen aus. Die Tropfgeschwindigkeit soll zwischen 12 und 30 Tropfen/min betragen, eine Forderung, die unmittelbar aus der korrigierten Ilkovič-Gleichung folgt. Erhöhung der Tropfenzahl in der Zeiteinheit bedeutet Vergrößerung des Diffusionsstromes. Da bei steigender Spannung die Kapillare ohnehin schneller zu tropfen pflegt, ist es nicht ratsam, zu weite Kapillaren zu verwenden. Durch zu schnelle Tropfenfolge wird die Gleichmäßigkeit der Tropfen gestört und damit die Gestalt der Kurve verzerrt. Außerdem können Lösungsbestandteile zwischen Quecksilber und Kapillarwand gelangen, wodurch die Kapillare verstopft und unbrauchbar wird. Das Quecksilbervorratsgefäß befindet sich etwa 50 cm oberhalb der Kapillare und ist mit dieser durch einen festen Schlauch über einen Hahn verbunden. Es ist zweckmäßig, das obere Niveau stets gleichzuhalten, was durch entsprechend ausgebildete Gefäße leicht erreicht werden kann. Zweckmäßig werden geeichte Kapillaren der Firma Schott & Gen., Jena, verwendet, die gegenseitig ausgetauscht werden können, ohne daß neue Eichkurven mit der neuen Kapillare aufgestellt zu werden brauchen.

Dies ist besonders dann von Vorteil, wenn eine ganze Serie von polarographischen Bestimmungen ausgeführt wird. Infolge des zeitbedingten Mangels an solchen Kapillaren ist neuerdings ein Eichgerät herausgekommen, das eine Neuaufnahme von Eichkurven bei Kapillarwechsel überflüssig macht. Das Prinzip besteht darin, daß durch einen geeigneten Schaltzusatz die Empfindlichkeit des Galvanometers kontinuierlich verändert werden kann, jedoch so, daß der Empfindlichkeitsumschalter dadurch nicht an Genauigkeit verliert. Man braucht durch Einstellen des Gerätes nur dieselbe Stufenhöhe unter den gleichen Bedingungen einzustellen wie die des voraufgegangenen Polarogramms und kann weiterarbeiten. Bei den vollelektronischen ausländischen Geräten wird dasselbe durch den veränderlichen Verstärkungsfaktor der zweiten Verstärkerstufe erreicht. Voraussetzung bleibt jedoch in jedem Falle eine nicht zu starke Änderung des Kapillardurchmessers. Die Aufstellung des Elektrolysenstativs, das die Quecksilbertropfelektrode trägt, erfolgt möglichst erschütterungsfrei, damit die Regelmäßigkeit des Abtropfens und damit die der Kurven nicht gestört wird. Bei sorgfältiger Wartung und bei Sauberhalten der Kapillaren und des Quecksilbers wird man stets eine einwandfrei arbeitende Tropfelektrode zur Verfügung haben.

Als *Elektrolysengefäße* verwendet man bei Serienanalysen zweckmäßig kleine 15 ml-Bechergläschen, die das Anodenquecksilber als Bodenschicht enthalten. Die Stromzuführung wird mittels eines Platindrahtes, der in diese hineintaucht, hergestellt. Oft ist es erforderlich, unter Luftabschluß zu polarographieren, um Sauerstoffwellen zu verhindern. Solche speziellen Ausführungsformen für die mannigfaltigsten Zwecke sind in großer Zahl in der einschlägigen Literatur beschrieben und im Handel erhältlich.

E. Die Grundlösung

Der Zweck der Grundlösung und ihre Einflüsse auf polarographische Kurven

Die Ausarbeitung einer polarographischen Analysenvorschrift besteht in den meisten Fällen in der Suche nach einer geeigneten Grundlösung. Sie soll den Einfluß der Fremdionen konstant halten und einen eindeutigen, gut auswertbaren Kurvenverlauf gewährleisten. Die Aktivität eines Lösungsions ist bekanntlich abhängig von der Konzentration seiner Lösungspartner, die, weil sie von Analyse zu Analyse schwanken können, einwandfreie Ergebnisse unmöglich machen; denn eine Änderung der Gesamtionenkonzentration um eine Zehnerpotenz würde eine Änderung der Stufenhöhe um viele Prozente nach sich ziehen.

Man begegnet diesen Schwierigkeiten dadurch, daß man der zu polarographierenden Lösung einen Überschuß schwerreduzierbarer Fremdionen im Verhältnis 10 : 1 zusetzt. Um diese Zusätze für alle Vergleichsanalysen möglichst konstant zu halten, vereinigt man dieselben in der „Grundlösung“, die in einem festgelegten Verhältnis der jeweiligen Probe zugemischt wird. Die kleinen Schwankungen an Fremdionen in den einzelnen Analysenansätzen haben dann keinen meßbaren Einfluß mehr auf die Stufenhöhe. Zugleich wird durch die hohe Konzentration der zugefügten Fremdionen die Wirkung des elektrischen Feldes auf die Wanderungsgeschwindigkeit der Ionen aufgehoben. Außerdem wirkt ein hoher Fremdionengehalt dämpfend auf unerwünschte Maxima. Diese können dann völlig durch Zugabe von Kolloiden, z. B. Tylose, beseitigt werden. Wichtig ist, daß Anfang und Ende der Stromspannungskurve durch die Grundlösung nahezu festgelegt werden, wobei das Anion ihren Beginn und das Kation ihren Abschluß bildet.

So besitzt das Quecksilber beider Elektroden vor Anlegen der Spannung bereits ein bestimmtes „Ruhepotential“, das von der Art der Lösung abhängt. Es liegt um so negativer, je schwerer löslich oder je stärker komplex das Quecksilbersalz der Anionen und je größer ihre Konzentration ist. Zur Erreichung eines bestimmten Reduktionspotentials muß um so mehr negative Spannung an die Kathode gelegt werden, je positiver das Ruhepotential der Elektroden an sich ist, d. h. die polarographische Kurve beginnt „früher“. Das Ende der Kurve ist durch das Reduktionspotential des in großem Überschuß vorhandenen Fremdkations gegeben. Je schwerer das Kation reduziert wird, um so später beginnt der der hohen Konzentration entsprechende Endanstieg. Als Beispiele seien im folgenden die Spannungsbereiche einiger polarographischer Grundlösungen aufgeführt: Zinkperchlorat +0,3 V bis −0,85 V; Tetramethylammoniumnitrat +0,3 V bis −2,6 V; Aluminiumsulfat +0,2 V bis −1,65 V; Salzsäure 0 V bis −1,2 V; Calciumhydroxyd −0,2 V bis −2,1 V; Kaliumcyanid −0,6 V bis −1,85 V; Ammoniumsulfid −0,9 V bis −1,75 V.

Liegen die Reduktionspotentiale zweier im Analysenansatz vorhandenen Ionen so nahe zusammen, daß ihre Stromstufen ineinander übergehen, so müssen sie getrennt werden. Häufig kann man in solchen Fällen die Grundlösung so zusammensetzen, daß eine Substanz gefällt wird. Dieser Niederschlag braucht nicht abfiltriert zu werden, da nur gelöste Stoffe die polarographischen Kurven stören können. Wird eines der beiden Ionen durch die Grundlösung etwa komplex abgebunden, so erhöht sich seine Reduktionsspannung um so mehr, je stärker diese komplexe Bindung ist. Das führt zu einer oft erwünschten Stufenverschiebung nach negativeren Spannungen hin und kann die polarographische Ausschaltung der betreffenden Substanz zur Folge haben.

Mehr als einen Komplexbildner soll jedoch eine Grundlösung nicht haben, da sonst im Falle von Gleichgewichtsbildungen ein einziges Metall mehrere Stufen bilden könnte. Schließlich muß von der Grundlösung verlangt werden, daß die zu untersuchenden Substanzen nicht durch Hydrolyse oder eine andere Reaktion die Ionenform verlieren. Solche Fälle treten ein, wenn der p_H-Wert der Grundlösung zu hoch liegt. Man wird dann mitunter mit gepufferten Grundlösungen arbeiten müssen.

Aus den Ausführungen geht hervor, daß es für die Zusammensetzung der Grundlösung nicht gleichgültig ist, ob man es mit einer Reduktions-, Adsorptions- oder katalysierten Analyse zu tun hat. Man wird je nach der Analysenart die geeignete Grundlösung zu wählen haben, um auswertbare Kurven zu erhalten.

Diese Ausführungen über die Polarographie können keinen Anspruch auf Vollständigkeit erheben, sondern sollen lediglich als eine Orientierung über diese immer mehr Verbreitung findende Analysenmethode auf physikalisch-chemischer Grundlage dienen. Zur Vertiefung der Kenntnisse, insbesondere auch zum Studium der praktischen Durchführung der Analysen und der Lösungsvorbereitung, muß die einschlägige Literatur eingesehen werden.

Literatur. Böttcher, W.: Physik. Meth. d. Analyse Bd. 2 (1936); Ergänzungs-Bd. 3 (1939). Leipzig. — Heyrovsky, J.: Polarographie. Wien 1941, Washington 1944. — Hohn, H.: Chem. Analysen mit dem Polarographen. Berlin: Springer 1937. (Ausführl. Lit.-Verz.). — v. Stackelberg, M.: Die wissenschaftlichen Grundlagen der Polarographie (Sammelreferat). Z. Elektrochem. Bd. 45 (1939) S. 466—491 — Polarographische Arbeitsmethoden. Berlin: Verlag W. de Gruyter & Co. 1950. — Kolthoff, I. M., u. J. J. Lingane: Polarography. New York: Interscience Publishers, Inc. 1950 u. 1952. — Kronenberger, K., H. Strehlow u. A. W. Elbel: Tastpolarographie. Polarogr. Ber. Bd. V (1957) H. 1/2, S. 62—77. — Breyer, B., F. Gutman u. H. H. Bauer: Wechselstrompolarographie. Österr. Chemiker-Ztg. Bd. 57 (1956) H. 5/6, S. 67—73. — MacNulty, B. J., u. G. F. Ferry: Grundlagen und Anwendung des Kathodenstrahl-Polarographen. Analyst Bd. 79 (1954) S. 190. — Barker, C., u. I. L. Jenkins: Analyst Bd. 77 (1952) S. 685. — Barker, G. C., u. A. W. Gardner: Z. analyt. Chem. Sonderheft z. polarogr. Kolloquium. Bonn 1958. — v. Stackelberg, M., u. H. Schmidt: Angew. Chem. Bd. 71 (1959) S. 508. — Wolf, S.: Rapid-Polarographie; Chem. Rdsch. Jg. 13 (1960) Nr. 3, S. 45.

Kapitel 56

Potentiometrie*

Inhalt

A. Einleitung

Von der großen Anzahl der physikalischen und chemisch-physikalischen Arbeitsmethoden des analytischen Chemikers hat seit etwa 20 Jahren die „Potentiometrie“ besonders große Bedeutung erlangt. Im physikalischen Sinne versteht man unter Potentiometrie jede Potential- oder Spannungsmessung, eine Bezeichnung, die im allgemeinen aber nur auf Messungen im Gebiete von Niederspannungen (Bruchteile eines Millivolts bis etwa zu der Größenordnung der Ionisationsspannungen, also bis etwa 20 V) Anwendung findet. Es gehören hierher die p_H-Messungen, die Bestimmungen der galvanischen Potentiale, von Einzelpotentialen in wäßrige Lösungen tauchender Metallelektroden, der Potentialverteilung in Gasentladungen, kurz, aller der Potentiale oder Potentialdifferenzen, deren Messung nur dann exakt durchgeführt werden kann, wenn das Potential durch die Messung selbst nicht verändert wird, d. h. wenn die Messung stromlos erfolgt. Der Physikochemiker bedient sich in erster Linie der Potentiometrie, um in wäßrigen Lösungen Konzentrationsänderungen bei Titriervorgängen, Gleichgewichtsverschiebungen bei chemischen Reaktionen, Löslichkeiten und Einzelpotentiale von Metallionen zu verfolgen. Der Analytiker versteht unter Potentiometrie vor allem die Titration einer Lösung unbekannter Ionenkonzentration mit einer Titerlösung einer bestimmten anderen Ionenart bekannter Konzentration, wobei das mittels geeigneter Instrumente gemessene Potential die Rolle eines Indicators übernimmt. Es liegt nahe, daß eine solche Methode, mit der man

*	1. Auflage	2. Auflage
Bearbeiter:	**Fink**	**Fink**
Mitarbeiter:	**Ahrens**	**Ahrens, Cruse**

überaus schnell, sauber und objektiv arbeiten kann, bald große Verbreitung gefunden hat. Im folgenden wird nun ein kurzer Überblick über die physikalisch-chemischen Grundlagen, die apparativen Voraussetzungen und die Anwendungsmöglichkeiten dieser elektrochemischen Methode gegeben. Für ein genaues Studium wird auf die am Schluß angegebene Spezialliteratur verwiesen.

B. Physikalisch-chemische Grundlagen

Taucht man in zwei Lösungen der Konzentration C_1 und C_2, die elektrisch leitend miteinander verbunden sind (z. B. durch eine halbdurchlässige Membran oder eine mit gesättigter KCl-Lösung getränkte Agar-Agar-Brücke), zwei Elektroden E_1 und E_2 (Abb. 170), so haben diese beiden Elektroden ein mit einem geeigneten Meßinstrument M meßbares Potential gegeneinander. Nach W. NERNST besteht eine quantitative Beziehung zwischen den Konzentrationen und diesem Potential, die durch folgende grundlegende Formel dargestellt wird:

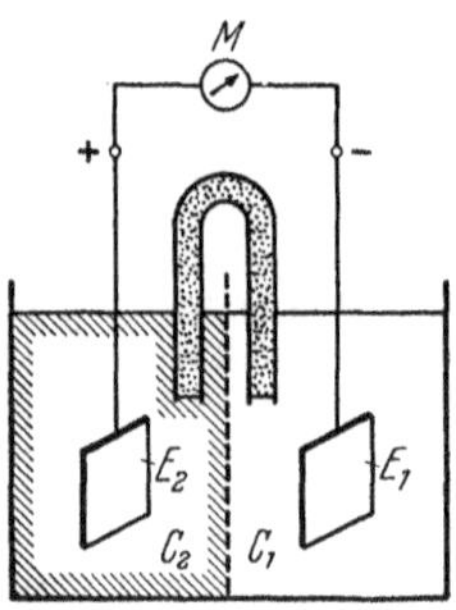

Abb. 170
Konzentrationskette

$$E = 0{,}058 \lg \frac{C_2}{C_1} \text{ Volt}$$

Die Gleichung ergibt sich aus der Gleichsetzung der berechenbaren mechanischen Arbeit zu der meßbaren elektrochemischen Arbeit bei Konzentrationsänderungen. Es wird $E = 0$, wenn $C_1 = C_2$ wird. Ist $C_2 < C_1$, so ist auch E_2 positiver als E_1. Jede Konzentrationsänderung hat also eine entsprechende Potentialänderung zur Folge, wobei es gleichgültig ist, wodurch die Konzentrationsänderung hervorgerufen wird.

So ist z. B. eine Ag-Elektrode, die in eine konzentrierte Ag^+-Ionenlösung eintaucht, stärker positiv aufgeladen als eine Ag-Elektrode in einer verdünnteren Lösung. Das Bestreben der Ag^+-Ionen, sich an der metallischen Ag-Elektrode zu metallischem Ag unter Aufnahme eines Ladungselektrons zu entladen,

$$Ag^+ + e \rightleftharpoons Ag$$

ist um so größer, je größer die Ag^+-Ionenkonzentration der Lösung ist. Die Abgabe von positiver Ladung bzw. die Aufnahme von Elektronen durch die Ladungsträger, die Ionen, entspricht einem sich an der Kathode abspielenden Reduktionsvorgang, die Abgabe von Elektronen einem Oxydationsvorgang an der Anode.

Um durch das Messen von Potentialen Konzentrationsänderungen verfolgen zu können, müssen folgende wichtige Voraussetzungen in chemischer und apparativer Hinsicht gegeben sein:

Taucht man ein Platinblech in eine wäßrige Lösung und sättigt beide, das Pt und die Lösung, mit reinem Wasserstoff von Atmosphärendruck, so erhält man eine Wasserstoffelektrode, die sich elektrochemisch wie eine Elektrode aus „metallischem" Wasserstoff verhält. Ersetzt man in Abb. 170 die beiden Elektroden E_1 und E_2 durch solche Wasserstoffelektroden, die in wäßrige Lösungen mit den Wasserstoffionenkonzentrationen C_1 und C_2 eintauchen, so tritt ebenfalls ein meßbares Potential auf, das ausschließlich von den Wasserstoffionenkonzentrationen abhängt. Wählt man nun für die Elektrode E_1 eine Wasserstoffelektrode, die in eine Lösung mit der Wasserstoffionenkonzentration $C_{H^+} = 1$ eintaucht, so erhält man die sog. „Normal-Wasserstoffelektrode". Hiermit ist eine reproduzierbare Elektrode gegeben, gegen die als Bezugselektrode gemessene Potentiale dann charakteristische Konstanten sind, wenn man als Meßelektrode eine Metallelektrode wählt, die in eine ihrer Ionenlösungen der Konzentration 1 eintaucht.

Das hierbei zu messende Potential heißt Normalpotential und ist stets gegen die n-Wasserstoffelektrode bestimmt und als solches reproduzierbar.

Experimentell pflegt man wegen des umständlichen Arbeitens mit der n-Wasserstoffelektrode die Potentiale gegen einfachere Elektroden, z. B. die gesättigte Kalomel- oder die Chinhydronelektrode, zu messen. Die so bestimmten Werte rechnet man jedoch meist wieder auf das Potential der n-Wasserstoffelektrode um.

Neben den Normalpotentialen der Metallionen, die bekannt sind, lassen sich bei gleichartigen Messungen auch die Normalpotentiale der Halogene und diese auch bei Ladungsänderungen gelöster Ionen oder Molekel bestimmen. Letzteres ist besonders wichtig für die potentiometrische Beobachtung des Ablaufes chemischer Reaktionen.

In Tab. 1 sind diese Normalpotentiale, gemessen gegen die n-Wasserstoffelektrode, zusammengestellt.

Auf Grund der Kenntnis der Normalpotentiale lassen sich also offenbar die gegen die n-Wasserstoffelektrode zu erwartenden Potentiale berechnen. Umgekehrt ist es ebenso möglich, mit Hilfe der Potentialmessung die Ionenkonzentration irgendeiner vorgegebenen Lösung zu bestimmen. Davon wird bei der p_H-Messung und bei Löslichkeitsbestimmungen Gebrauch gemacht.

Tabelle 1. *Normalpotentiale von Ionen und Molekeln*

Kationen	Volt	Kationen	Volt	Ladungsänderungen von Ionen und Molekeln	Volt
Li/Li^{+}	−2,96	Sb/Sb^{+++}	+0,2	Cr^{++}/Cr^{+++}	−0,41
K/K^{+}	−2,92	Bi/Bi^{+++}	+0,2	Ti^{+++}/Ti^{++++}	−0,04
Rb/Rb^{+}	−2,92	As/As^{+++}	+0,3	Sn^{++}/Sn^{++++}	+0,154
Sr/Sr^{++}	−2,9	Cu/Cu^{++}	+0,345	Hg/Hg_2Cl_2	+0,249
Ba/Ba^{++}	−2,9	Tl/Tl^{+++}	+0,72	Cu^{+}/Cu^{++}	+0,17
Ca/Ca^{++}	−2,87	Cu/Cu^{+}	+0,51	Ti^{++}/Ti^{+++}	+0,36
Na/Na^{+}	−2,71	Ag/Ag^{+}	+0,799	$Fe(CN)_6^{----}/Fe(CN)_6^{---}$	+0,466
Mg/Mg^{++}	−2,40	Hg/Hg_2^{++}	+0,799	Hydrochinon/Chinon	+0,70
Al/Al^{+++}	−1,70	Pb/Pb^{++++}	+0,8	Fe^{++}/Fe^{+++}	+0,772
Be/Be^{++}	−1,69	Pd/Pd^{++}	+0,82	Hg_2^{++}/Hg^{++}	+0,91
Mn/Mn^{++}	−1,10	Hg/Hg^{++}	+0,854	NO_3^{-}/NO	+0,95
Cr/Cr^{+++}	−1,00	Pt/Pt^{++++}	+0,86	$IrCl_6^{----}/IrCl_6^{--}$	+1,0
Ga/Ga^{+++}	−0,52	Au/Au^{+++}	+1,30	Au^{+}/Au^{++}	+1,2
Zn/Zn^{++}	−0,76	Au/Au^{+}	+1,50	Tl^{+}/Tl^{+++}	+1,21
Cr/Cr^{++}	−0,56			O_2/H_2O	+1,23
Fe/Fe^{++}	−0,44	**Anionen**	**Volt**	Cr^{+++}/Cr^{++++}	+1,3
Cd/Cd^{++}	−0,40			MnO_2/Mn^{++}	+1,35
Tl/Tl^{+}	−0,34	Te^{--}/Te	−0,91	Ce^{+++}/Ce^{++++}	+1,44
In/In^{+++}	−0,336	OH^{-}/H_2O	−0,82	PbO_2/Pb^{++}	+1,44
Co/Co^{++}	−0,21	Se^{--}/Se	−0,77	MnO_4^{-}/Mn^{++}	+1,52
Ni/Ni^{++}	−0,22	S^{--}/S_{fest}	−0,55	MnO_4^{-}/MnO_2	+1,59
Sn/Sn^{++}	−0,14	OH^{-}/H_2O_2	+0,10	Co^{++}/Co^{+++}	+1,79
Pb/Pb^{++}	−0,12	OH^{-}/O_2	+0,40	Pb^{++}/Pb^{++++}	+1,8
Fe/Fe^{+++}	−0,045	Cl^{-}/ClO_3^{-}	+1,44		
$H_2/2H^{+}$	±0,000				
Sn/Sn^{++++}	+0,05	**Halogene**	**Volt**		
		J^{-}/J_2	+0,56		
		Br^{-}/Br_2	+1,07		
		Cl^{-}/Cl_2	+1,36		
		F^{-}/F_2	+1,90		

Bei der potentiometrischen Titration spielen nun folgende grundlegende Tatsachen eine Rolle.

Aus der Spannungsreihe der Elemente folgt, daß sich die elektromotorischen Vorgänge in einer oder der anderen Richtung ohne das Vorhandensein der daran beteiligten Elektronen nicht abspielen können. Cu^{++} bildet nicht nachweisbar metallisches Kupfer, ebensowenig wie Kupfermetall Cu^{++}-Ionen bildet. Werden aber auf irgendeine Weise die Elektronen geliefert, dann kommt die Reaktion in Gang. Dies kann geschehen durch das Anlegen einer äußeren Spannung (Elektrolyse), durch Stromentnahme aus einem galvanischen Element (Akkumulator) oder, und das kommt hier in Frage, durch eine chemische Reaktion, bei der sich ein ähnlicher Elektronen liefernder Vorgang freiwillig abspielt. Hierbei werden dann Elektronen frei (—) oder aufgenommen (+).

Gibt man in eine Cu^{++}-Lösung metallisches Zn, so kann der Vorgang $Cu^{++} + 2e \rightarrow Cu$ deshalb vor sich gehen, weil der freiwillig eintretende Vorgang $Zn \rightarrow Zn^{++} - 2e$ die notwendigen Elektronen liefert, die der erste Vorgang braucht:

$$Zn + Cu^{++} \rightarrow Zn^{++} + Cu$$

Gibt man dagegen Cu in $CuSO_4$-Lösung und Zn in $ZnSO_4$-Lösung zu einem galvanischen Element zusammen (DANIELL-Element), dann bewegen sich die Elektronen durch den äußeren verbindenden Draht und positive und negative Ionen durch die Lösung. Auch hierbei spielt sich derselbe oben besprochene Vorgang ab, liefert jedoch elektrochemische Energie mit einem bestimmten Potential. Der Grund hierfür ist wieder aus der Spannungsreihe zu ersehen. Die Potentiale Zn/Zn^{++} und Cu/Cu^{++} sind verschieden, und somit besteht eine Potentialdifferenz

$$\Delta E = E_{Zn} - E_{Cu} = -0{,}76 - (+0{,}34) = -1{,}10\ \mathrm{V}$$

Das Minuszeichen bedeutet, daß Zn, das Metall des zuerst geschriebenen Potentials, den negativen Pol des Elementes bildet. Läßt man nun das Element arbeiten, so geht Zn in Lösung, und Cu fällt aus, d. h., die Konzentration der Zn^{++}-Ionen steigt und die der Cu^{++}-Ionen sinkt. Hierbei wird E_{Zn} positiver und E_{Cu} negativer. ΔE wird also zu Null, wenn beide Potentiale gleich geworden sind: Bei einem bestimmten Konzentrationsverhältnis der Ionen liefert das Element keine Spannung mehr!

Läßt man nun dieselbe Reaktion nicht in einem galvanischen Element, sondern „rein chemisch" ablaufen, indem man metallisches Zn im Überschuß in eine $CuSO_4$-Lösung gibt, so wird *praktisch* alles Cu als Metall gefällt. Bekanntlich führt aber jede chemische Reaktion nach dem Massenwirkungsgesetz zu einem Gleichgewicht. Sie verläuft also nicht vollständig. So führen in den beiden soeben angeführten Beispielen die Reaktionen zu einem bestimmten Konzentrationsverhältnis, bei dem jeder der beiden Prozesse zum Stillstand kommt. Die Wege sind zwar verschieden, aber die Arbeitswerte sind identisch. In diesem Gleichgewichtszustand sind die Konzentrationen meist verschieden, so daß sich auch ein dieser Differenz entsprechendes Gleichgewichtspotential einstellt, das gemessen werden kann. Das gilt auch dann, wenn nicht nur Kationen, sondern auch Anionen und Halogene an der Reaktion beteiligt sind. Selbst bei Ladungsänderungen von Molekeln, z. B. bei verschiedenen Oxydationsstufen, treten meßbare Potentiale auf (vgl. Tab. 1). Dieses Potential ist nichts anderes als ein elektrochemischer Indicator, der es genau wie die chemischen Indicatoren durch Farbumschläge oder durch Entstehen und Verschwinden von Niederschlägen gestattet, nicht nur im Gleichgewichtszustand einer Reaktion, z. B. einer Titration, zu messen, wo es einen bestimmten Wert hat, sondern den gesamten Verlauf der Reaktion, entsprechend den sich dabei ändernden Konzentrationen oder durchlaufenen Gleichgewichtsstadien, zu verfolgen. Das Gleichgewichtspotential im Reaktionsendpunkt nennt man Umschlagspotential E_u. Eine Berechnung dieses Wertes ist oft nicht möglich, weil man weder die Gleichgewichtskonstante noch die Potentiale der Teilreaktionen kennt. Dagegen ist es für jede elektrochemisch verwendbare

Reaktion experimentell bestimmbar, und darin besteht die Praxis der potentiometrischen Titration.

Nach der Besprechung der hierzu notwendigen apparativen Hilfsmittel wird die Methode an einem Beispiel erläutert werden.

C. Geräte zur Potentialmessung

Es müssen an dieser Stelle zunächst einige für die Durchführung von Potentialmessungen erforderlichen Grundbegriffe in Erinnerung gebracht werden:

Bei einer Strommessung oder einer Spannungsmessung soll der Eigenverbrauch des Meßinstrumentes in jedem Fall so gering sein, daß die Messung selbst nicht dadurch beeinträchtigt wird. So ist eine Strommessung nur dann richtig, wenn der innere Widerstand des Ampèremeters gegenüber dem Gesamtwiderstand des Meßkreises nahezu verschwindet, also der zu messende Strom ungehindert hindurchfließen kann. Analog hierzu darf ein Spannungsmesser nach Möglichkeit keinen oder nur einen sehr geringen Strom verbrauchen, er muß demnach einen sehr hohen inneren Widerstand besitzen, um die im Meßkreis bestehenden Verhältnisse nicht zu stören. Diese Forderungen ergeben sich zwangsläufig aus der Anwendung der KIRCHHOFFschen Gesetze, auf die hier nicht näher eingegangen werden kann.

Bei den Potentialmessungen, wie sie hier im allgemeinen auszuführen sind, handelt es sich durchweg um die Messung elektromotorischer Kräfte von galvanischen Elementen in der Größenordnung bis etwa 2 V. Normale Volt- und Millivoltmeter lassen sich aus den soeben erwähnten Gründen zur Messung von elektrochemischen Potentialen nicht verwenden. Um eine stromlose Spannungsmessung zu erreichen, muß man sich vielmehr besonderer Instrumente und Schaltungen bedienen, über die im folgenden eine kurze Übersicht gegeben werden soll.

I. Potentialmessung

Schon bei der Entdeckung der galvanischen Potentiale durch VOLTA im Jahre 1790 verwendete dieser das Elektroskop, einen Vorläufer unserer heutigen Elektrometer. Das sind Instrumente, die es infolge ihres extrem hohen inneren Widerstandes gestatten, die Forderung nach stromloser Spannungsmessung weitgehend zu erfüllen. Mittels eines sog. Quadrantelektrometers ist man in der Lage, Potentiale direkt zu messen. Wegen der großen experimentellen Schwierigkeiten, der starken Anfälligkeit durch äußere Einflüsse, der erschütterungsfreien Aufstellung und der Handhabung werden aber diese Geräte für alltägliche Messungen im Laboratorium so gut wie nicht mehr benutzt, weshalb hier nicht näher darauf eingegangen werden soll.

II. In Kompensationsschaltung

Zur Messung von Potentialen hat u. a. POGGENDORF (1841) besondere Schaltungen angegeben, die die Verwendung von Galvanometern als empfindliche Strommesser möglich machen und als Zeiger- oder Spiegelinstrumente einfach in der Handhabung sind. Bei diesen Schaltungen wird eine Spannung mittels einer gleichen, aber entgegengesetzt gerichteten anderen Spannung aufgehoben, d. h. kompensiert, so daß im Augenblick des erfolgten Abgleiches kein Strom fließt. Abb. 171 zeigt im Prinzip eine solche Kompensationsschaltung, deren wichtigster Teil der Brückendraht DD ist. Bedeutet A einen Akkumulator von etwa 2 V, so läßt sich mit dem Regulierwiderstand R ein Strom einregulieren, der von A über R und DD wieder nach A zurückfließt und an DD einen Spannungsabfall von z. B. 1018,3 mV erzeugt. Ist der Draht DD ebenfalls 1018,3 mm lang, so entspricht 1 mV dann einem Abgriff von 1 mm.

Zur Kontrolle der richtigen Einstellung von R stellt man den Umschalter U in die Stellung E (Eichen), wodurch über das Galvanometer ein Normalelement N mit der Spannung 1018,3 mV (WESTON) in dem Augenblick an DD angeschlossen wird, wenn man die Taste T drückt. Bei richtiger Polung des Normalelementes fließt bei einer bestimmten Stellung von R durch das Galvanometer kein Strom. Das bedeutet, daß die Spannung des an DD liegenden Normalelementes gleich und entgegengesetzt gerichtet ist zu der Spannung, die durch den mit R einregulierten Strom des Akkus an den Enden von DD erzeugt wird. Legt man nun den Schalter U auf M (Messen) um, wodurch das zu messende Potential E_x in den Galvanometerkreis gelegt wird, und ist E_x richtig gepolt, dann fließt beim Drücken der Taste T in dem Augenblick kein Strom durch das Galvanometer G, wenn der Schleifkontakt K auf dem Draht DD eine bestimmte Stellung erreicht hat. Da 1 mm = 1 mV entspricht, kann man auf diese Weise auf einer unterlegten Skala, die in mV eingeteilt ist, direkt den Wert für E_x in mV ablesen.

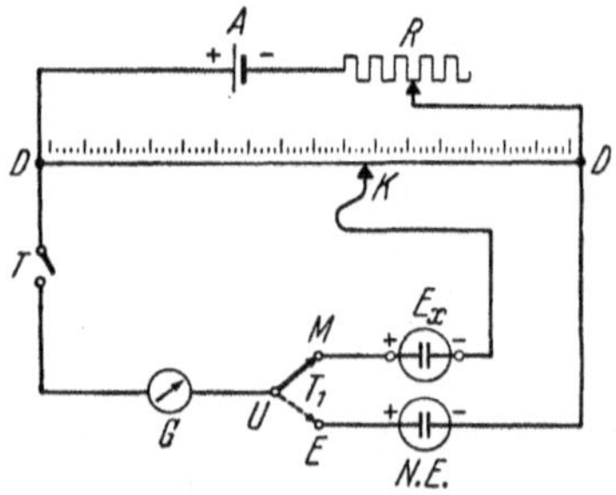

Abb. 171. Kompensationsschaltung nach POGGENDORF-REYMOND

Diese einfachen Kompensationsschaltungen sind vielfach weiterentwickelt worden. So verwendet man oft zum Eichen kein Normalelement, sondern empfindliche Strommesser, z. B. Spiegelgalvanometer mit Spannbandaufhängung oder Lichtmarkengalvanometer mit einer Empfindlichkeit von etwa 10^{-6} bis 10^{-12}A. Man erreicht jedoch nicht die Genauigkeit der oben beschriebenen Methode. Grundsätzlich wird man gut daran tun, sich fertig zusammengebaute Geräte, die alle nötigen Einzelteile der Schaltung enthalten, aus dem Handel zu beschaffen. Die mit diesen Geräten erreichbaren Genauigkeiten liegen bei etwa ±0,1%.

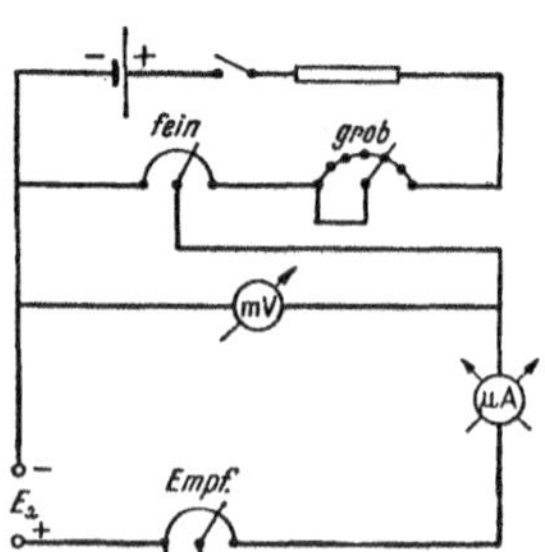

Abb. 172. Kompensationsschaltung, brauchbar für das Verfahren mit gegengeschaltetem Umschlagpotential (mV) und für die Beobachtung des Potentialverlaufs bei stufenweiser Titration

Eine für Titrationen besonders geeignete und erprobte Schaltung zeigt Abb. 172. Das Nullgalvanometer ist hier durch ein empfindliches Mikroampèremeter ersetzt, dessen Empfindlichkeit mit einem Vorwiderstand variiert, während die grob und fein einstellbare Kompensationsspannung an einem Millivoltmeter abgelesen werden kann. Geht der Zeiger des Mikroampèremeters durch Null, so ist volle Kompensation erreicht. Der Strom, der in dem Meßkreis durch das Potential E_x hervorgerufen werden kann, ist durch denjenigen der entgegengesetzten Hilfsspannung, die an dem Millivoltmeter abgelesen wird, aufgehoben. Bei den Potentialänderungen während einer Titration bewegt sich der Zeiger des Mikroampèremeters, dessen Nullage zweckmäßigerweise in der Mitte der Skala liegt, bei fester Kompensationsspannung langsam oder in Sprüngen über die Skala, je nachdem kontinuierlich oder diskontinuierlich titriert wird. Kennt man das Umschlagspotential der Reaktion, so kann man dieses an dem Millivoltmeter einstellen. In dem Augenblick, wo der Zeiger des Mikroampèremeters durch Null geht, ist der Titrationsendpunkt erreicht.

Zu erwähnen sind noch automatisch abgleichende Kompensationsschaltungen, bei denen die Gegenspannung bis zur Stromlosigkeit selbsttätig und sehr rasch eingeregelt wird. In kurzen Abständen wird die Stellung des Galvanometerzeigers mechanisch abgetastet und, solange dieser sich nicht auf Null befindet, der Schleifkontakt für die Gegenspannung elektrisch verfahren, bis die abgegriffene Spannung der Meßspannung E_x gleich ist (amerikanische Geräte). Noch moderner sind automatisch arbeitende Kompensationsschaltungen, die rein elektrisch oder photoelektrisch gesteuert werden. Als Beispiel einer solchen Schaltung ist in Abb. 173 das Prinzipschaltbild eines Photozellenkompensators, wie er häufig zu Potentialmessungen Verwendung findet, dargestellt. Meist ist an den Kompensationskreis ein einstufiger Röhrenverstärker angebaut, so daß als Ableseinstrument ein gewöhnliches Milliampèremeter, geeicht in mV, Verwendung finden kann. Im Gegensatz zu den handbetätigten Kompensatoren erfolgt hier der Spannungsabgleich so gut wie stromlos, da dieser Vorgang stets bis zur Differenz Null zwischen Meßspannung und Gegenspannung führt, wobei Röhreneigenschaften, Alterung der Photozelle und Nullpunktswanderung keine wesentliche Rolle mehr spielen.

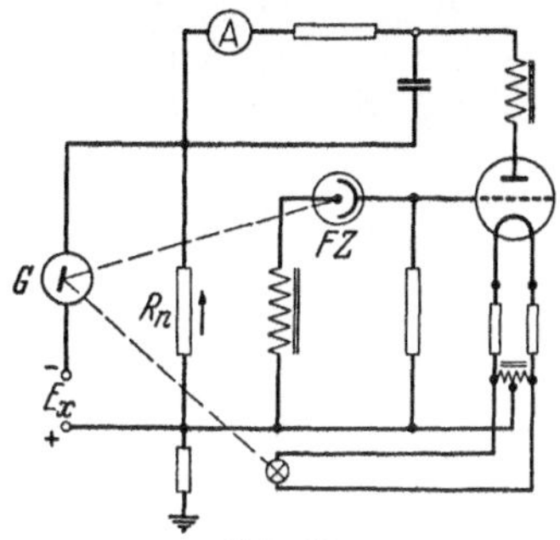

Abb. 173
Photoelektrische Kompensation

III. Elektronische Voltmeter (Röhrenvoltmeter)

Bei der potentiometrischen Maßanalyse handelt es sich fast immer darum, kleine Potentialänderungen von galvanischen Elementen festzustellen, bei denen bereits eine geringe Stromentnahme das Potential stark verändert. In der Elektronenröhre besitzt man nun ein Instrument, welches gestattet, bei geeigneter Schaltung diese Potentialänderungen zu messen, ohne daß dem Element Strom entnommen wird. Die Arbeitsweise einer Elektronenröhre, d. h. die Eigenschaft der Gitterspannung, den Anodenstrom zu steuern, wird als bekannt vorausgesetzt. Ausschlaggebend für die Empfindlichkeit des einfachen Röhrenvoltmeters ist die Steilheit S der Röhre, die durch das Verhältnis

$$S = \frac{\text{Änderung des Anodenstromes}}{\text{zugehörige Änderung der Gitterspannung}}$$

bestimmt ist. Dabei muß der Arbeitspunkt der Röhre nach Möglichkeit auf dem geradlinigen Teil der Charakteristik liegen, was meist durch die Wahl einer negativen Gitterspannung erreicht wird. Die geeignete Wahl der Anodenspannung läßt außerdem noch eine gewisse Anpassung an das Milliampèremeter zu, das als Anzeigeinstrument dient (Abb. 174). Das Prinzipschaltbild eines einfachen Röhrenvoltmeters zeigt Abb. 175. Um nun nicht immer den gesamten Anodenstrom messen zu müssen, baut man in die Röhrenschaltung eine im Anodenkreis liegende Kompensation ein, so daß man trotz fließenden Anodenstromes das Meßinstrument auf Null einstellen kann, wenn das am Gitter liegende Meßpotential Null ist. Den dabei fließenden Anodenstrom bezeichnet man mit Anodenruhestrom. Der Meßbereich eines solchen Röhrenvoltmeters beträgt gewöhnlich 0 bis 350 mV. Durch Gegenschaltung von Hilfsspannungen lassen sich auch höhere Potentiale bis 2000 mV mit derselben Skalenempfindlichkeit messen, wobei sich der Arbeitspunkt der Röhre stets im geradlinigen Teil der Charakteristik befindet.

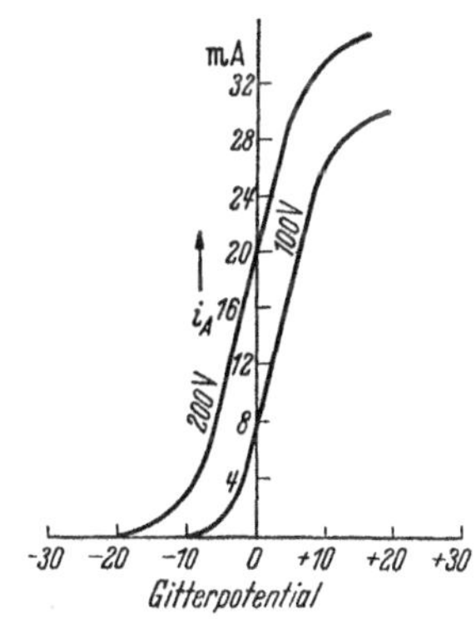

Abb. 174. Charakteristik einer Elektronenröhre

Wegen der Anfälligkeit gewöhnlicher Elektronenröhren (Radioröhren) gegen Spannungsschwankungen und der hohen Anforderungen an die Isolation des Gitters zur Vermeidung von störenden Gitterströmen werden besonders hochwertige Röhren (für Meßzwecke) oder sog. Elektrometerröhren in den Handel gebracht. Das Arbeiten mit letzteren bereitet in einfachen Schaltungen erhebliche Schwierigkeiten, worauf hier nicht eingegangen werden kann. Zur Beseitigung dieser Mängel hat man Zwillingsröhrenvoltmeter gebaut, bei denen zwei solcher ausgesuchter Röhren, in einer vollsymmetrischen WHEATSTONE-Brücke zusammengeschaltet, diese Unzulänglichkeiten weitgehend überwinden. Diese Geräte haben sich in der Praxis bewährt und sind im Handel erhältlich. Neuerdings wird als Anzeigeinstrument eine Elektronenstrahlröhre, bekannt als „Magisches Auge", zur Sichtbarmachung der Potentialänderung oder des Nullabgleiches verwendet. Hierbei muß allerdings vorher eine Verstärkung des Potentials vorgenommen werden. Das Verstärkersystem hierzu befindet sich meist in demselben Röhrenkolben wie das Anzeigesystem. Da erfahrungsgemäß eine Gleichspannungsver stärkung, wie sie hier in Frage kommt, auf erhebliche Schwierigkeiten stößt, muß die von Null abweichende Gleichspannung mittels eines Zerhackers auf mechanischem (Schwingkontakte) oder auf elektrischem Wege (Schwingkondensator) in Wechselspannung umgeformt werden. Die sodann erfolgende Wechselspannungsverstärkung läßt sich selbst in mehreren Stufen verhältnismäßig sicher mit guter Stabilisation und hoher Empfindlichkeit durchführen. Derartige Geräte können daher nicht nur im Laboratorium, sondern auch im Betrieb zur laufenden Potentialmessung (Überwachung von Fällungsvorgängen, Austauschreaktionen, p_H-Messungen usw.) Verwendung finden, da ohne weiteres durch Anschließen eines Schreibers auch Registrierungen vorgenommen werden können.

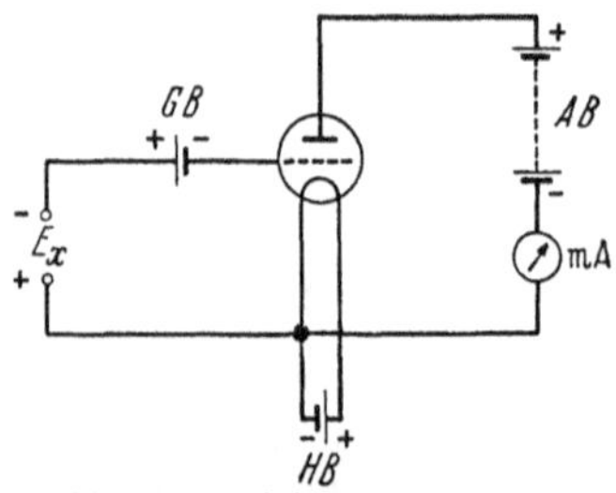

Abb. 175. Schaltschema eines Röhrenvoltmeters

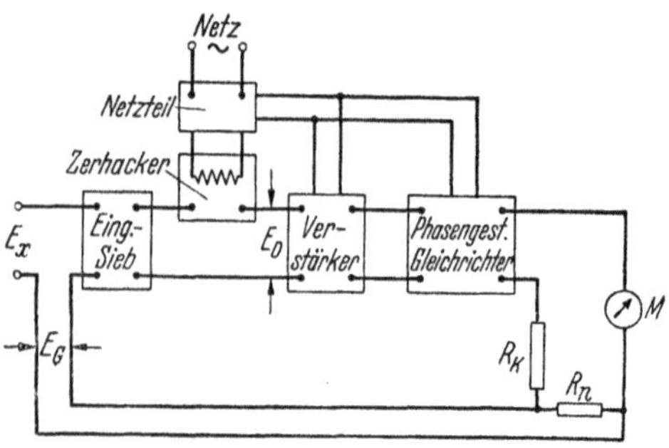

Abb. 176. Blockschaltbild eines modernen gegengekoppelten Röhrenvoltmeters

Als Beispiel eines modernen Potentialverstärkers zeigt Abb. 176 ein Blockschema einer elektrischen Spezialschaltung, wie sie heute im Handel erhältlich sind. Das Eingangssieb, eine Kombination aus Widerständen und Kondensatoren, hält Störungen vom Verstärker fern. Eine Gegenspannung E_G, die mit dem Widerstand R_K im Anodenkreis der Gleichrichterstufe hergestellt wird, ist auf das zu messende Potential E_X geschaltet, so daß über das Sieb und den Zerhacker die in Wechselspannung umgeformte Differenzspannung E_D dem Verstärker zugeführt und auf das etwa 1000fache verstärkt wird. Der phasengesteuerte Gleichrichter, an dessen Gitter die verstärkte Spannung liegt, bewirkt ähnlich wie bei den automatischen Kompensatoren die selbsttätige und phasengerechte Steuerung der Gegenspannung E_G, so daß diese bis auf eine kleine Differenz stets mit E_X übereinstimmt. Zu jeder Meßspannung E_X gehört also im Gleichgewichtszustand eine zugeordnete Eingangsspannung E_D, die den für die erforderliche Gegenspannung E_G nötigen Anodenstrom einstellt, der gleichzeitig am Meßinstrument M die Ablesung von E_X in mV erlaubt. Der Vorteil solcher Geräte gegenüber den handbetätigten Kompensatoren und einfacheren Gleichspannungsverstärkern besteht in dem Fortfall des empfindlichen Nullgalvanometers, in der Unabhängigkeit von Nullpunktswanderung, Netzschwankungen und Röhrenalterung, in der sicheren Stabilisierung als Wechselspannungsverstärker, in einfacher Bedienung, hohem Eingangswiderstand (daher auch Messung von hochohmigen Elektrodenketten möglich), universeller Verwendbarkeit bei allen potentiometrischen Messungen, Unempfindlichkeit gegen mechanische Erschütterungen und hoher Ansprechempfindlichkeit und Ablesegenauigkeit bis herab zu 0,01 mV.

Kurz erwähnt seien noch die automatischen Titratoren, die es besonders im Routinebetrieb dem Laboranten ermöglichen, sich ganz der Probenvorbereitung zu widmen, indem durch eine sinnreiche Schaltung noch die mit einem Magnetventil versehene Bürette gesteuert wird. Entsprechend der Annäherung an den Umschlagspunkt (Steigung der Titrationskurve) wird in zeitlich größeren Abständen weniger Titerlösung zugegeben. So wird eine Übertitration selbst bei komplizierten Umschlagsreaktionen sicher vermieden.

Es ist hier verhältnismäßig viel Raum auf die Beschreibung der elektronischen Potentiometer verwendet worden, weil die moderne Meßtechnik durch die Anwendung von Elektronenröhre, Photozelle, Transistor und anderen modernen Schaltelementen auch dem Chemiker in zunehmendem Maße Geräte in die Hand gibt, mit denen er die noch mehr oder weniger bestehenden Lücken auf dem Gebiete der potentiometrischen Maßanalyse schließen kann. Es ist absichtlich nicht auf einzelne Fabrikate eingegangen worden, weil der praktische Umgang mit diesen Geräten kein Problem mehr ist, wenn man das Meßprinzip kennt, worüber die voraufgehenden Zeilen eine gedrängte Übersicht geben. Die Handhabung der käuflichen Geräte geht zudem aus der diesen beigefügten Gebrauchsanweisung genügend klar hervor.

IV. Elektroden

1. Meß- oder Indicatorelektrode

Zur Potentialmessung gehören stets zwei Elektroden: Neben der Bezugselektrode die *Meß- oder Indicatorelektrode*, die direkt in die zu messende Lösung eintaucht. Es muß nicht immer die gleiche Indicatorelektrode benutzt werden. In den meisten Fällen verwendet man eine solche aus einem indifferenten, d. h. nicht angreifbaren Metall, wie Platin, Palladium oder Gold. Oft wird auch Silber, Quecksilber, Antimon, sehr dünnwandiges Glas und sogar Kohlenstoff (Graphit) benutzt. Natürlich liegen die mit solchen Meßelektroden aufgenommenen Titrationskurven (Abb. 177) oder sonstigen Potentialwerte jede in einem anderen, dem Elektrodenmaterial entsprechenden Potentialbereich. Im Falle von Titrationen jedoch befindet sich der Potentialsprung des Umschlagspunktes stets an derselben Stelle. Muß die Elektrode aus einem Metall bestehen, das sich an einer Teilreaktion beteiligt, so kann man Platin mit diesem Metall elektrolytisch überziehen oder auch zu diesem Metall selbst greifen. Auf keinen Fall wähle man jedoch die Indicatorelektrode zu klein, damit, sofern die Meßschaltungen nicht ganz stromlos arbeiten, die Einwirkungen der durch die dabei eintretenden elektrochemischen Vorgänge und den daraus resultierenden und unerwünschten Konzentrationsänderungen möglichst klein gehalten werden.

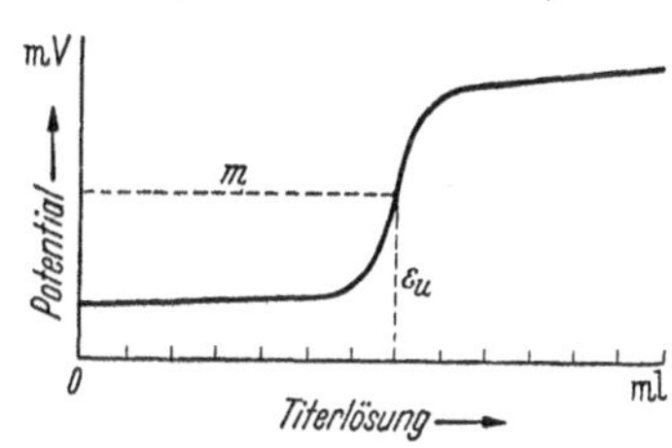

Abb. 177. Titrationskurve

2. Bezugselektrode

Als *Bezugselektrode* ist bereits die n-Wasserstoffelektrode besprochen worden. Auch wurde dort erwähnt, daß wegen des umständlichen Arbeitens mit dieser Anordnung meist mit der gesättigten Kalomelelektrode gearbeitet wird, die leitend mit der Meßlösung verbunden ist. Ihr Potential gegen die n-Wasserstoffelektrode beträgt bei 20° +0,249 V, d. h., sie ist „edler" als diese. Zuweilen verwendet man auch die n-Kalomelelektrode und die n/10-Kalomelelektrode, deren Potentiale gegen die n-Wasserstoffelektrode +0,286 V bzw. +0,338 V betragen. Über die chemische Zusammensetzung braucht an dieser Stelle nichts gesagt zu werden, da sie allgemein bekannt sein dürfte. Grundsätzlich läßt sich natürlich jede herstellbare Elektrode als Bezugselektrode verwenden, sofern sie ein konstantes und reproduzierbares Potential aufweist. Die damit gemessenen Potentiale lassen sich leicht auf die gegen die n-Wasserstoffelektrode bezogenen umrechnen; so hat z. B. eine Chinhydron-Bezugselektrode bei 20° gegen die n-Wasserstoffelektrode eine um 0,584 V positivere Spannung. Man ist also in der Lage, den Spannungsbereich bereits durch die Wahl einer entsprechenden Bezugselektrode von vornherein so festzulegen, daß der Titrationsendpunkt oder das zu erwartende Potential in die Mitte des Meßbereiches fällt. Meist ist das jedoch nicht notwendig, weil die Meßgeräte entsprechende Meßbereichumschalter besitzen, so daß man mit der gesättigten Kalomelelektrode fast immer auskommt.

Ist man gezwungen, in heißen Lösungen ($> 80°$) zu messen, so hat sich in jüngster Zeit eine Bezugselektrode aus 40proz. Thallium-Amalgam-Thalliumchlorid (abgekürzt Thalamid-Elektrode) besonders gut bewährt.

3. Umschlagselektrode

Eine Titration ist beendet, wenn das Umschlagspotential der betreffenden Reaktion erreicht ist. Wenn man sich nun eine Elektrode aufbaut, die dieses Umschlagspotential besitzt, und sie an Stelle einer Bezugselektrode benutzt, so besteht dann zwischen Indicatorelektrode und der Ableitung der *Umschlagselektrode* eine Potentialdifferenz, die im Umschlagspunkt bei richtiger Polung zu Null wird. Kennt man das Potential des Umschlagspunktes, so braucht man nicht mit einer Umschlagselektrode zu arbeiten, sondern man kann mittels eines Normalelementes über einen Spannungsteiler diese Spannung einstellen, sie gegen die Bezugselektrode messen und das Anzeigeinstrument genau darauf einstellen. Schaltet man jetzt die Indicatorelektrode mit der Meßlösung gegen die Bezugselektrode mit der eingestellten Gegenspannung, so zeigt das Instrument im Titrationsendpunkt ebenfalls Null an.

4. Elektrodenkombinationen

Es sind zahlreiche Versuche gemacht worden, an Stelle der zum Teil umständlich zu handhabenden Bezugs- und Indicatorelektroden einfache metallische Elektroden zu verwenden. Man hat Platin mit Palladium kombiniert, Gold mit Silber, Platin-Rhodium mit Wolfram usw., ja sogar versucht, mit Elektroden aus gleichem Metall reproduzierbare Werte zu erhalten, z. B. mit Platin gegen grau platiniertes Platinblech. Alle diese Versuche haben jedoch bisher (bis auf wenige Ausnahmen, wie z. B. Ag–Pt bei argentometrischen Titrationen) trotz einiger vielversprechender Teilerfolge keine entscheidende Bedeutung erlangt, weil die Konstanz der Normalelektroden und gebräuchlichen Bezugselektroden, wie sie oben beschrieben sind, nicht erreicht wird. Größtenteils sind die dabei auftretenden Vorgänge theoretisch noch nicht geklärt; oft sprechen diese Kombinationen nicht konzentrationsrichtig an — vor allem in der Nähe des Umschlagspunktes —, so daß sehr leicht über- und untertitriert wird. Außerdem sind plötzliche Sprünge des Potentials oder auch langsame Änderungen ohne Titerzugabe Unsicherheiten, so daß dem Praktiker von der Verwendung solcher Elektrodenkombinationen abgeraten und ihm der Gebrauch der zuverlässigen und erprobten Bezugs- und Indicatorelektroden empfohlen wird.

D. Praktische Durchführung einer elektrometrischen Titration

In der Beobachtung des Gleichgewichtspotentials bzw. des Umschlagspotentials als Indicator für den Endpunkt einer Reaktion hat man ein Mittel zur maßanalytischen Bestimmung von Konzentrationen. Führt man eine genügende Anzahl Messungen aus und trägt man die jeweils zugegebenen Mengen der Maßflüssigkeit z. B. in ml gegen das nach jeder Zugabe abgelesene Potential in mV oder Skalenteilen graphisch auf, so erhält man Kurven wie in Abb. 177. Der Wendepunkt der Kurve entspricht dem Titrationsende. Kennt man das Umschlagspotential E_u, so kann man auch ein Potential derselben Größe von vornherein auf das Anzeigegerät geben und das zu messende Potential dem entgegenschalten. Geht die Anzeige dann durch Null, so ist der Titrationsendpunkt erreicht. Ebensogut kann man so viel Titerlösung zulaufen lassen, bis E_u direkt angezeigt wird. Endlich kann man sich eine Umschlagselektrode herstellen, deren Potential dem des Umschlagspunktes entspricht. Beim Titrieren nähert sich dann das Potential der Indicatorelektrode allmählich dem der Umschlagselektrode, und das Anzeigegerät geht bei richtiger Polung der beiden Elektroden im Titrationsendpunkt durch Null. Eine etwas abweichende, aber recht genaue Methode ist die Differenzmethode: Man teilt die Meßlösung und verbindet beide Gefäße elektrolytisch leitend miteinander. Gemessen wird die Potentialdifferenz zwischen den in jedes Gefäß tauchenden Indicatorelektroden, nachdem man eine der beiden Lösungen ganz schwach vortitriert hat, während in beide Gefäße gleiche Titermengen zugegeben werden. Die anfangs dadurch entstehende, sehr kleine Potentialdifferenz wird im Sprung sehr groß, um anschließend wieder auf sehr geringe Beträge zurückzugehen. Das scharfe Maximum der Potentialdifferenz ergibt den Titrationsendpunkt mit recht guter Genauigkeit (Abb. 178).

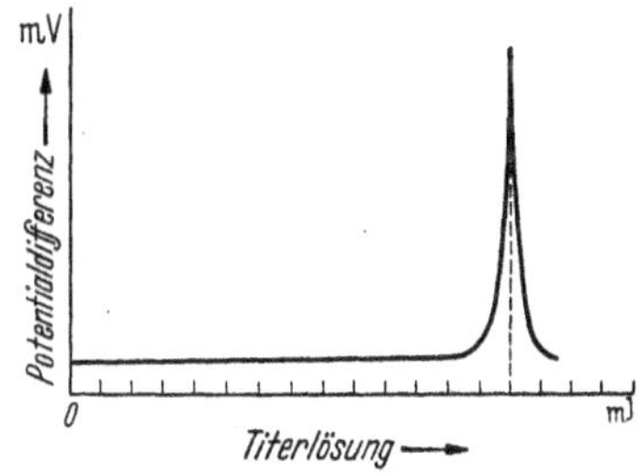

Abb. 178. Differentialtitration

Aus diesen Hinweisen ist zu ersehen, daß es eine ganze Reihe von Kombinationen gibt, mit denen man arbeiten kann. Eine der wohl gebräuchlichsten Methoden unter diesen ist die stufenweise Titration unter Zugabe von kleinen, aber konstanten Titermengen. Die am Instrument abgelesene größte Potentialänderung zeigt oft schon mit hinreichender Genauigkeit die Lage des Umschlagspunktes und damit die benötigte Titermenge an. Genauer titriert man jedoch darüber hinaus und errechnet sich auf einfache Weise die genaue Lage des Endpunktes. In der unmittelbaren Nähe des Umschlagspunktes, der sich durch das allmähliche Größerwerden der Potentialsprünge andeutet, empfiehlt es sich, in gleichen, sehr kleinen Stufen, etwa tropfenweise (0,1 ml) zu titrieren, wodurch sich die genaue Lage des Endpunktes recht sicher ergibt.

An Hand eines Beispieles sei diese viel verwendete Methode abschließend besprochen:

Es soll eine Titration von Eisen(II)-sulfat mit Kaliumpermanganat ausgeführt werden. Diese Reaktion geht in saurer Lösung nach der Gleichung

$$5\,Fe^{++} + MnO_4^- + 8\,H^+ \rightleftharpoons 5\,Fe^{+++} + Mn^{++} + 4\,H_2O$$

vor sich. Die Konzentration des 2wertigen Eisens nimmt immer mehr ab, während die des 3wertigen Ions zunimmt. Es handelt sich also um eine Oxydation des Eisens. In Wirklichkeit spielen sich jedoch 2 Teilreaktionen ab. Diese beiden Teilreaktionen sind

$$MnO_4^- + 8\,H^+ + 5\,e \rightleftharpoons Mn^{++} + 4\,H_2O$$

$$Fe^{++} \rightleftharpoons Fe^{+++} + 1\,e$$

Die erste Teilreaktion ist Elektronenlieferant für den zweiten Teilvorgang. Weil nach der Reaktionsgleichung 5 Mol Fe^{++} gerade 1 Mol MnO_4 entsprechen, werden 5 ml einer 0,1 m-Fe^{++}-Lösung gerade 1 ml einer 0,1 m-MnO_4-Lösung verbrauchen. Man darf danach in die Potentialgleichung, in der ja nur das Verhältnis der Konzentrationen vorkommt, die Anzahl der Mole und für diese wieder die ihnen proportionalen Volumina (ml) einsetzen. Bezeichnet man die verwendete Eisen(II)-sulfatmenge mit a und die zugesetzte Kaliumpermanganatmenge mit b, so ist das Umschlagspotential unter Verwendung der aus Tab. 1 entnommenen Normalpotentiale

$$E_{MnO_4^-/Mn^{++}} = +1{,}52\,\mathrm{V} \quad \text{und} \quad E_{Fe^{++}/Fe^{+++}} = +0{,}772\,\mathrm{V}$$

$$E_u = \frac{a \cdot 1{,}52 + b \cdot 0{,}772}{a + b} = \frac{5 \cdot 1{,}52 + 1 \cdot 0{,}772}{5 + 1} = 1{,}395\,\mathrm{V}$$

Der Titrationsendpunkt ist also bei 1,395 V erreicht. Man sieht, daß das Umschlagspotential keineswegs immer genau in der Mitte zwischen den beiden Teilpotentialen zu liegen braucht. Die praktische Titration läuft nun so ab, daß man z. B. mit einer n/10-Kaliumpermanganatlösung 250 ml Eisen(II)-sulfatlösung unbekannter Konzentration titriert. Als Indicatorelektrode wird eine Platin-Netzelektrode benutzt und als Bezugselektrode eine gesättigte Kalomelelektrode. Das Röhrenvoltmeter wird so abgeglichen, daß der Zeiger des Ableseinstrumentes auf dem linken äußeren Ende der Skala einspielt. Bei richtiger Polung beginnt er nach jeder Zugabe um ein Stück nach rechts zu wandern. Die Sprünge werden immer größer, so daß man zur tropfenweisen Zugabe übergeht und nun jedesmal die Bürette abliest. Nach dem ersten Sprung, der nach gleicher Zugabe deutlich kleiner ist als der vorhergehende, hört man auf zu titrieren. Die genaue Lage des Maximums der Potentialänderung, das ja mit dem Titrationsendpunkt identisch ist, ergibt sich dann zu

$$T = B + Z \frac{D_1}{D_1 + D_2}$$

wobei T das dem Titrationsendpunkt entsprechende Volumen, B die Bürettenablesung in ml vor dem größten Potentialschritt, Z die konstante Zugabemenge in ml während der drei letzten Schritte, D_1 und D_2 die Differenz zwischen dem größten Potentialsprung und dem vorhergehenden bzw. zwischen diesem und dem nachfolgenden in Skatenteilen oder Volt (Millivolt) bedeuten. Hat man für T, das benötigte Endvolumen, gerade 50 ml Kaliumpermanganatlösung verbraucht, so ergibt sich nach den obigen Überlegungen aus dem stöchiometrischen Verhältnis die Konzentration der Eisen(II)-sulfatlösung zu 0,1-molar. Man muß also in jedem Falle die Reaktionsgleichung kennen, um an das Ziel zu kommen.

Abschließend seien nochmals die Vorteile der potentiometrischen Maßanalyse zusammengefaßt:

An Stelle der subjektiven Feststellung von Farbumschlägen tritt die objektive Anzeige.

Die Methode kann in vielen Fällen noch in Verdünnungen ausgeführt werden, in denen die rein chemische und gewichtsanalytische Bestimmung versagt.

Es können im Gegensatz zur Titration mit Farbindicatoren mehrere Elemente nebeneinander bestimmt werden, wenn die Potentiale der Teilreaktionen, wie das meist der Fall ist, genügend weit voneinander entfernt liegen. Die Titrationskurve weist dann mehrere Potentialsprünge auf.

Literatur. MÜLLER, E.: Elektrometrische Maßanalyse. Leipzig: Steinkopff-Verlag 1942. — BÖTTGER, W.: Physikalische Methoden der analytischen Chemie. Leipzig: Akad. Verlagsgesellschaft 1939 — Die chemische Analyse (Einzeldarstellungen). Stuttgart: F. Enke 1947. — SMITH-D'ANS: Anorganische Chemie. Karlsruhe: Braun-Verlag 1947. — TREADWELL, W. D.: Tabellen zur quantitativen Analyse. Wien: Deuticke-Verlag 1947. — EUCKEN, A.: Grundriß der physikalischen Chemie. Leipzig: Geest & Portig 1948. — KORTÜM, G.: Lehrbuch der Elekrochemie. Wiesbaden: Dietrich-Verlag 1948. — KUHN, W.: Physikalische Chemie. Heidelberg: Quelle & Meyer 1948. — KORDATZKI, W.: Taschenbuch der praktischen p_H-Messung. München: Müller & Steinicke Verlag 1949. — D'ANS-LAX: Taschenbuch für Chemiker und Physiker. Berlin: Springer 1949. — SCHULZE, W.: Allgemeine und physikalische Chemie. Berlin: W. de Gruyter 1949. — HALL, J. L.: High-Frequency Titration. Analytic Chem. Bd. 24, Nr. 8 (1952) S. 1236ff. Handbuch of Chemistry and Physics 36th Edition 1955, by Chemical Rubber Publishing Co., Cleveland Ohio.

Kapitel 57

Konduktometrie*

(Elektrische Leitfähigkeitstitration)

Inhalt

Man erwartet im allgemeinen, der Konduktometrie als physikalisch-chemischem Analysenverfahren zur Stoffanalyse im analytischen Laboratorium öfter zu begegnen, als dies in Wahrheit der Fall ist. Dagegen hat das Verfahren in der betrieblichen Meßtechnik in den letzten Jahren eine steigende Anwendung und Bedeutung erlangt. Der Grund hierfür liegt in der Tatsache, daß es sich hier um eine zwar unmittelbare, aber doch im Sinne der Analyse unspezifische Methode handelt, die nur bei Beachtung gewisser Voraussetzungen zu brauchbaren und eindeutigen Ergebnissen führt.

A. Definition, Einheiten und Grundlagen

Eine Leitfähigkeitsmessung läuft immer auf die Bestimmung des Widerstandes des zu untersuchenden Stoffes hinaus; er liegt in der Größenordnung zwischen 1 bis $6 \cdot 10^6$ Ohm. Nach dem OHMschen Gesetz ist der Widerstand R (Einheit: Volt $\cdot$ Ampere^{-1} = Ohm) der Kehrwert des elektrischen Leitwertes L (Einheit: Ampere $\cdot$ Volt^{-1} = Siemens = mho; „mho“ ist in angelsächsischen Ländern gebräuchlich und hervorgegangen aus dem rückwärts geschriebenen Wort „ohm“). Der Leitwert hat den Charakter einer Proportionalitätskonstanten und drückt das Verhältnis zwischen Strom und Spannung eines an der Spannung U liegenden und vom Strom I durchflossenen Stoffes aus. Bezieht man den Widerstand R auf die Einheit der Länge l und des Querschnittes F, so erhält man den spezifischen Widerstand

$$\varrho = \frac{R \cdot F}{l} \quad [\text{Ohm} \cdot \text{cm}] \tag{1}$$

Es ist üblich, bei Stoffen mit vorwiegender Elektronenleitung (Metalle und Halbleiter) als Stoffkonstante den spezifischen Widerstand ϱ, bei festen und flüssigen Elektrolyten dagegen die spezifische Leitfähigkeit $\varkappa$ anzugeben. Zwischen beiden besteht die Beziehung

$$\varkappa = \frac{1}{\varrho} \quad [\text{Ohm}^{-1} \cdot \text{cm}^{-1}] \tag{2}$$

---

* *Bearbeiter:* **Fink**

Die spezifische Leitfähigkeit ist demnach der Kehrwert des spezifischen Widerstandes. Im technischen Maßsystem besitzt $\varkappa$ die Dimension [Siemens · cm^{-1}]. Zahlenmäßig entspricht somit die spezifische Leitfähigkeit dem an zwei gegenüberliegenden Flächen gemessenen Leitwert eines Würfels mit der Kantenlänge 1 cm:

$$\varkappa = \frac{1}{R} \cdot \frac{l}{F} \quad [\mathrm{Ohm}^{-1} \cdot \mathrm{cm}^{-1}] \tag{3}$$

Damit hängen Widerstand und Leitwert von den Abmessungen des Leiters, bei flüssigen Elektrolyten von der Gestalt der Meßzelle ab. Faßt man diese Einflüsse nach Kohlrausch in einer Konstanten C zusammen, so ergibt sich

$$\varkappa = \frac{C}{R} \quad [\mathrm{Ohm}^{-1} \cdot \mathrm{cm}^{-1}]$$

bzw. $R = \varrho \cdot C$ [Ohm] (4)

C, die Zellenkonstante, wird auch Widerstandskapazität genannt und hat die Dimension [cm^{-1}].

Gewöhnlich wird jedoch dieser Wert in der Praxis nicht berechnet, sondern durch Eichung mit einer Flüssigkeit bekannter Leitfähigkeit, z. B. KCl-Lösung, experimentell bestimmt.

Die elektrolytische Leitfähigkeit einer Lösung hängt von der Zahl *aller* darin vorhandenen Ionen ab, ändert sich somit mit ihrer Konzentration *und* Zusammensetzung. Für verdünnte Lösungen ist die Leitfähigkeit der Konzentration nahezu proportional (Abb. 179). Bei konzentrierten Lösungen ist man auf die empirische Ermittlung des Zusammenhanges zwischen Konzentration und Leitfähigkeit angewiesen, wobei fast immer die Möglichkeit der Zweideutigkeit der Meßwerte Berücksichtigung finden muß (Abb. 180). Enthält die Lösung mehrere Ionenkomponenten, so muß mindestens deren Mengenverhältnis konstant bleiben, will man die Leitfähigkeit als Maß für den Gesamtsalzgehalt benutzen. Gewöhnlich wird der Salzgehalt auf [mg/l] NaCl bezogen, wenn es sich um die Erfassung von Anhaltswerten handelt, wie z. B. bei der Reinheitskontrolle von Wasser.

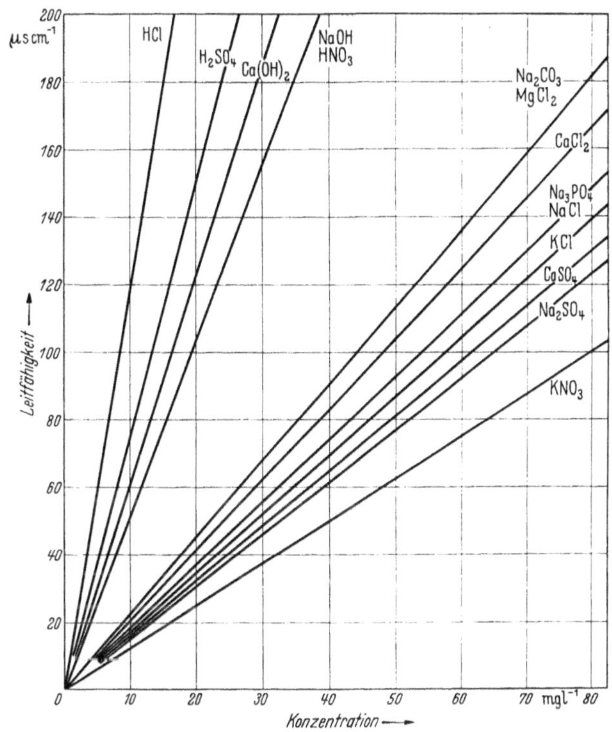

Abb. 179. Abhängigkeit der Leitfähigkeit von der Konzentration verdünnter Lösungen

Im Laboratorium begegnet man oft dem Begriff des Äquivalentleitvermögens Λ. Dieses ist nach Kohlrausch definiert als das Verhältnis aus spezifischer Leitfähigkeit und der Anzahl der im ml Lösung enthaltenen Grammäquivalente der gelösten Substanz. Der Zusammenhang dieser beiden Größen wird durch die Beziehung

$$\Lambda = \frac{\varkappa}{\eta} \tag{5}$$

wiedergegeben, worin η die Konzentration nach obiger Definition bedeutet. Der Chemiker pflegt jedoch die Konzentration mit n zu bezeichnen und auf 1000 ml

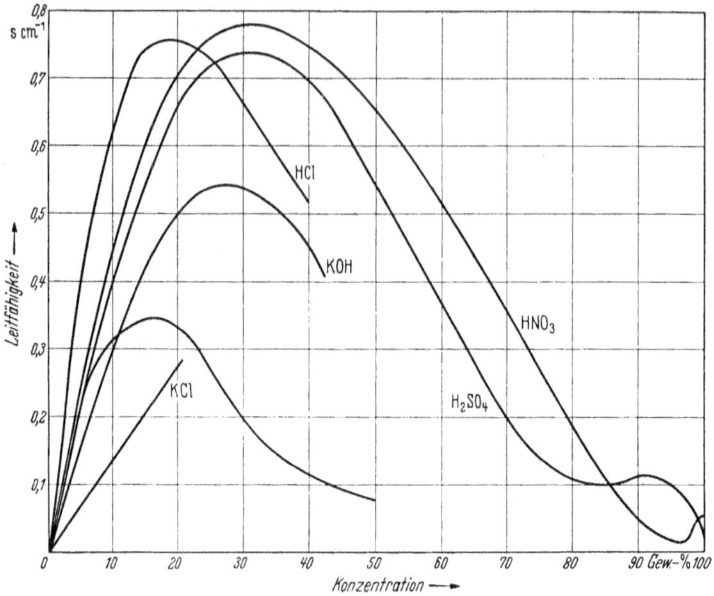

Abb. 180. Abhängigkeit der Leitfähigkeit von der Konzentration verdünnter Lösungen

Lösung zu beziehen. Somit schreibt sich dann Gl. (5)

$$\Lambda = 1000 \frac{\varkappa}{n} \tag{6}$$

Weiterhin liegt ein verhältnismäßig starker Einfluß der Temperatur auf die spezifische Leitfähigkeit und damit auf das Äquivalentleitvermögen vor, der wiederum konzentrationsabhängig ist (Abb. 181). Bei Konzentrationsbestimmungen durch Leitfähigkeitsmessung muß also die Temperatur gemessen und berücksichtigt oder konstant gehalten werden.

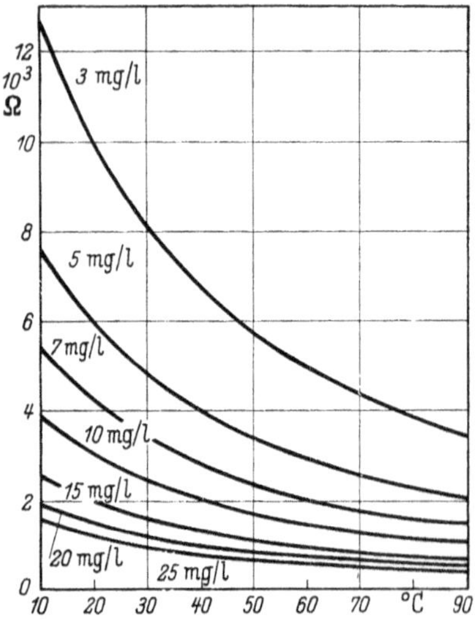

Abb. 181. Abhängigkeit der Leitfähigkeit von Konzentration und Temperatur der Lösung

Ein weiterer Störeinfluß ist die bei Verwendung von Gleichstrom an den Elektroden auftretende Polarisation, eine durch Ionenabscheidung und Konzentrationsänderung hervorgerufene elektromotorische Gegenkraft, die eine scheinbare Erhöhung des Zellenwiderstandes zur Folge hat. Wird Wechselstrom benutzt, so ändert sich infolge der zwischen Strom und Polarisationsspannung auftretenden Phasenverschiebung die Widerstandskapazität. Man vermeidet diesen Einfluß, indem man eine genügend hohe Meßfrequenz (50 bis 3000 Hz) wählt oder die wirksame Oberfläche der Elektroden durch Platinierung vergrößert. Schon bei Verwendung von normalem Netzstrom (50 Hz) genügt in den meisten Fällen Platinieren, um die Polarisationseffekte weitgehend zu unterbinden. Die Strombelastung der Meßzelle sollte unter keinen Umständen zur Erwärmung der Meßflüssigkeit führen. Sonstige Einflüsse, wie Abweichungen vom OHMschen Gesetz durch hohe elektrische Feldstärken (WIEN-Effekt), Leitfähigkeitsanisotropie bei Polyelektrolyten und Leitfähigkeitsdispersion, können hier nicht diskutiert werden. Hierüber findet man genügend Hinweise in den bekannten Lehrbüchern der Elektrochemie.

B. Messung der Leitfähigkeit und Geräte

Es gibt etwa ein halbes Dutzend verschiedener Grundschaltungen, mit denen Leitfähigkeiten gemessen werden können. Die größte Bedeutung hat die Brückenmethode in Verbindung mit dem Kompensationsverfahren erlangt und ist wegen ihrer Überlegenheit den Ausschlagsverfahren vorzuziehen.

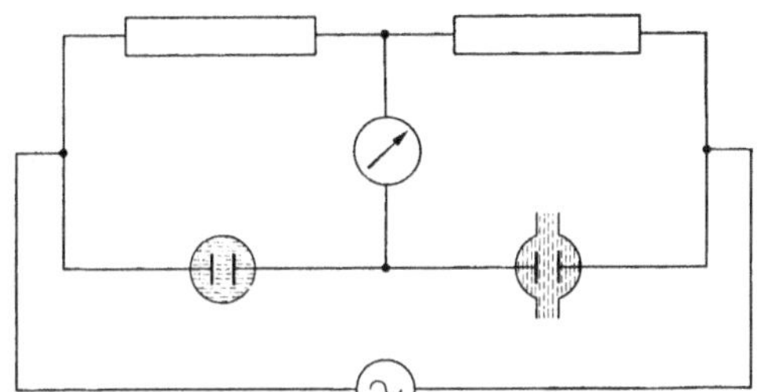

Abb. 182. Prinzipschaltbild einer Leitfähigkeits-Meßanordnung in Brückenschaltung

Die heute verwendeten Schaltungen gehen ausnahmslos auf die bekannte WHEATSTONEsche Brücke zurück, die mit Wechselstrom gespeist wird. Obgleich grundsätzlich auch Gleichstrom zur Messung verwendet werden kann, hat sich in der Praxis die Messung der Leitfähigkeit von Lösungen mittels Wechselstrom allgemein durchgesetzt. Bei seiner Anwendung vermindern sich die Fehlermöglichkeiten, die durch Elektrodenreaktionen die Bestimmung der elektrolytischen Widerstände und damit der Ionenkonzentrationen stören können, ganz erheblich.

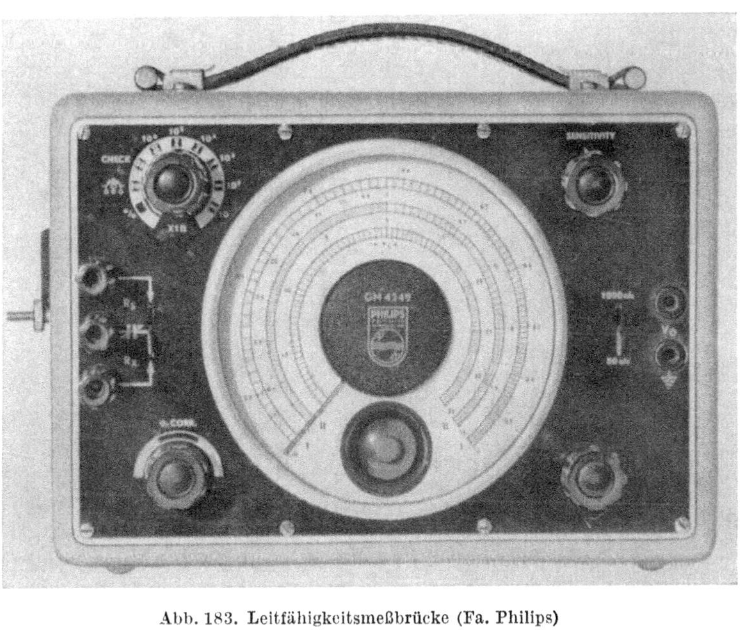

Abb. 183. Leitfähigkeitsmeßbrücke (Fa. Philips)

Die Schaltung einer Wheatstoneschen Brücke erlaubt den Vergleich des unbekannten Leitwertes des Meßzelleninhaltes mit festen Vergleichsleitwerten. Im stromlosen Galvanometerzweig ergibt sich bei Nullabgleich der unbekannte

Abb. 184. Leitfähigkeitsmesser (Fa. WTW-Wessobrunn)

Leitwert. Die Schaltung (Abb. 182) ist spannungsunabhängig und erreicht die größte Genauigkeit aller Verfahren. Während man früher Wechselströme mit

Abb. 185. Konduktoskop (Fa. Lautenschläger)

Hörfrequenzen verwendete und auf das Tonminimum der Lautstärke des im Nullzweig liegenden Kopfhörers einstellte, ist heute bei Laborgeräten entweder das „magische Auge", eine elektronische Abstimmanzeigeröhre, oder ein Zeigerinstrument getreten. Bei Betriebsgeräten findet man häufig einen Schreiber oder

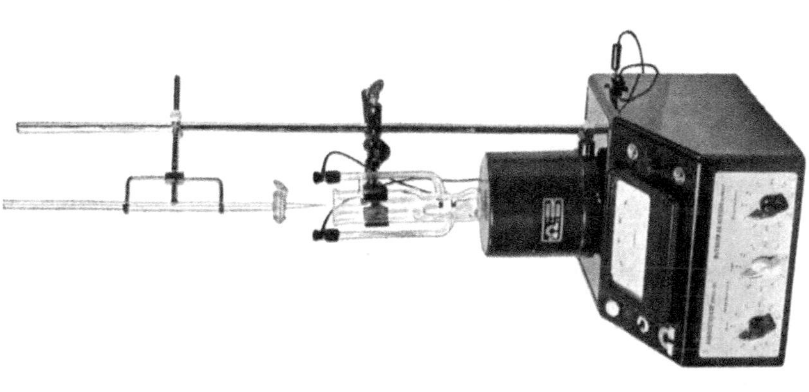

Abb. 186. Konduktoskop (Fa. Metrohm)

Abb. 187. Leitfähigkeitsüberwachungsgerät (Fa. Polymetron)

Abb. 188. Leitfähigkeitsanzeiger (Fa. Electrofact)

einen Kraftverstärker mit Nullmotor als Regler vor. Hierbei handelt es sich meist um selbstabgleichende Brückenschaltungen, auf die nicht näher eingegangen werden soll. Abb. 183 bis 186 zeigen einige Laborgeräte und Abb. 187 bis 189 Ansichten und Prinzipschaltung von Betriebsgeräten.

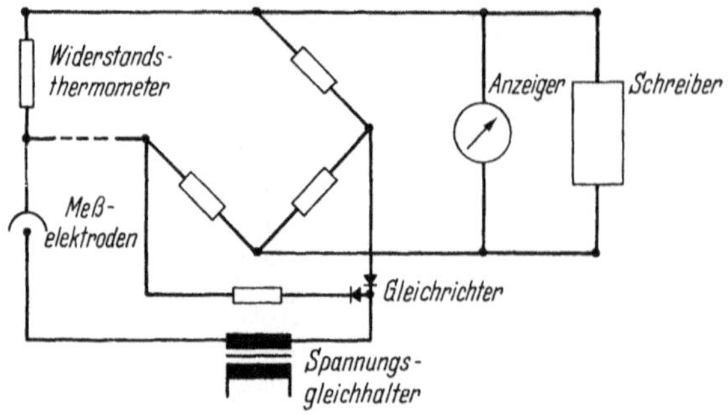

Abb. 189. Prinzipschaltbild eines Leitfähigkeitsschreibers mit Geberelektroden (Fa. Siemens & Halske)

Bevor die praktische Anwendung der Leitfähigkeitsmessung besprochen wird, soll an dieser Stelle auf ein Verfahren hingewiesen werden, das in den letzten Jahren unter dem Namen „Hochfrequenztitration" oder „elektrodenlose Leitfähigkeitsmessung" bekannt geworden ist. Das Prinzip seiner Arbeitsweise ist jedoch derart abweichend von dem der konventionellen Konduktometrie, daß es angebracht erscheint, diese Methode in einem besonderen Kapitel (S. 1327) zu behandeln.

C. Anwendung der Leitfähigkeitsmessung in Laboratorium und Betrieb

Die Literatur und das Tatsachenmaterial der gesamten Konduktometrie ist so groß, daß hier nur eine Auswahl getroffen werden und davon nur das Wichtigste behandelt werden kann. Versucht man, den Stoff zu ordnen, so kann man folgende Einteilung vornehmen:

Direkte Konduktometrie, bei der durch Leitfähigkeitsmessung der Elektrolytgehalt der Lösung summarisch erhalten wird.

Indirekte Konduktometrie, die die analytischen Methoden umfaßt, wobei auch durch geeignete Kombination mit anderen Verfahren spezielle Stoffgruppen oder deren Eigenschaften untersucht und bestimmt werden.

Konduktometrische Titration als Ergänzung der altbewährten potentiometrischen Titrationsverfahren für maßanalytische Bestimmungen.

1. Die direkte konduktometrische Methode

kann nur unter gewissen Bedingungen angewandt werden, nämlich dann, wenn reine Substanzen oder Mischungen konstanter Zusammensetzung bei geringen Elektrolytkonzentrationen vorliegen. Die erwünschte Genauigkeit richtet sich nach den zugelassenen Schwankungsgrenzen der Störeinflüsse und dem Verhältnis der Leitfähigkeiten der Bestandteile. In solchen Fällen läßt sich aus der Gesamtleitfähigkeit der Gehalt an Elektrolyten, Asche usw. leicht berechnen. Die strenge Einhaltung der Grenzbedingungen ist jedoch für die praktische analytische Anwendung ein gewisses Hemmnis. Daher sollen hier nur einige Anwendungsbeispiele aufgezählt werden: Prüfung des destillierten Wassers bzw. Salzbestimmung in Wasser, Fluß- und Quellwasseranalyse, Kesselspeisewasseraufbereitung, Kontrolle von Waschwässern bei analytischen, präparativen und verfahrenstechnischen Arbeiten, Reinheitskontrollen von chemischen und technischen Präparaten und Erzeugnissen, Löslichkeit schwerlöslicher Stoffe, Nahrungs- und Genußmitteluntersuchungen (Zucker, Milch, Honig, Bier, Wein, Kakaopulver), physiologische Lösungen usw.

2. Die indirekte konduktometrische Methode

Es handelt sich um die Verwendung der Leitfähigkeitsmessung zur Bestimmung anderer Größen als des Elektrolytgehaltes oder darum, komplizierte Analysenaufgaben durch Kombination mit der Leitfähigkeitsmessung zu lösen. Aus der Fülle der hierbei möglichen und angewandten Verfahren seien einige erwähnt, ohne genauer auf ihre Durchführung einzugehen: Analyse von Gemischen zweier Elektrolyte, Kontrolle von chemischen Fällungsreaktionen durch Leitfähigkeitsmessung (Alkaligehalt von Kalk), Analyse von Säuren und deren Gemischen, Analyse organischer Flüssigkeiten auf Elektrolytgehalt, Wassergehaltsbestimmung in konzentrierten Lösungen zur Konzentrationsbestimmung, Feuchtigkeitsbestimmung in Festkörpern (Holz), Gasanalyse (CO, CO_2, SO_2, HCl) durch Leitfähigkeitsmessung der Absorptionsflüssigkeit, Oberflächenleitfähigkeit von dispersen Systemen (Kolloide) zur Untersuchung grenzflächenphysikalischer Effekte usw.

Während die direkte Leitfähigkeitsmessung vornehmlich als Betriebskontrollverfahren (Abb. 187 bis 189) in den letzten Jahren eine immer wachsende Bedeutung bekommen hat und in Zukunft durch die Reinhaltungsgesetze für Industriewässer sicher noch manche anwendungstechnische und apparative Vervollkommnung erfahren wird, ist die Verwendung der indirekten Konduktometrie für die Analyse doch relativ selten.

Selbst das Verfahren der Leitfähigkeitstitration, auf das hier näher eingegangen werden soll, hat sich seinen Platz im Laboratorium nicht in dem Maße sichern können, wie es die Entwicklung vor etwa 25 Jahren erwarten ließ. Für die Anwendung dieser Methode stehen heute ausgezeichnete und leicht zu handhabende Geräte (Abb. 183 bis 186) zur Verfügung, so daß wohl von dieser Seite kein Grund mehr vorliegt, dieses Verfahren nicht für die Analyse einzusetzen.

3. Die Leitfähigkeitstitration

beruht, wie bereits ausgeführt, auf der Messung der elektrischen Leitfähigkeit von Ionen, die während einer chemischen Reaktion entstehen, ihre Konzentration ändern oder auch verschwinden können. Um an dieser Stelle nicht zu ausführlich werden zu müssen, sollen an zwei Beispielen die charakteristischen Merkmale einer Leitfähigkeitstitration besprochen werden.

Titration einer starken Säure mit einer starken Base

Wird Salzsäure mit Natronlauge titriert, so folgt die Reaktion folgender Gleichung

$$\underset{315}{(H^+} + \underset{66}{Cl^-)} + \underset{43}{(Na^+} + \underset{174}{OH^-)} \rightarrow \underset{0}{H_2O} + \underset{43}{(Na^+} + \underset{66}{Cl^-)}$$

Die unter den Symbolen stehenden Zahlen charakterisieren die elektrische Leitfähigkeit der Ionen in der Lösung[1]. Während der Titration werden die sehr gut leitenden H^+-Ionen allmählich durch die schlechter leitenden Na^+-Ionen ersetzt. Die Leitfähigkeit der Lösung nimmt daher mit jeder Tropfenzugabe ab. Ist der Äquivalenzpunkt erreicht, so treten bei weiterer Zugabe von Natronlauge OH^--Ionen auf, die wiederum besser leiten als die Na^+-Ionen. Außerdem steigt die Ionenkonzentration an. Die Leitfähigkeit nimmt mit scharfem Knick wieder zu. Die Projektion des Knickpunktes auf die Abszisse (ml-Achse) ergibt die verbrauchte Menge an Natronlauge (Abb. 190). Manchmal enthält die Natronlauge Carbonate. Man erhält dann keinen scharfen Knickpunkt, sonderen einen ab-

[1] Angegeben ist die Ionenbeweglichkeit bei 18°. Der Zusammenhang dieser Größe mit dem Äquivalentleitvermögen ist den Lehrbüchern für physikalische Chemie zu entnehmen.

gerundeten Übergang von einem zum anderen Ast der Kurve. Da die Äste jedoch bei nicht zu hohen Konzentrationen geradlinig sind, läßt sich auch in diesen Fällen meist die genaue Lage des Knickpunktes durch Verlängerung derselben leicht festlegen.

Fällungstitration

Titriert man Kaliumbromid mit Silbernitrat, so fällt Silberbromid aus:

$$(K^+ + Br^-) + (Ag^+ + NO_3^-) \rightarrow (K^+ + NO_3^-) + AgBr$$

$$\begin{matrix} 64 & 68 & 53 & 63 & 64 & 63 & 0^1 \end{matrix}$$

Die Leitfähigkeit der Bromidionen, die allmählich durch die Nitrationen ersetzt werden, ist von der der Nitrationen nicht sehr verschieden, so daß sich die Anfangsleitfähigkeit bei Zugabe von Silbernitrat nur wenig ändert. Erst im Äquivalenzpunkt erfährt sie eine plötzliche Erhöhung durch den Silbernitratüberschuß, der nicht mehr verbraucht wird. Die Ionenkonzentration und damit die Leitfähigkeit werden größer (Abb. 191). Treten bei solchen Titrationen abgerundete Kurven auf, so liegt das meist in der möglichen geringen Löslichkeit des Niederschlages in der Lösung. Aber auch dann läßt sich durch Verlängern der beiden geradlinigen Äste der Äquivalenzpunkt (Knickpunkt) leicht finden.

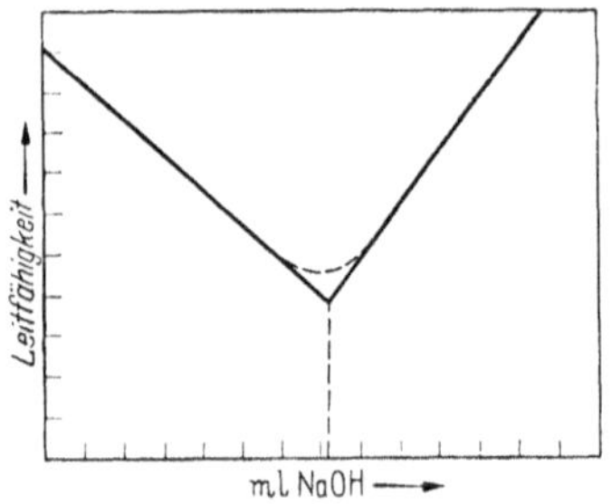

Abb. 190. Leitfähigkeitstitration einer starken Säure mit einer starken Base

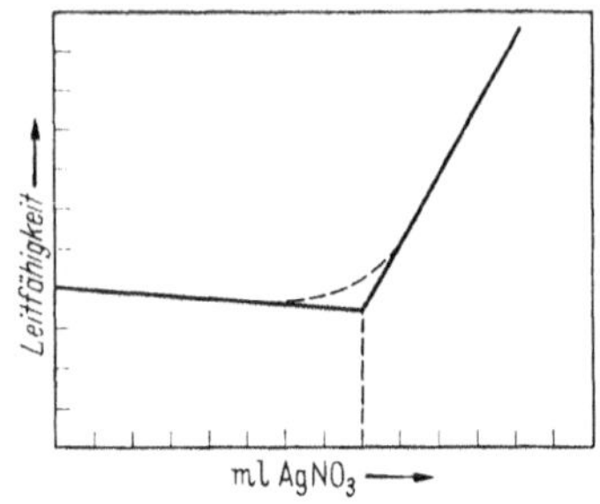

Abb. 191 Leitfähigkeitstitration einer Fällungsreaktion

Literatur. Eggert, J.: Lehrbuch der physikalischen Chemie, 7. Aufl. Leipzig: Hirzel 1948. — Jander, G., u. K. F. Jahr: Maßanalyse. Sammlung Göschen Bd. 1002. Berlin: de Gruyter & Co. 1948. — Böttger, W.: Physikalische Methoden zur analytischen Chemie, III. Teil. Leipzig: Akad. Verlagsgesellschaft Geest & Portig 1949. — Schäfer, Kl.: Physikalische Chemie. Berlin/Göttingen/Heidelberg: Springer 1951. — Schulze, W.: Allgemeine und physikalische Chemie, I. und II. Teil. Sammlung Göschen Bd. 71 und 698. Berlin: de Gruyter & Co. 1951. — Müller, R. H., u. A. M. Vogel: Z. analyt. Chem. Bd. 24 (1952) S. 1590. — Pfundt, O., u. G. Jander: Chemiker-Ztg. Bd. 77 (1953) S. 403. — Lingane, J. L.: Electroanalytical Chemistry. London: Interscience Publishers Ltd. 1953. — Kortüm, G.: Lehrbuch der Elektrochemie. Weinheim: Verlag Chemie 1957.

[1] Siehe Fußnote auf S. 1325.

Kapitel 58

Hochfrequenztitration*

Inhalt

A. Einleitung

Mit der Hochfrequenztitration bietet sich der Analytik eine Untersuchungsmethode, die unter den neuzeitlichen Meßverfahren durch große Anwendungsbreite und einfache Handhabung auffällt. Im allgemeinen pflegt sich der reine Analytiker nur mit Unbehagen elektrophysikalischen Methoden zuzuwenden. In diesem Fall, in dem die Meßschaltung hochfrequenztechnischer Natur ist, besteht jedoch zu einer solchen Empfindung nur wenig Anlaß, sofern man sich einigermaßen mit dem Prinzip vertraut gemacht hat. Umfassende Darstellungen sind an anderer Stelle mehrfach gegeben worden [*1*—*20*].

B. Prinzip der Methode

Zur Ausführung von Hochfrequenztitrationen wird die Prüfsubstanz meist kapazitiv oder induktiv in eine Hochfrequenzschaltung, in der Regel in einen Schwingkreis, eingebaut. Ein elektrischer Schwingkreis enthält bekanntlich neben den korrespondierenden Gliedern, wie z. B. Röhren und Transistoren, stets Widerstände, Spulen und Kondensatoren. Die Eigenschaften eines solchen Schwingkreises ändern sich mit den Dimensionierungen und Anordnungen dieser Schaltelemente und lassen sich z. B. durch Stromspannungs- und Frequenzmessungen beschreiben.

Diese eigenschaftsbestimmenden Elemente lassen sich teilweise durch sog. Zellen mit Meßgut ersetzen, sofern ihre elektrischen Funktionen, die man üblicherweise durch Ersatzschaltbilder wiedergibt, denen der ersetzten Teile innerhalb der Schaltung entsprechen. Zweckmäßig werden diese Zellen nur in solche Schaltstrecken eingesetzt, deren Änderungen zu besonders gut registrierbaren Eigenschaftsänderungen des Kreises führen.

Mit allen durch beliebige Reaktionen hervorgerufenen Änderungen der Eigenschaften des Meßgutes ist auch die Änderung mindestens einer der drei elektrischen Substanzeigenschaften verknüpft: nämlich der elektrischen Leitfähigkeit ($\varkappa$), der Dielektrizitätskonstante (ε) oder der Permeabilität (μ).

---

* *Bearbeiter:* **Cruse** und **Bertram.**

Strenggenommen, wirkt stets die Gesamtänderung aller dieser Eigenschaften. Durch konstruktive Anpassung der Zelle an das Meßproblem lassen sich jedoch Zelltypen entwickeln, die überwiegend auf nur einen Effekt, beispielsweise auf Leitfähigkeitsänderungen, ansprechen, so daß dann die registrierten Werte als Maß für die Änderung einer einzigen Eigenschaft angesehen werden können.

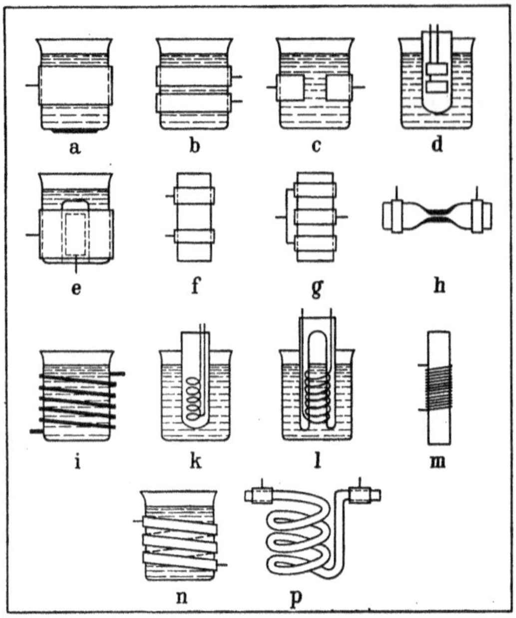

Abb. 192. Zelltypen für Hochfrequenztitrationen

C. Meßzellen

Im Zuge dieser Anpassung ist die Verwendung von Zelltypen üblich geworden, die sich auf Grund ihrer Funktionen in drei Klassen aufteilen lassen: Anordnungen, bei denen sich das Meßgut isoliert im Feld eines *Kondensators* befindet, bezeichnet man als kapazitive Zellen oder Kondensatorzellen. Solche, bei denen das Meßgut das Innenfeld einer *Spule* ausfüllt, heißen induktive Zellen oder Spulenzellen. Die dritte Art ist ihrer Funktion nach eine *Kombination* beider und wird daher Kombinationszelle genannt. Hier ist wesentlich, daß die Funktion weder auf die einer Spulenzelle noch auf die einer Kondensatorzelle allein zurückgeführt werden kann.

Die Kapazitätszelle einfachster Art besteht aus einem Glasgefäß oder einem Behälter aus anderem Isoliermaterial mit *außen* aufgelegten oder aufgebrannten metallischen Belägen. Bei induktiven Zellen ist ein Draht spulenförmig auf dem

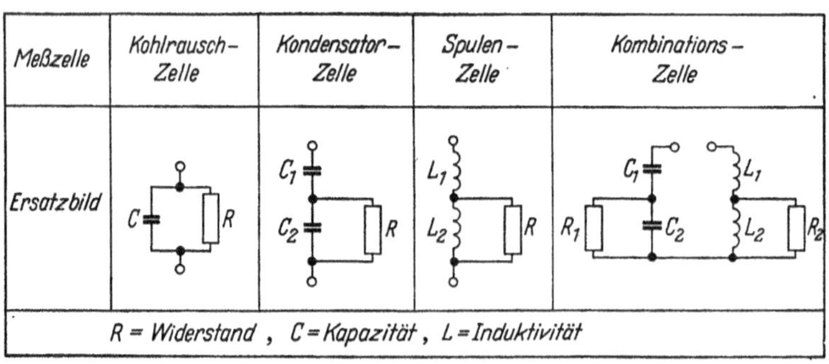

Abb. 193. Ersatzschaltbilder für Meßzellen

Probebehälter aufgewickelt. Abb. 192 enthält eine Auswahl vielfach verwendeter Zelltypen, von denen *a* bis *h* kapazitive, *i* bis *m* induktive und *n*, *p* Kombinationsmeßzellen darstellen.

Die Möglichkeiten für die Elektrodenanordnungen sind somit außerordentlich groß. Die Zahl praktisch verwertbarer Zelltypen ist noch größer, wenn auch die Möglichkeit berücksichtigt wird, das Elektrodensystem auf kleinstem Raum anzuordnen und die Menge der Zellfüllung auf ein für Mikroanalysen geeignetes Minimum zu begrenzen.

Im Gegensatz zu klassischen Leitfähigkeitsmeßzellen („Kohlrauschzellen“) bleibt das Meßgut in derartigen Meßzellen also von den Elektroden isoliert. Vergiftungs-, Polarisations-, Sorptions- und Ablagerungserscheinungen, die der üblichen Konduktometrie oft Grenzen setzen, vermögen sich somit nicht auszuwirken. Gerade die Möglichkeit, in derartigen „elektrodenlosen“ Zellen zu arbeiten, hat daher besonderes Interesse gefunden.

In sehr vielen Fällen können die elektrischen Funktionen der Meßzellen durch Ersatzschaltbilder richtig wiedergegeben werden (Abb. 193). Damit werden die Rückwirkungen der Meßgutänderungen auf die Meßgröße auch theoretisch übersehbar. Abb. 193 zeigt, daß die elektrische Funktion einer Hochfrequenzmeßzelle allerdings komplizierter ist als die der KOHLRAUSCH-Zelle.

D. Meßverfahren

Bei sämtlichen Messungen im Rahmen der Hochfrequenztitration handelt es sich im Grunde um Bestimmungen von Wechselstromwiderständen, die als Impedanz $\overline{Z}$ bezeichnet werden und komplexe Größen darstellen, da sie aus einem Realteil $\overline{R}$ und einem Imaginärteil $\overline{X}$, auch Wirk- und Blindkomponente genannt, zusammengesetzt sind.

Es gilt:
$$\overline{Z} = \overline{R} + j\,\overline{X}$$
mit
$$j = \sqrt{-1}$$

Neben einer direkten Messung des Absolutbetrages einer Impedanz $\overline{Z}$ lassen sich Impedanzänderungen auch über den Wirkanteil oder über den Blindanteil

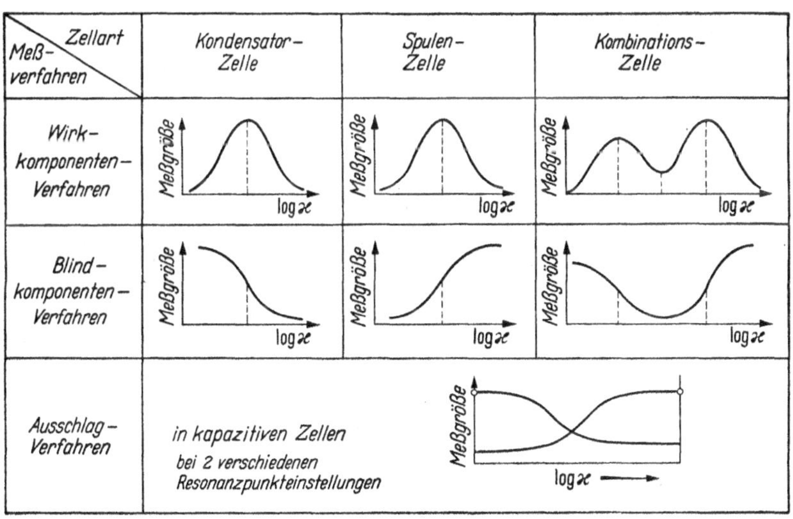

Abb. 194. Leitfähigkeitskennkurven für Messungen in „elektrodenlosen Zellen“ mit Hochfrequenz

verfolgen. Die Vielfalt der zu Impedanzmessungen vorgeschlagenen und beschrittenen Wege läßt sich demnach auf drei wesentliche Verfahren zurückführen:

1. auf das Wirkkomponentenverfahren,
2. auf das Blindkomponentenverfahren und
3. auf das sog. Ausschlagverfahren.

Sollen z. B. speziell Leitfähigkeitsänderungen in Lösungen gemessen werden, so resultieren Abhängigkeiten der Meßgröße, die allgemein als „Kennkurven“ bezeichnet werden und in Abb. 194 übersichtlich zusammengestellt sind.

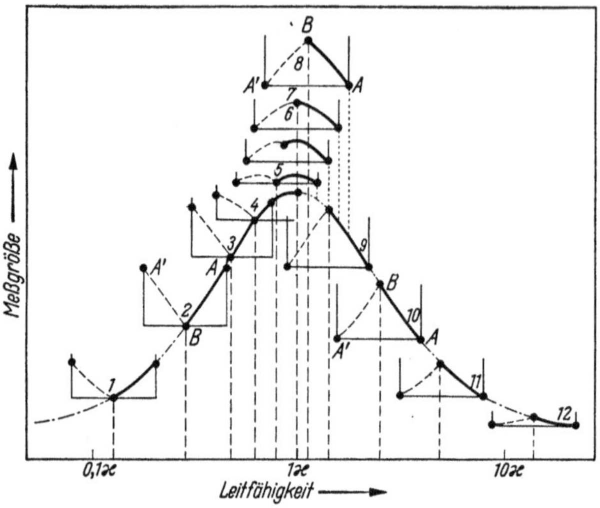

Abb. 195. Titrationskurven bei Messungen nach dem Wirkkomponentenverfahren

Unabhängig davon, ob sich beim Wirkkomponentenverfahren entsprechend Abb. 194 glockenförmige oder beim Blindkomponenten- und Ausschlagverfahren S-förmige Kennkurven ergeben, sind in allen Fällen, über den gesamten Leitfähigkeitsbereich betrachtet, sog. Optimalbereiche erkennbar, d. h. besonders empfindlich meßbare Intervalle, deren Lage einerseits durch die Frequenz, andererseits durch die Art und Abmessung der Zelle bestimmt ist.

Die Verfahren können sich in der Weise ergänzen, daß die Optimalbereiche der Wirkkomponentenmethode mit den unempfindlichen Bereichen der Blindkomponentenmethode zusammenfallen, wenn nach beiden Verfahren in der gleichen Zelle und bei derselben Frequenz gemessen wird. Es ist dadurch möglich, ohne Zellenwechsel nur durch entsprechende Wahl des Verfahrens einen sehr weiten Leitfähigkeitsbereich mit guter Empfindlichkeit zu erfassen.

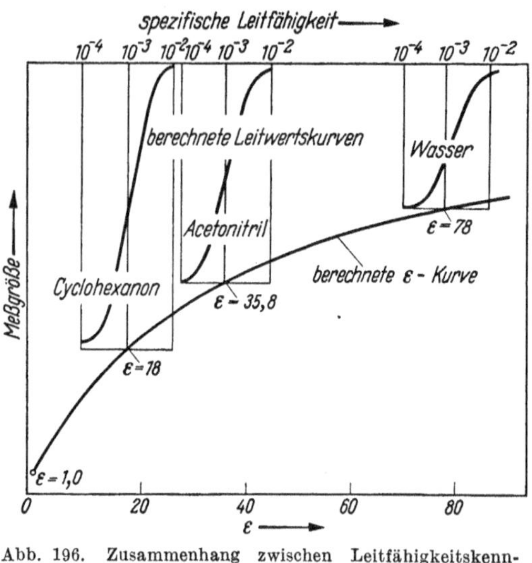

Abb. 196. Zusammenhang zwischen Leitfähigkeitskennkurven und Dielektrizitätskonstante des Lösungsmittels

Mißt man im Optimalbereich einer Zelle, was durch geschickte Wahl der Zelle und Meßart stets ermöglicht werden kann, so erhält man Ergebnisse, deren Genauigkeit mit denen der üblichen Methoden ohne weiteres gleichgesetzt werden kann. Liegt eine weniger gute Anpassung vor und muß demnach außerhalb der Optimalbereiche gemessen werden, so ist eine entsprechende Einbuße an Meßgenauigkeit die zwingende Folge. An Hand von Titrationskurven nach dem Wirkkomponentenverfahren sind diese Zusammenhänge in Abb. 195 veranschaulicht. Sie gelten sinngemäß für das Blindkomponenten- und für das Ausschlagverfahren.

Zur Beobachtung von DK-Änderungen findet in der Regel das Blindkomponentenverfahren Anwendung; es werden dann also Messungen über den Imaginärteil der Impedanz ausgeführt. Sie liefern Kennkurven mit bei wachsenden DK-Werten abnehmender Meßempfindlichkeit. Der Anstieg dieser Kennkurve hängt von der verwendeten Meßzelle und von der Arbeitsfrequenz ab.

Wenn bei Reaktionen Leitfähigkeit *und* DK einer Zellfüllung Änderungen erfahren, so setzt sich die Änderung des Meßwertes aus DK- und Leitwertanteil zusammen, wie in Abb. 196 veranschaulicht ist. In diesem Zusammenhang ist bemerkenswert, daß der Leitwertanteil für eine konstante Leitwertsänderung mit abnehmender DK wächst. Leitwertsänderungen lassen sich also grundsätzlich um so empfindlicher messen, je niedriger die DK der Meßzellenfüllung ist.

E. Hochfrequenztitrimeter

Die Geräteindustrie hat der Vielseitigkeit der Hochfrequenztitration bisher durch den Bau verschiedener handelsüblicher sog. Titrimeter Rechnung getragen. In Tabelle 1 sind die bisher bekannten Titrimeter, nach dem Zeitpunkt ihres Erscheinens auf dem Markt geordnet, zusammengestellt.

Tabelle 1. *Charakteristik handelsüblicher Hochfrequenztitrimeter* [*10*]

Gerätetyp und Hersteller	Block- und Prinzip-Schaltbild	Meßmethode
Dephimeter (Draeger-Werke Lübeck, BRD)	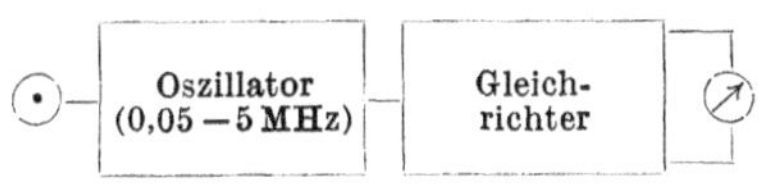	Messung der Anodenspannungs-Amplitude (Wirkkomponentenverfahren)
Oszillometer V (E. H. Sargent u. Co., Chicago, USA)	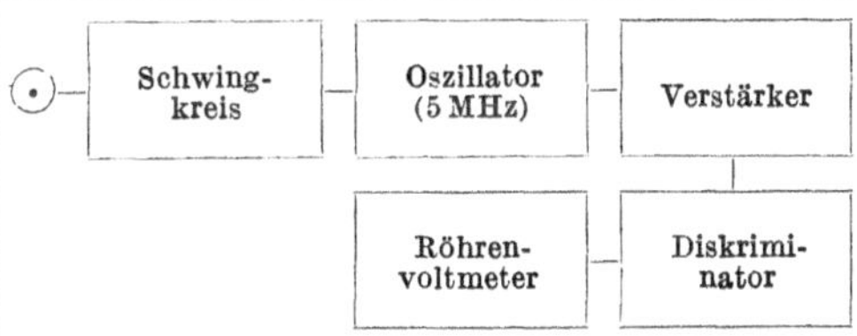	Kapazitätskompensation im Resonanzkreis mit Diskriminator als Resonanzindicator, Einstellung auf Gleichheit mit fester Oszillatorfrequenz (Blindkomponentenverfahren
Jensen-Titrator (E. H. Sargent u. Co., Chicago, USA)	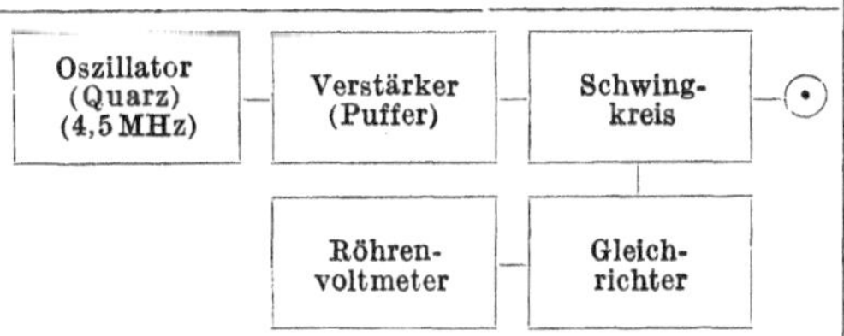	Messung der Schwingkreisspannung bei Abwanderung aus Resonanzlage und bei Änderung der Bedämpfung (Ausschlagverfahren)
Hochfrequenz-Titrimeter 30 C (Wissenschaftlich-Technische Werkstätten, Weilheim/Oberbayern, BRD)	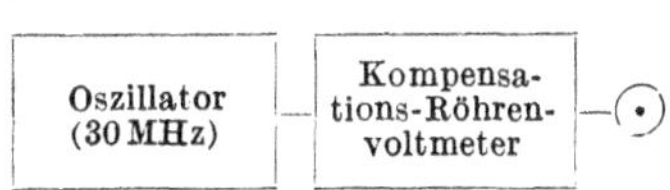	Nach Resonanzeinstellung des im Voltmeter-Brückenzweig befindlichen Schwingkreises 1. Messung der Kompensations-Kapazität (Blindkomponentenverfahren) 2. Ablesung der Resonanzspannungshöhe (Wirkkomponentenverfahren) 3. Verfolgen der Spannungsanzeige bei Abwanderung aus Resonanzlage (Ausschlagverfahren)

Tabelle 1. (Fortsetzung)

Gerätetyp und Hersteller	Block- und Prinzip-Schaltbild	Meßmethode
Oszillometer DSM (van Drenthem Export Agencies Den Haag, Holland)	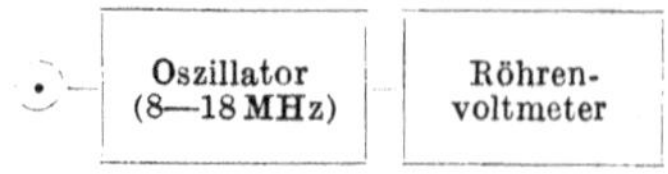	Messung des Anodenruhestromes der Oszillatorröhre durch Messung seines Spannungsabfalles am Anodenwiderstand mittels Röhrenvoltmeter (Wirkkomponentenverfahren)
Radio-Frequency-Titrimeter (Morgan Crucible Co., Ltd., London)	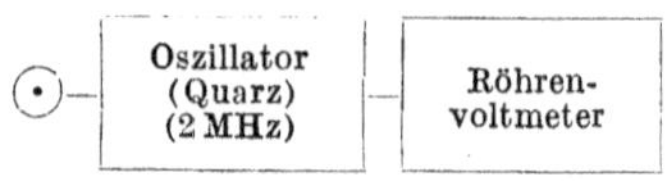	Nach Resonanzabstimmung 1. Ablesung der Kompensations-Kapazität (Blindkomponentenverfahren) 2. Bestimmung der Resonanzhöhe durch Messung der Gitterwechselspannungsamplitude (Wirkkomponentenverfahren)
Proximity-Meter (Fielden Electronics Ltd., Manchester, England)	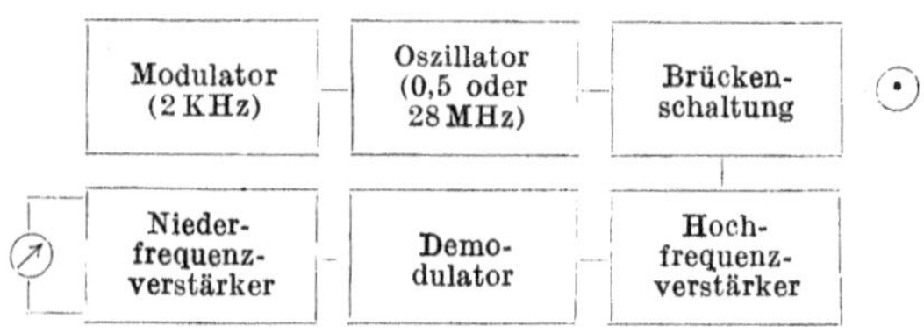	Umsetzung einer effektiven Kapazitätsänderung der Meßzelle in eine Spannungsänderung mit Hilfe einer Brückenschaltung. Am Anzeigeinstrument liegt die Modulationsfrequenz, die ihrerseits mit der Frequenz der Kapazitätsänderung amplituden-moduliert ist (Blindkomponentenverfahren)
HF-Titriergerät nach Dr. PUNGOR (Metrimpex, Budapest 62, Ungarn)	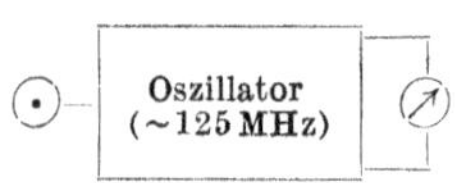	Messung des Gitterstromes einer Oszillatorröhre als Maß für die Bedämpfung des Schwingkreises (Wirkkomponentenverfahren)
Titrimetre pour L'Analyse par Haute Frequence (Touzart u. Matignon, Paris 3, Rue Amyot, Frankreich)	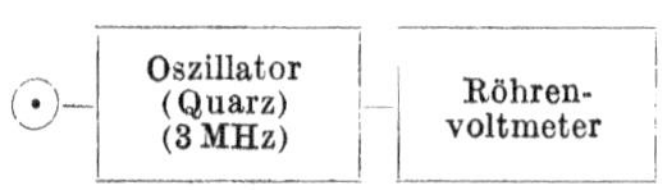	Messung des Gitterstromes eines Oszillators mit Zelle und Schwingkreis im Anodenkreis (Wirkkomponentenververfahren)

(⊙ = Meßzelle)

Mit Ausnahme des Dephimeters wird bei sämtlichen Geräten in Kapazitätszellen gemessen. Nur ein Teil der Geräte läßt Messungen nach verschiedenen Meßverfahren zu. Die in diesen Geräten verwendete Frequenz variiert von 50 kHz bis 125 MHz, eine Maßnahme, in der zum Ausdruck kommt, daß sich kapazitive Zellen handlicher Größe leichter für Optimalbereiche bei hohen Leitfähigkeiten anpassen lassen, wenn hohe Frequenzen gewählt sind.

Sollen Titrationen oder beliebige Reaktionen des Meßgutes kontinuierlich verfolgt werden, so ist eine automatische Registrierung der Meßgröße ohne weiteres möglich. Ricke [*50*] gelangte mit einem Titrimeter mit Direktfrequenzanzeige zu Schreiberdiagrammen mit besonders bequemer Auswertmöglichkeit. Allerdings muß der Zufluß der Maßlösung automatisch gesteuert und die Titriergeschwindigkeit der Reaktionskinetik angepaßt sein.

F. Ausführung von Hochfrequenztitrationen

Einer der hervorstechendsten Vorteile der Hochfrequenztitration ist die bereits erwähnte einfache Meßtechnik: Sowohl bei Messungen nach dem Blindkomponentenverfahren wie nach dem Wirkkomponentenverfahren ist letzten Endes lediglich eine Nachstellung erforderlich, die eine Abstimmung auf Resonanz bewirkt, nachdem diese durch einen Eingriff in der Meßzellenfüllung, beispielsweise bei Zugabe von Maßlösung, gestört wurde. Es handelt sich hier um eine Maßnahme, die üblicherweise in der Nachstellung eines Drehkondensators besteht, bis ein maximaler Ausschlag eines Meßzeigers erreicht ist. Die dabei erreichte Stellung des Meßzeigers dient dann als Maß für die Änderung der Wirkkomponente, die hierzu erforderliche Kapazitätsänderung entsprechend als Maß für die Blindkomponente. Zugabe von Maßlösung, Wiederherstellung der Resonanzlage und Ablesen der Kondensatorstellung oder der Stellung des Meßzeigers sind also die einzigen Maßnahmen, die bei Ausführung von Titrationen erfolgen müssen und auch rasche Titrationen ermöglichen.

Wird nach der Ausschlagmethode gemessen, so wird sogar von der Wiederherstellung der Resonanzlage nach Reagenzzugabe abgesehen und somit eine noch einfachere Meßtechnik erreicht: allein zu Beginn der Analyse wird hier auf Resonanz eingestellt, dann aber wird, ohne von einer Nachstellmöglichkeit Gebrauch zu machen, titriert und gleichzeitig die Abwanderung des Meßzeigers aus der Anfangsstellung verfolgt. Die Änderung der Zeigerstellung dient hier als Maß für die mit der Reaktion verbundenen Impedanzänderung, *ohne* daß auf Resonanz nachgestellt wird.

Große Meßempfindlichkeiten werden bei diesem Verfahren dann erreicht, wenn die anfängliche Resonanzeinstellung mit einer Zellfüllung möglichst großer oder möglichst niedriger Leitfähigkeit vorgenommen wird (vgl. Abb. 194), da andernfalls Kennkurven geringerer Hubhöhe und damit Titrationskurven mit flacherem Schnittwinkel resultieren.

G. Analytische Anwendungen der Hochfrequenztitration

Die heute nach einer etwa 15jährigen Entwicklung sehr zahlreichen, bekannt gewordenen rein analytischen Anwendungen lassen sich aus Abb. 197 entnehmen, in der diejenigen Elemente des periodischen Systems hervorgehoben sind, zu deren Bestimmung Vorschriften angegeben wurden und die in zusammengefaßter Übersicht in Tabelle 2 (S. 1335) enthalten sind, unabhängig davon, ob es sich im einzelnen um Fällungs-, Redoxtitration oder um komplexometrische Titrationen handelt. An Stelle des H-Atoms in Abb. 197 ist das Wasserstoffion zu setzen, um auch die in Tabelle 3 (S. 1338) zusammengestellten acidimetrischen Titrationen in wäßriger Lösung in diese Übersicht einzuordnen.

Von einer Wiedergabe der einzelnen Vorschriften kann abgesehen werden, da sie sich im wesentlichen mit der Ausführung konduktometrischer Titrationen decken und da sie bezüglich der verwendeten Konzentrationen und Absolutmengen

	1a	2a	3a	4a	5a	6a	7a	8a			1b	2b	3b	4b	5b	6b	7b	8b	
1	H																	He	2
2	Li	Be											B	C	N	O	F	Ne	8
3	Na	Mg	Al											Si	P	S	Cl	Ar	8
4	K	Ca	Sc	Ti	V	Cr	Mn	Fe	Co	Ni	Cu	Zn	Ga	Ge	As	Se	Br	Kr	18
5	Rb	Sr	Y	Zr	Nb	Mo	Tc	Ru	Rh	Pd	Ag	Cd	Jn	Sn	Sb	Te	J	Xe	18
6	Cs	Ba	ΣLa	Hf	Ta	W	Re	Os	Jr	Pt	Au	Hg	Tl	Pb	Bi	Po	At	Rn	32
7	Fr	Ra	ΣAc																32

ΣLa	La	Ce	Pr	Nd	Pm	Sm	Eu	Gd	Tb	Dy	Ho	Er	Tm	Yb	Lu
ΣAc	Ac	Th	Pa	U	Np	Pu	Am	Cm	Bk	Cf	E	Fm	Mv		

Abb. 197. Durch Titration mit Hochfrequenz analysierte Elemente (und Elementgruppen) des Periodischen Systems

an die Abmessungen der verwendeten Meßzellen, an deren Anpassung auf den Optimalbereich und damit auch an die verwendete Frequenz gebunden sind. Hierin liegt vor allem begründet, daß anfänglich zum Teil durchaus widersprechende Mitteilungen über die Leistungsfähigkeit der Methode bekannt wurden, wenn z. B. Messungen in gut angepaßten Meßzellen mit solchen in schlecht gewählten Meßzellen verglichen wurden oder — was gleichbedeutend ist — wenn der enge Zusammenhang der Titrationskurvengestalt mit dem Charakter der Kennkurven in Abb. **195** nicht richtig erkannt war.

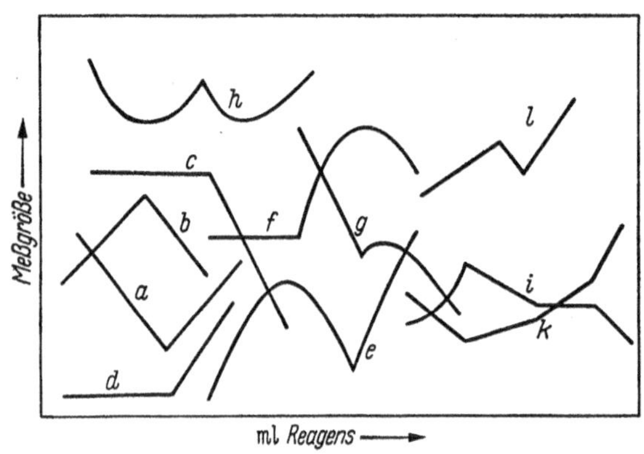

Abb. 198. Typische Titrationskurvenformen bei Analysen mit Hochfrequenz

Wird in guter Anpassung auf den Optimalbereich gemessen, so resultieren Titrationskurven (Abb. 198a—d), die denen der konduktometrischen nahezu gleichen, solange die mit der Titration verknüpften Leitfähigkeitsänderungen in die nahezu linearen Teilbereiche der Kennkurven für das verwendete Meßverfahren fallen, also im Optimalbereich liegen. Werden größere Leitfähigkeitsbereiche durchschritten, so sind Krümmungen der Titrationskurvenäste die Folge, die sogar Maxima und Minima aufweisen (Abb. 198e—g) können, wenn z. B. vor oder nach dem Äquivalenzpunkt das Maximum der Glockenkurve durchschritten, also nach einem Wirkkomponentenverfahren gemessen wird. Ist dies sowohl vor wie nach dem Äquivalenzpunkt der Fall, so resultiert eine Kurvenform, wie sie in Abb. 198h dargestellt ist. Vor Ausführung der Titrationen sollten daher zur Orientierung stets Kennkurven in der verwendeten Meßzelle und mit der zur Verfügung stehenden Apparatur aufgenommen werden. Erweist sich dann eine für die Analyse ungünstige Lage des Optimalbereiches, so kann durch Verdünnen der Lösung oder durch Zusatz eines indifferenten Elektrolyten, in gewissen Fällen also auch durch eine

Tabelle 2. *Analysen anorganischer Verbindungen mit Hochfrequenztitration*

Zu bestimmendes Ion	Reagenz	Literaturhinweis
Ag	NaCl	[*11, 22, 31, 35, 36, 52, 58, 67, 89*] [*99, 107, 123, 130, 155, 156, 158*]
	KCl	[*46, 63, 66, 67, 95, 106, 110, 114*] [*124, 133, 153, 158, 165*]
	KBr	[*114, 153, 160*]
	KJ	[*114, 130, 153, 160*]
	KCN	[*58, 63, 114, 119*]
	KCNS	[*35, 38, 87, 165, 166*]
	NH_4Cl	[*11*]
	NH_4CNS	[*66, 114, 166*]
	HCl	[*11*]
	Pikrinsäure	[*72*]
	Hexacyanoferrat(II)	[*113*]
	Hexacyanoferrat(III)	[*165*]
	Natriumtetraphenylbor	[*126*]
	Komplexon	[*74*]
	Mercaptobenzthiazol	[*114*]
	Bismuthiol II	[*114*]
Al	NaOH	[*49, 87*]
	$Ba(OH)_2$	[*157*]
	NaF	[*58*]
	Oxin	[*62*]
	Komplexon	[*74*]
	Kupferron	[*73*]
B	s. Tabelle 3	[*25*]
Ba	Na_2SO_4	[*11, 31, 121, 123, 125, 128, 135*] [*153, 155, 178*]
	K_2SO_4	[*30, 93, 107, 133*]
	$(NH_4)_2SO_4$	[*89*]
	$K_2Cr_2O_7$	[*67, 113*]
	Na-oxalat	[*125*]
	Komplexon	[*74, 137*]
	Phenylendiamin	[*72*]
Be	NaOH	[*23, 107*]
Br	$AgNO_3$	s. Ag und Pb
	$Hg(NO_3)_2$	
CO_2, CO_3^{--}	s. Tabelle 3	—
Ca	Na-oxalat	[*125*]
	NH_4-oxalat	[*113, 129*]
Bentonit	NaOH	[*108*]
	Komplexon	[*106*]
Illit	NaOH	[*108*]
Kaolinit	NaOH	[*108*]
Ce	NH_4-oxalat	[*113*]
	Komplexon	[*78*]
Cd	NaHS	[*104*]
	Äthylendiamin	[*71*]
	Phenylendiamin	[*72*]
	α-Naphthylamin	[*72*]
	Komplexon	[*74, 75, 107, 137*]
	Titangelb	[*72*]
Cl	$AgNO_3$	s. Ag und Pb
	$Hg(NO_3)_2$	

Tabelle 2. (Fortsetzung)

Zu bestimmendes Ion	Reagenz	Literaturhinweis
Co	NaCN Äthylendiamin Dimethylglyoxim α-Naphthylamin Komplexon Nitroso-R-Salz Dithizon	[*47*] [*47*] [*68, 134*] [*72*] [*74, 75, 107, 137*] [*70, 73, 78, 169*] [*169*]
Cr	Bleisalz Bariumsalz Dihydrophenacin	} siehe Ba und Pb [*160*]
Cu	NaHS Dimethylglyoxim Oxin Komplexon Hexacyanoferrat(II) Äthylendiamin Phenylendiamin Kupferron Salicylaldoxim α-Benzoinoxim Prikolonsäure Pikrinsäure Propylendiamin Nitrilotriessigsäure	[*104*] [*59, 169*] [*169*] [*33, 74, 75, 107, 137*] [*113*] [*71*] [*72*] [*73*] [*73, 78*] [*78*] [*72*] [*72*] [*110*] [*110*]
F	$AlCl_3$ $Th(NO_3)_4$ La-acetat	[*58*] [*64*] [*52, 107*]
Fe	$KMnO_4$ KCN Phenylendiamin Komplexon Oxin Glycin Kupferron Oxytetracyclin	[*95, 130, 175*] [*63*] [*72*] [*74, 78, 107, 137*] [*62*] [*162*] [*73*] [*84*]
Gd	Komplexon	[*78*]
H^+	s. Tabelle 3	—
Hg	NaCl KCl KJ KCN KCNS Komplexon Pikrinsäure Cu-Propylendiamin	[*34, 35, 38, 130, 133*] [*63*] [*87*] [*63*] [*36, 38, 127*] [*133*] [*72*] [*110*]
J	$Na_2S_2O_3$	[*178*], s. auch Ag und Hg
K	Natriumtetraphenylbor	[*110, 153*]
La	NaF Komplexon	[*52, 107*] [*78, 107*]
Li	HCl Pyridin	[*94*] [*70*]

Tabelle 2. (Fortsetzung)

Zu bestimmendes Ion	Reagenz	Literaturhinweis
Mg	Oxalat Seifenlösung Komplexon Phenylendiamin Titangelb	[*125*] [*97*] [*33, 74*] [*72*] [*72*]
Mn	$Fe(NH_4)_2(SO_4)_2$ Dimethylglyoxim Komplexon α, α'-Bipyridyl	[*95, 130, 178*] [*68, 134*] [*74, 75*] [*71*]
Mo	$Pb(No_3)_2$	[*153*]
NH_3	s. Tabelle 3	—
Nd	Komplexon	[*78*]
Ni	NaCN Dimethylglyoxim Äthylendiamin Salicylaldoxim Glycin Komplexon Oxin Dithizon Nitroso-R-Salz Pikrinsäure α, α'-Bipyridyl	[*47*] [*68, 73, 134, 169*] [*71*] [*73*] [*152*] [*74, 75, 107, 137*] [*169*] [*169*] [*169*] [*72*] [*71*]
OH^-	s. Tabelle 3	—
P	s. Tabelle 3	—
Pb	$K_2Cr_2O_7$ Molybdat Dimethylglyoxim Salicylaldoxim Komplexon Glycin Pikrolonsäure Pikrinsäure	[*113, 167*] [*153*] [*68, 134*] [*73*] [*74, 75, 107, 137*] [*152*] [*72*] [*72*]
Pr	Komplexon	[*78*]
S, SO_4^{--}	—	s. Pb und Ba
Sn	Kupferron	[*162*]
Sr	Phenylendiamin Pikrinsäure Kupferron	[*72*] [*72*] [*73*]
Th	KF Kaliumphosphat Oxalsäure Komplexon Nitrolotriessigsäure	[*30*] [*37*] [*36, 37, 65, 107*] [*19, 77, 107, 110, 163*] [*163*]
Ti	Cd-Salz Mg-Salz Kupferron	[*72*] [*72*] [*162*]

Tabelle 2. (Fortsetzung)

Zu bestimmendes Ion	Reagenz	Literaturhinweis
Tl	$K_2Cr_2O_7$	[*113*]
	Natriumtetraphenylbor	[*126, 175*]
	Komplexon	[*74*]
U	KH_2PO_4	[*133*]
	Natriumsalicylat	[*110*]
	Oxin	[*110*]
	Komplexon	[*76*]
V	Kupferron	[*162*]
Zn	NaHS	[*104*]
	Hexacyanoferrat(II)	[*135*]
	Dimethylglyoxim	[*73*]
	Oxin	[*62*]
	Komplexon	[*33, 74, 75, 107, 137*]
	Hydroxylamin	[*70*]
	Pikrinsäure	[*72*]
	Äthylentetramin	[*133*]
	α, α'-Bipyridyl	[*71*]
Zr	Kupferron	[*162*]

Tabelle 3. *Acidimetrische Hochfrequenztitrationen in wäßriger Lösung*

Säure	Base	Literaturhinweis
HCl	NaOH	[*22, 24, 25, 41, 58, 61, 65, 69, 87*] [*89, 93, 100, 107, 110, 119, 123*] [*124, 154, 155, 156*]
	KOH	[*178*]
	Na_2CO_3	[*67, 89, 95, 107*]
	NH_4OH	[*156*]
	Pyridin	[*11*]
H_2SO_4	NaOH	[*11, 22, 87, 154, 178*]
	Na_2CO_3	[*11, 52*]
	Na_3PO_4	[*11*]
	NH_3	[*170*]
H_3PO_4	NaOH	[*89, 95, 99, 119, 154, 158*]
H_3BO_3	NaOH	[*25*]
	NH_3	[*153*]
Essigsäure	NaOH	[*11, 99, 119, 156*]
	$Ba(OH)_2$	[*34*]
	NH_4OH	[*22, 41, 155, 156*]
Oxalsäure	NaOH	[*124*]
Pikrinsäure	NaOH	[*79*]
	Pyridin	[*136*]
	Chinolin	[*136*]
	Nicotin	[*136*]
	Strychnin	[*136*]
	Indol	[*136*]

Tabelle 3. (Fortsetzung)

Säure	Base	Literaturhinweis
Phthalsäure	NaOH	[*79*]
Benzoesäure	NaOH	[*120*]
Salicylsäure	NaOH	[*120*]
Weinsäure	NaOH	[*79, 120*]
Bernsteinsäure	NaOH	[*120*]
Malonsäure	NaOH	[*79*]
Phenol	LiOH	[*94*]
	NaOH	[*57*]
Kresol	LiOH	[*94*]
	NaOH	[*57*]
Chlorphenol	LiOH	[*94*]
Trichlorphenol	LiOH	[*94*]
Nitrophenol	LiOH	[*94*]
Hydrochinon	LiOH	[*94*]
Resorcin	LiOH	[*94*]
Brenzcatechin	LiOH	[*94*]
Phloroglucin	LiOH	[*94*]
Salicylaldehyd	LiOH	[*94*]
p-Oxybenzaldehyd	LiOH	[*94*]
Guajacol	LiOH	[*94*]
Vanillin	LiOH	[*94*]
Naphthol	LiOH	[*94*]
Acetylaceton	LiOH	[*94*]
Benzoylaceton	LiOH	[*94*]
Bernsteinsäureimid	LiOH	[*94*]
Phthalimid	LiOH	[*94*]

p_H-Änderung, erreicht werden, daß die Leitfähigkeit der Lösung im Äquivalenzpunkt im Optimalbereich liegt und Titrationskurven mit günstigen Schnittwinkeln erzielt werden, ohne daß ein Zellenwechsel erforderlich wäre. Wird geschickt angepaßt, dann lassen sich sogar Titrationen mehrbasischer Säuren so ausführen, daß sämtliche Äquivalenzpunkte aus einer einzigen Titration ablesbar sind, wenn die Äquivalenzpunktsleitfähigkeiten innerhalb der Optimalbereiche der Kennkurven liegen. So ist z. B. die Titration von Phosphorsäure mit drei Äquivalenzpunkten in einer einzigen Titrationskurve für Blind- und Wirkkomponentenverfahren beschrieben worden (Abb. 198i u. k). Entsprechend sind auch Simultantitrationen möglich, wie sie in Tabelle 4 aufgeführt sind.

Handelt es sich um die analytische Bestimmung von in Wasser unlöslichen Substanzen, so kommt der Methode die durch Abb. 196 beschriebene Empfindlichkeitssteigerung bei Titration in Lösungsmitteln niederer Dielektrizitätskonstante sehr zugute: Trotz der bei Titration in wasserfreier Lösung in der Regel geringen absoluten Leitfähigkeiten und trotz der oft nur geringen Leitfähigkeitsänderungen im Verlauf einer Titration werden hier ausgezeichnet auswertbare Schnittwinkel erhalten, die eine zuverlässige Analyse garantieren. Weiteste Anwendung fand hier die Titration in Eisesssig und in Methanol, dem zur Verbesserung der Schnittwinkel Benzol zugesetzt wird, da eine DK-Verminderung auch dann zur Verbesserung der Anpassung auf den Optimalbereich beitragen und die Steilheit der Kurvenäste erhöhen kann, wenn mit diesem Zusatz eine Leitfähigkeitsabnahme verbunden ist.

Die in wasserfreien Lösungen bekannt gewordenen Analysen sind zur Orientierung in Tabelle 5 zusammengefaßt. Titrationskurven in diesen Medien sind des öfteren durch einen zusätzlichen scheinbaren Äquivalenzpunkt ausgezeichnet (Abb. 198l), wenn im Verlauf der Titration das Löslichkeitsprodukt des Reaktionsproduktes überschritten wird, wie dies auch in wäßrigen, meist stark verdünnten Lösungen bei Fällungstitrationen beobachtet werden kann.

Tabelle 4. *Simultantitrationen mit Hochfrequenz*

Vorlage	Reagenz	Literaturhinweis
	a) *In wäßriger Lösung*	
$HCl + CH_3COOH$	NaOH	[41]
$NaOH + Na_2CO_3$	HCl	[89]
NaOH + Leucin	HCl	[102]
NaOH + Glycerin	HCl	
NaOH + Salicylat	HCl	
NaOH + Methionin + Na_2CO_3	HCl	
$Cl^- + SO_4^{2-}$	$AgNO_3$ + Ba-acetat	[31, 155]
	b) *In Eisessig*	
p-Toluidin + p-Nitroanilin	$HClO_4$	[112]
p-Toluidin + p-Aminobenzoesäure	$HClO_4$	
p-Toluidin + p-Aminoacetophenon	$HClO_4$	
p-Nitroanilin + p-Bromanilin	$HClO_4$	
p-Nitroanilin + p-Aminophenol	$HClO_4$	
p-Chloranilin + p-Bromanilin	$HClO_4$	
	c) *Kochersäure*	
Freies SO_2	$Ba(OH)_2$	[89]
Gebundenes SO_2		
Gesamt-SO_2		
Basenanteil		

Das für die Hochfrequenztitration typische Arbeiten mit Elektroden ohne Kontakt mit dem Meßgut ermöglicht auch dann einen störungsfreien Ablauf der Analyse, wenn es sich um instabile oder stark heterogene Systeme handelt, wie z. B. bei der Ca-Bestimmung in kolloidalen Bentonitsuspensionen (Tabelle 2), oder bei Lösungen von Jod in Pyridin [*180*], die sich an Elektroden leicht katalytisch zersetzen, oder bei einer Ca-Bestimmung in Schlacke, die sich nach MUSHA [*129*] innerhalb 10 min auf 1% genau durchführen läßt, wenn in Salzsäure gelöst, und die mit Ammoniak auf einen p_H-Wert von sechs eingestellte Lösung unbeschadet etwa ausgeschiedenem Siliciumdioxyd oder ausgefällten Eisenhydroxyds mit Ammoniumoxalat titriert wird. Ähnliche Verhältnisse liegen bei der Simultanbestimmung von Chlorid und Sulfat nach BIEN vor, die zugleich ein Beispiel für die Anwendung der Hochfrequenztitration zu Mikrobestimmungen darstellt, wie sie von TANAKA und NISHIGAI [*170*] für die Bestimmung von Ammoniak und für acidimetrische Titrationen von MASUI und KAMURA [*119*] beschrieben wurden. ISHIBASHI, FUJINAGA und MITAMURA [*89*] konnten zeigen, daß nur wenige µg Chlor als Chlorid je ml Lösung mittels Hochfrequenztitration auf 2% genau bestimmbar sind.

Den vorstehend geschilderten analytischen Anwendungen der Hochfrequenztitration als Titrationsmethode in der klassischen Maßanalyse steht eine Fülle von Anwendungen zur Seite (Tabelle 6), die mit einer Titration nichts mehr zu tun hat. Anwendungen, in denen vielmehr die Methode lediglich zur Anzeige von Impedanzänderungen herangezogen wird, gleichgültig, ob diese z. B. mit dem Ablauf einer chemischen Reaktion verknüpft sind, so daß reaktionskinetische Messungen ausführbar sind, oder ob Phasenänderungen angezeigt werden und somit eine von kalorimetrischen Effekten völlig freie Untersuchungsmethode für Zustandsdiagramme resultiert. Schließlich sind auch chromatographische Trennungen in der Säule oder auf Papier mittels Hochfrequenzdetektoren feststellbar, sogar auch dann, wenn es sich um ungefärbte Zonen und Flecken handelt, sofern nur Meßstrecken verwendet werden, die z. B. bei der Papierchromatographie anorganischer

Tabelle 5. *Acidimetrische Hochfrequenztitrationen in organischen Lösungsmitteln*

Lösungsmittel und Säure oder Base	analytische Substanz	Literaturhinweis
Eisessig — $HClO_4$	Kaliumhydrogenphthalat	[*11, 79, 123, 161, 173*]
	Kaliumacetat	[*123*]
	Kaliumzitrat	[*11*]
	Kaliumbenzoat	
	Kaliumtartrat	
	Natriumzitrat	
	Natriumbenzoat	
	Natriumsalicylat	
	Anilin	[*112, 173*]
	p-Anisidin	[*112*]
	p-Toluidin	[*79, 112, 173*]
	p-Chloranilin	[*112*]
	p-Bromanilin	
	Nitroaniline	[*52, 112*]
	p-Aminobenzoesäure	[*112*]
	p-Aminoacetophenon	
	Pyridin	[*52, 173*]
	Brucin	[*79*]
	Phenanthrolin	
	Diäthylamin	
	β-Naphthylamin	
	o-Phenylendiamin	[*52, 79*]
	Äthylendiamin	[*79*]
	Phenacin	[*52, 161*]
	Oxyphenacin	[*161*]
	Naphthophenacin	
	Naphthooxyphenacin	
	Diphenylamin	[*173*]
	Benzidin	[*52*]
	Chinoxalin	[*52, 109*]
	Dimedon	[*109*]
	Hexamethylentetramin	
	p-Nitrophenol	
	Sulfanilamid	[*11*]
	Sulfaguanidin	
	Sulfathiazol	
	Tetraalkylammoniumsalze	[*109*]
Eisessig — $NaOCH_3$	Oxin	[*52*]
Eisessig — $K_2Cr_2O_7$	Dihydrophenacin	[*160*]
Eisessig — ÄDTA	Oxytetracyclin	[*84*]
Eisessig — Benzochinon	Dihydrophenacin	[*160*]
Methanol — $LiOCH_3$ und Methanol — $KOCH_3$	Maleinsäure	[*118*]
	Fumarsäure	
	Malonsäure	
	Bernsteinsäure	
	Adipinsäure	
	Apfelsäure	
	Glutarsäure	
	Dimethylglutarsäure	
	Weinsäure	
	Phthalsäure	
Methanol — H_3BO_3	Dimethylamin	[*67*]

Tabelle 5. (Fortsetzung)

Lösungsmittel und Säure oder Base	analytische Substanz	Literaturhinweis
Methanol-Benzol-Gemisch und $NaOCH_3$	Essigsäure	[90]
	Glutarsäure	[90, 117]
	Sebacinsäure Thapsinsäure	[117]
	Benzoesäure	[90, 117]
	Adipinsäure Acelainsäure Dodecandicarbonsäure Hexadecandicarbonsäure	[117]
	Malonsäure	[90, 117]
	Dimethylmalonsäure Methylglutarsäure Dimethylglutarsäure	[117]
	Bernsteinsäure Apfelsäure Weinsäure	[90, 117]
	Zitronensäure	[117]
	Maleinsäure	[90, 117]
	Acetylendicarbonsäure	[117]
	Phthalsäure	[90, 117]
	Methylhomophthalsäure Diphensäure	[117]
	Camphersäure	[90, 117]
	Dinitrosalicylsäure	[117]
	Anthranilsäure	[90, 133]
	Salicylsäure Oxalsäure Fumarsäure Glutarsäureanhydrid Borsäure o-Nitrophenol Kaliumhydrogenphthalat Phthalsäureanhydrid	[90]
Methanol-Benzol-Gemisch und $KOCH_3$	Phenol Kresole Naphthole 2-Retenol Brenzcatechin Resorcin Hydrochinon Pholoroglucin Pyrogallol	[103]
Methanol-Benzol-Gemisch und $N(C_4H_9)_4OH$	H_2SO_4 Essigsäure Dichloressigsäure Bromessigsäure Mandelsäure Zitronensäure Benzoesäure Fumarsäure Malonsäure	[159]
Pyridin — alkoholische KOH	Benzoesäure Propionsäure Zitronensäure Milchsäure Weinsäure Bernsteinsäure	[79]

Tabelle 5. (Fortsetzung)

Lösungsmittel und Säure oder Base	analytische Substanz	Literaturhinweis
Pyridin — alkoholische NaOH	Phenol Borsäure	[*120*]
Pyridin — $N(C_4H_9)_4OH$	Phosphorsäure Phenol Zitronensäure Maleinsäure Bernsteinsäure	[*159*]
Dimethylformamid — $NaOCH_3$	$HClO_4$ NH_4Br NH_4J Kaliumhydrogenphthalat Borsäure Benzoesäure Salicylsäure Toluolsulfonsäure o-Nitrophenol	[*51*]
Äthylalkohol — NaOH	Benzoesäure Phthalsäure	[*120*] [*61*]

Tabelle 6. *Anwendungen der Hochfrequenztitration als Untersuchungsmethode*

Anwendungsbereich	Untersuchungen über	Literaturhinweis
Maßanalyse	chemische Äquivalenzen	s. Tabelle 2 bis 5
Reaktionskinetik	Verseifungsgeschwindigkeit Veresterungsgeschwindigkeit Hydrolysiergeschwindigkeit Polymerisationen Autoxydationen Diffusionsvorgänge Zerfallsreaktionen Kristallisationsgeschwindigkeit Auflösungsgeschwindigkeit Sedimentationen Photochemische Umsetzungen	[*32, 55, 59, 96, 172*] [*27*] [*39, 54*] [*115*] [*141, 150*] [*1, 40*] [*144, 145*] [*26, 53*] [*29*] [*101*] [*92*]
Phasenanalyse	Schmelzvorgänge Kristallisation Auflösung von Salzen Entmischungen Phasenumwandlungen Zustandsdiagramme Heterogenreaktionen	[*48, 174*] [*29, 84, 174*] [*29*] [*45, 174*] [*20, 174*] [*48, 174*] [*20*]
Chromatographie an Säulen auf Papier	Trennungen in farblose Zonen Austauschmechanismen Trennung von Ionen	[*28, 98, 111, 122, 176*] [*85, 86*] [*42, 43, 44, 80, 81, 142, 143*]
DK-Metrie	binäre und ternäre flüssige und feste Systeme Wassergehaltsbestimmungen in flüssigen und festen Substanzen Strukturanalyse Alterung von Ölen	[*148*] [*148*] [*148, 177*] [*141, 142*]

Tabelle 6. (Fortsetzung)

Anwendungsbereich	Untersuchungen über	Literaturhinweis
Leitfähigkeitsmessung	Reinheitsprüfung	[*6*]
	Konstanz von Zusammensetzungen	[*1, 139*]
Technik	Zerstörungsfreie Werkstoffprüfung	[*60*]
	Überwachung von Produktionen	[*21, 56, 57, 132, 149, 171*]
	Regelung von Reaktionsabläufen	[*45*]
	Prüfung von Fertigprodukten	[*179*]
	Niveauhaltung	[*10*]
	Kontrolle von Temperatur oder Druck	[*83*]
	Kontrolle von Schüttgütern	[*10, 168*]

Ionen vorzugsweise auf Leitfähigkeitsänderungen ansprechen, oder bei der Säulenchromatographie speziell zur Beobachtung von DK-Änderungen ausgelegt sind. Auch Reaktionsmechanismen an Austauschersäulen sind mit dieser Methode geklärt worden. Schließlich ist durch den Zusammenhang von Impedanz und DK der Meßstrecke auch das gesamte Gebiet der DK-Metrie mit dieser Methode zugänglich, worauf hier im einzelnen nicht eingegangen werden soll.

Es versteht sich von selbst, daß analog zu DK-Messungen auch absolute Leitfähigkeitsbestimmungen möglich sind, wenn wie in der DK-Metrie auf Eichmessungen aufgebaut wird, oder wenn lediglich auf Einhaltung bestimmter Absolutwerte geprüft werden soll, wie z. B. bei Reinheitsprüfungen oder bei der Kontrolle der Fabrikation von Gemischen, Messungen, die übrigens auch anaerob, z. B. in verschlossenen Ampullen, durchführbar sind und auf die Anwendbarkeit der Methode bei Untersuchung biologisch oder biochemisch interessanter Systeme hinweisen [*105, 138, 140, 144—146, 151, 164*]. Im übrigen bietet die Abhängigkeit der Impedanz von einem jeden Eingriff in das Kraftfeld einer Meßstrecke der Anwendbarkeit der Methode weitesten Spielraum, vor allem, wenn nicht allein Impedanzänderungen auf Grund chemischer Reaktionen oder physikalischer Erscheinungen, sondern wenn auch rein mechanische Veränderungen im Kraftfeld der Meßzelle messend verfolgt werden, ein Anwendungsbereich, der vor allem die Technik für Zwecke der Überwachung und Regelung interessiert.

Literatur

A. Buchbeiträge und neue zusammenfassende Beiträge zur Hochfrequenztitration

[*1*] ALLEN, J., E. T. GEDDES u. R. E. STUCKEY: High-Frequency Titrations in Pharmaceutical Analysis. J. Pharmacy Pharmacol. Bd. 8 (1956) S. 956.

[*2*] BERL, W. G.: Physical Methods in Chemical Analysis. Kapitel von W. J. BLAEDEL u. D. L. PETTITJEAN: High Frequency Methods in Chemical Analysis Bd. III. New York: Academic Press, Inc. 1956.

[*3*] BLAKE, G. G.: Conductometric Analysis at Radio-Frequency. London: Chapman & Hall, Ltd. 1950.

[*4*] CHARLOT, G.: Modern Electroanalytical Methods. New York: Elsevier Publ. Co. 1958.

[*5*] CRUSE, K.: Anwendung der Hochfrequenztitration in der analytischen Chemie. Experimentia Suppl. Bd. V (1956) S. 107.

[*6*] CRUSE, K.: Die Hochfrequenztitration. Chem. Rdsch. (1958) Nr. 18.

[*7*] CRUSE, K.: Hochfrequenztitration, in: Ullmanns Encyklopädie der technischen Chemie, 3. Aufl., Bd. II/1. München: Urban & Schwarzenberg (im Druck).

[*8*] CRUSE, K.: Theorie und Technik der Hochfrequenztitration. Dechema-Monographie Bd. 31 (1959) S. 99.

[*9*] CRUSE, K., u. R. HUBER: Hochfrequenztitration. Monographie 69 zu Angew. Chem. und Chem.-Ing.-Techn. Weinheim: Verlag Chemie 1957.

[*10*] CRUSE, K., u. B. RICKE: Messungen bei hohen Frequenzen. Paris: Techniques de l'Ingenieur (im Druck).

[11] Delahay, P.: New Instrumental Methods in Electrochemistry, Kapitel 15: High Frequency Methods. New York: Interscience Publ., Inc. 1954.
[12] Delahay, P.: Instrumental Analysis. New York: McMillan Co. 1957.
[13] Harley, J. H., u. S. E. Wiberley: Instrumental Analysis, Kapitel 18: High Frequency Methods. New York: John Wiley & Sons 1954.
[14] Oehme, F.: Anwendungsmöglichkeiten der Hochfrequenztechnik in der analytischen Chemie. Analytica chim. Acta Bd. 18 (1958) S. 155.
[15] Oehme, F.: Neue Methoden elektrodenloser Leitfähigkeits-Messungen in der Chemie und Mikrobiologie. Chem.-Ing.-Techn. Bd. 29 (1957) S. 258.
[16] Samitow, Y. Y.: Eine Q-Messung als analytische Methode (russ.). J. analyt. Chem. (russ.) Bd. 11 (1956) S. 149.
[17] Tarnay, K., u. E. Juhasz: Theorie der Konzentrationsbestimmung mittels Hochfrequenz (engl.). Periodica Polytechn. Bd. 2 (1958) S. 275.
[18] Willard, H. H., L. L. Merrit jr. u. J. A. Dean: Instrumental Methods of Analysis, 3. Aufl. New York: v. Nostrand Co., Inc. 1958.
[19] Zarinskii, W. A., u. J. R. Mandelsberg: Hochfrequenztitration (russ.). Betriebs-Lab. (russ.) Bd. 22 (1956) S. 262.
[20] Cruse, K.: Wechselstrommethoden in der Chemie mit besonderer Berücksichtigung der Hochfrequenztitration. Chimia Bd. 14 (1960) S. 97.

B. Literaturzitate

[21] Abele, E., u. H. Bolnig: D. Pat. 853836 v. 3. 3. 1951, ausgeg. 27. 10. 1952.
[22] Anderson, K., E. S. Bettis u. D. Revinson: Analytic. Chem. Bd. 22 (1950) S. 743.
[23] Anderson, K., u. D. Revinson: Analytic. Chem. Bd. 22 (1950) S. 1272.
[24] Arditti, R., u. P. Heitzmann: Compt. rend. Bd. 229 (1949) S. 44.
[25] Arvia, A. J., u. P. H. Brodersen: Z. physik. Chem. N. F. Bd. 6 (1956) S. 381.
[26] Asada, T.: J. electrochem. Assoc. Japan Bd. 22 (1954) S. 171.
[27] Axtmann, R. C.: Analytic. Chem. Bd. 24 (1952) S. 783.
[28] Baumann, F., u. W. J. Blaedel: Analytic. Chem. Bd. 28 (1956) S. 2.
[29] Bertram, R.: Diplomarb. Univ. Göttingen 1957.
[30] Bever, R. J., C. E. Crouthamel u. H. Dichl: Iowa State Coll. J. Sci. Bd. 23 (1949) S. 289.
[31] Bien, G. S.: Analytic. Chem. Bd. 26 (1954) S. 909.
[32] Blaedel, W. J., T. S. Burkhalter, D. G. Flom, G. Hare u. F. W. Jensen: Analytic. Chem. Bd. 24 (1942) S. 198.
[33] Blaedel, W. J., u. H. T. Knight: Analytic. Chem. Bd. 26 (1954) S. 743.
[34] Blaedel, W. J., u. H. V. Malmstadt: Analytic. Chem. Bd. 22 (1950) S. 734.
[35] Blaedel, W. J., u. H. V. Malmstadt: Analytic. Chem. Bd. 22 (1950) S. 1410.
[36] Blaedel, W. J., u. H. V. Malmstadt: Analytic. Chem. Bd. 22 (1950) S. 1413.
[37] Blaedel, W. J., u. H. V. Malmstadt: Analytic. Chem. Bd. 23 (1951) S. 471.
[38] Blaedel, W. J., u. H. V. Malmstadt: Analytic. Chem. Bd. 24 (1952) S. 455.
[39] Blaedel, W. J., u. D. L. Petitjean: Analytic. Chem. Bd. 31 (1959) S. 1958.
[40] Blake, G. G.: J. sci. Instruments Bd. 24 (1947) S. 77.
[41] Blake, G. G.: Analyst (London) Bd. 75 (1950) S. 32.
[42] Blake, G. G.: Analytica chim. Acta [Amsterdam] Bd. 13 (1955) S. 562.
[43] Blake, G. G.: Chem. Ind. 1955, S. 701.
[44] Blake, G. G.: Analytica chim. Acta [Amsterdam] Bd. 14 (1956) S. 329.
[45] Broadhurst, J. W.: J. sci. Instruments Bd. 21 (1944) S. 108.
[46] Clayton, J. C., J. F. Hagel, W. M. McNabb u. G. L. Ssconable: Analytica chim. Acta [Amsterdam] Bd. 13 (1955) S. 487.
[47] Critchfield: Thesis, West-Virginia University 1951.
[48] Cruse, K.: Z. Elektrochem. Bd. 61 (1957) S. 1123.
[49] Cruse, K., u. G. Nettesheim: Z. analyt. Chem. Bd. 152 (1956) S. 19.
[50] Cruse, K., B. Ricke u. R. Huber: Forschungsber. Nr. 309. Opladen: Westdeutscher Verlag 1956.
[51] Dean, J. A., u. C. Cain jr.: Analytic. Chem. Bd. 27 (1955) S. 212.
[52] Dowdall, J. P., D. V. Sinkinson u. H. Stretch: Analyst Bd. 80 (1955) S. 491.
[53] Duke, F. R., R. J. Bever u. H. Dichl: Iowa State Coll. J. Sci. Bd. 23 (1949) S. 297.
[54] Elving, P. J.: Trans. Faraday Soc. Bd. 17 (1954) S. 156.
[55] Elving, P. J., u. J. Lakritz: J. Amer. chem. Soc. Bd. 77 (1955) S. 3217.
[56] Erschow, B. J., V. L. Pokrowskaja, V. A. Zarinski u. D. J. Koschkin: J. analyt. Chem. (russ.) Bd. 11 (1956) S. 139.
[57] Erschow, B. P., V. L. Pokrowskaja, V. A. Zarinski u. D. J. Koschkin: Chem. Ind. (russ.) 1957, S. 106.
[58] Finston, H. L., u. S. L. Kramer: Quart. Progr. Rep. Brookhaven Nat. Lab. Bd. 117 (1951) S. 63.

[59] Flom, D. G., u. P. J. Elving: Analytic. Chem. Bd. 25 (1953) S. 541.
[60] Förster, F.: Aluminium Bd. 30 (1954) S. 511.
[61] Gaumann, T., J. Hoigne u. H. H. Günthard: Helv. chim. Acta Bd. 42 (1959) S. 426.
[62] Goto, H., u. E. T. Hirayama: J. chem. Soc. Japan Bd. 73 (1952) S. 656.
[63] Goto, H., E. T. Hirajama u. S. Suzuki: J. chem. Soc. Japan Bd. 74 (1953) S. 216.
[64] Grant, C. L., u. H. M. Haendler: Analytic. Chem. Bd. 28 (1956) S. 415.
[65] Hall, J. L.: Analytic. Chem. Bd. 24 (1952) S. 1244.
[66] Hall, J. L., u. J. A. Gibson: Analytic. Chem. Bd. 23 (1953) S. 966.
[67] Hall, J. L., J. A. Gibson, H. O. Phillips u. F. E. Chritschfield: J. chem. Educat. Bd. 31 (1954) S. 54.
[68] Hall, J. L., J. A. Gibson, P. R. Wilkinson u. H. O. Phillips: Analytic. Chem. Bd. 26 (1954) S. 1484.
[69] Hamme, H. W., E. L. Grove u. J. L. Kassner: J. chem. Physics Bd. 22 (1954) S. 944.
[70] Hara, R.: J. pharmac. Soc. Japan Bd. 71 (1951) S. 1122.
[71] Hara, R.: J. pharmac. Soc. Japan Bd. 71 (1951) S. 1128.
[72] Hara, R.: J. pharmac. Soc. Japan Bd. 71 (1951) S. 1134.
[73] Hara, R.: J. pharmac. Soc. Japan Bd. 71 (1951) S. 1140.
[74] Hara, R., u. P. W. West: Analytica chim. Acta [Amsterdam] Bd. 11 (1954) S. 264.
[75] Hara, R., u. P. W. West: Analytica chim. Acta [Amsterdam] Bd. 12 (1955) S. 72.
[76] Hara, R., u. P. W. West: Analytica chim. Acta [Amsterdam] Bd. 12 (1955) S. 285.
[77] Hara, R., u. P. W. West: Analytica chim. Acta [Amsterdam] Bd. 13 (1955) S. 189.
[78] Hara, R., u. P. W. West: Analytica chim. Acta [Amsterdam] Bd. 14 (1956) S. 280.
[79] Hara, R., u. P. W. West: Analytica chim. Acta [Amsterdam] Bd. 15 (1956) S. 193.
[80] Hashimoto, Y., u. J. Mori: J. pharmac. Soc. Japan Bd. 72 (1952) S. 1532.
[81] Hashimoto, Y., u. J. Mori: Nature [London] Bd. 172 (1953) S. 542.
[82] Heric, E. L.: Chemist-Analyst Bd. 48 (1959) S. 31.
[83] Hinkelmann, H.: Z. angew. Physik Bd. 9 (1957) S. 505.
[84] Hochmann, K., u. J. Bayer: Z. analyt. Chem. Bd. 166 (1959) S. 88.
[85] Honda, M.: J. chem. Soc. Japan Bd. 73 (1952) S. 529.
[86] Honda, M., u. A. Tadano: Jap. Analyst Bd. 2 (1953) S. 456.
[87] Huber, R.: Diplomarbeit T. H. Aachen 1953.
[88] Huber, O., u. W. Moerler: Svensk Papperstidn. Bd. 62 (1959) S. 785.
[89] Ishibashi, M., T. Fujinaga u. M. Mitamura: Bull. Inst. chem. Res., Kyoto Univ. Bd. 25 (1951) S. 24 u. 57.
[90] Ishidate, M., u. M. Masui: J. pharmac. Soc. Japan Bd. 73 (1953) S. 487.
[91] Ishidate, M., u. M. Masui: Pharmac. Bull. Japan Bd. 2 (1954) S. 50.
[92] Ishii, K., S. Hayashi u. S. Fujiwara: Analytic. Chem. Bd. 31 (1959) S. 1586.
[93] Ishikawa, T., u. K. Ishikawa: J. chem. Soc. Japan, ind. Chem. Sect. Bd. 61 (1958) S. 153.
[94] Jamieson, G. R.: J. appl. Chem. Bd. 9 (1959) S. 209.
[95] Jensen, F. W., u. A. L. Parrack: Ind. Engng. Chem., analyt. Edit. Bd. 18 (1946) S. 595.
[96] Jensen, F. W., G. M. Watson u. J. B. Beckham: Analytic. Chem. Bd. 23 (1951) S. 1770.
[97] Jensen, F. W., G. M. Watson u. L. G. Vela: Analytic. Chem. Bd. 23 (1951) S. 1327.
[98] Johansson, G., K. J. Karrman u. A. Norman: Analytic. Chem. Bd. 30 (1958) S. 1397.
[99] Johnson, A. H., u. A. Timnick: Analytic. Chem. Bd. 28 (1956) S. 889.
[100] Johnson, A. H., u. A. Timnick: Analytic. Chem. Bd. 30 (1958) S. 1324.
[101] Jottrand, R.: Chem. Engng. Sci. Bd. 1 (1951) S. 81.
[102] Kamura, Y.: J. Japan Chem. Bd. 6 (1952) S. 771.
[103] Karrman, K. J., u. G. Johansson: Mikrochim. Acta 1956, S. 1573.
[104] Kikuchi, T., A. Yamada u. K. Nakano: Jap. Analyst Bd. 6 (1957) S. 658.
[105] Koltke, F., u. H. Woratz: Z. Naturforsch. Bd. 5b (1950) S. 441.
[106] Kupka, F., u. W. H. Slabaugh: Analytic. Chem. Bd. 29 (1957) S. 845.
[107] Kyte, V., u. A. J. Vogel: Analyst [London] Bd. 84 (1959) S. 647.
[108] Lai, T. M., M. M. Mortland u. A. Timnick: Soil Sci. Bd. 83 (1957) S. 359.
[109] Lane, E. S.: Analyst [London] Bd. 80 (1955) S. 675.
[110] Lane, E. S.: Analyst [London] Bd. 82 (1957) S. 406.
[111] Laskowski, D. E., u. R. E. Putscher: Analytic. Chem. Bd. 24 (1952) S. 965.
[112] Lippincott, W. T., u. A. Timnick: Analytic. Chem. Bd. 28 (1956) S. 1690.
[113] Majumandar, A. K., u. B. K. Mitra: Analytica chim. Acta [Amsterdam] Bd. 21 (1959) S. 29.
[114] Majumdar, A. K., u. A. K. Mukherjee: Analytica chim. Acta [Amsterdam] Bd. 20 (1959) S. 511.
[115] Majury, T. G., u. W. H. Melville: Proc. Roy. Soc., Ser. A, Bd. 205 (1951) S. 496.
[116] Masui, M.: J. pharmac. Soc. Japan Bd. 73 (1953) S. 1011.
[117] Masui, M.: J. pharmac. Soc. Japan Bd. 76 (1956) S. 1109.
[118] Masui, M., u. Y. Ban: J. pharmac. Soc. Japan Bd. 77 (1957) S. 1111.
[119] Masui, M., u. Y. Kamura: J. pharmac. Soc. Japan Bd. 71 (1951) S. 705.

[120] MASUI, M., u. Y. KAMURA: J. pharmac. Soc. Japan Bd. 71 (1951) S. 1194.
[121] MILLNER, O. J.: Analytic. Chem. Bd. 24 (1952) S. 1247.
[122] MONAGHAN, P. H., P. B. MOSELEY, T. S. BURKHALTER u. O. K. NANCE: Analytic. Chem. Bd. 24 (1952) S. 193.
[123] MORPAIN, R., u. S. COURTECUISSE: Chim. analytique Bd. 41 (1959) S. 290.
[124] MUKHERJEE, S. N.: Sci. and Cult. Bd. 23 (1957) S. 53.
[125] MUKHERJEE, S. N., P. K. BHATTACHARJEE u. A. S. BHATTACHARJEE: Sci. and Cult. Bd. 25 (1959) S. 153.
[126] MUKHERJEE, A. K., u. R. B. SANT: Analytic. Chem. Bd. 31 (1959) S. 608.
[127] MUKHERJEE, A. K., u. B. R. SANT: Analytica chim. Acta [Amsterdam] Bd. 20 (1959) S. 259.
[128] MUSHA, S.: Sci. Rep. Res. Inst. Tohoku Univ., Ser. A, Bd. 4 (1952) S. 525.
[129] MUSHA, S.: Nippon Kinzoku Gakkashai A Bd. 14 (1950) S. 70.
[130] MUSHA, S., M. ITO u. M. TAKEDA: J. chem. Soc. Japan Bd. 73 (1952) S. 482.
[131] MUSHA, S., u. M. TAKEDA: Jap. Analyst Bd. 5 (1956) S. 459.
[132] MUSHA, S., u. M. TAKEDA: J. chem. Soc. Japan, ind. Chem. Sect. Bd. 61 (1958) S. 1143.
[133] NAKAMURA, N.: Jap. Analyst Bd. 4 (1955) Bd. 345.
[134] NAKANO, K., R. HARA u. K. YASHIRO: Analytic. Chem. Bd. 26 (1954) S. 636.
[135] NAKANO, K., H. TADANO u. Y. OHIRA: Jap. Analyst Bd. 7 (1958) S. 79.
[136] NEBE, E.: Pharmazie Bd. 14 (1959) S. 510.
[137] NOGAMI, H., u. F. NAKAGAWA: J. pharmac. Soc. Japan Bd. 75 (1955) S. 1289.
[138] OEHME, F.: Naturwissenschaften Bd. 41 (1954) S. 327.
[139] OEHME, F.: Chem. Techn. Bd. 7 (1955) S. 704.
[140] OEHME, F.: Z. Naturforsch. Bd. 10b (1955) S. 725.
[141] OEHME, F.: Naturwissenschaften Bd. 42 (1955) S. 14.
[142] OEHME, F.: Chemiker-Ztg. Bd. 80 (1956) S. 162.
[143] OEHME, F.: Z. analyt. Chem. Bd. 150 (1956) S. 93.
[144] OEHME, F.: Naturwissenschaften Bd. 44 (1957) S. 620.
[145] OEHME, F.: Chem.-Ing.-Techn. Bd. 9 (1957) S. 258.
[146] OEHME, F.: Analytica chim. Acta [Amsterdam] Bd. 18 (1958) S. 155.
[147] OEHME, F.: Chem.-Ing.-Techn. Bd. 30 (1958) S. 521.
[148] OEHME, F.: Dielektrische Meßmethoden. Weinheim: Verlag Chemie 1958.
[149] OEHME, F.: Chemiker-Ztg. Bd. 83 (1959) S. 83.
[150] OEHME, F.: Fette · Seifen · Anstrichmittel Bd. 61 (1959) S. 363.
[151] OEHME, F., W. GEBLER u. H. ZIMMERMENN: Pharmazie Bd. 10 (1955) S. 532.
[152] OKABAYASHI, H., K. NAKANO u. S. FUJIWARA: Rep. Radiation Chem. Res. Bd. 4 (1949) S. 23.
[153] OOSTING, M.: Chem. Weekbl. Bd. 52 (1956) S. 665.
[154] POKORNY, J.: Chem. Listy Bd. 53 (1959) S. 1141.
[155] PUNGOR, E., u. L. LALAZS: Mikrochim. Acta 1960, S. 118.
[156] PUNGOR, E., u. K. HUBER: Z. analyt. Chem. Bd. 154 (1957) S. 1.
[157] PUNGOR, E., u. E. E. ZAPP: Egypt. J. Chem. Bd. 2 (1959) S. 81.
[158] RICCA, B., u. A. BELLOMO: Ann. Chimica Bd. 45 (1955) S. 1217.
[159] RIOLO, C. B., u. A. F. NOTARIANNI: Ann. Chimica Bd. 48 (1958) S. 1311.
[160] RIOLO, C. B., u. E. MARCON: Ann. Chimica Bd. 46 (1956) S. 1121.
[161] RIOLO, C. B., u. E. MARCON: Ann. Chimica Bd. 46 (1956) S. 528.
[162] RIOLO, C. B., u. T. SOLDI: Ann. Chimica Bd. 48 (1958) S. 422.
[163] RYABSCHIKOW, D. J., u. V. K. BELJAEWA: J. analyt. Chem. (russ.) Bd. 12 (1957) S. 166.
[164] SAHA, K., u. S. N. CHAUDHURI: Naturwissenschaften Bd. 45 (1958) S. 466.
[165] SAMITOW, Y. Y., u. V. M. GOROKOWSKI: J. analyt. Chem. (russ.) Bd. 11 (1956) S. 621.
[166] SANT, B. R., u. A. K. MUKHERJEE: Analytica chim. Acta [Amsterdam] Bd. 20 (1959) S. 124.
[167] SANYER, D. T., u. P. S. FARRINGTON: Analytic. Chem. Bd. 29 (1957) S. 1688.
[168] SCHMIDT, F. I.: Analytic. Chem. Bd. 29 (1957) S. 1060.
[169] TAKIURA, K., M. MASUI u. T. WATANABE: Jap. Analyst Bd. 6 (1957) S. 700.
[170] TANAKA, N., u. M. NISHIGAI: Rep. Radiation Lab. Bd. 6 (1952) S. 131.
[171] THOMAS, B. W., F. J. FAEGIN u. G. W. WINSON: Analytic. Chem. Bd. 23 (1951) S. 1750.
[172] Z. Dalla Venezia, Contrib. Teor. Sperim. Polarografia Bd. 2 (1956) S. 383.
[173] WAGNER, W. F., u. W. B. KAUFMANN, Analytic. Chem. Bd. 25 (1953) S. 538.
[174] WEBER, TH., u. K. CRUSE: Z. analyt. Chem. Bd. 166 (1959) S. 333.
[175] WEISS, A. R., u. A. F. JEWINSCH: Ž. analyt. Chem. (russ.) Bd. 14 (1959) S. 143.
[176] WEST, P. W., T. ROBICHAUX u. T. S. BURKHALTER: Analytic. Chem. Bd. 23 (1951) S. 1625.
[177] WOLF, S.: Chemiker-Ztg. Bd. 88 (1956) S. 552.
[178] ZARINSKI, A., u. D. J. KOSCHKIN: J. analyt. Chem. (russ.) Bd. 9 (1954) S. 29.
[179] ZARINSKI, A., u. D. J. KOSCHKIN: J. analyt. Chem. (russ.) Bd. 13 (1958) S. 289.
[180] KORTÜM, G., u. H. WILSKI: Z. physik. Chem. Bd. 202 (1953) S. 35.

Kapitel 59

Spektrochemische Analyse*

Inhalt

---

*	1. Auflage	2. Auflage
Bearbeiter:	**Kaiser, Fischer, Laqua**	**Fischer, Schmidt, W.**
Mitarbeiter:	**Balz, Janssen, Koehler, Leutwein, v. Vogel, Werner, Zettler**	**Ipawitz, Steuer, Werner**

Vorbemerkung

In einem Buch über die Betriebsanalysen der Metalle müßten heute bereits die spektrochemischen Methoden einen beträchtlichen Raum einnehmen, denn sie haben sich gerade in den letzten zwei Jahrzehnten in immer stärkerem Maße in den Industrielaboratorien eingeführt. Dies gilt vor allem für das hochindustrialisierte Ausland. Bei dem Versuch, diese Dinge im Rahmen des vorliegenden Buches unterzubringen, haben sich die Bearbeiter in einer schwierigen Lage befunden. In Deutschland, das anfänglich eine führende Stellung einnahm, war nämlich die Entwicklung der spektrochemischen Methoden und ihre Einbürgerung infolge der unglücklichen Verhältnisse der Kriegs- und Nachkriegszeit in starkem Rückstand gegenüber dem Ausland. Viele persönliche Erfahrungen auf diesem Gebiet sind verlorengegangen, Laboratorien und Einrichtungen waren zerstört und sind erst allmählich wiederaufgebaut worden. Seit Erscheinen der letzten Auflage vor 5 Jahren wurde jedoch in Deutschland der Rückstand stark aufgeholt und durch Inbetriebnahme zahlreicher automatischer Spektralapparate in den Betriebslaboratorien der Anschluß an die Produktionskontrollverfahren des Auslandes hergestellt. Eine Zusammenstellung der besten, augenblicklich bekannten spektrochemischen Arbeitsmethoden zu geben, ist im Rahmen der Überarbeitung dieses Kapitels ebenso wenig möglich, wie dies bei der ursprünglichen Fassung möglich war. Es wird deshalb für das Gebiet der Spektrochemie ein anderer Weg eingeschlagen als in den übrigen Teilen dieses Buches. In einem einleitenden Text wird versucht, die wesentlichen Gesichtspunkte darzustellen, die man bei der Ausrüstung der Laboratorien und bei der Ausführung spektrochemischer Analysen auf dem Metallgebiet beachten muß. Manches, was sich in jeder zusammenfassenden Darstellung findet, wird nur kurz behandelt, dagegen werden Dinge, die im allgemeinen weniger bekannt sind, ausführlicher dargestellt. Auf die Beschreibung handelsüblicher Instrumente des In- und Auslandes wird im allgemeinen verzichtet. Dafür wurde herausgearbeitet, welche Forderungen der Benutzer an die Instrumente stellen muß, damit eine echte Urteilsbildung möglich wird. Die Literaturangaben beanspruchen nicht, vollständig zu sein; sie wollen lediglich Hinweise geben, in welchen Veröffentlichungen sich der Leser über die angeschnittenen Fragen weiter unterrichten kann. Dazu sei hier besonders auf die Zusammenstellung von Lehrbüchern und Tabellenwerken hingewiesen, die sich am Schluß des Literaturverzeichnisses finden. Die Arbeitsvorschriften wurden aus einem großen Material, das von Fachleuten der verschiedenen Industrielaboratorien zur Verfügung gestellt worden war, als typisch ausgewählt. Die halbquantitativen Auswertungsverfahren, die in letzter Zeit sehr vervollkommnet worden sind, haben jetzt Berücksichtigung gefunden, während die Röntgenspektralanalyse (Röntgenfluoreszenzanalyse) hier nicht behandelt werden konnte. Bei der Bedeutung, die diesem Verfahren zukommt, und bei dem technischen Stand, den es bereits erreicht hat, empfinden die Bearbeiter dies durchaus als einen Mangel, hoffen aber im übrigen, etwas vorzulegen, was seinen Wert — nicht nur als Einführung, sondern auch im Hinblick auf die weitere Entwicklung — behalten wird.

A. Einleitung

I. Einführende Beispiele

Der Nachweis und die Mengenbestimmung der chemischen Elemente mit Hilfe der Emissionsspektren geschieht in folgender Weise: Man verdampft die zu untersuchende Probe ganz oder teilweise und regt die Atome des Dampfes in einer geeigneten Energiequelle zur Strahlung an. Diese Strahlung wird spektral nach

Wellenlängen zerlegt, was je nach der besonderen Aufgabe durch Filter oder durch Spektralapparate geschehen kann. Dabei treten im Spektrum der Lichtquelle Wellenlängen auf (Spektrallinien), die für die verschiedenen Elemente (Atomsorten)

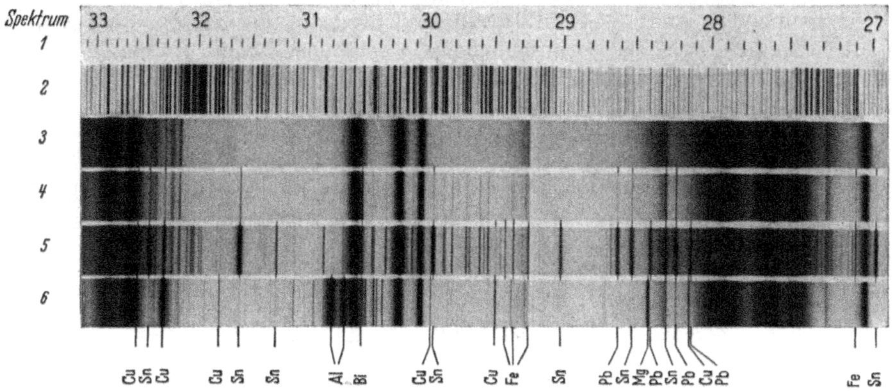

Abb. 199. Beispiel einer qualitativen Spektralanalyse (Zinklegierungen)
Spektrum: *1* Wellenlängenskala (Å · 10^2); *2* Eisen; *3* Feinzink 99,999; *4* Hüttenzink 99,5; *5* Umschmelzzink 96,0; *6* Feinzinklegierung Z 410 (Eichprobe mit niedrigen Gehalten)

so kennzeichnend sind, daß das Vorhandensein der Elemente in der Lichtquelle mit Sicherheit daran erkannt werden kann. Die Linien eines Elementes im Spektrum sind im allgemeinen um so stärker (energiereicher), je mehr Atome des betreffenden Elementes in der Lichtquelle vorhanden sind.

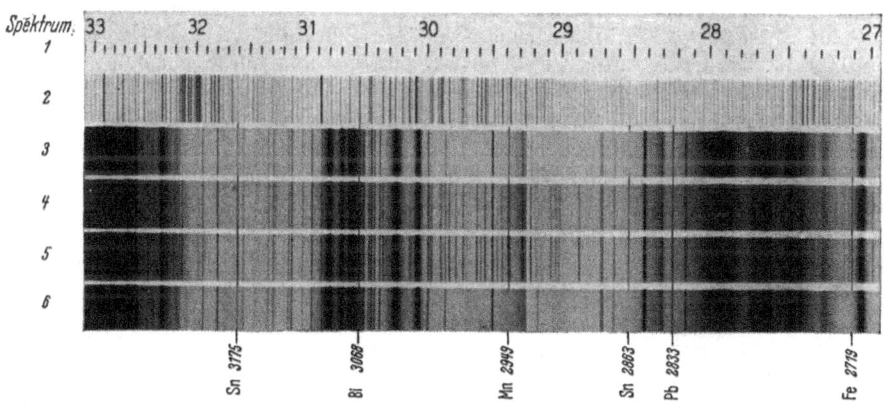

Abb. 200. Beispiel einer quantitativen Spektralanalyse. (Untersuchung einer Feinzinklegierung auf genügende Reinheit. Auf Cadmium wird in einem anderen Spektralbereich geprüft)
Spektrum: *1* Wellenlängenskala (Å · 10^2); *2* Eisen; *3* Eichprobe 467; *4* Eichprobe 468; *5* Eichprobe 469; *6* Analysenprobe

Gehalte der Eichproben:

Nr.	Sn%	Bi%	Mn%	Pb%	Fe%
467	0,001	0,002	0,01	0,004	0,01
468	0,003	0,006	0,03	0,005	0,03
469	0,006	0,02	0,09	0,013	0,07

Es genügt zum Nachweis eines bestimmten Elementes, wenn *eine* charakteristische Linie nachgewiesen und *mit Sicherheit identifiziert* worden ist. Im allgemeinen nimmt man dazu die stärksten Linien der Elemente. Um eine Mengenbestimmung auszuführen, muß man die Stärke der Linien messen und durch eine Eichung in Beziehung zur Konzentration setzen.

Die Abb. 199 zeigt das Grundsätzliche am Beispiel der *qualitativen* Analyse einer Zinklegierung. Der hier gezeigte Fall ist besonders einfach, weil das Spektrum des Grundelementes nur wenige sehr starke Linien hat. Bei linienreichen Spektren muß man sorgfältig prüfen, ob sich Linien des Grundelementes oder einer Verunreinigung in unmittelbarer Nähe der Nachweislinien eines gesuchten Elementes befinden oder ob sie gar damit zusammenfallen.

Die Abb. 200 zeigt das Grundsätzliche jeder *quantitativen* Bestimmung. Um aus der Stärke der Nachweislinien zu zahlenmäßigen Angaben des Gehaltes zu kommen, ist der Vergleich mit Proben von genau bekannten, abgestuften Gehalten notwendig. *Jedes quantitative spektrochemische Verfahren erfordert eine derartige Eichung.* Diese braucht nicht jedesmal bei der Aufnahme des Probenspektrums vorgenommen zu werden; das Analysenverfahren kann vorweg geeicht werden. Nach den beiden hier geschilderten Grundformen verläuft jede spektrochemische Analyse. Die verschiedenen, in der Literatur beschriebenen Verfahren sind nur Abwandlungen ein und desselben Grundgedankens.

II. Übersicht über die Leistungen

Von den Elementen des Periodischen Systems lassen sich etwa 70, darunter vor allem die technisch wichtigen Metalle und Halbmetalle, in den zur Zeit meistgebrauchten Lichtquellen (Lichtbögen, Funken) nebeneinander nachweisen. In der Flamme lassen sich mit empfindlichen Anordnungen einige 40 Elemente bestimmen.

Als *Erfassungsgrenze* für die nachweisempfindlicheren Elemente kann man ein Zehntel Mikrogramm angeben, wobei aber erhebliche Über- und Unterschreitungen vorkommen. Bei der mit Lösungen arbeitenden Flammenspektrometrie[1] liegt die Erfassungsgrenze bei Li und Na bei 0,02 μg, für Ca unter Verwendung einfacherer Apparaturen bei 1,4 μg. Bei der Untersuchung von Metallen liegt die *Nachweisgrenze*, ohne vorherige Anreicherung, in der Größenordnung von 0,001%. Die bei der Analyse benötigten Probenmengen liegen demnach in der Größenordnung von 10 mg. Auch die Nichtmetalle lassen sich spektrochemisch nachweisen, erfordern aber im allgemeinen aus physikalischen Gründen besondere Lichtquellen. Eine Ausnahme machen C, P und S, die mit den üblichen Lichtquellen angeregt werden können, aber wegen der Kurzwelligkeit ihrer Linien ein Vakuumspektrometer erfordern. Geeignete Geräte — zum größten Teil automatische — sind heute auf dem Markt und hauptsächlich in der Eisen- und Stahlindustrie eingeführt. Die spektrochemische Bestimmung der übrigen Nichtmetalle hat bisher für die Metallanalyse keine Bedeutung erlangt [*15*, *48*].

Bei der quantitativen Analyse kann eine Reproduzierbarkeit der Ergebnisse (*Streuung* σ) von weniger als $\pm 5\%$ erreicht werden; bei den besten Verfahren mit photoelektrischer Messung sind Streuungen unter 1% vom angegebenen Gehalt erzielt worden. (Die Reproduzierbarkeit flammenspektrometrischer Bestimmungen liegt je nach Art und Qualität der Meßanordnung etwa zwischen $\pm 0,3\%$ und $\pm 1,5\%$.) Voraussetzung dazu ist, daß eine Arbeitsvorschrift für die betreffende analytische Aufgabe in allen Einzelheiten ausgearbeitet worden ist und bei der Analyse selbst sorgfältig eingehalten wird. Unterschiede in der Zusammensetzung von Analysenproben und Eichproben wirken sich im allgemeinen nicht auf die Reproduzierbarkeit aus, können aber die Richtigkeit stark beeinträchtigen, eine Erscheinung, die als der „Einfluß dritter Partner" bekannt ist.

Die relative Streuung ist — von sehr kleinen Gehalten abgesehen — nahezu konstant, d. h., daß die absolute Streuung mit steigenden Gehalten größer wird. Die Genauigkeit der *meisten* spektrochemischen Verfahren reicht deshalb für die

[1] Der vielgebrauchte Ausdruck „Flammenphotometrie" ist irreführend; wir geben deshalb der Bezeichnung „Flammenspektrometrie" den Vorzug und verwenden diese ausschließlich.

Bestimmung höherer Gehalte (größer als 10%) normalerweise nicht aus. Das Hauptanwendungsgebiet der spektrochemischen Analyse liegt im Bereich der kleinen und kleinsten Gehalte. In diesen Bereichen aber erweisen sich die spektrochemischen Verfahren vielfach den chemischen Verfahren weit überlegen und erfüllen dann auch die Voraussetzungen, die an eine Schiedsmethode gestellt werden müssen.

Bei einer guten spektrochemischen Arbeitsvorschrift liegt die reine *Arbeitszeit* für die Bestimmung eines einzelnen Elementes in der Größenordnung von wenigen min. Über die *Analysendauer* läßt sich keine allgemeine Angabe machen; sie wird weitgehend bestimmt durch die Art der Analyse, die Zahl der täglich auszuführenden Bestimmungen und die *Organisation des gesamten Laboratoriums.* Bei Einsatz normaler Mittel kann die reine Analysendauer (ohne Probenvorbereitung) auf 30 min herabgesetzt werden; mit photographischen Schnellverfahren erreicht man ohne Einbuße an Genauigkeit Zeiten von etwas unter 10 min; bei lichtelektrischen Einrichtungen liegt die normale Analysendauer bei etwa 2 min. Bei der Flammenspektrometrie ist die Analysendauer mit der Arbeitszeit identisch und liegt bei 0,5 bis 2 min je Bestimmung, wozu die von Fall zu Fall schwankende Zeit für die Herstellung der Analysen- und Eichlösungen hinzukommt.

Zahlenmäßige Angaben über die Rentabilität der spektrochemischen Analysenmethoden sind nicht möglich. Die Apparatur ist vergleichsweise kostspielig, unterliegt aber praktisch keinem Verschleiß. Die Einsparung an Chemikalien und Probengut ist beträchtlich. Die Ersparnisse an Personal und Arbeitsaufwand machen sich vor allen Dingen da bemerkbar, wo eine größere Anzahl gleichartiger Analysen laufend erledigt werden muß. Für Sonderaufgaben, z. B. für die Reinheitsbestimmung von Metallen und Legierungen, sind die spektrochemischen Verfahren auch bei einer geringen Anzahl von Analysen *wirtschaftlich.* Obwohl dann die notwendige Anpassung an die spezielle Aufgabenstellung oft einen erheblichen einmaligen Arbeitsaufwand erfordert und die Einzelanalysen an wenigen Proben weniger rationell durchzuführen sind als Serienanalysen, so würde doch der für chemische Methoden erforderliche Aufwand häufig ein Vielfaches davon sein. Besondere wirtschaftliche Bedeutung hat die spektrochemische Analyse als zerstörungsfreie Werkstoffprüfung bei der Kontrolle von Fertigprodukten, für die Sortierung von Materiallagern und als Vorprüfung für alle Arten von chemischen Analysen sowie zur Reinheitsprüfung analytischer Niederschläge. Die spektrochemische Vorprobe erhöht nicht nur die Sicherheit in der analytischen Aussage, sie erlaubt oft eine wesentliche Rationalisierung der chemischen Arbeit. Die spektrochemische Suche nach Spurenelementen im Analysen- oder Fabrikationsgang erlaubt es, zuverlässige Stoffbilanzen aufzustellen und damit den Fabrikationsprozeß wirtschaftlicher zu gestalten. Die Zeitersparnis bei der Schnellanalyse kann unmittelbar zu einer Erhöhung der Kapazität und damit der Produktion führen, die ein Vielfaches der Aufwendungen für die Analysenautomaten ausmacht, wie die in den letzten Jahren in der Eisen- und Aluminiumindustrie zahlreich gemachten Erfahrungen beweisen.

B. Die Grundlagen der spektrochemischen Analyse

Erfolgreiches spektrochemisches Analysieren setzt voraus, daß das gesamte Analysenverfahren durch eine Arbeitsvorschrift in allen Einzelheiten festgelegt ist. Eine solche Arbeitsvorschrift umfaßt eine Reihe verschiedenartiger Schritte, die voneinander unabhängig sind, aber gut aufeinander abgestimmt werden müssen. Ihre Ausarbeitung erfordert heute nicht nur praktische Erfahrung, sondern auch weites theoretisches Wissen. Eine vollständige Arbeitsvorschrift enthält Angaben über

1. die Probenahme und Probenvorbereitung,
2. die Probenform,
3. die Lichtquelle und die Anregungsbedingungen,
4. die Lichtführung,
5. die spektrale Zerlegung,
6. den Empfänger,
7. die Auswertung der Spektren,
8. die Linienbestimmung und -auswahl,
9. die rechnerische Verarbeitung und
10. die Eichung.

Diese einzelnen Punkte werden im folgenden behandelt.

I. Probenahme und Probenvorbereitung

Es ist zu beachten, daß nur wenige Milligramme der Probe für die Analyse tatsächlich verbraucht werden. Daher müssen alle Maßnahmen getroffen werden, um sicherzustellen, daß diese tatsächlich analysierten 10 oder 20 mg die gleiche Zusammensetzung haben wie der Durchschnitt der gesamten Probe. Ferner ist zu bedenken, daß die Mengenangabe auf einer Eichung beruht, die im starken Maße vom physikalischen Zustand der Probe beeinflußt werden kann. Außer der chemischen Homogenität muß daher die physikalische Ähnlichkeit zwischen Eichmaterial und Analysenmaterial gewährleistet sein. Alle miteinander zu vergleichenden Proben müssen von „gleicher Art" sein, wobei das Erfülltsein dieser Forderung unter Umständen durch eine besondere Untersuchung sichergestellt werden muß.

Feste Metallstücke sind häufig in Zusammensetzung und Gefüge nicht homogen genug, um ohne Vorbehandlung genaue und zuverlässige quantitative Analysen zu ermöglichen. Zu ihrer Homogenisierung gibt es verschiedene Wege:

Umschmelzen, wobei besonders bezüglich der Arbeitsweise und Temperatur spezielle Verfahren notwendig sind, um Fehler durch Verunreinigung, Oxydation und Ausbrand zu vermeiden. Bei mehrphasigen seigernden Systemen kann es, um eine gleichmäßige Verteilung der Bestandteile beim Guß zu erreichen, unter Umständen nützlich sein, die Kokille durch Ultraschall zu erschüttern [*41*];

physikalische Homogenisierung und Überführung in den vorgeschriebenen Gefügezustand durch geeignete Temperaturbehandlung;

physikalische und chemische Homogenisierung durch feine Zerteilung (z. B. durch Feilen) und Mischen sowie nachfolgendes Pressen der Elektroden;

Homogenisierung durch Lösen und spektrochemische Untersuchung der Lösung nach besonderen Verfahren.

Mittelbildung. In manchen Fällen, z. B. bei der Untersuchung von Masseln, kann es genügen, Lokalanalysen von verschiedenen Stellen auszuführen und über ihre Ergebnisse nach einem bestimmten Plan zu mitteln [*46*]. Auch eine automatische Mittelbildung durch Aufnahme der Spektren von verschiedenen Stellen auf die gleiche Plattenstelle ist gebräuchlich.

II. Probenform

Die Festlegung der Elektrodenform ist ein wichtiger Bestandteil der Arbeitsvorschrift. Für die Untersuchung metallischer Proben werden häufig Stäbchen von etwa 5 mm Durchmesser (s. Abb. 201 a und b) verwendet. Diese Elektrodenform ist besonders geeignet, wenn die Probe aus einer Schmelze gezogen oder wenn das

Analysenmaterial einwandfrei umgeschmolzen werden kann. Die seit langem bekannte Stufenform (Abb. 201 b und d) stellt nach Erfahrung von FISCHER das einfachste Mittel dar, um das bei manchen Metallen zu beobachtende Klettern der

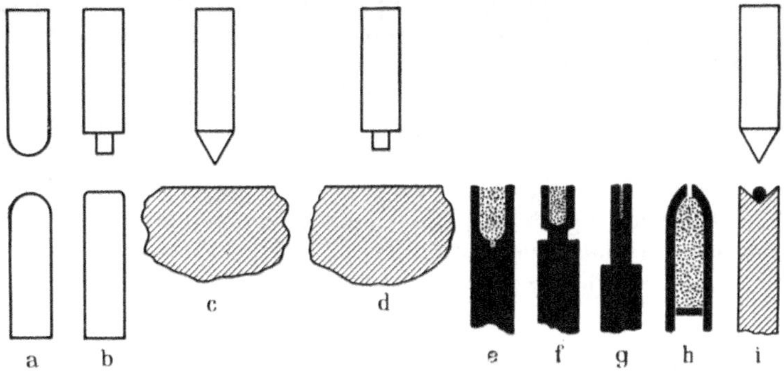

Abb. 201
a) Stäbchenpaar mit Kugelkuppen (Kurzzeichen K); b) Stäbchen unten: Normalform (N), Stäbchen oben: mit Stufe (St); c) ebene Fläche mit Spitze (F, Sp); d) ebene Fläche und Stufe (F, St); e—h) Kohlebecher für die Analyse pulverförmiger Stoffe; e) zum Nachweis gut verdampfender Elemente — kleine Bohrung am Boden, um Schmelzperle festzuhalten; f) Elektrode mit geringer Wärmeableitung zum Nachweis schwerflüchtiger Elemente; g) Elektrode für kleine Proben und Glimmschichtaufnahmen; h) Destillationselektrode zum Nachweis leicht flüchtiger Elemente; i) Kohleelektroden für die Schmelzkugelmethode

Entladung oder die Ausbildung einer Glimmschicht — Erscheinungen, die eine Anregung des Metalls zur Lichtemission praktisch unmöglich machen — wirksam zu verhindern.

Die Abb. 202 zeigt zwei der gebräuchlichsten Kokillenformen für die Herstellung von Stäbchen. Es kommt darauf an, daß das geschmolzene Metall die

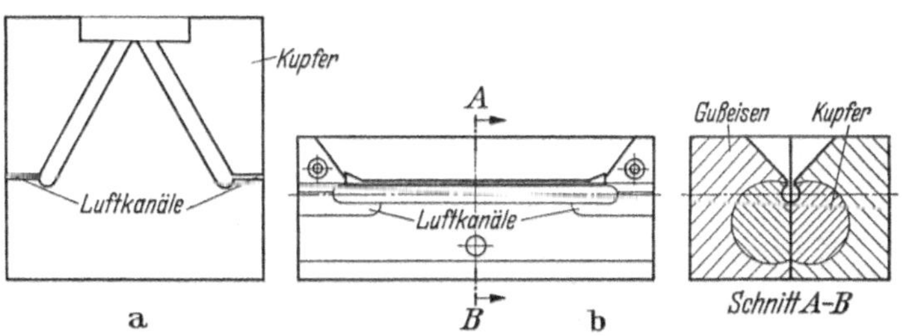

Abb. 202. Kokillen für die Herstellung von Elektroden
(Stäbchen 5 bis 7 mm Dmr., Angüsse für chemische Analysen geeignet)
a) nach MORITZ (fallender Guß); b) nach WOLBANK (kein Fließen in der Form)

eigentliche Form sehr schnell ausfüllt und dann rasch erstarrt, damit ein feines Korn entsteht. Besonders bewährt hat sich die von WOLBANK [*59*] angegebene Kokillenform. Es sei an dieser Stelle auch auf den Bd. 3 der „Analyse der Metalle — Probenahme" hingewiesen, wo sich speziell in dem Kapitel „Probenahme für die Spektralanalyse" weitere Ausführungen zu dem Thema des vorliegenden und des vorhergehenden Abschnittes finden.

Neben Stäbchen haben sich Scheiben (ebene Flächen) als Elektroden bewährt. Sie sind besonders dann vorteilhaft, wenn die Herstellung von Stäbchen aus irgendeinem Grund schwierig ist, z. B. bei hochschmelzendem Metall oder Legierungen. Als Gegenelektrode verwendet man ein Stäbchen aus dem reinen Grundmaterial der Probe oder aus Graphit, Kohle, Aluminium, Kupfer oder Silber von vorgeschriebener Reinheit und Gestalt (s. Abb. 201 c und d). Auf gleiche Beschaffenheit der Oberfläche an der Abfunkstelle selbst ist bei allen zu vergleichenden Proben zu achten.

Weitere Einzelheiten siehe in den Arbeitsvorschriften. Bei hohen Anforderungen an die Genauigkeit muß die Elektrodenform in vielen Fällen sehr genau eingehalten werden, weil davon u. a. die statistische Verteilung der Funkeneinschläge auf der Elektrodenoberfläche abhängt. Kugelkuppen stellt man dann zweckmäßigerweise mittels eines Drehsupports auf einer Drehbank her; eine hohe Gleichmäßigkeit der Form läßt sich mit Formstählen nur sehr schwer erreichen.

Fehlstellen und Lunker an den Elektrodenflächen führen zu falschen Ergebnissen; daher muß man die Funkflächen vor und nach dem Funken auf Fehlerfreiheit prüfen.

Ist der Dampfdruck des Grundmetalls im Verhältnis zu dem der zu bestimmenden Verunreinigungen zu groß oder die Anregungsspannung der Verunreinigungen zu hoch, so ist die Nachweisempfindlichkeit gering. Mit Erfolg wird dann — z. B. beim Kupfer — die sog. Schmelzkugelmethode (s. Abb. 201 i) verwendet, bei der eine kleine, konstante (gewogene) Menge Metall im Bogen vollständig verdampft wird. Bei dieser Arbeitsweise kann die Nachweisempfindlichkeit um 2 bis 3 Zehnerpotenzen erhöht werden. Den umgekehrten Weg — d. h. die Verflüchtigung der Verunreinigung zu ihrem Nachweis — geht man bei der Untersuchung von Metallen, die ein sehr linienreiches Spektrum geben. Für die Untersuchung von Uran und Uranoxyd — die im Lichtbogen im UV fast ein kontinuierliches Spektrum ergeben — haben SCRIBNER und MULLIN [*53*] die sog. ,,Träger-Destillations-Methode" (carrier distillation method) entwickelt, die die Bestimmung von ppm-Gehalten im Uran ermöglicht. Verständlicherweise ist diese Nachweisbarkeit auf die Verunreinigungen beschränkt, die leichter flüchtig sind als Uran. Die dabei verwendeten Elektroden zeigt Abb. 203. Unerläßlich ist die Verwendung einer Trägersubstanz — im Falle des Urans wurde von SCRIBNER und MULLIN Galliumoxyd als sehr geeignet befunden —, die die Verunreinigungen mit fortführt und die zudem die Bogentemperatur stabilisiert. Für die Lösungsanalyse hat — wenn man von der Flammenspektrometrie absieht — die sog. ,,Rädchenmethode" die beste Aussicht, sich allgemein einzuführen. Eine mit etwa 4 U/min um eine horizontale Achse rotierende Graphitscheibe (12 mm Durchmesser, 3 mm stark) bildet die untere, ein angespitzter Graphitstab die obere Elektrode der Lichtquelle. Das Rädchen taucht mit seinem unteren Teil in die Analysenlösung ein, so daß automatisch laufend frische Substanz in die Lichtquelle befördert wird. Die Ergebnisse zeigen bei dieser Arbeitsweise eine bemerkenswert gute Reproduzierbarkeit. Nur wenn sehr wenig Analysensubstanz zur Verfügung steht, haben die älteren Techniken der Lösungsanalyse — für die sich keine einheitliche Arbeitsweise herausgebildet hat — noch ihre Bedeutung. Dabei bringt man die Untersuchungslösung — meist mit Hilfe einer Platinöse oder einer Mikropipette (evtl. in genau abgemessener Menge) — auf eine geeignete Trägerelektrode, trocknet vorsichtig ein, funkt oder brennt und wiederholt diese Vorgänge unter Umständen mehrfach. Beim Abfunken wählt man die Entladungsbedingungen so, daß möglichst wenig von der Trägerelektrode verdampft (copper spark), s. ,,Allgemeine Arbeitsvorschrift Nr. 8". Als Trägermaterial kommen in erster Linie in Frage: Spektralreine Kohle oder Graphit, ferner reine Metalle. Kohle und Graphit haben den Vorteil, daß sie keine besonderen Fixierungsmittel für die Lösung erfordern [*40*], bei metallischen Trägerelektroden muß man besondere Maßnahmen zur Fixierung anwenden. Hierfür kommen in Frage: Haftlösungen [*49*] oder die Herstellung einer porösen Metall- oder Oxydschicht an der Oberfläche. Poröse Oxydschichten kann man

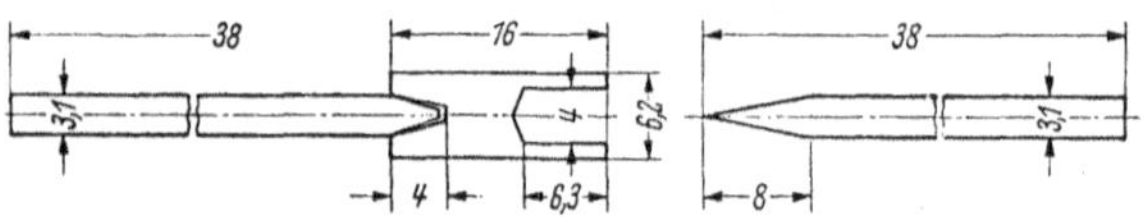

Abb. 203. Elektroden von SCRIBNER

sehr leicht von Aluminiumelektroden herstellen, entweder durch vorheriges Abfunken oder durch Eloxieren [*43*]. Allgemein bewährt hat es sich, die spektralreine Kohle vor dem Aufbringen der Lösungen vorzubrennen und die Lösung auf die erhitzte Kohle zu bringen, wo sie sofort in der oberflächennahen Schicht eintrocknet. Auch bei der Rädchenmethode verbessert ein Vorbrennen die Reproduzierbarkeit.

Störend bei der Verwendung von Kohle und Graphit sind die oft unterschiedliche Porosität und Porositätsverteilung dieser Materialien — häufig dichtet man deshalb deren Poren durch Paraffin, Petroleum oder Kollodium ab, so daß die zu untersuchende Lösung nicht einsickern kann. Eine Störung anderer Art sind die starken Cyanbanden im Spektrum der Kohle, durch die wichtige Analysenlinien überdeckt werden können. Durch Arbeiten in stickstofffreier Atmosphäre (CO_2) — was mit einfachen Mitteln möglich ist — läßt sich diese Störung beträchtlich verringern. Als Inertgas wird auch Argon oder — weil dieses die Intensität stark verringert — eine künstliche Atmosphäre aus Argon und Sauerstoff empfohlen [*56*].

Pulverförmige Substanzen, z. B. Erzproben, werden häufig untersucht, indem man sie in die Bohrung einer Kohleelektrode stopft. Die Abb. 201 e bis h zeigt für verschiedene Analysenfälle geeignete Formen der Kohleelektroden. Wie dabei sehr gute halbquantitative Ergebnisse erzielt werden können — sofern man sich jeweils auf bestimmte Systeme beschränkt — hat Ahrens [*3*] für einige Silicate gezeigt. Man kann bei Pulvern auch gepreßte Elektroden herstellen, indem man das Pulver mit einem reinen, duktilen Metall oder mit reinem Blättchengraphit mischt und unter hohem Druck, etwa 10 t/cm², zu einer kleinen Tablette preßt [*20*]. Besonders bewährt hat sich für eine halbquantitative Auswertung das Herstellen quadratischer Stäbchen (Seidel [*54*]), die aus der mit einem geeigneten Graphit im Verhältnis 1 + 9 gemischten Analysensubstanz liegend gepreßt werden. Die Bogen brennen dann senkrecht zur Preßrichtung. Hat man nur wenig Material zur Verfügung, so kann man die Probe nur in die Oberflächenschicht bringen, während der Hauptteil der Tablette aus dem Brennmaterial allein gepreßt wird.

III. Lichtquellen und Anregungsbedingungen

Bei der Anregung der Analysenprobe ist eine doppelte Aufgabe zu erfüllen: Die Probe muß verdampft und der Dampf zur Strahlung angeregt werden. Im allgemeinen ist es die anregende Lichtquelle selbst, die durch ihre hohe Temperatur die Probe zum Verdampfen bringt.

Es gibt vier Haupttypen spektrochemischer Lichtquellen: Flamme, Lichtbogen, Funke, Glimmentladung. In allen diesen Lichtquellen werden die Atome praktisch ausschließlich durch den Stoß schnellbewegter Elektronen zur Strahlung angeregt. Man erhält daher eine erste Einteilung der Lichtquellen nach physikalischen Gesichtspunkten, wenn man nach der Anregungsenergie fragt, die in ihnen zur Verfügung steht, d. h. also im wesentlichen nach der Elektronengeschwindigkeit. Lichtquellen mit geringen Elektronengeschwindigkeiten werden als „weich", solche mit großen Elektronengeschwindigkeiten als „hart" bezeichnet. Unabhängig davon ist eine andere Ordnung der Lichtquellen, nämlich die nach der in ihnen umgesetzten Leistung. Lichtquellen mit geringem Leistungsumsatz werden als „schwach", solche mit großem Leistungsumsatz als „stark" bezeichnet. Die oben angegebene Reihenfolge entspricht einer zunehmenden Härte der Anregung. Bezüglich des Leistungsumsatzes ist die Glimmentladung die schwächste, dann folgen die verschiedensten Arten von Flammen und Funken. Die stärksten Lichtquellen, in denen man am meisten Energie umsetzen kann, sind die Lichtbögen.

Für die Lösung einer bestimmten analytischen Aufgabe muß man die am besten geeignete Lichtquelle aussuchen. Leider ist noch viel zu wenig darüber bekannt, wie man das machen soll, jedoch lassen sich einige allgemeine Regeln angeben: Weiche Lichtquellen (Flammen und Lichtbögen) geben linienarme Spektren, in denen vorwiegend die Linien der neutralen Atome auftreten. In harten Lichtquellen werden auch die höheren Ionisierungsstufen angeregt. Die Spektren werden daher linienreich; außerdem tritt im allgemeinen ein starker kontinuierlicher Untergrund auf. Die in der Lichtquelle umgesetzte Leistung dagegen bestimmt im wesentlichen die verarbeitete Probenmenge. Daraus geht hervor, daß man für die Spurensuche weiche starke Lichtquellen nehmen muß, vorwiegend Lichtbögen. Diese Lichtbögen sind aber häufig für quantitative Analysen hoher Genauigkeit wenig geeignet. Wegen des hohen Energieumsatzes nämlich treten oft unerwünschte Nebenerscheinungen, wie Abschmelzen, Verschlacken, Versprühen, fraktionierte Destillation u. a., auf. Diese auch schon bei der qualitativen Analyse störenden Erscheinungen lassen sich weitgehend vermeiden, wenn man die Bogenentladung periodisch unterbricht (Abreißbogen). Für die quantitative Metallanalyse hoher Genauigkeit verwendet man harte Lichtquellen, wie sie die Entladungen der üblichen Funkenerzeuger darstellen. Diese Funkenentladungen sind ihrer physikalischen Natur nach kurz dauernde Wechselstrombögen. Bei ihnen wird das stets harte Anfangsstadium eines Bogens innerhalb der Belichtungszeit sehr oft wiederholt. Daher sind die Funken um so härter, je kürzer die einzelne Entladung dauert. Die sehr harten, aber schwachen Glimmentladungen erlauben u. a. den Nachweis der Halogene. Für die Metallanalysen könnten sie, in Fällen schwieriger Nachweisbarkeit, in Form der Hohlkathodenentladung [*44*] einige Bedeutung bekommen. Nach dieser allgemeinen Übersicht sollen nun die Lichtquellen im einzelnen behandelt werden.

1. Die Flamme

Für die Flamme wird als Brenngas neben Azetylen auch Propan, Wasserstoff und Leuchtgas verwendet. Zur Verbrennung dienen Preßluft oder Sauerstoff. Dieser erzeugt die heißere und damit härtere Flamme. Hält man die Gasdrucke konstant — was ohne größeren Aufwand möglich ist —, so werden auch die Anregungsbedingungen bemerkenswert konstant und gestatten direkte Intensitätsmessungen. Die Analysenlösung wird meist durch die Verbrennungsluft vernebelt und mit ihr der Flamme zugeführt. Bei neueren Konstruktionen wird die Lösung von dem Gasstrom bis an den Brennermund angesaugt und dort zerstäubt, so daß Tröpfchenbildungen in den Zuleitungswegen keine Störungen verursachen können (s. Abb. 204). In der Azetylen-Preßluft-Flamme können einige dreißig (die leicht anregbaren) Elemente mit befriedigender Empfindlichkeit und guter Genauigkeit nachgewiesen werden. Besonders hoch ist die Nachweisempfindlichkeit für die Alkalien. Mit steigender Flammentemperatur wächst die Zahl der nachweisbaren Elemente. Die Azetylen-Sauerstoff-Flamme erlaubt die Bestimmung von einigen vierzig Elementen.

2. Der Lichtbogen

Die wichtigste Form des Dauerlichtbogens ist der zwischen Kohleelektroden. Meist werden Stromstärken von 10 bis 15 A verwendet. Es herrscht Einigkeit darüber, daß man mit Lichtbögen die höchste relative Nachweisempfindlichkeit bei der Suche nach Metallen und Halbmetallen erreicht.

Der größte Teil der spektrochemisch wichtigen Strahlung kommt aus der positiven Säule des Lichtbogens. Die Temperatur in dieser Säule hängt von der Zusammensetzung des Gases ab, in dem der Bogen brennt. Die Temperatur ist etwa 6000 °K, wenn der Bogen überwiegend in den Kohlegasen brennt. Wenn aber viele leicht ionisierbare Elemente im Dampf enthalten sind, sinkt die Temperatur merklich. Ein Bogen in Alkalidampf brennt mit etwa 3000° bis 4000°K. Infolgedessen werden die Anregungsverhältnisse durch die Zusammensetzung der Gase stark beeinflußt. Für die Analyse muß man diese Einflüsse unterdrücken oder konstant halten. Es ist möglich und oft erforderlich, durch Einbringen größerer Mengen Alkalisalze die Temperatur im Lichtbogen auf einen niedrigen Wert zu stabilisieren und den Einfluß einer schwankenden Zusammensetzung der Proben auszuschalten (spektrochemischer Puffer) [*51*]. Der Alkalizusatz drückt gleichzeitig die störenden Kohlebanden stark herab.

Bei einem Kohlegleichstrombogen ist die Anode heißer als die Kathode. Infolgedessen ist es zweckmäßig, schwer verdampfbare Elemente aus der Anode zu verdampfen. Dagegen scheint die Verdampfung aus der Kathode gleichmäßiger vor sich zu gehen.

Die Verdampfung aus der Kathode ist aber besonders wichtig für das sog. Glimmschichtverfahren (Göttinger Kohlebogenmethode) [*42*]. Bei diesem Verfahren bringt man eine Probemenge von wenigen Milligrammen, zweckmäßig mit Kohlepulver gemischt (s. oben), in eine dünne Elektrode der Form Abb. 201g und verdampft sie vollständig [*4*]. Dabei sammeln sich die leicht ionisierbaren Elemente (Ionisierungsspannung unter 9 V) in der Glimmschicht dicht vor der Kathode an und können in dieser Schicht empfindlich nachgewiesen werden. In noch zu behandelnder Weise verwendet man bei der Spektralaufnahme nur das Licht aus dieser kathodennahen Glimmschicht.

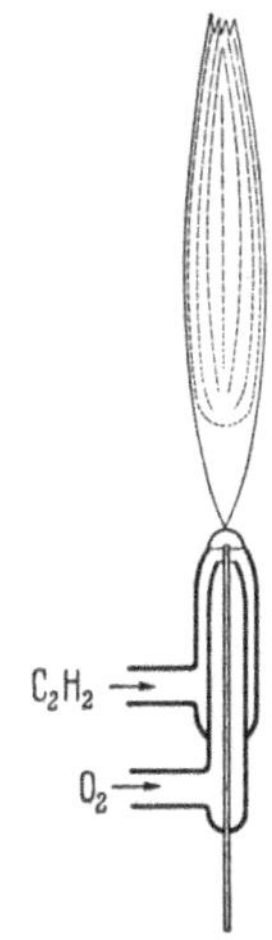

Abb. 204 Zerstäuber-Brenner-Kombination nach BECKMAN

In Amerika werden für quantitative Analysen Wechselstromlichtbögen mit hoher Treibspannung von 2000 bis 3000 V verwendet [*11*], bei denen die Stromstärke fast allein durch den Vorschaltwiderstand oder die Drosseln im Stromkreis bestimmt wird. Diese Bögen sind nicht wesentlich härter als die bei uns üblichen Wechselstrombögen mit Fremdzündung. Der Vorteil der hohen Spannung liegt erstens in der besseren Konstanz der Stromstärke und zweitens in der Selbstzündung zu Beginn jeder Halbwelle, auch bei Metallelektroden. Bei niedrigen Treibspannungen dagegen (220 V) muß der Bogen durch einen hochfrequenten Spannungsstoß fremd gezündet werden (PFEILSTICKER-Prinzip) [*47*].

Diese Fremdzündung ermöglicht auch eine einfache Ausführung des Abreißbogens mit feststehenden Elektroden. Die in Deutschland gebräuchlichen Abreißbogengeräte nach PFEILSTICKER sind Zusatzgeräte zum FEUSSNERschen Funkenerzeuger. Der hochfrequente Zündstoß wird durch eine Entladung des FEUSSNERschen Funkenerzeugers bewirkt und durch eine Teslaspule in den Bogenkreis übertragen. Der Zündfunke wird durch einen Vakuumschalter ein- und ausgeschaltet, der durch einen regelbaren Getriebemotor betätigt wird. Zweckmäßiger wäre ein Synchronmotor mit Regelgetriebe oder eine Thyraton-Schaltung [*5*]. Abreißbögen werden für den Nachweis von Spuren in festen Metallelektroden verwendet. In den Arbeitsvorschriften werden die elektrischen Bedingungen der Abreißbögen beschrieben durch die (wenig vollkommene) Angabe der Kurzschlußstromstärke I_k, der Zündzahl je Sekunde z und des Brennrhythmus r, d. h. des Verhältnisses von Brennzeit zu Pause. Gebräuchliche Werte sind z. B.

$$z = 5, \quad r = 1:3, \quad I_k = 5 \text{ bis } 10 \text{ A}$$

Bei manchen Metallen, insbesondere bei Kupfer, erhält man mit einem Bogen zwischen den reinen Metallelektroden keine ausreichende Nachweisempfindlichkeit für Verunreinigungen. Schuld daran ist die hohe Wärmeleitfähigkeit der massiven

Metallelektrode. Abhilfe schafft die Schmelzkugelelektrode. Sie besteht aus einem etwa 10 mm dicken Kohle- oder Graphitstab, dessen obere Stirnfläche mit einer flachen, konischen Bohrung versehen ist. In diese Bohrung werden etwa 0,2 g Metallspäne gebracht. Die obere Gegenelektrode ist ein zugespitzter Kohlestab. Zündet man den Lichtbogen, so schmelzen die Metallspäne zu einer kleinen Kugel zusammen, an welcher der Bogen ansetzt, so daß sie vollständig verdampft werden kann (s. Abb. 201 i).

3. Die Funken

Die wichtigste Lichtquelle für quantitative Analysen hoher Genauigkeit ist der Funke. Meist werden Folgen von vielen einzelnen, unter sich gleichartigen Funken verwendet. Die Funken werden erzeugt durch die Entladung eines auf hohe Spannung aufgeladenen Kondensators über einen elektrischen Schwingungskreis, der die Analysenfunkenstrecke enthält. Der Verlauf der Entladung hängt ab von der Größe des Kondensators, der Selbstinduktion und des Dämpfungswiderstandes im Funkenkreis, außerdem von der Spannung, auf die der Kondensator aufgeladen wird [*34*, *26*]. Je größer die Selbstinduktion im Kreis ist, um so länger dauert die Entladung. Maßgebend für den Charakter der Funkenentladung ist die in der Funkenstrecke selbst umgesetzte Energie. Sie steigt mit der Größe des Kondensators und mit seiner Ladespannung. Je mehr Energie umgesetzt wird, um so mehr Material wird verdampft. Die zweite entscheidende Größe ist die gesamte Zeitdauer der Entladung [*39*]. Sie wird wesentlich bestimmt durch die Selbstinduktion und durch den Dämpfungswiderstand. Die Entladungsdauer wächst mit steigender Selbstinduktion, sie sinkt mit steigender Dämpfung. Je kürzer der Funke ist, um so härter ist er. Daher erklärt sich der starke Einfluß der Selbstinduktion auf das Aussehen des Spektrums: je größer die Selbstinduktion ist, um so weicher wird der Funke, um so mehr nähert sich sein Spektrum dem eines Dauerbogens.

Die meisten Funkenentladungen stellen eine abklingende, hochfrequente Schwingung dar, wie die Drehspiegelaufnahme Abb. 205 anschaulich zeigt, auf der auch die aus den Elektroden ausbrechenden Dampfwolken zu sehen sind.

Für die Ausführung einer Analyse ist eine einzelne Funkenentladung im allgemeinen zu lichtschwach. Man muß Folgen vieler Einzelfunken nehmen — was durch die Verbindung des Kondensators mit einem Ladetransformator geschieht — und muß dafür sorgen, daß die einzelnen Funken einen gleichartigen Verlauf nehmen, d.h. dieselbe Energie und Zeitdauer haben. Dies geschieht durch die sog. Steuerung, wofür es verschiedene Möglichkeiten gibt, die die Abb. 206 bis 208 zeigen.

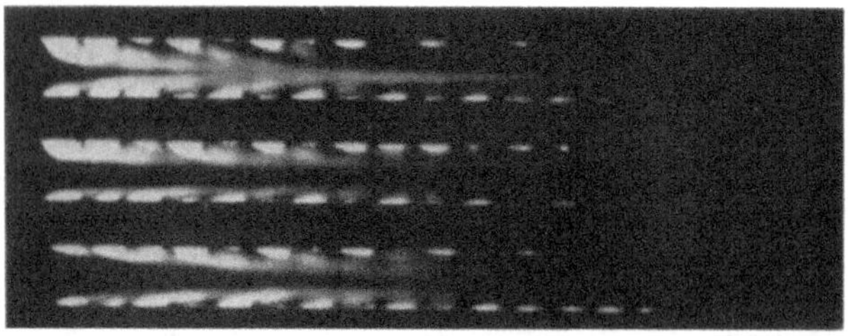

Abb. 205. Drehspiegelaufnahme von Funkenentladungen
Zeitliche Zerlegung von Funken durch Aufnahme über einen rotierenden Spiegel. (Frequenz der hochfrequenten Schwingung etwa 50 kHz; untereinander drei Entladungen derselben Art; Dampfausbrüche zeigen die wechselnde Polarität: die aus der jeweiligen Kathode sind stärker als die aus der Anode)

Die Abb. 206 zeigt das grundsätzliche Schaltschema des weitverbreiteten FEUSSNERschen Funkenerzeugers. Außer der Analysenfunkenstrecke AF liegt bei ihm eine Funkenstrecke mit rotierenden Elektroden als Schalter im Schwingungskreis, die durch einen Synchronmotor angetrieben wird. Sie sorgt dafür, daß sich der Kondensator immer nur dann entladen kann, wenn er auf die Spitzenspannung innerhalb einer Halbwelle der speisenden Wechselspannung aufgeladen ist. Dadurch wird der elektrische Vorgang weitgehend unabhängig von dem Zustand der Analysenfunkenstrecke. Dasselbe kann man mit der „Tandem"schaltung nach Abb. 207 erreichen. Bei ihr liegt eine zweite feste Funkenstrecke im Schwingungskreis, deren Elektroden aus Wolfram, Magnesium oder Zink bestehen. Der Elektrodenabstand der Hilfsfunkenstrecke wird so groß gewählt, daß zum Durchbruch nahezu die Spitzenspannung notwendig ist. Ein Luftstrom wird durch die Funkenstrecke geblasen,

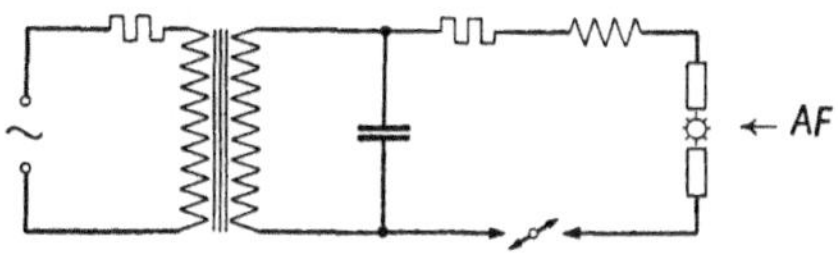

Abb. 206. Schaltschema eines zeitlich gesteuerten Funkenerzeugers. (FEUSSNERscher Funkenerzeuger, Steuerung durch synchron rotierende Schaltfunkenstrecke)

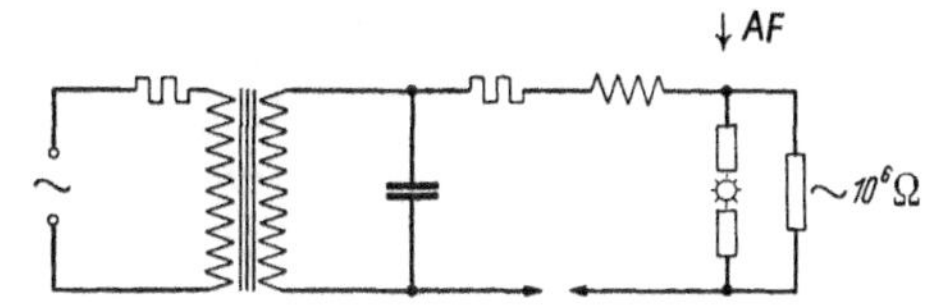

Abb. 207. Schaltschema eines spannungsgesteuerten Funkenerzeugers. (Tandemschaltung, Steuerung durch Hilfsfunkenstrecke mit konstanter Durchbruchsspannung)

um die gebildeten Ladungsträger schnell wegzuführen. Auch auf diese Weise erreicht man eine gleichmäßige Funkenfolge und Unabhängigkeit von den Bedingungen in der Analysenfunkenstrecke, die für den Durchschlag keine Rolle spielt, weil sie während der Aufladungsperiode durch einen Hochohmwiderstand überbrückt wird. Diese Anordnung hat den Vorteil, daß bei ihr Netzspannungsschwankungen selbsttätig ausgeglichen werden. Dafür erfordert aber diese Steuerfunkenstrecke eine noch sorgfältigere Einstellung als die rotierende und eine ständige Wartung.

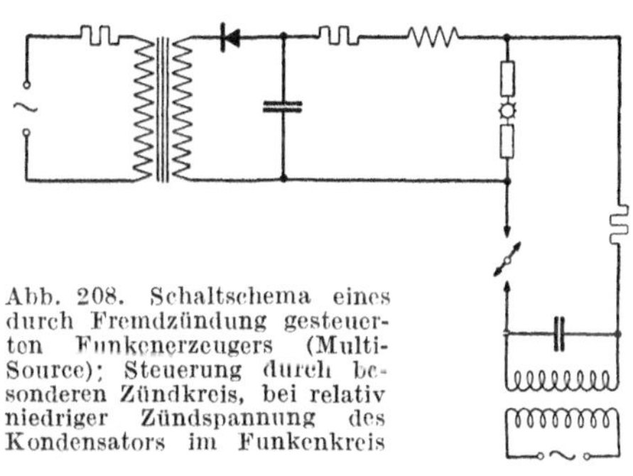

Abb. 208. Schaltschema eines durch Fremdzündung gesteuerten Funkenerzeugers (Multi-Source); Steuerung durch besonderen Zündkreis, bei relativ niedriger Zündspannung des Kondensators im Funkenkreis

Es hat wenig Zweck, bei derartigen Funkenerzeugern eine höhere Spannung als 12000 V_{eff} zu verwenden. Die hohe Spannung dieser Funkenerzeuger hat für den Vorgang in der Analysenfunkenstrecke nur eine untergeordnete Bedeutung; sie muß vor allen Dingen die Zündung bewirken. Man kann dasselbe auch mit niedriger Spannung und einem entsprechend größeren Kondensator erreichen, wenn man die Zündung einem besonderen Organ überträgt. Dies zeigt die Abb. 208, bei der die Zündung durch einen hochfrequenten Spannungsstoß wie beim PFEILSTICKERschen Abreißbogen bewirkt wird. Man kann derartige Funkenerzeuger mit Spannungen von etwa 1000 V betreiben. Sie haben den Vorzug, daß man mit ihnen sehr lang dauernde, kräftige Funken erzeugen kann, die in ihrem spektralen Charakter sehr viel Ähnlichkeit mit dem Abreißbogen haben und hohe Genauigkeit mit guter Nachweisempfindlichkeit verbinden. Derartige Anordnungen werden in Amerika unter dem Namen „Multi-Source" viel verwendet [*21*].

Es ist zweckmäßig, bei solchen Schaltungen im Ladekreis einen Gleichrichter zu verwenden, weil man dann in der Funkenfolge nicht an die Netzfrequenz gebunden ist. Außerdem kann man mit dieser Schaltung aperiodisch gedämpfte Entladungen von bestimmter Polarität herstellen.

Manche Funkenerzeuger enthalten Meßinstrumente für die mittlere Stromstärke im Schwingungskreis oder für die Stromentnahme des Tranformatorkreises. Abgesehen von einer allgemeinen Überwachung kann man damit wenig anfangen. Wichtig ist bei den Funkenerzeugern die Kontrolle der Netzspannung. Am besten wäre es, wenn Instrumente zur Messung der in der Analysenfunkenstrecke selbst umgesetzten Energie und für die Zeitdauer vorhanden wären [*39*]. Dies läßt sich durch Meßschaltungen mit Verstärkerröhren erreichen.

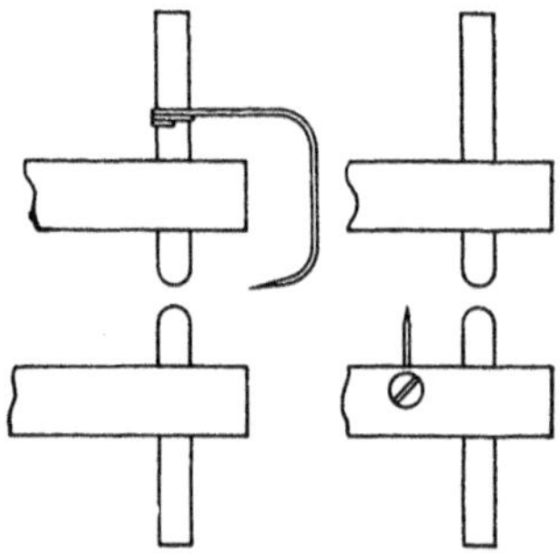

Abb. 209. Funkenstrecken mit Lockspitzen zur Verhinderung von Zündverzögerungen

Bei bestimmten Metallen, vorwiegend solchen edlen Charakters, treten oft von der Norm abweichende Entladungsformen auf, die mit geringer Materialverdampfung verbunden sind und dadurch Analysenfehler hervorrufen [*35*]. Sie sind leicht zu erkennen am Auftreten einer Glimmschicht, wobei der Funke an den Seitenflächen der Elektroden entlangläuft. Abhilfe ist möglich. Siehe Arbeitsvorschrift 2, S. 1402.

Bei Funkenentladungen und Abreißbögen können Störungen infolge von Zündverspätungen eintreten. Um das zu vermeiden, muß man die Funkenstrecken, unter Umständen auch die Steuerfunkenstrecken eines Funkenerzeugers, mit kurzwelligem Licht bestrahlen. Man kann dazu UV-Lampen verwenden oder die unsichtbare Strahlung, die von einer Lockspitze ausgeht [*4*], s. Abb. 209.

IV. Lichtführung

Im einfachsten Fall wird die Lichtquelle für die spektrochemische Analyse unmittelbar vor dem Spalt des Spektrographen aufgestellt.

Diese Aufstellung nützt den Spektrographen meist nicht voll aus, zudem erreicht sie nicht die für die quantitative Analyse notwendige, gleichmäßige Ausleuchtung des Spaltes. Soll der Spalt über seine ganze Länge gleichmäßig beleuchtet werden, so muß man eine Linse passender Brennweite unmittelbar vor dem Spalt aufstellen, die die Lichtquelle in die Öffnungsblende des Spektrographen abbildet, und zwar so, daß das Lichtquellenbild die ganze Öffnung ausfüllt. Wenn man in einer Zeichnung nach Abb. 210 die Strahlen, die von der Spaltmitte zum oberen und unteren Rande der Öffnungsblende gehen, nach vorn über den Spalt verlängert, findet man leicht den Abstand vom Spalt, in dem eine Lichtquelle vorgegebener Größe aufgestellt werden muß, damit ihr durch den Spalt hindurch projiziertes Bild die Öffnungsblende ausfüllt. Aus den damit bekannten Abständen a und b nach Abb. 210 kann man die richtige Brennweite der Linse nach der bekannten Linsenformel $\frac{1}{a} + \frac{1}{b} = \frac{1}{\text{Brennweite}}$ ausrechnen.

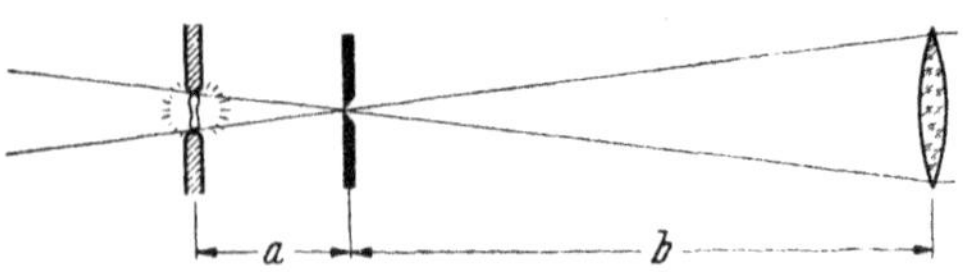

Abb. 210. Konstruktion zur Ermittlung des richtigen Abstandes a einer Lichtquelle bestimmter Größe vom Spalt eines Spektrographen (b = Abstand, Spalt — Kollimatorobjektiv bzw. Spalt-Öffnungsblende)

Im allgemeinen ist es aber zweckmäßig, diese Abbildung in zwei Schritten vorzunehmen, wie es die Abb. 211 mit der bekannten Anordnung zur *Zwischenabbildung* zeigt. Eine solche Zwischenabbildung läßt sich mit verschiedenen Vergrößerungen, je nach der Aufgabenstellung, ausführen. Die dazu notwendigen Brennweiten berechnet man mit Hilfe der Linsenformel, wobei man am Spalt anfängt und dann schrittweise die folgenden Abstände und Brennweiten bis zur Lichtquelle hin berechnet. Für viele Fälle brauchbare Abbildungsverhältnisse ergeben sich, wenn man für die Linse I eine Brennweite von etwa 75 mm nimmt, für die Linse II eine Brennweite von etwa 150 mm, den Abstand zwischen Linse I und II sowie zwischen Linse II und III etwa gleich der doppelten Brennweite, also etwa 300 mm, macht und die Brennweite der Linse III dann entsprechend den Dimensionen des verwendeten Spektrographen bestimmt. Bei der Einstellung dieser Anordnung zur Zwischenabbildung ist daran zu denken, daß sich die Brennweiten nichtachromatischer Linsen mit der Wellenlänge ändern, so daß für verschiedene Wellenlängenbereiche verschiedene Abstände eingehalten werden müssen. Die Kurve in Abb. 212 gestattet, den Faktor abzulesen, mit dem die für Natriumlicht (5893 Å) geltende Brennweite[1] einer Quarzlinse multipliziert werden muß, um

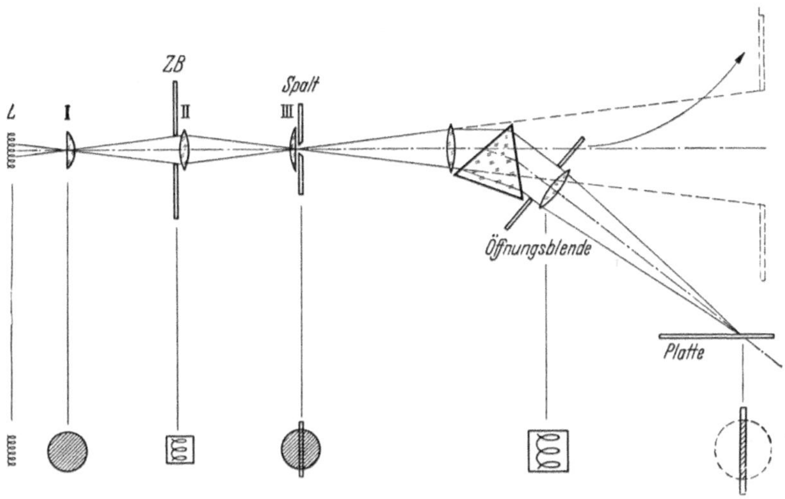

Abb. 211. Lichtführung mit Zwischenabbildung der Lichtquelle (*L* als Wendel gezeichnet, *ZB* = Zwischenblende I, II, III = Linsen). Untere Reihe: Aussehen der Querschnittsflächen an den entsprechenden Stellen. Gestrichelter Strahlengang = Virtuelles Bild der Öffnungsblende, das von der Kollimatorlinse entworfen wird und das den wirksamen Öffnungswinkel bestimmt

die Brennweite für eine andere Wellenlänge zu erhalten. Damit ist die Berechnung der Abstände für jede andere Wellenlänge möglich. Es wäre aber bequem, achromatische Linsen zu verwenden, im ultravioletten Spektralgebiet z. B. Quarz-Lithiumfluorid-Achromate. Auch kann man an Stelle der Linsen Hohlspiegel nehmen, deren Brennweite ja von der Wellenlänge unabhängig ist.

Es kommt besonders darauf an, daß die Abbildung der Lichtquelle auf der Zwischenblende vor der mittleren Linse scharf ist. Man kann dies am einfachsten kontrollieren, indem man zur Einstellung vor die Linse I eine schwache Glaslinse setzt, so daß die Brennweite beider Linsen zusammen für sichtbares Licht gleich ist der Brennweite der Quarzlinse allein für ultraviolettes Licht im gewünschten Bereich. Man kann dann die Lichtquelle mit sichtbarem Licht einstellen, darf aber nicht vergessen, die Vorsatzlinse bei der Aufnahme selbst abzunehmen. Damit die Abbildung auch im Ultravioletten stimmt, muß die Vorsatzlinse genau zentrisch zu der Quarzlinse angebracht werden, andernfalls würde die optische Achse der Anordnung geknickt werden.

Die Zwischenabbildung hat noch den Vorteil, daß man bestimmte Teile der Lichtquelle im Lichtquellenbild vor der mittleren Linse abblenden oder ausblenden kann. Zum Beispiel kann man bei einer Bogenentladung durch eine schmale Blende vor der mittleren Linse nur das Licht aus der Glimmschicht dicht vor der Kathode in den Spektrographen hineinlassen, wobei der Spalt in seiner ganzen Länge völlig gleichmäßig ausgeleuchtet bleibt. Es lassen sich auch die Störungen durch die kontinuierliche Strahlung von glühenden Elektroden durch Abblenden ausschalten. Bei Funkenentladungen und bei Abreißbögen jedoch, die sehr ausgeprägte Dampffahnen zeigen, kann es bedenklich sein, Teile der Entladung

[1] Es ist üblich, die Brennweiten für Natriumlicht anzugeben.

abzublenden. Bei derartigen Entladungen arbeite man möglichst mit offener Zwischenblende und verwende die gesamte Strahlung der Lichtquelle. Weitere Möglichkeiten der Lichtführung und Abbildung ergeben sich aus der Verwendung von Spiegeln oder von Kombinationen von Linsen und Spiegeln, die mit einfachen Mitteln den Vorteil der Achromasie bieten, doch kann im Rahmen dieser Aus-

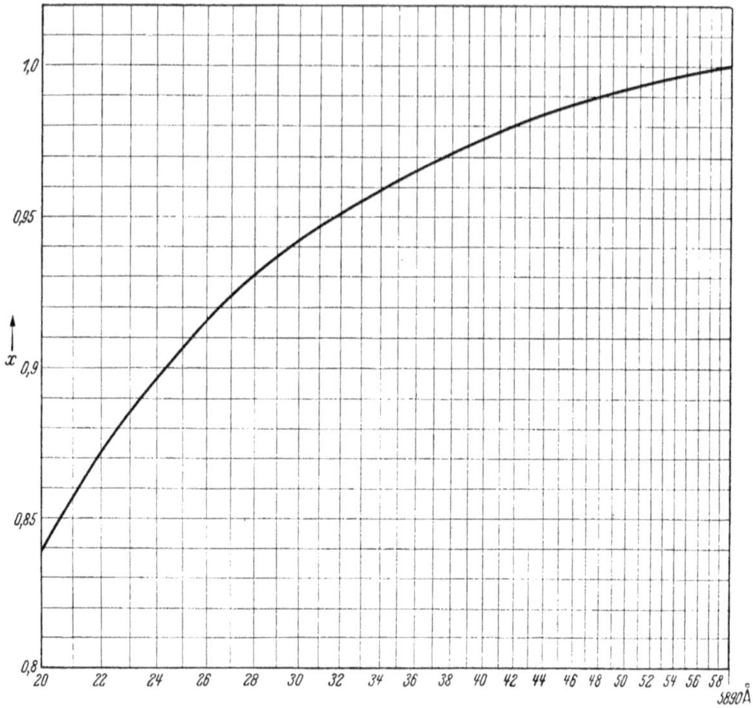

Abb. 212. Faktor x zur Umrechnung der für *Na*-Licht angegebenen Brennweite einer Quarzlinse für kürzere Wellenlängen

führung ebenso wie bezüglich des „Linsenrasters", der bei „spielender Lichtquelle" eine gleichmäßige Ausleuchtung erst ermöglicht, nur auf die Literatur verwiesen werden [*50*].

Für die Intensitätsmessungen im Spektrum bringt man zweckmäßigerweise ein Filter mit zwei oder mehr aneinanderstoßenden Bereichen verschiedener Durchlässigkeit (Stufenfilter) unmittelbar vor dem Spalt an, wodurch das Spektrum gleichzeitig mit verschiedener Intensität aufgenommen wird. Für die Auswertung muß das Stufenfilter in Abhängigkeit von der Wellenlänge (s. unten) geeicht werden, was mit einfachen Hilfsmitteln möglich ist [*30*]. Auch abgesehen von der Intensitätsmessung ist es zweckmäßig, das Spektrum in verschiedenen Abstufungen zu haben, weil dadurch der mit einer Aufnahme erfaßbare Konzentrationsbereich wesentlich erweitert wird. Außerdem kann man dann mit einer Aufnahme quantitative Bestimmungen ausführen und zugleich Spuren in der Nähe der Nachweisgrenze finden, wenn man die Belichtung so einrichtet, daß der Untergrund an der Stelle der Nachweislinien eine Schwärzung von etwa 0,2 aufweist.

Stufenfilter aus aufgedampften Metallschichten sind gegen Verschmutzung und mechanische Beschädigungen sehr empfindlich. Ihre Durchlässigkeit ist wellenlängenabhängig, und es besteht die Gefahr, daß sie sich im Laufe der Zeit durch Umlagerungen innerhalb der Metallschicht verändert.

Gelegentlich ist es erwünscht, die Intensität der gesamten Strahlung herabzusetzen, damit man nicht zu kurze Belichtungszeiten erhält. Mit der Anordnung zur Zwischenabbildung läßt sich dies auf die einfachste Weise erreichen, indem man ein Schwächungsfilter vor oder hinter der mittleren Linse II der Zwischenabbildung anbringt. Es ist unzweckmäßig, die Zwischenblende zu verkleinern, um das Spektrum abzuschwächen, weil dabei Teile der Lichtquelle ausgeblendet werden. Besser ist es, zur Schwächung ein Drahtnetz oder eine Siebscheibe mit gleichmäßig über die ganze Fläche des Lichtquellenbildes verteilten Öffnungen zu verwenden. Man kann sich Schwächungsvorrichtungen mit passender Durchlässigkeit leicht selbst herstellen, indem man in ein Kartonblatt, gleichmäßig verteilt, viele Löcher passender Öffnung einsticht.

Will man den Spalt nicht gleichmäßig ausleuchten, sondern die Intensitätsverteilung innerhalb der Lichtquelle beobachten, so muß man diese durch eine Linse auf den Spalt abbilden. Die abbildende Linse muß dann ihrerseits durch eine Linse unmittelbar vor dem Spalt in die Öffnungsblende des Spektrographen abgebildet werden. Die Lichtquelle würde demnach in Abb. 211 dort anzubringen sein, wo jetzt die Linse I gezeichnet ist. Ließe man in einer solchen Anordnung die Linse III vor dem Spalt weg, so erhielte man zwar ein Bild der Lichtquelle im Spektrum, aber mit gefälschter Intensitätsverteilung. Die Abbildung der Lichtquelle hat für quantitative Analysen wenig Bedeutung, sie kann aber wichtig sein, wenn man Untersuchungen über die Herkunft bestimmter Linien anstellen oder wenn man die Kathodenglimmschicht im Lichtbogen besonders untersuchen will.

Die Lichtführung ist meist einfach, wenn man zur spektralen Zerlegung Filter verwendet. Bei Absorptionsfiltern wird man die Lichtquelle durch einen Kondensor mit großem Öffnungswinkel auf die empfindliche Fläche des Empfängers abbilden, es sei denn, daß zusätzliche Forderungen, z. B. solche für die gleichmäßige Ausleuchtung der Meßblenden, gestellt werden. — Bei Interferenzfiltern muß man beachten, daß ihr spektraler Durchlaßbereich vom Öffnungswinkel des hindurchgehenden Strahlenbündels abhängt. Man wird diese Filter daher an eine Stelle des Strahlenganges bringen, an der die Strahlenbündel möglichst wenig geöffnet sind („quasi-paralleler Strahlengang").

V. Spektrale Zerlegung

1. Typen und Bauarten von Spektralapparaten

Die einfachste Art der spektralen Zerlegung leistet der Farbensinn des Auges, z. B. bei der Beobachtung der Flammenfärbung. Jedoch reicht die Zerlegung durch das Auge schon bei einem Gemisch von zwei Alkalimetallen nicht mehr aus. Besser können die Nachweislinien der Alkalien in dem linienarmen Flammenspektrum durch Filter isoliert werden, wofür sich neuerdings die Interferenzfilter eingeführt haben, die schmalere Durchlaßbereiche und dabei höhere Durchlässigkeiten besitzen als Absorptionsfilter aus Farbgläsern, Farbglaskombinationen bzw. Farbstoffen (s. Abb. 213). Für die Analyse linienreicher Spektren sind jedoch eigentliche Spektralapparate nicht zu ersetzen. Dies gilt auch für die Lösung schwierigerer flammenspektrometrischer Aufgaben.

Die Spektralapparate (Spektrographen zur photographischen Aufnahme des Spektrums, Spektroskope zur Betrachtung des Spektrums mit dem Auge, Spektrometer zur lichtelektrischen Messung) enthalten als Mittel zur spektralen Zerlegung entweder Prismen oder Gitter. Die Prismenspektrographen sind in Aufbau und Wirkungsweise allgemein bekannt. Die Abb. 214/215 zeigen die beiden häufigsten Anordnungen der optischen Teile.

Über Aufbau und Eigenschaften der in Deutschland erst in den letzten Jahren stärker verbreiteten Gitterspektrographen soll hier etwas mehr gesagt werden. Ein Beugungsgitter besteht aus vielen lichtdurchlässigen oder spiegelnden Streifen, die einander genau parallel sind und untereinander dieselbe Breite und denselben Abstand haben. Die Teilung solcher Gitter ist ein schwieriges mechanisches Problem. Die Abb. 216 soll zeigen, wie bei einem Gitter die spektrale Zerlegung zustande kommt und den Begriff der Ordnungszahl eines Gitterspektrums erläutern. Um in der Zeichnung die einfallenden von den abgehenden Strahlen besser trennen zu können, sind ein paar Öffnungen eines Gitters gezeichnet, durch das das Licht hindurchtritt. (Praktisch werden fast ausschließlich spiegelnde Gitter verwendet, bei denen die einfallenden und austretenden Strahlen auf derselben Seite des Gitters verlaufen.)

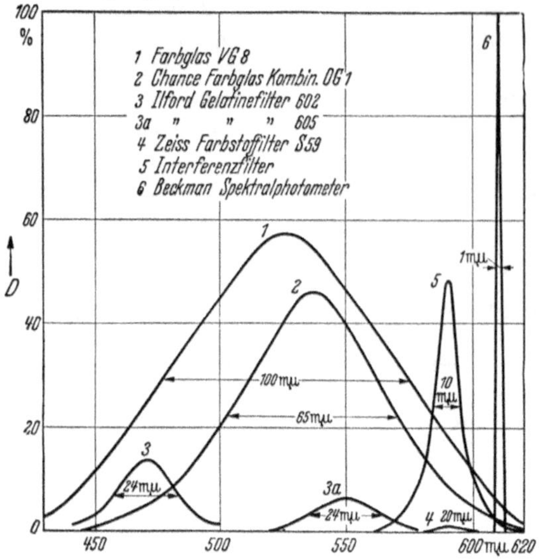

Abb. 213. Durchlässigkeitskurven verschiedener Spektralfilter (Halbwertsbreiten in mμ eingezeichnet; zu beachten ist das verschiedene Verhältnis von maximaler Durchlässigkeit zu Durchlaßbereich bei den einzelnen Typen)

Die Strahlen, die nach dem Durchtritt durch das Gitter in der ursprünglichen Richtung weiter verlaufen, bilden das Spektrum nullter Ordnung ohne spektrale Zerlegung. Beim Durchtreten durch die engen Gitteröffnungen pflanzt sich die Lichtwelle aber nicht nur in der ursprünglichen Richtung (stark gezeichnet) fort; infolge der Beugung an den engen Öffnungen wirkt jede Öffnung wie eine neue Lichtquelle, von der sich die Lichtwelle in allen Richtungen ausbreitet. Im allgemeinen vernichten sich die von den zahlreichen Öffnungen ausgehenden Wellen gegenseitig durch Interferenz. Nur in denjenigen Richtungen, in denen der Gangunterschied der Wellen, die von je zwei benachbarten Gitteröffnungen ausgehen, gerade ein ganzes Vielfaches der Wellenlänge ist, verstärken sich alle Einzelwellen. In der Abb. 216 ist eine solche Richtung ($\sphericalangle\, \varphi_a$) dünn eingezeichnet. Der Gangunterschied zweier benachbarter Wellen, die in dieser Richtung laufen, ist $\Delta i + \Delta a$. Aus der Abbildung liest man ab, daß

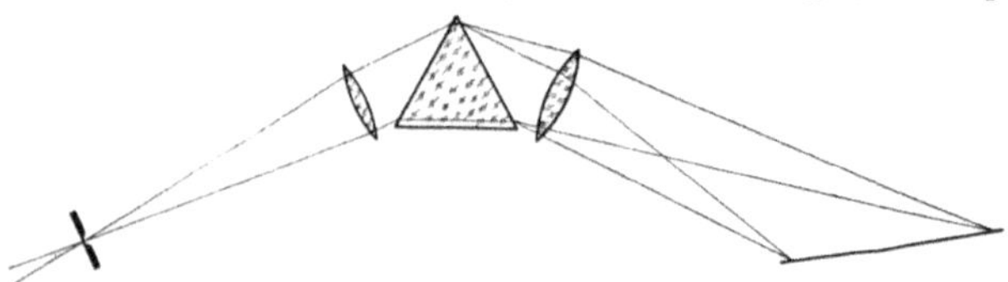
Abb. 214. Schema eines „Einweg"-Prismenspektrographen mit nichtachromatischen Linsen und 60° Prisma

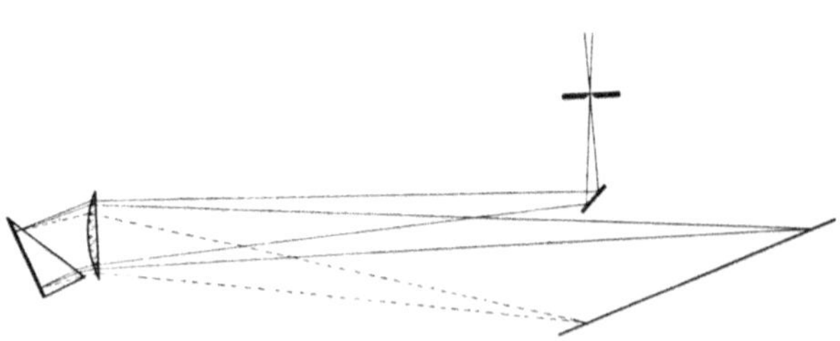
Abb. 215. Schema eines „Doppelweg"-Prismenspektrographen. Autokollimations-Spektrograph nach Otto von Littrow. (Die Rückfläche des 30° Prismas ist verspiegelt, die wirksame Prismenbasis ist die doppelte Basis des 30° Prismas)

$$\Delta i = -d \sin \varphi_i, \quad \Delta a = d \sin \varphi_a$$

wobei die Winkel positiv zu rechnen sind, wenn man beim Übergang von der Gitternormalen zur Lichtrichtung eine Drehung im Gegensinn des Uhrzeigers machen muß.

Sollen die einzelnen Wellenzüge sich verstärken, so muß sein:

$$\text{Gangunterschied} = d(\sin\varphi_a - \sin\varphi_i) = m\,\lambda$$

worin m eine ganze Zahl, die Ordnungszahl, ist. Man erkennt daß die Richtung φ_a, in der sich alle Wellenzüge verstärken, bei gegebenem Einfallswinkel φ_i von der Wellenlänge λ abhängt. Dies bedeutet aber, daß das Gitter die einfallende Strahlung zerlegt.

Die Abb. 217 zeigt eine einfache Konstruktion, durch die es möglich ist, sofort zu übersehen, welche Ordnungen eines Gitterspektrums man mit einem bestimmten Gitter bekommen kann und in welchen Richtungen die verschiedenen Ordnungen liegen. Der Radius des eingezeichneten Kreises soll in einem beliebigen Maßstab die Gitterkonstante, d. h. den Abstand zweier Gitterstriche, darstellen. Die stärker gezeichnete Linie ist der Querschnitt durch die Gitterfläche. Die Richtung des einfallenden Strahlenbündels ist durch den Pfeil kenntlich gemacht. Man verlängert diese Richtung über den Mittelpunkt hinaus bis zum jenseitigen Schnittpunkt mit dem Kreise und fällt von dort aus das Lot auf den Durchmesser, der die Gitterebene darstellt. Vom Fußpunkt dieses Lotes aus trägt man nun nach rechts und links maßstabsgerecht die Wellenlänge ab, deren Lage in den Spektren verschiedener Ordnung man zu wissen wünscht. In den so erhaltenen Punkten errichtet man die Senkrechten auf dem Durchmesser. Die Richtung zu einem Spektrum bestimmter Ordnung ist dann durch die Verbindungslinie des Kreismittelpunktes mit dem entsprechenden Punkt auf dem Kreisumfang gegeben. Eingezeichnet ist z. B. die Richtung zum Spektrum zweiter Ordnung. Aus dieser Figur erkennt man sofort, daß der Abstand der Gitterstriche groß gegenüber der Wellenlänge sein muß, wenn man Spektren höherer Ordnung beobachten will. Man erkennt ferner, daß man grobe Gitter braucht, wenn man im langwelligen Spektralgebiet beobachten will.

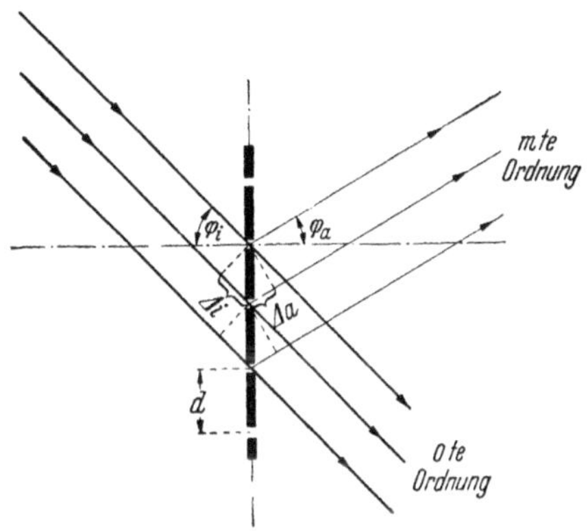

Abb. 216. Geometrische Beziehungen bei der Beugung an einem Gitter. (Δi und Δa = Gangunterschied der Strahlen gleicher Richtung, die zu benachbarten Gitteröffnungen gehören. φ_i = Einfallswinkel, φ_a = Austrittswinkel

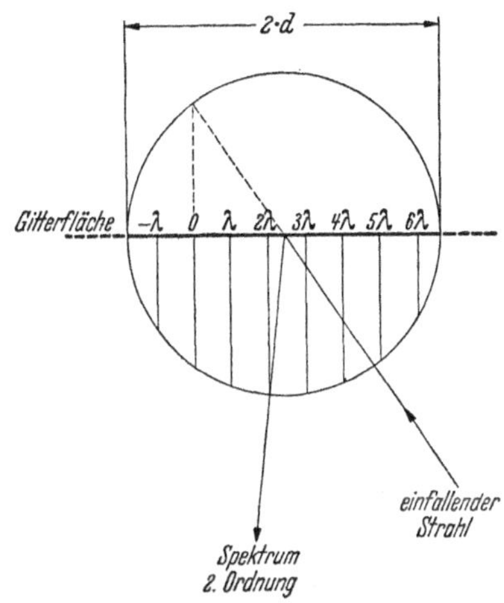

Abb. 217. Geometrische Konstruktion zur Ermittlung der Richtungen, in denen die Spektren verschiedener Ordnung in einem Gitterspektrographen liegen. (Als Beispiel ist die Richtung zum Spektrum zweiter Ordnung eingezeichnet)

Die bisher besprochenen ebenen Gitter zerlegen zwar die einfallende Strahlung nach Wellenlängen — können daher in einem Spektralapparat nach Abb. 215

und 216 an Stelle eines Prismas verwendet werden —, sie bedürfen aber der Hilfe von Linsen oder Hohlspiegeln, damit der Spalt des Spektralapparates abgebildet werden kann.

Die von Rowland erfundenen Konkavgitter leisten beides, sie zerlegen die Strahlung und bilden den Spalt ab. Der Spalt und die Bilder des Spaltes (Spektrallinien) liegen auf einem Kreis, der die hohle Gitterfläche berührt und dessen Durchmesser gleich dem Krümmungsradius der Gitterfläche ist (Rowlandscher Kreis).

Die Abb. 218 zeigt mehrere in handelsüblichen amerikanischen und englischen Gitterspektrographen verwirklichte Anordnungen. Die drei ersten sind astigmatische Aufstellungen unter Verwendung des Rowlandschen Kreises. Abb. 218a zeigt eine sehr einfache Anordnung, bei der Gitter und Spalt fest bleiben, während

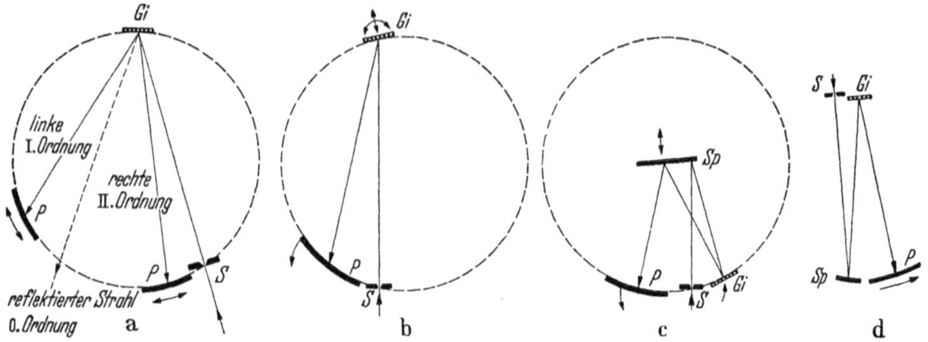

Abb. 218. Gitteraufstellungen. a) nach Runge-Paschen; b) nach Eagle; c) nach Dowell-Menzies; d) nach Wadsworth. (S = Spalt, P = Platte, Gi = Gitter, Sp = Spiegel.) Die Pfeile bei P, Gi und Sp deuten die Stellungsänderungen der optischen Teile an, die bei einem Wechsel des Wellenlängenbereiches notwendig sind.

die Kassette entlang dem Rowlandschen Kreis bewegt wird. Sie hat den Vorteil einfacher Mechanik, erfordert aber bei großem Gitter viel Platz. Bei dieser Anordnung verwendet man vorwiegend die erste und zweite Ordnung der Spektren. Da die Gitter handelsüblicher Geräte dieser Art einen kleinen Krümmungsradius haben, 1,5 bis 2 m, braucht man Gitter mit etwa 1000 Strichen je mm, um ausreichende Dispersion zu bekommen. Abb. 218b zeigt die sog. Eagle-Aufstellung, die sehr raumsparend und deshalb für Gitter mit großem Radius (bis zu 6,5 m) geeignet ist. Bei einem Wechsel des Arbeitsbereiches bleibt auch bei ihr der Spalt stehen, während die Kassette um den Spalt gedreht wird und sich das Gitter unter gleichzeitiger Drehung auf den Spalt zu oder vom Spalt fort bewegt. (Bei dieser Anordnung dreht man den — gedachten — Rowlandschen Kreis um den Spalt.) Bei dieser Aufstellung kann man mit Vorteil die höheren Ordnungen verwenden. Die Abb. 218c zeigt die Dowell-Menzies-Aufstellung. Sie ist eine Eagle-Aufstellung, die durch einen großen Planspiegel in der Mitte des Spektrographen herumgeklappt ist, so daß das Gitter neben den Spalt zu liegen kommt. Auf diese Weise ist die große Baulänge der eigentlichen Eagle-Aufstellung vermieden. Gitter und Kassette sind fest miteinander verbunden und werden um den Spalt gedreht. Der Planspiegel muß parallel zu sich selbst verschoben werden, was mit einfachen mechanischen Mitteln möglich ist. Diese Anordnung hat den Vorzug, daß man die Gitterspektren verschiedener Ordnung auf beiden Seiten der Gitternormale benutzen kann. Die Abb. 218d zeigt die Wadsworthsche Aufstellung. Bei ihr wird das vom Spalt ausgehende Licht zunächst durch einen Hohlspiegel in ein Parallelstrahlenbündel verwandelt. Auf diese Weise entwirft das Konkavgitter ein stigmatisches Bild des Spaltes, was insbesondere für Intensitätsmessungen günstig ist. Da der Abstand vom Gitter zur Kassette für dasselbe Gitter nur halb so groß ist wie bei den anderen Aufstellungen, ist die Lichtstärke dieser Anordnung allein aus diesem Grunde um den Faktor 4 höher. Dazu kommt noch der Gewinn durch den Fortfall des Astigmatismus. Spektrographen dieser Bauart dürften besonders für die routinemäßige spektrochemische Analyse vorteilhaft sein.

2. Leistung von Spektralapparaten

Die Leistungsfähigkeit eines Spektrographen wird wesentlich durch die folgenden 5 Punkte bestimmt:

α) Auflösung,
β) lineare Dispersion,
γ) Umfang und Arbeitsbereich,
δ) Lichtstärke,
ε) Qualität der optischen und mechanischen Ausführung.

α) *Die Auflösung.* Die Auflösung kennzeichnet die Fähigkeit eines Spektrographen, nahe benachbarte Linien voneinander zu trennen. Ein Zahlenwert dafür ergibt sich auf folgende Weise: Der Wellenlängenunterschied zweier Spektrallinien etwa gleicher Stärke, die gerade noch getrennt werden können, sei $\Delta\lambda_{\text{min}}$, dann ist die Auflösung R definiert durch $R = \frac{\lambda}{\Delta\lambda_{\text{min}}}$. Man bestimmt die Auflösung, indem man in einem Spektrum, das mit engem Spalt aufgenommen wurde, schwach belichtete Linien (keine Überstrahlung!) aufsucht, die eben noch getrennt erscheinen. Zu einer solchen Prüfungsaufnahme muß man eine weich arbeitende, feinkörnige Platte verwenden. Die Belichtung sollte so sein, daß an der zu prüfenden Stelle ein schwacher Untergrund im Spektrum zu sehen ist.

Ob ein Spektrograph das leistet, was man nach den aufgewendeten optischen Mitteln (und damit dem Preis) von ihm verlangen kann, läßt sich feststellen, wenn man die praktisch erreichte Auflösung R mit dem (theoretischen) Auflösungsvermögen vergleicht, das sich aus den optischen Daten herleiten läßt. Für einen Prismenspektrographen ist das Auflösungsvermögen gegeben durch $R_0 = b\,\frac{dn}{d\lambda}$, worin b die gesamte Prismenbasis ist und $\frac{dn}{d\lambda}$ der Gang des Brechungsindex mit der Wellenlänge. Die Tab. 1 gibt einige Werte von $\frac{dn}{d\lambda}$ für Quarz und Flintglas.

Bei einem Gitterspektrographen ist das Auflösungsvermögen gegeben durch $R_0 = mN$. Darin ist m die Ordnungszahl des Gitterspektrums (s. weiter oben), N die Gesamtzahl der Gitterstriche. Die Anzahl der Striche je mm spielt für die Auflösung keine Rolle.

Bei guten Spektrographen wird das theoretische Auflösungsvermögen über weite Spektralbereiche auch praktisch erreicht.

Tabelle 1

Quarz		Schweres Flintglas	
λ in Å	$-\frac{dn}{d\lambda}$ in μ^{-1}	λ in Å	$-\frac{dn}{d\lambda}$ in μ^{-1}
5000	0,0638	7500	0,67
4000	0,125	7000	0,77
3500	0,193	6500	0,95
3000	0,324	6000	1,21
2600	0,537	5500	1,64
2200	1,01	5000	2,31
2000	1,50	4500	3,37
1900	1,87	4300	4,11

β) *Die Dispersion.* Die lineare Dispersion $\frac{dx}{d\lambda}$ ist das Verhältnis des Abstandes zweier benachbarter Spektrallinien auf der Platte zu ihrem Wellenlängenunterschied (mm/Å). Häufig wird der Kehrwert angegeben, der besagt, wieviel Wellenlängeneinheiten, gemessen in Ångström ($1\,\text{Å} = 10^{-8}\,\text{cm}$), auf eine Länge von 1 mm auf der Platte kommen. Bei einem Prismenspektrographen ändert sich die lineare Dispersion sehr stark mit der Wellenlänge, wie die Abb. 219 zeigt. Bei einem Gitterspektrographen ist sie praktisch konstant, so daß Wellenlängenmessungen im Gitterspektrum auch bei größeren Abständen der zu vermessenden Linien sehr einfach sind. Diese

Tatsache ist aber von untergeordneter Bedeutung, sie bedingt keine entscheidende Überlegenheit des Gitters über das Prisma. Physikalisch sinnvoll wäre es sogar, die Dispersion der Wellenzahlen $\frac{dx}{\partial \nu}\left(\nu = \frac{1}{\lambda} \text{ in } \mathrm{cm}^{-1}\right)$ aufzutragen, weil die Energie diesem Wert proportional ist. Dann kehrt sich das Aussehen der Dispersionskurven um, wie Abb. 220 zeigt.

Dispersion und Auflösungsvermögen sind voneinander unabhängige Größen. Die lineare Dispersion eines Spektrographen kann man dadurch vergrößern, daß man für seine Kamera eine längere Brennweite nimmt. Diese Möglichkeit wird bei Spektrographen mit austauschbaren Aufnahmekammern ausgenutzt.

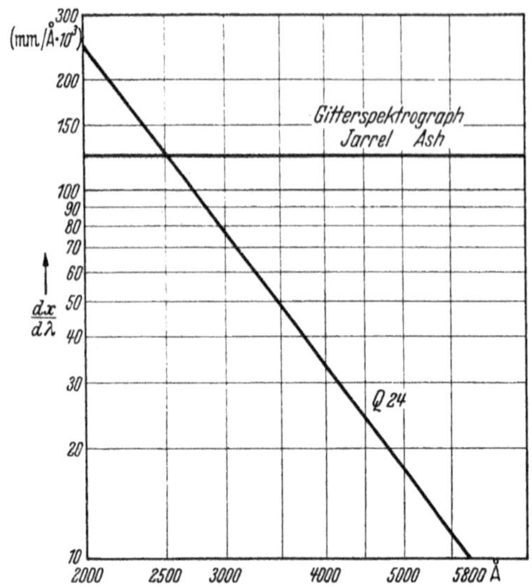

Abb. 219. Wellenlängen-Dispersionskurven für Prismen- und Gitterspektrographen

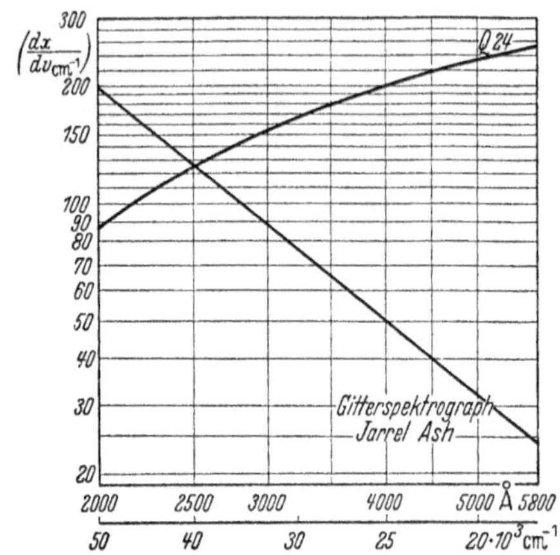

Abb. 220. Wellenzahlen-Dispersionskurven für Prismen- und Gitterspektrographen

Um das theoretische Auflösungsvermögen voll auszunutzen, muß man die Brennweite eines Spektrographen so groß wählen, daß die Wiedergabe feiner Linien nicht mehr durch die Körnigkeit der photographischen Schicht gestört wird. Die Linienbreite auf der Platte, die bei sehr engem Spalt erreicht wird, sollte demnach über 0,02 mm liegen. Bei einem Spektroskop, das für die Beobachtung mit dem Auge eingerichtet ist, muß die Austrittspupille am Beobachtungsfernrohr etwa 1 mm Durchmesser haben. Dann kann das Auge gerade noch alle Einzelheiten auflösen, die ihm vom Instrument geboten werden. Spektrographen, bei denen das Auflösungsvermögen des Prismas gerade ausgenutzt wird, sind die weitverbreiteten Quarzspektrographen mittlerer Größe mit etwa 60 cm Brennweite (Q 24 von Zeiss, 110 M von Fuess, Medium E 498 von Hilger). Man kann sie nach einem Vorschlag von G. Hansen [*19*] als „Normalspektrographen" bezeichnen. Bei den langbrennweitigen Spektrographen spielt die Körnigkeit der photographischen Schicht für die Auflösung keine Rolle. Es sind im allgemeinen Geräte mit Übervergrößerung. Geräte mit kurzer Brennweite, bei denen das Auflösungsvermögen der Optik nicht ausgenutzt werden kann, spielen für die spektrochemische Metallanalyse keine Rolle. Es sind die „lichtstarken" Spektrographen. Bei ihnen verzichtet man auf Auflösung, um eine höhere Bestrahlungsstärke am Ort der Spektrallinien zu erreichen.

γ) *Umfang und Arbeitsbereich.* Im Zusammenhang mit der linearen Dispersion stehen Umfang und Arbeitsbereich eines Spektrographen. Mit Umfang bezeichnen wir den Spektralbereich, der überhaupt mit dem betreffenden Gerät aufgenommen werden kann; mit Arbeitsbereich denjenigen Spektralbereich, der auf einer Aufnahme gleichzeitig zu erfassen ist. Die Prismenspektrographen haben beschränkten Umfang. Quarzspektrographen verwendet man im Bereich von etwa 4000 bis etwa 2000 Å, Glasspektrographen von etwa 10000 bis zur Grenze der Durchlässigkeit bei etwa 3600 Å. Bei kleinen und mittleren Spektrographen kann der gesamte Umfang mit einer Aufnahme erfaßt werden, bei den größeren Spektrographen sind je nach der Brennweite, dem Platten- bzw. Filmformat mehrere Aufnahmen notwendig, um den ganzen Umfang zu überdecken. Bei den Gitterspektrographen ist der Umfang wesentlich größer; die üblichen Geräte lassen sich von der Grenze des in Luft zugänglichen Spektralbereiches (etwas unterhalb von 2000 Å) bis ins nahe Ultrarot verwenden. Die meisten handelsüblichen Gitterspektrographen sind Geräte mit großer Dispersion, so daß der jeweilige Arbeitsbereich klein ist.

δ) *Die Lichtstärke.* Die Lichtstärke eines Spektrographen ist im wesentlichen durch das Öffnungsverhältnis der Kamera bestimmt. Bei gleichem Durchmesser der Kameralinse ist die Lichtstärke umgekehrt proportional zum Quadrat der Brennweite. Langbrennweitige Spektrographen sind im allgemeinen lichtschwächer als kurzbrennweitige, weil man Prismen und Linsen aus dem kostbaren Material nicht in gleicher Weise mit vergrößern kann. Bei den Gitterspektrographen ist das anders. Die allgemeine Behauptung, sie seien immer lichtschwächer als vergleichbare Prismenspektrographen, trifft heute nicht mehr zu. Es gibt jetzt Spektrographen mit Gittern, bei denen der größte Teil des einfallenden Lichtes in ein Spektrum bestimmter Ordnung abgelenkt wird, während die Spektren der übrigen Ordnungen sehr lichtschwach sind. Dies erreicht man durch eine besondere Form der Gitterfurchen. Die Lichtstärke solcher Gitter in der stigmatischen WADSWORTH-Aufstellung ist der von Prismenspektrographen gleicher Größe durchaus vergleichbar. Bei den astigmatischen Aufstellungen, die vom ROWLAND-Kreis ausgehen, wird die Spektrallinie der Länge nach auseinandergezogen, so daß die Bestrahlungsstärke am Plattenort dadurch geringer ist. Dies kann aber z. T. dadurch wettgemacht werden, daß man beim Gittergerät *längere* Spalte verwendet.

ε) *Die Qualität der optischen und mechanischen Ausführung.* Hinsichtlich der Qualität der optischen und mechanischen Ausführungen können hier nur einige allgemeine Gesichtspunkte berührt werden. Die technische Entwicklung der für industrielle Zwecke geeigneten Spektrographen ist zur Zeit in starkem Fluß. Wichtig ist ein standfester mechanischer Aufbau, bei dem sämtliche optischen Teile (Spalt, Linsen, Prisma, Kassette), starr gegen Erschütterungen und Verbiegungen gesichert, miteinander verbunden sind.

Alle Teile, die für die Bedienung nicht unbedingt notwendig sind, sollen unzugänglich staubdicht gekapselt sein. Spektrographen mit großem Umfang, aber engem Arbeitsbereich, bei denen daher wechselnde Einstellungen notwendig sind, sollten mit automatischen Vorrichtungen hierfür versehen sein, so daß der jeweils gewünschte Wellenlängenbereich durch eine einzige Handhabung sicher und vollständig justiert eingestellt werden kann. Der Spalt des Spektrographen muß sehr widerstandsfähig ausgebildet sein, weil er Beschädigungen leicht ausgesetzt ist. Er darf sich nur unter Federdruck selbsttätig schließen, so daß die Betätigungsschraube Kräfte nur dann ausübt, wenn der Spalt geöffnet wird; andernfalls besteht die Gefahr, daß die empfindlichen Spaltbacken durch unvorsichtiges Schließen des Spaltes beschädigt werden können. Bei den meisten Spektrographen kann der Spalt mit einer Mikrometerschraube verstellt werden. Direkte Ablesung der tausendstel Millimeter ist hierbei sehr erwünscht. Bei quantitativen spektrographischen Arbeiten kommt es darauf an, daß die Spaltbreite sehr genau eingehalten werden kann. Daher ist es empfehlenswert, einen Spektrographen zu haben, der mit einem Satz austauschbarer, passend abgestufter, fester Spalte versehen ist. Bisher sind aber nur wenige Fabrikate dieser Art auf dem Markt. Die Kassette eines Spektrographen muß stabil sein, und beim Einlegen in den Spektrographen muß sie immer in genau dieselbe Lage kommen. In vielen Fällen muß sie Vorrichtungen enthalten, daß die Platte sich der Schärfenfläche des Spektrographen anschmiegt. Die Entwicklung wird dahin gehen, an Stelle von Platten mehr und mehr einen Film zu verwenden, der sich leicht einer gekrümmten Schärfenfläche anpassen läßt und bei dem sich durch die Art seiner Herstellung viel höhere Gleichmäßigkeit der Emulsion erreichen läßt als bei Platten. Der Nachteil, daß man auf einem Filmstreifen von normaler Breite (35 mm) weniger Spektren als auf einer Platte unterbringen kann, fällt gegenüber den großen Vorteilen des Films nicht ins Gewicht. Von der optischen Ausführung eines Spektrographen muß gefordert werden, daß das theoretische Auflösungsvermögen in großen Teilen des jeweiligen Arbeitsbereiches auch tatsächlich erreicht wird. Bei Spektrographen mit fester Einstellung, bei denen Umfang und einziger Arbeitsbereich zusammenfallen, ist diese Forderung an den Rändern des Spektralbereiches im allgemeinen nicht mehr gleichmäßig zu erfüllen. Am kurzwelligen Ende machen sich die Abbildungsfehler in der Optik bemerkbar, deren Wirkung man herabsetzen kann, indem man die in derartigen Geräten meist vorgesehene Öffnungsblende etwas verengt. An der langwelligen Seite dagegen machen sich Beugungserscheinungen bemerkbar; hier kann man durch Öffnen der Blende etwas an Linienschärfe gewinnen. Für das Arbeiten mit Vergleichsspektren ist es wichtig, daß die einzelnen Spektren scharf aneinanderstoßen, daher soll der Astigmatismus des Spektrographen klein sein. Bei den meisten Gitteraufstellungen ist dies nicht der Fall.

Bei fest eingestellten Spektrographen ist eine Vorrichtung zum Aufkopieren einer Wellenlängenskala für die rasche Orientierung im Spektrum sehr nützlich. Bei den übrigen Spektrographen mit einstellbarem Arbeitsbereich sollte wenigstens eine Kennzeichnung des Bereiches aufkopiert werden können.

3. Auswahl eines Spektrographen

Hinsichtlich der Wahl eines Spektrographen ist zunächst die Frage: Prisma oder Gitter? zu erörtern.

Vergleicht man die Eigenschaften von Prismen- und Gitterspektrographen miteinander, so kann man nicht sagen, daß sich der eine oder andere Typ grundsätzlich besser für die Bearbeitung spektrochemischer Aufgaben eignet. Die Gitterspektrographen haben einen größeren Umfang als die Prismenspektrographen. Man kann daher bei ausreichender Dispersion mit *einem* Instrument für das ultraviolette und sichtbare Spektralgebiet auskommen; man kann sogar im Spektrum 1. Ordnung photographieren und gleichzeitig im Spektrum 2. Ordnung, das ja an einer anderen Stelle liegt, lichtelektrisch messen. Sie haben ferner den Vorzug, daß man das Auflösungsvermögen im Bedarfsfall durch Benutzung höherer Ordnungen beträchtlich steigern kann. Dies gilt vor allem für die EAGLE-Aufstellung. Nachteile sind der Astigmatismus der meisten Gitterspektrographen, mit Ausnahme der WADSWORTH-Anordnung; ferner die Gefahr von Verwechslungen durch Überlagerung verschiedener Ordnungen (an der Stelle im Spektrum, wo die Wellenlänge 5000 Å in erster Ordnung liegt, liegt auch 2500 Å in zweiter Ordnung). Um solche Verwechslungen zu vermeiden, muß man die störenden Spektralbereiche ausfiltern, was nicht immer vollkommen gelingt.

Ferner zeigen die meisten zur Zeit erhältlichen Gitter „Geister", d. h. Nebenlinien, die durch Teilungsfehler des Gitters hervorgerufen werden. Periodische Teilungsfehler erzeugen die sog. ROWLAND-Geister, die in der Nachbarschaft einer starken Linie in symmetrischer Anordnung zu sehen sind. Bei guten Gittern ist ihre Intensität in der ersten Ordnung gering (etwa $^1/_{1000}$ der Intensität der Hauptlinie), in höheren Ordnungen sind sie stärker. Geister starker Linien der Grundsubstanz könnten gelegentlich Verwechslungen mit Nachweislinien von Spurenelementen hervorrufen. Störungen der genannten Art werden bei kritischen

Beobachtern kaum Schaden anrichten können, doch gibt bei weniger geübtem Personal ein Prismenspektrograph, der solche Störungen nicht zeigt, größere Sicherheit. Die Entscheidung, ob man einen großen Prismenspektrographen oder ein Gitter nehmen soll, ist also nicht prinzipieller Natur, es ist mehr eine Frage des Geschmackes, der Beschaffungsmöglichkeiten und der verfügbaren Mittel.

Allgemein gelten für die Auswahl von Spektrographen folgende Gesichtspunkte:

Die Mehrzahl der qualitativen und quantitativen spektrochemischen Analysen werden im ultravioletten Spektralgebiet von 2000 bis 4000 Å gemacht. In diesem Gebiet liegen die Hauptnachweislinien der meisten Elemente. Außerdem ist die Photometrie mit Hilfe der photographischen Platte im ultravioletten Gebiet einfacher als im langwelligen, in dem sich die Empfindlichkeit der Platten mit der Wellenlänge stärker ändert. Glasspektrographen sind vor allem für die qualitative Analyse mit dem Auge nützlich, ferner für den Nachweis und die Bestimmung der Erdalkalien sowie einiger in der Legierungstechnik der Edelstähle wichtiger Elemente, die nur im sichtbaren Spektralbereich empfindliche Linien haben.

Für die Analyse von Metallen mit nicht zu linienreichen Spektren, wie von Leichtmetallen und von Blei, Kupfer, Silber, Zinn und Zink, reichen nach allgemeiner Erfahrung Quarzspektrographen mit einem Prisma von 4 bis 6 cm Basis und etwa 60 cm Kamerabrennweite aus (Typ Q 24 von Zeiss, 110 M von Fuess, Quarz-Medium-Spektrograph von Hilger usw.). Linienreiche Spektren (Eisen- und Platinmetalle, Wolfram, Thorium, Titan, Erze, keramische Materialien usw.) lassen sich manchmal noch, aber mit großer Mühe, mit einem mittleren Quarzspektrographen untersuchen, im allgemeinen ist aber ein Spektrograph mit größerer Dispersion notwendig (z. B. QG 55 von Zeiss, großer Quarz-Glas-Littrow-Spektrograph von Hilger, Gitterspektrographen). Große Brennweite ist auch bei hohen Ansprüchen an die Genauigkeit erforderlich, damit man bei der photometrischen Ausmessung genügend große Flächen mit zahlreichen Silberkörnern auf der Platte erfaßt.

Für den Nachweis geringster Spuren braucht man ebenfalls Spektrographen mit großem Auflösungsvermögen, damit der störende Untergrund gegenüber den schwachen Linien genügend zurücktritt. Bei der Spurensuche mit lichtelektrischen Empfängern kommt es nur auf das Auflösungsvermögen an, bei der Spurensuche mit photographischer Aufnahme dagegen auch noch auf große Dispersion (lange Brennweite), damit die schwachen Linien trotz der Körnigkeit der photographischen Schicht deutlich zu erkennen sind. Man kann ausrechnen, daß die Nachweisempfindlichkeit für Spuren bei gleichem Auflösungsvermögen (Prismengröße des Spektrographen) proportional zur Brennweite ist. *Bei hohen Ansprüchen an die Nachweisempfindlichkeit kann es daher notwendig sein, einen großen Spektrographen zu verwenden, auch wenn das Spektrum sehr linienarm ist.*

VI. Empfänger

1. Auge

Im sichtbaren Spektralbereich von 4000 bis 7500 Å reicht für viele Zwecke der qualitativen Analyse eine visuelle Beobachtung der Spektren aus. Zu diesem Zweck werden Spektralapparate von vornherein als Spektroskope gebaut, wobei an Stelle der Kamera ein Beobachtungsfernrohr vorgesehen ist. Es gibt auch Spektrographen, bei denen die Kassette durch eine besondere Beobachtungsvorrichtung (Lupe oder Mikroskop) ersetzt werden kann. Die Spektroskope für analytische Zwecke sind meist mit einer Vorrichtung versehen, durch die man gleichzeitig mit dem Spektrum der zu untersuchenden Probe ein Vergleichsspektrum erzeugen kann. Dadurch vermag man die Nachweislinien der gesuchten Elemente leichter aufzufinden. Vorrichtungen zur Intensitätsmessungen mit dem Auge haben sich nicht allgemein eingeführt.

Man kann aber bei Übersichtsanalysen eine grobe Abschätzung der Gehalte durch Intensitätsvergleich von Linien der zu bestimmenden Elemente mit Linien des Grundelementes vornehmen. Dabei lassen sich exakt nur Intensitätsgleichheiten feststellen. Immerhin kann man mit einer solchen Abschätzung Gehalte mit einer Unsicherheit von etwa $\pm {}^1/_5$ des geschätzten Wertes ($\pm 20\%$) bestimmen, was für viele Zwecke, z. B. bei der Sortierung von Lagerbeständen, ausreicht.

2. Platte und Film

Der gebräuchlichste Strahlungsempfänger in der Spektrochemie ist die photographische Emulsion. Die photographische Aufnahme liefert für die qualitative Analyse ein bleibendes Dokument, das in Ruhe betrachtet werden kann und auf dem man auch Spektrallinien finden kann, die man nicht erwartet hatte. Aus diesem Grund wird die photographische Aufnahme auch gegenüber der lichtelektrischen Auswertung immer ihre Bedeutung behalten. Darüber hinaus ist aber die photographische Schicht auch zu Intensitätsmessungen geeignet, weil die bei der Entwicklung reduzierte Silbermenge in der Schicht gesetzmäßig mit der belichtenden Lichtmenge zusammenhängt. Dieser Zusammenhang ist verwickelt und von vielen Nebenbedingungen abhängig, die sorgfältig beachtet werden müssen. Die ausgeschiedene Silbermenge wird auf indirektem Wege bestimmt, indem man die Durchlässigkeit der Schicht an der geschwärzten Stelle mißt. *Den negativen, dekadischen Logarithmus der Durchlässigkeit bezeichnet man als die Schwärzung S.* Die Durchlässigkeit wird in einem Schwärzungsmesser (Mikrophotometer, Densitometer) gemessen. Man muß daran denken, daß die geschwärzte photographische Schicht ein trübes Medium ist, in dem einzelne Silberkörner unregelmäßig verteilt neben- und hintereinanderliegen. Infolgedessen hängt der Meßwert für die Durchlässigkeit sehr stark vom Öffnungswinkel des messenden Strahlenbündels und damit von der Bauart des Schwärzungsmessers ab.

Strenggenommen kann man mit einer photographischen Platte nur die Gleichheit zweier Bestrahlungsstärken feststellen, die auf nebeneinanderliegende Stellen der Platte eingewirkt haben. Dabei müssen sowohl die Wellenlängen der Strahlungen als auch die Belichtungszeit und die Belichtungsart (stetig oder unterbrochen) gleich sein. Die Schwärzung einer Platte hängt leider nicht nur von der gesamten Energiemenge ab, mit der man sie bestrahlt hat.

Man mildert die sehr strenge Forderung nach völliger Gleichheit der Bedingungen, indem man die photographische Platte mit abgestuften Bestrahlungsstärken eicht und empirisch einen Zusammenhang zwischen der einwirkenden Bestrahlungsstärke und der gemessenen Schwärzung feststellt. Dieser Zusammenhang wird meist graphisch als Kennlinie, häufig als die sog. Schwärzungskurve dargestellt, für welche die Abb. 221 ein Beispiel gibt. Dabei ist als Abszisse der Logarithmus der Bestrahlungsstärke aufgetragen, der zur Abkürzung mit Y bezeichnet ist. Den Tangens des Neigungswinkels für den mittleren, annähernd geradlinigen Teil der Schwärzungskurve bezeichnet man als die Steilheit (Gradation) der photographischen Schicht und kennzeichnet ihn durch den Buchstaben γ. Die Steilheit, der Durchhang des unteren Teiles der Schwärzungskurve, und ihre Lage in dem Diagramm der Abb. 221 hängen stark von der Wellenlänge, außerdem von den Entwicklungsbedingungen ab. Für die spektrochemische Analyse ist es wichtig, daß die Steilheit in einem weiten Bereich des ultravioletten Spektrums, je nach der Plattensorte, etwa von 2400 bis 3200 Å annähernd konstant ist, wodurch der photometrische Vergleich von Linien verschiedener Wellenlängen erleichtert wird. Man muß die photographische Schicht bei jeder Aufnahme für die in Frage kommenden Wellenlängen und die besonderen Versuchsbedingungen eichen. Nur durch sorgfältige Überwachung der Belichtung und des Entwicklungsvorganges ist es möglich, dieselbe Kennlinie wenigstens für eine Reihe von Platten aus derselben Herstellung zu verwenden. Die rechnerische Verarbeitung der Schwärzungsmessungen wird im Abschnitt B. IX., S. 1388, behandelt.

Für die spektrochemische Analyse verwendet man möglichst feinkörnige Schichten, wie sie für Reproduktionszwecke benutzt werden. Eine Reihe von Spezialemulsionen ist für spektrochemische Zwecke auf dem Markt. Hochempfindliche Schichten, wie sie für die bildmäßige Photographie vorwiegend gebraucht werden, sind weniger geeignet. Man wird sie nur verwenden, wenn man wenig Licht zur Verfügung hat. Für die allgemeinen Zwecke ist ihre Körnigkeit viel zu groß. Von der Emulsion werden gleichmäßige Empfindlichkeit und Dicke verlangt. Dies ist bei Filmen infolge der Herstellungsbedingungen wesentlich leichter zu erreichen als bei Platten. Infolgedessen wird sich der Film in der spektrochemischen Praxis in den kommenden Jahren wohl immer mehr durchsetzen.

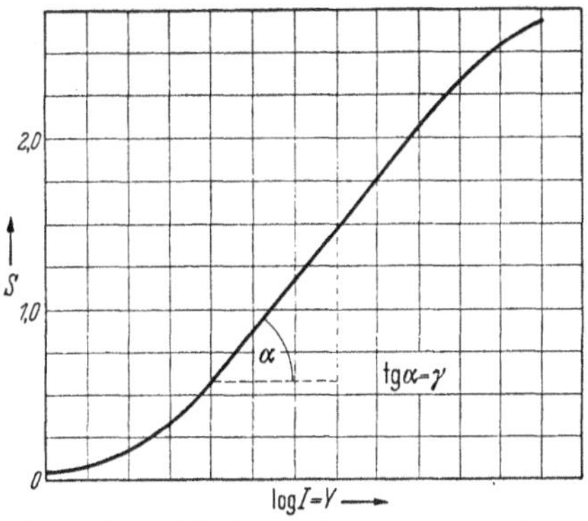

Abb. 221. Schwärzungskurve einer photographischen Platte

Die photographische Schicht altert schnell, daher soll der Vorrat an Platten und Filmen bei tiefer Temperatur ($<5°$) gelagert werden. Photographische Schichten, die etwa 3 Monate bei Zimmertemperatur lagern, sind in ihren photometrischen Eigenschaften bereits deutlich schlechter als frische, ohne daß ihnen äußerlich Alterserscheinungen (Schleier usw.) anzumerken wären. Die Dunkelkammerbeleuchtung muß so ausgewählt werden, daß das photographische Material nicht angeschwärzt wird. Besonders sorgfältig sind die Entwicklungsbedingungen konstant zu halten [10]. Bei hohen Ansprüchen an die Meßgenauigkeit sollte stets in gealtertem, aber ungebrauchtem Entwickler von genau eingehaltener Zusammensetzung und bei vorgeschriebener Temperatur nach Zeit entwickelt werden. Um während des ganzen Prozesses allen Stellen der Platte frischen Entwickler gleichmäßig zuzuführen, sollte man die photographische Schicht während der ganzen Entwicklungsdauer in gleichmäßigem Takt etwa 25- bis 30mal in der Minute, von Hand oder mechanisch mit einem breiten, weichen Pinsel überstreichen. Statt dessen kann man auch das ganze Entwicklungsgefäß mit einer mechanischen Schaukelvorrichtung bewegen. Dabei muß der Entwickler bei der Endneigung der Schaukel etwas über die Plattenmitte hinaus abfließen, damit beim Übergang der Schaukel jeweils eine Plattenhälfte vollständig mit frischem Entwickler überspült wird. Wirbelbildungen des über die photographische Schicht fließenden Entwicklers müssen vermieden werden, indem man die Platte in einen Rahmen einlegt. Die Entwicklungsdauer hängt u. a. von dem jeweils verwendeten Entwickler ab. Man findet vielfach die Regel, daß man die Schicht ausentwickeln soll, d. h. so lange, bis sich die Steilheit der Schwärzungskurve nicht mehr verändert. Bei der Belichtung mit ultraviolettem Licht gibt es aber keinen solchen Endpunkt der Entwicklung; man muß die Entwicklung also abbrechen, ehe ein merklicher Entwicklungsschleier der unbelichteten Plattenstellen auftritt. In Bädern üblicher Zusammensetzung, z. B. in Rodinal 1 : 20, beträgt die Entwicklungsdauer 4 bis 5 min. Entscheidend wichtig ist es, die Entwicklung über die ganze Platte im gleichen Augenblick und sehr schnell abzubrechen. Am besten erreicht man dies mit einem Schnellwässerungsgerät, einer Art Überlaufwehr, in dem ein Wasservorhang laminar über die ganze Schicht strömt. Dies ist besonders wichtig, wenn man konzentrierte, stark alkalische Schnellentwickler anwendet, bei denen eine Platte in 15 bis 20 sek ausreichend entwickelt ist [*57*].

Bei der Schnellentwicklung muß man besonders auf das rasche Einlegen der Platte und auf das schnelle Abstoppen der Entwicklung achten. Die Platten werden in der üblichen Weise fixiert und gewässert. Mit einem Schnellwässerungsgerät genügen 10 sek, um die Platte so weit auszuwaschen, daß sie getrocknet und gemessen werden kann. Vor dem Trocknen der Platte muß man alles tropfbar flüssige Wasser von der Schicht und von dem Schichtträger entfernen, da sich andernfalls Trockenflecken bilden. Man muß darauf achten, daß die gesamte Schicht in derselben Zeit trocknet, weil die Schwärzung der fertigen Platte von der Trocknungszeit in geringem Maße abhängt. Schnelltrocknung in etwa 1 min erreicht man, indem man die Platte mit Ultrarotstrahlung aufheizt und das verdampfende Wasser durch einen starken, turbulenten Strom *kalter* Luft wegführt. Mit einem gut ausgearbeiteten Schnellentwicklungsverfahren kann man die Zeit für Entwickeln, Fixieren und Trocknen auf weniger als 5 min herabdrücken, ohne die photometrische Meßgenauigkeit dabei zu verschlechtern.

Infolge der körnigen Struktur der geschwärzten photographischen Schicht muß man bei genauen Schwärzungsmessungen die Durchlässigkeit einer möglichst großen Fläche messen. Die Streuung[1] (alte Bezeichnung: der mittlere Fehler) der photographischen Intensitätsmessung an Spektrallinien ist nämlich umgekehrt proportional zur Wurzel aus der Anzahl der erfaßten Bromsilberkörper, d. h. umgekehrt proportional zur Wurzel aus der Meßfläche. Aus diesem Grund sind mit großen Spektrographen, die breite und lange Spektrallinien liefern, kleinere Streuungen der Analysenwerte zu erwarten als mit den bisher in Deutschland meist verwendeten mittleren Spektrographen. Unter günstigen Verhältnissen und bei peinlicher Sorgfalt können Intensitätsverhältnisse photographisch mit einer Streuung von etwa 1% gemessen werden.

Es soll noch einmal besonders darauf hingewiesen werden, daß die Behandlung von Platten und Filmen, die zu photometrischen Messungen dienen sollen, wesentlich mehr Sorgfalt erfordert als jede Art von bildmäßiger Photographie.

3. Elektrische Strahlungsempfänger

In den letzten Jahren haben sich die elektrischen Strahlungsempfänger für manche Aufgaben der spektrochemischen Analyse gegenüber der photographischen Platte durchgesetzt. Sie werden zu direkten Intensitätsmessungen von Spektrallinien benutzt. Ihre Verwendung in den modernen Analysenautomaten, z. B. im Quantometer, hat eine bemerkenswerte Abkürzung der Analysendauer aus zwei Gründen gebracht: 1. fallen die Zeiten fort, die für die Entwicklung und Auswertung der photographischen Platte notwendig sind, und 2. kann eine größere Anzahl von Spektrallinien durch ebenso viele Empfänger gleichzeitig gemessen werden. So sind Analysendauern von nur 1 bis 2 min erreicht worden. Dazu kommt noch, daß Intensitätsverhältnisse unmittelbar auf elektrischem Wege mit einer etwa zehnfach höheren Genauigkeit gemessen werden können als bei den besten photographischen Methoden, wodurch nun die spektrochemische Analyse auch für die genaue Bestimmung höherer Konzentrationen erfolgreich mit der chemischen Analyse in Wettbewerb treten kann.

An dieser Stelle soll nur einiges Grundsätzliche über die Verwendung elektrischer Strahlungsempfänger gesagt werden; die technische Durchbildung der Analysen-

---

[1] Neuerdings (s. A. Linder: Statistische Methoden. Basel: Birkhäuser-Verlag 1951) wird das Quadrat des mittleren Fehlers als „Streuung" bezeichnet. Diese Definition der Streuung, die das Wurzelziehen ersparen will, bringt bedauerlicherweise neue Unklarheiten in dieses, dem Analytiker ohnehin fernerliegende Gebiet. Der deutsche Normenausschuß hat sich der Bezeichnung auf diesem Gebiet angenommen; s. z. B. den Normenblatt-Entwurf DIN 51849.

automaten soll nicht besprochen werden, sie würde den Rahmen dieses Aufsatzes überschreiten. Bei dem Aufsehen aber, das die Analysenautomaten erregt haben, ist es wohl nicht überflüssig, darauf hinzuweisen, daß ihre besondere Leistung in der Schaffung eines leistungsfähigen und zuverlässigen Anreggerätes und in der Schnelligkeit und Genauigkeit der Messung und der Auswertung liegt. Die Probenvorbereitung, die chemischen Vorgänge in der Lichtquelle, der Einfluß dritter Partner und damit die Eignung sind bei ihnen genauso kritisch wie bei den photographischen Verfahren.

Von den elektrischen Strahlungsempfängern kommen für die spektrochemische Analyse im ultravioletten und sichtbaren Spektralgebiet die Thermoelemente und Bolometer nicht in Betracht. Also bleiben die Photoelemente, vor allem das Selenphotoelement, und die Photozellen, wozu auch die Sekundärelektronenvervielfacher zu rechnen sind, die Photozellen mit hoher innerer Verstärkung (etwa 10^6fach) darstellen. Bei den Photoelementen und Photozellen lösen die eintreffenden Lichtquanten in der empfindlichen Schicht Elektronen aus. Die Quantenausbeute (d. h. Anzahl der Elektronen je Quant) kann bei den Photoelementen bis zu 30% gehen, bei den Photozellen liegt sie etwa in der Größenordnung von 1%. Im übrigen ist sie aber stark wellenlängenabhängig, was bei der Auswahl eines Empfängers für Messungen in einem bestimmten Spektralgebiet sorgfältig beachtet werden muß.

Maßgebend für die Beurteilung eines Empfängers ist aber nicht seine Empfindlichkeit, die man in Ampère Photostrom je Watt der einfallenden Strahlungsleistung angeben kann, sondern das Verhältnis der Nutzleistung zum Störpegel. Dieser Störpegel ist bestimmt 1. durch den Schroteffekt, d. h. durch die statistischen Schwankungen des Photostromes, der ja aus einzelnen Elektronen besteht, 2. durch das Wärmerauschen der elektrischen Kreise, insbesondere des ersten Gitterkreises der Verstärker, und 3. bei Halbleiterphotoelementen auch noch durch das Eigenrauschen des Halbleiters. Weil der Störpegel der Photozellen infolge ihres hohen inneren Widerstandes um viele Zehnerpotenzen tiefer liegt als der Störpegel der Photoelemente, kann man mit ihnen wesentlich kleinere Strahlungsleistungen messen, und dasselbe gilt noch einmal für die Sekundärelektronenvervielfacher, bei denen wegen der inneren Verstärkung der Einfluß des Wärmerauschens weitgehend zurückgedrängt ist.

Bei den Photoelementen und bei den Sekundärelektronenvervielfachern kann man in vielen Fällen die erzeugten Photoströme mit verhältnismäßig unempfindlichen Galvanometern direkt ablesen. Bei den Photozellen wird man im allgemeinen noch einen Verstärker hinzunehmen. Durch die Verwendung eines Verstärkers kann man zur Ablesung robustere Instrumente nehmen; man erreicht dadurch aber keine entscheidende Verbesserung, weil ja der Störpegel mitverstärkt wird. Das wichtigste Hilfsmittel, um sehr kleine Strahlungsleistungen zu messen, ist die Verlängerung der Meßzeit, wodurch die statistischen Schwankungen herausgemittelt werden. In einfachen Fällen kann man dies erreichen, indem man ein Anzeigeinstrument von langer Einstellzeit nimmt. Wichtiger ist das Verfahren, mit dem Photostrom während der Meßzeit von 10 oder 20 sek einen Speicherkondensator aufzuladen, dessen gesamte Ladung dann hinterher gemessen wird. Diese Möglichkeit, kleine Strahlungsleistungen zu messen, indem man über eine genügend lange Meßzeit integriert, wird bei der photographischen Platte als Verlängerung der Belichtungszeit allgemein und ohne besondere Überlegung ausgenutzt.

Elektrische Strahlungsempfänger, die man zu genauen Intensitätsmessungen verwenden will, muß man sich Stück für Stück aus den für die Technik hergestellten Empfängern heraussuchen. Sie sollen eine lineare Charakteristik haben, d. h. der Photostrom soll proportional der auffallenden Strahlungsleistung sein. Ferner wird verlangt, daß sie nachwirkungs-, ermüdungs- und trägheitsfrei sind, eine Forderung, die namentlich bei Selenphotoelementen schwer zu erfüllen ist. Die Empfangsfläche sollte nicht größer als notwendig sein, weil sonst der Störpegel unnötig groß wird. Außerdem sollte die Empfindlichkeit über den ganzen benutzten Bereich der Empfangsfläche möglichst konstant sein. Weil dies meist nicht vollkommen der Fall sein wird, empfiehlt es sich, die Öffnung des Spektrographen oder des Monochromators auf die Empfangsfläche abzubilden, so daß der ausgeleuchtete Bereich in seiner Größe nicht von der je nach den Umständen veränderlichen Spaltbreite des Austrittsspaltes oder von der Gestalt der Spektrallinie abhängt.

Selenphotoelemente werden bei der spektrochemischen Analyse wohl nur in den einfachen Flammenspektrometern verwendet, bei denen die spektrale Zerlegung durch Absorptions- oder Interferenzfilter geleistet wird. Nur dort hat man genügend große Strahlungsleistungen, die sich mit diesen Empfängern messen lassen.

Flammenspektrometer, mit denen man linienreichere Spektren ausmessen kann, bei denen daher zur spektralen Zerlegung Monochromatoren verwendet werden müssen, werden mit Photozellen, meist mit nachfolgender elektronischer Verstärkung, ausgerüstet oder aber mit Sekundärelektronenvervielfachern. Für die Analysenautomaten, bei denen vielfach schwache Spektrallinien ausgemessen werden müssen, kommen nur Sekundärelektronenvervielfacher in Frage mit ausgesucht niedrigem Störpegel (Dunkelstrom $< 10^{-8}$ A) und meist in Kombination mit Schaltungen, die die Photoströme über längere Zeit (Größenordnung $^1/_2$ min) integrieren. Es mag hier noch erwähnt werden, daß gelegentlich für die Messung sehr schwacher Strahlungsleistungen im kurzwelligen Ultraviolett auch Zählrohre verwendet worden sind, mit denen man beinahe an die Zählung einzelner Lichtquanten herankommen kann.

Das Verstärken, Messen und Registrieren der schwachen Photoströme in den Analysenautomaten ist eine elektrotechnische Aufgabe, zu deren Bewältigung die Hilfsmittel und Erfahrungen der modernen Verstärkertechnik notwendig sind. Die Leistung der jetzt auf dem Markt befindlichen Geräte sind das Ergebnis einer technischen Entwicklungsarbeit von vielen Jahren, für deren Einzelheiten auf die Beschreibungen der Herstellerfirmen verwiesen wird.

VII. Auswertung der Spektren

1. Qualitativ

Das einfachste Auswertegerät ist eine Lupe, mit der man die Spektrallinien betrachtet und identifiziert. Jedoch ist das Arbeiten mit einer Lupe unbequem und ermüdend. Besser ist es, das Spektrum mit Hilfe eines Projektionsapparates zu betrachten, mit dem man je nach der Dispersion des Spektrographen ein 10- bis 20fach vergrößertes Bild des gewünschten Plattenausschnittes auf eine Projektionsfläche vor den Beobachter projiziert. Von einer zweckmäßigen Anordnung dieser Art verlangt man, daß die Platte auf einem Tisch in den zwei Koordinatenrichtungen verschiebbar ist und daß sie von dem Beobachter gleichzeitig mit dem vergrößerten Bild übersehen werden kann. Beschriftung und Markierung auf der Platte sollen ohne Mühe möglich sein. Die Beleuchtungsstärke des Bildfeldes soll mindestens 100 Lux sein. Streulicht ist zu vermeiden, weil dadurch die Erkennbarkeit feiner Linien im Spektrum zurückgeht. Die Abbildungsgüte der Bildwerferoptik muß so sein, daß man bei feinkörnigen phototechnischen Platten das einzelne Plattenkorn erkennen kann. Zur Auswertung der Spektren verwendet man *Spektrenlehren*. Dies sind meist photographische oder gezeichnete Kopien eines Eisenspektrums, in das die Analysenlinien der wichtigsten Elemente eingezeichnet sind. Die Dispersion des Spektrums auf der Spektrenlehre soll genau mit dem durch den Bildwerfer vergrößerten Analysenspektrum übereinstimmen. Dann können die Analysenlinien leicht identifiziert werden, sofern auch auf der Analysenaufnahme ein Eisenspektrum mit aufgenommen worden ist. In Zweifelsfällen muß man die

Wellenlängen unbekannter Linien bestimmen, indem man zwischen den Wellenlängen benachbarter bekannter Linien interpoliert. In den meisten Fällen genügt es dazu, die Abstände der unbekannten Linien von den bekannten mit einem guten Glasmaßstab auszumessen. Bei genaueren Messungen muß der Wagen, auf dem sich die Platte befindet, durch eine Meßspindel verschiebbar sein; für genaueste Messungen benutzt man einen ABBE-Komparator.

Bei linienreichen Spektren ist ein Vergleichsprojektor sehr zweckmäßig, bei dem durch einen zweiten Bildwerfer Normalspektren der verschiedenen gesuchten Elemente unmittelbar anschließend an das zu untersuchende Spektrum projiziert werden [*13*, *58*, *6*]. Damit man geringe Dispersionsunterschiede der Musterspektren und der Analysenspektren ausgleichen kann, sollte die Vergrößerung in einem der Strahlengänge um etwa $\pm 5\%$ veränderlich sein. Ein Gerät, das diese Forderungen erfüllt und das auch eine Reihe weiterer Wünsche (Meßspindel, Spektrenzähler, Markierungsstift u. a.) in sehr vollkommener Weise befriedigt, ist vor einigen Jahren von einer deutschen Firma auf den Markt gebracht worden.

Zur Auswertung bei der qualitativen Analyse braucht man ein Tabellenwerk, in dem die genauen Wellenlängen der Linien aller Elemente angegeben sind. Solche Tabellen sind unentbehrlich, wenn geprüft werden muß, ob die Nachweislinien gesuchter Elemente mit störenden Linien anderer Elemente zusammenfallen können. Zur Orientierung in unbekannten Spektren dienen Atlanten, in denen die Spektren der wichtigsten Elemente mit großer Dispersion aufgenommen worden sind[1]. Besonders wichtig für alle Wellenlängenbestimmungen ist das Spektrum des Eisens, in dem alle Linien genau vermessen sind und das jederzeit zu Vergleichszwecken auf der Analysenplatte *mitaufgenommen werden kann*. Bei solchen Vergleichsaufnahmen darf die Kassette des Spektrographen nicht verschoben werden, da keine Kassettenführung so genau ist, daß nicht doch kleine Verschiebungen der untereinander aufgenommenen Spektren eintreten, die die Orientierung sehr erschweren. Man verwendet deshalb Blenden vor dem Spalt, die verschiedene Teile des Spaltes bei der Aufnahme der verschiedenen Spektren freigeben, so daß die Spektren auf der Aufnahme unmittelbar aneinanderstoßen, wodurch ein zuverlässiger Anschluß des unbekannten Spektrums an ein Vergleichsspektrum gewährleistet ist.

2. Halbquantitativ

Auf die Möglichkeiten und Grenzen der direkten Intensitätsmessung von Spektrallinien mit den Augen wurde bereits auf S. 1373 hingewiesen, bei der mittelbaren Messung über die photographische Messung ist man nicht mehr auf den sichtbaren Bereich und auf die Feststellung von Intensitätsgleichheit beschränkt. Die Einordnung der Linie einer Analysenprobe in eine mit Vergleichsproben bekannten Gehaltes erhaltene Intensitätsreihe (s. z. B. S. 3151) ist meist mit großer Sicherheit möglich, und die Bewertung einer Linienintensität nach einer zehnstufigen Schwärzungsskala („kaum wahrnehmbar“ bis „sehr stark“) erfordert nur geringe Übung. Genauer und sicherer als das einfache Schätzen ist die Verwendung der von N. W. H. ADDINK [*1*, *2*] angegebenen s. p. d.-Skala (standard paper density), die eine auf photographischem Papier in 20 Schwärzungsstufen wiedergegebene Spektrallinie darstellt. Unter dem Spektrenprojektor ist die zu messende Linie einer leicht daneben zu legenden Stufe ohne Schwierigkeiten zuzuordnen, wobei automatisch der Spektrenuntergrund eliminiert wird. F. HEGEMANN und H. KOSTYRA [*23*] haben festgestellt, daß mit der s. p. d.-Skala eine Reproduzierbarkeit von $\pm 10\%$ erreichbar ist. Die Herstellung der Skala und die Arbeitsweise haben sie dabei sehr ausführlich beschrieben, so daß wir uns hier mit diesem Hinweis begnügen können.

---

[1] Siehe Literaturverzeichnis E. III u. IV, S. 1429.

3. Quantitativ

a) Mit photographischer Messung

Zur Intensitätsmessung der auf photographischem Wege fixierten Spektrallinien braucht man ein Gerät, mit dem man die Schwärzung der photographischen Schicht an der Stelle der verschiedenen Spektrallinien messen kann. Das Prinzip der Schwärzungsmesser ist sehr einfach. Man schickt ein Lichtbündel konstanter, zeitlich unveränderlicher Intensität durch die zu messende Plattenstelle hindurch und läßt es auf einen lichtelektrischen Empfänger fallen, dessen Photostrom gemessen wird. Als Vergleichswert mißt man die Schwärzung der Platte an einer nicht belichteten Stelle in der Nachbarschaft. Es ist sehr zweckmäßig, bei der Messung des Photostromes eine logarithmische Skala zu verwenden, weil man an dieser die Schwärzung unmittelbar ablesen kann.

Die Abb. 222 zeigt schematisch den Aufbau eines Schwärzungsmessers. In der hier gezeigten Anordnung wird die Wendel einer Glühlampe durch einen Kon-

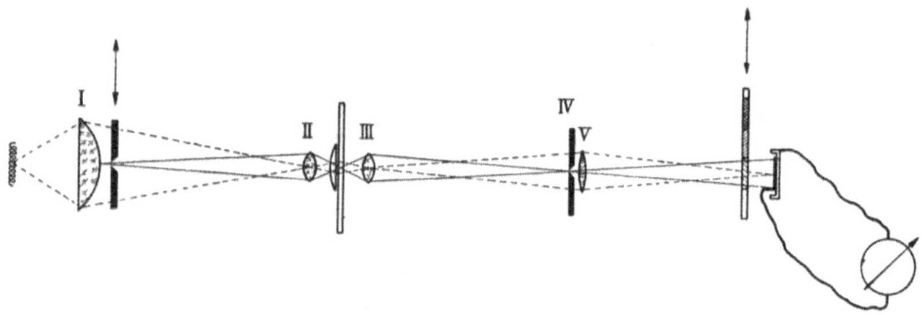

Abb. 222. Schema des Strahlenganges in einem optisch einwandfreien Schwärzungsmesser. Zwischen Linse II und III Photoplatte mit dem zu photometrierenden Spektrum. Durch Pfeile gekennzeichnet: einklappbare Streulichtblende hinter Linse I, auswechselbare Graufilter vor dem Photoelement. Gestrichelt: Strahlengang für die Beleuchtung. Ausgezogen: Strahlengang für die Abbildung des Spektrums

densor I zunächst in ein Beleuchtungsobjektiv II abgebildet. Dieses Beleuchtungsobjektiv II bildet seinerseits die Öffnung der Linse I verkleinert auf die zu messende Platte ab. Auf diese Weise erhält man auf der Platte ein gleichmäßig ausgeleuchtetes, größeres Meßfeld. Dieses Meßfeld wird, durch das Abbildungsobjektiv III etwa 10- bis 30mal vergrößert, auf einen Projektionsschirm IV abgebildet, wo demnach ein kleiner Ausschnitt des Spektrums beobachtet werden kann. In diesem Projektionsschirm befindet sich ein nach Höhe und Breite verstellbarer Meßspalt. Man stellt ihn so ein, daß das Bild der zu messenden Spektrallinie seine Öffnung völlig überdeckt, so daß nur Licht, das die zu messende Spektrallinie durchsetzt hat, in den Meßspalt eintreten kann. Hinter dem Spalt befindet sich eine Feldlinse V, die die Öffnung des Abbildungsobjektivs III auf die empfindliche Fläche des lichtelektrischen Empfängers (Photoelement, Photozelle, Sekundärelektronenvervielfacher) abbildet. Der vom Empfänger gelieferte Photostrom wird mit einem Galvanometer unmittelbar oder über einen Verstärker gemessen. Die hier gezeigte Anordnung, bei der die Lichtquelle in das Beleuchtungsobjektiv abgebildet wird, bietet dem Benutzer die Möglichkeit, innerhalb des beleuchteten Meßfeldes die Größe der Meßstelle mit Hilfe des Meßspaltes auf dem Projektionsschirm nach Belieben zu wählen, was unerläßlich ist, wenn man Spektrallinien verschiedener Struktur, verschiedener Breite und Länge mit der höchsten erreichbaren Genauigkeit ausmessen will. Insbesondere kann man auf diese Weise bei breiten Spektrallinien große Meßflächen erfassen. Vor dem Meßspalt kann man auch Fehlstellen innerhalb einer Linie durch eine kleine Blende abdecken und auf diese Weise schadhafte Linien noch ausmessen. Bei der Messung schmaler und stark geschwärzter Spektrallinien muß Streulicht vermieden werden, weil man sonst zu geringe Schwärzungen mißt. Bei manchen Konstruktionen wird zu diesem Zweck ein enger Spalt auf die Platte gebracht, so daß nur die zu messende Spektrallinie frei bleibt und durchstrahlt werden kann. Man kann aber dasselbe erreichen, wenn man für die Messung selbst einen Spalt dicht vor der Kondensorlinse I einschiebt, dessen verkleinertes Bild bei der Messung auf eine Spektrallinie fällt, so daß ebenfalls nur Licht auf den Empfänger fallen kann, das vorher durch die Spektrallinie gegangen ist. Für die Einstellung der Spektrallinie auf den Meßspalt ist dagegen die Übersicht über ein größeres Meßfeld unerläßlich. Das Streulicht läßt sich auch dadurch beseitigen, daß man das Umfeld mit andersfarbigem oder mit anderspolarisiertem Licht als die Meßzelle beleuchtet und durch Filter bzw. Polarisatoren verhindert, daß Streulicht aus dem Umfeld auf den Empfänger fallen kann. Damit man durch die Krümmung der Spektrallinien nicht gestört wird, sollten der Meßspalt und auch die Streulichtblende um kleine Beträge gedreht werden können.

Ein Schwärzungsmesser muß eine ausreichende „*photometrische Empfindlichkeit*“ haben. Eine Maßzahl hierfür erhält man, wenn man den Ausschlag des Meßinstrumentes für 1 mm² Meßfläche auf einer klaren ungeschwärzten Platte bestimmt[1]. Bei einer linearen Skala des Galvanometers sollte sich hierfür ein Wert von mindestens 100000 ergeben. Zur bequemen Messung verschieden großer Schwärzungen muß man die Empfindlichkeit des Gerätes stufenweise um feste Beträge ändern können, was am einfachsten durch einklappbare Graufilter verschiedener Durchlässigkeit geschieht. Außerdem sollte eine stetige Empfindlichkeitsregelung entweder durch einen Graukeil oder auf elektrischem Wege vorgesehen werden, damit man den Wert für die leere Platte auf den Vollausschlag des Meßinstrumentes einstellen kann.

Das Anzeigeinstrument soll eine möglichst kurze Einstellzeit haben ($\approx$0,5 sek) und kritisch gedämpft sein. Wenn sich das Instrument zu langsam einstellt, braucht man nämlich eine automatische Vorrichtung, die das Bild der Spektrallinie mit vorgeschriebener, geringer Geschwindigkeit über den Meßspalt hinwegführt, damit man sicher ist, daß man den richtigen — maximalen — Wert abliest. Die auszumessende Platte oder der Film sollen möglichst auf einem horizontalen Tisch angebracht werden, der dem Beobachter leicht zugänglich ist und der mit einer Mikrometerschraube in der Dispersionseinrichtung fein verstellt werden kann. Es muß aber auch möglich sein, diesen Tisch rasch über größere Strecken zu verschieben. Nützliche Hilfsmittel zur Orientierung im Spektrum sind die Projektion eines Musterspektrums mit markierten Linien, dessen Bild neben dem des auszumessenden Spektrums erscheint, außerdem eine Vorrichtung mit Rasten oder Anschlägen, die es erlaubt, die Lage häufig benutzter Linien leichter wiederzufinden. Manche Schwärzungsmesser können mit einer Registriereinrichtung verbunden werden, die es erlaubt, den Schwärzungsverlauf wenigstens begrenzter Gebiete aufzuzeichnen [*55*].

Die Genauigkeit photographischer Intensitätsmessungen hängt entscheidend von der Güte des Schwärzungsmessers ab. Es gibt zur Zeit kaum Geräte, in denen alle genannten Anforderungen, die für rasches, zuverlässiges und richtiges Arbeiten zu stellen sind, gleichzeitig erfüllt sind. Aber selbst wenn alle diese apparativen Voraussetzungen gegeben sind, hat man auf die Justierung und die Arbeitsweise große Sorgfalt zu verwenden.

---

[1] Dies ist folgendermaßen zu verstehen: Man stellt den Meßspalt des Schwärzungsmessers auf eine bestimmte Höhe h und Breite b ein. Man mißt den Ausschlag, der sich bei dieser Meßspaltgröße für eine klare Platte ergibt; dieser sei A. Man muß dazu noch den optischen Abbildungsmaßstab β von der Platte zum Meßspalt kennen. Die Empfindlichkeit des Schwärzungsmessers ist dann

$$E = \frac{A\,\beta^2}{h\,b} \quad (\text{Skt/mm}^2)$$

b) Mit lichtelektrischer Messung

Im Prinzip unterscheidet sich die lichtelektrische Auswertung nicht von der mit anderen Empfängern. Sie ist praktisch erst möglich geworden, seit es die Sekundärelektronenvervielfacher gibt. Die Berechnung der Intensitätsverhältnisse wird bei den modernen Analysenautomaten in die elektrische Apparatur verlegt. Hierfür gibt es zwei verschiedene Wege, eine logarithmische Auswertung und eine lineare. Bei beiden Arten werden von den Sekundärelektronenvervielfachern, die den verschiedenen Linien zugeordnet sind, während der Belichtungszeit Speicherkondensatoren aufgeladen. Bei der logarithmischen Auswertung, die von SAUNDERSON und Mitarbeitern [*52*] stammt, werden dann die Zeiten verglichen, die zur Entladung der Kondensatoren auf eine bestimmte vorgegebene Spannung nötig sind. Auf diese Weise erhält man die Logarithmen der Intensitätsverhältnisse. Bei der linearen Auswertung, die von HASLER [*22*] angegeben worden ist, wird die Ladung der Kondensatoren gemessen, die sie erreicht haben, nachdem der Speicherkondensator für die Bezugslinie auf eine bestimmte Spannung aufgeladen worden ist. Da die Sekundärelektronenvervielfacher eine lineare Kennlinie haben, ist diese Art der Messung besonders einfach. Die besonderen Vorteile der lichtelektrischen Auswertung liegen in ihrer Zeitersparnis und in der höheren Meßgenauigkeit. Die Zeitersparnis macht sich besonders bei der Bestimmung mehrerer Elemente in der gleichen Probe bemerkbar, wenn für jede zu messende Linie ein eigener Empfänger vorgesehen ist. Die bisher auf dem Markt erschienenen Analysenautomaten sind für die Produktionskontrolle großer Werke der Metallindustrie gebaut worden, in denen fortlaufend Analysen an einem oder einigen wenigen Legierungstypen nahezu gleicher Zusammensetzung ausgeführt werden müssen. Um dieses technische Ziel zu erreichen, sind umfangreiche und kostspielige Apparaturen notwendig. Die Entwicklung kleinerer Geräte für ein bewegliches Arbeitsprogramm, die den besonderen Verhältnissen in kleineren und mittleren Metallwerken angepaßt sind, scheint in Gang zu kommen.

VIII. Linienbestimmung und Auswahl

Die Auswahl der Analysenlinien muß sowohl für die qualitative wie für die quantitative Analyse mit großer Sorgfalt erfolgen. Die Gesichtspunkte für die Auswahl sind jedoch bei beiden Analysenarten verschieden.

Bei der qualitativen Analyse werden die „Hauptnachweislinien" der Elemente benutzt. Dies sind die im Arbeitsbereich des Spektralapparates und des Empfängers liegenden, energetisch stärksten Linien der einzelnen Elemente; sie erscheinen im Spektrum auch noch bei den geringsten nachweisbaren Konzentrationen und verschwinden mit abnehmender Konzentration als letzte von allen Linien des betreffenden Elementes unter dem Schwellenwert des Empfängers; daher ihre ältere Bezeichnung als „letzte Linien". Die Hauptnachweislinien der Elemente sind in der Tabelle 2 für den Bereich der üblichen Spektrographen zusammengestellt. Sie bringt in den Eingangsspalten die Atomnummern und die Symbole der chemischen Elemente in alphabetischer Reihenfolge. In der dritten Spalte stehen die Ionisierungsspannungen (v_j) für die neutralen (I) und für die einfach ionisierten Atome (II). Die vierte Spalte bringt die Anregungsspannungen (v_a) der in der fünften verzeichneten Linien. In dem Wert für die Anregungsspannung der Linien des ionisierten Atoms ist die Ionisationsspannung des Atoms mit enthalten.

In der fünften Spalte sind die Hauptnachweislinien für das neutrale Atom (I) fett gedruckt, die für das Ion (II) kursiv. Bei einigen Elementen ist die energetisch stärkste Linie, die im SCHUMANN-Ultraviolett liegt und deshalb als Hauptnachweislinie nicht benutzt werden kann, in eckigen Klammern mit angegeben.

Tabelle 2. *Hauptnachweislinien der Elemente*

Atom-Nr.	Element	v_j		v_a	Nachweislinie		$\underline{k}$ in %
47	Ag	I	7,6	3,8	I	**3280,68**	$1{,}4 \cdot 10^{-4}$
		II	22,0	3,7	I	3382,89	
13	Al	I	6,0	3,1	I	**3961,53**	
		II	18,8	10,6	II	*2669,17*	
				4,0	I	3082,16	$2{,}9 \cdot 10^{-3}$
18	Ar	I	15,7			[1048,22]	
		II	27,6				
33	As	I	9,8			[1890,5]	
		II	20,2	6,6	I	**2349,84**	$1{,}3 \cdot 10^{-2}$
79	Au	I	9,2	5,1	I	**2427,95**	$1{,}7 \cdot 10^{-3}$
		II	(20,1)	4,6	I	2675,95	$4{,}6 \cdot 10^{-4}$
5	B	I	8,3	4,9	I	**2497,73**	$7{,}2 \cdot 10^{-4}$
		II	25,1	4,9	I	2496,78	
56	Ba	I	5,2	2,2	I	**5535,55**	
		II	10,0	7,7	II	*4934,09*	
				12,0	II	*2335,27*	$5{,}7 \cdot 10^{-2}$
				7,9	II	*4554,04*	
4	Be	I	9,3	5,4	I	**2348,61**	$9{,}6 \cdot 10^{-4}$
		II	18,2	13,2	II	*3130,42*	
83	Bi	I	7,3	4,0	I	3067,72	$9{,}6 \cdot 10^{-4}$
		II	16,7				
35	Br	I	11,8			[1488,4]	
				14,4	II	*4785,50*	
						[1657,01]	
6	C	I	11,3	7,7	I	**2478,57**	
		II	24,4	32,2	II	*4267,27*	
20	Ca	I	6,1	2,9	I	**4226,73**	
		II	11,8	9,2	II	*3933,67*	
				13,1	II	*3179,33*	$9{,}3 \cdot 10^{-3}$
48	Cd	I	9,0	5,4	I	**2288,02**	
		II	16,9	14,8	II	2144,38	
				3,8	I	3261,06	
58	Ce	I	(6,5)	9,9	II	**4186,60**	
17	Cl	I	13,0			[1347,2]	
		II	23,8	28,9	II	*4810,06*	
27	Co	I	7,9	4,0	I	**3453,51**	$1{,}3 \cdot 10^{-3}$
		II	17,4	14,1	II	*2519,82*	
24	Cr	I	6,8	2,9	I	**4254,35**	
		II	16,7	12,6	II	*2835,63*	
55	Cs	I	3,9	1,4	I	8521,10	
		II	23,4	2,7	I	4555,36	
29	Cu	I	7,7	3,8	I	**3247,54**	$1{,}1 \cdot 10^{-4}$
		II	20,3	13,5	II	*2135,98*	
66	Dy	I	(6,8)	$>2{,}9$	I	**4211,72**	
68	Er			$>3{,}2$	I	**3906,32**	
63	Eu	I	5,7	2,7	I	**4594,02**	
		II	11,2	8,7	II	*4129,74*	
9	F	I	17,4			[954,8]	
		II	34,9	14,5	I	**6856,02**	

Tabelle 2. (Fortsetzung)

Atom-Nr.	Element	v_j	v_a	Nachweislinie	$\underline{k}$ in %
26	Fe	I 7,9	4,3	I 3581,20	
			3,3	I **3719,94**	
		II 16,2	13,1	II *2382,04*	
			4,1	I 3020,64	$1,5 \cdot 10^{-3}$
31	Ga	I 6,0	3,1	I **4172,06**	
		II 20,5	4,3	I 2943,6	$1,4 \cdot 10^{-2}$
64	Gd	I (6,2)	3,1	I 4225,85	
			9,8	II **3646,20**	
32	Ge	I 8,1	4,7	I **2651,18**	$1,4 \cdot 10^{-3}$
		II 15,9	5,0	I 3039,06	
1	H	I 13,6		[1215,68]	
			12,1	I **6562,79**	
2	He	I 24,6		[584,33]	
		II 54,4	23,0	I **3888,65**	
72	Hf	I (5,5)		II 3134,72	
		II (14,8)		II 2478,56	
80	Hg	I 10,4		[1849,68]	
		II 18,7	4,9	I **2536,52**	$2,1 \cdot 10^{-3}$
67	Ho			{3891,02	
				{3748,17	
49	In	I 5,8	3,0	I **4511,32**	
		II 18,9	4,1	I 3256,1	$5,2 \cdot 10^{-3}$
77	Ir	I 9,2		2543,97	
			4,2	I **3220,78**	
53	J	I 10,4	22,7	I **5464,61**	
19	K	I 4,3	1,6	I **7664,91**	
		II 31,8	3,1	I 4047,2	
36	Kr	I 14,0		[1235,82]	
		II 24,5	12,1	I **5870,92**	
57	La	I 5,6	2,5	I **6249,93**	
		II 11,4	9,1	II *3949,11*	
3	Li	I 5,4	1,8	I **6707,84**	
		II 75,6	3,8	I 3232,61	$2,6 \cdot 10^{-2}$
71	Lu	I (5,0)	$>$2,7	I **4518,57**	
			$>$6,9	II *2911,39*	
12	Mg	I 7,6	4,3	I **2852,13**	$1,7 \cdot 10^{-4}$
		II 15,0	12,0	II *2795,53*	$8,0 \cdot 10^{-5}$
25	Mn	I 7,4	3,1	I **4030,76**	
		II 15,6	12,2	II *2576,10*	
				2798,27	$1,3 \cdot 10^{-3}$
42	Mo	I 7,4	3,3	I **3798,25**	
			11,9	II *2816,15*	
				I 3132,6	$1,3 \cdot 10^{-3}$
7	N	I 14,5		[1134,98]	
			13,7	I **4109,98**	
		II 29,4	35,2	II *5679,56*	
11	Na	I 5,1	2,1	I **5889,95**	
		II 47,3	3,7	I 3302,32	$8,4 \cdot 10^{-2}$
41	Nb	I 6,8	3,2	I **4058,94**	
			11,3	II *3094,18*	$3,2 \cdot 10^{-2}$

Tabelle 2. (Fortsetzung)

Atom-Nr.	Element	v_i	v_a	Nachweislinie	$\underline{k}$ in %
60	Nd	I (6,3)	9,0	4303,57	
10	Ne	I 21,6		[735,89]	
		II 40,9	18,6	6402,25	
28	Ni	I 7,6	3,6	I 3414,76	$1{,}4 \cdot 10^{-3}$
		II 18,2	3,5	I **3524,54**	
			14,9	II *2287,08*	
8	O	I 13,6		[1302,19]	
		II 35,1	10,7	I **7771,93**	
76	Os	I 8,7	4,2	I 2909,06	
			4,0	I **3058,66**	
15	P	I 11,0		[1774,94]	
		II 19,7	7,2	I **2535,65**	$4{,}3 \cdot 10^{-2}$
82	Pb	I 7,4	4,4	I **4057,82**	
		II 15,0	14,7	II *2203,51*	
			4,4	2833,07	$6{,}1 \cdot 10^{-3}$
46	Pd	I 8,3	4,5	I **3404,58**	$1{,}1 \cdot 10^{-3}$
		II 19,9	16,6	II *2854,58*	
59	Pr	I (5,8)	$>$3,0	I **4179,42**	
78	Pt	I 9,0	4,6	I 2659,45	$1{,}7 \cdot 10^{-3}$
			4,0	I **3064,71**	$1{,}0 \cdot 10^{-3}$
88	Ra	I 5,3	2,6	I **4825,91**	
		II 10,1	8,5	II *3814,42*	
37	Rb	I 4,2	1,6	I **7800,23**	
		II 27,5			
75	Re	I 7,9	3,6	I **3460,47**	
45	Rh	I (7,7)	3,6	I **3434,89**	
44	Ru	I (7,5)	3,5	I **3498,94**	
			3,8	3436,74	$1{,}0 \cdot 10^{-2}$
16	S	I 10,4		[1807,31]	
		II 23,4	7,9	I **9212,91**	
51	Sb	I 8,6	6,0	I 2068,38	
		II (18,6)	6,0	I **2598,06**	$2{,}9 \cdot 10^{-3}$
21	Sc	I 6,6	3,6	I 5671,80	
			3,2	I **3911,81**	
		II 12,9	9,8	II *4246,83*	
34	Se	I 9,8		[1960,91]	
		II 21,7	$>$2,6	I **4730,78**	
				II *5175,98*	
14	Si	I 8,1	4,9	I 2516,12	$8{,}6 \cdot 10^{-4}$
		II 16,3	20,9	II *4130,96*	
			5,1	I 2881,58	$1{,}0 \cdot 10^{-3}$
62	Sm	I 5,6	3,4	I 4296,75	
		II (11,4)	8,9	II *4424,34*	
50	Sn	I 7,3	4,3	I 3175,02	$3{,}6 \cdot 10^{-3}$
		II 14,6	4,9	I **4524,74**	
38	Sr	I 5,7	2,7	I **4607,33**	
		II 11,0	8,7	II *4077,71*	
			12,3	II *3464,57*	$3{,}3 \cdot 10^{-2}$

Tabelle 2. (Fortsetzung)

Atom-Nr.	Element	v_j	v_a	Nachweislinie	$\underline{k}$ in %
73	Ta	(6,0)	>3,7	I **3311,16**	5,7 · 10⁻²
			>4,6	II *2685,11*	
			4,1	I 3012,54	3,7 · 10⁻²
65	Tb	I (6,7)	>3,5	I **3509,17**	
52	Te	I 9,0	5,8	I 2142,75	
		II 21,5	5,8	I **2385,76**	1,4 · 10⁻²
90	Th		>3,1	I **4019,14**	
			>7,3	II *3290,95*	
22	Ti	I 6,8	3,3	I **4981,73**	
		II 13,6	11,1	II *3349,04*	
81	Tl	I 6,1	3,3	I **5350,46**	
		II 20,4	4,4	I 2767,87	5,3 · 10⁻²
69	Tm			3131,26	
92	U	(4,0)	7,5	I **4241,67**	
23	V	I 6,7	3,1	I **4379,24**	
		II 14,2	11,2	II *3093,11*	
			3,9	I 3183,98	2,8 · 10⁻³
74	W	I 8,0	3,4	I **4008,75**	
			13,5	II *2589,17*	
54	X	I 12,1		[1469,62]	
			10,9	I **4671,23**	
		II 21,2			
39	Y	I 6,5	3,7	I 5466,47	
		II 12,4	2,7	I **4674,85**	
		II 12,3	10,0	II *3710,29*	
70	Yb	I (6,2)	3,1	I **3987,99**	
		II (12,1)			
30	Zn	I 9,4	5,8	I **2138,56**	
		II 18,0	23,9	II *4911,66*	
			7,8	I 3302,59	1,4 · 10⁻²
40	Zr	I 6,9	3,4	4687,80	
			3,6	I **3601,19**	
		II 14,0	10,8	II *3391,98*	1,8 · 10⁻³

Die letzte Spalte bringt die Nachweisgrenzen k in %. Die Werte sind an Hand der Tabellen von HARVEY[1] berechnet worden. Sie gelten für einen 10 A-Gleichstromkohlebogen mit 9 mm Elektrodenabstand, bei dem die Probe (Grundsubstanz/Kohlepulver) aus einer becherförmigen Bohrung der Anode (wie Abb. 201f) verdampft wurde, und für einen mittleren Quarzspektrographen Q/6/60 (Typ Q 24) unter Verwendung einer feinkörnigen Spektralplatte (Tab. 2, S. 1383 bis 1386).

Im allgemeinen gehören die Hauptnachweislinien dem Spektrum der neutralen Atome an. Bei den leicht ionisierbaren Erdalkalien sind in Funkenentladungen die stärksten Linien aus dem Spektrum der einfach ionisierten Atome besonders empfindlich. Die Alkalien dagegen kann man in Funkenentladungen kaum nachweisen. Die im Lichtbogen oder in Flammen sehr starken Grundlinien der Alkalien treten im Funken gar nicht oder nur sehr schwach auf, weil diese Elemente dann fast vollständig ionisiert sind. Die ionisierten Alkaliatome aber haben Edelgascharakter und sind so schwer anzuregen, daß ihre Linien im Spektrum nicht auftauchen.

[1] Siehe E. IV, S. 1429.

Besondere Sorgfalt muß man aufwenden, um Verwechslungen der Hauptnachweislinien mit irgendwelchen Störlinien zu vermeiden. Das wichtigste Hilfsmittel hierzu sind die Wellenlängentabellen, von denen aber selbst die umfangreichste nur etwa die Hälfte der bis jetzt bekannten Linien umfaßt. In Zweifelsfällen sind daher besondere Untersuchungen notwendig, wobei man vielfach auch die Intensitätsverhältnisse im Spektrum des gesuchten Elementes und im Spektrum der Probe beachten muß. *Nur dann, wenn die Hauptnachweislinie eines gesuchten Elementes nachweislich durch eine andere Linie oder durch Banden gestört ist, darf man den Nachweis mit schwächeren Linien führen. — An der Stelle der Hauptnachweislinien muß im Spektrum immer irgend etwas liegen, wenn der Nachweis eines Elementes gesichert sein soll.*

In seltenen Fällen kommt es bei der Spurenanalyse vor, daß allein eine gestörte Linie für den Nachweis übrigbleibt. Auch dann kann man noch zu einer Entscheidung kommen, wenn die Störung nicht zu stark ist. Man benutzt dazu die Kontrollinien, deren Prinzip von GERLACH und SCHWEITZER [*18*] stammt. Das Grundsätzliche dazu zeigt die Abb. 223, die die Registrierung einer Spektralaufnahme in der Nähe der gesuchten Nachweislinie darstellt. Hier ist angenommen, daß die gesuchte Analysenlinie (gestrichelt) mit der schwachen Linie eines Störelementes (ausgezogen) zusammenfällt. Liegt nun in der Nähe eine zweite Linie des störenden Elementes, die ebenso stark oder stärker als die Störlinie ist, so kann man durch einen Vergleich der Intensität die Entscheidung herbeiführen. Ist nämlich die Spektrallinie an der fraglichen Stelle stärker als die Kontrollinie, so muß außer der störenden Linie noch eine andere Linie an dieser Stelle liegen, und diese muß — wenn keine weiteren Störungsmöglichkeiten vorliegen — die fragliche Nachweislinie sein. Dieselbe Überlegung kann man auch bei der Störung durch Bandenlinien anstellen. Es sei hier darauf hingewiesen, daß sich Störungen der Nachweislinie häufig auch durch physikalische Mittel, Wahl anderer Entladungsbedingungen, beseitigen lassen; z. B. läßt sich Bor mit der Linie 2497,7 im Funken in Eisen nicht bestimmen, weil an dieser Stelle eine starke Eisenfunkenlinie liegt. In einem Bogen ist der Nachweis möglich, weil dann die Eisenlinie nur sehr schwach auftritt. Ein anderes Beispiel ist die Beseitigung der Cyanbanden im Kohlebogen durch Zusatz von Natriumsalzen als spektrochemischem Puffer oder durch den Betrieb des Bogens in einer Kohlendioxydatmosphäre [*12, 36, 17*]. Alle diese Möglichkeiten müssen bei der Auswahl der Analysenlinien berücksichtigt werden. In sehr linienreichen Spektren und beim Nachweis von Elementen, die wenig kennzeichnende starke Linien haben, z. B. dem der Seltenen Erden, wird man mit einer einzelnen Linie nicht die nötige Sicherheit erreichen. Man muß dann zum Nachweis zahlreiche Linien heranziehen, insbesondere charakteristische Gruppen, und die Intensitätsverhältnisse genau beachten. Hierzu braucht man Vergleichsspektren. Besonders vorteilhaft ist in solchen Fällen die Verwendung eines Vergleichsprojektors.

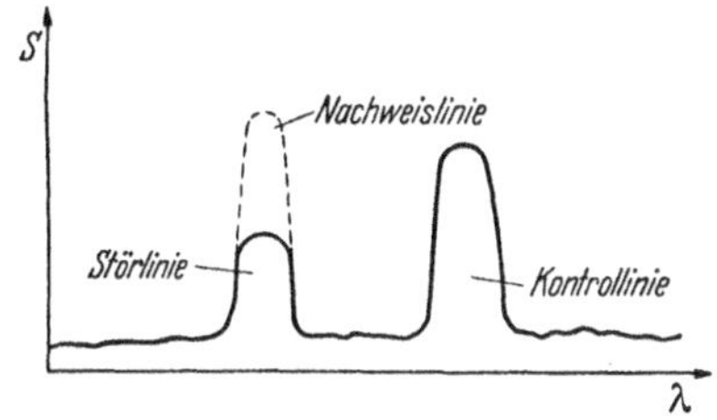

Abb. 223. Nachweis eines Elementes mit einer gestörten Nachweislinie

Bei der *quantitativen* Analyse ist man — soweit es sich nicht um Spurenbestimmung handelt — nicht mehr an die Hauptnachweislinien gebunden. Diese sind im allgemeinen für die Mengenbestimmung sogar ungeeignet, weil sie in den äußeren, kühlen Schichten der Lichtquellen teilweise wieder absorbiert werden (Selbstumkehr, Kennzeichen in den Wellenlängentabellen *R*). Wenn das der Fall ist, steigt die Stärke der Linien mit wachsender Konzentration nur wenig an, sie kann bei höheren Konzentrationen sogar abnehmen. Die Linien zur quantitativen Analyse wird man so aussuchen, daß sie unter den vorgeschriebenen Versuchsbedingungen in dem zu untersuchenden Konzentrationsbereich ausreichend stark sind; sie sollen auf der photographischen Aufnahme in dem meßtechnisch günstigen Schwärzungsbereich von etwa 0,4 bis 1,5 liegen, sie sollen von Störungslinien und Banden frei sein und auf möglichst schwachem Untergrund liegen. Linien, die Selbstumkehr zeigen, bei denen also der untere beteiligte Energiezustand des Atoms oder Ions ein Grundzustand oder ein metastabiler Zustand ist, sind möglichst zu vermeiden. Im übrigen weiß man noch sehr wenig darüber, wie die atomphysikalische Einordnung der Linien mit der gewünschten brauchbaren Mengenabhängigkeit der Linienintensität zusammenhängt.

Mit Ausnahme der Flamme und vielleicht einiger Gasentladungen sind die absoluten Intensitäten der spektrochemischen Lichtquellen nicht konstant genug, um unmittelbar als Meßwert verwendet zu werden. Man ist vielmehr gezwungen, Intensitätsverhältnisse zu messen, wobei als Bezugswert im allgemeinen die Intensität einer Bezugslinie genommen wird. Eine solche Bezugslinie kann bei Metallanalysen eine geeignete Linie des Grundelementes sein; man kann aber auch ein besonderes Bezugselement in genau bekannter Menge zusetzen und eine seiner Linien als Intensitätsstandard verwenden. Dieses Prinzip ist von W. Gerlach mit seinem „Verfahren der homologen Linienpaare" in die Spektrochemie eingeführt worden [*16*] (englischer Ausdruck: „internal standard")[1].

Für die Auswahl der Bezugslinien gilt dasselbe, was vorher über die Auswahl der Analysenlinien gesagt wurde; besonders muß auf Selbstumkehr geachtet werden. Ferner gilt als allgemeine Regel, daß die Analysenlinie und die Bezugslinie zum gleichen Ionisierungszustand gehören und daß die zu ihrer Anregung notwendigen Energien etwa gleich sein sollen. Bei der lichtelektrischen Auswertung kann man ohne weiteres zwei Linien miteinander vergleichen, die an weit getrennten Stellen im Spektrum liegen. Bei der photographischen Auswertung dagegen müssen die Linien örtlich und der Wellenlänge nach möglichst nahe beieinanderliegen, damit eine genaue photographische Bestimmung des Intensitätsverhältnisses möglich ist. Dies ist also eine zusätzliche Bedingung bei der Linienauswahl.

Bei der photographischen Messung wählt man gern Linien im mittleren Ultraviolett, weil sich dort die Steilheit und die Empfindlichkeit der photographischen Schichten nur wenig mit der Wellenlänge ändern. Bei der lichtelektrischen Messung von Intensitätsverhältnissen mit zwei Empfängern kann man auch große Intensitätsverhältnisse überbrücken, indem man die Empfindlichkeit eines Empfängers um einen konstanten Faktor herabsetzt. Bei der photographischen Aufnahme läßt sich dies auch durchführen, indem man ein Stufenfilter verwendet und die stärkere Linie in einer geschwächten Stufe des Spektrums mißt; jedoch ist man hierbei praktisch mehr beschränkt als bei den lichtelektrischen Verfahren. Man wird daher bei der Auswahl von Analysen- und Bezugslinie darauf achten, daß sie möglichst gleiche Intensitäten haben.

IX. Die rechnerische Verarbeitung

In den wenigsten Fällen der quantitativen Analyse liefert die Auswertung der Spektren unmittelbar schon das Analysenergebnis. Bei der qualitativen Analyse ist dies mit der Identifizierung der Hauptnachweislinien der Fall; bei der quantitativen Analyse jedoch nur dann, wenn man aus dem Spektrum unmittelbar die gesuchten Gehalte abschätzen kann, z. B. durch den Vergleich mit den Spektren

[1] Auch bei der Flammenspektrometrie wird gelegentlich der Zusatz eines Bezugselementes (meistens Li) zur Analysenlösung empfohlen. Durch diesen „inneren Standard" wird hier die erstrebte Unabhängigkeit von äußeren und inneren Störfaktoren nur in Spezialfällen erreicht; nicht selten vermindert er die Genauigkeit.

von Proben bekannter Gehalte. Im allgemeinen müssen die Ergebnisse der Auswertung (Galvanometerausschläge oder Schwärzungswerte) noch rechnerisch verarbeitet werden.

Wie das zu geschehen hat, richtet sich nach der Art der Auswertung, insbesondere nach der Natur des Empfängers, nach der verlangten Genauigkeit, nach der Eichung und vor allem nach der analytischen Aufgabe. In vielen Fällen — wenn man eine geringe Genauigkeit fordert oder sich auf einen engen Bereich der zu bestimmenden Gehalte beschränkt — kommt man mit verhältnismäßig einfachen Mitteln aus.

Für eine halbquantitative Analyse zeichnet sich das Isomelanenverfahren von W. SEIDEL und H. J. EICHHOFF [*54*] durch eine praktisch universelle Anwendbarkeit aus. Bei ihm begnügt man sich nicht damit, die Intensität einer Linie zu messen bzw. mit einer Bezugslinie zu vergleichen, man bestimmt vielmehr die Intensität einer Reihe ausgesuchter Linien — etwa mit Hilfe der s. p. d.-Skala —, nachdem man durch geeignete Wahl der Bogenbrenndauer dafür sorgt, daß das als innerer Standard zugesetzte Silber (0,01%) stets eine Linie bestimmter Intensität liefert. Die Schwärzungswerte für die verschiedenen — unterschiedlich empfindlichen — Linien liegen in einem geeigneten Intensitäts-Prozentgehalts-Diagramm auf einer Geraden, die — je nach der in der Gehaltssubstanz vorhandenen Menge des betreffenden Elementes — die Prozentachse an verschiedenen Stellen, die damit den Gehalt angeben, schneidet. Für einige 30 Elemente sind die geeigneten Linien ausgewertet und die entsprechenden Diagramme mit großer Sorgfalt aufgestellt worden, und zwar für beliebige Analysensubstanzen, die mit Graphit zu quadratischen Stäben verpreßt worden sind (s. S. 1357). Die Veröffentlichung, die die langjährigen Erfahrungen eines großen Industrieunternehmens allgemein zugänglich macht, bietet bei der halbquantitativen Analyse unbekannter Substanzen eine wertvolle Hilfe.

Der Gang einer exakt errechneten Verarbeitung einer Spektralaufnahme, die höchste Ansprüche an Genauigkeit und Anwendungsbereich erfüllt, soll im folgenden am Beispiel der photographischen und photometrischen Auswertung erläutert werden.

Wenn eine brauchbare Arbeitsvorschrift zur spektrochemischen Mengenbestimmung vorliegt, so besteht bei Proben gleicher Art, die in der Lichtquelle verdampft werden, unabhängig von jeder Messung, ein bestimmter unveränderlicher Zusammenhang zwischen dem Gehalt der Proben am Zusatzelement Z und dem Intensitätsverhältnis der Analysenlinie von Z zu einer geeignet ausgewählten Bezugslinie des Grundelementes G. Dieser unveränderlich gegebene Zusammenhang zwischen dem Intensitätsverhältnis und dem Gehalt kann durch eine „Verfahrenseichung“ mit Hilfe von Eichproben bekannten Gehaltes bestimmt werden. Die Verarbeitung der Meßwerte gliedert sich demnach in zwei Teile: 1. in die Bestimmung des Intensitätsverhältnisses; 2. in die Bestimmung des zugehörigen Konzentrationswertes k. Wie dies vor sich geht, zeigt die Abb. 224 an einem einfachen Beispiel. Das linke Diagramm zeigt die Schwärzungskurve der photographischen Schicht, deren Verlauf gesondert bestimmt werden muß. Das rechte Diagramm zeigt die Eichkurve des Verfahrens (Haupteichkurve), die den Zusammenhang zwischen dem Logarithmus der Konzentration und dem Logarithmus des Intensitätsverhältnisses dem ΔY-Wert wiedergibt. Sie wird mit Hilfe von Proben „gleicher Art“ mit abgestuften bekannten Gehalten ermittelt (als Punkte eingetragen). Bei der Analyse einer unbekannten Probe X hat man die Schwärzung S_Z der Linie des Zusatzelementes und die Schwärzung S_G der Bezugslinie zu messen, die hier als eine Linie des Grundelementes G der betreffenden Probe gekennzeichnet ist. Mit diesen Werten geht man in die Schwärzungskurve ein und entnimmt aus ihr in der gezeichneten Weise den zugehörigen Wert von ΔY_X, der von den Eigenschaften der gerade verwendeten photographischen Platte unabhängig ist (Vorzeichenfestsetzung: wenn die Linie des Zusatzelementes stärker geschwärzt ist als die Linie des Grundelementes, ist ΔY positiv, sonst negativ).

Den gefundenen Wert von ΔY_X trägt man darauf vorzeichenrichtig auf der ΔY-Leiter im rechten Diagramm ab, vom Nullpunkt für ΔY ausgehend. Im Endpunkt der abgetragenen Strecke errichtet man eine Senkrechte auf der ΔY-Achse und geht von deren Schnittpunkt mit der Haupteichkurve zur Ordinatenachse hinüber, auf der man $\log k_X$, den Logarithmus der gesuchten Konzentration, abliest.

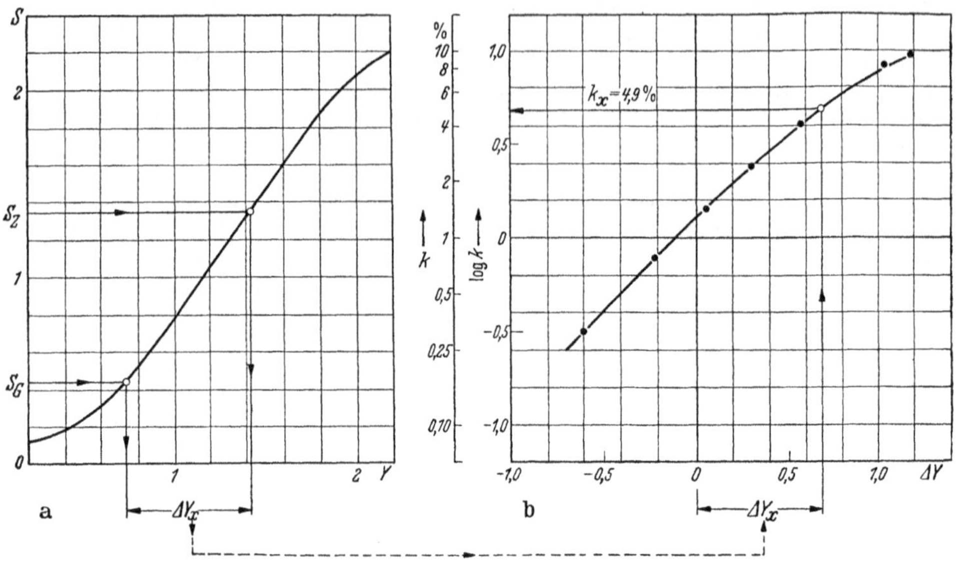

Abb. 224. Schema der photographisch-photometrischen Auswertung zur Bestimmung der Konzentration k_x aus den gemessenen Schwärzungswerten S_Z und S_G. a) Schwärzungskurve der Platte; b) Haupteichkurve

Wie die Haupteichkurve gewonnen wird, soll in Abschn. X besprochen werden. Die Schwärzungskurve der photographischen Platte wird mit Hilfe von Intensitätsmarken ermittelt. Hierfür gibt es verschiedene Möglichkeiten, von denen die wichtigsten im folgenden aufgeführt sind:

a) geeichte Stufenfilter, die vor den Spalt des Spektrographen gesetzt werden. Sie müssen für jede Wellenlänge besonders geeicht werden;

b) Beleuchtungsvorrichtungen mit mehreren Strahlengängen, in denen Schwächungsmittel angebracht werden können (s. Abschn. B IV);

c) Sätze ausgewählter Spektrallinien von wenig verschiedener Wellenlänge mit genau gemessenen Intensitätsverhältnissen. Ein Beispiel dafür sind die Manganlinien 2949/39/33 Å mit den Intensitätsverhältnissen 7 : 5 : 3 (nach Abzug etwa vorhandenen kontinuierlichen Untergrundes). Eisenlinien mit gemessenen Intensitätsverhältnissen finden sich in einer Arbeit von Crosswhite [*9*].

Man muß darauf achten, daß die Intensitätsmarken zur Bestimmung der Schwärzungskurve mit derselben Belichtungszeit und Belichtungsart aufgenommen werden wie die auszuwertenden Spektren. Aus diesem Grunde ist die Verwendung der sehr bequemen Stufensektoren, bei denen nicht die Intensität, sondern die Belichtungszeit durch verschieden lange Unterbrechungen verändert wird, bedenklich.

Einfach ist die Schwärzungskurve in ihrem oberen, geradlinigen Teil zu ermitteln, weil man dort nur zwei Schwärzungsmarken gebraucht, die einem unveränderlichen Intensitätsverhältnis entsprechen. In den letzten Jahren hat sich aber gezeigt, daß es in vielen Fällen unumgänglich notwendig ist, auch Messungen im unteren, stark gekrümmten Teil der Schwärzungskurve mitzuverwerten, so daß man eigentlich die ganze Kurve Punkt für Punkt aufnehmen müßte.

Es hat sich aber im Anschluß an Überlegungen von W. SEIDEL ergeben, daß man die photographische Kennlinie durch einfache mathematische Transformationen strecken kann, so daß sie auch im unteren Teil annähernd geradlinig verläuft. Dies leisten die sog. verallgemeinerten SEIDEL-Transformationen [*29*]. Selbst wenn sich keine vollständig geradlinige Kennlinie ergibt, ist es viel einfacher, eine schwach gekrümmte Kurve zu zeichnen, wobei man nach dem Vorgang von CHURCHILL [*8*] auch von einer Differenzenkurve ausgehen kann. Die transformierten photographischen Kenngrößen P ergeben sich aus den Schwärzungen auf folgende Weise:

$$P = S - \varkappa D$$

Der zu einer Schwärzung gehörige Wert von D kann aus der Tab. 3 unmittelbar entnommen werden. Um den für eine bestimmte Wellenlänge und eine bestimmte Plattensorte und Plattenbehandlung gültigen Wert von $\varkappa$ zu bestimmen, hat man 4 Schwärzungswerte zu messen, und zwar durch zwei verschiedene Aufnahmen eines Intensitätsmarkenpaares 1 und 2 mit unveränderlichem Intensitätsverhältnis. Beide Aufnahmen müssen mit derselben Belichtungszeit gemacht werden, eine Aufnahme mit hoher Intensität, so daß man Schwärzungen in der Nähe von 1,0 (Belichtung a) erhält, und einmal mit (z. B. durch ein vorgeschaltetes Filter) geschwächter Intensität, bei der man Schwärzungen in der Nähe von 0,3 erhält (Belichtung b). Der Wert von $\varkappa$ ergibt sich aus folgender Gleichung:

$$\varkappa = \frac{{}^aS_1 - {}^aS_2 - {}^bS_1 + {}^bS_2}{{}^aD_1 - {}^aD_2 - {}^bD_1 + {}^bD_2}$$

wobei man die zu den Werten von S gehörigen Werte von D aus der Tab. 3 entnimmt.

Die Abb. 224 zeigte einen besonders einfachen Fall der photographisch-photometrischen Auswertung. Bis vor wenigen Jahren hat man sich damit begnügt. Es hat sich aber herausgestellt, daß man den Anwendungsbereich und die Leistungsfähigkeit der spektrochemischen Analyse wesentlich erhöhen kann, wenn man die Einflüsse des kontinuierlichen Untergrundes im Spektrum bei der Bestimmung von Intensitätsverhältnissen berücksichtigt [*24*].

Zu diesem Zweck mißt man im Spektrum neben der Linie die Schwärzung des Untergrundes U und bestimmt mit Hilfe der Schwärzungskurve den zugehörigen Wert von Y_U. Die Messung an der Linie selbst liefert Y_{L+U}, den Logarithmus der Intensität der Linie und des Untergrundes zusammen. Um den Untergrund zu eliminieren, also den Wert von Y_L zu erhalten, bildet man zunächst $Y_{L+U} - Y_U$ und entnimmt dazu aus der Tab. 3 für D den zugehörigen Wert. Dann ist $Y_L = Y_{L+U} - D$.

Zahlenbeispiel für die Bestimmung eines Intensitätsverhältnisses mit Untergrundkorrektur bei einer Linie

Gemessene Schwärzungen für

die Linie des Grundelementes G . . .	S_G	$= 0{,}730$
die Linie des Zusatzelementes Z . . .	S_{Z+U}	$= 0{,}425$
den Untergrund neben Z	S_U	$= 0{,}237$

Die photographische Kennlinie sei geradlinig für eine Seideltransformation mit $\varkappa = 0{,}8$. Aus der Tab. 3 entnimmt man die zugehörigen Werte von D und bildet

$$P = S - \varkappa \cdot D = S - 0{,}8 \cdot D$$

$D_G = 0{,}089$	$P_G = 0{,}659$
$D_{Z+U} = 0{,}205$	$P_{Z+U} = 0{,}261$
$D = 0{,}376$	$P_U = -0{,}063$

Tabelle 3. *Zahlenwerte zur Berechnung der Seideltransformation und zur Berücksichtigung des Untergrundes.* Eingangswert: Y oder S, Tabellenwert: $D \cdot 1000$

Y oder S	0	1	2	3	4	5	6	7	8	9
1,4	017	017	017	016	016	016	015	015	014	014
1,3	022	022	021	021	020	020	019	019	018	018
1,2	028	027	027	026	026	025	024	024	023	023
1,1	036	035	034	033	032	032	031	030	029	029
1,0	045	045	044	043	042	041	040	039	038	037
0,9	058	057	056	054	053	052	050	049	048	047
0,8	075	073	071	070	068	066	065	063	061	060
0,7	097	094	092	089	087	085	083	081	079	077
0,6	126	122	119	116	113	110	107	104	102	099
0,5	165	161	156	152	148	144	140	136	133	129
0,59	129	129	128	128	128	127	127	127	126	126
0,58	133	132	132	131	131	131	130	130	130	129
0,57	136	136	135	135	135	134	134	134	133	133
0,56	140	140	139	139	138	138	138	137	137	137
0,55	144	143	143	143	142	142	141	141	141	140
0,54	148	147	147	147	146	146	145	145	145	144
0,53	152	151	151	151	150	150	149	149	149	148
0,52	156	156	155	155	154	154	154	153	153	152
0,51	161	160	160	159	159	158	158	157	157	157
0,50	165	165	164	164	163	163	162	162	161	161
0,49	170	169	169	168	168	167	167	166	166	166
0,48	175	174	174	173	173	172	172	171	171	170
0,47	180	179	179	178	178	177	177	176	176	175
0,46	185	184	184	183	183	182	182	181	181	180
0,45	190	190	189	189	188	188	187	187	186	185
0,44	196	195	195	194	194	193	193	192	192	191
0,43	202	201	201	200	199	199	198	198	197	196
0,42	208	207	207	206	205	205	204	203	203	202
0,41	214	213	213	212	211	211	210	210	209	208
0,40	220	219	219	219	218	217	217	216	215	215
0,39	227	226	226	225	224	224	223	222	222	221
0,38	234	233	233	232	231	231	230	229	229	228
0,37	242	240	240	239	239	238	237	236	236	235
0,36	249	248	248	247	246	245	245	244	243	242
0,35	257	255	255	255	254	253	252	251	251	250
0,34	265	264	264	263	262	261	260	259	259	258
0,33	274	273	272	271	270	270	269	268	267	266
0,32	283	282	281	280	279	278	277	277	276	275
0,31	292	291	290	289	288	288	287	286	285	284
0,30	302	301	300	299	298	297	296	295	294	293
0,29	312	311	310	309	308	307	306	305	304	303
0,28	323	322	321	320	319	318	317	316	314	313
0,27	334	333	332	331	330	329	328	326	325	324
0,26	346	345	344	343	342	340	339	338	337	335
0,25	359	358	356	355	354	353	351	350	349	348
0,24	372	371	369	368	367	365	364	363	361	360
0,23	386	385	383	382	380	379	378	376	375	373
0,22	401	399	398	396	395	393	392	390	389	387
0,21	416	415	413	412	410	408	407	405	404	402
0,20	433	431	430	428	426	425	423	421	420	418
0,19	451	449	447	445	443	442	440	438	436	435
0,18	469	467	466	464	462	460	458	456	454	452
0,17	490	487	485	483	481	479	477	475	473	471
0,16	511	509	507	505	502	500	498	496	494	492
0,15	535	532	530	527	525	523	520	518	516	513

Tabelle 3. (Fortsetzung)

Y oder S	0	1	2	3	4	5	6	7	8	9
0,14	560	557	555	552	549	547	544	542	539	537
0,13	587	584	582	579	576	573	570	568	565	562
0,12	617	614	611	608	605	602	599	596	593	590
0,11	650	647	643	640	637	633	630	627	624	620
0,10	687	683	679	675	672	668	664	661	657	654
0,09	728	723	719	715	711	707	703	699	695	691
0,08	774	769	764	760	755	750	746	741	737	732
0,07	827	822	816	810	805	800	794	789	784	779
0,06	889	883	876	870	863	857	851	845	839	833
0,05	964	955	948	940	932	925	917	910	903	896
0,04	1056	1045	1035	1026	1016	1007	998	989	980	972
0,03	1176	1162	1149	1136	1123	1111	1099	1088	1077	1066
0,02	1347	1326	1306	1287	1269	1252	1236	1220	1205	1190
0,01	1643	1602	1565	1530	1499	1469	1442	1416	1391	1369
0,00	∞	2638	2338	2162	2037	1941	1863	1796	1739	1688

Mathematische Beziehung: Eingangsspalte: $\log x$; Tabellenwerte $1000\,[\log x - \log(x-1)]$.

Die Kennlinie habe die Steilheit $\gamma = 1{,}20$, so daß sich die Logarithmen der Intensitäten ergeben als $Y = \frac{P}{1{,}20}$.

$$Y_G = 0{,}549$$
$$Y_{Z+U} = 0{,}218$$
$$Y_U = -0{,}053$$

$$Y_{Z+U} - Y_U = 0{,}271 \text{ dazu } D = 0{,}333$$
$$Y_Z = Y_{Z+U} - D = 0{,}218 - 0{,}333 = -0{,}115$$
$$\Delta Y_{ZG} = Y_Z - Y_G = -0{,}115 - 0{,}549 = -0{,}664$$

Solche Untergrundkorrekturen sind namentlich bei der Mengenbestimmung von Spuren unbedingt notwendig, sowie immer dann, wenn der Untergrund im Spektrum aus irgendwelchen Gründen bei den miteinander zu vergleichenden Proben verschieden stark ist. Auch im Gebiete höherer Konzentrationen, in dem im allgemeinen der Untergrund gegenüber den Analysenlinien schwach ist, muß man ihn bei hohen Ansprüchen an die Genauigkeit der Mengenbestimmung berücksichtigen. Der Untergrund bewirkt nämlich eine Krümmung der Eichkurven, die man beim Arbeiten in engeren Konzentrationsbereichen nicht ohne weiteres erkennt. Dadurch können sich systematische Analysenfehler ergeben, die wesentlich größer sind als die zufälligen Fehler guter spektrochemischer Verfahren. Die Abb. 225 gibt darüber Auskunft, ob in einem bestimmten Fall eine Untergrundkorrektur notwendig ist oder nicht [*27*].

Ähnliche Korrekturen muß man vornehmen, um den Einfluß von Störlinien zu beseitigen, wobei der GERLACHsche Gedanke der Kontrollinien ins Quantitative übertragen wird. Besondere rechnerische Maßnahmen erfordert auch die Überbrückung von Wellenlängenunterschieden, z. B. mit Hilfe eines Brückenspektrums und dergleichen mehr. Alle diese Rechnungen sind langwierig und geben reichlich Anlaß zu Fehlern. Für die Betriebsanalyse ist es daher sehr wichtig, daß man diese sämtlichen Rechnungen in mathematisch korrekter Weise mit dem Rechengerät RESPEKTRA [*33*] ausführen kann, das eine Weiterentwicklung des ersten Rechengerätes von OWENS darstellt. In dieses Rechengerät geht man mit den am Schwärzungsmesser abgelesenen Schwärzungswerten für die Linien, den Untergrund usw. unmittelbar ein; man vollzieht automatisch die Schwärzungstransformationen, den Übergang zu den Intensitätslogarithmen und sämtliche Umrechnungen und erhält schließlich die notwendigen Werte für die Intensitätsverhältnisse oder auch — bei einem geeichten Verfahren — die gesuchten Konzentrationen. Bei diesen Umrechnungen braucht keine einzige Zahl aufgeschrieben zu werden; der Rechenvorgang selbst kann auch bei komplizierten Aufgaben in der Form eines Arbeitsdiagramms dargestellt werden, so daß die Rechnung ohne alle mathematischen Kenntnisse von angelerntem Personal ausgeführt werden kann. Die Zeitersparnis gegenüber einer normalen Durchrechnung ist beträchtlich. Vor allem aber hat sich gezeigt, daß durch dieses Gerät Auswertungen praktisch möglich werden, an die man früher wegen ihrer Kompliziertheit kaum gedacht hat.

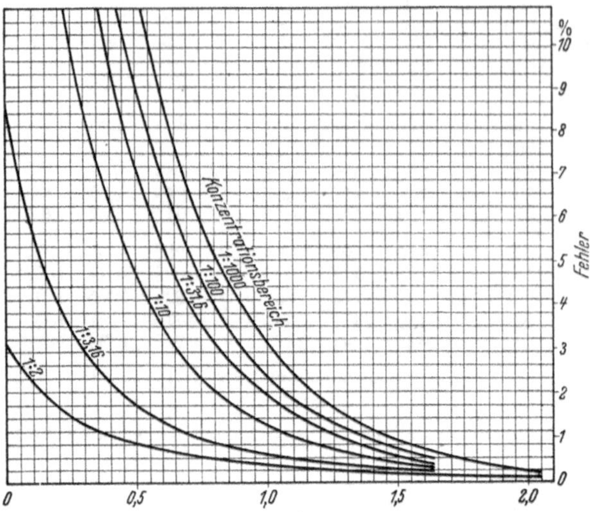

Abb. 225. Höchstwerte der *systematischen* Fehler (in Prozenten vom angegebenen Gehalt), die bei Vernachlässigung des Untergrundes auftreten können. (Eichkurvensteilheit, $\log k/\Delta y$ zu 45° angenommen.) Abszissenwert: Logarithmus des Intensitätsverhältnisses der Analysenlinie zum Untergrund für die untere Grenze des Konzentrationsbereiches, in dem mit geradliniger Haupteichkurve gearbeitet wird

Eine besonders wichtige Frage, die zum Teil in das Gebiet der rechnerischen Verarbeitung gehört, ist die Bestimmung der Nachweisgrenze eines spektrochemischen Verfahrens. Die Nachweisgrenze ist entscheidend durch das Intensitätsverhältnis der Nachweislinie zum Untergrund, zum Störpegel, bestimmt. Bei photographischen Aufnahmen ist dieser Störpegel im günstigsten Fall nur durch die Körnigkeit der photographischen Platte gegeben. Bei lichtelektrischen Auswertevorrichtungen ist der Störpegel durch die thermische Unruhe der Empfänger und der Verstärker gegeben. Hat der Untergrund im Spektrum eine ausgeprägte Struktur, z. B. bei einem Bandenspektrum, so liegt der Störpegel höher. Die Abb. 226 zeigt das Wesentliche. Auf der Ordinate ist der Logarithmus der Konzentration aufgetragen, auf der Abszisse der Logarithmus des Intensitätsverhältnisses der Nachweislinie zum Untergrund. Nur hierauf kommt es nämlich an. Hat man zunächst die Intensitätsverhältnisse gegen eine Bezugslinie bestimmt, so sind sie für die Untersuchung der Nachweisempfindlichkeit auf den Untergrund umzurechnen. Im schraffierten Feld links sind die statistischen Schwankungen der Messungen gegenüber der schwachen Linienintensität zu groß, als daß sich die Linie erkennen ließe. Die Nachweisgrenze k liegt da, wo die Eichkurve in dieses Feld eintaucht. Sie liegt um so tiefer, je weiter links das schraffierte Feld (Grenze ΔY) beginnt und je weiter rechts die Eichkurve liegt. Für den Fall der photographischen Platte als Empfänger hat Kaiser [*28*] Formeln angegeben, mit deren Hilfe die Lage der Grenze ΔY zu berechnen ist. Die Eichkurve kann mit Hilfe von Proben bekannten Gehaltes im Gebiete kleiner, aber noch bequem analysierbarer Gehalte bestimmt und nach unten erweitert werden. Da man zuverlässig analysierte Proben mit Konzen-

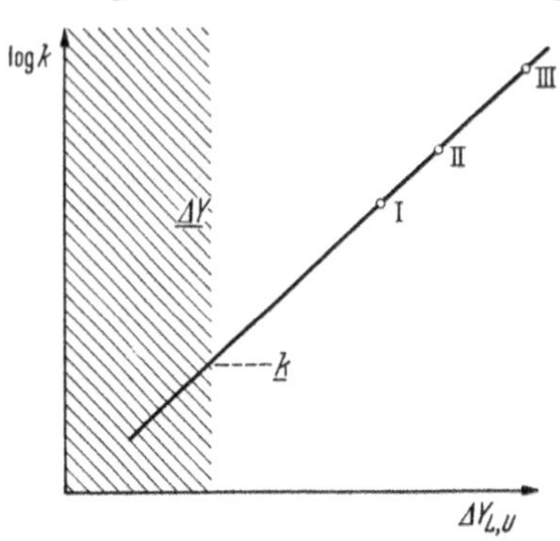

Abb. 226
Zur Definition der Nachweisgrenze $\underline{k}$.
I, II, III Meßpunkte für Eichproben

trationen in der Umgebung der Nachweisgrenze kaum beschaffen kann, geben diese Überlegungen die Möglichkeit, unabhängig davon zu zahlenmäßigen Angaben über die Nachweisgrenzen zu kommen.

Zur rechnerischen Verarbeitung der Meßwerte gehört auch noch die Umrechnung der relativen Konzentration auf die absoluten Konzentrationen. Namentlich bei der Metallanalyse bestimmt man ja sehr häufig die Intensität der Analysenlinie eines Zusatzes Z in bezug auf die Intensität einer Linie des Grundmetalls G der betreffenden Legierung. Man erhält daher im allgemeinen auch bei der Eichung des Verfahrens zunächst die Konzentration des Zusatzes Z, bezogen auf das Grundelement G und nicht bezogen auf die Gesamtmenge der Legierung, die bei der chemischen Analyse üblicherweise verlangt wird. Die Umrechnung der relativen Konzentrationen, die mit q bezeichnet werden sollen, auf die absoluten k geschieht nach folgender Gleichung:

$$k_i = q_i \frac{100 - \sum\limits_{m+1}^{n} k_i \text{ (bekannt)}}{100 + \sum\limits_{1}^{m} q_i \text{ (bestimmt)}} \%$$

Dabei ist angenommen, daß für die Elemente von 1 bis m die relativen Konzentrationen q_i spektrochemisch ermittelt worden sind, während für die übrigen Elemente von $m + 1$ bis n die absoluten Konzentrationen k_i von vornherein, z. B. durch den Legierungstyp, bekannt waren. Ist z. B. nichts bekannt, so fällt das Summenglied im Zähler weg, und im Nenner ist über alle gefundenen Bestandteile von 1 bis n zu summieren. Die Umrechnung berücksichtigt jedoch keine echten physikalischen Einflüsse der Zusammensetzung auf das Intensitätsverhältnis der Analysenlinien.

Die vielen in der Literatur beschriebenen quantitativen spektrochemischen Erfahrungen gehen aus der vorstehend behandelten Vollauswertung durch Vereinfachungen hervor. Man kann sie übersichtlich nach absteigendem photometrischem Rang, d. h. im wesentlichen nach der erreichbaren Analysengenauigkeit, ordnen. Dies ist in der folgenden Übersicht geschehen (Tab. 4). Für diese Einteilung ist noch ein zweiter Gesichtspunkt maßgebend, nämlich die Einteilung in freie und gebundene Verfahren [*32*]. Die freien Verfahren beruhen auf der Bestimmung echter Intensitätsverhältnisse, so daß es möglich ist, das Verfahren ein für allemal zu eichen. Bei den gebundenen Verfahren dagegen wird im Anschluß an die Analysenaufnahme der unbekannten Probe das Verfahren selbst, einschließlich des Empfängers, mit Proben bekannten Gehaltes, den sog. Leitproben, geeicht. Die gebundenen Verfahren sind übersichtlich und begrifflich einfach; sie haben sich deshalb zuerst eingeführt. Man verschwendet aber bei ihnen durch die jedesmalige Eichung viel Zeit und wertvolles Probematerial. Infolgedessen geht die moderne Entwicklung immer mehr zu den freien Verfahren hin, deren erstes das Verfahren der homologen Linienpaare von W. Gerlach war. Dieses Verfahren ist bei mäßigen Ansprüchen an die Genauigkeit auch heute noch von großem Wert und unersetzlich, wenn es sich darum handelt, etwa den Typus einer Metallegierung durch rohe Gehaltsangaben zu bestimmen. Es würde sich durchaus lohnen, dieses Verfahren mit den modernen Methoden zur Festlegung der Anregungsbedingungen in größerem Umfang neu zu bearbeiten [*31*].

X. Die Eichung

Die zuverlässige Eichung eines quantitativen spektrochemischen Verfahrens erfordert beträchtliche Aufmerksamkeit. Die Eichung kann so vorgenommen werden, daß man Proben mit genau bekannten Gehalten dem Verfahren unterwirft und

Tabelle 4. *Systematische Ordnung der Auswerteverfahren*

	Kenn-zeichnung	Photometrischer Rang	Auswerte-Verfahren		Erläuterungen
			frei	gebunden	
1	Quantitative Analysen hoher Genauigkeit	Gesonderte Photometrie, Streuung meist unter 2% vom angegebenen Gehalt	**Vollauswertung (V. A.)**	Dasselbe	Mit allen photometrischen Feinheiten
			V. A. vereinfacht	Dasselbe	Zum Beispiel ohne Korrektur für Untergrund oder nahezu monochromatische Photometrie
			Lineare Auswertung	**ΔS-Verfahren**	Beschränkung auf linearen Teil der Schwärzungskurve, möglich in nicht zu weiten Konzentrationsbereichen
			Zweipunktauswertung	ΔS-Verfahren mit gerader Eichkurve	Eichkurve und Schwärzungskurve nur im geraden Teil genutzt
2	Quantitative Analysen mittlerer Genauigkeit	In Spektrenaufnahme eingebaute Photometrie, Streuung von 5% bis etwa 30%	Keilauswertung (Graukeil, logarithmischer Sektor)	—	Stetige Gleichheitsphotometrie $\sigma \approx$ bis 10%
			Stufenauswertung (Stufenfilter, Stufensektor)	—	**Unstetige** Gleichheitsphotometrie mit Zwischenstufung $\sigma = 20\%$ oder höher
			Homologe Linienpaare	**Abgestufte Vergleichsspektren**	
3	Übersichtsanalysen (halbquantitativ)	Verfahren geben Konzentrationsbereiche mit einer Genauigkeit von ± 10 bis $\pm 50\%$ an	s. p. d.-Skala	—	Visuelle Abschätzung oder Teilphotometrie; Genauigkeit bis $\pm 10\%$
			Isomelanenverfahren	—	Visuelle Abschätzung; allgemeine Anwendung, Genauigkeit innerhalb einer Zehnerpotenz, bei photometrischer Auswertung besser
		Verfahren geben Größenordnung mit Streuungen von 100% und mehr	Abschätzung in groben Stufen	Grenzmuster	Etwa nach ganzen oder halben Zehnerpotenzen
			Analyse mit Hilfe der Nachweisgrenzen für verschiedene Linien	—	Versinken der Linie im kontinuierlichen Untergrund als Meßmittel
		Unsicher	Letzte Linien	—	Schwellenwert der Platte als Meßmittel äußerst unsicher
		Streuung stark von Erfahrung abhängig	**Spektrochemische Skalen**	**Vergleichende Reinheitsprüfung**	Etwa: Spur (I), Verunreinigung (II), Zusatz (III), Hauptbestandteil (IV)

Tabelle 4. *Fortsetzung*

	Kenn-zeichnung	Photometrischer Rang	Auswerte-Verfahren frei	gebunden	Erläuterungen
4	Qualitative Analysen	Ohne Photometrie	**Einfacher Nachweis** (λ-Messung, Spektrenlehren)	Nachweis durch Vergleich mit Spektren von auf der gleichen Platte aufgenommenen Leitproben	—
			Spurensuche	—	Mit Anreicherung und anderen Hilfen zur Steigerung der Nachweisintensität
5	Sonderaufgabe	Streuung von 50% bis zu einigen 100%	Bestimmung der Nachweisgrenzen	—	Mit allen photometrischen Hilfsmitteln

den Zusammenhang zwischen dem Intensitätsverhältnis der Analysenlinien und der Konzentration empirisch ermittelt. An die Eichproben müssen hohe Anforderungen gestellt werden. Sie müssen in ihrer chemischen Zusammensetzung und in ihrer physikalischen Struktur den zu untersuchenden Proben weitgehend entsprechen; sie müssen in sich homogen sein, und ihre Zusammensetzung muß zuverlässig bekannt sein. Für technisch wichtige Metallegierungen sind zuverlässige Eichproben im Handel erhältlich. In manchen Fällen kann man sich die Eichproben selbst herstellen, wenn man genügende, metallkundliche Erfahrungen besitzt. Vielfach bleibt aber nichts anderes übrig, als homogene Proben der zu untersuchenden Art von verschiedener Zusammensetzung sorgfältig zu analysieren und diese als Eichproben zu verwenden. Dabei stellt sich oft genug heraus, daß die mit üblichen Methoden ermittelten chemischen Analysenwerte nicht genau genug sind, um die hohe innere Genauigkeit der spektrochemischen Meßverfahren gerade im tiefen Konzentrationsbereich auszunutzen. In solchen Fällen ist es zweckmäßig, die Eichreihe mehrfach zu wiederholen, damit man zunächst eine Übersicht über die innere Genauigkeit des Verfahrens bekommt und damit zugleich zuverlässige, bekannte Mittelwerte für die Intensitätsverhältnisse, die zu den einzelnen Proben gehören. Bei einer solchen mehrfachen Eichung wird man echte Intensitätsverhältnisse berechnen, damit man von den zufälligen Eigenschaften des Aufnahmematerials völlig frei ist. Die Mittelwerte der Intensitätsverhältnisse jeder einzelnen Probe wird man in ein Diagramm, entsprechend Abb. 224b, eintragen. Hat man alle Korrekturen für Untergrund und Störlinie, für Wellenlängenabhängigkeit der Platteneigenschaften und auch die Umrechnung auf relative Konzentrationen berücksichtigt, so darf man im allgemeinen mit vollem Recht erwarten, daß die sich ergebende Eichkurve glatt ist, in vielen Fällen sogar als gerade Linie verläuft. Abweichungen von dem glatten Verlauf wird man nach kritischer Beurteilung des Falles — wobei vor allem der störende dritte Partner in Betracht gezogen werden muß — den Unstimmigkeiten in den chemischen Analysenwerten zuschreiben. Es ist dann erlaubt, eine glatte Eichkurve durch den etwas streuenden Schwarm der Eichpunkte hindurchzulegen, wofür man sich unter Umständen der Methoden der Ausgleichsrechnung bedienen kann. Dies bedeutet eine Mittelbildung zwischen den Analysenangaben der Proben mit verschiedenen Gehalten. An Hand der so gewonnenen glatten Eichkurve kann man dann die ursprünglichen Analysenangaben so korrigieren, daß die zugehörigen Eichpunkte auf dieser glatten Kurve liegen. In diesem Verfahren zeigt sich der Vorzug einer Analysenmethode, bei der ein funktionaler Zusammenhang der Meßwerte mit den Gehalten aufgestellt werden kann.

Bei jeder spektrochemischen Eichung spielt die Frage eine entscheidende Rolle, ob die Analysenproben und die verschiedenen Eichproben sich bei der Verdampfung und Anregung gleich verhalten, d. h., ob es Proben gleicher Art sind. Es ist bekannt, daß systematische Verschiebungen der Eichkurve unter Umständen durch geringfügige Zusätze bewirkt werden können (Problem der „dritten Partner"). Besonders auffällig ist dies bei Al-Legierungen, bei denen der Zn-Gehalt die Eichkurve für die Mg-Bestimmung verschiebt, ferner bei Zn-Legierungen, bei denen der verschiedene Al-Gehalt verschiedener Legierungstypen dazu zwingt, für jeden Typ eine eigene Eichkurve aufzustellen. Für eine theoretische Beherrschung dieser Erscheinungen sind noch kaum Ansätze vorhanden. Bei der Mg-Bestimmung in Al-Legierungen kann man den Einfluß des Zn nach dem Vorschlag von VAN CALKER ausschalten, wenn man bei kurzem Elektrodenabstand eine Kohlegegenelektrode nimmt, so daß das Metall beim Abfunken von der reduzierenden Atmosphäre der Kohlegase eingehüllt wird [7].

Die richtige Zusammensetzung der Eichproben ist besonders wichtig bei der Analyse nichtmetallischer Substanzen, wie z. B. von Erzen, die als Pulver analysiert werden sollen. Stellt man sich Eichmischungen zur Bestimmung der verschiedenen Elemente her, so muß man darauf achten, daß auch die Verdampfbarkeit der für die Eichmischungen verwendeten Substanzen dieselbe ist wie in den zu analysierenden Proben.

Für die Herstellung von Eichproben dürfte in Zukunft die Technik, Preßelektroden aus pulverförmigen Substanzen, Metallfeilspänen usw. herzustellen, von immer größerer Bedeutung werden, namentlich, da man eine physikalische Angleichung der verschiedenen Proben durch Zusatz großer Mengen eines geeigneten Trägermaterials erreichen kann. Besondere Möglichkeiten für die Eichung bietet die Lösungsanalyse. In vielen Fällen kann man Lösungen synthetisch herstellen, die in ihrer chemischen Natur den Lösungen genau entsprechen, die man durch Lösen der Analysenprobe gewinnt. Da dieses Verfahren vergleichsweise sehr umständlich ist, wird man es meist nur benutzen, um zunächst einmal für eine Eichreihe die Gehalte einer Reihe von Proben zu gewinnen. Die Lösungsanalyse hat noch einen besonderen Vorzug. Man kann die Lösungen so weit verdünnen, daß Störungen durch Selbstumkehr und andere Einflüsse der Konzentration der Atome in der Lichtquelle keine Rolle mehr spielen. Wenn man dann z. B. mit geeichten Stufenfiltern echte Intensitätsverhältnisse bestimmt hat, wozu häufig auch noch eine Untergrundkorrektur unerläßlich ist, dann darf man vielfach annehmen, daß die Eichkurve im ΔY-log k-Diagramm unter 45° ansteigt. Dies bedeutet, daß die Intensität der Nachweislinie der Anzahl der Atome des gesuchten Elementes in der verdampften Probenmenge proportional ist. Die Erfahrung hat jedenfalls gezeigt, daß dies sehr häufig zutrifft. Dann genügt die Kenntnis einer einzigen Konzentration, um die Eichkurve festzulegen. Man zieht durch den zu dieser einen Konzentration gehörigen Punkt im Eichdiagramm eine Gerade unter 45°. Hat man selbst diesen einen Eichpunkt nicht, so bleibt nichts anderes übrig, als die Eichgerade durch einen beliebig festgelegten Punkt unter 45° zu ziehen. Damit kann man dann wenigstens noch Verhältniszahlen für die Gehalte der verschiedenen miteinander zu vergleichenden Proben bestimmen.

Besonders schwierig ist die Eichung bei der Mengenbestimmung von Spurengehalten. Vielfach ist es nämlich selbst bei der Lösungsanalyse nicht möglich, Proben herzustellen, die völlig frei von dem gesuchten Element sind. Man muß also bei der Eichung den unbekannten Restgehalt berücksichtigen. Auch dann kann man sich noch helfen: Wenn man unter Benutzung aller Korrekturen, insbesondere der Untergrundkorrektur, echte Intensitätsverhältnisse bestimmt hat und annehmen darf, daß die Eichkurve unter 45° verläuft, kann man den Restgehalt der Leerprobe k_x aus zwei Versuchen bestimmen [*14*]. Bei der ersten Aufnahme nimmt man die Leerprobe auf und mißt das dazugehörige Intensitätsverhältnis des Analysenlinienpaares; dieses sei ΔY_x. Darauf setzt man eine kleine Menge des gesuchten Elementes (Konzentration k_a) hinzu und mißt das neue Intensitätsverhältnis ΔY_{x+a}. Die unbekannte Restkonzentration k_x der Leerprobe ergibt sich dann aus der Gleichung

$$\log\left(1 + \frac{k_a}{k_x}\right) = \Delta Y_{x+a} - \Delta Y_x$$

Auf diesem Wege kann man gerade sehr kleine Gehalte bestimmen, ohne auf eine chemisch analysierte Probe angewiesen zu sein. Bemerkenswert ist, daß dieses Verfahren durchaus die Forderungen der Zuverlässigkeit und Unabhängigkeit erfüllt, die man an eine Schiedsmethode stellen muß.[1]

XI. Ausarbeitung von Arbeitsvorschriften

Wenn man eine Arbeitsvorschrift für eine neue analytische Aufgabe ausarbeitet, so muß man sich zunächst den Inhalt der Aufgabe genau klarmachen, insbesondere muß man wissen, welche Schwankungen in Zusammensetzung, Struktur und Homogenität der zu untersuchenden Proben vorkommen können und welche Genauigkeit verlangt wird. An Hand der Übersicht Tab. 4 kann man feststellen, welches Verfahren zur Lösung dieser Aufgabe in Frage kommt. Besonders wichtig ist dabei die Entscheidung, ob man leitprobenfrei oder gebunden arbeiten will. Ist man sich darüber klar, so wird man die Probenvorbereitung festlegen. Man wird entscheiden, ob man die Probe im Anlieferungszustand verwenden kann, ob sie umgeschmolzen, gelöst oder zu Elektroden gepreßt werden muß, ob man beide Elektroden aus der Probe herstellen kann oder ob man Hilfselektroden verwenden muß.

In engem Zusammenhang damit steht die Auswahl der Lichtquelle und die Auswahl der Entladungsart. Zweckmäßig ist es, dabei von Arbeitsvorschriften für ähnliche Materialien auszugehen, wofür im folgenden Beispiele gegeben sind. Man wird dann den Abbrand der Proben in der Lichtquelle verfolgen, wozu man in kurzen Zeitabständen Aufnahmen macht, in denen man das Intensitätsverhältnis der Analysenlinien mißt. Man erhält auf diese Weise die sog. *Abfunkkurven*, die ein Urteil über die Brauchbarkeit der gewählten Linien und der Anregungsbedingungen ermöglichen. Für die eigentliche Analyse muß man die Vorfunkzeit im allgemeinen so festsetzen, daß man nicht auf einem stark abfallenden oder ansteigenden Teil der Abfunkkurve liegt, der in seiner Lage meist von kleinen Änderungen der Versuchsbedingungen stark abhängt [*25*]. Die eigentliche Aufnahmedauer muß sich nach den photographischen und photometrischen Bedingungen richten. Man muß eine ausreichende Schwärzung der Linien erreichen und dazu genügend lange belichten. Sehr kurze Belichtungszeiten unter 20 sek wird man im allgemeinen vermeiden, damit man eine genügende Mittelung über zahlreiche Entladungen erhält und damit mehr Probenmaterial verdampft wird. Ist die Schwärzung auf der photographischen Platte dabei zu stark, so kann man die Intensität durch die in Abschn. B. IV. besprochenen Schwächungsmittel ohne Schwierigkeiten herabsetzen oder eine Plattensorte geringerer Empfindlichkeit verwenden. Anderer-

[1] Analoge Verhältnisse liegen gelegentlich bei der Flammenspektrometrie vor. Auch hier kann man durch Zusatz bekannter Mengen des zu bestimmenden Elementes eine Eichkurve erhalten. Diese zeigt einen geradlinigen Verlauf und gestattet mit guter Sicherheit eine Extrapolation auf Null und damit auch eine Bestimmung des unbekannten Restgehaltes der zu bestimmenden Substanz (FISCHER u. ZETTLER).

seits sind Belichtungszeiten über 1 min unerwünscht und im allgemeinen auch nicht erforderlich. Der Erfolg ist maßgebend. Man muß eine Eichkurve anstreben, die glatt verläuft, eine ausgeprägte Abhängigkeit der Meßwerte von der Konzentration zeigt und die mit geringer Streuung wiederholbar ist. So einfach eine spektrochemische Analyse nach ausgearbeiteten und erprobten Verfahren ist, so schwierig und mühevoll kann es sein, für eine neue Aufgabe eine Arbeitsvorschrift zu entwickeln, die zuverlässige und jeder Kritik standhaltende Analysenwerte liefert.

C. Spektrochemische Arbeitsvorschriften

I. Erläuterungen für den Gebrauch der Arbeitsvorschriften

Als Ergänzung zu den allgemeinen Ausführungen werden nun eine Reihe von Arbeitsvorschriften für Metalle und Metallegierungen gebracht. Die Sammlung dieser Arbeitsvorschriften erhebt keinen Anspruch auf Vollständigkeit; es sind Beispiele, die Anregungen geben sollen. Eine kritische Bearbeitung und Sichtung sämtlicher für die verschiedenen analytischen Aufgaben in der spektrochemischen Literatur mitgeteilten Arbeitsvorschriften war nicht möglich, daher wurden Arbeitsvorschriften ausgewählt, die in deutschen Industrielaboratorien betriebsmäßig erprobt worden sind. Es ist durchaus denkbar, daß es für manche analytische Aufgabe noch besser geeignete Vorschriften geben mag. Die Vorschriften sind im allgemeinen für bestimmte Apparaturen aufgestellt worden. In diesem Kapitel werden sie so dargestellt, daß der eigentliche Kern der Versuchsbedingungen hervortritt, unabhängig von der jeweils verwendeten, zur Zeit ihrer Entstehung handelsüblichen Apparatur.

Die einzelnen Arbeitsvorschriften (A.V.) werden in Kurzform mit zahlreichen Abkürzungen mitgeteilt, die im folgenden erläutert werden:

1. Probenvorbereitung

Hier wird in wenigen Worten das gesagt, was über die allgemeinen Hinweise des Abschn. B. II. (S. 1354) hinausgeht.

2. Elektroden

Zur Kennzeichnung der Elektrodenform (s. Abb. 201) werden folgende Kurzzeichen benutzt:

N = Normalelektrode, zylindrische Stäbchen mit ebener Stirnfläche, Kante etwas verrundet.
K = Kuppe, halbkugelförmige Abrundung des Stäbchens, Radius ϱ.
KN = Kuppe mit Normalform vereinigt; von der Halbkugel ist ein Segment abgeschnitten, so daß eine ebene Abfunkfläche entsteht.
St = Stäbchen mit Stufe.
D = Dachform.
Sp = Spitze.
FG = ebene Fläche mit Gegenelektrode.
FSt = ebene Fläche mit Stufe als Gegenelektrode.
FSp = ebene Fläche mit Spitze als Gegenelektrode.
H = Hilfselektrode (für Lösungen).

3. Die Lichtführung

Die Lichtführung ist, wenn nicht ausdrücklich anders angegeben, die gleiche wie in der Abb. 211, S. 1363. Schwächungsfilter, die zur Verlängerung der Belichtungszeiten dienen, sind bei der Übernahme einer Arbeitsvorschrift ohnehin auszuprobieren, werden also nicht angegeben. Ebensowenig werden die Filterwerte von Stufenfiltern angegeben. Gebräuchlich sind Stufenfilter mit der Abstufung 100/50/10% und 100/20/4%.

4. Der Spektrograph

Der Spektrograph wird nach Arbeitsbereich und Leistung gekennzeichnet. Arbeitsbereich:

Q = Quarzgebiet (etwa 2000 bis 4000 Å),
Gl = Glasgebiet (etwa 3600 bis 10000 Å),
Gi = Gitterspektrograph (etwa 2000 bis 10000 Å).

Zur Kennzeichnung der Leistung wird als Maß für die erreichbare Auflösung bei Prismen die Basislänge und die Kamerabrennweite in cm angegeben. So wird ein Gerät vom Typ des Quarzspektrographen *Q* 24 bezeichnet mit *Q* 6/60. Bei Gittern wird die Anzahl der Striche *N* und gegebenenfalls die Ordnung, in der beobachtet wird, angegeben (z. B. 2 · 30000 heißt Spektrum 2. Ordnung, Gitter mit 30000 Strichen), außerdem die lineare Dispersion.

Die Spaltbreite wird in μ angegeben.

5. Anregungsbedingungen

a) Funken

Da sich nur gesteuerte Funken reproduzierbar beschreiben lassen, sind nur Arbeitsvorschriften für derartige Funken aufgenommen worden.

Es werden angegeben: die Trafosekundärspannung in V_{eff}, die Kapazität in pF, die Selbstinduktion in mH und allenfalls der Dämpfungswiderstand im Schwingungskreis in Ohm.

b) Abreißbogen

Für den Abreißbogen werden die Kurzschlußstromstärke I_k, die Zündzahl *z*/sek und der Brennrhythmus *r*, das Verhältnis Brenndauer : Pause angegeben. (Liefert ein Feussnerscher Funkenerzeuger die Zündspannung, dann ist dieser mit etwa 3000 pF Kapazität und ohne Selbstinduktion zu betreiben.)

c) Dauerbogen

Beim Dauerbogen wird angegeben, ob Gleich- oder Wechselstrombogen, ferner die Stromstärke in A.

6. Aufnahme

a) Vorfunken

Die Vorfunkzeit wird in sek angegeben. Es sei darauf hingewiesen, daß diese Zeit bei manchen Analysen, z. B. denen von Leichtmetallegierungen, sehr genau eingehalten werden muß.

b) Belichten

Hierüber können meist keine näheren Angaben gemacht werden, da die Belichtungszeiten neben den Anregungsbedingungen auch noch von den benutzten Spektrographen, von dem photographischen Material und den Entwicklungsbedingungen abhängen. Sie liegen meist in der Größenordnung von 1 min.

7. Analysenlinien und erprobter Bereich

Unter dieser Rubrik stehen auf der linken Seite jeweils die Analysenlinien, und zwar so, daß zuerst die Zusatzlinie und dann die Bezugslinie (meist des Grundelementes) kommen. Die Wellenlängen sind in Ångströmeinheiten (10^{-8} cm) angegeben. Auf der rechten Seite stehen die erprobten Konzentrationsbereiche. Diese Angabe bedeutet nur, daß die Arbeitsvorschrift in diesem Bereich mit Erfolg benutzt worden ist. In vielen Fällen mag die Vorschrift auch für einen weiteren Bereich brauchbar sein.

8. Genauigkeit

Zuverlässige Angaben über die erreichbare Genauigkeit sind in vielen Fällen noch nicht zu bekommen. Um wenigstens eine ungefähre Vorstellung zu geben, werden die Analysenverfahren in drei Stufen eingeordnet:

I Streuung unter 5%,
II Streuung von 5 bis 15%,
III Streuung über 15%.

9. Empfindlichkeit

Im allgemeinen sind keine Werte für die Nachweisempfindlichkeit der spektrochemischen Methoden angegeben. Grundsubstanz und Begleitelemente üben einen entscheidenden Einfluß aus. Der Einfluß sowohl der Apparatur als auch der Arbeitsbedingungen ist kaum geringer. Trotz des großen Interesses, das die Nachweisempfindlichkeit besitzt, werden deshalb nur in Ausnahmefällen Angaben hierüber gemacht. Lediglich bei der Flammenspektrometrie werden Zahlen genannt, um eine Vorstellung von der Leistungsfähigkeit der Methode zu geben.

II. Arbeitsvorschriften für bestimmte Gruppen von Analysen

1. Bestimmung von Legierungskomponenten in Metallegierungen

Probenvorbereitung. a) Homogene, feinkörnige Stäbchen, gegossen oder aus dem Vollen gedreht; b) Blöckchen oder Fertigteile mit angeschliffener, ebener Fläche.

Elektroden. a) K, 5 mm Durchmesser, $\varrho = 2{,}5$ mm, Abstand $e = 2$ bis 3 mm; b) FG, als Gegenelektrode Al, Cu, Ag oder Kohle; Stäbchen etwa 5 mm Durchmesser, Kuppe, Stufe oder Spitze (Bleistiftform), Abstand $e = 2$ bis 3 mm.

Lichtführung. Offene Zwischenblende, Stufenfilter.

Spektrograph. Q 6/60 (und größer), Spalt 10 μ bis 35 μ, je nach Linienreichtum des Spektrums, möglichst breit.

Anregungsbedingungen. FEUSSNER-Funke 12 kV_{eff}, 6500 pF, 0 mH.

Vorfunkzeit. Durch Versuche zu ermitteln.

Belichtung. 30 bis 120 sek.

Analysenlinien und erprobte Bereiche. Geeignete Linien und die nutzbaren Konzentrationsbereiche müssen durch Versuche ermittelt werden. Wegen des starken Untergrundes im Spektrum ist diese Vorschrift in erster Linie für höhere Gehalte (etwa $>$0,3%) brauchbar.

Genauigkeitsstufe. I und II.

Bemerkungen. Anpassung dieser Vorschrift an die jeweils vorliegende Aufgabe ist nur durch Versuche zu erreichen und dringend zu empfehlen. Bei geringen Anforderungen an die Genauigkeit kann man zunächst eine Vorfunkzeit von 20 sek wählen.

2. Bestimmung von Verunreinigungen in Metallen, Halbmetallen und Legierungen

Probenvorbereitung. a) Homogene, feinkörnige Stäbchen, gegossen oder aus dem Vollen gedreht; b) Blöckchen oder Fertigteile mit angeschliffener ebener Fläche.

Elektroden. a) *K*, 5 mm Durchmesser, $\varrho = 2{,}5$ mm, Abstand $e = 2$ bis 3 mm; b) *FG*, als Gegenelektrode Al, Cu, Ag oder Kohle; Stäbchen etwa 5 mm Durchmesser, Kuppe, Stufe oder Spitze, Abstand $e = 2$ bis 3 mm.

Lichtführung. Offene Zwischenblende, Stufenfilter.

Spektrograph. *Q* 6/60 (und größer), Spalt 10 µ bis 35 µ, je nach Linienreichtum des Spektrums, möglichst breit.

Anregungsbedingungen. FEUSSNER-Funke 12 kV_{eff}, 6500 pF, 0,8 mH.

Vorfunkzeit. Durch Versuche zu ermitteln.

Belichtung. 30 bis 120 sek.

Analysenlinien und erprobte Bereiche. Geeignete Linien und die nutzbaren Konzentrationsbereiche müssen durch Versuche ermittelt werden.

Genauigkeitsstufe. I und II.

Bemerkungen. Bei leicht schmelzenden Proben nehme man eine geringere Kapazität, z. B. 1500 pF; bilden sich *dicke* Oxydkrusten, so setze man die Selbstinduktion herab. Stähle, Kupfer, Silber, Nickel, die Pt-Metalle u. a. geraten bei dieser Anregungsart durch Glimmentladungen leicht ins Glühen, verdampfen nur schwach und können nicht analysiert werden. Oft schafft Verringerung der Selbstinduktion Abhilfe, allerdings geht dabei die Nachweisempfindlichkeit zurück. Bei Stählen hilft es oft, wenn man die Oberfläche in einer Flamme verzundert. Auch die Stufenform einer Elektrode vermag die kletternden Glimmentladungen zu verhindern.

Für die Bestimmung kleinster Gehalte ist A. V. Nr. 3 vorzuziehen.

3. Bestimmung von Verunreinigungen und Spurenelementen in Metallen, Halbmetallen und Legierungen

Probenvorbereitung. a) Homogene, feinkörnige Stäbchen, gegossen oder aus dem Vollen gedreht; b) Blöckchen oder Fertigteile mit angeschliffener ebener Fläche.

Elektroden. a) *K*, 5 mm Durchmesser, $\varrho = 2{,}5$ mm, Abstand $e = 2$ bis 3 mm; b) *FG*, als Gegenelektrode Al, Cu, Ag oder Kohle; Stäbchen etwa 5 mm Durchmesser, Kuppe, Stufe oder Spitze, Abstand $e = 2$ bis 3 mm.

Lichtführung. Offene Zwischenblende, Stufenfilter.

Spektrograph. a) Bei quantitativen Bestimmungen nicht zu kleiner Gehalte *QGl* 6/60, Spalt 10 µ bis 20 µ, je nach Art des Spektrums; b) bei Spurensuche möglichst großer Spektrograph, z. B. *QGl* 9/170 oder *Gi* 5 Å/mm; $N = 80000$.

Abreißbogen. $I_k = 8 - 10$ A; $z = 2$/sek; $r = 1:3$.

Vorfunkzeit. Durch Versuche zu ermitteln.

Belichtung. 30 bis 120 sek.

Analysenlinien und erprobte Bereiche. Geeignete Linien und die nutzbaren Konzentrationsbereiche müssen durch Versuche ermittelt werden.

Genauigkeitsstufe. II und III.

Bemerkungen. Bei sehr leicht schmelzenden Proben ist unter Umständen das Verhältnis Brenndauer : Pause zu verkleinern und die Anzahl der Zündungen/sek zu verringern. Die Nachweisempfindlichkeit in Metallen mit hoher Wärmeleitfähigkeit (Cu, Ag) ist verhältnismäßig schlecht (s. Arbeitsvorschrift 4).

4. Bestimmung von Verunreinigungen und Spurenelementen in Metallen hoher Wärmeleitfähigkeit

Probenvorbereitung. Späne oder Stückchen von 0,2 g (schmelzen auf der Trägerelektrode im Lichtbogen zu einer kleinen Kugel zusammen).

Elektroden. Trägerelektroden aus Kohle oder Graphit (Durchmesser etwa 10 mm) nach Abb. 201 i. Abstand $e = 4$ mm. Die Elektrode mit der Schmelzkugel wird als Kathode geschaltet.

Lichtführung. Es kann vorteilhaft sein, die Umgebung der Gegenelektrode in *genau bestimmter Weise* auf der Zwischenblende auszublenden.

Spektrograph. Q 6/60 und größer.

Anregungsbedingungen. Gleichstrombogen 5 A.

Vorbrennzeit. Bei quantitativen Bestimmungen ist das Zusammenschmelzen der Probe abzuwarten, bei Nachweis von Spuren belichtet man zweckmäßig von Anfang an.

Genauigkeitsstufe. III.

Bemerkungen. Es ist auch möglich, die Probe aus der Anode zu verdampfen; wegen der höheren Temperatur kann dies für den Nachweis schwerflüchtiger Elemente von Vorteil sein.

5. Analyse von Erzen, Mineralien, Schlacken u. dgl.

Arbeitsvorschrift a)

Probenvorbereitung. Die nach den allgemeinen Regeln über die Probenahme entnommene *repräsentative* Probe wird fein gemahlen (Korngröße etwa 10 μ), nach Sondervorschrift (s. Bemerkungen) allenfalls mit einem Flußmittel gemischt.

2 Volumenteile dieses Gemisches werden mit 1 Volumenteil frisch reduzierten Kupferpulvers (Korngröße 10 μ) im Mörser verrieben und in einer Form unter einem Druck von etwa 100 kg/mm² zu einer Tablette gepreßt (Gewicht der Tablette etwa 0,3 g).

Elektrodenform. Gegenelektrode: Kohle oder Graphit $K = 5$ mm Durchmesser, $\varrho = 4$ mm, Abstand $e = 3$ mm.

Lichtführung. Offene Zwischenblende, Stufenfilter.

Spektrograph. Je nach Art des Probenspektrums, meist Q 6/60.

Anregungsbedingungen. a) Allgemein: FEUSSNER-Funke 12 kV_{eff}, 3500 pF, 0,012 mH; b) mit höherer Nachweisempfindlichkeit: FEUSSNER-Funke 12 kV_{eff}, 1400 pF, 0,8 mH.

Vorfunkzeit. Weniger als 30 sek.

Belichtungszeit. 15 bis 60 sek.

Genauigkeitsstufe. I bis II.

Bemerkungen. Kupferpulver aus Kupferoxydpulver p. a., durch Reduktion mit Wasserstoff hergestellt.

Ein Flußmittel soll den Proben zugesetzt werden, um stets gleichen Abbrand und gleiche Verschlackung, unabhängig von der wechselnden Zusammensetzung der Proben, zu erreichen.

Beispiel. Flußmittel für Eisenerze: 3 g NaCl und 2 g BaO zu 4 g Erz.

Bei Gläsern ist kein besonderes Flußmittel notwendig.

Arbeitsvorschrift b)

Probenvorbereitung. Die feingemahlene Probe wird im Verhältnis 1 : 1 mit spektralreinem Kohlepulver gemischt und in die Bohrung einer Kohle- oder Graphitelektrode gestopft.

Elektroden. Kohle- oder Graphitelektroden, untere Elektrode nach Abb. 201e und f. Die gefüllte Elektrode wird im allgemeinen als Kathode geschaltet.

Lichtführung. Offene Zwischenblende, Stufenfilter.

Spektrograph. Mindestens QGl 6/60, möglichst aber größer.

Anregungsbedingungen. Gleichstrombogen 8 A.

Vorbrennzeit. Keine.

Belichtungszeit. Bis der becherförmige Teil der gefüllten Elektrode abgebrannt ist.

Analysenlinien und erprobte Bereiche. Je nach Aufgabe.

Genauigkeitsstufe. II.

Bemerkungen. Durch die Mischung mit Kohlepulver brennt die Probe gleichmäßig, ohne zu spritzen, ab. Sie soll aber sehr rasch verdampfen. Die zweckmäßige Tiefe und Wandstärke des Bechers der gefüllten Elektrode sollte man für jede Probenart ausprobieren, so daß der Becher mit seiner Füllung gleichmäßig abgebaut wird.

Zur Unterdrückung der CN-Banden im Spektrum des Kohlebogens kann man die Probe mit reinem Alkalisalz, z. B. mit NaCl, $NaNO_3$, Li_2CO_3 usw., mischen und auch die Kohlen damit tränken, um die Bogentemperatur herabzusetzen (Spektrochemischer Puffer).

6. Bestimmung von Spurenelementen in Erzen, Mineralien, Schlacken u. dgl.

Probenvorbereitung. Die feingemahlene Probe wird mit Kohlepulver 1 + 1 gemischt und in die Bohrung einer Kohleelektrode nach Abb. 201g gestopft.

Elektroden. Untere negative Elektrode nach Abb. 201g Bohrung 1 mm weit, 8 mm tief; Durchmesser der Kohle im oberen dünnen Teil 2,8 mm; Gegenelektrode aus Kohle, 5 mm Durchmesser; Abstand $e = 10$ mm. Abstand beim Abbrennen nachstellen, Kathodenrand muß am gleichen Ort bleiben.

Lichtführung. Schmale Zwischenblende, so daß etwa 2 mm des Bogens unmittelbar über dem Rand der Kathode verwendet werden.

Spektrograph. *QGl* 9/170 oder *Gi* 5 Å/mm, 75000.

Anregungsbedingungen. Gleichstrombogen 10 A.

Vorbrennzeit. Keine.

Belichtungszeit. Etwa 3 min, bis der gebohrte Teil der Kohle völlig abgebrannt ist. Daher allenfalls Schwächungsfilter verwenden.

Genauigkeitsstufe. III.

Bemerkungen. Die Anreicherung in der Glimmschicht tritt nur bei kleinen Substanzmengen ein (einigen mg).

Für qualitative Analysen bildet man die Kathodenglimmschicht zweckmäßig auf den Spalt ab, so daß man die Nachweislinien im Spektrum an ihrer keulenförmigen Verdickung leicht erkennen kann.

7. Lösungsanalyse von Metallen, Halbmetallen und Legierungen

a) Verfahren mit Tropfpipette

Probenvorbereitung. Die Probe wird nach einer festgelegten Vorschrift in Lösung gebracht (möglichst in 5- bis 10proz. Salzsäure oder Salpetersäure). Etwa verbleibende Rückstände müssen aufgeschlossen oder gesondert analysiert werden.

Elektroden. *N*, Kohle mit Kohlegegenelektrode, $e = 2$ mm.

Ein oder mehrere Tropfen werden mit einer Tropfpipette auf die durch Vorbrennen erhitzte Elektrode aufgebracht.

Lichtführung. Offene Zwischenblende, Stufenfilter.

Spektrograph. Je nach Art des Probenspektrums, meist *Q* 6/60.

Anregungsbedingungen. a) Für Verunreinigungen: Abreißbogen $I_k = 10$ A; $z = 2$/sek; $r = 1:3$; b) für Legierungsbestandteile: FEUSSNER-Funke 12 kV_{eff}, 6500 pF, 0 mH.

Vorfunkzeit. Keine.

Belichtungszeit. 10 bis 30 sek.

Analysenlinien und erprobte Bereiche. Je nach Aufgabe.

Genauigkeitsstufe. Für Verunreinigungen III; für Legierungsbestandteile II.

Bemerkungen. Es kann sehr zweckmäßig sein, mehrere Aufnahmen von der gleichen Probe übereinander zu machen, indem man z. B. nach 10 sek Abbrennen einen neuen Tropfen der Lösung auf die heiße Elektrode bringt und dies unter Umständen nochmals wiederholt.

Besonders wird darauf hingewiesen, daß man von allen beim Lösen der Probe verwendeten Chemikalien Blindanalysen ausführen muß.

(Hervorragend geeignet für die Untersuchung von Lösungen ist auch die Flamme als Lichtquelle.)

b) Rädchenmethode

Probenvorbereitung. Wie 7a.

Elektroden. Rotierendes Rädchen 3 mm stark, 12 mm Durchmesser, 4 U/min. Graphitelektrode 3 mm Abstand.

Das Rädchen taucht etwa 2 mm tief in die Lösung ein und saugt diese auf. Durch die Rotation wird ständig frisch adsorbierte Lösung vom Funken bzw. Abreißbogen erfaßt.

Lichtführung. Offene Zwischenblende, Mehrstufenfilter.

Spektrograph. Je nach Art des Probenspektrums, meist *Q* 6/60 oder *QGl* 9/170 bzw. *Gi* 5 Å/mm, 75000 bei linienreichen Spektren.

Anregungsbedingungen. a) Für Verunreinigungen: Abreißbogen $I_k = 10$ A; $z = 1{,}5$/sek; $r = 1:3$; b) für Hauptbestandteile: Feussner-Funke 12 kV_{eff}, 6500 pF, 0 mH oder Niederspannungsfunke 950 V, 60 μH, 10 μF, 15 Ω.

Vorfunkzeit. 15 sek.

Belichtungszeit. 30 sek oder mehr.

Genauigkeitsstufe. I und II.

Bemerkungen. Blindanalysen der verwendeten Chemikalien vornehmen! Die Methode eignet sich vor allem zur Bestimmung hoher Konzentrationen (z. B. über 1%), weil die Verdünnung der Stärke der Analysenlinien angepaßt werden kann. Es ist darauf zu achten, daß das Rädchen nicht so heiß wird, daß es die Lösung im Eintauchgläschen zum Sieden bringt.

8. Quantitative Bestimmung von Spurenelementen in verdünnten Lösungen (Kupferfunkenmethode)

Probenvorbereitung. Herstellung der Lösung nach chemischer Vorschrift. Salpetersäure, Schwefelsäure, Überchlorsäure, Phosphorsäure dürfen in der fertigen Lösung nicht mehr enthalten sein. Nur äußerst reine, nachgeprüfte Chemikalien verwenden. Geeignetes Bezugselement in gelöster Form zusetzen. Bewährt haben sich Mo, Pd, Bi, Zn.

Elektroden. Reinstkupferstäbe, durch Abdrehen der Oberflächen auch auf den Seiten gereinigt. 5 bis 6 mm Durchmesser, Kante etwas verrundet; Abstand $e = 2$ mm, genau parallelgerichtet.

Lichtführung. Offene Zwischenblende, Stufenfilter.

Spektrograph. Je nach Aufgabe, meist *Q* 6/60.

Anregungsbedingungen. Feussner-Funke 12 kV_{eff}, 6500 pF, 0,04 mH.

Vorfunkzeit. Keine.

Belichtungszeit. 30 bis 60 sek.

Analysenlinien. Meist die Hauptnachweislinien der Elemente.

Erprobter Bereich. Unterhalb von 1% bis zur Nachweisgrenze.

Genauigkeitsstufe. II und III.

Bemerkungen. Peinliche Sauberkeit und Vorsicht.

III. Arbeitsvorschriften für die Analysen von bestimmten Metallen und Legierungen

1. Aluminium

Die Spektralanalyse hat mit der Einführung der automatisch registrierenden Geräte noch mehr an Bedeutung gewonnen, weil bei recht guter Genauigkeit erheblich Zeit gespart wird. Da bei Reinst- und Reinaluminium oder Aluminiumlegierungen je nach Art des verwendeten Spektralapparates bzw. der Kombination der zu bestimmenden Verunreinigungen und Legierungspartner auch die Arbeitsbedingungen wechseln können, werden nachfolgend aus betrieblicher Praxis als Anhaltspunkte für 3 Gerätetypen erprobte Angaben gemacht.

a) Arbeitsbedingungen für ein ARL-Quantometer

α) Reinstaluminium und Legierungen auf Reinstaluminiumbasis

Probenvorbereitung. a) Homogene, feinkörnige Scheiben, lunkerfrei aus der ASTM-Kokille gegossen, 4 mm dick, 1 bis 1,5 mm abgedreht. Rauhtiefe der abgedrehten Fläche <0,005 mm.

b) Homogene, feinkörnige Stäbchen, lunkerfrei gegossen aus der Rohnerkokille oder aus dem Vollen gedreht, 6 mm Durchmesser, Halbrundkuppe ebenfalls 6 mm Durchmesser.

Probenanordnung. Scheibe nach a) auf Abfunktisch aufliegend, abgedrehte Fläche nach unten. Darunter in 3 mm Abstand Metallstäbchen aus gleichem Material nach b) mit Halbrundkuppe nach oben.

Anregungsbedingungen. Multisource-Anregung 900 V, 360 μH, 60 μF, 50 Ω.

Vorfunkzeit. 20 sek.

Integrationszeit. ~20 sek.

Analysenlinien und erprobte Bereiche.

Cu	3273,9	0,0002 bis 0,01%	Ni	3414,7	0,0001 bis 0,005%
Fe	3020,6 × 2	0,0002 bis 0,01%	Si	2881,5	0,0002 bis 0,01 %
Mg	2852,1	0,001 bis 0,05%	Ti	3372,8	0,0002 bis 0,01 %
Mg	5183,6	0,05 bis 2,0 %	Zn	3345,9	0,0002 bis 0,01 %

Bezugslinie: Al 2567,9 × 2

β) Roh- und Reinaluminium

Probenvorbereitung. Wie α).

Probenanordnung. Wie α).

Anregungsbedingungen. Multisource-Anregung 900 V, 360 μH, 20 μF, 50 Ω.

Vorfunkzeit. 20 sek.

Integrationszeit. ~20 sek.

Analysenlinien und erprobte Bereiche.

B	2496,8 × 2	0,0002 bis 0,01%	Si	2881,5	0,01 bis 0,1%
Cu	3273,9	0,002 bis 0,1 %	Ti	3372,8	0,002 bis 0,1%
Fe	3020,6	0,01 bis 0,5 %	V	4379,2	0,002 bis 0,1%
Mg	2852,1	0,001 bis 0,1 %	Zn	3345,9	0,005 bis 0,1%
Mn	2949,2 × 2	0,001 bis 0,1 %			

Bezugslinie: Al 2567,9 × 2

γ) Aluminiumlegierungen

Probenvorbereitung. Homogene, feinkörnige Scheiben, lunkerfrei aus ASTM-Kokille gegossen, 4 mm dick, 1 bis 1,5 mm abgedreht. Rauhtiefe der abgedrehten Fläche <0,005 mm.

Gegenelektrode. Graphitstäbchen 6,1 mm Durchmesser, Flachrundkuppe, 8 mm Durchmesser, beste Qualität, z. B. RW 1 extra.

Probenanordnung. Sinngemäß wie α).

Anregungsbedingungen. 900 V, 10 μF, 360 μH, 50 Ω.

Vorfunkzeit. 20 sek.

Integrationszeit. ~20 sek.

Analysenlinien und erprobte Bereiche.

B	2496,8 × 2	0,001	bis	0,1 %		Mn	2949,2 × 2	0,05	bis	2,0%
Be	3130,4 × 2	0,001	bis	0,05%		Ni	3414,7	0,02	bis	1,5%
Bi	3067,7 × 2	0,01	bis	1,0 %		Pb	4057,8	0,02	bis	2,0%
Cr	4254,3	0,01	bis	0,5 %		Si	2881,5	0,05	bis	2,0%
Cu	3273,9	0,005	bis	0,2 %		Si	2881,5 × 2	2,0	bis	22,0%
Cu	5105,5	0,2	bis	6,0 %		Sn	3175,0 × 2	0,01	bis	1,0%
Fe	3020,6 × 2	0,005	bis	0,2 %		Ti	3372,8	0,005	bis	0,1%
Fe	2739,5 × 2	0,1	bis	1,0 %		V	4379,2	0,005	bis	0,1%
Mg	2852,1	0,05	bis	2,0 %		Zn	3345,9	0,01	bis	1,0%
Mg	5183,6	2,0	bis	10,0 %		Zn	4810,5	1,0	bis	8,0%

Bezugslinie: Al 2567,9 × 2

b) Arbeitsbedingungen für einen Spectro-Lecteur

α) *Reinstaluminium und Legierungen auf Reinstaluminiumbasis*

Probenvorbereitung. Gegossene Probe aus der MORITZ-Kokille.

Elektroden. Scheibe (aus dem Gußkörper) — Metallstäbchen 6 mm Durchmesser, 4 mm Krümmungsradius, Abstand 2,9 mm.

Lichtführung. Spalt 40 μ.

Spektrograph. Spectro-Lecteur.

Anregungsbedingungen. DURR-Funkenerzeuger Type France, 9900 pF, 0,8 mH.

Vorfunkzeit. 30 sek.

Registrierzeit. Je Element 12 sek.

Analysen und erprobte Bereiche.

Cu	3247,5	0,0005	bis	0,01 %
Fe	2599,3	0,0005	bis	0,01 %
Si	2516,1	0,001	bis	0,025%

Bezugslinie: Al 3961,5

Bemerkungen. Reflectal s. γ) Legierungen.

β) *Roh- und Reinaluminium*

Probenvorbereitung. Gegossene Probe aus der MORITZ-Kokille.

Elektroden. Scheibe (aus dem Gußkörper) — Metallstäbchen 6 mm Durchmesser, 4 mm Krümmungsradius, Abstand 2,9 mm.

Lichtführung. Spalt 40 μ.

Spektrograph. Spectro-Lecteur.

Anregungsbedingungen. DURR-Funkenerzeuger Type France, 9900 pF, 0,8 mH.

Vorfunkzeit. 30 sek.

Registrierzeit. Je Element 12 sek.

Analysenlinien und erprobte Bereiche.

B	2497,7	0,001	bis	0,01%		Mn	2939,3	0,001	bis	0,05%
Cu	3247,5	0,001	bis	0,08%		Si	2516,1	0,002	bis	1,0 %
Fe	2599,3	0,005	bis	2,5 %		Ti	3349,4	0,001	bis	0,05%
Mg	2852,1	0,001	bis	0,05%		Zn	3302,5	0,005	bis	0,08%

Bezugslinie: Al 3961,5

γ) Aluminiumlegierungen

Probenvorbereitung. Scheibenelektrode (ASTM-Kokille) s. a), α) bis γ).
Elektroden. Scheibe — Ringsdorffkohle RW 1 extra, Durchmesser 6 mm, Krümmungsradius 4 mm, Abstand 2,9 mm.
Lichtführung. Spalt 40 μ.
Spektrograph. Spectro-Lecteur.
Anregungsbedingungen. DURR-Funkenerzeuger Type France, 8250 pF, 0,32 mH.
Vorfunkzeit. 30 sek.
Registrierzeit. Je Element 12 sek.
Analysenlinien und erprobte Bereiche.

Be	3130,4	0,0005	bis	0,01%	Ni	3414,7	0,1	bis	1,5 %
Cu	3247,5	0,01	bis	0,5 %	Pb	2833,0	0,01	bis	0,5 %
Cu	2294,3	0,5	bis	5,0 %	Si	2881,5	0,1	bis	5,0 %
Fe	2755,7	0,05	bis	2,0 %	Si	2435,1	5,0	bis	22,0 %
Mg	2790,8	0,01	bis	0,5 %	Ti	3349,4	0,005	bis	0,25%
Mg	2852,1	0,05	bis	7,0 %	Zn	3302,5	0,01	bis	1,0 %
Mn	2939,3	0,05	bis	1,5 %	Zn	2557,9	0,1	bis	2,5 %

Bezugslinie: Al 3961,5

Bemerkungen. Für Reflectal: Mg-Linie 2852, 0,1 bis 3,0%.
Anregungsbedingungen. DURR-Funkenerzeuger Type France, 3300 pF, 0 mH.
Vorfunkzeit. 18 sek, sonst wie Legierungen.

c) Arbeitsbedingungen für einen Spektrographen (*Q* 12)

α) Reinstaluminium und Legierungen auf Reinstaluminiumbasis

Probenvorbereitung. Gegossene Elektroden (MORITZ-Kokille).
Elektroden. 6 mm Durchmesser, 2,5 mm Krümmungsradius, Abstand 2 mm.
Lichtführung. Offene Zwischenblende, Stufenfilter, Spalt 30 μ.
Spektrograph. *Q* 12.
Anregungsbedingungen. PFEILSTICKER-Bogen in Verbindung mit dem FEUSSNER-Funken 3500 pF.
Vorfunkzeit. 15 sek.
Belichtungszeit. 5 min.
Platten. Perutz Spektralblau 450.
Analysenlinien und erprobte Bereiche.

Cu	3247,5	0,0005	bis	0,01 %
Fe	2599,3	0,0005	bis	0,01 %
Si	2516,1	0,001	bis	0,025%

Bezugslinien: Al 3050,0; 2669,1

Bemerkungen. Bei Zn 3345,9, Bezugslinie Al 3064,3 folgende Änderungen:
Spektrographenspalt. 10 μ.
Belichtungszeit. 10 min.

β) Roh- und Reinaluminium

Probenvorbereitung. Gegossene Elektroden (MORITZ-Kokille).
Elektroden. 6 mm Durchmesser, 2,5 mm Krümmungsradius, Abstand 2 mm.
Lichtführung. Offene Zwischenblende, Stufenfilter, Spalt 30 μ.
Spektrograph. *Q* 12.
Anregungsbedingungen. FEUSSNER-Funke 3500 pF, 0,8 mH.
Vorfunkzeit. 30 sek.
Belichtungszeit. 50 sek.
Platten. Perutz Spektralblau 450.

Analysenlinien und erprobte Bereiche.

B	2497,7	0,001 bis 0,025%	Mn	4030,7	0,001 bis 0,05%
Cu	3247,5	0,001 bis 0,05 %	Si	2881,5	0,05 bis 1,0 %
Fe	2735,4	0,05 bis 1,0 %	Ti	3349,4	0,001 bis 0,05%
Mg	2790,8	0,001 bis 0,05 %	Zn	3345,9	0,01 bis 0,05%

Bezugslinien: Al 3050,0; 2669,1

γ) *Aluminiumlegierungen*

Probenvorbereitung. Gegossene Elektroden (MORITZ-Kokille).
Elektroden. 6 mm Durchmesser, 2,5 mm Krümmungsradius, Abstand 2 mm.
Lichtführung. Offene Zwischenblende, Stufenfilter, Spalt 30 μ.
Spektrograph. *Q* 12.
Anregungsbedingungen. FEUSSNER-Funke 3500 pF, 0,8 mH.
Vorfunkzeit. 30 sek.
Belichtungszeit. 50 sek.
Platten. Perutz Spektralblau 450.
Analysenlinien und erprobte Bereiche.

Be	3130,4	0,001 bis 0,01%	Ni	3414,7	0,1 bis 1,0%
Cr	2677,1	0,01 bis 0,5 %	Pb	2833,0	0,05 bis 1,0%
Cu	3273,9	0,1 bis 1,0 %	Si	2881,5	0,1 bis 2,0%
Fe	2755,7	0,1 bis 2,0 %	Sn	3175,0	0,1 bis 1,0%
Mg	2790,8	0,05 bis 1,0 %	Ti	3349,4	0,05 bis 1,0%
Mn	2933,0	0,1 bis 1,0 %	Zn	3345,9	0,1 bis 1,0%

Bezugslinien: Al 3082,1; 2816,1

Bei einer Reihe von Legierungen ist die Bestimmung einzelner Elemente über die hier angegebenen Grenzen hinaus vielfach mit guter Genauigkeit möglich.

2. Antimon

Probenvorbereitung. Gegossene Proben (WOLBANK-Kokille).
Elektroden. *K*, 5 mm Durchmesser, $\varrho = 2{,}5$ mm, $e = 4$ mm.
Lichtführung. Offene Zwischenblende, Stufenfilter.
Spektrograph. *Q* 3 bis 6/60, Spalt 30 μ.
Anregungsbedingungen. 12 kV_{eff}, 2100 pF, 0,08 mH.
Vorfunkzeit. 40 sek.
Belichtungszeit. 45 bis 90 sek.
Analysenlinien und erprobte Bereiche.

Au	2676	0,002 bis 0,1%	Pb	2833	0,1 bis 5,0 %
Cu	3248	0,02 bis 0,3%	Sn	2840	0,001 bis 0,05%
Fe	2382	0,02 bis 0,5%			

Bezugslinie: Sb 2692

Genauigkeitsstufe. II.
Bemerkungen. Für den Nachweis geringer Goldmengen ist mit $C = 3500$ pF abzufunken und die Belichtungszeit etwa zu verdoppeln.
Vorschrift. Unterharzer Berg- und Hüttenwerke Goslar, mitgeteilt durch Dr. ENSSLIN.

3. Beryllium

a) In Bronze

Probenvorbereitung. Gegossene Stäbchen.
Elektroden. CuBe *N*, 5 mm Durchmesser, Kuppe $r = 2{,}5$ mm; Gegenelektrode Graphit RWI, 5 mm Durchmesser.
Lichtführung. Drahtnetzfilter am Ort der Zwischenblende, Dreistufenfilter, Zwischenblende 5 mm.
Spektrograph. *Q* 6/60, Spalt 25 μ.

Anregungsbedingungen. FEUSSNER-Funke, Stufe 4, 12500 pF, 0,012 mH.
Vorfunkzeit. 30 sek.
Belichtungszeit. 30 sek.
Analysenlinien und erprobte Bereiche. Be 3131 Å, Cu 3108 Å.
Genauigkeitsstufe. II (4,2% Analysengenauigkeit).
Bemerkungen. Die Elektroden werden in einer Stickstoffatmosphäre abgefunkt.
Vorschrift. Ausgearbeitet im Institut für Spektrochemie und angewandte Spektroskopie, Dortmund-Aplerbeck, mitgeteilt durch Dr. IPAWITZ, Vacuumschmelze A. G., Hanau.

b) In Stählen

Lösungsanalyse

Probenvorbereitung. 2 g Späne in Gemisch von 20 ml Königswasser in der Wärme lösen, 2 Tropfen auf heiße, spektralreine Kohlen aufgeben, 30 sek vorfunken, erneut 2 Tropfen aufgeben, anschließend belichten.
Elektroden. Kohleelektroden *N*, 5 mm Durchmesser, $e = 2$ mm.
Lichtführung. Zwischenblende 1,2 mm, Stufenfilter.
Spektrograph. *Q* 6/60, Spalt 30 μ.
Anregungsbedingungen. FEUSSNER-Funke, 12 kV_{eff}, 3500 pF, 0,8 mH.
Vorfunkzeit Wie oben beschrieben.
Belichtungszeit. 60 bis 120 sek.
Analysenlinien und erprobte Bereiche. Be 2650,6, Fe 2628,3, 0,4 bis 1,0%.
Genauigkeitsstufe. II.
Bemerkungen. Bei Anwesenheit von Titan darf beim Lösen kein Niederschlag von TiO_2 entstehen.
Vorschrift. Vacuumschmelze Hanau, mitgeteilt durch Dr. IPAWITZ und Dr. HOFFMANN.

4. Blei und Bleilegierungen

a) Feinblei und Hüttenblei

Probenvorbereitung. Gegossene und gepreßte Elektroden.
Elektroden. *K*, 6 mm Durchmesser.
Lichtführung. Offene Blende, Stufenfilter.
Spektrograph. *Q* 6/60, Spalt 40 μ.
Elektrodenabstand. 3 mm.
Anregungsbedingungen. Abreißbogen, $I_K = 5$ A, $z = 3$/sek.
Belichtungszeit. 7 bis 9 sek.
Analysenlinien und erprobte Bereiche.

Ag 3383/Pb 3221	0,001 bis 0,1 %
Bi 3068/Pb 3221	0,001 bis 0,1 %
Cu 3274/Pb 3221	0,001 bis 0,06%
Sn 2354/Pb 2332	0,001 bis 0,1 %
Sb 2311/Pb 2332	0,005 bis 0,5 %
As 2350/Pb 2332	0,003 bis 0,1 %
Te 2383/Pb 2332	0,03 bis 0,15%

b) Bleilegierungen

Probenvorbereitung. Gegossene oder gepreßte Elektroden.
Elektroden. *K*, 6 mm Durchmesser.
Lichtführung. Offene Blende.
Spektrograph. *Q* 6/60, Spalt 4 μ.
Elektrodenabstand. 3 mm.

Anregungsbedingungen. FEUSSNER-Funke, 12 kV_{eff}, $C = 3000$ pF, $L = 0{,}8$ mH.

Vorfunkzeit. 5 sek.

Belichtungszeit. 15 sek.

Analysenlinien und erprobte Bereiche.

As 2350/Pb 2332	0,1 bis 1%
Sn 2354/Pb 2332	0,1 bis 3%
Sb 2311/Pb 2332	0,1 bis 4%

Vorschrift. BAM Berlin-Dahlem, mitgeteilt durch Dr. O. WERNER.

c) Fein- und Hüttenblei und Bleilegierungen

Probenvorbereitung. Gegossene oder gepreßte Stäbchen.

Elektroden. K, 6 mm Durchmesser, $\varrho = 2{,}5$ mm, $e = 2$ mm.

Lichtführung. Offene Zwischenblende, Stufenfilter.

Spektrograph. Q 3 bis 6/60, Spalt 25 μ.

Anregungsbedingungen. FEUSSNER-Funke, 10,6 kV_{eff}, 7500 pF, 3,4 mH.

Vorfunkzeit. 10 sek.

Belichtungszeit. 30 sek.

Analysenlinien und erprobte Bereiche.

Ag	3383	0,001 bis 0,05%	Mg	2852	
	3281		Ni	3415	
As	2350	0,001 bis 0,1 %	Sb	2311	0,001 bis 0,4%
Bi	3068	0,001 bis 0,05%	Sn	3175	0,001 bis 0,2%
Cd	3404	0,0005 bis 0,01%		2355	
	2265		Tl	3776	
Cu	2374	0,0005 bis 0,02%	Zn	3345	0,001 bis 0,1%
	3248			2139	

Bezugslinien: Pb 3221, 2332

Genauigkeitsstufe. I bis II.

Bemerkungen. Eine Ausdehnung auf niedere Bereiche erfordert eine Untergrundkorrektur. Auch die Verwendung des Abreißbogens nach der allgemeinen A.V. 3 verspricht eine Erhöhung der Nachweisempfindlichkeit. Die A.V. ist auch zur Untersuchung von alkali- und erdalkalihaltigen Bleilegierungen (Bahnmetall) geeignet (s. WOLBANK und SCHUMANN [*61*]).

Vorschrift. Metallgesellschaft A.G., mitgeteilt durch Prof. FISCHER. Eine A.V., die mit geringerer Energie und dachförmigen Elektroden arbeitet, hat die Robert Bosch GmbH, Stuttgart, zur Verfügung gestellt. Dort sind auch höhere Bereiche (Bleilegierungen) erprobt.

5. Bronze und Rotguß

Probenvorbereitung. Gegossene Proben (MORITZ-Kokille).

Elektroden. N, 4 mm Durchmesser, $e = 4$ mm.

Lichtführung. Offene Zwischenblende, Stufenfilter.

Spektrograph. Q 3 bis 6/60, Spalt 15 μ.

Anregungsbedingungen. FEUSSNER-Funke, 12 kV_{eff}, 6500 pF, 0,8 mH.

Vorfunkzeit. 8 min.

Belichtungszeit. 1 bis 2 min.

Analysenlinien und erprobte Bereiche.

Fe	2740	0,05 bis 0,6%	Sn	2851	4,0 bis 7,0%
Pb	2833	0,03 bis 0,3%		2594	
	2663	0,7 bis 5,0%	Zn	2771	1,5 bis 9,0%
Sb	2529	0,1 bis 0,6%			

Bezugslinien: Cu 2770; 2883

Genauigkeitsstufe. II.

Bemerkungen. Sn 2851 ist bei hohem Pb-Gehalt gestört. Sb 2529 ist durch Si 2528,5 gestört, wenn Si 2881,6 sichtbar ist. Dann muß eine Störlinienkorrektur vorgenommen werden.

Vorschrift. Norddeutsche Affinerie Hamburg, mitgeteilt durch Dr. MAASSEN.

6. Cadmium

Probenvorbereitung. Gegossene Stäbchen (in Cu-Kokille).

Elektroden. *K N*, 3,5 mm Durchmesser der ebenen Fläche, Abstand $e = 2{,}5$ mm.

Lichtführung. Die mittleren aus dem Bogen zwei Drittel durch Zwischenblende herausgeholt. Stufenfilter.

Spektrograph. *Q* 6/60, Spalt 30 μ.

Anregungsbedingungen. Abreißbogen $I_k = 8$ A, $z = 4$/sek, $r = 1:3$.

Vorfunkzeit. 10 sek.

Belichtungszeit. 40 sek.

Analysenlinien und erprobte Bereiche.

Ag	3281	0,0001 bis 0,002%
Bi	3068	0,001 bis 0,05 %
Cu	3274	0,001 bis 0,05 %
Pb	2802	0,005 bis 0,10 %
	2614	
Tl	3776	0,001 bis 0,05 %
	3529	0,006 bis 0,05 %

Bezugslinie: Cd 3081

Genauigkeitsstufe. II.

Bemerkungen. Pb 2802 kann gestört werden durch Mg 2803, Mn 2801, Zn 2802, Ni 2803.

Vorschrift. Unterharzer Berg- und Hüttenwerke Goslar, mitgeteilt durch Dr. ENSSLIN.

7. Indium

Probenvorbereitung. Gegossene Proben (WOLBANK-Kokille).

Elektroden. *K*, 4 mm Durchmesser, $\varrho = 2$ mm, $e = 4$ mm.

Lichtführung. Offene Zwischenblende, Stufenfilter.

Spektrograph. *Q* 3 bis 6/60, Spalt 30 μ.

Anregungsbedingungen. FEUSSNER-Funke, 12 kV_{eff}, 2100 pF, 0,08 mH.

Vorfunkzeit. 60 sek.

Belichtungszeit. 30 bis 60 sek.

Analysenlinien und erprobte Bereiche.

Cd	2288	0,01 bis 0,2 %	Sn	2840	0,01 bis 0,08%
Cu	3247	0,01 bis 0,12 %	Tl	3529	0,1 bis 3,0 %
Fe	3750	bis 0,002%	Zn	3345	0,01 bis 0,2 %
Pb	2833	0,01 bis 0,2 %			

Bezugslinien: In 3259, 2859, 2351

Genauigkeitsstufe. II.

Vorschrift. Unterharzer Berg- und Hüttenwerke Goslar, mitgeteilt durch Dr. ENSSLIN.

8. Kupfer

Bestimmung von Pb, Bi, As, Sb und Sn in Reinkupfer

Probenvorbereitnng. a) Scheibchen von 4,5 mm Durchmesser und 350 ± 5 mg Gewicht, mit heißer HCl (1,12) gebeizt.

b) Späne, dünne Bleche oder Drähte: 2 bis 10 g werden nach dem Abbeizen mit heißer verdünnter Salzsäure mit 12 bis 60 ml HNO_3 (1,3) (destilliert!) in Quarzschalen gelöst, zur Trockne eingedampft und bei 350° im elektrischen Muffelofen in Oxyd übergeführt. Das restlos aus der Schale entfernte Kupferoxyd wird im Achatmörser fein zerrieben und gut gemischt. 440 mg Oxyd werden mit 2 t Druck zu einem Preßling von 4,5 mm Durchmesser verarbeitet.

Elektroden. Untere Elektrode: Cu-Scheibchen bzw. Cu-Oxyd-Preßling auf ebener Cu-Trägerelektrode von 5 mm Durchmesser als Anode.

Obere Gegenelektrode: RW I Graphit, 6 mm Durchmesser, Spitze 60°, als Kathode.

Elektrodenabstand. 3 mm.

Spektrograph. 1,5 m ARL-Gitterspektrograph 2. Ordnung, Spalt 40 μ.

Anregungsbedingungen. Multisource-Bogen 5,8 A, 340 V, $C = 60$ μF, $L = 50$ μH, $R = 50\,\Omega$.

Belichtung. Ohne Vorbrennen 150 sek.

Analysenlinien und Bereiche.

Cu	3044,0	
Sb	2598,06	1 bis 30 g/t
	2877,92	20 bis 100 g/t
As	2780,2	1 bis 20 g/t
	2860,45	20 bis 100 g/t
Sn	2863,33	0,5 bis 5 g/t
	2839,99	2 bis 15 g/t
	2850,62	15 bis 100 g/t
Pb	2833,07	1 bis 10 g/t
	2873,32	5 bis 50 g/t
Bi	3067,72	0,1 bis 3 g/t
	2897,98	3 bis 30 g/t

Bemerkungen. Die Anwendung des Kugelbogenverfahrens wird im allgemeinen auf Proben mit jeweils etwa 30 ppm Verunreinigungen beschränkt bleiben. Mit dem Cu-Oxyd-Verfahren (b) ist es jedoch möglich, Proben mit höheren Gehalten, d. h. bis etwa 100 ppm und darüber, entweder durch Verschneiden mit reinem Kupfer vor dem Lösen oder durch nachträgliches Verdünnen des Oxyds mit reinem Cu-Oxyd, in bestimmten Verhältnissen, einwandfrei zu analysieren.

Die Eichung des Verfahrens kann mit synthetischen Oxydmischungen vorgenommen werden.

Das Verfahren arbeitet leitprobenfrei.

Vorschrift. Norddeutsche Affinerie, Hamburg, mitgeteilt durch Dr. MAASSEN.

9. Messing

a) Verunreinigungen

Probenvorbereitung. Gegossene oder aus größeren Proben herausgedrehte Stäbchen.

Elektroden. N, mit Stufe, 3 mm Durchmesser, $e = 1{,}5$ mm; Gegenelektrode: Kohle.

Lichtführung. Offene Zwischenblende.

Spektrograph. Q 3 bis 6/60, Spalt 20 μ.

Anregungsbedingungen. Abreißbogen $I_k = 8$ A, $z = 1{,}3$/sek, $r = 1:1$.

Vorfunkzeit. 10 bis 20 sek.

Belichtungszeit. 60 sek.

Analysenlinien und erprobte Bereiche.

Ag	3383	< 0,001 bis 0,15%	Mg	2852	0,001 bis 0,1 %
Al	3093	0,005 bis 0,5 %	Mn	2949	0,001 bis 0,5 %
As	2350	0,005 bis 0,15%	Ni	3493	0,02 bis 0,7 %
B	2498	nicht bestimmt		3415	
	2497		Pb	2833	0,005 bis 0,6 %
Be	2349	nicht bestimmt	Sb	3211	0,005 bis 0,15%
	3321		Si	2882	0,003 bis 0,6 %

Bi	3068	0,015 bis 0,15%	Sn	2840	0,005 bis 0,6 %
Cd	2288	<0,01 bis 0,15%	Te	2386	nicht bestimmt
Cr	2843	0,003 bis 0,5 %	Ti	3349	nicht bestimmt
	2836			3361	
Fe	2382	0,001 bis 0,6 %			
Hg	2537	nicht bestimmt			
In	3256	nicht bestimmt			

Bezugslinien: Cu 2997

Genauigkeitsstufe. II.
Vorschrift. Wieland-Werke, Ulm.

b) Legierungsbestandteile

Probenvorbereitung. Gegossene oder aus größeren Proben herausgedrehte Stäbchen.
Elektroden. N, mit Stufe, 3 mm Durchmesser; $e = 1{,}5$ mm.
Lichtführung. Offene Zwischenblende.
Spektrograph. Q 6/60, Spalt 40 μ.
Anregungsbedingungen. Feussner-Funke, 12 kV_{eff}; 3000 pF; 0,4 mH.
Vorfunkzeit. 30 sek.
Belichtungszeit. 50 sek.
Analysenlinien und erprobte Bereiche.

Al	3082	0,05 bis 2,5%	Ni	3415	0,05 bis 2,5%
Fe	2749	0,01 bis 1,5%	Sn	3175	0,01 bis 1,5%
Mn	2949	0,05 bis 2,5%	Si	2882	0,01 bis 1,5%

Bezugslinie: Cu 2961

Genauigkeitsstufe. II.
Vorschrift. Wieland-Werke, Ulm.

10. Nickel

Untersuchung von Kathodennickel

Lösungsanalyse

Probenvorbereitung. 10 g Ni werden in 100 ml 5proz. Salpetersäure gelöst.
Elektroden. Spektralkohlen 5 mm Durchmesser, $e = 3$ mm, jo 3mal 3 Tropfen auf beiden Kohlen im Trockenschrank eintrocknen lassen.
Lichtführung. Offene Zwischenblende, Stufenfilter.
Spektrograph. Q 6/60, Spalt 25 μ.
Anregungsbedingungen. Dauerbogen $\sim$, $I = 5$ A.
Vorfunkzeit. Keine.
Belichtungszeit. 30 bis 45 sek.
Analysenlinien und erprobte Bereiche.

Cd	3261,0	0,006 bis 0,15%	Mg	2852,1	0,006 bis 1,15%
Co	3405,1	0,002 bis 0,15%	Mn	2576,1	0,002 bis 0,15%
Cu	3247,5	0,002 bis 0,15%	Sb	2877,9	0,006 bis 0,15%
Fe	2483,3	0,002 bis 0,15%	Sn	3175,0	0,006 bis 0,15%

Bezugslinien: Ni 3403,4; 3286,9; 3271,1; 3181,7; 2865,5; 2545,9; 2484,0

Genauigkeitsstufe. III.
Bemerkungen. Eichproben werden durch Vergleichslösungen von Carbonylnickel gewonnen. Für die Analyse nicht gelöster Proben ist bei nicht zu kleinen Gehalten ein Feussner-Funke zur Anregung geeignet (s. etwa allgemeine A.V. Nr. 1 oder 2). Zur Vermeidung von Glimmerscheinungen an den Elektroden muß mit kleiner Selbstinduktion gearbeitet werden. Auch die Stufenform einer Elektrode vermag die kletternde Glimmentladung zu verhindern.
Vorschrift. BAM Berlin-Dahlem, mitgeteilt durch Dr. Werner.

11. Platin und Platinmetalle

Verunreinigungen

Probenvorbereitung. Bohrspäne (6 mm Bohrer), Auswalzen von Barrenabhieben zu Blechstreifen (mindestens 0,5 mm stark).

Elektroden. Bohrspäne, Blechstreifen (0,5 mm stark), Drähte, Gegenelektrode: gleiches Material oder angespitzte Spektralkohle, $e = 2$ mm.

Lichtführung. a) Offene Zwischenblende, Stufenfilter; b) Lichtquelle 10 cm vom Spalt des Spektroskops.

Spektrograph. a) Q 6/60, Spalt 10 bis 20 μ; b) Spektroskop, Spalt 20 μ.

Anregungsbedingungen. 1. FEUSSNER-Funke, 12 kV_{eff}, 3000 pF, 0,08 mH; 2. Abreißbogen, $I_k = 15$ A, $z = 2$/sek, $r = 1:4$; 3. Gleichstromdauerbogen (6 A).

Vorfunkzeit. Zu 1. 60 sek; zu 2. und 3. nicht erforderlich.

Belichtungszeit. a) 60 bis 120 sek.

Analysenlinien und Nachweisgrenzen.

		im Funken (1) %	im Bogen (3) %			im Funken (1) %	im Bogen (3) %
Ag	3382,9	0,001	0,0001	Os	2909,1	0,05	nicht ermittelt
Al	3944,0	0,01	nicht ermittelt	P	2553,3	0,3	nicht ermittelt
As	2349,8	0,01	0,003	Pb	4057,8	0,2	nicht ermittelt
Au	2676,0	0,005	0,0001		2833,1	0,3	0,0001
Be	3130,4	0,005	nicht ermittelt	Pd	3404,6	0,005	0,0005
Bi	3067,7	nicht ermittelt	0,0001	Rh	3434,9	0,005	0,001
Ca	3933,7	0,001	nicht ermittelt	Ru	3499,0	0,01	0,01
Cu	3247,5	0,001	0,0001	S	4815,0	nicht ermittelt	nicht ermittelt
Fe	2599,4	0,003	0,001	Sb	2311,5	0,1	nicht ermittelt
Ir	3220,8	0,2	0,02		2598,1	0,05	0,003
K	4044,2	nicht ermittelt	nicht ermittelt	Si	2881,6	0,005	nicht ermittelt
Li	6707,9	nicht ermittelt	nicht ermittelt	Sn	2840,0	0,05	0,0002
Mg	2795,5	0,001	nicht ermittelt	Te	2385,8	nicht ermittelt	0,001
Mn	2576,1	nicht ermittelt	nicht ermittelt	Ti	3349,4	nicht ermittelt	nicht ermittelt
Na	5890,0	nicht ermittelt	nicht ermittelt	Zn	3345,0	0,05	0,001
Ni	3414,8	0,005	0,0003				

Genauigkeitsstufe. II.

Bemerkungen. In der Tabelle wurde aus Platzmangel für die meisten Elemente nur eine „Letzte Linie" angegeben. Diese Linien liegen normalerweise frei von Störlinien. Sollten jedoch einzelne Elemente in verstärktem Maße in dem Material enthalten sein oder Pt-Legierungen untersucht werden, so ist auf etwaige Koinzidenzen zu achten.

Die Nachweisgrenzen bei Verwendung der Abreißbogenanregung liegen zwischen den angegebenen Werten für die Dauerbogen- bzw. Funkenentladung. Der Gleichstromdauerbogen wird speziell für den Nachweis der letzten Spuren verwendet. Etwa 20 mg des Materials werden nach vorheriger sorgfältiger Reinigung in Säure auf eine Spektralkohle höchster Reinheit gebracht. Als Gegenelektrode dient eine gleiche Kohle.

Bei quantitativen Analysen mit Hilfe der Funkenanregung ist darauf zu achten, daß die Proben nicht glühen.

Vorschrift. Degussa Hanau, mitgeteilt durch Dr. KOEHLER, und Heraeus Hanau, mitgeteilt durch Dr. K. RUTHARDT. Zur Frage der Reinheitsprüfung der Platinmetalle s. auch W. KOEHLER [*37*].

12. Silber

Probenvorbereitung. Schneiden von Blechstreifen (mindestens 0,5 mm stark).

Elektroden. Blechstreifen, Drähte oder Stäbe; Gegenelektrode gleiches Material oder angespitzte Spektralkohle, $e = 2$ mm.

Lichtführung. a) Offene Zwischenblende, Stufenfilter; b) Lichtquelle 10 cm vom Spalt des Spektroskops.

Spektrograph. a) Q 6/60, Spalt 10 bis 20 μ; b) Stahlspektroskop, Spalt 20 μ.

Anregungsbedingungen. a) FEUSSNER-Funke, 12 kV_{eff}, 3000 pF, 0,08 mH; b) Abreißbogen, $I_k = 10$ bis 15 A, $z = 2$/sek, $r = 1:4$.

Vorfunkzeit. a) 60 sek; b) keine.

Belichtungszeit. 60 bis 120 sek.

Analysenlinien und Nachweisgrenzen (im Abreißbogen).

		%						%
Al	3961,5	0,0001	Li	6707,9 [1]	0,01	Se	5227,5 [1]	nicht bestimmt
	3944,0			6103,6 [1]			5176,0 [1]	
As	2349,8	nicht bestimmt	Mg	2802,7	0,0001	Si	2881,6	0,0005
Au	2676,0	0,0001	Mn	2794,8	0,0002		2516,1	
Ca	3968,5	0,0001	Na	5895,9 [1]	0,0005	Sn	3175,0	0,002
	3933,7			5890,0 [1]			2840,0	
Cd	2288,0	0,0005	Ni	3414,8	0,005	Te	2385,8	nicht bestimmt
	2265,0			2287,1		Ti	3349,4	nicht bestimmt
Cu	3247,5	0,0001	Pb	4057,8	0,0005	Zn	3345,0	nicht bestimmt
Hg	2536,5	nicht bestimmt		2833,1				
K	4044,1 [1]	nicht bestimmt	Pt	2659,4	0,001			

Genauigkeitsstufe. II.

Bemerkungen. Die Nachweisgrenze liegt bei Verwendung des Abreißbogens mindestens um den Faktor 10 bis 20 niedriger als beim Funken, bei einzelnen Elementen noch erheblich tiefer. Eine weitere sehr empfindliche Anregungsart ist der Gleichstrom-Dauerbogen (etwa 6 A). Für diese Untersuchung bringt man etwa 20 mg des zu untersuchenden Materials auf eine Spektralkohle höchster Reinheit und verwendet als Gegenelektrode Kohle gleicher Reinheit.

In der Tabelle sind geeignete Linien für die Reinheitsprüfung des Silbers aufgeführt. Falls stärkere Verunreinigungen auftreten oder legiertes Silber untersucht werden soll, so ist auf etwaige Koinzidenzen zu prüfen.

Vorschrift. Degussa Hanau, mitgeteilt durch Dr. KOEHLER (s. auch [*38*]).

13. Wismut

Probenvorbereitung. Gegossene Stäbchen 6 mm Durchmesser (Cu-Kokille).

Elektroden. *KN*, 3,5 mm Durchmesser der ebenen Fläche, Abstand $e = 3$ mm.

Lichtführung. Offene Zwischenblende, Stufenfilter.

Spektrograph. Q 6/60, Spalt 30 μ.

Anregungsbedingungen. Abreißbogen, $I_k = 8$ A, $z = 4$/sek, $r = 1:10$.

Vorfunkzeit. 10 sek.

Belichtungszeit. Etwa 60 sek.

Analysenlinien und erprobter Bereich.

Ag	3281	Spurennachweis ≧ 0,0001 %
Cu	3248	0,0005 bis 0,005 %
Pb	2833	0,001 bis 0,01 %
Zn	3346	Spurennachweis ≧ 0,0001 %
	2139	
Bezugslinie:	Bi 2864	

Genauigkeitsstufe. II.

Bemerkungen. Störungsmöglichkeit bei der Pb-Bestimmung: Fe 2832. Bei Pb ist Untergrundkorrektur unerläßlich.

Vorschrift. Unterharzer Berg- und Hüttenwerke Oker, mitgeteilt durch Dr. ENSSLIN.

[1] Diese Elemente werden mit dem Spektroskop ermittelt.

14. Zink

a) Verunreinigungen in Feinzink, Hüttenzink und Zinklegierungen

Probenvorbereitung. Gepreßte oder gegossene Stäbchen (WOLBANK-Kokille).
Elektroden. K, 5 mm Durchmesser, $\varrho = 2{,}5$ mm, $e = 2$ mm.
Lichtführung. Offene Zwischenblende, Stufenfilter.
Spektrograph. Q 3 bis 6/60, Spalt 25 μ.
Anregungsbedingungen. Abreißbogen, $I_k = 7$ bis 8 A, $z = 5$/sek, $r = 1:3$.
Vorfunkzeit. 10 sek.
Belichtungszeit. 25 bis 40 sek.
Analysenlinien und erprobte Bereiche.

Al	3093	0,002 bis 0,5 %	Mg	2852	0,001 bis 0,1 %
Bi	3068	0,001 bis 0,02%	Mn	2949	0,01 bis 0,2 %
			Ni	3415	
Cd	2288	0,001 bis 0,02%	Pb	2833	0,003 bis 1 %
	3404	0,02 bis 0,4 %	Sb	2311	0,003 bis 0,05%
Cu	3248	0,001 bis 0,4 %	Sn	3175	0,001 bis 0,02%
	2824	(bei höheren Gehalten)		2863	0,001 bis 0,1 %
Fe	2719	0,01 bis 0,2 %	Tl	3776	0,001 bis 0,02%

Bezugslinien: Zn 3076; 2671

Genauigkeitsstufen. II.
Bemerkungen. Das Aluminium übt als dritter Partner in Zinklegierungen einen starken Einfluß aus. Auf die Gleichartigkeit von Eichprobe und Analysenprobe, vor allem bezüglich des Aluminiumgehaltes, ist deshalb besonders zu achten.
Vorschrift. Metallgesellschaft A.G., Frankfurt, mitgeteilt durch Prof. FISCHER.

b) Legierungspartner in Feinzinklegierungen

Probenvorbereitung. Gepreßte oder gegossene Stäbchen (WOLBANK-Kokille).
Elektroden. K, 5 mm Durchmesser, $\varrho = 2{,}5$ mm, $e = 3$ mm.
Lichtführung. Zwischenblende 2 mm, Stufenfilter.
Spektrograph. Q 3 bis 6/60, Spalt 30 μ.
Anregungsbedingungen. FEUSSNER-Funke, 12 kV_{eff}, 7000 pF, 0 mH.
Vorfunkzeit. 60 sek.
Belichtungszeit. 30 bis 60 sek.
Analysenlinien und erprobte Bereiche.

Al	3093	0,4 bis 13,0%	Mg	2803	0,01 bis 0,1%
	3082		Mn	2949	0,01 bis 0,2%
Cu	3274	0,2 bis 4,0%			

Bezugslinien: Zn 3076; 2801

Genauigkeitsstufe. I bis II.
Bemerkungen. Der störende Einfluß wechselnder Aluminiumgehalte ist um so geringer, je kleiner die Selbstinduktion und je größer die Kapazität ist. Bei geringen Ansprüchen an Genauigkeit genügt bei vorstehenden Arbeitsbedingungen ein Eichsatz für die Bestimmung von Kupfer und Magnesium. Bei höheren Ansprüchen verwendet man je einen Satz für Legierungen mit 1%, 4% (und 6%) und 10% Aluminium.
Vorschrift. Zeiss Jena. Mess 266/III A.V. 14. Eine A.V., die mit energiereicherem Funken arbeitet und mit geringerer Vorfunkzeit auskommt, hat die Metallgesellschaft A.G., Frankfurt, zur Verfügung gestellt. Siehe auch WOLBANK und LUEG [*60*].

c) Legierungspartner und Verunreinigungen in Feinzinklegierungen mit einer Funkbedingung

Probenvorbereitung. Gegossene Stäbe (WOLBANK-Kokille).
Elektroden. *K*, Stäbe 6 mm Durchmesser, $\varrho = 2{,}5$ mm, $e = 2$ mm.
Lichtführung. Offene Zwischenblende, Stufenfilter 100/20% Durchlässigkeit.
Spektrograph. *Q* 6/60, Spalte 20 μ.
Anregungsbedingungen. ARL-Multisource 950 V, 1,9 A, 360 μH, 40 μF, 50 Ω.
Vorfunkzeit. 5 sek.
Belichtungszeit. 15 sek.
Analysenlinien und erprobte Bereiche.

Al	2660	2 bis 8 %	Mg	2796	0,01 bis 0,1 %
Bi	3068	0,001 bis 0,02%	Mn	2949	0,01 bis 0,2 %
Cd	2288	0,001 bis 0,02%	Pb	2833	
Cu	2824	0,4 bis 4,0 %		3640	0,003 bis 0,05%
	3248	0,001 bis 0,4 %	Sn	2863	0,001 bis 0,1 %
Fe	2382			3175	
	3720	0,01 bis 0,2 %			

Bezugslinie: Zn 2671

Genauigkeitsstufe. II.
Bemerkungen. Das Aluminium übt als dritter Partner in Zinklegierungen einen starken Einfluß, besonders auf die Intensität der Mg-Linien, aus. Auf die Gleichartigkeit von Eichprobe und Analysenprobe, vor allem bezüglich des Al-Gehaltes, ist besonders zu achten.
Vorschrift. Funkbedingung nach Applied Research Laboratories (ARL), LVA-4, erprobt und mitgeteilt durch Metallgesellschaft A.G., Frankfurt.

D. Arbeitsvorschriften für die Flammenspektrometrie[1]

I. Allgemeine Angaben

a) Herstellung der Lösungen

Für die Herstellung der Lösungen lassen sich allgemeine Anweisungen kaum geben. Zweckmäßigerweise sind die in der Flammenspektrometrie zu verwendenden Analysen- und Vergleichslösungen weder zu stark sauer noch zu stark alkalisch; Neutralität ist jedoch keine notwendige Voraussetzung. Überschüssige Säure ist gegebenenfalls durch Abdampfen zu entfernen; Neutralisation mit Ammoniak führt zu Komplikationen. Besteht bei der Herstellung der Lösungen gleich die Möglichkeit, störende Substanzen nicht mitzulösen oder sie zu entfernen, so empfiehlt es sich, von ihr Gebrauch zu machen.

Bei der im allgemeinen sehr hohen Nachweisempfindlichkeit braucht die Analysenlösung nicht sehr konzentriert zu sein. Aus verschiedenen Gründen ist die Konzentration möglichst niedrig zu halten. Die zur Durchführung einer Einzelbestimmung erforderliche Flüssigkeitsmenge schwankt — je nach der Konstruktion des Zerstäubers — zwischen 2 ml und 20 ml Lösung.

b) Inbetriebsetzung der Apparatur[2]

Die optimalen Werte für den Druck des Brenngases und des Verbrennungsgases sind stark apparaturabhängig und deshalb in jedem Falle durch Probieren zu ermitteln. Die Erreichung eines stationären Zustandes erfolgt dann aber bei den

[1] Bearbeitet von FISCHER, ZETTLER und KROPP.
[2] Es ist dringend zu empfehlen, die Gebrauchsanweisungen genau zu beachten.

verschiedenen Brennertypen innerhalb weniger sek. Schwierigkeiten bei der Konstanthaltung des Druckes von Brenngas und Verbrennungsgas treten bei einwandfreien Apparaturen nicht auf. (Mit Leuchtgas aus den Stadtnetzen ist ein befriedigendes Arbeiten vielfach nicht möglich.) Gelegentlich auftretende, geringfügige Druckänderungen während einer Meßserie brauchen nicht laufend ausreguliert zu werden. Sie werden bequemer durch Änderungen auf der elektrischen Seite der Meßapparatur ausgeschaltet.

c) Auswahl der Analysenlinie

Die zweckmäßigerweise zu verwendenden Wellenlängen sind im Spezialteil der Arbeitsvorschriften angegeben. Normalerweise werden die letzten Linien der zu bestimmenden Elemente gewählt. Für die Auswahl sind jedoch eine Reihe von Faktoren zu berücksichtigen, von denen die wichtigsten die Anwesenheit störender Substanzen, das Auflösungsvermögen der verwendeten Lichtzerlegungseinrichtung, die spektrale Empfindlichkeit des Empfängers und die Störungsanfälligkeit der Nachweislinien sind.

Die Einstellung der Apparatur auf die Meßwellenlänge (Einbringen des entsprechenden Filters in den Strahlengang bzw. Einstellung des Prismas) geschieht zweckmäßigerweise gleich nach dem Entzünden der Flamme. Bei Geräten mit prismatischer Zerlegung wird noch eine empirische Feineinstellung des Prismas während des Zerstäubens der Eichlösung vorgenommen.

d) Einbrennen der Apparatur

Die Flamme erreicht bei gut konstruierten Apparaturen in wenigen sek einen stationären Zustand. Die bei Verwendung von Photozellen erforderlichen Verstärkereinrichtungen haben aber eine Einbrennzeit von 10 bis 20 min. Die längste Wartezeit bis zur Erreichung einer ausreichenden Konstanz erfordern die in ihrem Aufbau und ihrer Schaltung so einfachen Photoelemente. Eine (reversible) Ermüdung ist erst 10 bis 30 min — je nach der Wellenlänge des Meßlichtes — zu einem ausreichenden Stillstand gekommen.

e) Einregulierung und Eichung der Apparatur

α) *Apparatur mit Photoelement und Filtern*

Es haben zu erfolgen:

1. Die Eliminierung des Flammenuntergrundes durch Zerstäuben von Wasser und Verlagerung des Galvanometernullpunktes so weit, daß hierbei die Zeigerstellung Null erreicht wird. Im stromlosen Zustand zeigt das Galvanometer dann einen negativen Wert.

2. Die Einregulierung der Empfindlichkeit durch Zerstäuben einer Eichlösung mit dem höchsten zu bestimmenden Gehalt und Veränderung der Galvanometerempfindlichkeit derart, daß dabei der Zeiger am Endpunkt der Skala liegt.

Dadurch wird die unter 1. ausgeführte Eliminierung des Flammenuntergrundes gestört und ist erneut durchzuführen, worauf die Einregulierung der Empfindlichkeit gemäß 2. zu wiederholen ist. Dieses Regulieren nach 1. und 2. ist so oft zu wiederholen, bis der Zeiger auf die beiden Skalenendpunkte genau einspielt.

Bei geradliniger Eichkurve genügt die Verwendung einer Eichlösung (s. auch Abschnitt X, S. 1398). Die Empfindlichkeit wird zweckmäßigerweise so eingestellt, daß 1 Skalenteil (SKT) einer einfachen Zahl der nachzuweisenden Menge entspricht. Für das Aufstellen der Eichkurve ist eine Messung von 5 bis 10 Eichlösungen steigenden Gehaltes auszuführen. Auch bei nichtgeradlinigem Verlauf der Eichkurve ist — mit genau festliegenden Bedingungen — bei späteren Messungen die Einregulierung mit nur einer Eichlösung ausreichend.

Ein absoluter Stillstand des Galvanometerzeigers ist bei flammenspektrometrischen Messungen nicht zu erreichen. Eine Mittelung über einen Schwankungsbereich von ± 1 SKT ist durchaus befriedigend möglich. Stärkere Schwankungen sind meist auf einen zu hohen Staubgehalt der Luft oder auf eine Verschmutzung des Brenners zurückzuführen und schließen ein einwandfreies Messen aus.

β) Apparatur mit Photozelle, Verstärkereinrichtung und prismatischer Zerlegung

Mit dieser Apparatur ist die unter e) α) beschriebene Einregulierung der Empfindlichkeit an erster Stelle auszuführen. Sollte eine Empfindlichkeitsregelung nicht möglich sein oder nicht ausreichen, so ist die Spaltbreite zu variieren. Hierbei empfiehlt es sich, den Spalt unter voller Ausnutzung der Verstärkungsmöglichkeiten so eng wie möglich zu wählen, um den Einfluß des Flammenuntergrundes und etwaigen Fremdlichtes niedrig zu halten.

Eine automatische Berücksichtigung des Flammenuntergrundes ist auch hier grundsätzlich möglich. Man mißt jedoch zweckmäßiger seine Emission und zieht den Meßwert vom Ergebnis der Intensitätsmessung der jeweils zerstäubten Lösung ab, oder man bezieht den Untergrund mit in die Eichkurve ein.

Die bei α) bequem mögliche Regulierbarkeit, die die Auswertung bei geradlinigen Eichkurven sehr erleichtert, entfällt hier, was aber nicht ins Gewicht fällt, da bei höheren Genauigkeitsforderungen die Eichkurven nur selten geradlinig sind. Das Analysenergebnis ist durch eine Proportionsrechnung oder durch Ablesung auf einer Eichkurve in jedem einzelnen Falle zu ermitteln.

Der Schwankungsbereich der Anzeige, der die Inkonstanz der Lichtmessung und der Flamme umfaßt, beträgt $\pm 0{,}5$ SKT.

f) Analyse

Nach Ausführung der vorstehend beschriebenen Einregulierung und Eichung ist die eigentliche Analyse in wenigen sek durchgeführt. Nach jeder einzelnen Bestimmung empfiehlt sich die Kontrolle und gegebenenfalls Nachregulierung der Empfindlichkeit durch Zerstäuben von Eichlösungen. Eine Kontrolle des Nullpunktes bzw. des Flammenuntergrundes ist nur am Ende jeder Meßserie notwendig.

g) Nachweisempfindlichkeit

Bei den Arbeitsvorschriften ist als Nachweisempfindlichkeit diejenige Konzentration einer reinen Lösung des nachzuweisenden Elementes angegeben, die bei höchster Geräteempfindlichkeit einen Ausschlag von 1 SKT der hundertteiligen Skala des Meßgerätes erzeugt. Diese gut und reproduzierbar festzustellende Größe hat nur orientierenden Charakter, gestattet jedoch, sowohl die Werte für verschiedene Metalle als auch die Leistungen verschiedener Geräte miteinander zu vergleichen.

Unter „einfachen Apparaturen" verstehen wir Geräte, die mit Interferenz- oder auch mit Farbglasfiltern arbeiten und einen verhältnismäßig einfachen Brenner benötigen, der mittlere Flammentemperaturen gibt (Riehm-Lange, Schuhknecht-Waibel oder Eppendorf).

Unter „höherem Aufwand" verstehen wir Geräte mit einem Monochromator zur spektralen Zerlegung, mit Photozellen oder Sekundärelektronenvervielfacher sowie eine Zerstäuber-Brenner-Kombination, bei der die Analysenlösung durch eine Ansaugkapillare direkt in die Flamme zerstäubt wird (Beckman DU und Zeiss PMQ II).

Die angegebenen Nachweisempfindlichkeiten wurden einer eigenen Untersuchung[1] entnommen, damit sie unter sich vergleichbar sind. Für das Beckmansche

[1] Dissertation ZETTLER, Johann-Wolfgang-Goethe-Universität, Frankfurt/Main (1953).

Flammenspektrometer stimmen sie mit den zahlreichen Literaturangaben überein. Für die einfache Apparatur wurden für Rb, Cs und Mg Werte aus der Druckschrift der Firma Dr. B. Lange, Berlin, Liste 27/50, und für Sr der von BECKMAN für sein B-Gerät angegebene Werte entnommen und umgerechnet.

h) Störungen

Sind in den Analysenlösungen noch Fremdsubstanzen enthalten, die in den Eichlösungen fehlen, so können erhebliche Fehler entstehen, die sowohl zu Über- als auch zu Unterwerten führen können. Nach ihrer Entstehungsursache kann man zwischen primären und sekundären Störungen unterscheiden [*69*, *70*].

Als „sekundär" bezeichnet man solche Störungen, die durch apparative Unzulänglichkeiten, wie Fremdlicht und mangelhafte Monochromasie, oder durch unterschiedliche physikalische Eigenschaften der Lösungen, wie Viscosität und Oberflächenspannung, hervorgerufen werden. Derartige Störungen lassen sich zum größten Teil durch höheren Aufwand in den Geräten und bei der Messung beseitigen. Von einigen Autoren [*67*, *68*, *72*, *73*] wird hierfür auch der Zusatz eines Bezugselementes (meistens Li) als „innerer Standard" empfohlen.

Unter „primären Störungen" versteht man diejenigen Erscheinungen, bei denen die Reaktionen in der Flamme, die für die Emission (Linienintensität) verantwortlich sind, durch anwesende Partner beeinflußt werden.

Bei der Bestimmung der Alkalimetalle ist hauptsächlich die Änderung des Ionisationsgrades von Bedeutung. Mit steigender Flammentemperatur wird ein wachsender Anteil der Metallatome ionisiert und trägt dann nicht mehr zur Emission bei. Bei Gegenwart eines weiteren Alkalimetalls, welches ebenfalls z. T. ionisiert wird, wird der Elektroneninhalt der Flamme erhöht. Dieser vermindert den Ionisationsgrad des Analysenelementes und verstärkt damit die Emission. Diese Ionisationsstörung, die zu Überwerten führt, ist beim Lithium nur geringfügig, gewinnt aber beim Übergang zu den schwereren Alkalimetallen zunehmend an Bedeutung. Sie tritt bei Geräten mit Vorzerstäubung stärker in Erscheinung als bei Geräten mit Zerstäuber-Brenner-Kombination (Typ Beckman-Brenner). Zur Beseitigung dieser Störungen empfiehlt sich die Verwendung von Flammen mit niedriger Temperatur (Propan-, Leuchtgas- oder Wasserstoff-Preßluft-Flamme) oder der Zusatz eines gleichbleibenden Überschusses eines anderen Alkalimetalls (vorzugsweise K) zu Analysen- und Eichlösungen, um dadurch den Elektroneninhalt der Flamme so zu erhöhen, daß die Ionisation des zu bestimmenden Alkalimetalls so weit zurückgedrängt wird, daß sie keine Rolle mehr spielt [*63*, *70*].

Bei der Bestimmung der Erdalkalien tritt ein anderer Störmechanismus in Erscheinung, der z. T. zu erheblichen Unterwerten führen kann. Die Verdampfungstemperaturen der meisten Erdalkalisalze — mit Ausnahme der Chloride — liegt so hoch, daß sie in der Flamme nur unvollständig verdampfen. Enthalten die Lösungen außer Erdalkalichloriden noch andere Kationen oder Anionen, die beim Verdampfen der Lösungströpfchen Partikel schwerflüchtiger Erdalkaliverbindungen bilden [*64*, *65*, *74*], so hat dies eine starke Abnahme, in einigen Fällen sogar eine vollständige Unterdrückung der Erdalkali-Emission zur Folge. Diese Verdampfungshemmungen sind beim Magnesium merklich schwächer als bei den anderen Erdalkalien. Sie sind bei Geräten mit Zerstäuber-Brenner-Kombination stärker als bei Geräten mit Vorzerstäubungseinrichtung, bei denen sie in einigen Fällen überhaupt nicht in Erscheinung treten.

Die Störungen lassen sich durch die Anwendung von Flammen mit hoher Temperatur (Wasserstoff- oder Acetylen-Sauerstoff-Flamme) und durch den Zusatz einer großen Menge eines anderen Erdalkalimetalls (vorzugsweise Strontium als Chlorid) vermindern [*62*]. Hierbei wird der Störpartner in erster Linie an das überschüssige Erdalkali gebunden, während das Analysenelement zum größten Teil als Chlorid verdampfen kann.

In einigen Fällen (Störung durch Phosphat und Sulfat) wird die Emission durch die Fremdsubstanz nur bis zu einem bestimmten Wert erniedrigt, der dann auch bei größeren Zusätzen konstant bleibt [*65*, *66*]. Hier läßt sich die Störung durch die Zugabe einer gleichbleibenden Menge eines Störpartners zu den Eich- und Analysenlösungen beseitigen, wobei indessen ein Intensitätsverlust in Kauf genommen werden muß.

Bei gleichzeitiger Anwesenheit von Calcium und Strontium in einer Lösung wirken sich die Verdampfungshemmungen innerhalb weiter Grenzen auf beide Elemente gleich stark aus. Dieser Umstand läßt sich für die Eliminierung der Störungen bei der Calciumanalyse auswerten, indem man den Lösungen eine bekannte, überschüssige Strontiummenge (etwa 10facher Überschuß) zusetzt und die Calciumemission prozentual um den gemessenen Emissionsverlust des Strontiums erhöht [*71*]. Die für das Ca und Sr zu beobachtende Gleichheit der Störeinflüsse gilt nicht für das Mg; über das Ba liegen noch keine Untersuchungen vor.

Der sicherste, wenn auch nicht immer gangbare und vielfach nicht einfache Weg zur Vermeidung aller Störungen besteht in der Verwendung von Eichlösungen, die in ihren physikalischen Eigenschaften, im Aciditätsgrad und in der Zusammensetzung der Analysenlösung weitgehend entsprechen. Dabei werden alle Störungen automatisch kompensiert. In manchen Fällen lassen sich Fehler auch durch eine einfache — nicht unbedingt quantitative — Abtrennung der Störpartner vor der flammenspektrometrischen Analyse bequem ausschalten.

Die im folgenden aufgeführten Arbeitsvorschriften sollen nur einen kurzen allgemeinen Überblick geben. Die Prüfung auf Störungen und gegebenenfalls die Ausarbeitung von speziellen Verfahren zu ihrer Beseitigung ist bei höheren Ansprüchen an Genauigkeit oder Empfindlichkeit unerläßlich.

II. Arbeitsvorschriften für die Bestimmung bestimmter Metalle

1. Lithium

Meßwellenlänge. $\lambda = 671$ mμ.

Zweckmäßigster Konzentrationsbereich. a) Für größere Prozentgehalte: 1 bis 10 mg Li/l; b) für Spurenuntersuchungen: 0,1 bis 1 mg Li/l.

Nachweisempfindlichkeit. a) Mit einfachen Apparaturen: etwa 0,04 mg Li/l; b) bei größerem Aufwand: etwa 0,01 mg Li/l.

Störungsmöglichkeiten. Bei Verwendung der heute üblichen Interferenzfilter sind die Fremdlichtstörungen[1] durch die Alkalien und durch Barium, wenn sie in äquivalenter Menge vorhanden sind, minimal. Calcium stört in geringerem, Strontium in stärkerem Maße.

Die durch die Alkalien infolge Ionisationsstörung bewirkten Emissionserhöhungen sind geringfügig. Die Anionen üben keinen wesentlichen Einfluß auf die flammenspektrometrische Lithiumbestimmung aus.

Erprobte Anwendungen. a) In größeren Prozentgehalten: Li in Mineralien, Li in Glas; b) in Spuren: Li in Stählen, Li in physiologischen Flüssigkeiten, Li in Wässern.

2. Natrium

Meßwellenlänge. $\lambda = 589$ mμ.

Zweckmäßigster Konzentrationsbereich. a) Für größere Prozentgehalte: 1 bis 10 mg Na/l; b) für Spurenuntersuchungen: 0,1 bis 1 mg Na/l.

[1] Die Angaben über die Fremdlichtstörungen bei Verwendung von Interferenzfiltern stützen sich auf Tabellenwerte, die dem „Handbuch Flammenphotometer Eppendorf" entnommen sind.

Nachweisempfindlichkeit. a) Mit einfachen Apparaturen etwa 0,01 mg Na/l; b) bei größerem Aufwand etwa 0,006 mg Na/l.

Störungsmöglichkeiten. Bei Verwendung der heute üblichen Interferenzfilter sind die Fremdlichtstörungen durch Kalium, Rubidium, Caesium, Magnesium, Strontium und Barium, wenn sie in äquivalenter Menge vorhanden sind, minimal. Li und Ca stören in geringem Maße.

Die Alkalien bewirken Emissionserhöhungen infolge Ionisationsstörung. Zweckmäßigerweise arbeitet man mit möglichst niedriger Flammentemperatur, um diese Störungen klein zu halten [s. auch I. h)].

Die Anionen üben keinen wesentlichen Einfluß auf die flammenspektrometrische Natriumbestimmung aus.

Erprobte Anwendungen. a) In größeren Prozentgehalten: Na in Glas, Na in Zement, Na in Mineralien; b) in Spuren: Na in Al- und Li-Metall, Na in organischen Substanzen, Na in Wässern, Na in Staub.

Flammenspektrometrische Natriumbestimmung in Reinaluminium

Grundlage. Natriumgehalte von einigen tausendstel Prozenten, wie sie im Reinaluminium vorliegen, lassen sich schnell in der salzsauren Lösung des Aluminiums flammenspektrometrisch bestimmen. Für alle Arbeiten sind Quarzgefäße und doppelt destilliertes Wasser zu verwenden.

Genauigkeit. 2.

Dauer. $^1/_2$ Std.

Ausführung. 1 g Späne wird in einem 250 ml-Quarzbecherglas in 15 ml Salzsäure (1,19) gelöst und in einem 100 ml-Quarzmeßkolben aufgefüllt. Gleichlaufend werden 3mal 1 g Reinstaluminium auf dieselbe Weise gelöst, die, nach Zusatz bestimmter Mengen Natriumstandardlösung (s. unten) zu zwei Proben, ebenfalls aufgefüllt werden. Die Probe ohne Zusatz dient als Blindlösung. Die Menge des zugesetzten Natriums wird so gewählt, daß der Galvanometerausschlag der Analysenprobe zwischen den Ausschlägen der Vergleichsproben liegt. Die Ausschläge bei der Messung der Blindlösung und der Vergleichsproben ergeben eine Gerade, die parallel durch Null verschoben wird, um den Fehler, der durch den Natriumgehalt der Reinstaluminiumprobe entsteht, auszuschalten.

Natriumstandardlösung (1 ml = 5 mg Na): 1,271 g getrocknetes Natriumchlorid (s. S. 1425) werden in Wasser gelöst und auf 1 l aufgefüllt. Ein aliquoter Teil dieser Stammlösung wird vor dem Gebrauch 1 : 1000 verdünnt.

Vorschrift. VAW-Lünen, mitgeteilt durch Dr.-Ing. E. STEUER, VAW, Vereinigte Aluminium-Werke AG, Lünen.

Flammenspektrometrische Bestimmung des säurelöslichen Alkalis in Aluminiumoxyd

Grundlage. Nach Abrauchen des Aluminiumoxyds mit konz. Schwefelsäure und Fällen etwa gelösten Aluminiumoxyds mit Ammoniak wird im angesäuerten Filtrat der Na_2O-Gehalt flammenspektrometrisch ermittelt.

Genauigkeit. 2. (Es werden nur etwa 97% des vorhandenen Alkalis erfaßt.)

Ausführung. 1 g des aufbereiteten Aluminiumoxyds wird in einem 250 ml-Becherglas mit 10 ml Schwefelsäure (1,84) auf dem Sandbad bis zum Rauchen der Schwefelsäure erhitzt und 20 min abgeraucht. Nach dem Erkalten wird mit 100 ml Wasser aufgenommen, zum Sieden erhitzt und nach Zusatz von Methylrot mit Ammoniak (0,91) bis eben zum Umschlag des Indicators neutralisiert, um etwa in Lösung gegangenes Aluminiumoxyd wieder auszufällen. Die abgekühlte Lösung wird mit dem Rückstand in einen 250 ml-Meßkolben übergeführt und aufgefüllt. Man filtriert durch ein trockenes Faltenfilter, pipettiert 100 ml in einen 200 ml-Meßkolben, säuert mit 5,0 ml Salzsäure (1 + 19) an und füllt auf. Diese Lösung wird mit einem Flammenspektrometer geeigneter Empfindlichkeit (wie S. 1421 beschrieben) gleichzeitig mit den zur Aufstellung der Eichkurve hergestellten Vergleichslösungen analysiert. Der Gehalt an Na_2O wird einer Eichkurve entnommen.

Aufstellung der Eichkurve. In 250 ml-Bechergläser werden aliquote Teile der Natriumstandardlösung gegeben, deren Na_2O-Gehalt um nicht mehr als $\pm 25\%$ von dem Gehalt der zu analysierenden Probe abweichen soll, und demselben Arbeitsgang wie die Proben unterworfen. Die Vergleichslösung mit dem höchsten Na_2O-Gehalt dient zur Einstellung des Anzeigegerätes des Flammenspektrometers auf Vollausschlag. Den mit einer nach demselben Arbeitsgang hergestellten Blindlösung gemessenen Galvanometerausschlag setzt man als Korrektur für Flammenuntergrund und Na_2O-Gehalt der Reagenzien ab.

Natriumstandardlösung (1 ml = 500 µg Na_2O): Etwa 1,5 g Natriumchlorid werden im Porzellantiegel mit dem Bunsenbrenner vorsichtig so lange erhitzt, bis kein Decrepitieren des Salzes mehr wahrnehmbar ist. Dabei darf die Temperatur den Schmelzpunkt des Salzes (800°) nicht erreichen. 0,943 g des getrockneten Natriumchlorids werden mit Wasser zu 1 l gelöst.

Vorschrift. VAW-Lünen, mitgeteilt durch Dr.-Ing. E. STEUER.

3. Kalium

Meßwellenlänge. $\lambda = 769$ mµ.

Zweckmäßigster Konzentrationsbereich. a) Für größere Prozentgehalte: 1 bis 10 mg K/l; b) für Spurenuntersuchungen: 0,1 bis 1 mg K/l.

Nachweisempfindlichkeit. a) Mit einfachen Apparaturen: etwa 0,5 mg K/l; b) bei größerem Aufwand: etwa 0,02 mg K/l.

Störungsmöglichkeiten. Bei Verwendung der heute üblichen Interferenzfilter sind die Fremdlichtstörungen durch Alkalien und Erdalkalien mit Ausnahme des Rubidiums, wenn sie in äquivalenter Menge vorhanden sind, minimal. Das Rb stört in gewissem Umfang.

Die Alkalien bewirken stärkere Emissionserhöhungen infolge Ionisationsstörung. Zweckmäßigerweise arbeitet man mit möglichst niedriger Flammentemperatur, um diese Störungen klein zu halten [s. auch I. h)].

Die Anionen üben keinen wesentlichen Einfluß auf die flammenspektrometrische Kaliumbestimmung aus.

Erprobte Anwendungen. a) In größeren Prozentgehalten: K in Mineralien, K in Schwermetallen, K in Düngemitteln, K in Bodenextrakten; b) in Spuren: K in physiologischen Flüssigkeiten, K in Wässern, K in Li-Metall.

4. Rubidium

Meßwellenlänge. $\lambda = 780$ mµ, in Gegenwart von Kalium $\lambda = 795$ mµ.

Zweckmäßigster Konzentrationsbereich. a) Für größere Prozentgehalte: 10 bis 100 mg Rb/l; b) für Spurenuntersuchungen: 1 bis 10 mg Rb/l.

Nachweisempfindlichkeit. a) Mit einfachen Apparaturen: etwa 0,5 mg Rb/l; b) bei größerem Aufwand etwa 0,03 mg Rb/l.

Störungsmöglichkeiten. Bei Verwendung der heute üblichen Interferenzfilter sind die Fremdlichtstörungen durch Li, Na, Cs, Mg, Ca und Sr, wenn sie in äquivalenter Menge vorhanden sind, minimal. K stört in erheblichem, Ba in geringem Maße.

Die Alkalien bewirken starke Emissionserhöhungen infolge Ionisationsstörung. Das Arbeiten mit möglichst niedriger Flammentemperatur ist unerläßlich, um diese Störungen klein zu halten [s. auch I. h)]. Die Anionen üben keinen wesentlichen Einfluß auf die flammenspektrometrische Rubidiumbestimmung aus.

Erprobte Anwendungen. Rb in Mineralien.

5. Caesium

Meßwellenlänge. $\lambda = 852$ mμ.

Zweckmäßigster Konzentrationsbereich. a) Für größere Prozentgehalte: 10 bis 100 mg Cs/l; b) für Spurenuntersuchungen: 1 bis 10 mg Cs/l.

Nachweisempfindlichkeit. a) Mit einfachen Apparaturen: etwa 0,4 mg Cs/l (nach LANGE); b) bei größerem Aufwand: etwa 0,08 mg Cs/l.

Störungsmöglichkeiten. Über die Fremdlichtstörungen bei Verwendung von Interferenzfiltern liegen keine näheren Untersuchungen vor.

Die Alkalien bewirken starke Emissionserhöhungen infolge Ionisationsstörung. Das Arbeiten mit möglichst niedriger Flammentemperatur ist unerläßlich, um diese Störungen klein zu halten [s. auch I. h)].

Die Anionen üben keinen wesentlichen Einfluß auf die flammenspektrometrische Caesiumbestimmung aus.

Erprobte Anwendungen. Caesium in Mineralien.

6. Magnesium

Meßwellenlänge. Linie bei $\lambda = 285$ mμ, Banden bei $\lambda = 371$ mμ und $\lambda = 383$ mμ. Das Arbeiten mit der Linie bei $\lambda = 285$ mμ ist durch einen hohen Flammenuntergrund und durch eine starke Krümmung der Eichkurve erschwert, sie ist jedoch unempfindlicher gegen Störungen durch Partner als die Banden.

Zweckmäßigster Konzentrationsbereich. 10 bis 100 mg Mg/l.

Nachweisempfindlichkeit. a) Mit einfachen Apparaturen: etwa 3 mg Mg/l (nach LANGE); b) bei größerem Aufwand: etwa 1 mg Mg/l.

Störungsmöglichkeiten. Bei Verwendung der heute üblichen Interferenzfilter verursachen alle Alkalien und Erdalkalien sowie Eisen und Mangan stärkere Fremdlichtstörungen, wenn sie in äquivalenter Menge oder darüber hinaus vorhanden sind.

Mit Monochromatoren ist das Magnesium auch bei Anwesenheit größerer Überschüsse an Alkalien und Erdalkalien mit befriedigender Genauigkeit bestimmbar. Eisen und Perchlorat verursachen Emissionserhöhungen (beim Arbeiten mit den Banden); Aluminium, Silicat, Phosphat und in geringerem Maße Sulfat Emissionserniedrigungen.

Erprobte Anwendungen. Mg in Mineralien, Mg in Schlacken, Mg in Vorlegierungen, Mg in Pflanzenaschen.

7. Calcium

Meßwellenlänge. Linie bei $\lambda = 423$ mμ, Banden bei $\lambda = 554$ mμ und $\lambda = 622$ mμ. Linie und Banden sind gegenüber Störungen in gleichem Maße empfindlich.

Zweckmäßigster Konzentrationsbereich. a) Für größere Prozentgehalte: 10 bis 100 mg Ca/l; b) für Spurenuntersuchungen: 1 bis 10 mg Ca/l.

Nachweisempfindlichkeit. a) Mit einfachen Apparaturen: etwa 0,15 mg Ca/l; b) bei größerem Aufwand: etwa 0,07 mg Ca/l.

Störungsmöglichkeiten. Bei Verwendung der heute üblichen Interferenzfilter verursachen alle Alkalien und Erdalkalien mit Ausnahme des Mg Fremdlichtstörungen, wenn sie in äquivalenter Menge oder darüber hinaus vorhanden sind. Die Störungen durch Mg sind minimal.

Mit Monochromatoren ist das Calcium auch bei Anwesenheit größerer Mengen von Alkalien und Erdalkalien mit befriedigender Genauigkeit bestimmbar. Emissionserniedrigungen werden durch Sulfat, Nitrat, Oxalat und Eisen hervorgerufen; starke Emissionserniedrigungen durch Silicat, Phosphat, Chromat, Aluminium und Titan; eine geringe Emissionserhöhung durch Perchlorat. [Näheres s. unter I. h).]

Erprobte Anwendungen. a) In größeren Prozentgehalten: Ca in Mineralien, Ca in Glas, Ca in Sulfitablaugen, Ca in Schlacken, Ca in Vorlegierungen, Ca in Zement, Ca in Düngemitteln; b) in Spuren: Ca in physiologischen Flüssigkeiten, Ca in Stählen, Ca in Aluminium, Ca in Wasser.

Flammenspektrometrische Calciumbestimmung in Reinaluminium

Grundlage. Aus salzsaurer Lösung wird das Aluminium mit Äther-Salzsäure als Aluminiumchlorid abgetrennt. Nach Ammoniakfällung und Abrauchen der Ammoniumsalze wird unter Zusatz einer bestimmten Menge Aluminium (s. Bemerkung 2) das Calcium flammenspektrometrisch bestimmt.

Genauigkeit. 1 bis 2.

Dauer. 4 Std.

Ausführung. 5 g Späne werden in einem Quarzbecherglas in 200 ml Salzsäure (1 + 1) gelöst und nach dem Abkühlen in einen 250 ml-Meßkolben aufgefüllt. 50 ml (= 1 g) Einwaage werden in einem 250 ml-Quarzbecherglas bis zur beginnenden Kristallisation eingedampft, stark gekühlt, mit 70 ml Äther-Salzsäure (s. unten) versetzt und etwa 10 min unter Rühren im Eisbad (Eis + Kochsalz) gekühlt. Man läßt im Eisbad während etwa 20 min klar absitzen und filtriert durch eine 1 G 2 Quarzfilternutsche. Das Aluminiumchlorid-6-Hydrat wird unter Aufrühren mit etwa 50 ml stark gekühlter Äther-Salzsäure gewaschen. Nach Eindampfen des Filtrats im Quarzbecherglas bis fast zur Trockne wird das Eisen mit Bromwasser oxydiert, $^1/_2$ Löffel Ammoniumchlorid zugegeben und mit Ammoniak (1 + 1) bis zum Umschlag von Methylrot versetzt. Nach Aufkochen und 15 min Absetzzeit wird durch ein Filter 7 cm Durchmesser (Type Sch. u. Sch. Nr. 589/2) in ein Quarzbecherglas filtriert. Filter und Hydroxydfällung werden mit etwa 30 ml schwach ammoniakalischer 2proz. Ammoniumnitratlösung ausgewaschen. Man dampft das Filtrat und Waschwasser in einer Platinschale ein und raucht die Ammoniumsalze ab. Der Rückstand wird mit 1 ml Salzsäure (1,19) aufgenommen, nach Zusatz von 2 ml Aluminiumchloridlösung (1 ml = 400 µg Al) kurz erwärmt und die Lösung in einen 10 ml-Meßkolben filtriert. Man füllt zur Marke auf und bestimmt das Calcium flammenspektrometrisch, wie bei der Aufstellung der Eichkurve beschrieben ist. Der Meßwert einer Blindprobe, die dem gesamten Analysengang unterworfen wurde, ist zu berücksichtigen.

Aufstellung der Eichkurve. 10 bis 100 µg Calcium enthaltende aliquote Teile der Calciumstandardlösung werden in 10 ml-Meßkolben mit 1 ml Salzsäure (1,19) und 2 ml Aluminiumchloridlösung (1 ml = 400 µg Al) versetzt und aufgefüllt. Die flammenspektrometrische Messung erfolgt z. B. mit einem Beckman-DU-Flammenspektrometer bei 554 mµ und 0,1 mm Spaltbreite unter Verwendung eines Sekundärelektronenvervielfachers. Als Brenngas wird ein Wasserstoff-Sauerstoff-Gemisch benutzt. Der günstigste Gasdruck beträgt etwa 4 lb/sq. in Wasserstoff und 10 lb/sq. in Sauerstoff und muß für jeden Brenner einzeln ermittelt werden. Die Eichlösung mit der höchsten Calciumkonzentration dient zur Einstellung von 100 Skalenteilen (Vollausschlag). Von den für die einzelnen Lösungen ermittelten Calciumemissionen ist die einer Blindprobe — 1 ml Salzsäure (1,19), 2 ml Aluminiumlösung (1 ml = 400 µg Al) mit Wasser auf 10 ml verdünnt — abzuziehen. Man stellt die erhaltenen Werte als Funktion der Calciumkonzentration graphisch dar.

Lösungen. *Salzsäure:* Hergestellt durch Einleiten von Chlorwasserstoff in doppelt destilliertes bzw. vollentsalztes Wasser.

Äther-Salzsäure-Gemisch: Konz. Salzsäure + Äther im Verhältnis 1 + 1 gemischt und mit Chlorwasserstoff gesättigt.

Ammoniaklösung: Hergestellt durch Einleiten von Ammoniak in doppelt destilliertes bzw. vollentsalztes Wasser.

Calciumstandardlösung (1 ml = 100 μg Ca): 0,2500 g Calciumcarbonat werden in Salzsäure gelöst, aufgekocht und auf 100 ml aufgefüllt.

Bemerkungen. 1. Calcium emittiert bei 423 und 622 mμ erheblich stärker als bei 554 mμ. Trotzdem wird bei dieser Wellenlänge gemessen, weil hier der störende Einfluß der unvermeidlichen Begleitelemente geringer ist.

2. Bereits wenige μg Al üben einen starken Einfluß auf die Emission des Calciums aus. Diese Schwächung der Emissionen nimmt bei steigendem Zusatz von Aluminium zwar zu, ist jedoch anfänglich wesentlich stärker. Durch den Zusatz von einigen hundert μg Al wird dieses Gebiet der starken Verminderung der Emission überdeckt. Man verzichtet durch diese Maßnahme allerdings auf etwa die Hälfte des eigentlichen Meßwertes, hat dafür aber die Sicherheit, daß unvermeidliche Spuren Al keine größeren Fehler verursachen.

3. Nur bei Verwendung von Quarzgefäßen sind zuverlässige Werte zu erhalten.

Vorschrift. VAW-Lünen, mitgeteilt durch Dr.-Ing. E. STEUER.

8. Strontium

Meßwellenlänge. Linie bei $\lambda = 461$ mμ, Bande bei $\lambda = 681$ mμ. Linie und Bande sind gegenüber Störungen in gleichem Maße empfindlich.

Zweckmäßigster Konzentrationsbereich. a) Für größere Prozentgehalte: 10 bis 100 mg Sr/l; b) für Spurenuntersuchungen: 1 bis 10 mg Sr/l.

Nachweisempfindlichkeit. a) Mit einfachen Apparaturen: etwa 0,5 mg Sr/l; b) bei größerem Aufwand: etwa 0,1 mg Sr/l.

Störungsmöglichkeiten. Bei Verwendung der heute üblichen Interferenzfilter verursachen alle Alkalien und Erdalkalien mit Ausnahme des Magnesiums stärkere Fremdlichtstörungen, wenn sie in äquivalenter Menge oder darüber hinaus vorhanden sind. Die Störungen durch Mg sind gering.

Mit Monochromatoren ist das Sr auch bei Anwesenheit größerer Mengen von Alkalien und Erdalkalien mit befriedigender Genauigkeit bestimmbar. Die beim Calcium aufgeführten Störeinflüsse treten beim Sr in gleichem Maße auf.

E. Literaturverzeichnis

I. Allgemeines

ANGERER, E. VON: Wissenschaftliche Photographie, 5. Aufl. Leipzig: Akadem. Verlagsanstalt 1952.

FINKELNBURG, W.: Einführung in die Atomphysik, 2. Aufl. Berlin/Göttingen/Heidelberg: Springer 1951.

HARRISON, G. R., R. C. LORD u. I. R. LOOFBOUROW: Practical Spectroscopy. New York 1948.

SAWYER, R. A.: Experimental Spectroscopy. New York: Prentice Hall, Inc. 1951.

II. Lehrbücher der Spektrochemie

AHRENS, L. H.: Spectrochemical Analysis. Cambridge, Mass., USA 1950.

BRODE, W. R.: Chemical Spectroscopy, 2. Aufl. New York: John Wiley & Sons, Inc. 1945.

BURRIEL-MARTÍ, F., u. J. RAMÍREZ-MUÑOS: Flame Photometry. Amsterdam/London/New York/Princeton: Elsevier Publishing Comp. 1957.

HARVEY, CH. E.: Spectrochemical Procedures. Glendale, Cal., USA: Applied Research Laboratories 1950.

—: Spectrographic Analysis of Low Alloy Steels. The Iron and Steel Institute, London, Special Report Nr. 47, 1952.

HERRMANN, R.: Flammenphotometrie. Berlin/Göttingen/Heidelberg: Springer 1956.

MAVRODINEANU, R., u. H. BOITEUX: L'Analyse Spectrale Quantitative par la Flamme. Paris: Masson et Cie, Editeurs, 1954.

MORITZ, H.: Spektrochemische Betriebsanalyse, 2. Aufl. Stuttgart: F. Enke 1956.

NACHTRIEB, N. H.: Principles and Practice of Spectrochemical Analysis. New York: McGraw-Hill Book Comp., Inc. 1950.
SEITH, W., u. K. RUTHARDT: Chemische Spektralanalyse, 5. Aufl. Berlin/Göttingen/Heidelberg: Springer 1958.
SCHELLER, H.: Einführung in die angewandte spektrochemische Analyse, 2. Aufl. Berlin: VEB Verlag Technik 1958.
SCHMIDT, R.: De Grondslagen van de Spektrochemische Analyse. Techniek en Ambacht Serie Nr. 43. Deventer.
TWYMAN, F.: Metal Spectroscopy. London: Charles Griffin & Co. Ltd. 1951.

III. Atlanten

GATTERER, A.: Grating Spectrum of Iron. Specola Vaticana: Citta del Vaticano 1951.
GATTERER, A., u. J. JUNKES: Funkenspektrum des Eisens. Specola Vaticana: Citta del Vaticano 1935.
GATTERER, A., u. J. JUNKES: Arc Spectrum of Iron, 2. Aufl. Specola Vaticana: Citta del Vaticano 1947.
GATTERER, A., u. J. JUNKES: Atlas der Restlinien. I. Bd., 2. Aufl. 1947; III. Bd. 1949. Specola Vaticana: Citta del Vaticano.
GATTERER, A., J. JUNKES u. V. FRODL: Spektren der seltenen Erden. Bd. II der Restlinien. Specola Vaticana: Citta del Vaticano 1945.
GÖSSLER, F.: Bogen- und Funkenspektrum des Eisens. Jena: G. Fischer 1942. Verbesserte Neuauflage. Jena: Jenaoptik 1957.

IV. Tabellenwerke

AHRENS, L. H.: Wavelength Tables of Sensitive Lines. Cambridge, Mass., USA 1951.
GERLACH, WA., u. E. RIEDL: Die chemische Emissions-Spektralanalyse. III. Teil. Tabellen zur qualitativen Analyse, 3. Aufl. Leipzig: Johann Ambrosius Barth-Verlag 1949.
HARRISON, G. R.: M. I. T. Wavelength Tables. New York: John Wiley & Sons, Inc. 1939.
HARVEY, C. E.: Method of Semi-Quantitative Spectrographic Analysis. Glendale, Cal.: Applied Research Laboratories 1947.
KAYSER, H., u. R. RITSCHL: Tabelle der Hauptlinien der Linienspektren aller Elemente nach Wellenlängen geordnet. Berlin: Springer 1939.
MOORE, CH. E.: Atomic Energy Levels. Bd. I 1949; Bd. II 1952. National Bureau of Standards, Washington D. C. Circular 467.
SAIDEL, A. N., W. K. PROKOFJEW u. S. M. RAISKI: Spektraltabellen. Berlin: VEB Verlag Technik 1955.
SMITH, D. M.: Visual Lines for Spectroscopic Analysis. London: Hilger 1952.

V. Fachzeitschriften

Spectrochimica Acta Bd. I—II, 1939—1945, Berlin, Springer-Verl.
Spectrochimica Acta Bd. III, 1947—1949, Citta del Vaticano. Specola Vaticana.
Spectrochimica Acta Bd. IV und folgende ab 1950, London, Pergamon Press.
Applied Spectroscopy, New York.
Journal of the Optical Society of America, Lancaster, PA.
Analytical Chemistry, Washington 6, D. C.

VI. Einzelschrifttum*

[1] ADDINK, N. W. H.: Spectrochim. Acta Bd. 4 (1949) S. 36—42.
[2] ADDINK, N. W. H.: Spectrochim. Acta Bd. 5 (1953) S. 495.
[3] AHRENS, L. H.: Quantitative Spectrochemical Analysis of Silicates. London: Pergamon Press 1954.
[4] BALZ, G., H. KAISER u. P. H. KECK: Spectrochim. Acta Bd. 2 (1941) S. 92—97.
[5] BARDOZS, A.: Spectrochim. Acta Bd. 5 (1953) S. 397.
[6] BÜCKERT, H.: Spectrochim. Acta Bd. 4 (1952) S. 476—481.
[7] CALKER, J. VAN: Spectrochim. Acta Bd. 2 (1944) S. 340—349.
[8] CHURCHILL, J. R.: Ind. Engng. Chem., analyt. Edit. Bd. 16 (1944) S. 653—670.
[9] CROSSWHITE, H. M.: Spectrochim. Acta Bd. 4 (1950) S. 122—151.
[10] DEHIO, H.: Phototechn. Bd. 21 (1941) S. 10—13.

* Die Zahlen beziehen sich auf die im Text in eckigen Klammern angegebenen Ziffern.

[11] DUFFENDACK, O. S., u. K. B. THOMSON: Proc. Amer. Soc. Testing Mater. Bd. 36 II (1936) S. 301 bis 309.
[12] EMERY, R. ST. I.: Spectrochim. Acta Bd. 4 (1952) S. 513—515.
[13] GATTERER, A.: Spectrochim. Acta Bd. 1 (1940) S. 352—373.
[14] GATTERER, A.: Spectrochim. Acta Bd. 1 (1941) S. 513—531.
[15] GATTERER, A.: Spectrochim. Acta Bd. 3 (1948) S. 214—232.
[16] GERLACH, WA.: Z. anorg. allg. Chem. Bd. 142 (1925) S. 383.
[17] GERLACH, WA., u. W. ROLLWAGEN: Metallwirtsch. Bd. 16 (1937) S. 1083—1094.
[18] GERLACH, WA., u. E. SCHWEITZER: Die chemische Emissionsspektralanalyse. I. Teil: Grundlagen und Verfahren. Leipzig 1930.
[19] HANSEN, G.: Spectrochim. Acta Bd. 3 (1948) S. 397—411.
[20] HARRISON, H. C., u. R. C. RALPH: Ind. Engng. Chem., analyt. Edit. Bd. 15 (1943) S. 466.
[21] HASLER, M. F., u. I. W. KEMP: J. opt. Soc. America Bd. 34 (1944) S. 21—32.
[22] HASLER, M. F., R. W. LINDHURST u. I. W. KEMP: J. opt. Soc. America Bd. 38 (1948) S. 789.
[23] HEGEMANN, F., u. H. KOSTYRA: Erzmetall Bd. 8 (1955) S. 319—325.
[24] HONERJÄGER-SOHM, M., u. H. KAISER: Spectrochim. Acta Bd. 2 (1944) S. 396—416.
[25] KAISER, H.: Spectrochim. Acta Bd. 1 (1939) S. 1—20.
[26] KAISER, H.: Spectrochim. Acta Bd. 2 (1942) S. 229—242.
[27] KAISER, H.: Spectrochim. Acta Bd. 3 (1948) S. 297—319.
[28] KAISER, H.: Spectrochim. Acta Bd. 3 (1947) S. 40—67.
[29] KAISER, H.: Spectrochim. Acta Bd. 3 (1948) S. 159—190.
[30] KAISER, H.: Spectrochim. Acta Bd. 3 (1949) S. 498—517.
[31] KAISER, H.: Z. Naturforsch. Bd. 4a (1949) S. 565—570.
[32] KAISER, H.: Trans. Conf. Instr. a. Measurements. Stockholm (1949) S. 16—22.
[33] KAISER, H.: Spectrochim. Acta Bd. 4 (1951) S. 351—365.
[34] KAISER, H., u. A. WALLRAFF: Ann. Physique V Bd. 34 (1939) S. 297—340.
[35] KAISER, H., u. A. WALLRAFF: Z. Physik Bd. 112 (1939) S. 215—222.
[36] KINGSBURY, C. W. I., u. R. B. TEMPLE: Spectrochim. Acta Bd. 4 (1952) S. 473.
[37] KOEHLER, W.: Spectrochim. Acta Bd. 4 (1950) S. 229—232.
[38] KOEHLER, W.: Metall Bd. 7 (1953) S. 422—427.
[39] LAQUA, K.: Spectrochim. Acta Bd. 4 (1952) S. 446—466.
[40] LEUCHS, O.: Spectrochim. Acta Bd. 4 (1950) S. 237—251.
[41] LEUTWEIN, F.: Arch. Metallkunde Bd. 2 (1948) S. 75—82.
[42] MANNKOPFF, R., u. CL. PETERS: Z. Physik Bd. 70 (1931) S. 444—453.
[43] MAYER, F. X., u. L. HOLIK: Spectrochim. Acta Bd. 4 (1951) S. 218—223.
[44] MCNALLY, I. R., G. R. HARRISON u. E. ROWE: J. opt. Soc. Amer. Bd. 37 (1947) S. 93—98.
[45] MILBOURN, M.: J. Inst. Metalls Bd. 55 (1934) S. 275—282.
[46] MORITZ, H.: Arch. Metallkunde Bd. 1 (1947) S. 125—127.
[47] PFEILSTICKER, K.: Z. Elektrochem. Bd. 43 (1937) S. 719—721.
[48] PFEILSTICKER, K.: Spectrochim. Acta Bd. 1 (1940) S. 424—436.
[49] PFEILSTICKER, K.: Spectrochim. Acta Bd. 4 (1951) S. 100—115.
[50] PREUSS, E.: Heidelberger Beitr. Mineralog. Petrogr. Bd. 4 (1954) S. 163—171.
[51] ROLLWAGEN, W.: Spectrochim. Acta Bd. 1 (1939) S. 66—82.
[52] SAUNDERSON, I. L., V. I. CALDECOURT u. E. W. PETERSON: J. opt. Soc. America Bd. 35 (1945) S. 681—697.
[53] SCRIBNER, B. F., u. H. R. MULLIN: J. Res. NBS. Bd. 37 (1956) S. 379—389.
[54] SEIDEL, W., u. H. J. EICHHOFF: Colloquium spectroscopicum Internationale VI (Amsterdam 1956) S. 409—419. London: Pergamon Press Ltd. 1957.
[55] SCHUHKNECHT, W.: Spectrochim. Acta Bd. 3 (1948) S. 412—419.
[56] SHAW, D. M., O. WICKREMASINGHE u. C. YIP: Spectrochim. Acta Bd. 13 (1958) S. 197—201.
[57] VINCENT, H. B., u. R. A. SAWYER: Spectrochim. Acta Bd. 1 (1939) S. 131—136.
[58] WEBER, A.: Spectrochim. Acta Bd. 2 (1942) S. 202—209.
[59] WOLBANK, F.: Z. Metallkunde Bd. 29 (1937) S. 341—351.
[60] WOLBANK, F., u. G. LUEG: Z. Metallkunde Bd. 32 (1940) S. 430—436.
[61] WOLBANK, F., u. H. SCHUMANN: Z. Metallkunde Bd. 35 (1943) S. 96—99.

VII. Einzelschrifttum zur Flammenspektrometrie

[62] ABRESCH, K., u. W. DOBNER: Arch. Eisenhüttenwes. Bd. 29 (1958) S. 25.
[63] ALKEMADE, C. T. J.: Spectrochim. Acta Bd. 11 (1958) S. 7.
[64] ALKEMADE, C. T. J., u. M. E. JEUKEN: Z. analyt. Chem. Bd. 158 (1957) S. 401.
[65] ALKEMADE, C. T. J., u. M. H. VOORHUIS: Z. analyt. Chem. Bd. 163 (1958) S. 91.
[66] BAKER, G. L., u. L. H. JOHNSON: Analytic. Chem. Bd. 26 (1954) S. 465.
[67] BAUSERMAN, H. M., u. R. R. CERNEY: Analytic. Chem. Bd. 25 (1953) S. 1821.

[68] BERRY, J. W., D. G. CHAPPELL u. R. B. BARNES: Ind. Engng. Chem., analyt. Edit. Bd. 18 (1946) S. 19.
[69] FISCHER, J., u. A. DOIWA: Mikrochim. Acta (1956) S. 353.
[70] FISCHER, J., u. A. DOIWA: Spectrochim. Acta Bd. 11 (1958) S. 28.
[71] FISCHER, J., u. R. KROPP: Z. analyt. Chem. Bd. 179 (1961) S. 1.
[72] FOX, C. L.: Analytic. Chem. Bd. 23 (1951) S. 137.
[73] HERRMANN, R., u. H. SCHELLHORN: Optik Bd. 12 (1955) S. 189.
[74] SCHUHKNECHT, W., u. H. SCHINKEL: Z. analyt. Chem. Bd. 162 (1958) S. 266.

VIII. Literatur — Zusammenstellungen

MEGGERS, W. F., u. B. F. SCRIBNER: Index to the Literature on Spectrochemical Analysis I, 1941, II 1947, III im Erscheinen (American Society for Testing Materials, Philadelphia, Pa.).
SOMEREN, VAN E. H. S.: Spectrochemical Abstracts I, II, III. London: Hilger 1941 u. 1947.

Kapitel 60

Lösungen*

Inhalt

*	1. Auflage	2. Auflage
Bearbeiter:	**v. Vogel, Ensslin**	**v. Vogel**
Mitarbeiter:	**Böhm**	**Cruse**

A. Einleitung

1. In den folgenden Vorschriften für die Herstellung der Normallösungen ist im allgemeinen außer einigen Angaben über die Trocknung von Urtitersubstanzen nichts über ihre Reindarstellung und die Reinheitsprüfung angeführt. Hierzu muß auf die Spezialliteratur s. unten (z. B. Kolthoff, Kolthoff und Stenger sowie E. Merck) verwiesen werden.

2. In den Betriebslaboratorien werden häufig neben den Normallösungen sog. „empirische" Maßlösungen verwendet. Diese empirischen Lösungen sind so eingestellt, daß bei ihrer Verwendung das Analysenresultat ohne weitere Rechenoperationen an der Bürette abgelesen werden kann. Sie eignen sich deshalb besonders für Schnellanalysen. Die Herstellungsvorschriften für diese Lösungen sind in den einzelnen Kapiteln aufgeführt, da sie nur für den speziellen Fall benutzbar sind.

3. Da die im Bande „Betriebsanalysen" gesammelten Bestimmungsmethoden einer großen Anzahl von Laboratorien entstammen, mußte eine Vielzahl von Konzentrationen verdünnter Säuren, Laugen und Salzlösungen in den jeweiligen Vorschriften erscheinen.

Die Bezeichnung Salzsäure (1 + 1) bedeutet eine aus einem Volumteil konz. Salzsäure (1,19) und einem Volumteil Wasser durch Mischen hergestellte Salzsäure. Dagegen entspricht eine Natronlauge (1 + 3) einer Natronlauge, die aus einem Gewichtsteil Ätznatron und drei Volumteilen Wasser hergestellt wird. Sie besitzt einen Gehalt von etwa 25% NaOH. Dasselbe gilt für Salzlösungen.

4. Folgende Säuren und Laugen sind die gebräuchlichsten:

a)	konz. Salzsäure:	$d = 1{,}19$	(37,2 proz.),
	Salzsäure (1 + 1):	$d = 1{,}10$	(20,2 proz.),
b)	konz. Schwefelsäure:	$d = 1{,}84$	(95,6 proz.),
	Schwefelsäure (1 + 1):	$d = 1{,}52$	(62 proz.),
	Schwefelsäure (1 + 4):	$d = 1{,}22$	(30 proz.),
c)	konz. Salpetersäure:	$d = 1{,}4$	(65 proz.),
	Salpetersäure (1 + 1):	$d = 1{,}24$	(38 proz.),
d)	Essigsäure (Eisessig):	$d = 1{,}05$	(99 proz.),
	Essigsäure (1 + 3):	$d = 1{,}033$	(25,6 proz.),
e)	Natronlauge (1 + 3):	$d = 1{,}28$	(25 proz.),
f)	konz. Ammoniak:	$d = 0{,}910$	(25 proz.),
	Ammoniak (1 + 1):	$d = 0{,}953$	(11,9 proz.).

Literatur. Kolthoff, I. M.: Die Maßanalyse, I. u. II. Bd. Berlin: Springer 1927/28. — Kolthoff, I. M., u. V. A. Stenger: Volumetric Analysis. Bd. I—III. New York: Interscience Publishers Inc. 1947. — Merck, E.: Prüfung chemischer Reagentien auf Reinheit, 5. Aufl. Darmstadt: Verlag E. Merck 1941.

B. Herstellung und Einstellung von Normal-Lösungen

I. Normalsäuren

1. Normal-Salzsäure

(Äquivalentgewicht = 36,465 g HCl)

Herstellung. 84 ml reine Salzsäure von der Dichte 1,19 werden zur Bereitung von 1 n-HCl auf 1 l und zur Bereitung von n/10-HCl auf 10 l mit Wasser verdünnt. Der Titer dieser etwas zu starken Lösungen wird durch eine der untenstehenden Methoden ermittelt und gegebenenfalls durch Zugeben von Wasser auf genaue Normalität eingestellt.

Einstellung. a) *Mit Natriumcarbonat* (Äquivalentgewicht = 52,997 g Na_2CO_3). Hierzu wird entweder Natriumcarbonat p. a. verwendet, das bei 270 bis 300° getrocknet wurde, oder dieses aus reinstem Natriumhydrogencarbonat durch einstündiges Erhitzen auf 270 bis 300° hergestellt. Bei n/10- und stärker verdünnten Lösungen muß auf den Einfluß des Kohlendioxyds bei der Titration Rücksicht genommen werden. Die Lösung wird am besten mit demselben Indicator eingestellt, mit dem später die Proben titriert werden. Es wird z. B. unter Zusatz von 2 Tropfen Methylorange in einem Volumen von etwa 100 ml bis zum beginnenden Umschlag (Zwiebelrot) titriert, dann das Kohlendioxyd kurz ausgekocht und die Lösung nach dem Abkühlen zu Ende titriert (Zwiebelrot).

Ein Verfahren von KOLTHOFF und STENGER (s. S. 1433) empfiehlt, bei Methylorange als Indicator bis zur Rotfärbung zu titrieren und durch Zusatz von einem Tropfen Bromwasser und Aufkochen die Methylorange zu zerstören und das Kohlendioxyd zu vertreiben. Die genaue Endpunktbestimmung wird dann durch Rücktitration mit n/100-Natronlauge unter Verwendung von Methylrot oder Bromthymolblau als Indicator vorgenommen. Der Endpunkt ist scharf, eine Indicatorkorrektion erübrigt sich.

b) *Mit Natriumoxalat* (Äquivalentgewicht = 67,002 g $Na_2C_2O_4$). Wegen seiner günstigen Eigenschaften (Wasserfreiheit ohne Hygroskopizität u. ä.) eignet sich auch Natriumoxalat p. a. nach SÖRENSEN als Urtitersubstanz für die Einstellung von Normalsäuren. Das bei 105° getrocknete Salz wird in einen Platintiegel eingewogen und mit zum Teil bedecktem Tiegel zunächst bei niedriger Temperatur 15 bis 30 min und dann bis zur Nähe des Schmelzpunktes des gebildeten Natriumcarbonats (852°) erhitzt, um möglicherweise entstandenen Kohlenstoff zu verbrennen. Um eine Verunreinigung durch das Schwefeldioxyd der Leuchtgasflamme zu vermeiden, empfiehlt es sich, den Tiegel in ein Loch einer Asbestpappe einzusetzen oder die Operation in einem elektrischen Tiegelofen durchzuführen.

Eine geringe Bildung von Natriumoxyd stört nicht, nur darf nicht höher als angegeben erhitzt werden, damit nicht Verluste durch Verflüchtigung auftreten. Die Titration der wäßrigen Natriumcarbonatlösung erfolgt, wie unter a) angegeben wurde.

c) *Mit Borax* (Äquivalentgewicht = 190,71 g $Na_2B_4O_7 \cdot 10H_2O$): Wichtig ist die Kontrolle des Wassergehaltes (theoretisch 47,22% H_2O) durch Erhitzen zunächst auf 90°, dann auf 200° und schließlich durch Glühen bei 700 bis 800°, das in einem elektrisch beheizten Ofen vorgenommen wird. Bei der Titration wird Methylrot als Indicator verwendet.

d) *Gewichtsanalytisch* als Silberchlorid (Äquivalentgewicht = 143,337 g AgCl): Die Durchführung dieser Einstellung wird entsprechend der auf S. 176/77 des Bd. I, 2. Aufl., angegebenen Vorschrift ausgeführt.

2. Normal-Schwefelsäure

(Äquivalentgewicht = 49,041 g H_2SO_4)

Herstellung. 28 ml reine Schwefelsäure von der Dichte 1,84 werden zur Bereitung von 1 n-H_2SO_4 auf 1 l und zur Bereitung von n/10-H_2SO_4 auf 10 l mit Wasser verdünnt. Die *Einstellung* auf normal bzw. zehntelnormal wird maßanalytisch durchgeführt, wie bei der Normal-Salzsäure beschrieben wurde.

3. Normal-Salpetersäure

(Äquivalentgewicht = 63,016 g HNO_3)

Herstellung. 72 ml reine Salpetersäure (1,40), die farblos sein muß (frei von Stickoxyden), werden zur Darstellung von 1 n-HNO_3 auf 1 l und zur Darstellung von n/10-HNO_3 auf 10 l mit Wasser verdünnt. Die *Einstellung* auf normal bzw. zehntelnormal wird maßanalytisch, wie bei der Normal-Salzsäure beschrieben, durchgeführt.

4. n/10-Oxalsäurelösung

Herstellung. 6,3034 g reine Oxalsäure ($H_2C_2O_4 \cdot 2H_2O$) werden mit kohlendioxydfreiem Wasser auf 1 l gelöst.

Die ***Einstellung*** wird in der Siedehitze durch Titration mit kohlendioxydfreier n/10-Natronlauge unter Verwendung von Phenolphthalein als Indicator vorgenommen.

II. Normallaugen

1. Normal-Natronlauge

(Äquivalentgewicht = 39,999 g NaOH)

Herstellung. 45 g reinstes Natriumhydroxyd werden kurz mit Wasser abgespült, um die oberflächlich gebildeten Carbonate zu entfernen. Der Rest wird in ausgekochtem und unter Schutz vor erneuter Kohlendioxydaufnahme abgekühltem Wasser zur Darstellung von 1 n-Natronlauge zu einem Volumen von 1 l und zur Darstellung von n/10-Natronlauge zu 10 l gelöst.

Eine so hergestellte Natronlauge ist bei Aufbewahrung unter Schutz vor Kohlendioxyd durch ein Natronkalkrohr für die meisten Zwecke genügend rein. Ist jedoch auf vollständige Freiheit von Carbonat Wert zu legen, so verfährt man wie folgt:

Zur *Herstellung carbonatfreier Lauge* werden 43 g reines Natriumhydroxyd in 500 ml Wasser gelöst und mit Bariumhydroxydlösung so lange versetzt, bis bei weiterem Zusatz keine Fällung mehr auftritt. Das überschüssige Bariumhydroxyd wird mit etwas Natriumsulfatlösung ausgefällt. Nach Umschütteln und Verdünnen auf 1 l überläßt man die Lösung in einer verschlossenen Flasche der Klärung. Nach vollständigem Absetzen des Niederschlages werden 100 ml dieser Lauge zur Herstellung einer n/10-Natronlauge mit ausgekochtem Wasser auf 1 l verdünnt. Eine solche Lösung enthält eine kleine Menge von Sulfationen, was jedoch in den meisten Fällen nicht stört. Die Herstellung carbonatfreier Natronlauge aus metallischem Natrium nach KÜSTER vermeidet die besagte Fällung. Sie ist im Lehrbuch der analytischen Chemie, II. Bd., 11. Aufl. 1946 von TREADWELL, S. 279, beschrieben.

Einstellung. a) *Gegen eingestellte Normalsäuren.* Dieses Verfahren ist das in der Praxis am meisten angewandte. Man titriert eine Menge von 30 bis 40 ml Lauge mit Salz- oder Schwefelsäure gleicher Normalität unter Verwendung desselben Indicators, wie er später bei den Analysen benutzt werden soll. Die nach obigen Angaben erhaltenen Lösungen sind meistens etwas zu stark und werden durch

Verdünnen mit der aus der Einstellungstitration berechneten Menge Wasser genau auf die gewünschte Normalität eingestellt.

b) *Gegen Kaliumhydrogenphthalat* (Äquivalentgewicht = 204,23 g $KHC_8H_4O_4$). Falls für die Lauge eine von der zugehörigen Normalsäure unabhängige Titerstellung verlangt wird, kann Kaliumhydrogenphthalat p. a. als Urtitersubstanz verwendet werden. Das Trocknen darf höchstens bei 125° erfolgen. Man wägt 0,5000 g Kaliumhydrogenphthalat ein und löst diese Menge in einem 200 ml-ERLENMEYER-Kolben in 50 ml ausgekochtem, kohlendioxydfreiem Wasser. Die Titration soll ebenfalls unter Fernhaltung von Kohlendioxyd bei Verwendung von Phenolphthalein als Indicator auf Rot erfolgen. Die bei einem Blindversuch mit der gleichen Menge kohlendioxydfreiem Wasser und dem Indicator verbrauchte Natronlauge wird bei der Berechnung abgezogen. 0,5 g Kaliumhydrogenphthalat entsprechen einem Verbrauch von 24,48 ml n/10-Natronlauge.

2. Normal-Kalilauge

(Äquivalentgewicht = 56,108 g KOH)

Die ***Herstellung*** und ***Einstellung*** wird, wie unter 1. „Normal-Natronlauge" beschrieben, vorgenommen. Es werden 58 g Kaliumhydroxyd eingewogen.

3. n/10-Barytlauge

[Äquivalentgewicht = 157,752 g $Ba(OH)_2 \cdot 8H_2O$]

Herstellung. Je Liter gewünschter n/10-Barytlauge werden 18 g Bariumhydroxyd [$Ba(OH)_2 \cdot 8H_2O$] abgewogen und in Wasser unter Schütteln gelöst. Nach vollständigem Absetzen des Bariumcarbonates wird die klare Lösung in die mit kohlendioxydfreier Luft gefüllte Vorratsflasche abgehebert. Danach wird die Vorratsflasche sofort durch einen mit einem Natronkalkrohr und dem Ableitungsrohr für die Lauge versehenen Gummistopfen verschlossen.

Einstellung. 25 bis 30 ml n/10-Salzsäure werden unter Verwendung von Phenolphthalein als Indicator mit n/10-Barytlauge titriert.

Literatur. TREADWELL, F. P., u. W. D. TREADWELL: Kurzes Lehrbuch der analytischen Chemie, II. Bd., 11. Aufl. Wien: Franz Deuticke 1946.

III. Oxydations- und Reduktionslösungen

1. Kaliumpermanganatlösungen

(Äquivalentgewicht = 31,608 g $KMnO_4$ für Titrationen in saurer Lösung)

Herstellung. Für eine n/10-Kaliumpermanganatlösung werden 3,2 g reinstes Kaliumpermanganat in 1 l Wasser gelöst und 15 min zum Sieden erhitzt. Nach dem Abkühlen wird die Lösung durch einen Glasfiltertiegel oder durch einen mit Asbest abgedichteten GOOCH-Tiegel filtriert. Sämtliche Geräte müssen mit Chromschwefelsäure von organischer Substanz gereinigt sein, da sonst die Titerbeständigkeit der Lösung beeinträchtigt wird. Ebenso ist ein Verdünnen auf geringere Normalität nur mit Wasser, das über Kaliumpermanganat destilliert wurde, zu empfehlen. Zehntelnormale und stärkere Kaliumpermanganatlösungen sind, in Flaschen aus braunem Glase im Dunkeln aufbewahrt, mehrere Monate titerbeständig; schwächer normale müssen regelmäßig überprüft werden. Vor der Titerstellung muß die verdünnte Lösung einige Tage stehen.

Einstellung. a) *Mit Natriumoxalat* nach SÖRENSEN (Äquivalentgewicht = 67,002 g $Na_2C_2O_4$). Zur Titerstellung von n/10-Kaliumpermanganatlösungen werden 0,200 g Natriumoxalat nach SÖRENSEN, das bei 105° getrocknet wurde, in 200 ml Wasser gelöst, mit 10 ml Schwefelsäure (1,84) angesäuert und bei einer Temperatur von 60 bis 80° bis zur Rosafärbung titriert. Die in einer Blindprobe mit derselben Wasser- und Säuremenge bis zur Erzeugung derselben Rosafärbung benötigte Menge von Kaliumpermanganatlösung wird bei der Berechnung des Titers von der bei der Natriumoxalattitration verbrauchten Menge Kaliumpermanganatlösung abgezogen.

b) ***Mit Eisen(III)-oxyd*** nach BRANDT (Äquivalentgewicht = 79,850 g Fe_2O_3). Soll nach dem Verfahren von ZIMMERMANN-REINHARDT Eisen in salzsaurer Lösung durch Titration mit Kaliumpermanganat bestimmt werden, so kann die Einstellung auch mit Eisenoxyd p. a. nach BRANDT erfolgen. Der Feuchtigkeitsgehalt des Eisenoxydes wird aus einer Durchschnittsprobe des Präparates durch Glühen bei schwacher Rotglut bestimmt und bei der Titerberechnung berücksichtigt. Man löst zur Titerstellung der bei der Bestimmung von Eisen in Eisenerzen gebräuchlichen, etwa n/5-Kaliumpermanganatlösung (etwa 6 g Kaliumpermanganat/l) 3,500 g Eisenoxyd nach BRANDT in 40 ml Salzsäure (1,19) in einem 300 ml-ERLENMEYER-Kolben mit eingehängtem Trichter durch Erhitzen auf der Heizplatte. Nachdem das Eisenoxyd vollständig gelöst ist, wird die Lösung im Meßkolben mit Wasser auf 500 ml verdünnt. Zur Titration werden 100 ml dieser Lösung (= 0,7 g Einwaage) mit einer nachgeeichten Pipette (der 500 ml-Meßkolben muß genau 5 mal den Inhalt der 100 ml-Pipette fassen!) in ein 600 ml-Becherglas abpipettiert. Nach Erhitzen zum Sieden wird durch Zutropfen von Zinn(II)-chloridlösung reduziert, bis die Eisen(III)-chloridlösung gerade entfärbt ist. Die abgekühlte Lösung wird mit 10 ml Quecksilber(II)-chloridlösung (s. S. 1446) in einem Guß versetzt. Nachdem sich durch Reaktion mit dem überschüssigen Zinn(II)-chlorid etwas Quecksilber(I)-chlorid gebildet hat, wird die Flüssigkeit in eine Porzellanschale mit 600 bis 800 ml Wasser gespült, welches 60 ml Mangansulfatphosphorsäurelösung (s. S. 1446) enthält und mit einem Tropfen der Maßflüssigkeit „angerötet“ worden ist. Sodann wird unter Rühren bis etwa auf die gleiche Färbung titriert.

Wird die Titerstellung nach dem Vorschlage von H. BLUMENTHAL vorgenommen, so ist eine Einwaage von 0,5 g Eisenoxyd nach BRANDT nach Anfeuchten mit Wasser in 10 ml Salzsäure (1,19) zu lösen und dann auf dem Wasserbad unter Zusatz von etwa 0,5 g Natriumchlorid zur Trockne zu dampfen. Der Eindampfrückstand wird mit 10 ml Salzsäure (1 + 1) aufgenommen und, wie oben beschrieben, reduziert, mit Quecksilberchloridlösung, Mangansulfatphosphorsäurelösung versetzt und mit Wasser auf 500 ml verdünnt. Die Titration wird in einem 800 ml-Becherglas in einem Volumen von 500 ml vorgenommen. Die Ergebnisse einer Einstellung mit Natriumoxalat in schwefelsaurer Lösung sind praktisch die gleichen wie die der obigen Einstellung mit Eisen(III)-oxyd.

c) *Gegen Analysenkontrollproben.* Soll der Mangangehalt nach dem Verfahren von VOLHARD-WOLFF bestimmt werden, so wird der Titer der Kaliumpermanganatlösung am besten mit Hilfe von gleichartigen Analysenkontrollproben eingestellt, da dann sämtliche Stufen der Vorbereitung zur Titration sowie die Titration selbst unter genau den gleichen Bedingungen durchgeführt werden können. 1 ml einer n/10-Kaliumpermanganatlösung entspricht hierbei etwa 1,6 mg Mangan.

2. n/10-Kaliumbromatlösung

(Äquivalentgewicht = 27,836 g $KBrO_3$)

Herstellung. Zur Herstellung von n/10-Kaliumbromatlösungen werden 2,7836 g Kaliumbromat p. a., das durch Trocknen bei 110° von Feuchtigkeit befreit wurde, mit Wasser zu 1 l gelöst. Bei Kaliumbromatpräparaten muß besonders auf die Freiheit von Bromid geachtet werden. Die Prüfung auf geringe Bromidgehalte kann entweder nach der Vorschrift von E. MERCK, Prüfung chemischer Reagenzien auf Reinheit, oder nach H. und W. BILTZ (s. S. 1438) wie folgt durchgeführt werden: 5 ml einer 1 proz. Kaliumbromatlösung müssen nach Ansäuern mit 4 ml 2 n-Schwefelsäure und Zusatz von einigen Tropfen einer 0,1 proz. Methylorangelösung eine mindestens 2 min anhaltende Rotfärbung zeigen, andernfalls ist das Präparat bromidhaltig.

***Einstellung** gegen metallisches Antimon* (Äquivalentgewicht = 60,88 g Sb). 0,200 g feingepulvertes Antimon p. a. werden in einem 300 ml-ERLENMEYER-Kolben mit 15 ml Schwefelsäure (1,84) so lange zum Rauchen erhitzt, bis das Metall vollständig gelöst ist. Nach dem Abkühlen wird vorsichtig mit einem Gemisch von 100 ml Wasser und 5 ml Salzsäure (1,19) verdünnt. Die etwa 60° warme Lösung wird mit n/10-Kaliumbromatlösung unter Zusatz von 2 bis 3 Tropfen Methylorange als Indicator bis zum Verschwinden der Rosafärbung titriert. 0,200 g Antimon sollen 32,85 ml n/10-Kaliumbromatlösung verbrauchen.

3. n/50-Titan(III)-chloridlösung

(Äquivalentgewicht = 154,271 g $TiCl_3$)

Herstellung. Zur Herstellung von 5 l etwa n/50-Titan(III)-chloridlösung werden 100 ml der handelsüblichen, etwa 15proz. Titan(III)-chloridlösung mit 200 ml Salzsäure (2 + 1) kurz aufgekocht — ein etwaiger Niederschlag wird durch eine Nutsche abfiltriert — und dann sofort in 5 l ausgekochtes Wasser eingegossen, das sich in einer braunen Flasche befindet.

Nach gutem Durchmischen wird die Flasche durch einen langsamen Wasserstoffstrom von Luft befreit und an die Titrationsapparatur (vgl. die Abb. im Bd. I, Schiedsverfahren, 1949, 2. Aufl., S. 14) angeschlossen. Die Titerstellung kann erst nach einigen Std. erfolgen. Wegen der leichten Oxydierbarkeit des Titan(III)-chlorides muß die Aufbewahrung unter einer indifferenten Atmosphäre erfolgen. Trotzdem ist eine tägliche Kontrolle des Titers erforderlich.

Literatur. MERCK, E.: Prüfung chemischer Reagentien auf Reinheit, 5. Aufl. Darmstadt: E. Merck 1939 — Ausgewählte oxydimetrische Titrationen unter Ersatz oder Einsparung von Jod. Darmstadt: E. Merck 1941. — BILTZ, H. u. W.: Ausführung quantitativer Analysen, 5. Aufl. Zürich: Verlag S. Hirzel 1947.

***Einstellung** gegen Eisen(III)-oxyd* nach BRANDT (Äquivalentgewicht = 79,850 g Fe_2O_3). 1,430 g Eisen(III)-oxyd nach BRANDT werden unter Berücksichtigung seines Wassergehaltes, der durch Glühen bei schwacher Rotglut ermittelt wurde, in 25 ml Salzsäure (1,19) in einem 200 ml-ERLENMEYER-Kolben mit eingehängtem Trichter auf der Heizplatte gelöst. Die auf 1 l aufgefüllte Eisen(III)-chloridlösung enthält 1,000 mg Eisen in 1 ml. Zur Einstellung werden 25 ml abpipettiert, mit 5 ml Salzsäure (1,19) versetzt und auf 60 bis 70° erwärmt. Nach Zusatz von 0,2 g Natriumhydrogencarbonat wird bis zur schwachen Gelbfärbung und nach Zugeben von 1 ml Kaliumthiocyanatlösung (10 g/100 ml) und weiterem Natriumhydrogencarbonat bis zum Verschwinden der Rotfärbung titriert.

4. n/10-Eisen(II)-sulfatlösung

($FeSO_4 \cdot 7H_2O$ Äquivalentgewicht 278,03)

Herstellung. Für die Titration von Chrom verwendet man meist eine Eisen(II)-sulfatlösung, die durch Auflösen von etwa 29 g Eisen(II)-sulfat ($FeSO_4 \cdot 7H_2O$) in 1 l ausgekochtem Wasser unter Zusatz von 25 ml Schwefelsäure (1 + 1) bereitet wird.

Einstellung. Als Titersubstanz dient reines, getrocknetes Kaliumbichromat, von dem man 0,15 g in ein Becherglas von 600 ml einwägt, in etwa 300 bis 400 ml Wasser löst und mit 30 ml Schwefelsäure (1 + 1) ansäuert. Die Titration der abgekühlten Lösung mit n/10-Eisen(II)-sulfatlösung erfolgt am genauesten potentiometrisch, wobei der Endpunkt an einem deutlichen Zeigersprung des Potentiometers erkannt wird. Da der Titer der Lösung infolge Oxydation sich ständig ändert, ist er vor jedesmaligem Gebrauch der Lösung mit Kaliumbichromat zu kontrollieren.

Bemerkung. An Stelle von Eisen(II)-sulfat läßt sich auch Eisen(II)-ammoniumsulfat, $(NH_4)_2Fe(SO_4)_2 \cdot 6H_2O$, Äquivalentgewicht 392,16, verwenden. Man löst von diesem Salz etwa 40 g in 1 l ausgekochtem Wasser und gibt dann 25 ml Schwefelsäure (1 + 1) zu. Die Titerstellung erfolgt in gleicher Weise, wie oben angegeben.

5. Jodometrische Lösungen

a) n/10-Jodlösung

(Äquivalentgewicht = 126,91 g J)

Herstellung. 12,691 g trockenes Jod p. a. werden in einem 100 ml-Wägeglas mit Schliffdeckel oder einem 200 ml-Erlenmeyer-Kolben mit Schliffstopfen genau eingewogen und nach Zugabe von 20 g Kaliumjodid p. a. (jodatfrei) in 35 ml Wasser gelöst. Nach vollständiger Lösung wird der Inhalt in einen 1 l-Meßkolben übergespült und dieser bis zur Marke aufgefüllt. Falls mit n/20-Jodlösungen gearbeitet werden soll, was wegen der Empfindlichkeit der Jodstärkereaktion gut möglich und aus Gründen der Jodersparnis anzuraten ist, wird der obige Ansatz auf 2 l aufgefüllt. Die Jodlösungen sind in Flaschen aus braunem Glas aufzubewahren. Um zur Schonung der analytischen Waage die Wägeoperation nicht zu sehr in die Länge zu ziehen, ist es empfehlenswert, einige Milligramme Jod mehr einzuwägen und nach Auffüllen zur Marke die entsprechende Menge Wasser nachträglich zuzusetzen.

Für gasnormale Jodlösungen (zur Bestimmung von SO_2 in Gasen) sind für 1 l SO_2 (unter Normalbedingungen) $\frac{126{,}91 \cdot 2}{22{,}4} = 11{,}331$ g Jod mit 20 g Kaliumjodid zu lösen und auf 1 l Lösung aufzufüllen.

Bei Verwendung reiner Reagenzien sind die obigen Lösungen genau normal, zur Kontrolle ist jedoch eine der im folgenden beschriebenen *Einstellungen* auszuführen:

α) *Mit arseniger Säure* (Äquivalentgewicht = 49,455 g As_2O_3). 0,1500 g Arsen(III)-oxyd p. a. werden in 10 ml 1 n-Natronlauge gelöst und ohne längeres Stehen mit 12 ml 1 n-Schwefelsäure angesäuert. Nach Zusatz eines Überschusses von 2 g reinem Natriumhydrogencarbonat wird auf 200 ml verdünnt, mit etwa 1 ml Stärkelösung versetzt und mit n/10-Jodlösung bis zur Blaufärbung titriert. Für den laufenden Gebrauch zur Überprüfung der Jodlösungen sowie für andere Zwecke kann eine n/10-Natriumarsenitlösung verwendet werden: 4,9455 g Arsen(III)-oxyd p. a. werden in 40 ml 30proz. Natronlauge gelöst. Die auf 200 ml verdünnte Natriumarsenitlösung wird mit verdünnter Salzsäure (1 + 2) unter Verwendung von Methylrot als Indicator eben angesäuert. Nach Zusatz von 40 g Natriumhydrogencarbonat wird die Lösung in einem 1 l-Meßkolben mit ausgekochtem Wasser bis zur Marke aufgefüllt. 25 ml n/10-Arsenige-Säurelösung werden nach Verdünnen auf 100 ml unter Zusatz von 2 g Natriumhydrogencarbonat und 0,5 ml Stärkelösung mit n/10-Jodlösung bis zur Blaufärbung titriert.

β) *Mit einer Natriumthiosulfatlösung* bekannten Gehaltes, z. B. mit einer n/10-Natriumthiosulfatlösung. 25 ml n/10-Natriumthiosulfatlösung werden nach

Verdünnen auf 100 ml mit Wasser unter Zusatz von 0,5 ml Stärkelösung mit n/10-Jodlösung bis zur Blaufärbung titriert.

γ) Zur Bestimmung von *Zinn* wird die Jodlösung, wie im Kapitel „Zinn" (S. 978ff.) beschrieben, mit Hilfe *von metallischem Zinn* eingestellt.

b) n/10-Natriumthiosulfatlösung

(Äquivalentgewicht = 248,194 g $Na_2S_2O_3 \cdot 5H_2O$)

Herstellung. 25 g Natriumthiosulfat p. a. werden zur Herstellung von n/10-Natriumthiosulfatlösung zu einem Liter bzw. zur Herstellung von n/20-Lösung zu 2 l mit ausgekochtem Wasser gelöst. Zur Haltbarmachung der Lösung werden je Liter Zusätze von 0,1 g Natriumcarbonat bzw. 3,8 g kristallines Borax oder 0,5 ml Chloroform oder 0,1 g Quecksilbercyanid empfohlen. Die Lösung ist in einer Flasche aus braunem Glas im Dunkel aufzubewahren.

Einstellung der Natriumthiosulfatlösung: α) *Mit Kaliumjodat* (Äquivalentgewicht = 35,668 g KJO_3). 0,1000 g Kaliumjodat p. a. werden in 100 ml Wasser gelöst und nach Zusatz von 1 g Kaliumjodid p. a. mit 10 ml verdünnter Schwefelsäure (1 + 1) angesäuert. Das frei gewordene Jod wird mit der n/10-Natriumthiosulfatlösung bis zur schwach gelben Färbung und nach Zusatz von 0,5 ml Stärkelösung über Dunkelblau bis zur Farblosigkeit titriert.

β) *Mit Kaliumbichromat* (Äquivalentgewicht = 49,036 g $K_2Cr_2O_7$). 0,1500 g Kaliumbichromat p. a., das bei 150° getrocknet wurde, wird in 50 ml Wasser in einem 300 ml-Erlenmeyer-Kolben mit Schliffstopfen (sog. Jodkolben) gelöst. Nach Zusatz von 20 ml 10proz. Kaliumjodidlösung und Ansäuern mit 10 ml Salzsäure (1 + 1) läßt man die Lösung im Dunkeln 20 bis 30 min im verschlossenen Kolben stehen. Nach dem Verdünnen auf 150 ml wird mit n/10-Natriumthiosulfatlösung unter Zusatz von Stärkelösung bis zum Umschlagen von Blau in Bläulichgrün titriert.

Bemerkung. Das Kaliumjodid darf nach dem Ansäuern mit verdünnter Salzsäure keine gelbstichige Lösung ergeben. Gegebenenfalls ist ein Blindwert zu bestimmen und in Abzug zu bringen.

γ) *Mit n/10-Kaliumbromatlösung* (Äquivalentgewicht = 27,835 g $KBrO_3$). 25 ml n/10-Kaliumbromatlösung werden mit 10 ml 10proz. Kaliumjodidlösung und 5 ml Salzsäure (1 + 1) versetzt und 20 min im geschlossenen 300 ml-Erlenmeyer-Kolben bis zur vollständigen Jodabscheidung stehengelassen. Nach dem Verdünnen auf 150 ml wird unter Verwendung von Stärkelösung mit n/10-Natriumthiosulfatlösung bis zur Farblosigkeit titriert.

Für *gasnormale Natriumthiosulfatlösungen* (zur Bestimmung von SO_2 in Gasen) wird eine Natriumthiosulfatlösung mit einem Gehalt von 22,163 g Natriumthiosulfat/l, wie oben beschrieben, hergestellt.

c) n/10-Chloraminlösung

Chloraminlösungen können nach A. Noll zum Ersatz von Jodlösung verwendet werden. (Äquivalentgewicht = 281,64 g p-Toluolsulfonsäurechloramid-Natrium $CH_3 \cdot C_6H_4 \cdot SO_2 \cdot NClNa \cdot 3H_2O$.)

Herstellung. Zur Darstellung von n/10-Chloraminlösung werden 28,164 g p-Toluolsulfonsäurechloramid-Natrium DAB 6 zu 1 l mit Wasser gelöst.

Einstellung. Die Einstellung erfolgt gegen eine n/10-Natriumthiosulfatlösung unter Zusatz von einigen Körnchen Kaliumjodid und etwas Stärkelösung als Indicator.

Bemerkung. Für „Chloramin" ist auch die Bezeichnung „Clorina" gebräuchlich. Die Reinheitsprüfung kann nach den Vorschriften des DAB 6 erfolgen.

Literatur. Noll, A.: Chemiker-Ztg. Bd. 48 (1924) S. 845. — Merck, E.: s. unter 3. S. 625.

IV. Argentometrische Lösungen

1. n/10-Silbernitratlösung

(Äquivalentgewicht = 169,888 g $AgNO_3$)

Herstellung. α) *Aus Silbernitrat.* 16,989 g Silbernitrat p. a., das bei 150° getrocknet wurde, werden mit Wasser, auf dessen Chloridfreiheit besonders zu achten ist, zu 1 l gelöst. Die Aufbewahrung erfolgt in braunen Flaschen im Dunkeln.

β) *Aus Feinsilber* (Äquivalentgewicht = 107,880 g Ag). 10,788 g Feinsilber werden in einem 250 ml-Becherglas in einem Gemisch von 14 ml chlorfreier Salpetersäure (1,4) und 10 ml Wasser gelöst; die Lösung wird zur Vertreibung der salpetrigen Säure gekocht und nach dem Abkühlen mit Wasser (chlorfrei!) zu 1 l aufgefüllt. Diese n/10-Silbernitratlösung ist schwach salpetersauer und läßt sich daher nicht für Titrationen nach MOHR verwenden.

Einstellung. α) *Mit Natriumchlorid* (Äquivalentgewicht = 58,448 g NaCl). 5,8448 g Natriumchlorid p. a., das vorher bei 110° vorgetrocknet und bei 500° bis zur Gewichtskonstanz geglüht wurde, werden mit Wasser zu 1 l gelöst. Die Einstellung der n/10-Silbernitratlösung kann entweder in neutraler Lösung nach MOHR oder in salpetersaurer Lösung nach VOLHARD erfolgen. Bei schwächeren Normallösungen wird die Titration besser mit elektrometrischer Indizierung durchgeführt.

β) *Gewichtsanalytisch als Silberchlorid* (Äquivalentgewicht = 143,337 g AgCl). Die Durchführung der Einstellung nach dieser Methode erfolgt nach der in Bd. I, Schiedsverfahren, 2. Aufl., S. 176/77, gegebenen Vorschrift.

2. n/10-Ammoniumthiocyanatlösung

(Äquivalentgewicht = 76,125 g NH_4SCN)

Herstellung. 8 g Ammoniumthiocyanat p. a. (chlorfrei!) werden in Wasser gelöst und auf 1 l aufgefüllt.

Einstellung. 25 ml n/10-Silbernitratlösung werden in einem 750 ml-ERLENMEYER-Kolben mit 75 ml Wasser verdünnt, mit 3 ml Eisen(III)-ammoniumsulfatlösung (s. S. 1443) versetzt und mit n/10-Ammoniumthiocyanatlösung unter Schütteln bis zur Rosafärbung titriert. Durch Zusatz der nach dieser Titration berechneten Menge Wasser wird die Lösung auf 1/10-Normal eingestellt.

V. Komplexometrische Lösungen

1. m/10-Äthylendiamintetraessigsäure-Dinatriumsalz-Lösung

Herstellung. Da die Äthylendiamintetraessigsäure in Wasser nur schwer löslich ist, wird zum Ansetzen von Normallösungen das Dinatriumsalz verwendet. Es kommt mit großer Reinheit unter dem Namen Komplexon III, Titriplex III und Idranal III in den Handel. Es enthält als einzige Verunreinigung etwas Feuchtigkeit. Nach dem Trocknen bei 80° entspricht es genau der Zusammensetzung ($Na_2H_2C_{10}H_{12}O_8N_2 \cdot 2\,H_2O$) vom Mol.-Gewicht 372,25 und kann direkt eingewogen und als Urtitersubstanz behandelt werden.

m/10 Lösung = 37,225 g im Liter

Anmerkung. Zum Ansetzen der Lösung muß bidestilliertes bzw. über Ionenaustauscher gereinigtes Wasser verwendet werden. Wenn man das Dinatriumsalzdihydrat zwischen 120 und 140° trocknet, so erhält man das wasserfreie Salz der Zusammensetzung ($Na_2H_2C_{10}H_{12}O_8N_2$) vom Mol.-Gewicht 336,220, welches ebenfalls als Titersubstanz dienen kann.

Die Lösung des Dinatriumsalzes mit einem p_H-Wert von 4,8 verändert den Titer monatelang nicht, wenn sie in Flaschen aus Pyrexglas oder Duranglas aufbewahrt wird, die vor der Verwendung gründlich ausgedämpft worden sind. Sehr gut eignen sich Polyäthylenflaschen. Gewöhnliches Glas gibt an die Lösung im Laufe der Zeit merkliche Mengen von Calcium ab.

2. m/100-Lösung

Zur Herstellung von m/100-Lösung wird m/10-Lösung entsprechend verdünnt.

Literatur. SCHWARZENBACH, G.: Die komplexometrische Titration. Die chemische Analyse. Bd. 45, 2. Aufl. (1956) S. 52.

VI. n/10 Cer(IV)-sulfatlösung

[Äquivalentgewicht = 404,32 g $Ce(SO_4)_2 \cdot 4H_2O$]

Herstellung. 41 g Cer(IV)-sulfat p. a. „Merck" werden in einer Mischung von 500 ml Wasser und 28 ml Schwefelsäure (1,84) gelöst und mit Wasser auf 1 l aufgefüllt.

Einstellung. a) *Mit Natriumoxalat* (Äquivalentgewicht = 67,002 g $Na_2C_2O_4$). 0,200 g Natriumoxalat nach SÖRENSEN werden genau eingewogen und in Wasser gelöst. Nach Zugabe von 15 bis 20 ml Salzsäure (1,19), 5 ml 0,005 m-Jodmonochloridlösung und einem Tropfen Ferroinlösung wird auf 100 ml verdünnt, auf 50° erwärmt und mit der Cer(IV)-sulfatlösung titriert, bis die rote Färbung der Lösung nach Blaßblau umschlägt und innerhalb 1 min nicht zurückkehrt. Dabei soll die Temperatur nicht unter 45° sinken.

b) *Mit Arsentrioxyd* (Äquivalentgewicht = 49,455 g As_2O_3). Etwa 0,15 g Arsen(III)-oxyd werden genau eingewogen und mit 1 g Natriumcarbonat in 15 ml Wasser unter Erwärmen gelöst. Nach dem Abkühlen wird auf 80 ml verdünnt und mit 20 ml Salzsäure (1,19), 5 ml 0,005 m-Jodmonochloridlösung und einem Tropfen Ferroinlösung versetzt. Zunächst wird bei Zimmertemperatur mit der Cer(IV)-sulfatlösung titriert, bis die rotbraune Färbung der Lösung auf Zusatz eines Tropfens Maßlösung nur noch langsam zurückkehrt. Dann wird auf 50° erwärmt und vorsichtig weitertitriert, bis die Indicatorfarbe innerhalb einer min nicht wieder erscheint.

Literatur. PETZOLD, W.: Die Cerimetrie und die Anwendung der Ferroine als maßanalytische Redoxindicatoren. Weinheim/Bergstr.: Verlag Chemie GmbH 1955.

C. Indicatoren

I. Säuren- und Basenindicatoren

1. *Dimethylgelb.* 0,1 g Dimethylaminoazobenzol wird in 100 ml 90proz. Äthanol gelöst.
2. *Methylorange.* 0,1 g Dimethylamino-azo-benzolsulfosaures Natrium wird in 100 ml heißem Wasser gelöst und die Lösung vor Gebrauch filtriert.
3. *Bromkresolgrün.* 0,1 g Tetrabrom-m-kresolsulfophthalein wird in 100 ml 20proz. Äthanol gelöst.
4. *Methylrot.* 0,2 g Dimethylamino-azo-benzol-o-carbonsäure werden in 100 ml 60proz. Äthanol gelöst.
5. *Chlorphenolrot.* 0,1 g Dichlorphenolsulfophthalein wird in 100 ml 20proz. Äthanol gelöst.

6. *Neutralrot.* 0,1 g Dimethyldiaminotoluphenazin-hydrochlorid wird in 60 ml Äthanol gelöst und die Lösung mit Wasser auf 100 ml verdünnt.

7. *Bromthymolblau.* 0,1 g Dibromthymolsulfophthalein wird in 100 ml 20proz. Äthanol gelöst.

8. *α-Naphtholphthalein.* 0,1 g α-Naphtholphthalein wird in 50 ml Äthanol gelöst und die Lösung mit Wasser auf 100 ml verdünnt.

9. *Phenolphthalein.* 1 g Phenolphthalein wird in 100 ml 60proz. Äthanol gelöst.

10. *Thymolphthalein.* 0,1 g Thymolphthalein wird in 100 ml 75proz. Äthanol gelöst.

II. Redox-Indicatoren

1. *Diphenylamin.* 0,2 g Natriumdiphenylaminsulfonat werden in 100 ml Schwefelsäure (1,84) p. a. (stickoxydfrei!) gelöst.

2. „*Ferroin*". n/40-o-Phenantrolin-Eisen(II)-sulfat p. a. „Merck" ist als fertige Lösung zu beziehen. 1,624 g o-Phenantrolinhydrochlorid (Merck) + 0,695 g Eisen(II)-sulfat krist. werden in 100 ml Wasser gelöst.

III. Sonstige Indicatoren

1. *Stärkelösung für die Jodometrie.* 1 g wasserlösliche Stärke p. a. wird mit wenig kaltem Wasser zu einem Brei verrührt und in 100 ml siedendes Wasser gegossen. Nach dem Abkühlen kann die Stärkelösung durch Zusatz von 10 mg Thymol oder 10 mg Quecksilber(II)-jodid haltbar gemacht werden. Wird diese Lösung in 100 ml-Flaschen abgefüllt und nach dem Zukorken sterilisiert, so ist sie monatelang haltbar.

2. *Eisenalaun für die Argentometrie nach* Volhard. Eine kaltgesättigte Lösung von Eisen(III)-ammoniumsulfat wird mit so viel chlorfreier Salpetersäure versetzt, bis die Braunfärbung des Eisen(III)-ions eben verschwindet. Eine andere Vorschrift lautet: 200 g Eisen(III)-ammoniumsulfat + 300 ml Wasser + 50 ml Salpetersäure (1,4).

3. *Kaliumchromatlösung für die Chlorbestimmung nach* Mohr. 10 g Kaliumchromat p. a. werden in 90 ml Wasser gelöst.

4. *Eriochromschwarz T-Indicatorlösung für Chelatometrie.*

Herstellung. 0,5 g Eriochromschwarz T und 4,5 g Hydroxylaminhydrochlorid werden in 100 ml Äthanol gelöst.

Anmerkung. Der Indicator kann auch in fester Form — gemischt mit Natriumchlorid — der zu titrierenden Lösung zugesetzt werden. Bei seltenem Gebrauch vermeidet man so eine Zersetzung der nicht unbegrenzt haltbaren Lösung.

Der Farbstoff wird mit Natriumchlorid p. a. im Verhältnis 1 : 200 bis 1 : 400 zu einem staubfeinen Pulver verrieben. Für 100 ml Titrationsflüssigkeit werden 3 bis 7 mg Farbstoffmenge benötigt.

Literatur. Jander, G., u. K. F. Jahr: Maßanalyse, Sammlung Göschen, Bd. 221/221a (1959) S. 217

5. *Murexid-Indicatorlösung für Chelatometrie.*

Herstellung. Etwa 0,5 g Murexid wird mit wenigen ml Wasser aufgeschlämmt und gut durchgeschüttelt. Man läßt das Ungelöste absitzen und benutzt für die Titrationen die gesättigte überstehende Lösung. Die alte Lösung wird jeden Tag abdekantiert und neues Wasser hinzugefügt, um stets eine frische Indicatorlösung zu erhalten.

Literatur. SCHWARZENBACH, G.: Die komplexometrische Titration. Die chemische Analyse. Bd. 45, 2. Aufl. (1956) S. 54.

6. *Indicator- und Katalysatorlösung für Cer(IV)-sulfat-Titrationen.* a) Ferroinlösung (0,025 m): n/40-o-Phenanthrolin-Eisen(II)-sulfat p. a. „Merck" ist als fertige Lösung zu beziehen. 1,624 g o-Phenanthrolinhydrochlorid (Merck) + 0,695 g Eisen(II)-sulfat krist. werden in 100 ml Wasser gelöst.

b) Jodmonochloridlösung (0,005 m): 250 ml Wasser, in denen 0,277 g Kaliumjodid und 0,178 g Kaliumjodat gelöst sind, werden in einem Guß mit 250 ml Salzsäure (1,19) versetzt. Die Lösung wird eingestellt, indem sie nach Zugabe von etwa 10 ml Chloroform oder Kohlenstofftetrachlorid tropfenweise mit 0,025 m Kaliumjodatlösung bzw. 0,04 m Kaliumjodidlösung versetzt wird, bis am Äquivalenzpunkt 1 Tropfen Jodatlösung nach starkem Schütteln eine Entfärbung, 1 Tropfen Jodidlösung hingegen Rosafärbung der nichtwäßrigen Schicht hervorruft.

Literatur. PETZOLD, W.: Die Cerimetrie und die Anwendung der Ferroine als maßanalytische Redoxindicatoren. Weinheim/Bergstr.: Verlag Chemie GmbH 1955.

IV. Indicatoren-Tabellen

Tabelle 1. *Farbumschläge und* p_H*-Intervalle der wichtigsten Säure-Basen-Indicatoren.*

Nr.	Name	Lösungsmittel und Konzentration	p_H-Bereich	Farbumschlag
1.	Kresolrot	0,1% a. L.	0,2 bis 1,8	rot — gelb
2.	Thymolblau	0,1% a. L. (20proz.)	1,2 bis 2,8	rot — gelb
3.	m-Kresolpurpur	0,1% a. L.	1,2 bis 2,8	rot — gelb
4.	p-Xylenolblau	0,1% a. L.	1,2 bis 2,8	rot — gelb
5.	Metanilgelb	0,1% a. L.	1,2 bis 2,3	violettrot — gelb
6.	Tropaeolin 00	0,1% w. L.	1,3 bis 3,2	rot — gelb
7.	Dimethylgelb	0,1% a. L. (90proz.)	2,9 bis 4,0	rot — gelb
8.	Bromchlorphenolblau	0,1% a. L.	3,0 bis 4,6	gelb — purpur
9.	Bromphenolblau	0,1% a. L. (20proz.)	3,0 bis 4,6	gelb — violett
10.	Kongorot	0,1% w. L.	3,0 bis 5,2	blauviolett — rot
11.	Methylorange	0,1% w. L.	3,0 bis 4,4	rot — orange
12.	α-Naphthylamin	0,01% a. L. (60proz.)	3,4 bis 5,6	rot — gelb
13.	Bromkresolgrün	0,1% a. L. (20proz.)	3,8 bis 5,4	gelb — blau
14.	Methylrot	0,2% a. L. (60proz.)	4,4 bis 6,2	rot — gelb
15.	Lackmoid	0,2% a. L.	4,4 bis 6,4	rot — blau
16.	Chlorphenolrot	0,1% a. L. (20proz.)	4,8 bis 6,4	gelb — rot
17.	Bromkresolpurpur	0,1% a. L. (20proz.)	5,2 bis 6,8	gelb — purpur
18.	Bromphenylrot	0,1% a. L.	5,2 bis 6,8	gelb — purpur
19.	p-Nitrophenol	0,2% w. L.	5,0 bis 7,4	farblos — gelb
20.	Bromthymolblau	0,1% a. L. (20proz.)	6,0 bis 7,6	gelb — blau
21.	Neutralrot	0,1% a. L. (60proz.)	6,8 bis 8,0	rot — gelborange
22.	Phenolrot	0,1% a. L. (20proz.)	6,8 bis 8,2	gelb — rot
23.	Kresolrot	0,1% a. L. (20proz.)	7,2 bis 8,8	gelb — purpur
24.	α-Naphtholphthalein	0,1% a. L. (50proz.)	7,3 bis 8,7	rosa — grün
25.	m-Kresolpurpur	0,1% a. L.	7,4 bis 9,0	gelb — purpur
26.	Thymolblau	0,1% a. L. (20proz.)	8,0 bis 9,6	gelb — blau
27.	o-Kresolphthalein	0,1% a. L.	8,2 bis 9,8	farblos — rot
28.	Phenolphthalein	1% a. L. (60proz.)	8,2 bis 10,0	farblos — rot
29.	Thymolphthalein	0,1% a. L. (75proz.)	9,3 bis 10,5	farblos — blau
30.	Alizaringelb GG	0,1% a. L. (50proz.)	10,0 bis 12,1	hellgelb — bräunlichgelb
31.	Alizaringelb R	0,1% a. L. (50proz.)	10,1 bis 12,1	hellgelb — rotbraun
32.	β-Naphtholviolett	0,1% w. L.	10,0 bis 12,0	braungelb — violett
33.	Nitramin	0,1% a. L. (60proz.)	10,8 bis 13,0	farblos — rotbraun
34.	Tropaeolin 0	0,1% w. L.	11,7 bis 12,7	gelb — orangebraun

Tabelle 2. *Mischindicatoren*
Zusammenstellung nach KOLTHOFF und STENGER, II. Bd., S. 58—60. (s. S. 1433)

Nr.	Zusammensetzung	p_T	Farbumschlag	Bem.
1.	1 T 0,1 proz. a. Dimethylgelb + 1 T 0,1 proz. a. Methylenblau	3,25	blauviolett — grün	!
2.	1 T 0,1 proz. w. Methylorange + 1 T 0,25 proz. w. Indigocarmin	4,1	violett — grün	!
3.	1 T 0,1 proz. w. Methylorange + 1 T 0,1 proz. w. Anilinblau	4,3	violett — grün	
4.	1 T 0,1 proz. w. Bromkresolgrün* + 1 T 0,02 proz. w. Methylorange	4,3	orange — blaugrün	
5.	3 T 0,1 proz. a. Bromkresolgrün + 1 T 0,2 proz. a. Methylrot	5,1	weinrot — grün	
6.	1 T 0,2 proz. a. Methylrot + 1 T 0,1 proz. a. Methylenblau	5,4	rotviolett — grün	
7.	1 T 0,1 proz. w. Chlorphenolrot* + 1 T 0,1 proz. w. Anilinblau	5,8	grün — violett	
8.	1 T 0,1 proz. w. Bromkresolgrün* + 1 T 0,1 proz. w. Chlorphenolrot*	6,1	gelbgrün — blauviolett	
9.	1 T 0,1 proz. w. Bromkresolpurpur* + 1 T 0,1 proz. w. Bromthymolblau	6,7	gelb — violettblau	
10.	2 T 0,1 proz. w. Bromthymolblau* + 1 T 0,1 proz. w. Azolithmin	6,9	violett — blau	
11.	1 T 0,1 proz. a. Neutralrot + 1 T 0,1 proz. a. Methylenblau	7,0	violettblau — grün	!
12.	1 T 0,1 proz. a. Neutralrot + 1 T 0,1 proz. a. Bromthymolblau	7,2	rosa — grün	
13.	2 T 0,1 proz. a. Cyanin + 1 T 0,1 proz. a. Phenolrot	7,3	gelb — violett	a)
14.	1 T 0,1 proz. w. Bromthymolblau* + 1 T 0,1 proz. w. Phenolrot*	7,5	gelb — violett	!
15.	1 T 0,1 proz. w. Kresolrot* + 3 T 0,1 proz. w. Thymolblau*	8,3	gelb — violett	!
16.	2 T 0,1 proz. a. α-Naphtholphthalein + 1 T 0,1 proz. a. Kresolrot	8,3	blaßrosa — violett	
17.	1 T 0,1 proz. a. α-Naphtholphthalein + 3 T 0,1 proz. a. Phenolphthalein	8,9	blaßrosa — violett	
18.	1 T 0,1 proz. a. Phenolphthalein + 2 T 0,1 proz. a. Methylgrün	8,9	grün — violett	
19.	1 T 0,1 proz. a. Thymolblau + 3 T 0,1 proz. a. Phenolphthalein	9,0	gelb — violett	! a)
20.	1 T 0,1 proz. a. Phenolphthalein + 1 T 0,1 proz. a. Thymolphthalein	9,9	farblos — violett	+
21.	1 T 0,1 proz. a. Phenolphthalein + 2 T 0,2 proz. a. Nilblau	10,0	blau — rot	!
22.	2 T 0,1 proz. a. Thymolphthalein + 1 T 0,1 proz. a. Alizaringelb	10,2	gelb — violett	+
23.	2 T 0,2 proz. w. Nilblau + 1 T 0,1 proz. a. Alizaringelb	10,8	grün — rotbraun	

Erklärung: T = Teil; a. L. = alkoholische Lösung; w. L. = wäßrige Lösung; p_H = Titrationsexponent im Äquivalenzpunkt. * = Na-Salz.

Bemerkungen: ! = sehr guter Indicator; a) = Lösungsmittel 50 proz. Alkohol; + = sehr scharfer Umschlag;

zu Nr. 1: noch grün bei p_H 3,4; blauviolett bei 3,2; Nr. 2: speziell für künstliches Licht; Nr. 4: gelb bei p_H 3,5; grüngelb bei 4,05; schwach grün bei 4,3; Nr. 6: rotviolett bei p_H 5,2; schmutzigblau bei 5,4; schmutziggrün (sog. Tashiro-Indicator) bei 5,6; Nr. 7: blaßviolett bei p_H 5,8; Nr. 8: blaugrün bei p_H 5,4; blau bei 5,8; blau mit Violettstich bei 6,0; blauviolett bei 6,2; Nr. 9: gelbviolett bei 6,2; violett bei 6,6; blauviolett bei 6,8; Nr. 11: violettblau bei p_H 7,0; Nr. 12: schmutziggrün bei 7,4; blaßrosa bei 7,2; blaurosa bei 7,0; Nr. 13: orange bei 7,2; schönviolett bei 7,4; Farbe schwindet beim Stehen; Nr. 14: schmutziggrün bei p_H 7,2; blaßviolett bei 7,4; starkviolett bei 7,6; zur Titration von P-Molybdat; Nr. 15: rosa bei p_H 8,2; violett bei 8,4; Nr. 16: blaßviolett bei p_H 8,2; starkviolett bei 8,4; Nr. 17: blaßgrün bei p_H 8,6; violett bei 9,0; Nr. 18: blaßblau bei p_H 8,8; violett bei 9,0; Nr. 19: von Gelb übe Grün zu Violett; Nr. 20: rosa bei p_H 9,6; violett bei 10,0; Nr. 21: violett bei p_H 10,0.

D. Herstellung häufig gebrauchter Lösungen

I. Zur maßanalytischen Eisenbestimmung nach Zimmermann-Reinhardt

1. *Zinn(II)-chloridlösung.* 125 g Zinn(II)-chlorid ($SnCl_2 \cdot 2H_2O$) p. a. werden mit 100 ml Salzsäure (1,19) gelöst; die Lösung wird mit Wasser auf 1 l verdünnt. Zum Schutz gegen die Oxydation durch den Luftsauerstoff empfiehlt sich, die Lösung unter indifferenter Atmosphäre (z. B. Kohlendioxyd), wie bei der Titan(III)-chloridlösung beschrieben wurde, aufzubewahren. Überdies können kleine Mengen Zinnspäne hinzugefügt werden.

2. *Quecksilber(II)-chloridlösung.* 50 g Quecksilber(II)-chlorid p. a. werden in der Wärme in 1 l Wasser gelöst.

3. *Mangansulfat-Phosphorsäure-Lösung.* 200 g kristallisiertes Mangansulfat ($MnSO_4 \cdot 4H_2O$) p. a. werden in 1 l Wasser gelöst. Zu dieser Lösung fügt man 400 ml Phosphorsäure (1,7) p. a. und 400 ml Schwefelsäure (1,84) hinzu und verdünnt auf 3 l.

II. Zur Arsenbestimmung

Reduktionslösungen für die Verflüchtigung des Arsens als Arsen(III)-chlorid. 100 g *Hydrazinsulfat* und 200 g Kaliumbromid werden in 3 l Wasser gelöst. Von dieser Lösung verwendet man je nach der Menge der zu reduzierenden Bestandteile 15 bis 30 ml. An Stelle der vorgenannten Reduktionslösung kann eine Lösung von Eisen(II)-chlorid (500 g/l) verwendet werden. Hiervon werden 50 ml für jede Bestimmung benötigt. Das verwendete Eisen(II)-chlorid muß arsenfrei sein. — Auch Eisen(II)-sulfat kann als Reduktionsmittel verwendet werden.

III. Ammoniumacetatlösung zum Auflösen von Bleisulfat

Die Ammoniumacetatlösung wird hergestellt durch Vermischen von 120 ml Ammoniak (0,91) mit 170 ml Wasser und 140 ml Eisessig.

IV. Magnesiamixtur zur Fällung von Arsen und Phosphor

55 g kristallisiertes Magnesiumchlorid ($MgCl_2 \cdot 6H_2O$) und 70 g Ammoniumchlorid werden in 650 ml Wasser gelöst, die Lösung wird mit Ammoniak (0,91) auf 1 l aufgefüllt. Sie muß vollkommen klar sein, gegebenenfalls ist sie zu filtrieren.

Nach B. Schmitz wird empfohlen, 55 g kristallisiertes Magnesiumchlorid ($MgCl_2 \cdot 6H_2O$) und 105 g Ammoniumchlorid in 1 l Wasser zu lösen und 5 ml Salzsäure (1 + 1) hinzuzusetzen.

V. Lösungen für die Phosphorbestimmungen

1. *Ammoniummolybdatlösung.* 50 g feingepulvertes Ammoniummolybdat werden in 200 ml Ammoniak (0,91) gelöst. Diese Lösung wird unter ständiger Kühlung und Rühren in einem dünnen Strahl in 750 ml Salpetersäure (1 + 1) gegossen. Nach mehrtägigem Stehen wird von einem etwa gebildeten Niederschlag abfiltriert.

2. *Ammoniumnitratlösung als Fällungszusatz.* 140 g Ammoniumnitrat werden in 1 l Wasser gelöst.

3. *Ammoniumnitratlösung als Waschflüssigkeit.* 490 ml Wasser werden mit 10 ml Salpetersäure (1 + 1) versetzt. In dieser Lösung werden 12,5 g Ammoniumnitrat aufgelöst.

4. *Kaliumnitrat als Waschflüssigkeit.* 10 g Kaliumnitrat werden in 500 ml Wasser gelöst.

VI. Cadmiumacetatlösung zur Sulfidschwefelbestimmung

20 g Zinkacetat und 5 g Cadmiumacetat werden in 100 ml Wasser gelöst. Nach Zusatz von 250 ml Eisessig wird mit Wasser auf 1 l aufgefüllt. Zum Abpuffern von etwa überdestillierter Salzsäure wird ein Zusatz von 200 g Natriumacetat je Liter empfohlen.

Literatur. Handbuch für das Eisenhüttenlaboratorium, Bd. I, 1939 u. 1960; Bd. II, 1941. Düsseldorf: Verlag Stahleisen. — Hillebrand, F. W., u. G. E. F. Lundell: Applied Inorganic Analysis. New York: John Wiley & Sons 1953. — Jander, G., u. K. F. Jahr: Maßanalyse, Bd. I u. II. Berlin: W. de Gruyter 1959. — Lundell, G. E. F., J. I. Hoffmann u. H. A. Bright: Chemical Analysis of Iron and Steel. New York: John Wiley & Sons Inc. 1931. — Neuere maßanalytische Methoden aus der Sammlung: Die chemische Analyse. Hrsg. von W. Böttger, 2. Aufl. Stuttgart: F. Enke 1937. — Poethke, W., u. F. Wolf: Z. anorg. allg. Chem. Bd. 268 (1952) S. 244—259. Die Verwendung von Chloramin. — Schmitz, B.: Z. analyt. Chem. Bd. 45 (1906) S. 512.

E. Löslichkeit wichtiger Reagenzien in Wasser bei 20°

Stoff	Formel	g wasserfreie Substanz in 100 g Wasser, abgerundet
Ammoniumacetat	$NH_4C_2H_3O_2$	sehr leicht
Ammoniumcarbonat	$\{NH_4HCO_3$ $HN_4CO_2NH_2$	~30
Ammoniumchlorid	NH_4Cl	37,4
Ammoniumnitrat	NH_4NO_3	187,7
Ammoniumoxalat	$(NH_4)_2C_2O_4 \cdot H_2O$	4,4
Ammoniumsulfat	$(NH_4)_2SO_4$	75,4
Bariumchlorid	$BaCl_2 \cdot 2H_2O$	35,7
Bariumnitrat	$Ba(NO_3)_2$	9,0
Bleinitrat	$Pb(NO_3)_2$	52,2
Borsäure	H_3BO_3	4,0
Borax	$Na_2B_4O_7 \cdot 10H_2O$	2,5
Calciumchlorid	$CaCl_2 \cdot 6H_2O$	74,5
Chromsäure	CrO_3	168
Eisen(II)-ammoniumsulfat	$(NH_4)_2Fe(SO_4)_2 \cdot 6H_2O$	26,9
Eisen(II)-chlorid	$FeCl_2$	62,6
Eisen(III)-chlorid	$FeCl_3 \cdot 6H_2O$	91,9
Eisen(II)-sulfat	$FeSO_4 \cdot 7H_2O$	26,6
Kaliumbichromat	$K_2Cr_2O_7$	12,3
Kaliumbromid	KBr	65,6
Kaliumcarbonat	K_2CO_3	111
Kaliumchlorat	$KClO_3$	7,3
Kaliumchlorid	KCl	34,3
Kaliumchromat	K_2CrO_4	63,0
Kaliumcyanoferrat (II)	$K_4Fe(CN)_6 \cdot 3HO$	28,0
Kaliumcyanoferrat(III)	$K_3Fe(CN)_6$	46
Kaliumhydrogencarbonat	$KHCO_3$	33,3
Kaliumhydroxyd	$KOH \cdot 2H_2O$	111,4

Stoff	Formel	g wasserfreie Substanz in 100 g Wasser, abgerundet
Kaliumjodat	KJO_3	8,1
Kaliumjodid	KJ	144,5
Kaliumnitrat	KNO_3	31,5
Kaliumnitrit	KNO_2	310
Kaliumperchlorat	$KClO_4$	1,6
Kaliumpermanganat	$KMnO_4$	6,4
Kaliumsulfat	K_2SO_4	11,1
Kupfersulfat	$CuSO_4 \cdot 5H_2O$	20,9
Magnesiumchlorid	$MgCl_2 \cdot 6H_2O$	54,5
Magnesiumsulfat	$MgSO_2 \cdot 7H_2O$	36,3
Mangansulfat	$MnSO_4 \cdot 5H_2O$	62,9
Natriumacetat	$NaC_2H_3O_2 \cdot 3H_2O$	46,2
Natriumcarbonat	$Na_2CO_3 \cdot 10H_2O$	21,6
Natriumchlorid	$NaCl$	35,8
Natriumfluorid	NaF	4,0
Natriumhydrogencarbonat	$NaHCO_3$	9,6
Natriumhydroxyd	$NaOH$	107
Natriumnitrat	$NaNO_3$	87,5
Natriumnitrit	$NaNO_2$	82
Natriumoxalat	$Na_2C_2O_4$	3,7
Natriumphosphat sec.	$Na_2HPO_4 \cdot 12H_2O$	7,6
Natriumsulfat	$Na_2SO_4 \cdot 10H_2SO$	19,1
Natriumsulfit	$Na_2SO_3 \cdot 7H_2O$	26,6
Natriumthiosulfat	$Na_2S_2O_3 \cdot 5H_2O$	70,0
Quecksilber(II)-chlorid	$HgCl_2$	6,6
Silbernitrat	$AgNO_3$	215,5
Strontiumchlorid	$SrCl_2 \cdot 6H_2O$	53,9
Weinsäure	$H_2 \cdot C_4H_4O_6$	139
Zinkchlorid	$ZnCl_2 \cdot 1{,}5H_2O$	367
Zinksulfat	$ZnSO_4 \cdot 7H_2O$	53,8

F. Konzentration und Dichte der wichtigsten Säuren bei 20 °C[1]

Gew.-%	Dichte HCl	Dichte H_2SO_4	Dichte HNO_3	Dichte CH_3COOH	Dichte H_3PO_4	Gew.-%	Dichte H_2SO_4	Dichte HNO_3	Dichte CH_3COOH	Dichte H_3PO_4
1	1,0032	1,0051	1,00364	0,9996	1,0038	51	1,4049	1,3160	1,0582	1,345
2	1,0082	1,0118	1,00909	1,0012	1,0092	52	1,4148	1,3219	1,0590	1,354
3	1,0132	1,0184	1,01457	1,0025	1,0147	53	1,4248	1,3278	1,0597	1,362
4	1,0181	1,0250	1,02008	1,0040	1,0202	54	1,4350	1,3336	1,0604	1,371
5	1,0230	1,0317	1,02563	1,0055	1,0258	55	1,4453	1,3393	1,0611	1,380
6	1,0279	1,0385	1,03122	1,0069	1,0314	56	1,4557	1,3449	1,0618	1,389
7	1,0327	1,0453	1,0369	1,0083	1,0371	57	1,4662	1,3505	1,0624	1,398
8	1,0376	1,0522	1,0427	1,0097	1,0427	58	1,4768	1,3560	1,0631	1,407
9	1,0425	1,0591	1,0485	1,0111	1,0484	59	1,4875	1,3614	1,0637	1,416
10	1,0474	1,0661	1,0543	1,0125	1,0542	60	1,4983	1,3667	1,0642	1,426
11	1,0524	1,0731	1,0602	1,0139	1,060	61	1,5091	1,3719	1,0648	1,435
12	1,0574	1,0802	1,0661	1,0154	1,066	62	1,5200	1,3769	1,0653	1,444
13	1,0624	1,0874	1,0721	1,0168	1,072	63	1,5310	1,3818	1,0658	1,454
14	1,0675	1,0947	1,0781	1,0182	1,078	64	1,5421	1,3866	1,0662	1,464
15	1,0725	1,1020	1,0842	1,0195	1,084	65	1,5533	1,3913	1,0666	1,473
16	1,0776	1,1094	1,0903	1,0209	1,090	66	1,5646	1,3959	1,0671	1,483
17	1,0827	1,1168	1,0964	1,0223	1,096	67	1,5760	1,4004	1,0675	1,493
18	1,0878	1,1243	1,1026	1,0236	1,102	68	1,5874	1,4048	1,0678	1,503
19	1,0929	1,1318	1,1088	1,0250	1,109	69	1,5989	1,4091	1,0682	1,514
20	1,0980	1,1394	1,1150	1,0263	1,115	70	1,6105	1,4134	1,0685	1,524
21	1,1031	1,1471	1,1213	1,0276	1,122	71	1,6221	1,4176	1,0687	1,534
22	1,1083	1,1548	1,1276	1,0288	1,128	72	1,6338	1,4218	1,0690	1,545
23	1,1135	1,1626	1,1340	1,0301	1,135	73	1,6456	1,4258	1,0693	1,555
24	1,1187	1,1704	1,1404	1,0313	1,141	74	1,6574	1,4298	1,0694	1,566
25	1,1239	1,1783	1,1469	1,0326	1,148	75	1,6692	1,4337	1,0696	1,577
26	1,1290	1,1862	1,1534	1,0338	1,154	76	1,6810	1,4375	1,0698	1,587
27	1,1341	1,1942	1,1600	1,0349	1,161	77	1,6927	1,4413	1,0699	1,598
28	1,1392	1,2023	1,1666	1,0361	1,168	78	1,7043	1,4450	1,0700	1,609
29	1,1443	1,2104	1,1733	1,0372	1,175	79	1,7158	1,4486	1,0700	1,620
30	1,1493	1,2185	1,1800	1,0384	1,182	80	1,7272	1,5221	1,0700	1,631
31	1,1543	1,2267	1,1867	1,0395	1,189	81	1,7383	1,4555	1,0699	1,643
32	1,1593	1,2349	1,1934	1,0406	1,196	82	1,7491	1,4589	1,0698	1,654
33	1,1642	1,2432	1,2002	1,0417	1,203	83	1,7594	1,4622	1,0696	1,665
34	1,1691	1,2515	1,2071	1,0428	1,210	84	1,7693	1,4655	1,0693	1,677
35	1,1740	1,2599	1,2140	1,0438	1,218	85	1,7786	1,4686	1,0689	1,688
36	1,1789	1,2684	1,2205	1,0449	1,225	86	1,7872	1,4716	1,0685	1,700
37	1,1837	1,2769	1,2270	1,0459	1,233	87	1,7951	1,4745	1,0680	1,712
38	1,1885	1,2855	1,2335	1,0469	1,240	88	1,8022	1,4773	1,0675	1,724
39	1,1933	1,2941	1,2399	1,0479	1,248	89	1,8087	1,4800	1,0668	1,736
40	1,1980	1,3028	1,2463	1,0488	1,255	90	1,8144	1,4826	1,0661	1,748
41		1,3116	1,2527	1,0498	1,263	91	1,8195	1,4850	1,0652	1,760
42		1,3205	1,2591	1,0507	1,271	92	1,8240	1,4873	1,0643	1,773
43		1,3294	1,2655	1,0516	1,279	93	1,8279	1,4892	1,0632	1,786
44		1,3384	1,2719	1,0525	1,287	94	1,8312	1,4912	1,0619	1,799
45		1,3476	1,2783	1,0534	1,295	95	1,8337	1,4932	1,0605	1,812
46		1,3569	1,2847	1,0542	1,303	96	1,8355	1,4952	1,0588	1,825
47		1,3663	1,2911	1,0551	1,311	97	1,8364	1,4974	1,0570	1,838
48		1,3758	1,2975	1,0559	1,320	98	1,8361	1,5008	1,0549	1,851
49		1,3854	1,3040	1,0567	1,328	99	1,8342	1,5056	1,0524	1,865
50		1,3951	1,3100	1,0575	1,336	100	1,8305	1,5129	1,0498	1,878

[1] Nach den Angaben der International Critical Tables (New York: McGraw-Hill Book Co. 1928) Bd. III.

Konzentration und Dichte d 20/4 weitere Säuren

Gew.-%	Flußsäure (HF)	Bromwasserstoffsäure (HBr)	Jodwasserstoffsäure (HJ)	Überchlorsäure ($HClO_4$)	Chromsäureanhydrid (CrO_3)
1	—	1,005	1,005	1,005	1,006
2	1,005	1,012	1,013	1,011	1,014
4	1,012	1,027	1,028	1,023	1,030
6	1,021	1,042	1,043	1,035	1,045
8	1,028	1,057	1,059	1,047	1,060
10	1,036	1,072	1,075	1,060	1,076
12	1,043	1,088	1,092	1,073	1,093
14	1,050	1,105	1,109	1,086	1,110
16	1,057	1,122	1,127	1,100	1,127
18	1,064	1,140	1,146	1,114	1,145
20	1,070	1,158	1,165	1,128	1,163
22	1,077	1,127	1,185	1,143	1,181
24	1,084	1,196	1,206	1,158	1,200
26	1,090	1,216	1,227	1,174	1,220
28	1,096	1,237	1,250	1,190	1,240
30	1,102	1,258	1,274	1,207	1,260
32	1,107	1,281	1,298	1,224	1,281
34	1,114	1,304	1,323	1,242	1,302
35	1,116	1,315	1,336	1,251	1,313
36	1,118	1,328	1,349	1,260	1,324
38	1,123	1,352	1,376	1,279	1,347
40	1,128	1,377	1,403	1,299	1,371
42	1,134	1,404	1,432	1,319	1,396
44	1,139	1,432	1,462	1,341	1,422
46	1,144	1,460	1,493	1,363	1,449
48	1,150	1,489	1,521	1,486	1,476
50	1,155	1,517	1,560	1,410	1,505
55		1,595	1,655	1,473	1,581
60		1,679	1,770	1,539	1,663
65		1,768	1,901	1,606	
70				1,674	

Konzentration und Dichte der wichtigsten Laugen bei 20°[1]

Gew.-%	Dichte KOH[2]	Dichte $NaOH$	Dichte NH_3	Gew.-%	Dichte KOH[2]	Dichte $NaOH$	Dichte NH_3
1	1,0083	1,0095	0,9939	16	1,1493	1,1751	0,9362
2	1,0175	1,0207	0,9895	17	1,1590	1,1861	0,933
3	1,0267	1,0318	0,985	18	1,1688	1,1972	0,9295
4	1,0359	1,0428	0,9811	19	1,1786	1,2082	0,926
5	1,0452	1,0538	0,977	20	1,1884	1,2191	0,9229
6	1,0544	1,0648	0,9730	21	1,1984	1,2301	0,918
7	1,0637	1,0758	0,969	22	1,2083	1,2411	0,9164
8	1,0730	1,0869	0,9651	23	1,2184	1,2520	0,913
9	1,0824	1,0979	0,961	24	1,2285	1,2629	0,9101
10	1,0918	1,1089	0,9575	25	1,2387	1,2738	0,907
11	1,1013	1,1199	0,954	26	1,2489	1,2848	0,9040
12	1,1108	1,1309	0,9501	27	1,2592	1,2956	0,901
13	1,1203	1,1419	0,947	28	1,2695	1,3064	0,8980
14	1,1299	1,1530	0,9430	29	1,2800	1,3172	0,895
15	1,1396	1,1640	0,940	30	1,2905	1,3279	0,8920

[1] Vgl. Fußnote S. 1448. [2] Dichte bei 15°.

Konzentration und Dichte der wichtigsten Laugen bei 20° [1]

Gew.-%	Dichte KOH [2]	Dichte NaOH	Dichte NH_3	Gew.-%	Dichte KOH [2]	Dichte NaOH	Dichte NH_3
31	1,3010	1,3383		41	1,4103	1,4391	
32	1,3117	1,3490		42	1,4215	1,4494	
33	1,3224	1,3593		43	1,4329	1,4590	
34	1,3331	1,3696		44	1,4443	1,4685	
35	1,3440	1,3798		45	1,4558	1,4779	
36	1,3549	1,3900		46	1,4673	1,4873	
37	1,3659	1,4001		47	1,4790	1,4969	
38	1,3769	1,4101		48	1,4907	1,5065	
39	1,3879	1,4200		49	1,5025	1,5159	
40	1,3991	1,4300		50	1,5143	1,5253	

[1] Vgl. Fußnote S. 1448. [2] Dichte bei 15°,

Konzentration und Dichte d 20/4 von Salzen

Gew.-%	Ammonium-chlorid (NH_4Cl)	Ammonium-nitrat (NH_4NO_3)	Natrium-chlorid (NaCl)	Natrium-nitrat ($NaNO_3$)	Natrium-sulfat (Na_2SO_4)	Natrium-carbonat (Na_2CO_3)
1	1,001	1,002	1,005	1,005	1,007	1,009
2	1,005	1,006	1,013	1,012	1,016	1,019
4	1,011	1,015	1,027	1,025	1,035	1,040
6	1,017	1,023	1,041	1,039	1,054	1,061
8	1,023	1,031	1,056	1,053	1,072	1,082
10	1,029	1,040	1,071	1,067	1,092	1,103
12	1,034	1,048	1,086	1,082	1,111	1,124
14	1,040	1,057	1,101	1,097	1,131	1,146
16	1,046	1,065	1,115	1,112	1,151	1,164 [1]
18	1,051	1,074	1,132	1,127		1,186 [1]
20	1,057	1,083	1,148	1,143		1,209 [1]
22	1,062	1,092	1,164	1,159		1,232 [1]
24	1,067	1,101	1,180	1,175		1,255 [1]
26	1,073	1,110	1,197	1,192		1,279 [1]
28		1,118		1,209		1,303 [1]
30		1,128		1,226		1,327 [1]
35		1,151		1,270		
40		1,175		1,318		
45		1,200		1,368		
50		1,226				

Konzentration und Dichte d 20/4 von Salzen

Gew.-%	Kalium-chlorid (KCl)	Kalium-bromid (KBr)	Kalium-jodid (KJ)	Kalium-nitrat (KNO_3)	Kalium-sulfat (K_2SO_4)	Kalium-carbonat (K_2CO_3)
1	1,005	1,005	1,006	1,005	1,006	1,007
2	1,011	1,013	1,013	1,011	1,015	1,016
4	1,024	1,028	1,028	1,023	1,031	1,036
6	1,037	1,043	1,044	1,036	1,048	1,053
8	1,050	1,058	1,060	1,049	1,065	1,072
10	1,063	1,074	1,076	1,063	1,087	1,090
12	1,077	1,090	1,093	1,076		1,110
14	1,091	1,107	1,110	1,090		1,129
16	1,104	1,124	1,128	1,104		1,149
18	1,119	1,142	1,147	1,118		1,169
20	1,133	1,160	1,166	1,133		1,200

Konzentration und Dichte d 20/4 von Salzen

Gew.-%	Kalium-chlorid (KCl)	Kalium-bromid (KBr)	Kalium-jodid (KJ)	Kalium-nitrat (KNO_3)	Kalium-sulfat (K_2SO_4)	Kalium-carbonat (K_2CO_3)
22	1,147	1,179	1,186	1,147		1,211
24	1,162	1,198	1,206	1,162		1,232
26		1,218	1,227			1,254
28		1,238	1,249			1,276
30		1,259	1,271			1,298
35		1,315	1,331			1,355
40		1,375	1,396			1,414
45			1,467			1,476
50			1,546			1,540
55			1,633			
60			1,731			

d 30/4.

Kapitel 61

Pufferlösungen*

Die Zusammenstellung enthält die Angaben der p_H-Werte gebräuchlicher Pufferlösungen und ist für jedes Puffersystem nach dem einstellbaren p_H-Bereich geordnet. Entsprechend der Bedeutung für das Arbeiten mit Glaselektroden sind *Standard*-Pufferlösungen durch den Zusatz „Standard" besonders hervorgehoben.

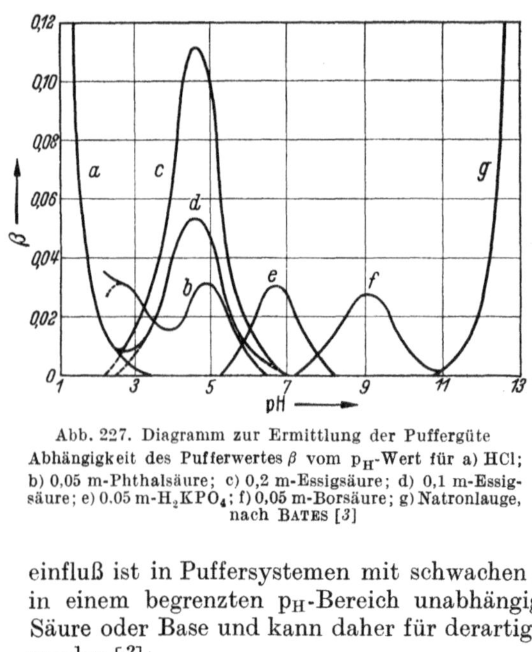

Abb. 227. Diagramm zur Ermittlung der Puffergüte Abhängigkeit des Pufferwertes β vom p_H-Wert für a) HCl; b) 0,05 m-Phthalsäure; c) 0,2 m-Essigsäure; d) 0,1 m-Essigsäure; e) 0.05 m-H_2KPO_4; f) 0,05 m-Borsäure; g) Natronlauge, nach BATES [3]

Die Güte einer Pufferlösung wird durch die „Puffergüte" (γ) gekennzeichnet. Die Puffergüte γ [43], die sich durch Zugabe von den Grammäquivalenten je Liter einer starken Säure (oder Base) ergibt, heißt „Pufferwert" (β) und ist — soweit aus der Literatur ersichtlich — mit in die Tabellen aufgenommen (s. auch Abb. 227).

Wird die p_H-Änderung einer Pufferlösung durch Verdünnen mit Wasser im Verhältnis 1 : 1 bestimmt, so heißt die p_H-Änderung „Verdünnungseinfluß". Auch hierzu sind Angaben in die Tabellen mit aufgenommen. Der Verdünnungseinfluß ist in Puffersystemen mit schwachen Säuren oder Basen und deren Salzen in einem begrenzten p_H-Bereich unabhängig von der Dissoziationskonstante der Säure oder Base und kann daher für derartige Systeme auch allgemein angegeben werden [3]:

Mol/l beider Komponenten	Verdünnungseinfluß im p_H-Bereich 4,5 bis 9,5 für die Systeme [3]			
	HX, X^-	HX^-, X^{--}	XH^+, X	MeHX
0,1	0,028	0,105	−0,028	0,059
0,05	0,023	0,096	−0,023	0,050
0,025	0,019	0,082	−0,019	0,039
0,02	0,017	0,079	−0,017	0,037
0,01	0,013	0,065	−0,013	0,028
0,005	0,010	0,047	−0,010	0,022
0,0025	0,007	0,040	−0,007	0,016

* *Bearbeiter:* **K. Cruse**

Die Herstellung der Pufferlösungen setzt die Verwendung reinster Chemikalien und reinsten — insbesondere im alkalischen Bereich kohlendioxydfreien — Wassers voraus. Sofern keine Substanzen speziell „zur Herstellung von Pufferlösungen" erhältlich sind, muß eine Umkristallisation oder eine andere Reinigungsmethode angewendet werden. Zur Herstellung der vom Bureau of Standards empfohlenen Standardlösungen kann die Verwendung der dort käuflichen Substanzen empfohlen werden [*42*]:

Best.-Nr.	Substanz	Gramm	Preis in $
185b	Kaliumhydrogenphthalat	60	2,50
186Ib	Kaliumdihydrogenphosphat	60	5,00
186IIb	Dinatriumhydrogenphosphat	60	5,00
187a	Borax	30	2,50
188	Kaliumhydrogentartrat	60	2,50
189	Kaliumtetraoxalat	65	2,50

Übersicht

Tab.-Nr.	Puffersystem	Temp.-Bereich	p_H-Bereich
1	HCl-Natriumacetat	—	0,65 bis 5,20
2	HCl-Kaliumchlorid	20 u. 25	1,00 bis 2,20
3	HCl-Dinatriumhydrogenzitrat	18	1,04 bis 4,96
4	HCl-Glykokoll	18	1,04 bis 3,68
5	p-Toluolsulfonsäure-Na-Salz	25	1,20 bis 3,30
6	HCl-Kaliumchlorid (vgl. 2)	25	1,20 bis 2,20
7	Oxalsäure-Borsäure-Bernsteinsäure-Natriumsulfat	18	1,5 bis 2,5
8	Kaliumtrihydrogenoxalat STANDARD	0 bis 95	1,51 bis 2,19
9	Phosphorsäure-Essigsäure-Borsäure-NaOH	18	1,81 bis 11,98
10	Phosphorsäure-Phenylessigsäure-Borsäure-NaOH	14 u. 18	1,81 bis 11,94
11	Sulfaminsäure	0 bis 38	2,08 bis 2,09
12	HCl-Kaliumchlorid (vgl. 2, 6)	0 bis 38	2,10
13	Zitronensäure-NaOH	12,5 bis 91	2,12 bis 6,84
14	Zitronensäure-Dinatriumhydrogenphosphat	25	2,2 bis 8,0
15	HCl-Kaliumhydrogenphthalat	25	2,20 bis 4,00
		20	2,2 bis 3,8
16	HCl-Kaliumdihydrogenzitrat	18	2,2 bis 3,6
17	Zitronensäure	0 bis 38	2,22 bis 2,66
18	Zitronensäure-Borsäure-Veronal-Kaliumdihydrogenphosphat-NaOH	12,5 bis 91	2,38 bis 12,1
19	HCl-Zitronensäure-Borsäure-Veronal-Kaliumdihydrogenphosphat-NaOH	18	2,4 bis 12,0
20	Brenzschleimsäure-Na-Salz	25	2,90 bis 4,10
21	Chloressigsäure-Na-Salz	25	2,90 bis 3,08
22	Natriumhydrogendiglykolat	25	3,0
23	Borsäure-Bernsteinsäure-Borax-Natriumsulfat	18	3,0 bis 9,0
24	Bernsteinsäure-Borax	18	3,0 bis 5,8
25	Phenylessigsäure-Na-Salz (vgl. 82)	25	3,4 bis 5,2
26	Kaliumhydrogentartrat STANDARD	0 bis 60	3,55 bis 3,71
27	Kaliumdihydrogenzitrat	0 bis 38	3,69 bis 3,93
28	Essigsäure-Natriumacetat (vgl. 35)	—	3,72 bis 5,57
29	Ameisensäure-Natriumformiat (vgl. 82)	0 bis 38	3,74 bis 3,76
30	Milchsäure-Natriumacetat-NaCl	18	3,79
31	Kaliumdihydrogenzitrat-NaOH	18	3,8 bis 6,0
32	Glykolsäure-Na-Salz	18	3,81
33	Kaliumhydrogenphthalat STANDARD	0 bis 95	3,89 bis 4,34

Tab.-Nr.	Puffersystem	Temp.-Bereich	p_H-Bereich
34	Kaliumhydrogenphthalat-NaOH	25	4,20 bis 5,80
		20	4,0 bis 6,0
35	Essigsäure-Natriumacetat STANDARD (vgl. 82)	0 bis 38	4,66 bis 4,75
36	Buttersäure-Na-Salz	18	4,74
37	Natriumhydrogensuccinat-Dinatriumsuccinat (vgl. 41)	25	4,80 bis 6,20
38	Propionsäure-Na-Salz	0 bis 38	4,83 bis 4,85
39	Kaliumhydrogenphthalat-Dikaliumphthalat-	25	4,91 bis 5,17
40	Dinatriumhydrogenzitrat-NaOH	18	4,93 bis 6,51
41	Natriumhydrogensuccinat-Dinatriumsuccinat (vgl. 37)	0 bis 38	5,34 bis 5,53
42	Kaliumdihydrogenphosphat-Borax . . .	18	5,8 bis 9,2
43	Kaliumdihydrogenphosphat-NaOH . . .	20 u. 25	5,80 bis 8,00
44	Kaliumdihydrogenphosphat-NaOH . . .	12,5 bis 91	5,86 bis 12,27
45	Natriumdihydrogenphosphat-Dinatriumhydrogenphosphat	18	5,91 bis 8,04
46	Piperazinphosphat	14 u. 25	6,26 bis 6,38
47	Kaliumdihydrogenphosphat-Trinatriumphosphat	18	6,4 bis 11,2
48	Borsäure-Borax	—	6,77 bis 9,24
49	HCl-Veronalnatrium	25	6,80 bis 9,60
50	HCl-Veronalnatrium (vgl. 82)	18	6,8 bis 9,6
51	Dimethylleucylglycin-Natriumchlorid-NaOH	23	6,80 bis 8,78
52	Kaliumdihydrogenphosphat-Dinatriumhydrogenphosphat STANDARD . .	0 bis 95	6,83 bis 7,02
53	HCl-Tris(hydroxymethyl)aminomethan (vgl. 82)	25	7,00 bis 9,00
54	Triäthanolamin-Hydrochlorid (vgl. 82)	20 bis 30	7,0 bis 8,5
55	Borsäure-NaOH	12,5 bis 91	7,43 bis 10,52
56	HCl-Veronalnatrium-Natriumcarbonat .	22	7,45 bis 10,7
57	HCl-Borax	10 bis 70	7,47 bis 9,24
58	Glykokoll-NaOH	10 bis 70	7,48 bis 13,23
59	Borsäure-NaOH	20 u. 25	7,8 bis 10,20
60	Alkanolamin-Alkanolaminhydrochlorid .	25	7,87 bis 10,01
61	Ammoniak-Ammoniumchlorid (vgl. 82)	18	7,99 bis 11,00
62	HCl-Borax (vgl. 57 u. 82)	25	8,00 bis 9,10
63	Kalium-p-phenolsulfonat-NaCl-NaOH .	25	8,66 bis 8,99
64	Borax STANDARD	0 bis 95	8,83 bis 9,46
65	Borax-NaOH	10 bis 70	8,86 bis 10,06
66	Äthanolamin-Äthanolaminhydrochlorid (vgl. 82)	0 bis 50	8,90 bis 10,50
67	Borax-Natriumcarbonat	18	9,2 bis 11,0
68	Borax-NaOH	25	9,20 bis 10,80
69	Borax-Natriumhydrogencarbonat . . .	18	9,5 bis 11,0
70	Natriumhydrogencarbonat-NaOH . . .	25	9,60 bis 11,0
71	Kaliumhydrogencarbonat-Lithiumcarbonat	25	9,79 bis 10,40
72	Natriumhydrogencarbonat-Dinatriumcarbonat STANDARD	0 bis 50	9,82 bis 10,42
73	HCl-Natriumcarbonat	18	10,17 bis 11,36
74	Natriumcarbonat	0 bis 38	10,74 bis 11,89
75	Dinatriumhydrogenphosphat-NaOH . .	25	10,90 bis 12,00
76	Trinatriumphosphat	0 bis 38	11,38 bis 12,75
77	Calciumhydroxyd	0 bis 60	11,45 bis 13,43
78	Natronlauge	0 bis 38	11,52 bis 13,8
79	Natronlauge-Kaliumchlorid	25	12,00 bis 13,00
80	Calciumhydroxyd-Calciumchlorid . . .	23,8	12,06
81	Bariumhydroxyd	25	13,27 bis 13,30
82	Puffersysteme konstanter Ionenstärke .	25	3 bis 10,4
83	Puffer in Wasser-Methanol	—	—
84	Puffer in Methanol	—	—

1. Salzsäure-Natriumacetat-Pufferlösung nach Walpole [54]

p_H-Bereich: 0,65 bis 5,20.

50 ml 1 m-Natriumacetatlösung (136,090 g $C_2H_3O_2Na \cdot 3H_2O$ je Liter) werden mit x ml 1 n-Salzsäure versetzt und auf 250 ml aufgefüllt.

x	100	90	80	70	65	60	55	53,5
p_H	0,65	0,75	0,91	1,09	1,24	1,42	1,71	1,85
x	52,5	51,0	50,0	49,75	48,5	47,5	46,25	45,0
p_H	1,99	2,32	2,64	2,72	3,09	3,29	3,49	3,61
x	42,5	40,0	35,0	30,0	25,0	20,0	15,0	10,0
p_H	3,79	3,95	4,19	4,39	4,58	4,76	4,95	5,20

2. Salzsäure-Pufferlösung nach Clark und Lubs [19]

p_H-Bereich: 1,00 bis 2,20 bei 25° [13].

25 ml 0,2 m-Kaliumchloridlösung werden mit x ml 0,2 m-Salzsäure versetzt und auf 100 ml aufgefüllt.

x	67,0	52,8	26,6	16,2	10,2	6,5	3,9
p_H	1,0	1,2	1,4	1,6	1,8	2,0	2,2
Pufferwert β	0,31	0,24	0,19	0,077	0,049	0,030	0,022

Die gleiche Pufferlösung bei 20° [20]

x	47,5	32,25	20,75	13,15	8,3	5,3	3,35
p_H	1,0	1,2	1,4	1,6	1,8	2,0	2,2

3. Salzsäure-Dinatriumhydrogenzitrat-Pufferlösung nach Sörensen [48]

p_H-Bereich: 1,04 bis 4,96 bei 18°.

100 ml Gemisch aus 0,1 n-Salzsäure und 0,1 m-Dinatriumhydrogenzitratlösung (21,014 g Zitronensäure und 200 ml 1 n-Natronlauge auf 1 l aufgefüllt) müssen bei den angegebenen p_H-Werten x ml 0,1 n-Salzsäure enthalten.

x	100	90	80	70	66,7	60	55	52,2
p_H	1,04	1,17	1,42	1,925	2,27	2,97	3,36	3,53
x	50	45	40	30	20	10	5	0
p_H	3,69	3,95	4,16	4,45	4,65	4,83	4,89	4,96

4. Salzsäure-Glykokoll-Pufferlösung nach Sörensen [48]

p_H-Bereich: 1,04 bis 3,68 bei 18°.

100 ml Gemisch aus 0,1 n-Salzsäure und 0,1 m-Glykokoll-Lösung, die Natriumchlorid (0,1 m) enthält (7,507 g Glykokoll und 5,85 g Natriumchlorid im Liter), müssen x ml 0,1 n-Salzsäure enthalten, wenn der angegebene p_H-Wert eingestellt werden soll.

x	100	90	80	70	60	50	40	30	20	10	5
p_H	1,04	1,15	1,25	1,42	1,645	1,93	2,28	2,61	2,92	3,34	3,68

5. p-Toluolsulfonsäure-Pufferlösung nach German und Vogel [22]

p_H-Bereich: 1,20 bis 2,00 bei 25°.

x ml 0,2 m-Lösung von p-Toluolsulfonsäuremonohydrat (38,024 g im Liter) und y ml 0,2 m-Lösung von p-toluolsulfonsaurem Natrium (38,82 g im Liter) werden auf 100 ml aufgefüllt.

x	42,0	31,6	24,8	18,9	15,35	12,6	10,6	8,7	6,9
y	8,0	18,4	25,2	31,1	34,65	37,4	39,4	41,3	43,1
p_H	1,20	1,30	1,40	1,50	1,60	1,70	1,80	1,90	2,00

p_H-Bereich: 1,40 bis 2,20 bei 25°.

x ml 0,1 m-Lösung von p-Toluolsulfonsäuremonohydrat (19,012 g im Liter) und y ml 0,1 m-Lösung von p-toluolsulfonsaurem Natrium (19,41 g im Liter) werden auf 100 ml aufgefüllt.

x	48,9	37,2	27,4	19,0	16,6	13,2	10,0	7,6	4,4
y	1,1	12,8	22,6	31,0	33,4	36,8	40,0	42,4	45,6
p_H	1,40	1,50	1,60	1,70	1,80	1,90	2,00	2,10	2,20

p_H-Bereich: 2,30 bis 3,30 bei 25°.

x ml 0,01 m-Lösung von p-Toluolsulfonsäuremonohydrat (1,9012 g im Liter) und y ml 0,01 m-Lösung von p-toluolsulfonsaurem Natrium (1,941 g im Liter) werden auf 100 ml aufgefüllt.

x	50,0	44,2	35,8	27,6	21,2	18,5	12,4	10,0	8,0	6,2	5,0
y	0	5,8	14,2	22,4	28,8	31,5	37,6	40,0	42,0	43,8	45,0
p_H	2,30	2,40	2,50	2,60	2,70	2,80	2,90	3,00	3,10	3,20	3,30

6. Salzsäure-Pufferlösung nach Bower und Bates [13]

p_H-Bereich: 1,20 bis 2,20 bei 25°.

Die Pufferlösung aus x ml 0,2 m-Salzsäurelösung und y ml 0,2 m-Kaliumchloridlösung wird auf 100 ml aufgefüllt und besitzt dann auch die konstante Ionenstärke 0,1.

x	40,7	32,3	25,7	20,1	16,0	12,8
y	9,3	17,7	24,3	29,9	34,0	37,2
p_H	1,20	1,30	1,40	1,50	1,60	1,70
Pufferwert β	0,19	0,15	0,12	0,09	0,074	0,059
x	10,2	8,1	6,5	5,2	4,2	
y	39,8	41,9	43,5	44,8	45,8	
p_H	1,80	1,90	2,00	2,10	2,20	
Pufferwert β	0,047	0,037	0,030	0,024	0,019	

7. Oxalsäure-Borsäure-Pufferlösung nach Thiel, Schulz und Coch [*50*]

p_H-Bereich: 1,5 bis 2,5 bei 18°.

100 ml Gemisch aus den Lösungen A und B müssen bei den angegebenen p_H-Werten *x* ml der Lösung A enthalten.

Lösung A: Eine Lösung, die 0,05 m ist an Oxalsäure und zugleich 0,20 m an Borsäure.

Lösung B: Eine Lösung, die 0,20 m ist an Borsäure, zugleich 0,05 m an Bernsteinsäure und 0,05 m an Natriumsulfat.

x	84,1	34,3	10,0
p_H	1,5	2,0	2,5

8. Kaliumtetraoxalat-Pufferlösung nach Bower, Bates und Smith [*15*] (Standard)

°C	p_H-Wert der Lösung			
	0,1 m	0,05 m	0,025 m	0,01 m
0	—	1,67	1,86	2,15
5	—	1,67	1,86	2,15
10	—	1,67	1,86	2,15
15	1,51	1,67	1,86	2,16
20	1,51	1,68	$1{,}86_5$	2,16
25	1,52	1,68	1,87	2,16
30	1,52	$1{,}68_5$	1,87	2,16
35	1,53	1,69	1,88	2,16
40	1,54	1,70	1,88	2,16
45	1,55	1,70	1,89	2,17
50	1,56	1,71	1,89	2,18
55	1,57	1,72	1,90	2,18
60	1,58	1,73	1,91	$2{,}18_5$

Mol/l	Ionenstärke bei °			Pufferwert bei 25°	Verdünnungseinfluß bei 25°
	0	25	60		
0,01	0,0181	0,0180	0,0175	0,022	+0,30
0,025	0,0417	0,0413	0,0401	—	—
0,05	0,0772	0,0760	0,0744	0,07	+0,19
0,1	—	0,1400	0,1383	—	—

Die Kaliumtetraoxalat-Pufferlösung wird als Standard-Pufferlösung empfohlen. Für die japanische Norm [*29*] gelten die obigen Werte für 0,05 m-Lösung mit den durch Bower und Bates [*14*] für höhere Temperaturen angegebenen p_H-Werten:

°C	70	80	90	95
p_H	1,74	1,77	1,80	1,81

Für den britischen Standard wurde die 0,1 m-Lösung gewählt [*16*] mit den p_H-Werten:

1,48 bei 25°, 1,50 bei 38°

In der U.S.-Norm sind für die 0,01 m-Lösung angegeben [*28, 41, 2*]:

°C	0	10	25	38
p_H	2,14	2,15	2,15	2,16

9. Universal-Pufferlösung, modifiziert von Britton und Robinson [*17*]

p_H-Bereich: 1,81 bis 11,98 bei 18°.

100 ml einer Lösung, die 0,04 m ist an Phosphorsäure, Essigsäure und Borsäure, wird mit x ml 0,2 n-Natronlauge versetzt.

x	0	2,5	5,0	7,5	10,0	12,5	15,0
p_H	1,81	1,89	1,98	2,09	2,21	2,36	2,56
x	17,5	20,0	22,5	25,0	27,5	30,0	32,5
p_H	2,87	3,29	3,78	4,10	4,35	4,56	4,78
x	35,0	37,5	40,0	42,5	45,0	47,5	50,0
p_H	5,02	5,33	5,72	6,09	6,37	6,59	6,80
x	52,5	55,0	57,5	60,0	62,5	65,0	67,5
p_H	7,00	7,24	7,54	7,96	8,36	8,69	8,95
x	70,0	72,5	75,0	77,5	80,0	82,5	85,0
p_H	9,15	9,37	9,62	9,91	10,38	10,88	11,20
x	87,5	90,0	92,5	95,0	97,5	100	
p_H	11,40	11,58	11,70	11,82	11,92	11,98	

10. Universal-Pufferlösung nach Prideaux und Ward [*46*]

p_H-Bereich: 2,0 bis 11,94 bei 18°.

100 ml einer an Phosphorsäure, Phenylessigsäure und Borsäure 0,04 m-Lösung werden x ml 0,2 n-Natronlauge zugefügt. Die Mischung wird auf 200 ml aufgefüllt.

Die p_H-Werte lassen sich für $15 < x < 90$ nach der Formel $p_H = 0{,}773 + 0{,}1185\,x$ berechnen.

x	0	5,0	15,0	20,0	25,0	30,0	35,0	40,0
p_H	1,99	2,13	2,65	3,10	3,73	4,21	4,80	5,43
x	45,0	50,0	60,0	65,0	70,0	80,0	90	100
p_H	6,30	6,84	7,91	8,62	9,11	10,21	11,41	11,94

Die gleiche Universalpufferlösung bei 14° [*17*]

x	0	2,5	5,0	7,5	10,0	12,5	15,0
p_H	1,81	1,91	1,98	2,10	2,21	2,38	2,55
x	17,5	20,0	22,5	25,0	27,5	30,0	32,5
p_H	2,84	3,05	3,38	3,75	3,92	4,22	4,33
x	35,0	37,5	40,0	42,5	45,0	47,5	50,0
p_H	4,65	4,92	5,43	6,02	6,33	6,59	6,79
x	52,5	55,0	57,5	60,0	62,5	65,0	67,5
p_H	6,99	7,24	7,51	7,95	8,35	8,68	8,90

x	70,0	72,5	75,0	77,5	80,0	82,5	85,0
p_H	9,10	9,36	9,58	9,93	10,33	10,81	11,12
x	87,5	90,0	92,5	95,0	97,5	100	
p_H	11,33	11,47	11,64	11,75	11,84	11,94	

11. Sulfaminsäure-Pufferlösung nach Bates und Mitarbeitern [*11*]

Für die reine Lösung von Sulfaminsäure in einer Konzentration von 0,01 Mol/l (Ionenstärke 0,0078) werden folgende p_H-Werte angegeben:

°C	0	10	25	38
p_H	2,09	2,08	2,08	2,08

12. Salzsäure-Pufferlösung nach Veibel [*52*]

Für die 0,01 n-Salzsäurelösung mit 0,09 Mol/l Kaliumchlorid werden von Bates und Mitarbeitern [*11*] folgende p_H-Werte angegeben:

°C	0	10	25	38
p_H	2,101	2,101	2,102	2,104

In der *Britischen Norm* [*16*] wird diese Lösung als *Sekundäreichpufferlösung* empfohlen mit den p_H-Werten

°C	25	38
p_H	2,07	2,08

13. Zitronensäure-Natronlauge-Pufferlösung nach Britton und Welford [*18*]

p_H-Bereich 2,13 bis 6,50 bei 25°.

100 ml 0,2 n-Zitronensäurelösung werden mit x ml 0,2 n-Natronlauge versetzt.

x	p_H						
	12,5°	25°	34°	53°	63°	75°	91°
0	2,12	2,13	2,13	2,14	2,14	2,14	2,14
5	2,43	2,43	2,43	2,44	2,44	2,44	2,44
10	2,70	2,70	2,70	2,70	2,70	2,70	2,70
15	2,93	2,93	2,93	2,93	2,93	2,93	2,93
20	3,15	3,15	3,15	3,15	3,15	3,15	3,15
25	3,37	3,37	3,37	3,37	3,37	3,37	3,37
30	3,59	3,59	3,60	3,60	3,60	3,60	3,60
35	3,82	3,83	3,83	3,83	3,83	3,83	3,83
40	4,04	4,05	4,05	4,05	4,05	4,06	4,06
45	4,27	4,27	4,27	4,27	4,27	4,28	4,28
50	4,44	4,44	4,45	4,46	4,46	4,47	4,47
55	4,64	4,64	4,64	4,65	4,65	4,67	4,69
60	4,82	4,85	4,87	4,87	4,87	4,88	4,92
65	5,00	5,05	5,05	5,07	5,08	5,13	5,18
70	5,21	5,25	5,28	5,32	5,34	5,36	5,42
75	5,43	5,47	5,48	5,54	5,56	5,61	5,68
80	5,65	5,67	5,69	5,75	5,78	5,83	5,90
85	5,85	5,89	5,90	5,96	6,00	6,06	6,13
90	6,11	6,14	6,16	6,24	6,25	6,33	6,40
95	6,46	6,50	6,52	6,61	6,67	6,71	6,84

14. Zitronensäure-Phosphat-Pufferlösung nach MacIlvaine [*25*]

p_H-Bereich: 2,2 bis 8,0.

20 ml Gemisch aus 0,1 m-Zitronensäurelösung und 0,2 m-Dinatriumhydrogenphosphatlösung enthalten bei den angegebenen p_H-Werten x ml 0,1 m-Zitronensäurelösung.

x	19,60	18,76	17,82	16,83	15,89	15,06	14,30	13,56
p_H	2,2	2,4	2,6	2,8	3,0	3,2	3,4	3,6
x	12,90	12,29	11,72	11,18	10,65	10,14	9,70	9,28
p_H	3,8	4,0	4,2	4,4	4,6	4,8	5,0	5,2
x	8,85	8,40	7,91	7,37	6,78	6,15	5,45	4,55
p_H	5,4	5,6	5,8	6,0	6,2	6,4	6,6	6,8
x	3,53	2,61	1,83	1,27	0,85	0,55		
p_H	7,0	7,2	7,4	7,6	7,8	8,0		

Zitronensäure-Phosphat-Pufferlösung nach MacIlvaine [25] mit konstanter Ionenstärke nach Elving [21]

p_H-Bereich: 2,2 bis 8,0 bei 25°.

p_H	Zusammensetzung der Pufferlösung in g/l		Ionenstärke der Pufferlösung	Zugabe Kaliumchlorid in g/l Pufferlösung zur Einstellung der Ionenstärke	
	$Na_2HPO_4 \cdot 12H_2O$	$H_3C_6H_5O_7 \cdot H_2O$		1,0	0,5
2,2	1,43	20,6	0,0108	74,5	37,2
2,4	4,44	19,7	0,0245	72,7	35,4
2,6	7,80	18,7	0,0410	71,5	34,2
2,8	11,35	17,7	0,0592	70,2	32,9
3,0	14,7	16,7	0,0771	68,7	31,4
3,2	17,7	15,8	0,0934	67,6	30,3
3,4	20,4	15,0	0,112	66,2	28,9
3,6	21,5	14,2	0,128	64,9	27,6
3,8	25,4	13,6	0,142	64,0	26,7
4,0	27,6	12,9	0,157	62,8	25,5
4,2	29,7	12,3	0,173	61,7	24,4
4,4	31,6	11,7	0,190	60,4	23,1
4,6	33,4	11,2	0,210	58,9	21,6
4,8	35,3	10,7	0,232	57,2	19,9
5,0	36,9	10,2	0,256	55,5	18,2
5,2	38,4	9,75	0,278	53,8	16,5
5,4	40,0	9,29	0,302	52,1	14,8
5,6	41,5	8,72	0,321	50,6	13,3
5,8	43,3	8,32	0,336	49,5	12,2
6,0	45,2	7,74	0,344	48,9	11,6
6,2	47,5	7,12	0,358	47,9	10,6
6,4	49,6	6,47	0,371	46,9	9,62
6,6	52,1	5,72	0,385	45,8	8,50
6,8	55,4	4,79	0,392	44,5	7,23
7,0	58,9	3,70	0,427	42,7	5,44
7,2	62,3	2,74	0,457	40,4	3,10
7,4	65,0	1,91	0,488	38,2	0,488
7,6	67,2	1,35	0,516	36,0	—
7,8	68,6	0,893	0,540	34,3	—
8,0	69,6	0,589	0,559	32,9	—

15. Salzsäure-Kaliumhydrogenphthalat-Pufferlösung nach Clark und Lubs [20]

p_H-Bereich: 2,20 bis 4,00 bei 25° [13].

50 ml 0,1 m-Kaliumhydrogenphthalatlösung werden mit x ml 0,1 m-Salzsäure versetzt und auf 100 ml aufgefüllt.

x	49,5	42,2	35,4	28,9	22,3	12,9	10,4	6,3	2,9	0,1
p_H	2,2	2,4	2,6	2,8	3,0	3,2	3,4	3,6	3,8	4,0
Pufferwert β	—	0,036	0,033	0,032	0,034	0,026	0,023	0,018	0,015	0,014

Die gleiche Pufferlösung bei 20° [20] für den p_H-Bereich 2,2 bis 3,8:

x	46,70	39,60	32,95	26,42	20,32	14,70	9,90	5,97	2,63
p_H	2,2	2,4	2,6	2,8	3,0	3,2	3,4	3,6	3,8

16. Salzsäure-Zitrat-Pufferlösung nach Kolthoff [34]

p_H-Bereich: 2,2 bis 3,6 bei 18°.

50 ml 0,1 m-Kaliumdihydrogenzitratlösung werden mit x ml 0,1 n-Salzsäurelösung versetzt und auf 100 ml aufgefüllt.

x	49,7	43,4	36,8	30,2	23,6	17,2	10,7	4,2
p_H	2,2	2,4	2,6	2,8	3,0	3,2	3,4	3,6

17. Zitronensäure-Pufferlösung nach Bates und Mitarbeitern [11]

p_H-Bereich: 2,24 bis 2,62 bei 25°.

Für die reine Zitronensäurelösung werden folgende p_H-Werte angegeben:

Mol/l	Ionenstärke	p_H bei			
		0°	10°	25°	38°
0,01	0,0025	2,66	2,64	2,62	2,61
0,05	0,0063	2,28	2,26	2,24	2,22

18. Universal-Pufferlösung nach Britton und Welford [17]

p_H-Bereich: 2,42 bis 11,79 bei 25°.

100 ml einer an Kaliumdihydrogenphosphat, Zitronensäure, Borsäure und Veronal 0,02857 m-Lösung werden mit x ml 0,2 n-Natronlauge versetzt.

x	p_H bei						
	12,5°	25°	34°	53°	63°	75°	91°
0	2,38	2,42	2,47	2,53	2,55	2,59	2,64
5	2,86	2,90	2,92	2,94	2,94	2,96	2,96
10	3,36	3,36	3,36	3,35	3,35	3,35	3,35
15	3,94	3,92	3,89	3,85	3,84	3,83	3,82
20	4,42	4,40	4,37	4,35	4,34	4,33	4,33
25	4,83	4,82	4,80	4,80	4,80	4,80	4,80
30	5,25	5,27	5,28	5,28	5,30	5,31	5,33
35	5,65	5,68	5,70	5,73	5,74	5,76	5,75
40	6,10	6,10	6,10	6,10	6,10	6,10	6,10
45	6,55	6,51	6,49	6,47	6,46	6,45	6,44
50	6,96	6,90	6,85	6,80	6,77	6,73	6,71
55	7,38	7,30	7,24	7,15	7,09	7,02	6,98
60	7,82	7,71	7,61	7,48	7,42	7,33	7,27
65	8,27	8,14	8,01	7,87	7,76	7,67	7,59
70	8,77	8,63	8,48	8,35	8,25	8,16	8,07
75	9,30	9,15	9,01	8,87	8,77	8,67	8,58
80	9,90	9,71	9,55	9,40	9,30	9,16	9,06
85	10,90	10,50	10,27	10,06	9,93	9,77	9,57
90	11,60	11,25	11,02	10,68	10,48	10,24	9,95
95	11,91	11,58	11,36	10,98	10,77	10,51	10,17
100	12,10	11,79	11,56	11,14	10.97	10,69	10,34

19. Universal-Pufferlösung nach Britton und Robinson [*17*]

p_H-Bereich: 2,4 bis 12,0 bei 18°.

100 ml einer an Salzsäure, Kaliumdihydrogenphosphat, Zitronensäure, Borsäure und an Veronal 0,02857 m-Lösung werden mit x ml 0,2 n-Natronlauge versetzt. Der p_H-Wert folgt der Formel: $p_H = 2{,}676 + 0{,}0853\,x$

x	0	2	4	6	8	10	12	14	16
p_H	2,40	2,55	2,73	2,92	3,12	3,35	3,57	3,80	4,02
x	18	20	22	24	26	28	30	32	34
p_H	4,21	4,40	4,57	4,75	4,91	5,08	5,25	5,40	5,57
x	36	38	40	42	44	46	48	50	52
p_H	5,70	5,91	6,10	6,28	6,45	6,62	6,79	6,94	7,12
x	54	56	58	60	62	64	66	68	70
p_H	7,30	7,47	7,66	7,82	7,98	8,17	8,35	8,55	8,76
x	72	74	76	78	80	82	84	86	88
p_H	8,97	9,20	9,41	9,65	9,88	10,21	10,63	11,00	11,23
x	90	92	94	96	98	100			
p_H	11,44	11,60	11,75	11,85	11,94	12,02			

20. Brenzschleimsäure-Pufferlösung nach German und Vogel [*22*]

p_H-Bereich: 2,90 bis 4,10 bei 25°C.

100 ml eines Gemisches aus 0,01 m-Brenzschleimsäurelösung (1,1203 g/l) und 0,01 m-Lösung des Natriumsalzes der Brenzschleimsäure (1,3402 g/l) müssen für die angegebenen p_H-Werte x ml 0,01 m-Brenzschleimsäurelösung enthalten.

x	45,2	39,6	34,0	28,4	24,8	21,4	18,0
p_H	2,90	3,00	3,10	3,20	3,30	3,40	3,50.
x	14,8	12,3	10,1	8,4	6,7	5,4	
p_H	3,60	3,70	3,80	3,90	4,00	4,10	

21. Chloressigsäure-Pufferlösung nach McInnes [*26*]

p_H-Bereich: 2,90 bis 3,08 bei 25°C.

Bei den angegebenen p_H-Werten muß die Lösung a Mol/l Chloressigsäure und b Mol/l chloressigsaures Natrium enthalten.

a	b	p_H
0,00107	0,0019	3,08
0,00672	0,00511	2,70
0,00784	0,00739	$2{,}78_5$
0,00868	0,01143	2,92
0,01169	0,01647	2,94
0,01443	0,01840	2,90

Bei 18° hat die äquimolare Lösung beider Komponenten bei einem Gehalt von je 0,01006 Mol/l einen p_H-Wert von 2,91 [*36*].

22. Natriumhydrogendiglycolat-Pufferlösung nach Keyworth und Hahn [*30*]

Die bei 25° an Natriumhydrogendiglykolat gesättigte Lösung mit einem p_H-Wert von etwa 3,0 wird wegen ihrer besonders guten Stabilität und Reproduzierbarkeit als Primär-Standardpufferlösung empfohlen.

23. Borsäure-Borax-Pufferlösung nach Thiel, Schulz und Coch [*50*]

p_H-Bereich: 3,0 bis 9,0 bei 18°.

100 ml Gemisch aus den Lösungen A und B müssen für die angegebenen p_H-Werte *x* ml der Lösung A enthalten.

Lösung A: Eine Lösung, die an Borsäure 0,20 m, an Bernsteinsäure 0,05 m und an Natriumsulfat 0,05 m ist.

Lösung B: Eine 0,05 m-Boraxlösung ($Na_2B_4O_7 \cdot 12H_2O$).

x	98,0	89,85	79,2	69,1	60,85	55,2	51,75
p_H	3,0	3,5	4,0	4,5	5,0	5,5	6,0
x	49,78	47,6	43,4	35,9	24,4	8,3	
p_H	6,5	7,0	7,5	8,0	8,5	9,0	

24. Bernsteinsäure-Borax-Pufferlösung nach Kolthoff [*33*]

p_H-Bereich: 3,0 bis 5,8 bei 18°.

100 ml Gemisch aus 0,05 m-Bernsteinsäurelösung und 0,05 m-Boraxlösung müssen bei den angegebenen p_H-Werten *x* ml 0,05 m-Bernsteinsäurelösung enthalten.

x	98,6	96,5	94,0	90,5	86,3	82,2	77,8	73,8
p_H	3,0	3,2	3,4	3,6	3,8	4,0	4,2	4,4
x	70,0	66,5	63,2	60,5	57,9	55,7	54,0	
p_H	4,6	4,8	5,0	5,2	5,4	5,6	5,8	

25. Phenylessigsäure-Natriumphenylacetat-Pufferlösung nach German und Vogel [*22*]

p_H-Bereich: 3,40 bis 5,20 bei 25°.

100 ml eines Gemisches aus 0,01 m-Phenylessigsäurelösung (1,3606 g/l) und 0,01 m-Natriumphenylacetatlösung (1,5806 g/l) müssen bei den angegebenen p_H-Werten *x* ml 0,01 m-Phenylessigsäurelösung enthalten.

x	48,7	46,6	44,4	42,2	39,9	37,2	34,4	30,8	28,0	25,1
p_H	3,4	3,5	3,6	3,7	3,8	3,9	4,0	4,1	4,2	4,3
x	22,0	19,4	16,9	14,4	12,1	10,2	8,6	7,2	5,7	
p_H	4,4	4,5	4,6	4,7	4,8	4,9	5,0	5,1	5,2	

26. Kaliumhydrogentartrat-Pufferlösung nach Bower und Bates [*11*, *7*] (Standard)

°C	p_H-Wert der Lösung			
	bei 25° gesättigt	0,03 m	0,02 m	0,01 m
0	—	—	—	3,710
5	—	—	—	3,690
10	—	—	3,624	3,671
15	—	—	3,610	3,655
20	—	—	3,598	3,647
25	3,555	3,564	3,590	3,643
30	3,547	3,558	3,584	3,633
35	3,545	3,554	3,583	3,629
40	3,543	3,553	3,579	3,630
45	3,545	3,557	3,586	3,634
50	3,549	3,561	3,592	3,640
55	3,556	3,568	3,597	3,646
60	3,565	3,574	3,606	3,654

Die bei 25° gesättigte Lösung von Kaliumhydrogentartrat ist nach U.S.-Norm [*28*, *41*, *2*] Sekundärstandard. Nach der französischen Norm [*1*] wird für die gleiche Lösung bei 20° der p_H-Wert 3,57 als Sekundärbezugswert angegeben.

Der Pufferwert der Lösung beträgt 0,027 bei 25°, der Verdünnungseinfluß 0,06.

27. Kaliumdihydrogenzitrat-Pufferlösung nach Bates und Mitarbeitern [*11*]

p_H-Bereich: 3,72 bis 3,84 bei 25°.

Für die reine Lösung von Kaliumdihydrogenzitrat werden als p_H-Werte angegeben:

Mol/l	Ionenstärke	p_H bei			
		0°	10°	25°	38°
0,02	0,024	3,93	—	3,84	3,82
0,1	0,115	3,82	—	3,72	$3{,}69_5$

28. Essigsäure-Natriumacetat-Pufferlösung nach Walpole [*54*]

p_H-Bereich: 3,72 bis 5,57.

100 ml Gemisch aus 0,2 n-Essigsäurelösung und 0,2 n-Natriumacetatlösung müssen bei den angegebenen p_H-Werten x ml 0,2 n-Essigsäurelösung enthalten.

x	90	80	70	60	50	40	30	20	15	10
p_H	3,72	4,05	4,27	4,45	4,63	4,80	4,99	5,23	5,37	5,57

Nach neuen Messungen von Gottschalk [*22a*] wird für 20° angegeben:

x	90	80	70	50	30	20	10
p_H	3,70	4,05	4,29	4,64	5,01	5,25	5,60

Bei dem Verhältnis (Grammäquivalent Natriumacetat) : (Grammäquivalent Essigsäure) = a gilt für die Verhältnisse von 0,1 bis 10 die Beziehung

$$p_H = \log a + 4{,}63$$

mit einem Fehler von $\pm 0{,}02$.

Enthält die Lösung 50 ml Äthanol (statt 50 ml Wasser), so gilt die Gleichung

$$p_H = \log a + 5{,}55$$

ferner bei einem Gehalt von 0,1 m-Natriumhydrogentartrat und für das Verhältnis a von 0 bis 2,5

$$p_H = 1{,}32\, a/(a+1) + 4{,}05$$

ebenfalls mit einem Fehler von $\pm 0{,}02$.

Enthält die Lösung Trinatriumzitrat (0,1 m), so kann der p_H-Wert auf $\pm 0{,}04$ genau angegeben werden nach der Beziehung

$$p_H = \log a + 5{,}22$$

wenn a zwischen 1 und 20 liegt.

29. Ameisensäure-Pufferlösung nach Larsson und Adell [35]

Für die äquimolare Lösung von Ameisensäure und Natriumformiat wird bei einer Konzentration von 0,005 Mol/l für 18° der p_H-Wert 3,76 angegeben.

Von Bates [4] wurden für die äquimolare Lösung mit je 0,01 Mol/l berechnet:

°C	0	25	38
p_H	3,76	3,73	3,74

30. Milchsäure-Pufferlösung nach Larsson und Adell [36]

Für eine Lösung, die 0,01 Mol/l Milchsäure, 0,0094 Mol/l Natriumacetat und 0,0118 Mol/l Natriumchlorid enthält, wird bei 18° ein p_H-Wert von 3,79 angegeben.

31. Zitrat-Natronlauge-Pufferlösung nach Kolthoff [34]

p_H-Bereich: 3,8 bis 6,0 bei 18°.

50 ml Kaliumdihydrogenzitratlösung werden mit x ml 0,1 n-Natronlauge versetzt und auf 100 ml aufgefüllt.

x	2,0	9,0	16,3	23,7	31,5	39,2	46,7	54,2	61,0	68,0	74,4	81,2
p_H	3,8	4,0	4,2	4,4	4,6	4,8	5,0	5,2	5,4	5,6	5,8	6,0

32. Glykolsäure-Pufferlösung nach Larsson und Adell [36]

Für die äquimolare Lösung von Glykolsäure und Natriumglykolat wird bei einer Konzentration von 0,01009 und für 18° ein p_H-Wert von 3,81 angegeben.

33. Kaliumhydrogenphthalat-Pufferlösung nach Hamer und Mitarbeitern [24] (Standard)

Für die reinen Lösungen von Kaliumhydrogenphthalat werden folgende p_H-Werte angegeben:

°C	Molarität							
	0,001	0,002	0,005	0,01	0,02	0,05	0,1	0,2
0	4,341	4,255	4,171	4,122	4,076	4,012	3,956	3,895
5	4,334	4,248	4,165	4,115	4,069	4,005	3,949	3,887
10	4,331	4,245	4,162	4,112	4,066	4,001	3,945	3,883
15	4,330	4,244	4,161	4,111	4,065	4,000	3,944	3,881
20	4,331	4,246	4,163	4,113	4,067	4,001	3,945	3,882
25	4,334	4,249	4,167	4,117	4,070	4,005	3,948	3,884
30	4,339	4,255	4,173	4,124	4,077	4,011	3,953	3,890
35	4,346	4,263	4,182	4,133	4,086	4,019	3,962	3,897
40	4,356	4,273	4,193	4,144	4,097	4,030	3,972	3,907
45	4,367	4,286	4,206	4,157	4,111	4,043	3,985	3,920
50	4,381	4,301	4,222	4,174	4,127	4,059	4,000	3,934
55	4,397	4,318	4,240	4,192	4,145	4,077	4,018	3,952
60	4,415	4,337	4,260	4,212	4,165	4,097	4,037	3,970
Pufferwert [3]	—	—	0,066	0,050	0,047	0,052	0,057	—

Herstellung der Lösungen:

Molarität	g je 1000 g Wasser	g je 1 Lösung bei		Dichte bei	
		20°	25°	20°	25°
0,001	0,2042	0,2038	0,2036	0,99833	0,99716
0,002	0,4084	0,4076	0,4071	0,99842	0,99725
0,005	1,0211	1,0187	1,0175	0,99871	0,99753
0,01	2,0422	2,0364	2,0339	0,99919	0,99799
0,02	4,0844	4,0683	4,0633	1,00014	0,99892
0,05	10,2108	10,1374	10,1249	1,00295	1,00171
0,1	20,4216	20,1630	20,1362	1,00750	1,00616
0,2	40,8432	39,8793	39,8228	1,01628	1,01484

Die 0,05 m-Lösung wird international [*1, 2, 16, 27, 29, 41*] als besonders gut herstellbare Pufferlösung als *Primärstandard* verwendet. Der Pufferwert dieser Lösung beträgt 0,024 bei 25°, der Verdünnungseinfluß +0,06.

Bower und Bates [*14*] haben die p_H-Angaben für höhere Temperaturen ergänzt:

°C	70	80	90	95
p_H	4,12	4,16	4,20	4,23

34. Kaliumhydrogenphthalat-Natronlauge-Pufferlösung nach Clark und Lubs [*19*]

p_H-Bereich: 4,20 bis 5,80 bei 25° [*13*].

50 ml 0,1 m-Kaliumhydrogenphthalatlösung werden mit x ml 0,1 m-Natronlauge versetzt und auf 100 ml aufgefüllt.

x	3,0	6,6	11,1	16,5	22,6	28,8	34,1	38,8	42,3
p_H	4,2	4,4	4,6	4,8	5,0	5,2	5,4	5,6	5,8
Pufferwert β	0,017	0,020	0,025	0,029	0,031	0,030	0,025	0,020	0,015

Die gleiche Pufferlösung bei 20° [*20*] für den p_H-Bereich 4,0 bis 6,0:

x	0,40	3,70	7,50	12,15	17,70	23,85	29,95	35,45	39,85	43,00	45,45
p_H	4,0	4,2	4,4	4,6	4,8	5,0	5,2	5,4	5,6	5,8	6,0

35. Acetat-Pufferlösung (Standardacetat) nach Bates und Mitarbeitern [*11*]

Für die äquimolare Lösung von Essigsäure und Natriumacetat werden folgende p_H-Werte angegeben:

Mol/l	p_H bei		
	0°	25°	38°
0,01	4,747	4,718	4,726
0,05	4,709	4,679	4,685
0,1	4,688	4,656	4,661

In der *britischen Norm* [*16*] werden angegeben:

Mol/l	p_H bei		
	12°	25°	38°
0,01	4,71	4,70	4,72
0,1	4,65	4,64	4,65

Der Pufferwert der 0,1 n-Pufferlösung liegt bei 0,055.

36. n-Buttersäure-Pufferlösung nach Larsson und Adell [35]

Die Lösung von n-Buttersäure (0,01066 molar) und Natriumbutyrat (0,01 molar) hat bei 18° den p_H-Wert 4,74.

37. Bernsteinsäure-Pufferlösung nach German und Vogel [22]

p_H-Bereich: 4,80 bis 6,20 bei 25°.

100 ml eines Gemisches aus 0,01 m-Natriumhydrogensuccinatlösung (0,5903 g Bernsteinsäure und 0,8102 g bernsteinsaures Natrium im Liter enthaltend) und 0,01 m-Dinatriumsuccinatlösung (1,6203 g/l) müssen x ml der Natriumhydrogensuccinatlösung enthalten.

x	48,8	46,9	44,4	40,4	36,2	32,6	28,6	24,7
p_H	4,8	4,9	5,0	5,1	5,2	5,3	5,4	5,5
x	21,0	17,6	14,7	12,0	9,9	7,8	5,6	
p_H	5,6	5,7	5,8	5,9	6,0	6,1	6,2	

38. Propionsäure-Pufferlösung nach Larsson und Adell [35]

Die äquimolare Lösung von Propionsäure und Natriumpropionat hat bei einer Konzentration von je 0,0102 Mol/l und bei 18° einen p_H-Wert von 4,83.

Von Bates [4] wurde für die äquimolare Lösung bei der Konzentration 0,01 Mol/l berechnet:

°C	0	25	38
p_H	4,85	4,83	4,84

39. Kaliumphthalat-Pufferlösung nach Bates [3]

Die äquimolare Lösung von Kaliumhydrogenphthalat und Dikaliumphthalat hat folgende p_H-Werte:

Mol/l	0,01	0,02	0,05	0,1
p_H bei 25°	5,17	5,10	4,99	4,91

40. Dinatriumhydrogenzitrat-Natronlauge-Pufferlösung nach Sörensen [48] [39a]

p_H-Bereich: 4,96 bis 6,33 bei 18°.

100 ml Gemisch aus 0,1 m-Dinatriumhydrogenzitratlösung und 0,1 n-Natronlauge müssen bei den angegebenen p_H-Werten x ml 0,1 n-Natronlauge enthalten.

x	0	5	10	20	30	40	45
p_H bei 10° [53]	4,93	4,99	5,08	5,27	5,53	5,97	6,30
p_H bei 18°	4,96	5,02	5,11	5,31	5,57	5,97	6,33
p_H bei 40° [53]	5,05	5,10	5,19	5,39	5,64	6,04	6,41
p_H bei 70° [53]	5,14	5,20	5,29	5,49	5,75	6,15	6,51

41. Succinat-Pufferlösung nach Bates und Mitarbeitern [*11*]

Für äquimolare Lösungen von Natriumhydrogensuccinat und Dinatriumsuccinat werden folgende p_H-Werte angegeben:

Mol/l	Ionenstärke	p_H bei			
		0°	10°	25°	38°
0,01	0,041	5,53	5,49	5,47	5,48
0,025[1]	0,101	5,46	5,42	5,40	5,41
0,05	0,202	$5,40_5$	5,37	5,34	5,34

[1] Diese als Bezugspuffer empfohlene Lösung hat einen Pufferwert $\beta = 0,037$, der Verdünnungseinfluß wird zu $+0,06$ angegeben.

42. Phosphat-Borax-Pufferlösung nach Kolthoff [*34*]

p_H-Bereich: 5,8 bis 9,2 bei 18°.

100 ml eines Gemisches aus 0,1 m-Kaliumdihydrogenphosphatlösung und 0,05 m-Boraxlösung müssen für die angegebenen p_H-Werte x ml 0,1 m-Kaliumdihydrogenphosphatlösung enthalten.

x	92,1	87,7	83,0	77,8	72,2	66,7	62,3	58,1	55,0
p_H	5,8	6,0	6,2	6,4	6,6	6,8	7,0	7,2	7,4
x	51,7	49,2	46,5	43,0	38,7	34,0	27,6	17,5	5,0
p_H	7,6	7,8	8,0	8,2	8,4	8,6	8,8	9,0	9,2

43. Kaliumdihydrogenphosphat-Natronlauge-Pufferlösung nach Clark und Lubs [*19*]

p_H-Bereich: 5,80 bis 8,00 bei 25° [*13*].

50 ml 0,1 m-Kaliumdihydrogenphosphatlösung werden mit x ml 0,1 m-Natronlauge versetzt und auf 100 ml aufgefüllt.

x	3,6	5,6	8,1	11,6	16,4	22,4
p_H	5,8	6,0	6,2	6,4	6,6	6,8
Pufferwert β	—	0,010	0,015	0,021	0,027	0,033
x	29,1	34,7	39,1	42,4	44,5	46,1
p_H	7,0	7,2	7,4	7,6	7,8	8,0
Pufferwert β	0,031	0,025	0,020	0,013	0,009	—

Die gleiche Pufferlösung bei 20° [*20*] für den p_H-Bereich 6,0 bis 8,0:

x	5,70	8,60	12,60	17,80	23,45	29,63	35,00	39,50	42,80	45,20	46,80
p_H	6,0	6,2	6,4	6,6	6,8	7,0	7,2	7,4	7,6	7,8	8,0

44. Phosphat-Natronlauge-Pufferlösung nach Britton und Welford [*18*]

p_H-Bereich: 5,86 bis 12,02 bei 25°.

100 ml 0,2 n-Kaliumdihydrogenphosphatlösung werden mit *x* ml 0,2 n-Natronlauge versetzt.

x	p_H bei						
	12,5°	25°	34°	53°	63°	75°	91°
5	5,86	5,86	5,86	5,86	5,86	5,86	5,86
10	6,21	6,21	6,21	6,20	6,20	6,20	6,20
15	6,45	6,44	6,42	6,42	6,42	6,42	6,40
20	6,64	6,64	6,62	6,62	6,62	6,62	6,61
25	6,82	6,81	6,80	6,80	6,80	6,80	6,79
30	6,99	6,98	6,98	6,98	6,98	6,98	6,97
35	7,17	7,17	7,16	7,16	7,15	7,15	7,15
40	7,41	7,40	7,39	7,38	7,38	7,38	7,38
45	7,75	7,75	7,74	7,74	7,74	7,74	7,74
50	9,23	9,26	9,24	9,16	9,10	9,00	8,94
55	10,84	10,74	10,61	10,37	10,23	10,07	9,84
60	11,19	11,06	10,93	10,68	10,53	10,36	10,11
65	11,43	11,27	11,13	10,88	10,71	10,53	10,29
70	11,58	11,45	11,28	10,99	10,83	10,66	10,39
75	11,74	11,56	11,41	11,10	10,92	10,75	10,49
80	11,87	11,68	11,51	11,18	11,01	10,84	10,55
85	11,98	11,78	11,61	11,26	11,09	10,89	10,63
90	12,10	11,87	11,69	11,33	11,15	10,95	10,67
95	12,20	11,98	11,76	11,38	11,20	11,00	10,71
100	12,27	12,02	11,82	11,44	11,24	11,04	10,74

45. Phosphat-Pufferlösung nach Sörensen [*49*]

p_H-Bereich: 5,91 bis 8,04 bei 18°.

100 ml eines Gemisches aus 1/15 m-Natriumdihydrogenphosphatlösung und 1/15 m-Dinatriumhydrogenphosphatlösung müssen für die angegebenen p_H-Werte *x* ml 1/15 m-Natriumdihydrogenphosphatlösung enthalten.

x	90	80	70	60	50	40	30	20	10	5
p_H	5,91	6,24	6,47	6,64	6,81	6,98	7,17	7,38	7,73	8,04

46. Piperazinphosphat-Pufferlösung nach Grove-Rasmussen [*23*]

Die reine Lösung von Piperazinphosphat ($C_4H_{12}N_2HPO_4 \cdot H_2O$, $M = 202{,}16$) kommt in Haltbarkeit und Reproduzierbarkeit des p_H-Wertes den Standard-Pufferlösungen gleich.

Für die 0,05 m-Lösung wird angegeben:

°C	14	25
p_H	6,38	6,26

Der Pufferwert wird zu 0,037 angegeben.

47. Phosphat-Pufferlösung nach Kinzel [*32*]

p_H-Bereich: 6,4 bis 11,2 bei 18°.

3 bis 9 ml Kaliumdihydrogenphosphatlösung (9,0726 g/l) werden mit 7 bis 1 ml Trinatriumphosphatlösung (20,2998 g $Na_3PO_4 \cdot 7{,}8\,H_2O$/l) zu 10 ml ergänzt und auf 100 ml aufgefüllt.

ml KH_2PO_4-Lösung	9	8	7	6	5	4,5	4	3
p_H	6,4	6,8	7,1	7,5	8,3	9,8[1]	10,7[1]	11,2[1]

[1] = ± 0,1.

48. Borsäure-Pufferlösung nach Palitzsch [*44*]

p_H-Bereich: 6,77 bis 9,24.

100 ml eines Gemisches aus 0,2 m-Borsäurelösung und 0,05 m-Boraxlösung müssen für die angegebenen p_H-Werte x ml 0,2 m-Borsäurelösung enthalten.

x	97	94	90	85	80	75	70	65
p_H	6,77	7,09	7,36	7,60	7,78	7,94	8,08	8,20
x	55	45	40	30	20	10	0	
p_H	8,41	8,60	8,69	8,84	8,98	9,11	9,24	

49. Salzsäure-Veronalnatrium-Pufferlösung nach Michaelis [*39*]

p_H-Bereich: 6,80 bis 9,60 bei 25°.

100 ml eines Gemisches aus 0,1 m-Salzsäure und 0,1 m-Veronalnatriumlösung müssen für die angegebenen p_H-Werte x ml 0,1 m-Salzsäurelösung enthalten.

x	47,8	46,4	44,6	41,9	38,5	33,8	28,4	23,1
p_H	6,8	7,0	7,2	7,4	7,6	7,8	8,0	8,2
x	17,7	12,9	9,2	6,4	4,8	2,6	1,5	
p_H	8,4	8,6	8,8	9,0	9,2	9,4	9,6	

50. Salzsäure-Veronalnatrium-Pufferlösung nach Britton und Robinson [*17*]

p_H-Bereich: 6,8 bis 9,6 bei 18°.

Zu 100 ml 0,04 m-Veronalnatriumlösung werden x ml 0,2 n-Salzsäure zugefügt.

x	18,4	17,8	16,7	15,3	13,4	11,5	9,4	7,2
p_H	6,8	7,0	7,2	7,4	7,6	7,8	8,0	8,2
x	5,2	3,8	2,52	1,65	1,13	0,70	0,35	
p_H	8,4	8,6	8,8	9,0	9,2	9,4	9,6	

51. Dimethylleucylglycin-Pufferlösung nach Leonis [*37*]

p_H-Bereich: 6,80 bis 8,78 bei 23°.

x ml der Lösung B werden mit einer Lösung A zu 50 ml ergänzt.

Lösung A: 20 ml einer Lösung von 2,433 g $C_{10}H_{20}O_3N_2 \cdot 1{,}5H_2O$ und 1,169 g NaCl in 50 ml werden mit 20 ml Wasser verdünnt.

Lösung B: Eine gleiche Lösung, die aber mit 0,2 n-Natronlauge statt mit Wasser verdünnt wird.

x	45,0	40	35	32,5	30	27,5	25
p_H	8,78	8,42	8,20	8,10	7,99	7,90	7,80
x	22,5	20	17,5	15	10	5,0	
p_H	7,71	7,62	7,53	7,42	7,19	6,80	

52. Phosphat-Pufferlösung (Standard) [*5*]

Für die äquimolare 0,025 m-Lösung von Kaliumdihydrogenphosphat und Dinatriumhydrogenphosphat werden einheitlich in der U.S.-Norm [*2*, *41*, *27*], in der britischen Norm [*16*], in der japanischen Norm [*29*] folgende p_H-Werte verwendet:

°C	0	5	10	15	20	25	30
p_H	6,98	6,95	6,92	6,90	6,88	6,86[1]	6,85
°C	35	40	45	50	55	60	
p_H	6,84	6,84	6,83	6,83	6,84	6,84	

[1] Nach britischer Norm 6,85.

Die Werte wurden von Bower und Bates [*14*] für höhere Temperaturen ergänzt:

°C	70	80	90	95
p_H	6,85	6,86	6,88	6,89

Für äquimolare Lösungen abweichender Konzentration [*4*]:

Mol/l	0,005	0,01	0,015	0,02	0,025	0,05	0,1
p_H bei 25°	7,02	6,96	6,92	6,89	6,86	—	—
Verdünnungseinfluß [*3*]	+0,046	+0,059	—	+0,073	—	+0,088	+0,101

Für die 0,025 m-Lösung und bei 25° beträgt der Pufferwert 0,024, der Verdünnungseinfluß +0,09.

53. Salzsäure-Tris(hydroxymethyl)aminomethan-Pufferlösung nach Bates und Bower [*6*, *9*]

p_H-Bereich: 7,00 bis 9,00 bei 25°.

50 ml 0,1 m-Tris(hydroxymethyl)aminomethanlösung werden mit x ml 0,1 m-Salzsäurelösung versetzt und auf 100 ml aufgefüllt.

x	46,6	45,7	44,7	43,5	42,0	40,3	38,5
p_H	7,00	7,10	7,20	7,30	7,40	7,50	7,60
Pufferwert β	—	0,010	0,012	0,013	0,015	0,017	0,018
x	36,6	34,5	32,0	29,2	26,2	22,9	19,9
p_H	7,70	7,80	7,90	8,00	8,10	8,20	8,30
Pufferwert β	0,020	0,023	0,027	0,029	0,031	0,031	0,029
x	17,2	14,7	12,4	10,3	8,5	7,0	5,7
p_H	8,40	8,50	8,60	8,70	8,80	8,90	9,00
Pufferwert β	0,026	0,024	0,022	0,020	0,016	0,014	—

Der Temperaturkoeffizient des p_H-Wertes beträgt bei 25° etwa —0,028. Die Ionenstärke der Lösung beträgt 0,001 x.

54. Triäthanolamin-Chlorhydrat-Pufferlösung nach Bates und Schwarzenbach [*12*]

p_H-Bereich: 7 bis 8,5 bei 25°.

Für Lösungen mit B Mol/l Triäthanolamin und mit HB Mol/l Triäthanolamin-chlorhydrat ist der p_H-Wert berechenbar aus der Beziehung

$$p_H = p_K + \log \frac{B}{HB} + C(\mu)$$

Die Beziehung ist gültig für

		20°	25°	30°
mit	$p_K =$	7,87	7,77	7,68

und für die Ionenstärken

μ	0,005	0,01	0,02	0,05	0,1

wenn verwendet wird für

C	0,03	0,05	0,06	0,09	(0,12)

55. Borsäure-Pufferlösung nach Britton und Welford [*18*]

p_H-Bereich: 7,47 bis 10,40 bei 25°.

Zu 100 ml 0,2 n-Borsäurelösung werden *x* ml 0,2 n-Natronlauge zugefügt.

x	p_H bei						
	12,5°	25°	34°	53°	63°	75°	91°
5	7,43	7,47	7,46	7,44	7,38	7,37	7,37
10	7,89	7,89	7,86	7,81	7,75	7,74	7,73
15	8,19	8,15	8,12	8,05	8,00	7,98	7,94
20	8,41	8,38	8,32	8,27	8,19	8,14	8,11
25	8,61	8,55	8,48	8,42	8,36	8,31	8,26
30	8,75	8,69	8,65	8,55	8,47	8,45	8,37
35	8,91	8,85	8,77	8,67	8,61	8,56	8,49
40	9,04	8,97	8,89	8,77	8,71	8,66	8,58
45	9,16	9,08	8,99	8,89	8,81	8,76	8,68
50	9,27	9,18	9,10	8,97	8,91	8,86	8,76
55	9,38	9,29	9,20	9,09	8,99	8,96	8,86
60	9,48	9,37	9,31	9,18	9,10	9,04	8,94
65	9,59	9,48	9,39	9,28	9,20	9,15	9,04
70	9,68	9,59	9,50	9,39	9,31	9,23	9,15
75	9,77	9,68	9,59	9,49	9,41	9,34	9,25
80	9,91	9,81	9,72	9,62	9,54	9,47	9,36
85	10,06	9,95	9,89	9,78	9,68	9,60	9,40
90	10,21	10,14	10,03	9,91	9,83	9,75	9,64
95	10,52	10,40	10,32	10,16	10,07	9,93	9,80

56. Salzsäure-Veronalnatrium-Pufferlösung nach King und Delory [*31*]

p_H-Bereich: 7,48 bis 10,7 bei 22°.

Zu 25 ml 0,1 m-Veronalnatriumlösung werden *x* ml 0,1 n-Salzsäurelösung zugefügt, dann noch 25 ml 0,05 m-Natriumcarbonatlösung, zuletzt wird auf 100 ml aufgefüllt.

x	50	40	30	25	20	12,5	7,5	2,5
p_H bei 22°	7,48	7,96	8,44	9,00	9,44	9,95	10,3	10,7
p_H bei 37°	7,45	7,87	8,34	8,83	9,27	9,79	10,1	10,4

57. Salzsäure-Borax-Pufferlösung nach Sörensen [48]

p_H-Bereich: 7,62 bis 9,24 bei 18°.

100 ml eines Gemisches aus 0,1 n-Salzsäure und 0,05 m-Boraxlösung müssen für die angegebenen p_H-Werte x ml 0,1 n-Salzsäurelösung enthalten.

x	47,5	45,0	42,5	40,0	35,0	30,0
p_H bei 18°	7,62	7,94	8,14	8,29	8,51	8,68
p_H bei 10° [1]	7,64	7,96	8,17	8,32	8,54	8,72
p_H bei 40° [1]	7,55	7,86	8,06	8,19	8,40	8,56
p_H bei 70° [1]	7,47	7,76	7,95	8,08	8,26	8,40
x	25,0	20,0	15,0	10,0	5,0	0
p_H bei 18°	8,80	8,91	9,01	9,09	9,17	9,24
p_H bei 10° [1]	8,84	8,96	9,06	9,14	9,22	9,30
p_H bei 40° [1]	8,67	8,77	8,86	8,94	9,01	9,08
p_H bei 70° [1]	8,50	8,59	8,67	8,74	8,80	8,86

[1] Nach [53]

58. Glykokoll-Natronlauge-Pufferlösung nach Sörensen [48] [39a]

p_H-Bereich: 8,24 bis 10,14 bei 18°.

10 ml eines Gemisches aus einer an Glykokoll und an Natriumchlorid 0,1 m-Lösung und aus 0,1 n-Natronlauge müssen für die angegebenen p_H-Werte x ml 0,1 n-Natronlauge enthalten.

x	0,25	0,5	1,0	2,0	3,0	4,0
p_H bei 10° [53]	—	8,75	9,10	9,54	9,90	10,34
p_H bei 18°	8,24	8,58	8,93	9,36	9,71	10,14
p_H bei 40° [53]	—	8,12	8,45	8,85	9,18	9,58
p_H bei 70° [53]	—	7,48	7,79	8,16	8,45	8,82

x	4,5	5,0	5,5	6,0	7,0	8,0	9,0
p_H bei 10° [53]	10,68	11,53	12,34	12,65	12,92	13,12	13,23
p_H bei 20° [53]	10,42	11,25	12,01	12,33	12,60	12,79	12,90
p_H bei 40° [53]	9,91	10,70	11,44	11,72	11,98	12,15	12,25
p_H bei 70° [53]	9,15	9,87	10,54	10,78	11,03	11,18	11,28

59. Borsäure-Natronlauge-Pufferlösung nach Clark und Lubs [19]

p_H-Bereich: 8,00 bis 10,20 bei 25° [13].

50 ml einer an Kaliumchlorid und an Borsäure (H_3BO_3) 0,1 m-Lösung werden mit x ml 0,1 m-Natronlauge versetzt und auf 100 ml aufgefüllt.

x	3,9	6,0	8,6	11,8	15,8	20,8
p_H	8,0	8,2	8,4	8,6	8,8	9,0
Pufferwert β	—	0,011	0,015	0,018	0,022	0,027
x	26,4	32,1	36,9	40,6	43,7	46,2
p_H	9,2	9,4	9,6	9,8	10,0	10,2
Pufferwert β	0,029	0,027	0,022	0,016	0,014	—

Die gleiche Pufferlösung bei 20° [20] für den p_H-Bereich 7,8 bis 10,0:

x	2,61	3,97	5,90	8,50	12,00	16,30
p_H	7,8	8,0	8,2	8,4	8,6	8,8
x	21,30	26,70	32,00	36,85	40,80	43,90
p_H	9,0	9,2	9,4	9,6	9,8	10,0

60. Alkanolamin-Pufferlösungen nach Schwabe [47]

p_H-Bereich: 7,87 bis 10,01 bei 25°.

Die Pufferlösungen sind äquimolare Lösungen (I bis IV) der Amine *A* bis *D* und ihrer Hydrochloride.

A = 1-Aminopropanol-3,
B = N-Methyldiäthanolamin,
C = Triisopropanolamin,
D = Äthanolisopropanolamin.

Gehalt an Amin bzw. Hydrochlorid	Verdünnung mit Wasser	p_H-Wert des Puffersystems			
		I	II	III	IV
0,01 m	—	9,93	8,54	7,87	8,83
	1 + 1	9,88	8,53	7,85	8,83
	1 + 2	9,79	8,51	7,85	8,81
0,05 m	—	10,00	8,60	7,93	8,91
	1 + 1	10,00	8,60	7,93	8,94
	1 + 2	10,00	8,61	7,93	8,93
0,10 m	—	10,01	8,61	7,93	8,91
	1 + 1	10,01	8,61	7,93	8,94
	1 + 2	10,01	8,62	7,93	8,91

Pufferindices der gleichen Pufferlösungen nach SCHWABE [47].

Gehalt an Amin bzw. Hydrochlorid	Pufferindex im System			
	I	II	III	IV
	Bei Zugabe von HCl:			
0,01 m	$4{,}6 \cdot 10^{-3}$	$4 \cdot 10^{-3}$	$4{,}2 \cdot 10^{-3}$	$4 \cdot 10^{-3}$
0,05 m	$1{,}8 \cdot 10^{-2}$	$2 \cdot 10^{-2}$	$1{,}9 \cdot 10^{-2}$	$1{,}9 \cdot 10^{-2}$
0,10 m	$3 \cdot 10^{-2}$	$4 \cdot 10^{-2}$	$4{,}1 \cdot 10^{-2}$	$4 \cdot 10^{-2}$
	Bei Zugabe von LiOH:			
0,01 m	$6 \cdot 10^{-3}$	$5{,}5 \cdot 10^{-3}$	$4{,}5 \cdot 10^{-3}$	$2{,}5 \cdot 10^{-3}$
0,05 m	$3{,}5 \cdot 10^{-2}$	$2{,}2 \cdot 10^{-2}$	$2{,}2 \cdot 10^{-2}$	$1{,}2 \cdot 10^{-2}$
0,10 m	$5{,}3 \cdot 10^{-2}$	$4{,}1 \cdot 10^{-2}$	$4{,}1 \cdot 10^{-2}$	$2{,}1 \cdot 10^{-2}$

61. Ammoniak-Pufferlösungen nach Sörensen-Michaelis [40]

p_H-Bereich: 8,3 bis 10,7 bei 25°.

0,1 m Ammoniumchlorid- und Ammoniaklösung werden im Volumenverhältnis y gemischt.

y	16	4	1	$^1/_4$	$^1/_{16}$
p_H	8,3	8,9	9,5	10,1	10,7

Nach neuen Messungen von GOTTSCHALK [*22a*] wird für 20° angegeben:

100 ml Gemisch aus 0,2 m-Ammoniaklösung und 0,2 m-Ammoniumchloridlösung haben bei einem Gehalt von x ml Ammoniaklösung folgende p_H-Werte:

x	10	20	30	50	70	80	90
p_H	8,61	8,96	9,21	9,58	9,94	10,18	10,51

Bei dem Verhältnis (Grammäquivalent NH_3) : (Grammäquivalent NH_4Cl) $= a$ gilt für den p_H-Wert die Beziehung

$$p_H = \log a + 9{,}58$$

wenn a zwischen 0,1 und 10 liegt auf $\pm 0{,}02$ genau. Enthält das System 50 ml Äthanol in 100 ml, so ist

$$p_H = \log a + 9{,}32$$

mit dem gleichen Fehler.

Bei einem Gehalt von 0,1 m-Natriumhydrogentartrat gilt für den p_H-Wert auf $\pm 0{,}04$ genau die Beziehung

$$p_H = \log a + 9{,}69$$

bei einem Gehalt von 0,1 m-Trinatriumzitrat

$$p_H = \log a + 9{,}75$$

62. Salzsäure-Borax-Pufferlösung nach Bates und Bower [*6*]

p_H-Bereich: 8,00 bis 9,10 bei 25°.

50 ml 0,025 m-Boraxlösung werden mit x ml 0,1 m-Salzsäurelösung versetzt und auf 100 ml aufgefüllt.

x	20,5	19,7	18,8	17,7	16,6	15,2
p_H	8,00	8,10	8,20	8,30	8,40	8,50
Pufferwert β	—	0,009	0,010	0,011	0,012	0,015
x	13,5	11,6	9,4	7,1	4,6	2,0
p_H	8,60	8,70	8,80	8,90	9,00	9,10
Pufferwert β	0,018	0,020	0,023	0,024	0,026	—

Der Temperaturkoeffizient des p_H-Wertes bei 25° beträgt etwa —0,008. Die Ionenstärke der Lösung beträgt 0,025.

63. p-Phenolsulfonat-Pufferlösung [*45*]

p_H-Bereich: 8,6 bis 8,8 bei 25°.

2,479 g Kalium-p-phenolsulfonat, 0,339 g Natriumchlorid und 0,005875 Mol Natriumhydroxyd werden in 1 l gelöst.

°C	15	20	25	30	35	40
p_H	8,99	8,93	8,88	8,83	8,78	8,74

Für äquimolare Lösungen des Kalium-p-phenolsulfonats und des Kalium-natrium-p-phenolsulfonats werden für 25° die folgenden p_H-Werte berechnet [*4*]:

Mol/l	0,01	0,025	0,05	0,1
p_H	8,84	8,77	$8{,}71_5$	8,66
Ionen-stärke	0,04	0,1	0,2	0,4

64. Borax-Pufferlösung nach Manov und Mitarbeitern [*38*] (Standard)

°C	p_H-Wert der Lösungen		
	0,01 m	0,025 m	0,05 m
0	9,463	9,460	9,512
5	9,389	9,394	9,434
10	9,328	9,334	9,362
15	9,273	9,274	9,305
20	9,223	9,221	9,247
25	9,177	9,172	9,196
30	9,135	9,134	9,152
35	9,100	9,099	9,109
40	9,066	9,066	9,069
45	9,037	9,031	9,037
50	9,012	9,003	9,008
55	8,987	8,980	8,980
60	8,961	8,956	8,956

Die 0,01 m-Lösung von Borax wird nach der U.S.-Norm [*2, 27, 41*], nach der japanischen [*29*] und nach der französischen Norm (für 20°) [*1*] mit den oben angegebenen auf 2 Stellen hinter dem Komma abgerundeten p_H-Werten als Standard verwendet. In der britischen Norm [*16*] werden für die 0,05 m-Boraxlösung die p_H-Werte

9,18 bei 25° und 9,07 bei 38°

empfohlen.

Für die 0,01 m-Lösung haben Bower und Bates die p_H-Werte für höhere Temperaturen ergänzt [*14*]:

°C	70	80	90	95
p_H	8,93	8,89	8,85	8,83

Bei einem Gehalt von 0,01 Mol/l Natriumchlorid hat die 0,01 m-Boraxlösung nach Bates [*4*] folgende p_H-Werte:

°C	0	25	38	50
p_H	9,45	9,17	9,39	9,01

65. Borax-Natronlauge-Pufferlösung nach Sörensen [*48*] [*39a*]

p_H-Bereich: 9,24 bis 9,97 bei 18°.

100 ml eines Gemisches aus 0,05 m-Boraxlösung und 0,1 n-Natronlauge müssen für die angegebenen p_H-Werte x ml 0,1 n-Natronlauge enthalten.

x	0	10,0	20,0	30,0	40,0
p_H bei 10° [*53*]	9,30	9,42	9,57	9,76	10,06
p_H bei 18°	9,24	9,36	9,50	9,68	9,97
p_H bei 40° [*53*]	9,08	9,18	9,30	9,44	9,67
p_H bei 70° [*53*]	8,86	8,94	9,02	9,12	9,28

66. Monoäthanolamin-Chlorhydrat-Pufferlösung nach Bates und Pinching [*10*]

p_H-Bereich: 9,59 bis 9,70 bei 25°.

Das äquimolare Gemisch von Monoäthanolamin und dessen Chlorhydrat. Für die angegebenen Konzentrationen in Mol/kg wurden die Werte für $p_{wH} = \log (F_H F_{Cl} m_H)$ berechnet zu:

m	0°	10°	20°	25°	30°	40°	50°
0,01	10,39	10,05	9,73	9,59	9,44	9,16	8,90
0,02	10,43	10,09	9,78	9,62	9,48	9,20	8,94
0,03	10,46	10,12	9,80	9,65	9,50	9,23	8,97
0,04	10,47	10,13	9,82	9,67	9,52	9,25	8,99
0,06	10,50	10,16	9,85	9,70	9,55	9,28	9,02

67. Borax-Soda-Pufferlösung nach Kolthoff [*34*]

p_H-Bereich: 9,2 bis 11,0 bei 18°.

x ml einer Natriumcarbonatlösung mit 5,30 g/l werden mit einer Lösung von 19,10 g Boraxdekahydrat/l zu 100 ml ergänzt.

x	0	35,7	55,5	66,7	75,4	82,15	86,9	91,5	94,75	97,3
p_H	9,2	9,4	9,6	9,8	10,0	10,2	10,4	10,6	10,8	11,0

68. Borax-Natronlauge-Pufferlösung nach Bates und Bower [*6*]

p_H-Bereich: 9,20 bis 10,80 bei 25°.

50 ml 0,025 m-Boraxlösung werden mit x ml 0,1 m-Natronlauge versetzt und auf 100 ml aufgefüllt.

x	0,9	3,6	6,2	8,8	11,1	13,1
p_H	9,20	9,30	9,40	9,50	9,60	9,70
Pufferwert β	—	0,027	0,026	0,025	0,022	0,020
x	15,0	16,7	18,3	19,5	20,5	21,3
p_H	9,80	9,90	10,00	10,10	10,20	10,30
Pufferwert β	0,018	0,016	0,014	0,011	0,009	0,008
x	22,1	22,7	23,3	23,80	24,25	
p_H	10,40	10,50	10,60	10,70	10,80	
Pufferwert β	0,007	0,006	0,005	0,004	—	

Der Temperaturkoeffizient des p_H-Wertes beträgt bei 25° —0,008, die Ionenstärke berechnet sich nach der Gleichung $I = 0{,}001\ (25 + x)$.

69. Borax-Hydrogencarbonat-Pufferlösung nach Thiel, Schulz und Coch [*50*]

p_H-Bereich: 9,5 bis 11,0 bei 18°.

100 ml Gemisch aus den Lösungen A und B müssen für die angegebenen p_H-Werte x ml der Lösung A enthalten.

Lösung A: 0,05 m-Boraxlösung ($Na_2B_4O_8 \cdot 12H_2O$).
Lösung B: 0,05 m-Natriumhydrogencarbonatlösung.

x	54,6	25,3	11,0	3,0
p_H	9,5	10,0	10,5	11,0

70. Carbonat-Pufferlösung nach Bates und Bower [*6*]

p_H-Bereich: 9,60 bis 11,00 bei 25°.
50 ml 0,05 m-Natriumhydrogencarbonatlösung werden mit x ml 0,1 m-Natronlauge versetzt und auf 100 ml aufgefüllt.

x	5,0	6,2	7,6	9,1	10,7	12,2	13,8	15,2
p_H	9,60	9,70	9,80	9,90	10,00	10,10	10,20	10,30
Pufferwert β	—	0,013	0,014	0,015	0,016	0,016	0,015	0,014
x	16,5	17,8	19,1	20,2	21,2	22,0	22,7	
p_H	10,40	10,50	10,60	10,70	10,80	10,90	11,00	
Pufferwert β	0,013	0,013	0,012	0,010	0,009	0,008	—	

Der Temperaturkoeffizient des p_H-Wertes beträgt bei 25° —0,009, die Ionenstärke berechnet sich zu $I = 0{,}001\,(25 + 2x)$.

71. Carbonat-Pufferlösung nach Bates und Mitarbeitern [*11*]

p_H-Bereich: 9,90 bis 9,99 bei 25°.
Äquimolare Lösungen von Kaliumhydrogencarbonat und Lithiumcarbonat.

Mol/l	Ionenstärke	p_H bei			
		0°	10°	25°	38°
0,01	0,04	10,40	10,26	9,99	9,97
0,025	0,1	10,30	10,16	9,99	9,88
0,05	0,2	10,21	10,07	9,90	9,79

72. Carbonat-Pufferlösung nach Bates und Mitarbeitern [*11*] (Standard)

Für die äquimolaren Lösungen von Natriumhydrogencarbonat und Dinatriumcarbonat werden als p_H-Werte angegeben:

°C	p_H-Wert der Lösungen		
	0,01 m	0,025 m	0,05 m
0	10,42	$10{,}32_5$	10,24
10	10,28	10,18	10,10
25	10,11	10,02	9,93
38	$9{,}99_6$	9,91	9,82

Die 0,025 m-Lösung besitzt bei 25° einen Pufferwert von 0,026 und einen Verdünnungseinfluß von +0,09.

Die p_H-Werte für die 0,025 m-Lösung wurden in die U.S.-Norm [*2, 28, 44*] aufgenommen. Auch die japanische Norm verwendet diese p_H-Werte und gibt im einzelnen an [*29*]:

°C	0	5	10	15	20	25	30	35	38
p_H	10,32	10,25	10,18	10,12	10,07	10,02	9,97	9,93	9,91

Von Petersen [*45*] wurden als extrapolierte Werte angegeben:

°C	40	45	50
p_H	9,90	9,87	9,84

73. Salzsäure-Carbonat-Pufferlösung nach Kolthoff [*34*]

p_H-Bereich: 10,17 bis 11,36 bei 18°.

50 ml 0,1 m-Natriumcarbonatlösung werden mit x ml 0,1 n-Salzsäure versetzt und auf 100 ml aufgefüllt.

x	20,0	15,0	10,0	5,0	3,0	0
p_H	10,17	10,35	10,55	10,86	11,04	11,36

74. Carbonat-Pufferlösung nach Bates und Mitarbeitern [*11*]

Für die reine Lösung von Natriumcarbonat werden folgende p_H-Werte angegeben:

Mol/l	Ionen-stärke	p_H bei			
		0°	10°	25°	38°
0,01	0,029	11,63	11,36	11,01	10,74
0,025	0,074	11,77	11,50	$11{,}15_5$	10,89
0,05	0,148	11,89	11,61	11,27	11,00

75. Phosphat-Natronlauge-Pufferlösung nach Bates und Bower [*6*]

p_H-Bereich: 10,90 bis 12,00 bei 25°.

50 ml 0,05 m-Dinatriumhydrogenphosphatlösung werden mit x ml 0,1 m-Natronlauge versetzt und auf 100 ml aufgefüllt.

x	3,3	4,1	5,1	6,3	7,6	9,1
p_H	10,90	11,0	11,10	11,20	11,30	11,40
Puffer-wert β	—	0,009	0,011	0,012	0,014	0,017
x	11,1	13,5	16,2	19,4	23,0	26,9
p_H	11,50	11,60	11,70	11,80	11,90	12,00
Puffer-wert β	0,022	0,026	0,030	0,034	0,037	—

Der Temperaturkoeffizient des p_H-Wertes beträgt bei 25° −0,025.
Die Ionenstärke der Lösung beträgt 0,001 $(77 + 2x)$.

76. Alkalische Phosphat-Pufferlösung nach Bates und Mitarbeitern [*11*]

p_H-Bereich: 11,72 bis 12,11 bei 25°.

Eine Lösung von Dinatriumhydrogenphosphat, die durch bemessene Zugabe von Natronlauge in eine Trinatriumphosphatlösung verwandelt wird.

Mol/l	Ionenstärke	p_H bei			
		0°	10°	25°	38°
0,01 [1]	0,047	—	—	11,72	11,38
0,05	0,27	12,75	12,44	12,04	11,74
0,1		—	—	12,11	—

[1] Die Lösung wird als Bezugspufferlösung empfohlen [*2, 28, 41*], ihr Pufferwert β wird zu 0,027, der Verdünnungseinfluß zu — 0,10 angeben.

77. Calciumhydroxyd-Pufferlösung nach Bates und Bower [*8*]

Die bei 25° an Calciumhydroxyd gesättigte Lösung hat folgende p_H-Werte:

°C	0	5	10	15	20	25	30
p_H	13,43	13,21	13,00	12,81	12,63	12,45	12,30
°C	35	40	45	50	55	60	
p_H	12,14	11,99	11,84	11,70	11,58	11,45	

Die abgerundeten p_H-Werte 13,4 bis 11,4 wurden in die japanische Norm [*29*] übernommen.

78. Natronlauge-Pufferlösung nach Bates und Mitarbeitern [*11*]

Reine carbonatfreie Natronlauge hat folgende p_H-Werte:

Mol/l	p_H bei			
	0°	10°	25°	38°
0,01	12,89	12,47	11,94	11,52
0,05	$13{,}56_5$	13,15	12,62	$12{,}20_5$

Für eine 0,1 m-Lösung sind folgende Werte in der japanischen Norm enthalten [*29, 45*]:

°C	0	5	10	15	20	25	30
p_H	13,8	13,6	13,4	13,2	13,1	12,9	12,7
°C	35	40	45	50	55	60	
p_H	12,6	12,4	12,3	12,2	12,0	11,9	

79. Natronlauge-Pufferlösung nach Bates und Bower [*6*]

p_H-Bereich: 12,00 bis 13,00 bei 25°.

25 ml 0,2 m-Kaliumchloridlösung werden mit x ml 0,2 m-Natronlauge versetzt und auf 100 ml aufgefüllt.

x	6,0	8,0	10,2	12,8	16,2	20,4
p_H	12,00	12,10	12,20	12,30	12,40	12,50
Pufferwert β	0,028	0,042	0,048	0,060	0,076	0,094

x	25,6	32,2	41,2	53,0	66,0
p_H	12,60	12,70	12,80	12,90	13,00
Pufferwert β	0,12	0,16	0,21	0,25	0,30

Der Temperaturkoeffizient des p_H-Wertes bei 25° beträgt —0,033, die Ionenstärke berechnet sich zu $I = 0{,}001\,(50 + 2x)$.

80. Calciumhydroxyd-Pufferlösung nach Tuddenham und Anderson [*51*]

Die 0,2 m und bei 23,8° an Calciumhydroxyd gesättigte Lösung von Calciumchlorid hat einen p_H-Wert von 12,06.

Die gleiche Lösung zeigt bei Zusatz von Natriumchlorid (2 molar) einen p_H-Wert von 11,85.

81. Bariumhydroxyd-Pufferlösung nach Bates und Mitarbeitern [*11*]

Die bei 25° gesättigte Lösung von Bariumhydroxyd hat einen p_H-Wert von 13,27 bis 13,30.

82. Pufferlösungen bestimmter Ionenstärke [*3*]

Systeme mit einbasischer schwacher Säure:

Zur Herstellung von Pufferlösungen der angegebenen Ionenstärke werden am besten die folgenden Lösungen mit den ebenfalls angegebenen Gehalten an Kaliumchlorid verwendet:

Ionenstärke	Gehalt der Salzlösung an		Gehalt der Säurelösung an	
	NaX	KCl	HCl	KCl
0,05	0,05 m	—	0,2 m	0,05 m
0,1	0,05 m	0,05 m	0,2 m	0,1 m
0,15	0,05 m	0,1 m	0,2 m	0,15 m
0,2	0,05 m	0,15 m	0,2 m	0,2 m
0,25	0,05 m	0,2 m	0,2 m	0,25 m

geeignet für die Säuren X	im p_H-Bereich
Ameisensäure	3,0 bis 4,5
Phenylessigsäure	3,5 bis 5,0
Essigsäure	4,0 bis 5,5
Barbitursäure (Veronal)	7,0 bis 9,0
Borsäure	9,0 bis 10,0

Systeme mit schwacher einsäuriger Base:

Ionenstärke	Gehalt der Lösung an		Gehalt der Baselösung an	
	X · HCl	KCl	NaOH	KCl
0,05	0,05 m	—	0,2 m	0,05 m
0,1	0,05 m	0,05 m	0,2 m	0,1 m
0,15	0,05 m	0,1 m	0,2 m	0,15 m
0,2	0,05 m	0,15 m	0,2 m	0,2 m
0,25	0,05 m	0,2 m	0,2 m	0,25 m

geeignet für die Basen X	im p_H-Bereich
Triäthanolamin	7,0 bis 8,5
Tris(hydroxymethyl)aminomethan	7,2 bis 9,0
Ammoniak	8,2 bis 9,2
Äthanolamin	8,6 bis 10,4

83. Pufferlösungen in Wasser-Methanol-Gemischen

wurden von ENDER und Mitarbeitern [55] bearbeitet.

84. Pufferlösungen in reinem Methanol

als p_H-Standardlösungen wurden von DE LIGNY und LUYK [56] bearbeitet.

Literatur

[1] AFN T 90-008, April 1953, Paris.
[2] ASTM-Designation E 70-52 T, 1952.
[3] BATES, R. G.: Electrometric p_H-Determination. New York u. London 1954.
[4] BATES, R. G.: Chem. Reviews Bd. 42 (1948) S. 1.
[5] BATES, R. G., u. S. F. ACREE: J. Res. nat. Bur. Standards Bd. 34 (1945) S. 373.
[6] BATES, R. G., u. V. E. BOWER: Analytic. Chem. Bd. 28 (1956) S. 1322.
[7] BATES, R. G., V. E. BOWER, R. G. MILLER u. E. R. SMITH: J. Res. nat. Bur. Standards Bd. 47 (1951) S. 433.
[8] BATES, R. G., V. E. BOWER u. E. R. SMITH: J. Res. nat. Bur. Standards Bd. 56 (1956) S. 305.
[9] BATES, R. G., u. G. D. PINCHING: J. Res. nat. Bur. Standards Bd. 43 (1949) S. 519; vgl. auch [6].
[10] BATES, R. G., u. G. D. PINCHING: J. Res. nat. Bur. Standards Bd. 46 (1951) S. 349.
[11] BATES, R. G., G. D. PINCHING u. E. R. SMITH: J. Res. nat. Bur. Standards Bd. 45 (1950) S. 418.
[12] BATES, R. G., u. G. SCHWARZENBACH: Helv. chim. Acta Bd. 37 (1954) S. 1437.
[13] BOWER, V. E., u. R. G. BATES: J. Res. nat. Bur. Standards Bd. 55 (1955) S. 197.
[14] BOWER, V. E., u. R. G. BATES: J. Res. nat. Bur. Standards Bd. 59 (1957) S. 261. — BATES, R. G.: Analyst Bd. 77 (1952) S. 653.
[15] BOWER, V. E., R. G. BATES u. E. R. SMITH: J. Res. nat. Bur. Standards Bd. 51 (1953) S. 189.
[16] British Standard Nr. 1647 (1950), British Stand. Institution, London, "p_H-Scale".
[17] BRITTON, H. T. S., u. R. A. ROBINSON: J. chem. Soc. (1931) S. 458 u. 1456.
[18] BRITTON, H. T. S., u. G. WELFORD: J. chem. Soc. (1937) S. 1848.
[19] CLARK, W. M.: The Determination of Hydrogen Ions, 3. Aufl. Baltimore 1928.
[20] CLARK, W. M., u. H. A. LUBS: J. biol. Chemistry Bd. 25 (1916) S. 479. — J. Bacteriol. Bd. 2 (1917) S. 1, 109 u. 191.
[21] ELVING, P. J., J. M. MARKOWITZ u. J. ROSENTHAL: Analytic. Chem. Bd. 28 (1956) S. 1179.
[22] GERMAN, W. L., u. A. J. VOGEL: Analyst Bd. 62 (1937) S. 271.
[22a] GOTTSCHALK, G.: Z. analyt. Chem. Bd. 167 (1959) S. 342.
[23] GROVE-RASMUSSEN, K. N.: Acta chem. scand. Bd. 7 (1953) S. 231.
[24] HAMER, W. J., G. D. PINCHING u. S. F. ACREE: J. Res. nat. Bur. Standards Bd. 35 (1945) S. 539; Bd. 36 (1946) S. 47 u. 1690.
[25] MACILVAINE, T. C.: J. biol. Chemistry Bd. 49 (1921) S. 183.
[26] MCINNES, D. A., D. BELCHER u. T. SHEDLOVSKY: J. Amer. chem. Soc. Bd. 60 (1938) S. 1094.
[27] IUPAC, XV. Conference (1949) S. 118.
[28] IUPAC, XVI. Conference (1951) S. 72.
[29] Japanese Industrial Standard (1958) Z. 8802. — Method for Determination of p_H.
[30] KEYWORTH, D. A., u. R. B. HAHN: Analytic. Chem. Bd. 30 (1958) S. 1343.
[31] KING, E. J., u. G. E. DELORY: Enzymologia [Den Haag] Bd. 8 (1940) S. 278.
[32] KINZEL, H.: Protoplasma Bd. 43 (1954) S. 441.
[33] KOLTHOFF, I. M.: J. biol. Chemistry Bd. 63 (1925) S. 135.
[34] KOLTHOFF, I. M., u. J. J. VLEESCHHOUWER: Biochem. Z. Bd. 179 (1922) S. 410; Bd. 183 (1922) S. 444; Bd. 189 (1927) S. 191.
[35] LARSSON, E., u. B. ADELL: Z. physik. Chem. A Bd. 156 (1931) S. 352 u. 381.
[36] LARSSON, E., u. B. ADELL: Z. physik. Chem. A Bd. 157 (1931) S. 342.
[37] LÉONIS, J.: Compt. rend. Lab. Carlsberg, Sér. chim. Bd. 26 (1948) S. 357.

[*38*] Manov, G. G., N. J. De Lollis, P. W. Lindwall u. S. F. Acree: J. Res. nat. Bur. Standards Bd. 36 (1946) S. 543.
[*39*] Michaelis, L.: J. biol. Chemistry Bd. 87 (1930) S. 33.
[*39a*] Mislowitzer, E.: Die Bestimmung der Wasserstoffionenkonzentration von Flüssigkeiten. Berlin: Springer 1928.
[*40*] Entnommen aus I. Eggert, L. Hock, G.-M. Schwab: Lehrb. d. phys. Chem., 8. Aufl., Verl. Hirzel, Stuttgart (1960).
[*41*] National Bureau of Standards, Letter Circular 993, August 1950, „Standardisation of p_H-Measurements", Washington, U. S. Department of Commerce.
[*42*] National Bureau of Standards, Circular 552, 2. Edition, April 1957, U. S. Department of Commerce, Washington.
[*43*] Norm DIN 19260, März 1961. DIN-Mitt. Bd. 38 (1959) S. 345.
[*44*] Palitzsch, S.: Biochem. Z. Bd. 70 (1915) S. 333.
[*45*] Petersen, O.: in J. Hengstenberg, B. Sturm u. O. Winkler: Messen und Regeln in der chemischen Technik. Springer 1957.
[*46*] Prideaux, E. B. R., u. A. T. Ward: J. chem. Soc. (1924) S. 426.
[*47*] Schwabe, K.: Z. physik. Chem., N. F. Bd. 20 (1959) S. 68.
[*48*] Sörensen, S. P. L.: Biochem. Z. Bd. 21 (1909) S. 131.
[*49*] Sörensen, S. P. L.: Ergebn. Physiol. Bd. 12 (1912) S. 393.
[*50*] Thiel, A., G. Schulz u. G. Coch: Z. Elektrochem. Bd. 40 (1934) S. 150.
[*51*] Tuddenham, W. M., u. D. H. Anderson: Analytic. Chem. Bd. 22 (1950) S. 1146.
[*52*] Veibel, S.: J. chem. Soc. Bd. 123 (1923) S. 2203.
[*53*] Walbum, L. E.: Compt. rend. Soc. Biol. Bd. 83 (1920) S. 707.
[*54*] Walpole, G. S.: Biochem. J. Bd. 105 (1914) S. 2501 u. 2521.
[*55*] Ender, F., W. Teltschik u. K. Schäfer: Z. Elektrochem. Bd. 61 (1957) S. 775.
[*56*] De Ligny, C. L., u. P. F. M. Luyk: Recueil Trav. chim. Bd. 77 (1958) S. 154.

Kapitel 62

Genormte Metalle und Legierungen

Wiedergegeben mit Genehmigung des Deutschen Normenausschusses. Maßgebend ist die jeweils neueste Ausgabe des Normblattes in Normformat A 4, die bei dem Beuth-Vertrieb G. m. b. H., Berlin W 15, Uhlandstr. 175, und Köln, Friesenplatz 16, erhältlich ist.

Inhalt

---

*	1. Auflage	2. Auflage
Bearbeiter:	**Böhm †, Pohl, v. Vogel**	**v. Vogel**
Mitarbeiter:	—	**Pohl**

Seite

I. Aluminium

Reinstaluminium und Reinaluminium als Halbzeug

nach Entwurf DIN 1712, Blatt 3 (August 1959)

Kurzzeichen Kennfarbe	Werkstoff-nummer	Zulässige metallische Beimengungen in %	davon					
		zusammen	Si	Fe	Ti	Cu	Zn	Sonstige je
Al 99,98 R (schwarz)	3.0385	0,02	0,010	0,006	0,003	0,003	0,01	0,003
Al 99,9 (gelb)	3.0305	0,1	0,060	0,040	0,006	0,01	0,05	0,01
Al 99,8 (blau-braun)	3.0285	0,2	0,15	0,15	0,03	0,02	0,06	0,01
Al 99,7 (blau-violett)	3,0275	0,3	0,20	0,25	0,05	0,03	0,07	0,02
Al 99,5 (blau)	3.0255	0,5	0,30	0,40	0,05	0,05	0,07	0,03
Al 99 (weiß-violett)	3.0205	1,0	0,5	0,6	0,05	0,07	0,08	0,04
Al 98 (braun-schwarz)	3.0185	2,0	0,8	1,0	0,05	0,10	0,10	0,06 jedoch Mn bis 0,10

Reinstaluminium
und daraus hergestellte Legierungen
nach DIN 1712, Blatt 4 (Dezember 1953)

Kurzzeichen	Legierungsbestandteil Mg in %	Zulässige metallische Beimengungen[1] in %	
		Fe + Si + Cu + Zn + Ti	davon Ti + Fe
Al 99,99 R	—	0,01	0,005
AlRMg 0,5	0,4 bis 0,6	0,02	0,005
AlRMg 1	0,8 bis 1,2	0,02	0,005
AlRMg 2	1,5 bis 2,5	0,02	0,005

[1] Soweit durch die üblichen Untersuchungsverfahren erfaßbar.

Für Reinstaluminium und daraus hergestellte Legierungen, die für chemisch und anodisch zu glänzende Teile verwandt werden sollen, ist ein Höchstgehalt metallischer Beimengungen von 0,01% anzustreben.

Das zur Herstellung verwendete Magnesium muß einen Reinheitsgrad von mindestens 99,8% haben.

Der Gewichtsberechnung ist eine Dichte von 2,7 kg/dm³ zugrunde zu legen.

Hüttenaluminium
nach DIN 1712, Blatt 1 (August 1953)

Kurzzeichen	Zulässige metallische Beimengungen % davon höchstens						
	insgesamt höchstens	Si	Fe	Ti	Cu	Cu + Zn	Sonstige je
Al 99,8 H	0,20	0,15	0,15	0,03	0,01	0,07	0,01
Al 99,7 H	0,30	0,20[1]	0,25[1]	0,03	0,01	0,08	0,01
Al 99,5 H	0,50	0,30[1]	0,40[1]	0,03	0,02	0,09	0,03
Al 99 H	1,00	0,50[1]	0,60[1]	0,03	0,02	0,10	0,04

[1] Si $\leqq$ Fe, nur für Walz- und Preßbarren.

Reinaluminium für die Elektrotechnik (Leitaluminium) wird als Reinaluminium 99,5 H geliefert und darf, soweit keine Sonderbestimmungen getroffen sind, nicht mehr als 0,03% (Ti + Cr + V + Mn) enthalten. Im übrigen gelten die Vorschriften VDE 0202/VII. 43.

Aluminiumlegierungen

Aluminium-Knetlegierungen
nach DIN 1725 Blatt 1 (1. Mai 1958)

Kurzzeichen	Stoffnummer	Legierungsbestandteile %	zulässige Beimengungen %	Dichte kg/dm³ Ungefährwerte
AlMn	3,0515	Mn 0,8 bis 1,5 Mg 0 bis 0,3 Al Rest	Fe 0,5 Si 0,5 Ti 0,2[2] Zn 0,2 Cu 0,10 Sonstige: einzeln 0,05 insgesamt 0,15	2,75

Kurzzeichen	Stoff-nummer	Legierungs-bestandteile %	zulässsige Beimengungen %	Dichte kg/dm^3 Ungefähr-werte
AlMg 1	3,3515	Mg 0,6 bis 1,2 Mn 0 bis 0,31 Cr 0 bis 0,3[1] Al Rest	Si 0,5 Fe 0,4 Ti 0,2[2] Zn 0,2 Cu 0,05 Sonstige: einzeln 0,05 insgesamt 0,15	2,697
AlMg 2	3,3525	Mg 1,7 bis 2,4 Mn 0 bis 0,4 Cr 0 bis 0,30[1] Al Rest	Si Fe Ti Zn Cu Sonstige: einzeln 0,05 insgesamt 0,15	2,68
AlMg 3	3,3535	Mg 2,63 bis 3,35 Mn 0 bis 0,4[3] Cr 0 bis 0,30[1, 3] Al Rest	Si 0,5 Fe 0,4 Ti 0,2[3] Zn 0,2 Cu 0,05 Sonstige: einzeln 0,05 insgesamt 0,15	2,66
AlMg 5	3,3555	Mg 4,3 bis 5,5 Mn 0 bis 0,6[3] Cr 0 bis 0,30[1, 3] Al Rest	Si 0,5 Fe 0,4 Ti 0,2[2] Zn 0,2 Cu 0,05 Sonstige: einzeln 0,05 insgesamt 0,15	2,43
AlMg 7	3,3575	Mg 6,0 bis 7,2 Mn 0 bis 0,6[3] Cr 0 bis 0,30[3] Al Rest	Si 0,5 Fe 0,4 Ti 0,2[2] Zn 0,2 Cu 0,05 Sonstige: einzeln 0,05 insgesamt 0,15	2,62
AlMgMn	3,3527	Mg 1,6 bis 2,5 Mn 0,5 bis 1,5 Cr 0 bis 0,30 Al Rest	Fe 0,5 Si 0,5 Ti 0,2[2] Zn 0,2 Cu 0,10 Sonstige: einzeln 0,05 insgesamt 0,15	2,73
AlMg 3 Si	3,3245	Mg 2,3 bis 3,5 Si 0,5 bis 0,8 Mn 0,3 bis 0,8 Cr 0 bis 0,30 Al Rest	Fe 0,4 Ti 0,2[2] Zn 0,2 Cu 0,10[4] Sonstige: einzeln 0,05 insgesamt 0,15	2,65

Kurzzeichen	Stoff-nummer	Legierungs-bestandteile %	zulässige Beimengungen %	Dichte kg/dm³ Ungefähr-werte
E-AlMgSi	3,2305	Si 0,5 bis 0,6 Mg 0,3 bis 0,5 Al Rest	Fe 0,3 Zn 0,1 Cr + Mn + Ti + V 0,03 Cu 0,02 Sonstige: einzeln 0,03 insgesamt 0,10	2,69
AlMgSi 0,5 dek.	3,3206	Mg 0,4 bis 0,9 Si 0,3 bis 0,7 Al Rest	Fe 0,5[4] Mn 0,3 Ti 0,2[2] Zn 0,2 Cr 0,05 Cu 0,05 Sonstige: einzeln 0,05 insgesamt 0,15	2,70
AlMgSi 1	3,2315	Mg 0,6 bis 1,6 Si 0,6 bis 1,4 Mn 0,2 bis 1,0 Cr 0 bis 0,3[1] Al Rest	Fe 0,5[4] Ti 0,2[2] Zn 0,2 Cu 0,10[4] Sonstige: einzeln 0,05 insgesamt 0,15	2,70
AlMgSiPb	3,0615	Mg 0,6 bis 1,4 Si 0,6 bis 1,6 Mn 0,6 bis 1,0 Cr 0 bis 0,3 Pb + Sn + Cd + Bi + Sb 1,0 bis 3,0 Al Rest	Fe 0,5 Zn 0,5 Ti 0,2[2] Cu 0,10 Sonstige: einzeln 0,05 insgesamt 0,15	2,75
AlCuMg 0,5	3,1305	Cu 2,0 bis 3,0 Mg 0,2 bis 0,5 Al Rest	Fe + Si 1,0 Fe 1,0 Si 0,5 Zn 0,5 Cr 0,1 Sonstige: einzeln 0,05 insgesamt 0,15	2,75
AlCuMg 1	3,1325	Cu 3,5 bis 4,7 Mg 0,4 bis 1,0 Mn 0,3 bis 1,0 Si 0,2 bis 0,8 Al Rest	Fe 0,7 Zn 0,5 Ti 0,2[2] Cr 0,1 Sonstige: einzeln 0,05 insgesamt 0,20	2,80
AlCuMg 1 pl.[5]	3,1335			
AlCuMg 2	3,1355	Cu 3,8 bis 4,9 Mg 1,2 bis 1,8 Mn 0,3 bis 1,1 Al Rest	Fe 0,5 Si 0,5 Zn 0,5 Ti 0,2[2] Cr 0,1 Sonstige: einzeln 0,05 insgesamt 0,20	2,77
AlCuMg 2 pl.[5]	3,1365			

Kurzzeichen	Stoff-nummer	Legierungs-bestandteile %	zulässige Beimengungen %	Dichte kg/dm^3 Ungefähr-werte
AlCuMgPb	3,1645	Cu 3,5 bis 5,0 Mg 0,4 bis 1,8 Mn 0,5 bis 1,0 Pb + Sn + Cd + Bi + Sb 1,0 bis 3,0 Al Rest	Fe 1,0 Si 1,0 Zn 1,0 Ti 0,2[2] Sonstige: einzeln 0,10 insgesamt 0,30	2,85
AlZnMg 3	3,4355	Zn 4,2 bis 5,3 Mg 2,0 bis 3,5 Mn 0,1 bis 0,6 Cr 0,1 bis 0,3 Al Rest	Fe 0,7 Si 0,7 Ti 0,2[2] Cu 0,10 Sonstige: einzeln 0,05 insgesamt 0,20	2,77
AlZnMgCu 0,5	3,4345	Zn 3,8 bis 5,2 Mg 2,4 bis 3,8 Cu 0,4 bis 1,0 Mn 0,1 bis 0,6 Cr 0,1 bis 0,3 Al Rest	Fe 0,5 Si 0,5 Ti 0,1[2] Sonstige: einzeln 0,05 insgesamt 0,15	2,78
AlZnMgCu 1,5	3,4365	Zn 5,1 bis 6,1 Mg 2,1 bis 2,9 Cu 1,2 bis 2,0 Si 0 bis 0,5 Cr 0,18 bis 0,4 Mn 0 bis 0,3 Al Rest	Fe 0,7 Ti 0,1[2] Sonstige: einzeln 0,05 insgesamt 0,15	2,80
AlZnMgCu 1,5 pl.[6]	3,4375			

[1] Für anodische Oxydation mit dekorativer Wirkung Cr $\leqq$ 0,05%.
[2] Statt Ti können ganz oder teilweise andere kornverfeinernde Zusätze enthalten sein.
[3] Von den beiden Legierungsbestandteilen Mn und Cr muß wenigstens einer, und zwar Mn $\geqq$ 0,2% oder Cr $\geqq$ 0,1% vorhanden sein. Falls von dem Werkstoff eine Eignung zur anodischen Oxydation mit dekorativer Wirkung gefordert wird, entfällt diese Einschränkung.
[4] Bei besonders hohen Anforderungen an Korrosionsbeständigkeit Cu $\leqq$ 0,05% und Fe $\leqq$ 0,4%.
[5] Plattierwerkstoffe: Reinaluminium nach DIN 1712, Blatt 3, oder Reinstaluminium bzw. Legierungen auf Reinstaluminiumbasis nach DIN 1712, Blatt 4, oder Aluminiumlegierungen ohne Cu als Legierungsbestandteil (z. B. AlMn, AlMgSi 1) nach dieser Norm, nach Vereinbarung.
[6] Plattierwerkstoff: Aluminium-Knetlegierung aus Al 99,5 (nach DIN 1712 Blatt 31) und 0,87 bis 1,3% Zn.

Gußlegierungen, Sandguß, Kokillenguß, Druckguß
nach DIN 1725, Blatt 2 (März 1960)

1. Sand- u. Kokillenguß

Kurzzeichen	Werkstoff-nummer	Zusammensetzung		Dichte kg/dm^3 Ungefähr-werte
		Legierungs-bestandteile %	Zulässige Beimengungen %	
G-AlSi 12	3.2581.01	Si 11,0 bis 13,5 Mn 0,0 bis 0,5 Al Rest wenn Fe > 0,4, dann Mn > 0,25	Fe 0,6 (0,4) Ti 0,15 Zn 0,10 Cu 0,05 (0,03) Mg 0,05 Sonstige: einzeln 0,05 insgesamt 0,15	2,65
G-AlSi 12g	3.2581.44			
GK-AlSi 12	3.2581.02			
GK-AlSi 12 g	3.2581.44			

Kurzzeichen	Werkstoff-nummer	Zusammensetzung Legierungs-bestandteile %	Zusammensetzung Zulässige Beimengungen %	Dichte kg/dm³ Ungefähr-werte
G-AlSi 12 (Cu)	3.2583.01	Si 11,0 bis 13,0 Mn 0 bis 0,5 Al Rest wenn Fe > 0,4, dann Mn > 0,25	Cu 1,0 Fe 0,8 Zn 0,50 Mg 0,3 Ni 0,2 Ti 0,15 Pb 0,1 Sn 0,1 Cu + Zn + Fe + Ni + Mn + Mg + Pb + Sn 2,5 Sonstige: einzeln 0,05 insgesamt 0,15	2,65
GK-AlSi 12 (Cu)	3.2583.02			
G-AlSi 10 Mg	3.2381.01	Si 9,0 bis 11,0 Mg 0,2 bis 0,4 Mn 0 bis 0,5 Al Rest wenn Fe > 0,4, dann Mn > 0,25	Fe 0,6 (0,4) Ti 0,15 Zn 0,10 Cu 0,05 (0,03) Sonstige: einzeln 0,05 insgesamt 0,15	2,65
G-AlSi 10 Mg wa	3.2381.61			
GK-AlSi 10 Mg	3.2381.02			
GK-AlSi 10 Mg wa	3.2381.61			
G-AlSi 10 Mg (Cu)	3.2383.01	Si 9,0 bis 11,0 Mg 0,2 bis 0,5 Mn 0 bis 0,5 Al Rest wenn Fe > 0,4, dann Mn > 0,25	Fe 0,6 Cu 0,2 Zn 0,20 Ti 0,15 Ni 0,1 Sonstige: einzeln 0,05 insgesamt 0,15	2,65
G-AlSi 10 Mg (Cu) wa	3.2383.61			
GK-AlSi 10 Mg (Cu)	3.2383.02			
GK-AlSi 10 Mg (Cu) wa	3.2383.61			
G-AlSi 5 Mg	3.2341.01	Si 4,5 bis 6,0 Mg 0,5 bis 0,8 Mn 0 bis 0,5 Ti 0 bis 0,20 Al Rest wenn Fe > 0,4, dann Mn > 0,25	Fe 0,5 (0,4) Zn 0,10 Cu 0,05 (0,03) Sonstige: einzeln 0,05 insgesamt 0,15	2,7
G-AlSi 5 Mg ka	3.2341.41			
G-AlSi 5 Mg wa	3.2341.61			
GK-AlSi 5 Mg	3.2341.02			
GK-AlSi 5 Mg ka	3.2341.41			
GK-AlSi 5 Mg wa	3.2341.61			
G-AiSl 5 Cu 1	3.2131.01	Si 5,0 bis 6,0 Cu 1,0 bis 1,5 Mg 0,3 bis 0,6 Mn 0 bis 0,5 Al Rest wenn Fe > 0,4, dann Mn > 0,25	Fe 0,7 Ni 0,3 Zn 0,50 Pb 0,2 Ti 0,15 Sn 0,1 Fe + Mn 1,1 Sonstige: einzeln 0,05 insgesamt 0,15	2,7
G-AlSi 5 Cu 1 ka	3.2131.41			
G-AlSi 5 Cu 1 wa	3.2131.61			
GK-AlSi 5 Cu 1	3.2131.02			
GK-AlSi 5 Cu 1 ka	3.2131.41			
GK-AlSi 5 Cu 1 wa	3.2131.61			

Kurzzeichen	Werkstoff-nummer	Zusammensetzung: Legierungs-bestandteile %	Zusammensetzung: Zulässige Beimengungen %	Dichte kg/dm³ Ungefähr-werte
G-AlSi 9 (Cu)	3.2573.01	Si 7,0 bis 11,0 Mn 0 bis 0,5 Al Rest wenn Fe > 0,4, dann Mn > 0,25	Cu 1,6 Zn 1,50 Fe 1,0 Ni 0,4 Mg 0,3 Pb 0,2 Sn 0,2 Ti 0,15 Sonstige: einzeln 0,05 insgesamt 0,15	2,7
GK-AlSi 9 (Cu)	3.2573.02			
G-AlMg 3	3.3241.01	Mg 2,0 bis 4,0 Si 0 bis 1,3 Mn 0 bis 0,5 Ti 0 bis 0,20 Al Rest Be nach Vereinbarung	Fe 0,5 (0,4) Zn 0,10 Cu 0,05 (0,03) Sonstige: einzeln 0,05 insgesamt 0,15	2,7
G-AlMg 3 wa	3.3241.61			
GK-AlMg 3	3.2341.02			
GK-AlMg 3 wa	3.3241.61			
G-AlMg 3 (Cu)	3.3243.01	Mg 2,0 bis 4,0 Si 0 bis 1,3 Mn 0 bis 0,6 Ti 0 bis 0,20 Al Rest Be nach Vereinbarung	Fe 0,6 Cu 0,3 Zn 0,30 Sonstige: einzeln 0,05 insgesamt 0,15	2,7
GK-AlMg 3 (Cu)	3.3243.02			
G-AlMg 5	3.3261.01	Mg 4,0 bis 5,5 Si 0,5 bis 1,5 Mn 0 bis 0,5 Ti 0 bis 0,20 Al Rest Be nach Vereinbarung	Fe 0,5 (0,4) Zn 0,10 Cu 0,05 (0,03) Sonstige: einzeln 0,05 insgesamt 0,15	2,6
GK-AlMg 5	3.3261.02			
G-AlMg 10 ho	3.3591.43	Mg 9,0 bis 11,0 Mn 0 bis 0,30 Ti 0 bis 0,15 Al Rest Be nach Vereinbarung	Fe 0,3 (0,2) Si 0,30 Zn 0,10 Cu 0,05 (0,03) Pb 0,05 Sn 0,05 Sonstige: einzeln 0,05 insgesamt 0,15	2,6
G-AlSi 6 Cu 4	3.2151.01	Si 5,0 bis 7,0 Cu 3,0 bis 5,0 Mn 0,3 bis 0,6 Mg 0,1 bis 0,3 Al Rest	Zn 2,0 Fe 1,0 Ni 0,3 Pb 0,3 Ti 0,15 Sn 0,1 Sonstige: einzeln 0,05 insgesamt 0,15	2,75
GK-AlSi6 Cu 4	3.2151.02			

Kurzzeichen	Werkstoff-nummer	Zusammensetzung: Legierungs-bestandteile %	Zusammensetzung: Zulässige Beimengungen %	Dichte kg/dm³ Ungefähr-werte
G-AlSi 7 Cu 3	3.2153.01	Si 6,0 bis 8,5 Cu 2,0 bis 4,0 Mn 0,3 bis 0,5 Mg 0,1 bis 0,3 Al Rest	Zn 1,2 Fe 0,8 Ni 0,3 Pb 0,2 Sn 0,1 Ti 0,15 Sonstige: einzeln 0,05 insgesamt 0,15	2,75
GK-AlSi 7 Cu 3	3.2153.02			
G-AlCu 5 Si 3	3.1263.01	Cu 3,0 bis 6,0 Si 2,0 bis 4,0 Al Rest	Zn 2,5 Fe 1,1 Mn 0,6 Mg 0,5 Ni 0,5 Pb 0,3 Sn 0,2 Ti 0,15 Fe + Ni + Mn + Pb + Sn 2,2 Sonstige: einzeln 0,05 insgesamt 0,15	2,8
GK-AlCu 5 Si 3	3.1263.02			
G-AlCu 4 Ti ta	3.1841.61	Cu 4,0 bis 5,0 Ti 0,1 bis 0,3 Al Rest	Fe 0,4 (0,30) Si 0,3 Mn 0,1 Zn 0,10 Ni 0,05 Mg 0,03 Sonstige: einzeln 0,05 insgesamt 0,15	2,75
G-AlCu 4 Ti wa	3 1841.62			
GK-AlCu 4 Ti ta	3.1841.61			
GK-AlCu 4 Ti wa	3.1841.62			
G-AlCu 4 TiMg ka	3.1371.41	Cu 4,0 bis 5,0 Mg 0,15 bis 0,30 Ti 0,1 bis 0,3 Al Rest	Fe 0,4 (0,30) Si 0,3 Mn 0,1 Zn 0,10 Ni 0,05 Sonstige: einzeln 0,05 insgesamt 0,15	2,75
G-AlCu 4 TiMg wa	3.1371.61			
GK-AlCu 4 TiMg ka	3.1371.41			
GK-AlCu 4 TiMg wa	3.1371.61			

2. Druckguß (vorzugsweise für Druckguß zu verwendende Legierungen)

Kurzzeichen	Werkstoff-nummer	Zusammensetzung: Legierungs-bestandteile %	Zusammensetzung: Zulässige Beimengungen %	Dichte kg/dm³ Ungefähr-werte
GD-AlSi 12	3.2582.02	Si 11,0 bis 13,5 Mn 0 bis 0,5 Al Rest wenn Fe > 0,4, dann Mn > 0,25	Fe 0,6 (0,4) Cu 0,05 (0,03) Ti 0,15 Zn 0,10 Mg 0,05 Sonstige: einzeln 0,05 insgesamt 0,15	2,65

Kurzzeichen	Werkstoff-nummer	Zusammensetzung: Legierungs-bestandteile %	Zusammensetzung: Zulässige Beimengungen %	Dichte kg/dm³ Ungefähr-werte
GD-AlSi 10(Cu)	3.2572.05	Si 8,0 bis 12,0 Mn 0 bis 0,5 Mg 0 bis 0,5 Al Rest wenn Fe > 0,4, dann Mn > 0,25	Fe 1,2 (0,8) Cu 0,4 Zn 0,40 Ni 0,3 Ti 0,20 Pb 0,2 Sn 0,1 Sonstige: einzeln 0,05 insgesamt 0,15	2,65
GD-AlSi 6 Cu 3	3.2152.05	Si 5,0 bis 8,0 Cu 2,0 bis 4,0 Mn 0,2 bis 0,6 Al Rest bei Si > 7 kann Cu bis 1 gesenkt werden; wenn Fe > 0,4, dann Mn > 0,25	Fe 1,5 (0,9) Zn 0,70 Mg 0,5 Ni 0,5 Pb 0,3 Ti 0,20 Sn 0,1 Sonstige: einzeln 0,05 insgesamt 0,15	2,8
GD-AlMg 9	3.3292.05	Mg 7,0 bis 10,0 Si 0 bis 1,0 Mn 0,2 bis 0,5 Al Rest Be nach Ver- einbarung	Fe 0,6 (0,4) Ti 0,15 Zn 0,1 Cu 0,05 (0,03) Sonstige: einzeln 0,05 insgesamt 0,15	2,6
GD-AlMg 8 (Cu)	3.3282.05	Mg 6,0 bis 9,5 Si 0 bis 1,3 Mn 0,2 bis 0,5 Al Rest Be nach Ver- einbarung	Fe 1,2 (0,6) Zn 0,40 Cu 0,2 Ti 0,20 Sonstige: einzeln 0,05 insgesamt 0,15	2,6

Weitere Legierungen für Druckguß
G-AlSi 12(Cu), G-AlSi 5Mg, G-AlSi 5Mg, G-AlSi 5Cu1, G-Alsi 9(Cu), G-AlMg 3, G-AlMg 3(Cu), G-AlMg 5, G-AlSi 3Cu 4, G-AlSi 7Cu 3.

Bei Druckguß erhalten diese Legierungen im Kurzzeichen die Kennbuchstaben GD.

Reduktionslegierungen nach DIN 1725 Blatt 3 (Januar 1945)

Kurzzeichen	Zusammensetzung %	Zulässige Beimengungen % höchstens
UR Al I	Al + Mg mindestens 92,0	Cu 4,5 (Toleranz +0,5%) Zn 0,7 Pb 0,3 Sn Spuren Zn + Pb + Sn 0,8 Rest Si + Fe + Ni + Mn + Ti + Co + Cr Al_2O_3 Spuren
UR Al II	Al + Mg mindestens 90,0	Cu 4,5 Pb 0,5 Zn 1,0 Sn 0,2 Zn + Pb + Sn 1,5 Rest Si + Fe + Ni + Mn + Ti + Co + Cr Al_2O_3 Spuren

Kurzzeichen	Zusmmmensetzung %	Zulässige Beimengungen % höchstens
UR Al III	Al + Mg mindestens 88,0	Cu 5,5 Pb 1,0 Zn 3,0 Sn 0,5 Zn + Pb + Sn 4,0 Rest Si + Fe + Ni + Mn + Ti + Co + Cr Al_2O_3 Spuren
UR Al IV	Al + Mg mindestens 86,0	Cu 7,0 Pb 1,0 Zn 4,0 Sn 0,5 Zn + Pb + Sn 5,0 Rest Si + Fe + Ni + Mn + Ti + Co + Cr Al_2O_3 Spuren

Verschnittlegierungen nach DIN 1725 Blatt 3 (Januar 1945)

Kurzzeichen	Zusammensetzung %	Zulässige Beimengungen % höchstens	Bemerkungen
UV AlCuMg I	Cu 0 bis 5,5 Mg 0 bis 2,0 Mn 0 bis 1,5 Al Rest	Si 1,0 Fe 0,5 Zn 0,3 Ni 0,3 Pb 0,1	Streugrenzen um den Mittelwert einer Lieferung für Cu ±0,5% Si ±0,2% Mn ±0,2% Mg ±0,3%
UV AlCuMg II	Cu 0 bis 5,5 Mg 0 bis 2,0 Mn 0 bis 1,5 Al Rest	Si 1,0 Fe 0,7 Zn 0,6 Ni 0,3 Pb 0,1	
UV AlCuMgPb	Cu 0 bis 5,0 Mg 0 bis 1,5 Mn 0 bis 1,5 Al Rest	Si 1,0 Fe 1,0 Zn 0,7 Ni 0,3 Pb + Sn + Cd + Bi 2,0[1]	Streugrenzen um den Mittelwert einer Lieferung für Cu ±0,5% Si ±0,2% Mn ±0,2% Mg ±0,3% Pb ±0,5%
UV AlMgSi	Mg 0 bis 2,0 Si 0 bis 2,0 Mn 0 bis 1,5 Al mindestens 95	Cu 0,1 Fe 0,6 Zn 0,4 Pb 0,1 Cu + Fe + Zn + Pb 1,0	Streugrenzen um den Mittelwert einer Lieferung für Mn ±0,2%
UV AlMg I	Mg 0 bis 10,0 Al Rest Al + Mg mindestens 98,0	Cu 0,1 Mn 1,0 Si 0,5 Fe 0,5 Zn 0,3 Cu + Mn + Si + Fe + Zn 2,0	
UV AlMg II	Mg 0 bis 10 Al Rest	Cu 0,5 Mn 1,0 Si 0,7 Fe 0,6 Zn 0,6	

[1] Ni, Pb, Sn, Cd und Bi dürfen nicht zulegiert sein.

Vorlegierungen nach DIN 1725 Blatt 3 (Januar 1945)

Kurzzeichen	Zusammensetzung %	Zulässige Beimengungen % höchstens
V AlMn I	Mn 9,5 bis 10,5 Al Rest	Cu 0,2 Fe 0,9 Mg 2,0 Zn 0,2 Si 1,0 Sonstige: Spuren
V AlMn II	Cu 3 bis 3,5 Mn 9,5 bis 10,5 Al Rest	Mg 2,0 Ni 0,3 Si 1,0 Pb 0,1 Fe 0,9 Sonstige: Spuren Zn 0,3
V AlCu	Cu 45 bis 47 Al Rest	Mn 0,6 Zn 0,3 Mg 1,0 Ni 0,3 Si 1,0 Pb 0,1 Fe 0,7 Sonstige: Spuren
V AlCuMn I	Cu 29 bis 31 Mn 6 bis 7 Al Rest	Mg 2,0 Ni 0,3 Si 1,0 Pb 0,1 Fe 0,9 Sonstige: Spuren Zn 0,4
V AlCuMn II	Cu 29 bis 31 Mn 9 bis 10 Al Rest	Mg 2,0 Ni 0,3 Si 1,0 Pb 0,1 Fe 1,2 Sonstige: Spuren Zn 0,4

Legierungen zum Schweißen und Löten auf Aluminiumbasis
nach DIN 1732 (Juni 1944)

Bezeichnung	Kurzzeichen	Zusammensetzung %
Aluminiumschweißdraht 99,5	S Al 99,5	Al mindestens 99,5 Ti 0,1 bis 0,2
Aluminiumlegierungsschweißdraht Si 5	S AlSi 5	Al mindestens 93,5 Si 4 bis 6
Aluminiumlot 87	L AlSi 13	Al mindestens 87 Si mindestens 12
Aluminiumlot 80	L Al 80	Al + Si mindestens 80 Cu + Ni 4 Sn + Cd bis 12

II. Blei

nach DIN 1719 (April 1951)

Fein-, Hütten- und Umschmelzblei

Benennung	Kurzzeichen	Pb % mind.	Zulässige Beimengungen % höchstens								
			insgesamt	Bi	Ag	Cu	As	Sb	Sn	Fe	Zn
Feinblei 99,99 . . .	Pb 99,99	99,99	0,01	0,005	0,001	0,001	0,001	0,001	0,001	0,001	0,001
Feinblei 99,985 . . .	Pb 99,985	99,985	0,015	0,01	0,001	0,001	0,001	0,002	0,001	0,001	0,001
Hüttenblei 99,94 . .	Pb 99,94	99,94	0,06	0,05	0,001	0,001	0,001	0,005		0,001	0,001
Hüttenblei 99,90 . .	Pb 99,9	99,90	0,10	0,09	0,003	0,005	0,001	0,005		0,001	0,001
Umschmelzblei 99,75	Pb 99,75	99,75	0,25	—	—	0,1	—	—	—	—	0,05
Umschmelzblei 98,5 .	Pb 98,5	98,5	1,5	—	—	0,5	—	—	—	—	0,05
Kupferfeinblei 99,90 .	Pb 99,9 Cu	99,90	0,015[1]	0,01	0,0025	0,08 mind. 0,04	0,001	0,002	0,001	0,001	0,001

[1] Außer Cu und Ag.

Blei-Spritzgußlegierungen nach DIN 1741 (September 1936)

Benennung	Kurzzeichen	Zusammensetzung %				Zulässige Beimengungen %
		Pb	Sn	Sb	Cu	Fe + Cd + As
Blei-Spritzgußlegierung 97 . . .	Sg Pb 97	96 bis 98	—	2 bis 4	—	
Blei-Spritzgußlegierung 87 . . .	Sg Pb 87	86 bis 88	—	12 bis 14	—	
Blei-Spritzgußlegierung 85 . . .	Sg Pb 85	84 bis 86	4 bis 6	9 bis 14	—	unter 1,5
Blei-Spritzgußlegierung 59 . . .	Sg Pb 59	58 bis 60	24 bis 26	12 bis 14	2,5 bis 3,5	
Blei-Spritzgußlegierung 46 . . .	Sg Pb 46	45 bis 47	39 bis 41	11 bis 13	1,5 bis 2,5	

Blei, Zinn und ihre Legierungen nach DIN 1728 (Mai 1944)
(Neuentwurf in Bearbeitung)
Schriftmetalle

Benennung	Kurzzeichen	Zusammensetzung %	Zulässige Beimengungen[1] % höchstens
Hintergießmetall	PbSb 3 Sn	Sb 2,5 bis 3,5 Sn 1,5 bis 2,5 Pb Rest	Zn 0,01 As 0,3 Al 0,01 Cu + Ni 0,3 Fe 0,05
Typometall	PbSb 12 Sn 3	Sb 11,5 bis 12,5 Sn 2,5 bis 3,5 Pb Rest	Zn 0,01 As 0,3 Al 0,01 Cu + Ni 0,05 Fe 0,05
Linometall	PbSb 12 Sn 5	Sb 11,5 bis 12,5 Sn 4,5 bis 5,5 Pb Rest	Zn 0,01 As 0,3 Al 0,01 Cu + Ni 0,05 Fe 0,05
Stereometall	PbSb 15 Sn 3	Sb 14,5 bis 15,5 Sn 2,5 bis 3,5 Pb Rest	Zn 0,01 As 0,3 Al 0,01 Cu + Ni 0,3 Fe 0,05
Monometall	PbSb 15 Sn 6	Sb 14,5 bis 15,5[2] Sn 5,5 bis 6,5[2] Pb Rest	Zn 0,01 As 0,3 Al 0,01 Cu + Ni 0,05 Fe 0,05
Letternmetall	PbSb 28 Sn als Verschnittmaterial VPbSb 28 Sn	Sb 28 bis 29 Sn 5 bis 5,5 Pb Rest	Zn 0,01 As 0,3 Al 0,01 Cu + Ni 0,3 Fe 0,05
Notenmaterial	PbSn 15 Sb	Sb 4 bis 5 Sn 15,5 bis 16 Pb Rest	Zn 0,01 As 0,3 Al 0,01 Cu + Ni 0,3 Fe 0,05
Zusatzschriftmetall	VPbSn 30 Sb	Sb 5 bis 7 Sn 29 bis 31 Pb Rest	Zn 0,01 As 0,3 Al 0,01 Cu + Ni 0,05 Fe 0,05

[1] Sämtliche Legierungen frei von Schwefel.

[2] Der Antimongehalt darf beim Verwenden durch Legieren mit Zusatzschriftmetallen auf höchstens 17,5%, der Zinngehalt auf höchstens 9% erhöht werden.

Lagermetalle auf Blei- und Zinngrundlage nach DIN 1703 (Dezember 1952)

Benennung	Kurzzeichen (. . .) veraltete	Zusammensetzung %	Zulässige Beimengungen % höchstens
Blei-Alkali-Lager-metall	Lg Pb	Ca 0,4 bis 0,75 Ba bis 0,8 Na 0,15 bis 0,70 Li bis 0,04 Mg bis 0,05 Al bis 0,05 Pb Rest	nicht festgelegt
Lagerhartblei 12	Lg PbSb 12	Sb 10,5 bis 13,0 Cu 0,3 bis 1,5 Ni bis 0,3 As bis 1,5 Pb Rest	
Weißmetall 5	Lg PbSn 5 (W M 5)	Sn 4,5 bis 5,5 Cu 0,5 bis 1,5 Sb 14,5 bis 16,5 Pb 77,5 bis 79,5	Fe 0,1 Zn 0,05 Al 0,05 zusammen höchstens 0,15
Weißmetall 10	Lg PbSn 10 (W M 10)	Sn 9,5 bis 10,5 Cu 0,5 bis 1,5 Sb 14,5 bis 16,5 Pb 72,5 bis 74,5	
Cadmiumhaltiges Weißmetall 6	Lg PbSn 6 Cd	Sn 5 bis 7 Sb 14 bis 16 Cu 0,8 bis 1,2 Cd 0,6 bis 1,0 As 0,3 bis 1,0 Ni 0,2 bis 0,6 Pb Rest	nicht festgelegt
Cadmiumhaltiges Weißmetall 9	Lg PbSn 9 Cd	Sn 8 bis 10 Sb 13 bis 15 Cu 0,8 bis 1,2 Cd 0,3 bis 0,7 As 0,3 bis 1,0 Ni 0,2 bis 0,6 Pb Rest	nicht festgelegt
Weißmetall 80	Lg Sn 80 (W M 80)	Sn 79 bis 81 Cu 5 bis 7 Sb 11 bis 13 Pb 1 bis 3	Fe 0,1 Zn 0,05 Al 0,05 zusammen höchstens 0,15
Weißmetall 80 F	Lg Sn 80 F (W M 80 F)	Sn 79 bis 81 Cu 8 bis 10 Sb 10 bis 12	Pb < 0,5 sonst wie Weißmetall 80

Sammlerhartblei nach DIN 1728 (Mai 1944)

Benennung	Kurzzeichen	Zusammensetzung %	Zulässige Beimengungen % höchstens
Sammlerhartblei 9	VPbSb 9	Pb 91 bis 91,3 Sb 8,7 bis 9	Ag 0,002 Sn 0,01 As 0,01 Zn, Ni Spuren, Bi 0,01 frei von Cu 0,01 Edelmetallen Fe 0,01

Benennung	Kurzzeichen	Zusammensetzung %	Zulässige Beimengungen % höchstens
Sammlerhartblei 9 K	VPbSb 9 K	Pb 91 bis 91,3 Sb 8,7 bis 9	Ag 0,008 Sn 0,02 As 0,015 Zn, Ni Spuren, Bi 0,02 frei von Cu 0,02 Edelmetallen Fe 0,01
Sammlerhartblei 9 K N	VPbSb 9 K N	Pb 91 bis 91,3 Sb 8,7 bis 9	Ag 0,01 Fe 0,1 As 0,02 Zn, Ni Spuren, Cu 0,04 frei von Sn 0,02 Edelmetallen

Bleilegierungen für chemische Anlagen nach DIN 1728 (Mai 1944)

Benennung	Kurzzeichen	Zusammensetzung %	Zulässige Beimengungen % höchstens
Hartblei 1	Pb Sb 1	Sb 0,5 bis 2 Pb Rest	nicht festgelegt
Hartblei 4	Pb Sb 4	Sb 3 bis 5 Pb Rest	
Hartblei 5	Pb Sb 5	Sb 5 bis 6 Pb Rest	
Anodenhartblei	Pb Sb 10	Sb 9 bis 10 Pb Rest	
Bleisilberlegierung	Pb Ag	Ag 0,8 bis 1 Pb Rest	

Sonstige Bleilegierungen nach DIN 1728 (Mai 1944)

Benennung	Kurzzeichen	Zusammensetzung %	Zulässige Beimengungen % höchstens
Rohrblei	R Pb	Sb 0,75 bis 1,25 As 0,02 bis 0,05 Pb Rest	nicht festgelegt
Schrotblei	PbSbAs	Sb 3,2 bis 4 As 1,2 bis 1,6 Pb Rest	
Überzugblei	PbSb 7	Sb 6 bis 8 Pb Rest	

Zahnärztliche Blei- und Zinnlegierungen nach DIN 1728 (Mai 1944)

Benennung	Kurzzeichen	Zusammensetzung %	Zulässige Beimengungen % höchstens
Zahnärztliche Bleilegierung Pb 45 BiSn	Pb 45 BiSn	Bi 39 bis 40 Sn 14 bis 15 Pb Rest	nicht festgelegt
Zahnärztliche Zinnlegierung Sn 95 Ag	Sn 95 Ag	Sn 94 bis 96 Ag 3 bis 4 Bi 1 bis 1,5 Cd 0,8 bis 1,0	
Zahnärztliche Zinnlegierung Sn 74 Sb	Sn 74 Sb	Sn 73,5 bis 74,5 Sb 25,5 bis 26,5	

Blei und Bleilegierungen für Kabelmäntel
nach DIN 17 640 (August 1959)

Ersatz für DIN 1728, Ausgabe Mai 1944 x x, Abschnitt 6

Bezeichnung von Kabel-Zinn-Blei Kb-PbSn 2,5:

Kabel-Zinn-Blei Kb-PbSn 2,5 DIN 17 640
oder: **Kabel-Zinn-Blei 2.3138.00**

Benennung	Kurzzeichen	Werkstoffnummer[1]	Legierungsbestandteile in %					Zulässige Beimengungen in %								Ergänzende Angaben	Verwendung
			Cu	Sb	Sn	Te	Pb	Ag	As	Bi	Fe	Mg	Sb	Sn	Zn		
Kabel-Blei	Kb-Pb	2.3131.00		—	[3]	—							0,005				Schwachlegierte Kabelmäntel; Basismetall zur Herstellung von legierten Kabelmänteln
Kabel-Blei	Kb-Pb(Sb)	2.3132.00	[2] 0,03 bis 0,05	0,1 bis 0,15	—	—							—	0,005		Als Basismetall ist Pb 99,94 nach DIN 1719 zu verwenden, wobei Mg < 0,001 % zusätzlich gefordert werden[4]	
Kabel-Antimon-Blei	Kb-PbSb 0,5	2.3137.00	[2]	0,5 bis 1,0	—	—	Rest	0,001	0,001	0,05	0,001	0,001	—	0,005	0,001		Für Kabelmäntel, die starken Erschütterungen ausgesetzt sind
Kabel-Zinn-Blei	Kb-PbSn 2,5	2.3138.00	[2]	—	≧ 2,5	—							0,005	—			
Kabel-Tellur-Blei	Kb-PbTe 0,04	2.3139.00	[2]	—	—	≧ 0,0350							0,005				

[1] Werkstoffnummer nach DIN 17 007 Blatt 4 (z. Z. noch Entwurf)

[2] Die Werkstoffe Kb-Pb(Sb) [Werkstoffnummer 2.3132.00], Kb-PbSb 0,5 [2.3137.00], Kb-PbSn 2,5 [2.3138.00] und Kb-PbTe 0,04 [2.3139.00] können auch ohne Cu-Zusatz zwischen Blei- und Kabelherstellern vereinbart werden.

[3] Der Werkstoff Kb-Pb [2.3131.00] kann auch einen Sn-Gehalt bis 0,05% haben.

[4] Als Basismetall kann zwischen Blei- und Kabelherstellern an Stelle von Pb 99,94 auch Pb 99,99 oder Pb 99,985 nach DIN 1719 vereinbart werden. Dann ändert sich in der Werkstoffnummer die 4. Ziffer; so erhält z. B. Kabel-Tellur-Blei auf Basismetall Pb 99,985 die Werkstoffnummer 2.3129.00 und auf Basismetall Pb 99,99 die Werkstoffnummer 2.3119.00.

Kennzeichnende Gütewerte sind nicht genormt.

Blei- und Zinnlote nach DIN 1707 (April 1952)

Benennung	Kurzzeichen	Zusammensetzung % höchstens				
		Sn[1]	Sb	Fe	Cu + As + Ni	Pb
Bleilot 98,5	L Pb 98,5					98,5
Zinnlot 8	L Sn 8	8	0,5			Rest
Zinnlot 25	L Sn 25	25	1,70	0,05	0,10	Rest
Zinnlot 30	L Sn 30	30	2,00	0,06	0,12	Rest
Zinnlot 33	L Sn 33	33	2,20	0,07	0,14	Rest
Zinnlot 35	L Sn 35	35	2,30	0,07	0,15	Rest
Zinnlot 40	L Sn 40	40	2,70	0,08	0,16	Rest
Zinnlot 50	L Sn 50	50	3,30	0,09	0,18	Rest
Zinnlot 60	L Sn 60	60	3,20	0,10	0,20	Rest
Zinnlot 90	L Sn 90	90	1,30	0,10	0,20	Rest

Zinnlot muß frei von Aluminium und Zink sein.

[1] Zulässige Abweichungen vom angegebenen Wert: ± 0,5% vom Ganzen.

III. Kupfer und Kupferlegierungen

Hüttenkupfer

nach DIN 1708 (Mai 1958)

Benennung	Kurzzeichen	Zusammensetzung in %		Hinweise für die Verwendung
		Cu mindestens	Zusätze	
		Sauerstoffhaltige Kupfersorten[1]		
C-Kupfer	C-Cu	99,5		Einsatz für Metallguß; Formate für Walz- und Gesenkschmiedeerzeugnisse
D-Kupfer	D-Cu	99,75		
F-Kupfer	F-Cu	99,90		
E-Kupfer	E-Cu	99,90[3]		desgl., wenn Leitfähigkeit nach VDE-Vorschrift verlangt wird.
		Sauerstofffreie Kupfersorten[2]		
SA-Kupfer	SA-Cu	99,0	0,30 bis 0,50% As	Formate für Feuerbuchsen und Stehbolzen.
SB-Kupfer	SB-Cu	99,25		Formate für Rohre.
SD-Kupfer	SD-Cu	99,75		Formate für Walz- und Gesenkschmiedeerzeugnisse.
SF-Kupfer	SF-Cu	99,90		
SE-Kupfer	SE-Cu	99,90[3]		desgl., wenn Leitfähigkeit nach VDE-Vorschrift und Sauerstofffreiheit verlangt werden.
		Elektrolytisch erzeugtes Kupfer (ohne Umschmelzung)		
Kathoden-Elektrolytkupfer	KE-Cu	99,90[3]		Einsatz für Schmelzungen hoher Reinheit, insbesondere mit Leitfähigkeit nach VDE-Vorschrift

[1] 0,01 bis 0,05 Sauerstoff; örtliche Anreicherungen bis 0,08% sind zulässig.

[2] Sauerstofffreies Kupfer besitzt keinen an Kupfer gebundenen Sauerstoff. Die sauerstofffreien Kupfersorten, außer SE-Kupfer, sind im allgemeinen mit Phosphor desoxydiert und sollen dann einen Phosphor-Restgehalt von 0,015 bis 0,05% haben.

[3] SE-Kupfer kann Restgehalte an Desoxydationsmitteln wie Phosphor oder Lithium enthalten, soweit dadurch die Leitfähigkeit nach VDE-Vorschrift nicht beeinträchtigt wird. Für die E-Kupfersorten ist die elektrische Leitfähigkeit nach VDE 0251, 1934, maßgebend.

Kupfer in Halbzeug
nach DIN 1787 (Mai 1958)

Benennung	Kurzzeichen	Zusammensetzung in %		Hinweise für die Verwendung
		Cu mindestens	Zusätze	
Sauerstoffhaltige Kupfersorten[1]				
C-Kupfer	C-Cu	99,5		Halbzeug, insbesondere Bleche und Bänder, ohne Anforderung an Leitfähigkeit nach VDE-Vorschrift und ohne besondere Anforderungen an Schweiß- und Hartlötfähigkeit.
D-Kupfer	D-Cu	99,75		
F-Kupfer	F-Cu	99,90		
E-Kupfer	E-Cu	99,90[3]		Halbzeug jeder Art, wenn Leitfähigkeit nach VDE-Vorschrift verlangt wird (Elektrotechnik).
Sauerstofffreie Kupfersorten[2]				
SA-Kupfer	SA-Cu	99,0	0,30 bis 0,50% As	Feuerbuchsen und Stehbolzen
SB-Kupfer	SB-Cu	99,25		Leitungsrohre
SD-Kupfer	SD-Cu	99,75		Halbzeug jeder Art für hohe Anforderungen an Schweiß- und Hartlötfähigkeit sowie Verformbarkeit (Kupferschmiede). Leitfähigkeit nach VDE-Vorschrift nicht verlangt.
SF-Kupfer	SF-Cu	99,90		
SE-Kupfer	SE-Cu	99,90[3]		Für besondere Anforderungen an Reinheit, Verformbarkeit, Schweißbarkeit (Plattieren) und Leitfähigkeit nach VDE-Vorschrift.

[1] Die sauerstoffhaltigen Kupferarten haben einen Sauerstoffgehalt von vorzugsweise 0,01 bis 0,05%. Begrenzungen bedürfen der Vereinbarung.

[2] Sauerstofffreies Kupfer besitzt keinen an Kupfer gebundenen Sauerstoff. Die sauerstofffreien Kupfersorten, außer SE-Kupfer, sind im allgemeinen mit Phosphor desoxydiert und sollen dann einen Phosphor-Restgehalt von 0,015 bis 0,05% haben. Wenn das Kupfer einer Weiterverarbeitung durch Schweißen oder Hartlöten oder allgemein Glühbehandlungen, insbesondere in wechselnder, teils oxydierender, teils reduzierender Atmosphäre ausgesetzt ist, wird für den Phosphor-Restgehalt eine untere Grenze von 0,02% empfohlen.

SE-Kupfer kann Restgehalte an Desoxydationsmitteln wie Phosphor oder Lithium enthalten, soweit dadurch die Leitfähigkeit nach VDE-Vorschrift nicht beeinträchtigt wird.

[3] Für die Beurteilung der im Schmelzfluß oder elektrolytisch raffinierten E-Kupfersorten (E-Kupfer, SE-Kupfer) ist die elektrische Leitfähigkeit bzw. der elektrische Widerstand nach VDE 0201/1934 und DIN 40500 maßgebend.

Kupfer-Knetlegierungen
nach DIN 17660 (August 1954)
Messing

Kurzzeichen	Zusammensetzung in %			Zulässige Beimengungen in %							
	Cu[1]	Pb	Zn	Fe	Sn	Al	Mn	Li	Pb	Sb	Sonstige
Ms 56	54,0 bis 57,0	bis 2,5	Rest	0,5	0,3	0,2	0,5	0,5	—	0,02	0,2
Ms 58	57,0 bis 59,5	1,0 bis 3,0	Rest	0,5	0,3	0,1	0,2	0,5	—	0,02	0,2

[1] Silber zählt als Kupfer.

Kurzzeichen	Zusammensetzung in %			Zulässige Beimengungen in %							
	Cu[1]	Pb	Zn	Fe	Sn	Al	Mn	Li	Pb	Sb	Sonstige
Ms 60	59,5 bis 62,0	—	Rest	0,3	0,2	0,1	0,2	0,5	0,3	0,01	0,2
Ms 60 Pb	59,5 bis 62,0	0,3 bis 3,0	Rest	0,3	0,2	0,1	0,2	0,5	—	0,01	0,2
Ms 63	62,0 bis 65,0	—	Rest	0,2	0,1	0,1	0,1	0,5	0,2	0,01	0,1
Ms 63 Pb	62,0 bis 65,0	0,2 bis 3,0	Rest	0,2	0,1	0,1	0,1	0,5	—	0,01	0,1
Ms 67	66,0 bis 69,0	—	Rest	0,2	0,1	0,1	0,1	0,5	0,1	0,01	0,1
Ms 72[2]	69,5 bis 73,0	—	Rest	0,1	0,1	0,1	0,1	0,2	0,07	0,01	0,1
Ms 80	78,0 bis 82,0	—	Rest	0,1	0,1	0,1	0,1	0,2	0,05	0,01	0,1
Ms 85	83,0 bis 87,0	—	Rest	0,1	0,1	0,1	0,1	0,2	0,05	0,01	0,1
Ms 90	88,0 bis 92,0	—	Rest	0,1	0,1	0,1	0,1	0,2	0,05	0,01	0,1

[1] Silber zählt als Kupfer.
[2] Ms 72 umfaßt auch das früher genormte Ms 70.

Sondermessing nach DIN 17661 (Februar 1958)

Zusammensetzung

Kurzzeichen	Zusammensetzung in %								
	Cu	Ni[1]	Mn	Fe	Sn	Al	Si	Pb	Sonstige	Zn
SoMs 58	56,0 bis 61,0	0 bis 2,0	0,5 bis 3,0	0,5 bis 1,5	0 0,5					Rest
						0,1		1,0	0,25	
SoMs 58 Pb	56,0 bis 61,0	0 bis 0,5	0,4 bis 2,0	0,2 bis 0,6		0 bis 1,0	0 bis 0,5	1,0 bis 2,0		Rest
					0,5				0,25	

[1] Nickel zählt als Kupfer.

Kurzzeichen	Zusammensetzung in %									
	Cu	Ni[1]	Mn	Fe	Sn	Al	Si	Pb	Sonstige	Zn
SoMs 58 Al 1	56,0 bis 61,0	0 bis 2,0	0,2 bis 3,0	0 bis 1,5	0 bis 0,5	0,4 bis 1,3	0 bis 0,8	0 bis 1,0		Rest
									0,25	
SoMs 58 Al 2	56,0 bis 61,0	0 bis 2,0	0,2 bis 3,0	0,5 bis 1,5	0 bis 0,5	1,3 bis 2,5	0 bis 0,8	0 bis 0,8		Rest
									0,25	
SoMs 59	57,0 bis 62,0	2,0 bis 3,0	1,5 bis 2,5	0 bis 0,5	0 bis 0,5	0,3 bis 1,5		0 bis 0,8		Rest
							0,1		0,25	
SoMs 60	53,0 bis 62,0				0,5 bis 1,0					Rest
		0,2	—	0,1		—	—	0,2	0,25	
SoMs 64	61,0 bis 66,0	0 bis 0,5	2,0 bis 5,0	0,5 bis 3,5		2,5 bis 7,5	0 bis 0,5			
					—			0,25	0,25	
SoMs 68	66,0 bis 70,0						0,75 bis 1,25	0 bis 0,8		Rest
		0,5	—	0,4	—	—			0,25	
SoMs 70	67,0 bis 71,0		0 bis 1,0	0 bis 0,5		0,5 bis 2,0	0,3 bis 0,7			Rest
		0,5			—			—	0,25	
SoMs 71	70,0 bis 72,5				0,9 bis 1,3				Wahlweise P und/oder As 0,02 bis 0,06	Rest
		0,5	0,1	0,07		—	—	0,07		
SoMs 76	76,0 bis 79,0					1,8 bis 2,3			Wahlweise P und/oder As 0,02 bis 0,06	Rest
		0,5	0,1	0,07	—		—	0,07		

[1] Nickel zählt als Kupfer.

Zinnbronze und Mehrstoff-Zinnbronze nach DIN 17662 (Juli 1959)

Kurzzeichen	Zusammensetzung in %					Zulässige Beimengungen in %		
	Sn	Zn	Pb	P	Cu	Pb	Zn	Sonstige
Sn Bz 2	1 bis 2	—	—	bis 0,1	Rest	0,05	0,3	0,2
Sn Bz 4	3 bis 58	—	—	bis 0,4	Rest	0,05	0,3	0,2
Sn Bz 6	5 bis 7	—	—	bis 0,4	Rest	0,05	0,3	0,2
Sn Bz 8	7,5 bis 9	—	—	bis 0,4	Rest	0,05	0,3	0,2
M Sn Bz 4	3 bis 5	3 bis 5	—	bis 0,1	Rest	0,05	—	0,2
M Sn Bz 6	5 bis 7	5 bis 7	—	bis 0,1	Rest	0,05	—	0,2
M Sn Bz 4 Pb	3 bis 5	3 bis 5	3 bis 5	bis 0,1	Rest	—	—	0,2

Neusilber nach DIN 17663 (August 1954)

Kurzzeichen	Zusammensetzung in %				Zulässige Beimengungen in %			
	Cu	Ni	Pb	Zn	Pb	Mn	Fe	Sonstige
Ns 4712	45 bis 49	11 bis 13	—	Rest	0,1	0,5	0,5	0,1
Ns 4711 Pb	45 bis 49	10 bis 12	2,0	Rest	—	0,5	0,5	0,1
Ns 5712 Pb	55 bis 59	11 bis 13	2,5	Rest	—	0,5	0,5	0,1
Ns 6218 Pb	59 bis 63	17 bis 19	2,0	Rest	—	0,7	0,3	0,1
Ns 6512	63 bis 67	11 bis 13	—	Rest	0,05	0,5	0,3	0,1
Ns 6218	60 bis 64	17 bis 19	—	Rest	0,03	0,7	0,3	0,1
Ns 6025	58 bis 62	24 bis 26	—	Rest	0,03	0,7	0,3	0,1

Kupfer-Knetlegierungen

Aluminiumbronze und Mehrstoff-Aluminiumbronze

Zusammensetzung, Hinweise für die Verwendung nach DIN 17665 (Mai 1958)

Kurzzeichen	Zusammensetzung in %								Hinweise für die Verwendung
	Cu	Al	Fe	Ni	Mn	As	Si	Sonst.[1]	
AlBz 5	92,5 bis 96,0	4,0 bis 6,0		0,8		0,4			Chemische Industrie, Bergbau, Kaliindustrie, Salinen. Kondensatorrohre, Bremsbänder
			0,4		0,3			0,5	
AlBz 8	89,0 bis 93,0	6,5 bis 9,5	0,5	0,8	0,8	—			Säurebeständig, vor allem gegen Schwefel- und Essigsäure, seewasserbeständig
							0,2	0,5	

[1] Davon Zn höchstens 0,4%.

Kurzzeichen	Zusammensetzung in %								Hinweise für die Verwendung
	Cu	Al	Fe	Ni	Mn	As	Si	Sonst.[1]	
FeAlBz 8	86,5 bis 91,0	6,5 bis 9,0	1,5 bis 3,5	0,8	0,8	—	0,2	0,5	Gemeinsame Eigenschaften der Mehrstoff-Aluminiumbronzen: Korrosionsbeständigkeit, Verschleißfestigkeit, Unempfindlichkeit gegen Erosion und Kavitation, Warmfestigkeit. Werkstoffwahl entsprechend den Betriebsbedingungen des Einzelfalles. Verwendungsbeispiele: Konstruktionsteile, z. B. Wellen, Spindeln, Bolzen, Schrauben, Muttern. Verschleißteile, z. B. Getrieberäder jeder Art, Schnecken, hochbelastete Lagerorgane — besonders bei Stoßbeanspruchung —, Druckplatten, Gleitsteine. Ventilsitze mit hoher Warmfestigkeit. Heißdampfarmaturenteile, Steuerteile der Hydraulik.
FeAlBz 10	80,0 bis 86,5	9,0 bis 11,0	2,0 bis 4,5	1,0	1,5 bis 3,5	—	0,4	0,8	
MnAlBz 9	86,5 bis 90,0	7,7 bis 9,7	1,0	0,8	1,5 bis 3,0	—	0,4	0,8	
NiAlBz 10	79,5 bis 85,0	8,5 bis 10,5	3,3 bis 5,3	3,0 bis 6,0	1,5	—	0,2	0,8	
NiAlBz 11	74,0 bis 78,5	10,5 bis 12,5	4,8 bis 6,8	5,0 bis 7,5	1,5	—	0,2	0,8	

[1] Davon Zn höchstens 0,4%.

Kupfer-Nickel-Legierungen

Zusammensetzung nach DIN 17664 (Mai 1956)

Kurzzeichen	Zusammensetzung in %				Zulässige Beimengungen in %				
	Ni[1]	Mn	Fe	Cu	Fe	Mn	Zn[2]	Sn + Pb	Sonst.[3]
CuNi 5	4,0 bis 6,0	—	—	Rest	0,2	0,3	0,3	0,05	0,1
CuNi 5 Fe	4,0 bis 6,0	0,3 bis 0,8	0,9 bis 1,5	Rest	—	—	0,3	0,05	0,1
CuNi 10	9,0 bis 11,0	—	—	Rest	0,2	0,3	0,2	0,05	0,1
CuNi 10 Fe	9,0 bis 11,0	0,3 bis 0,8	0,7 bis 1,4	Rest	—	—	0,5	0,05	0,1

[1] Der Nickelgehalt schließt den als Beimengung bis 0,5% zulässigen Kobaltgehalt mit ein.

[2] Wenn für Sonderzwecke (z. B. Einbauwerkstoffe für Elektronenröhren) Zinkgehalte nicht zulässig sind, muß dies in der Bestellung besonders angegeben werden. Das Kurzzeichen lautet dann z. B. für CuNi 44, das kein Zink enthalten darf: CuNi 44 zinkfrei.

[3] Die Legierungen müssen praktisch frei sein von As, Sb und Bi. Die Beimengungen dürfen die Kalt- und Warmverformbarkeit sowie die Gebrauchseigenschaften nicht beeinträchtigen.

Kurzzeichen	Zusammensetzung in %				Zulässige Beimengen in %				
	Ni[1]	Mn	Fe	Cu	Fe	Mn	Zn[2]	Sn + Pb	Sonst.
CuNi 15	14,0 bis 16,0	—	—	Rest	0,2	0,3	0,2	0,05	0,1
CuNi 20	19 bis 21	—	—	Rest	0,2	0,3	0,2	0,05	0,1
CuNi 20 Fe	20 bis 22	0,5 bis 1,5	0,4 bis 1,0	Rest	—	—	0,5	0,05	0,1
CuNi 25	24,0 bis 26,0	—	—	Rest	0,3	0,3	0,2	0,05	0,1
CuNi 30	29,0 bis 32,0	—	—	Rest	0,3	0,5	0,2	0,05	0,1
CuNi 30 Fe	30,0 bis 32,0	0,5 bis 1,5	0,4 bis 1,0	Rest	—	—	0,5	0,05	0,1
CuNi 30 Mn	29,0 bis 31,0	2,5 bis 3,5	—	Rest	0,5	—	0,2	0,02	0,1
CuNi 44	43 bis 45	$\leqq 1$	—	Rest	0,5	—	0,2	0,02	0,1

[1] Der Nickelgehalt schließt den als Beimengung bis 0,5% zulässigen Kobaltgehalt mit ein.

[2] Wenn für Sonderzwecke (z. B. Einbauwerkstoffe für Elektronenröhren) Zinkgehalte nicht zulässig sind, muß dies in der Bestellung besonders angegeben werden. Das Kurzzeichen lautet dann z. B. für CuNi 44, das kein Zink enthalten darf: CuNi 44 zinkfrei.

[3] Die Legierungen müssen praktisch frei sein von As, Sb und Bi. Die Beimengungen dürfen die Kalt- und Warmverformbarkeit sowie die Gebrauchseigenschaften nicht beeinträchtigen.

Kupfer-Gußlegierungen

Guß-Messing und Guß-Sondermessing nach DIN 1709 Blatt 2 (Dezember 1953)

Kurzzeichen	Zusammensetzung in %			Zulässige Abweichungen in %	Mindestgehalt in %	Zulässige Höchstmengen in %								
	Cu	Zusätze	Zn	Cu	Cu+Zn+Ni	Ni	Al+Si	Mn	Fe	Sn	Sb	As	P	Pb
G-Ms 64	64	Pb bis 3,0	Rest	+3,0 −1,0	97	0,5	0,03	0,2	0,8	1,0	0,1	0,1	0,05	3,0
GK-Ms 62	62	Pb bis 3,0	Rest	+3,0 −2,0	96	0,5	1,0	0,2	0,8	1,0	0,1	0,1	0,05	3,0
GD-Ms 60	60	Pb bis 2,0	Rest	±2,0	97	0,5	1,0	0,2	0,8	1,0	0,1	0,1	0,05	2,0
G-SoMs 60 F 30	60	Si+Mn+Fe+Sn bis zu 3,0	Rest	±2,0	97	3,0	0,1	2,0	1,0	1,0	0,1	0,1	0,10	1,0
G-SoMs 57 F 45	57	Al+Si+Mn+Fe+Sn bis zu 7,5	Rest	+7,0 −3,0	92,5	3,0	7,5 (Al+Si, Mn, Fe, Sn zusammen)				0,1	0,1	0,10	1,0
G-SoMn 57 F 60	57	Al+Si+Mn+Fe+Sn bis zu 7,5	Rest	+7,0 −3,0	92,5	3,0	7,5 (Al+Si, Mn, Fe, Sn zusammen)				0,1	0,1	0,10	0,5

[1] Nickel ist in allen Legierungen dem Kupfer zuzuzählen.

Guß-Bleibronze und Guß-Zinn-Bleibronze
nach DIN 1716 Blatt 2 (Dezember 1953)

Kurzzeichen	Zusammensetzung in %			Zulässige Abweichungen in %		Zulässige Beimengungen in %					
	Pb	Sn	Cu	Pb	Sn	Ni	Zn	Fe	Sb	Sn + Sb + Zn	Sonstige
G-PbBz 25	25	—	Rest	+3,0 −7,0	—	0,4	—	0,7	—	0,7	—
G-SnPbBz 5	5	10	Rest	±2,0	±1,0	1,0	1,0	0,7	0,5	—	0,3
G-SnPbBz 10	10	10	Rest	±2,0	±1,0	1,5	1,0	0,7	0,5	—	0,3
G-SnPbBz 15	15	7	Rest	+3,0 −2,0	±1,0	2,5	3,0	0,7	0,5	—	0,3
G-SnPbBz 22	22	5	Rest	+3,0 −4,0	−3,0	2,5	3,0	0,7	0,5	—	0,3

Guß-Zinnbronze und Rotguß
nach DIN 1705, Blatt 2 (Dezember 1953)

Kurzzeichen	Zusammensetzung %				Zulässige Abweichungen %		Mindestgehalt %	Zulässige Höchstmengen %										
	Sn	Zn	Pb	Cu	Sn	Cu	Sn + Cu	Pb	Sb	Fe	Mn	Bi	Al	Mg	S	As	Ni[1]	Zn
G-SnBz 20	20	—	—	80	+2,0	−2,0	98	1,0	0,5	0,3	0,2	0,01	0,01	0,01	0,05	0,15	0,5	
G-SnBz 14	14	—	—	86	±1,0	±1,0	99	1,0	0,2	0,2	0,2	0,01	0,01	0,01	0,05	0,15	0,5	
G-SnBz 12 GZ-SnBz 12	12	—	—	88	±1,0	±1,0	99	1,0	0,1	0,2	0,2	0,01	0,01	0,01	0,05	0,15	0,5	Rest
G-SnBz 10	10	—	—	90	±1,0	±1,0	99	1,0	0,1	0,2	0,2	0,01	0,01	0,01	0,05	0,15	0,5	
Rg 10 GZ-Rg 10	10	4	—	86	±1,0	±1,0	95	1,5	0,3	0,2	0,2	0,01	0,01	0,01	0,05	0,15	0,5	
Rg 5 GZ-Rg 5	5	7	3	85	+1,5	±1,0	90	5,0	0,3	0,2	0,2	0,01	0,01	0,01	0,05	0,15	0,5	Rest
Rg 4	4	2	1	93	±1,0	±1,0	97	2,0	0,1	0,2	0,2	0,01	0,01	0,01	0,05	0,15	0,5	
Rg A	5	7	4	84	+3,0	±3,0	86	6,0	0,4	0,5	0,2	0,01	0,01	0,01	0,05	0,15	0,5	

[1] Nickel ist in allen Legierungen dem Kupfer zuzuzählen.

Guß-Aluminiumbronze und Guß-Mehrstoff-Aluminiumbronze
nach DIN 1714 Blatt 2 (Dezember 1953)

Kurzzeichen	Zusammensetzung %				Zulässige Abweichungen %			Zulässige Beimengungen %		
	Al	Fe	Ni	Cu	Al	Fe	Ni	Mn	Zn	Sonstige
G-AlBz 9	9	—	—	Rest	±1,0	+1,0	+0,5	0,5	0,5	0,5[1]
G-FeAlBz F 45 G-FeAlBz F 48	10	3	—	Rest	±1,5	±1,5	+1,0	1,0	0,5	0,5[2]
G-NiAlBz F 50 G-NiAlBz F 60	10	4	4,5	Rest	±1,5	±2,0	±2,0	3,0	0,5	0,5[2]

[1] Fe + Ni + Mn + Zn + Sonstige: höchstens 1,5%.
[2] Hiervon höchstens: Pb 0,25%, Sn 0,30%, Si 0,30%.

Silberlote für Schwermetalle und Eisenwerkstoffe
nach DIN 1734 (Juni 1944)

Benennung	Kurzzeichen	Zusammensetzung %	Arbeitstemperatur mindestens °C
Silberlot 8	LAg 8	Ag 7 bis 9 Cu bis 55 Zn Rest	860
Silberlot 12	LAg 12	Ag 11 bis 13 Cu bis 52 Zn Rest	830
Silberlot 12 Cd	LAg 12 Cd	Ag 11 bis 13 Cd 5 bis 9 Cu bis 52 Zn Rest	800
Silberlot 15	LAg 15	Ag 14 bis 16 Cd 8 bis 12 Cu bis 49 Zn Rest	770
Silberlot 15 P	LAg 15 P	Ag 14 bis 16 Cu bis 82 P Rest	710
Silberlot 20	LAg 20	Ag 19 bis 21 Cd 13 bis 17 Cu bis 43 Zn Rest	750
Silberlot 25	LAg 25	Ag 24 bis 26 Cu bis 43 Zn Rest	780
Silberlot 25 Cd	LAg 25 Cd	Ag 24 bis 26 Cd 12 bis 16 Cu bis 42 Zn Rest	730
Silberlot 27	LAg 27	Ag 26 bis 28 Cu bis 40 Mn bis 10 Ni bis 6 Zn Rest	840
Silberlot 30 Cd 5	LAg 30 Cd 5	Ag 29 bis 31 Cd 3 bis 7 Cu bis 44 Zn Rest	770
Silberlot 30 Cd 12	LAg 30 Cd 12	Ag 29 bis 31 Cd 10 bis 14 Cu bis 36 Zn Rest	700
Silberlot 38	LAg 38	Ag 37 bis 39 Cu bis 42 Sn bis 4 Zn Rest	800

Benennung	Kurzzeichen	Zusammensetzung %	Arbeitstemperatur mindestens °C
Silberlot 44	LAg 44	Ag 43 bis 45 Cu bis 32 Zn Rest	730
Silberlot 45	LAg 45	Ag 44 bis 46 Cd 18 bis 22 Cu bis 19 Zn Rest	620
Silberlot 49	LAg 49	Ag 48 bis 50 Cu bis 18 Mn bis 8 Ni bis 5 Zn Rest	690
Silberlot 50	LAg 50	Ag 49 bis 51 Cd 3 bis 7 Cu bis 32 Zn Rest	700

Legierungen zum Schweißen und Hartlöten der Schwermetalle und zum Hartlöten der Eisenwerkstoffe

nach DIN 1733 (Juni 1944)

Benennung	Kurzzeichen	Zusammensetzung etwa %	Arbeitstemperatur mindestens °C	Dichte kg dm³
Kupferschweißdraht	SCu	Cu mind. 98 Ag + Mn + Ni + P Rest	1070	8,9
Nickelschweißdraht	SNi	Ni mind. 98 Mn Rest	1450	8,8
Neusilberschweißdraht	SNs	Cu mind. 45 Ni 6 bis 11 Zn mind. 40 Si 0,2 bis 0,4	950	8,7
Zinn-Bronzeschweißdraht	SSnBz 6	Cu mind. 92 Sn 5 bis 7 P bis 0,5	1030	8,7
Rotgußschweißdraht	SRg	Cu mind. 85 Sn 4 bis 5 Zn 6 bis 7 Mn+Si+P bis 1	950	8,7
Messinglot 85	LMs 85	Cu 84 bis 86 Zn mind. 13 Si 0,2 bis 0,4	1020	8,7
Messinglot 63	LMs 63	Cu 62 bis 64 Zn mind. 35 Si 0,2 bis 0,4	910	8,4
Messinglot 60	LMs 60	Cu 59 bis 61 Zn mind. 38 Si 0,2 bis 0,4	900	8,4
Messinglot 54	LMs 54	Cu 53 bis 55 Zn mind. 44 Si 0,2 bis 0,4	890	8,3

Benennung	Kurzzeichen	Zusammensetzung etwa %	Arbeitstemperatur mindestens °C	Dichte kg dm³
Messinglot 48	LMs 48	Cu 47 bis 49 Zn mind. 50	870	8,2
Messinglot 42	LMs 42	Cu 41 bis 43 Zn mind. 56	845	8,1
Phosphorlot 8	LCuP 8	P 8 Cu Rest	710	8,0
Silber-Messinglot	LMsAg	Cu mind. 50 Zn mind. 40 Ag 4 bis 6 P + Si bis 0,5	810	8,4

IV. Magnesium und Magnesiumlegierungen

Knetlegierungen

nach DIN 1729, Blatt 1 (April 1960)

Kurzzeichen (Kennfarbe)	Werkstoffnummer	Legierungsbestandteile %	Zulässige Beimengungen %	Lieferformen und Lieferzustände	Kennzeichnende Eigenschaften	Hinweise für die Verwendung	Bisherige handelsübliche Bezeichnung
MgMn 2 (gelb-schwarz-rot)	3,5200	Mn 1,2 bis 2,0 Mg Rest	Si 0,10 Cu 0,05 Al 0,05 Zn 0,03 Fe 0,005 Ni 0,001 Sonstige: zusammen 0,10	Bleche: weich und nachgerichtet; walzhart Rohre:	Korrosionsbeständig, gut schweißbar, leicht verformbar	Blechprofile, Verkleidungen, Kraftstoffbehälter, Armaturen, Preßteile	M 2
MgAl 3 Zn (gelb-schwarz-grün)	3,5312	Al 2,5 bis 3,5 Zn 0,5 bis 1,5 Mn 0,05 bis 0,4 Mg Rest	Si 0,20 Cu 0,05 Sonstige: zusammen 0,10	gepreßt und nachgerichtet; gezogen und nachgerichtet Stangen: wie Rohre Profile: gepreßt und nachgerichtet	Legierung mittlerer Festigkeit, schweißbar, verformbar	Bauteile mit mittlerer mechanischer Beanspruchung bei noch guter chemischer Beständigkeit, für Sonderzwecke, z. B. Ätzplatten	AZ 31
MgAl 6 Zn (gelb-schwarz-weiß)	3,5612	Al 5,5 bis 7,0 Zn 0,5 bis 1,5 Mn 0,05 bis 0,4 Mg Rest	Si 0,20 Cu 0,05 Sonstige: zusammen 0,10	Gesenkschmiedestücke: gepreßt Schweißdrähte: gepreßt	Legierung mittlerer bis hoher Festigkeit, beschränkt schweißbar (kurze Schweißnähte), verformbar	Bauteile mit mittlerer bis hoher mechanischer Beanspruchung	AZ 61

Kurzzeichen (Kennfarbe)	Werkstoffnummer	Legierungsbestandteile %	Zulässige Beimengungen %	Lieferformen und Lieferzustände	Kennzeichnende Eigenschaften	Hinweise für die Verwendung	Bisherige handelsübliche Bezeichnung
MgAl 8 Zn (gelb-schwarz-blau)	3,5812	Al 7,5 bis 9,0 Zn 0,5 bis 2,0 Mn 0,05 bis 0,4 Mg Rest	Si 0,20 Cu 0,05 Sonstige: zusammen 0,10	Stangen: gepreßt und nachgerichtet, gegebenenfalls wärmebehandelt Profile: wie Stangen Gesenkschmiedestücke: gepreßt, gegebenenfalls wärmebehandelt	Legierung höchster Festigkeit, nicht schweißbar, verformbar	Bauteile mit hoher mechanischer Beanspruchung	AZ 81

Hüttenmagnesium
nach Entwurf DIN 17800 (April 1956)
Zusammensetzung

Kurzzeichen	Mg % mindestens	Zulässige Beimengungen in %					Sonstige
		Insgesamt	Cu	Mn	Ni	Si	
Mg 99,8 H	99,8	0,20	0,02	0,10	0,001	0,10	je 0,05

Gußlegierungen. Sandguß, Kokillenguß, Druckguß
nach DIN 1729, Blatt 2 (April 1960)

Kurzzeichen (Kennfarbe)	Werkstoffnummer	Zusammensetzung		Lieferform und Lieferzustand
		Legierungsbestandteile %	Zulässige Beimengungen %	
G-MgAl 6 Zn 3 (gelb-weiß)	3,5632,01	Al 5,5 bis 6,5 Zn 2,5 bis 3,5 Mn 0,15 bis 0,3 Mg Rest	Si 0,30 (0,20) Cu 0,20 (0,15) Sonstige zusammen 0,20	Sandguß unbehandelt
G-MgAl 8 Zn 1 (gelb-blau)	3,5812,01	Al 7,5 bis 9,0 Zn 0,3 bis 1,0 Mn 0,15 bis 0,3 Mg Rest	Si 0,30 (0,20) Cu 0,20 (0,15) Sonstige zusammen 0,20	Sandguß unbehandelt
GK-MgAl 8 Zn 1	3,5812,02			Kokillenguß unbehandelt
G-MgAl 8 Zn 1 ho	3,5812,43			Sandguß homogenisiert
GK-MgAl 8 Zn 1 ho	3,5812,43			Kokillenguß homogenisiert
GD-MgAl 8 Zn 1	3,5812,05			Druckguß unbehandelt

Kurzzeichen (Kennfarbe)	Werkstoff-nummer	Zusammensetzung		Lieferform und Lieferzustand
		Legierungs-bestandteile %	Zulässige Beimengungen %	
G-MgAl 9 Zn 1 ho (gelb-schwarz)	3,5912,43	Al 8,3 bis 10,0 Zn 0,3 bis 1,0 Mn 0,15 bis 0,3 Mg Rest	Si 0,30 (0,20) Cu 0,20 (0,15) Sonstige zusammen 0,20	Sandguß homogenisiert
GK-MgAl 9 Zn 1	3,5912,02			Kokillenguß unbehandelt
GK-MgAl 9 Zn 1 ho	3,5912,43			Kokillenguß homogenisiert
G-MgAl 9 Zn 1 wa	3,5912,61			Sandguß warm ausgehärtet
GK-MgAl 9 Zn 1 wa	3,5912,61			Kokillenguß warm ausgehärtet
GD-MgAl 9 Zn 1	3,5912,50			Druckguß unbehandelt
G-MgAl 9 Zn 2 (gelb-grün)	3,5922,01	Al 7,5 bis 9,5 Zn 0,5 bis 2,0 (Al + Zn 10,5) Mn 0,15 bis 0,3 Mg Rest	Si 0,5 (0,3) Cu 0,35 (0,30) Sonstige zusammen 0,20	Sandguß unbehandelt
GK-MgAl 9 Zn 2	3,5922,02			Kokillenguß unbehandelt
GD-MgAl 9 Zn 2	3,5922,05			Druckguß unbehandelt

V. Hüttennickel

nach DIN 1701 (Juli 1958)

Kurz-zeichen	Legierungs-bestandteile		Zulässige Beimengungen in %							
	Ni+Co % mindestens	davon Co % höchstens	Cu	Fe	Pb	Mn	Zn	C	S	Sonstige
C-Ni 98,5 1)	98,50	0,0	—	0,70	—	0,0	—	0,50	0,01	kein As, P, Sn, Sb
C-Ni 99,5 1)	99,50	0,0	—	0,15	—	0,0	—	0,13	0,001	
C-Ni 99,8 2)	99,80	0,0	—	0,05	—	0,0	—	0,08	0,0005	
M-Ni 99,5 3)	99,50	—	—	0,20	0,005	—	—	0,10	0,02	Sb 0,005 Bi 0,005 weitere insges. 0,15
E-Ni 99,5 3)	99,50	0,8	0,05	0,05	0,05	0,05	0,05	0,10	0,02	
E-Ni 99,8	99,80	0,8	0,05	0,05	0,005	0,05	0,02	0,10	0,01	
W-Ni 99	99,00	1,4	0,10	0,25	0,02	0,05	0,05	0,10	0,015	0,6 Nichtmetal-lisches[4]:

1) Für Einschmelzzwecke.
2) Für Sinterzwecke.
3) Übereinstimmend mit der British Standard 375 : 1930 (zu beziehen durch den Deutschen Normenausschuß, Berlin W 15 oder Köln). Auf Wunsch kann auch mit einem Nickelgehalt bis 99,80% geliefert werden.
4 SiO_2 0,15%; Al_2O_3 0,08%; CaO 0,06%; Alkali 0,20%; Glühverlust 0,10%.

Nickelanoden
nach DIN 1702 (Mai 1956)
Zusammensetzung

Benennung	Reingehalt Ni[1] in % mindestens	Zulässige Beimengungen in %						
		Cu	Fe	Mn	Zn	Si	Pb	C
Hochleistungsanode	99,7	0,06	0,10	0,05	0,01	0,08	0,01	0,10
Normalanode	99,0	0,20	0,20	0,2	0,02	0,10	0,05	0,20

[1] Der Nickelgehalt schließt den als Beimengung vorhandenen Kobaltgehalt mit ein.

Nickel, Kobalt und ihre Legierungen
nach DIN 1727 (Januar 1944)

Benennung	Kurzzeichen	Zusammensetzung in %	Zulässige Beimengungen in % höchstens
Nickel 99,6	Ni 99,6	Ni mindestens 99,6 frei von Zn, Cd, Pb und Sn	(Mg + Mn) 0,2 Fe 0,4
Nickel 98,7	Ni 98,7	Ni mindestens 98,7	Cu 0,25 Mg 0,1 Fe 0,4 Si 0,1 Mn 0,2 C 0,3 Zn 0,01
Nickel 98	Ni 98	Ni mindestens 98	Mg 0,1 Mn 1,5 Fe 0,5
Nickellegierung NiMn 2 . .	NiMn 2	Ni mindestens 96,5 Mn 1 bis 2 Si bis 1,5 Al 0,2 bis 1	Fe 0,5 Mg 0,1
Nickellegierung NiBeTi . .	NiBeTi	Ni mindestens 96 Be 1 bis 2 Ti 1 bis 2	Mn 0,5 Fe 0,5 Si 0,2
Nickellegierung NiMn 4 . .	NiMn 4	Ni mindestens 95,5 Mn 3 bis 4	Mg 0,1 Si 0,15 Fe 0,5 C 0,1 Cu 0,2 S 0,015
Nickellegierung Ni 88 Cr	Ni 88 Cr	Ni 87 bis 89 Cr 9 bis 12 Mn 0,5 bis 2	Si 0,5 Fe 0,5
Nickellegierung Ni 80 Cr	Ni 80 Cr	Ni 76 bis 80 Cr 18 bis 20	Fe 3 Mn 1,5 Si 1,5 C 0,1
Nickellegierung Ni 78 Cu	Ni 78 Cu	Ni 75 bis 80 Cr 1,5 bis 3 Cu 4 bis 6 Fe Rest	nicht festgelegt
Nickellegierung NiCuMo	NiCuMo	Ni höchstens 75 Cu höchstens 18 Mo 3 bis 4 Fe Rest	nicht festgelegt
Nickellegierung Ni 67 Cu	Ni 67 Cu	Cu 30 bis 32 Mn 0 bis 1 Ni Rest	nicht festgelegt

Benennung	Kurzzeichen	Zusammensetzung in %	Zulässige Beimengungen in % höchsten
Nickellegierung NiCrMoBe	Ni 60 CrMoBe	Ni 58 bis 62 Cr 12 bis 15 Fe 13 bis 15 Mo 5 bis 7 Be 0,5 bis 1	Mn 1,5 Si 0,3
Nickellegierung Ni 60 Cr	Ni 60 Cr 15	Ni 58 bis 63 Cr 15 bis 20 Fe 17 bis 23	Mn 2 Si 1 C 0,2
Nickellegierung NiFeMo	Ni 60 FeMo	Ni 57 bis 59 Mo 18 bis 20 Fe Rest	nicht festgelegt
Nickellegierung Ni 50 Fe	Ni 50 Fe	Ni 47 bis 51 Fe Rest	nicht festgelegt
Nickellegierung Ni 45 Cr 13	Ni 45 Cr 13	Ni 43 bis 46 Cr 12 bis 14 Fe Rest	nicht festgelegt

Zahnärztliche Gußlegierungen auf Nickel- und Kobaltgrundlage nach DIN 1727 (Januar 1944)

Benennung	Kurzzeichen	Zusammensetzung in %	Zulässige Beimengungen in % höchstens
Weiche zahnärztliche Gußlegierung Ni 60 Cr 25 . .	Ni 60 Cr 25	Ni 60 bis 65 Cr 25 bis 28 Fe 7,5 bis 9 Mn 0,5 bis 2 Al 0,1 bis 0,5	C 0,1 Si 0,5
Harte zahnärztliche Gußlegierung Ni 60 Cr 18 . .	Ni 60 Cr 18	Ni 60 bis 65 Cr 18 bis 20 Mo 3 bis 4 Cu 2 bis 2,5 Al 3,6 bis 4,5 Mn 2 bis 2,5 Fe Rest	C 0,15 Si 0,3
Harte zahnärztliche Gußlegierung Co 67 Cr . . .	Co 67 Cr	Co 66 bis 68 Cr 27 bis 29 W 3 bis 5	C 0,47 Si 0,57 Mn 0,57

VI. Silber und Silberlegierungen

nach DIN (in Vorbereitung)

Silber

Benennung	Kurzzeichen	Mindestgehalt Ag %
Silber A (meist Elektrolytsilber)	A Ag	99,9

Silberlegierungen

Benennung	Kurzzeichen	Gehalt Ag %	Zulässige Abweichungen Ag %
Silberlegierung 925	925 Ag	92,5	±0,5
Silberlegierung 835	835 Ag	83,5	±0,5
Silberlegierung 800	800 Ag	80,0	±0,5

Silberlote zum Hartlöten von Edelmetallen nach DIN 1735 (August 1944)

Benennung	Kurzzeichen	Zusammensetzung in %				
		Ag	Cd	Cu	Sn	Zn
Silberlot 45	L Ag 45	44 bis 46	18 bis 22	bis 19	—	Rest
Silberlot 50 Cd . .	L Ag 50 Cd	49 bis 51	bis 18	bis 22	—	Rest
Silberlot 60	L Ag 60	59 bis 61	—	bis 28	—	Rest
Silberlot 60 Cd . .	L Ag 60 Cd	59 bis 61	bis 3	bis 25	bis 3	Rest
Silberlot 67	L Ag 67	66 bis 68	—	bis 26	—	Rest
Silberlot 67 Cd . .	L Ag 67 Cd	66 bis 68	bis 11	bis 13	—	Rest
Silberlot 75	L Ag 75	74 bis 76	—	bis 25	—	Rest
Silberlot 83	L Ag 83	82 bis 84	—	bis 17	—	Rest

VII. Gold und Goldlegierungen

nach DIN (in Vorbereitung)

Gold

Benennung	Kurzzeichen	Mindestgehalt Au %
Gold A (meist Elektrolytgold)	A Au	99,96

Goldlegierungen

Benennung	Kurzzeichen	Gehalt Au %	Zulässige Abweichung höchstens Au %
Goldlegierung 900	900 Au	90,0	±0,1
Goldlegierung 750	750 Au	75,0	±0,1
Goldlegierung 585	585 Au	58,5	±0,1
Goldlegierung 333	333 Au	33,3	±0,1

VIII. Platin und Platinlegierungen

nach DIN (in Vorbereitung)

Platin

Benennung	Kurzzeichen	Reinheitsstufe	Mindestgehalt Pt %
Platin A	A Pt	4 (physikalisch reines Platin)	99,99
Platin B	B Pt	3 (chemisch reines Platin)	99,90
Platin C	C Pt	2 (Geräteplatin)	99,7 (bis 0,3% Ir, andere Metalle höchstens 0,1%)
Platin D	D Pt	2 (technisch reines Platin)	99, aber mindestens 99,5% Platinmetalle
Platin E	E Pt	1 (Bijouterieplatin)	95 handelsüblich, aus Punzierungsgründen 96%

Platinlegierungen

Benennung	Kurzzeichen	Zusammensetzung in %
Platin-Iridium 5	Pt-Ir 5	Pt 95 Ir 5
Platin-Iridium 10	Pt-Ir 10	Pt 90 Ir 10
Platin-Iridium 20	Pt-Ir 20	Pt 80 Ir 20

IX. Zink

nach DIN 1706 (September 1952)

Feinzink, Hüttenzink und Umschmelzzink

Benennung [1]	Kurzzeichen	Zulässige Beimengungen in % [2]					
		insgesamt höchstens	davon höchstens				
			Pb	Cd	Pb+Cd	Sn	Fe
Feinzink 99,995 . . .	Zn 99,995	0,005	0,003	0,003	0,004	0,001	0,002
Feinzink 99,99	Zn 99,99	0,010	0,006	0,003	0,007	0,001	0,003
Feinzink 99,975 . . .	Zn 99,975	0,025	0,02	0,005	0,02	0,001	0,005
Feinzink 99,9	Zn 99,9	0,10	0,07	0,025	—	0,002	0,02
Hüttenzink 99,5 . . .	Zn 99,5	0,5	0,45	—	—	—	—
Hüttenzink 99	Zn 99	1,0	0,9	—	—	—	—
Hüttenzink 98,5 . . .	Zn 98,5	1,5	1,3	—	—	—	—
Hüttenzink 97,5 . . .	Zn 97,5	2,5	2,4	—	—	—	—
Umschmelzzink 98,5 .	U Zn 98,5	1,5	—	—	—	—	—
Umschmelzzink 97,5 .	U Zn 97,5	2,5	—	—	—	—	—
Umschmelzzink 96 . .	U Zn 96	4,0	—	—	—	—	—

[1] Die Zahlenwerte der Benennung geben den Reinheitsgrad des Zinks an.
[2] Das Fehlen von Werten für die zulässigen Beimengungen in den dafür vorgesehenen Feldern bedeutet, daß für Beimengungen Werte zwar nicht vorgeschrieben sind, wohl aber fallweise zwischen Erzeugern und Verbrauchern in ihrer Höhe vereinbart werden können.

Feinzink-Gußlegierungen nach DIN 1743 (September 1952)

Benennung	Kurzzeichen	Zusammensetzung in %	Zulässige Beimengungen in % höchstens
Feinzink-Druckguß-legierung	G D ZnAl 4 (Zn 400)	Al 3,5 bis 4,3 Cu 0 bis 0,6 Mg 0,02 bis 0,05 Zn Rest	Pb + Cd 0,011 Sn 0,001 Fe 0,075
	G D ZnAl 4 Cu 1 (Z 410)	Al 3,5 bis 4,3 Cu 0,6 bis 1,0 Mg 0,02 bis 0,05 Zn Rest	
Feinzink-Gußlegie-rung	G ZnAl 4 Cu 1 (Zn 410) G K ZnAl 4 Cu 1 (Zn 410)		
	G ZnAl 6 Cu 1 (Z 610) G K ZnAl 6 Cu 1 (Z 610)	Al 5,6 bis 6,0 Cu 1,2 bis 1,6 Zn Rest	Pb + Cd 0,008 Sn 0,001 Mg 0,005 Fe 0,075

X. Zinn

nach DIN 1704 (Februar 1940)

Benennung	Kurz-zeichen	Sn		Zulässige Beimengungen in % höchstens							
		%	Zulässige Abweichg.	Fe	Pb	Cu	Sb	As	Zn	Al	zusammen höchstens
Zinn 99,90	Sn 99,90	99,90	−0,05	0,015	0,025	0,025	0,110	0,025	0	0	0,15
Zinn 99,75	Sn 99,75	99,75	−0,05	0,015	0,250	0,050	0,150	0,050	0	0	0,30
Zinn 99,00	Sn 99	99,00	−0,10	0,025	1,00	0,150	0,350	0,150	0	0	1,10
Zinn 98,00	Sn 98	98,00	−0,20	0,025	2,00	0,200	0,650	0,200	0	0	2,20

Zinn-Spritzgußlegierungen nach DIN 1742 (September 1936)

Benennung	Kurzzeichen	Zusammensetzung in % Sn	Sb	Cu	Pb	Zulässige Beimengungen in % Fe+Cd+As
Zinn-Spritzgußlegierung 78	Sg Sn 78	77 bis 79	16 bis 18	3,5 bis 4,5	0 bis 1,5	unter 1,5
Zinn-Spritzgußlegierung 75	Sg Sn 75	74 bis 76	16 bis 18	4,5 bis 5,5	2,5 bis 3,5	
Zinn-Spritzgußlegierung 70	Sg Sn 70	69 bis 71	14 bis 16	4,0 bis 5,0	9,5 bis 11,5	
Zinn-Spritzgußlegierung 60	Sg Sn 60	59 bis 61	12 bis 14	3,5 bis 4,5	22 bis 24	
Zinn-Spritzgußlegierung 50	Sg Sn 50	49 bis 51	12 bis 14	3,5 bis 4,5	32 bis 34	

XI. Heizleiterlegierungen

nach DIN 17470 (November 1951)

Markenbezeichnung nach DIN 17006	Chemische Zusammensetzung in % C	Al	Cr	Ni	Rest
CrAl 8 5	<0,10	5 bis 6	7,5 bis 8,5	—	Fe einschließlich Si, Mn und etwaiger Sonderzusätze
CrAl 20 5	<0,10	4 bis 5	19 bis 21	—	
CrAl 30 5	<0,10	4 bis 5	28 bis 30	—	
CrNi 25 20	<0,20	—	23 bis 25	18,5 bis 19,5	
NiCr 30 20	<0,20	—	20 bis 22	29 bis 31	
NiCr 60 15	<0,15	—	14 bis 16	58 bis 62	
NiCr 80 20	<0,15	—	18 bis 20	76 bis 80	

XII. Widerstandslegierungen

Eigenschaften nach DIN 17471 (Entwurf Juni 1957)

Legierungen für		Kurzzeichen	Stoffnummer	Bisherige Gruppenbezeichnung nach DIN 46460	Zusammensetzung in % Al	Cr	Cu	Fe	Mn	Ni	Si	Gefüge
Präzisionswiderstände	—	CuMn12Ni	Stoffnummern sollen in die endgültige Ausgabe aufgenommen werden	WM 43	—	—	Rest	—	12	2	—	homogene Mischkristalle
	allgemeine Widerstände	CuNi20Mn10		WM 50	—	—	Rest	—	10	20	—	
		CuMn12NiAl			1,2	—	Rest	0,5	12	5	—	
		CuNi 44			—	—	Rest	—	1	44	—	
		CuMn 2		WM 13	0,8	—	Rest	—	2	—	—	
		CuNi30Mn		—	—	—	Rest	—	3	30	—	
		5Si16	1.0993	—	—	—	—	Rest	—	—	4	ferritisch
Heizleiter stimmen mit DIN 17470 überein		CrNi2520	1.4843	WM 100	—	25	—	Rest	—	19	—	austenitisch
		NiCr3020	1.4860		—	20	—	Rest	—	30	—	
		NiCr6015	1.4867	WM 110	—	15	—	Rest	—	60	—	
		NiCr8020	1.4869		—	20	—	—	—	80	—	
		CrAl85	1.4903	WM 120	5	8	—	Rest	—	—	—	ferritisch
		CrAl205	1.4905	—	5	20	—	Rest	—	—	—	
		CrAl305	1.4774	—	5	28	—	Rest	—	—	—	

Anhang

Eigenschaften der Metalle

Element	Symbol	Atomgewicht	Dichte	Spez. Wärme	Wärmeleitzahl	Spez. Widerstand	Schmelzpunkt	Siedepunkt
Aluminium .	Al	26,98	2,70	0,214	0,55	2,41	660,1	2500
Antimon . .	Sb	121,76	6,68	0,0496	0,55	38,6	630,5	1645
Arsen. . . .	As	74,91	5,72	0,0787	—	24	817 bei 36 at	subl. bei 610
Barium . . .	Ba	137,36	3,61	0,066	—	—	710	1638
Beryllium .	Be	9,013	1,86	0,418	0,38	6,6	1280	2967
Blei	Pb	207,21	11,34	0,0309	0,084	18,8	327,4	1750
Cadmium . .	Cd	112,41	8,64	0,0552	0,23	6,3	321	765
Caesium . .	Cs	132,91	1,90	—	—	19	28,5	690
Calcium. . .	Ca	40,08	1,54	0,155	—	4,3	850	1439
Cerium . . .	Ce	140,13	6,78	0,044	—	78	804	2700
Chrom . . .	Cr	52,01	6,92	0,105	—	~15,0	1920	2327
Eisen. . . .	Fe	55,85	7,86	0,108	0,21	8,7	1535	2730
Erbium . .	Er	167,27	9,16	—	—	—	1500	2630
Europium .	Eu	152,0	5,24	—	—	—	900	1430
Gadolinium .	Gd	157,26	7,95	—	—	—	1350	2730
Gallium. . .	Ga	69,72	5,91	0,080	—	39,5	29,8	2064
Germanium .	Ge	72,60	5,35	0,0727	—	$\sim 8{,}9 \cdot 10^4$	958,5	2700
Gold	Au	197,0	19,29	0,0309	0,75	2,04	1064,76	2960
Hafnium . .	Hf	178,50	13,31	0,033	—	30	2230	>3200
Indium . . .	In	114,82	7,31	0,056	—	8,2	156,17	1450
Iridium . .	Ir	192,2	22,42	0,032	0,14	4,58	2443	4400
Kalium . . .	K	39,100	0,851	0,177	0,23	6,38	63,5	776
Kobalt . . .	Co	58,94	8,89	0,093	0,170	5,06	1489,7	3185
Kupfer . . .	Cu	63,54	8,93	0,0915	0,94	1,55	1083	2595
Lanthan . .	La	138,92	6,15	0,044	—	—	920	4500
Lithium . .	Li	6,940	0,534	0,81	0,16	8,35	179	1370
Magnesium .	Mg	24,32	1,74	0,243	0,41	4,18	650	1102
Mangan . .	Mn	54,94	7,47	0,116	—	—	1247	2090
Molybdän .	Mo	95,95	10,21	0,06	0,34	5,03	2620	4800
Natrium . .	Na	22,991	0,971	0,288	0,33	4,34	97,7	883
Neodym . .	Nd	144,27	7,00	—	—	—	1024	3180
Nickel . . .	Ni	58,71	8,90	0,1065	0,21	6,05	1455	3177
Niob	Nb	92,91	8,56	0,0645	—	13	2415	~3000
Osmium . .	Os	190,2	22,48	0,031	—	9,66	2700	>5300
Palladium .	Pd	106,4	11,97	0,059	0,16	10,88	1552	>2000
Platin . . .	Pt	195,09	21,45	0,0318	0,17	9,8	1769	4300
Praseodym .	Pr	140,92	6,78	—	—	88	932	3300
Quecksilber .	Hg	200,61	13,546	0,0333	0,02	94,07	−38,87	357
Radium. . .	Ra	226,05	6	—	—	—	700	1140
Rhenium . .	Re	186,22	21,0	0,0327	—	19,8	3180	5900
Rhodium . .	Rh	102,91	12,5	0,0592	0,21	4,3	1960	>2500
Rubidium . .	Rb	85,48	1,53	0,08	—	11	39	713
Ruthenium .	Ru	101,1	12,43	0,06	—	7,64	>1950	~4100
Samarium. .	Sm	150,35	7,52	—	—	—	1052	1627
Scandium .	Sc	44,96	3,02	—	—	—	1400	2400
Selen . . .	Se	78,96	4,82	—	—	—	220	688
Silber . . .	Ag	107,880	10,50	0,0559	1,00	1,49	960,8	~2170
Strontium. .	Sr	87,63	2,60	—	—	30,7	757	1364
Tantal . . .	Ta	180,95	16,6	0,033	0,13	12,4	~3000	~4100
Tellur . . .	Te	127,61	6,21	0,048	—	$6 \cdot 10^4$	452	1390
Thallium . .	Tl	204,39	11,84	0,0316	0,12	~15,0	302,5	1457
Thorium . .	Th	232,05	11,68	0,03	—	12,0	1827	~3530
Titan. . . .	Ti	47,90	4,49	0,146	—	43,5	1668	>3000
Uran	U	238,07	19,0	0,03	—	30,6	~1130	~3500

Element	Symbol	Atomgewicht	Dichte	Spez. Wärme	Wärmeleitzahl	Spez. Widerstand	Schmelzpunkt	Siedepunkt
Vanadium. .	V	50,95	6,07	0,12	—	19	1726	3000
Wismut . .	Bi	209,00	9,845	0,0295	0,02	101	271,3	~1560
Wolfram . .	W	183,86	19,32	0,0321	0,40	4,91	3380	~6000
Ytterbium .	Yb	173,04	7,01	—	—	—	1800	1527
Yttrium . .	Y	88,92	4,3	—	—	—	824	~2500
Zink	Zn	65,38	7,13	0,092	0,30	4,8	419,4	907
Zinn	Sn	118,70	7,28	0,0541	0,16	—	231,8	2337
Zirkonium .	Zr	91,22	6,52	0,06	—	~41,0	1545	>2900

Spez. Wärme bei 20°: $c_p,\ 20 = \frac{\text{cal}}{g \cdot \text{Grad}}$. Wärmeleitzahl bei 0°: $\lambda_0 = \frac{\text{cal}}{\text{cm} \cdot \text{s} \cdot \text{Grad}}$.

Spez. Widerst. 0° $= R_s \cdot 10^6\ \Omega$ cm.

Namenverzeichnis

Die Seiten 1—726 befinden sich in Bandteil 1, die Seiten 727—1519 in Bandteil 2

Sachverzeichnis

Die Seiten 1—726 befinden sich in Bandteil 1, die Seiten 727—1519 in Bandteil 2

Die Seiten 1—726 befinden sich in Bandteil 1, die Seiten 727—1519 in Bandteil 2

Die Seiten 1—726 befinden sich in Bandteil 1, die Seiten 727—1519 in Bandteil 2

Die Seiten 1—726 befinden sich in Bandteil 1, die Seiten 727—1519 in Bandteil 2

GPSR Compliance

The European Union's (EU) General Product Safety Regulation (GPSR) is a set of rules that requires consumer products to be safe and our obligations to ensure this.

If you have any concerns about our products, you can contact us on ProductSafety@springernature.com

In case Publisher is established outside the EU, the EU authorized representative is:

Springer Nature Customer Service Center GmbH
Europaplatz 3
69115 Heidelberg, Germany

Batch number: 10704763

Printed by Printforce, the Netherlands